Símbolos de Unidades

A	ampère	Gy	gray	ms	milissegundo
Å	angström (10^{-10} m)	H	henry	N	newton
a	ano	h	hora	nm	nanômetro (10^{-9} m)
atm	atmosfera	Hz	hertz	pt	pinta
Bq	becquerel	in	polegada	qt	quarto
Btu	unidade térmica britânica (British thermal unit)	J	joule	R	roentgen
		K	kelvin	rev	revolução
C	coulomb	keV	quiloelétron-volt	s	segundo
°C	grau Celsius	kg	quilograma	Sv	seivert
cal	caloria	km	quilômetro	T	tesla
Ci	curie	L	litro	u	unidade unificada de massa
cm	centímetro	lb	libra	V	volt
dyn	dina	lbf	libra-força	W	watt
eV	elétron-volt	m	metro	Wb	weber
°F	grau Fahrenheit	MeV	megaelétron-volt	yd	jarda
fm	femtômetro, fermi (10^{-15} m)	Mm	megâmetro (10^{6} m)	μm	micrômetro (10^{-6} m)
ft	pé	mi	milha	μs	microssegundo
G	gauss	min	minuto	μC	microcoulomb
g	grama	mm	milímetro	Ω	ohm
Gm	gigâmetro (10^{9} m)				

Alguns Fatores de Conversão

Comprimento

1 m = 39,37 in = 3,281 ft = 1,094 yd

1 m = 10^{15} fm = 10^{10} Å = 10^{9} nm

1 km = 0,6214 mi

1 mi = 5280 ft = 1,609 km

1 ano-luz = 1 $c \cdot$a = 9,461 × 10^{15} m

1 in = 2,540 cm

Volume

1 L = 10^{3} cm^{3} = 10^{-3} m^{3} = 1,057 qt

Tempo

1 h = 3600 s = 3,6 ks

1 a = 365,24 d = 3,156 × 10^{7} s

Rapidez

1 km/h = 0,278 m/s = 0,6214 mi/h

1 ft/s = 0,3048 m/s = 0,6818 mi/h

Ângulo–rapidez angular

1 rev = 2π rad = 360°

1 rad = 57,30°

1 rev/min = 0,1047 rad/s

Força–pressão

1 N = 10^{5} dyn = 0,2248 lbf

1 lbf = 4,448 N

1 atm = 101,3 kPa = 1,013 bar = 76,00 cmHg = 14,70 lbf/in^{2}

Massa

1 u = $[(10^{-3}\ \text{mol}^{-1})/N_A]$ kg = 1,661 × 10^{-27} kg

1 t = 10^{3} kg = 1 Mg

1 slug = 14,59 kg

1 kg equivale a aproximadamente 2,205 lb

Energia–potência

1 J = 10^{7} erg = 0,7376 ft · lbf = 9,869 × 10^{-3} L · atm

1 kW · h = 3,6 MJ

1 cal = 4,184 J = 4,129 × 10^{-2} L · atm

1 L · atm = 101,325 J = 24,22 cal

1 eV = 1,602 × 10^{-19} J

1 Btu = 778 ft · lbf = 252 cal = 1054 J

1 HP = 550 ft · lbf/s = 746 W

Condutividade térmica

1 W/(m · K) = 6,938 Btu · in/(h · ft^{2} · °F)

Campo magnético

1 T = 10^{4} G

Viscosidade

1 Pa · s = 10 poise

FÍSICA PARA CIENTISTAS E ENGENHEIROS

Volume 1

Mecânica
Oscilações e Ondas
Termodinâmica

gen
Grupo
Editorial
Nacional

SEXTA EDIÇÃO

FÍSICA PARA CIENTISTAS E ENGENHEIROS

Volume 1

Mecânica
Oscilações e Ondas
Termodinâmica

Paul A. Tipler
Gene Mosca

Tradução e Revisão Técnica
Paulo Machado Mors
Professor do Instituto de Física da Universidade Federal do Rio Grande do Sul

PT: Para Claudia

GM: Para Vivian

- **Atendimento ao cliente: (11) 5080-0751 | faleconosco@grupogen.com.br**

- Traduzido de:
  PHYSICS FOR SCIENTISTS AND ENGINEERS: WITH MODERN PHYSICS, SIXTH EDITION
  First published in the United States by W. H. FREEMAN AND COMPANY, New York and Basingstoke

  LTC | Livros Técnicos e Científicos Editora Ltda.
  Uma editora integrante do GEN | Grupo Editorial Nacional
  Travessa do Ouvidor, 11
  Rio de Janeiro – RJ – 20040-040
  www.grupogen.com.br

- Capa: Bernard Design

- Editoração eletrônica: *Performa*

- Ficha catalográfica

CIP-BRASIL. CATALOGAÇÃO NA PUBLICAÇÃO
SINDICATO NACIONAL DOS EDITORES DE LIVROS, RJ

T499f
v.1

Tipler, Paul Allen, 1933-
Física para cientistas e engenheiros, volume 1 : mecânica, oscilações e ondas, termodinâmica / Paul A. Tipler, Gene Mosca ; tradução e revisão técnica Paulo Machado Mors. - [Reimpr.]. - Rio de Janeiro : LTC, 2023.
il. -(Física para cientistas e engenheiros ; v.1)

Tradução de: Physics for scientists and engineers : with modern physics, 6th ed.
ISBN 978-85-216-1710-5

1. Física. I. Mosca, Gene. II. Título.

09-2543. CDD: 530
  CDU: 53

Sumário Geral

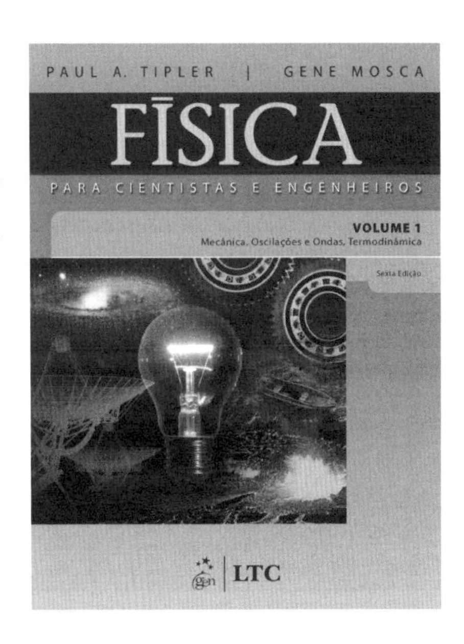

VOLUME 1

VOLUME 2

VOLUME 3

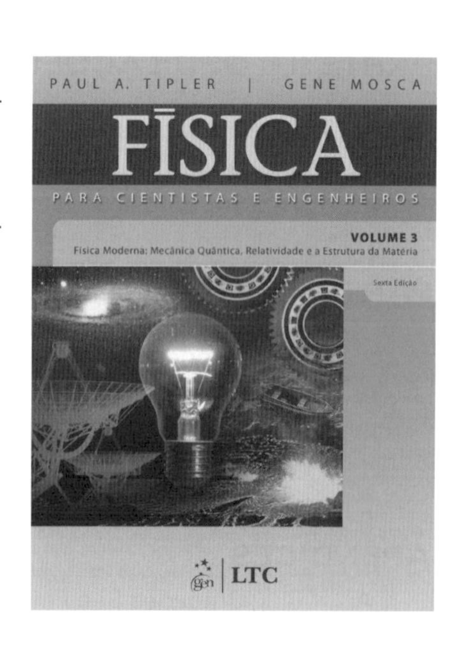

Sumário

Prefácio

A sexta edição de *Física para Cientistas e Engenheiros* oferece um texto que inclui uma nova abordagem estratégica de solução de problemas, um Tutorial Matemático integrado e novas ferramentas para aprimorar a compreensão conceitual. Novos quadros Física em Foco tratam de tópicos de ponta que ajudam os estudantes a relacionar seu aprendizado com as tecnologias do mundo real.

CARACTERÍSTICAS PRINCIPAIS

ESTRATÉGIA PARA SOLUÇÃO DE PROBLEMAS

A sexta edição introduz uma nova estratégia para solução de problemas em que os Exemplos têm como formato uma seqüência consistente de **Situação**, **Solução** e **Checagem**. Este formato conduz os estudantes através dos passos envolvidos na análise do problema, sua solução e conferência de seus resultados. Os Exemplos incluem, com freqüência, as úteis seções **Indo Além**, que apresentam formas alternativas de resolver problemas, fatos de interesse, ou informação adicional relacionada com os conceitos apresentados. Quando apropriado, os Exemplos são seguidos por **Problemas Práticos** para que os estudantes possam avaliar seu domínio sobre os conceitos.

Nesta edição, os passos na solução de problemas são novamente justapostos com as necessárias equações, de forma a tornar mais fácil para os estudantes a visão de um problema desdobrado.

Após o enunciado de cada problema, os alunos são levados a situar-se no problema, na seção **Situação**. Aqui, o problema é analisado tanto conceitual quanto visualmente.

Na seção **Solução**, cada passo da solução é apresentado em linguagem descritiva na coluna da esquerda e com as respectivas equações matemáticas na coluna da direita.

A **Checagem** leva os estudantes a verificarem se seus resultados são precisos e razoáveis.

Indo Além sugere uma abordagem diferente para um Exemplo ou fornece alguma informação relevante ao Exemplo.

Um **Problema Prático** segue com freqüência a solução de um Exemplo, permitindo que os estudantes verifiquem sua compreensão. Resultados são incluídos no final do capítulo, fornecendo retorno imediato.

Exemplo 3-4 Fazendo uma Curva

Um carro viaja para o leste a 60 km/h. Ele realiza uma curva e, 5,0 após, está viajando para o norte a 60 km/h. Encontre a aceleração média do carro.

SITUAÇÃO Podemos calcular a aceleração média a partir de sua definição, $\vec{a}_{méd} = \Delta\vec{v}/\Delta t$. Então, primeiro calculamos $\Delta\vec{v}$, que é o vetor que, somado a $\vec{v}_i$, resulta em $\vec{v}_f$.

SOLUÇÃO

1. A aceleração média é a variação da velocidade dividida pelo tempo transcorrido. Para encontrar $\vec{a}_{méd}$, primeiro encontramos a variação da velocidade: $\vec{a}_{méd} = \dfrac{\Delta\vec{v}}{\Delta t}$
2. Para encontrar $\Delta\vec{v}$, primeiro identificamos $\vec{v}_i$ e $\vec{v}_f$. Desenhe $\vec{v}_i$ e $\vec{v}_f$ (Figura 3-7*a*) e trace o diagrama de soma vetorial (Figura 3-7*b*) correspondente a $\vec{v}_f = \vec{v}_i + \Delta\vec{v}$:
3. A variação da velocidade está relacionada às velocidades inicial e final: $\vec{v}_f = \vec{v}_i + \Delta\vec{v}$
4. Faça as substituições para encontrar a aceleração média: $\vec{a}_{méd} = \dfrac{\vec{v}_f - \vec{v}_i}{\Delta t} = \dfrac{60\text{ km/h }\hat{j} - 60\text{ km/h }\hat{i}}{5{,}0\text{ s}}$
5. Converta 60 km/h para m/s: $60\text{ km/h} \times \dfrac{1\text{ h}}{3600\text{ s}} \times \dfrac{1000\text{ m}}{1\text{ km}} = 16{,}7\text{ m/s}$
6. Expresse a aceleração média em metros por segundo ao quadrado: $\vec{a}_{méd} = \dfrac{\vec{v}_f - \vec{v}_i}{\Delta t} = \dfrac{16{,}7\text{ m/s }\hat{j} - 16{,}7\text{ m/s }\hat{i}}{5{,}0\text{ s}}$ $= \boxed{-3{,}4\text{ m/s}^2\hat{i} + 3{,}4\text{ m/s}^2\hat{j}}$

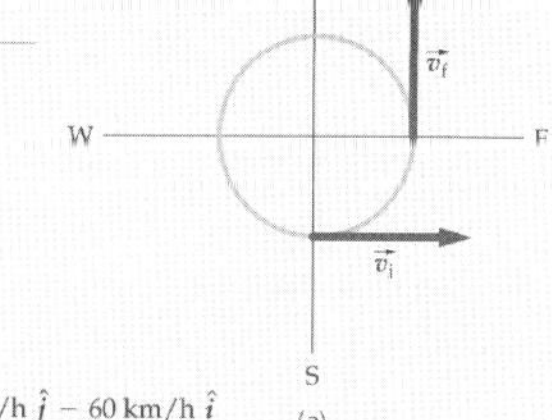

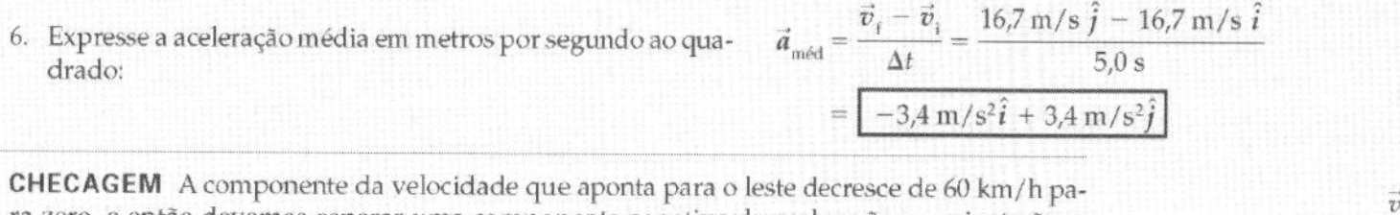

CHECAGEM A componente da velocidade que aponta para o leste decresce de 60 km/h para zero, e então devemos esperar uma componente negativa da aceleração na orientação x. A componente da velocidade que aponta para o norte cresce de zero para 60 km/h, e então devemos esperar uma componente positiva na orientação y. Nosso resultado do passo 6 confirma estas duas expectativas.

INDO ALÉM Note que o carro está sendo acelerado, mesmo sua rapidez se mantendo constante.

PROBLEMA PRÁTICO 3-1 Encontre a magnitude e a orientação do vetor aceleração média.

FIGURA 3-7

Um boxe **Estratégia para Solução de Problemas** é incluído em quase todos os capítulos para reforçar o formato **Situação, Solução** e **Checagem** na correta solução de problemas.

ESTRATÉGIA PARA SOLUÇÃO DE PROBLEMAS

Velocidade Relativa

SITUAÇÃO O primeiro passo na solução de um problema de velocidade relativa é identificar e dar nome às referenciais relevantes. Aqui, vamos chamá-los de referencial A e referencial B.

SOLUÇÃO
1. Usando $\vec{v}_{pB} = \vec{v}_{pA} + \vec{v}_{AB}$ (Equação 3-9), relacione a velocidade do objeto em movimento (partícula p) em relação ao referencial A com a velocidade da partícula em relação ao referencial B.
2. Esboce uma soma vetorial para a equação $\vec{v}_{pB} = \vec{v}_{pA} + \vec{v}_{AB}$. Use o método geométrico de adição vetorial. Inclua os eixos coordenados no esboço.
3. Resolva para a quantidade procurada. Use apropriadamente a trigonometria.

CHECAGEM Confira se você encontrou a velocidade ou a posição do objeto móvel em relação ao referencial requerido.

TUTORIAL MATEMÁTICO INTEGRADO

Esta edição aprimorou a ajuda matemática para os estudantes que estão cursando cálculo simultaneamente com a física introdutória, ou para estudantes que precisam de uma revisão matemática.

O abrangente **Tutorial Matemático**

- revê resultados básicos de álgebra, geometria, trigonometria e cálculo,
- relaciona conceitos matemáticos com conceitos físicos no texto,
- fornece Exemplos e Problemas Práticos para que os estudantes possam testar sua compreensão dos conceitos matemáticos.

Exemplo M-13 Decaimento Radioativo do Cobalto-60

A meia-vida do cobalto-60 (^{60}Co) é 5,27 anos. Em $t = 0$, você possui uma amostra de ^{60}Co com 1,20 mg de massa. Em que tempo t (em anos) terão decaído 0,400 mg da amostra de ^{60}Co?

SITUAÇÃO Ao deduzirmos a meia-vida em um decaimento exponencial, fizemos $N/N_0 = 1/2$. Neste exemplo, devemos determinar o tempo em que dois terços de uma amostra permanecem, e portanto, a razão N/N_0 será 0,667.

SOLUÇÃO
1. Expresse a razão N/N_0 em forma exponencial: $\frac{N}{N_0} = 0{,}667 = e^{-\lambda t}$
2. Inverta os dois lados: $\frac{N_0}{N} = 1{,}50 = e^{\lambda t}$
3. Resolva para t: $t = \frac{\ln 1{,}50}{\lambda} = \frac{0{,}405}{\lambda}$
4. A constante de decaimento está relacionada à meia-vida por $\lambda = (\ln 2)/t_{1/2}$ (Equação M-70). Substitua λ por $(\ln 2)/t_{1/2}$ e determine o tempo: $t = \frac{\ln 1{,}5}{\ln 2} t_{1/2} = \frac{\ln 1{,}5}{\ln 2} \times 5{,}27\ \text{a} = 3{,}08\ \text{a}$

CHECAGEM Leva 5,27 anos para a massa de uma amostra de ^{60}Co decair a 50 por cento de sua massa inicial. Assim, esperamos que leve menos do que 5,27 anos para que a amostra perca 33,3 por cento de sua massa. Nosso resultado de 3,08 anos, do passo 4, é menor do que 5,27 anos, como esperado.

PROBLEMAS PRÁTICOS

27. A constante de tempo de descarga τ de um capacitor em um circuito RC é o tempo no qual o capacitor descarrega até atingir e^{-1} (ou 0,368) vezes a sua carga em $t = 0$. Se $\tau = 1$ s para um capacitor, em que tempo (em segundos) ele terá descarregado 50,0 por cento de sua carga inicial?
28. Se a população canina de seu estado cresce a uma taxa de 8,0 por cento a cada década e continua crescendo indefinidamente à mesma taxa, em quantos anos ela atingirá 1,5 vez o nível atual?

M-12 CÁLCULO INTEGRAL

A **integração** pode ser considerada como o inverso da derivação. Se uma função $f(t)$ é *integrada*, uma função $F(t)$ é encontrada tal que $f(t)$ seja a derivada de $F(t)$ em relação a t.

A INTEGRAL COMO UMA ÁREA SOB UMA CURVA; ANÁLISE DIMENSIONAL

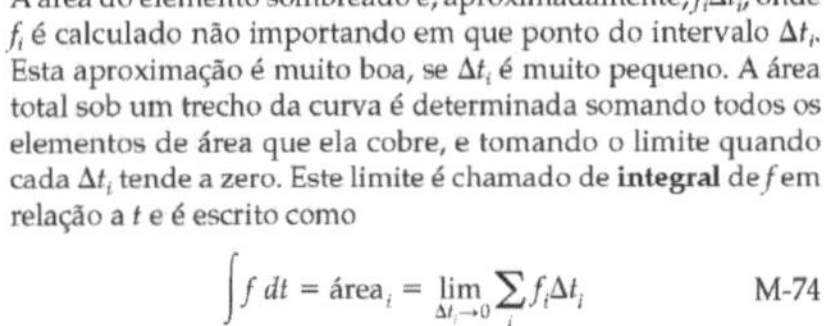

O processo de determinação da área sob uma curva em um gráfico ilustra a integração. A Figura M-27 mostra uma função $f(t)$. A área do elemento sombreado é, aproximadamente, $f_i \Delta t_i$, onde f_i é calculado não importando em que ponto do intervalo Δt_i. Esta aproximação é muito boa, se Δt_i é muito pequeno. A área total sob um trecho da curva é determinada somando todos os elementos de área que ela cobre, e tomando o limite quando cada Δt_i tende a zero. Este limite é chamado de **integral** de f em relação a t e é escrito como

$$\int f\, dt = \text{área}_i = \lim_{\Delta t_i \to 0} \sum_i f_i \Delta t_i \qquad \text{M-74}$$

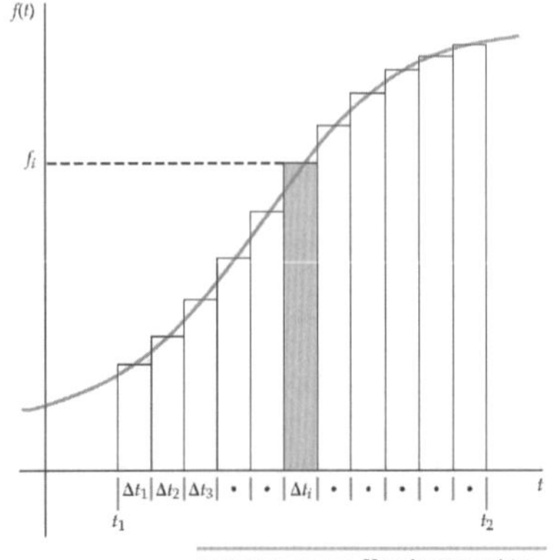

FIGURA M-27 Uma função genérica $f(t)$. A área do elemento sombreado vale aproximadamente $f_i \Delta t_i$, para qualquer f_i do intervalo.

As *dimensões físicas* de uma integral de uma função $f(t)$ são encontradas multiplicando as dimensões do *integrando* (a função que está sendo integrada) pelas dimensões da variável de integração t. Por exemplo, se o integrando é uma função velocidade $v(t)$

Adicionalmente, notas à margem permitem que os estudantes facilmente vejam as ligações entre conceitos físicos no texto e conceitos matemáticos.

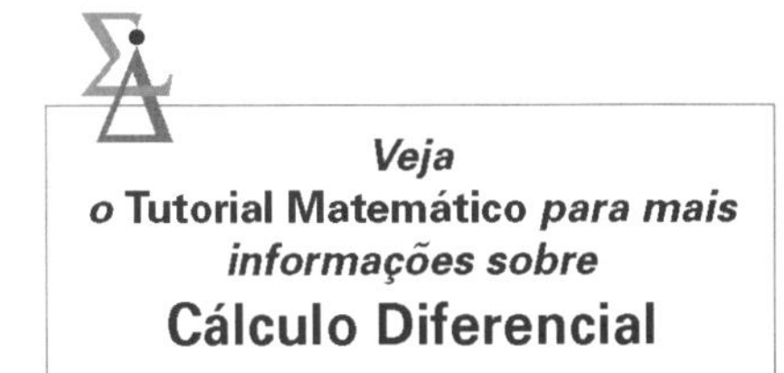
Veja
o Tutorial Matemático para mais
informações sobre
Cálculo Diferencial

NOVO!

PEDAGOGIA QUE ASSEGURA A COMPREENSÃO CONCEITUAL

Ferramentas amigáveis ao estudante foram adicionadas para permitir uma melhor compreensão conceitual da física.

- Novos **Exemplos Conceituais** são introduzidos, quando apropriado, para ajudar os estudantes na completa compreensão de conceitos físicos essenciais. Estes Exemplos utilizam a estratégia de **Situação**, **Solução** e **Checagem**, de forma que os estudantes não apenas ganhem uma compreensão conceitual fundamental, mas também avaliem seus resultados.

Exemplo 8-12 Colisões com Bolinhas Diferentes *Conceitual*

Maria tem duas bolinhas de mesma massa, uma feita de massa de vidraceiro e a outra feita de borracha dura. Ela atira a bola de massa de vidraceiro contra um bloco suspenso por fios, como mostrado na Figura 8-20. A bola atinge o bloco com um baque surdo e cai no chão. Em seguida, o bloco oscila até uma altura máxima h. Se ela tivesse atirado a bola de borracha (em vez daquela feita de massa de vidraceiro) com a mesma rapidez, o bloco atingiria, em seguida, uma altura maior do que h? A bola de borracha dura, contrariamente àquela feita de massa de vidraceiro, é elástica e repicaria no bloco.

SITUAÇÃO Durante o impacto, a variação da quantidade de movimento do sistema bola–bloco é zero. Quanto maior a magnitude da variação da quantidade de movimento da bola, maior será a magnitude da variação da quantidade de movimento do bloco. A magnitude da variação da quantidade de movimento da bola é maior se a bola repica no bloco ou se não repica?

SOLUÇÃO
A bola de massa de vidraceiro perde uma grande fração de sua quantidade de movimento para a frente. A bola de borracha perderia toda sua quantidade de movimento para a frente e ganharia uma quantidade de movimento no sentido oposto. Ela sofreria uma maior variação de quantidade de movimento do que a bola de massa de vidraceiro.

O bloco oscilaria até uma altura maior após ser atingido pela bola de borracha dura em comparação com a colisão com a bola de massa de vidraceiro.

CHECAGEM O bloco exerce um impulso para trás sobre a bola de massa de vidraceiro, que a leva até o repouso. O mesmo impulso para trás também levaria a bola de borracha ao repouso, e um impulso adicional para trás lhe daria uma quantidade de movimento no sentido oposto. Assim, o bloco exerceria o maior impulso para trás sobre a bola de borracha. De acordo com a terceira lei de Newton, o impulso de uma bola sobre o bloco é igual e oposto ao impulso do bloco sobre a bola. Logo, a bola de borracha exerceria o maior impulso para a frente sobre o bloco, levando-o a uma maior variação da quantidade de movimento para a frente.

FIGURA 8-20

- Novas **Checagens Conceituais** levam os estudantes a confirmarem sua compreensão dos conceitos físicos enquanto lêem os capítulos. Respostas estão colocadas no final dos capítulos, para permitir retorno imediato. As Checagens Conceituais são colocadas próximas a tópicos relevantes, de forma que os estudantes possam imediatamente reler qualquer material que eles não tenham compreendido perfeitamente.

CHECAGEM CONCEITUAL 3-1

A Figura 3-9 é o diagrama de movimento para a saltadora de *bungee-jump* antes, durante e após o tempo t_6, quando ela está momentaneamente em repouso no ponto mais baixo de sua queda. Durante o trecho de ascensão mostrado, ela está subindo com uma rapidez crescente. Use este diagrama para determinar a orientação da aceleração da saltadora (*a*) no tempo t_6 e (*b*) no tempo t_9.

- Novos **Alertas de Armadilha**, identificados por pontos de exclamação, ajudam os estudantes a evitar concepções alternativas comuns. Estes alertas estão próximos aos tópicos que normalmente causam confusão, para que os estudantes possam imediatamente lidar com quaisquer dificuldades.

onde U_0, a constante de integração arbitrária, é o valor da energia potencial em $y = 0$. Como apenas foi definida uma variação da energia potencial, o real valor de U não é importante. Por exemplo, se a energia potencial gravitacional do sistema Terra–esquiador é escolhida como seu zero quando o esquiador está na base da colina, seu valor quando o esquiador está a uma altura h da base é mgh. Também poderíamos ter escolhido o zero da energia potencial quando o esquiador está em um ponto P a meio caminho da descida, caso em que o valor em qualquer outro ponto seria mgy, onde y é a altura do esquiador acima do ponto P. Na metade mais baixa da descida, a energia potencial seria, então, negativa.

! Temos a liberdade de escolher U igual a zero em qualquer ponto de referência conveniente.

FÍSICA EM FOCO

Os **Física em Foco**, colocados no final de capítulos apropriados, discutem aplicações atuais da física e relacionam aplicações com conceitos descritos nos capítulos. Estes tópicos vão de fazendas de vento a termômetros moleculares e motores a detonação pulsada.

Física em Foco

Vento Quente

Fazendas de vento pontilham a costa dinamarquesa, as planícies do alto meio-oeste americano e colinas da Califórnia até Vermont (Estados Unidos). O aproveitamento da energia cinética do vento não é nada de novo. Moinhos de vento têm sido usados, há séculos, para bombear água, ventilar minas[*] e moer grãos.

Hoje, as turbinas a vento mais encontráveis alimentam geradores elétricos. Estas turbinas transformam energia cinética em energia eletromagnética. Turbinas modernas variam muito em tamanho, custo e produção. Algumas são máquinas muito pequenas e simples, custando menos de 500 dólares americanos por turbina, e produzem menos de 100 watts de potência.[†] Outras são gigantes complexos que custam mais de 2 milhões de dólares e produzem até 2,5 MW por turbina.[‡] Todas estas turbinas aproveitam uma amplamente disponível fonte de energia — o vento.

© Andrei Merkulov/Dreamstime.com)

A teoria que está por trás da conversão de energia cinética em energia eletromagnética pelo moinho de vento é bem direta. As moléculas do ar em movimento empurram as pás da turbina, provocando seu movimento de rotação. As pás em rotação fazem girar, então, uma série de engrenagens. As engrenagens, por sua vez, aumentam a taxa de rotação e fazem girar um rotor gerador. O gerador envia a energia eletromagnética para as linhas de transmissão.

Mas a conversão da energia cinética do vento em energia eletromagnética não é 100 por cento eficiente. O mais importante a ser lembrado é que ela *não pode* ser 100 por cento eficiente. Se as turbinas convertessem 100 por cento da energia cinética do ar em energia elétrica, o ar restaria sem energia cinética. Isto é, as turbinas parariam o ar. Se o ar fosse completamente parado pela turbina ele circularia em torno da turbina e não através da turbina.

Então, a eficiência teórica de uma turbina a vento é um compromisso entre a captura da energia cinética do ar em movimento e o cuidado para evitar que a maior parte do vento fique circulando em torno da turbina. As turbinas do tipo hélice são as mais comuns e sua eficiência teórica para transformar energia cinética do ar em energia eletromagnética varia de 30 por cento a 59 por cento.[§] (Estas previsões de eficiência variam devido às suposições feitas a respeito do modo como o ar se comporta ao atravessar as hélices da turbina e ao circulá-las.)

Então, mesmo a turbina mais eficiente não pode converter 100 por cento da energia teoricamente disponível. O que ocorre? Antes da turbina, o ar se move ao longo de linhas de corrente retas. Depois da turbina, o ar sofre rotação e turbulência. A componente rotacional do movimento do ar depois da turbina requer energia. Alguma dissipação de energia acontece por causa da viscosidade do ar. Quando parte do ar se torna mais lenta, existe atrito entre o ar mais lento e o ar mais rápido que o atravessa. As pás da turbina esquentam e o próprio ar esquenta.[°] As engrenagens dentro das turbinas também convertem energia cinética em energia térmica, por atrito. Toda esta energia térmica precisa ser considerada. As pás da turbina vibram, individualmente — a energia associada com estas vibrações não pode ser usada. Finalmente, a turbina usa parte da eletricidade que gera para fazer funcionar bombas de lubrificação das engrenagens, além do motor responsável por direcionar as pás da turbina para a posição mais favorável em relação ao vento.

Ao final, a maior parte das turbinas opera entre 10 e 20 por cento de eficiência.[#] Elas continuam sendo fontes de potência interessantes, já que o combustível é grátis. Um proprietário de turbina explica: "O importante é que a construímos para nosso negócio e para ajudar a controlar nosso futuro".[*]

---

[*] Agricola, Georrgius, *De Re Metalic*. (Herbert and Lou Henry Hoover, Trnasl.) Reprint Mineola, NY: Dover, 1950, 200-203.
[†] Conally, Abe, and Conally, Josie, "Wind Powered Generator," *Make*, Feb. 2006, Vol. 5, 90–101.
[‡] "Why Four Generators May Be Better than One," *Modern Power Systems*, Dec. 2005, 30.
[§] Gorban, A. N., Gorlov, A. M., and Silantyev, V. M., "Limits of the Turbine Efficiency for Free Fluid Flow." *Journal of Energy Resources Technology*, Dec. 2001, Vol. 123, 311–317.
[°] Roy, S. B., S. W. Pacala, and R. L. Walko. "Can Large Wind Farms Affect Local Meterology?" *Journal of Geophysical Research (Atmospheres)*, Oct. 16, 2004, 109, D19101.
[#] Gorban, A. N., Gorlov, A. M., and Silantyev, V. M., "Limits of the Turbine Efficiency for Free Fluid Flow." *Journal of Energy Resources Technology*, December 2001, Vol. 123, 311–317.
[*] Wilde, Matthew. "Colwell Farmers Take Advantage of Grant to Produce Wind Energy." *Waterloo-Cedar Falls Courier*, May 1, 2006, B1 +.

Agradecimentos

Somos gratos aos muitos professores, estudantes, colegas e amigos que contribuíram para esta edição e para edições anteriores.

Anthony J. Buffa, professor emérito da California Polytechnic State University, na Califórnia, escreveu muitos novos problemas de final de capítulo e editou as seções de problemas de final de capítulo. Laura Runkle escreveu os Física em Foco. Richard Mickey revisou a Revisão Matemática da quinta edição, que é agora o Tutorial Matemático da sexta edição. David Mills, professor emérito do College of the Redwoods, na Califórnia, revisou completamente o Manual de Soluções. Recebemos valiosa ajuda, na criação de texto e na conferência da precisão do texto e dos problemas, dos seguintes professores:

Thomas Foster
Southern Illinois University

Karamjeet Arya
San Jose State University

Mirley Bala
Texas A&M University — Corpus Christi

Michael Crivello
San Diego Mesa College

Carlos Delgado
Community College of Southern Nevada

David Faust
Mt. Hood Community College

Robin Jordan
Florida Atlantic University

Jerome Licini
Lehigh University

Dan Lucas
University of Wisconsin

Laura McCullough
University of Wisconsin, Stout

Jeannette Myers
Francis Marion University

Marian Peters
Appalachian State University

Todd K. Pedlar
Luther College

Paul Quinn
Kutztown University

Peter Sheldon
Randolph-Macon Woman's College

Michael G. Strauss
University of Oklahoma

Brad Trees
Ohio Wesleyan University

George Zober
Yough Senior High School

Patricia Zober
Ringgold High School

Muitos professores e estudantes forneceram extensas e úteis revisões de um ou mais capítulos desta edição. Cada um deles fez uma contribuição fundamental para a qualidade desta edição e merecem nosso agradecimento. Gostaríamos de agradecer aos seguintes revisores:

Ahmad H. Abdelhadi
James Madison University

Edward Adelson
Ohio State University

Royal Albridge
Vanderbilt University

J. Robert Anderson
University of Maryland, College Park

Toby S. Anderson
Tennessee State University

Wickram Ariyasinghe
Baylor University

Yildirim Aktas
University of North Carolina, Charlotte

Eric Ayars
California State University

James Battat
Harvard University

Eugene W. Beier
University of Pennsylvania

Peter Beyersdorf
San Jose State University

Richard Bone
Florida International University

Juliet W. Brosing
Pacific University

Ronald Brown
California Polytechnic State University

Richard L. Cardenas
St. Mary's University

Troy Carter
University of California, Los Angeles

Alice D. Churukian
Concordia College

N. John DiNardo
Drexel University

Jianjun Dong
Auburn University

Fivos R. Drymiotis
Clemson University

Mark A. Edwards
Hofstra University

James Evans
Broken Arrow Senior High

Nicola Fameli
University of British Columbia

N. G. Fazleev
University of Texas em Arlington

Thomas Furtak
Colorado School of Mines

Richard Gelderman
Western Kentucky University

Yuri Gershtein
Florida State University

Paolo Gondolo
University of Utah

Benjamin Grinstein
University of California, San Diego

Parameswar Hari
University of Tulsa

Joseph Harrison
University of Alabama — Birmingham

Patrick C. Hecking
Thiel College

Kristi R. G. Hendrickson
University of Puget Sound

Linnea Hess
Olympic College

Mark Hollabaugh
Normandale Community College

Daniel Holland
Illinois State University

Richard D. Holland II
Southern Illinois University

Eric Hudson
Massachusetts Institute of Technology

David C. Ingram
Ohio University

Colin Inglefield
Weber State University

Nathan Israeloff
Northeastern University

Donald J. Jacobs
California State University, Northridge

Erik L. Jensen
Chemeketa Community College

Colin P. Jessop
University of Notre Dame

Ed Kearns
Boston University

Alice K. Kolakowska
Mississippi State University

Douglas Kurtze
Saint Joseph's University

Eric T. Lane
University of Tennessee em Chattanooga

Christie L. Larochelle
Franklin & Marshall College

Mary Lu Larsen
Towson University

Clifford L. Laurence
Colorado Technical University

Bruce W. Liby
Manhattan College

Ramon E. Lopez
Florida Institute of Technology

Ntungwa Maasha
Coastal Georgia Community College and University Center

Jane H. MacGibbon
University of North Florida

A. James Mallmann
Milwaukee School of Engineering

Rahul Mehta
University of Central Arkansas

R. A. McCorkle
University of Rhode Island

Linda McDonald
North Park University

Kenneth McLaughlin
Loras College

Eric R. Murray
Georgia Institute of Technology

Jeffrey S. Olafsen
University of Kansas

Richard P. Olenick
University of Dallas

Halina Opyrchal
New Jersey Institute of Technology

Russell L. Palma
Minnesota State University — Mankato

Todd K. Pedlar
Luther College

Daniel Phillips
Ohio University

Edward Pollack
University of Connecticut

Michael Politano
Marquette University

Robert L. Pompi
SUNY Binghamton

Damon A. Resnick
Montana State University

Richard Robinett
Pennsylvania State University

John Rollino
Rutgers University

Daniel V. Schroeder
Weber State University

Douglas Sherman
San Jose State University

Christopher Sirola
Marquette University

Larry K. Smith
Snow College

George Smoot
University of California em Berkeley

Zbigniew M. Stadnik
University of Ottawa

Kenny Stephens
Hardin-Simmons University

Daniel Stump
Michigan State University

Jorge Talamantes
California State University, Bakersfield

Charles G. Torre
Utah State University

Brad Trees
Ohio Wesleyan University

John K. Vassiliou
Villanova University

Theodore D. Violett
Western State College

Hai-Sheng Wu
Minnesota State University — Mankato

Anthony C. Zable
Portland Community College

Ulrich Zurcher
Cleveland State University

Também estamos em dívida com os revisores de edições anteriores. Queríamos, portanto, agradecer aos seguintes revisores, que forneceram imensurável apoio enquanto desenvolvíamos a quarta e quinta edições:

Edward Adelson
The Ohio State University

Michael Arnett
Kirkwood Community College

Todd Averett
The College of William and Mary

Yildirim M. Aktas
University of North Carolina em Charlotte

Karamjeet Arya
San Jose State University

Alison Baski
Virginia Commonwealth University

William Bassichis
Texas A&M University

Joel C. Berlinghieri
The Citadel

Gary Stephen Blanpied
University of South Carolina

Frank Blatt
Michigan State University

Ronald Brown
California Polytechnic State University

Anthony J. Buffa
California Polytechnic State University

John E. Byrne
Gonzaga University

Wayne Carr
Stevens Institute of Technology

George Cassidy
University of Utah

Lay Nam Chang
Virginia Polytechnic Institute

I. V. Chivets
Trinity College, University of Dublin

Harry T. Chu
University of Akron

Alan Cresswell
Shippensburg University

Robert Coakley
University of Southern Maine

Robert Coleman
Emory University

Brent A. Corbin
UCLA

Andrew Cornelius
University of Nevada em Las Vegas

Mark W. Coffey
Colorado School of Mines

Peter P. Crooker
University of Hawaii

Jeff Culbert
London, Ontario

Paul Debevec
University of Illinois

Ricardo S. Decca
Indiana University — Purdue University

Robert W. Detenbeck
University of Vermont

N. John DiNardo
Drexel University

Bruce Doak
Arizona State University

Michael Dubson
University of Colorado em Boulder

John Elliott
University of Manchester, Inglaterra

William Ellis
University of Technology — Sydney

Colonel Rolf Enger
U.S. Air Force Academy

John W. Farley
University of Nevada em Las Vegas

David Faust
Mount Hood Community College

Mirela S. Fetea
University of Richmond

David Flammer
Colorado School of Mines

Philip Fraundorf
University of Missouri, Saint Louis

Tom Furtak
Colorado School of Mines

James Garland
Aposentado

James Garner
University of North Florida

Ian Gatland
Georgia Institute of Technology

Ron Gautreau
New Jersey Institute of Technology

David Gavenda
University of Texas em Austin

Patrick C. Gibbons
Washington University

David Gordon Wilson
Massachusetts Institute of Technology

Christopher Gould
University of Southern California

Newton Greenberg
SUNY Binghamton

John B. Gruber
San Jose State University

Huidong Guo
Columbia University

Phuoc Ha
Creighton University

Richard Haracz
Drexel University

Clint Harper
Moorpark College

Michael Harris
University of Washington

Randy Harris
University of California em Davis

Tina Harriott
Mount Saint Vincent, Canadá

Dieter Hartmann
Clemson University

Theresa Peggy Hartsell
Clark College

Kristi R. G. Hendrickson
University of Puget Sound

Michael Hildreth
University of Notre Dame

Robert Hollebeek
University of Pennsylvania

David Ingram
Ohio University

Shawn Jackson
The University of Tulsa

Madya Jalil
University of Malaya

Monwhea Jeng
University of California — Santa Barbara

James W. Johnson
Tallahassee Community College

Edwin R. Jones
University of South Carolina

Ilon Joseph
Columbia University

David Kaplan
University of California — Santa Barbara

William C. Kerr
Wake Forest University

John Kidder
Dartmouth College

Roger King
City College of San Francisco

James J. Kolata
University of Notre Dame

Boris Korsunsky
Northfield Mt. Hermon School

Thomas O. Krause
Towson University

Eric Lane
University of Tennessee, Chattanooga

Andrew Lang (estudante de pós-graduação)
University of Missouri

David Lange
University of California — Santa Barbara

Donald C. Larson
Drexel University

Paul L. Lee
California State University, Northridge

Peter M. Levy
New York University

Jerome Licini
Lehigh University

Isaac Leichter
Jerusalem College of Technology

William Lichten
Yale University

Robert Lieberman
Cornell University

Fred Lipschultz
University of Connecticut

Graeme Luke
Columbia University

Dan MacIsaac
Northern Arizona University

Edward McCliment
University of Iowa

Robert R. Marchini
The University of Memphis

Peter E. C. Markowitz
Florida International University

Daniel Marlow
Princeton University

Fernando Medina
Florida Atlantic University

Howard McAllister
University of Hawaii

John A. McClelland
University of Richmond

Laura McCullough
University of Wisconsin em Stout

M. Howard Miles
Washington State University

Matthew Moelter
University of Puget Sound

Eugene Mosca
U.S. Naval Academy

Carl Mungan
U.S. Naval Academy

Taha Mzoughi
Mississippi State University

Charles Niederriter
Gustavus Adolphus College

John W. Norbury
University of Wisconsin em Milwaukee

Aileen O'Donughue
St. Lawrence University

Jack Ord
University of Waterloo

Jeffry S. Olafsen
University of Kansas

Melvyn Jay Oremland
Pace University

Richard Packard
University of California

Antonio Pagnamenta
University of Illinois em Chicago

George W. Parker
North Carolina State University

John Parsons
Columbia University

Dinko Pocanic
University of Virginia

Edward Pollack
University of Connecticut

Robert Pompi
The State University of New York em Binghamton

Bernard G. Pope
Michigan State University

John M. Pratte
Clayton College and State University

Brooke Pridmore
Claytons State University

Yong-Zhong Qian
University of Minnesota

David Roberts
Brandeis University

Lyle D. Roelofs
Haverford College

R. J. Rollefson
Wesleyan University

Larry Rowan
University of North Carolina em Chapel Hill

Ajit S. Rupaal
Western Washington University

Todd G. Ruskell
Colorado School of Mines

Lewis H. Ryder
University of Kent, Canterbury

Andrew Scherbakov
Georgia Institute of Technology

Bruce A. Schumm
University of California, Santa Cruz

Cindy Schwarz
Vassar College

Mesgun Sebhatu
Winthrop University

Bernd Schuttler
University of Georgia

Murray Scureman
Amdahl Corporation

Marllin L. Simon
Auburn University

Scott Sinawi
Columbia University

Dave Smith
University of the Virgin Islands

Wesley H. Smith
University of Wisconsin

Kevork Spartalian
University of Vermont

Zbigniew M. Stadnik
University of Ottawa

G. R. Stewart
University of Florida

Michael G. Strauss
University of Oklahoma

Kaare Stegavik
University of Trondheim, Noruega

Jay D. Strieb
Villanova University

Dan Styer
Oberlin College

Chun Fu Su
Mississippi State University

Jeffrey Sundquist
Palm Beach Community College – South

Cyrus Taylor
Case Western Reserve University

Martin Tiersten
City College of New York

Chin-Che Tin
Auburn University

Oscar Vilches
University of Washington

D. J. Wagner
Grove City College
Columbia University

George Watson
University of Delaware

Fred Watts
College of Charleston

David Winter

John A. Underwood
Austin Community College

John Weinstein
University of Mississippi

Stephen Weppner
Eckerd College

Suzanne E. Willis
Northern Illinois University

Frank L. H. Wolfe
University of Rochester

Frank Wolfs
University of Rochester

Roy C. Wood
New Mexico State University

Ron Zammit
California Polytechnic State University

Yuri Zhestkov
Columbia University

Dean Zollman
Kansas State University

Fulin Zuo
University of Miami

Naturalmente, nosso trabalho nunca está pronto. Esperamos receber comentários e sugestões de nossos leitores, de forma a podermos aprimorar o texto e corrigir eventuais erros. Se você acredita que encontrou um erro, ou tem quaisquer outros comentários, sugestões, ou questões, envie-nos uma mensagem para asktipler@whfreeman.com. Incorporaremos as correções ao texto nas reimpressões subseqüentes.

Finalmente, gostaríamos de agradecer a nossos amigos em W. H. Freeman and Company por sua ajuda e encorajamento. Susan Brennan, Clancy Marshall, Kharissia Pettus, Georgia Lee Hadler, Susan Wein, Trumbull Rogers, Connie Parks, John Smith, Dena Digilio Betz, Ted Szczepanski e Liz Geller foram extraordinariamente generosos com sua criatividade e trabalho duro em todos os estágios do processo.

Agradecemos, também, as contribuições e a ajuda de nossos colegas Larry Tankersley, John Ertel, Steve Montgomery e Don Treacy.

Sobre os Autores

Paul Tipler nasceu na pequena cidade rural de Antigo, no Wisconsin, em 1933. Ele concluiu o ensino médio em Oshkosh, Wisconsin, onde seu pai era superintendente das escolas públicas. Graduou-se pela Purdue University em 1955 e doutorou-se pela University of Illinois em 1962, onde estudou a estrutura dos núcleos. Lecionou por um ano na Wesleyan University em Connecticut, enquanto escrevia sua tese, e depois mudou-se para a Oakland University em Michigan, onde foi um dos membros fundadores do departamento de física, desempenhando papel importante no desenvolvimento do currículo de física. Ao longo dos 20 anos seguintes, lecionou praticamente todos os cursos de física e escreveu a primeira e segunda edições de seus largamente utilizados livros-texto *Física Moderna* (1969, 1978) e *Física* (1976, 1982). Em 1982 ele se mudou para Berkeley, na Califórnia, onde reside atualmente, e onde escreveu *Física Universitária* (1987) e a terceira edição de *Física* (1991). Além da física, seus interesses incluem música, excursões e acampamentos, e ele é um excelente pianista de jazz e jogador de pôquer.

Gene Mosca nasceu na Cidade de Nova York e cresceu em Shelter Island, estado de Nova York. Ele estudou na Villanova University, na University of Michigan e na University of Vermont, onde doutorou-se em física. Gene aposentou-se recentemente de suas funções docentes na U.S. Naval Academy, onde, como coordenador do conteúdo do curso de física, instituiu inúmeras melhorias tanto em sala de aula quanto no laboratório. Considerado por Paul Tipler como "o melhor revisor que eu já tive", Mosca tornou-se seu co-autor a partir da quinta edição desta obra.

Material Suplementar

Este livro conta com materiais suplementares.

O acesso ao material suplementar é gratuito. Basta que o leitor se cadastre e faça seu *login* em nosso *site* (www.grupogen.com.br), clicando em Ambiente de Aprendizagem, no *menu* superior do lado direito.

O acesso ao material suplementar online fica disponível até seis meses após a edição do livro ser retirada do mercado.

Caso haja alguma mudança no sistema ou dificuldade de acesso, entre em contato conosco (gendigital@grupogen.com.br).

FÍSICA PARA CIENTISTAS E ENGENHEIROS

Volume 1

Mecânica
Oscilações e Ondas
Termodinâmica

O NÚMERO DE GRÃOS DE AREIA EM UMA PRAIA PODE SER MUITO GRANDE PARA SER CONTADO, MAS PODEMOS ESTIMAR O NÚMERO USANDO SUPOSIÇÕES RAZOÁVEIS E CÁLCULOS SIMPLES.

(©2008 *e Edmundo Dias Montalvão.*)

? Quantos grãos de areia existem em sua praia favorita?

(Veja o Exemplo 1-7.)

Medida e Vetores

Sempre fomos curiosos sobre o mundo que nos cerca. Desde que se tem registro, procuramos compreender a desconcertante diversidade de eventos que observamos — a cor do céu, a variação do som de um carro que passa, o balanço de uma árvore ao vento, o nascer e o pôr-do-sol, o vôo de uma ave ou de um avião. Esta procura pela compreensão tem tomado várias formas: uma é a religião, outra é a arte, e ainda outra é a ciência. Apesar de a palavra *ciência* vir do verbo latino que significa "conhecer", ciência passou a designar não simplesmente o conhecimento, mas especificamente o conhecimento do mundo natural. A física procura descrever a natureza fundamental do universo e como ele funciona. É a ciência da matéria e da energia, do espaço e do tempo.

Como toda ciência, a física é um corpo de conhecimento organizado de forma específica e racional. Os físicos elaboram, testam e relacionam modelos em um esforço para descrever, explicar e prever a realidade. Este processo envolve hipóteses, experimentos reprodutíveis e observações, e novas hipóteses. O resultado final é um conjunto de princípios fundamentais e leis que descrevem os fenômenos do mundo que nos cerca. Estas leis e princípios são aplicáveis tanto ao exótico — como buracos negros, energia escura e partículas com nomes como leptoquarks e bósons — quanto ao nosso dia-a-dia. Como você verá, incontáveis questões sobre nosso mundo podem ser respondidas com um conhecimento básico de física. Por que o céu é azul? Como é que os astronautas flutuam no espaço? Como funciona um CD?

Por que o som de um oboé é diferente do de uma flauta? Por que um helicóptero deve ter dois rotores? Por que objetos metálicos parecem mais frios que objetos de madeira à mesma temperatura? Como é que relógios em movimento atrasam?

Neste livro, você aprenderá como aplicar os princípios da física para responder a estas e a muitas outras questões. Você encontrará os tópicos tradicionais da física, incluindo mecânica, som, luz, calor, eletricidade, magnetismo, física atômica e física nuclear. Você também aprenderá algumas técnicas úteis para resolver problemas de física. No processo, esperamos que você adquira melhor consciência, reconhecimento e entendimento da beleza da física.

Neste capítulo inicial vamos tratar de alguns conceitos preliminares que você precisará durante seu estudo de física. Comentaremos brevemente a natureza da física, estabeleceremos algumas definições básicas, introduziremos sistemas de unidades e veremos como utilizá-los, e apresentaremos uma introdução à matemática de vetores. Trabalharemos, também, a precisão de medidas, algarismos significativos e estimativas.

1-1 A NATUREZA DA FÍSICA

A palavra física vem da palavra grega que significa o conhecimento do mundo natural. Não deve causar surpresa, portanto, saber que os primeiros esforços de que se tem registro para sistematicamente reunir o conhecimento sobre o movimento vieram da Grécia antiga. A filosofia natural de Aristóteles (384–322 a.C.) é um sistema em que as explicações dos fenômenos físicos foram deduzidas de suposições sobre o mundo, e não deduzidas da experimentação. Por exemplo, era uma suposição fundamental que toda substância tinha um "lugar natural" no universo. O movimento era visto como conseqüência da tentativa de uma substância em atingir seu lugar natural. Devido à concordância entre as deduções da física aristotélica e os movimentos observados no universo físico, e a falta de experimentação que poderia invalidar as antigas idéias físicas, a visão grega foi aceita por quase dois mil anos. Foram os brilhantes experimentos sobre o movimento do cientista italiano Galileu Galilei (1564–1642) que estabeleceram a absoluta necessidade da experimentação na física. Menos de cem anos depois, Isaac Newton tinha generalizado os resultados das experiências de Galileu em suas espetacularmente bem-sucedidas três leis do movimento, e o reino da filosofia natural de Aristóteles chegou ao fim.

A experimentação durante os duzentos anos seguintes trouxe uma enxurrada de descobertas — e levantou uma enxurrada de novas questões. Algumas destas descobertas envolviam fenômenos elétricos e térmicos, e algumas envolviam a expansão e compressão dos gases. Estas descobertas e questões inspiraram o desenvolvimento de novos modelos explicativos. Até o final do século XIX, às leis de Newton para o movimento de sistemas mecânicos juntaram-se as igualmente impressionantes leis de James Maxwell, James Joule, Sadi Carnot e outros, para descrever o eletromagnetismo e a termodinâmica. Os temas que ocupavam os cientistas físicos no final do século XIX — mecânica, luz, calor, som, eletricidade e magnetismo — são usualmente designados como *física clássica*. Como a física clássica nos basta para compreendermos o mundo macroscópico em que vivemos, ela é dominante nas partes I, II e III (Volume 1) e nas partes IV e V (Volume 2) deste texto.

O sucesso remarcável da física clássica levou muitos cientistas a acreditarem que a descrição do universo físico estava completa. No entanto, a descoberta dos raios X por Wilhelm Röntgen em 1895, e da radioatividade por Antoine Becquerel e Marie e Pierre Curie alguns anos depois, mostraram-se fora do escopo da física clássica. A teoria da relatividade especial proposta por Albert Einstein em 1905 expandiu as idéias clássicas de espaço e tempo propostas por Galileu e Newton. No mesmo ano, Einstein sugeriu que a energia luminosa é quantizada; isto é, que a luz existe em pacotes discretos, em vez da forma ondulatória contínua que era pensada na física clássica. A generalização desta idéia para a quantização de todos os tipos de energia é uma idéia central da mecânica quântica, com muitas conseqüências surpreendentes e importantes. A aplicação da relatividade especial, e particularmente da teoria quântica, a sistemas extremamente pequenos tais como átomos, moléculas e núcleos, levou a uma compreensão detalhada dos sólidos, líquidos e gases. Esta aplicação é geralmente chamada de *física moderna*. A física moderna é o tema da parte VI (Volume 3) deste texto.

Enquanto a física clássica é o tema principal deste livro, eventualmente, nas primeiras partes do texto, mencionaremos a relação entre as físicas clássica e a moderna. Por exemplo, quando discutirmos velocidade no Capítulo 2, vamos tomar um tempo para considerar velocidades próximas à da luz, e brevemente entraremos no universo relativístico primeiramente imaginado por Einstein. Após discutirmos a conservação da energia no Capítulo 7, discutiremos a quantização da energia e a famosa relação de Einstein entre massa e energia, $E = mc^2$. Quatro capítulos adiante, no Capítulo R, estudaremos a natureza do espaço e do tempo como revelada por Einstein em 1903.

1-2 UNIDADES

As leis da física expressam relações entre quantidades físicas. **Quantidades físicas** são números obtidos através da medição de fenômenos físicos. Por exemplo, o comprimento deste livro é uma quantidade física, assim como o tempo que você leva para ler esta frase e a temperatura do ar em sua sala de aula.

A medida de qualquer quantidade física envolve a comparação dessa quantidade com algum padrão precisamente definido, ou a **unidade**, dessa quantidade. Por exemplo, para medir a distância entre dois pontos, precisamos de uma unidade-padrão de distância, como a polegada, o metro, ou o quilômetro. A assertiva de que uma certa distância equivale a 25 metros significa que ela é 25 vezes o comprimento da unidade metro. É importante incluir a unidade, neste caso metros, junto ao número, 25, ao expressar esta distância, porque diferentes unidades podem ser usadas para medir distância. Dizer que uma distância vale 25 não tem sentido.

> ! Quando você usa um número para descrever uma quantidade física, o número deve sempre ser acompanhado de uma unidade.

Algumas das mais básicas quantidades físicas — tempo, comprimento e massa — são definidas por seus processos de medida. O comprimento de um poste, por exemplo, é definido como quantas vezes se necessita de alguma unidade de medida para igualar o comprimento do poste. Uma quantidade física é, com freqüência, definida usando-se uma **definição operacional**, uma assertiva que define uma quantidade física pela operação ou procedimento que deve ser efetuado para se medir a quantidade física. Outras quantidades físicas são definidas descrevendo-se como calculá-las a partir dessas quantidades fundamentais. A velocidade de um objeto, por exemplo, tem sua magnitude medida por um comprimento dividido por um tempo. Muitas das quantidades que você estudará, tais como velocidade, força, quantidade de movimento, trabalho, energia e potência, podem ser expressas em termos de tempo, comprimento e massa. Assim, um pequeno número de unidades básicas é suficiente para expressar todas as quantidades físicas. Estas unidades básicas, ou unidades de base, e sua escolha determinam um sistema de unidades.

O SISTEMA INTERNACIONAL DE UNIDADES

Em física, é importante utilizar um conjunto consistente de unidades. Em 1960, um comitê internacional estabeleceu um conjunto de padrões para a comunidade científica, chamado de SI (*Système International*). São sete as quantidades básicas no sistema SI. Elas são o comprimento, a massa, o tempo, a corrente elétrica, a temperatura termodinâmica, a quantidade de matéria e a intensidade luminosa, e cada quantidade básica tem sua unidade básica. A unidade SI básica para o tempo é o segundo, a unidade básica para o comprimento é o metro e a unidade básica para a massa é o quilograma. Posteriormente, quando você estudar termodinâmica e eletricidade, você precisará utilizar as unidades SI básicas para a temperatura (o kelvin, K), para a quantidade de matéria (o mol) e para a corrente elétrica (o ampère, A). A sétima unidade SI básica, a candela (cd), para intensidade luminosa, não teremos oportunidade de usar neste livro. Definições completas das unidades SI são dadas no Apêndice A, junto com unidades comumentes usadas, derivadas dessas unidades.

Relógio de fonte de césio com seus desenvolvedores Steve Jefferts e Dawn Meekhof. (*© 1999 Geoffrey Wheeler.*)

Tempo A unidade de tempo, o **segundo** (s), foi historicamente definida em termos da rotação da Terra e era igual a (1/60)(1/60)(1/24) do dia solar médio. No entanto, os cientistas observaram que a taxa de rotação da Terra está gradualmente reduzindo.

O segundo é agora definido em termos de uma freqüência característica associada ao átomo de césio. Todos os átomos, depois que absorvem energia, emitem luz com freqüências e comprimentos de onda característicos do elemento específico. Há um conjunto de freqüências e comprimentos de onda para cada elemento, com uma dada freqüência e um dado comprimento de onda associados a cada transição energética sofrida pelo átomo. Ao que se sabe, estas freqüências se mantêm constantes. O segundo é agora definido de forma que a freqüência da luz para uma determinada transição do césio vale exatamente 9 192 631 770 ciclos por segundo.

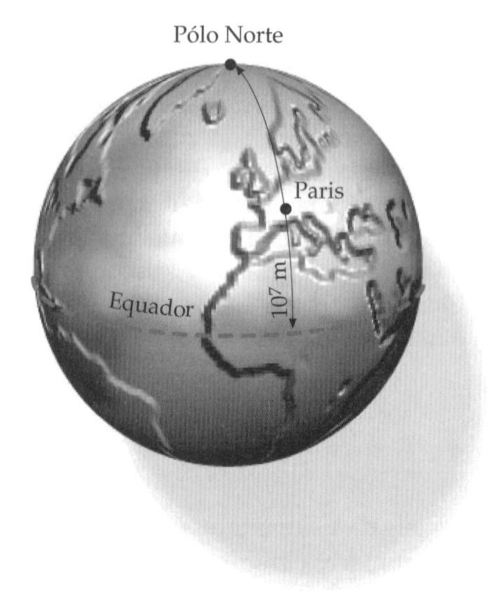

FIGURA 1-1 O metro foi originalmente escolhido de forma que a distância do equador ao Pólo Norte, ao longo do meridiano que passa por Paris, valia 10 milhões de metros (10 mil quilômetros).

Comprimento O **metro** (m) é a unidade SI de comprimento. Historicamente, este comprimento foi definido como um décimo milionésimo da distância entre o equador e o Pólo Norte, ao longo do meridiano que passa por Paris (Figura 1-1). A distância se mostrou difícil de ser medida com precisão. Então, em 1889, a distância entre duas marcas em uma barra feita de uma liga de platina–irídio, mantida à determinada temperatura, foi adotada como o novo padrão. Com o tempo, a precisão deste padrão também se mostrou inadequada e outros padrões foram criados para o metro. Atualmente, o metro é determinado usando-se a rapidez da luz no vácuo, que é definida como valendo exatamente 299 792 458 m/s. O metro, então, é a distância que a luz percorre no vácuo em 1/(299 792 458) segundos. Com estas definições, as unidades de tempo e comprimento são acessíveis aos laboratórios de todo o mundo.

Massa A unidade SI de massa, o **quilograma** (kg), já foi definida como a massa de um litro de água a 4°C. (O volume de um litro é igual ao volume de um cubo de 10 cm de lado.) Assim como os padrões de tempo e comprimento, o padrão quilograma mudou ao longo do tempo. O quilograma[1] é agora definido como a massa de um determinado cilindro feito de uma liga de platina–irídio. Este cilindro, o chamado *corpo-padrão*, é mantido no Birô Internacional de Pesos e Medidas em Sèvres, na França. Uma réplica do corpo-padrão é mantida no NIST[2] (*National Institute of Standards and Technology*, o Instituto Nacional de Padrões e Tecnologia), em Gaithersburg, Maryland, Estados Unidos. Discutiremos o conceito de massa em detalhes no Capítulo 4, onde veremos que o peso de um objeto em dada localização é proporcional à sua massa. Assim, comparando pesos de diferentes objetos de tamanho comum com o peso do corpo-padrão, as massas dos objetos podem ser comparadas entre si.

O corpo-padrão é a massa de um cilindro feito de uma específica liga de platina–irídio que é guardado no Birô Internacional de Pesos e Medidas em Sèvres, França. (*© BIPM; www.bipm.org.*)

PREFIXOS DE UNIDADES

Às vezes torna-se necessário trabalhar com medidas que são muito menores ou muito maiores do que as unidades-padrão SI. Nessas situações podemos usar outras unidades, que são relacionadas às unidades-padrão SI por um múltiplo de dez. Prefixos são usados para designar as diferentes potências de dez. Por exemplo, o prefixo "quilo" significa 1000 ou 10^3, enquanto o prefixo "micro" significa 0,000 001 ou 10^{-6}. A Tabela 1-1 lista os prefixos dos mais comuns múltiplos das unidades SI. Estes prefixos podem se aplicados a qualquer unidade SI; por exemplo, 0,001 segundo é um milissegundo (ms) e 1 000 000 watts é 1 megawatt (MW).

PROBLEMA PRÁTICO 1-1

Use prefixos para descrever o seguinte: (*a*) o retardo na recepção de uma transmissão de televisão a cabo, que é próximo de 0,000 000 3 segundo e (*b*) a circunferência da Terra, que é próxima de 40 000 000 de metros.

OUTROS SISTEMAS DE UNIDADES

Além do SI, outros sistemas de unidades são às vezes utilizados. Um deles é o *sistema cgs*. As unidades fundamentais do sistema cgs são o centímetro para o comprimento, o grama para a massa e o segundo para o tempo. Outras unidades cgs incluem o dina (força) e o erg (trabalho ou energia).

[1] A réplica brasileira do quilograma-padrão é o protótipo de platina–irídio número 66, e é mantido sob a guarda do INMETRO. (N.T.)

[2] O órgão oficial brasileiro responsável pela padronização e assuntos de medição é o INMETRO (Instituto Nacional de Metrologia, Normalização e Qualidade Industrial), cujo endereço na internet é http://www.inmetro.gov.br. (N.T.)

Tabela 1-1 Prefixos para Potências de 10*

Múltiplo	Prefixo	Abreviatura
10^{18}	exa	E
10^{15}	peta	P
10^{12}	tera	T
$\mathbf{10^{9}}$	**giga**	**G**
$\mathbf{10^{6}}$	**mega**	**M**
$\mathbf{10^{3}}$	**quilo**	**k**
10^{2}	hecto	h
10^{1}	deca	da
10^{-1}	deci	d
$\mathbf{10^{-2}}$	**centi**	**c**
$\mathbf{10^{-3}}$	**mili**	**m**
$\mathbf{10^{-6}}$	**micro**	$\boldsymbol{\mu}$
$\mathbf{10^{-9}}$	**nano**	**n**
$\mathbf{10^{-12}}$	**pico**	**p**
10^{-15}	femto	f
10^{-18}	ato	a

* Os prefixos hecto (h), deca (da) e deci (d) não são múltiplos de 10^3 ou de 10^{-3} e são raramente usados. O outro prefixo que não é um múltiplo de 10^3 ou de 10^{-3} é o centi (c). Os prefixos usados com freqüência neste livro são impressos em negrito. Note que as abreviaturas de todos os prefixos múltiplos de 10^6 ou mais estão em letras maiúsculas, e todas as outras em letras minúsculas.

Você também já deve conhecer o sistema de unidades dos americanos. Neste sistema, a unidade básica do comprimento é o pé e a unidade básica do tempo é o segundo. Também, uma unidade de força (a libra-força), em vez de uma unidade de massa, é considerada uma unidade básica. Você verá no Capítulo 4 que a massa é uma escolha mais conveniente como unidade fundamental do que a força, porque massa é uma propriedade intrínseca de um objeto, independentemente de sua localização. As unidades básicas americanas são, hoje, definidas em termos das unidades básicas do SI.

1-3 CONVERSÃO DE UNIDADES

Como diferentes sistemas de unidades são utilizados, é importante saber como converter de uma unidade para outra. Quando quantidades físicas são somadas, subtraídas, multiplicadas, ou divididas em uma equação algébrica, a unidade pode ser tratada como qualquer outra quantidade algébrica. Por exemplo, suponha que você queira encontrar a distância percorrida em 3 horas (h) por um carro que se move à taxa constante de 80 quilômetros por hora (km/h). A distância é o produto da rapidez v pelo tempo t:

$$x = vt = \frac{80\ \text{km}}{\cancel{\text{h}}} \times 3\ \cancel{\text{h}} = 240\ \text{km}$$

Cancelamos a unidade de tempo, as horas, assim como faríamos com qualquer outra quantidade algébrica, para obter a distância na unidade apropriada de comprimento, o quilômetro. Este modo de tratar unidades torna fácil a conversão de uma unidade de distância para outra. Agora, suponha que queiramos converter as unidades de nosso resultado de quilômetros (km) para milhas (mi). Primeiro, precisamos encontrar a relação entre quilômetros e milhas, que é 1 mi = 1,609 km (veja as páginas iniciais do livro ou o Apêndice A). Então, dividimos cada lado desta igualdade por 1,609 para obter

$$\frac{1\ \text{mi}}{1{,}609\ \text{km}} = 1$$

Note que a relação é uma razão igual a 1. Uma razão como (1 mi)/(1,609 km) é chamada de **fator de conversão**, que é uma razão igual a 1 e representa a quantidade expressa em alguma unidade, ou unidades, dividida pelo equivalente expresso em

! Se as unidades da quantidade e o fator de conversão não combinam para dar as unidades finais desejadas, a conversão não foi adequadamente realizada.

alguma outra unidade, ou unidades. Como qualquer quantidade pode ser multiplicada por 1 sem alterar seu valor, podemos multiplicar a quantidade original pelo fator de conversão para converter as unidades:

$$240 \text{ km} = 240 \cancel{\text{km}} \times \frac{1 \text{ mi}}{1{,}609 \cancel{\text{km}}} = 149 \text{ mi}$$

Escrevendo explicitamente as unidades e cancelando-as, você não precisa se questionar se deve multiplicar ou dividir por 1,609 para mudar de quilômetros para milhas, porque as unidades lhe dizem se você escolheu o fator correto ou o incorreto.

Exemplo 1-1 Usando Fatores de Conversão

Viajando a serviço, você se encontra em um país onde os sinais de trânsito fornecem as distâncias em quilômetros e os velocímetros dos automóveis são calibrados em quilômetros por hora. Se você está dirigindo a 90 km/h, quão rápido você está viajando em metros por segundo e em milhas por hora?

SITUAÇÃO Primeiro, temos que encontrar os fatores de conversão apropriados de horas para segundos e de quilômetros para metros. Podemos usar o fato de que 1000 m = 1 km e 1 h = 60 min = 3600 s. A quantidade 90 km/h é multiplicada pelos fatores de conversão, de forma a cancelar as unidades indesejadas. (Cada fator de conversão tem o valor 1 e, portanto, o valor da rapidez não varia.) Para converter para milhas por hora, utilizamos o fator de conversão 1 mi/1,609 km.

SOLUÇÃO

1. Multiplique 90 km/h pelos fatores de conversão 1 h/3600 s e 1000 m/1 km, para converter km para m e h para s:

$$\frac{90 \cancel{\text{km}}}{\cancel{\text{h}}} \times \frac{1 \cancel{\text{h}}}{3600 \text{ s}} \times \frac{1000 \text{ m}}{1 \cancel{\text{km}}} = \boxed{25 \text{ m/s}}$$

2. Multiplique 90 km/h por 1 mi/1,609 km:

$$\frac{90 \cancel{\text{km}}}{\text{h}} \times \frac{1 \text{ mi}}{1{,}609 \cancel{\text{km}}} = \boxed{56 \text{ mi/h}}$$

CHECAGEM Note que as unidades finais estão corretas, em cada passo. Se você não tivesse utilizado corretamente os fatores de conversão, por exemplo multiplicando por 1 km/1000 m em vez de 1000 m/1 km, as unidades finais não teriam sido corretas.

INDO ALÉM O passo 1 pode ser encurtado escrevendo 1 h/3600 s como 1 h/3,6 ks e cancelando os prefixos em ks e km. Isto é,

$$\frac{90 \cancel{\text{k}}\text{m}}{\cancel{\text{h}}} \times \frac{1 \cancel{\text{h}}}{3{,}6 \cancel{\text{k}}\text{s}} = \boxed{25 \text{ m/s}}$$

Cancelar estes prefixos equivale a dividir o numerador e o denominador por 1000.

Você pode achar útil memorizar os resultados de conversão do Exemplo 1-1. Estes resultados são

$$25 \text{ m/s} = 90 \text{ km/h} \approx (60 \text{ mi/h})$$

Conhecer estes valores ajuda na conversão rápida de magnitudes de velocidade para unidades que lhe sejam mais familiares.

1-4 DIMENSÕES DE QUANTIDADES FÍSICAS

Lembre-se de que uma quantidade física inclui um número e uma unidade. A unidade nos diz o padrão que está sendo utilizado para a medida e o número nos dá a comparação da quantidade com o padrão. Para dizer *o que* você está medindo, no entanto, você precisa estabelecer a *dimensão* da quantidade física. Comprimento, tempo e massa são dimensões. A distância d entre dois objetos tem a dimensão de comprimento. Expressamos esta relação como $[d] = \text{L}$, onde $[d]$ representa a dimensão da distância d e L representa a dimensão de comprimento. Todas as dimensões são representadas por letras maiúsculas em estilo normal (não itálico). As letras T e M representam as dimensões de tempo e massa, respectivamente. As dimensões de muitas quantidades podem ser escritas em termos dessas dimensões fundamentais. Por exemplo, a área A de uma superfície é encontrada multiplicando-se um comprimento por outro. Como área é o produto de dois comprimentos, diz-se que tem as dimensões de comprimento multiplicado por comprimento, ou comprimento ao quadrado, escrito como $[A] = L^2$. Nesta equação, $[A]$ representa a dimensão da quantidade A e L representa a dimensão de comprimento. Rapidez tem as dimensões de comprimento dividido por tempo, ou L/T. As dimensões de outras quantidades, como força ou energia, são escritas em termos das quantidades fundamentais comprimento, tempo e massa. Somar ou subtrair duas quantidades físicas só faz sentido se as quantidades têm as mesmas dimensões. Por exemplo, não podemos somar uma área a uma rapidez para obter um resultado que tenha significado. Na equação

$$A = B + C$$

as quantidades A, B e C devem todas ter as mesmas dimensões. A soma de B com C também requer que estas quantidades estejam nas mesmas unidades. Por exemplo, se B é uma área de 500 in^2 e C vale 4 ft^2, devemos ou converter B para pés quadrados ou converter C para polegadas quadradas para efetuar a soma das duas áreas.

Você pode encontrar, com freqüência, erros em um cálculo checando as dimensões ou as unidades em seu resultado. Suponha, por exemplo, que você, erradamente, utilize a fórmula $A = 2\pi r$ para a área de um círculo. Você pode imediatamente perceber que isto não está correto, porque $2\pi r$ tem a dimensão de comprimento, enquanto uma área deve ter as dimensões de quadrado de comprimento.

> ! A avaliação das dimensões de uma expressão lhe dirá apenas se as dimensões estão corretas, não se toda a expressão está correta. Ao expressar a área de um círculo, por exemplo, a análise dimensional não lhe dirá se a expressão correta é πr^2 ou $2\pi r^2$. (A expressão correta é πr^2.)

Exemplo 1-2 Dimensões de Pressão

A pressão P em um fluido em movimento depende de sua massa específica ρ e de sua rapidez v. Encontre uma combinação simples de massa específica e rapidez que tenha as dimensões corretas de pressão.

SITUAÇÃO Usando a Tabela 1-2, podemos ver que pressão tem as dimensões $M/(LT^2)$, massa específica é M/L^3 e rapidez é L/T. Além disso, ambas as dimensões de pressão e massa específica possuem massa no numerador, enquanto as dimensões de rapidez não contêm massa. Portanto, a expressão deve envolver a multiplicação, ou a divisão, das dimensões de massa específica pelas dimensões de rapidez para se incluir a unidade de massa nas dimensões de pressão. Para encontrar a relação correta, podemos começar dividindo as dimensões de pressão pelas de massa específica e então avaliar o resultado em comparação com as dimensões de rapidez.

SOLUÇÃO

1. Divida as dimensões de pressão pelas de massa específica para obter uma expressão com M:

$$\frac{[P]}{[\rho]} = \frac{M/LT^2}{M/L^3} = \frac{L^2}{T^2}$$

2. Por inspeção, notamos que o resultado tem dimensões de v^2. As dimensões de pressão são, então, as mesmas da massa específica multiplicada pelo quadrado da rapidez:

$$[P] = [\rho][v^2] = \frac{M}{L^3} \times \left(\frac{L}{T}\right)^2 = \frac{M}{L^3} \times \frac{L^2}{T^2} = \boxed{\frac{M}{LT^2}}$$

CHECAGEM Divida as dimensões de pressão pelas dimensões de rapidez ao quadrado e o resultado são as dimensões de densidade: $[P]/[v^2] = (M/LT^2)/(L^2/T^2) = M/L^3 = [\rho]$.

1-5 ALGARISMOS SIGNIFICATIVOS E ORDEM DE GRANDEZA

Muitos dos números em ciência são o resultado de medidas e são, portanto, conhecidos apenas dentro de um certo grau de incerteza experimental. A magnitude da incerteza, que depende tanto da habilidade do experimentador quanto do equipamento utilizado, pode, com freqüência, ser apenas estimada. Uma indicação aproximada da incerteza em uma medida é dada pelo número de algarismos utilizados. Por exemplo, se uma etiqueta sobre a mesa em uma loja de móveis indica que a mesa tem 2,50 m de comprimento, ela está informando que seu comprimento é próximo de, mas não exatamente, 2,50 m. O último algarismo à direita, o 0, não tem precisão. Utilizando uma fita métrica com marcas de milímetros para medir o comprimento da mesa cuidadosamente, poderíamos verificar estarmos medindo o comprimento com uma variação de até ±0,6 mm de seu comprimento real. Indicaríamos esta precisão informando o comprimento usando quatro algarismos, como em 2,503 m. Um algarismo confiável conhecido (além do zero usado para localizar a vírgula decimal) é chamado de **algarismo significativo**. O número 2,50 tem três algarismos significativos; 2,503 m tem quatro. O número 0,00130 tem três algarismos significativos. (Os primeiros três zeros não são algarismos significativos, mas apenas marcadores para localizar a vírgula decimal.) O número 2300,0 tem cinco algarismos significativos, mas o número 2300 (o mesmo que 2300,0, mas sem a vírgula decimal) pode ter apenas dois ou até quatro algarismos significativos. O número de algarismos significativos em números com uma sucessão de zeros à direita e sem vírgula decimal é ambíguo.

Tabela 1-2 Dimensões de Quantidades Físicas

Quantidade	Símbolo	Dimensão
Área	A	L^2
Volume	V	L^3
Rapidez	v	L/T
Aceleração	a	L/T^2
Força	F	ML/T^2
Pressão (F/A)	p	M/LT^2
Massa específica (M/V)	ρ	M/L^3
Energia	E	ML^2/T^2
Potência (E/T)	P	ML^2/T^3

Suponha, por exemplo, que você avalie a área de um campo circular medindo o raio e usando a fórmula para a área do círculo, $A = \pi r^2$. Se você estimou o raio como 8 m e usa uma calculadora de 10 dígitos para computar a área, você obtém $\pi(8\text{ m})^2 = 201{,}0619298\text{ m}^2$. Os algarismos após a vírgula decimal dão uma falsa indicação da precisão com que você conhece a área. Para determinar o número apropriado de algarismos significativos em cálculos envolvendo multiplicação e divisão, você pode seguir esta regra geral:

CHECAGEM CONCEITUAL 1-1

Quantos algarismos significativos tem o número 0,010457?

> Quando multiplicando ou dividindo quantidades, o número de algarismos significativos da resposta final não é maior que aquele da quantidade com o menor número de algarismos significativos.

No exemplo anterior, o raio é conhecido apenas com um algarismo significativo, de forma que a área também é conhecida com um algarismo significativo, ou 200 m². Este número indica que a área vale algo entre 150 m² e 250 m².

A precisão da soma ou da diferença de medidas é apenas a precisão da *menos* precisa das medidas. Uma regra geral é:

> Quando adicionando ou subtraindo quantidades, o número de casas decimais da resposta deve coincidir com o do termo com o menor número de casas decimais.

! Valores exatos têm um número ilimitado de algarismos significativos. Por exemplo, o valor determinado ao se contar duas mesas não é incerto, é um valor exato. Também, o fator de conversão 1 m/100 cm é um valor exato porque 1 m *é* exatamente igual a 100 cm.

! Quando você trabalha com números que contêm incertezas, você deve cuidar para não incluir mais algarismos do que a certeza da medida pode garantir.

Exemplo 1-3 Algarismos Significativos

Subtraia 1,040 de 1,21342.

SITUAÇÃO O primeiro número, 1,040, tem apenas três algarismos significativos além da vírgula decimal, enquanto o segundo, 1,21342, tem cinco. De acordo com a regra estabelecida para a adição e a subtração de números, a diferença pode ter apenas três algarismos significativos além da vírgula decimal.

SOLUÇÃO Subtraia os números, mantendo apenas três algarismos além da vírgula decimal:

$$1{,}21342 - 1{,}040 = 0{,}17342 = \boxed{0{,}173}$$

CHECAGEM A resposta não pode ser mais precisa que o número menos preciso, ou 1,040. A resposta tem o mesmo número de algarismos significativos, além da vírgula decimal, que 1,040.

INDO ALÉM Neste exemplo, os números dados têm quatro e seis algarismos significativos, mas a diferença tem apenas três algarismos significativos. A maioria dos exemplos e exercícios deste livro serão feitos com dados até dois, três, ou, ocasionalmente, quatro algarismos significativos.

PROBLEMA PRÁTICO 1-2 Aplique a regra de algarismos significativos apropriada para calcular o seguinte: (*a*) 1,58 × 0,03; (*b*) 1,4 + 2,53; (*c*) 2,456 − 2,453.

NOTAÇÃO CIENTÍFICA

Quando trabalhamos com números muito grandes ou muito pequenos, podemos mostrar os algarismos significativos mais facilmente utilizando a notação científica. Nesta notação, o número é escrito como o produto de um número entre 1 e 10 e uma potência de 10, como 10^2 (= 100) ou 10^3 (= 1000). Por exemplo, o número 12 000 000 é escrito como $1{,}2 \times 10^7$; a distância da Terra ao Sol, que é aproximadamente de 150 000 000 000 m, é escrita como $1{,}5 \times 10^{11}$ m. Supusemos que nenhum dos sucessivos zeros à direita, neste número, é significativo. Se dois desses zeros fossem significativos, teríamos expressado isto, sem ambigüidade, escrevendo o número como $1{,}500 \times 10^{11}$ m. O número 11 em 10^{11} é chamado de expoente. Para números menores que 1, o expoente é negativo. Por exemplo, $0{,}1 = 10^{-1}$ e $0{,}0001 = 10^{-4}$. O diâmetro de um vírus, que é aproximadamente igual 0,000 000 01 m, é escrito como 1×10^{-8} m. Note que, escrevendo números desta forma, você pode facilmente identificar o número de algarismos significativos. Por exemplo, $1{,}5 \times 10^{11}$ m contém dois algarismos significativos (1 e 5).

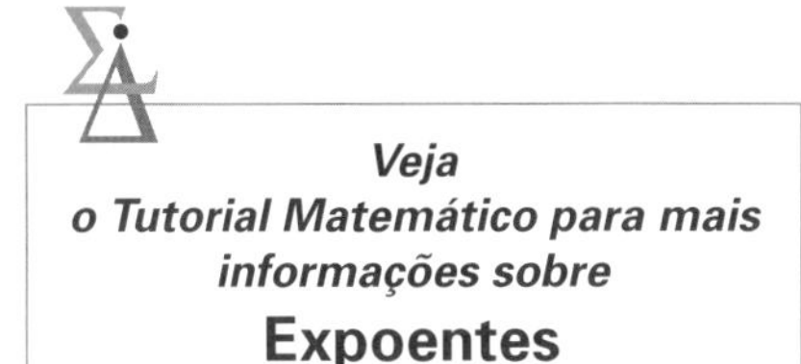

Veja
o Tutorial Matemático para mais informações sobre
Expoentes

PROBLEMA PRÁTICO 1-3

Aplique a regra apropriada de algarismos significativos para calcular $2{,}34 \times 10^2 + 4{,}93$.

Utilize a seguinte Estratégia para Solução de Problemas para efetuar cálculos com números na notação científica.

ESTRATÉGIA PARA SOLUÇÃO DE PROBLEMAS

Notação Científica

SITUAÇÃO Se os números envolvidos em um cálculo são muito grandes ou muito pequenos, você pode querer reescrevê-los em notação científica. Esta notação torna, com freqüência, mais fácil a determinação do número de algarismos significativos que um número possui e facilita a realização de cálculos.

SOLUÇÃO Use estes itens para resolver problemas que envolvem notação científica.

1. Quando números em notação científica são multiplicados, os expoentes são adicionados; quando números em notação científica são divididos, os expoentes são subtraídos.

   Exemplo: $10^2 \times 10^3 = 100 \times 1.000 = 100\,000 = 10^5$

   Exemplo: $\dfrac{10^2}{10^3} = \dfrac{100}{1000} = \dfrac{1}{10} = 10^{-1}$

2. Em notação científica, 10^0 é definido como 1. Para ver o por quê, vamos dividir 1000 por 1000.

   Exemplo: $\dfrac{1000}{1000} = \dfrac{10^3}{10^3} = 10^{3-3} = 10^0 = 1$

3. Tenha cuidado ao somar ou subtrair números escritos em notação científica quando seus expoentes não coincidem.

   Exemplo: $(1{,}200 \times 10^2) + (8 \times 10^{-1}) = 120{,}0 + 0{,}8 = 120{,}8$

4. Para encontrar a soma sem converter os dois números na forma decimal ordinária, reescreva um dos números de forma a que sua potência de 10 seja a mesma do outro.

   Exemplo: $(1200 \times 10^{-1}) + (8 \times 10^{-1}) = 1208 \times 10^{-1} = 120{,}8$

5. Quando elevando uma potência a outra potência, os expoentes são multiplicados.

   Exemplo: $(10^2)^4 = 10^2 \times 10^2 \times 10^2 \times 10^2 = 10^8$

! Todos os expoentes são adimensionais e não possuem unidades.

CHECAGEM Esteja certo de que, ao converter números menores que um para notação científica, o expoente é negativo. Você também deve atentar para quando os expoentes devem ser adicionados, subtraídos ou multiplicados, porque a realização da operação errada pode levar seu resultado a uma imprecisão em potências de 10.

INDO ALÉM Durante um cálculo, evite entrar com resultados intermediários via teclado. Em vez disso, armazene esses resultados na memória da calculadora. Se você precisa introduzir resultados intermediários via teclado, digite um ou dois algarismos (não significativos) a mais, chamados de *algarismos de guarda*. Esta prática serve para minimizar erros de arredondamento.

Exemplo 1-4 Quanto de Água?

Um litro (L) é o volume de um cubo de 10 cm por 10 cm por 10 cm. Se você bebe (exatamente) 1 L de água, qual o volume ocupado em seu estômago, em centímetros cúbicos e em metros cúbicos?

SITUAÇÃO O volume V de um cubo de lado ℓ é ℓ^3. O volume em centímetros cúbicos é encontrado diretamente de $\ell = 10$ cm. Para encontrar o volume em metros cúbicos, converta cm^3 para m^3 usando o fator de conversão $1 \text{ cm} = 10^{-2}$ m.

SOLUÇÃO

1. Calcule o volume em cm^3:

$$V = \ell^3 = (10 \text{ cm})^3 = 1000 \text{ cm}^3 = \boxed{10^3 \text{ cm}^3}$$

2. Converta para m^3:

$$10^3 \text{ cm}^3 = 10^3 \text{ cm}^3 \times \left(\frac{10^{-2} \text{ m}}{1 \text{ cm}}\right)^3$$

Observe que o fator de conversão (que é igual a 1) pode ser elevado à terceira potência sem que seu valor se altere, permitindo o cancelamento das unidades apropriadas.

$$= 10^3 \text{ cm}^3 \times \frac{10^{-6} \text{ m}^3}{1 \text{ cm}^3} = \boxed{10^{-3} \text{ m}^3}$$

CHECAGEM Note que as respostas são em centímetros cúbicos e em metros cúbicos. Estes resultados estão consistentes com o fato de volume ter dimensões de comprimento ao cubo. Note, também, que a quantidade física 10^3 é maior que a quantidade física 10^{-3}, o que é consistente com o fato de um metro ser maior que um centímetro.

Exemplo 1-5 Contando Átomos

Em 12,0 g de carbono há $N_A = 6{,}02 \times 10^{23}$ átomos de carbono (número de Avogadro). Se você pudesse contar um átomo por segundo, quanto tempo levaria para contar os átomos em 1,00 g de carbono? Expresse sua resposta em anos.

SITUAÇÃO Precisamos encontrar o número total de átomos a serem contados, N, e então usar o fato de que o número contado é igual à taxa de contagem R multiplicada pelo tempo t.

SOLUÇÃO

1. O tempo está relacionado com o número total de átomos, N, e a taxa de contagem $R = 1$ átomo/s:

$$N = Rt$$

2. Encontre o número de átomos de carbono em 1,00 g:

$$N = \frac{6{,}02 \times 10^{23} \text{ átomos}}{12{,}0 \text{ g}} = 5{,}02 \times 10^{22} \text{ átomos}$$

3. Calcule o número de segundos que leva para contá-los a 1 por segundo:

$$t = \frac{N}{R} = \frac{5{,}02 \times 10^{22} \text{ átomos}}{1 \text{ átomo/s}} = 5{,}02 \times 10^{22} \text{ s}$$

4. Calcule o número n de segundos em um ano:

$$n = \frac{365 \text{ d}}{1{,}00 \text{ ano}} \times \frac{24 \text{ h}}{1 \text{ d}} \times \frac{3600 \text{ s}}{1 \text{ h}} = 3{,}15 \times 10^7 \text{ s/ano}$$

5. Use o fator de conversão $3{,}15 \times 10^7$ s/a (uma quantidade útil a ser lembrada) para converter a resposta do passo 3 em anos:

$$t = 5{,}02 \times 10^{22} \text{ s} \times \frac{1{,}00 \text{ ano}}{3{,}15 \times 10^7 \text{ s}}$$

$$= \frac{5{,}02}{3{,}15} \times 10^{22-7} \text{ anos} = \boxed{1{,}59 \times 10^{15} \text{ anos}}$$

CHECAGEM A resposta pode ser checada fazendo uma estimativa. Se você precisa de aproximadamente 10^{22} segundos para contar o número de átomos em um grama de carbono e há aproximadamente 10^7 segundos em um ano, então você precisa de $10^{22}/10^7 = 10^{15}$ anos.

INDO ALÉM O tempo requerido é da ordem de 100 000 vezes a idade do universo atualmente aceita.

PROBLEMA PRÁTICO 1-4 Quanto tempo levaria para 5 bilhões (5×10^9) de pessoas contarem os átomos em 1 g de carbono?

ORDEM DE GRANDEZA

Fazendo cálculos aproximados, às vezes arredondamos um número para a mais próxima potência de 10. Tal número é chamado de **ordem de grandeza**. Por exemplo, a altura de uma formiga de 8×10^{-4} m é aproximadamente 10^{-3} m. Dizemos que a ordem de grandeza da altura de uma formiga é 10^{-3} m. De forma semelhante, apesar de a altura típica da maior parte das pessoas ser próxima de 2 m, arredondamos isto e dizemos que $h \sim 10^0$ m, onde o símbolo $\sim$ significa "é da ordem de grandeza de". Dizendo $h \sim 10^0$ m, não estamos dizendo que uma altura típica é realmente 1 m, mas que está mais perto de 1 m do que de 10 m ou de 10^{-1} m. Podemos dizer que um ser humano é três ordens de grandeza mais alto que uma formiga, o que significa que a razão das alturas é aproximadamente 1000 para 1. Uma ordem de grandeza não informa nenhum algarismo confiável conhecido, e, portanto, não tem algarismos significativos. A Tabela 1-3 fornece alguns valores de ordem de grandeza para uma variedade de tamanhos, massas e intervalos de tempo encontrados em física.

Em muitos casos, a ordem de grandeza de uma quantidade pode ser estimada usando-se suposições plausíveis e cálculos simples. O físico Enrico Fermi era um mestre em usar estimativas de ordem de grandeza para encontrar respostas para questões que pareciam impossíveis de calcular devido à falta de informações. Problemas como esses são com freqüência chamados de **questões de Fermi**. Os exemplos seguintes são questões de Fermi.

Moléculas de benzeno têm diâmetro da ordem de 10^{-10} m quando vistas em um microscópio por varredura eletrônica.

O diâmetro da galáxia Andrômeda é da ordem de 10^{21} m.

Distâncias familiares de nosso dia-a-dia. A altura da mulher é da ordem de 10^0 m e a da montanha é da ordem de 10^4 m.

Tabela 1-3 O Universo em Ordens de Grandeza

Tamanho ou Distância	(m)	Massa	(kg)	Intervalo de Tempo	(s)
Próton	10^{-15}	Elétron	10^{-30}	Tempo para a luz atravessar o núcleo	10^{-23}
Átomo	10^{-10}	Próton	10^{-27}	Período da radiação da luz visível	10^{-15}
Vírus	10^{-7}	Aminoácido	10^{-25}	Período de microondas	10^{-10}
Ameba gigante	10^{-4}	Hemoglobina	10^{-22}	Meia-vida do múon	10^{-6}
Noz	10^{-2}	Vírus da gripe	10^{-19}	Período do som audível mais alto	10^{-4}
Ser humano	10^0	Ameba gigante	10^{-8}	Período do batimento cardíaco humano	10^0
Montanha mais alta	10^4	Gota de chuva	10^{-6}	Meia-vida do nêutron livre	10^3
Terra	10^7	Formiga	10^{-4}	Período de rotação da Terra	10^5
Sol	10^9	Ser humano	10^2	Período de revolução da Terra em torno do Sol	10^7
Distância da Terra ao Sol	10^{11}	Foguete Saturno V	10^6	Tempo de vida do ser humano	10^9
Sistema solar	10^{13}	Pirâmide	10^{10}	Meia-vida do plutônio-239	10^{12}
Distância à estrela mais próxima	10^{16}	Terra	10^{24}	Tempo de vida de uma cordilheira	10^{15}
Via Láctea	10^{21}	Sol	10^{30}	Idade da Terra	10^{17}
Universo visível	10^{26}	Via Láctea	10^{41}	Idade do universo	10^{18}
		Universo	10^{52}		

Exemplo 1-6 Queimando Borracha

Que espessura de borracha da banda de rodagem do pneu de seu automóvel é gasta quando você viaja 1 km?

SITUAÇÃO Vamos supor que a espessura da banda de rodagem de um pneu novo é 1 cm. Esta estimativa pode estar errando por um fator de 2 ou um pouco mais, mas 1 mm é certamente muito pequeno e 10 cm é muito grande. Como os pneus devem ser substituídos após uns 60 000 km, vamos também supor que a banda de rodagem é completamente consumida após 60 000 km. Em outras palavras, a taxa de desgaste é 1 cm de pneu por 60 000 km de viagem.

SOLUÇÃO Use 1 cm de desgaste por 60 000 km de viagem para computar a espessura gasta após 1 km de viagem:

$$\frac{1\text{ cm gasto}}{60000\text{ km viajado}} = \frac{1{,}7 \times 10^{-5}\text{ cm gasto}}{1\text{ km viajado}}$$

$$\approx \boxed{2 \times 10^{-7}\text{ m gasto por km viajado}}$$

CHECAGEM Se você multiplica $1{,}7 \times 10^{-5}$ cm/km por 60 000 km, obterá aproximadamente 1 cm, que é a espessura da banda de rodagem de um pneu novo.

INDO ALÉM O diâmetro dos átomos é de aproximadamente 2×10^{-10} m. Então, a espessura gasta em cada quilômetro de viagem é aproximadamente igual a 1000 diâmetros atômicos.

Exemplo 1-7 Quantos Grãos

Rico em Contexto

Você ficou detido por dormir em aula. Seu professor diz que você pode ser liberado mais cedo se fizer uma estimativa do número de grãos de areia em uma praia. Você decide que vale a pena tentar.

SITUAÇÃO Primeiro, você faz algumas suposições sobre o tamanho da praia e o tamanho de cada grão de areia. Vamos supor que a praia tenha perto de 500 m de extensão, uma largura de 100 m e 3 m de profundidade. Procurando na Internet, você aprende que o diâmetro de um grão varia de 0,04 mm até 2 mm. Você supõe que cada grão é uma esfera de 1 mm de diâmetro. Vamos, também, supor que os grãos são agregados tão compactamente que o volume do espaço entre os grãos é desprezível em comparação com o volume da própria areia.

SOLUÇÃO

1. O volume V_P da praia é igual ao número N de grãos vezes o volume V_G de cada grão:

$$V_P = NV_G$$

2. Usando a fórmula para o volume de uma esfera, encontre o volume de um único grão de areia:

$$V_G = \frac{4}{3}\pi R^3$$

3. Resolva para o número de grãos. Os números que supusemos são especificados com apenas um algarismo significativo, de forma que a resposta será expressa com um algarismo significativo:

$$V_P = NV_G = N\frac{4}{3}\pi R^3$$

então

$$N = \frac{3V_P}{4\pi R^3} = \frac{3(500\text{ m})(100\text{ m})(3\text{ m})}{4\pi(0{,}5 \times 10^{-3}\text{ m})^3} = 2{,}9 \times 10^{14} \approx \boxed{3 \times 10^{14}}$$

CHECAGEM Para checar a resposta, divida o volume da praia pelo número de grãos contidos na praia. O resultado é $1{,}5 \times 10^5\text{ m}^3/3 \times 10^{14}$ grãos $= 5 \times 10^{-10}\text{ m}^3$/grão. Este resultado é a estimativa do volume de um grão de areia, ou $4/3[\pi(5 \times 10^{-4}\text{ m})^3]$.

INDO ALÉM O volume do espaço entre os grãos pode ser encontrado enchendo, inicialmente, um recipiente de um litro com areia seca, e depois lentamente despejando água no recipiente até a areia ficar saturada com água. Se supomos que um décimo de um litro de água é necessário para saturar completamente a areia no recipiente, o volume real da areia no recipiente de um litro é de apenas nove décimos de um litro. Nossa estimativa do número de grãos na praia é muito alta. Levando em conta que a areia ocupa, na realidade, digamos, apenas 90 por cento do volume do seu recipiente, o número de grãos na praia será apenas 90 por cento do valor obtido no passo 3 de nossa solução.

PROBLEMA PRÁTICO 1-5 Quantos grãos de areia existem em uma faixa de praia de 2 km que tem a largura de 500 m? *Dica: Suponha a areia com uma profundidade de* 3,00 m *e o diâmetro do grão de areia igual a* 1,00 mm.

1-6 VETORES

Se um objeto se move em linha reta, podemos descrever seu movimento informando quão longe e com que rapidez ele se move, e se ele se move para a esquerda ou para

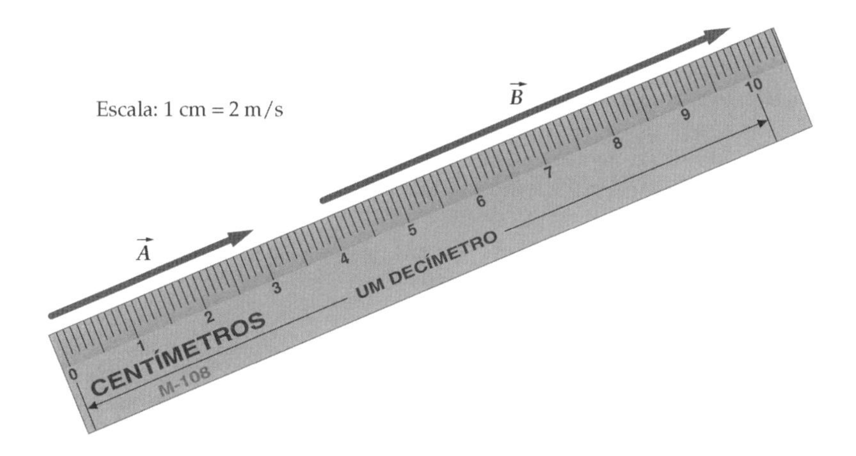

FIGURA 1-2 Os vetores velocidade $\vec{A}$ e $\vec{B}$ têm as magnitudes de 6 m/s e 12 m/s, respectivamente. As setas que os representam estão desenhadas na escala 1 cm = 2 m/s, e, portanto, têm os comprimentos de 3 e de 6 cm.

a direita da origem. Mas, quando observamos o movimento de um objeto que se move em duas ou três dimensões, necessitamos de mais que apenas sinais de mais e de menos para indicar a orientação[3]. Quantidades que têm magnitude[4] e orientação, como velocidade, aceleração e força, são chamadas de **vetores**. Quantidades com magnitude, mas sem uma orientação associada, tais como a rapidez[5], massa, volume e tempo, são chamadas de **escalares**.

Representamos um vetor graficamente utilizando uma seta. O comprimento da seta, desenhada em escala, indica a magnitude da quantidade vetorial. A orientação da seta indica a orientação da quantidade vetorial. A Figura 1-2 mostra, por exemplo, uma representação gráfica de dois vetores velocidade. Um vetor velocidade tem o dobro da magnitude do outro. Denotamos vetores com letras em itálico encimadas por uma seta, $\vec{A}$. A magnitude de $\vec{A}$ é escrita $|\vec{A}|$, $\|\vec{A}\|$, ou simplesmente A. Para os vetores da Figura 1-2, $A = |\vec{A}| = 6$ m/s e $B = |\vec{B}| = 12$ m/s.

! Trabalhando com vetores, você deve sempre desenhar uma seta sobre a letra, para indicar a quantidade vetorial. A letra sem a seta indica apenas a magnitude da quantidade vetorial. Note que a magnitude de um vetor nunca é negativa.

1-7 PROPRIEDADES GERAIS DOS VETORES

Tal como as quantidades escalares, as quantidades vetoriais podem ser somadas, subtraídas e multiplicadas. No entanto, a manipulação algébrica de vetores requer que se leve em conta sua orientação. Nesta seção, examinaremos algumas das propriedades gerais dos vetores e como trabalhar com eles (a multiplicação de dois vetores será discutida nos Capítulos 6 e 9). Ao longo de quase toda a discussão, consideraremos vetores deslocamento — vetores que representam mudança de posição — porque eles são os vetores mais básicos. No entanto, tenha em mente que as propriedades se aplicam a todos os vetores, não apenas a vetores deslocamento.

DEFINIÇÕES BÁSICAS

Se um objeto se desloca de uma posição A para uma posição B, podemos representar o seu deslocamento por uma seta que aponta de A para B, como mostra a Figura 1-3*a*. O comprimento da seta representa a distância, ou magnitude, entre as duas posições. A orientação da seta representa a orientação de A para B. Um vetor deslocamento é um segmento de reta, orientado da posição inicial para a posição final, que representa a mudança de posição de um objeto. Ele não necessariamente representa o caminho descrito pelo objeto. Por exemplo, na Figura 1-3*b*, o mesmo vetor deslocamento corresponde a todos os três caminhos entre os pontos A e B.

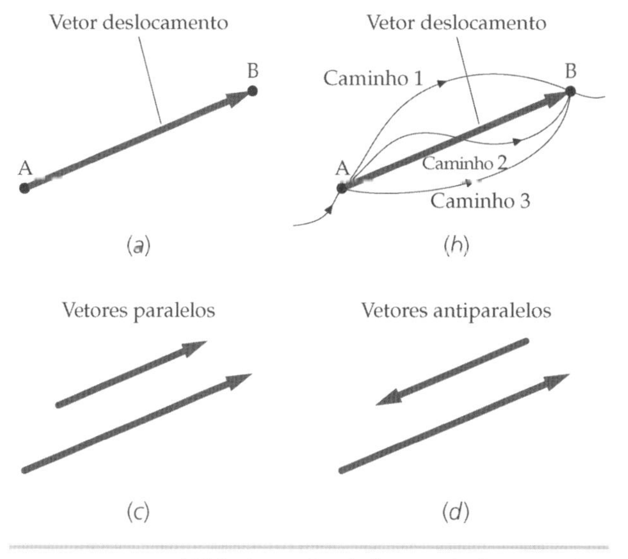

FIGURA 1-3 (*a*) Mostra o vetor deslocamento de um ponto A para um ponto B; (*b*) mostra o mesmo vetor deslocamento com três diferentes caminhos entre os dois pontos; (*c*) mostra o mesmo vetor deslocamento junto a um segundo vetor deslocamento que é paralelo a ele, mas de comprimento diferente; (*d*) mostra o mesmo vetor deslocamento junto a um vetor que é antiparalelo a ele (origem e ponta invertidos) e de comprimento diferente.

[3] O termo **orientação** ("direction", em inglês) engloba as duas noções, a de **direção** e a de **sentido**. (N.T.)
[4] A **magnitude** de um vetor também é conhecida como seu **módulo**. (N.T.)
[5] A rapidez, uma quantidade escalar, é a magnitude da velocidade, uma quantidade vetorial. (N.T.)

Se dois vetores deslocamento têm a mesma orientação, como mostrado na Figura 1-3*c*, eles são **paralelos**. Se eles têm orientações opostas, como mostrado na Figura 1-3*d*, eles são **antiparalelos**. Se dois vetores têm *ambas*, magnitude e orientação iguais, dizemos que eles são iguais. Graficamente, isto significa que eles têm o mesmo comprimento e são paralelos entre si. Um vetor pode ser desenhado em diferentes posições, desde que seja desenhado com a magnitude correta (comprimento) e com a orientação correta. Assim, todos os vetores da Figura 1-4 são iguais. Além disso, vetores não dependem do sistema de coordenadas usado para representá-los (exceto no caso de vetores posição, que são introduzidos no Capítulo 3). Dois ou três eixos coordenados mutuamente perpendiculares formam um sistema de coordenadas.

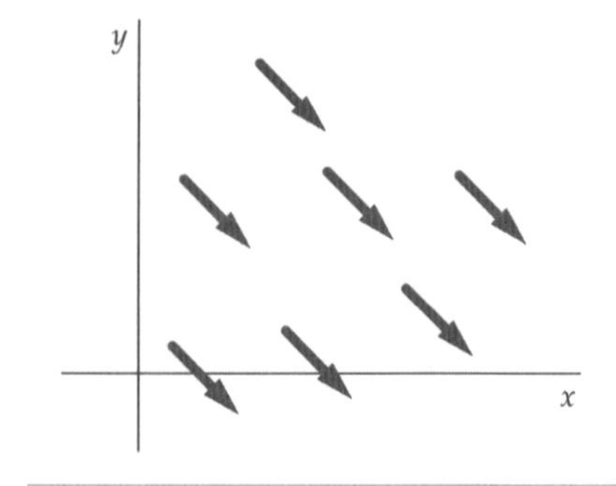

FIGURA 1-4 Vetores são iguais se suas magnitudes e orientações são as mesmas. Todos os vetores desta figura são iguais.

ADIÇÃO E SUBTRAÇÃO DE VETORES

Suponha que você decida caminhar por uma trilha através de uma floresta. A Figura 1-5 mostra seu caminho, movendo-se do ponto P_1 para um segundo ponto P_2 e, depois, para um terceiro ponto P_3. O vetor $\vec{A}$ representa seu deslocamento de P_1 para P_2, enquanto $\vec{B}$ representa seu deslocamento de P_2 para P_3. Note que estes vetores deslocamento dependem apenas dos pontos terminais, e não do caminho escolhido. Seu deslocamento *efetivo* de P_1 para P_3 é um novo vetor, indicado por $\vec{C}$ na figura, e é chamado de soma dos dois deslocamentos sucessivos $\vec{A}$ e $\vec{B}$:

$$\vec{C} = \vec{A} + \vec{B} \qquad \textbf{1-1}$$

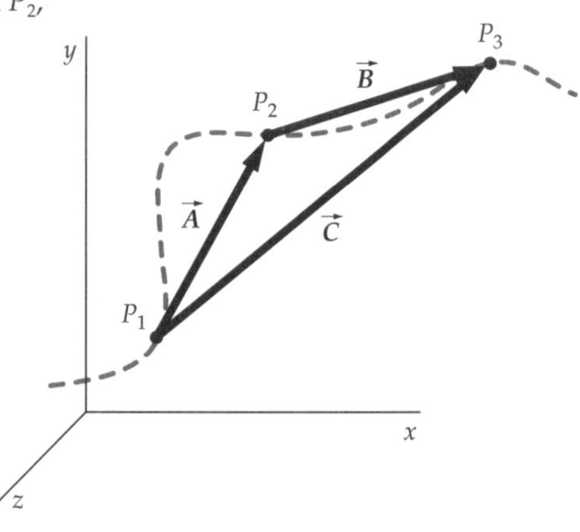

FIGURA 1-5

A soma de dois vetores é chamada de soma, **soma vetorial**, ou **resultante**.

O sinal de mais na Equação 1-1 se refere a um processo chamado de *soma vetorial*. Encontramos a soma usando um método geométrico que leva em conta ambas as magnitudes e as orientações das quantidades. Para somar dois vetores deslocamento graficamente, desenhamos o segundo vetor $\vec{B}$ com sua origem na ponta do primeiro vetor $\vec{A}$ (Figura 1-6). O vetor resultante é, então, traçado da origem do primeiro para a ponta do segundo. Este método de soma de vetores é chamado de **método geométrico**.

Um método equivalente de somar vetores, chamado de **método do paralelogramo**, requer que se desenhe $\vec{B}$ com a origem coincidindo com a origem de $\vec{A}$ (Figura 1-7). Uma diagonal do paralelogramo formado por $\vec{A}$ e $\vec{B}$ forma $\vec{C}$, como mostrado na Figura 1-7. Como você pode ver na figura, não faz diferença a ordem em que somamos os vetores; isto é, $\vec{A} + \vec{B} = \vec{B} + \vec{A}$. Assim, a soma vetorial obedece à lei comutativa.

Para somar mais de dois vetores — por exemplo, $\vec{A}$, $\vec{B}$ e $\vec{C}$ — primeiro somamos dois vetores (Figura 1-8) e depois somamos o terceiro vetor ao vetor soma dos dois

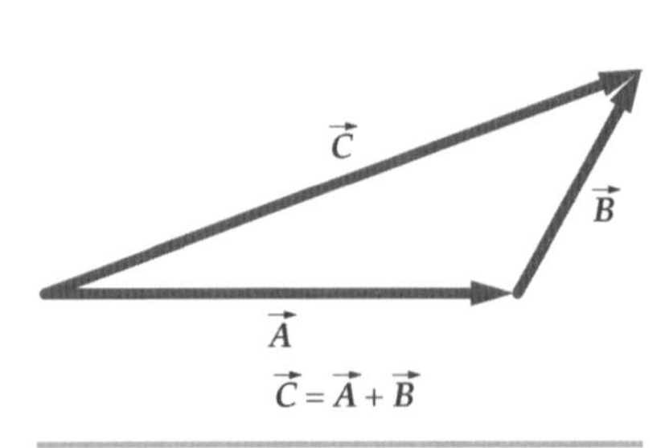

FIGURA 1-6 Método geométrico de soma de vetores.

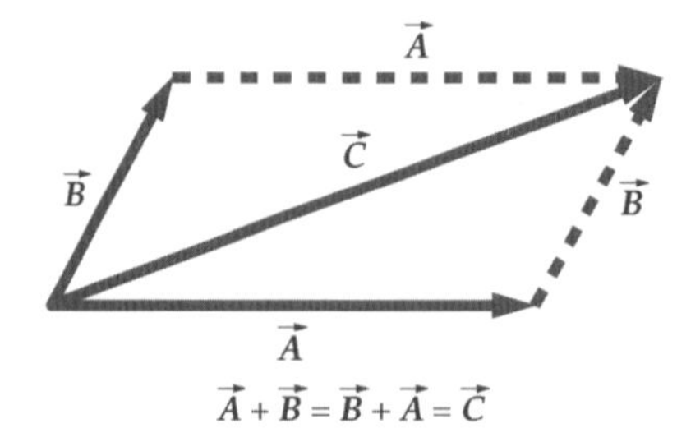

FIGURA 1-7 Método do paralelogramo de soma de vetores.

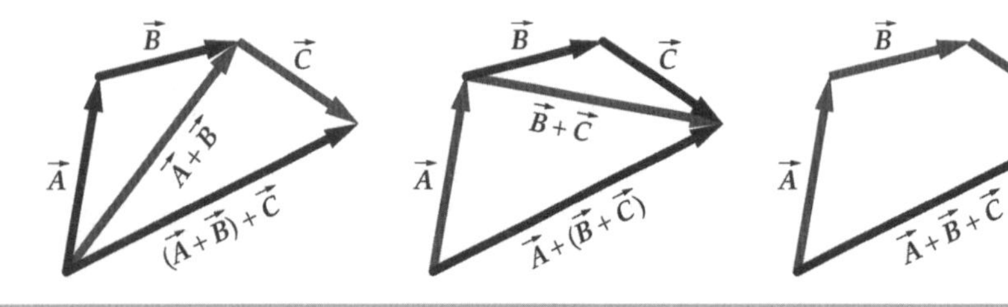

FIGURA 1-8 A soma vetorial é associativa. Isto é, $(\vec{A} + \vec{B}) + \vec{C} = \vec{A} + (\vec{B} + \vec{C})$.

primeiros. A ordem em que os vetores são agrupados antes da soma não importa; isto é, $(\vec{A}+\vec{B})+\vec{C}=\vec{A}+(\vec{B}+\vec{C})$. Isto mostra que, como na adição de números comuns, a soma vetorial é associativa.

Se os vetores $\vec{A}$ e $\vec{B}$ são iguais em magnitude e opostos em orientação, então o vetor $\vec{C}=\vec{A}+\vec{B}$ é um vetor de magnitude zero. Isto pode ser mostrado usando o método geométrico da soma vetorial para construir graficamente a soma $\vec{A}+\vec{B}$. Qualquer vetor de magnitude zero é o chamado vetor zero, $\vec{0}$. A orientação de um vetor de magnitude zero não tem significado, de forma que neste livro não utilizaremos notação vetorial para o vetor zero. Isto é, utilizaremos 0 em vez de $\vec{0}$, para denotar o vetor zero. Se $\vec{A}+\vec{B}=0$, então se diz que $\vec{B}$ é o negativo de $\vec{A}$, e vice-versa. Note que $\vec{B}$ é o negativo de $\vec{A}$ se $\vec{B}$ tem a mesma magnitude de $\vec{A}$, mas sentido oposto. O negativo de $\vec{A}$ é escrito como $-\vec{A}$ e, se $\vec{A}+\vec{B}=0$, então $\vec{B}=-\vec{A}$ (Figura 1-9).

Para subtrair o vetor $\vec{B}$ do vetor $\vec{A}$, some o negativo de $\vec{B}$ com $\vec{A}$. O resultado é $\vec{C}=\vec{A}-\vec{B}=\vec{A}+(-\vec{B})$ (Figura 1-10*a*). Um método alternativo para subtrair $\vec{B}$ de $\vec{A}$ é somar $\vec{B}$ a ambos os lados da equação $\vec{C}=\vec{A}+(-\vec{B})$ para obter $\vec{B}+\vec{C}=\vec{A}$, e depois graficamente somar $\vec{B}$ com $\vec{C}$ para obter $\vec{A}$ usando o método geométrico. Isto é feito primeiro desenhando $\vec{A}$ e $\vec{B}$ como na Figura 1-10*b*, e depois traçando $\vec{C}$ da ponta de $\vec{B}$ para a ponta de $\vec{A}$.

! C não é igual a $A+B$, a não ser que $\vec{A}$ e $\vec{B}$ tenham a mesma orientação. Isto é, $\vec{C}=\vec{A}+\vec{B}$ não implica $C=A+B$.

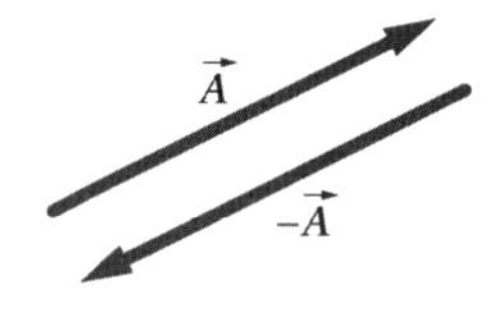

FIGURA 1-9

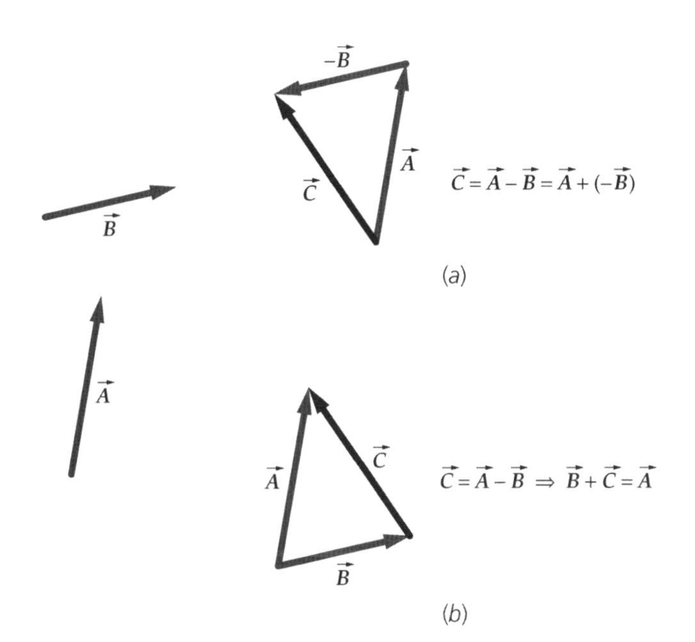

FIGURA 1-10 Modos alternativos para subtrair vetores. Seja $\vec{C}=\vec{A}-\vec{B}$. (a) Para obter $\vec{C}$, somamos $-\vec{B}$ a $\vec{A}$. (b) Para obter $\vec{C}$, primeiro desenhamos $\vec{A}$ e $\vec{B}$ com a mesma origem. Então, $\vec{C}$ é o vetor que somamos a $\vec{B}$ para obter $\vec{A}$.

Exemplo 1-8 Seu Deslocamento — *Conceitual*

Você caminha 3,00 km para o leste e depois 4,00 km para o norte. Determine seu deslocamento resultante somando graficamente estes dois vetores deslocamento.

SITUAÇÃO Seu deslocamento é o vetor que se origina em sua posição inicial e tem a ponta em sua posição final. Você pode somar os dois deslocamentos individuais graficamente para encontrar o deslocamento resultante. Para traçar com precisão a resultante, você precisa usar uma escala, digamos, um cm do desenho = 1 km no solo.

SOLUÇÃO

1. Faça $\vec{A}$ e $\vec{B}$ representarem deslocamentos de 3,00 km para o leste e de 4,00 km para o norte, respectivamente, e faça $\vec{C}=\vec{A}+\vec{B}$. Desenhe $\vec{A}$ e $\vec{B}$ com a origem de $\vec{B}$ na ponta de $\vec{A}$, e $\vec{C}$ é traçado da origem de $\vec{A}$ para ponta de $\vec{B}$ (Figura 1-11). Use a escala 1 cm = 1 km. Inclua eixos indicando os sentidos para o norte e para o leste.

2. Determine a magnitude e a orientação de $\vec{C}$ usando seu diagrama, a escala 1 cm = 1 km, e um transferidor. — A seta que representa $\vec{C}$ tem 5,00 cm de comprimento, de modo que a magnitude de $\vec{C}$ é de 5,00 km. A orientação de $\vec{C}$ aponta aproximadamente a 53° para norte do leste.

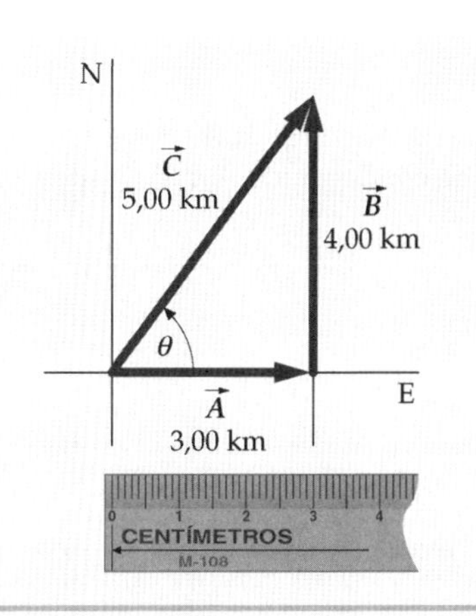

FIGURA 1-11

CHECAGEM A distância percorrida é de 3,00 km + 4,00 km = 7,00 km e a magnitude do deslocamento efetivo é de 5 km. Isto é consistente com o adágio "a distância mais curta entre dois pontos é uma linha reta". Ademais, se você viaja 3 km para o leste e 4 km para o norte, você deve esperar estar um pouco mais do que 45° ao norte do leste do seu ponto de partida.

INDO ALÉM Um vetor é descrito por sua magnitude e orientação. Seu deslocamento resultante é, portanto, um vetor de 5,00 km de comprimento e uma orientação de aproximadamente 53° a norte do leste.

MULTIPLICANDO UM VETOR POR UM ESCALAR

A expressão $3\vec{A}$, onde $\vec{A}$ é um vetor arbitrário, representa a soma $\vec{A} + \vec{A} + \vec{A}$. Isto é, $\vec{A} + \vec{A} + \vec{A} = 3\vec{A}$. (Da mesma forma, $(-\vec{A}) + (-\vec{A}) + (-\vec{A}) = 3(-\vec{A}) = -3\vec{A}$.) Mais geralmente, o vetor $\vec{A}$ multiplicado pelo escalar s é o vetor $\vec{B} = s\vec{A}$, onde $\vec{B}$ tem a magnitude $|s|A$. $\vec{B}$ tem a mesma orientação de $\vec{A}$ se s é positivo e tem a orientação contrária se s é negativo. As dimensões de $s\vec{A}$ são as de s multiplicadas pelas de A. (Por extensão, para dividir $\vec{A}$ pelo escalar s, você multiplica $\vec{A}$ por $1/s$.)

COMPONENTES DE VETORES

Podemos somar ou subtrair vetores algebricamente se antes desmembrarmos os vetores em suas componentes. A **componente** de um vetor em uma dada orientação é a projeção do vetor sobre um eixo com essa orientação. Podemos encontrar as componentes de um vetor baixando linhas perpendiculares das extremidades do vetor ao eixo, como mostrado na Figura 1-12. O processo de encontrar as componentes x, y e z de um vetor é chamado de **decomposição do vetor** em suas componentes. As componentes de um vetor ao longo das orientações[6] x, y e z, ilustradas na Figura 1-13 para um vetor no plano xy, são chamadas de componentes retangulares (ou cartesianas). Note que as componentes de um vetor *dependem* do sistema de coordenados usado, apesar do vetor, ele próprio, não depender.

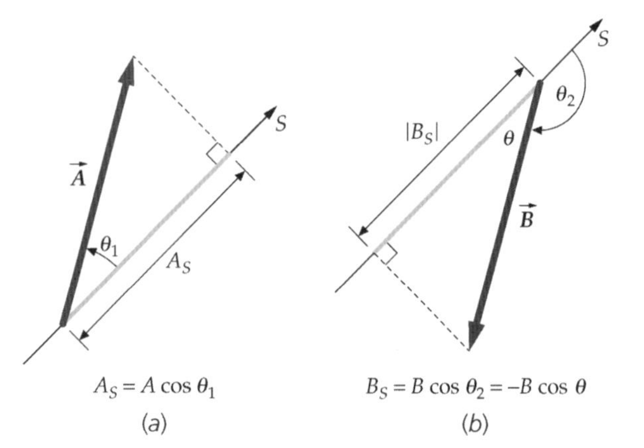

FIGURA 1-12 A componente de um vetor ao longo de determinada orientação é igual à magnitude do vetor vezes o cosseno do ângulo entre a orientação do vetor e a orientação em questão. A componente do vetor $\vec{A}$ ao longo da orientação $+S$ é A_S, e A_S é positivo. A componente do vetor $\vec{B}$ ao longo da orientação $+S$ é B_S, e B_S é negativo.

Podemos usar a trigonometria do triângulo retângulo para encontrar as componentes retangulares de um vetor. Se θ é o ângulo medido no sentido anti-horário*, do sentido $+x$ para o sentido de $\vec{A}$ (veja a Figura 1-13), então

$$A_x = A\cos\theta \qquad \text{1-2}$$

COMPONENTE x DE UM VETOR

e

$$A_y = A\,\text{sen}\,\theta \qquad \text{1-3}$$

COMPONENTE y DE UM VETOR

onde A é a magnitude de $\vec{A}$.

Se conhecemos A_x e A_y, podemos encontrar o ângulo θ a partir de

$$\tan\theta = \frac{A_y}{A_x} \qquad \theta = \tan^{-1}\frac{A_y}{A_x} \qquad \text{1-4}$$

e a magnitude A usando o teorema de Pitágoras:

$$A = \sqrt{A_x^2 + A_y^2} \qquad \text{1-5}a$$

[6] Em textos em português, é comum nos referirmos à "componente do vetor ao longo da direção x", quando na verdade queremos nos referir à componente do vetor ao longo do eixo x, eixo dotado de uma direção e de um sentido (o do aumento dos valores de x) e, portanto, de uma orientação. Aqui, quando não houver perigo de confusão, nos permitiremos utilizar a expressão consagrada "componente ao longo da direção". (N.T.)

* O sentido $+y$ forma 90° com o sentido $+x$, conforme medido no sentido anti-horário.

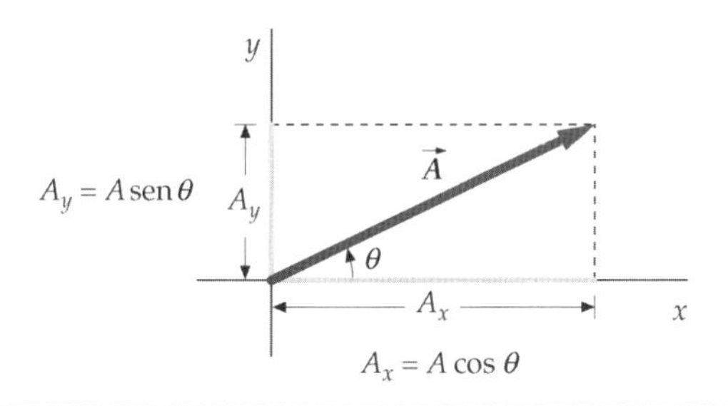

FIGURA 1-13 As componentes retangulares de um vetor. θ é o ângulo entre a orientação do vetor e a orientação $+x$. O ângulo é positivo se medido no sentido anti-horário a partir da orientação $+x$, como mostrado.

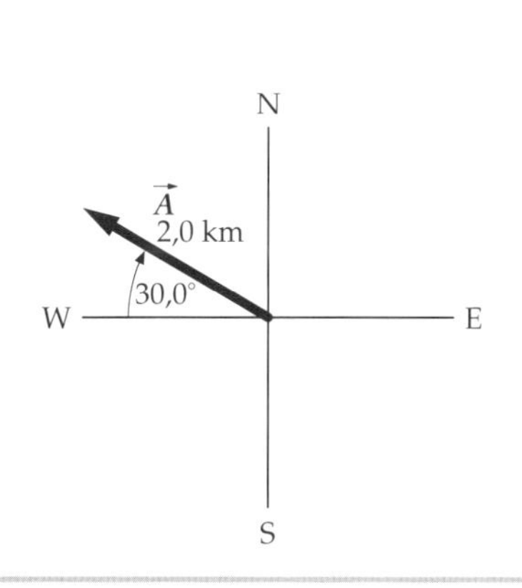

FIGURA 1-14

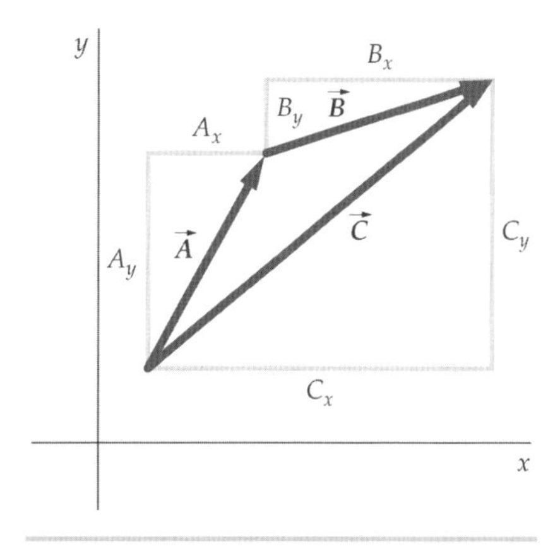

FIGURA 1-15

Em três dimensões,

$$A = \sqrt{A_x^2 + A_y^2 + A_z^2} \qquad \text{1-5}b$$

As componentes podem ser positivas ou negativas. A componente x de um vetor é positiva se a coordenada x de uma formiga que caminha da origem para a ponta do vetor aumenta. Assim, se $\vec{A}$ aponta no sentido positivo de x, então A_x é positivo, e se $\vec{A}$ aponta no sentido negativo de x, então A_x é negativo.

É importante notar que, na Equação 1-4, a função inversa da tangente (arco tangente) é de valor múltiplo. Este aspecto é esclarecido no Exemplo 1-9.

PROBLEMA PRÁTICO 1-6

Um automóvel viaja 20,0 km no sentido de 30,0° para norte do oeste. Faça o sentido $+x$ apontar para o leste e o sentido $+y$ apontar para o norte, como na Figura 1-14. Encontre as componentes x e y do vetor deslocamento do automóvel.

Uma vez decomposto um vetor em suas componentes, podemos manipular as componentes individuais. Considere dois vetores $\vec{A}$ e $\vec{B}$ no plano xy. As componentes retangulares de cada vetor e as da soma $\vec{C} = \vec{A} + \vec{B}$ estão mostradas na Figura 1-15. Vemos que as componentes retangulares de cada vetor e as da soma $\vec{C} = \vec{A} + \vec{B}$ são equivalentes às duas equações de componentes

$$C_x = A_x + B_x \qquad \text{1-6}a$$

e

$$C_y = A_y + B_y \qquad \text{1-6}b$$

Em outras palavras, a soma das componentes x é igual à componente x da resultante, e a soma das componentes y é igual à componente y da resultante. O ângulo e a magnitude do vetor resultante podem ser encontrados usando as Equações 1-4 e 1-5a, respectivamente.

Exemplo 1-9 Mapa do Tesouro — *Rico em Contexto*

Você está trabalhando em um *resort* tropical, e está preparando uma atividade de caça ao tesouro para os hóspedes. Você recebeu um mapa e instruções para seguir suas indicações e enterrar um "tesouro" em dado local. Você não quer perder tempo caminhando pela ilha, porque precisa concluir logo a tarefa para ir surfar. As indicações são as de caminhar 3,00 km apontando para 60,0° a norte do leste, e depois 4,00 km apontando para 40,0° a norte do oeste. Para onde você deve apontar e quanto deve caminhar para concluir rapidamente a tarefa? Encontre a resposta (*a*) graficamente e (*b*) usando componentes.

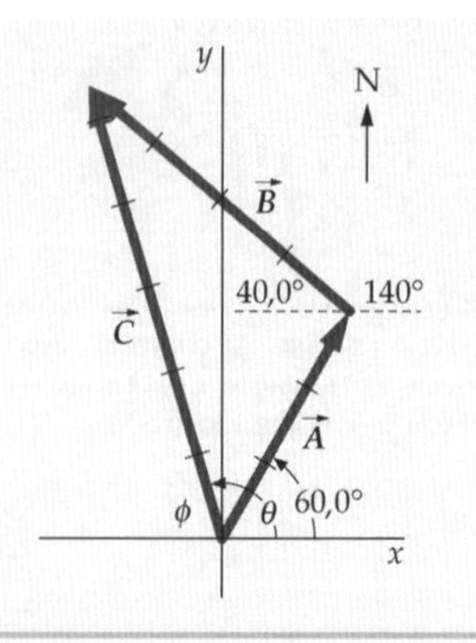

FIGURA 1-16

SITUAÇÃO Em ambos os casos você precisa encontrar seu deslocamento resultante. Na Parte (*a*), use o método geométrico de soma de vetores e encontre graficamente o vetor resultante. Você pode fazê-lo desenhando cada deslocamento em escala e depois medindo o deslocamento resultante diretamente em seu desenho. Na Parte (*b*), você precisará decompor os vetores em suas componentes individuais e depois usá-las para encontrar o deslocamento resultante.

SOLUÇÃO

(*a*) 1. Desenhe, em escala, a soma vetorial (Figura 1-16). Primeiro, trace os eixos coordenados, com o sentido $+x$ apontando para o leste e o sentido $+y$ apontando para o norte. Depois, partindo da origem, desenhe o primeiro vetor deslocamento $\vec{A}$, com 3,00 cm de comprimento e apontando para 60,0° ao norte do leste. Partindo da ponta de $\vec{A}$, desenhe o segundo vetor $\vec{B}$, com 4,00 cm de comprimento e apontando para 40,0° ao norte do oeste. (Você precisará de um transferidor para medir os ângulos.) Depois, trace o vetor resultante $\vec{C}$ da origem de $\vec{A}$ para a ponta de $\vec{B}$:

$\vec{C}$ mede aproximadamente 5,40 cm. Então, a magnitude do deslocamento resultante é de $\boxed{5{,}40\text{ km}}$. O ângulo ϕ formado entre $\vec{C}$ e o sentido para o oeste é aproximadamente igual a 73,2°. Então, você deve caminhar 5,40 km no sentido de $\boxed{73{,}2°\text{ para norte do oeste.}}$

2. Meça o ângulo de $\vec{C}$. Usando um transferidor, meça o ângulo entre o sentido de $\vec{C}$ e o sentido de $+x$:

(*b*) 1. Para resolver usando componentes, chame de $\vec{A}$. o primeiro deslocamento e escolha o sentido de $+x$ apontando para o leste e o sentido de $+y$ apontando para o norte. Determine A_x e A_y com as Equações 1-2 e 1-3:

$$A_x = (3{,}00\text{ km})\cos 60° = 1{,}50\text{ km}$$
$$A_y = (3{,}00\text{ km})\,\text{sen}\,60° = 2{,}60\text{ km}$$

2. Da mesma forma, determine as componentes do segundo deslocamento, $\vec{B}$. O ângulo entre o sentido de $\vec{B}$ e o sentido de $+x$ vale 180,0° − 40,0° = 140,0°:

$$B_x = (4{,}00\text{ km})\cos 140° = -3{,}06\text{ km}$$
$$B_y = (4{,}00\text{ km})\,\text{sen}\,140° = +2{,}57\text{ km}$$

3. As componentes do deslocamento resultante $\vec{C} = \vec{A} + \vec{B}$ são encontradas efetuando as somas:

$$C_x = A_x + B_x = 1{,}50\text{ km} - 3{,}06\text{ km} = -1{,}56\text{ km}$$
$$C_y = A_y + B_y = 2{,}60\text{ km} + 2{,}57\text{ km} = 5{,}17\text{ km}$$

4. O teorema de Pitágoras fornece a magnitude de $\vec{C}$:

$$C^2 = C_x^2 + C_y^2 = (-1{,}56\text{ km})^2 + (5{,}17\text{ km})^2 = 29{,}2\text{ km}^2$$
$$C = \sqrt{29{,}2\text{ km}^2} = \boxed{5{,}40\text{ km}}$$

5. A razão entre C_y e C_x é igual à tangente do ângulo θ entre $\vec{C}$ e o sentido positivo de x. Tenha cuidado, pois o valor requerido pode ser 180° maior que o valor que sua calculadora indica para a função inversa da tangente:

$$\tan\theta = \frac{C_y}{C_x} \quad \text{então}$$
$$\theta = \tan^{-1}\frac{5{,}17\text{ km}}{-1{,}56\text{ km}} = \tan^{-1}(-3{,}31)$$
$$= \text{ou } -73{,}2° \quad \text{ou} \quad (-73{,}2° + 180°)$$
$$= \text{ou } -73{,}2° \quad \text{ou} \quad +107°$$

6. Como C_y é positivo e C_x é negativo, escolhemos o valor de θ do segundo quadrante:

$$\theta = \boxed{107°\text{ no sentido anti-horário a partir do leste}}$$
$$\phi = \boxed{73{,}2°\text{ a norte do oeste}}$$

CHECAGEM O passo 4 da Parte (*b*) dá a magnitude de 5,40 km e o passo 6 dá o sentido de 73,2° para o norte do oeste. Isto concorda com os resultados da Parte (*a*), dentro da precisão de nossa medida.

INDO ALÉM Para especificar um vetor, você precisa especificar ou a magnitude *e* a orientação, ou as duas componentes. Neste exemplo, a magnitude e a orientação foram pedidas explicitamente.

VETORES UNITÁRIOS

Um **vetor unitário** é um vetor *adimensional* de magnitude exatamente igual a 1. O vetor $\vec{A} = \vec{A}/A$ é um exemplo de um vetor unitário que aponta no sentido de $\vec{A}$. O circunflexo indica que ele é um vetor unitário. Vetores unitários que apontam nos sentidos positivos x, y e z são convenientes para expressar vetores em termos de suas componentes retangulares. Estes vetores unitários são usualmente escritos como $\hat{i}$, $\hat{j}$ e $\hat{k}$, respectivamente. Por exemplo, o vetor $A_x\hat{i}$ tem a magnitude $|A_x|$ e aponta no sentido de $+x$ se A_x é positivo (ou no sentido de $-x$ se A_x é negativo). Um vetor qualquer $\vec{A}$ pode ser escrito como a soma de três vetores, cada um deles paralelo a um eixo coordenado (Figura 1-17):

$$\vec{A} = A_x\hat{i} + A_y\hat{j} + A_z\hat{k} \tag{1-7}$$

A soma de dois vetores $\vec{A}$ e $\vec{B}$ pode ser escrita em termos dos vetores unitários como

$$\begin{aligned}\vec{A} + \vec{B} &= (A_x\hat{i} + A_y\hat{j} + A_z\hat{k}) + (B_x\hat{i} + B_y\hat{j} + B_z\hat{k}) \\ &= (A_x + B_x)\hat{i} + (A_y + B_y)\hat{j} + (A_z + B_z)\hat{k}\end{aligned} \tag{1-8}$$

As propriedades gerais dos vetores estão resumidas na Tabela 1-4.

PROBLEMA PRÁTICO 1-7

Dados os vetores $\vec{A} = (4{,}00\text{ m})\hat{i} + (3{,}00\text{ m})\hat{j}$ e $\vec{B} = (2{,}00\text{ m})\hat{i} - (3{,}00\text{ m})\hat{j}$, encontre (*a*) A, (*b*) B, (*c*) $\vec{A} + \vec{B}$ e (*d*) $\vec{A} - \vec{B}$.

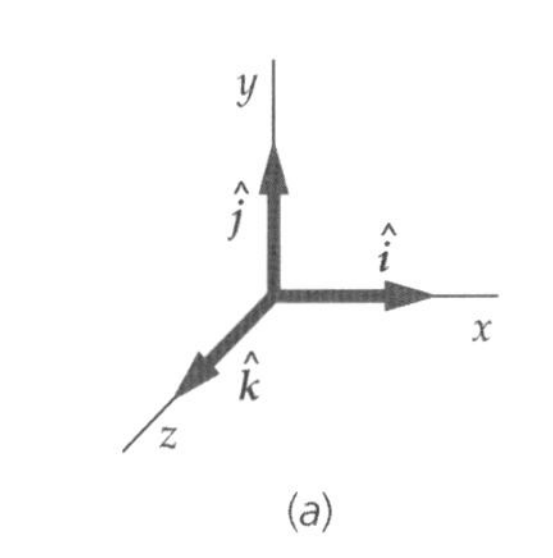

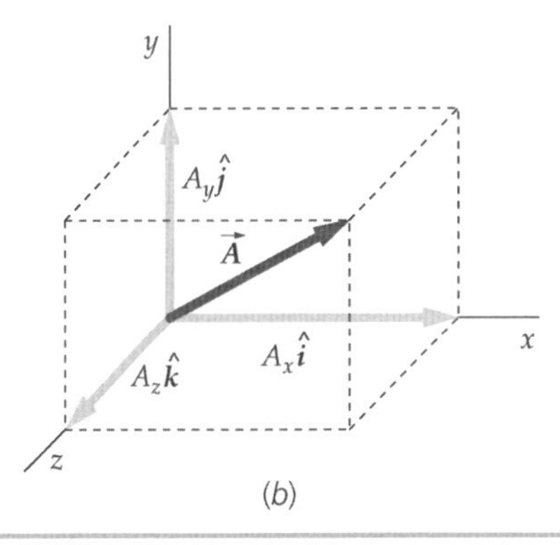

FIGURA 1-17 (*a*) Os vetores unitários $\hat{i}$, $\hat{j}$ e $\hat{k}$ em um sistema de coordenadas retangulares. (*b*) O vetor $\vec{A}$ em termos dos vetores unitários: $\vec{A} = A_x\hat{i} + A_y\hat{j} + A_z\hat{k}$.

Tabela 1-4 Propriedades dos Vetores

Propriedade	Explanação	Figura	Representação em Componentes
Igualdade	$\vec{A} = \vec{B}$ se $\lvert\vec{A}\rvert = \lvert\vec{B}\rvert$ e seus sentidos coincidem		$A_x = B_x$ $A_y = B_y$ $A_z = B_z$
Adição	$\vec{C} = \vec{A} + \vec{B}$		$C_x = A_x + B_x$ $C_y = A_y + B_y$ $C_z = A_z + B_z$
Negativo de um vetor	$\vec{A} = -\vec{B}$ se $\lvert\vec{B}\rvert = \lvert\vec{A}\rvert$ e seus sentidos são opostos		$A_x = -B_x$ $A_y = -B_y$ $A_z = -B_z$
Subtração	$\vec{C} = \vec{A} - \vec{B}$		$C_x = A_x - B_x$ $C_y = A_y - B_y$ $C_z = A_z - B_z$
Multiplicação por um escalar	$\vec{B} = s\vec{A}$ tem magnitude $\vec{B} = \lvert s\rvert\lvert\vec{A}\rvert$ e tem o mesmo sentido de $\vec{A}$ se s é positivo ou $-\vec{A}$ se s é negativo		$B_x = sA_x$ $B_y = sA_y$ $B_z = sA_z$

Física em Foco

O Segundo Bissexto de 2005

O ano de 2005 foi mais longo — por exatamente um segundo, conhecido oficialmente como o "segundo bissexto". Este ajuste foi necessário para sincronizar dois sistemas de registro do tempo, um baseado na rotação da Terra e o outro baseado em um selecionado grupo de relógios atômicos.

Ao longo da história, o registro das horas tem sido relacionado à posição do Sol no céu, um fator determinado pela rotação da Terra em torno de seu eixo e ao redor do Sol. Este tempo astronômico, chamado agora de Tempo Universal (*Universal Time*, UT1), supunha que a taxa de rotação da Terra era uniforme. Mas, à medida que métodos mais precisos de medida foram desenvolvidos, tornou-se evidente que ocorrem ligeiras irregularidades na taxa de rotação da Terra. Isto significou que também poderia ocorrer alguma variação na unidade-padrão científica de tempo, o segundo, desde que sua definição — (1/60)(1/60)(1/24) do dia solar médio — dependia do tempo astronômico.

Em 1955, o Laboratório Nacional de Física da Grã-Bretanha (*National Physical Laboratory*) desenvolveu o primeiro relógio atômico de césio, um dispositivo de precisão muito maior que qualquer relógio até então existente. O registro do tempo podia agora ser independente de observações astronômicas e uma definição muito mais precisa do segundo podia ser dada com base na freqüência da radiação emitida na transição entre dois níveis de energia do átomo de césio-133. No entanto, o mais familiar UT1 continua sendo importante para sistemas tais como a navegação e a astronomia. Assim, é importante que o tempo atômico e o UT1 estejam sincronizados.

De acordo com o Laboratório Nacional de Física da Grã-Bretanha, "A solução adotada [para a sincronização] foi a de construir uma escala atômica de tempo chamada de Tempo Universal Coordenado (*Coordinated Universal Time*, UTC)... como a base de registro internacional do tempo. Ela combina toda a regularidade do tempo atômico com muito da conveniência da UT1, e muitos países a adotaram como a base legal de tempo".* O Birô Internacional de Pesos e Medidas em Sèvres, na França, recolhe dados temporais de alguns laboratórios selecionados do mundo, incluindo o Observatório Naval norte-americano, para estabelecer o padrão internacional UTC.

Quando ligeiras diferenças surgem entre UTC e UT1, devido a ligeiras variações no tempo de rotação da Terra (normalmente diminuindo), um segundo bissexto é adicionado para cobrir a diferença. O conceito é similar à maneira como anos bissextos são usados para corrigir o calendário. Um ano não tem exatamente 365 dias, mas sim 365,242 dias. Para dar conta disto, um dia extra, o 29 de fevereiro, é adicionado ao calendário a cada quatro anos.

Desde 1972, quando o mundo mudou para o registro atômico, 23 segundos bissextos já foram adicionados ao UTC. Por acordo internacional, um segundo bissexto é adicionado sempre que a diferença entre UT1 e UTC se aproxima de 0,9 segundo. O Serviço Internacional para a Rotação da Terra e Sistemas de Referência (*International Earth Rotation and Reference Systems Service*, IERS), através de sua sede no Observatório de Paris, anuncia a necessidade de um segundo bissexto com meses de antecedência.

Em um ano sem segundo bissexto, o último segundo do ano cai no 23:59:59 UTC de 31 de dezembro, enquanto o primeiro segundo do ano novo cai em 00:00:00 UTC de 1.º de janeiro do ano novo. Mas, para 2005, um segundo bissexto foi adicionado em 23:59:59 UTC de 31 de dezembro, de forma que os relógios atômicos indicaram 23:59:60 UTC antes de zerarem.

O sistema de posicionamento global (GPS, *global positioning system*) requer que 24 satélites estejam em serviço primário ao menos durante 70 por cento do tempo. Cada satélite primário tem um período orbital de 1/2 de um dia sideral (1 dia sideral = ~23 h 56 min) e um raio orbital de aproximadamente 4 vezes o raio da Terra. Há seis planos orbitais igualmente espaçados, cada um inclinado de 55° em relação ao plano equatorial da Terra, e cada um desses planos contém 4 satélites primários. Além disso, há vários outros satélites GPS que funcionam como reservas em órbita para o caso de um ou mais satélites primários falharem. Por ocasião da elaboração deste texto (maio de 2006), havia 29 satélites operacionais em órbita.

* http://www.npl.co.uk

Resumo

TÓPICO	EQUAÇÕES RELEVANTES E OBSERVAÇÕES
1. **Unidades**	**Quantidades físicas** são números obtidos tomando medidas de objetos físicos. Definições operacionais especificam operações ou procedimentos que, se seguidos, definem quantidades físicas. A magnitude de uma quantidade física é expressa como um número vezes uma unidade.
2. **Unidades Básicas**	As unidades básicas do sistema SI são o metro (m), o segundo (s), o quilograma (kg), o kelvin (K), o ampère (A), o mol (mol) e a candela (cd). A(s) unidade(s) de toda quantidade física pode(m) ser expressa(s) em termos destas unidades básicas.
3. **Unidades em Equações**	Unidades em equações são tratadas como quaisquer outras quantidades algébricas.
4. **Conversão**	**Fatores de conversão**, que são sempre iguais a 1, fornecem um método conveniente para converter de um tipo de unidade para outro.
5. **Dimensões**	Os termos de uma equação devem ter as mesmas dimensões.
6. **Notação Científica**	Por conveniência, números muito pequenos e muito grandes são geralmente escritos como um número entre 1 e 10 vezes uma potência de 10.
7. **Expoentes**	
Multiplicação	Ao se multiplicar dois números, os expoentes são somados.
Divisão	Ao se dividir dois números, os expoentes são subtraídos.
Elevação a uma potência	Quando um número contendo um expoente é ele próprio elevado a uma potência, os expoentes são multiplicados.
8. **Algarismos Significativos**	
Multiplicação e divisão	O número de algarismos significativos do resultado de uma multiplicação ou de uma divisão *não é maior do que* o menor número de algarismos significativos de qualquer um dos números.
Adição e subtração	O resultado de uma adição ou de uma subtração de dois números não possui algarismos significativos além da última casa decimal onde ambos os números que estão sendo adicionados ou subtraídos possuem algarismos significativos.
9. **Ordem de Grandeza**	Um número arredondado à potência de dez mais próxima é uma ordem de grandeza. A ordem de grandeza de uma quantidade pode, com freqüência, ser estimada usando-se suposições plausíveis e cálculos simples.
10. **Vetores**	
Definição	Vetores são quantidades que possuem ambas magnitude e orientação. Os vetores se somam como os deslocamentos.
Componentes	A componente de um vetor ao longo de uma orientação no espaço é a projeção do vetor sobre um eixo com essa orientação. Se forma um ângulo θ com a orientação positiva de x, suas componentes x e y são $A_x = A\cos\theta$ (1-2) $A_y = A\,\text{sen}\,\theta$ (1-3)
Magnitude	$A = \sqrt{A_x^2 + A_y^2}$ (1-5*a*)
Somando vetores graficamente	Dois vetores podem ser somados graficamente desenhando-os com a origem da segunda seta na ponta da primeira seta. A seta que representa o vetor resultante é desenhada da origem do primeiro vetor para a ponta do segundo.
Somando vetores usando componentes	Se $\vec{C} = \vec{A} + \vec{B}$, então $C_x = A_x + B_x$ (1-6*a*) e $C_y = A_y + B_y$ (1-6*b*)
Vetores unitários	Um vetor pode ser escrito em termos dos vetores unitários $\hat{i}$, $\hat{j}$ e $\hat{k}$, que são adimensionais, têm magnitude unitária e as orientações dos eixos x, y e z, respectivamente: $\vec{A} = A_x\hat{i} + A_y\hat{j} + A_z\hat{k}$ (1-7)

Resposta da Checagem Conceitual

1-1 5

Respostas dos Problemas Práticos

1-1 (*a*) 300 ns; (*b*) 40 Mm

1-2 (*a*) 0,05; (*b*) 3,9; (*c*) 0,003

1-3 $2{,}39 \times 10^2$

1-4 $3{,}2 \times 10^5$ anos

1-5 $\approx 6 \times 10^{15}$

1-6 $A_x = 17{,}3$ km; $A_y = 10{,}0$ km

1-7 (*a*) $A = 5{,}00$ m; (*b*) $B = 3{,}61$ m; (*c*) $\vec{A} + \vec{B} = (6{,}00\text{ m})\hat{i}$; (*d*) $\vec{A} - \vec{B} = (2{,}00\text{ m})\hat{i} + (6{,}00\text{ m})\hat{j}$

Problemas

Em alguns problemas, você recebe mais dados do que necessita; em alguns, você deve acrescentar dados de seus conhecimentos gerais, fontes externas ou estimativas bem fundamentadas.

Interprete como significativos todos os algarismos de valores numéricos que possuem zeros em seqüência sem vírgulas decimais.

- • Um só conceito, um só passo, relativamente simples
- •• Nível intermediário, pode requerer síntese de conceitos
- ••• Desafiante, para estudantes avançados

Problemas consecutivos sombreados são problemas pareados.

PROBLEMAS CONCEITUAIS

1 • Qual das seguintes *não é* quantidade básica no sistema SI? (*a*) massa, (*b*) comprimento, (*c*) energia, (*d*) tempo, (*e*) todas estas são quantidades básicas.

2 • Após efetuar um cálculo, você tem m/s no numerador e m/s² no denominador. Quais são suas unidades finais? (*a*) m^2/s^3, (*b*) 1/s, (*c*) s^3/m^2, (*d*) s, (*e*) m/s.

3 • O prefixo giga significa (*a*) 10^3, (*b*) 10^6, (*c*) 10^9, (*d*) 10^{12}, (*e*) 10^{15}.

4 • O prefixo mega significa (*a*) 10^{-9}, (*b*) 10^{-6}, (*c*) 10^{-3}, (*d*) 10^6, (*e*) 10^9.

5 • Mostre que há 30,48 cm em um pé. Quantos centímetros há em uma milha?

6 • O número 0,000 513 0 tem _____ algarismos significativos. (*a*) um, (*b*) três, (*c*) quatro, (*d*) sete, (*e*) oito.

7 • O número 23,0040 tem _____ algarismos significativos. (*a*) dois, (*b*) três, (*c*) quatro, (*d*) cinco, (*e*) seis.

8 • Força tem dimensões de massa vezes aceleração. Aceleração tem dimensões de rapidez dividida por tempo. Pressão é definida como força dividida por área. Quais são as dimensões da pressão? Expresse a pressão em termos das unidades básicas do SI quilograma, metro e segundo.

9 • Verdadeiro ou falso: Duas quantidades devem ter as mesmas dimensões para serem multiplicadas.

10 • Um vetor tem uma componente x negativa e uma componente y positiva. Seu ângulo, medido no sentido anti-horário a partir do eixo x positivo, vale (*a*) entre zero e 90 graus, (*b*) entre 90 e 180 graus, (*c*) mais de 180 graus.

11 • Um vetor $\vec{A}$ aponta no sentido $+x$. Mostre graficamente pelo menos três possíveis vetores $\vec{B}$ que levem $\vec{B} + \vec{A}$ a apontar no sentido $+y$.

12 • Um vetor $\vec{A}$ aponta no sentido $+y$. Mostre, graficamente, pelo menos três possíveis vetores $\vec{B}$ que levem $\vec{B} - \vec{A}$ a apontar no sentido $+x$.

13 • É possível três vetores de mesma magnitude somarem zero? Caso afirmativo, desenhe uma resposta gráfica. Caso negativo, explique o porquê.

ESTIMATIVA E APROXIMAÇÃO

14 • O ângulo subtendido pelo diâmetro da Lua em um ponto da Terra é de aproximadamente 0,524° (Figura 1-18). Use esta informação e o fato de que a Lua está aproximadamente 384 Mm distante para encontrar o diâmetro da Lua. *Dica: O ângulo pode ser determinado a partir do diâmetro da Lua e da distância à Lua.*

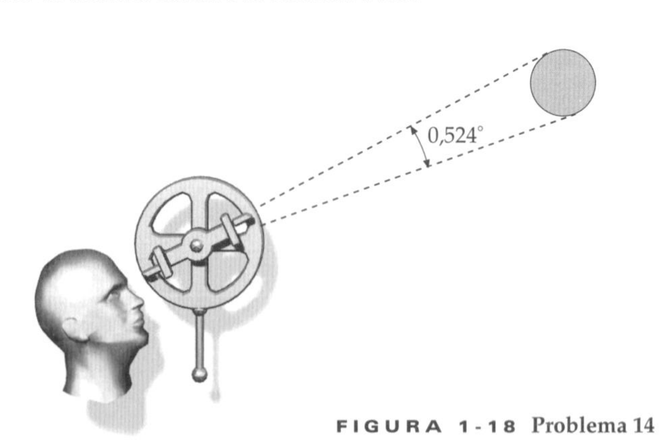

FIGURA 1-18 Problema 14

15 • **APLICAÇÃO BIOLÓGICA** Algumas boas estimativas sobre o corpo humano podem ser feitas supondo que somos feitos predominantemente de água. A massa de uma molécula de água é $29{,}9 \times 10^{-27}$ kg. Se a massa de uma pessoa é 60 kg, estime o número de moléculas de água nessa pessoa.

16 •• **APLICAÇÃO EM ENGENHARIA** Em 1989, cientistas da IBM deslocaram átomos com um microscópio de tunelamento com varredura (*scanning tunneling microscope*, STM). Uma das primeiras imagens vistas pelo público em geral foi a das letras IBM traçadas com átomos de xenônio sobre uma superfície de níquel. As letras IBM se estendiam por 15 átomos de xenônio. Se a distância entre os centros de átomos de xenônio adjacentes é 5 nm (5×10^{-9} m), estime quantas vezes "IBM" poderia ser escrito nesta página.

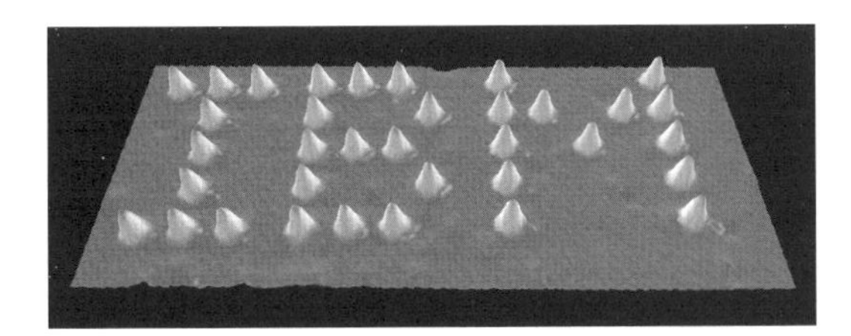
(Com permissão de IBM Research, Almaden Research Center.)

17 •• Está ocorrendo um debate ambiental sobre o uso de fraldas de tecido ou descartáveis. (*a*) Supondo que, entre o nascimento e a idade de 2,5 anos, uma criança usa 3 fraldas por dia, estime o número total de fraldas descartáveis usadas nos Estados Unidos por ano. (*b*) Estime o volume total do aterro que recebe essas fraldas, supondo que 1000 kg de lixo preenchem aproximadamente 1 m^3 de volume de aterro. (*c*) Quantas milhas quadradas de área de aterro, com uma altura média de 10 m, são necessárias para receber essas fraldas a cada ano?

18 •• (*a*) Estime o número de galões de gasolina usados por dia pelos automóveis nos Estados Unidos e a quantidade total de dinheiro gasto com ela. (*b*) Se 19,4 galões de gasolina podem ser produzidos a partir de um barril de petróleo cru, estime o número total de barris de petróleo importados pelos Estados Unidos por ano para produzir gasolina. Isto significa quantos barris por dia?

19 •• **APLICAÇÃO EM ENGENHARIA** Um megabyte (MB) é uma unidade de armazenamento de memória computacional. Um CD tem uma capacidade de armazenamento de 700 MB e pode armazenar aproximadamente 70 min de música de alta qualidade. (*a*) Se uma canção típica dura 5 min, quantos megabytes são necessários para cada canção? (*b*) Se uma página de texto impresso requer aproximadamente 5 quilobytes, estime o número de romances que podem ser salvos em um CD.

UNIDADES

20 • Escreva as quantidades seguintes usando os prefixos listados na Tabela 1-1 e as abreviaturas listadas na tabela Abreviaturas para Unidades. Por exemplo, 10 000 metros = 10 km. (*a*) 1 000 000 watts, (*b*) 0,002 grama, (*c*) 3×10^{-6} metro, (*d*) 30 000 segundos.

21 • Escreva, sem usar prefixos, o que se segue: (*a*) 40 μW, (*b*) 4 ns, (*c*) 3 MW, (*d*) 25 km.

22 • Escreva o que se segue (com ou sem unidades SI) usando prefixos (mas não suas abreviaturas). Por exemplo, 10^3 metros = 1 quilômetro. (*a*) 10^{-12} vaia, (*b*) 10^9 baixo, (*c*) 10^{-6} fone, (*d*) 10^{-18} menino, (*e*) 10^6 fone, (*f*) 10^{-9} bode, (*g*) 10^{12} touro.

23 •• Nas equações seguintes, a distância x está em metros, o tempo t está em segundos e a velocidade v está em metros por segundo. Quais são as unidades SI das constantes C_1 e C_2? (*a*) $x = C_1 + C_2t$, (*b*) $x = \frac{1}{2}C_1t^2$, (*c*) $v^2 = 2C_1x$, (*d*) $x = C_1 \cos C_2t$, (*e*) $v^2 = 2C_1v - (C_2x)^2$.

24 •• Se x está em pés, t está em milissegundos e v está em pés por segundo, quais são as unidades das constantes C_1 e C_2 em cada parte do Problema 23?

CONVERSÃO DE UNIDADES

25 • **VÁRIOS PASSOS** A partir da definição original do metro em termos da distância ao longo de um meridiano entre o equador e o Pólo Norte encontre, em metros (*a*) a circunferência da Terra e (*b*) o raio da Terra. (*c*) Converta suas respostas em (*a*) e (*b*) de metros para milhas.

26 • A rapidez do som no ar vale 343 m/s. Qual é a rapidez de um avião supersônico que viaja com o dobro da rapidez do som? Dê sua resposta em quilômetros por hora e em milhas por hora.

27 • Um jogador de basquete tem a altura de 6 ft $10\frac{1}{2}$ in. Qual é sua altura em centímetros?

28 • Complete o seguinte: (*a*) 100 km/h = _____ mi/h, (*b*) 60 cm = _____ in, (*c*) 100 yd = _____ m.

29 • O vão principal da ponte Golden Gate (nos Estados Unidos) mede 4200 ft. Expresse esta distância em quilômetros.

30 • Encontre o fator para converter de milhas por hora para quilômetros por hora.

31 • Complete o que se segue: (*a*) $1{,}296 \times 10^5$ km/h^2 = _____ km/(h · s), (*b*) $1{,}296 \times 10^5$ km/h^2 = _____ m/s^2, (*c*) 60 mi/h = _____ ft/s, (*d*) 60 mi/h = _____ m/s.

32 • Há 640 acres em uma milha quadrada. Quantos metros quadrados há em um acre?

33 •• **RICO EM CONTEXTO** Você é entregador de uma empresa de água mineral. Seu caminhão carrega 4 plataformas de carga. Cada plataforma carrega 60 fardos. Cada fardo possui 24 garrafas de um litro de água. O carrinho que você utiliza para transportar a água para as lojas tem um limite de peso de 250 lb. (*a*) Se um mililitro de água tem uma massa de 1 g e um quilograma tem o peso de 2,2 lb, qual é o peso, em libras, de toda a água em seu caminhão? (*b*) Quantos fardos completos de água você pode transportar no carrinho?

34 •• Um cilindro circular reto tem um diâmetro de 6,8 in e uma altura de 2 ft. Qual é o volume do cilindro em (*a*) pés cúbicos, (*b*) metros cúbicos, (*c*) litros?

35 •• No que se segue, x está em metros, t está em segundos, v está em metros por segundo e a aceleração a está em metros por segundo ao quadrado. Encontre as unidades SI de cada uma das combinações: (*a*) v^2/x, (*b*) $\sqrt{x/a}$, (*c*) $\frac{1}{2}at^2$.

DIMENSÕES DE QUANTIDADES FÍSICAS

36 • Quais são as dimensões das constantes em cada parte do Problema 23?

37 • A lei de decaimento radioativo é $N(t) = N_0e^{-\lambda t}$, onde N_0 é o número de núcleos radioativos em $t = 0$, $N(t)$ é o número de núcleos radioativos no tempo t e λ é uma quantidade conhecida como a constante de decaimento. Qual é a dimensão de λ?

38 •• A unidade SI de força, o quilograma-metro por segundo ao quadrado (kg · m/s^2), é chamada de newton (N). Encontre as dimensões e as unidades SI da constante G na lei de Newton da gravitação, $F = Gm_1m_2/r^2$.

39 •• A magnitude da força (F) que uma mola exerce quando distendida de uma distância x a partir de seu comprimento quando frouxa é governada pela lei de Hooke, $F = kx$. (*a*) Quais são as dimensões da *constante de força*, k? (*b*) Quais são as dimensões e as unidades SI da quantidade kx^2?

40 •• Mostre que o produto de massa, aceleração e rapidez têm as dimensões de potência.

41 •• A quantidade de movimento de um objeto é o produto de sua velocidade pela sua massa. Mostre que a quantidade de movimento tem as dimensões de força multiplicada por tempo.

42 •• Que combinação de força com outra quantidade física tem as dimensões de potência?

43 •• Quando um objeto cai no ar, existe uma força resistiva que depende do produto da área de seção reta do objeto e do quadrado de sua velocidade, isto é, $F_{ar} = CAv^2$, onde C é uma constante. Determine as dimensões de C.

44 •• A terceira lei de Kepler relaciona o período de um planeta com o raio de sua órbita r, a constante G da lei de Newton da gravitação ($F = Gm_1m_2/r^2$) e a massa do Sol M_S. Qual combinação

destes fatores fornece as dimensões corretas para o período de um planeta?

NOTAÇÃO CIENTÍFICA E ALGARISMOS SIGNIFICATIVOS

45 • Expresse com um número decimal sem usar a notação de potências de 10: (*a*) 3×10^4, (*b*) $6{,}2 \times 10^{-3}$, (*c*) 4×10^{-6}, (*d*) $2{,}17 \times 10^5$.

46 • Escreva o que se segue em notação científica: (*a*) 1 345 100 m = _____ km, (*b*) 12 340 kW = _____ MW, (*c*) 54,32 ps = _____ s, (*d*) 3,0 m = _____ mm.

47 • Calcule o que se segue, arredonde até o número correto de algarismos significativos e expresse seu resultado em notação científica: (*a*) $(1{,}14)(9{,}99 \times 10^4)$, (*b*) $(2{,}78 \times 10^{-8})$-$(5{,}31 \times 10^{-9})$, (*c*) $12\pi/(4{,}56 \times 10^{-3})$, (*d*) $27{,}6 + (5{,}99 \times 10^2)$.

48 • Calcule o que se segue, arredonde até o número correto de algarismos significativos e expresse seu resultado em notação científica: (*a*) $(200{,}9)(569{,}3)$, (*b*) $(0{,}000\,000\,513)(62{,}3 \times 10^7)$, (*c*) $28\,401 + (5{,}78 \times 10^4)$, (*d*) $63{,}25/(4{,}17 \times 10^{-3})$.

49 • **APLICAÇÃO BIOLÓGICA** Uma membrana celular tem uma espessura de 7,0 nm. Quantas membranas celulares seriam necessárias para fazer uma pilha de 1,0 in de altura?

50 •• **APLICAÇÃO EM ENGENHARIA** Um furo circular de $8{,}470 \times 10^{-1}$ cm de raio deve ser cortado em um móvel. A *tolerância* é de $1{,}0 \times 10^{-3}$ cm, o que significa que o raio do furo produzido não pode diferir em mais do que esta quantidade do raio do furo planejado. Se o raio do furo produzido é maior do que o raio do furo planejado neste valor da tolerância permitida, qual é a diferença entre a área produzida e a área planejada para o furo?

51 •• **APLICAÇÃO EM ENGENHARIA** Um pino quadrado deve ser encaixado em um furo quadrado. Se você possui um pino quadrado de 42,9 mm de lado e o furo quadrado tem um lado de 43,2 mm, (*a*) qual é a área do espaço vazio restante quando o pino está no furo? (*b*) Se o pino é tornado retangular com a remoção de 0,10 mm de material de um dos lados, qual é a nova área de espaço vazio restante?

VETORES E SUAS PROPRIEDADES

52 • **VÁRIOS PASSOS** Um vetor com 7,0 unidades de comprimento e um vetor com 5,5 unidades de comprimento são somados. Sua soma é um vetor com 10,0 unidades de comprimento. (*a*) Mostre graficamente pelo menos uma maneira pela qual esses vetores podem ser somados. (*b*) Usando seu esboço da Parte (*a*), determine o ângulo entre os dois vetores originais.

53 • Determine as componentes x e y dos seguintes três vetores do plano xy. (*a*) Um vetor deslocamento de 10 m que forma um ângulo de 30° no sentido horário a partir do eixo $+y$. (*b*) Um vetor velocidade de 25 m/s que forma um ângulo de 40° no sentido anti-horário com o eixo $-x$. (*c*) Uma força de 40 lb que forma um ângulo de 120° no sentido anti-horário com o eixo $-y$.

54 • Reescreva os seguintes vetores em termos da magnitude e do ângulo (medido no sentido anti-horário a partir do eixo $+x$). (*a*) Um vetor deslocamento com uma componente x de +8,5 m e uma componente y de −5,5 m. (*b*) Um vetor velocidade com uma componente x de −75 m/s e uma componente y de +35 m/s. (*c*) Um vetor força com uma magnitude de 50 lb que está no terceiro quadrante e tem uma componente x cuja magnitude vale 40 lb.

55 • **CONCEITUAL** Você caminha 100 m em linha reta em um plano horizontal. Se esta caminhada o levou 50 m para o leste, quais são seus possíveis movimentos para o norte ou para o sul? Quais são os possíveis ângulos que sua caminhada formou em relação ao sentido para o leste?

56 • **ESTIMATIVA** O destino final de seu passeio é a 300 m de seu ponto de partida para o leste. A primeira parte deste passeio é a caminhada descrita no Problema 55, e a segunda parte é também uma caminhada ao longo de uma linha reta. Estime graficamente o comprimento e a orientação da segunda parte de seu passeio.

57 •• São dados os seguintes vetores: $\vec{A} = 3{,}4\hat{i}\ \ 4{,}7\hat{j}$, $\vec{B} = (-7{,}7)\hat{i} + 3{,}2\hat{j}$ e $\vec{C} = 5{,}4\hat{i} + (-9{,}1)\hat{j}$. (*a*) Encontre o vetor $\vec{D}$, em notação de vetores unitários, tal que $\vec{D} + 2\vec{A} - 3\vec{C} + 4\vec{B} = 0$. (*b*) Expresse sua resposta para a Parte (*a*) em termos de magnitude e ângulo com o sentido $+x$.

58 •• São dados os seguintes vetores: $\vec{A}$ vale 25 lb e forma um ângulo de 30° no sentido horário com o eixo $+x$ e $\vec{B}$ vale 42 lb e forma um ângulo de 50° no sentido horário com o eixo $+y$. (*a*) Faça um esboço e estime, visualmente, a magnitude e o ângulo do vetor $\vec{C}$ tal que $2\vec{A} + \vec{C} - \vec{B}$ resulta em um vetor de magnitude de 35 lb apontando no sentido $+x$. (*b*) Repita o cálculo da Parte (*a*) usando o método de componentes e compare seu resultado com a estimativa feita em (*a*).

59 •• Calcule o vetor unitário (em termos de $\hat{i}$ e $\hat{j}$)com a orientação oposta à orientação de cada um dos vetores $\vec{A}$, $\vec{B}$ e $\vec{C}$ do Problema 57.

60 •• Os vetores unitários $\hat{i}$ e $\hat{j}$ apontam para o leste e o norte, respectivamente. Calcule o vetor unitário (em termos de $\hat{i}$ e $\hat{j}$) das seguintes orientações: (*a*) para nordeste, (*b*) 70° medidos no sentido horário com o eixo $-y$, (*c*) para sudoeste.

PROBLEMAS GERAIS

61 • As viagens Apolo para a Lua nos anos 1960 e 1970 levavam, tipicamente, 3 dias para percorrer a distância Terra-Lua, uma vez abandonada a órbita terrestre. Estime a rapidez média da nave espacial em quilômetros por hora, milhas por hora, e metros por segundo.

62 • Em muitas estradas do Canadá o limite de velocidade é de 100 km/h. Qual é este limite em milhas por hora?

63 • Se você pudesse contar \$1,00 por segundo, quantos anos você levaria para contar um bilhão de dólares?

64 • (*a*) A rapidez da luz no vácuo é 186 000 mi/s = $3{,}00 \times 10^8$ m/s. Use este fato para encontrar o número de quilômetros em uma milha. (*b*) O peso de 1,00 ft^3 de água é 62,4 lb e 1,00 ft = 30,5 cm. Use esta informação e o fato de que 1,00 cm^3 de água tem uma massa de 1,00 g para encontrar o peso em libras de uma massa de 1,00 kg.

65 • A massa de um átomo de urânio é $4{,}0 \times 10^{-26}$ kg. Quantos átomos de urânio existem em 8,0 g de urânio puro?

66 •• Durante uma tempestade, cai um total de 1,4 in de chuva. Quanta água cai sobre um acre de terra? (1 mi^2 = 640 acres.) Expresse sua resposta em (*a*) polegadas cúbicas, (*b*) pés cúbicos, (*c*) metros cúbicos e (*d*) quilogramas. Note que a massa específica da água é 1000 kg/m^3.

67 •• Um núcleo de ferro tem um raio de $5{,}4 \times 10^{-15}$ m e uma massa de $9{,}3 \times 10^{-26}$ kg. (*a*) Qual é sua massa por unidade de volume, em kg/m^3? (*b*) Se a Terra tivesse a mesma massa por unidade de volume, qual seria seu raio? (A massa da Terra é $5{,}98 \times 10^{24}$ kg.)

68 •• **APLICAÇÃO EM ENGENHARIA** O oleoduto canadense de Norman Wells estende-se de Norman Wells, nos Territórios do Noroeste, até Zama, em Alberta. O oleoduto, de $8{,}68 \times 10^5$ m de extensão, tem um diâmetro interno de 12 in e pode ser abastecido com óleo a 35 L/s. (*a*) Qual é o volume de óleo no oleoduto quando ele está cheio? (*b*) Quanto tempo levaria para encher o oleoduto de óleo com ele inicialmente vazio?

69 •• A unidade astronômica (UA) é definida como a distância média centro a centro entre a Terra e o Sol, ou seja, $1{,}496 \times 10^{11}$ m. O parsec é o raio de um círculo para o qual um ângulo central de 1 segundo intercepta um arco de 1 UA de comprimento. O ano-luz é a distância que a luz percorre em 1 ano. (*a*) Quantos parsecs estão contidos em uma unidade astronômica? (*b*) Quantos metros estão contidos em um parsec? (*c*) Quantos metros em um ano-luz? (*d*) Quantas unidades astronômicas em um ano-luz? (*e*) Quantos anos-luz em um parsec?

70 •• Se a massa específica média do universo for de pelo menos 6×10^{-27} kg/m^3, então o universo acabará parando de expandir e começará a contrair. (*a*) Quantos elétrons são necessários, por metro cúbico, para produzir a massa específica crítica? (*b*) Quantos prótons por metro cúbico produziriam a massa específica crítica? ($m_e = 9{,}11 \times 10^{-31}$ kg, $m_p = 1{,}67 \times 10^{-27}$ kg.)

71 ••• **RICO EM CONTEXTO, APLICAÇÃO EM ENGENHARIA, PLANILHA ELETRÔNICA** Você é um astronauta realizando experimentos de física na Lua. Você está interessado na relação experimental entre a distância de queda, y, e o tempo decorrido, t, para objetos em queda a partir do repouso. Você recolheu alguns dados de uma moeda caindo, representados na tabela seguinte.

(*a*) anos (m)	10	20	30	40	50
(*b*) t (s)	3,5	5,2	6,0	7,3	7,9

Você espera verificar que um relação geral entre a distância y e o tempo t seja $y = Bt^C$, onde B e C são constantes a serem determinadas experimentalmente. Para isto, crie um gráfico log-log dos dados: (*a*) plote log(y) *versus* log(t), com log(y) como a variável ordenada e log(t) como a variável abscissa. (*b*) Mostre que, se você tomar o logaritmo de cada lado da relação esperada, obterá log(y) = log(B) + C log(t). (*c*) Comparando esta relação linear com o gráfico dos dados, estime os valores de B e C. (*d*) Se você largar uma moeda, quanto tempo ela levará para cair 1,0 m? (*e*) No próximo capítulo, mostraremos que a relação que se espera entre y e t é $y = \frac{1}{2}at^2$, onde a é a aceleração do objeto. Qual é a aceleração dos objetos largados na Lua?

72 ••• **PLANILHA ELETRÔNICA** Os preços das ações de cada companhia variam com o mercado e com o tipo de negócio da companhia, e podem se tornar imprevisíveis, mas as pessoas com freqüência procuram padrões matemáticos aos quais eles não se adequam. Os preços das ações de uma companhia de engenharia no dia 3 de agosto, a cada cinco anos, entre 1981 e 2000, são apresentados na tabela seguinte. Suponha que o preço siga uma regra de potência: preço (em US$) = Bt^C, onde t é expresso em anos. (*a*) Avalie as constantes B e C (veja os métodos sugeridos no problema anterior). (*b*) Em 3 de agosto de 2000, o preço da ação dessa companhia foi de US$82,83. Se valesse a lei de potência, qual deveria ter sido o preço da ação dessa companhia em 3 de agosto de 2000?

(*a*) Preço (dólares)	2,10	4,19	9,14	10,82	16,85
(*b*) Anos a partir de 1980	1	6	11	16	21

73 ••• **APLICAÇÃO EM ENGENHARIA** O detector de neutrinos japonês Super-Kamiokande é um grande cilindro transparente cheio de água ultra pura. A altura do cilindro é 41,4 m e o diâmetro é 39,3 m. Calcule a massa da água no cilindro. Isto coincide com a alegação colocada no site oficial do Super-K de que o detector usa 50.000 toneladas de água?

74 ••• **RICO EM CONTEXTO** Você e um amigo estão caminhando por uma região grande e plana e decidem determinar a altura de um distante pico de montanha, e também a distância horizontal entre vocês e o pico (Figura 1-19). Para isto, você se coloca em um ponto e verifica que sua linha de visada até o topo do pico é inclinada de 7,5° em relação à horizontal. Você também anota a orientação do pico com relação àquele ponto: 13° a leste do norte. Você se mantém na posição original e seu amigo caminha 1,5 km para o oeste. Então, ele divisa o pico e verifica que sua linha de visada tem uma orientação de 15° a leste do norte. Qual a distância da montanha à sua posição e qual a altura do pico em relação à de sua posição?

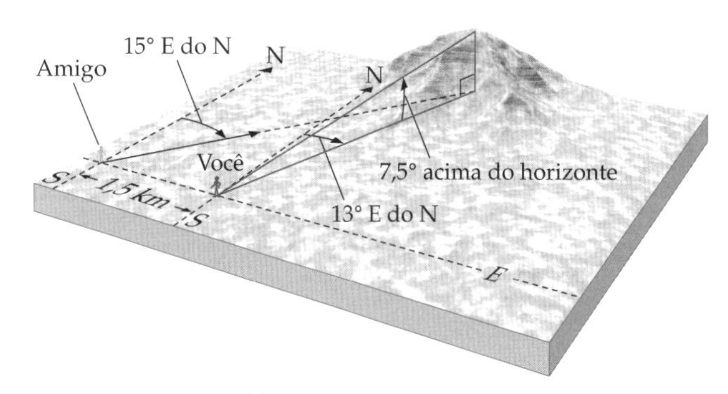

FIGURA 1-19 Problema 74

75 ••• **PLANILHA ELETRÔNICA** A tabela a seguir fornece os períodos T e os raios orbitais r para os movimentos de quatro satélites que orbitam um asteróide denso e pesado. (*a*) Estes dados podem ser ajustados à fórmula $T = Cr^n$. Encontre os valores das constantes C e n. (*b*) Um quinto satélite é descoberto, com um período de 6,20 anos. Encontre o raio da órbita deste satélite que se ajusta à mesma fórmula.

(*a*) Período T, *anos*	0,44	1,61	3,88	7,89
(*b*) Raio r, Gm	0,088	0,208	0,374	0,600

76 ••• **VÁRIOS PASSOS** O período T de um pêndulo simples depende do comprimento L do pêndulo e da aceleração da gravidade g (dimensões L/T^2). (*a*) Encontre uma combinação simples de L e g que tenha a dimensão do tempo. (*b*) Cheque a dependência do período T com o comprimento L medindo o período (tempo para um balanço de ida e volta completo) de um pêndulo para dois valores diferentes de L. (*c*) A fórmula correta que relaciona T com L e g envolve uma constante que é múltipla de π e não pode ser obtida pela análise dimensional da Parte (*a*). Ela pode ser encontrada experimentalmente, como na Parte (*b*), se g é conhecido. Usando o valor $g = 9{,}81$ m/s^2 e seus resultados experimentais da Parte (*b*), encontre a fórmula que relaciona T com L e g.

77 ••• Um trenó em repouso é subitamente puxado em três direções horizontais, simultaneamente, mas não se desloca. Paulo puxa para o nordeste com uma força de 50 lb. João puxa a um ângulo de 35° para o sul do oeste com uma força de 65 lb. Maria puxa com uma força a ser determinada. (*a*) Expresse as duas forças dos rapazes em termos dos usuais vetores unitários. (*b*) Determine a terceira força (de Maria), expressando-a primeiro em termos de componentes e depois em termos de magnitude e ângulo (orientação).

78 ••• Você observa um avião que está 1,5 km ao norte, 2,5 km a leste e a uma altitude de 5,0 km em relação à sua posição. (*a*) Qual a distância do avião até você? (*b*) Você está observando formando qual ângulo com o norte, no plano horizontal? (*c*) Determine o vetor posição do avião (a partir de sua localização) em termos dos vetores unitários, fazendo $\hat{i}$ apontar para o leste, $\hat{j}$ apontar para o norte e $\hat{k}$ apontar verticalmente para cima. (*d*) A que ângulo de elevação (acima do plano horizontal da Terra) está o avião?

PARTE I MECÂNICA

MOVIMENTO EM UMA DIMENSÃO É O MOVIMENTO AO LONGO DE UMA LINHA RETA, COMO O DE UM CARRO EM UMA ESTRADA RETA.

(©2008 *Edmundo Dias Montalvão.*)

? Como o motorista pode estimar seu tempo de chegada?

(Veja o Exemplo 2-3.)

Movimento em Uma Dimensão

Imagine um automóvel viajando em uma rodovia. Há inúmeras maneiras pelas quais você poderia descrever para alguém o movimento do automóvel. Por exemplo, você poderia descrever a mudança de posição do automóvel enquanto ele viaja de um ponto a outro, quão rápido o automóvel se desloca e o sentido de sua viagem, e se o carro se movimenta cada vez mais rápido, ou menos rápido, à medida que se desloca. Estas descrições básicas do movimento — conhecidas como deslocamento, velocidade e aceleração — são uma parte essencial da física. Na verdade, foi a tentativa de descrever o movimento dos objetos que deu nascimento à física, mais de 400 anos atrás.

O estudo do movimento e os conceitos relacionados de força e massa é chamado de **mecânica**. Começamos nossa investigação sobre o movimento examinando a **cinemática**, o ramo da mecânica que lida com as características do movimento. Você precisará compreender a cinemática para compreender o resto deste livro. O movimento permeia toda a física e uma compreensão da cinemática é necessária para compreender como força e massa afetam o movimento. Começamos a ver, no Capítulo 4, a **dinâmica**, que relaciona movimento, força e massa.

Neste capítulo, estudamos o caso mais simples da cinemática — o movimento ao longo de uma linha reta. Desenvolveremos os modelos e as ferramentas de que você necessitará para descrever o movimento em uma dimensão, e introduziremos as definições precisas de palavras comumente usadas para descrever o movimento, tais como deslocamento, rapidez, velocidade e aceleração. Também veremos o caso especial do movimento em linha reta quando a aceleração é constante. Finalmente, consideramos as formas pelas quais a integração pode ser usada para descrever o movimento. Neste capítulo, objetos que se movem estão restritos ao movimento ao longo de uma linha reta. Para descrevermos tal movimento, não é necessário utilizarmos a notação vetorial completa desenvolvida no Capítulo 1. Um sinal + ou − é tudo o que precisamos para especificar o sentido ao longo de uma linha reta.

2-1 DESLOCAMENTO, VELOCIDADE E RAPIDEZ

Em uma corrida de cavalos, o vencedor é o cavalo cujo nariz é o primeiro a cruzar a linha de chegada. Podemos argumentar que o que realmente importa durante a corrida é o movimento deste ponto particular do cavalo, e que o tamanho, a forma e o movimento do resto do cavalo é desimportante. Em física, este tipo de simplificação também é útil no exame do movimento de outros objetos. Podemos, com freqüência, descrever o movimento de um objeto descrevendo o movimento de um único ponto do objeto. Por exemplo, enquanto um carro se move em linha reta em uma estrada, você pode descrever o movimento do carro examinando um único ponto da lateral do carro. Um objeto que pode ser representado desta maneira idealizada é chamado de **partícula**. Em cinemática, qualquer objeto pode ser considerado uma partícula, desde que não estejamos interessados em seu tamanho, forma ou movimento interno. Por exemplo, podemos considerar carros, trens e foguetes como partículas. A Terra e outros planetas também podem ser pensados como partículas em seu movimento em torno do Sol. Até pessoas e galáxias podem ser tratadas como partículas.

POSIÇÃO E DESLOCAMENTO

Para descrever o movimento de uma partícula, precisamos ser capazes de descrever a posição da partícula e como essa posição varia enquanto a partícula se move. Para o movimento unidimensional, normalmente escolhemos o eixo x como a linha ao longo da qual o movimento ocorre. Por exemplo, a Figura 2-1 mostra um estudante em uma bicicleta na posição x_i no tempo t_i. Em um tempo posterior, t_f, o estudante está na posição x_f. A variação da posição do estudante, $x_f - x_i$, é chamada de **deslocamento**. Usamos a letra grega Δ (delta maiúsculo) para indicar a variação de uma quantidade; assim, a variação de x pode ser escrita como

$$\Delta x = x_f - x_i \qquad 2\text{-}1$$

DEFINIÇÃO—DESLOCAMENTO

É importante reconhecer a diferença entre deslocamento e distância percorrida. A distância percorrida por uma partícula é o comprimento do caminho descrito pela partícula de sua posição inicial até sua posição final. Distância é uma quantidade escalar e é sempre indicada por um número positivo. Deslocamento é a *variação de posição* de uma partícula. É positivo se a variação de posição ocorre no sentido crescente de x (o sentido $+x$) e negativo se ocorre no sentido $-x$. Deslocamento pode ser representado por vetores, como mostrado no Capítulo 1. Utilizaremos a notação vetorial completa desenvolvida no Capítulo 1 quando estudarmos movimento em duas e três dimensões no Capítulo 3.

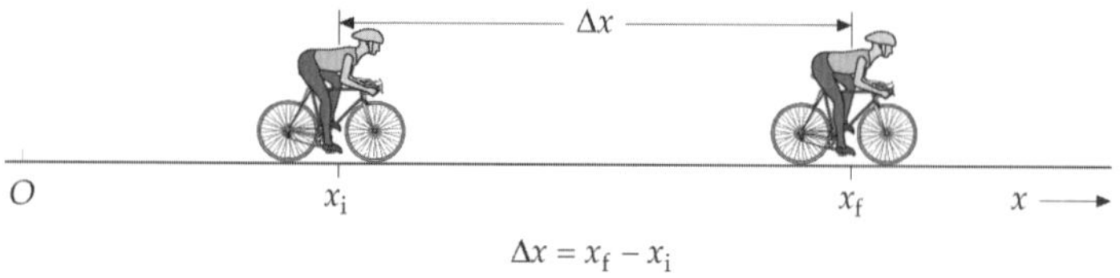

Δx — O — x_i — x_f — x — $\Delta x = x_f - x_i$

FIGURA 2-1 Um estudante em uma bicicleta se move em linha reta. Um eixo coordenado consiste em uma linha ao longo do caminho da bicicleta. Um ponto nesta linha é escolhido como a origem O. A outros pontos na linha é atribuído um número x, o valor de x sendo proporcional à sua distância de O. Os números atribuídos a pontos à direita de O, como os mostrados, são positivos, e os atribuídos a pontos à esquerda de O são negativos. Quando a bicicleta viaja do ponto x_i para o ponto x_f, seu deslocamento é $\Delta x = x_f - x_i$.

! A notação Δx (leia-se "delta x") refere-se a uma única quantidade, que é a variação de x. Δx não é o produto de Δ por x, assim como cos θ não é o produto de cos por θ. Por convenção, a variação de uma quantidade é sempre seu valor final menos seu valor inicial.

Exemplo 2-1 Distância e Deslocamento de um Cachorro

Você está exercitando um cachorro. O cachorro está inicialmente junto a você. Depois, ele corre 20 pés em linha reta para buscar um graveto e traz o graveto de volta 15 pés pelo mesmo caminho, antes de se deitar no chão e começar a mascar o graveto. (*a*) Qual a distância total percorrida pelo cachorro? (*b*) Qual o deslocamento final do cachorro? (*c*) Mostre que o deslocamento final da viagem é a soma dos sucessivos deslocamentos realizados na viagem.

SITUAÇÃO A distância total, s, é determinada somando-se as distâncias individuais percorridas pelo cachorro. O deslocamento é a posição final do cachorro menos a posição inicial. O cachorro deixa o ponto em que você se encontra no tempo 0, recolhe o graveto no tempo 1 e deita para mascá-lo no tempo 2.

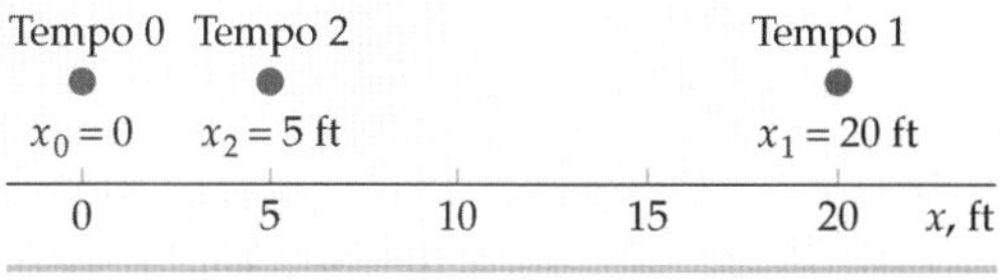

Tempo 0 Tempo 2 Tempo 1

$x_0 = 0$ $x_2 = 5$ ft $x_1 = 20$ ft

0 5 10 15 20 x, ft

FIGURA 2-2 Os pontos representam a posição do cachorro em tempos diferentes.

SOLUÇÃO

(*a*) 1. Faça um diagrama do movimento (Figura 2-2). Inclua um eixo coordenado:

2. Calcule a distância total percorrida:

$$s_{02} = s_{01} + s_{12} = (20\text{ ft}) + (15\text{ ft}) = \boxed{35}\text{ ft}$$

(Os subscritos indicam os intervalos de tempo; s_{01} é a distância viajada durante o intervalo entre o tempo 0 e o tempo 1, e assim por diante.)

(*b*) O deslocamento final é encontrado a partir de sua definição, $\Delta x = x_f - x_i$, em que $x_i = x_0 = 0$ é a posição inicial do cachorro. Cinco pés a partir da posição inicial ou $x_f = x_2 = 5$ ft é a posição final do cachorro:

$$\Delta x_{02} = x_2 - x_0 = 5\text{ ft} - 0\text{ ft} = \boxed{5\text{ ft}}$$

onde Δx_{02} é o deslocamento durante o intervalo entre o tempo 0 e tempo 2.

(*c*) O deslocamento final também é encontrado somando-se o deslocamento da primeira corrida ao deslocamento da segunda corrida.

$$\Delta x_{01} = x_1 - x_0 = 20\text{ ft} - 0\text{ ft} = 20\text{ ft}$$

$$\Delta x_{12} = x_2 - x_1 = 5\text{ ft} - 20\text{ ft} = -15\text{ ft}$$

somando, obtemos

$$\Delta x_{01} + \Delta x_{12} = (x_1 - x_0) + (x_2 - x_1) = x_2 - x_0 = \Delta x_{02}$$

logo

$$\Delta x_{02} = \Delta x_{01} + \Delta x_{12} = 20\text{ ft} - 15\text{ ft} = \boxed{5\text{ ft}}$$

CHECAGEM A magnitude do deslocamento para qualquer trecho da viagem nunca é maior do que a distância total percorrida no trecho. O resultado para a magnitude da Parte (*b*) (5 ft) é menor que o resultado da Parte (*a*) (35 ft), de modo que o resultado da Parte (*b*) é plausível.

INDO ALÉM A distância total percorrida em uma viagem é sempre igual à soma das distâncias percorridas nos diversos trechos da viagem. O deslocamento total, ou final, de uma viagem é sempre igual à soma dos deslocamentos dos diversos trechos da viagem.

VELOCIDADE MÉDIA E RAPIDEZ MÉDIA

Estamos freqüentemente interessados na rapidez de algo que se move. A **rapidez média** de uma partícula é a distância total percorrida pela partícula dividida pelo tempo total entre o início e o final:

$$\text{Rapidez média} = \frac{\text{distância total}}{\text{tempo total}} = \frac{s}{\Delta t} \qquad 2\text{-}2$$

DEFINIÇÃO—RAPIDEZ MÉDIA

Como a distância total e o tempo total são ambos sempre positivos, a rapidez média é sempre positiva.

Apesar de ser uma idéia útil, a rapidez não revela nada sobre a orientação do movimento, pois nem a distância total, nem o tempo total, têm uma orientação associada. Uma quantidade mais útil é aquela que descreve quão rápido e em que sentido um objeto se move. O termo usado para descrever esta quantidade é *velocidade*. A **velocidade média**, $v_{\text{méd}\,x}$, de uma partícula é definida como a razão entre o deslocamento Δx e o intervalo de tempo Δt:

$$v_{\text{méd}\,x} = \frac{\Delta x}{\Delta t} = \frac{x_f - x_i}{t_f - t_i} \qquad (\text{logo } \Delta x = v_{\text{méd}\,x}\Delta t) \qquad 2\text{-}3$$

DEFINIÇÃO—VELOCIDADE MÉDIA

Assim como o deslocamento, a velocidade média é uma quantidade que pode ser positiva ou negativa. Um valor positivo indica que o deslocamento tem a orientação $+x$. Um valor negativo indica que o deslocamento tem a orientação $-x$. As dimensões da velocidade são L/T e a unidade SI de velocidade é o metro por segundo (m/s). Outras unidades comuns são quilômetros por hora (km/h), pés por segundo (ft/s) e milhas por hora (mi/h).

A Figura 2-3 é um gráfico da posição de uma partícula como função do tempo. Cada ponto representa a posição x da partícula em um particular tempo t. Uma linha reta une os pontos P_1 e P_2 e forma a hipotenusa do triângulo de lados $\Delta x = x_2 - x_1$ e $\Delta t = t_2 - t_1$. Note que a razão $\Delta x/\Delta t$ é a **inclinação** da reta, o que nos dá uma interpretação geométrica da velocidade média:

Veja **o Tutorial Matemático** *para mais informações sobre*
Equações Lineares

A velocidade média para o intervalo entre $t = t_1$ e $t = t_2$ é a inclinação da linha reta que liga os pontos (t_1, x_1) e (t_2, x_2) em um gráfico x *versus* t.

INTERPRETAÇÃO GEOMÉTRICA DA VELOCIDADE MÉDIA

! As definições de rapidez média e de velocidade média introduzem os parâmetros cinemáticos mais básicos. Você precisará conhecer estas definições e as definições que aparecerão mais adiante neste capítulo para ter sucesso na solução de problemas de cinemática.

Note que a velocidade média depende do intervalo de tempo em questão. Na Figura 2-3, por exemplo, o intervalo de tempo menor, indicado por t_2' e P_2', fornece um velocidade média maior, como se vê pela inclinação maior da linha que liga os pontos P_1 e P_2'.

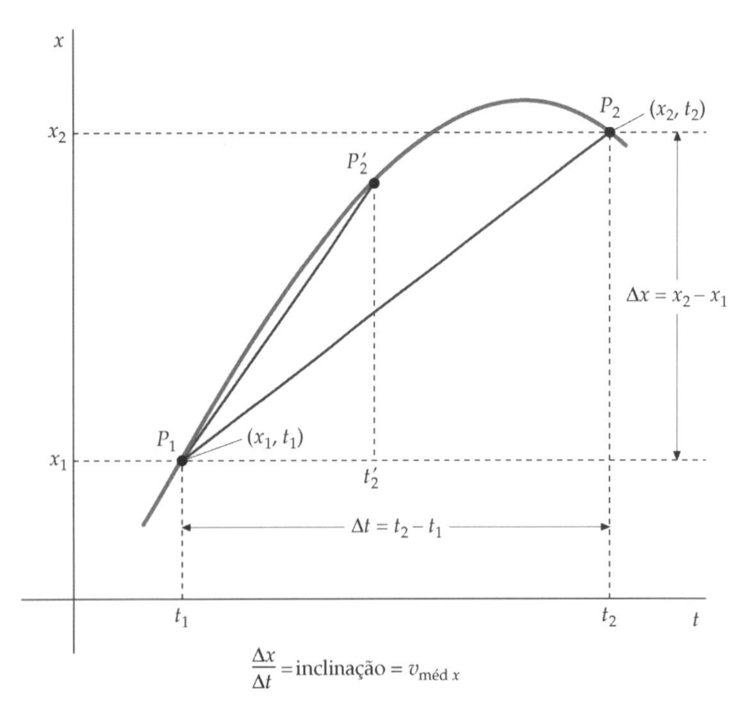

FIGURA 2-3 Gráfico de x *versus* t para uma partícula movendo-se em uma dimensão. Cada ponto da curva representa a posição x em um tempo particular t. Traçamos uma linha reta através dos pontos (x_1, t_1) e (x_2, t_2). O deslocamento $\Delta x = x_2 - x_1$ e o intervalo de tempo $\Delta t = t_2 - t_1$ entre estes pontos estão indicados. A linha reta entre P_1 e P_2 é a hipotenusa do triângulo de lados Δx e Δt, e a razão $\Delta x/\Delta t$ é sua declividade. Em termos geométricos, a declividade é a inclinação da reta.

Exemplo 2-2 Rapidez Média e Velocidade Média do Cachorro

O cachorro que você estava exercitando no Exemplo 2-1 correu 20,0 ft afastando-se de você em 1,0 s, para alcançar o graveto e voltou caminhando 15,0 ft em 1,5 s (Figura 2-4). Calcule (*a*) a rapidez média do cachorro e (*b*) a velocidade média do cachorro para o total da viagem.

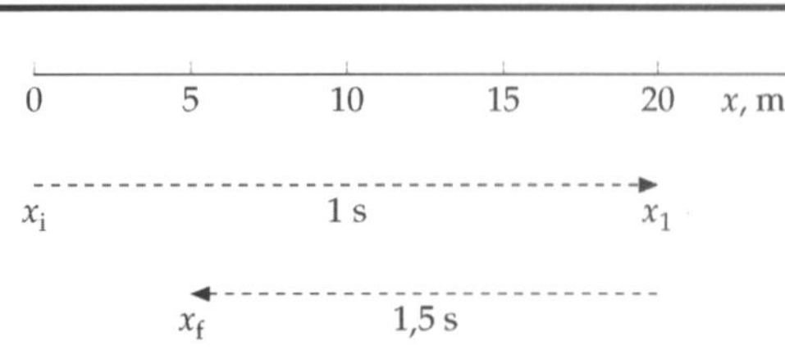

FIGURA 2-4

SITUAÇÃO Podemos resolver este problema usando as definições de rapidez média e de velocidade média, notando que *rapidez* média é a *distância* total dividida pelo tempo total Δt, enquanto *velocidade* média é o *deslocamento* total dividido por Δt:

SOLUÇÃO

(*a*) 1. A rapidez média do cachorro é igual à distância total dividida pelo tempo total: $\text{Rapidez média} = \dfrac{s}{\Delta t}$

2. Calcule a distância total percorrida e o tempo total: $s = s_1 + s_2 = 20{,}0\text{ ft} + 15{,}0\text{ ft} = 35{,}0\text{ ft}$

$\Delta t = (t_1 - t_i) + (t_f - t_2) = 1{,}0\text{ s} + 1{,}5\text{ s} = 2{,}5\text{ s}$

3. Use s e Δt para encontrar a rapidez média do cachorro: $\text{Rapidez média} = \dfrac{35{,}0\text{ ft}}{2{,}5\text{ s}} = \boxed{14\text{ ft/s}}$

(*b*) 1. A velocidade média do cachorro é a razão entre o deslocamento total Δx e o intervalo de tempo Δt: $v_{\text{méd}\,x} = \dfrac{\Delta x}{\Delta t}$

2. O deslocamento total do cachorro é $x_f - x_i$, onde $x_i = 0{,}0$ ft é a posição inicial do cachorro e $x_f = 5{,}0$ ft é a posição final do cachorro: $\Delta x = x_f - x_i = 5{,}0\text{ ft} - 0{,}0\text{ ft} = 5{,}0\text{ ft}$

3. Use Δx e Δt para encontrar a velocidade média do cachorro: $v_{\text{méd}\,x} = \dfrac{\Delta x}{\Delta t} = \dfrac{5{,}0\text{ ft}}{2{,}5\text{ s}} = \boxed{2{,}0\text{ ft/s}}$

CHECAGEM Uma busca na Internet mostra que um galgo pode ter uma rapidez média de aproximadamente 66 ft/s (45 mi/h), de forma que nosso cachorro não deve encontrar dificuldade em fazer 14 ft/s (9,5 mi/h). Um resultado maior que 66 ft/s, na Parte (*a*), não seria plausível.

INDO ALÉM Note que a rapidez média do cachorro é maior que sua velocidade média, porque a distância total percorrida é maior que a magnitude do deslocamento total. Note, também, que o deslocamento total é a soma dos deslocamentos parciais. Isto é, $\Delta x = \Delta x_1 = \Delta x_2 = (20{,}0\text{ ft}) + (-15{,}0\text{ ft}) = 5{,}0\text{ ft}$, que é o resultado do passo 2 da Parte (*b*).

Exemplo 2-3 Dirigindo para a Escola

Você normalmente leva 10 min para percorrer as 5,0 mi até a escola, por uma estrada reta. Você sai de casa 15 min antes do início das aulas. O retardo causado por um semáforo com defeito o força a viajar a 20 mi/h durante as primeiras 2,0 mi do percurso. Você chegará atrasado para as aulas?

SITUAÇÃO Você precisa encontrar o tempo total que levará para chegar à escola. Para isto, você deve encontrar o tempo $\Delta t_{2\,\text{mi}}$ que levará dirigindo a 20 mi/h, e o tempo $\Delta t_{3\,\text{mi}}$ para o restante do percurso, durante o qual você estará dirigindo com sua velocidade usual.

SOLUÇÃO

1. O tempo total é igual ao tempo para percorrer as primeiras 2,0 mi mais o tempo para percorrer as restantes 3,0 mi: $\Delta t_{\text{tot}} = \Delta t_{2\,\text{mi}} + \Delta t_{3\,\text{mi}}$
2. Usando $\Delta x = v_{\text{méd}\,x}\,\Delta t$, resolva para o tempo necessário para percorrer 2,0 mi a 20 mi/h: $\Delta t_{2\,\text{mi}} = \dfrac{\Delta x_1}{v_{\text{méd}\,x}} = \dfrac{2{,}0\text{ mi}}{20\text{ mi/h}} = 0{,}10\text{ h} = 6{,}0\text{ min}$
3. Usando $\Delta x = v_{\text{méd}\,x}\,\Delta t$, explicite o tempo decorrido para percorrer 3 mi na velocidade usual: $\Delta t_{3\,\text{mi}} = \dfrac{\Delta x_2}{v_{\text{méd}\,x}} = \dfrac{3{,}0\text{ mi}}{v_{\text{usual}\,x}}$
4. Usando $\Delta x = v_{\text{méd}\,x}\,\Delta t$, resolva para $v_{\text{usual}\,x}$, a velocidade necessária para você viajar as 5,0 mi em 10 min: $v_{\text{usual}\,x} = \dfrac{\Delta x_{\text{tot}}}{\Delta t_{\text{usual}}} = \dfrac{5{,}0\text{ mi}}{10\text{ min}} = 0{,}50\text{ mi/min}$
5. Usando os resultados dos passos 3 e 4, resolva para $\Delta t_{3\,\text{mi}}$: $\Delta t_{3\,\text{mi}} = \dfrac{\Delta x_2}{v_{\text{usual}\,x}} = \dfrac{3{,}0\text{ mi}}{0{,}50\text{ mi/min}} = 6{,}0\text{ min}$
6. Resolva para o tempo total: $\Delta t_{\text{tot}} = \Delta t_{2\,\text{mi}} + \Delta t_{3\,\text{mi}} = 12\text{ min}$
7. A viagem leva 12 min com o retardo, em comparação com os 10 min usuais. Porque você, inteligentemente, reservou 15 min para a viagem, *você não se atrasará para as aulas.*

CHECAGEM Note que 20 mi/h = 20 mi/60 min = 1,0 mi/3,0 min. Viajando todo o percurso de 5,0 milhas a uma milha em cada três minutos, você levaria 15 minutos para viajar até a escola. Você reservou 15 minutos para a viagem, de forma que você chegaria em tempo mesmo se viajasse à taxa mais lenta, de 20 mi/h, por todas as 5,0 milhas.

Exemplo 2-4 Uma Ave Visitando Dois Trens

Dois trens, separados por uma distância de 60 km, aproximam-se um do outro em trilhos paralelos, cada um se deslocando a 15 km/h. Uma ave voa alternadamente, de um trem para o outro, a 20 km/h, até que os trens se cruzam. Qual é a distância voada pela ave?

SITUAÇÃO Neste problema, você deve encontrar a distância total voada pela ave. Você é informado da rapidez da ave, da rapidez dos trens e da distância inicial entre os trens. À primeira vista, pode parecer que você deve encontrar e somar as distâncias que a ave percorre a cada vez que parte de um trem e chega ao outro. No entanto, uma abordagem muito mais simples é a de usar o fato de que o tempo total t de vôo da ave é o tempo que os trens levam para se encontrarem. A distância total voada é a rapidez da ave multiplicada pelo tempo de vôo da ave. Portanto, podemos iniciar escrevendo uma equação para a quantidade a ser encontrada, a distância total s voada pela ave.

SOLUÇÃO

1. A distância total s_{ave} voada pela ave é igual à sua rapidez vezes o tempo de vôo:

$$s_{ave} = (\text{rapidez média})_{ave} \times t = (\text{rapidez})_{\text{méd ave}} \times t$$

2. O tempo t que a ave permanece no ar é o tempo que um dos trens leva para percorrer a metade da distância inicial D entre os dois trens. (Como os trens estão viajando com a mesma rapidez, cada trem viaja metade dos 60 km, ou seja, 30 km, até o encontro.):

$$\tfrac{1}{2}D = (\text{rapidez})_{\text{méd trem}} \times t$$

logo

$$t = \frac{D}{2(\text{rapidez})_{\text{méd trem}}}$$

3. Substitua o resultado para o tempo do passo 2 no resultado do passo 1. A separação inicial entre os dois trens é $D = 60$ km. A distância total percorrida pela ave, portanto, vale:

$$s_{ave} = (\text{rapidez})_{\text{méd ave}}t = (\text{rapidez})_{\text{méd ave}} \frac{D}{2(\text{rapidez})_{\text{méd trem}}}$$

$$= 20\text{ km/h}\,\frac{60\text{ km}}{2\,(15\text{ km/h})} = \boxed{40\text{ km}}$$

CHECAGEM A rapidez de cada trem é três quartos da rapidez da ave, de forma que a distância percorrida por um dos trens será igual a três quartos da distância percorrida pela ave. Cada trem percorre 30 km. Como 30 km são três quartos de 40 km, nosso resultado de 40 km, para a distância percorrida pela ave, é muito plausível.

VELOCIDADE INSTANTÂNEA E RAPIDEZ INSTANTÂNEA

Suponha que sua velocidade média em uma longa viagem tenha sido 60 km/h. Porque este valor é uma média, ele não fornece nenhuma informação sobre como sua velocidade variou durante a viagem. Por exemplo, pode ter havido algumas partes da viagem em que você teve que parar em um sinal vermelho, e outras partes em que você viajou mais rápido para compensar. Para aprendermos mais sobre os detalhes de seu movimento, temos que conhecer a velocidade em qualquer instante da viagem. À primeira vista, definir a velocidade de uma partícula em um dado instante pode parecer impossível. Em um dado instante, uma partícula está em um dado ponto. Se ela está em um único ponto, como que ela pode estar em movimento? Se ela não se move, como pode ter uma velocidade? Este antigo paradoxo é resolvido quando nos damos conta de que observar e definir movimento requer que olhemos a posição do objeto em mais de um instante de tempo. Por exemplo, considere o gráfico posição *versus* tempo da Figura 2-5. À medida que consideramos intervalos de tempo sucessivamente menores, iniciando em t_P, a velocidade média para o intervalo se aproxima da inclinação da tangente em t_P. Definimos a inclinação desta tangente como a **velocidade instantânea**, $v_x(t)$, em t_P. Esta tangente é o limite da razão $\Delta x/\Delta t$ quando Δt, e portanto, quando Δx, tendem a zero. Então, podemos dizer:

A velocidade instantânea v_x é o limite da razão $\Delta x/\Delta t$ quando Δt tende a zero.

$$v_x(t) = \lim_{\Delta t \to 0} \frac{\Delta x}{\Delta t}$$

$$= \text{inclinação da reta tangente à curva } x\text{-versus-}t \qquad 2\text{-}4$$

DEFINIÇÃO—VELOCIDADE INSTANTÂNEA

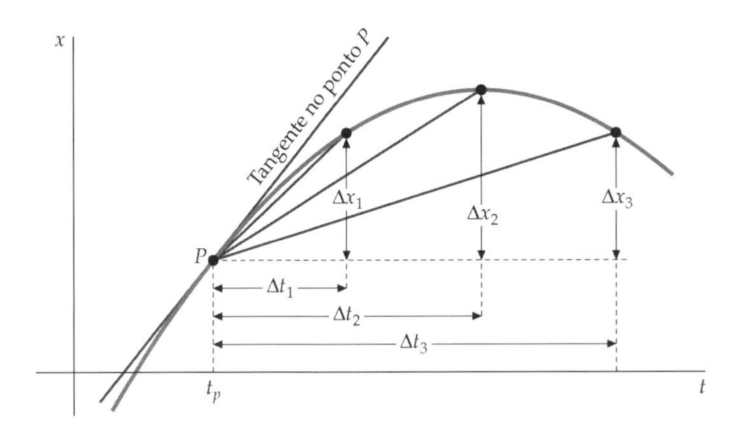

FIGURA 2-5 Gráfico de x *versus* t. Note a seqüência de intervalos de tempo sucessivamente menores Δt_3, Δt_2, Δt_1,... A velocidade média de cada intervalo é a inclinação da linha reta para aquele intervalo. À medida que os intervalos de tempo se tornam menores, estas inclinações se aproximam da inclinação da tangente à curva no ponto t_P. A inclinação desta reta tangente é definida como a velocidade instantânea no tempo t_P.

Em cálculo, este limite é chamado de **derivada** de x em relação a t e é escrito como dx/dt. Usando esta notação, a Equação 2-4 se torna:

$$v_x(t) = \lim_{\Delta t \to 0} \frac{\Delta x}{\Delta t} = \frac{dx}{dt} \qquad \text{2-5}$$

> ***Veja*** **o Tutorial Matemático** ***para mais informações sobre***
> **Cálculo Diferencial**

A inclinação de uma reta pode ser positiva, negativa, ou zero; conseqüentemente, a velocidade instantânea (no movimento unidimensional) pode ser positiva (x aumentando), negativa (x diminuindo) ou zero (sem movimento). Para um objeto que se move com velocidade constante, a velocidade instantânea do objeto é igual à sua velocidade média. O gráfico posição *versus* tempo deste movimento (Figura 2-6) será uma linha reta de inclinação igual à velocidade.

A velocidade instantânea é um vetor e a magnitude da velocidade instantânea é a **rapidez instantânea**. No resto deste texto, usaremos "velocidade" no lugar de "velocidade instantânea" e "rapidez" no lugar de "rapidez instantânea", exceto quando ênfase e clareza exigirem o uso do adjetivo "instantânea".

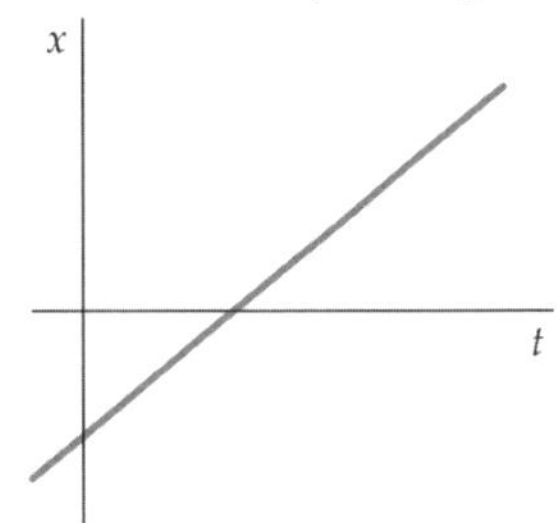

FIGURA 2-6 Gráfico posição *versus* tempo para uma partícula se deslocando com velocidade constante.

Exemplo 2-5 Posição de uma Partícula como Função do Tempo *Tente Você Mesmo*

A posição de uma partícula como função do tempo é dada pela curva mostrada na Figura 2-7. Encontre a velocidade instantânea no tempo t = 1,8 s. Quando a velocidade é maior? Quando ela é zero? Ela chega a ser negativa?

SITUAÇÃO Na Figura 2-7, esboçamos a linha tangente à curva em t = 1,8 s. A inclinação da reta tangente é a velocidade instantânea da partícula no tempo considerado. Você pode medir a inclinação da reta tangente diretamente na figura.

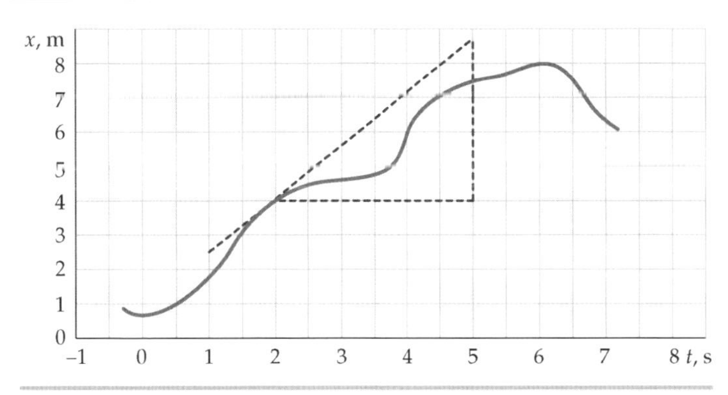

FIGURA 2-7

SOLUÇÃO

Cubra a coluna da direita e tente por si só antes de olhar as respostas.

Passos	Respostas
1. Encontre os valores x_1 e x_2 para os pontos da linha tangente nos tempos t_1 = 2,0 s e t_2 = 5,0 s.	$x_1 \approx 4{,}0$ m, $x_2 \approx 8{,}5$ m
2. Calcule a inclinação da reta tangente a partir destes valores. Esta inclinação é igual à velocidade instantânea em t = 2,0 s.	$v_x = \text{inclinação} \approx \dfrac{8{,}5\ \text{m} - 4{,}0\ \text{m}}{5{,}0\ \text{s} - 2{,}0\ \text{s}} = \boxed{1{,}5\ \text{m/s}}$

3. Vê-se, na figura, que a reta tangente é mais inclinada em aproximadamente t = 4,0 s. A velocidade, portanto, é $\boxed{\text{maior em } t \approx 4{,}0 \text{ s.}}$ A inclinação e a velocidade são ambas $\boxed{\text{zero em } t = 0{,}0 \text{ e em } t = 6{,}0 \text{ s}}$ e são $\boxed{\text{negativas para } t < 0{,}0 \text{ e } t > 6{,}0 \text{ s.}}$

CHECAGEM A posição da partícula varia de aproximadamente 1,8 m em 1,0 s para 4,0 m em 2,0 s, de forma que a velocidade média para o intervalo entre 1,0 s e 2,0 s é 2,2 m/s. Isto é da mesma ordem de grandeza do valor da velocidade instantânea em 1,8 s, logo o resultado do passo 2 é plausível.

PROBLEMA PRÁTICO 2-1 Estime a velocidade média desta partícula entre $t = 2{,}0$ s e $t = 5{,}0$ s.

Exemplo 2-6 Uma Pedra Largada de um Penhasco

A posição de uma pedra largada de um penhasco é descrita aproximadamente por $x = 5t^2$, onde x está em metros e t em segundos. O sentido $+x$ é para baixo e a origem está no topo do penhasco. Encontre a velocidade da pedra, durante sua queda, como uma função do tempo t.

SITUAÇÃO Podemos calcular a velocidade em algum tempo t calculando a derivada dx/dt diretamente da definição na Equação 2-4. A curva correspondente para x *versus* t é mostrada na Figura 2-8. Retas tangentes são traçadas nos tempos t_1, t_2 e t_3. As inclinações destas retas tangentes aumentam gradualmente com o aumento do tempo, indicando que a velocidade instantânea aumenta gradualmente com o tempo.

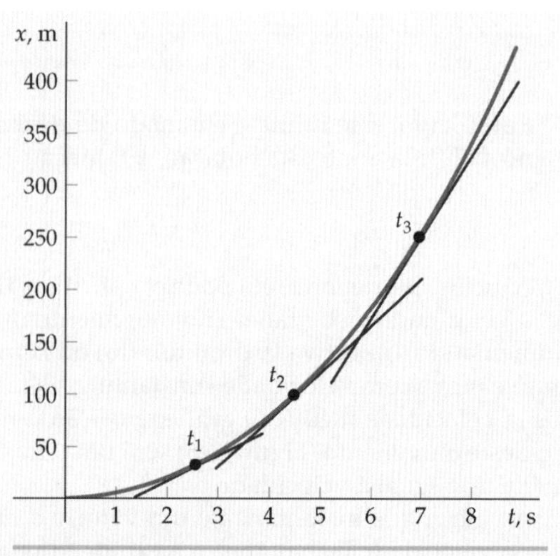

FIGURA 2-8

SOLUÇÃO

1. Por definição, a velocidade instantânea é

$$v_x(t) = \lim_{\Delta t \to 0} \frac{\Delta x}{\Delta t} = \lim_{\Delta t \to 0} \frac{x(t + \Delta t) - x(t)}{\Delta t}$$

2. Calculamos o deslocamento Δx da função posição $x(t)$:

$$x(t) = 5t^2$$

3. Em um tempo posterior $t + \Delta t$, a posição é $x(t + \Delta t)$, dada por:

$$x(t + \Delta t) = 5(t + \Delta t)^2 = 5[t^2 + 2t\,\Delta t + (\Delta t)^2] = 5t^2 + 10t\,\Delta t + 5(\Delta t)^2$$

4. O deslocamento para este intervalo de tempo é, portanto:

$$\Delta x = x(t + \Delta t) - x(t) = [5t^2 + 10t\,\Delta t + 5(\Delta t)^2] - 5t^2 = 10t\,\Delta t + 5(\Delta t)^2$$

5. Divida Δx por Δt para encontrar a velocidade média para este intervalo de tempo:

$$v_{\text{méd}\,x} = \frac{\Delta x}{\Delta t} = \frac{10t\,\Delta t + 5(\Delta t)^2}{\Delta t} = 10t + 5\,\Delta t$$

6. Considerando intervalos de tempo cada vez menores, Δt se aproxima de zero e o segundo termo $5\,\Delta t$ se aproxima de zero, enquanto o primeiro termo, $10t$, não se altera:

$$v_x(t) = \lim_{\Delta t \to 0} \frac{\Delta x}{\Delta t} = \lim_{\Delta t \to 0} (10t + 5\,\Delta t) = \boxed{10t}$$

onde v_x está em m/s e t está em s.

CHECAGEM A pedra parte do repouso e viaja cada vez mais rapidamente, à medida que se desloca no sentido positivo. Nosso resultado para a velocidade, $v_x = 10t$, é zero para $t = 0$ e aumenta à medida que t aumenta. Logo, $v_x = 10t$ é um resultado plausível.

INDO ALÉM Se tivéssemos feito $\Delta t = 0$ nos passos 4 e 5, o deslocamento teria sido $\Delta x = 0$, caso em que a razão $\Delta x/\Delta t$ seria indeterminada. Em vez disso, mantivemos Δt como variável até o passo final, quando o limite $\Delta t \to 0$ é bem determinado.

Para encontrar derivadas rapidamente, usamos regras baseadas no processo limite anterior (veja a Tabela M-3 do Tutorial Matemático). Uma regra particularmente útil é

$$\text{Se} \quad x = Ct^n, \quad \text{então} \quad \frac{dx}{dt} = Cnt^{n-1} \qquad 2\text{-}6$$

onde C e n são constantes quaisquer. Usando esta regra no Exemplo 2-6, temos $x = 5t^2$ e $v_x = dx/dt = 10t$, em concordância com nossos resultados prévios.

2-2 ACELERAÇÃO

Quando você pisa no acelerador ou no freio do seu carro, você espera que sua velocidade varie. Diz-se que um objeto cuja velocidade varia está sendo acelerado. **Aceleração** é a taxa de variação da velocidade com relação ao tempo. A **aceleração média,** $a_{\text{méd}\,x}$, para um particular intervalo de tempo Δt, é definida como a variação da velocidade, Δv, dividida pelo intervalo de tempo:

$$a_{\text{méd}\,x} = \frac{\Delta v_x}{\Delta t} = \frac{v_{\text{f}\,x} - v_{\text{i}\,x}}{t_{\text{f}} - t_{\text{i}}} \qquad (\text{então } \Delta v_x = a_{\text{méd}\,x}\,\Delta t) \qquad 2\text{-}7$$

DEFINIÇÃO—ACELERAÇÃO MÉDIA

Note que a aceleração tem as dimensões de velocidade (L/T) dividida pelo tempo (T), o que é o mesmo que comprimento dividido por tempo ao quadrado (L/T^2). A unidade SI é o metro por segundo ao quadrado, m/s^2. Ademais, como deslocamento e velocidade, aceleração é uma quantidade vetorial. Para o movimento unidimensional, podemos usar + e − para indicar a orientação da aceleração. A Equação 2-7 nos diz que, para que $a_{\text{méd}\,x}$ seja positivo, Δv_x deve ser positivo, e, para que $a_{\text{méd}\,x}$ seja negativo, Δv_x deve ser negativo.

A **aceleração instantânea** é o limite da razão $\Delta x/\Delta t$ quando Δt tende a zero. Em um gráfico velocidade *versus* tempo, a aceleração instantânea no tempo t é a inclinação da reta tangente à curva naquele instante:

$$a_x = \lim_{\Delta t \to 0} \frac{\Delta v_x}{\Delta t}$$

$$= \text{inclinação da reta tangente à curva } v\text{-}versus\text{-}t \qquad 2\text{-}8$$

DEFINIÇÃO—ACELERAÇÃO INSTANTÂNEA

Assim, a aceleração é a derivada da velocidade v_x em relação ao tempo, dv_x/dt. Como a velocidade é a derivada da posição x em relação a t, a aceleração é a derivada segunda de x em relação a t, d^2x/dt^2. Podemos entender a razão desta notação quando escrevemos a aceleração como dv_x/dt e substituímos v_x por dx/dt:

$$a_x = \frac{dv_x}{dt} = \frac{d(dx/dt)}{dt} = \frac{d^2x}{dt^2} \qquad 2\text{-}9$$

Note que, quando o intervalo de tempo se torna extremamente pequeno, a aceleração média e a aceleração instantânea se tornam iguais entre si. Portanto, utilizaremos a palavra aceleração para significar "aceleração instantânea".

É importante notar que o sinal da aceleração de um objeto não lhe diz se o objeto está aumentando ou diminuindo a rapidez. Para verificar isto, você precisa comparar os sinais de ambas a velocidade e a aceleração do objeto. Se v_x e a_x são ambos positivos, v_x é positivo e vai se tornando mais positivo, de forma que a rapidez está aumentando. Se v_x e a_x são ambos negativos, v_x é negativo e vai se tornando mais negativo, de forma que a rapidez, também neste caso, está aumentando. Quando v_x e a_x têm sinais opostos, o objeto está perdendo rapidez. Se v_x é positivo e a_x é negativo, v_x é positivo mas está se tornando menos positivo, de maneira que a rapidez está diminuindo. Se v_x é negativo e a_x é positivo, v_x é negativo mas está se tornando menos negativo, de maneira que, ainda neste caso, a rapidez está diminuindo. Resumindo, se v_x e a_x têm o mesmo sinal, a rapidez está crescendo; se v_x e a_x têm sinais opostos, a rapidez está diminuindo. Quando um objeto está perdendo rapidez, às vezes dizemos que ele está desacelerando.

Se a aceleração se mantém zero, não há variação da velocidade no tempo — a velocidade é constante. Neste caso, o gráfico de x *versus* t é uma linha reta. Se a aceleração é não-nula e constante, como no Exemplo 2-13, então a velocidade varia linearmente com o tempo e x varia quadraticamente com o tempo.

! Desaceleração não significa que a aceleração é negativa. Desaceleração significa que v_x e a_x têm sinais opostos.

CHECAGEM CONCEITUAL 2-1

Você viaja rapidamente atrás de um carro cujo motorista freia bruscamente, parando para evitar um enorme buraco. Três décimos de segundo após você ter visto as luzes de freio do carro da frente acenderem, você também freia. Suponha os dois carros viajando, inicialmente, com a mesma rapidez e que, uma vez freados, os dois carros passam a perder rapidez com a mesma taxa. A distância entre os dois carros, enquanto estão sendo freados, permanece constante?

Exemplo 2-7 Um Gato Rápido

Um guepardo pode acelerar de 0 a 96 km/h (60 mi/h) em 2,0 s, enquanto um automóvel comum requer 4,5 s. Calcule as acelerações médias do guepardo e do automóvel e compare-as com a aceleração de queda livre, $g = 9{,}81\ \text{m/s}^2$.

SITUAÇÃO Como nos são dadas as velocidades inicial e final, assim como a variação no tempo para ambos o felino e o automóvel, podemos simplesmente usar a Equação 2-7 pra encontrar a aceleração de cada objeto.

SOLUÇÃO

1. Converta 96 km/h para uma velocidade em m/s:

$$96\,\frac{\text{km}}{\text{h}}\left(\frac{1\ \text{h}}{3600\ \text{s}}\right)\left(\frac{1000\ \text{m}}{1\ \text{km}}\right) = 26{,}7\ \text{m/s}$$

2. Encontre a aceleração média a partir das informações fornecidas:

$$\text{felino}\quad a_{\text{méd}\,x} = \frac{\Delta v_x}{\Delta t} = \frac{26{,}7\ \text{m/s} - 0}{2{,}0\ \text{s}} = 13{,}3\ \text{m/s}^2 = \boxed{13\ \text{m/s}^2}$$

$$\text{automóvel}\quad a_{\text{méd}\,x} = \frac{\Delta v_x}{\Delta t} = \frac{26{,}7\ \text{m/s} - 0}{4{,}5\ \text{s}} = 5{,}93\ \text{m/s}^2 = \boxed{5{,}9\ \text{m/s}^2}$$

3. Para comparar o resultado com a aceleração da gravidade, multiplique cada um pelo fator de conversão $1g/9{,}81\ \text{m/s}^2$:

$$\text{felino}\quad 13{,}3\ \text{m/s}^2 \times \frac{1g}{9{,}81\ \text{m/s}^2} = 1{,}36g = \boxed{1{,}4g}$$

$$\text{automóvel}\quad 5{,}93\ \text{m/s}^2 \times \frac{1g}{9{,}81\ \text{m/s}^2} = 0{,}604g = \boxed{0{,}60g}$$

CHECAGEM Como o automóvel leva um pouco mais que duas vezes o tempo do guepardo para acelerar até a mesma velocidade, faz sentido que a aceleração do automóvel seja um pouco menor que a metade da do felino.

INDO ALÉM Para reduzir erros de arredondamento, os cálculos são realizados usando-se valores com pelo menos três algarismos, mesmo que as respostas sejam dadas usando-se apenas dois algarismos significativos. Estes algarismos extras usados nos cálculos são chamados de *algarismos de guarda*.

PROBLEMA PRÁTICO 2-2 Um automóvel está viajando a 45 km/h no tempo $t = 0$. Ele acelera a uma taxa constante de 10 km/(h · s). (*a*) Qual sua rapidez em $t = 2{,}0$ s? (*b*) Em que tempo o automóvel está viajando a 70 km/h?

Exemplo 2-8 Velocidade e Aceleração como Funções do Tempo

A posição de uma partícula é dada por $x = Ct^3$, onde C é uma constante. Encontre as dimensões do C. Além disso, encontre a velocidade e a aceleração como funções do tempo.

SITUAÇÃO Podemos encontrar a velocidade aplicando $dx/dt = Cnt^{n-1}$ (Equação 2-6) à posição da partícula, onde n, neste caso, é igual a 3. Então, repetimos o processo para encontrar a derivada temporal da velocidade.

SOLUÇÃO

1. As dimensões de x e t são L e T, respectivamente:

$$C = \frac{x}{t^3} \Rightarrow [C] = \frac{[x]}{[t]^3} = \boxed{\frac{L}{T^3}}$$

2. Encontramos a velocidade aplicando $dx/dt = Cnt^{n-1}$ (Equação 2-6):

$$x = Ct^n = Ct^3$$

$$v_x = \frac{dx}{dt} = Cnt^{n-1} = C3t^{3-1} = \boxed{3Ct^2}$$

3. A derivada temporal da velocidade fornece a aceleração:

$$a = \frac{dv_x}{dt} = 3C(2)(t^{2-1}) = \boxed{6Ct}$$

CHECAGEM Podemos checar as dimensões de nossos resultados. Para a velocidade, $[v_x] = [C][t^2] = (L/T^3)(T^2) = L/T$. Para a aceleração, $[a_x] = [C][t] = (L/T^3)(T) = L/T^2$.

PROBLEMA PRÁTICO 2-3 Se um automóvel parte do repouso em $x = 0$ com aceleração constante a_x, sua velocidade v_x depende de a_x e da distância percorrida x. Qual das seguintes equações tem a dimensão correta e, portanto, tem a possibilidade de ser uma equação que relacione x, a_x e v_x?

(*a*) $v_x = 2a_x x$ (*b*) $v_x^2 = 2a_x/x$ (*c*) $v_x = 2a_x x^2$ (*d*) $v_x^2 = 2a_x x$

DIAGRAMAS DE MOVIMENTO

Estudando física, muitas vezes você terá que determinar a orientação do vetor aceleração a partir da descrição do movimento. Diagramas de movimento podem ajudar. Em um diagrama de movimento o objeto móvel é desenhado em uma seqüência de intervalos de tempo igualmente espaçados. Por exemplo, suponha que você esteja em um trampolim e, após um salto de boa altura, você está caindo de volta para o trampolim. Na descida, você cai cada vez mais rápido. Um diagrama de movimento é mostrado na Figura 2-9*a*. Os pontos representam sua posição em intervalos de tempo igualmente espaçados, de forma que o espaço entre sucessivos pontos aumenta enquanto sua rapidez aumenta. Os números colocados junto aos pontos estão lá para indicar a progressão do tempo e a seta representando sua velocidade é desenhada junto a cada ponto. A orientação de cada seta representa a orientação de sua velocidade naquele instante e o comprimento da seta representa a rapidez com que você se desloca. Seu vetor aceleração* tem a orientação da variação do seu vetor velocidade — para baixo. Em geral, se as setas da velocidade se tornam maiores com o progresso do tempo, então a aceleração tem a mesma orientação da velocidade. Por outro lado, se as setas das velocidades vão diminuindo com o progresso do tempo (Figura 2-9*b*), a aceleração tem a orientação oposta à da velocidade. A Figura 2-9*b* é um diagrama de movimento para o seu movimento de encontro ao teto, após ter rebatido no trampolim.

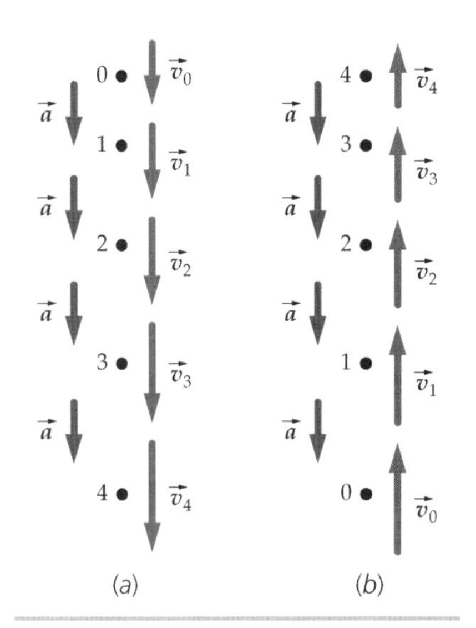

FIGURA 2-9 Diagramas de movimento. Os intervalos de tempo entre pontos sucessivos são idênticos. (*a*) O vetor velocidade está crescendo, de forma que a aceleração tem a mesma orientação do vetor velocidade. (*b*) O vetor velocidade está decrescendo, de forma que a aceleração tem a orientação oposta à do vetor velocidade.

2-3 MOVIMENTO COM ACELERAÇÃO CONSTANTE

O movimento de uma partícula com aceleração praticamente constante é algo encontrável na natureza. Por exemplo, todos os objetos largados próximo à superfície da Terra caem verticalmente com aceleração quase constante (desde que se possa desprezar a resistência do ar). Outros exemplos de aceleração quase constante incluem um avião em sua arremetida para decolar e o movimento de um carro freando ao se aproximar de um sinal vermelho ou arrancando quando o sinal abre. Para uma partícula em movimento, a velocidade final v_x é igual à velocidade inicial mais a variação da velocidade, e a variação da velocidade é igual à aceleração média multiplicada pelo tempo. Isto é,

$$v_x = v_{0x} + \Delta v = v_{0x} + a_{\text{méd } x}\,\Delta t \qquad \text{2-10}$$

Se uma partícula tem aceleração constante a_x, então a aceleração instantânea e a aceleração média são iguais. Ou seja,

$$a_x = a_{\text{méd } x} \quad (a_x \text{ constante}) \qquad \text{2-11}$$

Como situações envolvendo aceleração praticamente constante são comuns, podemos usar as equações para a aceleração e a velocidade para deduzir um conjunto especial de **equações cinemáticas** para problemas envolvendo movimento unidimensional com aceleração constante.

DEDUZINDO AS EQUAÇÕES CINEMÁTICAS PARA ACELERAÇÃO CONSTANTE

Seja uma partícula movendo-se com aceleração constante a_x, tendo a velocidade v_{0x} no instante $t_0 = 0$ e a velocidade v_x em algum tempo posterior t. Combinando as Equações 2-10 e 2-11, temos

$$v_x = v_{0x} + a_x t \quad (a_x \text{ constante}) \qquad \text{2-12}$$

ACELERAÇÃO CONSTANTE: $v_x(t)$

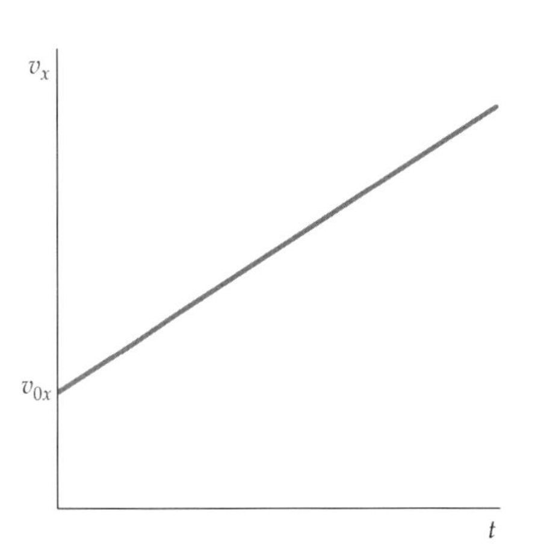

FIGURA 2-10 Gráfico velocidade *versus* tempo para aceleração constante.

Um gráfico v_x *versus* t (Figura 2-10) desta equação é uma linha reta. A inclinação da reta é a aceleração a_x.

* O vetor velocidade e o vetor aceleração foram introduzidos no Capítulo 1 e são mais trabalhados no Capítulo 3.

Para obter uma equação da posição x como função do tempo, primeiro olhamos para o caso especial de movimento com velocidade constante $v_x = v_{0x}$ (Figura 2-11). A variação da posição Δx durante um intervalo de tempo Δt é

$$\Delta x = v_{0x}\,\Delta t \qquad (a_x = 0)$$

A área do retângulo sombreado sob a curva v_x *versus* t (Figura 2-11*a*) é sua altura v_{0x} vezes sua largura Δt e, portanto, a área sob a curva é o deslocamento Δx. Se v_{0x} é negativo (Figura 2-11*b*), ambos o deslocamento Δx e a área sob a curva são negativos. Costumamos pensar em uma área como uma quantidade que não pode ser negativa. No entanto, neste contexto este não é o caso. Se v_{0x} é negativo, a "altura" da curva é negativa e a "área sob a curva" é a quantidade negativa $v_{0x}\,\Delta t$.

A interpretação geométrica do deslocamento como uma área sob a curva v_x *versus* t é verdadeira não apenas para velocidade constante, mas também em geral, como ilustrado na Figura 2-12. Para mostrar que esta afirmativa está correta, primeiro dividimos o intervalo de tempo em inúmeros pequenos intervalos, Δt_1, Δt_2, e assim por diante. Então, desenhamos um conjunto de retângulos, como mostrado. A área do retângulo correspondente ao i-ésimo intervalo Δt_i (sombreado na figura) é $v_i\,\Delta t_i$, o que é aproximadamente igual ao deslocamento Δx_i no intervalo Δt_i. A soma das áreas retangulares é, portanto, aproximadamente igual à soma dos deslocamentos durante os intervalos de tempo e é aproximadamente igual ao deslocamento entre os tempos t_1 e t_2. Podemos tornar a aproximação tão precisa quanto quisermos, colocando um número suficientemente grande de retângulos sob a curva, cada retângulo possuindo um valor de Δt suficientemente pequeno. Para o limite de intervalos de tempo cada vez menor (e número de retângulos cada vez maior), a soma resultante se aproxima da área sob a curva, o que equivale ao deslocamento. O deslocamento Δx é, assim, a área sob a curva v_x *versus* t.

Para movimento com aceleração constante (Figura 2-13*a*), Δx é igual à área da região sombreada. Esta região está dividida em um retângulo e um triângulo de áreas $v_{1x}\,\Delta t$ e $\frac{1}{2}a_x(\Delta t)^2$, respectivamente, onde $\Delta t = t_2 - t_1$. Segue que

$$\Delta x = v_{1x}\,\Delta t + \tfrac{1}{2}a_x(\Delta t)^2 \qquad \text{2-13}$$

Se fazemos $t_1 = 0$ e $t_2 = t$, então a Equação 2-13 se torna

$$x - x_0 = v_{0x}t + \tfrac{1}{2}a_x t^2 \qquad \text{2-14}$$

ACELERAÇÃO CONSTANTE: $x(t)$

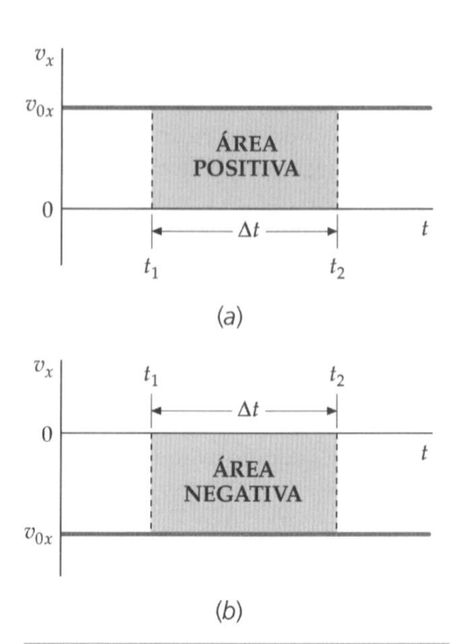

FIGURA 2-11 Movimento com velocidade constante.

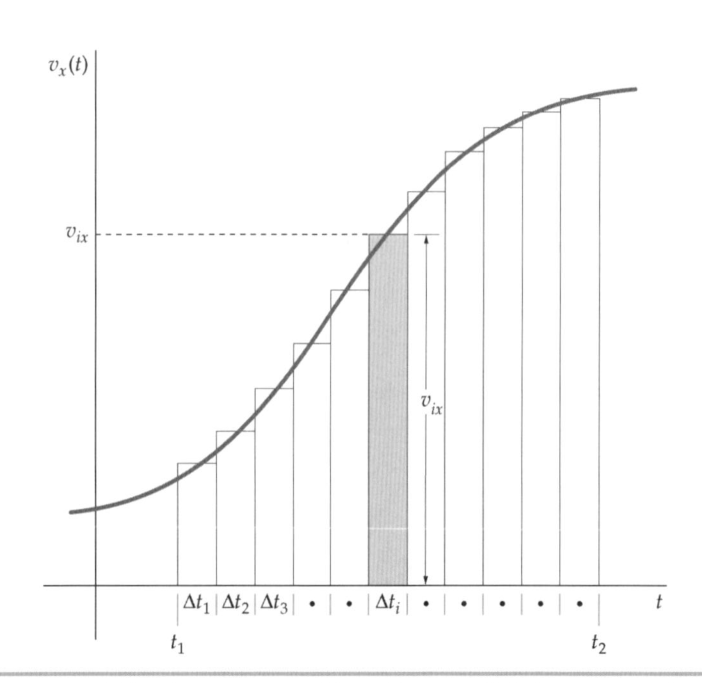

FIGURA 2-12 Gráfico de um curva genérica $v_x(t)$ *versus* t. O deslocamento total de t_1 até t_2 é a área sob a curva para este intervalo, o que pode ser aproximado somando-se as áreas dos retângulos.

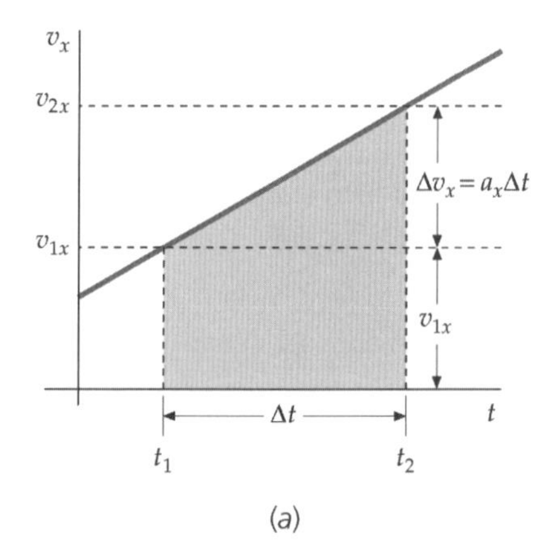

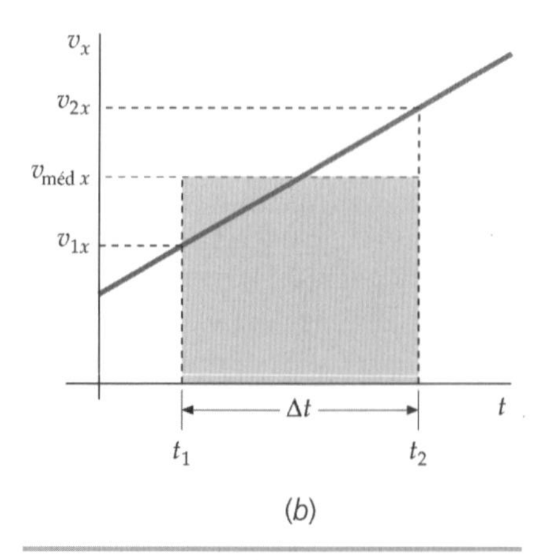

FIGURA 2-13 Movimento com aceleração constante.

onde x_0 e v_{0x} são a posição e a velocidade no tempo $t = 0$, e $x = x(t)$ é a posição no tempo t. O primeiro termo da direita, $v_{0x}t$, é o deslocamento que ocorreria se a_x fosse zero, e o segundo termo, $\frac{1}{2}a_x t^2$, é o deslocamento adicional devido à aceleração constante.

Utilizamos, em seguida, as Equações 2-12 e 2-14 para obter duas equações cinemáticas adicionais para aceleração constante. Resolvendo a Equação 2-12 para t e substituindo na Equação 2-14, temos

$$\Delta x = v_{0x}\frac{v_x - v_{0x}}{a_x} + \frac{1}{2}a_x\left(\frac{v_x - v_{0x}}{a_x}\right)^2$$

Multiplicando ambos os lados por $2a_x$, obtemos

$$2a_x\,\Delta x = 2v_0(v_x - v_{0x}) + (v_x - v_{0x})^2$$

Simplificando e rearranjando termos, fica

$$v_x^2 = v_{0x}^2 + 2a_x\,\Delta x \qquad \text{2-15}$$

ACELERAÇÃO CONSTANTE: $v_x(x)$

A equação para a velocidade média (Equação 2-3) é:

$$\Delta x = v_{\text{méd}\,x}\,\Delta t$$

onde $v_{\text{méd}\,x}\,\Delta t$ é a área sob a reta horizontal à altura $v_{\text{méd}\,x}$ na Figura 2-13*b* e Δx é a área sob a curva v_x *versus* t na Figura 2-13*a*. Podemos ver que, se $v_{\text{méd}\,x} = \frac{1}{2}(v_{1x} + v_{2x})$, a área sob a reta à altura $v_{\text{méd}}$ na Figura 2-13*b* e a área sob a curva v_x *versus* t na Figura 2-13*a* são iguais. Então,

$$v_{\text{méd}\,x} = \tfrac{1}{2}(v_{1x} + v_{2x}) \qquad \text{2-16}$$

ACELERAÇÃO CONSTANTE: $v_{\text{méd}\,x}$ E v_x

Para movimento com aceleração constante, a velocidade média é a média das velocidades inicial e final.

Para um exemplo de uma situação em que a Equação 2-16 não se aplica, considere o movimento de um corredor que leva 40,0 min para completar uma corrida de 10,0 km. A velocidade média do corredor é 0,250 km/min, cálculo realizado usando a definição de velocidade média ($v_{\text{méd}\,x} = \Delta x/\Delta t$). O corredor parte do repouso ($v_{1x} = 0$) e, durante o primeiro ou os dois primeiros segundos, sua velocidade cresce rapidamente, atingindo um valor constante v_{2x} que é mantido pelo resto da corrida. O valor de v_{2x} é ligeiramente maior que 0,250 km/min, de forma que a Equação 2-16 dá um valor de cerca de 0,125 km/min para a velocidade média, uma valor quase 50 por cento abaixo do valor dado pela definição de velocidade média. A Equação 2-16 não é aplicável porque a aceleração não se mantém constante durante toda a corrida.

> ! A Equação 2-16 é apenas aplicável para intervalos de tempo durante os quais a aceleração se mantém constante.

As Equações 2-12, 2-14, 2-15 e 2-16 podem ser usadas para resolver problemas de cinemática envolvendo movimento unidimensional com aceleração constante. A escolha de qual equação, ou quais equações, usar para um particular problema depende de qual informação você possui sobre o problema e do que lhe é solicitado. A Equação 2-15 é útil, por exemplo, se desejamos encontrar a velocidade final de uma bola largada do repouso de alguma altura x e se não estamos interessados no tempo de queda.

USANDO AS EQUAÇÕES CINEMÁTICAS PARA ACELERAÇÃO CONSTANTE

Leia a Estratégia para Solução de Problemas usando equações cinemáticas. Depois, examine os exemplos envolvendo movimento unidimensional com aceleração constante que são apresentados em seqüência.

ESTRATÉGIA PARA SOLUÇÃO DE PROBLEMAS

Movimento Unidimensional com Aceleração Constante

SITUAÇÃO Identifique se o problema está lhe solicitando para encontrar o tempo, a distância, a velocidade ou a aceleração para um objeto.

SOLUÇÃO Use os seguintes passos para resolver problemas que envolvem movimento unidimensional com aceleração constante.

1. Desenhe uma figura mostrando a partícula em suas posições inicial e final. Inclua um eixo coordenado e assinale as coordenadas de posição inicial e final. Indique os sentidos + e − do eixo. Indique as velocidades inicial e final e a aceleração.
2. Selecione uma das equações cinemáticas para aceleração constante (Equações 2-12, 2-14, 2-15 e 2-16). Substitua os valores dados na equação escolhida e, se possível, resolva para o valor pedido.
3. Se necessário, selecione outra das equações cinemáticas para aceleração constante, substitua nela os valores dados e resolva para o valor pedido.

CHECAGEM Você deve se assegurar da consistência dimensional de suas respostas, e se elas estão com as unidades corretas. Além disso, verifique se as magnitudes e os sinais de suas respostas concordam com as suas expectativas.

Problemas com um objeto Começaremos com alguns exemplos que envolvem o movimento de um único objeto.

Exemplo 2-9 Distância até o Carro Parar

Em uma auto-estrada, à noite, você vê um veículo enguiçado e freia o seu carro até parar. Enquanto você freia, a velocidade do seu carro decresce a uma taxa constante de (5,0 m/s)/s. Qual a distância percorrida pelo carro até parar, se sua velocidade inicial é (*a*) 15 m/s (cerca de 34 mi/h) ou (*b*) 30 m/s?

SITUAÇÃO Use a Estratégia para Solução de Problemas que antecede este exemplo. O carro é representado por um ponto, indicando uma partícula. Escolhemos o sentido do movimento como $+x$ e a posição inicial $x_0 = 0$. A velocidade inicial é $v_{0x} = +15$ m/s e a velocidade final é $v_x = 0$. Como a velocidade está decrescendo, a aceleração é negativa. Ela vale $a_x = -5{,}0$ m/s². Procuramos a distância viajada, que é a magnitude do deslocamento Δx. Nem nos é dado, nem perguntado, o tempo, de forma que $v_x^2 = v_{0x}^2 + 2a_x\,\Delta x$ (Equação 2-15) permitirá uma solução de passo único.

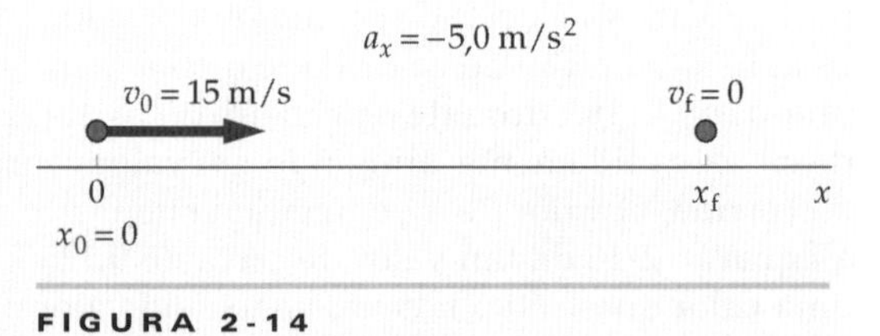

FIGURA 2-14

SOLUÇÃO

(*a*) 1. Mostre o carro (como um ponto) em suas posições inicial e final (Figura 2-14). Inclua o eixo coordenado e assinale no desenho os parâmetros cinemáticos.

2. Usando a Equação 2-15, calcule o deslocamento Δx:

$$v_x^2 = v_{0x}^2 + 2a_x\,\Delta x$$
$$0 = (15\text{ m/s})^2 + 2(-5{,}0\text{ m/s}^2)\Delta x$$
$$\Delta x = 22{,}5\text{ m} = \boxed{23\text{ m}}$$

(*b*) Substitua a rapidez inicial na expressão para Δx obtida na Parte (*a*) por 30 m/s (veja a Figura 2-14):

$$v_x^2 = v_{0x}^2 + 2a_x\,\Delta x$$
$$0 = (30\text{ m/s})^2 + 2(-5{,}0\text{ m/s}^2)\Delta x$$
$$\Delta x = \boxed{90\text{ m}}$$

CHECAGEM A velocidade do carro decresce 5,0 m/s em cada segundo. Se sua velocidade inicial é 15 m/s, ele deverá levar 3,0 s para atingir o repouso. Durante os 3,0 s, ele possui uma velocidade média igual à metade de 15 m/s, de forma que ele viajará $\frac{1}{2}(15\text{ m/s})(3{,}0\text{ s}) = 23$ m. Isto confirma nosso resultado da Parte (*a*). Nosso resultado da Parte (*b*) pode ser confirmado da mesma maneira.

Exemplo 2-10 Distância para Parar — *Tente Você Mesmo*

Na situação descrita no Exemplo 2-9, (*a*) quanto tempo leva para o carro parar se sua velocidade inicial é 30 m/s e (*b*) qual é a distância percorrida pelo carro no último segundo?

SITUAÇÃO Use a Estratégia para Solução de Problemas que antecede o Exemplo 2-9. (*a*) Nesta parte do problema, você deve encontrar o tempo que o carro leva para parar. Você tem a velocidade inicial $v_{0x} = 30$ m/s. Do Exemplo 2-9, você sabe que a aceleração do carro é $a_x = -5{,}0$ m/s². Uma relação entre tempo, velocidade e aceleração é dada pela Equação 2-12. (*b*) Como a velocidade do carro decresce 5,0 m/s em cada segundo, a velocidade 1,0 s antes de o carro parar deve ser 5,0 m/s. Encontre a velocidade média durante o último segundo e use-a para encontrar a distância percorrida.

SOLUÇÃO

Cubra a coluna da direita e tente por si só antes de olhar as respostas.

Passos	Respostas
(*a*) 1. Mostre o carro (como um ponto) em suas posições inicial e final (Figura 2-15). Inclua o eixo coordenado e assinale no desenho os parâmetros cinemáticos.	
2. Use a Equação 2-12 para encontrar o tempo total para parar Δt.	$\Delta t = \boxed{6{,}0 \text{ s}}$
(*b*) 1. Mostre o carro (como um ponto) em suas posições inicial e final (Figura 2-16). Inclua o eixo coordenado.	
2. Encontre a velocidade média durante o último segundo, a partir de $v_{\text{méd}\,x} = \frac{1}{2}(v_{ix} + v_{fx})$.	$v_{\text{méd}\,x} = 2{,}5$ m/s
3. Calcule a distância percorrida a partir de $\Delta x = v_{\text{méd}\,x}\,\Delta t$.	$\Delta x = v_{\text{méd}\,x}\,\Delta t = \boxed{2{,}5 \text{ m}}$

$a_x = -5{,}0$ m/s²; $v_{0x} = 30$ m/s; $v_{fx} = 0$; 0; x_f; x; $x_0 = 0$; $t_0 = 0$; t_f

FIGURA 2-15

$a_x = -5{,}0$ m/s²; $v_{0x} = 30$ m/s; v_1; $v_{fx} = 0$; 0; x_1; x_f; x; $x_0 = 0$; $t_0 = 0$; t_1; t_f

FIGURA 2-16

CHECAGEM Não esperaríamos que o carro fosse muito rápido no último segundo. O resultado da Parte (*b*), 2,5 m, é um resultado plausível.

Exemplo 2-11 Um Elétron se Deslocando — *Tente Você Mesmo*

Um elétron em um tubo de raios catódicos acelera a partir do repouso com uma aceleração constante de $5{,}33 \times 10^{12}$ m/s² durante 0,150 μs (1 μs = 10^{-6} s). Depois, o elétron continua com uma velocidade constante durante 0,200 μs. Finalmente, ele é freado até parar, com uma aceleração de $-2{,}67 \times 10^{13}$ m/s². Qual foi a distância total percorrida pelo elétron?

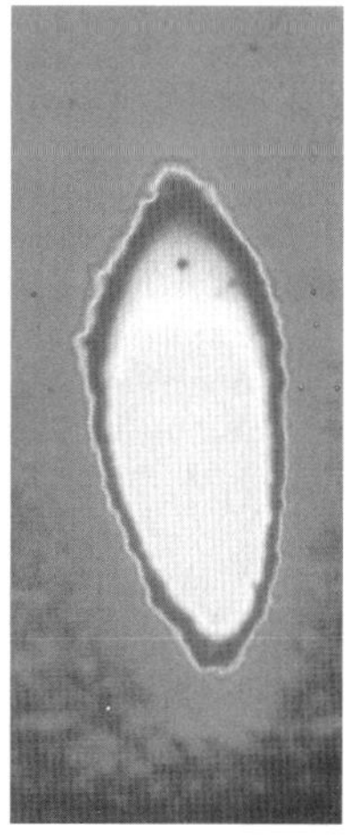

O acelerador linear de duas milhas da Universidade de Stanford, usado para acelerar elétrons e pósitrons em linha reta até quase a rapidez da luz. Seção reta do feixe de elétrons do acelerador, como visto em um monitor de vídeo. *(Stanford Limear Accelerator, U.S. Department of Energy.)*

SITUAÇÃO As equações para aceleração constante não se aplicam ao tempo total de movimento do elétron, porque a aceleração é alterada duas vezes durante esse tempo. No entanto, podemos dividir o movimento do elétron em três intervalos, cada um com uma aceleração constante diferente, e usar a posição e a velocidade finais do primeiro intervalo como as condições iniciais do segundo intervalo, e a posição e a velocidade finais do segundo intervalo como as condições iniciais para o terceiro intervalo. Aplique a Estratégia para Solução de Problemas que antecede o Exemplo 2-9 a cada um dos três intervalos de aceleração constante. Escolhemos a origem no ponto de partida do elétron e o sentido $+x$ como o sentido do movimento.

SOLUÇÃO

Cubra a coluna da direita e tente por si só antes de olhar as respostas.

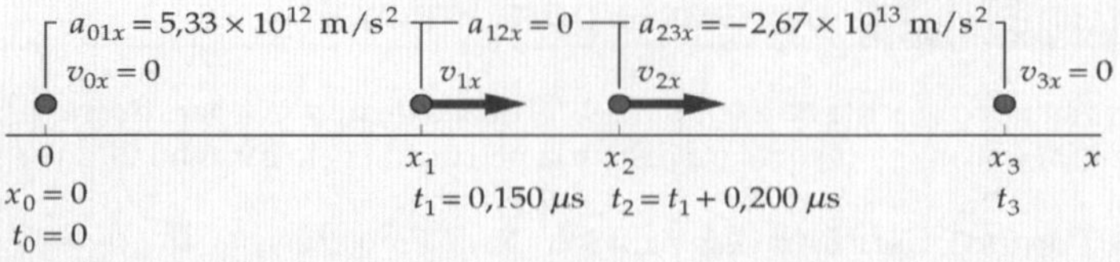

$a_{01x} = 5{,}33 \times 10^{12}$ m/s² ; $v_{0x} = 0$; $a_{12x} = 0$; v_{1x} ; $a_{23x} = -2{,}67 \times 10^{13}$ m/s² ; v_{2x} ; $v_{3x} = 0$

0, $x_0 = 0$, $t_0 = 0$; x_1, $t_1 = 0{,}150\ \mu$s ; x_2, $t_2 = t_1 + 0{,}200\ \mu$s ; x_3, t_3 ; x

FIGURA 2-17

Passos

1. Mostre o elétron em suas posições inicial e final para cada intervalo de aceleração constante (Figura 2-17). Inclua o eixo coordenado e assinale no desenho os parâmetros cinemáticos.

Respostas

2. Faça $v_{0x} = 0$ (porque o elétron parte do repouso), use as Equações 2-12 e 2-14 para encontrar a posição x_1 e a velocidade v_{1x} ao final do primeiro intervalo, de 0,150 μs. — $x_1 = 6{,}00$ cm, $v_{1x} = 8{,}00 \times 10^5$ m/s

3. A aceleração é zero durante o segundo intervalo, de forma que a velocidade permanece constante. — $v_{2x} = v_{1x} = 8{,}00 \times 10^5$ m/s

4. A velocidade permanece constante durante o segundo intervalo, de forma que o deslocamento Δx_{12} é igual à velocidade v_{1x} multiplicada por 0,200 μs. — $\Delta x_{12} = 16{,}0$ cm, logo $x_2 = 22{,}0$ cm

5. Para encontrar o deslocamento no terceiro intervalo, use a Equação 2-15 com $v_{3x} = 0$. — $\Delta x_{23} = 1{,}20$ cm, logo $x_3 = \boxed{23{,}2\text{ cm}}$

CHECAGEM As velocidades médias são grandes, mas os intervalos de tempo são pequenos. Assim, as distâncias percorridas são modestas, como esperaríamos.

Às vezes, inferências úteis podem ser obtidas sobre o movimento de um objeto aplicando-se as fórmulas para aceleração constante mesmo quando a aceleração não é constante. Os resultados são, então, estimativas, e não cálculos exatos. Este é o caso do exemplo a seguir.

Exemplo 2-12 O Teste de Colisão

Rico em Contexto

Em um teste de colisão que você está realizando, um carro viajando a 100 km/h (cerca de 62 mi/h) atinge uma parede de concreto imóvel. Qual é a aceleração do carro durante a colisão?

(© 1994 General Motors Corporation, todos os direitos reservados GM Archives.)

SITUAÇÃO Neste exemplo, partes diferentes do veículo terão diferentes velocidades, enquanto o carro vai sendo amassado até parar. O pára-choque fronteiro pára virtualmente instantaneamente, enquanto o pára-choque traseiro pára algum tempo depois. Vamos trabalhar com a aceleração de uma parte do carro que está no compartimento de passageiros e fora da região de amassamento. Um parafuso que prende o cinto de segurança do motorista ao chão pode ser este ponto. Não esperamos, na verdade, que a aceleração deste parafuso seja constante. Precisamos de informação adicional para resolver este problema — ou a distância para parar, ou o tempo até parar. Podemos estimar a distância para parar usando senso comum. Sob o impacto, o centro do carro irá certamente mover-se para a frente menos do que a metade do comprimento do carro. Vamos escolher 0,75 m como uma estimativa razoável para a distância que o centro do carro percorrerá durante a colisão. Como o problema não pede nem fornece o tempo, vamos usar a equação $v_x^2 = v_{0x}^2 + 2a_x\,\Delta x$.

SOLUÇÃO

1. Mostre o parafuso (como um ponto) no centro do carro em suas posições inicial e final (Figura 2-18). Inclua o eixo coordenado e assinale no desenho os parâmetros cinemáticos.

$a_x < 0$; $v_{0x} = 100$ km/h ; $v_{fx} = 0$; 0, $x_0 = 0$, $t_0 = 0$; $x_f = 0{,}75$ m, t_f ; x

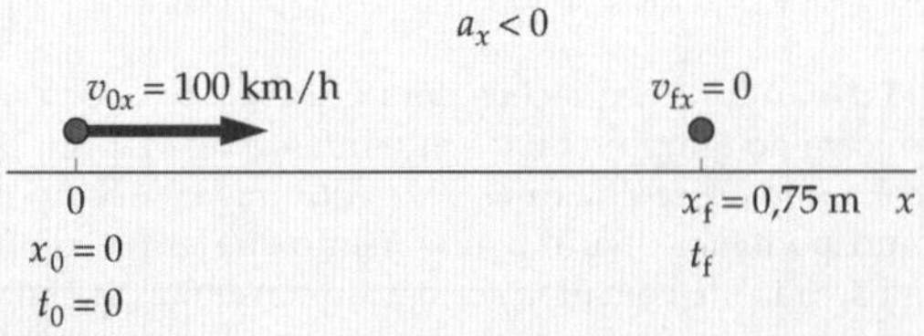

FIGURA 2-18

2. Converta a velocidade de km/h para m/s.

$$(100\ \text{km/h}) \times \left(\frac{1\ \text{h}}{60\ \text{min}}\right) \times \left(\frac{1\ \text{min}}{60\ \text{s}}\right) \times \left(\frac{1000\ \text{m}}{1\ \text{km}}\right) = 27{,}8\ \text{m/s}$$

3. Usando $v_x^2 = v_{0x}^2 + 2a_x\,\Delta x$, resolva para a aceleração:

$$v_x^2 = v_{0x}^2 + 2a_x\,\Delta x$$

logo

$$a_x = \frac{v_x^2 - v_{0x}^2}{2\Delta x} = \frac{0^2 - (27{,}8\ \text{m/s})^2}{2(0{,}75\ \text{m})}$$

4. Conclua o cálculo da aceleração:

$$a_x = -\frac{(27{,}8\ \text{m/s})^2}{1{,}5\ \text{m}} = -514\ \text{m/s}^2 \approx \boxed{-500\ \text{m/s}^2}$$

CHECAGEM A magnitude da aceleração é cerca de 50 vezes maior que aquela de uma freada forte em uma estrada seca de concreto. O resultado é plausível, porque uma grande aceleração é esperada em uma colisão frontal de alta velocidade contra um objeto imóvel.

PROBLEMA PRÁTICO 2-4 Estime o tempo de parada do carro.

Queda Livre Muitos problemas práticos lidam com objetos em queda livre, isto é, objetos que caem livremente sob a influência apenas da gravidade. Todos os objetos em queda livre com mesma velocidade inicial se deslocam de maneira idêntica. Como mostrado na Figura 2-19, uma maçã e uma pena, simultaneamente largadas a partir do repouso em uma grande câmara de vácuo, caem com movimentos idênticos. Assim, sabemos que a maçã e a pena caem com a mesma aceleração. A magnitude desta aceleração, designada por g, tem o valor aproximado $a = g \approx 9{,}81\ \text{m/s}^2 = 32{,}2\ \text{ft/s}^2$. Se o sentido para baixo é designado como o sentido $+y$, então $a_y = +g$; se o sentido para cima é designado como o sentido $+y$, então $a_y = -g$.

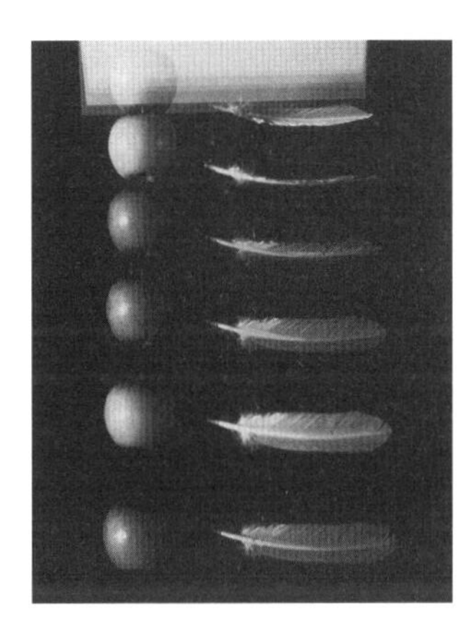

FIGURA 2-19 No vácuo, a maçã e a pena, largadas simultaneamente do repouso, caem identicamente. *(James Sugar/Black Star.)*

> **!** Como g é a *magnitude* da aceleração, g é *sempre* positivo.

Exemplo 2-13 O Barrete Voador

Em sua formatura, uma feliz estudante de física atira seu barrete diretamente para cima, com uma rapidez inicial de 14,7 m/s. Sabendo que sua aceleração tem a magnitude de 9,81 m/s² e aponta para baixo (desprezamos a resistência do ar), (*a*) quanto tempo leva para o barrete alcançar o ponto mais alto de sua trajetória? (*b*) Qual é a distância ao ponto mais alto? (*c*) Se o barrete é recuperado na mesma altura de onde foi lançado, qual foi o tempo total de vôo do barrete?

SITUAÇÃO Quando o barrete está em seu ponto mais alto, sua velocidade instantânea é zero. (Quando um problema especifica que um objeto está "em seu ponto mais alto", traduza esta condição para a condição matemática $v_y = 0$.)

SOLUÇÃO

(*a*) 1. Faça um esboço do barrete em sua posição e, também, em seu ponto mais alto (Figura 2-20). Inclua o eixo coordenado e indique a origem e as duas posições especificadas do barrete.

2. O tempo está relacionado com a velocidade e a aceleração:

$$v_y = v_{0y} + a_y t$$

3. Faça $v_y = 0$ e resolva para t:

$$t = \frac{0 - v_{0y}}{a_y} = \frac{-14{,}7\ \text{m/s}}{-9{,}81\ \text{m/s}^2} = \boxed{1{,}50\ \text{s}}$$

(*b*) Podemos encontrar o deslocamento a partir do tempo t e da velocidade média:

$$\Delta y = v_{\text{méd}\,y}t = \tfrac{1}{2}(v_{0y} + v_y)\Delta t$$
$$= \tfrac{1}{2}(14{,}7\ \text{m/s} + 0)(1{,}50\ \text{s}) = \boxed{11{,}0\ \text{m}}$$

(*c*) 1. Faça $y = y_0$ na Equação 2-14 e resolva para t:

$$\Delta y = v_{0_y}t + \tfrac{1}{2}a_y t^2$$
$$0 = (v_{0y} + \tfrac{1}{2}a_y t)t$$

2. Há duas soluções para t quando $y = y_0$. A primeira corresponde ao tempo em que o barrete foi lançado, a segunda ao tempo em que ele foi recuperado:

$$t = 0 \quad \text{(primeira solução)}$$

$$t = -\frac{2v_{0y}}{a_y} = -\frac{2(14{,}7\ \text{m/s})}{-9{,}81\ \text{m/s}^2} = \boxed{3{,}00\ \text{s}} \quad \text{(segunda solução)}$$

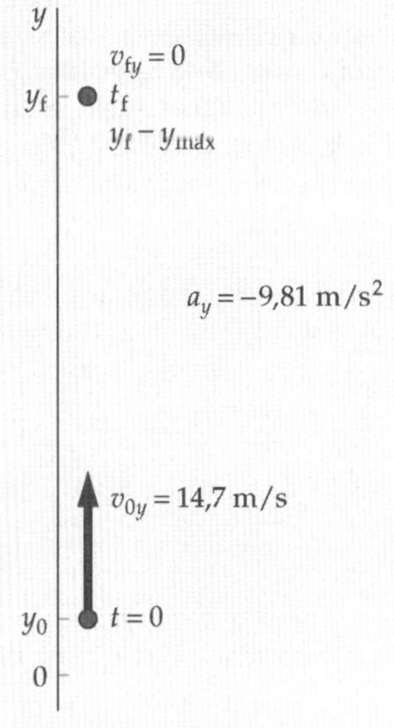

y; $v_{fy} = 0$; y_f; t_f; $y_f = y_{máx}$; $a_y = -9{,}81\ \text{m/s}^2$; $v_{0y} = 14{,}7\ \text{m/s}$; y_0; $t = 0$; 0

FIGURA 2-20

CHECAGEM Na subida, o barrete perde rapidez à taxa de 9,81 m/s a cada segundo. Como sua rapidez inicial é 14,7 m/s, esperamos que a subida dure mais do que 1,00 s, mas menos do que 2,00 s. Logo, um tempo de subida de 1,50 s é bem plausível.

INDO ALÉM No gráfico da velocidade *versus* tempo (Figura 2-21*b*), note que a inclinação é a mesma em todos os tempos, incluindo o instante em que $v_y = 0$. A inclinação é igual à aceleração instantânea, que é uma constante, $-9{,}81\ \mathrm{m/s^2}$. No gráfico da altura *versus* tempo (Figura 2-21*a*), note que o tempo de subida é igual ao tempo de descida. Na verdade, o barrete não terá uma aceleração constante, pois a resistência do ar produz um efeito significativo sobre um objeto leve como um barrete. Se a resistência do ar não é desprezível, o tempo de descida será maior que o tempo de subida.

PROBLEMA PRÁTICO 2-5 Encontre $y_{máx} - y_0$ usando a Equação 2-15. Encontre a velocidade do barrete quando ele retorna ao seu ponto de lançamento.

PROBLEMA PRÁTICO 2-6 Qual é a velocidade do barrete nos seguintes instantes de tempo: (*a*) 0,100 s antes de atingir seu ponto mais alto; (*b*) 0,100 s após atingir seu ponto mais alto. (*c*) Calcule $\Delta v_y/\Delta t$ para este intervalo de 0,200 s.

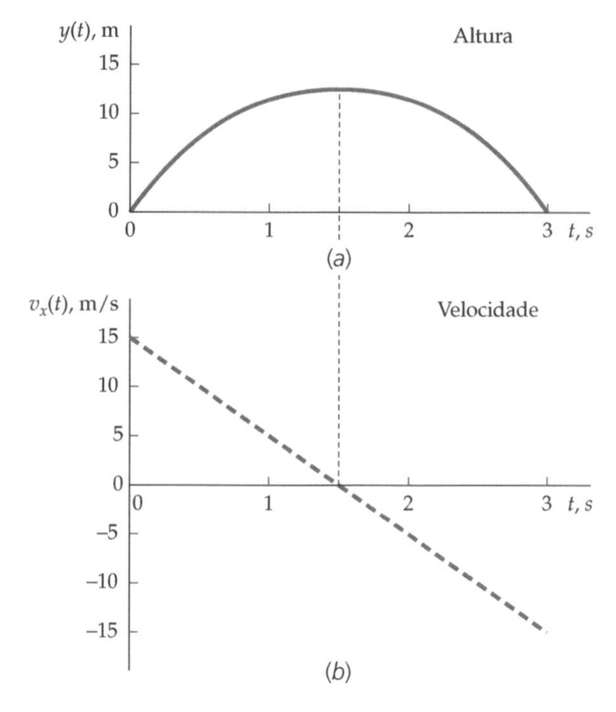

FIGURA 2-21 Gráficos de altura e de velocidade desenhados um acima do outro para que se possa observar altura e velocidade em cada instante de tempo.

Problemas com dois objetos Damos, agora, alguns exemplos de problemas envolvendo dois objetos em movimento com aceleração constante.

Exemplo 2-14 Alcançando um Carro em Alta Velocidade

Um carro corre à rapidez constante de 25 m/s (= 90 km/h ≈ 56 mi/h) em uma zona escolar. Um carro da polícia parte do repouso justamente quando o corredor passa por ele e acelera à taxa constante de $5{,}0\ \mathrm{m/s^2}$. (*a*) Quando o carro de polícia alcançará o carro que ultrapassou o limite? (*b*) Quão rápido estará o carro da polícia ao alcançá-lo?

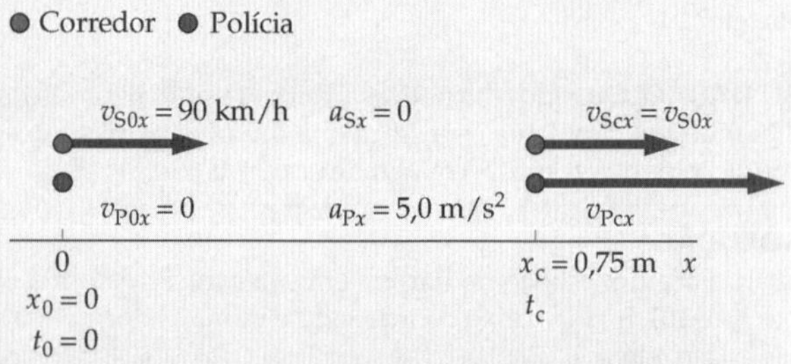

● Corredor ● Polícia

$v_{S0x} = 90$ km/h $a_{Sx} = 0$ $v_{Scx} = v_{S0x}$

$v_{P0x} = 0$ $a_{Px} = 5{,}0\ \mathrm{m/s^2}$ v_{Pcx}

0, $x_0 = 0$, $t_0 = 0$ $x_c = 0{,}75$ m x t_c

FIGURA 2-22 Os carros do corredor e da polícia têm a mesma posição no instante $t = 0$ e, novamente, em $t = t_c$.

SITUAÇÃO Para determinar quando os dois carros estarão na mesma posição, devemos escrever as posições do carro com velocidade superior à permitida, x_S, e do carro da polícia, x_P, como funções do tempo, e resolver para o tempo t_c em que $x_S = x_P$. Uma vez determinado quando o carro da polícia alcançou o corredor, podemos determinar a velocidade do carro da polícia quando ele alcança o corredor, usando a equação $v_x = a_x t$.

SOLUÇÃO

(*a*) 1. Mostre os dois carros em suas posições iniciais (em $t = 0$) e também em suas posições finais (em $t = t_c$) (Figura 2-22). Inclua o eixo coordenado e assinale no desenho os parâmetros cinemáticos.

2. Escreva as funções de posição para os carros do corredor e da polícia:

$$x_S = v_{Sx}t \quad \text{e} \quad x_P = \tfrac{1}{2}a_{Px}t^2$$

3. Faça $x_S = x_P$ e resolva para o tempo, t_c, com $t_c > 0$:

$$v_{Sx}t_c = \tfrac{1}{2}a_{Px}t_c^2 \Rightarrow v_{Sx} = \tfrac{1}{2}a_{Px}t_c \qquad t_c \neq 0$$

$$t_c = \frac{2v_{Sx}}{a_{Px}} = \frac{2(25\ \mathrm{m/s})}{5{,}0\ \mathrm{m/s^2}} = \boxed{10\ \mathrm{s}}$$

(*b*) A velocidade do carro da polícia é dada por $v_x = v_{0x} + a_x t$, com $v_{0x} = 0$:

$$v_{Px} = a_{Px}t_c = (5{,}0\ \mathrm{m/s^2})(10\ \mathrm{s}) = \boxed{50\ \mathrm{m/s}}$$

CHECAGEM Note que a velocidade final do carro da polícia em (*b*) é exatamente o dobro da do corredor. Como os dois carros cobriram a mesma distância no mesmo tempo, eles devem ter a mesma velocidade média. A velocidade média do corredor, obviamente, é 25 m/s. Para o carro da polícia partir do repouso, manter aceleração constante e ter uma velocidade média de 25 m/s, ele deve atingir a velocidade final de 50 m/s.

PROBLEMA PRÁTICO 2-7 Até que distância os carros correram até o carro da polícia alcançar o corredor?

Exemplo 2-15 O Carro da Polícia — *Tente Você Mesmo*

Qual a rapidez do carro da polícia, no Exemplo 2-14, quando ele está 25 m atrás do carro corredor?

SITUAÇÃO A rapidez é dada por $v_P = a_x t_1$, onde t_1 é o tempo em que $x_S - x_P = 25$ m.

SOLUÇÃO

Cubra a coluna da direita e tente por si só antes de olhar as respostas.

Passos	Respostas
1. Esboce um gráfico *x versus t* mostrando as posições dos dois carros (Figura 2-24). Neste gráfico, identifique a distância $D = x_S - x_P$ entre os carros no instante considerado.	
2. Usando as equações para x_P e x_S do Exemplo 2-14, resolva para t_1 quando $x_S - x_P = 25$ m. Esperamos duas soluções, uma pouco após o momento inicial e outra pouco antes de o corredor ser alcançado.	$t_1 = (5 \pm \sqrt{15})$ s
3. Use $v_{P1} = a_{Px}t_1$ para calcular a rapidez do carro da polícia quando $x_S - x_P = 25$ m.	$v_{P1} = \boxed{5{,}64\ \text{m/s}}$ e $\boxed{44{,}4\ \text{m/s}}$

CHECAGEM Vemos, na Figura 2-24, que a distância entre os carros começa em zero, aumenta até um valor máximo, e depois diminui. É de se esperar dois valores de rapidez para uma dada distância de separação.

INDO ALÉM A separação, em qualquer tempo, é $D = x_S - x_P = v_{Sx}t - \frac{1}{2}a_{Px}t^2$. Na separação máxima, que ocorre em $t = 5{,}0$ s, $dD/dt = 0$. Em intervalos de tempo iguais, antes e após $t = 5{,}0$ s, as separações são iguais.

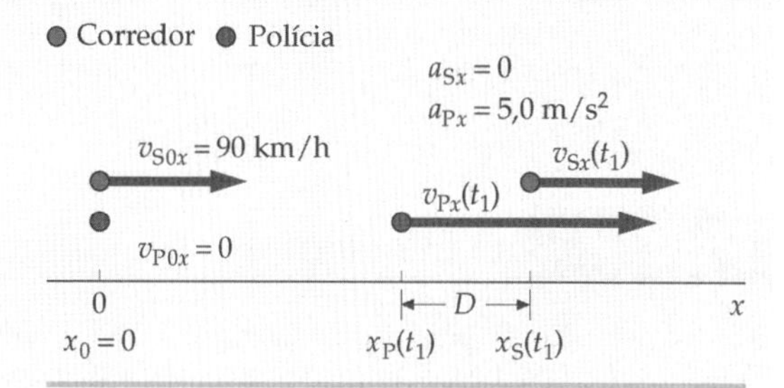

FIGURA 2-23

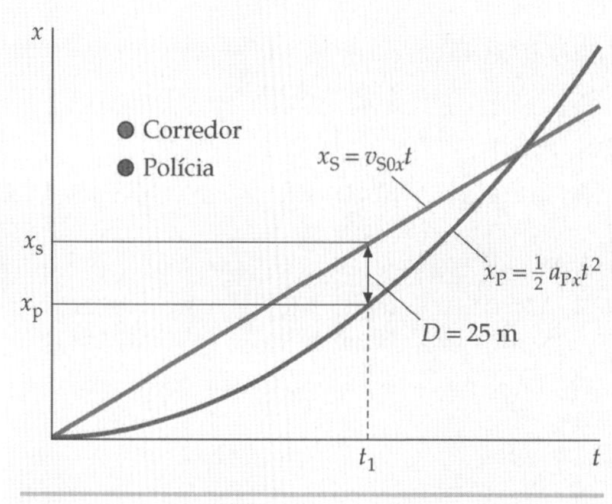

FIGURA 2-24

Exemplo 2-16 Um Elevador em Movimento

Viajando em um elevador, você vê um parafuso caindo do teto. O teto está 3,0 m acima do chão do elevador. Quanto tempo o parafuso leva para atingir o chão se o elevador está subindo, cada vez mais rápido, à taxa constante de 4,0 m/s², quando o parafuso abandona o teto?

SITUAÇÃO Quando o parafuso atinge o chão, as posições do parafuso e do chão são iguais. Iguale estas posições e resolva para o tempo.

SOLUÇÃO

1. Desenhe um diagrama mostrando as posições inicial e final do parafuso e do chão do elevador (Figura 2-25). Inclua um eixo coordenado e assinale, na figura, os parâmetros cinemáticos. O parafuso e o chão têm a mesma velocidade inicial, mas diferentes acelerações. Escolha a origem na posição inicial do chão e designe o sentido para cima como o sentido positivo de y. O parafuso atinge o chão no tempo t_f:

2. Escreva equações especificando a *posição* y_C do chão do elevador e a *posição* y_P do parafuso como funções do tempo. O parafuso e o elevador têm a mesma velocidade inicial v_{0y}:

$$y_C - y_{C0} = v_{C0y}t + \tfrac{1}{2}a_{Cy}t^2$$
$$y_C - 0 = v_{0y}t + \tfrac{1}{2}a_{Cy}t^2$$
$$y_P - y_{P0} = v_{P0y}t + \tfrac{1}{2}a_{Py}t^2$$
$$y_P - h = v_{0y}t + \tfrac{1}{2}(-g)t^2$$

3. Iguale as expressões para y_P e y_C em $t = t_f$ e simplifique:

$$y_P = y_C$$
$$h + v_{0y}t_f - \tfrac{1}{2}gt_f^2 = v_{0y}t_f + \tfrac{1}{2}a_{Cy}t_f^2$$
$$h - \tfrac{1}{2}gt_f^2 = \tfrac{1}{2}a_{Cy}t_f^2$$

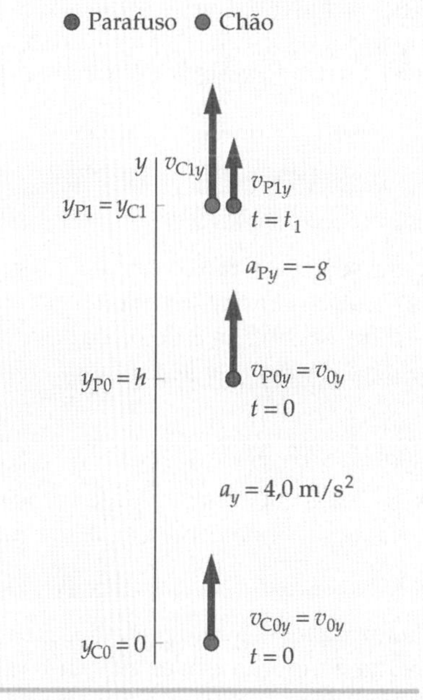

FIGURA 2-25 O eixo y está fixo no prédio.

4. Resolva para o tempo e substitua os valores dados: $h = \frac{1}{2}(a_C + g)t_f^2$ logo

$$t_f = \sqrt{\frac{2h}{a_C + g}} = \sqrt{\frac{2(3{,}0\ m)}{4{,}0\ m/s^2 + 9{,}81\ m/s^2}} = 0{,}659\ s = \boxed{0{,}66\ s}$$

CHECAGEM Se o elevador estivesse parado, a altura de queda do parafuso seria dada por $h = \frac{1}{2}gt_f^2$. Com $h = 3{,}0$ m, o tempo de queda resultante seria $t_f = 0{,}78$ s. Como o elevador está acelerado para cima, devemos esperar um tempo menor que 0,78 s para o parafuso atingir o chão. Nosso resultado de 0,66 s confirma esta expectativa.

Exemplo 2-17 O Elevador em Movimento *Tente Você Mesmo*

Sejam o elevador e o parafuso do Exemplo 2-16. Considere a velocidade do elevador igual a 16 m/s, para cima, no instante em que o parafuso se desprende do teto. (*a*) De quanto sobe o elevador enquanto o parafuso está em queda livre? Qual o deslocamento do parafuso em queda livre? (*b*) Quais são as velocidades do parafuso e do elevador no impacto?

SITUAÇÃO O tempo de vôo do parafuso é obtido na solução do Exemplo 2-16. Use este tempo para resolver as Partes (*a*) e (*b*).

SOLUÇÃO

Cubra a coluna da direita e tente por si só antes de olhar as respostas.

Passos	**Respostas**
(*a*) 1. Usando a Equação 2-13, encontre a distância percorrida pelo chão entre $t = 0$ e $t = t_f$, onde t_f é calculado no passo 4 do Exemplo 2-16.	$\Delta y_C = v_{Ci}t_f + \frac{1}{2}a_C t_f^2 = \boxed{11{,}4\ m}$
2. Entre $t = 0$ e $t = t_f$, o deslocamento do parafuso é menor em 3,0 m do que o do chão.	$\Delta y_P = \boxed{+8{,}4\ m}$
(*b*) Usando $v_y = v_{0y} + a_y t$ (Equação 2-12), encontre as velocidades do parafuso e do chão quando do impacto.	$v_{Py} = v_{Piy} - gt_f = \boxed{9{,}5\ m/s}$ $v_{Cy} = v_{Ciy} + a_{Cy}t_f = \boxed{19\ m/s}$

CHECAGEM As respostas da Parte (*b*) (velocidade do parafuso e velocidade do chão quando do impacto) são ambas positivas, indicando que as duas velocidades apontam para cima. Para que o impacto ocorra, o chão deve estar se movendo para cima mais rapidamente que o parafuso, de forma a poder alcançá-lo. Este resultado é consistente com as respostas da Parte (*b*).

INDO ALÉM O parafuso atinge o solo 8,4 m acima de sua posição ao abandonar o teto. No impacto, a velocidade do parafuso em relação ao prédio é positiva (para cima). Em relação ao prédio, o parafuso ainda está subindo, quando ele e o chão entram em contato.

2-4 INTEGRAÇÃO

Nesta seção, usamos o cálculo integral para deduzir as equações de movimento. Um tratamento conciso do cálculo pode ser encontrado no Tutorial Matemático.

Para encontrar a velocidade a partir de uma dada aceleração, notamos que a velocidade é a função $v_x(t)$ cuja derivada temporal é a aceleração $a_x(t)$:

$$\frac{dv_x(t)}{dt} = a_x(t)$$

Se a aceleração é constante, a velocidade é uma função do tempo que, quando derivada, iguala esta constante. Uma função que satisfaz isto é

$$v_x = a_x t \qquad a_x \text{ constante}$$

De forma mais geral, podemos adicionar qualquer constante a $a_x t$, sem alterar a derivada temporal. Chamando de c esta constante, temos

$$v_x = a_x t + c$$

Quando $t = 0$, $v_x = c$. Assim, c é a velocidade v_{0x} no tempo $t = 0$.

De maneira similar, a função posição $x(t)$ é uma função cuja derivada é a velocidade:

$$\frac{dx}{dt} = v_x = v_{0x} + a_x t$$

Podemos tratar cada termo separadamente. A função cuja derivada é a constante v_{0x} é $v_{0x}t$ mais qualquer constante. A função cuja derivada é $a_x t$ é $\frac{1}{2}a_x t^2$ mais qualquer constante. Chamando de x_0 a soma dessas constantes arbitrárias, temos

$$x = x_0 + v_{0x}t + \tfrac{1}{2}a_x t^2$$

Quando $t = 0$, $x = x_0$. Assim, $x = x_0$ é a posição no tempo $t = 0$.

Sempre que encontramos uma função a partir de sua derivada, devemos incluir uma constante arbitrária na expressão geral da função. Como passamos duas vezes pelo processo de integração para encontrar $x(t)$ a partir da aceleração, duas constantes surgem. Estas constantes são usualmente determinadas a partir da velocidade e da posição em algum tempo dado, que usualmente é escolhido como $t = 0$. Estas são, portanto, as chamadas **condições iniciais**. Um problema comum, chamado de **problema de valor inicial**, tem a forma "dado $a_x(t)$ e os valores iniciais para x e v_x, encontre $x(t)$". Esse problema é particularmente importante em física, porque a aceleração de uma partícula é determinada pelas forças atuando sobre ela. Assim, se conhecemos as forças atuando sobre uma partícula e a posição e a velocidade da partícula em algum tempo particular, podemos encontrar sua posição e velocidade em todos os outros tempos.

Uma função $F(t)$ cuja derivada (em relação a t) é igual à função $f(t)$ é chamada de **antiderivada** de $f(t)$. (Porque $v_x = dx/dt$ e $a_x = dv_x/dt$, x é a antiderivada de v_x e v_x é a antiderivada de a_x.) Encontrar a antiderivada de uma função está relacionado ao problema de encontrar a área sob uma curva.

Na dedução da Equação 2-14, foi mostrado que a variação de posição Δx é igual à área sob a curva velocidade *versus* tempo. Para mostrar isto (veja a Figura 2-12), nós primeiro dividimos o intervalo de tempo em inúmeros pequenos intervalos, Δt_1, Δt_2, e assim por diante. Então desenhamos, como mostrado, uma série de retângulos. A área do retângulo correspondente ao i-ésimo intervalo de tempo Δt_i (sombreado na figura) é $v_{ix}\,\Delta t_i$, o que é aproximadamente igual ao deslocamento Δx_i durante o intervalo Δt_i. A soma das áreas retangulares é, portanto, aproximadamente igual à soma dos deslocamentos durante os intervalos de tempo e é aproximadamente igual ao deslocamento total do tempo t_1 ao tempo t_2. Matematicamente, escrevemos isto como

$$\Delta x \approx \sum_i v_{ix}\,\Delta t_i$$

No limite de intervalos de tempo cada vez menores (e de número de retângulos cada vez maior), a soma resultante se aproxima da área sob a curva, o que, por sua vez, é igual ao deslocamento. O limite da soma quando Δt tende a zero (com o número de retângulos tendendo a infinito) é chamado de **integral** e escrito como

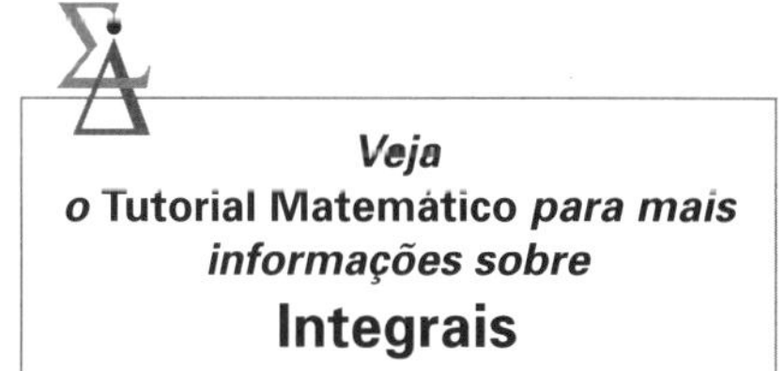
Veja
o Tutorial Matemático para mais informações sobre
Integrais

$$\Delta x = x(t_2) - x(t_1) = \lim_{\Delta t \to 0}\left(\sum_i v_{ix}\,\Delta t_i\right) - \int_{t_1}^{t_2} v_x\,dt \qquad 2\ 17$$

É útil pensar no sinal de integral $\int$ como um S esticado indicando uma soma. Os limites t_1 e t_2 indicam os valores inicial e final da variável de integração t.

O processo de cálculo de uma integral é chamado de **integração**. Na Equação 2-17, v_x é a derivada de x, e x é a antiderivada de v_x. Este é um exemplo do teorema fundamental do cálculo, cuja formulação no século XVII acelerou enormemente o desenvolvimento matemático da física. Se

$$f(t) = \frac{dF(t)}{dt}, \quad \text{logo} \quad F(t_2) - F(t_1) = \int_{t_1}^{t_2} f(t)\,dt \qquad 2\text{-}18$$

TEOREMA FUNDAMENTAL DO CÁLCULO

A antiderivada de uma função também é chamada de integral indefinida da função, e é escrita sem limites no sinal de integração como

$$x = \int v_x\,dt$$

Encontrar a função x a partir de sua derivada v_x (isto é, encontrar a antiderivada) também é chamado de integração. Por exemplo, se $v_x = v_{0x}$, uma constante, então

$$x = \int v_{0x}\,dt = v_{0x}t + x_0$$

onde x_0 é a constante arbitrária de integração. Podemos encontrar uma regra geral para a integração de uma potência de t a partir da Equação 2-6, que dá a regra geral para a derivada de uma potência. O resultado é

$$\int t^n\,dt = \frac{t^{n+1}}{n+1} + C, \quad n \neq -1 \qquad \text{2-19}$$

onde C é uma constante arbitrária. Esta equação pode ser conferida derivando-se o lado direito usando a regra da Equação 2-6. (Para o caso especial $n = -1$, $\int t^{-1}dt = \ln t + C$, onde $\ln t$ é o logaritmo natural de t.)

Como $a_x = dv_x/dt$, a variação da velocidade para algum intervalo de tempo pode, da mesma forma, ser interpretada como a área sob a curva a_x *versus* t, para o dado intervalo. Esta variação é escrita como

$$\Delta v_x = \lim_{\Delta t \to 0}\left(\sum_i a_{ix}\,\Delta t_i\right) = \int_{t_1}^{t_2} a_x\,dt \qquad \text{2-20}$$

Podemos agora deduzir as equações para aceleração constante, calculando as integrais indefinidas da aceleração e da velocidade. Se a_x é constante, temos

$$v_x = \int a_x dt = a_x \int dt = v_{0x} + a_x t \qquad \text{2-21}$$

onde expressamos o produto de a_x pela constante de integração como v_{0x}. Integrando novamente e chamando de x_0 a constante de integração, fica

$$x = \int (v_{0x} + a_x t)dt = x_0 + v_{0x}t + \tfrac{1}{2}a_x t^2 \qquad \text{2-22}$$

É instrutivo deduzir as Equações 2-21 e 2-22 usando integrais definidas em vez de indefinidas. Para aceleração constante, a Equação 2-20, com $t_1 = 0$, fornece

$$v_x(t_2) - v_x(0) = a_x \int_0^{t_2} dt = a_x(t_2 - 0)$$

onde o tempo t_2 é arbitrário. Por ser arbitrário, podemos fazer $t_2 = t$ para obter

$$v_x = v_{0x} + a_x t$$

onde $v_x = v_x(t)$ e $v_{0x} = v_x(0)$. Para deduzir a Equação 2-22, substituímos v_x por $v_{0x} + a_x t$ na Equação 2-17, com $t_1 = 0$. Isto fornece

$$x(t_2) - x(0) = \int_0^{t_2} (v_{0x} + a_x t)dt$$

Esta integral é igual à área sob a curva v_x *versus* t (Figura 2-26). Calculando a integral e resolvendo para x leva a

$$x(t_2) - x(0) = \int_0^{t_2} (v_{0x} + a_x t)dt = v_{0x}t + \tfrac{1}{2}a_x t^2 \Big|_0^{t_2} = v_{0x}t_2 + \tfrac{1}{2}a_x t_2^2$$

onde t_2 é arbitrário. Fazendo $t_2 = t$, obtemos

$$x = x_0 + v_{0x}t + \tfrac{1}{2}a_x t^2$$

onde $x = x(t)$ e $x_0 = x(0)$.

A definição de velocidade média é $\Delta x = v_{\text{méd}\,x}\,\Delta t$ (Equação 2-3). Ademais, $\Delta x = \int_{t_1}^{t_2} v_x dt$ (Equação 2-17). Igualando os lados direitos destas equações e resolvendo para $v_{\text{méd}\,x}$, temos

$$v_{\text{méd}\,x} = \frac{1}{\Delta t}\int_{t_1}^{t_2} v_x\,dt \qquad \text{2-23}$$

DEFINIÇÃO ALTERNATIVA DE VELOCIDADE MÉDIA

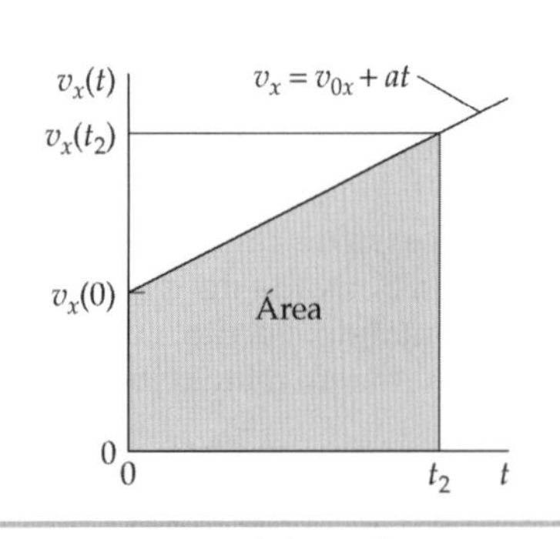

FIGURA 2-26 A área sob a curva v_x *versus* t é igual ao deslocamento $\Delta x = x(t_2) - x(0)$.

onde $\Delta t = t_2 - t_1$. A Equação 2-23 é matematicamente equivalente à definição da velocidade média, de forma que as duas equações podem servir como definição de velocidade média.

Exemplo 2-18 Uma Embarcação Costeira

Uma balsa de travessia se desloca com a velocidade constante $v_{0x} = 8{,}0$ m/s durante 60 s. Então, seus motores são desligados e começa o acostamento. Sua velocidade de acostamento é dada por $v_x = v_{0x}t_1^2/t^2$, onde $t_1 = 60$ s. Qual é o deslocamento da balsa no intervalo $0 < t < \infty$?

(Gene Mosca.)

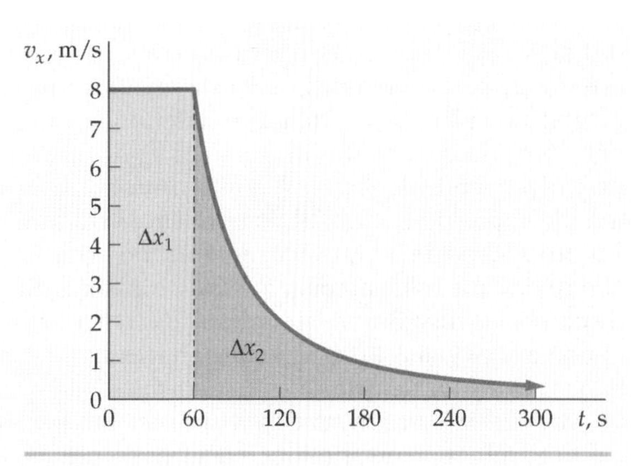

FIGURA 2-27

SITUAÇÃO A função velocidade da balsa é mostrada na Figura 2-27. O deslocamento total é calculado como a soma do deslocamento Δx_1 durante o intervalo $0 < t < t_1 = 60$ s e o deslocamento Δx_2 durante o intervalo $t_1 < t < \infty$.

SOLUÇÃO

1. A velocidade da balsa é constante durante os primeiros 60 s; assim, o deslocamento é simplesmente a velocidade vezes o tempo decorrido:

$$\Delta x_1 = v_{0x}\,\Delta t = v_{0x}t_1 = (8{,}0\,\text{m/s})(60\,\text{s}) = 480\,\text{m}$$

2. O deslocamento restante é dado pela integral da velocidade de $t = t_1$ a $t = \infty$. Usamos a Equação 2-17 para calcular a integral:

$$\Delta x_2 = \int_{t_1}^{\infty} v_x\,dt = \int_{t_1}^{\infty} \frac{v_{0x}t_1^2}{t^2}\,dt = v_{0x}t_1^2\int_{t_1}^{\infty} t^{-2}\,dt$$

$$= v_{0x}t_1^2\,\frac{t^{-1}}{-1}\bigg|_{t_1}^{\infty} = -v_{0x}t_1^2\left(\frac{1}{\infty} - \frac{1}{t_1}\right)$$

$$= -(0 - v_0t_1) = (8\,\text{m/s})(60\,\text{s}) = 480\,\text{m}$$

3. O deslocamento total é a soma dos deslocamentos encontrados anteriormente:

$$\Delta x = \Delta x_1 + \Delta x_2 = 480\,\text{m} + 480\,\text{m} = \boxed{960\,\text{m}}$$

CHECAGEM As expressões obtidas para os deslocamentos nos dois passos 1 e 2 são, ambas, calculadas multiplicando-se velocidade por tempo; logo, as duas estão dimensionalmente corretas.

INDO ALÉM Note que a área sob a curva v_x *versus* t (Figura 2-27) é finita. Assim, mesmo nunca parando de se movimentar, a balsa percorre apenas uma distância finita. Uma representação melhor da velocidade de uma balsa em acostamento poderia ser a função exponencialmente decrescente $v_x = v_{0x}e^{-b(t-t_1)}$, onde b é uma constante positiva. Neste caso, a balsa também costearia por uma distância finita no intervalo $t_1 < t < \infty$.

Física em Foco

Aceleradores Lineares

Aceleradores lineares são instrumentos que aceleram eletricamente partículas carregadas, fazendo-as percorrer rapidamente um caminho reto longo até colidir com um alvo. Grandes aceleradores podem imprimir energias cinéticas muito altas (da ordem de bilhões de elétron-volts) a partículas carregadas que servem de corpos-de-prova em estudos de partículas fundamentais da matéria e das forças que as mantêm unidas. (A energia necessária para arrancar um elétron de um átomo é da ordem de um elétron-volt.) No acelerador linear de duas milhas de comprimento da Universidade de Stanford, ondas eletromagnéticas dão grande impulso a elétrons e pósitrons em seu caminho através de um cano de cobre evacuado. Quando as partículas de alta velocidade colidem com um alvo, vários tipos diferentes de partículas subatômicas são produzidas em conjunto com raios X e raios gama. Estas partículas atravessam, então, aparelhos chamados de detectores de partículas.

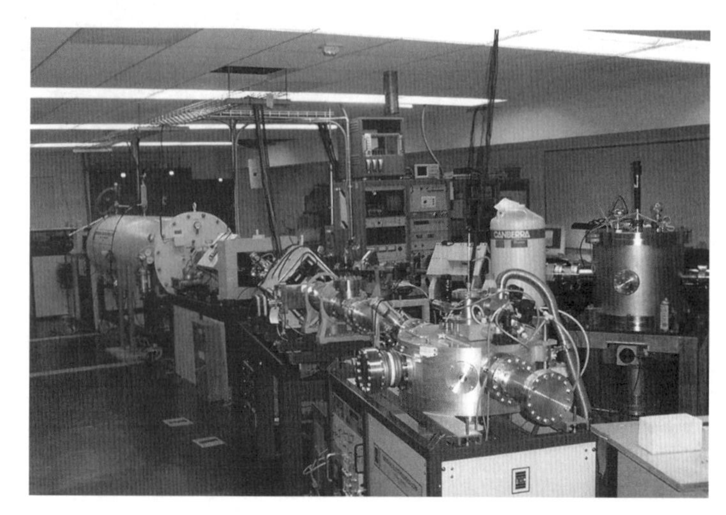

O cilindro ao fundo é o acelerador linear no coração do Laboratório do Acelerador Tandem da Academia Naval dos Estados Unidos. Um feixe de prótons rápidos viaja do acelerador para a área do alvo em primeiro plano. *(Gene Mosca.)*

Através de experimentos com tais aceleradores, os físicos determinaram que prótons e nêutrons, antes pensados como as partículas básicas constituintes do núcleo, são eles próprios compostos de partículas mais fundamentais, chamadas de quarks. Um outro grupo de partículas conhecido como léptons, que inclui elétrons, neutrinos e algumas outras partículas, também foi identificado. Muitos grandes centros de pesquisa com acelerador, como o *Fermi National Accelerator Laboratory* em Batavia, Illinois (Estados Unidos), utilizam uma série de aceleradores lineares e circulares para alcançar velocidades mais altas de partículas. À medida que a rapidez de uma partícula se aproxima da rapidez da luz, a energia necessária para acelerá-la se aproxima do infinito.

Apesar do alto desempenho dos grandes aceleradores, milhares de aceleradores lineares são usados em todo o mundo para muitas aplicações práticas. Uma das aplicações mais comuns é o tubo de raios catódicos de um aparelho de televisão ou de um monitor de computador. Em um tubo de raios catódicos, os elétrons do catodo (um filamento aquecido) são acelerados no vácuo até um anodo carregado positivamente. Eletromagnetos controlam a orientação do movimento do feixe de elétrons ao chegarem a uma tela revestida com um material fosforescente que emite luz ao ser atingido por elétrons. A energia cinética dos elétrons em um tubo de raios catódicos atinge um máximo de cerca de 30.000 elétron-volts. A rapidez de um elétron que tem esta energia cinética é de cerca de um terço da rapidez da luz.

No campo da medicina, aceleradores lineares, cerca de mil vezes mais potentes que os tubos de raios catódicos, são usados no tratamento de câncer por radiação. "O acelerador linear usa tecnologia de microondas (similar à utilizada por radares) para acelerar elétrons em uma parte do acelerador chamada de 'guia de onda', permitindo que estes elétrons colidam com um alvo de metal pesado. Como resultado das colisões, raios X de alta energia são emitidos do alvo. Uma parte destes raios X é coletada e então redirecionada para formar um feixe que é enviado ao tumor do paciente."*

Outras aplicações de aceleradores lineares incluem a produção de radioisótopos como traçadores em medicina e biologia, esterilização de instrumentos cirúrgicos e análise de materiais para determinar sua composição. Por exemplo, em uma técnica conhecida como emissão de raios X induzida por partículas (*particle-induced X-ray emission*, PIXE), um feixe de íons normalmente constituído de prótons faz com que átomos-alvo emitam raios X que identificam o tipo de átomos presentes. Esta técnica tem sido aplicada no estudo de materiais arqueológicos, além de muitos outros tipos de amostras.

* Colégio Americano de Radiologia e Sociedade Radiológica da América do Norte, http://www.radiologyinfo.org/content/therapy/linear_accelerator.htm.

Resumo

Deslocamento, velocidade e aceleração são importantes quantidades cinemáticas *definidas*.

TÓPICO	EQUAÇÕES RELEVANTES E OBSERVAÇÕES	
1. Deslocamento	$\Delta x = x_2 - x_1$	2-1
Interpretação gráfica	Deslocamento é a área sob a curva v_x *versus* t.	
2. Velocidade		
Velocidade média	$v_{\text{méd}\,x} = \dfrac{\Delta x}{\Delta t}$ ou $v_{\text{méd}\,x} = \dfrac{1}{\Delta t}\displaystyle\int_{t_1}^{t_2} v_x\,dt$	2-3, 2-23
Velocidade instantânea	$v_x(t) = \lim\limits_{\Delta t \to 0} \dfrac{\Delta x}{\Delta t} = \dfrac{dx}{dt}$	2-5
Interpretação gráfica	A velocidade instantânea é a inclinação da curva x *versus* t.	
3. Rapidez		
Rapidez média	$\text{rapidez média} = \dfrac{\text{distância total}}{\text{tempo total}} = \dfrac{s}{t}$	2-2
Rapidez instantânea	A rapidez instantânea é a magnitude da velocidade instantânea. rapidez $= \lvert v_x \rvert$	
4. Aceleração		
Aceleração média	$a_{\text{méd}\,x} = \dfrac{\Delta v_x}{\Delta t}$	2-7
Aceleração instantânea	$a_x = \dfrac{dv_x}{dt} = \dfrac{d^2x}{dt^2}$	2-9
Interpretação gráfica	A aceleração instantânea é a inclinação da curva v_x *versus* t.	
Aceleração da gravidade	A aceleração de um objeto próximo à superfície da Terra em queda livre, sob a influência apenas da gravidade, aponta para baixo e tem a magnitude $g = 9{,}81\ \text{m/s}^2 = 32{,}2\ \text{ft/s}^2$	
5. Equações cinemáticas para aceleração constante		
Velocidade	$v_x = v_{0x} + a_x t$	2-12
Velocidade média	$v_{\text{méd}\,x} = \frac{1}{2}(v_{0x} + v_x)$	2-16
Deslocamento em termos de $v_{\text{méd}\,x}$	$\Delta x = x - x_0 = v_{\text{méd}\,x}\,t = \frac{1}{2}(v_{0x} + v_x)t$	
Deslocamento como função do tempo	$\Delta x = x - x_0 = v_{0x}t + \frac{1}{2}a_x t^2$	2-14
v_x^2 como função de Δx	$v_x^2 = v_{0x}^2 + 2a_x\,\Delta x$	2-15
6. Deslocamento e velocidade como integrais	O deslocamento é representado graficamente como a área sob a curva v_x *versus* t. Esta área é a integral de v_x no tempo, de um tempo inicial t_1 até um tempo final t_2, e é escrita como $\Delta x = \lim\limits_{\Delta t \to 0} \sum_i v_{i\,x}\,\Delta t_i = \displaystyle\int_{t_1}^{t_2} v_x\,dt$ (2-17) De modo similar, a variação da velocidade é representada graficamente como a área sob a curva a_x *versus* t: $\Delta v_x = \lim\limits_{\Delta t \to 0} \sum_i a_{i\,x}\,\Delta t_i = \displaystyle\int_{t_1}^{t_2} a_x\,dt$ (2-20)	2-17, 2-20

Resposta da Checagem Conceitual

2-1 Não. A distância entre os carros não permanecerá constante, mas decrescerá continuamente. Quando você começa a frear, a rapidez de seu carro é maior que a do carro da frente. Isto, porque o carro da frente começou a frear 0,3 s antes. Como os carros perdem rapidez com a mesma taxa, a rapidez de seu carro permanecerá maior que a do carro da frente durante todo o tempo.

Respostas dos Problemas Práticos

2-1 1,2 m/s

2-2 (*a*) 65 km/h (*b*) 2,5 s

2-3 Apenas (*d*) tem as mesmas dimensões nos dois lados da equação. Apesar de não podermos obter a equação exata a partir de uma análise dimensional, é comum podermos obter a dependência funcional.

2-4 54 ms

2-5 (*a*) e (*b*) $y_{máx} - y_0 = 11{,}0$ m (*c*) $-14{,}7$ m/s; note que a rapidez final é a mesma que a inicial

2-6 (*a*) $+0{,}981$ m/s (*b*) $-0{,}981$ m/s
(*c*) $[(-0{,}981 \text{ m/s}) - (+0{,}981 \text{ m/s}]/(0{,}200 \text{ s}) = -9{,}81 \text{ m/s}^2$

2-7 250 m

Problemas

Em alguns problemas, você recebe mais dados do que necessita; em alguns outros, você deve acrescentar dados de seus conhecimentos gerais, fontes externas ou estimativas bem fundamentadas.

Interprete como significativos todos os algarismos de valores numéricos que possuem zeros em seqüência sem vírgulas decimais.

Em todos os problemas, use $g = 9{,}81$ m/s² para a aceleração de queda livre devida à gravidade e despreze atrito e resistência do ar, a não ser quando especificamente indicado.

• Um só conceito, um só passo, relativamente simples
•• Nível intermediário, pode requerer síntese de conceitos
••• Desafiante, para estudantes avançados
Problemas consecutivos sombreados são problemas parea-

PROBLEMAS CONCEITUAIS

1 • Qual é a velocidade média para uma viagem de ida-e-volta de um objeto lançado verticalmente para cima, a partir do solo, que cai retornando ao solo?

2 • Um objeto, atirado verticalmente para cima, cai de volta e é apanhado no mesmo local de onde foi lançado. Seu tempo de vôo é T; sua altura máxima é H. Despreze a resistência do ar. A expressão correta para sua rapidez média, para o vôo completo, é (*a*) H/T, (*b*) 0, (*c*) $H/(2T)$, (*d*) $2H/T$.

3 • Usando a informação da questão anterior, qual a rapidez média para a primeira metade da viagem? Qual a rapidez média para a segunda metade da viagem? (Resposta em termos de H e de T.)

4 • Dê um exemplo do cotidiano para um movimento unidimensional em que (*a*) a velocidade aponta para o oeste e a aceleração aponta para o leste, e (*b*) a velocidade aponta para o norte e a aceleração aponta para o norte.

5 • Coloque-se no centro de uma grande sala. Chame a orientação para a sua direita de "positiva" e a orientação para a sua esquerda de "negativa". Caminhe pela sala ao longo de uma linha reta, usando uma aceleração constante para rapidamente atingir uma rapidez constante ao longo de uma linha reta na orientação negativa. Após atingir esta rapidez constante, mantenha sua velocidade negativa, mas faça sua aceleração se tornar positiva. (*a*) Descreva como sua rapidez variou em sua caminhada. (*b*) Esboce um gráfico de x *versus* t para seu movimento. Suponha que você começou em $x = 0$. (*c*) Diretamente sob o gráfico da Parte (*b*), esboce um gráfico para v_x *versus* t.

6 • Verdadeiro/falso: O deslocamento é *sempre* igual ao produto da velocidade média pelo intervalo de tempo. Explique sua escolha.

7 • A afirmativa "para a velocidade de um objeto permanecer constante sua aceleração *deve* permanecer zero" é verdadeira ou falsa? Explique sua escolha.

8 •• **VÁRIOS PASSOS** Trace, cuidadosamente, gráficos da posição, da velocidade e da aceleração em função do tempo, no intervalo $0 \leq t \leq 30$ s para um carrinho que, em seqüência, tem o seguinte movimento. O carrinho move-se à rapidez constante de 5,0 m/s no sentido $+x$. Ele passa pela origem em $t = 0{,}0$ s. Ele continua a 5,0 m/s durante 5,0 s, após o que, ganha rapidez à taxa constante de 0,50 m/s a cada segundo, durante 10,0 s. Após ganhar rapidez por 10,0 s, o carrinho perde 0,50 m/s em rapidez, a uma taxa constante, nos próximos 15,0 s.

9 • Verdadeiro/falso: Velocidade média é *sempre* igual à metade da soma das velocidades inicial e final. Explique sua escolha.

10 • Dois gêmeos idênticos estão sobre uma ponte horizontal e cada um atira uma pedra na água, diretamente para baixo. Eles atiram as pedras exatamente no mesmo instante, mas uma atinge a água antes da outra. Como isto pode ocorrer? Explique o que eles fizeram de diferente. Ignore qualquer efeito de resistência do ar.

11 •• O Dr. Josiah S. Carberry está no topo da Torre Sears, em Chicago. Querendo imitar Galileu e ignorando a segurança dos pedestres lá embaixo, ele larga uma bola de boliche do topo da torre. Um segundo após, ele larga uma segunda bola de boliche. Enquanto as bolas estão no ar, a separação entre elas (*a*) aumenta com o tempo, (*b*) diminui, (*c*) permanece a mesma? Ignore efeitos devido à resistência do ar.

12 •• Quais das curvas posição *versus* tempo da Figura 2-28 mostram melhor o movimento de um objeto (*a*) com aceleração positiva, (*b*) com velocidade constante positiva, (*c*) que está sempre em repouso e (*d*) com aceleração negativa? (Pode haver mais de uma resposta correta para cada parte do problema.)

13 •• Quais das curvas velocidade *versus* tempo da Figura 2-29 melhor descrevem o movimento de um objeto (*a*) com aceleração constante positiva, (*b*) com aceleração positiva que decresce com o tempo, (*c*) com aceleração positiva que cresce com o tempo e (*d*) sem aceleração? (Pode haver mais de uma resposta correta para cada parte do problema.)

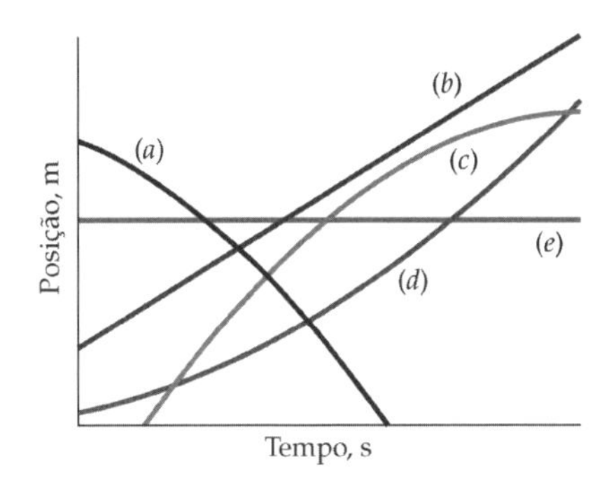

FIGURA 2-28 Problema 12

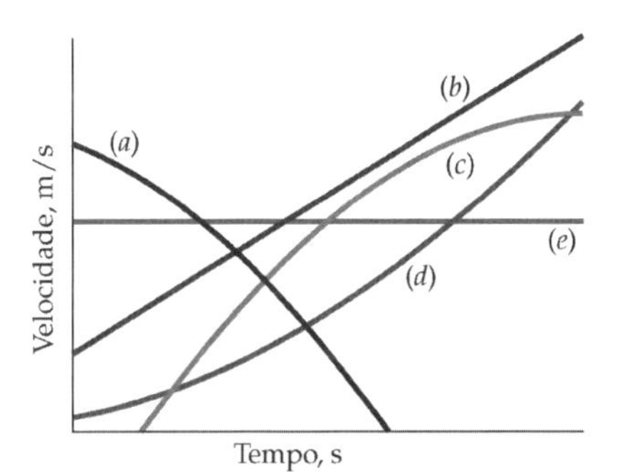

FIGURA 2-29 Problema 13

14 •• O diagrama da Figura 2-30 traça a localização de um objeto que se move em linha reta ao longo do eixo x. Suponha o objeto na origem em $t = 0$. Dos cinco tempos mostrados, para qual tempo (ou quais tempos) o objeto está (*a*) mais afastado da origem, (*b*) instantaneamente em repouso, (*c*) entre dois repousos instantâneos e (*d*) afastando-se da origem?

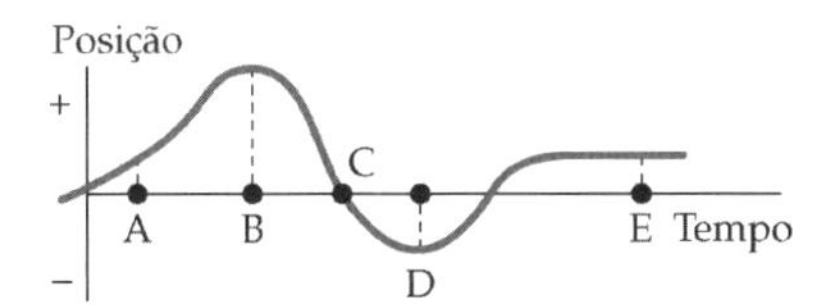

FIGURA 2-30 Problemas 14 e 15

15 •• Um objeto move-se ao longo de uma linha reta. Seu gráfico posição *versus* tempo está mostrado na Figura 2-30. Em qual tempo (ou quais tempos) (*a*) sua rapidez é mínima, (*b*) sua aceleração é positiva e (*c*) sua velocidade é negativa?

16 •• Para cada um dos quatro gráficos x *versus* t na Figura 2-31, responda às seguintes questões. (*a*) A velocidade no tempo t_2 é maior, menor ou igual à velocidade no tempo t_1? (*b*) A rapidez no tempo t_2 é maior, menor ou igual à rapidez no tempo t_1?

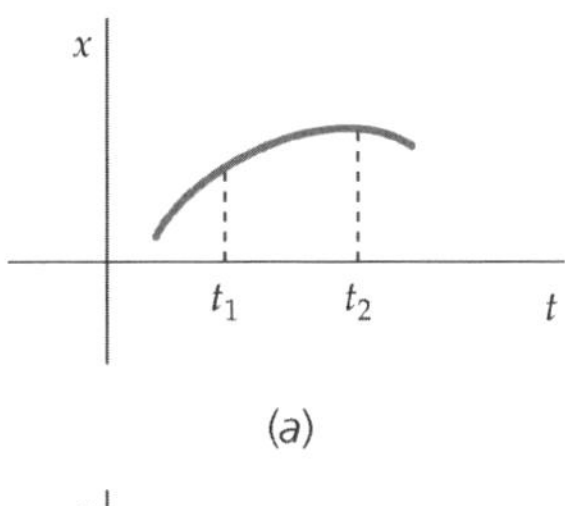

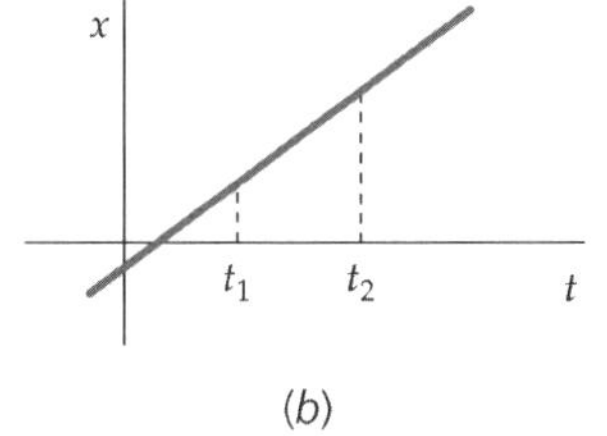

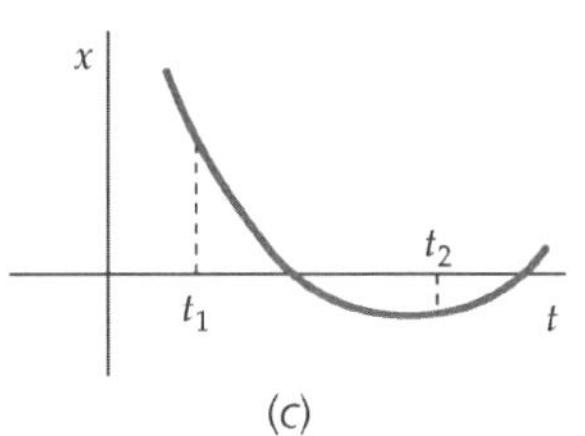

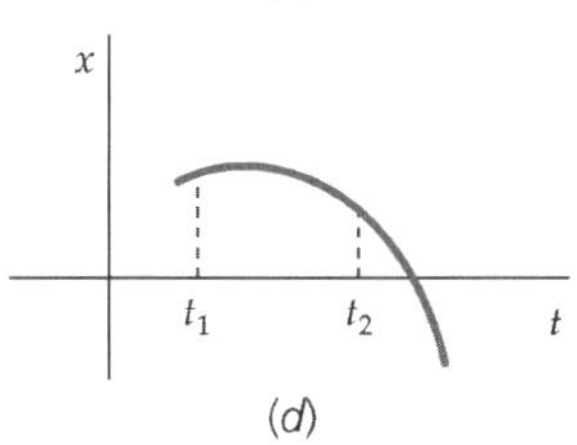

FIGURA 2-31 Problema 16

17 •• Verdadeiro/falso:

(*a*) Se a aceleração de um objeto é sempre zero, então ele não pode estar se movendo.

(*b*) Se a aceleração de um objeto é sempre zero, então sua curva x *versus* t deve ser uma linha reta.

(*c*) Se a aceleração de um objeto é não-nula em um instante, ele pode estar momentaneamente em repouso nesse instante.

Explique seu raciocínio para cada resposta. Se responder *verdadeiro* a uma pergunta, dê um exemplo.

18 •• Uma bola de tênis lançada com vigor está se movendo horizontalmente quando se choca perpendicularmente com uma parede vertical de concreto. Despreze quaisquer efeitos gravitacionais para o pequeno intervalo de tempo aqui considerado. Suponha o sentido $+x$ apontando para a parede. Quais são os sentidos da velocidade e da aceleração da bola (*a*) justamente antes de atingir a parede, (*b*) no momento do impacto e (*c*) justamente após abandonar a parede?

19 •• Uma bola é lançada verticalmente para cima. Despreze quaisquer efeitos de resistência do ar. (*a*) Qual é a velocidade da bola no ponto mais alto de seu vôo? (*b*) Qual é sua aceleração nesse ponto? (*c*) Diga o que há de diferente com relação à velocidade e à aceleração no ponto mais alto do vôo, em comparação com a bola se chocando com um teto horizontal duro e retornando.

20 •• Um objeto que é lançado verticalmente para cima, do solo, atinge uma altura máxima H, e cai de volta ao solo, atingindo-o T segundos após o lançamento. Despreze quaisquer efeitos de resistência do ar. (*a*) Expresse a rapidez média para a viagem completa em função de H e de T. (*b*) Expresse a rapidez média para o mesmo intervalo de tempo como função da rapidez inicial de lançamento v_0.

21 •• Uma pequena bola de chumbo é lançada verticalmente para cima. Verdadeiro ou falso: (Despreze quaisquer efeitos de resistência do ar.) (*a*) A magnitude de sua aceleração decresce na subida. (*b*) O sentido de sua aceleração na descida é oposto ao sentido de sua aceleração na subida. (*c*) O sentido de sua velocidade na descida é oposto ao sentido de sua velocidade na subida.

22 •• Em $t = 0$, o objeto A é largado do telhado de um prédio. No mesmo instante, o objeto B é largado de uma janela 10 m abaixo do telhado. A resistência do ar é desprezível. Durante a queda de B, a distância entre os dois objetos (*a*) é proporcional a t, (*b*) é proporcional a t^2, (*c*) decresce, (*d*) permanece igual a 10 m.

23 •• **RICO EM CONTEXTO** Você está dirigindo um Porsche que acelera uniformemente de 80,5 km/h (50 mi/h) em $t = 0{,}00$ s para 113 km/h (70 mi/h) em $t = 9{,}00$ s. (*a*) Qual dos gráficos da Figura 2-32 melhor descreve a velocidade de seu carro? (*b*) Esboce um gráfico posição *versus* tempo mostrando a localização de seu carro durante estes nove segundos, supondo que sua posição x é zero em $t = 0$.

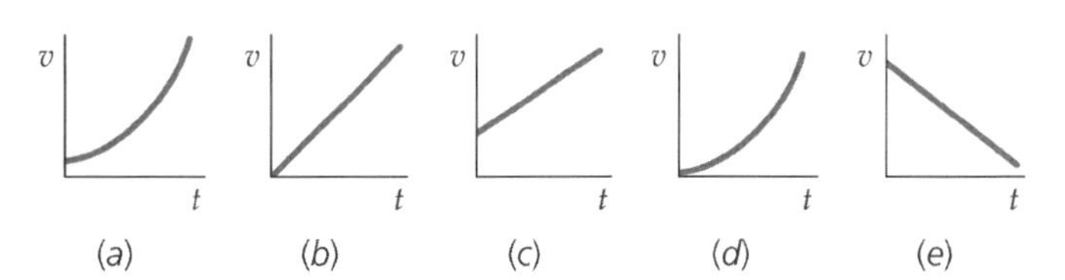

FIGURA 2-32 Problema 23

24 •• Um objeto pequeno e pesado é largado do repouso e cai uma altura D em um tempo T. Depois de cair durante um tempo $2T$, qual será (*a*) sua altura de queda a partir de sua posição inicial, (*b*) sua rapidez e (*c*) sua aceleração? (Despreze a resistência do ar.)

25 •• Em uma corrida, em um instante em que dois cavalos estão correndo lado a lado e no mesmo sentido (o sentido $+x$), a velocidade e a aceleração instantâneas do cavalo A são +10 m/s e +2,0 m/s², respectivamente, e as do cavalo B são +12 m/s e −1,0 m/s², respectivamente. Qual cavalo está ultrapassando o outro neste instante? Explique.

26 •• Verdadeiro ou falso: (*a*) A equação $x - x_0 = v_{0x}t + \frac{1}{2}a_xt^2$ é sempre válida para movimento de partícula em uma dimensão. (*b*) Se a velocidade em um dado instante é zero, a aceleração nesse instante também deve ser zero. (*c*) A equação $\Delta x = v_{méd}\,\Delta t$ vale para qualquer movimento de partícula em uma dimensão.

27 •• Se um objeto está se movendo em linha reta com aceleração constante, sua velocidade instantânea na metade de qualquer intervalo de tempo é (*a*) maior que sua velocidade média, (*b*) menor que sua velocidade média, (*c*) igual à sua velocidade média, (*d*) metade de sua velocidade média (*e*) o dobro de sua velocidade média.

28 •• Uma tartaruga, vendo seu dono colocando alface fresca no outro lado de seu terrário, começa a acelerar (a uma taxa constante) a partir do repouso em $t = 0$, visando diretamente a comida. Seja t_1 o tempo em que a tartaruga cobriu metade da distância até o seu almoço. Deduza uma expressão para a razão entre t_2 e t_1, onde t_2 é o tempo em que a tartaruga alcança a alface.

29 •• As posições de dois carros em pistas paralelas de um trecho reto de uma auto-estrada estão plotadas, como funções do tempo, na Figura 2-33. Tome valores positivos para x à direita da origem. Responda qualitativamente o seguinte: (*a*) Acontece dos dois carros estarem, momentaneamente, lado a lado? Caso afirmativo, indique o tempo (ou os tempos) em que isto ocorre no eixo. (*b*) Eles estão sempre viajando no mesmo sentido ou pode ocorrer de eles viajarem em sentidos opostos? Caso afirmativo, quando? (*c*) Eles chegam a viajar com a mesma velocidade? Caso afirmativo, quando? (*d*) Quando é que os dois carros estão o mais afastados entre si? (*e*) Esboce (sem números) a curva velocidade *versus* tempo para cada carro.

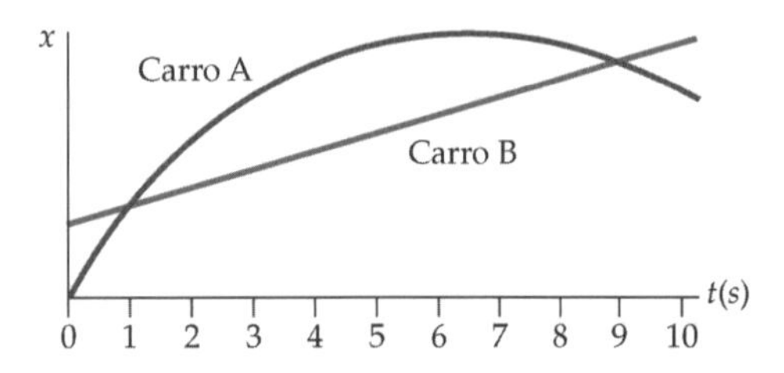

FIGURA 2-33 Problema 29

30 •• Um carro viajando com velocidade constante passa pela origem no tempo $t = 0$. Neste instante, um caminhão, em repouso na origem, começa a acelerar uniformemente a partir do repouso. A Figura 2-34 mostra um gráfico qualitativo das velocidades do caminhão e do carro com funções do tempo. Compare seus deslocamentos (a partir da origem), velocidades e acelerações no instante em que suas curvas se interceptam.

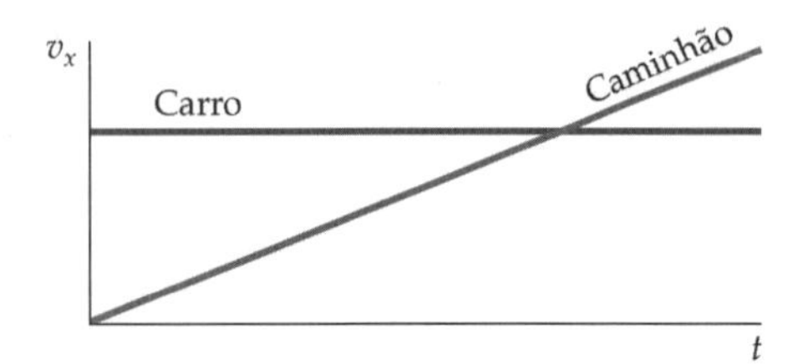

FIGURA 2-34 Problema 30

31 •• Reginaldo saiu para sua corrida matinal e, percorrendo uma pista reta, tem uma velocidade que depende do tempo como mostrado na Figura 2-35. Isto é, ele parte do repouso e termina em repouso, atingindo a velocidade máxima $v_{máx}$ em um tempo arbitrário $t_{máx}$. Uma outra corredora, Janaína, corre no intervalo de tempo de $t = 0$ até $t = t_f$ com uma rapidez constante v_J, de forma que ambos terão o mesmo deslocamento no mesmo intervalo de tempo. Note: t_f NÃO é o dobro de $t_{máx}$, mas representa um tempo arbitrário. Qual é a relação entre v_J e $v_{máx}$?

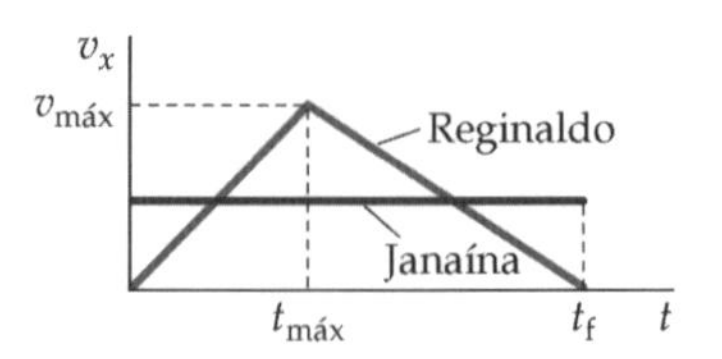

FIGURA 2-35 Problema 31

32 •• Qual gráfico (ou quais gráficos), se existe algum, de v_x *versus* t na Figura 2-36 melhor descreve(m) o movimento de uma partícula com (*a*) velocidade positiva e rapidez crescente, (*b*) velocidade positiva e aceleração nula, (*c*) aceleração constante não nula e (*d*) uma rapidez decrescente?

33 •• Qual gráfico (ou quais gráficos), se existe algum, de v_x *versus* t na Figura 2-36 melhor descreve(m) o movimento de uma partícula com (*a*) velocidade negativa e rapidez crescente, (*b*) velocidade negativa e aceleração nula, (*c*) aceleração variável e (*d*) uma rapidez crescente?

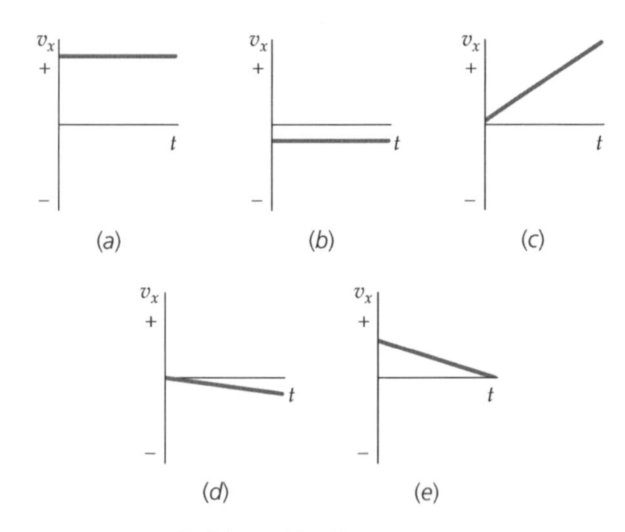

FIGURA 2-36 Problemas 32 e 33

34 •• Esboce uma curva v *versus* t para cada uma das seguintes condições: (*a*) A aceleração é zero e constante enquanto a velocidade não é zero. (*b*) A aceleração é constante, mas não é nula. (*c*) A velocidade e a aceleração são ambas positivas. (*d*) A velocidade e a aceleração são ambas negativas. (*e*) A velocidade é positiva e a aceleração é negativa. (*f*) A velocidade é negativa e a aceleração é positiva. (*g*) A velocidade é momentaneamente nula mas a aceleração não é nula.

35 •• A Figura 2-37 mostra nove gráficos de posição, velocidade e aceleração para objetos em movimento ao longo de uma linha reta. Indique os gráficos que correspondem às seguintes condições: (*a*) A velocidade é constante, (*b*) a velocidade muda de sentido, (*c*) a aceleração é constante e (*d*) a aceleração não é constante. (*e*) Quais gráficos de posição, velocidade e aceleração são mutuamente consistentes?

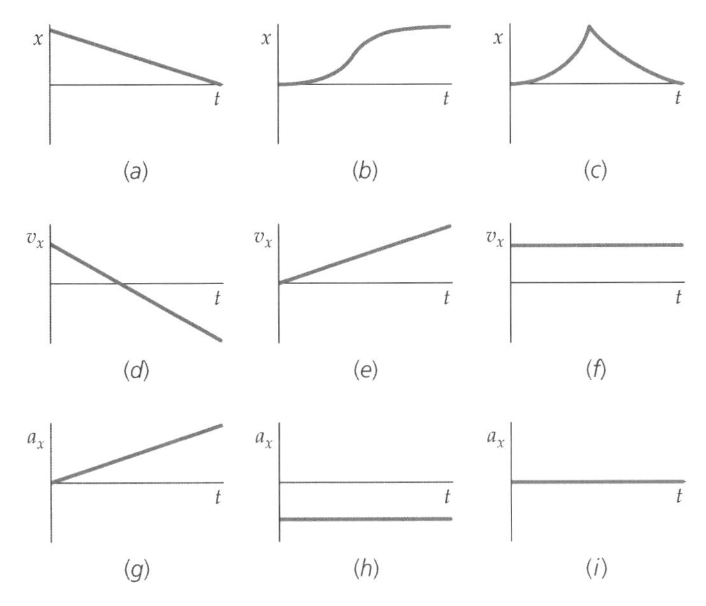

FIGURA 2-37 Problema 35

ESTIMATIVA E APROXIMAÇÃO

36 • **Rico em Contexto** Absorto em pensamentos sobre a brilhante aula que seu professor de física acaba de ministrar, você descuidadamente caminha diretamente para a parede (em vez de se dirigir para a porta aberta da sala de aula). Estime a magnitude de sua aceleração média em sua rápida freada.

37 • **Aplicação Biológica** Ocasionalmente, alguém pode sobreviver a uma queda de grande altura se a superfície sobre a qual ele cai é macia o suficiente. Em uma escalada na famosa face norte do monte Eiger, o gancho de ancoragem do montanhista Carlos Ragone se soltou e ele mergulhou 500 pés até cair na neve. Surpreendentemente, ele sofreu apenas algumas escoriações e uma distensão no ombro. Supondo que seu impacto tenha produzido um buraco na neve de 4,0 ft de profundidade, estime sua aceleração média enquanto ele freava até parar (isto é, enquanto ele estava colidindo com a neve).

38 •• Quando resolvemos problemas de queda livre próximo à Terra, é importante lembrar que a resistência do ar pode desempenhar um papel significativo. Se seus efeitos são significativos, podemos encontrar respostas erradas por algumas ordens de grandeza se os ignoramos. Como podemos dizer se é válido ignorar efeitos de resistência do ar? Uma maneira é dar-se conta de que a resistência do ar aumenta com o aumento da rapidez. Assim, enquanto um objeto cai e sua rapidez *aumenta*, sua aceleração para baixo *diminui*. Nessas circunstâncias, a rapidez do objeto se aproximará, no limite, de um valor que chamamos de sua *rapidez terminal*. Esta rapidez terminal depende de coisas tais como a massa e a área de seção reta do corpo. Ao atingir sua rapidez terminal, sua aceleração é zero. Para um pára-quedista "típico" caindo no ar, uma rapidez terminal típica é de aproximadamente 50 m/s (~120 mph). Com a metade de sua rapidez terminal, a aceleração do pára-quedista será aproximadamente $\frac{3}{4}g$. Tomemos metade da rapidez terminal como um "limite superior" razoável, acima do qual não mais podemos utilizar nossas fórmulas para queda livre com aceleração constante. Supondo que o pára-quedista partiu do repouso, (*a*) estime a altura e o tempo de queda do pára-quedista até que não mais possamos desprezar a resistência do ar. (*b*) Repita a análise para uma bola de pingue-pongue, que tem uma rapidez terminal de aproximadamente 5,0 m/s. (*c*) O que você pode concluir comparando suas respostas das Partes (*a*) e (*b*)?

39 •• **Aplicação Biológica** Em 14 de junho de 2005, o jamaicano Asafa Powell bateu um recorde mundial correndo 100 m no tempo t = 9,77 s. Supondo que ele atingiu sua rapidez máxima em 3,00 s e depois manteve essa rapidez até o final, estime sua aceleração durante os primeiros 3,00 s.

40 •• A fotografia da Figura 2-38 é uma exposição de tempo curto (1/30 s) de um malabarista com duas bolas de tênis no ar. (*a*) A bola de tênis mais ao alto está menos desfocada que a de baixo. O que isto significa? (*b*) Estime a rapidez da bola que ele acaba de lançar de sua mão direita. (*c*) Determine a altura que a bola deve atingir acima do ponto de lançamento e compare-a com uma estimativa a partir da figura. *Dica: Você tem uma escala de distâncias, se adotar um valor razoável para a altura do malabarista.*

FIGURA 2-38 Problema 40 (*Cortesia de Chuck Adler.*)

41 •• Uma regra de ouro que permite calcular a distância entre você e o ponto de queda de um raio é começar a contar os segundos que transcorrem ("uma contagem, duas contagens,...") até você ouvir o trovão (som emitido pelo relâmpago ao atingir rapidamente o ar à sua volta). Supondo que a rapidez do som vale aproximadamente 750 mi/h, (*a*) estime a distância até o ponto de queda do raio, se você contou uns 5 s até ouvir o trovão. (*b*) Estime a incerteza na distância ao raio determinada na Parte (*a*). Explique bem suas premissas e seu raciocínio. *Dica: A rapidez do som depende da temperatura do ar, e sua contagem está longe de ser exata!*

RAPIDEZ, DESLOCAMENTO E VELOCIDADE

42 • **Aplicação em Engenharia** (*a*) Um elétron em um tubo de televisão viaja a distância de 16 cm da grade para a tela com uma rapidez média de $4{,}0 \times 10^7$ m/s. Quanto tempo dura a viagem? (*b*) Um elétron em um fio elétrico viaja com uma rapidez média de $4{,}0 \times 10^{-5}$ m/s. Quanto tempo leva para ele viajar 16 cm?

43 • Um corredor corre 2,5 km, em linha reta, em 9,0 min, e depois passa 30 min caminhando de volta ao ponto de largada. (*a*) Qual é a velocidade média do corredor nos primeiros 9,0 min? (*b*) Qual é a velocidade média no tempo em que ele caminhou? (*c*) Qual é a velocidade média para a viagem completa? (*d*) Qual é a rapidez média para a viagem completa?

44 • Um automóvel viaja em linha reta com uma velocidade média de 80 km/h durante 2,5 h e, depois, com uma velocidade média de 40 km/h durante 1,5 h. (*a*) Qual é o deslocamento total para a viagem de 4,0 h? (*b*) Qual é a velocidade média para toda a viagem?

45 • Uma rota muito utilizada através do Oceano Atlântico é de aproximadamente 5500 km. O agora aposentado Concorde, um jato supersônico capaz de voar com o dobro da velocidade do som, foi usado nessa rota. (*a*) Quanto tempo, aproximadamente, ele levava em uma viagem de ida? (Use 343 m/s para a rapidez do som.) (*b*) Compare este tempo com o tempo que leva um jato subsônico voando a 0,90 vez a rapidez do som.

46 • A rapidez da luz, denotada pelo universalmente reconhecido símbolo c, tem um valor, até dois algarismos significativos, de $3{,}0 \times 10^8$ m/s. (*a*) Quanto tempo leva para a luz viajar do Sol até a Terra, uma distância de $1{,}5 \times 10^{11}$ m? (*b*) Quanto tempo leva para a luz viajar da Lua até a Terra, uma distância de $3{,}8 \times 10^8$ m?

47 • A Próxima de Centauro, a estrela mais próxima de nós além de nosso próprio Sol, está a $4{,}1 \times 10^{13}$ km da Terra. De Zorg, um planeta que orbita esta estrela, Gregório faz um pedido para a Pizzaria do Antônio, no Rio de Janeiro, comunicando-se com sinais de luz. O entregador mais rápido da Pizzaria do Antônio viaja a $1{,}00 \times 10^{-4}\,c$ (veja o Problema 46). (*a*) Em quanto tempo o pedido do Gregório chega à Pizzaria do Antônio? (*b*) Quanto tempo o Gregório deve esperar, a partir do momento em que enviou o sinal, para receber sua pizza? Se a Pizzaria do Antônio adotou a promoção "Sua pizza em 1000 anos ou sua pizza de graça", o Gregório terá que pagar pela pizza?

48 • Um automóvel, em uma viagem de 100 km, faz 40 km/h durante os primeiros 50 km. Qual deverá ser sua rapidez durante os segundos 50 km para fazer a média de 50 km/h?

49 •• **RICO EM CONTEXTO** Em jogos de hóquei no gelo, o time que estivesse perdendo podia trazer seu goleiro para o ataque para aumentar suas chances de marcar ponto. Nesses casos, o goleiro do outro time tinha a oportunidade de tentar atingir a meta adversária, a uma distância de 55,0 m. Suponha que você é o goleiro de seu time e está nesta situação. Você faz um lançamento (na esperança de fazer o primeiro gol de sua carreira) sobre o gelo liso. Mas logo você ouve um despontador "clang" revelando o choque do disco contra a trave (não entrou!) exatamente 2,50 s após. Neste caso, quão rápido viajou o disco? Você deve usar 343 m/s para a rapidez do som.

50 •• O cosmonauta Andrei, seu colaborador na Estação Espacial Internacional, atira-lhe uma banana com um rapidez de 15 m/s. Exatamente no mesmo instante, você joga uma bola de sorvete para Andrei ao longo do mesmo caminho. A colisão entre a banana e o sorvete produz um *banana split* a 7,2 m de sua posição, 1,2 s após a banana e o sorvete terem sido lançados. (*a*) Com que rapidez você atirou o sorvete? (*b*) A que distância você estava de Andrei ao atirar o sorvete? (Despreze quaisquer efeitos gravitacionais.)

51 •• A Figura 2-39 mostra a posição de uma partícula como função do tempo. Encontre as velocidades médias para os intervalos a, b, c e d indicados na figura.

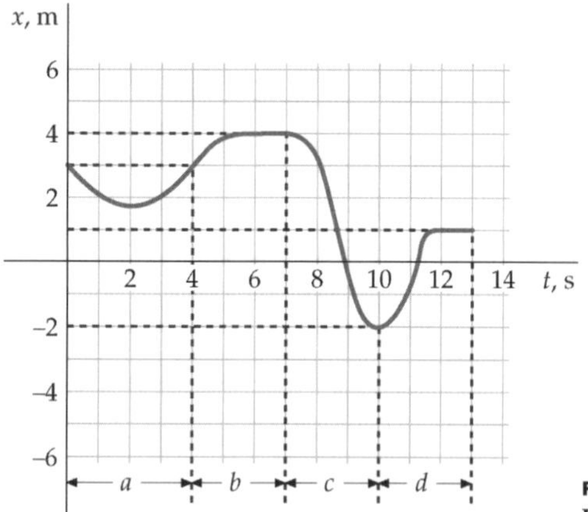

FIGURA 2-39 Problema 51

52 •• **APLICAÇÃO EM ENGENHARIA** Descobriu-se que, na média, as galáxias afastam-se da Terra com uma rapidez que é proporcional à distância delas à Terra. Esta descoberta é conhecida como lei de Hubble, lembrando seu descobridor, o astrofísico Sir Edwin Hubble. Ele descobriu que a rapidez de afastamento v de uma galáxia que dista r da Terra é dada por $v = Hr$, onde $H = 1{,}58 \times 10^{-18}\ \text{s}^{-1}$ é a chamada constante de Hubble. Quais são os valores esperados para a rapidez de afastamento de galáxias distantes (*a*) $5{,}00 \times 10^{22}$ m da Terra e (*b*) $2{,}00 \times 10^{25}$ m da Terra? (*c*) Se as galáxias a cada uma destas distâncias tivessem viajado com esses valores esperados para a rapidez de afastamento, há quanto tempo elas teriam estado em nossa atual localização?

53 •• O guepardo pode correr até a 113 km/h, o falcão pode voar até a 161 km/h e o marlim pode nadar até a 105 km/h. Os três participam, como uma equipe, de uma corrida de revezamento, cada um cobrindo uma distância L com sua rapidez máxima. Qual é a rapidez média deste time para todo o percurso? Compare esta média com a média aritmética dos três valores individuais de rapidez. Explique cuidadosamente por que a rapidez média do time *não* é igual à média aritmética dos três valores individuais de rapidez.

54 •• Dois carros viajam ao longo de uma estrada reta. O carro A mantém uma rapidez constante de 80 km/h e o carro B mantém uma rapidez constante de 110 km/h. Em $t = 0$, o carro B está 45 km atrás do carro A. (*a*) Quanto mais viajará o carro A até ser ultrapassado pelo carro B? (*b*) Quanto à frente do carro A estará o carro B 30 s após tê-lo ultrapassado?

55 •• **VÁRIOS PASSOS** Um carro, viajando com uma rapidez constante de 20 m/s, passa por um cruzamento no tempo $t = 0$. Um segundo carro, viajando com uma rapidez constante de 30 m/s no mesmo sentido, passa pelo mesmo cruzamento 5,0 s após. (*a*) Esboce as funções posição $x_1(t)$ e $x_2(t)$ para os dois carros para o intervalo $0 \leq t \leq 20$ s. (*b*) Determine quando o segundo carro ultrapassará o primeiro. (*c*) A que distância do cruzamento os carros estarão quando emparelharem? (*d*) Onde está o primeiro carro quando o segundo carro passa pelo cruzamento?

56 •• **APLICAÇÃO BIOLÓGICA** Os morcegos se localizam pelo eco, na determinação da distância que os separa de objetos que não podem ver direito no escuro. O tempo entre a emissão de um pulso de som de alta freqüência (um clique) e a detecção de seu eco é usado para determinar tais distâncias. Um morcego, voando com uma rapidez constante de 19,5 m/s em linha reta ao encontro da parede vertical de uma caverna, produz um único clique e ouve o eco 0,15 s após. Supondo que ele continuou voando com a rapidez original, a que distância estava da parede ao receber o eco? Suponha a rapidez do som como 343 m/s.

57 ••• **APLICAÇÃO EM ENGENHARIA** Um submarino pode usar o sonar (som se propagando na água) para determinar sua distância a outros objetos. O tempo entre a emissão de um pulso sonoro (um "ping") e a detecção de seu eco pode ser usado para determinar tais distâncias. Alternativamente, medindo o tempo entre recepções *sucessivas* de eco de um *conjunto de pings uniformemente afastados* no tempo, a *rapidez* do submarino pode ser determinada comparando-se o tempo entre os ecos com o tempo entre os pings. Suponha que você seja o operador do sonar em um submarino que viaja, debaixo d'água, com velocidade constante. Sua embarcação está na região oriental do Mar Mediterrâneo, onde sabe-se que a rapidez do som vale 1522 m/s. Se você emite pings a cada 2,00 s e seu aparelho recebe ecos refletidos de uma montanha submarina a cada 1,98 s, com que rapidez seu submarino está viajando?

ACELERAÇÃO

58 • Um carro esportivo acelera em terceira marcha de 48,3 km/h (cerca de 30 mi/h) até 80,5 km/h (cerca de 50 mi/h) em 3,70 s. (*a*) Qual é a aceleração média deste carro em m/s²? (*b*) Se o carro mantivesse esta aceleração, com que rapidez ele estaria se deslocando um segundo mais tarde?

59 • Um objeto se desloca ao longo do eixo x. Em $t = 5{,}0$ s o objeto está em $x = +3{,}0$ m e tem uma velocidade de $+5{,}0$ m/s. Em $t = 8{,}0$ s ele está em $x = +9{,}0$ m e sua velocidade é $-1{,}0$ m/s. Encontre sua aceleração média durante o intervalo de tempo $5{,}0\ \text{s} < t < 8{,}0\ \text{s}$.

60 •• Uma partícula se move ao longo do eixo x com a velocidade $v_x = (8{,}0\ \text{m/s}^2)t - 7{,}0$ m/s. (*a*) Encontre a aceleração média para dois diferentes intervalos de um segundo, um começando em $t = 3{,}0$ s e o outro começando em $t = 4{,}0$ s. (*b*) Esboce v_x *versus* t para o intervalo $0 < t < 10$ s. (*c*) Compare as acelerações instantâneas no meio de cada um dos dois intervalos de tempo especificados na Parte (*a*) com as acelerações médias encontradas na Parte (*a*) e comente.

61 •• **VÁRIOS PASSOS** A posição de uma certa partícula depende do tempo de acordo com a equação $x(t) = t^2 - 5{,}0t + 1{,}0$, onde x está em metros e t está em segundos. (*a*) Encontre o deslocamento e a velocidade média para o intervalo $3{,}0\ \text{s} \leq t \leq 4{,}0$ s. (*b*) Encontre a fórmula geral para o deslocamento no intervalo de tempo de t a $t + \Delta t$. (*c*) Use o processo limite para obter a velocidade instantânea em qualquer tempo t.

62 •• A posição de um objeto como função do tempo é dada por $x = At^2 - Bt + C$, onde $A = 8{,}0\ \text{m/s}^2$, $B = 6{,}0$ m/s e $C = 4{,}0$ m. Encontre a velocidade e a aceleração instantâneas como funções do tempo.

63 ••• O movimento unidimensional de uma partícula está plotado na Figura 2-40. (*a*) Qual é a aceleração média em cada um dos intervalos AB, BC e CE? (*b*) A que distância a partícula está de seu ponto de partida após 10 s? (*c*) Esboce o deslocamento da partícula como função do tempo; assinale os instantes A, B, C, D e E em seu gráfico. (*d*) Quando é que a partícula está se deslocando o mais vagarosamente?

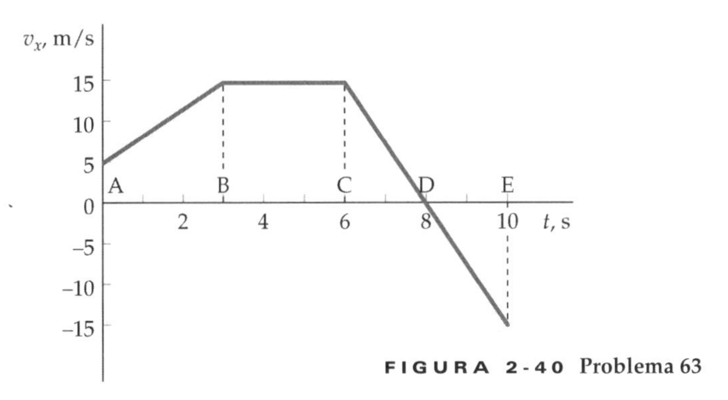

FIGURA 2-40 Problema 63

ACELERAÇÃO CONSTANTE E QUEDA LIVRE

64 • Um objeto projetado verticalmente para cima, com rapidez inicial v_0, atinge uma altura máxima h acima de seu ponto de lançamento. Outro objeto, projetado para cima com rapidez inicial $2v_0$ da mesma altura, atingirá uma altura máxima de (*a*) $4h$, (*b*) $3h$, (*c*) $2h$, (*d*) h. (A resistência do ar é desprezível.)

65 • Um carro, viajando ao longo do eixo x, parte do repouso em $x = 50$ m e acelera à taxa constante de $8{,}0\ \text{m/s}^2$. (*a*) Qual é sua rapidez após 10 s? (*b*) Qual é a distância percorrida em 10 s? (*c*) Qual é sua velocidade média para o intervalo $0 \leq t \leq 10$ s?

66 • Um objeto que se desloca ao longo do eixo x com velocidade inicial de $+5{,}0$ m/s tem uma aceleração constante de $+2{,}0\ \text{m/s}^2$. Quando sua rapidez for 15 m/s, que distância ele terá percorrido?

67 • Um objeto que se desloca ao longo do eixo x com aceleração constante tem uma velocidade de $+10$ m/s quando está em $x = 6{,}0$ m e de $+15$ m/s quando está em $x = 10{,}0$ m. Qual é sua aceleração?

68 • A rapidez de um objeto que se move ao longo do eixo x aumenta à taxa constante de $+4{,}0$ m/s a cada segundo. Em $t = 0{,}0$ s, sua velocidade é $+1{,}0$ m/s e sua posição é $+7{,}0$ m. Quão rápido ele estará se movendo quando sua posição for $+8{,}0$ m, e quanto tempo terá transcorrido desde a partida em $t = 0{,}0$ s?

69 •• Uma bola é lançada verticalmente para cima do nível do chão, com uma rapidez inicial de 20 m/s. (A resistência do ar é desprezível.) (*a*) Quanto tempo a bola fica no ar? (*b*) Qual a altura máxima atingida pela bola? (*c*) Quantos segundos, após o lançamento, a bola estará 15 m acima do ponto de largada?

70 •• No desmoronamento ocorrido em Blackhawk, na Califórnia, uma massa de rocha e lama caiu 460 m montanha abaixo e depois se deslocou 8,00 km em uma superfície plana. Segundo uma teoria, a rocha e a lama se deslocaram sobre um colchão de vapor d'água. Suponha que a massa caiu com a aceleração de queda livre e que depois deslizou horizontalmente, perdendo rapidez a uma taxa constante. (*a*) Quanto tempo a lama levou para cair os 460 m? (*b*) Com que rapidez ela chegou embaixo? (*c*) Quanto tempo a lama levou para percorrer os 8,00 km na horizontal?

71 •• Uma carga de tijolos é levantada por um guindaste à velocidade constante de 5,0 m/s quando um tijolo cai 6,00 m acima do solo. (*a*) Esboce a posição do tijolo $y(t)$ *versus* o tempo, do momento em que ele abandona a plataforma até atingir o solo. (*b*) Qual é a altura máxima que o tijolo atinge acima do solo? (*c*) Quanto tempo ele leva para chegar ao solo? (*d*) Qual sua rapidez justo antes de atingir o solo?

72 •• Um parafuso se desprende da base de um elevador que está subindo com uma velocidade constante de 6,0 m/s. O parafuso atinge o fundo do poço do elevador em 3,0 s. (*a*) A que altura do fundo do poço estava o elevador quando o parafuso se desprendeu? (*b*) Qual é a rapidez do parafuso quando atinge o fundo do poço?

73 •• Um objeto é largado do repouso de uma altura de 120 m. Encontre a distância percorrida durante seu último segundo no ar.

74 •• Um objeto é largado do repouso de uma altura h. Durante o último segundo de queda ele percorre uma distância de 38 m. Determine h.

75 •• Uma pedra é atirada verticalmente, para baixo, do topo de um penhasco de 200 m. Durante o último meio segundo de seu vôo, a pedra percorre uma distância de 45 m. Encontre a rapidez inicial da pedra.

76 •• Um objeto é largado do repouso de uma altura h. Ele percorre $0{,}4h$ durante o primeiro segundo de sua descida. Determine a velocidade média do objeto durante toda sua descida.

77 •• Um ônibus acelera a $1{,}5\ \text{m/s}^2$, a partir do repouso, durante 12 s. Depois, ele viaja com velocidade constante por 25 s após o que ele freia até parar, com uma aceleração de $1{,}5\ \text{m/s}^2$ de magnitude. (*a*) Qual é a distância total percorrida pelo ônibus? (*b*) Qual é sua velocidade média?

78 •• Alexandre e Roberto estão correndo lado a lado, em uma trilha no parque, com uma rapidez de 0,75 m/s. Subitamente, Alexandre vê o fim da trilha, 35 m adiante, e decide apressar-se para alcançá-la. Ele acelera à taxa constante de $0{,}50\ \text{m/s}^2$, enquanto Roberto continua com a rapidez constante. (*a*) Quanto tempo leva Alexandre para atingir o fim da trilha? (*b*) Assim que chega ao fim da trilha, ele se vira e passa, imediatamente, a percorrê-la no sentido oposto, com uma rapidez constante de 0,85 m/s. Quanto tempo ele leva para encontrar Roberto? (*c*) A que distância do fim da trilha os dois estão quando se encontram?

79 •• Você projetou um foguete para coletar amostras de ar poluído. Ele é disparado verticalmente com um aceleração constante, para cima, de $20\ \text{m/s}^2$. Depois de 25 s, o motor é descartado e o foguete continua subindo (em queda livre) por um tempo. (A resistência do ar é desprezível.) Finalmente, o foguete pára de subir e passa a cair de volta para o solo. Você deseja coletar uma amostra de ar que está 20 km acima do solo. (*a*) Você conseguiu atingir a altura desejada? Caso negativo, o que você deverá modificar para o foguete atingir os 20 km? (*b*) Determine o tempo total de vôo do foguete. (*c*) Encontre a rapidez do foguete justo antes de atingir o solo.

80 •• Um vaso de flores cai do parapeito de um apartamento. Uma pessoa, em um apartamento abaixo, coincidentemente de posse de um sistema de cronometragem ultra-rápido e preciso, percebe que o vaso leva 0,20 s para cair os 4,0 m de altura da sua janela. A que altura, acima do topo da janela, está o parapeito de onde caiu o vaso? (Despreze efeitos devidos à resistência do ar.)

81 •• Em uma demonstração em aula, um deslizador se move ao longo de um trilho inclinado, com aceleração constante. Ele é projetado da parte mais baixa do trilho, com uma velocidade inicial. Após 8,00 s, ele está a 100 cm da parte mais baixa e movendo-se ao longo do trilho com uma velocidade de -15 cm/s. Encontre a velocidade inicial e a aceleração.

82 •• Uma pedra, largada de um penhasco, cobre um terço da distância total ao solo no último segundo de queda. A resistência do ar é desprezível. Qual é a altura do penhasco?

83 •• Um automóvel comum, em uma freada brusca, perde rapidez a uma taxa de cerca de 7,0 m/s^2; o tempo de reação típico para acionar os freios é 0,50 s. Um comitê da escola local estabelece o limite de rapidez na zona escolar de forma a que todos os carros devam ser capazes de parar em 4,0 m. (*a*) Isto implica qual rapidez máxima para um automóvel nessa zona? (*b*) Que fração dos 4,0 m é devida ao tempo de reação?

84 •• Dois trens viajam em sentidos opostos, em trilhos paralelos. Eles estão inicialmente em repouso e suas frentes estão distantes 40 m. O trem à esquerda acelera para a direita a 1,0 m/s^2. O trem à direita acelera para a esquerda a 1,3 m/s^2. (*a*) Qual a distância percorrida pelo trem da esquerda até que as frentes dos trens se cruzem? (*b*) Se cada trem tem um comprimento de 150 m, quanto tempo após a largada eles terão completamente ultrapassado um ao outro, supondo constantes suas acelerações?

85 •• Duas pedras são largadas da beira de um precipício de 60 m, a segunda pedra 1,6 s após a primeira. A que distância abaixo do topo do precipício está a segunda pedra quando a separação entre as duas pedras é de 36 m?

86 •• Uma patrulheira escondida em um cruzamento observa um carro dirigido por um motorista irresponsável, que ignora um sinal de parada obrigatória e atravessa o cruzamento com uma rapidez constante. A policial parte com sua moto em perseguição 2,0 s após o carro ter passado pelo sinal de parada. Ela acelera a 4,2 m/s^2 até chegar a 110 km/h, e então continua com esta rapidez até alcançar o carro. Neste instante, o carro está a 1,4 km do cruzamento. (*a*) Quanto tempo a patrulheira levou para alcançar o carro? (*b*) Qual era a rapidez do carro?

87 •• Em $t = 0$, uma pedra é largada do topo de um penhasco, acima de um lago. Outra pedra é atirada para baixo, 1,6 s após, do mesmo ponto e com uma rapidez inicial de 32 m/s. As duas pedras atingem a água no mesmo instante. Encontre a altura do penhasco.

88 •• Um trem de passageiros está viajando a 29 m/s quando o maquinista vê um trem de carga, 360 m adiante, viajando no mesmo sentido e sobre os mesmos trilhos. O trem de carga está se deslocando a 6,0 m/s. (*a*) Se o tempo de reação do maquinista é 0,40 s, qual é a taxa mínima (constante) com a qual o trem de passageiros deve frear para evitar uma colisão? (*b*) Se o tempo de reação do maquinista é 0,80 s e o trem é freado com a taxa mínima descrita na Parte (*a*), qual a rapidez com que o trem de passageiros se aproxima do trem de carga quando os dois colidem? (*c*) Para os dois tempos de reação, quanto terá viajado o trem de passageiros no tempo entre a vista do trem de carga e a colisão?

89 •• **APLICAÇÃO BIOLÓGICA** A barata de estalo pode se projetar verticalmente com uma aceleração de cerca de 400g (uma ordem de grandeza maior que a suportável pelos humanos!). Ela salta "desdobrando" suas pernas de 0,60 cm de comprimento. (*a*) A que altura pode saltar a barata de estalo? (*b*) Quanto tempo ela fica no ar? (Suponha aceleração constante quando em contato com o solo e despreze a resistência do ar.)

90 •• Um automóvel acelera a partir do repouso a 2,0 m/s^2 por 20 s. A rapidez é, então, mantida constante por 20 s e, após, ele tem uma aceleração de $-3,0$ m/s^2 até parar. Qual a distância total percorrida?

91 •• Antes do advento da aquisição de dados por computador, medidas típicas em experiências de movimento de queda livre de uma partícula (despreze a resistência do ar) empregavam uma fita encerada colocada verticalmente junto ao caminho de um objeto eletricamente condutor em queda. Um gerador de centelhas produzia um arco entre dois fios verticais ligados ao objeto em queda e à fita, assim produzindo uma marca na fita em intervalos fixos de tempo Δt. Mostre que a variação de altura durante sucessivos intervalos de tempo para um objeto em queda a partir do repouso segue a *Regra de Galileu dos Números Ímpares*: $\Delta y_{21} = 3\Delta y_{10}$, $\Delta y_{32} = 5\Delta y_{10}$, ..., onde Δy_{10} é a variação de y durante o primeiro intervalo de duração Δt, Δy_{21} é a variação de y durante o segundo intervalo de duração Δt etc.

92 •• Partindo do repouso, uma partícula viaja ao longo do eixo x com uma aceleração constante de $+3,0$ m/s^2. Transcorridos 4,0 s após a partida, ela está em $x = -100$ m. Transcorridos mais 6,0 s, ela tem uma velocidade de $+15$ m/s. Encontre sua posição neste momento.

93 •• Se fosse possível uma nave espacial manter uma aceleração constante indefinidamente, viagens aos planetas do sistema solar poderiam ser realizadas em dias ou semanas, enquanto viagens para estrelas mais próximas levariam apenas alguns anos. (*a*) Usando dados das tabelas no final deste livro, encontre o tempo que levaria uma viagem de ida da Terra a Marte (quando Marte estivesse mais próximo da Terra). Faça a suposição de que a nave parte do repouso, viaja em linha reta, acelera a metade do caminho com g e desacelera com g no resto da viagem. (*b*) Repita o cálculo para uma viagem de $4,1 \times 10^{13}$ km para Próxima de Centauro, nosso vizinho estelar mais próximo, além do Sol. (Veja o Problema 47.)

94 •• A Torre da Estratosfera, em Las Vegas, tem a altura de 1137 ft. Um elevador rápido leva 1 min e 20 s para subir do térreo ao topo do prédio. O elevador inicia e termina em repouso. Suponha que ele mantém uma aceleração constante para cima até atingir a rapidez máxima, e depois mantém uma aceleração constante de igual magnitude até parar. Encontre a magnitude da aceleração do elevador. Expresse esta magnitude de aceleração como um múltiplo de g (a aceleração devida à gravidade).

95 •• Um trem parte de uma estação com uma aceleração constante de 0,40 m/s^2. Uma passageira chega a um ponto junto ao trilho 6,0 s após o final do trem ter passado pelo mesmo ponto. Qual é a menor rapidez constante com que ela deve correr para ainda alcançar o trem? Em um único gráfico, plote as curvas posição *versus* tempo para o trem e a passageira.

96 ••• A bola A é largada do topo de um prédio de altura h no mesmo instante em que a bola B é atirada verticalmente, para cima, a partir do chão. Quando as bolas colidem, elas estão se deslocando em sentidos opostos e a rapidez de A é o dobro da rapidez de B. A que altura ocorre a colisão?

97 ••• Resolva o Problema 96 se a colisão ocorre quando as bolas se deslocam no mesmo sentido e a rapidez de A é 4 vezes a de B.

98 ••• Partindo de uma estação, um trem de metrô acelera a partir do repouso à taxa constante de 1,00 m/s^2 na metade do percurso até a estação seguinte, e depois freia à mesma taxa no resto do percurso. A distância total entre as estações é 900 m. (*a*) Esboce um gráfico da velocidade v_x como função do tempo para toda a viagem. (*b*) Esboce um gráfico da posição como função do tempo para toda a viagem. Coloque valores numéricos apropriados nos dois eixos.

99 ••• Um corredor, viajando com a rapidez constante de 125 km/h, passa por um cartaz. Um carro-patrulha parte do repouso, com aceleração constante de (80 km/h)/s até atingir sua rapidez máxima de 190 km/h, que é mantida até alcançar o corredor. (*a*) Quanto tempo leva o carro-patrulha para alcançar o corredor se ele arranca exatamente quando o corredor passa? (*b*) Qual a distância percorrida por cada carro? (*c*) Esboce $x(t)$ para cada carro.

100 ••• Quando o carro-patrulha do Problema 99 (viajando a

190 km/h) está 100 m atrás do corredor (viajando a 125 km/h), o corredor vê o carro da polícia e pisa com força no freio, bloqueando as rodas. (*a*) Supondo que cada carro pode frear a 6,0 m/s² e que a motorista do carro da polícia freia imediatamente ao ver as luzes de freio do corredor (tempo de reação = 0,0 s), mostre que os carros colidem. (*b*) Quanto tempo, depois de o corredor aplicar os freios, os dois carros colidem? (*c*) Discuta como o tempo de reação afetaria este problema.

101 ••• Luizinho Pé-de-chumbo participa de uma competição automobilística estilo "parado na largada e na chegada", na qual cada carro inicia e termina a prova parado, cobrindo uma distância fixa L no menor tempo possível. A intenção é a de demonstrar habilidades de direção e determinar qual carro é o melhor na *combinação total* de acelerar e desacelerar. A pista é projetada para que os carros nunca atinjam sua rapidez máxima. (*a*) Se o carro de Luizinho mantém uma aceleração (magnitude) de a enquanto aumenta a rapidez, e mantém uma desaceleração (magnitude) de $2a$ durante a freagem, em qual fração de L Luizinho deve levar seu pé do acelerador para o freio? (*b*) Que fração do tempo total do percurso terá transcorrida até este ponto? (*c*) Qual a maior rapidez atingida pelo carro de Luizinho? (*d*) Despreze o tempo de reação de Luizinho e responda em termos de a e de L.

102 ••• Uma professora de física, equipada com um foguete-mochila, abandona um helicóptero a uma altitude de 575 m com velocidade inicial zero. (Despreze a resistência do ar.) Durante 8,0 s ela cai livremente e então aciona seus foguetes e retarda a queda a 15 m/s² até que a taxa de queda atinja 5,0 m/s. Neste ponto, ela ajusta seus controles para manter essa taxa de descida até atingir o solo. (*a*) Em um único gráfico, esboce sua aceleração e velocidade como funções do tempo. (Tome o sentido para cima como positivo.) (*b*) Qual é sua rapidez ao final dos primeiros 8,0 s? (*c*) Qual é a duração do período durante o qual ela retarda a descida? (*d*) Qual é a distância percorrida enquanto ela retarda a descida? (*e*) Qual é o tempo total de viagem entre o helicóptero e o chão? (*f*) Qual é sua velocidade média para todo o percurso?

INTEGRAÇÃO DAS EQUAÇÕES DE MOVIMENTO

103 • A velocidade de uma partícula é dada por $v_x(t) = (6{,}0\ \text{m/s}^2)t + (3{,}0\ \text{m/s})$. (*a*) Esboce v_x *versus* t e encontre a área sob a curva para o intervalo de $t = 0$ a $t = 5{,}0$ s. (*b*) Encontre a função posição $x(t)$. Use-a para calcular o deslocamento durante o intervalo de $t = 0$ a $t = 5{,}0$ s.

104 • A Figura 2-41 mostra a velocidade de uma partícula *versus* o tempo. (*a*) Qual é a magnitude, em metros, representada pela área da caixa sombreada? (*b*) Estime o deslocamento da partícula para dois intervalos de 1 segundo, um começando em $t = 1{,}0$ s e o outro começando em $t = 2{,}0$ s. (*c*) Estime a velocidade média para o intervalo $1{,}0\ \text{s} \leq t \leq 3{,}0$ s. (*d*) A equação da curva é $v_x = (0{,}50\ \text{m/s}^3)t^2$. Encontre, integrando, o deslocamento da partícula para o intervalo $1{,}0\ \text{s} \leq t \leq 3{,}0$ s e compare esta resposta com sua resposta para a Parte (*b*). Neste caso, velocidade média é igual à média das velocidades inicial e final?

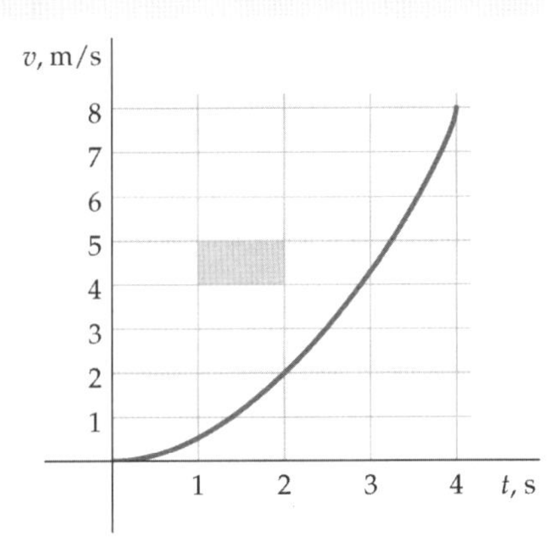

FIGURA 2-41 Problema 104

105 •• A velocidade de uma partícula é dada por $v_x(t) = (7{,}0\ \text{m/s}^3)t^2 - 5{,}0\ \text{m/s}$. Se a partícula está na origem em $t_0 = 0$, encontre a função posição $x(t)$.

106 •• Considere o gráfico de velocidade da Figura 2-42. Se $x = 0$ em $t = 0$, escreva expressões algébricas corretas para $x(t)$, $v_x(t)$ e $a_x(t)$, com os valores numéricos apropriados de todas as constantes.

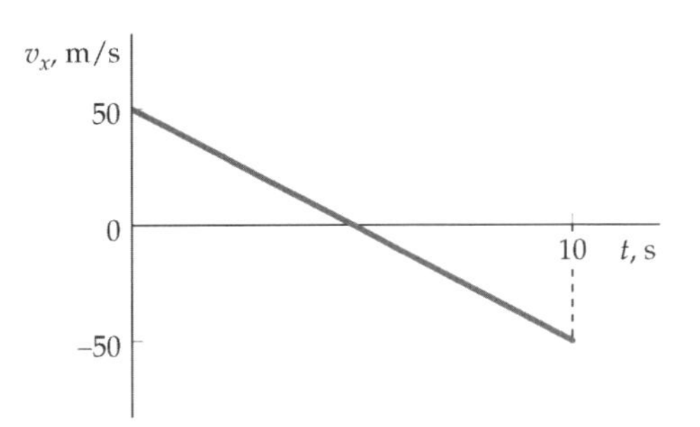

FIGURA 2-42 Problema 106

107 ••• A Figura 2-43 mostra a aceleração de uma partícula *versus* o tempo. (*a*) Qual é a magnitude, em m/s, da área da caixa sombreada? (*b*) A partícula parte do repouso em $t = 0$. Estime a velocidade em $t = 1{,}0$ s, 2,0 s e 3,0 s, contando as caixas sob a curva. (*c*) Esboce a curva v_x *versus* t com seus resultados da Parte (*b*); depois, estime a distância percorrida pela partícula no intervalo de $t = 0$ a $t = 3{,}0$ s.

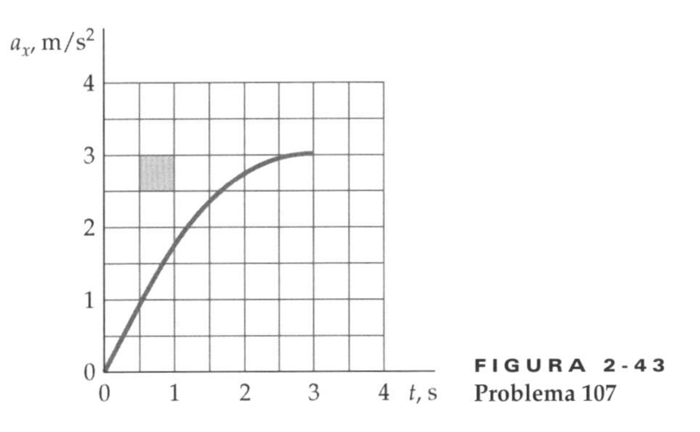

FIGURA 2-43 Problema 107

108 ••• A Figura 2-44 é o gráfico v_x *versus* t para uma partícula se deslocando em linha reta. A posição da partícula em $t = 0$ é $x_0 = 5{,}0$ m. (*a*) Encontre x para vários tempos t contando caixas e esboce x como função de t. (*b*) Esboce o gráfico da aceleração a_x como função do tempo. (*c*) Determine o deslocamento da partícula entre $t = 3{,}0$ s e 7,0 s.

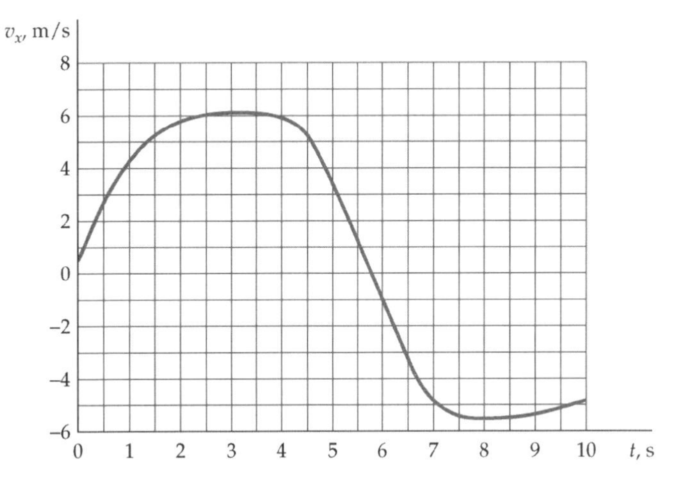

FIGURA 2-44 Problema 108

109 ••• **CONCEITUAL** A Figura 2-45 mostra um gráfico x *versus* t para um objeto que se desloca em linha reta. Para este movimento, esboce gráficos (usando o mesmo eixo t) para (*a*) v_x como função de t e (*b*) a_x como função de t. (*c*) Use seus esboços para comparar qualitativamente o(s) tempo(s) em que o objeto está o mais afastado da origem com o(s) tempo(s) em que sua rapidez é máxima. Explique por que os tempos *não* são os mesmos. (*d*) Use seus esboços para comparar qualitativamente o(s) tempo(s) em que o objeto está se movendo mais rapidamente com o(s) tempo(s) em que sua aceleração é máxima. Explique por que os tempos *não* são os mesmos.

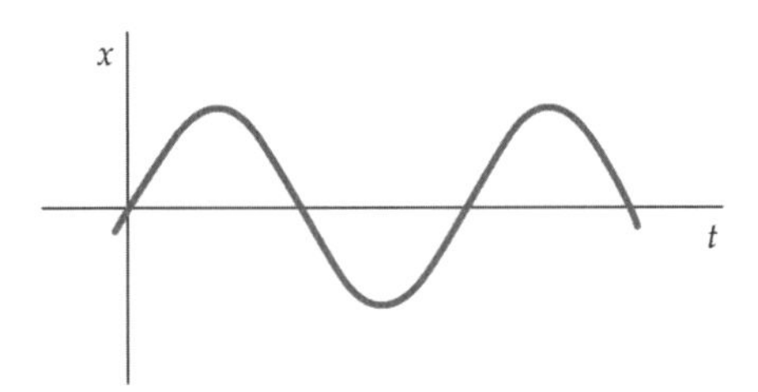

FIGURA 2-45 Problema 109

110 ••• **VÁRIOS PASSOS** A aceleração de certo foguete é dada por $a_x = bt$, onde b é uma constante positiva. (*a*) Encontre a função posição $x(t)$ com $x = x_0$ e $v_x = v_{0x}$ em $t = 0$. (*b*) Encontre a posição e a velocidade em $t = 5{,}0$ s com $x_0 = 0$, $v_{0x} = 0$ e $b = 3\ \text{m/s}^3$. (*c*) Calcule a velocidade média do foguete entre $t = 4{,}5$ s e 5,5 s. Compare esta velocidade média com a velocidade instantânea em $t = 5{,}0$ s.

111 ••• No intervalo de tempo de 0,0 s a 10,0 s, a aceleração de uma partícula viajando em linha reta é dada por $a_x = (0{,}20\ \text{m/s}^3)t$. Tome a orientação $+x$ para a direita. A partícula tem, inicialmente, uma velocidade para a direita de 9,5 m/s e está localizada 5,0 m à esquerda da origem. (*a*) Determine a velocidade como função do tempo durante o intervalo; (*b*) determine a posição como função do tempo durante o intervalo; (*c*) determine a velocidade média entre $t = 0{,}0$ s e 10,0 s e compare-a com a média das velocidades instantâneas nos pontos inicial e final. Estas duas médias são iguais? Explique.

112 ••• Considere o movimento de uma partícula que experimenta uma aceleração variável dada por $a_x = a_{0x} + bt$, onde a_{0x} e b são constantes e $x = x_0$ e $v_x = v_{0x}$ em $t = 0$. (*a*) Encontre a velocidade instantânea como função do tempo. (*b*) Encontre a posição como função do tempo. (*c*) Encontre a velocidade média para o intervalo de tempo que inicia no tempo zero e termina no tempo arbitrário t. (*d*) Compare a média das velocidades inicial e final com sua resposta da Parte (*c*). Estas duas médias são iguais? Explique.

PROBLEMAS GERAIS

113 ••• **RICO EM CONTEXTO** Você é um estudante em uma aula de ciências que está utilizando o seguinte aparato para determinar o valor de g. Dois fotossensores são usados. (Nota: Você já deve estar familiarizado com fotossensores no dia-a-dia. Você os vê nas portas de algumas lojas. Eles são projetados para acionar um sinal quando alguém interrompe um feixe ao passar pela porta.) Um fotossensor é colocado na borda de uma mesa, 1,00 m acima do chão, e o segundo fotossensor é colocado diretamente abaixo do primeiro, em uma altura de 0,500 m acima do chão. Você é instruído a deixar largar uma bola de gude através desses sensores, abandonado-a do repouso de uma distância desprezível acima do sensor superior. Este sensor aciona um cronômetro quando a bola atravessa o seu feixe. O segundo sensor interrompe o cronômetro quando a bola atravessa o seu feixe. (*a*) Prove que a magnitude experimental da aceleração de queda livre é dada por $g_{\text{exp}} = (2\Delta y)/(\Delta t)^2$, onde Δy é a distância vertical entre os sensores e Δt é o tempo de queda. (*b*) Em sua montagem, que valor de Δt você esperaria medir, supondo g_{exp} com o valor-padrão (9,81 m/s²)? (*c*) Durante o experimento, um pequeno erro é feito. Em vez de colocar o primeiro sensor emparelhado com o tampo da mesa, a sua companheira de laboratório, não muito cuidadosa, o coloca 0,50 cm abaixo do tampo da mesa. No entanto ela coloca, apropriadamente, o segundo sensor em uma altura de 0,50 m acima do chão. Mas ela abandona a bola de gude da mesma altura de onde ela foi abandonada quando o sensor estava 1,00 m acima do chão. Qual o valor de g_{exp} que você e sua colega determinarão? Que diferença percentual isto representa em relação ao valor-padrão de g?

114 ••• **VÁRIOS PASSOS** A posição de um corpo oscilando em uma mola é dada por $x = A$ sen (wt), onde A e ω (letra grega ômega, minúscula) são constantes, $A = 5{,}0$ cm e $\omega = 0{,}175\ \text{s}^{-1}$. (*a*) Plote x como função de t para $0 \leq t \leq 36$ s. (*b*) Meça a inclinação de seu gráfico em $t = 0$ para encontrar a velocidade neste tempo. (*c*) Calcule a velocidade para uma série de intervalos, iniciando em $t = 0$ e terminando em $t = 6{,}0$; 3,0; 2,0; 1,0; 0,50 e 0,25 s. (*d*) Calcule dx/dt para encontrar a velocidade no tempo $t = 0$. (*e*) Compare seus resultados das Partes (*c*) e (*d*) e explique por que seus resultados da Parte (*c*) tendem ao seu resultado da Parte (*d*).

115 ••• **CONCEITUAL** Considere um objeto que está preso a um pistão horizontal que oscila. O objeto se move com uma velocidade dada por $v = B$ sen (wt), onde B e ω (letra grega ômega, minúscula) são constantes e ω está em s^{-1}. (*a*) Explique por que B é igual à rapidez máxima $v_{\text{máx}}$. (*b*) Determine a aceleração do objeto como função do tempo. A aceleração é constante? (*c*) Qual a aceleração máxima (magnitude) em termos de ω e $v_{\text{máx}}$? (*d*) Sabe-se que, em $t = 0$, a posição do objeto é x_0. Determine a posição como função do tempo em termos de t, ω, x_0 e $v_{\text{máx}}$.

116 ••• Suponha a aceleração de uma partícula dependendo da posição da forma $a_x(x) = (2{,}0\ \text{s}^{-2})x$. (*a*) Se a velocidade é zero quando $x = 1{,}0$ m, qual é a rapidez quando $x = 3{,}0$ m? (*b*) Quanto tempo leva para a partícula viajar de $x = 1{,}0$ m até $x = 3{,}0$ m?

117 ••• Uma pedra está caindo dentro d'água, com uma aceleração continuamente decrescente. Suponha que a aceleração da pedra como função da *velocidade* tem a forma $a_y = g - bv_y$, onde b é uma constante positiva. (A orientação $+y$ é para cima.) (*a*) Quais são as unidades SI de b? (*b*) Prove matematicamente que, se a pedra é largada do repouso no tempo $t = 0$, a aceleração dependerá exponencialmente do *tempo* de acordo com $a_y(t) = ge^{-bt}$. (*c*) Qual é a rapidez terminal da pedra em termos de g e b? (Veja o Problema 38 para uma explicação do fenômeno *rapidez terminal*.)

118 ••• Uma pequena pedra caindo n'água (veja o Problema 117) experimenta uma aceleração exponencialmente decrescente dada por $a_y(t) = ge^{-bt}$, onde b é uma constante positiva que depende da forma e do tamanho da pedra e de propriedades físicas da água. Com base nisso, encontre expressões para a velocidade e a posição da pedra como funções do tempo. Faça posição e velocidade iniciais ambos nulos e a orientação $+y$ apontando para baixo.

119 ••• **PLANILHA ELETRÔNICA** A aceleração de uma pára-quedista em salto é dada por $a_y = g - bv_y^2$, onde b é uma constante positiva que depende da área de seção reta da pára-quedista e da massa específica da atmosfera que ela está atravessando. A orientação $+y$ aponta para baixo. (*a*) Se a rapidez inicial da pára-quedista é zero ao abandonar um helicóptero, mostre que a rapidez, como função do tempo, é dada por $v_y(t) = v_t \tanh (t/T)$, onde v_t é a rapidez terminal (Veja o Problema 38) dada por $v_t = \sqrt{g/b}$ e $T = v_t/g$ é um parâmetro de escala de tempo. (*b*) Que fração da rapidez terminal representa a rapidez em $t = T$? (*c*) Use uma **planilha eletrônica** para plotar $v_y(t)$ como função do tempo usando uma rapidez terminal de 56 m/s (use este valor para calcular b e T.) A curva resultante faz sentido?

120 ••• **APROXIMAÇÃO** Imagine que você está junto a um poço dos desejos, desejando saber qual a profundidade do poço. Feito o desejo, você tira uma moeda do bolso e a larga no poço. Exatamente três segundos depois, você ouve o som da moeda atingindo a água. Se a rapidez do som é 343 m/s, qual a profundidade do poço? Despreze efeitos da resistência do ar.

121 ••• **Rico em Contexto** Você está dirigindo um carro, no limite permitido de 25 mi/h, quando vê o sinal luminoso, no cruzamento 65 m adiante, tornar-se amarelo. Você sabe que, neste cruzamento em particular, o sinal fica amarelo por exatamente 5,0 s antes de se tornar vermelho. Depois de pensar por 1,0 s, você acelera o carro a uma taxa constante. Você consegue atravessar completamente o cruzamento de 15,0 m com seu carro de 4,5 m de comprimento, justo quando o sinal se torna vermelho, evitando, assim, uma multa por estar cruzando no sinal vermelho. Imediatamente depois de passar pelo cruzamento, você tira o pé do acelerador, aliviado. No entanto, mais adiante você é parado e recebe uma notificação de infração. Você supõe que foi multado pela rapidez de seu carro na saída do cruzamento. Determine esta rapidez e decida se você deve recorrer dessa multa. Explique.

122 ••• Para objetos celestes esféricos de raio R, a aceleração da gravidade g a uma distância x do centro do objeto é $g = g_0R^2/x^2$, onde g_0 é a aceleração da gravidade na superfície do objeto e $x > R$. Para a Lua, faça $g_0 = 1{,}63\ \text{m/s}^2$ e $R = 3200$ km. Se uma pedra é largada do repouso de uma altura de $4R$ acima da superfície lunar, com que rapidez a pedra vai atingir a Lua? *Dica: A Aceleração é função da posição e cresce à medida que o objeto cai. Logo, não use as equações de queda livre com aceleração constante, mas recorra aos fundamentos.*

Movimento em Duas e Três Dimensões

VELEIROS NÃO CHEGAM A SEU DESTINO VIAJANDO EM LINHA RETA, MAS SIM ALTERANDO SEU RUMO NA DEPENDÊNCIA DO VENTO. ESTE VELEIRO DEVE SEGUIR PARA O LESTE, DEPOIS PARA O SUL E DEPOIS PARA O LESTE NOVAMENTE, EM SUA VIAGEM ATÉ UM PORTO A SUDESTE.

O movimento de um veleiro levado pelo vento ou a trajetória de uma bola disputada no estádio não podem ser completamente descritos pelas equações apresentadas no Capítulo 2. Na verdade, para descrever esses movimentos, devemos estender a idéia de movimento unidimensional discutida no Capítulo 2 para duas e três dimensões. Para isto, precisamos revisitar o conceito de vetores e ver como eles podem ser usados para analisar e descrever o movimento em mais de uma dimensão.

Neste capítulo discutiremos os vetores deslocamento, velocidade e aceleração em mais detalhes. Ademais, vamos discutir dois tipos específicos de movimento: o movimento de projéteis e o movimento circular. O material deste capítulo presume que você esteja familiarizado com o material que introduz vetores nas Seções 6 e 7 do Capítulo 1. Sugerimos que você revise essas seções antes de prosseguir neste capítulo.

? Como podemos calcular o deslocamento e a velocidade média do veleiro? (Veja o Exemplo 3-1.)

3-1 DESLOCAMENTO, VELOCIDADE E ACELERAÇÃO

No Capítulo 2, os conceitos de deslocamento, velocidade e aceleração foram usados para descrever o movimento de um objeto movendo-se em linha reta. Agora, usamos o conceito de vetores para estender estas características do movimento para duas e três dimensões.

VETORES POSIÇÃO E DESLOCAMENTO

O **vetor posição** de uma partícula é um vetor desenhado a partir da origem de um sistema de coordenadas até a localização da partícula. Para uma partícula no plano x, y, localizada no ponto de coordenadas (x, y), o vetor posição $\vec{r}$ é

$$\vec{r} = x\hat{i} + y\hat{j} \qquad 3\text{-}1$$

DEFINIÇÃO—VETOR POSIÇÃO

Note que as componentes x e y do vetor posição $\vec{r}$ são as coordenadas cartesianas (Figura 3-1) da partícula.

A Figura 3-2 mostra o caminho efetivo, ou trajetória, da partícula. No tempo t_1, a partícula está em P_1, com o vetor posição $\vec{r}_1$; no tempo t_2, a partícula se deslocou para P_2, com o vetor posição $\vec{r}_2$. A variação da posição da partícula é o vetor deslocamento $\Delta\vec{r}$:

$$\Delta\vec{r} = \vec{r}_2 - \vec{r}_1 \qquad 3\text{-}2$$

DEFINIÇÃO—VETOR DESLOCAMENTO

Usando vetores unitários, podemos reescrever este deslocamento como

$$\Delta\vec{r} = \vec{r}_2 - \vec{r}_1 = (x_2 - x_1)\hat{i} + (y_2 - y_1)\hat{j} = \Delta x\hat{i} + \Delta y\hat{j} \qquad 3\text{-}3$$

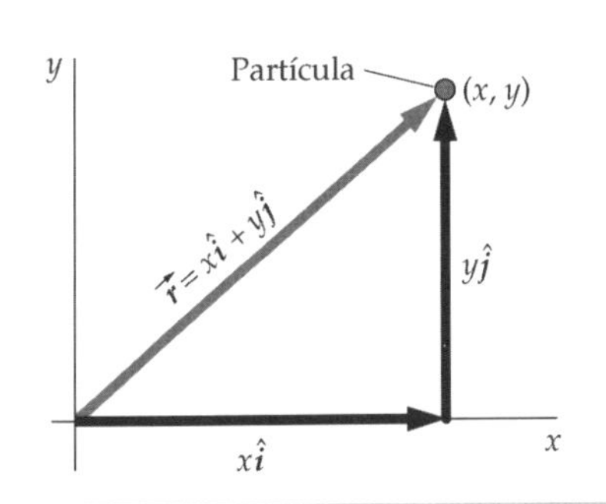

FIGURA 3-1 As componentes x e y do vetor posição $\vec{r}$ de uma partícula são as coordenadas (cartesianas) x e y da partícula.

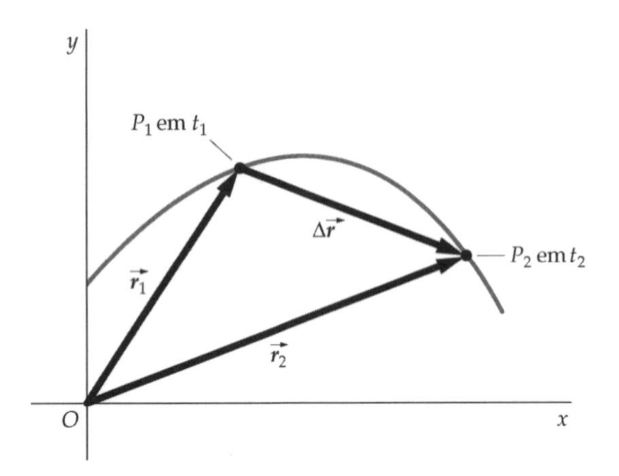

FIGURA 3-2 O vetor deslocamento $\Delta\vec{r}$ é a diferença entre os vetores posição, $\Delta\vec{r} = \vec{r}_2 - \vec{r}_1$. Ou, de forma equivalente, $\Delta\vec{r}$ é o vetor que, quando somado ao vetor posição inicial $\vec{r}_1$, dá o vetor posição final $\vec{r}_2$. Ou seja, $\vec{r}_1 + \Delta\vec{r} = \vec{r}_2$.

VETORES VELOCIDADE

Lembre-se de que a velocidade média é definida como o deslocamento dividido pelo tempo decorrido. O resultado do vetor deslocamento dividido pelo intervalo de tempo decorrido $\Delta t = t_2 - t_1$ é o **vetor velocidade média**:

! Não confunda a trajetória em gráficos x *versus* y com a curva de gráficos x *versus* t do Capítulo 2.

$$\vec{v}_{\text{méd}} = \frac{\Delta\vec{r}}{\Delta t} \qquad 3\text{-}4$$

DEFINIÇÃO—VETOR VELOCIDADE MÉDIA

O vetor velocidade média e o vetor deslocamento têm a mesma orientação.

A magnitude do vetor deslocamento é menor que a distância percorrida ao longo da curva, a não ser que a partícula percorra uma linha reta sem nunca reverter o sentido. No entanto, se consideramos intervalos de tempo cada vez menores (Figura 3-3), a magnitude do deslocamento se aproxima da distância ao longo da curva, e o ângulo entre $\Delta\vec{r}$ e a tangente à curva no início do intervalo se aproxima de zero. Definimos o **vetor velocidade instantânea** como o limite do vetor velocidade média quando Δt tende a zero:

$$\vec{v} = \lim_{\Delta t \to 0} \frac{\Delta\vec{r}}{\Delta t} = \frac{d\vec{r}}{dt} \qquad 3\text{-}5$$

DEFINIÇÃO—VETOR VELOCIDADE INSTANTÂNEA

O vetor velocidade instantânea é a derivada do vetor posição em relação ao tempo. Sua magnitude é a rapidez, sua direção é a da tangente à curva e seu sentido é o do movimento da partícula.

Para calcular a derivada da Equação 3-5, escrevemos os vetores posição em termos de suas componentes (Equação 3-1):

$$\Delta\vec{r} = \vec{r}_2 - \vec{r}_1 = (x_2 - x_1)\hat{i} + (y_2 - y_1)\hat{j} = \Delta x\hat{i} + \Delta y\hat{j}$$

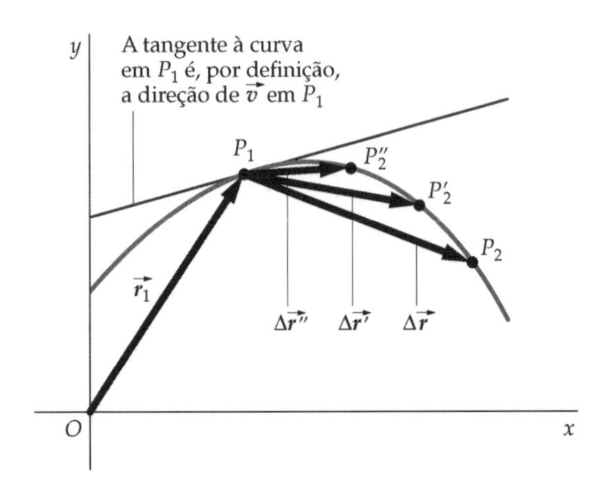

FIGURA 3-3 Com o intervalo de tempo diminuindo, o ângulo entre a orientação de $\Delta\vec{r}$ e a tangente à curva se aproxima de zero.

Então,

$$\vec{v} = \lim_{\Delta t \to 0} \frac{\Delta \vec{r}}{\Delta t} = \lim_{\Delta t \to 0} \frac{\Delta x \hat{i} + \Delta y \hat{j}}{\Delta t} = \lim_{\Delta t \to 0} \left(\frac{\Delta x}{\Delta t} \right) \hat{i} + \lim_{\Delta t \to 0} \left(\frac{\Delta y}{\Delta t} \right) \hat{j}$$

ou

$$\vec{v} = \frac{dx}{dt}\hat{i} + \frac{dy}{dt}\hat{j} = v_x \hat{i} + v_y \hat{j} \qquad \text{3-6}$$

onde $v_x = dx/dt$ e $v_y = dy/dt$ são as componentes x e y da velocidade.

A magnitude do vetor velocidade é dada por:

$$v = \sqrt{v_x^2 + v_y^2} \qquad \text{3-7}$$

e a orientação da velocidade é dada por

$$\theta = \tan^{-1} \frac{v_y}{v_x} \qquad \text{3-8}$$

Não confie cegamente em sua calculadora, no que diz respeito ao valor correto de θ ao utilizar a Equação 3-8. Muitas calculadoras fornecerão o valor correto de θ se v_x for positivo. Se v_x for negativo, no entanto, você precisará adicionar 180° (π rad) ao valor fornecido pela calculadora.

***Veja* o Tutorial Matemático *para mais informações sobre* Trigonometria**

Exemplo 3-1 A Velocidade de um Veleiro

Um veleiro tem coordenadas $(x_1, y_1) = (130\text{ m}, 205\text{ m})$ em $t_1 = 60{,}0$ s. Dois minutos depois, no tempo t_2, ele tem coordenadas $(x_2, y_2) = (110\text{ m}, 218\text{ m})$. (*a*) Encontre a velocidade média $\vec{v}_{méd}$ para este intervalo de dois minutos. Expresse $\vec{v}_{méd}$ em termos de suas componentes retangulares. (*b*) Encontre a magnitude e a orientação desta velocidade média. (*c*) Para $t \geq 20{,}0$ s, a posição de um segundo veleiro, como função do tempo, é $x(t) = b_1 + b_2 t$ e $y(t) = c_1 + c_2/t$, onde $b_1 = 100$ m, $b_2 = 0{,}500$ m/s, $c_1 = 200$ m e $c_2 = 360$ m · s. Encontre sua velocidade instantânea como função do tempo, para $t \geq 20{,}0$ s.

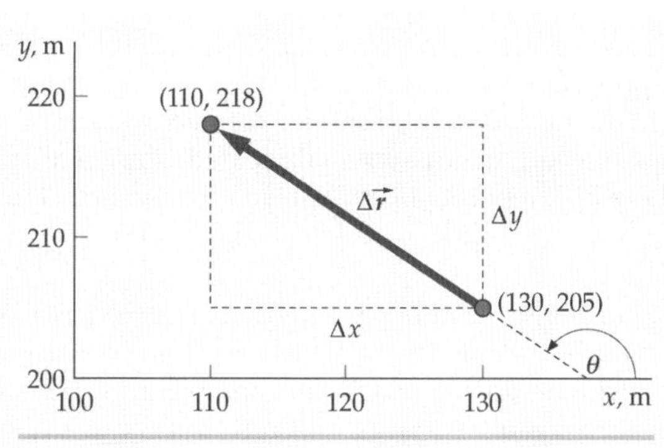

FIGURA 3-4

SITUAÇÃO As posições inicial e final do primeiro veleiro são dadas. Como o movimento da embarcação é bidimensional, precisamos expressar o deslocamento, a velocidade média e a velocidade instantânea como vetores. Podemos usar as Equações 3-5 a 3-8 para obter os valores pedidos.

SOLUÇÃO

(*a*) 1. Desenhe um sistema de coordenadas (Figura 3-4) e trace o deslocamento do veleiro. Desenhe o vetor velocidade média (que tem a mesma orientação do vetor deslocamento):

2. As componentes x e y da velocidade média $\vec{v}_{méd}$ são calculadas diretamente de suas definições:

$$\vec{v}_{méd} = v_{x\,méd}\hat{i} + v_{y\,méd}\hat{j}$$

onde

$$v_{x\,méd} = \frac{\Delta x}{\Delta t} = \frac{110\text{ m} - 130\text{ m}}{120\text{ s}} = -0{,}167\text{ m/s}$$

$$v_{y\,méd} = \frac{\Delta y}{\Delta t} = \frac{218\text{ m} - 205\text{ m}}{120\text{ s}} = 0{,}108\text{ m/s}$$

logo

$$\vec{v}_{méd} = \boxed{-(0{,}167\text{ m/s})\hat{i} + (0{,}108\text{ m/s})\hat{j}}$$

(*b*) 1. Utilizamos o teorema de Pitágoras para encontrar a magnitude de $\vec{v}_{méd}$:

$$v_{méd} = \sqrt{(v_{x\,méd})^2 + (v_{y\,méd})^2} = \boxed{0{,}199\text{ m/s}}$$

2. A razão entre $v_{y\,méd}$ e $v_{x\,méd}$ fornece a tangente do ângulo θ entre $\vec{v}_{méd}$ e a orientação $+x$ (somamos 180° ao valor −33,0° apresentado pela calculadora, porque v_x é negativo):

$$\tan\theta = \frac{v_{y\,méd}}{v_{x\,méd}}$$

logo

$$\theta = \tan^{-1}\frac{v_{y\,méd}}{v_{x\,méd}} = \tan^{-1}\frac{0{,}108\text{ m/s}}{-0{,}167\text{ m/s}} = -33{,}0° + 180° = \boxed{147°}$$

(*c*) Encontramos a velocidade instantânea $\vec{v}$ calculando dx/dt e dy/dt:

$$\vec{v} = \frac{dx}{dt}\hat{i} + \frac{dy}{dt}\hat{j} = b_2\hat{i} - c_2 t^{-2}\hat{j} = \boxed{(0{,}500\text{ m/s})\hat{i} - \frac{360\text{ m}\cdot\text{s}}{t^2}\hat{j}}$$

CHECAGEM A magnitude de $\vec{v}_{méd}$ é maior que o valor absoluto de cada uma de suas componentes x e y. Com t em segundos, as unidades da componente y de $\vec{v}$ na Parte (*c*) são m · s/s² = m/s, que são unidades apropriadas para velocidade.

VELOCIDADE RELATIVA

Se você é um passageiro sentado dentro de um avião que se desloca com uma velocidade de 500 mi/h para o leste, sua velocidade é a mesma do avião. Esta velocidade pode ser sua velocidade em relação à superfície da Terra, ou pode ser sua velocidade em relação ao ar fora do avião. (Estas duas velocidades relativas podem diferir muito, se o avião voa em uma corrente atmosférica.) Além disso, sua velocidade em relação ao próprio avião é zero.

A superfície da Terra, o ar fora do avião e o próprio avião são referenciais. Um **referencial** é um objeto estendido, ou uma coleção de objetos, cujas partes estão em repouso umas em relação às outras. Para se especificar a velocidade de um objeto, é necessário que você especifique o referencial em relação ao qual a velocidade está sendo informada.

Abastecimento em vôo. Cada avião está praticamente em repouso em relação ao outro, apesar de ambos estarem se movendo com grandes velocidades em relação à Terra. *(Novastock/Dembinsky Photo Associates.)*

Utilizamos eixos coordenados presos aos referenciais para fazer medidas de posição. (Um eixo coordenado está preso a um referencial se o eixo coordenado está em repouso em relação ao referencial.) Para um eixo coordenado horizontal preso ao avião, sua posição permanece constante. (Pelo menos, enquanto você não abandona sua poltrona.) No entanto, para um eixo coordenado horizontal preso à superfície da Terra, e para um eixo coordenado horizontal preso ao ar fora do avião, sua posição está variando. (Se você tem dificuldade para imaginar um eixo coordenado preso ao ar fora do avião, imagine então um eixo coordenado preso a um balão que está suspenso no ar, se deixando arrastar por ele. O ar e o balão estão em repouso, um em relação ao outro, e juntos formam um único referencial.)

Se uma partícula p se move com velocidade $\vec{v}_{pA}$ em relação ao referencial A, que, por sua vez, se move com a velocidade $\vec{v}_{AB}$ em relação ao referencial B, então a velocidade $\vec{v}_{pB}$ da partícula em relação ao referencial B está relacionada a $\vec{v}_{pA}$ e a $\vec{v}_{AB}$ por

$$\vec{v}_{pB} = \vec{v}_{pA} + \vec{v}_{AB} \qquad 3\text{-}9$$

Por exemplo, se uma pessoa p está em um vagão ferroviário V que se move com velocidade $\vec{v}_{VS}$ em relação ao solo S (Figura 3-5*a*), e a pessoa está caminhando com a velocidade $\vec{v}_{pV}$ em relação ao vagão (Figura 3-5*b*), então a velocidade da pessoa em relação ao solo é a soma vetorial destas duas velocidades : $\vec{v}_{pS} = \vec{v}_{pV} + \vec{v}_{VS}$ (Figura 3-5*c*).

A velocidade de um objeto A em relação a um objeto B é igual, em magnitude, e oposta, em sentido, à velocidade do objeto B em relação ao objeto A. Por exemplo, $\vec{v}_{pV}$ é igual a $-\vec{v}_{Vp}$, onde $\vec{v}_{pV}$ é a velocidade da pessoa em relação ao vagão e $\vec{v}_{Vp}$ é a velocidade do vagão em relação à pessoa.

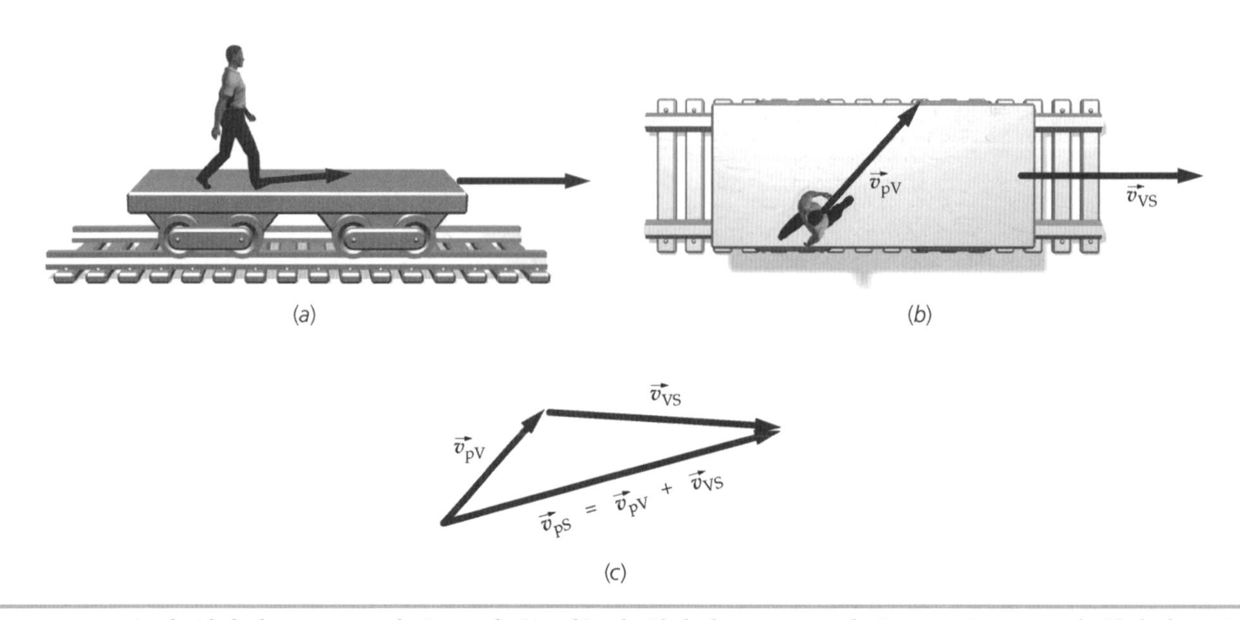

FIGURA 3-5 A velocidade da pessoa em relação ao solo é igual à velocidade da pessoa em relação ao vagão mais a velocidade do vagão em relação ao solo.

ESTRATÉGIA PARA SOLUÇÃO DE PROBLEMAS

Velocidade Relativa

SITUAÇÃO O primeiro passo na solução de um problema de velocidade relativa é identificar e dar nome às referenciais relevantes. Aqui, vamos chamá-los de referencial A e referencial B.

SOLUÇÃO

1. Usando $\vec{v}_{pB} = \vec{v}_{pA} + \vec{v}_{AB}$ (Equação 3-9), relacione a velocidade do objeto em movimento (partícula p) em relação ao referencial A com a velocidade da partícula em relação ao referencial B.
2. Esboce uma soma vetorial para a equação $\vec{v}_{pB} = \vec{v}_{pA} + \vec{v}_{AB}$. Use o método geométrico de adição vetorial. Inclua os eixos coordenados no esboço.
3. Resolva para a quantidade procurada. Use apropriadamente a trigonometria.

CHECAGEM Confira se você encontrou a velocidade ou a posição do objeto móvel em relação ao referencial requerido.

A ordem dos subscritos, ao se designar os vetores velocidade relativa, é muito importante. Ao usar vetores velocidade relativa, tenha todo o cuidado em escrever os subscritos em ordem consistente.

Exemplo 3-2 Um Aeroplano em Vôo

Um piloto deseja voar orientado para o norte em relação ao solo. A rapidez do aeroplano em relação ao ar é de 200 km/h e o vento está soprando de oeste para leste a 90 km/h. (*a*) Qual a orientação que o aeroplano deve adotar? (*b*) Qual é a rapidez do aeroplano em relação ao solo?

SITUAÇÃO Como o vento sopra para o leste, um aeroplano que aponta para o norte se afastará de seu curso para o leste. Para compensar este vento lateral, o aeroplano deve desviar-se para oeste, a partir da orientação para o norte. A velocidade do aeroplano em relação ao solo, $\vec{v}_{pS}$, é igual à velocidade do aeroplano em relação ao ar, $\vec{v}_{pA}$, mais a velocidade do ar em relação ao solo, $\vec{v}_{AS}$.

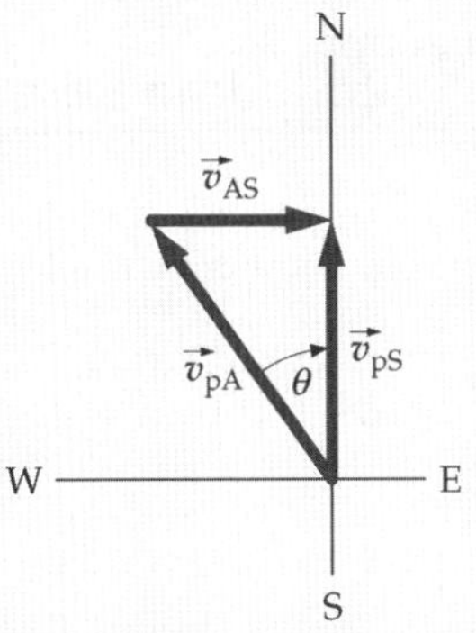

FIGURA 3-6

SOLUÇÃO

(*a*) 1. A velocidade do aeroplano em relação ao solo é dada pela Equação 3-9:

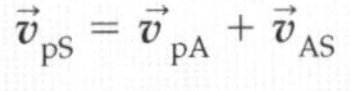
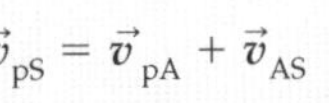

$$\vec{v}_{pS} = \vec{v}_{pA} + \vec{v}_{AS}$$

2. Faça um diagrama de soma de velocidades (Figura 3-6), mostrando a soma dos vetores do passo 1. Inclua eixos de orientação:

3. O seno do ângulo θ entre a velocidade do aeroplano em relação ao ar e o sentido sul-norte é igual à razão entre v_{AS} e v_{pA}:

$$\operatorname{sen}\theta = \frac{v_{AS}}{v_{pA}} = \frac{90\text{ km/h}}{200\text{ km/h}} = \frac{9}{20}$$

logo

$$\theta = \operatorname{sen}^{-1}\frac{9}{20} = \boxed{27° \text{ para oeste do norte}}$$

(*b*) Como $\vec{v}_{AS}$ e $\vec{v}_{pS}$ são mutuamente perpendiculares, podemos usar o teorema de Pitágoras para encontrar a magnitude de $\vec{v}_{pS}$:

$$v_{pA}^2 = v_{pS}^2 + v_{AS}^2$$

logo

$$v_{pS} = \sqrt{v_{pA}^2 - v_{AS}^2}$$

$$= \sqrt{(200\text{ km/h})^2 - (90\text{ km/h})^2} = \boxed{180\text{ km/h}}$$

CHECAGEM Viajar contra o vento a 90 km/h resultaria em uma rapidez em relação ao solo de 200 km/h − 90 km/h = 110 km/h. O resultado de 180 km/h para a Parte (*b*) é maior que 110 km/h e menor que 200 km/h, como esperado.

VETORES ACELERAÇÃO

O **vetor aceleração média** é a razão entre a variação do vetor velocidade instantânea, $\Delta\vec{v}$, e o intervalo de tempo transcorrido, Δt:

$$\vec{a}_{\text{méd}} = \frac{\Delta \vec{v}}{\Delta t} \qquad 3\text{-}10$$

DEFINIÇÃO—VETOR ACELERAÇÃO MÉDIA

O **vetor aceleração instantânea** é o limite desta razão quando Δt tende a zero; em outras palavras, é a derivada do vetor velocidade em relação ao tempo:

$$\vec{a} = \lim_{\Delta t \to 0} \frac{\Delta \vec{v}}{\Delta t} = \frac{d\vec{v}}{dt} \qquad 3\text{-}11$$

DEFINIÇÃO—VETOR ACELERAÇÃO INSTANTÂNEA

Para calcular a aceleração instantânea, expressamos $\vec{v}$ em coordenadas retangulares:

$$\vec{v} = v_x\hat{i} + v_y\hat{j} + v_z\hat{k} = \frac{dx}{dt}\hat{i} + \frac{dy}{dt}\hat{j} + \frac{dz}{dt}\hat{k}$$

Então,

$$\vec{a} = \frac{dv_x}{dt}\hat{i} + \frac{dv_y}{dt}\hat{j} + \frac{dv_z}{dt}\hat{k} = \frac{d^2x}{dt^2}\hat{i} + \frac{d^2y}{dt^2}\hat{j} + \frac{d^2z}{dt^2}\hat{k}$$

$$= a_x\hat{i} + a_y\hat{j} + a_z\hat{k} \qquad 3\text{-}12$$

onde as componentes de $\vec{a}$ são

$$a_x = \frac{dv_x}{dt}, \quad a_y = \frac{dv_y}{dt}, \quad a_z = \frac{dv_z}{dt}.$$

Exemplo 3-3 Uma Bola Lançada

Uma bola é lançada e sua posição é dada por $\vec{r} = [1{,}5\text{ m} + (12\text{ m/s})t]\hat{i} + [(16\text{ m/s})t - (4{,}9\text{ m/s}^2)t^2]\hat{j}$. Encontre suas velocidade e aceleração como funções do tempo.

SITUAÇÃO Lembre-se de que $\vec{r} = x\hat{i} + y\hat{j}$ (Equação 3-1). Podemos encontrar as componentes x e y da velocidade e da aceleração calculando as derivadas temporais de x e de y.

SOLUÇÃO

1. Encontre as componentes x e y de $\vec{r}$:

$$x = 1{,}5\text{ m} + (12\text{ m/s})t$$
$$y = (16\text{ m/s})t - (4{,}9\text{ m/s}^2)t^2$$

2. As componentes x e y da velocidade são encontradas derivando-se x e y:

$$v_x = \frac{dx}{dt} = 12\text{ m/s}$$
$$v_y = \frac{dy}{dt} = (16\text{ m/s}) - 2(4{,}9\text{ m/s}^2)t$$

3. Derivamos v_x e v_y para obter as componentes da aceleração:

$$a_x = \frac{dv_x}{dt} = 0$$
$$a_y = \frac{dv_y}{dt} = -9{,}8\text{ m/s}^2$$

4. Em notação vetorial, a velocidade e a aceleração são

$$\vec{v} = \boxed{(12\text{ m/s})\hat{i} + [16\text{ m/s} - (9{,}8\text{ m/s}^2)t]\hat{j}}$$
$$\vec{a} = \boxed{(-9{,}8\text{ m/s}^2)\hat{j}}$$

CHECAGEM As unidades que acompanham as grandezas velocidade e aceleração são m/s e m/s², respectivamente. Nossos resultados do Passo 4 para a velocidade e a aceleração têm as unidades corretas de m/s e m/s².

Para um vetor ser constante, tanto sua magnitude quanto sua orientação devem permanecer constantes. Se uma dessas características se altera, o vetor se altera. Assim, se um carro realiza uma curva em uma estrada com rapidez constante, ele está acelerando, porque a velocidade está variando em virtude da variação da orientação do vetor velocidade.

Exemplo 3-4 Fazendo uma Curva

Um carro viaja para o leste a 60 km/h. Ele realiza uma curva e, 5,0 após, está viajando para o norte a 60 km/h. Encontre a aceleração média do carro.

SITUAÇÃO Podemos calcular a aceleração média a partir de sua definição, $\vec{a}_{\text{méd}} = \Delta\vec{v}/\Delta t$. Então, primeiro calculamos $\Delta\vec{v}$, que é o vetor que, somado a $\vec{v}_i$, resulta em $\vec{v}_f$.

SOLUÇÃO

1. A aceleração média é a variação da velocidade dividida pelo tempo transcorrido. Para encontrar $\vec{a}_{\text{méd}}$, primeiro encontramos a variação da velocidade:

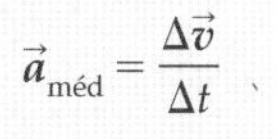

$$\vec{a}_{\text{méd}} = \frac{\Delta\vec{v}}{\Delta t}$$

2. Para encontrar $\Delta\vec{v}$, primeiro identificamos $\vec{v}_i$ e $\vec{v}_f$. Desenhe $\vec{v}_i$ e $\vec{v}_f$ (Figura 3-7*a*) e trace o diagrama de soma vetorial (Figura 3-7*b*) correspondente a $\vec{v}_f = \vec{v}_i + \Delta\vec{v}$:

3. A variação da velocidade está relacionada às velocidades inicial e final:

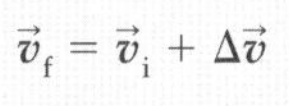

$$\vec{v}_f = \vec{v}_i + \Delta\vec{v}$$

4. Faça as substituições para encontrar a aceleração média:

$$\vec{a}_{\text{méd}} = \frac{\vec{v}_f - \vec{v}_i}{\Delta t} = \frac{60\ \text{km/h}\ \hat{j} - 60\ \text{km/h}\ \hat{i}}{5{,}0\ \text{s}}$$

5. Converta 60 km/h para m/s:

$$60\ \text{km/h} \times \frac{1\ \text{h}}{3600\ \text{s}} \times \frac{1000\ \text{m}}{1\ \text{km}} = 16{,}7\ \text{m/s}$$

6. Expresse a aceleração média em metros por segundo ao quadrado:

$$\vec{a}_{\text{méd}} = \frac{\vec{v}_f - \vec{v}_i}{\Delta t} = \frac{16{,}7\ \text{m/s}\ \hat{j} - 16{,}7\ \text{m/s}\ \hat{i}}{5{,}0\ \text{s}}$$

$$= \boxed{-3{,}4\ \text{m/s}^2\hat{i} + 3{,}4\ \text{m/s}^2\hat{j}}$$

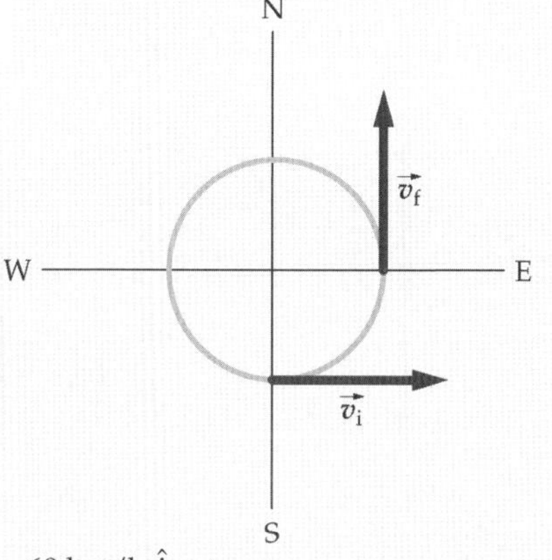

(*a*)

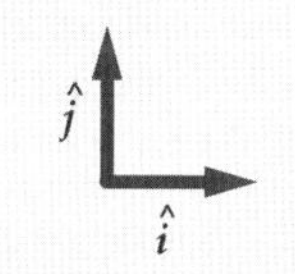

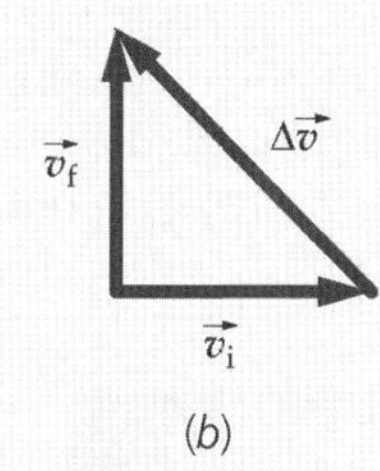

(*b*)

FIGURA 3-7

CHECAGEM A componente da velocidade que aponta para o leste decresce de 60 km/h para zero, e então devemos esperar uma componente negativa da aceleração na orientação *x*. A componente da velocidade que aponta para o norte cresce de zero para 60 km/h, e então devemos esperar uma componente positiva na orientação *y*. Nosso resultado do passo 6 confirma estas duas expectativas.

INDO ALÉM Note que o carro está sendo acelerado, mesmo sua rapidez se mantendo constante.

PROBLEMA PRÁTICO 3-1 Encontre a magnitude e a orientação do vetor aceleração média.

O movimento de um objeto percorrendo um círculo com rapidez constante é um exemplo de movimento em que a orientação da velocidade varia mesmo que sua magnitude, a rapidez, se mantenha constante.

> ! Não conclua que a aceleração de um objeto é zero só porque o objeto está viajando com rapidez constante. Para a aceleraçao ser zero, nem a magnitude, nem a orientação da velocidade podem variar.

A ORIENTAÇÃO DO VETOR ACELERAÇÃO

Nos próximos capítulos, você precisará determinar a orientação do vetor aceleração, partindo da descrição de um movimento. Para ver como isto é feito, considere uma praticante de salto de *bungee-jump* quando ela está sendo freada, enquanto se aproxima do ponto mais baixo da queda, antes de reverter o sentido do movimento. Para encontrar o sentido de sua aceleração, enquanto ela perde rapidez ao final de sua descida, desenhamos uma série de pontos representando sua posição em sucessivos tiques de um relógio, como mostrado na Figura 3-8*a*. Quanto mais rápido ela se move, maior é a distância que ela percorre entre dois tiques, e maior o espaço entre dois pontos do diagrama. Numeramos os pontos a partir de zero e crescendo no sentido do movimento. No tempo t_0 ela está no ponto 0, no tempo t_1 ela está no ponto 1, e assim por diante. Para determinar o sentido da aceleração no tempo t_3, desenhamos vetores representando as velocidades da saltadora nos tempos t_2 e t_4. A aceleração média durante o intervalo entre t_2 e t_4 é igual a $\Delta\vec{v}/\Delta t$, onde $\Delta\vec{v} = \vec{v}_4 - \vec{v}_2$ e $\Delta t = t_4 - t_2$. Usamos este resultado para estimar a aceleração no tempo t_3. Isto é, $\vec{a}_3 \approx \Delta\vec{v}/\Delta t$. Como $\vec{a}_3$ e $\Delta\vec{v}$ têm o mesmo sentido, encontrando o sentido de $\Delta\vec{v}$ encontramos o sentido de $\vec{a}_3$. O sentido de $\Delta\vec{v}$ é obtido usando a relação $\vec{v}_2 + \Delta\vec{v} = \vec{v}_4$ e desenhando o correspondente diagrama de soma vetorial (Figura 3-8*b*). Como o

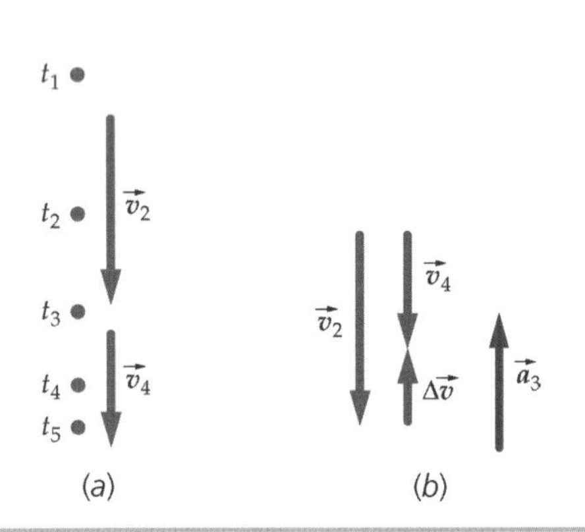

FIGURA 3-8 (*a*) Diagrama de movimento para uma saltadora de *bungee-jump* sendo freada na descida. Os pontos são desenhados em tiques sucessivos de um relógio. (*b*) Desenhamos os vetores $\vec{v}_2$ e $\vec{v}_4$ com a origem no mesmo ponto. Então, desenhamos $\Delta\vec{v}$ da ponta de $\vec{v}_2$ para a ponta de $\vec{v}_4$ para obter a expressão gráfica da relação $\vec{v}_2 + \Delta\vec{v} = \vec{v}_4$. A aceleração $\vec{a}_3$ tem a mesma orientação de $\Delta\vec{v}$.

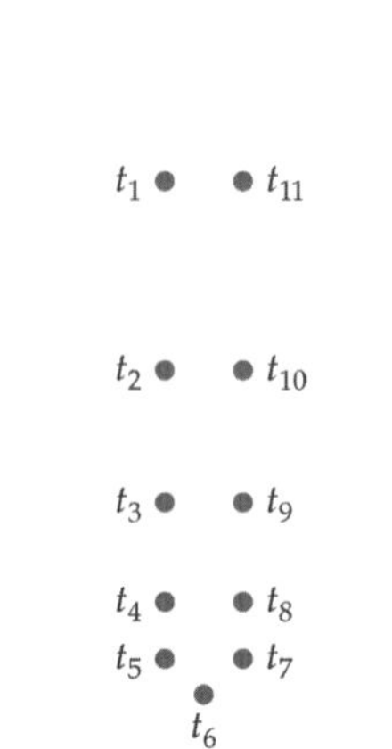

FIGURA 3-9 Os pontos correspondentes à subida da saltadora de *bungee-jump* estão desenhados à direita daqueles para a descida, de forma a não se sobreporem. Seu movimento, no entanto, é vertical, para baixo e depois para cima.

CHECAGEM CONCEITUAL 3-1

A Figura 3-9 é o diagrama de movimento para a saltadora de *bungee-jump* antes, durante e após o tempo t_6, quando ela está momentaneamente em repouso no ponto mais baixo de sua queda. Durante o trecho de ascensão mostrado, ela está subindo com uma rapidez crescente. Use este diagrama para determinar a orientação da aceleração da saltadora (*a*) no tempo t_6 e (*b*) no tempo t_9.

movimento da saltadora é mais rápido em t_2 do que em t_4 (maior afastamento entre os pontos), desenhamos $\vec{v}_2$ maior do que $\vec{v}_4$. Desta figura, podemos ver que $\Delta\vec{v}$, e portanto $\vec{a}_3$, apontam para cima.

Exemplo 3-5 A Bala Humana *Rico em Contexto*

Você é chamado a substituir um artista que adoeceu em um circo patrocinado por sua escola. O trabalho, se você aceitá-lo, é o de ser atirado por um canhão. Sem nunca temer um desafio, você aceita. O cano do canhão está inclinado de um ângulo de 60° acima da horizontal. Seu professor de física lhe promete pontos extras na próxima prova se você utilizar, com sucesso, um diagrama de movimento para estimar a orientação de sua aceleração durante a parte ascendente do vôo.

SITUAÇÃO Durante a parte ascendente do vôo, você viaja em um caminho curvo com rapidez descendente. Para estimar a orientação de sua aceleração você usa $\vec{a}_{\text{méd}} = \Delta\vec{v}/\Delta t$ e estima a orientação de $\Delta\vec{v}$. Para estimar a orientação de $\Delta\vec{v}$, você desenha um diagrama de movimento e depois faz um esboço da relação $\vec{v}_i + \Delta\vec{v} = \vec{v}_f$.

SOLUÇÃO

1. Faça um diagrama de movimento (veja a Figura 3-10*a*) para seu movimento durante a parte ascendente do vôo. Como sua rapidez decresce à medida que você sobe, o espaçamento entre pontos adjacentes no seu diagrama decresce à medida que você sobe:
2. Escolha um ponto do diagrama de movimento e desenhe o vetor velocidade, no diagrama, para os pontos anterior e posterior ao escolhido. Estes vetores devem ser desenhados tangentes à sua trajetória.
3. Desenhe o diagrama de soma vetorial (Figura 3-10*b*) para a relação $\vec{v}_i + \Delta\vec{v} = \vec{v}_f$. Comece desenhando os dois vetores velocidade com uma origem comum. Estes vetores têm a mesma magnitude e a mesma orientação daqueles desenhados no passo 2. Então, trace o vetor $\Delta\vec{v}$ da ponta de $\vec{v}_i$ para a ponta de $\vec{v}_f$.
4. Desenhe o vetor aceleração estimado, com a mesma orientação de $\Delta\vec{v}$, mas não com o mesmo comprimento (porque $\vec{a} \approx \Delta\vec{v}/\Delta t$).

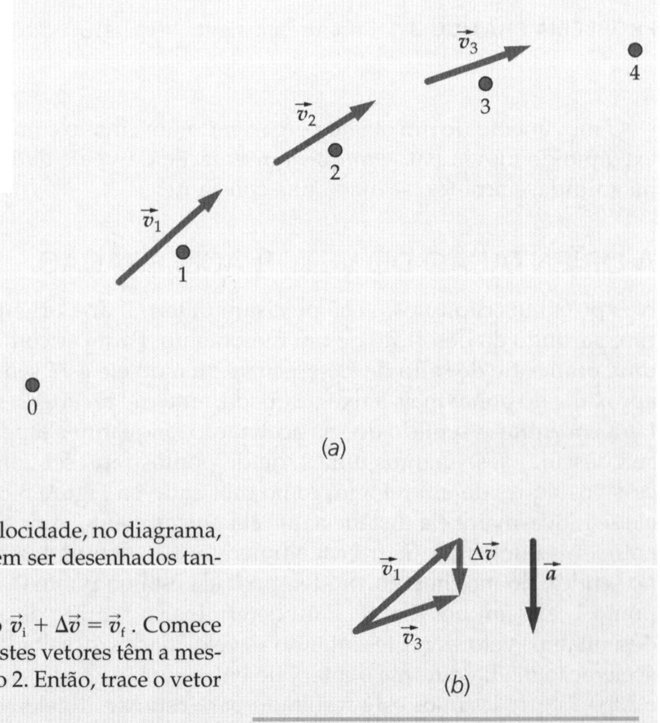

FIGURA 3-10

CHECAGEM Durante a subida, a componente para cima da velocidade está diminuindo e então esperamos que $\Delta\vec{v}$ tenha uma componente vertical para baixo. Nosso resultado do passo 3 satisfaz esta expectativa.

INDO ALÉM O processo de encontrar a orientação da aceleração usando um diagrama de movimento não é preciso. Portanto, o resultado é uma estimativa da orientação da aceleração, e não uma determinação precisa.

CHECAGEM CONCEITUAL 3-2

Use um diagrama de movimento para estimar a orientação da aceleração no Exemplo 3-5 durante a parte descendente do seu vôo.

3-2 CASO ESPECIAL 1: MOVIMENTO DE PROJÉTEIS

Após o chute, uma bola segue um determinado caminho curvo no ar. Este tipo de movimento, conhecido como **movimento de projéteis**, ocorre quando um objeto (o projétil) é lançado no ar e fica livre para se movimentar. O projétil pode ser uma bola, um dardo, água esguichando de uma fonte, ou mesmo um corpo humano durante um salto longo. Se a resistência do ar é desprezível, então dizemos que o projétil está em queda livre. Para objetos em queda livre próximo à superfície da Terra, a aceleração é a aceleração da gravidade, apontada para baixo.

A Figura 3-11 mostra uma partícula lançada com rapidez inicial v_0 a um ângulo θ_0 acima da horizontal. Seja (x_0, y_0) o ponto de lançamento; y é positivo para cima e x é positivo para a direita. A velocidade inicial $\vec{v}_0$ tem, então, as componentes

$$v_{0x} = v_0 \cos\theta_0 \qquad \text{3-13}a$$

$$v_{0y} = v_0 \operatorname{sen}\theta_0 \qquad \text{3-13}b$$

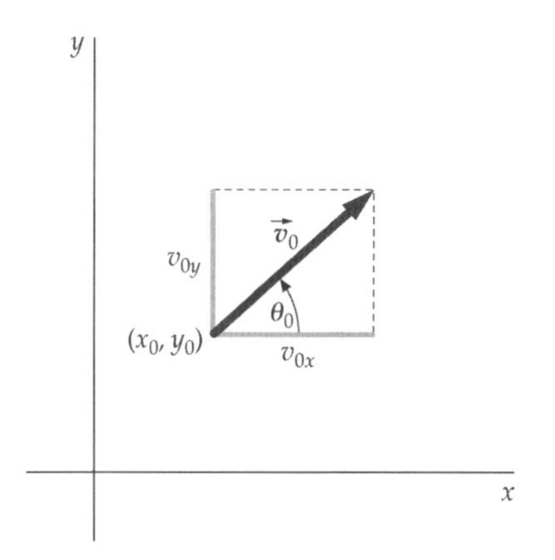

FIGURA 3-11 As componentes de $\vec{v}_0$ são $v_{0x} = v_0 \cos\theta_0$ e $v_{0y} = v_0 \operatorname{sen}\theta_0$, onde θ_0 é o ângulo que $\vec{v}_0$ forma acima da horizontal.

Na ausência de resistência do ar, a aceleração $\vec{a}$ é constante. O projétil não tem aceleração horizontal, de forma que a única aceleração é a aceleração de queda livre $\vec{g}$, que aponta para baixo:

$$a_x = 0 \qquad \text{3-14}a$$

e

$$a_y = -g \qquad \text{3-14}b$$

Porque a aceleração é constante, podemos usar as equações cinemáticas para aceleração constante apresentadas no Capítulo 2. A componente x da velocidade $\vec{v}$ é constante porque não existe aceleração horizontal:

$$v_x = v_{0x} \qquad \text{3-15}a$$

A componente y da velocidade varia com o tempo de acordo com $v_y = v_{0y} + a_y t$ (Equação 2-12), com $a_y = -g$:

$$v_y = v_{0y} - gt \qquad \text{3-15}b$$

Note que v_x não depende de v_y e v_y não depende de v_x: *As componentes horizontal e vertical do movimento de projéteis são independentes*. Largando uma bola da altura de uma mesa e projetando horizontalmente uma segunda bola, ao mesmo tempo, podemos demonstrar a independência de v_x e v_y, como mostrado na Figura 3-12. Repare que as duas bolas atingem o chão ao mesmo tempo.

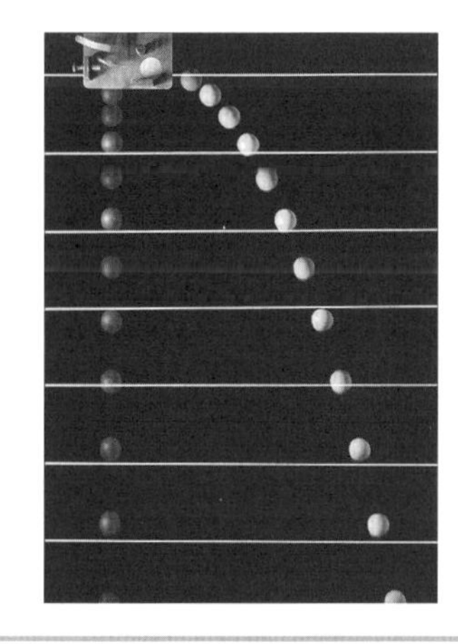

FIGURA 3-12 A bola da esquerda é largada do repouso no instante em que a bola da direita rola para fora da mesa. As posições das duas bolas são mostradas em sucessivos intervalos iguais de tempo. O movimento vertical da bola da direita é idêntico ao movimento vertical da bola da esquerda, numa demonstração de que o movimento vertical da bola da direita é independente de seu movimento horizontal. *(Richard Megna/Fundamental Photographs.)*

De acordo com a Equação 2-14, os deslocamentos x e y são dados por

$$x(t) = x_0 + v_{0x}t \qquad \text{3-16}a$$

$$y(t) = y_0 + v_{0y}t - \tfrac{1}{2}gt^2 \qquad \text{3-16}b$$

A notação $x(t)$ e $y(t)$ simplesmente enfatiza que x e y são funções do tempo. Se a componente y da velocidade inicial é conhecida, o tempo t para o qual a partícula está na altura y pode ser encontrado da Equação 3-16*b*. A posição horizontal para aquele tempo pode, então, ser obtida utilizando a Equação 3-16*a*. (As Equações 3-14 a 3-16 são expressas em forma vetorial imediatamente antes do Exemplo 3-10.)

A equação geral para a trajetória $y(x)$ de um projétil pode ser obtida das Equações 3-16 eliminando-se a variável t. Escolhendo $x_0 = 0$ e $y_0 = 0$, obtemos $t = x/v_{0x}$ da Equação 3-16*a*. Substituindo na Equação 3-16*b*, vem

$$y(x) = v_{0y}\left(\frac{x}{v_{0x}}\right) - \frac{1}{2}g\left(\frac{x}{v_{0x}}\right)^2 = \left(\frac{v_{0y}}{v_{0x}}\right)x - \left(\frac{g}{2v_{0x}^2}\right)x^2$$

Substituindo as componentes da velocidade, usando $v_{0x} = v_0 \cos \theta_0$ e $v_{0y} = v_0 \operatorname{sen} \theta_0$, temos

$$y(x) = (\tan \theta_0)x - \left(\frac{g}{2v_0^2 \cos^2\theta_0}\right)x^2 \qquad 3\text{-}17$$

TRAJETÓRIA DE PROJÉTIL

para a trajetória do projétil. Esta equação tem a forma $y = ax + bx^2$, que é a equação de uma parábola que passa pela origem. A Figura 3-13 mostra a trajetória de um projétil com seu vetor velocidade, e suas componentes, em vários pontos. A trajetória é a de um projétil que atinge o solo em P. A distância horizontal $|\Delta x|$ entre o lançamento e o impacto, na mesma elevação, é o **alcance horizontal** R.

! Não pense que a velocidade de um projétil é zero quando o projétil está no ponto mais alto de sua trajetória. No ponto mais alto da trajetória v_y é zero, mas o projétil pode ainda estar se movendo horizontalmente.

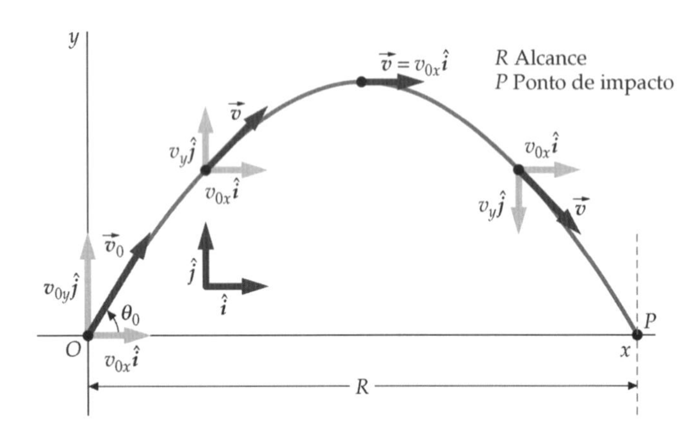

FIGURA 3-13 A trajetória de um projétil, mostrando as componentes da velocidade em diferentes tempos.

Exemplo 3-6 Um Barrete no Ar

Uma feliz formanda em física atira seu barrete ao ar com uma velocidade inicial de 24,5 m/s a 36,9° acima da horizontal. O barrete é, depois, recuperado por outro estudante. Encontre (*a*) o tempo total que o barrete permanece no ar, e (*b*) a distância total percorrida horizontalmente. (Ignore a resistência do ar.)

SITUAÇÃO Escolhemos a origem na posição inicial do barrete, de forma que $x_0 = y_0 = 0$. Supomos que ele foi recuperado na mesma altura. O tempo total de permanência do barrete no ar é encontrado fazendo $y(t) = 0$ em $y(t) = y_0 + v_{0y}t - \frac{1}{2}gt^2$ (Equação 3-16*b*). Podemos usar este resultado em $x(t) = x_0 + v_{0x}t$ (Equação 3-16*a*) para encontrar a distância total percorrida horizontalmente.

SOLUÇÃO

(*a*) 1. Fazendo $y = 0$ na Equação 3-16*b*:

$$y = v_{0y}t - \tfrac{1}{2}gt^2$$
$$0 = t(v_{0y} - \tfrac{1}{2}gt)$$

2. Há duas soluções para t:

$$t_1 = 0 \text{ (tempo inicial)}$$
$$t_2 = \frac{2v_{0y}}{g}$$

3. Usando trigonometria para relacionar v_{0y} com v_0 e θ_0 (veja a Figura 3-11):

$$v_{0y} = v_0 \operatorname{sen}\theta_0$$

4. Substitua v_{0y} no resultado do passo 2 para encontrar o tempo total t_2:

$$t_2 = \frac{2v_{0y}}{g} = \frac{2v_0 \operatorname{sen}\theta_0}{g} = \frac{2(24{,}5\ \text{m/s})\operatorname{sen}36{,}9°}{9{,}81\ \text{m/s}^2} = \boxed{3{,}00\ \text{s}}$$

(*b*) Use o valor do tempo do passo 4 para calcular a distância total percorrida horizontalmente:

$$x = v_{0x}t_2 = (v_0\cos\theta_0)t_2 = (24{,}5\ \text{m/s})\cos 36{,}9°(3{,}00\ \text{s}) = \boxed{58{,}8\ \text{m}}$$

CHECAGEM Se o barrete tivesse viajado com uma rapidez constante de 24,5 m/s durante 3,00 s, ele teria percorrido uma distância de 73,5 m. Como ele foi lançado com um ângulo, sua rapidez horizontal foi menor que 24,5 m/s, e então esperamos uma distância percorrida menor do que 73,5 m. Nosso resultado de 58,8 m da Parte (*b*) confirma esta expectativa.

INDO ALÉM A componente vertical da velocidade inicial do barrete é 14,7 m/s, a mesma do barrete do Exemplo 2-13 (Capítulo 2), onde o barrete foi lançado verticalmente para cima com $v_0 = 14{,}7$ m/s. O tempo que o barrete fica no ar também é o mesmo do Exemplo 2-13. A Figura 3-14 mostra a altura y *versus* t para o barrete. Esta curva é idêntica à Figura 2-20*a* (Exemplo 2-13) porque os barretes têm, cada um, as mesmas aceleração e velocidade verticais. A Figura 3-14 pode ser reinterpretada como um gráfico de y *versus* x se sua escala temporal for convertida para uma escala de distâncias, como mostrado na figura. Isto é feito multiplicando os valores de tempo por 19,6 m/s. Isto funciona, porque o barrete se desloca a (24,5 m/s) cos 36,9° = 19,6 m/s, na horizontal. A curva y *versus* x é uma parábola (assim como a curva y *versus* t).

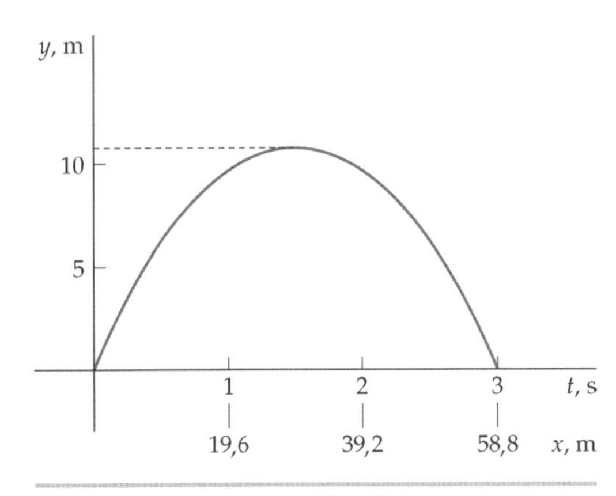

FIGURA 3-14 Um gráfico de y *versus* t e de y *versus* x.

Exemplo 3-7 Suprimentos Largados

Um helicóptero larga um pacote de suprimentos para vítimas de uma inundação, que estão dentro de um bote em um lago cheio. Quando o pacote é largado, o helicóptero está a 100 m diretamente acima do bote e voando com uma velocidade de 25,0 m/s a um ângulo de 36,9° acima da horizontal. (*a*) Quanto tempo o pacote fica no ar? (*b*) A que distância do bote o pacote cai? (*c*) Se o helicóptero continua com velocidade constante, onde estará o helicóptero quando o pacote atingir o lago? (Ignore a resistência do ar.)

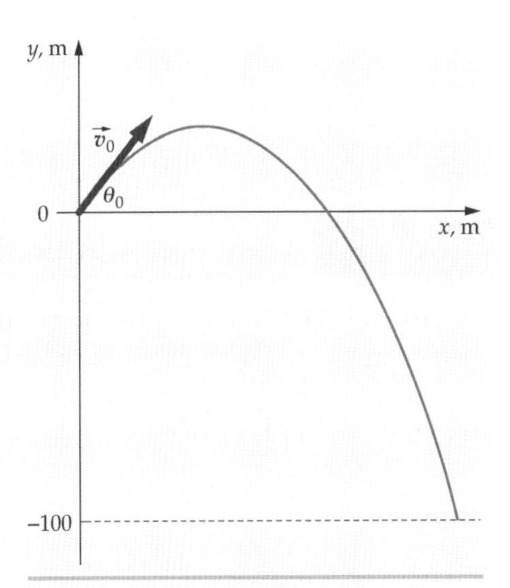

FIGURA 3-15 A parábola intercepta a reta $y = -100$ m duas vezes, mas apenas um desses tempos é maior que zero.

SITUAÇÃO O tempo no ar depende apenas do movimento vertical. Usando $y(t) = y_0 + v_{0y}t - \frac{1}{2}gt^2$ (Equação 3-16*b*), você pode resolver para o tempo. Escolha a origem na posição do pacote ao ser largado. A velocidade inicial do pacote é a velocidade do helicóptero. A distância horizontal percorrida pelo pacote é dada por $x(t) = v_{0x}t$ (Equação 3-16*a*), onde t é o tempo em que o pacote está no ar.

SOLUÇÃO

(*a*) 1. Esboce a trajetória do pacote durante o tempo em que ele está no ar. Inclua os eixos coordenados, como mostrado na Figura 3-15:

2. Para encontrar o tempo de vôo, escreva $y(t)$ para o movimento de aceleração constante e então coloque $y_0 = 0$ e $a_y = -g$ na equação:

$$y = y_0 + v_{0y}t + \tfrac{1}{2}a_yt^2$$

$$y = 0 + v_{0y}t - \tfrac{1}{2}gt^2 = v_{0y}t - \tfrac{1}{2}gt^2$$

3. A solução da equação quadrática $ax^2 + bx + c = 0$ é dada pela fórmula quadrática:

$$x = \frac{-b \pm \sqrt{b^2 - 4ac}}{2a}$$

Usando isto, resolva a equação quadrática do passo 2 para t:

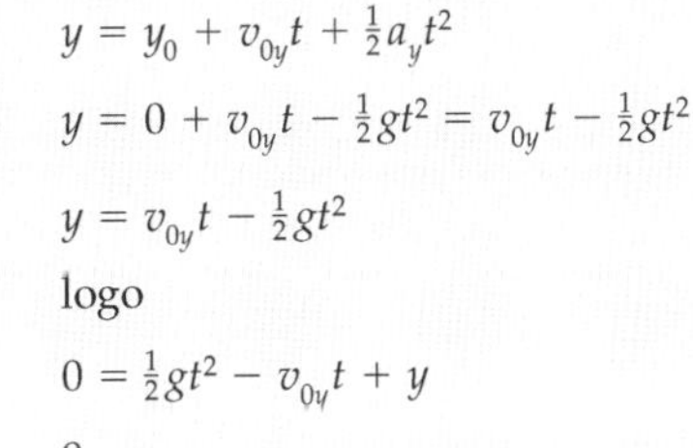

$$y = v_{0y}t - \tfrac{1}{2}gt^2$$

logo

$$0 = \tfrac{1}{2}gt^2 - v_{0y}t + y$$

e

$$t = \frac{v_{0y} \pm \sqrt{v_{0y}^2 - 2gy}}{g}$$

4. Encontre o tempo quando $y = -100$ m. Primeiro, encontre v_{0y} e depois use o valor de v_{0y} para encontrar t.

$$v_{0y} = v_0 \operatorname{sen}\theta_0 = (25{,}0 \text{ m/s}) \operatorname{sen} 36{,}9° = 15{,}0 \text{ m/s}$$

logo

$$t = \frac{15{,}0 \text{ m/s} \pm \sqrt{(15{,}0 \text{ m/s})^2 - 2(9{,}81 \text{ m/s}^2)(-100 \text{ m})}}{9{,}81 \text{ m/s}^2}$$

logo

$$t = -3{,}24 \text{ s} \quad \text{ou} \quad t = 6{,}30 \text{ s}$$

Como o pacote é largado em $t = 0$, o tempo do impacto não pode ser negativo. Logo:

$$t = \boxed{6{,}30 \text{ s}}$$

(*b*) 1. Quando do impacto, o pacote terá viajado uma distância horizontal x, onde x é a velocidade horizontal vezes o tempo de vôo. Primeiro, encontre a velocidade horizontal:

$$v_{0x} = v_0 \cos\theta_0 = (25{,}0 \text{ m/s}) \cos 36{,}9° = 20{,}0 \text{ m/s}$$

2. Depois, substitua v_{0x} em $x = x_0 + v_{0x}t$ (Equação 3-16*a*) para encontrar x.

$x = v_{0x}t = (20{,}0\ \text{m/s})(6{,}30\ \text{s}) = \boxed{126\ \text{m}}$

(c) As coordenadas do helicóptero no tempo do impacto são

$x_\text{h} = v_{0x}t = (20{,}0\ \text{m/s})(6{,}30\ \text{s}) = 126\ \text{m}$

$y_\text{h} = y_{\text{h}0} + v_{\text{h}0}t = 0 + (15{,}0\ \text{m/s})(6{,}30\ \text{s}) = 94{,}4\ \text{m}$

No impacto, o hilicóptero está

$\boxed{\text{194 m diretamente acima do pacote}}$.

CHECAGEM O helicóptero está diretamente acima do pacote quando o pacote atinge a água (e em todos os tempos anteriores). Isto ocorre porque as velocidades horizontais do pacote e do helicóptero são iguais na largada do pacote, e as velocidades horizontais permanecem constantes durante o vôo.

INDO ALÉM O tempo positivo é apropriado porque corresponde a um tempo após a largada do pacote (em $t = 0$). O tempo negativo corresponde a onde o pacote teria estado, em $y = -100$ m, se seu movimento tivesse começado antes, como mostrado na Figura 3-16.

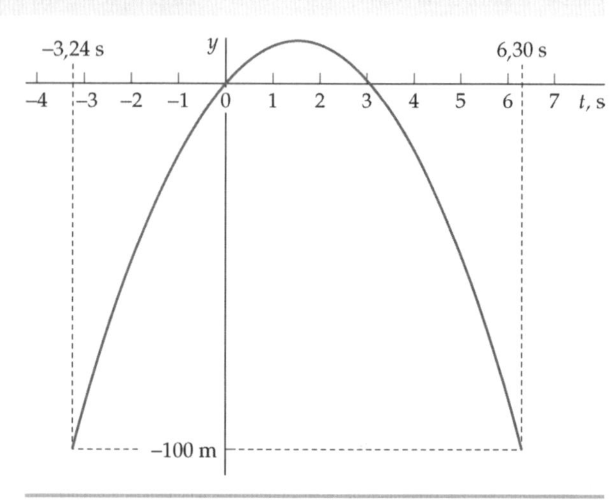

FIGURA 3-16

Exemplo 3-8 Largando Suprimentos — *Tente Você Mesmo*

Usando o Exemplo 3-7, encontre (*a*) o tempo t_1 para o pacote atingir sua altura máxima h acima da água, (*b*) a altura máxima h, e (*c*) o tempo t_2 para o pacote atingir a água a partir da altura máxima.

SITUAÇÃO O tempo t_1 é o tempo para o qual a componente vertical da velocidade é zero. Usando $v_y(t) = v_{0y} - gt$, encontre t_1.

SOLUÇÃO

Cubra a coluna da direita e tente por si só antes de olhar as respostas.

Passos	Respostas
(*a*) 1. Escreva $v_y(t)$ para o pacote.	$v_y(t) = v_{0y} - gt$
2. Faça $v_y(t_1) = 0$ e encontre t_1.	$t_1 = \boxed{1{,}53\ \text{s}}$
(*b*) 1. Encontre $v_{y\,\text{méd}}$ enquanto o pacote está subindo.	$v_{y\,\text{méd}} = 7{,}505\ \text{m/s}$
2. Use $v_{y\,\text{méd}}$ para encontrar a distância percorrida na subida. Depois, encontre h.	$\Delta y = 11{,}48\ \text{m}$, logo $h = \boxed{111\ \text{m}}$
(*c*) Encontre o tempo para o pacote cair da altura h.	$t_2 = \boxed{4{,}77\ \text{s}}$

CHECAGEM Note que $t_1 + t_2 = 6{,}30$ s, de acordo com o Exemplo 3-7. Também, veja que t_1 é menor do que t_2. Isto é esperado, já que o pacote sobe uma distância de 12 m mas cai uma distância de 112 m.

PROBLEMA PRÁTICO 3-2 Resolva a Parte (*b*) do Exemplo 3-8 usando $y(t)$ (Equação 3-16*b*) em vez de calculando $v_{y\,\text{méd}}$.

ALCANCE HORIZONTAL DE UM PROJÉTIL

O alcance horizontal R de um projétil pode ser escrito em termos de sua rapidez inicial e do ângulo inicial acima da horizontal. Como nos exemplos precedentes, encontramos o alcance horizontal multiplicando a componente x da velocidade pelo tempo total do projétil no ar. O tempo total de vôo T é obtido fazendo $y = 0$ e $t = T$ em $y(t) = v_{0y}t - \frac{1}{2}gt^2$ (Equação 3-16*b*).

$$0 = v_{0y}T - \tfrac{1}{2}gT^2 \qquad T > 0$$

Dividindo por T, temos

$$v_{0y} - \tfrac{1}{2}gT = 0$$

Então, o tempo de vôo do projétil é

$$T = \frac{2v_{0y}}{g} = \frac{2v_0}{g}\operatorname{sen}\theta_0$$

Para encontrar o alcance horizontal R, substituímos t por T em $x(t) = v_{0x}t$ (Equação 3-16*a*), obtendo

$$R = v_{0x}T = (v_0\cos\theta_0)\left(\frac{2v_0}{g}\operatorname{sen}\theta_0\right) = \frac{2v_0^2}{g}\operatorname{sen}\theta_0\cos\theta_0$$

Isto ainda pode ser simplificado, usando a identidade trigonométrica

$$\operatorname{sen}2\theta = 2\operatorname{sen}\theta\cos\theta$$

Assim,

$$R = \frac{v_0^2}{g}\operatorname{sen}2\theta_0 \qquad 3\text{-}18$$

ALCANCE HORIZONTAL DE UM PROJÉTIL

PROBLEMA PRÁTICO 3-3

Use a Equação 3-18 para confirmar a resposta da Parte (*b*) do Exemplo 3-6.

A Equação 3-18 é útil se você quer encontrar o alcance de vários projéteis que têm a mesma rapidez inicial. Neste caso, esta equação mostra como o alcance depende de θ. Como o valor máximo de sen 2θ é 1, e como sen 2θ = 1 quando $\theta = 45°$, o alcance é máximo quando $\theta = 45°$. A Figura 3-17 mostra gráficos das alturas verticais *versus* distâncias horizontais para projéteis com uma rapidez incial de 24,5 m/s e vários ângulos iniciais diferentes. Os ângulos desenhados são 45°, que dá o alcance máximo, e pares de ângulos igualmente afastados, acima e abaixo de 45°. Note que os ângulos pareados apresentam o mesmo alcance. Uma das curvas tem um ângulo inicial de 36,9°, como no Exemplo 3-6.

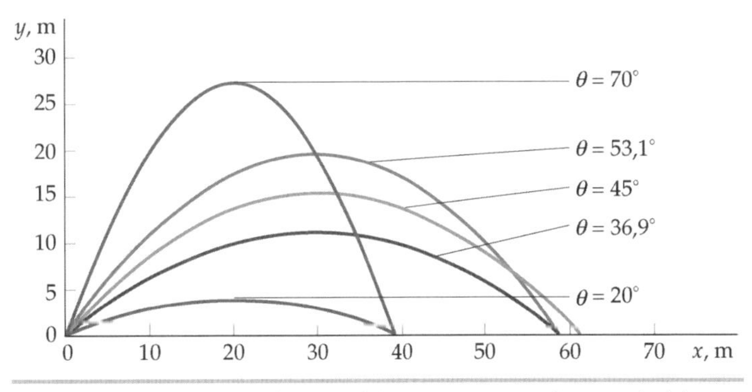

FIGURA 3-17 A rapidez inicial é a mesma para todas as trajetórias.

Em muitas aplicações práticas, as elevações inicial e final podem não ser iguais, ou outras considerações são importantes. Por exemplo, no arremesso de peso, a bola termina seu vôo quando atinge o chão, mas é lançada de uma altura inicial de cerca de 2 m acima do chão. Esta condição faz com que o deslocamento horizontal tenha um máximo para um ângulo algo abaixo de 45°, como mostrado na Figura 3-18. Estudos com os melhores arremessadores de peso mostram que o deslocamento horizontal máximo ocorre para um ângulo inicial de cerca de 42°.

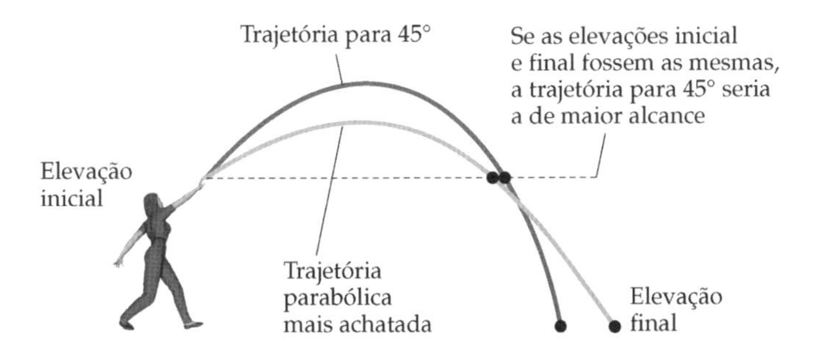

FIGURA 3-18 Se um objeto cai em um ponto de elevação menor que a inicial, o deslocamento horizontal máximo é obtido quando o ângulo de projeção é um pouco menor que 45°.

Exemplo 3-9 Pega Ladrão!

Um policial persegue uma famigerada ladra de jóias por cima dos telhados da cidade. Na corrida, eles chegam a uma separação de 4,00 m entre dois prédios, com um desnível de 3,00 m (Figura 3-19). A ladra, tendo estudado um pouco de física, salta a 5,00 m/s, a um ângulo de 45,0° acima da horizontal, e vence facilmente a separação. O policial não estudou física e pensa em maximizar sua velocidade horizontal, saltando horizontalmente a 5,00 m/s. (*a*) Ele consegue vencer a separação? (*b*) Com que folga a ladra consegue vencer a separação?

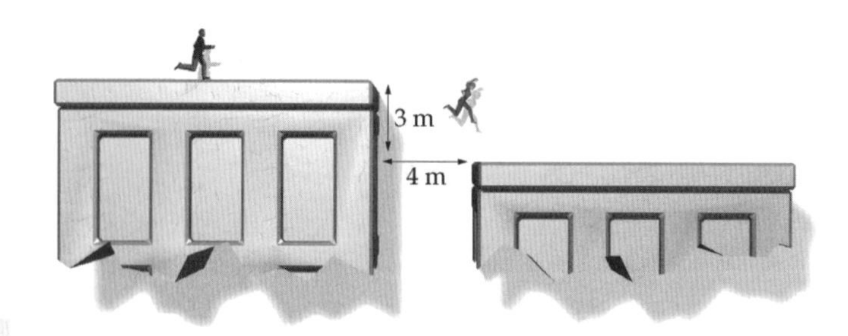

FIGURA 3-19

SITUAÇÃO No caso de ambos vencerem a separação, o tempo total no ar depende apenas dos aspectos verticais do movimento. Escolha a origem no ponto de largada, com o sentido positivo para cima, de forma que as Equações 3-16 se aplicam. Use a Equação 3-16*b* para $y(t)$ e resolva para o tempo em que $y = -3{,}00$ m com $\theta_0 = 0$ e, novamente, com $\theta_0 = 45{,}0°$. As distâncias horizontais percorridas são os valores de x para esses tempos.

SOLUÇÃO

(*a*) 1. Escreva $y(t)$ para o policial e resolva para t quando $y = -3{,}00$ m.

$y = y_0 + v_{y0}t - \frac{1}{2}gt^2 \quad -3{,}00\text{ m} = 0 + 0 - \frac{1}{2}(9{,}81\text{ m/s}^2)t^2$

$t = 0{,}782$ s

2. Substitua este resultado na Equação para $x(t)$ e encontre a distância horizontal percorrida durante este tempo.

$x = x_0 + v_{x0}t$

$x = 0 + (5{,}00\text{ m/s})(0{,}782\text{ s})$

$x = \boxed{3{,}91\text{ m}}$

Como 3,91 m é menor que 4,00 m, vê-se que o policial não consegue atravessar a separação entre os prédios.

(*b*) 1. Escreva $y(t)$ para a ladra e resolva para t quando $y = -3{,}00$ m. $y(t)$ é uma equação quadrática com duas soluções, mas apenas uma das soluções é aceitável.

$y = y_0 + v_{y0}t - \frac{1}{2}gt^2 \quad -3{,}00\text{ m} = 0 + (5{,}00\text{ m/s})\,\text{sen}\,45{,}0° - \frac{1}{2}(9{,}81\text{ m/s}^2)t^2$

$t = -0{,}500$ s ou $t = 1{,}22$ s

Ela deve chegar após ter se lançado, logo

$t = 1{,}22$ s

2. Encontre a distância horizontal coberta para o valor positivo de t.

$x = x_0 + v_{0x}t = 0 + (5{,}00\text{ m/s})\cos 45°\,(1{,}22\text{ s}) = 4{,}31\text{ m}$

3. Subtraia 4,0 m desta distância.

$4{,}31\text{ m} - 4{,}00\text{ m} = \boxed{0{,}31\text{ m}}$

CHECAGEM A rapidez horizontal do policial permanece 5,00 m/s durante seu salto. Então, o policial percorre os 4,00 m até o outro prédio em 4,00 m/(5,00 m/s) = 0,800 s. Como nosso resultado para a Parte (*a*) é menor que 0,800 s, sabemos que ele chega abaixo do próximo telhado, antes de alcançar o próximo prédio — de acordo com nosso resultado do passo 2 da Parte (*a*).

INDO ALÉM Usando um modelo de partícula para o policial, concluímos que ele por pouco não chega ao telhado. No entanto, não podemos concluir que ele não completou o salto, porque ele não é uma partícula. Ele poderia ter elevado seus pés o suficiente para ser possível alcançar a beirada do telhado.

MOVIMENTO DE PROJÉTEIS EM FORMA VETORIAL

Para o movimento de projéteis, temos $a_x = 0$ e $a_y = -g$ (Equações 3-14*a* e 3-14*b*), onde a orientação $+y$ é para cima. Para expressar estas equações em forma vetorial, multiplicamos os dois lados de cada equação pelo apropriado vetor unitário e depois somamos as duas equações. Isto é, $a_x\hat{i} = 0\hat{i}$ mais $a_y\hat{j} = -g\hat{j}$ dá

$$a_x\hat{i} + a_y\hat{j} = -g\hat{j} \quad \text{ou} \quad \vec{a} = \vec{g} \qquad 3\text{-}14c$$

onde $\vec{g}$ é o vetor aceleração de queda livre. A magnitude de $\vec{g}$ é $g = 9{,}81$ m/s² (no nível do mar e na latitude de 45°).

Da mesma forma, combinando as equações $v_x = v_{0x}$ e $v_y = v_{0y} - gt$, tem-se

$$\vec{v} = \vec{v}_0 + \vec{g}t \quad (\text{ou } \Delta\vec{v} = \vec{g}t) \qquad 3\text{-}15c$$

onde $\vec{v} = v_x\hat{i} + v_y\hat{j}$, $\vec{v}_0 = v_{0x}\hat{i} + v_{0y}\hat{j}$ e $\vec{g} = -g\hat{j}$. Repetindo o processo, agora para as

Equações $x(t) = x_0 + v_{0x}t$ e $y(t) = y_0 + v_{0y}t - \frac{1}{2}gt^2$, tem-se

$$\vec{r} = \vec{r}_0 + \vec{v}_0 t + \tfrac{1}{2}\vec{g}t^2 \quad (\text{ou } \Delta\vec{r} = \vec{v}_0 t + \tfrac{1}{2}\vec{g}t^2) \qquad \text{3-16}c$$

onde $\vec{r} = x\hat{i} + y\hat{j}$ e $\vec{r}_0 = x_0\hat{i} + y_0\hat{j}$. As formas vetoriais das equações cinemáticas (Equações 3-15*c* e 3-16*c*) são úteis para resolver muitos problemas, incluindo o exemplo a seguir.

Exemplo 3-10 O Guarda Florestal e o Macaco

O guarda florestal de um parque, com uma arma lançadora de dardo tranqüilizante, pretende atirar em um macaco que está pendurado em um galho. O guarda aponta diretamente para o macaco, não imaginando que o dardo seguirá um caminho parabólico e irá passar abaixo da posição do animal. O macaco, vendo a arma ser acionada, no mesmo instante larga o galho e cai da árvore, esperando evitar o dardo. (*a*) Mostre que o macaco será atingido, não importando qual a rapidez inicial do dardo, desde que esta rapidez seja grande o suficiente para que o dardo percorra a distância horizontal até a árvore. Suponha desprezível o tempo de reação do macaco. (*b*) Seja $\vec{v}_{d0}$ a velocidade inicial do dardo em relação ao macaco. Encontre a velocidade do dardo *em relação ao macaco* em um tempo arbitrário *t*, durante o vôo do dardo.

SITUAÇÃO Neste exemplo, tanto o macaco quanto o dardo efetuam um movimento de projétil. Para mostrar que o dardo atinge o macaco, temos que mostrar que, em algum tempo *t*, o dardo e o macaco terão as mesmas coordenadas, não importando qual a rapidez inicial do dardo. Para isto, aplicamos a Equação 3-16*c* para os dois, macaco e dardo. Para a Parte (*b*), podemos usar a Equação 3-15*c*, dando atenção aos referenciais relativos.

SOLUÇÃO

(*a*) 1. Aplique a Equação 3-16*c* para o macaco no tempo arbitrário *t*:

$\Delta\vec{r}_m = \frac{1}{2}\vec{g}t^2$

(A velocidade inicial do macaco é zero.)

2. Aplique a Equação 3-16*c* para o dardo no tempo arbitrário *t*:

$\Delta\vec{r}_d = \vec{v}_{d0}t + \frac{1}{2}\vec{g}t^2$

onde $\vec{v}_{d0}$ é a velocidade do dardo ao abandonar a arma.

3. Faça um esboço do macaco, do dardo e da arma, como mostrado na Figura 3-20. Mostre o dardo e o macaco em suas posições iniciais e em suas posições em um tempo *t* posterior. Desenhe, na figura, um vetor representando cada termo dos resultados dos passos 1 e 2:

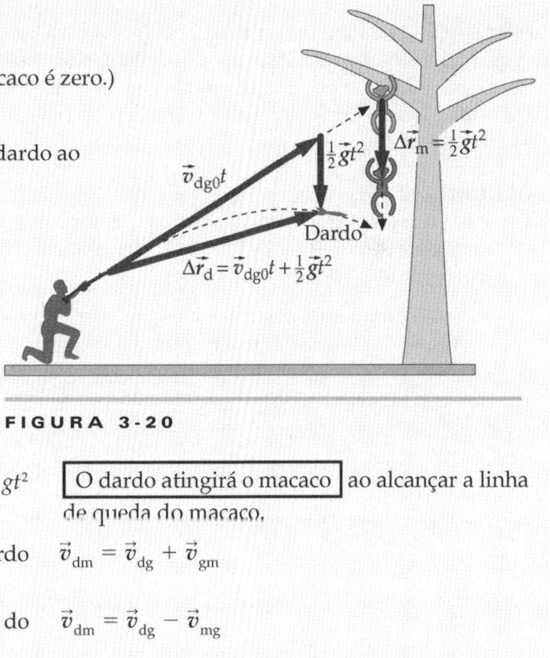

FIGURA 3-20

4. Note que no tempo *t* o dardo e o macaco estão ambos a uma distância de $\frac{1}{2}gt^2$ abaixo da linha de visada da arma:

O dardo atingirá o macaco ao alcançar a linha de queda do macaco.

(*b*) 1. A velocidade do dardo em relação ao macaco é igual à velocidade do dardo em relação ao guarda mais a velocidade do guarda em relação ao macaco:

$\vec{v}_{dm} = \vec{v}_{dg} + \vec{v}_{gm}$

2. A velocidade do guarda em relação ao macaco é o negativo da velocidade do macaco em relação ao guarda:

$\vec{v}_{dm} = \vec{v}_{dg} - \vec{v}_{mg}$

3. Usando $\vec{v} = \vec{v}_0 + \vec{g}t$ (Equação 3-15*c*), expresse as velocidades do dardo em relação ao guarda e do macaco em relação ao guarda:

$\vec{v}_{dg} = \vec{v}_{dg0} + \vec{g}t$

$\vec{v}_{mg} = \vec{g}t$

4. Substitua estas expressões no resultado do passo 2 da Parte (*b*):

$\vec{v}_{dm} = (\vec{v}_{dg0} + \vec{g}t) - (\vec{g}t) = \boxed{\vec{v}_{dg0}}$

CHECAGEM Os resultados do passo 4 da Parte (*a*) e do passo 4 da Parte (*b*) concordam entre si. Eles concordam que o dardo acertará o macaco se o dardo atingir a linha de queda do macaco antes de o macaco atingir o chão.

INDO ALÉM Em relação ao macaco em queda, o dardo se desloca com a rapidez constante v_{dg0}, em linha reta. O dardo atinge o macaco no tempo $t = L/v_{dg0}$, onde *L* é a distância entre a boca da arma e a posição inicial do macaco.

Em uma conhecida aula demonstrativa, um alvo é suspenso por um eletroímã. Quando o dardo abandona a arma, o circuito do ímã é cortado e o alvo cai. A demonstração é, depois, repetida com uma outra velocidade inicial para o dardo. Para um valor grande de v_{dg0}, o alvo é atingido muito próximo de sua posição inicial, e para algum valor menor de v_{dg0} ele é atingido justo antes de chegar ao solo.

PROBLEMA PRÁTICO 3-4 Um disco de hóquei é atingido quando em repouso sobre o gelo, errando a rede e passando de raspão pelo alto do muro de acrílico de altura $h = 2{,}80$ m. O tempo de vôo, até atingir o alto do muro, é $t_1 = 0{,}650$ s, na posição horizontal $x_1 = 12{,}0$ m. (*a*) Encontre a rapidez e a orientação iniciais do disco. (*b*) Quando é que o disco atinge sua altura máxima? (*c*) Qual é a altura máxima do disco?

3-3 CASO ESPECIAL 2: MOVIMENTO CIRCULAR

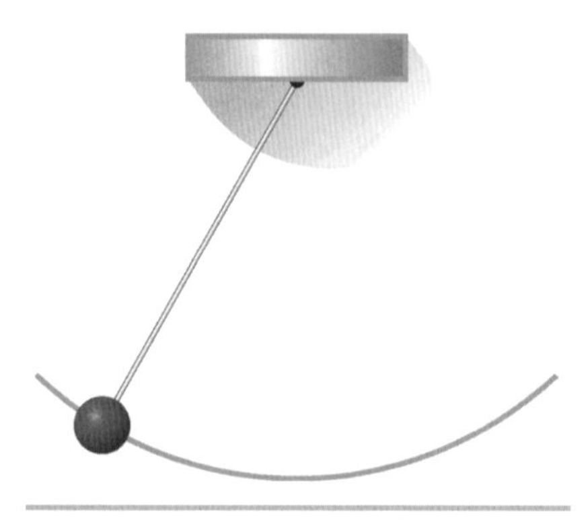

FIGURA 3-21 A massa de um pêndulo oscila ao longo de um arco circular centrado no ponto de suspensão do fio.

A Figura 3-21 mostra a massa de um pêndulo oscilando em seu movimento de ida e volta no plano vertical. O caminho da massa é um segmento de caminho circular. O movimento ao longo de um caminho circular, ou de um segmento de um caminho circular, é chamado de **movimento circular**.

Exemplo 3-11 Um Pêndulo Oscilando — *Conceitual*

Considere o movimento da massa do pêndulo da Figura 3-21. Usando um diagrama de movimento (veja o Exemplo 3-5), encontre a orientação do vetor aceleração quando a massa está oscilando da esquerda para a direita (*a*) na parte descendente do caminho, (*b*) passando pelo ponto mais baixo do caminho e (*c*) na parte ascendente do caminho.

SITUAÇÃO Quando a massa desce, ela ganha rapidez e muda de orientação. A aceleração está relacionada à variação da velocidade, dada por $\vec{a} \approx \Delta\vec{v}/\Delta t$. A orientação da aceleração em um ponto pode ser estimada construindo-se um diagrama de soma de vetores para a relação $\vec{v}_i + \Delta\vec{v} = \vec{v}_f$, para encontrar a orientação de $\Delta\vec{v}$ e, portanto, a orientação do vetor aceleração.

SOLUÇÃO

(*a*) 1. Faça um diagrama de movimento para um balanço completo da massa, da esquerda para a direita (Figura 3-22*a*). O espaçamento entre pontos é maior no ponto mais baixo, onde a rapidez é maior.

2. Tome o ponto em t_2, na parte descendente do movimento e desenhe um vetor velocidade no diagrama para os pontos anterior e posterior (os pontos em t_1 e t_3). Os vetores velocidade devem ser traçados tangentes ao caminho e com comprimentos proporcionais à rapidez (Figura 3-22*a*).

3. Desenhe o diagrama de soma de vetores (Figura 3-22*b*) para a relação $\vec{v}_i + \Delta\vec{v} = \vec{v}_f$. Neste diagrama, desenhe o vetor aceleração. Como $\vec{a} \approx \Delta\vec{v}/\Delta t$, $\vec{a}$ tem a mesma orientação de $\Delta\vec{v}$.

(*b*) Repita os passos 2 e 3 (Figura 3-22*c*) para o ponto em t_4, o ponto mais baixo do caminho.

(*c*) Repita os passos 2 e 3 (Figura 3-22*d*) para o ponto em t_6, um ponto da parte ascendente do caminho.

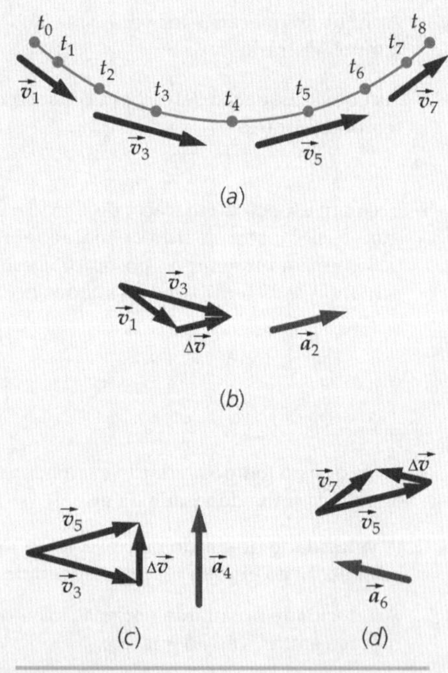

FIGURA 3-22

CHECAGEM No ponto mais baixo (em t_4) a componente horizontal de $\vec{v}$ é máxima, logo esperamos que a componente horizontal de $\vec{a}$ seja zero. Próximo ao ponto mais baixo, a componente para cima de $\vec{v}$ é negativa justo antes de $t = t_4$, e positiva justo depois de $t = t_4$; logo, a componente para cima de $\vec{v}$ está aumentando em $t = t_4$. Isto significa que devemos esperar que a componente para cima de $\vec{a}$ seja positiva em $t = t_4$. O vetor aceleração da Figura 3-22*c* concorda com estas duas expectativas.

No Exemplo 3-11, vimos que o vetor aceleração aponta direto para cima no ponto mais baixo do balanço do pêndulo (Figura 3-23) — para o ponto P no centro do círculo. Onde a rapidez está aumentando (na parte descendente), o vetor aceleração tem uma componente no sentido do vetor velocidade e uma componente apontando para P. Onde a rapidez está diminuindo o vetor aceleração tem uma componente no sentido oposto ao do vetor velocidade, além da componente apontando para P.

Enquanto uma partícula se move ao longo de um caminho circular, a orientação que aponta da partícula para o centro do círculo P é chamada de **orientação centrípeta** e a orientação do vetor velocidade é chamada de **orientação tangencial**. Na Figura 3-23, o vetor aceleração no ponto mais baixo do caminho da massa do pêndulo tem a orientação centrípeta. Em todos os outros pontos ao longo do caminho, o vetor aceleração tem uma componente tangencial e uma componente centrípeta.

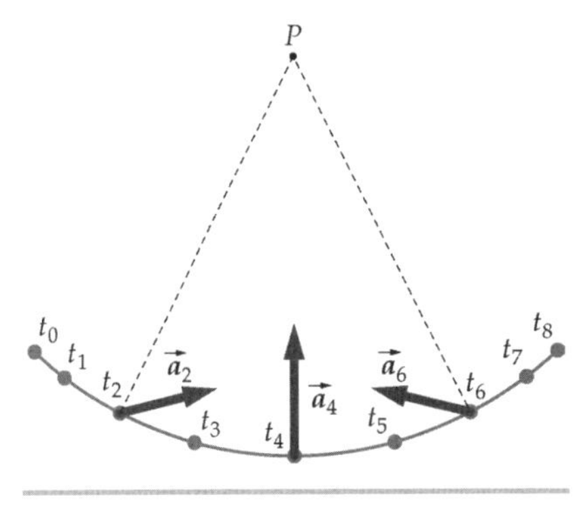

FIGURA 3-23

MOVIMENTO CIRCULAR UNIFORME

O movimento em um círculo com rapidez constante é chamado de **movimento circular uniforme**. Mesmo que a rapidez da partícula em movimento circular uniforme esteja se mantendo constante, a partícula está acelerada. Para encontrar uma expressão para a aceleração de uma partícula em movimento circular uniforme, estenderemos o método usado no Exemplo 3-11 para relacionar a aceleração com a rapidez e o raio do círculo. Os vetores posição e velocidade para uma partícula se movendo em um círculo com rapidez constante são mostrados na Figura 3-24. O ângulo $\Delta\theta$ entre $\vec{v}(t)$ e $\vec{v}(t + \Delta t)$ é igual ao ângulo entre $\vec{r}(t)$ e $\vec{r}(t + \Delta t)$, porque $\vec{r}$ e $\vec{v}$ giram ambos do mesmo ângulo $\Delta\theta$ durante o tempo Δt. Um triângulo isósceles é formado pelos dois vetores velocidade e o vetor $\Delta\vec{v}$, e um segundo triângulo isósceles é formado pelos dois vetores posição e o vetor $\Delta\vec{r}$.

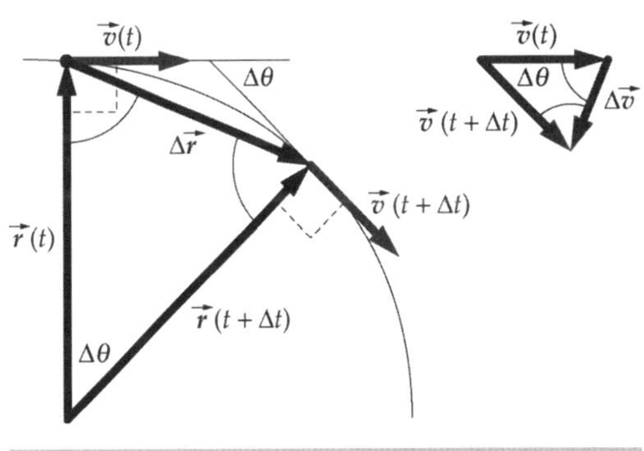

FIGURA 3-24

Para encontrar a orientação do vetor aceleração, examinamos o triângulo formado pelos dois vetores velocidade e pelo vetor $\Delta\vec{v}$. A soma dos ângulos de qualquer triângulo é 180° e os ângulos da base de qualquer triângulo isósceles são iguais. No limite de Δt tendendo a zero, $\Delta\theta$ também se aproxima de zero, e portanto, neste limite os dois ângulos da base se aproximam, cada um, de 90°. Isto significa que, no limite $\Delta t \to 0$, $\Delta\vec{v}$ é perpendicular a $\vec{v}$. Se $\Delta\vec{v}$ é desenhado a partir da posição da partícula, então ele tem a orientação centrípeta.

Os dois triângulos são semelhantes e comprimentos correspondentes de figuras geométricas semelhantes são proporcionais. Assim,

$$\frac{|\Delta\vec{v}|}{|\Delta\vec{r}|} = \frac{v}{r}$$

Multiplicando os dois lados por $|\Delta\vec{r}|/|\Delta t|$ temos

$$\frac{|\Delta\vec{v}|}{\Delta t} = \frac{v}{r}\frac{|\Delta\vec{r}|}{\Delta t} \qquad \text{3-19}$$

No limite $\Delta t \to 0$, $|\Delta\vec{r}|/\Delta t$ se aproxima de a, a magnitude da aceleração instantânea, e $|\Delta\vec{r}|/|\Delta t|$ se aproxima de v (a rapidez). Assim, no limite $\Delta t \to 0$, a Equação 3-19 se torna $a = v^2/r$. O vetor aceleração tem a orientação centrípeta, de maneira que fazemos $a_c = a$, onde a_c é a componente do vetor aceleração com a orientação centrípeta. Substituindo a por a_c, temos

$$a_c = \frac{v^2}{r} \qquad \text{3-20}$$

ACELERAÇÃO CENTRÍPETA

A **aceleração centrípeta** é a componente do vetor aceleração com a orientação centrípeta. O movimento de uma partícula movendo-se em um círculo com rapidez constante é muitas vezes descrito em termos do tempo T necessário para uma volta completa, chamado de **período**. Durante um período, a partícula viaja uma distância de $2\pi r$ (onde r é o raio do círculo) e então sua rapidez v está relacionada a r e T por

$$v = \frac{2\pi r}{T} \qquad \text{3-21}$$

Exemplo 3-12 Movimento de um Satélite

Um satélite se move com rapidez constante em uma órbita circular em torno do centro da Terra e próximo à superfície da Terra. Se a magnitude de sua aceleração é $g = 9{,}81\ \text{m/s}^2$, encontre (*a*) sua rapidez e (*b*) o tempo para uma volta completa.

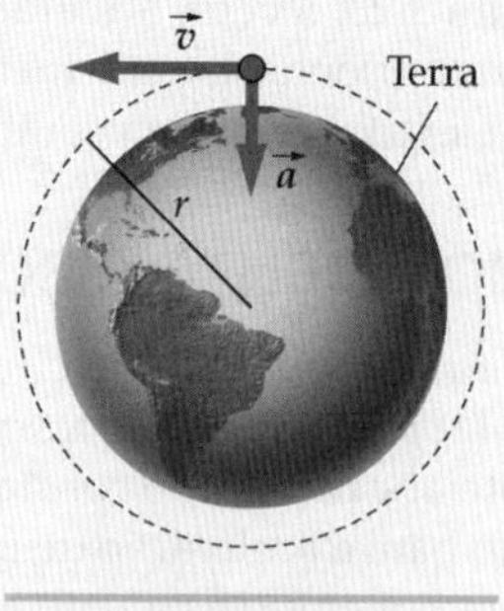

SITUAÇÃO Como a órbita do satélite é próxima à superfície da Terra, tomamos o raio da órbita como sendo 6370 km, o raio da Terra. Então, podemos usar as Equações 3-20 e 3-21 para encontrar a rapidez do satélite e o tempo que ele leva para fazer uma volta completa em torno da Terra.

SOLUÇÃO

(*a*) Faça um esboço do satélite orbitando em uma órbita terrestre rasa (Figura 3-25). Inclua os vetores velocidade e aceleração:

Faça a aceleração centrípeta v^2/r igual a g e determine a rapidez v:

$$a_c = \frac{v^2}{r} = g,\ \text{logo}$$

$$v = \sqrt{rg} = \sqrt{(6370\ \text{km})(9{,}81\ \text{m/s}^2)}$$

$$= \boxed{7{,}91\ \text{km/s} = 17.700\ \text{mi/h} = 4{,}91\ \text{mi/s}}$$

(*b*) Use a Equação 3-21 para determinar o período T:

$$T = \frac{2\pi r}{v} = \frac{2\pi(6370\ \text{km})}{7{,}91\ \text{km/s}} = \boxed{5060\ \text{s} = 84{,}3\ \text{min}}$$

FIGURA 3-25 Um satélite em órbita terrestre circular baixa.

CHECAGEM É bem sabido que o período orbital de satélites orbitando bem acima da atmosfera terrestre é de cerca de 90 min, de forma que o resultado de 84,3 min da Parte (*b*) é próximo do que esperaríamos.

INDO ALÉM Para satélites realmente em órbita alguns quilômetros acima da superfície da Terra, o raio orbital r é algumas centenas de quilômetros maior do que 6370 km. Como resultado, a aceleração é ligeiramente menor que $9{,}81\ \text{m/s}^2$, devido à redução da força gravitacional com a distância ao centro da Terra. Órbitas bem acima da atmosfera terrestre são referidas como "órbitas terrestres baixas". Muitos satélites, incluindo o telescópio Hubble e a Estação Espacial Internacional, estão em órbitas terrestres baixas.

PROBLEMA PRÁTICO 3-5 Um carro faz uma curva de 40 m de raio a 48 km/h. Qual é sua aceleração centrípeta?

ACELERAÇÃO TANGENCIAL

Uma partícula movendo-se em círculo com *rapidez variável* tem uma componente de aceleração tangente ao círculo, a_t, além da aceleração centrípeta radial para dentro, v^2/r. Para um movimento genérico ao longo de uma curva, podemos tratar uma porção da curva como um arco de círculo (Figura 3-26). A partícula, então, tem a aceleração centrípeta $a_c = v^2/r$ apontando para o centro de curvatura e, se a rapidez v está variando, uma aceleração tangencial dada por

$$a_t = \frac{dv}{dt} \qquad 3\text{-}22$$

ACELERAÇÃO TANGENCIAL

PROBLEMA PRÁTICO 3-6

Você está em um carrinho de montanha-russa, na parte ascendente de uma das voltas. Neste momento, o carrinho viaja a 20 m/s, perdendo rapidez à taxa de 5,0 m/s². O raio de curvatura do trilho é 25 m. Quais são as componentes centrípeta e tangencial de sua aceleração neste instante?

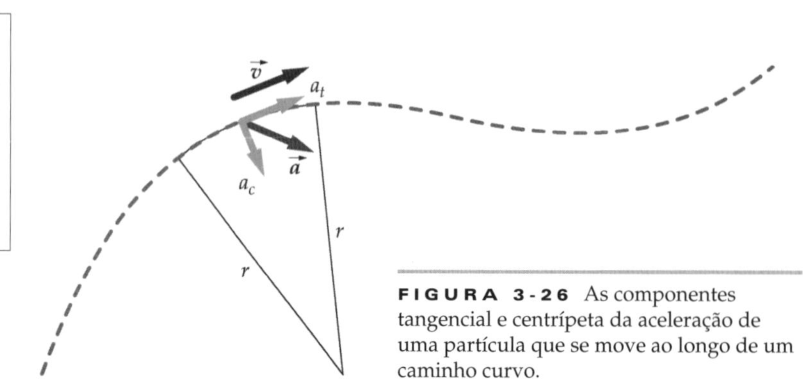

FIGURA 3-26 As componentes tangencial e centrípeta da aceleração de uma partícula que se move ao longo de um caminho curvo.

Física em Foco

GPS: Calculando Vetores Enquanto Você se Move

Os sistemas de navegação usados em automóveis obtêm informações de satélites GPS e usam as informações para calcular a posição e a velocidade do carro. Às vezes, eles precisam calcular *no escuro* o vetor deslocamento do carro.

Se você viaja para uma outra cidade e aluga um carro para prosseguir viagem, você pode alugar um computador de navegação GPS (*Global Positioning System*, Sistema de Posicionamento Global) com o carro. Muitas pessoas usam navegadores GPS, mas nem todos sabem que estes computadores estão constantemente calculando vetores para você.

Vinte e quatro satélites de GPS orbitam a Terra a uma altitude de 11.000 mi.* Na maior parte do tempo e em quase todos os lugares, ao menos três satélites são visíveis (acima da linha do horizonte). Em muitos casos, quatro ou mais satélites são visíveis. Cada satélite transmite um sinal contínuo, que inclui sua identificação, informação sobre sua órbita, e um indicador de tempo que tem a precisão de um bilionésimo de segundo.† As órbitas e os relógios internos dos satélites são conferidos por uma estação terrestre que pode efetuar correções.

Um receptor GPS ouve os sinais dos satélites. Quando ele consegue capturar três ou mais desses sinais, ele calcula a sua distância a cada satélite, pela diferença entre o indicador de tempo do satélite e o tempo no relógio do receptor quando o indicador é detectado. A partir das órbitas conhecidas de cada satélite e da distância a cada satélite, o receptor pode triangular sua posição. Um cálculo a partir de três satélites dará a longitude e a latitude do receptor. Um cálculo a partir de quatro satélites também dará a altitude.

Mas, e os vetores? O receptor não apenas triangula sua posição uma vez — isto daria uma posição isolada. O receptor está constantemente ouvindo os satélites e calculando variações de posição, a partir das variações dos resultados de triangulação. Ele calcula todas as variações de distância e orientação com relação à última posição conhecida. Em um espaço de tempo muito curto ele terá feito várias leituras, o suficiente para calcular a velocidade de sua viagem. O resultado? Uma rapidez em uma dada orientação — um vetor velocidade — é sempre parte dos cálculos do receptor.

Mas este vetor não está lá apenas para desenhar para você uma bela curva na tela. Há momentos em que não é possível obter uma boa leitura no receptor. Por exemplo, dirigindo sob uma ponte ou em um túnel. Se o receptor GPS não é capaz de capturar um dado significativo, ele começará de sua última posição conhecida. Ele usará, então, sua última velocidade conhecida para realizar um cálculo *no escuro*, fazendo a suposição de que você continua com a mesma rapidez e orientação, até ser capaz de obter um sinal confiável a partir de um número suficiente de satélites. Assim que ele for capaz de receber bons sinais, ele fará as correções em sua posição e no curso de sua viagem.

No início, a transmissão por satélites dos sinais GPS eram codificadas com distorções, em uma *disponibilidade seletiva*, que só podiam ser removidas com receptores decodificadores que eram parte de sistemas de defesa. Os militares podiam rastrear posições com precisão de até seis metros, enquanto os civis podiam rastrear posições com precisão apenas de até 45 metros.** A codificação dos sinais deixou de ser feita no ano 2000. Teoricamente, um receptor GPS deve ser capaz de informar sua posição com a precisão da largura de um dedo,‡ se os sinais forem bons, e, também, informar medidas igualmente precisas e rigorosas sobre sua rapidez e orientação — tudo a uma distância de pelo menos 11.000 milhas.

* O número real de satélites em operação varia. Ele é maior do que vinte e quatro, para o caso de um deles falhar. "Block II Satellite Information." *ftp://tycho.usno.navy.mil/* United States Naval Observatory. October, 2008.

† "GPS: The Role of Atomic Clocks—It Started with Basic Research." *http://www.beyonddiscovery.org/content/view.page.asp?I=464* Beyond Discovery. The National Academy of Sciences. October, 2008.

** "Comparison of Positions With and Without Selective Availability: Full 24 Hour Data Sets." *http://www.ngs.noaa.gov/FG-CS/info/sans_SA/compare/ERLA.htm* National Geodetic Survey. March, 2006.

‡ "Differential GPS: Advanced Concepts." *http://www.trimble.com* Trimble. October, 2008.

Resumo

TÓPICO	EQUAÇÕES RELEVANTES E OBSERVAÇÕES	
1. Vetores Cinemáticos		
Vetor posição	O vetor posição $\vec{r}$ aponta da origem do sistema de coordenadas para a partícula.	
Vetor velocidade instantânea	O vetor velocidade $\vec{v}$ é a taxa de variação do vetor posição. Sua magnitude é a rapidez e ele aponta no sentido do movimento. $\vec{v} = \lim_{\Delta t \to 0} \frac{\Delta \vec{r}}{\Delta t} = \frac{d\vec{r}}{dt}$	3-5
Vetor aceleração instantânea	$\vec{a} = \lim_{\Delta t \to 0} \frac{\Delta \vec{v}}{\Delta t} = \frac{d\vec{v}}{dt}$	3-11
2. Velocidade Relativa	Se uma partícula p se move com uma velocidade $\vec{v}_{pA}$ em relação ao referencial A, que por sua vez se move com uma velocidade $\vec{v}_{AB}$ com relação ao referencial B, a velocidade de p em relação a B é $\vec{v}_{pB} = \vec{v}_{pA} + \vec{v}_{AB}$	3-9
3. Movimento de Projéteis sem Resistência do Ar	A orientação $+x$ é horizontal e a orientação $+y$ é para cima para as equações desta seção.	
Independência de movimento	Em movimento de projéteis, os movimentos horizontal e vertical são independentes.	
Aceleração	$a_x = 0$ e $a_y = -g$	
Dependência do tempo	$v_x(t) = v_{0x} + a_x t$ e $v_y(t) = v_{0y} + a_y t$	3-12
	$\Delta x = v_{0x}t + \frac{1}{2}a_x t^2$ e $\Delta y = v_{0y}t + \frac{1}{2}a_y t^2$	2-14
	onde $v_{0x} = v_0 \cos\theta_0$ e $v_{0y} = v_0 \operatorname{sen}\theta_0$. Alternativamente, $\Delta\vec{v} = \vec{g}t$ e $\Delta\vec{r} = \vec{v}_0 t + \frac{1}{2}\vec{g}t^2$	3-15*c*, 3-16*c*
Deslocamento horizontal	O deslocamento horizontal é encontrado multiplicando-se v_{0x} pelo tempo total de vôo do projétil.	
3. Movimento Circular		
Aceleração centrípeta	$a_c = \frac{v^2}{r}$	3-20
Aceleração tangencial	$a_t = \frac{dv}{dt}$ onde v é a *rapidez*.	3-22
Período	$v = \frac{2\pi r}{T}$	3-21

Respostas das Checagens Conceituais

3-1 (*a*) para cima, (*b*) para cima

3-2 vertical para baixo

Respostas dos Problemas Práticos

3-1 $a_{\text{méd}} = 4{,}7\ \text{m/s}^2$ a 45°para oeste do norte

3-2
$$y(t) = y_0 + v_{0y}t - \tfrac{1}{2}gt^2$$
$$= 0 + (25{,}0\ \text{m/s})\operatorname{sen}36{,}9°(1{,}43\ \text{s}) + \tfrac{1}{2}(9{,}81\ \text{m/s}^2)(1{,}43\ \text{s})^2$$
$$= 11{,}48\ \text{m}$$
$$\therefore h = 111\ \text{m}$$

3-3 $R = \frac{v_0^2}{g}\operatorname{sen}2\theta_0 = \frac{(24{,}5\ \text{m/s})^2}{9{,}81\ \text{m/s}^2}\operatorname{sen}(2\times 36{,}9°) = 58{,}8°$

3-4 (*a*) $\vec{v}_0 = 20{,}0\ \text{m/s}$ a $\theta_0 = 22{,}0°$, (*b*) $t = 0{,}764\ \text{s}$, (*c*) $v_{y\,\text{méd}}t = 2{,}86\ \text{m}$

3-5 $4{,}44\ \text{m/s}^2$

3-6 $a_c = 16\ \text{m/s}^2$ e $a_t = -5{,}0\ \text{m/s}^2$

Problemas

Em alguns problemas, você recebe mais dados do que necessita; em alguns outros, você deve acrescentar dados de seus conhecimentos gerais, fontes externas ou estimativas bem fundamentadas.

Interprete como significativos todos os algarismos de valores numéricos que possuem zeros em seqüência sem vírgulas decimais.

• Um só conceito, um só passo, relativamente simples
•• Nível intermediário, pode requerer síntese de conceitos
••• Desafiante, para estudantes avançados
Problemas consecutivos sombreados são problemas pareados.

PROBLEMAS CONCEITUAIS

1 • A magnitude do deslocamento de uma partícula pode ser menor que a distância percorrida pela partícula ao longo de seu caminho? E maior que a distância percorrida? Explique.

2 • Dê um exemplo no qual a distância percorrida é significativa, apesar de o deslocamento correspondente ser zero. O contrário pode ser verdade? Caso afirmativo, dê um exemplo.

3 • Qual é a velocidade média de um automóvel de corrida ao completar uma volta de um circuito?

4 • Uma bola é chutada de forma que sua velocidade inicial forma um ângulo de 30° acima da horizontal. Ela abandona a chuteira do jogador a uma altura de 1,0 m do chão e termina sua trajetória no chão. Durante seu vôo, desde o exato momento em que a bola abandona a chuteira até o exato momento em que atinge o solo, descreva como o ângulo entre os vetores velocidade e aceleração variam. Despreze quaisquer efeitos de resistência do ar.

5 • Se um objeto está se movendo para o oeste em um dado instante, qual a orientação de sua aceleração? (*a*) para o norte, (*b*) para o leste, (*c*) para o oeste, (*d*) para o sul, (*e*) pode ser qualquer orientação.

6 • Dois astronautas estão trabalhando na superfície lunar para instalar um novo telescópio. A aceleração da gravidade na Lua é apenas 1,64 m/s². Um astronauta atira uma ferramenta para a outra astronauta, mas a rapidez com que ele a atira é excessiva e a ferramenta passa acima da cabeça de sua colega. Quando a ferramenta está no ponto mais alto de sua trajetória, (*a*) sua velocidade e sua aceleração são ambas nulas, (*b*) sua velocidade é zero, mas sua aceleração não é zero, (*c*) sua velocidade não é zero, mas sua aceleração é zero, (*d*) sua velocidade e sua aceleração são ambas não-nulas, (*e*) não há informação suficiente para escolher entre as possibilidades propostas.

7 • A velocidade de uma partícula aponta para o leste, enquanto a aceleração aponta para o noroeste, como mostrado na Figura 3-27. A partícula está (*a*) aumentando a rapidez e virando para o norte, (*b*) aumentando a rapidez e virando para o sul, (*c*) diminuindo a rapidez e virando para o norte, (*d*) diminuindo a rapidez e virando para o sul, (*e*) mantendo a rapidez constante e virando para o sul.

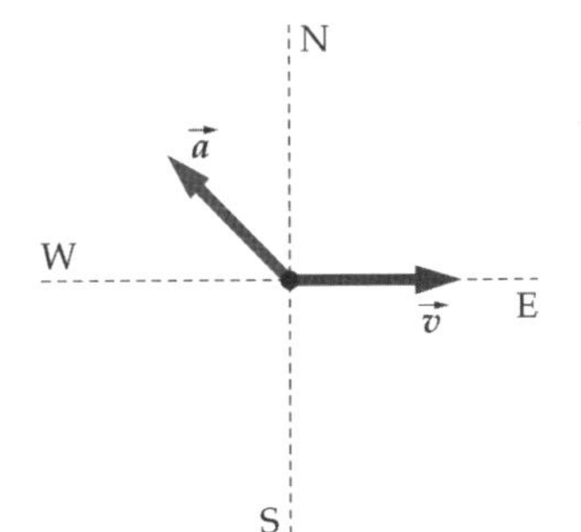

FIGURA 3-27 Problema 7

8 • Você conhece os vetores posição de uma partícula em dois pontos de seu caminho, um posterior ao outro. Você também conhece o tempo que a partícula levou para se deslocar de um ponto para o outro. Então, você pode calcular (*a*) a velocidade média, (*b*) a aceleração média, (*c*) a velocidade instantânea, (*d*) a aceleração instantânea da partícula?

9 • Considere o caminho de uma partícula em movimento. (*a*) Como o vetor velocidade está relacionado geometricamente com o caminho da partícula? (*b*) Esboce um caminho curvo e desenhe o vetor velocidade da partícula em várias posições ao longo do caminho.

10 • A aceleração de um carro é zero quando ele está (*a*) virando à direita com rapidez constante, (*b*) subindo uma longa ladeira reta com rapidez constante, (*c*) percorrendo o topo de um morro com rapidez constante, (*d*) percorrendo o fundo de um vale com rapidez constante, (*e*) aumentando a rapidez ao descer uma longa ladeira reta.

11 • Dê exemplos de movimentos em que as orientações dos vetores velocidade e aceleração são (*a*) opostas, (*b*) as mesmas e (*c*) mutuamente perpendiculares.

12 • Como é possível, para uma partícula que se move com rapidez constante, estar acelerada? Uma partícula com velocidade constante pode estar acelerada ao mesmo tempo?

13 •• Você atira um dardo diretamente para cima e ele finca no teto. Depois de abandonar sua mão, ele vai se deslocando cada vez mais devagar, enquanto sobe, antes de atingir o teto. (*a*) Desenhe o vetor velocidade do dardo nos tempos t_1 e t_2, onde t_1 e t_2 ocorrem após ele ter abandonado sua mão, mas antes de ter atingido o teto, e $t_2 - t_1$ é pequeno. De seu desenho, encontre a orientação da variação de velocidade $\Delta\vec{v} = \vec{v}_2 - \vec{v}_1$ e, portanto, a orientação do vetor aceleração. (*b*) Após preso no teto por alguns segundos, o dardo cai de volta. Na queda, ele vai se deslocando cada vez mais rápido, é claro, até atingir o chão. Repita a Parte (*a*) para encontrar a orientação do vetor aceleração na queda. (*c*) Agora, você atira o dardo horizontalmente. Qual é a orientação do vetor aceleração depois dele abandonar sua mão, mas antes de atingir o chão?

14 • Enquanto uma saltadora de *bungee-jump* se aproxima do ponto mais baixo de sua descida, a corda elástica que a segura é esticada e ela perde rapidez à medida que continua descendo. Supondo a queda vertical, faça um diagrama de movimento para encontrar a orientação do vetor aceleração à medida que a saltadora perde rapidez, desenhando seus vetores velocidade nos tempos t_1 e t_2, onde t_1 e t_2 são dois instantes durante a parte da descida em que ela está perdendo rapidez e $t_2 - t_1$ é pequeno. De seu desenho, encontre a orientação da variação de velocidade $\Delta\vec{v} = \vec{v}_2 - \vec{v}_1$ e, portanto, a orientação do vetor aceleração.

15 • Após atingir o ponto mais baixo de seu salto em t_b, uma saltadora de *bungee-jump* se move para cima, ganhando rapidez por pouco tempo, até que novamente a gravidade domina seu movimento. Desenhe seus vetores velocidade nos tempos t_1 e t_2, onde $t_2 - t_1$ é pequeno e $t_1 < t_b < t_2$. De seu desenho, encontre a orientação da variação de velocidade $\Delta\vec{v} = \vec{v}_2 - \vec{v}_1$ e, portanto, a orientação do vetor aceleração no tempo t_b.

16 • Um rio tem a largura de 0,76 km. As margens são retas e paralelas (Figura 3-28). A correnteza, paralela às margens, é de 4,0 km/s.

Um barco tem uma rapidez máxima de 4,0 km/h em águas paradas. O piloto do barco deseja ir, em linha reta, de A para B, onde a linha AB é perpendicular às margens. O piloto deve (*a*) apontar diretamente para o outro lado do rio, (*b*) apontar 53° contra a correnteza a partir da linha AB, (*c*) apontar 37° contra a correnteza a partir da linha AB, (*d*) desistir — a viagem de A para B não é possível em um barco com essa limitação de rapidez, (*e*) nenhuma das respostas anteriores.

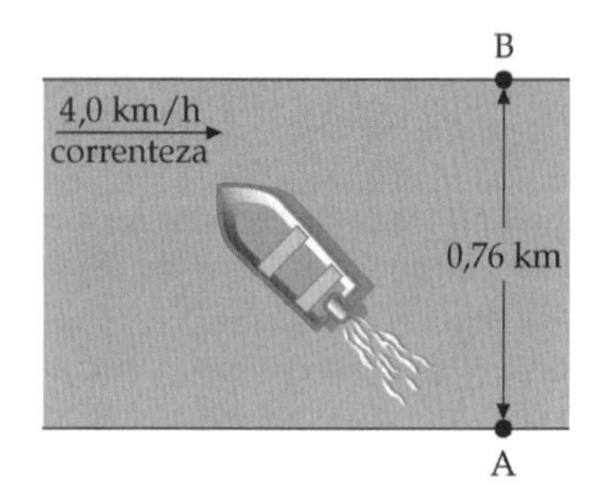

FIGURA 3-28 Problema 16

17 • Chove muito e as gotas de chuva caem com uma velocidade constante, formando um ângulo de 10° para oeste da vertical. Você está caminhando na chuva e repara que apenas as superfícies superiores de suas roupas estão se molhando. Em que sentido você está caminhando? Explique.

18 • No Problema 17, qual a rapidez com que você caminha, se a rapidez das gotas de chuva em relação ao solo é 5,2 m/s?

19 • Verdadeiro ou falso (ignore efeitos de resistência do ar):

(*a*) Quando um projétil é atirado horizontalmente, ele leva o mesmo tempo para atingir o solo do que um projétil idêntico largado do repouso de mesma altura.

(*b*) Quando um projétil é atirado de uma certa altura, a um ângulo acima da horizontal, ele leva mais tempo para atingir o solo do que um projétil idêntico largado do repouso de mesma altura.

(*c*) Quando um projétil é atirado horizontalmente de uma certa altura, ele tem uma rapidez maior ao atingir o solo do que um projétil idêntico largado do repouso da mesma altura.

20 • Um projétil é disparado a um ângulo de 35° acima da horizontal. Efeitos de resistência do ar são desprezíveis. No ponto mais alto de sua trajetória, sua rapidez é 20 m/s. A velocidade inicial tem uma componente horizontal de (*a*) 0, (*b*) (20 m/s) cos 35°, (*c*) (20 m/s) sen 35°, (*d*) (20 m/s)/cos 35°, (*e*) 20 m/s.

21 • Um projétil é disparado a um ângulo de 35° acima da horizontal. Efeitos de resistência do ar são desprezíveis. A velocidade inicial do projétil do Problema 20 tem uma componente vertical que (*a*) é menor que 20 m/s, (*b*) é maior que 20 m/s, (*c*) é igual a 20 m/s, (*d*) não pode se determinada com os dados fornecidos.

22 • Um projétil é disparado a um ângulo de 35° acima da horizontal. Efeitos de resistência do ar são desprezíveis. O projétil aterrissa no mesmo nível do ponto de lançamento. Então, a velocidade final do projétil tem uma componente vertical que é (*a*) a mesma componente vertical da velocidade inicial, em magnitude e sinal, (*b*) a mesma componente vertical da velocidade inicial, em magnitude e oposta em sinal, (*c*) menor que a componente vertical da velocidade inicial em magnitude, mas de mesmo sinal, (*d*) menor que a componente vertical da velocidade inicial em magnitude e com o sinal oposto.

23 • A Figura 3-29 representa a trajetória parabólica de um projétil indo de A para E. A resistência do ar é desprezível. Qual é a orientação da aceleração no ponto B? (*a*) Para cima e para a direita, (*b*) para baixo e para a esquerda, (*c*) para cima, (*d*) para baixo, (*e*) a aceleração do projétil é zero.

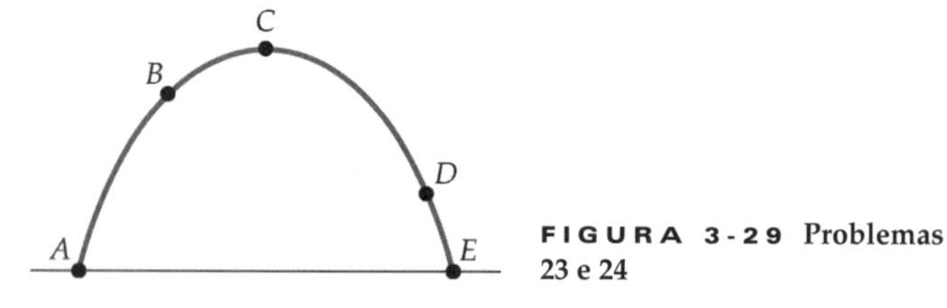

FIGURA 3-29 Problemas 23 e 24

24 • A Figura 3-29 representa a trajetória parabólica de um projétil indo de A para E. A resistência do ar é desprezível. (*a*) Em que ponto(s) a rapidez é máxima? (*b*) Em que ponto(s) a rapidez é mínima? (*c*) Em que dois pontos a rapidez é a mesma? A velocidade também é a mesma nesses pontos?

25 • Verdadeiro ou falso:

(*a*) Se a rapidez de um objeto é constante, então sua aceleração deve ser zero.

(*b*) Se a aceleração de um objeto é zero, então sua rapidez deve ser constante.

(*c*) Se a aceleração de um objeto é zero, então sua velocidade deve ser constante.

(*d*) Se a rapidez de um objeto é constante, então sua velocidade deve ser constante.

(*e*) Se a velocidade de um objeto é constante, então sua rapidez deve ser constante.

26 • As velocidades inicial e final de uma partícula são como as mostradas na Figura 3-30. Encontre a orientação da aceleração média.

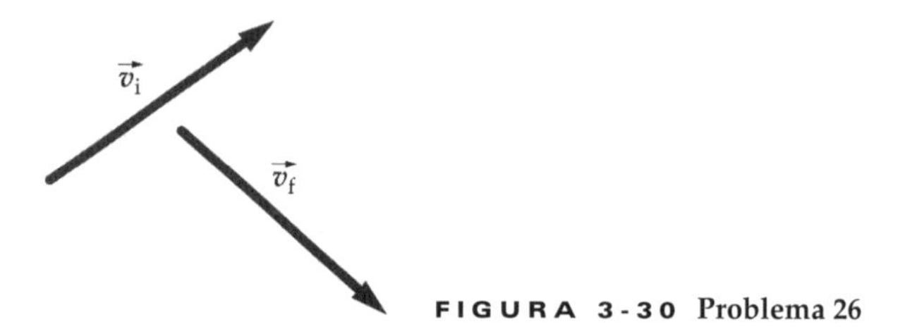

FIGURA 3-30 Problema 26

27 •• O percurso automobilístico mostrado na Figura 3-31 é feito de linhas retas e arcos de círculo. O automóvel parte do repouso no ponto A. Depois de atingir o ponto B, ele viaja com rapidez constante até atingir o ponto E. Ele chega em repouso ao ponto F. (*a*) No meio de cada segmento (AB, BC, CD, DE e EF), qual é a orientação do vetor velocidade? (*b*) Em qual destes trechos o automóvel tem uma aceleração não nula? Nestes casos, qual é a orientação da aceleração? (*c*) Como você compara as magnitudes das acelerações dos segmentos BC e DE?

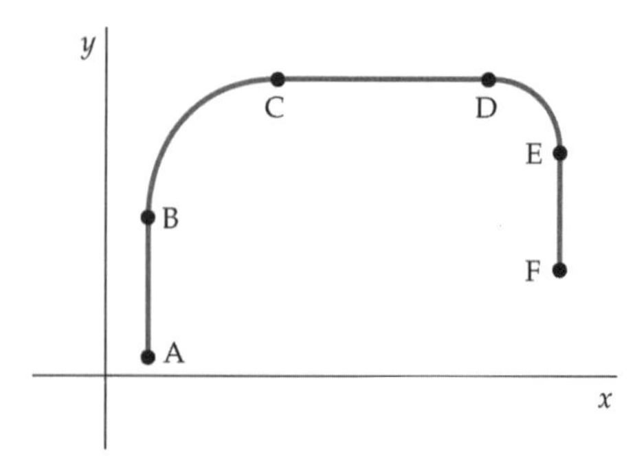

FIGURA 3-31 Problema 27

28 •• Dois canhões estão apontados um para o outro, como mostrado na Figura 3-32. Quando disparadas, as balas seguirão as trajetórias mostradas — P é o ponto onde as trajetórias se cruzam. Para que as balas se encontrem, os artilheiros devem disparar antes o canhão A, ou antes o canhão B, ou devem disparar os dois simultaneamente? Ignore efeitos de resistência do ar.

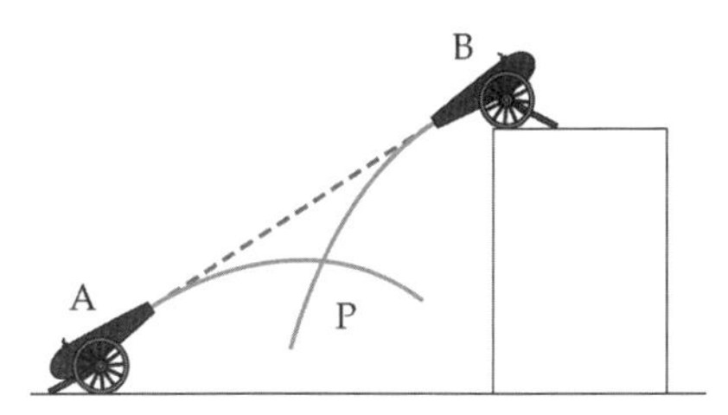

FIGURA 3-32
Problema 28

29 •• Galileu escreveu o que se segue, em seu *Diálogo sobre os dois principais sistemas do mundo*: "Feche-se ... na cabine principal sob o convés de algum grande navio e ... suspenda acima de uma grande bacia uma garrafa que é esvaziada, gota a gota. Observando [isto] cuidadosamente ... e fazendo o navio viajar com a rapidez que você quiser, desde que o movimento seja uniforme e sem nenhuma variação ... as gotas cairão como antes dentro da bacia abaixo, sem nenhum desvio para a popa, apesar de o navio ter feito um bom percurso enquanto as gotas estavam no ar." Explique esta citação.

30 •• Um homem gira uma pedra presa a uma corda em um círculo horizontal, com rapidez constante. A Figura 3-33 representa o caminho da pedra visto de cima. (*a*) Quais dos vetores podem representar a velocidade da pedra? (*b*) Qual deles pode representar a aceleração?

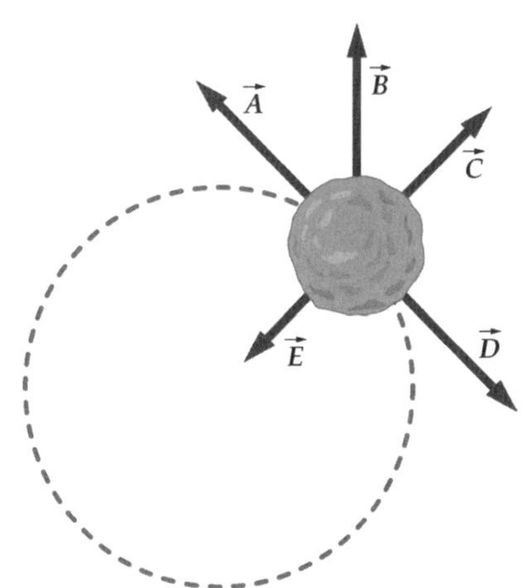

FIGURA 3-33
Problema 30

31 •• Verdadeiro ou falso:
(*a*) Um objeto não pode se mover em círculo a menos que tenha aceleração centrípeta.
(*b*) Um objeto não pode se mover em círculo a menos que tenha aceleração tangencial.
(*c*) Um objeto movendo-se em círculo não pode ter rapidez variável.
(*d*) Um objeto movendo-se em círculo não pode ter velocidade constante.

32 •• Usando um diagrama de movimento, encontre a orientação da aceleração da massa de um pêndulo quando ela está em um ponto onde ele está justamente revertendo o sentido de oscilação.

33 •• **RICO EM CONTEXTO** Enquanto você realiza seu primeiro salto de *bungee-jump*, seu amigo registra sua queda usando uma câmara digital. Fazendo a análise quadro a quadro, ele conclui que a componente y de sua velocidade (registrada a cada 1/20 de um segundo) vale:

t (s)	12,05	12,10	12,15	12,20	12,25	12,30	12,35	12,40	12,45
v_y (m/s)	−0,78	−0,69	−0,55	−0,35	−0,10	0,15	0,35	0,49	0,53

(*a*) Desenhe um diagrama de movimento. Use-o para encontrar a orientação e a magnitude relativa de sua aceleração média para cada um dos oito sucessivos intervalos de tempo de 0,050 s da tabela. (*b*) Comente como a componente y de sua aceleração varia, ou não varia, em sinal e em magnitude, quando você reverte o sentido de seu movimento.

ESTIMATIVA E APROXIMAÇÃO

34 •• **RICO EM CONTEXTO** Estime a rapidez, em mph, com que a água sai da mangueira de jardim, usando o que você já observou sobre água saindo da mangueira de jardim e o seu conhecimento sobre movimento de projéteis.

35 •• **RICO EM CONTEXTO** Você está exercitando sua habilidade com um bastão de beisebol. Faça uma estimativa da aceleração de uma bola rápida, na colisão com o bastão, quando você a rebate de volta pelo mesmo caminho inicial. Você precisará fazer algumas escolhas razoáveis para os valores da rapidez da bola, exatamente antes e exatamente depois do choque, e para o tempo de contato entre a bola e o bastão.

36 •• Estime a que distância você pode atirar uma bola se você a atira (*a*) horizontalmente, a partir do nível do chão, (*b*) a um ângulo de $\theta = 45°$ acima da horizontal, a partir do nível do chão, (*c*) horizontalmente, a partir do topo de um edifício de 12 m de altura, (*d*) a um ângulo de $\theta = 45°$ acima da horizontal, a partir do topo de um edifício de 12 m de altura. Ignore a resistência do ar.

37 •• Em 1978, Geoff Capes, da Grã-Bretanha, atirou um tijolo pesado a uma distância horizontal de 44,5 m. Encontre a rapidez aproximada do tijolo no ponto de altura máxima do seu vôo, desprezando efeitos da resistência do ar. Considere que o tijolo chegou ao solo na mesma altura de onde tinha saído.

VETORES POSIÇÃO, DESLOCAMENTO, VELOCIDADE E ACELERAÇÃO

38 • O ponteiro dos minutos de um relógio de parede tem um comprimento de 0,50 m e o ponteiro das horas tem o comprimento de 0,25 m. Tome o centro do relógio como origem e use um sistema de coordenadas cartesianas com o eixo x positivo apontando para as 3 horas e o eixo y positivo apontando para as 12 horas. Usando os vetores unitários $\hat{i}$ e $\hat{j}$, expresse os vetores posição da ponta do ponteiro das horas ($\vec{A}$) e da ponta do ponteiro dos minutos ($\vec{B}$) quando o relógio marca (*a*) 12:00, (*b*) 3:00, (*c*) 6:00, (*d*) 9:00.

39 • No Problema 38, encontre os deslocamentos da ponta de cada ponteiro (isto é, $\Delta\vec{A}$ e $\Delta\vec{B}$) quando o tempo avança de 3:00 p.m. para 6:00 p.m.

40 • No Problema 38, escreva o vetor que descreve o deslocamento de uma mosca que rapidamente se desloca da ponta do ponteiro dos minutos para a ponta do ponteiro das horas às 3:00 p.m.

41 • **CONCEITUAL, APROXIMAÇÃO** Um urso, acordando durante sua hibernação, sai cambaleando diretamente para nordeste ao longo de 12 m, e, depois, para leste, por mais 12 m. Mostre graficamente cada um destes deslocamentos e determine, graficamente, o deslocamento único que levará o urso de volta a sua caverna para continuar hibernando.

42 • Um explorador caminha 2,4 km para o leste, a partir do acampamento, vira então para a esquerda e caminha 2,4 km sobre um arco de círculo centrado no acampamento e, finalmente, caminha mais 1,5 km direto para o acampamento. (*a*) A que distância o explorador está do acampamento ao fim dessa caminhada? (*b*) Qual a orientação da posição do explorador em relação ao acampamento? (c) Qual é a razão entre a magnitude final do deslocamento e a distância total caminhada?

43 • As faces de um armário de ferramentas cúbico, em sua garagem, têm lados de 3,0 m e são paralelos aos planos coordenados xyz. O cubo tem um vértice na origem. Uma barata, procurando migalhas de comida, parte desse vértice e caminha ao longo de três arestas, até atingir o vértice oposto. (*a*) Escreva o deslocamento da barata usando o conjunto de vetores unitários $\hat{i}$, $\hat{j}$ e $\hat{k}$, e (*b*) encontre a magnitude deste deslocamento.

44 • **RICO EM CONTEXTO** Você é o navegador de um navio em alto mar. Você recebe sinais de rádio de dois transmissores, A e B, que estão separados de 100 km, um ao sul do outro. Seu radar mostra que o transmissor A está a um ângulo de 30° ao sul do leste, a partir do navio, enquanto o transmissor B está a leste. Calcule a distância entre seu navio e o transmissor B.

45 • Um radar estacionário indica que um navio está 10 km ao sul dele. Uma hora depois, o mesmo navio está 20 km a sudeste. Se o navio se deslocou com rapidez constante e sempre no mesmo sentido, qual era sua velocidade nesse tempo?

46 • As coordenadas de posição (x, y) de uma partícula são (2,0 m, 3,0 m) em $t = 0$; (6,0 m, 7,0 m) em $t = 2{,}0$ s; e (13 m, 14 m) em $t = 5{,}0$ s. (*a*) Encontre a magnitude da velocidade média de $t = 0$ até $t = 2{,}0$ s. (*b*) Encontre a magnitude da velocidade média de $t = 0$ até $t = 5{,}0$ s.

47 • Uma partícula, movendo-se à velocidade de 4,0 m/s no sentido $+x$, tem uma aceleração de 3,0 m/s² no sentido $+y$, durante 2,0 s. Encontre a rapidez final da partícula.

48 • Inicialmente, um falcão está se movendo para o oeste com uma rapidez de 30 m/s; 5,0 s após, ele está se movendo para o norte com uma rapidez de 20 m/s. (*a*) Qual é a magnitude e a orientação de $\Delta\vec{v}$ durante este intervalo de 5,0 s? (*b*) Quais são a magnitude e a orientação de $\vec{a}_{\text{méd}}$ durante este intervalo de 5,0 s?

49 • Em $t = 0$, uma partícula localizada na origem tem uma velocidade de 40 m/s a $\theta = 45°$. Em $t = 3{,}0$ s, a partícula está em $x = 100$ m e $y = 80$ m e tem uma velocidade de 30 m/s a $\theta = 50°$. Calcule (*a*) a velocidade média e (*b*) a aceleração média da partícula durante este intervalo de 3,0 s.

50 •• No tempo zero, uma partícula está em $x = 4{,}0$ m e $y = 3{,}0$ m e tem a velocidade $\vec{v} = (2{,}0\ \text{m/s})\hat{i} + (-9{,}0\ \text{m/s})\hat{j}$. A aceleração da partícula é constante e dada por $\vec{a} = (4{,}0\ \text{m/s}^2)\hat{i} + (3{,}0\ \text{m/s}^2)\hat{j}$. (*a*) Encontre a velocidade em $t = 2{,}0$ s. (*b*) Expresse o vetor posição em $t = 4{,}0$ s em termos de $\hat{i}$ e $\hat{j}$. Além disso, dê a magnitude e a orientação do vetor posição neste tempo.

51 •• Uma partícula tem um vetor posição dado por $\vec{r} = (30t)\hat{i} + (40t - 5t^2)\hat{j}$, onde r está em metros e t em segundos. Encontre os vetores velocidade instantânea e aceleração instantânea como funções do tempo t.

52 •• Uma partícula tem uma aceleração constante $\vec{a} = (6{,}0\ \text{m/s}^2)\hat{i} + (4{,}0\ \text{m/s}^2)\hat{j}$. No tempo $t = 0$, a velocidade é zero e o vetor posição é $\vec{r}_0 = (10\ \text{m})\hat{i}$. (*a*) Encontre os vetores velocidade e posição em função do tempo t. (*b*) Encontre a equação da trajetória da partícula no plano xy e esboce a trajetória.

53 •• Partindo do repouso no cais, um barco a motor, em um lago, aponta para o norte enquanto ganha rapidez a uma taxa constante de 3,0 m/s² durante 20 s. O barco, então, aponta para o oeste e continua por 10 s com a rapidez que tinha aos 20 s. (*a*) Qual é a velocidade média do barco durante a viagem de 30 s? (*b*) Qual é a aceleração média do barco durante a viagem de 30 s? (*c*) Qual é o deslocamento do barco durante a viagem de 30 s?

54 •• Partindo do repouso no ponto A, você dirige sua moto até o ponto B, ao norte, distante 75,0 m, aumentando a rapidez a uma taxa constante de 2,00 m/s². Então, você vai gradualmente virando para o leste ao longo de um caminho circular de 50,0 m de raio, com uma rapidez constante, de B até o ponto C, até que o sentido de seu movimento aponta para o leste, em C. Então, você continua para o leste, reduzindo a rapidez a uma taxa constante de 1,00 m/s², até atingir o repouso no ponto D. (*a*) Quais são suas velocidade e aceleração médias, para a viagem entre A e D? (*b*) Qual é o seu deslocamento durante a viagem de A até D? (*c*) Qual a distância que você percorreu, em toda a viagem de A até C?

VELOCIDADE RELATIVA

55 •• A rapidez de um avião voando em ar parado é de 250 km/h. Um vento sopra a 80 km/h no sentido que aponta 60° a leste do norte. (*a*) Em qual sentido o avião deve apontar para viajar para o norte em relação ao solo? (*b*) Qual é a rapidez do avião em relação ao solo?

56 •• Uma nadadora visa diretamente a margem oposta de um rio, viajando a 1,6 m/s em relação à água. Ela chega do outro lado 40 m rio abaixo. O rio tem uma largura de 80 m. (*a*) Qual é a rapidez da correnteza? (*b*) Qual é a rapidez da nadadora em relação à margem? (*c*) Em que sentido a nadadora deve apontar, se quiser chegar do outro lado do rio em um ponto diretamente oposto ao ponto de partida?

57 •• Um pequeno avião parte do ponto A para chegar a um aeroporto que está 520 km ao norte, no ponto B. A rapidez do avião no ar parado é de 240 km/h e há um vento constante de 50 km/h soprando diretamente para o sudeste. Determine para onde o avião deve apontar e o tempo de vôo.

58 •• Dois atracadouros estão afastados de 2,0 km, na mesma margem de um rio que corre a 1,4 km/h. Um barco a motor faz a viagem de ida-e-volta entre os dois atracadouros em 50 min. Qual é a rapidez do barco em relação à água?

59 •• **APLICAÇÃO EM ENGENHARIA, RICO EM CONTEXTO** Durante uma competição de aeromodelismo controlado por rádio, cada avião deve voar do centro de um círculo de 1,0 km de raio para qualquer ponto do círculo, e retornar ao centro. O vencedor é o avião com o menor tempo de ida-e-volta. Os concorrentes são livres para fazer seus aviões voarem seguindo qualquer rota, desde que o avião comece no centro, viaje até o círculo, e depois retorne ao centro. No dia da prova, um vento constante sopra do norte a 5,0 m/s. Seu avião pode manter uma rapidez no ar parado de 15 m/s. Você deve fazer seu avião voar contra o vento na ida e a favor do vento na volta, ou cruzando o vento, voando primeiro para o leste e depois para o oeste? Aumente suas chances calculando o tempo de ida-e-volta para ambas as rotas, usando seus conhecimentos sobre vetores e velocidades relativas. Com este cálculo prévio, você pode decidir pela melhor rota e levar vantagem na competição!

60 •• **RICO EM CONTEXTO** Você está pilotando um pequeno avião que pode manter, em ar parado, uma rapidez de 150 nós (um nó equivale a uma milha náutica por hora) e pretende voar para o norte (azimute = 000°) em relação ao chão. (*a*) Se um vento de 30 nós está soprando do leste (azimute = 090°), calcule para onde (azimute) você deve pedir que seu co-piloto aponte. (*b*) Nesta situação, qual é sua rapidez em relação ao solo?

61 •• O carro A está viajando para o leste a 20 m/s ao encontro de um cruzamento. Enquanto o carro A está passando pelo cruzamento, o carro B parte do repouso 40 m ao norte do cruzamento e viaja para o sul, ganhando rapidez uniformemente a 2,0 m/s². Seis segundos depois de A ter passado pelo cruzamento, encontre (*a*) a posição de B em relação a A, (*b*) a velocidade de B em relação a A, (*c*) a aceleração de B em relação a A. *Dica: Faça os vetores unitários $\hat{i}$ e $\hat{j}$ apontarem para o leste e o norte, respectivamente, e expresse suas respostas usando $\hat{i}$ e $\hat{j}$.*

62 •• Caminhando entre portões de um aeroporto, você repara em uma criança correndo em uma esteira rolante. Estimando que a criança corre com a rapidez constante de 2,5 m/s em relação à superfície da esteira, você resolve tentar determinar a rapidez da própria esteira. Você vê que a criança percorre os 21 m da esteira, em um sen-

tido, vira imediatamente e retorna correndo ao seu ponto de partida. A viagem inteira leva um tempo de 22 s. Dadas estas informações, qual é a rapidez da esteira rolante em relação ao terminal do aeroporto?

63 •• Benjamim e José estão fazendo compras em uma loja de departamentos. Benjamim deixa José embaixo da escada rolante e caminha para o leste com uma rapidez de 2,4 m/s. José toma a escada rolante, que está inclinada de um ângulo de 37° acima da horizontal e viaja para o leste e para cima com uma rapidez de 2,0 m/s. (*a*) Qual é a velocidade de Benjamim em relação a José? (*b*) Com que rapidez José deve caminhar na escada para estar sempre exatamente acima de Benjamim (até chegar no topo da escada)?

64 ••• Um malabarista, viajando em um trem, atira uma bola verticalmente para cima, em relação ao trem, com uma rapidez de 4,90 m/s. O trem tem uma velocidade de 20,0 m/s para o leste. Como visto pelo malabarista, (*a*) qual é o tempo total de vôo da bola e (*b*) qual é o deslocamento da bola durante sua subida? De acordo com um amigo parado fora, junto aos trilhos, (*c*) qual é a rapidez inicial da bola, (*d*) qual é o ângulo de lançamento e (*e*) qual é o deslocamento da bola durante sua subida?

MOVIMENTO CIRCULAR E ACELERAÇÃO CENTRÍPETA

65 • Qual é a magnitude da aceleração da extremidade do ponteiro dos minutos do relógio do Problema 38? Expresse-a como uma fração da magnitude da aceleração de queda livre g.

66 • **RICO EM CONTEXTO** Você está projetando uma centrífuga para girar a uma taxa de 15.000 rev/min. (*a*) Calcule a máxima aceleração centrípeta que pode suportar um tubo de ensaio preso ao braço da centrífuga a 15 cm do eixo de rotação. (*b*) A centrífuga leva 1 min e 15 s para atingir, a partir do repouso, sua taxa máxima de rotação. Calcule a *magnitude* da aceleração tangencial da centrífuga, suposta constante, enquanto ela está girando.

67 ••• A Terra gira em torno de seu eixo uma vez a cada 24 horas, de forma que os objetos em sua superfície executam movimento circular uniforme em torno do eixo com um período de 24 horas. Considere apenas o efeito desta rotação sobre uma pessoa na superfície. (Ignore o movimento orbital da Terra em torno do Sol.) (*a*) Qual é a rapidez, e qual é a magnitude da aceleração de uma pessoa no equador? (Expresse a magnitude desta aceleração como uma porcentagem de g.) (*b*) Qual é a orientação do vetor aceleração? (*c*) Qual é a rapidez e qual é a magnitude da aceleração de uma pessoa na superfície, a 35° de latitude norte? (*d*) Qual é o ângulo entre o sentido da aceleração da pessoa a 35° de latitude norte e o sentido da aceleração da pessoa no equador, se as duas pessoas estão em uma mesma longitude?

68 •• Determine a aceleração da Lua em torno da Terra, usando os valores de distância média e período orbital da tabela de Dados Terrestres e Astronômicos deste livro. Suponha a órbita circular. Expresse a aceleração como uma fração de g.

69 •• (*a*) Quais são o período e a rapidez de uma pessoa em um carrossel, se a pessoa tem uma aceleração com a magnitude de 0,80 m/s² quando situada a 4,0 m do eixo? (*b*) Quais são a magnitude de sua aceleração e sua rapidez, se ela se desloca até uma distância de 2,0 m ao centro do carrossel e o carrossel segue girando com o mesmo período?

70 ••• Pulsares são estrelas de nêutrons que emitem raios X e outras radiações de tal forma que nós, na Terra, recebemos pulsos de radiação dos pulsares em intervalos regulares iguais ao período de sua rotação. Alguns desses pulsares giram com períodos tão pequenos como 1 ms! O pulsar do Caranguejo, localizado dentro da nebulosa do Caranguejo, na constelação de Orion, tem, atualmente, um período de 33,085 ms. Estima-se que seu raio equatorial seja de 15 km, um valor médio para o raio de uma estrela de nêutrons. (*a*) Qual é o valor da aceleração centrípeta de um objeto na superfície e no equador de um pulsar? (*b*) Observa-se que muitos pulsares têm períodos que vão aumentando lentamente com o tempo, um fenômeno chamado de redução de rotação. A taxa de redução do Pulsar do Caranguejo é $3{,}5 \times 10^{-13}$ s por segundo, o que implica que, se esta taxa se mantiver constante, o pulsar do Caranguejo parará de girar em $9{,}5 \times 10^{10}$ s (daqui a cerca de 3000 anos). Qual é a aceleração tangencial de um objeto no equador desta estrela de nêutrons?

71 ••• **APLICAÇÃO BIOLÓGICA** O sangue humano contém plasma, plaquetas e células sangüíneas. Para separar o plasma dos demais componentes, é utilizada a centrifugação. Uma centrifugação efetiva requer submeter o sangue a uma aceleração de 2000g ou mais. Sejam, sob estas condições, tubos de ensaio de 15 cm de comprimento repletos de sangue. Estes tubos estão girando na centrífuga inclinados de um ângulo de 45,0° acima da horizontal (Figura 3-34). (*a*) Qual é a distância ao eixo de rotação de uma amostra de sangue em uma centrífuga que gira a 3500 rpm, se ela tem uma aceleração de 2000g? (*b*) Se o sangue no centro do tubo gira em torno do eixo de rotação à distância calculada na Parte (*a*), calcule as acelerações que o sangue experimenta em cada extremidade do tubo de ensaio. Expresse todas as acelerações como múltiplos de g.

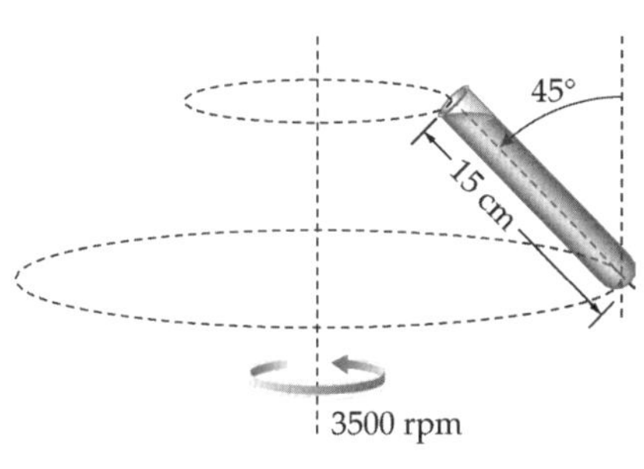

FIGURA 3-34 Problema 71

MOVIMENTO DE PROJÉTEIS E ALCANCE

72 • Você faz um arremesso, lançando uma bola de beisebol a 87 mi/h até a base, que está distante 18,4 m. Quanto a bola terá caído, por efeito da gravidade, ao chegar à base? (Ignore a resistência do ar.)

73 • Um projétil é lançado com a rapidez v_0 a um ângulo θ_0 acima da horizontal. Encontre uma expressão para a altura máxima que ele atinge, acima do ponto de lançamento, em função de v_0, θ_0 e g. (Ignore a resistência do ar.)

74 •• Uma bala de canhão é disparada com uma rapidez inicial v_0 a um ângulo de 30° acima da horizontal, de uma altura de 40 m acima do chão. O projétil chega ao chão com uma rapidez de $1{,}2v_0$. Encontre v_0. (Ignore a resistência do ar.)

75 •• Na Figura 3-35, qual é a rapidez inicial mínima que o dardo deve ter para atingir o macaco antes que este chegue ao chão, que está 11,2 m abaixo da posição inicial do macaco, se x = 50 m e h = 10 m? (Ignore a resistência do ar.)

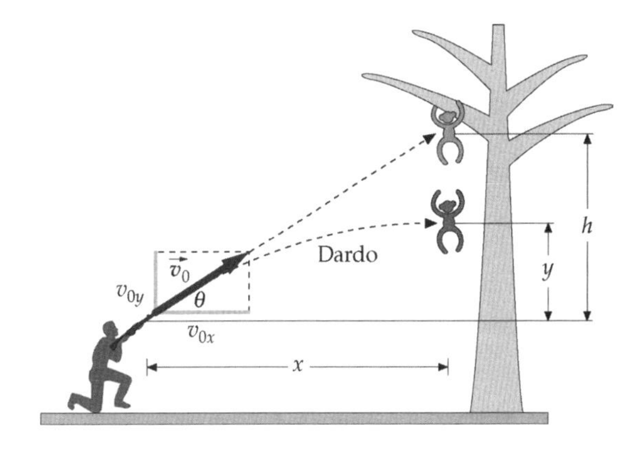

FIGURA 3-35 Problema 75

76 •• Um projétil é lançado do nível do chão com uma rapidez inicial de 53 m/s. Encontre o ângulo de lançamento (o ângulo que o vetor velocidade inicial forma acima da horizontal) de forma que a altura máxima do projétil seja igual ao seu alcance horizontal. (Ignore a resistência do ar.)

77 •• Uma bola lançada do nível do chão volta ao chão, no mesmo nível, 2,44 s após, a uma distância de 40,0 m do ponto de lançamento. Encontre a magnitude do vetor velocidade inicial e o ângulo que ele forma acima da horizontal. (Ignore a resistência do ar.)

78 •• Considere uma bola lançada do chão com uma rapidez inicial v_0 a um ângulo θ_0 acima da horizontal. Chamando de v a rapidez a uma altura h acima do chão, mostre que, para um dado valor de h, v é independente de θ_0. (Ignore a resistência do ar.)

79 ••• A $\frac{1}{2}$ de sua altura máxima, a rapidez de um projétil é $\frac{3}{4}$ de sua rapidez inicial. Qual foi o ângulo de lançamento? (Ignore a resistência do ar.)

80 •• Um avião de carga está voando horizontalmente a uma altitude de 12 km, com uma rapidez de 900 km/h, quando um grande caixote cai da rampa de acesso traseira. (Ignore a resistência do ar.) (*a*) Quanto tempo o caixote leva para chegar ao solo? (*b*) Ao atingir o solo, qual é a distância horizontal do caixote ao ponto em que ele se soltou do avião? (*c*) Ao atingir o solo, qual é a distância do caixote ao avião, supondo que este continuou com a mesma velocidade?

81 •• O Coiote (*Carnivorus famelicus*) está perseguindo o Papa-léguas (*Ligeiribus ariscus*). Na corrida, eles chegam a um profundo desfiladeiro, com 15,0 m de largura e 100 m de profundidade. Papa-léguas se lança a um ângulo de 15° acima da horizontal e chega do outro lado com 1,5 m de folga. (*a*) Qual foi a rapidez de lançamento do Papa-léguas? (*b*) O Coiote também pula para cruzar o desfiladeiro, com a mesma rapidez inicial, mas a um ângulo diferente. Para seu desespero, ele vê que erra o outro lado por 0,50 m. Qual foi seu ângulo de lançamento? (Suponha este ângulo menor que 15°.)

82 •• O cano de um canhão está elevado de 45° acima da horizontal. Ele dispara uma bala com uma rapidez de 300 m/s. (*a*) Que altura a bala atinge? (*b*) Quanto tempo a bala fica no ar? (*c*) Qual o alcance horizontal da bala de canhão? (Ignore a resistência do ar.)

83 •• Uma pedra, atirada horizontalmente do alto de uma torre de 24 m de altura, atinge o chão em um ponto que dista 18 m da base da torre. (*a*) Encontre a rapidez com que a pedra foi atirada. (*b*) Encontre a rapidez da pedra justo antes de atingir o chão.

84 •• Um projétil é disparado do topo de uma colina de 200 m de altura, sobre um vale (Figura 3-36). Sua velocidade inicial é de 60 m/s, a 60° acima da horizontal. Onde o projeto cai? (Ignore a resistência do ar.)

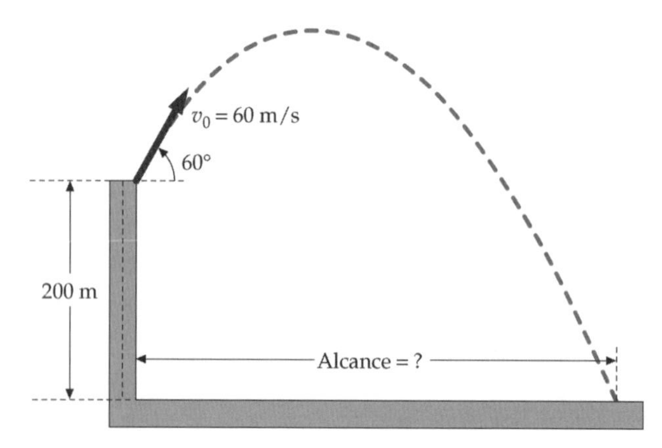

FIGURA 3-36 Problema 84

85 •• O alcance de uma bala de canhão disparada horizontalmente de um morro é igual à altura do morro. Qual é a orientação do vetor velocidade do projétil ao atingir o chão? (Ignore a resistência do ar.)

86 •• Um peixe-arqueiro lança uma gota d'água da superfície de um pequeno lago, a um ângulo de 60° acima da horizontal. Seu alvo é uma apetitosa aranha sentada em uma folha distante 50 cm, para o leste, em um ramo que está a uma altura de 25 cm acima da superfície da água. O peixe está tentando derrubar a aranha na água, para comê-la. (*a*) Para que ele seja bem-sucedido, qual deve ser a rapidez inicial da gota d'água? (*b*) Ao atingir a aranha, a gota d'água está subindo ou descendo?

87 •• **RICO EM CONTEXTO** Você tentará um chute de bola parada, a 50,0 m do gol, cujo travessão está a 3,05 m do chão. Trata-se de futebol americano e você deve acertar *acima* do travessão. Você chuta a bola a 25,0 m/s e a 30° acima da horizontal. (*a*) Você consegue marcar o gol? (*b*) Caso afirmativo, a que distância a bola passou acima do travessão? Caso contrário, a que distância a bola passou abaixo do travessão? (*c*) A que distância cai a bola depois de passar pelo travessão?

88 •• A rapidez de uma flecha ao abandonar o arco é de cerca de 45,0 m/s. (*a*) Um arqueiro, a cavalo, atira uma flecha a um ângulo de 10° acima da horizontal. Se a seta está 2,25 m acima do chão quando lançada, qual é seu alcance horizontal? Suponha o chão plano e ignore a resistência do ar. (*b*) Suponha, agora, que o cavalo está galopando, e que a flecha é lançada para a frente. Suponha, também, que o ângulo de elevação, no lançamento, seja o mesmo da Parte (*a*). Se a rapidez do cavalo é 12,0 m/s, qual é, agora, o alcance da flecha?

89 •• O teto de uma casa de dois andares forma um ângulo de 30° com a horizontal. Uma bola, rolando pelo teto, abandona-o com uma rapidez de 5,0 m/s. A distância ao chão, deste ponto, é 7,0 m. (*a*) Quanto tempo a bola permanece no ar? (*b*) A que distância da casa ela cai? (*c*) Qual sua rapidez e orientação justo antes de atingir o chão?

90 •• Determine $dR/d\theta_0$ a partir de $R = (v_0^2/g)$ sen $(2\theta_0)$e mostre que, fazendo $dR/d\theta_0 = 0$, você obtém $\theta_0 = 45°$ para o alcance máximo.

91 •• Em uma história curta de ficção científica escrita nos anos de 1970, Ben Bova descreveu um conflito entre duas colônias hipotéticas na Lua — uma fundada pelos Estados Unidos e a outra pela União Soviética. Na história, os colonos de cada lado começaram a disparar uns contra os outros, para perceberem, espantados, que as velocidades com que as balas saíam dos rifles eram tão altas que os projéteis entravam em órbita. (*a*) Se a aceleração de queda livre na Lua é 1,67 m/s², qual é o alcance máximo de um projétil atirado a 900 m/s? (Despreze a curvatura da superfície da Lua.) (*b*) Qual deve ser a rapidez do projétil ao abandonar o rifle para que ele entre em órbita circular rente à superfície da Lua?

92 ••• Uma bola é lançada de um solo plano a um ângulo de 55° acima da horizontal, com uma rapidez inicial de 22 m/s. Ela cai sobre uma superfície dura e repica, atingindo uma altura máxima igual a 75 por cento daquela atingida no primeiro arco de trajetória. (Ignore a resistência do ar.) (*a*) Qual é a altura máxima atingida no primeiro arco parabólico? (*b*) A que distância horizontal do ponto de lançamento a bola caiu pela primeira vez? (*c*) A que distância horizontal do ponto de lançamento a bola caiu pela segunda vez? Suponha que a componente horizontal da velocidade se mantém constante, na colisão da bola com o chão. *Dica: Você não pode supor que a bola abandona o chão, após a colisão, a um mesmo ângulo acima da horizontal que no lançamento inicial.*

93 ••• Calculamos, no texto, o alcance de um projétil que cai no mesmo nível de onde foi lançado e encontramos $R = (v_0^2/g)$ sen $2\theta_0$. Uma bola de golfe recebe uma tacada inicial de 45,0 m/s a um ângulo de 35,0° e cai na grama 20,0 m abaixo do ponto da tacada (Figura 3-37). (Ignore a resistência do ar.) (*a*) Calcule o alcance, usando a equação $R = (v_0^2/g)$ sen $2\theta_0$, mesmo a bola tendo sido lançada de um ponto mais elevado. (*b*) Mostre que o alcance, no caso mais geral (Figura

3-37), é dado por $R = \left(1 + \sqrt{1 - \frac{2gy}{v_0^2 \text{ sen}^2 \theta_0}}\right)\frac{v_0^2}{2g}$ sen $2\theta_0$, onde y é a altura da grama em relação ao ponto de lançamento, isto é, $y = -h$. (*c*) Calcule o alcance usando esta fórmula. Qual é o erro percentual ao ignorar o desnível?

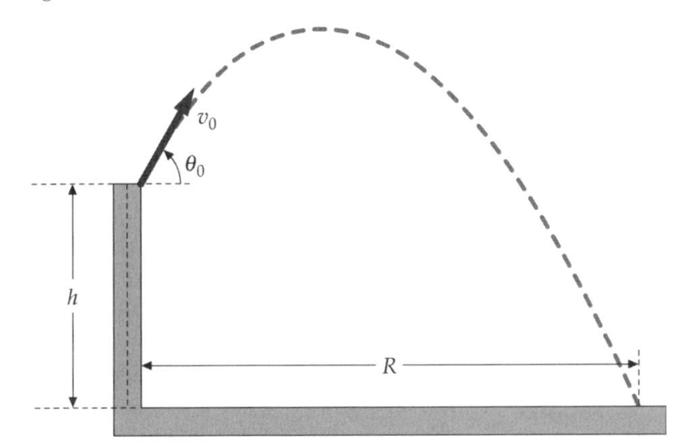

FIGURA 3-37 Problema 93

94 ••• **VÁRIOS PASSOS** Calculamos, no texto, o alcance de um projétil que cai no mesmo nível de onde foi lançado e encontramos $R = (v_0^2/g)$ sen $2\theta_0$ se a resistência do ar é ignorada. (*a*) Mostre que, sob as mesmas condições e com a mesma rapidez inicial e o mesmo ângulo de lançamento, a variação do alcance, para uma pequena variação da aceleração da gravidade g, é dada por $\Delta R/R = -\Delta g/g$. (*b*) Qual seria o alcance horizontal a uma altitude onde g é 0,50 por cento menor que no nível do mar se este alcance é igual a 400 ft no nível do mar?

95 ••• **VÁRIOS PASSOS, APROXIMAÇÃO** Calculamos, no texto, o alcance de um projétil que cai no mesmo nível de onde foi lançado, e encontramos $R = (v_0^2/g)$ sen $2\theta_0$ se a resistência do ar é ignorada. (*a*) Mostre que, sob as mesmas condições e com o mesmo ângulo de lançamento e a mesma aceleração da gravidade, a variação do alcance, para uma pequena variação da rapidez de lançamento, é dada por $\Delta R/R = 2\Delta v_0/v_0$. (*b*) Suponha que o alcance de um projétil foi de 200 m. Use a fórmula da Parte (*a*) para estimar o aumento do alcance se a rapidez de lançamento é aumentada em 20,0 por cento. (*c*) Compare sua resposta em (*b*) com o valor do aumento do alcance calculado diretamente de $R = (v_0^2/g)$ sen $2\theta_0$. Se os resultados das Partes (*b*) e (*c*) são diferentes, a estimativa foi muito pequena ou muito grande? E por quê?

96 ••• Um projétil, disparado com velocidade inicial desconhecida, cai 20,0 s depois no lado de um morro, a uma distância horizontal de 3000 m do ponto inicial e 450 m acima deste ponto. (Ignore a resistência do ar.) (*a*) Qual foi a componente vertical da velocidade inicial? (*b*) Qual foi a componente horizontal da velocidade inicial? (*c*) Qual foi a altura máxima em relação ao ponto de lançamento? (*d*) Ao atingir o solo, qual é sua rapidez e qual é o ângulo que o vetor velocidade forma com a vertical?

97 ••• Um projétil é lançado a um ângulo θ acima do nível do chão. Um observador, parado no ponto de lançamento, vê o projétil em seu ponto de altura máxima e mede o ângulo ϕ mostrado na Figura 3-38. Mostre que tan $\phi = \frac{1}{2}$tanθ. (Ignore a resistência do ar.)

98 ••• Um canhão de brinquedo é colocado em uma rampa inclinada de um ângulo ϕ. Se a bala é projetada rampa acima a um ângulo θ_0 acima da horizontal (Figura 3-39), com uma rapidez inicial v_0, mostre que o alcance R da bala (medido ao longo da rampa) é dado por $R = \frac{2v_0^2 \cos^2 \theta_0 (\tan \theta_0 - \tan \phi)}{g \cos \phi}$. Ignore a resistência do ar.

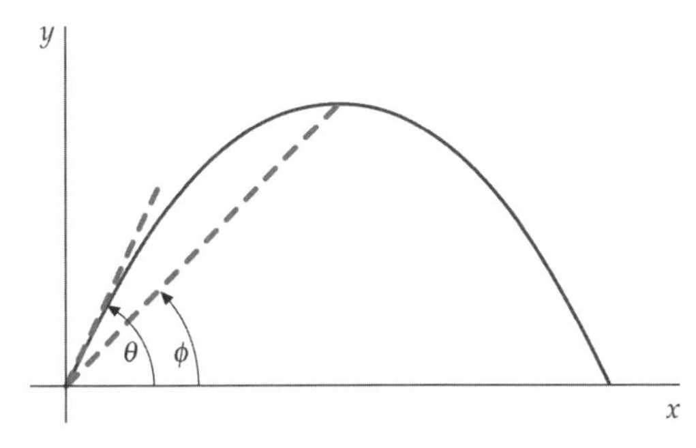

FIGURA 3-38 Problema 97

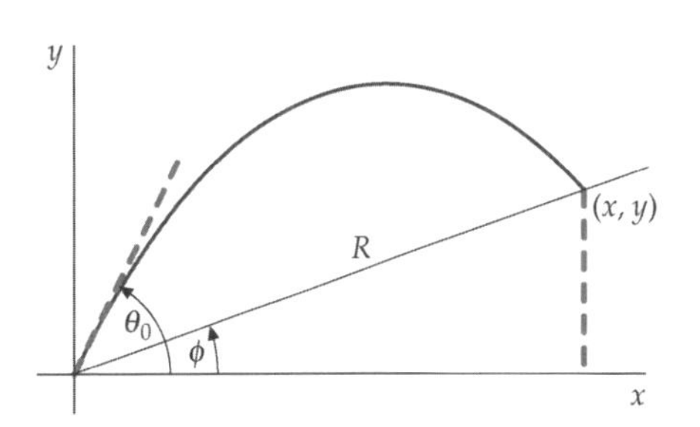

FIGURA 3-39 Problema 98

99 ••• Uma pedra é atirada do topo de um edifício de 20 m de altura a um ângulo de 53° acima da horizontal. (*a*) Se o alcance horizontal é igual à altura do prédio, com que rapidez a pedra foi atirada? (*b*) Quanto tempo ela fica no ar? (*c*) Qual é a velocidade da pedra justo antes de atingir o chão? (Ignore a resistência do ar.)

100 ••• Uma mulher atira uma bola contra um muro vertical 4,0 m à sua frente (Figura 3-40). A bola está 2,0 m acima do chão quando abandona a mão da mulher com uma velocidade de 14 m/s a 45°, conforme mostrado. Quando a bola atinge o muro, a componente horizontal de sua velocidade é revertida; a componente vertical não se altera. (*a*) Onde a bola atingiu o chão? (*b*) Quanto tempo a bola ficou no ar antes de atingir o muro? (*c*) Onde a bola atingiu o muro? (*d*) Quanto tempo a bola ficou no ar após abandonar o muro? Ignore a resistência do ar.

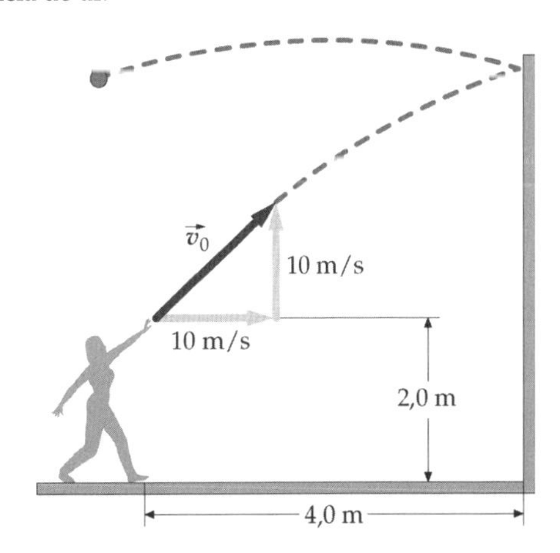

FIGURA 3-40 Problema 100

101 ••• **APLICAÇÃO EM ENGENHARIA** As catapultas existem há milhares de anos e eram historicamente utilizadas para lançar de tudo, de pedras a cavalos. Durante uma batalha onde hoje fica a Bavária, artilheiros criativos dos clãs germânicos unidos lançaram gigantescos *spaetzle* (uma receita alemã de massa) de suas catapultas contra uma fortificação romana cujos muros tinham 8,5 m de altura. As

catapultas lançaram os projéteis de *spaetzle* de uma altura de 4,00 m acima do chão e de uma distância de 38,0 m dos muros da fortificação, a um ângulo de 60,0 graus acima da horizontal (Figura 3-41). Se os projéteis deveriam atingir o topo do muro, espalhando massa sobre os soldados romanos que o guarneciam, (*a*) qual era a rapidez de lançamento necessária? (*b*) Quanto tempo os *spaetzle* permaneciam no ar? (*c*) Com que rapidez os projéteis atingiam o muro? Ignore a resistência do ar.

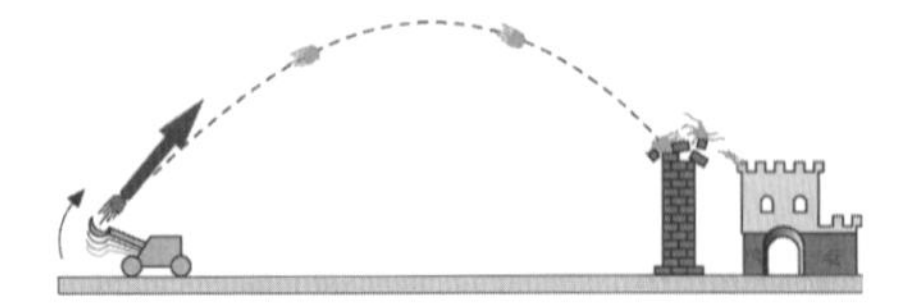

FIGURA 3-41 Problema 101

102 ••• Em uma partida de beisebol, o monte do arremessador fica 0,20 m acima do nível do campo e a 18,4 m da base. Um arremessador atira uma bola com uma rapidez inicial de 37,5 m/s. No momento em que a bola abandona a mão do arremessador, ela está 2,30 m acima do monte. (*a*) Qual deve ser o ângulo entre $\vec{v}_0$ e a horizontal para que a bola cruze a base 0,70 m acima do chão? (Ignore a resistência do ar.) (*b*) Com que rapidez a bola cruza a base?

103 ••• Você assiste seu amigo jogando hóquei. Durante o jogo, ele atinge o disco de tal forma que, ao chegar no seu ponto mais alto, o disco passa de raspão por cima do muro de acrílico de 2,80 m de altura que cerca o campo, distante 12,0 m do jogador. Encontre (*a*) a componente vertical da velocidade inicial, (*b*) o tempo para atingir o muro e (*c*) a componente horizontal da velocidade inicial, a rapidez inicial e o ângulo de lançamento. (Ignore a resistência do ar.)

104 ••• Carlos está pedalando, aproximando-se de um riacho de 7,0 m de largura. Uma rampa inclinada de 10° foi construída para aqueles corajosos que queiram tentar atravessar o riacho. Carlos desenvolve a máxima rapidez da bicicleta, 40 km/h. (*a*) Carlos deve tentar o salto ou deve frear? (*b*) Qual a menor rapidez que uma bicicleta deve ter, para realizar o salto? Suponha as margens do riacho no mesmo nível. (Ignore a resistência do ar.)

105 ••• Se um projétil que abandona a arma a 250 m/s deve atingir um alvo 100 m à frente, no mesmo nível da arma (1,7 m acima do nível do chão), a arma deve apontar para um ponto acima do alvo. (*a*) A que altura do alvo está este ponto? (*b*)A que distância, atrás do alvo, o projétil cairá? (Ignore a resistência do ar.)

PROBLEMAS GERAIS

106 •• Consertando o telhado de sua casa, você deixa o martelo cair acidentalmente. O martelo escorrega pelo telhado a uma rapidez constante de 4,0 m/s. O telhado faz um ângulo de 30° com a horizontal e seu ponto mais baixo está 10 m acima do chão. (*a*) Em quanto tempo, após abandonar o telhado, o martelo chega ao chão? (*b*) Qual é a distância horizontal percorrida pelo martelo, entre o instante em que abandona o telhado e o instante em que se choca com o chão? (Ignore a resistência do ar.)

107 •• Uma bola de *squash* tipicamente rebate de uma superfície voltando com 25 por cento da rapidez que tinha ao atingir a superfície. Seja uma bola de *squash* lançada em uma trajetória baixa, a uma altura de 45 cm do chão e a um ângulo de 6,0° acima da horizontal, e a uma distância de 12 m da parede à frente. (*a*) Se ela atinge a parede exatamente no ponto mais alto de sua trajetória, determine a que altura do chão a bola atinge a parede. (*b*) A que distância horizontal da parede ela chega ao chão após rebater? (Ignore a resistência do ar.)

108 •• Um jogador de futebol americano faz um lançamento (manual) a um ângulo de 36,5° acima da horizontal, em um ponto distante 3,50 m do ponto de onde partiu, 2,50 s antes, aquele que deve receber o passe. A rapidez deste companheiro é constante, de 7,50 m/s. Para que a bola chegue às mãos do companheiro, com que rapidez o lançamento deve ser feito? Suponha a bola lançada e recebida à mesma altura. (Ignore a resistência do ar.)

109 •• Suponha que um piloto de caça seja capaz de manter, com segurança, uma aceleração de até cinco vezes a aceleração da gravidade (mantendo-se consciente e alerta o suficiente para voar). Durante algumas manobras, ele recebe instruções para voar em um círculo horizontal com sua rapidez máxima, de 1900 mi/h. (*a*) Qual é o raio do menor círculo que ele será capaz de descrever com segurança? (*b*) Quanto tempo leva para ele descrever a metade deste caminho circular de raio mínimo?

110 •• Uma partícula se move no plano *xy* com aceleração constante. Em $t = 0$, a partícula está em $\vec{r}_1 = (4{,}0\ \text{m})\hat{i} + (3{,}0\ \text{m})\hat{j}$, com a velocidade $\vec{v}_1$. Em $t = 2{,}0$ s, a partícula está em $\vec{r}_2 = (10\ \text{m})\hat{i} - (2{,}0\ \text{m})\hat{j}$, com a velocidade $\vec{v}_2 = (5{,}0\ \text{m/s})\hat{i} - (6{,}0\ \text{m/s})\hat{j}$. (*a*) Encontre $\vec{v}_1$. (*b*) Qual é a aceleração da partícula? (*c*) Qual é a velocidade da partícula como função do tempo? (*d*) Qual é o vetor posição da partícula como função do tempo?

111 •• O avião A está voando para o leste com uma rapidez em relação ao ar de 400 mph. Diretamente abaixo, a uma distância de 4000 ft, o avião B está apontado para o norte, voando com uma rapidez em relação ao ar de 700 mph. Encontre o vetor velocidade do avião B em relação ao avião A.

112 •• Um mergulhador salta de um penhasco em Acapulco, no México, 30,0 m acima da superfície da água. Neste momento, ele aciona sua mochila-foguete horizontalmente, o que lhe dá uma aceleração horizontal constante de 5,00 m/s², sem afetar seu movimento vertical. (*a*) Quanto tempo ele leva até chegar à superfície da água? (*b*) A que distância da base do penhasco ele atinge a água, supondo o penhasco vertical? (*c*) Mostre que sua trajetória é uma linha reta. (Ignore a resistência do ar.)

113 •• Uma pequena bola de aço é projetada horizontalmente de cima de um longo lance de escada. A rapidez inicial da bola é 3,0 m/s. Cada degrau tem uma altura de 0,18 m e uma largura de 0,30 m. Qual é o primeiro degrau atingido pela bola?

114 •• Se você pode atirar uma bola a uma distância horizontal máxima *L*, quando no nível do chão, a que distância você pode atirar a bola do alto de um edifício de altura *h*, se você a atira a (*a*) 0°, (*b*) 30°, (*c*) 45°? (Ignore a resistência do ar.)

115 ••• Darlene é uma motociclista de circo. Como clímax de seu show, ela larga de uma rampa inclinada de θ, salta um fosso de largura *L* e pousa em uma rampa mais elevada (altura *h*) do outro lado (Figura 3-42). (*a*) Para uma dada altura *h*, encontre a mínima rapidez de largada $v_{mín}$ necessária para ela realizar o salto com sucesso. (*b*) Quanto vale $v_{mín}$ para $L = 8{,}0$ m, $\theta = 30°$ e $h = 4{,}0$ m?

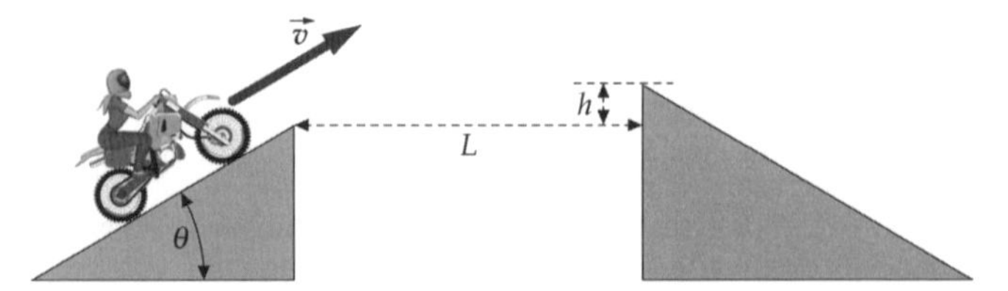

FIGURA 3-42 Problema 115

(*c*) Mostre que, independentemente da rapidez de largada, a altura máxima da plataforma é $h < L \tan \theta$. Interprete fisicamente este resultado. (Despreze a resistência do ar e trate a motoqueira e a moto como se fossem uma única partícula.)

116 ••• Um pequeno barco viaja diretamente para um porto 32 km a noroeste, quando entra numa zona de neblina. O capitão mantém a orientação noroeste, pela bússola, com uma rapidez de 10 km/h em relação à água. Depois de 3,0 h, o nevoeiro se dissipa e o capitão repara que ele está exatamente 4,0 km ao sul do porto. (*a*) Qual foi a velocidade média da correnteza durante essas 3,0 h? (*b*) O barco deveria ter viajado com qual orientação para atingir seu destino em um caminho reto? (*c*) Qual teria sido seu tempo de viagem, se tivesse seguido esse caminho reto?

117 •• Galileu mostrou que, se os efeitos da resistência do ar são ignorados, os alcances de projéteis (no mesmo nível) cujos ângulos de projeção diferem de 45°, para mais e para menos, do mesmo valor, são iguais. Prove o resultado de Galileu.

118 •• Duas bolas são atiradas com a mesma rapidez do topo de um penhasco de altura h. Uma bola é atirada a um ângulo α acima da horizontal. A outra bola é atirada a um ângulo β abaixo da horizontal. Mostre que cada bola atinge o chão com a mesma rapidez e encontre esta rapidez em termos de h e da rapidez inicial v_0. (Ignore a resistência do ar.)

119 •• Dentro do carro, um motorista atira verticalmente para cima um ovo, que atinge uma altura máxima justo abaixo do teto, 65 cm acima do ponto de lançamento. Ele recupera o ovo na mesma altura de lançamento. Se você está na beira da estrada e mede a distância horizontal entre os pontos de largada e de pegada, encontrando 19 m, (*a*) qual é a rapidez do carro? (*b*) Neste seu referencial, a que ângulo acima da horizontal o ovo foi lançado?

120 ••• Uma linha reta é traçada na superfície de um prato giratório de 16 cm de raio, do centro até a borda. Um besouro percorre esta linha a partir do centro, enquanto o prato gira no sentido anti-horário à taxa constante de 45 rpm. A rapidez do besouro em relação ao prato é constante, de 3,5 cm/s. Faça a orientação inicial do besouro coincidir com a orientação $+x$. Quando o besouro atingir a borda do prato (ainda viajando a 3,5 cm/s, radialmente, em relação ao prato giratório), quais são as componentes x e y da velocidade do besouro?

121 ••• Em um dia sem vento, um piloto faz uma demonstração com um antigo avião da Primeira Guerra, indo de Dubuque, Iowa, para Chicago, Illinois. Desafortunadamente, ele não se dá conta de que a velha agulha magnética do aparelho está com um sério problema e o que ela registra como o "norte" é, na realidade, 16,5° a leste do verdadeiro norte. Em dado momento de seu vôo, o aeroporto de Chicago notifica-o de que ele está 150 km a oeste do aeroporto. Ele aponta, então, para o leste, de acordo com a bússola do avião, e voa 45 minutos a 150 km/h, chegando ao ponto em que ele espera enxergar o aeroporto e começar a descida. Qual é a real distância até Chicago e qual deve ser agora a orientação do piloto para voar diretamente para Chicago?

122 ••• **APLICAÇÃO EM ENGENHARIA, RICO EM CONTEXTO** Um avião de carga perdeu um pacote em vôo porque alguém esqueceu de fechar as portas traseiras do compartimento de carga. Você é membro da equipe de especialistas em segurança encarregada de analisar o que ocorreu. A partir da decolagem, ganhando altitude, o avião viajou em linha reta à rapidez constante de 275 mi/h a um ângulo de 37° acima da horizontal. Durante a subida, o pacote escorregou para fora da rampa traseira. Você encontrou o pacote em um campo a uma distância de 7,5 km do ponto da decolagem. Para completar a investigação, você precisa saber exatamente quanto tempo depois da decolagem o pacote abandonou a rampa. (Considere desprezível a rapidez de escorregamento na rampa.) Calcule quando o pacote caiu da rampa traseira. (Ignore a resistência do ar.)

Leis de Newton

UM AVIÃO ESTÁ ACELERANDO ENQUANTO ROLA SOBRE A PISTA ATÉ DECOLAR. AS LEIS DE NEWTON RELACIONAM A ACELERAÇÃO DE UM OBJETO À SUA MASSA E ÀS FORÇAS QUE ATUAM SOBRE ELE.

? Se você fosse um passageiro deste avião, como utilizaria as leis de Newton para determinar a aceleração do avião? (Veja o Exemplo 4-9.)

Agora que estudamos como os objetos se movem em uma, duas e três dimensões, podemos formular as perguntas "Por que os objetos começam a se mover?" e "O que faz com que um objeto em movimento altere a rapidez ou a orientação do movimento?"

Estas questões ocuparam a mente de Sir Isaac Newton, nascido em 1642, o ano da morte de Galileu. Como estudante em Cambridge, onde veio a se tornar professor de matemática, Newton estudou o trabalho de Galileu e de Kepler. Ele queria compreender por que os planetas se movem em elipse com a rapidez dependente de sua distância ao Sol, e até mesmo por que o sistema solar se mantém coeso. Durante sua vida, ele desenvolveu sua lei da gravitação, que examinaremos no Capítulo 11, e suas três leis básicas do movimento, que formam a base da mecânica clássica.

As leis de Newton relacionam as forças que objetos exercem uns sobre os outros e relacionam qualquer variação no movimento de um objeto às forças que atuam sobre ele. As leis de Newton do movimento são as ferramentas que nos permitem analisar uma grande variedade de fenômenos mecânicos. Mesmo que já tenhamos uma idéia intuitiva de força como um empurrão ou um puxão, conforme os exercidos por nossos músculos ou por elásticos esticados e molas, as leis de Newton nos permitem refinar nossa compreensão sobre forças.

Neste capítulo descrevemos as três leis de Newton do movimento e começamos a utilizá-las para resolver problemas que envolvem objetos em movimento e em repouso.

4-1 PRIMEIRA LEI DE NEWTON: A LEI DA INÉRCIA

Lance uma pedra de gelo sobre o tampo de uma mesa: ela desliza e depois freia até parar. Se a mesa está molhada, o gelo desliza um pouco mais até parar. Um pedaço de gelo seco (dióxido de carbono congelado) deslizando sobre um colchão de vapor de dióxido de carbono percorre uma grande distância com pequena variação de velocidade. Antes de Galileu, pensava-se que uma força sempre presente, tal como um empurrão ou um puxão, era necessária para manter um objeto em movimento com velocidade constante. Mas Galileu, e depois Newton, reconheceram que, em nossa experiência do dia-a-dia, os objetos acabam parando como conseqüência do atrito. Se o atrito é reduzido, a taxa de freamento é reduzida. Uma lâmina de água, ou um colchão de gás, são especialmente efetivos na redução do atrito, permitindo que o objeto deslize por uma grande distância com pequena variação de velocidade. Galileu raciocinou que, se pudéssemos remover todas as forças externas sobre um objeto, incluindo as de atrito, então a velocidade do objeto nunca se alteraria — uma propriedade da matéria conhecida como

inércia. Esta conclusão, que Newton enunciou como sua primeira lei, também é chamada de **lei da inércia**.

Uma formulação moderna da primeira lei de Newton é

> **Primeira lei.** Um corpo em repouso permanece em repouso *a não ser* que uma força externa atue sobre ele. Um corpo em movimento continua em movimento com rapidez constante e em linha reta *a não ser* que uma força externa atue sobre ele.
>
> PRIMEIRA LEI DE NEWTON

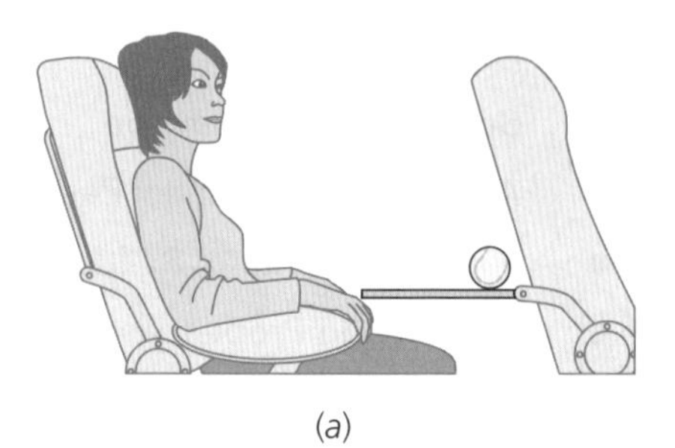

(*a*)

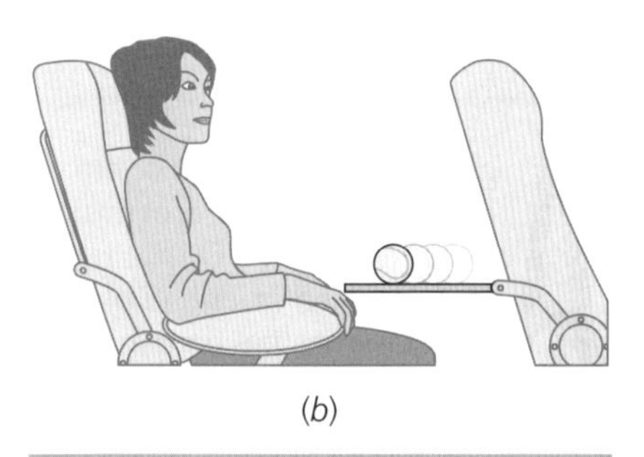

(*b*)

FIGURA 4-1 O avião está voando horizontalmente em linha reta com rapidez constante, quando você coloca uma bola de tênis sobre a bandeja. (*a*) O avião continua a voar com velocidade constante (em relação ao solo) e a bola permanece em repouso sobre a bandeja. (*b*) O piloto repentinamente acelera e o avião aumenta em muito sua rapidez (em relação ao solo). A bola não ganha rapidez tão depressa quanto o avião, de forma que ela acelera (em relação ao avião) para os fundos do avião.

REFERENCIAIS INERCIAIS

A primeira lei de Newton não faz distinção entre um objeto em repouso e um objeto movendo-se com velocidade constante (não-nula). Se um objeto permanece em repouso ou se ele permanece em movimento de velocidade constante, isto depende do referencial no qual ele é observado. Se você é o passageiro de um avião que voa em linha reta em uma altitude constante e deposita cuidadosamente uma bola de tênis sobre a bandeja (que é horizontal), então, em relação ao avião, a bola permacecerá em repouso desde que o avião continue voando a uma velocidade constante em relação ao solo. Em relação ao solo, a bola permanece se movendo com a mesma velocidade que o avião (Figura 4-1*a*).

Suponha, agora, que o piloto repentinamente acelere o avião para a frente (em relação ao solo). Você irá, então, observar que a bola sobre a bandeja começa repentinamente a rolar para os fundos do avião, acelerando (em relação ao avião) mesmo que não haja força horizontal agindo sobre ela (Figura 4-1*b*). Neste referencial acelerado, o enunciado da primeira lei de Newton não se aplica. O enunciado da primeira lei de Newton se aplica *apenas* em referenciais conhecidos como referenciais inerciais. De fato, a primeira lei de Newton nos fornece um critério para determinar se um referencial é um referencial inercial:

> Se não há forças atuando sobre um corpo, qualquer referencial no qual a aceleração do corpo permanece zero é um **referencial inercial.**
>
> REFERENCIAL INERCIAL

O avião viajando com velocidade constante e o solo são, ambos, em boa aproximação, referenciais inerciais. Qualquer referencial que se move com velocidade constante em relação a um referencial inercial também é um referencial inercial.

Um referencial ligado ao solo não é, propriamente, um referencial inercial, por causa da pequena aceleração do solo devida à rotação da Terra e da pequena aceleração da própria Terra em sua revolução em torno do Sol. No entanto, estas acelerações são da ordem de 0,01 m/s^2 ou menos, de forma que em boa aproximação um referencial ligado à superfície da Terra é um referencial inercial.

> ! A primeira lei de Newton é aplicável *apenas* em referenciais inerciais.

4-2 FORÇA E MASSA

Usando a primeira lei de Newton e o conceito de referenciais inerciais, podemos definir uma **força** como uma influência externa, ou ação, sobre um corpo, que provoca uma variação de velocidade do corpo, isto é, acelera o corpo em relação a um referencial inercial. (Supomos inexistentes outras forças sobre o corpo.) Força é uma quantidade vetorial. Possui magnitude (a intensidade, ou módulo da força) e orientação.

Forças são exercidas sobre corpos por outros corpos, e forças devidas a um corpo estar fisicamente em contato com outro corpo são conhecidas como **forças de contato**. Exemplos comuns de forças de contato são uma bola atingida por um taco, sua mão puxando a linha de pesca, suas mãos empurrando o carrinho de supermercado e a força de fricção entre seus calçados e o chão. Note que, em cada caso, existe um contato físico direto entre o objeto que aplica a força e o objeto sobre o qual a força é aplicada. Outras forças agem sobre um corpo sem contato físico direto com um segundo corpo. Estas forças, chamadas de forças de **ação à distância**, incluem a força gravitacional, a força magnética e a força elétrica.

AS INTERAÇÕES FUNDAMENTAIS DA NATUREZA

Forças são interações entre partículas. Tradicionalmente, os físicos explicam todas as interações observadas na natureza em termos de quatro interações básicas que ocorrem entre partículas elementares (veja a Figura 4-2):

1. A interação gravitacional — a interação de longo alcance entre partículas devida às suas massas. Alguns acreditam que a interação gravitacional envolve a troca de partículas hipotéticas chamadas de grávitons.
2. A interação eletromagnética — a interação de longo alcance entre partículas eletricamente carregadas envolvendo a troca de fótons.
3. A interação fraca — a interação de curtíssimo alcance entre partículas subnucleares que envolve a troca ou produção de bósons W e Z. As interações eletromagnética e fraca são agora vistas como uma única interação unificada chamada de interação eletrofraca.
4. A interação forte — a interação de curto alcance entre hádrons, estes constituídos de quarks, que mantém unidos prótons e nêutrons formando os núcleos atômicos. Envolve a troca de mésons entre os hádrons, ou de glúons entre os quarks.

As forças de nosso dia-a-dia que observamos entre objetos macroscópicos são devidas ou a interações gravitacionais ou a interações eletromagnéticas. Forças de contato, por exemplo, são na verdade de origem eletromagnética. Elas são exercidas entre as moléculas das superfícies dos corpos que estão em contato. Forças de ação à distância são devidas às interações fundamentais gravitacional e eletromagnética. Estas duas forças atuam entre partículas separadas no espaço. Apesar de Newton não ter podido explicar como forças atuam através do espaço vazio, cientistas posteriores introduziram o conceito de campo, que atua como um agente intermediário. Por exemplo, consideramos a atração da Terra pelo Sol em dois passos. O Sol cria uma condição no espaço que chamamos de campo gravitacional. Este campo então exerce uma força sobre a Terra. De maneira similar, a Terra produz um campo gravitacional

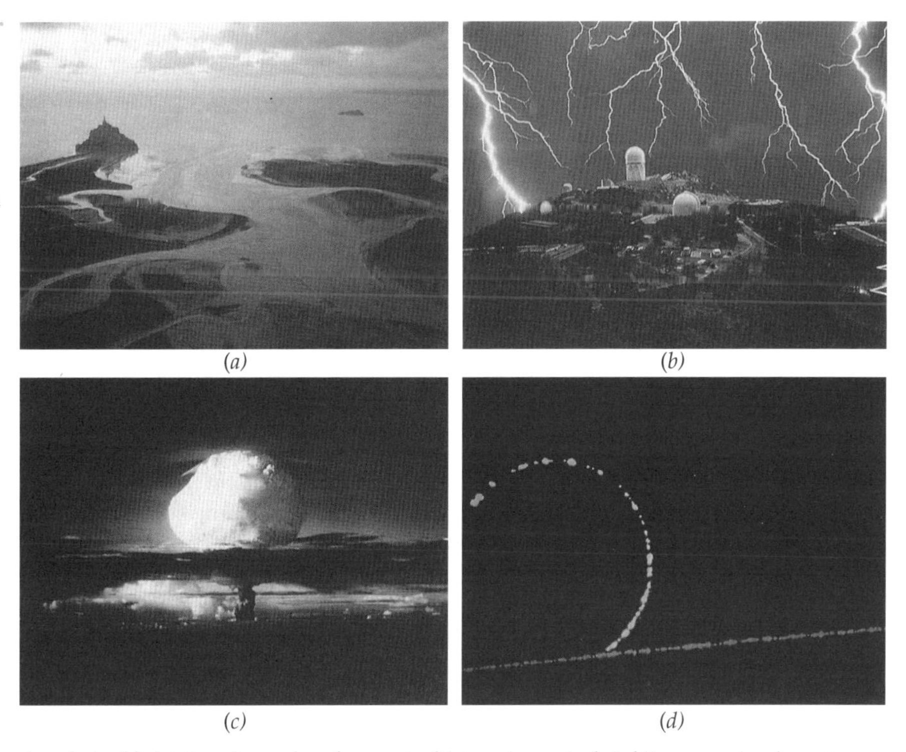

FIGURA 4-2 (*a*) A magnitude da força gravitacional entre a Terra e um objeto próximo à superfície da Terra é o peso do objeto. A interação gravitacional entre o Sol e os outros planetas é responsável por manter os planetas em suas órbitas em torno do Sol. De forma similar, a interação gravitacional entre a Terra e a Lua mantém a Lua em sua órbita quase circular em torno da Terra. As forças gravitacionais exercidas pela Lua e pelo Sol sobre os oceanos da Terra são responsáveis pelas marés diurnas e semidiurnas. O Monte Saint Michel, na França, mostrado na fotografia, é uma ilha quando a maré está alta. (*b*) A interação eletromagnética inclui as forças elétricas e magnéticas. Um exemplo familiar de interação eletromagnética é a atração entre pequenos pedaços de papel e um pente eletrificado após ter sido passado nos cabelos. Os relâmpagos sobre o Observatório Nacional americano de Kitt Peak, mostrados na fotografia, são o resultado da interação eletromagnética. (*c*) A interação nuclear forte entre partículas elementares chamadas de hádrons, o que inclui prótons e nêutrons, os constituintes do núcleo atômico. Esta interação resulta da interação dos quarks, que são os constituintes dos hádrons, e é responsável por manter o núcleo coeso. A explosão da bomba de hidrogênio aqui mostrada ilustra a interação nuclear forte. (*d*) A interação nuclear fraca entre léptons (o que inclui elétrons e múons) e entre hádrons (o que inclui prótons e nêutrons). Esta fotografia de câmara de bolhas ilustra a interação fraca entre um múon de raio cósmico (reta) e um elétron (arco de círculo) arrancado de um átomo. *((a) Cotton Coulson/Woodfin Camp and Assoc.; (b) Gary Ladd; (c) Los Alamos National Lab; (d) Science Photo Library/Photo Researchers.)*

que exerce uma força sobre o Sol. Seu peso é a força exercida sobre você pelo campo gravitacional da Terra. Quando estudarmos eletricidade e magnetismo (Capítulos 21–30 (Volume 2)), estudaremos campos elétricos, que são produzidos por cargas elétricas, e campos magnéticos, que são produzidos por cargas elétricas em movimento. As interações forte e fraca são discutidas no Capítulo 41 (Volume 3).

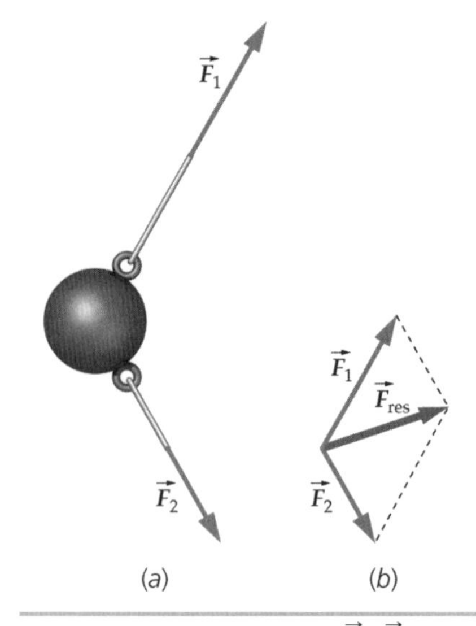

FIGURA 4-3 (*a*) As forças $\vec{F}_1$ e $\vec{F}_2$ puxam a esfera. (*b*) O efeito das duas forças é o mesmo de uma força única $\vec{F}_{res} = \vec{F}_1 + \vec{F}_2$ atuando sobre a esfera, em vez das duas forças distintas $\vec{F}_1$ e $\vec{F}_2$.

COMBINANDO FORÇAS

Se duas ou mais forças individuais atuam simultaneamente sobre um corpo, o resultado é como se uma única força, igual à soma vetorial das forças individuais, atuasse no lugar das forças individuais. (O fato de forças combinarem desta forma é chamado de **princípio da superposição**.) A soma vetorial das forças individuais sobre um corpo é chamada de **força resultante** $\vec{F}_{res}$ sobre o corpo. Isto é,

$$\vec{F}_{res} = \vec{F}_1 + \vec{F}_2 + \cdots$$

onde $\vec{F}_1$, $\vec{F}_2$, são as forças individuais. A Figura 4-3 mostra um objeto puxado por cordas em duas direções diferentes. O efeito é o de uma força única, igual à força resultante, atuando sobre o objeto.

A unidade SI de força é o newton (N). O newton é definido na próxima seção. Um newton é igual ao peso de uma maçã pequena.

A força resultante é uma força real?

MASSA

Os corpos resistem intrinsecamente a serem acelerados. Se você chuta uma bola de boliche e uma bola de futebol, verifica que a bola de boliche resiste muito mais a ser acelerada, o que é evidenciado pelos seus dedos do pé doloridos. Esta propriedade intrínseca é a chamada **massa** do corpo. É uma medida da inércia do corpo. Quanto maior a massa de um corpo, tanto mais ele resiste a ser acelerado.

Como observado no Capítulo 1, o corpo escolhido como o padrão internacional de massa é um cilindro feito de uma liga de platina–irídio mantido no Birô Internacional de Pesos e Medidas em Sèvres, na França. A massa deste objeto-padrão é 1 **quilograma** (kg), a unidade SI de massa.

Uma conveniente unidade-padrão de massa em física atômica e nuclear é a **unidade unificada de massa atômica** (u), definida como um doze avos da massa do átomo de carbono-12 (^{12}C). A unidade unificada de massa atômica está relacionada com o quilograma por

$$1\ u = 1{,}660\,540 \times 10^{-27}\ kg$$

O conceito de massa é definido como uma constante de proporcionalidade na segunda lei de Newton. Para medir a massa de um corpo, comparamos sua massa com uma massa-padrão, tal como o padrão de 1 kg guardado em Sèvres. A comparação é realizada usando a segunda lei de Newton, e uma maneira de fazê-la é descrita no Exemplo 4-1 da Seção 4-3 a seguir.

4-3 SEGUNDA LEI DE NEWTON

A primeira lei de Newton nos diz o que ocorre quando *não* existe força atuando sobre um corpo. Mas o que acontece quando há forças exercidas sobre o corpo? Considere outra vez um bloco de gelo deslizando com velocidade constante sobre uma superfície suave, *sem atrito*. Se empurra o gelo, você exerce uma força $\vec{F}$ que faz com que varie a velocidade do gelo. Quanto mais forte você empurrar, maior será a conseqüente aceleração $\vec{a}$. A aceleração, $\vec{a}$, de qualquer corpo, é diretamente proporcional à força resultante $\vec{F}_{res}$ exercida sobre ele, e o inverso da massa do corpo é a constante de proporcionalidade. Ademais, o vetor aceleração e o vetor força resultante têm a mesma orientação. Newton resumiu estas observações em sua segunda lei do movimento:

Segunda lei. A aceleração de um corpo é diretamente proporcional à força resultante que atua sobre ele, e o inverso da massa do corpo é a constante de proporcionalidade. Assim,

$$\vec{a} = \frac{\vec{F}_{res}}{m}, \quad \text{onde} \quad \vec{F}_{res} = \sum \vec{F} \qquad 4\text{-}1$$

SEGUNDA LEI DE NEWTON

Uma força resultante sobre um corpo faz com que ele seja acelerado. É uma questão de causa e efeito. A força resultante é a causa e o efeito é a aceleração.*

Uma força resultante de 1 newton dá a uma massa de 1 kg uma aceleração de 1 m/s^2, de forma que

$$1\ N = (1\ kg)(1\ m/s^2) = 1\ kg \cdot m/s^2 \qquad 4\text{-}2$$

Logo, uma força de 2 N dá a uma massa de 2 kg uma aceleração de 1 m/s^2, e assim por diante.

No sistema americano usual, a unidade de força é a *libra* (lb), onde 1 lb $\approx$ 4,45 N,† e a unidade de massa é o *slug*. A libra é definida como a força necessária para produzir uma aceleração de 1 ft/s^2 em uma massa de 1 slug:

$$1\ lb = 1\ slug \cdot ft/s^2$$

Segue daí que 1 slug $\approx$ 14,6 kg.

A Equação 4-1 é freqüentemente expressa como:

$$\vec{F}_{res} = m\vec{a}$$

e é assim que a expressaremos a maior parte do tempo.

! A segunda lei de Newton, como a primeira lei de Newton, é aplicável *apenas* em referenciais inerciais.

CHECAGEM CONCEITUAL 4-2

$m\vec{a}$ é uma força?

Exemplo 4-1 Uma Caixa de Sorvete Deslizante

Uma força exercida por um elástico esticado (veja a Figura 4-4) produz uma aceleração de 5,0 m/s^2 em uma caixa de sorvete de massa m_1 = 1,0 kg. Quando uma força exercida por um elástico idêntico, igualmente esticado, é aplicada a uma caixa de sorvete de massa m_2, ela produz uma aceleração de 11 m/s^2. (*a*) Qual é a massa da segunda caixa de sorvete? (*b*) Qual é a magnitude da força exercida pelo elástico esticado sobre a caixa?

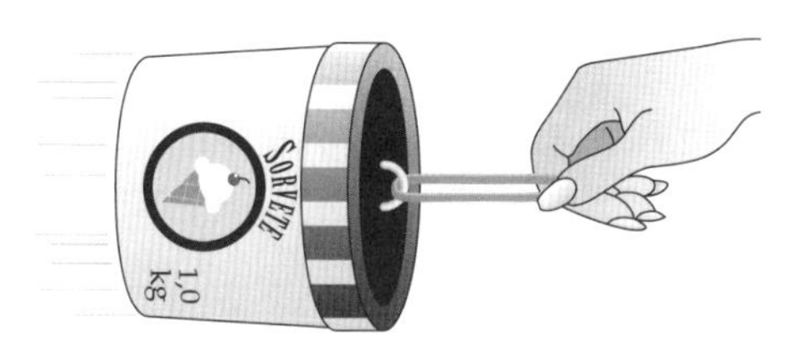

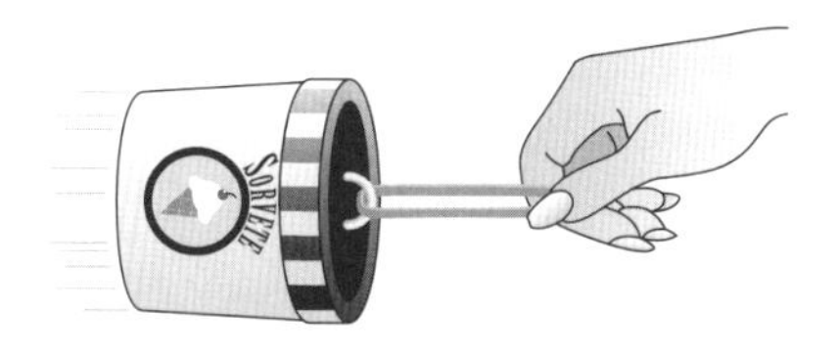

FIGURA 4-4

SITUAÇÃO Podemos aplicar a segunda lei de Newton, $\Sigma\vec{F} = m\vec{a}$, a cada objeto e resolver para a massa da caixa de sorvete e para a magnitude da força. As magnitudes das forças exercidas pelo elástico são iguais.

SOLUÇÃO

(*a*) 1. Aplique $\Sigma\vec{F} = m\vec{a}$ para cada objeto. Há apenas uma força sobre cada objeto e precisamos considerar apenas as magnitudes das quantidades vetoriais:

$$F_1 = m_1a_1 \quad \text{e} \quad F_2 = m_2a_2$$

2. Porque as forças aplicadas são iguais em magnitude, a razão das massas é igual ao inverso da razão das acelerações:

$$F_1 = F_2 \Rightarrow m_1a_1 = m_2a_2 \quad \text{e} \quad \frac{m_2}{m_1} = \frac{a_1}{a_2}$$

3. Resolva para m_2 em termos de m_1, que vale 1,0 kg:

$$m_2 = \frac{a_1}{a_2}m_1 = \frac{5{,}0\ m/s^2}{11\ m/s^2}(1{,}0\ kg) = \boxed{0{,}45\ kg}$$

(*b*) A magnitude F_1 é encontrada usando a massa e a aceleração de qualquer um dos objetos:

$$F_1 = m_1a_1 = (1{,}0\ kg)(5{,}0\ m/s^2) = \boxed{5{,}0\ N}$$

CHECAGEM Uma massa de 0,45 kg é uma massa plausível para uma caixa de sorvete.

PROBLEMA PRÁTICO 4-1 Uma força resultante de 3,0 N produz uma aceleração de 2,0 m/s^2 em um objeto de massa desconhecida. Qual é a massa do objeto?

* A segunda lei de Newton relaciona a força resultante com a aceleração. Nem todos concordam que a força resultante seja a causa e a aceleração seja o efeito.

† A libra de que estamos falando é a libra-força (isto é, 1 libra-força vale exatamente 4,448 221 615 260 5 N). Também existe a libra-massa, que vale exatamente 0,453 592 37 kg.

Para descrever massa quantitativamente, podemos aplicar forças idênticas a duas massas e comparar suas acelerações. Se uma força de magnitude F produz uma aceleração de magnitude a_1 quando aplicada em um objeto de massa m_1, e uma força idêntica produz uma aceleração de magnitude a_2 quando aplicada em um objeto de massa m_2, então $m_1a_1 = m_2a_2$ (ou $m_2/m_1 = a_1/a_2$). Isto é,

$$\text{Se } F_1 = F_2, \text{ então } \frac{m_2}{m_1} = \frac{a_1}{a_2} \qquad 4\text{-}3$$

COMPARANDO MASSAS

Esta definição concorda com nossa idéia intuitiva de massa. Se uma força é aplicada a um objeto e uma força de mesma magnitude é aplicada a um segundo objeto, então o objeto de maior massa será menos acelerado. A razão a_1/a_2 produzida pelas forças de igual magnitude atuando sobre dois objetos é independente da magnitude, orientação, ou tipo de força utilizada. Além disso, massa é uma propriedade intrínseca de um corpo e não depende da localização do corpo — ela permanece a mesma, não importando se o corpo está na Terra, na Lua ou no espaço sideral.

Exemplo 4-2 Uma Caminhada no Espaço

Rico em Contexto

Você está à deriva no espaço, afastado de sua nave espacial. Por sorte, você tem uma unidade de propulsão que fornece uma força resultante constante $\vec{F}$ por 3,0 segundos. Após 3,0 s, você se moveu 2,25 m. Se sua massa é 68 kg, encontre $\vec{F}$.

SITUAÇÃO A força que atua sobre você é constante, logo sua aceleração também é constante. Podemos usar as equações cinemáticas dos Capítulos 2 e 3 para encontrar $\vec{a}$, e depois obter a força a partir de $\Sigma\vec{F} = m\vec{a}$. Escolhemos a orientação $+x$ como a orientação de $\vec{F}$ (Figura 4-5), de forma que $\vec{F} = F_x\hat{i}$ e $F_x = ma_x$.

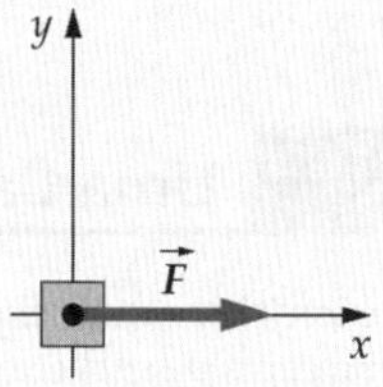

FIGURA 4-5

SOLUÇÃO

1. Para encontrar a aceleração, use a Equação 2-14 com $v_0 = 0$:

$$\Delta x = v_0t + \tfrac{1}{2}a_xt^2 = 0 + \tfrac{1}{2}a_xt^2$$

$$a_x = \frac{2\Delta x}{t^2} = \frac{2(2{,}25\ \text{m})}{(3{,}0\ \text{s})^2} = 0{,}50\ \text{m/s}^2$$

$$\vec{a} = a_x\hat{i} = 0{,}50\ \text{m/s}^2\hat{i}$$

2. Porque $\vec{F}$ é a força *resultante*, $\Sigma\vec{F}_i = \vec{F}$. Portanto, substituímos $\vec{a} = 0{,}50\ \text{m/s}^2\hat{i}$ e $m = 68$ kg nesta equação para encontrar a força:

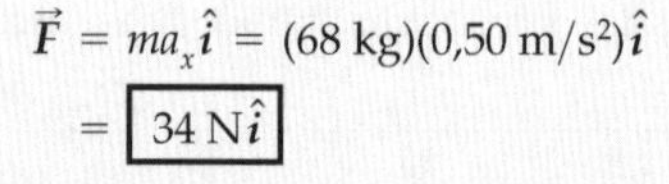

$$\vec{F} = ma_x\hat{i} = (68\ \text{kg})(0{,}50\ \text{m/s}^2)\hat{i} = \boxed{34\ \text{N}\hat{i}}$$

CHECAGEM A aceleração é 0,50 m/s², que é cerca de 5 por cento de $g = 9{,}81$ m/s². Este valor parece plausível. Se a magnitude da aceleração fosse igual a g você viajaria muito mais que 2,25 m em 3 s.

Exemplo 4-3 Uma Partícula Sujeita a Duas Forças

Uma partícula de 0,400 kg de massa está submetida simultaneamente a duas forças, $\vec{F}_1 = -2{,}00\ \text{N}\hat{i} - 4{,}00\ \text{N}\hat{j}$ e $\vec{F}_2 = -2{,}60\ \text{N}\hat{i} + 5{,}00\ \text{N}\hat{j}$ (Figura 4-6). Se a partícula está na origem e parte do repouso em $t = 0$, encontre (*a*) sua posição $\vec{r}$ e (*b*) sua velocidade $\vec{v}$ em $t = 1{,}60$ s.

SITUAÇÃO Aplique $\Sigma\vec{F} = m\vec{a}$ para encontrar a aceleração. Uma vez conhecida a aceleração, podemos usar as equações cinemáticas dos Capítulos 2 e 3 para determinar a posição e a velocidade da partícula como funções do tempo.

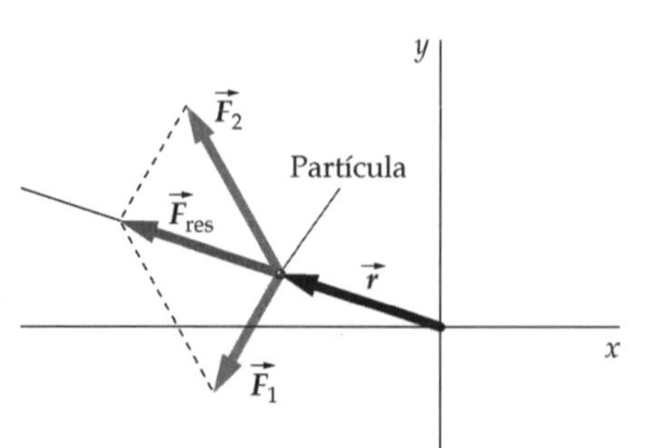

FIGURA 4-6 A aceleração tem o sentido da força resultante. A partícula é largada do repouso, na origem. Após largada, ela se move no sentido da força resultante, que é o mesmo sentido do vetor aceleração.

SOLUÇÃO

(*a*) 1. Escreva a equação geral para o vetor posição $\vec{r}$ como função do tempo t, para aceleração constante $\vec{a}$, em termos de $\vec{r}_0$, $\vec{v}_0$ e $\vec{a}$, e substitua $\vec{r}_0 = \vec{v}_0 = 0$.

$$\vec{r} = \vec{r}_0 + \vec{v}_0 t + \tfrac{1}{2}\vec{a}t^2 = 0 + 0 + \tfrac{1}{2}\vec{a}t^2 = \tfrac{1}{2}\vec{a}t^2$$

2. Use $\Sigma\vec{F} = m\vec{a}$ para escrever a aceleração $\vec{a}$ em termos da força resultante $\Sigma\vec{F}$ e da massa m.

$$\vec{a} = \frac{\Sigma\vec{F}}{m}$$

3. Calcule $\Sigma\vec{F}$ a partir das forças dadas.

$$\begin{aligned}\Sigma\vec{F} &= \vec{F}_1 + \vec{F}_2\\ &= (-2{,}00\,\mathrm{N}\,\hat{i} - 4{,}00\,\mathrm{N}\,\hat{j}) + (-2{,}60\,\mathrm{N}\,\hat{i} + 5{,}00\,\mathrm{N}\,\hat{j})\\ &= -4{,}60\,\mathrm{N}\,\hat{i} + 1{,}00\,\mathrm{N}\,\hat{j}\end{aligned}$$

4. Encontre a aceleração $\vec{a}$.

$$\vec{a} = \frac{\Sigma\vec{F}}{m} = -11{,}5\,\mathrm{m/s^2}\,\hat{i} + 2{,}50\,\mathrm{m/s^2}\,\hat{j}$$

5. Encontre a posição $\vec{r}$ para o tempo genérico t.

$$\vec{r} = \tfrac{1}{2}\vec{a}t^2 = \tfrac{1}{2}a_x t^2\hat{i} + \tfrac{1}{2}a_y t^2\hat{j} = (-5{,}75\,\mathrm{m/s^2}\,\hat{i} + 1{,}25\,\mathrm{m/s^2}\,\hat{j})t^2$$

6. Encontre $\vec{r}$ em $t = 1{,}60$ s.

$$\vec{r} = \boxed{-14{,}7\,\mathrm{m}\,\hat{i} + 3{,}20\,\mathrm{m}\,\hat{j}}$$

(*b*) Escreva a velocidade $\vec{v}$ efetuando a derivada temporal do resultado do passo 5. Calcule a velocidade em $t = 1{,}6$ s.

$$\vec{v}(t) = \frac{d\vec{r}}{dt} = 2(-5{,}75\,\mathrm{m/s^2}\,\hat{i} + 1{,}25\,\mathrm{m/s^2}\,\hat{j})t$$

$$\vec{v}(1{,}6\,\mathrm{s}) = \boxed{-18{,}4\,\mathrm{m/s}\,\hat{i} + 4{,}00\,\mathrm{m/s}\,\hat{j}}$$

CHECAGEM Os vetores posição, velocidade, aceleração e força resultante têm todos componentes x negativas e componentes y positivas. Isto é esperado para um movimento de aceleração constante que começa do repouso na origem.

4-4 A FORÇA DA GRAVIDADE: PESO

Se você larga um objeto próximo à superfície da Terra, ele acelera para a Terra. Se a resistência do ar é desprezível, todos os objetos caem com a mesma aceleração, chamada de aceleração de queda livre $\vec{g}$. A força que causa esta aceleração é a **força gravitacional** ($\vec{F}_g$) exercida pela Terra sobre o objeto. O *peso* do objeto é a magnitude da força gravitacional sobre ele. Se a força gravitacional é a *única* força que atua sobre um objeto, dizemos que o objeto está em **queda livre**. Podemos aplicar a segunda lei de Newton ($\Sigma\vec{F} = m\vec{a}$) a um objeto de massa m que está em queda livre com aceleração $\vec{g}$ para obter uma expressão para a força gravitacional $\vec{F}_g$:

$$\vec{F}_g = m\vec{g} \qquad 4\text{-}4$$

PESO

Como $\vec{g}$ é o mesmo para todos os corpos, segue que a força gravitacional sobre um corpo é proporcional à sua massa. Próximo da Terra, o vetor $\vec{g}$ é a força gravitacional por unidade de massa exercida pelo planeta Terra sobre qualquer corpo, e é chamado de **campo gravitacional** da Terra. Próximo da superfície da Terra, a magnitude de $\vec{g}$ tem o valor

$$g = 9{,}81\,\mathrm{N/kg} = 9{,}81\,\mathrm{m/s^2} \qquad 4\text{-}5$$

Trabalhando problemas no sistema americano usual, substituímos a massa m por F_g/g, onde F_g é a magnitude da força gravitacional, em libras, e g é a magnitude da aceleração da gravidade em pés por segundo ao quadrado. Como 9,81 m = 32,2 ft,

$$g = 32{,}2\,\mathrm{ft/s^2} \qquad 4\text{-}6$$

Medidas cuidadosas mostram que próximo à Terra $\vec{g}$ varia com a localização. $\vec{g}$ aponta para o centro da Terra e, em pontos acima da superfície da Terra, a magnitude de $\vec{g}$ varia com o inverso do quadrado da distância ao centro da Terra. Assim, um objeto pesa ligeiramente menos em grandes altitudes do que no nível do mar. O campo gravitacional também varia ligeiramente com a latitude, porque a Terra não é exatamente esférica, mas é ligeiramente achatada nos pólos. Assim o peso, diferen-

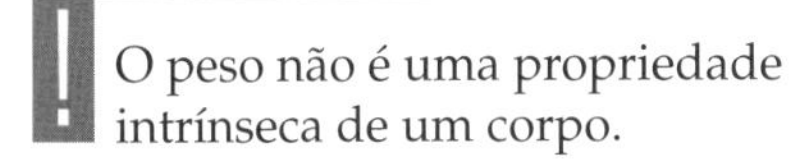
O peso não é uma propriedade intrínseca de um corpo.

temente da massa, não é uma propriedade intrínseca de um objeto. Apesar de o peso de um objeto variar de local para local devido às variações de g, estas variações são muito pequenas para serem percebidas na maioria das aplicações práticas, sobre ou próximo da superfície da Terra.

Um exemplo pode ajudar a esclarecer a diferença entre massa e peso. Considere uma bola de boliche próximo à Lua. Seu peso é a magnitude da força gravitacional exercida sobre ela pela Lua, mas esta força é apenas um sexto da magnitude da força gravitacional exercida sobre a bola de boliche quando na superfície da Terra. A bola pesa, na Lua, um sexto do que pesa na Terra, e para levantá-la na Lua é necessário um sexto da força necessária na Terra. No entanto, porque a massa da bola é a mesma na Lua e na Terra, atirar a bola horizontalmente com uma determinada rapidez requer a mesma força na Lua e na Terra.

Apesar de o peso de um corpo variar de lugar para lugar, em qualquer lugar o peso do corpo é proporcional à sua massa. Então, podemos convenientemente comparar as massas de dois corpos, em um dado local, comparando os seus pesos.

Nossa sensação da força gravitacional sobre nós vem de outras forças que a contrabalançam. Quando senta em uma cadeira, você sente uma força exercida pela cadeira, que contrabalança a força gravitacional sobre você e evita que você seja acelerado para o chão. Quando você está sobre uma balança de mola, seus pés sentem a força exercida pela balança. A balança é calibrada para indicar a magnitude da força que ela exerce (pela compressão de suas molas) para contrabalançar a força gravitacional sobre você. A magnitude desta força é chamada de **peso aparente**. Se não existe força para contrabalançar seu peso, como na queda livre, seu peso aparente é zero. Esta condição, chamada de **imponderabilidade**, é experimentada pelos astronautas em satélites em órbita. Um satélite em órbita circular próximo à superfície da Terra está acelerado para a Terra. A única força atuando sobre o satélite é a da gravidade, de forma que ele está em queda livre. Os astronautas no satélite também estão em queda livre. A única força sobre eles é a força gravitacional, que produz a aceleração $\vec{g}$. Como não existe força contrabalançando a força da gravidade, os astronautas têm peso aparente zero.

Exemplo 4-4 Uma Estudante Acelerada

A força resultante sobre uma estudante de 130 lb tem a magnitude de 25,0 lb. Qual é a magnitude de sua aceleração?

SITUAÇÃO Aplique a segunda lei de Newton e resolva para a aceleração. A massa pode ser encontrada a partir do peso da estudante.

SOLUÇÃO

De acordo com a segunda lei de Newton, a aceleração da estudante é a força dividida por sua massa, e sua massa é igual a seu peso dividido por g:

$$a = \frac{F_{res}}{m} = \frac{F_{res}}{F_g/g} = \frac{25{,}0\ \text{lb}}{(130\ \text{lb})/(32{,}2\ \text{ft/s}^2)} = \boxed{6{,}19\ \text{ft/s}^2}$$

CHECAGEM A força é ligeiramente menor que um quinto do peso, de modo que esperamos que a aceleração seja ligeiramente menor que um quinto de g. $(32{,}2\ \text{ft/s}^2)/5 = 6{,}44\ \text{ft/s}^2$ e 6,19 ft/s² é ligeiramente menor que 6,44 ft/s², de forma que o resultado é plausível.

INDO ALÉM Rearranjando a equação da solução, tem-se $m = \dfrac{F_{res}}{a} = \dfrac{F_g}{g}$

Isto revela que você pode encontrar a aceleração sem precisar primeiro calcular a massa. Para qualquer corpo, a razão entre F_{res} e a é igual à razão entre F_g e g.

PROBLEMA PRÁTICO 4-2 Qual é a força necessária para dar uma aceleração de 3,0 ft/s² a um bloco de 5,0 lb?

4-5 FORÇAS DE CONTATO: SÓLIDOS, MOLAS E FIOS

Muitas forças são exercidas por um corpo em contato com outro. Nesta seção, examinaremos algumas das forças de contato mais comuns.

SÓLIDOS

Se uma superfície é empurrada, ela empurra de volta. Seja a escada encostada na parede mostrada na Figura 4-7. Na região do contato, a escada empurra a parede com uma força horizontal, comprimindo a distância entre moléculas na superfície da parede. Da mesma maneira que as molas de um colchão, as moléculas comprimidas da parede empurram de volta a escada com uma força horizontal. Tal força, *perpendicular* às superfícies em contato, é chamada de **força normal** (*normal* é o mesmo que perpendicular). A parede se distorce levemente com a carga, mas isto não é perceptível a olho nu.

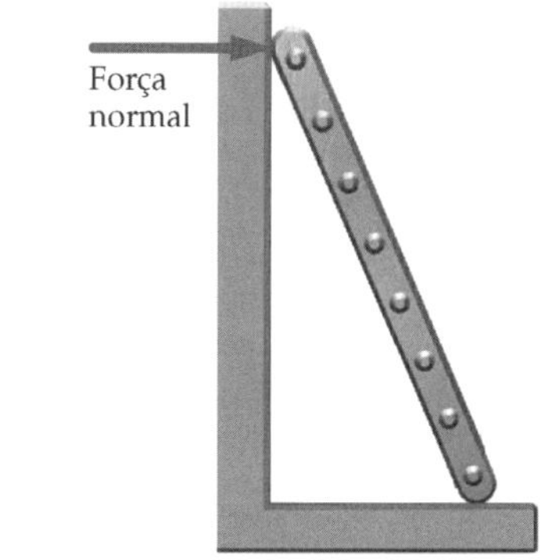

Força
normal

FIGURA 4-7 A parede suporta a escada empurrando-a com uma força normal à parede.

Forças normais podem variar em uma grande faixa de magnitudes. Um tampo de mesa horizontal, por exemplo, exercerá uma força normal para cima sobre qualquer objeto que esteja sobre ele. Desde que a mesa não quebre, esta força normal irá contrabalançar a força gravitacional para baixo sobre o objeto. Além disso, se você comprime o objeto para baixo, a magnitude da força normal para cima exercida pela mesa irá aumentar, para fazer frente à força extra, desta forma evitando que o objeto acelere para baixo.

Além disso, superfícies em contato podem exercer forças umas sobre as outras que são *paralelas* às superfícies. Seja o grande bloco sobre o chão mostrado na Figura 4-8. Se o bloco é empurrado com uma força relativamente pequena, ele não deslizará. A superfície do chão exerce uma outra força sobre o bloco, em oposição à sua tendência para deslizar no sentido do empurrão. No entanto, se o bloco é empurrado com uma força relativamente grande, ele começará a deslizar. Para manter o bloco deslizando, é necessário que se continue a empurrá-lo. Se o empurrão não é mantido, a força de contato irá frear o movimento do bloco até que ele pare. Uma componente de força de contato que se opõe ao deslizamento, ou à tendência de deslizamento, é chamada de **força de atrito**; ela atua paralelamente às superfícies em contato. (Forças de atrito são tratadas mais extensivamente no Capítulo 5.)

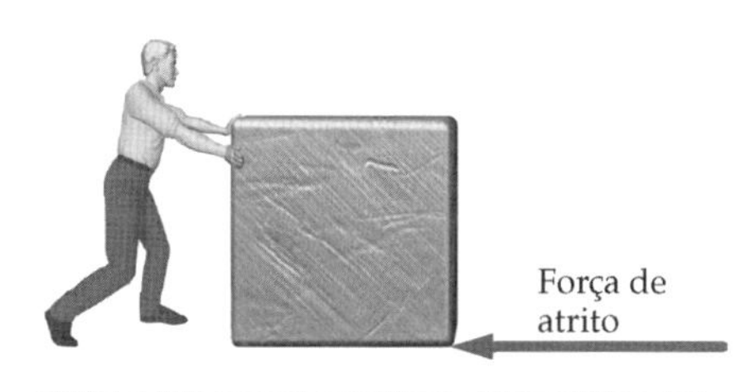

FIGURA 4-8 O homem está empurrando um bloco. A força de atrito exercida pelo piso sobre o bloco opõe-se ao seu movimento de deslizamento ou à sua tendência ao deslizamento.

Um caixote (Figura 4-9*a*) está parado sobre um plano inclinado. A gravidade puxa o caixote para baixo, de forma que, para que o caixote não se mova, o piso deve exercer uma força $\vec{F}$ para cima de igual magnitude sobre o caixote (Figura 4-9*b*). A força $\vec{F}$ é uma força de contato do piso sobre o caixote. Uma força de contato como esta é comumente vista como duas forças distintas, uma, chamada de força normal $\vec{F}_n$, perpendicular à superfície do piso, e uma segunda, chamada de força de atrito $\vec{f}$, paralela à superfície do piso. A força de atrito se opõe a qualquer tendência do caixote a escorregar rampa abaixo.

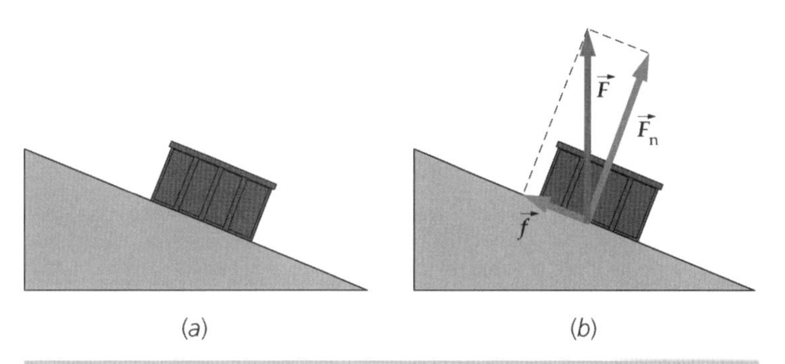

FIGURA 4-9 (*a*) Um caixote está parado sobre um plano inclinado. (*b*) A força de contato do piso sobre o caixote é representada ou pela força única $\vec{F}$, ou pela superposição de uma força normal $\vec{F}_n$ e uma força de atrito $\vec{f}$.

MOLAS

Quando uma mola é esticada de uma distância x, a partir da posição em que está frouxa, verifica-se experimentalmente que a força que ela exerce é dada por

$$F_x = -kx \qquad \text{4-7}$$

LEI DE HOOKE

onde a constante positiva k, chamada de **constante de força** (ou constante elástica da mola), é uma medida da dureza da mola (Figura 4-10). Um valor negativo de x significa que a mola foi comprimida de uma distância $|x|$ a partir da posição em que está frouxa. O sinal negativo na Equação 4-7 significa que quando a mola está distendida (ou comprimida) em um sentido, a força que ela exerce está no sentido oposto. Esta relação, conhecida como **lei de Hooke**, é de muita importância. Um objeto em repouso sob a influência de forças que se compensam é dito um objeto em *equilíbrio estático*. Se um pequeno deslocamento resulta em uma força resultante restauradora que aponta para a posição de equilíbrio, o equilíbrio é dito *equilíbrio estável*. Para pequenos deslocamentos, quase todas as forças restauradoras obedecem à lei de Hooke.

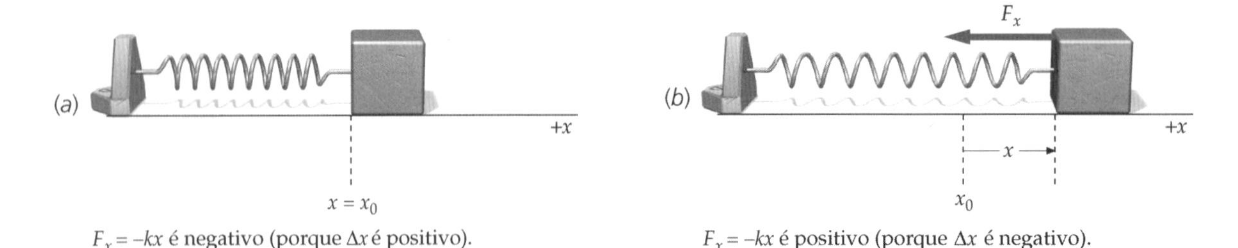

FIGURA 4-10 Uma mola horizontal (*a*) Quando a mola está frouxa, ela não exerce força sobre o bloco. (*b*) Quando a mola está distendida de modo que x é positivo, ela exerce uma força de magnitude kx no sentido $-x$. (*c*) Quando a mola está comprimida de modo que x é negativo, ela exerce uma força de magnitude $k|x|$ no sentido $+x$.

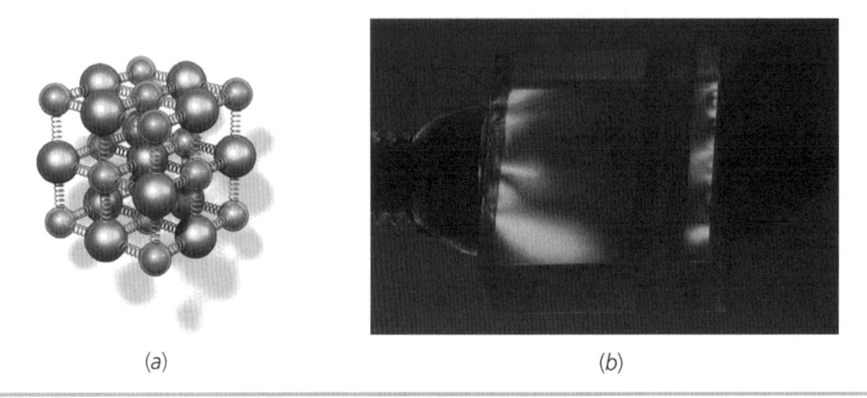

FIGURA 4-11 (*a*) Modelo de um sólido constituído de átomos ligados entre si por molas. As molas são muito duras (constante de força grande) de forma que, quando um peso é colocado sobre o sólido, a deformação não se torna visível. No entanto, compressão como a produzida pelo grampo no bloco plástico em (*b*) deixa padrões de tensão visíveis quando sob luz polarizada. *((b) Fundamental Photographs.)*

A força molecular de atração entre átomos em uma molécula ou sólido varia muito semelhantemente à de uma mola. Podemos, portanto, usar duas massas presas a uma mola para modelar uma molécula diatômica, ou um conjunto de massas conectadas por molas para modelar um sólido, como mostrado na Figura 4-11.

Exemplo 4-5 Encestando

Um jogador de basquete de 110 kg segura o aro enquanto enterra a bola (Figura 4-12). Antes de cair, ele fica suspenso seguro ao aro, cuja parte frontal fica defletida de uma distância de 15 cm. Suponha que o aro possa ser aproximado por uma mola e calcule a constante de força k.

SITUAÇÃO Como a aceleração do jogador é zero, a força resultante exercida sobre ele também deve ser zero. A força para cima exercida pelo aro contrabalança seu peso. Seja $y = 0$ a posição original do aro e escolha o sentido $+y$ para baixo. Então, o deslocamento do aro y_e é positivo o peso $F_{gy} = mg$ é positivo e a força $F_y = -ky_e$ exercida pelo aro é negativa.

SOLUÇÃO

1. Aplique $\Sigma F_y = ma_y$ ao jogador. A aceleração do jogador é zero: $\Sigma F_y = ma_y$

   $F_{gy} + F_y = 0$

2. Use a lei de Hooke (Equação 4-7) para encontrar F_y: $F_y = -ky_e$

3. Substitua as componentes de força do passo 1 por expressões ou valores, e resolva para k:

$$F_{gy} + F_y = 0$$

$$mg + (-ky_e) = 0$$

$$k = \frac{mg}{y_e} = \frac{(110\ \text{kg})(9{,}8\ \text{N/kg})}{0{,}15\ \text{m}}$$

$$= \boxed{7{,}2 \times 10^3\ \text{N/m}}$$

CHECAGEM O peso de qualquer objeto, em newtons, é quase dez vezes maior que a massa do objeto em quilogramas. Então, o peso é maior que 1000 N. Uma deflexão de apenas 0,10 m implicaria um k de 10.000 N/m, de forma que o valor encontrado de k = 7200 N/m para uma deflexão de 0,15 m parece razoável.

INDO ALÉM Apesar de um aro de basquete não parecer exatamente como uma mola, o aro é às vezes suspenso por uma dobradiça com uma mola que é distorcida quando a parte frontal do aro é puxada para baixo. Como resultado, a força para cima que o aro exerce sobre as mãos do jogador é proporcional ao deslocamento da parte frontal do aro e orientada no sentido oposto. Note que usamos N/kg como unidade de g, de forma a cancelar o kg, obtendo N/m como unidade de k. Podemos usar tanto 9,81 N/kg quanto 9,81 m/s^2 para g, o que for o mais conveniente, porque 1 N/kg = 1 m/s^2.

PROBLEMA PRÁTICO 4-3 Um cacho de bananas de 4,0 kg está suspenso, em repouso, de uma balança de mola cuja constante de força é 300 N/m. De quanto a mola está distendida?

PROBLEMA PRÁTICO 4-4 Uma mola de 400 N/m de constante elástica está presa a um bloco de 3,0 kg que repousa sobre um trilho de ar horizontal que torna o atrito desprezível. Qual a distensão da mola necessária para dar ao bloco uma aceleração de 4,0 m/s^2, na largada?

PROBLEMA PRÁTICO 4-5 Um objeto de massa m oscila na extremidade de uma mola ideal de constante elástica k. O tempo para uma oscilação completa é o período T. Supondo que T dependa de m e de k, use análise dimensional para encontrar a forma da relação $T = f(m, k)$, ignorando constantes numéricas. Isto é mais facilmente realizado olhando as unidades. Note que a unidade de k é o N/m = (kg · m/s^2)/m = kg/s^2, e que a unidade de m é o kg.

FIGURA 4-12 *(AFP-Getty Images.)*

FIOS

Fios (cordas) são usados para puxar coisas. Podemos pensar em uma corda como uma mola de constante de força tão grande que sua distensão é desprezível. Cordas são no entanto flexíveis e, contrariamente às molas, não podem empurrar coisas. Elas são facilmente flexionadas. A magnitude da força que um segmento de uma corda exerce sobre um segmento adjacente é chamada de **tensão**, T. Logo, se um fio ou corda puxa um objeto, a magnitude da força sobre o objeto é igual à tensão. O conceito de tensão em um fio ou corda é mais detalhado na Seção 4-8.

4-6 RESOLVENDO PROBLEMAS: DIAGRAMAS DE CORPO LIVRE

Um trenó está sendo puxado, sobre uma superfície congelada, por um cachorro. O cachorro puxa uma corda presa ao trenó (Figura 4-13*a*) com uma força horizontal que provoca um aumento da rapidez do trenó. Podemos imaginar o conjunto trenó mais corda como uma única partícula. Quais são as forças que atuam na partícula trenó–corda? Tanto o cachorro quanto o gelo encostam no conjunto trenó–corda, e portanto, sabemos que o cachorro e o gelo exercem sobre ele forças de contato. Também sabemos que a Terra exerce uma força gravitacional sobre o conjunto trenó–corda (o peso de trenó–corda). Assim, um total de três forças atua sobre o conjunto trenó–corda (supondo desprezível o atrito):

1. A força gravitacional sobre trenó–corda, $\vec{F}_g$.
2. A força de contato $\vec{F}_n$ exercida pelo gelo sobre o conjunto. (Sem atrito, a força de contato é normal ao gelo.)
3. A força de contato $\vec{F}$ exercida pelo cachorro sobre a corda.

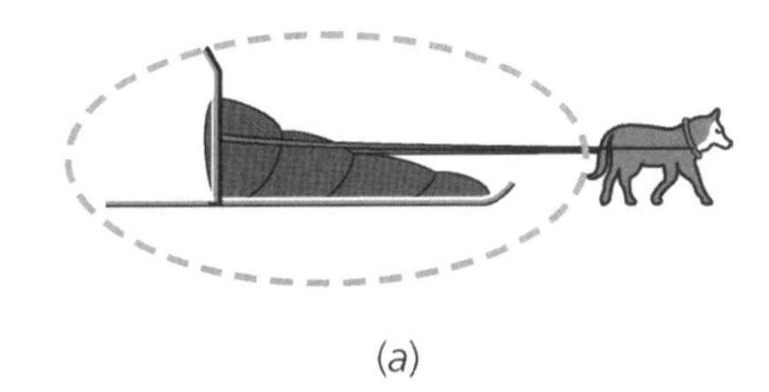

(*a*)

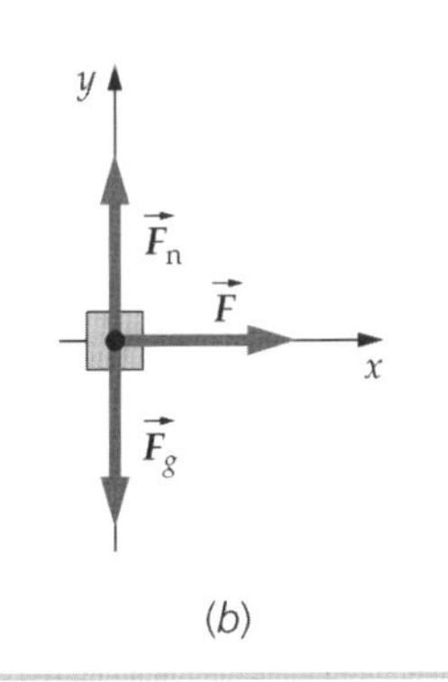

(*b*)

FIGURA 4-13 (*a*) Um cachorro puxando um trenó. O primeiro passo na solução de problemas é isolar o sistema a ser analisado. Neste caso, a curva fechada tracejada representa a fronteira entre o objeto trenó–corda e o meio que o cerca. (*b*) As forças atuando sobre o trenó da Figura 4-13*a*.

Um diagrama mostrando esquematicamente todas as forças que atuam sobre um sistema, como o da Figura 4-13*b*, é chamado de **diagrama de corpo livre**. Ele é assim chamado porque o corpo (objeto) é desenhado livre do que o cerca.

Para desenhar os vetores força em um diagrama de corpo livre, em escala, é preciso primeiro determinar a orientação do vetor aceleração, usando métodos cinemáticos. Sabemos que o objeto está se movendo para a direita com rapidez crescente. Da cinemática, sabemos que o vetor aceleração tem a orientação da variação do vetor velocidade — para a frente. Note que $\vec{F}_n$ e $\vec{F}_g$ no diagrama têm magnitudes iguais. Sabemos que essas magnitudes são iguais porque a componente vertical da aceleração é zero. Como teste qualitativo para a razoabilidade de nosso diagrama de corpo livre, desenhamos um diagrama de soma vetorial (Figura 4-14), verificando que a soma vetorial das forças tem a mesma orientação do vetor aceleração.

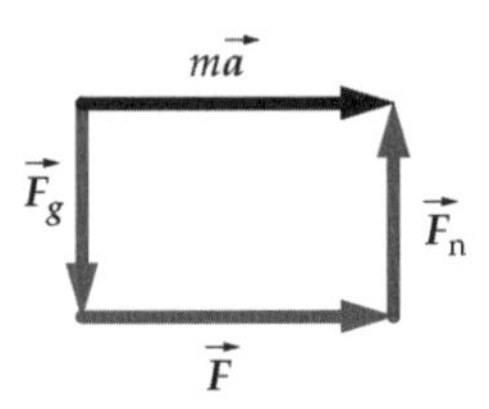

FIGURA 4-14 A soma vetorial das forças no diagrama de corpo livre é igual à massa vezes o vetor aceleração.

Podemos, agora, aplicar a segunda lei de Newton para determinar as componentes x e y da força resultante sobre a partícula trenó–corda. A componente x da segunda lei de Newton fornece

$$\Sigma F_x = F_{nx} + F_{gx} + F_x = ma_x$$

$$0 + 0 + F = ma_x$$

ou

$$a_x = \frac{F}{m}$$

A componente y da segunda lei de Newton fornece

$$\Sigma F_y = F_{ny} + F_{gy} + F_y = ma_y$$

$$F_n - F_g + 0 = 0$$

ou

$$F_n = F_g$$

Assim, a partícula trenó–corda tem uma aceleração de F/m no sentido $+x$ e a magnitude da força vertical $\vec{F}_n$ exercida pelo gelo é $F_n = F_g = mg$.

ESTRATÉGIA PARA SOLUÇÃO DE PROBLEMAS

Aplicando a Segunda Lei de Newton

SITUAÇÃO Certifique-se de identificar todas as forças que atuam sobre a partícula. Então, determine a orientação do vetor aceleração da partícula, se possível. O conhecimento da orientação do vetor aceleração ajudará na escolha do melhor sistema de coordenadas para resolver o problema.

SOLUÇÃO

1. Desenhe um diagrama esquemático que inclua as características importantes do problema.
2. Isole o objeto (partícula) de interesse e identifique cada força atuando sobre ele.
3. Desenhe um diagrama de corpo livre mostrando cada uma dessas forças.
4. Escolha um sistema de coordenadas conveniente. Se a orientação do vetor aceleração é conhecida, escolha um eixo coordenado com esta orientação. Para objetos que deslizam sobre uma superfície, escolha um eixo paralelo à superfície e outro perpendicular a ela.
5. Aplique a segunda lei de Newton, $\Sigma\vec{F} = m\vec{a}$, na forma de suas componentes.
6. Resolva as equações para as incógnitas.

CHECAGEM Verifique se seus resultados são plausíveis e possuem as unidades corretas. A substituição de valores-limite em sua solução literal é uma boa maneira de testar seus resultados.

Exemplo 4-6 Uma Corrida de Trenós

Durante as férias de inverno, você participa de uma corrida de trenós em que estudantes substituem os cães. Calçando botas de neve, com travas que permitem uma boa tração, você começa a corrida puxando uma corda atada ao trenó com uma força de 150 N a 25° acima da horizontal. A partícula trenó–passageiro–corda tem uma massa de 80 kg e não existe atrito entre as lâminas do trenó e o gelo. Encontre (*a*) a aceleração do trenó e (*b*) a magnitude da força normal exercida pela superfície sobre o trenó.

SITUAÇÃO Três forças atuam sobre a partícula: seu peso $\vec{F}_g$, que aponta para baixo; a força normal $\vec{F}_n$, que aponta para cima; e a força com que você puxa a corda, $\vec{F}$, orientada 25° acima da horizontal. Como as forças não são todas paralelas a uma única linha, estudamos o sistema aplicando a segunda lei de Newton nas direções x e y, separadamente.

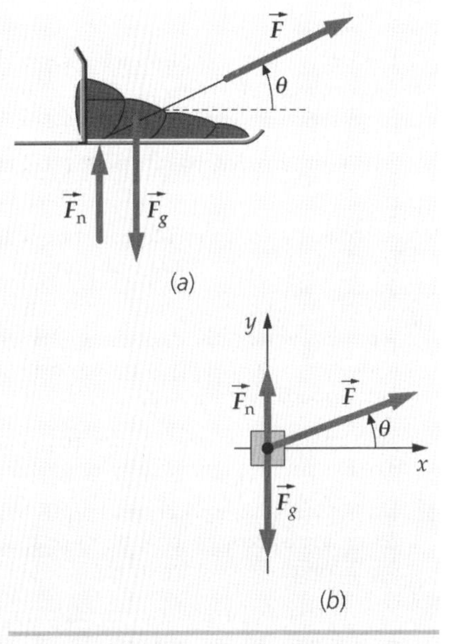

FIGURA 4-15

SOLUÇÃO

(*a*) 1. Esboce um diagrama de corpo livre (Figura 4-15*b*) para a partícula trenó–passageiro–corda. Inclua um sistema de coordenadas com um dos eixos coordenados apontando no sentido da aceleração. A partícula se move para a direita com rapidez crescente, de forma que sabemos que a aceleração também é para a direita:

2. *Nota*: Use o método geométrico de soma vetorial para verificar que a soma das forças no diagrama de corpo livre aponta no sentido da aceleração (Figura 4-16):

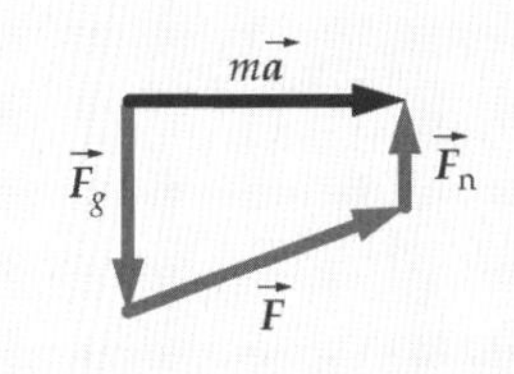

FIGURA 4-16 A soma vetorial das forças no diagrama de corpo livre é igual à massa vezes o vetor aceleração.

3. Aplique a segunda lei de Newton à partícula. Escreva a equação nas formas vetorial e de componentes:

$$\vec{F}_n + \vec{F}_g + \vec{F} = m\vec{a} \quad \text{ou}$$
$$F_{nx} + F_{gx} + F_x = ma_x$$
$$F_{ny} + F_{gy} + F_y = ma_y$$

4. Escreva as componentes x de $\vec{F}_n$, $\vec{F}_g$ e $\vec{F}$:

$$F_{nx} = 0, \quad F_{gx} = 0, \quad \text{e} \quad F_x = F\cos\theta$$

5. Substitua os resultados do passo 4 na equação em x do passo 3. Então, resolva para a aceleração a_x:

$$\Sigma \vec{F}_x = 0 + 0 + F\cos\theta = ma_x \quad \text{logo}$$
$$a_x = \frac{F\cos\theta}{m} = \frac{(150\text{ N})\cos 25°}{80\text{ kg}} = \boxed{1{,}7\text{ m/s}^2}$$

(*b*) 1. Escreva a componente y de $\vec{a}$:

$$a_y = 0$$

2. Escreva as componentes y de $\vec{F}_n$, $\vec{F}_g$ e $\vec{F}$:

$$F_{ny} = F_n, \quad F_{gy} = -mg, \quad \text{e} \quad F_y = F\,\text{sen}\,\theta$$

3. Substitua os resultados dos passos 1 e 2 da Parte (*b*) na equação em y do passo 3 da Parte (*a*). Então, resolva para F_n:

$$\Sigma F_y = F_n - mg + F\,\text{sen}\,\theta = 0$$
$$F_n = mg - F\,\text{sen}\,\theta$$
$$= (80\text{ kg})(9{,}81\text{ N/kg}) - (150\text{ N})\,\text{sen}\,25°$$
$$= \boxed{7{,}2 \times 10^2\text{ N}}$$

CHECAGEM Observe que apenas a componente x de $\vec{F}$, que é $F\cos\theta$, acelera o objeto. Esperamos uma aceleração menor, se a corda não é horizontal. Também, esperamos que a força normal exercida pelo gelo seja menos intensa que o peso do objeto, já que parte do peso é compensada pela força exercida pela corda.

PROBLEMA PRÁTICO 4-6 Se $\theta = 25°$, qual é a magnitude máxima da força $\vec{F}$ que pode ser aplicada à corda sem que o trenó seja levantado da superfície?

Exemplo 4-7 Descarregando um Caminhão *Rico em Contexto*

Você trabalha em uma grande companhia de entregas e deve descarregar uma caixa grande e frágil, usando uma rampa de descarregamento (Figura 4-17). Se a componente vertical para baixo da velocidade da caixa ao atingir a base da rampa for maior do que 2,50 m/s (2,50 m/s é a rapidez de um objeto largado de uma altura de cerca de 1 ft), o objeto se quebrará. Qual é o maior ângulo que permite um descarregamento seguro? A rampa tem 1,00 m de altura, possui roletes (isto é, praticamente não tem atrito) e é inclinada de um ângulo θ com a horizontal.

SITUAÇÃO Há duas forças atuando sobre a caixa, a força gravitacional $\vec{F}_g$ e a força normal $\vec{F}_n$ da rampa sobre a caixa. Estas forças não podem somar zero, já que não são antiparalelas. Então, existe uma força resultante sobre a caixa, acelerando-a. A rampa mantém a caixa escorregando paralelamente à sua superfície. Escolhemos o eixo $+x$ apontando no sentido de descida da rampa. Para determinar a aceleração, aplicamos a segunda lei de Newton à caixa. Uma vez conhecida a aceleração, podemos usar a cinemática para determinar o maior ângulo seguro.

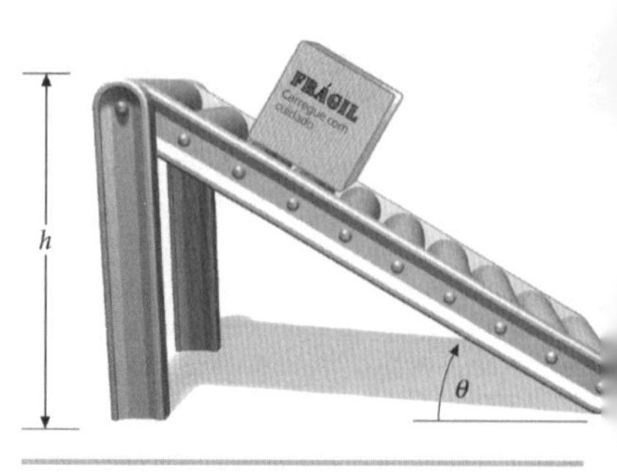

FIGURA 4-17

SOLUÇÃO

1. Primeiro, desenhamos um diagrama de corpo livre (Figura 4-18). Duas forças atuam sobre a caixa, a força gravitacional e a força normal. Escolhemos o sentido da aceleração, rampa abaixo, como o sentido $+x$. *Nota*: O ângulo entre $\vec{F}_g$ e o sentido $-y$ é o mesmo formado entre a horizontal e a rampa, como se vê no diagrama de corpo livre. Também podemos ver que $F_{gx} = F_g \operatorname{sen} \theta$.

2. Para encontrar a_x, aplicamos a segunda lei de Newton ($\Sigma F_x = ma_x$) à caixa. (*Nota*: $\vec{F}_n$ é perpendicular ao eixo x e $F_g = mg$.) — $F_{nx} + F_{gx} = ma_x$ onde $F_{nx} = 0$ e $F_{gx} = F_g \operatorname{sen}\theta = mg \operatorname{sen}\theta$

3. Substituindo e resolvendo para a aceleração, temos: — $0 + mg \operatorname{sen}\theta = ma_x$ logo $a_x = g \operatorname{sen}\theta$

4. Relacione a componente para baixo da velocidade da caixa à sua componente v_x na direção x: — $v_b = v_x \operatorname{sen}\theta$

5. A componente v_x da velocidade está relacionada ao deslocamento Δx ao longo da rampa pela equação cinemática: — $v_x^2 = v_{0,x}^2 + 2a_x \Delta x$

6. Substituindo a_x na equação cinemática (passo 5) e fazendo $v_{0,x}$ igual a zero, obtemos: — $v_x^2 = 2g \operatorname{sen}\theta\, \Delta x$

7. Da Figura 4-17, podemos ver que quando Δx iguala o comprimento da rampa, Δx sen $\theta = h$, onde h é a altura da rampa: — $v_x^2 = 2gh$

8. Resolva para v_b usando o resultado do passo 4 e a expressão de v_x do passo 7: — $v_b = \sqrt{2gh} \operatorname{sen}\theta$

9. Resolva para o ângulo máximo: — $2{,}50 \text{ m/s} = \sqrt{2(9{,}81 \text{ m/s}^2)(1{,}00 \text{ m})} \operatorname{sen}\theta_{\text{máx}}$

$$\therefore\ \theta_{\text{máx}} = \boxed{34{,}4°}$$

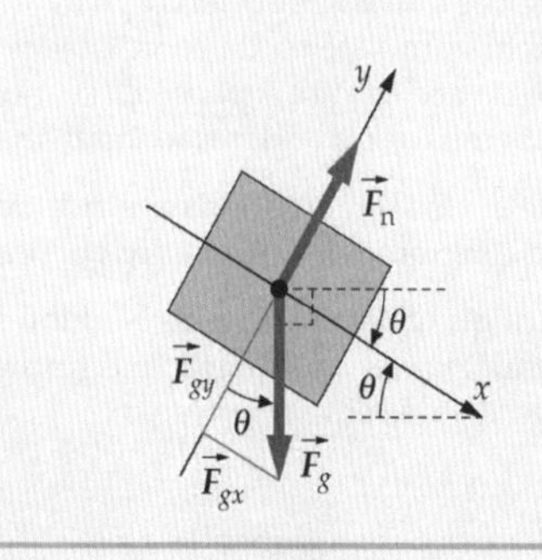

FIGURA 4-18

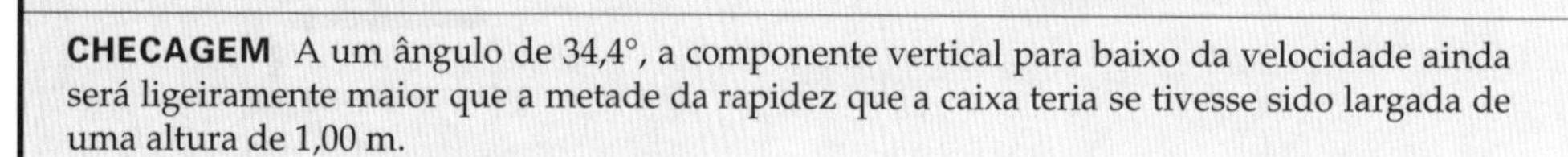

CHECAGEM A um ângulo de 34,4°, a componente vertical para baixo da velocidade ainda será ligeiramente maior que a metade da rapidez que a caixa teria se tivesse sido largada de uma altura de 1,00 m.

INDO ALÉM A aceleração rampa abaixo é constante e igual a g sen θ. Além disso, a rapidez v na base depende de h, mas não do ângulo θ.

PROBLEMA PRÁTICO 4-7 Aplique $\Sigma F_y = ma_y$ à caixa para mostrar que $F_n = mg \cos \theta$.

Exemplo 4-8 Pendurando um Quadro *Tente Você Mesmo*

Um quadro pesando 8,0 N é suspenso por dois fios com tensões T_1 e T_2, como mostra a Figura 4-19. Encontre cada tensão.

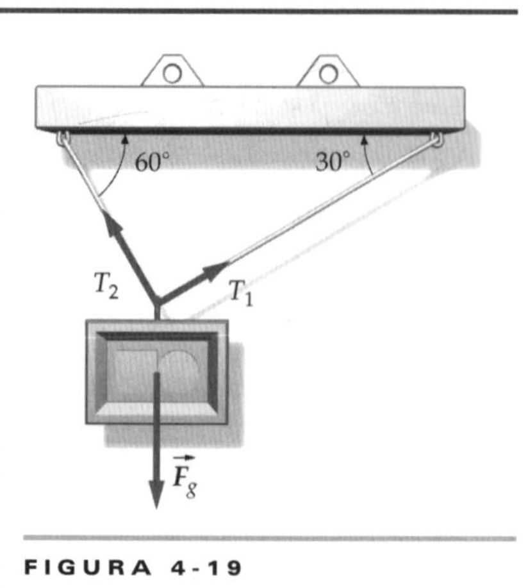

FIGURA 4-19

SITUAÇÃO Como o quadro não está acelerado, a força resultante sobre ele deve ser zero. As três forças sobre o quadro (a força gravitacional $\vec{F}_g$ e as forças de tensão $\vec{T}_1$ e $\vec{T}_2$) devem, portanto, somar zero.

SOLUÇÃO

Cubra a coluna da direita e tente por si só antes de olhar as respostas.

Passos	Respostas
1. Desenhe um diagrama de corpo livre para o quadro (Figura 4-20). Em seu diagrama, mostre as componentes x e y de cada força de tensão.	
2. Aplique $\Sigma \vec{F} = m\vec{a}$ na forma vetorial para o quadro.	$\vec{T}_1 + \vec{T}_2 + \vec{F}_g = m\vec{a}$

3. Decomponha cada força em suas componentes x e y. Isto lhe dá duas equações para as duas incógnitas T_1 e T_2. A aceleração é zero.

$$T_{1x} + T_{2x} + F_{gx} = 0$$
$$T_1 \cos 30° - T_2 \cos 60° + 0 = 0 \quad \text{e}$$
$$T_{1y} + T_{2y} + F_{gy} = 0$$
$$T_1 \operatorname{sen} 30° + T_2 \operatorname{sen} 60° - F_g = 0$$

4. Resolva a equação em x para T_2.

$$T_2 = T_1 \frac{\cos 30°}{\cos 60°}$$

5. Substitua seu resultado para T_2 (passo 4) na equação em y e resolva para T_1.

$$T_1 \operatorname{sen} 30° + \left(T_1 \frac{\cos 30°}{\cos 60°}\right) \operatorname{sen} 60° - F_g = 0$$
$$T_1 = 0{,}50 F_g = \boxed{4{,}0\ \text{N}}$$

6. Use seu resultado de T_1 para encontrar T_2.

$$T_2 = T_1 \frac{\cos 30°}{\cos 60°} = \boxed{6{,}9\ \text{N}}$$

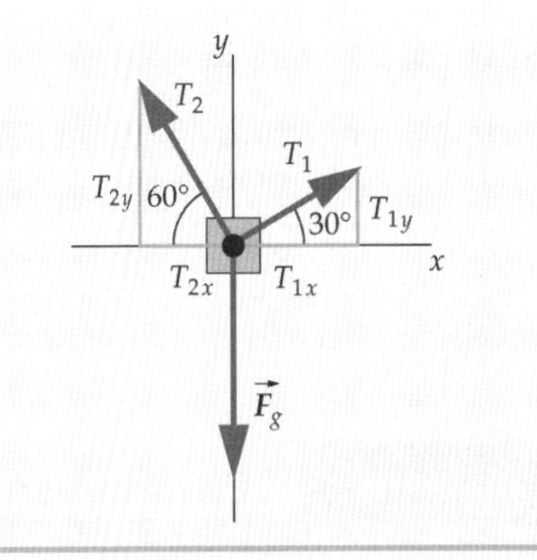

FIGURA 4-20

CHECAGEM O fio mais na vertical é o que suporta a maior carga, como é de se esperar. Também, vemos que $T_1 + T_2 > 8$ N. A força "extra" existe porque os fios puxam para a direita e para a esquerda.

Exemplo 4-9 Um Jato Acelerando

Enquanto seu avião rola na pista para decolar, você decide determinar sua aceleração, tomando seu ioiô e vendo que, suspenso, o cordão forma um ângulo de 22,0° com a vertical (Figura 4-21*a*). (*a*) Qual é a aceleração do avião? (*b*) Se a massa do ioiô é 40,0 g, qual é a tensão no cordão?

SITUAÇÃO O ioiô e o avião têm a mesma aceleração. A força resultante sobre o ioiô tem o sentido de sua aceleração — para a direita. Esta força tem origem na componente horizontal da força de tensão $\vec{T}$. A componente vertical de $\vec{T}$ contrabalança a força gravitacional $\vec{F}_g$ no ioiô. Escolhemos um sistema de coordenadas no qual o sentido $+x$ é o da aceleração $\vec{a}$ e o sentido $+y$ é vertical para cima. Escrevendo a segunda lei de Newton para as duas direções x e y, temos duas equações para a determinação das duas incógnitas a e T.

SOLUÇÃO

(*a*) 1. Desenhe um diagrama de corpo livre para o ioiô (Figura 4-21*b*). Escolha o sentido $+x$ coincidindo com o do vetor aceleração do ioiô.

2. Aplique $\Sigma F_x = ma_x$ ao ioiô. Depois, simplifique usando trigonometria:

$$T_x + F_{gx} = ma_x$$
$$T \operatorname{sen}\theta + 0 = ma_x$$
ou
$$T \operatorname{sen}\theta = ma_x$$

3. Aplique $\Sigma F_y = ma_y$ ao ioiô. Depois, simplifique usando trigonometria e $F_g = mg$ (Figura 4-21*c*). Como a aceleração está no sentido $+x$, $a_y = 0$:

$$T_y + F_{gy} = ma_y$$
$$T \cos\theta - mg = 0$$
ou
$$T \cos\theta = mg$$

4. Divida o resultado do passo 2 pelo resultado do passo 3 e resolva para a aceleração. Como o vetor aceleração tem o sentido $+x$, $a = a_x$:

$$\frac{T \operatorname{sen}\theta}{T \cos\theta} = \frac{ma_x}{mg} \quad \text{logo} \quad \tan\theta = \frac{a_x}{g} \quad \text{e}$$

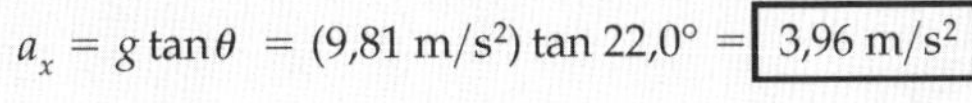

$$a_x = g \tan\theta = (9{,}81\ \text{m/s}^2) \tan 22{,}0° = \boxed{3{,}96\ \text{m/s}^2}$$

(*b*) Usando o resultado do passo 3, resolva para a tensão:

$$T = \frac{mg}{\cos\theta} = \frac{(0{,}0400\ \text{kg})(9{,}81\ \text{m/s}^2)}{\cos 22{,}0°} = \boxed{0{,}423\ \text{N}}$$

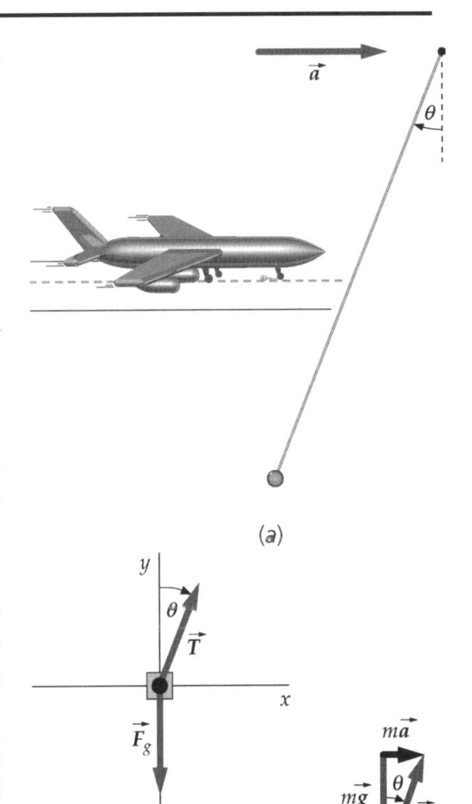

FIGURA 4-21

CHECAGEM Para $\theta = 0$, $\cos\theta = 1$ e $\tan\theta = 0$. Substituindo estes valores nas expressões dos dois últimos passos, tem-se $a_x = 0$ e $T = mg$, como se deve esperar.

INDO ALÉM Note que, na Parte (*b*), o resultado para T é maior que a força gravitacional sobre o ioiô ($mg = 0{,}392$ N) porque o cordão não apenas evita que o ioiô caia, como também o acelera na horizontal. Aqui, usamos a unidade m/s² para g (em vez de N/kg), pois estamos calculando uma aceleração.

PROBLEMA PRÁTICO 4-8 Para qual magnitude a de aceleração a tensão no cordão vale 3,00 mg? Neste caso, quanto vale θ?

Nosso próximo exemplo é a aplicação da segunda lei de Newton para objetos em repouso em relação a um referencial acelerado.

Exemplo 4-10 "Pesando-se" em um Elevador

Sua massa é de 80 kg e você está sobre uma balança de mola presa ao piso de um elevador. A balança mede forças e está calibrada em newtons. Qual a leitura da escala quando (*a*) o elevador está subindo com uma aceleração para cima de magnitude a; (*b*) o elevador está descendo com uma aceleração para baixo de magnitude a'; (*c*) o elevador está subindo a 20 m/s e sua rapidez diminui a uma taxa de 8,0 m/s²?

SITUAÇÃO A leitura da escala é a magnitude da força normal exercida pela balança sobre você (Figura 4-22). Como você está em repouso em relação ao elevador, você e o elevador têm a mesma aceleração. Duas forças atuam sobre você: a força da gravidade para baixo, $\vec{F}_g = m\vec{g}$, e a força normal exercida pela balança, para cima, $\vec{F}_n$. A soma destas forças lhe dá a aceleração observada. Escolhemos o sentido $+y$ para cima.

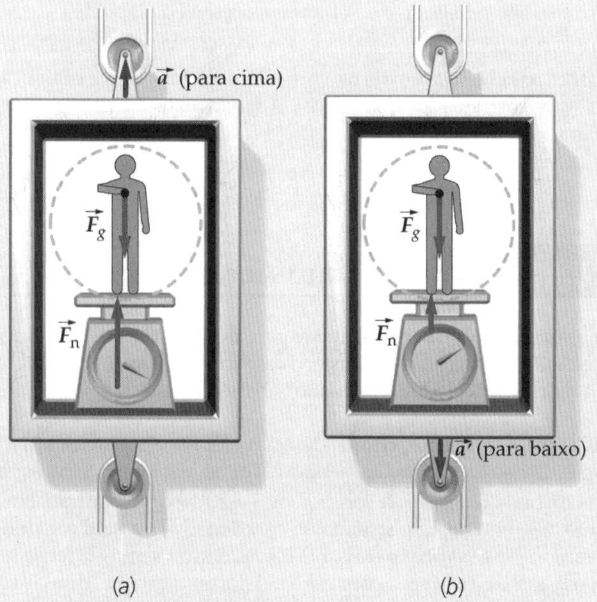

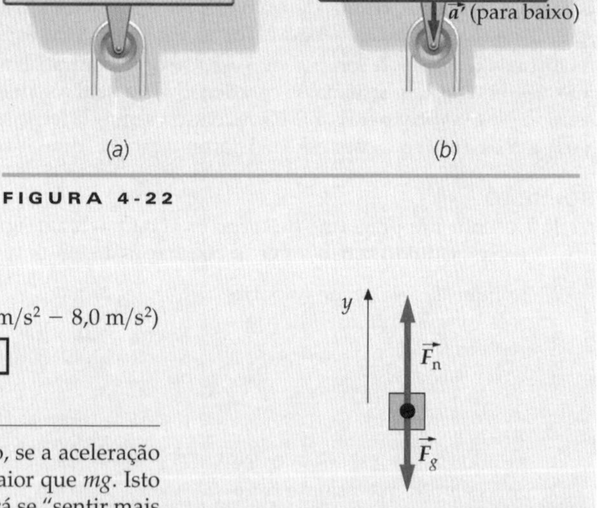

FIGURA 4-22

SOLUÇÃO

(*a*) 1. Desenhe um diagrama de corpo livre para você próprio (Figura 4-23):

2. Aplique $\Sigma F_y = ma_y$: $\quad F_{ny} + F_{gy} = ma_y$

$$F_n - mg = ma_y$$

3. Resolva para F_n. Esta é a leitura da escala (seu peso aparente): $\quad F_n = mg + ma_y = m(g + a_y)$

4. $a_y = +a$: $\quad F_n = \boxed{m(g + a)}$

(*b*) $a_y = -a'$. Substitua a_y no resultado do passo 3 da Parte (*a*): $\quad F_n = m(g + a_y) = \boxed{m(g - a')}$

(*c*) A velocidade é positiva mas diminui, e portanto, a aceleração é negativa. Então, $a_y = -8{,}0\ \text{m/s}^2$. Substitua no resultado do passo 3 da Parte (*a*):

$$F_n = m(g + a_y) = (80\ \text{kg})(9{,}81\ \text{m/s}^2 - 8{,}0\ \text{m/s}^2)$$
$$= 144{,}8\ \text{N} = \boxed{1{,}40 \times 10^2\ \text{N}}$$

FIGURA 4-23

CHECAGEM Independentemente de o elevador estar subindo ou descendo, se a aceleração é para cima você deverá se "sentir mais pesado", com um peso aparente maior que mg. Isto se confirma no resultado da Parte (*a*). Se a aceleração é para baixo você deverá se "sentir mais leve", com um peso aparente menor que mg. Os resultados das Partes (*b*) e (*c*) confirmam esta expectativa.

PROBLEMA PRÁTICO 4-9 Um elevador está descendo e parando, com uma aceleração de 4,00 m/s² de magnitude. Se sua massa é de 70,0 kg e você está em cima de uma balança de mola dentro do elevador, qual a leitura da escala enquanto o elevador está parando?

4-7 TERCEIRA LEI DE NEWTON

A terceira lei de Newton descreve uma importante propriedade das forças: forças sempre ocorrem aos pares. Por exemplo, se uma força é exercida sobre um corpo A, deve existir um outro corpo B que exerce a força. A terceira lei de Newton afirma que estas forças são iguais em magnitude e opostas em sentido. Isto é, se o objeto A exerce uma força sobre o objeto B, então B exerce uma força de mesma intensidade e sentido oposto sobre A.

Terceira lei. Quando dois corpos interagem entre si, a força $\vec{F}_{BA}$ exercida pelo corpo B sobre o corpo A tem a mesma magnitude e o sentido oposto ao da força $\vec{F}_{AB}$ exercida pelo corpo A sobre o corpo B. Assim,

$$\vec{F}_{BA} = -\vec{F}_{AB} \qquad 4\text{-}8$$

TERCEIRA LEI DE NEWTON

Cada par de forças é chamado um **par da terceira lei de Newton**. É usual se chamar de ação a uma força do par e de reação à outra. Esta terminologia é infeliz, pois soa como se uma força "reagisse" à outra, o que não é o caso. As duas forças ocorrem simultaneamente. Qualquer uma delas pode ser chamada de ação e então a outra será a reação. Se dizemos que a força sobre um dado objeto é a ação, então a força de reação correspondente deve estar atuando em um objeto diferente.

Na Figura 4-24, um bloco está sobre uma mesa. A força $\vec{F}_{gTB}$ atuando verticalmente para baixo, sobre o bloco, é a força gravitacional da Terra sobre o bloco. Uma força igual e oposta $\vec{F}_{gBT}$ é a força gravitacional exercida pelo bloco sobre a Terra. Estas forças formam um par ação–reação. Se elas fossem as únicas forças presentes, o bloco aceleraria para baixo por estar submetido a uma única força (e a Terra aceleraria para cima pela mesma razão). No entanto, a força para cima $\vec{F}_{nMB}$ da mesa sobre o bloco contrabalança a força gravitacional sobre o bloco. Ainda há a força para baixo $\vec{F}_{nBM}$, do bloco sobre a mesa. As forças $\vec{F}_{nBM}$ e $\vec{F}_{nMB}$ formam um par da terceira lei de Newton e, portanto, são iguais e opostas.

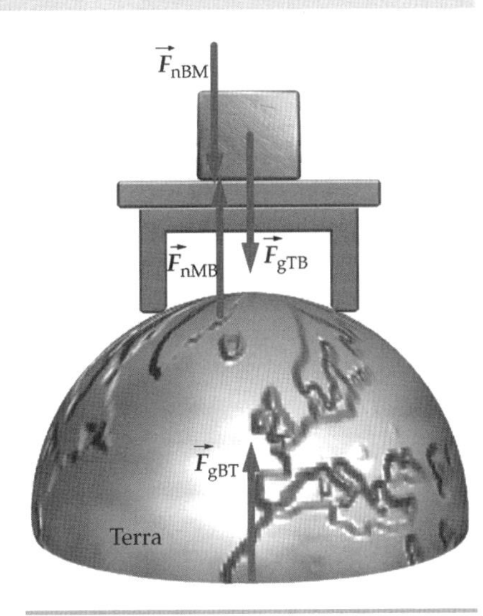

FIGURA 4-24

! Os pares de força da terceira lei de Newton são *sempre* iguais e opostos.

! Duas forças externas atuando sobre *o mesmo corpo* nunca podem constituir um par da terceira lei de Newton.

CHECAGEM CONCEITUAL 4-3

As forças $\vec{F}_{gBT}$ e $\vec{F}_{nBM}$ da Figura 4-24 formam um par da terceira lei de Newton?

Exemplo 4-11 O Cavalo e a Carroça — *Exemplo Conceitual*

Um cavalo se recusa a puxar uma carroça (Figura 4-25*a*). O cavalo argumenta que "de acordo com a terceira lei de Newton, não importa qual força eu exerça sobre a carroça, a carroça exercerá sobre mim uma força igual e oposta, de forma que a força resultante será zero e eu não terei como acelerar a carroça". O que está errado com esta argumentação?

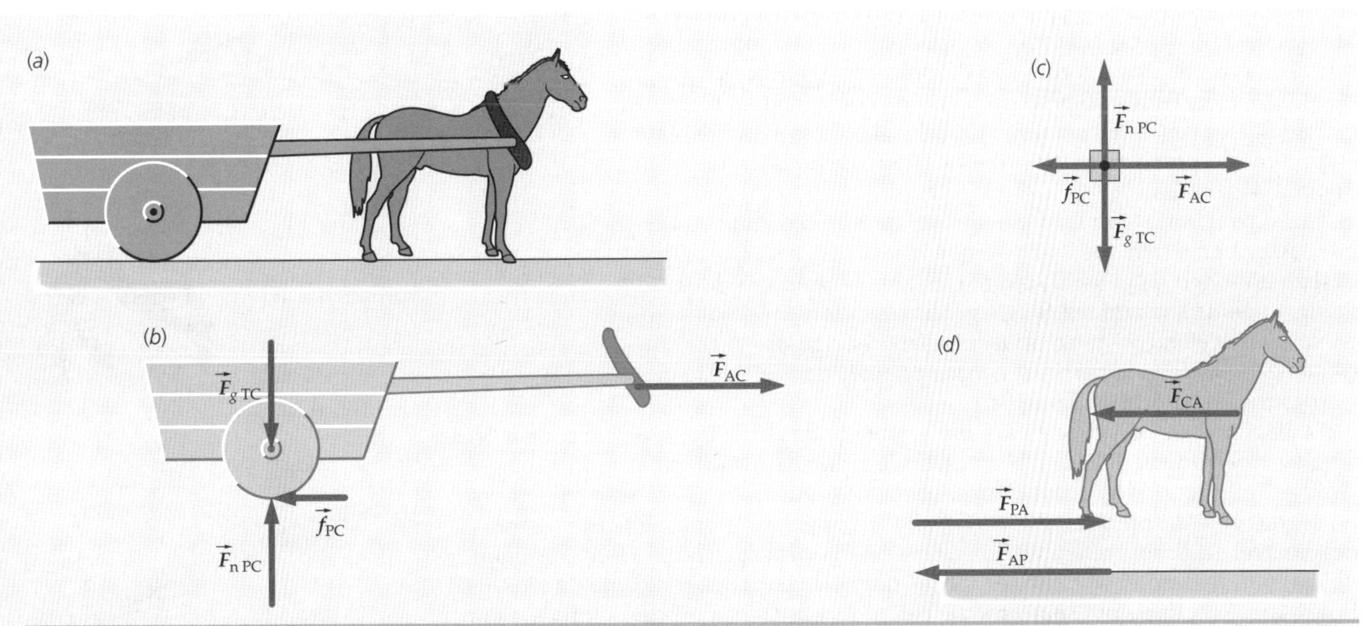

FIGURA 4-25

SITUAÇÃO Como estamos interessados no movimento da carroça, desenhamos um diagrama simples para ela (Figura 4-25*b*). A força exercida pelo animal sobre a carroça é $\vec{F}_{AC}$. (Esta força, na verdade, é exercida sobre os arreios. Como os arreios estão presos à carroça, os consideramos como parte da carroça.) Outras forças atuando sobre a carroça são a força gravitacional da Terra $\vec{F}_{gTC}$, a força normal do pavimento $\vec{F}_{nPC}$ e a força de atrito exercida pelo pavimento, $\vec{f}_{PC}$.

SOLUÇÃO

1. Desenhe um diagrama de corpo livre para a carroça (veja a Figura 4-25*c*). Como a carroça não acelera verticalmente, as forças verticais devem somar zero. As forças horizontais são $\vec{F}_{AC}$ para a direita, e $\vec{f}_{PC}$ para a esquerda. A carroça irá acelerar para a direita se $|\vec{F}_{AC}|$ for maior que $|\vec{f}_{PC}|$.
2. Note que a força de reação a $\vec{F}_{AC}$, que chamamos de $\vec{F}_{CA}$, é exercida sobre o cavalo, e não sobre a carroça (Figura 4-25*d*). Ela não produz nenhum efeito sobre o movimento da carroça, mas sim sobre o movimento do cavalo. Se o animal acelera para a direita, deve haver uma força $\vec{F}_{PA}$ (para a direita) exercida pelo pavimento sobre os cascos do cavalo, maior em magnitude do que $\vec{F}_{CA}$.

   Como a força de reação a $\vec{F}_{AC}$ é exercida sobre o cavalo, ela não afeta o movimento da carroça. Esta é a falha no argumento do cavalo.

CHECAGEM Todas as forças sobre a carroça têm o C como índice à direita, e todas as forças sobre o animal têm o A como índice à direita. Assim, não desenhamos, no cavalo ou na carroça, as duas forças de um mesmo par da terceira lei de Newton.

INDO ALÉM Este exemplo ilustra a importância de se desenhar um diagrama simples ao se resolver problemas de mecânica. Se o cavalo tivesse feito o mesmo, ele teria visto que ele precisa apenas pressionar contra o pavimento para que o pavimento o empurre para a frente.

CHECAGEM CONCEITUAL 4-4

De pé e de frente para um amigo, coloque as palmas de suas mãos contra as palmas das mãos do amigo e empurre. O seu amigo pode exercer uma força sobre você se você não exerce uma força de volta? Tente.

4-8 RESOLVENDO PROBLEMAS: PROBLEMAS COM DOIS OU MAIS OBJETOS

Em alguns problemas, os movimentos de dois (ou mais) objetos são influenciados pelas interações entre os objetos. Por exemplo, os objetos podem estar se tocando, ou podem estar ligados entre si por um fio ou uma mola.

A tensão em um fio ou corda é a magnitude da força que um segmento da corda exerce sobre um segmento vizinho. A tensão pode variar ao longo do comprimento da corda. Para uma corda balançando de uma viga no teto de um ginásio, a tensão é maior em pontos próximos ao teto, porque um pequeno segmento da corda próximo ao teto tem que suportar o peso de toda a corda abaixo. Para os problemas neste livro, no entanto, você poderá quase sempre supor que as massas de fios e cordas são desprezíveis, e então variações de tensão decorrentes do peso do fio ou da corda podem ser desprezadas. Convenientemente, isto também significa que você pode considerar desprezíveis as variações de tensão devidas à aceleração de um fio ou corda.

Considere, por exemplo, o movimento de Sérgio e Paulo, na Figura 4-26. A taxa com que Paulo desce é igual à taxa com que Sérgio desliza ao longo da geleira. Assim, eles têm a mesma rapidez. Se Paulo aumenta sua rapidez, Sérgio ganha rapidez na mesma razão. Isto é, suas acelerações tangenciais permanecem iguais. (A aceleração tangencial de uma partícula é a componente da aceleração que é tangente à trajetória da partícula.)

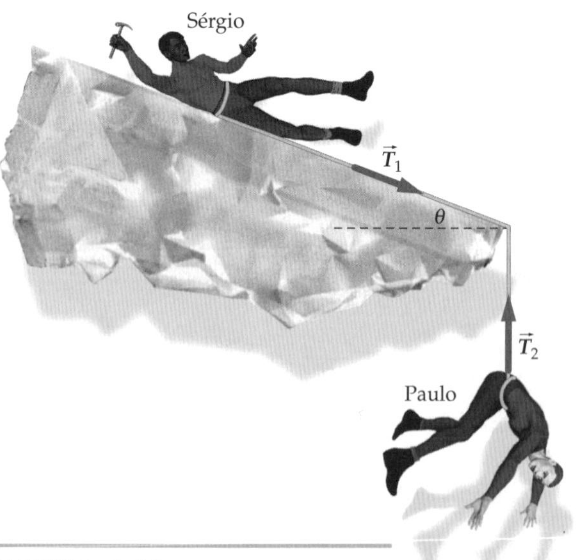

FIGURA 4-26

O diagrama de corpo livre para um segmento da corda presa a Sérgio é mostrado na Figura 4-27, onde Δm_s é a massa do segmento. Aplicando a segunda lei de Newton ao segmento, tem-se $T - T' = \Delta m_s a_x$. Se a massa do segmento é desprezível, então $T = T'$. Para imprimir a um segmento de massa desprezível qualquer aceleração finita, faz-se necessária apenas uma força resultante de magnitude desprezível. (Isto é, apenas uma diferença insignificante de tensão é necessária para dar a um segmento de corda de massa insignificante uma aceleração finita qualquer.)

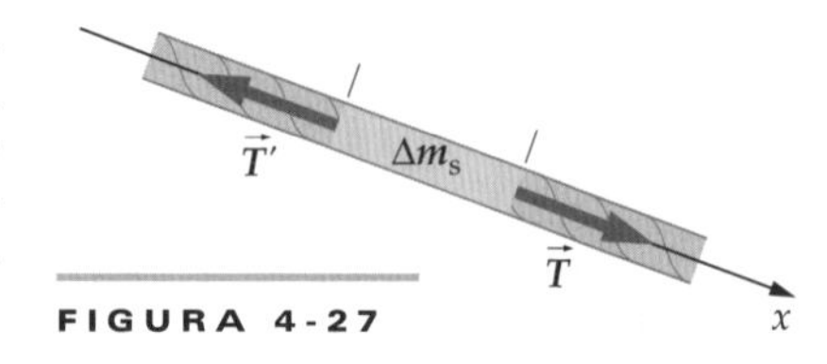

FIGURA 4-27

Consideremos, agora, toda a corda ligando Sérgio a Paulo. Desprezando a gravidade, há três forças atuando sobre a corda. Sérgio e Paulo exercem, cada um deles, uma força sobre a corda, assim como o gelo na borda da geleira. Se desprezamos o atrito entre o gelo e a corda, a força exercida pelo gelo é sempre uma força normal (Figura 4-28). Uma força normal não tem componente tangencial à corda, e portanto, não pode provocar uma variação da tensão. Assim, a tensão é a mesma ao longo de todo o comprimento da corda. Resumindo, se uma corda tensionada de massa desprezível muda de direção passando por uma superfície sem atrito, a tensão permanece a mesma ao longo da corda. A seguir, um resumo dos passos a serem seguidos para resolver esse tipo de problema.

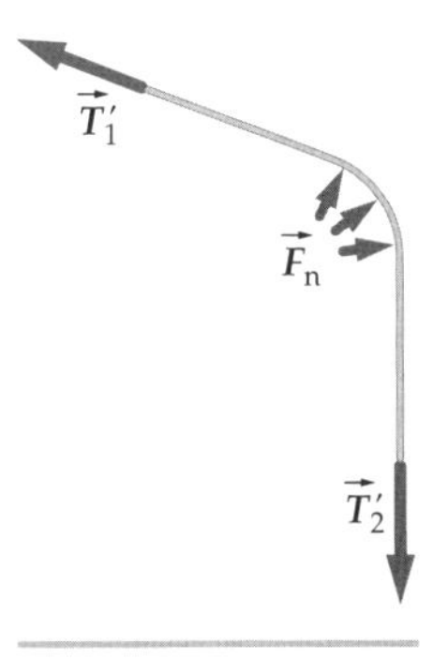

FIGURA 4-28

CHECAGEM CONCEITUAL 4-5

Suponha que, em vez de passar pela beirada de uma geleira, a corda passe por uma polia sem atrito, como mostrado na Figura 4-29. Neste caso, a tensão ao longo da corda é a mesma?

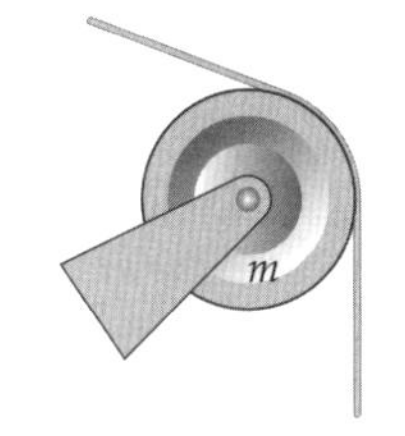

FIGURA 4-29

ESTRATÉGIA PARA SOLUÇÃO DE PROBLEMAS

Aplicando as Leis de Newton a Problemas com Dois ou Mais Objetos

SITUAÇÃO Lembre-se de desenhar, separadamente, um diagrama de corpo livre para cada objeto. As incógnitas podem ser obtidas resolvendo equações simultâneas.

SOLUÇÃO

1. Desenhe, separadamente, um diagrama de corpo livre para cada objeto. Use um sistema de coordenadas para cada objeto. Lembre-se de que, se dois objetos se tocam, as forças que eles exercem um sobre o outro são iguais e opostas (terceira lei de Newton).
2. Aplique a segunda lei de Newton a cada objeto.
3. Resolva as equações que obtiver, em conjunto com quaisquer outras equações que descrevam interações e vínculos, para encontrar as incógnitas.

CHECAGEM Verifique se sua resposta é consistente com os diagramas de corpo livre que você tinha traçado.

Exemplo 4-12 Os Alpinistas

Paulo (massa m_P) cai acidentalmente da borda de uma geleira, como mostrado na Figura 4-26. Felizmente, ele está ligado por uma longa corda a Sérgio (massa m_S), que possui um piquete de montanhista. Antes de fazer uso de sua ferramenta, Sérgio escorrega sem atrito pelo gelo, preso a Paulo pela corda. Considere a inexistência de atrito entre a geleira e a corda. Encontre a aceleração de cada montanhista e a tensão na corda.

SITUAÇÃO As forças de tensão $\vec{T}_1$ e $\vec{T}_2$ têm a mesma magnitude, já que supomos a corda sem massa e o gelo não oferecendo atrito. A corda não estica nem afrouxa, de forma que Paulo e Sérgio têm, em qualquer instante, a mesma rapidez. Suas acelerações $\vec{a}_s$ e $\vec{a}_P$ devem, portanto, ser iguais em magnitude (mas não em orientação). Sérgio acelera geleira abaixo, enquanto Paulo acelera para baixo. Podemos resolver este problema aplicando $\Sigma\vec{F} = m\vec{a}$ a cada personagem para encontrar as acelerações e a tensão.

SOLUÇÃO

1. Desenhe, separadamente, diagramas de corpo livre para Sérgio e Paulo (Figura 4-30). Coloque os eixos x e y no diagrama de Sérgio escolhendo a orientação da aceleração de Sérgio como $+x$. Escolha a orientação da aceleração de Paulo como $+x'$.
2. Aplique $\Sigma F_x = ma_x$ para a direção x de Sérgio: $F_{nx} + T_{1x} + m_S g_x = m_S a_{Sx}$
3. Aplique $\Sigma F_{x'} = ma_{x'}$ para a direção x' de Paulo: $T_{2x'} + m_P g_{x'} = m_P a_{Px'}$

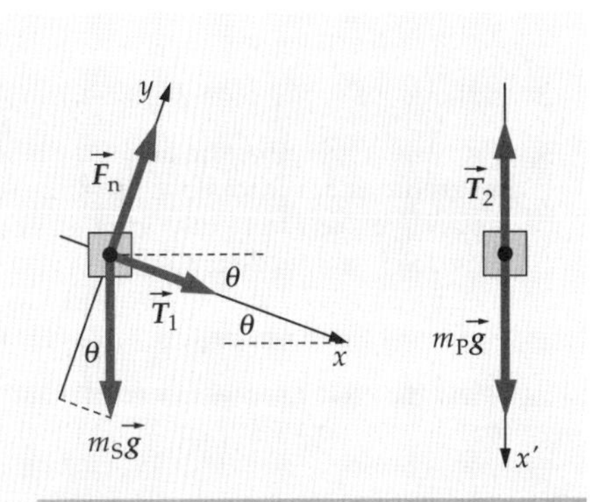

FIGURA 4-30

4. Como os dois estão ligados por uma corda tensa que não estica, as acelerações de Paulo e Sérgio estão relacionadas. Expresse essa relação:

$a_{Px'} = a_{Sx} = a_t$

a_t significa a componente da aceleração com a orientação *tangencial*. (A orientação do movimento.)

5. Como a corda tem massa desprezível e escorrega sobre gelo de atrito desprezível, as forças $\vec{T}_1$ e $\vec{T}_2$ estão relacionadas de forma simples. Expresse essa relação:

$T_2 = T_1 = T$

6. Substitua os resultados dos passos 4 e 5 nas equações dos passos 2 e 3:

$$T + m_S g \operatorname{sen}\theta = m_S a_t$$
$$-T + m_P g = m_P a_t$$

7. Resolva as equações do passo 6, eliminando T para encontrar a_t:

$$\boxed{a_t = \frac{m_S \operatorname{sen}\theta + m_P}{m_S + m_P} g}$$

8. Substitua o resultado do passo 7 em uma das equações do passo 6 para encontrar T:

$$\boxed{T = \frac{m_S m_P}{m_S + m_P}(1 - \operatorname{sen}\theta) g}$$

CHECAGEM Se m_P é muito maior que m_S, esperamos uma aceleração próxima de g e uma tensão próxima de zero. Tomando o limite em que m_S tende a zero, obtemos realmente $a_t = g$ e $T = 0$. Se m_P é muito menor que m_S, esperamos uma aceleração próxima de g sen θ (veja o passo 3 do Exemplo 4-7) e uma tensão nula. Tomando o limite em que m_P tende a zero nos passos 7 e 8, obtemos realmente $a_t = g \operatorname{sen}\theta$ e $T = 0$. Para um valor extremo de inclinação ($\theta = 90°$), também podemos conferir nossas respostas. Substituindo $\theta = 90°$ nos passos 7 e 8, obtemos $a_t = g$ e $T = 0$. Isto parece correto, pois Sérgio e Paulo estariam em queda livre para $\theta = 90°$.

INDO ALÉM No passo 1, escolhemos os sentidos positivos como geleira abaixo e verticalmente para baixo, para tornar a solução a mais simples possível. Com esta escolha, quando Sérgio se move no sentido $+x$ (escorregando geleira abaixo), Paulo se move no sentido $+x'$ (para baixo).

PROBLEMA PRÁTICO 4-10 (*a*) Encontre a aceleração se $\theta = 15°$ e se as massas são $m_S = 78$ kg e $m_P = 92$ kg. (*b*) Encontre a aceleração, se estas duas massas são trocadas.

Exemplo 4-13 Construindo uma Estação Espacial

Você é um astronauta que está construindo uma estação espacial e empurra uma caixa de massa m_1 com uma força $\vec{F}_{A1}$. A caixa está em contato direto com uma segunda caixa de massa m_2 (Figura 4-31). (*a*) Qual é a aceleração das caixas? (*b*) Qual é a magnitude da força que cada caixa exerce sobre a outra?

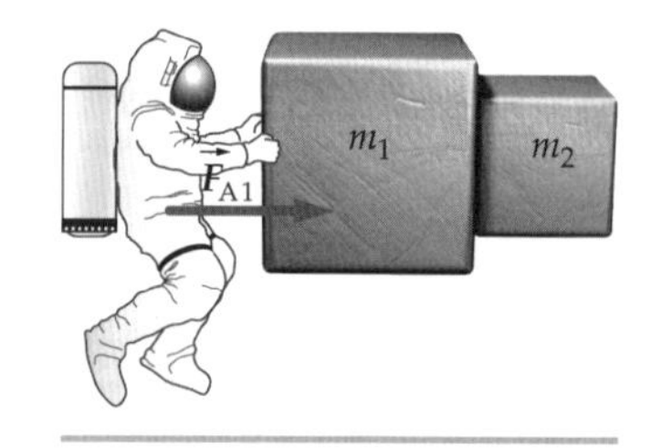

FIGURA 4-31

SITUAÇÃO A força $\vec{F}_{A1}$ é uma força de contato e atua apenas sobre a caixa 1. Seja $\vec{F}_{21}$ a força exercida pela caixa 2 sobre a caixa 1, e $\vec{F}_{12}$ a força exercida pela caixa 1 sobre a caixa 2. De acordo com a terceira lei de Newton, estas forças são iguais e opostas ($\vec{F}_{21} = -\vec{F}_{12}$), de forma que $F_{21} = F_{12}$. Aplique a segunda lei de Newton separadamente a cada caixa. Os movimentos das duas caixas são idênticos, de forma que as acelerações $\vec{a}_1$ e $\vec{a}_2$ são iguais.

SOLUÇÃO

(*a*) 1. Desenhe diagramas de corpo livre para as duas caixas (Figura 4-32).

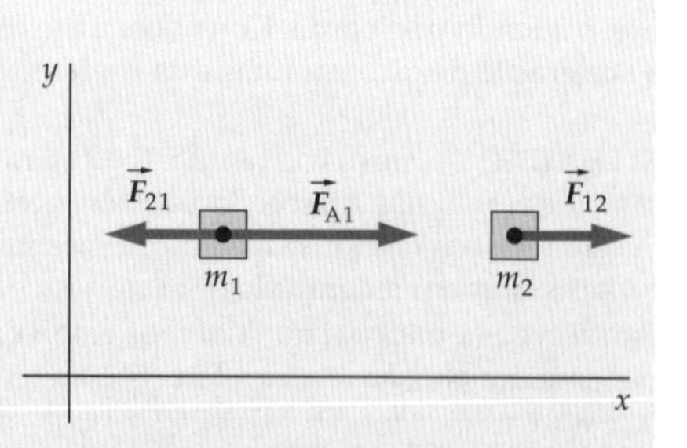

FIGURA 4-32

2. Aplique $\Sigma\vec{F} = m\vec{a}$ para a caixa 1.

$F_{A1} - F_{21} = m_1 a_{1x}$

3. Aplique $\Sigma\vec{F} = m\vec{a}$ para a caixa 2.

$F_{12} = m_2 a_{2x}$

4. Expresse a relação entre as duas acelerações e a relação entre as magnitudes das forças que as caixas exercem uma sobre a outra. As acelerações são iguais porque as caixas têm a mesma rapidez em cada instante, de forma que a taxa de variação da rapidez é a mesma para as duas. As forças são iguais em magnitude porque elas constituem um par de forças da terceira lei de Newton.

$a_{2x} = a_{1x} = a_x$

$F_{21} = F_{12} = F$

5. Substitua estas relações nos resultados dos passos 2 e 3 e determine a_x.

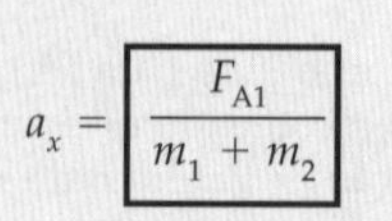

$$\boxed{a_x = \frac{F_{A1}}{m_1 + m_2}}$$

(*b*) Substitua sua expressão para a_x no resultado do passo 2 ou no do passo 3, e determine F.

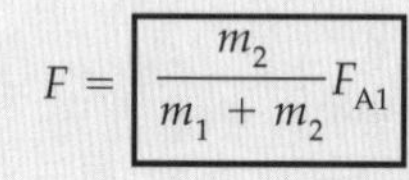

$$\boxed{F = \frac{m_2}{m_1 + m_2} F_{A1}}$$

CHECAGEM Note que o resultado do passo 5 é o mesmo que se a força $\vec{F}_{A1}$ tivesse agido sobre uma única massa igual à soma das massas das duas caixas. De fato, como as duas caixas têm a mesma aceleração, podemos considerá-las como uma única partícula de massa $m_1 + m_2$.

Física em Foco

Montanhas-russas e a Necessidade de Velocidade

As montanhas-russas têm fascinado as pessoas desde os espetaculares Promenades Aériennes (Passeios Aéreos) abertos em Paris em 1817.* Até recentemente, no entanto, os projetistas estavam presos a uma grande limitação — o passeio precisava ser iniciado no topo de uma elevação alta.

Nos anos 1970, Anton Schwartzkopf, um projetista alemão de parques de diversões, inspirou-se na decolagem de aviões a partir de porta-aviões. Em 1976, foi aberta a chamada Shuttle Loop, uma montanha-russa em que um peso de muitas toneladas estava preso ao alto de uma torre próxima à montanha-russa. Uma extremidade de um cabo estava presa ao peso, enquanto a outra estava presa aos carrinhos a serem puxados. O peso, ao ser largado, imediatamente puxava o cabo com o trem de carrinhos a ele preso. Em menos de 3 segundos, o trem de carrinhos acelerava a até 60 milhas por hora.

Na mesma época, Schwartzkopf veio com um segundo método para catapultar os carrinhos. Um rotor de 5 toneladas era posto a girar muito rapidamente. Um cabo era conectado entre os carrinhos e o rotor. Em menos de 3 segundos, o trem de carrinhos, com até 28 passageiros, acelerava a até 60 milhas por hora. Estes dois métodos foram os pioneiros na idéia de catapultar os carrinhos.†

Dois novos métodos de lançamento permitiram fazer com que os carrinhos atingissem velocidades ainda maiores. A empresa Intamin AG criou um sistema *hidráulico* para puxar o cabo. Só um carrinho da montanha-russa Top Thrill Dragster pesa 12.000 libras. Cada passeio comporta dezoito passageiros. O carro é pesado ao passar por sensores e um computador calcula a rapidez necessária para que o cabo catapulte carro e passageiros para cima da primeira elevação de 420 pés de altura. Então, os motores hidráulicos rapidamente fornecem os até 10.000 cavalos-vapor necessários para enrolar o cabo a até 500 rpm e acelerar o carro a até 120 milhas por hora em 4 segundos.‡

Stan Checketts inventou a primeira montanha-russa *pneumática*, com ar comprimido. A montanha-russa Thrust Air 2000™ funciona com um único túnel de ar. O carro de oito passageiros é pesado ao passar por sensores. Então, quatro compressores entram em ação. Eles bombeiam ar para dentro de um tanque situado na base da torre. O ar comprimido é enviado para um tanque injetor, com a pressão necessária para o específico peso do carro. Finalmente, o ar é rapidamente expelido por uma válvula no topo da torre, empurrando um pistão que aciona o sistema de polias da catapulta. O carro lotado acelera a até 80 milhas por hora em 1,8 segundo. Um mínimo de 40.000 libras-força é o necessário para produzir esta aceleração. Para comparação, um jato F-15 requer um empuxo máximo de 29.000 libras-força.§ Atualmente, carrinhos de montanha-russa são lançados com forças maiores do que as que impulsionam jatos. Algo em que pensar na próxima vez em que você visitar um parque de diversões.

O Hipersônico XLC, no parque de diversões Paramount's King's Dominion, na Virgínia, Estados Unidos, a primeira montanha-russa do mundo que lança seus carrinhos com um sistema de ar comprimido, indo de 0 a 80 milhas por hora em 1,8 segundo.

* Cartmel, Robert, *The Incredible Scream Machine: A History of the Roller Coaster*. Bowling Green State University Popular Press, Bowling Green Ohio. 1987.

† "The Tidal Wave" http://www.greatamericaparks.com/tidalwave.html Marriott Great America Parks, 2006; Cartimell, op. cit.

‡ Hitchcox, Alan L. "Want Thrills? Go with Hydraulics." Hidraulics and Pneumatics, July 2005.

§ Goldman, Lea. "Newtonian Nightmare." *Forbes*, 7/23/2001. Vol. 168, Issue 2.

Resumo

1. As leis de Newton do movimento são leis fundamentais da natureza que servem como base para nossa compreensão da mecânica.
2. Massa é uma propriedade *intrínseca* de um objeto.
3. Força é uma importante quantidade dinâmica *derivada*.

TÓPICO	EQUAÇÕES RELEVANTES E OBSERVAÇÕES
1. Leis de Newton	
Primeira lei	Um objeto em repouso permanece em repouso *a não ser* que seja submetido a uma força externa. Um objeto em movimento continua a viajar com velocidade constante *a não ser* que seja submetido a uma força externa. (Referenciais nos quais estas afirmativas são válidas são chamados de referenciais inerciais.)
Segunda lei	A aceleração de um objeto é diretamente proporcional à força resultante que atua sobre ele. O inverso da massa do objeto é a constante de proporcionalidade. Assim, $\vec{F}_{res} = m\vec{a}$, onde $\vec{F}_{res} = \Sigma\vec{F}$ 4-1
Terceira lei	Quando dois corpos interagem entre si, a força $\vec{F}_{BA}$ exercida pelo objeto B sobre o objeto A tem a mesma magnitude e o sentido oposto ao da força $\vec{F}_{AB}$ exercida pelo objeto A sobre o objeto B: $\vec{F}_{BA} = -\vec{F}_{AB}$ 4-8
2. Referenciais Inerciais	Nossos enunciados das primeira e segunda leis de Newton são válidos apenas em referenciais inerciais. Qualquer referencial se movendo com velocidade constante em relação a um referencial inercial é, ele próprio, um referencial inercial, e qualquer referencial que esteja acelerado em relação a um referencial inercial não é um referencial inercial. A superfície da Terra é, em boa aproximação, um referencial inercial.
3. Força, Massa e Peso	
Força	Força é definida em termos da aceleração que produz em um dado objeto. Uma força de 1 newton (N) é a força que produz uma aceleração de 1 m/s^2 em uma massa de 1 quilograma (kg).
Massa	Massa é uma propriedade intrínseca de um objeto. É a medida da resistência inercial do objeto à aceleração. Massa não depende da localização do objeto. Aplicando a mesma força em cada dois objetos e medindo suas respectivas acelerações, podemos comparar as massas dos dois objetos: $\frac{m_2}{m_1} = \frac{a_1}{a_2}$
Força Gravitacional	A força gravitacional $\vec{F}_g$ sobre um objeto próximo à superfície da Terra é a força de atração gravitacional exercida pela Terra sobre o objeto. Ela é proporcional ao campo gravitacional $\vec{g}$ (gue é igual à aceleração de queda livre) e a massa m do objeto é a constante de proporcionalidade: $\vec{F}_g = m\vec{g}$ 4-4. O peso de um objeto é a magnitude da força gravitacional sobre o objeto.
4. Forças Fundamentais	Todas as forças observadas na natureza podem ser explicadas em termos de quatro interações básicas:
	1. A interação gravitacional
	2. A interação eletromagnética
	3. A interação fraca*
	4. A interação nuclear forte (também chamada de *força hadrônica*)
5. Forças de Contato	Forças de contato, de suporte e de atrito, e aquelas exercidas por molas e fios, são devidas a forças moleculares que têm origem na interação básica eletromagnética.
Lei de Hooke	Quando uma mola frouxa é comprimida ou distendida de uma pequena quantidade Δx, a força restauradora que ela exerce é proporcional a Δx: $F_x = -k\Delta x$ 4-7

* As interações eletromagnética e fraca são agora vistas como a interação eletrofraca.

Respostas das Checagens Conceituais

4-1	Não. A força resultante não é uma força real. Ela é a soma vetorial de forças reais.
4-2	Não, é a força resultante responsável pela aceleração da massa.
4-3	Não, não formam.
4-4	Não, caso contrário a terceira lei de Newton não estaria sendo respeitada.
4-5	Não. Mesmo sem termos agora o atrito, a polia ainda tem massa. Uma diferença de tensão é necessária para alterar a taxa de rotação da polia. Polias de massa não-desprezível são estudadas no Capítulo 8.

Respostas dos Problemas Práticos

4-1	1,5 kg
4-2	0,47 lb
4-3	13 cm
4-4	3,0 cm
4-5	$T = C\sqrt{m/k}$, onde C é uma constante adimensional. A expressão correta para o período, como veremos no Capítulo 14, é $T = 2\pi\sqrt{m/k}$.
4-6	1,9 kN
4-7	Aplicando a segunda lei de Newton (para componentes y), vemos a partir do diagrama de corpo livre (Figura 4-18) que $\Sigma F_y = ma_y \Rightarrow F_n - F_g \cos\theta = 0$, onde usamos o fato de que a_y é igual a zero. Assim, $F_n = F_g \cos\theta$.
4-8	$a = 27{,}8$ m/s^2, $\theta = 70{,}5°$
4-9	967 N
4-10	(*a*) $a_t = 0{,}66g$, (*b*) $a_t = 0{,}60g$

Problemas

Em alguns problemas, você recebe mais dados do que necessita; em alguns outros, você deve acrescentar dados de seus conhecimentos gerais, fontes externas ou estimativas bem fundamentadas.

Interprete como significativos todos os algarismos de valores numéricos que possuem zeros em seqüência sem vírgulas decimais.

Em todos os problemas, use $g = 9{,}81$ m/s^2 para a aceleração de queda livre devida à gravidade e despreze atrito e resistência do ar, a não ser quando especificamente indicado.

- • Um só conceito, um só passo, relativamente simples
- •• Nível intermediário, pode requerer síntese de conceitos
- ••• Desafiante, para estudantes avançados

Problemas consecutivos sombreados são problemas pareados.

PROBLEMAS CONCEITUAIS

1 • Em um calmo vôo transcontinental, sua xícara de café repousa sobre a bandeja. Existem forças atuando sobre a xícara? Caso afirmativo, qual a diferença entre elas e as forças atuando sobre uma xícara na mesa de sua cozinha?

2 • Ultrapassando um carro em uma rodovia, você verifica que, em relação a você, o carro ultrapassado tem uma aceleração $\vec{a}$ apontando para o oeste. No entanto, o motorista do carro está mantendo rapidez e orientação constantes em relação à estrada. O referencial de seu carro é inercial? Caso negativo, qual a orientação (para o leste, ou para o oeste) da aceleração de seu carro em relação ao outro carro?

3 • **RICO EM CONTEXTO** Você é o passageiro de uma limusine que tem os vidros opacos que não lhe permitem ver o exterior. O carro está em um plano horizontal, podendo acelerar aumentando ou diminuindo a rapidez, ou realizando uma curva. Equipado apenas com um pequeno objeto pesado preso à ponta de um barbante, como você pode usá-lo para determinar se a limusine está variando de rapidez ou orientação? Você pode determinar a velocidade da limusine?

4 •• Se apenas uma força não-nula atua sobre um objeto, o objeto está acelerado em relação a todos os referenciais inerciais? É possível que o objeto tenha velocidade nula em algum referencial inercial e não-nula em outro? Caso afirmativo, dê um exemplo específico.

5 •• Uma bola está sob a ação de uma força única, conhecida. Apenas com esta informação, você pode dizer qual a orientação do movimento da bola em relação a algum referencial inercial? Explique.

6 •• Um caminhão se afasta de você com velocidade constante (você faz esta observação do meio da estrada). Logo, (*a*) não há forças atuando sobre o caminhão, (*b*) uma força resultante constante atua sobre o caminhão no sentido da velocidade, (*c*) a força resultante que atua sobre o caminhão é nula, (*d*) a força resultante que atua sobre o caminhão é seu peso.

7 • **APLICAÇÃO EM ENGENHARIA** Muitos artefatos espaciais estão agora bem afastados no espaço. A *Pioneer 10*, por exemplo, foi lançada nos anos 1970 e ainda está se afastando do Sol e de seus planetas. A massa da *Pioneer 10* está variando? Quais, das conhecidas forças fundamentais, continuam atuando sobre ela? Existe uma força resultante sobre ela?

8 •• **APLICAÇÃO EM ENGENHARIA** Os astronautas na Estação Espacial Internacional, aparentemente sem peso, monitoram cuidadosamente sua massa, porque sabe-se que uma perda significante de massa corporal pode causar sérios problemas médicos. Dê um exemplo de um equipamento que você projetaria para medir a massa de um astronauta em órbita na estação espacial.

9 •• **RICO EM CONTEXTO** Você viaja em um elevador. Descreva duas situações nas quais seu peso aparente é maior que seu peso real.

10 •• Você está em um trem que se move com velocidade constante em relação ao solo. Você atira uma bola para um amigo que está sentado alguns bancos à sua frente. Use a segunda lei de Newton para explicar por que você não pode usar suas observações sobre a bola lançada para determinar a velocidade do trem em relação ao solo.

11 •• Explique por que, das interações fundamentais, é a interação gravitacional a que mais nos afeta no dia-a-dia. Da lista, há uma outra que representa um papel cada vez maior tendo em vista a nossa tecnologia em rápido desenvolvimento. Qual é esta? Por que as outras não são tão obviamente importantes?

12 •• Dê um exemplo de um objeto submetido a três forças e (*a*) está acelerado, (*b*) se move com velocidade constante (não-nula) e (*c*) permanece em repouso.

13 •• Um bloco de massa m_1 está em repouso sobre um bloco de massa m_2, e o conjunto está em repouso sobre uma mesa, como mostrado na Figura 4-33. Dê o nome da força e sua categoria (contato *versus* ação à distância) para cada uma das forças: (*a*) força exercida por m_1 sobre m_2, (*b*) força exercida por m_2 sobre m_1, (*c*) força exercida por m_2 sobre a mesa, (*d*) força exercida pela mesa sobre m_2, (*e*) força exercida pela Terra sobre m_2. Quais dessas forças, se existirem, constituem um par de forças da terceira lei de Newton?

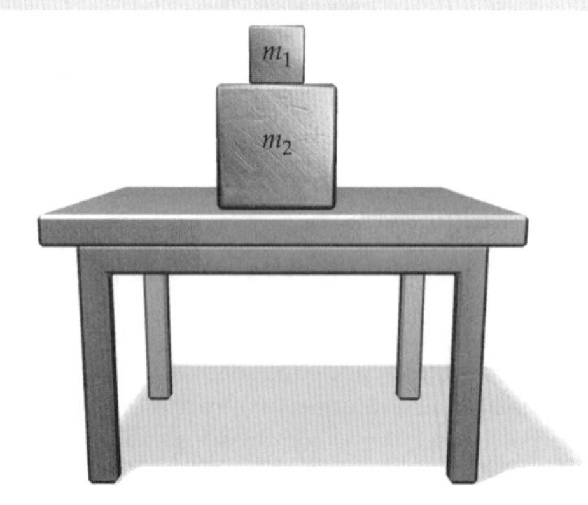

FIGURA 4-33 Problema 13

14 •• **RICO EM CONTEXTO** Você puxa verticalmente, pelo fio de pesca, a partir do repouso, um peixe que acabou de pescar, para dentro de seu barco. Desenhe o diagrama de corpo livre do peixe após deixar a água e enquanto ganha rapidez ao ser levantado. Ademais, diga em qual tipo (de tensão, de mola, gravitacional, normal, de atrito etc.) e em qual categoria (contato *versus* ação à distância) se enquadra cada força de seu diagrama. Quais dessas forças, se existirem, constituem um par de forças da terceira lei de Newton? É possível dizer qual é a magnitude relativa das forças de seu diagrama a partir das informações dadas? Explique.

15 •• Se você colocar suavemente um prato de louça fina sobre a mesa, ele não se quebrará. No entanto, se você o largar de uma altura, ele poderá muito bem se quebrar. Discuta as forças que atuam sobre o prato (quando entrando em contato com a mesa) nessas duas situações. Use cinemática e a segunda lei de Newton para descrever o que há de diferente na segunda situação, que causa a quebra do prato.

16 •• Para cada uma das seguintes forças, informe o que a produz, sobre qual objeto ela atua, sua orientação e qual a força de reação. (*a*) A força que você exerce sobre uma pasta que você segura enquanto espera na parada de ônibus. (*b*) A força normal sobre as plantas de seus pés quando você está parado de pé, descalço, sobre um chão horizontal de madeira. (*c*) A força gravitacional sobre você quando você está parado de pé sobre um chão horizontal. (*d*) A força horizontal exercida sobre uma bola de beisebol atingida por um bastão.

17 •• Para cada caso, identifique a força (incluindo a orientação) que causa a aceleração. (*a*) Um velocista ao ser dada a largada. (*b*) Um disco de hóquei deslizando livremente, mas sendo lentamente levado ao repouso sobre o gelo. (*c*) Uma bola lançada em seu ponto mais alto. (*d*) Uma saltadora de *bungee-jump* no ponto mais baixo da queda.

18 • Verdadeiro ou falso:

(*a*) Se duas forças externas iguais em magnitude e opostas em sentido atuam sobre um mesmo objeto, elas nunca podem ser um par da terceira lei.

(*b*) As duas forças de um par da terceira lei são iguais apenas se os objetos envolvidos não estão acelerados.

19 •• Um homem de 80 kg puxa seu filho de 40 kg com uma força de 100 N, os dois de patins sobre o gelo. Juntos, eles deslizam sobre o gelo ganhando rapidez a uma taxa constante. (*a*) A força exercida pelo menino sobre seu pai é (1) 200 N, (2) 100 N, (3) 50 N ou (4) 40 N. (*b*) Como você compara as magnitudes das duas acelerações? (*c*) Como você compara as orientações das duas acelerações?

20 •• Uma menina segura uma pedra em sua mão, podendo levantá-la, abaixá-la, ou mantê-la em repouso. Verdadeiro ou falso: (*a*) A força exercida pela mão da menina sobre a pedra é sempre da mesma magnitude que a da gravidade sobre a pedra. (*b*) A força exercida pela mão da menina sobre a pedra é a força de reação à força da gravidade sobre a pedra. (*c*) A força exercida pela mão da menina sobre a pedra é sempre de mesma magnitude que a força da pedra sobre sua mão, mas de sentido oposto. (*d*) Se a menina move sua mão para baixo, com rapidez constante, então a força que ela exerce para cima sobre a pedra é menor que a força da gravidade sobre a pedra. (*e*) Se a menina move sua mão para baixo, mas levando a pedra ao repouso, então a força que a pedra exerce sobre a mão da menina tem a mesma magnitude que a força da gravidade sobre a pedra.

21 •• Um objeto de 2,5 kg está suspenso, em repouso, de um fio preso ao teto. (*a*) Desenhe o diagrama de corpo livre do objeto, indicando a força de reação a cada força desenhada e dizendo sobre qual objeto a força de reação atua. (*b*) Desenhe o diagrama de corpo livre do fio, indicando a força de reação a cada força desenhada e dizendo sobre qual objeto a força de reação atua. Não despreze a massa do fio.

22 •• (*a*) Qual dos diagramas de corpo livre da Figura 4-34 representa um bloco escorregando para baixo sobre uma superfície inclinada sem atrito? (*b*) Para o diagrama correto, identifique as forças, dizendo qual é força de contato e qual é força de ação à distância. (*c*) Para cada força do diagrama correto, identifique a força de reação, o objeto sobre o qual ela atua e sua orientação.

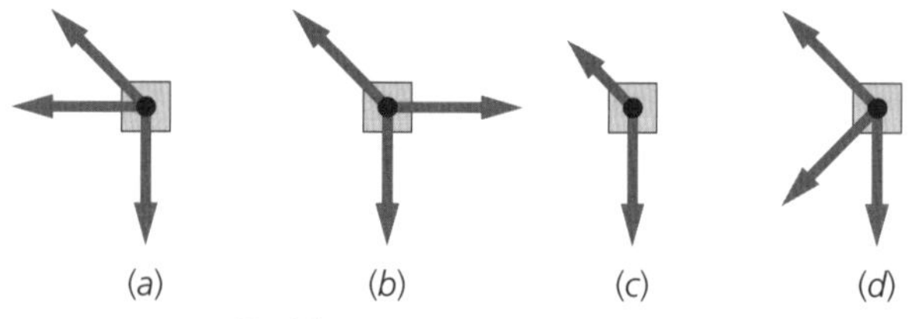

FIGURA 4-34 Problema 22

23 •• Uma caixa de madeira no chão é pressionada contra uma mola horizontal comprimida presa à parede. O chão horizontal sob a caixa não apresenta atrito. Desenhe o diagrama de corpo livre da caixa nos seguintes casos. (*a*) A caixa é mantida em repouso contra a mola comprimida. (*b*) A força segurando a caixa contra a mola deixou de existir, mas a caixa ainda está em contato com a mola. (*c*) A caixa perdeu contato com a mola.

24 •• Você está sentado em sua cadeira de escritório, com rodinhas, em frente à sua escrivaninha. Considere desprezíveis as forças de atrito entre a cadeira e o chão. No entanto, as forças de atrito entre a escrivaninha e o chão não são desprezíveis. Quando sentado em repouso, você resolve buscar mais uma xícara de café. Você empurra horizontalmente a escrivaninha e a cadeira rola para trás. (*a*) Desenhe o seu próprio diagrama de corpo livre enquanto empurra, indicando claramente qual é a força responsável por sua aceleração. (*b*) Qual é a reação à força que provoca sua aceleração? (*c*) Desenhe o diagrama de corpo livre da escrivaninha e explique por que ela não acelera. Isto viola a terceira lei de Newton? Explique.

25 ••• A mesma força horizontal (resultante) F é aplicada durante um intervalo de tempo fixo Δt, a cada um de dois objetos, que possuem massas m_1 e m_2, sobre uma superfície plana sem atrito. (Seja $m_1 > m_2$.) (*a*) Supondo os dois objetos inicialmente em repouso, qual é a razão entre suas acelerações durante o intervalo de tempo em termos de F, m_1 e m_2? (*b*) Qual é a razão entre os valores de rapidez para os objetos, v_1 e v_2, ao final do intervalo de tempo? (*c*) Qual é a distância entre os dois objetos (e qual o que está à frente) ao final do intervalo de tempo?

ESTIMATIVA E APROXIMAÇÃO

26 •• **CONCEITUAL** A maioria dos carros possui quatro molas fixando o chassi à carroceria, uma na posição de cada roda. Imagine um método experimental para estimar a constante de força de uma das molas usando seu próprio peso e o peso de um grupo de amigos. Considere iguais as quatro molas. Use o método para estimar a constante de força das molas de seu carro.

27 •• Faça uma estimativa da força exercida sobre a luva de um goleiro em uma defesa bem feita.

28 •• Um jogador desliza no campo, após uma tentativa de alcançar a bola. Supondo valores razoáveis para a distância percorrida e a rapidez do jogador antes e após a escorregada, estime a força média de atrito sobre o jogador.

29 •• **APLICAÇÃO EM ENGENHARIA** Um carro de competição descontrolado freia até 90 km/h antes de bater de frente contra uma parede de tijolos. Por sorte, o piloto está usando o cinto de segurança. Usando valores razoáveis para a massa do piloto e a distância percorrida até parar, estime a força média exercida pelo cinto de segurança sobre o piloto, incluindo a orientação. Despreze efeitos de forças de atrito do assento sobre o piloto.

PRIMEIRA E SEGUNDA LEIS DE NEWTON: MASSA, INÉRCIA E FORÇA

30 • Uma partícula viaja em linha reta com a rapidez constante de 25,0 m/s. Repentinamente, uma força de 15,0 N age sobre ela, levando-a ao repouso em uma distância de 62,5 m. (*a*) Qual é a orientação da força? (*b*) Determine o tempo que a partícula leva para atingir o repouso. (*c*) Qual é a massa da partícula?

31 • Um objeto tem uma aceleração de 3,0 m/s^2 quando uma força única de magnitude F_0 age sobre ele. (*a*) Qual é a magnitude da sua aceleração quando a magnitude da força é dobrada? (*b*) Um segundo objeto tem uma aceleração de 9,0 m/s^2 de magnitude, sob a influência de uma força única de magnitude F_0. Qual é a razão entre a massa do segundo objeto e a massa do primeiro? (*c*) Se os dois objetos são colados juntos para formarem um objeto composto, uma força única de magnitude F_0 produzirá uma aceleração com qual magnitude no objeto composto?

32 • Um rebocador puxa um navio com uma força constante de magnitude F_1. O aumento da rapidez do navio durante um intervalo de 10 s é de 4,0 km/h. Quando um segundo rebocador aplica uma força constante adicional de magnitude F_2 no mesmo sentido, a rapidez cresce 16 km/h durante um intervalo de 10 s. Como você compara as magnitudes de F_1 e F_2? (Despreze os efeitos de resistência da água e do ar.)

33 • Uma força única constante de magnitude 12 N atua sobre uma partícula de massa m. A partícula parte o repouso e viaja em linha reta uma distância de 18 m em 6,0 s. Encontre m.

34 • Uma força resultante de $(6{,}0\ \text{N})\hat{i} - (3{,}0\ \text{N})\hat{j}$ atua sobre um objeto de 1,5 kg. Encontre a aceleração $\vec{a}$.

35 •• Um projétil de massa $1{,}80 \times 10^{-3}$ kg, movendo-se a 500 m/s, atinge um tronco de árvore e penetra 6,00 cm na madeira antes de parar. (*a*) Se a aceleração do projétil é constante, encontre a força (orientação inclusive) exercida pela madeira no projétil. (*b*) Se a mesma força atuasse sobre o projétil, com a mesma rapidez no impacto, mas se ele tivesse a metade da massa, quanto ele penetraria na madeira?

36 •• Um carrinho, em um trilho reto horizontal, tem um ventilador preso a ele. O carrinho está posicionado em uma extremidade do trilho e o ventilador é ligado. Partindo do repouso, o carrinho leva 4,55 s para viajar uma distância de 1,50 m. A massa do carrinho, com o ventilador, é 355 g. Suponha o carrinho viajando com aceleração constante. (*a*) Qual é a força resultante exercida sobre a combinação carrinho mais ventilador? (*b*) Adiciona-se massa ao carrinho, até que a massa total da combinação carrinho mais ventilador seja 722 g e a experiência é repetida. Quanto tempo leva para que o carrinho, partindo do repouso, viaje agora os 1,50 m? Ignore efeitos de atrito.

37 •• Uma força horizontal de magnitude F_0 causa uma aceleração de magnitude 3,0 m/s^2 quando atuando sobre um objeto de massa m que desliza sobre uma superfície sem atrito. Encontre a magnitude da aceleração do mesmo objeto nas circunstâncias mostradas nas Figuras 4-35*a* e 4-35*b*.

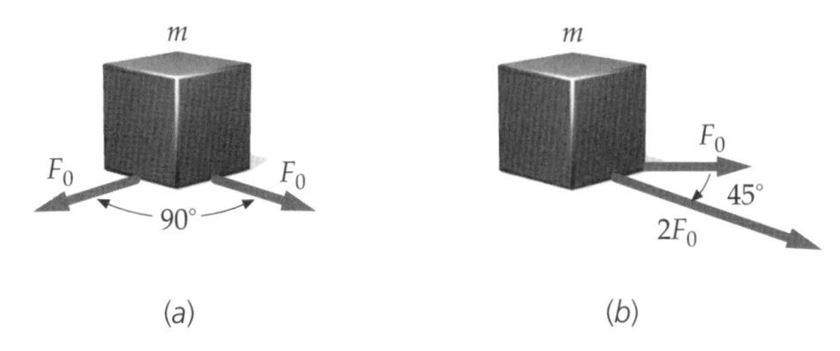

FIGURA 4-35 Problema 37

38 •• Alexandre e Alberto estão parados no meio de um lago congelado (superfície sem atrito). Alexandre empurra Alberto com uma força de 20 N durante 1,5 s. A massa de Alberto é 100 kg. (*a*) Qual é a rapidez que Alberto atinge após ter sido empurrado por Alexandre? (*b*) Qual a rapidez atingida por Alexandre se sua massa é 80 kg?

39 •• Se você empurra um bloco cuja massa é m_1 sobre um chão sem atrito com uma força horizontal de magnitude F_0, o bloco tem uma aceleração de 12 m/s^2. Se você empurra um bloco diferente, de massa m_2, com uma força horizontal de magnitude F_0, sua aceleração é 3,0 m/s^2. (*a*) Que aceleração produzirá uma força horizontal de magnitude F_0 sobre um bloco de massa $m_2 - m_1$? (*b*) Que aceleração produzirá uma força horizontal de magnitude F_0 sobre um bloco de massa $m_2 + m_1$?

40 •• **VÁRIOS PASSOS** Para arrastar um tronco de 75,0 kg no chão com velocidade constante, seu trator tem que puxá-lo com uma força horizontal de 250 N. (*a*) Desenhe o diagrama de corpo livre do tronco. (*b*) Use as leis de Newton para determinar a força de atrito sobre o tronco. (*c*) Qual é a força normal do chão sobre o tronco? (*d*) Qual força horizontal você deve exercer se deseja dar ao tronco uma aceleração de 2,00 ms/^{2}, supondo que a força de atrito não muda? Redesenhe o diagrama de corpo livre do tronco para esta situação.

41 •• Um objeto de 4,0 kg é submetido a duas forças constantes, $\vec{F}_1 = (2{,}0\ \text{N})\hat{i} + (-3{,}0\ \text{N})\hat{j}$ e $\vec{F}_2 = (4{,}0\ \text{N})\hat{i} - (11\ \text{N})\hat{j}$. O objeto está em repouso na origem no tempo $t = 0$. (*a*) Qual é a aceleração do objeto? (*b*) Qual é sua velocidade no tempo $t = 3{,}0$ s? (*c*) Onde está o objeto no tempo $t = 3{,}0$ s?

MASSA E PESO

42 • Na Lua, a aceleração da gravidade é apenas cerca de 1/6 do que vale na Terra. Um astronauta, cujo peso na Terra é 600 N, viaja para a superfície lunar. Sua massa, medida na Lua, será (*a*) 600 kg, (*b*) 100 kg, (*c*) 61,2 kg, (*d*) 9,81 kg, (*e*) 360 kg.

43 • Encontre o peso de um estudante de 54 kg (*a*) em newtons e (*b*) em libras.

44 • Encontre a massa de um engenheiro de 165 lb em quilogramas.

45 •• **APLICAÇÃO EM ENGENHARIA** Para treinar astronautas que trabalharão na Lua, onde a aceleração da gravidade é apenas cerca de 1/6 do que vale na Terra, a NASA submerge-os em um tanque de água. Se uma astronauta levando mochila, unidade de ar condicionado, suprimento de oxigênio e mais algum equipamento tem uma massa total de 250 kg, determine as seguintes quantidades. (*a*) Seu peso, incluindo mochila etc. na Terra, (*b*) seu peso na Lua, (*c*) a necessária força de empuxo para cima exercida pela água durante o treinamento para se ter, em Terra, o ambiente da Lua.

46 •• Estamos no ano 2075 e viagens espaciais são comuns. Um professor de física leva para a Lua sua demonstração de aula favorita. O aparato consiste em uma mesa horizontal muito lisa (sem atrito) e de um objeto que desliza sobre ela. Na Terra, quando o professor prende uma mola (constante de força de 50 N/m) ao objeto e puxa horizontalmente de forma a esticar a mola de 2,0 cm, o objeto acelera de 1,5 m/s². (*a*) Desenhe o diagrama de corpo livre do objeto e use-o, junto com as leis de Newton, para determinar a massa do objeto. (*b*) Qual será a aceleração do objeto sob condições idênticas na Lua?

DIAGRAMAS DE CORPO LIVRE: EQUILÍBRIO ESTÁTICO

47 • **APLICAÇÃO EM ENGENHARIA, VÁRIOS PASSOS** Um sinal luminoso de trânsito, de 35,0 kg, é mantido suspenso por dois fios, como na Figura 4-36. (*a*) Desenhe o diagrama de corpo livre para o sinal e utilize-o para responder qualitativamente à seguinte questão: A tensão no fio 2 é maior ou menor que a tensão no fio 1? (*b*) Confirme sua resposta aplicando as leis de Newton e calculando as duas tensões.

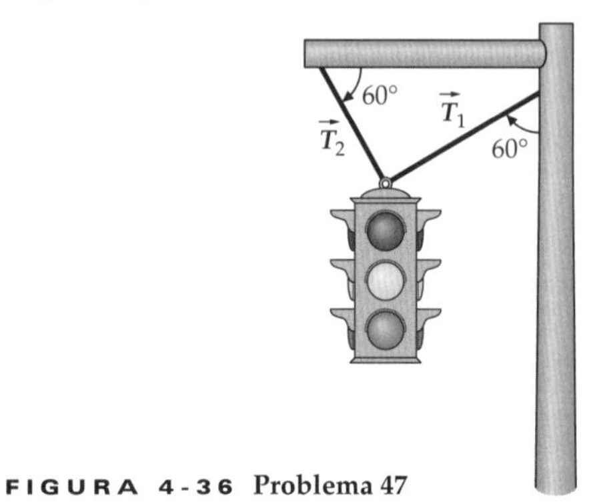

FIGURA 4-36 Problema 47

48 • Uma lâmpada de 42,6 kg está suspensa por fios, como mostrado na Figura 4-37. O anel tem massa desprezível. A tensão T_1 no fio vertical é (*a*) 209 N, (*b*) 418 N, (*c*) 570 N, (*d*) 360 N, (*e*) 730 N.

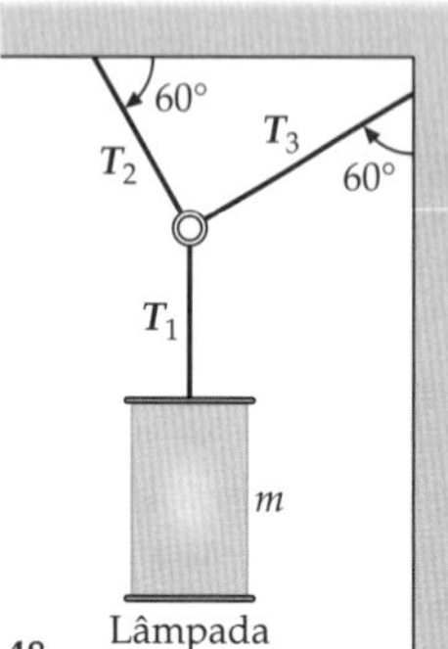

FIGURA 4-37 Problema 48

49 •• Na Figura 4-38*a*, um bloco de 0,500 kg está suspenso pelo ponto central de um fio de 1,25 m. As extremidades do fio estão presas ao teto em pontos separados de 1,00 m. (*a*) Qual é o ângulo que o fio forma com o teto? (*b*) Qual é a tensão no fio? (*c*) O bloco de 0,500 kg é removido e dois blocos de 0,250 kg são presos ao fio de forma tal que os comprimentos dos três segmentos do fio são iguais (Figura 4-38*b*). Qual é a tensão em cada segmento do fio?

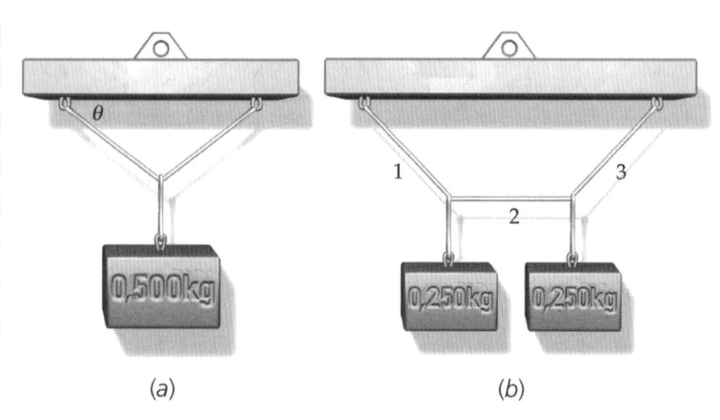

FIGURA 4-38 Problema 49

50 •• Uma bola pesando 100 N é mostrada suspensa por um sistema de cordas (Figura 4-39). Quais são as tensões nas três cordas?

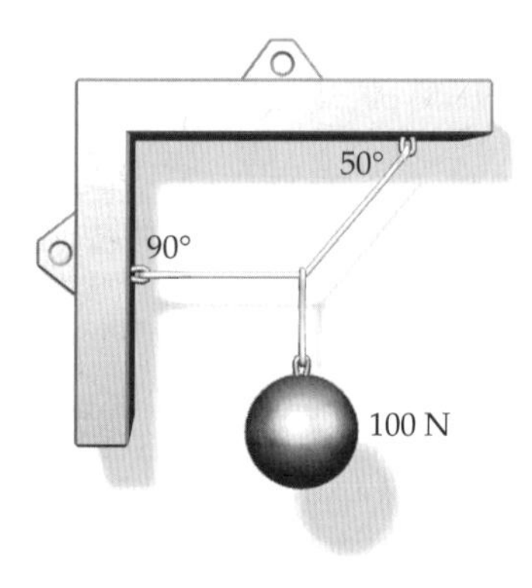

FIGURA 4-39 Problema 50

51 •• Um objeto de 10 kg está sobre uma mesa sem atrito e sujeito a duas forças horizontais, $\vec{F}_1$ e $\vec{F}_2$ de magnitudes $F_1 = 20$ N e $F_2 = 30$ N, como mostrado na Figura 4-40. Encontre a terceira força horizontal $\vec{F}_3$ que deve ser aplicada ao objeto para mantê-lo em equilíbrio estático.

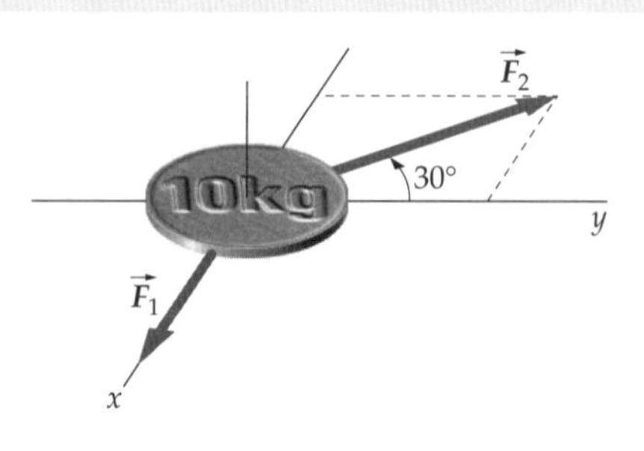

FIGURA 4-40 Problema 51

52 •• Para os sistemas das Figuras 4-41*a*, 4-41*b* e 4-41*c*, encontre as massas e as tensões desconhecidas.

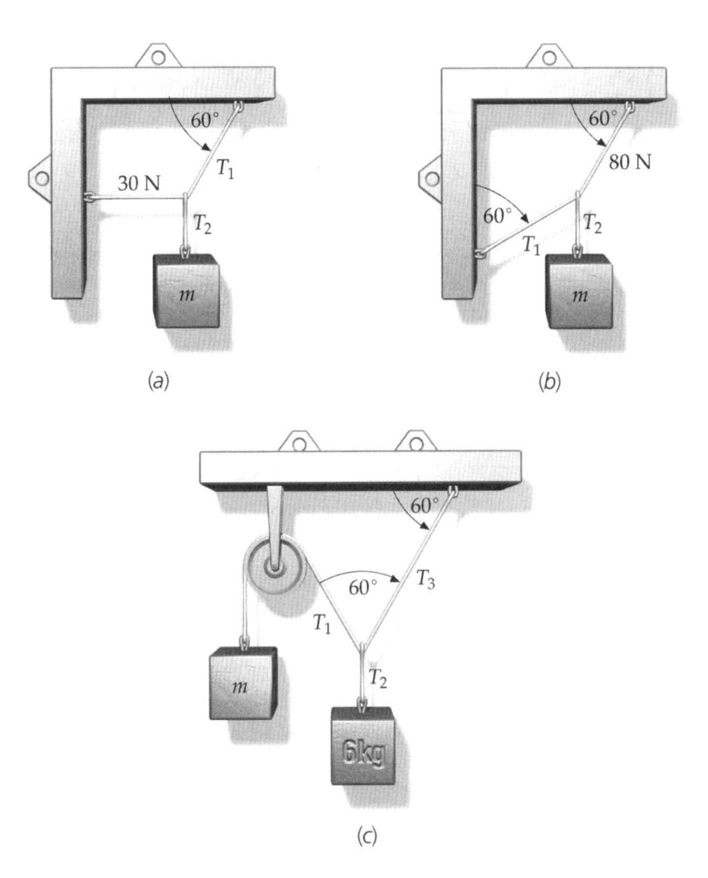

FIGURA 4-41 Problema 52

53 •• **APLICAÇÃO EM ENGENHARIA** Seu carro atolou na lama. Você está sozinho, mas tem uma corda longa e forte. Tendo estudado física, você amarra a corda fortemente a um poste telefônico e puxa de lado, como mostra a Figura 4-42. (*a*) Encontre a força exercida pela corda sobre o carro, quando o ângulo θ é 3,00° e você está puxando com uma força de 400 N, mas o carro não se move. (*b*) Quão forte deve ser a corda se é necessária uma força de 600 N para mover o carro quando θ é 4,00°?

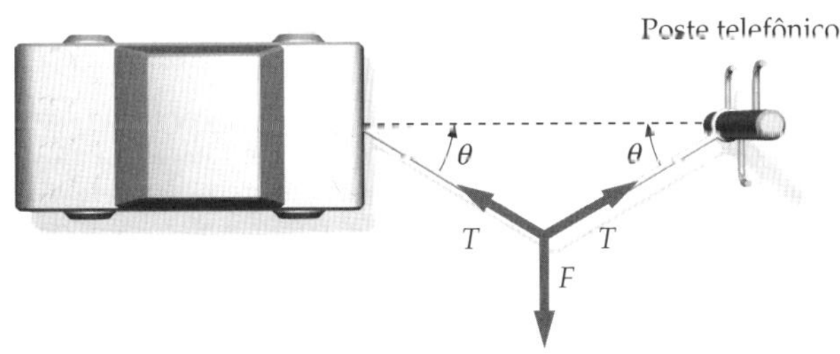

FIGURA 4-42 Problema 53

54 ••• **APLICAÇÃO EM ENGENHARIA, VÁRIOS PASSOS** Arcos de balão são uma decoração encontrada em feiras e comemorações. Prende-se balões cheios de hélio a uma corda fixa ao chão pelas extremidades. A ascensão dos balões levanta a estrutura em uma forma de arco. A Figura 4-43*a* mostra a geometria de tal estrutura. N balões são amarrados em pontos igualmente espaçados ao longo de uma corda sem massa de comprimento L, que está presa a dois suportes nas extremidades. Cada balão contribui com uma força de sustentação de magnitude F. As coordenadas horizontal e vertical do ponto da corda onde está amarrado o i-ésimo balão são x_i e y_i, e T_i é a tensão no i-ésimo segmento. (Note que o segmento 0 é o segmento entre o ponto de amarração e o primeiro balão, e que o segmento N é o segmento entre o último balão e o outro ponto de amarração.) (*a*) A Figura 4-43*b* mostra um diagrama de corpo livre para o i-ésimo balão. Usando este diagrama, mostre que a componente horizontal da força T_i (chame-a T_H) é a mesma para todos os segmentos da corda. (*b*) Considerando as componentes verticais das forças, use as leis de Newton para deduzir a seguinte relação entre as tensões nos i-ésimo e $(i-1)$-ésimo segmentos: $T_{i-1} \operatorname{sen} \theta_{i-1} - T_i \operatorname{sen} \theta_i = F$. (*c*) Mostre que $\tan \theta_0 = -\tan \theta_{N+1} = NF/2T_H$. (*d*) Usando o diagrama e as duas expressões anteriores, mostre que $\tan \theta_i = (N-2i)F/2T_H$ e que $x_i = \frac{L}{N+1}\sum_{j=0}^{i-1} \cos \theta_j$, $y_i = \frac{L}{N+1}\sum_{j=0}^{i-1} \operatorname{sen} \theta_j$.

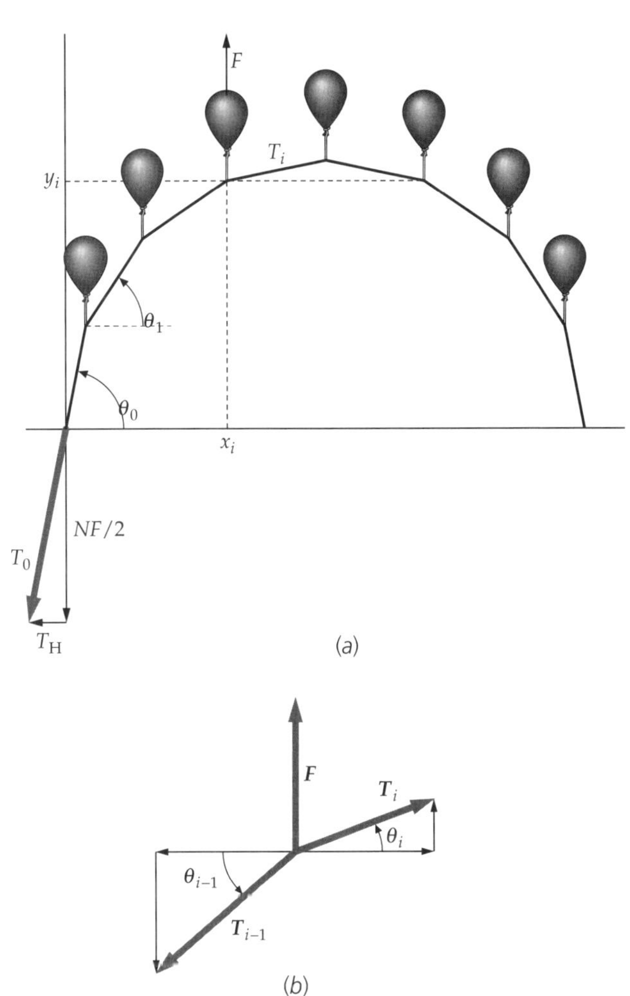

FIGURA 4-43 Problema 54

55 ••• **APLICAÇÃO EM ENGENHARIA, PLANILHA ELETRÔNICA** (*a*) Trabalhemos uma solução numérica ao Problema 54. Escreva um programa para **planilha eletrônica** que faça um gráfico da forma do arco de balões. Use os seguintes parâmetros: $N = 10$ (balões), cada um contribuindo com uma força de sustentação $F = 1{,}0$ N e todos eles atados a uma corda de comprimento $L = 11$ m, com uma componente horizontal de tensão $T_H = 10$ N. Qual a distância entre os dois pontos de amarração da corda? Qual a altura do ponto mais alto do arco? (*b*) Note que não especificamos os espaçamentos entre os pontos de amarração — ele é determinado pelos outros parâmetros. Varie T_H, mantendo os outros parâmetros inalterados, até criar um arco com o espaçamento de 8,0 m entre os pontos de amarração. Neste caso, quanto vale T_H? Enquanto você aumenta T_H, o arco deve se tornar mais achatado ou menos achatado? Seu modelo de planilha eletrônica mostra este resultado?

DIAGRAMAS DE CORPO LIVRE: PLANOS INCLINADOS E A FORÇA NORMAL

56 • Uma grande caixa de 20,0 kg de massa repousa sobre uma superfície sem atrito. Alguém empurra a caixa com uma força de 250 N que forma um ângulo de 35,0° abaixo da horizontal. Desenhe o diagrama de corpo livre da caixa e use-o para determinar sua aceleração.

57 • Uma caixa de 20,0 kg está sobre uma rampa sem atrito inclinada de 15,0°. Alguém puxa a caixa rampa acima, com uma corda (Figura 4-44). Se a corda forma um ângulo de 40,0° com a horizontal, qual é a menor força F capaz de deslocar a caixa rampa acima?

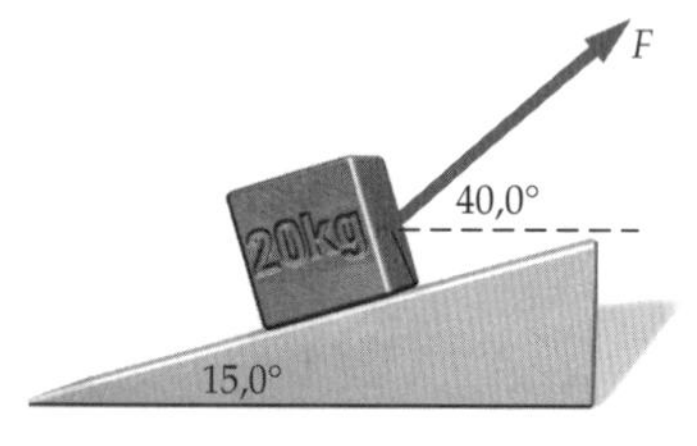

FIGURA 4-44 Problema 57

58 • Na Figura 4-45, os objetos estão presos a escalas de mola calibradas em newtons. Indique qual(is) é(são) a(s) leitura(s) da(s) balança(s) em cada caso, supondo sem massa as balanças e os fios.

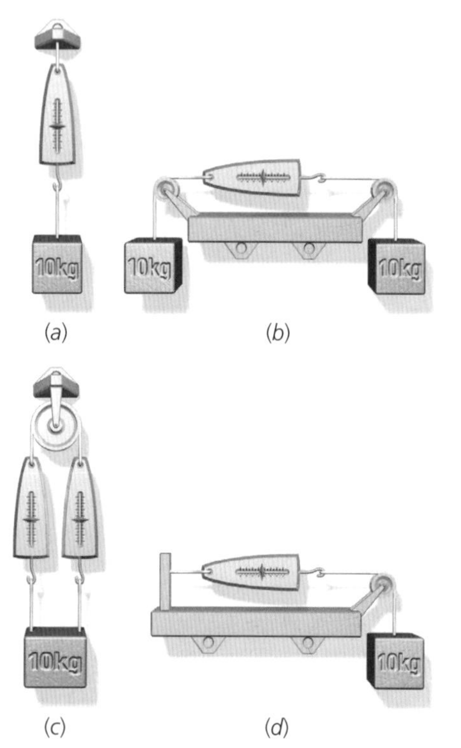

FIGURA 4-45 Problema 58

59 •• Uma caixa é mantida em posição, em um plano inclinado sem atrito, por um cabo (Figura 4-46). (*a*) Se $\theta = 60°$ e $m = 50$ kg, encontre a tensão no cabo e a força normal exercida pelo plano inclinado. (*b*) Encontre a tensão em função de θ e de m, e teste a plausibilidade de seu resultado para os casos especiais de $\theta = 0°$ e $\theta = 90°$.

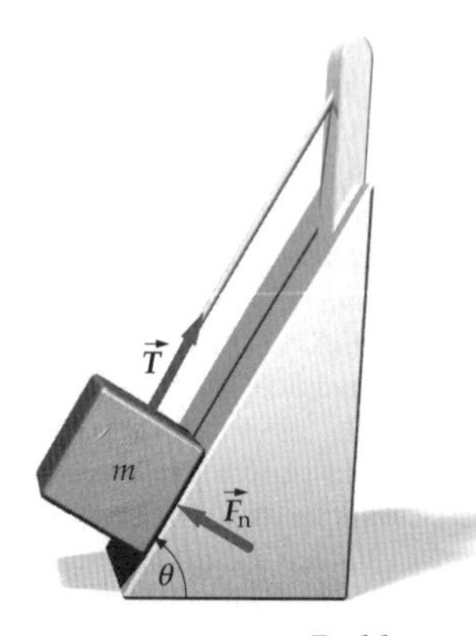

FIGURA 4-46 Problema 59

60 •• Uma força horizontal de 100 N empurra um bloco de 12 kg para cima, em um plano inclinado sem atrito que forma um ângulo de 25° com a horizontal. (*a*) Qual é a força normal que o plano inclinado exerce sobre o bloco? (*b*) Qual é a magnitude da aceleração do bloco?

61 •• Um estudante de 65 kg pesa-se colocando-se sobre uma balança de mola montada sobre um esqueite que rola plano inclinado abaixo, como mostrado na Figura 4-47. Suponha ausência de atrito, de modo que a força exercida pelo plano inclinado sobre o esqueite seja normal ao plano. Qual é a leitura da escala, se $\theta = 30°$?

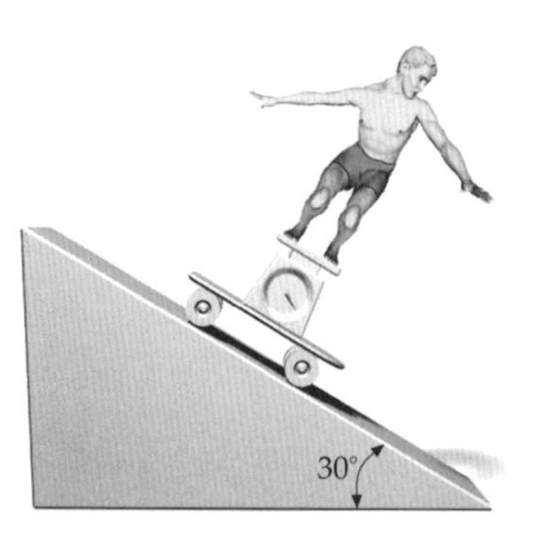

FIGURA 4-47 Problema 61

62 •• Um bloco de massa m escorrega sobre um piso sem atrito e depois sobe uma rampa sem atrito (Figura 4-48). O ângulo da rampa é θ e a rapidez do bloco antes de começar a subir a rampa é v_0. O bloco escorregará até uma altura máxima h acima do piso, antes de parar. Mostre que h é independente de m e θ, deduzindo uma expressão para h em termos de v_0 e g.

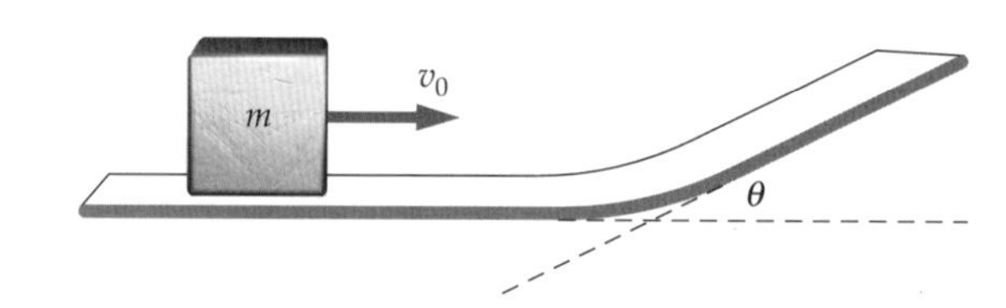

FIGURA 4-48 Problema 62

DIAGRAMAS DE CORPO LIVRE: ELEVADORES

63 • **CONCEITUAL** (*a*) Desenhe o diagrama de corpo livre (com as magnitudes relativas de forças tornadas evidentes) para um objeto que está pendurado por uma corda do teto de um elevador que sobe freando. (*b*) Repita a Parte (*a*) para a situação em que o elevador está descendo e aumentando a rapidez. (*c*) Você pode mostrar a diferença entre os dois diagramas? Explique por que os diagramas não dizem nada sobre a velocidade do objeto.

64 • Um bloco de 10 kg está suspenso do teto de um elevador por uma corda feita para agüentar uma tensão de 150 N. Pouco depois do elevador começar a subir, a corda se rompe. Qual foi a mínima aceleração do elevador quando a corda se rompeu?

65 •• Um bloco de 2,0 kg está pendurado em uma escala de mola calibrada em newtons que está presa no teto de um elevador (Figura 4-49). Qual a leitura da escala quando (*a*) o elevador está subindo com uma rapidez constante de 30 m/s; (*b*) o elevador está descendo com uma rapidez constante de 30 m/s; (*c*) o elevador está subindo a 20 m/s e ganhando rapidez à taxa de 3,0 m/s²? (*d*) Suponha agora que, de $t = 0$ até $t = 5,0$ s, o elevador sobe com uma rapidez constante de 10 m/s. Depois, sua rapidez é reduzida uniformemente até zero, durante os 4,0 s seguintes, de forma que ele está em repouso em $t = 9,0$ s. Descreva a leitura da escala durante o intervalo $0 < t < 9,0$ s.

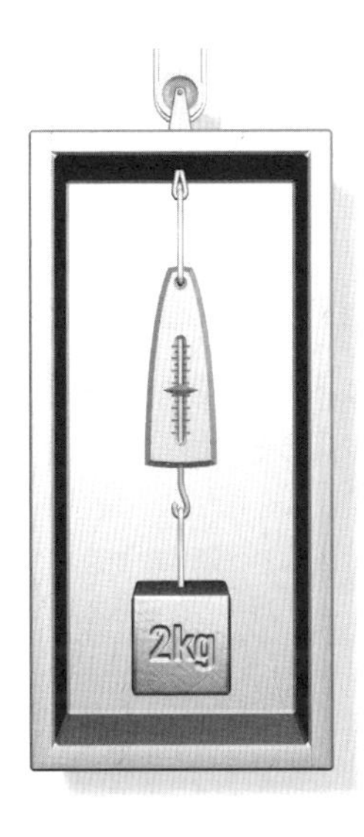

FIGURA 4-49 Problema 65

DIAGRAMAS DE CORPO LIVRE: VÁRIOS OBJETOS E TERCEIRA LEI DE NEWTON

66 •• **CONCEITUAL** Duas caixas de massas m_1 e m_2, ligadas por um fio sem massa, estão sendo puxadas ao longo de uma superfície horizontal sem atrito, pela força de tensão de um segundo fio, como mostra a Figura 4-50. (*a*) Desenhe o diagrama de corpo livre das duas caixas separadamente e mostre que $T_1/\ T_2 = m_1/(m_1 + m_2)$. (*b*) Este resultado é plausível? Explique. Esta resposta faz sentido nos limites $m_2/m_1 \gg 1$ e $m_2/m_1 \ll 1$? Explique.

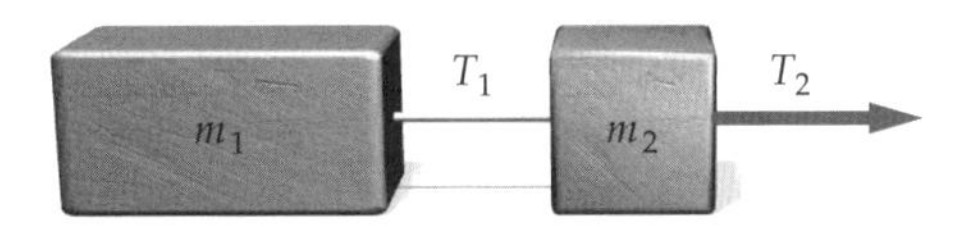

FIGURA 4-50 Problema 66

67 •• Uma caixa de massa $m_2 = 3{,}5$ kg está sobre uma estante horizontal sem atrito e presa por fios a caixas de massas $m_1 = 1{,}5$ kg e $m_3 = 2{,}5$ kg, como mostra a Figura 4-51. As duas polias são sem atrito e sem massa. O sistema é largado do repouso. Após a largada, encontre (*a*) a aceleração de cada uma das caixas e (*b*) a tensão em cada fio.

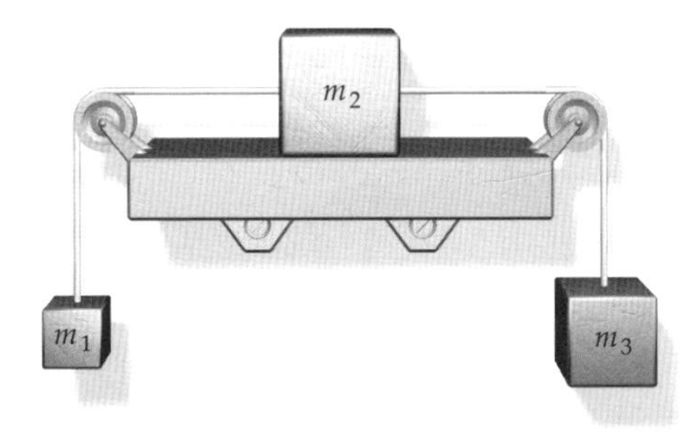

FIGURA 4-51 Problema 67

68 •• Dois blocos estão em contato sobre uma superfície horizontal sem atrito. Os blocos são acelerados por uma força única horizontal $\vec{F}$ aplicada a um deles (Figura 4-52). Encontre a aceleração e a força de contato do bloco 1 sobre o bloco 2 (*a*) em termos de F, m_1 e m_2, e (*b*) para os valores específicos $F = 3{,}2$ N, $m_1 = 2{,}0$ kg e $m_2 = 6{,}0$ kg.

FIGURA 4-52 Problema 68

69 •• Repita o Problema 68, agora trocando as posições dos dois blocos. Suas respostas para este problema são as mesmas do Problema 68? Explique.

70 •• Duas caixas de 100 kg são arrastadas sobre uma superfície horizontal sem atrito com uma aceleração constante de 1,00 m/s², como mostrado na Figura 4-53. Cada corda tem uma massa de 1,00 kg. Encontre a magnitude da força $\vec{F}$ e a tensão nas cordas nos pontos A, B e C.

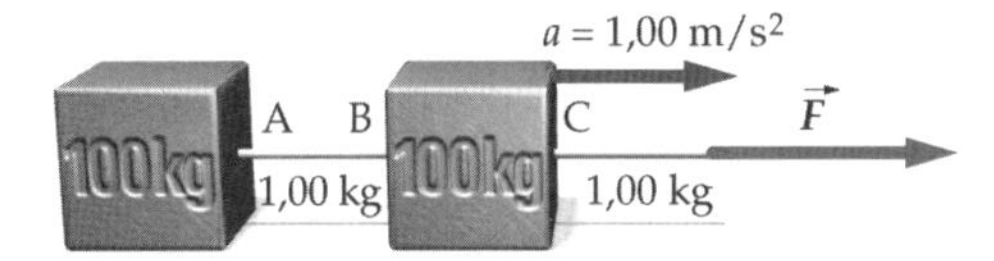

FIGURA 4-53 Problema 70

71 •• Um bloco de massa m está sendo levantado verticalmente por uma corda uniforme de massa M e comprimento L. A corda está sendo puxada para cima por uma força aplicada em sua extremidade superior, e a corda e o bloco estão sendo acelerados para cima com uma aceleração de magnitude a. Mostre que a tensão na corda a uma distância x (onde $x < L$) acima do bloco é dada por $(a + g)[m + (x/L)M]$.

72 •• Uma corrente é constituída de 5 elos, cada um de massa 0,10 kg. A corrente está sendo puxada para cima por uma força aplicada por sua mão no elo superior, dando à corrente uma aceleração para cima de 2,5 m/s². Encontre (*a*) a magnitude de força F exercida no elo superior pela sua mão; (*b*) a força resultante em cada elo; e (*c*) a magnitude da força que cada elo exerce no elo imediatamente abaixo.

73 •• **VÁRIOS PASSOS** Um objeto de 40,0 kg é suportado por uma corda vertical. A corda e o objeto são acelerados para cima, a partir do repouso, até atingir uma rapidez de 3,50 m/s em 0,700 s. (*a*) Desenhe o diagrama de corpo livre do objeto com os comprimentos relativos dos vetores mostrando as magnitudes relativas das forças. (*b*) Use o diagrama de corpo livre e as leis de Newton para determinar a tensão na corda.

74 •• **APLICAÇÃO EM ENGENHARIA, VÁRIOS PASSOS** Um helicóptero de 15000 kg está baixando um caminhão de 4000 kg até o chão por um cabo de comprimento fixo. O caminhão, o helicóptero e o cabo estão descendo a 15,0 m/s e devem ser freados até 5,00 m/s nos 50,0 m seguintes de descida para evitar danos ao caminhão. Suponha constante a taxa de freamento. (*a*) Desenhe o diagrama de corpo livre do caminhão. (*b*) Determine a tensão no cabo. (*c*) Determine a força de sustentação sobre as pás do helicóptero.

75 •• Dois objetos estão ligados por um fio sem massa, como mostrado na Figura 4-54. O plano inclinado e a polia sem massa não têm atrito. Encontre a aceleração dos objetos e a tensão no fio (*a*) em termos de θ, m_1 e m_2, e para (*b*) $\theta = 30°$ e $m_1 = m_2 = 5{,}0$ kg.

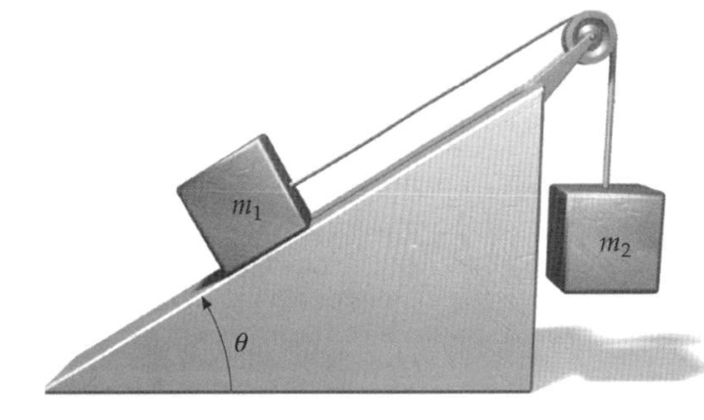

FIGURA 4-54 Problema 75

76 •• **APLICAÇÃO EM ENGENHARIA** Durante uma apresentação teatral de *Peter Pan*, a atriz de 50 kg que representa *Peter Pan* deve

voar verticalmente (descendo). Para acompanhar a música ela deve, a partir do repouso, ser baixada de uma distância de 3,2 m em 2,2 s com aceleração constante. Nos bastidores, uma superfície lisa inclinada de 50° suporta um contrapeso de massa m, como mostrado na Figura 4-55. Mostre os cálculos que o operador deve fazer para encontrar (*a*) a massa de contrapeso a ser usada e (*b*) a tensão no fio.

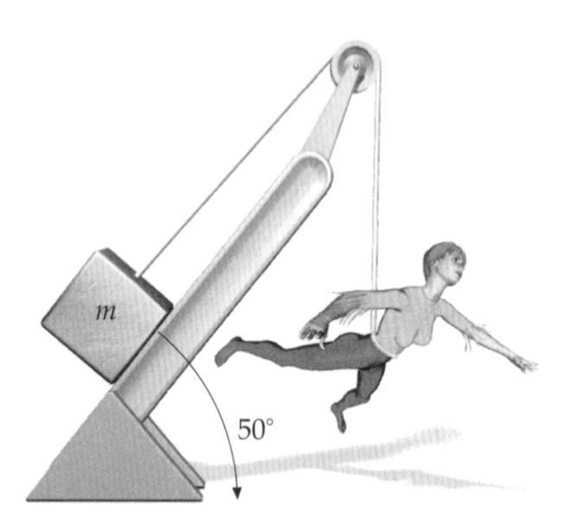

FIGURA 4-55 Problema 76

77 •• Um bloco de 8,0 kg e outro de 10 kg, ligados por uma corda que passa sobre um encaixe sem atrito, deslizam sobre o plano inclinado sem atrito da Figura 4-56. (*a*) Encontre a aceleração dos blocos e a tensão na corda. (*b*) Os dois blocos são substituídos por outros dois, de massas m_1 e m_2, de forma a não haver aceleração. Informe o que for possível sobre essas duas massas.

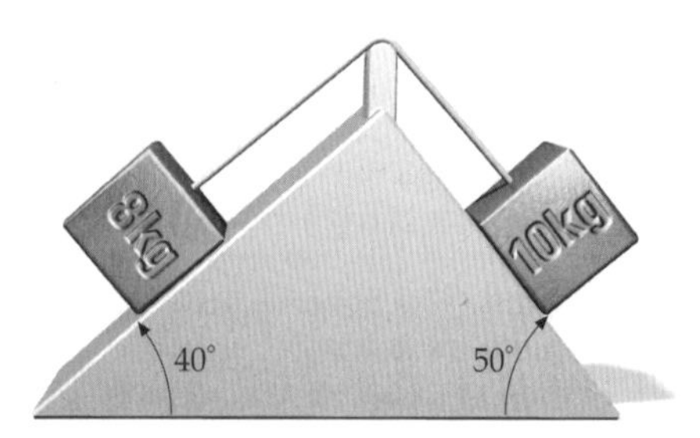

FIGURA 4-56 Problema 77

78 •• Uma corda pesada de 5,0 m de comprimento e 4,0 kg de massa está sobre uma mesa horizontal sem atrito. Uma extremidade está presa a um bloco de 6,0 kg. A outra extremidade da corda é puxada por uma força horizontal constante de 100 N. (*a*) Qual é a aceleração do sistema? (*b*) Dê a tensão na corda como função da posição ao longo da corda.

79 •• Uma pintora de 60 kg está sobre uma plataforma de alumínio de 15 kg. A plataforma está presa a uma corda que passa através de uma polia acima, o que permite que a pintora eleve a si mesma e a plataforma (Figura 4-57). (*a*) Com qual força F ela deve puxar a corda para acelerar a si e a plataforma, para cima, a uma taxa de 0,80 m/s²? (*b*) Quando sua rapidez atinge 1,0 m/s, ela puxa de forma que ela e a plataforma passam a subir com rapidez constante. Qual a força que ela exerce agora sobre a corda? (Ignore a massa da corda.)

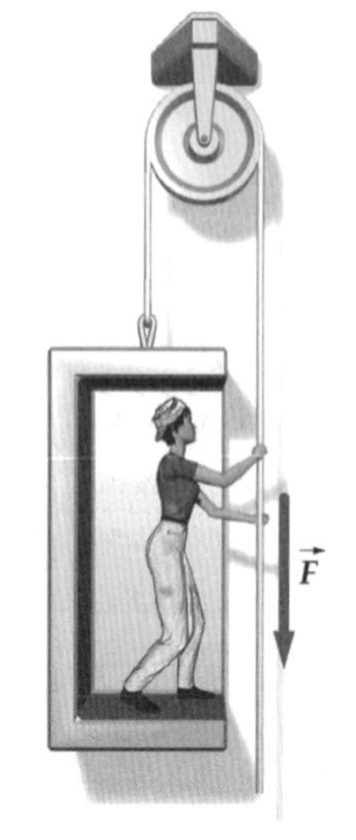

FIGURA 4-57 Problema 79

80 ••• A Figura 4-58 mostra um bloco de 20 kg deslizando sobre um bloco de 10 kg. Todas as superfícies são sem atrito e a polia é sem atrito e sem massa. Encontre a aceleração de cada bloco e a tensão no fio que liga os blocos.

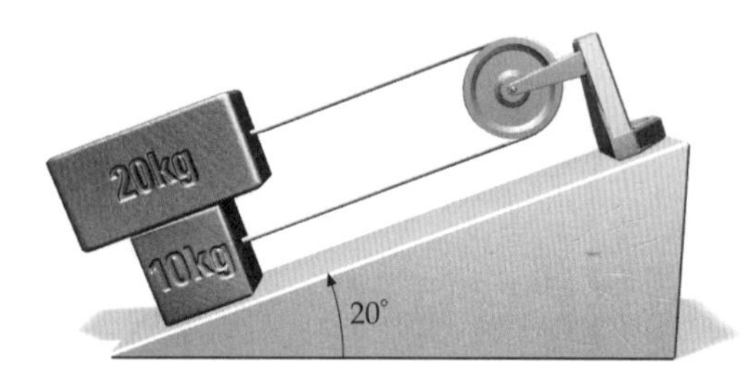

FIGURA 4-58 Problema 80

81 ••• Um bloco de 20 kg, com uma polia presa a ele, desliza ao longo de um trilho sem atrito. Ele está conectado, por um fio sem massa, a um bloco de 5,0 kg, como mostra o arranjo da Figura 4-59. Encontre (*a*) a aceleração de cada bloco e (*b*) a tensão no fio.

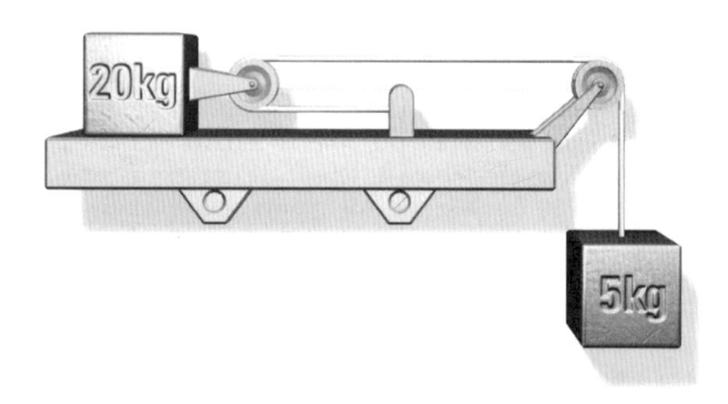

FIGURA 4-59 Problema 81

82 •• **VÁRIOS PASSOS** O aparato da Figura 4-60 é chamado de *máquina de Atwood* e é usado para medir a aceleração de queda livre g medindo-se a aceleração dos dois blocos ligados pelo fio que passa pela polia. Suponha uma polia sem massa e sem atrito e um fio sem massa. (*a*) Desenhe o diagrama de corpo livre de cada bloco. (*b*) Use os diagramas de corpo livre e as leis de Newton para mostrar que a magnitude da aceleração de cada bloco e que a tensão no fio são $a = (m_1 - m_2)g/(m_1 + m_2)$ e $T = 2m_1m_2g/(m_1 + m_2)$. (*c*) Estas expressões fornecem resultados plausíveis se $m_1 = m_2$ no limite $m_1 \gg m_2$ e no limite $m_1 \ll m_2$? Explique.

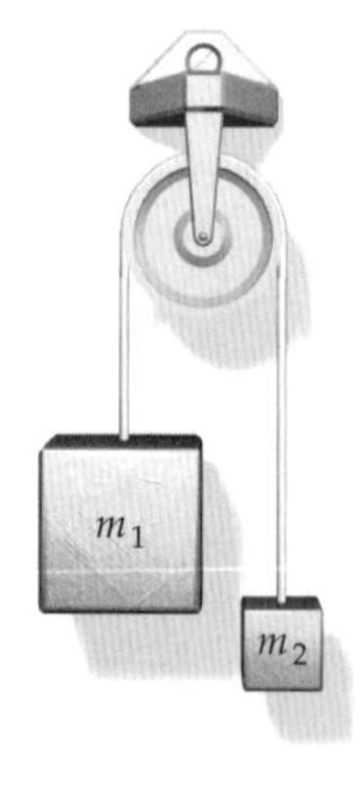

FIGURA 4-60 Problemas 82 e 83

83 •• Se uma das massas da máquina de Atwood da Figura 4-60 é 1,2 kg, quanto deve valer a outra massa de forma a que o desloca-

mento de cada massa, durante o primeiro segundo após a largada, seja 0,30 m? Suponha uma polia sem massa e sem atrito e um fio sem massa.

84 ••• A aceleração da gravidade g pode ser determinada medindo-se o tempo t que uma massa m_2 leva, em uma máquina de Atwood como a do Problema 82, para cair uma distância L, partindo do repouso. (*a*) Usando os resultados do Problema 82 (note que a aceleração é constante), encontre uma expressão para g em termos de L, t, m_1 e m_2. (*b*) Mostre que um pequeno erro dt na medida do tempo levará a um erro em g dado por dg, com $dg/g = -2dt/t$. (*c*) Suponha que a única incerteza significativa nas medidas experimentais seja o tempo de queda. Se $L = 3{,}00$ m e m_1 é 1 kg, encontre o valor de m_2 que permita g ser medido com uma precisão de ± 5 por cento com uma medida de tempo que é precisa até $\pm 0{,}1$ s.

PROBLEMAS GERAIS

85 •• Um seixo de massa m está sobre o bloco de massa m_2 da máquina de Atwood ideal da Figura 4-60. Encontre a força exercida pelo seixo sobre o bloco de massa m_2.

86 •• Um acelerômetro simples pode ser feito suspendendo-se um pequeno objeto massivo em um fio preso a um ponto fixo de um objeto acelerado. Um acelerômetro como este está preso em um ponto P do teto de um automóvel viajando em linha reta sobre uma superfície plana com aceleração constante. Devido à aceleração, o fio formará um ângulo θ com a vertical. (*a*) Mostre que a magnitude da aceleração a está relacionada com o ângulo θ por $a = g \tan \theta$. (*b*) Se o automóvel freia uniformemente de 50 km/h até o repouso, ao longo de uma distância de 60 m, qual é o ângulo que o fio formará com a vertical? Durante o freamento, o objeto suspenso estará posicionado abaixo e à frente ou abaixo e para trás do ponto P?

87 •• **APLICAÇÃO EM ENGENHARIA** O mastro de um veleiro é preso à proa e à popa por tirantes metálicos de aço inoxidável, um frontal e o outro traseiro, com as bases separadas de 10 m (Figura 4-61). O mastro de 12 m de comprimento pesa 800 N e se mantém na vertical em relação ao convés. O mastro está posicionado 3,60 m atrás da base do tirante frontal. A tensão neste tirante é de 500 N. Encontre a tensão no outro tirante e a força que o mastro exerce sobre o convés.

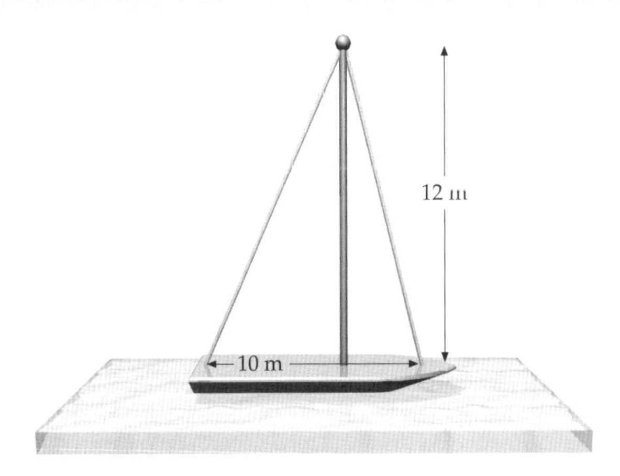

FIGURA 4-61 Problema 87

88 •• Um bloco de 50 kg está suspenso de uma corrente uniforme de 1,5 m de comprimento que está pendurada do teto. A massa da corrente é 20 kg. Determine a tensão na corrente (*a*) no ponto onde a corrente está presa ao bloco, (*b*) no meio da corrente e (*c*) no ponto onde a corrente está presa ao teto.

89 •• A rapidez da cabeça de um pica-pau de cabeça vermelha atinge 5,5 m/s antes do impacto contra a árvore. Se a massa da cabeça é 0,060 kg e a força média na cabeça é 6,0 N, encontre (*a*) a aceleração da cabeça (suposta constante), (*b*) a profundidade de penetração na árvore, e (*c*) o tempo que a cabeça leva para parar.

90 •• **VÁRIOS PASSOS** Uma superfície sem atrito está inclinada de um ângulo de 30,0° com a horizontal. Um bloco de 270 g, sobre a rampa, é amarrado a um bloco de 75,0 g, usando-se uma polia, como mostra a Figura 4-62. (*a*) Desenhe dois diagramas de corpo livre, um para o bloco de 270 g e o outro para o bloco de 75,0 g. (*b*) Encontre a tensão no fio e a aceleração do bloco de 270 g. (*c*) O bloco de 270 g é largado do repouso. Quanto tempo leva para ele deslizar uma distância de 1,00 m ao longo da superfície? Ele deslizará para cima ou para baixo do plano inclinado?

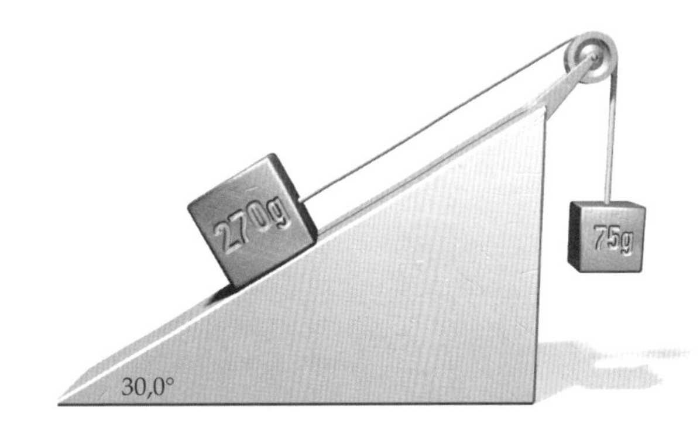

FIGURA 4-62 Problema 90

91 •• Uma caixa de massa m_1 é puxada sobre uma superfície horizontal sem atrito, por uma força $\vec{F}$ que é aplicada à extremidade de uma corda de massa m_2 (veja a Figura 4-63). Suponha que a corda se mantém na horizontal. (*a*) Encontre a aceleração da corda e do bloco, olhando-os como um único objeto. (*b*) Qual é a força resultante sobre a corda? (*c*) Encontre a tensão na corda no ponto onde ela está presa ao bloco.

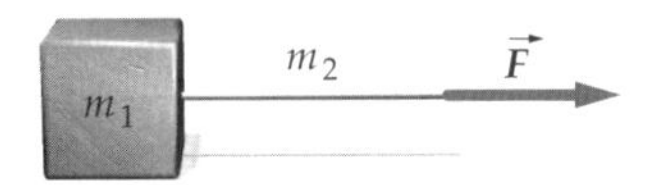

FIGURA 4-63 Problema 91

92 •• Um bloco de 2,0 kg está sobre uma cunha sem atrito que tem uma inclinação de 60° e uma aceleração $\vec{a}$ para a direita, de tal forma que a massa permanece estacionária em relação a cunha (Figura 4-64). (*a*) Desenhe o diagrama de corpo livre do bloco e use-o para determinar a magnitude da aceleração. (*b*) O que aconteceria se a cunha recebesse uma aceleração maior que este valor? E menor?

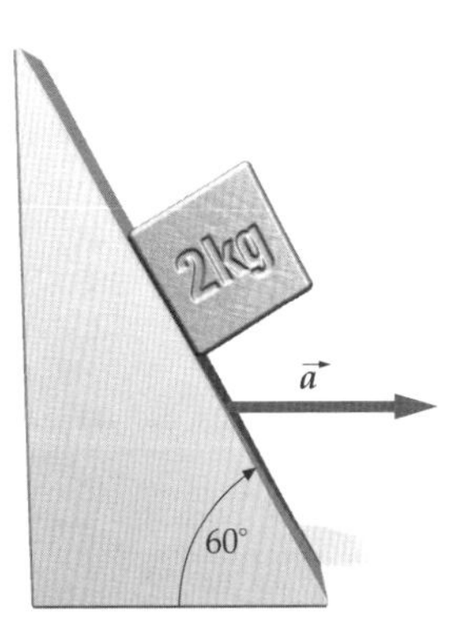

FIGURA 4-64 Problema 92

93 •• As massas penduradas nos dois lados de uma máquina de Atwood ideal consistem em uma pilha de cinco arruelas, cada uma de massa m, como mostrado na Figura 4-65. A tensão no fio é T_0. Quando uma das arruelas é retirada do lado esquerdo, as demais arruelas aceleram e a tensão é reduzida em 0,300 N. (*a*) Encontre m. (*b*) Encontre a nova tensão e a aceleração de cada massa quando uma segunda arruela é retirada do lado esquerdo.

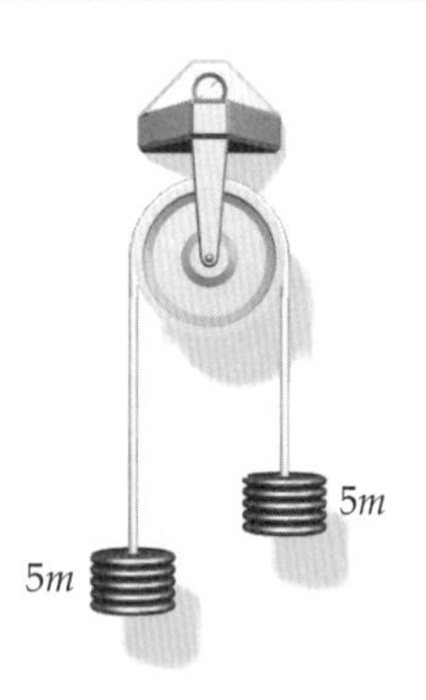

FIGURA 4-65 Problemas 93 e 94

94 •• Considere a máquina de Atwood ideal da Figura 4-65. Quando N arruelas são transferidas do lado esquerdo para o lado direito, o lado direito desce 47,1 cm em 0,40 s. Encontre N.

95 •• Os blocos de massas m e $2m$ estão sobre uma superfície horizontal sem atrito (Figura 4-66). Os blocos estão ligados por um fio horizontal. As forças $\vec{F}_1$ e $\vec{F}_2$ são aplicadas, conforme mostrado. (*a*) Se estas forças são constantes, encontre a tensão no fio que liga as massas. (*b*) Se as magnitudes das forças variam com o tempo como $F_1 = Ct$ e $F_2 = 2Ct$, onde C é igual a 5,00 N/s e t é o tempo, encontre o tempo t_0 para o qual a tensão no fio é igual a 10,0 N.

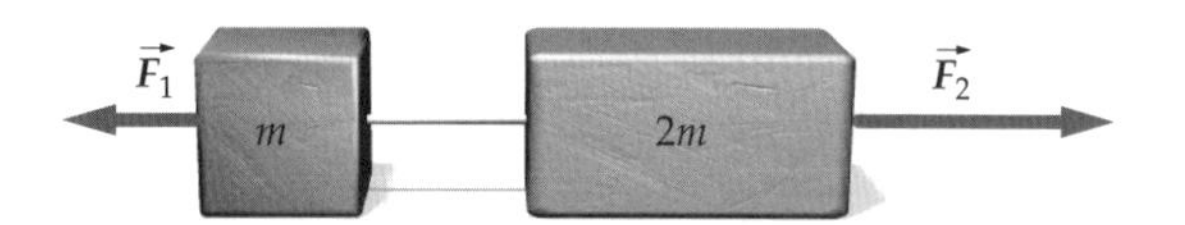

FIGURA 4-66 Problema 95

96 •• Elvis Presley tem sido supostamente visto inúmeras vezes, depois de morto, em 16 de agosto de 1977. Segue uma tabela de qual deveria ser o peso de Elvis se ele também tivesse sido visto nas superfícies de outros objetos de nosso sistema solar. Use a tabela para determinar: (*a*) a massa de Elvis na Terra, (*b*) a massa de Elvis em Plutão e (*c*) a aceleração de queda livre em Marte. (*d*) Compare a aceleração de queda livre em Plutão com a aceleração de queda livre na Lua.

Planeta	Peso do Elvis (N)
Mercúrio	431
Vênus	1031
Terra	1133
Marte	431
Júpiter	2880
Saturno	1222
Plutão	58
Lua	191

97 ••• **RICO EM CONTEXTO** Como trote, seus amigos o seqüestraram enquanto você dormia e o transportaram para a superfície de um lago congelado. Quando acorda você está a 30,0 m da margem mais próxima. O gelo é tão escorregadio (isto é, sem atrito) que você não consegue caminhar. Você se dá conta de que pode usar a terceira lei de Newton a seu favor e decide atirar o objeto mais pesado que tem, uma bota, com o objetivo de se colocar em movimento. Tome seu peso como 595 N. (*a*) Em qual sentido você deve atirar a bota para atingir mais rapidamente a margem? (*b*) Se você atira sua bota de 1,20 kg com uma força média de 420 N e o lançamento leva 0,600 s (o intervalo de tempo durante o qual você aplica a força), qual é a magnitude da força que a bota exerce sobre você? (Suponha aceleração constante.) (*c*) Quanto tempo leva para você atingir a margem, incluindo o curto espaço de tempo durante o qual você estava atirando a bota?

98 ••• A polia de uma máquina de Atwood ideal recebe uma aceleração a para cima, como mostrado na Figura 4-67. Encontre a aceleração de cada massa e a tensão no fio que as liga. Nesta situação, os dois blocos não têm a mesma rapidez.

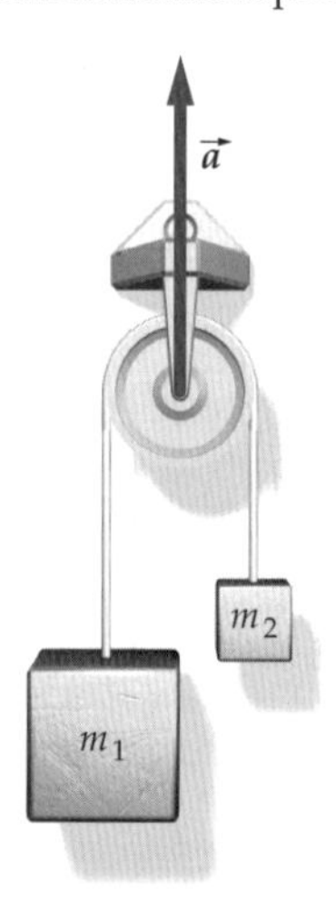

FIGURA 4-67 Problema 98

99 •• **APLICAÇÃO EM ENGENHARIA, RICO EM CONTEXTO, PLANILHA ELETRÔNICA** Você trabalha para uma revista de automóveis e está avaliando um novo automóvel (massa de 650 kg). Enquanto está sendo acelerado a partir do repouso, o computador de bordo do automóvel registra sua velocidade como função do tempo da seguinte maneira:

v_x **(m/s):**	0	10	20	30	40	50
t **(s):**	0	1,8	2,8	3,6	4,9	6,5

(*a*) Usando uma **planilha eletrônica**, encontre a aceleração média dos cinco intervalos de tempo e plote velocidade *versus* tempo e aceleração *versus* tempo, para este carro. (*b*) Onde, no gráfico velocidade *versus* tempo, a força resultante sobre o carro é máxima e mínima? Explique seu raciocínio. (*c*) Qual é a força resultante média sobre o carro durante todo o trajeto? (*d*) Do gráfico velocidade *versus* tempo, faça uma estimativa da distância total coberta pelo carro.

A AUTÓDROMO INTERNACIONAL DE DAYTONA, O "CENTRO MUNDIAL DE CORRIDAS", POSSUI UMA PISTA TRIOVAL DE 2,5 MILHAS, COM CURVAS INCLINADAS LATERALMENTE DE 31 GRAUS, ATINGINDO UMA ALTURA DE UM PRÉDIO DE QUATRO ANDARES. NAS 500 MILHAS DE DAYTONA (DAYTONA 500) OS STOCK CARS PERCORREM AS CURVAS CHEGANDO A QUASE 200 MILHAS POR HORA. SURPREENDENTEMENTE, OS ACIDENTES ESPETACULARES PELOS QUAIS DAYTONA 500 É FAMOSA, E QUE CHEGAM A FAZER VÍTIMAS, NORMALMENTE NÃO SÃO CAUSADOS POR DERRAPAGENS NAS CURVAS.
(PhotoDisc/Getty Images.)

Aplicações Adicionais das Leis de Newton

No Capítulo 4, introduzimos as leis de Newton e as aplicamos a situações em que a ação estava restrita ao movimento unidimensional, e também introduzimos a existência das forças de atrito. Agora, consideraremos aplicações mais gerais e veremos como as leis de Newton podem ser usadas para explicar inúmeras propriedades do mundo em que vivemos.

Neste capítulo estenderemos a aplicação das leis de Newton para o movimento em caminhos curvos e analisaremos os efeitos de forças resistivas, como o atrito e o arraste do ar. Também introduziremos o conceito de centro de massa de um sistema de partículas e mostraremos que, adotando como modelo de um sistema uma partícula única localizada em seu centro de massa, poderemos predizer o movimento do sistema como um todo.

? Quais são os fatores que determinam quão rápido um carro pode percorrer uma curva sem derrapar? (Veja o Exemplo 5-12.)

5-1 ATRITO

Se você empurrar um livro que está sobre a escrivaninha, o livro provavelmente irá deslizar. Se a escrivaninha for suficientemente comprida, ao final o livro irá parar. Isto ocorre porque uma força de fricção é exercida pela escrivaninha sobre o livro, no sentido oposto ao da velocidade do livro. Esta força, que atua sobre a superfície do livro que está em contato com a escrivaninha, é conhecida como *força de atrito*. Forças de atrito são uma parte necessária de nossas vidas. Sem o atrito nosso sistema de transporte terrestre, desde o caminhar até os automóveis, não poderia funcionar. O atrito permite que você comece a caminhar e, uma vez já em movimento, o atrito permite que você altere tanto sua rapidez quanto sua orientação. O atrito permite que você arranque, dirija e pare um carro. O atrito mantém a porca no parafuso, o prego na madeira e o nó em um pedaço de corda. No entanto, apesar de sua importância, o atrito às vezes não é desejável. O atrito causa desgaste, sempre que peças móveis de uma máquina estão em contato, e grandes quantidades de tempo e dinheiro são gastas tentando reduzir tais efeitos.

O atrito é um fenômeno complexo, não totalmente compreendido, que surge da atração entre as moléculas de duas superfícies em contato. A natureza desta atração é eletromagnética — a mesma da ligação molecular que mantém um objeto coeso. Esta força atrativa de curto alcance se torna insignificante após apenas alguns diâmetros moleculares.

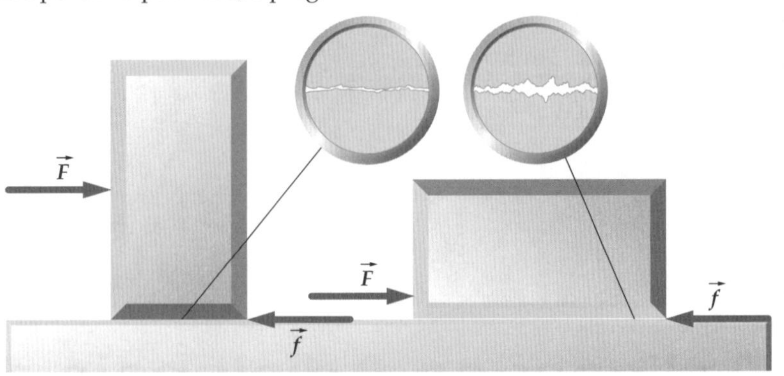

FIGURA 5-1 A área microscópica de contato entre a caixa e o piso é apenas uma pequena fração da área macroscópica da superfície do tampo da caixa. A área microscópica de contato é proporcional à força normal exercida entre as superfícies. Se a caixa repousa sobre um de seus lados, a área macroscópica aumenta, mas a força por unidade de área diminui, de forma que a área microscópica de contato não muda. Não importa se a caixa está de pé ou deitada, a mesma força horizontal F aplicada é necessária para mantê-la deslizando com rapidez constante.

Como mostrado na Figura 5-1, objetos comuns que parecem lisos, e que sentimos como lisos, são ásperos e corrugados em escala atômica (microscópica). Isto ocorre mesmo quando as superfícies são muito bem polidas. Quando as superfícies entram em contato, elas se tocam apenas nas saliências, as chamadas *asperezas*, mostradas na Figura 5-1. A força normal exercida por uma superfície é exercida nas pontas destas asperezas, onde a força normal por unidade de área é muito grande, grande o suficiente para achatar as pontas das asperezas. Se as duas superfícies são mais pressionadas uma contra a outra, a força normal cresce e o achatamento aumenta, o que resulta em uma grande área microscópica de contato. Sob uma extensa série de condições, a área microscópica de contato é proporcional à força normal. A força de atrito é proporcional à área microscópica de contato; então, assim como a área microscópica de contato, ela é proporcional à força normal.

ATRITO ESTÁTICO

Você aplica uma pequena força horizontal $\vec{F}$ (Figura 5-2) sobre uma grande caixa que está em repouso sobre o piso. A caixa pode não vir a se mover perceptivelmente,

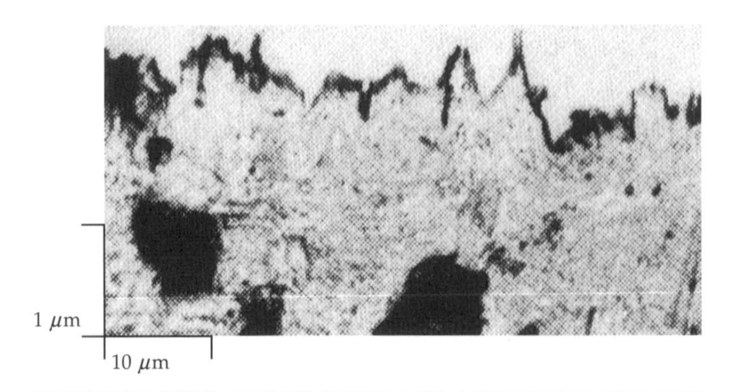

Seção ampliada de uma superfície de aço polido mostrando as irregularidades superficiais. As irregularidades têm cerca de 5×10^{-7} m de altura, uma altura que corresponde a vários milhares de diâmetros atômicos. *(De F. P. Bowden e D. Tabor,* Lubrification of Solids, *Oxford University Press, 2000.)*

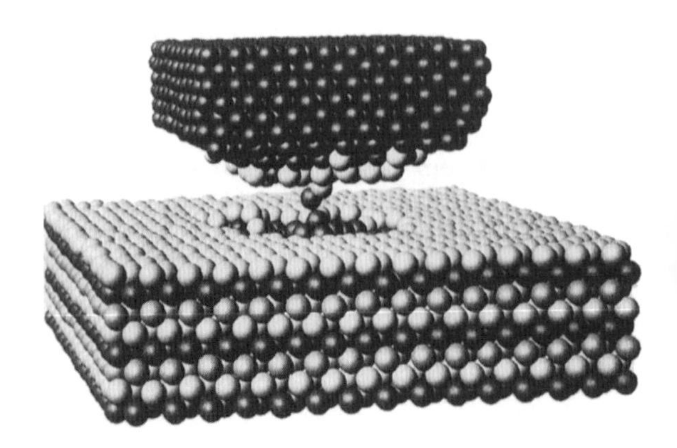

Imagem de computador mostrando átomos de ouro (embaixo) aderentes à ponta fina de uma sonda de níquel (em cima) que foi colocada em contato com a superfície de ouro. *(Uzi Landman e David W. Leudtke/Georgia Institute of Technology.)*

porque a força de atrito estático $\vec{f}_e$ exercida pelo piso sobre a caixa contrabalança a força que você aplica. **Atrito estático** é a força de atrito que atua quando não existe deslizamento entre as duas superfícies em contato — é a força que evita que a caixa escorregue. A força de atrito estático, que se opõe à força aplicada sobre a caixa, pode variar em magnitude de zero até um valor máximo $f_{e\,máx}$, dependendo do seu empurrão. Isto é, enquanto você empurra a caixa, a força oposta de atrito estático vai aumentando para se manter igual em magnitude à força aplicada, até que a magnitude da força aplicada exceda a $f_{e\,máx}$. Dados mostram que $f_{e\,máx}$ é proporcional à intensidade das forças que pressionam as duas superfícies uma contra a outra. Isto é, $f_{e\,máx}$ é proporcional à magnitude da força normal exercida por uma superfície sobre a outra:

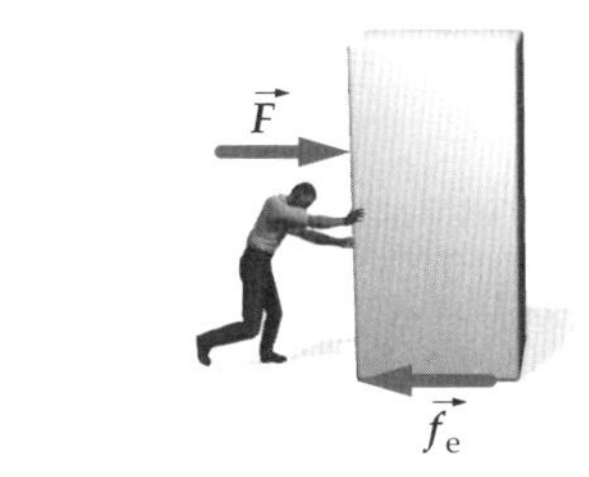

FIGURA 5-2

$$f_{e\,máx} = \mu_e F_n \qquad 5\text{-}1$$

RELAÇÃO PARA ATRITO ESTÁTICO

onde a constante de proporcionalidade μ_e é o **coeficiente de atrito estático**. Este coeficiente depende dos materiais de que são feitas as superfícies em contato e das temperaturas das superfícies. Se você exerce uma força horizontal com uma magnitude menor ou igual a $f_{e\,máx}$ sobre a caixa, a força de atrito estático irá justo contrabalançar esta força horizontal e a caixa permanecerá em repouso. Se você exerce uma força horizontal o mínimo que seja maior que $f_{e\,máx}$ sobre a caixa, então a caixa começará a deslizar. Assim, podemos escrever a Equação 5-1 como:

$$f_e \leq \mu_e F_n \qquad 5\text{-}2$$

A orientação da força de atrito estático é tal que ela se opõe à tendência de deslizamento da caixa.

> ! A Equação 5-2 é uma desigualdade porque a magnitude da força de atrito estático varia de zero até $f_{e\,máx}$.

> ! Se a força horizontal que você exerce sobre uma caixa aponta para a esquerda, então a força de atrito estático aponta para a direita. A força de atrito estático sempre se opõe à tendência de deslizamento.

ATRITO CINÉTICO

Se você empurrar a caixa da Figura 5-2 com suficiente vigor, ela deslizará sobre o piso. Enquanto ela escorrega, o piso exerce uma força de **atrito cinético** $\vec{f}_c$ (também chamado atrito de dinâmico, ou de deslizamento) que se opõe ao movimento. Para manter a caixa deslizando com velocidade constante, você deve exercer uma força sobre a caixa igual em magnitude e oposta em sentido à força de atrito cinético exercida pelo piso.

Assim como a magnitude da força de atrito estático máxima, a magnitude f_c da força de atrito cinético é proporcional à área microscópica de contato e à intensidade das forças que pressionam as duas superfícies uma contra a outra. Isto é, f_c é proporcional à magnitude f_n da força normal exercida por uma superfície sobre a outra:

$$f_c = \mu_c F_n \qquad 5\text{-}3$$

RELAÇÃO PARA ATRITO CINÉTICO

onde a constante de proporcionalidade μ_c é o **coeficiente de atrito cinético**. O coeficiente de atrito cinético depende dos materiais de que são feitas as superfícies em contato e das temperaturas das superfícies em contato. Diferentemente do atrito estático, a força de atrito cinético é independente da magnitude da força horizontal aplicada. Experimentos mostram que μ_c é aproximadamente constante para uma larga faixa de valores de rapidez.

A Figura 5-3 mostra um gráfico da força de atrito exercida sobre a caixa pelo piso em função da força aplicada. A força de atrito contrabalança a força aplicada até que a caixa começa a deslizar, o que ocorre quando a força aplicada excede a $\mu_e F_n$ por um quantidade infinitesimal. Enquanto a caixa está deslizando, a força de atrito permanece igual a $\mu_c F_n$. Para quaisquer duas superfícies em contato, μ_c é menor que μ_e. Isto significa que você deve empurrar com mais vigor para fazer com que a caixa comece a deslizar, do que para mantê-la deslizando com rapidez constante. A Tabela 5-1 lista alguns valores aproximados de μ_e e de μ_c para vários pares de superfícies.

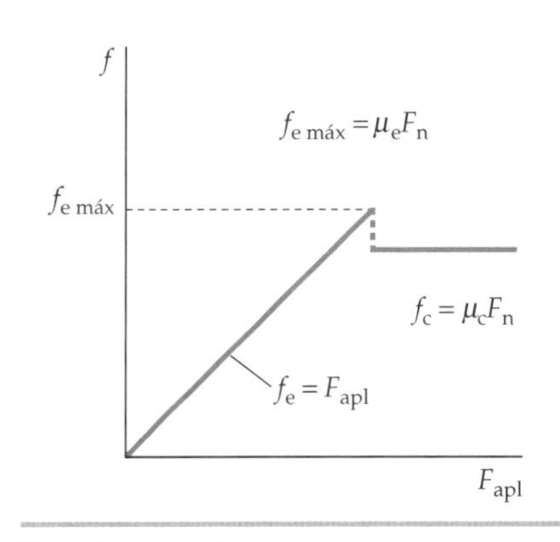

FIGURA 5-3

Tabela 5-1 Valores Aproximados de Coeficientes de Atrito

Materiais	μ_e	μ_c
Aço sobre aço	0,7	0,6
Latão sobre aço	0,5	0,4
Cobre sobre ferro moldado	1,1	0,3
Vidro sobre vidro	0,9	0,4
Teflon sobre Teflon	0,04	0,04
Teflon sobre aço	0,04	0,04
Borracha sobre concreto (seco)	1,0	0,80
Borracha sobre concreto (molhado)	0,30	0,25
Esqui parafinado sobre neve (0°C)	0,10	0,05

ATRITO DE ROLAMENTO

Quando uma roda perfeitamente rígida rola *com rapidez constante*, sem deslizar, sobre uma estrada horizontal perfeitamente rígida, não existe força de atrito para reduzir seu movimento. No entanto, porque pneus e estradas reais estão continuamente se deformando (Figura 5-4) e porque a banda de rodagem e a pista estão sendo continuamente descascadas, no mundo real a estrada exerce uma força de **atrito de rolamento** $\vec{f}_r$ que se opõe ao movimento. Para manter a roda girando com velocidade constante, você deve exercer uma força sobre a roda igual em magnitude e oposta em sentido à força de atrito de rolamento exercida sobre a roda pela estrada.

FIGURA 5-4 À medida que o carro se desloca na rodovia, a borracha se deforma radialmente, para dentro, onde a banda de rodagem começa o contato com o pavimento e se deforma radialmente, para fora, onde a banda de rodagem perde contato com o pavimento. O pneu não é perfeitamente elástico, de forma que as forças exercidas pelo pavimento sobre a banda de rodagem, que deformam a banda de rodagem para dentro, são maiores do que aquelas exercidas pelo pavimento sobre a banda de rodagem, quando a banda de rodagem recupera a forma ao perder contato com o pavimento. Este desbalanceamento de forças resulta em uma força que se opõe ao rolamento do pneu. Esta força é chamada de força de atrito de rolamento. Quanto mais o pneu se deforma, maior é a força de atrito de rolamento.

O **coeficiente de atrito de rolamento** μ_r é a razão entre as magnitudes da força de atrito de rolamento f_r e da força normal F_n:

$$f_r = \mu_r F_n \qquad 5\text{-}4$$

RELAÇÃO PARA ATRITO DE ROLAMENTO

onde μ_r depende da natureza das superfícies em contato e da composição da roda e da estrada. Valores típicos para μ_r são de 0,01 a 0,02 para pneus de borracha sobre concreto, e de 0,001 a 0,002 para rodas de aço sobre trilhos de aço. Os coeficientes de atrito de rolamento são tipicamente menores que os coeficientes de atrito cinético em uma ou duas ordens de grandeza. O atrito de rolamento será considerado insignificante neste livro, exceto quando sua significância for explicitamente enunciada.

RESOLVENDO PROBLEMAS ENVOLVENDO ATRITO ESTÁTICO, CINÉTICO E DE ROLAMENTO

Os exemplos a seguir ilustram como resolver problemas envolvendo atrito estático e cinético. Os passos para tratar esse tipo de problemas são os que seguem:

ESTRATÉGIA PARA SOLUÇÃO DE PROBLEMAS

Resolvendo Problemas Envolvendo Atrito

SITUAÇÃO Verifique que tipos de atrito estão envolvidos na solução de um problema. Os corpos experimentam atrito estático quando não existe deslizamento entre as superfícies dos corpos em contato. A força de atrito estático se opõe à tendência das superfícies de deslizarem uma sobre a outra. A força de atrito estático máxima $f_{e\,máx}$ é igual ao produto da força normal pelo coeficiente de atrito estático. Se duas superfícies estão deslizando uma sobre a outra, elas experimentam forças de atrito cinético (a não ser que o problema afirme que uma das superfícies é sem atrito). Atrito de rolamento ocorre porque um objeto que rola e a superfície sobre a qual ele rola deformam-se continuamente e o objeto e a superfície estão sendo continuamente descascados.

SOLUÇÃO

1. Construa um diagrama de corpo livre com o eixo y normal às superfícies em contato (e o eixo x paralelo às superfícies). A orientação da força de atrito é de forma a se opor ao deslizamento, ou à tendência de deslizamento.
2. Aplique $\Sigma F_y = ma_y$ e resolva para a força normal F_n.
   Se o atrito é *cinético* ou *de rolamento*, relacione as forças de atrito e normal usando $f_c = \mu_c F_n$ ou $f_r = \mu_r F_n$, respectivamente.
   Se o atrito é *estático*, relacione as forças de atrito e normal usando $f_e \leq \mu_e F_n$ (ou $f_{e\,máx} = \mu_e F_n$).
3. Aplique $\Sigma F_x = ma_x$ ao corpo e resolva para a quantidade pedida.

CHECAGEM Verifique se seu resultado faz sentindo, lembrando que os coeficientes de atrito são adimensionais e que você deve levar em conta todas as forças (por exemplo, tensões em cordas).

Exemplo 5-1 Jogando Taco

Em um jogo de taco, o jogador dá uma tacada no disco que se encontra inicialmente em repouso sobre o chão, e que tem uma massa de 0,40 kg. O disco parte horizontalmente com uma rapidez de 8,5 m/s e desliza por uma distância de 8,0 m antes de parar. Encontre o coeficiente de atrito cinético entre o disco e o chão.

SITUAÇÃO A força de atrito cinético é a única força horizontal atuando sobre o disco depois que ele recebe a tacada. A aceleração é constante, porque a força de atrito é constante. Podemos encontrar a aceleração usando as equações para aceleração constante do Capítulo 2 e relacionar a aceleração com μ_c usando $\Sigma F_x = ma_x$.

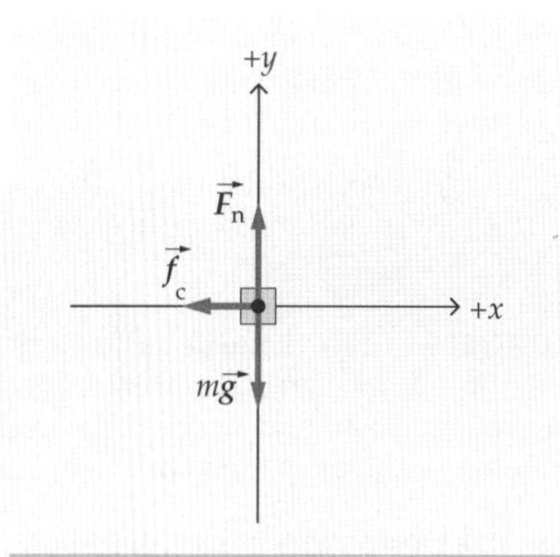

FIGURA 5-5

SOLUÇÃO

1. Desenhe um diagrama de corpo livre para o disco após abandonar o taco (Figura 5-5). Escolha a orientação $+x$ como a da velocidade do disco:

2. O coeficiente de atrito cinético relaciona as magnitudes das forças de atrito e normal:

$$f_c = \mu_c F_n$$

3. Aplique $\Sigma F_y = ma_y$ ao disco para encontrar a força normal. Então, usando a relação do passo 2, encontre a força de atrito:

$$\Sigma F_y = ma_y$$
$$F_n - mg = 0 \Rightarrow F_n = mg$$
$$\text{logo} \quad f_c = \mu_c mg$$

4. Aplique $\Sigma F_x = ma_x$ ao disco. Usando o resultado do passo 3, encontre a aceleração:

$$\Sigma F_x = ma_x$$
$$-f_c = ma_x$$
$$\text{logo} \quad -\mu_c mg = ma_x \quad \text{logo} \quad a_x = -\mu_c g$$

5. A aceleração é constante. Relacione-a com a distância total percorrida e com a velocidade inicial usando $v_x^2 = v_{0x}^2 + 2a_x\Delta x$ (Equação 2-15). Usando o resultado do passo 4, encontre μ_c:

$$v_x^2 = v_{0x}^2 + 2a_x\Delta x \Rightarrow 0 = v_{0x}^2 - 2\mu_c g\,\Delta x$$
$$\text{logo} \quad \mu_c = \frac{v_{0x}^2}{2g\,\Delta x} = \frac{(8{,}5\,\text{m/s})^2}{2(9{,}81\,\text{m/s}^2)(8{,}0\,\text{m})} = \boxed{0{,}46}$$

CHECAGEM O valor obtido para μ_c é adimensional e dentro da faixa de valores para outros materiais listados na Tabela 5-1 e, portanto, é plausível.

INDO ALÉM Note que a aceleração e o coeficiente de atrito são independentes da massa m. Quanto maior a massa, mais fica difícil parar o disco, mas uma massa maior é acompanhada por uma força normal maior, e portanto, uma força de atrito maior. O resultado efetivo é que a massa não tem efeito sobre a aceleração (ou sobre a distância para parar).

Exemplo 5-2 Moeda Escorregando

Um livro de capa dura (Figura 5-6) está sobre uma mesa com sua capa virada para cima. Você coloca uma moeda sobre esta capa e, muito lentamente, abre o livro até que a moeda comece a escorregar. O ângulo $\theta_{máx}$ (conhecido como *ângulo de repouso*) é o ângulo que a capa forma com a horizontal justo quando a moeda começa a escorregar. Encontre o coeficiente de atrito estático μ_e entre a capa do livro e a moeda, em termos de $\theta_{máx}$.

SITUAÇÃO As forças que atuam sobre a moeda são a força gravitacional $F_g = mg$, a força normal F_n e a força de atrito f. Como a moeda está prestes a escorregar (mas ainda não escorregou), a força de atrito é uma força de atrito estático apontando para cima da rampa. Como a moeda permanece estacionária, a aceleração é zero. Usamos a segunda lei de Newton para relacionar esta aceleração às forças sobre a moeda e depois calculamos a força de atrito.

FIGURA 5-6 *(Ramón Riviera-Moret.)*

SOLUÇÃO

1. Desenhe um diagrama de corpo livre para a moeda quando a capa do livro está inclinada de um ângulo θ, onde $\theta \leq \theta_{máx}$ (Figura 5-7). Desenhe o eixo y normal à capa do livro:

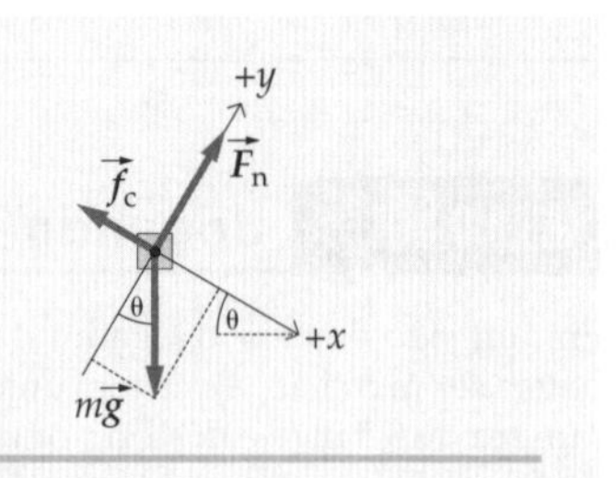

FIGURA 5-7

2. O coeficiente de atrito estático relaciona as forças de atrito e normal: $f_e \leq \mu_e F_n$

3. Aplicamos $\Sigma F_y = ma_y$ à moeda para encontrar a força normal:
$$\Sigma F_y = ma_y$$
$$F_n - mg\cos\theta = 0 \Rightarrow F_n = mg\cos\theta$$

4. Substitua F_n em $f_e \leq \mu_e F_n$ (Equação 5-1):
$$f_e \leq \mu_e F_n \Rightarrow f_e \leq \mu_s mg\cos\theta$$

5. Aplique $\Sigma F_x = ma_x$ à moeda. Então, calcule a força de atrito:
$$\Sigma F_x = ma_x$$
$$-f_e + mg\,\text{sen}\,\theta = 0 \Rightarrow f_e = mg\,\text{sen}\,\theta$$

6. Substituindo f_e por $mg\,\text{sen}\,\theta$ no resultado do passo 4, obtemos:
$$mg\,\text{sen}\,\theta \leq \mu_e mg\cos\theta \Rightarrow \tan\theta \leq \mu_e$$

7. $\theta_{máx}$, o maior ângulo que satisfaz à condição $\tan\theta \leq \mu_e$, é o maior ângulo para o qual a moeda não escorrega:
$$\boxed{\mu_e = \tan\theta_{máx}}$$

CHECAGEM O coeficiente de atrito é adimensional, assim como a função tangente. Também, para $0 < \theta_{máx} < 45°$, $\tan\theta_{máx}$ está entre zero e um. É de se esperar que a moeda comece a escorregar antes que o ângulo alcance 45° e também que o coeficiente de atrito estático esteja entre zero e um. Assim, o resultado do passo 7 é plausível.

PROBLEMA PRÁTICO 5-1 O coeficiente de atrito estático entre os pneus de um automóvel e uma rua, em certo dia, vale 0,70. Qual é o maior ângulo de inclinação que a rua pode ter para que um automóvel estacionado com as quatro rodas bloqueadas não deslize ladeira abaixo?

CHECAGEM CONCEITUAL 5-1

O automóvel do Problema Prático 5-1 está estacionado com o maior ângulo de inclinação, com as quatro rodas bloqueadas. O automóvel deslizaria ladeira abaixo, se apenas duas rodas estivessem bloqueadas?

Exemplo 5-3 Puxando um Trenó

Duas crianças estão sentadas em um trenó sobre a neve e pedem para serem puxadas. Você concorda e começa a puxar a corda do trenó, que forma um ângulo de 40° com a horizontal (Figura 5-8). As crianças têm uma massa total de 45 kg e o trenó tem uma massa de 5,0 kg. Os coeficientes de atrito estático e cinético são $\mu_e = 0{,}20$ e $\mu_c = 0{,}15$ e o trenó está inicialmente em repouso. Encontre as magnitudes da força de atrito exercida pela neve sobre o trenó e da aceleração do conjunto trenó mais crianças se a tensão na corda é (*a*) 100 N e (*b*) 140 N.

FIGURA 5-8 *(Jean-Claude LeJeune/Stock Boston.)*

SITUAÇÃO Primeiro, precisamos verificar se a força de atrito é de atrito estático ou cinético. Para isto, verificamos se as forças de tensão dadas satisfazem à relação $f_e \leq \mu_e F_n$. Uma vez feito isto, podemos selecionar a expressão correta para a força de atrito e resolver a respectiva equação para f.

SOLUÇÃO

(*a*) 1. Desenhe um diagrama de corpo livre para o trenó (Figura 5-9):

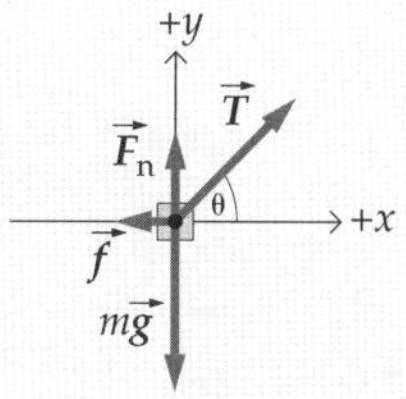

FIGURA 5-9

2. Escreva a relação para o atrito estático. Se esta relação é satisfeita, o trenó não começa a escorregar:

$$f_e \leq \mu_e F_n$$

3. Aplique $\Sigma F_y = ma_y$ ao trenó e encontre a força normal:

$$\Sigma F_y = ma_y$$
$$F_n + T\,\text{sen}\,\theta - mg = 0 \Rightarrow F_n = mg - T\,\text{sen}\,\theta$$

4. Aplique $\Sigma F_x = ma_x$ (com $a_x = 0$) ao trenó e encontre a força de atrito estático:

$$\Sigma f_x = ma_x$$
$$-f_e + T\cos\theta = 0 \Rightarrow f_e = T\cos\theta$$

5. Substitua os resultados dos passos 3 e 4 na expressão do passo 2:

$$T\cos\theta \leq \mu_e(mg - T\,\text{sen}\,\theta)$$

6. Verifique se a tensão dada de 100 N satisfaz à condição de não-deslizamento (a desigualdade do passo 2):

$$(100\text{ N})\cos 40° \leq 0{,}20[(50\text{ kg})(9{,}81\text{ N/kg}) - (100\text{ N})\,\text{sen}\,40°]$$
$$77\text{ N} \leq 85\text{ N}$$

A desigualdade é satisfeita, logo o trenó *não está* deslizando.

7. Como o trenó não está deslizando, a força de atrito é uma força de atrito estático. Para encontrá-la, use a expressão do passo 4 para f_e:

$$a_x = 0$$
$$f_e = T\cos\theta = (100\text{ N})\cos 40° = \boxed{77\text{ N}}$$

(*b*) 1. Teste o resultado do passo 5 da Parte (*a*) com $T = 140$ N. Se a relação é satisfeita, o trenó não desliza:

$$(140\text{ N})\cos 40° \leq 0{,}20[(50\text{ kg})(9{,}81\text{ N/kg}) - (140\text{ N})\,\text{sen}\,40°]$$
$$107\text{ N} \leq 80\text{ N}$$

A desigualdade *não é* satisfeita, logo o trenó *está* deslizando.

2. Como o trenó está deslizando, trata-se de atrito cinético, com $f_c = \mu_c F_n$. No passo 3 da Parte (*a*) aplicamos $\Sigma F_y = ma_y$ ao trenó e encontramos $F_n = mg - T\,\text{sen}\,\theta$. Usando este resultado, calculamos a força de atrito cinético:

$$f_c = \mu_c F_n$$
$$f_c = \mu_c(mg - T\,\text{sen}\,\theta)$$
$$= 0{,}15[(50\text{ kg})(9{,}81\text{ N/kg}) - (140\text{ N})\,\text{sen}\,40°]$$
$$= \boxed{60\text{ N}}$$

3. Aplique $\Sigma F_x = ma_x$ ao trenó para explicitar a força de atrito. Então, substitua o resultado para f_c do passo 2 da Parte (*b*) e encontre a aceleração:

$$\Sigma F_x = ma_x$$
$$-f_c + T\cos\theta = ma_x \Rightarrow a_x = \frac{-f_c + T\cos\theta}{m}$$

$$\text{logo } a_x = \frac{(-60\text{ N}) + (140\text{ N})\cos 40°}{50\text{ kg}} = \boxed{0{,}94\text{ m/s}^2}$$

CHECAGEM É esperado que a_x seja maior ou igual a zero e, portanto, que a magnitude da força de atrito seja menor ou igual à componente x da força de tensão. Na Parte (*a*), a magnitude da força de atrito e a componente x da força de tensão são ambas iguais a 77 N, e na Parte (*b*) a magnitude da força de atrito é igual a 60 N e a componente x da força de tensão é 140 N cos 40° = 107 N.

INDO ALÉM Observe dois pontos importantes neste exemplo: (1) a força normal é menor que o peso do conjunto trenó mais crianças. Isto ocorre porque a componente vertical da tensão ajuda o solo a contrabalançar a força gravitacional; e (2) na Parte (*a*), a força de atrito estático é menor que $\mu_e F_n$.

PROBLEMA PRÁTICO 5-2 Qual é a maior força com que você pode puxar a corda, no ângulo dado, sem que o trenó comece a deslizar?

Exemplo 5-4 Um Bloco Escorregando

Na Figura 5-10, o bloco de massa m_2 está ajustado para que o bloco de massa m_1 esteja na iminência de escorregar. (*a*) Se $m_1 = 7{,}0$ kg e $m_2 = 5{,}0$ kg, qual é o coeficiente de atrito estático entre a mesa e o bloco? (*b*) Com um pequeno toque, os blocos começam a se mover com uma aceleração de magnitude a. Encontre a, sabendo que o coeficiente de atrito cinético entre a mesa e o bloco é $\mu_c = 0{,}54$.

SITUAÇÃO Aplique a segunda lei de Newton a cada bloco. Desprezando as massas da corda e da polia e desprezando o atrito no eixo da polia, a tensão tem a mesma magnitude em toda a corda, de forma que $T_1 = T_2 = T$. Como a corda se mantém tensa, mas não se alonga, as acelerações têm a mesma magnitude, ou seja, $a_1 = a_2 = a$.

Para encontrar o coeficiente de atrito estático μ_e, como pedido na Parte (*a*), iguale a força de atrito estático sobre m_1 ao seu valor máximo $f_{e\,máx} = \mu_e F_n$ e faça a aceleração igual a zero.

FIGURA 5-10

SOLUÇÃO

(*a*) 1. Desenhe um diagrama de corpo livre para cada bloco (Figura 5-11). Escolha os sentidos $+x$ e $+x'$ coincidindo com os das acelerações dos blocos 1 e 2, respectivamente. Isto é, o sentido $+x$ aponta para a direita e o sentido $+x'$ é vertical para baixo:

$$\Sigma F_y = m_1 a_{1y}$$
$$F_n - m_1 g = 0 \Rightarrow F_n = m_1 g$$
logo
$$f_{emáx} = \mu_e F_n \quad \text{logo} \quad f_{emáx} = \mu_e m_1 g$$

2. Aplique $\Sigma F_y = ma_y$ ao bloco 1 e determine a força normal. Depois, determine a força de atrito estático.

$$\Sigma F_x = m_1 a_{1x}$$
$$T - f_{emáx} = 0 \Rightarrow T = f_{emáx}$$
logo
$$T = \mu_e m_1 g$$

3. Aplique $\Sigma F_x = ma_x$ ao bloco 1, explicite a força de atrito e substitua o resultado no passo 2.

$$\Sigma F_{x'} = m_2 a_{2x'} \Rightarrow m_2 g - T = 0$$
logo

4. Aplique $\Sigma F_{x'} = ma_{x'}$ ao bloco 2, explicite a tensão e substitua o resultado no passo 3.

$$T = m_2 g \quad \text{e} \quad m_2 g = \mu_e m_1 g$$

5. Determine μ_e do resultado do passo 4.

$$\mu_e = \frac{m_2}{m_1} = \frac{5{,}0\text{ kg}}{7{,}0\text{ kg}} = \boxed{0{,}71}$$

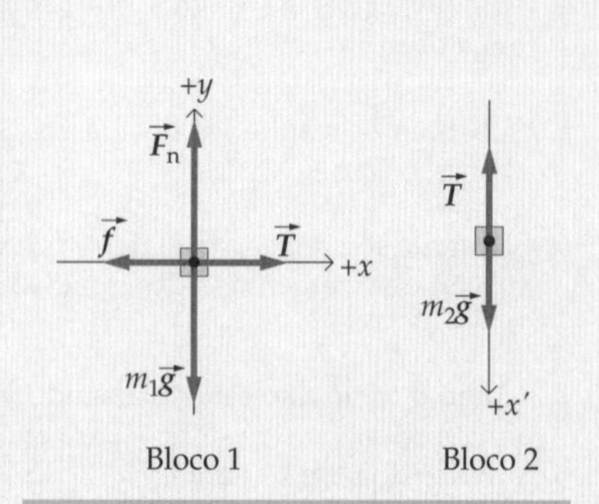

FIGURA 5-11

(*b*) 1. Durante o deslizamento, tem-se a força de atrito cinético e as acelerações têm a mesma magnitude a. Relacione a força de atrito cinético f_c à força normal. A força normal foi determinada no passo 2 da Parte (*a*).

$$f_c = \mu_c F_n$$
logo
$$f_c = \mu_c m_1 g$$
$$|\vec{a}_1| = a_{1x} = a \quad \text{e} \quad |\vec{a}_2| = a_{2x'} = a$$

2. Aplique $\Sigma F_x = ma_x$ ao bloco 1. Então, substitua a força de atrito cinético usando o resultado do passo 1 da Parte (*b*).

$$\Sigma F_x = m_1 a_{1x} \Rightarrow T - f_c = m_1 a$$
logo
$$T - \mu_c m_1 g = m_1 a$$

3. Aplique $\Sigma F_{x'} = ma_{x'}$ ao bloco 2.

$$\Sigma F_{x'} = m_2 a_{2x'} \Rightarrow m_2 g - T = m_2 a$$

4. Some as equações dos passos 2 e 3 da Parte (*b*) e explicite a.

$$a = \frac{m_2 - \mu_c m_1}{m_1 + m_2} g = \boxed{1{,}0\text{ m/s}^2}$$

CHECAGEM Note que, se $m_1 = 0$, a expressão para a aceleração se reduz a $a = g$, como se deve esperar.

PROBLEMA PRÁTICO 5-3 Qual é a tensão na corda quando os blocos estão em movimento?

Exemplo 5-5 Carrinho Fujão — *Rico em Contexto*

Um carrinho de bebê está deslizando, sem atrito, sobre um lago congelado, indo de encontro a um buraco no gelo (Figura 5-12). Você corre atrás do carrinho em seus patins. Quando consegue agarrá-lo, você e o carrinho estão se deslocando para o buraco com a rapidez v_0. O coeficiente de atrito cinético entre seus patins e o gelo, quando você gira as lâminas para frear, é μ_c. No instante em que você alcança o carrinho, sua distância ao buraco é D. A massa do carrinho (com sua preciosa carga) é m_C e sua massa é m_V. (*a*) Qual é o menor valor de D para o qual você consegue parar o carrinho antes de alcançar o buraco no gelo? (*b*) Qual a força que você exerce sobre o carrinho ao freá-lo?

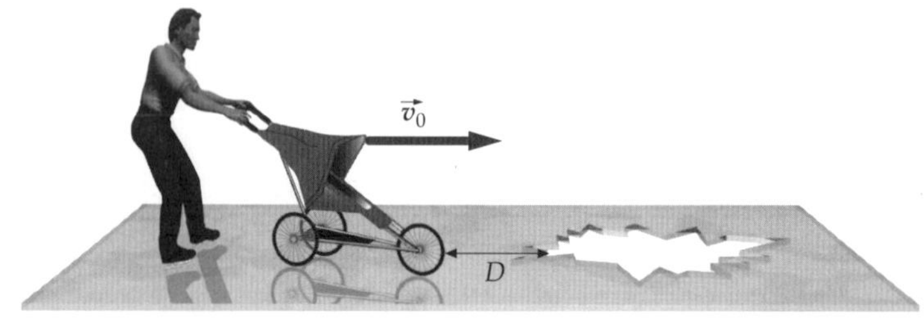

FIGURA 5-12

SITUAÇÃO Inicialmente, você e o carrinho estão se deslocando de encontro ao buraco com rapidez v_0 e tomamos este como o sentido de $+x$. Se você exerce uma força $\vec{F}_{VC}$ sobre o carrinho, este, de acordo com a terceira lei de Newton, exercerá uma força $\vec{F}_{CV}$ sobre você. Aplique a segunda lei de Newton para determinar a aceleração. Uma vez encontrada a aceleração, encontre a distância D que o carrinho percorre até parar. O menor valor de D é aquele para o qual a sua rapidez chega a zero no justo momento em que o carrinho chega ao buraco.

$+y$, $\vec{F}_{Vn}$, $\vec{f}$, $\vec{F}_{CV}$, $+x$, $m_V\vec{g}$ — Você

$+y$, $\vec{F}_{Cn}$, $\vec{F}_{VC}$, $+x$, $m_C\vec{g}$ — Carrinho

FIGURA 5-13

SOLUÇÃO

(*a*) 1. Desenhe diagramas de corpo livre separados para você e para o carrinho (Figura 5-13).

2. Para encontrar a força de atrito do gelo sobre você, primeiro precisa ser encontrada a força normal sobre você:

$$f_{Vc} = \mu_c F_{Vn}$$

3. Aplique $\Sigma F_y = ma_y$ a você próprio e determine primeiro a força normal e, depois, a força de atrito:

$$\Sigma F_y = ma_y \Rightarrow F_{Vn} - m_V g = 0 \quad (a_y = 0)$$

e $\quad f_{Vc} = \mu_c F_{Vn}$ logo $f_{Vc} = \mu_c m_V g$

4. Aplique $\Sigma F_x = ma_x$ a você próprio e substitua o resultado no passo 3:

$$\Sigma F_x = ma_x \Rightarrow F_{CV} - f_{Vc} = m_V a_x$$

logo $F_{CV} - \mu_c m_V g = m_V a_x$

5. Aplique $\Sigma F_x = ma_x$ ao carrinho:

$$\Sigma F_x = m_C a_x \Rightarrow F_{VC} = m_C a_x$$

6. $\vec{F}_{CV}$ e $\vec{F}_{VC}$ formam um par da terceira lei de Newton, e portanto são iguais em magnitude:

$$F_{CV} = F_{VC}$$

7. Some os resultados dos passos 4 e 5 e use $F_{CV} - F_{VC} = 0$ para simplificar:

$$-F_{VC} + (F_{CV} - \mu_e m_V g) = m_C a_x + m_V a_x$$

$$0 - \mu_e m_V g = m_C a_x + m_V a_x$$

8. Encontre a_x a partir do resultado do passo 7:

$$a_x = -\frac{\mu_c m_V}{m_V + m_C} g$$ (a_x é negativo, como esperado.)

9. Substitua o resultado do passo 8 em uma equação cinemática para encontrar uma expressão para o deslocamento D:

$$v_x^2 = v_{0x}^2 + 2a_x \Delta x \Rightarrow 0 = v_0^2 + 2a_x D$$

logo

$$D = \frac{-v_0^2}{2a_x} = \boxed{\left(1 + \frac{m_C}{m_V}\right)\frac{v_0^2}{2\mu_c g}}$$

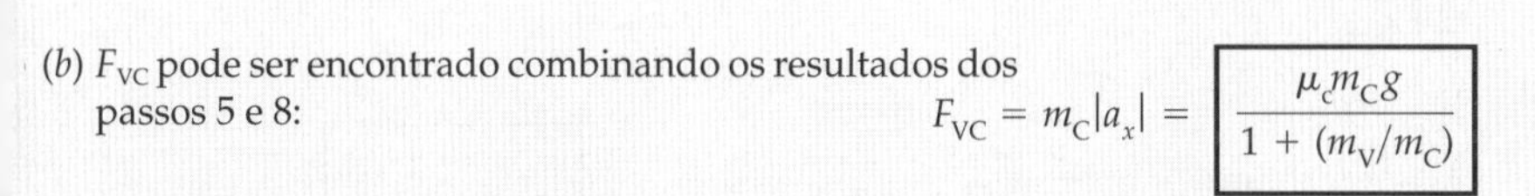

(*b*) F_{VC} pode ser encontrado combinando os resultados dos passos 5 e 8:

$$F_{VC} = m_C|a_x| = \boxed{\frac{\mu_c m_C g}{1 + (m_V/m_C)}}$$

CHECAGEM Para valores grandes de m_C/m_V, D é grande, como é de se esperar.

INDO ALÉM O menor valor de D é proporcional a v_0^2 e inversamente proporcional a μ_c. A Figura 5-14 mostra a distância D para parar versus o quadrado da velocidade inicial para valores de m_C/m_V iguais a 0,1; 0,3 e 1,0, com $\mu_c = 0{,}5$. Note que, quanto maior a razão m_C/m_V, maior é a distância D necessária para parar, para dada velocidade inicial. Isto é o mesmo que acontece ao se frear um automóvel que está puxando um reboque sem freios próprios. A massa do reboque faz aumentar a distância para parar a partir de determinada rapidez.

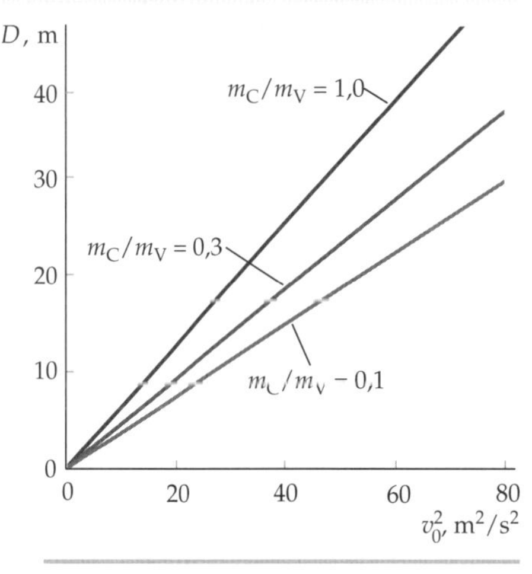

FIGURA 5-14

Exemplo 5-6 Puxando uma Criança em um Tobogã — *Tente Você Mesmo*

Uma criança de massa m_C está sentada em um tobogã de massa m_T, que, por sua vez, está sobre a superfície congelada de um lago sem atrito (Figura 5-15). O tobogã é puxado com uma força aplicada horizontal $\vec{F}_{apl}$, como mostrado. Os coeficientes de atrito estático e de deslizamento entre a criança e o tobogã são μ_e e μ_c. (*a*) Encontre o valor máximo de F_{apl} para o qual a criança não deslizará em relação ao tobogã. (*b*) Encontre a aceleração do tobogã e a aceleração da criança quando F_{apl} é maior que este valor.

FIGURA 5-15

SITUAÇÃO A única força que acelera a criança para a frente é a força de atrito exercida pelo tobogã sobre ela. Na Parte (*a*), o desafio é o de encontrar F_{apl} quando a força de atrito é a força de atrito estático máxima. Para isto, aplique $\Sigma\vec{F} = m\vec{a}$ à criança e resolva para a aceleração quando a força de atrito estático é máxima. Então, aplique $\Sigma\vec{F} = m\vec{a}$ ao tobogã e resolva para F_{apl}. Na Parte (*b*), seguimos um procedimento paralelo. No entanto, na Parte (*b*) o valor mínimo de F_{apl} é dado e resolvemos para a aceleração do tobogã.

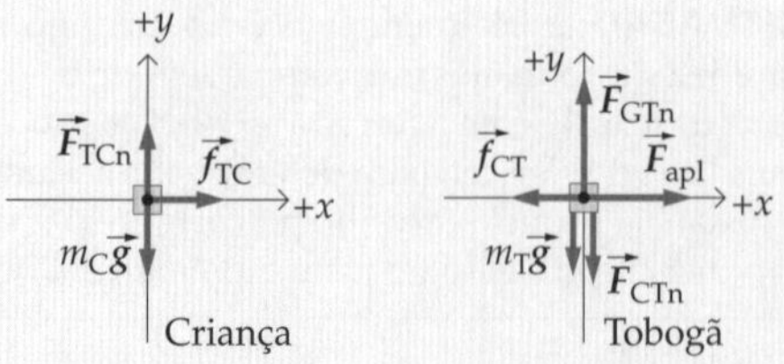

FIGURA 5-16 A força $\vec{F}_{GTn}$ é a força normal exercida pelo gelo sobre o tobogã.

SOLUÇÃO

Cubra a coluna da direita e tente por si só antes de olhar as respostas.

Passos	Respostas
(*a*) 1. Desenhe um diagrama de corpo livre para a criança e outro para o tobogã (Figura 5-16).	
2. Aplique $\Sigma F_x = ma_x$ ao tobogã.	$\Sigma F_{Tx} = m_T a_{Tx} \Rightarrow F_{apl} - f_{CTemáx} = m_T a_{Tx}$
3. Aplique $\Sigma F_y = ma_y$ à criança para encontrar a força normal. Então, aplique $f_{e\,máx} = \mu_e F_n$ e determine a força de atrito.	$\Sigma F_{Cy} = m_C a_y \Rightarrow F_{TCn} - m_C g = 0$ logo $F_{TCn} = m_C g$ $f_{emáx} = \mu_e F_n \Rightarrow f_{TCemáx} = \mu_e F_{TCn}$ logo $f_{TCemáx} = \mu_e m_C g$
4. Aplique $\Sigma F_x = ma_x$ à criança e encontre a aceleração.	$\Sigma F_{Cx} = m_C a_{Cx} \Rightarrow f_{TCemáx} = m_C a_{Cx}$ logo $\mu_e m_C g = m_C a_{Cx} \Rightarrow a_{Cx} = \mu_e g$
5. Iguale as magnitudes das forças de cada par da terceira lei de Newton que aparece nos dois diagramas de corpo livre. Além disso, escreva a relação entre as acelerações que retrata o vínculo de não-deslizamento.	$F_{TCn} = F_{CTn}$ e $f_{TCemáx} = f_{CTemáx}$ e $a_{Cx} = a_{Tx} = a_x$
6. Substitua os resultados dos passos 4 e 5 no resultado do passo 2 e encontre F_{apl}.	$F_{apl} - \mu_e m_C g = m_T \mu_e g$ logo $F_{apl} = \boxed{(m_C + m_T)\mu_e g}$
(*b*) 1. Iguale as magnitudes das forças de cada par da terceira lei de Newton e escreva a relação entre as acelerações se a criança está deslizando no tobogã.	$F_{TCn} = F_{CTn} = F_n$ e $f_{TCc} = f_{CTc} = f_c$ e $a_{Cx} < a_{Tx}$
2. Encontre a magnitude da força de atrito cinético usando o resultado do passo 3 da Parte (*a*) para a força normal.	$f_c = \mu_c F_n$ logo $f_c = \mu_c m_C g$
3. Aplique $\Sigma F_x = ma_x$ à criança para encontrar a *aceleração da criança*.	$\Sigma F_{Cx} = m_C a_{Cx} \Rightarrow f_c = m_C a_{Cx}$ logo $\mu_c m_C g = m_C a_{Cx} \Rightarrow a_{Cx} = \boxed{\mu_c g}$
4. Aplique $\Sigma F_x = ma_x$ ao tobogã. Usando o resultado do passo 2 da Parte (*b*), encontre a *aceleração do tobogã*.	$\Sigma F_{Tx} = m_T a_{Tx} \Rightarrow F_{apl} - f_c = m_T a_{Tx}$ logo $F_{apl} - \mu_c m_C g = m_T a_{Tx} \Rightarrow a_{Tx} = \boxed{\dfrac{F_{apl} - \mu_c m_C g}{m_T}}$

CHECAGEM O resultado da Parte (*a*) é o esperado se a criança não desliza sobre o tobogã. Se adotamos o modelo de uma partícula única para o conjunto criança mais tobogã e aplicamos a segunda lei de Newton a ela, obtemos $F_{apl} = (m_C + m_T)a_x$. Se substituímos F_{apl} por $\mu_e(m_C + m_T)g$ (nosso resultado do passo 6 da Parte (*a*)), encontramos $\mu_e(m_C + m_T)g = (m_C + m_T)a_x$. Dividindo ambos os lados pela soma das massas, temos $a_x = \mu_e g$, nosso resultado do passo 4 da Parte (*a*). Assim, nosso desenvolvimento da Parte (*a*) é consistente com a adoção do modelo de partícula única para o conjunto criança mais tobogã.

INDO ALÉM Neste exemplo, a força de atrito não se opõe ao movimento da criança, é ela que o causa. Sem atrito, a criança deslizaria para trás em relação ao tobogã. No entanto, mesmo a criança se movendo, ou tendendo a se mover, para trás (para a esquerda) *em relação ao tobogã*, ela se move para a frente *em relação ao gelo*. As forças de atrito se opõem ao movimento relativo, ou à tendência a um movimento relativo, entre duas superfícies em contato. Ademais, em relação à criança, o tobogã desliza, ou tende a deslizar, para a frente. A força de atrito sobre o tobogã aponta para trás, opondo-se ao deslizamento para a frente, ou à tendência ao deslizamento para a frente.

! Repare que as forças de atrito *nem sempre* se opõem ao movimento. No entanto, forças de atrito entre superfícies em contato *sempre* se opõem ao movimento relativo ou à tendência a um movimento relativo entre as duas superfícies em contato.

ATRITO, CARROS E FREIOS ANTIBLOQUEIO

A Figura 5-17 mostra as forças que atuam sobre um automóvel de tração dianteira que acaba de arrancar em uma estrada horizontal. A força gravitacional F_g sobre o carro é contrabalançada pelas forças normais F_n e F_n' exercidas sobre os pneus. Para arrancar, o motor transmite potência para o eixo que faz com que as rodas dianteiras comecem a girar. Se a estrada fosse perfeitamente sem atrito, as rodas dianteiras simplesmente patinariam. Com o atrito presente, a força de atrito exercida pela estrada sobre os pneus aponta para a frente, em oposição à tendência da superfície do pneu de escorregar para trás. Esta força de atrito provoca a aceleração necessária para que o carro comece a se movimentar para a frente. Se a potência transmitida pelo motor não é tão grande a ponto de fazer com que a superfície do pneu deslize sobre a superfície da estrada, as rodas rolarão sem deslizamento e a parte da banda de rodagem do pneu que toca a estrada permanece em repouso em relação à estrada. (A parte em contato com a estrada está mudando continuamente, à medida que o pneu rola.) O atrito entre a estrada e a banda de rodagem do pneu é, portanto, atrito estático. A força de atrito estático máxima que o pneu pode exercer sobre a estrada (e que a estrada pode exercer sobre o pneu) é $\mu_e F_n$.

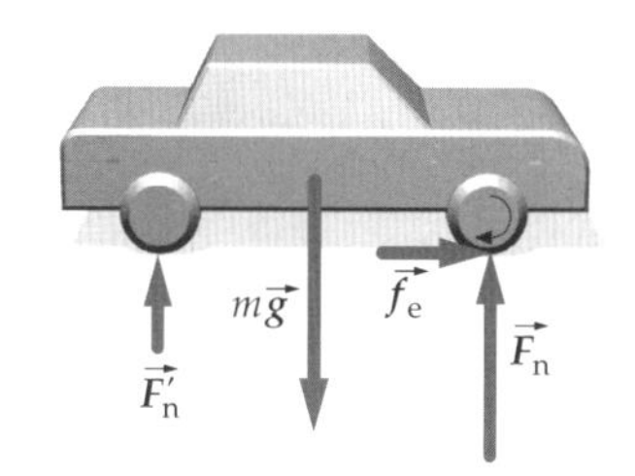

FIGURA 5-17 Forças que atuam sobre um carro de tração dianteira que está acelerando a partir do repouso. A força normal $\vec{F}_n$ sobre os pneus dianteiros é normalmente maior do que a força normal $\vec{F}_n'$ sobre os pneus traseiros, porque tipicamente o motor do carro é montado próximo à frente do carro. Não existe força de arraste do ar porque o carro está apenas começando a se mover. Pode haver uma força de atrito de rolamento para trás, sobre todas as rodas, mas esta força foi ignorada.

Para um carro que se move em linha reta com rapidez v em relação à estrada, o centro de cada uma de suas rodas também se move com rapidez v, como mostra a Figura 5-18. Se uma roda está rolando sem deslizar, seu ponto mais alto está se movendo mais rápido do que v, enquanto seu ponto mais baixo se move menos rápido que v. No entanto, *em relação ao carro*, cada ponto do perímetro da roda se move em círculo com a mesma rapidez v. Ademais, a rapidez do ponto do pneu momentaneamente em contato com a pista é zero *em relação à pista*. (De outra forma, o pneu estaria se arrastando sobre a estrada.)

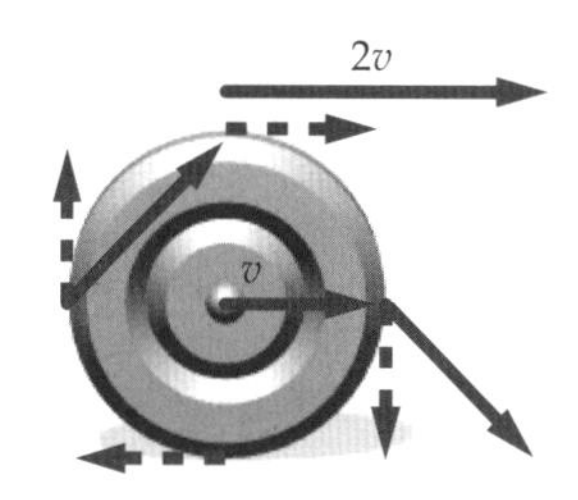

FIGURA 5-18 Nesta figura, as linhas tracejadas representam as velocidades relativas ao corpo do carro; as linhas contínuas representam as velocidades relativas à pista.

Se o motor transmite potência excessiva, o pneu irá deslizar e a roda patinará. Então, a força que acelera o carro é a força de atrito cinético, que é menor do que a força máxima de atrito estático. Se estamos preso no gelo ou na neve, nossas chances de nos liberarmos são maiores se evitamos o patinar das rodas, imprimindo apenas um leve toque ao pedal do acelerador. De forma similar, quando freamos um carro para parar, a força exercida pela estrada sobre os pneus pode ser de atrito estático ou de atrito cinético, dependendo do vigor com que aplicamos os freios. Se os freios são acionados muito fortemente, de forma a bloquear as rodas, os pneus deslizarão sobre a estrada e a força de freamento será a de atrito cinético. Se os freios são aplicados mais suavemente, de forma a que não ocorra o deslizamento dos pneus sobre a estrada, a força de freamento será a de atrito estático.

Quando as rodas são bloqueadas e os pneus deslizam, duas coisas indesejáveis ocorrem. A distância mínima para parar é aumentada e a capacidade de controlar a direção de movimento do carro é grandemente diminuída. É claro que esta perda de controle da direção do carro pode ter conseqüências terríveis. Os sistemas de freamento antibloqueio (ABS: *Antilock Braking Systems*) dos carros são projetados para evitar que as rodas sejam bloqueadas mesmo quando os freios são aplicados fortemente. Estes sistemas têm sensores de velocidade das rodas. Se a unidade de controle percebe que uma roda está para ser bloqueada, o módulo sinaliza ao modulador de pressão do freio para reduzir, manter e depois restaurar a pressão daquela roda até 15 vezes por segundo. Esta variação de pressão é como que um "bombear" do freio, mas, com o sistema ABS, a roda que está para ser bloqueada é a única a ser bombeada. Isto é chamado de *freamento de limiar*. Com o freamento de limiar, mantém-se o atrito máximo para parar.

Exemplo 5-7 O Efeito dos Freios ABS

Um carro está viajando a 30 m/s em uma estrada horizontal. Os coeficientes de atrito entre a estrada e os pneus são $\mu_e = 0{,}50$ e $\mu_c = 0{,}40$. Qual é a distância percorrida pelo carro até parar se (*a*) o carro é freado com um sistema ABS, mantendo um freamento de limiar e (*b*) o carro é vigorosamente freado sem um sistema ABS, causando o bloqueio das rodas? (*Nota*: O deslizamento aquece os pneus e os coeficientes de atrito variam com variações de temperatura. Estes efeitos de temperatura não são considerados neste exemplo.)

SITUAÇÃO A força que pára o carro quando ele freia sem deslizamento é a força de atrito estático exercida pela estrada dobre os pneus (Figura 5-19). Usamos a segunda lei de Newton para encontrar a força de atrito e a aceleração do carro. Usamos, então, a cinemática para encontrar a distância para parar.

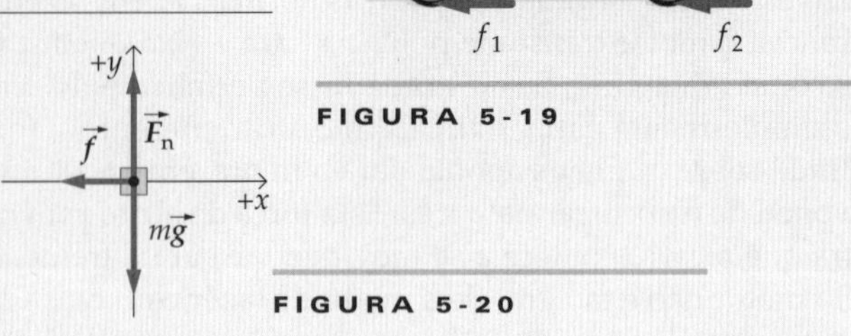

FIGURA 5-19

SOLUÇÃO

(*a*) 1. Desenhe um diagrama de corpo livre para o carro (Figura 5-20). Trate todas as quatro rodas como se fossem um único ponto de contato com a pista. Suponha, também, que os freios são aplicados sobre as quatro rodas. A $\vec{f}$ no diagrama de corpo livre é a soma das forças de atrito sobre as rodas individuais:

FIGURA 5-20

2. Supondo constante a aceleração, usamos a Equação 2-15 para relacionar a distância para parar Δx à velocidade inicial v_{0x}:

$$v_x^2 = v_{0x}^2 + 2a_x\,\Delta x$$

quando $v_x = 0$, $\Delta x = -\dfrac{v_{0x}^2}{2a_x}$

3. Aplique $\Sigma F_y = ma_y$ ao carro e determine a força normal. Então, aplique $f_{e\,máx} = \mu_e F_n$ e determine a força de atrito:

$$\Sigma F_y = ma_y \Rightarrow F_n - mg = 0 \quad \text{logo} \quad F_n = mg$$

$$f_{emáx} = \mu_e F_n \quad \text{logo} \quad f_{emáx} = \mu_e mg$$

4. Aplique $\Sigma F_x = ma_x$ ao carro e determine a aceleração:

$$\Sigma F_x = ma_x \Rightarrow -f_{emáx} = ma_x$$

Substituindo $f_{emáx}$ por $\mu_e mg$, temos $-\mu_e mg = ma_x \Rightarrow a_x = -\mu_e g$

5. Substituindo a_x na equação para Δx do passo 2, temos a distância para parar:

$$\Delta x = -\frac{v_{0x}^2}{2a_x} = \frac{v_{0x}^2}{2\mu_e g} = \frac{(30\text{ m/s})^2}{2(0{,}50)(9{,}81\text{ m/s}^2)} = \boxed{0{,}92 \times 10^2\text{ m}}$$

(*b*) 1. Quando as rodas estão bloqueadas, a força exercida pela estrada sobre o carro é a de atrito cinético. Usando um raciocínio similar ao da Parte (*a*), obtemos para a aceleração:

$$a_x = -\mu_c g$$

2. A distância para parar é então:

$$\Delta x = -\frac{v_{0x}^2}{2a_x} = \frac{v_{0x}^2}{2\mu_c g} = \frac{(30\text{ m/s})^2}{2(0{,}40)(9{,}81\text{ m/s}^2)} = \boxed{1{,}1 \times 10^2\text{ m}}$$

CHECAGEM Os deslocamentos calculados são ambos positivos, como esperado. Além disso, o sistema ABS encurta significativamente a distância para parar o carro, como esperado.

INDO ALÉM Repare que a distância para parar é mais do que 20 por cento maior quando as rodas estão bloqueadas. Repare, também, que a distância para parar é independente da massa do carro — a distância para parar é a mesma para um carro subcompacto que para um grande caminhão — desde que os coeficientes de atrito sejam os mesmos. Os pneus aquecem dramaticamente quando ocorre deslizamento. Isto produz uma variação em μ_c que não foi levada em consideração nesta solução.

5-2 FORÇAS DE ARRASTE

Quando um objeto se move através de um fluido como ar ou água, o fluido exerce uma **força de arraste**, ou força retardadora, que se opõe ao movimento do objeto. A força de arraste depende da forma do objeto, das propriedades do fluido e da rapidez do objeto em relação ao fluido. Diferentemente do atrito usual, a força de arraste aumenta com o aumento da rapidez do objeto. Para valores muito pequenos de rapidez, a força de arraste é aproximadamente proporcional à rapidez do objeto; para valores maiores de rapidez, ela é mais próxima de ser proporcional ao quadrado da rapidez.

Considere um objeto largado do repouso e caindo sob a influência da força da gravidade, que supomos constante. A magnitude da força de arraste é

$$F_a = bv^n \qquad 5\text{-}5$$

RELAÇÃO PARA FORÇA DE ARRASTE

onde b é uma constante.

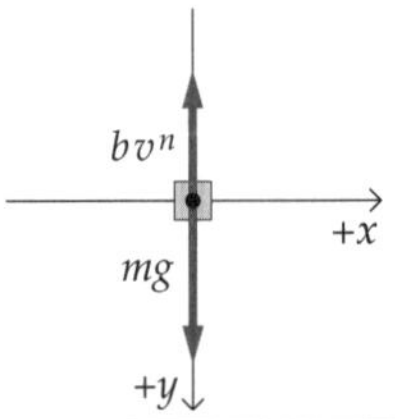

FIGURA 5-21 Diagrama de corpo livre mostrando as forças sobre um objeto caindo no ar.

Como mostra a Figura 5-21, as forças que atuam sobre o objeto são uma força constante para baixo mg e uma força para cima bv^n. Se tomamos o sentido para baixo como $+y$, obtemos da segunda lei de Newton

$$mg - bv^n = ma_y \qquad \text{5-6}$$

Resolvendo esta equação para a aceleração, temos:

$$a_y = g - \frac{b}{m}v^n \qquad \text{5-7}$$

A rapidez é zero em $t = 0$ (o instante em que o objeto é largado), de forma que em $t = 0$ a força de arraste é zero e a aceleração é g para baixo. À medida que a rapidez do objeto aumenta, a força de arraste aumenta e a aceleração diminui. Ao final, a rapidez será grande o suficiente para que a magnitude da força de arraste bv^n se aproxime à da força da gravidade mg. Neste limite, a aceleração se aproxima de zero e a rapidez se aproxima da **rapidez terminal** v_T. Quando a rapidez terminal é atingida, a força de arraste contrabalança a força peso e a aceleração é zero. Colocando v igual a v_T e a_y igual a zero na Equação 5-6, obtemos

$$bv_T^n = mg$$

Explicitando a rapidez terminal, temos

$$v_T = \left(\frac{mg}{b}\right)^{1/n} \qquad \text{5-8}$$

Quanto maior for a constante b, menor será a rapidez terminal. Carros são projetados para minimizar b, para minimizar o efeito da resistência do vento. Um pára-quedas, por outro lado, é projetado para maximizar b, de forma que a rapidez terminal seja pequena. Por exemplo, a rapidez terminal de um pára-quedista antes da abertura do pára-quedas é de cerca de 200 km/h, cerca de 60 m/s. Quando o pára-quedas abre, a força de arraste rapidamente aumenta, tornando-se maior do que a força da gravidade. Em conseqüência, o pára-quedista experimenta uma aceleração para cima, enquanto está caindo; isto é, a rapidez do pára-quedista que desce é diminuída. À medida que a rapidez do pára-quedista diminui, a força de arraste diminui e a rapidez se aproxima de uma nova rapidez terminal, de cerca de 20 km/h.

Exemplo 5-8 Rapidez Terminal

Uma pára-quedista de 64 kg cai com uma rapidez terminal de 180 km/h, com seus braços e pernas estendidos. (*a*) Qual é a magnitude da força de arraste F_a, para cima, sobre a pára-quedista? (*b*) Se a força de arraste é igual a bv^2, qual é o valor de b?

SITUAÇÃO Usamos a segunda lei de Newton para encontrar a força de arraste na Parte (*a*) e depois substituímos os valores apropriados para encontrar b na Parte (*b*).

FIGURA 5-22

SOLUÇÃO

(*a*) 1. Desenhe um diagrama de corpo livre (Figura 5-22).

2. Aplique $\Sigma F_y = ma_y$. Como a pára-quedista tem velocidade constante, a aceleração é zero:

$$\Sigma F_y = ma_y \Rightarrow F_a - mg = 0$$

logo $F_a = mg = (64{,}0\text{ kg})(9{,}81\text{ N/kg}) = \boxed{628\text{ N}}$

(*b*) 1. Para encontrar b, fazemos $F_a = bv^2$

$$F_a = mg = bv^2$$

logo $b = \dfrac{mg}{v^2}$

2. Converta a rapidez para m/s e calcule b:

$$180\text{ km/h} = \frac{180\text{ km}}{1\text{ h}} \times \frac{1\text{ h}}{3{,}6\text{ ks}} = 50{,}0\text{ m/s}$$

$$b = \frac{(64{,}0\text{ kg})(9{,}81\text{ m/s}^2)}{(50{,}0\text{ m/s})^2} = \boxed{0{,}251\text{ kg/m}}$$

CHECAGEM As unidades obtidas para b são kg/m. Para verificar se estas unidades estão corretas, multiplicamos kg/m por $(\text{m/s})^2$ para obter kg m/s^2. Estas são unidades de força (porque um newton é definido como um kg m/s^2). Deveríamos esperar que estas fossem unidades de força, já que a força de arraste é dada por bv^2.

INDO ALÉM O fator de conversão 1 h/3,6 ks aparece no último passo da solução. Este fator de conversão é exato, porque 1 h é exatamente igual a 3600 s. Conseqüentemente, ao converter a rapidez de km/h para m/s, a precisão de três algarismos é mantida. Isto é válido mesmo que não tenhamos escrito o fator de conversão como 1,00 h/3,60 ks.

5-3 MOVIMENTO EM TRAJETÓRIA CURVA

Normalmente, os corpos não se movem em linha reta: um carro fazendo uma curva é um exemplo, assim como um satélite orbitando a Terra.

Considere um satélite movendo-se em um órbita circular em torno da Terra, como mostrado na Figura 5-23. A uma altitude de 200 km, a força gravitacional sobre o satélite é pouca coisa menor que o valor que possui na superfície da Terra. Por que o satélite não cai na Terra? Na verdade, o satélite efetivamente "cai". Mas, porque a superfície da Terra é curva, o satélite não se aproxima da superfície da Terra. Se o satélite não estivesse acelerado, ele se moveria do ponto P_1 para o ponto P_2 em um tempo t. Em vez disso, ele chega ao ponto P_2' em sua trajetória circular. Num certo sentido, o satélite "cai" a distância h mostrada na Figura 5-23. Se t é pequeno, P_2 e P_2' estão praticamente sobre uma linha radial. Neste caso, podemos calcular h a partir do triângulo de lados vt, r e $r + h$: Como $r + h$ é a hipotenusa do triângulo retângulo, o teorema de Pitágoras fornece:

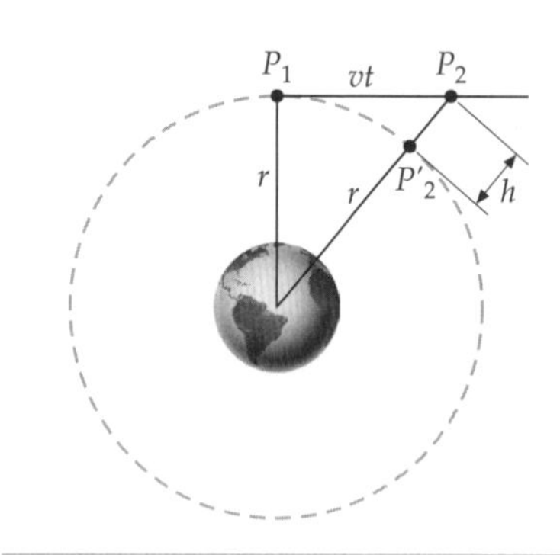

FIGURA 5-23 O satélite está se movendo com rapidez v em uma órbita circular de raio r em torno da Terra. Se o satélite não acelerasse para a Terra, ele se moveria do ponto P_1 para o ponto P_2 ao longo de uma linha reta. Mas, devido a esta aceleração, ele cai uma distância h. Para um tempo suficientemente pequeno t, a aceleração é essencialmente constante, e portanto, $h = \frac{1}{2}at^2 = \frac{1}{2}(v^2/r)t^2$.

$$(r + h)^2 = (vt)^2 + r^2$$
$$r^2 + 2hr + h^2 = v^2t^2 + r^2$$

ou

$$h(2r + h) = v^2t^2$$

Para tempos muito curtos, h será muito menor que r, de forma que podemos desprezar h em comparação com $2r$. Então,

$$2rh \approx v^2t^2$$

ou

$$h \approx \frac{1}{2}\left(\frac{v^2}{r}\right)t^2$$

Comparando este resultado com a expressão para aceleração constante $h = \frac{1}{2}at^2$, vemos que a magnitude da aceleração do satélite é

$$a = \frac{v^2}{r}$$

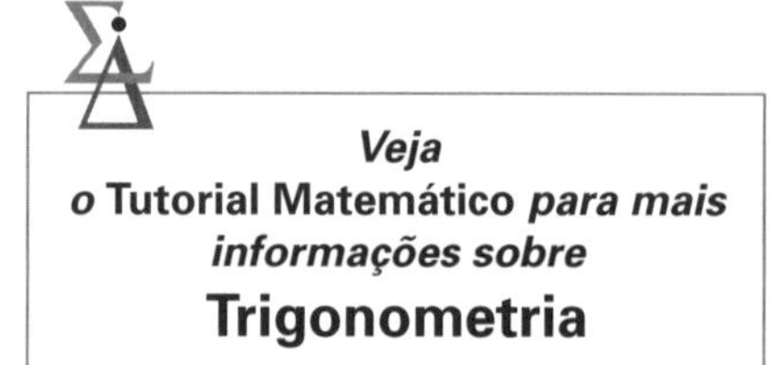

que é a expressão para a aceleração centrípeta estabelecida no Capítulo 3. Na Figura 5-24, vemos que esta aceleração aponta para o centro da órbita circular. Aplicando a segunda lei de Newton na direção do vetor aceleração, encontramos que a magnitude da força resultante que causa a aceleração é relacionada com a magnitude da aceleração por:

$$F_{res} = m\frac{v^2}{r}$$

A Figura 5-24a mostra uma bola pendurada na extremidade de um cordão, a outra extremidade estando presa a um suporte fixo. A bola está descrevendo um círculo horizontal de raio r com rapidez constante v. Conseqüentemente, a aceleração da bola tem a magnitude v^2/r.

Como vimos no Capítulo 3, uma partícula que se move com rapidez constante v em um círculo de raio r (Figura 5-24a) tem uma aceleração de magnitude $a = v^2/r$ apontando para o centro do círculo (a orientação centrípeta). A força resultante que atua sobre o corpo tem sempre a mesma orientação que o vetor aceleração, de forma que a força resultante (Figura 5-24b) sobre um corpo em movimento circular com rapidez constante também tem a orientação centrípeta. Uma força resultante com a orientação centrípeta é, às vezes, chamada de **força centrípeta**. Ela pode ser exercida por um cordão, uma mola, ou qualquer outra força de contato como uma força normal ou uma força de atrito; ela pode ser

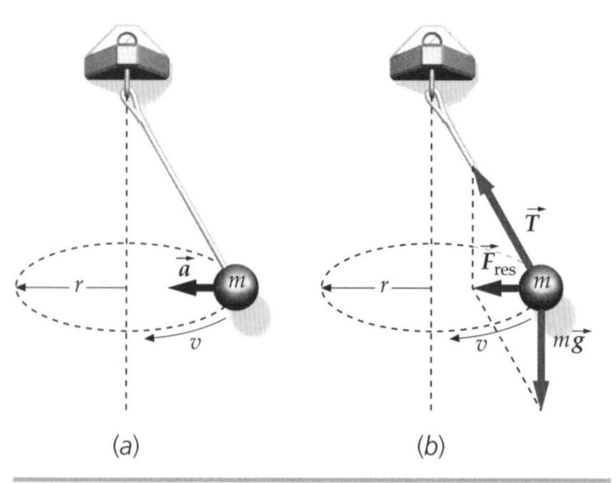

FIGURA 5-24 Uma bola suspensa por um cordão se move em um círculo horizontal com rapidez constante. (a) O vetor aceleração tem a orientação centrípeta (para o centro da trajetória circular). A aceleração de orientação centrípeta é chamada de aceleração centrípeta. (b) Duas forças atuam sobre a bola, a força de tensão exercida pelo cordão e a força gravitacional. A força resultante destas duas forças tem a orientação centrípeta. Uma força resultante de orientação centrípeta é às vezes chamada de força centrípeta.

uma força do tipo ação à distância, como uma força gravitacional; ou ela pode ser qualquer combinação dessas forças. Ela sempre aponta para dentro — para o centro de curvatura do caminho.

ESTRATÉGIA PARA SOLUÇÃO DE PROBLEMAS

Resolvendo Problemas de Movimento em Trajetória Curva

SITUAÇÃO Lembre-se de que você nunca deve identificar uma força como força centrípeta em um diagrama de corpo livre. De fato, você deve identificar as forças de tensão, ou normal, ou gravitacional, e assim por diante.

SOLUÇÃO

1. Desenhe um diagrama de corpo livre para o corpo. Inclua os eixos coordenados com a origem em um ponto de interesse da trajetória. Trace um dos eixos coordenados com a orientação tangencial (direção e sentido do movimento) e um segundo com a orientação centrípeta.
2. Aplique $\Sigma F_c = ma_c$ e $\Sigma F_t = ma_t$ (segunda lei de Newton na forma de componentes).
3. Substitua $a_c = v^2/r$ e $a_t = dv/dt$, onde v é a rapidez.
4. Se o corpo se move em um círculo de raio r com rapidez constante v, use $v = 2\pi r/T$, onde T é o tempo de uma revolução.

CHECAGEM Certifique-se de que suas respostas estão de acordo com o fato de que a orientação da aceleração centrípeta é sempre apontando para o centro de curvatura e perpendicular à do vetor velocidade.

! A força centrípeta não é uma força real. Este é meramente um nome que se dá para a componente da força resultante que aponta para o centro de curvatura da trajetória. Assim como a força resultante, a força centrípeta não está presente em um diagrama de corpo livre. Apenas forças reais pertencem a diagramas de corpo livre.

Exemplo 5-9 Girando um Balde

Você está girando um balde que contém uma quantidade de água de massa m, em um círculo vertical de raio r (Figura 5-25). Se a rapidez no topo do círculo é v_{topo}, encontre (*a*) a força F_{BA} exercida pelo balde sobre a água no topo do círculo e (*b*) o valor mínimo de v_{topo} para que a água permaneça dentro do balde. (*c*) Qual é a força exercida pelo balde sobre a água na base do círculo, onde a rapidez do balde é v_{base}?

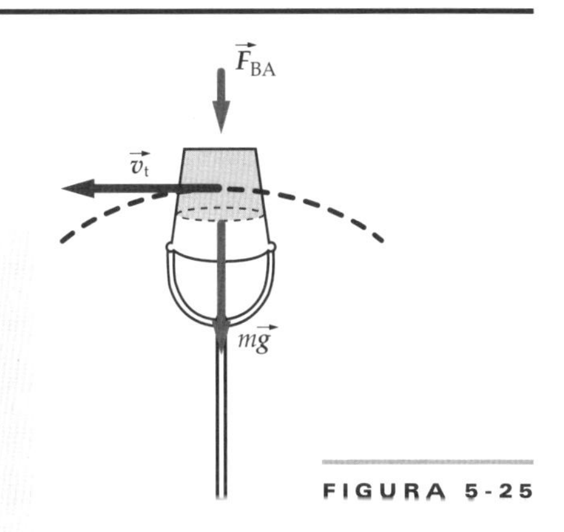

FIGURA 5-25

SITUAÇÃO Quando o balde está no topo do círculo, a força da gravidade sobre a água e a força de contato do balde sobre a água têm a orientação centrípeta (para baixo). Na base do círculo, a força de contato do balde sobre a água deve ser maior do que a força da gravidade sobre a água, para que a força resultante tenha a orientação centrípeta (para cima). Podemos aplicar a segunda lei de Newton para encontrar a força exercida pelo balde sobre a água nestes pontos. Como a água se move em uma trajetória circular, sempre existirá uma componente igual a v^2/r apontando para o centro do círculo.

SOLUÇÃO

(*a*) 1. Desenhe diagramas de corpo livre para a água no topo e na base do círculo (Figura 5-26). Escolha a orientação $+r$ apontando para o centro do círculo, em cada caso.

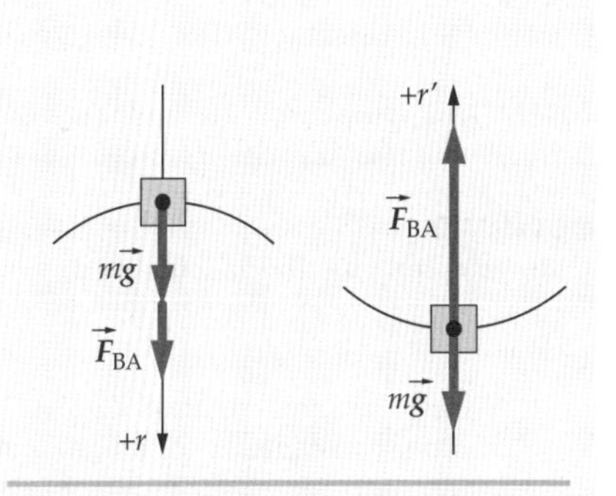

FIGURA 5-26

2. Aplique $\Sigma F_r = ma_r$ para a água quando ela passa pelo topo do círculo com rapidez v_{topo}. Explicite a força F_{BA} exercida pelo balde sobre a água:

$$\Sigma F_r = ma_r$$

$$F_{BA} + mg = m\frac{v_{topo}^2}{r} \Rightarrow F_{BA} = \boxed{m\left(\frac{v_{topo}^2}{r} - g\right)}$$

(*b*) O balde pode puxar a água, mas não pode empurrá-la. A força mínima que ela pode exercer sobre a água é zero. Faça $F_{BA} = 0$ e determine a rapidez mínima:

$$0 = m\left(\frac{v_{topo,mín}^2}{r} - g\right) \Rightarrow v_{topo,mín} = \boxed{\sqrt{rg}}$$

(*c*) Aplique $\Sigma F_r = ma_r$ à água quando ela passa pela base da trajetória com rapidez v_{base}. Determine F_{BA}:

$$\Sigma F_r = ma_r$$

$$F_{BA} - mg = \frac{mv_{base}^2}{r} \Rightarrow F_{BA} = \boxed{m\left(\frac{v_{base}^2}{r} + g\right)}$$

CHECAGEM No resultado da Parte (*c*), quando $v_{base} = 0$, $F_{BA} = mg$. Isto é o esperado.

INDO ALÉM Repare que não existe uma seta indicada como "força centrípeta" no diagrama de corpo livre. A força centrípeta não é um tipo de força exercida por algum agente; ela é apenas o nome da componente da força resultante que tem a orientação centrípeta.

PROBLEMA PRÁTICO 5-4 Estime (*a*) a rapidez mínima no topo do círculo e (*b*) o período de revolução máximo, que evitarão que você se molhe ao girar um balde de água em um círculo vertical com rapidez constante.

Exemplo 5-10 Brincando de Tarzan

Você abandona o galho de uma árvore agarrado a um cipó de 30 m de comprimento que está preso a outro galho, de mesma altura e distante 30 m. Desprezando a resistência do ar, qual a taxa com que você está ganhando rapidez no instante em que o cipó forma um ângulo de 25° com a vertical durante sua descida?

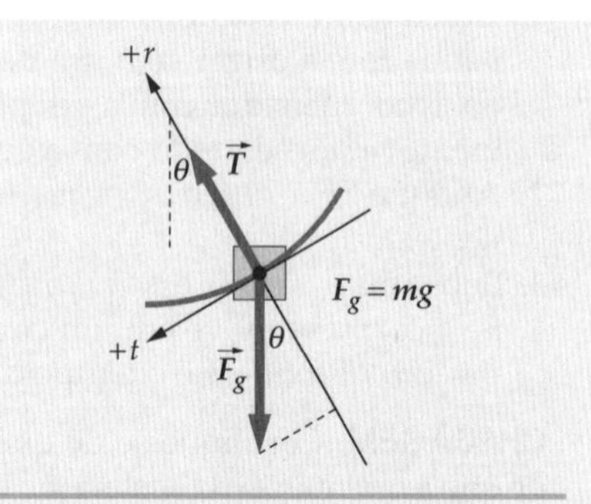

FIGURA 5-27 A orientação $+t$ coincide com a do vetor velocidade.

SITUAÇÃO Adote como modelo uma corda sem massa com uma extremidade amarrada a um galho e uma partícula de massa m presa à outra extremidade. Aplique a segunda lei de Newton para a massa. A aceleração tangencial é a taxa de variação da rapidez que você deve encontrar.

SOLUÇÃO

1. Desenhe um diagrama de corpo livre para o corpo (Figura 5-27). Escolha a orientação $+r$ apontando para o centro do caminho e a orientação $+t$ coincidindo com a da velocidade:

2. Aplique $\Sigma F_t = ma_t$ e use o diagrama de corpo livre para encontrar expressões para as componentes das forças:

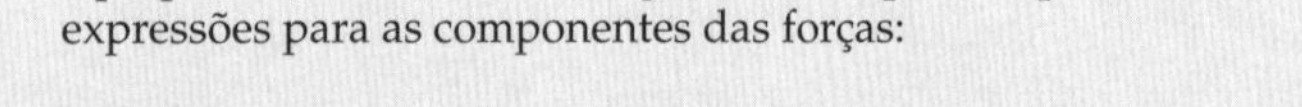

$$\Sigma F_t = ma_t$$
$$T_t + F_{gt} = ma_t$$
$$0 + mg\,\text{sen}\,\theta = ma_t$$

3. Determine a_t:

$$a_t = g\,\text{sen}\,\theta = (9{,}81\text{ m/s}^2)\,\text{sen}\,25° = \boxed{4{,}1\text{ m/s}^2}$$

CHECAGEM Você deve esperar uma taxa de variação de rapidez positiva, já que sua rapidez estará aumentando enquanto você estiver descendo. Ademais, você não deve esperar estar ganhando rapidez a uma taxa igual ou superior a $g = 9{,}81\text{ m/s}^2$. O resultado do passo 3 satisfaz estas expectativas.

PROBLEMA PRÁTICO 5-5 Qual é sua taxa de variação de rapidez no momento em que o cipó está na vertical e você está passando pelo ponto mais baixo do arco?

Exemplo 5-11 Esfera Suspensa — *Tente Você Mesmo*

Uma esfera de massa m está suspensa por uma corda e descreve com rapidez constante um círculo horizontal de raio r, como mostra a figura. A corda forma um ângulo θ com a vertical. Encontre (*a*) a orientação da aceleração, (*b*) a tensão da corda e (*c*) a rapidez da esfera.

SITUAÇÃO Duas forças atuam sobre a esfera; a força gravitacional e a tensão da corda (Figura 5-28). A soma vetorial destas forças tem a orientação do vetor aceleração.

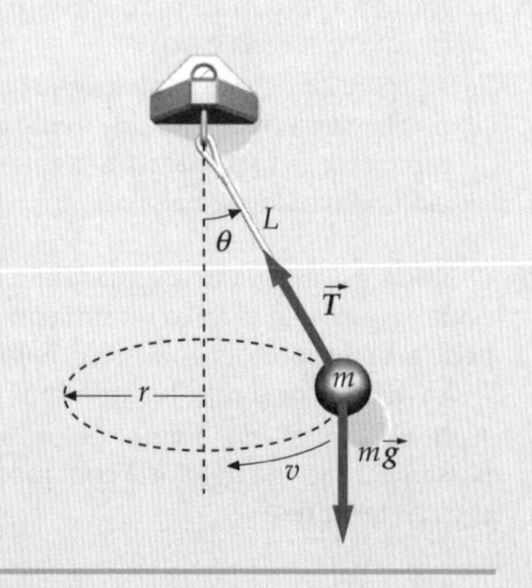

FIGURA 5-28

SOLUÇÃO

Cubra a coluna da direita e tente por si só antes de olhar as respostas.

Passos	Respostas
(*a*) 1. A esfera se move em um círculo horizontal com rapidez constante. A aceleração tem a orientação centrípeta.	A aceleração é horizontal e orientada da esfera para o centro do círculo em que ela se move.
(*b*) 1. Desenhe um diagrama de corpo livre para a esfera (Figura 5-29). Escolha a orientação $+x$ coincidindo com a da aceleração da esfera (apontando para o centro do caminho circular).	

2. Aplique $\Sigma F_y = ma_y$ à esfera e determine a tensão T.

$$\Sigma F_y = ma_y \Rightarrow T\cos\theta - mg = 0$$

logo $\boxed{T = \frac{mg}{\cos\theta}}$

(*c*) 1. Aplique $\Sigma F_x = ma_x$ à esfera.

$$\Sigma F_x = ma_x \Rightarrow T\,\text{sen}\,\theta = m\frac{v^2}{r}$$

2. Substitua T por $mg/\cos\theta$ e determine v.

$$\frac{mg}{\cos\theta}\text{sen}\,\theta = m\frac{v^2}{r} \Rightarrow g\tan\theta = \frac{v^2}{r}$$

logo $v = \boxed{\sqrt{rg\tan\theta}}$

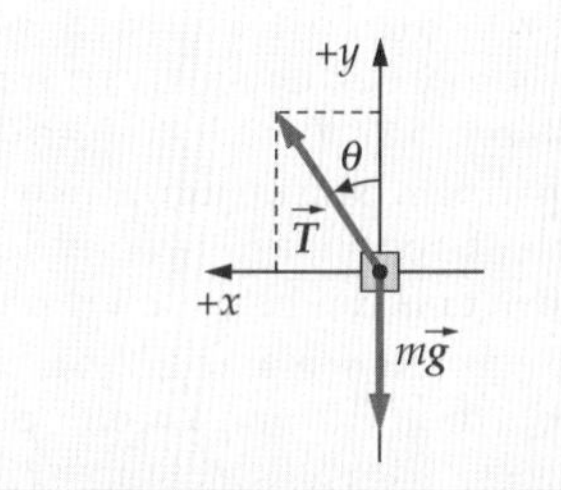

FIGURA 5-29

CHECAGEM Quando $\theta \to 90°$, cos $\to 0$ e tan $\theta \to \infty$. Nos resultados das Partes (*b*) e (*c*), as expressões para T e v se aproximam, ambas, de infinito, quando $\theta \to 90°$. Isto é de se esperar. Para θ se aproximar de 90°, a esfera deve se mover muito rapidamente.

INDO ALÉM Um objeto preso a um cordão e se movendo em um círculo horizontal, com o cordão formando um ângulo θ com a vertical, é chamado de *pêndulo cônico*.

CURVAS INCLINADAS E NÃO-INCLINADAS

Quando um carro faz uma curva em uma estrada horizontal, as componentes de força nas orientações centrípeta e tangencial (para a frente) provêm da força de atrito estático exercida pela estrada sobre os pneus do carro. Se o carro viaja com rapidez constante, então a componente para a frente da força de atrito é contrabalançada pelas forças de arraste do ar e de atrito de rolamento, orientadas para trás. A componente para a frente da força de atrito estático é igual a zero se o arraste do ar e o atrito de rolamento são ambos desprezíveis e se a rapidez do carro permanece constante.

Se uma estrada curva não é horizontal, mas inclinada, a força normal da estrada terá uma componente com a orientação centrípeta. O *ângulo de inclinação* é normalmente escolhido de forma a que não seja necessário o atrito para que o carro percorra a curva com determinada rapidez.

Em 1993, uma sonda com instrumentos entrou na atmosfera de Júpiter rumo à superfície de Júpiter. O conjunto foi testado com acelerações de até 200*g*s nesta grande centrífuga nos Sandia National Laboratories dos Estados Unidos. *(Sandia National Laboratories.)*

Exemplo 5-12 Percorrendo uma Curva Inclinada

Uma curva de 30,0 m de raio é inclinada de um ângulo θ. Isto é, a normal da superfície da estrada forma um ângulo θ com a vertical. Encontre θ para que o carro percorra a curva a 40,0 km/h, mesmo se a estrada está coberta de gelo, o que a torna praticamente sem atrito.

SITUAÇÃO Neste caso, apenas duas forças atuam sobre o carro: a força da gravidade e a força normal $\vec{F}_n$ (Figura 5-30). Como a estrada é inclinada, a força normal tem uma componente horizontal responsável pela aceleração centrípeta do carro. A soma vetorial dos dois vetores força tem a orientação da aceleração. Podemos aplicar a segunda lei de Newton e, então, encontrar θ.

SOLUÇÃO

1. Desenhe um diagrama de corpo livre para o carro (Figura 5-31).

2. Aplique $\Sigma F_y = ma_y$ ao carro:

$$\Sigma F_y = ma_y$$
$$F_n\cos\theta - mg = 0 \Rightarrow F_n\cos\theta = mg$$

3. Aplique $\Sigma F_x = ma_x$ ao carro:

$$\Sigma F_x = ma_x \Rightarrow F_n\,\text{sen}\,\theta = m\frac{v^2}{r}$$

4. Divida o resultado do passo 3 pelo resultado do passo 2 e determine θ:

$$\frac{\text{sen}\,\theta}{\cos\theta} = \frac{mv^2}{rmg} \Rightarrow \tan\theta = \frac{v^2}{rg}$$

$$\theta = \tan^{-1}\frac{[(4{,}0\text{ km/h})(1\text{ h}/3{,}6\text{ ks})]^2}{(30{,}0\text{ m})(9{,}81\text{ m/s}^2)}$$

$$= \boxed{22{,}8°}$$

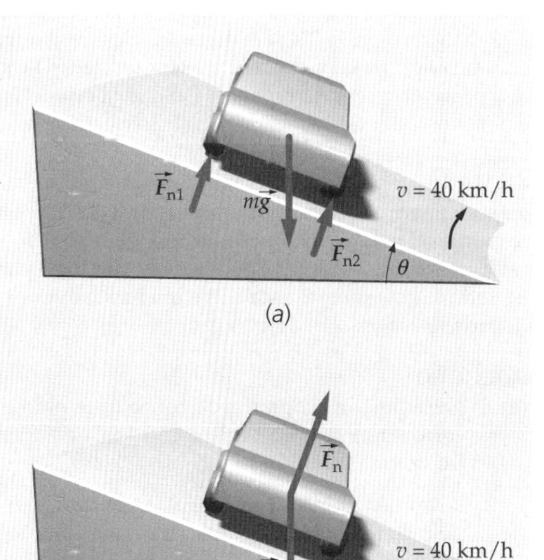

FIGURA 5-30

CHECAGEM O ângulo de inclinação é 22,8°. Isto é plausível, porque 30,0 m é um raio muito pequeno para uma curva de uma rodovia. Para comparação, as curvas do autódromo internacional de Daytona têm um raio de 300 m e um ângulo de inclinação de 31°.

INDO ALÉM O ângulo de inclinação θ depende de v e de r, mas não da massa m; θ aumenta com o aumento de v e diminui com o aumento de r. Quando o ângulo de inclinação, a rapidez e o raio satisfazem a $\tan\theta = v^2/rg$, o carro completa a curva suavemente, sem nenhuma tendência a derrapar, nem para dentro, nem para fora. Se a rapidez do carro é maior que $\sqrt{rg\,\tan\theta}$, a estrada deve exercer uma força de atrito estático rampa abaixo para manter o carro na estrada. Esta força tem uma componente horizontal que fornece a força centrípeta adicional necessária para evitar que r aumente. Se a rapidez do carro é menor que $\sqrt{rg\,\tan\theta}$, a estrada deve exercer uma força de atrito rampa acima, para manter o carro na estrada.

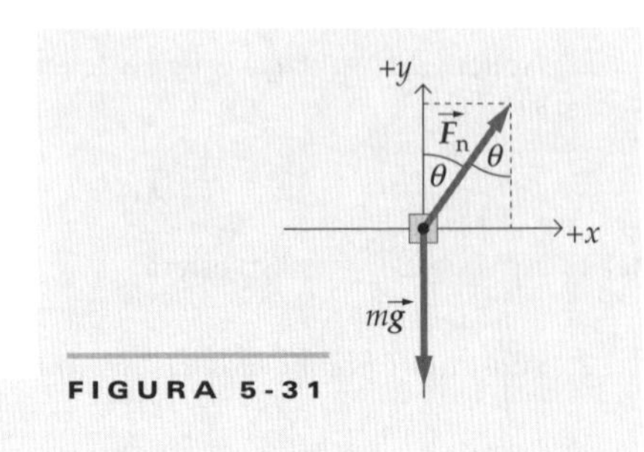

FIGURA 5-31

SOLUÇÃO ALTERNATIVA Na solução apresentada, seguimos a linha de escolher um dos eixos coordenados com a orientação da do vetor aceleração, a orientação centrípeta. No entanto, a solução não é mais difícil se escolhemos um dos eixos apontando rampa abaixo. Esta escolha é a da solução que segue.

1. Desenhe um diagrama de corpo livre para o carro (Figura 5-32). A orientação $+x$ aponta rampa abaixo e a orientação $+y$ é a da normal.

2. Aplique $\Sigma F_x = ma_x$ ao carro:

$$\Sigma F_x = ma_x \Rightarrow mg\,\text{sen}\,\theta = ma_x$$

3. Faça um esboço e use trigonometria para obter uma expressão para a_x em termos de a e de θ (Figura 5-33):

$$a_x = a\cos\theta$$

4. Substitua o resultado do passo 3 no resultado do passo 2. Então, substitua a por v^2/r e determine θ:

$$mg\,\text{sen}\,\theta = ma\cos\theta$$

$$g\,\text{sen}\,\theta = \frac{v^2}{r}\cos\theta$$

$$\tan\theta = \frac{v^2}{rg} \Rightarrow \theta = \boxed{\tan^{-1}\frac{v^2}{rg}}$$

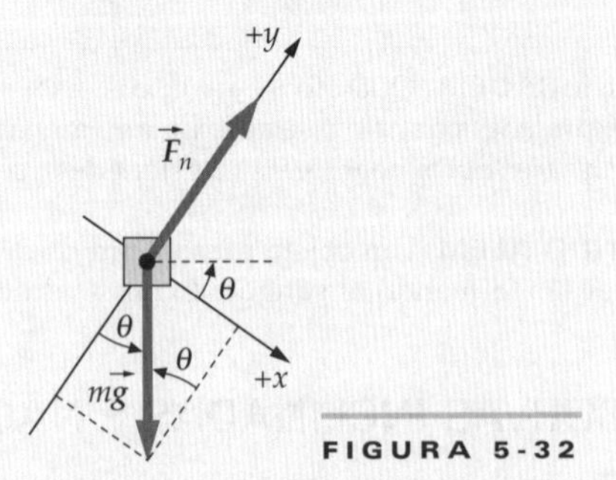

FIGURA 5-32

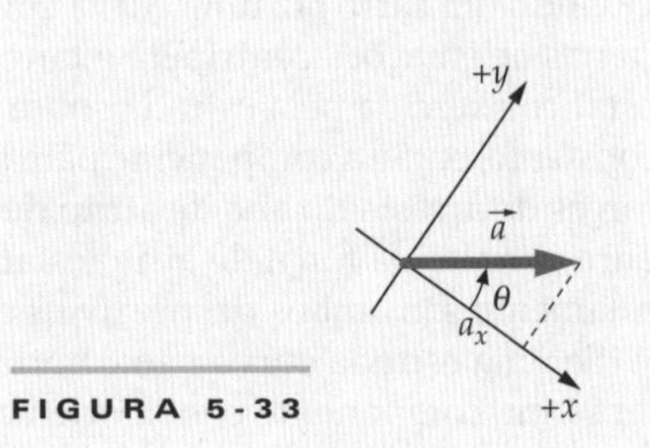

FIGURA 5-33

PROBLEMA PRÁTICO 5-6 Encontre a componente da aceleração normal à superfície da estrada.

Exemplo 5-13 Um Teste de Rodagem

Rico em Contexto

Você é membro de uma equipe de testes de pneus de automóveis. Você está testando um novo modelo de pneus de corrida para verificar se, realmente, o coeficiente de atrito estático entre os pneus e o pavimento de concreto seco é 0,90, conforme alegado pelo fabricante. Um carro de corrida foi capaz de percorrer com rapidez constante um círculo de 45,7 m de raio em 15,2 s, sem derrapar. Despreze o arraste do ar e o atrito de rolamento, e suponha horizontal a superfície plana da pista. O carro a percorreu com a máxima rapidez possível v, sem derrapar. (*a*) Qual foi a rapidez v? (*b*) Qual foi a aceleração? (*c*) Qual é o menor valor do coeficiente de atrito estático entre os pneus e a pista?

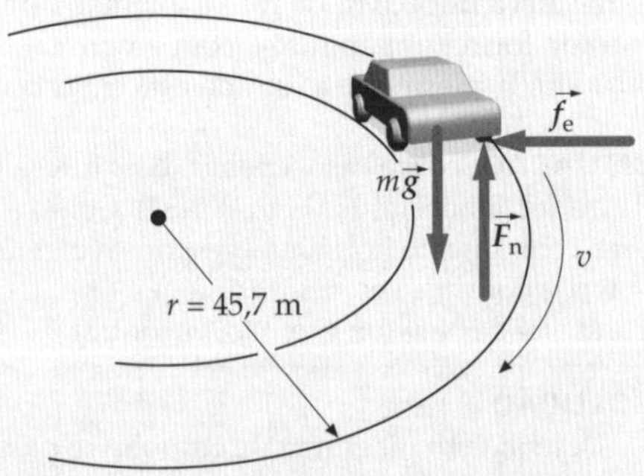

FIGURA 5-34

SITUAÇÃO A Figura 5-34 mostra as forças que atuam sobre o carro. A força normal $\vec{F}_n$ contrabalança a força da gravidade $\vec{F}_g = m\vec{g}$. A força horizontal é a força de atrito estático responsável pela aceleração centrípeta. Quanto mais rápido o carro viaja, maior é a aceleração centrípeta. A rapidez pode ser encontrada a partir da circunferência do círculo e do período T. Esta rapidez estabelece um limite inferior para o máximo valor do coeficiente de atrito estático.

SOLUÇÃO

(*a*) 1. Desenhe um diagrama de corpo livre para o carro (Figura 5-35). A orientação $+r$ é para fora do centro de curvatura.

2. A rapidez v é a circunferência do círculo dividida pelo tempo para completar uma revolução:

$$v = \frac{2\pi r}{T} = \frac{2\pi(45{,}7\text{ m})}{15{,}2\text{ s}} = \boxed{18{,}9\text{ m/s}}$$

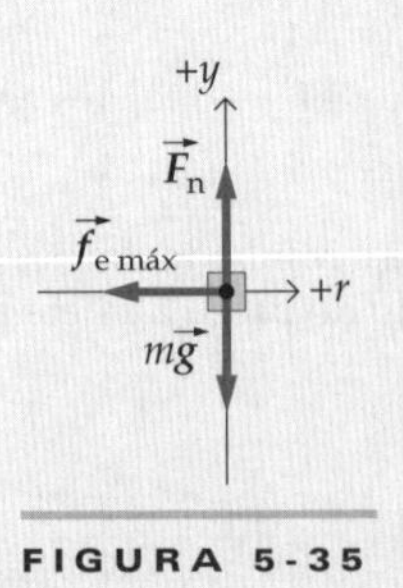

FIGURA 5-35

(*b*) Use v para calcular as acelerações centrípeta e tangencial:

$$a_c = \frac{v^2}{r} = \frac{(18{,}9\text{ m/s})^2}{(45{,}7\text{ m})} = \boxed{7{,}81\text{ m/s}^2}$$

$$a_t = \frac{dv}{dt} = \boxed{0}$$

A aceleração é de 7,81 m/s² com a orientação centrípeta.

(*c*) 1. Aplique $\Sigma F_y = ma_y$ ao carro. Determine a força normal e a força de atrito máxima:

$$\Sigma F_y = ma_y$$
$$F_n - mg = 0 \quad \text{logo} \quad F_n = mg$$
$$\text{e} \qquad f_{emáx} = \mu_e F_n = \mu_e mg$$

2. Aplique $\Sigma F_r = ma_r$ ao carro:

$$\Sigma F_r = ma_r$$
$$-f_{emáx} = m\left(-\frac{v^2}{r}\right) \Rightarrow f_{emáx} = m\frac{v^2}{r}$$

3. Substitua o resultado do passo 1 da Parte (*c*) e determine μ_e:

$$\mu_e mg = m\frac{v^2}{r} \Rightarrow \mu_e g = \frac{v^2}{r}$$
$$\mu_e = \frac{v^2}{rg} = \frac{(18{,}9\text{ m/s})^2}{(45{,}7\text{ m})(9{,}81\text{ m/s}^2)} = \boxed{0{,}796}$$

CHECAGEM Se μ_e fosse igual a 1,00, a força para dentro seria igual mg e a aceleração centrípeta seria g. Aqui, μ_e é cerca de 0,80 e a aceleração centrípeta é cerca de 0,80g.

INDO ALÉM O resultado do teste confirmou a alegação do fabricante de que o coeficiente de atrito estático vale 0,90? A resposta é afirmativa. Ao calcular a magnitude da força de atrito, levamos em conta a força de atrito necessária para acelerar o carro para o centro de curvatura, mas não levamos em conta a força de atrito necessária para dar conta dos efeitos do arraste do ar e do atrito de rolamento. Uma rapidez de 18,9 m/s é igual a 42,3 mi/h, uma rapidez para a qual o arraste do ar é definitivamente significativo.

*5-4 INTEGRAÇÃO NUMÉRICA: MÉTODO DE EULER

Se uma partícula se move sob a influência de uma força *constante*, sua aceleração é constante e podemos encontrar sua velocidade e sua posição a partir das fórmulas cinemáticas para aceleração constante do Capítulo 2. Mas, considere uma partícula movendo-se no espaço onde a força que lhe é aplicada e, portanto, sua aceleração, dependem da posição e da velocidade. A posição, a velocidade e a aceleração da partícula em um instante determinam a posição e a velocidade no instante seguinte, que, por sua vez, determinam a aceleração naquele instante. A posição, a velocidade e a aceleração de um corpo variam continuamente no tempo. Podemos fazer a aproximação de substituir as variações contínuas de tempo por pequenos intervalos de tempo de duração Δt. A aproximação mais simples é a que supõe constante a aceleração durante cada intervalo. Esta aproximação é chamada de **método de Euler**. Se o intervalo de tempo é suficientemente pequeno, a variação da aceleração durante o intervalo será pequena e poderá ser desconsiderada.

Sejam x_0, v_0 e a_0, a posição, a velocidade e a aceleração conhecidas de uma partícula em algum instante inicial t_0. Se desprezamos qualquer variação da velocidade durante o intervalo de tempo, a nova posição é dada por

$$x_1 = x_0 + v_{0x}\,\Delta t$$

De maneira similar, se supomos constante a aceleração durante Δt, a velocidade no tempo $t_1 = t_0 + \Delta t$ é dada por

$$v_1 = v_{0x} + a_{0x}\,\Delta t$$

Podemos usar os valores x_1 e v_{1x} para calcular a nova aceleração a_{1x} usando a segunda lei de Newton e depois calcular x_2 e v_{2x} usando x_1, v_{1x} e a_{1x}:

$$x_2 = x_1 + v_{1x}\,\Delta t$$
$$v_2 = v_1 + a_{1x}\,\Delta t$$

As relações entre a posição e a velocidade nos tempos t_n e $t_{n+1} = t_n + \Delta t$ são dadas por

$$x_{n+1} = x_n + v_{nx}\,\Delta t \qquad 5\text{-}9$$

e

$$v_{n+1} = v_{nx} + a_{nx}\,\Delta t \qquad 5\text{-}10$$

	A	B	C	D
1	Δt =	0.5	s	
2	x0 =	0	m	
3	v0 =	0	m/s	
4	a0 =	9.81	m/s^2	
5	vt =	60	m/s	
6				
7	**t**	**x**	**v**	**a**
8	(s)	(m)	(m/s)	(m/s^2)
9	0.00	0.0	0.00	9.81
10	0.50	0.0	4.91	9.74
11	1.00	2.5	9.78	9.55
12	1.50	7.3	14.55	9.23
13	2.00	14.6	19.17	8.81
14	2.50	24.2	23.57	8.30
15	3.00	36.0	27.72	7.72
41	16.00	701.0	59.55	0.15
42	16.50	730.7	59.62	0.16
43	17.00	760.6	59.68	0.10
44	17.50	790.4	59.74	0.09
45	18.00	820.3	59.78	0.07
46	18.50	850.2	59.82	0.06
47	19.00	880.1	59.85	0.05
48	19.50	910.0	59.87	0.04
49	20.00	939.9	59.89	0.04
50				

(a)

	A	B	C	D
1	Δt =	0.5	s	
2	x0 =	0	m	
3	v0 =	0	m/s	
4	a0 =	9.81	m/s^2	
5	vt =	60	m/s	
6				
7	**t**	**x**	**v**	**a**
8	(s)	(m)	(m/s)	(m/s^2)
9	0	=B2	=B3	=$B$4*(1-C9^2/$B$5^2)
10	=A9+$B$1	=B9+C9*$B$1	=C9+D9*$B$1	=$B$4*(1-C10^2/$B$5^2)
11	=A10+$B$1	=B10+C10*$B$1	=C10+D10*$B$1	=$B$4*(1-C11^2/$B$5^2)
12	=A11+$B$1	=B11+C11*$B$1	=C11+D11*$B$1	=$B$4*(1-C12^2/$B$5^2)
13	=A12+$B$1	=B12+C12*$B$1	=C12+D12*$B$1	=$B$4*(1-C13^2/$B$5^2)
14	=A13+$B$1	=B13+C13*$B$1	=C13+D13*$B$1	=$B$4*(1-C14^2/$B$5^2)
15	=A14+$B$1	=B14+C14*$B$1	=C14+D14*$B$1	=$B$4*(1-C15^2/$B$5^2)
41	=A40+$B$1	=B40+C40*$B$1	=C40+D40*$B$1	=$B$4*(1-C41^2/$B$5^2)
42	=A41+$B$1	=B41+C41*$B$1	=C41+D41*$B$1	=$B$4*(1-C42^2/$B$5^2)
43	=A42+$B$1	=B42+C42*$B$1	=C42+D42*$B$1	=$B$4*(1-C43^2/$B$5^2)
44	=A43+$B$1	=B43+C43*$B$1	=C43+D43*$B$1	=$B$4*(1-C44^2/$B$5^2)
45	=A44+$B$1	=B44+C44*$B$1	=C44+D44*$B$1	=$B$4*(1-C45^2/$B$5^2)
46	=A45+$B$1	=B45+C45*$B$1	=C45+D45*$B$1	=$B$4*(1-C46^2/$B$5^2)
47	=A46+$B$1	=B46+C46*$B$1	=C46+D46*$B$1	=$B$4*(1-C47^2/$B$5^2)
48	=A47+$B$1	=B47+C47*$B$1	=C47+D47*$B$1	=$B$4*(1-C48^2/$B$5^2)
49	=A48+$B$1	=B48+C48*$B$1	=C48+D48*$B$1	=$B$4*(1+C49^2/$B$5^2)
50				

(b)

FIGURA 5-36 (*a*) Planilha eletrônica para o cálculo da posição e da rapidez de um pára-quedista com arraste do ar proporcional a v^2. (*b*) A mesma planilha mostrando as fórmulas em vez dos valores.

Para encontrar a velocidade e a posição em algum tempo t, dividimos, portanto, o intervalo de tempo $t - t_0$ em um grande número de intervalos menores Δt e aplicamos as Equações 5-9 e 5-10, começando no tempo inicial t_0. Isto envolve um grande número de cálculos simples e repetitivos que são mais facilmente realizados em um computador. A técnica de dividir o intervalo de tempo em pequenos passos e calcular aceleração, velocidade e posição em cada passo usando os valores do passo anterior é chamada de *integração numérica*.

Para ilustrar o uso da integração numérica, vamos considerar um problema no qual um pára-quedista é largado do repouso de alguma altura sob a influência tanto da gravidade quanto da força de arraste que é proporcional ao quadrado da rapidez. Encontraremos a velocidade v_x e a distância percorrida x como funções do tempo.

A equação que descreve o movimento de um objeto de massa m largado do repouso é a Equação 5-6 com $n = 2$:

$$mg - bv^2 = ma_x$$

onde o sentido positivo é para baixo. A aceleração é, portanto,

$$a_x = g - \frac{b}{m}v^2 \qquad 5\text{-}11$$

É conveniente escrever a constante b/m em termos da rapidez terminal v_T. Colocando $a_x = 0$ na Equação 5-11, obtemos

$$0 = g - \frac{b}{m}v_T^2$$

$$\frac{b}{m} = \frac{g}{v_T^2}$$

Substituindo b/m por g/v_T^2 na Equação 5-11, fica

$$a_x = g\left(1 - \frac{v^2}{v_T^2}\right) \qquad 5\text{-}12$$

A aceleração no tempo t_n é calculada usando os valores x_n e v_{nx}.

Para resolver a Equação 5-12 numericamente, precisamos usar valores numéricos para g e v_T. Uma rapidez terminal razoável para um pára-quedista é 60,0 m/s. Se escolhemos $x_0 = 0$ para a posição inicial, os valores iniciais são $x_0 = 0$, $v_0 = 0$ e $a_{0x} = g = 9{,}81\ \text{m/s}^2$. Para encontrar a velocidade v_x e a posição x em algum tempo posterior, digamos $t = 20{,}0$ s, dividimos o intervalo de tempo $0 < t < 20{,}0$ s em muitos intervalos pequenos Δt e aplicamos as Equações 5-9, 5-10 e 5-12. Fazemos isto usando uma planilha eletrônica de cálculo (ou escrevendo um programa de computador), como mostrado na Figura 5-36. Nesta planilha foi feito $\Delta t = 0{,}5$ s e os valores calculados para $t = 20$ s são $v = 59{,}89$ m/s e $x = 939{,}9$ m. A Figura 5-37 mostra os gráficos de v_x *versus* t e de x *versus* t traçados a partir destes dados.

Mas, qual é a precisão de nossos resultados? Podemos estimar a precisão rodando o programa novamente usando um intervalo de tempo menor. Se adotamos $\Delta t = 0{,}25$ s, a metade do valor originalmente adotado, obtemos $v = 59{,}86$ m/s e $x = 943{,}1$ m em $t = 20$ s. A diferença em v é cerca de 0,05 por cento e em x é cerca de 0,3 por cento. Estas são nossas estimativas da precisão dos cálculos originais.

Como a diferença entre o valor de $a_{\text{méd}\,x}$ em um intervalo Δt e o valor de a_x no início do intervalo se torna menor à medida que o intervalo de tempo diminui, podemos esperar que será melhor adotar intervalos de tempo muito pequenos, digamos $\Delta t = 0{,}000\,000\,001$ s. Mas existem duas razões para não se adotar intervalos de tempo extremamente pequenos. Primeiro, quanto menor o intervalo de tempo, maior será o número de cálculos necessários e mais tempo o programa levará para rodar. Segundo, o computador guarda apenas um número fixo de algarismos em cada passo do cálculo, de forma que em cada passo existe um erro de arredondamento. Estes erros de arredondamento vão se somando. Quanto maior o número de cálculos, mais significativo fica o total de erros de arredondamento. Quando primeiro reduzimos o intervalo de tempo, a precisão melhora porque a_i se aproxima mais de $a_{\text{méd}}$ no intervalo. No entanto, à medida que o intervalo de tempo vai sendo mais e mais reduzido, os erros de arredondamento vão se acumulando e a precisão do cálculo diminui. Uma boa regra de ouro a seguir é a de usar não mais do que cerca de 10^5 intervalos de tempo para uma integração numérica típica.

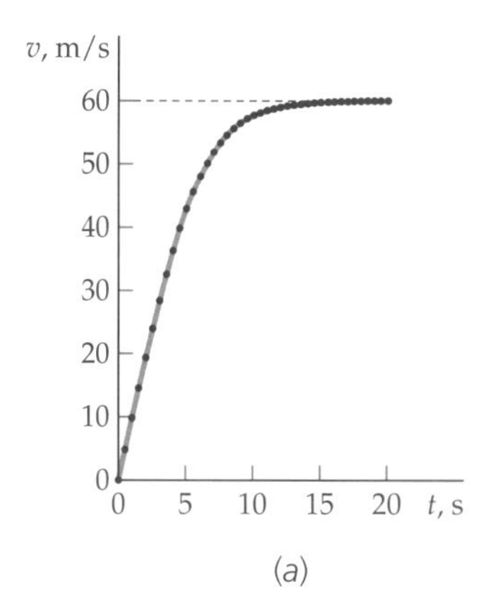

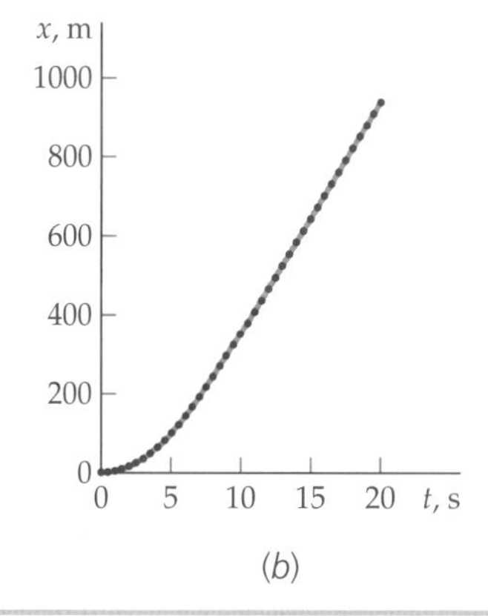

FIGURA 5-37 (*a*) Gráfico de v *versus* t para um pára-quedista, encontrado por integração numérica usando $\Delta t = 0{,}5$ s. A linha horizontal tracejada é a rapidez terminal $v_T = 60$ m/s. (*b*) Gráfico de x *versus* t usando $\Delta t = 0{,}5$ s.

5-5 O CENTRO DE MASSA

Se você atira uma bola no ar, ela segue uma suave trajetória parabólica. Mas, se você atira um bastão no ar (Figura 5-38), o movimento do bastão é mais complicado. Cada extremidade do bastão se move em uma direção diferente e as duas extremidades têm um movimento diferente do ponto do meio. No entanto, se você olhar o movimento do bastão mais de perto, verá que existe um ponto do bastão que se move em uma trajetória parabólica, mesmo que o resto do bastão não o faça. Este ponto, chamado de **centro de massa**, se move como se toda a massa do bastão estivesse nele concentrada e como se todas as forças externas estivessem aplicadas sobre ele.

Para determinar o centro de massa de um corpo, é útil pensar no corpo como um sistema de partículas. Considere, por exemplo, um sistema simples que consiste em duas partículas pontuais localizadas no eixo x nas posições x_1 e x_2 (Figura 5-39). Se as partículas têm massas m_1 e m_2, então o centro de massa está localizado no eixo x na posição x_{cm} definida por

$$Mx_{\text{cm}} = m_1x_1 + m_2x_2 \qquad \text{5-13}$$

onde $M = m_1 + m_2$ é a massa total do sistema. Se escolhemos a posição da origem e a orientação $+x$ de forma que a posição de m_1 está na origem e a posição de m_2 está no eixo x positivo, então $x_1 = 0$ e $x_2 = d$, onde d é a distância entre as partículas. O centro de massa, então, é dado por

$$Mx_{\text{cm}} = m_1x_1 + m_2x_2 = m_1(0) + m_2d$$

$$x_{\text{cm}} = \frac{m_2}{M}d = \frac{m_2}{m_1 + m_2}d \qquad \text{5-14}$$

No caso de apenas duas partículas, o centro de massa está em algum ponto sobre a linha entre as partículas; se as partículas têm massas iguais, então o centro de massa

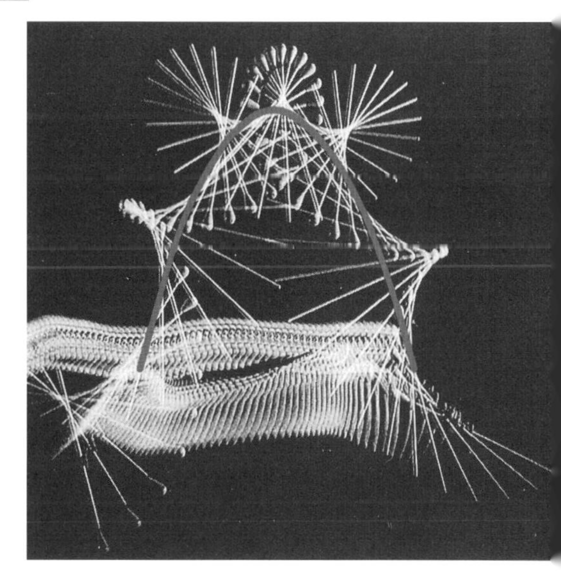

FIGURA 5-38 Uma fotografia de exposição múltipla de um bastão atirado no ar. *(De Harold E. Edgerton/Palm Press.)*

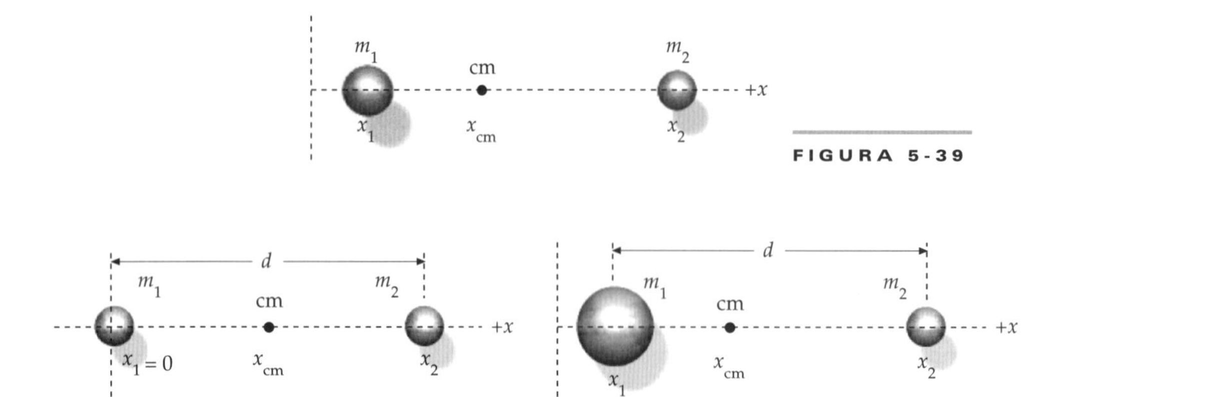

FIGURA 5-39

FIGURA 5-40

está a meia distância entre elas (Figura 5-40*a*). Se as duas partículas são de massas diferentes, então o centro de massa está mais próximo da partícula mais massiva (Figura 5-40*b*).

> **PROBLEMA PRÁTICO 5-7**
>
> Uma massa de 4,0 kg está na origem e uma massa de 2,0 kg está no eixo x em $x = 6{,}0$ cm. Encontre x_{cm}.

Podemos generalizar de duas partículas em uma dimensão para um sistema de muitas partículas em três dimensões. Para N partículas em três dimensões,

$$Mx_{\text{cm}} = m_1x_1 + m_2x_2 + m_3x_3 + \cdots + m_Nx_N$$

Em uma notação mais concisa, escrevemos

$$Mx_{\text{cm}} = \sum_i m_ix_i \qquad \text{5-15}$$

onde, novamente, $M = \sum_i m_i$ é a massa total do sistema. De forma similar, nas direções y e z,

$$My_{\text{cm}} = \sum_i m_iy_i \qquad \text{5-16}$$

e

$$Mz_{\text{cm}} = \sum_i m_iz_i \qquad \text{5-17}$$

Em notação vetorial, $\vec{r}_i = x_i\hat{i} + y_i\hat{j} + z_i\hat{k}$ é o vetor posição da i-ésima partícula. A **posição do centro de massa,** $\vec{r}_{\text{cm}}$, é definida por

$$M\vec{r}_{\text{cm}} = m_1\vec{r}_1 + m_2\vec{r}_2 + \cdots = \sum_i m_i\vec{r}_i \qquad \text{5-18}$$

DEFINIÇÃO: CENTRO DE MASSA

onde $\vec{r}_{\text{cm}} = x_{\text{cm}}\hat{i} + y_{\text{cm}}\hat{j} + z_{\text{cm}}\hat{k}$.

Vamos, agora, considerar corpos com extensão, como bolas, bastões, até automóveis. Podemos pensar em tais corpos como um sistema contendo um muito grande número de partículas, com uma distribuição contínua de massa. Para corpos com grande simetria, o centro de massa está no *centro de simetria*. Por exemplo, o centro de massa de uma esfera uniforme ou de um cilindro uniforme está localizado em seu *centro geométrico*. Para um corpo com uma linha ou um plano de simetria, o centro de massa está em algum lugar desta linha ou deste plano. Para encontrar a posição do centro de massa de um corpo, substituímos a soma da Equação 5-18 por uma integral:

$$M\vec{r}_{\text{cm}} = \int \vec{r}\,dm \qquad \text{5-19}$$

CENTRO DE MASSA, CORPO CONTÍNUO

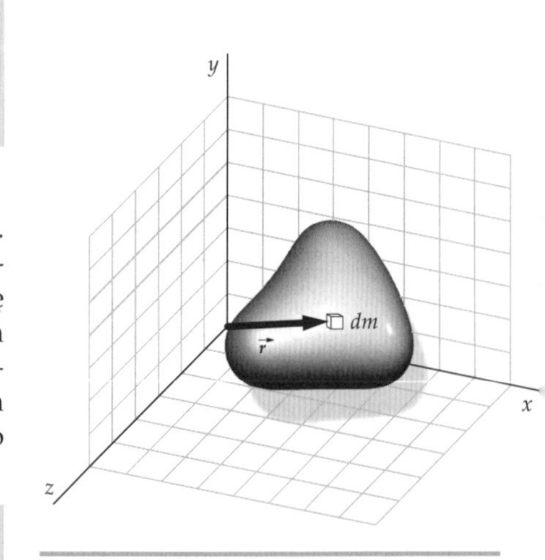

FIGURA 5-41 Um elemento de massa dm localizado na posição $\vec{r}$ é usado para encontrar o centro de massa por integração.

onde dm é um pequeno elemento de massa localizado na posição $\vec{r}$, como mostrado na Figura 5-41. (Examinaremos em detalhe o cálculo desta integral após o Exemplo 5-15.)

ESTRATÉGIA PARA SOLUÇÃO DE PROBLEMAS

Resolvendo Problemas de Centro de Massa

SITUAÇÃO A determinação do centro de massa freqüentemente simplifica a determinação do movimento de um corpo ou de um sistema de corpos. É útil fazer um esboço do corpo ou do sistema de corpos para determinar o centro de massa.

SOLUÇÃO

1. Procure por eixos de simetria na distribuição de massa. Se há eixos de simetria, o centro de massa estará localizado sobre eles. Quando possível, use eixos de simetria existentes como eixos coordenados.
2. Verifique se a distribuição de massa é composta por subsistemas com grande simetria. Caso afirmativo, calcule então os centros de massa de cada subsistema e depois calcule o centro de massa do sistema tratando cada subsistema como uma partícula pontual em seu centro de massa.
3. Se o sistema contém uma ou mais partículas pontuais, coloque a origem na posição de uma partícula. (Se a i-ésima partícula está na origem, então $\vec{r}_i = 0$.)

CHECAGEM Verifique se seu cálculo do centro de massa faz sentido. Em muitos casos, o centro de massa de um corpo está localizado próximo da maior e mais massiva parte do corpo. O centro de massa de um sistema de muitos corpos ou de um corpo como um aro pode não estar localizado em um ponto do corpo em si.

Exemplo 5-14 O Centro de Massa de uma Molécula de Água

Uma molécula de água consiste em um átomo de oxigênio e dois átomos de hidrogênio. Um átomo de oxigênio tem uma massa de 16,0 unidades unificadas de massa (u) e cada átomo de hidrogênio tem uma massa de 1,00 u. Os átomos de hidrogênio estão, cada um, a uma distância média de 96,0 pm ($96{,}0 \times 10^{-12}$ m) do átomo de oxigênio e estão separados um do outro por um ângulo de 104,5°. Encontre o centro de massa de uma molécula de água.

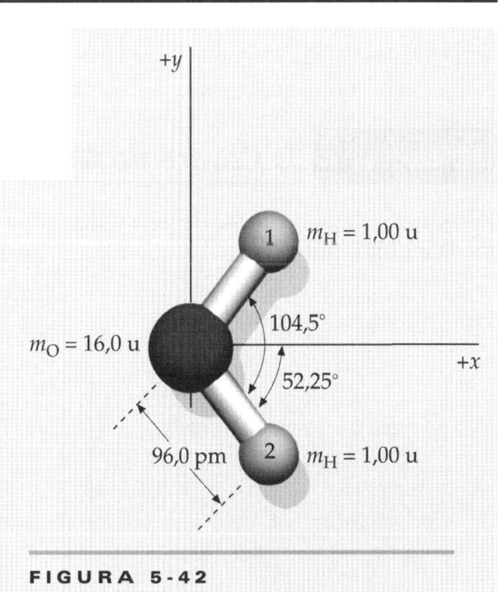

FIGURA 5-42

SITUAÇÃO Podemos simplificar o cálculo escolhendo um sistema de coordenadas que tenha a origem localizada no átomo de oxigênio, com o eixo x bissectando o ângulo entre os átomos de hidrogênio (Figura 5-42). Então, dadas as simetrias da molécula, o centro de massa estará no eixo x e a linha que liga o átomo de oxigênio a cada átomo de hidrogênio formará um ângulo de 52,25°.

SOLUÇÃO

1. A localização do centro de massa é dada pelas suas coordenadas x_{cm} e y_{cm} (Equações 5-15 e 5-16):

$$x_{cm} = \frac{\sum m_i x_i}{M}, \quad y_{cm} = \frac{\sum m_i y_i}{M}$$

2. Explicitando:

$$x_{cm} = \frac{m_{H1}x_{H1} + m_{H2}x_{H2} + m_O x_O}{m_{H1} + m_{H2} + m_O}$$

$$y_{cm} = \frac{m_{H1}y_{H1} + m_{H2}y_{H2} + m_O y_O}{m_{H1} + m_{H2} + m_O}$$

3. Escolhemos a origem na posição do átomo de oxigênio, e portanto, as duas coordenadas x e y do átomo de oxigênio são iguais a zero. As coordenadas x e y dos átomos de hidrogênio são calculadas do ângulo de 52,25° que cada hidrogênio forma com o eixo x:

$$x_O = y_O = 0$$

$$x_{H1} = 96{,}0 \text{ pm} \cos 52{,}25° = 58{,}8 \text{ pm}$$

$$x_{H2} = 96{,}0 \text{ pm} \cos(-52{,}52°) = 58{,}8 \text{ pm}$$

$$y_{H1} = 96{,}0 \text{ pm} \operatorname{sen} 52{,}25° = 75{,}9 \text{ pm}$$

$$y_{H2} = 96{,}0 \text{ pm} \operatorname{sen}(-52{,}25°) = -75{,}9 \text{ pm}$$

4. Substituindo os valores das coordenadas e das massas no passo 2 leva a:

$$x_{cm} = \frac{(1{,}00\text{ u})(58{,}8\text{ pm}) + (1{,}00\text{ u})(58{,}8\text{ pm}) + (16{,}0\text{ u})(0)}{1{,}00\text{ u} + 1{,}00\text{ u} + 16{,}0\text{ u}} = 6{,}53\text{ pm}$$

$$x_{cm} = \frac{(1{,}00\text{ u})(75{,}9\text{ pm}) + (1{,}00\text{ u})(-75{,}9\text{ pm}) + (16{,}0\text{ u})(0)}{1{,}00\text{ u} + 1{,}00\text{ u} + 16{,}0\text{ u}} = 0{,}00\text{ pm}$$

5. O centro de massa está no eixo x:

$$\vec{r}_{cm} = x_{cm}\hat{i} + y_{cm}\hat{j} = \boxed{6{,}53\text{ pm }\hat{i} + 0{,}00\hat{j}}$$

CHECAGEM Pode-se ver, da simetria da distribuição de massa, que $y_{cm} = 0$. Também, o centro de massa está muito próximo do átomo de oxigênio, relativamente mais massivo, como esperado.

INDO ALÉM A distância de 96 pm é de "noventa e seis picômetros", onde pico é o prefixo indicativo de 10^{-12}.

Repare que poderíamos também ter resolvido o Exemplo 5-14 primeiro encontrando o centro de massa do par de átomos de hidrogênio. Para um sistema de três partículas, a Equação 5-18 é

$$M\vec{r}_{cm} = m_1\vec{r}_1 + m_2\vec{r}_2 + m_3\vec{r}_3$$

Os dois primeiros termos da direita desta equação estão relacionados ao centro de massa das duas primeiras partículas, $\vec{r}\,'_{cm}$:

$$m_1\vec{r}_1 + m_2\vec{r}_2 = (m_1 + m_2)\vec{r}\,'_{cm}$$

O centro de massa do sistema de três partículas pode ser escrito como

$$M\vec{r}_{cm} = (m_1 + m_2)\vec{r}\,'_{cm} + m_3\vec{r}_3$$

Então, podemos primeiro encontrar o centro de massa de duas das partículas, os átomos de hidrogênio, por exemplo, e depois substituí-las por uma única partícula de massa total $m_1 + m_2$ no centro de massa (Figura 5-43).

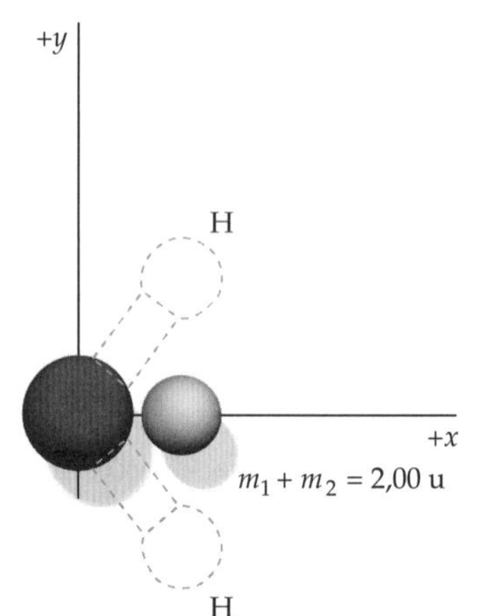

FIGURA 5-43 O Exemplo 5-14 com os dois átomos de hidrogênio substituídos por uma única partícula de massa $m_1 + m_2 = 2{,}00$ u no eixo x, no centro de massa desses dois átomos. Então, o centro de massa se encontra entre o átomo de oxigênio, na origem, e o previamente determinado centro de massa dos dois átomos de hidrogênio.

A mesma técnica nos permite calcular os centros de massa de sistemas mais complexos como, por exemplo, dois bastões uniformes (Figura 5-44). O centro de massa de cada bastão em separado está em seu centro. O centro de massa do sistema de dois bastões pode ser encontrado vendo cada bastão como uma partícula pontual em seu próprio centro de massa.

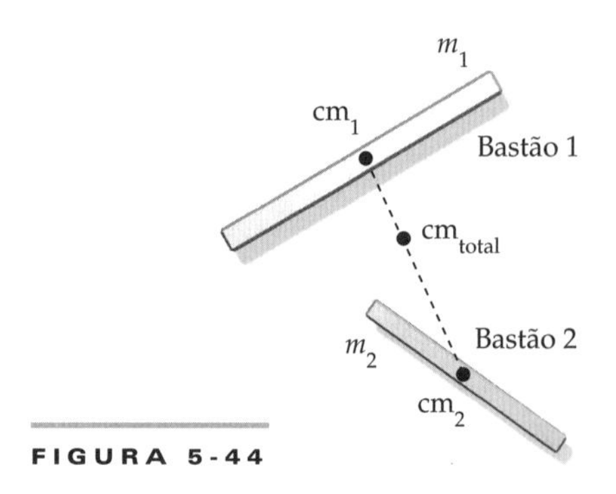

FIGURA 5-44

Exemplo 5-15 O Centro de Massa de uma Folha de Compensado

Encontre o centro de massa de uma folha uniforme de madeira compensada, como a mostrada na Figura 5-45*a*.

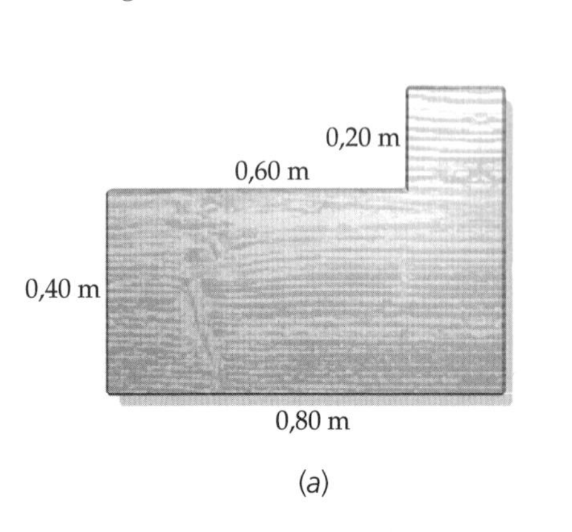

(*a*)

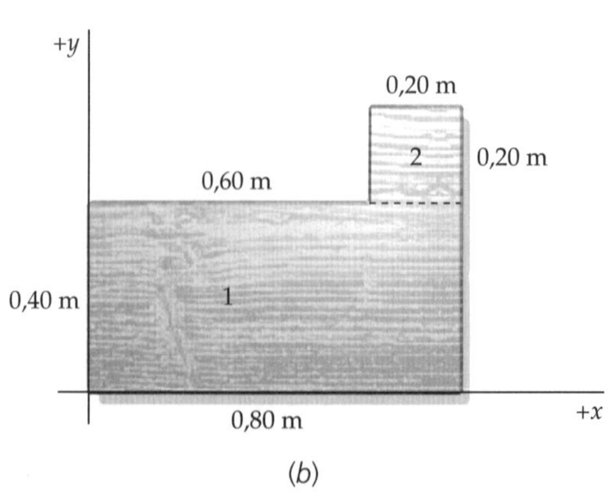

(*b*)

FIGURA 5-45

SITUAÇÃO A folha pode ser dividida em duas partes simétricas (Figura 5-45*b*). O centro de massa de cada parte está no centro geométrico da própria parte. Sejam m_1 a massa da parte 1 e m_2 a massa da parte 2. A massa total é $M = m_1 + m_2$. As massas são proporcionais às áreas, onde A_1, A_2 e A são as áreas das partes de massas m_1, m_2 e M, respectivamente.

SOLUÇÃO

Passos

1. Escreva as coordenadas x e y do centro de massa em termos de m_1 e m_2.

$$x_{cm} = \frac{1}{M}(m_1 x_{cm1} + m_2 x_{cm2})$$

$$y_{cm} = \frac{1}{M}(m_1 y_{cm1} + m_2 y_{cm2})$$

2. Substitua razão entre massas por razão entre áreas.

$$x_{cm} = \frac{A_1}{A}x_{cm1} + \frac{A_2}{A}x_{cm2}$$

$$y_{cm} = \frac{A_1}{A}y_{cm1} + \frac{A_2}{A}y_{cm2}$$

3. Calcule as áreas e as razões entre as áreas, usando os valores da Figura 5-45*b*.

$$A_1 = 0{,}32\ \text{m}^2; \qquad A_2 = 0{,}040\ \text{m}^2$$

$$\frac{A_1}{A} = \frac{8{,}0}{9{,}0} \qquad \frac{A_2}{A} = \frac{1{,}0}{9{,}0}$$

4. Escreva as coordenadas x e y do centro de massa para cada uma das partes, por inspeção na figura.

$$x_{cm1} = 0{,}40\ \text{m}, \quad y_{cm1} = 0{,}20\ \text{m}$$

$$x_{cm2} = 0{,}70\ \text{m}, \quad y_{cm2} = 0{,}50\ \text{m}$$

5. Substitua estes resultados no resultado do passo 2 para calcular x_{cm} e y_{cm}.

$$x_{cm} = \boxed{0{,}43\ \text{m}}, \quad y_{cm} = \boxed{0{,}23\ \text{m}}$$

CHECAGEM Como esperado, o centro de massa do sistema está muito próximo do centro de massa da parte 1 (porque $m_1 = 8\,m_2$).

INDO ALÉM Traçando um eixo passando pelos centros geométricos das partes 1 e 2 e colocando a origem no centro geométrico da parte 1, teria tornado muito mais fácil a localização do centro de massa.

* ENCONTRANDO O CENTRO DE MASSA POR INTEGRAÇÃO

Nesta seção, encontramos o centro de massa por integração (Equação 5-19):

$$\vec{r}_{cm} = \frac{1}{M}\int \vec{r}\,dm$$

Começaremos encontrando o centro de massa de uma fina barra uniforme para ilustrar o uso da técnica de integração.

Barra uniforme Primeiro, escolhemos um sistema coordenado. Uma boa escolha é aquele que tem o eixo x ao longo do comprimento da barra, com a origem em uma das extremidades da barra (Figura 5-46). Na figura está mostrado um elemento de massa dm de comprimento dx à distância x da origem. Da Equação 5-19, vem

$$\vec{r}_{cm} = \frac{1}{M}\int \vec{r}\,dm = \frac{1}{M}\int x\hat{i}\,dm$$

A massa está distribuída no eixo x ao longo do intervalo $0 \le x \le L$. Integrar dm ao longo da distribuição de massa significa tomar 0 e L como limites de integração. (Integramos no sentido do aumento de x.) A razão dm/dx é a massa por comprimento unitário, λ, de forma que $dm = \lambda\,dx$:

$$\vec{r}_{cm} = \frac{1}{M}\hat{i}\int x\,dm = \frac{1}{M}\hat{i}\int_0^L x\lambda\,dx \qquad 5\text{-}20$$

onde

$$M = \int dm = \int_0^L \lambda\,dx \qquad 5\text{-}21$$

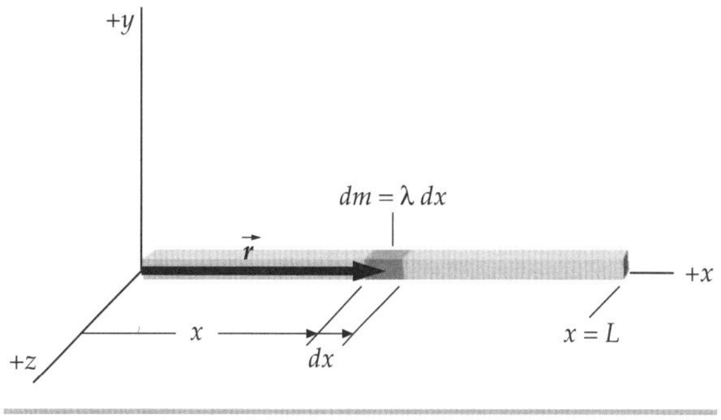

+y
dm = λ dx
r
+x
x
x = L
+z
dx

FIGURA 5-46

Como a barra é uniforme, λ é constante e pode ser fatorado em cada uma das integrais das Equações 5-20 e 5-21, dando

$$\vec{r}_{cm} = \frac{1}{M}\lambda\hat{i}\int_0^L x\,dx = \frac{1}{M}\lambda\hat{i}\frac{L^2}{2} \qquad 5\text{-}22$$

e

$$M = \lambda \int_0^L dx = \lambda L \qquad 5\text{-}23$$

Da Equação 5-23, $\lambda = M/L$. Assim, para uma barra uniforme a massa por comprimento unitário é igual à massa total dividida pelo comprimento total. Substituindo M por λL na Equação 5-22, completamos nosso cálculo e obtemos o resultado esperado

$$\vec{r}_{\text{cm}} = \frac{1}{\lambda L}\lambda \hat{i}\frac{L^2}{2} = \frac{1}{2}L\hat{i}$$

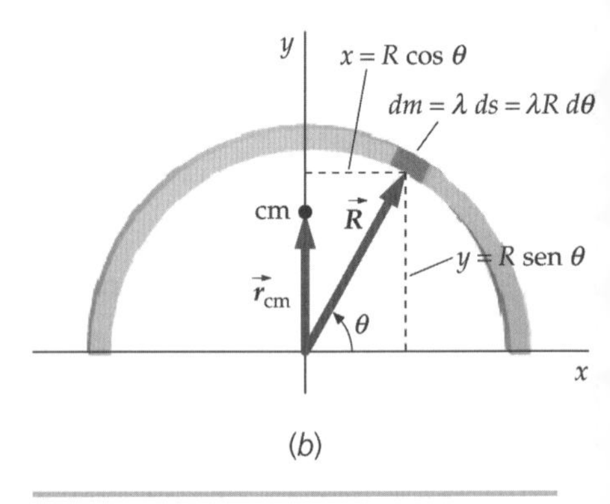

Anel semicircular Para calcular o centro de massa de um anel semicircular uniforme de raio R, uma boa escolha de eixos coordenados é aquele com a origem no centro e com o eixo y bissectando o semicírculo (Figura 5-47). Para encontrar o centro de massa, usamos $M\vec{r}_{\text{cm}} = \int \vec{r}dm$ (Equação 5-19), onde $\vec{r} = x\hat{i} + y\hat{j}$. A distribuição semicircular de massa sugere o uso de coordenadas polares,* para as quais $x = r\cos\theta$ e $y = r\,\text{sen}\,\theta$. A distância dos pontos do semicírculo à origem é $r = R$. Com estas substituições, temos

$$\vec{r}_{\text{cm}} = \frac{1}{M}\int (x\hat{i} + y\hat{j})dm = \frac{1}{M}\int R(\cos\theta\hat{i} + \text{sen}\,\theta\hat{j})dm$$

Agora, expressamos dm em termos de $d\theta$. Primeiro, o elemento de massa dm tem o comprimento $ds = R\,d\theta$. Então,

$$dm = \lambda\,ds = \lambda R\,d\theta$$

onde $\lambda = dm/ds$ é a massa por comprimento unitário. Assim, temos

$$\vec{r}_{\text{cm}} = \frac{1}{M}\int R(\cos\theta\,\hat{i} + \text{sen}\,\theta\,\hat{j})\lambda\,R d\theta$$

(b)

x = R cos θ

dm = λ ds = λR dθ

cm

$\vec{R}$

y = R sen θ

$\vec{r}_{\text{cm}}$

FIGURA 5-47 Geometria para o cálculo do centro de massa de um aro semicircular por integração.

O cálculo desta integral envolve a integração de dm ao longo da distribuição semicircular de massa. Isto significa que $0 \leq \theta \leq \pi$. Integrando no sentido do aumento de θ, os limites de integração são de 0 a π. Isto é,

$$\vec{r}_{\text{cm}} = \frac{1}{M}\int_0^{\pi} R(\cos\theta\hat{i} + \text{sen}\,\theta\hat{j})\lambda R d\theta = \frac{\lambda R^2}{M}\left(\hat{i}\int_0^{\pi}\cos\theta\,d\theta + \hat{j}\int_0^{\pi}\text{sen}\,\theta\,d\theta\right)$$

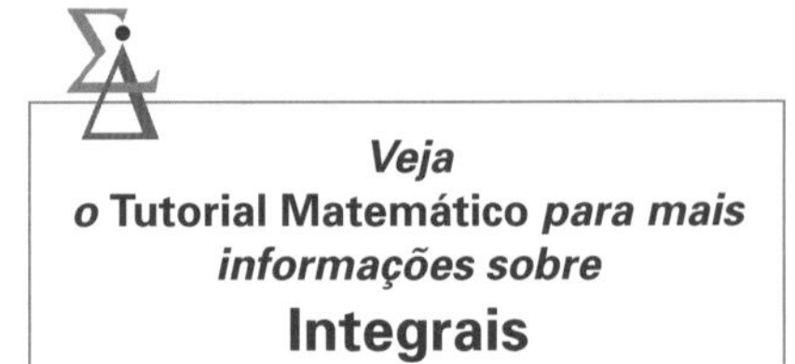

Veja *o Tutorial Matemático para mais informações sobre* Integrais

onde usamos o fato de que a integral de uma soma é a soma das integrais. Como o anel é uniforme, sabemos que $M = \lambda\pi R$, onde πR é o comprimento do arco semicircular. Substituindo λ por $M/(\pi R)$ e integrando, temos

$$\vec{r}_{\text{cm}} = \frac{R}{\pi}\left(\hat{i}\int_0^{\pi}\cos\theta\,d\theta + \hat{j}\int_0^{\pi}\text{sen}\,\theta\,d\theta\right) = \frac{R}{\pi}\left(\hat{i}\,\text{sen}\,\theta\Big|_0^{\pi} - \hat{j}\cos\theta\Big|_0^{\pi}\right) = \frac{2}{\pi}R\hat{j}$$

O centro de massa está no eixo y a uma distância de $2R/\pi$ da origem. Curiosamente, ele está fora do corpo do anel semicircular.

MOVIMENTO DO CENTRO DE MASSA

O movimento de qualquer corpo ou sistema de partículas pode ser descrito em termos do movimento do centro de massa mais o movimento individual das partículas do sistema em relação ao centro de massa. A imagem fotográfica de exposição múltipla da Figura 5-48 mostra um martelo atirado no ar. Enquanto o martelo está no ar, o centro de massa segue uma trajetória parabólica, a mesma trajetória seguida por uma partícula pontual. As outras partes do martelo giram em torno desse ponto, enquanto o martelo se move no ar.

O movimento do centro de massa de um sistema de partículas está relacionado à força resultante sobre o sistema como um todo. Isto pode ser mostrado examinado-se o movimento de um sistema de n partículas de massa total M.

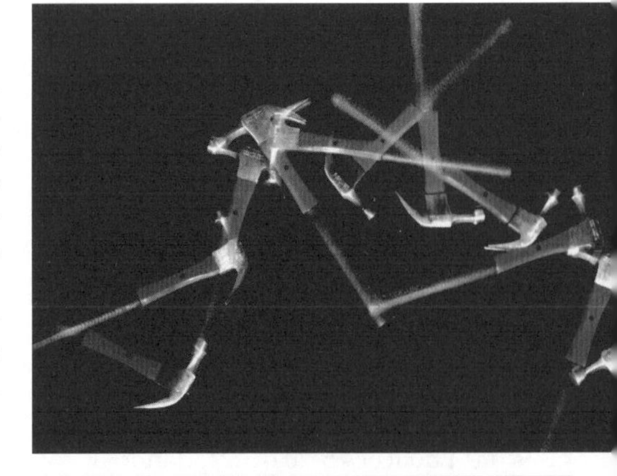

FIGURA 5-48 O centro de massa (ponto preto) do martelo se move em uma trajetória parabólica suave. *(Loren Winters/Visual Unlimited.)*

* Em coordenadas polares, as coordenadas de um ponto são r e θ, onde r é a magnitude do vetor posição $\vec{r}$ e θ é o ângulo que o vetor posição forma com a orientação $+x$.

Primeiro, achamos a velocidade do centro de massa do sistema derivando em relação ao tempo os dois lados da Equação 5-18 ($M\vec{r}_{cm} = \Sigma m_i\vec{r}_i$):

$$M\frac{d\vec{r}_{cm}}{dt} = m_1\frac{d\vec{r}_1}{dt} + m_2\frac{d\vec{r}_2}{dt} + \cdots = \sum_i m_i\frac{d\vec{r}_i}{dt}$$

Como a derivada temporal da posição é a velocidade, isto dá

$$M\vec{v}_{cm} = m_1\vec{v}_1 + m_2\vec{v}_2 + \cdots = \sum_i m_i\vec{v}_i \qquad 5\text{-}24$$

Derivando novamente os dois lados em relação ao tempo, obtemos as acelerações:

$$M\vec{a}_{cm} = m_1\vec{a}_1 + m_2\vec{a}_2 + \cdots = \sum_i m_i\vec{a}_i \qquad 5\text{-}25$$

onde $\vec{a}_i$ é a aceleração da i-ésima partícula e $\vec{a}_{cm}$ é a aceleração do centro de massa. Da segunda lei de Newton, $m_i\vec{a}_i$ é a soma das forças que atuam sobre a i-ésima partícula, e portanto,

$$\sum_i m_i\vec{a}_i = \sum_i \vec{F}_i$$

onde a soma da direita é a soma de todas as forças que atuam sobre cada uma de todas as partículas do sistema. Algumas dessas forças são forças *internas* (exercidas sobre uma partícula do sistema por alguma outra partícula do sistema) e as outras são forças *externas*. Logo,

$$M\vec{a}_{cm} = \sum_i \vec{F}_{i\,int} + \sum_i \vec{F}_{i\,ext} \qquad 5\text{-}26$$

De acordo com a terceira lei de Newton, as forças surgem aos pares de forças iguais e opostas. Portanto, para cada força interna atuando sobre uma partícula do sistema existe uma força interna igual e oposta atuando sobre alguma outra partícula do sistema. Quando somamos todas as forças internas, cada par da terceira lei contribui com zero, de forma que $\Sigma\vec{F}_{i\,int} = 0$. Então, a Equação 5-25 se torna

$$\vec{F}_{ext\,res} = \sum_i \vec{F}_{i\,ext} = M\vec{a}_{cm} \qquad 5\text{-}27$$

SEGUNDA LEI DE NEWTON PARA UM SISTEMA

Isto é, a força externa resultante atuando sobre o sistema é igual à massa total M vezes a aceleração do centro de massa $\vec{a}_{cm}$. Assim,

O centro de massa de um sistema se move como uma partícula de massa $M = \Sigma m_i$ sob a influência da força externa resultante que atua sobre o sistema

Este teorema é importante porque descreve o movimento do centro de massa de *qualquer* sistema de partículas. O centro de massa se move exatamente como uma única partícula pontual de massa M sujeita apenas às forças externas. O movimento individual de uma partícula do sistema é tipicamente muito mais complexo e não é descrito pela Equação 5-27. O martelo atirado no ar, da Figura 5-48, é um exemplo. A única força externa que atua é a da gravidade, de forma que o centro de massa do martelo se move em uma simples trajetória parabólica, como faria uma partícula pontual. No entanto, a Equação 5-27 não descreve o movimento de rotação da cabeça do martelo em torno de seu centro de massa.

Se um sistema sofre a ação de uma força externa resultante nula, então $\vec{a}_{cm} = 0$. Neste caso, o centro de massa permanece em repouso ou em movimento de velocidade constante. As forças e os movimentos internos podem ser complexos, mas o movimento do centro de massa é simples. Além disso, se a componente da força externa resultante em dada orientação, por exemplo, a orientação x, permanece nula, então a_{cmx} permanece zero e v_{cmx} permanece constante. Um exemplo é o de um projétil na ausência de arraste do ar. A força externa resultante é a força gravitacional. Esta força atua para baixo e então sua componente em qualquer direção horizontal é zero. Logo, a componente horizontal da velocidade do centro de massa permanece constante.

CHECAGEM CONCEITUAL 5-2

Um cilindro está sobre uma folha de papel em cima de uma mesa (Figura 5-49). Você puxa o papel para a direita. Isto faz com que o cilindro role para a esquerda *em relação ao papel*. Como se move o centro de massa do cilindro *em relação à mesa*?

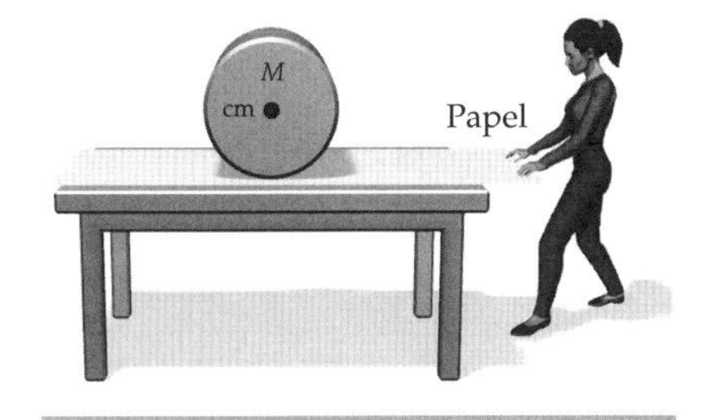

FIGURA 5-49

Exemplo 5-16 Um Projétil Explosivo

Um projétil é disparado em uma trajetória tal que o faria aterrizar 55 m adiante. No entanto, ele explode no ponto mais alto da trajetória, partindo-se em dois fragmentos de mesma massa. Imediatamente após a explosão, um dos fragmentos possui uma rapidez instantânea igual a zero e, depois, cai na vertical. Onde aterriza o outro fragmento? Despreze a resistência do ar.

SITUAÇÃO Se o sistema é o projétil, então as forças que causam a explosão são todas forças internas. Como a única força *externa* atuando sobre o sistema é a da gravidade, o centro de massa, que está a meia distância entre os dois fragmentos, continua em sua trajetória parabólica como se a explosão não tivesse ocorrido (Figura 5-50).

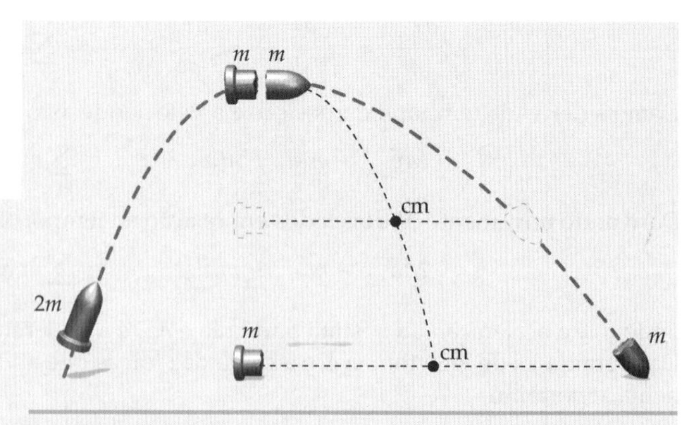

FIGURA 5-50

SOLUÇÃO

1. Faça $x = 0$ a posição inicial do projétil. Os pontos de queda x_1 e x_2 dos fragmentos estão relacionados com a posição final do centro de massa por:

$$(2m)x_{cm} = mx_1 + mx_2$$
ou $2x_{cm} = x_1 + x_2$

2. No impacto, $x_{cm} = R$ e $x_1 = 0{,}5R$, onde $R = 55$ m é o alcance horizontal se não ocorre explosão. Explicitando x_2:

$$x_2 = 2x_{cm} - x_1 = 2R - 0{,}5R = 1{,}5R$$
$$= 1{,}5(55\text{ m}) = \boxed{83\text{ m}}$$

CHECAGEM O fragmento 1 foi empurrado para trás pelas forças da explosão, e portanto, o fragmento 2 foi empurrado para a frente por forças iguais, mas opostas. Como esperado, o fragmento 2 atinge o solo a uma distância maior do ponto de lançamento do que a que atingiria o projétil se não tivesse ocorrido a explosão.

INDO ALÉM Na Figura 5-51, é mostrado um gráfico de altura *versus* distância para o caso em que o fragmento 1 tem uma velocidade horizontal igual à metade da velocidade horizontal inicial. O centro de massa segue uma trajetória parabólica normal, como no caso em que o fragmento 1 cai na vertical. Se os dois fragmentos têm a mesma componente vertical de velocidade após a explosão, eles aterrizam no mesmo tempo. Se, justo após a explosão, a componente vertical da velocidade de um fragmento é menor do que a do outro, o fragmento com menor componente vertical de velocidade atingirá o solo primeiro. Assim que isto ocorre, o solo exerce uma força sobre ele e a força externa resultante sobre o sistema não é mais apenas a força gravitacional. Daí em diante, nossa análise é inválida.

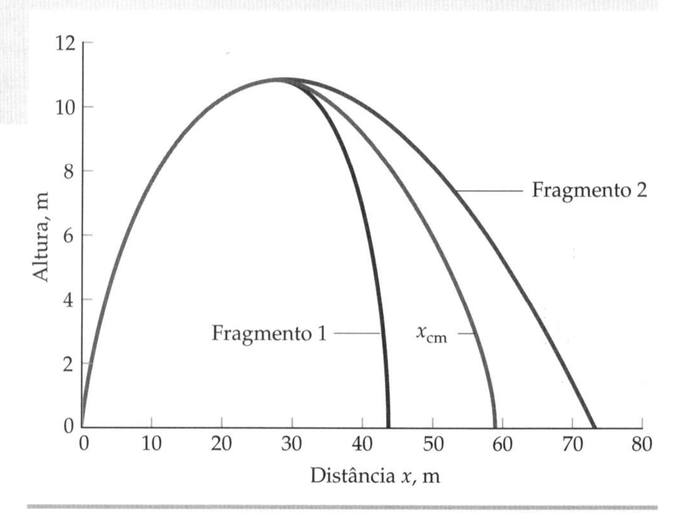

FIGURA 5-51

PROBLEMA PRÁTICO 5-8 Se o fragmento que cai na vertical tem duas vezes a massa do outro fragmento, a que distância do ponto de lançamento aterriza o fragmento mais leve?

Exemplo 5-17 Trocando de Lugar em um Barco a Remo

Pedro (massa de 80 kg) e Davi (massa de 120 kg) estão em um barco a remo (massa de 60 kg), em um lago calmo. Davi está próximo à proa, remando, e Pedro está na popa, a 2,0 m de Davi. Davi se cansa e pára de remar. Pedro se oferece para remar, e, quando o barco atinge o repouso, eles trocam de lugar. De quanto o barco se move, quando eles trocam de lugar? (Despreze qualquer força horizontal exercida pela água.)

SITUAÇÃO Considere o sistema como Davi, Pedro e o barco. Não existem forças *externas* na direção horizontal, de modo que o centro de massa não se move horizontalmente em relação à água. Aplique a Equação 5-15 ($Mx_{cm} = \Sigma m_i x_i$) antes e depois que Pedro e Davi trocaram de lugar.

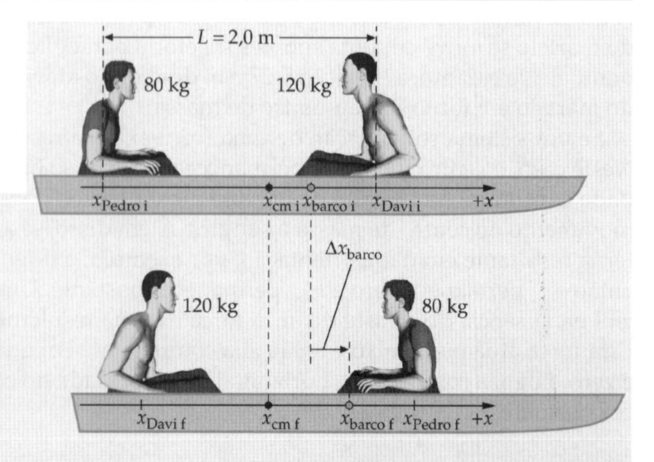

FIGURA 5-52 Pedro e Davi trocando de lugar em um ponto de vista do referencial da água. O ponto cinza é o centro de massa do barco e o ponto preto é o centro de massa do sistema Pedro–Davi–barco.

SOLUÇÃO

1. Faça um esboço do sistema em suas configurações inicial e final (Figura 5-52). Seja $L = 2{,}0$ m e $d = \Delta x_{\text{barco}}$, a distância que o barco percorre para a frente quando Pedro e Davi trocam de lugar:

2. Aplique $Mx_{\text{cm}} = \Sigma m_i x_i$ antes e depois que Pedro e Davi trocaram de lugar. O eixo coordenado mede as posições no referencial da água:

$$Mx_{\text{cm i}} = m_{\text{Pedro}}x_{\text{Pedro i}} + m_{\text{Davi}}x_{\text{Davi i}} + m_{\text{barco}}x_{\text{barco i}}$$
e
$$Mx_{\text{cm f}} = m_{\text{Pedro}}x_{\text{Pedro f}} + m_{\text{Davi}}x_{\text{Davi f}} + m_{\text{barco}}x_{\text{barco f}}$$

3. Subtraia a primeira equação do passo 2 da segunda equação do passo 2. Então, substitua Δx_{cm} por zero, Δx_{Pedro} por $d + L$, Δx_{Davi} por $d - L$ e Δx_{barco} por d:

$$M\Delta x_{\text{cm}} = m_{\text{Pedro}}\Delta x_{\text{Pedro}} + m_{\text{Davi}}\Delta x_{\text{Davi}} + m_{\text{barco}}\Delta x_{\text{barco}}$$
$$0 = m_{\text{Pedro}}(d + L) + m_{\text{Davi}}(d - L) + m_{\text{barco}}d$$

4. Determine d:

$$d = \frac{(m_{\text{Davi}} - m_{\text{Pedro}})}{m_{\text{Davi}} + m_{\text{Pedro}} + m_{\text{barco}}}L = \frac{(120\text{ kg} - 80\text{ kg})}{120\text{ kg} + 80\text{ kg} + 60\text{ kg}}(2{,}0\text{ m}) = \boxed{0{,}31\text{ m}}$$

CHECAGEM A massa de Davi é maior que a de Pedro, de forma que, quando eles trocaram de lugar, o centro de massa da dupla se deslocou para a popa do barco. O centro de massa do barco teve que se mover no sentido oposto, para que o centro de massa do sistema Davi–Pedro–barco permanecesse estacionário. O resultado do passo 4 é o deslocamento do barco. Ele é positivo, como esperado.

Exemplo 5-18 Um Bloco Escorregando

Uma cunha de massa m_2 está sobre uma balança de mola, como mostra a Figura 5-53. Um pequeno bloco de massa m_1 escorrega sem atrito pelo plano inclinado da cunha. Encontre a leitura da balança enquanto o bloco escorrega. A cunha não desliza sobre a balança.

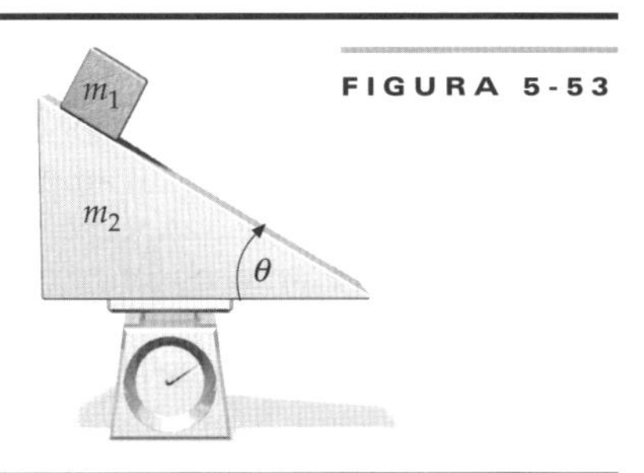

FIGURA 5-53

SITUAÇÃO Escolhemos a cunha mais o bloco como nosso sistema. Como o bloco acelera para baixo, na rampa, o centro de massa do sistema tem componentes de aceleração para a direita e para baixo. As forças externas sobre o sistema são as forças gravitacionais sobre o bloco e sobre a cunha, a força de atrito estático f_e do prato da balança sobre a cunha e a força normal F_n exercida pela balança sobre a cunha. A leitura da balança é igual à magnitude de F_n.

SOLUÇÃO

1. Desenhe um diagrama de corpo livre para o sistema cunha–bloco (Figura 5-54):

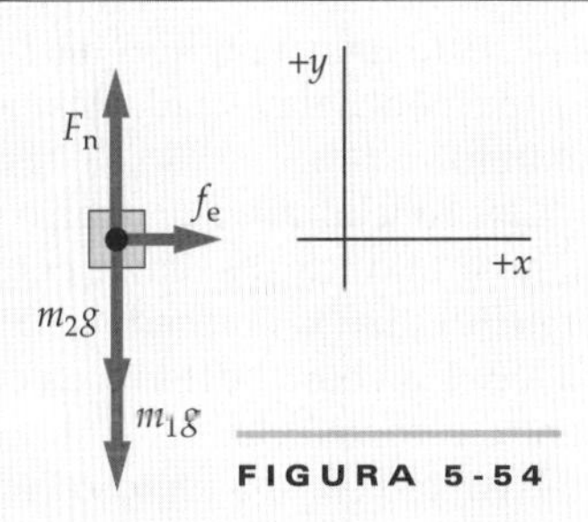

FIGURA 5-54

2. Escreva a componente vertical da segunda lei de Newton para o sistema e determine F_n:

$$F_n - m_1g - m_2g = Ma_{\text{cm}y} = (m_1 + m_2)a_{\text{cm}y}$$
$$F_n = (m_1 + m_2)g + (m_1 + m_2)a_{\text{cm}y}$$

3. Usando a Equação 5-21, expresse $a_{\text{cm}y}$ em termos da aceleração do bloco a_{1y}:

$$Ma_{\text{cm}y} = m_1a_{1y} + m_2a_{2y}$$
$$(m_1 + m_2)a_{\text{cm}y} = m_1a_{1y} + 0$$
$$a_{\text{cm}y} = \frac{m_1}{m_1 + m_2}a_{1y}$$

4. Foi visto, no Exemplo 4-7, que um bloco deslizando sobre um plano inclinado estacionário sem atrito tem uma aceleração ao longo do plano inclinado de $g \operatorname{sen}\theta$. Use trigonometria para encontrar a componente y desta aceleração e use-a para encontrar $a_{\text{cm}y}$:

logo $a_{1y} = -a_1 \operatorname{sen}\theta$, onde $a_1 = g \operatorname{sen}\theta$

$$a_{1y} = -(g \operatorname{sen}\theta)\operatorname{sen}\theta = -g \operatorname{sen}^2\theta$$

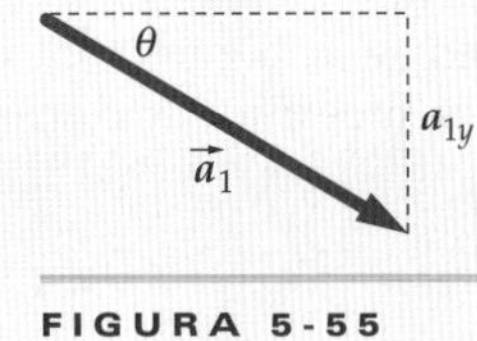

FIGURA 5-55

5. Substitua em a_{1y} no resultado do passo 3:

$$a_{\text{cm}y} = \frac{m_1}{m_1 + m_2}a_{1y} = -\frac{m_1}{m_1 + m_2}g \operatorname{sen}^2\theta$$

6. Substitua em $a_{\text{cm}y}$ no resultado do passo 2 e determine F_n:

$$F_n = (m_1 + m_2)g + (m_1 + m_2)a_{\text{cm}y}$$
$$= (m_1 + m_2)g - m_1g \operatorname{sen}^2\theta = [m_1(1 - \operatorname{sen}^2\theta) + m_2]g$$
$$= \boxed{(m_1 \cos^2\theta + m_2)g}$$

CHECAGEM Para $\theta = 0$, $\cos\theta = 1$ e o resultado do passo 6 é, como esperado, igual à soma dos dois pesos. Para $\theta = 90°$, $\cos\theta = 0$ e o resultado do passo 6 é, como esperado, igual apenas ao peso da cunha.

PROBLEMA PRÁTICO 5-9 Encontre a componente de força F_x exercida pela balança sobre a cunha.

Física em Foco

Reconstituição de Acidentes — Medidas e Forças

Quatro adolescentes viajavam no campo, em um feriado, quando o motorista viu um cervo no meio da estrada ao entrar em uma curva. A guinada e a freada repentinas fizeram o carro derrapar. Ele deslizou para a beirada da curva levemente inclinada, voou sobre o estreito acostamento e foi parar em um campo à beira da estrada, onde deslizou sobre a terra até parar.

Graças aos *airbags* e aos cintos de segurança, ninguém morreu. Todos foram levados ao hospital e o carro rebocado. Mas a investigação sobre o acidente não foi concluída antes que uma questão fosse respondida — o carro estava em excesso de velocidade?

Especialistas em reconstituição de acidentes investigaram o local e usaram informações sobre a física de um acidente para determinar o que havia acontecido antes, durante e imediatamente após o acidente.* Após este acidente, um policial, um especialista contratado pela companhia de seguros do automóvel e um especialista contratado pelo departamento de trânsito local visitaram o cenário do acidente.

A primeira coisa que os especialistas fizeram foi medir e fotografar tudo que pudesse ser pertinente ao acidente. Eles mediram a estrada, de modo que o raio da curva e o ângulo de sua inclinação pudessem ser calculados e comparados com as informações do escritório do departamento de trânsito. Eles mediram as marcas de pneu, na estrada e no campo.† Eles usaram um *trenó de arraste* para determinar o coeficiente de atrito cinético do campo. Eles mediram as distâncias vertical e horizontal entre a beira da estrada e as primeiras marcas no campo. Eles mediram o ângulo entre a estrada e a horizontal ao longo do caminho das marcas de pneu.

Usando as informações obtidas, eles calcularam uma trajetória simplificada do carro, do momento em que ele abandonou a estrada até quando pousou no campo. Esta trajetória levou à rapidez do carro quando ele abandonou a estrada. Os cálculos a partir das marcas de derrapagem no campo confirmaram essa rapidez. Finalmente, eles calcularam a rapidez inicial de derrapagem na estrada. Usaram o coeficiente de atrito cinético da estrada, já que ficou claro que as rodas estavam bloqueadas e não girando.

Eles concluíram que o carro vinha abaixo do limite permitido para a estrada mas, como muitos carros, havia entrado mais rápido que o permitido naquela curva.‡ A prefeitura havia colocado sinais alertando para os cervos e instalado uma murada ao longo da borda externa da curva. O motorista foi multado por não ter mantido o controle do veículo.

Nem toda reconstituição é tão simples ou direta. Muitos acidentes envolvem obstáculos, outros carros, ou pneus de tamanho errado para o veículo. Outros podem envolver o estudo da física dentro do carro para determinar se os cintos de segurança estavam ou não sendo usados, ou quem estava dirigindo. Mas todas as reconstituições de acidentes começam com medidas para determinar as forças que estavam presentes durante o acidente.

* The International Association of Accident Reconstruction Specialist. http://www.iaars.org/March 2006.

† Marks, Christopher C. O'N., *Pavement Skid Resistance Measurement and Analysis in the Forensic Context*. International Conference on Surface Friction. 2005, Christchurch. http://www.surfacefriction.org.nz.

‡ Chowdhury, Mashur A., Warren, Davey L., "Analysis of Advisory Speed Setting Criteria. " *Public Roads*, 00333735, Dec. 91. Vol. 55, Issue 3.

Resumo

Forças de atrito e de arraste são fenômenos complexos empiricamente aproximados por equações simples. Para uma partícula deslocar-se em um caminho curvo com rapidez constante, a força resultante é orientada para o centro de curvatura. O centro de massa de um sistema move-se como se o sistema fosse uma única partícula pontual com a força resultante sobre o sistema atuando sobre ela.

TÓPICO	EQUAÇÕES RELEVANTES E OBSERVAÇÕES
1. **Atrito**	Dois corpos em contato exercem forças de atrito um sobre o outro. Estas forças são paralelas às superfícies de contato e orientadas de forma a oporem-se ao deslizamento ou à tendência ao deslizamento.
Atrito estático	$f_e \leq \mu_e F_n$ (5-2) onde F_n é a força normal de contato e μ_e é o coeficiente de atrito estático.
Atrito cinético	$f_c = \mu_c F_n$ (5-3) onde μ_c é o coeficiente de atrito cinético. O coeficiente de atrito cinético é ligeiramente menor que o coeficiente de atrito estático.
Atrito de rolamento	$f_r = \mu_r F_n$ (5-4) onde μ_r é o coeficiente de atrito de rolamento.
2. **Forças de Arraste**	Quando um corpo se move através de um fluido, ele experimenta uma força de arraste que se opõe ao seu movimento. A força de arraste aumenta com o aumento da rapidez. Se o corpo é largado do repouso, sua rapidez aumenta. Com isto, a magnitude da força de arraste se aproxima cada vez mais da magnitude da força da gravidade, e então a força resultante, e portanto, também a aceleração, se aproximam de zero. À medida que a aceleração se aproxima de zero, a rapidez se aproxima de um valor constante chamado de rapidez terminal do corpo. A rapidez terminal depende da forma do corpo e do meio através do qual ele cai.
3. **Movimento em Trajetória Curva**	Uma partícula se deslocando ao longo de uma curva qualquer pode ser vista, em um curto intervalo de tempo, como movendo-se ao longo de um arco circular. Seu vetor aceleração instantânea tem uma componente $a_c = v^2/r$ apontando para o centro de curvatura do arco e uma componente $a_t = dv/dt$ que é tangente ao arco. Se a partícula está se movendo ao longo de um caminho circular de raio r com rapidez constante v, então $a_t = 0$ e a rapidez, o raio e o período T estão relacionados por $2\pi r = vT$.
4. ***Integração Numérica: Método de Euler**	Para estimar a posição x e a velocidade v em um tempo t, primeiro dividimos o intervalo de zero a t em um grande número de pequenos intervalos, cada um de comprimento Δt. A aceleração inicial a_0 é, então, calculada a partir da posição inicial x_0 e da velocidade inicial v_0. A posição x_1 e a velocidade v_1 no tempo posterior Δt são estimadas usando as relações $x_{n+1} = x_n + v_n \Delta t$ (5-9) e $v_{n+1} = v_n + a_n \Delta t$ (5-10) com $n = 0$. A aceleração a_{n+1} é calculada usando os valores de x_{n+1} e v_{n+1} e o processo é repetido. Isto continua até que as estimativas da posição e da velocidade no tempo t sejam determinadas.
5. **O Centro de Massa**	
Centro de massa de um sistema de partículas	O centro de massa de um sistema de partículas é definido como o ponto cujas coordenadas são dadas por: $Mx_{cm} = \sum_i m_i x_i$ (5-15) $My_{cm} = \sum_i m_i y_i$ (5-16) $Mz_{cm} = \sum_i m_i z_i$ (5-17)
Centro de massa de corpos contínuos	Se a massa é continuamente distribuída, então o centro de massa é dado por: $M\vec{r}_{cm} = \int \vec{r}\, dm$ (5-19)

TÓPICO	EQUAÇÕES RELEVANTES E OBSERVAÇÕES	
Posição, velocidade e aceleração do centro de massa de um sistema de partículas	$M\vec{r}_{cm} = m_1\vec{r}_1 + m_2\vec{r}_2 + \cdots$	5-18
	$M\vec{v}_{cm} = m_1\vec{v}_1 + m_2\vec{v}_2 + \cdots$	5-20
	$M\vec{a}_{cm} = m_1\vec{a}_1 + m_2\vec{a}_2 + \cdots$	5-21
Segunda lei de Newton para um sistema	$\vec{F}_{ext\ res} = \sum_i \vec{F}_{i\ ext} = M\vec{a}_{cm}$	5-23

Respostas das Checagens Conceituais

5-1 Sim, o automóvel deslizaria ladeira abaixo.

5-2 Ele acelera para a direita, porque a força resultante externa que atua sobre o cilindro é a força de atrito que atua para a direita, exercida sobre ele pelo papel. Tente você mesmo. O cilindro pode *parecer* se deslocar para a esquerda, porque ele rola para a esquerda em relação ao papel. No entanto, em relação à mesa, que serve como um referencial inercial, ele se move para a direita. Se você faz uma marca na mesa, na posição inicial do cilindro, verá que o centro de massa se moverá para a direita *durante o tempo em que o cilindro permanecer em contato com o papel que está sendo puxado.*

Respostas dos Problemas Práticos

5-1 35°

5-2 $1{,}1 \times 10^2$ N

5-3 $T = m_2(g - a) = 44$ N

5-4 (*a*) Supondo $r \approx 1$ m, encontramos $v_{t,\min} \approx 3$ m/s, (*b*) $T = 2\pi r/v \approx 2$ s

5-5 Zero. Neste instante, você não está mais ganhando rapidez e ainda não está perdendo rapidez. Sua taxa de variação de rapidez é momentaneamente zero.

5-6 $1{,}60$ m/s^2

5-7 $x_{cm} = 2{,}0$ cm

5-8 $2R = 1{,}1 \times 10^2$ m

5-9 $F_x = m_1 g \operatorname{sen}\theta \cos\theta$.

Problemas

Em alguns problemas, você recebe mais dados do que necessita; em alguns outros, você deve acrescentar dados de seus conhecimentos gerais, fontes externas ou estimativas bem fundamentadas.

Interprete como significativos todos os algarismos de valores numéricos que possuem zeros em seqüência sem vírgulas decimais.

- • Um só conceito, um só passo, relativamente simples
- •• Nível intermediário, pode requerer síntese de conceitos
- ••• Desafiante, para estudantes avançados

Problemas consecutivos sombreados são problemas pareados.

PROBLEMAS CONCEITUAIS

1 • Um caminhão viaja ao longo de uma estrada horizontal reta, carregando vários objetos. Se o caminhão está aumentando sua rapidez, quais são as forças que, atuando sobre os objetos, também fazem com que eles aumentem de rapidez? Explique por que alguns objetos podem continuar em repouso sobre o piso, enquanto outros podem escorregar para trás sobre o piso.

2 • Blocos feitos do mesmo material, mas de tamanhos diferentes, são transportados por um caminhão que se move ao longo de uma estrada horizontal reta. Todos os blocos deslizarão se a aceleração do caminhão for suficientemente grande. Como se comparam a menor aceleração para a qual o menor bloco desliza com a menor aceleração para a qual um bloco mais pesado desliza?

3 • Um bloco de massa m repousa sobre um plano inclinado de um ângulo θ com a horizontal. Então, o coeficiente de atrito estático entre o bloco e o plano é (*a*) $\mu_e \geq g$, (*b*) $\mu_e = \tan\theta$, (*c*) $\mu_e \leq \tan\theta$, (*d*) $\mu_e \geq \tan\theta$.

4 • Um bloco de massa m repousa sobre um plano inclinado de um ângulo de 30° com a horizontal, como mostra a Figura 5-56. Quais das seguintes afirmativas sobre a magnitude da força de atrito estático f_e é necessariamente verdadeira? (*a*) $f_e > mg$, (*b*) $f_e > mg \cos 30°$, (*c*) $f_e = mg \cos 30°$, (*d*) $f_e = mg \operatorname{sen} 30°$, (*e*) Nenhuma destas afirmativas é verdadeira.

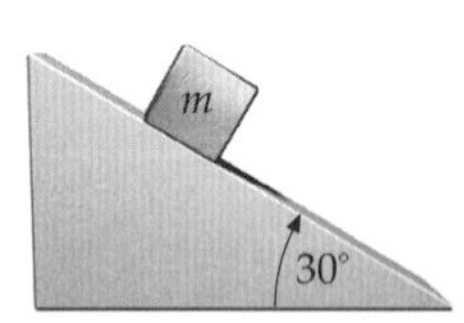

FIGURA 5-56 Problema 4

5 •• Em um dia gelado de inverno, o coeficiente de atrito entre os pneus de um carro e a estrada é reduzido a um quarto de seu valor em dia seco. Como resultado, a rapidez máxima $v_{\text{máx seco}}$ na qual o carro pode percorrer com segurança uma curva de raio R é reduzida. O novo valor desta rapidez é (*a*) $v_{\text{máx seco}}$, (*b*) $0{,}71v_{\text{máx seco}}$, (*c*) $0{,}50v_{\text{máx seco}}$, (*d*) $0{,}25v_{\text{máx seco}}$, (*e*) reduzida de uma quantidade desconhecida que depende da massa do carro.

6 •• Se lançado apropriadamente na parte interna da superfície de um cone (Figura 5-57), um bloco é capaz de manter movimento circular uniforme. Desenhe um diagrama de corpo livre para o bloco e identifique claramente a força (ou as forças, ou as componentes de forças) responsável (ou responsáveis) pela aceleração centrípeta do bloco.

7 •• Eis um interessante experimento que você pode realizar em casa: tome de um bloco de madeira e coloque-o em repouso sobre

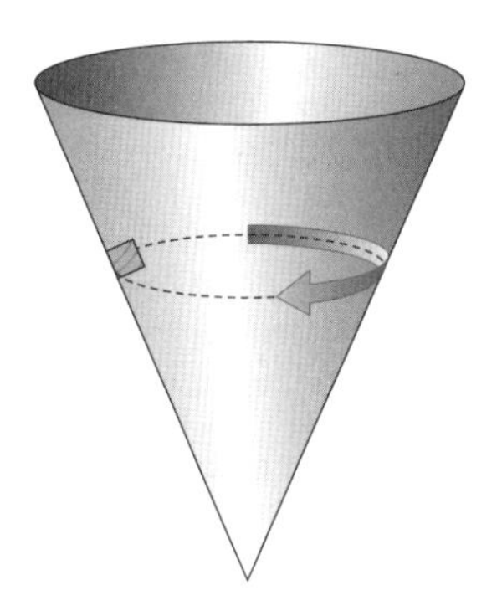

FIGURA 5-57
Problema 6

o chão ou alguma outra superfície plana. Prenda um elástico ao bloco e puxe-o suavemente na horizontal. Mantenha sua mão se deslocando com rapidez constante. Em algum momento, o bloco começará a se deslocar, mas não o fará de maneira suave. Ao contrário, ele iniciará o movimento, parará novamente, iniciará novamente o movimento, parará novamente, e assim por diante. Explique por que o bloco se movimenta desta forma. (O movimento de anda-pára é também conhecido como movimento de "gruda-escorrega".)

8 • Visto de um referencial inercial, um objeto se move em círculo. Quais, se alguma, das seguintes afirmativas devem ser verdadeiras? (*a*) Uma força resultante não-nula atua sobre o objeto. (*b*) O objeto não pode ter uma força radial para fora atuando sobre ele. (*c*) Pelo menos uma das forças que atuam sobre o objeto deve apontar diretamente para o centro do círculo.

9 •• Uma partícula está viajando em um círculo vertical com rapidez constante. Podemos concluir que a(s) seguinte(s) quantidade(s) tem(têm) magnitude constante: (*a*) velocidade, (*b*) aceleração, (*c*) força resultante, (*d*) peso aparente.

10 •• Você coloca um pedaço leve de ferro sobre a mesa e segura um pequeno ímã de geladeira 1,00 cm acima do ferro. Você percebe que o ímã não consegue levantar o ferro, mesmo havendo claramente um força entre o ferro e o ímã. Depois, segurando o ímã em uma mão e o pedaço de ferro na outra, com o ímã 1,00 cm acima do ferro, você os larga simultaneamente a partir do repouso. Na queda, o ímã e o pedaço de ferro se chocam antes de atingir o chão. (*a*) Desenhe diagramas de corpo livre ilustrando todas as forças sobre o ímã e sobre o ferro, para cada uma das demonstrações. (*b*) Explique por que o ímã e o ferro deslocam-se cada vez mais próximos um do outro durante a queda, mesmo o ímã não conseguindo levantar o pedaço de ferro quando este está sobre a mesa.

11 ••• Esta questão é um excelente quebra-cabeça inventado por Boris Korsunsky:* Dois blocos idênticos estão ligados por um cordão sem massa que passa por uma polia, como mostrado na Figura 5-58. Inicialmente, o ponto do meio do cordão está passando pela polia e a superfície sobre a qual está o bloco 1 não tem atrito. Os blocos 1 e 2 estão inicialmente em repouso, quando o bloco 2 é largado, com o cordão tensionado e na horizontal. O bloco 1 atingirá a polia antes ou depois do bloco 2 atingir a parede? (Suponha que a distância inicial do bloco 1 à polia seja igual à distância inicial do bloco 2 à parede.) Existe uma solução muito simples.

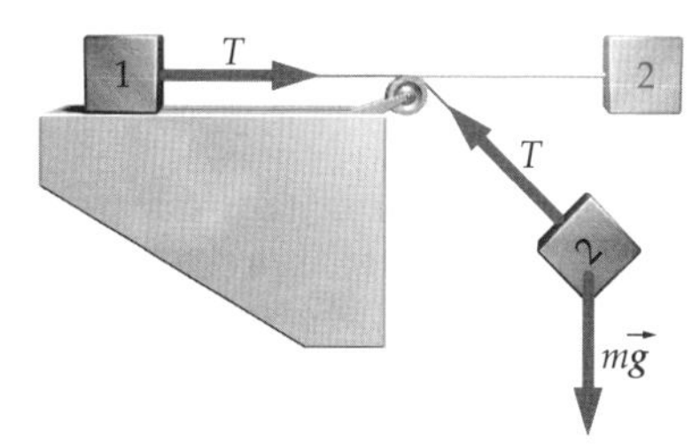

FIGURA 5-58 Problema 11

12 •• Em sala de aula, muitos professores realizam a seguinte experiência quando discutem as condições sob as quais o arraste do ar pode ser desprezado ao se analisar queda livre. Primeiro, uma folha de papel e um pequeno peso de chumbo são largados lado a lado e claramente a aceleração do papel é menor que a do peso de chumbo. Depois, o papel é amassado para formar uma pequena bola e a experiência é repetida. Em uma distância de um ou dois metros, fica claro que agora a aceleração do papel é muito próxima à do peso de chumbo. Para seu desespero, o professor pede que você explique o porquê da dramática alteração da aceleração do papel. Enuncie sua explicação.

13 •• **RICO EM CONTEXTO** João resolve tentar bater um recorde de rapidez terminal em vôo livre. Usando o conhecimento adquirido em um curso de física, ele formula os seguintes planos. Ele será largado da máxima altura possível (equipando-se com oxigênio), em um dia quente, e mergulhará em posição "de faca", na qual seu corpo aponta verticalmente para baixo e suas mãos apontam para a frente. Ele usará um capacete especial polido e roupas protetoras arredondadas. Explique como cada um destes fatores ajuda João a atingir o recorde.

14 •• **RICO EM CONTEXTO** Você está sentado no banco do passageiro de um carro que percorre com muita rapidez uma pista circular, horizontal e plana. Sentado, você "sente" uma "força" empurrando-o para fora da pista. Qual é a verdadeira orientação da força que atua sobre você e de onde ela vem? (Suponha que você não desliza sobre o banco.) Explique a *sensação* de uma "força para fora" sobre você em termos de uma perspectiva newtoniana.

15 • A massa da Lua é apenas cerca de 1 por cento da massa da Terra. Portanto, a força que mantém a Lua em sua órbita em torno da Terra (*a*) é muito menor que a força gravitacional exercida sobre a Lua pela Terra, (*b*) é muito maior que a força gravitacional exercida sobre a Lua pela Terra, (*c*) é a própria força gravitacional exercida sobre a Lua pela Terra, (*d*) ainda não há uma resposta, pois ainda não estudamos a lei da gravidade de Newton.

16 •• Um bloco escorrega sobre uma superfície sem atrito ao longo do trilho de perfil circular da Figura 5-59*a*. O movimento do bloco é rápido o suficiente para impedir que ele perca contato com o trilho. Relacione os pontos ao longo do caminho com os respectivos diagramas de corpo livre da Figura 5-59*b*.

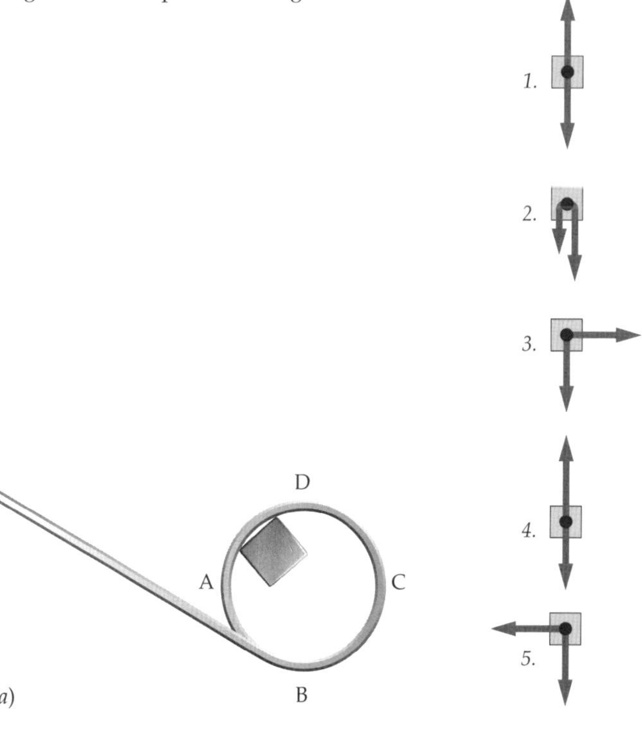

FIGURA 5-59 Problema 16

* Boris Korsunsky, "Braintwisters for Physics Students", *The Physics Teacher*, **33**, 550 (1995).

17 •• (*a*) Uma pedra e uma pena, seguras a uma mesma altura do chão, são simultaneamente largadas. Durante os primeiros milissegundos de queda, a força de arraste sobre a pedra é menor que a força de arraste sobre a pena, mas depois, durante a queda, ocorre exatamente o *oposto*. Explique. (*b*) À luz deste resultado, explique como a aceleração da pedra é tão obviamente maior que a da pena. *Dica: Desenhe um diagrama de corpo livre para cada objeto.*

18 •• Dois discos de massas m_1 e m_2, sobre uma mesa sem atrito, estão ligados por uma mola sem massa de constante de força k. Uma força horizontal F_1 é aplicada sobre m_1 no sentido de se afastar de m_2. Qual é a magnitude da aceleração adquirida pelo centro de massa do sistema de dois discos? (*a*) F_1/m_1, (*b*) $F_1/(m_1 + m_2)$, (*c*) $(F_1 + kx)/(m_1 + m_2)$, onde x é a distensão da mola, (*d*) $(m_1 + m_2)F_1/m_1m_2$.

19 •• Os dois discos do Problema 18 repousam desconectados sobre uma mesa sem atrito. Uma força horizontal F_1 é aplicada sobre m_1 no sentido de se afastar de m_2. Compare a magnitude da aceleração adquirida pelo centro de massa do sistema de dois discos com a magnitude da aceleração de m_1. Explique seu raciocínio.

20 •• Se apenas forças externas podem acelerar o centro de massa de um sistema de partículas, como é possível acelerar um carro em uma pista? Normalmente, pensamos no motor do carro suprindo a força necessária para acelerar o carro, mas isto é verdadeiro? De onde vem a força externa que acelera o carro?

21 •• Quando você comprime o pedal de freio para frear um carro, a pastilha de freio é pressionada contra o rotor de forma que o atrito com a pastilha reduz a rotação da roda. No entanto, o atrito da pastilha contra o rotor *não pode ser* a força que reduz a velocidade do carro, porque ela é uma força interna (rotor e roda são partes do carro, e portanto, quaisquer forças entre eles são simples forças internas ao sistema). Qual é a força externa que freia o carro? Dê uma explicação detalhada sobre como esta força opera.

22 •• Dê um exemplo para cada caso seguinte: (*a*) um objeto tridimensional sem matéria em seu centro de massa, (*b*) um objeto sólido cujo centro de massa está fora dele, (*c*) uma esfera sólida cujo centro de massa não está em seu centro geométrico, (*d*) um longo bastão de madeira cujo centro de massa não está no meio.

23 •• **APLICAÇÃO BIOLÓGICA** Quando você está de pé, seu centro de massa está localizado dentro do volume do seu corpo. No entanto, se você se curva (como para levantar um pacote), a localização do centro de massa se altera. Onde ele se encontra, aproximadamente, quando você está curvado formando um ângulo reto e qual a mudança de seu corpo que causou a mudança da posição do centro de massa?

24 •• **APLICAÇÃO EM ENGENHARIA** Em sua viagem (de ida) de três dias até a Lua, a equipe Apollo (final dos anos de 1960 a início dos anos de 1970) separava de forma explosiva o módulo lunar do terceiro estágio a que estava ligado, ainda razoavelmente próximos da Terra. Durante a explosão, como variava a velocidade de cada uma das duas partes do sistema? Como variava a velocidade do centro de massa do sistema?

25 •• Você lança um bumerangue e, por um tempo, ele "voa" horizontalmente em linha reta com rapidez constante, ao mesmo tempo que girando rapidamente em torno de si próprio. Desenhe uma série de figuras, com vistas de cima, do bumerangue em diferentes posições rotacionais em seu movimento paralelo à superfície da Terra. Em cada figura, indique a posição do centro de massa do bumerangue e ligue os pontos para traçar a trajetória de seu centro de massa. Qual é a aceleração do centro de massa durante esta parte do vôo?

ESTIMATIVA E APROXIMAÇÃO

26 •• **APLICAÇÃO EM ENGENHARIA** Para determinar o arraste aerodinâmico sobre um carro, engenheiros automotivos usam freqüentemente o método "do ponto morto". O carro é colocado a percorrer uma estrada longa e reta, a uma rapidez conveniente (tipicamente 60 mi/h) e, mantido em ponto morto, acaba por parar. O tempo que o carro leva para que a rapidez decresça de intervalos sucessivos de 5 mi/h é medido e usado para calcular a força resultante que o freia. (*a*) Um dia, um grupo constatou que um Toyota Tercel com 1020 kg de massa levou 3,92 s para reduzir de 60,0 mi/h para 55,0 mi/h. Estime a força resultante média que freou este carro, nesta faixa de valores de rapidez. (*b*) Se é sabido que o coeficiente de atrito de rolamento para este carro vale 0,020, qual é a força de atrito de rolamento que atua para freá-lo? Supondo que as únicas duas forças que atuam sobre o carro são o atrito de rolamento e o arraste aerodinâmico, qual é a força média de arraste aerodinâmico atuando sobre o carro? (*c*) A força de arraste tem a forma $\frac{1}{2}C\rho Av^2$, onde A é a área de seção reta que o carro expõe ao ar, v é a rapidez do carro, ρ é a massa específica do ar e C é uma constante adimensional da ordem de grandeza de 1. Se a área de seção reta do carro é 1,91 m², determine C a partir dos dados fornecidos. (A massa específica do ar é 1,21 kg/m³; use 57,5 mi/h para a rapidez do carro, neste cálculo.)

27 •• Usando análise dimensional, determine as unidades e as dimensões da constante b na força resistiva bv^n se (*a*) $n = 1$ e (*b*) $n = 2$. (*c*) Newton mostrou que a resistência do ar sobre um corpo de seção reta circular que cai deve ser aproximadamente $\frac{1}{2}\rho\pi r^2v^2$, onde $\rho = 1{,}20$ kg/m³ é a massa específica do ar. Mostre que isto é consistente com sua análise dimensional da Parte (*b*). (*d*) Encontre a rapidez terminal para um pára-quedista de 56,0 kg; aproxime sua área de seção reta para a de um disco de 0,30 m de raio. A massa específica do ar próximo à superfície da Terra é 1,20 kg/m³. (*e*) A massa específica da atmosfera diminui com a altura em relação à superfície da Terra; a uma altura de 8,0 km, a massa específica é apenas de 0,514 kg/m³. Qual é a rapidez terminal a esta altura?

28 •• Estime a rapidez terminal de uma gota de chuva de tamanho médio e de uma pedra de granizo do tamanho de uma bola de golfe. *Dica: Veja os Problemas 26 e 27.*

29 •• Estime o menor coeficiente de atrito estático entre os pneus de um automóvel e a pista, necessário para perfazer uma curva para a esquerda em uma esquina urbana, onde o limite superior de rapidez em via reta é de 25 mph. Comente sobre a conveniência de se fazer a curva com esta rapidez.

30 •• Estime o tamanho do maior passo que você pode dar estando sobre uma superfície gelada e seca. Isto é, a que distância você pode separar seus pés com segurança, sem escorregar? Seja 0,25 o coeficiente de atrito estático entre a borracha e o gelo.

ATRITO

31 • Um bloco de massa m desliza com rapidez constante descendo um plano inclinado de um ângulo θ com a horizontal. Logo, (*a*) $\mu_c = mg \operatorname{sen} \theta$, (*b*) $\mu_c = mg \tan \theta$, (*c*) $\mu_c = 1 - \cos \theta$, (*d*) $\mu_c = \cos \theta - \operatorname{sen} \theta$.

32 • Um bloco de madeira é puxado com velocidade constante por um cordão horizontal sobre uma superfície horizontal, com uma força constante de 20 N. O coeficiente de atrito cinético entre as superfícies é 0,3. A força de atrito é (*a*) impossível de determinar sem conhecer a massa do bloco, (*b*) impossível de determinar sem conhecer a rapidez do bloco, (*c*) 0,30 N, (*d*) 6,0 N, (*e*) 20 N.

33 • Um bloco de 20 N de peso está sobre uma superfície horizontal. Os coeficientes de atrito estático e cinético entre a superfície e o bloco são $\mu_e = 0{,}80$ e $\mu_c = 0{,}60$. Um cordão horizontal é, então, preso ao bloco e uma tensão constante T é mantida no cordão. Qual é a magnitude da força de atrito que atua sobre o bloco se (*a*) $T = 15$ N, (*b*) $T = 20$ N?

34 • Um bloco de massa m é puxado com velocidade constante sobre uma superfície horizontal por um cordão, como mostrado na Figura 5-60. A magnitude da força de atrito é (*a*) $\mu_c mg$, (*b*) $T \cos \theta$, (*c*) $\mu_c(T - mg)$, (*d*) $\mu_c T \operatorname{sen} \theta$ ou (*e*) $\mu_c(mg - T \operatorname{sen} \theta)$.

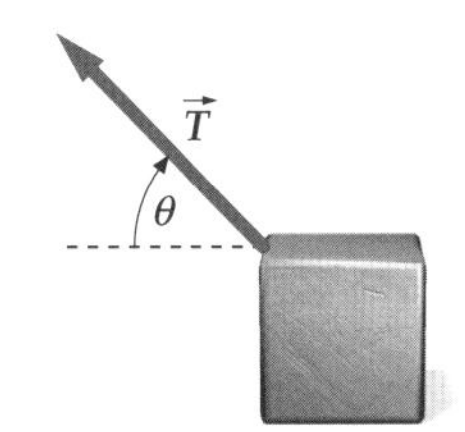

FIGURA 5-60 Problema 34

35 • Um caixote de 100 kg está sobre um tapete felpudo. Um trabalhador cansado empurra o caixote com uma força horizontal de 500 N. Os coeficientes de atrito estático e cinético entre o caixote e o tapete são 0,600 e 0,400, respectivamente. Encontre a magnitude da força de atrito exercida pelo tapete sobre o caixote.

36 • Uma caixa pesando 600 N é empurrada sobre um piso horizontal, com velocidade constante, por uma força horizontal de 250 N paralela ao piso. Qual é o coeficiente de atrito cinético entre a caixa e o piso?

37 • O coeficiente de atrito estático entre os pneus de um automóvel e uma pista horizontal vale 0,60. Desprezando a resistência do ar e o atrito de rolamento, (*a*) qual é a magnitude da aceleração máxima do automóvel quando ele é freado? (*b*) Qual é a menor distância que o automóvel percorre até parar se está inicialmente viajando a 30 m/s?

38 • A força que acelera um automóvel em uma estrada plana é a força de atrito exercida pela estrada sobre os pneus do automóvel. (*a*) Explique por que a aceleração pode ser maior quando os pneus não derrapam. (*b*) Se um carro deve acelerar de 0 a 90 km/h em 12 s, qual é o menor coeficiente de atrito necessário entre os pneus e a pista? Suponha que as rodas de tração suportem exatamente a metade do peso do carro.

39 •• Um bloco de 5,00 kg é mantido em repouso contra uma parede vertical por uma força horizontal de 100 N. (*a*) Qual é a força de atrito exercida pela parede sobre o bloco? (*b*) Qual é a força horizontal mínima necessária para evitar que o bloco caia, se o coeficiente de atrito estático entre a parede e o bloco é 0,400?

40 •• Um estudante de física cansado e sobrecarregado tenta manter um grande livro de física preso com seu braço, como mostra a Figura 5-61. O livro tem uma massa de 3,2 kg, o coeficiente de atrito estático entre o livro e o antebraço do estudante é 0,320 e o coeficiente de atrito estático entre o livro e a camisa do estudante é 0,160. (*a*) Qual é a força horizontal mínima que o estudante deve aplicar ao livro para evitar que ele caia? (*b*) Se o estudante só pode exercer uma força de 61 N, qual é a aceleração do livro ao escorregar de sob seu braço? O coeficiente de atrito cinético do braço contra o livro é 0,200 e o da camisa contra o livro é 0,090.

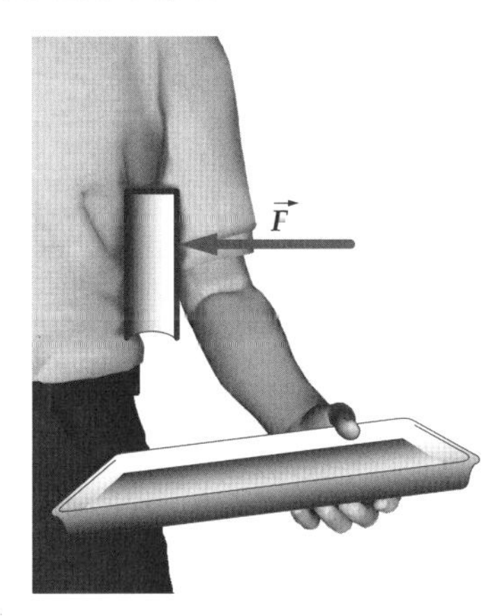

FIGURA 5-61 Problema 40

41 •• **APLICAÇÃO EM ENGENHARIA** Você participa de um rali em um dia nevoso, quando a temperatura está próxima do ponto de congelamento. O coeficiente de atrito estático entre os pneus do carro e a estrada congelada é 0,080. O chefe de sua equipe está preocupado com alguns dos morros do percurso e pede para você considerar a troca para pneus de neve. Para resolver a questão, ele quer comparar os ângulos dos morros do percurso para ver quais deles seu carro consegue transpor. (*a*) Qual é o ângulo de inclinação máxima que um veículo com tração nas quatro rodas pode subir com rapidez constante? (*b*) Se os morros estão congelados, qual é o ângulo de inclinação máxima para que o mesmo veículo com tração nas quatro rodas possa descer com rapidez constante?

42 •• Uma caixa de 50 kg, em repouso sobre um chão plano, deve ser deslocada. O coeficiente de atrito estático entre a caixa e o chão é 0,60. Uma maneira de deslocar a caixa é empurrá-la com uma força que forma um ângulo θ abaixo da horizontal. Outro método é empurrá-la com uma força formando um ângulo θ acima da horizontal. (*a*) Explique por que um método requer menos força que o outro. (*b*) Calcule a mínima força necessária para deslocar a caixa de cada maneira, se $\theta = 30°$, e compare os resultados com os resultados para $\theta = 0°$.

43 •• Um bloco de massa $m_1 = 250$ g está sobre um plano inclinado de um ângulo $\theta = 30°$ com a horizontal. O coeficiente de atrito cinético entre o bloco e o plano é 0,100. O bloco está amarrado a um segundo bloco de massa $m_2 = 200$ g que pende livremente de um cordão que passa por uma polia sem massa e sem atrito (Figura 5-62). Depois que o segundo bloco caiu 30,0 cm, qual é sua rapidez?

FIGURA 5-62 Problemas 43, 44, 45

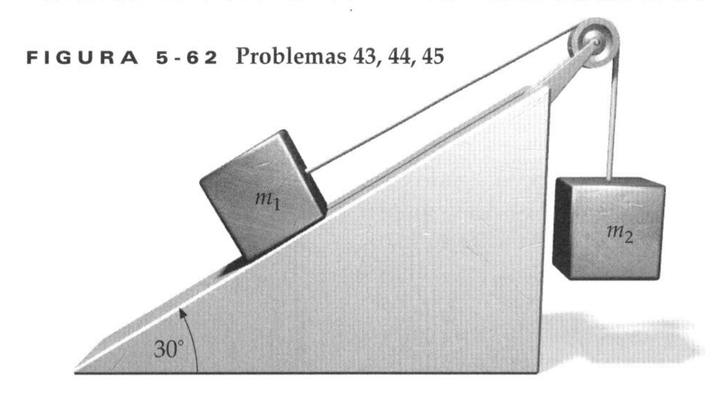

44 •• Na Figura 5-62, $m_1 = 4,0$ kg e o coeficiente de atrito estático entre o bloco e o plano inclinado é 0,40. (*a*) Encontre a faixa de valores possíveis para m_2 para a qual o sistema permanecerá em equilíbrio estático. (*b*) Encontre a força de atrito sobre o bloco de 4,0 kg se $m_2 = 1,0$ kg.

45 •• Na Figura 5-62, $m_1 = 4,0$ kg, $m_2 = 5,0$ kg e o coeficiente de atrito cinético entre o plano inclinado e o bloco de 4,0 kg é $\mu_c = 0,24$. Encontre a magnitude da aceleração das massas e a tensão na corda.

46 •• Uma tartaruga de 12 kg está no caminhão do cuidador do zoológico, que percorre uma estrada do interior a 55 mi/h. O funcionário vê um cervo na estrada e freia para parar em 12 s. Supondo a aceleração constante, qual é o menor coeficiente de atrito estático necessário entre a tartaruga e o piso do caminhão para que ela não escorregue?

47 •• Um bloco de 150 g é projetado rampa acima, com uma rapidez inicial de 7,0 m/s. O coeficiente de atrito cinético entre a rampa e o bloco é 0,23. (*a*) Se a rampa está inclinada de 25° em relação à horizontal, qual é a distância que o bloco percorre sobre a rampa até parar? (*b*) O bloco volta, então, rampa abaixo. Qual é o menor coeficiente de atrito estático, entre o bloco e a rampa, capaz de evitar que o bloco escorregue de volta?

48 •• Um automóvel sobe uma ladeira inclinada de 15° a 30 m/s. O coeficiente de atrito estático entre os pneus e a pista é 0,70. (*a*) Qual é a menor distância necessária para o carro parar? (*b*) Qual seria a menor distância para parar se o carro estivesse descendo a ladeira?

49 •• **APLICAÇÃO EM ENGENHARIA** Um carro de tração traseira suporta 40 por cento de seu peso sobre suas duas rodas de tração e tem um coeficiente de atrito estático de 0,70 com uma estrada reta

horizontal. (*a*) Encontre a aceleração máxima do veículo. (*b*) Qual é o menor tempo que este carro leva para atingir uma rapidez de 100 km/h? (Considere um motor capaz de suprir potência sem limites.)

50 •• Você e seu melhor amigo fazem uma aposta. Você alega poder colocar uma caixa de 2,0 kg encostada a um dos lados de um carrinho, como na Figura 5-63, sem que a caixa caia no chão, mesmo você garantindo que não fará uso de ganchos, cordas, prendedores, ímãs, cola ou qualquer outro tipo de adesivo. Quando seu amigo aceita a aposta, você começa a empurrar o carrinho no sentido mostrado na figura. O coeficiente de atrito estático entre a caixa e o carrinho é 0,60. (*a*) Encontre a menor aceleração com a qual você vencerá a aposta. (*b*) Qual é a magnitude da força de atrito, neste caso? (*c*) Encontre a força de atrito sobre a caixa se a aceleração é duas vezes a mínima necessária para que a caixa não caia. (*d*) Mostre que, para uma caixa de qualquer massa, a caixa não cairá se a magnitude da aceleração para a frente for $a \geq g/\mu_e$, onde μ_e é o coeficiente de atrito estático.

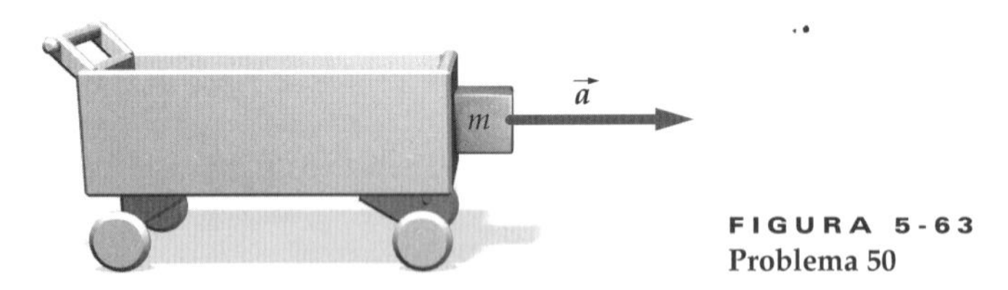

FIGURA 5-63 Problema 50

51 •• Dois blocos ligados por um cordão (Figura 5-64) deslizam para baixo sobre um plano inclinado de 10°. O bloco 1 tem a massa $m_1 = 0{,}80$ kg e o bloco 2 tem a massa $m_2 = 0{,}25$ kg. Ademais, os coeficientes de atrito cinético entre os blocos e o plano são 0,30, para o bloco 1 e 0,20 para o bloco 2. Encontre (*a*) a magnitude da aceleração dos blocos e (*b*) a tensão no cordão.

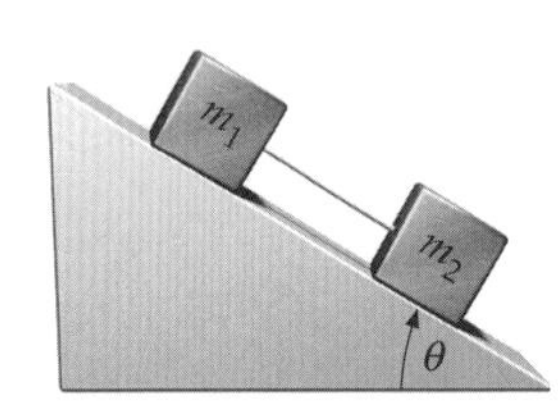

FIGURA 5-64 Problemas 51 e 52

52 •• Dois blocos, de massas m_1 e m_2, escorregam para baixo sobre um plano inclinado, como mostrado na Figura 5-64. Eles estão ligados por um *bastão* sem massa. Os coeficientes de atrito cinético entre o bloco e a superfície são μ_1, para o bloco 1, e μ_2 para o bloco 2. (*a*) Determine a aceleração dos dois blocos. (*b*) Determine a força que o bastão exerce sobre cada um dos dois blocos. Mostre que estas forças são ambas nulas quando $\mu_1 = \mu_2$ e dê um argumento não-matemático simples para que isto seja verdadeiro.

53 •• Um bloco de massa *m* está sobre uma mesa horizontal (Figura 5-65). O bloco é puxado por uma corda sem massa com uma força $\vec{F}$ a um ângulo θ. O coeficiente de atrito estático é 0,60. O valor mínimo da força necessária para mover o bloco depende do ângulo θ. (*a*) Discuta qualitativamente como você espera que a magnitude desta força dependa de θ. (*b*) Calcule a força para os ângulos θ = 0°, 10°, 20°, 30°, 40°, 50° e 60°, e faça um gráfico de *F versus* θ para mg = 400 N. De seu gráfico, para qual ângulo é mais eficiente aplicar a força para movimentar o bloco?

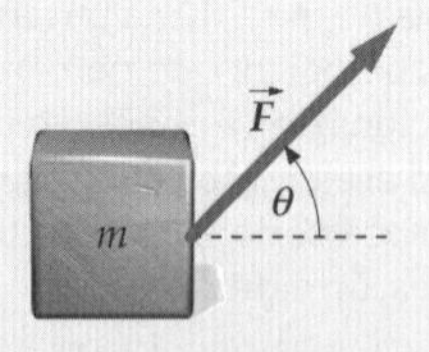

FIGURA 5-65 Problemas 53 e 54

54 •• Considere o bloco da Figura 5-65. Mostre que, em geral, os seguintes resultados valem para um bloco de massa *m* que está sobre uma superfície horizontal de coeficiente de atrito estático μ_e. (*a*) Se você deseja aplicar a *menor* força possível para mover o bloco, você deve aplicá-la puxando para cima a um ângulo $\theta = \tan^{-1}\mu_e$. (*b*) A força mínima necessária para começar a mover o bloco é $F_{mín} = (\mu_e/\sqrt{1+\mu_e^2})mg$. (*c*) Uma vez iniciado o movimento do bloco, se você deseja aplicar a menor força possível para mantê-lo em movimento, você deve manter o ângulo com o qual você está puxando, deve aumentá-lo ou deve diminuí-lo?

55 •• Responda às questões do Problema 54, mas para uma força $\vec{F}$ que empurra o bloco a um ângulo θ *abaixo* da horizontal.

56 •• Uma massa de 100 kg é puxada sobre uma superfície sem atrito por uma força horizontal $\vec{F}$, de forma que sua aceleração é a_1 = 6,00 m/s² (Figura 5-66). Uma massa de 20 kg desliza sobre o topo da massa de 100 kg e tem uma aceleração a_2 = 4,00 m/s². (Deslizando, portanto, para trás em relação à massa de 100 kg.) (*a*) Qual é a força de atrito exercida pela massa de 100 kg sobre a massa de 20 kg? (*b*) Qual é a força resultante sobre a massa de 100 kg? Quanto vale a força *F*? (*c*) Depois que a massa de 20 kg cai para fora da massa de 100 kg, qual é a aceleração da massa de 100 kg? (Suponha a força *F* inalterada.)

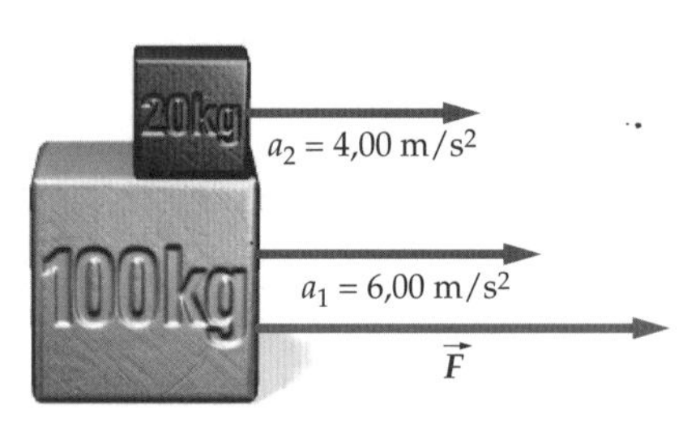

FIGURA 5-66 Problema 56

57 •• Um bloco de 60 kg desliza sobre o topo de um bloco de 100 kg. O bloco de 60 kg tem uma aceleração de 3,0 m/s² enquanto uma força horizontal de 320 N é aplicada a ele, como mostra a Figura 5-67. Não existe atrito entre o bloco de 100 kg e a superfície horizontal, mas existe atrito entre os dois blocos. (*a*) Encontre o coeficiente de atrito cinético entre os blocos. (*b*) Encontre a aceleração do bloco de 100 kg durante o tempo em que o bloco de 60 kg permanece em contato com ele.

FIGURA 5-67 Problema 57

58 •• O coeficiente de atrito estático entre um pneu de borracha e a superfície de uma estrada é 0,85. Qual é a aceleração máxima de um caminhão de 1000 kg de tração nas quatro rodas, se a estrada forma um ângulo de 12° com a horizontal e o caminhão está (*a*) subindo e (*b*) descendo?

59 •• Um bloco de 2,0 kg é colocado sobre um bloco de 4,0 kg que está sobre uma mesa sem atrito (Figura 5-68). Os coeficientes de atrito entre os blocos são μ_e = 0,30 e μ_c = 0,20. (*a*) Qual é a máxima força horizontal *F* que pode ser aplicada ao bloco de 4,0 kg se o bloco de 2,0 kg não deve deslizar? (*b*) Se *F* tem a metade deste valor, encontre a aceleração de cada bloco e a força de atrito atuando sobre cada bloco. (*c*) Se *F* tem o dobro do valor encontrado em (*a*), encontre a aceleração de cada bloco.

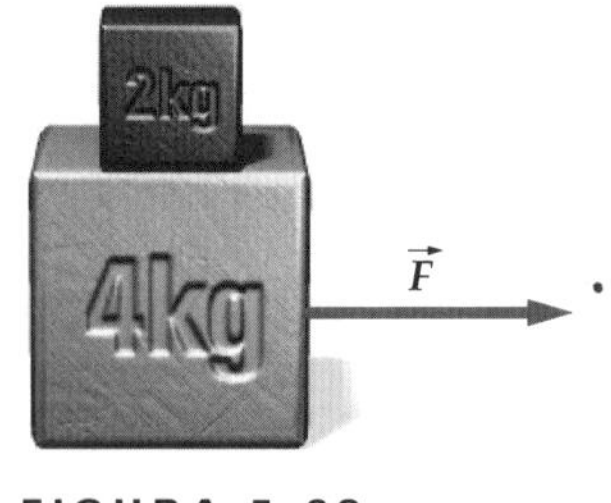

FIGURA 5-68 Problema 59

60 ••• Um bloco de 10,0 kg está sobre um suporte de 5,0 kg, como mostra a Figura 5-69. O suporte de 5,0 kg está sobre uma mesa sem atrito. Os coeficientes de atrito entre o bloco de 10,0 kg e o suporte são μ_e = 0,40 e μ_c = 0,30. (*a*) Qual é a máxima força *F* que pode ser aplicada se o bloco de 10,0 kg não deve deslizar sobre o suporte? (*b*) Qual é a correspondente aceleração do suporte de 5,0 kg?

61 ••• Você e seus amigos empurram para cima, sobre um escorregador de alumínio e a partir da base, um porco besuntado de graxa de 75,0 kg, em uma feira de interior. O coeficiente de atrito cinético entre o porco e o escorregador é 0,070. (*a*) Vocês todos empurrando juntos (paralelamente ao escorregador) conseguem acelerar o porco, a partir do repouso, à taxa constante de 5,0 m/s² por uma distância

FIGURA 5-69 Problema 60

de 1,5 m, quando então vocês largam o porco. O porco continua subindo o escorregador, atingindo uma *altura vertical* máxima, a partir do ponto em que foi largado, de 45 cm. Qual é o ângulo de inclinação do escorregador? (*b*) No ponto de altura máxima, o porco se vira e começa a escorregar de volta. Com que rapidez ele retorna à base do escorregador?

62 ••• Um bloco de 100 kg está sobre um plano inclinado e preso a outro bloco, de massa *m*, por uma corda, como mostra a Figura 5-70. Os coeficientes de atrito estático e cinético entre o bloco e o plano inclinado são $\mu_e = 0{,}40$ e $\mu_c = 0{,}20$, e o plano está inclinado de 18° com a horizontal. (*a*) Determine a faixa de valores de *m*, a massa do bloco pendente, para a qual o bloco de 100 kg não se moverá se não perturbado, mas, se levemente perturbado, deslizará para baixo sobre o plano. (*b*) Determine a faixa de valores de *m* para a qual o bloco de 100 kg não se moverá se não perturbado, mas, se levemente perturbado, deslizará para cima sobre o plano.

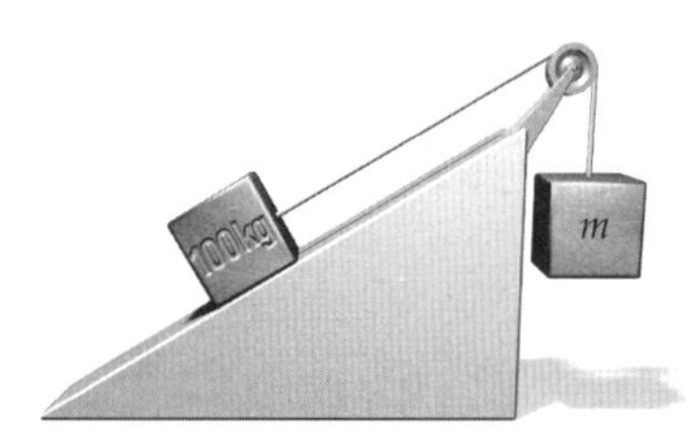

FIGURA 5-70 Problema 62

63 ••• Um bloco de 0,50 kg de massa está sobre uma superfície inclinada de uma cunha de 2,0 kg de massa, como na Figura 5-71. A cunha sofre a ação de uma força horizontal aplicada $\vec{F}$ e desliza sobre uma superfície sem atrito. (*a*) Se o coeficiente de atrito estático entre a cunha e o bloco é $\mu_e = 0{,}80$ e a cunha tem a inclinação de 35° com a horizontal, encontre os valores máximo e mínimo da força aplicada para os quais o bloco não escorrega. (*b*) Repita a Parte (*a*) para $\mu_e = 0{,}40$.

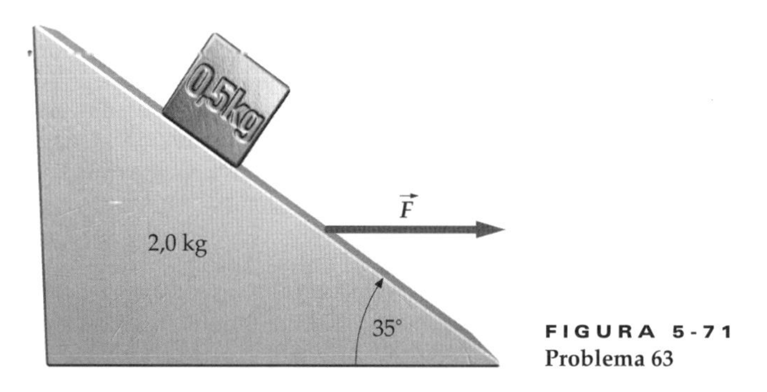

FIGURA 5-71 Problema 63

64 ••• **PLANILHA ELETRÔNICA** Em seu laboratório de física, você e seus colegas empurram um bloco de madeira de massa 10,0 kg (a partir do repouso), com uma força horizontal constante de 70 N sobre um piso de madeira. Na última aula de laboratório, seu grupo havia determinado que o coeficiente de atrito cinético não era exatamente constante, mas variava com a rapidez do objeto de acordo com $\mu_c = 0{,}11/(1 + 2{,}3 \times 10^{-4}v^2)^2$. Escreva um programa para **planilha eletrônica**, usando o método de Euler, para calcular e plotar a rapidez e a posição do bloco como função do tempo entre 0 e 10 s. Compare este resultado com o resultado que você obteria se supusesse o coeficiente de atrito cinético com o valor constante de 0,11.

65 ••• **VÁRIOS PASSOS** Com o objetivo de determinar o coeficiente de atrito cinético de um bloco de madeira sobre o tampo horizontal de uma mesa, você recebe as seguintes instruções: pegue o bloco de madeira e dê a ele uma velocidade inicial sobre a superfície da mesa. Usando um cronômetro, meça o tempo Δt que o bloco leva para atingir o repouso e o deslocamento total Δx de deslizamento do bloco. (*a*) Usando as leis de Newton e um diagrama de corpo livre para o bloco, mostre que a expressão para o coeficiente de atrito cinético é $\mu_c = 2\Delta x/[(\Delta t)^2 g]$. (*b*) Se o bloco desliza 1,37 m em 0,97 s, determine μ_c. (*c*) Qual era a rapidez inicial do bloco?

66 •• **PLANILHA ELETRÔNICA** (*a*) Um bloco está deslizando para baixo em um plano inclinado. O coeficiente de atrito cinético entre o bloco e o plano é μ_c. Mostre que um gráfico de $a_x/\cos\theta$ *versus* tan θ (onde a_x é a aceleração plano abaixo e θ é o ângulo de inclinação do plano com a horizontal) deve ser uma linha reta de inclinação g e coeficiente linear $-\mu_c g$. (*b*) Os dados seguintes mostram a aceleração de um bloco deslizando para baixo em um plano inclinado, como função do ângulo θ de inclinação do plano com a horizontal:*

θ (graus)	Aceleração (m/s²)
25,0	1,69
27,0	2,10
29,0	2,41
31,0	2,89
33,0	3,18
35,0	3,49
37,0	3,78
39,0	4,15
41,0	4,33
43,0	4,72
45,0	5,11

Usando um programa de **planilha eletrônica**, plote estes dados e ajuste uma linha reta a eles para determinar μ_c e g. Qual é a diferença percentual entre o valor obtido para g e o valor comumente utilizado de 9,81 m/s²?

FORÇAS DE ARRASTE

67 • Uma bola de pingue-pongue tem uma massa de 2,3 g e uma rapidez terminal de 9,0 m/s. A força de arraste é da forma bv^2. Qual é o valor de b?

68 • Uma pequena partícula de poluição vem pousando em direção à Terra em ar parado. A rapidez terminal da partícula é 0,30 mm/s, a massa da partícula é $1{,}0 \times 10^{-10}$ g e a força de arraste sobre a partícula é da forma bv. Qual é o valor de b?

69 •• Uma demonstração comum em aula é a de largar filtros de café (formato de cesta) e medir o tempo que eles levam para cair de uma dada altura. Um professor larga um único filtro de uma altura h acima do chão e registra o tempo de queda como Δt. Qual será a distância percorrida por um maço de n filtros idênticos encaixados durante o mesmo intervalo de tempo Δt? Considere os filtros tão leves que eles atingem instantaneamente a rapidez terminal. Suponha a força de arraste variando com o quadrado da rapidez e os filtros largados de pé.

70 •• Uma pára-quedista de 60,0 kg de massa pode reduzir sua rapidez para um valor constante de 90 km/h, posicionando seu corpo horizontalmente, olhando para baixo e mantendo braços e pernas estendidos. Nesta posição, ela expõe a máxima área de seção reta e,

* Dados tirados de Dennis W. Phillips, "Science Friction Adventure — Part II", *The Physics Teacher*, 553 (1990).

assim, maximiza a força de arraste do ar sobre ela. (*a*) Qual é a magnitude da força de arraste sobre a pára-quedista? (*b*) Se a força de arraste é dada por bv^2, qual é o valor de b? (*c*) Em determinado momento, ela rapidamente altera sua posição para a posição de "faca", posicionando seu corpo verticalmente e com os braços apontando para baixo. Suponha, como conseqüência disto, uma redução de b para 55 por cento de seu valor das Partes (*a*) e (*b*). Qual é a aceleração que ela passa a ter ao adotar a posição de "faca"?

71 •• **APLICAÇÃO EM ENGENHARIA, RICO EM CONTEXTO** Sua equipe de engenheiros de testes irá soltar o freio de mão de um carro de 800 kg, de forma que ele passará a rolar para baixo em uma muito longa ladeira inclinada de 6,0 por cento, rumo a uma colisão na base da ladeira. (Quando a inclinação é de 6,0 por cento, a variação de altitude é 6,0 por cento da distância horizontal percorrida.) A força total resistiva (arraste do ar mais atrito de rolamento) para este carro foi previamente estabelecida como $F_a = 100\text{ N} + (1{,}2\text{ N}\cdot\text{s}^2/\text{m}^2)v^2$, onde v é a rapidez do carro. Qual é a rapidez terminal para o carro que rola ladeira abaixo?

72 ••• **APROXIMAÇÃO** Partículas esféricas pequenas, movendo-se lentamente, experimentam uma força de arraste dada pela lei de Stokes: $F_a = 6\pi\eta r v$, onde r é o raio da partícula, v é sua rapidez e η é o coeficiente de viscosidade do meio fluido. (*a*) Estime a rapidez terminal de uma partícula esférica de poluição de raio $1{,}00 \times 10^{-5}$ m e de massa específica 2000 kg/m³. (*b*) Supondo o ar parado e η valendo $1{,}80 \times 10^{-5}$ N·s/m², estime o tempo que esta partícula leva para cair uma altura de 100 m.

73 ••• **APLICAÇÃO EM ENGENHARIA, RICO EM CONTEXTO** Trabalhando com química ambiental, você recebe uma amostra de ar que contém partículas de poluição de tamanho e massa específica fornecidos no Problema 72. Você coloca a amostra em um tubo de ensaio de 8,0 cm de comprimento. Então, você coloca o tubo de ensaio em uma centrífuga com o ponto médio do tubo a 12 cm do eixo de rotação da centrífuga. Você coloca a centrífuga a girar a 800 revoluções por minuto. (*a*) Estime o tempo que você tem que esperar para que quase todas as partículas de poluição estejam no fundo do tubo de ensaio. (*b*) Compare este tempo com o tempo que uma partícula de poluição leva para cair 8,0 cm sob a ação da gravidade e sujeita à força de arraste dada no Problema 72.

MOVIMENTO EM TRAJETÓRIA CURVA

74 • Um bastão rígido com uma bola de 0,050 kg em uma das extremidades gira em torno da outra extremidade de forma que a bola se move com rapidez constante em um círculo vertical de 0,20 m de raio. Qual é a maior rapidez da bola para a qual a força do bastão sobre ela não excede 10 N?

75 • Uma pedra de 95 g é posta a girar em um círculo horizontal, presa à extremidade de um cordão de 85 cm. A pedra leva 1,2 s para completar cada revolução. Determine o ângulo que o cordão forma com a horizontal.

76 •• Uma pedra de 0,20 kg é posta a girar em um círculo horizontal presa à extremidade de um cordão de 0,80 m. O cordão forma um ângulo de 20° com a horizontal. Determine a rapidez da pedra.

77 •• Uma pedra de 0,75 kg presa a um cordão é posta a girar em um círculo horizontal de 35 cm de raio, como a esfera do Exemplo 5-11. O cordão forma um ângulo de 30° com a vertical. (*a*) Encontre a rapidez da pedra. (*b*) Encontre a tensão no cordão.

78 •• **APLICAÇÃO BIOLÓGICA** Uma aviadora de 50 kg de massa está saindo de um mergulho vertical em um arco circular, de forma que na base do arco sua aceleração, para cima, é 3,5*g*. (*a*) Como se compara a magnitude da força exercida pelo assento do avião sobre a aviadora, na base do arco, com o seu peso? (*b*) Use as leis de Newton do movimento para explicar por que a aviadora pode sofrer um desmaio. Isto significa que um volume acima do normal de sangue é "arrastado" para as suas pernas. Como este fluxo de sangue é explicado por um observador em um referencial inercial?

79 •• Um aviador de 80,0 kg sai de um mergulho seguindo, à rapidez constante de 180 km/h, o arco de um círculo cujo raio é 300 m. (*a*) Na base do círculo, qual são a orientação e a magnitude de sua aceleração? (*b*) Qual é a força resultante sobre ele na base do círculo? (*c*) Qual é a força exercida sobre o piloto pelo assento do avião?

80 •• Um pequeno objeto de massa m_1 se move em uma trajetória circular de raio r sobre uma mesa horizontal sem atrito (Figura 5-72). Ele está preso a um cordão que passa por um pequeno furo sem atrito no centro da mesa. Um segundo objeto, de massa m_2, está preso à outra extremidade do cordão. Deduza uma expressão para r em termos de m_1, m_2 e o tempo T de uma revolução.

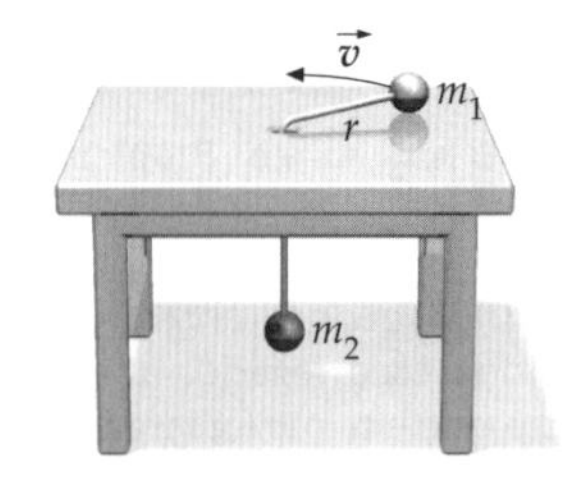

FIGURA 5-72 Problema 80

81 •• Um bloco de massa m_1 está amarrado a um cordão de comprimento L_1 fixo por uma extremidade. O bloco se move em um círculo horizontal sobre uma mesa sem atrito. Um segundo bloco de massa m_2 é preso ao primeiro por um cordão de comprimento L_2, e também se move em um círculo sobre a mesa sem atrito, como mostrado na Figura 5-73. Se o período do movimento é T, encontre a tensão em cada corda em termos dos dados informados.

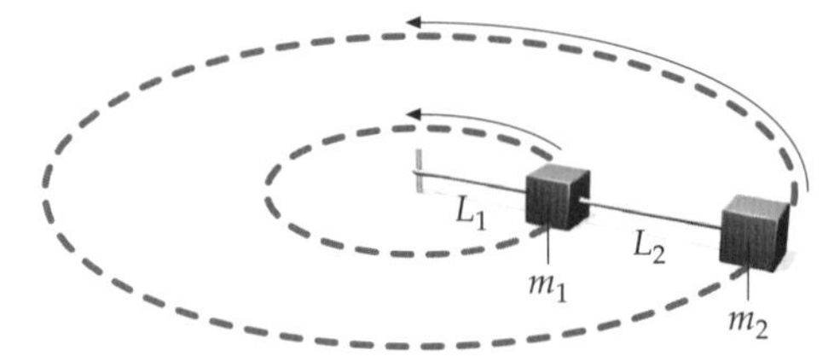

FIGURA 5-73 Problema 81

82 •• **VÁRIOS PASSOS** Uma partícula se move com rapidez constante em um círculo de 4,0 cm de raio. Ela leva 8,0 s para completar uma revolução. (*a*) Desenhe a trajetória da partícula em escala e indique sua posição em intervalos de 1,0 s. (*b*) Esboce os vetores deslocamento para cada intervalo. (*c*) Encontre, graficamente, a magnitude da variação da velocidade média $|\Delta\vec{v}|$ para dois intervalos consecutivos de 1,0 s. Compare $|\Delta\vec{v}|/\Delta t$ assim medido, com a magnitude da aceleração instantânea calculada de $a_c = v^2/r$.

83 •• Você gira sua irmãzinha em um círculo de 0,75 m de raio, como mostrado na Figura 5-74. Se a massa dela é 25 kg e você faz com que ela complete uma revolução a cada 1,5 s, (*a*) quais são a magnitude e a orientação da força que deve ser exercida por você sobre ela? (Adote um modelo em que ela é uma partícula pontual.) (*b*) Qual é a magnitude e a orientação da força que ela exerce sobre você?

FIGURA 5-74 Problema 83 *(David de Lossy/The Image Bank.)*

84 •• O fio de um pêndulo cônico tem 50,0 cm de comprimento e a massa da esfera é 0,25 kg. (*a*) Encontre o ângulo entre o fio e a horizontal quando a tensão no fio vale seis vezes o peso da esfera. (*b*) Nestas condições, qual é o período do pêndulo?

85 •• Uma moeda de 100 g está sobre uma mesa giratória horizontal. A mesa gira exatamente 1,00 revolução por segundo. A moeda está localizada a 10 cm do eixo de rotação da mesa. (*a*) Qual é a força de atrito atuando sobre a moeda? (*b*) Se a moeda desliza para fora da mesa giratória quando localizada a mais de 16,0 cm do eixo de rotação, qual é o coeficiente de atrito estático entre a moeda e a mesa giratória?

86 •• Uma esfera de 0,25 kg está presa a um poste vertical por uma corda de 1,2 m. Considere desprezível o raio da esfera. Se a esfera se move em um círculo horizontal com a corda fazendo um ângulo de 20° com a vertical, (*a*) qual é a tensão na corda? (*b*) Qual é a rapidez da esfera?

87 ••• Uma pequena conta de 100 g de massa (Figura 5-75) desliza sem atrito por um arame semicircular de 10 cm de raio que gira em torno de um eixo vertical à taxa de 2,0 revoluções por segundo. Encontre o valor de θ para o qual a conta permanecerá estacionária em relação ao arame que gira.

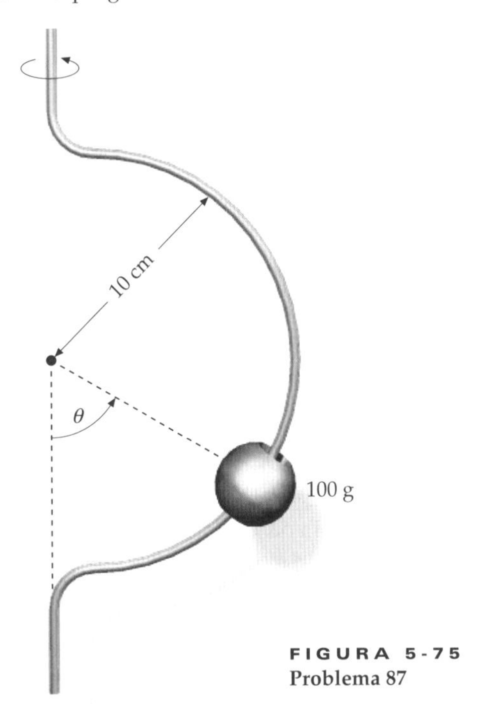

FIGURA 5-75 Problema 87

FORÇA CENTRÍPETA

88 • Um carro entra na curva de saída de uma auto-estrada. O raio da curva é de 80,0 m. Um passageiro de 70,0 kg segura o apoio de braço da porta do carro com uma força de 220 N para não deslizar sobre o assento dianteiro do carro. (Considere a curva sem inclinação e ignore o atrito com o assento do carro.) Qual é a rapidez do carro?

89 • O raio de curvatura do trilho no topo de uma das elevações de uma montanha-russa é 12,0 m. No topo da elevação, a força que o assento exerce sobre um passageiro de massa m é $0{,}40mg$. Com que rapidez o carrinho da montanha-russa está se movendo ao passar pelo ponto mais alto da elevação?

90 •• **APLICAÇÃO EM ENGENHARIA** Sobre a pista de um aeroporto desativado, um carro de 2000 kg viaja à rapidez constante de 100 km/h. A 100 km/h o arraste do ar sobre o carro é de 500 N. Despreze o atrito de rolamento. (*a*) Qual é a força de atrito estático exercida sobre o carro pela superfície da pista, e qual é o menor coeficiente de atrito estático necessário para o carro manter sua rapidez? (*b*) O carro continua a viajar a 100 km/h, mas agora em uma pista com um raio de curvatura r. Para qual valor de r o ângulo entre o vetor força de atrito estático e o vetor velocidade será igual a 45,0°, e para qual valor de r ele será igual a 88,0°? Qual é o menor coeficiente de atrito estático necessário para o carro manter este último raio de curvatura sem derrapar?

91 •• Você está pedalando uma bicicleta sobre uma superfície horizontal em um círculo de 20 m de raio. A força resultante exercida pela superfície sobre a bicicleta (força normal mais força de atrito) forma um ângulo de 15° com a vertical. (*a*) Qual é sua rapidez? (*b*) Se a força de atrito sobre a bicicleta tem a metade de seu valor máximo possível, qual é o coeficiente de atrito estático?

92 •• Um avião está voando em um círculo horizontal com a rapidez de 480 km/h. O avião está inclinado para o lado, suas asas formando um ângulo de 40° com a horizontal (Figura 5-76). Considere uma força de sustentação perpendicular às asas atuando sobre a aeronave em seu movimento. Qual é o raio do círculo que o avião está descrevendo?

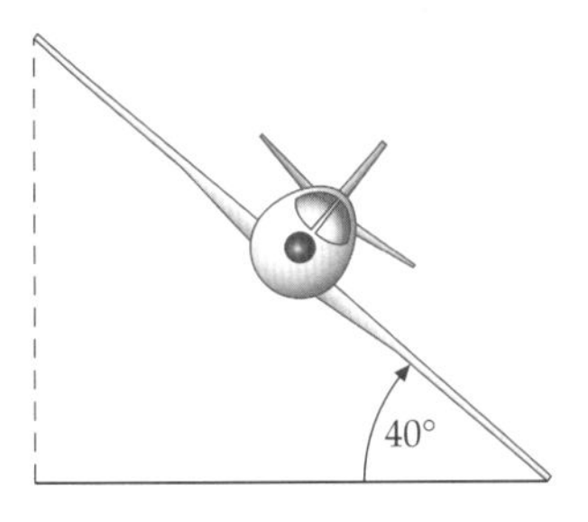

FIGURA 5-76 Problema 92

93 •• Um clube de automobilismo planeja testar um carro de 750 kg no autódromo local. O carro deve ser capaz de percorrer várias curvas de 160 m de raio a 90 km/h. Qual deve ser o ângulo de inclinação das curvas para que a força do pavimento sobre os pneus do carro tenha a direção normal? *Dica: O que esta exigência lhe diz sobre a força de atrito?*

94 •• Uma curva de 150 m de raio é inclinada de um ângulo de 10°. Um carro de 800 kg percorre a curva a 85 km/h sem derrapar. Despreze os efeitos de arraste do ar e de atrito de rolamento. Encontre (*a*) a força normal exercida pelo pavimento sobre os pneus, (*b*) a força de atrito exercida pelo pavimento sobre os pneus, (*c*) o coeficiente de atrito estático mínimo entre o pavimento e os pneus.

95 •• Em outra ocasião, o carro do Problema 94 percorre a curva a 38 km/h. Despreze os efeitos de arraste do ar e de atrito de rolamento. Encontre (*a*) a força normal exercida pelo pavimento sobre os pneus, (*b*) a força de atrito exercida pelo pavimento sobre os pneus.

96 ••• **APLICAÇÃO EM ENGENHARIA** Na qualidade de engenheiro civil, você recebe a incumbência de projetar a parte curva de uma rodovia que preencha as seguintes condições: Quando a rodovia está coberta de gelo, e o coeficiente de atrito estático entre a estrada e a borracha é 0,080, um carro em repouso não deve deslizar para o acostamento e um carro viajando a menos de 60 km/h não deve derrapar para fora da curva. Despreze efeitos de arraste do ar e de atrito de rolamento. Qual é o menor raio de curvatura para a curva e com que ângulo a rodovia deve ser inclinada?

97 ••• **APLICAÇÃO EM ENGENHARIA** Uma curva de 30 m de raio é inclinada de forma que um carro de 950 kg, viajando a 40,0 km/h, pode percorrê-la mesmo se a estrada está tão congelada que o coeficiente de atrito estático é aproximadamente zero. Você é encarregado de informar à polícia local a faixa de valores de rapidez na qual um carro pode percorrer esta curva sem derrapar. Despreze os efeitos de arraste do ar e de atrito de rolamento. Se o coeficiente de atrito estático entre a estrada e os pneus é 0,300, qual é a faixa de valores que você informa?

* INTEGRAÇÃO NUMÉRICA: MÉTODO DE EULER

*** 98** •• **PLANILHA ELETRÔNICA, APROXIMAÇÃO** Você está praticando balonismo e atira diretamente para baixo um bola de tênis com uma rapidez inicial de 35,0 km/h. A bola cai com uma rapidez terminal de 150 km/h. Supondo que o arraste do ar é proporcional ao quadrado da rapidez, use o método de Euler (**planilha eletrônica**) para estimar a rapidez da bola depois de 10,0 s. Qual é a incerteza nesta estimativa? Você larga uma segunda bola, esta a partir do repouso. Quanto tempo ela leva para atingir 99 por cento de sua rapidez terminal? Qual a distância que ela percorre nesse tempo?

* **99** •• **PLANILHA ELETRÔNICA, APROXIMAÇÃO** Você atira uma bola de tênis verticalmente para cima com uma rapidez inicial de 150 km/h. A rapidez terminal da bola, ao cair, também vale 150 km/h. (*a*) Use o método de Euler (**planilha eletrônica**) para estimar a altura da bola 3,50 s após o lançamento. (*b*) Qual é a altura máxima que ela atinge? (*c*) Quanto tempo após o lançamento ela atinge a altura máxima? (*d*) Quanto tempo depois ela retorna ao solo? (*e*) O tempo que a bola leva para subir é menor, igual ou maior que o tempo para descer?

* **100** ••• **PLANILHA ELETRÔNICA, APROXIMAÇÃO** Um bloco de 0,80 kg, sobre uma superfície horizontal sem atrito, é pressionado contra uma mola sem massa, comprimindo-a de 30 cm. A constante de força da mola é 50 N/m. O bloco é largado e a mola o empurra por 30 cm. Use o método de Euler (**planilha eletrônica**) com $\Delta t = 0{,}0050$ s para estimar o tempo que a mola leva empurrando o bloco pelos 30 cm. Qual é a rapidez do bloco após esse tempo? Qual é a incerteza nessa rapidez?

ENCONTRANDO O CENTRO DE MASSA

101 • Três massas pontuais, de 2,0 kg cada uma, estão localizadas no eixo x. Uma está na origem, outra em $x = 0{,}20$ m e outra em $x = 0{,}50$ m. Encontre o centro de massa do sistema.

102 • Em uma escavação arqueológica de final de semana, você descobre um velho machado consistindo em uma pedra simétrica de 8,0 kg presa à extremidade de um bastão uniforme de 2,5 kg. As medidas que você obteve são as mostradas na Figura 5-77. A que distância da extremidade livre do cabo está o centro de massa do machado?

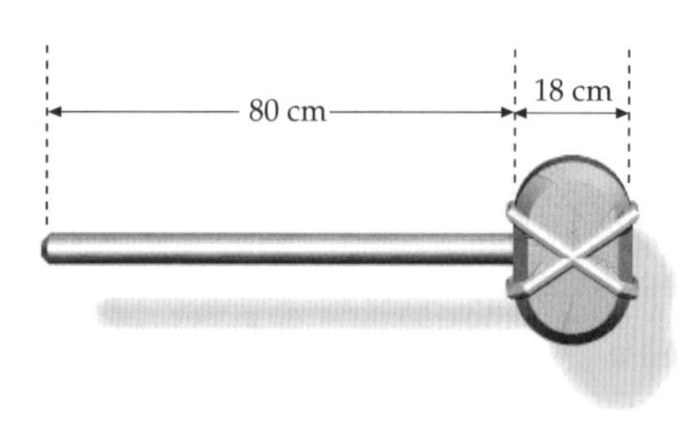

FIGURA 5-77 Problema 102

103 • Três bolas, A, B e C, como massas de 3,0 kg, 1,0 kg e 1,0 kg, respectivamente, estão ligadas por barras sem massa, como mostrado na Figura 5-78. Quais são as coordenadas do centro de massa do sistema?

104 • Por simetria, localize o centro de massa de uma folha uniforme com a forma de um triângulo equilátero com lados de comprimento a. O triângulo tem um vértice no eixo y e os outros em $(-a/2{,}0)$ e $(+a/2{,}0)$.

105 •• Encontre o centro de massa da folha uniforme de compensado da Figura 5-79. Considere-a como um sistema efetivamente constituído de duas folhas, fazendo com que uma delas tenha uma "massa negativa" para dar conta do corte. Assim, uma delas é uma folha quadrada de 3 m de lado e massa m_1, e a outra, é uma folha retangular medindo 1,0 m × 2,0 m e com uma massa $-m_2$. Localize a origem das coordenadas no canto inferior esquerdo da folha.

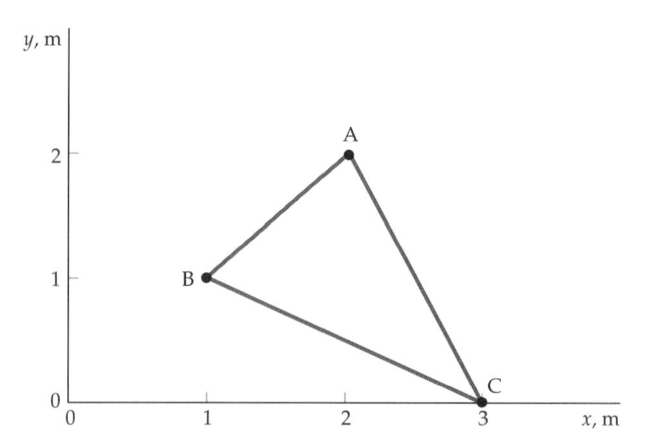

FIGURA 5-78 Problemas 103 e 115

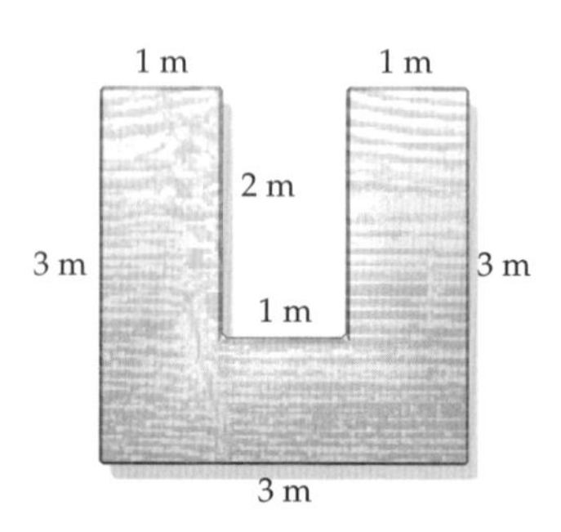

FIGURA 5-79 Problema 105

106 •• Uma lata com a forma de um cilindro simétrico de massa M e altura H está cheia de água. A massa inicial da água é M, a mesma da lata. Um pequeno furo é feito na base da lata e a água começa a vazar. (*a*) Se a altura da água na lata é x, qual é a altura do centro de massa da lata com a água que resta dentro dela? (*b*) Com o vazamento da água, qual é a menor altura do centro de massa?

107 •• Dois bastões finos idênticos e uniformes, de comprimento L cada um, estão grudados pelas extremidades, o ângulo de junção sendo 90°. Determine a localização do centro de massa (em termos de L) desta configuração em relação à origem colocada na junção. *Dica: Você não precisa da massa dos bastões, mas deve começar supondo uma massa m e verá que ela se cancelará.*

108 ••• Repita a análise do Problema 107 com um ângulo genérico θ na junção, em vez de 90°. O seu resultado concorda com a resposta para o ângulo particular de 90° do Problema 107, se você substitui θ por 90°? A sua resposta dá resultados plausíveis para os ângulos de zero e 180°?

* **109** •• **ENCONTRANDO O CENTRO DE MASSA POR INTEGRAÇÃO** Mostre que o centro de massa de um disco uniforme semicircular de raio R está em um ponto a $4R/(3\pi)$ do centro do círculo.

* **110** •• Encontre a posição do centro de massa de uma barra não-uniforme de 0,40 m de comprimento, se sua massa específica varia linearmente de 1,00 g/cm em uma extremidade até 5,00 g/cm na outra extremidade. Especifique a posição do centro de massa em relação à extremidade menos massiva do bastão.

* **111** ••• Você tem um arame uniforme e fino dobrado em um arco de círculo caracterizado pelo raio R e pelo ângulo θ_m (veja a Figura 5-80). Mostre que a posição do centro de massa do arame está no eixo x a uma distância $x_{cm} = (R \operatorname{sen} \theta_m)/\theta_m$, com θ_m expresso em radianos. Teste o resultado mostrando que ele fornece o limite físico esperado para $\theta_m = 180°$. Verifique que o resultado lhe dá o resultado encontrado no texto (na subseção Encontrando o Centro de Massa por Integração) para o caso especial em que $\theta_m = 90°$.

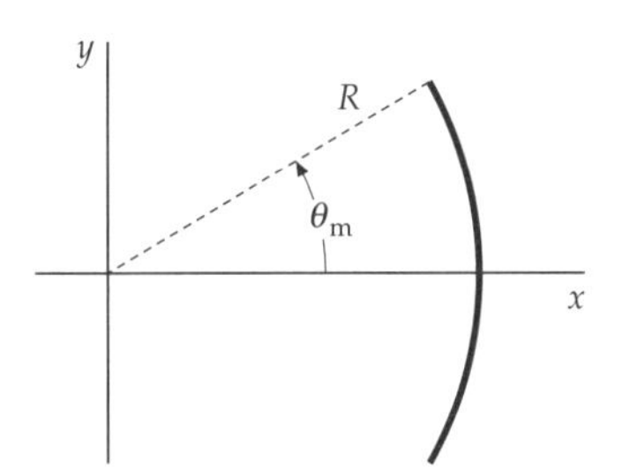

FIGURA 5-80 Problema 111

* 112 ••• Um fio longo e fino de comprimento L tem uma massa específica linear de massa dada por $A - Bx$, onde A e B são constantes positivas e x é a distância à extremidade mais massiva. (*a*) Uma condição para que este problema tenha sentido é que $A > BL$. Explique por quê. (*b*) Determine x_{cm} em termos de L, A e B. Seu resultado faz sentido se $B = 0$? Explique.

MOVIMENTO DO CENTRO DE MASSA

113 • Duas partículas de 3,0 kg têm velocidades $\vec{v}_1 = (2,0\text{ m/s})\hat{i} + (3,0\text{ m/s})\hat{j}$ e $\vec{v}_2 = (4,0\text{ m/s})\hat{i} - (6,0\text{ m/s})\hat{j}$. Encontre a velocidade do centro de massa do sistema.

114 • Um carro de 1500 kg desloca-se para o oeste com uma rapidez de 20,0 m/s e um caminhão de 3000 kg viaja para o leste com uma rapidez de 16,0 m/s. Encontre a velocidade do centro de massa do sistema carro–caminhão.

115 • Uma força $\vec{F} = 12\text{N}\ \hat{i}$ é aplicada à bola de 3,0 kg da Figura 5-78 do Problema 103. (Não há forças sobre as outras bolas.) Qual é a aceleração do centro de massa do sistema de três bolas?

116 •• Um bloco de massa m está preso a um barbante e suspenso dentro de uma caixa de massa M que, de resto, está vazia. A caixa está sobre uma balança de mola que mede o peso do sistema. (*a*) Se o barbante arrebenta, a leitura da balança se altera? Explique seu raciocínio. (*b*) Suponha que o barbante arrebentou e que a massa m está caindo com aceleração constante g. Encontre a magnitude e a orientação da aceleração do centro de massa do sistema caixa–bloco. (*c*) Usando o resultado de (*b*), determine a leitura da balança enquanto m está em queda livre.

117 •• A extremidade de baixo de uma mola vertical sem massa, de constante de força k, está sobre uma balança de mola, e a extremidade de cima está presa a um copo sem massa, como na Figura 5-81. Coloque uma bola de massa m_b cuidadosamente dentro do copo até deixá-la em uma posição de equilíbrio, onde ela passa a ficar em repouso dentro do copo. (*a*) Desenhe diagramas de corpo livre separados para a bola e a mola. (*b*) Mostre que, nesta situação, a compressão d da mola é dada por $d = m_b g/k$. (*c*) Qual é a leitura da balança, nestas condições?

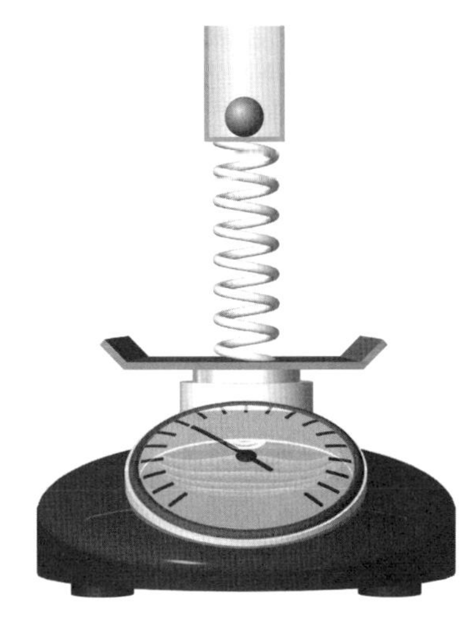

FIGURA 5-81 Problema 117

118 ••• Na máquina de Atwood da Figura 5-82, o fio passa por um cilindro fixo de massa m_c. O cilindro não gira, mas o fio desliza sobre sua superfície sem atrito. (*a*) Encontre a aceleração do centro de massa do sistema dois blocos–cilindro–fio. (*b*) Use a segunda lei de Newton para sistemas para encontrar a força F exercida pelo suporte. (*c*) Encontre a tensão T no fio que liga os blocos e mostre que $F = m_c g + 2T$.

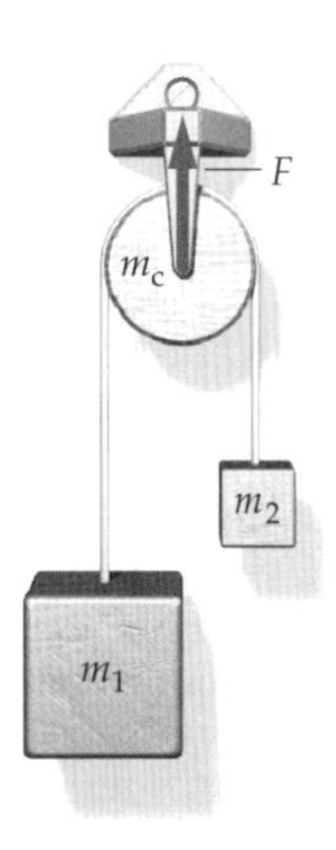

FIGURA 5-82 Problema 118

119 ••• Partindo da situação de equilíbrio do Problema 117, todo o sistema (balança, mola, copo e bola) é agora sujeito a uma aceleração para cima de magnitude a (por exemplo, em um elevador). Repita os diagramas de corpo livre e os cálculos do Problema 117.

PROBLEMAS GERAIS

120 • Projetando sua nova casa na Califórnia (nos Estados Unidos, em região geologicamente instável), você a prepara para suportar uma aceleração horizontal máxima de $0{,}50g$. Qual é o menor coeficiente de atrito estático entre o piso e seu vaso toscano de estimação capaz de evitar que, nessas condições, o vaso deslize sobre o piso?

121 • Um bloco de 4,5 kg desliza para baixo, em um plano inclinado que forma um ângulo de 28° com a horizontal. Partindo do repouso, o bloco desliza uma distância de 2,4 m em 5,2 s. Encontre o coeficiente de atrito cinético entre o bloco e o plano.

122 •• Você está fazendo voar um aeromodelo de 0,400 kg de massa, preso a um cordão horizontal. O avião deve voar em um círculo horizontal de 5,70 m de raio. (Suponha o peso do avião compensado pela força de sustentação para cima que o ar exerce sobre as asas.) O avião deve realizar 1,20 volta em cada 4,00 s. (*a*) Encontre a rapidez com que o avião deve voar. (*b*) Encontre a força exercida sobre sua mão enquanto você segura o cordão (considerado sem massa).

123 •• **RICO EM CONTEXTO** Sua companhia de mudanças deve embarcar um caixote de livros em um caminhão com a ajuda de algumas pranchas inclinadas de 30° acima da horizontal. A massa do caixote é 100 kg e o coeficiente de atrito cinético entre ele e as pranchas é 0,500. Você e seus empregados empurram *horizontalmente* com uma força combinada resultante $\vec{F}$. Assim que o caixote começa a se mover, qual deve ser o valor de F para que o caixote se mantenha em movimento com rapidez constante?

124 •• Três forças atuam sobre um corpo em equilíbrio estático (Figura 5-83). (*a*) Se F_1, F_2 e F_3 representam as magnitudes das forças atuantes sobre o corpo, mostre que $F_1/\text{sen}\ \theta_{23} = F_2/\text{sen}\ \theta_{31} = F_3/\text{sen}\ \theta_{12}$. (*b*) Mostre que $F_1^2 = F_2^2 + F_3^2 + 2F_2F_3 \cos \theta_{23}$.

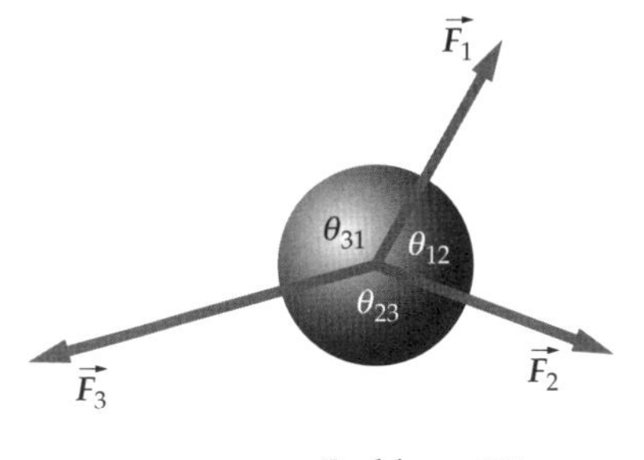

FIGURA 5-83 Problema 124

125 •• Em um parque de diversões, você está sentado em um banco de um compartimento

que gira com rapidez constante em um círculo vertical de 5,0 m de raio. O brinquedo é planejado de forma que sua cabeça está sempre apontando para o centro do círculo. (*a*) Se uma volta completa é efetuada em 2,0 s, encontre a orientação e a magnitude de sua aceleração. (*b*) Encontre a menor taxa de rotação (em outras palavras, o maior tempo T_m para fechar um círculo) para a qual o cinto de segurança não exerce nenhuma força sobre você no ponto mais alto da volta.

126 •• Um carrinho de criança, com rodas sem atrito, é puxado por uma corda sob uma tensão T. A massa do carrinho é m_1. Uma carga de massa m_2 está em cima do carrinho, com um coeficiente de atrito estático μ_e entre o carrinho e a carga. O carrinho é puxado para cima de uma rampa inclinada de um ângulo θ acima da horizontal. A corda é paralela à rampa. Qual é a máxima tensão T que pode ser aplicada sem que a carga deslize?

127 ••• Um trenó pesando 200 N é mantido em posição, sobre um plano inclinado de 15°, pelo atrito estático. O coeficiente de atrito estático entre o trenó e o plano inclinado é 0,50. (*a*) Qual é a magnitude da força normal sobre o trenó? (*b*) Qual é a magnitude da força de atrito estático sobre o trenó? (*c*) Agora, o trenó é puxado rampa acima (Figura 5-84) com rapidez constante por uma criança que sobe a rampa à frente do trenó. A criança pesa 500 N e puxa a corda com uma força constante de 100 N. A corda forma um ângulo de 30° com o plano inclinado e tem massa desprezível. (*d*) Qual é a magnitude da força de atrito cinético sobre o trenó? (*e*) Qual é a magnitude da força exercida sobre a criança pelo plano inclinado?

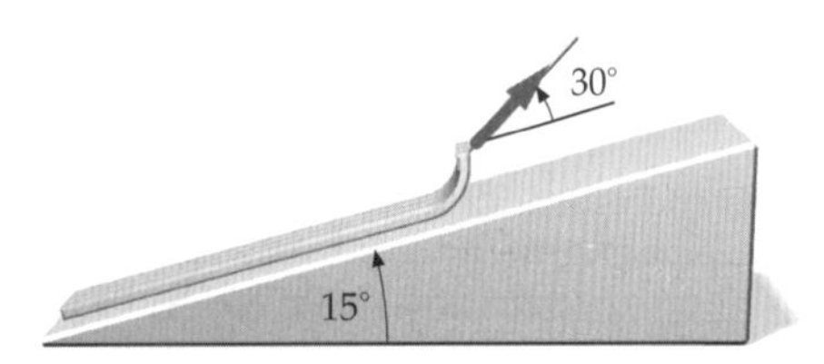

FIGURA 5-84 Problema 127

128 •• **APLICAÇÃO EM ENGENHARIA** Em 1976, Gerard O'Neill propôs que grandes estações espaciais habitáveis fossem construídas em órbita ao redor da Terra e da Lua. Como quedas livres prolongadas apresentam efeitos médicos adversos, ele propôs construir as estações com a forma de longos cilindros postos a girar em torno de seus eixos para dar aos habitantes a sensação de gravidade. Uma dessas colônias de O'Neill é planejada para ter 5,0 milhas de comprimento e um diâmetro de 0,60 mi. Um trabalhador no interior da colônia experimentaria uma sensação de "gravidade", pois estaria em um referencial acelerado por causa da rotação. (*a*) Mostre que a "aceleração da gravidade" experimentada pelo trabalhador na colônia de O'Neill é igual à sua aceleração centrípeta. *Dica: Imagine alguém "assistindo" de fora da colônia.* (*b*) Se supomos que a estação espacial é composta de vários pisos que estão a diferentes distâncias (raios) do eixo de rotação, mostre que a "aceleração da gravidade" vai se tornando mais fraca à medida que o trabalhador vai se aproximando do eixo. (*c*) Quantas revoluções por minuto esta estação espacial deve realizar para produzir uma "aceleração da gravidade" de 9,8 m/s² na região mais externa da estação?

129 •• Uma criança de massa m escorrega para baixo em um escorregador, inclinado de 30°, em um tempo t_1. O coeficiente de atrito cinético entre ela e o escorregador é μ_c. Ela descobre que, se sentar em uma pequena prancha (também de massa m) sem atrito, ela desce o mesmo escorregador no tempo $\frac{1}{2}t_1$. Determine μ_c.

130 ••• A posição de uma partícula de massa $m = 0{,}80$ kg como função do tempo é dada por $\vec{r} = x\hat{i} + y\hat{j} = (R \operatorname{sen} \omega t)\hat{i} + (R \cos \omega t)\hat{j}$, onde $R = 4{,}0$ m e $\omega = 2\pi\ \text{s}^{-1}$. (*a*) Mostre que a trajetória desta partícula é um círculo de raio R, com seu centro na origem do plano xy. (*b*) Determine o vetor velocidade. Mostre que $v_x/v_y = -y/x$. (*c*) Calcule o vetor aceleração e mostre que ele é orientado para a origem e tem magnitude v^2/R. (*d*) Encontre a magnitude e a orientação da força resultante aplicada sobre a partícula.

131 ••• **VÁRIOS PASSOS** Você está em um parque de diversões com suas costas apoiadas contra a parede de um cilindro vertical girante. O chão se abre e você é mantido pelo atrito estático. Sua massa é de 75 kg. (*a*) Desenhe um diagrama de corpo livre para você próprio. (*b*) Use este diagrama, junto com as leis de Newton, para determinar a força de atrito sobre você. (*c*) Se o raio do cilindro é 4,0 m e o coeficiente de atrito estático entre você e a parede é 0,55, qual é o menor número de voltas por minuto necessário para evitar que você deslize parede abaixo? Esta resposta só vale para você? Outras pessoas, mais massivas, cairão? Explique.

132 ••• Um bloco de massa m_1 está sobre uma mesa horizontal. O bloco está preso a um bloco de 2,5 kg (m_2) através de um fio leve que passa por uma polia, sem massa e sem atrito, na beirada da mesa. O bloco de massa m_2 balança a 1,5 m do chão (Figura 5-85). O sistema é largado do repouso em $t = 0$ e o bloco de 2,5 kg atinge o chão em $t = 0{,}82$ s. O sistema é, agora, recolocado em sua configuração inicial e um bloco de 1,2 kg é colocado sobre o bloco de massa m_1. Largado do repouso, o bloco de 2,5 kg agora atinge o chão após 1,3 s. Determine a massa m_1 e o coeficiente de atrito cinético entre o bloco de massa m_1 e a mesa.

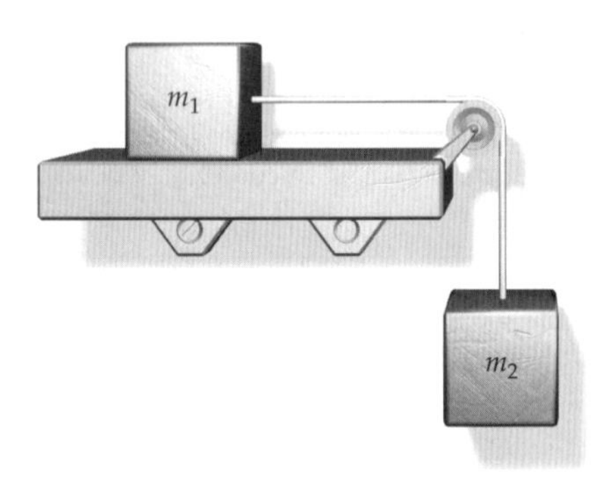

FIGURA 5-85 Problema 132

133 ••• Sueli alega que esquilos voadores na verdade não voam; eles saltam e usam as dobras da pele que liga as pernas dianteiras às traseiras como um pára-quedas para planarem de árvore em árvore. Luísa decide testar a hipótese de Sueli, calculando a rapidez terminal de um esquilo voador em posição de vôo. Se a constante b da força de arraste é proporcional à área que o objeto expõe ao fluxo de ar, use os resultados do Exemplo 5-12 e algumas suposições sobre o tamanho de um esquilo para estimar sua rapidez terminal (para baixo). A alegação de Sueli é confirmada pelos cálculos de Luísa?

134 •• **APLICAÇÃO BIOLÓGICA** Depois que um pára-quedista salta de um avião (mas antes de puxar o cordão que faz abrir o pára-quedas), uma rapidez para baixo de 180 km/h pode ser atingida. Quando finalmente o pára-quedas é aberto, a força de arraste aumenta de cerca de um fator de dez e isto pode provocar um grande baque sobre o saltador. Seja um pára-quedista caindo a 180 km/h antes de abrir o pára-quedas. (*a*) Supondo que a massa do pára-quedista é de 60 kg, determine sua aceleração no momento em que o pára-quedas acaba de ser aberto. (*b*) Se rápidas variações de aceleração maiores que 5,0g podem causar danos à estrutura do corpo humano, esta prática é segura?

135 • Encontre a posição do centro de massa do sistema Terra–Lua em relação ao centro da Terra. Ele está abaixo ou acima da superfície da Terra?

136 •• Uma placa circular de raio R tem, cortado, um furo circular de raio $R/2$ (Figura 5-86). Encontre o centro de massa da placa depois de o furo ter sido cortado. *Dica: A placa pode ser vista como dois discos superpostos, o furo representando um disco de massa negativa.*

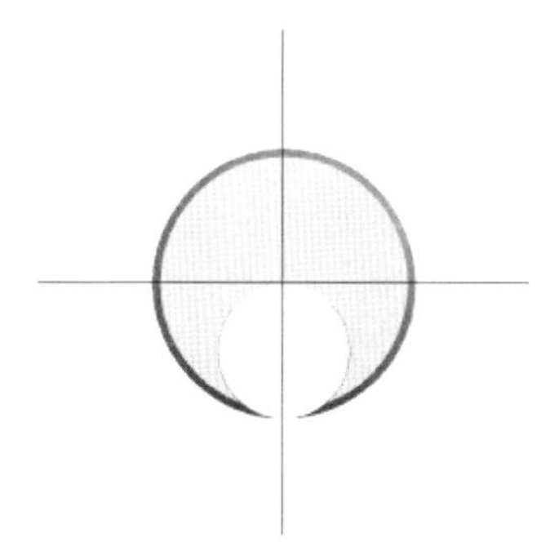

FIGURA 5-86 Problema 136

137 •• Um haltere assimétrico consiste em uma barra uniforme de 50 cm de comprimento e 200 g de massa. Em uma extremidade há uma esfera sólida uniforme de 10 cm de diâmetro e 500 g de massa, e na outra extremidade há uma esfera sólida uniforme de 8,0 cm de diâmetro e 750 g de massa. (A distância centro-a-centro entre as esferas é de 59 cm.) (*a*) Onde, em relação ao centro da esfera leve, está o centro de massa do haltere? (*b*) Se este haltere é atirado para cima (mas girando em torno de si), de forma que a rapidez inicial de seu centro de massa é 10,0 m/s, qual é a velocidade do centro de massa 1,5 s depois? (*c*) Qual é a força externa resultante sobre o haltere enquanto no ar? (*d*) Qual é a aceleração do centro de massa do haltere 1,5 s após o lançamento?

138 •• Você está de pé bem na traseira de uma balsa de 6,0 m de comprimento e 120 kg de massa que está parada em um lago, com a proa apenas a 0,50 m da borda do píer (Figura 5-87). Sua massa é 60 kg. Despreze forças de atrito entre a balsa e a água. (*a*) A que distância da borda do píer está o centro de massa do sistema você–balsa? (*b*) Você caminha para a frente da balsa e pára. A que distância da borda do píer o centro de massa está agora? (*c*) Quando você está na frente da balsa, a que distância você está da borda do píer?

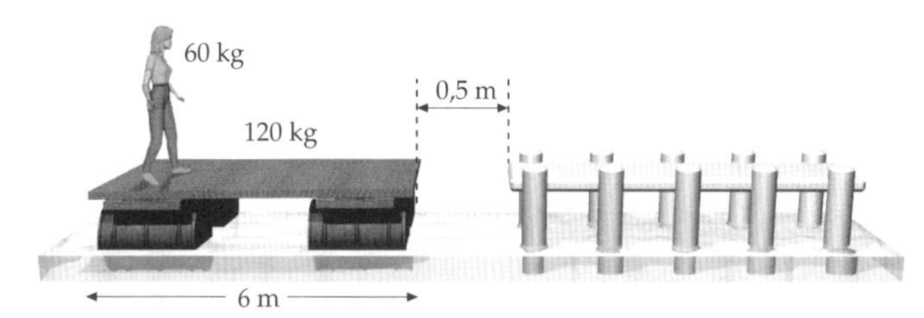

FIGURA 5-87 Problema 138

139 •• Uma máquina de Atwood, cuja polia é sem massa e sem atrito e cujo cordão é sem massa, tem um corpo de 2,00 kg suspenso de um lado e um corpo de 4,00 kg suspenso do outro lado. (*a*) Qual é a rapidez de cada corpo 1,50 s depois deles terem sido simultaneamente largados do repouso? (*b*) Neste momento, qual é a velocidade do centro de massa dos dois corpos? (*c*) Neste momento, qual é a aceleração do centro de massa dos dois objetos?

Trabalho e Energia Cinética

Até agora, analisamos o movimento usando conceitos como os de posição, velocidade, aceleração e força. No entanto, alguns tipos de movimento são difíceis de descrever usando as leis de Newton diretamente. (Um esquiador descendo rapidamente uma pista curva é um destes tipos de movimento, por exemplo.) Neste capítulo e no Capítulo 7, olhamos métodos alternativos para análise de movimento, que envolvem dois conceitos centrais em ciência: energia e trabalho. Diferentemente da força, que é uma grandeza física vetorial, energia e trabalho são grandezas físicas escalares associadas a partículas e a sistemas de partículas. Como você verá, estes novos conceitos fornecem métodos poderosos para resolver uma grande classe de problemas.

A NEVE DERRETE SOB OS ESQUIS DEVIDO AO ATRITO CINÉTICO ENTRE OS ESQUIS E A NEVE. O ESQUIADOR ESTÁ DESCENDO A MONTANHA SOBRE UMA FINA CAMADA DE ÁGUA LÍQUIDA.

? Como a forma do morro, ou o comprimento do caminho, afetam a rapidez final do esquiador na chegada? (Veja o Exemplo 6-12.)

Neste capítulo exploramos o conceito de trabalho e como o trabalho está relacionado com a energia cinética — a energia associada ao movimento dos corpos. Também discutimos os conceitos relacionados de potência e de trabalho no centro de massa.

6-1 TRABALHO REALIZADO POR FORÇA CONSTANTE

Você deve estar acostumado a pensar no trabalho como qualquer coisa que requeira esforço físico ou mental, como estudar para uma prova, carregar uma mochila ou pedalar uma bicicleta. Mas, em física, o trabalho é a transferência de energia por uma força. Se você estica uma mola puxando-a com sua mão (Figura 6-1), energia é transferida de você para a mola e esta energia é igual ao trabalho realizado pela força de sua mão sobre a mola. A energia transferida para a mola pode se tornar evidente se você larga a mola e a observa contrair rapidamente e vibrar.

FIGURA 6-1 Energia é transferida da pessoa para a mola, enquanto esta é esticada. A energia transferida é igual ao trabalho realizado pela pessoa sobre a mola.

Trabalho é uma grandeza escalar que pode ser positiva, negativa ou zero. O trabalho realizado pelo corpo A sobre o corpo B é positivo se alguma energia é transferida de A para B, e é negativa se alguma energia é transferida de B para A. Se não existe energia transferida, o trabalho realizado é zero. No caso em que você estica uma mola, o trabalho realizado por você sobre a mola é positivo, porque energia é transferida de você para a mola. Imagine, agora, que você empurra sua mão de forma a contrair lentamente a mola, até ela ficar frouxa. Durante a contração a mola perde energia — energia é transferida da mola para você — e o trabalho que você realiza sobre a mola é negativo.

Para a contração da mola aqui descrita, o trabalho realizado pela mola sobre a pessoa é positivo ou negativo?

É usual se dizer que trabalho é força vezes distância. Infelizmente, a afirmativa "trabalho é força vezes distância" é enganadoramente simples. Trabalho é realizado sobre um corpo por uma força quando o ponto de aplicação da força se desloca. Para uma força constante, o trabalho é igual à componente da força no sentido do deslocamento vezes a magnitude do deslocamento. Por exemplo, imagine você empurrando uma caixa sobre o piso com uma força horizontal constante $\vec{F}$ no sentido do deslocamento $\Delta x\hat{i}$ (Figura 6-2a). Como a força atua sobre a caixa no mesmo sentido do deslocamento, o trabalho W realizado pela força sobre a caixa é

$$W = F|\Delta x|$$

Imagine, agora, que você está puxando a caixa através de um cordão preso a ela, com a força formando um ângulo com o deslocamento, como mostrado na Figura 6-2*b*. Neste caso, o trabalho realizado sobre a caixa pela força é dado pela componente da força *no sentido* do deslocamento vezes a magnitude do deslocamento:

$$W = F_x \Delta x = F\cos\theta\,|\Delta x| \qquad 6\text{-}1$$

TRABALHO DE FORÇA CONSTANTE

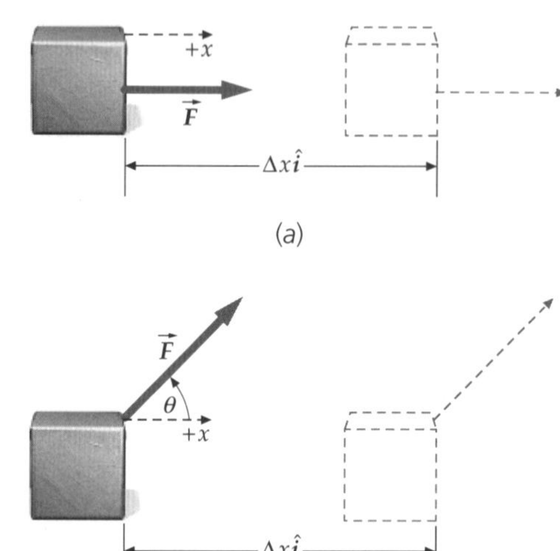

FIGURA 6-2

onde F é a magnitude da força constante, $|\Delta x|$ é a magnitude do deslocamento do ponto de aplicação da força e θ é o ângulo entre os sentidos dos vetores força e deslocamento. O deslocamento do ponto de aplicação da força é idêntico ao deslocamento de qualquer outro ponto da caixa, já que a caixa é rígida e se move sem girar. Se você levanta ou abaixa uma caixa aplicando sobre ela uma força $\vec{F}$, você está realizando trabalho sobre a caixa. Considere positiva a orientação y e seja $\Delta y\hat{j}$ o deslocamento da caixa. O trabalho realizado por você sobre a caixa é positivo se Δy e Fy têm o mesmo sinal, e negativo se têm sinais opostos. Mas, se você está simplesmente segurando a caixa em uma posição fixa, então, de acordo com a definição de trabalho, você não está realizando trabalho *sobre a caixa*, porque Δy é zero (Figura 6-3). Neste caso, o trabalho que você realiza sobre a caixa é zero, mesmo que você esteja aplicando uma força.

FIGURA 6-3

A unidade SI de trabalho é o **joule** (J), que é igual ao produto de um newton por um metro:

$$1\,\text{J} = 1\,\text{N}\cdot\text{m} \qquad 6\text{-}2$$

No sistema americano usual, a unidade de trabalho é o pé-libra: 1 ft · lb = 1,356 J. Outra unidade conveniente de trabalho em física atômica e nuclear é o **elétron-volt** (eV):

$$1\,\text{eV} = 1{,}602 \times 10^{-19}\,\text{J} \qquad 6\text{-}3$$

Múltiplos comumente usados do eV são o keV (10^3 eV) e o MeV (10^6 eV). O trabalho necessário para arrancar um elétron de um átomo é da ordem de alguns eV, enquanto o trabalho necessário para arrancar um próton ou um nêutron de um núcleo atômico é da ordem de vários MeV.

PROBLEMA PRÁTICO 6-1

Uma força de 12 N é exercida sobre uma caixa a um ângulo $\theta = 20°$, como na Figura 6-2*b*. Qual é o trabalho realizado pela força sobre a caixa, quando esta se move de uma distância de 3,0 m sobre a mesa?

Se há várias forças realizando trabalho sobre *um sistema*, o trabalho total é encontrado calculando-se o trabalho realizado por cada uma das forças e somando-os.

$$W_{\text{total}} = F_{1x}\Delta x_1 + F_{2x}\Delta x_2 + F_{3x}\Delta x_3 + \cdots \qquad 6\text{-}4$$

Usamos o modelo de *partícula* para um sistema se o sistema se move com todas suas partes sofrendo o mesmo deslocamento. Quando várias forças realizam trabalho sobre esta *partícula*, os deslocamentos dos pontos de aplicação dessas forças são idênticos. Seja Δx o deslocamento do ponto de aplicação de qualquer uma dessas forças. Então,

$$W_{\text{total}} = F_{1x}\Delta x + F_{2x}\Delta x + \cdots = (F_{1x} + F_{2x} + \cdots)\Delta x = F_{\text{res}\,x}\Delta x \qquad 6\text{-}5$$

Para uma partícula com movimento restrito ao eixo x, a força resultante tem apenas uma componente x. Isto é, $\vec{F}_{\text{res}} = F_{\text{res}\,x}\hat{i}$. Assim, para uma partícula, a componente x da força resultante vezes o deslocamento de qualquer parte do corpo é igual ao trabalho total realizado sobre o corpo.

Exemplo 6-1 Carregando com um Guindaste

Um caminhão de 3000 kg deve ser carregado para dentro de um navio por um guindaste que exerce uma força para cima de 31 kN sobre o caminhão. Esta força, que é intensa o suficiente para suplantar a força gravitacional e manter o caminhão em movimento para cima, é aplicada ao longo de uma distância de 2,0 m. Encontre (*a*) o trabalho realizado sobre o caminhão pelo guindaste, (*b*) o trabalho realizado sobre o caminhão pela gravidade e (*c*) o trabalho resultante realizado sobre o caminhão.

SITUAÇÃO Nas Partes (*a*) e (*b*), a força aplicada ao caminhão é constante e o deslocamento é em linha reta e, portanto, podemos usar a Equação 6-1, escolhendo a orientação $+y$ como a do deslocamento.

SOLUÇÃO

(*a*) 1. Esboce o caminhão em suas posições inicial e final, e escolha a orientação $+y$ como a do deslocamento (Figura 6-4):

2. Calcule o trabalho realizado pela força aplicada:

$$W_{\text{apl}} = F_{\text{apl}\,y}\,\Delta y$$
$$= (31\text{ kN})(2{,}0\text{ m}) = \boxed{62\text{ kJ}}$$

(*b*) Calcule o trabalho realizado pela força da gravidade:
(*Nota*: O vetor $\vec{g}$ aponta para baixo, enquanto a orientação $+y$ é para cima. Logo, $g_y = g\cos 180° = -g$.)

$$W_g = mg_y\,\Delta y$$
$$= (3000\text{ kg})(-9{,}81\text{ N/kg})(2{,}0\text{ m})$$
$$= \boxed{-59\text{ kJ}}$$

(*c*) O trabalho resultante realizado sobre o caminhão é a soma dos trabalhos realizados por cada força:

$$W_{res} = W_{\text{apl}\,y} + W_g = 62\text{ kJ} + (-59\text{ kJ})$$
$$= \boxed{3\text{ kJ}}$$

CHECAGEM Na Parte (*a*), a força é aplicada no mesmo sentido do deslocamento, o que nos faz esperar um trabalho positivo realizado sobre o caminhão. Na Parte (*b*), a força é aplicada no sentido oposto ao do deslocamento e, portanto, esperamos um trabalho negativo sobre o caminhão. Nossos resultados confirmam estas expectativas.

INDO ALÉM Na Parte (*c*), também podemos encontrar o trabalho total calculando primeiro a força resultante sobre o caminhão e, depois, usando a Equação 6-5.

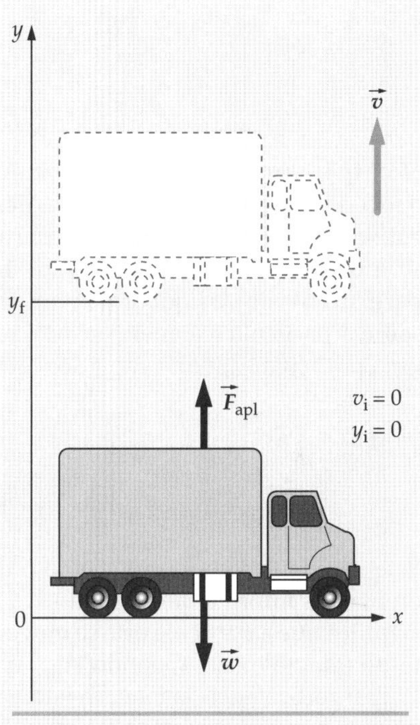

FIGURA 6-4

O TEOREMA DO TRABALHO–ENERGIA CINÉTICA

Energia é um dos conceitos unificadores mais importantes da ciência. Todos os processos físicos envolvem energia. A **energia** de um sistema é uma medida de sua habilidade em realizar trabalho.

Diferentes termos são usados para descrever a energia associada a diferentes condições ou estados. **Energia cinética** é a energia associada ao movimento. *Energia potencial* é a energia associada à configuração de um sistema, como a distância de separação entre dois corpos que se atraem mutuamente. *Energia térmica* é associada ao movimento aleatório dos átomos, moléculas e íons de um sistema, e está intimamente relacionada com a temperatura do sistema. Neste capítulo, mantemos o foco sobre a energia cinética. Energia potencial e energia térmica são discutidas no Capítulo 7.

Quando forças realizam trabalho sobre uma partícula, o resultado é uma variação da energia associada ao movimento da partícula — a energia cinética. Para determinar a relação entre energia cinética e trabalho, vamos ver o que acontece se uma força resultante constante $\vec{F}_{\text{res}}$ atua sobre uma partícula de massa m que se move ao longo do eixo x. Aplicando a segunda lei de Newton, vemos que

$$F_{\text{res}\,x} = ma_x$$

Se a força resultante é constante, a aceleração é constante, e podemos relacionar o deslocamento com a rapidez inicial v_i e a rapidez final v_f, usando a equação da cinemática para aceleração constante (Equação 2-16)

$$v_f^2 = v_i^2 + 2a_x\,\Delta x$$

Explicitando a_x, temos

$$a_x = \frac{1}{2\Delta x}(v_f^2 - v_i^2)$$

Substituindo a_x em $F_{\text{res}\,x} = ma_x$ e multiplicando os dois lados por Δx, fica

$$F_{\text{res}\,x}\,\Delta x = \tfrac{1}{2}mv_{\text{f}}^2 - \tfrac{1}{2}mv_{\text{i}}^2$$

O termo $F_{\text{res}\,x}\,\Delta x$ da esquerda é o trabalho total realizado sobre a partícula. Então,

$$W_{\text{total}} = \tfrac{1}{2}mv_{\text{f}}^2 - \tfrac{1}{2}mv_{\text{i}}^2 \qquad 6\text{-}6$$

A quantidade $\frac{1}{2}mv^2$ é uma grandeza escalar que representa a energia associada ao movimento da partícula e é chamada de **energia cinética** K da partícula:

$$K = \tfrac{1}{2}mv^2 \qquad 6\text{-}7$$

DEFINIÇÃO — ENERGIA CINÉTICA

Note que a energia cinética depende apenas da rapidez da partícula e de sua massa, e não da direção do movimento. Além disso, a energia cinética nunca pode ser negativa e é zero apenas quando a partícula está em repouso.

A quantidade do lado direito da Equação 6-6 é a variação da energia cinética da partícula. Assim, a Equação 6-6 nos fornece a relação entre o trabalho total realizado sobre a partícula e a energia cinética da partícula. O trabalho total realizado sobre uma partícula é igual à variação da energia cinética da partícula:

$$W_{\text{total}} = \Delta K \qquad 6\text{-}8$$

TEOREMA DO TRABALHO–ENERGIA CINÉTICA

Este resultado é conhecido como o **teorema do trabalho–energia cinética**. Este teorema nos informa que, quando W_{total} é positivo, a energia cinética aumenta, o que significa que a partícula está se movendo mais rapidamente no final do deslocamento do que no início. Quando W_{total} é negativo, a energia cinética diminui. Quando W_{total} é zero, a energia cinética não varia, o que significa que a rapidez da partícula não varia.

> ! Repare que a energia cinética depende da *rapidez* da partícula, não da velocidade. Se a velocidade muda de orientação, mas não de magnitude, a energia cinética permanece a mesma.

Como o trabalho total sobre uma partícula é igual à variação de sua energia cinética, podemos ver que as unidades de energia são as mesmas que as do trabalho. Três unidades de energia comumente usadas são o joule (J), o pé-libra (ft-lb) e o elétron-volt (eV).

A dedução do teorema do trabalho–energia cinética aqui apresentada vale apenas se a força resultante permanece constante. No entanto, como você verá mais adiante neste capítulo, este teorema é válido mesmo quando a força resultante varia e o movimento não se restringe a uma linha reta.

ESTRATÉGIA PARA SOLUÇÃO DE PROBLEMAS

Resolvendo Problemas que Envolvem Trabalho e Energia Cinética

SITUAÇÃO Sua escolha das orientações $+y$ e $+x$ pode ajudá-lo a resolver mais facilmente um problema que envolve trabalho e energia cinética.

SOLUÇÃO

1. Desenhe a partícula primeiro em sua posição inicial e, depois, em sua posição final. Por conveniência, o corpo pode ser representado por um ponto ou uma caixa. Rotule as posições inicial e final do corpo.
2. Trace um (ou mais) eixo(s) coordenado(s) no desenho.
3. Desenhe setas representando as velocidades inicial e final, e as identifique apropriadamente.
4. No desenho da partícula em sua posição inicial, desenhe um vetor para cada força atuando sobre ela, identificando-os apropriadamente.
5. Calcule o trabalho total realizado sobre a partícula pelas forças e iguale-o à variação total da energia cinética da partícula.

CHECAGEM Confira os sinais negativos de seus cálculos. Por exemplo, valores de trabalho realizado podem ser positivos ou negativos, dependendo da orientação do deslocamento em relação à orientação da força.

Exemplo 6-2 Força sobre um Elétron

Em uma tela de televisão*, os elétrons são acelerados por um canhão eletrônico. A força que acelera o elétron é uma força elétrica produzida pelo campo elétrico dentro do canhão. Um elétron é acelerado a partir do repouso por um canhão eletrônico até atingir a energia cinética de 2,5 keV, em uma distância de 2,5 cm. Encontre a força sobre o elétron, supondo-a constante e com a mesma orientação do movimento do elétron.

SITUAÇÃO O elétron pode ser visto como uma partícula. Suas energias cinéticas inicial e final são dadas, e a força elétrica é a única atuante sobre ele. Aplique o teorema do trabalho–energia cinética e encontre a força.

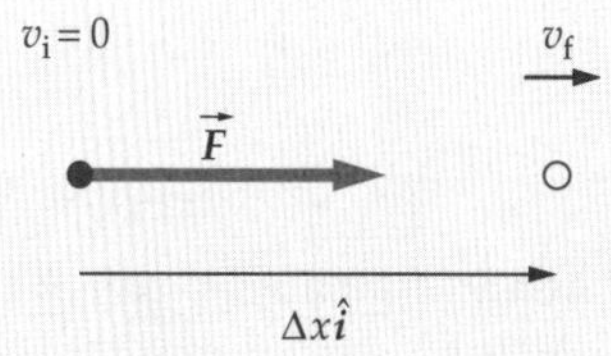

$v_i = 0$ $\quad \vec{F} \quad$ v_f $\quad \Delta x\hat{i}$

FIGURA 6-5

SOLUÇÃO

1. Faça um desenho do elétron em suas posições inicial e final. Inclua o deslocamento, a rapidez inicial, a rapidez final e a força (Figura 6-5):

2. Iguale o trabalho realizado à variação da energia cinética:

$$W_{total} = \Delta K$$
$$F_x \Delta x = K_f - K_i$$

3. Encontre a força, usando o fator de conversão $1{,}6 \times 10^{-19}$ J = 1,0 eV:

$$F_x = \frac{K_f - K_i}{\Delta x} = \frac{2500 \text{ eV} - 0}{0{,}025 \text{ m}} \times \frac{1{,}6 \times 10^{-19} \text{ J}}{1{,}0 \text{ eV}}$$
$$= \boxed{1{,}6 \times 10^{-14} \text{ N}}$$

CHECAGEM A massa do elétron é de apenas $9{,}1 \times 10^{-31}$ kg. Assim, não surpreende que uma força tão pequena imprima a ele uma rapidez tão grande e, portanto, uma variação apreciável de energia cinética.

INDO ALÉM (*a*) 1 J = 1 N · m, logo 1 J/m = 1 N. (*b*) 1 eV é a energia cinética adquirida por uma partícula de carga $-e$ (um elétron, por exemplo) quando acelerada do terminal negativo para o terminal positivo de uma bateria de 1 V através do vácuo.

Exemplo 6-3 Uma Corrida de Trenós

Durante as férias de inverno, você participa de uma corrida de trenós em um lago congelado. Nesta corrida, cada trenó é puxado por uma pessoa, e não por cães. Na partida, você puxa o trenó (massa total de 80 kg) com uma força de 180 N a 40° acima da horizontal. Encontre (*a*) o trabalho que você realiza e (*b*) a rapidez final do trenó após se deslocar $\Delta x = 5{,}0$ m, supondo que ele parte do repouso e que não existe atrito.

SITUAÇÃO O trabalho que você realiza é $F_x \Delta x$, onde escolhemos a orientação do deslocamento coincidindo com a do eixo x. Este também é o trabalho *total* realizado sobre o trenó, porque outras forças, mg e F_n, não têm componentes x. A rapidez final do trenó pode ser encontrada aplicando o teorema do trabalho–energia cinética ao trenó. Calcule o trabalho realizado por cada força sobre o trenó (Figura 6-6) e iguale o trabalho total à variação de energia cinética do trenó.

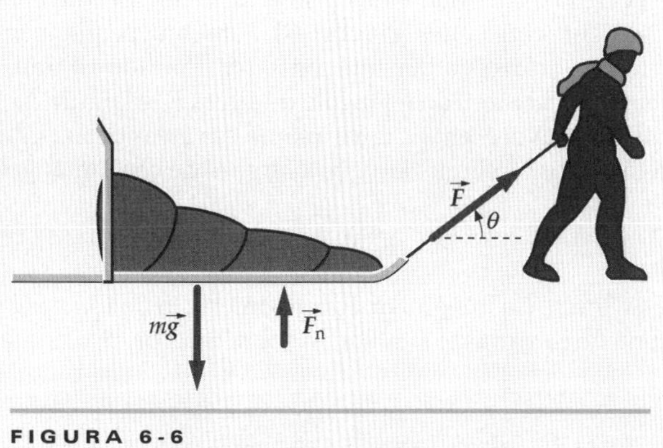

FIGURA 6-6

SOLUÇÃO

(*a*) 1. Esboce o trenó em sua posição inicial e em sua posição final, após se mover os 5,0 m. Desenhe o eixo x com a orientação do movimento (Figura 6-7).

* Uma tela de televisão é um tipo de tubo de raios catódicos.

2. O trabalho realizado por você sobre o trenó é $F_x\,\Delta x$. Este é o trabalho total realizado sobre o trenó. As outras duas forças atuam, ambas, perpendicularmente à direção x (veja a Figura 6-7), de forma que elas realizam trabalho nulo:

$$W_{\text{total}} = W_{\text{você}} = F_x\,\Delta x = F\cos\theta\,\Delta x$$
$$= (180\text{ N})(\cos 40°)(5{,}0\text{ m}) = 689\text{ J}$$
$$= \boxed{6{,}9 \times 10^2\text{ J}}$$

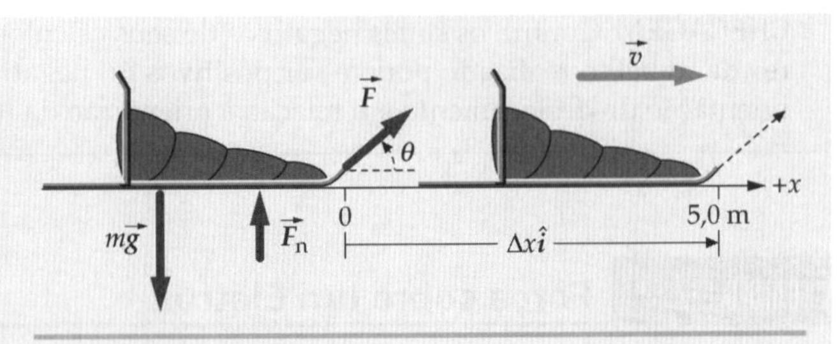

FIGURA 6-7

(*b*) Aplique o teorema do trabalho–energia cinética ao trenó para encontrar a rapidez final:

$$W_{\text{total}} = \tfrac{1}{2}mv_f^2 - \tfrac{1}{2}mv_i^2$$
$$v_f^2 = v_i^2 + \frac{2W_{\text{total}}}{m}$$
$$= 0 + \frac{2(689\text{ J})}{80\text{ kg}} = 17{,}2\text{ m}^2/\text{s}^2$$
$$v_f = \sqrt{17{,}2\text{ m}^2/\text{s}^2} = 4{,}151\text{ m/s} = \boxed{4{,}2\text{ m/s}}$$

CHECAGEM Na Parte (*b*), usamos 1 J/kg = 1 m²/s². Isso é correto, porque

$$1\text{ J/kg} = 1\text{ N}\cdot\text{m/kg} = (1\text{ kg}\cdot\text{m/s}^2)\cdot\text{m/kg} = 1\text{ m}^2/\text{s}^2$$

INDO ALÉM A raiz quadrada de 17,2 é 4,147, ou, arredondando, 4,1. No entanto, a resposta correta da Parte (*b*) é 4,2 m/s. Isto está correto porque é calculado extraindo-se a raiz quadrada de 17,235 999 970 178 (o valor armazenado na calculadora após executar o cálculo de v_f).

PROBLEMA PRÁTICO 6-2 Qual é a magnitude da força que você exerce se o trenó de 80 kg parte com uma rapidez de 2,0 m/s e sua rapidez final é 4,5 m/s, após puxado por uma distância de 5,0 m, mantendo-se o ângulo de 40°?

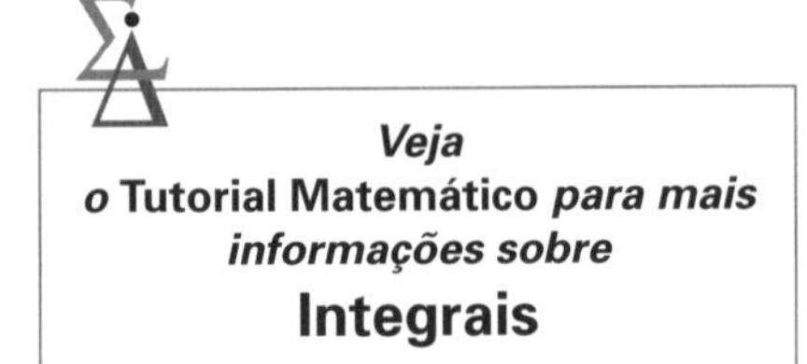

6-2 TRABALHO REALIZADO POR FORÇA VARIÁVEL–MOVIMENTO UNIDIMENSIONAL

Muitas forças variam com a posição. Por exemplo, uma mola esticada exerce uma força proporcional ao comprimento da distensão. Também, a força gravitacional que a Terra exerce sobre uma nave espacial varia inversamente com o quadrado da distância entre os centros dos dois corpos. Como podemos calcular o trabalho realizado por forças como essas?

A Figura 6-8 mostra o gráfico de uma força *constante* F_x como função da posição x. Note que o trabalho realizado pela força sobre a partícula que se desloca de Δx é representado pela área sob a curva força *versus* posição — indicada pelo sombreado na Figura 6-8. Podemos aproximar uma força variável por uma série de forças essencialmente constantes (Figura 6-9). Para cada pequeno intervalo de deslocamento Δx_i, a força é aproximadamente constante. Portanto, o trabalho realizado é aproximadamente igual à *área* do retângulo de altura F_{xi} e largura Δx_i. O trabalho W realizado pela força variável é, então, igual à soma das áreas de um grande número crescente desses retângulos, no limite em que a largura de cada retângulo se aproxima de zero:

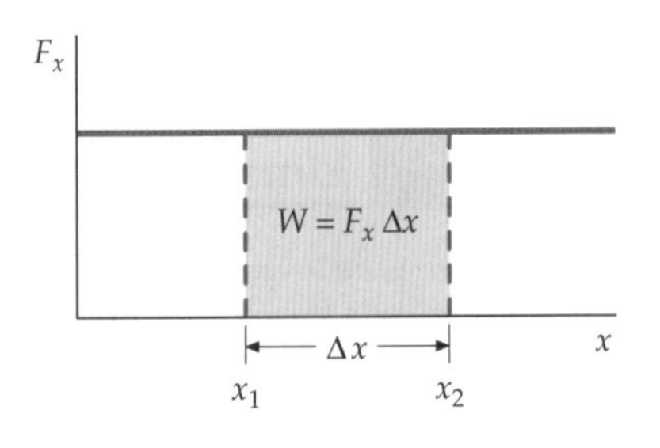

FIGURA 6-8 O trabalho realizado por uma força constante é representado graficamente pela área sob a curva F_x *versus* x.

$$W = \lim_{\Delta x_i \to 0} \sum_i F_{xi}\,\Delta x_i = \text{área sob a curva } F_x \textit{ versus } x \qquad 6\text{-}9$$

Este limite é a integral de $F_x dx$ no intervalo de x_1 a x_2. Então, o trabalho realizado por uma força variável F_x atuando sobre uma partícula que se move de x_1 para x_2 é

$$W = \int_{x_1}^{x_2} F_x dx = \text{área sob a curva } F_x \textit{ versus } x \qquad 6\text{-}10$$

TRABALHO DE FORÇA VARIÁVEL — MOVIMENTO UNIDIMENSIONAL

Se a força plotada na Figura 6-9 é a força resultante sobre a partícula, então cada termo $F_{xi}\,\Delta x_i$ na soma da Equação 6-9 representa o trabalho total realizado sobre a partícula por uma força constante enquanto a partícula sofre um incremento de Δx_i no deslocamento. Então, $F_{xi}\,\Delta x_i$ é igual à variação da energia cinética ΔK_i da partícula durante o deslocamento incremental Δx_i (veja a Equação 6-8). Além disso, a variação total ΔK da energia cinética da partícula durante o deslocamento total é igual à soma das variações incrementais de energia cinética. Segue que o trabalho total W_{total} realizado sobre a partícula em todo o deslocamento é igual à variação da energia cinética em todo o deslocamento. Logo, $W_{\text{total}} = \Delta K$ (Equação 6-8) vale para forças variáveis tanto quanto para forças constantes.

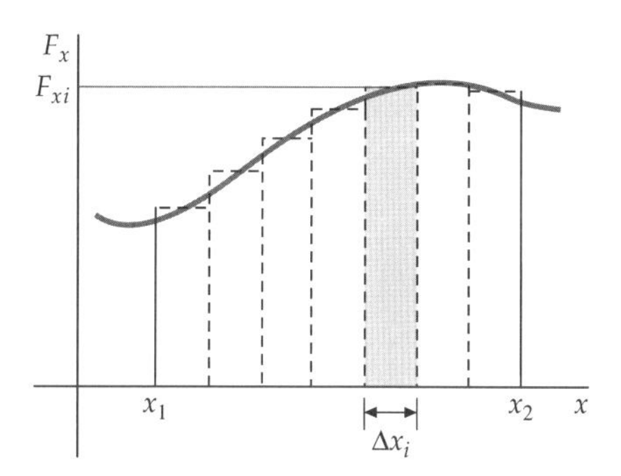

FIGURA 6-9 Uma força variável pode ser aproximada por uma série de forças constantes em pequenos intervalos. O trabalho realizado pela força constante de cada intervalo é a área do retângulo sob a curva que a representa. A soma dessas áreas retangulares é a soma dos trabalhos realizados pelo conjunto de forças constantes que aproximam a força variável. No limite de Δx_i infinitesimalmente pequenos, a soma das áreas dos retângulos é igual à área sob toda a curva que representa a força.

Exemplo 6-4 Trabalho Realizado por uma Força Variável

A força $\vec{F} = F_x\hat{i}$ varia com x, conforme mostrado na Figura 6-10. Encontre o trabalho realizado pela força sobre uma partícula, enquanto esta se move de $x = 0{,}0$ m até $x = 6{,}0$ m.

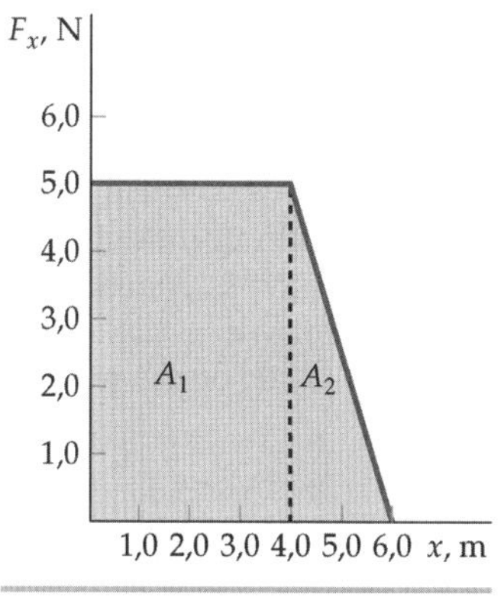

FIGURA 6-10

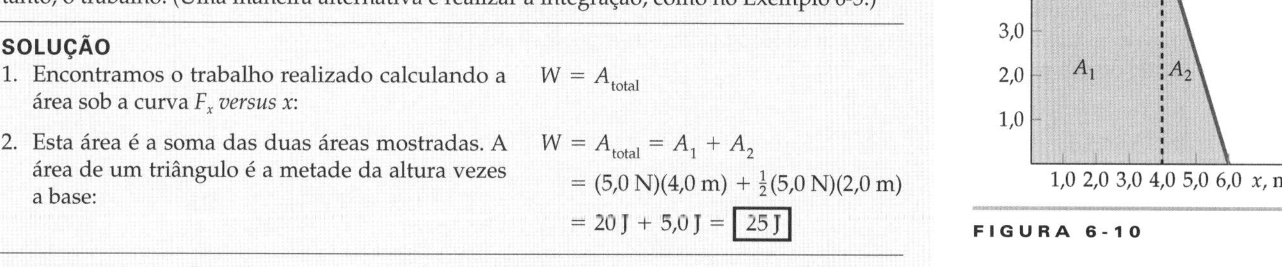

SITUAÇÃO O trabalho realizado é a área sob a curva, de $x = 0{,}0$ m até $x = 6{,}0$ m. Como a curva consiste em segmentos de reta, o melhor é dividir a área em duas, a de um retângulo (área A_1) e a de um triângulo (área A_2), e depois usar fórmulas geométricas para calcular as áreas e, portanto, o trabalho. (Uma maneira alternativa é realizar a integração, como no Exemplo 6-5.)

SOLUÇÃO

1. Encontramos o trabalho realizado calculando a área sob a curva F_x *versus* x: $\quad W = A_{\text{total}}$

2. Esta área é a soma das duas áreas mostradas. A área de um triângulo é a metade da altura vezes a base:

$$W = A_{\text{total}} = A_1 + A_2$$
$$= (5{,}0\ \text{N})(4{,}0\ \text{m}) + \tfrac{1}{2}(5{,}0\ \text{N})(2{,}0\ \text{m})$$
$$= 20\ \text{J} + 5{,}0\ \text{J} = \boxed{25\ \text{J}}$$

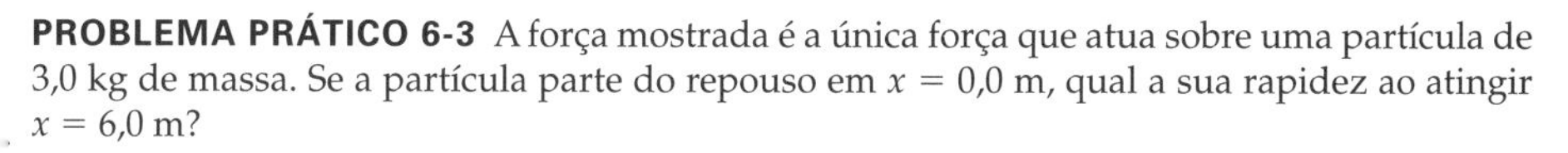

CHECAGEM Se a força fosse constante e igual a 5,0 N, durante todo o percurso de 6,0 m, o trabalho seria (5,0 N)(6,0 m) = 30 J. O resultado do passo 2, 25 J, é um pouco menor do que 30 J, como é de se esperar.

PROBLEMA PRÁTICO 6-3 A força mostrada é a única força que atua sobre uma partícula de 3,0 kg de massa. Se a partícula parte do repouso em $x = 0{,}0$ m, qual a sua rapidez ao atingir $x = 6{,}0$ m?

TRABALHO REALIZADO POR UMA MOLA QUE OBEDECE À LEI DE HOOKE

A Figura 6-11 mostra um bloco sobre uma superfície horizontal sem atrito, preso a uma mola. Se a mola é esticada ou comprimida, ela exerce uma força sobre o bloco. Lembre-se, da Equação 4-7, que a força exercida pela mola sobre o bloco é dada por

$$F_x = -kx \qquad \text{(lei de Hooke)} \qquad 6\text{-}11$$

onde k é uma constante positiva e x é a distensão da mola. Se a mola é esticada, então x é positivo e a componente F_x da força é negativa. Se a mola é comprimida, então x é negativo e a componente F_x da força é positiva.

Como a força varia com x, podemos usar a Equação 6-10 para calcular o trabalho realizado pela força da mola sobre o bloco, enquanto o bloco sofre um deslocamento de $x = x_i$ até $x = x_f$. (Além da força da mola, duas outras forças atuam sobre o bloco; a força da gravidade, $m\vec{g}$, e a força normal da mesa, $\vec{F}_n$. No entanto, estas forças não trabalham por não possuírem componentes na direção do deslocamento. A única força que trabalha sobre o bloco é a força da mola.) Substituindo F_x da Equação 6-11 na Equação 6-10, obtemos

$$W_{\text{pela mola}} = \int_{x_i}^{x_f} F_x dx = \int_{x_i}^{x_f} (-kx)dx = -k\int_{x_i}^{x_f} x dx = -k\left(\frac{x_f^2}{2} - \frac{x_i^2}{2}\right) \qquad 6\text{-}12$$

Rearranjando:

$$W_{\text{pela mola}} = \tfrac{1}{2}kx_i^2 - \tfrac{1}{2}kx_f^2 \qquad 6\text{-}13$$

TRABALHO DE FORÇA DE MOLA

A integral da Equação 6-12 também pode ser calculada usando geometria para determinar a área sob a curva (Figura 6-12*a*). Isto dá

$$W_{\text{pela mola}} = A_1 + A_2 = |A_1| - |A_2| = \tfrac{1}{2}kx_1^2 - \tfrac{1}{2}kx_2^2$$

que é idêntico à Equação 6-13.

PROBLEMA PRÁTICO 6-4

Usando geometria, calcule a área sob a curva mostrada na Figura 6-12*b* e mostre que você obtém uma expressão idêntica à da Equação 6-13.

Se você puxa uma mola inicialmente frouxa (Figura 6-13), esticando-a até a distensão final x_f, qual é o trabalho realizado pela força $\vec{F}_{VM}$ que você exerce sobre a mola? A força de sua mão sobre a mola é kx. (Ela é igual e oposta à força da mola sobre sua mão.) Quando x aumenta de 0 até x_f, a força sobre a mola cresce linearmente de $F_{VMx} = 0$ até $F_{VMx} = kx_f$, e tem, portanto, um valor médio* de $\tfrac{1}{2}kx_f$. O trabalho realizado por esta força é igual ao produto deste valor médio por x_f. Assim, o trabalho W realizado por você sobre a mola é dado por

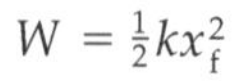

$$W = \tfrac{1}{2}kx_f^2$$

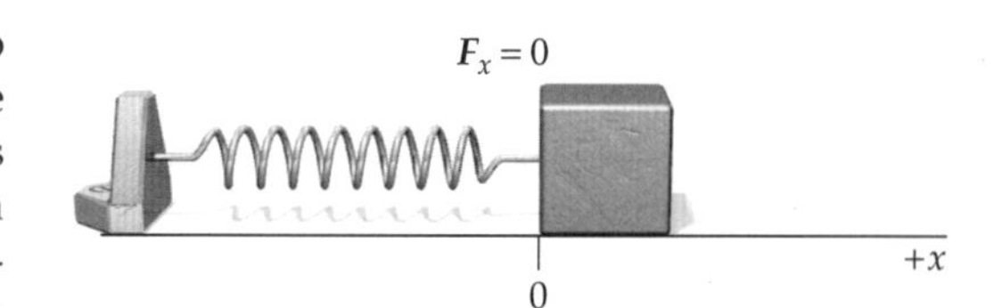

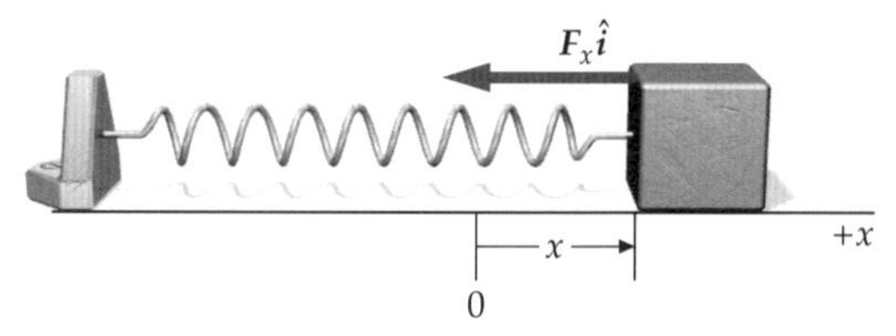

$F_x = -kx$ é negativo porque x é positivo.

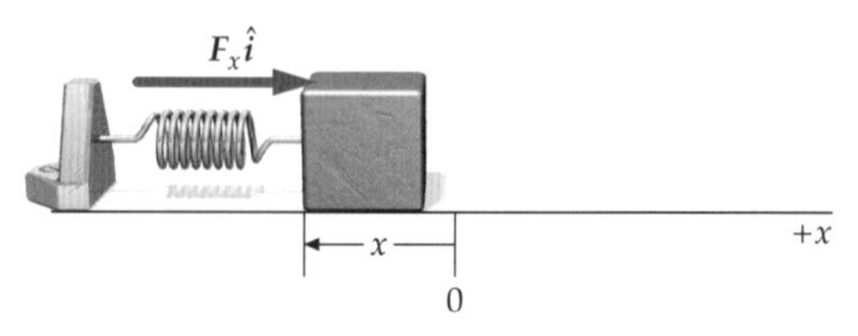

$F_x = -kx$ é positivo porque x é negativo.

FIGURA 6-11 Uma mola horizontal. (*a*) Quando a mola está frouxa, ela não exerce força sobre o bloco. (*b*) Quando a mola está distendida, de modo que x é positivo, ela exerce uma força de magnitude kx no sentido de $-x$. (*c*) Quando a mola está comprimida, de modo que x é negativo, ela exerce uma força de magnitude $k|x|$ no sentido de $+x$.

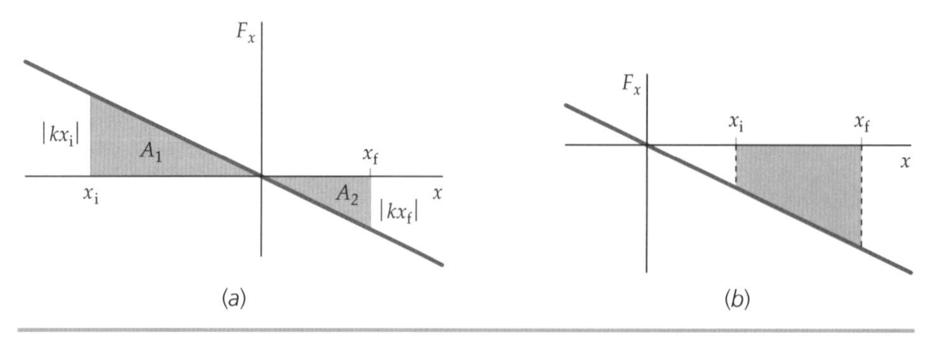

FIGURA 6-12

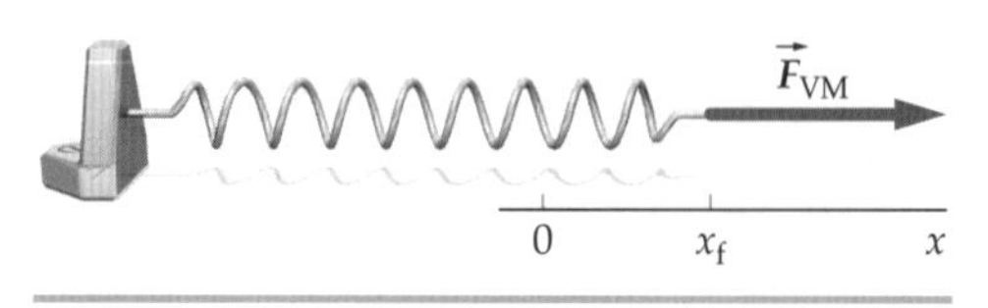

FIGURA 6-13

* Tipicamente, um valor médio se refere a uma média no tempo. Neste caso, refere-se a uma média em relação à posição.

Exemplo 6-5 Trabalho Realizado sobre um Bloco por uma Mola

Um bloco de 4,0 kg está sobre uma mesa sem atrito e preso a uma mola horizontal com $k = 400$ N/m. A mola é inicialmente comprimida de 5,0 cm (Figura 6-14). Encontre (*a*) o trabalho realizado sobre o bloco pela mola enquanto o bloco se move de $x = x_1 = -5{,}0$ cm até sua posição de equilíbrio $x = x_2 = 0{,}0$ cm, e (*b*) a rapidez do bloco em $x_2 = 0{,}0$ cm.

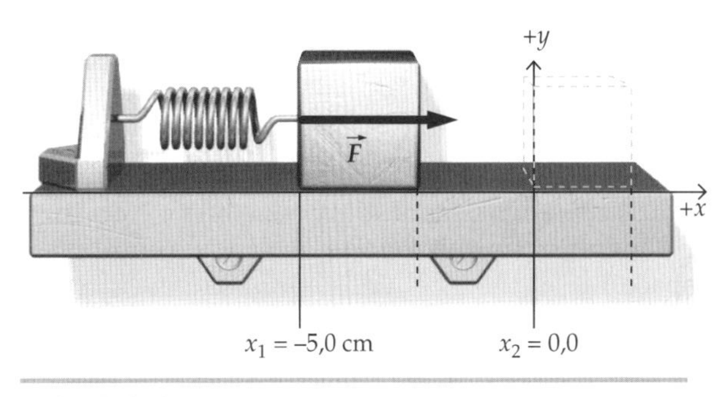

FIGURA 6-14

SITUAÇÃO Faça um gráfico de F_x *versus* x. O trabalho realizado sobre o bloco, enquanto ele se move de x_1 até x_2, é igual à área sob a curva F_x *versus* x entre estes limites, sombreada na Figura 6-15, que pode ser calculada integrando a força sobre a distância. O trabalho realizado é igual à variação da energia cinética, que é simplesmente a energia cinética final, já que a energia cinética inicial é zero. A rapidez do bloco em $x_2 = 0{,}0$ cm é determinada a partir de sua energia cinética.

SOLUÇÃO

(*a*) O trabalho W realizado sobre o bloco pela mola é a integral de $F_x dx$ de x_1 até x_2:

$$W = \int_{x_1}^{x_2} F_x\,dx = \int_{x_1}^{x_2} -\,kx\,dx = -k\int_{x_1}^{x_2} x\,dx$$

$$= -\tfrac{1}{2}kx^2\Big|_{x_1}^{x_2} = -\tfrac{1}{2}k(x_2^2 - x_1^2)$$

$$= -\tfrac{1}{2}(400\text{ N/m})[(0{,}000\text{ m})^2 - (0{,}050\text{ m})^2]$$

$$= \boxed{0{,}50\text{ J}}$$

(*b*) Aplique o teorema do trabalho–energia cinética ao bloco para obter v_2:

$$W_{\text{total}} = \tfrac{1}{2}mv_2^2 - \tfrac{1}{2}mv_1^2$$

logo

$$v_2^2 = v_1^2 + \frac{2W_{\text{total}}}{m} = 0 + \frac{2(0{,}50\text{ J})}{4{,}0\text{ kg}} = 0{,}25\text{ m}^2/\text{s}^2$$

$$v_2 = \boxed{0{,}50\text{ m/s}}$$

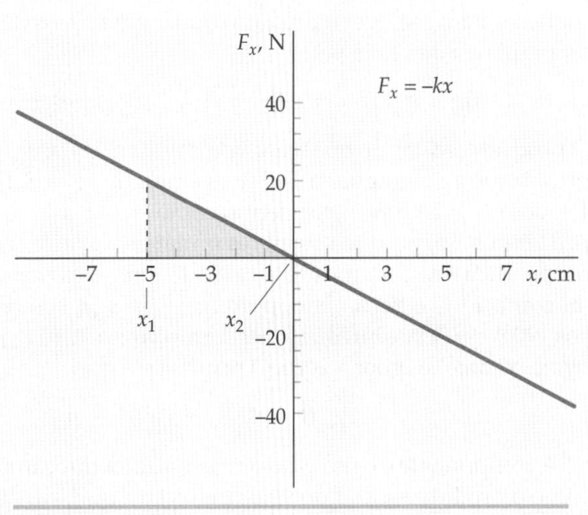

FIGURA 6-15

CHECAGEM O trabalho realizado é positivo. A força e o deslocamento têm a mesma orientação, logo isto é esperado. O trabalho sendo positivo, esperamos que a energia cinética e, portanto, a rapidez, aumentem. Nossos resultados contemplam esta expectativa.

INDO ALÉM Note que *não* poderíamos ter resolvido este exemplo aplicando inicialmente a segunda lei de Newton para encontrar a aceleração e depois usando as equações cinemáticas para aceleração constante. Isto porque a força exercida pela mola sobre o bloco, $F_x = -kx$, varia com a posição. Assim, a aceleração também varia com a posição. Logo, as equações cinemáticas para aceleração constante não se aplicam.

PROBLEMA PRÁTICO 6-5 Encontre a rapidez do bloco de 4,0 kg quando ele atinge $x = 3{,}0$ cm, se ele parte de $x = 0{,}0$ cm com a velocidade $v_x = 0{,}50$ m/s.

6-3 O PRODUTO ESCALAR

O trabalho depende da componente da força na direção do deslocamento do corpo. Para movimento em linha reta, é fácil calcular a componente da força na direção do deslocamento. No entanto, em situações que envolvem movimento em caminhos curvos, a força e o deslocamento podem ter quaisquer orientações. Para estas situações, podemos usar uma operação matemática conhecida como *produto escalar*, ou *produto interno*, para determinar a componente de uma dada força na direção do deslocamento. O produto escalar envolve a multiplicação de um vetor por outro para se obter um escalar.

Seja uma partícula se movendo ao longo da curva arbitrária mostrada na Figura 6-16*a*. A componente $F_\parallel$ na Figura 6-16*b* está relacionada com o ângulo ϕ, formado pelas orientações de $\vec{F}$ e de $d\vec{\ell}$, por $F_\parallel = F\cos\phi$, de forma que o trabalho dW realizado por $\vec{F}$, durante o deslocamento $d\vec{\ell}$, é

$$dW = F_\parallel d\ell = F\cos\phi\, d\ell$$

Esta combinação de dois vetores com o cosseno do ângulo entre suas orientações é

FIGURA 6-16 (*a*) Uma partícula movendo-se em uma curva qualquer no espaço. (*b*) A componente perpendicular $F_\perp$ da força altera a direção do movimento da partícula, mas não sua rapidez. A componente tangencial ou paralela, $F_\parallel$, altera a rapidez da partícula, mas não a direção do seu movimento. $F_\parallel$ é igual à massa m da partícula vezes a aceleração tangencial dv/dt. A componente paralela da força realiza o trabalho $F_\parallel d\ell$ e a componente perpendicular não realiza trabalho.

chamada de **produto escalar** dos vetores. O produto escalar de dois vetores genéricos $\vec{A}$ e $\vec{B}$ é escrito como $\vec{A} \cdot \vec{B}$ e definido por

$$\vec{A} \cdot \vec{B} = AB\cos\phi \qquad 6\text{-}14$$

DEFINIÇÃO — PRODUTO ESCALAR

onde A e B são as magnitudes dos vetores e ϕ é o ângulo entre $\vec{A}$ e $\vec{B}$. (O "ângulo entre dois vetores" é o ângulo entre suas orientações no espaço.)

O produto escalar $\vec{A} \cdot \vec{B}$ pode ser visto como A vezes a componente de $\vec{B}$ na direção de $\vec{A}$ ($A \times B\cos\phi$), ou como B vezes a componente de $\vec{A}$ na direção de $\vec{B}$ ($B \times A\cos\phi$) (Figura 6-17). As propriedades do produto escalar estão resumidas na Tabela 6-1. Podemos usar vetores unitários para escrever o produto escalar em termos das componentes retangulares dos dois vetores:

$$\vec{A} \cdot \vec{B} = (A_x\hat{i} + A_y\hat{j} + A_z\hat{k}) \cdot (B_x\hat{i} + B_y\hat{j} + B_z\hat{k})$$

O produto escalar de qualquer vetor unitário retangular por ele próprio, como $\hat{i} \cdot \hat{i}$, é igual a 1. (Isto, porque $\hat{i} \cdot \hat{i}, = |\hat{i}||\hat{i}| \cos(0) = 1 \times 1 \times \cos(0) = 1$.) Assim, um termo como $A_x\hat{i} \cdot B_x\hat{i} = A_xB_x\hat{i} \cdot \hat{i}$ é igual a A_xB_x. Também, porque os vetores unitários $\hat{i}$, $\hat{j}$ e $\hat{k}$ são mutuamente perpendiculares, o produto escalar de um deles por um dos outros, tal como $\hat{i} \cdot \hat{j}$, é zero. (Isto, porque $\hat{i} \cdot \hat{j} = |\hat{i}||\hat{j}| \cos(90°) = 1 \times 1 \times \cos(90°) = 0$.) Assim, qualquer termo como $A_x\hat{i} \cdot B_y\hat{j}$ (chamado de *termo cruzado*) é igual a zero. O resultado é que

$$\vec{A} \cdot \vec{B} = A_xB_x + A_yB_y + A_zB_z \qquad 6\text{-}15$$

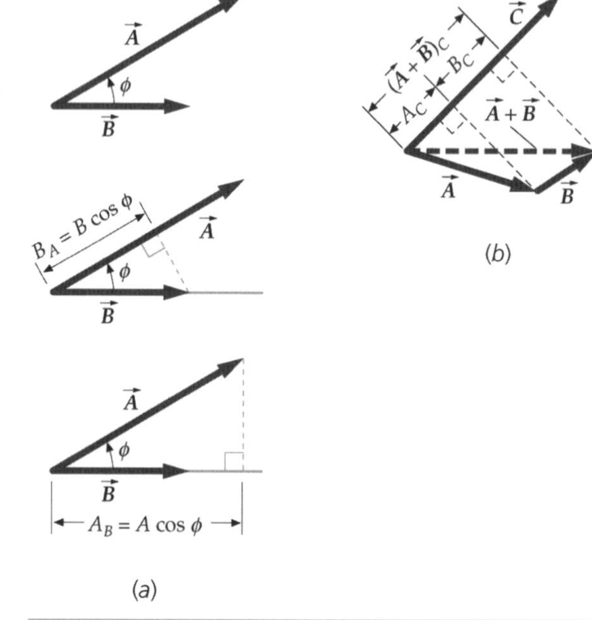

FIGURA 6-17 (*a*) O produto escalar $\vec{A} \cdot \vec{B}$ é o produto de A pela projeção de $\vec{B}$ sobre $\vec{A}$, ou o produto de B pela projeção de $\vec{A}$ sobre $\vec{B}$. Isto é, $\vec{A} \cdot \vec{B} = AB\cos\phi = AB_A = AB_B$. (*b*) $(\vec{A} + \vec{B}) \cdot \vec{C}$ é igual a $(\vec{A} + \vec{B})_C C$ (a projeção de $\vec{A} + \vec{B}$ sobre $\vec{C}$ vezes C). No entanto, $(\vec{A} + \vec{B})_C C = A_C + B_C$, de modo que $(\vec{A} + \vec{B}) \cdot \vec{C} = (A_C + B_C)C = A_CC + B_CC = \vec{A} \cdot \vec{C} + \vec{B} \cdot \vec{C}$. Isto é, para o produto escalar a multiplicação é distributiva em relação à adição.

A componente de um vetor em uma dada direção pode ser escrita como o produto escalar do vetor pelo vetor unitário daquela direção. Por exemplo, a componente A_x é encontrada de

$$\vec{A} \cdot \hat{i} = (A_x\hat{i} + A_y\hat{j} + A_z\hat{k}) \cdot \hat{i} = A_x \qquad 6\text{-}16$$

Este resultado nos ensina um procedimento algébrico para obter uma equação em componentes dada uma equação vetorial. Isto é, a multiplicação dos dois lados da equação vetorial $\vec{A} + \vec{B} = \vec{C}$ por $\hat{i}$ dá $(\vec{A} + \vec{B}) \cdot \hat{i} = \vec{C} \cdot \hat{i}$ que, por sua vez, dá $A_x + B_x = C_x$.

A regra para derivar um produto escalar é

$$\frac{d}{dt}(\vec{A} \cdot \vec{B}) = \frac{d\vec{A}}{dt} \cdot \vec{B} + \vec{A} \cdot \frac{d\vec{B}}{dt} \qquad 6\text{-}17$$

Esta regra é análoga àquela para derivar o produto de dois escalares. A regra para derivar um produto escalar pode ser obtida derivando-se os dois lados da Equação 6-15.

Tabela 6-1 Propriedades do Produto Escalar

Se	Então
$\vec{A}$ e $\vec{B}$ são perpendiculares,	$\vec{A} \cdot \vec{B} = 0$ (porque $\phi = 90°$, $\cos\phi = 0$)
$\vec{A}$ e $\vec{B}$ são paralelos,	$\vec{A} \cdot \vec{B} = AB$ (porque $\phi = 0°$, $\cos\phi = 1$)
$\vec{A} \cdot \vec{B} = 0$,	Ou $\vec{A} = 0$ ou $\vec{B} = 0$ ou $\vec{A} \perp \vec{B}$
Ademais,	
$\vec{A} \cdot \vec{A} = A^2$	Porque $\vec{A}$ é paralelo a si mesmo
$\vec{A} \cdot \vec{B} = \vec{B} \cdot \vec{A}$	Regra comutativa da multiplicação
$(\vec{A} + \vec{B}) \cdot \vec{C} = \vec{A} \cdot \vec{C} + \vec{B} \cdot \vec{C}$	Regra distributiva da multiplicação

Exemplo 6-6 Usando o Produto Escalar

(*a*) Determine o ângulo entre os vetores $\vec{A} = (3{,}00\hat{i} + 2{,}00\hat{j})$ m e $\vec{B} = (4{,}00\hat{i} - 3{,}00\hat{j})$ m (Figura 6-18). (*b*) Determine a componente de $\vec{A}$ na direção de $\vec{B}$.

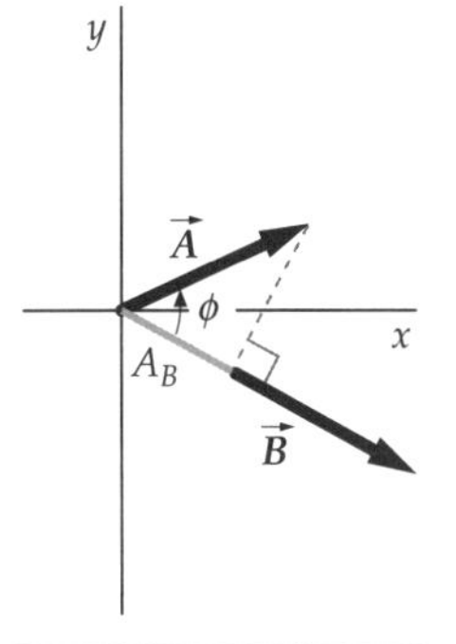

FIGURA 6-18

SITUAÇÃO Na Parte (*a*), encontramos o ângulo ϕ a partir da definição do produto escalar. Como temos as componentes dos vetores, primeiro determinamos o produto escalar e os valores de A e de B. Depois, usamos estes valores para determinar o ângulo ϕ. Na Parte (*b*), a componente de $\vec{A}$ na direção de $\vec{B}$ é encontrada a partir do produto escalar $\vec{A} \cdot \hat{B}$, onde $\hat{B} = \vec{B}/B$.

SOLUÇÃO

(*a*) 1. Escreva o produto escalar de $\vec{A}$ por $\vec{B}$ em termos de A, B e $\cos\phi$ e explicite $\cos\phi$:

$$\vec{A} \cdot \vec{B} = AB\cos\phi, \text{ logo}$$

$$\cos\phi = \frac{\vec{A} \cdot \vec{B}}{AB}$$

2. Determine $\vec{A} \cdot \vec{B}$ a partir das componentes de $\vec{A}$ e $\vec{B}$:

$$\vec{A} \cdot \vec{B} = A_xB_x + A_yB_y = (3{,}00 \text{ m})(4{,}00 \text{ m}) + (2{,}00 \text{ m})(-3{,}00 \text{ m})$$
$$= 12{,}0 \text{ m}^2 - 6{,}00 \text{ m}^2 = 6{,}0 \text{ m}^2$$

3. As magnitudes dos vetores são obtidas a partir do produto escalar de cada vetor por ele mesmo:

$$\vec{A} \cdot \vec{A} = A^2 = A_x^2 + A_y^2 = (3{,}00 \text{ m})^2 + (2{,}00 \text{ m})^2 = 13{,}0 \text{ m}^2$$

logo $A = \sqrt{13{,}0}$ m

e

$$\vec{B} \cdot \vec{B} = B^2 = B_x^2 + B_y^2 = (4{,}00 \text{ m})^2 + (-3{,}00 \text{ m})^2 = 25{,}0 \text{ m}^2$$

logo $B = 5{,}00$ m

4. Substitua estes valores na equação do passo 1 para $\cos\phi$ e encontre ϕ:

$$\cos\phi = \frac{\vec{A} \cdot \vec{B}}{AB} = \frac{6{,}0 \text{ m}^2}{(\sqrt{13} \text{ m})(5{,}00 \text{ m})} = 0{,}333$$

$$\phi = \boxed{71°}$$

(*b*) A componente de $\vec{A}$ na direção de $\vec{B}$ é o produto escalar de $\vec{A}$ pelo vetor unitário $\hat{B} = \vec{B}/B$:

$$A_B = \vec{A} \cdot \hat{B} = \vec{A} \cdot \frac{\vec{B}}{B} = \frac{\vec{A} \cdot \vec{B}}{B} = \frac{6{,}0 \text{ m}^2}{5{,}00 \text{ m}} = \boxed{1{,}2 \text{ m}}$$

CHECAGEM A componente de $\vec{A}$ na direção de $\vec{B}$ é $A\cos\phi = (\sqrt{13}$ m$)\cos 71° = 1{,}2$ m. Isto confere com nosso resultado da Parte (*b*).

PROBLEMA PRÁTICO 6-6 (*a*) Determine $\vec{A} \cdot \vec{B}$ para $\vec{A} = (3{,}0\hat{i} + 4{,}0\hat{j})$ m e $\vec{B} = (2{,}0\hat{i} + 8{,}0\hat{j})$ m. (*b*) Determine A, B e o ângulo entre estes vetores $\vec{A}$ e $\vec{B}$.

TRABALHO EM NOTAÇÃO DE PRODUTO ESCALAR

Em notação de produto escalar, o trabalho dW realizado por uma força $\vec{F}$ sobre uma partícula ao longo de um deslocamento infinitesimal $d\vec{\ell}$ é

$$dW = F_{\|}d\ell = F\cos\phi\, d\ell = \vec{F} \cdot d\vec{\ell} \qquad 6\text{-}18$$

TRABALHO INCREMENTAL

onde $d\ell$ é a magnitude de $d\vec{\ell}$ e $F_{\|}$ é a componente de $\vec{F}$ na direção de $d\vec{\ell}$. O trabalho realizado sobre a partícula, enquanto ela se move do ponto 1 para o ponto 2, é

$$W = \int_1^2 \vec{F} \cdot d\vec{\ell} \qquad 6\text{-}19$$

A DEFINIÇÃO DE TRABALHO

(Se a força permanece constante, o trabalho pode ser expresso como $W = \vec{F} \cdot \vec{\ell}$, onde $\vec{\ell}$ é o deslocamento. No Capítulo 3 o deslocamento é escrito como $\Delta\vec{r} = \Delta x\hat{i} + \Delta y\hat{j}$; $\vec{\ell}$ e $\Delta\vec{r}$ são símbolos diferentes para a mesma coisa.)

Quando várias forças $\vec{F}_i$ atuam sobre uma partícula cujo deslocamento é $d\vec{\ell}$, o trabalho total realizado sobre ela é

$$dW_{\text{total}} = \vec{F}_1 \cdot d\vec{\ell} + \vec{F}_2 \cdot d\vec{\ell} + \cdots = (\vec{F}_1 + \vec{F}_2 + \cdots) \cdot d\vec{\ell} = (\Sigma \vec{F}_i) \cdot d\vec{\ell} \qquad 6\text{-}20$$

Exemplo 6-7 Empurrando uma Caixa

Você empurra uma caixa para cima de uma rampa usando uma força horizontal constante $\vec{F}$ de 100 N. Para cada distância de 5,00 m ao longo da rampa, a caixa ganha uma altura de 3,00 m. Determine o trabalho realizado por $\vec{F}$ a cada 5,00 m de percurso da caixa ao longo da rampa (*a*) calculando diretamente o produto escalar a partir das componentes de $\vec{F}$ e $\vec{\ell}$, onde $\vec{\ell}$ é o deslocamento, (*b*) multiplicando o produto das magnitudes de $\vec{F}$ e de $\vec{\ell}$ por $\cos\phi$, onde ϕ é o ângulo entre as orientações de $\vec{F}$ e de $\vec{\ell}$, (*c*) encontrando $F_\parallel$ (a componente de $\vec{F}$ na direção de $\vec{\ell}$) e multiplicando-a por ℓ (a magnitude de $\vec{\ell}$) e (*d*) encontrando $\ell_\parallel$ (a componente de $\vec{\ell}$ na direção de $\vec{F}$) e multiplicando-a pela magnitude da força.

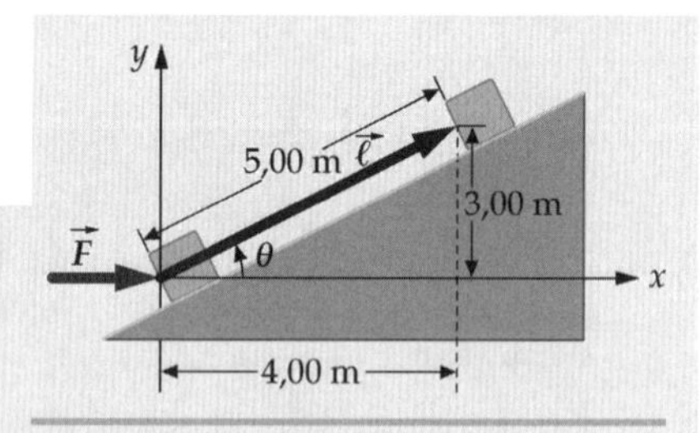

FIGURA 6-19

SITUAÇÃO Desenhe um esboço da caixa em suas posições inicial e final. Coloque eixos coordenados no esboço, com o eixo x na horizontal. Escreva os vetores força e deslocamento em forma de componentes e efetue o produto escalar. Depois, encontre a componente da força na direção do deslocamento, e vice-versa.

SOLUÇÃO

(*a*) 1. Desenhe um esboço da situação (Figura 6-19).

2. Escreva $\vec{F}$ e $\vec{\ell}$ na forma de componentes e efetue o produto escalar:

$$\vec{F} = (100\hat{i} + 0\hat{j})\,\text{N}$$
$$\vec{\ell} = (4{,}00\hat{i} + 3{,}00\hat{j})\,\text{m}$$
$$W = \vec{F} \cdot \vec{\ell} = F_x\,\Delta x + F_y\,\Delta y = (100\ \text{N})(4{,}00\ \text{m}) + 0(3{,}00\ \text{m})$$
$$= \boxed{4{,}00 \times 10^2\ \text{J}}$$

(*b*) Calcule $F\ell\cos\phi$, onde ϕ é o ângulo entre as orientações dos dois vetores, como mostrado. Iguale esta expressão ao resultado da Parte (*a*) e determine $\cos\phi$. Então, calcule o trabalho:

$$\vec{F} \cdot \vec{\ell} = F\ell\cos\phi \quad \text{e} \quad \vec{F} \cdot \vec{\ell} = F_x\,\Delta x + F_y\,\Delta y$$

logo

$$\cos\phi = \frac{F_x\,\Delta x + F_y\,\Delta y}{F\ell} = \frac{(100\ \text{N})(4{,}00\ \text{m}) + 0}{(100\ \text{N})(5{,}00\ \text{m})} = 0{,}800$$

e

$$W = F\ell\cos\phi = (100\ \text{N})(5{,}00\ \text{m})\,0{,}800 = \boxed{4{,}00 \times 10^2\ \text{J}}$$

(*c*) Determine $F_\parallel$ e multiplique por ℓ:

$$F_\parallel = F\cos\phi = (100\ \text{N})\,0{,}800 = 80{,}0\ \text{N}$$
$$W = F_\parallel \ell = (80{,}0\ \text{N})(5{,}00\ \text{m}) = \boxed{4{,}00 \times 10^2\ \text{J}}$$

(*d*) Multiplique F por $\ell_\parallel$, onde $\ell_\parallel$ é a componente de $\vec{\ell}$ na direção de $\vec{F}$:

$$\ell_\parallel = \ell\cos\phi = (5{,}00\ \text{m})\,0{,}800 = 4{,}00\ \text{m}$$
$$W = F\ell_\parallel = (100\ \text{N})(4{,}00\ \text{m}) = \boxed{4{,}00 \times 10^2\ \text{J}}$$

CHECAGEM Os quatro cálculos distintos dão o mesmo resultado para o trabalho.

INDO ALÉM Neste problema, o cálculo do trabalho é mais fácil usando o procedimento da Parte (*a*). Em outros problemas, o procedimento da Parte (*b*), ou o da Parte (*c*), ou o da Parte (*d*), pode ser o mais fácil. Você precisa estar preparado para adotar os quatro procedimentos. (Quanto mais ferramentas para resolver problemas você tiver a seu dispor, melhor.)

Exemplo 6-8 Uma Partícula Deslocada — *Tente Você Mesmo*

Uma partícula sofre um deslocamento $\vec{\ell} = (2{,}00\hat{i} - 5{,}00\hat{j})$ m. Durante esse deslocamento, uma força constante $\vec{F} = (3{,}00\hat{i} + 4{,}00\hat{j})$ N atua sobre a partícula. Determine (*a*) o trabalho realizado pela força e (*b*) a componente da força na direção do deslocamento.

SITUAÇÃO A força é constante, logo o trabalho W pode ser encontrado calculando $W = \vec{F} \cdot \vec{\ell} = F_x\Delta x + F_y\Delta y$. Combinando isso com a relação $\vec{F} \cdot \vec{\ell} = F_\parallel \ell$, podemos encontrar a componente de $\vec{F}$ na direção do deslocamento.

SOLUÇÃO

Cubra a coluna da direita e tente por si só antes de olhar as respostas.

Passos	Respostas
(*a*) 1. Faça um esboço mostrando $\vec{F}$, $\vec{\ell}$ e $F_{\parallel}$ (Figura 6-20).	
2. Calcule o trabalho realizado W.	$W = \vec{F}\cdot\vec{\ell} = \boxed{-14{,}0\ \text{J}}$
(*b*) 1. Calcule $\vec{\ell}\cdot\vec{\ell}$ e use o resultado para determinar ℓ.	$\vec{\ell}\cdot\vec{\ell} = 29{,}0\ \text{m}^2$, logo $\ell = \sqrt{29{,}0}\ \text{m}$
2. Usando $\vec{F}\cdot\vec{\ell} = F_{\parallel}\ell$, determine $F_{\parallel}$.	$F_{\parallel} = \vec{F}\cdot\vec{\ell}/\ell = \boxed{-2{,}60\ \text{N}}$

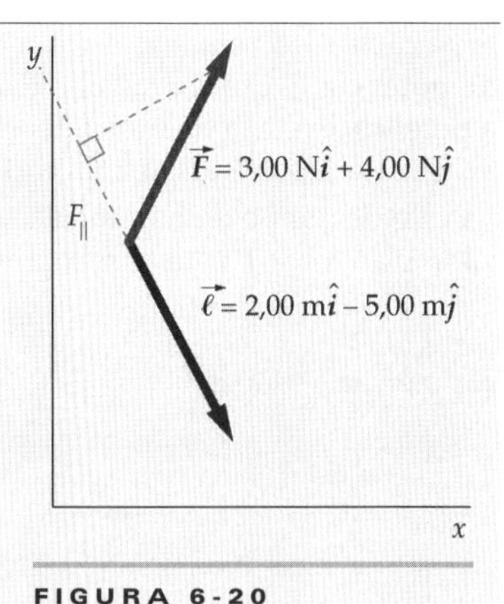

FIGURA 6-20

CHECAGEM Vemos, na Figura 6-20, que o ângulo entre $\vec{F}$ e $\vec{\ell}$ está entre 90° e 180°, e portanto, esperamos que $F_{\parallel}$ e o trabalho sejam ambos negativos. Nossos resultados concordam com esta expectativa.

INDO ALÉM Em nenhum ponto foi dito, nem no enunciado do Exemplo 6-8, nem no desenvolvimento de sua solução, que o movimento da partícula se dá ao longo de um determinado caminho. Como a força é constante, a solução depende do deslocamento resultante $\vec{\ell}$, mas não do caminho percorrido. O caminho poderia ter sido reto ou curvo (Figura 6-21), o que não alteraria em nada a solução.

FIGURA 6-21

PROBLEMA PRÁTICO 6-7 Determine a magnitude de $\vec{F}$ e o ângulo ϕ entre $\vec{F}$ e $\vec{\ell}$.

Exemplo 6-9 Derivando um Produto Escalar

Mostre que $\vec{a}\cdot\vec{v}\ \ \tfrac{1}{2}d(v^2)/dt$, onde $\vec{a}$ é a aceleração, $\vec{v}$ é a velocidade e v é a rapidez.

SITUAÇÃO Note que $v^2 = \vec{v}\cdot\vec{v}$, e a regra de derivação de produtos escalares pode ser usada aqui.

SOLUÇÃO

Aplique a regra de derivação de produtos escalares (Equação 6-17) ao produto escalar $\vec{v}\cdot\vec{v}$:

$$\frac{d}{dt}v^2 = \frac{d}{dt}(\vec{v}\cdot\vec{v}) = \frac{d\vec{v}}{dt}\cdot\vec{v} + \vec{v}\cdot\frac{d\vec{v}}{dt} = 2\frac{d\vec{v}}{dt}\cdot\vec{v} = 2\vec{a}\cdot\vec{v}$$

$$\text{logo}\quad \vec{a}\cdot\vec{v} = \frac{1}{2}\frac{d}{dt}v^2$$

CHECAGEM A rapidez v tem as dimensões de comprimento sobre tempo e, portanto, dv^2/dt tem as dimensões de comprimento ao quadrado sobre tempo ao cubo. A aceleração $\vec{a}$ tem as dimensões de comprimento sobre tempo ao quadrado e, portanto, $\vec{a}\cdot\vec{v}$ tem as dimensões de comprimento ao quadrado sobre tempo ao cubo. Então, os dois lados de $\vec{a}\cdot\vec{v}\ \ \tfrac{1}{2}d(v^2)/dt$ têm as mesmas dimensões (comprimento ao quadrado sobre tempo ao cubo).

INDO ALÉM Este exemplo envolve apenas parâmetros cinemáticos e, portanto, a relação provada é uma relação estritamente cinemática. A equação $\vec{a}\cdot\vec{v}\ \ \tfrac{1}{2}d(v^2)/dt$ é de validade irrestrita (diferentemente de algumas equações cinemáticas que estudamos, que são válidas apenas se a aceleração é constante).

Do Exemplo 6-9, temos a relação cinemática

$$\vec{a}\cdot\vec{v} = \frac{1}{2}\frac{d}{dt}v^2 = \frac{d}{dt}\left(\frac{1}{2}v^2\right) \qquad \text{6-21}$$

Na Seção 6-4, esta equação é usada para deduzir o teorema do trabalho–energia cinética para partículas se movendo em trajetórias curvas sob a influência de forças que não são necessariamente constantes.

POTÊNCIA

A definição de trabalho não diz nada sobre quanto tempo leva para que ele seja realizado. Por exemplo, se você empurra uma caixa ao longo de uma certa distância, subindo um morro, com uma velocidade constante, você realiza a mesma quantidade de trabalho sobre a caixa, não importando quanto tempo você levou para empurrá-la naquela distância. Em física, a taxa na qual uma força realiza trabalho é chamada de **potência** P. Como trabalho é uma medida da energia transferida por uma força, a potência é a taxa de transferência de energia.

Seja uma partícula se movendo com velocidade instantânea $\vec{v}$. Em um curto intervalo de tempo dt, a partícula sofre um deslocamento $d\vec{\ell} = \vec{v}\,dt$. O trabalho realizado pela força $\vec{F}$ que atua sobre a partícula, durante este intervalo de tempo, é

$$dW = \vec{F} \cdot d\vec{\ell} = \vec{F} \cdot \vec{v}\,dt$$

A potência, então, é

$$P = \frac{dW}{dt} = \vec{F} \cdot \vec{v} \qquad 6\text{-}22$$

POTÊNCIA DE UMA FORÇA

Note a diferença entre potência e trabalho. Dois motores que elevam uma certa carga até uma dada altura gastam a mesma quantidade de energia, mas a potência é maior para a força que realiza o trabalho no menor tempo.

Como trabalho e energia, potência é uma grandeza escalar. A unidade SI de potência, um joule por segundo, é chamada de **watt** (W):

$$1\text{ W} = 1\text{ J/s}$$

No sistema americano usual, a unidade de energia é o pé-libra e a unidade de potência é o pé-libra por segundo. Um múltiplo desta unidade comumente utilizado, chamado de hp (*horsepower*), é definido como

$$1\text{ hp} = 550\text{ ft} \cdot \text{lb/s} \approx 746\text{ W}$$

O produto de uma unidade de potência por uma unidade de tempo é uma unidade de energia. Companhias de energia elétrica cobram pela energia, não pela potência, usualmente pelo quilowatt-hora (kW · h). Um quilowatt-hora de energia é a energia transferida em 1 hora à taxa constante de 1 quilowatt, ou

$$1\text{ kW} \cdot \text{h} = (10^3\text{ W})(3600\text{ s}) = 3{,}6 \times 10^6\text{ W} \cdot \text{s} = 3{,}6\text{ MJ}$$

Exemplo 6-10 A Potência de um Motor

Um pequeno motor é usado para operar como um elevador que levanta uma carga de tijolos que pesa 500 N até a uma altura de 10 m, em 20 s (Figura 6-22), com rapidez constante. O elevador pesa 300 N. Qual é a potência desenvolvida pelo motor?

SITUAÇÃO Como a aceleração é zero, a magnitude da força $\vec{F}$ para cima, exercida pelo motor, é igual ao peso do elevador mais o peso dos tijolos. A taxa com que o motor trabalha é a potência.

SOLUÇÃO

A potência é dada por $\vec{F} \cdot \vec{v}$: $P = \vec{F} \cdot \vec{v} = Fv\cos\phi = Fv\cos(0) = Fv$

$$= (800\text{ N})\frac{10\text{ m}}{20\text{ s}} = \boxed{4{,}0 \times 10^2\text{ W}}$$

CHECAGEM O trabalho realizado pela força é (800 N)(10 m) = 8000 J. Este trabalho leva 20 s para ser realizado e, portanto, esperamos uma potência de 8000 J/20 s = $4{,}0 \times 10^2$ W, o que está em perfeito acordo com nosso resultado.

INDO ALÉM (1) O elevador pode não operar, exatamente, com rapidez constante. Os tijolos e o elevador terão que primeiro adquirir rapidez (porque eles estão partindo do repouso). A potência desenvolvida excederá os 400 W enquanto isto ocorre. Além disso, a potência desenvolvida pelo motor será menor que 400 W enquanto o elevador reduz a rapidez para parar no topo. A potência média desenvolvida pelo motor, durante a elevação, é de 400 W (e a potência desenvolvida pela força da gravidade é de −400 W). (2) Uma potência de 400 W é ligeiramente menor que $\frac{1}{2}$ hp.

PROBLEMA PRÁTICO 6-8 Determine a potência média desenvolvida pelo motor necessária para levantar os tijolos e o elevador até a uma altura de 10 m em 40 s. Qual é o trabalho realizado pela força do motor? Qual é o trabalho realizado pela força da gravidade?

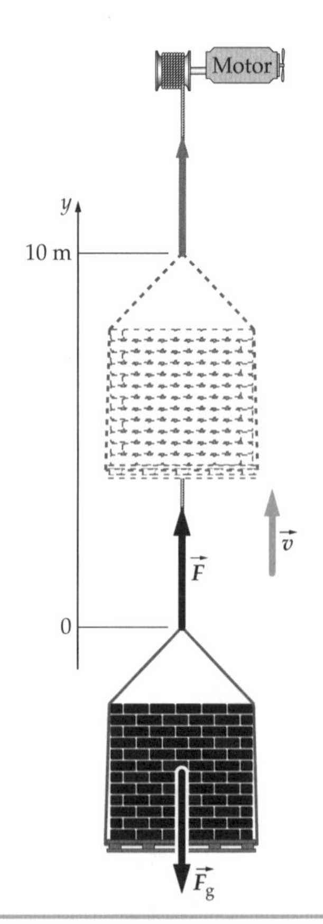

FIGURA 6-22

Exemplo 6-11 Potência e Energia Cinética

Mostre que a potência desenvolvida pela força resultante que atua sobre uma partícula é igual à taxa com que varia a energia cinética da partícula.

SITUAÇÃO A potência desenvolvida pela força resultante, P_{res}, é igual a $\vec{F}_{res} \cdot \vec{v}$. Mostre que $\vec{F}_{res} \cdot \vec{v} = dK/dt$, onde $K = \frac{1}{2}mv^2$.

SOLUÇÃO

1. Substitua $\vec{F}_{res}$ pela expressão da segunda lei de Newton: $\vec{F}_{res} \cdot \vec{v} = m\vec{a} \cdot \vec{v}$
2. O produto $\vec{a} \cdot \vec{v}$ está relacionado com a derivada temporal de v^2 por $2\vec{a} \cdot \vec{v} = d(v^2)/dt$ (Equação 6-21): $\frac{d}{dt}v^2 = \frac{d}{dt}(\vec{v} \cdot \vec{v}) = 2\vec{a} \cdot \vec{v}$
3. Substitua o resultado do passo 2 no resultado do passo 1: $\vec{F}_{res} \cdot \vec{v} = m\vec{a} \cdot \vec{v} = m\frac{1}{2}\frac{d}{dt}v^2$
4. A massa m é constante e, portanto, pode ser levada para dentro do argumento da derivada, junto com a fração $\frac{1}{2}$: $\vec{F}_{res} \cdot \vec{v} = \frac{d}{dt}\left(\frac{1}{2}mv^2\right)$
5. O argumento da derivada é a energia cinética K: $\boxed{P_{res} = \vec{F}_{res} \cdot \vec{v} = \frac{dK}{dt}}$

CHECAGEM O joule é a unidade de energia e, portanto, dK/dt tem como unidade o joule por segundo, ou watt. O watt é a unidade de potência e, portanto, $P_{res} = dK/dt$ é dimensionalmente consistente.

Do Exemplo 6-11, temos

$$P_{res} = \vec{F}_{res} \cdot \vec{v} = \frac{dK}{dt} \tag{6-23}$$

relacionando a potência desenvolvida pela força resultante com a taxa de variação da energia cinética de qualquer corpo que possa ser tratado como uma partícula.

6-4 O TEOREMA DO TRABALHO–ENERGIA CINÉTICA — TRAJETÓRIAS CURVAS

O teorema do trabalho–energia cinética para movimento em trajetória curva pode ser estabelecido por integração de $\vec{F}_{res} \cdot \vec{v} = dK/dt$ (Equação 6-23). Integrando os dois lados em relação ao tempo, obtém-se

$$\int_1^2 \vec{F}_{res} \cdot \vec{v}\,dt = \int_1^2 \frac{dK}{dt}dt \tag{6-24}$$

Como $d\vec{\ell} = \vec{v}\,dt$, onde $d\vec{\ell}$ é o deslocamento durante o tempo dt, e como $(dK/dt)\,dt = dK$, a Equação 6-24 pode ser escrita como

$$\int_1^2 \vec{F}_{res} \cdot d\vec{\ell} = \int_1^2 dK$$

A integral da esquerda é o trabalho total, W_{total}, realizado sobre a partícula. A integral da direita pode ser calculada, obtendo-se

$$\int_1^2 \vec{F}_{res} \cdot d\vec{\ell} = K_2 - K_1 \quad (\text{ou } W_{total} = \Delta K) \tag{6-25}$$

TEOREMA DO TRABALHO–ENERGIA CINÉTICA

A Equação 6-25 segue diretamente da segunda lei de Newton do movimento.

Exemplo 6-12 Trabalho Realizado sobre um Esquiador — *Rico em Contexto*

Você e uma amiga estão em uma estação de esqui que tem duas pistas, a pista para iniciantes e a pista para veteranos. As duas pistas começam no topo da colina e terminam na base da colina. Seja h a descida vertical para as duas pistas. A pista para iniciantes é mais longa e menos íngreme do que a pista para veteranos. Você e sua amiga, que é muito melhor esquiadora do que você, estão testando esquis experimentais sem atrito. Para tornar as coisas interessantes, você propõe a ela uma aposta: que se ela tomar a pista de veteranos e você tomar a pista de iniciantes, a rapidez dela ao final não será maior do que a sua. Não se dando conta de que você é um estudante de física, ela aceita a aposta. As condições são que vocês dois partam do repouso no topo da colina, deixando que os esquis deslizem sem outra interferência. Quem vence a aposta? (Desconsidere o arraste do ar.)

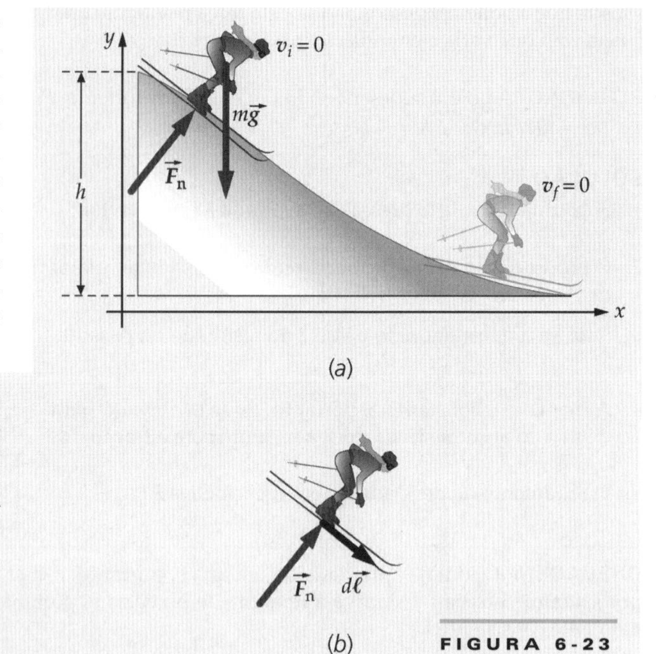

FIGURA 6-23

SITUAÇÃO Como você e sua amiga simplesmente deslizam, podem ser vistos como partículas. (O teorema do trabalho–energia cinética vale apenas para partículas.) Duas forças atuam sobre cada um de vocês, a força peso e a força normal.

SOLUÇÃO

1. Faça um esboço de você próprio e desenhe os dois vetores força no esboço (Figura 6-23*a*). Inclua, também, os eixos coordenados. O teorema do trabalho–energia cinética, com $v_i = 0$, relaciona a rapidez final, v_f, com o trabalho total.

2. A rapidez final está relacionada com a energia cinética final, que por sua vez se relaciona com o trabalho total, pelo teorema do trabalho–energia cinética:
$$W_{total} = \tfrac{1}{2}mv_f^2 - \tfrac{1}{2}mv_i^2$$

3. Para cada um de vocês, o trabalho total é o trabalho realizado pela força normal mais o trabalho realizado pela força gravitacional:
$$W_{total} = W_n + W_g$$

4. A força $m\vec{g}$ sobre você é constante, mas a força $\vec{F}_n$ não é constante. Primeiro, calculamos o trabalho realizado por $\vec{F}_n$. Calcule o trabalho dW_n realizado sobre você por $\vec{F}_n$ em um deslocamento infinitesimal $d\vec{\ell}$ (Figura 6-23*b*) em um ponto qualquer da descida:
$$dW_n = \vec{F}_n \cdot d\vec{\ell} = F_n \cos\phi \, d\ell$$

5. Encontre o ângulo ϕ entre as orientações de $\vec{F}_n$ e $d\vec{\ell}$. O deslocamento $d\vec{\ell}$ é tangente à pista:
$$\phi = 90°$$

6. Encontre o trabalho realizado por $\vec{F}_n$ durante toda a descida:
$$W_n = \int F_n \cos 90° \, d\ell = \int (0)\, d\ell = 0$$

7. A força da gravidade $\vec{F}_g$ é constante e, portanto, o trabalho que a gravidade realiza é $W_g = \vec{F}_g \cdot \vec{\ell}$, onde $\vec{\ell}$ (Figura 6-24) é o deslocamento total do topo à base da colina:
$$W_g = m\vec{g} \cdot \vec{\ell} = -mg\hat{j} \cdot (\Delta x\hat{i} + \Delta y\hat{j}) = -mg\,\Delta y$$

8. O esquiador desce a colina; logo Δy é negativo. Da Figura 6-23*a*, vemos que $\Delta y = -h$:
$$\Delta y = -h$$

9. Substituindo:
$$W_g = mgh$$

10. Aplique o teorema do trabalho–energia cinética para encontrar v_f:
$$W_n + W_g = \Delta K$$

11. A rapidez final depende apenas de h, que é o mesmo para os dois esquiadores. Os dois terão a mesma rapidez na chegada.
$$0 + mgh = \tfrac{1}{2}mv_f^2 - 0 \quad \text{logo} \quad v_f = \sqrt{2gh}$$

VOCÊ VENCE! (A aposta foi que ela não teria uma rapidez maior do que a sua.)

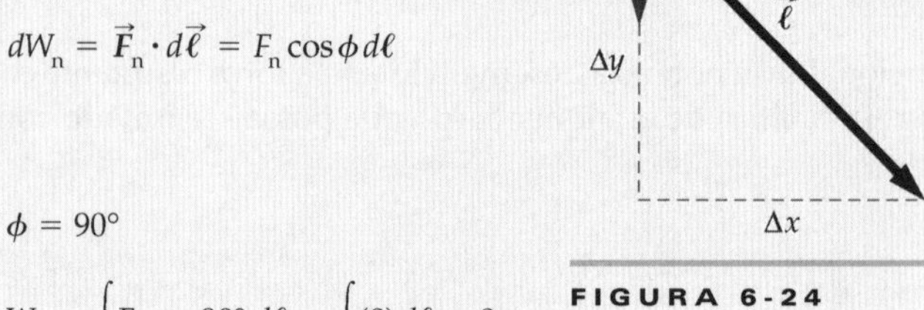

FIGURA 6-24

CHECAGEM A força responsável pelo seu movimento é a força gravitacional. Esta força é proporcional à massa e, portanto, o trabalho que ela realiza é proporcional à massa. Como a energia cinética também é proporcional à massa, a massa cancela na equação trabalho–energia cinética. Assim, esperamos que a rapidez final seja independente da massa. Nosso resultado é independente da massa, como esperado.

INDO ALÉM Sua amiga, na pista mais íngreme, cruzará a chegada mais cedo, mas não foi esta a aposta. O que foi mostrado aqui é que o trabalho realizado pela força gravitacional é igual a mgh. Ele não depende do perfil da colina, ou do comprimento da pista percorrida. Ele depende apenas da massa m e da queda vertical h entre os pontos de partida e de chegada.

*6-5 TRABALHO NO CENTRO DE MASSA

Apresentamos, aqui, uma relação trabalho–energia cinética que vale para sistemas que não podem ser tratados como partículas. (Uma partícula é um sistema cujas partes sofrem, todas elas, deslocamentos idênticos.) No Capítulo 5 encontramos (Equação 5-23) que, para um sistema de partículas,

$$\vec{F}_{\text{ext res}} = \sum \vec{F}_{i\,\text{ext}} = M\vec{a}_{\text{cm}} \qquad \text{6-26}$$

onde $M = \Sigma m_i$ é a massa do sistema e $\vec{a}_{\text{cm}}$ é a aceleração do centro de massa. A Equação 6-26 pode ser integrada para se obter uma equação útil, envolvendo trabalho e energia cinética, que pode ser aplicada a sistemas que não se enquadram no modelo de partícula. Primeiro, multiplicamos escalarmente $\vec{v}_{\text{cm}}$ e os dois lados da Equação 6-26, para obter

$$\vec{F}_{\text{ext res}} \cdot \vec{v}_{\text{cm}} = M\vec{a}_{\text{cm}} \cdot \vec{v}_{\text{cm}} = \frac{d}{dt}\left(\tfrac{1}{2}Mv_{\text{cm}}^2\right) = \frac{dK_{\text{trans}}}{dt} \qquad \text{6-27}$$

onde $K_{\text{trans}} = \frac{1}{2}Mv_{\text{cm}}^2$, chamada de **energia cinética de translação**, é a energia cinética associada ao movimento do centro de massa. Multiplicando os dois lados da Equação 6-27 por dt e integrando, temos

$$\int_1^2 \vec{F}_{\text{ext res}} \cdot d\vec{\ell}_{\text{cm}} = \Delta K_{\text{trans}} \qquad \text{6-28}$$

RELAÇÃO ENTRE TRABALHO NO CENTRO DE MASSA E ENERGIA CINÉTICA DE TRANSLAÇÃO

onde $d\vec{\ell}_{\text{cm}} = \vec{v}_{\text{cm}}dt$. A integral $\int_1^2 \vec{F}_{\text{ext res}} \cdot d\vec{\ell}_{\text{cm}}$ é referida como o **trabalho no centro de massa*** realizado pela força resultante sobre um sistema de partículas, e $d\vec{\ell}_{\text{cm}} = \vec{v}_{\text{cm}}dt$ é o deslocamento incremental do centro de massa. A Equação 6-28 é a **relação trabalho no centro de massa–energia cinética de translação**. Em palavras: "O trabalho no centro de massa realizado pela força externa resultante sobre um sistema é igual à variação da energia cinética de translação do sistema". Apesar de a Equação 6-28 parecer com a equação do teorema do trabalho–energia cinética (Equação 6-25), há algumas diferenças importantes. A relação trabalho no centro de massa–energia cinética de translação lida apenas com o deslocamento e a rapidez do centro de massa do sistema; logo, ao usarmos esta relação estamos ignorando o movimento de qualquer parte do sistema em relação ao referencial do centro de massa. (Um referencial do centro de massa é um referencial não-girante† que se move com o centro de massa.) Isto nos permite calcular o movimento do sistema como um todo, sem conhecer todos os seus detalhes internos.

Para um sistema que se move como uma partícula (com todas as partes tendo a mesma velocidade), a relação trabalho no centro de massa–energia cinética de translação se reduz ao teorema do trabalho–energia cinética (Equação 6-25).

Também é útil, à vezes, se referir ao trabalho no centro de massa realizado por uma única força. O trabalho no centro de massa W_{cm} realizado por qualquer força $\vec{F}$ é dado por

$$W_{\text{cm}} = \int_1^2 \vec{F} \cdot d\vec{\ell}_{\text{cm}} \qquad \text{6-29}$$

* O trabalho no centro de massa também é chamado de pseudotrabalho.
† Um referencial não-girante é um referencial que não gira em relação a um referencial inercial.

Exemplo 6-13 Dois Discos e um Cordão

Dois discos idênticos estão sobre uma mesa de ar, ligados por um fio (Figura 6-25). Os discos, cada um de massa m, estão inicialmente em repouso, na configuração mostrada. Uma força constante de magnitude F acelera o sistema para a direita. Após o ponto de aplicação P da força ter se movido uma distância d, os discos colidem e grudam. Qual é a rapidez dos discos imediatamente após a colisão?

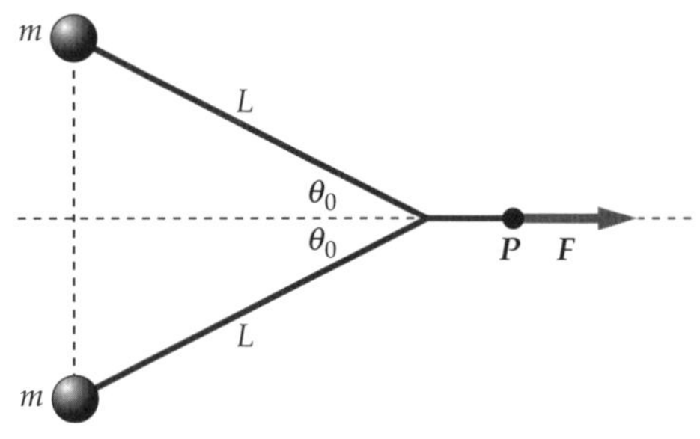

FIGURA 6-25

SITUAÇÃO Considere os dois discos e o fio como o sistema. Aplique a relação trabalho no centro de massa–energia cinética de translação ao sistema. Após a colisão, a rapidez de cada disco é igual à rapidez do centro de massa. (Os discos podem se mover sem atrito sobre a mesa.)

SOLUÇÃO

1. Faça um desenho mostrando inicialmente o sistema e depois de ter se movido da distância d (Figura 6-26):

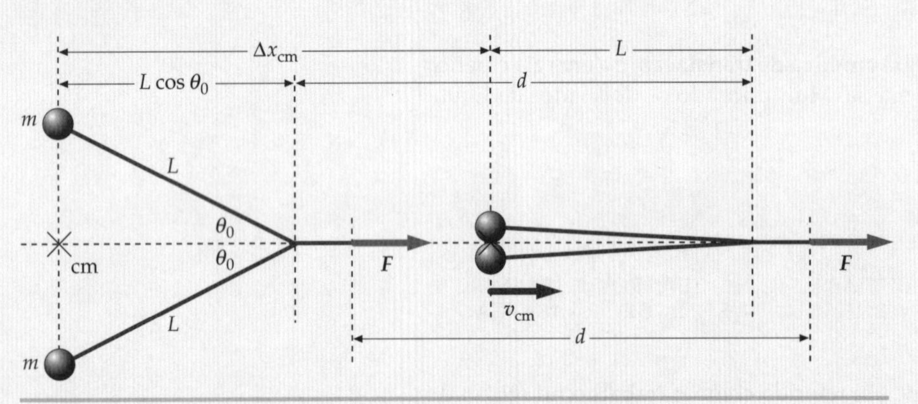

FIGURA 6-26 Enquanto o centro de massa percorre a distância Δx_{cm}, o ponto de aplicação da força $\vec{F}$ percorre a distância d.

2. Aplique a relação trabalho no centro de massa–energia cinética de translação ao sistema. A força externa sobre o sistema é $\vec{F} = F\hat{i}$:

$$\int_i^f \vec{F}_{\text{ext res}} \cdot d\vec{\ell}_{cm} = \Delta K_{\text{trans}}$$

$$\int_i^f F\hat{i} \cdot dx_{cm}\hat{i} = K_{\text{trans f}} - K_{\text{trans i}}$$

$$F\int_i^f dx_{cm} = K_{\text{trans f}} - 0$$

$$F\Delta x_{cm} = \tfrac{1}{2}(2m)v_{cm}^2 = mv_{cm}^2$$

3. Encontre Δx_{cm} em termos de d e de L. A Figura 6-26 torna bem direto o cálculo de Δx_{cm}:

$$\Delta x_{cm} + L = L\cos\theta_0 + d$$

logo $\Delta x_{cm} = d - L(1 - \cos\theta_0)$

4. Substitua o resultado do passo 3 no resultado do passo 2 e calcule v_{cm}:

$$F\Delta x_{cm} = mv_{cm}^2$$

$$F[d - L(1 - \cos\theta_0)] = mv_{cm}^2$$

logo $\boxed{v_{cm} = \sqrt{\dfrac{F[d - L(1 - \cos\theta_0)]}{m}}}$

CHECAGEM Se o ângulo inicial θ_0 é zero, o sistema pode ser tratado como uma partícula e o teorema do trabalho–energia cinética pode ser usado. Isto daria $Fd = \frac{1}{2}(2m)v^2 = mv^2$ ou $v = \sqrt{Fd/m}$. Nosso resultado do passo 4 leva à mesma expressão para a rapidez se $\theta_0 = 0$.

INDO ALÉM (1) Neste exemplo, o deslocamento do centro de massa Δx_{cm} é menor do que o deslocamento d do ponto de aplicação da força $\vec{F}$. Em conseqüência, o trabalho no centro de massa realizado pela força é menor que o trabalho Fd realizado pela força. (2) Os discos perdem energia cinética quando colidem e grudam um no outro. Esta energia aparece como alguma outra forma de energia, como energia térmica. A conservação da energia é discutida adiante, no Capítulo 7.

Exemplo 6-14 Distância para Parar

Para evitar um acidente, o motorista de um carro de 1000 kg, se deslocando a 90 km/h em uma estrada horizontal reta, pisa nos freios com força máxima. O sistema ABS não está funcionando, de modo que as rodas bloqueiam e os pneus deslizam até o carro parar. O coeficiente de atrito cinético entre a estrada e os pneus é 0,80. Qual é a distância percorrida pelo carro?

SITUAÇÃO O carro não pode ser tratado como uma partícula. Os pontos de aplicação das forças de atrito cinético são os pontos de contato dos pneus com a estrada. Os pontos altos das superfícies em contato aderem e deslizam, alternadamente. Logo, o modelo de partícula não se aplica ao carro durante o deslizamento. A relação trabalho no centro de massa–energia cinética de translação aplicada ao carro nos permite calcular a distância até parar.

SOLUÇÃO

1. Escreva a relação trabalho no centro de massa–energia cinética de translação. Precisamos determinar o deslocamento do centro de massa do carro:

$$\int_1^2 \vec{F}_{\text{ext res}} \cdot d\vec{\ell}_{\text{cm}} = \Delta K_{\text{trans}}$$

2. Desenhe um diagrama de corpo livre para o carro enquanto desliza:

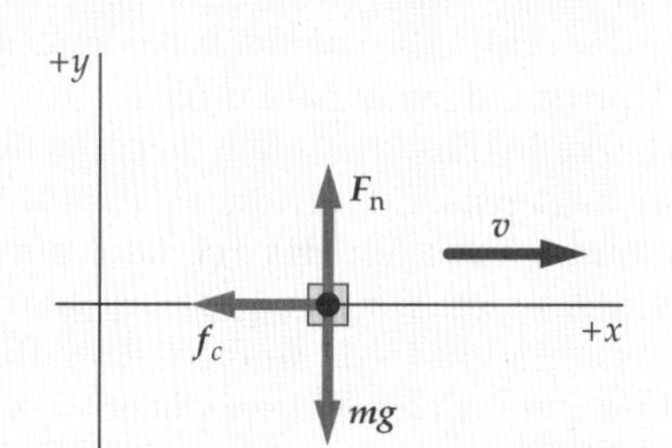

FIGURA 6-27

3. A aceleração vertical é zero e, portanto, a força normal e a força gravitacional somam zero. A força externa resultante sobre o carro é a força de atrito. Determine a força resultante sobre o carro:

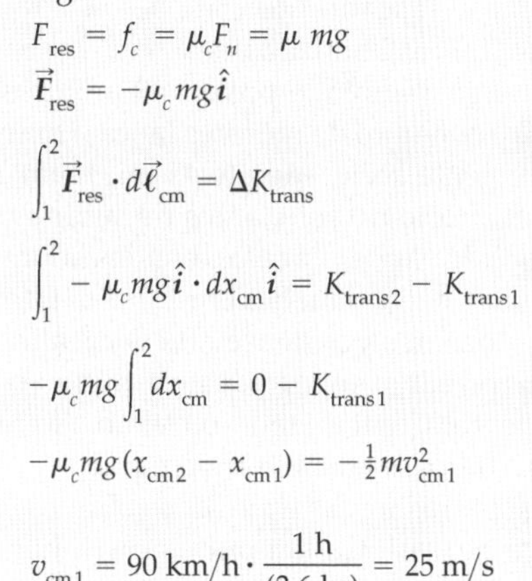

$$\vec{F}_{\text{res}} = \vec{F}_n + m\vec{g} + \vec{f}_c = \vec{f}_c$$

logo

$$F_{\text{res}} = f_c = \mu_c F_n = \mu\, mg$$

$$\vec{F}_{\text{res}} = -\mu_c mg\hat{i}$$

4. Aplique a relação trabalho no centro de massa–energia cinética de translação ao carro:

$$\int_1^2 \vec{F}_{\text{res}} \cdot d\vec{\ell}_{\text{cm}} = \Delta K_{\text{trans}}$$

$$\int_1^2 -\mu_c mg\hat{i} \cdot dx_{\text{cm}}\hat{i} = K_{\text{trans}2} - K_{\text{trans}1}$$

$$-\mu_c mg \int_1^2 dx_{\text{cm}} = 0 - K_{\text{trans}1}$$

$$-\mu_c mg(x_{\text{cm}2} - x_{\text{cm}1}) = -\tfrac{1}{2}mv_{\text{cm}1}^2$$

5. Determine o deslocamento, mas primeiro converta a rapidez inicial de km/h para m/s:

$$v_{\text{cm}1} = 90\ \text{km/h} \cdot \frac{1\ \text{h}}{(3{,}6\ \text{ks})} = 25\ \text{m/s}$$

logo

$$\Delta x_{\text{cm}} = x_{\text{cm}2} - x_{\text{cm}1} = \frac{v_{\text{cm}1}^2}{2\mu_c g}$$

$$\Delta x_{\text{cm}} = \frac{(25\ \text{m/s})^2}{2 \cdot (0{,}80)(9{,}81\ \text{m/s}^2)} = \boxed{40\ \text{m}}$$

CHECAGEM Esperaríamos que a distância para parar deve crescer com a rapidez inicial e decrescer com o aumento do coeficiente de atrito. A expressão para Δx_{cm} do passo 5 confirma essa expectativa.

INDO ALÉM A energia cinética de translação do carro é dissipada como energia térmica dos pneus e do pavimento. A dissipação de energia cinética em energia térmica por atrito cinético é discutida adiante, no Capítulo 7.

Física em Foco

Trabalho na Correia Transportadora de Bagagem

As formas de se transportar bagagens, em alguns dos maiores aeroportos, têm muito em comum com montanhas-russas. Grandes taxas de mudança de aceleração por longos períodos de tempo não são convenientes, nem para passageiros de montanha-russa, nem para bagagens. Eles devem se deslocar suavemente, sem paradas e movimentos bruscos indesejáveis.

Alguns carrinhos de montanha-russa (ou de transporte de bagagem) ganham energia cinética devido ao trabalho realizado sobre eles por forças constantes exercidas por conjuntos de LIMs (Um LIM — *linear induction motor* — é um motor de indução linear.) Um LIM é um método eletromagnético de se exercer força sem partes móveis.* A principal razão para utilizá-los é a flexibilidade na aplicação de forças em lugares determinados, durante o percurso do carrinho da montanha-russa ou do transporte de bagagens. Os carrinhos correm sobre trilhos que usam sensores para determinar a rapidez dos veículos e comunicam esta rapidez aos controladores dos motores. Os LIMs podem ser desligados quando o veículo atingiu a rapidez correta. Nos dois casos, alguns LIMs também são utilizados como freios sobre os veículos, exercendo forças sobre eles que se opõem ao sentido do movimento.

Uma montanha-russa cujos carrinhos são lançados do Café NASCAR no Hotel e Cassino Sahara, de Las Vegas (Estados Unidos), batizada de *Speed — The Ride*, foi projetada pela firma Ingenieurbuero Stengel GmbH, e possui 88 motores em três localizações ao longo do trilho. O primeiro conjunto de motores lança o trem. O trem de 6 carros, com 24 passageiros, é suavemente acelerado até 45 mi/h em 2,0 s. Ele arremete em uma curva e mergulha 25 ft abaixo do solo, antes de subir e percorrer uma montanha com o perfil de uma clotóide. Após, forças exercidas sobre ele pelo segundo conjunto de LIMs quadruplica sua energia cinética em 2,0 s.† O trem percorre o Las Vegas Boulevard e depois sobe duzentos pés quase que verticalmente. Por segurança, uma série de LIMs localizados próximo ao topo deste caminho pode frear o trem, se necessário. O trem percorre de volta, então, todo o trajeto. Ao retornar à estação, os LIMs lá situados atuam como freios, e fazem o trem parar.

Além das forças exercidas pelo LIMs, outras forças exercidas sobre os carrinhos são a da gravidade, a do atrito e a força normal. Cada um dos carrinhos do trem percorre o mesmo caminho, apesar de os pontos de partida e de chegada não serem os mesmos para cada carrinho. A aceleração máxima para qualquer passageiro é de 3,5 g. Isto não é muito — a aceleração momentânea provocada por um travesseiro atingindo a cabeça pode ser maior que 20 g.‡

O Aeroporto Internacional de Heathrow (Inglaterra) transfere bagagens, com freqüência, entre os Terminais Um e Quatro. Os terminais são afastados mais de 1,0 km um do outro e são separados por uma rodovia. Cada peça de bagagem é transportada por um pequeno carrinho que viaja sobre trilhos. (A rapidez dos carrinhos é controlada por LIMs montados nos trilhos.) O carrinho desce uma rampa inclinada para chegar ao nível de um túnel, 20 m abaixo do solo. Ele viaja através do túnel a 30 km/h, rapidez esta que é mantida por LIMs regularmente espaçados. No final do túnel, o carrinho sobe ao nível do solo do terminal a que se destinava. Quando você fizer uma conexão em um aeroporto grande, lembre-se de que sua bagagem poderá muito bem estar tendo seu próprio passeio especial.

* "Whoa! Linear motors bast Vegas coaster straight up." *Machine Design*, May 4, 2000. Vol. 28; "Sectors" EI-WHS http://www.eiwsh.co.uk/sectors.asp April 2006; "Baggage Handing Case Study." Force Engineering http://force.co.uk/bagcase.htm, April 2006; "Leisure Rides." Force Engineering, http://www.force.co.uk/leishome.htm April 2006.

† "Speed Facts. Sahara Hotel and Casino, http://www.sabaravegas.com April 2006.

‡ Exponent Failure Analysis Associates. *Investigation of Amusement Park and Roller Coaster Injury Likelihhod and Severity*: 48. http://www.emerson-associates.com October 2008.

Resumo

1. Trabalho, energia cinética e potência são importantes quantidades dinâmicas derivadas.
2. O teorema do trabalho–energia cinética é uma importante relação, deduzida das leis de Newton, aplicável a uma partícula. (Neste contexto, uma partícula é um corpo perfeitamente rígido que se move sem girar.)
3. O produto escalar de vetores é uma definição matemática útil em todo o estudo da física.

TÓPICO	EQUAÇÕES RELEVANTES E OBSERVAÇÕES	
1. **Trabalho**	$W = \int_1^2 \vec{F} \cdot d\vec{\ell} = \int_1^2 F_{\parallel} d\ell$ (definição)	
Força constante	$W = \vec{F} \cdot \vec{\ell} = F_{\parallel}\ell = F\ell_{\parallel} = F\ell \cos\theta$	
Força constante — movimento unidimensional	$W = F_x \Delta x = F\lvert\Delta x\rvert \cos\theta$	
Força variável — movimento unidimensional	$W = \int_{x_1}^{x_2} F_x dx =$ área sob a curva F_x *versus* x	
2. **Energia Cinética**	$K = \frac{1}{2}mv^2$ (definição)	
3. **Teorema do Trabalho—Energia Cinética**	$W_{\text{total}} = \Delta K = \frac{1}{2}mv_{\text{f}}^2 - \frac{1}{2}mv_{\text{i}}^2$	
4. **Produto Escalar ou Produto Interno**	$\vec{A} \cdot \vec{B} = AB\cos\phi$ (definição)	
Em termos de componentes	$\vec{A} \cdot \vec{B} = A_xB_x + A_yB_y + A_zB_z$	
Vetor unitário vezes vetor	$\vec{A} \cdot \hat{i} = A_x$	
Regra da derivada de produto	$\frac{d}{dt}(\vec{A} \cdot \vec{B}) = \frac{d\vec{A}}{dt} \cdot \vec{B} + \vec{A} \cdot \frac{d\vec{B}}{dt}$	
5. **Potência**	$P = \frac{dW}{dt} = \vec{F} \cdot \vec{v}$	
6. **Relação entre Trabalho no Centro de Massa e Energia Cinética de Translação**	$\int_1^2 \vec{F}_{\text{ext res}} \cdot d\vec{\ell}_{\text{cm}} = \Delta K_{\text{trans}}$ Esta relação é uma ferramenta útil para a solução de problemas em que nao se pode aplicar o modelo de partícula aos sistemas.	6-2
Trabalho no centro de massa	$W_{\text{cm}} = \int_1^2 \vec{F}_{\text{ext res}} \cdot d\vec{\ell}_{\text{cm}}$	6-3
Energia cinética de translação	$K_{\text{trans}} = \frac{1}{2}Mv_{\text{cm}}^2$, onde $M = \Sigma m_i$	

Respostas das Checagens Conceituais

6-1 O trabalho realizado pela mola é negativo.

Respostas dos Problemas Práticos

6-1 34 J

6-2 $1{,}7 \times 10^2$ N

6-3 4,1 m/s

6-4 A região de interesse está sob o eixo x, de forma que a "área sob a curva" é negativa. A "área sob a curva" é $-(\lvert A_1\rvert - \lvert A_2\rvert)$, onde A_1 e A_2 são mostrados na Figura 6-28. O trabalho realizado pela mola é igual à "área sob a curva" e a área de um triângulo é a metade da altura vezes a base. Logo,

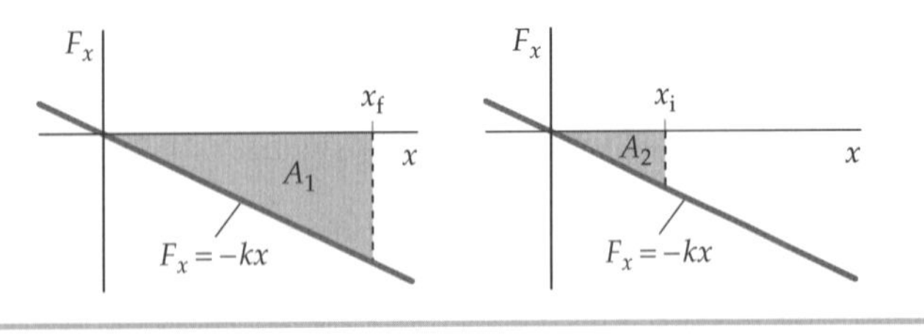

FIGURA 6-28

$$W_{\text{pela mola}} = -(|A_1| - |A_2|) = -(\tfrac{1}{2} \cdot kx_f \cdot x_f - \tfrac{1}{2} \cdot kx_i \cdot x_i) = \boxed{\tfrac{1}{2}kx_i^2 - \tfrac{1}{2}kx_f^2}$$

que é idêntico à Equação 6-13.

6-5 0,40 m/s

6-6 (*a*) 38 m^2, (*b*) $A = 5{,}0$ m, $B = 8{,}2$ m, $\phi = 23°$

6-7 $F = 5{,}00$ N, $\phi = 121°$

6-8 $P = 2{,}0 \times 10^2$ W, $W = 8{,}0 \times 10^3$ J, $W = -8{,}0 \times 10^3$ J

Problemas

Em alguns problemas, você recebe mais dados do que necessita; em alguns outros, você deve acrescentar dados de seus conhecimentos gerais, fontes externas ou estimativas bem fundamentadas.

Interprete como significativos todos os algarismos de valores numéricos que possuem zeros em seqüência sem vírgulas decimais.

Em todos os problemas, use $g = 9{,}81$ m/s² para a aceleração de queda livre devida à gravidade e despreze atrito e resistência do ar, a não ser quando especificamente indicado.

• Um só conceito, um só passo, relativamente simples
•• Nível intermediário, pode requerer síntese de conceitos
••• Desafiante, para estudantes avançados
Problemas consecutivos sombreados são problemas pareados.

PROBLEMAS CONCEITUAIS

1 • Verdadeiro ou falso: (*a*) Se o trabalho resultante, ou total, realizado sobre uma partícula não é nulo, então sua rapidez deve mudar. (*b*) Se o trabalho resultante, ou total, realizado sobre uma partícula não é nulo, então sua velocidade deve mudar. (*c*) Se o trabalho resultante, ou total, realizado sobre uma partícula não é nulo, então a orientação de seu movimento não pode mudar. (*d*) As forças que atuam sobre uma partícula não trabalham sobre ela se ela permanece em repouso. (*e*) Uma força que é sempre perpendicular à velocidade de uma partícula nunca trabalha sobre a partícula.

2 • Você empurra uma caixa pesada sobre uma mesa horizontal com atrito, em linha reta. A caixa parte do repouso e acaba em repouso. Descreva o trabalho realizado sobre ela (incluindo sinais) por cada uma das forças que atuam sobre ela e diga qual é o trabalho resultante realizado.

3 • Você está em uma roda gigante que gira com rapidez constante. Certo ou errado: Durante qualquer fração de uma revolução: (*a*) Nenhuma das forças atuando sobre você realiza trabalho sobre você. (*b*) O trabalho total realizado por todas as forças que atuam sobre você é zero. (*c*) A força resultante sobre você é zero. (*d*) Você está acelerado.

4 • Por qual fator é alterada a energia cinética de uma partícula se sua rapidez é dobrada mas sua massa é reduzida à metade?

5 • Dê um exemplo de uma partícula que tem energia cinética constante mas está acelerada. Pode uma partícula não acelerada ter energia cinética variável? Caso afirmativo, dê um exemplo.

6 • Uma partícula tem, inicialmente, uma energia cinética K. Mais tarde, ela está se movendo no sentido oposto com o triplo de sua rapidez inicial. Qual é, agora, sua energia cinética? (*a*) K, (*b*) $3K$, (*c*) $23K$, (*d*) $9K$, (*e*) $-9K$.

7 • Como você compara o trabalho realizado para esticar uma mola de 2,0 cm, a partir da configuração frouxa, com o trabalho necessário para esticá-la de 1,0 cm, a partir da configuração frouxa?

8 • Uma mola é primeiro esticada de 2,0 cm a partir da configuração frouxa. Depois, ela é esticada mais 2,0 cm. Como você compara o trabalho para realizar a segunda esticada com aquele para realizar a primeira esticada (expresse em termos da razão entre o segundo e o primeiro)?

9 • A dimensão de potência é (*a*) $M \cdot L^2 \cdot T^2$, (*b*) $M \cdot L^2/T$, (*c*) $M \cdot L^2/T^2$, (*d*) $M \cdot L^2/T^3$.

10 • Mostre que a unidade SI para a constante de força de uma mola pode ser escrita como kg/s².

11 • Verdadeiro ou falso: (*a*) A força gravitacional não pode trabalhar sobre um corpo, porque ela não é uma força constante. (*b*) Atrito estático nunca pode realizar trabalho sobre um corpo. (*c*) Quando um elétron carregado negativamente é removido de um núcleo carregado positivamente, a força sobre o elétron realiza um trabalho de valor positivo. (*d*) Se uma partícula se move em trajetória circular, o trabalho total realizado sobre ela é necessariamente zero.

12 •• Um disco de hóquei tem uma velocidade inicial no sentido $+x$ sobre uma superfície horizontal de gelo. Esboce qualitativamente o gráfico força *versus* posição para a força horizontal (constante) necessária para trazer o disco até o repouso. Suponha o disco localizado em $x = 0$ quando a força começa a agir. Mostre que o sinal da área sob o gráfico concorda com o sinal da variação da energia cinética do disco e interprete isto em termos do teorema do trabalho–energia cinética.

13 •• Verdadeiro ou falso: (*a*) O produto escalar não pode ter unidades. (*b*) Se o produto escalar de dois vetores não-nulos é zero, então eles são paralelos. (*c*) Se o produto escalar de dois vetores não-nulos é igual ao produto de suas magnitudes, então os dois vetores são paralelos. (*d*) Enquanto um objeto é empurrado rampa acima, o sinal do produto escalar da força da gravidade sobre ele pelo seu deslocamento é negativo.

14 •• (*a*) O produto escalar de dois vetores unitários perpendiculares deve ser sempre zero? (*b*) Um corpo tem uma velocidade $\vec{v}$ em dado instante. Interprete fisicamente $\sqrt{\vec{v} \cdot \vec{v}}$. (*c*) Uma bola rola para fora de uma mesa horizontal. Qual é o produto escalar entre sua velocidade e sua aceleração imediatamente após ela ter abandonado a mesa? Explique. (*d*) Na Parte (*c*), qual é o sinal do produto escalar entre a velocidade e a aceleração imediatamente antes de a bola atingir o chão?

15 •• Você levanta um pacote verticalmente, para cima, até uma altura L no tempo Δt. Depois, você levanta um segundo pacote que tem o dobro da massa do primeiro, verticalmente para cima e até a mesma altura, desenvolvendo a mesma potência que ao levantar o primeiro pacote. Quanto tempo você leva para levantar o segundo pacote (responda em termos de Δt)?

16 •• Existem lasers que desenvolvem mais de 1,0 GW de potência. Uma grande planta moderna de geração de energia elétrica tipicamente desenvolve 1,0 GW de potência elétrica. Isto significa que o laser produz uma imensa quantidade de energia? Explique. *Dica: Estes lasers de alta potência são pulsados (liga-desliga), de modo que eles não desenvolvem potência por intervalos de tempo muito longos.*

17 •• Você está dirigindo um carro que acelera em uma pista horizontal, a partir do repouso, sem patinar os pneus. Use a relação trabalho–energia cinética de translação para o centro de massa e diagramas de corpo livre para explicar claramente qual força (ou quais forças) é (são) diretamente responsável (responsáveis) pelo ganho de energia cinética de translação do carro e de você próprio. *Dica: A relação se refere apenas a forças externas, de forma que o motor do carro não é a resposta. Escolha corretamente o seu "sistema" para cada caso.*

ESTIMATIVA E APROXIMAÇÃO

18 •• (*a*) Estime o trabalho realizado sobre você pela gravidade quando você viaja em um elevador, do térreo ao topo do Empire State Building, um prédio americano de 102 andares. (*b*) Estime a quantidade de trabalho que a força normal do chão realiza sobre você. *Dica: A resposta não é zero.* (*c*) Estime a potência média da força da gravidade.

19 •• **APLICAÇÃO EM ENGENHARIA, RICO EM CONTEXTO** As estrelas mais próximas, além do Sol, estão anos-luz afastadas da Terra. Se temos que investigar estas estrelas, nossas naves espaciais devem viajar com uma fração apreciável da rapidez da luz. (*a*) Você está encarregado de estimar a energia necessária para acelerar uma cápsula de 10.000 kg, a partir do repouso, a até 10 por cento da rapidez da luz, em um ano. Qual é a mínima quantidade de energia necessária? Note que, para valores próximos ao da rapidez da luz, a fórmula $\frac{1}{2}mv^2$ para a energia cinética não é correta. No entanto, ela dá um valor coincidente em até 1 por cento com o valor correto para valores de até 10 por cento da rapidez da luz. (*b*) Compare sua estimativa com a quantidade de energia que os Estados Unidos utilizam em um ano (cerca de 5×10^{20} J). (*c*) Estime a potência média mínima necessária para o sistema de propulsão.

20 •• A massa do Ônibus Espacial orbital é cerca de 8×10^4 kg e o período de sua órbita é 90 min. Estime a energia cinética da nave e o trabalho realizado pela gravidade sobre ela entre o lançamento e a entrada em órbita. (Apesar de a força da gravidade diminuir com a altitude, este efeito é pequeno para órbitas baixas. Use este fato para fazer a aproximação necessária; você não precisa calcular uma integral.) As órbitas são cerca de 250 milhas acima da superfície da Terra.

21 • **RICO EM CONTEXTO** Dez polegadas de neve caíram durante a noite e você deve retirá-la da entrada de sua garagem, que tem o comprimento de 50 ft (Figura 6-29). Estime quanto trabalho você deve realizar sobre a neve para completar a tarefa. Faça hipóteses plausíveis para os valores que forem necessários (a largura da entrada, por exemplo) e justifique cada hipótese.

TRABALHO, ENERGIA CINÉTICA E APLICAÇÕES

22 • Um pedaço de lixo espacial de 15 g tem uma rapidez de 1,2 km/s. (*a*) Qual é sua energia cinética? (*b*) Qual passa a ser sua energia cinética, se sua rapidez é reduzida à metade? (*c*) Qual passa a ser sua energia cinética, se sua rapidez é dobrada?

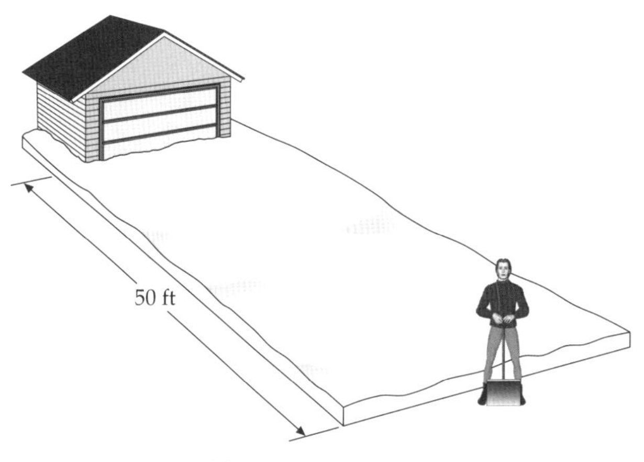

FIGURA 6-29 Problema 21

23 • Encontre a energia cinética de (*a*) uma bola de 0,145 kg que se move com a rapidez de 45,0 m/s e (*b*) de um corredor de 60,0 kg que mantém um ritmo constante de 9,00 min/mi.

24 • Uma caixa de 6,0 kg é levantada de uma altura de 3,0 m, a partir do repouso, por uma força aplicada vertical de 80 N. Encontre (*a*) o trabalho realizado sobre a caixa pela força aplicada, (*b*) o trabalho realizado sobre a caixa pela gravidade e (*c*) a energia cinética final da caixa.

25 • Uma força constante de 80 N atua sobre uma caixa de 5,0 kg. A caixa está, inicialmente, se movendo a 20 m/s no sentido da força e, 3,0 s depois, ela se move a 68 m/s. Determine o trabalho realizado por esta força e a potência média por ela desenvolvida durante o intervalo de 3,0 s.

26 •• Você vence uma amiga, em uma corrida. No início, os dois têm a mesma energia cinética, mas ela está mais rápida do que você. Quando você eleva sua rapidez em 25 por cento, vocês passam a ter a mesma rapidez. Se sua massa é 85 kg, qual é a massa dela?

27 •• Uma partícula de 3,0 kg, que se move ao longo do eixo x, tem uma velocidade de +2,0 m/s quando passa pela origem. Ela está sujeita a uma força única, F_x, que varia com a posição como mostrada na Figura 6-30. (*a*) Qual é a energia cinética da partícula quando ela passa pela origem? (*b*) Qual é o trabalho realizado pela força, enquanto a partícula se move de x = 0,0 m até x = 4,0 m? (*c*) Qual é a rapidez da partícula quando ela está em x = 4,0 m?

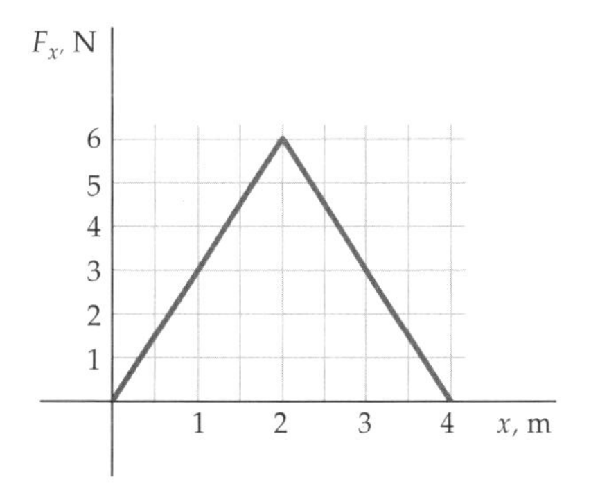

FIGURA 6-30 Problema 27

28 •• Um corpo de 3,0 kg, que se move ao longo do eixo x, tem uma velocidade de +2,4 m/s quando passa pela origem. Ele está sujeito a uma força única, F_x, que varia com a posição como mostrado na Figura 6-31. (*a*) Encontre o trabalho realizado pela força de x = 0,0 m até x = 2,0 m. (*b*) Qual é a energia cinética do corpo em x = 2,0 m? (*c*) Qual é a rapidez do objeto em x = 2,0 m? (*d*) Qual é o trabalho realizado sobre o corpo de x = 0,0 m até x = 4,0 m? (e) Qual é a rapidez do corpo em x = 4,0 m?

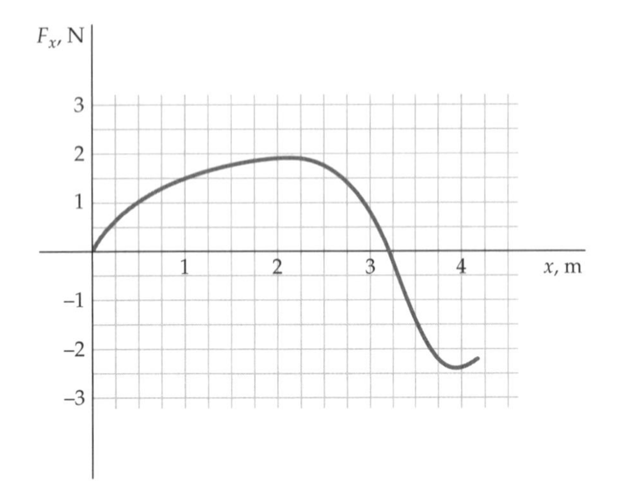

FIGURA 6-31 Problema 28

29 •• Uma extremidade de uma mola leve (constante k) é presa ao teto e a outra extremidade é presa a um objeto de massa m. A mola está frouxa e na vertical, inicialmente. Primeiro, você abaixa o objeto, vagarosamente, até uma posição de equilíbrio a uma distância h abaixo da posição inicial. Depois, você repete a experiência, mas agora largando o objeto, e o resultado é que ele cai uma distância H abaixo da posição inicial, até parar momentaneamente. (*a*) Mostre que $h = mg/k$. (*b*) Use o teorema do trabalho–energia cinética para mostrar que $H = 2h$. Tente você mesmo esta experiência.

30 •• Uma força F_x atua sobre uma partícula que tem uma massa de 1,5 kg. A força está relacionada com a posição x da partícula pela fórmula $F_x = Cx^3$, onde $C = 0{,}50$ se x está em metros e F_x está em newtons. (*a*) Quais são as unidades SI de C? (*b*) Encontre o trabalho realizado por esta força enquanto a partícula se move de $x = 3{,}0$ m até $x = 1{,}5$ m. (*c*) Em $x = 3{,}0$ m, a força tem o sentido oposto ao da velocidade da partícula (rapidez de 12,0 m/s). Qual é sua rapidez em $x = 1{,}5$ m? Você pode, apenas com base no teorema do trabalho–energia cinética, dizer qual é a orientação do movimento da partícula em $x = 1{,}5$ m? Explique.

31 •• Perto de sua cabana de férias há uma caixa d'água solar (preta) usada para aquecer a água de um chuveiro externo. Por alguns dias, no último verão, a bomba estragou e você teve que, pessoalmente, carregar a água do açude até a caixa, 4,0 m acima. Seu balde tem uma massa de 5,0 kg e comporta 15,0 kg de água, quando cheio. No entanto, o balde tem um furo e, enquanto você o elevava verticalmente com uma rapidez constante v, a água escapava com uma taxa constante. Ao atingir o topo, apenas 5,0 kg de água restavam. (*a*) Escreva uma expressão para a massa do balde mais água, como função da altura acima da superfície do açude. (*b*) Encontre o trabalho que você realiza sobre o balde para cada 5,0 kg de água despejada no tanque.

32 •• Um bloco de 6,0 kg escorrega 1,5 m abaixo sobre um plano inclinado sem atrito que forma um ângulo de 60° com a horizontal. (*a*) Desenhe o diagrama de corpo livre para o bloco e encontre o trabalho realizado por cada força, enquanto o bloco escorrega 1,5 m (medidos ao longo do plano inclinado). (*b*) Qual é o trabalho total realizado sobre o bloco? (*c*) Qual é a rapidez do bloco após ter escorregado 1,5 m, se ele parte do repouso? (*d*) Qual é sua rapidez, após 1,5 m, se ele parte com uma rapidez inicial de 2,0 m/s?

33 •• **APLICAÇÃO EM ENGENHARIA** Você está projetando uma seqüência de viagem em cipó, para o último filme de Tarzan. Para determinar a rapidez do Tarzan no ponto mais baixo de sua trajetória, para se certificar de que ela não ultrapassa os limites estabelecidos de segurança, você elabora um modelo em que o sistema Tarzan + cipó é um pêndulo. Em seu modelo, a partícula (Tarzan, 100 kg de massa) oscila na extremidade de um fio leve (o cipó) de comprimento ℓ preso a um suporte. O ângulo entre a vertical e o fio é ϕ. (*a*) Desenhe um diagrama de corpo livre para o corpo na extremidade do fio (Tarzan no cipó). (*b*) Uma distância infinitesimal ao longo do arco (pelo qual o corpo se move) é $\ell d\phi$. Escreva uma expressão para o trabalho total dW_{total} realizado sobre a partícula enquanto ela percorre esta distância, para um ângulo arbitrário ϕ. (*c*) Se $\ell = 7{,}0$ m e se a partícula parte do repouso a um ângulo de 50°, determine a energia cinética da partícula e sua rapidez, no ponto mais baixo do percurso, usando o teorema do trabalho–energia cinética.

34 •• *Máquinas simples* são usadas com freqüência para reduzir a força que deve ser exercida para realizar uma tarefa, como a de levantar um grande peso. Tais máquinas incluem o parafuso, sistemas de guincho e alavancas, mas a mais simples das máquinas simples é o plano inclinado. Na Figura 6-32, você está erguendo uma caixa pesada para dentro de um caminhão, empurrando-a sobre um plano inclinado (uma rampa). (*a*) A *vantagem mecânica VM* do plano inclinado é definida como a razão da magnitude da força que você teria que aplicar para elevar o bloco na vertical (com rapidez constante) pela magnitude da força necessária para empurrá-lo rampa acima (com rapidez constante). Se o plano não tem atrito, mostre que $VM = 1/\text{sen}\,\theta = L/H$, onde H é a altura e L é o comprimento da rampa. (*b*) Mostre que o trabalho que você realiza ao levar a caixa para dentro do caminhão é o mesmo, não importando se você o levanta verticalmente ou o empurra rampa (sem atrito) acima.

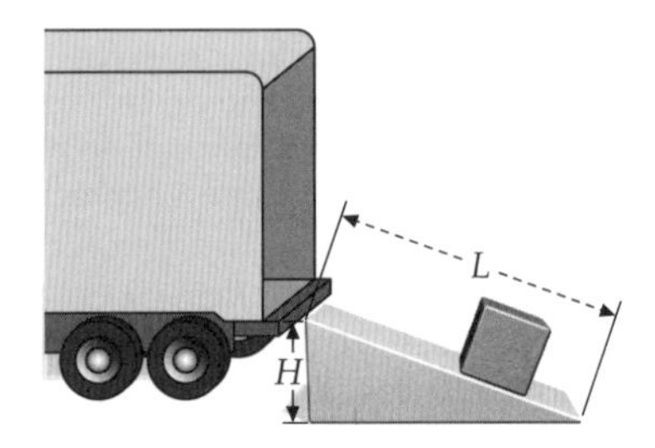

FIGURA 6-32 Problema 34

35 •• A partícula a, de massa m, está inicialmente posicionada no eixo x positivo, em $x = x_0$, e sujeita a uma força repulsiva F_x, exercida pela partícula b. A posição da partícula b está fixa, na origem. A força F_x é inversamente proporcional ao quadrado da distância x entre as partículas. Isto é, $F_x = A/x^2$, onde A é uma constante positiva. A partícula a é largada do repouso e fica livre para se mover sob a influência da força. Encontre uma expressão para o trabalho realizado pela força sobre a, como função de x. Encontre a energia cinética e a rapidez de a no limite em que x tende a infinito.

36 • Você exerce uma força de magnitude F na extremidade livre da corda (Figura 6-33). (*a*) Se a carga se move uma distância h para cima, de qual distância se move o ponto de aplicação da força? (*b*) Qual é o trabalho realizado pela corda sobre a carga? (*c*) Qual é o trabalho que você realiza sobre a corda? A vantagem mecânica (definida no Problema 34) deste sistema é a razão F/F_g, onde F_g é o peso da carga. Quanto vale esta vantagem mecânica?

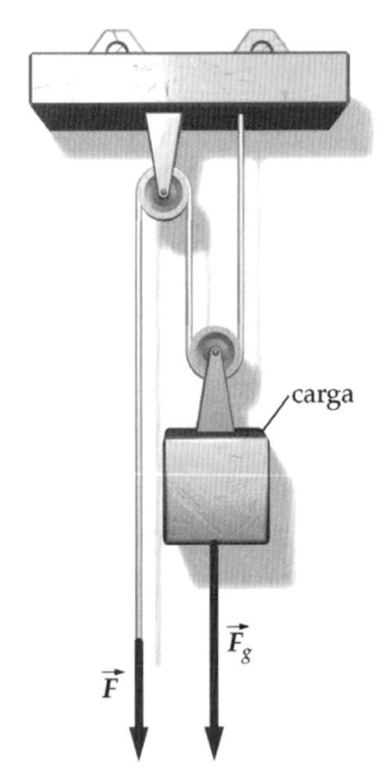

FIGURA 6-33 Problema 36

PRODUTOS ESCALARES

37 • Qual é o ângulo entre os vetores $\vec{A}$ e $\vec{B}$ se $\vec{A} \cdot \vec{B} = -AB$?

38 • Dois vetores $\vec{A}$ e $\vec{B}$ têm, cada um, uma magnitude de 6,0 m, e o ângulo entre suas orientações é 60°. Determine $\vec{A} \cdot \vec{B}$.

39 • Determine $\vec{A} \cdot \vec{B}$ para os seguintes vetores: (*a*) $\vec{A} = 3\hat{i} - 6\hat{j}$, $\vec{B} = -4\hat{i} + 2\hat{j}$; (*b*) $\vec{A} = 5\hat{i} + 5\hat{j}$, $\vec{B} = 2\hat{i} - 4\hat{j}$; e (*c*) $\vec{A} = 6\hat{i} + 4\hat{j}$, $\vec{B} = 4\hat{i} - 6\hat{j}$.

40 • Determine os ângulos entre os vetores $\vec{A}$ e $\vec{B}$ dados: (*a*) $\vec{A} = 3\hat{i} - 6\hat{j}$, $\vec{B} = -4\hat{i} + 2\hat{j}$; (*b*) $\vec{A} = 5\hat{i} + 5\hat{j}$, $\vec{B} = 2\hat{i} - 4\hat{j}$; e (*c*) $\vec{A} = 6\hat{i} + 4\hat{j}$, $\vec{B} = 4\hat{i} - 6\hat{j}$.

41 • Uma partícula de 2,0 kg sofre um deslocamento de $\Delta\vec{r} = (3{,}0\ \text{m})\hat{i} + (3{,}0\ \text{m})\hat{j} + (-2{,}0\ \text{m})\hat{k}$. Durante esse deslocamento, uma força constante $\vec{F} = (2{,}0\ \text{N})\hat{i} - (1{,}0\ \text{N})\hat{j} + (1{,}0\ \text{N})\hat{k}$ atua sobre a partícula. (*a*) Determine o trabalho realizado por $\vec{F}$ para esse deslocamento. (*b*) Determine a componente de $\vec{F}$ na direção desse deslocamento.

42 •• (*a*) Determine o vetor unitário que tem a mesma orientação do vetor $\vec{A} = 2{,}0\hat{i} - 1{,}0\hat{j} - 1{,}0\hat{k}$. (*b*) Determine a componente do vetor $\vec{A} = 2{,}0\hat{i} - 1{,}0\hat{j} - 1{,}0\hat{k}$ na direção do vetor $\vec{B} = 3{,}0\hat{i} + 4{,}0\hat{j}$.

43 •• (*a*) Dados dois vetores não-nulos, $\vec{A}$ e $\vec{B}$, mostre que se $|\vec{A} + \vec{B}| = |\vec{A} - \vec{B}|$, então $\vec{A} \perp \vec{B}$. (*b*) Dado o vetor $\vec{A} = 4\hat{i} - 3\hat{j}$, encontre um vetor no plano *xy* que seja perpendicular a $\vec{A}$ e que tenha uma magnitude de 10. Este é o único vetor que satisfaz a estas condições? Explique.

44 •• Os vetores unitários $\hat{A}$ e $\hat{B}$ estão no plano *xy*. Eles formam os ângulos θ_1 e θ_2, respectivamente, com o eixo $+x$. (*a*) Use trigonometria para encontrar diretamente as componentes *x* e *y* dos dois vetores. (Sua resposta deve ser em termos dos ângulos.) (*b*) Considerando o produto escalar de $\hat{A}$ por $\hat{B}$, mostre que $\cos(\theta_1 - \theta_2) = \cos\theta_1 \cos\theta_2 + \text{sen}\,\theta_1\,\text{sen}\,\theta_2$.

45 •• No Capítulo 8, introduziremos um novo vetor associado a uma partícula, a sua *quantidade de movimento linear*, simbolizado por $\vec{p}$. Matematicamente, ele está relacionado à massa *m* e à velocidade $\vec{v}$ da partícula por $\vec{p} = m\vec{v}$. (*a*) Mostre que a energia cinética da partícula, *K*, pode ser escrita como $K = \vec{p} \cdot \vec{p}/2m$. (*b*) Calcule a *quantidade de movimento* linear de uma partícula de 2,5 kg de massa que se move com uma rapidez de 15 m/s formando um ângulo de 25°, no sentido horário, com o eixo $+x$ no plano *xy*. (*c*) Calcule sua energia cinética usando $K = mv^2/2$ e $K = \vec{p} \cdot \vec{p}/2m$, verificando que ambas as relações dão o mesmo resultado.

46 ••• (*a*) Seja $\vec{A}$ um vetor constante, no plano *xy*, com sua origem na origem do sistema de coordenadas. Seja $\vec{r} = xi + yj$ um vetor do plano *xy* que satisfaz à relação $\vec{A} \cdot \vec{r} = 1$. Mostre que os pontos com coordenadas (x, y) estão sobre uma linha reta. (*b*) Se, agora, $\vec{A}$ e $\vec{r}$ são vetores do espaço tridimensional, mostre que a relação $\vec{A} \cdot \vec{r} = 1$ especifica um plano.

47 ••• Uma partícula se move em um círculo centrado na origem, a magnitude de seu vetor posição $\vec{r}$ sendo constante. (*a*) Derive $\vec{r} \cdot \vec{r} = r^2 =$ constante em relação ao tempo, para mostrar que $\vec{v} \cdot \vec{r} = 0$ e, portanto, que $\vec{v} \perp \vec{r}$. (*b*) Derive $\vec{v} \cdot \vec{r} = 0$ em relação ao tempo, e mostre que $\vec{a} \cdot \vec{r} + v^2 = 0$ e, portanto, que $a_r = -v^2/r$. (*c*) Derive $\vec{v} \cdot \vec{v} = v^2$ em relação ao tempo para mostrar que $\vec{a} \cdot \hat{v} = dv/dt$ e, portanto, que $a_t = dv/dt$.

TRABALHO E POTÊNCIA

48 • A força A realiza 5,0 J de trabalho em 10 s. A força B realiza 3,0 J de trabalho em 5,0 s. Qual das duas forças desenvolve maior potência? Explique.

49 • **VÁRIOS PASSOS** Uma força única de 5,0 N, com a orientação de $+x$, atua sobre um objeto de 8,0 kg. (*a*) Se o objeto parte do repouso em $x = 0$ no tempo $t = 0$, escreva uma expressão para a potência desenvolvida por esta força, como função do tempo. (*b*) Qual é a potência desenvolvida por esta força no tempo $t = 3{,}0$ s?

50 • Determine a potência desenvolvida por uma força $\vec{F}$ que atua sobre uma partícula que se move com a velocidade $\vec{v}$, onde (*a*) $\vec{F} = (4{,}0\ \text{N})\hat{i} + (3{,}0\ \text{N})\hat{k}$ e $\vec{v} = (6{,}0\ \text{m/s})\hat{i}$; (*b*) $\vec{F} = (6{,}0\ \text{N})\hat{i} - (5{,}0\ \text{N})\hat{j}$ e $\vec{v} = -(5{,}0\ \text{m/s})\hat{i} + (4{,}0\ \text{m/s})\hat{j}$; e (*c*) $\vec{F} = (3{,}0\ \text{N})\hat{i} + (6{,}0\ \text{N})\hat{j}$ e $\vec{v} = (2{,}0\ \text{m/s})\hat{i} + (3{,}0\ \text{m/s})\hat{j}$.

51 •• **APLICAÇÃO EM ENGENHARIA** Você deve instalar um pequeno elevador de serviço de alimentação em um refeitório universitário. O elevador está conectado por um sistema de polias a um motor, como mostrado na Figura 6-34. O motor ergue e abaixa o elevador. A massa do elevador é de 35 kg. Em operação, ele se move com uma rapidez de 0,35 m/s para cima, sem acelerar (exceto no breve período inicial, imediatamente após ligado o motor, que podemos desconsiderar). Os motores elétricos têm, tipicamente, uma eficiência de 78 por cento. Se você compra um motor com uma eficiência de 78 por cento, qual deve ser a potência mínima desse motor? Suponha as polias sem atrito.

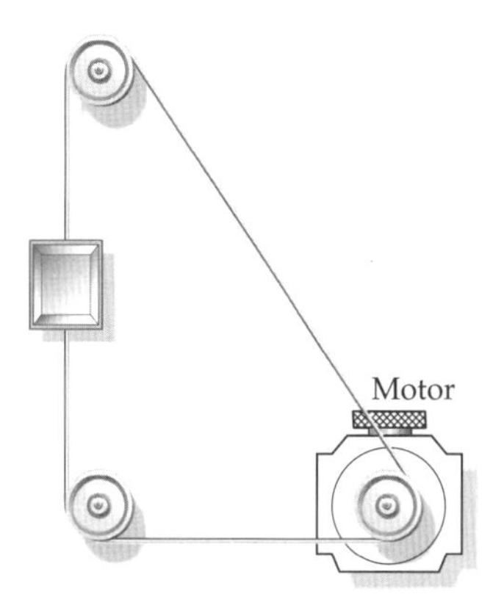

FIGURA 6-34 Problema 51

52 •• Um canhão colocado na beirada de um penhasco de altura *H*, dispara uma bala diretamente para cima, com uma rapidez inicial v_0. A bala se eleva, cai de volta (errando o canhão por uma pequena margem) e chega ao pé do penhasco. Desconsiderando a resistência do ar, calcule a velocidade $\vec{v}$ como função do tempo e mostre explicitamente que a integral temporal de $\vec{F}_{res} \cdot \vec{v}$, enquanto a bala está em vôo, é igual à variação da energia cinética da bala no mesmo tempo.

53 •• Uma partícula de massa *m* se move, a partir do repouso em $t = 0$, sob a influência de uma força constante única $\vec{F}$. Mostre que a potência desenvolvida pela força, em qualquer tempo, é $P = F^2t/m$.

54 •• Uma caixa de 7,5 kg está sendo levantada por uma corda leve que passa por uma única polia, leve e sem atrito, que está presa ao teto. (*a*) Se a caixa está sendo levantada com uma *rapidez constante* de 2,0 m/s, qual é a potência desenvolvida pela pessoa que puxa a corda? (*b*) Se a caixa é levantada, com uma *aceleração constante*, a partir do repouso no chão, até a uma altura de 1,5 m acima do chão, em 0,42 s, qual é a potência média desenvolvida pela pessoa que puxa a corda?

*TRABALHO NO CENTRO DE MASSA E ENERGIA CINÉTICA DE TRANSLAÇÃO DO CENTRO DE MASSA

55 ••• **APLICAÇÃO EM ENGENHARIA, RICO EM CONTEXTO, PLANILHA ELETRÔNICA** Você deve testar um carro e avaliar seu desempenho em relação às especificações fornecidas. O motor deste carro tem a potência alegada de 164 hp. Este é um valor *de pico*, o que significa que ele é capaz, no máximo, de prover energia às rodas de tração à taxa de 164 hp. Você verifica que a massa do carro (incluindo o equipamento de teste e o motorista embarcados) é 1220 kg. Enquanto viajando com a rapidez constante de 55,0 mi/h, seu computador de bordo acusa que o motor está desenvolvendo 13,5 hp. Em experimentos prévios, foi verificado que o coeficiente de atrito de rolamento no carro é 0,0150. Suponha uma força de arraste sobre o carro variando com o quadrado da rapidez. Isto é, $F_a = Cv^2$. (*a*) Qual é o valor da constante *C*? (*b*) Considerando a potência de pico, qual é a rapidez máxima (com precisão de 1 mi/h) que você espera que o carro atinja? (Este problema pode ser resolvido a mão, analiticamente, mas ele pode ser resolvido mais fácil e rapidamente usando uma **calculadora gráfica** ou uma **planilha eletrônica**.)

56 •• **RICO EM CONTEXTO, CONCEITUAL** Dirigindo seu carro em uma estrada do interior, à noite, um cervo salta de dentro da mata e pára no meio da estrada, à sua frente. Isto ocorre exatamente quando você está saindo de uma zona de limite permitido de 55 mi/h para uma zona em que o limite é de 50 mi/h. A 50 mi/h, você freia fortemente, fazendo com que as rodas bloqueiem, e desliza até parar algumas polegadas em frente ao cervo assustado. Enquanto respira aliviado, você ouve o som da sirene de um carro de polícia. O policial começa a emitir uma multa por dirigir a 56 mi/h na zona de 50 mi/h. Devido à sua formação em física, você é capaz de usar as marcas da derrapagem que seu carro deixou atrás, de 25 m de comprimento, como uma evidência de que você não estava excedendo o limite. Qual é a evidência que você apresenta? Ao dar sua resposta, você precisará conhecer o coeficiente de atrito cinético entre os pneus do automóvel e o concreto seco (veja a Tabela 5-1).

PROBLEMAS GERAIS

57 • **APROXIMAÇÃO** Em fevereiro de 2002, um total de 60,7 bilhões de kW · h de energia elétrica foi gerado por usinas nucleares nos Estados Unidos. Nesta época, a população dos Estados Unidos era de cerca de 287 milhões de pessoas. Se o americano médio tem uma massa de 60 kg e se 25 por cento de toda a energia produzida por todas as usinas nucleares fosse destinada para suprir energia para um único elevador gigante, estime a até que altura *h* toda a população do país poderia ser erguida pelo elevador. Suponha *g* constante ao longo de *h* em seus cálculos.

58 • **APLICAÇÃO EM ENGENHARIA** Um dos mais potentes guindastes do mundo está em operação na Suíça. Ele pode, lentamente, elevar uma carga de 6000 t até uma altura de 12,0 m (1 t = 1000 kg). (*a*) Qual é o trabalho realizado pelo guindaste durante esta tarefa? (*b*) Se 1,00 min é o tempo para levantar essa carga a essa altura, com velocidade constante, e o guindaste tem uma eficiência de 20 por cento, encontre a potência (bruta) total do guindaste.

59 • Na Áustria, havia um teleférico de rampa de esqui de 5,6 km. Uma gôndola do teleférico levava cerca de 60 min para percorrer esta distância. Se houvesse 12 gôndolas subindo, cada uma com uma carga de 550 kg de massa, e 12 gôndolas vazias descendo, e o ângulo de inclinação fosse de 30°, estime a potência *P* da máquina necessária para operar o teleférico.

60 •• **APLICAÇÃO EM ENGENHARIA** Para completar seu mestrado em física, seu orientador exigiu que você projetasse um acelerador linear pequeno, capaz de emitir prótons, cada um com uma energia cinética de 10,0 keV. (A massa de um único próton é $1{,}67 \times 10^{-27}$ kg.) Além disso, $1{,}00 \times 10^9$ prótons por segundo devem alcançar o alvo na extremidade do acelerador de 1,50 m de comprimento. (*a*) Qual é a potência média a ser fornecida ao feixe de prótons? (*b*) Qual é a força (suposta constante) a ser aplicada a cada próton? (*c*) Qual é a rapidez atingida por cada próton, justo antes de alcançar o alvo, supondo que os prótons partem do repouso?

61 ••• As quatro cordas de um violino passam por uma cunha, conforme mostra a Figura 6-35. As cordas formam um ângulo de 72,0° com a normal ao plano do instrumento, em cada lado da cunha. A força total normal resultante que pressiona a cunha contra o violino é de $1{,}00 \times 10^3$ N. O comprimento das cordas, da cunha até o pino a que estão fixas, é de 32,6 cm. (*a*) Determine a tensão nas cordas, supondo que a tensão seja a mesma para cada uma. (*b*) Uma das cordas é dedilhada para fora, a uma distância de 4,00 mm, como mostrado. Faça um diagrama de corpo livre mostrando todas as forças atuando sobre o segmento de corda em contato com o dedo (não mostrado) e determine a força que traz o segmento de volta à sua posição de equilíbrio. Suponha que a tensão na corda permaneça constante durante o dedilhar. (*c*) Determine o trabalho realizado sobre a corda quando dedilhada até aquela distância. Lembre-se de que a força resultante que puxa a corda de volta à sua posição de equilíbrio varia à medida que a corda é puxada de volta, mas suponha que as magnitudes das forças de tensão permaneçam constantes.

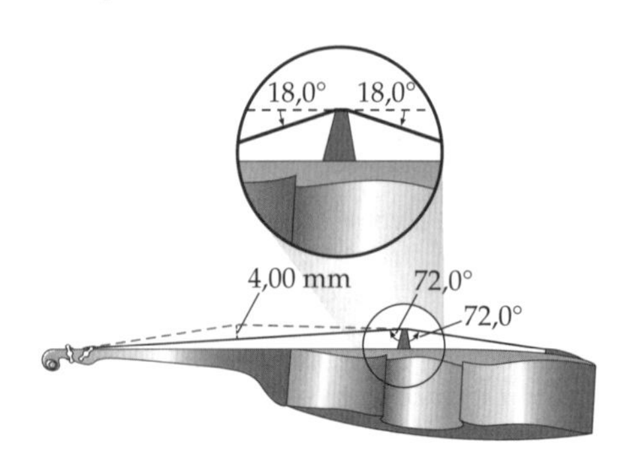

FIGURA 6-35 Problema 61

62 •• A magnitude de uma força única atuando sobre uma partícula de massa *m* é dada por $F = bx^2$, onde *b* é uma constante. A partícula parte do repouso. Após viajar uma distância *L*, determine (*a*) sua energia cinética, (*b*) sua rapidez.

63 •• Uma força horizontal única, com a orientação de $+x$, atua sobre um carrinho de massa *m*. O carrinho parte do repouso em $x = 0$, e sua rapidez cresce com *x* como $v = Cx$, onde *C* é uma constante. (*a*) Encontre a força que atua sobre o carrinho, como função de *x*. (*b*) Encontre o trabalho realizado pela força ao levar o carrinho de $x = 0$ até $x = x_1$.

64 ••• Uma força $\vec{F} = (2{,}0\ \text{N/m}^2)x^2\hat{i}$ é aplicada sobre uma partícula inicialmente em repouso no plano *xy*. Encontre o trabalho realizado por esta força sobre a partícula e a rapidez final da partícula, quando ela se move em uma trajetória que é (*a*) uma linha reta do ponto (2,0 m; 2,0 m) até o ponto (2,0 m; 7,0 m) e (*b*) uma linha reta do ponto (2,0 m; 2,0 m) até o ponto (5,0 m; 6,0 m). A força dada é a única força trabalhando sobre a partícula.

65 •• Uma partícula de massa *m* se move ao longo do eixo *x*. Sua posição varia no tempo de acordo com $x = 2t^3 - 4t^2$, onde *x* está em metros e *t* está em segundos. Determine (*a*) a velocidade e a aceleração da partícula como funções de *t*, (*b*) a potência fornecida à partícula em função de *t* e (*c*) o trabalho realizado pela força resultante entre $t = 0$ e $t = t_1$.

66 •• Uma partícula de 3,0 kg parte do repouso em $x = 0{,}050$ m e se move ao longo do eixo *x* sob a influência de uma força única $F_x = 6{,}0 + 4{,}0x - 3{,}0x^2$, onde F_x está em newtons e *x* está em metros. (*a*) Determine o trabalho realizado pela força enquanto a partícula se move de $x = 0{,}050$ m até $x = 3{,}0$ m. (*b*) Determine a potência fornecida à partícula quando ela passa pelo ponto $x = 3{,}0$ m.

67 •• A energia cinética inicial imprimida a um projétil de 0,0200 kg é 1200 J. (*a*) Supondo que ele é acelerado ao longo de um cano de rifle de 1,00 m, estime a potência média fornecida ao projétil durante o disparo. (*b*) Desprezando a resistência do ar, encontre o alcance deste projétil, quando disparado a um ângulo tal que o alcance seja igual à altura máxima atingida.

68 •• A Figura 6-36 mostra, em função de x, a força F_x que atua sobre uma partícula de 0,500 kg. (*a*) Do gráfico, calcule o trabalho realizado pela força enquanto a partícula se move de $x = 0{,}00$ até os seguintes valores de x: $-4{,}00$, $-3{,}00$, $-2{,}00$, $-1{,}00$, $+1{,}00$, $+2{,}00$, $+3{,}00$ e $+4{,}00$. (*b*) Se a partícula parte com uma velocidade de 2,00 m/s no sentido $+x$, até onde ela viajará ao longo deste eixo até parar?

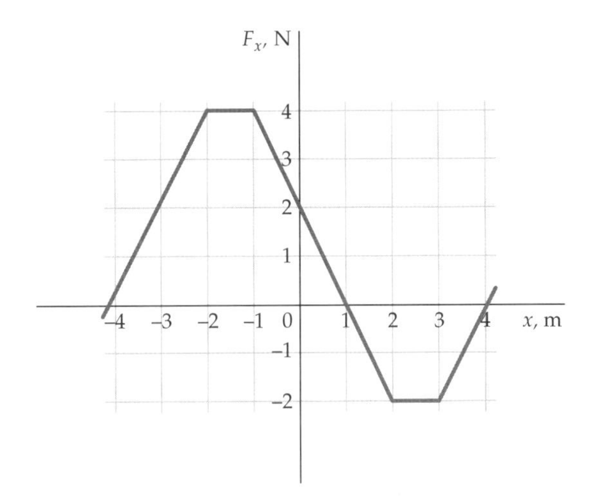

FIGURA 6-36 Problema 68

69 •• (*a*) Repita o Problema 68(*a*) para a força F_x mostrada na Figura 6-37. (*b*) Se o corpo parte da origem, movendo-se para a direita com uma energia cinética de 25,0 J, qual é sua energia cinética em $x = 4{,}00$ m?

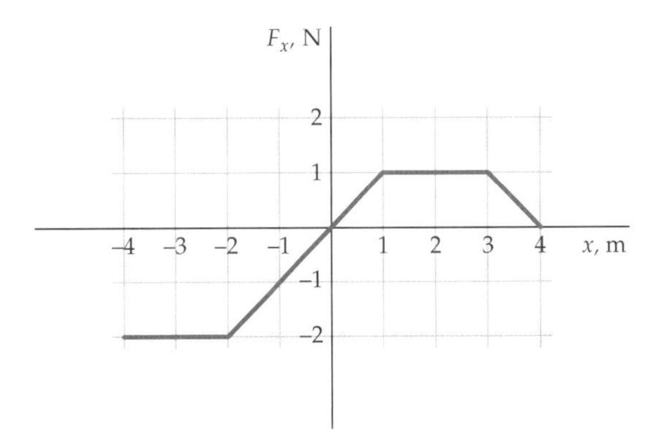

FIGURA 6-37 Problema 69

70 •• Uma caixa de massa M está em repouso na base de um plano inclinado sem atrito (Figura 6-38). A caixa está presa a um fio que a puxa com uma tensão constante T. (*a*) Determine o trabalho realizado pela tensão T, enquanto a caixa é puxada por uma distância x ao longo do plano. (*b*) Determine a rapidez da caixa como função de x. (*c*) Determine a potência desenvolvida pela tensão do fio como função de x.

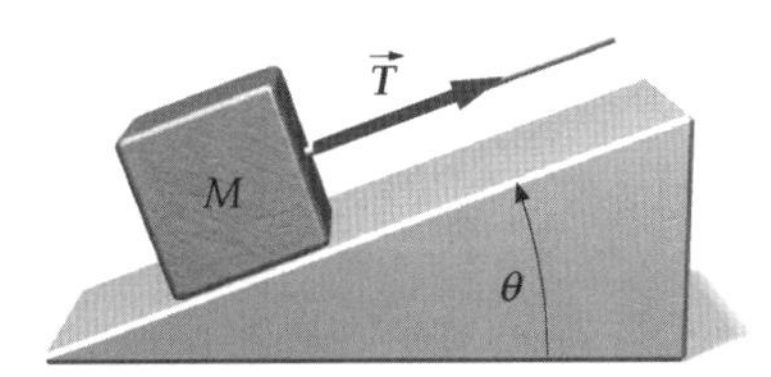

FIGURA 6-38 Problema 70

71 ••• Uma força atuando sobre uma partícula do plano xy, nas coordenadas (x, y), é dada por $\vec{F} = (F_0 r)(y\hat{i} - x\hat{j})$, onde F_0 é uma constante positiva e r é a distância da partícula à origem. (*a*) Mostre que a magnitude desta força é F_0 e que sua orientação é perpendicular a $\vec{r} = x\hat{i} + y\hat{j}$. (*b*) Encontre o trabalho realizado pela força sobre a partícula, quando esta completa uma volta em um círculo de 5,0 m de raio centrado na origem.

72 ••• Uma força atuando sobre uma partícula de 2,0 kg do plano xy, nas coordenadas (x, y), é dada por $\vec{F} = -(b/r^3)(x\hat{i} + y\hat{j})$, onde b é uma constante positiva e r é a distância da partícula à origem. (*a*) Mostre que a magnitude da força é inversamente proporcional a r^2 e que sua orientação é antiparalela (oposta) ao raio vetor $\vec{r} = x\hat{i} + y\hat{j}$. (*b*) Se $b = 3{,}0\ \text{N} \cdot \text{m}^2$, encontre o trabalho realizado por esta força enquanto a partícula se move de (2,0 m; 0,0 m) até (5,0 m, 0,0 m) em um caminho reto. (*c*) Encontre o trabalho realizado pela força sobre a partícula quando esta completa uma volta em um círculo de 7,0 m de raio centrado na origem.

73 ••• Um bloco de massa m, sobre uma mesa horizontal sem atrito, é preso a uma mola que está fixa ao teto (Figura 6-39). A distância vertical entre o topo do bloco e o teto é y_0, e sua posição horizontal é x. Quando o bloco está em $x = 0$, a mola, cuja constante de força é k, está completamente frouxa. (*a*) Quanto vale F_x, a componente x da força da mola sobre o bloco, como função de x? (*b*) Mostre que F_x é proporcional a x^3 para valores de $|x|$ suficientemente pequenos. (*c*) Se o bloco é largado do repouso em $x = x_0$, com $|x_0| \ll y_0$, qual é sua rapidez ao atingir $x = 0$?

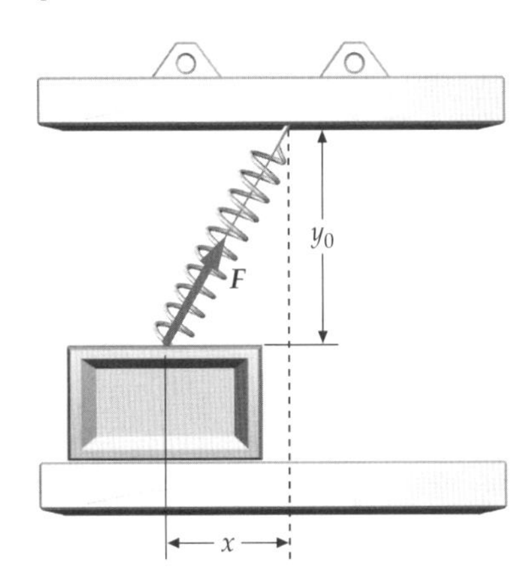

FIGURA 6-39 Problema 73

74 •• Dois cavalos puxam um grande caixote sobre o chão do celeiro, com uma rapidez constante, através de dois cabos de aço leves. Uma grande caixa de 250 kg de massa está dentro do caixote (Figura 6-40). Enquanto os cavalos puxam, os cabos estão paralelos ao piso horizontal. O coeficiente de atrito entre o caixote e o piso do celeiro é 0,25. (*a*) Qual é o trabalho realizado por cada cavalo se a caixa é deslocada de uma distância de 25 m? (*b*) Qual é a tensão em cada cabo se o ângulo entre cada um deles e o sentido do movimento do caixote é 15°?

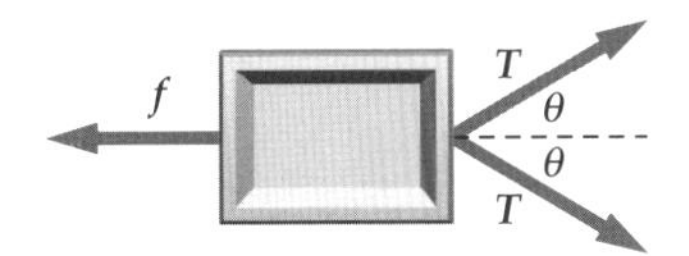

FIGURA 6-40 Problema 74

Conservação da Energia

ENQUANTO A MONTANHA-RUSSA PERCORRE SEU CAMINHO SINUOSO DE CURVAS E LAÇADAS, ENERGIA É TRANSFERIDA DE DIFERENTES MANEIRAS. ENERGIA POTENCIAL ELÉTRICA, ADQUIRIDA DA COMPANHIA FORNECEDORA DE ELETRICIDADE, É TRANSFORMADA EM ENERGIA POTENCIAL GRAVITACIONAL QUANDO OS CARROS E PASSAGEIROS SÃO ELEVADOS AOS PONTOS MAIS ALTOS DO TRILHO. QUANDO OS CARROS MERGULHAM TRILHO ABAIXO, A ENERGIA POTENCIAL GRAVITACIONAL É TRANSFORMADA EM ENERGIA CINÉTICA E ENERGIA TÉRMICA — AUMENTANDO DE UMA PEQUENA QUANTIDADE A TEMPERATURA DO CARRO E DO AMBIENTE.

Quando trabalho é realizado por um sistema sobre outro, energia é transferida entre os dois sistemas. Por exemplo, quando você empurra um trenó, você cede energia, parte como energia cinética do trenó, parte como energia térmica resultante do atrito entre o trenó e a neve. Ao mesmo tempo, a energia química interna de seu corpo diminui. O resultado efetivo é a transformação de energia química interna de seu corpo em energia cinética externa do trenó mais energia térmica de trenó e neve. Esta transferência de energia evidencia um dos mais importantes princípios da ciência, *a lei de conservação da energia*, que estabelece que a energia total de um sistema e seus vizinhos não se altera. Sempre que a energia de um sistema varia, podemos dar conta desta variação pelo aparecimento ou desaparecimento de energia em algum outro lugar.

Neste capítulo, continuamos o estudo da energia iniciado no Capítulo 6, apresentando e aplicando a lei de conservação da energia e examinando a energia associada a vários estados diferentes, incluindo a energia potencial e a energia térmica. Discutimos, também, que as variações de energia de um sistema são freqüentemente descontínuas, ocorrendo em "pacotes" discretos, ou "porções", chamados de quanta. *Apesar de, para um sistema macroscópico, um quantum de energia ser tipicamente tão pequeno a ponto de não ser notado, sua presença tem conseqüências profundas para sistemas microscópicos tais como átomos e moléculas.*

? Como podemos usar o conceito de transformação de energia para determinar a altura em que devem estar os carros, ao iniciar sua descida, para completarem o percurso vertical em forma de laço? (Veja o Exemplo 7-8.)

7-1 ENERGIA POTENCIAL

No Capítulo 6, mostramos que o trabalho total realizado sobre uma *partícula* é igual à variação de sua energia cinética. No entanto, às vezes uma partícula é parte de um *sistema* consistindo em duas ou mais partículas e precisamos examinar o trabalho externo realizado sobre o sistema.* Com freqüência, a energia transferida a um tal sistema, pelo trabalho realizado por forças externas sobre ele, não irá aumentar a energia cinética total *do sistema*. Em vez disso, a energia transferida é armazenada como **energia potencial** — energia associada às posições relativas das diferentes partes do sistema. A configuração de um sistema é a maneira pela qual as diferentes partes do sistema se posicionam umas com relação às outras. A energia potencial é uma energia associada à configuração do sistema, enquanto a energia cinética é uma energia associada ao movimento.

Por exemplo, considere um bate-estaca cujo martelo está suspenso a uma altura h da estaca (uma coluna longa e fina). Quando o martelo é largado, ele cai — ganhando energia cinética até atingir a estaca, empurrando a estaca para dentro do solo. O martelo é, então, trazido novamente de volta à sua altura anterior e novamente largado. Cada vez que o martelo é elevado de sua posição mais baixa para sua posição mais alta, uma força gravitacional realiza trabalho sobre ele, igual a $-mgh$, onde m é sua massa. Uma segunda força está presente, a força exercida pelo agente que o levanta. Enquanto o martelo é erguido, esta força realiza um

* Sistemas de partículas são discutidos com mais detalhes no Capítulo 8.

trabalho de valor positivo sobre ele. No levantamento do martelo, esses dois valores de trabalho somam zero. Nós sabemos que a soma é zero porque, durante seu levantamento, vale para o martelo o modelo de partícula e o teorema do trabalho–energia cinética (Equação 6-8) nos diz que o trabalho total realizado sobre o martelo é igual à variação de sua energia cinética — que é zero.

Imagine-se levantando um haltere de massa m até uma altura h. O haltere parte do repouso e termina em repouso, de forma que sua variação efetiva de energia cinética é zero. Enquanto é levantado, vale para o haltere o modelo de partícula e então o teorema do trabalho–energia cinética nos diz que o trabalho total realizado sobre ele é zero. Há duas forças sobre o haltere, a força da gravidade e a força de suas mãos. A força gravitacional sobre o haltere é $m\vec{g}$ e o trabalho realizado sobre o haltere por esta força, enquanto ele é erguido, é $-mgh$. Como sabemos que o trabalho total realizado sobre o haltere é zero, segue que o trabalho realizado sobre o haltere pela força das suas mãos é $+mgh$.

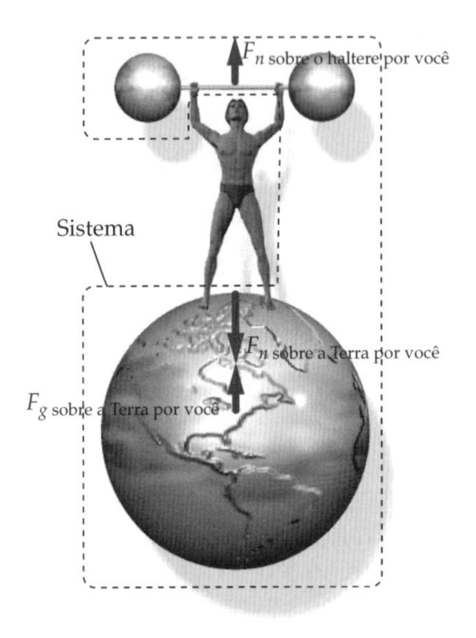

FIGURA 7-1

Considere o haltere e o planeta Terra como um *sistema* de duas partículas (Figura 7-1). (Você não faz parte do sistema.) As forças externas que atuam *sobre o sistema haltere–Terra* são as três forças que você exerce sobre ele. Estas forças são a força de contato de suas mãos *sobre o haltere*, a força de contato dos seus pés *sobre o chão* e a força gravitacional que você exerce *sobre a Terra*. A força gravitacional de você sobre a Terra é igual e oposta à força gravitacional da Terra sobre você. (As forças gravitacionais de atração mútua entre você e o haltere são desprezíveis.) O haltere se desloca de um ou dois metros, mas os deslocamentos do chão e do planeta Terra são insignificantemente pequenos, de forma que a força exercida sobre o haltere pelas suas mãos é a única das três forças externas que realiza trabalho sobre o sistema Terra–haltere. Assim, o trabalho total realizado sobre este sistema pelas três forças externas é $+mgh$ (o trabalho realizado sobre o haltere por suas mãos). A energia transferida ao sistema por este trabalho é armazenada como *energia potencial gravitacional*, energia associada à posição do haltere em relação à Terra (energia associada à altura do haltere em relação ao chão).

Um outro sistema que armazena energia associada à sua configuração é uma mola. Se você estica ou comprime uma mola, energia associada ao comprimento da mola é armazenada como *energia potencial elástica*. Considere como um sistema a mola mostrada na Figura 7-2. Você comprime a mola, empurrando-a com forças iguais e opostas $\vec{F}_1$ e $\vec{F}_2$. Estas forças somam zero; logo, a força resultante sobre a mola permanece nula. Assim, não existe variação da energia cinética da mola. A energia transferida associada ao trabalho realizado por você sobre a mola é armazenada não como energia cinética, mas como energia potencial elástica. A configuração deste sistema mudou, como evidenciado pela mudança no comprimento da mola. O trabalho total realizado sobre a mola é positivo porque as duas forças $\vec{F}_1$ e $\vec{F}_2$ realizam trabalho positivo. (O trabalho realizado por $\vec{F}_1$ é positivo porque $\vec{F}_1$ e $\Delta\vec{\ell}_1$ têm o mesmo sentido. O mesmo vale para $\vec{F}_2$ e $\Delta\vec{\ell}_2$.)

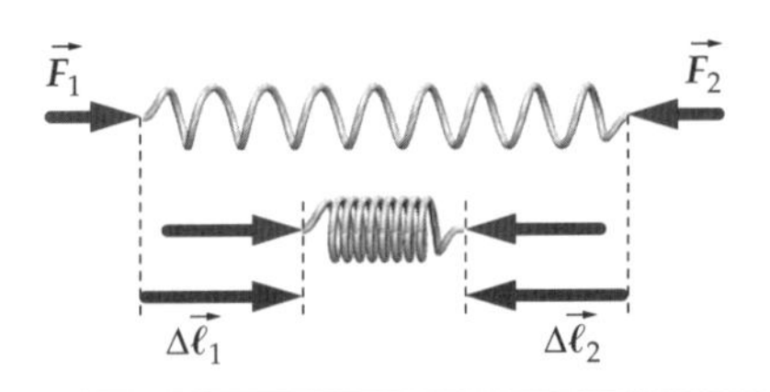

FIGURA 7-2 A mola é comprimida pelas forças externas $\vec{F}_1$ e $\vec{F}_2$. As duas forças realizam trabalho sobre a mola enquanto a comprimem. Estes valores de trabalho são positivos, de forma que a energia potencial elástica da mola aumenta enquanto ela é comprimida.

FORÇAS CONSERVATIVAS E NÃO-CONSERVATIVAS

Quando você é transportado por um teleférico de esquiadores até o topo de uma colina de altura h, o trabalho realizado sobre você pela gravidade é $-mgh$, onde m é sua massa. Ao descer a colina esquiando até a base, o trabalho realizado pela gravidade é $+mgh$, independentemente do perfil da colina (como visto no Exemplo 6-12). O trabalho total realizado sobre você pela gravidade, durante este percurso fechado de subida e descida da colina, é zero e independente do caminho que você tomou. Em uma situação como esta, onde o trabalho total realizado sobre um corpo por uma força depende apenas das posições inicial e final do corpo, e não do caminho percorrido, a força que realiza o trabalho é chamada de **força conservativa**.

O trabalho realizado por uma força conservativa sobre uma partícula é independente do caminho percorrido pela partícula de um ponto a outro.

DEFINIÇÃO — FORÇA CONSERVATIVA

Da Figura 7-3, vemos que esta definição implica que:

Uma força é conservativa se o trabalho que ela realiza sobre uma partícula é zero quando a partícula percorre *qualquer* caminho fechado, retornando à sua posição inicial.

DEFINIÇÃO ALTERNATIVA — FORÇA CONSERVATIVA

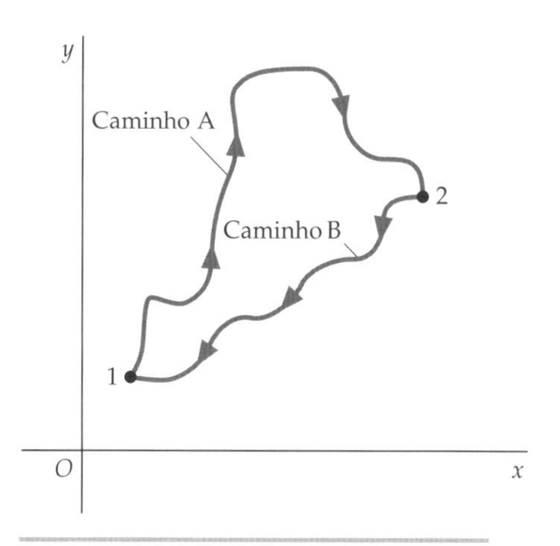

FIGURA 7-3 Dois caminhos no espaço ligando os pontos 1 e 2. Se o trabalho realizado por uma força conservativa ao longo do caminho A de 1 até 2 é $+W$, o trabalho realizado na viagem de volta ao longo do caminho B deve ser $-W$, porque o trabalho para o circuito fechado é zero. Ao se percorrer o caminho B, de 1 até 2, a força é a mesma em cada ponto, mas o deslocamento é oposto ao que era ao se percorrer B de 2 até 1. Assim, o trabalho realizado ao longo do caminho B de 1 até 2 também deve ser W. Logo, o trabalho realizado enquanto a partícula vai do ponto 1 até o ponto 2 é o mesmo ao longo de qualquer caminho que liga os dois pontos.

No exemplo do teleférico de esquiadores, a força da gravidade, exercida pela Terra sobre você, é uma força conservativa, porque o trabalho total realizado pela gravidade sobre você durante o percurso fechado é zero, independentemente do caminho tomado por você. Tanto a força gravitacional sobre um corpo quanto a força exercida por uma mola de massa desprezível sobre um corpo são forças conservativas. (Se a massa de uma mola é desprezível, então sua energia cinética também é desprezível.) Qualquer mola, neste livro, tem massa desprezível, a não ser quando especificamente indicado.

Nem todas as forças são conservativas. Uma força é dita **não-conservativa** se ela não satisfaz à condição de definição de forças conservativas. Imagine, por exemplo, você empurrando um bloco sobre uma mesa, em linha reta, do ponto A até o ponto B, e depois de volta até o ponto inicial A. O atrito se opõe ao movimento do bloco e, portanto, a força com que você o empurra tem o sentido do movimento e o valor do trabalho realizado por esta força é positivo nos dois trechos do percurso fechado. O trabalho total realizado pela força com que você empurra o bloco *não é* igual a zero. Então, esta força é um exemplo de força não-conservativa.

Como mais um exemplo, considere a força $\vec{F}$ que um burrico exerce sobre um tronco enquanto ele o puxa em círculo, com rapidez constante. Enquanto o burrico caminha, $\vec{F}$ está continuamente realizando trabalho de valor positivo. O ponto de aplicação (ponto P) de $\vec{F}$ retorna à mesma posição cada vez que o burrico completa uma volta circular, de forma que o trabalho realizado por $\vec{F}$ não é igual a zero cada vez que P completa uma volta em caminho fechado (o círculo). Podemos, então, concluir que $\vec{F}$ é uma força não-conservativa.

Se o trabalho realizado ao longo de *qualquer* particular caminho fechado não é zero, podemos concluir que a força é não-conservativa. No entanto, podemos concluir que uma força é conservativa apenas se o trabalho é zero ao longo de *todos* os possíveis caminhos fechados. Como há infinitos caminhos fechados possíveis, é impossível calcular o trabalho realizado em cada um deles. Portanto, encontrar um único caminho fechado ao longo do qual o trabalho realizado por uma particular força *não é zero* é suficiente para mostrar que a força é não-conservativa, mas não é assim que se determina se uma força é conservativa. Em cursos de física mais avançados, métodos matemáticos mais sofisticados para determinar se uma força é conservativa são estudados.

Exemplo 7-1 Integral em um Caminho Fechado

Para calcular o trabalho realizado por uma força $\vec{F}$ ao longo de uma curva fechada (ou de um caminho fechado) C, calculamos $\oint_C \vec{F}\cdot d\vec{\ell}$, onde o círculo no sinal de integral significa que a integração é efetuada para um percurso completo ao longo de C. Para $\vec{F} = Ax\hat{i}$, calcule $\oint_C \vec{F}\cdot d\vec{\ell}$ para o caminho C mostrado na Figura 7-4.

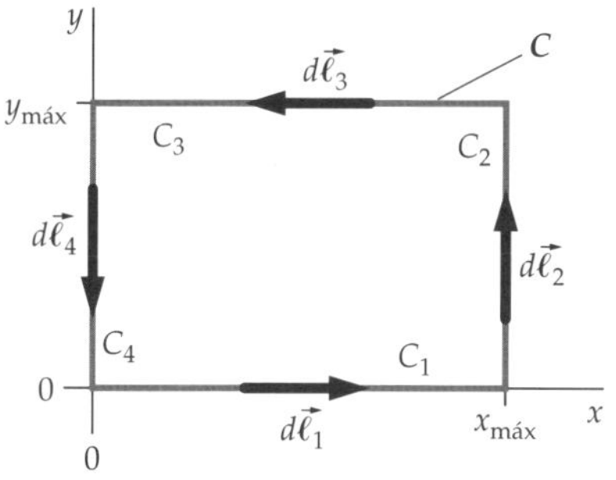

SITUAÇÃO O caminho C consiste em quatro segmentos retos. Determine $d\vec{\ell} = dx\hat{i} + dy\hat{j}$ em cada segmento e calcule $\int \vec{F}\cdot d\vec{\ell}$ separadamente para cada um dos quatro segmentos.

FIGURA 7-4

SOLUÇÃO

1. A integral ao longo de C é igual à soma das integrais ao longo dos segmentos que constituem C:

$$\oint_C \vec{F}\cdot d\vec{\ell} = \int_{C_1} \vec{F}\cdot d\vec{\ell}_1 + \int_{C_2} \vec{F}\cdot d\vec{\ell}_2 + \int_{C_3} \vec{F}\cdot d\vec{\ell}_3 + \int_{C_4} \vec{F}\cdot d\vec{\ell}_4$$

2. Em C_1, $dy = 0$, e portanto, $d\vec{\ell}_1 = dx\hat{i}$:

$$\int_{C_1} \vec{F}\cdot d\vec{\ell}_1 = \int_0^{x_{\text{máx}}} Ax\hat{i}\cdot dx\hat{i} = A\int_0^{x_{\text{máx}}} x\,dx = \tfrac{1}{2}Ax_{\text{máx}}^2$$

3. Em C_2, $dx = 0$ e $x = x_{máx}$, e portanto, $d\vec{\ell}_2 = dy\hat{j}$ e $\vec{F} = Ax_{máx}\hat{i}$: $\quad \int_{C_2} \vec{F} \cdot d\vec{\ell}_2 = \int_0^{y_{máx}} Ax_{máx}\hat{i} \cdot dy\hat{j} = Ax_{máx}\int_0^{y_{máx}} \hat{i}\cdot\hat{j}\,dy = 0$
   ($\hat{i}\cdot\hat{j} = 0$ porque $\hat{i}$ e $\hat{j}$ são perpendiculares.)

4. Em C_3, $dy = 0$, e portanto, $d\vec{\ell}_3 = dx\hat{i}$: $\quad \int_{C_3} \vec{F} \cdot d\vec{\ell}_3 = \int_{x_{máx}}^{0} Ax\hat{i} \cdot dx\hat{i} = -A\int_0^{x_{máx}} x\,dx = -\frac{1}{2}Ax_{máx}^2$

5. Em C_4, $dx = 0$ e $x = 0$, e portanto, $d\vec{\ell}_4 = dy\hat{j}$ e $\vec{F} = 0$: $\quad \int_{C_4} \vec{F} \cdot d\vec{\ell}_4 = \int_{y_{máx}}^{0} 0\hat{i} \cdot dy\hat{j} = 0$

6. Some os resultados dos passos 2, 3, 4 e 5: $\quad \oint_C \vec{F} \cdot d\vec{\ell} = \frac{1}{2}Ax_{máx}^2 + 0 - \frac{1}{2}Ax_{máx}^2 + 0 = \boxed{0}$

CHECAGEM A força é descrita pela lei de Hooke (força de mola). Então, ela é conservativa e sua integral ao longo de qualquer percurso fechado é zero.

INDO ALÉM O sinal negativo do passo 4 aparece porque os limites de integração estão em ordem inversa.

PROBLEMA PRÁTICO 7-1 Para $\vec{F} = Bxy\hat{i}$, calcule $\oint_C \vec{F} \cdot d\vec{\ell}$ para o caminho C da Figura 7-4.

FUNÇÕES ENERGIA POTENCIAL

O trabalho realizado por uma força conservativa sobre uma partícula não depende do caminho, mas depende dos pontos extremos do caminho. Podemos usar esta propriedade para definir a **função energia potencial** U associada à força conservativa. Voltemos ao exemplo do esquiador no teleférico. Considere, agora, você próprio e a Terra constituindo um *sistema de duas partículas*. (O teleférico não faz parte deste sistema.) Quando o teleférico o leva até o topo da colina, ele realiza o trabalho $+mgh$ sobre o sistema você-Terra. Este trabalho é armazenado como energia potencial gravitacional do sistema você–Terra. Quando você desce a colina esquiando, esta energia potencial é convertida em energia cinética de seu movimento. Note que, nesta descida, o trabalho realizado pela gravidade *diminui* a energia potencial do sistema. Definimos a função energia potencial U de forma que o trabalho realizado por uma força conservativa é igual à diminuição da função energia potencial:

$$W = \int_1^2 \vec{F} \cdot d\vec{\ell} = -\Delta U$$

ou

$$\Delta U = U_2 - U_1 = -\int_1^2 \vec{F} \cdot d\vec{\ell} \qquad 7\text{-}1a$$

DEFINIÇÃO — FUNÇÃO ENERGIA POTENCIAL

Esta equação fornece a variação da energia potencial devida a uma variação da configuração do sistema quando um corpo se move de um ponto 1 para um ponto 2.

Para um deslocamento infinitesimal $d\vec{\ell}$, a variação da energia potencial é dada por

$$dU = -\vec{F} \cdot d\vec{\ell} \qquad 7\text{-}1b$$

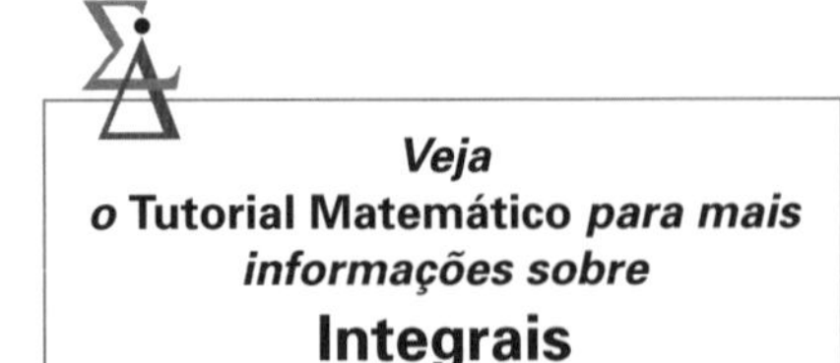
Veja
o Tutorial Matemático para mais informações sobre
Integrais

Energia potencial gravitacional Usando a Equação 7-1*b*, podemos calcular a função energia potencial associada à força gravitacional próximo à superfície da Terra. Para a força $\vec{F} = -mg\hat{j}$, temos

$$dU = -\vec{F} \cdot d\vec{\ell} = -(-mg\hat{j}) \cdot (dx\hat{i} + dy\hat{j} + dz\hat{k}) = +mg\,dy$$

onde usamos o fato de que $\hat{j}\cdot\hat{i} = \hat{j}\cdot\hat{k} = 0$ e $\hat{j}\cdot\hat{j} = 1$. Integrando, obtemos

$$U = \int mg\,dy = mgy + U_0$$

$$U = U_0 + mgy \qquad 7\text{-}2$$

ENERGIA POTENCIAL GRAVITACIONAL PRÓXIMO À SUPERFÍCIE DA TERRA

onde U_0, a constante de integração arbitrária, é o valor da energia potencial em $y = 0$. Como apenas foi definida uma variação da energia potencial, o real valor de U não é importante. Por exemplo, se a energia potencial gravitacional do sistema Terra–esquiador é escolhida como seu zero quando o esquiador está na base da colina, seu valor quando o esquiador está a uma altura h da base é mgh. Também poderíamos ter escolhido o zero da energia potencial quando o esquiador está em um ponto P a meio caminho da descida, caso em que o valor em qualquer outro ponto seria mgy, onde y é a altura do esquiador acima do ponto P. Na metade mais baixa da descida, a energia potencial seria, então, negativa.

! Temos a liberdade de escolher U igual a zero em qualquer ponto de referência conveniente.

PROBLEMA PRÁTICO 7-2

Um lavador de janelas de 55 kg está sobre uma plataforma 8,0 m acima do chão. Qual é a energia potencial U do sistema lavador de janelas–Terra se (*a*) escolhe-se U igual a zero no chão, (*b*) escolhe-se U igual a zero 4,0 m acima do chão e (*c*) escolhe-se U igual a zero 10 m acima do chão?

Exemplo 7-2 Uma Garrafa Caindo

Uma garrafa de 0,350 kg cai, a partir do repouso, de uma prateleira que está 1,75 m acima do chão. Determine a energia potencial do sistema garrafa–Terra, quando a garrafa está na prateleira e quando ela está para tocar o chão. Determine a energia cinética da garrafa exatamente antes do impacto.

SITUAÇÃO O trabalho realizado sobre a garrafa enquanto ela cai é igual ao negativo da variação da energia potencial do sistema garrafa–Terra. Conhecendo o trabalho, podemos usar o teorema do trabalho–energia cinética para encontrar a energia cinética.

SOLUÇÃO

1. Faça um esboço mostrando a garrafa na prateleira e, novamente, quando ela está para atingir o chão (Figura 7-5). Escolha a energia potencial do sistema garrafa–Terra como zero quando a garrafa está no chão e coloque no esboço um eixo y com a origem no nível do chão:

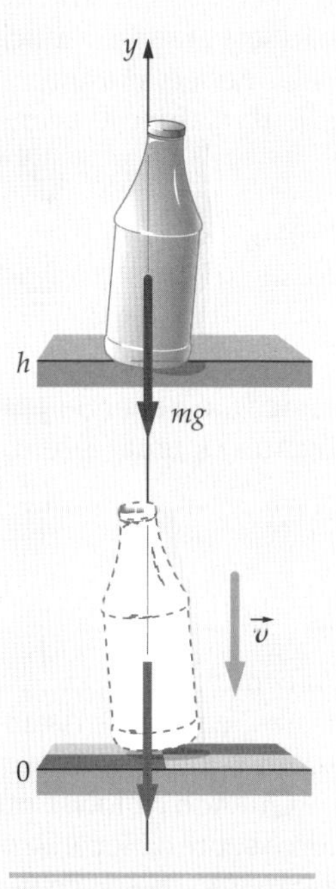

FIGURA 7-5

2. A única força que realiza trabalho sobre a garrafa que cai é a força da gravidade, de modo que $W_{\text{total}} = W_g$. Aplique o teorema do trabalho–energia cinética à garrafa que cai:

$$W_{\text{total}} = W_g = \Delta K$$

3. A força gravitacional exercida pela Terra sobre a garrafa que cai é interna ao sistema garrafa–Terra. Ela também é uma força conservativa, de forma que o trabalho que ela realiza é igual ao negativo da variação da energia potencial do sistema:

$$W_g = -\Delta U = -(U_f - U_i) = -(mgy_f - mgy_i)$$
$$= mg(y_i - y_f) = mg(h - 0) = mgh$$

4. Substitua o resultado do passo 3 no resultado do passo 2 para determinar a energia cinética final. A energia cinética inicial é zero:

$$mgh = \Delta K$$
$$mgh = K_f - K_i$$
$$K_f = K_i + mgh$$
$$= 0 + (0{,}350\text{ kg})(9{,}81\text{ N/kg})(1{,}75\text{ m})$$
$$= 6{,}01\text{ N}\cdot\text{m} = \boxed{6{,}01\text{ J}}$$

CHECAGEM As unidades do resultado do passo 4 são unidades de energia, porque 1 N · m = 1 J.

INDO ALÉM A energia potencial é associada à configuração de um *sistema de partículas*, mas às vezes temos sistemas, como o sistema garrafa–Terra deste exemplo, onde apenas uma partícula se movimenta (o movimento da Terra é desprezível). Por brevidade, então, às vezes nos referimos à energia potencial do sistema garrafa–Terra simplesmente como a energia potencial da garrafa.

A energia potencial gravitacional de um sistema de partículas em um campo gravitacional uniforme é aquela que seria se toda a massa do sistema estivesse concentrada em seu centro de massa. Para este sistema, seja h_i a altura da i-ésima partícula acima de algum nível de referência. Então, a energia potencial gravitacional do sistema é

$$U_g = \sum_i m_i g h_i = g \sum_i m_i h_i$$

onde a soma é sobre todas as partículas do sistema. Pela definição do centro de massa, a altura do centro de massa do sistema é dada por

$$Mh_{cm} = \sum_i m_i h_i, \qquad \text{onde } M = \sum_i m_i$$

Substiuindo $\Sigma m_i h_i$ por Mh_{cm}, fica

$$U_g = Mgh_{cm} \qquad 7\text{-}3$$

ENERGIA POTENCIAL GRAVITACIONAL DE UM SISTEMA

Energia potencial elástica Outro exemplo de força conservativa é a de uma mola esticada (ou comprimida) de massa desprezível. Suponha que você puxe um bloco preso a uma mola, a partir de sua posição de equilíbrio em $x = 0$ até uma nova posição em $x = x_1$ (Figura 7-6). O trabalho realizado pela mola sobre o bloco é negativo, porque a força exercida pela mola sobre o bloco e o deslocamento do bloco têm sentidos opostos. Se, agora, você larga o bloco, a força da mola realizará trabalho positivo sobre o bloco, enquanto este acelera de volta para sua posição inicial. O trabalho total realizado sobre o bloco pela mola, enquanto o bloco se move de $x = 0$ até $x = x_1$, e depois de volta até $x = 0$, é zero. Este resultado não depende do valor de x_1 (desde que a distensão da mola não seja grande o suficiente para exceder o limite elástico da mola). A força exercida pela mola é, portanto, uma força conservativa. Podemos usar a Equação 7-1*b* para calcular a função energia potencial associada a esta força:

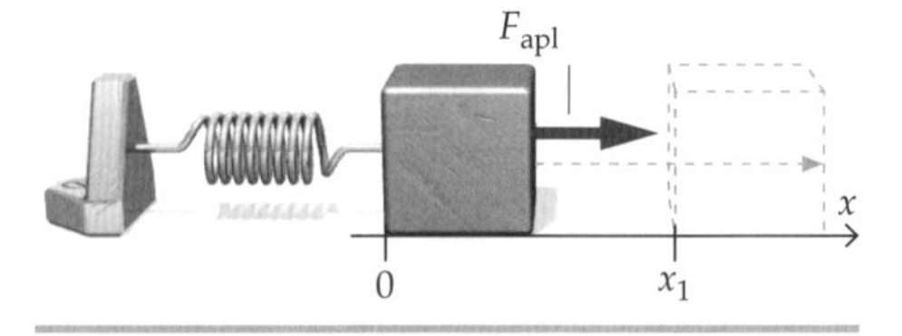

FIGURA 7-6 A força aplicada F_{apl} puxa o bloco para a direita, esticando a mola de x_1.

$$dU = -\vec{F}\cdot d\vec{\ell} = -F_x\,dx = -(-kx)dx = +kx\,dx$$

Então,

$$U = \int kx\,dx = \frac{1}{2}kx^2 + U_0$$

onde U_0 é a energia potencial quando $x = 0$, isto é, quando a mola está frouxa. Escolhendo U_0 igual a zero, temos

$$U = \tfrac{1}{2}kx^2 \qquad 7\text{-}4$$

ENERGIA POTENCIAL DE UMA MOLA

A fórmula $U = \frac{1}{2}kx^2$, para a energia potencial de uma mola, requer que a mola esteja frouxa em $x = 0$. Assim, a localização do ponto onde $x = 0$ não é arbitrária quando usamos a função energia potencial $U = \frac{1}{2}kx^2$.

Quando o bloco é puxado de $x = 0$ até $x = x_1$, o agente que puxa deve aplicar uma força sobre o bloco. Se o bloco parte do repouso em $x = 0$ e atinge o repouso em $x = x_1$, a variação de sua energia cinética é zero. O teorema do trabalho–energia nos diz, então, que o trabalho total realizado sobre o bloco é zero. Isto é, $W_{apl} + W_{mola} = 0$, ou

$$W_{apl} = -W_{mola} = \Delta U_{mola} = \tfrac{1}{2}kx_1^2 - 0 = \tfrac{1}{2}kx_1^2$$

A energia transferida do agente que puxa o bloco para o sistema bloco–mola é igual a W_{apl} e é armazenada como energia potencial na mola.

PROBLEMA PRÁTICO 7-3

Uma mola da suspensão de um automóvel tem uma constante de força de 11.000 N/m. Quanta energia é transferida a esta mola quando, a partir da posição frouxa, ela é comprimida de 30,0 cm?

Exemplo 7-3 Energia Potencial de um Jogador de Basquete

Um sistema consiste em um jogador de basquete de 110 kg, o aro da cesta e a Terra. Suponha zero a energia potencial deste sistema quando o jogador está de pé no chão e o aro está na horizontal. Encontre a energia potencial total deste sistema quando o jogador está pendurado na frente do aro (situação parecida com a da Figura 7-7). Suponha, também, que o centro de massa do jogador está a 0,80 m do chão quando ele está de pé no chão, e 1,30 m acima do chão quando ele está pendurado. A constante de força do aro é 7,2 kN/m e a parte da frente do aro é deslocada para baixo de uma distância de 15 cm.

FIGURA 7-7 *(Elio Castoria/ APF/Getty Images.)*

SITUAÇÃO Quando o jogador altera sua posição, saindo do chão e se pendurando no aro, a variação total da energia potencial é a variação da energia potencial gravitacional mais a variação da energia potencial elástica armazenada no aro distendido, que pode ser medida como se o aro fosse uma mola: $U_m = \frac{1}{2}kx^2$. Escolha 0,80 m acima do chão como o ponto de referência para o qual $U_g = 0$.

SOLUÇÃO

1. Esboce o sistema, primeiro em sua configuração inicial e depois em sua configuração final (Figura 7-8):

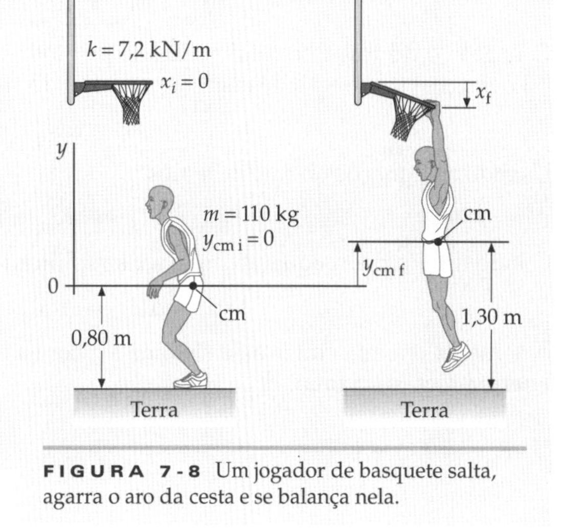

FIGURA 7-8 Um jogador de basquete salta, agarra o aro da cesta e se balança nela.

2. O ponto de referência para o qual a energia potencial gravitacional é zero é 0,80 m acima do chão. Assim, $U_{gi} = 0$. A energia potencial inicial total é igual a zero:

$$U_{gi} = mgy_{cm\,i} = mg(0) = 0$$
$$U_{si} = \tfrac{1}{2}kx_i^2 = \tfrac{1}{2}k(0)^2 = 0$$
$$U_i = U_{gi} + U_{si} = 0$$

3. A energia potencial total final é a soma da energia potencial gravitacional final com a energia potencial elástica final do aro:

$$U_f = U_{gf} + U_{sf} = mgy_{cm\,f} + \tfrac{1}{2}kx_f^2$$
$$= (110\text{ kg})(9{,}81\text{ N/kg})(0{,}50\text{ m})$$
$$+ \tfrac{1}{2}(7{,}2\text{ kN/m})(0{,}15\text{ m})^2$$
$$= 540\text{ N}\cdot\text{m} + 81\text{ N}\cdot\text{m} = \boxed{6{,}2 \times 10^2\text{ J}}$$

CHECAGEM As unidades conferem se usamos a definição do joule. A definição é $1\text{ J} = 1\text{ N}\cdot\text{m}$.

INDO ALÉM A parte da frente do aro e o jogador oscilam verticalmente, imediatamente após o jogador ter agarrado o aro. No entanto, eles acabarão por atingir o repouso, com a parte da frente do aro 15 cm abaixo de sua posição inicial. A energia potencial total é mínima quando o sistema está em equilíbrio (Figura 7-9). Por que isso ocorre está explicado quase no final da Seção 7-2.

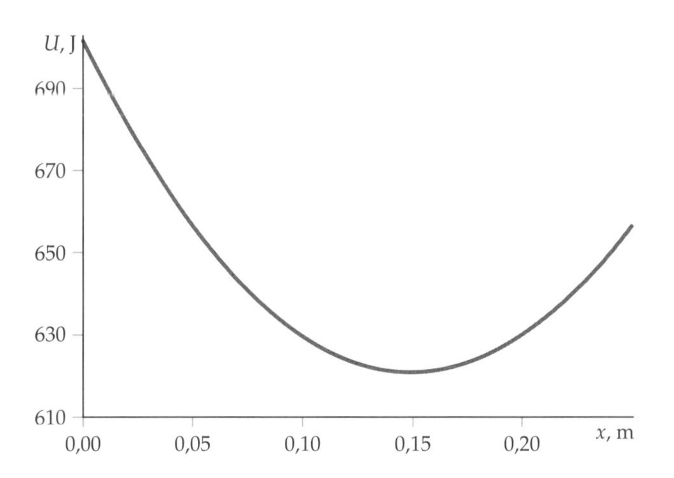

FIGURA 7-9 O gráfico mostra a energia potencial total $U = U_g + U_s$ em função da deflexão para baixo do aro da cesta.

PROBLEMA PRÁTICO 7-4 Um bloco de 3,0 kg está pendurado verticalmente de uma mola cuja constante de força é 600 N/m. (*a*) De quanto a mola está distendida? (*b*) Qual é a energia potencial armazenada na mola?

7-2 A CONSERVAÇÃO DA ENERGIA MECÂNICA

Estamos prontos, agora, para ver a relação entre energia cinética e energia potencial. Lembre-se de que o trabalho total realizado sobre cada partícula de um sistema é igual à variação da energia cinética da partícula, ΔK_i, de forma que o trabalho total realizado por todas as forças, W_{total}, é igual à variação da energia cinética total do sistema, ΔK_{sis}:

$$W_{total} = \sum \Delta K_i = \Delta K_{sis} \qquad 7\text{-}5$$

Dois conjuntos de forças realizam trabalho sobre uma partícula em um sistema: as forças externas e as forças internas. Cada força interna é ou conservativa, ou não-conservativa. O trabalho total realizado por todas as forças é igual ao trabalho realizado por todas as forças externas, W_{ext}, mais o trabalho realizado por todas as forças internas não-conservativas, W_{nc}, mais aquele realizado por todas as forças conservativas, W_c:

$$W_{total} = W_{ext} + W_{nc} + W_c$$

Rearranjando, fica:

$$W_{ext} + W_{nc} = W_{total} - W_c$$

O negativo do trabalho total realizado por todas as forças conservativas internas, $-W_c$, é igual à variação da energia potencial do sistema, ΔU_{sis}:

$$-W_c = \Delta U_{sis} \qquad 7\text{-}6$$

Usando as Equações 7-5 e 7-6, temos

$$W_{ext} + W_{nc} = \Delta K_{sis} + \Delta U_{sis} \qquad 7\text{-}7$$

O lado direito desta equação pode ser simplificado como

$$\Delta K_{sis} + \Delta U_{sis} = \Delta(K_{sis} + U_{sis}) \qquad 7\text{-}8$$

A soma da energia cinética do sistema K_{sis} com a energia potencial U_{sis} é a chamada **energia mecânica total**, E_{mec}:

$$E_{mec} = K_{sis} + U_{sis} \qquad 7\text{-}9$$

DEFINIÇÃO — ENERGIA MECÂNICA TOTAL

Combinando as Equações 7-8 e 7-9 e substituindo na Equação 7-7, fica:

$$W_{ext} = \Delta E_{mec} - W_{nc} \qquad 7\text{-}10$$

TEOREMA DO TRABALHO-ENERGIA PARA SISTEMAS

A energia mecânica de um sistema de partículas é conservada (E_{mec} = constante) se o trabalho total realizado por todas as forças externas e por todas as forças internas não-conservativas é zero.

$$E_{mec} = K_{sis} + U_{sis} = \text{constante} \qquad 7\text{-}11$$

CONSERVAÇÃO DA ENERGIA MECÂNICA

Esta é a **conservação da energia mecânica**, que deu origem à expressão "força conservativa".

Se $E_{mec\,i} = K_i + U_i$ é a energia mecânica inicial de um sistema e $E_{mec\,f} = K_f + U_f$ é a energia mecânica final do sistema, a conservação da energia mecânica implica que

$$E_{mec\,f} = E_{mec\,i} \quad (\text{ou } K_f + U_f = K_i + U_i) \qquad 7\text{-}12$$

Em outras palavras, quando a energia mecânica de um sistema é conservada, podemos relacionar a energia mecânica final com a energia mecânica inicial do sistema, sem considerar o movimento intermediário e o trabalho realizado pelas forças envolvidas. Portanto, a conservação da energia mecânica nos permite resolver problemas que podem ser de difícil solução com o uso direto das leis de Newton.

APLICAÇÕES

Você está descendo, em esquis, uma colina coberta de neve, tendo partido do repouso de uma altura h_i em relação à base da colina. Supondo que o atrito e o arraste do ar sejam desprezíveis, qual é sua rapidez quando você passa por um sinalizador localizado a uma altura h acima da base?

A energia mecânica do sistema Terra–esquiador é conservada, porque a única força que trabalha é a força interna da gravidade, conservativa. Se escolhemos $U = 0$ na base da colina, a energia potencial inicial é mgh_i. Esta energia é, também, a energia mecânica total, porque a energia cinética inicial é zero. Assim,

$$E_{\text{mec i}} = K_i + U_i = 0 + mgh_i$$

Quando você passa pelo marcador, a energia potencial é mgh e a rapidez é v. Logo,

$$E_{\text{mec f}} = K_f + U_f = \tfrac{1}{2}mv^2 + mgh$$

Fazendo $E_{\text{mec f}} = E_{\text{mec i}}$, encontramos

$$\tfrac{1}{2}mv^2 + mgh = mgh_i$$

Explicitando v, temos

$$v = \sqrt{2g(h_i - h)}$$

Sua rapidez é a mesma que seria se você tivesse sofrido uma queda livre, diretamente na vertical, de uma distância $h_i - h$. No entanto, esquiando colina abaixo, você viaja uma distância maior e leva mais tempo do que levaria se tivesse caído livremente na vertical.

ESTRATÉGIA PARA SOLUÇÃO DE PROBLEMAS

Resolvendo Problemas que Envolvem Energia Mecânica

SITUAÇÃO Identifique um sistema que inclua o corpo (ou corpos) de interesse e quaisquer outros corpos que interajam com o objeto de interesse, ou através de uma força conservativa ou através de uma força de atrito cinético.

SOLUÇÃO

1. Faça um esboço do sistema, identificando as partes. Inclua um eixo coordenado (ou eixos coordenados) e mostre o sistema em suas configurações inicial e final. (Mostrar uma configuração intermediária às vezes também ajuda.) Os corpos podem ser representados por pontos, tal como nos diagramas de corpo livre.
2. Identifique todas as forças externas atuando sobre o sistema que realizam trabalho, e todas as forças internas não-conservativas que realizam trabalho. Identifique, também, todas as forças internas conservativas que realizam trabalho.
3. Aplique a Equação 7-10 (o teorema do trabalho–energia para sistemas). Para cada força interna conservativa que realiza trabalho use uma função energia potencial para representar o trabalho realizado.

CHECAGEM Certifique-se de que você levou em conta o trabalho realizado por todas as forças conservativas e não-conservativas ao chegar à sua resposta.

Exemplo 7-4 Chutando uma Bola

Próximo à borda de um telhado de um prédio de 12 m de altura, você chuta uma bola com uma rapidez inicial $v_i = 16$ m/s a um ângulo de 60° acima da horizontal. Desprezando a resistência do ar, encontre (*a*) a altura máxima, acima do telhado do prédio, atingida pela bola e (*b*) sua rapidez, quando está prestes a tocar o solo.

SITUAÇÃO Escolhemos a bola e a Terra como sistema. Consideramos este sistema no intervalo de tempo entre o chute e o instante em que a bola está para tocar o solo. Não existem forças externas realizando trabalho sobre o sistema, nem forças internas não-conservativas realizando trabalho e, portanto, a energia mecânica do sistema é conservada. No topo da trajetória, a bola está se movendo horizontalmente com uma rapidez v_{topo} igual à componente horizontal da velocidade inicial v_{ix}. Escolhemos $y = 0$ no telhado do prédio.

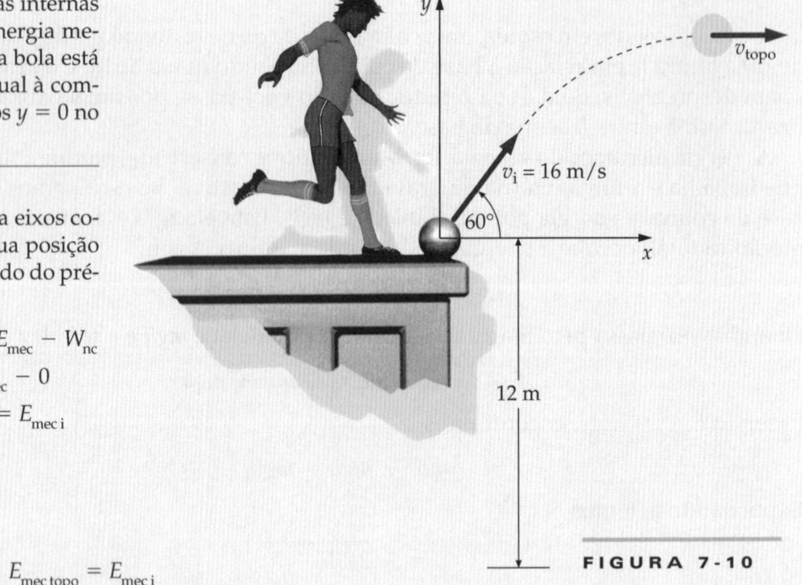

FIGURA 7-10

SOLUÇÃO

(*a*) 1. Faça um esboço (Figura 7-10) da trajetória. Inclua eixos coordenados e mostre a posição inicial da bola e sua posição no ponto mais alto do vôo. Escolha $y = 0$ no telhado do prédio:

2. Aplique a equação trabalho–energia para sistemas. Escolha a bola e a Terra como sistema. Entre o chute e o momento em que a bola está prestes a tocar o solo não existem forças externas trabalhando, nem forças não-conservativas trabalhando (estamos desprezando a resistência do ar):

$$W_{ext} = \Delta E_{mec} - W_{nc}$$
$$0 = \Delta E_{mec} - 0$$
$$\therefore E_{mec\,f} = E_{mec\,i}$$

3. A força gravitacional realiza trabalho sobre o sistema. Este trabalho é levado em conta através da função energia potencial gravitacional mgy:

$$E_{mec\,topo} = E_{mec\,i}$$
$$\tfrac{1}{2}mv_{topo}^2 + mgy_{topo} = \tfrac{1}{2}mv_i^2 + mgy_i$$
$$\tfrac{1}{2}mv_{topo}^2 + mgh_{topo} = \tfrac{1}{2}mv_i^2 + 0$$

4. A conservação da energia mecânica relaciona a altura y_{topo} acima do telhado do prédio com a rapidez inicial v_i e a rapidez no ponto mais alto da trajetória, v_{topo}:

$$E_{mec\,topo} = E_{mec\,i}$$
$$\tfrac{1}{2}mv_{topo}^2 + mgy_{topo} = \tfrac{1}{2}mv_i^2 + mgy_i$$
$$\tfrac{1}{2}mv_{topo}^2 + mgy_{topo} = \tfrac{1}{2}mv_i^2 + 0$$

5. Determine y_{topo}:

$$y_{topo} = \frac{v_i^2 - v_{topo}^2}{2g}$$

6. A velocidade no topo da trajetória é igual à componente x da velocidade inicial:

$$v_{topo} = v_{ix} = v_i \cos\theta$$

7. Substituindo o resultado do passo 3 no resultado do passo 2 e explicitando para y_{topo}:

$$y_{topo} = \frac{v_i^2 - v_{topo}^2}{2g} = \frac{v_i^2 - v_i^2\cos^2\theta}{2g} = \frac{v_i^2(1 - \cos^2\theta)}{2g}$$
$$= \frac{(16\text{ m/s})^2(1 - \cos^2 60°)}{2(9{,}81\text{ m/s}^2)} = \boxed{9{,}8\text{ m}}$$

(*b*) 1. Se v_f é a rapidez da bola quando prestes a tocar o solo (onde $y = y_f = -12$ m), sua energia é expressa como:

$$E_{mec\,f} = \tfrac{1}{2}mv_f^2 + mgy_f$$

2. Iguale a energia mecânica final à energia mecânica inicial:

$$\tfrac{1}{2}mv_f^2 + mgy_f = \tfrac{1}{2}mv_i^2 + 0$$

3. Explicite v_f e faça $y_f = -12$ m para encontrar a rapidez final:

$$v_f = \sqrt{v_i^2 - 2gy_f}$$
$$= \sqrt{(16\text{ m/s})^2 - 2(9{,}81\text{ m/s}^2)(-12\text{ m})}$$
$$= \boxed{22\text{ m/s}}$$

CHECAGEM Deveríamos esperar que, quanto mais alto o edifício, maior será a rapidez de impacto com o solo. A expressão para v_f, no passo 3 da Parte (*b*), confirma esta expectativa.

Exemplo 7-5 Um Pêndulo

Um pêndulo consiste em uma bola de massa m presa a um fio de comprimento L. A bola é puxada lateralmente até que o fio forme um ângulo θ_0 com a vertical e largada do repouso. Quando ela passa pelo ponto mais baixo do arco, encontre expressões para (*a*) a rapidez da bola e (*b*) a tensão no fio. Despreze a resistência do ar.

SITUAÇÃO Considere como sistema o pêndulo e a Terra. A força de tensão $\vec{T}$ é uma força interna, não-conservativa, atuando sobre a bola. A taxa com que $\vec{T}$ realiza trabalho é $\vec{T} \cdot \vec{v}$. A outra força atuando sobre a bola é a força gravitacional $m\vec{g}$, que é uma força interna conservativa. Use o teorema do trabalho–energia para sistemas (Equação 7-10) para encontrar a rapidez na base do arco. A tensão no fio é obtida usando-se a segunda lei de Newton.

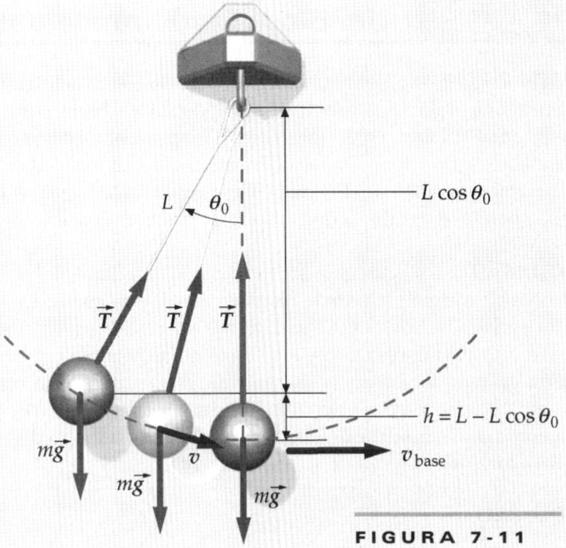

SOLUÇÃO

(*a*) 1. Faça um esboço do sistema em suas configurações inicial e final (Figura 7-11). Escolhemos $y = 0$ na base do arco e $y = h$ na posição inicial:

2. O trabalho externo realizado sobre o sistema é igual à variação de sua energia mecânica menos o trabalho realizado pelas forças internas não-conservativas (Equação 7-10):

$$W_{ext} = \Delta E_{mec} - W_{nc}$$

3. Não existem forças externas atuando sobre o sistema. A força de tensão é uma força interna não-conservativa:

$$W_{ext} = 0$$
$$W_{nc} = \int_1^2 \vec{T} \cdot d\vec{\ell}$$

4. O deslocamento incremental $d\vec{\ell}$ é igual à velocidade vezes o incremento no tempo dt. Substitua isto no resultado do passo 3. A tensão é perpendicular à velocidade, de modo que $\vec{T} \cdot \vec{v} = 0$:

$$d\vec{\ell} = \vec{v}\,dt$$
$$\text{logo} \quad W_{nc} = \int_1^2 \vec{T} \cdot d\vec{\ell} = \int_1^2 \vec{T} \cdot \vec{v}\,dt = 0$$

5. Substitua W_{ext} e W_{nc} no resultado do passo 2. A bola está, inicialmente, em repouso:

$$W_{ext} = \Delta E_{mec} - W_{nc}$$
$$0 = \Delta E_{mec} - 0$$
$$\Delta E_{mec} = 0$$

6. Aplique a conservação da energia mecânica. A bola está, inicialmente, em repouso:

$$E_{mec\,f} = E_{mec\,i}$$
$$\tfrac{1}{2}mv_f^2 + mgy_f = \tfrac{1}{2}mv_i^2 + mgy_i$$
$$\tfrac{1}{2}mv_{base}^2 + 0 = 0 + mgh$$

7. Então, a conservação da energia mecânica relaciona a rapidez v_{base} com a altura inicial $y_i = h$:

$$\tfrac{1}{2}mv_{base}^2 = mgh$$

8. Explicite para a rapidez v_{base}:

$$v_{base} = \sqrt{2gh}$$

9. Para expressar a rapidez em termos do ângulo inicial θ_0, devemos relacionar h com θ_0. Esta relação está ilustrada na Figura 7-11:

$$L = L\cos\theta_0 + h$$
$$\text{logo} \quad h = L - L\cos\theta_0 = L(1 - \cos\theta_0)$$

10. Substitua este valor de h para escrever a rapidez na base do arco em termos de θ_0:

$$v_{base} = \boxed{\sqrt{2gL(1 - \cos\theta_0)}}$$

(*b*) 1. Quando a bola está na base do arco, as forças sobre ela são $m\vec{g}$ e $\vec{T}$. Aplique $\Sigma F_y = ma_y$:

$$T - mg = ma_y$$

2. Na base, a bola tem uma aceleração v_{base}^2/L, com a orientação centrípeta (apontando para o centro do círculo), que é para cima:

$$a_y = \frac{v_{base}^2}{L} = \frac{2gL(1 - \cos\theta_0)}{L} = 2g(1 - \cos\theta_0)$$

3. Substitua em a_y no resultado do passo 1 da Parte (*b*) e explicite T:

$$T = mg + ma_y = m(g + a_y) = m[g + 2g(1 - \cos\theta_0)]$$
$$= \boxed{(3 - 2\cos\theta_0)mg}$$

FIGURA 7-11

CHECAGEM (1) A tensão na base é maior do que o peso da bola, porque a bola está acelerada para cima. (2) O passo 3 da Parte (*b*) mostra que, para $\theta_0 = 0$, $T = mg$, o resultado esperado para uma bola estacionária pendurada em um fio.

INDO ALÉM (1) A taxa com que uma força realiza trabalho é dada por $\vec{F} \cdot \vec{v}$ (Equação 6-22). O passo 4 da Parte (*a*) mostra que a taxa na qual a força de tensão realiza trabalho é zero. *Qualquer* força que se mantenha perpendicular à velocidade realiza trabalho nulo. (2) O passo 8 da Parte (*a*) mostra que a rapidez na base do arco é a mesma que seria se a bola tivesse sido largada, em queda livre, de uma altura h. (3) A rapidez da bola na base do arco também pode ser encontrada usando-se diretamente as leis de Newton, mas esta é uma solução mais desafiante, porque a aceleração tangencial a_t varia com a posição e, portanto, com o tempo, de forma que as fórmulas para aceleração constante não se aplicam. (4) Se o fio não tivesse sido incluído no sistema, W_{ext} seria igual ao trabalho realizado pela força de tensão e W_{nc} seria igual a zero, porque não haveria força não-conservativa interna. Os resultados seriam idênticos.

Exemplo 7-6 Um Bloco Empurrando uma Mola

Tente Você Mesmo

Um bloco de 2,0 kg, sobre uma superfície horizontal sem atrito, é empurrado contra uma mola de constante de força igual a 500 N/m, comprimindo a mola de 20 cm. O bloco é então liberado e a força da mola o acelera à medida que a mola descomprime. Depois, o bloco desliza ao longo da superfície e sobe um plano sem atrito inclinado de um ângulo de 45°. Qual é a distância que o bloco percorre, rampa acima, até atingir momentaneamente o repouso?

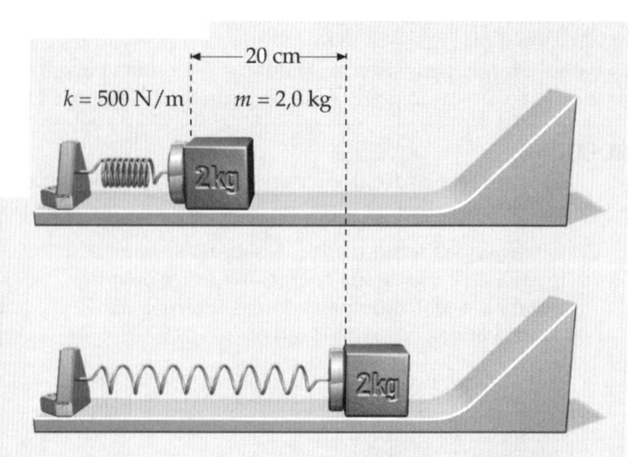

FIGURA 7-12

SITUAÇÃO Faça o sistema incluir o bloco, a mola, a Terra, a superfície horizontal, a rampa e a parede na qual a mola está presa. Depois que o bloco é liberado, não existem forças externas sobre este sistema. As únicas forças que realizam trabalho são as forças exercidas pela mola sobre o bloco e a força da gravidade, ambas conservativas. Assim, a energia mecânica total do sistema é conservada. Encontre a altura máxima h a partir da conservação da energia mecânica, e aí a distância máxima ao longo do plano inclinado, s, será tal que sen $45° = h/s$.

SOLUÇÃO

Cubra a coluna da direita e tente por si só antes de olhar as respostas.

Passos	Respostas
1. Escolha o bloco, a mola, a Terra, a superfície horizontal, a rampa e a parede à qual a mola está presa. Esboce este sistema em suas configurações inicial e final (Figura 7-12).	
2. Aplique o teorema do trabalho–energia para sistemas. Após a largada, não há forças externas atuando sobre o sistema, nem forças internas não-conservativas trabalhando sobre ele.	$W_{ext} = \Delta E_{mec} - W_{nc}$ $0 = \Delta E_{mec} - 0$ $\therefore E_{mec\,f} = E_{mec\,i}$
3. Escreva a energia mecânica inicial em termos da distância de compressão x_i.	$E_{mec\,i} = U_{s\,i} + U_{g\,i} + K_i = \frac{1}{2}kx_i^2 + 0 + 0$
4. Escreva a energia mecânica final em termos da altura h.	$E_{mec\,f} = U_{s\,f} + U_{g\,f} + K_f = 0 + mgh + 0$
5. Substitua no resultado do passo 2 e explicite h.	$mgh = \frac{1}{2}kx_i^2$ $h = \dfrac{kx_i^2}{2mg} = 0{,}51\text{ m}$
6. Determine a distância s a partir de h e do ângulo de inclinação (Figura 7-13).	$h = s \times \text{sen}\,\theta$ $s = \boxed{0{,}72\text{ m}}$

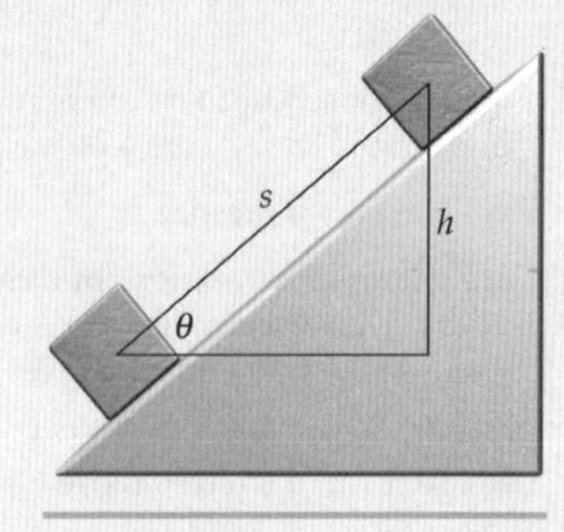

FIGURA 7-13

CHECAGEM A expressão para h no passo 5 é plausível. Ela nos diz, por inspeção, que um aumento de x_i resulta em uma altura máxima maior, e que um aumento da massa resulta em uma altura máxima menor.

INDO ALÉM (1) Neste problema, a energia mecânica inicial do sistema é a energia potencial da mola. Esta energia é transformada primeiro em energia cinética e, depois, em energia potencial gravitacional. (2) A força normal $\vec{F}_n$ sobre o bloco sempre atua em ângulo reto com a velocidade, de modo que $\vec{F}_n \cdot \vec{v} = 0$, sempre.

PROBLEMA PRÁTICO 7-5 Determine a rapidez do bloco assim que ele abandona a mola.

PROBLEMA PRÁTICO 7-6 Qual foi o trabalho realizado pela força normal sobre o bloco?

Exemplo 7-7 Um Salto de *Bungee-jump*

Rico em Contexto

Você salta de uma plataforma a uma altura de 134 m sobre o rio Nevis (Nova Zelândia). Após cair livremente por 40 m, a corda do *bungee-jump* presa a seus tornozelos começa a se distender. (O comprimento da corda frouxa é de 40 m.) Você continua a descer outros 80 m até atingir o repouso. Se sua massa é de 100 kg e a corda segue a lei de Hooke e tem massa desprezível, qual é a sua aceleração quando você está momentaneamente em repouso, no ponto mais baixo do salto? (Despreze o arraste do ar.)

SITUAÇÃO Escolha como sistema tudo que foi mencionado no enunciado do problema, mais a Terra. Em sua queda, sua rapidez primeiro aumenta, depois atinge um determinado valor máximo, e depois diminui até chegar novamente a zero quando você está no ponto mais baixo. Aplique o teorema do trabalho–energia para sistemas. Para encontrar sua aceleração lá embaixo, aplique a segunda lei de Newton ($\Sigma F_x = ma_x$) e a lei de Hooke ($F_x = -kx$).

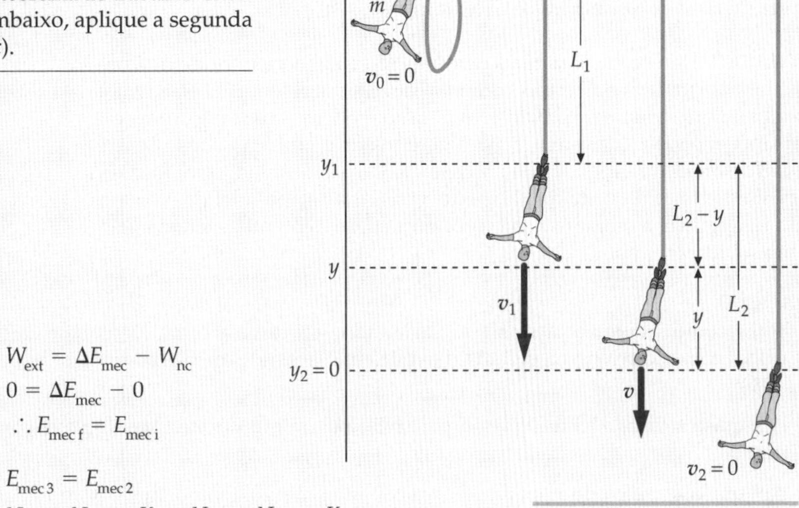

FIGURA 7-14

SOLUÇÃO

1. O sistema inclui você, a Terra e a corda. Esboce o sistema, mostrando as posições inicial e final dos primeiros 40 m de queda, e novamente para os 80 m seguintes da queda (Figura 7-14). Inclua um eixo y apontando para cima e com a origem em sua posição final (a mais baixa). Sejam $L_1 =$ 40 m o comprimento da corda frouxa e $L_2 = 80$ m a máxima distensão da corda.

2. Aplique o teorema do trabalho–energia para sistemas. Não há forças externas, nem forças internas não-conservativas, realizando trabalho:

$$W_{ext} = \Delta E_{mec} - W_{nc}$$
$$0 = \Delta E_{mec} - 0$$
$$\therefore E_{mec\,f} = E_{mec\,i}$$

3. Aplique o resultado do passo 2 para a parte da queda em que a corda está esticando. A extensão da corda é $L_2 - y$:

$$E_{mec\,3} = E_{mec\,2}$$
$$U_{g3} + U_{s3} + K_3 = U_{g2} + U_{s2} + K_2$$
$$mgy_3 + \tfrac{1}{2}k(L_2 - y_3)^2 + \tfrac{1}{2}mv_3^2 = mgy_2 + \tfrac{1}{2}ky_2^2 + \tfrac{1}{2}mv_2^2$$
$$0 + \tfrac{1}{2}kL_2^2 + 0 = mgL_2 + 0 + \tfrac{1}{2}mv_2^2$$
$$\tfrac{1}{2}kL_2^2 = mgL_2 + \tfrac{1}{2}mv_2^2$$

4. Para determinar k, precisamos encontrar a energia cinética no final da região de queda livre. Aplique novamente o resultado do passo 2 e determine a energia cinética:

$$E_{mec\,2} = E_{mec\,1}$$
$$U_{g2} + K_2 = U_{g1} + K_1$$
$$mgy_2 + \tfrac{1}{2}mv_2^2 = mgy_1 + \tfrac{1}{2}mv_1^2$$
$$mgL_2 + \tfrac{1}{2}mv_2^2 = mg(L_1 + L_2) + 0$$
$$\tfrac{1}{2}mv_2^2 = mgL_1$$

5. Substitua o resultado do passo 4 no resultado do passo 3 e determine k:

$$\tfrac{1}{2}kL_2^2 = mgL_2 + mgL_1$$

6. Aplique a segunda lei de Newton quando você está no ponto mais baixo. Primeiro, construa um diagrama de corpo livre (Figura 7-15):

$$k = \frac{2mg(L_2 + L_1)}{L_2^2}$$

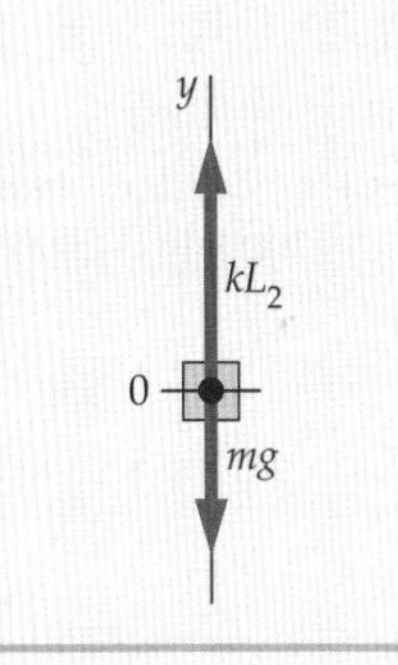

FIGURA 7-15

7. Aplique a segunda lei de Newton para determinar a aceleração. Use a expressão de k do passo 5:

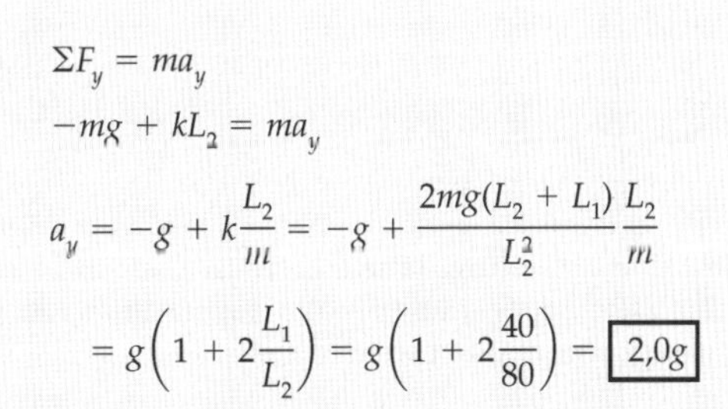

$$\Sigma F_y = ma_y$$
$$-mg + kL_2 = ma_y$$
$$a_y = -g + k\frac{L_2}{m} = -g + \frac{2mg(L_2 + L_1)}{L_2^2}\frac{L_2}{m}$$
$$= g\left(1 + 2\frac{L_1}{L_2}\right) = g\left(1 + 2\frac{40}{80}\right) = \boxed{2{,}0g}$$

CHECAGEM Esperamos que a aceleração no ponto mais baixo seja para cima (orientação $+y$) e nosso resultado concorda com isto. Sempre que a velocidade reverte o sentido, imediatamente após a reversão os vetores velocidade e aceleração terão o mesmo sentido.

PROBLEMA PRÁTICO 7-7 Em sua queda, você ganha rapidez até que o puxão da corda para cima se iguale ao puxão da gravidade para baixo. A que altura você se encontra em relação ao ponto mais baixo quando sua rapidez é máxima?

Exemplo 7-8 De Volta para o Futuro — *Rico em Contexto*

Você viajou no tempo e está no final dos anos 1800, assistindo a seus tataravós, em lua-de-mel, andando na montanha-russa de perfil circular conhecida como Flip Flap Railway, em Coney Island, um bairro da cidade de Nova York (EUA). O carrinho em que eles estão prestes a ingressar na laçada circular, quando um saco de areia de 100 lb cai de uma plataforma de um canteiro de obras sobre o banco traseiro do carrinho. Ninguém é ferido, mas o impacto faz com que o carrinho perca 25 por cento de sua rapidez. O carrinho havia partido do repouso de um ponto duas vezes mais alto do que o topo da volta circular. Despreze o atrito e o arraste do ar. O carrinho de seus tataravós conseguirá completar a volta, sem cair?

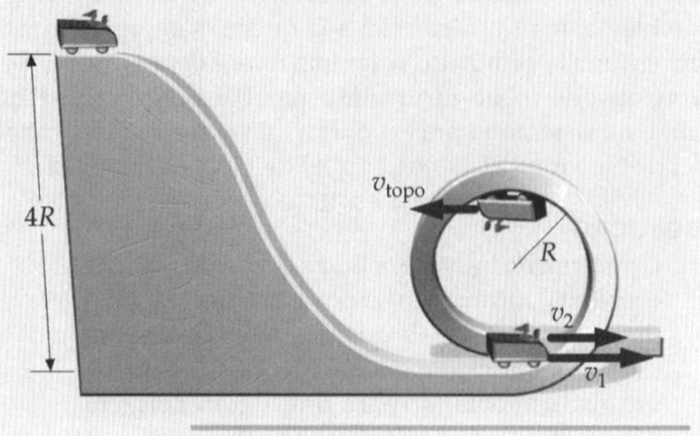

SITUAÇÃO Tome como sistema o carrinho, seu conteúdo, o trilho (incluindo a laçada circular) e a Terra. O carrinho deve ter rapidez suficiente no topo da volta para manter contato com o trilho. Podemos usar o teorema do trabalho–energia para sistemas, para determinar a rapidez justo antes de o saco de areia atingir o carrinho, e também para determinar a rapidez do carrinho no topo da volta. Então, podemos usar a segunda lei de Newton para determinar a magnitude da força normal, se existente, exercida pelo trilho sobre o carrinho.

$4R$ v_{topo} R v_2 v_1

FIGURA 7-16

SOLUÇÃO

1. Tome como sistema o carrinho, seu conteúdo, o trilho e a Terra. Desenhe o carrinho e o trilho, com o carrinho na entrada da volta circular e novamente no topo da volta (Figura 7-16):

2. Aplique a segunda lei de Newton para relacionar a rapidez no topo da volta com a força normal:

$$F_n + mg = m\frac{v_{topo}^2}{R}$$

3. Aplique o teorema do trabalho–energia ao intervalo de tempo anterior ao impacto. Não existem forças externas, nem forças internas não-conservativas realizando trabalho. Determine a rapidez justo antes do impacto. Medindo alturas a partir da base da laçada circular, a altura inicial de $4R$, onde R é o raio da volta, vale duas vezes a altura do topo da volta:

$$W_{ext} = \Delta E_{mec} - W_{nc}$$
$$0 = \Delta E_{mec} - 0$$
$$\therefore E_{mec\,f} = E_{mec\,i}$$
$$U_0 + K_0 = U_1 + K_1$$
$$mg\,4R + 0 = 0 + \tfrac{1}{2}mv_1^2$$
$$\text{logo} \quad v_1 = \sqrt{8Rg}$$

4. O impacto com o saco de areia resulta na redução de 25 por cento da rapidez. Determine a rapidez após o impacto:

$$v_2 = 0{,}75v_1 = 0{,}75\sqrt{8Rg}$$

5. Aplique o teorema do trabalho–energia ao intervalo de tempo após o impacto. Determine a rapidez no topo da volta circular:

$$U_{topo} + K_{topo} = U_2 + K_2$$
$$mg2R + \tfrac{1}{2}mv_{topo}^2 = 0 + \tfrac{1}{2}m(0{,}75^2 \cdot 8Rg)$$
$$\text{logo} \quad v_{topo}^2 = (0{,}75^2 \cdot 8 - 4)Rg = 0{,}5Rg$$

6. Substituindo v_{topo}^2 no resultado do passo 2, vem:

$$F_n + mg = m\frac{0{,}5Rg}{R}$$
$$F_n + mg = 0{,}5mg$$

7. Determine F_n:

$$F_n = -0{,}5mg$$

8. F_n é a magnitude da força normal, que não pode ser negativa:

Opa! O carro abandonou o trilho.

CHECAGEM Uma perda de 25 por cento de sua rapidez significa perder quase 44 por cento de sua energia cinética. A rapidez é a mesma que seria atingida se o carro tivesse partido do repouso de uma altura de $0{,}56 \times 4R = 1{,}12 \times 2R$ (12 por cento mais alto do que o topo da laçada circular). Não é de surpreender que o carro perde contato com o trilho.

INDO ALÉM Felizmente, havia dispositivos de segurança para prevenir a queda dos carrinhos e seus ancestrais teriam sobrevivido. A maior preocupação dos passageiros da Flip Flap Railway era a de quebrar o pescoço. Os passageiros eram sujeitos a acelerações de até $12g$'s durante o passeio, e esta foi a última das montanhas-russas com uma laçada circular. Hoje em dia, essas laçadas têm mais altura do que largura.

ENERGIA POTENCIAL E EQUILÍBRIO

Podemos compreender melhor o movimento de um sistema olhando para um gráfico de sua energia potencial *versus* posição de uma partícula do sistema. Por simplicidade, limitamos nossa análise a uma partícula restrita a um movimento em linha reta — o eixo x. Para criar o gráfico, primeiro precisamos encontrar a relação entre a função energia potencial e a força que atua sobre a partícula. Considere uma força conservativa $\vec{F} = F_x\hat{i}$ atuando sobre a partícula. Substituindo na Equação 7-1b, temos

$$dU = -\vec{F} \cdot d\vec{\ell} = -F_x dx$$

A componente F_x da força é, portanto, o negativo da derivada* da função energia potencial:

$$F_x = -\frac{dU}{dx} \qquad \text{7-13}$$

Podemos ilustrar esta relação geral para um sistema bloco–mola, derivando a função $U = \frac{1}{2}kx^2$. Obtemos

$$F_x = -\frac{dU}{dx} = -\frac{d}{dx}\left(\frac{1}{2}kx^2\right) = -kx$$

A Figura 7-17 mostra um gráfico de $U = \frac{1}{2}kx^2$ *versus* x para um sistema bloco–mola. A derivada desta função é representada graficamente como a inclinação da reta tangente à curva. A força é, portanto, igual ao negativo da inclinação da reta tangente à curva. Em $x = 0$, a força $F_x = -dU/dx$ é zero e o bloco está em equilíbrio, se supomos que não existe nenhuma outra força atuando sobre ele.

Quando x é positivo na Figura 7-17*a*, a inclinação é positiva e a força F_x é negativa. Quando x é negativo, a inclinação é negativa e a força F_x é positiva. Em qualquer um desses casos, a força é orientada de forma a acelerar o bloco para uma região de energia potencial decrescente. Se o bloco é levemente deslocado de $x = 0$, a força aponta de volta para $x = 0$. O equilíbrio em $x = 0$ é, portanto, um **equilíbrio estável**, porque um pequeno deslocamento resulta em uma força restauradora que acelera a partícula de volta à sua posição de equilíbrio.

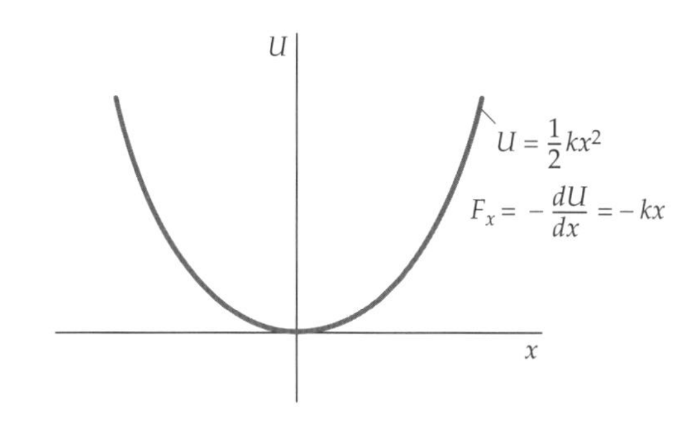

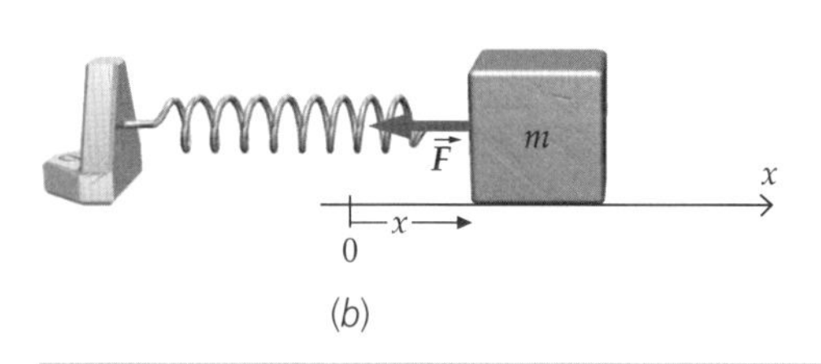

FIGURA 7-17 (*a*) Gráfico da energia potencial U *versus* x para um corpo preso a uma mola. Um mínimo da curva de energia potencial é um ponto de equilíbrio estável. Um deslocamento em qualquer sentido resulta em uma força apontando para a posição de equilíbrio. (*b*) O corpo deslocado para a direita com a mola esticada.

> Em equilíbrio estável, um pequeno deslocamento em qualquer sentido resulta em uma força restauradora que acelera a partícula de volta à sua posição de equilíbrio.
>
> CONDIÇÃO PARA EQUILÍBRIO ESTÁVEL

! A função energia potencial é mínima em um ponto de equilíbrio estável.

A Figura 7-18 mostra uma curva de energia potencial com um máximo, em vez de um mínimo, no ponto $x = 0$. Esta curva pode representar a energia potencial de uma nave espacial no ponto entre a Terra e a Lua, onde a atração gravitacional da Terra sobre a nave é igual à atração gravitacional da Lua sobre a nave. (Estamos desprezando qualquer atração gravitacional do Sol.) Para esta curva, quando x é positivo, a inclinação é negativa e a força F_x é positiva, e quando x é negativo, a inclinação é positiva e a força F_x é negativa. Novamente, a força é orientada de forma a acelerar o bloco para uma região de energia potencial decrescente, mas agora a força aponta para além da posição de equilíbrio. O máximo em $x = 0$ da Figura 7-18 é um ponto de **equilíbrio instável**, porque um pequeno deslocamento resulta em uma força que acelera a partícula para fora de sua posição de equilíbrio.

> Em equilíbrio instável, um pequeno deslocamento resulta em uma força que acelera a partícula afastando-a de sua posição de equilíbrio.
>
> CONDIÇÃO PARA EQUILÍBRIO INSTÁVEL

A Figura 7-19 mostra uma curva de energia potencial que é plana na região próxima de $x = 0$. Nenhuma força atua sobre a partícula em $x = 0$ e, portanto, a partícula está

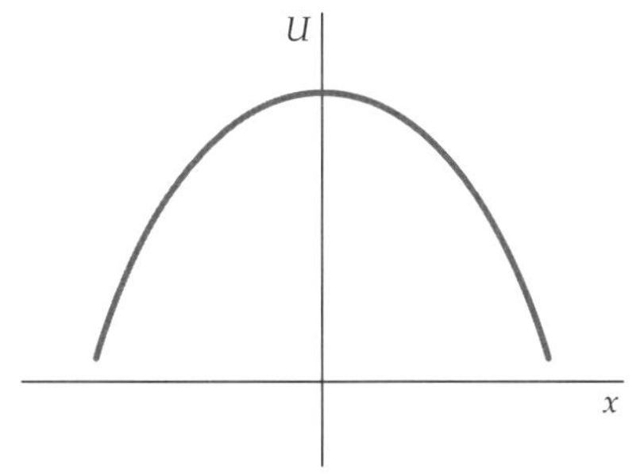

FIGURA 7-18 Uma partícula com a energia potencial como a mostrada no gráfico estará em equilíbrio instável em $x = 0$ porque um deslocamento de $x = 0$ resulta em uma força orientada para fora de sua posição de equilíbrio.

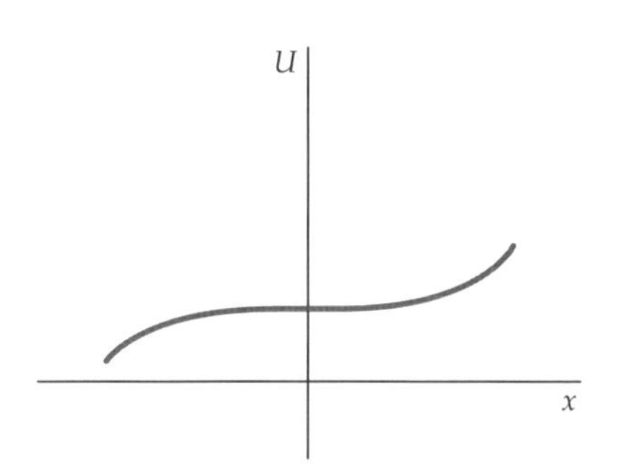

FIGURA 7-19 Equilíbrio indiferente. A força $F_x = -dU/dx$ é zero em $x = 0$ e nos pontos vizinhos, de forma que deslocamentos a partir de $x = 0$ não resultam em forças e o sistema permanece em equilíbrio.

* A derivada da Equação 7-13 é substituída pela derivada parcial em relação a x se o movimento não está restrito ao eixo x.

em equilíbrio; além disso, não haverá força resultante se a partícula for levemente deslocada em qualquer sentido. Este é um exemplo de **equilíbrio indiferente**.

Em equilíbrio indiferente, um pequeno deslocamento em qualquer sentido resulta em uma força nula e a partícula continua em equilíbrio.

CONDIÇÃO PARA EQUILÍBRIO INDIFERENTE

Exemplo 7-9 Força e a Função Energia Potencial

Na região $-a < x < a$, a força sobre uma partícula é representada pela função energia potencial

$$U = -b\left(\frac{1}{a+x} + \frac{1}{a-x}\right)$$

onde a e b são constantes positivas. (*a*) Determine a força F_x na região $-a < x < a$. (*b*) Para qual valor de x a força é zero? (*c*) No ponto onde a força é zero, o equilíbrio é estável ou instável?

SITUAÇÃO A força é o negativo da derivada da função energia potencial. O equilíbrio é estável onde a função energia potencial é mínima e é instável onde a função energia potencial é máxima.

SOLUÇÃO

(*a*) Calcule $F_x = -dU/dx$.

$$F_x = -\frac{d}{dx}\left[-b\left(\frac{1}{(a+x)} + \frac{1}{(a-x)}\right)\right] = \boxed{-b\left(\frac{1}{(a+x)^2} - \frac{1}{(a-x)^2}\right)}$$

(*b*) Faça F_x igual a zero e determine x.

$F_x = 0$ em $\boxed{x = 0}$

(*c*) Calcule d^2U/dx^2. Se o valor é positivo na posição de equilíbrio, então U é um mínimo e o equilíbrio é estável. Se o valor é negativo, então U é um máximo e o equilíbrio é instável.

$$\frac{d^2U}{dx^2} = -2b\left(\frac{1}{(a+x)^3} + \frac{1}{(a-x)^3}\right)$$

Em $x = 0$, $\dfrac{d^2U}{dx^2} = \dfrac{-4b}{a^3} < 0$

Assim, o equilíbrio é $\boxed{\text{instável}}$.

CHECAGEM Se U é expresso em joules e x e a são expressos em metros, então b deve ser expresso em joule · metros e F_x deve ser expresso em newtons. Nosso resultado da Parte (*a*) mostra que F_x tem as mesmas unidades do resultado da Parte (*c*) divididas por m^2. Isto é, nossa expressão para F_x tem as unidades de $J \cdot m/m^2 = J/m$. Como $1\ J = 1\ N \cdot m$, nossa expressão para F_x tem o newton como unidade. Conseqüentemente, nosso resultado da Parte (*a*) está dimensionalmente correto e, portanto, é plausível.

INDO ALÉM A função energia potencial deste exemplo é para uma partícula sob a influência das forças gravitacionais exercidas por duas massas fixas idênticas, uma em $x = -a$ e a outra em $x = +a$. A partícula está localizada na linha que liga as massas. A meio caminho entre as duas massas, a força resultante sobre a partícula é zero. Nos outros casos, aponta para a massa mais próxima.

Podemos usar o fato de a posição de equilíbrio estável ser um mínimo de energia potencial para localizar experimentalmente o centro de massa. Por exemplo, dois corpos ligados por uma barra leve ficarão equilibrados se apoiados sobre o centro de massa (Figura 7-20). Se apoiamos o sistema sobre qualquer outro ponto (pivô), ele irá girar até que a energia potencial atinja um mínimo, o que ocorre quando o centro de massa está em sua posição mais baixa, diretamente abaixo do pivô (Figura 7-21). (A energia potencial gravitacional de um sistema é dada por $U_g = mgh_{cm}$ [Equação 7-3].)

Se suspendermos qualquer objeto irregular de um pivô, ele ficará suspenso com seu centro de massa localizado em algum ponto da linha vertical traçada diretamente do pivô para baixo. Suspendendo o objeto de um outro ponto, podemos observar por onde passa a nova linha vertical que contém o pivô. O centro de massa está localizado na interseção das duas linhas (Figura 7-22).

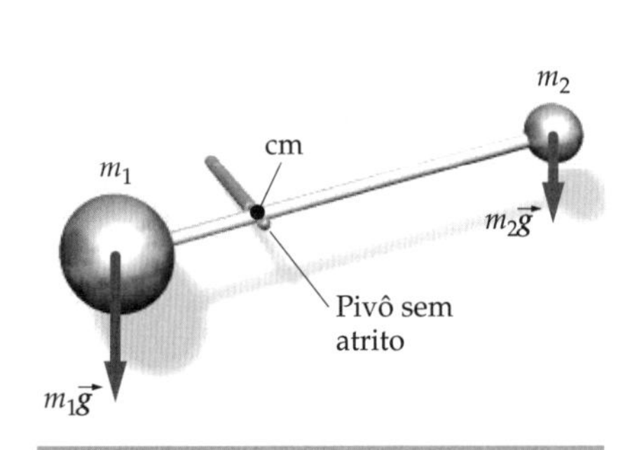

FIGURA 7-20

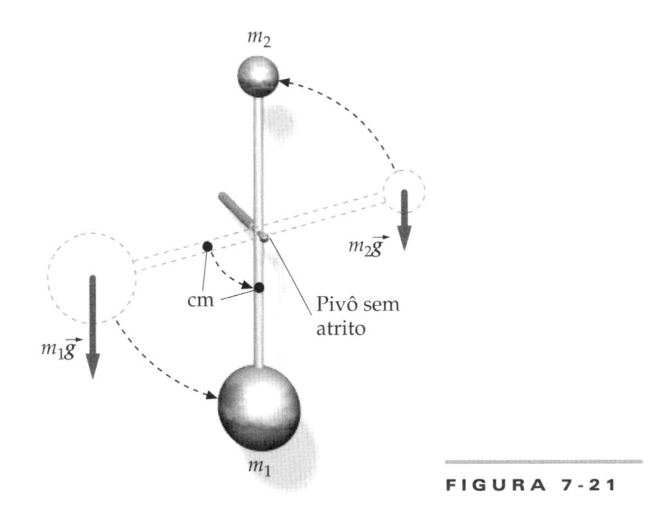

FIGURA 7-21

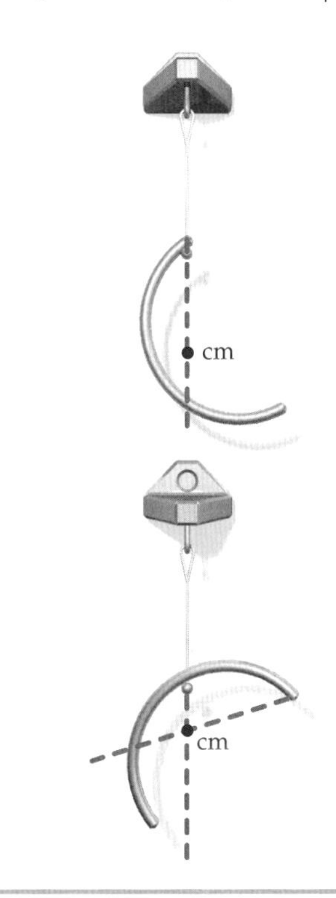

FIGURA 7-22 O centro de massa de um objeto irregular pode ser encontrado suspendendo-o primeiro de um ponto e depois de um segundo ponto.

Para um sistema cuja energia mecânica se mantém constante, gráficos com o traçado de ambas a energia potencial U e a energia mecânica E são muitas vezes úteis. Por exemplo, a Figura 7-23 é um traçado da função energia potencial

$$U = b\left(\frac{1}{a+x} + \frac{1}{a-x}\right)$$

que é o negativo da função energia potencial usada no Exemplo 7-9. A Figura 7-23 mostra os traçados desta função energia potencial e da energia mecânica total E. A energia cinética K, para um dado valor de x, é representada pela distância entre a linha da energia mecânica total e a curva da energia potencial, porque $K = E - U$.

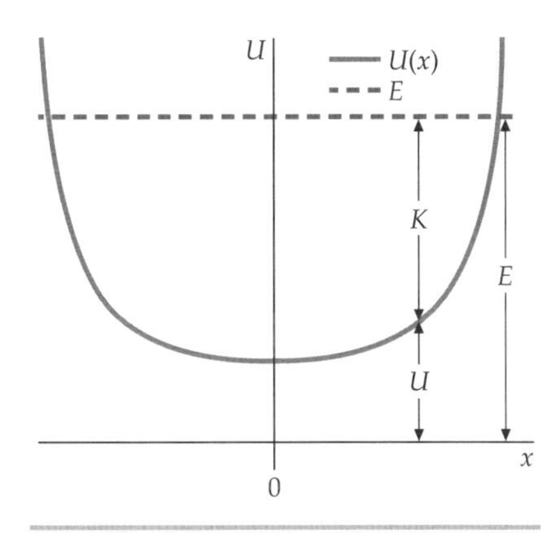

FIGURA 7-23 A energia potencial U e a energia mecânica total E plotadas *versus* x. A soma da energia cinética K com a energia potencial é igual à energia mecânica total. Isto é, $K = E - U$.

7-3 A CONSERVAÇÃO DA ENERGIA

No mundo macroscópico, forças não-conservativas dissipativas, como o atrito cinético, estão sempre presentes de alguma forma. Essas forças tendem a diminuir a energia mecânica de um sistema. No entanto, qualquer diminuição de energia mecânica deste tipo é acompanhada por um aumento correspondente de energia térmica. (Uma fortíssima freada de automóvel às vezes provoca um aumento da temperatura que pode fazer com que os tambores de freio empenem.) Outro tipo de força não-conservativa é aquela envolvida na deformação de objetos. Quando você fica dobrando e desdobrando um cabide metálico por algum tempo, você realiza trabalho sobre ele, mas este trabalho não aparece como energia mecânica. O que ocorre é que o cabide aquece. O trabalho realizado para deformar o cabide é dissipado como energia térmica. Da mesma forma, quando uma bola de massa de modelar cai no chão, ela se esquenta ao se deformar. A energia cinética dissipada aparece como energia térmica. Para o sistema massa de modelar–chão–Terra, a energia total é a soma da energia térmica com a energia mecânica. A energia total do sistema é conservada mesmo que não sejam conservadas, individualmente, nem a energia mecânica total, nem a energia térmica total.

Um terceiro tipo de força não-conservativa é associada com reações químicas. Quando incluímos sistemas nos quais ocorrem reações químicas, a soma da energia mecânica com a energia térmica não é conservada. Por exemplo, suponha que você comece a correr a partir do repouso. No início, você não tem energia cinética. Quando você começa a correr, a energia química armazenada em algumas moléculas de seus músculos é transformada em energia cinética e em energia térmica. É possível identificar e medir a energia química que é transformada em energia cinética e em energia térmica. Neste caso, a soma da energia mecânica com a energia térmica e a energia química é conservada.

Mesmo quando a energia térmica e a energia química estão incluídas, a energia total do sistema nem sempre permanece constante, porque energia pode ser convertida em energia de radiação, como ondas sonoras e ondas eletromagnéticas. Mas *o acréscimo ou o decréscimo da energia total de um sistema pode sempre ser contabilizado pelo desaparecimento ou pelo aparecimento de energia fora do sistema*. Este resultado experimental, conhecido como a **lei de conservação da energia**, é uma das mais importantes leis de toda a ciência. Sejam E_{sis} a energia total de um determinado sistema, E_{entra} a energia que entra no sistema e E_{sai} a energia que sai do sistema. A lei de conservação da energia afirma, então, que

$$E_{entra} - E_{sai} = \Delta E_{sis} \quad 7\text{-}14$$

LEI DE CONSERVAÇÃO DA ENERGIA

Alternativamente,

A energia total do universo é constante. Energia pode ser convertida de uma forma para outra, ou transferida de uma região para outra, mas energia nunca pode ser criada nem destruída.

LEI DE CONSERVAÇÃO DA ENERGIA

A energia total E de muitos sistemas do dia-a-dia pode ser contabilizada completamente pela energia mecânica E_{mec}, pela energia térmica $E_{térm}$ e pela energia química $E_{quím}$. Para sermos abrangentes e incluirmos outras possíveis formas de energia, tais como a eletromagnética e a nuclear, incluímos E_{outras}, e escrevemos

$$E_{sis} = E_{mec} + E_{térm} + E_{quím} + E_{outras} \quad 7\text{-}15$$

O TEOREMA DO TRABALHO–ENERGIA

Uma maneira de transferir energia para dentro ou para fora de um sistema é através da realização de trabalho sobre o sistema por agentes externos. Em situações em que este é o único modo de transferência de energia para ou do sistema, a lei de conservação da energia é expressa como:

$$W_{ext} = \Delta E_{sis} = \Delta E_{mec} + \Delta E_{térm} + \Delta E_{quím} + \Delta E_{outras} \quad 7\text{-}16$$

TEOREMA DO TRABALHO-ENERGIA

onde W_{ext} é o trabalho realizado sobre o sistema por forças externas e ΔE_{sis} é a variação da energia total do sistema. Este **teorema do trabalho–energia** para sistemas, ou simplesmente teorema do trabalho–energia, é uma poderosa ferramenta para estudar uma grande variedade de sistemas. Note que, se o sistema é apenas uma única partícula, sua energia pode ser apenas cinética. Neste caso, o teorema do trabalho–energia (Equação 7-16) reduz-se ao teorema do trabalho–energia cinética (Equação 6-8) estudado no Capítulo 6.

Há dois métodos para transferir energia para ou de um sistema. O segundo método é chamado de calor. Calor é a transferência de energia devida a uma diferença de temperatura. Trocas de energia devidas a uma diferença de temperatura entre um sistema e seus vizinhos são discutidas no Capítulo 18. Neste capítulo, a transferência de energia por calor é suposta desprezível.

Exemplo 7-10 Bola Caindo *Conceitual*

Uma bola de massa de modelar, de massa m, é largada do repouso de uma altura h e cai sobre um piso perfeitamente rígido. Discuta a aplicação da lei de conservação da energia para (*a*) o sistema constituído unicamente pela bola de massa de modelar e (*b*) o sistema constituído pela Terra, pelo piso e pela bola.

SITUAÇÃO Duas forças atuam sobre a bola, após ela ter sido largada: a força da gravidade e a força de contato com o piso. Como o piso não se move (ele é rígido), a força de contato que ele exerce sobre a bola de massa de modelar não realiza trabalho. Não existem variações de energia química, ou de outras formas de energia, de modo que desprezamos $\Delta E_{quím}$ e ΔE_{outras}. (Desprezamos a energia sonora irradiada quando a bola de massa de modelar atinge o piso.) Então, a única energia transferida para ou da bola é o trabalho realizado pela força da gravidade.

SOLUÇÃO

(*a*) 1. Escreva o teorema do trabalho–energia para a bola de massa de modelar:

$$W_{ext} = \Delta E_{sis} = \Delta E_{mec} + \Delta E_{térm} + \Delta E_{quím} + \Delta E_{outras}$$
$$W_{ext} = \Delta E_{sis} = \Delta E_{mec} + E_{térm}$$

2. As duas forças externas sobre o sistema (a bola) são a força da gravidade e a força normal exercida pelo piso sobre a bola. No entanto, a parte da bola em contato com o piso não se move, de forma que a força normal sobre a bola não realiza trabalho. Assim, o único trabalho realizado sobre a bola é o da força da gravidade:

$$W_{ext} = mgh$$

3. Como a bola é todo o nosso sistema, sua energia mecânica é inteiramente cinética, que é zero no início e no final. Assim, a variação da energia mecânica é zero:

$$\Delta E_{mec} = 0$$

4. Substitua W_{ext} por mgh e ΔE_{mec} por 0 no passo 1:

$$W_{ext} = \Delta E_{mec} + E_{térm}$$
$$mgh = 0 + \Delta E_{térm}$$

logo $\boxed{\Delta E_{térm} = mgh}$

Nota: Se o piso não fosse perfeitamente rígido, o aumento da energia térmica seria partilhado entre a bola e o piso.

(*b*) 1. Não há forças externas atuando sobre o sistema bola de massa de modelar–Terra–piso (a força da gravidade e a força do piso são, agora, internas ao sistema) e, portanto, não há trabalho externo realizado:

$$W_{ext} = 0$$

2. Escreva o teorema do trabalho–energia com $W_{ext} = 0$:

$$W_{ext} = \Delta E_{sis} = \Delta E_{mec} + \Delta E_{térm}$$
$$0 = \Delta E_{mec} + \Delta E_{térm}$$

3. A energia mecânica inicial do sistema bola–Terra é a energia potencial gravitacional inicial. A energia mecânica final é zero:

$$E_{mec\,i} = mgh$$
$$E_{mec\,f} = 0$$

4. A variação da energia mecânica do sistema bola–Terra é, portanto:

$$\Delta E_{mec} = 0 - mgh = -mgh$$

5. O teorema do trabalho–energia nos dá, portanto, o mesmo resultado da Parte (*a*):

$$\Delta E_{térm} = \boxed{-\Delta E_{mec} = mgh}$$

CHECAGEM Os resultados das Partes (*a*) e (*b*) são o mesmo — que a energia térmica do sistema aumenta de *mgh*. Isto é esperado.

INDO ALÉM Na Parte (*a*), a energia é transferida para a bola pelo trabalho realizado sobre ela pela força da gravidade. Esta energia aparece como energia cinética da bola antes de seu impacto com o piso e como energia térmica após o impacto. A bola aquece levemente e a energia acaba sendo transferida para o ambiente. Na Parte (*b*), nenhuma energia é transferida ao sistema bola-Terra-piso. A energia potencial original do sistema é convertida em energia cinética da bola justo antes de ela atingir o piso, e depois em energia térmica.

PROBLEMAS QUE ENVOLVEM ATRITO CINÉTICO

Quando superfícies deslizam umas sobre as outras, o atrito cinético diminui a energia mecânica do sistema e aumenta a energia térmica. Considere um bloco que parte com rapidez inicial v_i e desliza sobre uma prancha que está sobre uma superfície sem atrito (Figura 7-24). A prancha está inicialmente em repouso. Escolhemos o bloco e a prancha como o nosso sistema, e $\Delta E_{quím} = \Delta E_{outras} = 0$. Não existe trabalho externo realizado sobre o sistema. Pelo teorema do trabalho–energia,

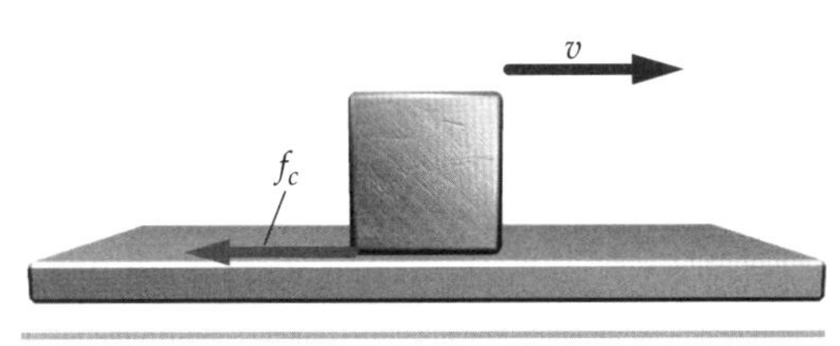

FIGURA 7-24

$$0 = \Delta E_{mec} + \Delta E_{térm} \qquad 7\text{-}17$$

A variação da energia mecânica é dada por

$$\Delta E_{mec} = \Delta K_{bloco} + \Delta K_{prancha} = (\tfrac{1}{2}mv_f^2 - \tfrac{1}{2}mv_i^2) + (\tfrac{1}{2}MV_f^2 - 0) \qquad 7\text{-}18$$

onde *m* é a massa do bloco, *M* é a massa da prancha, *v* é a rapidez do bloco e *V* é a rapidez da prancha. Podemos relacionar esta variação da energia mecânica com a força de atrito cinético. Se f_c é a magnitude da força de atrito tanto sobre o bloco quanto sobre a prancha, a segunda lei de Newton aplicada ao bloco fornece

$$-f_c = ma_x$$

onde a_x é a aceleração do bloco. Multiplicando os dois lados pelo deslocamento Δx do bloco, obtemos

$$-f_c \Delta x = ma\Delta x \qquad 7\text{-}19$$

Extraindo $a_x\Delta x$ da fórmula para aceleração constante $2a_x\Delta x = v_f^2 - v_i^2$ e substituindo na Equação 7-19, fica

$$-f_c \Delta x = ma_x \Delta x = m(\tfrac{1}{2}v_f^2 - \tfrac{1}{2}v_i^2) = \tfrac{1}{2}mv_f^2 - \tfrac{1}{2}mv_i^2 \qquad 7\text{-}20$$

A Equação 7-20 nada mais é do que a relação trabalho no centro de massa–energia cinética de translação (Equação 6-27) aplicada ao bloco. Aplicando esta mesma relação à prancha, temos

$$f_c\Delta X = MA_X \Delta X = M(\tfrac{1}{2}V_f^2 - \tfrac{1}{2}V_i^2) = \tfrac{1}{2}MV_f^2 - 0 \qquad 7\text{-}21$$

onde ΔX e A_x são o deslocamento e a aceleração da prancha. A soma das Equações 7-20 e 7-21 dá

$$-f_c(\Delta x - \Delta X) = (\tfrac{1}{2}mv_f^2 - \tfrac{1}{2}mv_i^2) + \tfrac{1}{2}MV_f^2 \qquad 7\text{-}22$$

Notamos que $\Delta x - \Delta X$ é a distância s_{rel} que o bloco desliza em relação à prancha, e que o lado direito da Equação 7-22 é a variação da energia mecânica ΔE_{mec} do sistema bloco–prancha. Substituindo na Equação 7-22, tem-se

$$-f_c s_{rel} = \Delta E_{mec} \qquad 7\text{-}23$$

A diminuição da energia mecânica do sistema bloco–prancha é acompanhada pelo correspondente aumento da energia térmica do sistema. Esta energia térmica aparece tanto na superfície de baixo do bloco quanto na superfície de cima da prancha. Substituindo ΔE_{mec} por $-\Delta E_{térm}$, obtemos

$$f_c s_{rel} = \Delta E_{térm} \qquad 7\text{-}24$$

ENERGIA DISSIPADA PELO ATRITO CINÉTICO

onde s_{rel} é a distância que uma das superfícies de contato desliza em relação à outra superfície de contato. Como a distância s_{rel} é a mesma em todos os sistemas de referência, a Equação 7-24 é válida em todos os sistemas de referência, independentemente de serem referenciais inerciais ou não.

Substituindo este resultado no teorema do trabalho–energia (com $\Delta E_{quím} = \Delta E_{outras} = 0$), obtemos

$$W_{ext} = \Delta E_{mec} + \Delta E_{térm} = \Delta E_{mec} + f_c s_{rel} \qquad 7\text{-}25$$

TEOREMA DO TRABALHO–ENERGIA COM ATRITO

Exemplo 7-11 Empurrando uma Caixa

Uma caixa de 4,0 kg está inicialmente em repouso sobre uma mesa horizontal. Você empurra a caixa por uma distância de 3,0 m ao longo da mesa, com uma força horizontal de 25 N. O coeficiente de atrito cinético entre a caixa e a mesa é 0,35. Determine (*a*) o trabalho externo realizado sobre o sistema bloco–mesa, (*b*) a energia dissipada pelo atrito, (*c*) a energia cinética final da caixa e (*d*) a rapidez final da caixa.

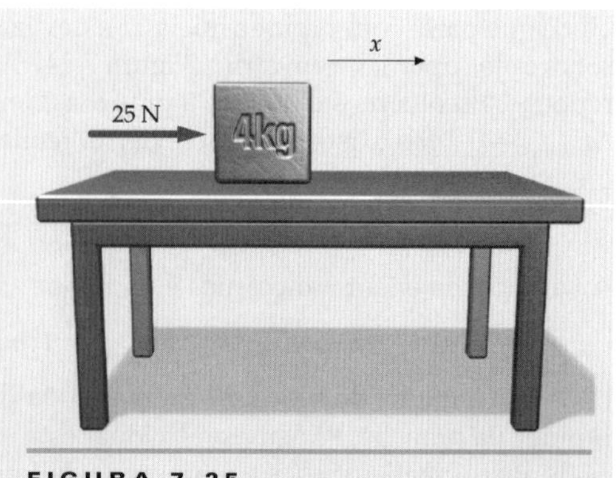

FIGURA 7-25

SITUAÇÃO O sistema é a caixa mais a mesa (Figura 7-25). Você é externo ao sistema e, portanto, a força com que você empurra a caixa é uma força externa. A rapidez final da caixa é determinada de sua energia cinética, que encontramos usando o teorema do trabalho–energia com $\Delta E_{quím} = 0$ e $\Delta E_{térm} = fs_{rel}$. A energia do sistema é aumentada pelo trabalho externo. Parte do aumento de energia é energia cinética e a outra parte é energia térmica.

SOLUÇÃO

(*a*) Quatro forças externas estão atuando sobre o sistema. No entanto, apenas uma delas realiza trabalho. O trabalho externo total realizado é o produto da força que empurra a caixa pela distância percorrida:

$$\Sigma W_{ext} = W_{\text{por você sobre o bloco}} + W_{\text{pela gravidade sobre o bloco}} + W_{\text{pela gravidade sobre a mesa}} + W_{\text{pelo piso sobre a mesa}}$$
$$= F_{emp}\,\Delta x + 0 + 0 + 0 = (25\,\text{N})(3{,}0\,\text{m})$$
$$= \boxed{75\,\text{J}}$$

(*b*) A energia dissipada pelo atrito é $f_c\,\Delta x$ (a magnitude da força normal é igual a mg):

$$\Delta E_{\text{térm}} = f_c\Delta x = \mu_c F_n\,\Delta x = \mu_c mg\,\Delta x$$
$$= (0{,}35)(4{,}0\,\text{kg})(9{,}81\,\text{N/kg})(3{,}0\,\text{m})$$
$$= \boxed{41\,\text{J}}$$

(*c*) 1. Aplique o teorema do trabalho–energia para encontrar a energia cinética final:

$$W_{ext} = \Delta E_{mec} + \Delta E_{\text{térm}}$$

2. Não existe trabalho de força não-conservativa interna e, portanto, a variação da energia potencial ΔU é zero. Assim, a variação da energia mecânica é igual à variação da energia cinética:

$$\Delta E_{mec} = \Delta U + \Delta K = 0 + (K_f - 0) = K_f$$

3. Substitua isto no resultado do passo 1 e então use os valores das Partes (*a*) e (*b*) para encontrar K_f:

$$W_{ext} = K_f + \Delta E_{\text{térm}}$$
logo $$K_f = W_{ext} - \Delta E_{\text{térm}}$$
$$= 75\,\text{J} - 41\,\text{J} = \boxed{34\,\text{J}}$$

(*d*) A rapidez final da caixa está relacionada à sua energia cinética. Explicite a rapidez final:

$$K_f = \tfrac{1}{2}mv_f^2$$
logo $$v_f = \sqrt{\frac{2K_f}{m}} = \sqrt{\frac{2(34\,\text{J})}{4{,}0\,\text{kg}}} = \boxed{4{,}1\,\text{m/s}}$$

CHECAGEM Parte da energia transferida ao sistema por quem empurra (você) termina como energia cinética e parte da energia termina como energia térmica. Como esperado, a variação da energia térmica (Parte (*b*)) é positiva e menor do que o trabalho realizado pela força externa (Parte (*a*)).

Exemplo 7-12 Um Trenó em Movimento — *Tente Você Mesmo*

Um trenó está deslizando sobre uma superfície horizontal coberta de neve, com uma rapidez inicial de 4,0 km/s. Se o coeficiente de atrito cinético entre o trenó e a neve é 0,14, que distância o trenó percorrerá até parar?

SITUAÇÃO Escolhemos o trenó e a neve como nosso sistema, e aplicamos o teorema do trabalho–energia.

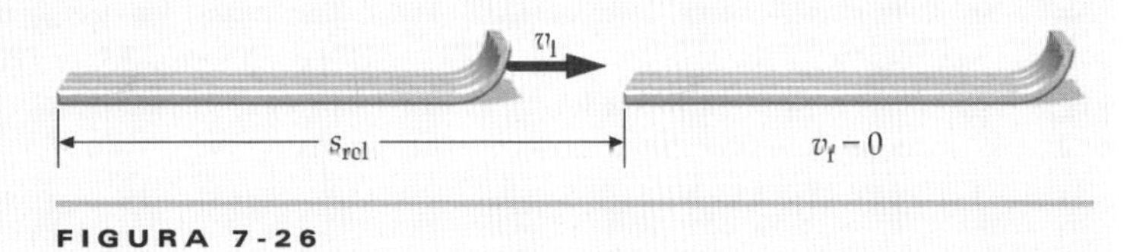

FIGURA 7-26

SOLUÇÃO

Cubra a coluna da direita e tente por si só antes de olhar as respostas.

Passos	Respostas
1. Esboce o sistema em suas configurações inicial e final (Figura 7-26).	
2. Aplique o teorema do trabalho–energia. Relacione a variação de energia térmica com a força de atrito.	$W_{ext} = \Delta E_{mec} + \Delta E_{\text{térm}} = (\Delta U + \Delta K) + f_c s_{rel}$
3. Determine f_c. A força normal é igual a mg.	$f_c = \mu_c F_n = \mu_c mg$
4. Não há forças externas realizando trabalho sobre o sistema, nem forças internas conservativas realizando trabalho. Use estas observações para eliminar dois termos no resultado do passo 2.	$W_{ext} = 0$ e $\Delta U = 0$ logo $W_{ext} = \Delta U + \Delta K + f_c s_{rel}$ $0 = 0 + \Delta K + \mu_c mg\, s_{rel}$
5. Expresse a variação da energia cinética em termos da massa e da rapidez inicial, e explicite s_{rel}.	$s_{rel} = \dfrac{v^2}{2\mu_c g} = \boxed{5{,}8\,\text{m}}$

CHECAGEM A expressão para a variação da energia cinética no passo 5 está dimensionalmente correta. O coeficiente de atrito μ_c é adimensional e v^2/g tem a dimensão de comprimento.

Exemplo 7-13 Um Escorregador

Uma criança de 40 kg de massa desce por um escorregador de 8,0 m de comprimento, inclinado de 30° com a horizontal. O coeficiente de atrito cinético entre a criança e o escorregador é 0,35. Se a criança parte do repouso do topo do escorregador, qual sua rapidez ao chegar à base?

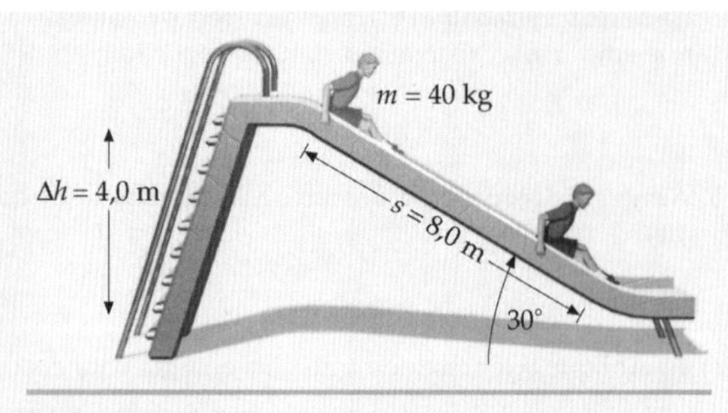

FIGURA 7-27

SITUAÇÃO Enquanto a criança escorrega, parte de sua energia potencial é convertida em energia cinética e, devido ao atrito, parte é convertida em energia térmica. Escolhemos o conjunto criança–escorregador–Terra como nosso sistema e aplicamos o teorema de conservação da energia.

SOLUÇÃO

1. Faça um esboço do sistema criança–escorregador–Terra, mostrando as configurações inicial e final (Figura 7-27).
2. Escreva a equação de conservação da energia: $W_{ext} = \Delta E_{mec} + \Delta E_{térm} = (\Delta U + \Delta K) + f_c s_{rel}$
3. A energia cinética inicial é zero. A rapidez na base é relacionada à energia cinética final: $\Delta K = K_f - 0 = \frac{1}{2}mv_f^2$
4. Não há forças externas atuando sobre o sistema: $W_{ext} = 0$
5. A variação da energia potencial está relacionada com a variação de altura Δh (que é negativa): $\Delta U = mg\,\Delta h$
6. Para encontrar f_c, aplicamos a segunda lei de Newton à criança. Primeiro, desenhamos um diagrama de corpo livre (Figura 7-28):

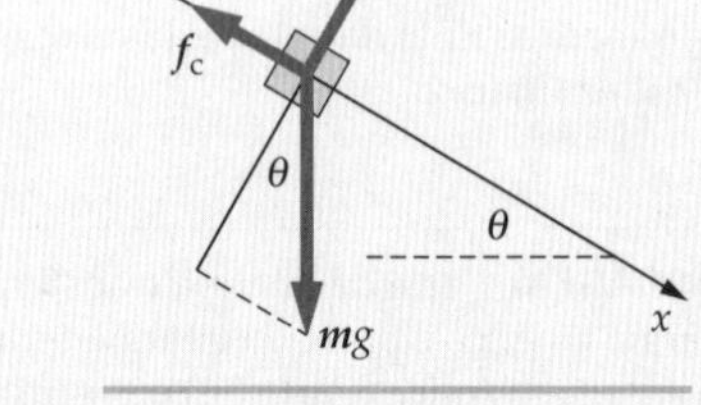

FIGURA 7-28

7. Depois, aplicamos a segunda lei de Newton. A componente normal da aceleração é zero. Para encontrar F_n, tomamos as componentes na direção normal. Depois, determinamos f_c usando $f_c = \mu_c F_n$:
$$F_n - mg\cos\theta = 0$$
logo $f_c = \mu_c F_n = \mu_c mg\cos\theta$
8. Usamos trigonometria para relacionar $s = s_{rel}$ a Δh: $|\Delta h| = s\,\text{sen}\,\theta$
9. Substituindo no passo 2, temos: $0 = mg\,\Delta h + \frac{1}{2}mv_f^2 + f_c s = -mgs\,\text{sen}\,\theta + \frac{1}{2}mv_f^2 + \mu_c mg\cos\theta s$
10. Explicitando v_f, temos:
$$v_f^2 = 2gs(\text{sen}\,\theta - \mu_c\cos\theta) = 2(9{,}81\text{ m/s}^2)(8{,}0\text{ m})(\text{sen}\,30° - 0{,}35\cos 30°)$$
$$= 30{,}9\text{ m}^2/\text{s}^2$$
logo $v_f = \boxed{5{,}6\text{ m/s}}$

CHECAGEM Note que, como esperado, a expressão para v_f^2 no passo 10 é independente da massa da criança. Isto é esperado, pois todas as forças atuando sobre a criança são proporcionais à massa m.

PROBLEMA PRÁTICO 7-8 Use a base do escorregador como nível de referência, onde a energia potencial é zero. Para o sistema Terra–criança–escorregador, calcule (*a*) a energia mecânica inicial, (*b*) a energia mecânica final e (*c*) a energia dissipada pelo atrito.

Exemplo 7-14 Dois Blocos e uma Mola

Um bloco de 4,0 kg está pendurado, através de um fio leve que passa por uma polia sem massa e sem atrito, a um bloco de 6,0 kg que está sobre uma prateleira. O coeficiente de atrito cinético é 0,20. O bloco de 6,0 kg é empurrado contra uma mola, comprimindo-a de 30 cm. A mola tem uma constante de força de 180 N/m. Determine a rapidez dos blocos depois que o bloco de 6,0 kg tiver sido largado e o bloco de 4,0 kg tiver descido uma distância de 40 cm. (Suponha o bloco de 6,0 kg inicialmente a pelo menos 40 cm da polia.)

SITUAÇÃO A rapidez dos blocos é obtida de sua energia cinética final. Considere como sistema tudo o que está mostrado na Figura 7-29 mais a Terra. Este sistema tem energia potencial gravitacional e elástica. Aplique o teorema do trabalho–energia para encontrar a energia cinética dos blocos. Então, use a energia cinética dos blocos para obter sua rapidez.

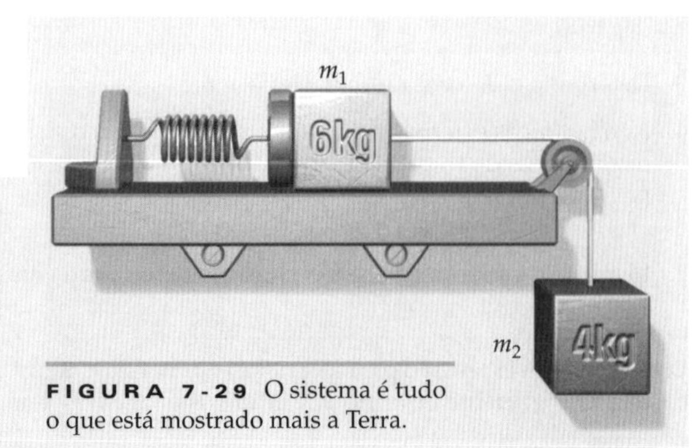

FIGURA 7-29 O sistema é tudo o que está mostrado mais a Terra.

SOLUÇÃO

1. O sistema é tudo o que é mostrado mais a Terra. Escreva a equação de conservação da energia para o sistema.

$$W_{ext} = \Delta E_{mec} + \Delta E_{térm}$$
$$= (\Delta U_m + \Delta U_g + \Delta K) + f_c s_{rel}$$

2. Faça um esboço do sistema (Figura 7-30) nas configurações inicial e final:

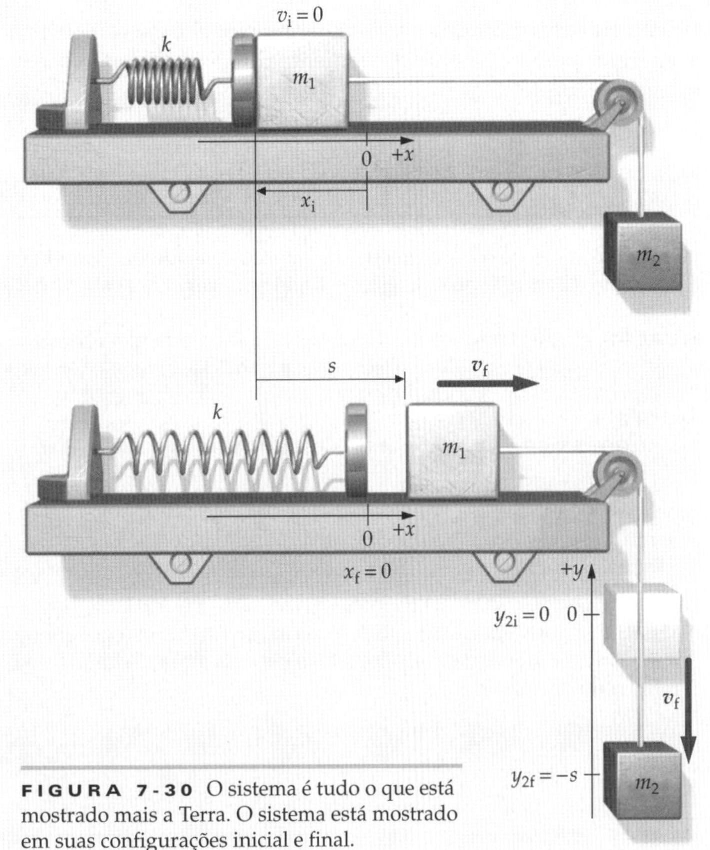

FIGURA 7-30 O sistema é tudo o que está mostrado mais a Terra. O sistema está mostrado em suas configurações inicial e final.

3. Não há forças externas sobre o sistema.

$$W_{ext} = 0$$

4. A energia potencial da mola U_m depende de sua constante de força k e de sua distensão x. (Se a mola está comprimida, x é negativo.) A energia potencial gravitacional depende da altura do bloco 2:

$$U_m = \tfrac{1}{2}kx^2$$
$$U_m = mgy_2$$

5. Faça uma tabela dos termos da energia mecânica, inicialmente quando a mola está comprimida de 30 cm, e no final, quando cada bloco terá se movido de uma distância s = 40 cm e a mola estará frouxa. Faça com que a energia potencial gravitacional da configuração inicial seja igual a zero. Também, escreva a diferença (final menos inicial) dessas expressões.

	Final	Inicial	Diferença
U_m	0	$\frac{1}{2}kx_i^2$	$-\frac{1}{2}kx_i^2$
U_g	$-m_2gs$	0	$-m_2gs$
K	$\frac{1}{2}(m_1 + m_2)v_f^2$	0	$\frac{1}{2}(m_1 + m_2)v_f^2$

6. Determine uma expressão para f_c que inclua μ_c.

$$f_c = \mu_c m_1 g$$

7. Substitua os resultados dos passos 3–6 no resultado do passo 1.

$$0 = -\tfrac{1}{2}kx_i^2 - m_2gs + \tfrac{1}{2}(m_1 + m_2)v_f^2 + \mu_c m_1 gs$$

8. Resolva o resultado do passo 7 para encontrar v_f^2 e substitua os valores numéricos para determinar v_f:

$$v_f^2 = \frac{kx_i^2 + 2(m_2 - \mu_c m_1)gs}{m_1 + m_2}$$

logo $v_f = \boxed{2{,}0\ \text{m/s}}$

CHECAGEM Se $m_2 = \mu_c = 0$, então a rapidez final não depende nem de g e nem de μ_c (veja o passo 8). Isto é esperado, pois m_2g é a força gravitacional sobre m_2 que puxa o sistema e $\mu_c m_1 g$ é a força de atrito sobre m_1 que se opõe ao movimento. Se estas duas forças somam zero, os efeitos da gravidade e do atrito não afetam a rapidez final.

INDO ALÉM Esta solução supõe que o fio permanece sempre tenso, o que é verdade se a aceleração do bloco 1 permanece menor do que g, isto é, se a força resultante sobre o bloco 1 é menor do que m_1g = (6,0 kg)(9,81 N/kg) = 59 N. A força exercida pela mola sobre o bloco 1 tem, inicialmente, a magnitude kx_i = (180 N/m)(0,30 m) = 54 N e a força de atrito tem a magnitude $f_c = \mu_c m_1 g$ = 0,20(59 N) = 12 N. Estas forças combinam para produzir uma força resultante de 42 N apontando para a direita. Como a força da mola diminui à medida que o bloco 1 se desloca após ser largado, a aceleração do bloco de 6,0 kg nunca excederá g e o fio permanecerá tenso.

PROBLEMAS QUE ENVOLVEM ENERGIA QUÍMICA

Às vezes, a energia química interna de um sistema é convertida em energia mecânica e em energia térmica sem que haja trabalho sendo realizado sobre o sistema por forças externas. Por exemplo, no início desta seção descrevemos as conversões de energia que ocorrem quando você começa a correr. Para se mover para a frente, você empurra o chão para trás e o chão o empurra para a frente com uma força de atrito estático. Esta força o acelera, mas ela não trabalha porque o deslocamento do ponto de aplicação da força é zero (supondo que seus sapatos não deslizem sobre o chão). Como não há trabalho realizado, não existe transferência de energia do chão para o seu corpo. O aumento da energia cinética do seu corpo vem da conversão de energia química interna proveniente do alimento que você comeu. Considere o seguinte exemplo.

Exemplo 7-15 Subindo Escadas — *Conceitual*

Sua massa é m e você sobe, correndo, um lance de escada de altura h. Discuta a aplicação da conservação da energia do sistema constituído unicamente por você próprio.

SITUAÇÃO Há duas forças atuando sobre você: a força da gravidade e a força dos degraus da escada sobre seus pés. Aplique o teorema do trabalho–energia ao sistema (você).

SOLUÇÃO

1. Você é o sistema. Escreva o teorema do trabalho–energia (Equação 7-16) para este sistema: $W_{ext} = \Delta E_{sis} = \Delta E_{mec} + \Delta E_{térm} + \Delta E_{quím}$
2. Há duas forças externas, a força gravitacional da Terra sobre você e a força de contato dos degraus sobre seus pés. A força da gravidade realiza trabalho negativo, porque a componente de seu deslocamento na direção da força é $-h$, o que é negativo. A força dos degraus não realiza trabalho, porque os pontos de aplicação, os solados de seus calçados, não se movem enquanto esta força é aplicada: $W_{ext} = -mgh$
3. Você é todo o sistema. Como sua configuração não varia (você continua de pé), qualquer variação de sua energia mecânica é toda ela uma variação de sua energia cinética, que é a mesma no início e no final: $\Delta E_{mec} = 0$
4. Substitua estes resultados no teorema do trabalho–energia:
$$W_{ext} = \Delta E_{mec} + \Delta E_{térm} + \Delta E_{quím} + \Delta E_{outras}$$
logo $-mgh = 0 + \Delta E_{térm} + \Delta E_{quím} + 0$
ou $\Delta E_{quím} = -(mgh + \Delta E_{térm})$

CHECAGEM É de se esperar que sua energia química diminua. De acordo com o resultado do passo 4, a variação da energia química é negativa, como devia ser.

INDO ALÉM Se não houvesse variação de energia térmica, então sua energia química diminuiria de mgh. Como o corpo humano é relativamente ineficiente, o aumento de energia térmica será consideravelmente maior do que mgh. A diminuição da energia química armazenada é igual a mgh mais alguma energia térmica. Toda energia térmica acabará por ser transferida de seu corpo para o ambiente.

CHECAGEM CONCEITUAL 7-1

Discuta a conservação da energia para o sistema constituído por você e pela Terra.

Exemplo 7-16 Subindo a Ladeira

Você sobe uma ladeira inclinada de 10,0 por cento, com a rapidez constante de 100 km/h (= 27,8 m/s = 62,2 mi/h), dirigindo um automóvel de 1000 kg movido a gasolina (Figura 7-31). (Uma inclinação de 10,0 por cento significa que a estrada se eleva de 1,00 m para cada 10,0 m de distância horizontal — isto é, o ângulo de inclinação θ é tal que $\tan\theta = 0{,}100$.) (*a*) Se a eficiência é de 15,0 por cento, qual é a taxa de variação da energia química do sistema carro–Terra–atmosfera? (A eficiência é a fração da energia química consumida que aparece como energia mecânica.) (*b*) Qual é a taxa de produção de energia térmica?

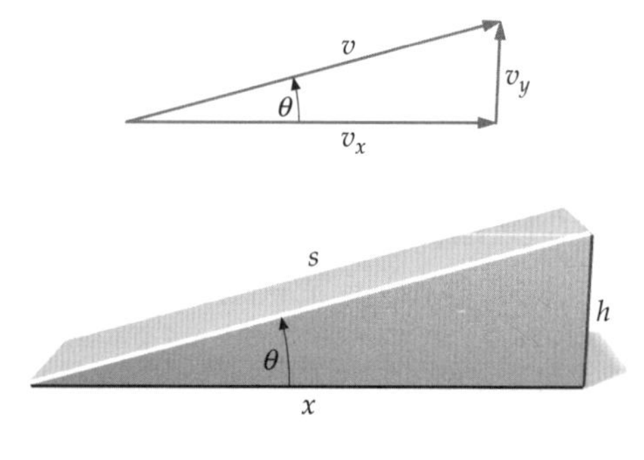

$\tan\theta = h/x \sim \text{sen}\,\theta = h/s$

FIGURA 7-31

SITUAÇÃO Parte da energia química serve para aumentar a energia potencial do carro enquanto ele sobe a ladeira, e parte serve para aumentar a energia térmica, a maior parte da qual é expelida pela exaustão do carro. Para resolver este problema, consideramos um sistema constituído de carro, ladeira, atmosfera e Terra. Precisamos, primeiro, encontrar a taxa de perda da energia química. Depois, aplicamos o teorema do trabalho–energia para determinar a taxa com que é gerada a energia térmica.

SOLUÇÃO

(*a*) 1. A taxa de perda da energia química é igual ao valor absoluto da variação da energia química por unidade de tempo:

$$\text{Taxa de perda de energia química} = \frac{|\Delta E_{\text{quím}}|}{\Delta t}$$

2. O aumento da energia mecânica é igual a 15,0 por cento da diminuição da energia química:

$$\Delta E_{\text{mec}} = 0{,}150|\Delta E_{\text{quím}}|$$

3. Determine a taxa de perda da energia química:

$$\frac{|\Delta E_{\text{quím}}|}{\Delta t} = \frac{1}{0{,}150}\frac{\Delta E_{\text{mec}}}{\Delta t}$$

4. O carro se move com rapidez constante, de forma que $\Delta K = 0$ e $\Delta E_{\text{mec}} = \Delta U$. Relacione a variação da energia mecânica com a variação de altura Δh e substitua no resultado do passo 3. (A energia química está diminuindo.):

$$\Delta E_{\text{mec}} = mg\,\Delta h$$

$$\text{logo}\quad \frac{\Delta E_{\text{quím}}}{\Delta t} = -\frac{1}{0{,}150}\frac{mg\,\Delta h}{\Delta t}$$

5. Converta as variações para derivadas temporais. Isto é, tome o limite dos dois lados quando Δt vai a zero:

$$\frac{dE_{\text{quím}}}{dt} = -\frac{1}{0{,}150}\frac{mgdh}{dt}$$

6. A taxa de variação de h é igual a v_y, que está relacionado com a rapidez v, como mostrado na Figura 7-31:

$$\frac{dh}{dt} = v_y = v\,\text{sen}\,\theta$$

7. Podemos aproximar sen θ por tan θ, porque o ângulo é pequeno:

$$\text{sen}\,\theta \approx \tan\theta = 0{,}100$$

8. Calcule a taxa de perda da energia química:

$$\frac{dE_{\text{quím}}}{dt} = -\frac{mg}{0{,}15}v\,\text{sen}\,\theta \approx -\frac{(1000\text{ kg})(9{,}81\text{ N/kg})}{0{,}15}(27{,}8\text{ m/s})0{,}100$$

$$\approx -182\text{ kW}$$

$$\therefore\ -\frac{dE_{\text{quím}}}{dt} \approx \boxed{182\text{ kW}}$$

(*b*) 1. Escreva a relação trabalho–energia:

$$W_{\text{ext}} = \Delta E_{\text{mec}} + \Delta E_{\text{térm}} + \Delta E_{\text{quím}}$$

2. Faça W_{ext} igual a zero, divida os dois lados por Δt, converta para derivadas e calcule $dE_{\text{térm}}/dt$:

$$0 = \frac{dE_{\text{mec}}}{dt} + \frac{dE_{\text{térm}}}{dt} + \frac{dE_{\text{quím}}}{dt}$$

$$\text{logo}\quad \frac{dE_{\text{térm}}}{dt} = -\frac{dE_{\text{mec}}}{dt} - \frac{dE_{\text{quím}}}{dt} = 0{,}150\frac{dE_{\text{quím}}}{dt} - \frac{dE_{\text{quím}}}{dt}$$

$$= -0{,}850\frac{dE_{\text{quím}}}{dt} = 0{,}850(182\text{ kW}) = \boxed{154\text{ kW}}$$

CHECAGEM Os valores relativos dos resultados das Partes (*a*) e (*b*) são esperados, já que foi dito que a eficiência é de apenas 15 por cento.

INDO ALÉM Carros movidos a gasolina são tipicamente apenas 15 por cento eficientes. Cerca de 85 por cento da energia química da gasolina vai para energia térmica, a maior parte da qual é expelida pelo cano de descarga. Energia térmica adicional é criada pelo atrito de rolamento e pela resistência do ar. O conteúdo energético da gasolina é cerca de 31,8 MJ/L.

7-4 MASSA E ENERGIA

Em 1905, Albert Einstein publicou sua teoria especial da relatividade, que tem como um dos resultados a famosa equação

$$E = mc^2 \qquad \text{7-26}$$

onde $c = 3{,}00 \times 10^8$ m/s é a rapidez da luz no vácuo.[1] Estudaremos esta teoria com algum detalhe em capítulos seguintes. No entanto, usamos esta equação aqui para apresentar uma visão mais moderna e completa da conservação de energia.

De acordo com a Equação 7-26, uma partícula, ou um sistema, de massa m tem a energia "de repouso" $E = mc^2$. Esta energia é intrínseca à partícula. Considere o pósitron — uma partícula emitida em um processo nuclear chamado de *decaimento beta*. Pósitrons e elétrons têm massas idênticas, mas cargas elétricas iguais e de sinais contrários. Quando um pósitron encontra um elétron, pode ocorrer a aniquilação elétron–pósitron. Aniquilação é um processo no qual o elétron e o pósitron desaparecem e sua energia aparece como radiação eletromagnética. Se as duas partículas estão

[1] A rapidez, um escalar, é a magnitude da velocidade, um vetor. No entanto, é usual utilizarmos o termo "velocidade da luz" para nos referirmos à rapidez da luz (*speed of light*, em inglês). Isto é aceito, desde que não cause confusão e não se perca a clareza. (N.T.)

Tabela 7-1 Energias de Repouso* de Algumas Partículas Elementares e de Alguns Núcleos Leves†

Partícula	Símbolo	Energia de Repouso (MeV)
Elétron	e^-	0,5110
Pósitron	e^+	0,5110
Próton	p	938,272
Nêutron	n	939,565
Dêuteron	d	1875,613
Tríton	t	2808,921
Núcleo de hélio-3	^{3}He	2808,391
Partícula alfa	α	3727,379

* Os valores da Tabela são do CODATA 2002 (exceto os valores para tríton).

† O próton, o dêuteron e o tríton são idênticos aos núcleos de ^{1}H, ^{2}H e ^{3}H, respectivamente, e a partícula alfa é idêntica ao núcleo de ^{4}He.

inicialmente em repouso, a energia da radiação eletromagnética é igual à energia de repouso do elétron mais a energia de repouso do pósitron.

Em física atômica e nuclear, as energias são normalmente expressas em unidades de elétron-volts (eV) ou mega elétron-volts (1 MeV = 10^6 eV). Uma unidade conveniente para as massas de partículas atômicas é o eV/c^2, ou o MeV/c^2. A Tabela 7-1 lista as energias de repouso (e, portanto, as massas) de algumas partículas elementares e de alguns núcleos leves. A energia de repouso de um pósitron mais a energia de repouso de um elétron é 2(0,511 MeV), que é a energia da radiação eletromagnética emitida quando da aniquilação do elétron e do pósitron, em um referencial no qual o elétron e o pósitron estão, inicialmente, em repouso.

A energia de repouso de um *sistema* pode consistir na energia potencial do sistema ou em outras energias internas ao sistema, além das energias intrínsecas de repouso das partículas do sistema. Se o sistema em repouso absorve energia ΔE e permanece em repouso, sua energia de repouso aumenta de ΔE e sua massa aumenta de ΔM, onde

$$\Delta M = \frac{\Delta E}{c^2} \qquad 7\text{-}27$$

Considere dois blocos de 1,00 kg ligados por uma mola de constante de força k. Se esticamos a mola de um comprimento x, a energia potencial do sistema aumenta de $\Delta U = \frac{1}{2}kx^2$. De acordo com a Equação 7-27, a massa do sistema também aumentou de $\Delta M = \Delta U/c^2$. Como c é um número muito grande, este aumento de massa não pode ser observado em sistemas macroscópicos. Por exemplo, se $k = 800$ N/m e $x =$ 10,0 cm = 0,100 m, a energia potencial do sistema é $\frac{1}{2}kx^2 = \frac{1}{2}(800\ \text{N/m})(0{,}100\ \text{m})^2$ = 4,00 J. O correspondente aumento de massa para o sistema é $\Delta M = \Delta U/c^2 = 4{,}00\ \text{J}/(3{,}00 \times 10^8\ \text{m/s})^2 = 4{,}44 \times 10^{-17}$ kg. O aumento fracionário de massa é dado por

$$\frac{\Delta M}{M} = \frac{4{,}44 \times 10^{-17}\ \text{kg}}{2{,}00\ \text{kg}} = 2{,}22 \times 10^{-17}$$

que é muito pequeno para ser observado. No entanto, em reações nucleares as variações de energia são, freqüentemente, uma fração muito, muito maior da energia de repouso do sistema. Considere o dêuteron, que é o núcleo do deutério, um isótopo do hidrogênio também chamado de *hidrogênio pesado*. O dêuteron consiste em um próton e em um nêutron ligados. Vemos, na Tabela 7-1, que a massa do próton é 938,272 MeV/c^2 e que a massa do nêutron é 939,565 MeV/c^2. A soma destas duas massas é 1877,837 MeV/c^2. Mas a massa do dêuteron é 1875,613 MeV/c^2, que é 2,22 MeV/c^2 menor do que a soma das massas do próton e do nêutron. Note que esta diferença de massa é muito maior do que qualquer incerteza na medida dessas massas, e que a diferença fracionária de massa $\Delta M/M \approx 1{,}2 \times 10^{-3}$ é quase 14 ordens de grandeza maior do que os $2{,}2 \times 10^{-17}$ do caso do sistema mola–blocos.

Moléculas de água pesada (óxido de deutério) são produzidas no resfriamento primário da água em um reator nuclear, quando nêutrons colidem com núcleos de hidrogênio (prótons) das moléculas de água. Se um nêutron lento é capturado por um próton, 2,22 MeV de energia são liberados na forma de radiação eletromagnética. Assim, a massa de um átomo de deutério é 2,22 MeV$/c^2$ menor do que a soma da massa de um átomo de ^{1}H isolado com a de um nêutron isolado. (O sobrescrito 1 é o número de massa do isótopo: ^{1}H refere-se ao isótopo do hidrogênio que não tem nêutrons.)

Este processo pode ser revertido quebrando-se um dêuteron em suas partes constituintes, se pelo menos 2,22 MeV de energia forem transferidos para o dêuteron, por radiação eletromagnética ou por colisão com outras partículas energéticas. Qualquer energia transferida que exceda os 2,22 MeV aparece como energia cinética do próton e do nêutron resultantes.

A energia necessária para separar completamente um núcleo em nêutrons e prótons individuais é chamada de **energia de ligação**. A energia de ligação de um dêuteron é de 2,22 MeV. O dêuteron é um exemplo de um **sistema ligado**. Um sistema é ligado se não tem energia suficiente para espontaneamente decompor-se em partes separadas. A energia de repouso de um sistema ligado é menor do que a soma das energias de repouso de suas partes, de forma que energia deve ser injetada no sistema para separá-lo em partes. Se a energia de repouso de um sistema é maior do que a soma das energias de repouso de suas partes, o sistema não é ligado. Um exemplo é o do urânio-236, que se parte, ou se **fissiona**, em dois núcleos menores.* A soma das massas das partes resultantes é menor do que a massa do núcleo original. Assim, a massa do sistema diminui e energia é liberada.

Na fusão nuclear, dois núcleos muito leves, como um dêuteron e um tríton (o núcleo do trítio, isótopo do hidrogênio), fundem-se. A massa de repouso do núcleo resultante é menor do que a das partes originais e, novamente, energia é liberada. Durante uma reação química que libera energia, como a queima de carvão, o decréscimo de massa é da ordem de 1 eV$/c^2$ por átomo. Isto é mais do que um milhão de vezes menor do que as variações de massa, por núcleo, em muitas reações nucleares, e não é facilmente observável.

Exemplo 7-17 Energia de Ligação

Um átomo de hidrogênio, que consiste em um próton e em um elétron, tem uma energia de ligação de 13,6 eV. De qual percentual a massa de um próton mais a massa de um elétron é maior do que a massa de um átomo de hidrogênio?

SITUAÇÃO A massa do próton m_p mais a massa do elétron m_e é igual à massa do átomo de hidrogênio mais a energia de ligação E_l dividida por c^2. Assim, a diferença fracionária entre $m_e + m_p$ e a massa do átomo de hidrogênio m_H é a razão entre E_l/c^2 e $m_e + m_p$.

SOLUÇÃO

1. A diferença fracionária (DF) de massa é a razão entre a energia de ligação E_l/c^2 e $m_e + m_p$:

$$\text{DF} = \frac{(m_e + m_p) - m_H}{m_e + m_p} = \frac{E_l/c^2}{m_e + m_p} = \frac{13{,}6\ \text{eV}/c^2}{m_e + m_p}$$

2. Obtenha as massas de repouso do próton e do elétron da Tabela 7-1:

$$m_p = 938{,}28\ \text{MeV}/c^2;$$
$$m_e = 0{,}511\ \text{MeV}/c^2$$

3. Some estas massas:

$$m_p + m_e = 938{,}79\ \text{MeV}/c^2$$

4. A massa de repouso do átomo de hidrogênio é menor do que este valor em 13,6 eV$/c^2$. A diferença fracionária DF é:

$$\text{DF} = \frac{13{,}6\ \text{eV}/c^2}{938{,}79 \times 10^6\ \text{eV}/c^2} = 1{,}45 \times 10^{-8} = \boxed{1{,}45 \times 10^{-6}\,\%}$$

CHECAGEM As unidades são coerentes. Se expressamos todas as massas em unidades de eV$/c^2$, obtemos a diferença fracionária como um número adimensional.

INDO ALÉM Esta diferença de massa, $\Delta m = (m_e + m_p) - m_H$, é muito pequena para ser medida diretamente. No entanto, energias de ligação podem ser medidas com precisão e a diferença de massa Δm pode ser encontrada de $E_l = (\Delta m)c^2$.

* O urânio-236, ^{236}U, é produzido em um reator nuclear quando o isótopo estável ^{235}U absorve um nêutron. Esta reação é discutida no Capítulo 40.

Exemplo 7-18 Fusão Nuclear — *Tente Você Mesmo*

Em uma reação de fusão nuclear típica, um tríton (t) e um dêuteron (d) fundem-se para formar uma partícula alfa (α) mais um nêutron. A reação é escrita como d + t $\rightarrow \alpha$ + n. Qual é a energia liberada em cada uma dessas reações?

SITUAÇÃO Como energia é liberada, a energia de repouso total das partículas iniciais deve ser maior do que a das partículas finais. Esta diferença é igual à energia liberada.

SOLUÇÃO

Cubra a coluna da direita e tente por si só antes de olhar as respostas.

Passos	Respostas
1. Escreva as energias de repouso que a Tabela 7-1 fornece para d e t e some-as para encontrar a energia de repouso total inicial.	$E_{\text{inicial}} = 1875{,}613\text{ MeV} + 2808{,}921\text{ MeV} = 4684{,}534\text{ MeV}$
2. Faça o mesmo para α e n para encontrar a energia de repouso final.	$E_{\text{final}} = 3727{,}379\text{ MeV} + 939{,}565\text{ MeV} = 4666{,}944\text{ MeV}$
3. Determine a energia liberada, $E_{\text{liberada}} = E_{\text{inicial}} - E_{\text{final}}$.	$E_{\text{liberada}} = 4684{,}534\text{ MeV} - 4666{,}944\text{ MeV} = \boxed{17{,}59\text{ MeV} \approx 17{,}6\text{ MeV}}$

CHECAGEM A energia liberada é uma pequena fração da energia inicial. Esta fração é 17,6 MeV/4685 MeV = $3{,}76 \times 10^{-3}$, que é da mesma ordem de grandeza da diferença fracional de massa na fusão de um próton com um nêutron, que foi discutida no início desta subseção sobre energia nuclear. Assim, 17,6 MeV é um valor plausível para a energia liberada quando um dêuteron e um tríton se fundem para formar uma partícula alfa.

INDO ALÉM Esta reação de fusão, e outras reações de fusão, ocorrem no Sol. A energia liberada banha a Terra e é, em última análise, a responsável por toda a vida no planeta. A energia que é continuamente emitida pelo Sol é acompanhada por uma contínua diminuição da massa de repouso do Sol.

MECÂNICA NÃO-RELATIVÍSTICA (NEWTONIANA) E RELATIVIDADE

Quando a rapidez de uma partícula se aproxima de uma fração significativa da rapidez da luz, a segunda lei de Newton falha e precisamos modificar a mecânica newtoniana de acordo com a teoria da relatividade de Einstein. O critério para a validade da mecânica newtoniana pode também ser estabelecido em termos da energia de uma partícula. Em mecânica não-relativística (newtoniana), a energia cinética de uma partícula que se move com rapidez v é

$$K = \tfrac{1}{2}mv^2 = \tfrac{1}{2}mc^2\frac{v^2}{c^2} = \tfrac{1}{2}E_0\frac{v^2}{c^2}$$

onde $E_0 = mc^2$ é a energia de repouso da partícula. Determinando v/c, temos

$$\frac{v}{c} = \sqrt{\frac{2K}{E_0}}$$

A mecânica não-relativística é válida se a rapidez da partícula é muito menor do que a rapidez da luz, ou, alternativamente, se a energia cinética da partícula é muito menor do que sua energia de repouso.

PROBLEMA PRÁTICO 7-9

Um satélite terrestre de órbita baixa tem uma rapidez orbital de $v \approx 5{,}0$ mi/s = 8,0 km/s. Que fração da rapidez da luz, c, representa essa rapidez? Que rapidez, em mi/s, é igual a um por cento de c?

7-5 QUANTIZAÇÃO DA ENERGIA

Quando energia é entregue a um sistema que permanece em repouso, a *energia interna* do sistema aumenta. (Energia interna é sinônimo de energia de repouso. É a energia total do sistema menos qualquer energia cinética associada ao movimento do centro de massa do sistema.) Pode nos parecer uma possibilidade alterarmos, de um valor qualquer, a energia interna de um sistema ligado, como o sistema solar ou um átomo de hidrogênio, mas isto na verdade não é possível. Isto fica particularmente notável em sistemas microscópicos, como moléculas, átomos e núcleos atômicos. A energia interna de um sistema pode aumentar e diminuir apenas em quantidades discretas.

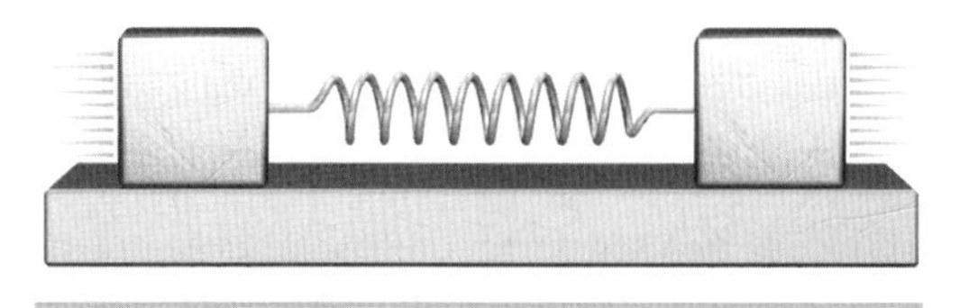

FIGURA 7-32

Se temos dois blocos ligados por uma mola (Figura 7-32) e esticamos a mola afastando os blocos, realizamos trabalho sobre o sistema blocos–mola, e sua energia potencial aumenta. Se, então, largamos os blocos, eles oscilam para lá e para cá. A energia de oscilação E — a energia cinética do movimento dos blocos mais a energia potencial (de distensão da mola) — é igual à energia potencial inicial. Com o tempo, a energia do sistema diminui, devido a vários efeitos dissipativos como o atrito e a resistência do ar. *Com toda a precisão com que nos é possível medir*, a energia diminui continuamente. Ao final, toda a energia é dissipada e a energia do oscilador torna-se zero.

Considere, agora, uma molécula diatômica como a do oxigênio, O_2. A força de atração entre os dois átomos de oxigênio varia de forma aproximadamente linear com a variação da separação (para pequenas variações), como no caso dos dois blocos ligados por uma mola. Se uma molécula diatômica está oscilando com uma dada energia E, a energia diminui com o tempo à medida que a molécula irradia ou interage com sua vizinhança, mas medidas cuidadosas podem mostrar que esta diminuição *não é contínua*. A energia diminui em passos finitos e o estado de menor energia, chamado de **estado fundamental**, não é de energia zero. A energia de vibração de uma molécula diatômica é dita **quantizada**; isto é, a molécula pode absorver ou emitir energia apenas em certas quantidades, conhecidas como os **quanta**.

Quando blocos presos a uma mola, ou uma molécula diatômica, oscilam, o tempo de uma oscilação é chamado de período T. O inverso do período é a freqüência de oscilação $f = 1/T$. Veremos, no Capítulo 14, que o período e a freqüência de um oscilador não dependem da energia de oscilação. Quando a energia diminui, a freqüência permanece a mesma. A Figura 7-33 mostra um **diagrama de níveis de energia** para um oscilador. As energias permitidas são aproximadamente igualmente espaçadas, e são dadas por*

$$E_n = (n + \tfrac{1}{2})hf \quad n = 0, 1, 2, 3, \ldots \qquad 7\text{-}28$$

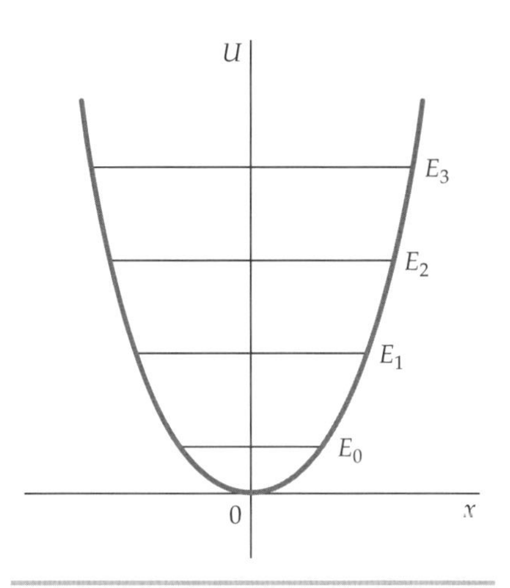

FIGURA 7-33

onde f é a freqüência de oscilação e h é uma constante fundamental da natureza chamada de constante de Planck:†

$$h = 6{,}626 \times 10^{-34}\,\mathrm{J \cdot s} = 4{,}136 \times 10^{-15}\,\mathrm{eV \cdot s} \qquad 7\text{-}29$$

O inteiro n é chamado de **número quântico**. A energia mais baixa possível é a **energia fundamental** $E_0 = \frac{1}{2}hf$.

É usual que sistemas microscópicos ganhem e percam energia absorvendo ou emitindo radiação eletromagnética. Por conservação de energia, se E_i e E_f são as energias inicial e final de um sistema, a energia da radiação emitida ou absorvida vale

$$E_{rad} = |E_f - E_i|$$

Como as energias E_i e E_f do sistema são quantizadas, a energia irradiada também é quantizada.‡ O quantum de radiação é chamado de **fóton**. A energia de um fóton é dada por

$$E_{fóton} = hf \qquad 7\text{-}30$$

onde f é a freqüência da radiação eletromagnética.§

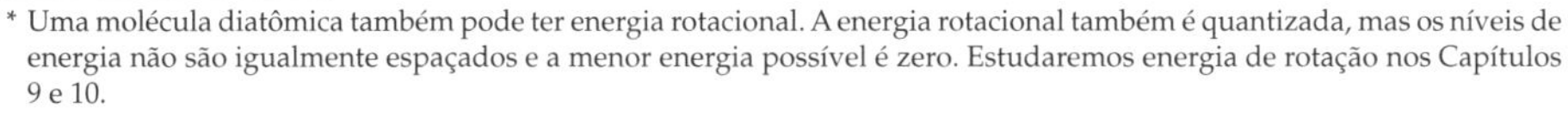

* Uma molécula diatômica também pode ter energia rotacional. A energia rotacional também é quantizada, mas os níveis de energia não são igualmente espaçados e a menor energia possível é zero. Estudaremos energia de rotação nos Capítulos 9 e 10.

† Em 1900, o físico alemão Max Planck introduziu esta constante em cálculos para explicar discrepâncias entre as curvas teóricas e dados experimentais do espectro de radiação do corpo negro. O significado da constante de Planck não foi reconhecido por ninguém, nem mesmo por Planck, até que Einstein postulou em 1905 que a energia da radiação eletromagnética não é contínua, mas ocorre em pacotes de tamanho hf, onde f é a freqüência da radiação.

‡ Historicamente, a quantização da radiação eletromagnética, como proposta por Max Planck e Albert Einstein, foi a primeira "descoberta" da quantização da energia.

§ A radiação eletromagnética inclui luz, microondas, ondas de rádio, ondas de televisão, raios X e raios gama. A diferença entre eles está na freqüência.

Até onde se sabe, todos os sistemas ligados exibem quantização de energia. Para sistemas ligados macroscópicos, o espaçamento entre os níveis de energia são tão pequenos que não são observados. Por exemplo, as freqüências de oscilação típicas para dois blocos ligados por uma mola são de 1 a 10 vezes por segundo. Se $f = 10$ oscilações por segundo, o espaçamento entre os níveis permitidos é $hf = (6{,}626 \times 10^{-34}\ \text{J} \cdot \text{s})(10\ \text{s}^{-1}) \approx 7 \times 10^{-33}$ J. Como a energia de um sistema macroscópico é da ordem de 1 J, um passo quântico de 10^{-33} J é muito pequeno para ser notado. Ou, visto de outra maneira, se a energia de um sistema é 1 J, o valor de n é da ordem de 10^{32} e variações de uma ou duas unidades quânticas não serão observadas.

! Uma energia típica para uma molécula diatômica é 10^{-19} J. Assim, variações de energia de oscilação são da mesma ordem de grandeza da energia da molécula, e a quantização, definitivamente, não é desprezível.

PROBLEMA PRÁTICO 7-10

Para uma molécula diatômica, uma freqüência típica de vibração é 10^{14} vibrações por segundo. Use a Equação 7-28 para encontrar o espaçamento entre as energias permitidas.

Física em Foco

Vento Quente

Fazendas de vento pontilham a costa dinamarquesa, as planícies do alto meio-oeste americano e colinas da Califórnia até Vermont (Estados Unidos). O aproveitamento da energia cinética do vento não é nada de novo. Moinhos de vento têm sido usados, há séculos, para bombear água, ventilar minas* e moer grãos.

Hoje, as turbinas a vento mais encontráveis alimentam geradores elétricos. Estas turbinas transformam energia cinética em energia eletromagnética. Turbinas modernas variam muito em tamanho, custo e produção. Algumas são máquinas muito pequenas e simples, custando menos de 500 dólares americanos por turbina, e produzem menos de 100 watts de potência.† Outras são gigantes complexos que custam mais de 2 milhões de dólares e produzem até 2,5 MW por turbina.‡ Todas estas turbinas aproveitam uma amplamente disponível fonte de energia — o vento.

© Andrei Merkulov/Dreamstime.com)

A teoria que está por trás da conversão de energia cinética em energia eletromagnética pelo moinho de vento é bem direta. As moléculas do ar em movimento empurram as pás da turbina, provocando seu movimento de rotação. As pás em rotação fazem girar, então, uma série de engrenagens. As engrenagens, por sua vez, aumentam a taxa de rotação e fazem girar um rotor gerador. O gerador envia a energia eletromagnética para as linhas de transmissão.

Mas a conversão da energia cinética do vento em energia eletromagnética não é 100 por cento eficiente. O mais importante a ser lembrado é que ela *não pode* ser 100 por cento eficiente. Se as turbinas convertessem 100 por cento da energia cinética do ar em energia elétrica, o ar restaria sem energia cinética. Isto é, as turbinas parariam o ar. Se o ar fosse completamente parado pela turbina ele circularia em torno da turbina e não através da turbina.

Então, a eficiência teórica de uma turbina a vento é um compromisso entre a captura da energia cinética do ar em movimento e o cuidado para evitar que a maior parte do vento fique circulando em torno da turbina. As turbinas do tipo hélice são as mais comuns e sua eficiência teórica para transformar energia cinética do ar em energia eletromagnética varia de 30 por cento a 59 por cento.§ (Estas previsões de eficiência variam devido às suposições feitas a respeito do modo como o ar se comporta ao atravessar as hélices da turbina e ao circulá-las.)

Então, mesmo a turbina mais eficiente não pode converter 100 por cento da energia teoricamente disponível. O que ocorre? Antes da turbina, o ar se move ao longo de linhas de corrente retas. Depois da turbina, o ar sofre rotação e turbulência. A com-

* Agricola, Georrgius, *De Re Metalic.* (Herbert and Lou Henry Hoover, Trnasl.) Reprint Mineola, NY: Dover, 1950, 200–203.

† Conally, Abe, and Conally, Josie, "Wind Powered Generator," *Make*, Feb. 2006, Vol. 5, 90–101.

‡ "Why Four Generators May Be Better than One," *Modern Power Systems*, Dec. 2005, 30.

§ Gorban, A. N., Gorlov, A. M., and Silantyev, V. M., "Limits of the Turbine Efficiency for Free Fluid Flow." *Journal of Energy Resources Technology*, Dec. 2001, Vol. 123, 311–317.

ponente rotacional do movimento do ar depois da turbina requer energia. Alguma dissipação de energia acontece por causa da viscosidade do ar. Quando parte do ar se torna mais lenta, existe atrito entre o ar mais lento e o ar mais rápido que o atravessa. As pás da turbina esquentam e o próprio ar esquenta.° As engrenagens dentro das turbinas também convertem energia cinética em energia térmica, por atrito. Toda esta energia térmica precisa ser considerada. As pás da turbina vibram, individualmente — a energia associada com estas vibrações não pode ser usada. Finalmente, a turbina usa parte da eletricidade que gera para fazer funcionar bombas de lubrificação das engrenagens, além do motor responsável por direcionar as pás da turbina para a posição mais favorável em relação ao vento.

Ao final, a maior parte das turbinas opera entre 10 e 20 por cento de eficiência.# Elas continuam sendo fontes de potência interessantes, já que o combustível é grátis. Um proprietário de turbina explica: "O importante é que a construímos para nosso negócio e para ajudar a controlar nosso futuro".*

° Roy, S. B., S. W. Pacala, and R. L. Walko. "Can Large Wind Farms Affect Local Meterology?" *Journal of Geophysical Research (Atmospheres)*, Oct. 16, 2004, 109, D19101.
Gorban, A. N., Gorlov, A. M., and Silantyev, V. M., "Limits of the Turbine Efficiency for Free Fluid Flow." *Journal of Energy Resources Technology*, December 2001, Vol. 123, 311–317.
* Wilde, Matthew, "Colwell Farmers Take Advantage of Grant to Produce Wind Energy." *Waterloo-Cedar Falls Courier*, May 1, 2006, B1+.

Resumo

1. O teorema do trabalho–energia e a conservação da energia são leis fundamentais da natureza que têm aplicação em todas as áreas da física.
2. A conservação da energia mecânica é uma importante relação deduzida das leis de Newton para forças conservativas. Ela é útil na solução de muitos problemas.
3. A equação de Einstein $E = mc^2$ é uma relação fundamental entre massa e energia.
4. A quantização da energia é uma propriedade fundamental de sistemas ligados.

TÓPICO	EQUAÇÕES RELEVANTES E OBSERVAÇÕES	
1. Força Conservativa	Uma força é conservativa se o trabalho total que ela realiza sobre uma partícula é zero quando a partícula percorre qualquer caminho que a traz de volta à sua posição inicial. Alternativamente, o trabalho realizado por uma força conservativa sobre uma partícula é independente do caminho percorrido pela partícula quando ela se desloca de um ponto para outro.	
2. Energia Potencial	A energia potencial de um sistema é a energia associada à configuração do sistema. A variação da energia potencial de um sistema é definida como o negativo do trabalho realizado por todas as forças conservativas internas atuando sobre o sistema.	
Definição	$\Delta U = U_2 - U_1 = -W = -\int_1^2 \vec{F} \cdot d\vec{\ell}$ $dU = -\vec{F} \cdot d\vec{\ell}$	7-1
Gravitacional	$U = U_0 + mgy$	7-2
Elástica (mola)	$U = \frac{1}{2}kx^2$	
Força conservativa	$F_x = -\frac{dU}{dx}$	7-13
Curva de energia potencial	Em um mínimo da curva da função energia potencial *versus* deslocamento, a força é zero e o sistema está em equilíbrio estável. Em um máximo, a força é zero e o sistema está em equilíbrio instável. Uma força conservativa sempre tende a acelerar a partícula para uma posição de menor energia potencial.	
3. Energia Mecânica	A soma das energias cinética e potencial de um sistema é chamada de energia mecânica total: $E_{mec} = K_{sis} + U_{sis}$	7-9

TÓPICO	EQUAÇÕES RELEVANTES E OBSERVAÇÕES
Teorema do Trabalho–Energia para Sistemas	O trabalho total realizado sobre um sistema por forças externas é igual à variação da energia mecânica do sistema menos o trabalho total realizado pelas forças internas não-conservativas: $$W_{ext} = \Delta E_{mec} - W_{nc} \quad \text{7-10}$$
Conservação da Energia Mecânica	Se não há forças externas trabalhando sobre o sistema nem forças internas não-conservativas realizando trabalho, então a energia mecânica do sistema é constante: $$K_f + U_f = K_i + U_i \quad \text{7-12}$$
4. **Energia Total de um Sistema**	A energia de um sistema consiste na energia mecânica E_{mec}, na energia térmica $E_{térm}$, na energia química $E_{quím}$ e em outras formas de energia E_{outras}, tais como radiação sonora e radiação eletromagnética: $$E_{sis} = E_{mec} + E_{térm} + E_{quím} + E_{outras} \quad \text{7-15}$$
5. **Conservação da Energia**	
Universo	A energia total do universo é constante. Energia pode ser transformada de uma forma para outra, ou transferida de uma região para outra, mas energia nunca pode ser criada ou destruída.
Sistema	A energia de um sistema pode ser alterada realizando-se trabalho sobre o sistema e transferindo-se energia em forma de calor (isto inclui emissão ou absorção de radiação). O aumento ou a diminuição da energia do sistema é sempre o resultado do desaparecimento ou do aparecimento de alguma forma de energia em algum outro lugar: $$E_{entra} - E_{sai} = \Delta E_{sis} \quad \text{7-14}$$
Teorema do trabalho–energia	$$W_{ext} = \Delta E_{sis} = \Delta E_{mec} + \Delta E_{térm} + \Delta E_{quím} + \Delta E_{outras} \quad \text{7-16}$$
6. **Energia Dissipada pelo Atrito**	Para um sistema que tem uma superfície que desliza sobre uma segunda superfície, a energia dissipada pelo atrito entre as duas superfícies é igual ao aumento da energia térmica do sistema e é dada por $$f_c s_{rel} = \Delta E_{térm} \quad \text{7-24}$$ onde s_{rel} é a distância que uma superfície desliza sobre a outra.
7. **Solução de Problemas**	A conservação da energia mecânica e o teorema do trabalho–energia podem ser usados como alternativa às leis de Newton para resolver problemas de mecânica que pedem a determinação da rapidez de uma partícula como função de sua posição.
8. **Massa e Energia**	Uma partícula de massa m tem uma energia de repouso intrínseca E dada por $$E = mc^2 \quad \text{7-26}$$ onde $c = 3 \times 10^8$ m/s é a rapidez da luz no vácuo. Um sistema de massa M também tem uma energia de repouso $E = Mc^2$. Se um sistema ganha ou perde energia interna ΔE, ele simultaneamente ganha ou perde massa ΔM, onde $\Delta M = \Delta E/c^2$.
Energia de ligação	A energia necessária para separar um sistema ligado em suas partes constituintes é a chamada energia de ligação do sistema. A energia de ligação é ΔMc^2, onde ΔM é a soma das massas das partes constituintes menos a massa do sistema ligado.
9. **Mecânica Newtoniana e Relatividade Especial**	Se a rapidez de uma partícula se aproxima da rapidez da luz c (quando a energia cinética da partícula é significativa, em comparação com sua energia de repouso), a mecânica newtoniana falha e deve ser substituída pela teoria da relatividade especial de Einstein.
10. **Quantização da Energia**	A energia interna de um sistema ligado tem apenas um conjunto discreto de valores possíveis. Para um sistema oscilante com freqüência f, os valores permitidos de energia são separados por uma quantidade hf, onde h é a constante de Planck: $$h = 6{,}626 \times 10^{-34}\ \text{J}\cdot\text{s} \quad \text{7-29}$$
Fótons	Sistemas microscópicos trocam freqüentemente energia com o seu ambiente, emitindo ou absorvendo radiação eletromagnética, que também é quantizada. O quantum de energia da radiação é chamado de fóton: $$E_{fóton} = hf \quad \text{7-30}$$ onde f é a freqüência da radiação eletromagnética.

Resposta da Checagem Conceitual

7-1 Não existe trabalho externo realizado sobre o sistema você–Terra, de forma que a energia total, que agora inclui a energia potencial gravitacional, é conservada. A variação de energia mecânica é mgh e novamente o teorema do trabalho–energia nos dá $\Delta E_{\text{quím}} = -(mgh + \Delta E_{\text{térm}})$.

Respostas dos Problemas Práticos

7-1 $\oint_C \vec{F} \cdot d\vec{\ell} = \frac{1}{2} B x_{\text{máx}} y_{\text{máx}}$

7-2 (*a*) 4,3 kJ, (b) 2,2 kJ, (*c*) −1,1 kJ

7-3 495 J

7-4 (*a*) 4,9 cm, (*b*) 0,72 J

7-5 3,16 m/s

7-6 Zero

7-7 53 m

7-8 (*a*) 1600 J, (*b*) 620 J, (*c*) 950 J

7-9 $2{,}7 \times 10^{-5}$; $1{,}9 \times 10^{3}$ mi/s

7-10 $E_{n+1} - E_n = hf \approx (6{,}63 \times 10^{-34}\ \text{J} \cdot \text{s})(10^{14}\ \text{s}) \approx 6 \times 10^{-20}\ \text{J}$

Problemas

Em alguns problemas, você recebe mais dados do que necessita; em alguns outros, você deve acrescentar dados de seus conhecimentos gerais, fontes externas ou estimativas bem fundamentadas.

Interprete como significativos todos os algarismos de valores numéricos que possuem zeros em seqüência sem vírgulas decimais.

Em todos os problemas, use $g = 9{,}81$ m/s² para a aceleração de queda livre e despreze atrito e resistência do ar, a não ser quando especificamente indicado.

• Um só conceito, um só passo, relativamente simples
•• Nível intermediário, pode requerer síntese de conceitos
••• Desafiante, para estudantes avançados
Problemas consecutivos sombreados são problemas pareados.

PROBLEMAS CONCEITUAIS

1 • Dois cilindros de massas desiguais são ligados por uma corda sem massa que passa por uma polia sem atrito (Figura 7-34). Depois que o sistema é largado do repouso, qual das seguintes afirmativas é verdadeira? (U é a energia potencial gravitacional e K é a energia cinética do sistema.) (*a*) $\Delta U < 0$ e $\Delta K > 0$, (*b*) $\Delta U = 0$ e $\Delta K > 0$, (*c*) $\Delta U < 0$ e $\Delta K = 0$, (*d*) $\Delta U = 0$ e $\Delta K = 0$, (*e*) $\Delta U > 0$ e $\Delta K < 0$.

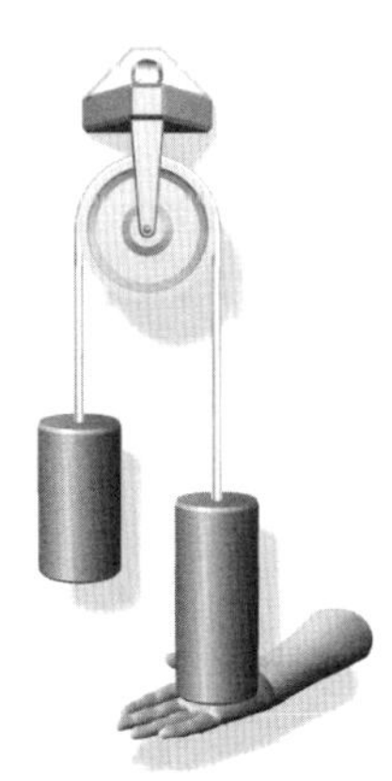

FIGURA 7-34 Problema 1

2 • Duas pedras são atiradas simultaneamente com a mesma rapidez inicial do teto de um edifício. Uma pedra é atirada a um ângulo de 30° acima da horizontal e a outra é atirada horizontalmente. (Despreze a resistência do ar.) Qual das seguintes afirmativas é verdadeira?
(*a*) As pedras atingem o solo ao mesmo tempo e com a mesma rapidez.
(*b*) As pedras atingem o solo ao mesmo tempo com valores diferentes de rapidez.
(*c*) As pedras atingem o solo em tempos diferentes com a mesma rapidez.
(*d*) As pedras atingem o solo em tempos diferentes com valores diferentes de rapidez.

3 • Verdadeiro ou falso:
(*a*) A energia total de um sistema não pode variar.
(*b*) Quando você salta no ar, o chão realiza trabalho sobre você, aumentando sua energia mecânica.
(*c*) Trabalho realizado por forças de atrito devem sempre diminuir a energia total de um sistema.
(*d*) Comprimir 2,0 cm de uma mola, a partir de sua posição frouxa, requer mais trabalho do que esticá-la de 2,0 cm, a partir de sua posição frouxa.

4 • Sendo novato na prática do hóquei no gelo (suponha uma situação sem atrito), você só consegue parar usando as bordas do rinque como apoio (considere-as como paredes rígidas). Discuta as variações de energia que ocorrem enquanto você usa as bordas para ir freando até parar.

5 • Verdadeiro ou falso (a partícula desta questão pode se mover somente ao longo do eixo x e está submetida a uma única força, e $U(x)$ é a função energia potencial associada a esta força.):
(*a*) A partícula estará em equilíbrio se estiver em um local onde $dU/dx = 0$.
(*b*) A partícula irá acelerar no sentido $-x$ se estiver em um local onde $dU/dx > 0$.
(*c*) A partícula estará em equilíbrio, com rapidez constante, se estiver em um trecho do eixo x onde $dU/dx = 0$ em todo o trecho.
(*d*) A partícula estará em equilíbrio estável se estiver em um local onde $dU/dx = 0$ e $d^2U/dx^2 > 0$.

(*e*) A partícula estará em equilíbrio indiferente se estiver em um local onde $dU/dx = 0$ e $d^2U/dx^2 > 0$.

6 • Dois ascetas, à procura do conhecimento, decidem subir uma montanha. Silvino escolhe uma trilha curta e muito íngreme, enquanto Joselito escolhe uma trilha longa e suavemente íngreme. No topo, eles discutem sobre qual dos dois adquiriu mais energia potencial. Qual das afirmativas seguintes é verdadeira?

(*a*) Silvino adquiriu mais energia potencial gravitacional do que Joselito.
(*b*) Silvino adquiriu menos energia potencial gravitacional do que Joselito.
(*c*) Silvino adquiriu a mesma energia potencial gravitacional de Joselito.
(*d*) Para comparar as energias potenciais gravitacionais, precisamos conhecer a altura da montanha.
(*e*) Para comparar as energias potenciais gravitacionais, precisamos conhecer as extensões das duas trilhas.

7 • Verdadeiro ou falso:

(*a*) Apenas forças conservativas podem realizar trabalho.
(*b*) Se apenas forças conservativas atuam sobre uma partícula, a energia cinética da partícula não pode variar.
(*c*) O trabalho realizado por uma força conservativa é igual à variação da energia potencial associada à força.
(*d*) Se, para uma partícula restrita ao eixo x, a energia potencial associada a uma força conservativa decresce enquanto a partícula se move para a direita, então a força aponta para a esquerda.
(*e*) Se, para uma partícula restrita ao eixo x, uma força conservativa aponta para a direita, então a energia potencial associada à força cresce enquanto a partícula se move para a esquerda.

8 • A Figura 7-35 mostra o gráfico de uma função energia potencial U *versus* x. (*a*) Para cada ponto indicado, informe se a componente x da força associada a esta função é positiva, negativa ou zero. (*b*) Em que ponto a força tem a maior magnitude? (*c*) Identifique possíveis pontos de equilíbrio, indicando se o equilíbrio é estável, instável ou indiferente.

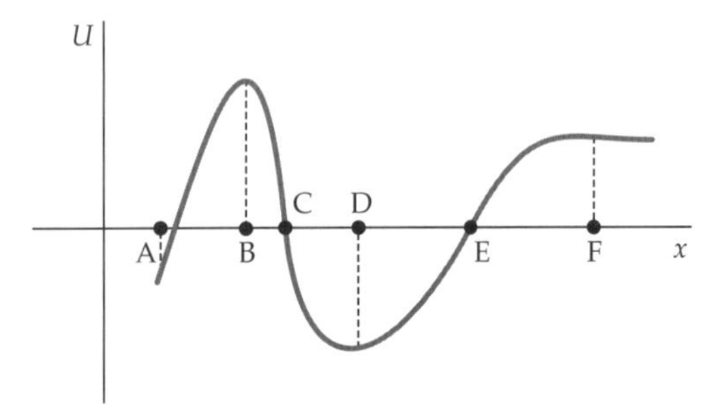

FIGURA 7-35 Problema 8

9 • Suponha que, quando os freios são aplicados, uma força de atrito constante é exercida pela estrada sobre as rodas de um carro. Neste caso, quais das seguintes afirmativas são necessariamente verdadeiras? (*a*) A distância que o carro percorre até atingir o repouso é proporcional à rapidez do carro justo quando os freios começam a ser aplicados, (*b*) a energia cinética do carro diminui a uma taxa constante, (*c*) a energia cinética do carro é inversamente proporcional ao tempo decorrido desde a aplicação dos freios, (*d*) nenhuma das afirmativas anteriores.

10 •• Se uma pedra é presa a uma barra rígida e sem massa, e posta a girar em um círculo vertical (Figura 7-36) com rapidez constante, a energia mecânica total do sistema pedra–Terra não permanece constante. A energia cinética da pedra permanece constante, mas a energia potencial gravitacional está variando continuamente. O trabalho total realizado sobre a pedra é zero durante qualquer intervalo de tempo? A força da barra sobre a pedra tem, em algum momento, uma componente tangencial não-nula?

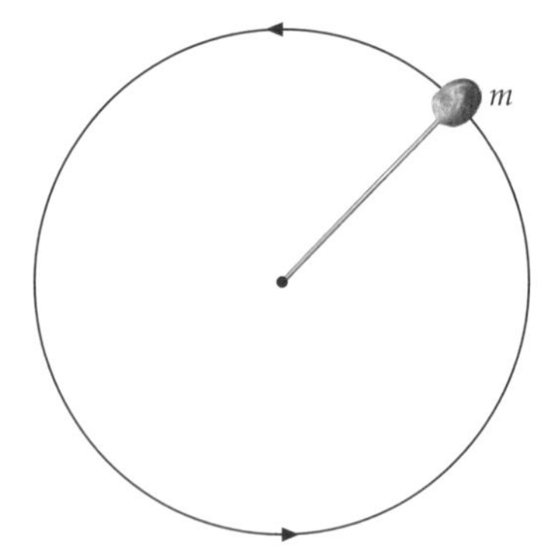

FIGURA 7-36
Problema 10

11 •• Use as energias de repouso dadas na Tabela 7-1 para responder às seguintes questões: (*a*) O tríton pode decair naturalmente em hélio-3? (*b*) A partícula alfa pode naturalmente decair em hélio-3 mais um nêutron? (*c*) O próton pode naturalmente decair em um nêutron mais um pósitron?

ESTIMATIVA E APROXIMAÇÃO

12 • Estime (*a*) a variação de sua energia potencial gravitacional quando você viaja em um elevador do térreo até o topo do Empire State Building (EUA), (*b*) a força média exercida sobre você pelo elevador durante esta viagem e (*c*) a potência média desenvolvida por essa força. O prédio tem 102 andares. (Você pode ter que precisar estimar a duração da viagem.)

13 • Uma artista de 50 kg caminha sobre uma corda bamba presa a dois suportes afastados de 10 m; a tensão na corda é de 5000 N quando ela está exatamente no centro da corda. Estime: (*a*) a deflexão sofrida pela corda quando a acrobata está exatamente em seu centro e (*b*) a variação da energia potencial gravitacional da artista entre o começo de sua caminhada sobre a corda e o instante em que se encontra exatamente no centro.

14 •• **APLICAÇÃO BIOLÓGICA** A *taxa metabólica* é definida como a taxa na qual o corpo usa energia química para sustentar suas funções vitais. Verificou-se que a taxa metabólica média é proporcional à área total da superfície da pele do corpo. A área da superfície de um homem de 175 lb com a altura de 5 ft e 10 in é cerca de 2,0 m², e para uma mulher de 110 lb com a altura de 5 ft e 4 in é aproximadamente de 1,5 m². Existe uma variação de cerca de 1 por cento de área de superfície, para cada três libras acima ou abaixo dos pesos aqui indicados, e uma variação de 1 por cento para cada polegada acima ou abaixo das alturas aqui indicadas. (*a*) Estime sua taxa metabólica média no decorrer de um dia, usando os seguintes dados de taxas metabólicas (por metro quadrado de área de pele) para várias atividades físicas: dormindo, 40 W/m²; sentado, 60 W/m²; caminhando, 160 W/m²; atividade física moderada, 175 W/m²; e exercício aeróbio moderado, 300 W/m². Como você compara seus resultados com a potência de uma lâmpada de 100 W? (*b*) Expresse sua taxa metabólica média em termos de kcal/dia (1 kcal = 4,19 kJ). (Uma quilocaloria — kcal — é a "caloria dos alimentos" dos nutricionistas.) (*c*) Uma estimativa usada pelos nutricionistas é que, a cada dia, uma "pessoa média" deve ingerir aproximadamente 12–15 kcal de alimento para cada libra de peso corporal, para manter seu peso. Dos cálculos da Parte (*b*), estas estimativas são plausíveis?

15 •• **APLICAÇÃO BIOLÓGICA** Suponha que sua taxa metabólica máxima (a taxa máxima na qual seu corpo utiliza sua energia química) é de 1500 W (cerca de 2,7 hp). Supondo uma eficiência de 40 por cento para a conversão de energia química em energia mecânica, estime o seguinte: (*a*) o menor tempo que você levaria para subir quatro lances de escada, se cada lance tem a altura de 3,5 m, (*b*) o menor tempo que você levaria para subir o Empire State Building (102 andares) usando o resultado da Parte (*a*). Comente sobre a viabilidade de você atingir o resultado da Parte (*b*).

16 •• **APLICAÇÃO EM ENGENHARIA, RICO EM CONTEXTO** Você está encarregado de determinar quando está na hora de fazer a substituição das barras de combustível de urânio de uma usina nuclear. Para isto, você decide estimar quanta massa do núcleo da planta nuclear de geração de energia elétrica é reduzida para cada unidade de energia elétrica produzida. (*Nota*: Em uma planta como esta, o núcleo do reator gera energia térmica, que é, então, transformada em energia elétrica por uma turbina a vapor. São necessários 3,0 J de energia térmica para cada 1,0 J de energia elétrica produzida.) Quais são seus resultados para a produção de: (*a*) 1,0 J de energia térmica? (*b*) energia elétrica suficiente para manter acesa uma lâmpada de 100 W durante 10,0 anos? (*c*) energia elétrica por um ano, à taxa constante de 1,0 GW? (Valores típicos para usinas modernas.)

17 •• **APLICAÇÃO EM ENGENHARIA, VÁRIOS PASSOS** A energia química liberada ao se queimar um galão de gasolina é aproximadamente de $1{,}3 \times 10^5$ kJ. Estime a energia total usada por todos os carros dos Estados Unidos durante o período de um ano. Este valor representa qual fração da energia total utilizada pelos Estados Unidos em um ano (atualmente, cerca de 5×10^{20} J)?

18 •• **APLICAÇÃO EM ENGENHARIA** A eficiência máxima de um painel de energia solar, ao converter energia solar em energia elétrica útil, é, atualmente, cerca de 12 por cento. Em uma região como a do sudoeste americano, a intensidade solar que atinge a superfície da Terra é cerca de 1,0 kW/m^2 em média, durante o dia. Estime a área que deveria ser coberta por painéis solares para suprir de energia as necessidades dos Estados Unidos (aproximadamente 5×10^{20} J/ano), e compare-a com a área do Arizona. Suponha céu não-nublado.

19 •• **APLICAÇÃO EM ENGENHARIA** Usinas hidrelétricas convertem energia potencial gravitacional em formas mais úteis, aproveitando quedas d'água para acionar um sistema de turbinas para gerar energia elétrica. A represa Hoover, no rio Colorado (EUA), tem uma altura de 211 m e gera 4×10^9 kW · h/ano. Com que taxa (em L/s) a água deve atravessar as turbinas para gerar esta potência? A massa específica da água é 1,00 kg/L. Suponha uma eficiência total de 90,0 por cento, na conversão da energia potencial da água em energia elétrica.

FORÇA, ENERGIA POTENCIAL E EQUILÍBRIO

20 • As cataratas Vitória (no Zimbábue) têm 128 m de altura e a água flui à taxa de $1{,}4 \times 10^6$ kg/s. Se a metade da energia potencial dessa água fosse convertida em energia elétrica, quanto se poderia produzir de potência elétrica?

21 • Uma caixa de 2,0 kg desliza para baixo sobre um longo plano inclinado de 30°, sem atrito. Ela parte do repouso no tempo $t = 0$ no topo do plano, a uma altura de 20 m acima do solo. (*a*) Qual é a energia potencial da caixa em relação ao solo em $t = 0$? (*b*) Use as leis de Newton para encontrar a distância que a caixa percorre durante o intervalo $0{,}0 \text{ s} < t < 1{,}0$ s, e sua rapidez em $t = 1{,}0$ s. (*c*) Encontre a energia potencial e a energia cinética da caixa em $t = 1{,}0$ s. (*d*) Encontre a energia cinética e a rapidez da caixa justo quando ela alcança o solo na base do plano inclinado.

22 • Uma força constante $F_x = 6{,}0$ N tem a orientação de $+x$. (*a*) se $U(x_0) = 0$. (*b*) Encontre uma função $U(x)$ tal que $U(4{,}0 \text{ m}) = 0$. (*c*) Encontre uma função $U(x)$ tal que $U(6{,}0 \text{ m}) = 14$ J.

23 • Uma mola tem uma constante de força de $1{,}0 \times 10^4$ N/m. De quanto esta mola deve ser esticada para que sua energia potencial seja igual a (*a*) 50 J e (*b*) 100 J?

24 • (*a*) Encontre a força F_x associada à função energia potencial $U = Ax^4$, onde A é uma constante. (*b*) Para qual(quais) valor (valores) de x esta força é igual a zero?

25 •• A força F_x é associada à função energia potencial $U = C/x$, onde C é uma constante positiva. (*a*) Determine a força F_x como função de x. (*b*) Na região $x > 0$, esta força aponta para a origem ou no sentido oposto? Repita esta questão para a região $x < 0$. (*c*) A energia potencial U aumenta ou diminui quando x cresce na região $x > 0$? (*d*) Responda as Partes (*b*) e (*c*) com a constante C negativa.

26 •• A força F_y é associada à função energia potencial $U(y)$. Na curva de energia potencial U *versus* y, mostrada na Figura 7-37, os segmentos AB e CD são linhas retas. Faça o gráfico de F_y *versus* y. Coloque valores numéricos, com unidades, nos dois eixos. Estes valores podem ser obtidos do gráfico de U *versus* y.

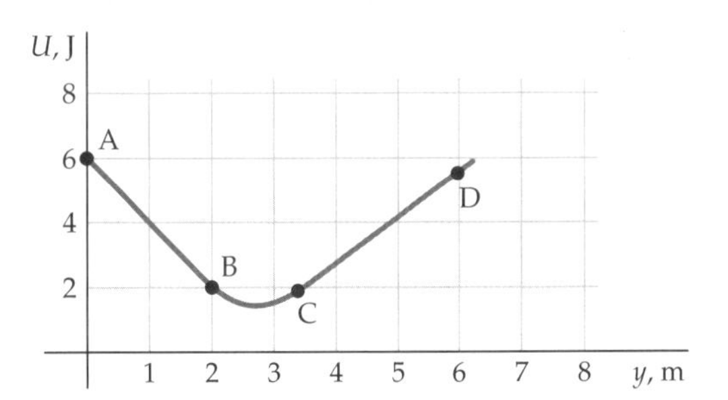

FIGURA 7-37 Problema 26

27 •• A força sobre um corpo é dada por $F_x = a/x^2$. Em $x = 5{,}0$ m, sabe-se que a força aponta no sentido $-x$ e tem a magnitude de 25 N. Determine a energia potencial associada a esta força como função de x, atribuindo um valor de referência de -10 J em $x = 2{,}0$ m para a energia potencial.

28 •• A energia potencial de um corpo restrito ao eixo x é dada por $U(x) = 3x^2 - 2x^3$, onde U está em joules e x está em metros. (*a*) Determine a força F_x associada a esta função energia potencial. (*b*) Supondo que não haja outras forças atuando sobre o corpo, em que posições o corpo está em equilíbrio? (*c*) Quais destas posições de equilíbrio são estáveis e quais são instáveis?

29 •• A energia potencial de um corpo restrito ao eixo x é dada por $U(x) = 8x^2 - x^4$, onde U está em joules e x está em metros. (*a*) Determine a força F_x associada a esta função energia potencial. (*b*) Supondo que não haja outras forças atuando sobre o corpo, em que posições o corpo está em equilíbrio? (*c*) Quais destas posições de equilíbrio são estáveis e quais são instáveis?

30 •• A força resultante sobre um objeto restrito ao eixo x é dada por $F_x(x) = x^3 - 4x$. (A força está em newtons e x está em metros.) Localize as posições de equilíbrio instável e estável. Mostre que cada posição é estável, ou instável, calculando a força um milímetro em cada lado das posições.

31 •• A energia potencial de um corpo de 4,0 kg restrito ao eixo x é dada por $U = 3x^2 - x^3$ para $x \leq 3{,}0$ m e $U = 0$ para $x \geq 3{,}0$ m, onde U está em joules e x está em metros, e a única força sobre o corpo é a força associada a esta função energia potencial. (*a*) Em quais posições este corpo está em equilíbrio? (*b*) Esboce um gráfico de U *versus* x. (*c*) Discuta a estabilidade do equilíbrio para os valores de x encontrados na Parte (*a*). (*d*) Se a energia mecânica total da partícula é 12 J, qual é sua rapidez em $x = 2{,}0$ m?

32 •• Uma força é dada por $F_x = Ax^{-3}$, onde $A = 8{,}0$ N·m^3. (*a*) Para valores positivos de x, a energia potencial associada a esta força aumenta ou diminui com o aumento de x? (Você pode encontrar a resposta para esta questão imaginando o que acontece com uma partícula que é colocada em repouso em algum ponto x e depois largada.) (*b*) Encontre a função energia potencial U associada a esta força, tal que U tende a zero quando x tende a infinito. (*c*) Esboce U *versus* x.

33 •• **VÁRIOS PASSOS** Uma barra reta de massa desprezível está montada sobre um pivô sem atrito, como mostrado na Figura 7-38. Blocos de massas m_1 e m_2 estão presos à barra, nas distâncias ℓ_1 e ℓ_2. (*a*) Escreva uma expressão para a energia potencial gravitacional do sistema blocos–Terra como função do ângulo θ que a barra forma com a horizontal. (*b*) Para qual ângulo θ esta energia potencial é mínima? A afirmativa "sistemas tendem a se mover para uma configuração de energia potencial mínima" é consistente com seu resultado? (*c*) Mostre que, se $m_1\ell_1 = m_2\ell_2$, a energia potencial é a mesma para todos os valores de θ. (Neste caso, o sistema ficará em equilíbrio para qualquer ângulo θ. Esta é conhecida como a *lei de Arquimedes da alavanca*.)

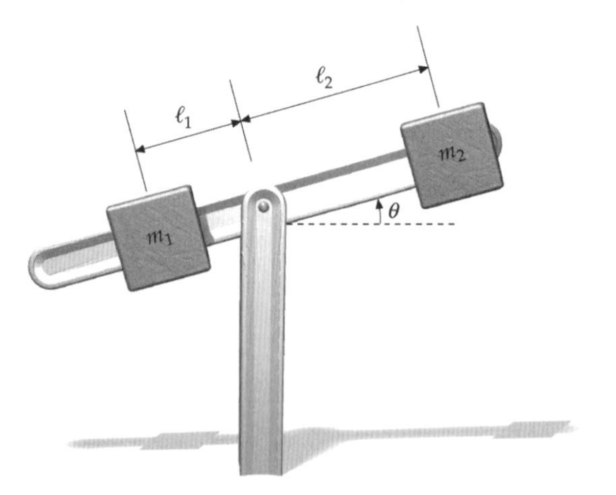

FIGURA 7-38 Problema 33

34 •• Uma máquina de Atwood (Figura 7-39) consiste em duas massas, m_1 e m_2, e uma polia sem massa e sem atrito. Partindo do repouso, a rapidez das duas massas chega a 4,0 m/s ao final de 3,0 s. Neste tempo, a energia cinética do sistema atinge 80 J e cada massa terá se deslocado de uma distância de 6,0 m. Determine os valores de m_1 e de m_2.

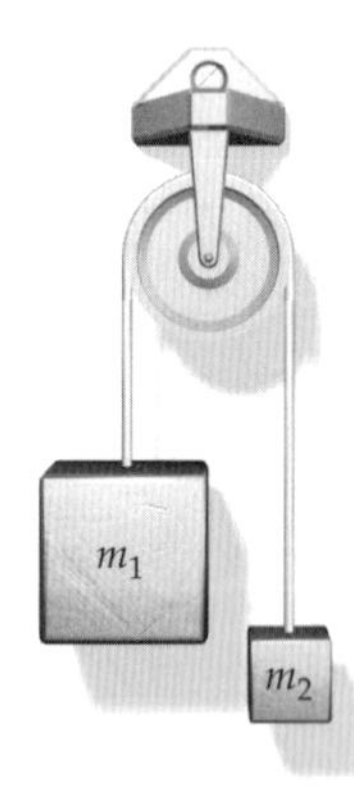

FIGURA 7-39 Problema 34

35 ••• **APLICAÇÃO EM ENGENHARIA, VÁRIOS PASSOS** Você projetou um relógio bem original, mostrado na Figura 7-40. Sua preocupação é que ele ainda não esteja pronto para o mercado, pela possibilidade de vir a apresentar uma configuração de equilíbrio instável. Você decide aplicar seus conhecimentos sobre energia potencial e condições de equilíbrio para analisar a situação. O relógio (massa m) é suspenso por dois cabos leves que passam por duas polias sem atrito de diâmetro desprezível, que estão ligadas a contrapesos de massa M, cada um. (*a*) Determine a energia potencial do sistema como função da distância y. (*b*) Determine o valor de y para o qual a energia potencial do sistema é mínima. (*c*) Se a energia potencial é mínima, então o sistema está em equilíbrio. Aplique a segunda lei de Newton ao relógio e mostre que ele está em equilíbrio (as forças sobre ele somam zero) para o valor de y obtido na Parte (*b*). (*d*) Finalmente, determine se você conseguirá comercializar a invenção: o ponto é de equilíbrio estável ou instável?

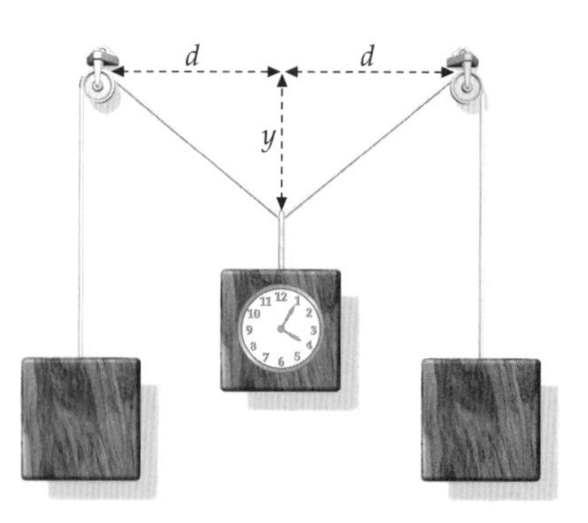

FIGURA 7-40 Problema 35

A CONSERVAÇÃO DA ENERGIA MECÂNICA

36 • Um bloco de massa m em cima de uma mesa horizontal sem atrito é empurrado contra uma mola horizontal, comprimindo-a de uma distância x e então é liberado. A mola impulsiona o bloco sobre a mesa, imprimindo-lhe uma rapidez v. A mesma mola é, então, usada para impulsionar um segundo bloco de massa $4m$, imprimindo-lhe uma rapidez $3v$. De que distância a mola foi comprimida no segundo caso? Dê sua resposta em termos de x.

37 • Um pêndulo simples de comprimento L, com uma massa m em sua extremidade, é deslocado lateralmente até que a massa atinja uma altura $L/4$ acima de sua posição de equilíbrio. A massa é, então, largada. Determine a rapidez da massa quando ela passa pela posição de equilíbrio. Despreze a resistência do ar.

38 • Um bloco de 3,0 kg desliza sobre uma superfície horizontal sem atrito com uma rapidez de 7,0 m/s (Figura 7-41). Após deslizar por uma distância de 2,0 m, o bloco faz uma suave transição para uma rampa sem atrito inclinada de um ângulo de 40° com a horizontal. Qual a distância, ao longo da rampa, que o bloco percorre até atingir momentaneamente o repouso?

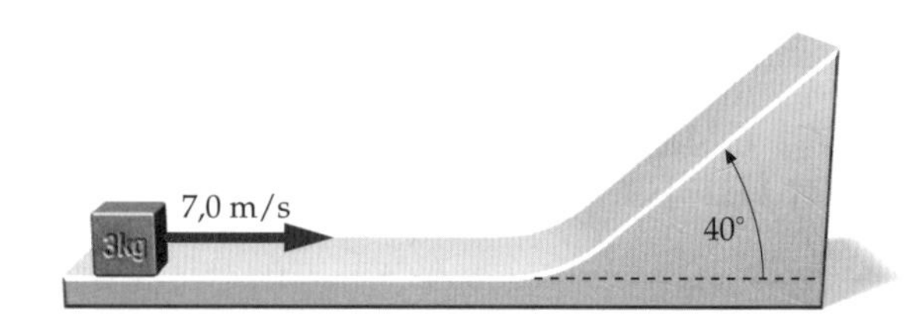

FIGURA 7-41 Problemas 38 e 64

39 • O objeto de 3,00 kg da Figura 7-42 é largado do repouso de uma altura de 5,00 m em uma rampa curva sem atrito. Na base da rampa está uma mola com uma constante de força de 400 N/m. O objeto desliza rampa abaixo e até a mola, comprimindo-a de uma distância x até atingir momentaneamente o repouso. (*a*) Encontre x. (*b*) Descreva o movimento do objeto (se ocorrer) após o repouso momentâneo.

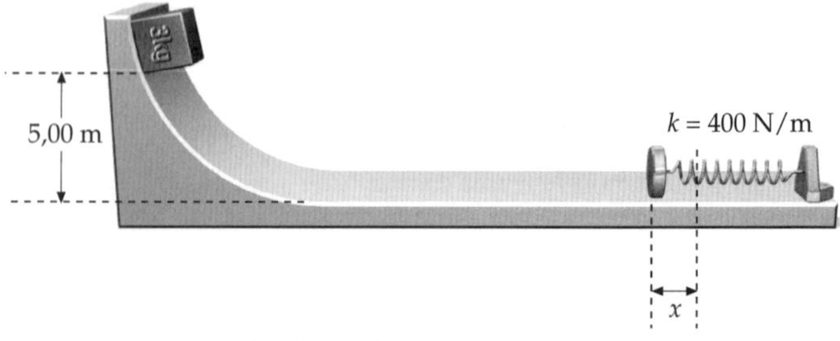

FIGURA 7-42 Problema 39

40 • **APLICAÇÃO EM ENGENHARIA, RICO EM CONTEXTO** Você está projetando um jogo para crianças pequenas e quer verificar se a rapidez máxima de uma bola impõe a necessidade de uso de óculos de proteção. No seu jogo, uma bola de 15,0 g deve ser atirada de um revólver de mola, cuja mola tem uma constante de força de 600 N/m. A mola é comprimida de 5,00 cm, quando em uso. Qual a rapidez com que a bola abandonará a arma e qual a altura que ela atingirá, se o revólver for apontado verticalmente para cima? O que você recomendaria com relação ao uso de óculos de proteção?

41 • Uma criança de 16 kg, em um balanço de 6,0 m de comprimento, move-se com uma rapidez de 3,4 m/s quando o assento do balanço passa pelo seu ponto mais baixo. Qual é o ângulo que o balanço forma com a vertical quando atinge seu ponto mais alto? Despreze a resistência do ar e suponha que a criança não está forçando o balanço.

42 •• O sistema mostrado na Figura 7-43 está inicialmente em repouso, quando o barbante de baixo é cortado. Encontre a rapidez dos objetos quando eles estão, momentaneamente, à mesma altura. A polia sem atrito não tem massa.

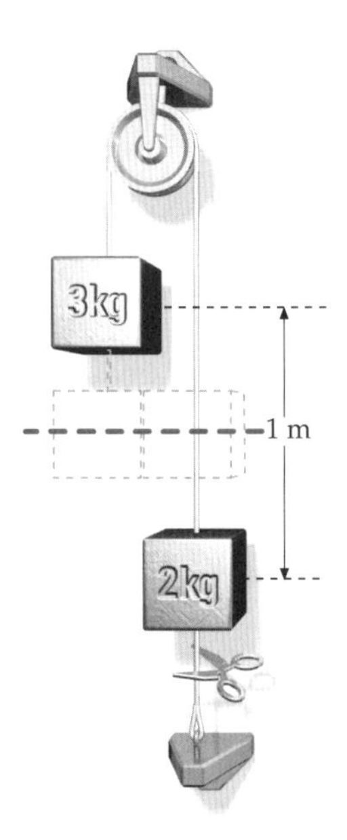

FIGURA 7-43 Problema 42

43 •• Um bloco de massa m está sobre um plano inclinado (Figura 7-44). O coeficiente de atrito estático entre o bloco e o plano é μ_e. Uma força gradualmente crescente puxa para baixo a mola (de constante de força k). Encontre a energia potencial U da mola (em termos dos dados) no momento em que o bloco começa a se mover.

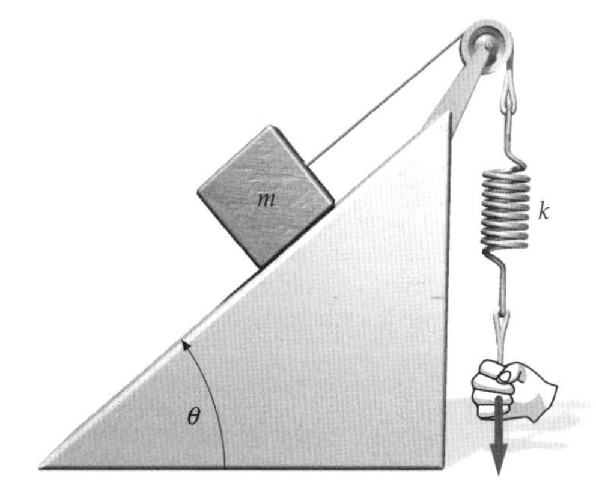

FIGURA 7-44 Problema 43

44 •• Um bloco de 2,40 kg é largado sobre uma mola (Figura 7-45) de uma altura de 5,00 m. Quando o bloco está momentaneamente em repouso, a mola está comprimida de 25,0 cm. Determine a rapidez do bloco quando a compressão da mola é de 15,0 cm.

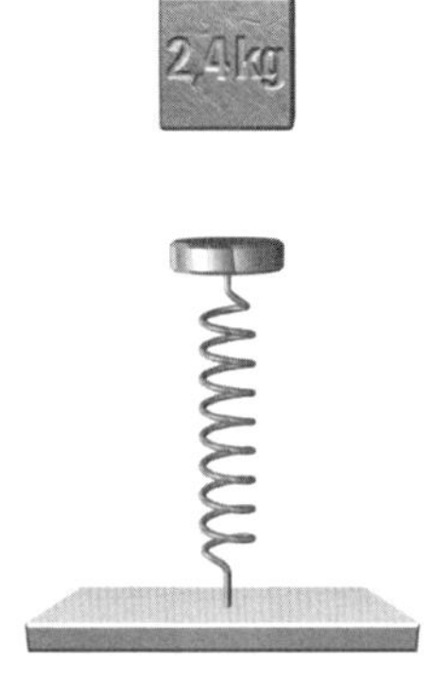

FIGURA 7-45 Problema 44

45 •• Uma bola de massa m, presa à extremidade de um cordão, move-se em um círculo vertical com energia mecânica constante E. Qual é a diferença entre a tensão na base do círculo e a tensão no topo?

46 •• Uma menina de massa m está levando um lanche para o piquenique da vovó. Ela amarra uma corda de comprimento R ao galho de uma árvore, sobre um riacho, e começa a se balançar, a partir do repouso, de um ponto que é $R/2$ mais baixo do que o galho. Qual é a menor tensão de ruptura que a corda pode ter para não se romper atirando a menina no riacho?

47 •• Um carrinho de montanha-russa, de 1500 kg, parte do repouso de uma altura $H = 23,0$ m (Figura 7-46) acima da base de um laço de 15,0 m de diâmetro. Se o atrito é desprezível, determine a força para baixo exercida pelos trilhos sobre o carrinho, quando este está no topo do laço, de cabeça para baixo.

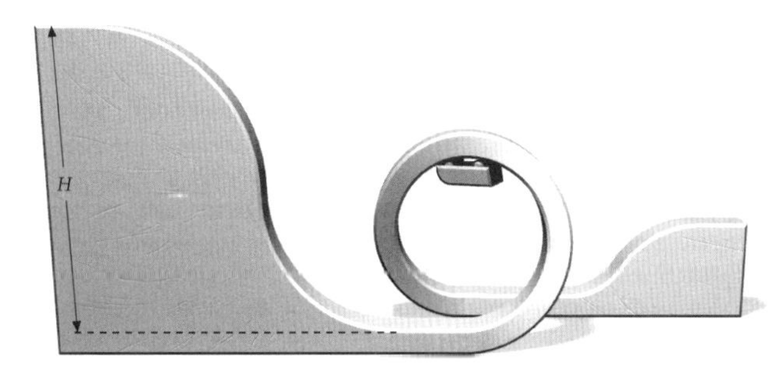

FIGURA 7-46 Problema 47

48 •• Um carrinho de montanha-russa está se movendo com rapidez v_0 no início do percurso, quando desce um vale de 5,0 m e depois sobe até o topo de uma elevação, 4,5 m acima do início do percurso. Desconsidere o atrito e a resistência do ar. (*a*) Qual é a menor rapidez v_0 necessária para que o carrinho ultrapasse o topo da elevação? (*b*) Esta rapidez pode ser alterada modificando-se a profundidade do vale, para que o carrinho adquira mais rapidez lá embaixo? Explique.

49 •• Uma montanha-russa consiste em um único laço. O carrinho é, inicialmente, empurrado, adquirindo a energia mecânica exatamente necessária para que os passageiros se sintam "sem peso" no ponto mais alto do arco circular. Eles se sentirão com qual peso ao passarem pela base do arco (isto é, qual é a força normal exercida para cima quando eles estão na base do laço)? Dê sua resposta como um múltiplo de mg (o peso real dos passageiros). Desconsidere atrito e resistência do ar.

50 •• Uma pedra é atirada para cima, a um ângulo de 53° com a horizontal. A altura máxima que ela atinge, acima do ponto de

lançamento, é 24 m. Qual é a rapidez inicial da pedra? Despreze a resistência do ar.

51 •• Uma bola de 0,17 kg (de beisebol) é lançada do teto de um edifício, 12 m acima do chão. Sua velocidade inicial é de 30 m/s, formando 40° acima da horizontal. Despreze a resistência do ar. (*a*) Qual é a altura máxima, acima do chão, atingida pela bola? (*b*) Qual é a rapidez da bola ao chegar ao chão?

52 •• Um pêndulo de 80 cm de comprimento, com uma bolinha de 0,60 kg, é largado do repouso quando forma um ângulo inicial θ_0 com a vertical. Na parte mais baixa da oscilação, a rapidez da bolinha é 2,8 m/s. (*a*) Quanto vale θ_0? (*b*) Qual é o ângulo que o pêndulo forma com a vertical quando a rapidez da bolinha é 1,4 m/s? Este ângulo é igual a $\frac{1}{2}\theta_0$? Explique o porquê da resposta.

53 •• A ponte Royal George, sobre o rio Arkansas (EUA), está 310 m acima do rio. Uma praticante de *bungee-jump*, de 60 kg, tem uma corda elástica, cujo comprimento quando não tensionada é de 50 m presa a seus pés. Suponha que, como uma mola ideal, a corda não tem massa e aplica uma força restauradora linear quando tensionada. A saltadora se lança e, em seu ponto mais baixo, mal consegue tocar a água. Após inúmeras subidas e descidas, ela termina em repouso a uma altura h acima da água. Aplique à saltadora o modelo de partícula pontual e despreze a resistência do ar. (*a*) Determine h. (*b*) Determine a rapidez máxima da saltadora.

54 •• Um pêndulo consiste em uma bola de 2,0 kg presa a um fio leve de 3,0 m de comprimento. Quando suspensa em repouso, com o fio na vertical, a bola recebe um impulso horizontal que lhe imprime uma velocidade horizontal de 4,5 m/s. No instante em que o fio forma um ângulo de 30° com a vertical qual é (*a*) a rapidez da bola, (*b*) a energia potencial gravitacional (relativa a seu valor no ponto mais baixo) e (*c*) a tensão no fio? (*d*) Qual é o ângulo do fio com a vertical, quando a bola atinge sua altura máxima?

55 •• Um pêndulo consiste em um fio de comprimento L e uma bolinha de massa m. A bolinha é elevada até que o fio fique na horizontal. A bolinha é, então, lançada para baixo com a menor rapidez inicial necessária para que ela possa completar uma volta completa no plano vertical. (*a*) Qual é a energia cinética máxima da bolinha? (*b*) Qual é a tensão no fio quando a energia cinética é máxima?

56 •• Uma criança de 360 N de peso balança-se sobre um laguinho usando uma corda presa ao galho de uma árvore da margem. O galho está 12 m acima do nível do solo e a superfície da água está 1,8 m abaixo do nível do solo. A criança toma da corda em um ponto a 10,6 m do galho, e se move para trás até que o ângulo entre a corda e a vertical seja de 23°. Quando a corda está na posição vertical, a criança a larga e cai no laguinho. Determine a rapidez da criança no momento em que toca a superfície da água.

57 •• Caminhando à beira de um lago, você encontra uma corda presa a um forte galho de árvore que está 5,2 m acima do nível do chão. Você decide usar a corda para se balançar sobre o lago. A corda está um pouco esgarçada, mas suporta o seu peso. Você estima que a corda se romperá se a tensão for 80 N maior que o seu peso. Você agarra a corda em um ponto a 4,6 m do galho e recua para se balançar sobre o lago. (Adote, para você próprio, o modelo de uma partícula pontual presa à corda a 4,6 m do galho.) (*a*) Qual é o maior ângulo inicial seguro, entre a corda e a vertical, para o qual a corda não se romperá durante o balançar? (*b*) Se você parte deste ângulo máximo e a superfície do lago está 1,2 m abaixo do nível do solo, com que rapidez você atingirá a água, se você largar a corda quando esta estiver na vertical?

58 ••• A bolinha de um pêndulo, de massa m, está presa a um fio leve de comprimento L e, também, presa a uma mola de constante de força k. Com o pêndulo na posição mostrada na Figura 7-47, a mola está frouxa. Se a bolinha é, agora, empurrada lateralmente de forma que o fio passe a formar um *pequeno* ângulo θ com a vertical e largada, qual é a rapidez da bolinha quando ela passa pela posição de equilíbrio? *Dica: Lembre-se das aproximações de ângulo pequeno: se θ é expresso em radianos e se $|\theta| \ll 1$, então* $\text{sen}\,\theta \approx \tan\theta \approx \theta$ *e* $\cos\theta \approx 1 - \frac{1}{2}\theta^2$.

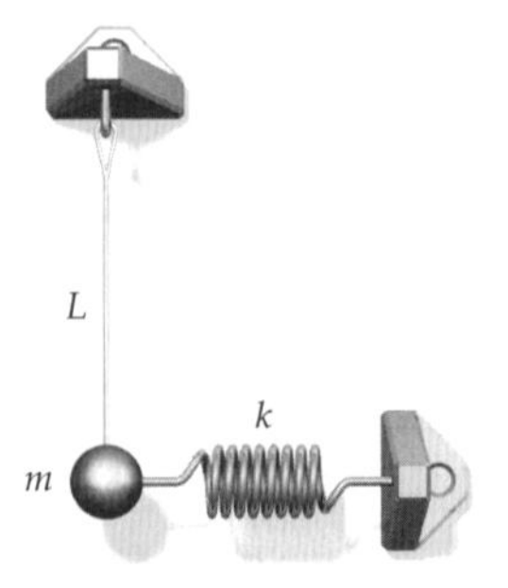

FIGURA 7-47 Problema 58

59 ••• Um pêndulo está suspenso do teto e preso a uma mola que, por sua vez, está presa ao chão em um ponto diretamente abaixo do suporte do pêndulo (Figura 7-48). A massa da bolinha do pêndulo é m, o comprimento do pêndulo é L e a constante de força é k. O comprimento da mola frouxa é $L/2$ e a distância entre o chão e o teto é $1{,}5L$. O pêndulo é puxado lateralmente, de modo a formar um ângulo θ com a vertical e é então liberado do repouso. Obtenha uma expressão para a rapidez da bolinha, quando ela passa pelo ponto diretamente abaixo do suporte do pêndulo.

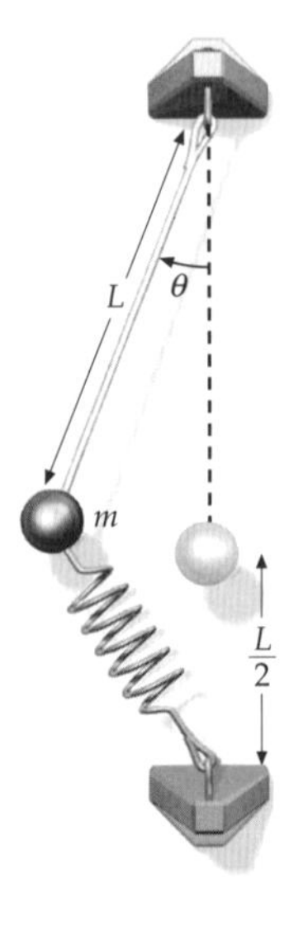

FIGURA 7-48 Problema 59

ENERGIA TOTAL E FORÇAS NÃO-CONSERVATIVAS

60 • Em uma erupção vulcânica, 4,00 km³ de uma montanha, com uma massa específica média de 1600 kg/m³, foram lançados a uma altura média de 500 m. (*a*) Qual é a menor quantidade de energia, em joules, que foi liberada durante a erupção? (*b*) A energia liberada por bombas termonucleares é medida em megatons de TNT, onde 1 megaton de TNT = $4{,}2 \times 10^{15}$ J. Converta seu resultado da Parte (*a*) para megatons de TNT.

61 • **RICO EM CONTEXTO** Para queimar a energia que você adquiriu comendo uma grande pizza de *pepperoni* na sexta-feira à noite, sábado pela manhã você sobe um morro de 120 m de altura. (*a*) Atribuindo um valor razoável para sua própria massa, determine o aumento de sua energia potencial gravitacional. (*b*) De onde vem esta energia? (*c*) O corpo humano é tipicamente 20 por cento eficiente. Quanta energia foi convertida em energia térmica? (*d*) Quanta energia química você gastou subindo o morro? Sabendo que a oxidação (queima) de uma simples fatia de pizza de *pepperoni* libera cerca de 1,0 MJ (250 calorias alimentares) de energia, você acha que uma única subida ao morro é suficiente?

62 • Um carro de 2000 kg, movendo-se com uma rapidez inicial de 25 m/s em uma estrada horizontal, desliza até parar 60 m adiante. (*a*) Determine a energia dissipada pelo atrito. (*b*) Determine o coeficiente de atrito cinético entre os pneus e a estrada. (*Nota*: Ao parar sem deslizar e usando freios convencionais, 100 por cento da energia cinética é dissipada pelo atrito nos freios. Com freios regenerativos, como os utilizados em veículos híbridos, apenas 70 por cento da energia cinética é dissipada.)

63 • Um trenó de 8,0 kg está inicialmente em repouso em uma estrada horizontal. O coeficiente de atrito cinético entre o trenó e a estrada é 0,40. O trenó é puxado ao longo de 3,0 m por uma força de 40 N a ele aplicada, formando um ângulo de 30° acima da horizontal. (*a*) Determine o trabalho realizado pela força aplicada. (*b*) Determine a energia dissipada pelo atrito. (*c*) Determine a variação da energia cinética do trenó. (*d*) Determine a rapidez do trenó após ter percorrido os 3,0 m.

64 •• Usando a Figura 7-41, suponha que as superfícies descritas não são lisas e que o coeficiente de atrito cinético entre o bloco e as superfícies é 0,30. O bloco tem uma rapidez inicial de 7,0 m/s e desliza 2,0 m antes de atingir a rampa. Determine (*a*) a rapidez do bloco quando ele chega à rampa e (*b*) a distância que o bloco desliza rampa acima, antes de atingir, momentaneamente, o repouso. (Despreze a energia dissipada na curva de transição.)

65 •• O bloco de 2,0 kg da Figura 7-49 desliza para baixo, ao longo de uma rampa curva sem atrito, partindo do repouso de uma altura de 3,0 m. O bloco desliza, então, por 9,0 m, ao longo de uma superfície horizontal rugosa antes de atingir o repouso. (*a*) Qual é a rapidez do bloco na base da rampa? (*b*) Qual é a energia dissipada pelo atrito? (*c*) Qual é o coeficiente de atrito cinético entre o bloco e a superfície horizontal?

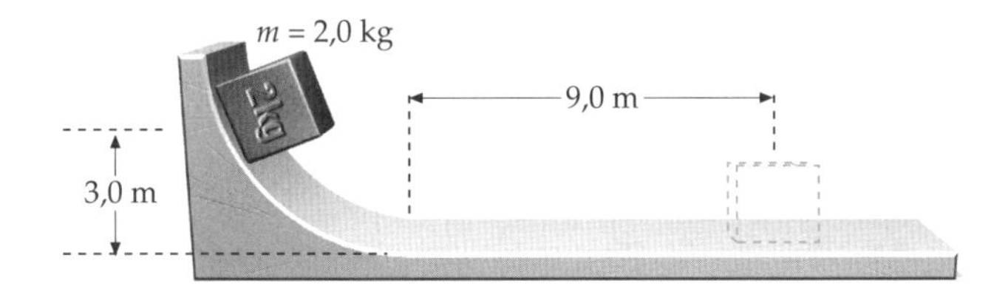

FIGURA 7-49 Problema 65

66 •• Uma menina de 20 kg desce por um escorregador cujo desnível vertical é de 3,2 m. Quando ela chega à base do escorregador, sua rapidez é 1,3 m/s. (*a*) Quanta energia foi dissipada pelo atrito? (*b*) Se a inclinação do escorregador é de 20° com a horizontal, qual é o coeficiente de atrito cinético entre a menina e o escorregador?

67 •• Na Figura 7-50, o coeficiente de atrito cinético entre o bloco de 4,0 kg e a estante é 0,35. (*a*) Determine a energia dissipada pelo atrito quando o bloco de 2,0 kg cai de uma altura y. (b) Determine a variação da energia mecânica E_{mec} do sistema dois blocos–Terra, durante o tempo que o bloco de 2,0 kg leva para cair a distância y. (*c*) Use seu resultado da Parte (*b*) para encontrar a rapidez de cada bloco após o bloco de 2,0 kg ter caído 2,0 m.

68 •• Um pequeno corpo de massa m se move em um círculo horizontal de raio r sobre uma mesa áspera. Ele está preso a um fio horizontal fixo ao centro do círculo. A rapidez do objeto é, inicialmente, v_0. Após completar uma volta em torno do círculo, a rapidez do objeto é $0{,}5v_0$. (*a*) Determine a energia dissipada pelo atrito durante uma revolução em termos de m, v_0 e r. (*b*) Qual é o coeficiente de atrito cinético? (*c*) Quantas voltas o corpo ainda dará até parar?

69 •• A rapidez inicial de uma caixa de 2,4 kg, que sobe um plano inclinado de 37° com a horizontal, é 3,8 m/s. O coeficiente de atrito cinético entre a caixa e o plano é 0,30. (*a*) Qual é a distância que a caixa percorre sobre o plano até parar? (*b*) Qual é sua rapidez quando já tiver percorrido metade da distância encontrada na Parte (*a*)?

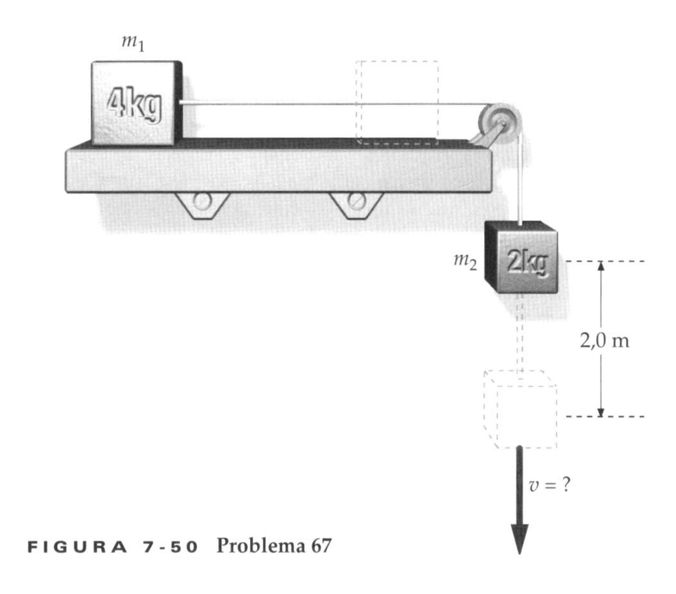

FIGURA 7-50 Problema 67

70 ••• Um bloco de massa m está sobre um plano inclinado de um ângulo θ com a horizontal (Figura 7-51). Uma mola, de constante de força k, está presa ao bloco. O coeficiente de atrito estático entre o bloco e o plano é μ_e. A mola é puxada para cima paralelamente ao plano, muito lentamente. (*a*) Qual é a distensão da mola, no momento em que o bloco começa a se mover? (*b*) O bloco pára de se deslocar justo quando a distensão da mola que se contrai chega a zero. Expresse μ_c (o coeficiente de atrito cinético) em termos de μ_e e de θ.

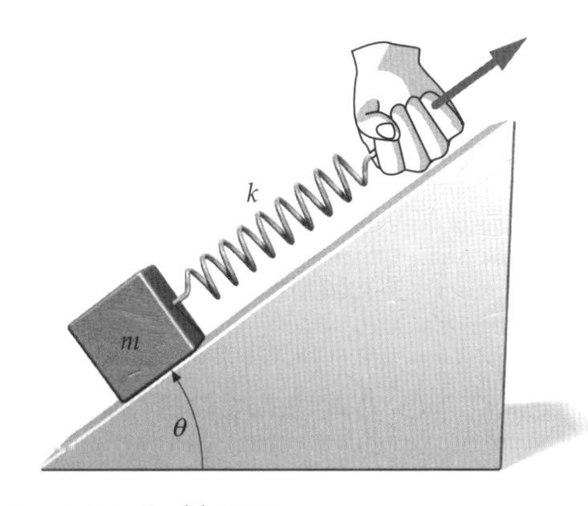

FIGURA 7-51 Problema 70

MASSA E ENERGIA

71 • (*a*) Calcule a energia de repouso de 1,0 g de areia. (*b*) Se você pudesse converter esta energia completamente em energia elétrica e vendê-la por dez centavos de dólar americano o kW · h, quanto você receberia? (*c*) Se você pudesse alimentar uma lâmpada de 100 W com esta energia, por quanto tempo ela se manteria acesa?

72 • Um quiloton de TNT, quando detonado, libera uma energia explosiva de aproximadamente 4×10^{12} J. De quanto fica reduzida a massa dos remanescentes da bomba, após a explosão, em comparação com a bomba antes da explosão? Se você pudesse juntar todas as partes, esta perda de massa seria percebida?

73 • **CONCEITUAL** Calcule sua energia de repouso em mega elétron-volts e em joules. Se essa energia pudesse ser convertida completamente em energia cinética para o seu carro, estime a rapidez que ele teria. Use a expressão não-relativística para a energia cinética e comente se sua resposta justifica, ou não, o uso dessa expressão não-relativística.

74 • Se um buraco negro e uma estrela "normal" orbitam um em torno do outro, gases da estrela normal capturados pelo buraco negro podem ter sua temperatura elevada em milhões de graus, por causa do aquecimento por atrito. Quando os gases são assim aquecidos, eles começam a irradiar luz na região de raios X do espectro eletromagnético (fótons de alta energia). Acredita-se que Cygnus X-1, a segunda mais intensa fonte conhecida de raios X do céu, é um desses sistemas binários; ele irradia com uma potência estimada de 4×10^{31} W. Se supomos que 1,0 por cento da massa capturada escapa como energia de raios X, com que taxa o buraco negro está ganhando massa?

75 • **APLICAÇÃO EM ENGENHARIA** Você está calculando as necessidades de combustível para uma pequena usina geradora de energia elétrica por fusão. Suponha uma conversão de 33 por cento em energia elétrica. Para a reação de fusão deutério–trítio (D-T) do Exemplo 7-18, calcule o número de reações por segundo necessárias para gerar 1,00 kW de potência elétrica.

76 • Use a Tabela 7-1 para calcular a energia necessária para remover um nêutron de uma partícula alfa em repouso, deixando um núcleo de hélio-3 em repouso mais um nêutron com 1,5 MeV de energia cinética.

77 • Um nêutron livre decai em um próton mais um elétron e um antineutrino do elétron [um antineutrino do elétron (símbolo $\overline{\nu}_e$) é uma partícula elementar praticamente sem massa]: $n \rightarrow p + e^- + \overline{\nu}_e$. Use a Tabela 7-1 para calcular a energia liberada por esta reação.

78 •• Em um tipo de reação de fusão nuclear, dois dêuterons se juntam para formar uma partícula alfa. (*a*) Qual é a energia liberada por esta reação? (*b*) Quantas reações deste tipo devem ocorrer, por segundo, para que se produza 1 kW de potência?

79 •• Uma grande usina nuclear produz 1000 MW de potência elétrica através de fissão nuclear. (*a*) De quantos quilogramas a massa do combustível nuclear é reduzida a cada ano? (Suponha uma eficiência de 33 por cento para a usina nuclear.) (*b*) Em uma usina de queima de carvão, cada quilograma de carvão libera 31 MJ de energia térmica quando queimado. Quantos quilos de carvão são necessários, a cada ano para a geração de 1000 MW? (Suponha uma eficiência de 38 por cento para a usina de carvão.)

QUANTIZAÇÃO DA ENERGIA

80 •• Uma massa, presa a uma extremidade de uma mola de constante de força igual a 1000 N/m, oscila com a freqüência de 2,5 oscilações por segundo. (*a*) Determine o número quântico n do estado em que ela se encontra, se ela tem uma energia total de 10 J. (*b*) Qual é a energia de seu estado fundamental?

81 •• Repita o Problema 80, considerando agora um átomo em um sólido, vibrando com a freqüência de $1,00 \times 10^{14}$ oscilações por segundo e tendo uma energia total de 2,7 eV.

PROBLEMAS GERAIS

82 • Um bloco de massa m, partindo do repouso, é puxado para cima, sobre um plano sem atrito, inclinado de um ângulo θ com a horizontal, por um fio paralelo ao plano. A tensão no fio é T. Após percorrer uma distância L, a rapidez do bloco é v_f. Deduza uma expressão para o trabalho realizado pela força de tensão.

83 • Um bloco de massa m desliza com rapidez constante v para baixo sobre um plano inclinado de um ângulo θ com a horizontal. Deduza uma expressão para a energia dissipada pelo atrito durante o intervalo de tempo Δt.

84 • Em física de partículas, a energia potencial associada a um par de quarks ligado pela força nuclear forte é, em um particular modelo teórico, escrita como a função $U(r) = -(\alpha/r) + kr$, onde k e α são constantes positivas e r é a distância de separação entre os dois quarks.* (*a*) Esboce o perfil geral da função energia potencial. (*b*) Qual é a forma geral da força que cada quark exerce sobre o outro? (*c*) Para os casos extremos de valores de r muito pequenos e muito grandes, a força toma qual forma simplificada?

85 • **APLICAÇÃO EM ENGENHARIA, RICO EM CONTEXTO** Você recebeu a incumbência de instalar o aproveitamento de energia solar na fazenda de seu avô. No local, uma média de 1,0 kW/m^2 atinge a superfície durante as horas do dia em um dia claro. Se isto pudesse ser convertido com 25 por cento de eficiência em energia elétrica, qual a área de coletores que você precisaria para fazer funcionar uma bomba de irrigação de 4,0 hp durante as horas claras do dia?

86 •• **APLICAÇÃO EM ENGENHARIA** A energia radiante do Sol que atinge a órbita da Terra é de 1,35 kW/m^2. (*a*) Mesmo quando o Sol está a pino e em condições secas e desérticas, 25 por cento desta energia é absorvida e/ou refletida pela atmosfera antes de atingir a superfície da Terra. Se a freqüência média da radiação eletromagnética que vem do Sol é de $5,5 \times 10^{14}$ Hz, quantos fótons por segundo incidem sobre um painel solar de 1,0 m^2? (*b*) Suponha os painéis com uma alta eficiência de 10,0 por cento, na conversão de energia radiante em energia elétrica utilizável. Qual é o tamanho do painel solar necessário para suprir as necessidades de um carro de 5,0 hp movido a energia solar (supondo que o carro seja alimentado diretamente pelos painéis solares e não por baterias), durante uma corrida no Cairo, ao meio-dia do dia 21 de março? (*c*) Supondo uma eficiência mais realista de 3,3 por cento e painéis capazes de girar, de forma a estarem sempre perpendiculares à luz solar, qual o tamanho do conjunto de painéis solares necessário para suprir as necessidades da Estação Espacial Internacional, que exige continuamente cerca de 110 kW de potência elétrica?

87 •• Em 1964, depois que o automóvel a jato *Spirit of America*, de 1250 kg, perdeu seu pára-quedas e se descontrolou em uma corrida em Bonneville Salt Flats, no Utah (EUA), foram deixadas marcas de derrapagem de cerca de 8,00 km. (O fato mereceu menção no livro Guinness de recordes mundiais como a maior marca de derrapagem.) (*a*) Se o carro estava se movendo inicialmente com uma rapidez de cerca de 800 km/h e ainda viajava a 300 km/h quando ao ser arremessado em um lago salgado, estime o coeficiente de atrito cinético μ_c. (*b*) Qual era a energia cinética do carro, 60 s após a derrapagem ter começado?

88 •• **APLICAÇÃO EM ENGENHARIA, RICO EM CONTEXTO** Um reboque para esquiadores está sendo desenhado, para uma nova área de prática de esqui. Ele deve ser capaz de puxar um máximo de 80 esquiadores em uma subida de 600 m, inclinada de 15° acima da horizontal, com uma rapidez de 2,50 m/s. O coeficiente de atrito cinético entre os esquis e a neve vale, tipicamente, 0,060. Como gerente das instalações, você encomendaria ao fabricante um motor com qual potência, se a massa média de um esquiador é 75,0 kg? Suponha que você deve estar preparado para qualquer emergência, encomendando uma potência 50 por cento maior do que o mínimo calculado.

89 •• **VÁRIOS PASSOS** Uma caixa de massa m, sobre o chão, está ligada a uma mola horizontal de constante de força k (Figura 7-52). O coeficiente de atrito cinético entre a caixa e o chão é μ_c. A outra extremidade da mola está presa a uma parede. A mola está inicialmente frouxa. Se a caixa é afastada da parede de uma distância d_0 e largada, ela desliza de volta. Suponha que a caixa não deslize tanto a ponto de as espiras da mola se tocarem. (*a*) Obtenha uma expressão para a distância d_1 percorrida pela caixa antes de parar pela primeira vez.

* Este é conhecido como o "potencial de Cornell", apresentado na publicação Physical Review Letters, e é de autoria dos prêmios Nobel de 2004 Gross, Wilczek e Politzer.

(b) Supondo $d_1 > d_0$, obtenha uma expressão para a rapidez da caixa após ter percorrido uma distância d_0 depois de largada. (c) Obtenha o valor particular de μ_c para o qual $d_1 = d_0$.

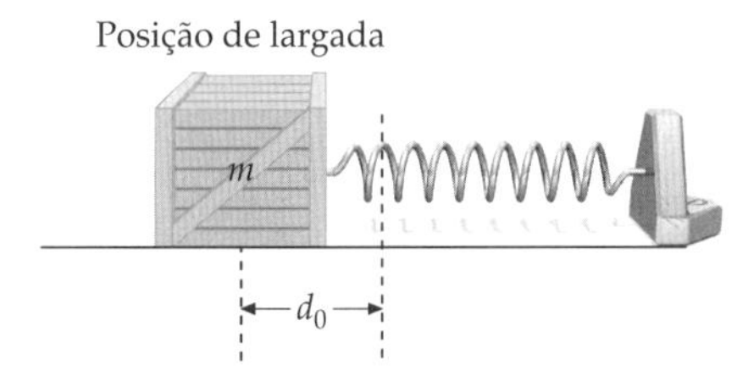

FIGURA 7-52 Problema 89

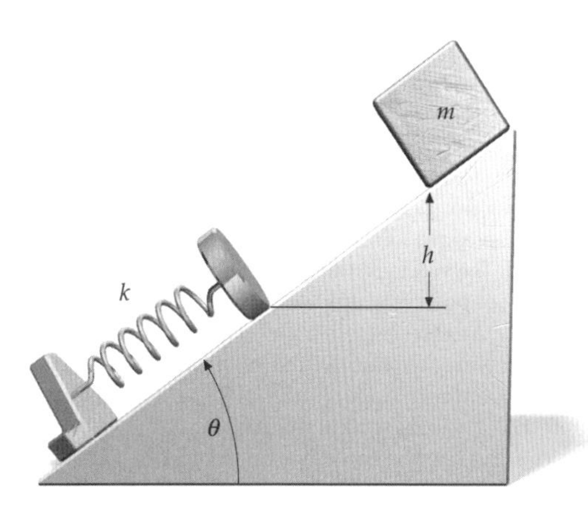

FIGURA 7-53 Problema 94

90 •• **APLICAÇÃO EM ENGENHARIA, RICO EM CONTEXTO** Você opera um pequeno elevador de grãos. Um de seus silos utiliza um elevador cuja caçamba transporta uma carga máxima de 800 kg, em uma distância vertical de 40 m. (O elevador de caçamba funciona acionado por uma correia, do tipo das correias transportadoras.) (a) Qual é a potência liberada pelo motor elétrico que aciona o elevador quando este ergue a caçamba com carga plena a 2,3 m/s? (b) Supondo uma eficiência do motor de 85 por cento, quanto lhe custa fazer funcionar o elevador, por dia, se ele funciona durante 60 por cento do tempo, entre as 7 e as 19 horas, com uma carga média igual a 85 por cento de sua carga máxima? Suponha o custo da energia elétrica de 50 centavos por quilowatt-hora.

91 •• **APLICAÇÃO EM ENGENHARIA** Para reduzir a necessidade de potência em seus motores, os elevadores possuem contrapesos a eles ligados por cabos que passam por uma polia no topo do poço. Despreze o atrito na polia. Se um elevador de 1200 kg, cuja carga máxima é de 800 kg, tem um contrapeso de 1500 kg, (a) qual é a potência liberada pelo motor quando o elevador sobe, lotado, com uma rapidez de 2,3 m/s? (b) Qual é a potência liberada pelo motor quando o elevador sobe, a 2,3 m/s, sem carga?

92 •• Em velhos filmes de ficção científica, os autores procuravam inovar nas maneiras de lançar naves espaciais para a Lua. Em um caso hipotético, um roteirista imaginou o lançamento de uma sonda lunar a partir de um túnel profundo e liso, inclinado de 65,0° acima da horizontal. No fundo do túnel, estava fixa uma mola muito dura, projetada para realizar o lançamento. A extremidade mais alta da mola, quando frouxa, ficava 30,0 m abaixo da boca do túnel. O roteirista concluiu, de suas pesquisas, que, para alcançar a Lua, a sonda de 318 kg deveria ter uma rapidez de, pelo menos, 11,2 km/s na saída do túnel. Se a mola era comprimida de 95,0 m antes do lançamento, qual deveria ser o valor mínimo de sua constante de força para que o lançamento fosse bem-sucedido? Despreze o atrito no interior do túnel.

93 •• Em uma erupção vulcânica, um pedaço de rocha vulcânica porosa de 2 kg é lançada verticalmente para cima, com uma rapidez inicial de 40 m/s. Ela sobe uma distância de 50 m até começar a cair de volta à Terra. (a) Qual é a energia cinética inicial da rocha? (b) Qual é o aumento de energia térmica provocado pela resistência do ar, na subida? (c) Se o aumento de energia térmica provocado pela resistência do ar, na descida, é 70 por cento do que ocorreu na subida, qual é a rapidez da rocha quando ela retorna à sua posição inicial?

94 •• Um bloco de massa m parte do repouso, de uma altura h, e escorrega para baixo sobre um plano sem atrito inclinado de um ângulo θ com a horizontal, como mostra a Figura 7-53. O bloco atinge uma mola de constante de força k. Determine de quanto a mola é comprimida até o bloco parar momentaneamente.

95 •• **PLANILHA ELETRÔNICA** Um bloco de massa m está suspenso por uma mola e é livre para se mover verticalmente (Figura 7-54). A orientação $+y$ aponta para baixo e a origem está na posição do bloco quando a mola está frouxa. (a) Mostre que a energia potencial como função da posição pode ser expressa como $U = \frac{1}{2}ky^2 - mgy$. ($b$) Usando um programa de **planilha eletrônica**, ou uma calculadora gráfica, faça um gráfico de U como função de y com $k = 2$ N/m e $mg = 1$ N. (c) Explique como se pode ver, no gráfico, que existe uma posição de equilíbrio estável para um valor positivo de y. Usando a expressão para U da Parte (a), determine (analiticamente) o valor de y quando o bloco está em sua posição de equilíbrio. (d) Da expressão para U, encontre a força resultante que atua sobre m em qualquer posição y. (e) O bloco é largado do repouso com a mola frouxa; se não existe atrito, qual é o maior valor de y que ele atingirá? Indique $y_{máx}$ em seu gráfico/planilha.

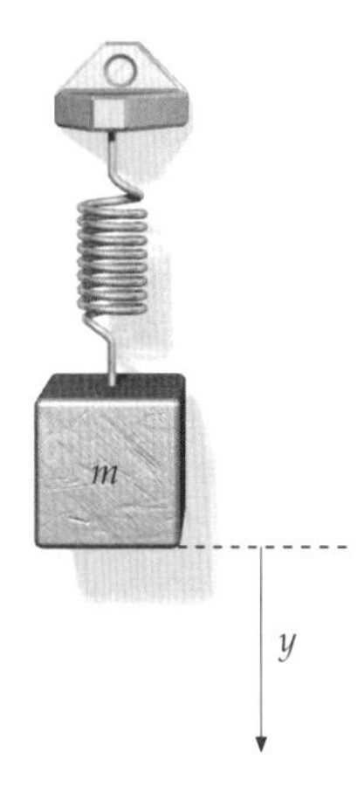

FIGURA 7-54 Problema 95

96 •• Um revólver de mola é engatilhado comprimindo-se uma mola, pequena e forte, de uma distância d. Ele dispara, verticalmente para cima, um sinalizador luminoso de massa m. O sinalizador tem uma rapidez v_0 ao abandonar a mola e sobe até uma altura máxima h do ponto em que abandonou a mola. Após abandonar a mola, efeitos de arraste do ar sobre o sinalizador são significativos. (Dê suas respostas em termos de m, v_0, d, h e g.) (a) Qual é o trabalho realizado sobre a mola durante a compressão? (b) Qual é o valor da constante de força k? (c) Entre o instante do lançamento e o instante em que a altura máxima foi atingida, quanta energia mecânica é dissipada em energia térmica?

97 •• **APLICAÇÃO EM ENGENHARIA, RICO EM CONTEXTO** Sua firma está projetando uma nova montanha-russa. Para a concessão do alvará de funcionamento, é exigido o cálculo de forças e de acelerações em vários pontos importantes do percurso. Cada carrinho terá uma massa total (incluindo a dos passageiros) de 500 kg e viajará livremente sobre o trilho sinuoso sem atrito mostrado na Figura 7-55. Os pontos A, E e G estão em trechos retos horizontais, todos à mesma altura de 10 m acima do solo. O ponto C está a uma altura de 10 m acima do

solo em um trecho inclinado de 30°. O ponto B está na crista de uma elevação, enquanto o ponto D está no nível do solo, no fundo de um vale. O raio de curvatura nestes dois pontos é de 20 m. O ponto F está no meio de uma curva horizontal de perfil inclinado, com um raio de curvatura de 30 m, e à mesma altura dos pontos A, E e G. No ponto A, a rapidez do carrinho é 12 m/s. (*a*) Se o carrinho tem justo as mínimas condições para vencer a barreira no ponto B, qual deve ser a altura do ponto B em relação ao solo? (*b*) Se o carrinho tem justo as mínimas condições para vencer a barreira no ponto B, qual deve ser a magnitude da força exercida pelo trilho sobre o carrinho neste ponto? (*c*) Qual será a aceleração do carrinho no ponto C? (*d*) Quais serão a magnitude e a orientação da força exercida pelo trilho sobre o carrinho no ponto D? (*e*) Quais serão a magnitude e a orientação da força exercida pelo trilho sobre o carrinho, no ponto F? (*f*) Em G, um força constante de frenagem é aplicada ao carrinho devendo fazer com que ele páre após 25 m. Qual é a magnitude que deve ter esta força?

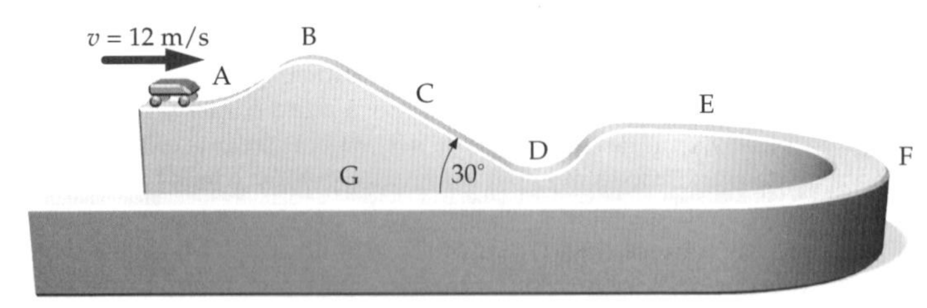

FIGURA 7-55 Problema 97

98 •• **APLICAÇÃO EM ENGENHARIA** O cabo de um elevador de 2000 kg se rompeu e o elevador está se movendo para baixo com uma rapidez constante de 1,5 m/s. Um sistema de freamento de segurança, que funciona com atrito, evita que o elevador aumente a rapidez de descida. (*a*) Com que taxa o sistema de freamento está convertendo energia mecânica em energia térmica? (*b*) Enquanto o elevador se move para baixo a 1,5 m/s, o sistema de freamento falha e o elevador entra em queda livre por uma distância de 5,0 m até atingir uma grande mola de segurança com constante de força de $1,5 \times 10^4$ N/m. Determine a compressão *d* sofrida pela mola até o elevador chegar ao repouso.

99 ••• **APLICAÇÃO EM ENGENHARIA, RICO EM CONTEXTO** Para medir a força combinada de atrito (atrito de rolamento mais arraste do ar) sobre um carro em movimento, uma equipe de engenheiros automobilísticos, da qual você faz parte, desliga o motor e deixa que o carro desça em ponto morto ladeiras de inclinações conhecidas. A equipe recolhe os seguintes dados: (1) Em uma ladeira de 2,87°, o carro desce com a rapidez constante de 20 m/s. (2) Em uma ladeira de 5,74°, a rapidez constante de descida é 30 m/s. A massa total do carro é 1000 kg. (*a*) Qual é a magnitude da força de atrito combinada a 20 m/s (F_{20}) e a 30 m/s (F_{30})? (*b*) Qual deve ser a potência desenvolvida pelo motor para se dirigir o carro em uma estrada plana com uma rapidez constante de 20 m/s (P_{20}) e de 30 m/s (P_{30})? (*c*) A potência máxima que o motor pode desenvolver é 40 kW. Qual é o maior ângulo de inclinação que permite o carro subir uma ladeira com uma rapidez constante de 20 m/s? (*d*) Suponha que o motor realize a mesma quantidade de trabalho útil, para cada litro de gasolina, não importando qual a rapidez. A 20 m/s, em uma estrada plana, o carro faz 12,7 km/L. Quantos quilômetros por litro ele faz viajando a 30 m/s?

100 •• **APLICAÇÃO EM ENGENHARIA** (*a*) Calcule a energia cinética de um carro de 1200 kg que se move a 50 km/h. (*b*) Se a força resistiva (atrito de rolamento e arraste do ar) é de 300 N quando a rapidez é de 50 km/h, qual é a menor energia necessária para deslocar o carro 300 m à rapidez constante de 50 km/h?

101 ••• Um pêndulo consiste em uma pequena bola de massa *m* presa a um fio de comprimento *L*. A bola é segurada lateralmente, com o fio na horizontal (Figura 7-56). Então, ela é largada do repouso. No ponto mais baixo da trajetória, o fio se prende a um pequeno prego, a uma distância *R* acima desse ponto. Mostre que *R* deve ser menor do que $2L/5$ para que o fio permaneça tenso enquanto a bola completa uma volta inteira em torno do prego.

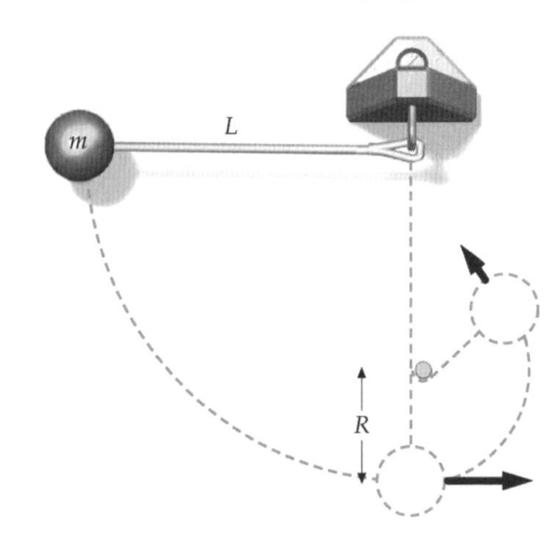

FIGURA 7-56 Problema 101

102 •• Uma embarcação esportiva de 285 kg é dirigida, na superfície de um lago, com a rapidez constante de 13,5 m/s, de encontro a uma rampa inclinada de 25,0° acima da horizontal. O coeficiente de atrito entre o casco da embarcação e a superfície da rampa é 0,150, e a extremidade mais elevada da rampa está 2,00 m acima da superfície da água. (*a*) Supondo que o motor é desligado quando a embarcação chega na rampa, qual é sua rapidez ao abandonar a rampa? (*b*) Qual é a rapidez da embarcação quando ela atinge novamente a água? Despreze a resistência do ar.

103 •• Uma tradicional experiência de laboratório de física básica, que trata da conservação da energia e das leis de Newton, é mostrada na Figura 7-57. Um carrinho deslizante é colocado sobre um trilho de ar e é preso por um fio que passa por uma polia sem atrito e sem massa, a um peso pendente. A massa do carrinho é *M*, enquanto a massa do objeto pendente é *m*. Quando o colchão de ar é formado, o trilho se torna praticamente sem atrito. Então, você larga o objeto pendente e mede a rapidez do carrinho depois de o objeto ter caído uma certa distância *y*. (*a*) Para mostrar que a rapidez medida é a prevista pela teoria, aplique conservação da energia mecânica e calcule a rapidez como função de *y*. (*b*) Para confirmar este cálculo, aplique a segunda e a terceira leis de Newton diretamente, esboçando um diagrama de corpo livre para cada uma das duas massas e aplicando as leis de Newton para determinar suas acelerações. Então, use a cinemática para calcular a rapidez do carrinho como função de *y*.

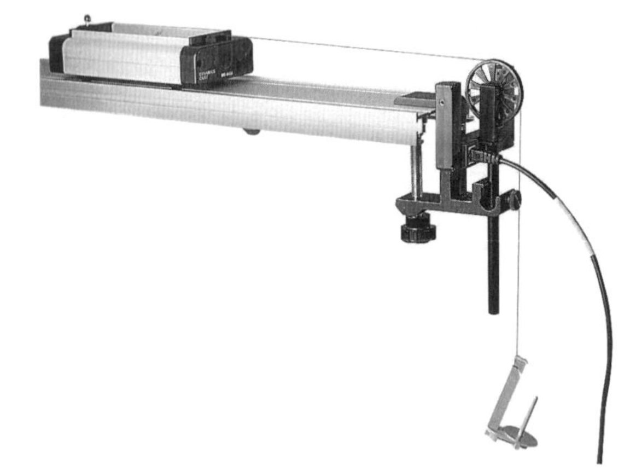

FIGURA 7-57 Problema 103

104 •• APLICAÇÃO BIOLÓGICA A energia gasta por uma pessoa que se exercita correndo é dirigida, segundo um dado modelo de análise, para acelerar ou frear os pés e as partes inferiores das pernas. Se a rapidez do corredor é v, então a rapidez máxima do pé e da parte inferior da perna é $2v$. (Entre o momento em que deixa o chão e o momento em que toca novamente o chão, o pé percorre praticamente duas vezes a distância percorrida pelo dorso e, portanto, sua rapidez deve ser, na média, o dobro da do dorso.) Se a massa do pé e da parte inferior da perna é m, a energia necessária para acelerar estes membros, do repouso até $2v$, é $\frac{1}{2}m(2v)^2 = 2mv^2$, e a mesma energia é necessária para desacelerar esta massa de volta ao repouso para o próximo passo. Seja 5,0 kg a massa do pé e da parte inferior da perna, e considere um corredor a 3,0 m/s com passadas de 1,0 m. A energia necessária, para cada perna, a cada 2,0 m de corrida, é $2mv^2$ e, portanto, a energia necessária para as duas pernas, a cada segundo de corrida, vale $6mv^2$. Calcule a taxa de gasto de energia do corredor usando este modelo, supondo que seus músculos tenham uma eficiência de 20 por cento.

105 •• Um professor de colégio sugeriu, certa vez, o seguinte método para medir a magnitude da aceleração de queda livre: pendure uma massa em um fio bem fino (comprimento L) para fazer um pêndulo com a massa a uma altura H do chão, quando a massa estiver em seu ponto mais baixo P. Puxe o pêndulo até que o fio forme um ângulo θ_0 com a vertical. Bem acima do ponto P, coloque uma lâmina de barbear posicionada de modo a cortar o fio quando a massa passar pelo ponto P. Quando o fio é cortado, a massa é projetada horizontalmente e atinge o solo a uma distância horizontal D do ponto P. A idéia era que a medida de D, como função de θ_0, deveria de alguma maneira determinar g. Fora algumas óbvias dificuldades experimentais, o experimento tinha uma falha fatal: D não depende de g! Mostre que isto é verdade e que D depende apenas do ângulo θ_0.

106 ••• A bolinha de um pêndulo de comprimento L é puxada lateralmente até que o fio forme um ângulo θ_0 com a vertical e então seja liberada. No Exemplo 7-5, a conservação da energia foi usada para obter a rapidez da bolinha na parte mais baixa de sua trajetória. Neste problema, você deve obter o mesmo resultado usando a segunda lei de Newton. (*a*) Mostre que a componente tangencial da segunda lei de Newton se escreve como $dv/dt = -g \text{ sen } \theta$, onde v é a rapidez e θ é o ângulo entre o fio e a vertical. (*b*) Mostre que v pode ser escrito como $v = L\, d\theta/dt$.(*c*) Use este resultado e a regra da cadeia de derivação para obter $\frac{dv}{dt} = \frac{dv}{d\theta}\frac{v}{L}$. (*d*) Combine os resultados das Partes (*a*) e (*c*) para obter $v\, dv = -gL \text{ sen } \theta\, d\theta$. (*e*) Integre o lado esquerdo da equação da Parte (*d*), de $v = 0$ até a rapidez final v, e o lado direito de $\theta = \theta_0$ até $\theta = 0$, para mostrar que o resultado é equivalente a $v = \sqrt{2gh}$, onde h é a altura original da bolinha acima do ponto mais baixo de sua trajetória.

107 ••• PLANILHA ELETRÔNICA Um praticante de rapel desce uma face de um penhasco quando tropeça e começa a deslizar sobre a rocha, preso apenas à corda de *bungee-jump* que está presa no topo do penhasco. A face do penhasco tem a forma de um suave quadrante de cilindro, de altura (e raio) $H = 300$ m (Figura 7-58). Trate a corda de *bungee-jump* como uma mola de constante de força $k = 5{,}00$ N/m e comprimento frouxo $L = 60{,}0$ m. A massa do montanhista é 85,0 kg. (*a*) Usando um programa de **planilha eletrônica**, faça um gráfico da energia potencial do montanhista como função de s, sua distância ao topo do penhasco *medida ao longo da superfície curva*. Use valores de s entre 60,0 m e 200 m. (*b*) A queda começou quando o montanhista estava a uma distância $s_i = 60{,}0$ m do topo do penhasco e terminou quando ele estava a uma distância $s_f = 110$ m do topo. Determine a energia dissipada pelo atrito entre o momento do tropeço e o momento em que ele parou.

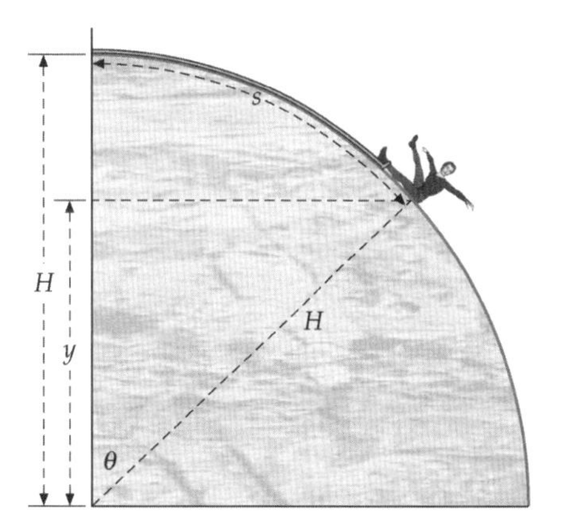

FIGURA 7-58 Problema 107

108 ••• PLANILHA ELETRÔNICA Um bloco de madeira (massa m) está ligado a duas molas sem massa, como mostrado na Figura 7-59. Cada mola tem um comprimento frouxo L e uma constante de força k. (*a*) Se o bloco é deslocado de uma distância x, como mostrado, qual é a variação da energia potencial armazenada nas molas? (*b*) Qual é a magnitude da força que puxa o bloco de volta à sua posição de equilíbrio? (*c*) Usando um programa de **planilha eletrônica**, ou uma calculadora gráfica, faça um gráfico da energia potencial U como função de x para $0 \leq x \leq 0{,}20$ m. Suponha $k = 1$ N/m, $L = 0{,}10$ m e $m = 1{,}0$ kg. (*d*) Se o bloco é deslocado de uma distância $x = 0{,}10$ m e liberado, qual é sua rapidez quando passa pelo ponto de equilíbrio? Suponha o bloco sobre uma superfície sem atrito.

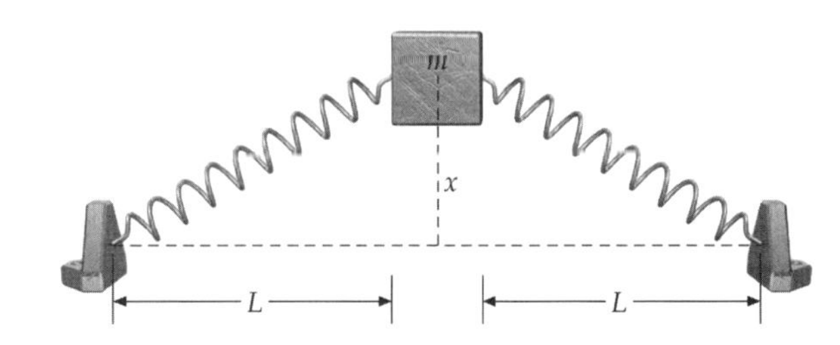

FIGURA 7-59 Problema 108

Conservação da Quantidade de Movimento Linear

DURANTE O BREVE INTERVALO DE TEMPO EM QUE UM TACO ENTRA EM CONTATO COM UMA BOLA DE GOLFE, ELE EXERCE SOBRE ELA UMA FORÇA MUITO GRANDE, LANÇANDO-A NO AR. ESTA FORÇA PODE SER DE CERCA DE 10 000 VEZES O PESO DA BOLA, DANDO-LHE UMA ACELERAÇÃO MÉDIA DE APROXIMADAMENTE 10 000g DURANTE UM INTERVALO DE TEMPO PRÓXIMO DA METADE DE UM MILISSEGUNDO.

? Se o jogador de golfe lança a bola a 200 jardas, qual foi a intensidade da força que o taco exerceu sobre a bola? (Veja o Exemplo 8-8.)

Quando um taco de golfe atinge uma bola, a magnitude da força exercida sobre a bola aumenta até um valor máximo e volta a zero, enquanto a bola abandona o taco. Para descrever como uma força variável no tempo, como esta, afeta o movimento de um corpo sobre o qual ela atua, precisamos introduzir dois novos conceitos: o de impulso de uma força e o de quantidade de movimento* de um corpo. Um dos princípios mais importantes da física é a *lei de conservação da quantidade de movimento*, que diz que a quantidade de movimento total de um sistema e de seus vizinhos não varia. Sempre que a quantidade de movimento de um sistema varia, podemos dar conta dessa variação com o aparecimento ou o desaparecimento de quantidade de movimento em algum outro lugar. Com estas novas idéias adicionadas ao nosso conjunto de ferramentas para resolução de problemas, podemos analisar colisões como aquelas que ocorrem entre tacos e bolas de golfe, entre automóveis, e entre partículas subatômicas em um reator nuclear.

Neste capítulo introduzimos as idéias de impulso e de quantidade de movimento linear, e mostramos como a integração da segunda lei de Newton produz um importante teorema, conhecido como teorema do impulso–quantidade de movimento. Determinaremos, também, se a quantidade de movimento de um sistema permanece constante e veremos como explorar a conservação da quantidade de movimento para resolver problemas que envolvem colisões entre corpos. Adicionalmente, examinamos um novo referencial, conhecido como referencial do centro de massa, e exploramos situações nas quais um sistema tem massa continuamente variável.

8-1 CONSERVAÇÃO DA QUANTIDADE DE MOVIMENTO LINEAR

Quando Newton concebeu sua segunda lei, ele considerou o produto da massa pela velocidade como uma medida da "quantidade de movimento" de um objeto. Hoje, chamamos o produto da massa pela velocidade de uma partícula de **quantidade de movimento linear**[†], $\vec{p}$:

$$\vec{p} = m\vec{v} \qquad 8\text{-}1$$

DEFINIÇÃO — QUANTIDADE DE MOVIMENTO DE UMA PARTÍCULA

* Neste capítulo, o termo *quantidade de movimento* refere-se à quantidade de movimento linear. (A quantidade de movimento angular é desenvolvida no Capítulo 10.)

† O termo latino *momentum* (singular momentum, plural momenta) já está incorporado ao vocabulário dos físicos em todo o mundo e é muito utilizado, inclusive na língua portuguesa, para designar a quantidade de movimento. (N.T.)

A grandeza $\vec{p}$ é chamada de *quantidade de movimento linear* de uma partícula para diferenciar da *quantidade de movimento angular*, que é apresentada no Capítulo 10. No entanto, quando não há necessidade de se fazer essa distinção, o adjetivo *linear* é, com freqüência, omitido, e dizemos apenas quantidade de movimento.

A quantidade de movimento linear é uma grandeza vetorial. É o produto de um vetor (velocidade) por um escalar (massa). Sua magnitude é mv e sua orientação é a mesma de $\vec{v}$. As unidades da quantidade de movimento são as unidades de massa vezes rapidez e, portanto, suas unidades SI são kg · m/s.

A quantidade de movimento pode ser pensada como uma medida do esforço necessário para levar uma partícula ao repouso. Por exemplo, um caminhão pesado tem mais quantidade de movimento do que um pequeno carro de passeio que viaja com a mesma rapidez. É necessária uma força maior para parar o caminhão, em dado tempo, do que para parar o carro no mesmo tempo.

Usando a segunda lei de Newton, podemos relacionar a quantidade de movimento de uma partícula à força resultante que atua sobre ela. Derivando a Equação 8-1, obtemos

$$\frac{d\vec{p}}{dt} = \frac{d(m\vec{v})}{dt} = m\frac{d\vec{v}}{dt} = m\vec{a}$$

Então, substituindo $m\vec{a}$ por $\vec{F}_{res}$,

$$\vec{F}_{res} = \frac{d\vec{p}}{dt} \qquad 8\text{-}2$$

Assim, a força resultante que atua sobre uma partícula é igual à taxa de variação no tempo da quantidade de movimento da partícula. (Em seu famoso tratado *Principia* (1687), Isaac Newton apresenta a segunda lei nesta forma, e não como $\vec{F}_{res} = m\vec{a}$.)

A quantidade de movimento total $\vec{P}_{sis}$ de um sistema de partículas é a soma vetorial das quantidades de movimento das partículas individuais:

$$\vec{P}_{sis} = \sum_i m_i\vec{v}_i = \sum_i \vec{p}_i$$

De acordo com a Equação 5-20, $\Sigma m_i\vec{v}_i$ é igual à massa total M vezes a velocidade do centro de massa:

$$\vec{P}_{sis} = \sum_i m_i\vec{v}_i = M\vec{v}_{cm} \qquad 8\text{-}3$$

QUANTIDADE DE MOVIMENTO TOTAL DE UM SISTEMA

Derivando esta equação, obtemos

$$\frac{d\vec{P}_{sis}}{dt} = M\frac{d\vec{v}_{cm}}{dt} = M\vec{a}_{cm}$$

Mas, de acordo com a segunda lei de Newton para um sistema de partículas, $M\vec{a}_{cm}$ é igual à força externa resultante que atua sobre o sistema. Então,

$$\sum_i \vec{F}_{ext} = \vec{F}_{ext\,res} = \frac{d\vec{P}_{sis}}{dt} \qquad 8\text{-}4$$

Quando a soma das forças externas que atuam sobre um sistema de partículas permanece zero, a taxa de variação da quantidade de movimento total permanece zero, e a quantidade de movimento total do sistema permanece constante. Isto é,

$$\text{Se } \Sigma\vec{F}_{ext} = 0, \text{ então } \vec{P}_{sis} = \sum_i m_i\vec{v}_i = M\vec{v}_{cm} = \text{constante} \qquad 8\text{-}5$$

CONSERVAÇÃO DA QUANTIDADE DE MOVIMENTO

Este resultado é conhecido como a **lei de conservação da quantidade de movimento**:

Se a soma das forças externas sobre um sistema permanece zero, então a quantidade de movimento total do sistema permanece constante.

Esta lei é uma das mais importantes da física. Ela tem aplicação mais abrangente do que a lei de conservação da energia *mecânica*, porque as forças internas exercidas entre partículas constituintes de um sistema são, com freqüência, não-conservativas. As forças internas não-conservativas podem fazer variar a energia mecânica total do sistema, apesar de não provocarem variação da quantidade de movimento total do sistema. Se a quantidade de movimento total de um sistema permanece constante, então a velocidade do centro de massa do sistema permanece constante. A lei de conservação da quantidade de movimento é uma relação vetorial, e portanto, ela vale para cada componente. Por exemplo, se a soma das componentes x das forças externas sobre um sistema permanece zero, então a componente x da quantidade de movimento total do sistema permanece constante. Isto é,

$$\text{Se } \Sigma F_{\text{ext}\,x} = 0, \text{então } P_{\text{sis}\,x} = \text{constante} \qquad 8\text{-}6$$

CONSERVAÇÃO DE UMA COMPONENTE DA QUANTIDADE DE MOVIMENTO

ESTRATÉGIA PARA SOLUÇÃO DE PROBLEMAS

Determinação de Velocidades Usando Conservação da Quantidade de Movimento (Equação 8-5)

SITUAÇÃO Verifique se a força externa resultante $\Sigma\vec{F}_{\text{ext}}$ (ou $\Sigma F_{\text{ext}\,x}$) sobre o sistema é desprezível, em algum intervalo de tempo. Se este não for o caso, não prossiga.

SOLUÇÃO

1. Trace um esboço mostrando o sistema antes e após o intervalo de tempo. Inclua os eixos coordenados e indique os vetores velocidades iniciais e finais.
2. Iguale a quantidade de movimento inicial com a final. Isto é, escreva a equação $m_1\vec{v}_{1i} + m_2\vec{v}_{2i} = m_1\vec{v}_{1f} + m_2\vec{v}_{2f}$ (ou $m_1v_{1ix} + m_2v_{2ix} = m_1v_{1fx} + m_2v_{2fx}$).
3. Substitua as informações fornecidas nas equações do passo 2 e determine a quantidade de interesse.

CHECAGEM Certifique-se de incluir os sinais negativos que acompanham as componentes de velocidade, pois eles influem em seu resultado final.

Exemplo 8-1 Um Reparo no Espaço

Durante um reparo do telescópio espacial Hubble, uma astronauta substitui um painel solar avariado. Empurrando para o espaço o painel retirado, ela é empurrada no sentido oposto. A massa da astronauta é 60 kg e a massa do painel é 80 kg. A astronauta e o painel estão inicialmente em repouso, em relação ao telescópio, quando a astronauta empurra o painel. Depois disso, o painel se move a 0,30 m/s em relação ao telescópio. Qual é a subseqüente velocidade da astronauta em relação ao telescópio? (Durante esta operação a astronauta está amarrada à nave; para efeito de cálculos, suponha que o cabo que a prende permanece frouxo.)

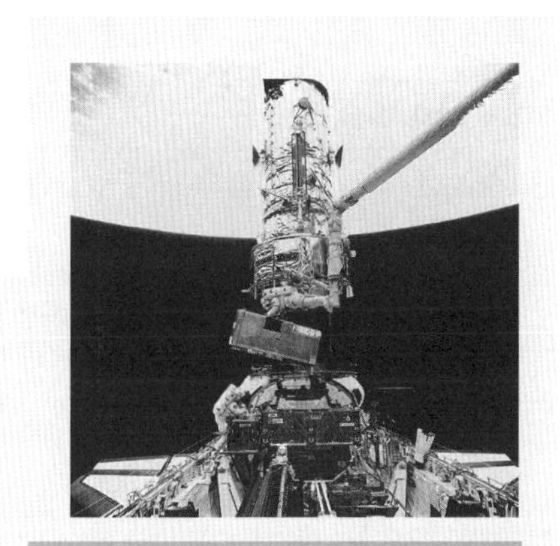

(NASA.)

SITUAÇÃO Vamos escolher como sistema a astronauta mais o painel, e o sentido do movimento do painel como o de $-x$. Para este sistema, não há forças externas, de forma que a quantidade de movimento do sistema é conservada. Como conhecemos as massas da astronauta e do painel, a velocidade da astronauta pode ser encontrada a partir da velocidade do painel, usando conservação da quantidade de movimento. Como a quantidade de movimento total do sistema é inicialmente zero, ela permanece zero.

SOLUÇÃO

1. Esboce uma figura mostrando o sistema antes e depois do empurrão. Inclua os vetores velocidade (Figura 8-1):

2. Aplique a segunda lei de Newton ao sistema. Não há forças externas sobre o sistema, de forma que a quantidade de movimento do sistema permanece constante:

$$\sum_i \vec{F}_{ext} = \frac{d\vec{P}_{sis}}{dt}$$

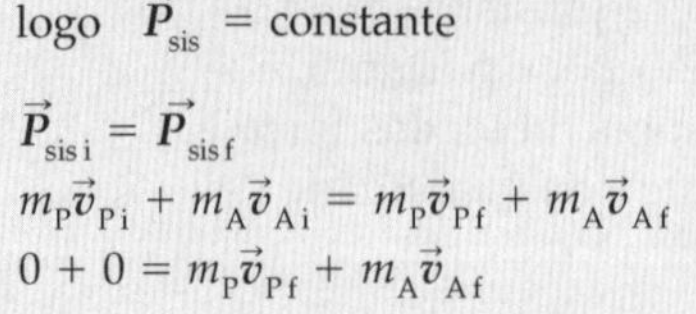

$$0 = \frac{d\vec{P}_{sis}}{dt},$$

$$\text{logo } \vec{P}_{sis} = \text{constante}$$

3. Iguale a quantidade de movimento inicial do sistema à quantidade de movimento final. Como a quantidade de movimento inicial é zero, a quantidade de movimento permanece zero:

$$\vec{P}_{sis\,i} = \vec{P}_{sis\,f}$$

$$m_P\vec{v}_{Pi} + m_A\vec{v}_{Ai} = m_P\vec{v}_{Pf} + m_A\vec{v}_{Af}$$

$$0 + 0 = m_P\vec{v}_{Pf} + m_A\vec{v}_{Af}$$

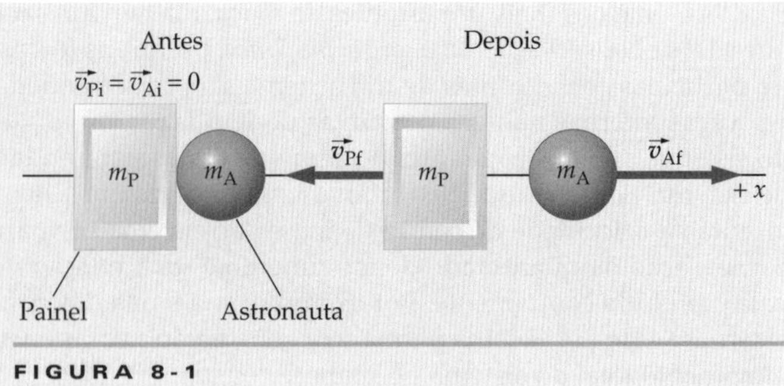

FIGURA 8-1

4. Determine a velocidade da astronauta:

$$\vec{v}_{Af} = -\frac{m_P}{m_A}\vec{v}_{Pf} = -\frac{80\text{ kg}}{60\text{ kg}}(-0{,}30\text{ m/s})\hat{i} = \boxed{(0{,}40\text{ m/s})\hat{i}}$$

CHECAGEM Esperamos que a velocidade da astronauta tenha o sentido de $+x$, já que a velocidade do painel tinha o sentido de $-x$. Também, como a massa da astronauta é menor do que a do painel, esperamos que sua rapidez seja maior do que a do painel. Nosso resultado corresponde a estas duas expectativas.

INDO ALÉM Apesar de a quantidade de movimento ser conservada, a energia mecânica deste sistema aumentou, porque a energia química dos músculos da astronauta foi transformada em energia cinética.

PROBLEMA PRÁTICO 8-1 Determine a energia cinética final do sistema astronauta–painel.

Exemplo 8-2 Um Vagonete Ferroviário

Um vagonete ferroviário de 14000 kg está se dirigindo horizontalmente, a 4,0 m/s, para um pátio de manobras. Ao passar por um silo, 2000 kg de grãos caem subitamente dentro dele. Quanto tempo leva para o carro cobrir a distância de 500 m entre o silo e o pátio de manobras? Suponha que os grãos caíram na vertical e desconsidere o atrito e o arraste do ar.

SITUAÇÃO Podemos encontrar o tempo de viagem a partir da distância percorrida e da rapidez do carro. Considere nosso sistema como o carro com os grãos (Figura 8-2). Seja $+x$ o sentido do movimento do carro. Não há forças externas com componentes x não-nulas, e portanto, a componente x da quantidade de movimento é conservada. A rapidez final do carro cheio de grãos é determinada a partir de sua quantidade de movimento final, que é igual à quantidade de movimento inicial (os grãos têm, inicialmente, quantidade de movimento zero, no sentido $+x$). Sejam m_c e m_g as massas iniciais do carro e dos grãos, respectivamente.

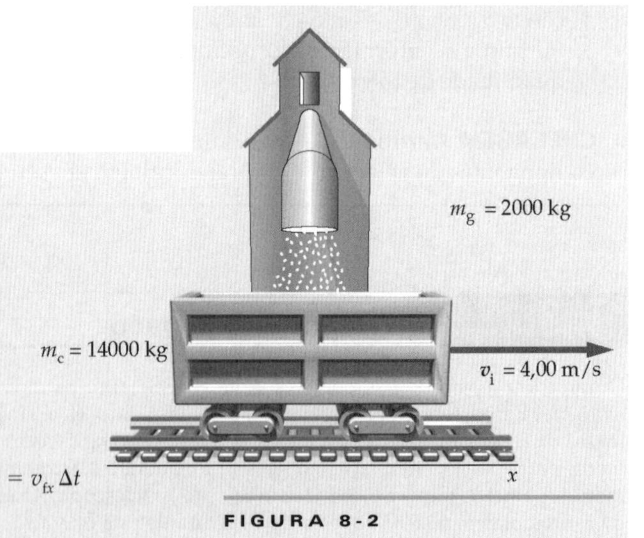

FIGURA 8-2

SOLUÇÃO

1. O tempo para o carro viajar do silo até o pátio está relacionado à distância d ao pátio e à rapidez v_{fx} após a queda dos grãos. Queremos este tempo:

$$d = v_{fx}\,\Delta t$$

2. Esboce um diagrama de corpo livre para o sistema que compreende o carro, os grãos já no carro e os grãos ainda caindo no carro (Figura 8-3). Inclua eixos coordenados:

3. A soma das forças externas que atuam sobre o sistema grãos–carro é igual à taxa de variação da quantidade de movimento do sistema (Equação 8-4):

$$\sum \vec{F}_{i\,ext} = \vec{F}_{g\,grãos} + \vec{F}_{g\,carro} + \vec{F}_n = \frac{d\vec{P}_{sis}}{dt}$$

4. Cada uma das forças externas é vertical, de modo que a componente x de cada uma é zero. Tome a componente x de cada termo do resultado do passo 3. A componente x da força externa resultante é zero, de modo que $P_{sis\,x}$ é constante:

$$F_{g\,grãos\,x} + F_{g\,carro\,x} + F_{nx} = \frac{dP_{sis\,x}}{dt}$$

$$0 + 0 + 0 = \frac{dP_{sis\,x}}{dt}$$

$$\therefore\ P_{sis\,fx} = P_{sis\,ix}$$

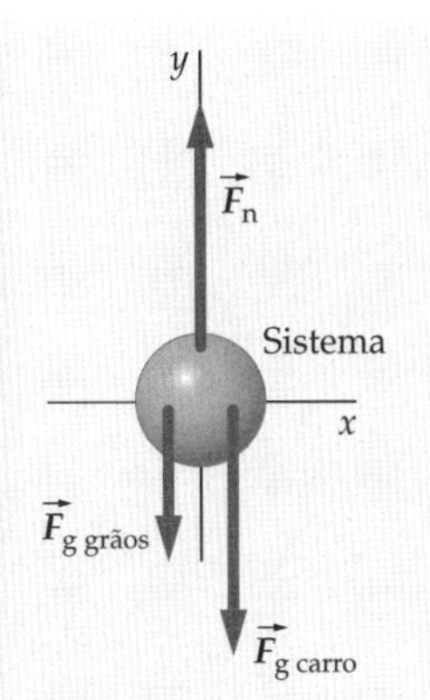

FIGURA 8-3 Três forças atuam sobre o sistema: as forças gravitacionais sobre os grãos e o carro, e a força normal dos trilhos sobre o carro.

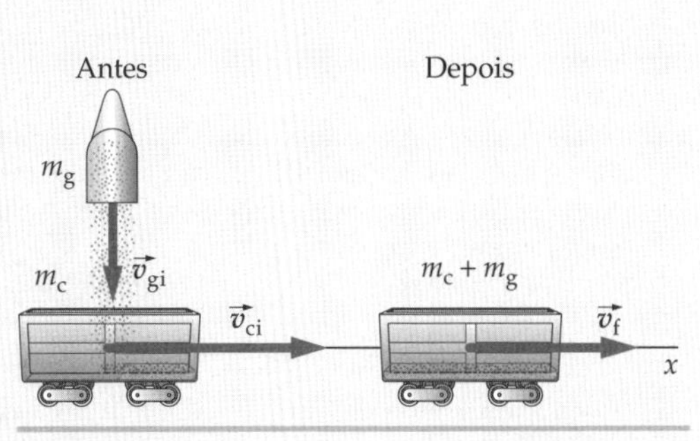

FIGURA 8-4

5. Faça um esboço do sistema antes e depois da colisão (Figura 8-4).

6. Aplique conservação da quantidade de movimento para relacionar a velocidade final v_{fx} à velocidade inicial v_{ix}. A componente x da quantidade de movimento do sistema é conservada:

$$P_{\text{sis f}x} = P_{\text{sis i}x}$$

$$(m_c + m_g)v_{fx} = m_c v_{ix} + m_g(0)$$

7. Determine v_{fx}:

$$v_{fx} = \frac{m_c}{m_c + m_s} v_{ix}$$

8. Substitua o resultado para v_{fx} no passo 1 e determine o tempo:

$$\Delta t = \frac{d}{v_{fx}} = \frac{(m_c + m_s)d}{m_c v_{ix}}$$

$$= \frac{(14\,000\text{ kg} + 2000\text{ kg})(500\text{ m})}{(14\,000\text{ kg})(4{,}00\text{ m/s})}$$

$$= \boxed{1{,}43 \times 10^2\text{ s}}$$

CHECAGEM A massa do carro vazio é sete vezes maior do que a massa dos grãos e, portanto, não esperamos que os grãos façam com que a rapidez do carro seja muito reduzida. Se o carro continuasse com sua rapidez inicial de 4,00 m/s, o tempo para percorrer os 500 m seria de (500 m)/(4,00 m/s) = 125 s. O resultado do passo 8 de 140 s é apenas um pouco maior do que 125 s, conforme esperado.

PROBLEMA PRÁTICO 8-2 Suponha que haja um pequeno vazamento vertical, no fundo do carro, de 10 kg/s. Agora, quanto tempo o carro leva para percorrer os 500 m?

Exemplo 8-3 Praticando Esqueite

Uma esqueitista de 40,0 kg pratica sobre uma prancha de 3,00 kg, segurando dois pesos de 5,00 kg. Partindo do repouso, ela atira os pesos horizontalmente, um de cada vez, de cima da prancha. A rapidez de cada peso após o lançamento, em relação a ela, é 7,00 m/s. Despreze o atrito. (*a*) Qual é a rapidez com que ela se move, no sentido oposto, após atirar o primeiro peso? (*b*) E após atirar o segundo peso?

SITUAÇÃO Considere como sistema o esqueite, a esqueitista e os dois pesos, e seja $-x$ a orientação do lançamento do primeiro peso. Como apenas forças externas desprezíveis com componentes horizontais atuam ao longo da direção x, a componente x da quantidade de movimento do sistema é conservada. Precisamos encontrar a velocidade da esqueitista após atirar cada peso (Figura 8-5). Podemos fazê-lo usando conservação da quantidade de movimento, com a massa

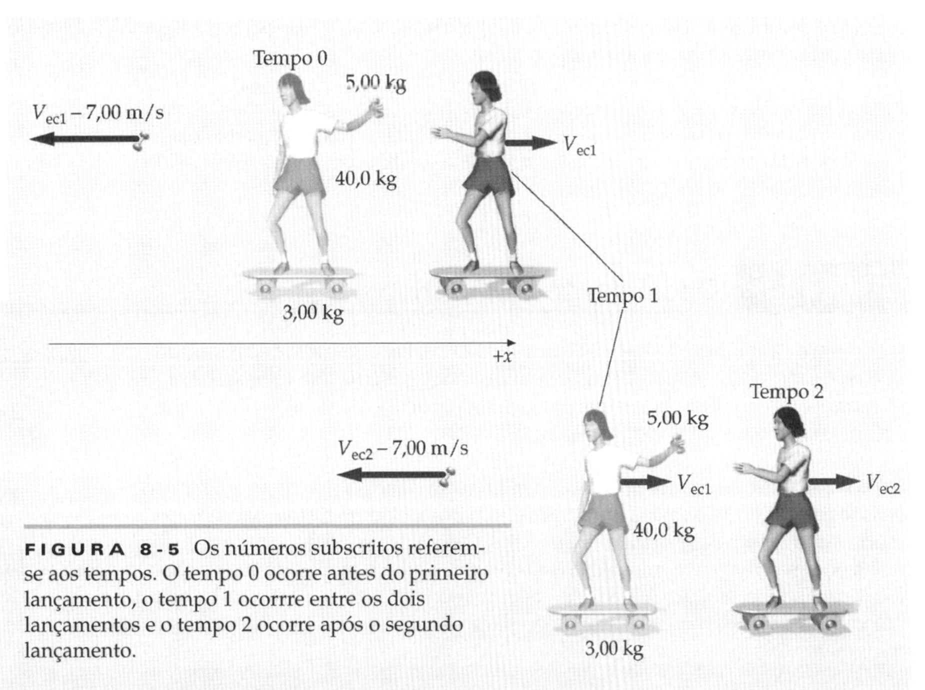

FIGURA 8-5 Os números subscritos referem-se aos tempos. O tempo 0 ocorre antes do primeiro lançamento, o tempo 1 ocorrre entre os dois lançamentos e o tempo 2 ocorre após o segundo lançamento.

m de cada peso valendo 5,00 kg e a massa M do esqueite com a esqueitista valendo 43,0 kg. O chão é um referencial inercial.

SOLUÇÃO

(*a*) 1. Sejam V_{ec1x} e v_{pc1x} as componentes x das velocidades da esqueitista e do peso lançado em relação ao chão, respectivamente. Aplique conservação da quantidade de movimento para o primeiro lançamento:

$$\sum F_x = \frac{dP_{sis\,x}}{dt}$$

$$0 = \frac{dP_{sis\,x}}{dt} \Rightarrow P_{sis\,x} = \text{constante}$$

$$\text{logo} \quad P_{sis\,1x} = P_{sis\,0x}$$

$$(M + m)V_{ec1x} + mv_{pc1x} = 0$$

2. A velocidade do peso lançado, em relação ao chão, é igual à velocidade do peso em relação à esqueitista mais a velocidade da esqueitista em relação ao chão:

$$v_{pc1x} = v_{pe1x} + V_{ec1x}$$

3. Substitua v_{pc1x} no resultado do passo 1 e determine V_{ec1x}:

$$(M + m)V_{ec1x} + m(v_{pe1x} + V_{ec1x}) = 0$$

$$\text{logo} \quad V_{ec1x} = -\frac{m}{M + 2m}v_{pe1x}$$

$$= -\frac{5{,}00\text{ kg}}{43{,}0\text{ kg} + 10{,}0\text{ kg}}(-7{,}00\text{ m/s}) = \boxed{0{,}660\text{ m/s}}$$

(*b*) 1. Repita o passo 1 da Parte (*a*) para o segundo lançamento. Sejam V_{ec2x} e $v_{p'c2x}$ as componentes x das respectivas velocidades da esqueitista e do segundo peso lançado em relação ao chão:

$$P_{sis2x} = P_{sis1x}$$

$$MV_{ec2x} + mv_{p'c2x} = (M + m)V_{ec1x}$$

2. Repita o passo 2 da Parte (*a*) para o segundo lançamento:

$$v_{p'c2x} = v_{p'e2x} + V_{ec2x}$$

3. Substitua $v_{p'c2x}$ no resultado do passo 1 da Parte (*b*) e determine V_{ec2x}:

$$MV_{ec2x} + m(v_{p'e2x} + V_{ec2x}) = (M + m)V_{ec1x}$$

$$\text{logo} \quad V_{ec2x} = \frac{(M + m)V_{ec1x} - mv_{p'e2x}}{M + m} = V_{ec1x} - \frac{m}{M + m}v_{p'e2x}$$

$$= 0{,}660\text{ m/s} - \frac{5{,}00\text{ kg}}{48{,}0\text{ kg}}(-7{,}00\text{ m/s}) = \boxed{1{,}39\text{ m/s}}$$

CHECAGEM Após o segundo lançamento, a massa do esqueite com sua carga é 43,0 kg, o que é 5,00 kg menor do que após o primeiro lançamento. Como a massa é menor no segundo lançamento, esperamos um maior aumento da rapidez da esqueitista durante o segundo lançamento. Nossos resultados mostram que a rapidez dela aumentou de 0,660 m/s durante o primeiro lançamento e de 1,39 m/s − 0,660 m/s = 0,73 m/s durante o segundo lançamento, um pequeno aumento na variação da rapidez, conforme esperado.

INDO ALÉM Este resultado ilustra o princípio do foguete; um foguete se move para a frente lançando seu combustível para trás, na forma de gases de exaustão. À medida que a massa do foguete diminui, sua aceleração aumenta, da mesma forma que a esqueitista ganha mais rapidez durante o segundo lançamento em comparação com o primeiro lançamento.

PROBLEMA PRÁTICO 8-3 Com que rapidez passa a se mover a esqueitista se, partindo do repouso, ela atira os dois pesos simultaneamente? Os pesos se movem com uma rapidez de 7,00 m/s em relação a ela *após o lançamento.* Ela ganha mais rapidez lançando os dois pesos simultaneamente ou seqüencialmente?

Exemplo 8-4 Decaimento Radioativo

Um núcleo radioativo de tório-227 (massa 227 u), em repouso, decai em um núcleo de rádio-223 (massa 223 u), emitindo uma partícula alfa (massa 4,00 u) (Figura 8-6). A medida da energia cinética da partícula α é de 6,00 MeV. Qual é a energia cinética de recuo do núcleo de rádio?

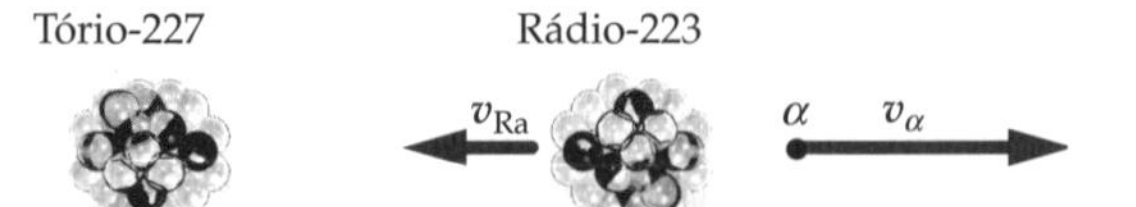

FIGURA 8-6

SITUAÇÃO Um decaimento de uma partícula em duas partículas é como uma colisão acontecendo de trás para a frente no tempo. Não há forças externas, de modo que a quantidade de movimento do sistema é conservada. Lembre-se de que a energia cinética de um corpo é $K = \frac{1}{2}mv^2$. Como o núcleo de tório antes do decaimento está em repouso, sua quantidade de movimento total é zero. Portanto, podemos relacionar a velocidade do núcleo de rádio com a da partícula alfa, usando conservação da quantidade de movimento.

SOLUÇÃO

1. Escreva a energia cinética do núcleo de rádio, K_{ra}, em termos de sua massa m_{ra} e de sua rapidez v_{ra}:

$$K_{ra} = \tfrac{1}{2}m_{ra}v_{ra}^2$$

2. Escreva a energia cinética da partícula alfa, K_α, em termos de sua massa m_α e de sua rapidez v_α:

$$K_\alpha = \tfrac{1}{2}m_\alpha v_\alpha^2$$

3. Use conservação da quantidade de movimento para relacionar v_{ra} com v_α. O núcleo de tório estava em repouso, e portanto, a quantidade de movimento do sistema é zero:

$$m_\alpha v_\alpha = m_{ra}v_{ra}$$

4. Explicite v_{ra} e v_α dos resultados do passo 1 e do passo 2, e substitua no resultado do passo 3:

$$K_{ra} = \tfrac{1}{2}m_{ra}v_{ra}^2 \qquad K_\alpha = \tfrac{1}{2}m_\alpha v_\alpha^2$$

$$v_{ra} = \left(\frac{2K_{ra}}{m_{ra}}\right)^{1/2} \qquad v_\alpha = \left(\frac{2K_\alpha}{m_\alpha}\right)^{1/2}$$

$$\text{logo} \quad m_\alpha\left(\frac{2K_\alpha}{m_\alpha}\right)^{1/2} = m_{ra}\left(\frac{2K_{ra}}{m_{ra}}\right)^{1/2}$$

5. Determine K_{ra} do resultado do passo 4:

$$K_{ra} = \frac{m_\alpha}{m_{ra}}K_\alpha = \frac{4{,}00\text{ u}}{223\text{ u}}(6{,}00\text{ MeV}) = \boxed{0{,}107\text{ MeV}}$$

CHECAGEM Vamos checar o resultado do passo 5, $K_{ra} = (m_\alpha/m_{ra})K_\alpha$ para vários valores da razão m_α/m_{ra}. Se as duas massas são iguais, nosso resultado fornece $K_{ra} = K_\alpha$, como esperado. Se $m_\alpha \ll m_{ra}$, então nosso resultado fornece $K_{ra} \ll K_\alpha$, o que significa que a energia cinética da partícula alfa é muito maior do que a do núcleo de rádio. Isto também significa que a rapidez da partícula alfa é muito maior do que a do núcleo de rádio, como esperado.

INDO ALÉM Neste processo, parte da energia de repouso do núcleo de tório é convertida em energia cinética da partícula alfa e do núcleo de rádio. A massa do núcleo de tório é maior do que a soma das massas da partícula alfa e do núcleo de rádio, em uma quantidade igual a $(K_\alpha + K_{ra})/c^2 = 6{,}11\text{ MeV}/c^2$.

8-2 ENERGIA CINÉTICA DE UM SISTEMA

Se a força externa resultante sobre um sistema de partículas permanece nula, então a quantidade de movimento do sistema deve permanecer constante; no entanto, a energia mecânica total do sistema pode variar. Como vimos nos exemplos da sessão anterior, forças internas que não podem alterar a quantidade de movimento total podem ser não-conservativas e, portanto, alterar a energia mecânica total do sistema. Há um importante teorema relacionado à energia cinética de um sistema de partículas que nos permite tratar a energia de sistemas complexos de forma mais fácil e que nos dá algumas indicações sobre as variações de energia do sistema:

> A energia cinética de um sistema de partículas pode ser escrita como a soma de dois termos: (1) a energia cinética associada ao movimento do centro de massa, $\frac{1}{2}Mv_{cm}^2$, onde M é a massa total do sistema; e (2) a energia cinética associada ao movimento das partículas do sistema em relação ao centro de massa, $\Sigma\frac{1}{2}m_iu_i^2$, onde $\vec{u}_i$ é a velocidade da i-ésima partícula em relação ao centro de massa.

TEOREMA DA ENERGIA CINÉTICA DE UM SISTEMA

Logo,

$$K = \sum_i \tfrac{1}{2}m_iv_{cm}^2 + \sum_i \tfrac{1}{2}m_iu_i^2 = \tfrac{1}{2}Mv_{cm}^2 + K_{rel} \qquad 8\text{-}7$$

ENERGIA CINÉTICA DE UM SISTEMA DE PARTÍCULAS

onde M é a massa total e K_{rel} é a energia cinética das partículas *em relação ao centro de massa.*

Para provar este teorema, lembre-se de que a energia cinética K de um sistema de partículas é a soma das energias cinéticas das partículas individuais:

***Veja* o Tutorial Matemático *para mais informações sobre* Fatoração**

$$K = \sum_i K_i = \sum_i \tfrac{1}{2} m_i v_i^2 = \sum_i \tfrac{1}{2} m_i (\vec{v}_i \cdot \vec{v}_i)$$

onde usamos o fato de que $v_i^2 = \vec{v}_i \cdot \vec{v}_i$. A velocidade da i-ésima partícula pode ser escrita como a soma da velocidade do centro de massa, $\vec{v}_{cm}$, com a velocidade da i-ésima partícula em relação ao centro de massa, $\vec{u}_i$:

$$\vec{v}_i = \vec{v}_{cm} + \vec{u}_i \qquad 8\text{-}8$$

Substituindo, obtemos

$$K = \sum_i \tfrac{1}{2} m_i (\vec{v}_i \cdot \vec{v}_i) = \sum_i \tfrac{1}{2} m_i (\vec{v}_{cm} + \vec{u}_i) \cdot (\vec{v}_{cm} + \vec{u}_i)$$
$$= \sum_i \tfrac{1}{2} m_i (v_{cm}^2 + u_i^2 + 2\vec{v}_{cm} \cdot \vec{u}_i)$$

Podemos escrever isto como a soma de três termos:

$$K = \sum_i \tfrac{1}{2} m_i v_{cm}^2 + \sum_i \tfrac{1}{2} m_i u_i^2 + \vec{v}_{cm} \cdot \sum_i m_i \vec{u}_i$$

onde no termo mais à direita fatoramos $\vec{v}_{cm}$ da soma ($\vec{v}_{cm}$ é um parâmetro do sistema e não varia de partícula para partícula). A quantidade $\Sigma m_i \vec{u}_i$ é igual a $M\vec{u}_{cm}$, onde $\vec{u}_{cm}$ é a velocidade do centro de massa em relação ao centro de massa. Segue que $\vec{u}_{cm}$ e, portanto, $\Sigma m_i \vec{u}_i$ são iguais a zero. (A velocidade de qualquer coisa em relação a si próprio é sempre igual a zero.) Como $\Sigma m_i \vec{u}_i$ é igual a zero,

$$K = \sum_i \tfrac{1}{2} m_i v_{cm}^2 + \sum_i \tfrac{1}{2} m_i u_i^2 = \tfrac{1}{2} M v_{cm}^2 + K_{rel}$$

o que completa a prova da Equação 8-7. Se a força externa resultante é zero, $\vec{v}_{cm}$ permanece constante e a energia cinética associada ao movimento do sistema como um todo, $\tfrac{1}{2} M v_{cm}^2$, não varia. Apenas a energia cinética relativa K_{rel} pode variar, em um sistema isolado.

PROBLEMA PRÁTICO 8-4

O disco A, deslizando sobre um trilho de ar horizontal sem atrito, se move a 1,0 m/s no sentido $+x$. Um disco idêntico, B, está em repouso sobre o trilho, à frente de A. A massa de cada disco é 1,0 kg e o sistema consiste nos dois discos. (*a*) Qual é a velocidade do centro de massa e qual é a velocidade de cada disco em relação ao centro de massa? (*b*) Qual é a energia cinética de cada disco em relação ao centro de massa? (*c*) Qual é a energia cinética total em relação ao centro de massa? (*d*) Os discos colidem e permanecem grudados um ao outro. Quanto passa a ser, então, a energia cinética total em relação ao centro de massa?

8-3 COLISÕES

Um automóvel colide de frente com outro automóvel. Um taco atinge uma bola de beisebol. Um dardo se encrava, com um baque surdo, na mosca do alvo. Estes são exemplos de colisões entre dois corpos que se aproximam e interagem fortemente em um tempo muito curto.

Durante o curto tempo da colisão, quaisquer forças externas sobre os dois corpos são, usualmente, muito mais fracas do que as forças de interação entre eles. Assim, os corpos que colidem podem ser tratados, usualmente, como um sistema isolado durante a colisão. Durante a colisão, as únicas forças significativas são as forças internas de interação, que são iguais e opostas. Como resultado, a quantidade de movimento é conservada. Isto é, a quantidade de movimento total do sistema no instante antes da colisão é igual à quantidade de movimento total no instante após a colisão. Adicionalmente, o tempo de colisão é usualmente tão curto que os deslocamentos dos corpos *durante a colisão* podem ser desprezados.

Quando a energia cinética total do sistema de dois corpos é a mesma antes e depois da colisão, a colisão é chamada de **colisão elástica**. Caso contrário, ela é chamada de **colisão inelástica**. Um caso extremo é o da **colisão perfeitamente elástica**, durante a qual toda a energia cinética em relação ao centro de massa é convertida em energia térmica ou interna do sistema, e os dois corpos passam a ter a mesma velocidade comum (com freqüência, grudados um ao outro), no final da colisão. Examinaremos estes diferentes tipos de colisão com mais detalhes, mais adiante nesta seção.

IMPULSO E FORÇA MÉDIA

Quando dois corpos colidem, eles usualmente exercem forças muito grandes um sobre o outro, durante um tempo muito curto. A força exercida por um taco de beisebol sobre a bola, por exemplo, pode ser vários milhares de vezes o peso da bola, mas esta força enorme é exercida por apenas um milissegundo, ou algo parecido. Tais forças são, às vezes, chamadas de *forças impulsivas*. A Figura 8-7 mostra a variação no tempo da magnitude de uma força típica exercida por um objeto sobre outro durante uma colisão. A força é grande durante a maior parte do intervalo de tempo $\Delta t = t_f - t_i$ da colisão. Para outros tempos, a força pode ser desprezada, de tão pequena. O **impulso** $\vec{I}$ de uma força $\vec{F}$ durante o intervalo de tempo $\Delta t = t_f - t_i$ é um vetor definido como

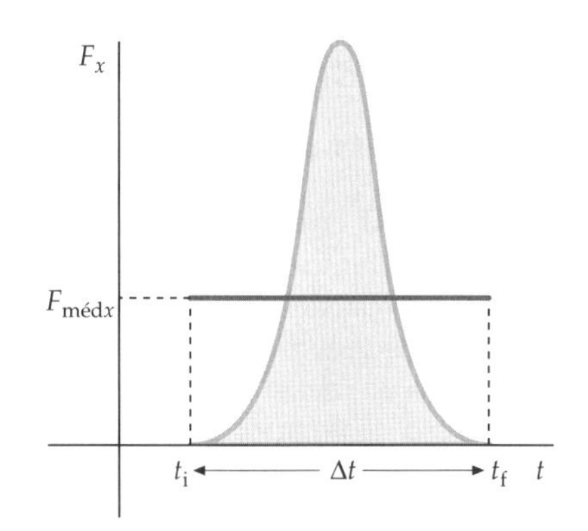

FIGURA 8-7 Típica variação da força com o tempo durante uma colisão. A área sob a curva F_x *versus* t é a componente x do impulso, I_x. $F_{méd\,x}$ é a força média no intervalo de tempo Δt. A área retangular $F_{méd\,x}\,\Delta t$ é igual à área sob a curva F_x *versus* t.

$$\vec{I} = \int_{t_i}^{t_f} \vec{F}\,dt \qquad 8\text{-}9$$

DEFINIÇÃO — IMPULSO

O impulso é uma medida da intensidade e da duração da força de colisão. A componente x do impulso da força é a área sob a curva F_x *versus* t e a unidade SI do impulso é o newton vezes segundo (N · s).

A força resultante $\vec{F}_{res}$ que atua sobre uma partícula está relacionada à taxa de variação da quantidade de movimento da partícula pela segunda lei de Newton: $\vec{F}_{res} = d\vec{p}/dt$. Integrando no tempo os dois lados desta equação, temos

$$\int_{t_i}^{t_f} \vec{F}_{res}\,dt = \int_{t_i}^{t_f} \frac{d\vec{p}}{dt}dt = \vec{p}_f - \vec{p}_i$$

Reconhecendo o lado esquerdo desta equação como o impulso da força resultante, fica

$$\vec{I}_{res} = \Delta\vec{p} \qquad 8\text{-}10$$

TEOREMA DO IMPULSO–QUANTIDADE DE MOVIMENTO PARA UMA PARTÍCULA

onde $\vec{I}_{res} = \int_{t_i}^{t_f} \vec{F}_{res}dt$ e $\Delta\vec{p} = \vec{p}_f - \vec{p}_i$. A Equação 8-10 é o chamado teorema do impulso–quantidade de movimento *para uma partícula*. Também, o impulso resultante sobre *um sistema*, causado pelas forças externas que atuam sobre o sistema, é igual à variação da quantidade de movimento total do sistema:

$$\vec{I}_{ext\,res} = \int_{t_i}^{t_f} \vec{F}_{ext\,res}dt = \Delta\vec{P}_{sis} \qquad 8\text{-}11$$

TEOREMA DO IMPULSO–QUANTIDADE DE MOVIMENTO PARA UM SISTEMA

Por definição, a média de uma força $\vec{F}$ no intervalo $\Delta t = t_f - t_i$ é dada por

$$\vec{F}_{méd} = \frac{1}{\Delta t}\int_{t_i}^{t_f} \vec{F}\,dt = \frac{1}{\Delta t}\vec{I} \qquad 8\text{-}12$$

FORÇA MÉDIA

Rearranjando,

$$\vec{I} = \vec{F}_{méd}\,\Delta t \qquad 8\text{-}13$$

IMPULSO E FORÇA MÉDIA

A força média é a força constante que imprime o mesmo impulso que a força real, no intervalo de tempo Δt, como mostrado pelo retângulo da Figura 8-7. A força resultante média pode ser calculada a partir da variação da quantidade de movimento, se o tempo da colisão é conhecido. Este tempo pode, com freqüência, ser estimado usando-se o deslocamento de um dos corpos durante a colisão.

ESTRATÉGIA PARA SOLUÇÃO DE PROBLEMAS

Estimando uma Força Média

SITUAÇÃO Para estimar a força média $\vec{F}_{\text{méd}}$, primeiro estimamos o impulso da força, $\vec{I}$. O impulso da força é igual ao impulso resultante (supondo todas as outras forças desprezíveis). O impulso resultante é igual à variação da quantidade de movimento, e a variação da quantidade de movimento é igual ao produto da massa m pela variação da velocidade $\vec{v}_f - \vec{v}_i$. Uma estimativa da variação da velocidade pode ser obtida estimando-se o tempo de colisão Δt e o deslocamento $\Delta\vec{r}$.

SOLUÇÃO

1. Calcule (ou estime) o impulso $\vec{I}$ e o tempo Δt. Esta estimativa supõe que, durante a colisão, a força de colisão sobre o corpo é muito grande em comparação com todas as outras forças sobre ele. Este procedimento funciona *apenas* se o deslocamento durante a colisão pode ser determinado.
2. Faça um esboço mostrando a posição do corpo antes e depois da colisão. Coloque eixos coordenados e identifique as velocidades antes e depois da colisão, $\vec{v}_i$ e $\vec{v}_f$. Adicionalmente, indique o deslocamento $\Delta\vec{r}$ durante a colisão.
3. Calcule a variação da quantidade de movimento do corpo durante a colisão. O impulso sobre o corpo é igual a esta variação ($\vec{I} = \Delta\vec{p} = m\,\Delta\vec{v}$).
4. Use a cinemática para estimar o tempo de colisão. Isto significa usar $\vec{v}_{\text{méd}} \approx \frac{1}{2}(\vec{v}_i + \vec{v}_f)$ e $\Delta\vec{r} = \vec{v}_{\text{méd}}\Delta t$ para obter $\Delta\vec{r} \approx \frac{1}{2}(\vec{v}_i + \vec{v}_f)\Delta t$, e daí explicitar Δt.
5. Use $\vec{F}_{\text{méd}} = \vec{I}/\Delta t = m\,\Delta\vec{v}/\Delta t$ para calcular a força média (Equação 8-13).

CHECAGEM A força média é um vetor. Sua resposta para a força média deve ter a mesma orientação da variação do vetor velocidade.

Exemplo 8-5 Um Golpe de Caratê

Com um eficiente golpe de caratê, você parte um bloco de concreto. Seja 0,70 kg a massa da sua mão, que se move a 5,0 m/s quando atinge o bloco, parando 6,00 mm além do ponto de contato. (*a*) Qual é o impulso que o bloco exerce sobre sua mão? (*b*) Quais são o tempo aproximado de colisão e a força média que o bloco exerce sobre sua mão?

SITUAÇÃO O impulso resultante é igual à variação da quantidade de movimento $\Delta\vec{p}$. Encontramos $\Delta\vec{p}$ a partir da massa e da velocidade da sua mão. O tempo de colisão da Parte (*b*) vem do deslocamento durante a colisão, informado, e *estimando-se* a velocidade média durante a colisão usando uma fórmula da cinemática para aceleração constante.

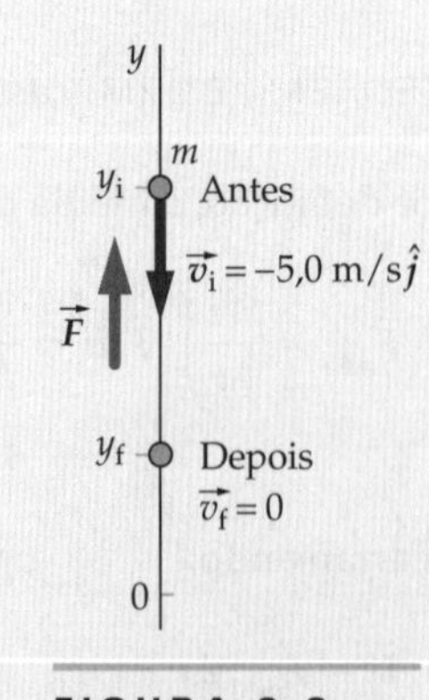

FIGURA 8-8

SOLUÇÃO

(*a*) 1. Faça um esboço de sua mão e do bloco, antes e depois da colisão. Antes, a borda da sua mão está justamente atingindo o bloco. Inclua um eixo coordenado vertical no esboço (Figura 8-8).

2. Iguale o impulso à variação da quantidade de movimento: $\vec{I} = \Delta\vec{p} = m\,\Delta\vec{v}$

3. A velocidade inicial $\vec{v}_i$ é a da mão justo antes de atingir o bloco. A velocidade final é zero: $\vec{v}_i = -5{,}0\text{ m/s}\,\hat{j}$; $\vec{v}_f = 0$

4. Substitua os valores do passo 3 na equação do passo 2 para encontrar o impulso exercido pelo bloco sobre sua mão:

$$\vec{I} = m\,\Delta\vec{v} = (0{,}70\text{ kg})[0 - (-5{,}0\text{ m/s}\,\hat{j})] = 3{,}5\text{ kg}\cdot\text{m/s}\,\hat{j} = \boxed{3{,}5\text{ N}\cdot\text{s}\,\hat{j}}$$

(*b*) 1. O deslocamento é igual à velocidade média multiplicada pelo tempo. Estimamos a velocidade média supondo constante a aceleração. Para a_y constante, $v_{\text{méd}\,y} \approx \frac{1}{2}(v_{iy} + v_{fy})$:

$$\Delta y = v_{\text{méd}}\Delta t \approx \tfrac{1}{2}(v_{iy} + v_{fy})\,\Delta t$$

2. Como escolhemos a orientação $+y$ para cima, Δy e $v_{\text{méd } y}$ são ambos negativos. Calcule Δt:

$$\Delta t \approx \frac{\Delta y}{\frac{1}{2}(v_{iy} + v_{fy})} = \frac{-0{,}006\text{ m}}{-2{,}5\text{ m/s}} = 0{,}0024\text{ s} = 2{,}4\text{ ms}$$

3. Da Equação 8-12, a força média é o impulso dividido pelo tempo de colisão:

$$\vec{F}_{\text{méd}} = \frac{\vec{I}}{\Delta t} = \frac{3{,}5\text{ N}\cdot\text{s}\,\hat{j}}{2{,}4\text{ ms}} = \boxed{1{,}5\text{ kN}\,\hat{j}}$$

CHECAGEM A força média sobre sua mão tem a orientação de $+y$ (para cima). Esta é a mesma orientação da variação do vetor velocidade, como esperado. (A força média exercida pela borda da sua mão sobre o bloco é igual e oposta à força média do bloco sobre sua mão.)

INDO ALÉM Note que a força média é relativamente grande. Se a massa de uma mão é de cerca de um quilograma, a força média é cerca de 150 vezes o peso da mão. A força média de colisão é muito maior que a força gravitacional sobre a mão durante a colisão.

Exemplo 8-6 Um Carro Amassado

Um carro, com um manequim de testes automobilísticos de 80 kg (Figura 8-9), se choca com uma massiva parede de concreto a 25 m/s (cerca de 56 mi/h). Estime o deslocamento do manequim durante a colisão.

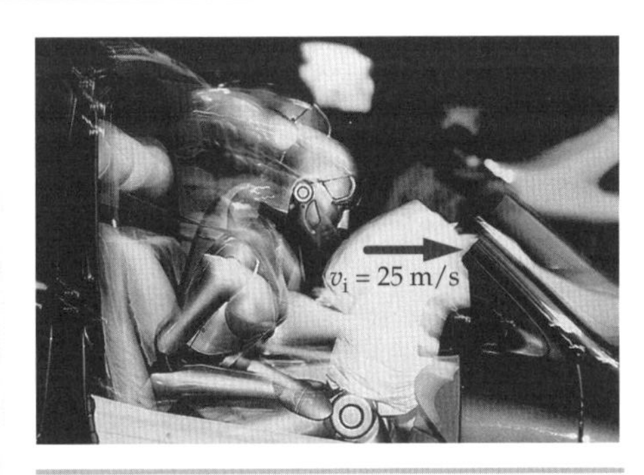

FIGURA 8-9 *(Romily Lockyer/The Image Bank.)*

SITUAÇÃO O compartimento de passageiros de um carro moderno é projetado para permanecer rígido, enquanto a frente e a traseira do carro são projetados para serem amassadas com o impacto. Suponha o manequim a meio caminho entre os pára-choques dianteiro e traseiro, e que a parte da frente do carro sofra um amassamento total.

SOLUÇÃO

1. A dianteira do carro é o compartimento do motor, do radiador, da grade e do pára-choque. Estime a fração do comprimento total do carro que a dianteira ocupa. — A parte dianteira é aproximadamente 25 por cento do comprimento do carro.

2. Estime o deslocamento do compartimento de passageiros se a dianteira fica completamente amassada. — Como a frente fica totalmente amassada, o deslocamento do resto do carro, incluindo o manequim, deve ser igual a 25 por cento do comprimento do carro.

3. Estime o comprimento de um carro típico. — O comprimento do carro é de cerca de 4,0 m (cerca de 13 ft).

4. O deslocamento é igual ao comprimento da dianteira. — O comprimento do deslocamento é 25 por cento do comprimento do carro, cerca de $\boxed{1{,}0\text{ m}}$.

CHECAGEM O manequim estava a 2,0 m da parede quando do impacto. Nosso resultado é a metade desta distância, o que é plausível.

Exemplo 8-7 Um Teste de Batida — *Tente Você Mesmo*

Para a batida descrita no Exemplo 8-6, estime a força média que o cinto de segurança exerce sobre o manequim durante a batida.

SITUAÇÃO Para estimar a força média, calcule o impulso $\vec{I}$ e, então, divida-o por uma estimativa do tempo de colisão, Δt.

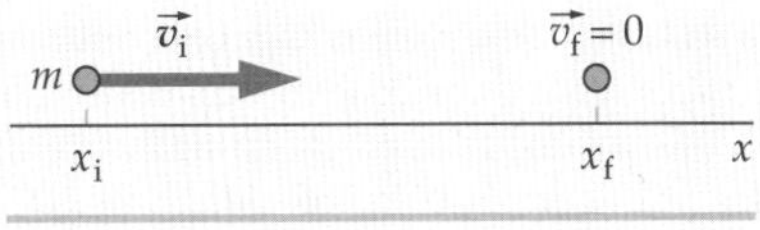

m $\vec{v}_i$ $\vec{v}_f = 0$ x_i x_f x

FIGURA 8-10

SOLUÇÃO

Cubra a coluna da direita e tente por si só antes de olhar as respostas.

Passos	Respostas
1. Relacione a força média com o impulso, e portanto, com a variação da quantidade de movimento.	$\vec{I} = \vec{F}_{\text{méd}}\Delta t = \Delta\vec{p}$
2. Esboce uma figura, indicando o manequim antes e depois da batida (Figura 8-10).	
3. Encontre a variação da quantidade de movimento do manequim. Faça com que a orientação $+x$ seja para a frente em relação ao carro.	$\Delta\vec{p} = m\vec{v}_f - m\vec{v}_i = -2000\text{ N}\cdot\text{s}\,\hat{i}$

4. Relacione o tempo ao deslocamento, supondo aceleração constante. $\Delta x = v_{méd}\,\Delta t$
5. Tome o deslocamento do manequim, durante a batida, do passo 4 do Exemplo 8-6. $\Delta x = 1{,}0\text{ m}$
6. Estime a velocidade média e use-a, juntamente com os resultados dos passos 4 e 5, para encontrar o tempo. $\vec{v}_{méd} \approx \frac{1}{2}(\vec{v}_f + \vec{v}_i) = 12{,}5\text{ m/s}\,\hat{i}$, logo $\Delta t = 0{,}0080\text{ s} = 8{,}0\text{ ms}$
7. Substitua os resultados dos passos 3 e 6 no resultado do passo 1 para obter a força. $\vec{F}_{méd} = \boxed{-25\text{ kN}\hat{i}}$

CHECAGEM A força média tem a orientação de $-x$, que é oposta à orientação do movimento do carro. Este resultado é o que se espera, porque a força deve ser oposta ao movimento do manequim para a frente.

INDO ALÉM A magnitude da aceleração média é $a_{méd} = \Delta v/\Delta t \approx 300\text{ m/s}^2$, ou cerca de $30g$. Uma aceleração como esta significa uma força resultante cerca de 30 vezes o peso do manequim, claramente o suficiente para causar sérios ferimentos. Um airbag aumenta um pouco o tempo de parada, o que ajuda a reduzir a força. Adicionalmente, o airbag permite que a força seja distribuída por uma área muito maior. Na Figura 8-11, o gráfico (*a*) mostra a força média sobre o manequim como função da distância de parada. Sem cinto de segurança ou airbag, ou você voa através do pára-brisa, ou é parado, em uma pequena fração de metro, pelo painel ou pelo volante. O gráfico (*b*) mostra a força como função da velocidade inicial para três valores de distância de parada: 2,0 m, 1,5 m e 1,0 m.

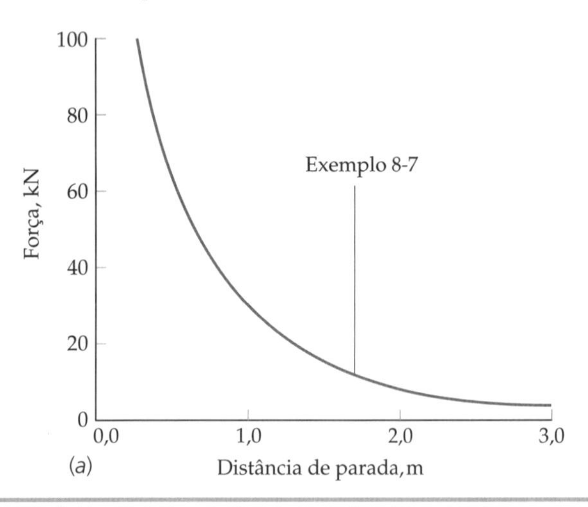

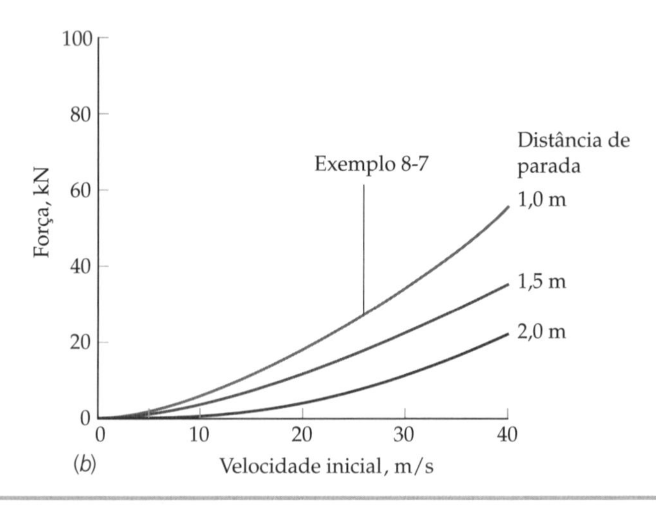

FIGURA 8-11

Exemplo 8-8 Jogando Golfe

Você acerta uma bola de golfe com um taco de ferro. Faça estimativas razoáveis para as magnitudes (*a*) do impulso $\vec{I}$, (*b*) do tempo de colisão Δt e (*c*) da força média $\vec{F}_{méd}$. Uma bola de golfe típica tem uma massa $m = 45$ g e um raio $r = 2{,}0$ cm. Para um taco típico, o alcance R é aproximadamente de 190 m (cerca de 210 jardas). Suponha a bola abandonando o solo a um ângulo $\theta_0 = 13°$ acima da horizontal (Figura 8-12).

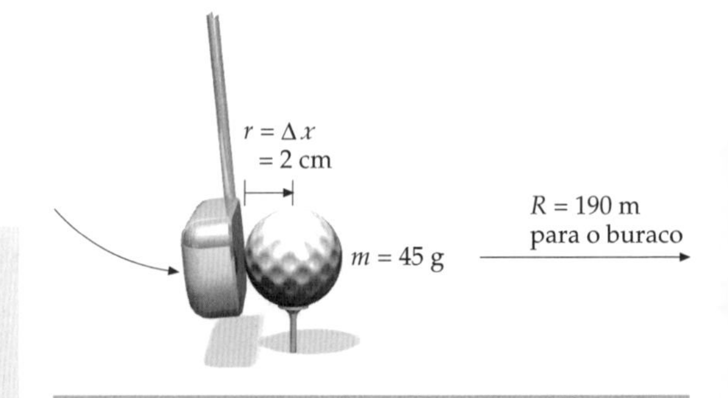

FIGURA 8-12

SITUAÇÃO Seja v_0 a rapidez com que a bola abandona o taco. O impulso sobre a bola é igual à variação de sua quantidade de movimento (mv_0) durante a colisão. Estimamos v_0 a partir do alcance. Estimamos o tempo de colisão a partir do deslocamento Δx e da velocidade média $\frac{1}{2}(v_{ix} + v_{fx})$ durante a colisão, supondo a aceleração constante. Tomando $\Delta x = 2{,}0$ cm (metade do diâmetro da bola), a força média é, então, obtida a partir do impulso $\vec{I}$ e do tempo de colisão Δt.

SOLUÇÃO

(*a*) 1. Escreva a igualdade entre impulso e variação da quantidade de movimento da bola: $I_x = F_{méd\,x}\,\Delta t = \Delta p_x$

2. Faça um esboço mostrando a bola nas posições antes e depois da colisão (Figura 8-13):

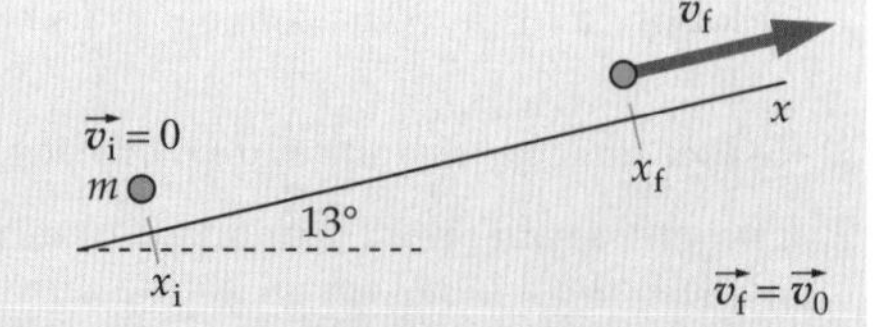

FIGURA 8-13

3. A rapidez v_f, imediatamente após a colisão, está relacionada ao alcance R, que é dado por $R = (v_0^2/g)\,\text{sen}\,2\theta_0$ (Equação 2-23), com v_0 igual à rapidez após a colisão, v_f:

$$R = \frac{v_f^2}{g}\,\text{sen}\,2\theta_0$$

4. Faça $\theta_0 = 13°$ e calcule a rapidez inicial para o movimento de projéteis:

$$v_0 = \sqrt{\frac{Rg}{\text{sen}\,2\theta_0}} = \sqrt{\frac{(190\text{ m})(9{,}81\text{ m/s}^2)}{\text{sen}\,26°}} = 65{,}2\text{ m/s}$$

5. Use este valor para calcular o impulso:

$$I_x = \Delta p_x = m(v_{0x} - 0) = (0{,}045\text{ kg})(65{,}2\text{ m/s})$$
$$= 2{,}93\text{ kg}\cdot\text{m/s} = \boxed{2{,}90\text{ N}\cdot\text{s}}$$

(*b*) Calcule o tempo de colisão Δt usando $\Delta x = 2{,}0$ cm e $v_{\text{méd}\,x} = \frac{1}{2}(v_{ix} + v_{fx})$:

$$\Delta t = \frac{\Delta x}{v_{\text{méd}x}} = \frac{\Delta x}{\frac{1}{2}(0 + v_0)} = \frac{0{,}020\text{ m}}{\frac{1}{2}(65{,}2\text{ m/s})}$$
$$= 6{,}13 \times 10^{-4}\text{ s} = \boxed{6{,}1 \times 10^{-4}\text{ s}}$$

(*c*) Use os valores calculados de I_x e de Δt para encontrar a magnitude da força média:

$$F_{\text{méd}} = F_{\text{méd}x} = \frac{I_x}{\Delta t} = \frac{2{,}93\text{ N}\cdot\text{s}}{6{,}13 \times 10^{-4}\text{ s}} = 4{,}78\text{ kN} = \boxed{4{,}8\text{ kN}}$$

CHECAGEM O peso da bola é mg, o que vale $(0{,}045\text{ kg})(9{,}81\text{ N/kg}) \approx 0{,}50$ N. Encontramos que a força do taco de golfe sobre a bola é muitas vezes maior do que o peso da bola, conforme esperado.

INDO ALÉM Neste exemplo, a força do ar sobre a bola foi deixada de lado, em nossa análise. No entanto, para uma tacada de golfe real, os efeitos do ar são definitivamente *não* desprezíveis, como qualquer jogador hábil pode verificar.

FIGURA 8-14 Em uma corrida de *stock car*, o piloto às vezes toca o carro à sua frente para "enviar uma mensagem" — um exemplo de colisão inelástica. (*Sam Sharpe/ The Sharpe Image/Corbis.*)

COLISÕES UNIDIMENSIONAIS

Colisões em que os corpos que se chocam estão se movendo sobre a mesma linha reta, digamos o eixo x, tanto antes, quanto durante e após o choque, são chamadas de colisões unidimensionais (Figura 8-14).

Para movimento ao longo do eixo x, v representa a rapidez e v_x representa a velocidade (uma quantidade dotada de sinal). Vamos, agora, substituir esta convenção por uma notação menos específica porém mais concisa. Na discussão a seguir, e no resto deste livro, o símbolo "v" pode representar tanto uma rapidez quanto uma velocidade em uma dimensão. A cada vez que aparecer v, o leitor deverá ter condições de determinar, a partir do contexto, se v representa uma rapidez ou uma velocidade.

> ! O símbolo "v" pode representar tanto uma rapidez quanto uma velocidade em uma dimensão. (Em uma dimensão, a velocidade é uma quantidade dotada de sinal.)

Seja um corpo de massa m_1 com velocidade inicial v_{1i} que se aproxima de um segundo corpo, de massa m_2, que se move no mesmo sentido com velocidade inicial v_{2i}. Se $v_{2i} < v_{1i}$, os corpos colidirão. Sejam v_{1f} e v_{2f} as velocidades após a colisão. Os dois corpos podem ser considerados como um sistema isolado. A conservação da quantidade de movimento fornece uma equação entre as duas grandezas desconhecidas, v_{1f} e v_{2f}:

$$m_1 v_{1f} + m_2 v_{2f} = m_1 v_{1i} + m_2 v_{2i} \qquad 8\text{-}14$$

Para determinar v_{1f} e v_{2f}, uma segunda equação é necessária. Esta segunda equação depende do tipo de colisão.

Colisões perfeitamente inelásticas Nas colisões *perfeitamente* inelásticas, os corpos *possuem a mesma velocidade depois da colisão*, freqüentemente porque eles grudam um no outro. Uma colisão suave entre um vagão ferroviário em movimento e um outro vagão inicialmente em repouso, na qual os dois vagões engatam (Figura 8-15), é uma colisão perfeitamente inelástica. Para colisões perfeitamente inelásticas, as velocidades finais são iguais entre si e à velocidade do centro de massa:

$$v_{1f} = v_{2f} = v_{cm}$$

Substituindo este resultado na Equação 8-14, obtemos

$$(m_1 + m_2)v_{cm} = m_1 v_{1i} + m_2 v_{2i} \qquad 8\text{-}15$$

FIGURA 8-15 A locomotiva encosta no vagão, provocando o engate entre os dois — um exemplo de colisão perfeitamente inelástica. (*Cortesia de Dick Tinder.*)

Às vezes, é útil expressar a energia cinética K de uma partícula em termos de sua quantidade de movimento, p. Para uma massa m que se move ao longo do eixo x com velocidade v, temos

Como $p = mv$,

$$K = \frac{1}{2}mv^2 = \frac{(mv)^2}{2m}$$

$$K = \frac{p^2}{2m} \qquad \text{8-16}$$

Isto pode ser aplicado a uma colisão perfeitamente inelástica, onde um corpo está inicialmente em repouso. A quantidade de movimento do sistema é a do corpo projétil:

$$P_{sis} = p_{1i} = m_1 v_{1i}$$

A energia cinética inicial é

$$K_i = \frac{P_{sis}^2}{2m_1} \qquad \text{8-17}$$

Após a colisão, os corpos se movem juntos, como uma massa única $m_1 + m_2$, com velocidade v_{cm}. A quantidade de movimento é conservada, de modo que a quantidade de movimento final é igual a P_{sis}. A energia cinética final é, então,

$$K_f = \frac{P_{sis}^2}{2(m_1 + m_2)} \quad \text{(colisões perfeitamente inelásticas)} \qquad \text{8-18}$$

Comparando as Equações 8-17 e 8-18, vemos que a energia cinética final é menor do que a energia cinética inicial.

Exemplo 8-9 Uma Pegada no Espaço

Um astronauta de 60 kg de massa está no espaço consertando um satélite de comunicações, quando resolve consultar o manual de reparos. Você está de posse do manual e o atira para o colega com uma rapidez de 4,0 m/s em relação à espaçonave. Ele está em repouso em relação à espaçonave, antes de agarrar o manual de 3,0 kg (Figura 8-16). Determine (*a*) a velocidade do astronauta logo após agarrar o livro, (*b*) as energias cinéticas inicial e final do sistema livro–astronauta e (*c*) o impulso exercido pelo livro sobre o astronauta.

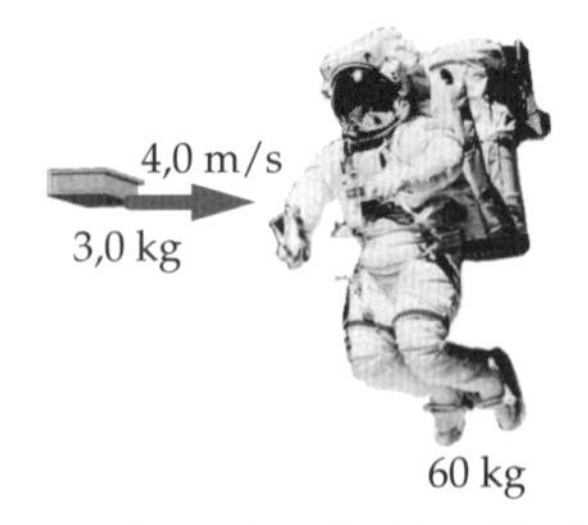

FIGURA 8-16

SITUAÇÃO Esta colisão é perfeitamente inelástica. Então, após a pegada, o livro e o astronauta se movem com a mesma velocidade final. (*a*) Encontramos a velocidade final usando conservação da quantidade de movimento, como expressa na Equação 8-15. (*b*) As energias cinéticas do livro e do astronauta podem ser calculadas diretamente de suas massas e de suas velocidades inicial e final. (*c*) O impulso exercido pelo livro sobre o astronauta é igual à variação da quantidade de movimento do astronauta.

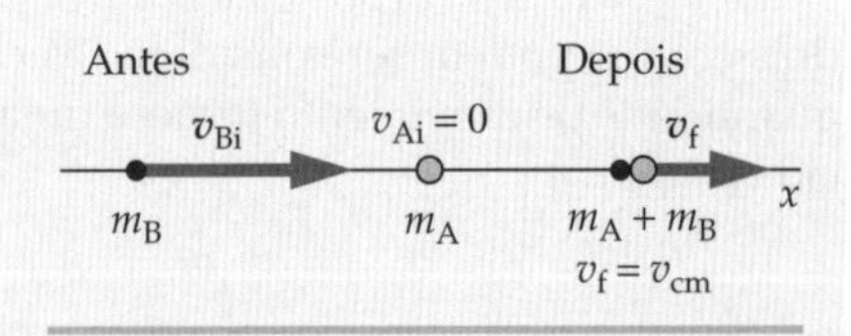

FIGURA 8-17

SOLUÇÃO

(*a*) 1. Faça um esboço (Figura 8-17) mostrando os corpos justo antes e justo após a pegada. Faça a orientação $+x$ coincidir com a do livro atirado:

2. Use conservação da quantidade de movimento para relacionar a velocidade final do sistema v_f com as velocidades iniciais:

$$m_L v_{Li} + m_A v_{Ai} = (m_A + m_L)v_f$$

3. Determine v_f:

$$v_f = \frac{m_L v_L + m_A v_A}{m_L + m_A} = \frac{(3{,}0\text{ kg})(4{,}0\text{ m/s}) + (60\text{ kg})(0\text{ m/s})}{3{,}0\text{ kg} + 60\text{ kg}}$$

$$= 0{,}190\text{ m/s} = \boxed{0{,}19\text{ m/s}}$$

(*b*) 1. Como o astronauta está inicialmente em repouso, a energia cinética inicial do sistema livro–astronauta é a energia cinética inicial do livro:

$$K_{sis\,i} = K_{Li} = \tfrac{1}{2}m_L v_{Li}^2 = \tfrac{1}{2}(3{,}0\text{ kg})(4{,}0\text{ m/s})^2 = \boxed{24\text{ J}}$$

2. A energia cinética final é a energia cinética do livro e do astronauta, movendo-se juntos com v_f:

$$K_{sis\,f} = \tfrac{1}{2}(m_L + m_A)v_f^2 = 2(63\text{ kg})(0{,}190\text{ m/s})^2 = 1{,}14\text{ J} = \boxed{1{,}1\text{ J}}$$

(*c*) O impulso exercido sobre o astronauta é igual à variação da quantidade de movimento do astronauta:

$$I_{de\,L\,em\,A} = \Delta p_A = m_A \Delta v_A = (60\text{ kg})(0{,}190\text{ m/s} - 0)$$

$$= 11{,}4\text{ kg}\cdot\text{m/s} = \boxed{11\text{ N}\cdot\text{s}}$$

CHECAGEM A velocidade final, resultado do passo 3 da Parte (*a*), é igual à velocidade do centro de massa ($v = v_{cm}$). Antes da colisão, o sistema livro–astronauta tinha uma energia cinética associada ao movimento do centro de massa e uma energia cinética relativa ao centro de massa. Depois da colisão, a energia cinética em relação ao centro de massa é igual a zero. Como esperado, a energia cinética total do sistema diminuiu.

INDO ALÉM A maior parte da energia cinética inicial desta colisão é perdida por conversão em energia térmica. Adicionalmente, o impulso exercido pelo livro sobre o astronauta é igual e oposto ao exercido pelo astronauta sobre o livro, de forma que a variação total da quantidade de movimento do sistema livro–astronauta é zero.

Exemplo 8-10 Um Pêndulo Balístico

Exibindo ótima pontaria, você atira um projétil em um bloco de madeira pendurado (Figura 8-18), conhecido como *pêndulo balístico*. O bloco, com o projétil encravado, oscila subindo. Registrando a altura máxima atingida na oscilação, você imediatamente informa aos presentes qual era a rapidez do projétil. Qual era essa rapidez?

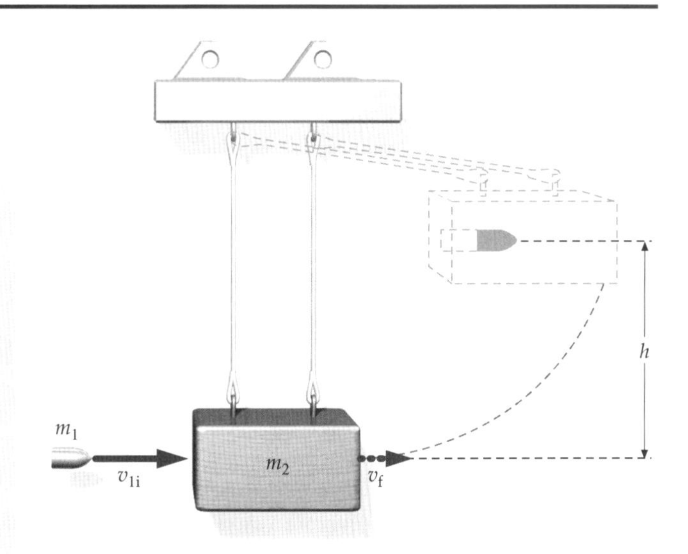

FIGURA 8-18

SITUAÇÃO Apesar de o bloco se mover para cima após a colisão, ainda podemos supor que esta é uma colisão unidimensional, porque a direção do bloco e a do projétil, imediatamente após a colisão, é a direção do movimento original do projétil. A velocidade do projétil antes da colisão, v_{1i}, é relacionada com a velocidade do sistema projétil–bloco após a colisão, v_f, pela conservação da quantidade de movimento. A rapidez v_f é relacionada à altura h por conservação da energia mecânica. Sejam m_1 a massa do projétil e m_2 a massa do bloco.

SOLUÇÃO

1. Usando conservação da energia mecânica *após* a colisão, relacionamos a rapidez final v_f com a altura máxima h:
$$\tfrac{1}{2}(m_1 + m_2)v_f^2 = (m_1 + m_2)gh$$
$$v_f = \sqrt{2gh}$$

2. Usando conservação da quantidade de movimento *durante* a colisão, relacionamos as velocidades v_{1i} e v_f:
$$m_1 v_{1i} = (m_1 + m_2)v_f$$
$$v_{1i} = \frac{m_1 + m_2}{m_1}v_f$$

3. Substituindo v_f no resultado do passo 2, podemos determinar v_{1i}:
$$v_{1i} = \frac{m_1 + m_2}{m_1}v_f = \boxed{\frac{m_1 + m_2}{m_1}\sqrt{2gh}}$$

CHECAGEM A massa do bloco é muito maior do que a massa do projétil. Assim, esperamos que a rapidez do projétil seja muito maior do que a rapidez do bloco após o impacto. Nosso resultado do passo 2 reflete esta expectativa.

INDO ALÉM Supomos que o tempo de colisão é tão curto que o deslocamento do bloco durante a colisão é desprezível. Esta suposição significa que o bloco tem a rapidez v_f após a colisão, enquanto ainda está na posição mais baixa do arco.

CHECAGEM CONCEITUAL 8-1

Este exemplo poderia ser resolvido igualando-se a energia cinética inicial do projétil com a energia potencial do conjunto bloco–projétil em sua altura máxima? Isto é, a energia mecânica é conservada tanto durante a colisão perfeitamente inelástica quanto durante a subida do pêndulo?

Exemplo 8-11 Colisão com uma Caixa Vazia *Tente Você Mesmo*

Você repete a proeza do Exemplo 8-10, mas agora com uma caixa vazia como alvo. O projétil atinge a caixa e a atravessa completamente. Um sensor a laser indica que o projétil emergiu com a metade de sua velocidade inicial. Sabendo disto, você corretamente revela até que altura o alvo oscilou. Que altura é esta?

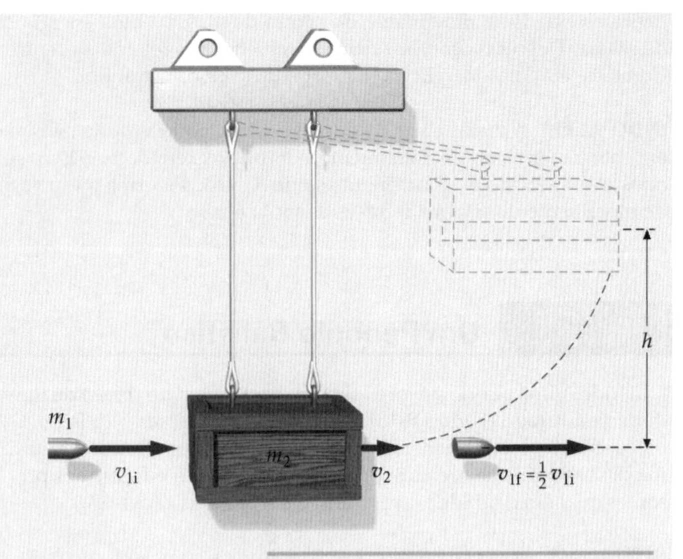

FIGURA 8-19

SITUAÇÃO A altura h é relacionada à rapidez v_2 da caixa, justo após a colisão, pela conservação da energia mecânica (Figura 8-19). Esta rapidez pode ser determinada usando conservação da quantidade de movimento.

SOLUÇÃO

Cubra a coluna da direita e tente por si só antes de olhar as respostas.

Passos	Respostas
1. Use conservação da energia mecânica para relacionar a altura final h à rapidez v_2 da caixa justo após a colisão.	$m_2gh = \frac{1}{2}m_2v_2^2$
2. Use conservação da quantidade de movimento para escrever uma equação que relaciona v_{1i} com a rapidez da caixa após a colisão, v_2.	$m_1v_{1i} = m_2v_2 + m_1(\frac{1}{2}v_{1i})$
3. Elimine v_2 das duas equações e determine h.	$h = \boxed{\dfrac{m_1^2v_{1i}^2}{8m_2^2g}}$

CHECAGEM O quociente v^2/g tem as unidades m^2/s^2 dividido por m/s^2, o que se reduz simplesmente a m (metros). Assim, o resultado do passo 3 tem a unidade apropriada para a altura.

INDO ALÉM A colisão do projétil com a caixa é uma colisão inelástica, mas não é uma colisão perfeitamente inelástica, porque os dois corpos não têm a mesma velocidade após a colisão. Colisões inelásticas também ocorrem em sistemas microscópicos. Por exemplo, quando um elétron colide com um átomo, o átomo às vezes é excitado para um estado de energia interna mais alto. Como resultado, a energia cinética total do átomo e do elétron é menor, após a colisão, do que antes.

Exemplo 8-12 Colisões com Bolinhas Diferentes *Conceitual*

Maria tem duas bolinhas de mesma massa, uma feita de massa de vidraceiro e a outra feita de borracha dura. Ela atira a bola de massa de vidraceiro contra um bloco suspenso por fios, como mostrado na Figura 8-20. A bola atinge o bloco com um baque surdo e cai no chão. Em seguida, o bloco oscila até uma altura máxima h. Se ela tivesse atirado a bola de borracha (em vez daquela feita de massa de vidraceiro) com a mesma rapidez, o bloco atingiria, em seguida, uma altura maior do que h? A bola de borracha dura, contrariamente àquela feita de massa de vidraceiro, é elástica e repicaria no bloco.

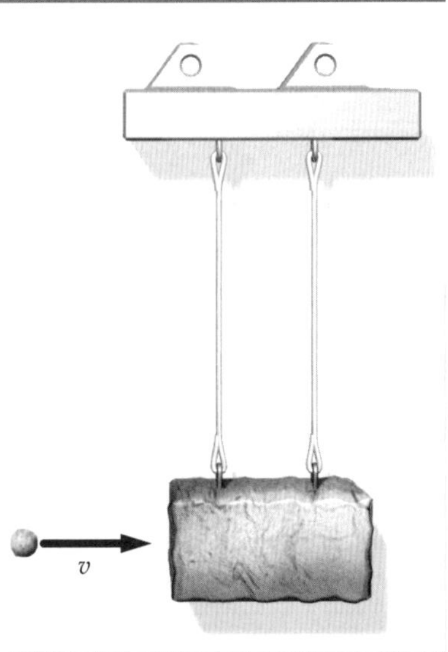

FIGURA 8-20

SITUAÇÃO Durante o impacto, a variação da quantidade de movimento do sistema bola–bloco é zero. Quanto maior a magnitude da variação da quantidade de movimento da bola, maior será a magnitude da variação da quantidade de movimento do bloco. A magnitude da variação da quantidade de movimento da bola é maior se a bola repica no bloco ou se não repica?

SOLUÇÃO

A bola de massa de vidraceiro perde uma grande fração de sua quantidade de movimento para a frente. A bola de borracha perderia toda sua quantidade de movimento para a frente e ganharia uma quantidade de movimento no sentido oposto. Ela sofreria uma maior variação de quantidade de movimento do que a bola de massa de vidraceiro.

O bloco oscilaria até uma altura maior após ser atingido pela bola de borracha dura em comparação com a colisão com a bola de massa de vidraceiro.

CHECAGEM O bloco exerce um impulso para trás sobre a bola de massa de vidraceiro, que a leva até o repouso. O mesmo impulso para trás também levaria a bola de borracha ao repouso, e um impulso adicional para trás lhe daria uma quantidade de movimento no sentido oposto. Assim, o bloco exerceria o maior impulso para trás sobre a bola de borracha. De acordo com a terceira lei de Newton, o impulso de uma bola sobre o bloco é igual e oposto ao impulso do bloco sobre a bola. Logo, a bola de borracha exerceria o maior impulso para a frente sobre o bloco, levando-o a uma maior variação da quantidade de movimento para a frente.

Colisões elásticas Em colisões elásticas, a energia cinética do sistema é a mesma antes e depois da colisão. Colisões elásticas são ideais, às vezes acontecendo de forma aproximada, mas nunca de forma exata, no mundo macroscópico. Se uma bola largada sobre uma plataforma de concreto repica de volta à sua altura original, então a colisão entre a bola e o concreto terá sido elástica. Esta situação nunca foi observada. No nível microscópico, colisões elásticas são comuns. Por exemplo, as colisões entre moléculas de ar às temperaturas encontradas na superfície da Terra são quase sempre elásticas.

A Figura 8-21 mostra dois corpos, antes e depois de sofrerem uma colisão frontal unidimensional. A quantidade de movimento é conservada durante a colisão, e portanto,

$$m_1v_{1f} + m_2v_{2f} = m_1v_{1i} + m_2v_{2i} \qquad \text{8-19}$$

A colisão é elástica. Somente para colisões elásticas a energia cinética é a mesma, antes e depois da colisão. Logo,

$$\tfrac{1}{2}m_1v_{1f}^2 + \tfrac{1}{2}m_2v_{2f}^2 = \tfrac{1}{2}m_1v_{1i}^2 + \tfrac{1}{2}m_2v_{2i}^2 \qquad \text{8-20}$$

Estas duas equações são suficientes para determinar as velocidades finais dos dois corpos, se conhecemos as velocidades iniciais e as massas. No entanto, a natureza quadrática da Equação 8-20 complica a solução simultânea das Equações 8-19 e 8-20. Problemas deste tipo podem ser tratados mais facilmente se expressamos a velocidade relativa dos dois corpos, de um em relação ao outro, antes da colisão, em termos da velocidade relativa após a colisão. Rearranjando a Equação 8-20, fica

$$m_2(v_{2f}^2 - v_{2i}^2) = m_1(v_{1i}^2 - v_{1f}^2)$$

Como $(v_{2f}^2 - v_{2i}^2) = (v_{2f} - v_{2i})(v_{2f} + v_{2i})$ e $(v_{1i}^2 - v_{1f}^2) = (v_{1i} - v_{1f})(v_{1i} + v_{1f})$, temos

$$m_2(v_{2f} - v_{2i})(v_{2f} + v_{2i}) = m_1(v_{1i} - v_{1f})(v_{1i} + v_{1f}) \qquad \text{8-21}$$

Da conservação da quantidade de movimento, temos que

$$m_1v_{1f} + m_2v_{2f} = m_1v_{1i} + m_2v_{2i}$$

Rearranjando a equação da conservação da quantidade de movimento (Equação 8-19), fica

$$m_2(v_{2f} - v_{2i}) = m_1(v_{1i} - v_{1f}) \qquad \text{8-22}$$

Dividindo a Equação 8-21 pela Equação 8-22, obtemos

$$v_{2f} + v_{2i} = v_{1i} + v_{1f}$$

Rearranjando mais uma vez, obtemos

$$v_{1i} - v_{2i} = v_{2f} - v_{1f} \qquad \text{8-23}$$

VELOCIDADES RELATIVAS EM UMA COLISÃO ELÁSTICA

! A Equação 8-23 é válida apenas se as energias cinéticas inicial e final são iguais e, portanto, se aplica *apenas* a colisões elásticas.

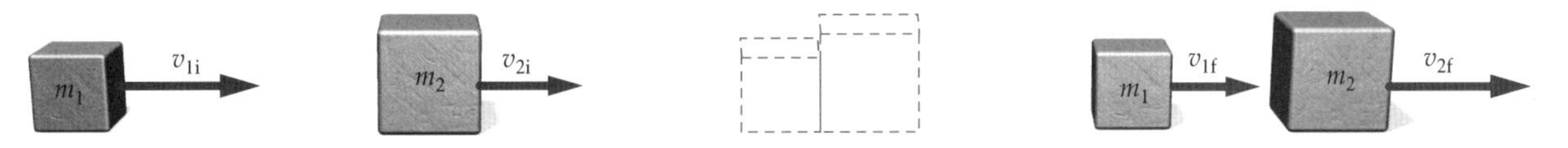

FIGURA 8-21 Aproximação e separação em uma colisão frontal elástica.

onde $v_{1i} - v_{2i}$ é a *rapidez de aproximação* das duas partículas antes da colisão e $v_{2f} - v_{1f}$ é a *rapidez de separação* após a colisão (Figura 8-22). Segundo a Equação 8-23:

> Em colisões elásticas, a rapidez de separação é igual à rapidez de aproximação.

A solução de colisões elásticas frontais é *sempre* mais fácil usando as Equações 8-19 e 8-23, em vez das Equações 8-19 e 8-20.

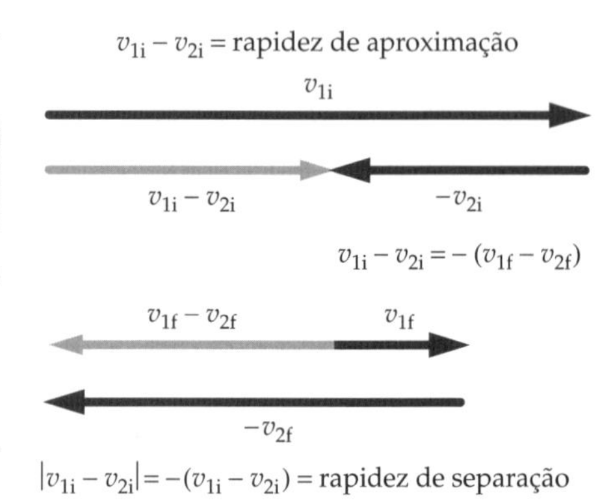

FIGURA 8-22 $|v_{1i} - v_{2i}| = -(v_{1i} - v_{2i})$ = rapidez de separação

Exemplo 8-13 Colisão Elástica entre Dois Blocos

Um bloco de 4,0 kg, movendo-se para a direita a 6,0 m/s, sofre uma colisão elástica frontal com um bloco de 2,0 kg que se move para a direita a 3,0 m/s (Figura 8-23). Encontre as velocidades finais dos dois blocos.

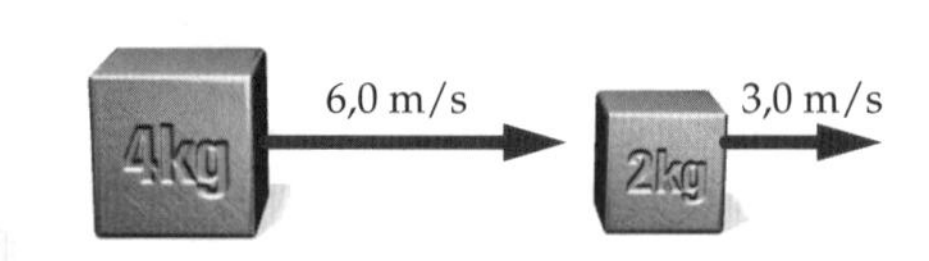

FIGURA 8-23

SITUAÇÃO A conservação da quantidade de movimento e a igualdade das energias cinéticas inicial e final (expressa como uma troca de velocidades relativas) fornecem as duas equações para as duas incógnitas. Faça o subscrito 1 designar o bloco de 4,0 kg e o subscrito 2 designar o bloco de 2,0 kg.

SOLUÇÃO

1. Aplique conservação da quantidade de movimento e simplifique para obter uma equação que relacione as duas velocidades finais:

$$m_1v_{1i} + m_2v_{2i} = m_1v_{1f} + m_2v_{2f}$$
$$(4{,}0\,\text{kg})(6{,}0\,\text{m/s}) + (2{,}0\,\text{kg})(3{,}0\,\text{m/s}) = (4{,}0\,\text{kg})v_{1f} + (2{,}0\,\text{kg})v_{2f}$$
$$\text{logo}\quad 2v_{1f} + v_{2f} = 15\,\text{m/s}$$

2. Como se trata de uma colisão frontal, podemos usar a Equação 8-23 para obter uma segunda equação:

$$v_{2f} - v_{1f} = v_{1i} - v_{2i}$$
$$= 6{,}0\,\text{m/s} - 3{,}0\,\text{m/s} = 3{,}0\,\text{m/s}$$

3. Subtraia o resultado do passo 2 do resultado do passo 1 para determinar v_{1f}:

$$2v_{1f} + v_{1f} = 12\,\text{m/s} \quad \text{logo} \quad v_{1f} = \boxed{4{,}0\,\text{m/s}}$$

4. Substitua no resultado do passo 2 para determinar v_{2f}:

$$v_{2f} - 4{,}0\,\text{m/s} = 3{,}0\,\text{m/s} \quad \text{logo} \quad v_{2f} = \boxed{7{,}0\,\text{m/s}}$$

CHECAGEM Como checagem, calculamos as energias cinéticas inicial e final.

$$K_i = \tfrac{1}{2}(4{,}0\,\text{kg})(6{,}0\,\text{m/s})^2 + \tfrac{1}{2}(2{,}0\,\text{kg})(3{,}0\,\text{m/s})^2 = 72\,\text{J} + 9{,}0\,\text{J} = 81\,\text{J}.$$
$$K_f = \tfrac{1}{2}(4{,}0\,\text{kg})(4{,}0\,\text{m/s})^2 + \tfrac{1}{2}(2{,}0\,\text{kg})(7{,}0\,\text{m/s})^2 = 32\,\text{J} + 49\,\text{J} = 81\,\text{J}.$$

As energias cinéticas antes e depois da colisão são iguais, como esperado.

Exemplo 8-14 Colisão Elástica de um Nêutron com um Núcleo

Um nêutron de massa m_n e rapidez v_{ni} sofre uma colisão frontal com um núcleo de carbono de massa m_C inicialmente em repouso (Figura 8-24). (*a*) Quais são as velocidades finais das duas partículas? (*b*) Que fração f de sua energia cinética inicial o nêutron perde?

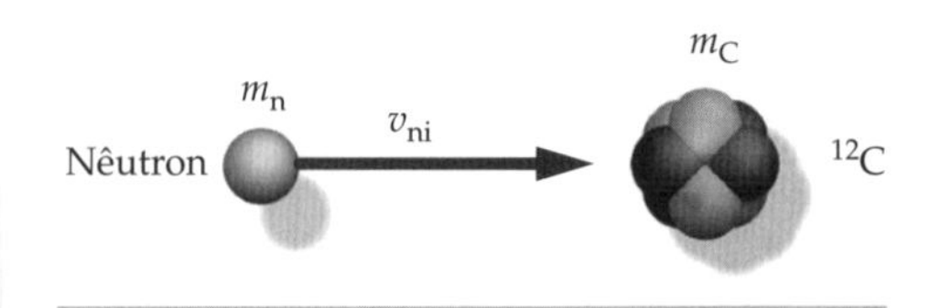

FIGURA 8-24

SITUAÇÃO Conservação da quantidade de movimento e conservação da energia cinética nos permitem encontrar as velocidades finais. Como a energia cinética inicial do núcleo de carbono é zero, sua energia cinética final é igual à energia cinética perdida pelo nêutron.

SOLUÇÃO

(*a*) 1. Use conservação da quantidade de movimento para obter uma relação entre as velocidades finais:

$$m_nv_{ni} = m_nv_{nf} + m_Cv_{Cf}$$

2. Use a Equação 8-23 para igualar a rapidez de separação à rapidez de aproximação:

$$v_{Cf} - v_{nf} = v_{ni} - v_{Ci}$$
$$= v_{ni} - 0$$
$$\text{logo} \quad v_{Cf} = v_{ni} + v_{nf}$$

3. Para eliminar v_{Cf}, substitua a expressão para v_{Cf} do passo 2 no resultado do passo 1: $m_n v_{ni} = m_n v_{nf} + m_C(v_{ni} + v_{nf})$

4. Explicite v_{nf}: $$v_{nf} = \boxed{-\frac{m_C - m_n}{m_n + m_C} v_{ni}}$$

5. Substitua o resultado do passo 4 no resultado do passo 2 e determine v_{Cf}: $$v_{Cf} = v_{ni} - \frac{m_C - m_n}{m_n + m_C} v_{ni} = \boxed{\frac{2m_n}{m_n + m_C} v_{ni}}$$

(*b*) 1. A colisão é elástica, e portanto, a energia cinética perdida pelo nêutron é a energia cinética final do núcleo de carbono: $$f = \frac{-\Delta K_n}{K_{ni}} = \frac{K_{Cf}}{K_{ni}} = \frac{\frac{1}{2}m_C v_{Cf}^2}{\frac{1}{2}m_n v_{ni}^2} = \frac{m_C}{m_n}\left(\frac{v_{Cf}}{v_{ni}}\right)^2$$

2. Determine, do resultado do passo 5 da Parte (*a*), a razão entre as velocidades; substitua no resultado 1 da Parte (*b*) e determine a fração de energia perdida pelo nêutron: $$f = \frac{m_C}{m_n}\left(\frac{2m_n}{m_n + m_C}\right)^2 = \boxed{\frac{4m_n m_C}{(m_n + m_C)^2}}$$

CHECAGEM Note que o valor que calculamos para v_{nf} é negativo. O nêutron de massa m_n é refletido pelo núcleo de carbono de massa maior, m_C. Este resultado é o que se espera, quando uma partícula leve sofre uma colisão elástica frontal com uma partícula mais massiva que está inicialmente em repouso.

INDO ALÉM A fração de energia perdida em colisões frontais depende da razão entre as massas (veja a Figura 8-25).

PROBLEMA PRÁTICO 8-5 Considere uma colisão elástica frontal entre dois corpos que se movem (corpo 1 e corpo 2), de mesma massa. Use as Equações 8-19 e 8-23 para mostrar que os dois corpos trocam de velocidades. Isto é, mostre que a velocidade final do corpo 2 é igual à velocidade inicial do corpo 1 e vice-versa.

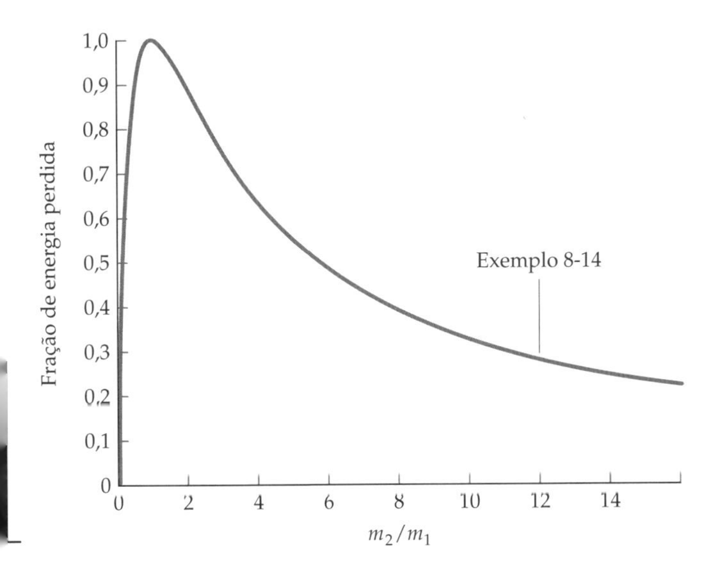

FIGURA 8-25 Fração de energia perdida em função da razão entre as duas massas. A perda máxima de energia acontece quando $m_1 = m_2$.

A velocidade final da partícula incidente, v_{1f}, e a da partícula originalmente em repouso, v_{2f}, estão relacionadas com a velocidade inicial da partícula incidente por

$$v_{1f} = \frac{m_1 - m_2}{m_1 + m_2} v_{1i} \tag{8-24a}$$

e

$$v_{2f} = \frac{2m_1}{m_1 + m_2} v_{1i} \tag{8-24b}$$

Estas equações foram deduzidas no Exemplo 8-14. Aqui, mostramos que elas fornecem resultados plausíveis para valores limites das massas. Quando um objeto muito massivo (uma bola de boliche, por exemplo) colide com um corpo leve em repouso (uma bola de pingue-pongue, por exemplo), o corpo mais massivo praticamente não é afetado. Antes da colisão, a rapidez relativa de aproximação é v_{1i}. Se o corpo mais massivo prossegue com uma velocidade praticamente igual a v_{1i} após a colisão, a velocidade do corpo menor deve ser $2v_{1i}$, de forma que a rapidez de separação é igual à rapidez de aproximação. Este resultado também é conseqüência das Equações 8-24*a* e 8-24*b*, se tomamos m_2 muito menor do que m_1, caso em que $v_{1f} \approx v_{1i}$ e $v_{2f} \approx 2v_{1i}$, como esperado.

O coeficiente de restituição Muitas colisões se encontram em algum ponto entre os casos extremos: elástica, quando as velocidades relativas são trocadas, e perfeitamente inelástica, quando não existe velocidade relativa após a colisão. O **coeficiente de restituição** e é uma medida da elasticidade de uma colisão. Ele é definido como a razão entre a rapidez de separação e a rapidez de aproximação.

$$e = \frac{v_{sep}}{v_{apr}} = \frac{v_{1f} - v_{2f}}{v_{2i} - v_{1i}} \qquad 8\text{-}25$$

DEFINIÇÃO — COEFICIENTE DE RESTITUIÇÃO

Para uma colisão elástica, $e = 1$. Para uma colisão perfeitamente inelástica, $e = 0$.

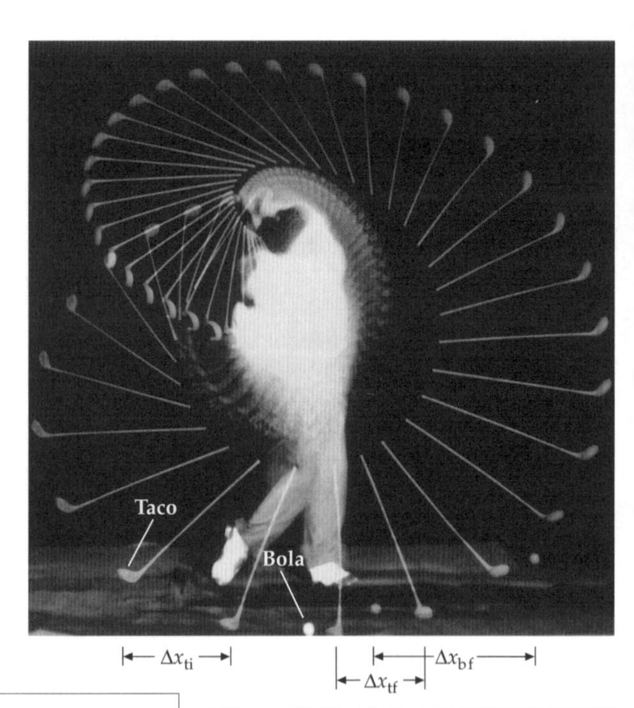

FIGURA 8-26
(De Harold E. Edgerton/Palm Press Inc.)

PROBLEMA PRÁTICO 8-6

Da fotografia (Figura 8-26) do taco de golfe atingindo a bola, estime o coeficiente de restituição da interação bola–taco.

COLISÕES EM DUAS E TRÊS DIMENSÕES

Para colisões unidimensionais, os sentidos dos vetores velocidade inicial e velocidade final podem ser especificados por um + ou por um −. Para colisões em duas e três dimensões, este não é o caso. Agora, a quantidade de movimento é conservada em cada uma das direções x, y e z.

Colisões inelásticas Para colisões em duas ou três dimensões, a quantidade de movimento total inicial é a soma dos vetores quantidade de movimento inicial de cada corpo envolvido na colisão. Como após uma colisão perfeitamente inelástica os dois corpos têm a mesma velocidade final, e porque a quantidade de movimento é conservada, temos $m_1\vec{v}_{1i} + m_2\vec{v}_{2i} = (m_1 + m_2)\vec{v}_f$. Graças a esta relação, sabemos que os vetores velocidade, e portanto, a colisão, estão em um único plano. Adicionalmente, da definição de centro de massa, sabemos que $\vec{v}_f = \vec{v}_{cm}$.

Exemplo 8-15 Uma Colisão Carro–Caminhão

Você está dirigindo um carro de 1200 kg, viajando para o leste em um cruzamento, quando um caminhão de 3000 kg, viajando para o norte, atravessa o cruzamento e bate em seu carro, como mostrado na Figura 8-27. Seu carro e o caminhão permanecem engatados após o impacto. O motorista do caminhão alega que foi culpa sua, porque você estava em alta velocidade. Você procura evidências que desmintam esta alegação. Primeiro, não há marcas de derrapagem, indicando que nem você, nem o motorista do caminhão, perceberam o perigo e frearam com força; segundo, o limite máximo na avenida em que você dirigia é de 80 km/h; terceiro, o velocímetro do caminhão foi avariado com o impacto, deixando o ponteiro preso na indicação de 50 km/h; e quarto, os dois veículos deslizaram, a partir do ponto de impacto, a um ângulo de 59° para norte do leste. Estas evidências suportam ou desmentem a alegação de que você estava correndo muito?

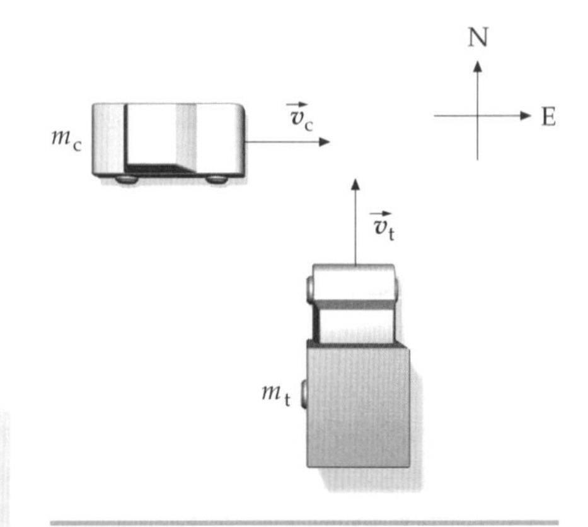

FIGURA 8-27

SITUAÇÃO Temos as massas dos dois veículos e a velocidade do caminhão quando do impacto. Sabemos que se trata de uma colisão perfeitamente inelástica, porque o carro e o caminhão ficaram engatados. Use conservação da quantidade de movimento para determinar a velocidade inicial do seu carro.

SOLUÇÃO

1. Faça um desenho (Figura 8-28) mostrando os dois corpos justo antes e justo após a colisão. Escolha um sistema de coordenadas onde inicialmente o carro viaja no sentido $+x$ e o caminhão viaja no sentido $+y$:

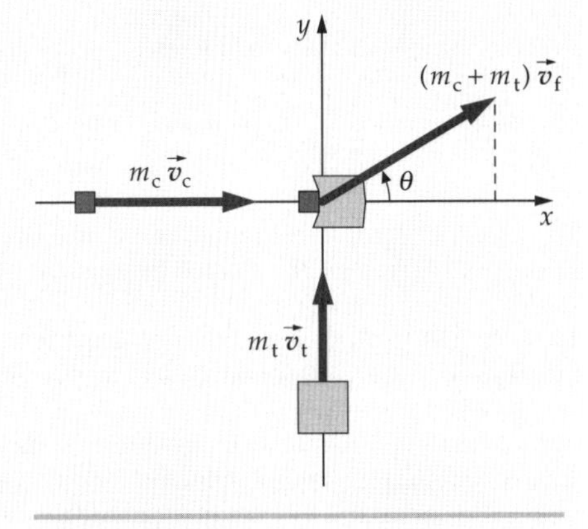

FIGURA 8-28

2. Escreva a equação da conservação da quantidade de movimento em termos das massas e das velocidades:
$$m_c\vec{v}_c + m_t\vec{v}_t = (m_c + m_t)\vec{v}_f$$

3. Iguale a componente x da quantidade de movimento inicial à componente x da quantidade de movimento final:
$$m_c v_c + 0 = (m_c + m_t)v_f \cos\theta$$

4. Iguale a componente y da quantidade de movimento inicial à componente y da quantidade de movimento final:
$$0 + m_t v_t = (m_c + m_t)v_f \operatorname{sen}\theta$$

5. Elimine v_f dividindo a equação para as componentes y pela equação para as componentes x.
$$\frac{m_t v_t}{m_c v_c} = \frac{\operatorname{sen}\theta}{\cos\theta} = \tan\theta$$
logo $$v_c = \frac{m_t v_t}{m_c \tan\theta} = \frac{(3000\text{ kg})(50\text{ km/h})}{(1200\text{ kg})\tan 59°} = \boxed{75\text{ km/h}}$$

6. Este resultado desmente a alegação do motorista do caminhão, de que você estava rápido demais?

> Como 75 km/h é menor do que o limite permitido de 80 km/h, a alegação do motorista do caminhão é invalidada pela cuidadosa aplicação da física.

CHECAGEM A massa do caminhão é 2,5 vezes a massa do carro. Se o carro estivesse a 80 km/h, a rapidez do caminhão seria 5/8 da rapidez do carro, e a razão entre as magnitudes da quantidade de movimento do caminhão e do carro seria $2{,}5 \times 5/8 = 1{,}56$. Como $\tan^{-1}1{,}56 = 57°$ e 57° é ligeiramente menor do que 59°, o resultado do passo 6 parece correto.

Agora, vamos considerar uma colisão tridimensional inelástica na qual os corpos que colidem não possuem a mesma velocidade final.

Exemplo 8-16 Uma Colisão Oblíqua

Um corpo de massa m_1, com rapidez inicial de 20 m/s, sofre uma colisão não-frontal com um segundo corpo, de massa m_2. O segundo corpo está inicialmente em repouso. Depois da colisão, o primeiro corpo está se movendo a 15 m/s, a um ângulo de 25°com a orientação de sua velocidade inicial. Qual é a orientação de afastamento do segundo corpo?

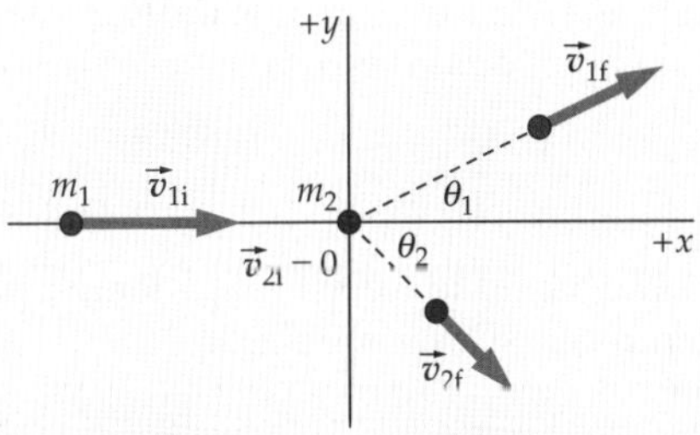

SITUAÇÃO Quantidade de movimento é conservada, nesta colisão. Trata-se de uma colisão bidimensional, e portanto, igualamos a soma dos vetores quantidade de movimento iniciais à soma dos vetores quantidade de movimento finais, e determinamos a orientação pedida. (O problema não indica se a colisão é elástica ou não, e portanto, não podemos fazer esta suposição.)

FIGURA 8-29

SOLUÇÃO

1. Esboce as duas partículas antes e após a colisão (Figura 8-29). Escolha $+x$ como a orientação da velocidade inicial do corpo 1. Desenhe os vetores velocidade, com as respectivas identificações:

2. Escreva a conservação da quantidade de movimento, tanto na forma vetorial quanto na forma de componentes:
$$m_1\vec{v}_{1i} + 0 = m_1\vec{v}_{1f} + m_2\vec{v}_{2f}$$
ou $$m_1 v_{1ix} = m_1 v_{1fx} + m_2 v_{2fx}$$
$$m_1 v_{1iy} = m_1 v_{1fy} + m_2 v_{2fy}$$

3. Expresse as equações para as componentes em termos de magnitudes e de ângulos:
$$m_1 v_{1i} = m_1 v_{1f}\cos\theta_1 + m_2 v_{2f}\cos\theta_2$$
$$0 = m_1 v_{1f}\operatorname{sen}\theta_1 + m_2 v_{2f}\operatorname{sen}\theta_2$$

4. Para encontrar θ_2, usamos a relação $\tan\theta = \operatorname{sen}\theta/\cos\theta$. Primeiro, utilizamos os resultados do passo 3 para determinar a razão $\operatorname{sen}\theta_2/\cos\theta_2$:
$$m_2 v_{2f}\operatorname{sen}\theta_2 = -m_1 v_{1f}\operatorname{sen}\theta_1$$
$$m_2 v_{2f}\cos\theta_2 = m_1 v_{1i} - m_1 v_{1f}\cos\theta_1$$
logo $$\frac{m_2 v_{2f}\operatorname{sen}\theta_2}{m_2 v_{2f}\cos\theta_2} = \frac{-m_1 v_{1f}\operatorname{sen}\theta_1}{m_i v_{1i} - m_1 v_{1f}\cos\theta_1}$$
e $$\tan\theta_2 = \frac{-\operatorname{sen}\theta_1}{\dfrac{v_{1i}}{v_{1f}} - \cos\theta_1}$$

5. Determine θ_2 substituindo valores:

$$\tan\theta_2 = \frac{-\operatorname{sen}25°}{\frac{20}{15} - \cos 25°} = -0{,}990$$

$$\therefore \theta_2 = \boxed{-45°}$$

CHECAGEM No passo 1, escolhemos um sistema de coordenadas onde $\theta_1 = +25°$. Esperaríamos θ_2 entre zero e $-90°$. Nosso resultado $\theta_2 = -45°$ satisfaz esta expectativa.

INDO ALÉM O problema não especificou nem m_2 e nem v_{2f}, de modo que você pode ter ficado surpreso em poder determinar θ_2. Isto foi possível porque os vetores quantidade de movimento iniciais e um vetor quantidade de movimento final estavam perfeitamente especificados no enunciado do problema, de modo que a relação de conservação da quantidade de movimento (passo 2) determina completamente o outro vetor quantidade de movimento final. Uma vez conhecidos os quatro vetores quantidade de movimento, foi possível determinar a orientação da quantidade de movimento final da partícula 2.

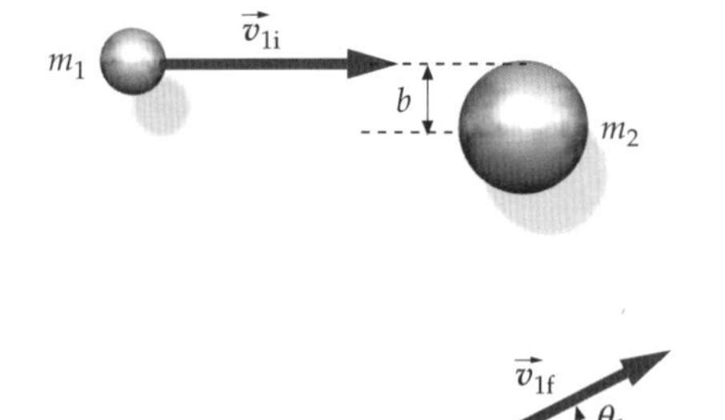

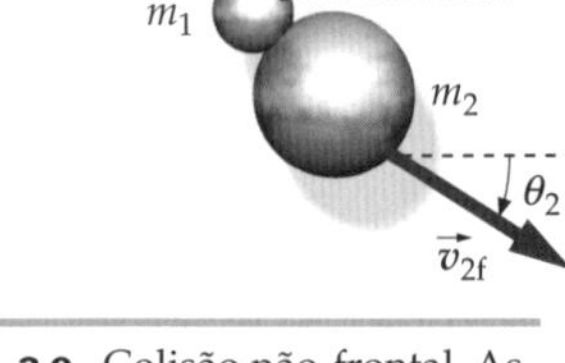

FIGURA 8-30 Colisão não-frontal. As velocidades finais dependem do parâmetro de impacto b e do tipo de força trocada entre os corpos.

Colisões elásticas Colisões elásticas em duas e três dimensões são mais complicadas do que aquelas de que já tratamos. A Figura 8-30 mostra uma colisão não-frontal entre um corpo de massa m_1 que se move com velocidade $\vec{v}_{1i}$ paralela ao eixo x e um corpo de massa m_2 que se encontra inicialmente em repouso na origem. Este tipo de colisão é normalmente chamada de colisão *oblíqua* (em oposição à colisão frontal). A distância b entre os centros, medida perpendicularmente à direção de $\vec{v}_{1i}$, é o chamado *parâmetro de impacto*. Após a colisão, o corpo 1 se afasta com uma velocidade $\vec{v}_{1f}$, formando um ângulo θ_1 com a orientação de sua velocidade inicial, e o corpo 2 se afasta com a velocidade $\vec{v}_{2f}$, formando um ângulo θ_2 com $\vec{v}_{1i}$. As velocidades finais dependem do parâmetro de impacto e do tipo de força trocada entre os corpos.

A quantidade de movimento linear é conservada e, então, sabemos que

$$\vec{P}_{sis} = m_1\vec{v}_{1i} = m_1\vec{v}_{1f} + m_2\vec{v}_{2f} \qquad 8\text{-}26$$

Podemos ver, desta equação, que o vetor $\vec{v}_{2f}$ deve estar no plano formado por $\vec{v}_{1i}$ e $\vec{v}_{1f}$, que escolheremos como o plano xy. Se conhecemos a velocidade inicial $\vec{v}_{1i}$, temos quatro incógnitas: as componentes x e y das velocidades inicial e final; ou, alternativamente, os dois valores finais de rapidez e os dois ângulos de afastamento. Podemos aplicar a lei de conservação da quantidade de movimento, em forma de componentes, para obter duas das relações de que precisamos entre estas quantidades:

$$m_1v_{1i} = m_1v_{1f}\cos\theta_1 + m_2v_{2f}\cos\theta_2 \qquad 8\text{-}27$$

$$0 = m_1v_{1f}\operatorname{sen}\theta_1 - m_2v_{2f}\operatorname{sen}\theta_2 \qquad 8\text{-}28$$

Como a colisão é elástica, podemos usar conservação da energia cinética para encontrar uma terceira relação:

$$\tfrac{1}{2}m_1v_{1i}^2 = \tfrac{1}{2}m_1v_{1f}^2 + m_2v_{2f}^2 \qquad 8\text{-}29$$

A relação $v_{1i} - v_{2i} = v_{2f} - v_{1f}$ (Equação 8-23) é muito útil na solução de problemas de colisão elástica unidimensional. Não pense que você pode usar esta equação, ou uma forma vetorial dela, para resolver problemas de colisão elástica em 2 e 3 dimensões. Você não pode fazê-lo.

Precisamos de uma equação adicional, para encontrar as incógnitas. A quarta relação depende do parâmetro de impacto b e do tipo de força de interação entre os corpos que colidem. Na prática, a quarta relação é, normalmente, encontrada experimentalmente, medindo-se o ângulo de afastamento ou de recuo. Tal medida pode nos dar informação sobre o tipo de força de interação entre os corpos.

Vamos, agora, considerar o interessante caso especial de uma colisão elástica oblíqua entre dois corpos *de mesma massa*, com um deles inicialmente em repouso (Figura 8-31*a*). Se $\vec{v}_{1i}$ e $\vec{v}_{1f}$ são as velocidades inicial e final do corpo 1, e se $\vec{v}_{2f}$ é a velocidade final do corpo 2, então a conservação da quantidade de movimento nos diz que

$$m\vec{v}_{1i} = m\vec{v}_{1f} + m\vec{v}_{2f}$$

ou

$$\vec{v}_{1i} = \vec{v}_{1f} + \vec{v}_{2f}$$

Estes vetores formam o triângulo mostrado na Figura 8-31*b*. Como a colisão é elástica,

$$\tfrac{1}{2}mv_{1i}^2 = \tfrac{1}{2}mv_{1f}^2 + \tfrac{1}{2}mv_{2f}^2$$

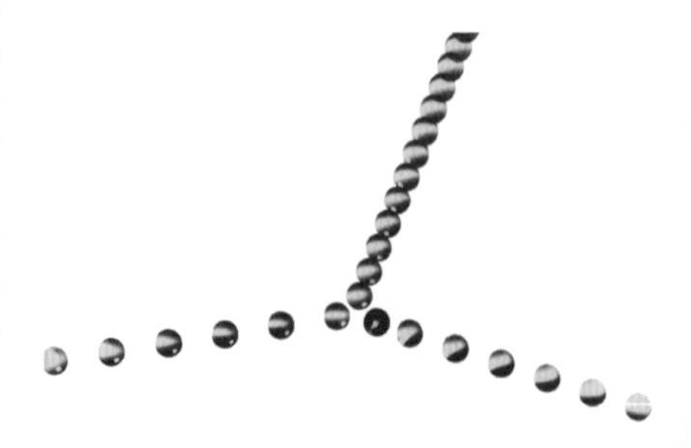

Fotografia de exposição múltipla de uma colisão elástica não-frontal entre duas bolas de mesma massa. A bola pontilhada, incidindo da esquerda, atinge a bola listrada, que está inicialmente em repouso. As velocidades finais das duas bolas são perpendiculares entre si. (*Berenice Abbot/ Photo Researchers.*)

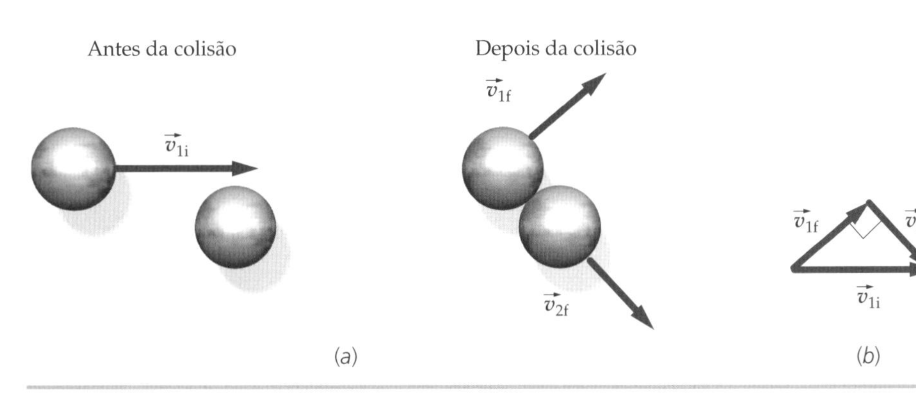

FIGURA 8-31 (*a*) Colisão elástica não-frontal entre duas esferas de mesma massa, com uma das esferas inicialmente em repouso. Após a colisão, as esferas se afastam formando um ângulo reto. (*b*) Os vetores velocidade desta colisão formam um triângulo retângulo.

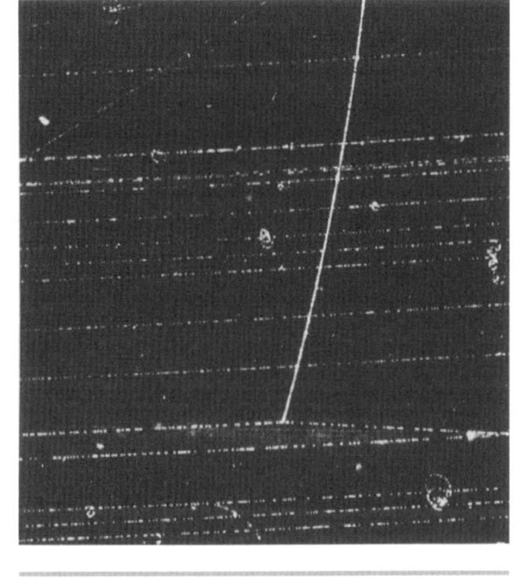

Colisão próton–próton em uma câmara de bolhas de hidrogênio líquido. Um próton incidente da esquerda interage com um próton estacionário. Os dois se afastam formando um ângulo reto. A ligeira curvatura das trajetórias é devida a um campo magnético. *(Brookhaven National Laboratory.)*

ou

$$v_{1i}^2 = v_{1f}^2 + v_{2f}^2 \qquad 8\text{-}30$$

A Equação 8-30 é o teorema de Pitágoras para o triângulo retângulo formado pelos vetores $\vec{v}_{1f}$, $\vec{v}_{2f}$ e $\vec{v}_{1i}$, com a hipotenusa sendo $\vec{v}_{1i}$. Então, neste caso especial, os vetores velocidades finais $\vec{v}_{1f}$ e $\vec{v}_{2f}$ são perpendiculares entre si, como mostrado na Figura 8-31*b*.

PROBLEMA PRÁTICO 8-7

Em um jogo de sinuca, a bola branca (a tacadeira) atinge obliquamente, com uma rapidez inicial v_0, a bola 2. A colisão é elástica e a bola 2 estava inicialmente em repouso. A bola branca é desviada de 30° de sua direção de incidência. Qual é a rapidez da bola 2 após a colisão? (A bola 2 e a tacadeira têm a mesma massa.)

*8-4 COLISÕES NO REFERENCIAL DO CENTRO DE MASSA

Se a força externa resultante sobre um sistema permanece nula, a velocidade do centro de massa permanece constante em qualquer referencial inercial. É comum fazer os cálculos em um referencial alternativo que se move com o centro de massa. Em relação ao referencial original, chamado de referencial do laboratório, este referencial se move com uma velocidade constante $\vec{v}_{cm}$. Um referencial que se move com a mesma velocidade do centro de massa é chamado de **referencial do centro de massa**. Se uma partícula tem a velocidade $\vec{v}$ em relação ao referencial do laboratório, então sua velocidade em relação ao referencial do centro de massa é $\vec{u} = \vec{v} - \vec{v}_{cm}$. Como a quantidade de movimento total de um sistema é igual à massa total vezes a velocidade do centro de massa, a quantidade de movimento total também vale zero no referencial do centro de massa. Assim, o referencial do centro de massa também é um **referencial de quantidade de movimento zero**.

A matemática das colisões fica muito simplificada quando considerada no referencial do centro de massa. As velocidades das partículas no referencial do centro de massa são $\vec{u}_1$ e $\vec{u}_2$. As quantidades de movimento, $m_1\vec{u}_1$ e $m_2\vec{u}_2$, dos dois corpos que se aproximam são iguais e opostas:

$$m_1\vec{u}_1 + m_2\vec{u}_2 = 0$$

Após uma colisão perfeitamente inelástica, os corpos permanecem em repouso. No entanto, para uma colisão frontal elástica, o sentido de cada vetor velocidade é invertido, sem mudança de magnitude. Isto é,

$$\vec{u}_{1i} = -\vec{u}_{1f} \quad \text{e} \quad \vec{u}_{2i} = -\vec{u}_{2f} \quad \text{(colisão unidimensional)}$$

Seja um sistema simples de duas partículas em um referencial no qual uma partícula, de massa m_1, se move com uma velocidade $\vec{v}_1$, e uma segunda partícula, de

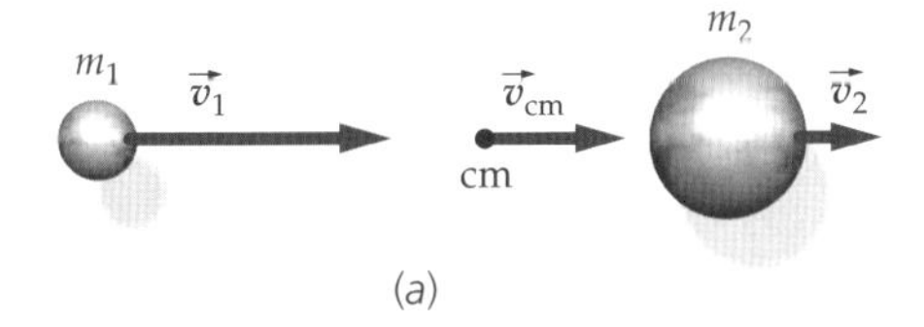

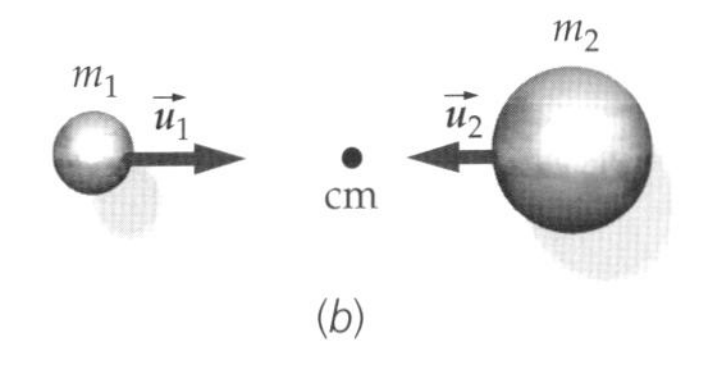

FIGURA 8-32 (*a*) Duas partículas vistas de um referencial no qual o centro de massa tem uma velocidade $\vec{v}_{cm}$. (*b*) As mesmas duas partículas vistas de um referencial no qual o centro de massa está em repouso.

massa m_2, se move com uma velocidade $\vec{v}_2$ (Figura 8-32). Neste referencial, a velocidade do centro de massa é

$$\vec{v}_{cm} = \frac{m_1\vec{v}_1 + m_2\vec{v}_2}{m_1 + m_2}$$

Podemos transformar a velocidade de cada partícula para o referencial do centro de massa, subtraindo $\vec{v}_{cm}$ de cada velocidade. Assim, as velocidades das partículas no referencial do centro de massa são $\vec{u}_1$ e $\vec{u}_2$, dadas por

$$\vec{u}_1 = \vec{v}_1 - \vec{v}_{cm} \qquad \text{8-31}a$$

e

$$\vec{u}_2 = \vec{v}_2 - \vec{v}_{cm} \qquad \text{8-31}b$$

Exemplo 8-17 A Colisão Elástica entre Dois Blocos

Determine as velocidades finais para a colisão elástica frontal do Exemplo 8-13 (no qual um bloco de 4,0 kg, movendo-se para a direita a 6,0 m/s, colide elasticamente com um bloco de 2,0 kg que se move para a direita a 3,0 m/s), transformando suas velocidades para o referencial do centro de massa.

SITUAÇÃO A transformação para o referencial do centro de massa é feita primeiro encontrando v_{cm}, que é então subtraído de cada velocidade. Resolvemos, então, a colisão, invertendo as velocidades e transformando-as de volta para o referencial original.

SOLUÇÃO

1. Calcule a velocidade do centro de massa v_{cm} (Figura 8-33):

$$v_{cm} = \frac{m_1v_{1i} + m_2v_{2i}}{m_1 + m_2} = \frac{(4,0\text{ kg})(6,0\text{ m/s}) + (2,0\text{ kg})(3,0\text{ m/s})}{4,0\text{ kg} + 2,0\text{ kg}} = 5,0\text{ m/s}$$

FIGURA 8-33

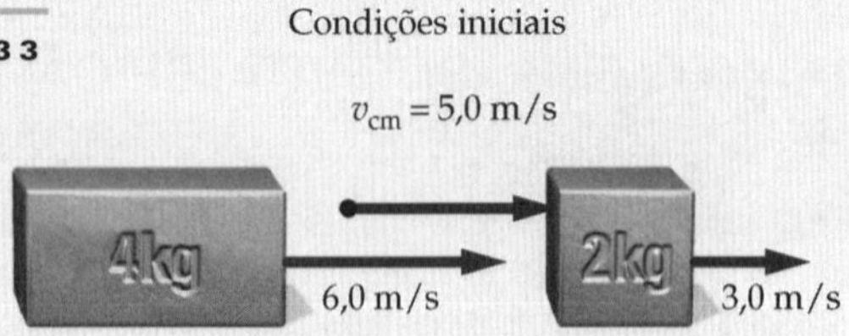

Condições iniciais

v_{cm} = 5,0 m/s

4kg 6,0 m/s 2kg 3,0 m/s

2. Transforme as velocidades iniciais para o referencial do centro de massa, subtraindo v_{cm} de cada uma (Figura 8-34):

$$u_{1i} = v_{1i} - v_{cm} = 6,0\text{ m/s} - 5,0\text{ m/s} = 1,0\text{ m/s}$$

$$u_{2i} = v_{2i} - v_{cm} = 3,0\text{ m/s} - 5,0\text{ m/s} = -2,0\text{ m/s}$$

FIGURA 8-34

Transformação para o referencial do centro de massa subtraindo v_{cm}

v_{cm} = 0

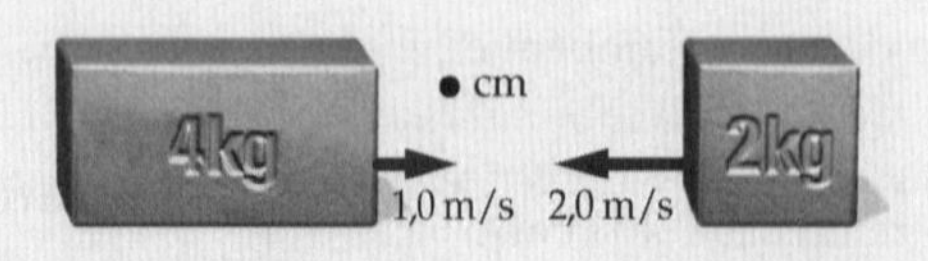

3. Resolva a colisão no referencial do centro de massa, invertendo a velocidade de cada corpo (Figura 8-35):

$$u_{1f} = -u_{1i} = -1,0\text{ m/s}$$

$$u_{2f} = -u_{2i} = +2,0\text{ m/s}$$

FIGURA 8-35

Colisão resolvida

v_{cm} = 0

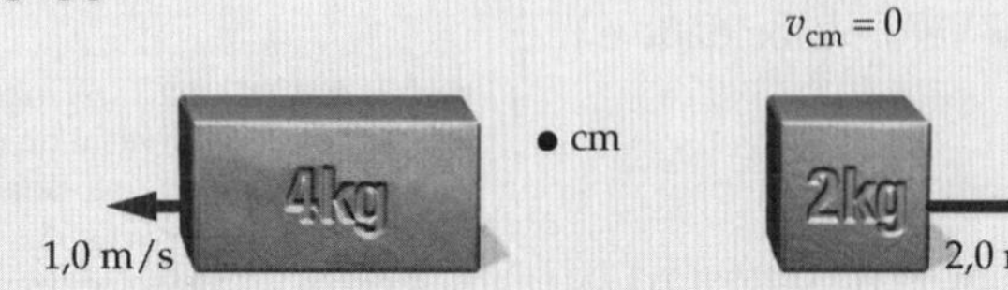

4. Para encontrar as velocidades finais no referencial original, some v_{cm} a cada velocidade final (Figura 8-36):

$$v_{1f} = u_{1f} + v_{cm} = -1{,}0\,\text{m/s} + 5{,}0\,\text{m/s} = \boxed{4{,}0\,\text{m/s}}$$

$$v_{2f} = u_{2f} + v_{cm} = 2{,}0\,\text{m/s} + 5{,}0\,\text{m/s} = \boxed{7{,}0\,\text{m/s}}$$

FIGURA 8-36 Transformação de volta para o referencial original somando v_{cm}

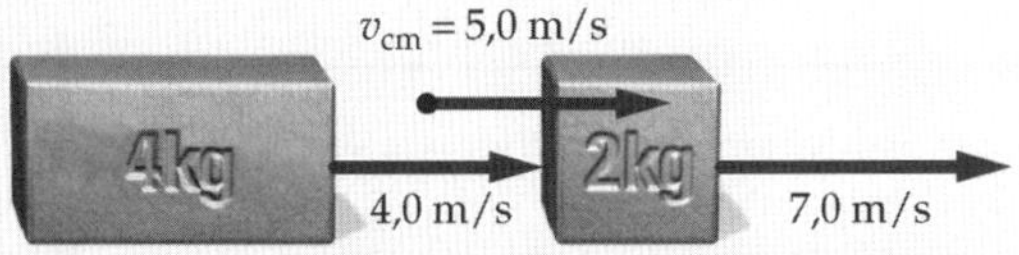

$v_{cm} = 5{,}0$ m/s

4kg

2kg

4,0 m/s

7,0 m/s

CHECAGEM Este resultado é o mesmo encontrado no Exemplo 8-13.

PROBLEMA PRÁTICO 8-8 Verifique que a quantidade de movimento total do sistema é zero no referencial do centro de massa, tanto antes quanto após a colisão.

8-5 MASSA CONTINUAMENTE VARIÁVEL E PROPULSÃO DE FOGUETES

Na solução de problemas de física, um passo importante e criativo é a especificação do sistema. Nesta seção, exploramos situações em que o sistema tem uma massa continuamente variável. Um exemplo de tal sistema é o foguete. Para um foguete, especificamos o sistema como o foguete mais todo o combustível ainda não queimado que ele carrega. Como o combustível já queimado (a exaustão) é lançado para trás, a massa do sistema diminui. Outro exemplo é a areia caindo em uma ampulheta (Figura 8-37). Especificamos o sistema como a areia que já chegou à base. A massa do sistema continua a crescer enquanto a areia continua a se acumular na base.

FIGURA 8-37 *(Brand-X Pictures/PunchStock.)*

Em Io, lua de Júpiter, existe um grande vulcão. Quando o vulcão entra em erupção a rapidez do que é expelido é maior do que a rapidez de escape de Io. Em conseqüência, um rastro de matéria expelida é projetada no espaço. O material expelido colide e se fixa à superfície de um asteróide que passa pelo rastro. Consideramos, agora, o efeito do impacto deste material sobre o movimento do asteróide. Para isto, desenvolvemos uma equação, isto é, uma versão da segunda lei de Newton para sistemas com massa continuamente variável.

Seja um fluxo contínuo de matéria movendo-se com a velocidade $\vec{u}$ e chocando-se com um objeto de massa M que se move com velocidade $\vec{v}$ (Figura 8-38). Estas partículas, ao se chocarem, se fixam ao objeto, aumentando sua massa de ΔM durante o tempo Δt. Além disso, durante o tempo Δt a velocidade $\vec{v}$ varia de $\Delta\vec{v}$, como mostrado. Aplicando o teorema do impulso–quantidade de movimento a este sistema, temos

$$\vec{F}_{\text{ext res}}\,\Delta t = \Delta\vec{P} = \vec{P}_f - \vec{P}_i = [(M + \Delta M)(\vec{v} + \Delta\vec{v})] - [M\vec{v} + \Delta M\vec{u}]$$

onde o primeiro termo em colchetes é a quantidade de movimento no tempo $t + \Delta t$ e o segundo termo em colchetes é a quantidade de movimento no tempo t. Rearranjando os termos,

$$\vec{F}_{\text{ext res}}\,\Delta t = M\,\Delta\vec{v} + \Delta M\,(\vec{v} - \vec{u}) + \Delta M\,\Delta\vec{v} \qquad \text{8-32}$$

Dividindo a Equação 8-32 por Δt, fica

$$\vec{F}_{\text{ext res}} = M\frac{\Delta\vec{v}}{\Delta t} + \frac{\Delta M}{\Delta t}(\vec{v} - \vec{u}) + \frac{\Delta M}{\Delta t}\Delta\vec{v}$$

Tomando o limite $\Delta t \to 0$ (o que é o mesmo que $\Delta M \to 0$ ou que $\Delta\vec{v} \to 0$), temos

$$\vec{F}_{\text{ext res}} = M\frac{d\vec{v}}{dt} - \frac{dM}{dt}(\vec{v} - \vec{u}) + \frac{dM}{dt}(0)$$

Rearranjando novamente, obtemos

$$\vec{F}_{\text{ext res}} + \frac{dM}{dt}\vec{v}_{\text{rel}} = M\frac{d\vec{v}}{dt} \qquad \text{8-33}$$

SEGUNDA LEI DE NEWTON — MASSA CONTINUAMENTE VARIÁVEL

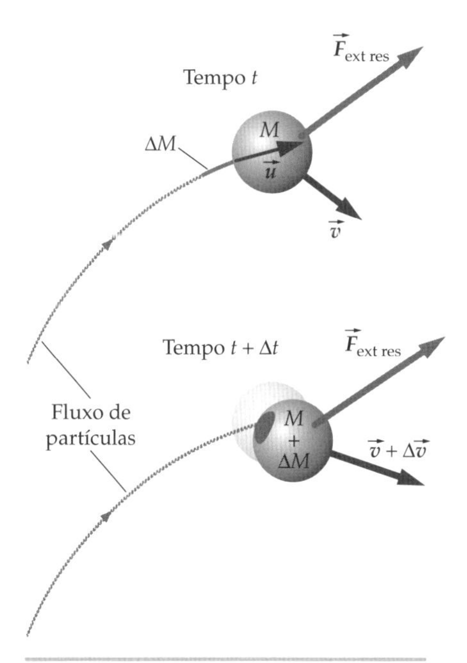

FIGURA 8-38 Partículas de um fluxo contínuo, movendo-se com velocidade $\vec{u}$, sofrem colisões perfeitamente inelásticas com um objeto de massa M que se move com velocidade $\vec{v}$. Existe uma força externa resultante $\vec{F}_{\text{ext res}}$ agindo sobre o objeto. O sistema é mostrado no tempo t e no tempo $t + \Delta t$.

onde $\vec{v}_{rel} = \vec{u} - \vec{v}$ é a velocidade, em relação ao objeto, do material lançado contra ele. Note que, exceto pelo termo $(dM/dt)\vec{v}_{rel}$, a Equação 8-33 é idêntica à equação da segunda lei de Newton para um sistema de partículas com massa constante.

Exemplo 8-18 Uma Corda Caindo

Uma corda uniforme de massa M e comprimento L está segura por uma das extremidades, com a outra extremidade apenas tocando a superfície do prato de uma balança de mola. A corda é largada e começa a cair. Determine a força que a corda exerce sobre o prato da balança, assim que seu ponto médio atinge o prato.

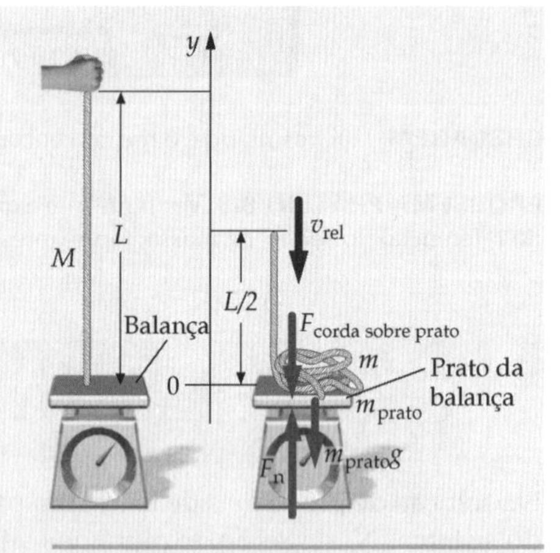

FIGURA 8-39 Uma corda muito flexível de comprimento L e massa M é largada do repouso e cai sobre o prato de uma balança de mola.

SITUAÇÃO Aplique a Equação 8-33 ao sistema constituído pelo prato da balança e pela parte da corda que já está no prato, no tempo t. Há duas forças externas sobre este sistema, a força da gravidade e a força normal exercida pela balança sobre o prato. As velocidades de impacto de diferentes pontos da corda em queda dependem de suas alturas iniciais em relação ao prato. A força normal exercida pela balança deve alterar a quantidade de movimento da corda que chega à balança, assim como deve suportar o peso do prato e da porção de corda que já está no prato.

SOLUÇÃO

1. Faça um esboço da situação (Figura 8-39). Desenhe a configuração inicial e a configuração em um tempo arbitrário posterior. Coloque um eixo coordenado:

2. Expresse a Equação 8-33 na forma de componente. Seja m a massa do sistema (o prato mais a porção de corda que ele contém). A velocidade do sistema permanece zero, e portanto, dv_y/dt é igual a zero:

$$F_{ext\ res\ y} + \frac{dm}{dt}v_{rel\ y} = m\frac{dv_y}{dt}$$

$$F_n - mg + \frac{dm}{dt}v_{rel\ y} = 0$$

3. Seja dm a massa do segmento de corda de comprimento $d\ell$ que cai na balança durante o tempo dt. Como a corda é uniforme, a relação entre dm e $d\ell$ é:

$$\frac{dm}{d\ell} = \frac{M}{L}$$

4. Explicite dm/dt multiplicando ambos os lados do resultado do passo 3 por $d\ell/dt$:

$$\frac{dm}{dt} = \frac{M}{L}\frac{d\ell}{dt}$$

5. $d\ell/dt$ é a rapidez de impacto do segmento; logo, $v_{rel\ y} = -d\ell/dt$ ($v_{rel\ y}$ é negativo porque $+y$ foi orientado para cima e a corda está caindo). Substituindo no resultado do passo 4:

$$\frac{dm}{dt} = -\frac{M}{L}v_{rel\ y}$$

6. Substituindo o resultado do passo 5 no resultado do passo 2 e explicitando F_n, fica:

$$F_n = mg + \frac{M}{L}v^2_{rel\ y}$$

7. Até tocar a balança, cada ponto da corda cai com a aceleração de queda livre $\vec{g}$. Usando $v_y^2 = v_{0y}^2 + 2a_y\,\Delta y$ (Equação 2-23), com $\Delta y = -L/2$, temos:

$$v^2_{rel\ y} = v^2_{rel\ y0} + 2a_y\,\Delta y = 0 + 2(-g)(-L/2) = gL$$

8. Substituindo o resultado do passo 7 no resultado do passo 6, com $m = m_{prato} + \frac{1}{2}M$:

$$F_n = \left(m_{prato} + \frac{M}{2}\right)g + \frac{M}{L}gL = m_{prato}g + \frac{3}{2}Mg$$

9. A força normal da balança sobre o prato é igual ao peso do prato mais a força exercida pela corda sobre o prato:

$$F_n = m_{prato}g + F_{corda\ sobre\ prato}$$

logo $F_{corda\ sobre\ prato} = F_n - m_{prato}g$

10. Subtraia $m_{prato}g$ dos dois lados do resultado do passo 8 e substitua no resultado do passo 9:

$$F_{corda\ sobre\ prato} = \boxed{\frac{3}{2}Mg}$$

CHECAGEM No instante em que o ponto médio da corda atinge o prato da balança, a força da corda sobre o prato é maior do que $\frac{1}{2}Mg$ (o peso da corda sobre o prato, nesse instante), como esperado. Esperamos uma força da corda sobre o prato maior do que $\frac{1}{2}Mg$, porque o prato da balança deve suportar o peso da corda que já está sobre ele, além de contrapor-se à quantidade de movimento da corda que chega.

PROBLEMA PRÁTICO 8-9 Determine a força exercida pelo prato da balança sobre a corda (a) justo antes de a extremidade superior da corda atingir o prato e (b) justo após a extremidade superior da corda atingir o repouso no prato.

A propulsão de foguetes é um claríssimo exemplo da conservação da quantidade de movimento em ação. Vamos deduzir a equação do foguete (um caso especial da Equação 8-33). A massa do foguete varia continuamente, à medida que ele vai queimando combustível e expelindo os gases da exaustão. Seja um foguete subindo na vertical com a velocidade $\vec{v}$ em relação à Terra, como mostrado na Figura 8-40. Supondo que o combustível é queimado a uma taxa constante R, a massa do foguete, no tempo t, vale

$$M = M_0 - Rt \tag{8-34}$$

onde M_0 é a massa inicial do foguete. Os gases da exaustão abandonam o motor do foguete com a velocidade $\vec{u}_{ex}$ em relação ao foguete, e a taxa na qual o combustível é queimado é a taxa na qual a massa M diminui. Escolhemos o foguete, incluindo o combustível não queimado que ele carrega, como o sistema. Desprezando o arraste do ar, a única força externa sobre o sistema é a da gravidade. Com $\vec{F}_{\text{ext res}} = M\vec{g}$ e $dM/dt = -R$, a Equação 8-33 se torna a **equação do foguete**:

$$M\vec{g} - R\vec{u}_{ex} = M\frac{d\vec{v}}{dt} \tag{8-35}$$

EQUAÇÃO DO FOGUETE

FIGURA 8-40 *(NASA/Superstock.)*

A quantidade $-R\vec{u}_{ex}$ é a força exercida sobre o foguete pelos gases da exaustão. Esta força é o chamado **empuxo** $\vec{F}_{emp}$:

$$\vec{F}_{emp} = -R\vec{u}_{ex} = -\left|\frac{dM}{dt}\right|\vec{u}_{ex} \tag{8-36}$$

DEFINIÇÃO — EMPUXO DO FOGUETE

O foguete se desloca verticalmente para cima, e então, escolhemos esta orientação como a de y positivo e escrevemos a Equação 8-35 na forma de componente:

$$-Mg - Ru_{ex\,y} = M\frac{dv_y}{dt}$$

A orientação de $\vec{u}_{ex}$ é para baixo; logo, $u_{ex\,y} = -u_{ex}$. Substituindo,

$$-Mg + Ru_{ex} = M\frac{dv_y}{dt} \tag{8-37}$$

Logo, a aceleração dv_y/dt vale

$$\frac{dv_y}{dt} = \frac{Ru_{ex}}{M} - g$$

onde Ru_{ex}/M é a contribuição do empuxo para a aceleração e $-g$ é a contribuição da força gravitacional para a aceleração. Com M dado pela Equação 8-34, fica

$$\frac{dv_y}{dt} = \frac{Ru_{ex}}{M_0 - Rt} - g \tag{8-38}$$

A Equação 8-38 é resolvida integrando-se os dois lados em relação ao tempo. Para um foguete que parte do repouso em $t = 0$, temos

$$v_y = \int_0^{t_f}\left(\frac{Ru_{ex}}{M_0 - Rt} - g\right)dt = u_{ex}\int_0^{t_f}\frac{dt}{b - t} - \int_0^{t_f} g\,dt = -u_{ex}\ln\frac{b - t_f}{b} - gt_f$$

onde $b = M_0/R$. Rearranjando e após substituir t_f por t e b por M_0/R, fica

$$v_y = u_{ex}\ln\left(\frac{M_0}{M_0 - Rt}\right) - gt \tag{8-39}$$

Exemplo 8-19 Um Lançamento

O foguete Saturno V, usado no programa Apolo de conquista da Lua, tinha uma massa inicial M_0 de $2{,}85 \times 10^6$ kg, 73,0 por cento do total constituído de combustível, queimado a uma taxa R de $13{,}84 \times 10^3$ kg/s, e o empuxo F_{emp} era de $34{,}0 \times 10^6$ N. Determine (*a*) a rapidez da exaustão em relação ao foguete, (*b*) o tempo t_q até a queima total do combustível, (*c*) a aceleração no lançamento, (*d*) a aceleração justo antes de o combustível ter sido totalmente queimado e (*e*) a rapidez final do foguete.

SITUAÇÃO (*a*) A rapidez da exaustão em relação ao foguete pode ser encontrada a partir do empuxo e da taxa de queima. (*b*) A massa do foguete sem nenhum combustível é 27,0 por cento de sua massa inicial. Para encontrar o tempo de queima, você precisa conhecer a massa total do combustível queimado, que é a massa inicial menos a massa no tempo de queima total. (*c*) e (*d*) A aceleração é determinada pela Equação 8-38. (*e*) A rapidez final é dada pela Equação 8-39.

SOLUÇÃO

(*a*) 1. Calcule u_{ex} a partir do empuxo e da taxa de queima.

$$F_{emp} = \left|\frac{dM}{dt}\right| u_{ex}$$

logo $$u_{ex} = \frac{F_{emp}}{|dM/dt|} = \frac{34{,}0 \times 10^6\ \text{N}}{13{,}84 \times 10^3\ \text{kg/s}} = \boxed{2{,}46\ \text{km/s}}$$

(*b*) 1. Calcule a massa M_q do foguete após a queima total (quando ele fica sem combustível).

$$M_q = 0{,}270 M_0 = 7{,}70 \times 10^5\ \text{kg}$$

2. A massa do combustível é igual à taxa de queima vezes o tempo de queima total t_q.

$$M_{comb} = Rt_q$$

logo $$t_q = \frac{M_{comb}}{R} = \frac{M_0 - M_q}{R} = \boxed{150\ \text{s}}$$

(*c*) Calcule dv_y/dt em $t = 0$ usando a Equação 8-38.

Inicialmente,

$$\frac{dv_y}{dt} = \frac{u_{ex}}{M_0}\left|\frac{dM}{dt}\right| - g = \frac{2{,}46\ \text{km/s}}{2{,}85 \times 10^6\ \text{kg}}(13{,}84 \times 10^3\ \text{kg/s}) - 9{,}81\ \text{m/s}^2$$

$$= \boxed{2{,}14\ \text{m/s}^2}$$

(*d*) Calcule dv_y/dt em $t = t_q$ usando a Equação 8-38.

Quando termina a queima,

$$\frac{dv_y}{dt} = \frac{u_{ex}}{M_q}\left|\frac{dM}{dt}\right| - g = \frac{2{,}46\ \text{km/s}}{7{,}70 \times 10^5\ \text{kg}}(13{,}84 \times 10^3\ \text{kg/s}) - 9{,}81\ \text{m/s}^2$$

$$= \boxed{34{,}3\ \text{m/s}^2}$$

(*e*) Calcule a rapidez em $t = t_q$ usando a Equação 8-39.

$$v_y = u_{ex}\ln\left(\frac{M_0}{M_0 - Rt}\right) - gt = \boxed{1{,}75\ \text{km/s}}$$

CHECAGEM Quando da queima total, a massa a ser acelerada é 73 por cento menor do que a massa a ser acelerada no lançamento. Logo, é de se esperar que a aceleração quando da queima de todo o combustível seja muito maior do que a aceleração inicial. Isto é evidente nos resultados das Partes (*c*) e (*d*).

INDO ALÉM (1) A aceleração inicial é pequena — apenas $0{,}21g$. Com a queima total do combustível, a aceleração do foguete cresce para $3{,}5g$. Imediatamente após a queima total, a aceleração é $-g$. A rapidez do foguete quando da queima total é 1,75 km/s = 6300 km/h ≈ 3900 mi/h. (2) Os cálculos das Partes (*d*) e (*e*) supõem o foguete se deslocando verticalmente para cima, e g não variando com a altitude. Na prática, este foguete partiu verticalmente para cima, para depois gradualmente se virar para o leste.

Física em Foco

Motores a Detonação Pulsada: Mais Rápidos (e Ruidosos)

Motores de foguete movidos a combustível líquido necessitam de bombas delicadas e caras para levar o combustível até altíssimas pressões na câmara de combustão. A maior parte dos motores a jato são motores de turbina a gás, que têm muitas partes móveis com tolerâncias estritas e exigem muita manutenção. Engenheiros aeronáuticos e de foguetes anseiam por um motor mais eficiente, poucas partes móveis e capacidade de operar em uma larga faixa de velocidades.

O *motor a detonação pulsada* (PDE, *pulse detonation engine*) pode preencher estes requisitos. A potência do PDE vem da *detonação*, e não da *deflagração*.

Detonação e deflagração são tipos de combustão. A deflagração se propaga mais lentamente do que o som, esquentando o ar à sua volta. Fogos de artifício, motores de automóvel bem regulados e o churrasco chamuscado pelo excesso de carvão aceso são deflagrações. A detonação se propaga mais rápido que o som — às vezes muito mais rápido, através de uma onda de choque que comprime o ar e produz a ignição. Explosivos fortes confinados, usados em mineração e em demolição, detonam; motores de carro mal regulados também podem apresentar detonações internas.

Em um PDE, um tubo de detonação é fechado em uma das pontas e aberto na outra ponta, para a exaustão. Ar e combustível são admitidos pela ponta fechada e uma faísca produz a ignição. Isto inicia uma deflagração. Enquanto a deflagração se move pela complexa superfície interior* do tubo de detonação, ela é comprimida rapidamente e começa a detonar. Uma vez iniciada, a detonação viaja muito mais rápido do que o som. Frentes de detonação tão rápidas quanto Mach 5 têm sido detectadas em vários laboratórios.† A exaustão abandona muito rapidamente a extremidade aberta do tubo. Como a exaustão tem uma velocidade tão alta, sua quantidade de movimento é muito maior do que seria no caso de uma deflagração. Isto fornece um empuxo maior ao foguete, para a mesma quantidade de combustível. A detonação chega a fornecer o dobro da quantidade de movimento de uma deflagração, com o mesmo combustível e equipamento.‡

As únicas partes móveis de um PDE são as válvulas de admissão da mistura de ar e combustível. A ignição pode ser produzida por uma vela de automóvel, e o resto do motor é apenas o tubo de detonação. Parece muito simples, à primeira vista. Mas combustão é um processo complexo e a combustão em um PDE acontece muito rapidamente. Para a propulsão de um avião a jato ou de um foguete, o PDE precisa de muitas detonações por segundo, assim como um automóvel necessita de muitos eventos de combustão por segundo para se mover. Testes com 80 detonações por segundo têm sido realizados com PDEs, durante muitos minutos ou horas, mas, idealmente, PDEs deveriam atingir a taxa de algumas centenas de detonações por segundo.§

Ademais, a detonação é um processo violento. É muito ruidosa e faz com que o motor vibre mais do que os atuais motores a jato e de foguetes.° A vibração excessiva pode prejudicar os jatos e os foguetes. O ruído provocado pelos atuais PDEs não é praticável para um veículo que transporte um piloto ou passageiro. Finalmente, tubos pesados têm sido usados para conter a detonação. Os tubos devem ser feitos de um material forte o suficiente para suportar as detonações, mas leve o suficiente para voar.

Até o início de 2006, nenhum avião havia voado com um PDE, mas a idéia de motores para jatos e foguetes mais baratos, gerando uma grande gama de valores de empuxo e com maior eficiência de aproveitamento do combustível, merece continuar sendo perseguida.

---

* Paxson, D. E., Rosental, B. N., Sgondea, A., and Wilson, J., "Parametric Investigation of Thrust Augmentation by Ejectors on a Pulsed Detonation Tube" Paper presented at the 41st Joint Propulsion Conference, 2005, Tucson, AZ.

† Borisov, A. A., Frolov, S.M., Netzer, D. W., and Roy, G. D., "Pulse Detonation Propulsion: Challenges, Current Status, and Future Perspective." *Progress in Energy and Combustion Science* 30 (2004) 545-672

‡ "Detonation Initiation and Impulse Measurement." Explosion Dynamics Laboratory: Pulse Detonation Engines, http://www.galcit.caltech.edu/ October, 2008

§ Kandebo, Stanley W., "Taking the Pulse." *Aviation Week and Space Technology*, 160:10 Mar. 8, 2004, 32-33.

° Borisov et al. op. cit.

Resumo

A conservação da quantidade de movimento de um sistema isolado é uma lei fundamental da natureza que tem aplicações em todas as áreas da física.

TÓPICO	EQUAÇÕES RELEVANTES E OBSERVAÇÕES	
1. Quantidade de Movimento		
Definição para uma partícula	$\vec{p} = m\vec{v}$	8-1
Energia cinética de uma partícula	$K = \frac{p^2}{2m}$	8-16
Quantidade de movimento de um sistema	$\vec{P}_{sis} = \sum_i m_i\vec{v}_i = M\vec{v}_{cm}$	8-3
Segunda lei de Newton para um sistema	$\vec{F}_{ext\ res} = \frac{d\vec{P}_{sis}}{dt}$	8-4
Lei de conservação da quantidade de movimento	Se a força externa resultante agindo sobre um sistema permanece zero, então a quantidade de movimento total do sistema é conservada.	
2. Energia de um Sistema		
Energia cinética	A energia cinética associada ao movimento das partículas de um sistema em relação ao seu centro de massa é $K_{rel} = \Sigma\frac{1}{2}m_iu_i^2$, onde u_i é a rapidez da i-ésima partícula em relação ao centro de massa. $K = \frac{1}{2}Mv_{cm}^2 + K_{rel}$	8-7
3. Colisões		
Impulso	O impulso de uma força é definido como a integral da força no intervalo de tempo durante o qual a força atua. $\vec{I} = \int_{t_i}^{t_f}\vec{F}\,dt$	8-9
Teorema do impulso–quantidade de movimento	$\vec{I}_{res} = \int_{t_i}^{t_f}\vec{F}_{res}dt = \Delta\vec{p}$	8-10
Força média	$\vec{F}_{méd} = \frac{1}{\Delta t}\int_{t_i}^{t_f}\vec{F}\,dt = \frac{\vec{I}}{\Delta t}$ (logo $\vec{I} = \vec{F}_{méd}\Delta t$)	8-13
Colisões elásticas	Uma colisão elástica entre dois corpos é tal que a soma das energias cinéticas dos corpos é a mesma antes e depois da colisão.	
Rapidez relativa de aproximação e de separação	Para uma colisão elástica, a rapidez de separação é igual à rapidez de aproximação. Para uma colisão elástica *frontal*, $v_{2f} - v_{1f} = v_{1i} - v_{2i}$	8-23
Colisões perfeitamente inelásticas	Após uma colisão perfeitamente inelástica, os dois corpos se fixam um no outro e se movem com a velocidade do centro de massa.	
*Coeficiente de restituição	O coeficiente de restituição e é uma medida da elasticidade. Ele é igual à razão entre a rapidez de separação e a rapidez de aproximação. $e = \frac{v_{2f} - v_{1f}}{v_{1i} - v_{2i}}$ Para uma colisão elástica, $e = 1$; para uma colisão perfeitamente inelástica, $e = 0$.	8-25
***4. Massa Continuamente Variável**		
Segunda lei de Newton	$\vec{F}_{ext\ res} + \frac{dM}{dt}\vec{v}_{rel} = M\frac{d\vec{v}}{dt}$ onde $R = \lvert dM/dt\rvert$ é a taxa de queima.	8-33

TÓPICO	EQUAÇÕES RELEVANTES E OBSERVAÇÕES	
Equação do foguete	$M\vec{g} - R\vec{u}_{ex} = M\frac{d\vec{v}}{dt}$	8-35
Empuxo	$\vec{F}_{emp} = -R\vec{u}_{ex} = -\left\|\frac{dM}{dt}\right\|\vec{u}_{ex}$	8-36

Resposta da Checagem Conceitual

8-1 Não

Respostas dos Problemas Práticos

8-1 88,4 J

8-2 140 s. O grão que vaza não acrescenta nenhuma quantidade de movimento ao resto do sistema. Se o chão fosse plano e sem atrito, todo o grão inicialmente no carro chegaria ao pátio de manobras junto com o carro.

8-3 1,32 m/s. Ela ganha mais rapidez lançando os dois pesos seqüencialmente.

8-4 (*a*) $v_{cm} = 0{,}50$ m/s, $v_A = +0{,}50$ m/s, e $v_B = -0{,}50$ m/s, (*b*) $K_{A\,rel} = K_{B\,rel}\,0{,}125$ J, (*c*) $K_{rel} = 0{,}25$ J, (*d*) $K_{rel} = 0$

8-5 A conservação da quantidade de movimento implica $v_{1i} + v_{2i} = v_{1f} + v_{2f}$, a colisão sendo elástica implica $v_{1i} - v_{2i} = v_{2f} - v_{1f}$ Ambas as condições implicam $v_{2f} = v_{1i}$ e $v_{1f} = v_{2f}$.

8-6 0,73

8-7 $\frac{1}{2}v_0$

8-8 Antes: $P_{sis\,i} = (4{,}0\text{ kg})(1{,}0\text{ m/s}) + (2{,}0\text{ kg})(-2{,}0\text{ m/s}) = 0{,}0\text{ kg}\cdot\text{m/s}$;
Depois: $P_{sis\,f} = (4{,}0\text{ kg})(-1{,}0\text{ m/s}) + (2{,}0\text{ kg})(2{,}0\text{ m/s}) = 0{,}0\text{ kg}\cdot\text{m/s}$

8-9 (*a*) $3Mg$, (*b*) Mg

Problemas

Em alguns problemas, você recebe mais dados do que necessita; em alguns outros, você deve acrescentar dados de seus conhecimentos gerais, fontes externas ou estimativas bem fundamentadas.

Interprete como significativos todos os algarismos de valores numéricos que possuem zeros em seqüência sem vírgulas decimais.

Em todos os problemas, use $g = 9{,}81$ m/s² para a aceleração de queda livre e despreze atrito e resistência do ar, a não ser quando especificamente indicado.

• Um só conceito, um só passo, relativamente simples
•• Nível intermediário, pode requerer síntese de conceitos
••• Desafiante, para estudantes avançados
Problemas consecutivos sombreados são problemas pareados.

PROBLEMAS CONCEITUAIS

1 • Mostre que, se duas partículas têm a mesma energia cinética, então as magnitudes de suas quantidades de movimento são iguais apenas se elas têm a mesma massa.

2 • A partícula A tem duas vezes a quantidade de movimento e quatro vezes a energia cinética da partícula B. Qual é a razão entre as massas das partículas A e B? Explique seu raciocínio.

3 • Usando unidades SI, mostre que a razão entre as unidades do quadrado da quantidade de movimento e da massa é o joule.

4 • Verdadeiro ou falso:

(*a*) A quantidade de movimento linear total de um sistema pode ser conservada mesmo quando a energia mecânica do sistema não o é.

(*b*) Para que a quantidade de movimento linear total de um sistema seja conservada, não deve haver forças externas atuando sobre o sistema.

(*c*) A velocidade do centro de massa de um sistema varia apenas quando existe uma força externa resultante sobre o sistema.

5 • Se um projétil é disparado para o oeste, explique como que a conservação da quantidade de movimento permite que você prediga que o recuo do rifle será exatamente para o leste. Neste caso, a energia cinética é conservada?

6 • Uma criança salta de um pequeno barco para o cais. Por que ela deve se esforçar mais neste caso do que se estivesse saltando, de uma mesma distância, de cima de uma pedra para cima de um toco de árvore?

7 •• Muita da pesquisa inicial sobre o movimento de foguetes foi realizada por Robert Goddard, professor de física no Clark College em Worcester, Massachusetts (EUA). Uma citação de um editorial de 1920 do *New York Times* ilustra a opinião pública sobre o seu trabalho: "Esse professor Goddard, com sua 'cátedra' em Clark College e com o beneplácito da Smithsonian Institution, não conhece a relação entre ação e reação, e a necessidade de algo melhor do que o vácuo contra o que reagir — notem o absurdo. Claramente, ele apenas demonstra uma falta do conhecimento ministrado diariamente nos colégios."* A crença de que um foguete precisa de algo para empurrá-lo era um falso conceito comum, antes de os foguetes no espaço se tornarem habituais. Explique por que esta crença é errada.

8 • Duas bolas de boliche idênticas se movem com a mesma velocidade de centro de massa, mas uma apenas escorrega sobre a pista sem girar, enquanto a outra rola pela pista. Qual das duas tem a maior energia cinética?

9 • Um filósofo lhe diz que "É impossível alterar o movimento dos corpos. As forças ocorrem sempre aos pares, iguais e opostas. Portanto, todas as forças se cancelam. Como as forças se cancelam, as quantidades de movimento dos corpos nunca podem ser alteradas." Dê uma resposta a este argumento.

10 • Um corpo em movimento colide com outro corpo em repouso. É possível que os dois corpos estejam em repouso, imediatamente após a colisão? (Suponha desprezíveis as forças externas sobre este sistema de dois corpos.) É possível que um dos corpos esteja em repouso imediatamente após a colisão? Explique.

11 • Vários pesquisadores em ensino de física alegam que parte da origem das concepções alternativas entre os estudantes são os efeitos especiais que eles vêem em desenhos animados e em filmes. Usando a conservação da quantidade de movimento linear, como você explicaria para uma turma de alunos do nível médio o que está conceitualmente errado com um super-herói flutuando em repouso no ar enquanto atira longe objetos como carros e bandidos? Esta cena também viola a conservação da energia? Explique.

12 •• Um dedicado estudante de física pergunta: "Se apenas forças externas podem acelerar o centro de massa de um sistema de partículas, como é que um carro se move? Não é o motor do carro que fornece a força necessária para acelerá-lo?" Explique qual é o agente externo que produz a força que acelera o carro e explique como o motor faz surgir esse agente.

13 •• Quando pressionamos o pedal do freio de um automóvel, uma pastilha de freio é pressionada contra o rotor de forma que o atrito da pastilha reduz a rotação do rotor e, também, a da roda. No entanto, o atrito da pastilha contra o rotor não pode ser a força que freia o automóvel, por ser uma força interna — o rotor e a roda são partes do carro, e todas as forças entre eles são forças internas, não externas. Qual é o agente externo que exerce a força que freia o carro? Explique em detalhes como essa força opera.

14 •• Explique por que um artista de circo, caindo na rede de segurança, sobrevive sem se ferir, enquanto um artista de circo, caindo da mesma altura sobre um chão duro de concreto, fere-se gravemente, ou morre. Use como base de sua argumentação o teorema do impulso–quantidade de movimento.

15 •• No Problema 14, estime a razão entre o tempo de colisão com a rede de segurança e o tempo de colisão com o concreto, para um artista que cai de uma altura de 25 m. *Dica: Use o procedimento descrito no passo 4 da Estratégia para Solução de Problemas apresentada na Seção 8-3.*

16 •• (*a*) Por que um copo resiste a uma queda sobre um tapete, mas não quando cai no chão de concreto? (*b*) Em muitas pistas de corrida de automóvel, curvas perigosas são ladeadas por feixes massivos de feno. Explique como este arranjo reduz as chances de danos ao automóvel e ao piloto.

17 • Verdadeiro ou falso:
(*a*) Após qualquer colisão perfeitamente inelástica, a energia cinética do sistema é zero em todos os referenciais inerciais.
(*b*) Para uma colisão elástica frontal, a rapidez relativa de separação é igual à rapidez relativa de aproximação.
(*c*) Em uma colisão frontal perfeitamente inelástica, com um dos corpos inicialmente em repouso, apenas parte da energia cinética do sistema é dissipada.
(*d*) Após uma colisão frontal perfeitamente inelástica, na direção horizontal leste-oeste, os dois corpos são vistos movendo-se para o oeste. A quantidade de movimento total inicial apontava, portanto, para o oeste.

18 •• Sob quais condições toda a energia cinética inicial de um sistema isolado, constituído de dois corpos que colidem, pode ser perdida? Explique como isto pode ocorrer, mesmo sendo conservada a quantidade de movimento do sistema.

19 •• Considere uma colisão perfeitamente inelástica de dois corpos de mesma massa. (*a*) A perda de energia cinética é maior se os dois corpos se movem em sentidos opostos, cada um com uma rapidez $v/2$, ou se um dos dois corpos está inicialmente em repouso e o outro tem uma rapidez inicial de v? (*b*) Em qual destas situações a perda percentual de energia cinética é maior?

20 •• Uma zarabatana dupla é mostrada na Figura 8-41. O ar é soprado no lado esquerdo, e duas ervilhas idênticas A e B estão colocadas dentro de cada canudo, como mostrado. Se a zarabatana é mantida na horizontal, enquanto as ervilhas são lançadas, qual das ervilhas, A ou B, será atirada mais longe após abandonar a zarabatana? Explique. (Use como base de sua argumentação o teorema do impulso–quantidade de movimento.)

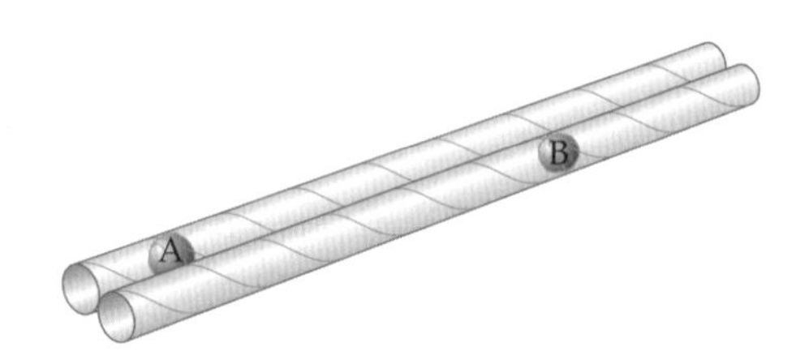

FIGURA 8-41 Problema 20

21 •• Uma partícula de massa m_1, viajando com rapidez v, sofre uma colisão elástica frontal com uma partícula em repouso de massa m_2. Em qual situação a maior quantidade de energia será transferida para a partícula de massa m_2? (*a*) $m_2 < m_1$, (*b*) $m_2 = m_1$, (*c*) $m_2 > m_1$, (*d*) nenhum dos casos anteriores.

22 •• **APLICAÇÃO EM ENGENHARIA, RICO EM CONTEXTO** Você é o encarregado da equipe que deve reconstituir um acidente no qual um carro foi abalroado por trás por outro carro, os dois tendo ficado engatados pelos pára-choques e deslizado até parar. Durante o julgamento, você é o perito testemunha da acusação, e o advogado de defesa alega que você, erradamente, desprezou o atrito e a força da gravidade durante a fração de segundo em que ocorreu a colisão. Defenda seu relatório. Por que você estava correto ao ignorar estas forças? Você não ignorou estas duas forças na análise das derrapagens antes e depois da colisão. Você pode explicar ao júri por que você não ignorou estas forças durante as derrapagens antes e depois da colisão?

23 •• Esguichos de mangueira de jardim têm freqüentemente o perfil em ângulo reto, como mostrado na Figura 8-42. Se você abre o esguicho para espalhar a água, perceberá que ele irá pressionar sua mão com uma força bem intensa — muito mais intensa do que se

* Na página 43 da edição de 17 de julho de 1969 do *New York Times*, "Uma Correção" ao editorial de 1920 foi publicada. Este comentário, publicado três dias antes da primeira caminhada do homem na Lua, afirmava que "está agora definitivamente estabelecido que um foguete pode funcionar no vácuo, tão bem quanto na atmosfera. *The Times* lamenta o erro."

você usasse um esguicho sem o perfil em ângulo reto. Por que isto ocorre?

FIGURA 8-42 Problema 23

PROBLEMAS CONCEITUAIS DE SEÇÕES OPCIONAIS

24 • Descreva uma colisão frontal perfeitamente inelástica entre dois carrinhos, do ponto de vista do referencial do centro de massa.

25 •• Um disco de hóquei está inicialmente em repouso. Outro disco, idêntico, colide com o primeiro, obliquamente. Suponha a colisão elástica e despreze qualquer movimento de rotação dos discos. Descreva a colisão no referencial do centro de massa dos discos.

26 •• Um bastão, com uma extremidade mais massiva que a outra, é lançado no ar, a um ângulo não-nulo com a vertical. (*a*) Descreva a trajetória do centro de massa do bastão no referencial do chão. (*b*) Descreva o movimento das duas extremidades do bastão no referencial do centro de massa do bastão.

27 •• Descreva as forças que atuam sobre uma sonda lunar, quando seus retrofoguetes são ligados para frear a descida até um pouso seguro na superfície da Lua. (Suponha desprezível a perda de massa pelo funcionamento dos retrofoguetes.)

28 •• Um vagão ferroviário permanece rolando sobre os trilhos enquanto grãos de um silo estão caindo dentro dele a uma taxa constante. (*a*) A conservação da quantidade de movimento exige que o vagão deve diminuir a rapidez ao passar pelo silo? Suponha o trilho sem atrito e perfeitamente horizontal, e que os grãos caem verticalmente. (*b*) Se o vagão está reduzindo sua rapidez, isto significa que existe alguma força externa atuando sobre ele. De onde vem essa força? (*c*) Depois de passar pelo silo, ocorre um vazamento, e os grãos começam a vazar verticalmente por um furo no piso do vagão, a uma taxa constante. O vagão deve aumentar sua rapidez enquanto perde massa?

29 •• Para mostrar que até pessoas muito inteligentes podem errar, considere o seguinte problema, que foi proposto a uma turma de calouros em um exame do Caltech (California Institute of Technology, EUA). A questão, parafraseada, é: *Um barco à vela está parado na água em um dia sem vento. Para movimentar o barco, um marinheiro mal orientado coloca um ventilador na popa do barco para soprar sobre as velas e fazer o barco se deslocar para a frente. Explique por que o barco não se movimentará.* A idéia era a de que a força resultante do vento empurrando a vela para a frente seria contrabalançada pela força empurrando o ventilador para trás (terceira lei de Newton). No entanto, como um dos estudantes observou ao professor, o barco *pode*, de fato, deslocar-se para a frente. Por que isto é verdade?

ESTIMATIVA E APROXIMAÇÃO

30 •• **APLICAÇÃO EM ENGENHARIA** Um carro de 2000 kg, viajando a 90 km/h, bate contra uma parede imóvel de concreto. (*a*) Estime o tempo da colisão, supondo que o centro do carro percorre a metade de sua distância até a parede, com aceleração constante. (Use um comprimento plausível para o carro.) (*b*) Estime a força média exercida pela parede sobre o carro.

31 •• Em corridas de vagonetes ferroviários movidos à alavanca manual, uma rapidez de 32,0 km/h foi atingida por equipes de quatro pessoas. Um vagonete de 350 kg de massa se move, com esta rapidez, até um rio, quando Carlos, o chefe da equipe, nota que a ponte que devia existir mais adiante tinha sido retirada. Todas as quatro pessoas (cada uma com uma massa de 75,0 kg) pulam, simultaneamente, da traseira do vagonete, com uma velocidade que tem uma componente horizontal de 4,00 m/s em relação ao vagonete. O vagonete lança-se da margem e cai na água, a uma distância horizontal de 25,0 m da margem. (*a*) Estime o tempo de queda do vagonete. (*b*) Qual é a componente horizontal da velocidade dos atletas quando eles atingem o solo?

32 •• Um bloco de madeira e um revólver estão firmemente fixos nas extremidades opostas de uma longa plataforma montada sobre um trilho de ar sem atrito (Figura 8-43). O bloco e o revólver estão separados de uma distância L. O sistema está inicialmente em repouso. O revólver dispara uma bala que o abandona com uma velocidade v_b, atingindo o bloco e nele se encravando. A massa da bala é m_b e a massa do sistema revólver–plataforma–bloco é m_p. (*a*) Qual é a velocidade da plataforma imediatamente após a bala atingir o repouso dentro do bloco? (*b*) Qual é a distância percorrida pela plataforma, enquanto a bala está em trânsito entre o revólver e o bloco?

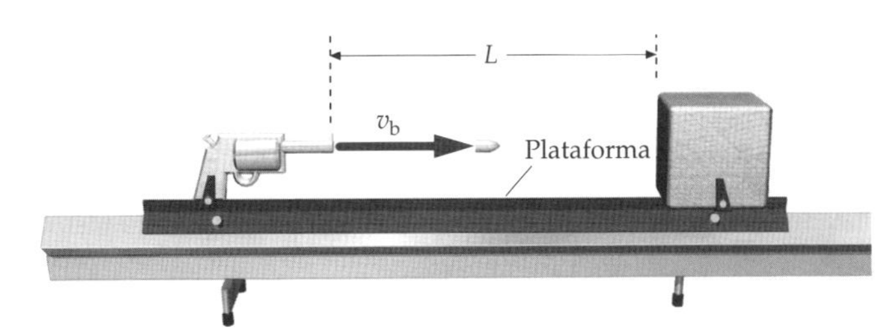

FIGURA 8-43 Problema 32

CONSERVAÇÃO DA QUANTIDADE DE MOVIMENTO LINEAR

33 • Tiago, um adolescente de 85 kg, salta da borda de um cais horizontal até um bote de 150 kg que flutua livremente, inicialmente em repouso. O bote, então, com o passageiro dentro, se afasta do cais a 2,0 m/s. Qual era a rapidez de Tiago quando se lançou da borda do cais?

34 •• Uma mulher de 55 kg, participando de um *reality show* de televisão, se encontra na extremidade sul de um bote de 150 kg que flutua em águas infestadas de crocodilos. Ela e o bote estão inicialmente em repouso. Ela precisa saltar do bote até uma plataforma que está vários metros além da extremidade norte do bote. Ela parte correndo. Quando chega na extremidade norte do bote, ela está a 5,0 m/s em relação ao bote. Neste instante, qual é sua velocidade em relação à água?

35 • Um corpo de 5,0 kg e outro de 10,0 kg, ambos sobre uma mesa sem atrito, estão ligados por uma mola comprimida sem massa. A mola é liberada e os corpos são lançados em sentidos opostos. O corpo de 5,0 kg tem uma velocidade de 8,0 m/s para a esquerda. Qual é a velocidade do corpo de 10,0 kg?

36 • A Figura 8-44 mostra o comportamento de um projétil justo após ele ter se partido em três pedaços. Qual era a rapidez do projétil justo antes de se partir: (*a*) v_3, (*b*) $v_3/3$, (*c*) $v_3/4$, (*d*) $4v_3$, (*e*) $(v_1 + v_2 + v_3)/4$?

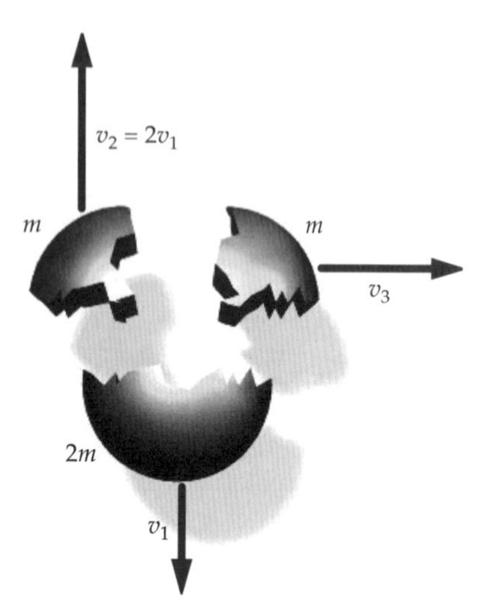

FIGURA 8-44 Problema 36

37 • Uma bomba de massa m e rapidez v explode e se parte em dois fragmentos iguais. Se a bomba estava se movendo horizontalmente em relação à Terra, e um dos fragmentos está, em seguida à explosão, se movendo verticalmente para cima com rapidez v, determine a velocidade $\vec{v}\,'$ do outro fragmento imediatamente após a explosão.

38 •• Uma montagem experimental de seu laboratório de física consiste em dois deslizadores sobre um trilho de ar horizontal sem atrito (veja a Figura 8-45). Cada deslizador carrega, sobre si, um forte ímã, e os ímãs estão orientados de forma a se atraírem mutuamente. A massa do deslizador 1, com seu ímã, é 0,100 kg, e a massa do deslizador 2, com seu ímã, é 0,200 kg. Você e seus colegas são instruídos a tomarem como origem a extremidade da esquerda do trilho e a centrarem o deslizador 1 em $x_1 = 0{,}100$ m e o deslizador 2 em $x_2 = 1{,}600$ m. O deslizador 1 tem um comprimento de 10,0 cm, enquanto o comprimento do deslizador 2 é 20,0 cm, e cada deslizador tem o centro de massa localizado em seu centro geométrico. Quando os dois deslizadores são largados a partir do repouso, eles se movem até se encontrarem e grudarem um no outro. (*a*) Determine a posição do centro de massa de cada deslizador no momento em que eles se tocam. (*b*) Determine a velocidade com que os dois deslizadores continuarão a se mover após grudarem. Explique seu raciocínio.

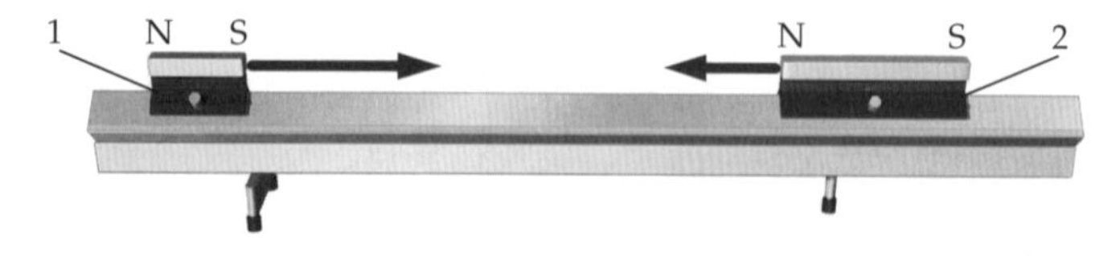

FIGURA 8-45 Problema 38

39 •• Um menino atira com sua arma de chumbinho contra um pedaço de queijo que está sobre um massivo bloco de gelo. Para um determinado tiro, o projétil de 1,2 g fica encravado no queijo, fazendo-o deslizar 25 cm antes de parar. Se a velocidade com que o projétil sai da arma é de 65 m/s e o queijo tem uma massa de 120 g, qual é o coeficiente de atrito entre o queijo e o gelo?

40 ••• **VÁRIOS PASSOS** Uma cunha de massa M é colocada sobre uma superfície horizontal e sem atrito, e um bloco de massa m é colocado sobre a cunha, que também tem uma superfície sem atrito (Figura 8-46). O centro de massa do bloco desce de uma altura h, enquanto o bloco desliza de sua posição inicial até o piso horizontal. (*a*) Quais são os valores de rapidez do bloco e da cunha, no instante em que se separam, seguindo seus próprios caminhos? (*b*) Teste a plausibilidade de seus cálculos para o caso limite $M \gg m$.

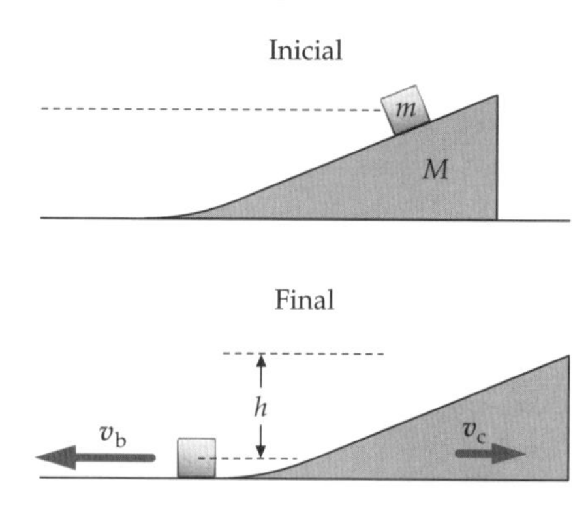

FIGURA 8-46 Problema 40

ENERGIA CINÉTICA DE UM SISTEMA DE PARTÍCULAS

41 •• **VÁRIOS PASSOS** Um bloco de 3,0 kg está viajando para a direita (sentido $+x$) a 5,0 m/s, e um segundo bloco de 3,0 kg está viajando para a esquerda a 2,0 m/s. (*a*) Determine a energia cinética total dos dois blocos. (*b*) Determine a velocidade do centro de massa do sistema de dois blocos. (*c*) Determine a velocidade de cada bloco em relação ao centro de massa. (*d*) Determine a energia cinética dos blocos em relação ao centro de massa. (*e*) Mostre que a sua resposta para a Parte (*a*) é maior do que a sua resposta para a Parte (*d*) por uma quantidade igual à energia cinética associada ao movimento do centro de massa.

42 •• Repita o Problema 41 com o segundo bloco de 3,0 kg substituído por um bloco de 5,0 kg movendo-se para a direita a 3,0 m/s.

IMPULSO E FORÇA MÉDIA

43 • Você chuta uma bola de futebol de 0,43 kg de massa. A bola abandona seu pé com uma rapidez inicial de 25 m/s. (*a*) Qual é a magnitude do impulso associado à força do seu pé sobre a bola? (*b*) Se seu pé mantém contato com a bola durante 8,0 ms, qual é a magnitude da força média exercida pelo seu pé sobre a bola?

44 • Um tijolo de 0,30 kg é largado de uma altura de 8,0 m. Ele chega ao chão e fica em repouso. (*a*) Qual é o impulso exercido pelo chão sobre o tijolo durante a colisão? (*b*) Se 0,0013 s é o tempo entre o momento em que o tijolo toca o chão e o momento em que ele atinge o repouso, qual é a força média exercida pelo chão sobre o tijolo durante o impacto?

45 • Um meteorito de 30,8 toneladas (1 tonelada = 1000 kg) de massa está exposto no Museu Americano de História Natural, na cidade de Nova York. Suponha que a energia cinética do meteorito, ao atingir o chão, era de 617 MJ. Determine a magnitude do impulso sofrido pelo meteorito até o momento em que sua energia cinética tinha sido reduzida à metade (o que levou cerca de $t = 3{,}0$ s). Determine, também, a força média exercida sobre o meteorito neste intervalo de tempo.

46 •• Uma bola de beisebol de 0,15 kg, movendo-se horizontalmente, é atingida por um taco e seu sentido é invertido. Sua velocidade varia de $+20$ m/s para -20 m/s. (*a*) Qual é a magnitude do impulso transferido pelo taco à bola? (*b*) Se a bola está em contato com o taco por 1,3 ms, qual é a força média exercida pelo taco sobre a bola?

47 •• Uma bola de 60 g, movendo-se com uma rapidez de 5,0 m/s, atinge uma parede a um ângulo de 40° com a normal, rebate e volta com a mesma rapidez e o mesmo ângulo com a normal. Ela permanece em contato com a parede durante 2,0 ms. Qual é a força média exercida pela bola sobre a parede?

48 •• **ESTIMATIVA** Você atira para cima uma bola de 150 g até uma altura de 40,0 m. (*a*) Use um valor razoável para o deslocamento da bola enquanto ela está na sua mão, para estimar o tempo em que ela fica na sua mão, enquanto você a está atirando. (*b*) Calcule a força média exercida por sua mão enquanto você atira a bola. (É razoável desprezar a força gravitacional sobre a bola enquanto ela está sendo atirada?)

49 •• Uma bola de 0,060 g é atirada diretamente contra uma parede com uma rapidez de 10 m/s. Ela rebate de volta com uma rapidez de 8,0 m/s. (*a*) Qual é o impulso exercido sobre a parede? (*b*) Se a bola está em contato com a parede por 3,0 ms, qual é a força média exercida sobre a parede pela bola? (*c*) A bola rebatida é pegada por uma jogadora que a leva ao repouso. No processo, sua mão se move 0,50 m para trás. Qual é o impulso recebido pela jogadora? (*d*) Qual é a força média exercida sobre a jogadora pela bola?

50 •• Uma laranja esférica de 0,34 kg de massa e 2,0 cm de raio é largada do topo de um edifício de 35 m de altura. Após atingir o solo, o formato da laranja é o de uma panqueca de 0,50 cm de espessura. Despreze a resistência do ar e considere a colisão completamente inelástica. (*a*) Quanto tempo a laranja levou para ser esmagada e atingir o repouso? (*b*) Qual foi a força média exercida pelo chão sobre a laranja durante a colisão?

51 •• No ponto de chegada de um salto com vara em uma competição olímpica é colocado um colchão de ar que é comprimido de uma altura de 1,2 m até 0,20 m enquanto o saltador vai parando. (*a*) Qual é o intervalo de tempo que um saltador, que acaba de saltar uma altura de 6,40 m, leva parando? (*b*) Qual é o intervalo de tempo se, agora, o saltador é trazido ao repouso por uma camada de 20 cm de serragem que é comprimida até 5,0 cm? (*c*) Discuta, qualitativamente, a diferença entre as forças médias sobre o saltador, nas duas diferentes situações. Isto é, qual é o revestimento que exerce a menor força sobre o atleta e por quê?

52 ••• Grandes cavernas de calcário foram formadas por água pingando. (*a*) Se gotas de água de 0,030 mL caem de uma altura de 5,0 m a uma taxa de 10 gotas por minuto, qual é a força média exercida no chão da caverna pelas gotas de água em um período de 1,0 min? (Suponha que a água não acumula no chão.) (*b*) Compare esta força com o peso de uma gota d'água.

COLISÕES EM UMA DIMENSÃO

53 • Um carro de 2000 kg, viajando para a direita a 30 m/s, persegue um segundo carro de mesma massa que viaja no mesmo sentido, a 10 m/s. (*a*) Se os dois carros colidem e permanecem engatados, qual é sua rapidez logo após a colisão? (*b*) Que fração da energia cinética inicial dos carros é perdida durante a colisão? Para onde ela vai?

54 • Dois jogadores de futebol americano sofrem uma colisão frontal perfeitamente inelástica. Um deles tem 85 kg e estava a 7,0 m/s; o outro, de 105 kg, estava parado. Qual é a rapidez deles logo após a colisão?

55 • Um corpo de 5,0 kg, com uma rapidez de 4,0 m/s, colide frontalmente com outro corpo, de 10,0 kg, que se move de encontro a ele com 3,0 m/s. O corpo de 10,0 kg fica parado após a colisão. (*a*) Qual é a rapidez do corpo de 5,0 kg após a colisão? (*b*) A colisão é elástica?

56 • Uma pequena bola de borracha, de massa m, se move com rapidez v para a direita, de encontro a um taco muito mais massivo, que se desloca para a esquerda com rapidez v. Determine a rapidez da bola após ela sofrer uma colisão frontal elástica com o taco.

57 •• Um próton, de massa m, está se movendo a 300 m/s quando sofre uma colisão frontal elástica com um núcleo estacionário de carbono de massa $12m$. Determine as velocidades do próton e do núcleo de carbono após a colisão.

58 •• Um bloco de 3,0 kg, movendo-se a 4,0 m/s, sofre uma colisão frontal elástica com um bloco estacionário de 2,0 kg. Use conservação da quantidade de movimento e o fato de que a rapidez relativa de separação é igual à rapidez relativa de aproximação, para determinar a velocidade de cada bloco após a colisão. Confira sua resposta, calculando as energias cinéticas inicial e final de cada bloco.

59 •• Um bloco de massa $m_1 = 2{,}0$ kg desliza sobre uma mesa sem atrito com uma rapidez de 10 m/s. Diretamente à frente dele e se deslocando no mesmo sentido com uma rapidez de 3,0 m/s, está um bloco de massa $m_2 = 5{,}0$ kg. Uma mola sem massa, de constante de força $k = 1120$ N/m, está presa ao segundo bloco, como na Figura 8-47. (*a*) Qual é a velocidade do centro de massa do sistema? (*b*) Durante a colisão, a mola sofre uma compressão máxima Δx. Qual é o valor de Δx? (*c*) Os blocos acabarão por se separar novamente. Quais são as velocidades dos dois blocos, após a separação, medidas no referencial da mesa?

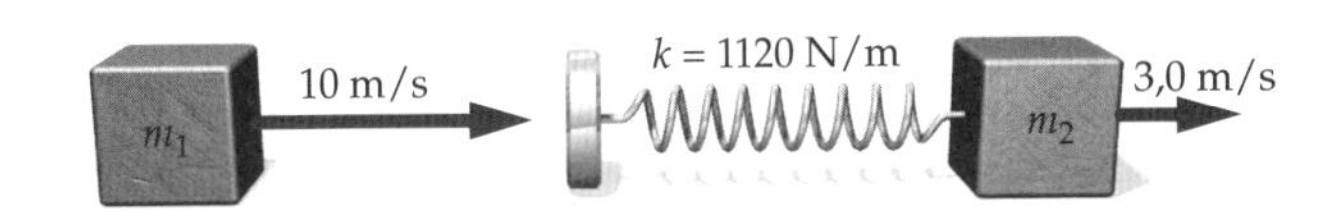

FIGURA 8-47 Problema 59

60 •• Uma bala de massa m é disparada verticalmente de baixo, contra uma fina chapa horizontal de compensado, de massa M, que está inicialmente em repouso, apoiada sobre uma fina folha de papel (Figura 8-48). A bala atravessa o compensado, que se eleva até uma altura H acima da folha de papel antes de cair. A bala continua subindo até uma altura h acima do papel. (*a*) Expresse, em termos de h e de H, as velocidades para cima da bala e do compensado, imediatamente após a bala ter atravessado o compensado. (*b*) Qual é a rapidez inicial da bala? (*c*) Qual é a energia mecânica do sistema antes e após a colisão inelástica? (*d*) Quanta energia mecânica é dissipada durante a colisão?

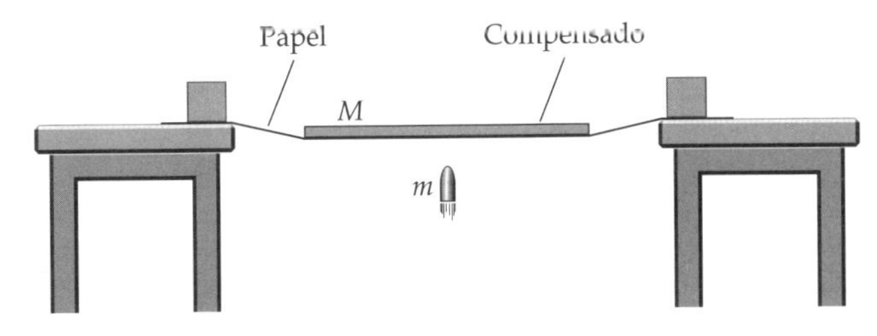

FIGURA 8-48 Problema 60

61 •• Um próton, de massa m, se move com rapidez inicial v_0 diretamente contra o centro de uma partícula α de massa $4m$, que está inicialmente em repouso. As duas partículas têm carga positiva, e portanto, se repelem. (As forças repulsivas são suficientes para prevenir um contato direto entre as duas partículas.) Determine a rapidez v_α da partícula α (*a*) quando a distância entre as duas partículas é mínima e (*b*) depois, quando as partículas estão bem afastadas.

62 •• Um elétron colide, elasticamente, com um átomo de hidrogênio que está inicialmente em repouso. Suponha todo o movimento ocorrendo ao longo de uma linha reta. Qual fração da energia cinética inicial do elétron é transferida para o átomo? (Tome a massa do átomo de hidrogênio como 1840 vezes a massa de um elétron.)

63 •• Uma bala de 16 g é atirada contra um pêndulo balístico de 1,5 kg (Figura 8-18). Quando o pêndulo está em sua altura máxima, os fios formam um ângulo de 60° com a vertical. Os fios têm 2,3 m de comprimento. Determine a rapidez da bala antes do impacto.

64 •• Mostre que, em uma colisão unidimensional elástica, se a massa e a velocidade do corpo 1 são m_1 e v_{1i}, e se a massa e a velocidade do corpo 2 são m_2 e v_{2i}, então suas velocidades finais v_{1f} e v_{2f} são dadas por

$$v_{1f} = \frac{m_1 - m_2}{m_1 + m_2}v_{1i} + \frac{2m_2}{m_1 + m_2}v_{2i}$$

e

$$v_{2f} = \frac{2m_1}{m_1 + m_2}v_{1i} + \frac{m_2 - m_1}{m_1 + m_2}v_{2i}$$

65 •• Investigue a plausibilidade dos resultados do Problema 64 calculando as velocidades finais para os seguintes limites: (*a*) Quando as duas massas são iguais, mostre que as partículas "trocam" de velocidades: $v_{1f} = v_{2i}$ e $v_{2f} = v_{1i}$. (*b*) Se $m_2 \gg m_1$ e $v_{2i} = 0$, mostre que $v_{1f} \approx -v_{1i}$ e $v_{2f} \approx 0$. (*c*) Se $m_1 \gg m_2$ e $v_{2i} = 0$, mostre que $v_{1f} \approx v_{1i}$ e $v_{2f} \approx 2v_{1i}$.

66 •• Uma bala de massa m_1 é disparada horizontalmente, com uma rapidez v_0, contra um pêndulo balístico de massa m_2. O pêndulo consiste em um peso preso a uma extremidade de uma barra muito leve, de comprimento L. A barra é livre para girar em torno de um eixo horizontal na outra extremidade. A bala fica encravada no peso. Determine o valor mínimo de v_0 que fará com que o peso complete uma volta circular.

67 •• Uma bala de massa m_1 é disparada horizontalmente, com rapidez v, contra um pêndulo balístico de massa m_2 (Figura 8-19). Determine a altura máxima h atingida pelo pêndulo, se a bala atravessa seu peso e emerge com uma rapidez $v/3$.

68 •• Um bloco pesado de madeira está sobre uma mesa horizontal plana e uma bala é disparada horizontalmente sobre ele, ficando encravada no bloco. Qual a distância que o bloco percorrerá até parar? A massa da bala é 10,5 g, a massa do bloco é 10,5 kg, a rapidez de impacto da bala é 750 m/s e o coeficiente de atrito cinético entre o bloco e a mesa é 0,220. (Suponha que a bala não faça o bloco girar.)

69 •• Uma bola de 0,425 kg, com uma rapidez de 1,30 m/s, rola sobre uma superfície plana horizontal ao encontro de uma caixa aberta de 0,327 kg, que está em repouso. A bola entra na caixa e esta (com a bola dentro) passa a deslizar sobre a superfície, por uma distância de 0,520 m. Qual é o coeficiente de atrito cinético entre a caixa e a mesa?

70 •• Tarzan está na trilha de um estouro de uma manada de elefantes, quando a Jane, oscilando em um cipó, chega para agarrá-lo, salvando-o do perigo. O comprimento do cipó é 25 m e a Jane inicia sua oscilação com o cipó na horizontal. Se a massa da Jane é 54 kg e a do Tarzan é 82 kg, até que altura, acima do chão, os dois oscilarão após o resgate? (Suponha o cipó na vertical, no momento em que a Jane segura o Tarzan.)

71 •• Cientistas estimam que o meteorito responsável pela criação da cratera de Barringer, no Arizona (EUA), pesava aproximadamente $2{,}72 \times 10^5$ toneladas (1 tonelada = 1000 kg) e viajava a 17,9 km/s. Considere a rapidez orbital da Terra como cerca de 30,0 km/s. (*a*) Qual deveria ser o sentido do impacto para a rapidez orbital da Terra sofrer a maior variação possível? (*b*) Na condição de colisão da Parte (*a*), estime a máxima variação percentual da rapidez orbital da Terra, como resultado da colisão. (*c*) Qual seria a massa necessária para que um asteróide, com a rapidez igual à rapidez orbital da Terra, fizesse variar a rapidez orbital da Terra em 1,00 por cento?

72 ••• Guilherme Tell atira na maçã sobre a cabeça de seu filho. A rapidez da flecha de 125 g, justo antes de atingir a maçã, é 25,0 m/s, e no momento do impacto ela está na horizontal. Se a flecha se prende à maçã e a combinação flecha/maçã atinge o chão a 8,50 m dos pés do filho, qual era a massa da maçã? Suponha o filho com a altura de 1,85 m.

EXPLOSÕES E DECAIMENTO RADIOATIVO

73 •• O isótopo de berílio ^{8}Be é instável, decaindo em duas partículas α ($m_\alpha = 6{,}64 \times 10^{-27}$ kg) e liberando $1{,}5 \times 10^{-14}$ J de energia. Determine as velocidades das duas partículas α que emergem do decaimento de um núcleo de ^{8}Be em repouso, supondo que toda a energia surge como energia cinética das partículas.

74 •• O isótopo leve ^{5}Li, de lítio, é instável e decai espontaneamente em um próton e uma partícula α. Neste processo, $3{,}15 \times 10^{-13}$ J de energia são liberados, surgindo como energia cinética dos dois produtos do decaimento. Determine as velocidades do próton e da partícula α que emergem do decaimento de um núcleo de ^{5}Li em repouso. (*Nota*: As massas do próton e da partícula alfa são $m_p = 1{,}67 \times 10^{-27}$ kg e $m_\alpha = 4m_p = 6{,}64 \times 10^{-27}$ kg.)

75 ••• Um projétil de 3,00 kg é disparado com uma rapidez inicial de 120 m/s a um ângulo de 30,0° com a horizontal. No topo de sua trajetória, o projétil explode e se divide em dois fragmentos, de massas 1,00 kg e 2,00 kg. Decorridos 3,60 s da explosão, o fragmento de 2,00 kg chega ao chão diretamente abaixo do ponto da explosão. (*a*) Determine a velocidade do fragmento de 1,00 kg imediatamente após a explosão. (*b*) Determine a distância entre o ponto do lançamento do projétil e o ponto no qual o fragmento de 1,00 kg atinge o chão. (*c*) Determine a energia liberada na explosão.

76 ••• O isótopo de boro ^{9}B é instável e se desintegra em um próton e duas partículas α. A energia total liberada como energia cinética dos produtos do decaimento é $4{,}4 \times 10^{-14}$ J. Num evento, com o núcleo de ^{9}B em repouso antes de decair, a velocidade medida do próton é $6{,}0 \times 10^6$ m/s. Se as duas partículas α têm a mesma energia cinética, determine a magnitude e a orientação de suas velocidades em relação à orientação do próton.

COEFICIENTE DE RESTITUIÇÃO

77 • **APLICAÇÃO EM ENGENHARIA, RICO EM CONTEXTO** Você está encarregado de medir o coeficiente de restituição de uma nova liga de aço. Você convence sua equipe de engenharia a cumprir esta tarefa simplesmente largando uma pequena bola em um prato, tanto bola quanto prato feitos da mesma liga experimental. Se a bola é largada de uma altura de 3,0 m e repica até uma altura de 2,5 m, qual é o coeficiente de restituição?

78 • De acordo com as regras oficiais do jogo de raquete, a bola, para ser aceita em uma partida de competição, deve repicar até uma altura entre 173 e 183 cm, quando largada de uma altura de 254 cm à temperatura ambiente. Qual é a faixa aceitável de valores de coeficiente de restituição para o sistema bola de raquete–chão?

79 • Uma bola repica a até 80 por cento de sua altura original. (*a*) Que fração de sua energia mecânica é perdida a cada repicada? (*b*) Qual é o coeficiente de restituição do sistema bola–chão?

80 •• Um objeto de 2,0 kg se move para a direita a 6,0 m/s e colide frontalmente com um objeto de 4,0 kg que está inicialmente em repouso. Após a colisão, o objeto de 2,0 kg está se movendo para a esquerda a 1,0 m/s. (*a*) Determine a velocidade do objeto de 4,0 kg após a colisão. (*b*) Determine a energia perdida na colisão. (*c*) Qual é o coeficiente de restituição destes objetos?

81 •• Um bloco de 2,0 kg se move para a direita com uma rapidez de 5,0 m/s e colide com um bloco de 3,0 kg que se move no mesmo sentido a 2,0 m/s, como na Figura 8-49. Após a colisão, o bloco de 3,0 kg se move para a direita a 4,2 m/s. Determine (*a*) a velocidade do bloco de 2,0 kg após a colisão e (*b*) o coeficiente de restituição entre os dois blocos.

FIGURA 8-49 Problema 81

82 ••• **RICO EM CONTEXTO** Para manter os registros de recordes consistentes, de ano para ano, as associações de beisebol checam, aleatoriamente, o coeficiente de restituição entre novas bolas de beisebol e superfícies de madeira similares às de um taco médio. Você foi encarregado de se certificar de que não estão sendo produzidas bolas muito "fora do padrão". (*a*) Em um teste aleatório, você encontra uma que, quando largada de 2,0 m, repica 0,25 m. Qual é o coeficiente de restituição desta bola? (*b*) Qual é a máxima distância que você esperaria que esta bola poderia atingir, desprezando a resistência do ar e fazendo suposições razoáveis a respeito da rapidez do taco e da rapidez da bola antes de receber a tacada?

83 •• **CONCEITUAL** Em jogos de hóquei, os discos são guardados no congelador, antes do jogo, para serem mais facilmente manejados. (*a*) Explique por que discos à temperatura ambiente seriam mais difíceis de manejar com a extremidade de um taco do que os congelados. (*Dica: Discos de hóquei são feitos de borracha.*) (*b*) Um disco à temperatura ambiente repica 15 cm quando largado sobre uma superfície de madeira de uma altura de 100 cm. Se um disco congelado tem apenas a metade do coeficiente de restituição de outro à temperatura ambiente, calcule até que altura um disco congelado repicaria sob as mesmas condições.

COLISÕES EM MAIS DE UMA DIMENSÃO

84 •• Na Seção 8-3 foi provado, usando-se geometria, que, quando uma partícula colide elasticamente com outra partícula de mesma massa que está inicialmente em repouso, as duas velocidades após a colisão são perpendiculares. Aqui, examinamos um outro modo de provar este resultado, que ilustra o poder da notação vetorial. (*a*) Dado que $\vec{A} = \vec{B} + \vec{C}$, eleve ao quadrado os dois lados desta equação (obtenha o produto escalar de cada lado por ele mesmo) para mostrar que $A^2 = B^2 + C^2 + 2\vec{B}\cdot\vec{C}$. (*b*) Chame de $\vec{P}$ a quantidade de movimento da partícula inicialmente em movimento, e de $\vec{p}_1$ e $\vec{p}_2$ as quantidades de movimento das partículas após a colisão. Escreva a equação vetorial para a conservação da quantidade de movimento linear e eleve os dois lados ao quadrado (obtenha o produto escalar de cada lado por ele mesmo). Compare isto com a equação obtida da condição de colisão elástica (conservação da energia cinética) e, finalmente, mostre que estas duas equações implicam que $\vec{p}_1 \cdot \vec{p}_2 = 0$.

85 •• Em um jogo de sinuca, a tacadeira, que tem uma rapidez inicial de 5,0 m/s, sofre uma colisão elástica com a bola oito, que está inicialmente em repouso. Após a colisão, a bola oito se move formando um ângulo de 30° à direita da orientação original da tacadeira. Suponha as bolas com massas iguais. (*a*) Determine a orientação do movimento da tacadeira imediatamente após a colisão. (*b*) Determine a rapidez de cada bola imediatamente após a colisão.

86 •• O corpo A, com massa m e velocidade $v_0\hat{i}$, colide com o corpo B, com massa $2m$ e velocidade $\frac{1}{2}v_0\hat{j}$. Após a colisão, o corpo B tem uma velocidade de $\frac{1}{4}v_0\hat{i}$. (*a*) Determine a velocidade do corpo A após a colisão. (*b*) A colisão é elástica? Se não, escreva a variação da energia cinética em termos de m e de v_0.

87 •• Um disco de 5,0 kg de massa, movendo-se a 2,0 m/s, se aproxima de um disco idêntico que está estacionário sobre o gelo, sem atrito. Após a colisão, o primeiro disco emerge com uma rapidez v_1 formando 30° com sua orientação original de movimento; o segundo disco emerge com uma rapidez v_2 a 60°, como na Figura 8-50. (*a*) Calcule v_1 e v_2. (*b*) A colisão foi elástica?

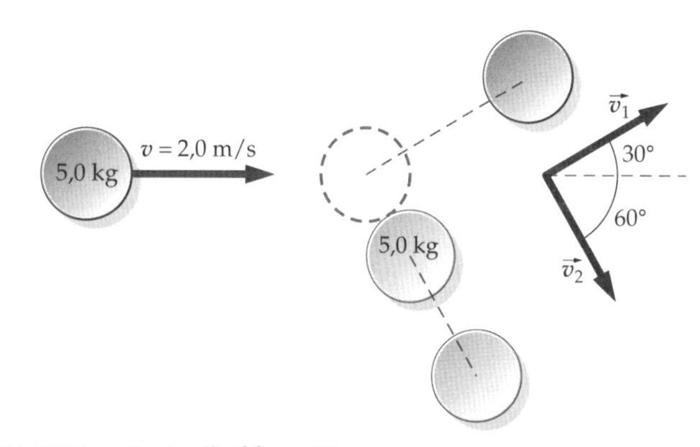

FIGURA 8-50 Problema 87

88 •• A Figura 8-51 mostra o resultado de uma colisão entre dois corpos de massas desiguais. (*a*) Determine a rapidez v_2 da massa maior após a colisão; encontre, também, o ângulo θ_2. (*b*) Mostre que a colisão é elástica.

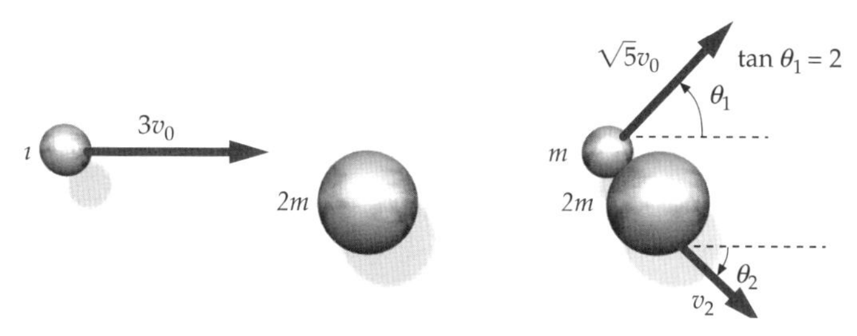

FIGURA 8-51 Problema 88

89 •• Uma bola de 2,0 kg, movendo-se a 10 m/s, sofre uma colisão oblíqua com uma bola de 3,0 kg que está inicialmente em repouso. Após a colisão, a bola de 2,0 kg é defletida de um ângulo de 30° em relação à sua orientação original de movimento e a bola de 3,0 kg está se movendo a 4,0 m/s. Determine a rapidez da bola de 2,0 kg e a orientação da bola de 3,0 kg, após a colisão. *Dica*: $\text{sen}^2\,\theta + \cos^2\theta = 1$.

90 •• Uma partícula tem uma rapidez inicial v_0. Ela colide com uma segunda partícula de mesma massa, que está inicialmente em repouso. A primeira partícula é defletida de um ângulo ϕ. Sua rapidez, após a colisão, é v. A segunda partícula recua e sua velocidade forma um ângulo θ com a orientação original da primeira partícula. (*a*) Mostre que $\tan\theta = (v\,\text{sen}\,\phi)/(v_0 - v\cos\phi)$. (*b*) Mostre que, se a colisão é elástica, então $v = v_0\cos\phi$.

*REFERENCIAL DO CENTRO DE MASSA

91 •• No referencial do centro de massa, uma partícula com massa m_1 e quantidade de movimento p_1 sofre uma colisão frontal elástica com uma segunda partícula de massa m_2 e quantidade de movimento $p_2 = -p_1$. Após a colisão, a quantidade de movimento da primeira partícula é p_1'. Escreva a energia cinética inicial total em termos de m_1, m_2 e p_1, e a energia cinética final total em termos de m_1,

m_2 e p_1', e mostre que $p_1' = \pm p_1$. Se $p_1' = -p_1$, a partícula é meramente refletida pela colisão e emerge com a rapidez que tinha inicialmente. Qual é a situação para a solução $p_1' = +p_1$?

92 •• **VÁRIOS PASSOS** Um bloco de 3,0 kg viaja no sentido $-x$ a 5,0 m/s, e um bloco de 1,0 kg viaja no sentido $+x$ a 3,0 m/s. (*a*) Determine a velocidade v_{cm} do centro de massa. (*b*) Subtraia v_{cm} da velocidade de cada bloco, para encontrar as velocidades no referencial do centro de massa. (*c*) Após sofrerem uma colisão frontal elástica, a velocidade de cada bloco é invertida (no referencial do centro de massa). Determine as velocidades no referencial do centro de massa após a colisão. (*d*) Transforme de volta para o referencial original, somando v_{cm} à velocidade de cada bloco. (*e*) Cheque seu resultado, determinando as energias cinéticas inicial e final dos blocos no referencial original e comparando-as.

93 •• Repita o Problema 92 com o segundo bloco tendo uma massa de 5,0 kg e se movendo para a direita a 3,0 m/s.

*SISTEMAS COM MASSA CONTINUAMENTE VARIÁVEL: PROPULSÃO DE FOGUETES

94 • **APLICAÇÃO EM ENGENHARIA** Um foguete queima combustível a uma taxa de 200 kg/s e a rapidez da exaustão dos gases é de 6,00 km/s, em relação ao foguete. Determine a magnitude do seu empuxo.

95 •• **APLICAÇÃO EM ENGENHARIA** Um foguete tem uma massa inicial de 30000 kg, 80 por cento da qual é de combustível. Ele queima combustível a uma taxa de 200 kg/s e expele os gases com uma rapidez relativa de 1,80 km/s. Determine (*a*) o impulso do foguete, (*b*) o tempo para a queima total do combustível e (*c*) a rapidez do foguete quando todo o combustível terminou de ser queimado, supondo que ele se move diretamente para cima, próximo à superfície da Terra. Suponha g constante e despreze a resistência do ar.

96 •• **APLICAÇÃO EM ENGENHARIA** O *impulso específico* de um combustível de foguete é definido como $I_{ie} = F_{imp}/(Rg)$, onde F_{imp} é o impulso obtido do combustível, g é a magnitude da aceleração de queda livre e R é a taxa de queima do combustível. A taxa depende, principalmente, do tipo de combustível e da exatidão da mistura onde ele é utilizado. (*a*) Mostre que o impulso específico tem a dimensão do tempo. (*b*) Mostre que $u_{ex} = gI_{ie}$, onde u_{ex} é a rapidez relativa da exaustão. (*c*) Qual é o impulso específico (em segundos) do combustível utilizado no foguete Saturno V do Exemplo 8-19?

97 ••• **PLANILHA ELETRÔNICA, APLICAÇÃO EM ENGENHARIA** A *razão impulso-peso* inicial de um foguete é $\tau_0 = F_{imp}/(m_0 g)$, onde F_{imp} é o impulso do foguete e m_0 é sua massa inicial, incluindo o combustível. (*a*) Para um foguete lançado diretamente para cima, da superfície da Terra, mostre que $\tau_0 = 1 + (a_0/g)$, onde a_0 é a aceleração inicial do foguete. Em um vôo tripulado, τ_0 não pode ser muito maior do que 4 para conforto e segurança dos astronautas. (Quando o foguete é lançado, os astronautas se sentem τ_0 vezes mais pesados que o normal.) (*b*) Mostre que a velocidade final de um foguete lançado da superfície da Terra pode, em termos de τ_0 e de I_{ie} (veja o Problema 96), ser escrita como

$$v_f = gI_{ie}\left[\ln\left(\frac{m_0}{m_f}\right) - \frac{1}{\tau_0}\left(1 - \frac{m_f}{m_0}\right)\right]$$

onde m_f é a massa do foguete (não incluindo o combustível gasto). (*c*) Usando uma **planilha de cálculo**, ou uma **calculadora gráfica**, faça o gráfico de v_f em função da razão entre as massas m_0/m_f, para $I_{ie} = 250$ s e $\tau_0 = 2$, com os valores da razão de massas variando de 2 até 10. (Note que a razão de massas não pode ser menor do que 1.) (*d*) Para colocar um foguete em órbita, é necessária uma velocidade final $v_f = 7{,}0$ km/s quando da queima total. Calcule a razão de massas necessária para colocar em órbita um foguete de estágio único, usando os valores do impulso específico e da razão impulso-peso dadas na Parte (*c*). Por questões de engenharia, é difícil construir um foguete com uma razão de massas muito maior do que 10. Isto lhe sugere por que foguetes de múltiplos estágios são normalmente usados para colocar cargas em órbita ao redor da Terra?

98 •• **APLICAÇÃO EM ENGENHARIA** A altura que pode ser atingida por um foguete de aeromodelismo, lançado da superfície da Terra, pode ser estimada supondo-se que o tempo de queima total do combustível é curto, em comparação com o tempo total de vôo; o foguete está, portanto, em queda livre, durante quase todo o vôo. (Esta estimativa não leva em consideração o tempo de queima nos cálculos de tempo e de deslocamento.) Para um foguete-modelo com impulso específico $I_{ie} = 100$ s, razão de massas $m_0/m_f = 1{,}20$ e razão impulso-peso inicial $\tau_0 = 5{,}00$ (estes parâmetros estão definidos nos Problemas 96 e 97), estime (*a*) a altura que o foguete pode atingir e (*b*) o tempo total de vôo. (*c*) Justifique a suposição feita para as estimativas, comparando o tempo de vôo da Parte (*a*) com o tempo levado para consumir o combustível.

PROBLEMAS GERAIS

99 • Um vagão ferroviário de brinquedo, de 250 g, viajando a 0,50 m/s, engata em outro vagão, de 400 g, que está inicialmente em repouso. Qual é a rapidez dos carros imediatamente após o engate? Determine as energias cinéticas do sistema de dois vagões antes e depois da colisão.

100 • **VÁRIOS PASSOS** Um vagão ferroviário de brinquedo, viajando a 0,50 m/s, dirige-se para um outro vagão, de 400 g, que está inicialmente em repouso. (*a*) Determine a energia cinética total do sistema de dois vagões. (*b*) Determine a velocidade de cada vagão no referencial do centro de massa e use estas velocidades para calcular a energia cinética do sistema de dois vagões no referencial do centro de massa. (*c*) Determine a energia cinética associada ao movimento do centro de massa do sistema. (*d*) Compare sua resposta da Parte (*a*) com a soma das suas respostas das Partes (*b*) e (*c*).

101 •• Um carro de 1500 kg, viajando para o norte a 70 km/h, colide em um cruzamento com um carro de 2000 kg que viaja para o oeste a 55 km/h. Os dois carros ficam presos um ao outro. (*a*) Qual é a quantidade de movimento total do sistema antes da colisão? (*b*) Quais são a magnitude e a orientação da velocidade do conjunto justo após a colisão?

102 •• Uma mulher de 60 kg está na parte de trás de uma balsa de 120 kg e de 6,0 m de comprimento, que flutua em águas calmas. A balsa está a 0,50 m de um cais fixo, como mostrado na Figura 8-52. (*a*) A mulher caminha para a frente da balsa e pára. Qual é a distância, agora, da balsa ao cais? (*b*) Enquanto a mulher caminha, ela mantém uma rapidez constante de 3,0 m/s em relação à balsa. Determine a energia cinética total do sistema (mulher mais balsa) e compare sua resposta com o valor que teria a energia cinética se a mulher caminhasse a 3,0 m/s sobre a balsa presa ao cais. (*c*) De onde vêm essas energias cinéticas e para onde vão quando a mulher pára na frente da

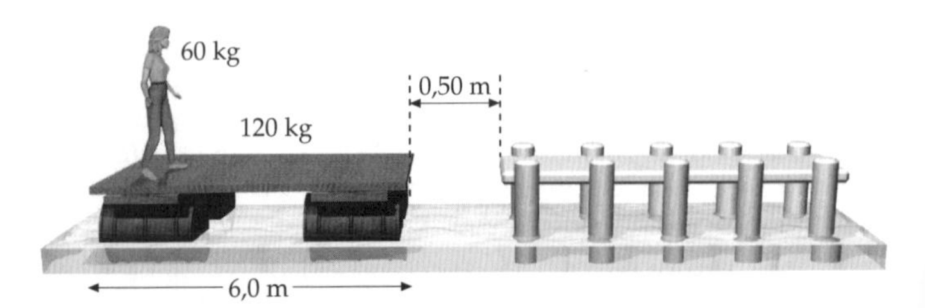

FIGURA 8-52 Problema 102

balsa? (*d*) Quando em terra, a mulher é capaz de lançar um peso de chumbo até uma distância de 6,0 m. Agora, na parte de trás da balsa, ela atira o peso para a frente com a mesma velocidade em relação a ela que ele tinha quando foi lançado em terra. Aproximadamente, em que ponto o peso irá cair?

103 •• Uma bola de aço de 1,0 kg e uma corda de 2,0 m e massa desprezível formam um pêndulo simples que pode pivotear sem atrito em torno do ponto *O*, como na Figura 8-53. Este pêndulo é largado do repouso a partir de uma posição horizontal e, quando a bola está em sua posição mais baixa, ela colide com um bloco de 1,0 kg que está em repouso sobre uma prateleira. Suponha a colisão perfeitamente elástica e que o coeficiente de atrito cinético entre o bloco e a prateleira vale 0,10. (*a*) Qual é a velocidade do bloco logo após o impacto? (*b*) Até que distância o bloco escorrega antes de parar (supondo a prateleira suficientemente longa)?

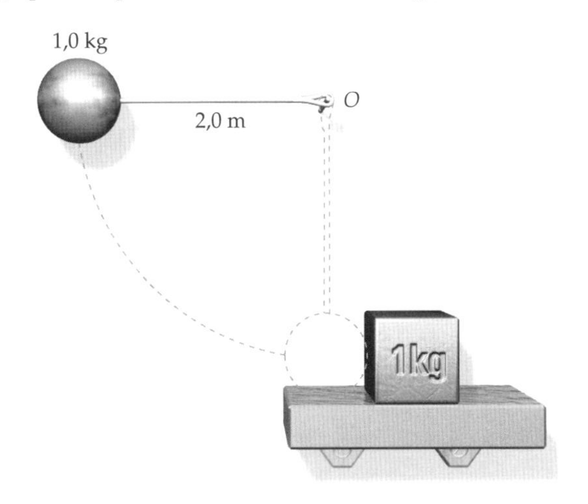

FIGURA 8-53 Problema 103

104 •• A Figura 8-54 mostra um canhão da Primeira Guerra Mundial montado sobre um vagonete e preparado para atirar uma bala a um ângulo de 30° acima da horizontal. Com o vagão inicialmente em repouso sobre um trilho horizontal sem atrito, o canhão dispara uma bala de 200 kg a 125 m/s. (Todos os valores são no referencial do trilho.) (*a*) O vetor quantidade de movimento do sistema vagão–canhão–bala será o mesmo justo antes e justo após a bala ser disparada? Explique sua resposta. (*b*) Se a massa de vagão mais canhão é igual a 5000 kg, qual será a velocidade de recuo do vagão sobre o trilho, após o disparo? (*c*) A bala se eleva até a uma altura máxima de 180 m em sua trajetória. Neste ponto, sua rapidez é de 80,0 m/s. Com base nesta informação, calcule a quantidade de energia térmica produzida pelo atrito do ar com a bala, da boca do canhão até a altura máxima.

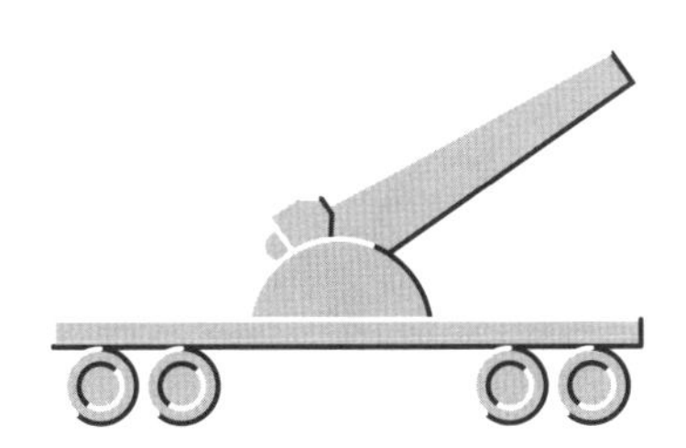

FIGURA 8-54 Problema 104

105 ••• **VÁRIOS PASSOS** Uma demonstração de sala de aula popular, mas perigosa, é segurar uma bola de beisebol cerca de uma polegada diretamente acima de uma bola de basquete que você segura alguns pés acima de um piso duro e largar as duas bolas simultaneamente. As duas bolas colidirão logo após a bola de basquete repicar no piso; a bola de beisebol será, então, lançada até o teto, enquanto a bola de basquete parará bruscamente. (*a*) Supondo que a colisão da bola de basquete com o chão seja elástica, qual é a relação entre as velocidades das bolas justo antes delas colidirem? (*b*) Supondo que a colisão entre as duas bolas seja elástica, use o resultado da Parte (*a*) e conservação da quantidade de movimento e da energia para mostrar que, se a bola de basquete é três vezes mais pesada do que a de beisebol, a velocidade final da bola de basquete será zero. (Esta é, aproximadamente, a verdadeira razão de massas, o que torna a demonstração tão dramática.) (*c*) Se a rapidez da bola de beisebol é v justo antes da colisão, qual é sua rapidez logo após a colisão?

106 ••• No Problema 105, se alguém tivesse segurado uma terceira bola acima das bolas de beisebol e de basquete, e se você quisesse que estas duas parassem subitamente no ar, qual deveria ser a razão entre a massa da bola de cima e a massa da bola de beisebol? (*b*) Se a rapidez da bola de cima é v justo antes da colisão, qual é sua rapidez logo após a colisão?

107 ••• No "efeito estilingue", a transferência de energia em uma colisão elástica é usada para dar energia a uma sonda espacial, para que ela possa escapar do sistema solar. Todos os valores de rapidez são em relação a um referencial inercial no qual o centro do Sol permanece em repouso. A Figura 8-55 mostra uma sonda espacial se movendo a 10,4 km/s de encontro a Saturno, que se move a 9,6 km/h de encontro à sonda. Devido à atração gravitacional entre Saturno e a sonda, esta contorna Saturno e passa a se orientar no sentido oposto, com rapidez v_f. (*a*) Supondo esta colisão como unidimensional e elástica, e a massa de Saturno sendo muito maior do que a da sonda, determine v_f. (*b*) De que fator a energia cinética da sonda aumenta? De onde vem esta energia?

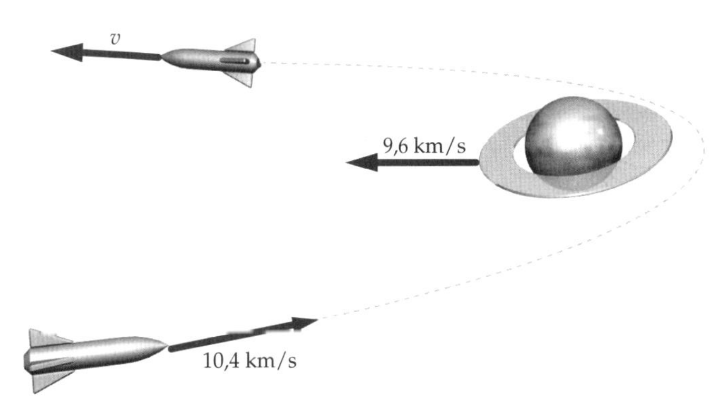

FIGURA 8-55 Problema 107

108 •• Um bloco de 13 kg está em repouso sobre um piso plano horizontal. Uma bola de massa de modelar, de 400 g, é atirada horizontalmente contra o bloco, e nele fica grudada. O conjunto escorrega por 15 cm sobre o piso. Se o coeficiente de atrito cinético é 0,40, qual é a rapidez inicial da bola?

109 ••• **RICO EM CONTEXTO** Sua equipe de reconstituição de acidentes foi contratada pela polícia local para analisar o seguinte acidente. Um motorista descuidado abalroou por trás um carro que estava parado no sinal vermelho. Na iminência do impacto, o motorista pisou forte nos freios, bloqueando as rodas. O motorista do carro atingido tinha seu pé pressionando o pedal do freio. A massa do carro atingido era 900 kg, e a do que bateu era 1200 kg. Com a colisão, os pára-choques se engataram. A polícia concluiu, das marcas de pneus no pavimento, que após a colisão os dois carros se moveram, juntos, 0,76 m. Testes revelaram que o coeficiente de atrito cinético entre os pneus e o pavimento era 0,92. O motorista do carro que bateu alega que ele estava viajando a menos de 15 km/h quando chegava ao cruzamento. Ele está dizendo a verdade?

110 •• Um pêndulo consiste em uma bola compacta de 0,40 kg presa a um fio de 1,6 m de comprimento. Um bloco de massa m está em repouso sobre uma superfície horizontal sem atrito. O pêndulo é largado do repouso a um ângulo de 53° com a vertical. A bola do pêndulo colide elasticamente com o bloco no ponto mais baixo de seu arco de trajetória. Após a colisão, o ângulo máximo que o pêndulo forma com a vertical é 5,73°. Determine a massa m.

111 ••• Um bloco de 1,0 kg (massa m) e um segundo bloco (massa M) estão inicialmente em repouso sobre um plano inclinado sem atrito (Figura 8-56). A massa M está apoiada sobre uma mola com constante de força igual a 11,0 kN/m. A distância ao longo do plano entre os dois blocos é 4,00 m. O bloco de 1,0 kg é largado, sofrendo uma colisão elástica com o bloco maior. O bloco de 1,0 kg é rebatido, então, subindo até uma distância de 2,56 m ao longo do plano inclinado. O bloco de massa M atinge um repouso momentâneo a 4,00 cm de sua posição inicial. Determine M.

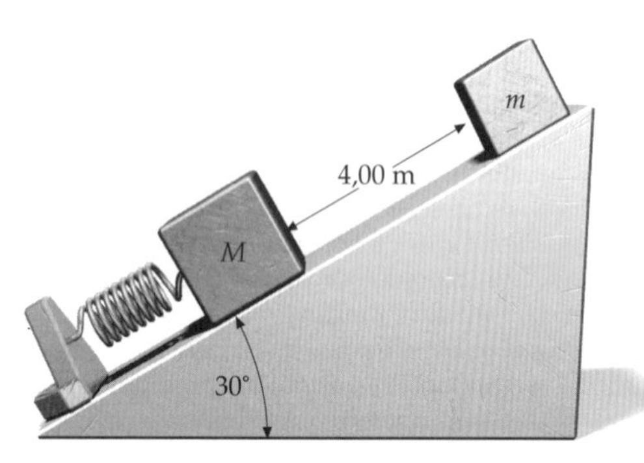

FIGURA 8-56 Problema 111

112 ••• Um nêutron de massa m sofre uma colisão frontal elástica com um núcleo estacionário de massa M. (*a*) Mostre que a energia cinética do núcleo após a colisão é dada por $K_{\text{núcleo}} = [4mM/(m + M)^2]K_n$, onde K_n é a energia cinética inicial do nêutron. (*b*) Mostre que a variação *fracionária* da energia cinética do nêutron é dada por

$$\frac{\Delta K_n}{K_n} = -\frac{4(m/M)}{(1 + [m/M])^2}$$

(*c*) Mostre que esta expressão fornece resultados plausíveis tanto para $m \ll M$ quanto para $m = M$. Qual é o melhor núcleo estacionário a ser atingido frontalmente pelo nêutron se o objetivo é produzir uma perda máxima de energia cinética do nêutron?

113 ••• **APLICAÇÃO EM ENGENHARIA** A massa de um núcleo de carbono é aproximadamente 12 vezes a massa de um nêutron. (*a*) Use os resultados do Problema 112 para mostrar que, após N colisões frontais elásticas de um nêutron com um núcleo de carbono em repouso, a energia cinética do nêutron é aproximadamente $0{,}716^N K_0$, onde K_0 é sua energia cinética inicial. (*b*) Os nêutrons emitidos pela fissão de um núcleo de urânio têm energias cinéticas de cerca de 2,0 MeV. Para que um destes nêutrons provoque a fissão de outro núcleo de urânio em um reator, sua energia cinética deve ser reduzida a até cerca de 0,020 eV. Quantas colisões frontais são necessárias para reduzir a energia cinética de um nêutron de 2,0 MeV para 0,020 eV, supondo colisões frontais elásticas com núcleos estacionários de carbono?

114 ••• **APLICAÇÃO EM ENGENHARIA** Na média, um nêutron perde apenas 63 por cento de sua energia em uma colisão elástica com um átomo de hidrogênio (e não 100 por cento) e 11 por cento de sua energia em uma colisão elástica com um átomo de carbono (e não 28 por cento). (Estes números são médias sobre todos os tipos de colisões, não apenas as frontais. Assim, os resultados são menores do que aqueles determinados a partir de análises como a do Problema 112, porque a maior parte das colisões não são frontais.) Calcule o número de colisões, na média, necessárias para reduzir a energia de um nêutron de 2,0 MeV para 0,020 eV, se o nêutron colide com (*a*) átomos estacionários de hidrogênio e (*b*) átomos estacionários de carbono.

115 ••• Dois astronautas, em repouso, estão frente a frente no espaço. Um deles, que tem a massa m_1, atira uma bola de massa m_b para o outro, cuja massa é m_2. O segundo astronauta agarra a bola e a atira de volta para o primeiro astronauta. Após cada lançamento, a bola tem uma rapidez v em relação ao lançador. Após cada um deles ter efetuado um lançamento e uma pegada, (*a*) os astronautas estarão se movendo com que rapidez? (*b*) De quanto terá variado a energia cinética do sistema dos dois astronautas e de onde terá vindo esta energia?

116 ••• Uma seqüência de contas elásticas de vidro, cada uma de massa 0,50 g, sai de um tubo horizontal a uma taxa de 100 por segundo (veja a Figura 8-57). As contas caem de uma altura de 0,50 m sobre um prato de uma balança e repicam de volta à sua altura original. Que massa deve ser colocada no outro prato da balança, para manter o ponteiro no zero?

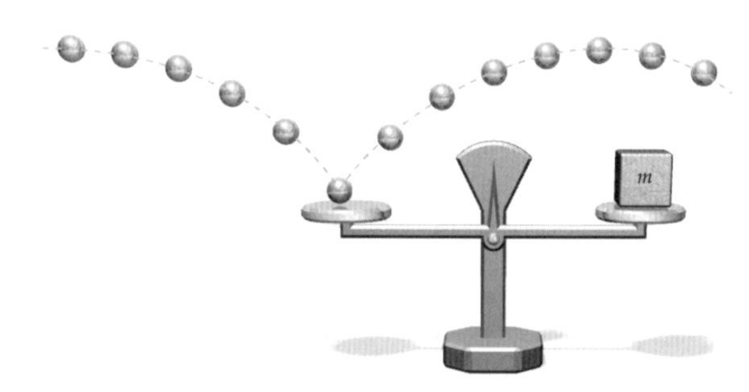

FIGURA 8-57 Problema 116

117 ••• Um haltere, constituído de duas bolas de massa m ligadas por uma barra sem massa de 1,00 m de comprimento, é colocado sobre um piso sem atrito e apoiado sobre uma parede sem atrito, com uma das bolas diretamente acima da outra. A distância centro-a-centro entre as bolas é igual a 1,00 m. O haltere começa, então, a escorregar parede abaixo, como na Figura 8-58. Determine a rapidez da bola de baixo no momento em que é igual à rapidez da bola de cima.

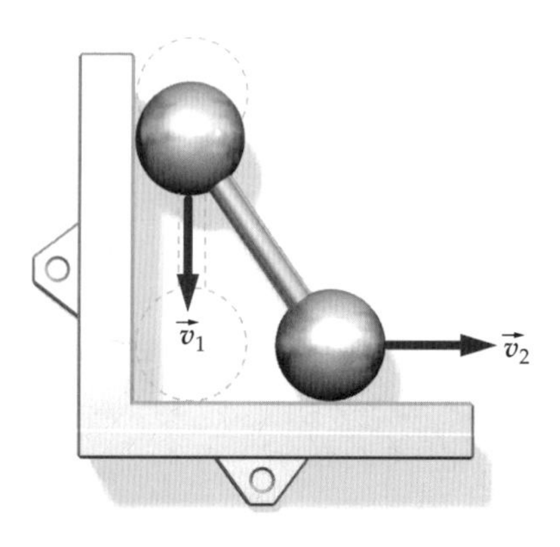

FIGURA 8-58 Problema 117

O OLHO DE LONDRES (THE LONDON EYE) É UMA RODA GIGANTE PANORÂMICA DE 135 METROS DE ALTURA QUE TRANSPORTA UM MÁXIMO DE 800 PASSAGEIROS.

(Cortesia do Engenheiro Ricardo Martins Nery.)

? Qual é o torque necessário para frear a roda, até parar, de modo que os passageiros percorram no máximo uma distância de 10 m? (Veja o Exemplo 9-15.)

Rotação

Nos Capítulos 4 e 5, exploramos as leis de Newton. Nos Capítulos 6 e 7 examinamos a conservação da energia e, no Capítulo 8, estudamos a conservação da quantidade de movimento. Descobrimos, nesses capítulos, ferramentas (leis, teoremas e técnicas de resolução de problemas) que são úteis na análise de novas situações e na solução de novos problemas. Continuamos, agora, a usar essas ferramentas para explorar o movimento de rotação.

O movimento de rotação está em todo lugar. A Terra gira em torno de seu eixo. Rodas, engrenagens, hélices, motores, o eixo de um automóvel, um CD tocando, um esquiador fazendo piruetas no gelo, tudo gira.

Neste capítulo tratamos da rotação em torno de um eixo fixo no espaço, como em um carrossel, ou em torno de um eixo que se move sem alterar sua direção no espaço, como ocorre com uma roda de automóvel girando em uma viagem em linha reta. O estudo do movimento rotacional continua no Capítulo 10, com a análise de exemplos mais gerais.

9-1 CINEMÁTICA ROTACIONAL: VELOCIDADE ANGULAR E ACELERAÇÃO ANGULAR

Todo ponto de um corpo rígido que gira em torno de um eixo fixo se move em um círculo cujo centro está no eixo e cujo raio é a distância radial do ponto ao eixo de rotação. Um raio traçado do eixo de rotação a qualquer ponto do corpo varre o mesmo ângulo no mesmo tempo. Seja um disco girando em torno de um eixo fixo que passa, perpendicularmente, pelo seu centro (Figura 9-1). Seja r_i a distância do centro do disco à i-ésima partícula (Figura 9-2) e seja θ_i o ângulo medido, no sentido anti-horário, entre uma linha de referência fixa no espaço e uma linha radial que liga o eixo à partícula. Enquanto o disco gira de um ângulo $d\theta$, a partícula se move ao longo de um arco circular de comprimento orientado ds_i, de tal forma que

$$ds_i = r_i\,d\theta \qquad 9\text{-}1$$

onde $d\theta$ é medido em radianos. Se o sentido anti-horário é convencionado como o positivo, então $d\theta$, θ_i e ds_i, mostrados na Figura 9-2, são todos positivos. (Se o sentido horário é que é adotado como positivo, então todos esses valores são negativos.) O ângulo θ_i, o comprimento orientado ds_i e a distância r_i variam de partícula para partícula, mas a razão ds_i/r_i, chamada de **deslocamento angular** $d\theta$, é a mesma para todas as partículas do disco. Para uma revolução completa, o comprimento s_i do arco vale $2\pi r_i$ e o deslocamento angular $\Delta\theta$ vale

$$\Delta\theta = \frac{s_i}{r_i} = \frac{2\pi r_i}{r_i} = 2\pi \text{ rad} = 360° = 1 \text{ rev}$$

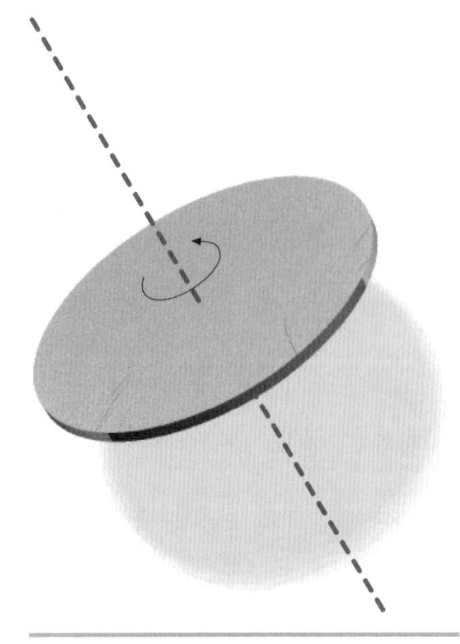

FIGURA 9-1

A taxa temporal de variação do ângulo é a mesma para todas as partículas do disco e é chamada de velocidade angular ω do disco. A **velocidade angular** instantânea ω é um deslocamento angular de curta duração dividido pelo tempo. Isto é,

$$\omega = \frac{d\theta}{dt} \qquad 9\text{-}2$$

DEFINIÇÃO — VELOCIDADE ANGULAR

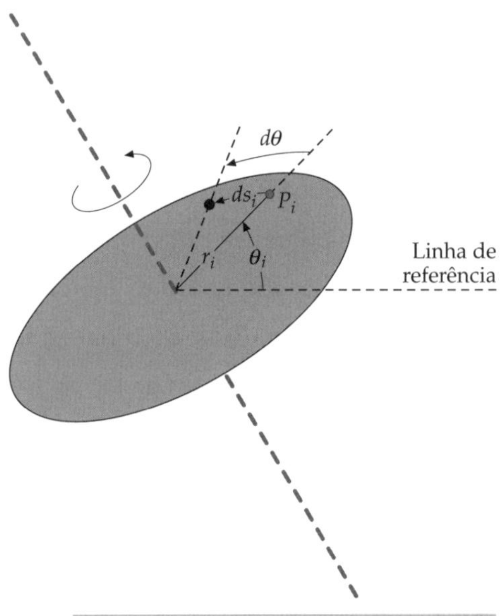

FIGURA 9-2

de forma que ω é positivo se $d\theta$ é positivo e negativo se $d\theta$ é negativo. Todos os pontos do disco sofrem o mesmo deslocamento angular durante o mesmo tempo, e portanto, todos eles têm a mesma velocidade angular. As unidades SI para ω são rad/s. Como o radiano é adimensional, a dimensão da velocidade angular é a do inverso do tempo, T^{-1}. A magnitude da velocidade angular é a **rapidez angular**. Usamos, com freqüência, revoluções por minuto (rev/min ou rpm) para especificar a rapidez angular. Para converter entre revoluções, radianos e graus, usamos

$$1 \text{ rev} = 2\pi \text{ rad} = 360°$$

> **PROBLEMA PRÁTICO 9-1**
>
> Um CD está girando a 3000 rev/min. Qual é sua rapidez angular, em radianos por segundo?

A aceleração angular é a taxa de variação da velocidade angular. Se a taxa de rotação de um corpo aumenta, a rapidez angular $|\omega|$ aumenta. (Se $|\omega|$ está aumentando e a velocidade angular ω tem o sentido horário, então a variação $\Delta\omega$ da velocidade angular também tem o sentido horário.) A aceleração angular média tem sempre a mesma orientação de $\Delta\omega$. Se a taxa de rotação decresce, então $\Delta\omega$ e $\alpha_{\text{méd}}$ têm, ambos, o sentido contrário ao de ω.

$$\alpha_{\text{méd}} = \frac{\Delta\omega}{\Delta t} \qquad 9\text{-}3$$

DEFINIÇÃO — ACELERAÇÃO ANGULAR MÉDIA

A taxa instantânea de variação da velocidade angular é a **aceleração angular** α. Isto é,

$$\alpha = \frac{d\omega}{dt} = \frac{d^2\theta}{dt^2} \qquad 9\text{-}4$$

DEFINIÇÃO — ACELERAÇÃO ANGULAR

Rastros de estrelas no céu noturno, em uma foto de tempo de exposição longo. *(David Malin/Anglo-Australian Telescope Board.)*

As unidades SI de α são rad/s^2. Se ω está crescendo, α é positivo; se ω está decrescendo, α é negativo.

O deslocamento angular θ, a velocidade angular ω e a aceleração angular α são análogos ao deslocamento linear x, à velocidade linear v_x e à aceleração linear a_x do movimento unidimensional. Se a aceleração angular α é constante, podemos integrar os dois lados de $d\omega = \alpha\, dt$ (Equação 9-4) para obter:

$$\omega = \omega_0 + \alpha t \qquad 9\text{-}5$$

ACELERAÇÃO ANGULAR CONSTANTE

onde a constante de integração ω_0 é a velocidade angular inicial. (A Equação 9-5 é o análogo rotacional da equação $v_x = v_{0x} + a_x t$.) Substituindo $d\theta/dt$ na Equação 9-5, obtemos $d\theta = (\omega_0 + \alpha t)dt$. Integrando os dois lados desta equação, temos

$$\theta = \theta_0 + \omega_0 t + \tfrac{1}{2}\alpha t^2 \qquad 9\text{-}6$$

ACELERAÇÃO ANGULAR CONSTANTE

(que é o análogo rotacional de $x = x_0 + v_{0x}t + \frac{1}{2}a_x t^2$.) Eliminando t das Equações 9-5 e 9-6, obtemos

$$\omega^2 = \omega_0^2 + 2\alpha(\theta - \theta_0) \qquad 9\text{-}7$$

ACELERAÇÃO ANGULAR CONSTANTE

Estas equações cinemáticas para aceleração angular constante têm exatamente a mesma forma das equações para aceleração linear constante desenvolvidas no Capítulo 2.

Exemplo 9-1 Um CD Player

Um CD gira, do repouso a até 500 rev/min, em 5,5 s. (*a*) Qual é sua aceleração angular suposta constante? (*b*) Quantas voltas o disco dá em 5,5 s? (*c*) Qual é a distância percorrida por um ponto da borda do disco, a 6,0 cm do centro, durante esses 5,5 s?

SITUAÇÃO A Parte (*a*) é análoga ao problema unidimensional de determinar a aceleração, dados o tempo e a velocidade final. A Parte (*b*) é análoga ao problema unidimensional de determinar o deslocamento, dados o tempo e a velocidade final. A Parte (*c*), contrariamente às Partes (*a*) e (*b*), envolve tanto uma grandeza linear (distância percorrida) quanto uma grandeza angular (deslocamento angular). Assim, a Parte (*c*) não apresenta analogia.

SOLUÇÃO

(*a*) 1. A aceleração angular está relacionada com as velocidades inicial e final:

$$\omega = \omega_0 + \alpha t = 0 + \alpha t$$

2. Explicite α:

$$\alpha = \frac{\omega}{t} = \frac{500\,\text{rev/min}}{5{,}5\,\text{s}} \times \frac{2\pi\,\text{rad}}{1\,\text{rev}} \times \frac{1\,\text{min}}{60\,\text{s}}$$
$$= 9{,}52\,\text{rad/s}^2 = \boxed{9{,}5\,\text{rad/s}^2}$$

(*b*) 1. O deslocamento angular está relacionado com o tempo através da Equação 9-6:

$$\theta - \theta_0 = \omega_0 t + \tfrac{1}{2}\alpha t^2 = 0 + \tfrac{1}{2}(9{,}52\,\text{rad/s}^2)(5{,}5\,\text{s})^2$$
$$= 144\,\text{rad}$$

2. Converta radianos para revoluções:

$$144\,\text{rad} \times \frac{1\,\text{rev}}{2\pi\,\text{rad}} = 22{,}9\,\text{rev} = \boxed{23\,\text{rev}}$$

(*c*) A distância percorrida Δs é r vezes o deslocamento angular em radianos: $\Delta s = r\Delta\theta = (6{,}0\text{ cm})(144\text{ rad}) = 8{,}65\text{ m} = \boxed{8{,}7\text{ m}}$

CHECAGEM A velocidade angular média é de 250 rev/min. Em 5,5 s, o CD gira (250 rev/60 s)(5,5 s) = 23 rev.

INDO ALÉM Um CD é escaneado por um feixe de laser, começando pelo raio interno de 2,4 cm e prosseguindo até o raio externo de 6,0 cm. À medida que o laser se dirige para a parte mais externa, a velocidade angular do disco decresce de 500 rev/min para 200 rev/min, de forma que a velocidade linear (tangencial) do disco, no ponto onde o feixe de laser o atinge, permanece constante.

PROBLEMA PRÁTICO 9-2 (*a*) Converta 500 rev/min para rad/s. (*b*) Confira o resultado da Parte (*b*) do exemplo, usando $\omega^2 = \omega_0^2 + 2\alpha(\theta - \theta_0)$.

A velocidade linear v_t de uma partícula do disco é tangente à sua trajetória circular e tem a magnitude ds_i/dt. Podemos relacionar esta velocidade tangencial com a velocidade angular do disco usando as Equações 9-1 e 9-2:

$$v_t = \frac{ds_i}{dt} = \frac{r_i d\theta}{dt} = r_i \frac{d\theta}{dt}$$

logo,

$$v_t = r_i\omega \qquad 9\text{-}8$$

De forma similar, a aceleração tangencial de uma partícula do disco é dv_t/dt:

$$a_t = \frac{dv_t}{dt} = r_i \frac{d\omega}{dt}$$

logo,

$$a_t = r\alpha \qquad 9\text{-}9$$

Cada partícula do disco tem, também, uma aceleração centrípeta, que aponta radialmente para dentro, e tem a magnitude

$$a_c = \frac{v_t^2}{r_i} = \frac{(r_i\omega)^2}{r_i}$$

logo,

$$a_c = r_i\omega^2 \qquad 9\text{-}10$$

! Equações contendo parâmetros tanto lineares quanto angulares, como as Equações 9-1, 9-8, 9-9 e 9-10, são válidas apenas se os ângulos são expressos em radianos.

PROBLEMA PRÁTICO 9-3

Um ponto da periferia de um CD está a 6,00 cm do eixo de rotação. Determine a rapidez tangencial v_t, a aceleração tangencial a_t e a aceleração centrípeta a_c do ponto, quando o disco está girando com uma rapidez angular constante de 300 rev/min.

PROBLEMA PRÁTICO 9-4

Determine a rapidez linear de um ponto do CD do Exemplo 9-1 em (*a*) $r = 2{,}4$ cm, quando o disco gira a 500 rev/min, e (*b*) $r = 6{,}0$ cm, quando o disco gira a 200 rev/min.

9-2 ENERGIA CINÉTICA ROTACIONAL

A energia cinética de um corpo rígido que gira em torno de um eixo fixo é a soma das energias cinéticas das partículas individuais que constituem, coletivamente, o corpo. A energia cinética da *i*-ésima partícula, de massa m_i, é

$$K = \tfrac{1}{2}m_i v_i^2$$

Somando sobre todas as partículas e usando $v_i = r_i\omega$, temos

$$K = \sum_i \left(\tfrac{1}{2}m_i v_i^2\right) = \tfrac{1}{2}\sum (m_i r_i^2 \omega^2) = \tfrac{1}{2}\left(\sum_i m_i r_i^2\right)\omega^2$$

A soma na expressão mais à direita é o **momento de inércia** I do corpo em relação ao eixo de rotação.

$$I = \sum_i m_i r_i^2 \qquad 9\text{-}11$$

DEFINIÇÃO DE MOMENTO DE INÉRCIA

A energia cinética é, então,

$$K = \tfrac{1}{2} I\omega^2 \qquad 9\text{-}12$$

ENERGIA CINÉTICA DE UM CORPO QUE GIRA

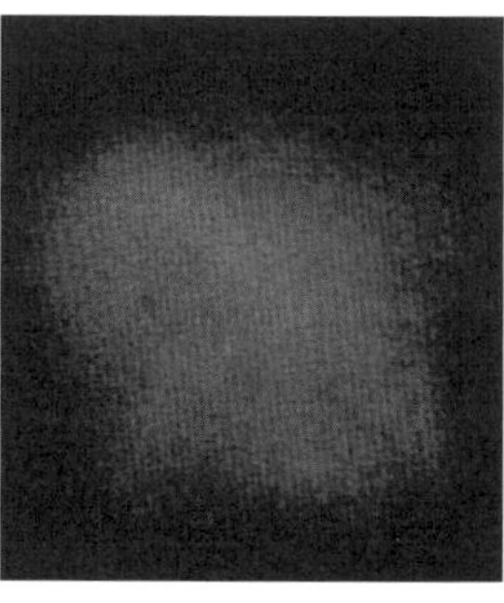

O pulsar do Caranguejo é uma das estrelas de nêutrons conhecidas que gira mais rápido, mas está freando. Ela parece piscar, acendendo (esquerda) e apagando (direita), como a lâmpada giratória de um farol, com a alta taxa de cerca de 30 vezes por segundo, mas o período está crescendo cerca de 10^{-5} s/ano. Esta taxa de perda de energia rotacional é equivalente à potência liberada por 100.000 sóis. A energia cinética perdida surge como luz emitida por elétrons acelerados no campo magnético do pulsar. *(David Malin/Anglo-Australian Telescope Board.)*

Exemplo 9-2 Um Sistema de Partículas Girando

Um corpo consiste em quatro partículas pontuais, cada uma de massa m, ligadas por hastes rígidas sem massa, formando um retângulo de lados $2a$ e $2b$, como mostra a Figura 9-3. O sistema gira com rapidez angular ω em torno de um eixo do plano da figura que passa pelo seu centro, como mostrado. (*a*) Determine a energia cinética do corpo, usando as Equações 9-11 e 9-12. (*b*) Confira seu resultado calculando, separadamente, a energia cinética de cada partícula e somando.

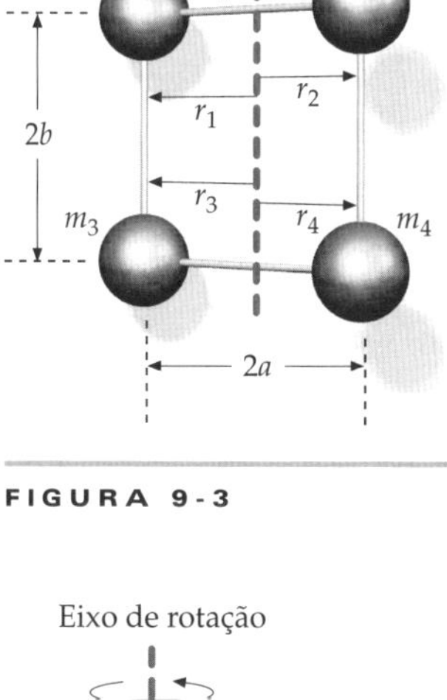

FIGURA 9-3

SITUAÇÃO Como os corpos são partículas pontuais, usamos a Equação 9-11 para calcular I e, depois, a Equação 9-12 para calcular K.

SOLUÇÃO

(*a*) 1. Aplique a definição de momento de inércia $I = \Sigma m_i r_i^2$ (Equação 9-11), onde r_i é a distância radial de cada partícula de massa m_i ao eixo de rotação:
$$I = \sum_i m_i r_i^2 = m_1 r_1^2 + m_2 r_2^2 + m_3 r_3^2 + m_4 r_4^2$$

2. As massas m_i e as distâncias r_i são dadas:
$$m_1 = m_2 = m_3 = m_4 = m$$
$$r_1 = r_2 = r_3 = r_4 = a$$

3. Substituindo, temos o momento de inércia:
$$I = ma^2 + ma^2 + ma^2 + ma^2 = 4ma^2$$

4. Usando a Equação 9-12, determine a energia cinética:
$$K = \tfrac{1}{2} I\omega^2 = \tfrac{1}{2} 4ma^2\omega^2 = \boxed{2ma^2\omega^2}$$

(*b*) 1. Para determinar a energia cinética da i-ésima partícula, temos que encontrar sua rapidez:
$$K_i = \tfrac{1}{2} m_i v_i^2$$

2. As partículas se movem em círculos de raio a. Encontre a rapidez de cada partícula:
$$v_i = r_i\omega = a\omega \quad (i = 1, \ldots, 4)$$

3. Substitua no resultado do passo 1 da Parte (*b*):
$$K_i = \tfrac{1}{2} m_i v_i^2 = \tfrac{1}{2} ma^2\omega^2$$

4. As partículas têm a mesma energia cinética. Some as energias cinéticas para encontrar o total:
$$K = \sum_{i=1}^{4} K_i = \tfrac{1}{2} m_1 v_1^2 + \tfrac{1}{2} m_2 v_2^2 + \tfrac{1}{2} m_3 v_3^2 + \tfrac{1}{2} m_4 v_4^2$$
$$= 4(\tfrac{1}{2} ma^2\omega^2) = 2ma^2\omega^2$$

5. Compare com o resultado da Parte (*a*):
Os dois cálculos levam ao mesmo resultado.

CHECAGEM O fato de os dois cálculos terem levado ao mesmo resultado testa a plausibilidade.

INDO ALÉM Note que I é independente do comprimento b. O momento de inércia depende apenas da distância das massas ao eixo, e não de onde elas se localizam ao longo do eixo.

PROBLEMA PRÁTICO 9-5 Determine o momento de inércia deste sistema para uma rotação em torno de um eixo paralelo ao primeiro eixo, mas passando por duas das partículas, como mostra a Figura 9-4.

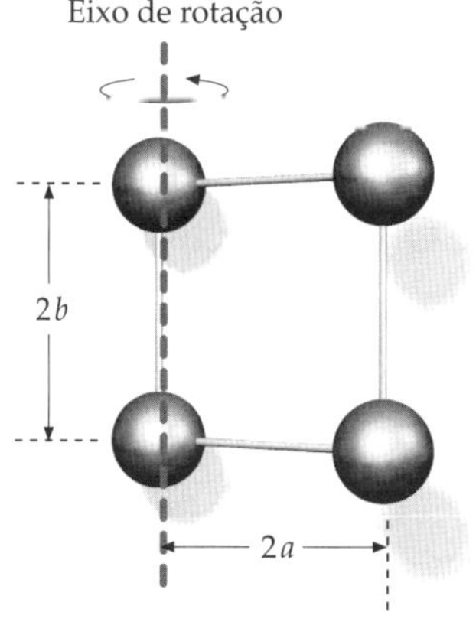

FIGURA 9-4

9-3 CÁLCULO DO MOMENTO DE INÉRCIA

O momento de inércia em relação a um eixo é uma medida da resistência inercial que o corpo opõe a variações de seu movimento de rotação em torno do eixo. É o análogo rotacional da massa. Quanto mais afastado do eixo está um elemento de massa, maior é sua contribuição ao momento de inércia em relação ao eixo. Assim, diferentemente da massa de um corpo, que é uma característica do próprio corpo, o momento de inércia depende da localização do eixo, assim como da distribuição de massa do corpo.

! O momento de inércia de um corpo em relação a um eixo depende tanto da massa quanto da distribuição de massa em relação ao eixo.

SISTEMAS DISCRETOS DE PARTÍCULAS

Para sistemas discretos de partículas, podemos calcular o momento de inércia, em relação a dado eixo, diretamente da Equação 9-11. Podemos, também, usar a Equação 9-11 para obter valores aproximados do momento de inércia, como no exemplo a seguir.

Exemplo 9-3 Estimando o Momento de Inércia

Estime o momento de inércia de uma barra fina e homogênea, de comprimento L e massa M, em relação a um eixo que passa, perpendicularmente, por uma de suas extremidades. Faça esta estimativa adotando, como modelo para a barra, três massas pontuais, cada uma representando um terço da barra.

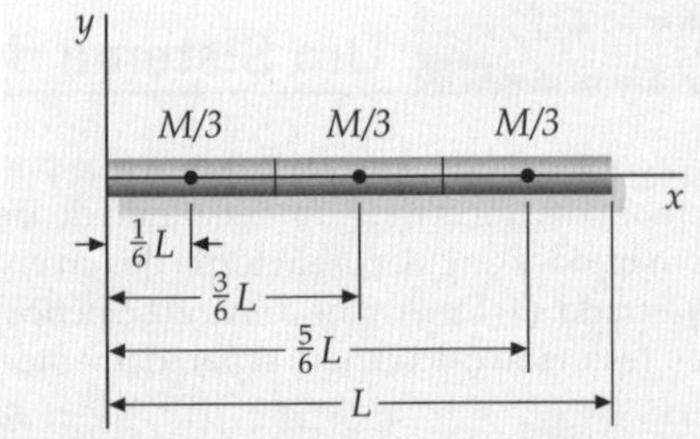

SITUAÇÃO Divida a barra em três segmentos idênticos, cada um de massa $\frac{1}{3}M$ e comprimento $\frac{1}{3}L$, e aproxime cada segmento por uma massa pontual localizada em seu próprio centro de massa. Aplique $I = \Sigma m_i r_i^2$ (Equação 9-11) para obter um valor aproximado de I.

y, M/3, M/3, M/3, x, $\frac{1}{6}L$, $\frac{3}{6}L$, $\frac{5}{6}L$, L

FIGURA 9-5

SOLUÇÃO

1. Esboce a barra dividida em três segmentos e superponha as partículas, que servirão de aproximação, no centro de cada segmento (Figura 9-5):
2. Aplique a equação $I = \Sigma m_i r_i^2$ para o sistema aproximado (as partículas pontuais):

$$I = \Sigma m_i r_i^2 \approx m_1 r_1^2 + m_2 r_2^2 + m_3 r_3^2$$

3. A massa de cada partícula é $M/3$ e as distâncias das partículas ao eixo são $L/6$, $3L/6$ e $5L/6$:

$$I \approx (\tfrac{1}{3}M)(\tfrac{1}{6}L)^2 + (\tfrac{1}{3}M)(\tfrac{3}{6}L)^2 + (\tfrac{1}{3}M)(\tfrac{5}{6}L)^2$$

$$= \frac{1}{3}M\left(\frac{1 + 3^2 + 5^2}{6^2}\right)L^2 = \boxed{\frac{35}{108}ML^2}$$

CHECAGEM O valor exato do momento de inércia da barra em relação ao seu eixo é $\frac{1}{3}ML^2$. (O valor exato é calculado no Exemplo 9-4.) Um terço é igual a 36/108, de forma que nosso resultado difere em menos de 1 por cento do valor exato.

PROBLEMA PRÁTICO 9-6 A contribuição ao momento de inércia da terça parte da barra mais afastada do eixo é muitas vezes maior do que a contribuição da terça parte mais próxima do eixo. De quantas vezes uma é maior do que a outra?

CORPOS CONTÍNUOS

Para calcular o momento de inércia de corpos contínuos, pensamos o corpo como constituído de um contínuo de elementos de massa muito pequenos. Assim, a soma finita $\Sigma m_i r_i^2$ da Equação 9-11 se torna a integral

$$I = \int r^2 dm \qquad 9\text{-}13$$

onde r é a distância radial, ao eixo, do elemento de massa dm. Para calcular esta integral, primeiro expressamos dm como uma massa específica vezes um comprimento, ou uma área, ou um volume, como é feito nos exemplos seguintes.

Exemplo 9-4 Momento de Inércia de uma Barra Fina Homogênea

Determine o momento de inércia de uma barra fina homogênea de comprimento L e massa M em relação a um eixo que passa perpendicularmente por uma de suas extremidades.

SITUAÇÃO Use $I = \int r^2 dm$ (Equação 9-13) para calcular o momento de inércia em torno do eixo especificado. A barra é homogênea, o que significa que, para cada um de seus segmentos, a massa por unidade de comprimento, λ, é igual a M/L.

SOLUÇÃO

1. Faça um esboço (Figura 9-6) mostrando a barra ao longo do eixo $+x$, com uma de suas extremidades na origem. Para calcular I em relação ao eixo y, escolhemos um elemento de massa dm distante x do eixo:

2. O momento de inércia em relação ao eixo y é dado pela integral: $I = \int x^2\, dm$

3. Para calcular a integral, precisamos primeiro relacionar dm com dx. Expresse dm em termos da massa específica linear de massa λ e de dx: $dm = \lambda dx = \frac{M}{L}dx$

4. Substitua e integre. Escolhemos os limites de integração que correspondem ao cálculo da integral ao longo da distribuição de massa no sentido de x crescente:

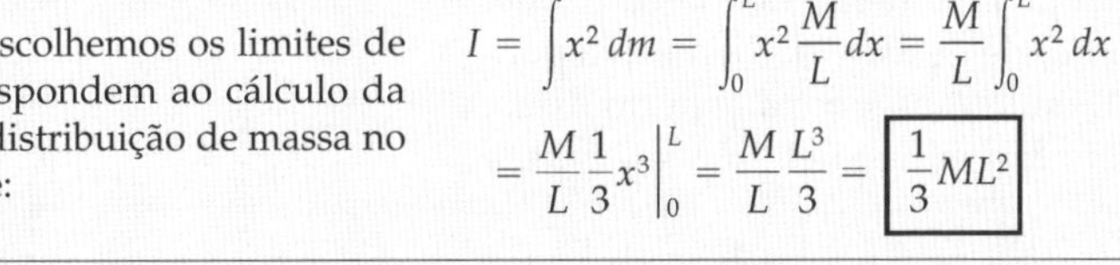

$$I = \int x^2\, dm = \int_0^L x^2 \frac{M}{L}dx = \frac{M}{L}\int_0^L x^2\, dx$$

$$= \frac{M}{L}\frac{1}{3}x^3\Big|_0^L = \frac{M}{L}\frac{L^3}{3} = \boxed{\frac{1}{3}ML^2}$$

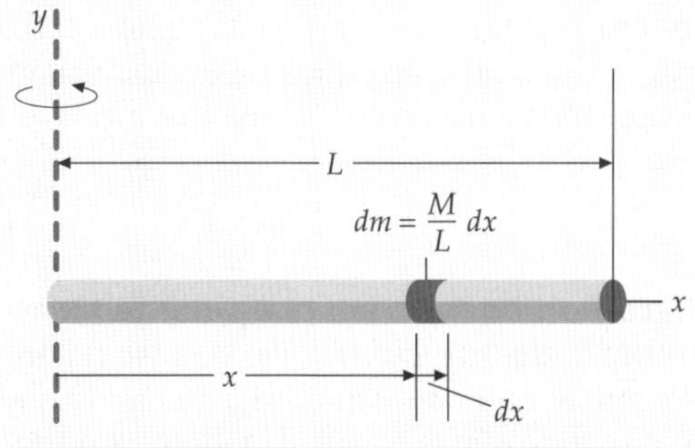

FIGURA 9-6

CHECAGEM Este resultado está em boa concordância com o resultado aproximado obtido no Exemplo 9-3.

INDO ALÉM O momento de inércia em torno do eixo z também é $\frac{1}{3}ML^2$, e em torno do eixo x é zero (supondo que toda a massa esteja a uma distância desprezível do eixo x).

Podemos calcular I para corpos contínuos de vários formatos, usando novamente a Equação 9-13 (Tabela 9-1). Alguns desses cálculos são realizados aqui.

Tabela 9-1 Momentos de Inércia de Corpos Homogêneos de Várias Formas

Casca cilíndrica fina em relação ao seu eixo

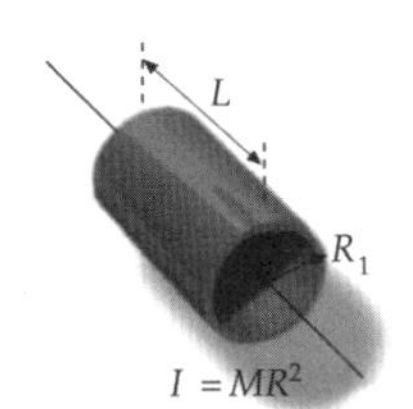

Casca cilíndrica fina em relação a diâmetro passando pelo seu centro

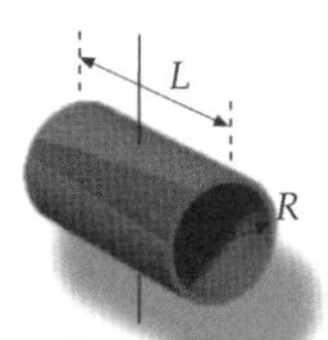

Barra fina em relação à linha perpendicular passando pelo seu centro

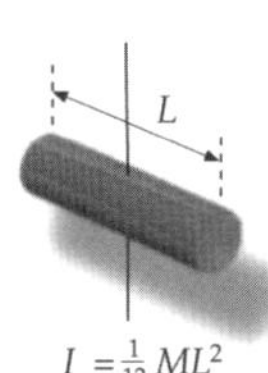

Casca esférica fina em relação a diâmetro

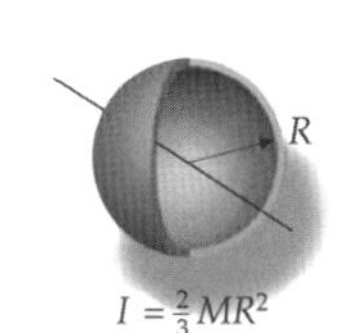

Cilindro maciço em relação ao seu eixo

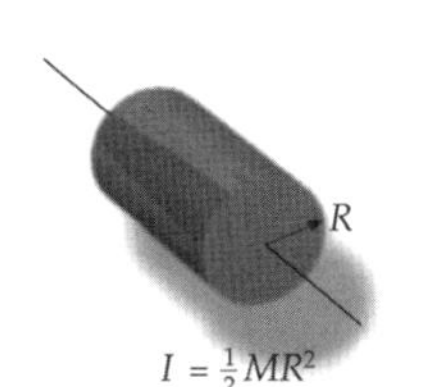

Cilindro maciço em relação a diâmetro passando pelo seu centro

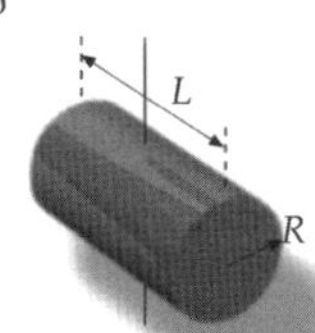

Barra fina em relação à linha passando perpendicularmente por uma das extremidades

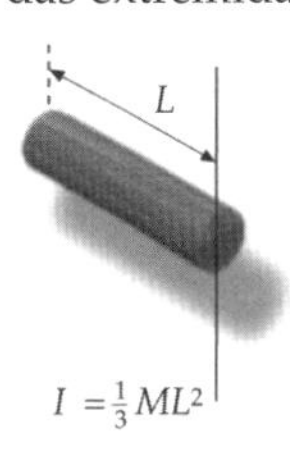

Esfera maciça em relação a diâmetro

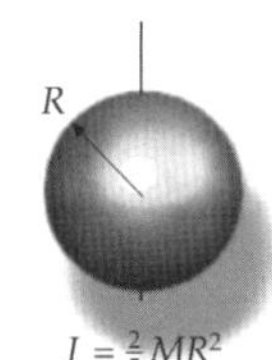

Cilindro oco em relação ao seu eixo

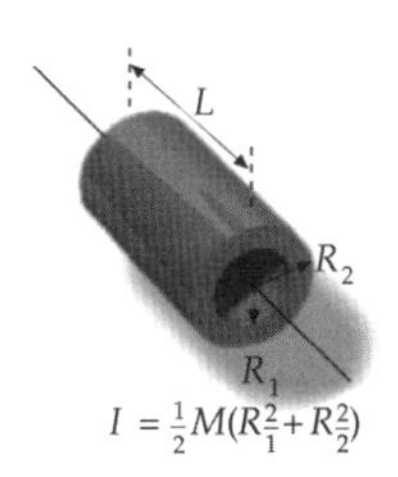

Cilindro oco em relação a diâmetro passando pelo seu centro

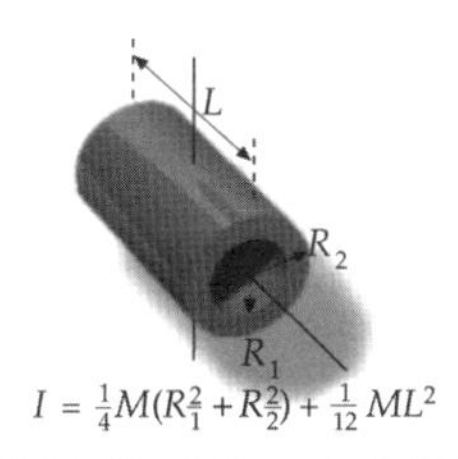

Paralelepípedo maciço retangular em relação a eixo passando pelo centro, perpendicularmente a uma face

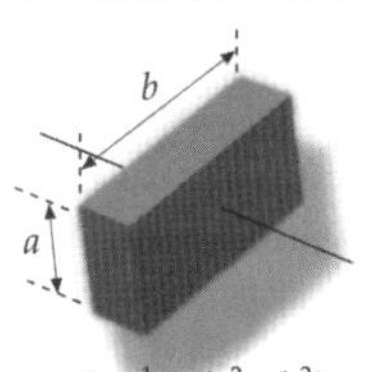

*Um disco é um cilindro cujo comprimento L é desprezível. Fazendo $L = 0$, as fórmulas acima para cilindros também valem para discos.

***Aro em relação a um eixo que passa perpendicularmente pelo seu centro** Seja um aro de massa M e raio R (Figura 9-7). O eixo de rotação é o eixo de simetria do aro, que é perpendicular ao plano do aro, e passa pelo seu centro. Toda a massa está a uma distância $r = R$ e o momento de inércia é

$$I = \int r^2\,dm = \int R^2\,dm = R^2\int dm = MR^2$$

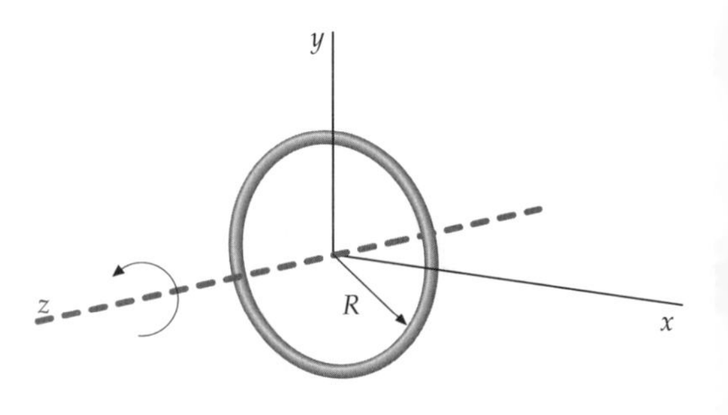

FIGURA 9-7

***Disco homogêneo em relação a um eixo que passa perpendicularmente pelo seu centro** Para o caso de um disco homogêneo, de massa M e raio R, esperamos que I seja menor do que MR^2 porque, diferentemente do aro, toda a massa está virtualmente a uma distância do eixo menor do que R. Na Figura 9-8, cada elemento de massa é um aro (um anel) de raio r e espessura dr. O momento de inércia de qualquer elemento de massa é r^2dm. Como o disco é homogêneo, a massa por unidade de área, σ, é a mesma para qualquer parte dele, e portanto, $\sigma = M/A$, onde $A = \pi r^2$ é a área do disco. Como a área de cada elemento de massa em forma de anel é $dA = 2\pi r dr$, a massa de cada elemento é

$$dm = \sigma dA = \frac{M}{A}2\pi r\,dr$$

Temos, então,

$$I = \int r^2\,dm = \int_0^R r^2\sigma\,2\pi r\,dr = 2\pi\sigma\int_0^R r^3\,dr = 2\pi\frac{M}{A}\frac{r^4}{4}\bigg|_0^R$$

$$= \frac{2\pi M}{A}\frac{R^4}{4} = \frac{\pi M}{2\pi R^2}R^4 = \frac{1}{2}MR^2$$

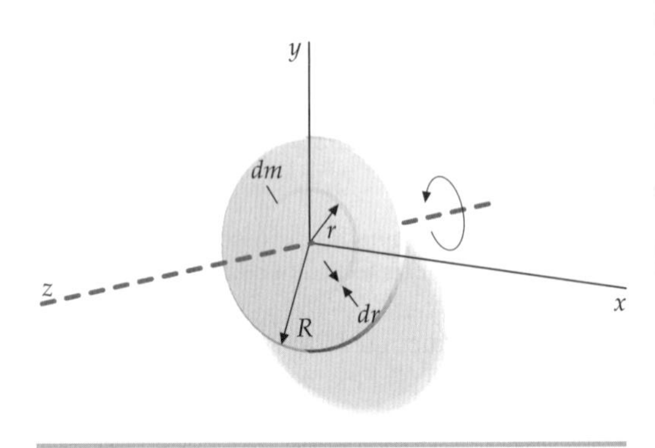

FIGURA 9-8

***Cilindro maciço homogêneo em relação ao seu eixo** Consideramos o cilindro como um conjunto de discos, cada um de massa dm e momento de inércia $dI = \frac{1}{2}(dm)R^2$ (Figura 9-9). O momento de inércia de todo o cilindro é, então,

$$I = \int \frac{1}{2}dm\,R^2 = \frac{1}{2}R^2\int dm = \frac{1}{2}MR^2$$

onde M é a massa total do cilindro.

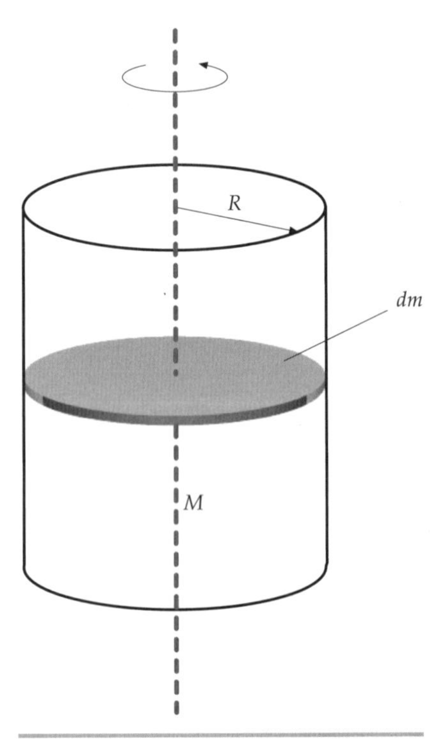

FIGURA 9-9

CHECAGEM CONCEITUAL 9-1

Sejam dois discos homogêneos idênticos de uma polegada de diâmetro, A e B. Você faz um furo de um quarto de polegada de diâmetro no centro do disco B. Qual dos discos, A ou B, tem agora o maior momento de inércia? (Para cada disco, considere apenas o momento de inércia em relação ao eixo que passa perpendicularmente pelo seu centro.)

CHECAGEM CONCEITUAL 9-2

Sejam dois discos homogêneos de uma polegada de raio, A e B. Os discos são idênticos, exceto que a massa específica de B é ligeiramente maior do que a de A. Você faz um furo de um quarto de polegada de diâmetro no centro do disco B e verifica que, agora, os discos têm a mesma massa. Qual dos discos, A ou B, tem agora o maior momento de inércia? (Para cada disco, considere apenas o momento de inércia em relação ao eixo que passa perpendicularmente pelo seu centro.)

O TEOREMA DOS EIXOS PARALELOS

Podemos, com freqüência, simplificar o cálculo de momentos de inércia, para vários corpos, usando o **teorema dos eixos paralelos**, que relaciona o momento de inércia em relação a um eixo que passa pelo centro de massa ao momento de inércia em relação a um segundo eixo, paralelo ao primeiro (Figura 9-10). Seja I o momento de inércia em relação a determinado eixo e seja I_{cm} o momento de inércia em relação a um eixo paralelo a ele, passando pelo centro de massa. Além disso, sejam M a massa total do corpo e h a distância entre os dois eixos. O teorema dos eixos paralelos estabelece que

$$I = I_{cm} + Mh^2 \qquad 9\text{-}14$$

TEOREMA DOS EIXOS PARALELOS

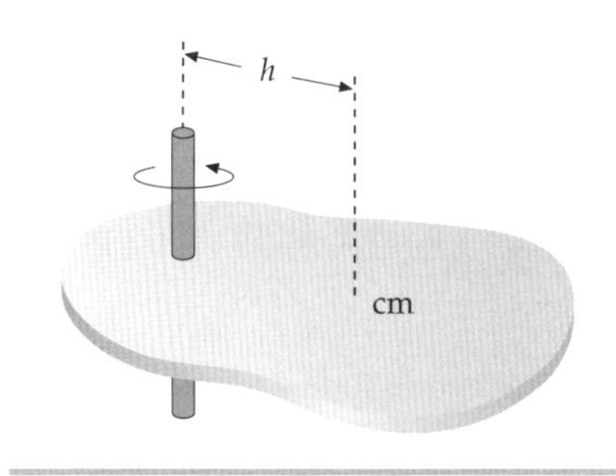

FIGURA 9-10 Um corpo girando em torno de um eixo paralelo a um eixo que passa pelo centro de massa, sendo h a distância entre os dois eixos.

O Exemplo 9-2 e o Problema Prático que o segue ilustram um caso especial deste teorema, com $h = a$, $M = 4\,m$ e $I_{cm} = 4ma^2$.

Exemplo 9-5 Aplicando o Teorema dos Eixos Paralelos — *Tente Você Mesmo*

Uma barra fina e homogênea, de massa M e comprimento L sobre o eixo x (Figura 9-11) possui uma de suas extremidades na origem. Usando o teorema dos eixos paralelos, determine o momento de inércia em relação ao eixo y', que é paralelo ao eixo y e passa pelo centro da barra.

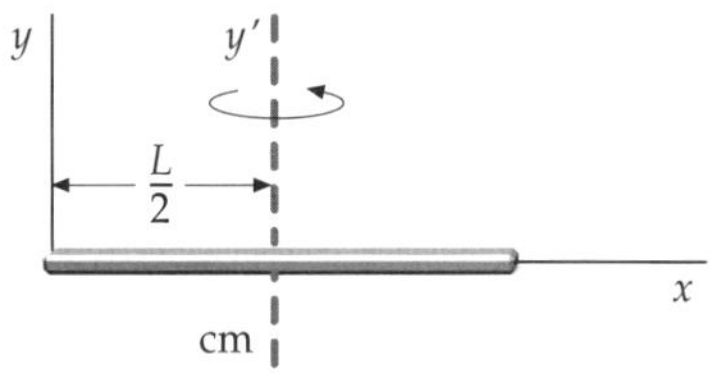

FIGURA 9-11

SITUAÇÃO Aqui, você sabe que $I = ML^2/3$ em relação a uma extremidade (veja o Exemplo 9-4) e deseja determinar I_{cm}. Use o teorema dos eixos paralelos com $h = L/2$.

SOLUÇÃO

Cubra a coluna da direita e tente por si só antes de olhar as respostas.

Passos	**Respostas**
1. Aplique o teorema dos eixos paralelos para escrever I em relação à extremidade em termos de I_{cm}.	$I = I_{cm} + Mh^2$ $I_y = I_{y'} + M(\frac{1}{2}L)^2$
2. Substitua, usando $I = ML^2/3$ para I_y e I_{cm} para $I_{y'}$:	$I_{cm} = I_y - Mh^2 = \frac{1}{3}ML^2 - M(\frac{1}{2}L)^2 = \boxed{\frac{1}{12}ML^2}$

CHECAGEM Calcule o momento de inércia por integração direta. Este cálculo é o mesmo do Exemplo 9-4, exceto que os limites de integração são $-L/2$ e $+L/2$. O resultado é

$$I = \int x^2\,dm = \frac{M}{L}\int_{-L/2}^{+L/2} x^2\,dx = \frac{M}{L}\frac{1}{3}x^3\bigg|_{-L/2}^{+L/2} = \frac{M}{3L}\left(\frac{L^3}{8} + \frac{L^3}{8}\right) = \frac{1}{12}ML^2$$

que é o mesmo do passo 2.

INDO ALÉM O resultado do passo 2 é apenas 25 por cento do resultado do Exemplo 9-4, onde a barra homogênea gira em torno de um eixo que passa por uma de suas extremidades.

*PROVA DO TEOREMA DOS EIXOS PARALELOS

Para provar o teorema dos eixos paralelos, começamos com um corpo (Figura 9-12) que gira em torno de um eixo fixo que não passa pelo seu centro de massa. A energia cinética K deste corpo é dada por $\frac{1}{2}I\omega^2$ (Equação 9-12), onde I é o momento de inércia em relação ao eixo fixo. Vimos, no Capítulo 8 (Equação 8-7), que a energia cinética de um sistema pode ser escrita como a soma da energia cinética de translação ($\frac{1}{2}Mv_{cm}^2$) com a energia cinética em relação ao centro de massa. Para um corpo que gira, a energia cinética em relação ao seu centro de massa é $\frac{1}{2}I_{cm}\omega^2$, onde I_{cm} é o momento de inércia em relação ao eixo que passa pelo centro de massa.† Assim, a

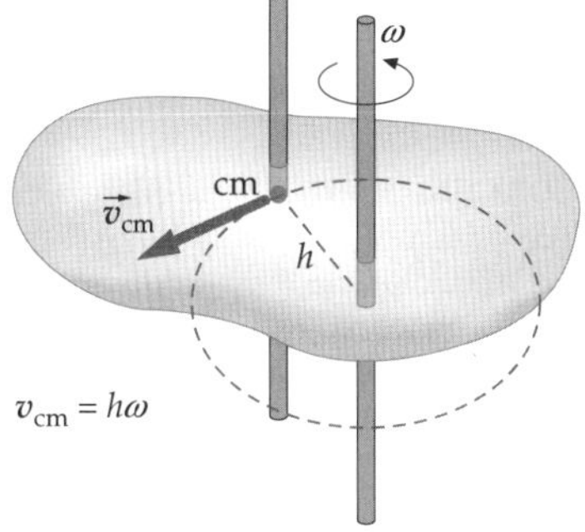

FIGURA 9-12

† *Em relação ao seu centro de massa* significa "em relação a um referencial inercial no qual o centro de massa está, pelo menos momentaneamente, em repouso".

energia cinética total do corpo é

$$K = \frac{1}{2}Mv_{cm}^2 + \frac{1}{2}I_{cm}\omega^2$$

O centro de massa se move ao longo de uma trajetória circular de raio h, de forma que $v_{cm} = h\omega$. Substituindo K por $\frac{1}{2}I\omega^2$ e v_{cm} por $h\omega$, fica

$$\frac{1}{2}I\omega^2 = \frac{1}{2}Mh^2\omega^2 + \frac{1}{2}I_{cm}\omega^2$$

Multiplicando toda a equação por $2/\omega^2$:

$$I = Mh^2 + I_{cm}$$

o que completa a prova do teorema dos eixos paralelos.

PROBLEMA PRÁTICO 9-7

Usando o teorema dos eixos paralelos mostre que, na comparação dos momentos de inércia de um corpo em relação a dois eixos paralelos, o menor momento de inércia é aquele em relação ao eixo que está mais próximo do centro de massa.

Exemplo 9-6 Um Carro Movido a Volante Rotatório

Rico em Contexto

Você está dirigindo um veículo experimental híbrido, projetado para trafegar no trânsito congestionado. Em um carro com freios convencionais, cada vez que você freia para parar, a energia cinética é dissipada como calor. Neste veículo híbrido, o mecanismo de freagem transforma a energia cinética de translação do movimento do veículo em energia cinética de rotação de um volante massivo. Quando o carro volta a rodar, esta energia é transformada de novo em energia cinética de translação do carro. O volante de 100 kg é um cilindro oco de raio interno R_1 igual a 25,0 cm e raio externo R_2 de 40,0 cm, e atinge uma rapidez angular máxima de 30.000 rev/min. Em uma noite escura e sombria, o carro fica sem combustível a 15,0 mi de sua casa, com o volante girando em sua rotação máxima. Existe energia suficiente armazenada no volante para que você e sua avó ansiosa cheguem em casa? (Quando dirigindo 40,0 mi/h, o mínimo permitido na auto-estrada, o arraste do ar e o atrito de rolamento dissipam energia à taxa de 10,0 kW.)

SITUAÇÃO A energia cinética é calculada diretamente de $K = \frac{1}{2}I\omega^2$.

SOLUÇÃO

1. A energia cinética de rotação é — $K = \frac{1}{2}I\omega^2$
2. Calcule o momento de inércia do cilindro oco, usando uma expressão da Tabela 9-1: — $I = \frac{1}{2}m(R_1^2 + R_2^2) = 11{,}1\ \text{kg}\cdot\text{m}^2$
3. Converta ω para rad/s: — $\omega = 30.000\ \text{rev/min} = 3142\ \text{rad/s}$
4. Substitua estes valores para obter a energia cinética: — $K = \frac{1}{2}I\omega^2 = 54{,}9\ \text{MJ}$
5. A energia é dissipada a 10 kW, à rapidez de 40 mi/h. Para encontrar a energia dissipada durante o trecho de 15 mi, precisamos determinar, primeiro, o tempo para percorrer o trecho: — $\Delta x = v\,\Delta t$, logo $\Delta t = 1350\text{s}$
6. A energia é dissipada a 10 kW em 1350 s. A energia total dissipada é — 13,5 MJ
7. Existe energia suficiente no volante rotatório? — 54,9 MJ são disponível e 13,5 MJ são dissipados.

Sim, há mais energia do que o necessário armazenada no volante.

CHECAGEM Há 130 MJ de energia em um galão de gasolina. Se o motor tem uma eficiência de 10 por cento, apenas 13 MJ/gal estão disponíveis para deslocar o carro. A energia inicial no volante rotatório é maior do que a energia disponível para mover o carro contida em três galões de gasolina. Esta energia deve ser mais do que suficiente para transportá-lo as 15 mi até sua casa.

Exemplo 9-7 Uma Barra Pivotada

Uma barra fina e homogênea, de comprimento L e massa M, articulada em uma das extremidades, como mostrado na Figura 9-13, é largada do repouso, de uma posição horizontal. Desprezando o atrito e a resistência do ar, determine (*a*) a rapidez angular da barra, quando ela passa pela posição vertical e (*b*) a força exercida sobre a barra pelo pivô, nesse instante. (*c*) Qual seria a rapidez angular inicial necessária para a barra chegar até a posição vertical no topo de sua oscilação?

SITUAÇÃO
Escolhemos, como sistema, tudo o que está mostrado na Figura 9-13 mais a Terra. (*a*) Enquanto a barra descreve o trecho descendente de sua oscilação, a energia potencial decresce e a energia cinética cresce. Como não há atrito no pivô, a energia mecânica permanece constante. A rapidez angular da barra é, então, determinada a partir de sua energia cinética de rotação. (*b*) Para encontrar a força do pivô aplicamos, para a barra, a segunda lei de Newton para um sistema. (*c*) Como na Parte (*a*), a energia mecânica permanece constante.

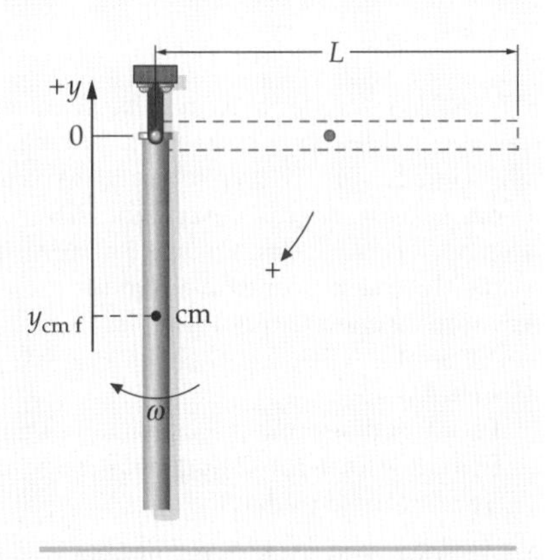

FIGURA 9-13

SOLUÇÃO

(*a*) 1. O diagrama da barra (Figura 9-13) mostra as configurações inicial e final do sistema barra–Terra. A origem do eixo y está na altura do eixo de rotação.

2. Aplique conservação da energia mecânica para relacionar as energias mecânicas inicial e final:

$$K_f + U_f = K_i + U_i$$

$$\tfrac{1}{2}I\omega_f^2 + Mgy_{cm\,f} = \tfrac{1}{2}I\omega_i^2 + Mgy_{cm\,i}$$

$$\frac{1}{2}I\omega_f^2 + Mg\left(-\frac{L}{2}\right) = 0 + 0$$

3. Explicite ω_f.

$$\omega_f = \sqrt{\frac{MgL}{I}}$$

4. Obtenha I da Tabela 9-1 e substitua no resultado do passo 3:

$$I = \tfrac{1}{3}ML^2 \text{ logo } \omega_f = \sqrt{\frac{MgL}{\frac{1}{3}ML^2}} = \boxed{\sqrt{\frac{3g}{L}}}$$

(*b*) 1. Desenhe um diagrama de corpo livre para a barra, quando ela passa pela posição vertical no ponto mais baixo de sua oscilação (Figura 9-14).

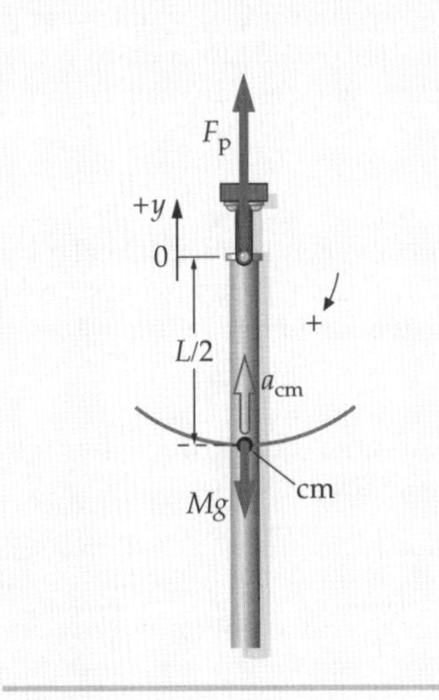

FIGURA 9-14

2. Aplique, para a barra, a segunda lei de Newton para um sistema. No ponto mais baixo, a aceleração do centro de massa tem a orientação centrípeta (para cima):

$$\Sigma F_{ext\,y} = Ma_{cm}$$

$$F_p - Mg = Ma_{cm}$$

3. Relacione a aceleração do centro de massa com a rapidez angular usando $a_c = r\omega^2$. Substitua o resultado para ω do passo 4 da Parte (*a*) para determinar a_{cm}.

$$a_{cm} = r\omega^2$$

$$a_{cm} = \frac{L}{2}\frac{3g}{L} = \frac{3}{2}g$$

4. Substitua no resultado do passo 2 da Parte (*b*) para determinar F_p:

$$F_p = Mg + Ma_{cm} = Mg + M\tfrac{3}{2}g = \boxed{\tfrac{5}{2}Mg}$$

(*c*) 1. A rapidez angular inicial ω_i está relacionada à energia cinética inicial:

$$K_i = \tfrac{1}{2}I\omega_i^2$$

2. Faça um diagrama para a barra, mostrando as configurações inicial e final (Figura 9-15). Use o mesmo eixo coordenado da Parte (*a*):

3. Aplique conservação da energia mecânica para relacionar a energia cinética inicial com a posição final:

$$K_f + U_f = K_i + U_i$$

$$\tfrac{1}{2}I\omega_f^2 + Mgy_{cm\,f} = \tfrac{1}{2}I\omega_i^2 + Mgy_{cm\,i}$$

$$0 + Mg\frac{L}{2} = \frac{1}{2}I\omega_i^2 + 0$$

4. Explicite a rapidez angular inicial:

$$\omega_i = \sqrt{\frac{MgL}{I}} = \sqrt{\frac{MgL}{\frac{1}{3}ML^2}} = \boxed{\sqrt{\frac{3g}{L}}}$$

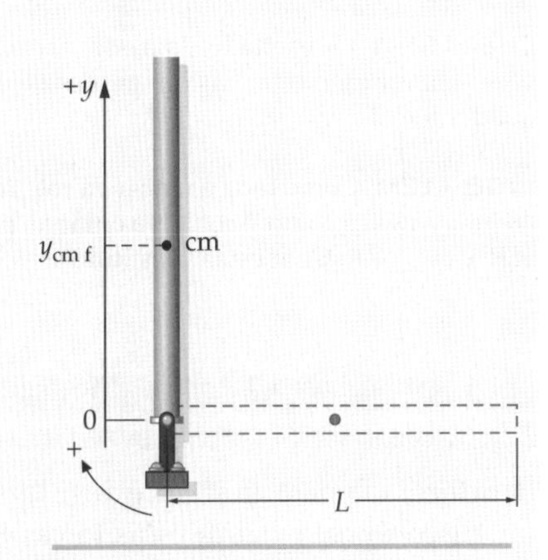

FIGURA 9-15

CHECAGEM Não é uma coincidência que as respostas das Partes (*a*) e (*c*) são idênticas. O decréscimo em altura e energia potencial na Parte (*a*) é igual ao acréscimo em altura e energia potencial na Parte (*c*). Assim, o aumento da energia cinética na Parte (*a*) é igual à diminuição da energia cinética na Parte (*c*).

Exemplo 9-8 Um Guincho e um Balde

Um guincho de poço é constituído de uma roldana de massa m_r e raio R. Virtualmente, toda sua massa está concentrada a uma distância R do eixo. Um cabo, enrolado na roldana, mantém suspenso um balde de água de massa m_b. O cabo tem um comprimento total L e massa m_c. No momento em que você segura o balde na posição mais alta, sua mão escorrega e o balde cai no poço, desenrolando o cabo. Qual é a rapidez do balde, após ter caído uma distância d, onde d é menor do que L? Despreze o atrito e a resistência do ar.

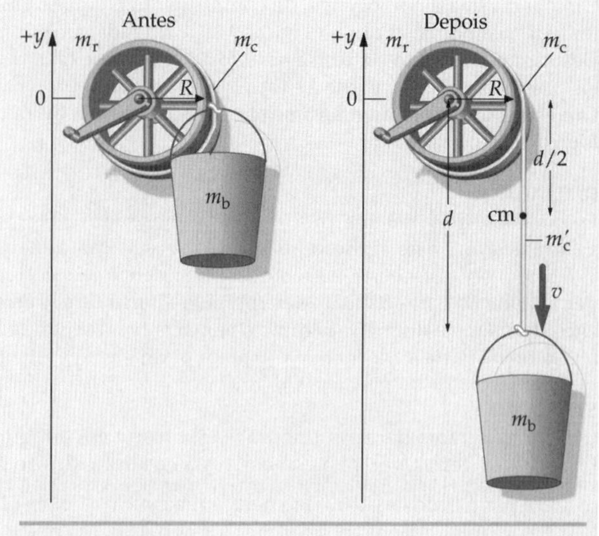

FIGURA 9-16

SITUAÇÃO Enquanto a carga cai, a energia mecânica do sistema roldana–cabo–balde–Terra permanece constante. Escolha a energia potencial inicial igual a zero. Enquanto a carga cai uma distância d, o centro de massa da parte suspensa do cabo cai uma distância $d/2$. Como a parte suspensa do cabo, movendo-se com uma rapidez v, não estica e nem afrouxa, todo o cabo deve se mover com a rapidez v. Determinamos v a partir da conservação da energia mecânica.

SOLUÇÃO

1. Faça um diagrama do sistema, mostrando as configurações inicial e final (Figura 9-16). Coloque um eixo y com a origem na altura do eixo de rotação da roldana.

2. Aplique conservação da energia mecânica. Escolha a energia potencial igual a zero quando o balde está em sua posição mais alta:
$$U_f + K_f = U_i + K_i = 0 + 0 = 0$$

3. Escreva uma expressão para a energia potencial total, no momento em que o balde tiver caído uma distância d. Seja m'_c a massa da parte suspensa do cabo:
$$U_f = U_{bf} + U_{cf} + U_{rf} = m_b g(-d) + m'_c g\left(-\frac{d}{2}\right) + 0 = -(m_b + \tfrac{1}{2}m'_c)gd$$

4. Escreva a energia cinética total quando o balde está caindo com uma rapidez v. Toda a massa da roldana e todo o cabo se movem com a mesma rapidez v do balde:
$$K_f = K_{fc} + K_{fb} + K_{fr} = \tfrac{1}{2}m_c v^2 + \tfrac{1}{2}m_b v^2 + \tfrac{1}{2}m_r v^2 = \tfrac{1}{2}(m_c + m_b + m_r)v^2$$

5. Substitua na equação de conservação da energia mecânica (passo 2) e explicite v:
$$-(m_b + \tfrac{1}{2}m'_c)gd + \tfrac{1}{2}(m_c + m_b + m_r)v^2 = 0$$
$$\text{logo} \quad v = \sqrt{\frac{(2m_b + m'_c)gd}{(m_c + m_b + m_r)}}$$

6. Suponha o cabo uniforme e escreva m'_c em termos de m_c, d e L:
$$\frac{m'_c}{d} = \frac{m_c}{L} \Rightarrow m'_c = \frac{d}{L}m_c$$

7. Substitua o resultado do passo 6 no resultado do passo 5:
$$\boxed{v = \sqrt{\frac{(2m_b L + m_c d)gd}{(m_c + m_b + m_r)L}}}$$

CHECAGEM O resultado do passo 7 tem as dimensões corretas de rapidez, pois aceleração vezes comprimento tem as dimensões de comprimento ao quadrado dividido por tempo ao quadrado.

INDO ALÉM Como toda a massa da roldana se move com a rapidez v, podemos escrever sua energia cinética como $\frac{1}{2}m_r v^2$. No entanto, podemos também escrevê-la como $\frac{1}{2}I_r\omega^2$, onde $I_r = m_r R^2$ e $\omega = v/R$. Com estas substituições $K_r = \frac{1}{2}I_r\omega^2 = \frac{1}{2}m_r R^2(v^2/R^2) = \frac{1}{2}m_r v^2$.

9-4 SEGUNDA LEI DE NEWTON PARA A ROTAÇÃO

Para fazer um pião girar, você deve lhe imprimir uma rotação inicial. Na Figura 9-17, um disco é posto a girar pelas forças $\vec{F}_1$ e $\vec{F}_2$ exercidas tangencialmente nas bordas. Os sentidos destas forças e seus pontos de aplicação são importantes. Se as mesmas forças são aplicadas nos mesmos pontos, mas em uma direção radial (Figura 9-18*a*), o disco não começará a girar. Além disso, se as mesmas forças são aplicadas tangencialmente, mas em pontos mais próximos ao centro do disco (Figura 9-18*b*), o disco não ganha rapidez angular tão rapidamente.

A Figura 9-19 mostra uma partícula de massa m presa a uma das extremidades de uma barra rígida, sem massa, de comprimento r. A barra pode girar livremente em torno de um eixo fixo que passa perpendicularmente por sua outra extremidade em A. Conseqüentemente, a partícula está limitada a se mover em um círculo de raio r. Uma força única $\vec{F}$ é aplicada sobre a partícula, como mostrado. Aplicando a segunda lei de Newton para a partícula e tomando as componentes tangenciais, temos

$$F_t = ma_t$$

onde $F_t = F \text{ sen } \phi$ é a componente tangencial da força $\vec{F}$ e a_t é a componente tangencial da aceleração. Desejamos obter uma equação que envolva grandezas angulares. Substituindo a_t por $r\alpha$ (Equação 9-9) e multiplicando os dois lados por r leva a

$$rF_t = mr^2\alpha \qquad \text{9-15}$$

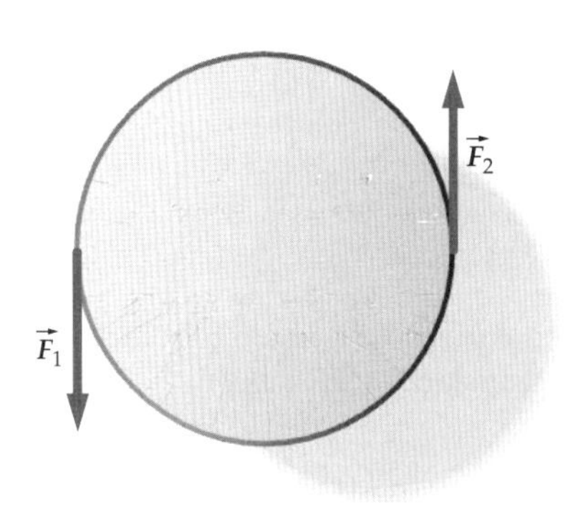

FIGURA 9-17

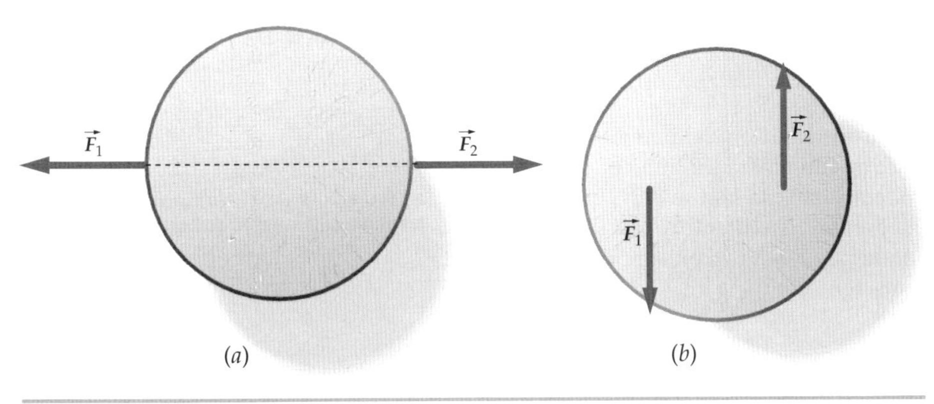

FIGURA 9-18

O produto rF_t é o **torque** τ em relação ao eixo de rotação associado à força. Isto é,

$$\tau = F_t r \qquad \text{9-16}$$

TORQUE EM RELAÇÃO A UM EIXO

(O torque em relação a um ponto é definido como uma grandeza vetorial, no Capítulo 10. Ao dizermos "torque em relação a um eixo", estamos nos referindo à componente do vetor torque paralela ao eixo.)

Substituindo rF_t por τ na Equação 9-15, fica

$$\tau = mr^2\alpha \qquad \text{9-17}$$

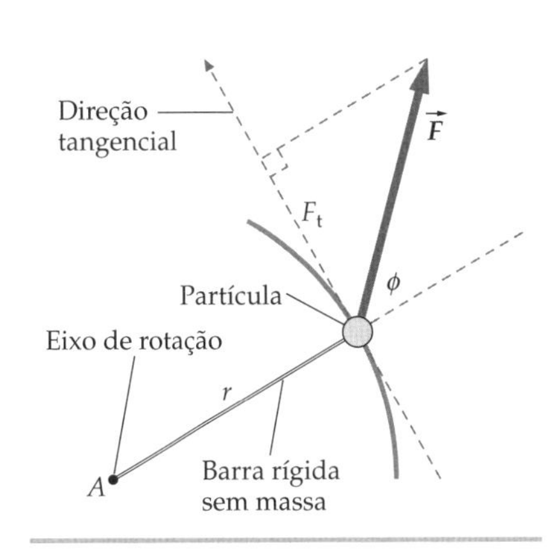

FIGURA 9-19

Um corpo rígido que gira em torno de um eixo fixo é simplesmente uma coleção de partículas individuais, cada uma restrita a um movimento circular com as mesmas velocidade angular ω e aceleração angular α. Aplicando a Equação 9-17 à i-ésima dessas partículas, temos

$$\tau_{i\,\text{res}} = m_i r_i^2 \alpha$$

onde $\tau_{i\,\text{res}}$ é o torque devido à força resultante sobre a i-ésima partícula. Somando sobre todas as partículas nos dois lados, fica

$$\sum \tau_{i\,\text{res}} = \sum m_i r_i^2 \alpha = \left(\sum m_i r_i^2\right)\alpha = I\alpha \qquad \text{9-18}$$

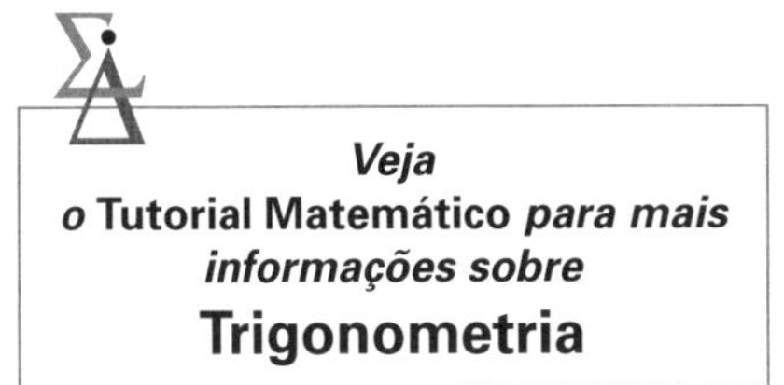

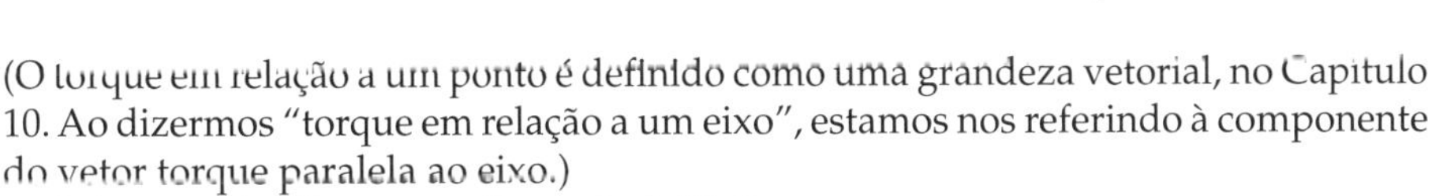

No Capítulo 8, vimos que a força resultante que atua sobre um sistema de partículas é igual à força *externa* resultante que atua sobre o sistema, porque as forças internas (aquelas exercidas entre as partículas do sistema) se cancelam aos pares. O tratamento dos torques internos exercidos entre as partículas de um sistema leva a um resultado similar, isto é, o torque resultante que atua sobre um sistema é igual ao torque *externo*

resultante que atua sobre o sistema. Podemos, então, escrever a Equação 9-18 como

$$\tau_{\text{ext res}} = \sum \tau_{\text{ext}} = I\alpha \qquad 9\text{-}19$$

SEGUNDA LEI DE NEWTON PARA A ROTAÇÃO

Esta equação é o análogo rotacional da segunda lei de Newton para o movimento de translação ($\Sigma \vec{F} = m\vec{a}$).

CALCULANDO TORQUES

A Figura 9-20 mostra a força $\vec{F}$ que atua sobre um corpo restrito a girar em torno de um eixo fixo A, não mostrado, perpendicular à página. A orientação tangencial positiva é mostrada no ponto de aplicação da força e r é a distância radial deste ponto de aplicação ao eixo A. O torque τ exercido por esta força, em relação ao eixo A, é $\tau = F_t r$ (Equação 9-16). Em princípio, a expressão $F_t r$ é o que basta para calcular torques. No entanto, na prática os cálculos podem ficar mais simples se expressões alternativas para o torque são usadas. Da figura, podemos ver que

$$F_t = F \operatorname{sen}\phi$$

onde ϕ é o ângulo entre as direções radial e da força. Assim, podemos escrever o torque como $\tau = F_t r = (F \operatorname{sen} \phi)r$. A *linha de ação* de uma força é a linha paralela à força que passa pelo seu ponto de aplicação. Podemos ver, na Figura 9-21, que $r \operatorname{sen} \phi = \ell$, onde o **braço de alavanca** ℓ é a distância perpendicular entre A e a linha de ação. Conseqüentemente, o torque também é dado por $\tau = F\ell$. Colocando todas as três expressões equivalentes para o torque juntas, temos

$$\tau = F_t r = F \operatorname{sen}\phi r = F\ell \qquad 9\text{-}20$$

EXPRESSÕES EQUIVALENTES PARA O TORQUE

O torque de uma força em relação a um eixo também é chamado de *momento da força* em relação ao eixo.

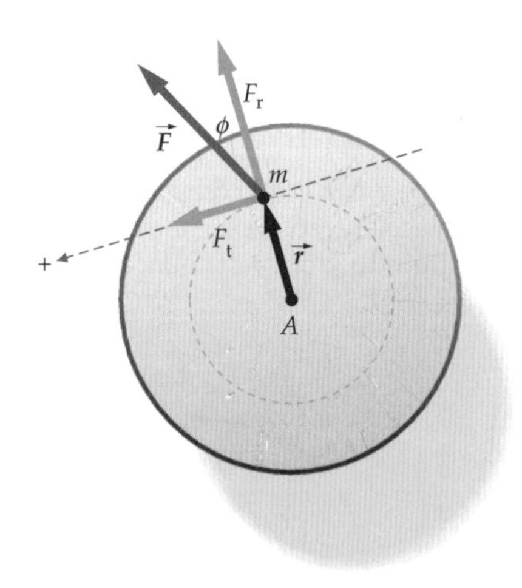

FIGURA 9-20 A força $\vec{F}$ produz um torque $F_t r$ em relação ao centro.

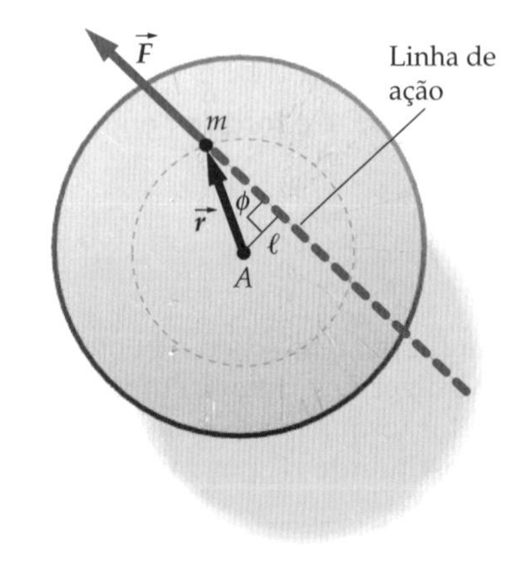

FIGURA 9-21 A força $\vec{F}$ produz um torque $F_t\ell$ em relação ao centro.

TORQUE DEVIDO À GRAVIDADE

Podemos adotar, como modelo de um corpo dotado de extensão, um conjunto de partículas pontuais microscópicas, cada uma sujeita a uma força gravitacional microscópica. Cada uma dessas microscópicas forças gravitacionais exerce um torque microscópico em relação a um dado eixo e o torque gravitacional resultante sobre o corpo é a soma desses torques microscópicos. O torque gravitacional resultante pode ser calculado considerando a força gravitacional total (a soma das forças gravitacionais microscópicas) atuando em um único ponto — o **centro de gravidade**. Seja um corpo (Figura 9-22) restrito à rotação em torno de um eixo horizontal A perpendicular à página. Escolhemos o eixo z, de nosso sistema de coordenadas, coincidindo com o eixo A, o eixo x na horizontal e o eixo y na vertical, como mostrado. O torque sobre uma partícula de massa m_i, devido à gravidade, é $m_i g x_i$, onde x_i é o braço de alavanca da força $m_i\vec{g}$. O torque gravitacional resultante sobre o corpo é a soma dos tor-

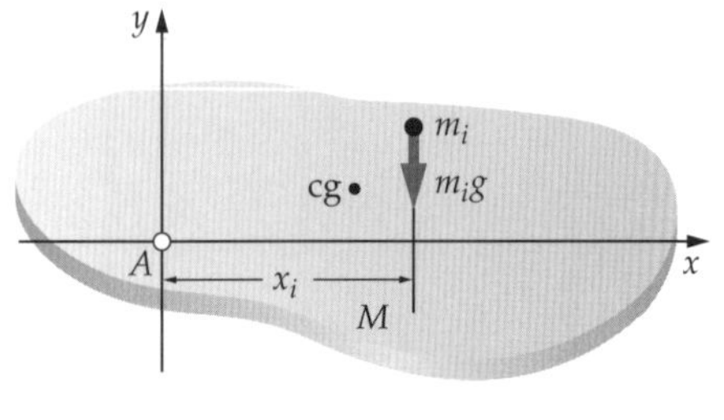

(a)

(b)

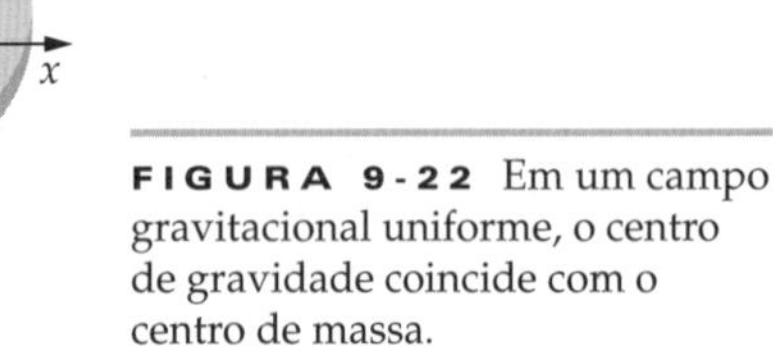

FIGURA 9-22 Em um campo gravitacional uniforme, o centro de gravidade coincide com o centro de massa.

ques gravitacionais sobre todas as partículas que constituem o corpo. Isto é, $\tau_{\text{grav res}} = \Sigma\, m_i g x_i$. Se $\vec{g}$ é uniforme (tem a mesma magnitude e orientação) em toda a região do espaço ocupada pelo corpo, então g pode ser fatorado para fora da soma. Fatorando g, fica $\tau_{\text{grav res}} = (\Sigma\, m_i x_i)g$. Você deve reconhecer a soma entre parênteses como Mx_{cm} (veja a Equação 5-13). Substituindo na soma, temos

$$\tau_{\text{grav res}} = Mgx_{\text{cm}} \qquad 9\text{-}21$$

TORQUE DEVIDO À GRAVIDADE

> Para um corpo em um campo gravitacional uniforme, o centro de gravidade e o centro de massa coincidem.

O torque devido a um campo gravitacional uniforme é calculado como se toda a força gravitacional fosse aplicada no centro de massa.

9-5 APLICAÇÕES DA SEGUNDA LEI DE NEWTON PARA A ROTAÇÃO

Nesta seção, apresentamos várias aplicações da segunda lei de Newton para a rotação na forma da Equação 9-19.

ESTRATÉGIA PARA SOLUÇÃO DE PROBLEMAS

Aplicando a Segunda Lei de Newton para a Rotação

SITUAÇÃO Para corpos rígidos, as acelerações angulares podem ser determinadas usando-se diagramas de corpo livre e a segunda lei de Newton para a rotação, que é $\tau_{\text{ext res}} = \Sigma\tau_{\text{ext}} = I\alpha$. Se $\tau_{\text{ext res}}$ é constante, então as equações para aceleração angular constante se aplicam. Intervalos de tempo e posições angulares, velocidades e acelerações angulares podem, então, ser determinadas usando-se estas equações.

SOLUÇÃO

1. Desenhe um diagrama de corpo livre esboçando o corpo (e não o representando apenas como um ponto).
2. Desenhe cada vetor força em sua própria linha de ação.
3. Indique, no diagrama, a orientação positiva (horária ou anti-horária) para as rotações.

CHECAGEM Verifique se os sinais de seus resultados são consistentes com sua escolha para a orientação positiva das rotações.

Exemplo 9-9 Uma Bicicleta Parada

Para exercitar-se sem sair do lugar, você montou sua bicicleta sobre um suporte, de forma que a roda traseira ficou livre para girar. Enquanto você pedala, a corrente exerce uma força de 18 N sobre a catraca traseira, a uma distância $r_c = 7{,}0$ cm do eixo de rotação da roda. Considere a roda como um aro ($I = MR^2$) de raio $R = 35$ cm e massa $M = 2{,}4$ kg. Qual é a velocidade angular da roda 5,0 s depois?

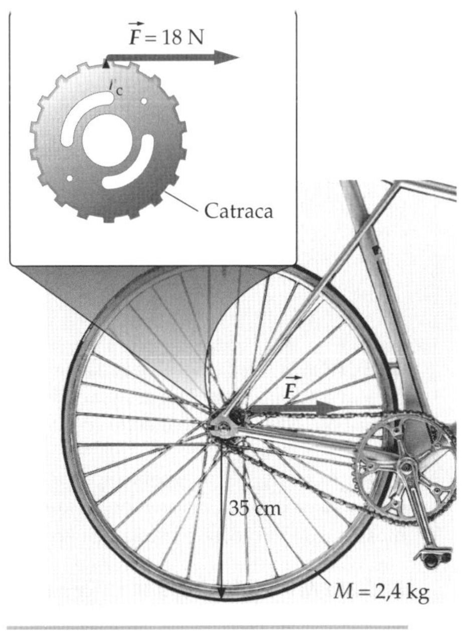

FIGURA 9-23

SITUAÇÃO A velocidade angular é determinada a partir da aceleração angular, que, por sua vez, é encontrada a partir da segunda lei de Newton para a rotação. Como as forças são constantes, os torques também são constantes. Então, as equações para aceleração angular constante se aplicam. Note que $\vec{F}$ é tangente à catraca e que o braço de alavanca é o raio r_c da catraca (Figura 9-23).

SOLUÇÃO

1. A velocidade angular se relaciona com a aceleração angular e com o tempo: $\omega = \omega_0 + \alpha t = 0 + \alpha t$

2. Aplique a segunda lei de Newton rotacional, relacionando α com o torque resultante e o momento de inércia: $\tau_{res} = I\alpha$

3. O único torque atuando sobre o sistema é aquele exercido pela força aplicada F, com braço de alavanca r_c: $\tau_{res} = Fr_c$

4. Substitua este valor para o torque e $I = MR^2$ para o momento de inércia: $\alpha = \dfrac{\tau_{res}}{I} = \dfrac{Fr_c}{MR^2}$

5. Substitua no resultado do passo 1 e explicite a velocidade angular após 5,0 s: $\omega = \alpha t = \dfrac{Fr_c}{MR^2}t = \dfrac{(18\,\text{N})(0{,}070\,\text{m})}{(2{,}4\,\text{kg})(0{,}35\,\text{m})^2}5{,}0\,\text{s} = 21{,}4\,\text{rad/s} = \boxed{21\,\text{rad/s}}$

CHECAGEM A rapidez tangencial do aro é dada por $R\omega$ = (0,36 m)(21 rad/s) = 7,6 m/s, que é uma rapidez plausível. (Um corredor de nível competitivo pode, em uma arrancada, superar os 10 m/s.)

Exemplo 9-10 Uma Barra Homogênea Pivotada

Uma barra fina homogênea de comprimento L e massa M é articulada em uma de suas extremidades. Ela é largada da posição horizontal. Despreze o atrito e a resistência do ar. Determine (*a*) a aceleração angular da barra, imediatamente após ser largada, e (*b*) a magnitude da força F_A exercida sobre a barra pelo pivô neste instante.

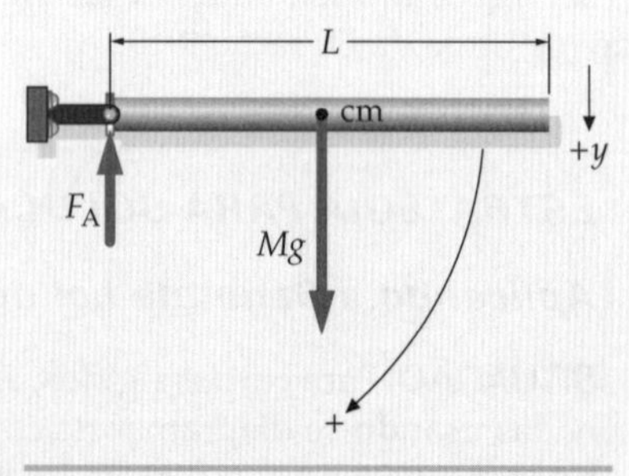

FIGURA 9-24

SITUAÇÃO A aceleração angular é determinada a partir da segunda lei de Newton para a rotação (Equação 9-19). A força F_A é determinada a partir da segunda lei de Newton para um sistema (Equação 5-23). A aceleração tangencial do centro de massa se relaciona com a aceleração angular (Equação 9-6) e a aceleração centrípeta do centro de massa se relaciona com a rapidez angular (Equação 9-7).

SOLUÇÃO

(*a*) 1. Esboce um diagrama de corpo livre para a barra (Figura 9-24).

2. Escreva a segunda lei de Newton para a rotação: $\Sigma\tau_{ext} = I\alpha$

3. Calcule o torque, devido à gravidade, em relação ao eixo. A barra é homogênea, e portanto, o centro de gravidade está em seu centro, a uma distância $L/2$ do eixo: $\tau_{grav} = Mg\dfrac{L}{2}$

4. Encontre, na Tabela 9-1, o momento de inércia em relação à extremidade da barra: $I = \frac{1}{3}ML^2$

5. Substitua estes valores na equação do passo 2 para calcular α: $\alpha = \dfrac{\tau_{grav}}{I} = \dfrac{Mg(L/2)}{(1/3)ML^2} = \boxed{\dfrac{3g}{2L}}$

(*b*) 1. Escreva a segunda lei de Newton para o sistema barra:

$$\Sigma F_{ext\,y} = Ma_{cm\,y}$$
$$Mg - F_A = Ma_{cm\,y}$$

2. Use a relação $a_c = r\omega^2$ para determinar $a_{cm\,c}$. Imediatamente após a largada, $\omega = 0$: $a_{cm\,c} = r_{cm}\omega^2 = \dfrac{L}{2}\omega^2 = 0$

3. Temos, agora, duas equações e três incógnitas, α, $\alpha_{cm\,y}$ e F_A. Use a relação $a_t = r\alpha$ como uma terceira equação, relacionando $a_{cm\,y}$ com α. Então, substitua o resultado obtido para α do passo 5 da Parte (*a*).

$$a_t = r\alpha$$
$$a_{cm\,y} = a_{cm\,t} = r_{cm}\alpha = \frac{L}{2}\frac{3g}{2L} = \frac{3}{4}g$$

4. Substitua o resultado do passo 3 da Parte (*b*) no resultado do passo 1 da Parte (*b*) para determinar F_A:

$$Mg - F_A = M\tfrac{3}{4}g$$
logo $F_A = \boxed{\tfrac{1}{4}Mg}$

CHECAGEM O eixo exerce uma força para cima, sobre a barra. Conseqüentemente, esperamos que após a largada a aceleração do centro de massa seja algo menor do que a aceleração de queda livre g. Nosso resultado do passo 3 da Parte (*b*) confirma esta expectativa.

INDO ALÉM Imediatamente após a largada, a aceleração do centro de massa aponta diretamente para baixo. Como a força externa resultante e a aceleração do centro de massa têm a mesma orientação, segue que $\vec{F}_A$ não tem componente horizontal neste instante.

PROBLEMA PRÁTICO 9-8 Uma pequena pedra, de massa $m \ll M$, é colocada em cima do centro da barra. Imediatamente após a barra ser largada, determine (*a*) a aceleração da pedra e (*b*) a força que ela exerce sobre a barra.

CONDIÇÕES DE NÃO-DESLIZAMENTO

Nos cursos de física, surgem muitas situações em que um fio tensionado está em contato com uma polia que gira. Para que o fio não deslize sobre a polia, as partes do fio e da polia que estão em contato direto devem possuir a mesma velocidade tangencial. Resulta, então, que

$$v_t = R\omega \qquad 9\text{-}22$$

CONDIÇÃO DE NÃO-DESLIZAMENTO PARA v_t E ω

onde v_t é a velocidade tangencial do fio e $R\omega$ é a velocidade tangencial do perímetro da polia. A polia tem raio R e gira com velocidade angular ω. Derivando em relação ao tempo os dois lados da condição de não-deslizamento (Equação 9-22), temos

$$a_t = R\alpha \qquad 9\text{-}23$$

a_t E α SOB CONDIÇÕES DE NÃO-DESLIZAMENTO

onde a_t é a aceleração tangencial do fio e α é a aceleração angular da polia.

Exemplo 9-11 Um Fio Tensionado

Um objeto de massa m está suspenso por um fio leve que foi enrolado em torno de uma polia que tem momento de inércia I e raio R. O suporte da polia não tem atrito e o fio não escorrega na polia. A polia é largada do repouso e passa a girar, enquanto o objeto cai e o fio vai desenrolando. Determine a tensão no fio e a aceleração do objeto.

SITUAÇÃO O objeto cai com uma aceleração a, apontada para baixo, enquanto a polia gira com uma aceleração angular α (Figura 9-25). Aplicamos a segunda lei de Newton rotacional à polia para determinar α, e a segunda lei de Newton translacional ao objeto para obter a. Relacione a com α, usando a condição de não-deslizamento.

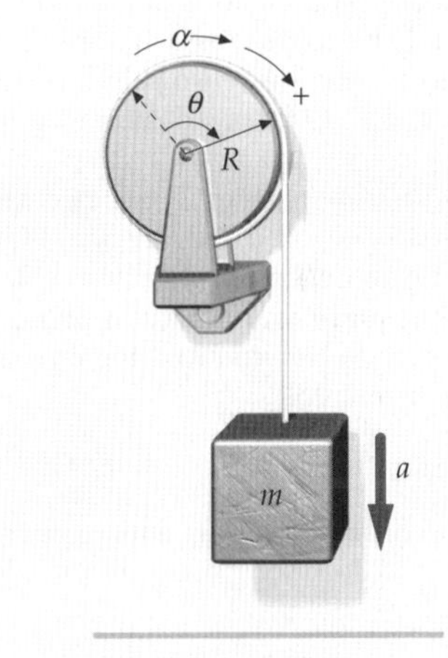

FIGURA 9-25

SOLUÇÃO

1. Desenhe um diagrama de corpo livre para a polia, mostrando cada vetor força com sua origem no ponto de aplicação. Identifique os itens do diagrama e indique o sentido positivo de rotação, como mostrado na Figura 9-26:

2. A única força que exerce torque sobre a polia é a tensão T, que tem R como braço de alavanca. Aplique a segunda lei de Newton rotacional relacionando T com a aceleração angular α:

$$\Sigma\tau_{ext} = I\alpha$$
$$TR = I\alpha$$

3. Desenhe um diagrama de corpo livre para o objeto suspenso e aplique a segunda lei de Newton para relacionar T com a aceleração tangencial a_t (Figura 9-27).

$$\Sigma F_{ext\,y} = ma_y$$
$$mg - T = ma_t$$

4. Temos duas equações para três incógnitas, T, a_t e α. Uma terceira equação é a relação entre a_t e α que traduz a condição de não-deslizamento. (As acelerações tangenciais do objeto, do fio e do perímetro da polia são todas iguais.):

$$a_t = R\alpha$$

5. Temos, agora, três equações, o que nos permite determinar T, a_t e α. Para determinar T substitua, na equação do passo 4, o resultado do passo 2 para α e o resultado do passo 3 para a_t. Então, explicite T.

$$\frac{mg - T}{m} = R\frac{TR}{I}$$

logo $$\boxed{T = \frac{mg}{1 + (mR^2/I)}}$$

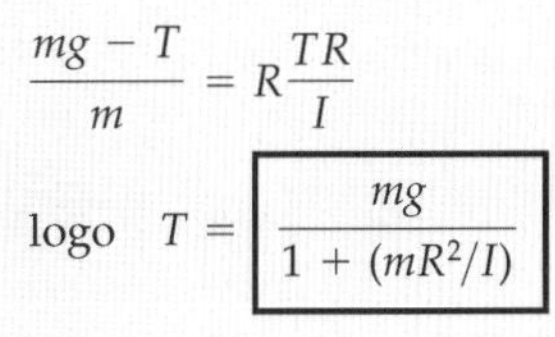

FIGURA 9-26

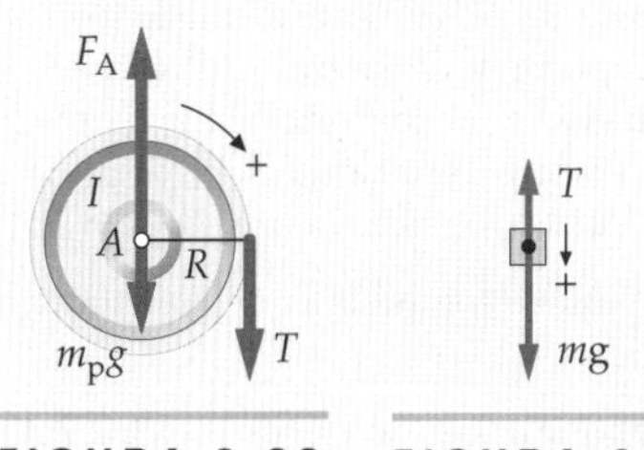

FIGURA 9-27

6. Substitua este resultado para T no resultado do passo 3 e explicite a_t. O objeto e o perímetro da polia ganham rapidez com a mesma taxa. Assim, a_t é a aceleração do perímetro da polia:

$$mg - \frac{mg}{1 + (mR^2/I)} = ma_t$$

logo $$\boxed{a_t = \frac{1}{1 + (I/mR^2)}g}$$

CHECAGEM Vamos conferir nossos resultados para dois casos limite. Se $I = 0$, o objeto deve cair livremente e o fio deve ficar frouxo; nossos resultados levam a $T = 0$ e $a_t = g$, como esperado. Para valores muito grandes de I, esperamos que a polia se mantenha em repouso. Se $I \to \infty$, nossas equações fornecem $T \to mg$ e $a_t \to 0$, como esperado.

Exemplo 9-12 Dois Blocos e uma Polia I — *Conceitual*

O sistema mostrado na Figura 9-28 é largado do repouso. A massa da polia não é desprezível, mas o atrito no suporte é desprezível. O fio não desliza na polia. Dado que $m_1 > m_2$, o que se pode dizer das tensões T_1 e T_2?

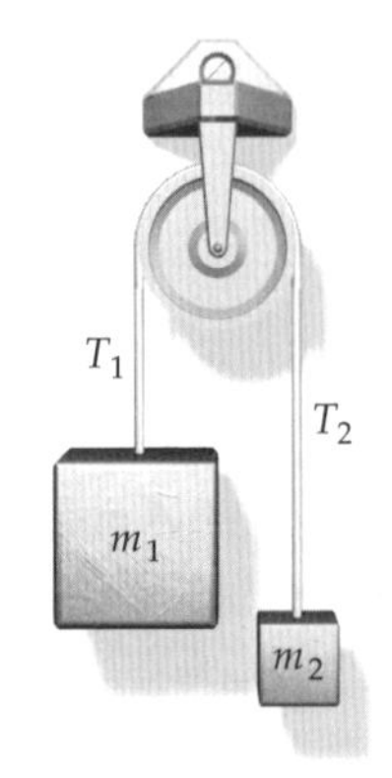

FIGURA 9-28

SITUAÇÃO Após a largada, m_1 vai acelerar para baixo, m_2 vai acelerar para cima e a polia vai acelerar angularmente no sentido anti-horário. Aplique a segunda lei de Newton a cada massa e a segunda lei de Newton rotacional à polia.

SOLUÇÃO

1. Como m_1 acelera para baixo, a força resultante sobre este bloco deve ser para baixo: $m_1g < T_1$
2. Como m_2 acelera para cima, a força resultante sobre este bloco deve ser para cima: $T_2 > m_2g$
3. Como a aceleração angular da polia é anti-horária, o torque resultante sobre ela deve ser anti-horário. Como os dois braços de alavanca são iguais, torque maior significa tensão maior: $\tau_1 > \tau_2$ logo $T_1 > T_2$
4. Combinando os três resultados, temos: $\boxed{m_1g > T_1 > T_2 > m_2g}$

CHECAGEM Se T_1 não fosse maior do que T_2, a aceleração angular da polia não seria anti-horária.

Exemplo 9-13 Dois Blocos e uma Polia II — *Tente Você Mesmo*

Dois blocos estão ligados por um fio que passa por uma polia de raio R e momento de inércia I. O bloco de massa m_1 desliza sobre uma superfície horizontal sem atrito; o bloco de massa m_2 está suspenso pelo fio (Figura 9-29). Determine a aceleração a dos blocos e as tensões T_1 e T_2. O fio não desliza na polia.

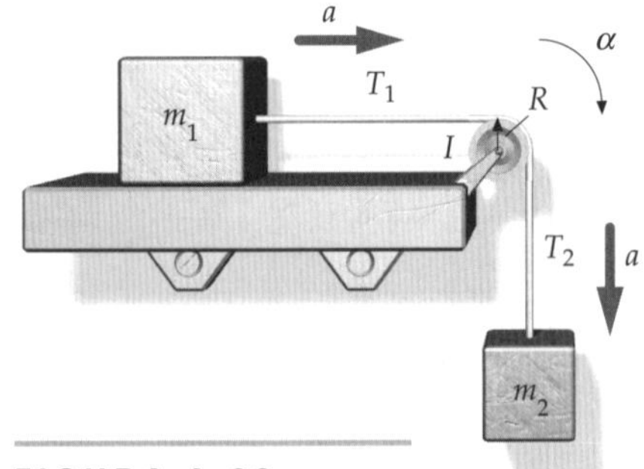

FIGURA 9-29

SITUAÇÃO As tensões T_1 e T_2 não são iguais porque a polia tem massa e porque existe atrito estático entre o fio e a polia (Figura 9-29). (Se as duas tensões fossem iguais, o torque do fio sobre a polia seria zero.) Note que T_2 exerce um torque horário e que T_1 exerce um torque anti-horário sobre a polia. Use a segunda lei de Newton para cada bloco e a segunda lei de Newton rotacional para a polia. Relacione α com a, usando a condição de não-deslizamento.

SOLUÇÃO

Cubra a coluna da direita e tente por si só antes de olhar as respostas.

Passos	**Respostas**
1. Desenhe um diagrama de corpo livre para cada bloco e para a polia, como mostrado na Figura 9-30. Note que o centro de massa da polia não acelera, de forma que o suporte deve exercer uma força F_s *sobre* seu eixo para contrabalançar a resultante da força gravitacional sobre a polia com as forças exercidas sobre ela pelo fio.	
2. Aplique a segunda lei de Newton a cada bloco.	$T_1 = m_1a;\quad m_2g - T_2 = m_2a;$
3. Aplique a segunda lei de Newton rotacional à polia.	$T_2R - T_1R = I\alpha$
4. Temos três equações e quatro incógnitas. Para termos uma quarta equação, usamos a condição de não-deslizamento. A aceleração a dos blocos é igual à aceleração tangencial a_t do fio e do perímetro da polia.	$a_t = R\alpha$ $a = a_t = R\alpha$
5. Temos quatro equações e quatro incógnitas e então o resto é álgebra. Desenvolva a álgebra e obtenha expressões para a,	$a = \boxed{\dfrac{m_2}{m_1 + m_2 + (I/R)^2}g}$

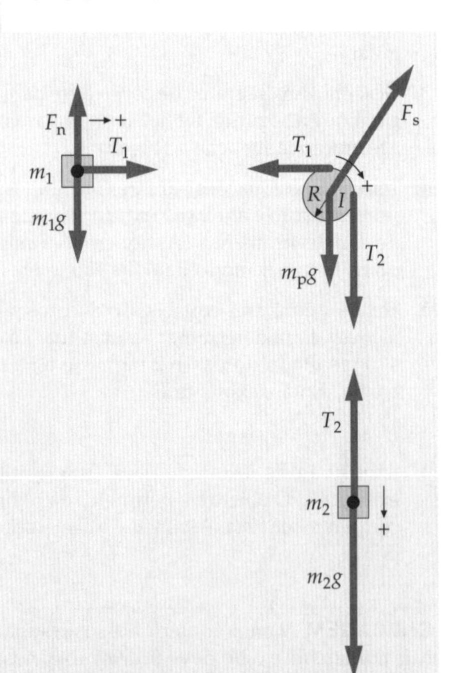

FIGURA 9-30

T_1 e T_2. *Dica: Para determinar a, obtenha expressões para T_1 e T_2 a partir dos resultados do passo 2. Substitua o obtido no resultado do passo 3 para chegar a uma equação com as incógnitas a e α. Use o resultado do passo 4 para eliminar α e obter a.*

$$T_1 = m_1 a = \boxed{\frac{m_2}{m_1 + m_2 + (I/R)^2} m_1 g}$$

$$T_2 = m_2(g - a) = \boxed{\frac{m_1 + (I/R)^2}{m_1 + m_2 + (I/R)^2} m_2 g}$$

CHECAGEM Se $I = 0$, $T_1 = T_2$ e $a = m_2 g/(m_1 + m_2)$, como esperado. Se $I \to \infty$, então $a \to 0$, $T_1 \to 0$ e $T_2 \to m_2 g$, também como esperado.

! Não considere iguais as tensões dos dois lados de um fio que passa por uma polia. Se assim fosse, o fio não poderia exercer um torque sobre a polia e esta não alteraria sua taxa de rotação. Use notações diferentes, como T_1 e T_2, para as tensões do fio nos dois lados da polia.

POTÊNCIA

Quando você coloca um corpo para girar, você realiza trabalho sobre ele, aumentando sua energia cinética. Considere a força $\vec{F}$ agindo sobre um corpo que gira. Enquanto o corpo gira de um ângulo $d\theta$, o ponto de aplicação da força se desloca de uma distância $ds = r\,d\theta$ e a força realiza o trabalho

$$dW = F_t\,ds = F_t r\,d\theta = \tau\,d\theta$$

onde τ é o torque exercido pela força $\vec{F}$ e F_t é a componente tangencial de $\vec{F}$. O trabalho dW realizado por um torque τ sobre um corpo que gira de um pequeno ângulo $d\theta$ é, portanto,

$$dW = \tau\,d\theta \qquad 9\text{-}24$$

TRABALHO

A taxa com que o torque realiza trabalho — a potência desenvolvida pelo torque — é

$$P = \frac{dW}{dt} = \tau\frac{d\theta}{dt}$$

ou

$$P = \tau\omega \qquad 9\text{-}25$$

POTÊNCIA

As Equações 9-24 e 9-25 são os análogos rotacionais das equações lineares $dW = F_{\|}d\ell$ e $P = F_{\|}v$.

Exemplo 9-14 Torque Exercido por um Motor de Automóvel

O torque máximo produzido pelo motor V8 de 5,4 L de um Ford GT 2005 é 678 N · m, a 4500 rev/min. Determine a potência desenvolvida pelo motor ao operar sob estas condições de torque máximo.

SITUAÇÃO A potência é igual ao produto do torque pela velocidade angular (em radianos por segundo).

SOLUÇÃO

1. Escreva a potência em termos de τ e ω: $P = \tau\omega$
2. Converta rev/min para rad/s: $\omega = 4500 \text{ rev/min} = 471 \text{ rad/s}$
3. Calcule a potência: $P = (678 \text{ N}\cdot\text{m})\cdot(471 \text{ rad/s}) = \boxed{315 \text{ kW}}$

CHECAGEM Um hp é igual a 746 watts, de forma que 320 kW × 1 hp/0,746 kW = 429 hp. Este é um valor plausível para um motor de automóvel de alto desempenho.

PROBLEMA PRÁTICO 9-9 A potência máxima desenvolvida pelo motor do Ford GT é de 500 hp, a 6000 rev/min. Qual é o torque quando o motor está operando com a potência máxima?

Há muitos paralelos entre o movimento de translação unidimensional e o movimento de rotação em torno de um eixo fixo. As similaridades das fórmulas podem ser vistas na Tabela 9-2. As relações são as mesmas, mas os símbolos são diferentes.

Exemplo 9-15 Parando a Roda

As especificações da London Eye incluem sua capacidade de frear, até parar, com os compartimentos de passageiros percorrendo no máximo 10 m. A rapidez de operação da roda de 135 m de diâmetro e 1600 toneladas é de 2,0 rev/h. (Uma tonelada é igual a 1000 kg.) Uma fotografia da roda é mostrada no início deste capítulo. (*a*) Estime o torque necessário para parar a roda, enquanto seu perímetro percorre 10 m. (*b*) Supondo que a força de freamento é aplicada sobre o perímetro, qual é sua magnitude?

SITUAÇÃO O trabalho realizado sobre a roda é igual à sua variação de energia cinética. Use $dW = \tau\, d\theta$ (Equação 9-24) para calcular o trabalho em termos do torque. Praticamente toda a massa está próxima do perímetro da roda (veja a fotografia na primeira página deste capítulo). Isto sugere uma maneira de estimar o momento de inércia. A força de freamento pode ser determinada a partir do torque.

SOLUÇÃO

(*a*) 1. Iguale o trabalho realizado à variação da energia cinética: $W = \Delta K$

2. Usando $dW = \tau\, d\theta$ (Equação 9-24), relacione o trabalho com o torque e com o deslocamento angular: $W = \tau \Delta\theta$

3. Usando $ds = r\, d\theta$ (Equação 9-2), relacione o deslocamento angular com a distância para parar s:

$$s = r\Delta\theta \Rightarrow \Delta\theta = \frac{s}{r} = \frac{10\text{ m}}{67{,}5\text{ m}} = 0{,}148\text{ rad}$$

4. A massa está concentrada próximo ao perímetro da roda, de forma que $I \approx mr^2$:

$$I = mr^2 = (1{,}6 \times 10^6\text{ kg})(67{,}5\text{ m})^2 = 7{,}29 \times 10^9\text{ kg}\cdot\text{m}^2$$

5. Substitua no resultado do passo 1 e explicite o torque. A velocidade angular inicial é $2{,}0\text{ rev/h} = 3{,}49 \times 10^{-3}\text{ rad/s}$:

$$\tau\Delta\theta = 0 - \tfrac{1}{2}I\omega_0^2$$

logo

$$\tau = -\frac{I\omega_0^2}{2\Delta\theta} = -\frac{(7{,}29 \times 10^9\text{ kg}\cdot\text{m}^2)(3{,}49 \times 10^{-3}\text{ rad/s})^2}{2\,(0{,}148\text{ rad})} = \boxed{-3{,}0 \times 10^5\text{ N}\cdot\text{m}}$$

(*b*) 1. A linha de ação da força de freamento é tangente ao perímetro, de forma que o braço de alavanca é igual ao raio da roda:

$$|\tau| = FR$$

$$F = \frac{|\tau|}{R} = \frac{3{,}0 \times 10^5\text{ N}\cdot\text{m}}{67{,}5\text{ m}} = \boxed{4{,}4 \times 10^3\text{ N}}$$

CHECAGEM Da expressão para o torque, no passo 5 da Parte (*a*), podemos ver que τ é negativo se $\Delta\theta$ é positivo, e vice-versa. Este resultado é esperado, porque o torque se opõe ao movimento durante o freamento.

INDO ALÉM A força de freamento de $1{,}3 \times 10^5$ N corresponde a aproximadamente meia tonelada.

9-6 CORPOS QUE ROLAM

ROLAMENTO SEM DESLIZAMENTO

Quando um carretel desce rolando um plano inclinado, sem deslizar (Figura 9-31), os pontos do carretel em contato com o plano estão instantaneamente em repouso e o carretel gira em torno de um eixo de rotação que passa pelos pontos de contato. Isto pode ser observado porque o movimento rápido borra a fotografia, a parte menos borrada sendo aquela que se move mais lentamente. Na Figura 9-32, a roda de raio R está rolando, sem deslizar, sobre uma superfície plana. O ponto P da roda se move, como mostrado, com a rapidez

$$v = r\omega \qquad 9\text{-}26$$

CONDIÇÃO DE NÃO-DESLIZAMENTO PARA A RAPIDEZ

FIGURA 9-31 Um carretel marcado com pontos rola descendo uma régua inclinada, sem deslizar. O eixo do carretel está em contato com a régua. O tempo de exposição desta foto foi longo o suficiente para que os pontos apareçam como riscos de comprimentos que aumentam com a distância ao eixo de rotação. *(Loren Winters/ Visuals Unlimited.)*

Tabela 9-2 Analogias entre Rotação em Torno de Eixo Fixo e Movimento de Translação Unidimensional

Movimento de Rotação		Movimento de Translação	
Deslocamento angular	$\Delta\theta$	Deslocamento	Δx
Velocidade angular	$\omega = \frac{d\theta}{dt}$	Velocidade	$v_x = \frac{dx}{dt}$
Aceleração angular	$\alpha = \frac{d\omega}{dt} = \frac{d^2\theta}{dt^2}$	Aceleração	$a_x = \frac{dv_x}{dt} = \frac{d^2x}{dt^2}$
Equações para aceleração angular constante	$\omega = \omega_0 + \alpha t$	Equações para aceleração constante	$v_x = v_{0x} + a_x t$
	$\Delta\theta = \omega_{\text{méd}}\Delta t$		$\Delta x = v_{\text{méd}\,x}\Delta t$
	$\omega_{\text{méd}} = \frac{1}{2}(\omega_0 + \omega)$		$v_{\text{méd}\,x} = \frac{1}{2}(v_{0x} + v_x)$
	$\theta = \theta_0 + \omega_0 t + \frac{1}{2}\alpha t^2$		$x = x_0 + v_{0x}t + \frac{1}{2}a_x t^2$
	$\omega^2 = \omega_0^2 + 2\alpha\,\Delta\theta$		$v_x^2 = v_{0x}^2 + 2a_x\,\Delta x$
Torque	τ	Força	F_x
Momento de inércia	I	Massa	m
Trabalho	$dW = \tau\,d\theta$	Trabalho	$dW = F_x\,dx$
Energia cinética	$K = \frac{1}{2}I\omega^2$	Energia cinética	$K = \frac{1}{2}mv^2$
Potência	$P = \tau\omega$	Potência	$P = F_x v_x$
Quantidade de movimento angular*	$L = I\omega$	Quantidade de movimento	$p_x = mv_x$
Segunda lei de Newton	$\tau_{\text{res}} = I\alpha = \frac{dL}{dt}$	Segunda lei de Newton	$F_{\text{res}\,x} = ma_x = \frac{dp_x}{dt}$

*A quantidade de movimento angular será apresentada no Capítulo 10.

onde r é a distância do ponto P ao eixo de rotação.

O centro de massa da roda se move com a rapidez

$$v_{\text{cm}} = R\omega \qquad 9\text{-}27$$

CONDIÇÃO DE NÃO-DESLIZAMENTO PARA v_{cm}

Para um ponto no topo da roda, $r = 2R$, de forma que o topo da roda se move com o dobro da rapidez de seu centro de massa.

Derivando os dois lados da Equação 9-27, temos

$$a_{\text{cm}} = R\alpha \qquad 9\text{-}28$$

CONDIÇÃO DE NÃO-DESLIZAMENTO PARA A ACELERAÇÃO

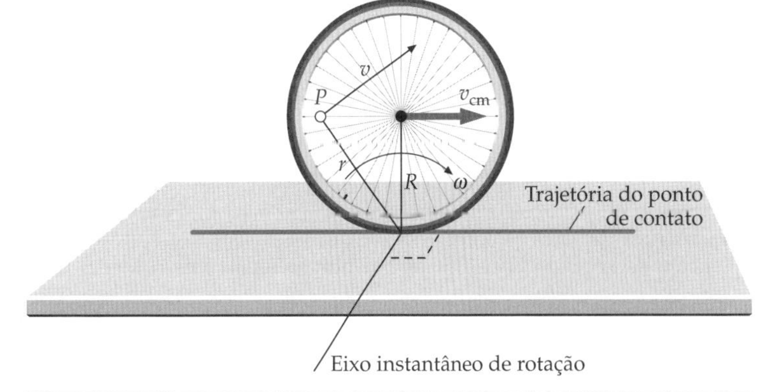

FIGURA 9-32 Quando a roda rola para a direita, o ponto P se move para cima e para a direita. O ponto P atinge uma altura máxima ao passar acima do centro da roda.

Um ioiô caindo, desenrolando um cordão — cuja extremidade superior é mantida fixa — respeita as mesmas condições de não-deslizamento que a roda.

Uma roda de raio R rola, sem deslizar, em um percurso reto. Quando a roda gira de um ângulo ϕ (Figura 9-33), o ponto de contato da roda com a superfície se desloca de uma distância s, relacionada com ϕ através de

$$s = R\phi \qquad 9\text{-}29$$

CONDIÇÃO DE NÃO-DESLIZAMENTO PARA A DISTÂNCIA

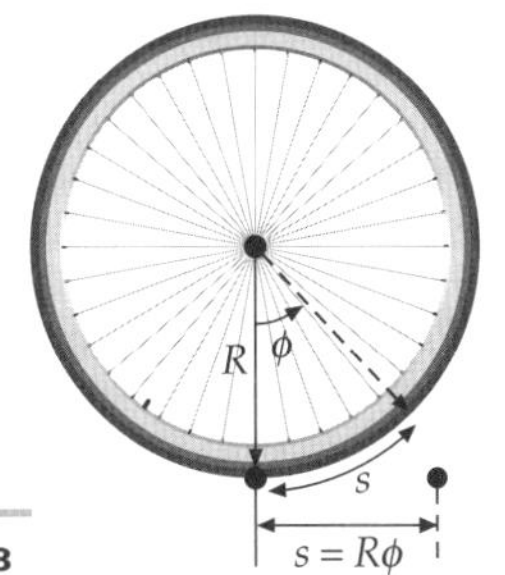

FIGURA 9-33

Se a roda está rolando sobre uma superfície plana, seu centro de massa permanece diretamente acima do ponto de contato e se move também, portanto, de uma distância $R\phi$.

Vimos, no Capítulo 8 (Equação 8-7), que a energia cinética de um sistema pode ser escrita como a soma de sua energia cinética de translação ($\frac{1}{2}Mv_{cm}^2$) com a energia cinética em relação ao centro de massa, K_{rel}. Para um corpo que rola, a energia cinética em relação a um referencial inercial que se move com o centro de massa é $\frac{1}{2}I_{cm}\omega^2$. Assim, a energia cinética total do corpo é

$$K = \tfrac{1}{2}Mv_{cm}^2 + \tfrac{1}{2}I_{cm}\omega^2 \qquad 9\text{-}30$$

ENERGIA CINÉTICA TOTAL DE UM OBJETO QUE GIRA

> Lembre-se, um corpo que rola possui energia cinética tanto de translação quanto de rotação.

Exemplo 9-16 Uma Bola de Boliche

Uma bola de boliche, com 11 cm de raio e 7,2 kg de massa, rola sem deslizar a 2,0 m/s, na pista de retorno horizontal. Ela continua a rolar, sem deslizar, ao subir uma rampa até a altura h, quando atinge momentaneamente o repouso e desce de volta. Considere-a uma esfera homogênea e determine h.

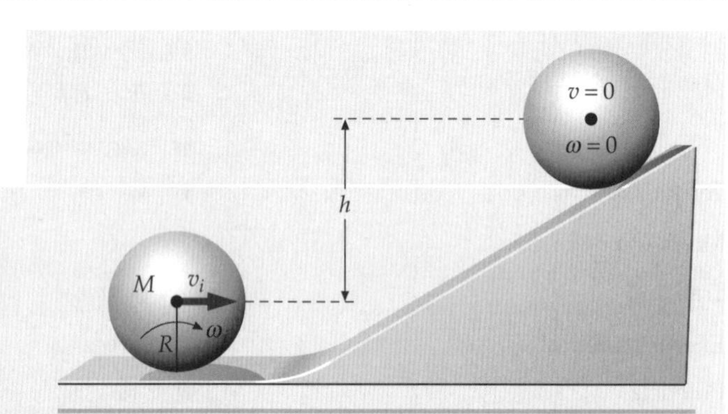

FIGURA 9-34

SITUAÇÃO Como não há deslizamento, não existe dissipação de energia por atrito cinético. Não há forças externas agindo sobre o sistema bola–rampa–Terra, e portanto, não há trabalho externo sobre o sistema. A energia cinética inicial, que é a energia cinética de translação, $\frac{1}{2}Mv_{cm}^2$, somada à energia cinética de rotação em torno do centro de massa, $\frac{1}{2}I_{cm}\omega^2$, é convertida em energia potencial, Mgh. Como a esfera rola sem deslizar, a rapidez linear e a rapidez angular iniciais se relacionam como $v_{cm} = R\omega$.

SOLUÇÃO

1. Faça um esboço mostrando a bola em suas posições inicial e final (Figura 9-34).

2. Como não há forças externas sobre o sistema, o trabalho externo é nulo, e como não há deslizamento, não há energia dissipada por atrito cinético. Assim, a energia mecânica é constante:

   $W_{ext} = \Delta E_{mec} + \Delta E_{térm}$

   $0 = \Delta E_{mec} + 0$

3. Aplique conservação de energia mecânica com $U_i = 0$ e $K_f = 0$. Escreva a energia cinética total inicial K_i em termos da rapidez $v_{cm\,i}$ e da rapidez angular ω_i:

   $U_f + K_f = U_i + K_i$

   $Mgh + 0 = 0 + \frac{1}{2}Mv_{cm\,i}^2 + \frac{1}{2}I_{cm}\omega_i^2$

4. Substitua $\omega_i = v_{cm\,i}/R$ e $I_{cm} = 2MR^2/5$ e explicite h:

   $$Mgh = \frac{1}{2}Mv_{cm\,i}^2 + \frac{1}{2}\left(\frac{2}{5}MR^2\right)\frac{v_{cm\,i}^2}{R^2} = \frac{7}{10}Mv_{cm\,i}^2$$

   $$\text{logo} \quad h = \frac{7v_{cm\,i}^2}{10g} = 0{,}2854\text{ m} = \boxed{29\text{ cm}}$$

CHECAGEM A altura h é independente da massa. Este resultado é esperado, já que a energia cinética e a energia potencial são ambas proporcionais à massa.

INDO ALÉM A altura h também é independente do raio da bola. Isto ocorre porque $I_{cm} = 2MR^2/5$ e $\omega_i = v_{cm\,i}/R$, de forma que R é cancelado no produto $I_{cm}\omega_i^2$.

PROBLEMA PRÁTICO 9-10 Determine a energia cinética inicial da bola.

Exemplo 9-17 Jogando Sinuca

Um taco atinge uma bola de bilhar horizontalmente em um ponto a uma distância d acima do centro da bola (Figura 9-35). Determine o valor de d para o qual a bola rolará, sem deslizar, desde o início. Escreva sua resposta em termos do raio R da bola.

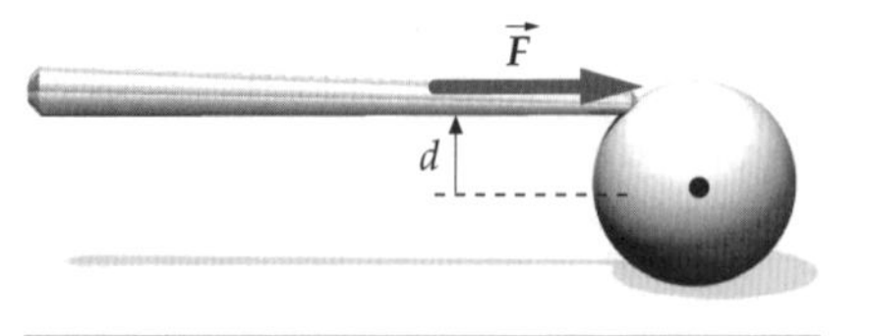

FIGURA 9-35

SITUAÇÃO As linhas de ação das forças gravitacional e normal passam, ambas, pelo centro de massa da bola, e portanto, não exercem torque em relação ao centro de massa. A força de atrito exercida pela mesa é muito menor do que a força de colisão do taco, e portanto, seus efeitos durante a colisão podem ser ignorados. Se o taco atinge a bola no nível do centro da bola, a bola parte em translação, sem rotação. Se o taco atinge a bola abaixo do nível do centro, a bola parte girando para trás. No entanto, se o taco atinge a bola a uma determinada distância d acima do nível do centro, a bola adquire uma rotação para a frente e um movimento de translação que vêm justamente satisfazer à condição de não-deslizamento. O valor de d determina a razão entre torque e força aplicados à bola e, portanto, a razão entre a aceleração angular e a aceleração linear da bola. A aceleração linear a_{cm} é F/m, independente de d. Para que a bola role sem deslizar, desde o início, determinamos α e a_{cm}, e fazemos $a_{cm} = R\alpha$ (a condição de não-deslizamento) para determinar d.

SOLUÇÃO

1. Esboce um diagrama de corpo livre para a bola (Figura 9-36). Supomos desprezível o atrito entre a bola e a mesa, logo não inclua esta força de atrito:

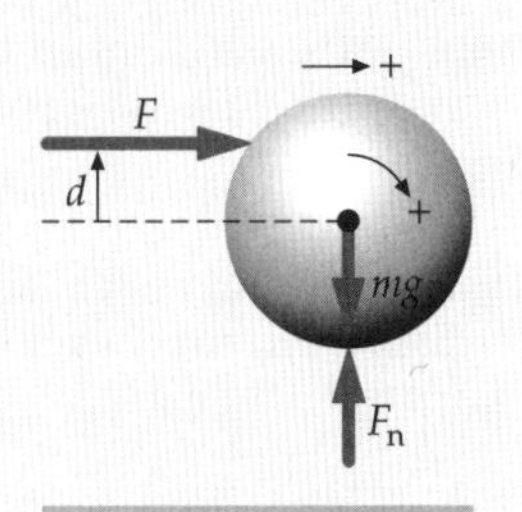

FIGURA 9-36

2. O torque em relação ao eixo horizontal que passa pelo centro da bola (e para fora da página) é igual a F vezes d: $\quad \tau = Fd$

3. Aplique a segunda lei de Newton para o sistema e a segunda lei de Newton para o movimento de rotação em torno do centro da bola: $\quad F = ma_{cm}$ e $\tau = I_{cm}\alpha$

4. A condição de não-deslizamento relaciona a_{cm} com α: $\quad a_{cm} = R\alpha$

5. Substituindo dos passos 2 e 3 no passo 4:

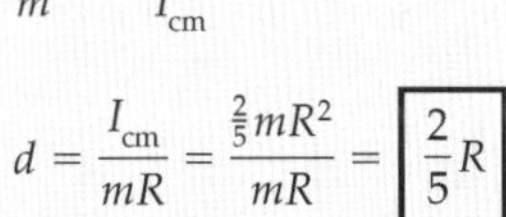

$$\frac{F}{m} = R\frac{Fd}{I_{cm}}$$

6. Encontre o momento de inércia na Tabela 9-1 e determine d: $\quad d = \dfrac{I_{cm}}{mR} = \dfrac{\frac{2}{5}mR^2}{mR} = \boxed{\dfrac{2}{5}R}$

CHECAGEM O resultado do passo 6 é plausível, pois o valor obtido para d é maior do que zero e menor do que R, como esperado.

INDO ALÉM Atingindo a bola em um ponto mais alto ou mais baixo do que a $2R/5$ do centro resultará na bola rolando *e* deslizando (derrapando). Isto é, muitas vezes, desejável em um jogo de sinuca. Rolamento com deslizamento é discutido na próxima subseção.

Quando um corpo rola para baixo em um plano inclinado, seu centro de massa acelera. A análise deste problema é simplificada por um importante teorema sobre o centro de massa:

> A segunda lei de Newton para a rotação ($\tau = I\alpha$) vale em qualquer referencial inercial. Ela também vale em referenciais que se movem com o centro de massa — mesmo quando o centro de massa está acelerado — desde que o momento de inércia e todos os torques sejam calculados em relação a um eixo que passe pelo centro de massa. Isto é,
>
> $$\tau_{res\,cm} = I_{cm}\alpha \qquad 9\text{-}31$$

A Equação 9-31 é a mesma que a Equação 9-19, com a diferença que, na Equação 9-31, os torques e o momento de inércia são calculados em um referencial que se move com o centro de massa. Quando o centro de massa está acelerado (uma bola rolando para baixo em um plano inclinado, por exemplo), o referencial do centro de massa é não-inercial, onde não esperaríamos que nossas equações da segunda lei de Newton para a rotação valessem. No entanto, elas são válidas neste caso especial.

Exemplo 9-18 Aceleração de uma Bola que Rola sem Deslizar

Uma bola maciça e homogênea, de massa m e raio R, desce rolando um plano inclinado de um ângulo ϕ, sem deslizar. Determine a força de atrito e a aceleração do centro de massa.

SITUAÇÃO Pela segunda lei de Newton, a aceleração do centro de massa é igual à força resultante dividida pela massa. As forças que atuam são a força gravitacional $m\vec{g}$, para baixo, a força normal $\vec{F}_n$ e a força de atrito estático $\vec{f}_e$, que aponta para cima ao longo do plano inclinado (Figura 9-37). Quando o corpo acelera descendo o plano, sua velocidade angular deve aumentar para manter a condição de não-deslizamento. Esta aceleração angular requer um torque externo resultante em relação ao eixo que passa pelo centro de massa. Aplicamos

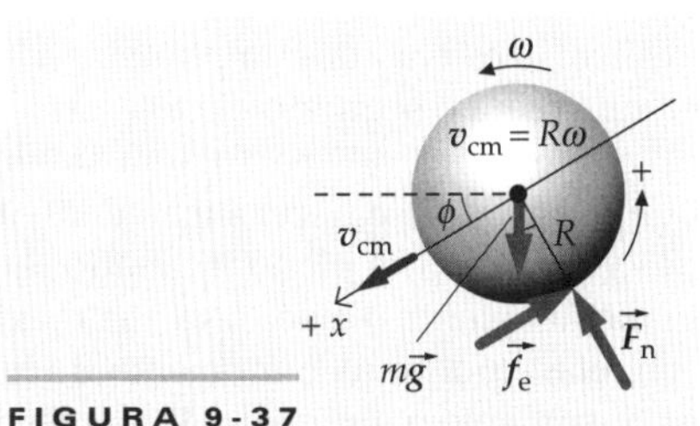

FIGURA 9-37

a segunda lei de Newton rotacional para determinar α. A condição de não-deslizamento relaciona α com a_{cm}.

SOLUÇÃO

1. Aplique a segunda lei de Newton para o sistema na forma de componente ao longo do eixo x:

$$\Sigma F_x = ma_{cm\,x}$$
$$mg\,\text{sen}\,\phi - f_e = ma_{cm}$$

2. Aplique a segunda lei de Newton para o movimento rotacional em relação ao eixo horizontal que passa pelo centro de massa, perpendicularmente a $\vec{v}_{cm}$. Os braços de alavanca para as forças normal e gravitacional são ambos zero, logo elas não exercem torques sobre a bola:

$$\Sigma\tau_i = I_{cm}\alpha$$
$$f_eR + 0 + 0 = I_{cm}\alpha$$

3. Relacione a_{cm} com α, usando a condição de não-deslizamento:

$$a_{cm} = R\alpha$$

4. Temos, agora, três equações e três incógnitas. Tome f_e, do resultado do passo 1, e α, do resultado do passo 3, e os substitua no resultado do passo 2 para determinar a_{cm}:

$$(mg\,\text{sen}\,\phi - ma_{cm})R = I_{cm}\frac{a_{cm}}{R}$$

$$\text{logo}\quad a_{cm} = \frac{g\,\text{sen}\,\phi}{1 + \dfrac{I_{cm}}{mR^2}}$$

5. Substitua o resultado do passo 4 no resultado do passo 1 para obter f_e:

$$f_e = mg\,\text{sen}\,\phi - ma_{cm} = mg\,\text{sen}\,\phi\;\frac{mg\,\text{sen}\,\phi}{1 + \dfrac{I_{cm}}{mR^2}} = \frac{mg\,\text{sen}\,\phi}{1 + \dfrac{mR^2}{I_{cm}}}$$

6. Para uma esfera maciça, $I_{cm} = 2mR^2/5$ (veja a Tabela 9-1). Substitua I_{cm} nos resultados dos passos 4 e 5:

$$a_{cm} = \frac{g\,\text{sen}\,\phi}{1 + \frac{2}{5}} = \boxed{\frac{5}{7}g\,\text{sen}\,\phi}$$

$$f_e = \frac{mg\,\text{sen}\,\phi}{1 + \frac{5}{2}} = \boxed{\frac{2}{7}mg\,\text{sen}\,\phi}$$

CHECAGEM Se o plano inclinado não tivesse atrito, a bola não rolaria e a aceleração seria g sen ϕ. Com atrito, esperamos uma aceleração menor do que g sen ϕ, o que é o caso do nosso primeiro resultado do passo 6.

INDO ALÉM Como a bola rola sem deslizar, o atrito é estático. Note que o resultado parece ser independente do coeficiente de atrito estático. No entanto, fizemos a suposição de que o coeficiente de atrito estático era grande o suficiente para evitar o deslizamento.

Os resultados dos passos 4 e 5 do Exemplo 9-18 se aplicam a qualquer corpo redondo, com o centro de massa no centro geométrico, que rola sem deslizar. Para tais corpos, $I_{cm} = \beta mR^2$, com $\beta = \frac{2}{5}$ para uma esfera maciça, $\frac{1}{2}$ para um cilindro maciço, 1 para um cilindro oco e fino, e assim por diante. (Estes valores de β são obtidos das expressões para I encontradas na Tabela 9-1.) Para tais corpos, os resultados dos passos 4 e 5 podem ser escritos como

$$f_e = \frac{mg\,\text{sen}\,\phi}{1 + \beta^{-1}} \qquad 9\text{-}32$$

$$a_{cm} = \frac{g\,\text{sen}\,\phi}{1 + \beta} \qquad 9\text{-}33$$

A aceleração linear de qualquer corpo que rola descendo um plano inclinado sem deslizar é menor do que g sen ϕ, por causa da força de atrito apontada para cima ao longo do plano. Note que estas acelerações são independentes da massa e do raio dos corpos. Isto é, todas as esferas maciças e homogêneas descerão rolando um plano inclinado, sem deslizar, com a mesma aceleração. No entanto, se largamos uma esfera, um cilindro e um aro do topo de um plano inclinado e se eles rolam sem deslizar, a esfera atingirá primeiro a base, porque ela tem a maior aceleração. O cilindro será o segundo e o aro será o último (Figura 9-38). Um bloco deslizando do plano inclinado abaixo, sem atrito, chegará à base na frente dos três corpos que rolam. Pode parecer surpreendente, mas uma lata de refrigerante cheia, que desce rolando um plano inclinado sem deslizar, atingirá a base quase tão rapidamente quanto o bloco sem atrito. Isto ocorre porque o líquido na lata não gira com ela, e portanto, o momento de inércia efetivo da lata cheia de refrigerante é tão-somente o momento de inércia da embalagem metálica.

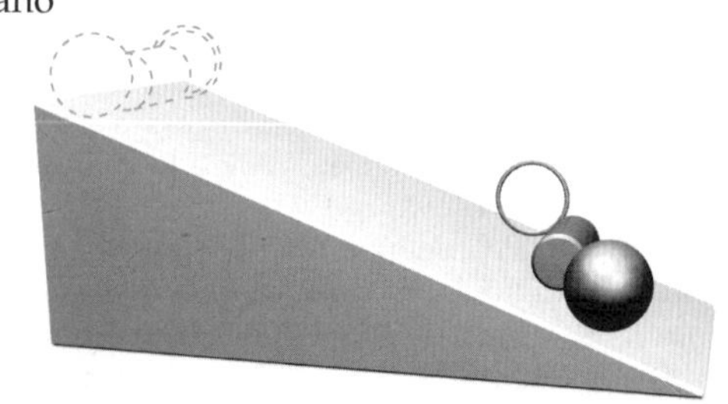

FIGURA 9-38

Forças de atrito estático não trabalham sobre corpos que rolam e, se não existe deslizamento, não existe dissipação de energia. Portanto, usamos a conservação da energia mecânica para determinar a rapidez final de um corpo largado, do repouso, que desce rolando um plano inclinado, sem deslizar. No topo do plano inclinado, a energia total é a energia potencial mgh. Na base, a energia total é a energia cinética. A conservação da energia mecânica, portanto, implica

$$\tfrac{1}{2}mv_{cm}^2 + \tfrac{1}{2}I_{cm}\omega^2 = mgh$$

Podemos usar a condição de não-deslizamento para eliminar ou v_{cm} ou ω. Substituindo $I_{cm} = \beta mR^2$ e $\omega = v_{cm}/R$, obtemos $\frac{1}{2}mv_{cm}^2 + \frac{1}{2}\beta mR^2(v_{cm}^2/R^2) = mgh$. Explicitando v_{cm}^2, obtemos

$$v_{cm}^2 = \frac{2gh}{1+\beta} \qquad 9\text{-}34$$

Para um cilindro, com $\beta = \frac{1}{2}$, obtemos $v_{cm} = \sqrt{\frac{4}{3}gh}$. Note que esta rapidez é independente tanto da massa quanto do raio do cilindro, e é menor do que $\sqrt{2gh}$ (a rapidez final se não houvesse atrito, caso em que o corpo simplesmente deslizaria rampa abaixo).

Para um corpo descendo rolando um plano inclinado, sem deslizar, a força de atrito f_e é menor ou igual ao seu valor máximo; isto é, $f_e \leq \mu_e F_n$, onde $F_n = mg\cos\phi$. Substituindo a expressão para a força de atrito da Equação 9-32, temos

$$\frac{mg\,\text{sen}\,\phi}{1+\beta^{-1}} \leq \mu_e mg\cos\phi$$

ou

$$\tan\phi \leq (1+\beta^{-1})\mu_e \qquad 9\text{-}35$$

Para um cilindro homogêneo, $\beta = \frac{1}{2}$, e a Equação 9-35 se torna $\tan\phi = 3\mu_e$. Se a tangente do ângulo de inclinação for maior do que $(1+\beta^{-1})\mu_e$, o corpo deslizará ao rolar rampa abaixo.

PROBLEMA PRÁTICO 9-11 Um cilindro homogêneo rola descendo um plano inclinado de $\phi = 50°$. Qual é o menor valor do coeficiente de atrito estático para o qual o cilindro irá rolar sem deslizar?

PROBLEMA PRÁTICO 9-12 Para um aro uniforme de massa m que rola descendo um plano inclinado, sem deslizar, (*a*) qual é a força de atrito e (*b*) qual é o maior valor de $\tan\phi$ para o qual o aro irá rolar sem deslizar?

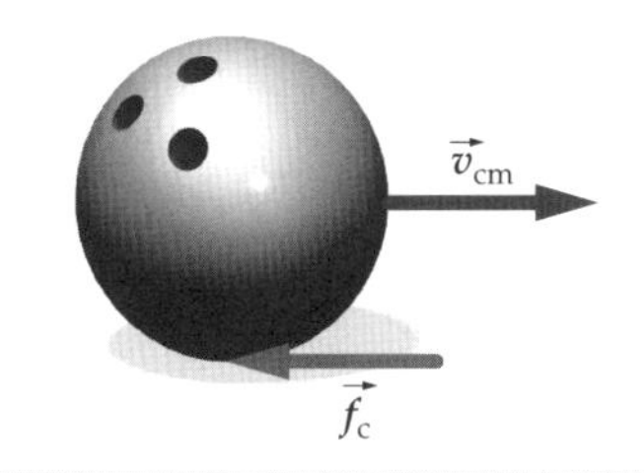

FIGURA 9-39 Uma bola de boliche se movendo sem rapidez angular inicial. A força de atrito $\vec{f}_c$ exercida pelo piso reduz a rapidez linear v_{cm} e aumenta a rapidez angular ω até que $v_{cm} = R\omega$.

*ROLAMENTO COM DESLIZAMENTO

Quando um corpo desliza enquanto rola, a condição de não-deslizamento $v_{cm} = R\omega$ não mais é satisfeita. Considere um jogador lançando a bola de boliche sem rotação inicial ($\omega_0 = 0$). Enquanto a bola derrapa sobre a pista, $v_{cm} > R\omega$. No entanto, a força de atrito cinético reduzirá sua rapidez linear v_{cm} (Figura 9-39), ao mesmo tempo em que aumentará sua rapidez angular ω, até que a condição de não-deslizamento $v_{cm} = R\omega$ seja alcançada, após o que a bola rolará sem deslizar.

Outro exemplo de rolamento com deslizamento é o de uma bola girando como uma bola de bilhar atingida pelo taco em um ponto distante mais do que $2R/5$ acima de seu centro (veja o Exemplo 9-17), de forma que $v_{cm} < R\omega$. Neste caso, a força de atrito cinético aumentará v_{cm} e reduzirá ω até que a condição de não-deslizamento $v_{cm} = R\omega$ seja alcançada (Figura 9-40).

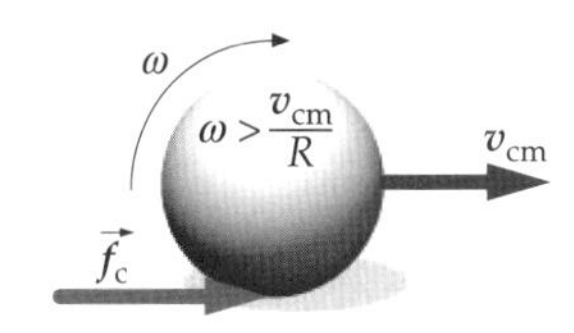

FIGURA 9-40 Uma bola girando em excesso. A força de atrito acelera a bola no sentido do movimento.

Exemplo 9-19 Uma Bola de Boliche Derrapando

Uma bola de boliche, de massa M e raio R, é lançada no nível da pista, de forma a iniciar um movimento horizontal sem rolamento, com a rapidez $v_0 = 5{,}0$ m/s. O coeficiente de atrito cinético entre a bola e o piso é $\mu_c = 0{,}080$. Determine (*a*) o tempo que a bola leva derrapando na pista (após o qual ela passa a rolar sem deslizar) e (*b*) a distância na qual ela derrapa.

SITUAÇÃO Durante a derrapagem, $v_{cm} > R\omega$. Calculamos v_{cm} e ω como funções do tempo, fazemos v_{cm} igual a $R\omega$ e resolvemos para o tempo. As acelerações linear e angular são encontradas de $\Sigma F = ma$ e $\Sigma\tau_{cm} = I_{cm}\alpha$. Tome o sentido do movimento como positivo. Como existe deslizamento, o atrito é cinético (e não estático). Isto significa que energia é dissipada pelo atrito, não se podendo usar conservação da energia mecânica para resolver este problema.

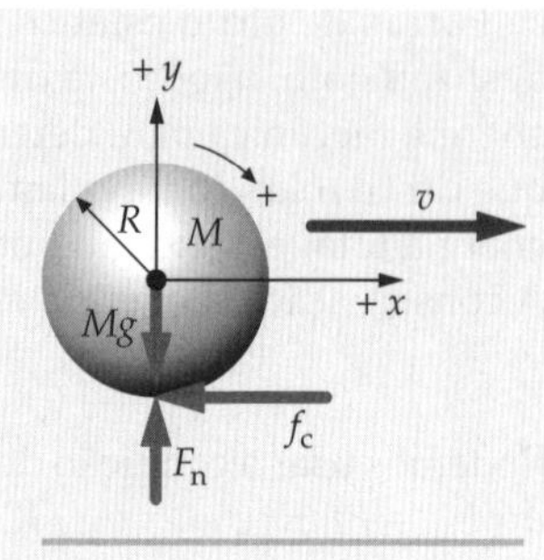

FIGURA 9-41

SOLUÇÃO

(*a*) 1. Esboce um diagrama de corpo livre para a bola (Figura 9-41).

2. A força resultante sobre a bola é a força de atrito cinético f_c, que atua no sentido negativo do eixo x. Aplique a segunda lei de Newton:

$$\Sigma F_x = Ma_{cmx}$$
$$-f_c = Ma_{cmx}$$

3. A aceleração tem o sentido negativo do eixo x e $a_{cm\,y} = 0$. Determine primeiro F_n para depois determinar f_c:

$$\Sigma F_y = Ma_{cmy} = 0 \Rightarrow F_n = Mg$$
$$\text{logo} \quad f_c = \mu_c F_n = \mu_c Mg$$

4. Determine a aceleração, usando os resultados dos passos 2 e 3:

$$-\mu_c Mg = Ma_{cmx} \Rightarrow a_{cmx} = -\mu_c g$$

5. Relacione a velocidade linear com a aceleração constante e o tempo usando uma equação cinemática:

$$v_{cmx} = v_0 + a_{cmx}t = v_0 - \mu_c gt$$

6. Determine α aplicando a segunda lei de Newton para o movimento de rotação da bola. Calcule os torques em relação ao eixo que passa pelo centro de massa. Note que, no diagrama de corpo livre, o sentido horário é o positivo:

$$\Sigma\tau = I_{cm}\alpha$$
$$\mu_c MgR + 0 + 0 = \tfrac{2}{5}MR^2\alpha$$
$$\text{logo} \quad \alpha = \frac{5}{2}\frac{\mu_c g}{R}$$

7. Relacione a velocidade angular com a aceleração angular constante e o tempo usando uma equação cinemática:

$$\omega = \omega_0 + \alpha t = 0 + \alpha t = \frac{5}{2}\frac{\mu_c g}{R}t$$

8. Encontre o tempo t no qual $v_{cm} = R\omega$:

$$v_{cm} = R\omega$$
$$(v_0 - \mu_c gt) = R\left(\frac{5}{2}\frac{\mu_c g}{R}t\right)$$
$$\text{logo} \quad t = \frac{2v_0}{7\mu_c g} = \frac{2(5{,}0\text{ m/s})}{7(0{,}080)(9{,}81\text{ m/s}^2)} = \boxed{1{,}8\text{ s}}$$

(*b*) A distância percorrida durante a derrapagem vale

$$\Delta x = v_0 t + \tfrac{1}{2}a_{cm}t^2 = v_0\left(\frac{2v_0}{7\mu_c g}\right) + \frac{1}{2}(-\mu_c g)\left(\frac{2v_0}{7\mu_c g}\right)^2 = \frac{12}{49}\frac{v_0^2}{\mu_c g}$$
$$= \frac{12}{49}\frac{(5{,}0\text{ m/s})^2}{(0{,}080)(9{,}81\text{ m/s}^2)} = \boxed{7{,}8\text{ m}}$$

CHECAGEM Uma pista de boliche tem cerca de 60 pés, ou 18 m, de comprimento. É plausível que a bola derrape 7,8 m, quase a metade do percurso da pista.

INDO ALÉM Em uma pista de boliche você pode ver que as bolas derrapam em um bom trecho da pista. Pistas bem cuidadas recebem uma leve camada de óleo e são bem escorregadias, o que resulta em derrapagens consideravelmente longas.

PROBLEMA PRÁTICO 9-13 Determine a rapidez da bola de boliche quando ela começa a rolar sem deslizar. Esta rapidez depende do valor de μ_c?

PROBLEMA PRÁTICO 9-14 Determine a energia cinética total da bola quando ela começa a rolar sem deslizar.

Física em Foco

Ultracentrífugas

Uma equipe de pesquisadores estuda mudanças em lipídios no sangue de pessoas que têm a dieta alterada.* Outra equipe investiga a estabilidade de proteínas virais.† Todos estes pesquisadores estão usando a ferramenta que deu a Theodor (The) Svedberg o prêmio Nobel de química de 1926 — a ultracentrífuga analítica.‡

Quando uma centrífuga gira, cada partícula suspensa na amostra experimenta uma força exercida sobre ela pelas suas vizinhas, na direção radial para dentro. De acordo com a terceira lei de Newton, cada partícula exerce uma força igual sobre suas vizinhas, na direção radial para fora. Em conseqüência, as partículas se *sedimentam*, ou se depositam, na região mais externa dos tubos de ensaio, enquanto a centrífuga gira. Partículas maiores, mais densas, se movem mais rapidamente para a região mais afastada do eixo de rotação. Este movimento depende de muitas variáveis — a massa, a massa específica e os coeficientes de atrito das partículas na solução. O resultado final, o *equilíbrio de sedimentação*, apresenta camadas, ou estratos, de partículas ordenadas de acordo com essas variáveis. Uma ultracentrífuga é potente o suficiente para analisar moléculas complexas, e uma ultracentrífuga com janelas nas câmaras de amostras, para medidas de variações da absorção de luz ultravioleta, é chamada de ultracentrífuga analítica. Estas variações da absorção mostram a *velocidade de sedimentação*, ou a rapidez com que cada partícula se estratifica. A partir das velocidades de sedimentação e do equilíbrio de sedimentação a pureza, a massa, a forma e a composição de moléculas complexas podem ser calculadas.

Para analisar moléculas complexas, ultracentrífugas analíticas devem girar extremamente rápido. A primeira ultracentrífuga de Svedberg, construída com um rotor de turbina a óleo, em 1924, girava a 12 000 rev/min e gerava uma aceleração de 7000g. Em 1935, foi criada uma ultracentrífuga que girava no vácuo. Isto evitava que amostras delicadas esquentassem por atrito entre o ar e a centrífuga.§ Esta centrífuga era capaz de gerar uma aceleração de 150 000g na extremidade mais externa dos tubos de ensaio. Hoje, ultracentrífugas analíticas giram a 60 000 rev/min, com acelerações de 250 000g. Outros tipos de ultracentrífugas podem gerar acelerações tão grandes quanto 810 000g.°

As enormes acelerações e respectivas forças, nessas centrífugas, provocam grande tensão mecânica nos rotores. Em máxima rotação, um único grama de material no tubo de ensaio de uma ultracentrífuga analítica tem um peso aparente de 550 lb. De fato, a rapidez dos rotores é limitada principalmente pela resistência à tensão dos materiais de que são feitos.# Com o tempo, a tensão provoca fadiga de material na ultracentrífuga. Soluções cáusticas também podem provocar corrosão, principalmente em rotores de alumínio. Falhas em rotores são eventos catastróficos** que têm rachado blocos de cimento de paredes divisórias, estilhaçado janelas e lançado fragmentos em alta velocidade no laboratório.

Felizmente, as falhas em rotores de ultracentrífugas são muito raras. Os rotores de ultracentrífugas analíticas são fundidos em materiais resistentes — titânio, alumínio e até mesmo compostos de fibra de carbono. As janelas das ultracentrífugas analíticas são feitas de quartzo ou safira próprios para análises ópticas. As amostras são cuidadosamente balanceadas nos rotores. Os rotores são construídos para ultracentrífugas específicas e para propósitos específicos. Finalmente, registros temporais são feitos para cada rotor de ultracentrífuga. Após determinado número de horas, os rotores são substituídos.

Um dos primeiros usuários de centrífugas se regozijava de que "com a centrífuga, forças muitas vezes maiores do que a gravidade, que de outra forma só poderiam ser encontradas nos maiores planetas, podem ser obtidas."†† Hoje, ultracentrífugas disponibilizam aos pesquisadores os efeitos de forças quase 1000 vezes maiores do que a força da gravidade na superfície de nosso Sol.

* Dragsted, L. O., Finne Nielsen, I.-L., Grønbæk, M., Hansen, A. S., Marckmann, P., and Nielsen, S. E., "Effect of Red Wine and Red Grape Extract on Blood Lipids, Haemostatic Factors, and Other Risk Factors for Cardiovascular Disease." *European Journal of Clinical Nutrition*, 2005 Vol. 59, 449–455.

† Chang, G.-G., Chang, H.-C., Chou, C.-Y., Hsu, W.-C., Lin, C.-H., and Lin, T.-Z., "Quaternary Structure of the Severe Acute Respiratory Syndrome (SARS) Coronavirus Main Protease." *Biochemistry*, Nov. 30, 2004, Vol. 43 No. 47, 14958–14970.

‡ Svedberg, Theodor, "The Ultracentrifuge," *1926 Nobel Lectures*. http://nobelprize.org/chemistry/laureates/1926/svedberg-lecture.pdf May 2006.

§ Beams, H. W., "The Air Turbine Ultracentrifuge, Together with Some Results upon Ultracentrifuging the Eggs of *Fucus serratus*," *Journal of the Marine Biological Association*, Mar., 1937, Vol XXI, No. 2, 571–588.

° *Introduction to Analytical Ultracentrifugation*. http://www.beckman.com/literature/Bioresearch/361847.pdf May 2006.

"Rotor Safety Guide." Beckman Coulter. http://www.beckman.com/resourcecenter/labresources/centrifuges/pdf/rotor.pdf May, 2006.

** "Urgent Corrective Action Notice." http://www.ehs.cornell.edu/ October 2008; "Laboratory Safety Incidents—Explosions." American Industrial Hygiene Association. http://www2.umdnj.edu/ October 2008.

†† Beams, op. Cit., p. 571.

Resumo

1. Deslocamento angular, velocidade angular e aceleração angular são grandezas fundamentais definidas na cinemática da rotação.
2. Torque e momento de inércia são importantes conceitos dinâmicos derivados. Torque é uma medida do efeito de uma força sobre a variação da taxa de rotação de um corpo. Momento de inércia é a medida da resistência inercial de um corpo a ser acelerado angularmente. O momento de inércia depende da distribuição de massa em relação ao eixo de rotação.
3. O teorema dos eixos paralelos, que segue da definição do momento de inércia, com freqüência simplifica o cálculo de I.
4. A segunda lei de Newton para a rotação, $\Sigma\tau_{ext} = I\alpha$, é deduzida da segunda lei de Newton e das definições de τ, I e α. É uma importante relação para problemas que envolvem a rotação de um corpo rígido em torno de um eixo de direção fixa.

TÓPICO	EQUAÇÕES RELEVANTES E OBSERVAÇÕES	
1. Velocidade Angular e Aceleração Angular		
Velocidade angular	$\omega = \frac{d\theta}{dt}$ (Definição)	9-2
Aceleração angular	$\alpha = \frac{d\omega}{dt}$ (Definição)	9-4
Velocidade tangencial	$v_t = r\omega$	9-8
Aceleração tangencial	$a_t = r\alpha$	9-9
Aceleração centrípeta	$a_c = \frac{v^2}{r} = r\omega^2$	9-10
2. Equações para Rotação com Aceleração Angular Constante	$\omega = \omega_0 + \alpha t$	9-5
	$\theta = \theta_0 + \omega_0 t + \frac{1}{2}\alpha t^2$	9-6
	$\omega^2 = \omega_0^2 + 2\alpha(\theta - \theta_0)$	9-7
3. Momento de Inércia		
Sistema de partículas	$I = \Sigma m_i r_i^2$ (Definição)	9-11
Corpo contínuo	$I = \int r^2 dm$	9-13
Teorema dos eixos paralelos	O momento de inércia em relação a um eixo que está distante h de um eixo paralelo que passa pelo centro de massa é $I = I_{cm} + Mh^2$ onde I_{cm} é o momento de inércia em relação ao eixo que passa pelo centro de massa e M é a massa total do corpo.	9-14
4. Energia		
Energia cinética para rotação em torno de eixo fixo	$K = \frac{1}{2}I\omega^2$	9-12
Energia cinética para um corpo que gira	$K = \frac{1}{2}Mv_{cm}^2 + \frac{1}{2}I_{cm}\omega^2$	9-30
Potência	$P = \tau\omega$	9-25
5. Torque em Relação a Um Eixo	O torque produzido por uma força é igual ao produto da componente tangencial da força pela distância radial do eixo ao ponto de aplicação da força: $\tau = F_t r = Fr\,\text{sen}\,\phi = F\ell$	9-20

TÓPICO	EQUAÇÕES RELEVANTES E OBSERVAÇÕES	
6. **Segunda Lei de Newton para a Rotação**	$\tau_{\text{ext res}} = \sum_i \tau_{i\text{ext}} = I\alpha$	9-19
	A segunda lei de Newton para a rotação vale mesmo se o sistema de referência não for inercial, desde que o momento de inércia e os torques sejam calculados em relação a um eixo que passe pelo centro de massa.	
7. **Condições de Não-deslizamento**	Se um fio envolvendo uma polia não desliza, as grandezas lineares e angulares relacionam-se da forma	
	$v_t = R\omega$	9-22
	$a_t = R\alpha$	9-23
8. **Corpos que Rolam**		
Rolamento sem deslizamento	$v_{cm} = R\omega$	9-27
*Rolamento com deslizamento	Quando um corpo desliza enquanto rola, $v_{cm} \neq R\omega$. O atrito cinético tende, então, a alterar tanto v_{cm} quanto ω (aumentando um enquanto diminui o outro) até que $v_{cm} = R\omega$, quando o rolamento sem deslizamento ocorre.	

Respostas das Checagens Conceituais

9-1 O disco A tem um momento de inércia maior. Divida, mentalmente, o disco A em duas partes, a parte mais próxima ao eixo do que um oitavo de polegada (Parte 1) e a parte mais afastada do eixo do que um oitavo de polegada (Parte 2). Só a Parte 2 tem a mesma massa e o mesmo momento de inércia que o disco B, e portanto, o momento de inércia adicional da Parte 1 dá, ao disco A, seu momento de inércia a mais.

9-2 O disco B tem um momento de inércia maior. Os dois discos têm a mesma massa, mas a massa do disco B está distribuída mais distante de seu eixo do que a massa do disco A.

Respostas dos Problemas Práticos

9-1	314 rad/s
9-2	(*a*) 500 rev/min = 52,4 rad/s
9-3	$v_t = 1{,}88$ m/s, $a_t = 0$, $a_c = 59{,}2$ m/s^2
9-4	(*a*) 1,26 m/s, (*b*) 1,26 m/s
9-5	$I = 8ma^2$
9-6	Aproximadamente 25 vezes maior.
9-8	$a = 3g/4$ para baixo, (*b*) $F = mg/4$ para baixo
9-9	594 N · m
9-10	20 J
9-11	0,40
9-12	(*a*) $f = mg \operatorname{sen} \phi$, (*b*) $\tan \phi \leq 2\mu_e$
9-13	$v_{cm} = \frac{5}{7}v_0$. Não.
9-14	$K = \frac{5}{14}mv_0^2$

Problemas

Em alguns problemas, você recebe mais dados do que necessita; em alguns outros, você deve acrescentar dados de seus conhecimentos gerais, fontes externas ou estimativas bem fundamentadas.

Em todos os problemas, use $g = 9{,}81$ m/s² para a aceleração de queda livre e despreze o atrito e a resistência do ar, a não ser quando especificamente indicado.

Interprete como significativos todos os algarismos de valores numéricos que possuem zeros em seqüência sem vírgulas decimais.

- • Um só conceito, um só passo, relativamente simples
- •• Nível intermediário, pode requerer síntese de conceitos
- ••• Desafiante, para estudantes avançados

Problemas consecutivos sombreados são problemas pareados.

PROBLEMAS CONCEITUAIS

1 • Dois pontos pertencem a um disco que gira, com velocidade angular crescente, em torno de um eixo fixo que passa perpendicularmente pelo centro do disco. Um ponto está na borda e o outro ponto está a meio caminho entre a borda e o centro. (*a*) Qual dos pontos percorre uma distância maior em dado tempo? (*b*) Qual dos pontos varre o maior ângulo? (*c*) Qual dos pontos tem a maior rapidez? (*d*) Qual dos pontos tem a maior rapidez angular? (*e*) Qual dos pontos tem a maior aceleração tangencial? (*f*) Qual dos pontos tem a maior aceleração angular? (*g*) Qual dos pontos tem a maior aceleração centrípeta?

2 • Verdadeiro ou falso: (*a*) Rapidez angular e rapidez linear têm as mesmas dimensões. (*b*) Todas as partes de uma roda que gira em torno de um eixo fixo devem ter a mesma rapidez angular. (*c*) Todas as partes de uma roda que gira em torno de um eixo fixo devem ter a mesma aceleração angular. (*d*) Todas as partes de uma roda que gira em torno de um eixo fixo devem ter a mesma aceleração centrípeta.

3 • Partindo do repouso e girando com aceleração angular constante, um disco perfaz 10 revoluções até atingir a rapidez angular ω. Quantas revoluções a mais, com a mesma aceleração angular, são necessárias para ele atingir uma rapidez angular de 2ω? (*a*) 10 rev, (*b*) 20 rev, (*c*) 30 rev, (*d*) 40 rev, (*e*) 50 rev?

4 • Vendo de cima um carrossel, você observa que ele gira no sentido anti-horário, com rapidez de rotação decrescente. Designando o sentido anti-horário como positivo, qual é o sinal da aceleração?

5 • Carlos e Tatiana estão em um carrossel. Carlos sentou em um pônei que está a 2,0 m do eixo de rotação e Tatiana está sentada em um pônei a 4,0 m do eixo. O carrossel gira no sentido anti-horário com rapidez de rotação crescente. Qual dos dois tem (*a*) a maior rapidez linear? (*b*) a maior aceleração centrípeta? (*c*) a maior aceleração tangencial?

6 • O disco B era idêntico ao disco A, até que um furo foi feito no centro do disco B. Qual dos dois discos tem o maior momento de inércia em relação ao eixo central de simetria? Explique sua resposta.

7 • **RICO EM CONTEXTO** Em um jogo de beisebol, o lançador faz um lançamento tão rápido que você percebe que não conseguirá rebater a bola apropriadamente com o bastão. O que você tenta, então, é afastar a bola de qualquer maneira, seguindo as instruções do treinador, que lhe havia dito que, nestes casos, você deve segurar o bastão mais para o centro, e não na empunhadura. Isto faz aumentar a rapidez do bastão; assim, você pode ser capaz de deslocá-lo mais rapidamente e aumentar suas chances de atingir a bola. Explique como esta teoria funciona em termos do momento de inércia, da aceleração angular e do torque no bastão.

8 • (*a*) A orientação da velocidade angular de um corpo é, necessariamente, a mesma do torque resultante sobre ele? Explique. (*b*) Se o torque resultante e a velocidade angular têm sentidos opostos, o que isto lhe informa sobre a rapidez angular? (*c*) A velocidade angular pode ser zero, mesmo se o torque resultante não é zero? Se sua resposta é afirmativa, dê um exemplo.

9 • Um disco é livre para girar em torno de um eixo fixo. Uma força tangencial, aplicada a uma distância d do eixo, produz uma aceleração angular α. Qual é a aceleração angular produzida se a mesma força é aplicada a uma distância $2d$ do eixo? (*a*) α, (*b*) 2α, (*c*) $\alpha/2$, (*d*) 4α, (*e*) $\alpha/4$?

10 • O momento de inércia de um corpo, em relação a um eixo que não passa pelo seu centro de massa, é __________ momento de inércia em relação a um eixo paralelo que passa pelo seu centro de massa: (*a*) sempre menor do que o, (*b*) às vezes menor do que o, (*c*) às vezes igual ao, (*d*) sempre maior do que o.

11 • O motor de um carrossel exerce um torque constante sobre ele. Saindo do repouso e ganhando rapidez, a potência desenvolvida pelo motor (*a*) é constante, (*b*) cresce linearmente com a rapidez angular do carrossel, (*c*) é zero, (*d*) nenhuma das anteriores.

12 • Um torque resultante constante atua sobre um carrossel desde a partida, até que ele atinja a rapidez de operação. Durante este tempo, a energia cinética do carrossel (*a*) é constante, (*b*) cresce linearmente com a rapidez angular, (*c*) cresce quadraticamente, como o quadrado da rapidez angular, (*d*) nenhuma das anteriores.

13 • **APLICAÇÃO EM ENGENHARIA** A maioria das maçanetas são projetadas para serem colocadas no lado oposto às dobradiças (em vez de no centro da porta, por exemplo). Explique por que esta prática torna as portas mais fáceis de serem abertas.

14 • Uma roda de raio R e rapidez angular ω rola, sem deslizar, para o norte, sobre uma superfície plana, horizontal e estacionária. A velocidade do ponto da borda que está (momentaneamente) em contato com a superfície é (*a*) igual em magnitude a $R\omega$ e aponta para o norte, (*b*) igual em magnitude a $R\omega$ e aponta para o sul, (*c*) zero, (*d*) igual à rapidez do centro de massa e aponta para o norte, (*e*) igual à rapidez do centro de massa e aponta para o sul.

15 • Um cilindro e uma esfera, maciços e homogêneos, têm a mesma massa. Os dois rolam sobre uma superfície horizontal, sem deslizar. Se suas energias cinéticas totais são iguais, então (*a*) a rapidez translacional do cilindro é maior do que a rapidez translacional da esfera, (*b*) a rapidez translacional do cilindro é menor do que a rapidez translacional da esfera, (*c*) os dois corpos têm a mesma rapidez translacional, (*d*), (*a*), (*b*) ou (*c*) podem estar corretos, dependendo dos raios dos corpos.

16 • Dois canos de 1,0 m de comprimento, de mesma aparência, estão preenchidos com 10 kg de chumbo, cada um. No primeiro cano, o chumbo está concentrado no meio, enquanto no segundo cano o chumbo está dividido em duas partes de 5 kg, colocadas nas duas extremidades do cano. A extremidades dos dois canos são então fechadas, com quatro tampas idênticas. Sem abrir nenhum cano, como você pode determinar qual é o que tem o chumbo nas extremidades?

17 •• Partindo simultaneamente do repouso, uma moeda e uma argola rolam sem deslizar, descendo um plano inclinado. Qual das seguintes afirmativas é verdadeira? (*a*) A argola chega primeiro embaixo. (*b*) A moeda chega primeiro embaixo. (*c*) A moeda e a argola chegam embaixo juntas. (*d*) A corrida depende das massas relativas. (*e*) A corrida depende dos diâmetros relativos.

18 •• Para uma argola de massa M e raio R, que rola sem deslizar, o que é maior, sua energia cinética translacional ou sua energia cinética em relação ao centro de massa? (*a*) A energia cinética translacional é maior. (*b*) A energia cinética em relação ao centro de massa é maior. (*c*) As duas energias são iguais. (*d*) A resposta depende do raio da argola. (*e*) A resposta depende da massa da argola.

19 •• Para um disco de massa M e raio R, que rola sem deslizar, o que é maior, sua energia cinética translacional ou sua energia cinética em relação ao centro de massa? (*a*) A energia cinética translacional é maior. (*b*) A energia cinética em relação ao centro de massa é maior. (*c*) As duas energias são iguais. (*d*) A resposta depende do raio do disco. (*e*) A resposta depende da massa do disco.

20 •• Uma bola perfeitamente rígida rola, sem deslizar, ao longo de um plano horizontal perfeitamente rígido. Mostre que a força de atrito que atua sobre a bola deve ser zero. *Dica: Considere uma orientação possível para a ação da força de atrito e quais os efeitos que tal força produziria sobre a velocidade do centro de massa e sobre a velocidade angular.*

21 •• Um carretel é livre para girar em torno de um eixo fixo, e um cordão enrolado em torno do eixo do carretel faz com que ele gire no sentido anti-horário (Figura 9-42*a*). No entanto, se o carretel é colocado sobre uma mesa horizontal, o carretel (se houver força de atrito suficiente entre ele e a mesa) gira no sentido horário e rola para a direita (Figura 9-42*b*). Considerando o torque em relação a eixos apropriados, mostre que estas conclusões são, ambas, consistentes com a segunda lei de Newton para a rotação.

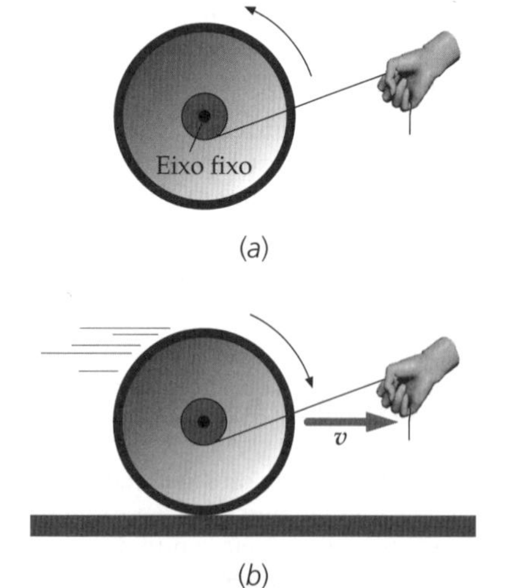

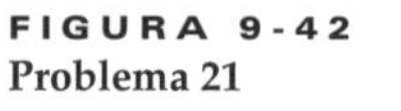
FIGURA 9-42
Problema 21

22 •• Você deseja localizar o centro de gravidade de um objeto achatado e de formato arbitrário. Você pendura o objeto de um ponto e um fio de prumo do mesmo ponto. Então, você traça uma linha vertical no objeto, representando o fio de prumo. Depois, você repete o procedimento, usando um outro ponto de suspensão. O centro de gravidade será a interseção das linhas traçadas. Explique o(s) princípio(s) que existe(m) por trás disto.

ESTIMATIVA E APROXIMAÇÃO

23 • Uma bola de beisebol é atirada a 88 mi/h e girando em torno de si a 1500 rev/min. Se a distância entre o lançador e a luva do pegador é cerca de 61 pés, estime quantas revoluções a bola faz entre a largada e a pegada. Despreze a gravidade e a resistência do ar durante o vôo da bola.

24 •• Considere o pulsar do Caranguejo, discutido na Seção 9-2. Justifique a afirmativa de que a perda de energia rotacional é equivalente à potência emitida por 100 000 estrelas. A potência total irradiada pelo Sol é cerca de 4×10^{26} W. Suponha que o pulsar tenha uma massa de 2×10^{30} kg, um raio de 20 km, esteja girando a cerca de 30 rev/s e tenha um período rotacional que cresce a 10^{-5} s/ano.

25 •• Uma bicicleta de 14 kg tem rodas de 1,2 m de diâmetro, cada uma com uma massa de 3,0 kg. A massa do ciclista é 38 kg. Estime a fração da energia total do sistema ciclista–bicicleta que está associada à rotação das rodas.

26 •• Por que a torrada sempre cai no chão com a geléia para baixo? A questão pode parecer boba, mas ela foi tema de uma séria investigação científica. A análise é muito complicada para ser reproduzida aqui, mas R. D. Edge e Darryl Steinert mostraram que uma fatia de torrada, tocada levemente a partir da borda de uma mesa até perder o apoio, tipicamente cai da mesa quando está formando um ângulo de cerca de 30° com a horizontal (Figura 9-43) e, neste instante, tem uma rapidez angular $\omega = 0,956\sqrt{g/\ell}$, onde ℓ é o comprimento do lado da torrada (suposta quadrada).* Supondo uma torrada com o lado da geléia para cima, sobre qual lado ela cairá no chão, se a mesa tem uma altura de 0,500 m? E se a mesa tiver 1,00 m de altura? Faça ℓ = 10,0 cm. Ignore a resistência do ar.

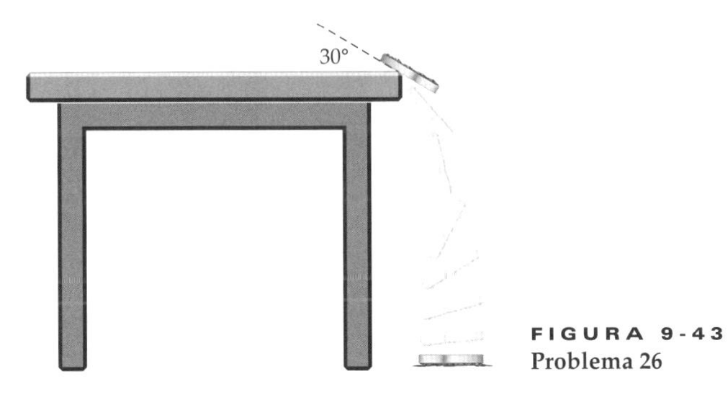

FIGURA 9-43 Problema 26

27 •• Considere o seu momento de inércia em relação a um eixo vertical que passa pelo centro do seu corpo, tanto quando você está de pé com seus braços junto ao corpo, quanto quando você está de pé com seus braços estendidos para os lados. Estime a razão entre o momento de inércia com seus braços estendidos e o momento de inércia com seus braços junto ao corpo.

VELOCIDADE ANGULAR, RAPIDEZ ANGULAR E ACELERAÇÃO ANGULAR

28 • Uma partícula se move com uma rapidez constante de 25 m/s em um círculo de 90 m de raio. (*a*) Qual é a sua rapidez angular em radianos por segundo em relação ao centro do círculo? (*b*) Quantas voltas ela dá em 30 s?

* Para os leitores interessados neste problema, e em muitos outros, recomendamos fortemente o maravilhoso livro *Why Toast Lands Jelly-Side Down: Zen and the Art of Physics Demonstrations*, de Robert Erlich.

29 • Uma roda, partindo do repouso, gira com aceleração angular constante de 2,6 rad/s². Após 6,0 s da partida: (*a*) Qual é sua rapidez angular? (*b*) Qual é o ângulo varrido pela roda? (*c*) Quantas voltas ela completou? (*d*) Qual é a rapidez linear e qual é a magnitude da aceleração linear de um ponto distante 0,30 m do eixo de rotação?

30 • **VÁRIOS PASSOS** Uma mesa giratória, girando a 33 rev/min, é levada ao repouso em 26 s. Supondo constante a aceleração angular, encontre (*a*) a aceleração angular. Durante esses 26 s, determine (*b*) a rapidez angular média e (*c*) o deslocamento angular em número de voltas.

31 • Um disco de 12 cm de raio, que começa a girar em torno de seu eixo em $t = 0$, gira com uma aceleração angular constante de 8,0 rad/s². Em t = 5,0 s, (*a*) qual é a rapidez angular do disco e (*b*) quais são as componentes tangencial e centrípeta da aceleração de um ponto na borda do disco?

32 • Uma roda-gigante de 12 m de raio completa uma volta a cada 27 s. (*a*) Qual é a sua rapidez angular (em radianos por segundo)? (*b*) Qual é a rapidez linear de um passageiro? (*c*) Qual é a aceleração de um passageiro?

33 • Um ciclista acelera uniformemente a partir do repouso. Após 8,0 s, as rodas completam 3,0 voltas. (*a*) Qual é a aceleração angular das rodas? (*b*) Qual é a rapidez angular das rodas ao final dos 8,0 s?

34 • Qual é a rapidez angular da Terra, em radianos por segundo, na rotação em torno de seu eixo?

35 • Uma roda varre 5,0 rad em 2,8 s ao ser levada ao repouso com aceleração angular constante. Determine a rapidez angular inicial da roda ao começar a ser freada.

36 • Uma bicicleta tem rodas de 0,750 m de diâmetro. O ciclista acelera a partir do repouso, com aceleração constante, até 24,0 km/h, em 14,0 s. Qual é a aceleração angular das rodas?

37 •• **APLICAÇÃO EM ENGENHARIA** A fita em um videocassete VHS padrão tem um comprimento total de 246 m, o suficiente para operar durante 2,0 h (Figura 9-44). Quando no início, o carretel cheio tem um raio externo de 45 mm e um raio interno de 12 mm. Em algum momento da operação, os dois carretéis têm a mesma rapidez angular. Calcule esta rapidez angular em radianos por segundo e em revoluções por minuto. *Dica: Entre os dois carretéis, a fita corre com rapidez constante.*

FIGURA 9-44 Problema 37 (© *Treë.*)

38 •• **RICO EM CONTEXTO** Para ligar um cortador de grama, você deve puxar uma cordinha que está enrolada ao longo do perímetro de um volante. Depois de você puxar a corda por 0,95 s, o volante está girando a 4,5 revoluções por segundo quando a cordinha se desprende. Esta tentativa de ligar o cortador não funciona, no entanto, e o volante acaba por parar após 0,24 s do desprendimento da cordinha.

Suponha aceleração constante, tanto durante a puxada da cordinha, quanto durante o freamento do volante. (*a*) Determine a aceleração angular média durante os 4,5 s em que a cordinha está sendo puxada e durante os 0,24 s do freamento do volante. (*b*) Qual é a maior rapidez angular atingida pelo volante? (*c*) Determine a razão entre o número de voltas realizadas na primeira etapa e o número de voltas realizadas na segunda etapa.

39 ••• Marte orbita em torno do Sol com um raio orbital médio de 228 Gm (1 Gm = 10^9 m) e tem um período orbital de 687 d. A Terra orbita em torno do Sol com um raio orbital médio de 149,6 Gm. (*a*) A linha Terra–Sol varre um ângulo de 360° durante um ano terrestre. Qual é, aproximadamente, o ângulo varrido pela linha Marte–Sol durante um ano terrestre? (*b*) Qual é a freqüência com que Marte e o Sol estão em oposição (em lados diametralmente opostos da Terra)?

CÁLCULO DO MOMENTO DE INÉRCIA

40 • Uma bola de tênis tem 57 g de massa e 7,0 cm de diâmetro. Determine o momento de inércia em relação a seu diâmetro. Trate a bola como uma casca esférica fina.

41 • Quatro partículas, uma em cada um dos cantos de um quadrado de 2,0 m de lado, estão ligadas por barras sem massa (Figura 9-45). As massas das partículas são $m_1 = m_3 = 3{,}0$ kg e $m_2 = m_4 = 4{,}0$ kg. Determine o momento de inércia do sistema em relação ao eixo *z*.

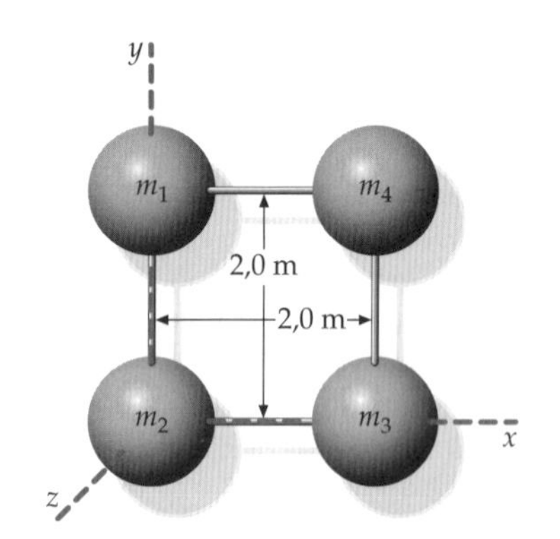

FIGURA 9-45 Problema 41

42 •• Use o teorema dos eixos paralelos e o resultado do Problema 41 para encontrar o momento de inércia do sistema de quatro partículas da Figura 9-45 em relação a um eixo que passa pelo centro de massa e que é paralelo ao eixo *z*. Confira seu resultado fazendo o cálculo diretamente.

43 • Para o sistema de quatro partículas da Figura 9-45, (*a*) determine o momento de inércia I_x em relação ao eixo *x* que passa por m_2 e m_3 e (*b*) determine o momento de inércia I_y em relação ao eixo *y* que passa por m_1 e m_2.

44 • Determine o momento de inércia de uma esfera maciça e uniforme de massa *M* e raio *R* em relação a um eixo tangente à sua superfície (Figura 9-46).

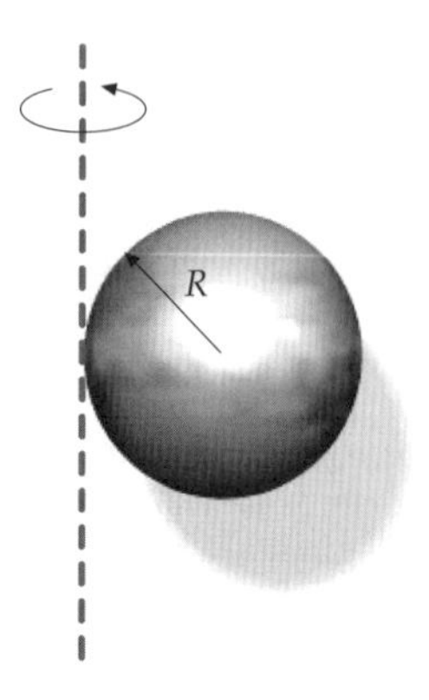

FIGURA 9-46 Problema 44

45 •• Uma roda de vagão de 1,00 m de diâmetro consiste em um aro fino de 8,00 kg de massa e de 6 raios, cada um com 1,20 kg de massa. Determine o momento de inércia da roda de vagão em relação ao seu eixo.

46 •• **VÁRIOS PASSOS** Duas massas pontuais, m_1 e m_2, estão separadas por uma barra sem massa de comprimento *L*. (*a*) Escreva uma expressão para o momento de inércia *I* em relação a um eixo perpendicular à barra, que passa por ela a uma distância *x* da massa m_1. (*b*) Calcule dI/dx e mostre que *I* é mínimo quando o eixo passa pelo centro de massa do sistema.

47 •• Uma placa retangular uniforme tem massa *m* e lados de comprimentos *a* e *b*. (*a*) Mostre, por integração, que o momento de inércia da placa em relação a um eixo perpendicular passando por um dos vértices vale $\frac{1}{3}m(a^2 + b^2)$. (*b*) Qual é o momento de inércia em relação a um eixo perpendicular que passa pelo centro de massa da placa?

48 •• **RICO EM CONTEXTO** Visando participar de uma equipe de atletas, você e seu amigo Carlos resolvem praticar com halteres. Cada um de vocês está usando "A Besta", um modelo constituído de duas esferas, cada uma de 500 g de massa e 5,00 cm de raio, presas às extremidades de uma barra uniforme de 30,0 cm e 60,0 g de massa (Figura 9-47). Vocês desejam determinar o momento de inércia *I* da Besta em relação a um eixo perpendicular à barra, que passa pelo seu centro. Carlos se vale da aproximação que trata as duas esferas como partículas pontuais distantes 20,0 cm do eixo de rotação e considera desprezível a massa da barra. Você, no entanto, resolve fazer um cálculo exato. (*a*) Compare os dois resultados. (Dê a diferença percentual entre eles.) (*b*) Suponha as esferas substituídas por duas cascas esféricas finas, cada uma com a mesma massa das anteriores, maciças. Forneça um argumento conceitual para explicar como esta substituição causa, ou não causa, uma alteração no valor de *I*.

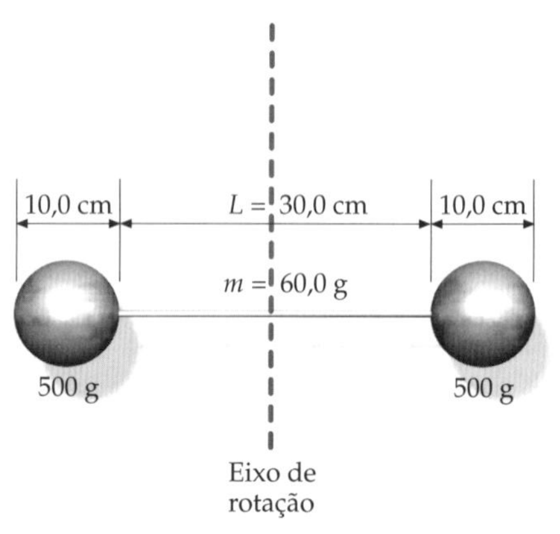

FIGURA 9-47 Problema 48

49 •• A molécula de metano (CH_4) possui quatro átomos de hidrogênio localizados nos vértices de um tetraedro regular de 0,18 nm de lado, com o átomo de carbono no centro do tetraedro (Figura 9-48). Determine o momento de inércia desta molécula para rotações em torno de um eixo que passa pelos centros do átomo de carbono e de um dos átomos de hidrogênio.

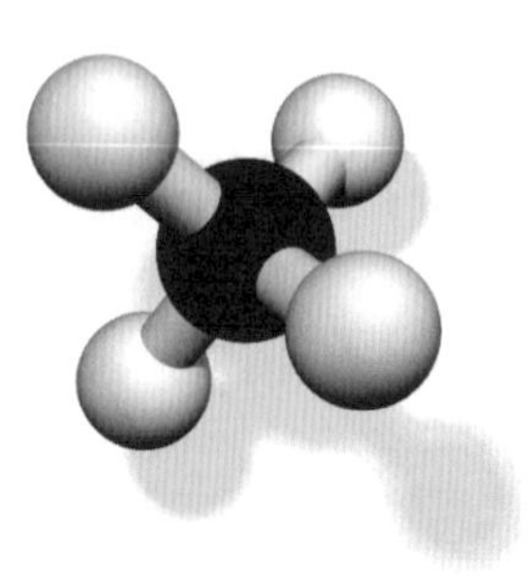

FIGURA 9-48 Problema 49

50 •• Um cilindro oco tem massa m, raio externo R_2 e raio interno R_1. Use integração para mostrar que o momento de inércia em relação a seu eixo é dado por $I = \frac{1}{2}m(R_2^2 + R_1^2)$. *Dica: Reveja a Seção 9-3, onde é calculado o momento de inércia de um cilindro maciço por integração direta.*

51 •• **APLICAÇÃO BIOLÓGICA** Ao tapear a superfície da água com sua cauda para anunciar perigo, um castor deve girá-la em torno de uma de suas extremidades estreitas. Modelemos a cauda como um retângulo de espessura e massa específica uniformes (Figura 9-49). Estime seu momento de inércia em relação à linha que passa por uma das extremidades estreitas (linha tracejada). Suponha a cauda medindo 15 por 30 cm, com uma espessura de 1,0 cm, e que sua massa específica é igual à da água.

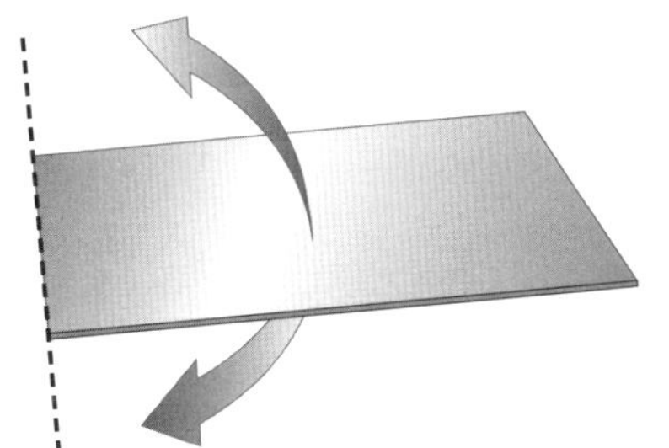

FIGURA 9-49 Problema 51

52 •• **RICO EM CONTEXTO** Para evitar lesionar os ombros, sua idosa avó deseja comprar o batedor de tapetes (Figura 9-50) com o menor momento de inércia em relação à empunhadura. Sabendo que você estuda física, ela solicita seu conselho. Há dois modelos para escolher. O modelo A tem um cabo de 1,0 m que termina em um quadrado de 40 cm de lado, as massas do cabo e do quadrado sendo 1,0 kg e 0,5 kg, respectivamente. O modelo B tem um cabo de 0,75 m que termina em um quadrado de 30 cm de lado, com as massas do cabo e do quadrado sendo 1,5 kg e 0,60 kg, respectivamente. Qual é o modelo que você recomenda? Determine qual é o batedor mais fácil de manejar, da empunhadura, calculando o momento de inércia dos dois.

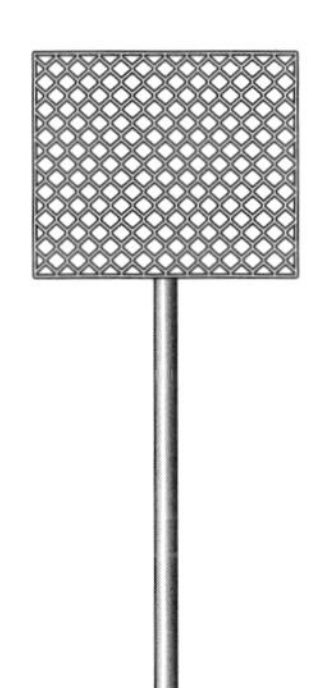

FIGURA 9-50 Problema 52

53 ••• Use integração para mostrar que o momento de inércia de uma casca esférica fina de raio R e massa m, em relação a um eixo que passa pelo seu centro, vale $2mR^2/3$.

54 ••• De acordo com certo modelo, a massa específica da Terra varia com a distância r do centro conforme $\rho = C[1{,}22 - (r/R)]$, onde R é o raio da Terra e C é uma constante. (*a*) Determine C em termos da massa total M e do raio R. (*b*) De acordo com este modelo, qual é o momento de inércia da Terra em relação a um eixo que passa pelo seu centro? (Veja o Problema 53.)

55 ••• Use integração para determinar o momento de inércia, em relação ao seu eixo, de um cone circular reto uniforme de altura H, raio da base R e massa M.

56 ••• Use integração para determinar o momento de inércia de um disco fino uniforme de massa M e raio R em relação a um eixo do plano do disco que passa pelo seu centro. Confira sua resposta referindo-se à Tabela 9-1.

57 ••• **APLICAÇÃO EM ENGENHARIA, RICO EM CONTEXTO** Uma firma de propaganda contatou sua firma de engenharia para criar um novo anúncio para uma sorveteria. O proprietário desta sorveteria deseja adicionar cones sólidos girantes (pintados de maneira a parecerem cones de sorvete, obviamente) para chamar a atenção dos passantes. Cada cone deverá girar em torno de um eixo paralelo à sua base e passando pelo seu vértice. O tamanho real dos cones é para ser decidido, e o proprietário pergunta se é mais eficiente, do ponto de vista energético, fazer girar cones menores ou cones maiores. Ele solicita à sua firma um relatório escrito, mostrando a determinação do momento de inércia de um cone circular reto homogêneo de altura H, raio da base R e massa M. Qual é o resultado de seu relatório?

TORQUE, MOMENTO DE INÉRCIA E SEGUNDA LEI DE NEWTON PARA A ROTAÇÃO

58 • **APLICAÇÃO EM ENGENHARIA, RICO EM CONTEXTO** Uma firma deseja determinar o valor do torque causado pelo atrito em sua linha de pedras de amolar, a fim de poder torná-las energeticamente mais eficientes. Para isto, eles lhe pedem para testar o modelo campeão de vendas, que é basicamente uma pedra em forma de disco de 1,70 kg de massa e 8,00 cm de raio, que opera a 730 rev/min. Quando a potência é desligada, você cronometra o tempo que a pedra leva para parar de girar e encontra o valor de 31,2 s. (*a*) Qual é a aceleração angular da pedra de amolar? (Suponha aceleração angular constante.) (*b*) Qual é o torque exercido pelo atrito sobre a pedra de amolar?

59 • Um cilindro de 2,5 kg, cujo raio é de 11 cm, inicialmente em repouso, pode girar livremente em torno de seu eixo. Uma corda de massa desprezível é enrolada em torno dele e puxada com uma força de 17 N. Supondo que a corda não escorregue, determine (*a*) o torque exercido pela corda sobre o cilindro, (*b*) a aceleração angular do cilindro e (*c*) a rapidez angular do cilindro após 0,50 s.

60 •• Uma roda de amolar está inicialmente em repouso. Um torque externo constante de 50,0 N · m é aplicado sobre a roda durante 20,0 s, imprimindo à pedra uma rapidez angular de 600 rev/min. O torque externo é, então, retirado, e a roda atinge o repouso 120 s depois. Determine (*a*) o momento de inércia da roda e (*b*) o torque causado pelo atrito, suposto constante.

61 •• Um pêndulo consistindo em um fio de comprimento L preso a uma bolinha de massa m oscila em um plano vertical. Quando o fio forma um ângulo θ com a vertical, (*a*) calcule a aceleração tangencial da bolinha, usando $\Sigma F_t = ma_t$. (*b*) Qual é o torque exercido em relação ao ponto pivô? (*c*) Mostre que $\Sigma\tau = I\alpha$ com $a_t = L\alpha$ fornece a mesma aceleração tangencial encontrada na Parte (*a*).

62 ••• Uma barra uniforme, de massa M e comprimento L, pende como na Figura 9-51, livre para girar sem atrito em torno do pivô em uma de suas extremidades. Ela recebe uma pancada horizontal, a uma distância x do pivô, como mostrado. (*a*) Mostre que, imediatamente após a pancada, a rapidez do centro de massa da barra é dada por $v_0 = 3xF_0\Delta t/(2ML)$, onde F_0 e Δt são a força média e a duração da pancada, respectivamente. (*b*) Determine a componente horizontal da força exercida pelo pivô sobre a barra e mostre que esta componente vale zero se $x = \frac{2}{3}L$. Este ponto (o ponto de impacto para o qual a componente horizontal da força do pivô é zero) é chamado de *centro de percussão* do sistema barra–pivô.

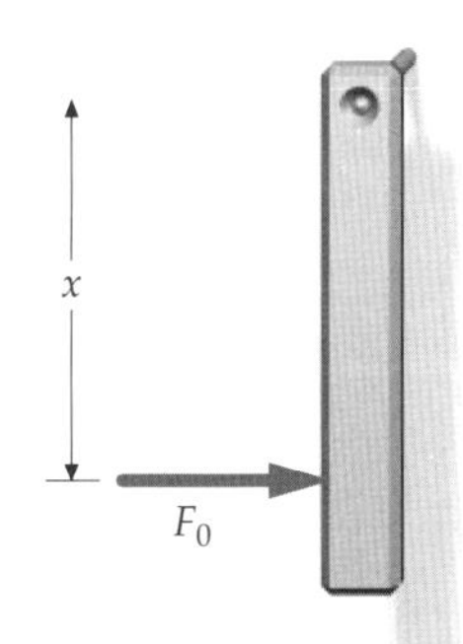

FIGURA 9-51 Problema 62

63 ••• **VÁRIOS PASSOS** Um disco horizontal uniforme, de massa M e raio R, gira em torno do eixo vertical que passa pelo seu centro de massa com uma rapidez angular ω. Quando o disco, girando, é largado sobre uma mesa horizontal, forças de atrito cinético sobre o disco se opõem ao seu movimento de rotação. Seja μ_c o coeficiente de atrito cinético entre o disco e a mesa. (*a*) Determine o torque $d\tau$ exercido pela força de atrito sobre um elemento circular de raio r e largura dr. (*b*) Determine o torque total exercido pelo atrito sobre o disco. (*c*) Determine o tempo que o disco leva para parar de girar.

MÉTODOS DE ENERGIA, INCLUINDO ENERGIA CINÉTICA ROTACIONAL

64 • As partículas da Figura 9-52 estão ligadas por uma barra muito leve. Elas giram em torno do eixo y a 2,0 rad/s. (*a*) Determine a rapidez de cada partícula e utilize esses valores para calcular a energia cinética do sistema diretamente a partir de $\Sigma\frac{1}{2}m_iv_i^2$. (*b*) Determine o momento de inércia em relação ao eixo y, calcule a energia cinética a partir de $K = \frac{1}{2}I\omega^2$ e compare seu resultado com o resultado da Parte (*a*).

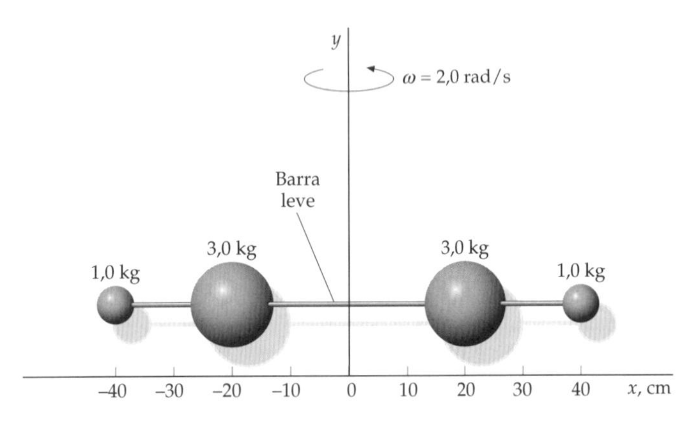

FIGURA 9-52 Problema 64

65 • Uma esfera maciça, de 1,4 kg e 15 cm de diâmetro, está girando em torno de seu diâmetro a 70 rev/min. (*a*) Qual é sua energia cinética? (*b*) Adicionando-se 5,0 mJ de energia à energia cinética, qual é a nova rapidez angular da esfera?

66 •• Calcule a energia cinética da Terra, associada à rotação em torno de seu eixo, e compare sua resposta com a energia cinética do movimento orbital do centro de massa da Terra em torno do Sol. Suponha a Terra uma esfera homogênea de $6{,}0 \times 10^{24}$ kg de massa e $6{,}4 \times 10^6$ m de raio. O raio da órbita terrestre é $1{,}5 \times 10^{11}$ m.

67 •• Um bloco de 2000 kg é levantado, com rapidez constante de 8,0 cm/s, por um cabo de aço ligado por uma polia a um guincho motorizado (Figura 9-53). O raio do tambor do guincho é 30 cm. (*a*) Qual é a tensão no cabo? (*b*) Qual é o torque que o cabo exerce sobre o tambor do guincho? (*c*) Qual é a rapidez angular do tambor do guincho? (*d*) Qual é a potência que o motor deve desenvolver para movimentar o tambor do guincho?

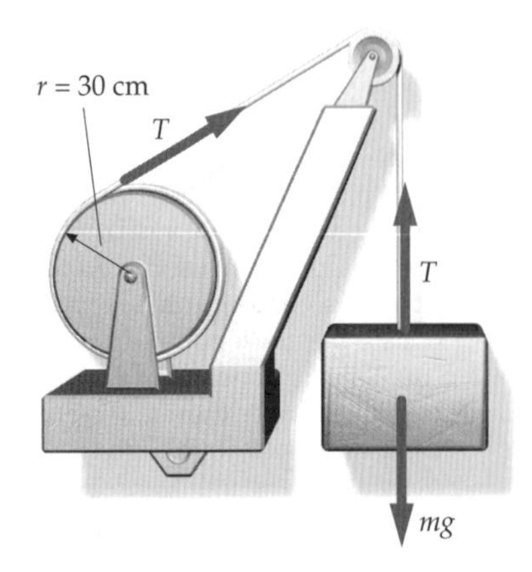

FIGURA 9-53 Problema 67

68 •• Um disco uniforme, de massa M e raio R, pode girar livremente em torno de um eixo fixo horizontal que passa pelo seu centro de massa perpendicularmente ao seu plano. Uma pequena partícula de massa m é presa à borda do disco no topo, diretamente acima do pivô. O sistema é levemente desequilibrado e o disco começa a girar. Quando a partícula passa pelo seu ponto mais baixo, (*a*) qual é a rapidez angular do disco e (*b*) qual é a força exercida pelo disco sobre a partícula?

69 •• Um anel uniforme de 1,5 m de diâmetro pivota em torno de um ponto de seu perímetro, livre para girar em torno de um eixo horizontal perpendicular ao seu plano. O anel é largado com seu centro à mesma altura do eixo (Figura 9-54). (*a*) Se o anel é largado do repouso, qual é sua rapidez angular máxima? (*b*) Qual é a menor rapidez angular que lhe deve ser dada na largada para que ele gire uma volta completa?

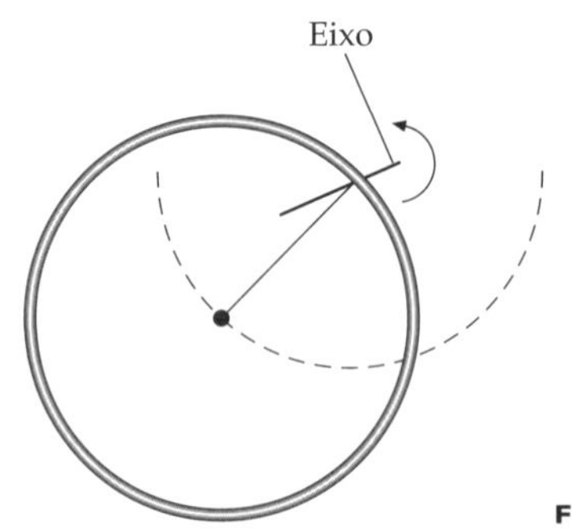

FIGURA 9-54 Problema 69

70 •• **APLICAÇÃO EM ENGENHARIA, RICO EM CONTEXTO** Você está projetando um carro que utiliza a energia armazenada em um volante que consiste em um cilindro uniforme de 100 kg, de raio R, e que tem uma rapidez angular máxima de 400 rev/s. O volante deve produzir uma média de 2,00 MJ de energia para cada quilômetro de distância. Determine o menor valor de R para o qual o carro pode viajar 300 km, sem que o volante precise ser reenergizado.

POLIAS, IOIÔS E COISAS PENDURADAS

71 •• O sistema mostrado na Figura 9-55 consiste em um bloco de 4,0 kg colocado sobre uma prateleira horizontal sem atrito. Este bloco está preso a um cordão que passa por uma polia e tem sua outra extremidade presa a um bloco pendente de 2,0 kg. A polia é um disco uniforme de 8,0 cm de raio e 0,60 kg de massa. Determine a aceleração de cada bloco e as tensões no cordão.

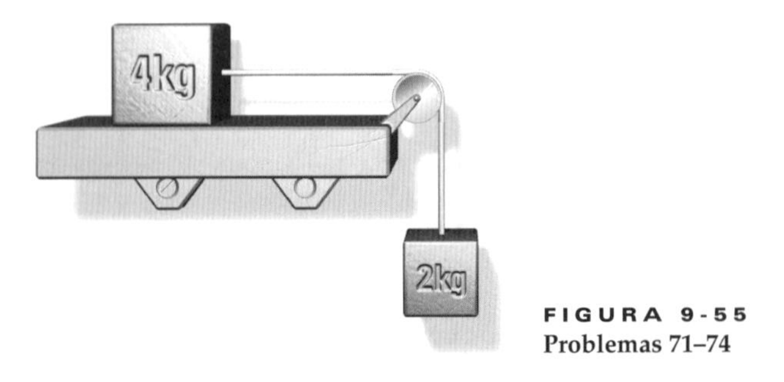

FIGURA 9-55 Problemas 71–74

72 •• No sistema do Problema 71, o bloco de 2,0 kg é largado do repouso. (*a*) Determine a rapidez do bloco depois de ele ter caído uma distância de 2,5 m. (*b*) Qual é a rapidez angular da polia neste instante?

73 •• No sistema do Problema 71, se a prateleira (sem atrito) for ajustada com uma inclinação, qual deve ser essa inclinação para que os blocos se movam com rapidez constante?

74 •• No sistema mostrado na Figura 9-55, o bloco de 4,0 kg está sobre a prateleira horizontal. O coeficiente de atrito cinético entre a prateleira e o bloco é 0,25. O bloco está preso a um cordão que passa pela polia e tem sua outra extremidade presa a um bloco pendente de 2,0 kg. A polia é um disco uniforme de 8,0 cm de raio e 0,60 kg de massa. Determine a aceleração de cada bloco e as tensões no cordão.

75 •• Um carro de 1200 kg está sendo retirado da água por um guincho. No momento em que o carro está 5,0 m acima da água (Figura 9-56), a caixa de engrenagens quebra e o tambor do guincho gira livremente enquanto o carro cai. Durante a queda do carro, não existe deslizamento entre a corda (sem massa), a polia e o tambor. O momento de inércia do tambor do guincho é 320 kg · m² e o momento de inércia da polia é 4,00 kg·m². O raio do tambor é 0,800 m e o raio da polia é 0,300 m. Suponha o carro partindo do repouso. Determine a rapidez com que ele atinge a água.

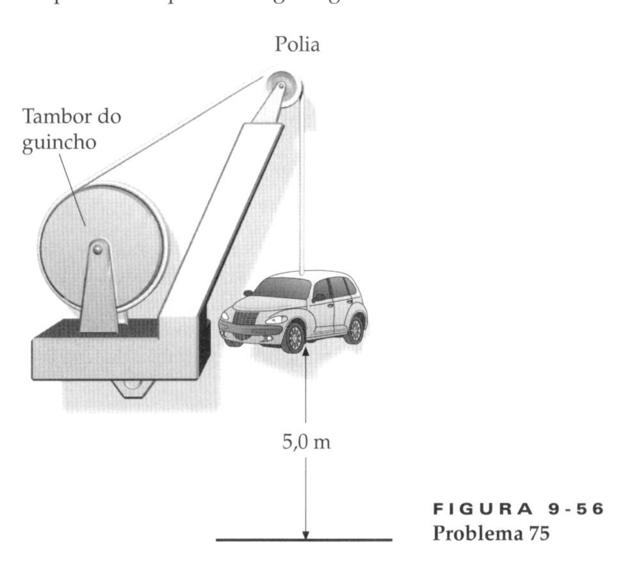

FIGURA 9-56 Problema 75

76 •• O sistema da Figura 9-57 é largado do repouso quando o bloco de 30 kg está 2,0 m acima da prateleira. A polia é um disco uniforme de 5,0 kg com um raio de 10 cm. Justo antes de o bloco de 30 kg atingir a prateleira, determine (*a*) sua rapidez, (*b*) a rapidez angular da polia e (*c*) a tensão nos fios. (*d*) Determine o tempo de queda do bloco de 30 kg. Suponha que o fio não deslize na polia.

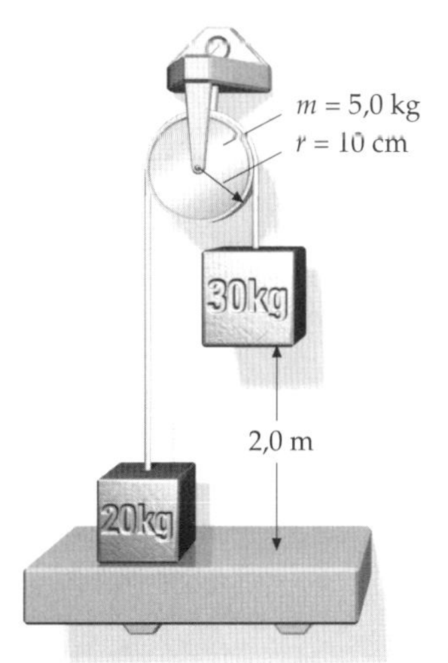

FIGURA 9-57 Problema 76

77 •• Uma esfera maciça e uniforme de massa M e raio R está livre para girar em torno de um eixo horizontal que passa pelo seu centro. Um cordão está enrolado em torno da esfera e preso a um objeto de massa m (Figura 9-58). Suponha que o cordão não deslize na esfera. Determine (*a*) a aceleração do objeto e (*b*) a tensão no cordão.

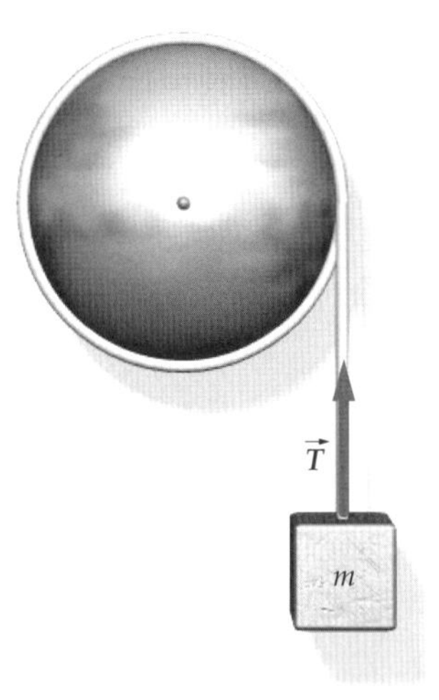

FIGURA 9-58 Problema 77

78 •• Dois corpos, de massas $m_1 = 500$ g e $m_2 = 510$ g, estão ligados por um fio de massa desprezível que passa por uma polia sem atrito (Figura 9-59). A polia é um disco uniforme de 50,0 g com um raio de 4,00 cm. O fio não desliza na polia. (*a*) Determine a aceleração dos corpos. (*b*) Qual é a tensão no fio entre o corpo de 500 g e a polia? Qual é a tensão no fio entre o corpo de 510 g e a polia? De quanto diferem estas duas tensões? (*c*) Quais seriam suas respostas se você desprezasse a massa da polia?

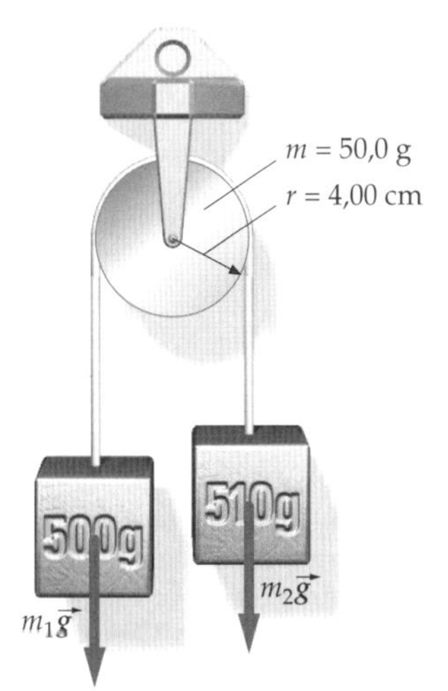

FIGURA 9-59 Problema 78

79 •• Dois corpos estão presos a cordas que, por sua vez, estão presas a duas rodas que giram em torno do mesmo eixo, como mostrado na Figura 9-60. As duas rodas estão soldadas, de modo a formarem um único objeto rígido. O momento de inércia deste objeto rígido é 40 kg · m². Os raios das rodas são $R_1 = 1,2$ m e $R_2 = 0,40$ m. (*a*) Se $m_1 = 24$ kg, determine m_2 de forma a que não haja aceleração angular nas rodas. (*b*) Se 12 kg são colocados em cima de m_1, determine a aceleração angular das rodas e as tensões nas cordas.

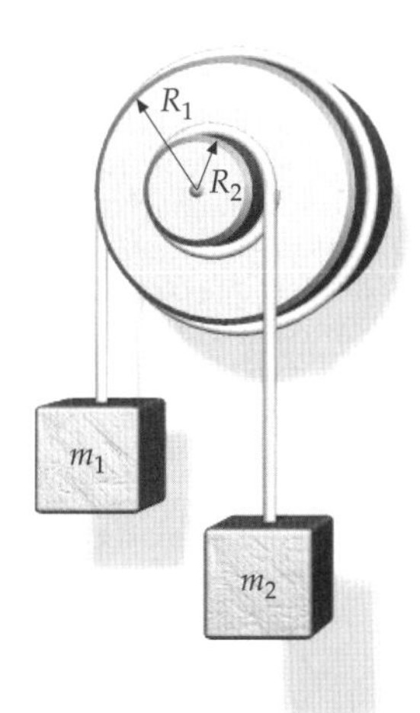

FIGURA 9-60 Problema 79

80 •• A extremidade superior do fio enrolado em redor do cilindro da Figura 9-61 está segura por uma mão que acelera para cima, de modo que o centro de massa do cilindro não se move, enquanto o cilindro gira. Determine (*a*) a tensão no fio, (*b*) a aceleração angular do cilindro e (*c*) a aceleração da mão.

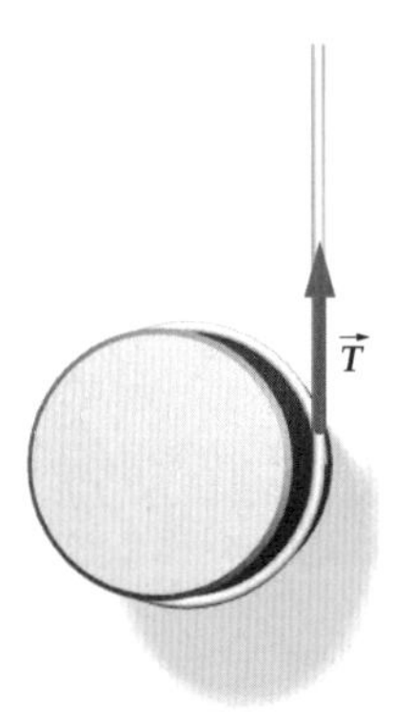

FIGURA 9-61 Problemas 80 e 86

81 •• Um cilindro uniforme de massa m_1 e raio R gira sobre suportes sem atrito. Um fio sem massa, enrolado em torno do cilindro, está ligado a um bloco de massa m_2 que está sobre um plano inclinado de θ, sem atrito, como mostrado na Figura 9-62. O sistema é largado do repouso quando o bloco está a uma distância vertical h da base do plano inclinado. (*a*) Qual é a aceleração do bloco? (*b*) Qual é a tensão no fio? (*c*) Qual é a rapidez do bloco quando ele chega à base do plano inclinado? (*d*) Determine suas respostas para o caso especial em que $\theta = 90°$ e $m_1 = 0$. Suas respostas são o que você esperaria neste caso especial? Explique.

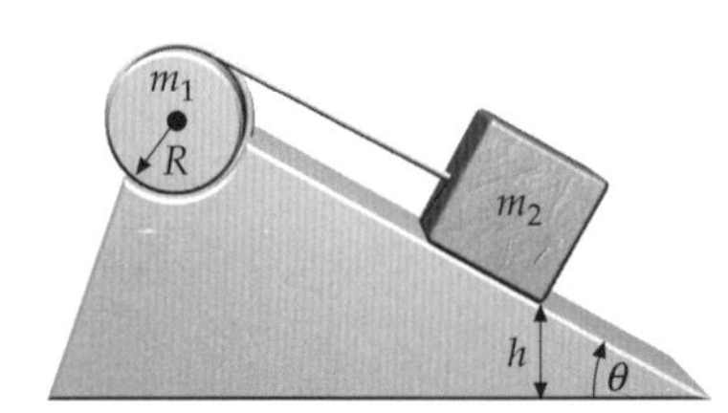

FIGURA 9-62 Problema 81

82 •• Um dispositivo para medir o momento de inércia de um corpo é mostrado na Figura 9-63. A plataforma circular está presa a um tambor concêntrico de raio R, plataforma e tambor estando livres para girar em torno de um eixo vertical sem atrito. O fio que está enrolado em torno do tambor passa por uma polia sem atrito e sem massa, e se prende a um bloco de massa M. O bloco é largado do repouso e o tempo t_1 que ele leva para cair a distância D é medido. O sistema é, então, reposto na configuração inicial e o objeto cujo momento de inércia I se quer determinar é colocado sobre a plataforma e o sistema é, novamente, largado do repouso. O tempo t_2 que o bloco leva para cair a mesma distância D permite, então, que se calcule I. Usando $R = 10$ cm, $M = 2{,}5$ kg, $D = 1{,}8$ m, $t_1 = 4{,}2$ s e $t_2 = 6{,}8$ s, (*a*) determine o momento de inércia da combinação plataforma–tambor. (*b*) Determine o momento de inércia da combinação plataforma–tambor–objeto. (*c*) Use seus resultados das Partes (*a*) e (*b*) para determinar o momento de inércia do objeto.

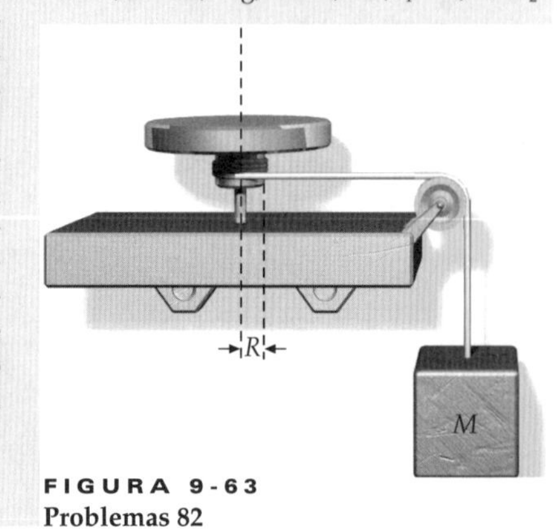

FIGURA 9-63 Problemas 82

CORPOS GIRANDO E ROLANDO SEM DESLIZAR

83 • Um cilindro homogêneo de 60 kg tem um raio de 18 cm e está rolando sem deslizar, sobre um piso horizontal, com uma rapidez de 15 m/s. Qual foi a mínima quantidade de trabalho necessária para lhe imprimir este movimento?

84 • Um corpo está rolando sem deslizar. Qual é a porcentagem da energia cinética total que tem a forma de energia cinética de translação, se o objeto é (*a*) uma esfera uniforme, (*b*) um cilindro uniforme ou (*c*) um aro?

85 •• Em 1993, um ioiô gigante de 400 kg, com 1,5 m de raio, foi largado de um guindaste de uma altura de 57 m. A corda, com uma de suas extremidades atada no topo do guindaste, ia desenrolando enquanto o ioiô ia descendo. Supondo o eixo do ioiô com um raio de 0,10 m, avalie sua rapidez linear no final da queda.

86 •• Um cilindro uniforme, de massa M e raio R, tem um fio enrolado no seu entorno. O fio é mantido fixo, enquanto o cilindro cai verticalmente, como mostrado na Figura 9-61. (*a*) Mostre que a aceleração do cilindro, para baixo, tem a magnitude $a = 2g/3$. (*b*) Determine a tensão no fio.

87 •• Um ioiô de 0,10 kg consiste em dois discos maciços, cada um de 10 cm de raio, ligados por uma haste sem massa de 1,0 cm de raio. Um fio está enrolado em volta da haste. Uma extremidade do fio é mantida fixa e, enquanto o ioiô cai, o fio está tensionado. O ioiô gira, ao descer verticalmente. Determine (*a*) a aceleração do ioiô e (*b*) a tensão T.

88 •• Uma esfera maciça e uniforme rola descendo um plano inclinado, sem deslizar. Se a aceleração linear do centro de massa da esfera é $0{,}20g$, qual é o ângulo de inclinação do plano com a horizontal?

89 •• Uma casca esférica fina rola descendo um plano inclinado, sem deslizar. Se a aceleração linear do centro de massa da casca é $0{,}20g$, qual é o ângulo de inclinação do plano com a horizontal?

90 •• Uma bola de basquete rola descendo um plano inclinado de um ângulo θ, sem deslizar. O coeficiente de atrito estático é μ_e. Trate a bola como uma casca esférica fina. Determine (*a*) a aceleração do centro de massa da bola, (*b*) a força de atrito atuando sobre a bola e (*c*) o maior ângulo de inclinação para o qual a bola rolará sem deslizar.

91 •• Um cilindro maciço e uniforme, de madeira, rola descendo um plano inclinado de um ângulo θ, sem deslizar. O coeficiente de atrito estático é μ_e. Determine (*a*) a aceleração do centro de massa do cilindro, (*b*) a força de atrito atuando sobre o cilindro e (*c*) o maior ângulo de inclinação para o qual o cilindro rolará sem deslizar.

92 •• Largadas do repouso da mesma altura, um casaca esférica fina e um esfera maciça, de mesma massa m e mesmo raio R, descem rolando um plano inclinado, sem deslizar, da mesma altura vertical H (Figura 9-64). As duas são lançadas horizontalmente ao abandonarem a rampa. A casca esférica atinge o solo a uma distância horizontal L da base da rampa e a esfera maciça atinge o solo a uma distância horizontal L' da base da rampa. Determine a razão L'/L.

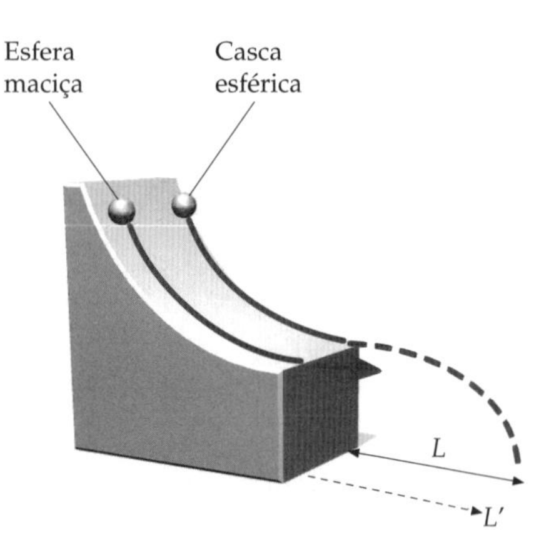

FIGURA 9-64 Problema 92

93 •• Uma casca cilíndrica fina e um cilindro maciço e uniforme rolam horizontalmente, sem deslizar. A rapidez da casca cilíndrica é v. O cilindro maciço e a casca cilíndrica encontram uma rampa que sobem, sem deslizar. Se a altura máxima que eles atingem é a mesma, qual é a rapidez inicial v' do cilindro maciço?

94 •• Uma casca cilíndrica fina e uma esfera maciça partem do repouso e descem rolando, sem deslizar, um plano inclinado de 3,0 m de comprimento. A casca cilíndrica atinge a base do plano 2,4 s depois da esfera. Determine o ângulo que o plano inclinado forma com a horizontal.

95 •• Uma roda tem um aro fino de 3,0 kg e quatro raios, cada um com 1,2 kg de massa. Determine a energia cinética da roda quando rola a 6,0 m/s sobre uma superfície horizontal.

96 ••• Um cilindro maciço e uniforme, de massa M e raio R, é colocado sobre uma barra de massa m, que, por sua vez, está sobre uma mesa horizontal sem atrito (Figura 9-65). Se uma força $\vec{F}$ é aplicada sobre a barra, ela acelera e o cilindro rola sem deslizar. Determine a aceleração da barra em termos de M, R e F.

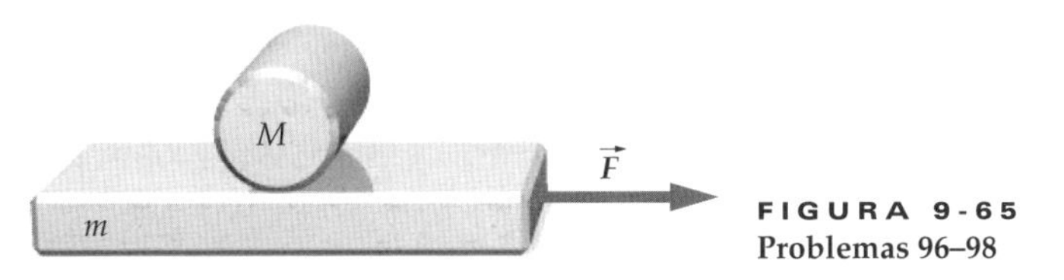

FIGURA 9-65 Problemas 96–98

97 ••• (*a*) Determine a aceleração angular do cilindro do Problema 96. Ele gira no sentido horário ou anti-horário? (*b*) Qual é a aceleração linear do cilindro (magnitude e orientação) em relação à mesa? (*c*) Qual é a magnitude e a orientação da aceleração linear do centro de massa do cilindro em relação à barra?

98 ••• **VÁRIOS PASSOS** Se a força do Problema 96 atua ao longo de uma distância d, forneça, em termos dos símbolos, (*a*) a energia cinética da barra e (*b*) a energia cinética total do cilindro. (*c*) Mostre que a energia cinética total do sistema barra–cilindro é igual ao trabalho realizado pela força.

99 ••• **APLICAÇÃO EM ENGENHARIA** Duas grandes engrenagens estão sendo projetadas como parte de uma grande máquina, como mostrado na Figura 9-66; cada uma é livre para girar em torno de um eixo fixo que passa pelo seu centro. O raio e o momento de inércia da engrenagem menor são 0,50 m e 1,0 kg · m², respectivamente, e o raio e o momento de inércia da engrenagem maior são 1,0 m e 16 kg · m², respectivamente. A alavanca presa a engrenagem menor tem 1,0 m de comprimento e massa desprezível. (*a*) Se um trabalhador aplica, tipicamente, uma força de 2 N na extremidade da alavanca, como mostrado, quais serão as acelerações angulares das duas engrenagens? (*b*) Outra parte da máquina (não mostrada) aplica uma força tangencialmente à borda externa da engrenagem maior, para impedir, temporariamente, o sistema de engrenagens de girar. Qual deve ser a magnitude e o sentido(horário ou anti-horário) desta força?

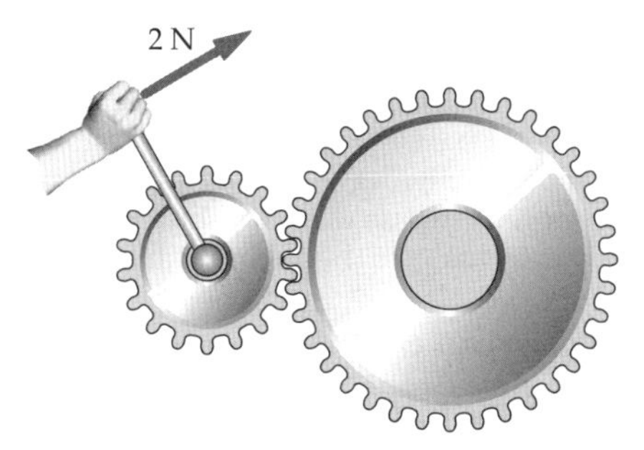

FIGURA 9-66 Problema 99

100 ••• **APLICAÇÃO EM ENGENHARIA, RICO EM CONTEXTO** Como engenheiro-chefe de projetos de uma grande fábrica de brinquedos, você deve projetar um brinquedo tipo montanha-russa. A idéia, como mostrada na Figura 9-67, é que a bolinha de massa m e raio r deve descer rolando um trilho inclinado e percorrer o laço circular que o trilho forma, sem deslizar. A bolinha parte do repouso de uma altura h acima da mesa sobre a qual está o trilho. O raio do laço é R. Determine a menor altura h, em termos de R e de r, para a qual a bolinha permanecerá em contato com o trilho durante todo o percurso. (Não despreze o raio da bolinha em seus cálculos.)

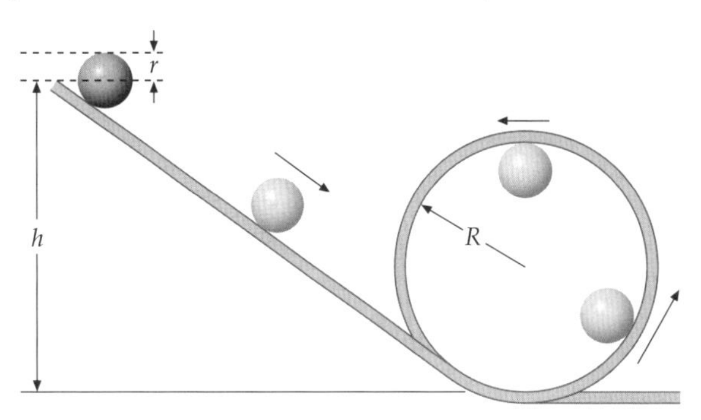

FIGURA 9-67 Problema 100

ROLANDO COM DESLIZAMENTO

101 •• Uma bola de boliche, de massa M e raio R, é lançada de forma que, ao atingir o piso, está se movendo horizontalmente com uma rapidez v_0, sem girar. Ela desliza uma distância s_1 durante um tempo t_1 antes de começar a rolar sem deslizar. (*a*) Se μ_c é o coeficiente de atrito cinético entre a bola e o piso, determine s_1, t_1 e a rapidez final v_1 da bola. (*b*) Determine a razão entre a energia cinética final e a energia cinética inicial da bola. (*c*) Determine s_1, t_1 e v_1 para $v_0 =$ 8,0 m/s e $\mu_c =$ 0,060.

102 •• **RICO EM CONTEXTO** Durante um jogo de sinuca, a tacadeira (uma esfera uniforme de raio r) está em repouso sobre a mesa horizontal (Figura 9-68). Você atinge a bola horizontalmente com o taco, que aplica uma intensa força horizontal de magnitude F_0 em um curto intervalo de tempo. O taco atinge a bola em um ponto de altura vertical h acima da mesa, uma altura maior que a do centro da bola. Mostre que a rapidez angular ω da bola se relaciona com a rapidez linear inicial do seu centro de massa v_{cm} da forma $\omega = (5/2)v_{cm}(h - r)/r^2$. Estime a taxa de rotação da bola justo após a tacada, usando estimativas razoáveis para h, r e v_{cm}.

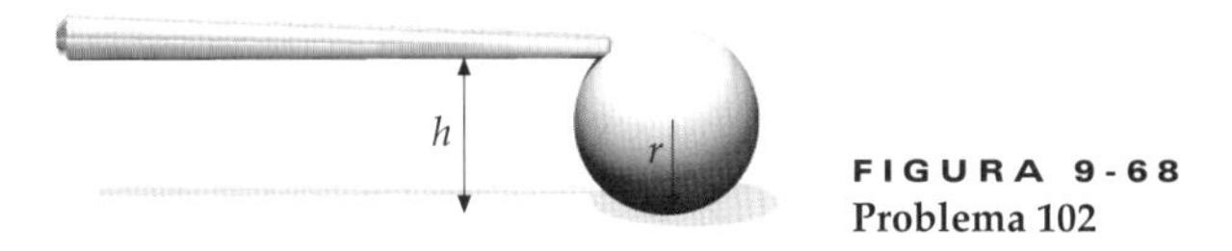

FIGURA 9-68 Problema 102

103 •• Uma esfera maciça e uniforme é posta a girar em torno de um eixo horizontal com uma rapidez angular ω_0 e, então, é colocada sobre o piso, com seu centro de massa em repouso. Se o coeficiente de atrito cinético entre a esfera e o piso é μ_c, determine a rapidez do centro de massa da esfera quando ela começa a rolar sem deslizar.

104 •• Uma bola maciça e uniforme, com 20 g de massa e 5,0 cm de raio, é colocada sobre uma superfície horizontal. Uma força é aplicada sobre a bola, horizontalmente e 9,0 cm acima da superfície. Durante o impacto, a força cresce linearmente de 0,0 N até 40,0 kN, em $1{,}0 \times 10^{-4}$ s, e depois ela decresce linearmente até 0,0 N em $1{,}0 \times 10^{-4}$ s. (*a*) Qual é a rapidez da bola imediatamente após o impacto? (*b*) Qual é a rapidez angular da bola após o impacto? (*c*) Qual é a rapidez da bola quando ela começa a rolar sem deslizar? (*d*) Qual a distância percorrida pela bola sobre a superfície antes de começar a rolar sem deslizar? Suponha $\mu_c =$ 0,50.

105 •• Uma bola de bilhar, de 0,16 kg, cujo raio vale 3,0 cm, recebe uma forte tacada. A força aplicada é horizontal e sua linha de ação passa pelo centro da bola. A rapidez da bola imediatamente após a tacada é 4,0 m/s e o coeficiente de atrito cinético entre a bola e a mesa é 0,60. (*a*) Qual é o tempo transcorrido durante o deslizamento até que a bola comece a rolar sem deslizar? (*b*) Qual é a distância que ela percorre, deslizando? (*c*) Qual é a sua rapidez quando ela começa a rolar sem deslizar?

106 •• Uma bola de bilhar, inicialmente em repouso, recebe uma forte tacada. A força é horizontal e aplicada a uma distância $2R/3$ abaixo da linha diametral, como mostra a Figura 9-69. A rapidez da bola imediatamente após a tacada é v_0 e o coeficiente de atrito cinético entre a bola e a mesa é μ_c. (*a*) Qual é a rapidez angular da bola imediatamente após a tacada? (*b*) Qual é a rapidez da bola assim que ela começa a rolar sem deslizar? (*c*) Qual é a energia cinética da bola imediatamente após a tacada?

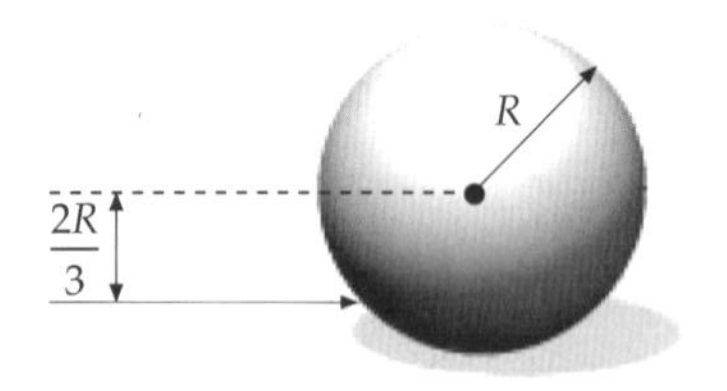

FIGURA 9-69 Problema 106

107 •• Uma bola de boliche, de raio R, começa a rolar sobre a pista com uma rapidez angular $\omega_0 = 3v_0/R$, onde v_0 é sua rapidez inicial. O coeficiente de atrito cinético é μ_c. (*a*) Qual é a rapidez da bola assim que ela começa a rolar sem deslizar? (*b*) Qual é o tempo transcorrido durante o deslizamento até que a bola começa a rolar sem deslizar? (*c*) Qual é a distância percorrida pela bola durante o deslizamento até começar a rolar sem deslizar?

PROBLEMAS GERAIS

108 •• O raio de um pequeno carrossel é 2,2 m. Para iniciar a rotação, você enrola uma corda em torno de seu perímetro e puxa com uma força de 260 N, durante 12 s. Durante este tempo, o carrossel completa uma volta. Despreze o atrito. (*a*) Determine a aceleração angular do carrossel. (*b*) Qual é o torque exercido pela corda sobre o carrossel? (*c*) Qual é o momento de inércia do carrossel?

109 •• Uma vara uniforme, de 2,00 m de comprimento, é elevada a 30° com a horizontal em cima de uma camada de gelo. A extremidade de baixo da vara permanece apoiada sobre o gelo. A vara é largada do repouso. A extremidade de baixo permanece sempre em contato com o gelo. Qual será a distância percorrida pela extremidade de baixo, durante o tempo em que o resto da vara cai sobre o gelo? Suponha o gelo sem atrito.

110 •• Um disco uniforme de 5,0 kg tem um raio de 0,12 m e gira livremente em torno de seu eixo (Figura 9-70). Um cordão, enrolado em volta do disco, é puxado com uma força de 20 N. (*a*) Qual é o torque exercido por esta força em relação ao eixo de rotação? (*b*) Qual é a aceleração angular do disco? (*c*) Se o disco parte do repouso, qual é sua rapidez angular após 5,0 s? (*d*) Qual é a energia cinética após os 5,0 s? (*e*) Qual é o deslocamento angular do disco durante os 5,0 s? (*f*) Mostre que o trabalho realizado pelo torque, $\tau\,\Delta\theta$, é igual à energia cinética.

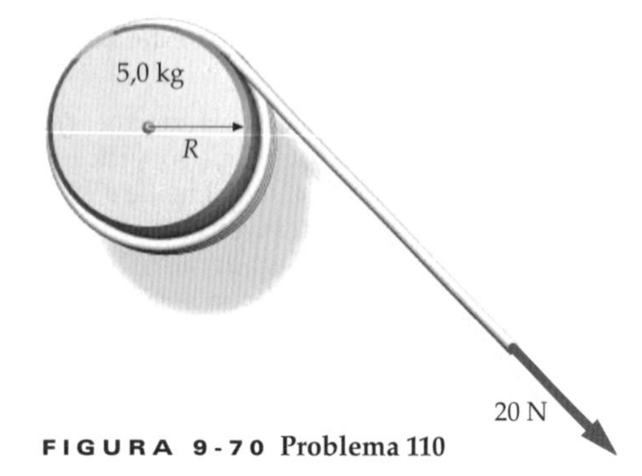

FIGURA 9-70 Problema 110

111 •• Uma barra fina uniforme de 0,25 kg, de 80 cm de comprimento, pode girar livremente em torno de um eixo fixo horizontal que passa, perpendicularmente, por uma de suas extremidades. Ela é largada da horizontal. Imediatamente após a largada, qual é (*a*) a aceleração do centro da barra e (*b*) a aceleração da extremidade livre da barra? (*c*) Qual é a rapidez do centro de massa da barra quando ela está (momentaneamente) na vertical?

112 •• Uma bola de gude de massa M e raio R desce rolando, sem deslizar, pelo trilho da esquerda, a partir de uma altura h_1, como mostrado na Figura 9-71. Depois, ela sobe o trilho *sem atrito* da direita, até a altura h_2. Determine h_2.

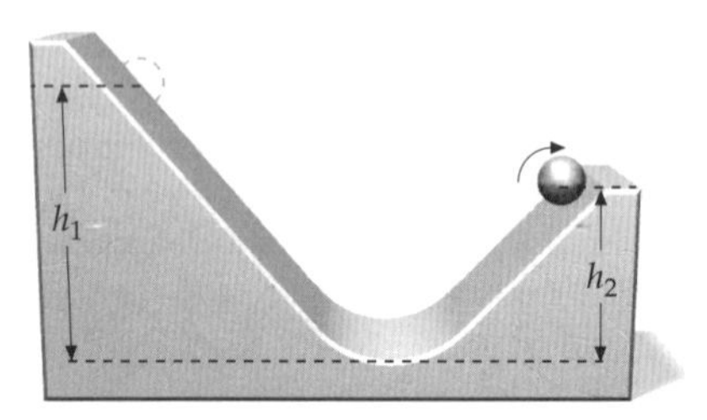

FIGURA 9-71 Problema 112

113 •• Um disco uniforme de 120 kg, com raio igual a 1,4 m, gira inicialmente com uma rapidez angular de 1100 rev/min. Uma força tangencial constante é aplicada a uma distância radial de 0,60 m do eixo. (*a*) Qual é o trabalho que esta força deve realizar para parar o disco? (*b*) Se o disco é levado ao repouso em 2,5 min, qual é o torque produzido pela força? Qual é a magnitude da força? (*c*) Quantas voltas o disco dá nesses 2,5 minutos?

114 •• Uma creche possui um carrossel que consiste em uma plataforma circular de madeira, uniforme, de 240 kg e de 4,00 m de diâmetro. Quatro crianças correm ao lado da plataforma, empurrando-a tangencialmente em sua circunferência, desde o repouso até ela atingir 2,14 rev/min. (*a*) Se cada criança aplica uma força de 26 N, qual é a distância que cada uma delas percorre? (*b*) Qual é a aceleração angular do carrossel? (*c*) Qual é o trabalho que cada criança realiza? (*d*) Qual é o aumento da energia cinética do carrossel?

115 •• Um aro uniforme de 1,5 kg, com 65 cm de raio, tem sua circunferência envolvida por um cordão e é colocado sobre uma mesa horizontal sem atrito. A extremidade livre do cordão é puxada com uma força horizontal constante de 5,0 N, não havendo deslizamento entre cordão e aro. (*a*) Qual é a distância percorrida pelo centro do aro em 3,0 s? (*b*) Qual é a rapidez angular do aro depois de 3,0 s?

116 •• Uma roda de amolar manual consiste em um disco uniforme de 60 kg, com 45 cm de raio. Ela possui uma manivela de massa desprezível a 65 cm do eixo de rotação. Uma carga compacta de 25 kg é presa à manivela quando ela está à mesma altura do eixo de rotação horizontal. Ignorando o atrito, determine (*a*) a aceleração angular inicial da roda e (*b*) a rapidez angular máxima da roda.

117 •• Um disco uniforme de raio r e massa M gira em torno de um eixo horizontal paralelo ao seu eixo de simetria e que passa por um ponto de seu perímetro, de forma a poder oscilar livremente em um plano vertical (Figura 9-72). Ele é largado do repouso, com seu centro de massa à mesma altura do pivô. (*a*) Qual é a rapidez angular do disco, quando seu centro de massa está diretamente abaixo do pivô? (*b*) Qual é a força exercida pelo pivô sobre o disco neste momento?

118 •• **APLICAÇÃO EM ENGENHARIA** O teto de seu restaurante universitário é sustentado por vigas de madeira em forma de L invertido (Figura 9-73). Cada viga vertical tem 12,0 ft de altura e 2,0 ft de largura, e a viga horizontal cruzada tem 6,0 ft de comprimento. A massa da viga vertical é 350 kg e a massa da viga horizontal é 175 kg. Quando os operários estavam construindo o prédio, uma dessas estruturas começou a cair, antes de ser fixada em seu lugar. (Por sor-

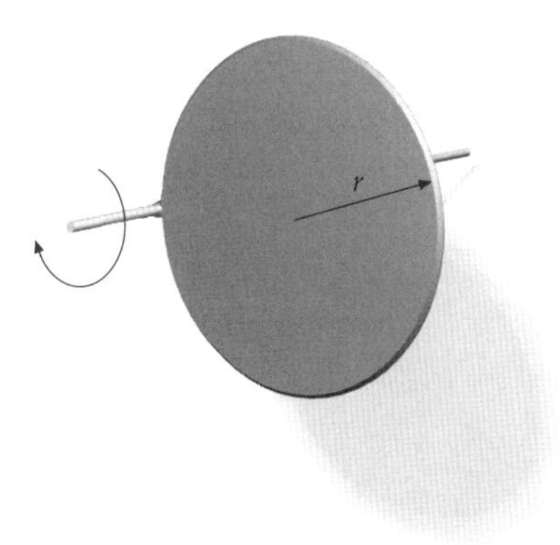

FIGURA 9-72 Problema 117

te, os operários a agarraram antes que ela caísse de todo.) (*a*) Se ela começou a cair de uma posição vertical, qual era a aceleração angular inicial da estrutura? Suponha que a base da estrutura não tenha deslizado sobre o piso, e que toda a estrutura tenha se mantido no mesmo plano vertical definido pela sua posição inicial. (*b*) Qual era a magnitude da aceleração linear inicial da extremidade da direita da viga horizontal? (*c*) Qual era a componente horizontal da aceleração linear inicial deste mesmo ponto? (*d*) Supondo que os operários tenham segurado a estrutura justo antes de ela atingir o piso, estime a rapidez rotacional da viga quando eles a agarraram.

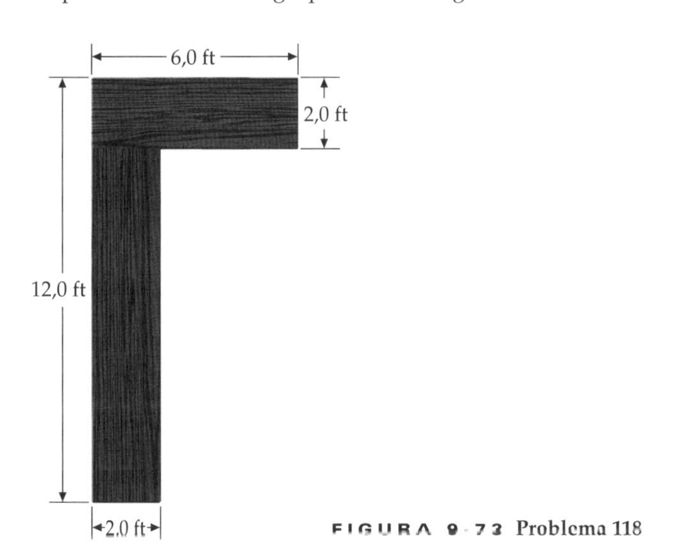

FIGURA 9-73 Problema 118

119 •• **RICO EM CONTEXTO** Em uma competição, você percebe que a sua bola de boliche volta rolando para você sempre sem deslizar, na parte plana da pista. Quando ela chega à rampa que a trará de volta para você, ela está a 3,70 m/s. O comprimento da rampa é 2,50 m. O raio da bola de boliche é 11,5 cm. (*a*) Qual é a rapidez angular da bola, imediatamente antes de chegar à rampa? (*b*) Se a rapidez com que a bola emerge do topo da rampa é 0,40 m/s, qual é o ângulo (suposto constante) que a rampa forma com a horizontal? (*c*) Qual é a magnitude da aceleração angular da bola enquanto está na rampa?

120 •• A Figura 9-74 mostra um cilindro oco de 1,80 m de comprimento e 0,80 kg de massa, com raio igual a 0,20 m. O cilindro pode girar em torno de um eixo vertical que passa perpendicularmente pelo seu centro. Dois objetos estão dentro do cilindro. Cada objeto tem 0,20 kg de massa e está preso a uma mola de constante de força k e comprimento igual a 0,40 m, quando frouxa. As paredes internas do cilindro são sem atrito. (*a*) Determine o valor da constante de força, se os objetos estão localizados a 0,80 m do centro do cilindro, quando este gira a 24 rad/s. (*b*) Qual é o trabalho necessário para levar o sistema do repouso até esta rapidez angular de 24 rad/s?

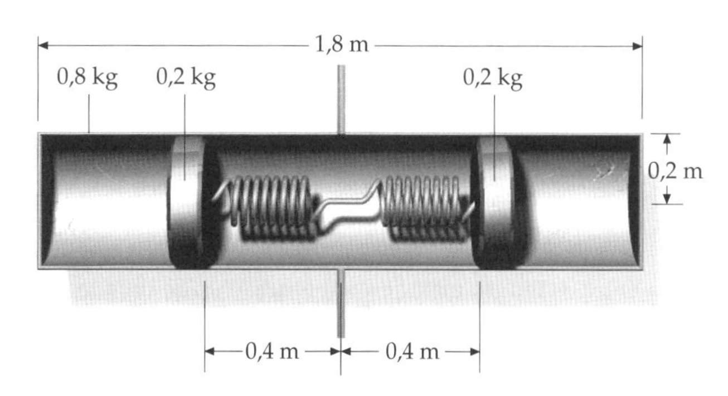

FIGURA 9-74 Problemas 120 e 123

121 •• Uma demonstração comum em sala de aula consiste em tomar uma régua de madeira de um metro e segurá-la horizontalmente, pela extremidade do 0,0 cm, com uma quantidade de moedas de um centavo igualmente espaçadas ao longo de sua superfície. Se a mão é, subitamente, relaxada, de modo que a régua começa a girar em torno da marca do zero sob a influência da gravidade, algo interessante é visto durante a primeira parte da rotação: os centavos mais próximos da marca do zero permanecem sobre a régua, enquanto os mais próximos da marca dos 100 cm são abandonados pela régua. (Esta demonstração é muitas vezes referida como a demonstração do "mais rápido que a gravidade".) Imagine esta demonstração repetida, sem nenhuma moeda sobre a régua. (*a*) Qual seria, então, a aceleração inicial da marca dos 100 cm? (A aceleração inicial é a aceleração imediatamente após a largada.) (*b*) Qual ponto da régua teria, então, uma aceleração maior do que g?

122 •• Uma barra metálica maciça de 1,5 m pode girar sem atrito em torno de um eixo horizontal fixo que passa, perpendicularmente, por uma de suas extremidades. A barra é segura em uma posição horizontal. Moedas de um centavo, cada uma de massa m, são colocadas sobre a barra a distâncias de 25 cm, 50 cm, 75 cm, 1 m, 1,25 m e 1,5 m do pivô. Se a extremidade livre é, agora, liberada, calcule a força inicial exercida pela barra sobre cada moeda. Ignore as massas das moedas, em comparação com a massa da barra.

123 •• No sistema descrito no Problema 120, as constantes de força valem 60 N/m. O sistema parte do repouso e acelera lentamente ate que as massas estejam a 0,80 m do centro do cilindro. Qual foi o trabalho realizado neste processo?

124 ••• Um cordão é enrolado em torno de um cilindro maciço e homogêneo, de raio R e massa M, que está colocado sobre uma superfície horizontal sem atrito. (O cordão não toca a superfície, porque existe uma ranhura na superfície, dando espaço ao cordão.) O cordão é puxado horizontalmente, de cima, com uma força F. (*a*) Mostre que a magnitude da aceleração angular do cilindro é duas vezes a magnitude da aceleração angular necessária para o rolamento sem deslizamento, de forma que o ponto mais baixo do cilindro desliza para trás, em relação à mesa. (*b*) Determine a magnitude e o sentido da força de atrito, entre a mesa e o cilindro, que seriam necessários para o cilindro rolar sem deslizar. Qual seria a magnitude da aceleração do cilindro, neste caso?

125 ••• **PLANILHA ELETRÔNICA** Determine, por integração numérica, a posição y da carga que cai presa à roldana do Exemplo 9-8 como função do tempo. Tome o sentido $+y$ apontando para baixo. Então, $v(y) = dy/dt$, ou

$$t = \int_0^y \frac{1}{v(y')}dy' \approx \sum_{i=0}^{N} \frac{1}{v(y_i')} \Delta y'$$

onde t é o tempo que o balde leva para cair uma distância y, $\Delta y'$ é um pequeno incremento em y' e $y' = N\Delta y'$. Assim, é possível calcular t em função de d como uma soma numérica. Faça um gráfico de y *versus* t entre 0 s e 2,00 s. Suponha $m_r = 10{,}0$ kg, $R = 0{,}50$ m, $m_b = 5{,}0$ kg, $L = 10{,}0$ m e $m_c = 3{,}50$ kg. Use $\Delta y' = 0{,}10$ m. Compare esta posição com a posição da carga se ela caísse livremente.

126 ••• A Figura 9-75 mostra um cilindro maciço de massa M e raio R, ao qual foi preso um segundo cilindro maciço, de massa m e raio r. Um cordão é enrolado em torno do cilindro menor. O cilindro maior está sobre uma superfície horizontal. O coeficiente de atrito estático entre o cilindro maior e a superfície é μ_e. Se uma leve tensão é aplicada ao cordão, na direção vertical, o cilindro rolará para a esquerda; se a tensão é aplicada horizontalmente para a direita, o cilindro rolará para a direita. Determine o ângulo entre o cordão e a horizontal para o qual o cilindro permanece estacionário quando uma leve tensão é aplicada ao cordão.

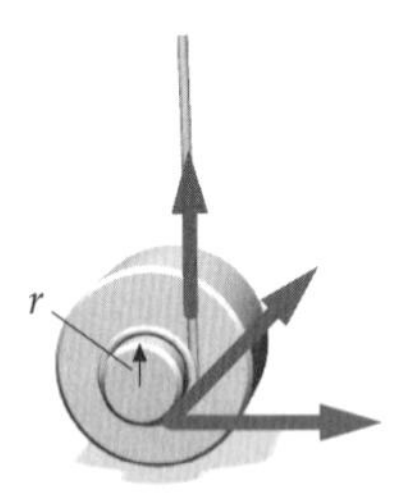

FIGURA 9-75 Problema 126

127 ••• Em problemas envolvendo uma polia com momento de inércia não-nulo, as magnitudes das tensões da corda, nos dois lados da polia, são diferentes. A diferença de tensão é devida à força de atrito estático entre a corda e a polia; no entanto, a força de atrito estático não pode ser arbitrariamente grande. Considere uma corda sem massa envolvendo parcialmente um cilindro, de um ângulo $\Delta\theta$ (medido em radianos). Pode ser mostrado que, se a tensão em um lado da polia é T, enquanto a tensão no outro lado é T' ($T' > T$), o maior valor de T' que pode ser mantido sem que a corda deslize é $T'_{\text{máx}} = T \exp(\mu_e \Delta\theta)$, onde μ_e é o coeficiente de atrito estático. Seja a máquina de Atwood da Figura 9-76: a polia tem raio $R = 0{,}15$ m, momento de inércia $I = 0{,}35$ kg · m^2 e o coeficiente de atrito estático entre a polia e o cordão é $\mu_e = 0{,}30$. (*a*) Se a tensão em um dos lados da polia é 10 N, qual é a máxima tensão do outro lado para a qual a corda não desliza sobre a polia? (*b*) Qual é a aceleração dos blocos, neste caso? (*c*) Se a massa de um dos blocos pendurados é 1,0 kg, qual é a maior massa que pode ter o outro bloco se, após liberados, a polia gira sem ocorrer deslizamento?

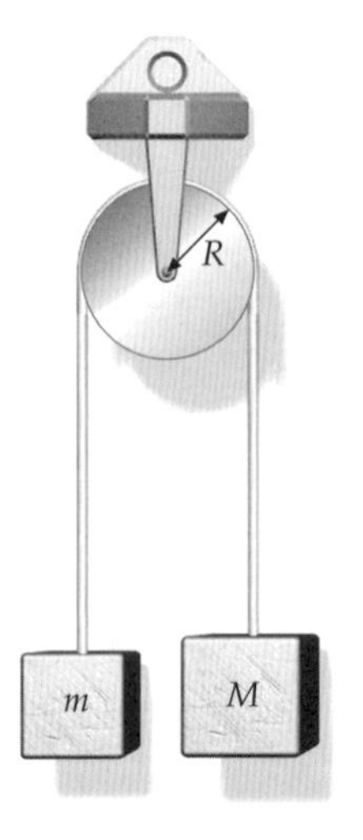

FIGURA 9-76 Problema 127

128 ••• Um cilindro, maciço e homogêneo, tem massa m e raio R (Figura 9-77). Ele é acelerado por uma força de tensão $\vec{T}$ que é aplicada através de uma corda enrolada em torno de um tambor leve de raio r, preso ao cilindro. O coeficiente de atrito estático é suficiente para que o cilindro role sem deslizar. (*a*) Determine a força de atrito. (*b*) Determine a aceleração a do centro do cilindro. (*c*) Mostre que é possível escolher r de forma que a seja maior do que T/m. (*d*) Qual é o sentido da força de atrito nas circunstâncias da Parte (*c*)?

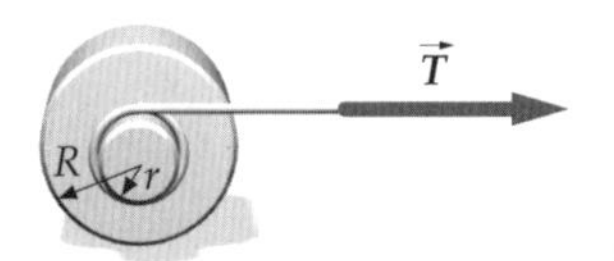

FIGURA 9-77 Problema 128

129 ••• Um bastão uniforme tem comprimento L e massa M e pode girar livremente em torno de um eixo horizontal em uma de suas extremidades, como mostrado na Figura 9-78. O bastão é largado do repouso em $\theta = \theta_0$. Mostre que as componentes paralela e perpendicular da força exercida pelo eixo sobre o bastão são dadas por $F_\parallel = \frac{1}{2}Mg(5\cos\theta - 3\cos\theta_0)$ e $F\perp = \frac{1}{4}Mg \text{ sen } \theta$, onde $F_\parallel$ é a componente paralela ao bastão e $F\perp$ é a componente perpendicular ao bastão.

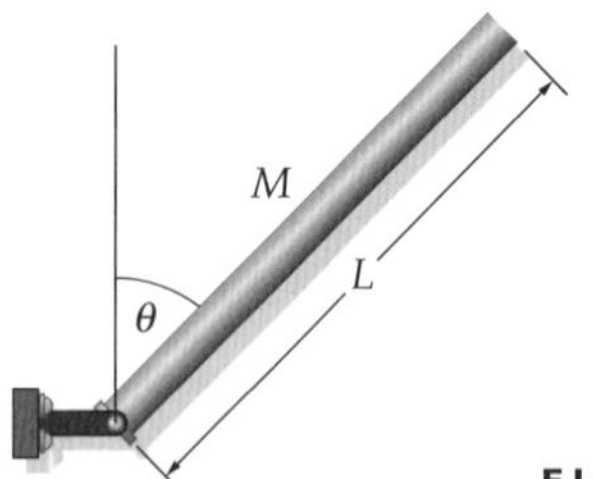

FIGURA 9-78 Problema 129

O TELESCÓPIO ESPACIAL HUBBLE FOI COLOCADO EM ÓRBITA E COMEÇOU A OPERAR EM 1990. QUASE QUE IMEDIATAMENTE UM IMPORTANTE DEFEITO EM SEU PRINCIPAL ESPELHO FOI DESCOBERTO. EM 1993, UMA NAVE AUXILIAR VISITOU O TELESCÓPIO E CORRIGIU O PROBLEMA. DESDE ENTÃO, O HUBBLE TEM FORNECIDO IMAGENS ESPETACULARES DO UNIVERSO. ESSAS IMAGENS TÊM PERMITIDO ENRIQUECER E ESTENDER NOSSO CONHECIMENTO SOBRE O UNIVERSO. O TELESCÓPIO HUBBLE É UM EXTRAORDINÁRIO INSTRUMENTO CIENTÍFICO. (*NASA*.)

Quantidade de Movimento Angular

? Para apontar o telescópio Hubble em nova direção, deve-se fazê-lo girar. Como isto é feito?

(Veja o Exemplo 10-7.)

Assim como a conservação da energia e a conservação da quantidade de movimento linear, a conservação da quantidade de movimento angular é um dos princípios básicos da física. A evidência experimental mostra que a quantidade de movimento angular nunca é criada ou destruída.

Neste capítulo, estendemos nosso estudo do movimento de rotação para situações nas quais a direção do eixo de rotação pode variar. Velocidade angular, aceleração angular e torque foram apresentados no Capítulo 9. Aqui, começamos por apresentar a natureza vetorial destas grandezas e da quantidade de movimento angular, que é o análogo rotacional da quantidade de movimento linear. Mostramos, depois, que o torque resultante sobre um sistema é igual à taxa de variação no tempo de sua quantidade de movimento angular. A quantidade de movimento angular é conservada em sistemas que não possuem torque externo resultante. Assim como a conservação da quantidade de movimento linear, a conservação da quantidade de movimento angular é uma lei fundamental da natureza, valendo inclusive para átomos, moléculas, partículas subatômicas e fótons.

10-1 A NATUREZA VETORIAL DA ROTAÇÃO

No Capítulo 9, indicamos o sentido da rotação em torno de um eixo usando o sinal positivo ou negativo para indicar o sentido da velocidade angular, assim como no Capítulo 2 usamos os sinais positivo e negativo para indicar o sentido da velocidade no movimento unidimensional. No entanto, os sinais de mais ou menos *não* são adequados para especificar a orientação da velocidade angular se a direção do eixo de rotação não é fixa no espaço. Esta inadequação é resolvida tratando a velocidade angular como uma grandeza vetorial $\vec{\omega}$ dirigida ao longo do eixo de rotação. Seja o disco que gira, na Figura 10-1. Se a rotação é no sentido que está mostrado, então $\vec{\omega}$ tem o sentido indicado; se o sentido da rotação é invertido, o mesmo acontece com o sentido de $\vec{\omega}$. A convenção que relaciona o sentido de $\vec{\omega}$ com o sentido da rotação é especificada pela chamada **regra da mão direita**. Você pode obter o sentido de $\vec{\omega}$ fazendo os dedos de sua mão direita girarem no sentido da rotação (Figura 10-2); o seu polegar apontará, então, ao longo do eixo de rotação, no sentido de $\vec{\omega}$.

FIGURA 10-1

No Capítulo 9, indicamos o sentido do torque em relação a um eixo atribuindo o sinal positivo ou negativo para indicar o sentido do torque. Neste capítulo, definimos o torque $\vec{\tau}$ em relação a um ponto como uma grandeza vetorial, e, assim como para $\vec{\omega}$, a orientação de $\vec{\tau}$ é dada pela regra da mão direita. A Figura 10-3 mostra uma força $\vec{F}$ atuando sobre uma partícula em uma posição $\vec{r}$ relativa à origem O. O torque $\vec{\tau}$ em relação a O, exercido por esta força, é definido como um vetor perpendicular tanto a $\vec{F}$ quanto a $\vec{r}$, tendo a magnitude Fr sen ϕ, onde ϕ é o ângulo entre os sentidos de $\vec{F}$ e de $\vec{r}$. Se $\vec{F}$ e $\vec{r}$ são ambos perpendiculares ao eixo z, como na Figura 10-3, então o vetor torque $\vec{\tau}$ é paralelo ao eixo z. Se $\vec{F}$ é aplicada na borda de um disco de raio r, como mostrado na Figura 10-4, o vetor torque tem a magnitude Fr e a direção do eixo de rotação com o sentido mostrado.

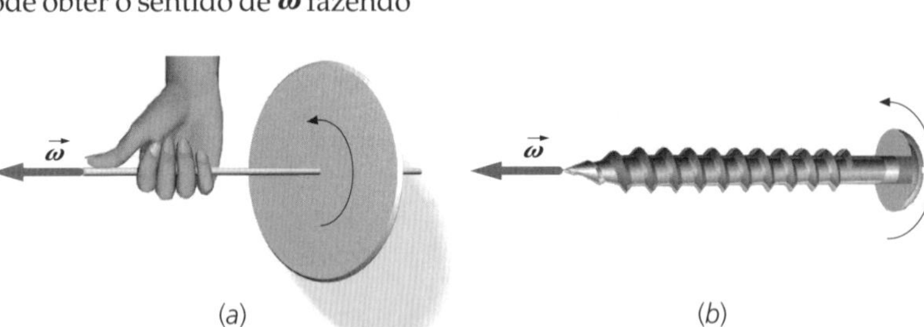

FIGURA 10-2 (*a*) Quando os dedos da mão direita se curvam no sentido da rotação, o polegar aponta no sentido de $\vec{\omega}$. (*b*) O sentido de $\vec{\omega}$ também pode ser visto como o do avanço de um parafuso.

O PRODUTO VETORIAL

O torque é expresso, matematicamente, como o **produto vetorial** de $\vec{r}$, por $\vec{F}$:

$$\vec{\tau} = \vec{r} \times \vec{F} \qquad 10\text{-}1$$

(O produto vetorial de dois vetores também é conhecido como *produto externo*.) O produto vetorial de dois vetores $\vec{A}$ e $\vec{B}$ é definido como o vetor $\vec{C} = \vec{A} \times \vec{B}$ de magnitude igual à área do paralelogramo formado por $\vec{A}$ e $\vec{B}$ (Figura 10-5). O vetor $\vec{C}$ é perpendicular a ambos $\vec{A}$ e $\vec{B}$ e tem a orientação do polegar de sua mão direita se você curva seus dedos no sentido de $\vec{A}$ para $\vec{B}$ (Figura 10-6). Se ϕ é o ângulo entre $\vec{A}$ e $\vec{B}$,* e $\hat{n}$ é um vetor unitário perpendicular a $\vec{A}$ e a $\vec{B}$ e com o sentido de $\vec{C}$, o produto vetorial de $\vec{A}$ por $\vec{B}$ vale

$$\vec{A} \times \vec{B} = AB \operatorname{sen}\phi\, \hat{n} \qquad 10\text{-}2$$

DEFINIÇÃO — PRODUTO VETORIAL

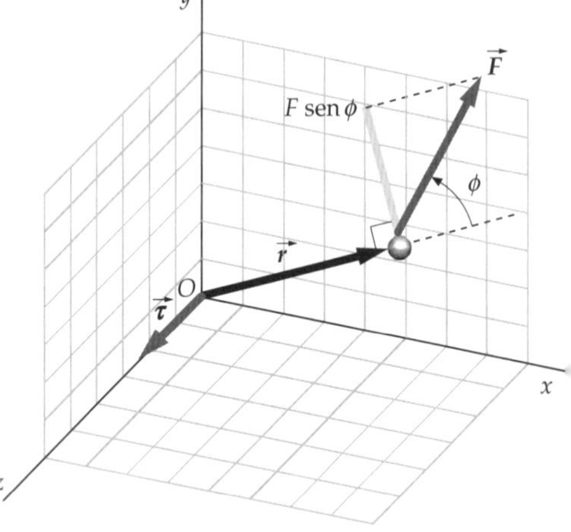

FIGURA 10-3 Se $\vec{F}$ e $\vec{r}$ são ambos perpendiculares ao eixo z, então $\vec{\tau}$ é paralelo ao eixo z.

Segue, da definição de produto vetorial, que

$$\vec{A} \times \vec{A} = 0 \qquad 10\text{-}3$$

e

$$\vec{A} \times \vec{B} = -\vec{B} \times \vec{A} \qquad 10\text{-}4$$

Note que a ordem em que os dois vetores são multiplicados em um produto vetorial é importante. Segue uma Estratégia para Solução de Problemas que deverá ajudá-lo a trabalhar com o produto vetorial.

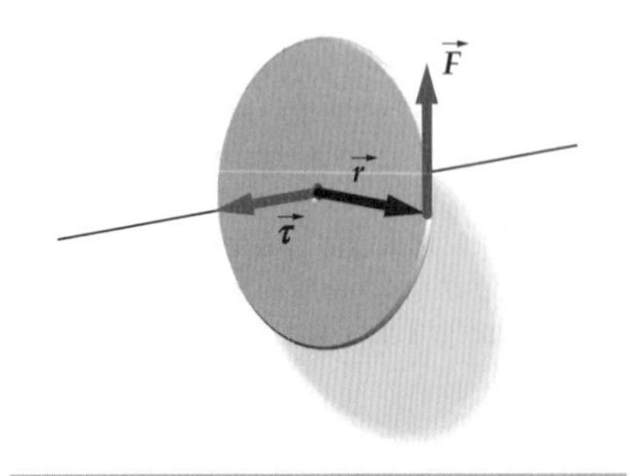

FIGURA 10-4

*O ângulo entre dois vetores é o ângulo entre suas orientações no espaço.

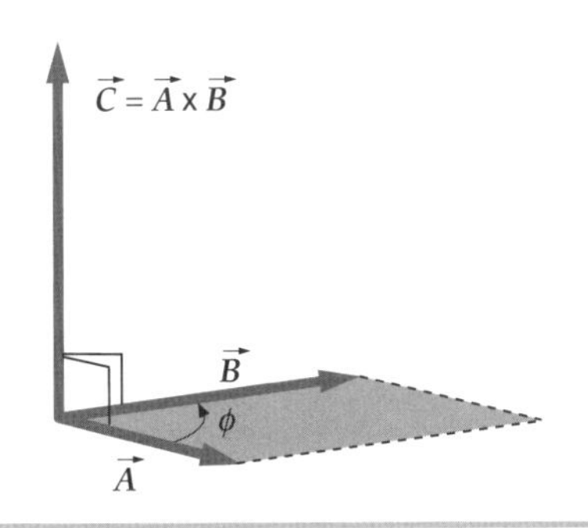

FIGURA 10-5 O produto vetorial $\vec{A} \times \vec{B}$ é um vetor $\vec{C}$ perpendicular tanto a $\vec{A}$ quanto a $\vec{B}$, e tem a magnitude AB sen ϕ, que é igual à área do paralelogramo mostrado.

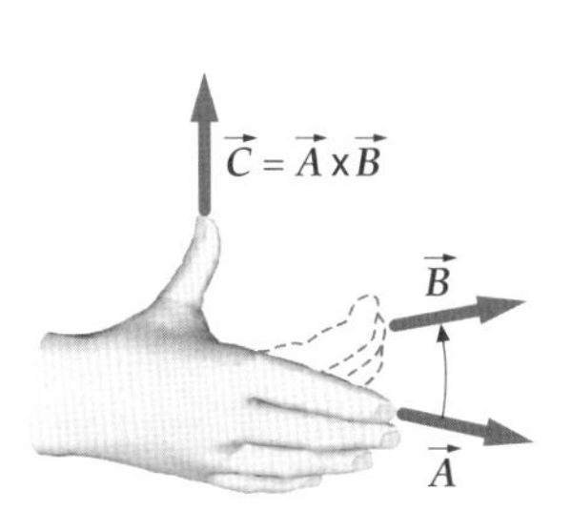

FIGURA 10-6 O sentido de $\vec{A} \times \vec{B}$ é dado pela regra da mão direita, quando os dedos varrem o ângulo ϕ trazendo $\vec{A}$ para $\vec{B}$.

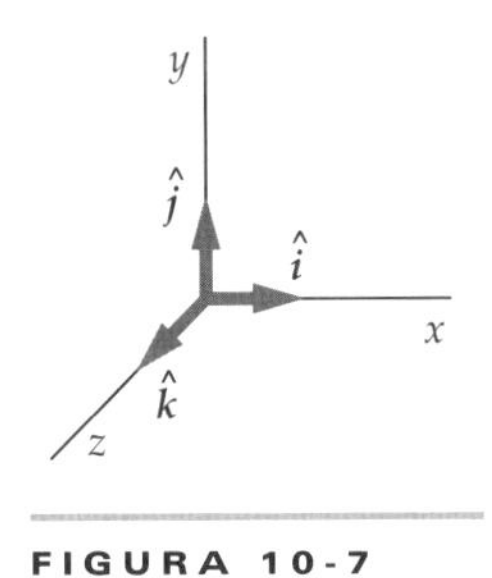

FIGURA 10-7

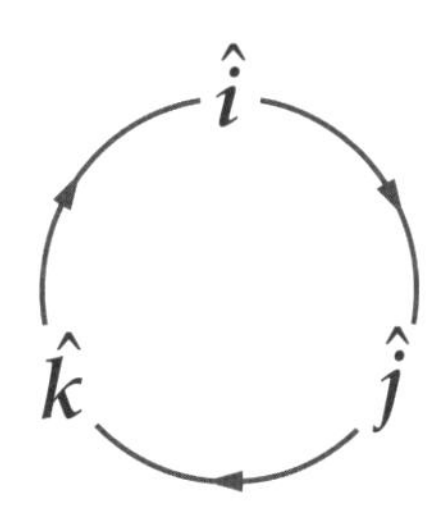

FIGURA 10-8 O produto vetorial feito na ordem das setas da figura (sentido horário) é positivo ($\hat{i} \times \hat{j} = \hat{k}$). Na ordem inversa, o sinal é negativo ($\hat{i} \times \hat{k} = -\hat{j}$).

ESTRATÉGIA PARA SOLUÇÃO DE PROBLEMAS

Determinando o Produto Vetorial de Dois Vetores

SITUAÇÃO Às vezes, é mais fácil encontrar o produto vetorial de dois vetores usando a equação $\vec{A} \times \vec{B} = AB \text{ sen } \phi \, \hat{n}$. Outras vezes, é mais fácil encontrar o produto vetorial usando as componentes cartesianas dos dois vetores.

SOLUÇÃO

1. O produto vetorial obedece à lei distributiva para a adição:

$$\vec{A} \times (\vec{B} + \vec{C}) = \vec{A} \times \vec{B} + \vec{A} \times \vec{C} \qquad 10\text{-}5$$

2. Se $\vec{A}$ e $\vec{B}$ são funções de uma variável como t, a derivada de $\vec{A} \times \vec{B}$ respeita a regra usual da derivada de um produto:

$$\frac{d}{dt}(\vec{A} \times \vec{B}) = \left(\vec{A} \times \frac{d\vec{B}}{dt}\right) + \left(\frac{d\vec{A}}{dt} \times \vec{B}\right) \qquad 10\text{-}6$$

3. Os vetores unitários $\hat{i}$, $\hat{j}$ e $\hat{k}$ (Figura 10-7), mutuamente perpendiculares, multiplicam-se vetorialmente como

$$\hat{i} \times \hat{j} = \hat{k}, \; \hat{j} \times \hat{k} = \hat{i}, \; \text{e} \quad \hat{k} \times \hat{i} = \hat{j} \qquad 10\text{-}7a$$

(Invertendo a ordem das multiplicações, fica $\hat{j} \times \hat{i} = -\hat{k}$, $\hat{k} \times \hat{j} = -\hat{i}$, e $\hat{i} \times \hat{k} = -\hat{j}$, de acordo com a Equação 10-4. Um diagrama mnemônico para isto é mostrado na Figura 10-8. Além disso,

$$\hat{i} \times \hat{i} = \hat{j} \times \hat{j} = \hat{k} \times \hat{k} = 0 \qquad 10\text{-}7b$$

CHECAGEM Verifique se seus produtos vetoriais fazem sentido. Por exemplo, o produto vetorial de dois vetores é um vetor perpendicular a cada um dos dois vetores. Também, certifique-se de que você não inverteu inadvertidamente a ordem dos dois vetores a serem multiplicados, introduzindo um erro de sinal.

INDO ALÉM Qualquer sistema de coordenadas para o qual as Equações 10-7*a* e 10-7*b* são satisfeitas é chamado de *sistema de coordenadas direito* (ou dextrogiro) (Figura 10-9). Apenas sistemas coordenados direitos são usados neste livro.

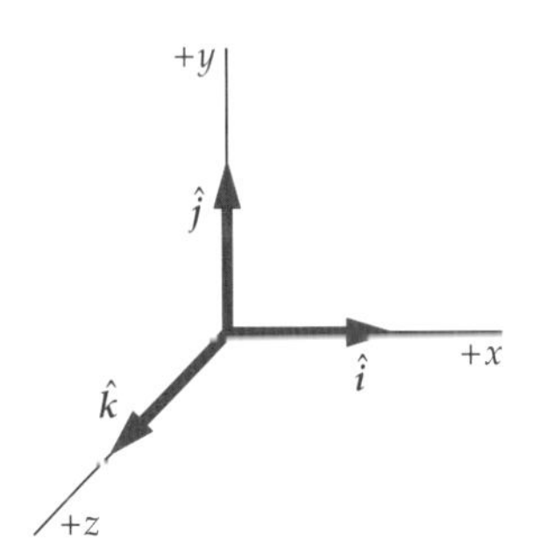

Sistema direito ($\hat{i} \times \hat{j} = \hat{k}$)

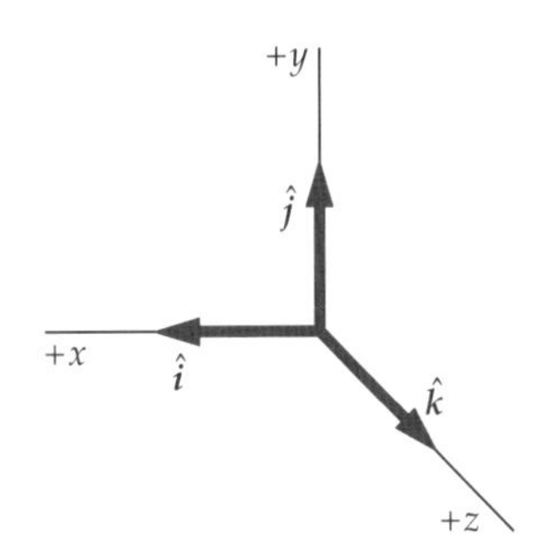

Sistema esquerdo ($\hat{i} \times \hat{j} = -\hat{k}$)

FIGURA 10-9 Um sistema coordenado direito e um sistema coordenado esquerdo. Neste livro, apenas sistemas coordenados direitos são usados.

Exemplo 10-1 Produtos Vetoriais e Produtos Escalares

Se $\vec{A} = 3\hat{j}$, $\vec{A} \times \vec{B} = 9\hat{i}$ e $\vec{A} \cdot \vec{B} = 12$, determine $\vec{B}$.

SITUAÇÃO Expresse $\vec{B}$ em termos de suas componentes cartesianas e determine cada uma dessas componentes usando as informações dadas.

SOLUÇÃO

1. Expresse $\vec{B}$ em termos de suas componentes cartesianas, que deverão ser determinadas:

$$\vec{B} = B_x\hat{i} + B_y\hat{j} + B_z\hat{k}$$

2. Sabe-se que $\vec{A} \cdot \vec{B} = 12$. Calcule $\vec{A} \times \vec{B}$ e simplifique usando a Equação 6-15:

$$\vec{A} \cdot \vec{B} = 3\hat{j} \cdot (B_x\hat{i} + B_y\hat{j} + B_z\hat{k}) = 3B_x\hat{j} \cdot \hat{i} + 3B_y\hat{j} \cdot \hat{j} + 3B_z\hat{j} \cdot \hat{k}$$
$$= 0 + 3B_y + 0 = 3B_y$$

3. Faça o resultado do passo 2 igual a 12 para encontrar B_y:

$$3B_y = 12, \quad \text{logo} \quad B_y = 4$$

4. Sabe-se que $\vec{A} \times \vec{B} = 9\hat{i}$. Calcule $\vec{A} \times \vec{B}$ e simplifique usando as Equações 10-7*a* e 10-7*b*:

$$\vec{A} \times \vec{B} = 3\hat{j} \times (B_x\hat{i} + B_y\hat{j} + B_z\hat{k}) = 3B_x\hat{j} \times \hat{i} + 3B_y\hat{j} \times \hat{j} + 3B_z\hat{j} \times \hat{k}$$
$$= 3B_x(-\hat{k}) + 3B_y(0) + 3B_z(\hat{i}) = 3B_z\hat{i} - 3B_x\hat{k}$$

5. Faça o resultado do passo 4 igual a $9\hat{i}$ para determinar as outras componentes de $\vec{B}$:

$$\vec{A} \times \vec{B} = 9\hat{i}$$
$$3B_z\hat{i} - 3B_x\hat{k} = 9\hat{i} \quad \text{logo}$$
$$B_z = 3 \quad \text{e} \quad B_x = 0$$
$$\therefore \vec{B} = 0\hat{i} + 4\hat{j} + 3\hat{k} = \boxed{4\hat{j} + 3\hat{k}}$$

CHECAGEM O produto vetorial de quaisquer dois vetores é perpendicular aos dois vetores (exceto quando o produto vetorial é igual a zero). Como $\vec{A} \times \vec{B} = 9\hat{i}$, esperamos que $\vec{B}$ seja perpendicular a $\hat{i}$, o que significa que esperamos que a componente x de $\vec{B}$ seja zero. Nosso resultado confirma esta expectativa.

10-2 TORQUE E QUANTIDADE DE MOVIMENTO ANGULAR

A Figura 10-10 mostra uma partícula de massa m se movendo com velocidade $\vec{v}$ na posição $\vec{r}$ em relação à origem O. A quantidade de movimento linear da partícula é $\vec{p} = m\vec{v}$. A **quantidade de movimento angular** $\vec{L}$ da partícula em relação à origem O é definida como o produto vetorial de $\vec{r}$ por $\vec{p}$:

$$\vec{L} = \vec{r} \times \vec{p} \qquad 10\text{-}8$$

DEFINIÇÃO DE QUANTIDADE DE MOVIMENTO ANGULAR DE UMA PARTÍCULA PONTUAL

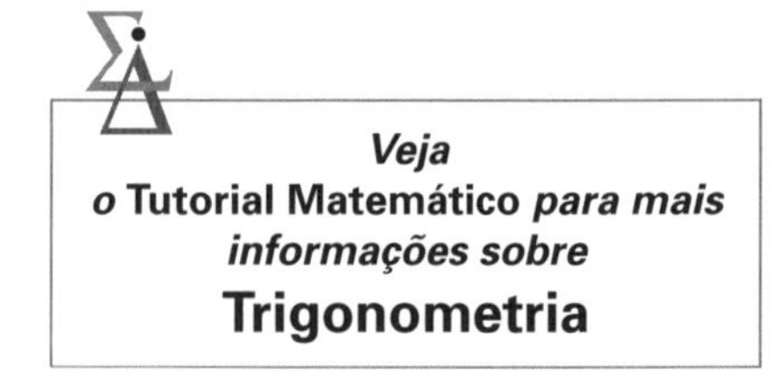

Se $\vec{r}$ e $\vec{p}$ são ambos perpendiculares ao eixo z, como na Figura 10-10, então $\vec{L}$ é paralelo ao eixo z e é dado por $\vec{L} = \vec{r} \times \vec{p} = mvr \operatorname{sen} \phi \,\hat{k}$. Assim como o torque, a quantidade de movimento angular é definida *em relação a um ponto do espaço*; neste caso, a quantidade de movimento angular é definida em relação à origem.

A Figura 10-11 mostra uma partícula de massa m, presa a um disco circular de massa desprezível, movendo-se em um círculo no plano xy que tem o centro na origem. O disco gira em torno do eixo z, com rapidez angular ω. A rapidez v da partícula e sua rapidez angular ω relacionam-se como $v = r\omega$. A quantidade de movimento angular da partícula em relação ao centro do disco é

$$\vec{L} = \vec{r} \times \vec{p} = \vec{r} \times m\vec{v} = rmv \operatorname{sen} 90° \,\hat{k} = rmv\hat{k} = mr^2\omega\hat{k} = mr^2\vec{\omega}$$

Nota: Neste exemplo, o vetor quantidade de movimento angular tem a mesma orientação do vetor velocidade angular.

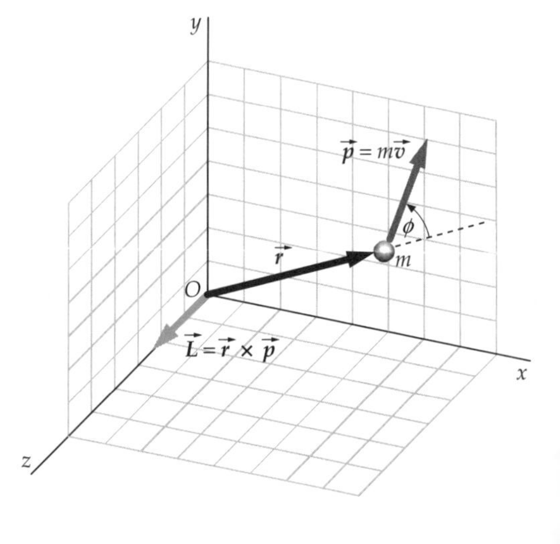

FIGURA 10-10

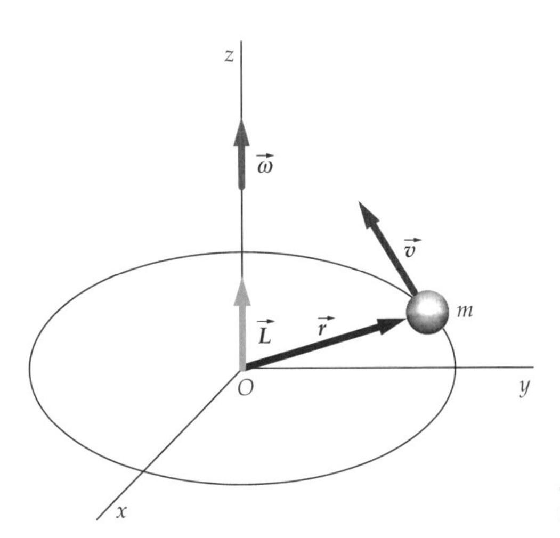

FIGURA 10-11

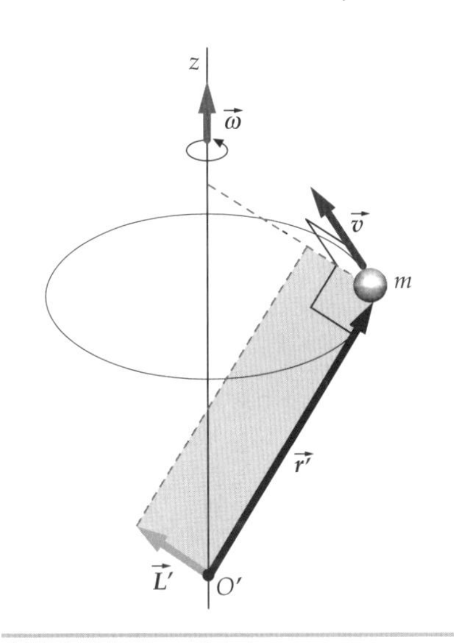

FIGURA 10-12

Como mr^2 é o momento de inércia de uma partícula única em relação ao eixo z, temos

$$\vec{L} = mr^2\vec{\omega} = I\vec{\omega}$$

A quantidade de movimento angular desta partícula, em relação a um ponto qualquer do eixo z, não é paralela ao vetor velocidade angular. A Figura 10-12 mostra o vetor quantidade de movimento angular $\vec{L}'$ da mesma partícula, presa ao mesmo disco, mas com $\vec{L}'$ calculado em relação a um ponto do eixo z que não está no centro do círculo. Neste caso, a quantidade de movimento angular não é paralela ao vetor velocidade angular $\vec{\omega}$, que é paralelo ao eixo z.

Na Figura 10-13 prendemos uma segunda partícula, de mesma massa, ao disco em rotação, em um ponto diametralmente oposto à primeira partícula. Os vetores quantidade de movimento angular $\vec{L}_1'$ e $\vec{L}_2'$, em relação ao mesmo ponto O' são mostrados. A quantidade de movimento angular total $\vec{L}' = \vec{L}_1' + \vec{L}_2'$ do sistema de duas partículas é, novamente, paralela ao vetor velocidade angular $\vec{\omega}$. Neste caso, o eixo de rotação, o eixo z, passa pelo centro de massa do sistema de duas partículas, e a distribuição de massa é simétrica em relação a este eixo. Um eixo como este é chamado de **eixo de simetria**. Para qualquer sistema de partículas que gira em torno de um eixo de simetria, a quantidade de movimento angular total (que é a soma das quantidades de movimento das partículas individuais) é paralela à velocidade angular e é dada por

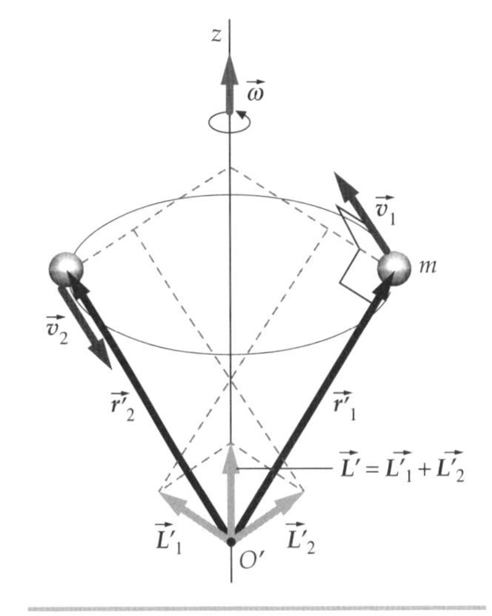

FIGURA 10-13

$$\vec{L} = I\vec{\omega} \qquad \text{10-9}$$

QUANTIDADE DE MOVIMENTO ANGULAR DE UM SISTEMA QUE GIRA EM TORNO DE UM EIXO DE SIMETRIA

onde I é um escalar.*

Exemplo 10-2 Quantidade de Movimento Angular em Relação à Origem

Determine a quantidade de movimento angular, em relação à origem, para as seguintes situações. (*a*) Um carro de 1200 kg de massa que se move em um círculo de 20 m de raio com uma rapidez de 15 m/s. O círculo está no plano xy, centrado na origem. Visto de um ponto do eixo z positivo, o carro se move no sentido anti-horário. (*b*) O mesmo carro, movendo-se no plano xy com velocidade $\vec{v} = -(15\text{ m/s})\hat{i}$, ao longo da linha $y = y_0 = 20$ m, paralela ao eixo x. (*c*) Um disco homogêneo no plano xy, de raio 20 m e massa 1200 kg, girando a 0,75 rad/s em torno de seu eixo, que também é o eixo z. Visto de um ponto do eixo z positivo, o disco se move no sentido anti-horário. Trate o carro como uma partícula pontual.

SITUAÇÃO Em (*a*) e (*b*) usamos $\vec{L} = \vec{r} \times \vec{p}$, porque estamos tratando o carro como uma partícula pontual. Em (*c*), usamos $\vec{L} = I\vec{\omega}$, porque estamos tratando o disco como um corpo rígido com extensão. Desenhe uma figura e aplique a regra da mão direita para determinar a orientação de $\vec{L}$.

*Em tratamentos mais avançados, a Equação 10-9 é válida em relação a qualquer eixo, mas I é um tensor de ordem 3.

SOLUÇÃO

(a) $\vec{r}$ e $\vec{p}$ são perpendiculares e $\vec{r} \times \vec{p}$ tem o sentido de $+z$ (Figura 10-14):

$$\vec{L} = \vec{r} \times \vec{p} = rmv \operatorname{sen} 90° \hat{k}$$
$$= (20 \text{ m})(1200 \text{ kg})(15 \text{ m/s})\hat{k}$$
$$= \boxed{3{,}6 \times 10^5 \text{ kg} \cdot \text{m}^2/\text{s } \hat{k}}$$

FIGURA 10-14

(b) 1. Para o mesmo carro se movendo no sentido de x decrescente ao longo da linha $y = 20$ m, expressamos $\vec{r}$ e $\vec{p}$ em termos de vetores unitários:

$$\vec{r} = x\hat{i} + y\hat{j} = x\hat{i} + y_0\hat{j}$$
$$\vec{p} = m\vec{v} = -mv\hat{i}$$

2. Agora, calcule $\vec{r} \times \vec{p}$ (Figura 10-15):

$$\vec{L} = \vec{r} \times \vec{p} = (x\hat{i} + y_0\hat{j}) \times (-mv\hat{i})$$
$$= -xmv(\hat{i} \times \hat{i}) - y_0 mv(\hat{j} \times \hat{i})$$
$$= 0 - y_0 mv(-\hat{k}) = y_0 mv\hat{k}$$
$$= (20 \text{ m})(1200 \text{ kg})(15 \text{ m/s})\hat{k}$$
$$= \boxed{3{,}6 \times 10^5 \text{ kg} \cdot \text{m}^2/\text{s } \hat{k}}$$

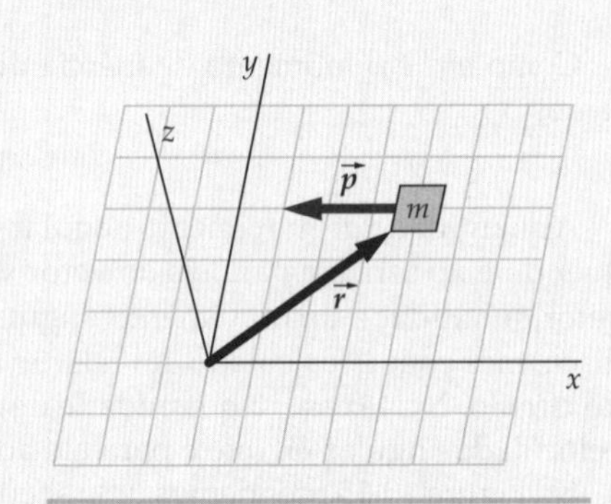

FIGURA 10-15

(c) Use $\vec{L} = I\vec{\omega}$ (Figura 10-16):

$$\vec{L} = I\vec{\omega} = I\omega\hat{k} = \tfrac{1}{2}mR^2\omega\hat{k}$$
$$= \tfrac{1}{2}(1200 \text{ kg})(20 \text{ m})^2(0{,}75 \text{ rad/s})\hat{k}$$
$$= \boxed{1{,}8 \times 10^5 \text{ kg} \cdot \text{m}^2/\text{s } \hat{k}}$$

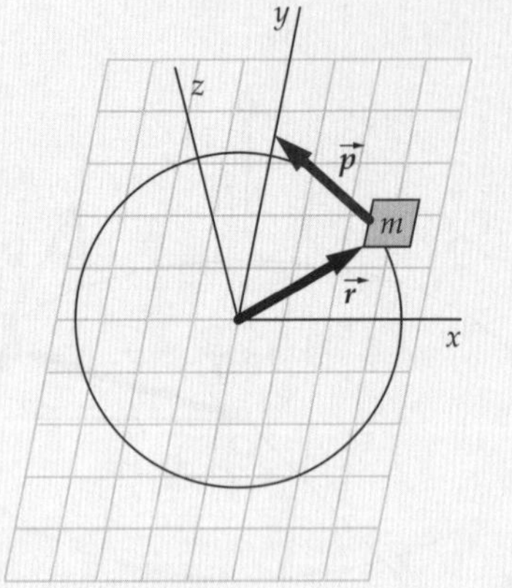

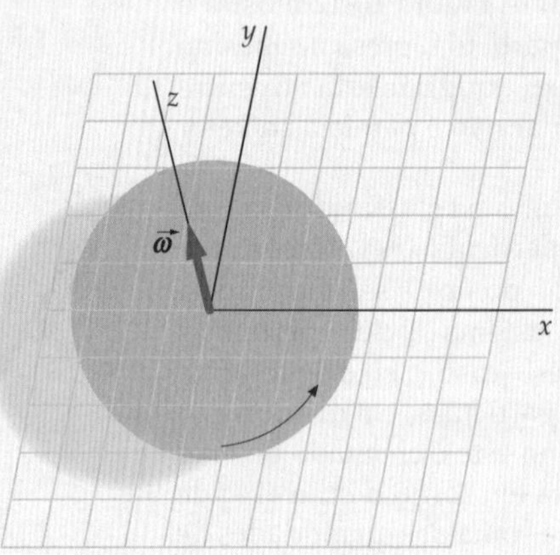

FIGURA 10-16

CHECAGEM Na Parte (c), a velocidade de um ponto da borda é $v = R\omega = (20 \text{ m})(0{,}75 \text{ rad/s}) = 15 \text{ m/s}$, a mesma velocidade do carro nas Partes (a) e (b). A quantidade de movimento angular do disco em rotação é menor do que a do carro, porque virtualmente toda a massa do disco está a menos de 20 m do eixo de rotação.

INDO ALÉM A quantidade de movimento angular do carro que se move em círculo na Parte (a) é a mesma que a do carro que se move em linha reta na Parte (b).

Há vários resultados adicionais relativos ao torque e à quantidade de movimento angular de um sistema de partículas. O primeiro destes é

$$\vec{\tau}_{\text{ext res}} = \frac{d\vec{L}_{\text{sis}}}{dt} \qquad \text{10-10}$$

O torque externo resultante sobre um sistema em relação a um ponto fixo é igual à taxa de variação da quantidade de movimento angular do sistema em relação ao mesmo ponto.

SEGUNDA LEI DE NEWTON PARA O MOVIMENTO DE ROTAÇÃO

Na Equação 10-10, o torque externo resultante, em relação ao ponto, é a soma vetorial dos torques externos atuando sobre o sistema em relação àquele ponto. Integrando os dois lados desta equação em relação ao tempo, tem-se

$$\Delta\vec{L}_{\text{sis}} = \int_{t_i}^{t_f} \vec{\tau}_{\text{ext res}}\,dt \qquad \text{10-11}$$

EQUAÇÃO IMPULSO ANGULAR—QUANTIDADE DE MOVIMENTO ANGULAR

A Equação 10-11 é o análogo rotacional de $\Delta\vec{P}_{\text{sis}} = \int_{t_i}^{t_f} \vec{F}_{\text{ext res}}dt$ (Equação 8-11).

É freqüentemente útil separar a quantidade de movimento angular total de um sistema, em relação a um ponto arbitrário O, em quantidade de movimento angular orbital e quantidade de movimento angular de spin:

$$\vec{L}_{\text{sis}} = \vec{L}_{\text{orb}} + \vec{L}_{\text{spin}} \qquad \text{10-12}$$

QUANTIDADES DE MOVIMENTO ANGULAR DE SPIN E ORBITAL

A Terra tem uma quantidade de movimento angular de spin devida ao movimento de rotação em torno de seu eixo, e tem uma quantidade de movimento angular orbital, em relação ao centro do Sol, devida ao movimento orbital em torno do Sol (Figura 10-17). A quantidade de movimento angular total da Terra em relação ao centro do Sol é a soma vetorial das quantidades de movimento angular de spin e orbital. $\vec{L}_{\text{spin}}$ é a quantidade de movimento angular de um sistema em relação ao seu centro de massa, e $\vec{L}_{\text{orb}}$ é a quantidade de movimento angular que uma partícula pontual de massa M, localizada no centro de massa e se movendo com a velocidade do centro de massa, teria. Isto é,

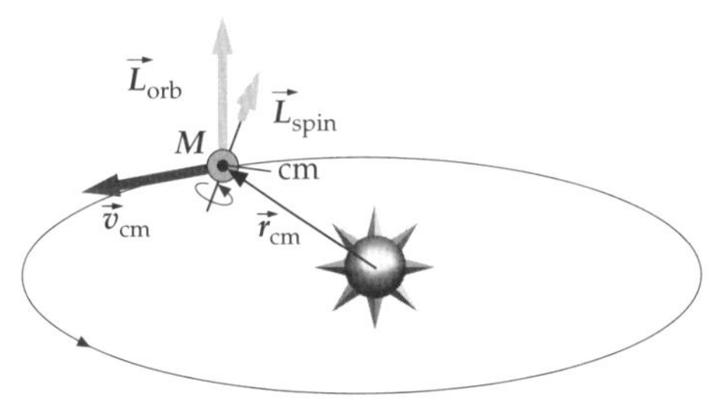

FIGURA 10-17 A quantidade de movimento angular total da Terra, em relação ao centro do Sol, é a soma dos vetores quantidade de movimento angular orbital e quantidade de movimento angular de spin.

$$\vec{L}_{\text{orb}} = \vec{r}_{\text{cm}} \times M\vec{v}_{\text{cm}} \qquad \text{10-13}$$

DEFINIÇÃO: QUANTIDADE DE MOVIMENTO ANGULAR ORBITAL

No Capítulo 9, torques são calculados em relação a eixos, e não a pontos. A relação entre o torque em relação a um eixo e o torque em relação a um ponto é imediata. Se o ponto O é a origem e se a força $\vec{F}$ exerce o torque $\vec{\tau}$ em relação a O, então τ_z (a componente z de $\vec{\tau}$) é o torque de $\vec{F}$ em relação ao eixo.

> ! Não confunda torque em relação a um ponto com torque em relação a um eixo. O torque de uma força em relação ao eixo z é a componente z do torque da força em relação a qualquer ponto do eixo z.

O mesmo cuidado deve ser tomado ao se considerar componentes de produtos vetoriais. Se $\vec{\tau} = \vec{r} \times \vec{F}$, então

$$\vec{\tau}_z = \vec{r}_{\text{rad}} \times \vec{F}_{xy} \qquad \text{10-14}$$

TORQUE EM RELAÇÃO AO EIXO z

onde $\vec{\tau}_z$, $\vec{\tau}_{\text{rad}}$ e $\vec{F}_{xy}$ (veja a Figura 10-18) são componentes vetoriais de $\vec{\tau}$, $\vec{r}$ e $\vec{F}$. A componente vetorial em dada direção é a componente escalar na direção vezes o vetor unitário da direção. Por exemplo, $\vec{\tau}_z = \tau_z\hat{k}$. Aqui, $\vec{r}_{\text{rad}}$ é a componente vetorial de $\vec{r}$ no sentido radial positivo (afastando-se do eixo z) e $\vec{F}_{xy}$ é a componente de $\vec{F}$ perpendicular ao eixo z, e portanto, paralela ao plano xy ($\vec{F}_{xy} = \vec{F} - F_z\hat{k}$). A relação entre a quantidade de movimento angular em relação a um eixo e a quantidade de movimento angular em relação a um ponto também é imediata. Se a quantidade de movimento angular de uma partícula pontual em relação à origem é $\vec{L} = \vec{\tau} \times \vec{p}$, então a quantidade de movimento angular da partícula em relação ao eixo z é

$$\vec{L}_z = \vec{r}_{\text{rad}} \times \vec{p}_{xy} \qquad \text{10-15}$$

QUANTIDADE DE MOVIMENTO ANGULAR EM RELAÇÃO AO EIXO z

onde $\vec{p}_{xy}$ é a componente da quantidade de movimento linear $\vec{p}$ perpendicular ao eixo z ($\vec{p}_{xy} = \vec{p} - p_z\hat{k}$). Tomando as componentes vetoriais z dos dois lados da Equação 10-10, temos

$$\vec{\tau}_{\text{ext res }z} = \frac{d\vec{L}_{\text{sis }z}}{dt} \qquad \text{10-16}$$

Para um corpo rígido simétrico que gira em torno do eixo z, $\vec{F}_{\text{sis }z}$ $I_z\vec{\omega}$, onde I_z é o momento de inércia em relação ao eixo z. Substituindo na Equação 10-16, fica

$$\vec{\tau}_{\text{ext res }z} = \frac{d\vec{L}_{\text{sis }z}}{dt} = \frac{d}{dt}(I_z\vec{\omega}) = I_z\vec{\alpha} \qquad \text{10-17}$$

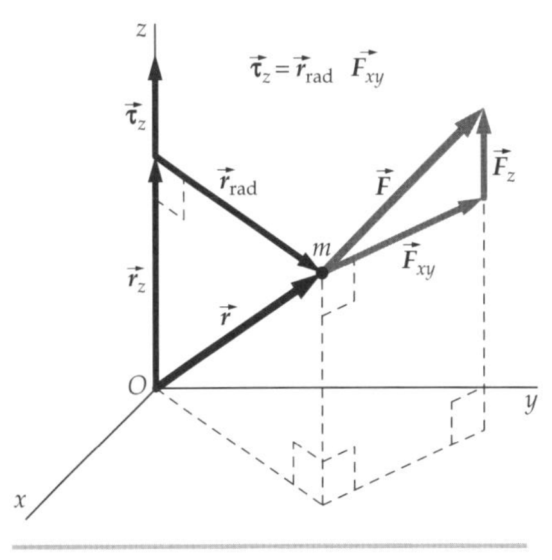

FIGURA 10-18

onde o vetor aceleração angular $\vec{\alpha}$ é definido como $\vec{\alpha} = d\vec{\omega}/dt$. (A Equação 10-17 é a forma vetorial da Equação 9-18.)

Para um sistema de partículas, a quantidade de movimento angular total em relação ao eixo z é igual à soma das quantidades de movimento angular em relação ao eixo z. Além disso, o torque total em relação ao eixo z é a soma dos torques externos que atuam sobre o sistema em relação ao eixo z.

Exemplo 10-3 A Máquina de Atwood Revisitada

Uma máquina de Atwood tem dois blocos, de massas m_1 e m_2 ($m_1 > m_2$), ligados por um fio de massa desprezível que passa por uma polia sem atrito nos mancais. A polia é um disco homogêneo de massa M e raio R. O fio não desliza sobre a polia. Aplique a Equação 10-16 ao sistema constituído pelos dois blocos, pelo fio e pela polia para determinar a aceleração angular da polia e a aceleração linear dos blocos.

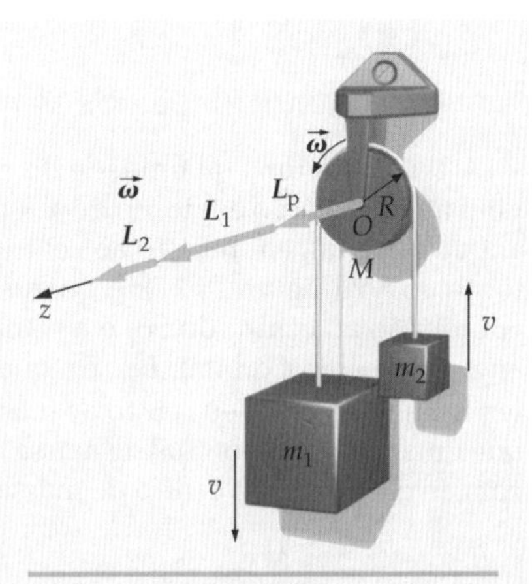

FIGURA 10-19

SITUAÇÃO Coloque a polia e os dois blocos centrados no plano xy, com o eixo z saindo da página através do centro da polia no ponto O, como mostrado na Figura 10-19. Calculamos os torques e as quantidades de movimento angular em relação ao eixo z e aplicamos a segunda lei de Newton para o movimento angular (Equação 10-10). Como m_1 é maior do que m_2, o disco irá girar no sentido anti-horário, o que significa que $\vec{\omega}$ tem o sentido $+z$. Todas as forças estão no plano xy, de forma que todos os torques são paralelos ao eixo z. Também, todas as velocidades estão no plano xy, de forma que todos os vetores quantidade de movimento angular também são paralelos ao eixo z. Como os vetores torque, velocidade angular e quantidade de movimento angular são todos paralelos ao eixo z, podemos tratar este problema como um problema unidimensional, com o sinal positivo designando o movimento anti-horário e o sinal negativo designando o movimento horário. A aceleração a dos blocos está relacionada com a aceleração angular α da polia através da condição de não-deslizamento $a = R\alpha$.

SOLUÇÃO

1. Trate como sistema tudo que se move. Desenhe um diagrama de corpo livre para o sistema (Figura 10-20). A única coisa que toca o sistema são os mancais da polia. As forças externas sobre o sistema são a força normal dos mancais sobre a polia, e as forças gravitacionais sobre os dois blocos e a polia:

2. Escreva a segunda lei de Newton para rotação na forma das componentes z (Equação 10-16):

$$\sum \tau_{\text{ext}\,z} = \frac{dL_z}{dt}$$

3. O torque externo total em relação ao eixo z é a soma dos torques exercidos pelas forças externas. Os braços de alavanca de F_{g1} e F_{g2} são iguais a R. (Os braços de alavanca de F_n e F_{gp} são iguais a zero.) $F_{g1} = m_1g$ e $F_{g2} = m_2g$:

$$\sum \tau_{i\,\text{ext}\,z} = \tau_n + \tau_{gp} + \tau_{g1} + \tau_{g2}$$
$$= 0 + 0 + m_1gR - m_2gR$$

4. A quantidade de movimento angular total em relação ao eixo z é igual à quantidade de movimento angular da polia, $\vec{L}_p$, mais as quantidades de movimento angular do bloco 1, $\vec{L}_1$, e do bloco 2, $\vec{L}_2$, todas no sentido positivo de z. A polia tem quantidade de movimento angular de spin, mas não tem quantidade de movimento angular orbital, porque seu centro de massa está em repouso. Cada bloco tem quantidade de movimento angular orbital, mas não tem quantidade de movimento angular de spin.

$$L_z = L_1 + L_2 + L_p$$
$$= m_1vR + m_2vR + I\omega$$

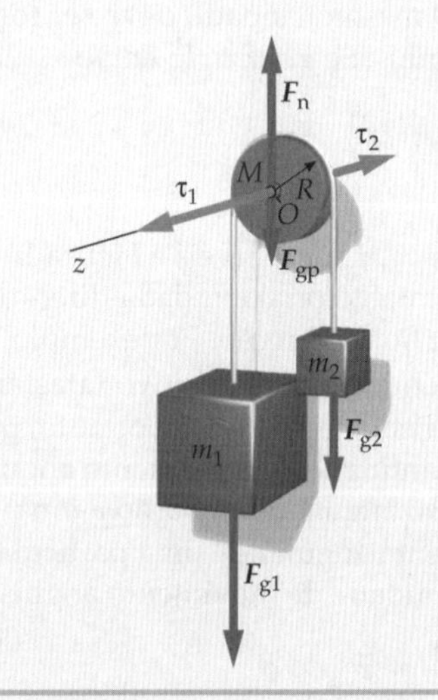

FIGURA 10-20

5. Substitua estes resultados na segunda lei de Newton para a rotação no passo 2:

$$\sum \tau_{\text{ext}\,z} = \frac{dL_z}{dt}$$

$$m_1gR - m_2gR = \frac{d}{dt}(m_1vR + m_2vR + I\omega)$$

$$m_1gR - m_2gR = (m_1 + m_2)Ra + I\alpha$$

6. Relacione I com M e R, use a condição de não-deslizamento para relacionar α com a e determine estes dois:

$$m_1gR - m_2gR = (m_1 + m_2)Ra + \tfrac{1}{2}MR^2\frac{a}{R}$$

logo $$a = \boxed{\frac{m_1 - m_2}{m_1 + m_2 + \frac{1}{2}M}g}$$

e $$\alpha = \frac{a}{R} = \boxed{\frac{m_1 - m_2}{m_1 + m_2 + \frac{1}{2}M}\frac{g}{R}}$$

CHECAGEM As respostas estão dimensionalmente corretas. Tanto os numeradores quanto os denominadores contêm fatores com as dimensões de massa, e portanto, estes fatores não contribuem para as dimensões das razões. Na primeira resposta, a e g têm dimensão L/T^2 e, na segunda resposta, α e g/R têm dimensão T^{-2}. Estas duas dimensões são o que deveríamos esperar.

INDO ALÉM (1) Este problema poderia ser resolvido escrevendo as tensões T_1, à esquerda, e T_2, à direita, e usando $\tau = I\alpha$ (Equação 10-17) para a polia e $\Sigma F_y = ma_y$ para cada bloco. No entanto, é mais fácil usar a quantidade de movimento angular (Equação 10-16) e, uma vez encontrada a aceleração, é imediata a solução para as duas tensões. (2) Como $\vec{L}_2 = \vec{r}_2 \times m_2\vec{v}_2$ (Figura 10-21), o sentido de $\vec{L}_2$ é obtido aplicando a regra da mão direita (Figura 10-6). E, como $\vec{\tau}_2 = \vec{r}_2 \times \vec{F}_{g2}$ (Figura 10-21), o sentido de $\vec{\tau}_2$ também é obtido aplicando a regra da mão direita.

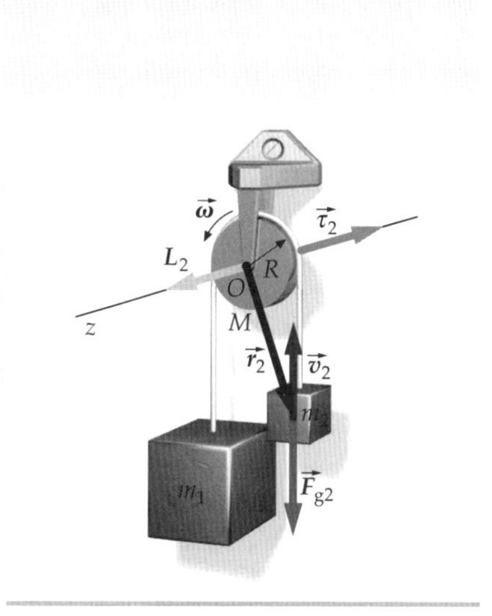

FIGURA 10-21

Há muitos problemas nos quais as forças, os vetores posição e as velocidades permanecem todos perpendiculares a um eixo fixo, de forma que torques, velocidades angulares e quantidades de movimento angular permanecem todos paralelos ao eixo de rotação fixo no espaço. Em tais casos, podemos atribuir valores positivos e negativos para as rotações anti-horárias e horárias, como fizemos no Exemplo 10-3, e tratar o caso como um problema unidimensional. No entanto, há outras situações, como o movimento de um giroscópio, onde torque, velocidade angular e quantidade de movimento angular devem ser tratados como vetores multidimensionais.

O GIROSCÓPIO

Um *giroscópio* é um exemplo comum de um corpo em movimento cujo eixo de rotação muda de direção. A Figura 10-22 mostra um giroscópio que consiste em um roda de bicicleta livre para girar em torno de seu eixo. O eixo é pivotado em um ponto distante D do centro da roda e é livre para girar em torno do pivô em qualquer direção. Podemos compreender qualitativamente o movimento complexo de tal sistema usando a segunda lei de Newton para a rotação,

$$\vec{\tau}_{\text{res}} = \frac{d\vec{L}}{dt} \qquad (\text{ou } \Delta\vec{L} \approx \vec{\tau}_{\text{res}}\,\Delta t) \qquad 10\text{-}18$$

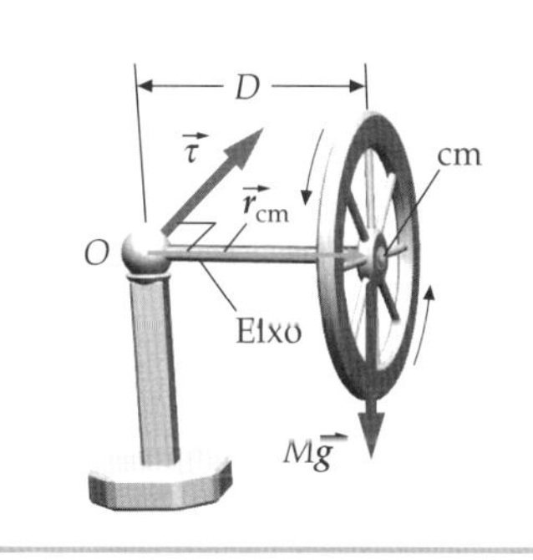

FIGURA 10-22

em conjunto com as relações

$$\vec{\tau}_{\text{res}} = \vec{r}_{\text{cm}} \times M\vec{g}$$

e

$$\vec{L} = I_s\vec{\omega}_s$$

onde M é a massa do sistema roda–eixo, $\vec{r}_{\text{cm}}$ é a posição do centro de massa em relação a O, e I_s e ω_s são o momento de inércia e a velocidade angular da roda no movimento de spin em torno de seu eixo. (O torque sobre o sistema devido à força normal exercida pelo ponto de apoio em relação a O é zero, de forma que o torque resultante em relação a O é igual ao torque devido à força gravitacional em relação a O.)

De acordo com a Equação 10-18, a *variação* da quantidade de movimento angular do sistema tem o mesmo sentido do torque resultante sobre o sistema. Desejamos descrever o movimento do sistema roda–eixo, após largado do repouso na posição horizontal mostrada na Figura 10-22, e faremos isto primeiro com a roda sem girar em torno de seu eixo (sem spin) e depois com a roda girando rapidamente em torno de seu eixo. Se a roda *não está* girando em torno de seu eixo, a Equação 10-18 prevê que, quando largado, o sistema roda–eixo simplesmente penderá para baixo, girando em torno de um eixo horizontal que passa por O, perpendicularmente ao eixo. Esta previsão se baseia no seguinte raciocínio. O vetor torque é horizontal, perpendicular ao eixo, e orientado como mostrado na Figura 10-22. Tanto a roda quanto o eixo estão inicialmente em repouso, de modo que a quantidade de movimento angular inicial $\vec{L}_i$ é zero. Conseqüentemente, a variação da quantidade de movimento angular, $\Delta\vec{L} = \vec{L}_f - \vec{L}_i$, é igual à quantidade de movimento angular final $\vec{F}_{12}$ que, de acordo com a Equação 10-18, tem a mesma orientação do torque. O vetor velocidade angular final $\vec{\omega}_f$ tem a mesma orientação do vetor quantidade de movimento angular final $\vec{L}_f$. Se você aponta seu polegar direito no sentido de $\vec{\omega}_f$, seus dedos se curvarão indicando o sentido do movimento do sistema roda–eixo.

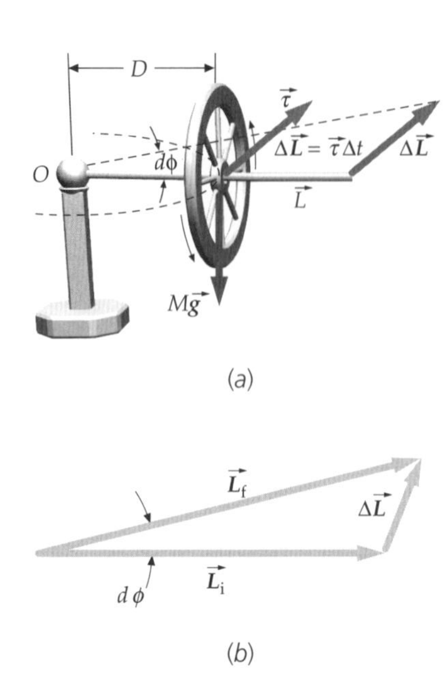

FIGURA 10-23

Se a roda *está* girando rapidamente em torno de seu eixo, a Equação 10-18 prevê que, quando da largada, o sistema roda–eixo irá girar lentamente em torno de um eixo vertical que passa por O. Esta previsão se baseia no seguinte raciocínio: O vetor torque é horizontal, perpendicular ao eixo, e orientado para a página, como antes. A roda gira no sentido horário se vista de O, de modo que a quantidade de movimento angular inicial $\vec{L}_i$ afasta-se de O ao longo do eixo. (A orientação de $\vec{L}_i$ é obtida com a regra da mão direita.) Adicionalmente, de acordo com a Equação 10-18, $\Delta\vec{L}$ tem a mesma orientação do torque resultante, que aponta inicialmente para a página (Figura 10-23*a*). O vetor quantidade de movimento angular final, $\vec{L}_f$, é igual à quantidade de movimento angular inicial mais a variação da quantidade de movimento angular. Isto é,

$$\vec{L}_f = \vec{L}_i + \Delta\vec{L}$$

A orientação de $\vec{F}_{12}$ é mostrada no diagrama de soma vetorial (Figura 10-23*b*). Como a roda gira rapidamente e porque a roda tem a maior parte da massa do sistema, a quantidade de movimento angular do sistema roda–eixo é dominada pela quantidade de movimento angular de spin da roda, o que significa que $\vec{L}$ tem a direção do eixo e aponta no sentido de se afastar de O. Assim, a Equação 10-18 prevê que o centro de massa do sistema irá girar em torno de um eixo vertical que passa por O e de maneira a manter a ponta do vetor quantidade de movimento angular se movendo horizontalmente — e com a mesma orientação do vetor torque. Este movimento, que é sempre surpreendente quando visto pela primeira vez, é chamado de **precessão**. Podemos calcular a rapidez angular ω_p da precessão. Em um pequeno intervalo de tempo dt, a variação da quantidade de movimento angular tem a magnitude dL:

$$dL = \tau\, dt = MgD\, dt$$

onde MgD é a magnitude do torque em relação ao ponto pivô. Da Figura 10-23*b*, vê-se que o ângulo $d\phi$ varrido pelo eixo é

$$d\phi = \frac{dL}{L} = \frac{\tau\, dt}{L} = \frac{MgD\, dt}{L}$$

A rapidez angular da precessão é, então,

$$\omega_p = \frac{d\phi}{dt} = \frac{MgD}{L} = \frac{MgD}{I_s\omega_s} \qquad 10\text{-}19$$

Se a rapidez angular de spin ω_s é muito grande, então a rapidez angular de precessão ω_p é muito pequena.

Se você larga um giroscópio girando, com seu eixo de rotação em repouso, quando da largada este eixo começará o movimento de precessão com um movimento oscilatório para cima e para baixo, chamado de *nutação*. Este movimento oscilatório inicial pode ser evitado, liberando-se o giroscópio com o eixo de rotação já girando com uma rapidez angular inicial exatamente igual a ω_p (veja a Equação 10-19).

10-3 CONSERVAÇÃO DA QUANTIDADE DE MOVIMENTO ANGULAR

Quando o torque externo resultante sobre um sistema é zero em relação a determinado ponto, temos

$$\vec{\tau}_{\text{ext res}} = \frac{d\vec{L}_{\text{sis}}}{dt} = 0$$

ou

$$\vec{L}_{\text{sis}} = \text{constante} \qquad 10\text{-}20$$

A Equação 10-20 é um enunciado da **lei de conservação da quantidade de movimento angular**.

> Se o torque externo resultante sobre um sistema em relação a um ponto é zero, então a quantidade de movimento angular total do sistema em relação ao mesmo ponto permanece constante.
>
> CONSERVAÇÃO DA QUANTIDADE DE MOVIMENTO ANGULAR

FIGURA 10-24 Fotografia de exposição múltipla de um mergulhador. O centro de massa do mergulhador se move em uma trajetória parabólica, depois que ele abandona o trampolim. A quantidade de movimento angular é fornecida pelo torque externo inicial devido à força do trampolim, que não passa pelo centro de massa do mergulhador se ele se inclina para a frente ao saltar. Se o mergulhador pretende dar uma ou mais cambalhotas no ar, ele deve recolher seus braços e pernas, reduzindo seu momento de inércia para aumentar sua velocidade angular. *(© The Harold E. Edgerton 1992 Trust.)*

Esta lei é o análogo rotacional da lei de conservação da quantidade de movimento linear. Se um sistema está isolado de seus vizinhos, de forma que não há forças ou torques externos agindo sobre ele, três grandezas são conservadas: energia, quantidade de movimento linear e quantidade de movimento angular. A lei de conservação da quantidade de movimento angular é uma lei fundamental da natureza. Há muitos exemplos de conservação da quantidade de movimento angular no dia-a-dia. A Figura 10-24 e a Figura 10-25 mostram a conservação da quantidade de movimento angular no salto de trampolim e na patinação no gelo. Mesmo em escala atômica e nuclear, onde a mecânica newtoniana não vale, verifica-se que a quantidade de movimento angular de um sistema isolado é constante no tempo.

Apesar de a conservação da quantidade de movimento angular ser uma lei, independentemente das leis de Newton do movimento, o fato de que os torques internos de um sistema cancelam é sugerido pela terceira lei de Newton. Sejam as duas partículas mostradas na Figura 10-26. Sejam $\vec{F}_{12}$ a força exercida pela partícula 1 sobre a partícula 2 e $\vec{F}_{21}$ a força exercida pela partícula 2 sobre a partícula 1. Pela terceira lei de Newton, $\vec{F}_{21} = -\vec{F}_{12}$. A soma dos torques exercidos por estas forças, em relação à origem O, é

$$\vec{\tau}_1 + \vec{\tau}_2 = \vec{r}_1 \times \vec{F}_{21} + \vec{r}_2 \times \vec{F}_{12} = \vec{r}_1 \times \vec{F}_{21} + \vec{r}_2 \times (-\vec{F}_{21}) = (\vec{r}_1 - \vec{r}_2) \times \vec{F}_{21}$$

O vetor $\vec{r}_1 - \vec{r}_2$ está sobre a linha que liga as duas partículas. Se $\vec{F}_{21}$ atua paralelamente à linha que liga m_1 a m_2, $\vec{F}_{21}$ e $\vec{r}_1 - \vec{r}_2$ são paralelos ou antiparalelos, e

$$(\vec{r}_1 - \vec{r}_2) \times \vec{F}_{21} = 0$$

Se isto vale para todas as forças internas, então os torques internos cancelam aos pares.*

FIGURA 10-25 Uma patinadora rodopiando. Como o torque exercido pelo gelo é pequeno, a quantidade de movimento angular da patinadora é aproximadamente constante. Quando ela diminui seu momento de inércia recolhendo os braços, sua velocidade angular aumenta. *(Mike Powell/Getty.)*

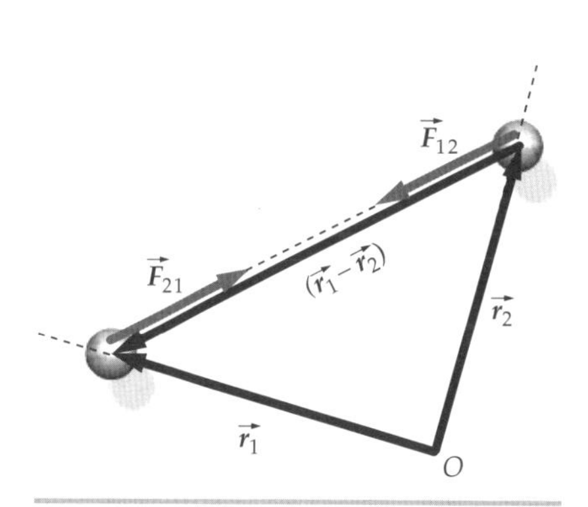

FIGURA 10-26

*Nem todas as forças surgem como pares de forças iguais e opostas. Por exemplo, isto não ocorre com as forças magnéticas que partículas carregadas em movimento exercem entre si.

Exemplo 10-4 Um Disco Girando

O disco 1 gira livremente com uma velocidade angular ω_i em torno de um eixo vertical que coincide com seu eixo de simetria, como mostrado na Figura 10-27. Seu momento de inércia em relação a este eixo é I_1. Ele cai sobre o disco 2, de momento de inércia I_2, que está inicialmente em repouso. O disco 2 está centrado no mesmo eixo que o disco 1 e é livre para girar em torno desse eixo. Devido ao atrito cinético, os dois discos acabam por ter a mesma velocidade angular ω_f. Determine ω_f.

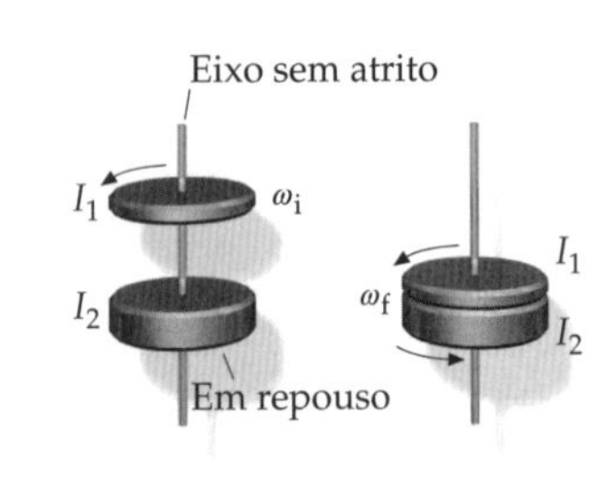

FIGURA 10-27

SITUAÇÃO Determinamos a velocidade angular final a partir da quantidade de movimento angular final, que é igual à quantidade de movimento angular inicial, pois não há torques externos agindo sobre o sistema de dois discos. A rapidez angular do disco de cima é reduzida, enquanto a do disco de baixo é aumentada pelas forças de atrito cinético. Como a direção do eixo de rotação é fixa, o sentido do movimento de rotação pode ser especificado por um sinal + ou −. O atrito cinético dissipa energia mecânica, logo devemos esperar que a energia mecânica diminua.

SOLUÇÃO

1. A velocidade angular final está relacionada com a velocidade angular inicial pela conservação da quantidade de movimento angular:

$$L_f = L_i$$
$$(I_1 + I_2)\omega_f = I_1\omega_i$$

2. Resolva para a velocidade angular final:

$$\omega_f = \boxed{\frac{I_1}{I_1 + I_2}\omega_i = \frac{1}{1 + (I_2/I_1)}\omega_i}$$

CHECAGEM Se $I_2 \ll I_1$, a colisão deve ter efeito pequeno sobre o movimento do disco 1. Nossa resposta está de acordo, levando a $\omega_f \to \omega_i$ quando $(I_2/I_1) \to 0$. (Leia-se "$\to$" como "tende a".) Se $I_2 \gg I_1$, então o disco 1 deve frear até quase o repouso, sem causar um movimento de rotação apreciável no disco 2. Nossa resposta também está de acordo, levando a $\omega_f \to 0$ quando $(I_2/I_1) \to \infty$.

INDO ALÉM Engrenagens girando com valores diferentes de rapidez engatam no sistema de transmissão de caminhões e automóveis. A fotografia mostra as engrenagens da transmissão de um caminhão.

As engrenagens girando na transmissão de um caminhão colidem inelasticamente quando engatam. *(Dick Luria/FPG International.)*

Na colisão dos dois discos do Exemplo 10-4, a energia mecânica é dissipada. Podemos ver isto escrevendo a energia em termos da quantidade de movimento angular. Um corpo girando com uma velocidade angular ω tem como energia cinética

$$K = \tfrac{1}{2}I\omega^2 = \frac{(I\omega)^2}{2I}$$

A substituição de $I\omega$ por L fornece

$$K = \frac{L^2}{2I} \qquad 10\text{-}21$$

(Este resultado é análogo a $K = p^2/2m$ para o movimento de translação, Equação 8-25.) A energia cinética inicial no Exemplo 10-4 é

$$K_i = \frac{L_i^2}{2I_1}$$

e a energia cinética final é

$$K_f = \frac{L_f^2}{2(I_1 + I_2)}$$

Como $L_f = L_i$, a razão entre as energias cinéticas final e inicial é

$$\frac{K_f}{K_i} = \frac{I_1}{I_1 + I_2}$$

o que é menor do que um. Esta interação entre os discos é análoga a uma colisão unidimensional perfeitamente inelástica entre dois corpos.

Exemplo 10-5 Lama nos Olhos

Rico em Contexto

Você e três de seus amigos sofreram durante anos as desfeitas de Eugênio, que se recusava a participar das aulas de física. Agora, quando já estão cursando disciplinas mais avançadas de física, vocês resolvem lhe dar uma lição usando a conservação da quantidade de movimento angular. O plano é o seguinte. Um parque próximo tem um pequeno carrossel (Figura 10-28), cuja plataforma giratória tem 3,0 m de diâmetro e 130 kg · m² de momento de inércia. Primeiro, vocês cinco se colocam próximos à borda do carrossel, enquanto este gira a modestas 20 rev/min. Quando um sinal é dado, você e seus amigos caminham rapidamente para o centro do carrossel, deixando Eugênio junto à borda. O carrossel passará a girar mais rápido, atirando Eugênio para fora na lama. (Você planeja a ação para após uma chuva forte.) Eugênio é muito rápido e forte, de forma que atirá-lo para fora requer uma aceleração centrípeta da borda de, no mínimo, 4,0*g*. O plano funcionará? (Suponha cada pessoa com uma massa de 60 kg.)

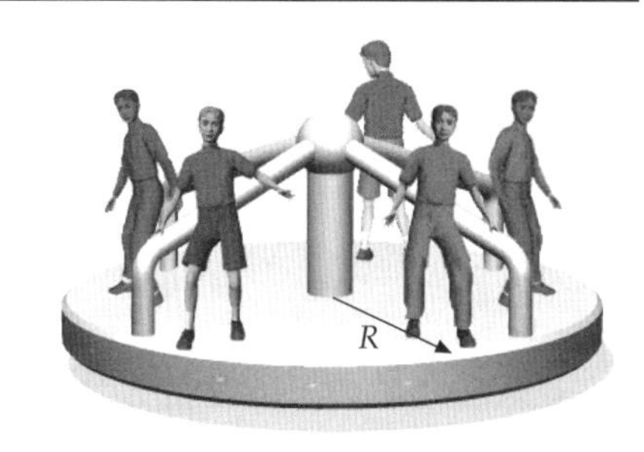

FIGURA 10-28

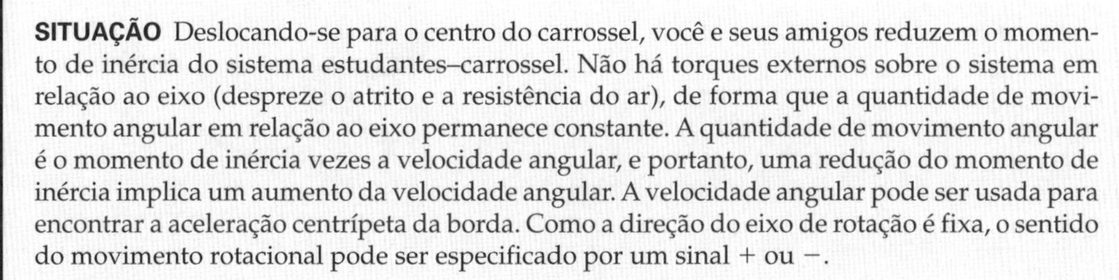

SITUAÇÃO Deslocando-se para o centro do carrossel, você e seus amigos reduzem o momento de inércia do sistema estudantes–carrossel. Não há torques externos sobre o sistema em relação ao eixo (despreze o atrito e a resistência do ar), de forma que a quantidade de movimento angular em relação ao eixo permanece constante. A quantidade de movimento angular é o momento de inércia vezes a velocidade angular, e portanto, uma redução do momento de inércia implica um aumento da velocidade angular. A velocidade angular pode ser usada para encontrar a aceleração centrípeta da borda. Como a direção do eixo de rotação é fixa, o sentido do movimento rotacional pode ser especificado por um sinal + ou −.

SOLUÇÃO

1. A aceleração centrípeta depende da rapidez angular ω e do raio R:

$$a_c = \omega^2 R$$

2. A quantidade de movimento angular é conservada. Para rotações em torno de um eixo fixo, $L = I\omega$:

$$L_f = L_i$$
$$I_f\omega_f = I_i\omega_i$$

3. O momento de inércia do sistema é a soma dos momentos de inércia de cada pessoa mais o do carrossel. Cada pessoa tem massa m = 60 kg:

$$I_i = 5mR^2 + I_{carr} = 5(60\,\text{kg})(1{,}5\,\text{m})^2 + 130\,\text{kg}\cdot\text{m}^2 = 805\,\text{kg}\cdot\text{m}^2$$

4. Determine o momento de inércia final, supondo que você e seus amigos estão a 30 cm (≈ 1 ft) do centro:

$$I_f = mR^2 + 4mr^2 + I_{carr} = (60\,\text{kg})(1{,}5\,\text{m})^2 + 4(60\,\text{kg})(0{,}3\,\text{m})^2 + 130\,\text{kg}\cdot\text{m}^2 = 287\,\text{kg}\cdot\text{m}^2$$

5. Usando a conservação da quantidade de movimento angular, resolva para a velocidade angular final:

$$\omega_f = \frac{I_i}{I_f}\omega_i = \frac{805\,\text{kg}\cdot\text{m}^2}{287\,\text{kg}\cdot\text{m}^2}20\,\text{rev/min} = 56{,}2\,\text{rev/min} = 5{,}88\,\text{rad/s}$$

6. Resolva para a aceleração centrípeta da borda:

$$a_c = \omega^2 R = (5{,}88\,\text{rad/s})^2(1{,}5\,\text{m}) = 51{,}9\,\text{m/s}^2$$

7. Converta para *g*s:

$$a_c = 51{,}9\,\text{m/s}^2 \times \frac{1g}{9{,}81\,\text{m/s}^2} = 5{,}29g = \boxed{5{,}3g}$$

8. Eugênio foi atirado na lama?

> Sucesso! A aceleração é muito maior do que 4,0g, de forma que Eugênio é lançado para fora e cai na lama.

CHECAGEM Na borda do carrossel, os quatro amigos estão quatro vezes mais afastados do eixo do que após se deslocarem para o centro. Assim, sua contribuição para o momento de inércia final do sistema é 1/25 de sua contribuição para o momento de inércia inicial. Para que a quantidade de movimento angular seja conservada, esta grande redução do momento de inércia deve ser acompanhada por um aumento compensador da rapidez angular. Nosso resultado do passo 5 mostra que a rapidez angular cresceu de 20 rev/min para 56 rev/min.

INDO ALÉM A rapidez linear do carrossel girando é maior na borda e diminui até zero, no centro. Na borda, todos se movem em círculo. Quando os quatro amigos caminham para o centro, eles vão pisando em partes do carrossel que se move mais lentamente do que as anteriores, de forma que a força de atrito de seus pés sobre o carrossel tem uma componente tangencial, que acelera o carrossel. Também, o carrossel exerce um força de atrito igual e oposta sobre os pés dos quatro amigos, freando seu movimento na direção tangencial. As forças de atrito estático exercidas pelos pés resultam em um torque resultante sobre o carrossel, aumentando sua quantidade de movimento angular em relação ao eixo de rotação. As forças de atrito estático iguais e opostas, sobre os pés dos amigos, exercem torques no sentido oposto, sobre os amigos, diminuindo sua quantidade de movimento angular em relação ao eixo. Os dois torques resultantes são iguais e opostos, bem como as correspondentes variações de quantidade de movimento angular. Assim, a quantidade de movimento angular do sistema estudantes–carrossel permanece constante.

O momento de inércia do sistema estudantes–carrossel diminui quando os estudantes caminham para o centro. Assim, o momento de inércia do sistema diminui enquanto sua quantidade de movimento angular permanece constante. Como resultado, podemos ver, da Equação 10-21, que a energia cinética do sistema estudantes–carrossel aumenta. A energia a mais vem da energia interna dos amigos. Caminhar radialmente para dentro, assim como caminhar rampa acima, requer gasto de energia interna.

Exemplo 10-6 Mais uma Volta no Carrossel — *Tente Você Mesmo*

Uma criança de 25 kg, em um playground, corre com uma rapidez inicial de 2,5 m/s em uma trajetória *tangente* à borda de um carrossel, cujo raio é 2,0 m. O carrossel, inicialmente em repouso, tem um momento de inércia de 500 kg · m². A criança pula no carrossel (Figura 10-29). Determine a velocidade angular final do conjunto criança mais carrossel.

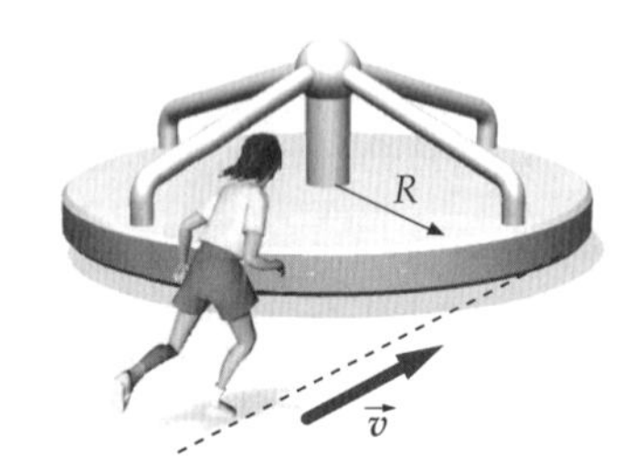

FIGURA 10-29

SITUAÇÃO Assim que o pé da criança abandona o solo, não há torques em relação ao eixo de rotação atuando sobre o sistema criança–carrossel; logo, a quantidade de movimento angular total do sistema em relação ao eixo de rotação é conservada. A rapidez angular inicial do carrossel é zero. Como a direção do eixo de rotação é fixa, o sentido do movimento rotacional pode ser especificado por um sinal + ou −.

SOLUÇÃO

Cubra a coluna da direita e tente por si só antes de olhar as respostas.

Passos	Respostas
1. Escreva uma expressão para a quantidade de movimento angular inicial do sistema criança–carrossel. A quantidade de movimento angular inicial do carrossel é zero. A criança tem massa m e rapidez v_i, na direção tangencial, justo antes de fazer contato com o carrossel. Use o modelo de partícula pontual para a criança.	$L_i = \lvert\vec{r}_{\text{criança}} \times m\vec{v}_i\rvert = Rmv_i$
2. Escreva uma expressão para a quantidade de movimento angular total final do sistema criança–carrossel em termos da velocidade angular final ω_f.	$L_f = I_{\text{sis}}\omega_f = (mR^2 + I_m)\omega_f$
3. Iguale as expressões dos passos 1 e 2 e resolva para ω_f.	$\omega_f = \dfrac{mvR}{mR^2 + I_m} = \boxed{0{,}21 \text{ rad/s}}$

CHECAGEM A rapidez final da criança é $\omega_f R$, = (0,21 rad/s)(2,0 m) = 0,42 m/s. Como esperado, esta rapidez é bem menor do que a rapidez inicial da criança, de 2,5 m/s.

PROBLEMA PRÁTICO 10-1 Calcule as energias cinéticas inicial e final do sistema criança–carrossel.

Um astronauta examina o volante de reação do telescópio espacial Hubble. *(NASA/Goddard Space Flight Center.)*

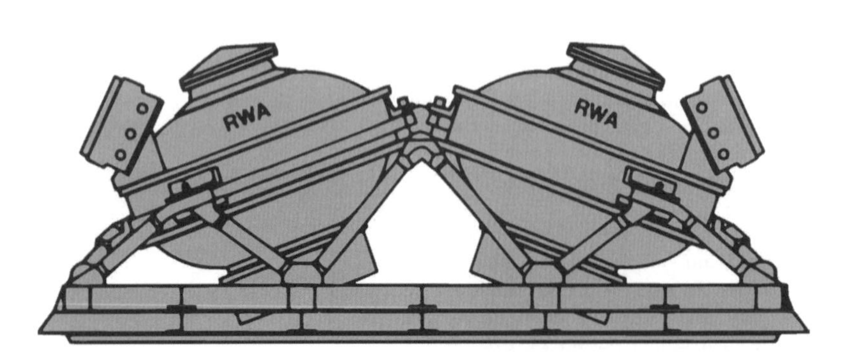

O telescópio espacial Hubble é direcionado regulando-se as taxas de giro dos volantes de reação de 45 kg colocados excentricamente e girando a até 3000 rpm. Variações das taxas de giro, controladas por computador, promovem a troca de quantidade de movimento angular entre os volantes giratórios e o resto do satélite. As variações da quantidade de movimento angular do resto do satélite fazem com que ele mude de direção. Este mecanismo de direcionamento permite apontar para um alvo dentro de 0,005 segundo de grau, o que é equivalente a iluminar com uma lanterna, a partir de Los Angeles, uma moeda em San Francisco.

Exemplo 10-7 Girando a Roda — *Conceitual*

Uma estudante está sentada em um banquinho, sobre uma plataforma giratória sem atrito, segurando uma roda de bicicleta (Figura 10-30). Inicialmente, nem a roda e nem a plataforma estão girando. Seguindo instruções do professor, a estudante segura o eixo de rotação da roda verticalmente, com uma mão, e com a outra mão imprime uma rotação anti-horária (como vista de cima) à roda. Surpresa! Quando a roda começa a girar em um sentido, a plataforma, o banquinho, a estudante e o eixo da roda começam a girar no sentido oposto. Após alguns segundos, a estudante usa a mão livre para parar o movimento de rotação da roda e se surpreende novamente ao ver que ela, o banquinho e o eixo da roda param de girar. Explique.

FIGURA 10-30 Quando ela começa a girar a roda no sentido horário, em que sentido ela passará a girar?

SITUAÇÃO Como a plataforma giratória não tem atrito, não há torques sobre o sistema estudante–plataforma–banquinho–roda em relação ao eixo da plataforma giratória. Assim, a quantidade de movimento angular do sistema em relação ao eixo da plataforma permanece constante.

SOLUÇÃO

Inicialmente, todo o sistema está em repouso, de forma que sua quantidade de movimento angular total é zero. Ao começar a girar, a roda adquire uma quantidade de movimento angular de spin apontada para cima. A quantidade de movimento angular total do sistema permanece zero.

Então, a quantidade de movimento angular orbital adquirida pela roda em relação ao eixo da plataforma giratória, mais a quantidade de movimento angular adquirida pela estudante, pelo banquinho e pela plataforma em relação ao eixo da plataforma, é igual, em magnitude, à quantidade de movimento angular de spin da roda, mas aponta para baixo. Uma quantidade de movimento angular que aponta para baixo significa uma rotação no sentido horário (como vista de cima). Ao parar a roda, sua quantidade de movimento angular de spin, que aponta para cima, vai a zero. Para manter nula a quantidade de movimento angular total do sistema, todo o sistema deve parar.

CHECAGEM A situação é análoga à de uma pessoa caminhando em um carro–plataforma sem atrito nas rodas, em um percurso horizontal liso. Quando a pessoa caminha para a frente, o carro se move para trás, mas quando a pessoa pára de caminhar, o carro pára de se movimentar para trás, como previsto pelo princípio de conservação da quantidade de movimento linear.

INDO ALÉM O telescópio espacial Hubble aponta para vários alvos, usando quatro volantes montados nele. Os volantes são postos a girar nos sentidos horário ou anti-horário por motores elétricos controlados por computadores. Em conseqüência, o telescópio é capaz de apontar para os alvos especificados nos programas dos computadores.

Exemplo 10-8 Puxando por um Furo

Uma partícula de massa m se move com rapidez v_0 em um círculo de raio r_0 sobre uma mesa sem atrito. A partícula está presa a um fio que passa por um furo através da mesa, como mostrado na Figura 10-31. O fio é lentamente puxado para baixo até que a partícula esteja a uma distância r_f do furo, após o que a partícula passa a se mover em um círculo de raio r_f. (*a*) Determine a velocidade final em termos de r_0, v_0 e r_f. (*b*) Determine a tensão quando a partícula está se movendo no círculo de raio r em termos de m, r e da quantidade de movimento angular $\vec{L}$. (*c*) Determine o trabalho realizado sobre a partícula pela força de tensão $\vec{T}$, integrando $\vec{T} \cdot d\vec{\ell}$. Dê sua resposta em termos de r e L_0.

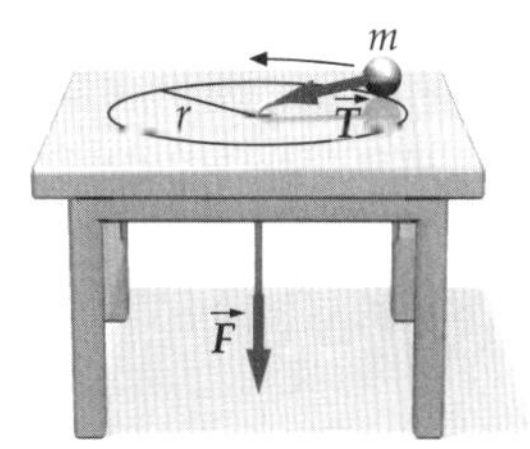

FIGURA 10-31

SITUAÇÃO A rapidez da partícula está relacionada à sua quantidade de movimento angular. O torque total é igual à taxa de variação da quantidade de movimento angular. Como a força resultante agindo sobre a partícula é a força de tensão $\vec{T}$ exercida pelo fio, que está sempre apontada para o furo, o torque em relação ao eixo vertical que passa pelo furo é zero. Assim, a quantidade de movimento angular em relação a este eixo permanece constante.

SOLUÇÃO

(*a*) A conservação da quantidade de movimento angular relaciona a rapidez final com a rapidez inicial e os raios inicial e final:

$$L_f = L_0$$

$$mv_f r_f = mv_0 r_0$$

$$\text{logo} \quad v_f = \boxed{\frac{r_0}{r_f} v_0}$$

(*b*) 1. Aplique a segunda lei de Newton para relacionar T com v e r. Como a partícula está sendo puxada lentamente, a aceleração é virtualmente a mesma do caso em que ela se move em círculo:

$$T \approx m\frac{v^2}{r}$$

2. Obtenha uma relação entre L, r e v usando a definição da quantidade de movimento angular. Como a partícula é puxada lentamente, $|\beta| \ll 1$ (Figura 10-32*a*):

$$\vec{L} = \vec{r} \times \vec{p}$$

$$L = rmv\cos\beta \approx rmv \quad (|\beta| \ll 1, \text{logo} \cos\beta \approx 1)$$

3. Elimine v resolvendo o resultado do passo 2 da Parte (*b*) para v e substituindo no resultado do passo 1 da Parte (*b*):

$$T = m\frac{v^2}{r} = \frac{m}{r}\left(\frac{L}{mr}\right)^2 = \boxed{\frac{L^2}{mr^3}}$$

(*c*) 1. Faça um desenho da partícula movendo-se mais próximo do furo (Figura 10-32*b*). Quando a partícula sofre um deslocamento $d\vec{\ell}$, sua distância r ao eixo varia dr. Como r está diminuindo, dr é negativo. Então:

$$dr = -|dr|$$

2. Escreva $dW = \vec{T} \cdot d\vec{\ell}$ em termos de T e de dr:

$$dW = \vec{T} \cdot d\vec{\ell} = T\,d\ell\cos\phi$$

Como $|dr| = d\ell\cos\phi$,

$$dW = T|dr| = -T\,dr$$

3. Integre de r_0 a r_f após substituir o valor de T do passo 3 da Parte (*b*):

$$W = -\int_{r_0}^{r_f} T\,dr = -\int_{r_0}^{r_f} \frac{L^2}{mr^3}dr$$

$$= -\frac{L^2}{m}\int_{r_0}^{r_f} r^{-3}\,dr = -\frac{L^2}{m}\frac{r^{-2}}{-2}\Bigg|_{r_0}^{r_f}$$

$$= \boxed{\frac{L^2}{2m}\left(\frac{1}{r_f^2} - \frac{1}{r_0^2}\right)}$$

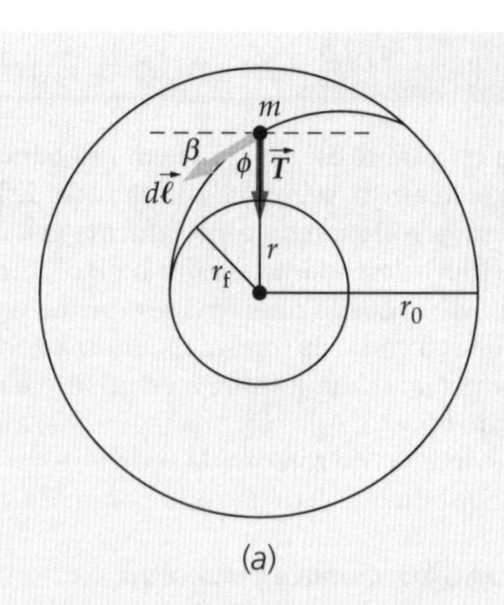

(*a*)

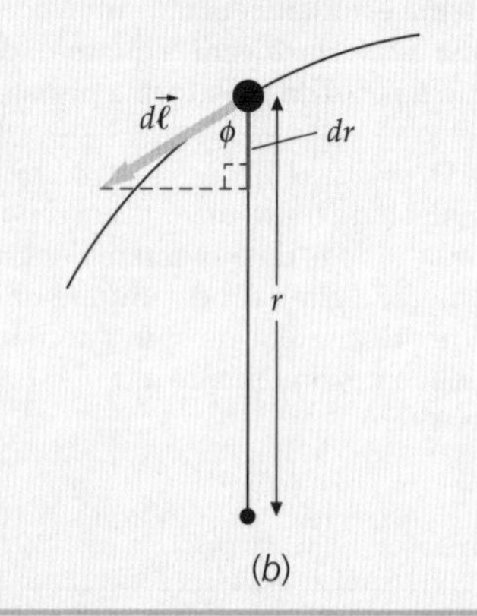

(*b*)

FIGURA 10-32

CHECAGEM Note que trabalho deve ser realizado para puxar o fio para baixo. Como r_f é menor do que r_0, o trabalho é positivo. Este trabalho é igual ao aumento da energia cinética. Podemos calcular diretamente a variação da energia cinética da partícula. Usando $K = L^2/2I$, com $L_0 = L_f = L$, e $I = mr^2$, a variação da energia cinética é $K_f - K_i = (L^2/2mr_f^2) - (L^2/2mr_0^2) = L^2/2m\,(r_f^{-2} - r_0^{-2})$, que é o mesmo resultado do passo 3 da Parte (*c*) encontrado por integração direta.

INDO ALÉM O incremento dW de trabalho também pode ser obtido expressando o incremento $d\vec{\ell}$ de deslocamento como $d\vec{r}$, a variação do vetor posição $\vec{r}$. O produto escalar $\vec{T} \cdot d\vec{\ell}$ é, então, expandido usando-se componentes, o que dá $dW = \vec{T} \cdot d\vec{r} = T_r dr = -T dr$. Nesta expansão, $T_r = -T$ é a componente radial de $\vec{T}$ e dr é a componente radial de $d\vec{r}$.

PROBLEMA PRÁTICO 10-2 Para qual raio final r_N a tensão será N vezes a tensão para o raio inicial r_0?

Na Figura 10-33, um disco sobre um plano sem atrito recebe uma rapidez inicial v_0. O disco está preso a um fio que se enrola em torno de um pilar vertical. A situação parece similar à do Exemplo 10-8, mas não é a mesma. Não existe um agente realizando trabalho sobre o disco, nem existe nenhum mecanismo de dissipação de energia. Assim, a energia mecânica deve ser conservada. Como $K = L^2/2I$ é constante, onde L é a magnitude da quantidade de movimento angular em relação ao eixo do pilar, e I diminui enquanto r_0 diminui, L deve diminuir. Note que a força de tensão não aponta para o eixo do pilar. A força de tensão sobre o disco produz um vetor torque $\vec{\tau}$ em relação ao eixo do pilar, apontado para baixo, diminuindo o vetor quantidade de movimento angular $\vec{L}$ do disco em relação ao eixo, que aponta para cima.

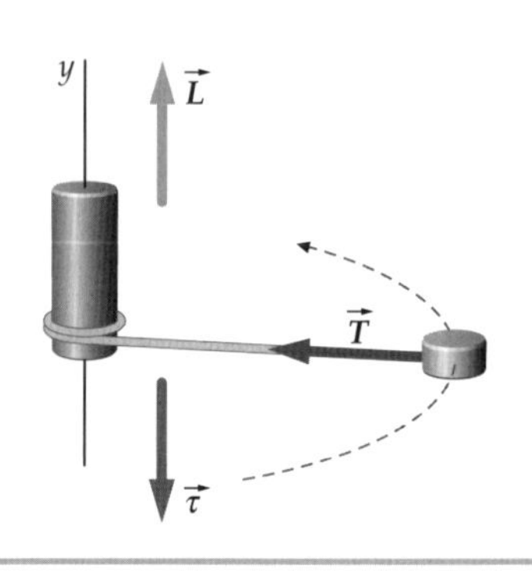

FIGURA 10-33

Exemplo 10-9 O Pêndulo Balístico Revisitado

Uma barra fina de massa M e comprimento d está pendurada, verticalmente, de um pivô em uma das extremidades. Um pedaço de massa de modelar, de massa m e que se move horizontalmente com rapidez v, atinge a barra a uma distância x do pivô e se prende a ela (Figura 10-34). Determine a razão entre as energias cinéticas do sistema massa de modelar–barra logo após e justo antes da colisão.

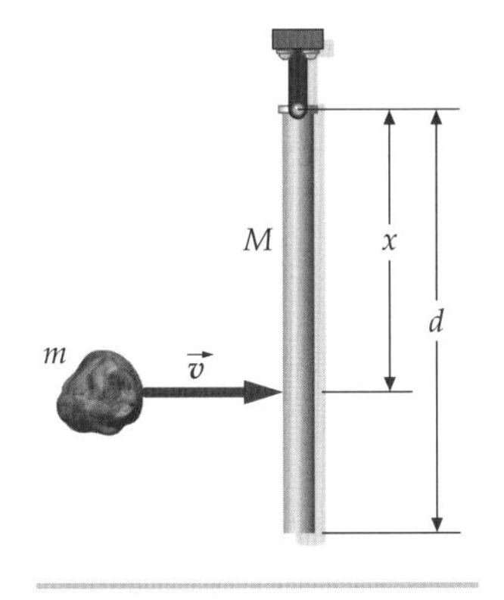

FIGURA 10-34

SITUAÇÃO A colisão é inelástica, logo não esperamos que a energia mecânica seja constante. Durante a colisão, o pivô exerce uma grande força sobre a barra, de forma que a quantidade de movimento linear do sistema barra–massa não é conservada. No entanto, não há torques externos em relação ao eixo horizontal que passa pelo pivô, perpendicularmente à página, de modo que a quantidade de movimento angular do sistema, em relação ao eixo, é conservada. A energia cinética depois da colisão inelástica pode ser escrita em termos da quantidade de movimento angular L_{sis} e do momento de inércia I_f do sistema combinado massa–barra. A conservação da quantidade de movimento angular permite que você relacione L_{sis} com a massa m e a velocidade v da massa. Use o modelo de partícula pontual, para a massa de modelar.

SOLUÇÃO

1. Antes da colisão, a energia cinética do sistema é a da bola de massa.

$$K_i = \tfrac{1}{2}mv^2$$

2. Depois da colisão, a energia cinética é a do conjunto oscilante massa–barra. Escreva a energia cinética após a colisão em termos da quantidade de movimento angular L_{sis} e do momento de inércia I_f do sistema massa–barra.

$$K_f = \frac{L_{sis}^2}{2I_f}$$

3. Durante a colisão, a quantidade de movimento angular é conservada. Escreva a quantidade de movimento angular L_{sis} em termos de m, v e x. Antes do impacto, a quantidade de movimento angular da barra é zero.

$$L_{sis} = |\vec{r} \times m\vec{v}| = mvx$$

onde $\vec{r}$ é o vetor do eixo para a massa e $\vec{v}$ é a velocidade da massa antes do impacto.

4. Escreva I_f em termos de m, x, M e d.

$$I_f = mx^2 + \tfrac{1}{3}Md^2$$

5. Substitua estas expressões para L_{sis} e I_f na equação para K_f.

$$K_f = \frac{L_{sis}^2}{2I_f} = \frac{(mvx)^2}{2(mx^2 + \frac{1}{3}Md^2)}$$

$$= \frac{3}{2}\,\frac{m^2x^2v^2}{(3mx^2 + Md^2)}$$

6. Divida a energia cinética após a colisão pela energia cinética inicial.

$$\frac{K_f}{K_i} = \frac{\frac{3}{2}\,\frac{m^2x^2v^2}{(3mx^2 + Md^2)}}{\frac{1}{2}mv^2} = \boxed{\frac{1}{1 + \dfrac{Md^2}{3mx^2}}}$$

CHECAGEM Md^2 e mx^2 possuem, obviamente, as mesmas dimensões, de forma que o resultado do passo 6 é adimensional, como esperado para uma razão de energias. Além disso, a razão K_f/K_i fica entre zero e um, como esperado para uma colisão inelástica. No limite $M/m \to \infty$, $K_f/K_i \to 0$ e, no limite $M/m \to 0$, $K_f/K_i \to 1$. Estes dois valores limite de K_f/K_i correspondem às expectativas.

INDO ALÉM Este exemplo é o análogo rotacional do pêndulo balístico discutido no Exemplo 8-10. Naquele exemplo, usamos a conservação da quantidade de movimento linear para determinar a energia cinética do pêndulo após a colisão.

Exemplo 10-10 Ainda Girando a Roda — Conceitual

Uma estudante está sentada em um banquinho, sobre uma plataforma giratória sem atrito inicialmente em repouso (Figura 10-35*a*), segurando uma roda de bicicleta que gira rapidamente em torno de seu eixo. O eixo de rotação da roda é inicialmente horizontal e a magnitude do vetor quantidade de movimento angular de spin da roda é $L_{roda\,i}$. O que acontecerá se a estudante repentinamente levantar o eixo da roda (Figura 10-35*b*), de modo a levá-lo até a vertical, fazendo com que a roda passe a girar no sentido anti-horário (como visto de cima)?

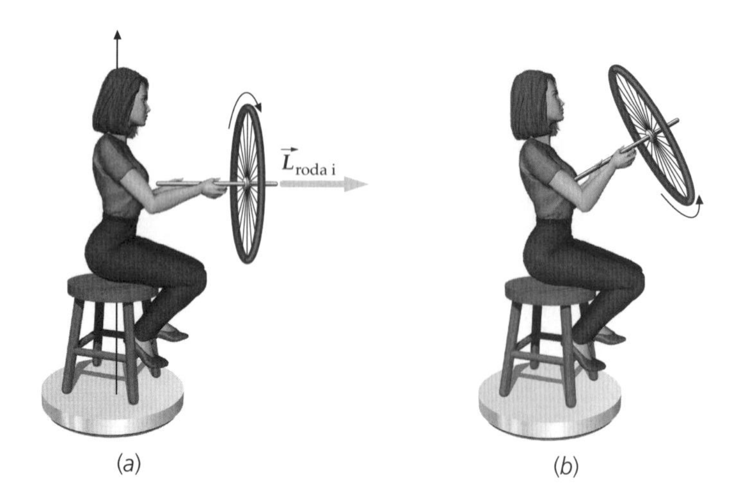

FIGURA 10-35

SITUAÇÃO O sistema plataforma–banquinho–estudante–roda é livre para girar em torno de um eixo vertical que passa pelo centro da plataforma. Como a plataforma não tem atrito, não existem torques externos em relação a este eixo. Assim, a quantidade de movimento angular do sistema em relação a este eixo permanece constante.

SOLUÇÃO

Girar o eixo da roda altera a direção, mas não a magnitude, da quantidade de movimento angular de spin da roda. A quantidade de movimento angular de spin final da roda aponta para cima. A quantidade de movimento angular inicial do sistema plataforma-banquinho–estudante–roda em relação ao eixo vertical é zero. Então, a quantidade de movimento angular final do sistema em relação ao mesmo eixo vertical também é zero. Após a elevação de seu eixo, a roda passa a girar no sentido anti-horário (se vista de cima) mantendo a quantidade de movimento angular de spin de magnitude $L_{\text{roda i}}$. A conservação da quantidade de movimento angular exige que a quantidade de movimento angular remanescente do sistema, em relação ao eixo vertical da plataforma, deve ter magnitude igual a $L_{\text{roda i}}$ e corresponder à rotação no sentido horário.

A plataforma, o banquinho e a estudante girarão no sentido horário com uma quantidade de movimento angular em relação ao eixo vertical da plataforma, de magnitude $L_{\text{roda i}}$.

CHECAGEM A estudante exerce um torque para cima sobre a roda girante ao elevá-la. (Devido à definição do torque como um produto vetorial, um torque para cima requer forças horizontais.) A roda exerce um torque igual e oposto (forças horizontais, também) sobre a estudante, fazendo com que ela gire no sentido horário.

PROVAS DAS EQUAÇÕES 10-10, 10-12, 10-13, 10-14 E 10-15

Prova da Equação 10-10 Mostramos, agora, que a segunda lei de Newton implica que a taxa de variação da quantidade de movimento angular de uma partícula pontual é igual ao torque resultante atuando sobre a partícula. Se mais de uma força atua sobre a partícula, então o torque resultante em relação à origem O é a soma dos torques devidos a cada força:

$$\vec{\tau}_{\text{res}} = \vec{r} \times \vec{F}_1 + \vec{r} \times \vec{F}_2 + \cdots = \vec{r} \times \sum_i \vec{F}_i = \vec{r} \times \vec{F}_{\text{res}}$$

De acordo com a segunda lei de Newton, a força resultante sobre uma partícula é igual à taxa de variação da quantidade de movimento linear da partícula, $d\vec{p}/dt$. Então,

$$\vec{\tau}_{\text{res}} = \vec{r} \times \vec{F}_{\text{res}} = \vec{r} \times \frac{d\vec{p}}{dt} \qquad \text{10-22}$$

Comparamos, agora, esta expressão com a expressão para a taxa de variação temporal da quantidade de movimento angular da partícula. A definição da quantidade de movimento angular de uma partícula (Equação 10-8) é

$$\vec{L} = \vec{r} \times \vec{p}$$

Podemos calcular $d\vec{L}/dt$ usando a regra do produto para derivadas:

$$\frac{d\vec{L}}{dt} = \frac{d}{dt}(\vec{r} \times \vec{p}) = \left(\frac{d\vec{r}}{dt} \times \vec{p}\right) + \left(\vec{r} \times \frac{d\vec{p}}{dt}\right)$$

CHECAGEM CONCEITUAL 10-1

A roda de bicicleta gira no sentido anti-horário (se vista de cima) com seu eixo de rotação na vertical quando é entregue à estudante que está na plataforma estacionária. Em que sentido a plataforma passará a girar quando a estudante trouxer o eixo da roda para a horizontal?

O segundo termo à direita é zero, porque $\vec{p} = m\vec{v}$ e $\vec{v} = d\vec{r}/dt$; logo,

$$\frac{d\vec{r}}{dt} \times \vec{p} = \vec{v} \times m\vec{v} = 0$$

porque o produto vetorial de dois vetores de mesma direção é zero. Assim,

$$\frac{d\vec{L}}{dt} = \vec{r} \times \frac{d\vec{p}}{dt}$$

Substituindo $\vec{r} \times (d\vec{p}/dt)$ por $\vec{\tau}_{res}$ (da Equação 10-22), fica

$$\vec{\tau}_{res} = \frac{d\vec{L}}{dt} \qquad 10\text{-}23$$

O torque resultante atuando sobre um sistema de partículas é a soma dos torques resultantes sobre as partículas individuais. A generalização da Equação 10-23 para um sistema de partículas é, então,

$$\vec{\tau}_{res\,sis} = \sum_i \vec{\tau}_{res\,i} = \sum_i \frac{d\vec{L}_i}{dt} = \frac{d}{dt}\sum_i \vec{L}_i = \frac{d\vec{L}_{sis}}{dt}$$

Nesta equação, a soma dos torques pode incluir tanto torques internos quanto torques externos. A soma dos torques internos é zero, de forma que

$$\vec{\tau}_{ext\,res} = \frac{d\vec{L}_{sis}}{dt} \qquad 10\text{-}10$$

SEGUNDA LEI DE NEWTON PARA O MOVIMENTO DE ROTAÇÃO

Provas das Equações 10-12 e 10-13 Mostramos, agora, que a quantidade de movimento angular de um sistema de partículas pode ser escrita como a soma da quantidade de movimento angular orbital com a quantidade de movimento angular de spin.

A Figura 10-36 mostra um sistema de partículas. A quantidade de movimento angular $\vec{L}_i$ da i-ésima partícula em relação ao ponto arbitrário O é dada por

$$\vec{L}_i = \vec{r}_i \times \vec{p}_i = \vec{r}_i \times m_i\vec{v}_i \qquad 10\text{-}24$$

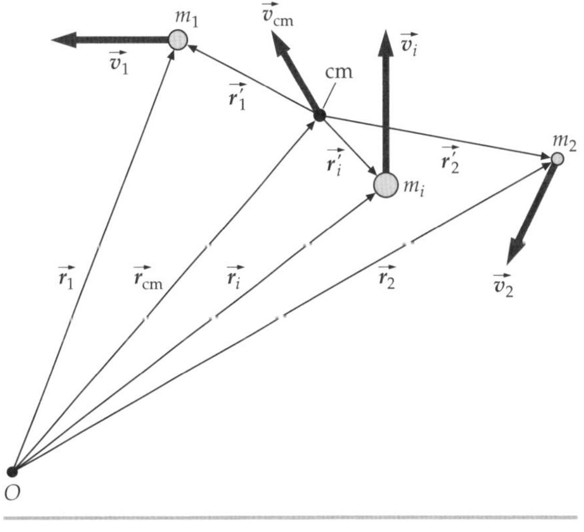

FIGURA 10-36

e a quantidade de movimento angular do sistema em relação a O é

$$\vec{L} = \Sigma\vec{L}_i = \Sigma(\vec{r}_i \times m_i\vec{v}_i)$$

A quantidade de movimento angular em relação ao centro de massa é dada por

$$\vec{L}_{cm} = \Sigma(\vec{r}_i' \times m_i\vec{u}_i)$$

onde $\vec{r}_i'$ e $\vec{u}_i$ são a posição e a velocidade, respectivamente, da i-ésima partícula em relação ao centro de massa. Pode ser visto, na figura, que

$$\vec{r}_i = \vec{r}_{cm} + \vec{r}_i'$$

Derivando os dois lados, fica

$$\vec{v}_i = \vec{v}_{cm} + \vec{u}_i$$

Substituindo na Equação 10-24, temos

$$\vec{L}_i = \vec{r}_i \times m_i\vec{v}_i = (\vec{r}_{cm} \times \vec{r}_i') \times m_i(\vec{v}_{cm} + \vec{u}_i)$$

Expandindo o lado direito, obtemos

$$\vec{L}_i = (\vec{r}_{cm} \times m_i\vec{v}_{cm}) + (\vec{r}_{cm} \times m_i\vec{u}_i) + (m_i\vec{r}_i' \times \vec{v}_{cm}) + (\vec{r}_i' \times m_i\vec{u}_i)$$

Somando os dois lados e fatorando termos comuns para fora da soma nos dá

$$\vec{L}_{sis} = \Sigma\vec{L}_i = \vec{r}_{cm} \times (\Sigma m_i)\vec{v}_{cm} + \vec{r}_{cm} \times (\Sigma m_i\vec{u}_i) + (\Sigma m_i\vec{r}_i') \times \vec{v}_{cm} + \Sigma(\vec{r}_i' \times m_i\vec{u}_i)$$

Como $\Sigma m_i\vec{r}_i'$ e $\Sigma m_i\vec{u}_i$ são ambos nulos, e como $\Sigma m_i = M$ e $\Sigma(\vec{r}_i' \times m_i\vec{u}_i) = \vec{L}_{cm}$ temos $\vec{L}_{sis} = \vec{r}_{cm} \times M\vec{v}_{cm} + \vec{L}_{cm}$, ou

$$\vec{L}_{sis} = \vec{L}_{orb} + \vec{L}_{spin} \qquad 10\text{-}12$$

onde $\vec{L}_{orb} = \vec{r}_{cm} \times M\vec{v}_{cm}$ e

$$\vec{L}_{spin} = \vec{L}_{cm} = \Sigma(\vec{r}_i' \times m_i\vec{u}_i) \qquad 10\text{-}25$$

DEFINIÇÃO: QUANTIDADE DE MOVIMENTO ANGULAR DE SPIN

Provas das Equações 10-14 e 10-15 Tomamos, agora, as componentes z dos vetores torque e quantidade de movimento angular em relação a um ponto, para obter as fórmulas para o torque e a quantidade de movimento angular em relação a um eixo fixo. A quantidade de movimento angular de uma partícula em relação à origem é $\vec{L} = \vec{r} \times \vec{p}$, de forma que determinar a componente z da quantidade de movimento angular significa determinar a componente z do produto $\vec{r} \times \vec{p}$. Para isto, expressamos $\vec{r}$ e $\vec{p}$ como

$$\vec{r} = \vec{r}_{rad} + \vec{r}_z \quad \text{e} \quad \vec{p} = \vec{p}_{xy} + \vec{p}_z$$

onde $\vec{r}_{rad}$, $\vec{r}_z$, $\vec{p}_{xy}$ e $\vec{p}_z$ são componentes vetoriais (Figura 10-37) de $\vec{r}$ e $\vec{p}$.

Substituindo $\vec{r}$ e $\vec{p}$, fica

$$\vec{L} = \vec{r} \times \vec{p} = (\vec{r}_{rad} + \vec{r}_z) \times (\vec{p}_{xy} \times \vec{p}_z)$$

e, expandindo o lado direito, temos

$$\vec{L} = (\vec{r}_{rad} \times \vec{p}_{xy}) + (\vec{r}_{rad} \times \vec{p}_z) + (\vec{r}_z \times \vec{p}_{xy}) + (\vec{r}_z \times \vec{p}_z)$$

O produto vetorial de quaisquer dois vetores é perpendicular aos dois, de forma que o produto $\vec{r}_{rad} \times \vec{p}_{xy}$ é paralelo ao eixo z. Em cada um dos outros três produtos, pelo menos um dos dois vetores é paralelo ao eixo z, de forma que a componente z de cada um desses produtos vetoriais é zero. Logo,

$$\vec{L}_z = \vec{r}_{rad} \times \vec{p}_{xy} \qquad 10\text{-}14$$

QUANTIDADE DE MOVIMENTO ANGULAR EM RELAÇÃO AO EIXO z

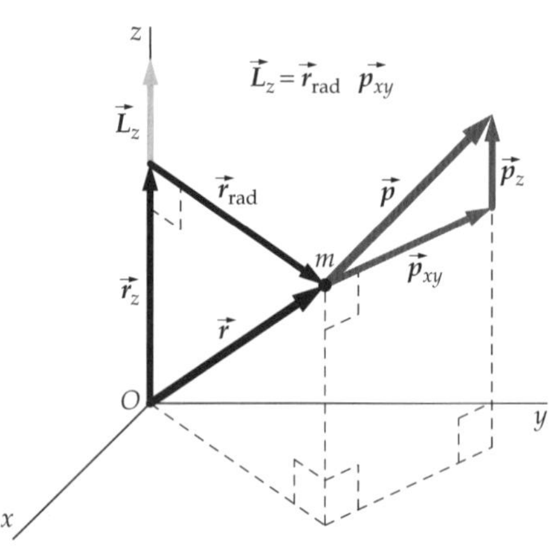

FIGURA 10-37 As componentes vetoriais $\vec{r}_{rad}$, $\vec{r}_z$, $\vec{p}_{xy}$ e $\vec{p}_z$, de $\vec{r}$ e de $\vec{p}$, usadas para calcular a quantidade de movimento angular em relação ao eixo z, $\vec{L}_z$.

O torque em relação à origem, associado a uma força agindo sobre a partícula, é dado por $\vec{\tau} = \vec{r} \times \vec{F}$ (Equação 10-1). Adotando, para o torque o mesmo procedimento adotado para a quantidade de movimento angular, temos

$$\vec{\tau}_z = \vec{r}_{rad} \times \vec{F}_{xy} \qquad 10\text{-}15$$

TORQUE EM RELAÇÃO AO EIXO z

*10-4 QUANTIZAÇÃO DA QUANTIDADE DE MOVIMENTO ANGULAR

A quantidade de movimento angular desempenha um papel importante na descrição dos átomos, moléculas, núcleos e partículas elementares. Se uma partícula está ligada a uma ou mais partículas, a partícula é dita uma *partícula ligada*. Os planetas, os asteróides, os cometas e o Sol constituem um *sistema ligado*, o chamado sistema solar, e a Terra está ligada ao sistema solar. Assim como a energia, a quantidade de movimento angular de sistemas ligados é **quantizada**, isto é, variações de quantidade de movimento angular ocorrem apenas em quantidades discretas.

A quantidade de movimento angular de uma partícula, devida a seu movimento orbital, é sua quantidade de movimento angular orbital. A magnitude da quantidade de movimento angular orbital L de uma partícula ligada pode possuir apenas os valores

$$L = \sqrt{\ell(\ell + 1)}\,\hbar \qquad \ell = 0, 1, 2, \ldots \qquad 10\text{-}26$$

onde $\hbar$ (leia-se "h cortado") é a **unidade fundamental da quantidade de movimento angular**, que está relacionada à constante de Planck h:

$$\hbar = \frac{h}{2\pi} = 1{,}05 \times 10^{-34}\,\text{J} \cdot \text{s} \qquad 10\text{-}27$$

A componente da quantidade de movimento angular orbital ao longo de qualquer direção do espaço também é quantizada e pode possuir apenas os valores $\pm m\hbar$, onde m é um inteiro não-negativo menor ou igual a ℓ. Por exemplo, se $\ell = 2$, m pode ser igual a 2, 1 ou 0.

Como a quantidade de movimento angular $\hbar$ é muito pequena, a quantização da quantidade de movimento angular não é percebida no mundo macroscópico. Seja uma partícula de massa 1,00 g $= 1{,}00 \times 10^{-3}$ kg, movendo-se em um círculo de raio 1,00 cm com um período de 1,00 s. Sua quantidade de movimento angular orbital é

$$L = mvr = mr^2\omega = mr^2\frac{2\pi}{T} = (1{,}00 \times 10^{-3}\,\text{kg})(1{,}00 \times 10^{-2}\,\text{m})^2\frac{2\pi}{1{,}00\,\text{s}}$$

$$= 6{,}28 \times 10^{-7}\,\text{J}\cdot\text{s}$$

Se dividimos por $\hbar$, obtemos

$$\frac{L}{\hbar} = \frac{6{,}28 \times 10^{-7}\,\text{J}\cdot\text{s}}{1{,}05 \times 10^{-34}\,\text{J}\cdot\text{s}} = 6{,}00 \times 10^{27}$$

Assim, esta típica quantidade de movimento angular macroscópica contém $6{,}00 \times 10^{27}$ unidades fundamentais da quantidade de movimento angular. Mesmo se pudéssemos medir L com uma parte em um bilhão, nunca poderíamos observar a quantização deste valor macroscópico de quantidade de movimento angular.

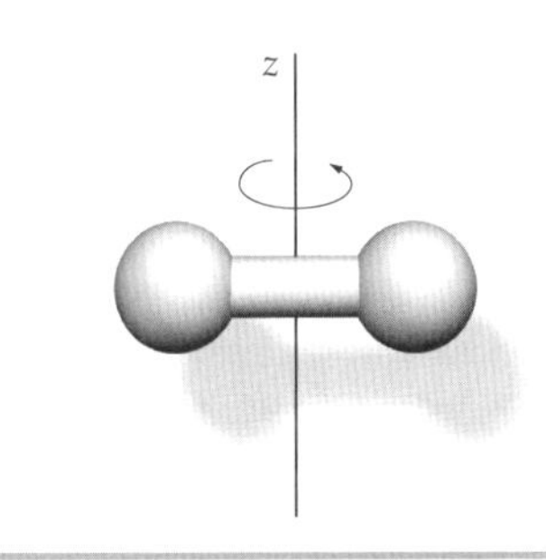

FIGURA 10-38 Modelo de uma molécula diatômica rígida girando em torno do eixo z.

A quantização da quantidade de movimento angular orbital leva à quantização da energia cinética de rotação. Considere uma molécula girando em torno de seu centro de massa com uma quantidade de movimento angular L (Figura 10-38). Seja I seu momento de inércia. Sua energia cinética é

$$K = \frac{L^2}{2I} \qquad \text{10-28}$$

Mas L^2 é quantizado nos valores $L^2 = \ell(\ell + 1)\hbar^2$, com $\ell = 0, 1, 2, \ldots$. Assim, a energia cinética é quantizada nos valores K_ℓ dados por

$$K_\ell = \frac{L^2}{2I} = \frac{\ell(\ell + 1)\hbar^2}{2I} = \ell(\ell + 1)E_{0r} \qquad \text{10-29}a$$

onde

$$E_{0r} = \frac{\hbar^2}{2I} \qquad \text{10-29}b$$

A Figura 10-39 mostra um diagrama de níveis de energia para uma molécula em rotação, com momento de inércia constante I. Note que, diferentemente dos níveis de energia para um sistema vibrante (Seção 7-4), os níveis de energia rotacionais não são igualmente espaçados e o nível mais baixo é zero.

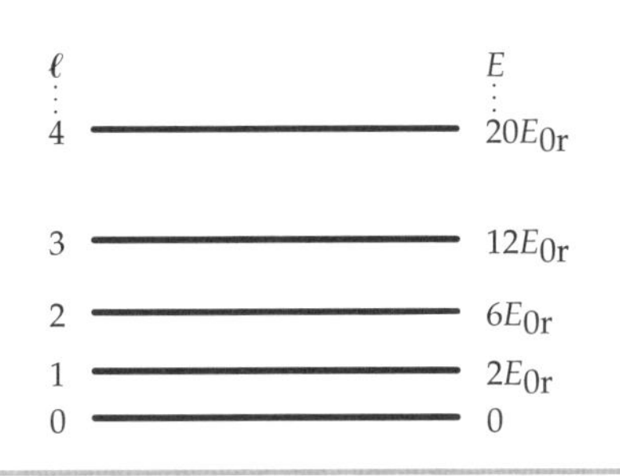

FIGURA 10-39 Diagrama de níveis de energia para uma molécula em rotação.

Exemplo 10-11 Níveis de Energia Rotacionais

A energia rotacional característica E_{0r} (Equação 10-29b) para a rotação da molécula N_2 é $2{,}48 \times 10^{-4}$ eV. Usando esta informação, determine a distância que separa os dois átomos de nitrogênio.

SITUAÇÃO A energia rotacional característica depende do momento de inércia e o momento de inércia depende da distância de separação.

SOLUÇÃO

1. A energia rotacional característica está relacionada ao momento de inércia (veja a Equação 10-29b): $E_{0r} = \dfrac{\hbar^2}{2I}$
2. Adote, como modelo para cada átomo de nitrogênio, o de uma massa pontual localizada no centro do núcleo. A molécula N_2 é vista, então, como duas massas pontuais girando em torno do centro de massa da molécula. Calcule o momento de inércia em relação ao eixo que passa perpendicularmente à linha que liga os átomos pelo centro de massa: $I = m_1r_1^2 + m_2r_2^2$
3. A distância de cada átomo ao centro de massa é a metade da distância d que os separa: $r_1 = r_2 = \dfrac{d}{2}$ e $m_1 = m_2 = m$

4. Calcule o momento de inércia em termos de d e m:

$$I = m\frac{d^2}{4} + m\frac{d^2}{4} = \frac{1}{2}md^2$$

5. Substitua I no resultado do passo 1. A massa do átomo de nitrogênio é 14,00 u. (Massas atômicas podem ser encontradas no Apêndice C):

$$E_{0r} = \frac{\hbar^2}{2I} = \frac{\hbar^2}{md^2}$$

onde $m = (14{,}00\ \text{u})(1{,}661 \times 10^{-27}\ \text{kg/u}) = 2{,}325 \times 10^{-26}\ \text{kg}$

e $E_{0r} = (2{,}48 \times 10^{-4}\ \text{eV})(1{,}602 \times 10^{-19}\ \text{J/eV}) = 3{,}973 \times 10^{-23}\ \text{J}$

6. Resolva para d:

$$d = \frac{\hbar}{\sqrt{mE_{0r}}} = \frac{1{,}055 \times 10^{-34}\ \text{J}\cdot\text{s}}{\sqrt{(2{,}325 \times 10^{-26}\ \text{kg})(3{,}973 \times 10^{-23}\ \text{J})}}$$

$$= 1{,}097 \times 10^{-10}\ \text{m} = \boxed{0{,}110\ \text{nm}}$$

CHECAGEM Em 1911, o físico britânico Ernest Rutherford (1871–1935) descobriu que o diâmetro de um núcleo vale $\sim 10^{-6}$ nm, e o diâmetro de um átomo vale, tipicamente, $\sim 0{,}1$ nm, o que é praticamente o mesmo resultado do nosso passo 6. É plausível que a distância de separação entre os átomos de N_2 seja aproximadamente igual ao diâmetro de um átomo isolado? Sim. Em uma molécula de nitrogênio, os elétrons de valência são compartilhados pelos dois átomos. Este processo, chamado de ligação covalente, é tratado com mais detalhes no Capítulo 37 (Volume 3).

A matéria estável contém somente três tipos de partículas: elétrons, prótons e nêutrons. Além da quantidade de movimento angular, cada uma destas partículas possui também uma quantidade de movimento angular intrínseca chamada de **spin**. A quantidade de movimento angular de spin de uma partícula, como sua massa e sua carga elétrica, é uma propriedade fundamental da partícula que não pode ser alterada. A magnitude do vetor quantidade de movimento angular de spin de elétrons, prótons e nêutrons é $s = \sqrt{\frac{1}{2}(\frac{1}{2}+1)}\,\hbar$; e a componente da quantidade de movimento angular de spin ao longo de qualquer direção no espaço só pode possuir dois valores: $+\frac{1}{2}\hbar$ e $-\frac{1}{2}\hbar$. Partículas com a mesma quantidade de movimento angular de spin dos elétrons são chamadas partículas de "spin um meio". Partículas de spin um meio são chamadas de **férmions**. Outras partículas, chamadas de **bósons**, têm spin zero ou spin inteiro. (Fótons e partículas α são exemplos de bósons.) Curiosamente, o spin é uma propriedade quântica da partícula que não tem nada a ver com o movimento da partícula.

A visão de um elétron como uma bola girando em torno de si, que orbita o núcleo de um átomo (como a Terra girando em torno de si e orbitando o Sol), é, com freqüência, uma visão útil. No entanto, a quantidade de movimento angular de uma bola girando em torno de si pode ser aumentada ou diminuída, enquanto o spin de um elétron é uma propriedade fixa, como sua carga e sua massa. Além disso, ao que se saiba, elétrons são partículas pontuais sem tamanho. Também, elétrons não orbitam o núcleo como os planetas orbitam o Sol. O modelo quantum–mecânico de um átomo permite-nos calcular a probabilidade de um elétron ser encontrado em um determinado volume do espaço.

Física em Foco

O Mundo Girando: Quantidade de Movimento Angular Atmosférica

Padrões de nuvens sugerem duas células vizinhas de baixa pressão. *(SeaWiFS Project, NASA/Goddard Space Flight Center, e ORBIMAGE.)*

A massa específica do ar é mensurável e varia tanto com a umidade quanto com a altitude na atmosfera. A velocidade do ar também é mensurável. Os ventos superficiais são, em sua maioria, locais, mas massas de ar mais altas na atmosfera possuem circulação global mensurável.

Com os anos, o aumento da capacidade computacional* tem permitido aos cientistas calcular a quantidade de movimento angular total da atmosfera (AAM — *atmospheric angular momentum*) da Terra. Estes cálculos estão disponíveis no órgão americano Special Bureau for the Atmosphere, do Global Geophysical Fluids Center.† Eles são baseados em medidas obtidas por serviços de meteorologia de vários países. A maioria das medidas, realizadas entre 10 e 50 quilômetros de altura, na parte superior da *troposfera* e na *estratosfera*, são obtidas com a ajuda de balões meteorológicos. A AAM é calculada usando-se a magnitude e a orientação dos ventos em várias altitudes — ventos vetoriais — e é expressa em unidades AAM, onde 1 unidade AAM $= 10^{25}$ kg $\cdot$ m^2/s.‡

Nas últimas décadas, o comprimento do dia (LOD – *length of day*) terrestre também tem sido medido com grande precisão,# calculado através de medidas astronômicas e registrado em tempo solar corrigido para as oscilações polares (UT1). As medidas usam uma combinação de varredura por laser feita por satélites, interferometria com linha de base muito extensa, dados recentes de GPS e o sistema integrado por satélite de orbitografia Doppler e posicionamento por rádio (DORIS — *Doppler Orbitography and Radio Positioning Integrated by Satellite*). Variações no LOD de décimos de milissegundo são rotineiramente registradas. Este valor é menor do que uma parte em cem milhões.

Quando comparadas, variações nos valores do LOD e da AAM apresentam uma similaridade surpreendente.° Estes valores possuem variações semanais, mensais, sazonais, anuais e plurianuais.§ Mais ainda, eles se correlacionam em até 95,4 por cento ou 98,02 por cento,¶ dependendo do modelo para a AAM. Estas correlações não são acidentais. A quantidade de movimento angular de spin de todo o sistema Terra–atmosfera é conservada. A quantidade de movimento angular de spin da Terra e a AAM têm a mesma orientação — do oeste para o leste. Isto significa que, quando a AAM aumenta, a quantidade de movimento angular da Terra isolada (excluída a atmosfera) diminui, e portanto, o LOD aumenta.

Este resultado é mais fortemente confirmado pelos padrões de tempo do El Niño.** Quando ocorre o El Niño, o sul do Oceano Pacífico se aquece e ventos subtropicais para o oeste são acelerados, enquanto ventos tropicais para o leste são desacelerados. Este padrão de ventos aumenta a AAM. Em 1984,†† medidas do Centro Espacial Goddard, nos Estados Unidos, mostraram que o dia havia aumentado mais de um milissegundo durante o El Niño. Em 1997, o dia aumentou quatro décimos de um milissegundo,‡‡ quando da ocorrência do El Niño. Quando a AAM diminui, a Terra gira mais rápido e o dia fica mais curto. A AAM é a causa mais importante de variação do LOD na Terra. Outras causas incluem ventos solares, erupções vulcânicas e até atrito entre o núcleo e o manto terrestres.##

Devido à possibilidade de se fazer medidas precisas da AAM e do LOD, previsões sobre como variações na atmosfera da Terra, como um aumento de dióxido de carbono,°° irão influenciar a quantidade de movimento angular da atmosfera podem ser feitas, assim como estudos da AAM de outros planetas.§§

* Marcus, S. L., et al., "Detection and Modeling of Nontidal Oceanic Effects on Earth's Rotation Rate," *Science*, Sept. 11, 1998, Vol. 281, 1656–1659.

† "GGFC Special Bureau for the Atmosphere," *International Earth Rotation and Reference Systems Service* http://www.iers.org/MainDisp.csl?pid=76-54 as of June 2006.

‡ Huang, H.-P., Weickmann, K. M., and Rosen, R. D., "Unusual Behaviour in Atmospheric Angular Momentum during the 1965 and 1972 El Niños," *Journal of Climate*, Aug. 2003, Vol. 16, 2526–2539.

Chao, B. F. et al., "Space Geodesy Monitors Mass Transports in Global Geophysical Fluids," *Eos, Transactions, American Geophysical Union*, May 30, 2000, Vol. 81, 247+; "Universal Time (UT1) and Length of Day (LOD.) http://www.iers.org/MainDisp.csl?pid=95-97

° Marcus et al., op. cit. "Studies of Atmospheric Angular Momentum," *NOAA-CIRES Climate Diagnostics Center*, http://www.cdc.noaa.gov/review/Chap04/sec3.html as of June, 2006.

§ Barnes, R. T. H., et al., "Atmospheric Angular Momentum Fluctuations, Length-of-Day Changes, and Polar Motion," *Proceedings of the Royal Society of London A*, May 9, 1983, Vol. 387, 31–73.

¶ Koot, L., De Viron, O., and Dehant, V., "Atmospheric Angular Momentum Time Series: Characterization of Their Internal Noise and Creation of a Combined Series," *Proceedings of the Journées 2004 Systèmes de Référence Spatio-Temporels*, N. Capitaine, Ed., Observatoire de Paris, 2005, 138–139.

** Huang, H.-P., et al., op. cit.

†† Simon, C., "The Pull of El Niño: Sluggish Rotation and Longer Days," *Science News*, Jan. 14, 1984, Vol. 125, 20

‡‡ Monastersky, R., "El Niño Shifts Earth's Momentum," *Science News*, Jan 17, 1998, Vol. 153, 45.

Marcus, S. L., et al., op. cit.

°° Rosen, R. D., and Gutowski, W. J., "Response of Zonal Winds and Atmospheric Angular Momentum to a Doubling Of CO2," *Journal of Climate*, Dec. 1992, Vol. 5, 1391–1404.

§§ Zhu, Xun, "Dynamics in Planetary Atmospheric Physics: Comparative Studies of Equatorial Superrotation for Venus, Titan, and Earth," *Johns Hopkins APL Technical Digest*, 2005, Vol. 26, 164–174.

Resumo

1. A quantidade de movimento angular é uma importante grandeza dinâmica derivada, na física macroscópica. Na física microscópica, a quantidade de movimento angular de spin é uma propriedade fundamental intrínseca das partículas elementares.
2. A conservação da quantidade de movimento angular é uma lei fundamental da natureza.
3. A quantização da quantidade de movimento angular é uma lei fundamental da natureza.

TÓPICO	EQUAÇÕES RELEVANTES E OBSERVAÇÕES	
1. **Natureza Vetorial da Rotação**	A regra da mão direita é usada para se obter a orientação da velocidade angular e do torque.	
Velocidade angular $\vec{\omega}$	A velocidade angular $\vec{\omega}$ tem a direção do eixo de rotação e o sentido dado pela regra da mão direita.	
Torque $\vec{\tau}$	$\vec{\tau} = \vec{r} \times \vec{F}$	10-1
2. **Produto Vetorial**	$\vec{A} \times \vec{B} = AB \operatorname{sen} \phi\, \hat{n}$ onde ϕ é o ângulo entre os vetores e $\hat{n}$ é um vetor unitário perpendicular ao plano de $\vec{A}$ e $\vec{B}$ com o sentido dado pela regra da mão direita quando $\vec{A}$ é arrastado para $\vec{B}$.	10-2
Propriedades	$\vec{A} \times \vec{A} = 0$	10-3
	$\vec{A} \times \vec{B} = -\vec{B} \times \vec{A}$	10-4
	$\frac{d}{dt}(\vec{A} \times \vec{B}) = \left(\vec{A} \times \frac{d\vec{B}}{dt}\right) + \left(\frac{d\vec{A}}{dt} \times \vec{B}\right)$	10-6
	$\hat{i} \times \hat{j} = \hat{k}, \quad \hat{j} \times \hat{k} = \hat{i}, \quad \text{e} \quad \hat{k} \times \hat{i} = \hat{j}$	10-7*a*
	$\hat{i} \times \hat{i} = \hat{j} \times \hat{j} = \hat{k} \times \hat{k} = 0$	10-7*b*
3. **Quantidade de Movimento Angular**		
Para uma partícula pontual	$\vec{L} = \vec{r} \times \vec{p}$	10-8
Para um sistema girando em torno de um eixo de simetria	$\vec{L} = I\vec{\omega}$	10-9
Para qualquer sistema	A quantidade de movimento angular em relação a qualquer ponto O é igual à quantidade de movimento angular em relação ao centro de massa (quantidade de movimento angular de spin) mais a quantidade de movimento angular associada ao movimento do centro de massa em relação a O (quantidade de movimento angular orbital). $\vec{L} = \vec{L}_{\text{orb}} + \vec{L}_{\text{spin}} = \vec{r}_{\text{cm}} \times M\vec{v}_{\text{cm}} + \sum_i (\vec{r}_i' \times m_i\vec{u}_i)$	10-12
Segunda lei de Newton para o movimento de rotação	$\vec{\tau}_{\text{ext res}} = \frac{d\vec{L}}{dt}$	10-10
Conservação da quantidade de movimento angular	Se o torque externo resultante permanece igual a zero, a quantidade de movimento angular do sistema é conservada. (Se a componente do torque externo resultante em uma dada direção permanece igual a zero, a componente da quantidade de movimento angular do sistema nessa direção é conservada.)	
Energia cinética de um corpo girando em torno de um eixo fixo	$K = \frac{1}{2}I\omega^2 = \frac{L^2}{2I}$	10-21
Quantização da quantidade de movimento angular	A magnitude da quantidade de movimento angular orbital de uma partícula ligada pode possuir apenas os valores $L = \sqrt{\ell(\ell + 1)}\,\hbar \qquad \ell = 0, 1, 2, \ldots$	
*Quantização de qualquer componente da quantidade de movimento angular orbital	A componente da quantidade de movimento angular orbital de uma partícula ligada, ao longo de qualquer direção do espaço, também é quantizada e pode possuir apenas os valores $\pm m\hbar$, onde m é um inteiro não-negativo menor ou igual a ℓ.	
Spin	Elétrons, prótons e nêutrons possuem uma quantidade de movimento angular intrínseca chamada de spin.	

Resposta da Checagem Conceitual

10-1 No sentido anti-horário, visto de cima.

Respostas dos Problemas Práticos

10-1 $K_i = 78{,}2$ J, $K_f = 13{,}0$ J

10-2 $r_N = r_0/\sqrt[3]{N}$

Problemas

Em alguns problemas, você recebe mais dados do que necessita; em alguns outros, você deve acrescentar dados de seus conhecimentos gerais, fontes externas ou estimativas bem fundamentadas.

Em todos os problemas, use $g = 9{,}81$ m/s² para a aceleração de queda livre e despreze atrito e resistência do ar, a não ser quando especificamente indicado.

Interprete como significativos todos os algarismos de valores numéricos que possuem zeros em seqüência sem vírgulas decimais.

- • Um só conceito, um só passo, relativamente simples
- •• Nível intermediário, pode requerer síntese de conceitos
- ••• Desafiante, para estudantes avançados

Problemas consecutivos sombreados são problemas pareados.

PROBLEMAS CONCEITUAIS

1 • Verdadeiro ou falso:

(*a*) Se dois vetores têm sentidos opostos, seu produto vetorial deve ser zero.
(*b*) A magnitude do produto vetorial de dois vetores é mínima quando os vetores são perpendiculares.
(*c*) O conhecimento da magnitude do produto vetorial de dois vetores não-nulos, além das magnitudes individuais dos vetores, permite a determinação unívoca do ângulo entre eles.

2 • Sejam dois vetores não-nulos, $\vec{A}$ e $\vec{B}$. Seu produto vetorial possui magnitude máxima se $\vec{A}$ e $\vec{B}$ (*a*) são paralelos, (*b*) são perpendiculares, (*c*) são antiparalelos, (*d*) formam um ângulo de 45° entre si.

3 • Qual é o ângulo entre um vetor força $\vec{F}$ e o torque $\vec{\tau}$ gerado por $\vec{F}$?

4 • Uma partícula pontual de massa m se move com rapidez constante v ao longo de uma linha reta que passa pelo ponto P. O que você pode afirmar sobre a quantidade de movimento angular da partícula em relação ao ponto P? (*a*) Sua magnitude é mv. (*b*) Sua magnitude é zero. (*c*) Sua magnitude muda de sinal quando a partícula passa pelo ponto P. (*d*) Sua magnitude aumenta enquanto a partícula se aproxima do ponto P.

5 • Uma partícula percorre uma trajetória circular, com o ponto P no centro do círculo. (*a*) Se a quantidade de movimento linear da partícula, $\vec{p}$, é duplicada sem que o raio do círculo seja alterado, como fica afetada a magnitude de sua quantidade de movimento angular em relação a P? (*b*) Se o raio do círculo é duplicado com a rapidez da partícula permanecendo inalterada, como fica afetada a magnitude de sua quantidade de movimento angular em relação a P?

6 • Uma partícula se move em linha reta com rapidez constante. Como varia com o tempo a quantidade de movimento angular da partícula em relação a qualquer ponto fixo?

7 •• Verdadeiro ou falso: Se o torque resultante sobre um corpo que gira é zero, a velocidade angular do corpo não pode variar. Se sua resposta é "falso", dê um contra-exemplo.

8 •• Você está de pé sobre a borda de uma plataforma giratória de mancais sem atrito que está, inicialmente, em rotação, e agarra uma bola que se move no mesmo sentido que você, mas mais rapidamente, em uma direção tangente à borda da plataforma. Suponha que você não se desloca em relação à plataforma. (*a*) Durante a pegada, a rapidez angular da plataforma aumenta, diminui, ou permanece a mesma? (*b*) Durante a pegada, a magnitude de sua quantidade de movimento angular (em relação ao eixo de rotação da plataforma) aumenta, diminui, ou permanece a mesma? (*c*) Após a pegada, como variou a quantidade de movimento angular da bola (em relação ao eixo de rotação da plataforma)? (*d*) Após a pegada, como variou a quantidade de movimento angular total do sistema você–plataforma–bola (em relação ao eixo de rotação da plataforma)?

9 •• Se a quantidade de movimento angular de um sistema em relação a um ponto fixo P é constante, qual das afirmativas seguintes deve ser verdadeira?

(*a*) Nenhum torque em relação a P atua sobre nenhuma parte do sistema.
(*b*) Um torque constante em relação a P atua sobre cada parte do sistema.
(*c*) Um torque nulo resultante em relação a P atua sobre cada parte do sistema.
(*d*) Um torque externo resultante constante em relação a P atua sobre o sistema.
(*e*) Um torque externo resultante nulo em relação a P atua sobre o sistema.

10 •• Um bloco, que desliza sobre uma mesa sem atrito, está amarrado a um fio que passa por um pequeno furo através da mesa. Inicialmente, o bloco está deslizando com rapidez v_0 em um círculo de raio r_0. Um estudante, sob a mesa, puxa lentamente o fio. O que acontece ao bloco enquanto ele espirala para o furo? Apresente argumentos que sustentem sua resposta. (O termo "quantidade de movimento angular" refere-se à quantidade de movimento angular em relação ao eixo vertical que passa pelo furo.) (*a*) Sua energia e sua quantidade de movimento angular são conservadas. (*b*) Sua quantidade de movimento angular é conservada e sua energia aumenta. (*c*) Sua quantidade de movimento angular é conservada e sua energia diminui. (*d*) Sua energia é conservada e sua quantidade de movimento angular aumenta. (*e*) Sua energia é conservada e sua quantidade de movimento angular diminui.

11 •• Uma maneira de dizer se um ovo está bem cozido, ou cru, sem quebrá-lo, é colocar o ovo sobre uma superfície horizontal rígida e tentar fazê-lo girar em torno de um seu eixo de simetria. Um ovo bem cozido girará com facilidade, contrariamente ao caso de um ovo cru. No entanto, uma vez girando, o ovo cru pode fazer algo incomum: se você o pára com o dedo, ele pode recomeçar a girar. Explique a diferença de comportamento para os dois tipos de ovos.

12 •• Explique por que um helicóptero com apenas um rotor principal possui um segundo rotor menor, montado em um eixo horizontal na traseira, como na Figura 10-40. Descreva o movimento que o helicóptero terá se este rotor na traseira parar de funcionar em vôo.

FIGURA 10-40 Problema 12
(Chris Sorenson/The Stock Market.)

13 •• O vetor quantidade de movimento angular de spin de uma roda que gira em torno de seu eixo é paralelo ao eixo e aponta para o leste. Para levar este vetor a apontar para o sul, em que sentido deve ser exercida uma força sobre a extremidade leste do eixo? (*a*) para cima, (*b*) para baixo, (*c*) para o norte, (*d*) para o sul, (*e*) para o leste.

14 •• **RICO EM CONTEXTO** Você está caminhando para o norte, carregando em sua mão esquerda uma maleta com uma roda massiva girante, montada sobre um eixo preso às partes anterior e posterior da maleta. A velocidade angular do giroscópio aponta para o norte. Agora, você começa a se virar para caminhar para o sul. Em conseqüência, a parte anterior da maleta (*a*) resistirá à sua tentativa de virá-la e tentará manter sua orientação original, (*b*) resistirá à sua tentativa de virá-la e puxará para o oeste, (*c*) irá levantar-se, (*d*) irá inclinar-se para baixo, (*e*) não apresentará nenhum efeito.

15 •• **APLICAÇÃO EM ENGENHARIA** A quantidade de movimento angular da hélice de um pequeno avião monomotor aponta para a frente. A hélice gira no sentido horário, se vista de trás. (*a*) Logo após a decolagem, quando o nariz do avião inclina-se para cima, o avião tende a puxar para um lado. Que lado é este e por quê? (*b*) Se o avião está voando horizontalmente e repentinamente vira para a direita, seu nariz tenderá a levantar ou abaixar? Por quê?

16 •• **RICO EM CONTEXTO, APLICAÇÃO EM ENGENHARIA** Você projetou um carro movido à energia armazenada em um único volante giratório com quantidade de movimento angular de spin $\vec{L}$ De manhã, você usa energia elétrica para levar o volante a adquirir uma certa rapidez angular, dando-lhe uma enorme quantidade de energia cinética de rotação — energia que será transformada em energia cinética de translação do carro durante o dia. Tendo estudado quantidade de movimento angular e torques em uma disciplina de física, você percebe que alguns problemas podem surgir em algumas manobras com o carro. Discuta alguns desses problemas. Por exemplo, suponha o volante montado de forma que $\vec{L}$ esteja apontado verticalmente para cima quando o carro está em uma estrada horizontal. Então, o que acontecerá se o carro tentar virar à esquerda ou à direita? Em cada caso tratado, considere a orientação do torque exercido pela estrada sobre o carro.

17 •• Você está sentado em um banquinho de piano que gira em torno de seu eixo, com os braços cruzados. (*a*) Quando você estende os braços, o que acontece com sua energia cinética? Qual é a causa desta variação? (*b*) Explique o que acontece com seu momento de inércia, sua rapidez angular e sua quantidade de movimento angular quando você estende os braços.

18 •• Uma barra uniforme, de massa M e comprimento L, está sobre uma mesa horizontal sem atrito. Uma bolinha de massa de modelar, de massa $m = M/4$, move-se ao longo de uma linha perpendicular à barra, atinge a barra perto de uma extremidade e se gruda nela. Descreva qualitativamente o movimento subseqüente da barra e da bolinha.

ESTIMATIVA E APROXIMAÇÃO

19 •• Uma patinadora no gelo inicia sua pirueta com os braços estendidos, girando a 1,5 rev/s. Estime sua rapidez rotacional (em rev/s) quando ela traz os braços ao corpo.

20 •• Estime a razão entre as velocidades angulares de um mergulhador na posição de agachamento, ao iniciar o salto, e na posição mais estendida, durante o salto.

21 •• Os dias em Marte e na Terra têm quase a mesma duração. A massa da Terra é 9,35 vezes a de Marte, o raio da Terra é 1,88 vez o de Marte e Marte está, em média, 1,52 vez mais afastado do Sol do que a Terra. O ano marciano é 1,88 vez mais longo do que o terrestre. Suponha que ambos sejam esferas uniformes com órbitas circulares em torno do Sol. Estime a razão (Terra para Marte) entre (*a*) suas quantidades de movimento angular de spin, (*b*) suas energias cinéticas de spin, (*c*) suas quantidades de movimento angular orbital, e (*d*) suas energias cinéticas orbitais.

22 •• As calotas polares contêm cerca de $2{,}3 \times 10^{19}$ kg de gelo. Esta massa praticamente não contribui para o momento de inércia da Terra, por ser localizada nos pólos, próximo ao eixo de rotação. Estime a variação na duração do dia que seria esperada, se as calotas polares derretessem e a água fosse uniformemente distribuída sobre a superfície da Terra.

23 •• Uma partícula de 2,0 g se move com a rapidez constante de 3,0 mm/s em torno de um círculo de 4,0 mm de raio. (*a*) Determine a magnitude da quantidade de movimento angular da partícula. (*b*) Se $L = \sqrt{\ell(\ell + 1)}\ \hbar$, onde ℓ é um inteiro, determine o valor de $\ell(\ell + 1)$ e o valor aproximado de ℓ. (*c*) De quanto varia ℓ, se a rapidez da partícula aumenta de um milionésimo por cento, e nada mais varia? Use seu resultado para explicar por que a quantização da quantidade de movimento angular não é percebida na física macroscópica.

24 ••• Nos anos de 1960, os astrofísicos procuraram explicar a existência e estrutura dos *pulsares* — fontes astronômicas de pulsos de rádio extremamente regulares, cujos períodos variavam de segundos a milissegundos. Em dado momento, estas fontes de rádio receberam o acrônimo LGM (*Little Green Men* — Homenzinhos Verdes), numa referência à idéia de que elas poderiam ser sinais de civilizações extraterrestres. A explicação hoje aceita é não menos interessante. Considere o seguinte. Nosso Sol, uma estrela bem típica, tem uma massa de $1{,}99 \times 10^{30}$ kg e um raio de $6{,}96 \times 10^{8}$ m. Apesar de não girar uniformemente, por não ser um corpo rígido, sua taxa média de rotação é de cerca de 1 rev/25 dia. Estrelas maiores do que o Sol podem terminar em explosões espetaculares chamadas *supernovas*, deixando atrás de si um remanescente colapsado da estrela chamado de *estrela de nêutrons*. Estas estrelas de nêutrons possuem massa comparável à massa original das estrelas, mas raios de apenas alguns quilômetros! A grande taxa de rotação é devida à conservação da quantidade de movimento angular durante os colapsos. Estas estrelas emitem feixes de ondas de rádio. Devido à grande rapidez angular das estrelas, o feixe varre a Terra em intervalos regulares muito curtos. Para produzir os pulsos de ondas de rádio observados, a estrela deve girar a taxas que variam de cerca de 1 rev/s a 1000 rev/s. (*a*) Usando dados do livro-texto, estime a taxa de rotação do Sol se ele viesse a colapsar em uma estrela de nêutrons de 10 km de raio. O Sol não é uma esfera uniforme de gás e seu momento de inércia vale $I = 0{,}059MR^2$. Suponha que a estrela de nêutrons seja esférica, com uma distribuição uniforme de massa. (*b*) A energia cinética de rotação do Sol é maior ou menor após o colapso? Ela varia por qual fator, e para onde vai, ou de onde vem, a energia?

25 •• O momento de inércia da Terra em relação ao seu eixo vale, aproximadamente, $8{,}03 \times 10^{37}\ \text{kg} \cdot \text{m}^2$. (*a*) Como a Terra é quase esférica, suponha que seu momento de inércia possa ser escrito como $I = CMR^2$, onde C é uma constante adimensional, $M = 5{,}98 \times 10^{24}$ kg é a massa da Terra e $R = 6370$ km é seu raio. Determine C. (*b*) Se a massa da Terra fosse distribuída uniformemente, C seria igual a 2/5. Com o valor de C calculado na Parte (*a*), a massa específica da Terra é maior perto do seu centro ou perto da sua superfície? Explique seu raciocínio.

26 ••• Estime os valores iniciais da rapidez com que se lança o patinador Timothy Goebel, da rapidez angular e da quantidade de movimento angular quando ele efetua um salto quádruplo (Figura 10-41). Faça as suposições que julgar convenientes, mas justifique-as. A massa de Goebel é de cerca de 60 kg e a altura do salto é de cerca de 0,60 m. Note que sua rapidez angular irá variar bastante durante o salto, já que ele começa com os braços esticados e depois os recolhe. Sua resposta deve ter uma precisão de um fator 2, se você for cuidadoso.

FIGURA 10-41 **Problema 26** *(Chris Trotman/DUOMO/Corbis.)*

O PRODUTO VETORIAL E A NATUREZA VETORIAL DO TORQUE E DA ROTAÇÃO

27 • Uma força de magnitude F é aplicada horizontalmente, no sentido $-x$, na borda de um disco de raio R, como mostrado na Figura 10-42. Escreva $\vec{F}$ e $\vec{r}$ em termos dos vetores unitários $\hat{i}$, $\hat{j}$ e $\hat{k}$, e calcule o torque produzido por esta força em relação à origem no centro do disco.

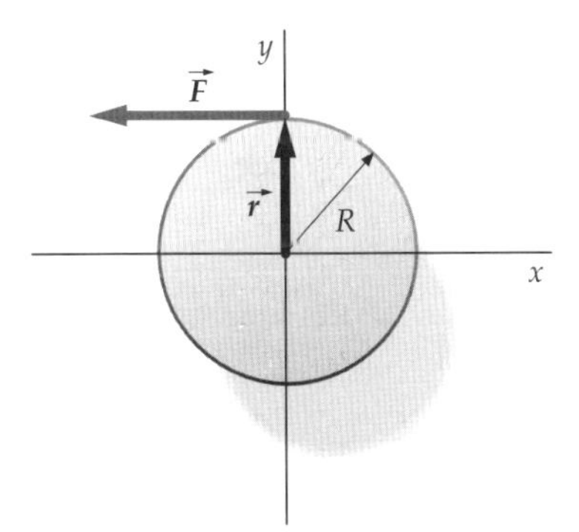

FIGURA 10-42 **Problema 27**

28 • Calcule o torque, em relação à origem, da força gravitacional $\vec{F} = -mg\hat{j}$ que atua sobre uma partícula de massa m localizada em $\vec{r} = x\hat{i} + y\hat{j}$, e mostre que este torque é independente da coordenada y.

29 • Determine $\vec{A} \times \vec{B}$ nos seguintes casos: (*a*) $\vec{A} = 4\hat{i}$ e $\vec{B} = 6\hat{i} + 6\hat{j}$, (*b*) $\vec{A} = 4\hat{i}$ e $\vec{B} = 6\hat{i} + 6\hat{k}$, e (*c*) $\vec{A} = 2\hat{i} + 3\hat{j}$ e $\vec{B} = 3\hat{i} + 2\hat{j}$.

30 •• Para cada um dos casos do Problema 29, determine $|\vec{A} \times \vec{B}|$. Compare o resultado com $|\vec{A}||\vec{B}|$ para estimar qual dos pares de vetores está mais próximo de ser ortogonal. Verifique suas respostas calculando o ângulo, usando o produto escalar.

31 •• Uma partícula se move em um círculo centrado na origem. A posição da partícula é $\vec{r}$ e sua velocidade angular é $\vec{\omega}$. (*a*) Mostre que sua velocidade é dada por $\vec{v} = \vec{\omega} \times \vec{r}$. (*b*) Mostre que sua aceleração centrípeta é dada por $\vec{a}_c = \vec{\omega} \times \vec{v} = \vec{\omega} \times (\vec{\omega} \times \vec{r})$.

32 •• São-lhe fornecidos três vetores e suas componentes na forma: $\vec{A} = a_x\hat{i} + a_y\hat{j} + a_z\hat{k}$, $\vec{B} = b_x\hat{i} + b_y\hat{j} + b_z\hat{k}$, e $\vec{C} = c_x\hat{i} + c_y\hat{j} + c_z\hat{k}$. Mostre que as seguintes igualdades são válidas: $\vec{A} \cdot (\vec{B} \times \vec{C}) = \vec{C} \cdot (\vec{A} \times \vec{B}) = \vec{B} \cdot (\vec{C} \times \vec{A})$.

33 •• Se $\vec{A} = 3\hat{j}$, $\vec{A} \times \vec{B} = 9\hat{i}$ e $\vec{A} \cdot \vec{B} = 12$, determine $\vec{B}$.

34 •• Se $\vec{A} = 4\hat{i}$, $B_z = 0$, $|\vec{B}| = 5$ e $\vec{A} \times \vec{B} = 12\hat{k}$, determine $\vec{B}$.

35 ••• Dados três vetores não-coplanares $\vec{A}$, $\vec{B}$ e $\vec{C}$, mostre que $\vec{A} \cdot (\vec{B} \times \vec{C})$ é o volume do paralelepípedo formado pelos três vetores.

36 ••• Usando o produto vetorial, prove a *lei dos senos* para o triângulo mostrado na Figura 10-43. Isto é, se A, B e C são os comprimentos de cada lado do triângulo, mostre que $A/\text{sen}\ a = B/\text{sen}\ b = C/\text{sen}\ c$.

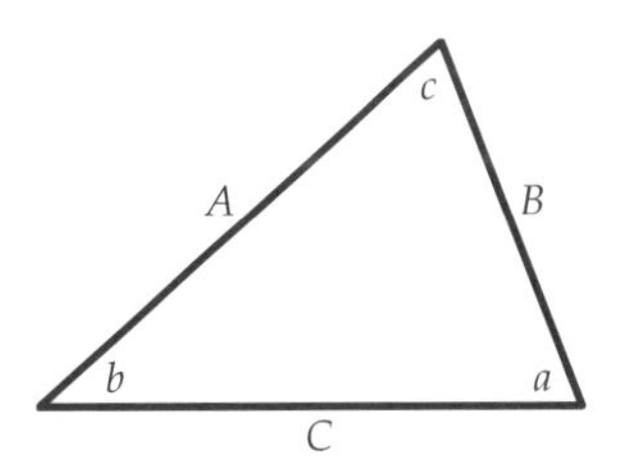

FIGURA 10-43 **Problema 36**

TORQUE E QUANTIDADE DE MOVIMENTO ANGULAR

37 • Uma partícula de 2,0 kg se move diretamente para o leste com uma rapidez constante de 4,5 m/s, ao longo de uma linha oeste-leste. (*a*) Qual é sua quantidade de movimento angular (incluindo a orientação) em relação a um ponto que está 6,0 m ao norte da linha? (*b*) Qual é sua quantidade de movimento angular (incluindo a orientação) em relação a um ponto que está 6,0 m ao sul da linha? (*c*) Qual é sua quantidade de movimento angular (incluindo a orientação) em relação a um ponto que está 6,0 m diretamente a leste da partícula?

38 • Você observa uma partícula de 2,0 kg se movendo com uma rapidez constante de 3,5 m/s no sentido horário em torno de um círculo de 4,0 m de raio. (*a*) Qual é a quantidade de movimento angular da partícula (incluindo a orientação) em relação ao centro do círculo? (*b*) Qual o momento de inércia da partícula em relação a um eixo que passa perpendicularmente ao plano do movimento pelo centro do círculo? (*c*) Qual é a velocidade angular da partícula?

39 •• (*a*) Uma partícula, movendo-se com velocidade constante, tem quantidade de movimento angular zero em relação a um dado ponto. Use a definição de quantidade de movimento angular para mostrar que, nestas condições, a partícula ou se aproxima diretamente do ponto ou se afasta diretamente dele. (*b*) Você é um rebatedor destro e deixa a bola de beisebol passar rapidamente por você, sem tentar rebatê-la. Qual é a orientação da quantidade de movimento angular da bola, em relação ao seu umbigo? (Suponha que, ao passar por você, a bola esteja viajando em uma linha reta horizontal.)

40 •• Uma partícula, de massa m, viaja com uma velocidade constante $\vec{v}$ ao longo de uma linha reta que dista b da origem O (Figura 10-44). Seja dA a área varrida pelo vetor posição da partícula, em relação a O, durante o intervalo de tempo dt. Mostre que dA/dt é constante e igual a $L/2m$, onde L é a magnitude da quantidade de movimento angular da partícula em relação à origem.

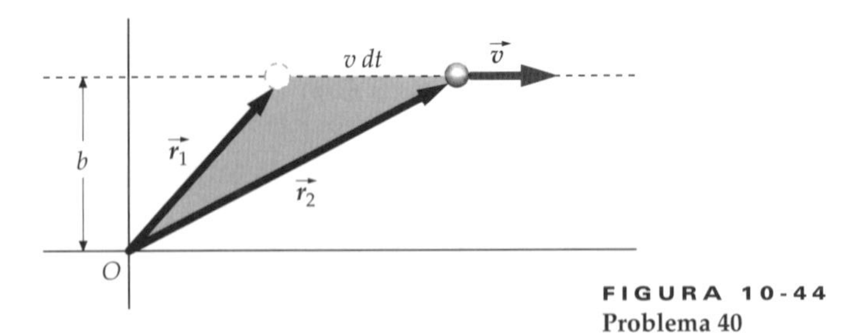

FIGURA 10-44 Problema 40

41 •• Uma moeda de 15 g, com um diâmetro de 1,5 cm, rodopia a 10 rev/s em torno de um eixo vertical. Ela rodopia sobre a borda, com seu centro diretamente acima do ponto de contato com a mesa. Olhando de cima, você vê a moeda rodopiar no sentido horário. (*a*) Qual é a quantidade de movimento angular (incluindo a orientação) da moeda em relação ao seu centro de massa? (Para o momento de inércia em relação ao eixo, veja a Tabela 9-1.) Trate a moeda como um cilindro de comprimento L, no limite em que L tende a zero. (*b*) Qual é a quantidade de movimento angular (incluindo a orientação) da moeda em relação a um ponto da mesa a 10 cm do eixo? (*c*) Agora, o centro de massa da moeda se desloca sobre a mesa para o leste em uma linha reta, a 5,0 cm/s, com a moeda rodopiando da mesma maneira que na Parte (*a*). Qual é a quantidade de movimento angular (incluindo a orientação) da moeda em relação a um ponto da linha sobre a qual se desloca o centro de massa? (*d*) Deslizando e rodopiando, qual é a quantidade de movimento angular (incluindo a orientação) da moeda em relação a um ponto que está 10 cm ao norte da linha sobre a qual se desloca o centro de massa?

42 •• **CONCEITUAL** (*a*) Duas estrelas, de massas m_1 e m_2, estão localizadas em $\vec{r}_1$ e $\vec{r}_2$ em relação a uma origem O, como mostrado na Figura 10-45. Elas exercem, uma sobre a outra, forças de atração gravitacional iguais e opostas. Para este sistema de estrela dupla, determine o torque resultante exercido por estas forças internas em relação à origem O e mostre que ele vale zero apenas se as duas forças estão sobre a mesma linha que liga as partículas. (*b*) O fato de que forças de pares da terceira lei de Newton não são apenas iguais e opostas, mas estão, também, sobre a mesma linha que liga os dois corpos, é às vezes chamado de forma forte da terceira lei de Newton. Por que é importante adicionar a última frase? *Dica: Considere o que aconteceria a estes dois corpos se as forças estivessem afastadas uma da outra.*

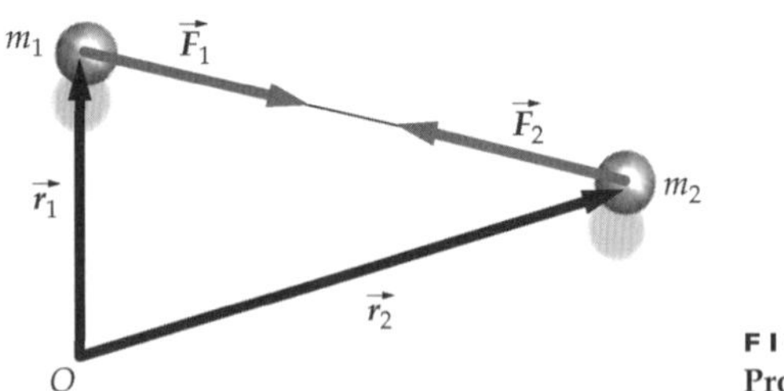

FIGURA 10-45 Problema 42

43 •• Uma partícula de 1,8 kg se move em um círculo de 3,4 m de raio. Olhando de cima o plano de sua órbita, a partícula está, inicialmente, se movendo no sentido horário. Chamando de positivo o sentido horário, a quantidade de movimento angular da partícula em relação ao centro do círculo varia com o tempo de acordo com $L(t) = 10\text{ N}\cdot\text{m}\cdot\text{s} - (4{,}0\text{ N}\cdot\text{m})t$. (*a*) Determine a magnitude e a orientação do torque que atua sobre a partícula. (*b*) Determine a velocidade angular da partícula em função do tempo.

44 •• **RICO EM CONTEXTO, APLICAÇÃO EM ENGENHARIA** Você está projetando um torno mecânico, parte do qual consiste em um cilindro uniforme de 90 kg de massa e 0,40 m de raio, montado de forma a girar sem atrito em torno de seu eixo. O cilindro é acionado por uma correia que o envolve em seu perímetro e exerce um torque constante. Em $t = 0$, a velocidade angular do cilindro é zero. Em $t = 25$ s, sua rapidez angular é 500 rev/min. (*a*) Qual é a magnitude da quantidade de movimento angular do cilindro, em $t = 25$ s? (*b*) Com que taxa está aumentando a quantidade de movimento angular? (*c*) Qual é a magnitude do torque sobre o cilindro? (*d*) Qual é a magnitude da força de atrito que atua sobre o perímetro do cilindro?

45 •• Na Figura 10-46, o plano inclinado é sem atrito e o fio passa pelo centro de massa de cada bloco. A polia tem um momento de inércia I e raio R. (*a*) Determine o torque resultante sobre o sistema (as duas massas, o fio e a polia) em relação ao centro da polia. (*b*) Escreva uma expressão para a quantidade de movimento angular total do sistema em relação ao centro da polia. Suponha as massas se deslocando com uma rapidez v.(*c*) Determine a aceleração das massas usando seus resultados das Partes (*a*) e (*b*) e igualando o torque resultante à taxa de variação da quantidade de movimento angular do sistema.

FIGURA 10-46 Problema 45

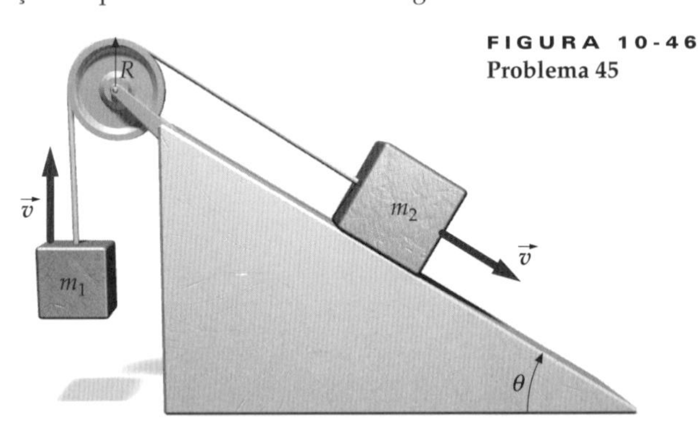

46 •• **RICO EM CONTEXTO, APLICAÇÃO EM ENGENHARIA** A Figura 10-47 mostra uma visão posterior de uma cápsula espacial que ficou girando rapidamente em torno de seu eixo, a 30 rev/min, após uma colisão com outra cápsula. Você é o controlador de vôo e tem pouco tempo para instruir a tripulação sobre como parar esta rotação antes que todos fiquem enjoados devido à rotação e a situação se torne perigosa. Você sabe que eles têm acesso a dois pequenos jatos montados tangencialmente a uma distância $R = 3{,}0$ m do eixo, como indicado na figura. Estes jatos podem ejetar, cada um, 10 g/s de gás, com uma rapidez de 800 m/s. Determine o intervalo de tempo em que estes jatos devem funcionar para parar a rotação. Em vôo, o momento de inércia (suposto constante) da cápsula em relação ao seu eixo vale $4000\text{ kg}\cdot\text{m}^2$.

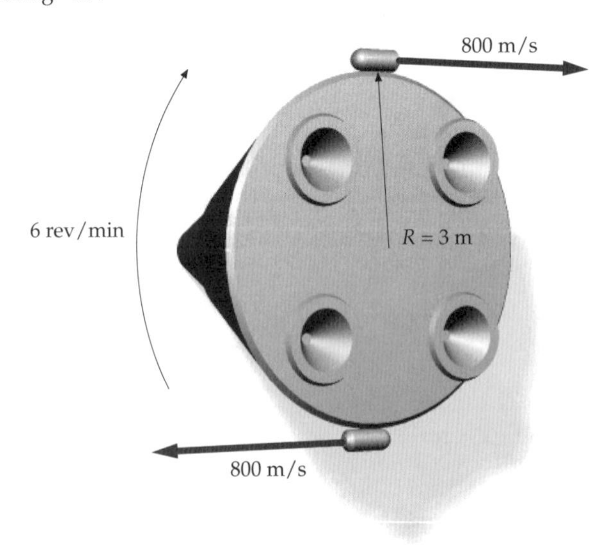

FIGURA 10-47 Problema 46

47 •• Um projétil (massa M) é lançado a um ângulo θ, com uma rapidez inicial v_0. Considerando o torque e a quantidade de movimento angular em relação ao ponto de lançamento, mostre explicitamente que $dL/dt = \tau$. Ignore a resistência do ar. (As equações para o movimento de projéteis estão no Capítulo 3.)

CONSERVAÇÃO DA QUANTIDADE DE MOVIMENTO ANGULAR

48 • Um planeta se move em uma órbita elíptica em torno do Sol, com o Sol em um dos focos da elipse, como na Figura 10-48. (*a*) Qual é o torque, em relação ao centro do Sol, devido à força gravitacional de atração do Sol sobre o planeta? (*b*) Na posição *A*, o planeta tem um raio orbital r_1 e se move com a rapidez v_1, perpendicularmente à linha que liga o Sol ao planeta. Na posição *B*, o planeta tem um raio orbital r_2 e se move com a rapidez v_2, também perpendicularmente à linha que liga o Sol ao planeta. Qual é a razão entre v_1 e v_2 em termos de r_1 e r_2?

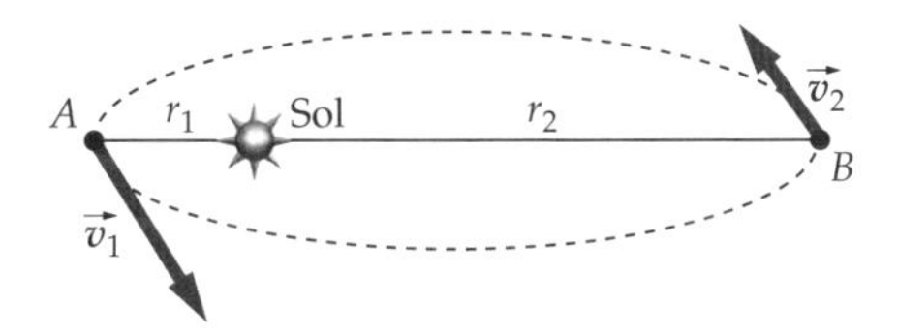

FIGURA 10-48
Problema 48

49 •• Você está de pé sobre uma plataforma sem atrito, que gira com uma rapidez angular de 1,5 rev/s. Seus braços estão estendidos e você segura um peso em cada mão. O momento de inércia da plataforma, com você de braços estendidos segurando os pesos, é 6,0 kg · m². Quando você puxa os pesos para si, o momento de inércia diminui para 1,8 kg · m². (*a*) Qual é a rapidez angular final da plataforma? (*b*) Qual é a variação da energia cinética do sistema? (*c*) De onde veio este aumento de energia?

50 •• Uma bolinha de massa de modelar, de massa *m*, cai do teto sobre a borda de uma plataforma giratória de raio *R* e momento de inércia I_0, que gira livremente com uma rapidez angular θ_0 em torno de seu eixo de simetria fixo e vertical. (*a*) Após a colisão, qual é a rapidez angular do sistema plataforma–bolinha? (*b*) Após várias voltas, a bolinha se solta da borda da plataforma. Qual é, agora, a rapidez angular da plataforma?

51 •• Um pesado disco de plástico está montado sobre mancais sem atrito no eixo vertical que passa pelo seu centro. O disco tem raio $R = 15$ cm e massa $M = 0,25$ kg. Uma barata (massa $m = 0,015$ kg) está sobre o disco, a uma distância de 8,0 cm do centro. Inicialmente, tanto o disco quanto a barata estão em repouso. A barata começa, então, a caminhar ao longo de uma trajetória circular concêntrica ao eixo do disco, à distância constante de 8,0 cm do eixo. Se a rapidez da barata em relação ao disco é 0,010 m/s, qual é a rapidez da barata em relação à sala?

52 •• Dois discos de mesma massa e raios diferentes (r e $2r$) giram em torno de um eixo sem atrito, com a mesma rapidez angular θ_0 mas em sentidos opostos (Figura 10-49). Os dois discos são lentamente aproximados. A força de atrito entre as superfícies faz com que eles passem a ter a mesma velocidade angular. (*a*) Qual é a magnitude da velocidade angular final, em termos de ω_0? (*b*) Qual é a variação da energia cinética de rotação do sistema? Explique.

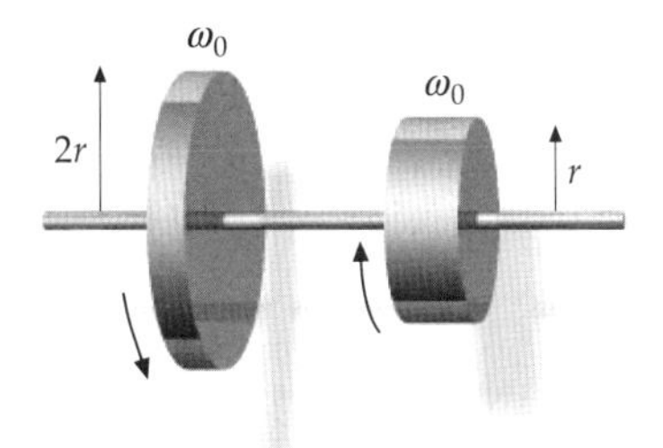

FIGURA 10-49
Problema 52

53 •• Um bloco de massa *m*, deslizando sobre uma mesa sem atrito, está preso a um fio que passa por um pequeno furo através do centro da mesa. O bloco desliza com rapidez v_0 em um círculo de raio r_0. Determine (*a*) a quantidade de movimento angular do bloco, (*b*) a energia cinética do bloco e (*c*) a tensão no fio. (*d*) Um estudante, sob a mesa, puxa agora lentamente o fio para baixo. Qual é o trabalho necessário para reduzir o raio do círculo de r_0 para $r_0/2$?

54 ••• Uma massa pontual de 0,20 kg, movendo-se sobre uma superfície horizontal sem atrito, está presa a uma tira elástica que tem a outra extremidade fixa no ponto *P*. A tira elástica exerce uma força de magnitude $F = bx$, onde *x* é o comprimento da tira e *b* é uma constante desconhecida. A força da tira elástica aponta para *P*. A massa se move ao longo da linha pontilhada da Figura 10-50. Quando ela passa pelo ponto *A*, sua velocidade é de 4,0 m/s, com a orientação mostrada. A distância *AP* é 0,60 m e *BP* vale 1,0 m. (*a*) Determine a rapidez da massa nos pontos *B* e *C*. (*b*) Determine *b*.

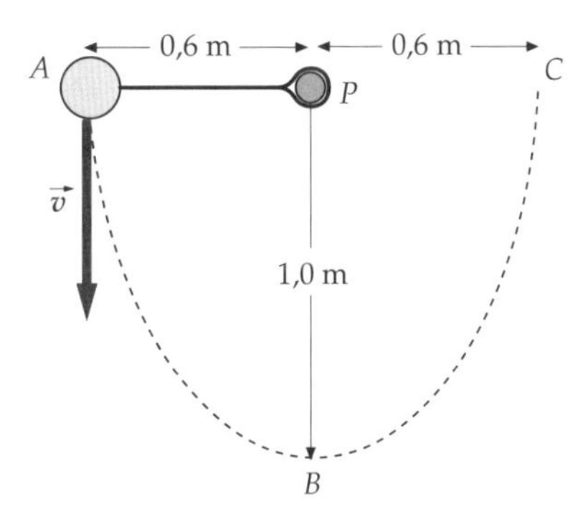

FIGURA 10-50
Problema 54

*QUANTIZAÇÃO DA QUANTIDADE DE MOVIMENTO ANGULAR

55 •• A componente *z* do spin de um elétron é $-\frac{1}{2}\hbar$, mas a magnitude do vetor de spin é $\sqrt{0,75}\,\hbar$. Qual é o ângulo entre o vetor quantidade de movimento angular de spin do elétron e o eixo *z* positivo?

56 •• Mostre que a diferença de energia entre um nível rotacional de uma molécula e o nível próximo mais alto é proporcional a $\ell + 1$.

57 •• **RICO EM CONTEXTO, APLICAÇÃO BIOLÓGICA** Você trabalha em um laboratório de pesquisa biomédica e está investigando os níveis rotacionais de energia da molécula de HBr. Após consulta à tabela periódica, você sabe que a massa do átomo de bromo é 80 vezes a do átomo de hidrogênio. Conseqüentemente, ao calcular o movimento de rotação da molécula você supõe, em boa aproximação, que o núcleo de Br permanece estacionário enquanto o átomo de H ($1,67 \times 10^{-27}$ kg de massa) gira em torno dele. Você também sabe que a separação entre o átomo de hidrogênio e o núcleo de bromo é 0,144 nm. Calcule (*a*) o momento de inércia da molécula de HBr em relação ao núcleo de bromo e (*b*) as energias de rotação do *estado fundamental* (o de menor energia) $\ell = 0$ do núcleo de bromo, e dos dois próximos estados de energia mais alta (chamados de primeiro e segundo *estados excitados*) descritos por $\ell = 1$ e $\ell = 2$.

58 ••• A separação de equilíbrio entre os núcleos da molécula de nitrogênio (N_2) é 0,110 nm e a massa de cada núcleo de nitrogênio é 14,0 u, onde u $= 1,66 \times 10^{-27}$ kg. Para energias rotacionais, a energia total é devida à energia cinética de rotação. (*a*) Use uma aproximação de haltere rígido de duas massas pontuais iguais para a molécula de nitrogênio e calcule o momento de inércia em relação ao seu centro de massa. (*b*) Determine a energia E_ℓ dos três níveis mais baixos de energia, usando $E_\ell = K_\ell = \ell(\ell + 1)\hbar^2/(2I)$. (*c*) Moléculas emitem uma partícula (ou *quantum*) de luz chamada de *fóton*, quando sofrem uma *transição* de um estado mais alto para um estado mais baixo de energia. Determine a energia de um fóton emitido quando uma molécula de nitrogênio decai do estado $\ell = 2$ para o estado $\ell = 1$. Fótons de luz visível possuem, individualmente, energia entre 2 e 3 eV. Esse fóton está na região visível?

59 ••• **CONCEITUAL** Considere uma *transição* de um estado mais baixo de energia para um estado mais alto — isto é, a absorção de um quantum de energia, resultando em um aumento da energia rotacional em uma molécula de N_2 (veja o Problema 58). Suponha que essa molécula, inicialmente em seu estado rotacional fundamental, foi exposta a fótons, cada um com uma energia igual a três vezes a energia de seu primeiro estado excitado. (*a*) A molécula será capaz de absorver esta energia? Explique o porquê e, se ela pode, determine o nível de energia para onde ela irá. (*b*) Para fazer uma transição de seu estado fundamental para o segundo estado excitado, é necessária uma energia de quantas vezes a energia do primeiro estado excitado?

COLISÕES COM ROTAÇÕES

60 •• Uma longa barra de 16,0 kg, de 2,40 m de extensão, está apoiada, em seu ponto do meio, sobre o fio de uma faca. Uma bola de massa de vidraceiro, de 3,20 kg, cai a partir do repouso de uma altura de 1,20 m, sofrendo uma colisão perfeitamente inelástica com a barra a 0,90 m do ponto de apoio (Figura 10-51). Determine a quantidade de movimento angular do sistema barra mais massa em relação ao ponto de apoio, imediatamente após a colisão inelástica.

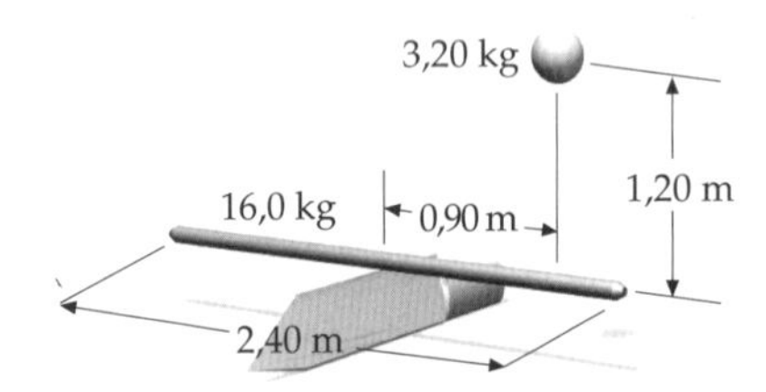

FIGURA 10-51 Problema 60

61 •• A Figura 10-52 mostra uma barra fina e uniforme, de comprimento L e massa M, e uma bolinha de massa de modelar de massa m. O sistema está sobre uma superfície horizontal sem atrito. A bolinha se move para a direita com a velocidade $\vec{v}$, atinge a barra a uma distância d de seu centro e lá fica grudada. Obtenha expressões para a velocidade do centro de massa e para a rapidez angular do sistema após a colisão.

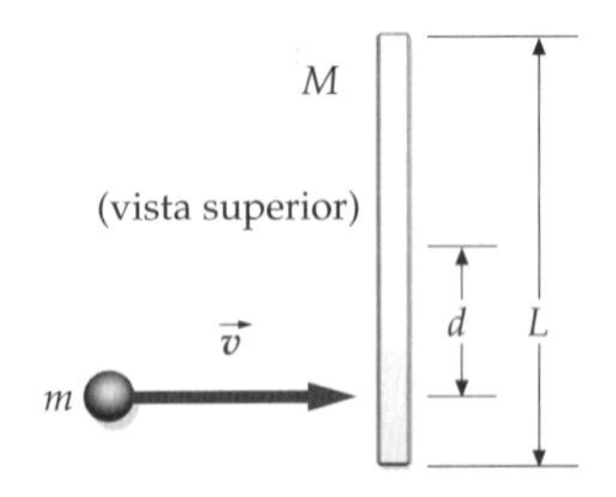

FIGURA 10-52 Problema 61

62 •• A Figura 10-52 mostra uma barra fina e uniforme, de comprimento L e massa M, e uma bolinha maciça e dura de massa m. O sistema está sobre uma superfície horizontal sem atrito. A bolinha se move para a direita com a velocidade $\vec{v}$ e atinge a barra a uma distância $L/4$ do centro da barra. Após a colisão, que é elástica, a bolinha fica em repouso. Determine a razão m/M.

63 •• A Figura 10-53 mostra uma barra uniforme, de comprimento L e massa M, articulada na extremidade superior. A barra, que está inicialmente em repouso, é atingida por uma partícula de massa m no ponto $x = 0{,}8L$ abaixo da articulação. Suponha que a partícula grude na barra. Qual deve ser a rapidez v da partícula, de forma que após a colisão o maior ângulo entre a barra e a vertical seja 90°?

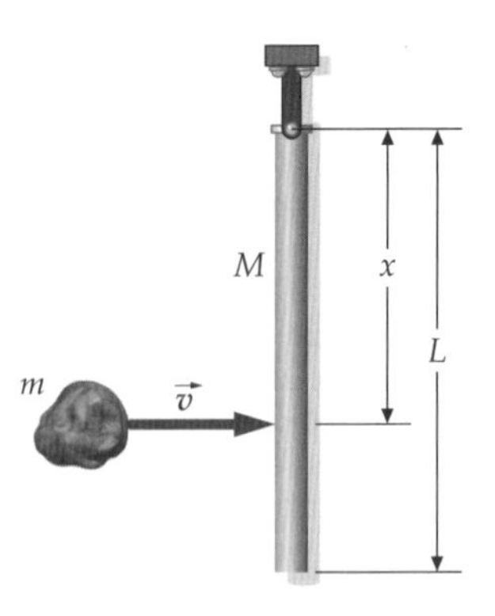

FIGURA 10-53 Problema 63

64 •• Se, no sistema do Problema 63, $L = 1{,}2$ m, $M = 0{,}80$ kg, $m = 0{,}30$ kg, e o maior ângulo entre a barra e a vertical após a colisão é 60°, determine a rapidez da partícula antes do impacto.

65 •• Uma barra uniforme está em repouso sobre uma mesa sem atrito, quando sofre repentinamente, perpendicularmente em uma das extremidades, uma pancada. A massa da barra é M e a magnitude do impulso aplicado pela pancada é J. Imediatamente após a pancada, (*a*) qual é a velocidade do centro de massa da barra, (*b*) qual é a velocidade da extremidade atingida e (*c*) qual é a velocidade da outra extremidade da barra? (*d*) Existe um ponto da barra que permanece em repouso?

66 •• Um projétil de massa m_p está se deslocando, com velocidade constante $\vec{v}_0$, de encontro a um disco estacionário de massa M e raio R que é livre para girar em torno de seu eixo (Figura 10-54). Antes do impacto, o projétil está viajando ao longo de uma linha afastada de uma distância b abaixo do eixo. O projétil atinge o disco e gruda no ponto B. Use o modelo de massa pontual para o projétil. (*a*) Antes do impacto, qual é a quantidade de movimento angular total L_0 do sistema disco–projétil em relação ao eixo? Responda às seguintes questões em termos dos símbolos fornecidos no início do problema. (*b*) Qual é a rapidez angular ω do sistema disco–projétil logo após o impacto? (*c*) Qual é a energia cinética do sistema disco–projétil após o impacto? (*d*) Quanta energia mecânica é perdida nesta colisão?

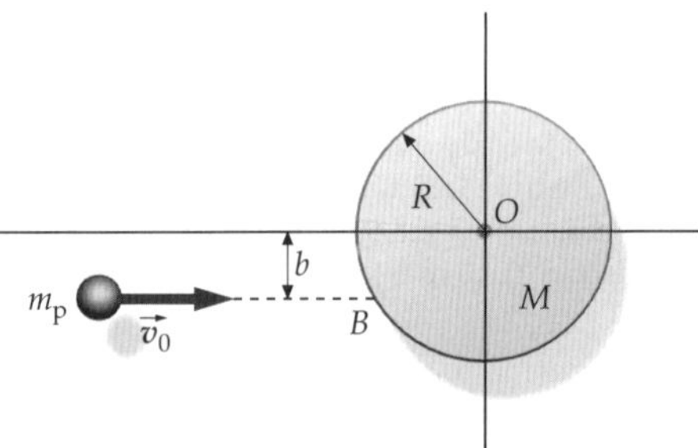

FIGURA 10-54 Problema 66

67 •• Uma barra uniforme, de comprimento L_1 e massa M igual a 0,75 kg, está presa a uma dobradiça de massa desprezível em uma das extremidades e é livre para girar no plano vertical (Figura 10-55). A barra é largada do repouso na posição mostrada. Uma partícula, de massa $m = 0{,}50$ kg, está suspensa da dobradiça por um fio fino de comprimento L_2. A partícula gruda na barra quando as duas encostam. Qual deve ser a razão L_2/L_1 para que $\theta_{máx} = 60°$ após a colisão?

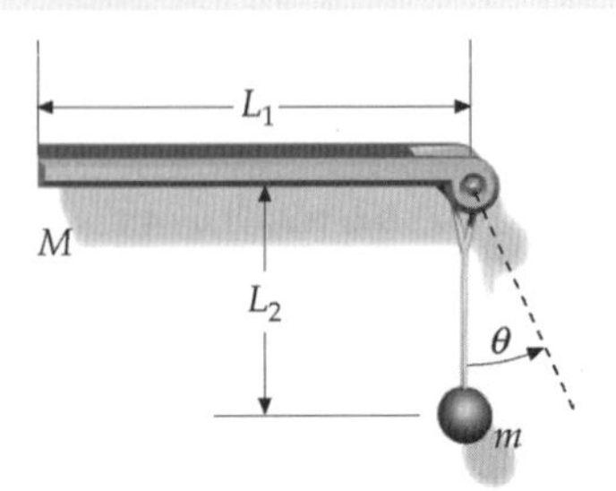

FIGURA 10-55 Problema 67

68 •• Uma barra uniforme, de comprimento L_1 igual a 1,2 m e massa M igual a 2,0 kg, está presa a uma dobradiça de massa desprezível em uma das extremidades e é livre para girar no plano vertical (Figura 10-55). A barra é largada do repouso na posição mostrada. Uma partícula, de massa m, está suspensa da dobradiça por um fio fino de comprimento L_2 igual a 0,80 m. A partícula gruda da barra, quando as duas encostam e, após a colisão, a barra continua a girar até $\theta_{\text{máx}} = 37°$. (*a*) Determine m. (*b*) Quanta energia é dissipada na colisão?

PRECESSÃO

69 •• Uma roda de bicicleta, de raio igual a 28 cm, está montada no meio de um eixo de 50 cm de comprimento. O pneu e o aro pesam 30 N. A roda é posta a girar a 12 rev/s, quando o eixo é colocado em posição horizontal com uma das extremidades apoiada em um pivô. (*a*) Qual é a quantidade de movimento angular associada ao giro da roda? (Trate a roda como um aro.) (*b*) Qual é a velocidade angular de precessão? (*c*) Quanto tempo leva para o eixo girar em torno do pivô varrendo 360°? (*d*) Qual é a quantidade de movimento angular associada ao movimento do centro de massa, isto é, à precessão? Qual é sua orientação?

70 •• Um disco uniforme, de 2,50 kg de massa e 6,40 cm de raio, está montado no centro de um eixo de 10,0 cm de comprimento e é posto a girar a 700 rev/min. O eixo é, então, colocado em posição horizontal com uma das extremidades apoiada em um pivô. A outra extremidade recebe uma velocidade horizontal, de modo que a precessão é suave, sem nutação. (*a*) Qual é a velocidade angular de precessão? (*b*) Qual é a rapidez do centro de massa durante a precessão? (*c*) Qual é a aceleração (magnitude e orientação) do centro de massa? (*d*) Quais são as componentes vertical e horizontal da força exercida pelo pivô sobre o eixo?

PROBLEMAS GERAIS

71 • Uma partícula, de 3,0 kg de massa, se move no plano xy com a velocidade $\vec{v} = (3{,}0\ \text{m/s})\hat{i}$ ao longo da linha $y = 5{,}3$ m. (*a*) Determine a quantidade de movimento angular $\vec{L}$, em relação à origem, quando a partícula está em (12 m, 5,3 m). (*b*) Uma força $\vec{F} = (-3{,}9\ \text{N})\hat{i}$ é aplicada sobre a partícula. Determine o torque devido a esta força, em relação à origem, quando a partícula passa pelo ponto (12 m, 5,3 m).

72 • O vetor posição de uma partícula de 3,0 kg de massa é dado por $\vec{r} = (4{,}0 + 3{,}0t^2)\hat{j}$, onde $\vec{r}$ está em metros e t em segundos. Determine a quantidade de movimento angular e o torque resultante sobre a partícula em relação à origem.

73 •• Dois esquiadores no gelo, de massas 55 kg e 85 kg, dão-se as mãos e giram em torno de um eixo vertical que passa entre eles, completando uma volta a cada 2,5 s. Seus centros de massa estão afastados de 1,7 m e o centro de massa dos dois está estacionário. Use o modelo de partícula pontual para cada esquiador e determine (*a*) a quantidade de movimento angular do sistema em relação a seu centro de massa e (*b*) a energia cinética total do sistema.

74 •• Uma bola de 2,0 kg está presa a um fio de 1,5 m de comprimento e se move no sentido anti-horário (se vista de cima) em um círculo horizontal (Figura 10-56). O fio forma um ângulo $\theta = 30°$ com a vertical. (*a*) Determine as componentes horizontal e vertical da quantidade de movimento angular $\vec{L}$ da bola em relação ao ponto de suspensão. (*b*) Determine a magnitude de $d\vec{L}/dt$ e verifique que ela é igual à magnitude do torque exercido pela gravidade em relação ao ponto de suspensão.

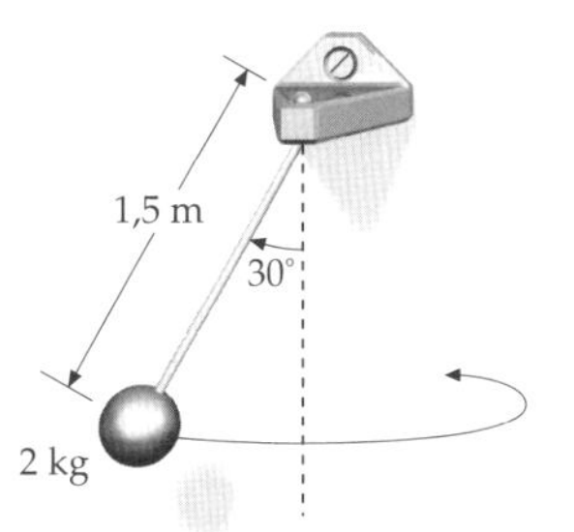

FIGURA 10-56 Problema 74

75 •• Um corpo maciço de massa m, colocado sobre uma superfície horizontal sem atrito, está preso a um fio que é enrolado em torno de um pilar cilíndrico vertical preso à superfície. Assim, quando o corpo é colocado em movimento, ele segue uma trajetória que espirala para dentro. (*a*) A quantidade de movimento angular do corpo, em relação ao eixo do pilar, é conservada? Explique sua resposta. (*b*) A energia do corpo é conservada? Explique sua resposta. (*c*) Se a rapidez do corpo é v_0 quando o comprimento da parte desenrolada do fio é r, qual é a rapidez quando o comprimento da parte desenrolada do fio foi encurtado para $r/2$?

76 •• **RICO EM CONTEXTO, APLICAÇÃO EM ENGENHARIA** A Figura 10-57 mostra um tubo cilíndrico oco de massa M, comprimento L e momento de inércia $ML^2/10$. Dentro do cilindro há dois discos, cada um de massa m e raio r, separados por uma distância ℓ e amarrados a um pino central por um fio fino. O sistema pode girar em torno de um eixo vertical que passa pelo centro do cilindro. Você está projetando este aparato para que ele pare de girar quando um sinal eletrônico (enviado ao motor responsável pela rotação) faz com que os fios se rompam e os discos sejam lançados para as extremidades do cilindro. Durante o projeto você repara que, com o sistema girando com determinada rapidez angular crítica ω, o fio repentinamente se rompe. Atingindo as extremidades do cilindro, os discos lá ficam presos. Obtenha expressões para a rapidez angular final e para os valores inicial e final da energia cinética do sistema. Suponha ausência de atrito nas paredes internas do cilindro.

77 •• **RICO EM CONTEXTO, APLICAÇÃO EM ENGENHARIA** Repita o Problema 76, mas agora com atrito não desprezível entre os discos e as paredes do cilindro. No entanto, o coeficiente de atrito não é grande o suficiente para prevenir os discos de chegarem até as extremidades do cilindro. É possível determinar a energia cinética final do sistema, sem se conhecer o coeficiente de atrito cinético?

78 •• **RICO EM CONTEXTO, APLICAÇÃO EM ENGENHARIA** Suponha que, na Figura 10-57, $\ell = 0{,}60$ m, $L = 2{,}0$ m, $M = 0{,}80$ kg e $m = 0{,}40$ kg. O fio se rompe quando a rapidez angular do sistema se aproxima de um valor crítico ω_i, ao mesmo tempo que a tensão no fio se aproxima de 108 N. As massas, então, se afastam radialmente até sofrerem colisões perfeitamente inelásticas com as extremidades do cilindro. Determine a rapidez angular crítica e a rapidez angular do sistema após as colisões inelásticas. Determine a energia cinética total do sistema quando a rapidez angular tem o valor crítico e, também, após as colisões inelásticas. Suponha ausência de atrito nas paredes internas do cilindro.

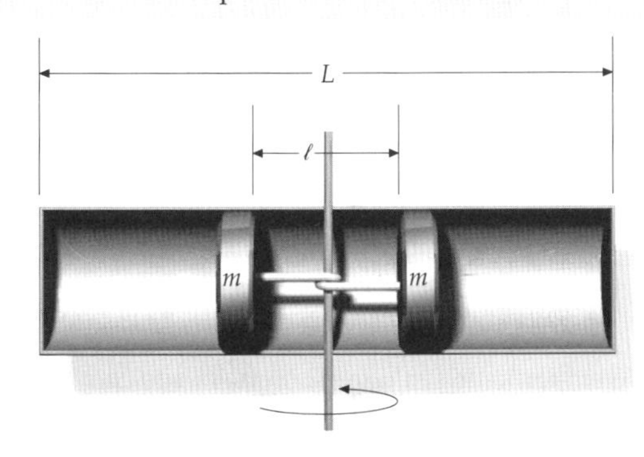

FIGURA 10-57 Problemas 76, 77 e 78

79 •• A segunda lei de Kepler afirma: *A linha que liga o centro do Sol ao centro de um planeta varre áreas iguais em tempos iguais*. Mostre que esta lei segue diretamente da lei de conservação da quantidade de movimento angular e do fato de que a força de atração gravitacional entre um planeta e o Sol atua ao longo da linha que liga os centros dos dois corpos celestes.

80 •• Considere uma plataforma giratória cilíndrica de massa M e raio R, girando com uma rapidez angular inicial ω_1. (*a*) Um periquito de massa m, após esvoaçar acima da plataforma, pousa suavemente sobre sua beirada, lá ficando, como mostra a Figura 10-58. Qual é a rapidez angular da plataforma após o pouso do periquito? (*b*) Ficando tonto, o periquito salta para fora (sem voar) com uma velocidade $\vec{v}$ em relação à plataforma. A direção de $\vec{v}$ é tangente à borda da plataforma e o sentido é o da rotação. Qual será a nova rapidez angular da plataforma? Expresse sua resposta em termos das massas m e M, do raio R, da rapidez v do periquito e da rapidez angular inicial ω_1.

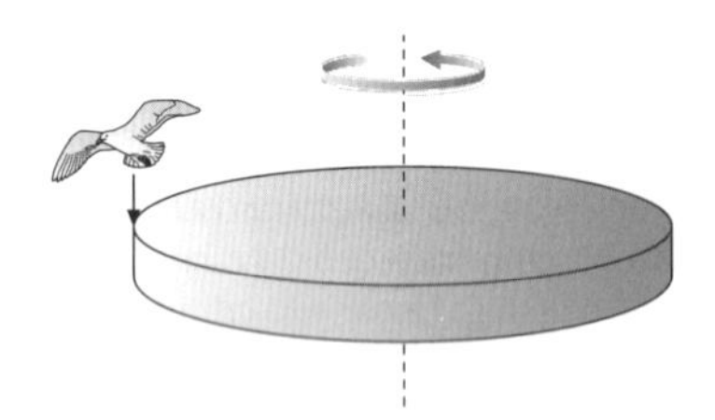

FIGURA 10-58 Problema 80

81 •• Você recebe um fino e pesado disco de metal (como uma moeda, mas maior; Figura 10-59) de 0,500 kg de massa e 0,125 m de raio. (Objetos como este são chamados de *discos de Euler*.) Colocando o disco sobre uma plataforma giratória, você o faz rodopiar sobre sua borda, em torno de um eixo vertical diametral, no centro da plataforma. Ao fazer isto, você segura a plataforma com a outra mão, largando-a assim que coloca o disco a rodopiar. A plataforma é um cilindro maciço uniforme de 0,250 m de raio e 0,735 kg de massa, e gira sobre mancais sem atrito. O disco tem uma rapidez angular inicial de 30 rev/min. (*a*) O disco rodopia e cai, terminando por ficar em repouso sobre a plataforma, com seu eixo de simetria coincidindo com o da plataforma. Qual é a rapidez angular final da plataforma? (*b*) Qual será a rapidez angular final se o eixo de simetria do disco termina a 0,100 m do eixo da plataforma?

FIGURA 10-59
Problema 81 *(Cortesia de Tangent Toy Co.)*

82 •• (*a*) Supondo a Terra como uma esfera homogênea de raio r e massa m, mostre que o período T (tempo de uma rotação diária) de rotação em torno de seu eixo está relacionado com seu raio por $T = br^2$, onde $b = (4/5)\pi\, m/L$. Aqui, L é a magnitude da quantidade de movimento angular de spin da Terra. (*b*) Suponha o raio r variando de uma pequena quantidade, Δr, devido a alguma causa interna, como expansão térmica. Mostre que a variação relativa do período é dada, aproximadamente, por $\Delta T/T = 2\Delta r/r$. (*c*) De quantos quilômetros r deve aumentar para que o período varie de 0,25 dia/ano (de forma a que não sejam mais necessários os anos bissextos)?

83 •• O termo *precessão dos equinócios* se refere ao fato de que o eixo de rotação da Terra não permanece fixo, mas varre um cone a cada 26.000 anos. (É por isto que nossa estrela Polar não será uma estrela polar para sempre.) A razão para esta instabilidade é que a Terra é um gigantesco giroscópio. O eixo de rotação da Terra sofre precessão, devido aos torques exercidos sobre ele pelas forças gravitacionais do Sol e da Lua. O ângulo entre a direção do eixo de rotação da Terra e a normal ao plano da eclíptica (o plano da órbita terrestre) é de 22,5 graus. Calcule um valor aproximado para o torque, sabendo que o período de rotação da Terra é 1,00 dia e que seu momento de inércia é $8{,}03 \times 10^{37}$ kg · m^2.

84 •• Como indicado no texto, de acordo com o modelo-padrão de física de partículas os elétrons são partículas pontuais sem extensão espacial. (Esta suposição tem sido confirmada experimentalmente, tendo-se verificado que o raio do elétron é menor do que 10^{-18} m.) O spin de um elétron poderia, *em princípio*, ser devido à sua rotação. Vamos verificar se isto é possível. (*a*) Supondo que o elétron seja uma esfera uniforme de $1{,}00 \times 10^{-18}$ m de raio, qual seria a rapidez angular necessária para produzir os valores observados de $\hbar/2$ para a quantidade de movimento angular de spin? (*b*) Usando este valor de rapidez angular, mostre que a rapidez de um ponto no "equador" de um elétron "girante" seria maior do que a rapidez da luz. Qual é sua conclusão sobre a quantidade de movimento angular de spin ser análoga à do giro de uma esfera com extensão espacial?

85 •• Um interessante fenômeno que ocorre em certos *pulsares* (veja o Problema 24) é o evento conhecido como "pane de spin", isto é, uma rápida mudança na taxa de spin do pulsar, devida a uma redistribuição da massa com a conseqüente variação da inércia rotacional. Imagine um pulsar de 10,0 km de raio com um período de rotação de 25,032 ms. Observa-se que o período de rotação repentinamente diminui de 25,032 ms para 25,028 ms. Se esta diminuição foi causada por uma contração da estrela, de quanto o raio do pulsar teve que variar?

86 ••• A Figura 10-60 mostra uma polia, na forma de um disco uniforme, por onde passa uma corda. A circunferência da polia é 1,2 m e sua massa é 2,2 kg. A corda tem 8,0 m de comprimento e sua massa é 4,8 kg. No instante mostrado na figura, o sistema está em repouso e a diferença de altura entre as duas extremidades da corda é 0,60 m. (*a*) Qual é a rapidez angular da polia quando a diferença de altura entre as duas extremidades da corda é 7,2 m? (*b*) Obtenha uma expressão para a quantidade de movimento angular do sistema, como função do tempo, enquanto nenhuma das extremidades da corda está acima do centro da polia. Não existe deslizamento entre a corda e a polia.

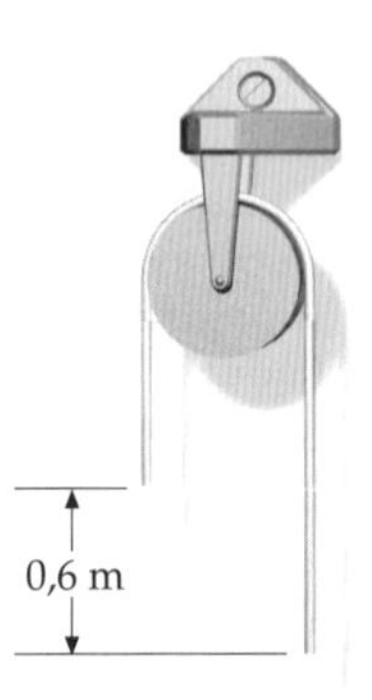

FIGURA 10-60 Problema 86

A BORDO DO ÔNIBUS ESPACIAL ORBITAL, OS ASTRONAUTAS DESCANSAM EM BELICHES. ELES DORMEM AMARRADOS PARA NÃO FLUTUAREM NA CABINA E NÃO NECESSITAM DE COLCHÕES MACIOS. QUANDO A NAVE ESTÁ EM UMA ÓRBITA TERRESTRE BAIXA, ELA ORBITA A TERRA UMA VEZ A CADA 90 MINUTOS, COM UMA RAPIDEZ DE CERCA DE 7 KM/S. ESTA RAPIDEZ É UMA PEQUENA FRAÇÃO DA RAPIDEZ DA LUZ, QUE VALE 3,0 × 10^5 KM/S. *(NASA.)*

Relatividade Especial

- **R-1** O Princípio da Relatividade e a Constância da Velocidade da Luz
- **R-2** Réguas em Movimento
- **R-3** Relógios em Movimento
- **R-4** Réguas em Movimento Novamente
- **R-5** Relógios Distantes e Simultaneidade
- **R-6** Quantidade de Movimento, Massa e Energia Relativísticas

? Se um astronauta, em uma nave espacial que viaja a 0,6*c* em relação à Terra, faz uma sesta de uma hora, esta sesta dura uma hora para observadores que estão na Terra? (Veja o Exemplo R-1.)

A teoria da relatividade consiste em duas teorias bem diferentes, a teoria especial e a teoria geral. A teoria especial, desenvolvida por Albert Einstein e outros em 1905, trata da comparação de medidas feitas em diferentes referenciais inerciais que se movem, um em relação ao outro, com velocidade constante. Suas conseqüências, que podem ser deduzidas com o mínimo de matemática, são aplicáveis a uma grande variedade de situações encontradas na física e na engenharia. Uma aplicação da teoria especial pode ser vista no desenvolvimento do GPS (*Global Positioning System*, Sistema de Posicionamento Global), que é capaz de dar as coordenadas de sua posição (latitude, longitude e altitude) com precisão de alguns metros. O sistema possui 24 satélites, cada um deles carregando um relógio atômico e transmitindo um sinal de tempo que pode ser recebido por qualquer receptor GPS na linha de visada do satélite. Os tempos relativos de chegada dos sinais de vários satélites, mais o conhecimento das posições dos satélites, permitem que o receptor calcule suas coordenadas de posição. De acordo com a teoria especial, quanto maior a rapidez de um relógio, mais lento ele é (Seção R-3). Os satélites se movem a cerca de 3,9 km/s, e o resultante atraso dos relógios não é desprezível. No entanto, o projeto do sistema dá conta do atraso dos relógios em órbita. (Adicionalmente, de acordo com a teoria geral, quanto maior a energia potencial gravitacional de um relógio, mais rápido ele funciona (Seção 39-8 — Volume 3). O projeto do sistema também leva em conta o adiantamento dos relógios causado por sua grande altitude.) O GPS só é capaz de funcionar porque ele leva em conta os efeitos das teorias da relatividade especial e geral sobre os ritmos de funcionamento observados para os relógios.

Neste capítulo nos concentramos na teoria especial da relatividade (também chamada de relatividade especial). Você verá como esta teoria desafia nossa experiência diária de tempo e distância, quando descrevemos o atraso de relógios em movimento, a contração de réguas em movimento, a relatividade da simultaneidade para eventos que ocorrem em locais diferentes e a relatividade da relação entre quantidade de movimento e energia.

R-1 O PRINCÍPIO DA RELATIVIDADE E A CONSTÂNCIA DA VELOCIDADE DA LUZ

O princípio da relatividade pode ser enunciado da seguinte forma:

> É impossível projetar um experimento que determine se você está em repouso ou em movimento uniforme.
>
> POSTULADO 1: O PRINCÍPIO DA RELATIVIDADE

Mover-se uniformemente significa mover-se com velocidade constante em relação a um referencial inercial. Por exemplo, se você está sentado dentro de um avião rápido que se desloca uniformemente em relação à superfície da Terra e deixa cair um garfo, este chegará ao chão da mesma maneira que faria se o avião estivesse estacionado na pista. Quando o avião está voando, você pode supor que tanto você quanto o avião estão em repouso, e que a superfície da Terra, abaixo, é que se move. Nada distingue que são você e o avião que se movem e que a superfície da Terra é que está em repouso, ou vice-versa.

Qualquer referencial no qual uma partícula não sujeita a forças se move com velocidade constante é, por definição, um referencial inercial. A superfície da Terra é, em boa aproximação, um referencial inercial.* O avião também é um referencial inercial, desde que esteja se movendo com velocidade constante em relação à superfície da Terra. Se você permanece sentado ou parado de pé dentro do avião, você pode considerar que você e o avião estão em repouso e que a superfície da Terra está se movendo, ou então que a superfície da Terra está em repouso e que você e o avião estão se movendo.

No século XIX, a existência de um referencial preferencial que pudesse ser considerado em repouso era largamente aceita. Imaginava-se que este seria o referencial do *éter*, o meio que preencheria todo o espaço através do qual a luz se propagaria. (Era aceito, na época, que as ondas de luz necessitavam de um meio para se propagarem, assim como hoje se aceita que as ondas sonoras precisam do ar, ou de algum outro meio, através do qual possam se propagar.) O éter era considerado o referencial preferencial "em repouso".

Uma série de medidas cuidadosamente projetadas, feitas para se determinar a rapidez orbital da Terra em relação ao éter, foi realizada em 1887 por Albert Michelson e Edward Morley. Estas medidas foram consideradas desafiantes, porque a rapidez orbital da Terra é menor do que 1/10.000 da rapidez da luz no vácuo. Para surpresa de quase todos, as observações sempre resultaram em zero para a rapidez da Terra em relação ao éter. Foi Albert Einstein quem apresentou uma teoria que era consistente com estas observações. Sua explicação era que a luz é capaz de viajar através do espaço livre e que o éter era uma hipótese desnecessária, e não existia. Einstein também postulou:

> A rapidez da luz é independente da rapidez da fonte de luz.
>
> POSTULADO 2

* Mais comentários sobre referenciais inerciais podem ser encontrados no Capítulo 4.

Aqui, a *rapidez da luz* se refere à rapidez com que a luz viaja no vácuo, ou no espaço vazio.[1]

Uma consequência do Postulado 2 e do princípio da relatividade (Postulado 1) é que todos os observadores inerciais medem o mesmo valor para a rapidez da luz. (Um observador inercial mantém-se em repouso em relação a um referencial inercial.) Para provar que todos os observadores inerciais medem o mesmo valor para a rapidez da luz, consideremos os observadores inerciais A e B, com o observador A movendo-se em relação ao observador B. O princípio da relatividade estabelece que é impossível projetar um experimento que determine se um observador inercial está em repouso ou movendo-se uniformemente. Se o observador A mede um valor para a rapidez da luz diferente daquele medido pelo observador B, então os observadores não poderiam ambos se considerar em repouso — um resultado em contradição direta com o princípio da relatividade. Assim, uma conseqüência do princípio da relatividade e do Postulado 2 (que a rapidez da luz é independente da rapidez da fonte) leva à **constância da rapidez da luz**:

> A rapidez da luz c é a mesma em qualquer referencial inercial.
>
> A CONSTÂNCIA DA RAPIDEZ DA LUZ

Isto é, qualquer coisa (e não apenas a luz) que viaja com a rapidez c em relação a um referencial inercial viaja com a mesma rapidez c em relação a qualquer referencial inercial.

Imagine você em seu quintal, aqui na Terra, e Roberto em uma espaçonave que se afasta de você com a metade da rapidez da luz ($\frac{1}{2}c$) (Figura R-1). Você acende uma lanterna, apontada para Roberto. A luz sai da lanterna, viajando com a rapidez c (em relação à lanterna) e passa por sua vizinha Carina, que está no telhado da casa ao lado. Carina mede a rapidez da luz que passa e encontra o valor c. Alguns minutos depois, a luz passa por Roberto em sua nave. Assim como Carina, Roberto mede a rapidez da luz que passa por ele e também encontra o valor c. Isto o surpreende, porque ele esperava que a luz passasse por ele viajando a $\frac{1}{2}c$, e não c — afinal, Roberto se move com a rapidez $\frac{1}{2}c$ em relação à fonte de luz (a lanterna em seu quintal). Como para muitos, para Roberto a constância da rapidez da luz não é intuitiva. Logo, ele enfrenta um dilema. Ele deve confiar nos seus instrumentos de medida ou em sua intuição? Acontece que é a intuição de Roberto que precisa ser ajustada, e não os seus instrumentos. Roberto deve mudar seus conceitos sobre espaço e tempo.

Imagine que, em vez de apontar uma lanterna, você aponte para Roberto um feixe de partículas rápidas, onde por "rápidas" queremos dizer que as partículas possuem uma rapidez muito próxima da rapidez da luz, c. (Uma partícula como um elétron, ou um próton, não pode viajar com a rapidez da luz, mas pode ter uma rapidez próxima disto.) Se Carina mede a rapidez das partículas que passam por ela como $0{,}9999c$ (em relação a si própria), então qual será a rapidez das partículas que Roberto medirá? A intuição de Roberto lhe diz que, como ele se afasta da fonte de partículas, elas passarão por ele com uma rapidez menor, valendo $0{,}4999c$, mas este não é o caso. Quando Roberto mede a rapidez das partículas (em relação a si próprio) ele encontra um valor muito próximo de $0{,}9999c$. (O valor real é $0{,}9997c$.)*

Temos a tendência de pensar em distâncias entre cidades como fixas. No entanto, este também não é o caso. Segundo certo mapa, a distância entre duas cidades é de 160 km. No entanto, se você viaja de uma dessas cidades para a outra com uma fração significativa da rapidez da luz, a distância entre as cidades será bem menor do que se você viaja a 100 km/h. Para quem dirige a 100 km/h, a distância entre essas duas cidades é muito próxima de 160 km. No entanto, para alguém viajando com uma rapidez de $0{,}866c$ (em relação à superfície da Terra), a distância é de apenas 80 km e, para alguém que viaja a $0{,}9999c$, a distância é de apenas 2,2 km.

FIGURA R-1

[1] Conforme comentado, em nota de rodapé na Seção 7-4, é usual utilizarmos o termo "velocidade da luz" para nos referirmos à rapidez da luz (*speed of light*, em inglês). Neste caso, está implícito, ao mencionarmos a "constância da velocidade da luz", que esta constância refere-se ao módulo da velocidade da luz, isto é, à sua rapidez. (N.T.)

* Velocidades relativas, na relatividade especial, é assunto tratado no Capítulo 39 (Volume 3).

A velocidade de maior magnitude que um ser humano já alcançou, em relação à Terra, foi de apenas cerca de 10 km/s = $3{,}3 \times 10^{-5}c$. (Durante as missões Apolo até a Lua, a cápsula alcançava esta rapidez em sua volta à Terra.) Esta rapidez é bem pequena em comparação com a rapidez da luz. Para alguém viajando com esta rapidez, entre as duas cidades afastadas de 160 km, a distância entre as cidades passa a ser menor do que aquela para quem viaja a 100 km/h, de uma quantidade menor do que o diâmetro de um fio de cabelo humano. A lógica que explica como isto é determinado é apresentada nas próximas três seções.

R-2 RÉGUAS EM MOVIMENTO

Queremos mostrar que, se uma régua se move perpendicularmente à sua extensão, seu comprimento não varia. Fazemos isto mostrando que qualquer aumento ou diminuição de comprimento contradiz o princípio da relatividade. Parece uma banalidade mostrar que uma régua não altera o seu comprimento. No entanto, nós o fazemos porque uma conseqüência imediata é que relógios em movimento atrasam.

Sejam duas réguas iguais, régua A e régua B. Verificamos que elas têm o mesmo comprimento colocando-as lado a lado e fazendo visualmente a comparação. Então, entregamos a régua B para Roberto, prestes a empreender uma nova viagem em sua nave espacial. Nesta viagem, Roberto cuida para estar sempre segurando a régua formando um ângulo reto com a velocidade da nave em relação à Terra. A régua A permanece na Terra, conosco. Durante a viagem, a régua B se torna menor do que a régua A?

Para responder a esta questão, fazemos um experimento pensado. Fixamos canetas marcadoras de ponta de feltro na régua A, uma na marca dos 20 cm e a outra na marca dos 80 cm. Então, Roberto e sua nave passam voando por nós, com Roberto segurando a régua B por fora de uma vigia, mantendo a régua em ângulo reto com a velocidade da nave. Enquanto isto, seguramos nossa régua (a régua A), mantendo-a paralela à régua B. Quando as réguas se cruzam, duas marcas são feitas na régua B pelas canetas marcadoras (Figura R-2). Quando Roberto retorna à Terra com a régua B, as duas réguas são colocadas novamente lado a lado (Figura R-3) e a distância entre as duas marcas na régua B é comparada com a distância entre as duas canetas marcadoras na régua A. Vamos supor que uma régua movendo-se perpendicularmente ao seu comprimento seja mais curta do que uma régua idêntica estacionária. Então, a distância entre as duas canetas em A será menor do que a distância entre as duas marcas em B (Figura R-3) — uma clara evidência de que, durante a passagem, a régua móvel (régua B) era mais curta do que a régua estacionária. No entanto, de acordo com o princípio da relatividade, é igualmente válido pensar na régua B como estacionária e na régua A como movendo-se, quando uma passa pela outra. Sob esta perspectiva, a mesma evidência (Figura R-3) demonstra que a régua que se move — régua A, agora — é mais comprida do que a régua estacionária. Assim, nossa suposição — a de que a régua que se move perpendicularmente ao seu comprimento é mais curta do que uma régua idêntica estacionária — leva a uma contradição e deve ser rejeitada. A suposição de que uma régua movendo-se perpendicularmente ao seu comprimento é maior do que uma régua idêntica estacionária também leva a uma contradição, o que se pode mostrar usando um argumento análogo. Assim, concluímos:

> Uma régua que se move perpendicularmente ao seu comprimento tem o mesmo comprimento de uma régua igual que permanece estacionária.

Esta regra é estabelecida sem nenhuma consideração sobre o material do qual as réguas são feitas. Assim, a regra não reflete uma propriedade das réguas. Na verdade, ela reflete uma propriedade do espaço.

O referencial no qual a régua está em repouso é chamado de **referencial próprio** ou **referencial de repouso** da régua, e o comprimento de uma régua em seu referencial próprio é chamado de **comprimento próprio** ou **comprimento de repouso** da régua.

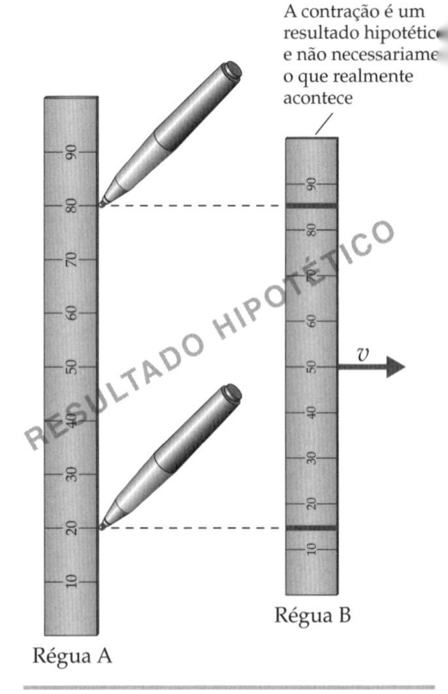

FIGURA R-2 Na passagem, marcas como essas seriam feitas na régua B por marcadores presos à régua A, se a régua em movimento fosse encurtada.

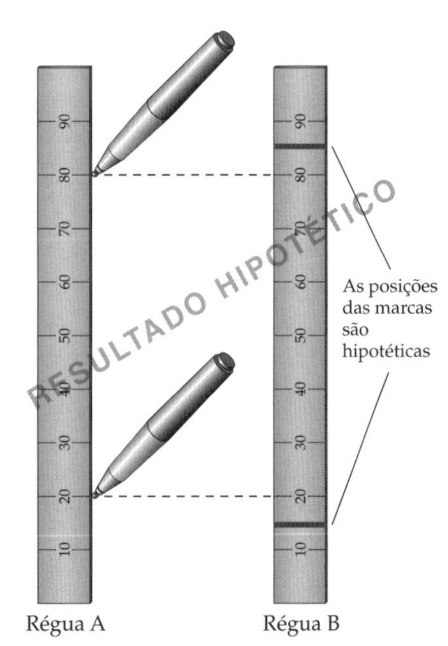

FIGURA R-3 Se a distância entre as marcas fosse maior do que a distância entre os marcadores, isto demonstraria que a régua B era menor do que a régua A no momento em que as marcas foram feitas.

R-3 RELÓGIOS EM MOVIMENTO

Relógios são usados para medir o tempo. Nesta seção, mostramos que relógios que se movem com altas velocidades atrasam, de modo que, se uma nave espacial muito rápida passar por nós, vamos observar que todos os relógios da nave estarão atrasados em relação aos nossos relógios. No entanto, os tripulantes da nave são livres para se considerarem em repouso e a nós como em movimento, e eles é que veriam nossos relógios atrasados com relação aos deles. Vamos ver como estas observações são consistentes com a constância da rapidez da luz e com o princípio da relatividade.

Construímos um relógio, chamado de *relógio de luz*, usando uma barra de comprimento próprio L_0 e dois espelhos (Figura R-4). Os dois espelhos estão face a face, e um pulso de luz está sendo refletido de um para o outro, indo e voltando. Cada vez que o pulso de luz atinge um dos espelhos, digamos o espelho de baixo, o relógio emite um tique. O pulso de luz viaja uma distância L_0 entre dois tiques sucessivos, no referencial próprio do relógio. Assim, o tempo entre tiques, T_0, está relacionado com L_0 por

$$2L_0 = cT_0 \qquad \text{R-1}$$

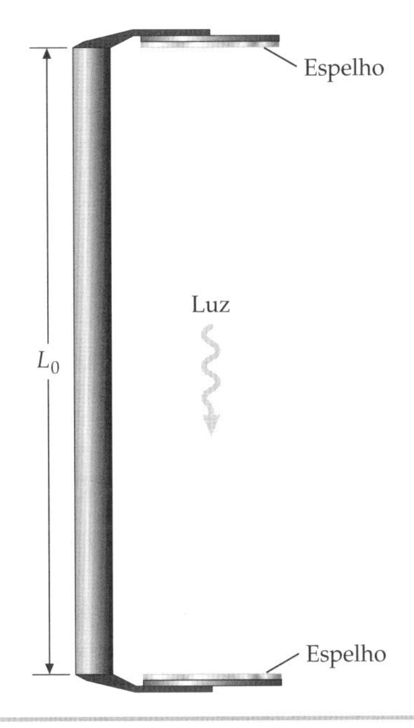

FIGURA R-4 O relógio de luz tica a cada vez que o pulso de luz é refletido pelo espelho de baixo.

Agora, consideremos o tempo entre tiques T, do mesmo relógio, mas observando-o de um referencial no qual ele se move perpendicularmente ao seu comprimento com rapidez v (Figura R-5). Neste referencial, o relógio percorre uma distância vT entre dois tiques e o pulso de luz percorre uma distância cT entre dois tiques. A distância que o pulso percorre, viajando do espelho de baixo para o espelho de cima, é $\sqrt{L_0^2 + (\frac{1}{2}vT)^2}$. O pulso de luz percorre a mesma distância viajando do espelho de cima para o espelho de baixo. Assim,

$$2\sqrt{L_0^2 + (\tfrac{1}{2}vT)^2} = cT \qquad \text{R-2}$$

Como a rapidez da luz é a mesma em todos os referenciais inerciais, usamos o mesmo símbolo c para a rapidez da luz nas Equações R-1 e R-2. Resolvendo a Equação R-1 para L_0 e substituindo na Equação R-2, fica

$$\sqrt{(\tfrac{1}{2}cT_0)^2 + (\tfrac{1}{2}vT)^2} = \tfrac{1}{2}cT \qquad \text{R-3}$$

Explicitando T, temos:

$$T = \frac{T_0}{\sqrt{1 - (v^2/c^2)}} \qquad \text{R-3}$$

DILATAÇÃO TEMPORAL

De acordo com a Equação R-3, o tempo entre tiques no referencial no qual o relógio se move com rapidez v é maior do que o tempo entre tiques no referencial próprio do relógio.

Isto levanta uma questão: Outros relógios funcionam de acordo com a Equação R-3 quando se movem com rapidez v, ou a Equação R-3 vale apenas para relógios de luz? Para responder a esta questão, fixamos um relógio convencional (com um mecanismo convencional) ao espelho de baixo do relógio de luz (Figura R-6). Os ponteiros de minuto e de hora do relógio convencional foram removidos. No lugar do ponteiro de segundos, o relógio possui um disco opaco com uma fenda estreita para marcar o tempo. A face do relógio contém 60 marcas (riscas) igualmente espaçadas em torno de seu perímetro — uma para cada segundo. O relógio tica a cada vez que a fenda passa por uma das riscas. Ajustamos o comprimento L_0 da barra do relógio de luz de modo que o tempo entre tiques nos dois relógios é o mesmo, no referencial próprio dos relógios. Agora, sincronizamos os relógios

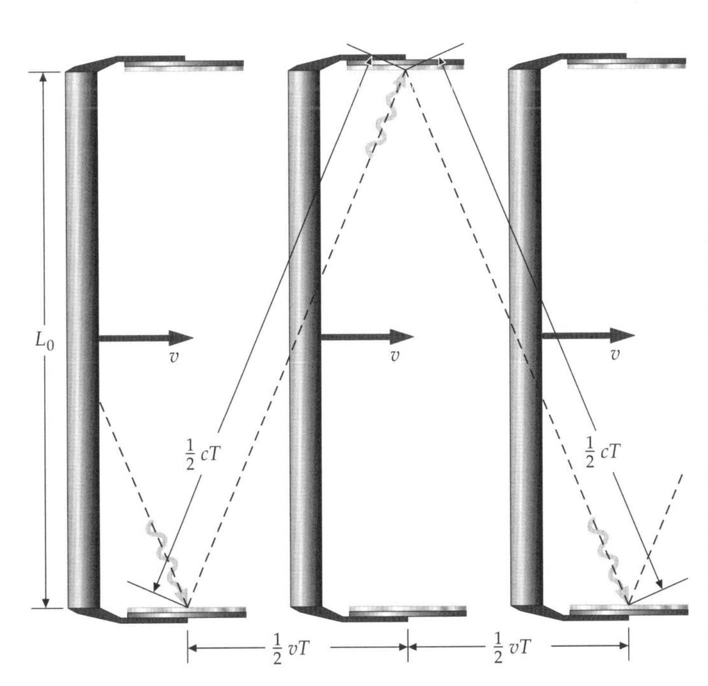

FIGURA R-5 O relógio de luz se move com rapidez v.

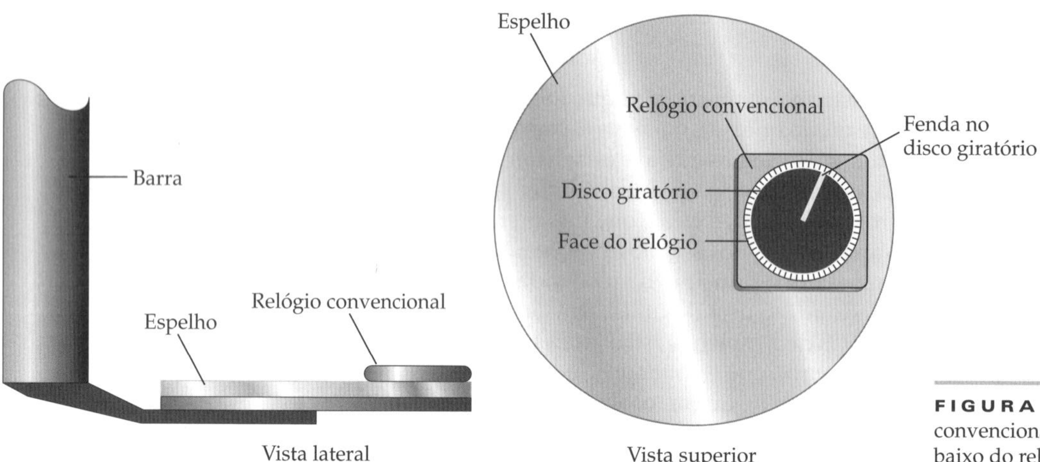

FIGURA R-6 Um pequeno relógio convencional é colocado no espelho de baixo do relógio de luz.

de forma que cada tique do relógio de luz ocorra simultaneamente com um tique do relógio convencional. Perguntamos, então, "Se os tiques dos dois relógios ocorrem simultaneamente em seu referencial próprio, eles também ocorrem simultaneamente em um referencial no qual os relógios se movem com rapidez v?"

A resposta é sim. Para entender por que, considere o seguinte experimento pensado. No referencial próprio dos relógios, o tempo entre tiques dos dois relógios é exatamente um segundo. Um filme sensível à luz é colocado na face do relógio convencional, atrás do disco giratório. Cada vez que o pulso de luz é refletido pelo espelho de baixo, uma estreita região do papel sensível à luz, bem atrás da fenda, é impressionada. Estas regiões impressionadas ficarão alinhadas com as riscas, como mostrado na Figura R-7, e todos os observadores devem concordar com este registro permanente.

No referencial A, no qual os relógios estão em movimento, o pulso de luz impressiona o filme atrás da fenda na face do relógio a cada vez que ele é refletido pelo espelho de baixo. Como o relógio de luz está em movimento, o tempo entre essas reflexões é maior do que 1 s, de acordo com a Equação R-3. Quando uma observadora do referencial A vê que as linhas produzidas onde o filme foi exposto estão alinhadas com as riscas, ela se dá conta de que, em seu referencial, o relógio convencional atrasa exatamente da mesma maneira que o relógio de luz — de acordo com a Equação R-3 — e que isto não tem nada a ver com o mecanismo do relógio convencional. Assim, concluímos que todos os relógios em movimento atrasam exatamente da mesma maneira que um relógio de luz. É por causa disso que concluímos que é o próprio tempo que corre mais vagarosamente, um fenômeno chamado de **dilatação temporal.**

Algo que ocorre em determinado instante de tempo *e* em determinada localização no espaço é chamado de **evento espaço-temporal**, ou simplesmente **evento**. Cada reflexão do pulso de luz pelo espelho de baixo do relógio de luz é um evento espaço-temporal. Se chamamos uma dessas reflexões de evento 1 e a próxima reflexão de evento 2, então o tempo entre os eventos 1 e 2 em um referencial no qual os dois eventos ocorrem no mesmo lugar é chamado de **intervalo próprio de tempo** T_0 entre os dois eventos. Seja T o tempo entre os mesmos dois eventos em um referencial no qual eles ocorrem em lugares diferentes. A Equação R-3 relaciona o tempo T entre os dois eventos com o tempo próprio T_0 entre os mesmos dois eventos.

Cada vez que o pulso de luz é refletido pelo espelho de baixo, a fenda (marcador de segundos) do relógio convencional está justo sobre uma risca. No referencial próprio dos dois relógios, estes dois eventos — a chegada do pulso de luz e a passagem da fenda pela risca — ocorrem ao mesmo *tempo* e no mesmo lugar. Quaisquer dois eventos que ocorram ao mesmo tempo e no mesmo lugar em um dado referencial ocorrerão ao mesmo tempo e no mesmo lugar em todos os referenciais. Isto porque tais eventos podem produzir conseqüências permanentes — como o registro de linhas no filme sensível à luz, alinhadas com as riscas na face do relógio. Não podemos ter as marcas alinhadas com as riscas em um referencial e não alinhadas com as riscas em outro referencial. Afinal, existe apenas uma face de relógio e apenas um conjunto de riscas. Esta conclusão pode ser generalizada em um princípio chamado de princípio da **invariância das coincidências**:

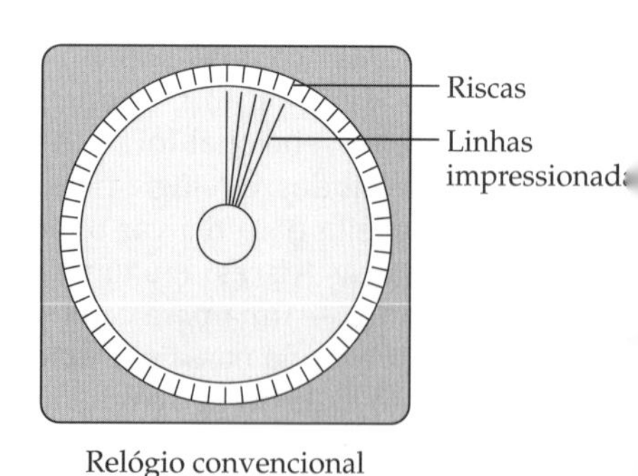

FIGURA R-7 A luz que chega ao relógio convencional e que passa pela fenda impressiona o filme sensível à luz que está atrás da fenda.

> Se dois eventos ocorrem ao mesmo tempo e no mesmo lugar em dado referencial, então eles ocorrem ao mesmo tempo e no mesmo lugar em todos os referenciais.
>
> INVARIÂNCIA DAS COINCIDÊNCIAS

Podemos visualizar este princípio considerando dois automóveis passando por um cruzamento ao mesmo tempo. Os dois eventos são (1) o automóvel A passa pelo cruzamento e (2) o automóvel B passa pelo cruzamento. Se estes dois eventos ocorrem ao mesmo tempo em um referencial, então eles devem ocorrer ao mesmo tempo em todos os referenciais. Ou um pára-lamas fica amassado, ou não fica. Isto é, se os automóveis colidem, então não há dúvida de que eles estavam no cruzamento ao mesmo tempo. O resultado do choque exige que observadores em todos os referenciais concordem com este fato. Qualquer par de eventos que ocorram ao mesmo tempo *e* no mesmo lugar é referido como uma **coincidência espaço-temporal**.

Exemplo R-1 A Sesta dos Astronautas *Rico em Contexto*

Você trabalha na equipe de controle e se comunica regularmente com os astronautas de uma nave espacial que viaja com $v = 0{,}600c$ em relação à Terra. Os astronautas interrompem a comunicação com o controle, informando que irão fazer uma sesta de 1,00 hora e que voltarão a se comunicar depois disso. Quanto tempo dura a sesta, de acordo com você e outros observadores na Terra?

SITUAÇÃO O relógio da nave indica t_0 no início da sesta (uma coincidência espaço-temporal) e indica $t_0 + 1{,}00$ h no final da sesta (também uma coincidência espaço-temporal). Observadores na nave concordam que, como seu relógio está estacionário, ele não atrasa, e portanto, a duração da sesta foi de 1,00 h. No referencial da nave, os dois eventos (o início da sesta e o final da sesta) ocorrem no mesmo local, de forma que o intervalo de tempo entre os eventos é o intervalo próprio de tempo entre eles. Você, e outros observadores na Terra, concordam que o relógio da nave indica t_0 no início da sesta e $t_0 + 1{,}00$ h no final da sesta. No entanto, vocês também concordam que, como o relógio da nave viaja com a rapidez v, ele atrasa, e portanto, a sesta durou mais do que 1,00 h. No referencial da Terra, a nave está em movimento, e portanto, a sesta começa e termina em lugares diferentes. Logo, no referencial da Terra o intervalo de tempo entre os eventos não é o intervalo próprio de tempo entre os eventos.

SOLUÇÃO

1. O evento 1 é o começo da sesta e o evento 2 é o final da sesta. O relógio da nave avança 1,00 h entre os dois eventos. Determine o intervalo próprio de tempo T_0 entre estes eventos:

$$T_0 = 1{,}00\ \text{h}$$

2. Determine o intervalo de tempo T entre os eventos 1 e 2 para você e os outros observadores na Terra:

$$T = \frac{T_0}{\sqrt{1 - (v^2/c^2)}} = \frac{1{,}00\ \text{h}}{\sqrt{1 - \dfrac{(0{,}600c)^2}{c^2}}}$$

$$= \frac{1{,}00\ \text{h}}{\sqrt{1 - 0{,}360}} = \frac{1{,}00\ \text{h}}{\sqrt{0{,}640}} = \frac{1{,}00\ \text{h}}{0{,}800} = \boxed{1{,}25\ \text{h}}$$

CHECAGEM A duração da sesta é maior no referencial no qual as pessoas que sesteiam se movem, o que está de acordo com a Equação R-3.

INDO ALÉM O relógio da nave é uma idealização desnecessária, já que os próprios astronautas servem como relógios. Necessária é a noção de que o tempo próprio entre o início e o final da sesta é de 1,00 h, de forma que o tempo T *entre* os mesmos dois eventos em um referencial onde os relógios (astronautas) se movem com rapidez v é dado pela Equação R-3.

PROBLEMA PRÁTICO R-1 Um píon* tem uma vida média própria de 26 ns ($1\ \text{ns} = 1 \times 10^{-9}$ s) (medida com o píon em repouso). Qual é a vida média do píon, se medida quando ele se move a $0{,}995c$?

PROBLEMA PRÁTICO R-2 Um feixe de píons (veja o Problema Prático R-1) se move a $0{,}995c$ quando passa pelo ponto P. Até que distância de P os píons viajam antes que apenas metade deles restem no feixe?

* Um píon (ou méson pi) é uma partícula subatômica.

R-4 RÉGUAS EM MOVIMENTO NOVAMENTE

Na Seção R-2, o comprimento de uma régua movendo-se perpendicularmente à sua extensão e o comprimento de uma régua idêntica e estacionária foram comparados, tendo-se visto que eles eram iguais. No entanto, a técnica usada para esta comparação funciona apenas se a velocidade da régua em movimento é perpendicular ao seu comprimento. Aqui, aplicamos uma técnica diferente para comparar o comprimento de uma régua em repouso com seu comprimento quando ela está se deslocando paralelamente à sua extensão.

Um relógio de luz é mostrado em seu referencial próprio na Figura R-8. Este relógio tica sempre que o pulso de luz é refletido pelo espelho da esquerda. Em seu referencial próprio, o comprimento do relógio é L_0 e o tempo entre tiques é $T_0 = 2L_0/c$ (Equação R-1). Para encontrar o comprimento do relógio em um referencial no qual ele se move para a direita com rapidez v, consideramos três eventos em seqüência:

Evento 0 O pulso é refletido pelo espelho da esquerda.
Evento 1 O pulso é refletido pelo espelho da direita.
Evento 2 O pulso é refletido pelo espelho da esquerda.

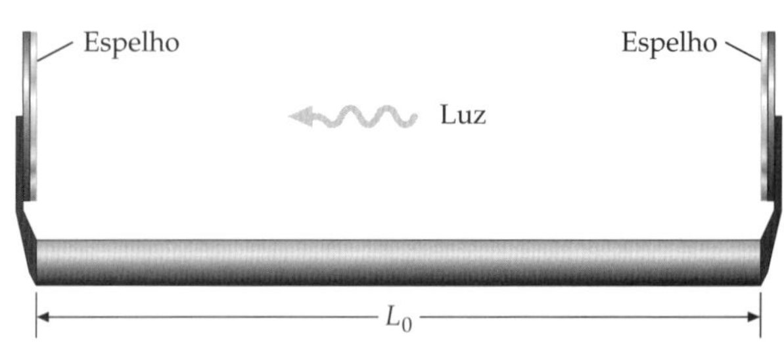

FIGURA R-8

Na Figura R-9, o relógio é mostrado no tempo de cada um destes eventos, em um referencial no qual o relógio se move para a direita com rapidez v. (O relógio é desenhado mais abaixo, na página, em tempos subseqüentes, para evitar sobreposição de figuras.) Os tempos em que ocorrem os eventos 0, 1 e 2, neste referencial, são t'_0, t'_1 e t'_2, respectivamente. No tempo entre os eventos 0 e 1, o relógio percorre uma distância $v(t'_1 - t'_0)$ e o pulso de luz percorre uma distância $c(t'_1 - t'_0)$. Assim,

$$c(t'_1 - t'_0) = L + v(t'_1 - t'_0) \qquad \text{R-4}$$

No tempo entre os eventos 1 e 2 o relógio percorre uma distância $v(t'_2 - t'_1)$ e o pulso de luz percorre $c(t'_2 - t'_1)$, de forma que

$$c(t'_2 - t'_1) = L - v(t'_2 - t'_1) \qquad \text{R-5}$$

Explicitando t'_1 da Equação R-4 e substituindo o resultado na Equação R-5, obtemos

$$t'_2 - t'_0 = \frac{2L/c}{1 - (v^2/c^2)} \qquad \text{R-6}$$

O intervalo de tempo $t'_2 - t'_0$ está relacionado ao intervalo próprio de tempo $t_2 - t_0$, entre os eventos 0 e 2 (Equação R-3) por

$$t'_2 - t'_0 = \frac{t_2 - t_0}{\sqrt{1 - (v^2/c^2)}} \qquad \text{R-7}$$

onde $t_2 - t_0 = 2L_0/c$ (Equação R-1). Substituindo $t_2 - t_0$ por $2L_0/c$, fica

$$t'_2 - t'_0 = \frac{2L_0/c}{\sqrt{1 - (v^2/c^2)}} \qquad \text{R-8}$$

Igualando os lados direitos das Equações R-6 e R-8 e resolvendo para L, temos

$$L = L_0\sqrt{1 - (v^2/c^2)} \qquad \text{R-9}$$

CONTRAÇÃO DO COMPRIMENTO

O estabelecimento deste resultado não envolveu nenhuma propriedade da régua. Assim, a Equação R-9 reflete a natureza do espaço e do tempo, e não a natureza das réguas.

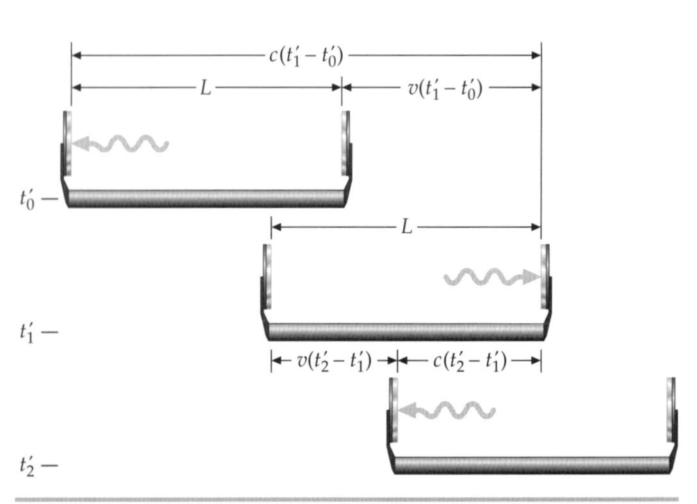

FIGURA R-9 Um relógio de luz se movendo para a direita com rapidez v é mostrado nos tempos t_0, t_1 e t_2.

Exemplo R-2 O Comprimento de um Vagão Ferroviário

Carina está em um trem que se move a 0,80c em relação à estação. Ela mede o comprimento do vagão em que está e encontra 40 m como resultado. Roberto está parado na plataforma da estação, quando o trem passa por ele. Roberto mede o tempo que leva para o vagão passar por ele e multiplica este tempo por 0,80c para determinar o comprimento do vagão. Qual é o comprimento do vagão, segundo o cálculo de Roberto?

SITUAÇÃO O vagão está em repouso no referencial da Carina, logo o comprimento próprio do vagão é 40 m.

SOLUÇÃO

O vagão está em repouso no referencial da Carina, logo seu comprimento próprio é 40 m. No referencial do Roberto, o trem se move a 0,80c. Use a Equação R-9 para determinar o comprimento do vagão no referencial do Roberto:

$$L = L_0\sqrt{1-(v^2/c^2)} = 40\text{ m}\sqrt{1-0{,}80^2} = \boxed{24\text{ m}}$$

CHECAGEM Como esperado, o vagão é mais curto no referencial no qual ele está se movendo.

R-5 RELÓGIOS DISTANTES E SIMULTANEIDADE

Nós estabelecemos três relações úteis: (1) que o comprimento de uma régua que se move perpendicularmente à sua extensão é o mesmo que seu comprimento em repouso; (2) que o tempo T *entre* dois tiques de um relógio em movimento é maior do que o tempo próprio entre os dois tiques do mesmo relógio, de acordo com $T = T_0\sqrt{1-(v^2/c^2)}$; e (3) que o comprimento L de uma régua que se move paralelamente à sua extensão é menor do que o seu comprimento de repouso L_0, de acordo com $L = L_0\sqrt{1-(v^2/c^2)}$. Mas, para analisar eventos sob a perspectiva de observadores em referenciais que se movem com diferentes velocidades, precisamos de mais uma relação, uma que diga respeito a relógios em lugares diferentes.

Os relógios A e B (Figura R-10*a*) estão em repouso relativo entre eles e, em seu referencial de repouso, estão separados por uma distância L_0. Para sincronizar estes relógios, há uma lâmpada de flash sobre o relógio A e um filme sensível à luz na face do relógio B. O alarme do relógio A é ajustado para disparar o flash quando o ponteiro de segundos do relógio A passa pelo zero. Como o relógio convencional descrito na Seção R-3, o relógio B tem apenas, como ponteiro de segundos, um disco giratório opaco com uma fenda para indicar o tempo. Atrás do disco está um filme sensível à luz. Quando a luz do flash atinge o relógio B, o filme é impressionado na região estreita atrás da fenda. Este é um registro permanente da leitura do relógio B quando a luz do flash o atinge. Seja t_1 esta leitura. No referencial de repouso dos relógios, o tempo para a luz viajar, com rapidez c, do relógio A até o relógio B, é L_0/c; logo, quando a luz chega ao relógio B, o relógio A indica L_0/c e o relógio B indica t_1. Para sincronizar os dois relógios, atrasamos o relógio B de $\Delta t = t_1 - L_0/c$.

Com os dois relógios sincronizados em seu referencial de repouso (referencial 1), determinamos agora se eles também estão sincronizados em um referencial (referencial 2) no qual eles se movem com rapidez v, paralelamente à linha que os une (como mostrado na Figura R-10*b*). Programamos o alarme para acionar o flash assim que a leitura do relógio A for zero. Estes dois eventos — o relógio A marcando zero e a lâmpada emitindo um flash — são uma coincidência espaço-temporal, e portanto, sabemos que eles ocorrem simultaneamente em todos os referenciais. Também, a luz chegar ao relógio B e o relógio B indicar a leitura L_0/c são uma coincidência espaço-temporal, e sabemos que eles ocorrem simultaneamente em todos os referenciais.

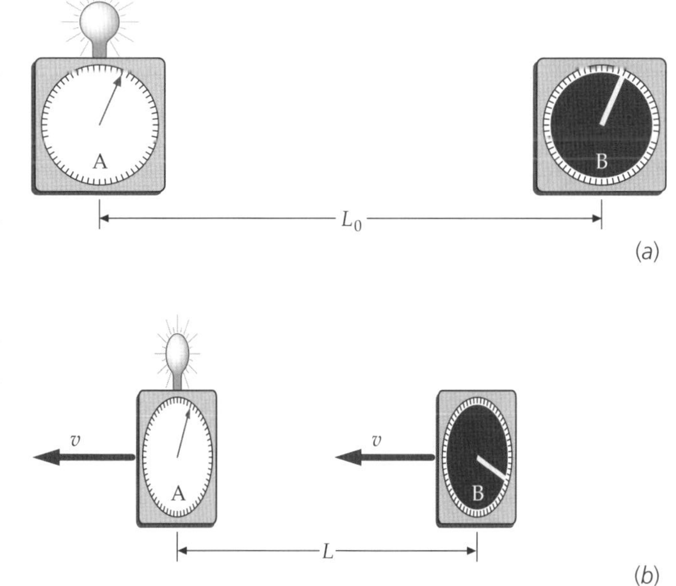

FIGURA R-10 (*a*) Os relógios estão sincronizados no referencial no qual eles estão em repouso. (*b*) Os relógios também estão sincronizados no referencial em que eles se movem com rapidez v paralelamente à linha que os une?

No referencial 2, a distância L entre os relógios é dada por

$$L = L_0\sqrt{1 - (v^2/c^2)}$$

e o relógio B se move ao encontro da lâmpada de flash. Neste referencial, a luz que viaja do relógio A para o relógio B percorre uma distância $L - vt$, onde t é o tempo necessário para a luz percorrer esta distância. Assim, o tempo t, a distância L e a rapidez v estão relacionadas por

$$ct = L - vt$$

Resolvendo para o tempo, obtemos $t = L/(c + v)$.

Relógios em movimento atrasam; logo, durante o tempo t as leituras nos dois relógios não avançam t, mas sim $t\sqrt{1-(v^2/c^2)}$, onde $t = L/(c + v)$. Este avanço é igual a

$$\frac{L}{c+v}\sqrt{1 - (v^2/c^2)} = \frac{L_0\sqrt{1 - (v^2/c^2)}}{c+v}\sqrt{1 - (v^2/c^2)}$$

$$= \frac{L_0}{(c+v)}\frac{(c+v)(c-v)}{c^2} = \frac{L_0}{c} - \frac{vL_0}{c^2}$$

Assim, quando a luz chega ao relógio B, este indica L_0/c e o relógio A indica $L_0/c - vL_0/c^2$. Então, no referencial 2 o relógio B está adiantado de vL_0/c^2 em relação ao relógio A:

> Se dois relógios que se movem com a mesma velocidade são sincronizados em seu referencial de repouso, então, em um referencial onde eles se movem com rapidez v, paralelamente à linha que os une, o relógio que vem atrás está adiantado em relação ao relógio da frente de vL_0/c^2.
>
> A RELATIVIDADE DA SIMULTANEIDADE

Neste caso, L_0 é a distância entre os relógios em seu referencial de repouso. Também é verdade que, se dois relógios estão sincronizados em seu referencial de repouso, então eles também estão sincronizados em qualquer referencial em que eles estejam se movendo perpendicularmente à linha que os une. Esta condição é conseqüência da simetria da situação. (Neste caso, não há como estabelecer uma regra que especifique qual dos dois relógios está à frente.)

APLICANDO AS REGRAS

Exemplo R-3 O Trem e o Túnel

Um trem de alta velocidade está para entrar em um túnel sob uma montanha. O túnel tem um comprimento próprio de 1,2 km. O comprimento do trem, no referencial da montanha, também é 1,2 km, e o comprimento próprio do trem é 2,0 km. O relógio A está fixo à montanha na entrada do túnel, e o relógio B está fixo à montanha na saída do túnel. No referencial da montanha, no instante em que a frente do trem entra no túnel os dois relógios marcam zero. (*a*) No referencial da montanha, qual é a rapidez do trem e qual é a leitura dos dois relógios no instante em que a frente do trem sai do túnel (Figura R-11*a*)? (*b*) No referencial do trem, qual é o comprimento do túnel, qual é a leitura dos dois relógios no instante em que a frente do trem entra no túnel (Figura R-11*b*) e qual é a leitura dos dois relógios no instante em que a frente do trem sai do túnel? (*c*) Para um passageiro no trem, quanto tempo leva para a frente do trem atravessar o túnel?

SITUAÇÃO A rapidez do trem e o comprimento do trem estão relacionados pela fórmula da contração do comprimento. Algumas das leituras dos relógios nos dois referenciais podem ser igualadas, por serem pares de eventos que constituem coincidência espaço-temporal. Outras leituras dos relógios podem ser relacionadas pela relação da relatividade da simultaneidade.

SOLUÇÃO

(*a*) 1. Usando a fórmula da contração do comprimento, determine a rapidez do trem:

$$L = L_0\sqrt{1 - (v^2/c^2)}$$

$$1{,}2\text{ km} = 2{,}0\text{ km}\sqrt{1 - (v^2/c^2)}$$

logo $v = 0{,}80c = 0{,}80(3{,}00 \times 10^8\text{ m/s}) = \boxed{2{,}4 \times 10^8\text{ m/s}}$

(a)

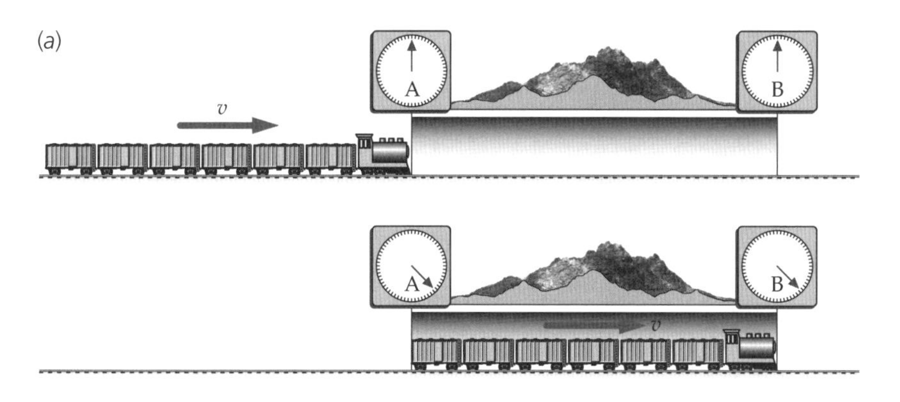

(b)

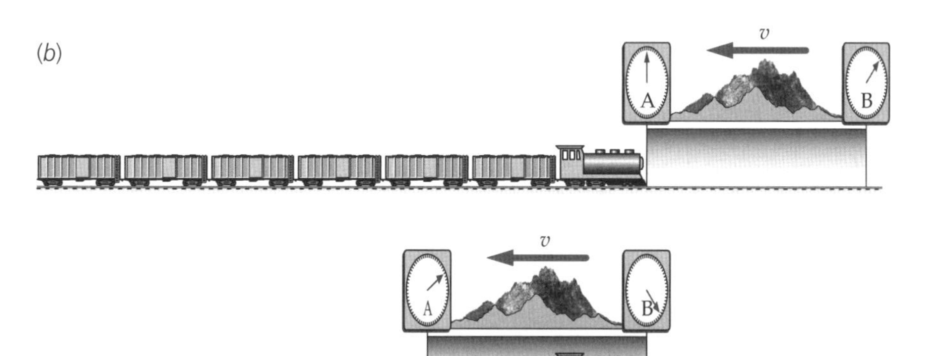

FIGURA R-11 (*a*) No referencial da montanha, o trem se aproxima velozmente do túnel. Os relógios estão sincronizados neste referencial. (*b*) No referencial do trem, o túnel (e a montanha) se aproximam velozmente. O relógio B está adiantado em relação ao relógio A neste referencial.

2. O comprimento do túnel é igual ao seu comprimento próprio e, como os relógios não estão em movimento, eles não atrasam. A leitura dos dois relógios é o tempo t que leva para a frente do trem percorrer o comprimento do túnel:

$$L_{\text{túnel 0}} = vt$$

$$\text{logo} \quad t = \frac{L_{\text{túnel 0}}}{v} = \frac{1{,}2 \times 10^3 \text{ m}}{2{,}4 \times 10^8 \text{ m/s}} = 5{,}0 \times 10^{-6} \text{ s} = \boxed{5{,}0\ \mu\text{s}}$$

3. Os relógios estão sincronizados; logo, quando a frente do trem sai do túnel, os dois relógios marcam 5μs:

$$\text{Leitura do relógio A} = \text{Leitura do relógio B} = \boxed{5{,}0\ \mu\text{s}}$$

(*b*) 1. Neste referencial, a montanha se move a 0,80*c*. Usando a fórmula da contração do comprimento, determine o comprimento do túnel:

$$L_{\text{túnel}} = L_{\text{túnel 0}}\sqrt{1 - (v^2/c^2)} = 1{,}2 \text{ km} \sqrt{1 - \frac{(0{,}80c)^2}{c^2}}$$

$$= 1{,}2 \text{ km}\sqrt{1 - 0{,}80^2} = \boxed{0{,}72 \text{ km} = 720 \text{ m}}$$

2. A frente do trem entrando no túnel e a leitura zero no relógio A são uma coincidência espaço-temporal:

$$\boxed{\text{A leitura do relógio A é zero}}$$

3. Os dois relógios se movem ao encontro do trem com o relógio B atrás; logo, o relógio B está adiantado de vL_0/c^2 em relação ao relógio A. Quando o trem entra no túnel, o relógio A marca zero e, portanto, o relógio B marca vL_0/c^2:

$$\text{Leitura do relógio B} = \frac{vL_{\text{túnel 0}}}{c^2} = \frac{0{,}80L_{\text{túnel 0}}}{c}$$

$$= \frac{0{,}80(1{,}2 \times 10^3 \text{ m})}{3{,}0 \times 10^8 \text{ m/s}} = \boxed{3{,}2\ \mu\text{s}}$$

4. A frente do trem saindo do túnel e a leitura de 5,0 μs no relógio B são uma coincidência espaço-temporal:

$$\text{Leitura do relógio B} = \boxed{5{,}0\ \mu\text{s}}$$

5. O relógio B está atrás e, portanto, o relógio A está atrasado de vL_0/c^2 em relação ao relógio B:

$$\text{Leitura do relógio A} = \text{leitura do relógio B} - \frac{vL_{\text{túnel 0}}}{c^2}$$

$$= 5{,}0\ \mu\text{s} - 3{,}2\ \mu\text{s} = \boxed{1{,}8\ \mu\text{s}}$$

(*c*) Para um observador no referencial do trem, a montanha está viajando a 0,80*c* e o túnel tem um comprimento de 720 m:

$$L_{\text{túnel}} = vt$$

$$\text{logo} \quad t = \frac{L_{\text{túnel}}}{v} = \frac{L_{\text{túnel}}}{0{,}80c} = \frac{720 \text{ m}}{2{,}4 \times 10^8 \text{ m/s}} = \boxed{3{,}0\ \mu\text{s}}$$

CHECAGEM Nosso resultado de 3,0 μs na Parte (*c*) é menor do que o resultado de 5 μs no passo 2 da Parte (*a*). Este resultado é esperado. Afinal, o trem tem um comprimento de 1,2 km na Parte (*a*) e o túnel tem apenas 720 m de comprimento na Parte (*c*).

INDO ALÉM No referencial do trem, ele é maior do que o túnel, de forma que o trem nunca estará inteiramente dentro do túnel.

O evento 1 é a frente de um trem entrando em um túnel e o evento 2 é a frente do trem saindo do túnel. (*a*) Em qual referencial estes dois eventos ocorrem no mesmo lugar? (*b*) Qual é o intervalo próprio de tempo entre os eventos 1 e 2?

Muitas vezes é conveniente medir grandes distâncias em anos-luz, onde um ano-luz é a distância percorrida durante um ano ao se viajar com a rapidez da luz. Isto é,

$$1 \text{ ano-luz} = 1\,c \cdot \text{ano}$$

onde $1\,c \cdot \text{ano} = c \cdot (1 \text{ ano})$. Esta notação é particularmente conveniente quando distância é dividida por rapidez. Por exemplo, o tempo T para que uma partícula, que viaja a $v = 0{,}10c$, percorra uma distância $L = 25$ anos-luz, é

$$T = \frac{L}{v} = \frac{25\,c \cdot \text{ano}}{0{,}10c} = 250 \text{ anos}$$

onde os c's cancelam.

PROBLEMA PRÁTICO R-3

No referencial da Terra, a luz leva 8,3 minutos para viajar do Sol à Terra, de forma que a distância entre o Sol e a Terra é de $8{,}3c \cdot \text{min}$. Quantos minutos uma partícula leva para sair do Sol e chegar à Terra viajando a $0{,}10c$?

R-6 QUANTIDADE DE MOVIMENTO, MASSA E ENERGIA RELATIVÍSTICAS

QUANTIDADE DE MOVIMENTO E MASSA

Na relatividade especial, quantidade de movimento e energia são conservadas, assim como na física clássica. As leis de conservação da quantidade de movimento e da energia são essenciais na análise das colisões rápidas que ocorrem nos laboratórios de física de altas energias. No entanto, as equações clássicas de conservação da quantidade de movimento e da energia não são adequadas para a análise de colisões rápidas. Aqui, apresentamos a forma relativística correta destas equações de conservação. A quantidade de movimento de uma partícula que se move com rapidez v é dada por

$$p = \frac{mv}{\sqrt{1 - (v^2/c^2)}} \qquad \text{R-10}$$

QUANTIDADE DE MOVIMENTO RELATIVÍSTICA

onde m é a massa da partícula.* A relatividade da quantidade de movimento é discutida com mais detalhes no Capítulo 39.

ENERGIA

Em mecânica relativística, como na mecânica clássica, a força resultante sobre uma partícula é igual à taxa de variação no tempo da quantidade de movimento da partícula. Considerando apenas movimento unidimensional, temos

$$F_{\text{res}} = \frac{dp}{dt} \qquad \text{R-11}$$

Desejamos encontrar uma expressão para a energia cinética. Para isto, multiplicamos

* A Equação R-10 é, às vezes, escrita como $p = m_r v$, onde m_r é a chamada de *massa relativística*: $m_r = m/\sqrt{1-(v^2/c^2)}$. No referencial de repouso da partícula, $v = 0$ e $m_r = m$. (A massa m é, às vezes, chamada de *massa de repouso*, para distingui-la da massa relativística.)

os dois lados da Equação R-11 pelo deslocamento $d\ell$. Isto leva a

$$F_{\text{res}}\, d\ell = \frac{dp}{dt}\, d\ell \qquad \text{R-12}$$

onde identificamos o termo da esquerda como o trabalho e o termo da direita como a variação dK da energia cinética. Substituindo $d\ell$ por $v\,dt$ no termo da direita, obtemos

$$dK = \frac{dp}{dt}\, v\, dt = v\, dp$$

Integrando os dois lados leva a

$$K = \int_0^{p_f} v\, dp \qquad \text{R-13}$$

Para calcular esta integral, primeiro mudamos a variável de integração, de p para v. Usando a Equação R-10 e a regra do quociente, obtemos

$$dp = d\left(\frac{v}{\sqrt{1-(v^2/c^2)}}\right)$$

$$= \frac{[1-(v^2/c^2)]^{1/2}dv - v\dfrac{1}{2}[1-(v^2/c^2)]^{-1/2}\left(-\dfrac{2vdv}{c^2}\right)}{1-(v^2/c^2)} = \frac{dv}{[1-(v^2/c^2)]^{3/2}}$$

Substituindo dp na Equação R-13, fica

$$K = \int_0^{p_f} vdp = m\int_0^{v_f} \frac{vdv}{[1-(v^2/c^2)]^{3/2}} = mc^2\left(\frac{1}{\sqrt{1-(v_f^2/c_2)}} - 1\right)$$

e, portanto,

$$K = \frac{mc^2}{\sqrt{1-(v^2/c^2)}} - mc^2 \qquad \text{R-14}$$

(Nesta expressão, como a única rapidez é v_f, o subscrito f não é necessário.)

Definindo $mc^2/\sqrt{1-(v^2/c^2)}$ como a **energia relativística total** E, a Equação R-14 pode ser escrita como

$$E = K + mc^2 = \frac{mc^2}{\sqrt{1-(v^2/c^2)}} \qquad \text{R-15}$$

onde mc^2, chamada de **energia de repouso** E_0, é a energia da partícula quando ela está em repouso.

Multiplicando os dois lados da Equação R-10 por c e dividindo a equação resultante pela Equação R-15, obtemos

$$\frac{v}{c} = \frac{pc}{E} \qquad \text{R-16}$$

que pode ser útil quando se quer determinar v. Eliminando v das Equações R-10 e R-16, e explicitando E^2, se obtém

$$E^2 = p^2c^2 + m^2c^4 \qquad \text{R-17}$$

A relação entre massa e energia é discutida, brevemente, na Seção 4 do Capítulo 7.

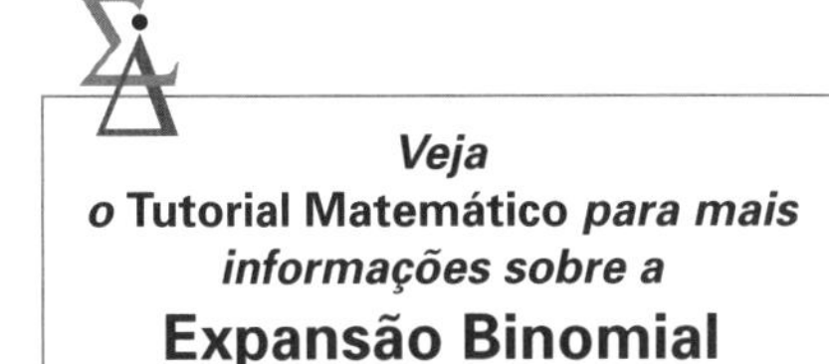
Veja **o Tutorial Matemático** *para mais informações sobre a* **Expansão Binomial**

Exemplo R-4 Quantidade de Movimento e Energia

Um próton tem 1100 MeV de energia cinética e uma massa de 938 MeV/c^2. Qual é sua quantidade de movimento? Qual é sua rapidez?

SITUAÇÃO As Equações R-15 e R-17 relacionam a quantidade de movimento com a energia total, a energia cinética e a massa. A Equação R-16 relaciona a rapidez com a quantidade de movimento e a energia total.

SOLUÇÃO

1. A quantidade de movimento é relacionada com a energia total pela Equação R-17, e a energia total é relacionada com a energia cinética pela Equação R-15:

$$E^2 = p^2c^2 + m^2c^4$$
$$E = K + mc^2$$

2. Substitua E na primeira equação do passo 1 e explicite p^2c^2:

$$(K + mc^2)^2 = p^2c^2 + m^2c^4$$
logo $p^2c^2 = (K + mc^2)^2 - m^2c^4$

3. Calcule o valor de p^2c^2:

$$p^2c^2 = (1100\text{ MeV} + 938\text{ MeV})^2 - (938\text{ MeV})^2 = 3{,}27 \times 10^6\,(\text{MeV})^2$$

4. Resolva para p:

$$p = \sqrt{3{,}27 \times 10^6}\text{ MeV}/c = 1{,}81 \times 10^3\text{ MeV}/c = \boxed{1{,}8 \times 10^3\text{ MeV}/c}$$

5. Determine a rapidez usando a Equação R-16:

$$\frac{v}{c} = \frac{pc}{E} = \frac{pc}{K + mc^2} = \frac{1{,}81 \times 10^3\text{ MeV}}{1100\text{ MeV} + 938\text{ MeV}} = 0{,}888$$

logo $\boxed{v = 0{,}888c = 0{,}89c}$

CHECAGEM Como esperado, a rapidez é maior do que zero e menor do que c. Além disso, a energia cinética é maior do que a energia de repouso (938 MeV), o que nos faz esperar que a rapidez seja uma fração significativa de c.

Exemplo R-5 Partículas em Colisão *Conceitual*

Duas partículas idênticas, cada uma com massa m, viajam em sentidos opostos, cada uma com uma energia total igual ao dobro de sua energia de repouso. Eles sofrem uma colisão frontal perfeitamente inelástica e se juntam para formar uma única partícula de massa M. Determine M.

SITUAÇÃO Use a conservação da quantidade de movimento para determinar a rapidez da partícula de massa M. Use a conservação da energia para determinar a massa desta partícula.

SOLUÇÃO

1. As partículas idênticas possuem a mesma massa, m, e a mesma energia total, E, e portanto, elas têm a mesma rapidez. Elas viajam em sentidos opostos, de forma que a quantidade de movimento de uma é igual e oposta à quantidade de movimento da outra. A quantidade de movimento total do sistema de duas partículas é zero.

A *conservação da quantidade de movimento* nos diz que a quantidade de movimento e, portanto, a rapidez da partícula de massa M é zero.

2. A partícula de massa M está em repouso, e portanto, sua energia total é igual à sua energia de repouso Mc^2. Para cada partícula de massa m, a energia é igual a duas vezes a energia de repouso mc^2. A *conservação da energia* nos diz que a energia total é a mesma, antes e depois da colisão.

$$E_f = E_i$$
$$Mc^2 = 2mc^2 + 2mc^2$$
$$\therefore \boxed{M = 4m}$$

CHECAGEM A energia cinética das duas partículas de massa m é transformada em energia de repouso da partícula de massa M. Como a energia cinética de cada partícula de massa m é igual à sua energia de repouso, a massa da partícula de massa M é igual a $4m$.

! Não pense que durante uma colisão inelástica a massa é conservada. Isto não ocorre. A massa é proporcional à energia de repouso. Se energia cinética é transformada em energia de repouso, então a massa aumenta.

Resumo

1. O princípio da relatividade é uma *lei fundamental da física.*
2. O fato de que a rapidez da luz no vácuo é independente da rapidez da fonte é uma *lei fundamental da física.*

TÓPICO	EQUAÇÕES RELEVANTES E OBSERVAÇÕES
1. Postulados da Relatividade Especial	
Postulado 1: Princípio da relatividade	É impossível projetar um experimento que determine se você está em repouso ou em movimento uniforme, onde movimento uniforme significa movimento com velocidade constante em relação a um referencial inercial.
Postulado 2	A rapidez da luz é independente da rapidez da fonte.
Constância da rapidez da luz	Como conseqüência, a rapidez da luz é a mesma em qualquer referencial inercial.
2. Réguas em Movimento	O comprimento de uma régua que se move perpendicularmente à sua extensão é igual ao seu comprimento próprio. O comprimento de uma régua que se move com rapidez v paralelamente à sua extensão é menor do que o seu comprimento próprio, valendo $$L = L_0\sqrt{1 - (v^2/c^2)} \quad \text{R-9}$$
3. Relógios em Movimento	
Dilatação temporal	O tempo entre os tiques de um relógio que se move com rapidez v é maior do que o tempo próprio entre os tiques do mesmo relógio, valendo $$T = \frac{T_0}{\sqrt{1 - (v^2/c^2)}} \quad \text{R-3}$$
Relatividade da simultaneidade	Se dois relógios que se movem com a mesma velocidade estão sincronizados em seu referencial de repouso, em um referencial onde eles se movem com rapidez v, paralelamente à linha que os une, o relógio de trás está adiantado em relação ao relógio da frente de vL_0/c^2, onde L_0 é a distância entre eles no referencial de repouso. Se dois relógios que se movem com a mesma velocidade estão sincronizados em seu referencial de repouso, eles também estão sincronizados em qualquer referencial onde eles se movem perpendicularmente à linha que os une.
4. Coincidência Espaço-temporal	Se dois eventos ocorrem ao mesmo tempo *e* no mesmo lugar em um referencial, então eles ocorrerão ao mesmo tempo e no mesmo lugar em qualquer referencial.
5. Quantidade de Movimento, Massa e Energia	
Quantidade de movimento	A quantidade de movimento de uma partícula é dada por $$p = \frac{m_0 v}{\sqrt{1 - (v^2/c^2)}} \quad \text{R-10}$$
Energia cinética	$$K = \left(\frac{1}{\sqrt{1 - (v^2/c_2)}} - 1\right)mc^2 \quad \text{R-14}$$
Massa e energia	A energia relativística total E de uma partícula é igual à sua energia de repouso mais a sua energia cinética. $$E = K + mc^2 = \frac{mc^2}{\sqrt{1 - (v^2/c^2)}} \quad \text{R-15}$$ onde mc^2 é a energia de repouso E_0.
Quantidade de movimento e energia	$$\frac{v}{c} = \frac{pc}{E} \quad \text{e} \quad E^2 = p^2c^2 + m^2c^4 \quad \text{R-16, R-17}$$

Resposta da Checagem Conceitual

R-1 (*a*) O referencial do trem, pois os dois eventos acontecem na extremidade dianteira do trem, (*b*) 3,0 μs

Respostas dos Problemas Práticos

R-1 260 ns

R-2 78 m

R-3 $(8{,}3\ c \cdot \text{min})/0{,}10c = (8{,}3\ \text{min})/0{,}10 = 83$ min

Problemas

Em alguns problemas, você recebe mais dados do que necessita; em alguns outros, você deve acrescentar dados de seus conhecimentos gerais, fontes externas ou estimativas bem fundamentadas.

Interprete como significativos todos os algarismos de valores numéricos que possuem zeros em seqüência sem vírgulas decimais.

- • Um só conceito, um só passo, relativamente simples
- •• Nível intermediário, pode requerer síntese de conceitos
- ••• Desafiante, para estudantes avançados

Problemas consecutivos sombreados são problemas pareados.

PROBLEMAS CONCEITUAIS

1 • **RICO EM CONTEXTO** Você está de pé em uma esquina, quando vê um amigo passar de carro. Cada um de vocês está usando um relógio de pulso. Os dois anotam os tempos em que o carro passou por dois cruzamentos diferentes e determinam, pelas leituras dos relógios, o tempo decorrido entre os dois eventos. Algum de vocês determinou o intervalo próprio de tempo? Explique sua resposta.

2 • **RICO EM CONTEXTO** No Problema 1, suponha que seu amigo no carro tenha medido a largura da porta do carro como 90 cm. Você também mede a largura, quando ele passa por você. (*a*) Algum de vocês mediu a largura própria da porta? Explique sua resposta. (*b*) Como você compara a sua medida com a largura própria da porta? (1) Sua medida será menor. (2) Sua medida será maior. (3) Sua medida será a mesma. (4) Você não pode comparar as larguras, já que a resposta depende da rapidez do carro.

3 • Se o evento A ocorre em uma localização diferente do evento B em dado referencial, é possível existir um segundo referencial no qual eles ocorrem na mesma localização? Caso afirmativo, dê um exemplo. Caso negativo, explique o porquê.

4 • Se o evento A ocorre antes do evento B em dado referencial, é possível existir um segundo referencial no qual o evento B ocorre antes do evento A? Caso afirmativo, dê um exemplo. Caso negativo, explique o porquê.

5 • Dois eventos são simultâneos em um referencial no qual eles também ocorrem na mesma localização. Eles serão simultâneos em todos os outros referenciais?

6 • Dois observadores inerciais estão em movimento relativo. Sob quais circunstâncias eles podem concordar sobre a simultaneidade de dois eventos diferentes?

7 • A energia total aproximada de uma partícula de massa m que se desloca com uma rapidez $v \ll c$ é (*a*) $mc^2 + \frac{1}{2}mv^2$, (*b*) mv^2, (*c*) cmv, (*d*) $\frac{1}{2}mc^2$.

8 • Verdadeiro ou falso:

(*a*) A rapidez da luz é a mesma em todos os referenciais.

(*b*) O intervalo próprio de tempo é o menor intervalo de tempo entre dois eventos.

(*c*) O movimento absoluto pode ser determinado por meio da contração do comprimento.

(*d*) O ano-luz é uma unidade de distância.

(*e*) Para que dois eventos formem uma coincidência espaço-temporal, eles devem ocorrer no mesmo lugar.

(*f*) Se dois eventos não são simultâneos em um referencial, então eles não podem ser simultâneos em nenhum outro referencial.

9 •• (*a*) Mostre que pc tem dimensões de energia. (*b*) Existe uma interpretação geométrica da Equação R-17 baseada no teorema de Pitágoras. Desenhe um triângulo ilustrando esta interpretação.

10 •• Uma bolinha de massa de modelar de massa m_1 atinge e gruda em uma segunda bolinha de massa de modelar, de massa m_2, inicialmente em repouso. Você espera que, após a colisão, a combinação das duas terá uma massa (*a*) maior do que, (*b*) menor do que, (*c*)igual a $m_1 + m_2$? Explique sua resposta.

11 •• **APLICAÇÃO BIOLÓGICA** Muitos núcleos atômicos são instáveis; por exemplo, o ^{14}C, um isótopo do carbono, possui uma meia-vida de 5700 anos. (Por definição, a *meia-vida* é o tempo que leva para um número qualquer de partículas instáveis decair à metade.) Este fato é usado extensivamente em datação arqueológica e biológica de objetos antigos. Esses núcleos instáveis decaem em vários produtos, cada um com energia cinética significativa. O que, do que segue, é verdadeiro? (*a*) A massa do núcleo instável é maior do que a soma das massas dos produtos do decaimento. (*b*) A massa do núcleo instável é menor do que a soma das massas dos produtos do decaimento. (*c*) A massa do núcleo instável é a mesma que a soma das massas dos produtos do decaimento. Explique sua escolha.

12 •• **APLICAÇÃO BIOLÓGICA** Varreduras de tomografia por emissão de pósitrons (PET — *Positron Emission Tomography*) são comuns na medicina moderna. Durante este procedimento, pósitrons (um pósitron possui a mesma massa que um elétron, mas carga oposta) são emitidos por núcleos radioativos que foram introduzidos no corpo. Suponha que um pósitron emitido, viajando lentamente (com energia cinética desprezível), colida com um elétron igualmente lento, viajando em sentido oposto. Eles sofrem aniquilamento e dois quanta de luz (fótons) são formados. Você está encarregado de projetar detectores para capturar estes fótons e determinar sua energia. (*a*) Explique por que você esperaria que estes dois fótons fossem emitidos em sentidos exatamente opostos. (*b*) Em termos da massa do elétron m, quanta energia cada fóton deverá possuir? (1) menos do que mc^2, (2) mais do que mc^2, (3) exatamente mc^2. Explique sua escolha.

ESTIMATIVA E APROXIMAÇÃO

13 •• Em 1975, um avião transportando um relógio atômico voou para frente e para trás durante 15 horas, em baixa altitude, com uma rapidez média de 140 m/s, em um experimento de dilatação temporal. O tempo do relógio foi comparado com o tempo de um relógio atômico mantido no solo. Qual foi a diferença de tempo entre o relógio atômico no avião e o relógio atômico no solo? (Igno-

re efeitos da aceleração do avião sobre o relógio atômico do avião. Suponha, também, o avião viajando com rapidez constante.)

14 •• (*a*) Fazendo as suposições necessárias e encontrando certas distâncias estelares, estime a rapidez que uma nave espacial teria que ter para levar seus passageiros à estrela mais próxima (não o Sol!) e trazê-los de volta, em 1,0 ano terrestre, conforme medido por um observador na nave. Suponha que os passageiros façam a viagem de ida e volta com rapidez constante, e ignore efeitos devido à partida e à parada da nave.(*b*) Quanto tempo decorreria, na Terra, durante esta viagem de ida e volta? Inclua 2,0 anos terrestres para uma exploração a baixa velocidade dos planetas na vizinhança da estrela.

15 •• (*a*) Compare a energia cinética de um carro em movimento com sua energia de repouso. (*b*) Compare a energia total de um carro em movimento com sua energia de repouso. (*c*) Estime o erro realizado ao se computar a energia cinética de um carro em movimento usando expressões não-relativísticas em comparação com as corretas expressões relativísticas. *Dica: O uso da expansão binomial pode ajudar.*

CONTRAÇÃO DO COMPRIMENTO E DILATAÇÃO TEMPORAL

16 • A vida média própria de um píon (uma partícula subatômica) é $2{,}6 \times 10^{-8}$ s. (Um píon neutro tem uma vida média bem mais curta. Veja o Capítulo 41.) Um feixe de píons tem uma rapidez de $0{,}85c$ em relação ao laboratório. (*a*) Qual é sua vida média medida no laboratório? (*b*) Na média, qual é a distância percorrida por eles no laboratório antes de decair? (*c*) Qual seria sua resposta para a Parte (*b*) se você tivesse desprezado a dilatação temporal?

17 • No referencial de um píon do Problema 16, qual é a distância percorrida pelo laboratório em $2{,}6 \times 10^{-8}$ s?

18 • A vida média própria de um múon (uma partícula subatômica) é $2{,}2$ μs. Múons de um feixe estão viajando a $0{,}999c$ em relação ao laboratório. (*a*) Qual é sua vida média medida no laboratório? (*a*) Na média, qual é a distância percorrida por eles no laboratório antes de decair?

19 • No referencial de um múon do Problema 18, qual é a distância percorrida pelo laboratório em $2{,}2$ μs?

20 • **RICO EM CONTEXTO** Você recebeu a missão de monitorar o tráfego em uma região remota do espaço. No final de um turno tranqüilo você mede, com um dispositivo a laser, o comprimento de uma nave espacial que está passando. O comprimento indicado é de 85,0 m. Você consulta seu catálogo de referência e identifica a nave como uma CCCNX-22, que tem um comprimento próprio de 100 m. Ao fazer o relatório, qual é a rapidez que você informa?

21 • Uma nave espacial viaja da Terra para uma estrela distante 95 anos-luz, com uma rapidez de $2{,}2 \times 10^{8}$ m/s. Quanto tempo a nave leva para chegar à estrela (*a*) conforme medido na Terra e (*b*) conforme medido por um passageiro da nave?

22 • A vida média de um feixe de partículas subatômicas chamadas de píons (veja o Problema 16 para detalhes sobre estas partículas), viajando com grande rapidez, é medida como $7{,}5 \times 10^{-8}$ s. Sabe-se que sua vida média em repouso é $2{,}6 \times 10^{-8}$ s. Qual é a rapidez com que viaja este feixe de píons?

23 • Uma régua de um metro se move, na direção de seu comprimento, com uma rapidez de $0{,}80c$ em relação a você. (*a*) Determine o comprimento da régua, conforme medido por você. (*b*) Quanto tempo a régua leva para passar por você?

24 • Lembre-se de que a meia-vida é o tempo que leva para qualquer quantidade de partículas instáveis decair à metade de seu número inicial. A meia-vida própria de uma espécie de partículas subatômicas carregadas, chamadas de píons, é $1{,}8 \times 10^{-8}$ s. (Veja o Problema 16 para detalhes sobre os píons.) Seja um grupo destas partículas produzido em um acelerador, emergindo com uma rapidez de $0{,}998c$. Qual é a distância que estas partículas percorrem no laboratório do acelerador antes de metade delas terem decaído?

25 •• Seu amigo, que tem a sua idade, viaja para Alfa de Centauro, a 4,0 anos-luz de distância, e retorna imediatamente. Ele alega que a viagem completa durou apenas 6,0 anos. Qual foi sua rapidez? Ignore acelerações da nave de seu amigo e suponha que ela tenha viajado com a mesma rapidez durante toda a viagem.

26 •• Duas espaçonaves se cruzam, viajando em sentidos opostos. Uma passageira da nave A sabe que sua nave tem 100 m de comprimento. Ela nota que a nave B se move com uma rapidez de $0{,}92c$ em relação à nave A e que o comprimento de B é 36 m. Quais são os comprimentos das duas naves, conforme medidos por um passageiro da nave B?

27 •• Jatos supersônicos têm rapidez máxima de cerca de $3{,}00 \times 10^{-6}c$. (*a*) Qual é o percentual da contração do comprimento sofrida por um jato viajando com esta rapidez? (*b*) Durante um tempo de exatamente um ano, ou $3{,}15 \times 10^{5}$ s em seu relógio, quanto tempo terá decorrido no relógio do piloto? Quantos minutos são perdidos pelo relógio do piloto em um ano de seu tempo? Suponha que você esteja no solo e que o piloto esteja voando com aquela rapidez durante todo o ano.

28 •• A vida média própria de um múon (veja os Problemas 18 e 19 para detalhes sobre múons) é de $2{,}20$ μs. Considere um múon, criado na atmosfera superior da Terra, descendo para a superfície, 8,00 km abaixo, a $0{,}980c$. (*a*) Qual é a probabilidade de que o múon sobreviva à viagem até a Terra antes de decair? A probabilidade de decaimento de um múon é dada por $P = 1 - e^{-\Delta t/\tau}$, onde Δt é o intervalo de tempo medido no referencial em questão. (*b*) Calcule a probabilidade do ponto de vista de um observador que se move com o múon. Mostre que a resposta é a mesma que a do ponto de vista de um observador na Terra.

29 •• Um comandante de espaçonave viaja para a Nuvem de Magalhães com a rapidez uniforme de $0{,}800c$. Ao sair do cinto de Kuiper, cuja borda externa está a 50,0 UA da Terra (*Nota*: 1 UA = 150.000.000 km e representa a distância média entre a Terra e o Sol; UA = Unidade Astronômica), ele envia uma mensagem ao controle de terra em Houston, no Texas, dizendo que está tudo bem. Quinze minutos depois (de acordo com ele), ele percebe que fez um erro de digitação e envia uma correção. Quanto tempo transcorre, em Houston, entre as recepções da mensagem inicial e da segunda mensagem?

A RELATIVIDADE DA SIMULTANEIDADE

Os Problemas 30 a 34 referem-se à seguinte situação: Maria é uma funcionária de uma grande plataforma espacial. Ela coloca o relógio A no ponto A e o relógio B no ponto B, distante 100 minutos-luz do ponto A (Figura R-12). Ela também coloca uma lâmpada de *flash* em um ponto a meio caminho entre os pontos A e B. José, funcionário de outra plataforma, está junto ao relógio C. Cada relógio é disparado ao ser atingido por um *flash*. A plataforma de Maria viaja com uma rapidez de 0,600*c* para a esquerda, em relação a José. Quando a plataforma de Maria passa pela de José, o relógio B, depois a lâmpada de *flash* e depois o relógio A passam diretamente em frente ao relógio C. Quando a lâmpada passa perto do relógio C, ela emite um *flash* e o relógio C começa a marcar a partir do zero.

30 •• De acordo com José: (*a*) Qual é a distância entre a lâmpada e o relógio A? (*b*) Qual é a distância percorrida pela luz do *flash* até alcançar o relógio A? (*c*) Qual é a distância percorrida pelo relógio A enquanto a luz do *flash* viaja da lâmpada até ele?

31 •• De acordo com José, quanto tempo leva para a luz do *flash* viajar até o relógio A, e qual é a indicação do relógio C quando a luz do *flash* atinge o relógio A?

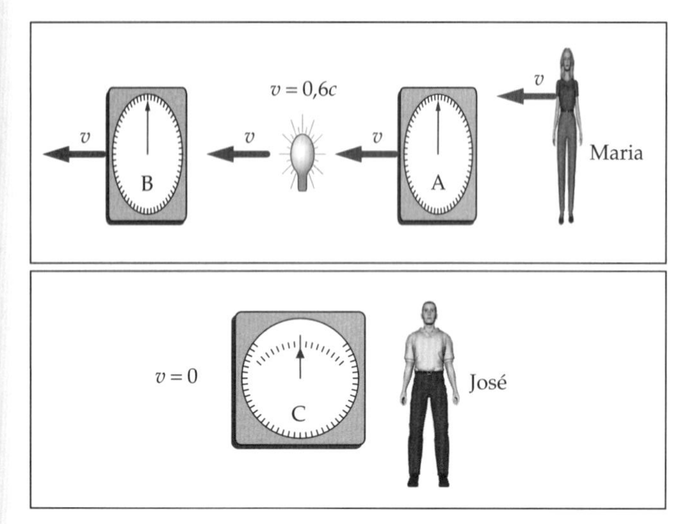

FIGURA R-12 Problemas 30-34

32 •• Mostre que o relógio C indica 100 min quando a luz do *flash* atinge o relógio B, que se afasta do relógio C com a rapidez de 0,600*c*.

33 •• De acordo com José, a leitura do relógio C avança de 25 min para 100 min entre a recepção dos *flashes* pelos relógios A e B, nos Problemas 31 e 32. De acordo com José, de quanto avançará a leitura do relógio A neste intervalo de 75 minutos?

34 •• De acordo com José, o avanço do relógio A calculado no Problema 33 é o quanto o relógio A está à frente do relógio B. Compare este resultado com vL_0/c^2, onde $v = 0,600c$.

35 •• Em um referencial inercial *S*, o evento B ocorre 2 μs após o evento B, a uma distância de 1,50 km. Quão rápido deve estar se movendo um observador, ao longo da linha que liga os dois eventos, de forma que estes ocorram simultaneamente? Para um observador suficientemente rápido, é possível que o evento B preceda o evento A?

36 •• Uma grande plataforma espacial plana possui, pintado nela, um eixo *x*. Um rojão explode no eixo *x* em $x_1 = 480$ m, e um segundo rojão explode no eixo *x*, 5 μs após, em $x_2 = 1200$ m. No referencial de um trem que viaja paralelamente ao eixo *x*, com uma rapidez *v* em relação à plataforma, as duas explosões acontecem na mesma localização sobre o eixo. Qual é a separação, no tempo, entre as duas explosões, no referencial do trem?

37 •• Humberto e Roberto são dois músicos de jazz gêmeos, que se apresentam como uma dupla tocando trombone e saxofone. Aos vinte anos, no entanto, Roberto recebeu uma irresistível oferta para tocar em uma estrela distante 15 anos-luz. Para comemorar sua boa sorte, ele comprou um novo veículo para a viagem — um cupê espacial de luxo que viaja a 0,99*c*. Os gêmeos se comprometem a treinar com afinco, de modo a poderem recompor a dupla no futuro. Entretanto, a turnê de Roberto é tão bem-sucedida que ele leva exatos dez anos para voltar e reencontrar Humberto. Após o reencontro, (*a*) quanto anos terá Roberto treinado e (*b*) quantos anos terá Humberto treinado?

38 •• Alfredo e Bruno são gêmeos. Alfredo viaja a 0,600*c* para Alfa de Centauro (que está a 4,00 · anos-luz da Terra, conforme medido no referencial da Terra) e retorna imediatamente. Cada gêmeo envia ao outro um sinal de luz, a cada 0,0100 ano, conforme medido em seu próprio referencial. (*a*) Com que taxa Bruno recebe os sinais, enquanto Alfredo se afasta dele? (*b*) Nesta taxa, quantos sinais Bruno recebe? (*c*) Qual é o total de sinais recebidos por Bruno, até o retorno de Alfredo à Terra? (*d*) Com que taxa Alfredo recebe os sinais, enquanto Bruno se afasta dele? (*e*) Nesta taxa, quantos sinais Alfredo recebe? (*f*) Qual é o total de sinais recebidos por Alfredo, até seu retorno à Terra? (*g*) Qual dos gêmeos está mais novo ao final da viagem e de quantos anos?

ENERGIA E QUANTIDADE DE MOVIMENTO RELATIVÍSTICAS

39 • Determine a razão entre a energia total e a energia de repouso de uma partícula de massa *m* que se move com a rapidez de (*a*) 0,100*c*, (*b*) 0,500*c*, (*c*) 0,800*c* e (*d*) 0,990*c*.

40 • Um próton, com 938 MeV de energia de repouso, tem uma energia total de 1400 MeV. (*a*) Qual é sua rapidez? (*b*) Qual é sua quantidade de movimento?

41 • Qual é a energia necessária para acelerar uma partícula de massa *m* do repouso até (*a*) 0,500*c*, (*b*) 0,900*c* e (*c*) 0,990*c*? Expresse suas respostas como múltiplos da energia de repouso mc^2.

42 • Se a energia cinética de uma partícula é igual à sua energia de repouso, qual é o erro percentual que se comete ao usar $p = mv$ para sua quantidade de movimento? A expressão não-relativística é sempre menor, ou sempre maior, do que a correta expressão relativística para a quantidade de movimento?

43 • Qual é a energia total de um próton cuja quantidade de movimento é $3mc$?

44 •• **PLANILHA ELETRÔNICA, ESTIMATIVA** Usando uma planilha de cálculo, ou uma calculadora gráfica, faça um gráfico da energia cinética de uma partícula com 100 MeV de massa de repouso, cuja rapidez varia de 0 a *c*. Trace $\frac{1}{2}mv^2$, no mesmo gráfico, para comparação. Usando o gráfico, estime para qual rapidez a expressão não relativística já não é uma boa aproximação para a energia cinética. Como sugestão, use o MeV como unidade de energia e expresse a rapidez na forma adimensional v/c.

45 •• (*a*) Mostre que a rapidez *v* de uma partícula de massa *m* e energia total *E* é dada por $v/c = [1 - ((mc^2)^2/E^2)]^{1/2}$ e que, quando *E* é muito maior do que mc^2, isto pode ser aproximado por $(v/c) \approx 1 - ((mc^2)^2/2E^2)$. Determine a rapidez de um elétron com energia cinética igual a (*b*) 0,510 MeV e (*c*) 1,0 MeV.

46 •• Use a expansão binomial e a Equação R-17 para mostrar que, quando $pc \ll mc^2$, a energia total é dada aproximadamente por $E \approx mc^2 + (p^2/2m)$.

47 •• Deduza a equação $E^2 = p^2c^2 + m^2c^4$ (Equação R-17) eliminando *v* das Equações R-10 e R-16.

48 •• A energia de repouso de um próton é cerca de 938 MeV. Se sua energia cinética também vale 938 MeV, determine (*a*) sua quantidade de movimento e (*b*) sua rapidez.

49 •• Qual é o erro percentual cometido ao se usar $\frac{1}{2}m_0v^2$ para a energia cinética de uma partícula cuja rapidez é (*a*) 0,10*c* e (*b*) 0,90*c*?

PROBLEMAS GERAIS

50 • Uma nave espacial parte da Terra para a estrela Alfa de Centauro, que está 4,0 · anos-luz distante, no referencial da Terra. A nave viaja a 0,75*c*. Quanto tempo dura a viagem (*a*) conforme medido na Terra e (*b*) conforme medido por um passageiro na nave?

51 • A energia total de uma partícula é três vezes sua energia de repouso. (*a*) Determine v/c para a partícula. (*b*) Mostre que sua quantidade de movimento é dada por $\sqrt{8}mc$.

52 • Uma nave espacial passa pela Terra se deslocando a 0,70*c*, como visto da Terra. Cinco minutos depois de sua aproximação máxima da Terra, uma mensagem é enviada à nave do centro de controle de Houston, no Texas. (Ignore efeitos de rotação da Terra.) (*a*) Quanto tempo o sinal leva para chegar? (*b*) A nave e o centro de controle concordam quanto à hora em que a nave estava no ponto mais próximo da Terra. Cinco minutos depois que a mensagem é recebida pela nave, uma mensagem-resposta é enviada pela nave para Houston. Qual é o intervalo de tempo, em Houston, entre o momento em que sua mensagem foi enviada e o momento em que a mensagem-resposta foi recebida?

53 •• Partículas chamadas de múons, viajando a $0{,}99995c$, são detectadas na superfície da Terra. Um de seus colegas alega que os múons detectados devem ter tido origem no Sol. Prove que ele está errado. (A vida média própria de um múon é $2{,}20\ \mu$s.)

54 •• (*a*) Qual é a altura do monte Everest em um referencial ligado a um múon de radiação cósmica que viaja para baixo em relação à Terra, a $0{,}99c$? Tome a altura do monte Everest, em relação a um observador terrestre, como sendo 8846 m. (*b*) Quanto tempo leva para o múon percorrer toda a altura da montanha, do ponto de vista do referencial que viaja com ele? (*c*) Quanto tempo leva para o múon percorrer toda a altura da montanha, do ponto de vista de um referencial terrestre?

55 ••• Um núcleo de ouro tem um raio de $3{,}00 \times 10^{-14}$ m e uma massa de 197 unidades de massa atômica. (Uma unidade de massa atômica tem uma energia de repouso de 932 MeV.) Em experimentos realizados no *Brookhaven National Laboratory* (Estados Unidos), estes núcleos são rotineiramente acelerados até alcançarem uma energia cinética de $3{,}35 \times 10^4$ GeV. (*a*) A quanto menos que a rapidez da luz eles estão viajando? (*b*) A estas energias, quanto tempo leva para eles percorrerem 100 m no referencial do laboratório?

56 ••• **APROXIMAÇÃO** Considere um feixe de nêutrons produzido em um reator nuclear. Estes nêutrons possuem energias cinéticas que chegam a 1,00 MeV. A energia de repouso de um nêutron é 939 MeV. (*a*) Qual é a rapidez dos nêutrons de 1,00 MeV? Expresse sua resposta em termos de v/c. (*b*) Se a vida média de um tal nêutron é 15,0 min (no referencial do laboratório), qual é o maior comprimento de um feixe desses nêutrons (no vácuo, na ausência de qualquer interação entre os nêutrons e outros materiais)? Estime este alcance máximo calculando o comprimento correspondente a cinco vidas médias. Após cinco vidas médias apenas e^{-5}, ou 0,007 (0,7%) dos nêutrons estão presentes. (*c*) Compare este alcance com o alcance dos chamados nêutrons "termicamente moderados", cujas energias cinéticas ficam em torno de 0,025 eV. Expresse sua resposta como um percentual. Isto é, a quanto por cento do alcance dos nêutrons de 1,00 MeV corresponde o alcance dos nêutrons termicamente moderados? (Note que nossa suposição quanto ao vácuo continua; no entanto, na verdade os nêutrons com esta energia interagem prontamente com a matéria, como ar e água, e alcances "reais" são muito mais curtos.)

57 ••• **RICO EM CONTEXTO** Você e Ernani estão tentando colocar uma escada de 15 ft (4,57 m) de comprimento dentro de um galpão de 10 ft (3,04 m) de comprimento que possui portas nas extremidades. Você sugere a Ernani que você irá abrir a porta da frente do galpão e que ele deverá correr para ela, com a escada, com uma rapidez tal que a contração do comprimento da escada a encurtará o suficiente para que ela caiba no galpão. Assim que a extremidade de trás da escada tiver passado pela porta, você a fechará. (*a*) Qual é a menor rapidez com que Ernani deve correr, para que a escada caiba no galpão? Expresse-a como uma fração da rapidez da luz. (*b*) Enquanto corre para a porta a $0{,}866c$, Ernani se dá conta de que, no referencial da escada, é o *galpão* que é mais curto, e não a escada. Qual é o comprimento do galpão, no referencial da escada? (*c*) No referencial da escada, existe um instante em que as duas extremidades da escada estão, simultaneamente, dentro do galpão? Avalie isto sob o ponto de vista da simultaneidade relativística.

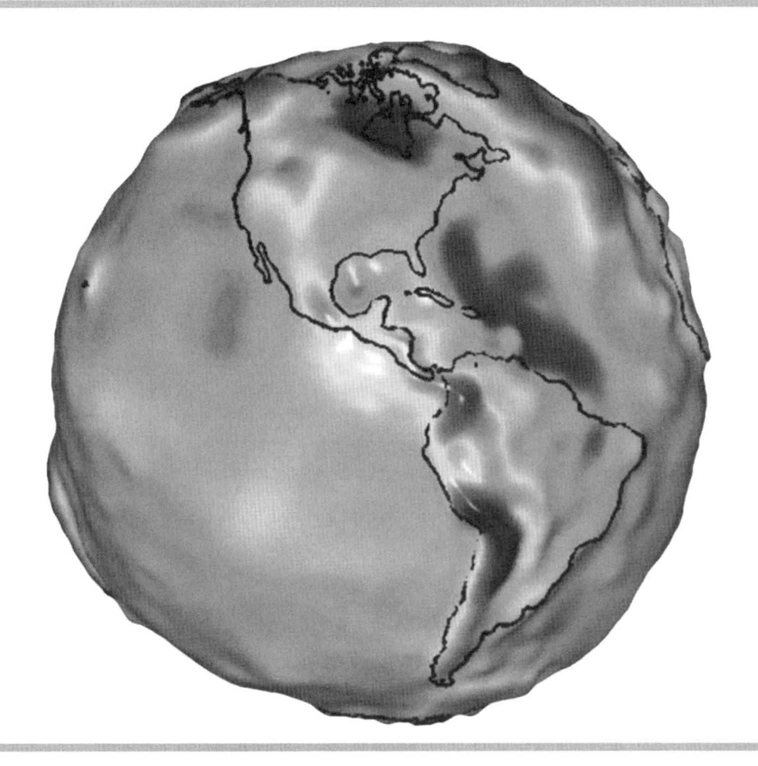

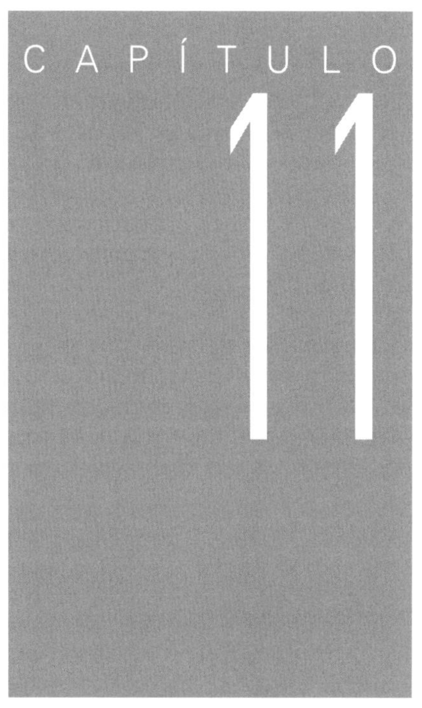

ESTE MAPA GRAVITACIONAL DO HEMISFÉRIO OCIDENTAL FOI PRODUZIDO PELA MISSÃO GRACE, UMA MISSÃO CONJUNTA DA ALEMANHA E DOS ESTADOS UNIDOS. A INTENSIDADE DO CAMPO GRAVITACIONAL VARIA POUCO DE UM LOCAL PARA OUTRO. (AS VARIAÇÕES DESTE MAPA ESTÃO EXAGERADAS.) OS DADOS PARA ESTE MAPA FORAM COLETADOS ATRAVÉS DE UM PRECISO MONITORAMENTO DA DISTÂNCIA ENTRE DOIS SATÉLITES ORBITANDO A TERRA. *(NASA/University of Texas Center for Space Research.)*

Gravitação

? Usando dois satélites, como você utilizaria seu conhecimento sobre a gravidade para detectar uma região de maior intensidade de campo gravitacional? (Veja o Exemplo 11-9.)

O papel que a gravidade desempenha no movimento dos corpos celestes e em suas interações, na expansão e contração de galáxias e no desenvolvimento de buracos negros é bem compreendido. A força gravitacional exercida pela Terra sobre nós e sobre os objetos em nosso entorno é uma parte fundamental de nossa experiência. É a gravidade que nos liga à Terra e mantém a Terra e os outros planetas dentro do sistema solar. No entanto, as variações da gravidade são normalmente muito pequenas para serem percebidas na superfície da Terra. Mas estas minúsculas variações não podem ser completamente desprezadas. Os geofísicos têm encontrado maneiras de utilizar estas pequenas variações da gravidade para determinar a localização de petróleo e de depósitos minerais.

No tempo de Newton, muitos acreditavam que a natureza seguia, em outras partes do universo, regras diferentes das que seguia aqui na Terra. A lei de Newton da gravitação universal, junto com suas três leis do movimento, revelaram que a natureza segue as mesmas regras em todos os lugares, e esta revelação teve um profundo efeito sobre nossa visão do universo.

Neste capítulo, usamos como ferramentas a conservação da quantidade de movimento angular, a conservação da energia, as leis de Newton do movimento e a lei de Newton da gravitação para descrever o movimento de planetas e outros corpos celestes, incluindo satélites que colocamos no espaço.

11-1 LEIS DE KEPLER

O céu noturno, com sua miríade de estrelas e planetas brilhantes, sempre fascinou as pessoas. No final do século XVI, o astrônomo Tycho Brahe estudou o movimento dos planetas e fez observações que eram consideravelmente mais precisas do que as feitas até então. Usando os dados de Brahe, Johannes Kepler descobriu que as trajetórias dos planetas em torno do Sol eram elipses (Figura 11-1). Ele também mostrou que cada planeta se move mais rapidamente quando sua órbita o aproxima do Sol, e mais lentamente quando sua órbita o afasta do Sol. Finalmente, Kepler desenvolveu uma relação matemática precisa entre o período orbital de um planeta e sua distância média ao Sol (Tabela 11-1). Ele expôs estes resultados em três leis empíricas do movimento planetário. Por último, estas leis forneceram a base para a descoberta, por Newton, da lei da gravitação. Seguem as três leis de Kepler.

Um modelo mecânico do sistema solar, chamado de *planetário*, da coleção de instrumentos científicos históricos da Universidade de Harvard (Estados Unidos).

> Lei 1. Todos os planetas se movem em órbitas elípticas com o Sol em um dos focos.

Uma elipse é o lugar geométrico dos pontos para os quais a soma das distâncias a dois pontos fixos, chamados de focos F, é constante, como mostrado na Figura 11-2. A Figura 11-3 mostra um planeta seguindo uma trajetória elíptica com o Sol em um dos focos. A órbita da Terra é praticamente circular, com a distância ao Sol no periélio (ponto mais próximo) igual a $1{,}48 \times 10^{11}$ m e, no afélio (ponto mais distante), igual a $1{,}52 \times 10^{11}$ m. O semi-eixo maior é igual à média destas duas distâncias, o que vale $1{,}50 \times 10^{11}$ m (93 milhões de milhas) para a órbita da Terra. Esta distância média define a unidade astronômica (UA):

$$1 \text{ UA} = 1{,}50 \times 10^{11} \text{ m} = 93{,}0 \times 10^{6} \text{ mi} \qquad 11\text{-}1$$

A UA é usada com freqüência em problemas que lidam com o sistema solar.

Tabela 11-1 Raios Orbitais Médios e Períodos Orbitais dos Planetas

Planeta	Raio Médio r ($\times 10^{10}$ m)	Período T (ano)
Mercúrio	5,79	0,241
Vênus	10,8	0,615
Terra	15,0	1,00
Marte	22,8	1,88
Júpiter	77,8	11,9
Saturno	143	29,5
Urano	287	84
Netuno	450	165
Plutão	590	248

> Lei 2. Uma linha ligando qualquer planeta ao Sol varre áreas iguais em tempos iguais.

A Figura 11-4 ilustra a segunda lei de Kepler, a lei das áreas. Um planeta se move de forma que a área varrida pela linha que liga os centros do Sol e do planeta, durante um dado intervalo de tempo, é o mesmo em toda a órbita. A lei das áreas é uma

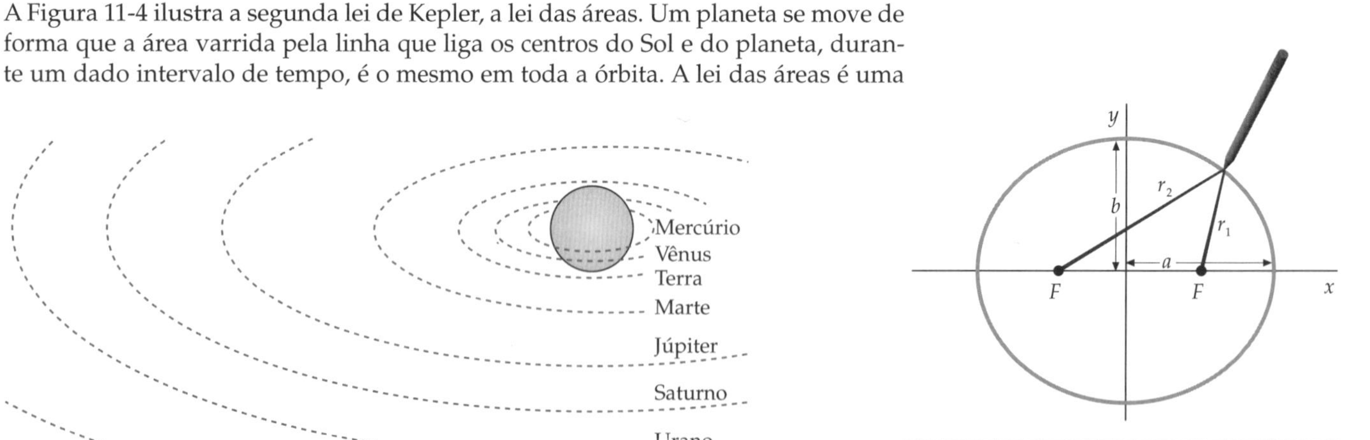

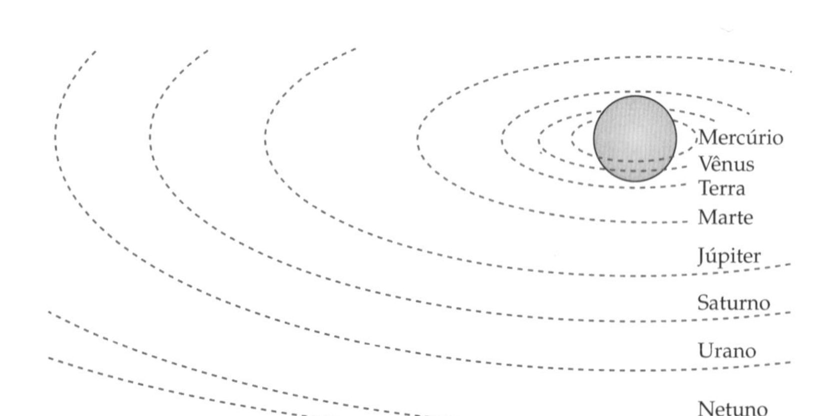

FIGURA 11-1 Órbitas dos planetas em torno do Sol. (Os tamanhos não estão em escala.) Em 2006, a União Astronômica Internacional aprovou uma nova definição de planeta que exclui Plutão e o coloca em uma nova categoria de "planeta anão".

FIGURA 11-2 Uma elipse é o lugar geométrico dos pontos para os quais $r_1 + r_2 =$ constante. A distância a é o chamado semi-eixo maior, e b é o semi-eixo menor. Você pode desenhar uma elipse com um pedaço de barbante com cada extremidade fixa em um foco F e usando-o para guiar o lápis. Os círculos são casos especiais nos quais os dois focos coincidem.

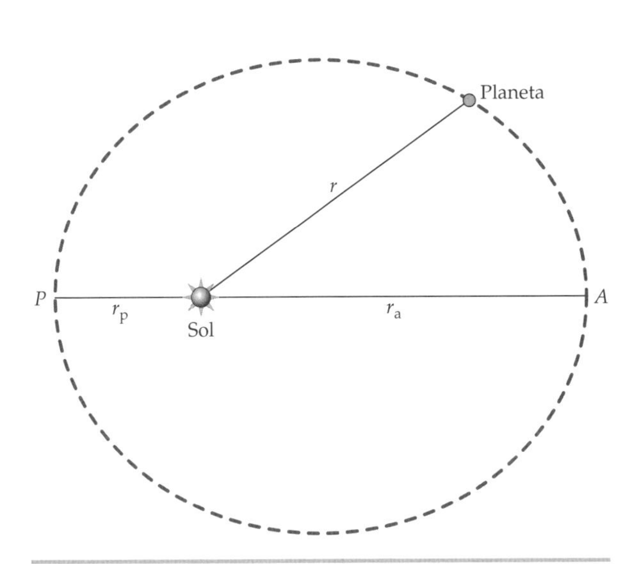

FIGURA 11-3 A trajetória elíptica de um planeta com o Sol em um dos focos. O ponto P, onde o planeta está mais próximo do Sol, é chamado de *periélio*, e o ponto A, onde ele está mais afastado do Sol, é chamado de *afélio*. A distância média entre o planeta e o Sol, definida como $(r_p + r_a)/2$, é igual ao semi-eixo maior. (Os planetas conhecidos descrevem órbitas mais circulares do que a órbita aqui mostrada.)

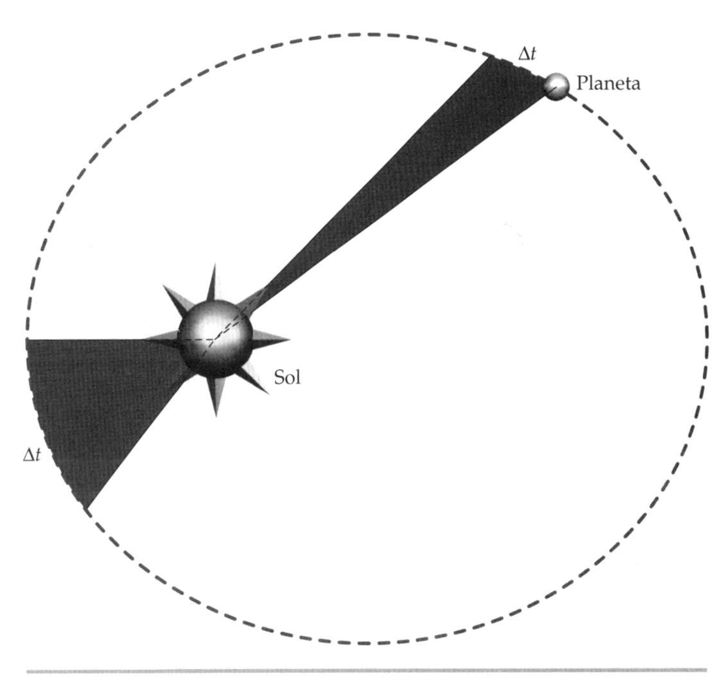

FIGURA 11-4 Quando um planeta está próximo do Sol, ele se move mais rapidamente do que quando está mais afastado. As áreas varridas pela linha que liga os centros do Sol e do planeta, durante um dado intervalo de tempo, são iguais.

conseqüência da conservação da quantidade de movimento angular, como veremos na próxima seção.

> Lei 3. O quadrado do período de qualquer planeta é proporcional ao cubo do semi-eixo maior de sua órbita.

A terceira lei de Kepler relaciona o período de qualquer planeta com sua distância média ao Sol, que é igual ao semi-eixo maior de sua trajetória elíptica. Em forma algébrica, se r é o raio orbital médio* e T é o período de revolução, a terceira lei de Kepler afirma que

$$T^2 = Cr^3 \qquad 11\text{-}2$$

onde a constante C tem o mesmo valor para todos os planetas. Esta lei é uma conseqüência do fato de que a força exercida pelo Sol sobre um planeta varia com o inverso do quadrado da distância do Sol ao planeta. Demonstraremos isto na Seção 11-2, para o caso especial de uma órbita circular.

Exemplo 11-1 A Órbita de Júpiter

O raio orbital médio de Júpiter é de 5,20 UA. Qual é o período da órbita de Júpiter em torno do Sol?

SITUAÇÃO Usamos a terceira lei de Kepler para relacionar o período de Júpiter com o seu raio orbital médio. A constante C pode ser obtida do raio orbital médio e do período da Terra, conhecidos.

SOLUÇÃO

1. A terceira lei de Kepler relaciona o período T_J com o raio orbital médio r_J de Júpiter: $T_J^2 = Cr_J^3$
2. Aplique a terceira lei de Kepler à Terra para obter uma segunda equação relacionando a mesma constante C a T_T e a r_T: $T_T^2 = Cr_T^3$

*Por *raio orbital médio* queremos dizer a média das distâncias ao periélio e ao afélio.

3. Divida as duas equações, eliminando C, e determine T_J:

$$\frac{T_J^2}{T_T^2} = \frac{r_J^3}{r_T^3}$$

$$\text{logo} \quad T_J = T_T\left(\frac{r_J}{r_T}\right)^{3/2} = (1\text{ a})\left(\frac{5{,}20\text{ UA}}{1\text{ UA}}\right)^{3/2}$$

$$= \boxed{11{,}9\text{ anos}}$$

CHECAGEM O resultado do passo 3 coincide com o período orbital de Júpiter listado na Tabela 11-1.

INDO ALÉM Os períodos dos planetas Terra, Júpiter, Saturno, Urano e Netuno estão colocados em gráfico na Figura 11-5 em função de seus raios orbitais médios. Na Figura 11-5*a*, os períodos estão plotados *versus* os raios orbitais médios. Na Figura 11-5*b*, os quadrados dos períodos estão plotados *versus* os cubos dos raios orbitais médios. Aqui, os pontos caem sobre uma linha reta.

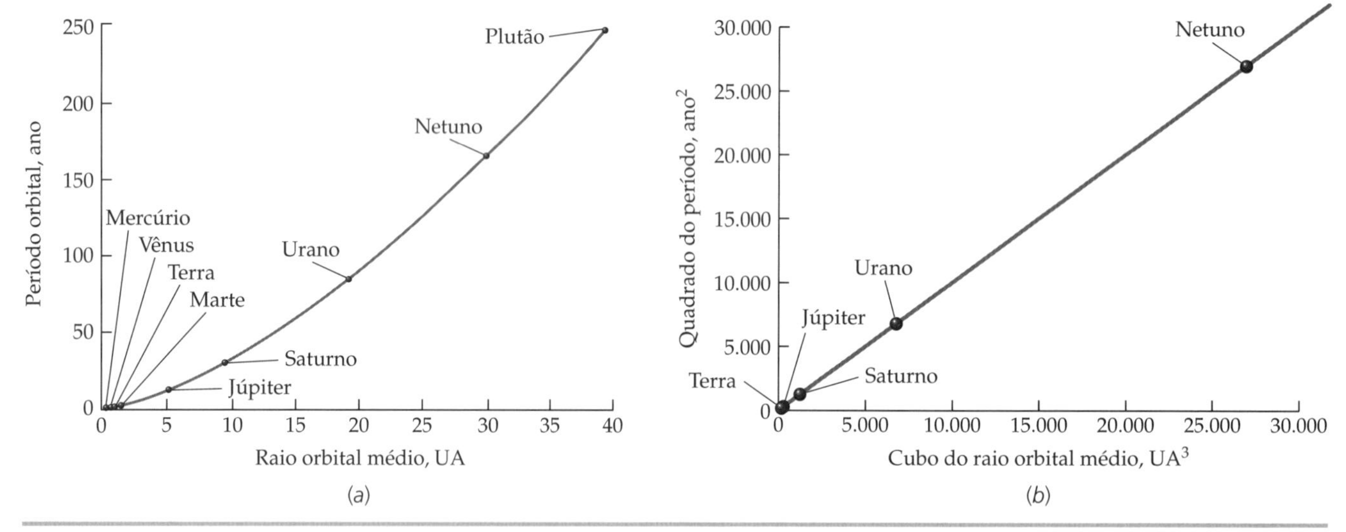

FIGURA 11-5

PROBLEMA PRÁTICO 11-1 O período de Netuno é de 164,8 anos. Qual é o seu raio orbital médio?

PROBLEMA PRÁTICO 11-2 Se os logaritmos dos períodos dos planetas Terra, Júpiter, Saturno, Urano e Netuno fossem plotados *versus* os logaritmos de seus raios orbitais médios, os pontos cairiam em uma curva. Qual é a forma desta curva?

11-2 LEI DE NEWTON DA GRAVITAÇÃO

Apesar de as leis de Kepler terem sido um importante primeiro passo para a compreensão do movimento dos planetas, elas não eram nada mais do que regras empíricas obtidas a partir das observações astronômicas de Brahe. Restou para Newton dar o próximo gigantesco passo, associando a aceleração de um planeta em sua órbita a uma força específica exercida sobre ele pelo Sol. Usando sua segunda lei, Newton provou que uma força atrativa que varia com o inverso do quadrado da distância entre o Sol e um planeta resulta em uma órbita elíptica, como observado por Kepler. Então, ele fez a corajosa suposição de que esta força atrativa atua entre quaisquer dois corpos no universo. Antes de Newton, não era aceito de maneira geral que as leis da física observadas na Terra eram aplicáveis aos corpos celestes. Newton modificou nossa compreensão da natureza do mundo extraterrestre, mostrando que as leis da física se aplicam igualmente bem tanto aos corpos terrestres quanto ao não-terrestres. A **lei de Newton da gravitação** postula que existe uma força de atração para cada par de partículas, que é proporcional ao produto das massas das partículas e inversamente proporcional ao quadrado da distância que as separa. Sejam m_1 e m_2 as massas das partículas pontuais 1 e 2 (nas posições $\vec{r}_1$ e $\vec{r}_2$, respectivamente) e seja $\vec{r}_{12}$ a posição da partícula 2 em relação à partícula 1 (Figura 11-6*a*).

A força gravitacional $\vec{F}_{12}$ exercida pela partícula 1 sobre a partícula 2 é, então,

$$\vec{F}_{12} = -\frac{Gm_1m_2}{r_{12}^2}\hat{r}_{12} \qquad \text{11-3}$$

LEI DE NEWTON DA GRAVITAÇÃO

onde $\hat{r}_{12} = \vec{r}_{12}/r_{12}$ é um vetor unitário orientado de 1 para 2 e G é a **constante de gravitação universal**, que vale

$$G = 6{,}67 \times 10^{-11}\,\mathrm{N \cdot m^2/kg^2} \qquad \text{11-4}$$

A força $\vec{F}_{21}$, exercida por 2 sobre 1, é igual e oposta a $\vec{F}_{12}$, de acordo com a terceira lei de Newton (Figura 11-6*b*). A magnitude da força gravitacional exercida por uma partícula pontual de massa m_1 sobre uma partícula pontual de massa m_2, distante r, é, assim, dada por

$$F_g = \frac{Gm_1m_2}{r^2} \qquad \text{11-5}$$

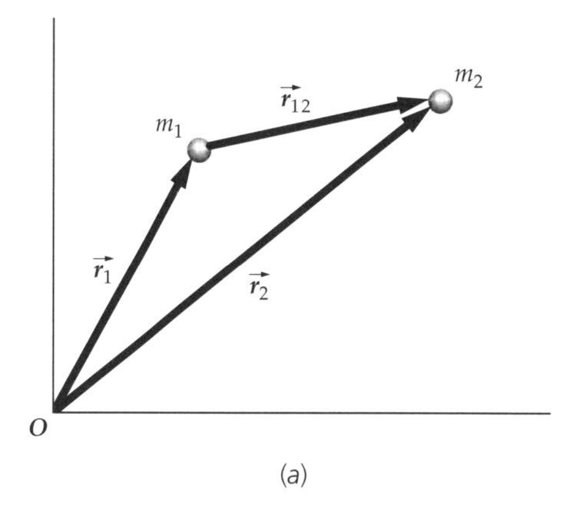

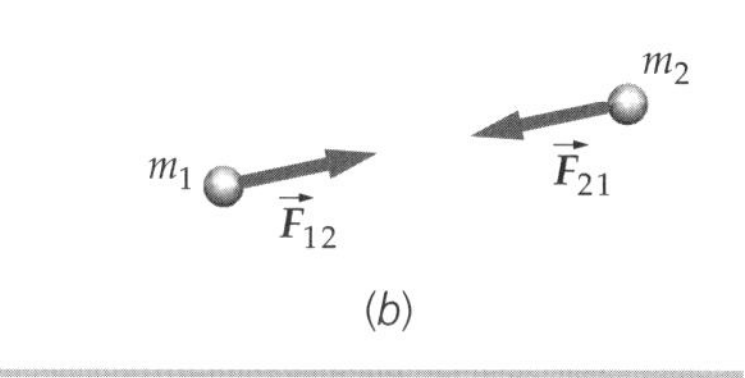

FIGURA 11-6 (*a*) Partículas em $\vec{r}_1$ e em $\vec{r}_2$. (*b*) As partículas exercem forças iguais e opostas, uma sobre a outra.

Newton publicou sua teoria da gravitação em 1686, mas foi só um século depois que uma determinação experimental precisa de G foi feita por Henry Cavendish, como está discutido na Seção 11-4.

Podemos usar o valor conhecido de G para calcular a atração gravitacional entre dois objetos comuns.

PROBLEMA PRÁTICO 11-3

Mostre que a força gravitacional que atrai um homem de 65 kg a uma mulher de 50 kg, quando eles estão afastados de 0,50 m, é de $8{,}7 \times 10^{-7}$ N. (Use o modelo de partícula pontual para eles para efeitos de cálculo.)

Este cálculo demonstra que a força gravitacional exercida por um corpo de tamanho ordinário sobre outro corpo de tamanho comparável é tão pequena que não é percebida. Para comparação, um mosquito pesa cerca de 1×10^{-7} N, de modo que essa força de atração é igual ao peso de 9 mosquitos. O peso de uma mulher de 50 kg é cerca de 490 N — *meio bilhão* de vezes maior do que a força de atração calculada no Problema Prático 11-3! A atração gravitacional é facilmente percebida quando pelo menos um dos corpos é astronomicamente massivo. A atração gravitacional entre a mulher e a Terra, por exemplo, é bem evidente.

Para verificar que a força gravitacional é inversamente proporcional ao quadrado da distância, Newton comparou a aceleração da Lua, em sua órbita, com a aceleração de queda livre de corpos próximos à superfície da Terra (como a legendária maçã). Ele raciocinou que a atração gravitacional devida à Terra causa as duas acelerações. Primeiro, ele supôs que a Terra e a Lua podem ser tratadas como partículas pontuais com suas massas totais concentradas em seus centros. A força sobre uma partícula de massa m, distante r do centro da Terra, é

$$F_g = \frac{GM_T m}{r^2} \qquad \text{11-6}$$

onde M_T é a massa da Terra. Se esta é a única força atuando sobre a partícula, então sua aceleração é

$$a = \frac{F_g}{m} = \frac{GM_T}{r^2} \qquad \text{11-7}$$

Para corpos próximos da superfície da Terra, $r \approx R_T$, e a aceleração de queda livre é g:

$$g = \frac{GM_T}{R_T^2} \qquad \text{11-8}$$

onde R_T é o raio da Terra. A distância até a Lua é cerca de 60 vezes o raio da Terra

$(r = 60R_T)$. Substituindo isto na Equação 11-7, obtemos $a = g/60^2 = g/3600$, de forma que a aceleração da Lua, em sua órbita quase circular, é a aceleração de queda livre g na superfície da Terra dividida por 60^2. Isto é, a aceleração da Lua a_l deve ser $(9{,}81/3600)\ \text{m/s}^2$. A aceleração da Lua pode ser calculada a partir de sua distância conhecida ao centro da Terra, $r = 3{,}84 \times 10^8$ m, e de seu período conhecido $T = 27{,}3$ dias $= 2{,}36 \times 10^6$ s:

$$a_L = \frac{v^2}{r} = \frac{(2\pi r/T)^2}{r} = \frac{4\pi^2 r}{T^2} = \frac{4\pi^2(3{,}84 \times 10^8\ \text{m})}{(2{,}36 \times 10^6\ \text{s})^2} = 2{,}72 \times 10^{-3}\ \text{m/s}^2$$

Logo,

$$\frac{g}{a_L} = \frac{9{,}81\ \text{m/s}^2}{2{,}72 \times 10^{-3}\ \text{m/s}^2} = 3607 \approx 3600$$

Nas palavras de Newton, "Assim, eu comparei a força necessária para manter a Lua em sua órbita com a força da gravidade na superfície da Terra, e vi que elas se comportam da mesma maneira."

A suposição de que a Terra e a Lua podem ser tratadas como partículas pontuais, no cálculo da força sobre a Lua, é razoável, porque a distância Terra–Lua é grande em comparação como os raios da Terra e da Lua, mas esta suposição é certamente questionável quando aplicada a um corpo próximo da superfície da Terra. Após consideráveis esforços, Newton pôde demonstrar matematicamente que a força exercida por qualquer corpo, com uma distribuição de massa esfericamente simétrica, sobre uma massa pontual sobre sua superfície, ou fora dela, é a mesma que seria se toda a massa do objeto estivesse concentrada em seu centro. (Este cálculo é o objeto da Seção 11-5.) A prova envolve o cálculo integral que Newton desenvolveu para resolver este problema.

Como $g = 9{,}81\ \text{m/s}^2$ é facilmente medido e o raio da Terra é conhecido, a Equação 11-8 pode ser usada para determinar o produto GM_T. Newton estimou o valor de G a partir de uma estimativa da massa específica média da Terra. Quando Cavendish determinou G com uma precisão de um por cento, cerca de 100 anos mais tarde, medindo a força entre pequenas esferas de massas e separações conhecidas, ele chamou o seu experimento de "pesagem da Terra". O conhecimento do valor de G implica que a massa do Sol e a massa de qualquer planeta com um satélite podem ser determinadas. O método utilizado para isto é descrito na Seção 11-4.

A Terra vista da *Apolo 11*, orbitando a Lua em 16 de julho de 1969. *(NASA.)*

Exemplo 11-2 Caindo na Terra

Qual é a aceleração de queda livre de um corpo na altura da órbita do ônibus espacial, cerca de 400 km acima da superfície da Terra?

(NASA.)

SITUAÇÃO A única força atuando sobre o objeto em queda livre é a força da gravidade.

SOLUÇÃO

1. A aceleração de queda livre é dada por $a = F_g/m$:
$$a = \frac{F_g}{m} = \frac{GmM_T/r^2}{m} = \frac{GM_T}{r^2}$$

2. A distância r está relacionada ao raio da Terra R_T e à altitude h:
$$r = R_T + h = 6370\ \text{km} + 400\ \text{km} = 6770\ \text{km}$$

3. A aceleração é, então:
$$a = \frac{GM_T}{r^2} = \frac{(6{,}67 \times 10^{-11}\ \text{N}\cdot\text{m}^2/\text{kg}^2)(5{,}98 \times 10^{24}\ \text{kg})}{(6{,}77 \times 10^6\ \text{m})^2} = \boxed{8{,}70\ \text{m/s}^2}$$

CHECAGEM A altitude de 400 km é 6 por cento do raio da Terra (6370 km) e a aceleração de queda livre de $8{,}70\ \text{m/s}^2$ é 11 por cento menor do que $9{,}81\ \text{m/s}^2$. Uma aceleração de queda livre que seja apenas 11 por cento menor do que $9{,}81\ \text{m/s}^2$ é plausível, porque a altitude é apenas 6 por cento do raio da Terra.

INDO ALÉM A aceleração, tanto da nave quanto dos astronautas, em sua órbita quase circular é de $8{,}70\ \text{m/s}^2$.

O cálculo do Exemplo 11-2 pode ser simplificado usando a Equação 11-8 para eliminar GM_T da Equação 11-7. Então, a aceleração a uma distância r é

$$a = \frac{F_g}{m} = \frac{GM_T}{r^2} = g\frac{R_T^2}{r^2} \qquad 11\text{-}9$$

PROBLEMA PRÁTICO 11-4

A que distância h, acima da superfície da Terra, a aceleração de queda livre vale a metade do que vale no nível do mar?

CHECAGEM CONCEITUAL 11-1

Como é que se afirma que os astronautas no ônibus espacial em órbita não têm peso se a força da gravidade sobre eles é apenas 11 por cento menor do que na superfície da Terra?

MEDIDA DE *G*

A constante de gravitação universal G foi medida pela primeira vez em 1798 por Henry Cavendish, que usou o aparato mostrado na Figura 11-7. A medida de G de Cavendish foi, então, repetida por outros experimentadores com vários aperfeiçoamentos e refinamentos. Todas as medidas de G são difíceis, por causa da natureza extremamente fraca da atração gravitacional. Conseqüentemente, o valor de G é conhecido hoje com a precisão de apenas 1 parte em 10.000. Apesar de ter sido uma das primeiras constantes físicas medidas, o valor de G continua sendo um dos que se conhece com menor precisão.

MASSA GRAVITACIONAL E MASSA INERCIAL

A propriedade de um corpo que é responsável pela força gravitacional que o corpo exerce sobre outro corpo, ou pela força gravitacional que outro corpo exerce sobre ele, é sua massa *gravitacional*. Por outro lado, a massa *inercial* é a propriedade de um corpo que mede a resistência do corpo a ser acelerado. Temos usado o mesmo símbolo m para estas duas propriedades porque, experimentalmente, elas são proporcionais. Por conveniência, as unidades foram definidas de forma que a constante de proporcionalidade seja um. O fato de que a força gravitacional exercida sobre um corpo é proporcional à sua massa inercial é uma característica única da força da gravidade. Uma conseqüência é que todos os corpos próximos da superfície da Terra caem com a mesma aceleração se a resistência do ar é desprezada. A bem conhecida história de Galileu largando corpos da torre inclinada de Pisa, para demonstrar que a aceleração

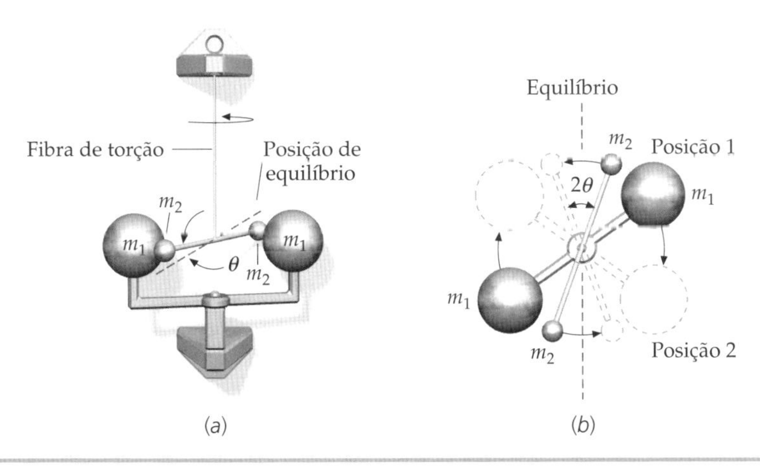

FIGURA 11-7 (*a*) Duas pequenas esferas, cada uma de massa m_2, ocupam as extremidades de uma barra leve que está suspensa por uma fina fibra. Medidas cuidadosas determinam o torque necessário para torcer a fibra de determinado ângulo. Duas esferas grandes, cada uma de massa m_1, são então colocadas próximo às esferas pequenas. Devido à atração gravitacional das esferas grandes de massa m_1 sobre as pequenas esferas, a fibra é torcida de um ângulo θ muito pequeno em relação à sua posição de equilíbrio. (*b*) O aparato visto de cima. Depois que o aparato atinge o repouso, as posições das esferas maiores são trocadas, como mostrado pelas linhas tracejadas, de modo a que elas fiquem à mesma distância da posição de equilíbrio da balança, mas do outro lado. Quando o aparato atingir novamente o repouso, a fibra terá torcido de um ângulo 2θ, em conseqüência da reversão do torque. Uma vez determinada a constante de torção, as forças entre as massas m_1 e m_2 podem ser determinadas a partir da medida desse ângulo. Como as massas e suas separações são conhecidas, G pode ser calculado. Cavendish obteve um valor de G com 1% de precisão em comparação com o valor atualmente aceito dado pela Equação 11-4.

de queda livre é a mesma para corpos com diferentes massas inerciais, é apenas um exemplo da excitação que esta descoberta causou no século XVI.

Poderíamos imaginar facilmente que as massas gravitacional e inercial de um corpo não fossem a mesma. Chamemos de m_G a massa gravitacional e de m a massa inercial. A força exercida pela Terra sobre um corpo perto de sua superfície seria, então,

$$F_g = \frac{GM_T m_G}{R_T^2} \qquad 11\text{-}10$$

onde M_T é a massa gravitacional da Terra. A aceleração de queda livre do corpo perto da superfície da Terra seria, então,

$$a = \frac{F_g}{m} = \left(\frac{GM_T}{R_T^2}\right)\frac{m_G}{m} \qquad 11\text{-}11$$

Se a gravidade fosse apenas outra propriedade da matéria, como a porosidade ou a dureza, seria razoável esperar que a razão m_G/m dependesse de coisas como a composição química do corpo ou sua temperatura. A aceleração de queda livre seria, então, diferente para corpos diferentes. A evidência experimental, no entanto, é que a é o mesmo para todos os corpos. Assim, não precisamos distinguir m_G de m, e podemos fazer $m_G = m$. No entanto, devemos manter em mente que a equivalência entre massa gravitacional e massa inercial é uma lei empírica limitada pela precisão do experimento. Experimentos testando esta equivalência foram realizados por Simon Stevin nos anos de 1580. Galileu divulgou largamente esta lei e seus contemporâneos melhoraram consideravelmente a precisão experimental com a qual a lei foi estabelecida.

A aceleração de queda livre é igual para todos os corpos.

As comparações experimentais iniciais mais precisas entre massa gravitacional e massa inercial foram feitas por Newton. Com experimentos usando pêndulos simples em vez de corpos em queda, Newton foi capaz de estabelecer a equivalência entre massa gravitacional e massa inercial com a precisão de 1 parte em 1000. Experimentos comparando as massas gravitacional e inercial foram se tornando cada vez melhores ao longo dos anos. A equivalência é, agora, estabelecida com uma parte em 5×10^{13}. Assim, a equivalência das massas gravitacional e inercial é uma das leis físicas mais bem estabelecidas. Ela é a base do princípio da equivalência, que é o fundamento da teoria geral da relatividade de Einstein.

Qual é a diferença entre massa gravitacional e massa inercial?

DEDUÇÃO DAS LEIS DE KEPLER

Newton usou sua segunda lei do movimento para mostrar que uma partícula se movendo sob a influência de uma força atrativa, que varia com o inverso do quadrado da distância a um ponto fixo, se move ao longo de uma trajetória com a forma de uma seção cônica (uma elipse, uma parábola ou uma hipérbola) com um foco localizado no ponto fixo. Ele concluiu, deste resultado e das leis de Kepler, que os planetas (e cometas) são atraídos para o centro do Sol por uma força que varia com o inverso do quadrado de suas distâncias ao centro do Sol. As trajetórias parabólicas ou hiperbólicas se aplicam a corpos que fazem uma passagem pelo Sol e nunca retornam. Tais órbitas não são fechadas. As únicas órbitas fechadas são aquelas dos corpos que descrevem órbitas elípticas. Assim, a primeira lei de Kepler é uma conseqüência direta da lei de Newton da gravitação. A segunda lei de Kepler, a lei das áreas, segue do fato de que a força exercida pelo Sol sobre um planeta aponta para um centro de força — o centro do Sol. Tal força é chamada de **força central**. A Figura 11-8a mostra um planeta se movendo em uma órbita elíptica em torno do Sol. No tempo dt, o planeta se desloca de uma distância $v\,dt$, e o raio vetor $\vec{r}$ varre a área sombreada da figura. Esta vale a metade da área do paralelogramo formado pelos vetores $\vec{r}$ e $\vec{v}dt$, o que é $|\vec{r} \times \vec{v}dt|$. Assim, a área dA varrida pelo raio vetor $\vec{r}$ no tempo dt é dada por

$$dA = \frac{1}{2}|\vec{r} \times \vec{v}\,dt| = \frac{|\vec{r} \times m\vec{v}|}{2m}dt$$

ou

$$\frac{dA}{dt} = \frac{L}{2m} \qquad 11\text{-}12$$

onde $L = |\vec{r} \times m\vec{v}|$ é a magnitude da quantidade de movimento angular orbital do

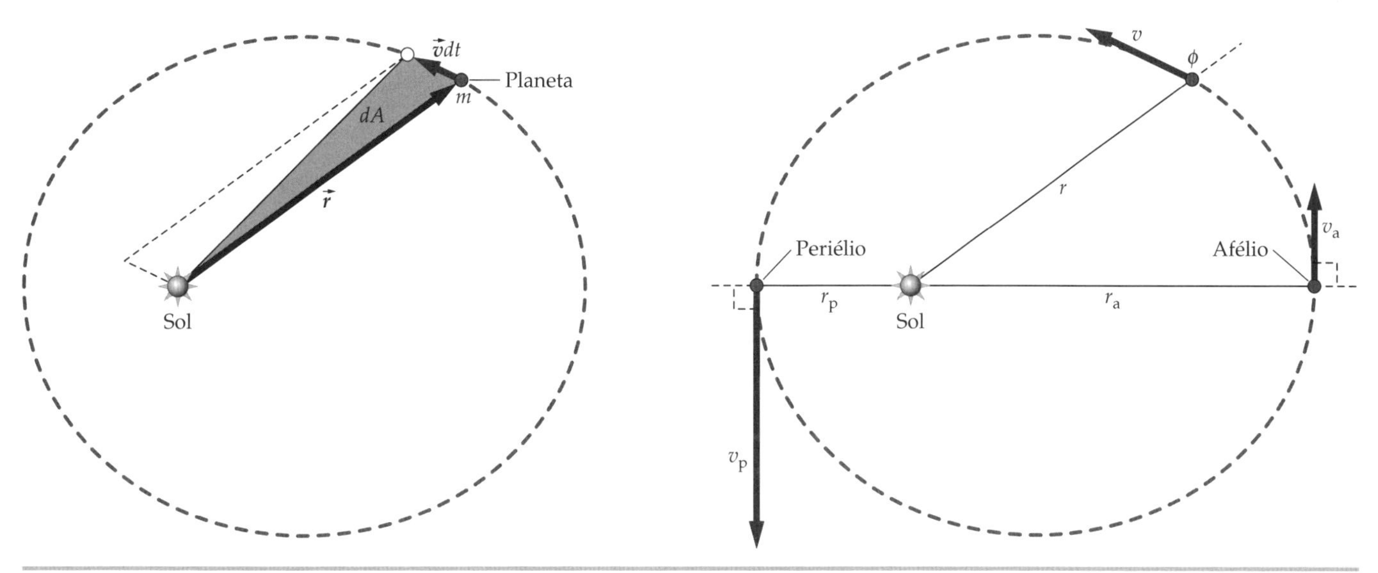

FIGURA 11-8 (*a*) A área dA varrida no tempo dt é igual a $\frac{1}{2}|\vec{r} \times \vec{v}\,dt| = \frac{1}{2m}L\,dt$, onde $\vec{L} = \vec{r} \times m\vec{v}$. Como $\vec{L}$ se mantém constante, dA/dt se mantém constante. (*b*) A magnitude da quantidade de movimento angular, dada por $L = mvr$ sen ϕ, permanece constante, e portanto, rv sen ϕ permanece constante. Além disso, $\phi = 90°$ no periélio e no afélio, de forma que $r_a v_a = r_p v_p$.

planeta em torno do Sol. A área dA varrida em um dado intervalo de tempo dt é, portanto, proporcional à magnitude da quantidade de movimento angular orbital L. Como a força sobre um planeta está sobre a linha que liga o planeta ao Sol, ela não exerce torque em relação ao Sol. Então, a quantidade de movimento angular orbital do planeta é constante; isto é, L é constante. Logo, a taxa na qual a área é varrida é a mesma para todas as partes da órbita, que é o que diz a segunda lei de Kepler. Também, o fato de que L é constante significa que rv sen ϕ é constante. No afélio e no periélio, $\phi = 90°$ (Figura 11-8*b*), de forma que $r_a v_a = r_p v_p$.

Mostramos, agora, que a lei de Newton da gravitação implica a terceira lei de Kepler, para o caso especial de uma órbita circular. Considere um planeta movendo-se com rapidez v em uma órbita circular de raio r em torno do Sol. A força gravitacional do Sol sobre o planeta produz a aceleração centrípeta v^2/r. Aplicando a segunda lei de Newton ($F = ma$) ao planeta, temos

$$\frac{GM_S M_P}{r^2} = M_P \frac{v^2}{r} \qquad 11\text{-}13$$

onde M_S é a massa do Sol e M_P é a massa do planeta. Explicitando v^2,

$$v^2 = \frac{GM_S}{r} \qquad 11\text{-}14$$

Como o planeta se move uma distância $2\pi r$ no tempo T, sua rapidez está relacionada com o período por

$$v = \frac{2\pi r}{T} \qquad 11\text{-}15$$

Substituindo v por $2\pi r/T$ na Equação 11-14, obtemos

$$\frac{4\pi^2 r^2}{T^2} = \frac{GM_S}{r}$$

ou

$$T^2 = \frac{4\pi^2}{GM_S} r^3 \qquad 11\text{-}16$$

TERCEIRA LEI DE KEPLER

(*NASA.*)

A Equação 11-16 é uma versão da terceira lei de Kepler. Ela é a mesma que a Equação 11-2, com $C = 4\pi^2/GM_S$. A Equação 11-16 também se aplica às órbitas dos satélites de qualquer planeta, se substituirmos a massa do Sol M_S pela massa do planeta.

Exemplo 11-3 A Estação Espacial Orbital

Rico em Contexto

Você está tentando observar a Estação Espacial Internacional (*International Space Station*, ISS), que viaja em uma órbita praticamente circular em torno da Terra. Se ela está a uma altitude de 385 km acima da superfície da Terra, quanto tempo você terá que esperar entre duas observações sucessivas?

SITUAÇÃO As observações ocorrem apenas à noite, e com a estação espacial acima do horizonte em sua localidade. Então, o tempo mínimo entre duas observações é aproximadamente igual ao período orbital. Para determinar o período orbital, aplicamos a segunda lei de Newton à estação espacial e usamos distância igual à rapidez multiplicada por tempo.

SOLUÇÃO

1. Para uma órbita circular, o período orbital T e a rapidez orbital v podem ser relacionadas com o raio orbital r usando o fato de que distância é igual a rapidez vezes tempo:

$$2\pi r = vT$$

2. Para obter uma segunda equação relacionando v com r, aplicamos a segunda lei de Newton à estação espacial de massa m:

$$F_g = ma$$

$$\frac{GM_T m}{r^2} = m\frac{v^2}{r}$$

3. Substituindo v por $2\pi r/T$ (resultado do passo 1), fica:

$$\frac{GM_T}{r^2} = \frac{4\pi^2 r}{T^2}$$

4. Explicitando T^2, obtemos:

$$T^2 = \frac{4\pi^2}{GM_T}r^3$$

5. Em uma altitude $h = 385$ km, $r = R_T + h = 6760$ km. Substitua $r = R_T + h$ e determine o período:

$$T^2 = \frac{4\pi^2}{GM_T}(R_T + h)^3$$

$$= \frac{4\pi^2}{(6{,}67 \times 10^{-11}\,\text{N}\cdot\text{m}^2/\text{kg}^2)(5{,}98 \times 10^{24}\,\text{kg})}(6{,}76 \times 10^6\,\text{m})^3$$

$$= 30{,}56 \times 10^6\,\text{s}^2$$

$$\text{logo } T = 5528\,\text{s} = \boxed{92{,}1\,\text{min}}$$

CHECAGEM Em uma procura na Internet você pode verificar que o período orbital da ISS é de 91,5 min, de forma que nosso resultado do passo 5 não está longe da realidade. Ademais, nosso resultado do passo 3 é a terceira lei de Kepler (Equação 11-16) para um satélite orbitando a Terra.

INDO ALÉM Kansas City é uma cidade que está 23 graus de longitude a oeste de New York City. O plano da órbita quase circular da ISS, que é inclinado de cerca de 52° em relação ao plano do equador, não gira com a Terra. Então, se em dado instante a ISS está diretamente sobre sua casa em New York City, você pode afirmar que 92,1 minutos depois ela estará sobre Kansas City

PROBLEMA PRÁTICO 11-5 Quantos graus a Terra gira em uma hora? *Dica: Quantos graus a Terra gira em 24 h?*

PROBLEMA PRÁTICO 11-6 Determine o raio da órbita circular de um satélite que gira em torno da Terra com um período de 1,00 dia.

Como G é conhecido, podemos determinar a massa de um objeto astronômico medindo o período orbital T e o raio orbital médio r de um satélite que gira em torno dele e substituindo estes valores na Equação 11-16. Ao estabelecermos a Equação 11-16, a massa do satélite foi suposta desprezível em comparação com a massa do objeto central. Isto significa que o objeto central permanece estacionário enquanto o satélite gira em torno dele. Na verdade, o objeto central e o satélite giram ambos em torno de um ponto comum, o seu centro de massa. Se a massa do satélite não pode ser desprezada, o resultado é

$$T^2 = \frac{4\pi^2}{G(M_1 + M_2)} r^3 \qquad 11\text{-}17$$

onde r é a separação centro a centro dos objetos. (A dedução da Equação 11-17, para órbitas circulares, é pedida no Problema 11-93. Para as órbitas elípticas mais gerais, a matemática é mais desafiadora, mas o resultado é o mesmo, apenas com r substituído pela média das distâncias centro a centro máxima e mínima entre os objetos.) Se a massa do satélite não é desprezível, como é o caso da maior parte dos sistemas binários de estrelas, então apenas a somas das massas é determinada, como mostra a Equação 11-17. A Lua, junto com os planetas Mercúrio e Vênus, não possuem satélites naturais, e portanto, suas massas não eram bem conhecidas até os anos de 1960, quando satélites artificiais foram pela primeira vez colocados em órbita à sua volta.

CHECAGEM CONCEITUAL 11-3

A primeira lei de Kepler afirma que todos os planetas descrevem trajetórias elípticas com o centro do Sol em um foco de cada elipse. Newton inferiu, da primeira lei de Kepler, que os planetas são, todos, atraídos para o centro do Sol por uma força que varia com o inverso do quadrado da distância. O que o levou a esta conclusão?

PROBLEMA PRÁTICO 11-7

A Lua de Marte Fobos possui um período de 460 min e um raio orbital médio de 9400 km. Qual é a massa de Marte?

11-3 ENERGIA POTENCIAL GRAVITACIONAL

Próximo à superfície da Terra, a força gravitacional exercida pela Terra sobre um corpo é essencialmente uniforme, porque a distância ao centro da Terra, $r = R_T + h$, é sempre aproximadamente igual a R_T, para $h \ll R_T$. A energia potencial de um corpo próximo à superfície da Terra é $mgh = mg(r - R_T)$, onde escolhemos $U = 0$ na superfície da Terra, $r = R_T$. Quando estamos longe da superfície da Terra, devemos levar em conta o fato de que a força gravitacional exercida pela Terra não é uniforme, mas decresce como $1/r^2$. A definição geral de energia potencial (Equação 7-1) é

$$dU = -\vec{F} \cdot d\vec{\ell}$$

onde $\vec{F}$ é uma força conservativa aplicada a uma partícula e $d\vec{\ell}$ é um deslocamento genérico da partícula. Para a força gravitacional $\vec{F}_g$ dada pela Equação 11-6 (Figura 11-9), temos

$$dU = -\vec{F}_g \cdot d\vec{\ell} = -(-F_g\hat{r}) \cdot d\vec{\ell} = F_g\hat{r} \cdot d\vec{\ell} = \frac{GM_Tm}{r^2}dr \qquad 11\text{-}18$$

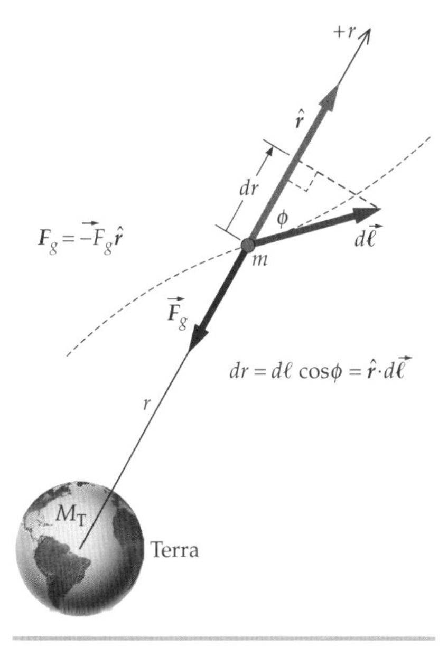

FIGURA 11-9 A distância r da partícula à Terra cresce dr quando a partícula sofre um deslocamento $d\vec{\ell}$. Na figura, o comprimento de $d\vec{\ell}$ foi exagerado.

onde usamos $\vec{F}_g = -F_g\hat{r}$ e $\hat{r} \cdot d\vec{\ell} = d\ell \cos\phi = dr$. Integrando os dois lados da Equação 11-8, obtemos

$$U = GM_Tm\int r^{-2}\,dr = -\frac{GM_Tm}{r} + U_0 \qquad 11\text{-}19$$

onde U_0 é uma constante de integração. A expressão para U fica algebricamente mais simples se escolhemos $U_0 = 0$. Então,

$$U(r) = -\frac{GM_Tm}{r} \qquad 11\text{-}20$$

Assim, uma escolha de zero para U_0 significa que U tende a zero quando r tende a infinito. À primeira vista, esta pode parecer uma escolha estranha porque, para valores finitos de r, todos os valores de U são negativos. No entanto, isto apenas significa que a energia potencial é máxima quando a Terra e a partícula estão infinitamente separadas. Energia potencial negativa não é nada de novo. Quando usamos a função energia potencial $U = mgh$, onde h é a altura acima de algum ponto de referência sobre uma mesa, a energia potencial é negativa sempre que a partícula de massa m estiver em qualquer lugar abaixo do nível da mesa. Isto reflete o fato de que, quando a partícula está abaixo do nível da mesa, a energia potencial é menor do que quando a partícula está no nível da mesa.

A Figura 11-10 é um gráfico de $U(r)$ *versus* r para $U(r) = -GM_Tm/r$, com $R_T \leq r < \infty$. Este gráfico começa no valor

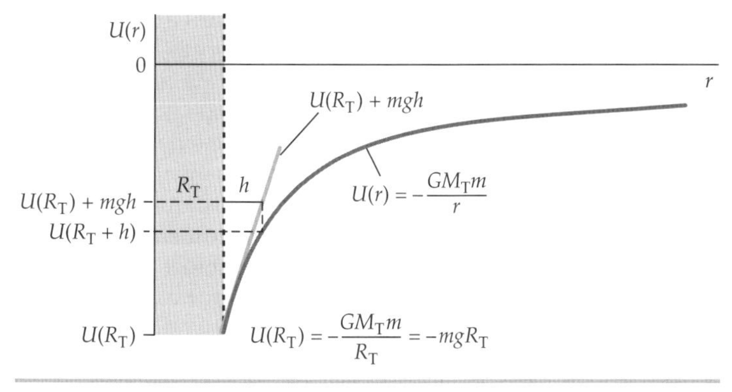

FIGURA 11-10

negativo $U = -GM_Tm/R_T$, na superfície da Terra, e cresce quando r cresce, tendendo a zero quando r tende a infinito. A inclinação da curva em $r = R_T$ é $GM_Tm/R_T^2 = mg$. (Lembre-se de que $g = GM_T/R_T^2$.) A equação da reta tangente desenhada é $f(h) = U(R_T) + mgh$, onde $h = r - R_T$ é a distância acima da superfície da Terra. Da figura pode-se ver que, para pequenos valores de h, $U(R_T) + mgh \approx U(r)$.

(NASA.)

RAPIDEZ DE ESCAPE

A partir de meados dos anos de 1950, a idéia de escapar da gravidade da Terra transformou-se de fantasia em realidade. Sondas espaciais têm sido enviadas para pontos distantes do sistema solar. Muitas dessas sondas orbitam o Sol, enquanto algumas abandonam o sistema solar e navegam no espaço exterior. Veremos que uma rapidez inicial mínima, chamada de **rapidez de escape**, é necessária para que um projétil escape da Terra.

Se lançamos um corpo para cima, da superfície da Terra, com alguma energia cinética inicial, a energia cinética diminui e a energia potencial aumenta, enquanto o corpo sobe. Mas o aumento máximo de energia potencial é GM_Tm/R_T. Portanto, este é o máximo valor que a energia cinética pode perder. Se a energia cinética inicial for maior do que GM_Tm/R_T, então a energia total E será maior do que zero (E_2, na Figura 11-11), e o corpo ainda terá alguma energia cinética quando r for muito grande (mesmo com r tendendo a infinito). Assim, se a energia cinética inicial for maior do que GM_Tm/R_T, dizemos que o corpo escapa da Terra. Como a energia potencial na superfície da Terra é $-GM_Tm/R_T$, a energia total $E = K + U$ deve ser maior ou igual a zero para que o corpo escape da Terra. A rapidez, próximo à superfície da Terra, correspondente a uma energia total nula, é a chamada rapidez de escape v_e. Ela é determinada a partir de

$$K_f + U_f = K_i + U_i$$

$$0 + 0 = \frac{1}{2}mv_e^2 - \frac{GM_Tm}{R_T}$$

logo

$$v_e = \sqrt{\frac{2GM_T}{R_T}} \qquad 11\text{-}21$$

RAPIDEZ DE ESCAPE

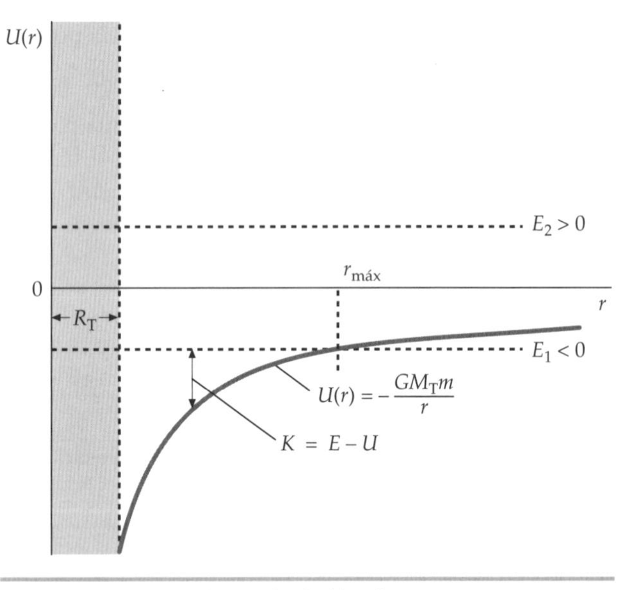

FIGURA 11-11 A energia cinética de um corpo a uma distância r do centro da Terra é $E - U(r)$. Quando a energia total é menor do que zero (E_1, na figura), a energia cinética é zero em $r = r_{máx}$ e o corpo está ligado à Terra. Quando a energia total é maior do que zero (E_2, na figura), o objeto pode escapar da Terra.

Usando $G = 6{,}67 \times 10^{-11}\ \text{N} \cdot \text{m}^2/\text{kg}^2$, $M_T = 5{,}98 \times 10^{24}$ kg e $R_T = 6{,}37 \times 10^6$ m, obtemos

$$v_e = \sqrt{2(9{,}81\ \text{m/s}^2)(6{,}37 \times 10^6\ \text{m})} = 11{,}2\ \text{km/s}$$

Esta rapidez é da ordem de 7 mi/s ou 25.000 mi/h. Um corpo com esta rapidez escapará da Terra, mas não escapará do sistema solar, porque desprezamos a atração gravitacional do Sol e de outros planetas (veja o Problema 50).

A rapidez de escape para um planeta ou para a Lua, comparada com a rapidez térmica das moléculas gasosas, determina o tipo de atmosfera do planeta ou da Lua. A energia cinética média das moléculas de um gás, $(\frac{1}{2}mv^2)_{méd}$, é proporcional à temperatura absoluta T (Capítulo 18). Próximo à superfície da Terra, a rapidez de quase todas as moléculas de oxigênio e nitrogênio é muito menor do que a rapidez de escape, e portanto, estes gases são retidos em nossa atmosfera. Para as moléculas mais leves de hidrogênio e hélio, no entanto, uma fração significativa delas possui rapidez maior do que a rapidez de escape. Gases de hélio e hidrogênio não são, portanto, encontrados em nossa atmosfera. A rapidez de escape na superfície da Lua é de 2,3 km/s, que pode ser calculada com a Equação 11-21 usando-se a massa e o raio da Lua, em vez de M_T e R_T. Esta rapidez é consideravelmente menor do que a rapidez de escape da Terra e, de fato, é muito pequena para que exista qualquer atmosfera.

PROBLEMA PRÁTICO 11-8

Determine a rapidez de escape da superfície de Mercúrio, que possui a massa $M = 3{,}31 \times 10^{23}$ kg e o raio $R = 2440$ km.

CLASSIFICAÇÃO DAS ÓRBITAS PELA ENERGIA

Na Figura 11-11, dois possíveis valores para a energia total E são indicados no gráfico de $U(r)$ *versus* r: E_1, que é negativo, e E_2, que é positivo. Uma energia total negativa simplesmente significa que a energia cinética na superfície da Terra é menor do que GM_Tm/R_T, de forma que $K + U$ nunca é maior do que zero. Vemos, nesta figura, que, se a energia total é negativa, a reta da energia total intercepta a curva da energia potencial em uma separação máxima $r_{máx}$, e o sistema está ligado. Por outro lado, se a energia total é zero ou positiva, não existe tal interseção e o sistema não está ligado. Os critérios para um sistema ser ou não ligado são enunciados de forma bem simples:

Se $E < 0$, o sistema é ligado.
Se $E \geq 0$, o sistema é não ligado.

Quando E é negativo, seu valor absoluto $|E|$ é chamado de *energia de ligação*. A energia de ligação é a energia que deve ser adicionada ao sistema para elevar a energia total até zero.

A energia potencial de um corpo, tal como um planeta ou um cometa, de massa m e a uma distância r do Sol, é

$$U(r) = -\frac{GM_Sm}{r} \qquad \text{11-22}$$

onde M_S é a massa do Sol. A energia cinética do corpo é $\frac{1}{2}mv^2$. Se a energia total, cinética mais potencial, for menor do que zero, então a órbita será uma elipse (podendo ser um círculo) e o corpo estará ligado ao Sol. Se, por outro lado, a energia total for positiva, então a órbita será uma hipérbole, e o corpo passará uma vez em volta do Sol e abandonará o sistema solar, sem retornar. Se a energia total for exatamente zero, a órbita será uma parábola, e novamente o corpo passará uma vez e depois escapará do sistema solar. Resumindo, quando a energia total for zero ou positiva o corpo não estará ligado ao Sol, e escapará. Curiosamente, nunca se mediu a energia E de um cometa ou de um asteróide que fosse definitivamente não-negativa. Assim, todos os cometas e asteróides observados parecem estar ligados ao sistema solar.

Exemplo 11-4 Altura de um Projétil

Um projétil é disparado verticalmente, para cima, do pólo sul da Terra, com uma rapidez inicial $v_i = 8{,}0$ km/s. Determine a altura máxima que ele atinge, desprezando a resistência do ar.

SITUAÇÃO A altura máxima é encontrada usando conservação de energia. Como desprezamos a resistência do ar, a energia mecânica se mantém constante.

SOLUÇÃO

1. A energia mecânica se mantém constante. No ponto de altura máxima, a rapidez é zero. Como o projétil é lançado da superfície da Terra, $r_i = R_T$:

$$K_f + U_f = K_i + U_i$$

$$\frac{1}{2}mv_f^2 - \frac{GM_Tm}{r_f} = \frac{1}{2}mv_i^2 - \frac{GM_Tm}{r_i}$$

$$0 - \frac{GM_Tm}{r_f} = \frac{1}{2}mv_i^2 - \frac{GM_Tm}{R_T}$$

2. Multiplique tudo por $-1/(GM_Tm)$ para determinar r_f:

$$\frac{1}{r_f} = -\frac{v_i^2}{2GM_T} + \frac{1}{R_T}$$

$$= \frac{-(8000\text{ m/s})^2}{2(6{,}67 \times 10^{-11}\text{ N}\cdot\text{m}^2/\text{kg}^2)(5{,}98 \times 10^{24}\text{ kg})} + \frac{1}{6{,}37 \times 10^6\text{ m}}$$

$$= 7{,}68 \times 10^{-8}\text{ m}^{-1}$$

logo $\quad r_f = 1/(7{,}68 \times 10^{-8}\text{ m}^{-1}) = 1{,}30 \times 10^7$ m

3. Determine h_f, com $h_f = r_f - R_T$: $h = r_f - R_T = 1{,}30 \times 10^7\,\text{m} - 6{,}37 \times 10^6\,\text{m} = \boxed{6{,}7 \times 10^6\,\text{m}}$

CHECAGEM Se g permanecesse igual a 9,81 m/s², então a altura máxima poderia ser calculada a partir de $mgh = \frac{1}{2}mv_i^2$. Isto daria $h = v_i^2/(2g) = (8000\,\text{m/s})^2/(19{,}6\,\text{m/s}^2) = 3{,}3 \times 10^6\,\text{m}$. Nosso resultado do passo 3 é maior do que este valor — como esperado.

INDO ALÉM Nosso resultado do passo 3 é 4,5 por cento maior do que o raio da Terra.

Exemplo 11-5 Rapidez de um Projétil — *Tente Você Mesmo*

Um projétil é lançado verticalmente, para cima, do pólo sul da Terra, com uma rapidez inicial $v_i = 15$ km/s. Determine a rapidez do projétil quando ele estiver muito distante da Terra, desprezando a resistência do ar.

SITUAÇÃO A altura máxima é determinada usando conservação de energia. Como estamos desprezando a resistência do ar, a energia mecânica se mantém constante. A rapidez inicial de 15 km/s é maior do que a rapidez de escape de 11,2 km/s, e portanto, a energia total do projétil é positiva e ele retém alguma energia cinética quando muito distante da Terra.

SOLUÇÃO

Cubra a coluna da direita e tente por si só antes de olhar as respostas.

Passos	**Respostas**
1. A energia mecânica se mantém constante. Note que $r_f \to \infty$, e logo $U_f \to 0$.	$\frac{1}{2}mv_f^2 + 0 = \frac{1}{2}mv_i^2 - \frac{GM_Tm}{R_T}$
2. Determine v_f^2.	$v_f^2 = v_i^2 - \frac{2GM_T}{R_T}$
3. Calcule v_f.	$v_f = \boxed{1{,}0 \times 10^4\,\text{m/s}}$

CHECAGEM A rapidez inicial é apenas ligeiramente menor do que $\sqrt{2}$ vezes a rapidez de escape, e portanto, a energia cinética inicial é quase duas vezes a necessária para escapar com rapidez final zero. Isto significa que a energia cinética final será ligeiramente menor do que a que o projétil teria se ele estivesse se movendo com a rapidez de escape de 11 km/s. Nosso resultado do passo 3, de 10 km/s, é, como esperado, ligeiramente menor do que 11 km/s.

INDO ALÉM Na Figura 11-12, a rapidez do projétil, em quilômetros por segundo, é plotada *versus* h/R_T, onde h é a altura acima da superfície da Terra. Para valores muito grandes de h/R_T, a rapidez do projétil se aproxima da reta horizontal $v = 10$ km/s.

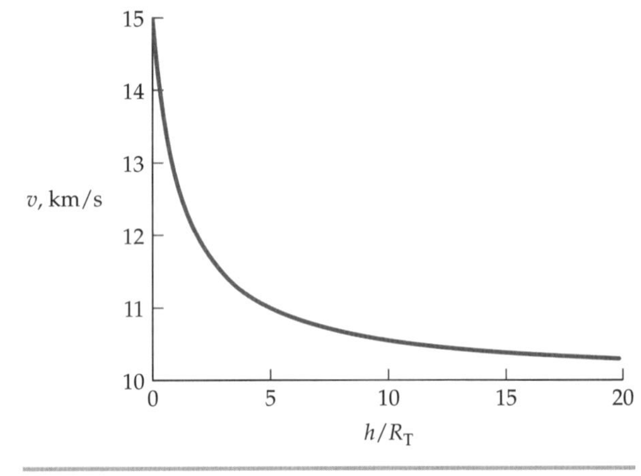

FIGURA 11-12

Exemplo 11-6 Energia Total de um Satélite

Mostre que a energia total de um satélite em órbita circular em torno da Terra é igual à metade da energia potencial.

SITUAÇÃO A energia total de um satélite é a soma de suas energias cinética e potencial, $E = K + U$. A segunda lei de Newton nos permite relacionar a rapidez v do satélite com o seu raio orbital r. A energia cinética depende da rapidez; logo, podemos encontrar a energia cinética em termos de r.

SOLUÇÃO

1. Escreva a energia total como a soma da energia cinética com a energia potencial.

$$E = K + U = \frac{1}{2}mv^2 - \frac{GM_Tm}{r}$$

2. Aplique a segunda lei de Newton ao satélite e explicite o quadrado da rapidez.

$$F = ma$$

$$\frac{GM_Tm}{r^2} = m\frac{v^2}{r} \quad \text{logo} \quad v^2 = \frac{GM_T}{r}$$

3. Substitua no resultado do passo 1 e simplifique.

$$E = \frac{1}{2}m\frac{GM_T}{r} - \frac{GM_Tm}{r} = -\frac{GM_Tm}{2r}$$

4. Compare o resultado do passo 3 com U do passo 1.

$$E = -\frac{GM_Tm}{2r} = \frac{1}{2}\left(-\frac{GM_Tm}{r}\right) = \boxed{\frac{1}{2}U}$$

CHECAGEM $E = K + U$; logo, $K = E - U$. Como K é positivo, isto significa que E é maior do que U. Como U é negativo, $U/2$ é maior do que U. Assim, nosso resultado do passo 4 corresponde à expectativa de que E seja maior do que U.

PROBLEMA PRÁTICO 11-9 Um satélite de 450 kg de massa descreve uma órbita circular em torno da Terra, 6830 km acima da superfície da Terra. A energia potencial é zero a uma separação infinita da Terra. Determine (*a*) a energia potencial, (*b*) a energia cinética e (*c*) a energia total do satélite.

(*NASA.*)

11-4 O CAMPO GRAVITACIONAL

A força gravitacional exercida por uma partícula pontual de massa m_1 sobre uma segunda partícula pontual de massa m_2, separadas por r_{12}, é dada por

$$\vec{F}_{12} = -\frac{Gm_1m_2}{r_{12}^2}\hat{r}_{12}$$

onde $\hat{r}_{12} = \vec{r}_{12}/r_{12}$ é um vetor unitário que aponta da partícula 1 para a partícula 2. O **campo gravitacional** no ponto P é determinado colocando-se uma partícula pontual de massa m em P e calculando-se a força gravitacional $\vec{F}_g$ exercida por todas as outras partículas sobre ela. A força gravitacional $\vec{F}_g$, dividida pela massa m, é o campo gravitacional $\vec{g}$ em P:

$$\vec{g} = \frac{\vec{F}_g}{m} \qquad 11\text{-}23$$

DEFINIÇÃO — CAMPO GRAVITACIONAL

O ponto P é chamado de **ponto-campo**. O campo gravitacional produzido em um ponto-campo pelas massas de uma coleção de partículas pontuais é o vetor soma dos campos produzidos individualmente pelas massas:

$$\vec{g} = \sum_i \vec{g}_i \qquad 11\text{-}24a$$

As localizações destas partículas pontuais são chamadas de **pontos-fonte**. Para determinar o campo gravitacional produzido por um corpo contínuo em um ponto-campo, determinamos o campo $d\vec{g}$ produzido por um pequeno elemento de volume com massa dm e integramos sobre toda a distribuição de massa do corpo (todo o conjunto de pontos-fonte).

$$\vec{g} = \int d\vec{g} \qquad 11\text{-}24b$$

O campo gravitacional da Terra a uma distância $r \geq R_T$ aponta para a Terra e tem a magnitude $g(r)$ dada por

$$g(r) = \frac{F_g}{m} = \frac{GM_T}{r^2} \qquad 11\text{-}25$$

CAMPO GRAVITACIONAL DA TERRA

A Estratégia para Solução de Problemas e os dois exemplos seguintes envolvem cálculos de campo gravitacional produzidos por distribuições de massa bem artificiais. Isto é apresentado aqui porque as habilidades necessárias para realizar esses cálculos também são necessárias em muitas outras áreas da física. Mais especificamente, essas habilidades serão usadas extensivamente nos Capítulos 21 e 22, onde a tarefa será a de calcular o campo elétrico produzido por distribuições de carga elétrica.

ESTRATÉGIA PARA SOLUÇÃO DE PROBLEMAS

Calculando um Campo Gravitacional

SITUAÇÃO O desenho de um esboço mostrando a(s) massa(s) presente(s) no problema é crucial para se determinar onde estão localizados o ponto-campo e os pontos-fonte. Isto é necessário, para se encontrar tanto a magnitude quanto a orientação do campo gravitacional.

SOLUÇÃO

1. Faça um diagrama que descreva a situação do enunciado do problema. Não se esqueça de identificar o ponto-campo e os pontos-fonte. O posicionamento destes pontos deve ser preciso, pois isto o ajudará a resolver o problema.
2. Determine r, ou a distância entre o ponto-campo e os pontos-fonte. Você pode ter que usar geometria, ou trigonometria, para determinar r.
3. Use a equação $g(r) = (GM/r^2)$ para determinar a magnitude do campo gravitacional. A orientação pode ser obtida usando seu diagrama.

CHECAGEM Não se esqueça de que campos gravitacionais são campos vetoriais, e portanto, suas respostas devem incluir tanto as magnitudes quanto as orientações dos campos.

Exemplo 11-7 Campo Gravitacional de Duas Partículas Pontuais

Duas partículas pontuais, cada uma de massa M, estão fixas no eixo y nas posições $y = +a$ e $y = -a$. Determine o campo gravitacional em todos os pontos do eixo x como função de x.

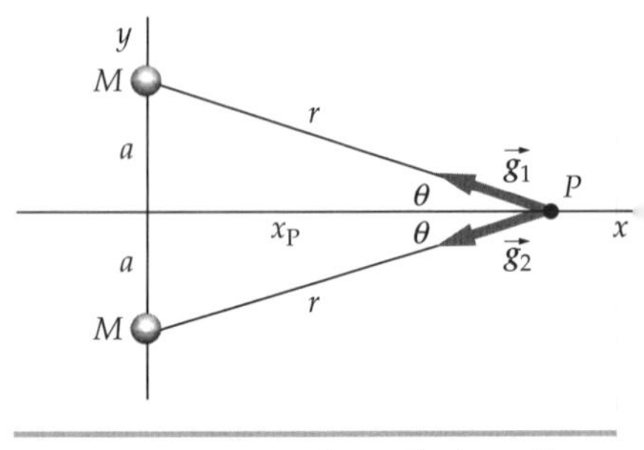

FIGURA 11-13 As partículas estão localizadas em pontos-fonte e o ponto P é um ponto-campo.

SITUAÇÃO Faça um esboço mostrando as duas partículas e os eixos coordenados (Figura 11-13). Duas partículas de massa M produzem, cada uma, um campo gravitacional no ponto P localizado em $x = x_P$. A distância r entre P e cada partícula é $\sqrt{x_P^2 + a^2}$. O campo resultante $\vec{g}$ é a soma vetorial dos campos $\vec{g}_1$ e $\vec{g}_2$ produzidos pelas duas partícula.

SOLUÇÃO

1. Calcule as magnitudes de $\vec{g}_1$ e de $\vec{g}_2$:
$$g_1 = g_2 = \frac{GM}{r^2}$$

2. A componente y do campo resultante, a soma de g_{1y} com g_{2y}, é zero. A componente x é a soma de g_{1x} com g_{2x}:
$$g_y = g_{1y} + g_{2y} = g_1 \operatorname{sen}\theta - g_2 \operatorname{sen}\theta = 0$$
$$g_x = g_{1x} + g_{2x} = g_1 \cos\theta + g_2 \cos\theta = 2g_1 \cos\theta$$
$$= \frac{2GM}{r^2}\cos\theta$$

3. Expresse, a partir da figura, $\cos\theta$ em termos de x_P e de r:
$$\cos\theta = \frac{x_P}{r}$$

4. Combine os dois últimos resultados para obter $\vec{g}$. Para obter $\vec{g}$ como função de x_P, substitua r por $(x_P^2 + a^2)^{1/2}$:
$$\vec{g} = g_x\hat{i} = -\frac{2GM}{r^2}\frac{x_P}{r}\hat{i} = -\frac{2GMx_P}{r^3}\hat{i}$$
$$= -\frac{2GMx_P}{(x_P^2 + a^2)^{3/2}}\hat{i}$$

5. x_P é um ponto arbitrário do eixo x. Por simplicidade, substituímo-lo por r:
$$\vec{g} = \boxed{-\frac{2GMx}{(x^2 + a^2)^{3/2}}\hat{i}}$$

CHECAGEM Para $x < 0$, $\vec{g}$ aponta no sentido positivo de x e, para $x > 0$, $\vec{g}$ aponta no sentido negativo de x, como esperado. Se $x = 0$, encontramos $\vec{g} = 0$; os campos $\vec{g}_1$ e $\vec{g}_2$ são iguais e opostos em $x = 0$, e portanto, cancelam.

INDO ALÉM Para $x \gg a$, $\vec{g} \approx -(2GM/x^2)\hat{i}$. O campo é o mesmo que o produzido por uma partícula única na origem, com massa $2M$.

Exemplo 11-8 Campo Gravitacional de uma Barra Homogênea

Uma barra fina e homogênea, de massa M e comprimento L, está centrada na origem e colocada sobre o eixo x. Determine o campo gravitacional que a barra produz em todos os pontos do eixo x, na região $x > L/2$.

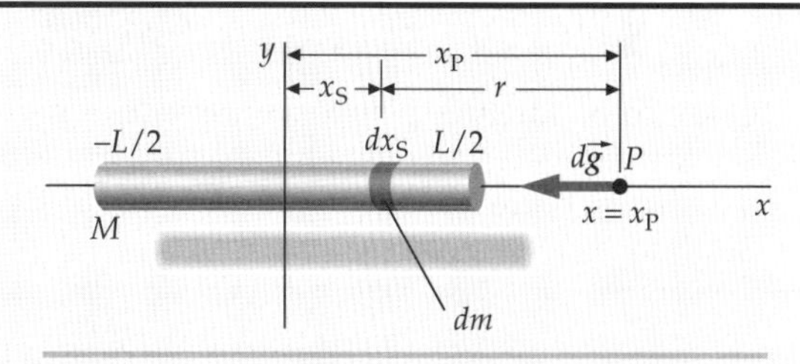

FIGURA 11-14 Todos os pontos da região $-L/2 < x < L/2$, no eixo x, são pontos-fonte, e o ponto P é um ponto-campo.

SITUAÇÃO Faça um esboço da barra (Figura 11-14). Identifique um elemento de massa dm de comprimento dx_S em $x = x_S$, com $-L/2 < x_S < L/2$, e escolha um ponto-campo P sobre o eixo x, em $x = x_P$, com $x_P > L/2$. Cada elemento de massa da barra produz um campo gravitacional no ponto P que aponta no sentido negativo de x. Podemos calcular o campo total em P integrando o campo produzido pelo elemento de massa ao longo do comprimento da barra.

SOLUÇÃO

1. Determine a componente x do campo em P devido ao elemento de massa dm:

$$dg_x = -\frac{G\,dm}{r^2}$$

2. Como a barra é homogênea, a massa por unidade de comprimento λ é constante e igual à massa total dividida pelo comprimento total. A massa dm de um elemento de comprimento dx_S é igual à massa por unidade de comprimento vezes o comprimento dx_S:

$$dm = \lambda\,dx$$

onde $\lambda = \frac{M}{L}$

3. Escreva a distância r entre dm e o ponto P em termos de x_S e de x_P:

$$r = x_P - x_S$$

4. Substitua estes resultados para expressar dg em termos de x:

$$dg_x = -\frac{G\,dm}{r^2} = -\frac{G\lambda\,dx_S}{(x_P - x_S)^2}$$

5. Integre para determinar a componente x do campo resultante:

$$g_x = \int dg_x = -G\lambda\int_{-L/2}^{L/2}\frac{dx_S}{(x_P - x_S)^2} = -\frac{GM}{x_P^2 - (L/2)^2}$$

6. Expresse o campo resultante como um vetor:

$$\vec{g} = g_x\hat{i} = -\frac{GM}{x_P^2 - (L/2)^2}\hat{i}$$

7. Aqui, x_P é um ponto arbitrário do eixo x, na região $x > L/2$. Por simplicidade, substituímo-lo por x:

$$\boxed{\vec{g} = -\frac{GM}{x^2 - (L/2)^2}\hat{i} \qquad x > L/2}$$

CHECAGEM Para $x \gg L/2$, o campo tende ao produzido por uma partícula pontual de massa $\vec{g} = -(GM/x^2)\hat{i}$.

Exemplo 11-9 Um Mapa Gravitacional da Terra — *Conceitual*

Dois satélites gêmeos, lançados em março de 2002, estão fazendo medidas detalhadas do campo gravitacional terrestre. Eles estão em órbitas idênticas, com um satélite cerca de 220 km diretamente à frente do outro. A distância entre os satélites é continuamente monitorada com precisão de micrômetros, usando-se um equipamento de telemetria de microondas embarcado. Como varia a distância entre os dois satélites quando eles se aproximam de uma região com maior massa?

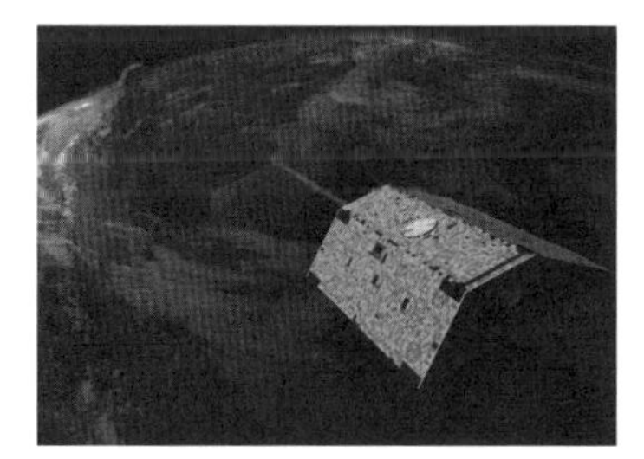

Satélites gêmeos monitorando a região entre eles e medindo variações do campo gravitacional da Terra. *(NASA e DRL no âmbito do Programa NASA Earth System Science Pathfinder.)*

SITUAÇÃO A intensidade do campo gravitacional terrestre varia, porque a massa da Terra não é homogeneamente distribuída. Por exemplo, a rocha é mais densa do que a água, e portanto, o campo gravitacional é mais forte sobre uma região de rocha densa do que sobre a água.

SOLUÇÃO

Enquanto os satélites gêmeos se aproximam da região onde há excesso de massa, o aumento da intensidade do campo gravitacional, causado pela massa em excesso, puxa-os para a frente (no sentido da massa em excesso). O impulso sobre o satélite da frente é maior do que o impulso sobre o satélite de trás, porque o satélite da frente está mais próximo da massa em excesso. Em conseqüência, o satélite da frente é mais acelerado do que o satélite de trás. Isto resulta em um aumento da distância de separação entre os satélites. Assim, a distância de separação aumenta enquanto os satélites se aproximam da região com maior massa.

A distância entre eles aumenta.

INDO ALÉM Um mapa do campo gravitacional também é um mapa da distribuição de massa, tanto na superfície da Terra quanto abaixo da superfície. A concentração de água no oeste do Oceano Pacífico, durante a ocorrência do fenômeno El Niño, pode ser detectada mapeando-se o campo gravitacional da Terra com os satélites gêmeos. Mapas gravitacionais fornecem informações que são, com freqüência, úteis na procura por fontes no subsolo, como água e petróleo.

CHECAGEM CONCEITUAL 11-4

Quando os satélites gêmeos *atravessam* uma região de maior massa, com o satélite da frente abandonando a região e o satélite de trás entrando na região, a distância entre os satélites gêmeos varia? Caso afirmativo, ela aumenta ou diminui?

$\vec{g}$ DE UMA CASCA ESFÉRICA E DE UMA ESFERA MACIÇA

Uma das motivações de Newton para desenvolver o cálculo foi a de provar que o campo gravitacional fora de uma esfera maciça é o mesmo que seria se toda a massa da esfera estivesse concentrada em seu centro. (Esta afirmativa é correta apenas se a massa específica da esfera é constante, ou se ela varia apenas com a distância ao centro da esfera.) Uma prova desta afirmativa é apresentada na Seção 11-5. Aqui, apenas discutimos as conseqüências desta prova. Primeiro, consideramos uma casca esférica fina e homogênea, de massa M e raio R (Figura 11-15). Mostraremos que o campo gravitacional devido à casca, a uma distância r de seu centro, é dado por

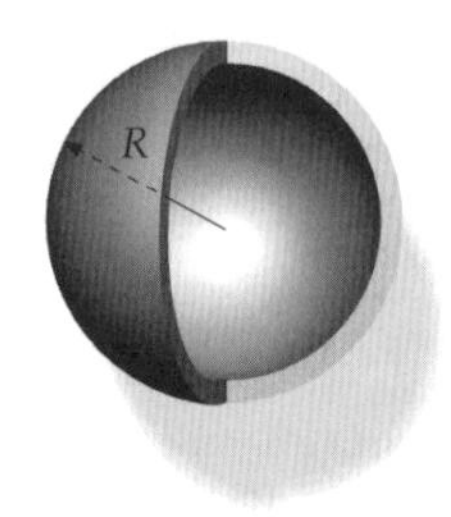

FIGURA 11-15 Uma casca esférica homogênea de massa M e raio R.

$$\vec{g} = -\frac{GM}{r^2}\hat{r} \qquad r > R \qquad \text{11-26}a$$

$$\vec{g} = 0 \qquad r < R \qquad \text{11-26}b$$

CAMPO GRAVITACIONAL DE UMA CASCA ESFÉRICA FINA E HOMOGÊNEA

Da Figura 11-16, que mostra uma massa pontual m_0 dentro de uma casca esférica homogênea, podemos entender o porquê de ser $\vec{g} = 0$ dentro da casca. Nesta figura, os segmentos de massas m_1 e m_2 da casca são proporcionais às áreas A_1 e A_2, respectivamente, e as áreas A_1 e A_2 são proporcionais aos quadrados dos raios r_1 e r_2, respectivamente. Segue, então, que

$$\frac{m_1}{m_2} = \frac{A_1}{A_2} = \frac{r_1^2}{r_2^2} \quad \text{logo} \quad \frac{m_1}{r_1^2} = \frac{m_2}{r_2^2}$$

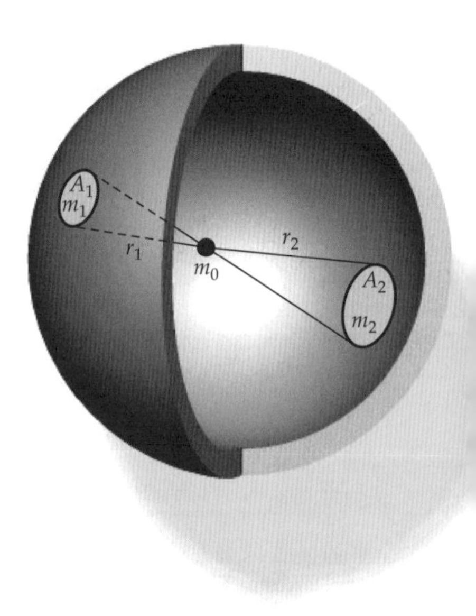

FIGURA 11-16 Uma massa pontual m_0 dentro de uma casca esférica homogênea não sente força resultante.

Como a força gravitacional cai com o inverso do quadrado da distância, a força sobre m_0 exercida pela massa menor m_1, da esquerda, é exatamente compensada pela pela força exercida pela massa m_2, maior e mais distante, da direita.

O campo gravitacional fora de uma esfera maciça e homogênea é uma simples extensão da Equação 11-26*a*. Simplesmente consideramos a esfera maciça como sendo constituída de um contínuo de cascas esféricas homogêneas concêntricas. Como o campo devido a cada casca é o mesmo que seria se a massa da casca estivesse concentrada em seu centro, o campo devido a toda a esfera é o mesmo que seria se toda a massa da esfera estivesse concentrada em seu centro:

$$g_r = -\frac{GM}{r^2} \qquad r > R \qquad \text{11-27}$$

Este resultado vale se a massa específica da esfera for uniforme ou não, desde que dependa apenas de r.

$\vec{g}$ DENTRO DE UMA ESFERA MACIÇA

Usamos, agora, as Equações 11-26*a* e 11-26*b* para determinar o campo gravitacional dentro de uma esfera maciça de massa específica uniforme, em um ponto distante r do centro, onde r é menor do que o raio R da esfera. Isto se aplicaria, por exemplo, à determinação da força gravitacional sobre um corpo no fundo do poço de uma mina. Como vimos, o campo dentro de uma casca esférica é zero. Assim, na Figura 11-17 a massa da parte da esfera externa a r não exerce força sobre a região distante r do centro, ou menos. Portanto, apenas a massa M' interna ao raio r contribui para o campo gravitacional em r. Esta massa produz um campo igual ao de uma massa pontual M'

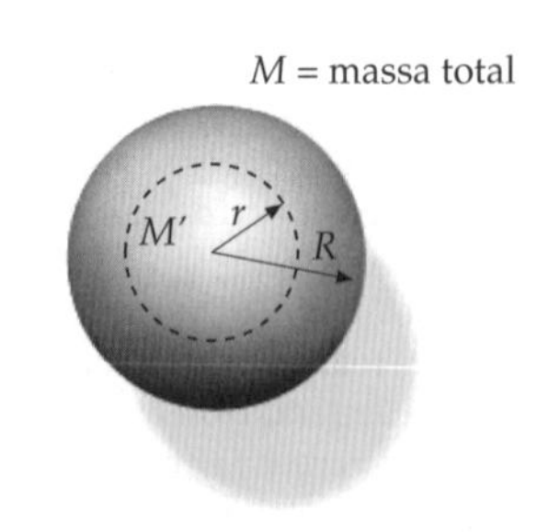

FIGURA 11-17 Uma esfera maciça e homogênea de raio R e massa M. Apenas a massa M', que está dentro da esfera de raio r, contribui para o campo gravitacional à distância r.

situada no centro da esfera. Para uma esfera homogênea, a fração de massa da esfera de raio r é igual à razão entre o volume de uma esfera de raio r e o volume de uma esfera de raio R. Assim, se M é a massa total da esfera, M' é dado por

$$M' = \frac{\frac{4}{3}\pi r^3}{\frac{4}{3}\pi R^3}M = \frac{r^3}{R^3}M \qquad 11\text{-}28$$

Veja ***o Tutorial Matemático** para mais informações sobre*
Geometria

O campo gravitacional a uma distância r é, assim,

$$g_r = -\frac{GM'}{r^2} = -\frac{GM}{r^2}\frac{r^3}{R^3} \qquad r \leq R$$

ou

$$g_r = -\frac{GM}{R^3}r \qquad r \leq R \qquad 11\text{-}29$$

A magnitude do campo é zero no centro e cresce linearmente com a distância r dentro da esfera homogênea. A Figura 11-18 mostra um gráfico do campo g_r como função de r para uma esfera maciça de massa específica de massa uniforme.

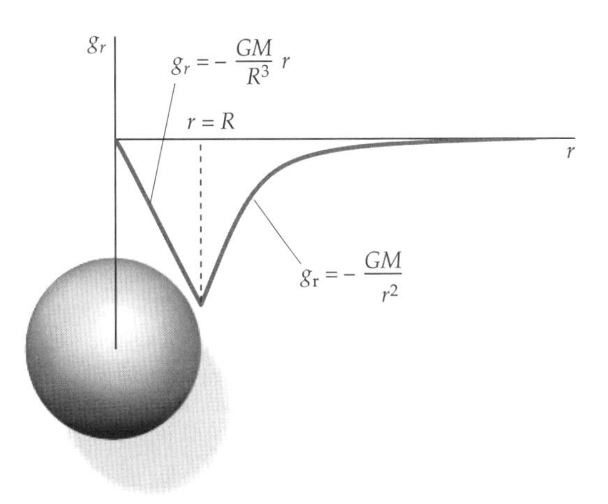

FIGURA 11-18 Um gráfico de g_r *versus* r para uma esfera maciça e homogênea de massa M. A magnitude do campo cresce linearmente com r dentro da esfera e decresce em $1/r^2$ fora da esfera.

Exemplo 11-10 Um Planeta Oco

Um planeta que possui um núcleo oco consiste em uma casca esférica de massa M, raio externo R e raio interno $R/2$. (*a*) Qual é a quantidade de massa que está mais próxima do que $\frac{3}{4}R$ do centro do planeta? (*b*) Qual é o campo gravitacional a uma distância $\frac{3}{4}R$ do centro?

SITUAÇÃO A massa M' da parte da casca esférica que está mais próxima do que $\frac{3}{4}R$ do centro é igual à massa específica vezes o volume da casca esférica com raio externo $\frac{3}{4}R$ e raio interno $\frac{1}{2}R$. Primeiro, determine a massa específica e o volume, depois determine a massa. O campo gravitacional em $r = \frac{3}{4}R$ é devido apenas à massa mais próxima do que $\frac{3}{4}R$ do centro.

SOLUÇÃO

(*a*) 1. A massa M' (a massa da casca esférica de raio externo $\frac{3}{4}R$ e raio interno $\frac{1}{2}R$) é igual à massa específica ρ vezes o volume V':

$$M' = \rho V'$$

2. A massa específica é a massa total M dividida pelo volume total V:

$$\rho = \frac{M}{V} = \frac{M}{\frac{4}{3}\pi R^3 - \frac{4}{3}\pi(\frac{1}{2}R)^3} = \frac{M}{\frac{7}{6}\pi R^3} = \frac{6M}{7\pi R^3}$$

3. Determine o volume V' da casca espessa de raio externo $\frac{3}{4}R$ e raio interno $\frac{1}{2}R$:

$$V' = \frac{4}{3}\pi\left(\frac{3R}{4}\right)^3 - \frac{4}{3}\pi\left(\frac{R}{2}\right)^3 = \frac{19}{48}\pi R^3$$

4. Determine a massa M':

$$M' = \rho V' = \frac{6M}{7\pi R^3}\frac{19}{48}\pi R^3 = \boxed{\frac{19}{56}M}$$

(*b*) O campo gravitacional em $r = \frac{3}{4}R$ é devido apenas à massa M':

$$\vec{g} = -\frac{GM'}{r^2}\hat{r} = -\frac{G\frac{19}{56}M}{(\frac{3}{4}R)^2}\hat{r} = \boxed{-\frac{38}{63}\frac{GM}{R^2}\hat{r}}$$

CHECAGEM O volume V' (passo 3) é menor do que a metade do volume V (passo 2); logo, esperamos que M' seja menor do que a metade de M. Nosso resultado do passo 4 confirma esta expectativa.

Exemplo 11-11 Massa Específica Radialmente Dependente

Uma esfera maciça, de raio R e massa M, é esfericamente simétrica mas não é homogênea. Sua massa específica ρ, definida como a massa por unidade de volume, é proporcional à distância r ao centro, para $r \leq R$. Isto é, $\rho = Cr$ para $r \leq R$, onde C é uma constante. (*a*) Determine C. (*b*) Determine $\vec{g}$ para todos $r \geq R$. (*c*) Determine $\vec{g}$ em $r = \frac{1}{2}R$.

SITUAÇÃO (*a*) Você pode determinar C integrando a massa específica sobre o volume da esfera e igualando o resultado a M. Para um elemento de volume, tome uma casca esférica de raio r e espessura dr (Figura 11-19). Seu volume é $4\pi r^2\,dr$ e sua massa é $dM = \rho\,dV = Cr(4\pi r^2\,dr)$. (*b*) O campo fora da esfera ($r \geq R$) é o mesmo que seria se toda a massa M estivesse no centro da esfera. (*c*) O campo em $r = \frac{1}{2}R$ é o mesmo que seria se a massa M' estivesse no centro da esfera, onde M' é a quantidade de massa contida na esfera de raio $\frac{1}{2}R$. A massa entre $r = \frac{1}{2}R$ e $r = R$ produz campo zero em $r = \frac{1}{2}R$.

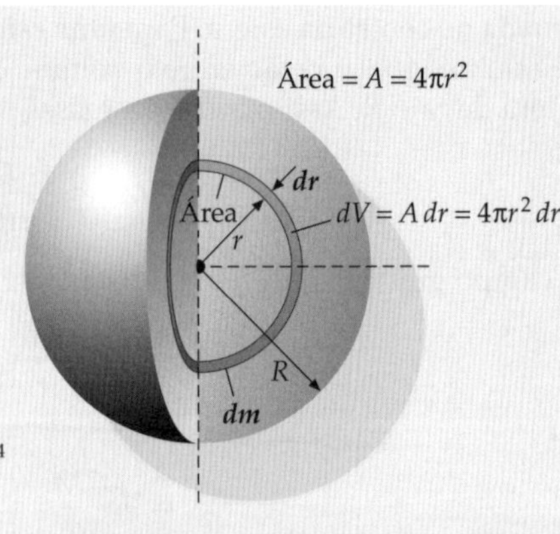

FIGURA 11-19

SOLUÇÃO

(*a*) 1. Integre $dM = \rho\,dV$ para relacionar C com a massa M,. onde $dV = 4\pi r^2\,dr$. ($4\pi r^2$ é a área de uma esfera de raio r, e portanto, $4\pi r^2\,dr$ é o volume de uma casca esférica de raio r e espessura dr):

$$M = \int dM = \int \rho\,dV = \int_0^R Cr(4\pi r^2\,dr) = C\pi R^4$$

2. Determine C em termos das quantidades fornecidas M e R.

$$\boxed{C = \frac{M}{\pi R^4}}$$

(*b*) Escreva uma expressão para o campo fora da esfera em termos da massa M, da distância r ao centro e do vetor unitário $\hat{r}$. O vetor unitário $\hat{r}$ tem o sentido de r crescente:

$$\vec{g} = \boxed{-\frac{GM}{r^2}\hat{r}} \quad (r > R)$$

(*c*) 1. Calcule a massa M' contida até o raio $\frac{1}{2}R$, integrando $dM = \rho\,dV$ de $r = 0$ até $\frac{1}{2}R$, e use o valor de C encontrado no passo 2 da Parte (*a*).

$$M' = \int \rho\,dV = \int_0^{R/2} Cr(4\pi r^2\,dr) = C\pi R^4/16$$

$$M' = \frac{M}{16}$$

2. Escreva uma expressão para o campo em $r = \frac{1}{2}R$ em termos de M e de R.

$$\vec{g} = -\frac{GM'}{r^2}\hat{r} = \boxed{-\frac{GM}{4R^2}\hat{r} \quad \text{em } r = \tfrac{1}{2}R}$$

CHECAGEM Para uma esfera homogênea, a Equação 11-29 fornece, para o campo em $r = \frac{1}{2}R$, $g_r = -GM/(2R^2)$, o que é duas vezes maior do que o nosso resultado da Parte (*c*). Esperaríamos um valor maior para uma esfera homogênea, porque uma esfera homogênea possui uma maior fração de sua massa total na região $0 < r < \frac{1}{2}R$ do que a esfera do Exemplo 11-11.

INDO ALÉM Note que as unidades de C são kg/m^4, e portanto, as unidades de ρ são kg/m^3, o que representa massa por volume.

*11-5 DETERMINAÇÃO DO CAMPO GRAVITACIONAL DE UMA CASCA ESFÉRICA POR INTEGRAÇÃO

Deduzimos, agora, a equação para o campo gravitacional de uma casca esférica fina e homogênea. Primeiro, determinamos o campo gravitacional sobre o eixo de um anel fino de massa uniforme. Depois, aplicamos nosso resultado a uma casca esférica fina, que tratamos como um contínuo de anéis coaxiais finos.

A Figura 11-20 mostra um anel fino, de massa total m e raio a, e um ponto-campo P sobre o eixo do anel, a uma distância x de seu centro. Escolhemos um elemento de massa dm do anel, que é pequeno o suficiente para poder ser considerado uma partícula. A distância do elemento a P é s, e a linha que liga o elemento a P forma um ângulo α com o eixo do anel.

O campo em P, devido ao elemento dm, aponta para o elemento e tem a magnitude dg dada por

$$dg = \frac{G\,dm}{s^2}$$

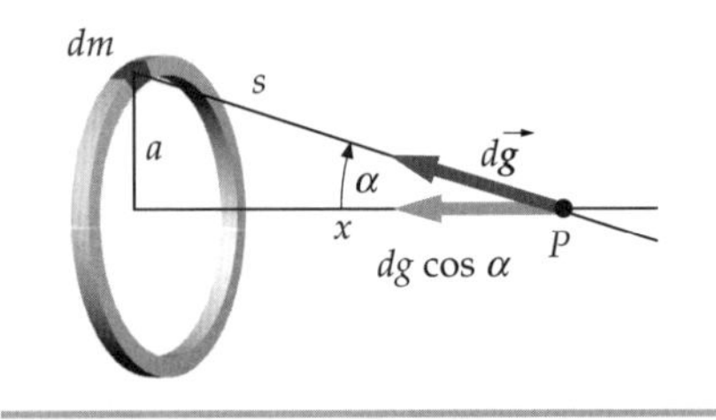

FIGURA 11-20 O campo gravitacional em um ponto P à distância x de um anel fino homogêneo. O campo devido ao elemento de massa dm aponta para o elemento.

Da simetria da figura podemos ver que, quando somamos sobre todos os elementos do anel, o campo resultante será o longo do eixo do anel; isto é, as componentes de $\vec{g}$ perpendiculares ao eixo x somarão zero. Por exemplo, a componente perpendicular do campo mostrado na figura será cancelada pela componente perpendicular do campo devido a um outro elemento do anel, diretamente oposto ao mostrado.

O campo resultante, portanto, terá a orientação de $-x$. A componente x do campo devido ao elemento dm é

$$dg_x = -dg\cos\alpha = -\frac{G\,dm}{s^2}\cos\alpha$$

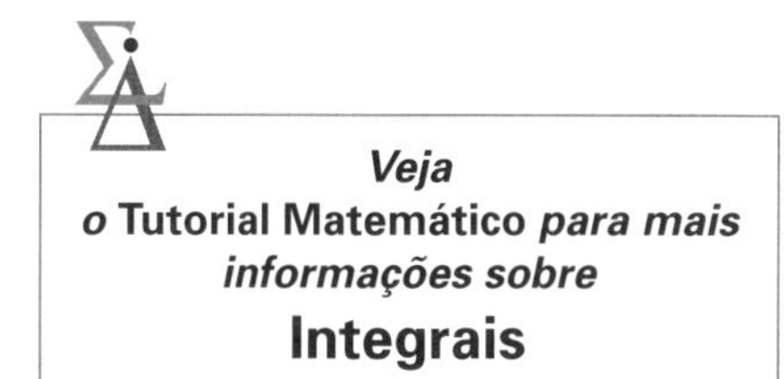

Obtemos o campo total integrando os dois lados desta equação:

$$g_x = -\int \frac{G\cos\alpha}{s^2}\,dm$$

Como s e α são os mesmos para todos os pontos do anel, eles são constantes no que diz respeito a esta integração. Assim,

$$g_x = -\frac{G\cos\alpha}{s^2}\int dm = -\frac{Gm}{s^2}\cos\alpha \qquad \text{11-30}$$

onde $m = \int dm$ é a massa total do anel.

Usamos, agora, este resultado para calcular o campo gravitacional de uma casca esférica homogênea de massa M e raio R em um ponto a uma distância r do centro da casca. Primeiro, consideramos o caso no qual o ponto-campo P está fora da casca, como na Figura 11-21. Por simetria, o campo tem que ser orientado para o centro da casca esférica. Escolhemos como nosso elemento de massa a fatia mostrada, que pode ser considerada como um anel fino de massa dM. O campo devido a esta fatia é dado pela Equação 11-30 com m substituído por dM:

$$dg_r = -\frac{G\,dM}{s^2}\cos\alpha \qquad \text{11-31}$$

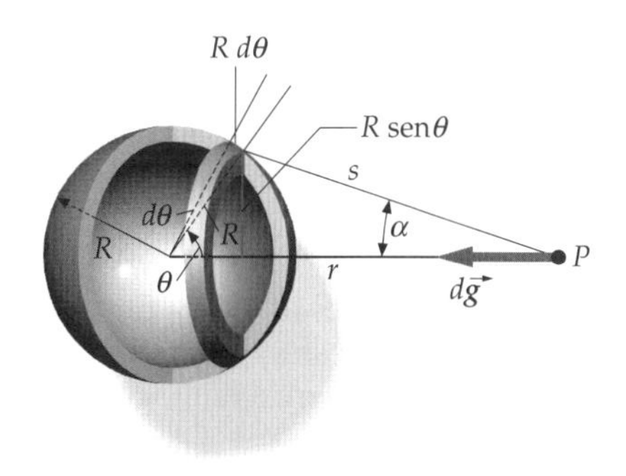

FIGURA 11-21 Uma casca esférica fina e homogênea de raio R e massa total M. A fatia mostrada pode ser considerada como um anel de espessura $R\,d\theta$ e circunferência $2\pi R$ sen θ.

A massa dM é proporcional à área dA da fatia, que é igual à circunferência vezes a espessura. O raio da fatia é R sen θ, e portanto, a circunferência vale $2\pi R$ sen θ. A largura é $R\,d\theta$. Se M é a massa total da casca e $A = 4\pi R^2$ é a área total, a massa da fatia de área dA é

$$dM = \frac{M}{A}dA = \frac{M}{4\pi R^2}2\pi R^2\,\text{sen}\,\theta\;d\theta = \frac{1}{2}M\,\text{sen}\,\theta\;d\theta \qquad \text{11-32}$$

Substituindo este resultado na Equação 11-31, fica

$$dg_r = -\frac{G\,dM}{s^2}\cos\alpha = -\frac{GM\,\text{sen}\,\theta\,d\theta}{2s^2}\cos\alpha \qquad \text{11-33}$$

O termo do lado direito da Equação 11-33 contém três variáveis (s, θ e α). Antes de integrar este termo, temos que expressá-lo como uma função de uma única variável. O que se revela mais fácil é expressá-lo em função de s. Pela lei dos cossenos, temos

$$s^2 = r^2 + R^2 - 2rR\cos\theta$$

Diferenciando, fica

$$2s\,ds = +2rR\,\text{sen}\,\theta\,d\theta$$

e, portanto,

$$\text{sen}\,\theta\,d\theta = \frac{s\,ds}{rR}$$

Uma expressão para cos α pode ser obtida aplicando, novamente, a lei dos cossenos ao mesmo triângulo. Temos

$$R^2 = s^2 + r^2 - 2sr\cos\alpha$$

e, portanto,

$$\cos\alpha = \frac{s^2 + r^2 - R^2}{2sr}$$

Substituindo estes resultados na Equação 11-33, fica

$$dg_r = -\frac{GM\,\text{sen}\,\theta\,d\theta}{2s^2}\cos\alpha = -\frac{GM}{2s^2}\left(\frac{s\,ds}{rR}\right)\frac{s^2 + r^2 - R^2}{2sr}$$
$$= -\frac{GM\,ds}{4s^2r^2R}(s^2 + r^2 - R^2) = -\frac{GM}{4r^2R}\left(1 + \frac{r^2 - R^2}{s^2}\right)ds \qquad \text{11-34}$$

Para encontrar o campo em P, integramos sobre toda a casca. Os limites de integração neste passo dependem de se o ponto-campo P está fora ou dentro da casca. Para P fora da casca, s varia de $r - R$ (em $\theta = 0$) até $r + R$ (em $\theta = 180°$), de forma que o campo devido a toda a casca é determinado integrando-se de $s = r - R$ até $s = r + R$.

$$g_r = -\frac{GM}{4r^2R}\int_{r-R}^{r+R}\left(1 + \frac{(r-R)(r+R)}{s^2}\right)ds = -\frac{GM}{4r^2R}\left[s - \frac{(r-R)(r+R)}{s}\right]_{r-R}^{r+R}$$

Substituindo os limites superior e inferior de s, obtemos $4R$ para o valor da quantidade entre colchetes. Assim,

$$g_r = -\frac{GM}{r^2} \quad \text{para} \quad r > R$$

que é o mesmo resultado da Equação 11-26*a*.

Se o ponto-campo P está dentro da casca (Figura 11-22), o cálculo é idêntico, exceto que agora s varia de $R - r$ até $R + r$. Assim,

$$g_r = -\frac{GM}{4r^2R}\left[s - \frac{(r-R)(r+R)}{s}\right]_{R-r}^{R+r}$$

Substituindo os limites superior e inferior de s, obtemos $g_r = 0$. Logo,

$$g_r = 0 \quad \text{para} \quad r < R$$

que é o mesmo resultado da Equação 11-26*b*.

A aplicação destes resultados para determinar o campo gravitacional produzido por uma casca esférica homogênea de espessura finita é o tema do Problema 11-99.

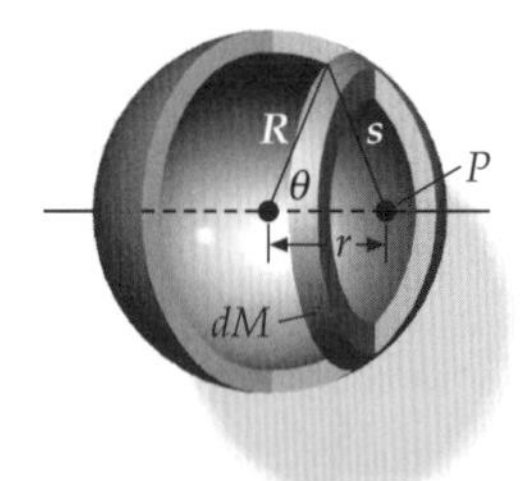

FIGURA 11-22

Física em Foco

Lentes Gravitacionais: Uma Janela para o Universo

Em 1919, Arthur Eddington fotografou um eclipse solar que mostrava estrelas onde elas não deviam estar. A trajetória da luz das estrelas tinha sido "desviada" pela massa do Sol. Isto confirmou uma predição-chave da teoria geral da relatividade de Einstein de 1915, qual seja, a de que corpos massivos curvam o espaço. O grau de curvatura do espaço depende da massa do corpo.

O desvio da luz tornou-se principalmente uma curiosidade por muitos anos, após 1919. Anos depois, muitos astrônomos começaram a estudar quasares, objetos estelares que emitiam mais luz do que muitas galáxias. Em 1979, imagens gêmeas de um quasar distante foram ob-

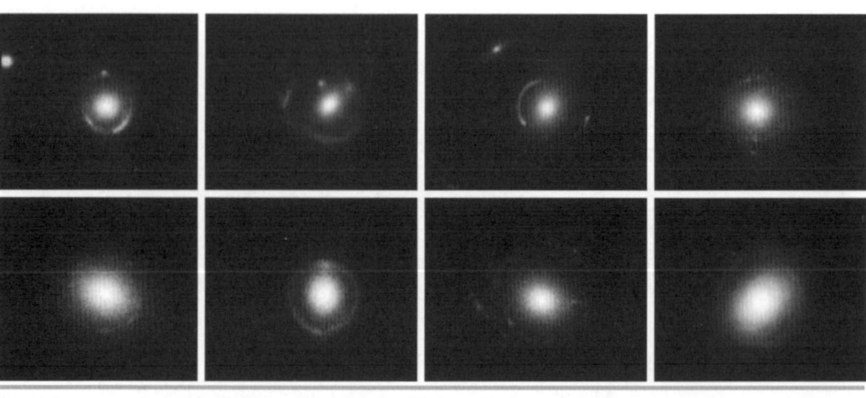

Os globos em tons mais claros centrais são galáxias elípticas gigantes, e os pequenos anéis que circundam esses globos vêm de galáxias duas vezes mais afastadas e situadas diretamente atrás das galáxias elípticas gigantes. A luz das galáxias mais distantes é distorcida em formas circulares pelo campo gravitacional das galáxias elípticas gigantes. *(NASA, ESA, A. Bolton Harvard-Smithsonian CfA, & o SLACS Team.)*

servadas. Estas imagens tinham sido formadas pela luz do quasar que havia sido desviada por um agregado de galáxias[*] entre o quasar e a Terra.

Agregados de galáxias são corpos massivos. O espaço dentro deles, e no entorno deles, se encurva, desviando, portanto, as trajetórias da luz de corpos distantes que passa através deles, ou próximo a eles, em seu caminho para a Terra. A região de espaço curvo próxima a um corpo massivo é chamada de *lente gravitacional*. Lentes gravitacionais podem aumentar o brilho de corpos distantes, assim como a luz que atravessa uma gota d'água pode se tornar mais brilhante. As lentes gravitacionais são, agora, usadas para estudar quasares muito distantes e galáxias. Como as lentes aumentam o brilho da luz fraca, elas ajudam a verificar a idade e a expansão do universo.[†]

Cálculos usando lentes gravitacionais são baseados em imagens de objetos distantes. Para se ter uma descrição precisa de um objeto, a distância, a massa e a forma da lente gravitacional que se antepõe a ele devem ser determinadas. Uma lente constituída de uma massa circular homogênea posicionada entre o corpo distante e a Terra criaria uma imagem circular uniforme — um *anel de Einstein* — de valores de fácil determinação.[‡,#] Mas as lentes gravitacionais criam imagens múltiplas[°] e estranhamente deformadas, com muito mais freqüência do que criam anéis perfeitos. As lentes mais fortes são formadas de agregados de galáxias.[§] É difícil construir modelos para essas galáxias, e sua energia detectável não explica toda a massa responsável pelas distorções. Cálculos mostram que as galáxias devem ter um grande halo de massa não percebida. Lentes gravitacionais confirmam que a maior parte da massa do universo é de *matéria escura*, matéria que não emite energia detectável.[¶,**]

Uma lente fraca, ou uma *microlente*, não cria imagens múltiplas de um corpo distante, mas aumenta o brilho da imagem de um corpo conhecido, em um curto intervalo de tempo. Este tipo de lente constitui-se de um halo compacto massivo, que passa entre o corpo conhecido e a Terra. As mudanças de brilho revelam muito sobre a forma e a massa desse halo. Foi verificado que uma microlente era uma anã vermelha, orbitada pelo menor planeta conhecido fora de nosso sistema solar.[‡‡]

Lentes gravitacionais têm permitido a descoberta de objetos galácticos[##] produzidos menos do que um bilhão de anos após o início do universo, além dos menores objetos conhecidos fora de nosso sistema solar. Estas lentes esclareceram questões sobre matéria e energia do universo. As lentes gravitacionais fecharam o círculo — o desvio da luz é, agora, usado para medir coisas que ainda não foram vistas.

---

* Walsh, D., Carswell, R. F., and Weymann, R.J., "0957 + 561 A, B - Twin Quasistellar Objects or Gravitational Lens," *Nature*, May 31, 1979, Vol. 279, 381–384.
† Irion, R., "Through a Lens, Deeply," *Science*, Jan. 24, 2003, Vol 299, 500+.
‡ Greene, Katie, "Ring Around the Galaxy," *Science News*, Nov. 25, 2005, 342.
# Liu, C., "The Quest for the Golden Lens," *Natural History*, Sept. 2003, 64–66.
° Rusin, D., Kochanek, C. S., Norbury, M., Falco, E. E., Impey, C. D., Lehár, J., McLeod, B. A., Rix, H.-W., Keeton, C. R., Muñoz, J. A., and Peng, C. Y., "B1359+154: A Six-Image Lens Produced by a $z \simeq 1$ Compact Group of Galaxies," *Astrophysical Journal*, Aug. 20, 2001, Vol. 557, 594–604.
§ Abell, G. O., Corwin, H. G., and Olowin, R. P., 1989, *A Catalog of Rich Clusters of Galaxies*, The Astrophysical Journal Supplement Series, 1989, Vol. 70, 1–138.
¶ Koopmans, L.V.E., and Blandford, R. D., "Gravitational Lenses," *Physics Today*, June 2004, 45–51.
** Seife, Charles, "The Intelligent Noncosmologist's Guide to Spacetime," *Science*, May 2002, Vol. 296, 1418–1421.
†† Mancini, L., Jetzer, Ph., and Scarpetta, G., "Compact Dark Objects and Gravitational Microlensing towards the Large Magellanic Cloud," in *Highlights in Condensed Matter Physics*, A. Avella et al., eds. New York: American Institute of Physics, 2003, 339–347.
‡‡ Cowan, Ron, "Tiny Planet Orbits Faraway Star," *Science News*, Feb. 25, 2006, 126.
Cowan, Ron, "A Galaxy that Goes the Distance?" *Science News*, Apr. 24, 2004, 270.

Resumo

1. As leis de Kepler são observações *empíricas*. Elas também podem ser deduzidas a partir das leis de Newton do movimento e da lei de Newton da gravitação.
2. A lei de Newton da gravitação é uma *lei fundamental* da física, e G é uma constante física fundamental *universal*.
3. A energia potencial gravitacional de um sistema de duas partículas, relativa a $U = 0$ para uma separação infinita, é dada por $U = -Gm_1m_2/r$. Se o sistema está ligado, sua energia total é negativa.
4. O campo gravitacional é um *conceito físico fundamental* que descreve a condição no espaço estabelecida por uma distribuição de massa.

TÓPICO	EQUAÇÕES RELEVANTES E OBSERVAÇÕES
1. As Três Leis de Kepler	Lei 1. Todos os planetas se movem em órbitas elípticas com o Sol em um dos focos.
	Lei 2. Uma linha ligando qualquer planeta ao Sol varre áreas iguais em tempos iguais.
	Lei 3. O quadrado do período de qualquer planeta é proporcional ao cubo da distância média do planeta ao Sol: $$T^2 = Cr^3 \qquad \text{11-2}$$ onde C tem quase o mesmo valor para todos os planetas; da lei de Newton da gravitação, pode-se mostrar que C é igual a $4\pi^2/[G(M_S + M_p)]$. Se $M_S \gg M_p$, isto pode ser escrito como $$T^2 = \frac{4\pi^2}{GM_S}r^3 \qquad \text{11-16}$$ As leis de Kepler podem ser deduzidas da lei de Newton da gravitação. A primeira e a terceira leis de Kepler seguem do fato de que a força exercida pelo Sol sobre os planetas varia com o inverso do quadrado da distância de separação. A segunda lei segue do fato de que a força exercida pelo Sol sobre um planeta está sobre a linha que os liga, de forma que a quantidade de movimento angular orbital do planeta é conservada. As leis de Kepler também valem para qualquer corpo que orbita outro, em um campo gravitacional do tipo inverso do quadrado da distância, como no caso de um satélite orbitando um planeta.
2. Lei de Newton da Gravitação	Toda partícula pontual exerce uma força atrativa sobre qualquer outra partícula que é proporcional às massas das duas partículas e inversamente proporcional ao quadrado da distância que as separa: $$\vec{F}_{12} = -\frac{Gm_1m_2}{r_{12}^2}\hat{r}_{12} \qquad \text{11-3}$$
Constante de gravitação universal	$G = 6{,}67 \times 10^{-11}\ \mathrm{N \cdot m^2/kg^2}$ 11-4
3. Energia Potencial Gravitacional	A energia potencial gravitacional U de um sistema constituído de uma partícula de massa m fora de um corpo esfericamente simétrico de massa M e a uma distância r de seu centro é $$U(r) = -\frac{GMm}{r} \qquad \text{11-20}$$ Esta função energia potencial tende a zero quando r tende a infinito.
4. Energia Mecânica	A energia mecânica E de um sistema constituído de uma partícula de massa m fora de um corpo esfericamente simétrico de massa M e a uma distância r de seu centro é $$E = \frac{1}{2}mv^2 - \frac{GMm}{r}$$
Rapidez de escape	Para um dado valor de r, a rapidez da partícula para a qual $E = 0$ é chamada de rapidez de escape v_e. Isto é, se $v = v_e$, então $E = 0$.
5. Classificação de Órbitas	Se $E < 0$, o sistema é ligado e a órbita é uma elipse (ou círculo, que é um tipo de elipse). Se $E \geq 0$, o sistema é não ligado e a órbita é uma hipérbola (ou uma parábola, para $E = 0$).
6. Campo Gravitacional	
Definição	$\vec{g} = \frac{\vec{F}_g}{m}$ 11-23

TÓPICO	EQUAÇÕES RELEVANTES E OBSERVAÇÕES	
Devido à Terra	$\vec{g}(r) = \frac{\vec{F}_g}{m} = -\frac{GM_T}{r^2}\hat{r} \quad (r \geq R_T)$	11-29
Devido a uma casca esférica fina	Fora da casca, o campo gravitacional é o mesmo que seria se toda a massa da casca estivesse concentrada em seu centro. O campo dentro da casca é zero.	
	$\vec{g} = -\frac{GM}{r^2}\hat{r}$ para $r > R$	11-26*a*
	$\vec{g} = 0$ para $r < R$	11-26*b*

Respostas das Checagens Conceituais

11-1 Diz-se que um astronauta em órbita não tem peso porque tanto ele quanto o ônibus espacial estão em queda livre com a mesma aceleração, de forma que, se o astronauta subisse em uma balança de mola presa à nave, a indicação seria zero. Um astronauta em órbita não está, realmente, sem peso, já que definimos o peso como a magnitude da força gravitacional.

11-2 A propriedade de um corpo responsável pela força gravitacional que ele exerce sobre outro corpo, ou pela força gravitacional que outro corpo exerce sobre ele, é a sua massa *gravitacional*. Por outro lado, a propriedade de um corpo que mede sua resistência inercial à aceleração é a sua massa *inercial*.

11-3 Usando sua segunda lei, Newton provou que uma força atrativa que varia com o inverso do quadrado da distância entre o Sol e o planeta resultaria em uma órbita elíptica com o centro do Sol em um foco da elipse.

11-4 A distância entre os satélites diminui.

Respostas dos Problemas Práticos

11-1 30,1 UA

11-2 Uma linha reta com uma inclinação de 1,5.

11-3 $8{,}67 \times 10^{-7}$ N

11-4 2640 km

11-5 A Terra gira 360° em 24 h; logo, em 1 h ela gira 15°. Devido ao movimento orbital da Terra, a direção do Sol em relação à Terra varia (1/365,25) rev a cada 24 h. Em conseqüência, a Terra gira 1 rev em cerca de 24 h menos 4 min. O tempo de 1 revolução é o chamado dia sideral.

11-6 $r = 6{,}63\ R_T = 4{,}22 \times 10^7$ m = 26.200 mi. Se esse satélite está em órbita sobre o equador e se move no mesmo sentido de rotação da Terra, ele é visto como estacionário em relação à Terra. Muitos satélites de comunicação estão "estacionados" em tais órbitas, chamadas de *órbitas geossíncronas*.

11-7 $6{,}45 \times 10^{23}$ kg $= 0{,}108\ M_T$

11-8 $v_e = 4{,}25$ km/s

11-9 (Note que $r = R_T + h = 13.200$ km.)
(a) $U = -13{,}6 \times 10^9$ J, (b) $K = 6{,}80 \times 10^9$ J, (c) $E = -6{,}80 \times 10^9$ J

Problemas

Em alguns problemas, você recebe mais dados do que necessita; em alguns outros, você deve acrescentar dados de seus conhecimentos gerais, fontes externas ou estimativas bem fundamentadas.

Em todos os problemas, use $g = 9{,}81$ m/s² para a aceleração de queda livre e despreze atrito e resistência do ar, a não ser quando especificamente indicado.

Interprete como significativos todos os algarismos de valores numéricos que possuem zeros em seqüência sem vírgulas decimais.

• Um só conceito, um só passo, relativamente simples
•• Nível intermediário, pode requerer síntese de conceitos
••• Desafiante, para estudantes avançados
Problemas consecutivos sombreados são problemas pareados.

PROBLEMAS CONCEITUAIS

1 • Verdadeiro ou falso:
(*a*) Para que a lei das áreas seja válida, a força da gravidade deve variar com o inverso do quadrado da distância entre um planeta e o Sol.
(*b*) O planeta mais próximo do Sol possui o menor período orbital.
(*c*) A rapidez orbital de Vênus é maior do que a rapidez orbital da Terra.
(*d*) O período orbital de um planeta permite que se determine com precisão a sua massa.

2 • Se a massa de um pequeno satélite orbitando a Terra é dobrada, o raio de sua órbita pode permanecer constante se a rapidez do satélite (*a*) aumenta de um fator 8, (*b*) aumenta de um fator 2, (*c*) não varia, (*d*) é reduzida de um fator 8, (*e*) é reduzida de um fator 2.

3 • Durante qual estação, no hemisfério norte, a Terra possui sua maior rapidez orbital em torno do Sol? Em qual estação

ela possui sua menor rapidez orbital? *Dica: A Terra está no periélio no início de janeiro.*

4 • O cometa de Haley está em uma órbita fortemente elíptica em torno do Sol, com um período de cerca de 76 anos. Sua última aproximação máxima do Sol ocorreu em 1987. Em qual ano do século XX ele estava viajando com sua máxima rapidez orbital e com sua mínima rapidez orbital em torno do Sol?

5 • Vênus não possui satélites naturais. No entanto, alguns satélites artificiais foram colocados em torno do planeta. A fim de utilizar uma dessas órbitas para determinar a massa de Vênus, quais os parâmetros orbitais que você teria que medir? Como, então, você utilizaria esses parâmetros para calcular a massa?

6 • A maior parte dos asteróides se encontra em órbitas aproximadamente circulares em um "cinto" entre Marte e Júpiter. Eles possuem, todos, o mesmo período em torno do Sol? Explique.

7 • Na superfície de Lua, a aceleração da gravidade vale a. A uma distância do centro da Lua igual a quatro vezes o raio da Lua, a aceleração da gravidade vale (*a*) $16a$, (*b*) $a/4$, (*c*) $a/3$, (*d*) $a/16$, (*e*) nenhuma dessas respostas.

8 • A uma profundidade igual à metade do raio da Terra, a aceleração da gravidade vale cerca de (*a*) g, (*b*) $2g$, (*c*) $g/2$, (*d*) $g/4$, (*e*) $g/8$, (*f*) não se pode determinar a resposta com os dados fornecidos.

9 •• Duas estrelas orbitam em torno de seu centro de massa comum como um sistema de estrela *binária*. Se cada uma de suas massas fosse dobrada, o que teria que ocorrer com a distância entre elas para que fosse mantida a mesma força gravitacional? A distância deveria (*a*) permanecer a mesma, (*b*) dobrar, (*c*) quadruplicar, (*d*) ser reduzida de um fator 2, (*e*) não se pode determinar a resposta com os dados fornecidos.

10 •• **Rico em Contexto** Se você tivesse trabalhado para a NASA nos anos de 1960 e planejado a viagem para a Lua, você teria verificado que existe uma única posição, em algum lugar entre a Terra e a Lua, onde uma espaçonave, por um instante, está realmente sem peso. (Considere apenas a Lua, a Terra e a espaçonave Apolo, e despreze outras forças gravitacionais.) Explique este fenômeno e se esta posição está mais próxima da Lua, no meio do caminho, ou mais próxima da Terra.

11 •• Suponha que a rapidez de escape de uma planeta seja apenas levemente maior do que a rapidez de escape da Terra, apesar de o planeta ser consideravelmente maior do que a Terra. Como se compara a massa específica (média) do planeta com a massa específica (média) da Terra? (*a*) Deve ser maior. (*b*) Deve ser menor. (*c*) Deve ser igual. (*d*) Não se pode determinar a resposta com os dados fornecidos.

12 •• Suponha que, usando um telescópio em seu quintal, você descubra um objeto distante se aproximando do Sol, e seja capaz de determinar a distância dele ao Sol e a sua rapidez. Como você poderia dizer se o objeto permanecerá "ligado" ao sistema solar, ou se ele é um intruso interestelar que chega, faz a volta e escapa para não mais voltar?

13 •• **Rico em Contexto, Aplicação em Engenharia** No final de suas vidas úteis, vários grandes satélites terrestres foram manobrados de forma a queimarem na entrada da atmosfera terrestre. Estas manobras têm sido feitas cuidadosamente, para que fragmentos grandes não atinjam áreas populadas. Você está encarregado de um desses projetos. Supondo que um satélite de interesse possua autopropulsão, para onde você dispararia os foguetes para provocar uma queima rápida e o início de sua queda em espiral? O que aconteceria à energia cinética, à energia potencial gravitacional e à energia mecânica total após a queima na aproximação do Satélite à Terra?

14 •• **Aplicação em Engenharia** Durante uma viagem de volta da Lua, a nave Apolo dispara seus foguetes para abandonar sua órbita lunar. Então, ela se dirige de volta à Terra onde ela entra na atmosfera em alta velocidade, sobrevive a uma reentrada em chamas e cai de pára-quedas em segurança no oceano. Para onde você dispara os foguetes para iniciar esta viagem de retorno? Explique as mudanças em energia cinética, em energia potencial gravitacional e em energia mecânica total que ocorrem entre o início e o final desta viagem da nave espacial.

15 •• Explique por que o campo gravitacional dentro de uma esfera maciça de massa homogênea é diretamente proporcional a r e não inversamente proporcional a r.

16 •• No filme *2001: Uma Odisséia no Espaço*, uma nave espacial com dois astronautas está em uma longa missão para Júpiter. Um modelo de sua nave pode ser uma barra homogênea em forma de lápis (contendo os sistemas de propulsão) com uma esfera homogênea (os alojamentos da tripulação e a cabine de comando) presa a uma das extremidades (Figura 11-23). O projeto é tal que o raio da esfera é muito menor do que o comprimento da barra. Em uma posição a alguns metros da nave, no ponto P sobre o bissetor perpendicular à barra, qual seria a orientação do campo gravitacional devido apenas à nave (isto é, supondo desprezíveis todos os outros campos gravitacionais)? Explique sua resposta. A uma grande distância da nave, qual seria a dependência do campo gravitacional da nave com a distância à nave?

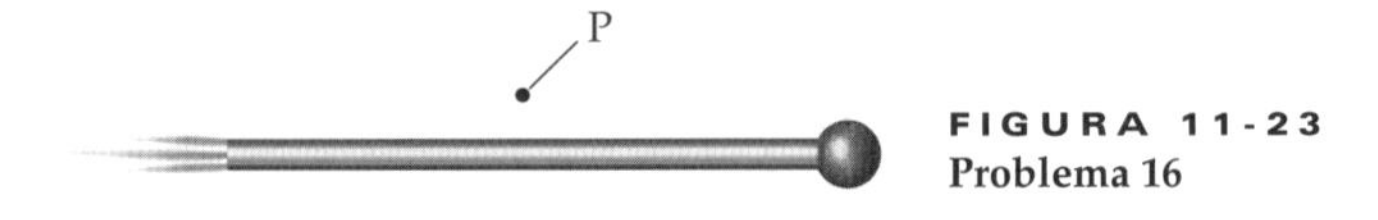

FIGURA 11-23 Problema 16

ESTIMATIVA E APROXIMAÇÃO

17 • Estime a massa de nossa galáxia (a Via Láctea) sabendo que o Sol orbita o centro da galáxia com um período de 250 milhões de anos a uma distância média de 30.000 $c \cdot$ ano. Expresse a massa como um múltiplo da massa do Sol M_S. (Despreze a massa mais distante do centro do que o Sol e suponha que a massa mais próxima do centro do que o Sol exerça a mesma força sobre o Sol que seria exercida por uma partícula pontual de mesma massa localizada no centro da galáxia.)

18 •• Além de estudar amostras da superfície lunar, os astronautas da Apolo tiveram várias maneiras de determinar que a Lua *não* é feita de queijo. Dentre estas maneiras estão as medidas da aceleração da gravidade na superfície da Lua. Estime qual seria a aceleração da gravidade na superfície da Lua se ela fosse, realmente, um bloco maciço de queijo, e compare sua resposta com o valor conhecido da aceleração da gravidade na superfície da Lua.

19 •• **Rico em Contexto, Aplicação em Engenharia** Você é o responsável pela primeira expedição tripulada a um asteróide. Você está preocupado pelo fato de que, devido ao pequeno campo gravitacional e à conseqüente pequena rapidez de escape, sejam necessários cabos de fixação para manter os astronautas na superfície do asteróide. Portanto, se você não deseja utilizar cabos, você deve cuidar na escolha dos asteróides a serem explorados. Estime o maior raio que um asteróide pode ter para ainda permitir que você escape de sua superfície com um salto. Suponha uma forma esférica e uma massa específica de rocha razoável.

20 ••• Uma das grandes descobertas em astronomia da última década foi a descoberta de planetas fora do sistema solar. Desde 1996, mais de 100 planetas foram descobertos orbitando estrelas além do Sol. Enquanto os próprios planetas podem ser vistos diretamente, telescópios podem detectar o pequeno movimento periódico da estrela, à medida que a estrela e o planeta orbitam em torno de seu centro de massa comum. (Isto é medido usando o *efeito Doppler*, que é dis-

cutido no Capítulo 15.) Tanto o período deste movimento quanto a variação da rapidez da estrela neste tempo podem ser determinados observacionalmente. A massa da estrela é determinada a partir de sua luminância observada e da teoria de estruturas estelares. *Iota Draconis* é a oitava estrela mais brilhante da constelação do Dragão. Observações mostram que um planeta, com um período orbital de 1,50 ano, orbita esta estrela. A massa de *Iota Draconis* é 1,05 M_{Sol}. (*a*) Estime o comprimento (em UA) do semi-eixo maior desta órbita planetária. (*b*) Observa-se que a rapidez radial da estrela varia cerca de 592 m/s. Use conservação da quantidade de movimento para determinar a massa do planeta. Suponha uma órbita circular vista de lado, e que não hajam outros planetas orbitando *Iota Draconis*. Expresse a massa como um múltiplo da massa de Júpiter.

21 ••• Um dos maiores problemas não resolvidos na teoria de formação do sistema solar é que, enquanto a massa do Sol é 99,9 por cento da massa total do sistema solar, ele carrega apenas cerca de 2 por cento da quantidade de movimento angular total. A teoria mais aceita de formação do sistema solar tem como hipótese central o colapso de uma nuvem de poeira e gás sujeita à força da gravidade, com quase toda a massa formando o Sol. No entanto, porque a quantidade de movimento angular resultante desta nuvem é conservada, uma teoria simples indicaria que o Sol deveria estar girando muito mais rapidamente do que na verdade está. Neste problema, você deve mostrar por que é importante que a maior parte da quantidade de movimento angular tenha sido, de alguma forma, transferida para os planetas. (*a*) O Sol é uma nuvem de gás mantida unida pela força da gravidade. Se o Sol estivesse girando muito rapidamente, a gravidade não o manteria unido. Usando a massa conhecida do Sol ($1{,}99 \times 10^{30}$ kg) e o seu raio ($6{,}96 \times 10^{8}$ m), estime a maior rapidez angular que o Sol pode ter mantendo-se intacto. Qual é o período de rotação correspondente a esta taxa de rotação? (*b*) Calcule a quantidade de movimento angular orbital de Júpiter e de Saturno a partir de suas massas (318 e 95,1 vezes a massa da Terra, respectivamente), distâncias médias ao Sol (778 e 1430 milhões de km, respectivamente) e períodos orbitais (11,9 e 29,5 anos, respectivamente). Compare-as com o valor experimental medido da quantidade de movimento angular do Sol, de $1{,}91 \times 10^{41}$ kg · m²/s. (*c*) Se, de alguma maneira, transferíssemos toda a quantidade de movimento angular de Júpiter e de Saturno para o Sol, qual seria o novo período de rotação do Sol? O Sol não é uma esfera homogênea de gás e seu momento de inércia é dado pela fórmula $I = 0{,}059\,MR^2$. Compare sua resposta com o período máximo de rotação da Parte (*a*).

LEIS DE KEPLER

22 • O novo cometa Alex-Casey tem uma órbita muito elíptica, com um período de 127,4 anos. Se a aproximação máxima do Alex-Casey ao Sol é 0,1 UA, qual é o seu maior afastamento do Sol?

23 • O raio da órbita da Terra é $1{,}496 \times 10^{11}$ m e o da órbita de Urano é $2{,}87 \times 10^{12}$ m. Qual é o período orbital de Urano?

24 • O asteróide Hektor, descoberto em 1907, possui uma órbita quase circular de raio 5,16 UA em torno do Sol. Determine o período deste asteróide.

25 •• Uma das chamadas "falhas de Kirkwood" no cinto de asteróides ocorre em um raio orbital para o qual o período da órbita é metade do de Júpiter. A razão pela qual existe uma falha de órbitas com este raio é devida ao impulso periódico (exercido por Júpiter) que um asteróide experimenta, na mesma posição, a cada segunda vez que passa por lá, orbitando em torno do Sol. Impulsos repetidos deste tipo, exercidos por Júpiter, acabam por provocar uma variação da órbita do asteróide. Portanto, todos os asteróides que, de outra forma, estariam orbitando com aquele raio foram, presumivelmente, varridos da área devido a este fenômeno ressonante. A que distância do Sol está esta particular falha ressonante 2:1 "de Kirkwood"?

26 •• A pequena Lua de Saturno, Atlas, está presa a uma chamada ressonância orbital com outra Lua, Mimas, cuja órbita é externa à de Atlas. A razão entre os períodos destas órbitas é 3:2, isto é, para cada 3 órbitas de Atlas, Mimas completa 2 órbitas. Assim, Atlas, Mimas e Saturno tornam-se alinhados em intervalos iguais a dois períodos orbitais de Atlas. Se Mimas orbita Saturno com um raio de 186.000 km, qual é o raio da órbita de Atlas?

27 •• O asteróide Ícaro, descoberto em 1949, recebeu este nome por causa de sua órbita elíptica de grande excentricidade, que o traz próximo ao Sol no periélio. A excentricidade e de uma elipse é definida pela relação $r_p = a(1 - e)$, onde r_p é a distância de periélio e a é o semi-eixo maior. Ícaro tem uma excentricidade de 0,83 e um período de 1,1 a. (*a*) Determine o semi-eixo maior da órbita de Ícaro. (*b*) Determine as distâncias de periélio e de afélio da órbita de Ícaro.

28 •• **RICO EM CONTEXTO, APLICAÇÃO EM ENGENHARIA, APLICAÇÃO BIOLÓGICA** Uma missão tripulada a Marte, e seus conseqüentes problemas devido ao tempo extremamente longo que os astronautas passariam sem peso e sem espaço para provisões, tem sido razão de extensa discussão. Para examinar esta questão de maneira simples, considere uma possível trajetória para a nave: a "órbita de transferência Hohmann". Esta é uma órbita elíptica tangente à órbita da Terra em seu periélio e tangente à órbita de Marte em seu afélio. Dado que a órbita de Marte tem uma distância média ao Sol igual a 1,52 vez a distância média da Terra ao Sol, calcule o tempo gasto pelos astronautas durante a viagem a Marte. Muitos efeitos biológicos adversos (tais como atrofia muscular e decréscimo da massa específica óssea) têm sido observados em astronautas que retornam de órbitas próximas da Terra após apenas alguns meses no espaço. Se fosse o médico de bordo, você deveria estar atento a quais preocupações sobre saúde?

29 •• **ESTIMATIVA** Kepler determinou distâncias no sistema solar a partir de seus dados. Por exemplo, ele encontrou a distância relativa entre o Sol e Vênus (em comparação com a distância do Sol à Terra) da seguinte maneira. Como a órbita de Vênus é mais próxima do Sol do que a órbita da Terra, Vênus é uma estrela matutina ou vespertina — sua posição no céu nunca é muito distante do Sol (Figura 11-29). Considere a órbita de Vênus perfeitamente circular e a orientação relativa de Vênus, da Terra e do Sol em sua extensão máxima, isto é, com Vênus o mais afastado possível, no céu, do Sol. (*a*) Sob estas condições, mostre que o ângulo *b* na Figura 11-24 vale 90°. (*b*) Se o ângulo de elongação máxima *a* entre Vênus e o Sol é 47°, qual é a distância entre Vênus e o Sol em UA? (*c*) Use este resultado para estimar o comprimento de um "ano" venusiano.

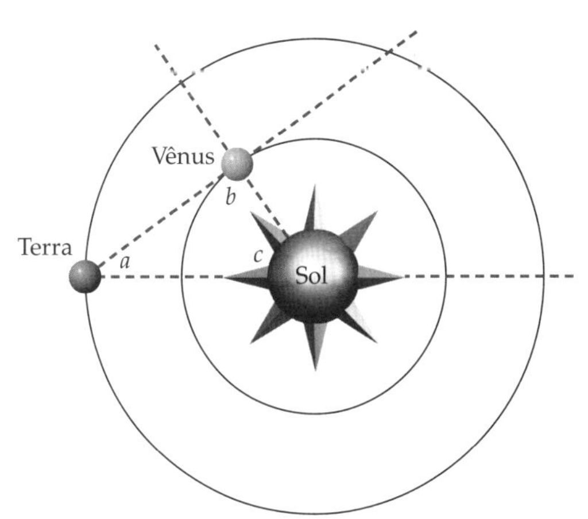

FIGURA 11-24 Problema 29

30 •• No apogeu, o centro da Lua está a 406.395 km do centro da Terra e, no perigeu, a Lua está a 357.643 km do centro da Terra. Qual é a rapidez orbital da Lua no perigeu e no apogeu? A massa da Terra é $5{,}98 \times 10^{24}$ kg.

LEI DE NEWTON DA GRAVITAÇÃO

31 • O satélite de Júpiter Europa orbita em torno de Júpiter com um período de 3,55 dias com um raio orbital médio de $6{,}71 \times 10^8$ m. (*a*) Supondo a órbita circular, determine a massa de Júpiter a partir dos dados fornecidos. (*b*) Outro satélite de Júpiter, Calisto, orbita com um raio médio de $1{,}88 \times 10^8$ m e com um período orbital de 16,7 d. Mostre que estes dados são consistentes com a lei da gravitação do inverso do quadrado da distância (*Nota*: NÃO use o valor de G na Parte(*b*)).

32 • **APLICAÇÃO BIOLÓGICA** Algumas pessoas pensam que os astronautas em um ônibus espacial se tornam "sem peso" porque eles ficam "além do alcance da gravidade da Terra". Isto é, na verdade, completamente incorreto. (*a*) Qual é a magnitude do campo gravitacional na vizinhança da órbita de um ônibus espacial? A órbita de um ônibus espacial está a cerca de 400 km acima do solo. (*b*) Conhecida a resposta da Parte (*a*), explique por que os astronautas no ônibus espacial sofrem efeitos biológicos adversos, como atrofia muscular, mesmo não estando, realmente, "sem peso"?

33 • A massa de Saturno é de $5{,}69 \times 10^{26}$ kg. (*a*) Determine o período de sua Lua Mimas, cujo raio orbital médio é de $1{,}86 \times 10^8$ m. (*b*) Determine o raio orbital médio de sua Lua Titã, cujo período é de $1{,}38 \times 10^6$ s.

34 • Calcule a massa da Terra, a partir do período da Lua, $T = 27{,}3$ dias, seu raio orbital médio, $r_{\text{Lua}} = 3{,}84 \times 10^8$ m, e do valor conhecido de G.

35 • Suponha que você deixe o sistema solar e chegue em um planeta com a mesma razão massa/volume da Terra, mas com um raio igual a 10 vezes o raio da Terra. Quanto você pesaria neste planeta em comparação com o seu peso na Terra?

36 • Suponha que a Terra tivesse sido, de alguma forma, comprimida à metade de seu raio atual, mantendo sua massa atual. Qual seria o valor de g na superfície deste novo planeta compacto?

37 • Um planeta orbita em torno de uma estrela massiva. Quando no periélio, o planeta tem uma rapidez de $5{,}0 \times 10^4$ m/s e está a $1{,}0 \times 10^{15}$ m da estrela. O raio orbital aumenta para $2{,}2 \times 10^{15}$ m no afélio. Qual é a rapidez do planeta no afélio?

38 • Qual é a magnitude do campo gravitacional na superfície de uma estrela de nêutrons cuja massa é 1,60 vez a massa do Sol e cujo raio é de 10,5 km?

39 •• A rapidez de um asteróide é 20 km/s no periélio e 14 km/s no afélio. (*a*) Determine a razão entre as distâncias de afélio e de periélio. (*b*) Na média, este asteróide está mais afastado ou mais próximo do Sol do que a Terra? Explique.

40 •• Um satélite, com uma massa de 300 kg, se move em uma órbita circular $5{,}00 \times 10^7$ m acima da superfície da Terra. (*a*) Qual é a força gravitacional sobre o satélite? (*b*) Qual é a rapidez do satélite? (*c*) Qual é o período do satélite?

41 •• Um medidor supercondutor de gravidade pode medir variações da gravidade da ordem de $\Delta g/g = 1{,}00 \times 10^{-11}$. (*a*) Você está escondido atrás de uma árvore, segurando o medidor, e seu amigo de 80 kg se aproxima do outro lado. Quão próximo de você seu amigo pode chegar antes que o medidor detecte uma variação em g causada pela presença dele? (*b*) Você está em um balão de ar quente, usando o medidor para determinar a que taxa está subindo (suponha a aceleração constante). Qual é a menor variação de altitude que resulta em uma variação detectável do campo gravitacional da Terra?

42 •• Suponha que a interação de atração entre uma estrela de massa M e um planeta de massa $m \ll M$ seja da forma $F = KMm/r$, onde K é a constante gravitacional. Qual seria a relação entre o raio da órbita circular do planeta e seu período?

43 •• O raio da Terra vale 6370 km e o raio da Lua vale 1738 km. A aceleração da gravidade na superfície da Lua é de 1,62 m/s². Qual é a razão entre a massa específica média da Lua e a da Terra?

MASSA GRAVITACIONAL E MASSA INERCIAL

44 • O peso medido de um corpo-padrão definido como tendo uma massa de exatamente 1,00... kg é de 9,81 N. No mesmo laboratório, um segundo corpo pesa 56,6 N. (*a*) Qual é a massa do segundo corpo? (*b*) A massa que você determinou na Parte (*a*) é gravitacional ou inercial?

45 • **ESTIMATIVA** O *Princípio da Equivalência* estabelece que a aceleração de queda livre de qualquer corpo em um campo gravitacional é independente da massa do objeto. Isto pode ser deduzido da lei da gravitação universal, mas até que ponto vale experimentalmente? A experiência de Roll–Krotkov–Dicke, realizada na década de 1960, mostra que a aceleração de queda livre é independente da massa pelo menos em uma parte em 10^{12}. Sejam dois corpos largados simultaneamente, do repouso, em um campo gravitacional uniforme. Suponha que um dos corpos caia com uma aceleração constante de exatamente 9,81 m/s², enquanto o outro cai com uma aceleração constante maior do que 9,81 m/s² em uma parte em 10^{12}. Até onde terá caído o primeiro corpo, quando o segundo corpo tiver caído 1,00 mm mais do que o primeiro corpo? Repare que esta estimativa fornece apenas um limite superior para a diferença de acelerações; a maioria dos físicos acredita que não existe diferença entre as acelerações.

ENERGIA POTENCIAL GRAVITACIONAL

46 • (*a*) Se tomamos como zero a energia potencial de um corpo de 100 kg e a Terra, quando os dois estão separados de uma distância infinita, qual é a energia potencial quando o corpo está na superfície da Terra? (*b*) Determine a energia potencial do mesmo corpo a uma altura, acima da superfície da Terra, igual ao raio da Terra. (*c*) Determine a rapidez de escape de um corpo projetado desta altura.

47 • Sabendo que a aceleração da gravidade na Lua é 0,166 vez aquela na Terra, e que o raio da Lua é $0{,}273\ R_T$, determine a rapidez de escape de um projétil lançado da superfície da Lua.

48 •• Qual é a rapidez inicial necessária para que uma partícula lançada da superfície da Terra tenha uma rapidez final igual à sua rapidez de escape, quando estiver muito distante da Terra? Despreze a resistência do ar.

49 •• **RICO EM CONTEXTO, APLICAÇÃO EM ENGENHARIA** Preparando seu orçamento para o próximo ano, a NASA deseja relatar para a nação uma estimativa aproximada do custo (por quilograma) de se lançar um satélite moderno em uma órbita próxima da Terra. Você é escolhido para realizar esta tarefa, por conhecer tanto física quanto contabilidade. (*a*) Determine a energia, em kW · h, necessária para colocar um corpo de 1,0 kg em órbita baixa da Terra. Em uma órbita baixa, a altura do corpo acima da superfície da Terra é muito menor do que o raio da Terra. Tome uma altura orbital de 300 km. (*b*) Se esta energia pode ser obtida a um custo típico de energia elétrica de quinze centavos de real por kW · h, qual é o custo mínimo para se lançar um satélite de 400 kg em órbita baixa? Despreze a resistência do ar.

50 •• O escritor de ficção científica Robert Heinlein disse, uma vez: "Se você pode ser colocado em órbita, então você está a meio caminho de qualquer lugar". Justifique esta afirmativa comparando a energia mínima necessária para colocar um satélite em órbita baixa terrestre ($h = 400$ km) com aquela necessária para liberá-lo completamente da gravidade terrestre. Despreze a resistência do ar.

51 •• Um corpo é largado, a partir do repouso, de uma altura de $4{,}0 \times 10^6$ m acima da superfície da Terra. Se não existe resistência do ar, qual é sua rapidez ao atingir a Terra?

52 •• Um corpo é lançado diretamente para cima da superfície da Terra, com uma rapidez inicial de 4,0 km/s. Qual é a altura máxima que ele alcança?

53 •• Uma partícula é lançada da superfície da Terra com uma rapidez igual a duas vezes a rapidez de escape. Quando muito distante da Terra, qual é a sua rapidez?

54 ••• Quando calculamos uma rapidez de escape, usualmente o fazemos na suposição de que o corpo lançado está isolado. Isto é, obviamente, geralmente incorreto no sistema solar. Mostre que a rapidez de escape em um ponto próximo de um sistema consistindo em dois corpos massivos, estacionários e esféricos, é igual à raiz quadrada da soma dos quadrados dos valores de rapidez de escape para cada um dos dois corpos considerados individualmente.

55 ••• Calcule a mínima rapidez necessária, em relação à Terra, para que um corpo lançado da superfície da Terra escape do sistema solar. A resposta dependerá da direção do lançamento. Explique a escolha de direção de lançamento que você faria com o objetivo de minimizar a necessária rapidez de lançamento em relação à Terra. Despreze o movimento rotacional da Terra e a resistência do ar.

56 ••• Um corpo é projetado verticalmente, da superfície da Terra, com uma rapidez menor do que a rapidez de escape. Mostre que a altura máxima atingida pelo corpo é $H = R_T H'/(R_T - H')$, onde H' é a altura que seria alcançada se o campo gravitacional fosse constante. Despreze a resistência do ar.

ÓRBITAS GRAVITACIONAIS

57 •• Uma nave espacial de 100 kg está em uma órbita circular em torno da Terra a uma altura $h = 2R_T$. (*a*) Qual é o período orbital da nave? (*b*) Qual é a energia cinética da nave? (*c*) Expresse a quantidade de movimento angular L da nave, em relação ao centro da Terra, em termos da energia cinética K e determine o valor numérico de L.

58 •• **ESTIMATIVA** O período orbital da Lua é de 27,3 dias, a distância média centro a centro entre a Lua e a Terra é de $3{,}82 \times 10^8$ m, um ano terrestre dura 365,25 dias e a distância média centro a centro entre a Terra e o Sol é de $1{,}50 \times 10^{11}$ m. Utilize estes dados para estimar a razão entre a massa do Sol e a massa da Terra. Compare esta estimativa com a razão medida de $3{,}33 \times 10^5$. Liste alguns fatores não considerados que poderiam dar conta de eventuais discrepâncias encontradas.

59 •• Muitos satélites orbitam a Terra em altitudes de até 1000 km acima da superfície da Terra. Satélites *geossíncronos*, no entanto, orbitam a uma altitude de 35 790 km acima da superfície da Terra. Quanta energia é necessária para lançar um satélite de 500 kg em uma órbita geossíncrona, além da requerida para o caso de uma órbita a 1000 km da superfície da Terra?

60 ••• **RICO EM CONTEXTO, APLICAÇÃO EM ENGENHARIA** A idéia de um espaçoporto orbitando a Terra é uma proposta atraente para o lançamento de sondas e/ou missões tripuladas a planetas externos do sistema solar. Suponha que uma tal "plataforma" tenha sido construída e orbita a Terra a uma distância de 450 km acima de sua superfície. Sua equipe de pesquisas está lançando uma sonda lunar em uma órbita que tem o perigeu no raio orbital do espaçoporto e o apogeu no raio orbital da Lua. (*a*) Para lançar a sonda com sucesso, determine primeiro a rapidez orbital da plataforma. (*b*) Em seguida, determine a necessária rapidez relativa à plataforma para lançar a sonda, de modo que ela atinja a órbita desejada. Despreze os efeitos de impulso gravitacional da Lua sobre a sonda. Além disso, suponha que o lançamento ocorra em um espaço de tempo desprezível. (*c*) Você projetou a sonda para que ela envie um sinal de rádio ao atingir o apogeu. Quanto tempo, após o lançamento, você espera receber este sinal da sonda (despreze o tempo de trânsito do sinal até a plataforma, da ordem de um segundo)?

O CAMPO GRAVITACIONAL ($\vec{g}$)

61 • Uma sonda espacial de 3,0 kg experimenta uma força de $12\ \text{N}\hat{i}$, ao passar pelo ponto P. Qual é o campo gravitacional no ponto P?

62 • O campo gravitacional em um certo ponto é dado por $\vec{g} = 2{,}5 \times 10^{-6}\ \text{N/kg}\,\hat{j}$. Qual é a força gravitacional sobre um corpo de 0,0040 kg localizado nesse ponto?

63 •• Uma partícula pontual de massa m está sobre o eixo x em $x = L$ e uma partícula pontual idêntica está sobre o eixo y em $y = L$. (*a*) Qual é a orientação do campo gravitacional na origem? (*b*) Qual é a magnitude deste campo?

64 •• Cinco corpos, cada um de massa M, estão igualmente espaçados sobre um arco de semicírculo de raio R, como na Figura 11-25. Um corpo de massa m está localizado no centro de curvatura do arco. (*a*) Se M é 3,0 kg, m é 2,0 kg e R é 10 cm, qual é a força gravitacional sobre a partícula de massa m devida aos cinco corpos? (*b*) Se o corpo de massa m é removido, qual é o campo gravitacional no centro de curvatura do arco?

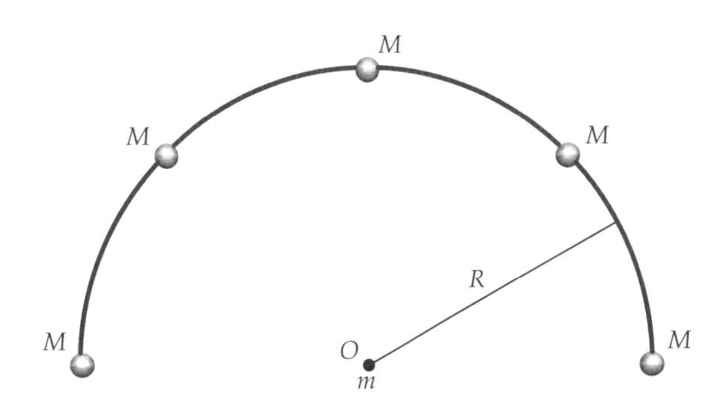

FIGURA 11-25 Problema 64

65 •• Uma partícula pontual, de massa $m_1 = 2{,}0$ kg, está na origem e uma segunda partícula pontual, de massa $m_2 = 4{,}0$ kg, está no eixo x em $x = 6{,}0$ m. Determine o campo gravitacional $\vec{g}$ em (*a*) $x = 2{,}0$ m e (*b*) $x = 12$ m. (*c*) Determine o ponto do eixo x para o qual $g = 0$.

66 •• Mostre que, no eixo x, o valor máximo de g para o campo do Exemplo 11-7 ocorre nos pontos $x = \pm a/\sqrt{2}$.

67 ••• Uma barra fina não homogênea, de comprimento L, está sobre o eixo x. Uma extremidade da barra está na origem e a outra extremidade está em $x = L$. A massa da barra por unidade de comprimento, λ, varia como $\lambda = Cx$, onde C é uma constante. (Assim, um elemento da barra possui massa $dm = \lambda\, dx$.) (*a*) Determine a massa total da barra. (*b*) Determine o campo gravitacional da barra em $x = x_0$, onde $x_0 > L$.

68 •• Uma barra fina homogênea, de massa M e comprimento L, está sobre o eixo x positivo com uma de suas extremidades na origem. Considere um elemento da barra de comprimento dx e massa dm, no ponto x, onde $0 < x < L$. (*a*) Mostre que este elemento produz um campo gravitacional no ponto x_0 do eixo x, na região $x_0 > L$, dado por $dg_x = \dfrac{GM}{L(x_0 - x)^2}dx$. (*b*) Integre este resultado sobre o comprimento da barra para determinar o campo gravitacional total da barra no ponto x_0. (*c*) Determine a força gravitacional sobre uma partícula pontual de massa m_0 em x_0. (*d*) Mostre que, para $x_0 \gg L$, o campo da barra se aproxima do campo de uma partícula pontual de massa M em $x = 0$.

O CAMPO GRAVITACIONAL ($\vec{g}$) DE OBJETOS ESFÉRICOS

69 • Uma casca esférica fina e homogênea tem 2,0 m de raio e 300 kg de massa. Qual é o campo gravitacional às seguintes distâncias do centro da camada: (*a*) 0,50 m, (*b*) 1,9 m, (*c*) 2,5 m?

70 • Uma casca esférica fina e homogênea tem 2,0 m de raio e 300 kg de massa, e seu centro está localizado na origem de um sistema de coordenadas. Outra casca esférica fina e homogênea, com 1,00 m de raio e 150 kg de massa, está dentro da casca maior, com seu centro em 0,600 m no eixo x. Qual é a força gravitacional de atração entre as duas cascas?

71 •• Duas esferas maciças muito afastadas, E_1 e E_2, têm o mesmo raio R e a mesma massa M. A esfera E_1 é homogênea, enquanto a massa específica de E_2 é dada por $\rho(r) = C/r$, onde r é a distância ao seu centro. Se a intensidade do campo gravitacional na superfície de E_1 é g_1, qual é a intensidade do campo gravitacional na superfície de E_2?

72 •• Duas esferas maciças e homogêneas muito afastadas, E_1 e E_2, têm massas iguais mas raios diferentes, R_1 e R_2. Se a intensidade do campo gravitacional na superfície de E_1 é g_1, qual é a intensidade do campo gravitacional na superfície de E_2?

73 •• Duas cascas esféricas finas, homogêneas e concêntricas, possuem massas M_1 e M_2 e raios a e $2a$, como na Figura 11-26. Qual é a magnitude da força gravitacional sobre uma partícula pontual de massa m (não mostrada) localizada (*a*) a uma distância $3a$ do centro das cascas? (*b*) a uma distância $1{,}9a$ do centro das cascas? (*c*) a uma distância $0{,}9a$ do centro das cascas?

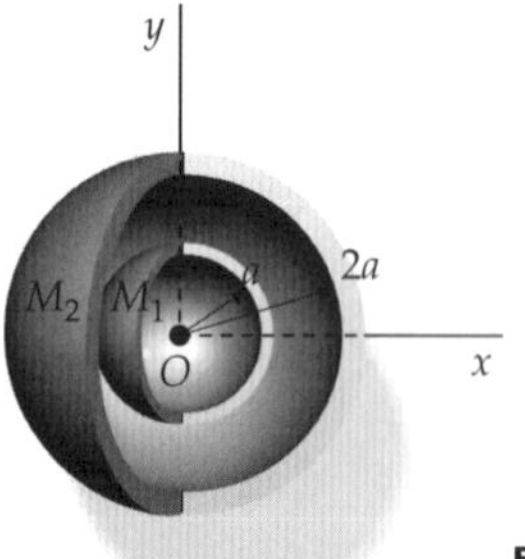

FIGURA 11-26 Problema 73

74 •• A casca esférica interna do Problema 73 é deslocada de forma a que seu centro, agora, esteja no eixo x em $x = 0{,}8a$. Qual é a magnitude da força gravitacional sobre uma partícula pontual de massa m localizada no eixo x em (*a*) $x = 3a$? (*b*) $x = 1{,}9a$? (*c*) $x = 0{,}9a$?

75 •• Suponha que você esteja de pé sobre uma balança de mola em um elevador que está descendo, com rapidez constante, o túnel de entrada de uma mina localizada no equador. Trate a Terra como uma esfera homogênea.

(*a*) Mostre que a força da gravidade da Terra sobre você é proporcional à sua distância ao centro do planeta.

(*b*) Suponha a entrada da mina vertical e localizada no equador. Não despreze o movimento de rotação da Terra. Mostre que a leitura da balança de mola é proporcional à sua distância ao centro do planeta.

76 •• **RICO EM CONTEXTO** Suponha que a Terra seja uma esfera homogênea não girante. Como prêmio por terem recebido a maior nota de laboratório, seu professor de física escolhe sua equipe de laboratório para participar de um experimento gravitacional em uma profunda mina no equador. Esta mina possui um elevador que entra 15,0 km dentro da Terra. Antes de fazer a medida, você é solicitado a prever o decréscimo no peso, ao chegar no fundo do poço do elevador, de um membro da equipe que pesa 800 N na superfície da Terra. A massa específica da crosta terrestre aumenta com a profundidade. Sua resposta é maior ou menor do que o resultado experimental?

77 •• Uma esfera maciça de raio R tem o centro na origem. Ela tem uma massa específica uniforme de massa, ρ_0, exceto pelo fato de possuir uma cavidade esférica de raio $r = \frac{1}{2}R$ centrada em $x = \frac{1}{2}R$, como na Figura 11-27. Determine o campo gravitacional nos pontos do eixo x com $|x| > R$. *Dica: A cavidade pode ser pensada como uma esfera de massa* $m = (4/3)\pi r^3\rho_0$ mais uma esfera de massa "negativa" $-m$.

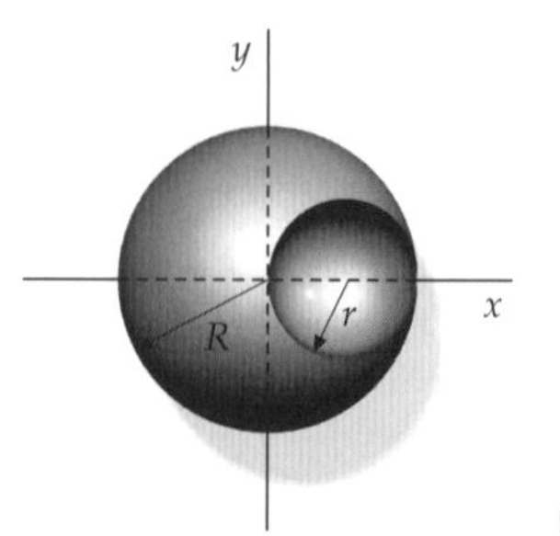

FIGURA 11-27 Problema 77

78 ••• Para a esfera com cavidade do Problema 77, mostre que o campo gravitacional é uniforme dentro da cavidade e determine sua magnitude e orientação.

79 ••• Um túnel reto é cavado através de um planeta esférico homogêneo com massa específica de massa ρ_0. O túnel passa pelo centro do planeta e é perpendicular ao eixo de rotação do planeta, que é fixo no espaço. O planeta gira com uma certa rapidez angular constante ω para a qual objetos no túnel não possuem peso aparente. Determine esta rapidez angular ω.

80 ••• A massa específica de uma esfera é dada por $\rho(r) = C/r$. A esfera tem um raio de 5,0 m e uma massa de $1{,}0 \times 10^{11}$ kg. (*a*) Determine a constante C. (*b*) Obtenha expressões para o campo gravitacional nas regiões (1) $r > 5{,}0$ m e (2) $r < 5{,}0$ m.

81 ••• Um furo de pequeno diâmetro é perfurado na esfera do Problema 80, em direção ao seu centro, até uma profundidade de 2,0 m abaixo da superfície da esfera. Uma pequena massa é largada, da superfície, dentro do furo. Determine a rapidez desta pequena massa quando ela atinge o fundo do furo.

82 ••• **RICO EM CONTEXTO, APLICAÇÃO EM ENGENHARIA** Como geólogo de uma companhia de mineração, você está trabalhando em um método de determinação de possíveis locais de depósitos minerais subterrâneos. Suponha que a crosta da Terra tenha a espessura de 40,0 km e a massa específica de cerca de 3000 kg/m³, onde a companhia possui suas terras. Suponha que um depósito esférico de metais pesados, com uma massa específica de 8000 kg/m³ e um raio de 1000 m esteja centrado 2000 m abaixo da superfície. Você propõe detectá-lo determinando seu efeito sobre o valor local de g na superfície. Determine $\Delta g/g$ na superfície, diretamente acima deste depósito, onde Δg é o aumento do campo gravitacional devido ao depósito.

83 ••• Duas cavidades esféricas idênticas são feitas em uma esfera de chumbo de raio R. Cada cavidade tem raio $R/2$. Elas tocam a superfície externa da esfera e o seu centro, como na Figura 11-28. A massa da esfera maciça e homogênea de chumbo, de raio R, é M. Determine a força de atração sobre uma partícula pontual de massa m localizada a uma distância d do centro da esfera de chumbo, como mostrado.

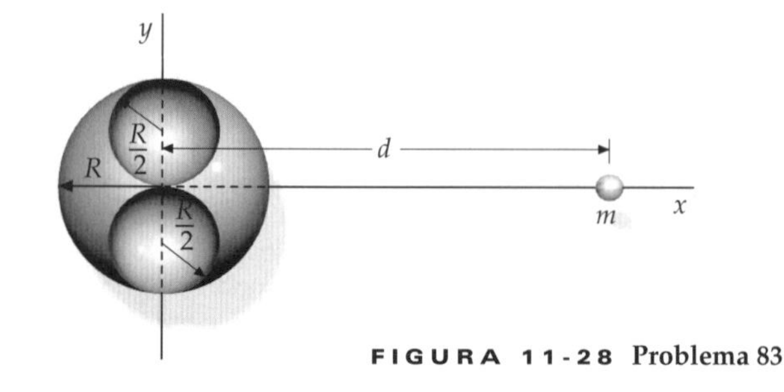

FIGURA 11-28 Problema 83

84 ••• Um agregado globular é uma coleção aproximadamente esférica de até milhões de estrelas ligadas pela força da gravidade. Os astrônomos medem as velocidades das estrelas no agregado para estudar sua composição e ter uma idéia da distribuição de massa dentro do agregado. Supondo que todas as estrelas tenham aproximadamente a mesma massa e estejam distribuídas uniformemente ao longo do agregado, mostre que a rapidez média de uma estrela em um órbita circular em torno do centro do agregado deve crescer linearmente com sua distância ao centro.

PROBLEMAS GERAIS

85 • A distância média entre Plutão e o Sol é de 39,5 UA. Calcule o período do movimento orbital de Plutão.

86 • Calcule a massa da Terra usando os valores conhecidos de G, g e R_T.

87 •• A força exercida pela Terra sobre uma partícula de massa m a uma distância r ($r > R_T$) do centro da Terra tem por magnitude mgR_T^2/r^2, onde $g = GM_T/R_T^2$. (*a*) Calcule o trabalho que você deve realizar para mover a partícula da distância r_1 para a distância r_2. *b*) Mostre que quando $r_1 = R_T$ e $r_2 = R_T + h$ o resultado pode ser escrito como $W = mgR_T^2[(1/R_T) - 1/(R_T + h)]$. (*c*) Mostre que quando $h \ll R_T$ o trabalho é dado aproximadamente por $W = mgh$.

88 •• A massa específica média da Lua é $\rho = 3340\ \text{kg/m}^3$. Determine o menor período possível T de uma espaçonave orbitando a Lua.

89 •• Uma *estrela de nêutrons* é um remanescente altamente condensado de uma estrela massiva na última fase de sua evolução. Ela é composta de nêutrons (daí o nome), porque a força gravitacional da estrela faz com que elétrons e prótons "combinem-se" formando nêutrons. Suponha que, ao final de sua fase atual, o Sol colapse em uma estrela de nêutrons (na verdade, ele não tem massa suficiente para isto) de 12,0 km de raio, sem perder nenhuma massa no processo. (*a*) Calcule a razão entre a aceleração gravitacional na superfície do Sol após o colapso e o valor que ela tem hoje. (*b*) Calcule a razão entre a rapidez de escape da superfície do Sol de nêutrons e o valor que ela tem hoje.

90 •• **RICO EM CONTEXTO, APLICAÇÃO EM ENGENHARIA** Suponha que o Sol pudesse colapsar em uma estrela de nêutrons de 12,0 km de raio, como no Problema 89. Sua equipe de pesquisadores está encarregada de enviar uma sonda, da Terra, para estudar o Sol transformado, e a sonda tem que ser colocada em uma órbita circular a 4500 km do centro do Sol de nêutrons. (*a*) Calcule a rapidez orbital da sonda. (*b*) Mais tarde, planeja-se a construção de um espaçoporto permanente na mesma órbita. Para transportar equipamentos e provisões, os cientistas na Terra precisam que você determine a rapidez de escape para foguetes lançados do espaçoporto (em relação ao espaçoporto) e orientados, no lançamento, no sentido da velocidade orbital do espaçoporto. Qual é essa rapidez e como você a compara com a rapidez de escape na superfície da Terra?

91 •• Um satélite circula em torno da Lua (1700 km de raio), próximo à superfície, com rapidez v. Um projétil é lançado verticalmente para cima, da superfície da Lua, com a mesma rapidez inicial v. Até que altura o projétil chegará?

92 •• *Buracos negros* são objetos cujo campo gravitacional é tão intenso que não deixa escapar nem mesmo a luz. Uma maneira de imaginá-los é considerar um objeto esférico cuja massa específica seja tão grande que a rapidez de escape de sua superfície seja maior do que a rapidez da luz, c. Se o raio de uma estrela for menor do que um valor conhecido como *raio de Schwarzschild* R_S, então a estrela será um buraco negro, isto é, a luz que se origina em sua superfície não poderá escapar. (*a*) Para um buraco negro não girante, o raio de Schwarzschild depende apenas da massa do buraco negro. Mostre que ele está relacionado à massa M por $R_S = (2GM)/c^2$. (*b*) Calcule o valor do raio de Schwarzschild para um buraco negro cuja massa é igual a dez massas solares.

93 •• Em um sistema binário de estrelas, duas estrelas descrevem órbitas circulares em torno de seu centro de massa comum. Se as estrelas possuem massas m_1 e m_2 e estão separadas por uma distância r, mostre que o período de rotação está relacionado a r através de $T^2 = 4\pi^2 r^3/[G(m_1 + m_2)]$.

94 •• Duas partículas, de massas m_1 e m_2, são largadas do repouso quando afastadas de uma grande distância. Determine seus respectivos valores de rapidez v_1 e v_2 quando a distância que as separa é r. É informado que o afastamento inicial é grande, mas grande é um termo relativo. O afastamento é grande em relação a qual distância?

95 •• Urano, o sétimo planeta do sistema solar, foi observado pela primeira vez em 1781 por William Herschel. Sua órbita foi, então, analisada em termos das leis de Kepler. Nos anos de 1840, observações de Urano mostraram claramente que sua órbita verdadeira era diferente do resultado dos cálculos keplerianos, por uma quantidade que não podia ser justificada em termos de imprecisão de observação. A conclusão foi que devia haver outra influência, além da do Sol e dos planetas conhecidos em órbitas internas à de Urano. Foi feita a hipótese de que esta influência era devida a um oitavo planeta, cuja órbita foi prevista independentemente por dois astrônomos, em 1845: John Adams e Urbain LeVerrier. Em setembro de 1846, John Galle, procurando no céu no local previsto por Adams e LeVerrier, fez a primeira observação de Netuno. Urano e Netuno estão em órbita em torno do Sol com períodos de 84,0 e 164,8 anos, respectivamente. Para ver o efeito de Netuno sobre Urano, determine a razão entre a força gravitacional entre Netuno e Urano e aquela entre Urano e o Sol, quando Netuno e Urano estão em sua aproximação máxima (isto é, alinhados com o Sol). As massas do Sol, de Urano e de Netuno são 333.000, 14,5 e 17,1 vezes a massa da Terra, respectivamente.

96 •• Acredita-se que existe um buraco negro "super massivo" no centro de nossa galáxia. Um dado que leva a esta conclusão é a importante observação recente de movimento estelar na vizinhança do centro galáctico. Se uma dessas estrelas se move em órbita elíptica com um período de 15,2 anos e possui um semi-eixo maior de 5,5 dias-luz (a distância percorrida pela luz em 5,5 dias), qual é a massa em torno da qual a estrela se move nesta órbita kepleriana?

97 •• Quatro planetas idênticos formam um quadrado, como mostrado na Figura 11-29. Se a massa de cada planeta é M e o lado do quadrado tem comprimento a, qual deve ser a rapidez de cada planeta, se eles devem permanecer em órbita em torno de seu centro comum, sob a influência de suas atrações mútuas?

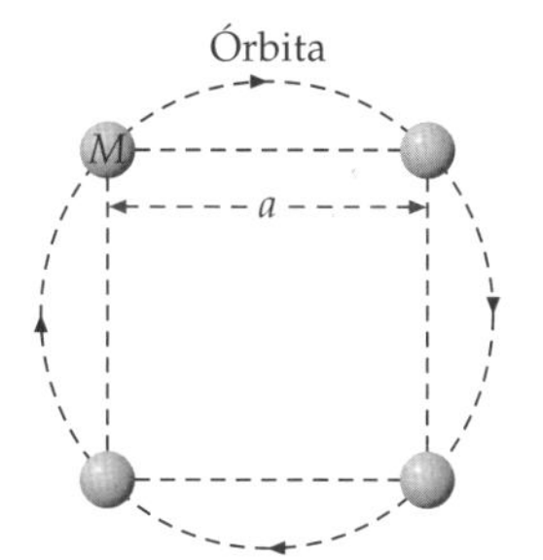

FIGURA 11-29 Problema 97

98 •• Um furo é feito da superfície da Terra até o seu centro, como na Figura 11-30. Ignore a rotação da Terra e a resistência do ar, e trate a Terra como uma esfera homogênea. (*a*) Qual é o trabalho necessário para erguer uma partícula de massa m do centro até a superfície da Terra? (*b*) Se a partícula é largada, do repouso, da superfície da Terra, qual é sua rapidez ao atingir o centro da Terra? (*c*) Qual é a rapidez de escape de uma partícula projetada do centro da Terra? Expresse suas respostas em termos de m, g e R_T.

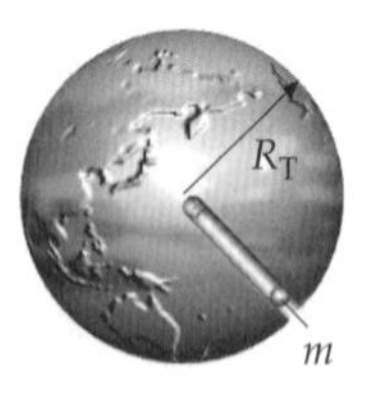

FIGURA 11-30 Problema 98

99 •• Uma casca esférica espessa, de massa M e massa específica uniforme, possui um raio interno R_1 e um raio externo R_2. Determine o campo gravitacional g_r como função de r, para $0 < r < \infty$. Esboce um gráfico de g_r *versus* r.

100 •• (*a*) Um anel fino e homogêneo, de massa M e raio R, está no plano $x = 0$ e centrado na origem. Esboce um gráfico do campo gravitacional g_x *versus* x para todos os pontos no eixo x. (*b*) Em qual ponto, ou em quais pontos, a magnitude de g_x é máxima?

101 ••• Determine a magnitude do campo gravitacional a uma distância r de uma barra fina e homogênea de comprimento infinito, cuja massa por unidade de comprimento é λ.

102 ••• Uma antiga questão em ciência planetária é se cada um dos anéis de Saturno é sólido ou composto de pedaços, cada um em sua própria órbita. A questão pode ser resolvida por uma observação em que os astrônomos possam medir a rapidez das partes interna e externa do anel. Se a parte interna do anel se move mais lentamente do que a parte externa, então o anel será sólido; se ocorrer o oposto, então ele será na verdade composto de partes separadas. Vejamos como isto se conclui a partir de uma visão teórica. Sejam Δr a largura radial de um dado anel (existem muitos), R a distância média do anel ao centro de Saturno e $v_{méd}$ a rapidez média do anel. (*a*) Se o anel é sólido, mostre que a *diferença* de rapidez entre as partes externa e interna, Δv, é dada pela expressão $\Delta v = v_{ext} - v_{int} \approx v_{méd}(\Delta r/R)$. Aqui, v_{ext} é a rapidez da parte mais externa do anel e v_{int} é a rapidez da parte mais interna. (*b*) Se, por outro lado, o anel é composto de muitos pedaços pequenos, mostre que $\Delta v \approx -\frac{1}{2}(v_{méd}(\Delta r/R))$. (Suponha $\Delta r \ll R$.)

103 ••• Determine a energia potencial gravitacional da barra fina do Exemplo 11-8 e de uma partícula pontual de massa m_0 que está no eixo x em $x = x_0$, onde $x_0 \geq \frac{1}{2}L$. (*a*) Mostre que a energia potencial associada a um elemento da barra de massa dm (mostrado na Figura 11-14) e uma partícula pontual de massa m_0 é dada por

$$dU = -\frac{Gm_0\,dm}{x_0 - x_s} = \frac{GMm_0}{L(x_0 - x_s)}dx_s$$

onde $U = 0$ em $x_0 = \infty$. (*b*) Integre seu resultado da Parte (*a*) sobre o comprimento da barra, para determinar a energia potencial total do sistema. Generalize sua função $U(x_0)$ para qualquer posição do eixo x na região $x > L/2$, substituindo x_0 por uma coordenada genérica x, e escreva-a como $U(x)$. (*c*) Calcule a força sobre m_0 em um ponto genérico x usando $F_x = -dU/dx$ e compare seu resultado com $m_0 g$, onde g é o campo em x_0 calculado no Exemplo 11-8.

104 ••• Uma esfera homogênea de massa M está localizada próximo a uma barra fina e homogênea de massa m e comprimento L, como na Figura 11-31. Determine a força gravitacional de atração exercida pela esfera sobre a barra.

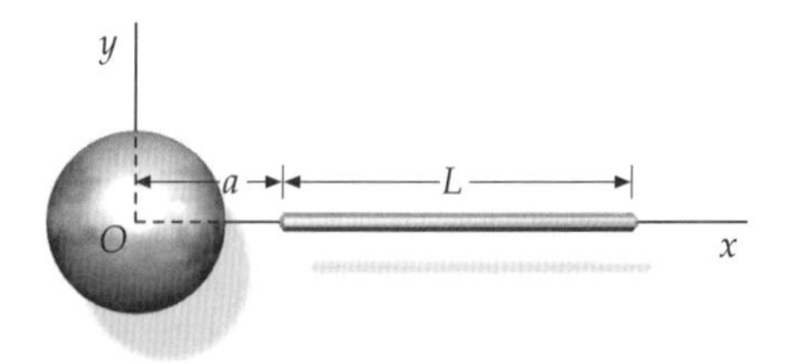

FIGURA 11-31 Problema 104

105 ••• Uma barra fina e homogênea de 20 kg, com 5,0 m de comprimento, é dobrada em um semicírculo. Qual é a força gravitacional exercida pela barra sobre uma massa pontual de 0,10 kg localizada no centro de curvatura do arco circular?

106 ••• O Sol e a Lua exercem, ambos, forças gravitacionais sobre os oceanos da Terra, provocando marés. (*a*) Mostre que a razão entre a força exercida sobre uma partícula pontual na superfície da Terra, pelo Sol, e aquela exercida pela Lua, é $M_S r_L^2/M_L r_S^2$. Aqui, M_S e M_L representam as massas do Sol e da Lua, e r_S e r_L são as distâncias da partícula ao Sol e à Lua, respectivamente. Estime, numericamente, esta razão. (*b*) Mesmo que o Sol exerça uma força muito maior sobre os oceanos do que a Lua, a Lua produz um efeito maior sobre as marés porque é a *diferença* entre as forças entre um lado da Terra e o outro que é importante. Diferencie a expressão $F = Gm_1m_2/r^2$ para determinar a variação de F devido a uma pequena variação de r. Mostre que $dF/F = -2\,dr/r$. (*c*) A *protuberância de marés* oceânicas (isto é, o abaulamento da água dos oceanos, levando à formação de dois pontos opostos altos e dois pontos opostos baixos) é causada pela diferença de forças gravitacionais sobre os oceanos entre um lado da Terra e o outro. Mostre que, para uma pequena diferença em distância, em comparação com a distância média, a razão entre a variação da força gravitacional exercida pelo Sol e a variação da força gravitacional exercida pela Lua sobre os oceanos da Terra é dada por $\Delta F_S/\Delta F_L \approx (M_S r_L^3)/(M_L r_S^3)$. Calcule esta razão. Qual é a sua conclusão? Qual objeto, a Lua ou o Sol, é o maior causador do abaulamento dos oceanos na Terra?

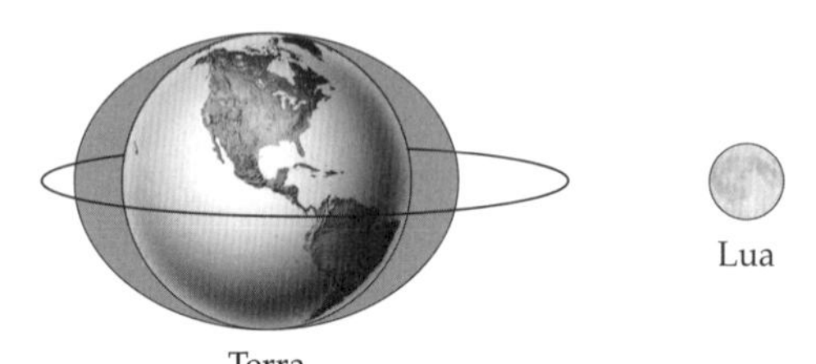

FIGURA 11-32 Problema 106 As protuberâncias de marés causadas pela Lua (exageradas, aqui) são causadas pela diferença entre as ações gravitacionais da Lua sobre lados opostos da Terra.

107 ••• **RICO EM CONTEXTO, APLICAÇÃO EM ENGENHARIA** Uma nave exploratória larga dois pequenos robôs sondas sobre a superfície de uma estrela de nêutrons. A massa da estrela é a mesma do Sol, mas seu diâmetro é de apenas 10 km. As sondas estão ligadas entre si por um cabo de aço de 1,0 m (contendo linhas de comunicação entre os robôs) e são largadas verticalmente (isto é, uma sempre acima da outra). A nave paira em repouso acima da superfície da estrela. Como engenheiro chefe de materiais da nave, você está preocupado com a possibilidade de a comunicação entre as duas sondas, ponto crucial da missão, ser interrompida. (*a*) Faça um resumo de seu informe ao comandante da missão, explicando a existência de uma "força tensionadora" que tentará afastar os robôs à medida que eles caem na estrela. (*a*) Suponha que o cabo utilizado tenha uma tensão de ruptura de 25 kN e que os robôs possuam, cada um, uma massa de 1,0 kg. Quão próximo da superfície da estrela os robôs podem chegar antes que o cabo se rompa?

GRANDES FORÇAS E TORQUES SÃO, COM FREQÜÊNCIA, EXERCIDOS SOBRE GUINDASTES DE CONSTRUÇÃO COMO ESTE. OS GUINDASTES DEVEM SER RÍGIDOS E BEM ANCORADOS, PARA SUPORTAREM TAIS FORÇAS E TORQUES SEM COLAPSAR. *(Eric M. Anderson/Tower Cranes of America, Inc.)*

Equilíbrio Estático e Elasticidade

? Torres de guindastes fazem parte da paisagem das grandes cidades em todo o mundo. O modelo mostrado tem um alcance máximo de 81 m. Contrapesos são usados para contrabalançar a carga e para evitar que o guindaste tombe. (Veja o Exemplo 12-5.)

Neste capítulo, estudamos as forças e os torques necessários para manter estáticos (estacionários) corpos com extensão. Por exemplo, as forças exercidas pelos cabos de uma ponte pênsil devem ser conhecidas, para que os cabos sejam projetados com resistência suficiente para suportar a ponte. De forma similar, guindastes devem ser projetados de forma a não tombarem ao levantarem um peso.

Neste capítulo, estudamos o equilíbrio de corpos rígidos e, depois, consideramos resumidamente as deformações e as forças elásticas que surgem quando sólidos reais são submetidos a tensão.

12-1 CONDIÇÕES DE EQUILÍBRIO

Uma condição necessária para que uma partícula em repouso permaneça em repouso é que a força resultante atuando sobre ela permaneça nula. De forma similar, uma condição necessária para que o centro de massa de um corpo rígido permaneça em repouso é que a força resultante atuando sobre o corpo permaneça nula. Um corpo rígido pode ser posto a girar, mesmo com seu centro de massa permanecendo em repouso, mas neste caso o objeto não estará em *equilíbrio estático*. Portanto, uma segunda condição necessária para que um corpo rígido permaneça em equilíbrio estático é que o torque resultante atuando sobre ele, em relação a *qualquer* eixo, deve permanecer nulo. Esta condição nos dá a opção de escolher qualquer ponto, ou qualquer eixo, para calcular torques, uma opção que simplifica enormemente a solução da maioria dos problemas de estática.

As duas condições necessárias para que um corpo rígido esteja em equilíbrio estático são as seguintes:

1. A força externa resultante que atua sobre um corpo deve permanecer nula:

$$\Sigma\vec{F} = 0 \qquad 12\text{-}1$$

2. O torque externo resultante, em relação a qualquer ponto, deve permanecer nulo:

$$\Sigma\vec{\tau} = 0 \qquad 12\text{-}2$$

CONDIÇÕES DE EQUILÍBRIO

12-2 O CENTRO DE GRAVIDADE

Na Seção 4 do Capítulo 9, o centro de gravidade é apresentado em termos de torques em relação a um eixo. Aqui, apresentamos o centro de gravidade em termos de torques em relação a um ponto. A Figura 12-1*a* mostra um corpo rígido em equilíbrio estático e um ponto *O*. Consideramos o corpo como composto de muitos pequenos elementos de massa. A força da gravidade sobre o *i*-ésimo pequeno elemento de massa é $\vec{F}_{gi}$, e a força total da gravidade sobre o objeto é $\vec{F}_g = \Sigma\vec{F}_{gi}$. Se $\vec{r}_i$ é o vetor posição da *i*-ésima partícula em relação a *O*, então $\vec{\tau}_i = \vec{r}_i \times \vec{F}_{gi}$, onde $\vec{\tau}_i$ é o torque de $\vec{F}_{gi}$ em relação a *O*. O torque gravitacional resultante em relação a *O* é, então, $\vec{\tau}_{res} = \Sigma(\vec{r}_i \times \vec{F}_{gi})$. Convenientemente, o torque resultante da gravidade em relação a um ponto pode ser calculado como se toda a força da gravidade $\vec{F}_g$ estivesse aplicada em um único ponto, o **centro de gravidade** (veja a Figura 12-1*b*). Isto é,

$$\vec{\tau}_{res} = \vec{r}_{cg} \times \vec{F}_g \qquad 12\text{-}3$$

CENTRO DE GRAVIDADE

onde $\vec{r}_{cg}$ é o vetor posição do centro de gravidade em relação a *O*.

Se o campo gravitacional $\vec{g}$ é uniforme na região do corpo (como é, quase sempre, o caso para corpos de tamanho não-astronômico), podemos escrever $\vec{F}_{gi} = m_i\vec{g}$. Somando os dois lados desta equação nos leva a $\vec{F}_g = M\vec{g}$, onde $M = \Sigma m_i$ é a massa do corpo. O torque resultante é a soma dos torques individuais. Isto é,

$$\vec{\tau}_{res} = \sum_i (\vec{r}_i \times \vec{F}_{gi}) = \sum_i (\vec{r}_i \times m_i\vec{g}) = \sum_i (m_i\vec{r}_i \times \vec{g})$$

Fatorando $\vec{g}$ no termo da direita, fica

$$\vec{\tau}_{res} = \left(\sum_i m_i\vec{r}_i\right) \times \vec{g}$$

e, substituindo $\Sigma m_i\vec{r}_i$ pela definição do centro de massa ($M\vec{r}_{cm} = \Sigma m_i\vec{r}_i$), obtemos

$$\vec{\tau}_{res} = M\vec{r}_{cm} \times \vec{g} = \vec{r}_{cm} \times M\vec{g} = \vec{r}_{cm} \times \vec{F}_g \qquad 12\text{-}4$$

As Equações 12-3 e 12-4 são válidas para qualquer escolha do ponto *O* apenas se $\vec{r}_{cg} = \vec{r}_{cm}$. Isto é, o centro de gravidade e o centro de massa coincidem se o corpo está em um campo gravitacional uniforme.

Se *O* está diretamente acima do centro de gravidade, então $\vec{r}_{cg}$ e $\vec{F}_g$ têm a mesma orientação (para baixo), de forma que $\vec{\tau}_{res} = \vec{r}_{cg} \times \vec{F}_g = 0$. Por exemplo, quando um

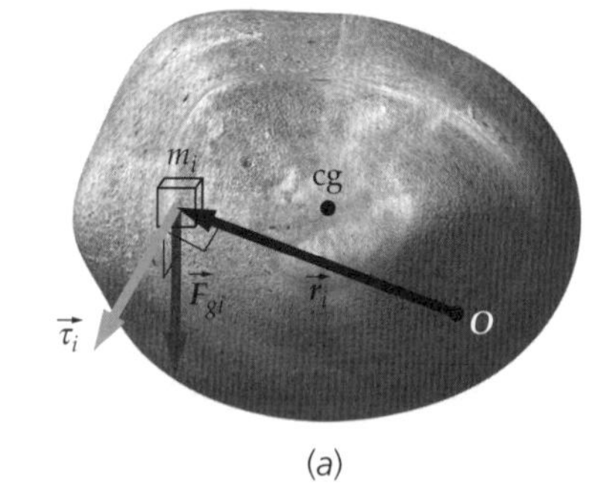

(*a*)

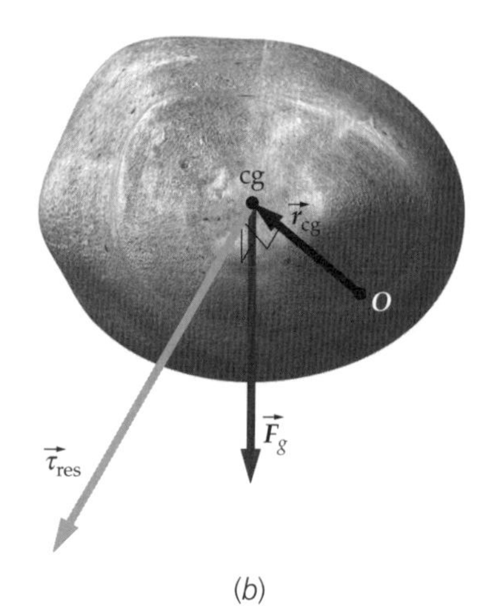

(*b*)

FIGURA 12-1 A orientação do torque é obtida aplicando-se a regra da mão direita do produto vetorial. (*a*) $\vec{\tau}_i$ é o torque, em relação a *O*, produzido pela força gravitacional $\vec{F}_{gi}$ sobre o *i*-ésimo elemento de massa. (*b*) O torque gravitacional resultante $\vec{\tau}_{res}$, em relação a *O*, pode ser calculado considerando a força gravitacional total $\vec{F}_g$ aplicada em um ponto chamado de centro de gravidade.

móbile está suspenso com o seu centro de gravidade diretamente abaixo de seu ponto de suspensão, o torque resultante sobre o móbile, em relação ao ponto de suspensão, é zero, e ele está em equilíbrio estático.

12-3 ALGUNS EXEMPLOS DE EQUILÍBRIO ESTÁTICO

Para a maioria dos exemplos e problemas deste capítulo, todas as forças são perpendiculares ao eixo z. Portanto, nesses problemas o melhor é calcular os torques em relação a um eixo paralelo ao eixo z (em vez de em relação a algum ponto). Nas figuras deste capítulo, o eixo z é tipicamente perpendicular à página, e o sentido para fora da página é normalmente escolhido como o sentido $+z$. Calcular os torques em relação ao eixo z e escolher o sentido $+z$ para fora da página equivale a escolher o sentido anti-horário como positivo e o sentido horário como negativo. (Se $+z$ é escolhido como o sentido que aponta para a página, então o sentido horário é positivo e o sentido anti-horário é negativo.)

Exemplo 12-1 Caminhando na Prancha

Uma prancha homogênea, de comprimento $L = 3{,}00$ m e massa $M = 35$ kg, está apoiada sobre balanças de mola distantes $d = 0{,}50$ m de suas extremidades, como mostra a Figura 12-2. (*a*) Determine a leitura das escalas quando Maria, de massa $m = 45$ kg, está de pé na extremidade esquerda da prancha. (*b*) Sérgio sobe na prancha e caminha ao encontro de Maria, que salta fora quando a prancha começa a se inclinar. Sérgio continua caminhando até a extremidade esquerda da prancha e, quando chega lá, a escala da balança da direita indica zero. Determine a massa de Sérgio.

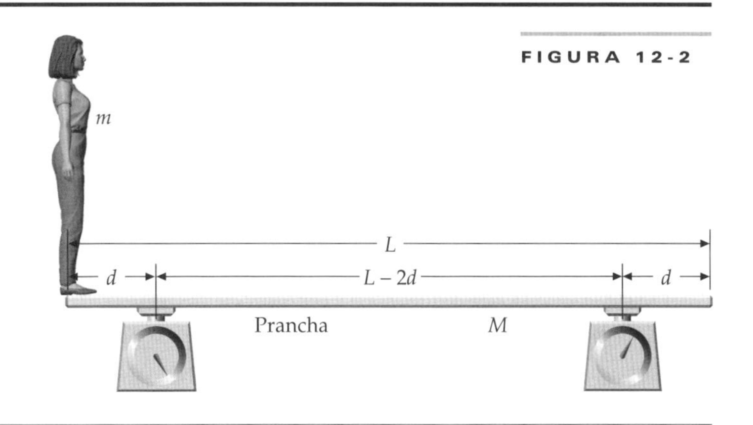

FIGURA 12-2

SITUAÇÃO As leituras das escalas são as magnitudes das forças que elas exercem sobre a prancha. Para determinar estas magnitudes, aplicamos as duas condições de equilíbrio ao sistema constituído por Maria e prancha.

SOLUÇÃO

(*a*) 1. Desenhe um diagrama de corpo livre do sistema constituído por Maria e prancha (Figura 12-3). As forças $\vec{F}_E$ e $\vec{F}_D$ são as forças exercidas pelas balanças da esquerda e da direita.

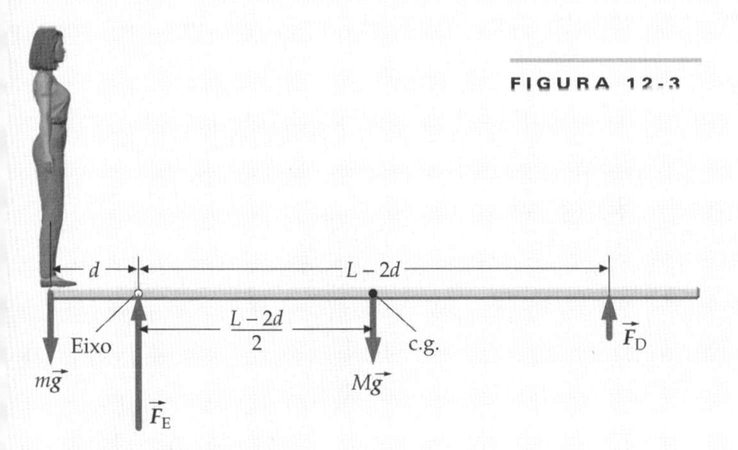

FIGURA 12-3

2. Faça a força resultante igual a zero, tomando como positivo o sentido para cima:

$$\Sigma F_y = 0$$
$$F_E + F_D - Mg - mg = 0$$

3. Calcule o torque resultante em relação ao eixo que aponta para fora da página (o que torna positivo o sentido anti-horário) e que passa pelo ponto de aplicação de $\vec{F}_E$:

$$\Sigma\tau = F_E(0) + F_D(L - 2d) - Mg\frac{L - 2d}{2} + mgd$$

4. Faça o torque resultante igual a zero e explicite F_D:

$$0 = F_D(L - 2d) - Mg\frac{L - 2d}{2} + mgd$$

$$\text{logo} \quad F_D = \left(\frac{1}{2}M - \frac{d}{L - 2d}m\right)g$$

5. Substitua este resultado para F_D no resultado do passo 2 e explicite F_E:

$$F_E = Mg + mg - \left(\frac{1}{2}M - \frac{d}{L - 2d}m\right)g = \left(\frac{1}{2}M + \frac{L - d}{L - 2d}m\right)g$$

6. Substitua os dados numéricos para obter os valores numéricos das forças:

$$F_E = \left(\frac{1}{2}35 \text{ kg} - \frac{0{,}50 \text{ m}}{1{,}5 \text{ m}}45 \text{ kg}\right)(9{,}81\text{N/kg})$$

$$= 61{,}3 \text{ N} = \boxed{61 \text{ N}}$$

$$F_E = \left(\frac{1}{2}35 \text{ kg} + \frac{2{,}5 \text{ m}}{2{,}0 \text{ m}}45\text{kg}\right)(9{,}81 \text{ N/kg})$$

$$= 723 \text{ N} = \boxed{7{,}2 \times 10^2 \text{ N}}$$

(*b*) Usando o resultado do passo 4 da Parte (*a*), faça $F_D = 0$ e resolva para m:

$$0 = \left(\frac{1}{2}M - \frac{d}{L - 2d}m\right)g$$

$$\text{logo} \quad m = \frac{L - 2d}{2d}M = \frac{2{,}0 \text{ m}}{1{,}0 \text{ m}}35 \text{ kg} = \boxed{70 \text{ kg}}$$

CHECAGEM Na Parte (*a*), a soma $F_E + F_D$ deve igualar o peso de Maria mais o peso da prancha. Este peso total é $(M + m) = (35 \text{ kg} + 45 \text{ kg})(9{,}81 \text{ N/kg}) = 7{,}8 \times 10^2$ N. Também, $F_E + F_D = 723 \text{ N} + 61 \text{ N} = 7{,}8 \times 10^2$ N, como esperado. Na Parte (*b*), Sérgio está a 0,50 m do eixo, e o centro de gravidade da prancha está a 1,00 m do eixo, quando o sistema está equilibrado com $F_D = 0$ e com Maria já fora da prancha. Assim, esperamos que a massa de Sérgio seja duas vezes a massa da prancha.

O Exemplo 12-1 pode ser resolvido usando um eixo que passe pelo centro da prancha mas, neste caso, ambos F_E e F_D aparecem na equação do torque, o que torna a álgebra um pouco mais complexa. Em geral, um problema de estática pode ser simplificado calculando-se os torques em relação a um eixo que coincida com a linha de ação de uma das forças não conhecidas, como fizemos escolhendo o eixo que passa pelo ponto de aplicação da força $\vec{F}_E$ no Exemplo 12-1.

ESTRATÉGIA PARA SOLUÇÃO DE PROBLEMAS

A Escolha do Eixo

SITUAÇÃO Lembre-se das condições de equilíbrio ($\Sigma\vec{F} = 0$ e $\Sigma\vec{\tau} = 0$).

SOLUÇÃO
1. Para obter uma solução algebricamente simples, escolha um eixo que coincida com a linha de ação da força sobre a qual você possui menos informações.
2. Então, iguale a zero a soma dos torques em relação a este eixo.

CHECAGEM Tente encontrar meios alternativos de resolver o problema, para checar a plausibilidade de sua solução.

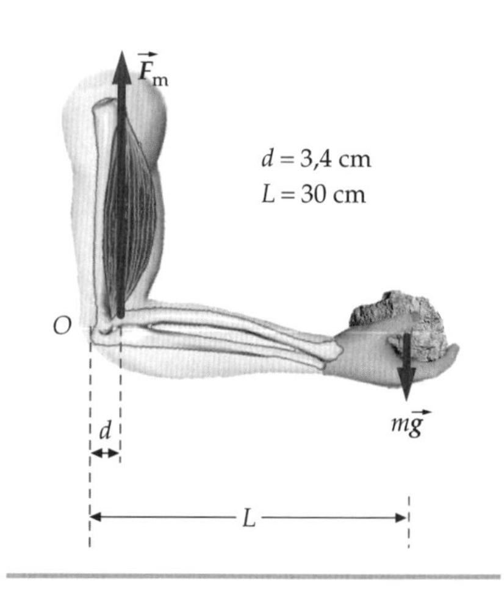

FIGURA 12-4

Exemplo 12-2 Força sobre o Cotovelo

Você segura um peso de 6,0 kg em sua mão, com seu antebraço formando um ângulo de 90° com o braço, como mostrado na Figura 12-4. Seu bíceps exerce uma força muscular $\vec{F}_m$ orientada para cima, que é aplicada a 3,4 cm do ponto de articulação O do cotovelo. Adote, como modelo para o antebraço e a mão, uma barra homogênea de 30,0 cm de comprimento e 1,0 kg de massa. (*a*) Determine a magnitude de $\vec{F}_m$, se a distância do peso ao ponto de articulação é

30 cm, e (*b*) determine a magnitude e a orientação da força exercida pelo braço sobre a articulação do cotovelo.

SITUAÇÃO Para determinar as duas forças, aplique as duas condições de equilíbrio estático ($\Sigma\vec{F} = 0$ e $\Sigma\vec{\tau} = 0$) ao antebraço.

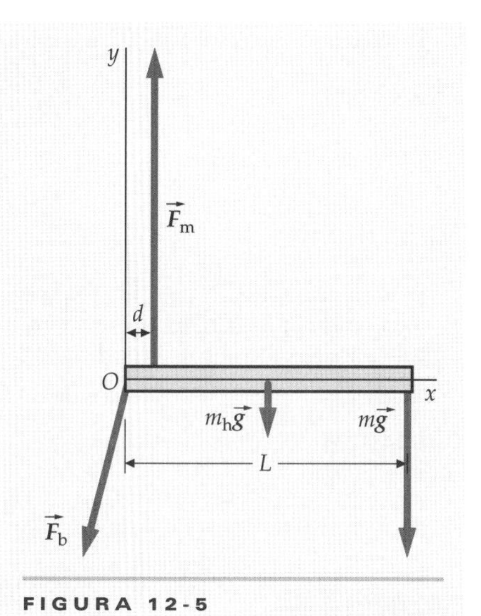

FIGURA 12-5

SOLUÇÃO

(*a*) 1. Desenhe um diagrama de corpo livre para o antebraço (Figura 12-5). Adote um modelo de barra horizontal para o antebraço.

2. A força sobre a qual menos sabemos é a força $\vec{F}_b$ do braço sobre a articulação do cotovelo (não conhecemos nem sua magnitude e nem sua orientação). Aplique $\Sigma\tau = 0$ em relação a um eixo que aponta para fora da página e que passa pelo ponto de aplicação de $\vec{F}_b$:

$$F_b(0) - m_h g\frac{L}{2} + F_m d - mgL = 0$$

logo

$$F_m = \left(\frac{1}{2}m_h + m\right)g\frac{L}{d}$$

$$= \left(\frac{1}{2}(1{,}0\text{ kg}) + 6{,}0\text{ kg}\right)(9{,}81\text{ N/kg})\frac{30\text{ cm}}{3{,}4\text{ cm}}$$

$$= 563\text{ N} = \boxed{5{,}6 \times 10^2\text{ N}}$$

(*b*) Aplique $\Sigma F_x = 0$ e $\Sigma F_y = 0$ para obter $\vec{F}_b$:

$$F_{bx} + 0 + 0 + 0 = 0$$

e $F_{by} + F_m - m_h g - mg = 0$

logo $F_{bx} = 0$

e $F_{by} = (m + m_h)g - F_m$

$$= (7{,}0\text{ kg})(9{,}81\text{ N/kg}) - 563\text{ N}$$

$$= -494\text{ N}$$

Logo,

$$\vec{F}_b = \boxed{4{,}9 \times 10^2\text{ N, para baixo}}$$

CHECAGEM F_b pode ser determinado em um único passo, escolhendo o eixo que passa pelo ponto onde o bíceps se liga ao antebraço. Fazendo o torque igual a zero, fica $F_b(3{,}4\text{ cm}) + F_m(0) - (6{,}0\text{ kg})(9{,}81\text{ N/kg})(30{,}0\text{ cm} - 3{,}4\text{ cm}) - (1{,}0\text{ kg})(9{,}81\text{ N/kg})(15{,}0\text{ cm} - 3{,}4\text{ cm}) = 0$. Esta equação leva a $F_b = 4{,}9 \times 10^2$ N, o mesmo resultado da Parte (*b*).

INDO ALÉM (1) A força que deve ser exercida pelo músculo é 9,6 vezes o peso do objeto! Além disso, quando o músculo puxa para cima, o braço deve empurrar para baixo para manter o antebraço em equilíbrio. A força exercida pelo braço é 8,4 vezes maior do que o peso do objeto. (2) Este exemplo, junto com um teste de plausibilidade, mostra que podemos escolher o eixo onde for mais conveniente para nossos cálculos.

Exemplo 12-3 Pendurando uma Placa *Tente Você Mesmo*

A gerente da livraria do campus encomendou uma nova placa de 20 kg para ser pendurada, na frente da loja, da extremidade de uma barra que será presa à parede por um cabo (Figura 12-6). A gerente precisa saber qual a resistência que o cabo deve ter. Ela sabe que você é estudante de física e lhe pede para calcular a força de tração no cabo. Ela também está preocupada com a força exercida pela barra sobre a parede e pede para que você também a calcule. A barra tem um comprimento de 2,0 m e uma massa de 4,0 kg, e o cabo está preso em um ponto da parede 1,0 m acima da barra.

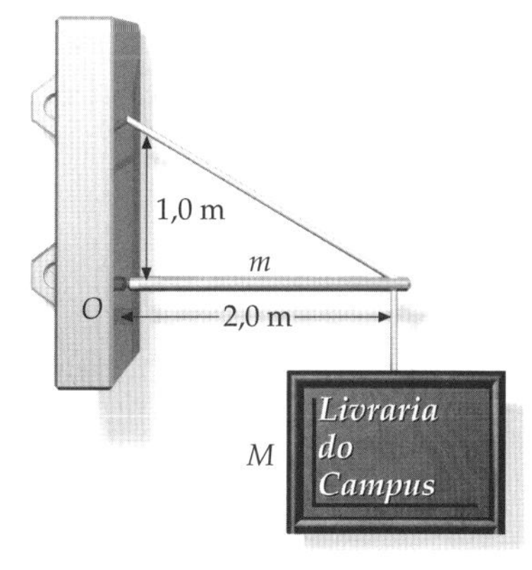

FIGURA 12-6

SITUAÇÃO As condições para que a barra esteja em equilíbrio são $\Sigma F_x = 0$, $\Sigma F_y = 0$ e $\Sigma\tau = 0$, onde os torques devem ser calculados em relação a um eixo que coincida com a linha de ação da força sobre a qual temos menos informações. A força exercida pela barra sobre a parede é igual e oposta à força exercida pela parede sobre a barra.

SOLUÇÃO

Cubra a coluna da direita e tente por si só antes de olhar as respostas.

Passos | **Respostas**

1. Desenhe um diagrama de corpo livre para a barra (Figura 12-7).

2. Faça $\Sigma\tau = 0$ em relação a um eixo perpendicular à página que passa pelo ponto O, localizado sobre a linha de ação da força da parede sobre a barra:

$$TL\,\text{sen}\,\theta - MgL - mg\frac{L}{2} = 0 \qquad \text{logo} \quad T = \frac{(M + \frac{1}{2}m)g}{\text{sen}\,\theta}$$

3. Use trigonometria para determinar θ: $\theta = \tan^{-1}\frac{1}{2} = 26{,}6°$

4. Determine T, no resultado do passo 2: $T = 483\text{ N} = \boxed{4{,}8 \times 10^2\text{ N}}$

5. Faça $\Sigma F_x = 0$ e $\Sigma F_y = 0$, usando seus valores de T e de θ, e determine F_x e F_y:

$$F_x + T_x = 0$$
$$F_y + T_y - Mg - mg = 0$$
logo $F_x = 432\text{ N}, F_y = 19{,}2\text{ N}$

6. Determine a força $\vec{F}'$, exercida pela barra sobre a parede. A força exercida pela barra sobre a parede e a força exercida pela parede sobre a barra constituem um par da terceira lei de Newton: $\vec{F}' = -\vec{F} = \boxed{-4{,}3 \times 10^2\text{ N}\hat{i} - 19\text{ N}\hat{j}}$

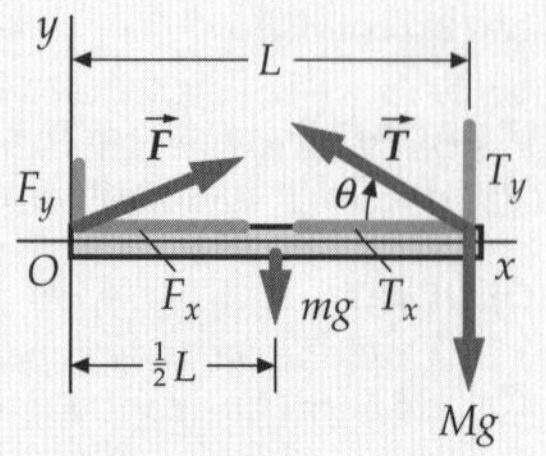

FIGURA 12-7

CHECAGEM As componentes x e y da força da barra sobre a parede são ambas negativas, como esperado.

Exemplo 12-4 Levantando uma Roda *Tente Você Mesmo*

Uma roda, de massa M e raio R (Figura 12-8), está sobre uma superfície horizontal e encostada em um degrau de altura h ($h < R$). A roda deve ser levantada até o degrau, por uma força horizontal $\vec{F}$ aplicada sobre seu eixo, como mostrado. Determine a força mínima $F_{mín}$ necessária para levantar a roda.

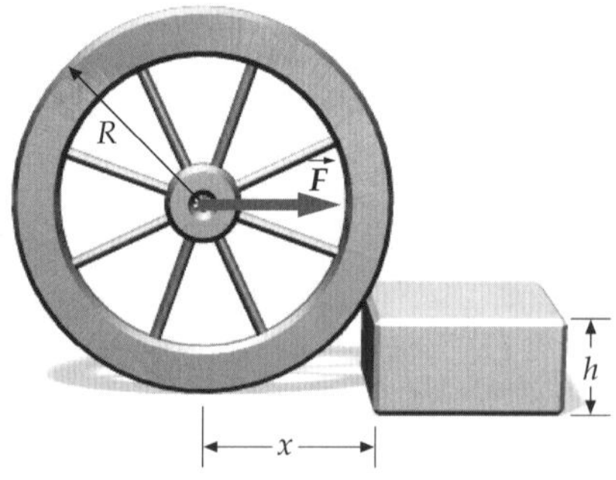

FIGURA 12-8

SITUAÇÃO Se a magnitude F é menor do que $F_{mín}$, a superfície na base da roda exerce uma força normal, para cima, sobre a roda. Se F aumenta, esta força normal diminui. Aplique as condições de equilíbrio estático para determinar o valor de F que manterá a roda no lugar quando a força normal for zero.

SOLUÇÃO

Cubra a coluna da direita e tente por si só antes de olhar as respostas.

Passos

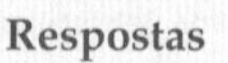

Respostas

1. Desenhe um diagrama de corpo livre para a roda (Figura 12-9).

2. Aplique $\Sigma\tau = 0$ à roda. Nem a orientação e nem a magnitude de $\vec{F}'$ são conhecidos; então, siga a regra e calcule os torques em relação a um eixo passando pelo seu ponto de aplicação. Obtenha expressões para os braços de alavanca, no diagrama de corpo livre, e determine $F_{mín}$:

$$\Sigma\tau = F_{mín}(R - h) - Mgx = 0$$
logo $F_{mín} = \dfrac{Mgx}{R - h}$

3. Use o teorema de Pitágoras para expressar x em termos de h e de R: $x = \sqrt{h(2R - h)}$

4. Substitua x por $\sqrt{h(2R - h)}$ para obter uma expressão para $F_{mín}$:

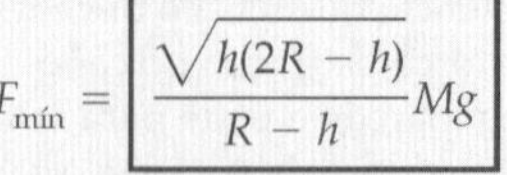

$$\boxed{F_{mín} = \frac{\sqrt{h(2R - h)}}{R - h}Mg}$$

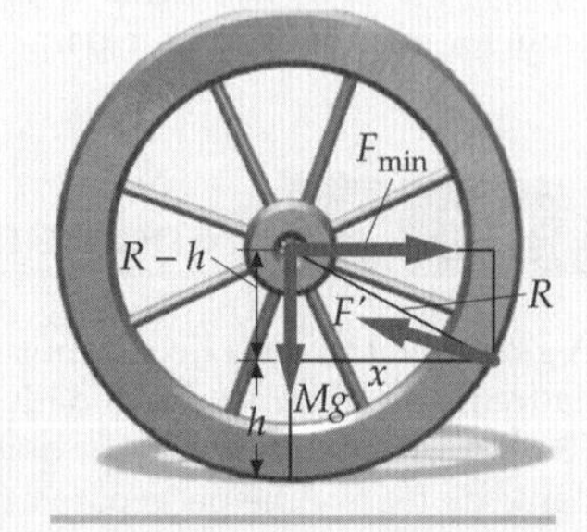

FIGURA 12-9

CHECAGEM Calculemos $F_{mín}$ para os casos-limite em que $h = 0$ e $h = R$. Não existe obstáculo quando $h = 0$, e portanto, esperamos $F_{mín}$ igual a zero, neste caso. Para $h = R$, esperamos que nenhuma força seja suficientemente intensa para elevar a roda até o degrau. Nosso resultado do passo 4 dá $F_{mín} = 0$ se $h = 0$, como esperado, e $F_{mín} \to \infty$ quando $h \to R$, o que também é esperado.

INDO ALÉM Aplicando $\Sigma\tau = 0$ em relação ao eixo que passa pelo centro da roda, vemos que $\vec{F}'$ aponta para o centro da roda. (De outra forma, haveria um torque resultante não-nulo em relação ao eixo.)

Exemplo 12-5 Equilibrando um Guindaste

A Figura 12-10 mostra uma torre de guindaste. Os braços horizontais se estendem para os dois lados. A torre tem a largura de 12 m. O braço frontal tem 80 m de comprimento e uma massa m_{BF} = 80 t (1 t = 1 tonelada = 1000 kg). O braço de contrapeso tem 44 m de comprimento e uma massa m_{Bcp} = 31 t, o contrapeso fixo tem uma massa m_{cpF} = 100 t, o contrapeso externo móvel tem uma massa m_{cpME} = 40 t, o contrapeso interno móvel tem uma massa m_{cpMI} = 83 t e a torre tem uma massa m_T = 100 t. Uma carga de massa m_C = 100 t está suspensa do centro do braço frontal. O guindaste está equilibrado, ou não? Se não, como você deslocaria a carga, em relação ao centro da torre, para equilibrá-la?

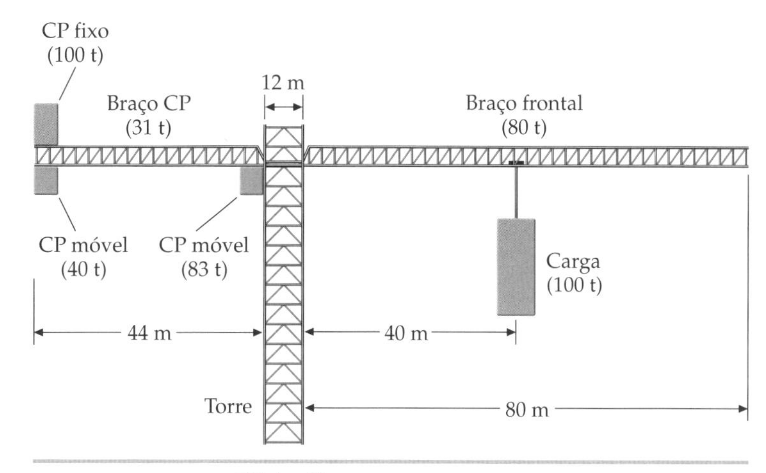

FIGURA 12-10 CP significa contrapeso.

SITUAÇÃO O guindaste está equilibrado se o centro de gravidade, e portanto, o centro de massa, está dentro da torre. Adote um modelo de barra homogênea para cada braço e um modelo de massa pontual para cada contrapeso. Calcule a componente x do centro de massa de guindaste mais carga, com a orientação $+x$ para a direita na Figura 12-10. Se o centro de gravidade está dentro da torre, então o guindaste está equilibrado.

SOLUÇÃO

1. Desenhe um diagrama de corpo livre para o guindaste com a carga (Figura 12-11). Trace o eixo x com a origem no centro da torre.

2. Calcule o centro de massa do sistema:

$$Mx_{cm} = m(m_{BF} + m_C)L_1 + m_T(0) - (m_{cpF} + m_{cpME})L_2 - m_{Bcp}\,L_3 - m_{cpMI}\,L_4$$

logo $$x_{cm} = \frac{(180\text{ t})(46\text{ m}) + 0 - (140\text{ t})(50\text{ m}) - (31\text{ t})(28\text{ m}) - (83\text{ t})(6{,}0\text{ m})}{180\text{ t} + 100\text{ t} + 140\text{ t} + 31\text{ t} + 83\text{ t}}$$

$$= -0{,}16\text{ m}$$

3. Se o centro de massa está fora da torre, o guindaste está desequilibrado:

O centro de gravidade está 16 cm à esquerda do eixo da torre. O centro de massa está dentro da torre; logo, **o guindaste está equilibrado.**

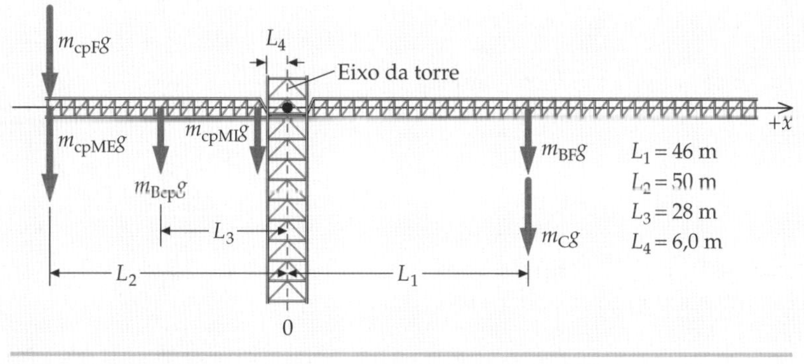

FIGURA 12-11

CHECAGEM A extremidade esquerda do braço de contrapeso está em $x = -50$ m, e a extremidade direita do braço frontal está em $x = +86$ m. Assim, o resultado do passo 2 é plausível porque está na região $-50\text{ m} \leq x \leq +86$ m. Este é um teste de plausibilidade um pouco grosseiro, mas se o resultado do passo 2 não estivesse dentro desta faixa de valores, o resultado definitivamente não seria plausível.

INDO ALÉM A torre está presa a uma plataforma giratória firmemente ancorada em uma base massiva de concreto.

Exemplo 12-6 Uma Escada Apoiada

Uma escada uniforme de 5,0 m, pesando 60 N, está apoiada sobre uma parede sem atrito, como mostrado na Figura 12-12. A base da escada está a 3,0 m da parede. Qual é o menor coeficiente de atrito estático necessário entre a escada e o piso para que a escada não escorregue?

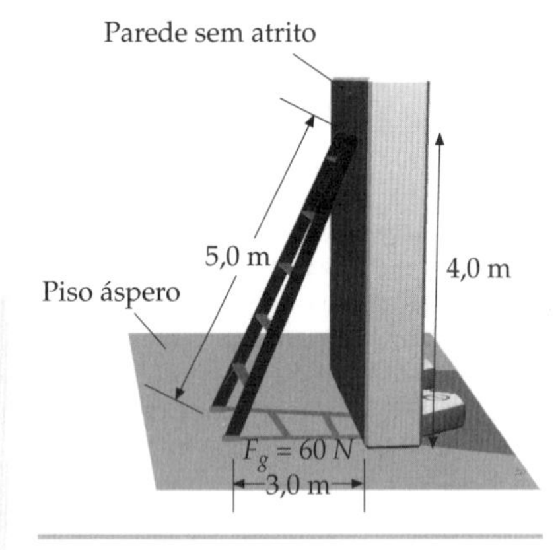

FIGURA 12-12

SITUAÇÃO Há três condições para que a escada esteja em equilíbrio: $\Sigma F_x = 0$, $\Sigma F_y = 0$ e $\Sigma\tau = 0$. Aplique-as junto com $f_e \leq \mu_e F_n$ para determinar o menor valor de μ_e necessário para que não ocorra escorregamento.

SOLUÇÃO

1. Desenhe um diagrama de corpo livre para a escada, como mostrado na Figura 12-13. As forças que atuam sobre a escada são a força da gravidade $\vec{F}_g$, a força $\vec{F}_1$ exercida pela parede (como não existe atrito com a parede, esta exerce apenas uma força normal) e a força exercida pelo piso, que consiste em uma componente normal $\vec{F}_n$ e uma componente de atrito $\vec{f}_e$.

2. O coeficiente de atrito estático mínimo relaciona a magnitude da força de atrito, f_e, com a magnitude da força normal, F_n. Para determinar $\mu_{e\,mín}$, primeiro determinamos f_e e F_n:
$$\mu_e \geq \frac{f_e}{F_n} \quad \text{logo} \quad \mu_{e\,mín} = \frac{f_e}{F_n}$$

3. Faça $\Sigma F_x = 0$ e $\Sigma F_y = 0$:
$$f_e - F_1 = 0 \quad \text{e} \quad F_n - F_g = 0$$

4. Explicite f_e e F_n:
$$f_e = F_1 \quad \text{e} \quad F_n = F_g = 60 \text{ N}$$

5. Faça $\Sigma\tau = 0$, em relação a um eixo que sai da página passando pela base da escada, o ponto de aplicação da força sobre a qual menos sabemos:
$$F_1(4{,}0 \text{ m}) - F_g(1{,}5 \text{ m}) = 0$$

6. Explicite F_1:
$$F_1 = \frac{F_g(1{,}5 \text{ m})}{4{,}0 \text{ m}} = \frac{(60 \text{ N})(1{,}5 \text{ m})}{4{,}0 \text{ m}} = 22{,}5 \text{ N}$$

7. Usando este resultado para F_1, e $f_e = F_1$ do passo 4, determine f_e:
$$f_e = F_1 = 22{,}5 \text{ N}$$

8. Use os resultados de f_e e F_n para obter $\mu_{e\,mín}$ do passo 2:
$$\mu_{e\,mín} = \frac{f_e}{F_n} = \frac{22{,}5 \text{ N}}{60 \text{ N}} = 0{,}375 = \boxed{0{,}38}$$

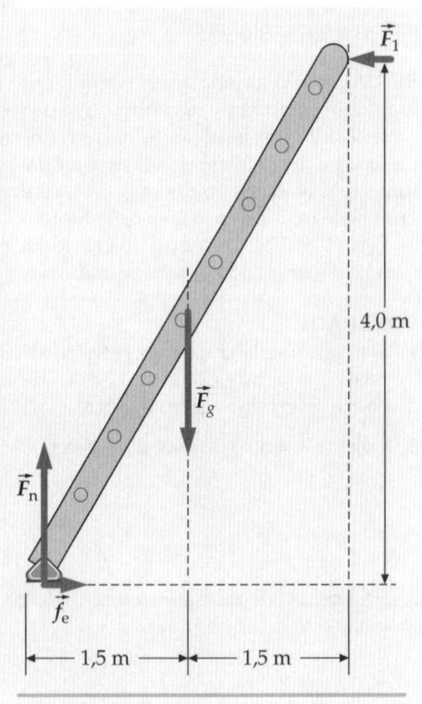

FIGURA 12-13

CHECAGEM No diagrama de corpo livre para a escada, mostrado na Figura 12-14, as linhas de ação de $\vec{F}_g$ e $\vec{F}_1$ se interceptam no ponto P. Isto significa que os torques de $\vec{F}_g$ e $\vec{F}_1$, em relação a P, devem ser ambos nulos. Como a soma de todos os torques em relação ao ponto P deve ser igual a zero, sabemos que o torque de $\vec{F}_2$ em relação a P também dever ser igual a zero. Isto significa que a linha de ação de $\vec{F}_2$ também deve passar pelo ponto P. Conseqüentemente, $\tan\theta' = 4{,}0 \text{ m}/1{,}5 \text{ m} = F_n/f_e$, ou seja, $f_e/F_n = 1{,}5/4{,}0 = 0{,}375$. Este valor de f_e/F_n é o mesmo obtido no passo 8.

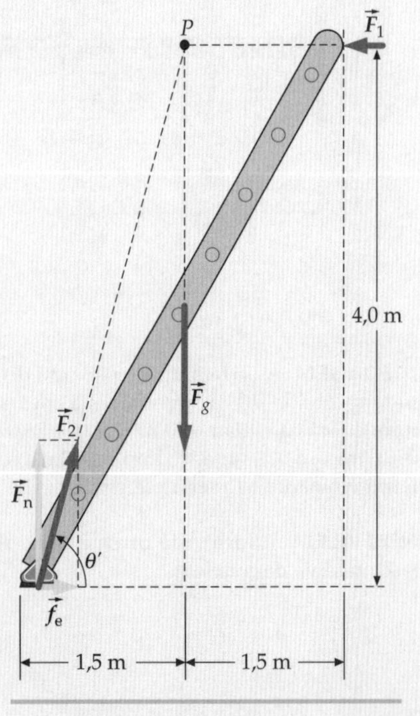

FIGURA 12-14

! Se um corpo está em equilíbrio estático, sob a influência de três forças, com as linhas de ação de quaisquer duas das forças interceptando em um ponto, então as linhas de ação de todas as três forças interceptarão no mesmo ponto.

PROBLEMA PRÁTICO 12-1

Mostre que, se um corpo está em equilíbrio estático sob a influência de três forças, com as linhas de ação de duas das forças interceptando em um ponto, então as linhas de ação de todas as três forças interceptarão no mesmo ponto.

BINÁRIOS

As forças $\vec{F}_n$ e $\vec{F}_g$, na Figura 12-13 do Exemplo 12-6, são iguais em magnitude, opostas em orientação e não são colineares. Um tal par de forças, chamado de **binário**, tende a produzir uma aceleração angular, mas sua resultante é zero. As forças $\vec{f}_e$ e $\vec{F}_1$, na Figura 12-13, também constituem um binário. A Figura 12-15 mostra um binário constituído pelas forças $\vec{F}_1$ e $\vec{F}_2$ separadas de uma distância D. O torque produzido por este binário, em relação a um ponto qualquer O, vale

$$\vec{\tau} = \vec{r}_1 \times \vec{F}_1 + \vec{r}_2 \times \vec{F}_2 = \vec{r}_1 \times \vec{F}_1 + \vec{r}_2 \times (-\vec{F}_1) = (\vec{r}_1 - \vec{r}_2) \times \vec{F}_1 \qquad 12\text{-}5$$

Este resultado não depende da escolha do ponto O.

O torque produzido por um binário é o mesmo em relação a todos os pontos do espaço.

A magnitude do torque exercido por um binário é

$$\tau = FD \qquad 12\text{-}6$$

onde F é a magnitude de cada força e D é a distância perpendicular entre as linhas de ação das duas forças.

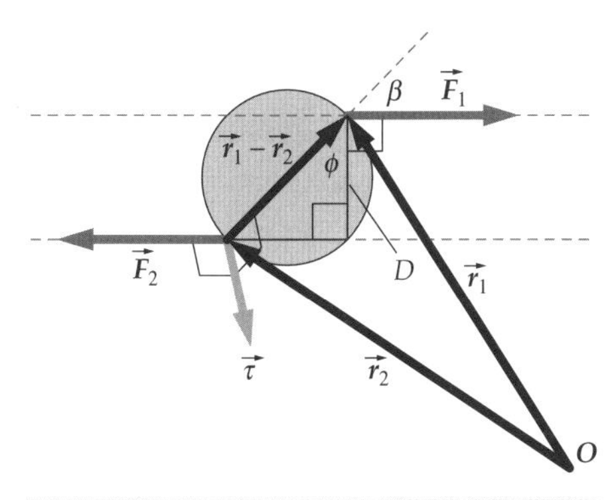

FIGURA 12-15 O torque $\vec{\tau}$ produzido pelas duas forças aponta para dentro da página — perpendicularmente ao plano que contém as duas forças. D é a distância perpendicular entre as linhas de ação das duas forças.

PROBLEMA PRÁTICO 12-2

Mostre que a magnitude de $(\vec{r}_1 - \vec{r}_2) \times \vec{F}_1$ (veja a Equação 12-5) é FD (veja a Equação 12-6), onde D (mostrado na Figura 12-15) é a distância entre as linhas de ação das duas forças e F é a magnitude de cada força.

Exemplo 12-7 Inclinando o Bloco

Visitando uma marmoraria, você vê a metade de uma nota de 100 reais (Figura 12-16) saindo de sob um bloco de mármore de massa m, altura H e de seção reta quadrada de lado L. Você tenta pegar a nota de 100 reais, mas ela está presa. Para liberá-la, você empurra o bloco com uma força horizontal a uma distância h acima do chão. Com que intensidade você deve empurrar para que o bloco se incline apenas o suficiente para você retirar a nota de 100 reais? (Suponha o atrito suficiente para evitar escorregamento.)

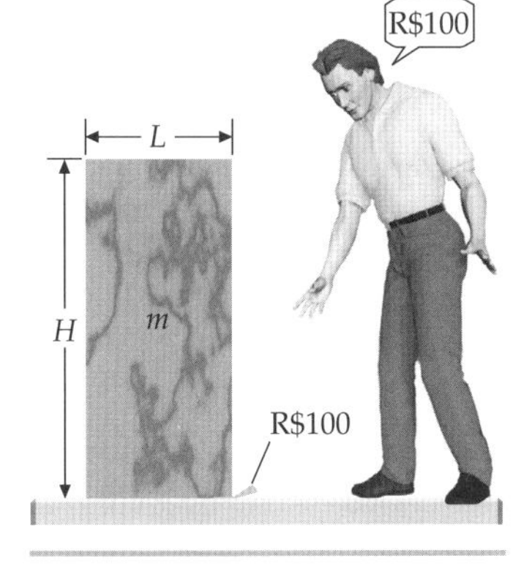

FIGURA 12-16

SITUAÇÃO Imagine que você esteja empurrando com uma força tal que, se apenas levemente aumentada, o bloco começa a se inclinar. Desenhe um diagrama de corpo livre para o bloco e aplique as condições de equilíbrio. Se existem binários, use a Equação 12-6 para calcular a magnitude de cada torque.

SOLUÇÃO

1. Suponha o bloco prestes a ser inclinado e desenhe um diagrama de corpo livre para ele (Figura 12-17). Desenhe a força normal na aresta da esquerda do bloco (veja a observação no final deste exemplo).

2. Para relacionar as forças, aplique $\Sigma F_x = ma_x$ e $\Sigma F_y = ma_y$ ao bloco, com $a_x = a_y = 0$:

   $\Sigma F_x = 0 \Rightarrow F_{apl} = f_e$
   e $\Sigma F_y = 0 \Rightarrow mg = F_n$

3. Identifique binários:

   $\vec{F}_{apl}$ e $\vec{f}_e$ formam binário 1
   e $m\vec{g}$ e $\vec{F}_n$ formam o binário 2.

4. Escolha como positivo o sentido anti-horário e, usando a Equação 12-6, calcule o torque de cada binário:

   $\tau_1 = +F_{apl}h$ e $\tau_2 = -mg\frac{1}{2}L$

5. Usando $\Sigma\tau = 0$, determine F_{apl}:

   $F_{apl}h - mg\frac{1}{2}L = 0$

   logo $\boxed{F_{apl} = \dfrac{L}{2h}mg}$

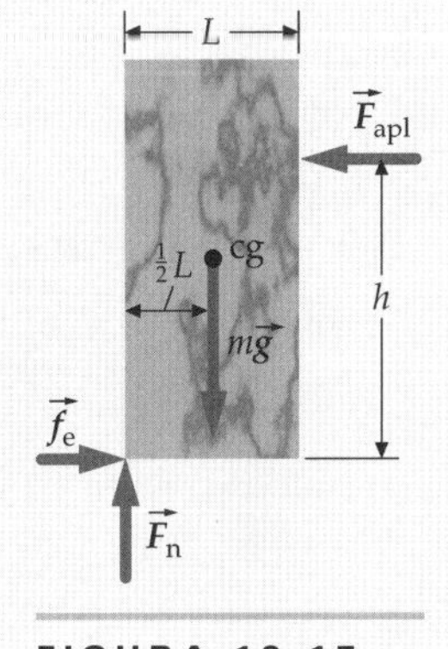

FIGURA 12-17

CHECAGEM Esperamos que, quanto mais afastada do chão for a força aplicada sobre o bloco, menos intensa ela deve ser para que o bloco comece a girar. O resultado do passo 5 está de acordo com esta expectativa. Isto é, se h aumenta, F_{apl} diminui.

INDO ALÉM A força normal é uniformemente distribuída na base do bloco antes de você começar a empurrá-lo. Ao empurrar o bloco, quanto mais intensa for a força que você aplica, mais rapidamente o centróide (o centro efetivo) da distribuição da força normal se desloca para a esquerda. Quando você empurra de forma a que o bloco fique prestes a se inclinar, o centróide da força normal passa a se localizar na aresta da esquerda da base do bloco.

CHECAGEM CONCEITUAL 12-1

Existe uma solução de menor esforço para este exemplo. Há uma escolha de eixo específica para a qual a primeira equação do passo 5 é obtida de imediato, fazendo-se a soma dos torques em relação ao eixo ser nula. Qual é a escolha de eixo usada nesta solução de menor esforço?

12-4 EQUILÍBRIO ESTÁTICO EM UM REFERENCIAL ACELERADO

Por referencial acelerado, queremos dizer um referencial que, estando acelerado, não está girando em relação a um referencial inercial. A força resultante sobre um corpo que permanece em repouso em relação a um referencial acelerado não é igual a zero. Um corpo em repouso em relação a um referencial acelerado possui a mesma aceleração que o referencial. As duas condições para que um corpo esteja em equilíbrio estático em um referencial acelerado são:

1. $\Sigma\vec{F} = m\vec{a}_{cm}$
   onde $\vec{a}_{cm}$ é a aceleração do centro de massa, que também é a aceleração do referencial.
2. $\Sigma\vec{\tau}_{cm} = 0$
   A soma dos torques em relação ao centro de massa deve ser zero.

A segunda condição segue do fato de que a segunda lei de Newton para a rotação, $\Sigma\vec{\tau}_{cm} = I_{cm}\vec{\alpha}$, vale para torques em relação ao centro de massa, o centro de massa estando ou não acelerado.*

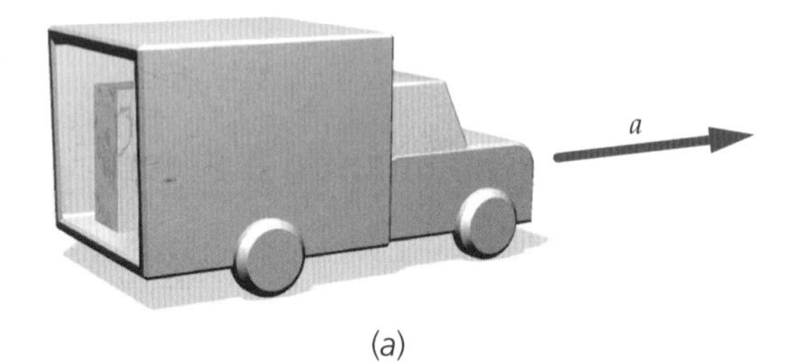

(a)

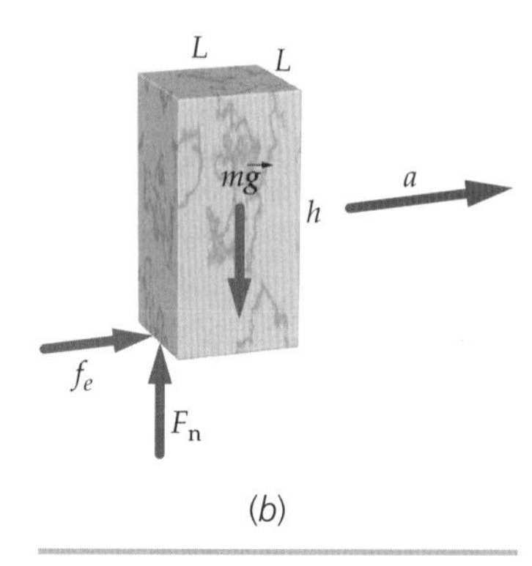

(b)

FIGURA 12-18

Exemplo 12-8 Transportando um Bloco

Um caminhão (Figura 12-18*a*) transporta um bloco uniforme de mármore, de massa m, altura h e seção reta quadrada de lado L. Qual é a maior aceleração que o caminhão pode ter sem que o bloco comece a se inclinar? Suponha que, antes de deslizar, o bloco se incline.

SITUAÇÃO Há três forças sobre o bloco, uma força gravitacional, uma força de atrito estático e uma força normal. A aceleração do bloco é devida à força de atrito, como mostrado na Figura 12-18*b*. Esta força exerce um torque anti-horário em relação ao centro de massa do bloco. A única outra força a exercer um torque em relação ao centro de massa do bloco é a força normal. Se o caminhão e o bloco não estão acelerados, a força normal está distribuída uniformemente sobre a base do bloco. Se a magnitude da aceleração é pequena, esta distribuição se desloca e o ponto de aplicação efetivo da força normal** se move para a esquerda, a fim de produzir um torque oposto equilibrador em relação ao centro de massa. O maior torque equilibrador que esta força pode produzir ocorre quando a força normal efetiva está aplicada sobre a aresta da base, como mostrado.

SOLUÇÃO

1. Desenhe um diagrama de corpo livre para o bloco (Figura 12-19).
2. Aplique $\Sigma F_y = ma_{cmy}$ ao bloco e resolva para a força normal: $F_n - mg = 0$ logo $F_n = mg$
3. Aplique $\Sigma F_x = ma_{cmx}$ ao bloco: $f_e = ma$
4. Aplique $\Sigma\tau_{cm} = 0$: $f_e\frac{h}{2} - F_n d = 0$, onde $d \le \frac{1}{2}L$
5. Se $d = \frac{1}{2}L$, então a aceleração é máxima. Substitua d por $\frac{1}{2}L$, f_e por $ma_{máx}$ e F_n por mg, e resolva para $a_{máx}$: $ma_{máx}\frac{h}{2} - mg\frac{L}{2} = 0$ logo $\boxed{a_{máx} = \frac{L}{h}g}$

CHECAGEM Esperamos $a_{máx}$ maior para um bloco baixo e largo (pequeno h e grande L) do que para um bloco alto e estreito (grande h e pequeno L). Nosso resultado do passo 5 confirma esta expectativa.

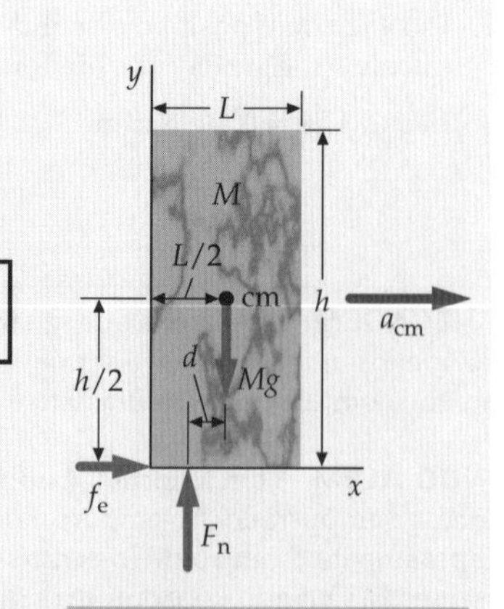

FIGURA 12-19

* Veja a discussão em torno da Equação 9-30.

** Por "ponto de aplicação efetivo" da força normal, queremos dizer o ponto onde se pode considerar aplicada toda a força normal, para efeitos de cálculo do torque exercido por ela.

12-5 ESTABILIDADE DO EQUILÍBRIO ROTACIONAL

Existem três categorias de equilíbrio rotacional para um corpo: estável, instável e neutro. **Equilíbrio rotacional estável** acontece quando os torques que surgem devido a um pequeno deslocamento angular do corpo, a partir do equilíbrio, tendem a girar o objeto de volta para sua posição de equilíbrio. O equilíbrio estável é ilustrado na Figura 12-20*a*. Quando o cone é inclinado ligeiramente, como mostrado, o torque gravitacional que surge, em relação ao ponto pivô, tende a trazer o cone de volta à sua situação original. Note que esta leve inclinação eleva o centro de gravidade, aumentando a energia potencial gravitacional.

O **equilíbrio rotacional instável**, ilustrado na Figura 12-20*b*, acontece quando os torques que surgem devido a um pequeno deslocamento angular do corpo tendem a girar o corpo afastando-o mais ainda da posição de equilíbrio. Uma leve inclinação do cone faz com que ele caia, porque o torque da força gravitacional tende a girá-lo no sentido de afastá-lo da posição de equilíbrio. Aqui, a rotação abaixa o centro de gravidade e diminui a energia potencial gravitacional.

O cone em repouso sobre uma superfície horizontal, na Figura 12-20*c*, ilustra o **equilíbrio rotacional neutro**[1]. Rolando-se ligeiramente o cone, não existe torque com a tendência de fazê-lo girar, ou retornando, ou se afastando de sua posição original. Quando o cone gira, a altura de seu centro de gravidade não se altera e a energia potencial também não.

Resumindo, se um sistema é levemente girado a partir de uma posição de equilíbrio, a posição de equilíbrio é estável se o sistema retorna à sua orientação original, instável se ele se afasta girando e neutro se não há torques tendendo a girá-lo em qualquer sentido.

Como "levemente girado" é um termo relativo, a estabilidade também é relativa. Um exemplo de equilíbrio pode ser mais ou menos estável do que outro. Seja uma barra equilibrada sobre uma extremidade, como na Figura 12-21*a*. Aqui, se a perturbação é muito pequena (Figura 12-21*b*), a barra retornará à sua posição original, mas se a perturbação é grande o suficiente para que o centro de gravidade deixe de estar sobre a base de apoio (Figura 12-21*c*), então a barra cairá.

Podemos melhorar a estabilidade de um sistema ou abaixando o seu centro de gravidade ou alargando sua base de apoio. A Figura 12-22 mostra uma barra não-uniforme que tem o seu centro de gravidade mais próximo de uma das extremidades. Se ela está apoiada sobre a extremidade mais pesada, de forma a ter o centro de gravidade baixo (Figura 12-22*a*), ela está muito mais estável do que quando apoiada sobre a outra extremidade, com o centro de gravidade alto (Figura 12-22*b*).

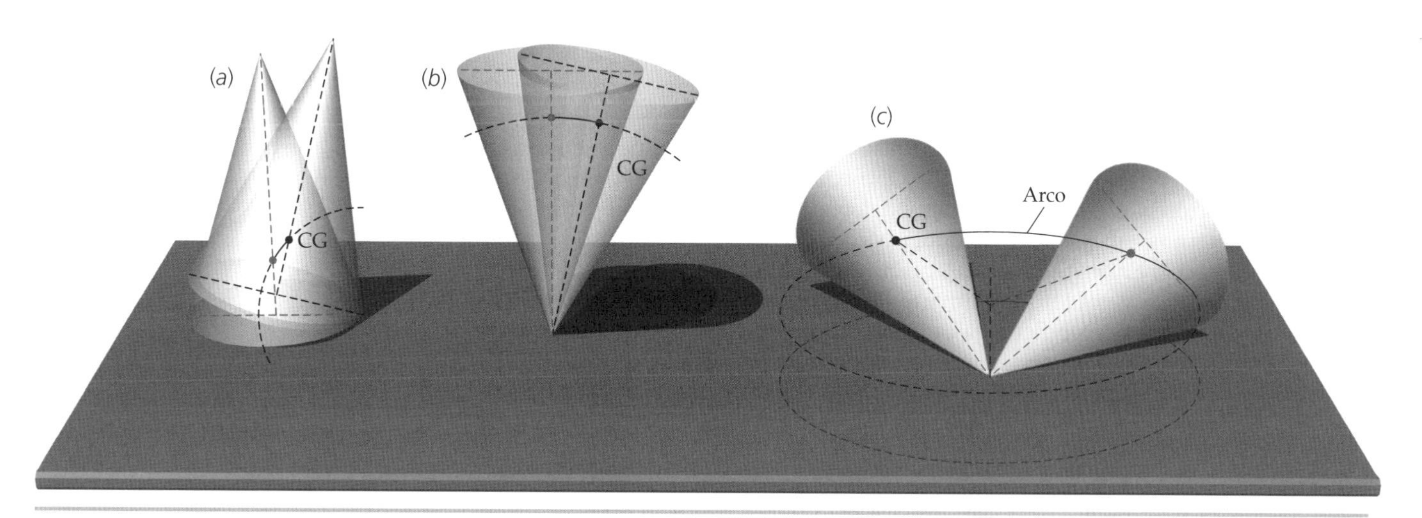

FIGURA 12-20 Se uma leve inclinação levanta o centro de gravidade, como em (*a*), o equilíbrio é estável. Se uma leve inclinação abaixa o centro de gravidade, como em (*b*), o equilíbrio é instável. Se uma leve inclinação nem eleva e nem abaixa o centro de gravidade, como em (*c*), o equilíbrio é neutro.

[1] Também chamado, por autores de língua portuguesa, de equilíbrio rotacional indiferente. (N.T.)

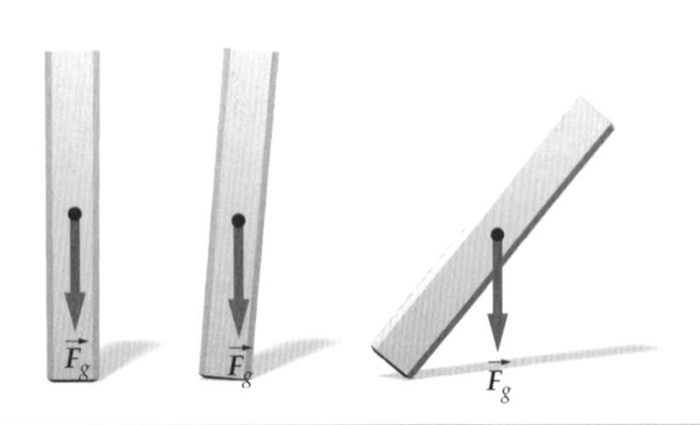

FIGURA 12-21 A estabilidade do equilíbrio é relativa. Se a barra em (*a*) é levemente inclinada, como em (*b*), ela retorna à sua posição original desde que o centro de gravidade permaneça acima da base de apoio. (*c*) Se a inclinação é muito grande, o centro de gravidade não continua acima da base de apoio e a barra tomba.

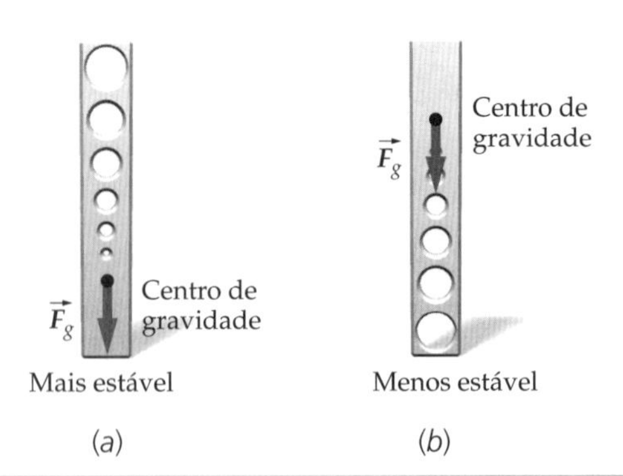

FIGURA 12-22 Quando uma barra não-homogênea é apoiada sobre sua extremidade mais pesada (com o seu centro de gravidade baixo), como em (*a*), o equilíbrio é mais estável do que quando o centro de gravidade é alto, como em (*b*).

Na Figura 12-23, o sistema é estável para qualquer deslocamento angular, porque o torque resultante sempre gira o sistema de volta para sua posição de equilíbrio.

Ficar de pé, ou caminhar, é difícil para os humanos porque o centro de gravidade é alto e deve ser mantido acima de uma base de apoio relativamente pequena, os pés. Crianças pequenas levam cerca de um ano para aprender a caminhar. Uma criatura de quatro patas tem muito mais facilidade, em parte porque a base de apoio é maior e em parte porque seu centro de gravidade é mais baixo. Gatinhos recém-nascidos caminham quase que imediatamente.

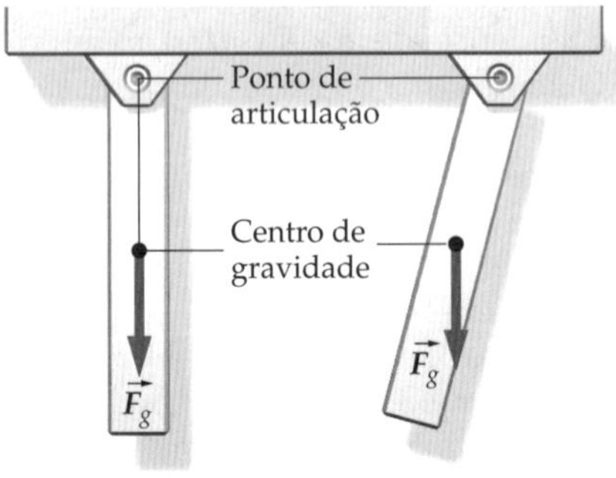

FIGURA 12-23

12-6 PROBLEMAS INDETERMINADOS

Quando corpos não são rígidos, mas deformáveis, precisamos de mais informações para determinar as forças necessárias para o equilíbrio. Imagine uma caminhonete parada sobre uma superfície horizontal sem atrito. Suponha que um corpo muito pesado tenha sido colocado em uma das extremidades da carroceria e que queiramos calcular a força normal exercida pela estrada sobre cada um dos quatro pneus. Considere a caminhonete com sua carga como o sistema e suponha que conhecemos a localização de cada pneu, o peso do sistema e a localização do centro de gravidade. Este conhecimento é suficiente para nos permitir calcular as magnitudes das quatro forças normais? A resposta a esta questão é não. A magnitude de cada força normal é desconhecida, e portanto, precisamos de quatro equações independentes para determinar as quatro incógnitas. Como o sistema está em equilíbrio, as condições de equilíbrio podem apenas nos fornecer três equações independentes. Considere a superfície da estrada como o plano xy. A primeira condição de equilíbrio é que a soma das forças externas seja igual a zero. Isto fornece apenas uma equação ($\Sigma F_z = 0$), porque todas as forças são verticais. A segunda condição de equilíbrio é que a soma dos torques externos, em relação a qualquer ponto, é igual a zero. Isto fornece duas equações adicionais, $\Sigma\tau_x = 0$ e $\Sigma\tau_y = 0$. A razão pela qual não há componentes verticais de torque é que o vetor torque é um produto vetorial ($\vec{\tau} = \vec{r} \times \vec{F}$) e a direção de um produto vetorial é perpendicular a cada vetor do produto. Como as forças sobre a caminhonete são todas verticais, todos os torques são vetores horizontais.

Há dois tipos de forças externas atuando sobre a caminhonete: a força da gravidade e as forças normais da estrada sobre os pneus. A superfície da estrada é o plano xy. Se escolhemos o ponto de contato de um dos pneus com a estrada como nossa origem, o torque exercido por todas as forças em relação aquele ponto terão componentes x e y. Todas as forças são verticais, e, portanto, todos os torques devem ser vetores horizontais. Não há componentes z, porque não há forças horizontais. Obtemos, assim, duas equações, fazendo o torque resultante igual a zero, e uma terceira equação, fazendo a força resultante vertical igual a zero. Precisamos de uma outra equação para encontrar a força exercida pela estrada sobre cada um dos quatro pneus. Como não temos outra equação à nossa disposição, as forças não podem ser determinadas. Se esvaziamos um dos pneus e aumentamos a pressão de outro, o carro permanece em equilíbrio, mas as forças exercidas sobre cada pneu se alteram. Claramente, as forças sobre os pneus neste problema não são determinadas a partir dos dados fornecidos. Os pneus não são corpos rígidos. Em certa medida, todos os corpos são deformáveis.

12-7 TENSÃO E DEFORMAÇÃO

Se um corpo sólido é submetido a forças que tendem a alongá-lo, cortá-lo ou comprimi-lo, sua forma se altera. Se o corpo retorna à sua forma original quando as forças são removidas, ele é dito **elástico**. A maioria dos corpos é elástica para forças até um certo limite máximo, chamado de **limite elástico**. Se as forças excedem o limite elástico, o corpo não volta à sua forma original e fica permanentemente deformado.

A Figura 12-24 mostra uma barra sólida sujeita a uma **força de tração**, ou de elongação, F, atuando igualmente à direita e à esquerda. A barra está em equilíbrio, mas as forças que atuam sobre ela tendem a aumentar seu comprimento. A variação relativa de comprimento $\Delta L/L$ de um segmento da barra é a chamada **deformação relativa**:

$$\text{Deformação relativa} = \frac{\Delta L}{L} \qquad 12\text{-}7$$

A razão entre a força F e a área de seção reta A é a chamada **tensão de tração**:

$$\text{Tensão} = \frac{F}{A} \qquad 12\text{-}8$$

A Figura 12-25 mostra um gráfico de tensão *versus* deformação relativa para uma barra sólida típica. O gráfico é linear até o ponto A. Até este ponto, chamado de limite da proporcionalidade, a deformação relativa é proporcional à tensão. O resultado de que a deformação relativa é proporcional à tensão é conhecido como lei de Hooke. O ponto B da Figura 12-25 é o limite elástico do material. Se a barra é alongada além deste ponto, ela passa a ser permanentemente deformada. Se uma tensão maior ainda é aplicada, o material acaba se rompendo, o que ocorre no ponto C. A razão entre tensão e deformação relativa, na região linear do gráfico, é uma constante chamada de **módulo de Young** Y:

$$Y = \frac{\text{Tensão}}{\text{Deformação relativa}} = \frac{F/A}{\Delta L/L} \qquad 12\text{-}9$$

DEFINIÇÃO — MÓDULO DE YOUNG

As dimensões do módulo de Young são as de força dividida por área. Valores aproximados do módulo de Young para vários materiais estão listados na Tabela 12-1.

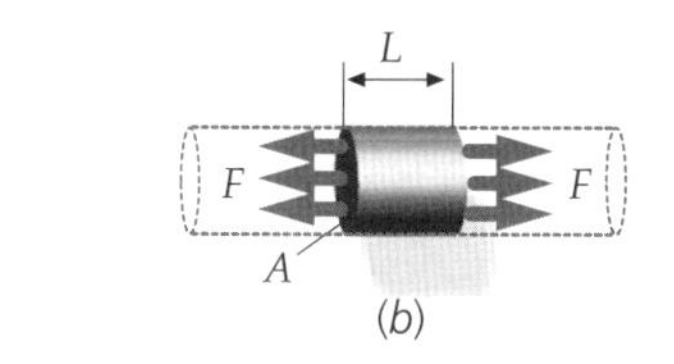

FIGURA 12-24 (*a*) Uma barra maciça sujeita a forças de elongação de magnitude F que atuam em cada extremidade. (*b*) Uma pequena seção da barra, de comprimento L. Os elementos da barra à esquerda e à direita desta seção exercem forças sobre a seção. Estas forças são igualmente distribuídas sobre a área de seção reta. A força por unidade de área é a tensão.

FIGURA 12-25 Um gráfico da tensão *versus* deformação relativa. Até o ponto A, a deformação relativa é proporcional à tensão. Além do limite elástico, no ponto B, a barra não retornará ao seu comprimento original quando a tensão for removida. No ponto C, a barra se rompe.

Tabela 12-1 Módulos de Young Y e Limites de Vários Materiais[†]

Material	Y, GN/m²[‡]	Limite de tração, MN/m²	Limite de compressão, MN/m²
Alumínio	70	90	
Osso			
Tração	16	200	
Compressão	9		270
Latão	90	370	
Concreto	23	2	17
Cobre	110	230	
Ferro (forjado)	190	390	
Chumbo	16	12	
Aço	200	520	520

[†] Estes valores são representativos. Valores reais para amostras específicas podem diferir.
[‡] $1\ \text{GN} = 10^3\ \text{MN} = 1 \times 10^9\ \text{N}$.

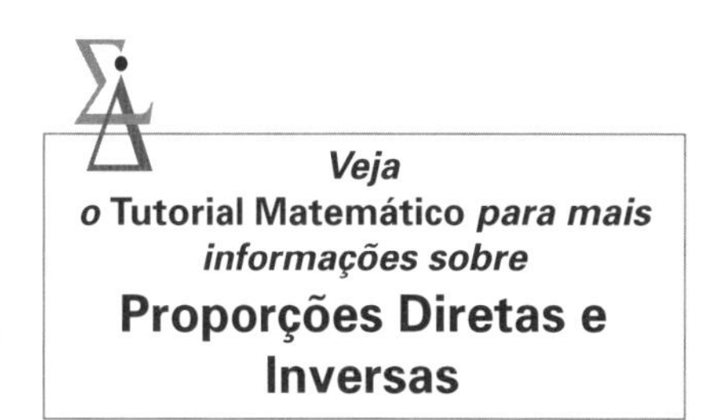

Veja
o Tutorial Matemático para mais
informações sobre
Proporções Diretas e
Inversas

> **PROBLEMA PRÁTICO 12-3**
> Suponha que o bíceps de seu braço direito tenha uma área máxima de seção reta de $12\ \text{cm}^2 = 1{,}2 \times 10^{-3}\ \text{m}^2$. Qual é a tensão no músculo, se ele exerce uma força de 300 N?

Se uma barra é submetida a forças que tendem a comprimi-la, em vez de alongá-la, a tensão é chamada de **tensão de compressão**. Para muitos materiais, o módulo de Young para a tensão de compressão é o mesmo que o para a tensão de tração. Note que, para a deformação por compressão, ΔL, na Equação 12-7, refere-se à *diminuição* do comprimento da barra. Se a tensão de tração ou de compressão é muito grande, a barra se quebra. A tensão para a qual ocorre a quebra é chamada de **limite de tração**, ou, no caso de compressão, **limite de compressão.** Valores aproximados de limites de tração e de compressão, para vários materiais, estão listados na Tabela 12-1. Note, na tabela, que o limite de compressão do osso é maior do que o limite de tração. Note também que, para o osso, o módulo de Young é significativamente maior para a tensão de tração do que para a tensão de compressão. Estas diferenças têm razão biológica, porque o que mais se exige de um osso é que resista às cargas compressivas exercidas pelos músculos contraídos.

Exemplo 12-9 Segurança no Elevador — *Rico em Contexto*

Estagiando em uma construtora, você é designado para testar a segurança de um elevador de um novo edifício de escritórios. A carga máxima do elevador é de 1000 kg, incluindo sua própria massa, e ele deve ser suspenso por um cabo de aço de 3,0 cm de diâmetro e 300 m de comprimento total. Haverá risco para a segurança se o aço for tracionado mais do que 3,0 cm. Sua missão é determinar se o elevador é ou não seguro, como projetado, sabendo que a máxima aceleração do sistema será de $1{,}5\ \text{m/s}^2$.

SITUAÇÃO L é o comprimento do cabo não tracionado, F é a magnitude da força atuando sobre ele e A é sua área de seção reta. A elongação do cabo é ΔL, relacionada com o módulo de Young por $Y = (F/A)/(\Delta L/L)$. Na Tabela 12-1, encontramos o valor numérico do módulo de Young para o aço, $Y = 2{,}0 \times 10^{11}\ \text{N/m}^2$.

SOLUÇÃO

1. A quantidade alongada de cabo, ΔL, relaciona-se com o módulo de Young:

$$Y = \frac{F/A}{\Delta L/L} \quad \text{logo} \quad \Delta L = \frac{FL}{AY}$$

2. Para determinar a força que atua sobre o cabo, aplicamos a segunda lei de Newton ao elevador. Há duas forças sobre o elevador, a força F do cabo e a força gravitacional:

$$F - mg = ma_y$$

$$\text{logo} \quad F_{\text{máx}} = m(g + a_{y\text{máx}}) = (1000\ \text{kg})(9{,}81\ \text{N/kg} + 1{,}5\ \text{N/kg}) = 1{,}13 \times 10^4\ \text{N}$$

3. Substitua no resultado do passo 1 e obtenha a elongação máxima:

$$\Delta L = \frac{F_{\text{máx}}L}{AY} = \frac{F_{\text{máx}}L}{\pi r^2 Y} = \frac{(1{,}13 \times 10^4\ \text{N})(300\ \text{m})}{\pi(0{,}015\ \text{m})^2(2{,}0 \times 10^{11}\ \text{N/m}^2)} = 2{,}40\ \text{cm}$$

4. Encaminhe seu relatório ao chefe:

> De acordo com os meus cálculos, o cabo sofrerá uma elongação máximo de 2,4 cm, apenas 20 por cento menor do que o limite de 3,0 cm. No entanto, lendo a nota de rodapé da tabela, vejo que os valores fornecidos para o módulo de Young são representativos e que os valores reais variam de amostra para amostra. Recomendo a consulta a um engenheiro para uma avaliação profissional.

CHECAGEM A expressão para ΔL do passo 3 está dimensionalmente correta? O módulo de Young tem as dimensões de força por unidade de área, logo AY tem a dimensão de força. Então, a dimensão de $F_{\text{máx}}$ no numerador cancela a dimensão de AY no denominador. A expressão tem a dimensão de comprimento e está dimensionalmente corrreta.

PROBLEMA PRÁTICO 12-4 Um arame de 1,5 m de comprimento tem uma área de seção reta de $2{,}4\ \text{mm}^2$. Ele é pendurado verticalmente e tracionado de 0,32 mm, quando um bloco de 10 kg é preso a ele. Determine (*a*) a tensão, (*b*) a deformação relativa e (*c*) o módulo de Young do arame.

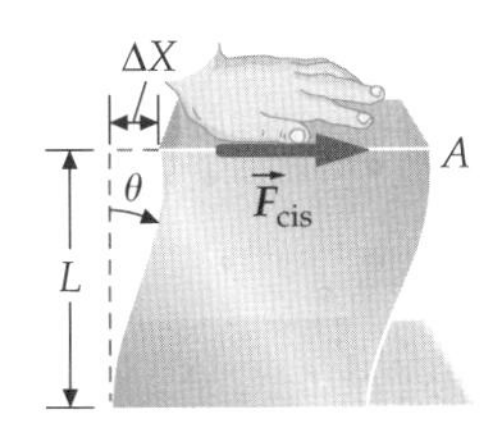

FIGURA 12-26
A aplicação da força horizontal $\vec{F}_{cis}$ sobre o bloco de gelatina provoca uma tensão de cisalhamento, definida como a força por unidade de área. A razão $\Delta X/L = \tan\theta$ é a deformação relativa de cisalhamento e A é a área de seção reta horizontal do bloco de gelatina.

Na Figura 12-26, a força F_{cis} é aplicada, tangencialmente, no topo de um bloco de gelatina. Tal força é chamada de **força de cisalhamento**. A razão entre a força de cisalhamento F_{cis} e a área A é a chamada **tensão de cisalhamento**:

$$\text{Tensão de cisalhamento} = \frac{F_{cis}}{A} \qquad 12\text{-}10$$

Uma tensão de cisalhamento tende a deformar um corpo, como mostrado na Figura 12-26. A razão $\Delta x/L$ é a chamada **deformação relativa de cisalhamento**:

$$\text{Deformação relativa de cisalhamento} = \frac{\Delta X}{L} = \tan\theta \qquad 12\text{-}11$$

onde θ é o ângulo de cisalhamento mostrado na figura. A razão entre a tensão de cisalhamento e a deformação relativa de cisalhamento é chamada de **módulo de cisalhamento** M_{cis}:

$$M_{cis} = \frac{\text{Tensão de cisalhamento}}{\text{Deformação relativa de cisalhamento}} = \frac{F_{cis}/A}{\Delta X/L} = \frac{F_{cis}/A}{\tan\theta} \qquad 12\text{-}12$$

DEFINIÇÃO — MÓDULO DE CISALHAMENTO

O módulo de cisalhamento também é conhecido como **módulo de torção.** O módulo de torção é aproximadamente constante para pequenas tensões, o que implica que a deformação relativa de cisalhamento varia linearmente com a tensão de cisalhamento. Esta observação é conhecida como a lei de Hooke para a tensão de cisalhamento. Em uma balança de torção, como a utilizada no aparato de Cavendish para medir a constante universal de gravitação G, o torque (que é relacionado à tensão) é proporcional ao ângulo de torção (que é igual à deformação relativa para pequenos ângulos). Valores aproximados para o módulo de cisalhamento de vários materiais estão listados na Tabela 12-2.

Tabela 12-2 Valores Aproximados do Módulo de Cisalhamento M_{cis} de Vários Materiais

Material	M_{cis}, GN/m^2
Alumínio	30
Latão	36
Cobre	42
Ferro	70
Chumbo	5,6
Aço	84
Tungstênio	150

Física em Foco

Nanotubos de Carbono: Pequenos e Fortes

Nanotubos de carbono são produzidos em grande quantidade. *(Cortesia de Prof. Zhong Lin Wang, Georgia Tech.)*

O tipo mais comum de carbono puro é a grafita, que pode ter a forma de folhas resistentes com a espessura de um átomo. A rede dos átomos de carbono na grafita é um arranjo de padrão hexagonal, muito parecido com o dos cercados de arame. As redes de átomos de carbono também podem formar tubos com alguns nanômetros de diâmetro e alguns micrômetros de comprimentro. Devido a seu pequeno tamanho, eles são chamados de *nanotubos*. As paredes de um nanotubo podem conter uma única camada de átomos, ou podem ser constituídas de muitos tubos reunidos, formando um tubo de muitas paredes.

Os nanotubos podem possuir diferentes propriedades, dependendo da orientação da rede e do diâmetro do tubo. Mais de 300 tipos diferentes de nanotubos já foram identificados. Cada método de produção* faz de 10 a 50 tipos diferentes de nanotubos de uma só vez.† Isolar um grande grupo puro de nanotubos é um processo difícil.‡,# A maior parte dos nanotubos é vendida em lotes com 65 a 95 por cento de nanotubos. O custo é por grama, e tipos mais puros são mais caros. (As impurezas que restam são formas diferentes de carbono.) Nanotubos diferem dramaticamente° das fibras de carbono normalmente utilizadas em compostos. Fibras de carbono são um tipo especializado de grafita manufaturada, mas não são tubos ocos.

Como os nanotubos são tão pequenos, novos métodos de medida de seus limites de tração e de seus módulos de Young foram criados.§,¶ Medidas do módulo de Young de nanotubos de uma única parede forneceram** uma média de 1,25 TN/m^2, em uma faixa†† de 0,32 até 1,47 TN/m^2. Estes valores são várias vezes maiores do que o do aço, com volume ou peso equivalente. Nanotubos de carbono de muitas paredes possuem uma maior variação do módulo de Young,‡‡ de 270 GN/m^2 a 950 GN/m^2, e seus limites de tração variam de 11 GN/m^2 a 63 GN/m^2. Nanotubos de carbono possuem limites de tração maiores e módulos de Young muito maiores do que os de fibras de Kevlar™## de peso equivalente. Os nanotubos são os materiais mais rígidos que se conhece e apresentam os maiores limites de tração conhecidos.

Nanotubos de carbono podem não apenas suportar tensões com uma menor taxa de deformação, como também podem exercer grandes tensões. Verificou-se, recentemente, que nanotubos de carbono podem exercer pressões de 40,53 GN/m^2 em cristais de metal aprisionados dentro deles, quando os nanotubos são irradiados e tratados termicamente.°° (Isto é cerca de um décimo da pressão no núcleo da Terra!) Quando os tubos encolhem, eles comprimem o metal até formarem filamentos muito finos.

Apesar de os nanotubos serem, eles próprios, extremamente fortes, os fios,§§ fibras¶¶ e fitas*** feitos com eles não são tão fortes. Mas estes produtos ainda apresentam altos limites de tração e grandes módulos de Young. Muito da força dos nanotubos vem da rede regular de átomos de carbono. Se a rede contém defeitos, o nanotubo se torna mais fraco.††† (Isto também explica a grande variação observada em medidas de limites de tração de nanotubos de carvão.) Como bilhões de nanotubos são necessários para aplicações, mesmo em média escala, estatisticamente estas maiores aplicações não podem ter o mesmo limite de tração por unidade de volume (ou por unidade de massa) que possuem individualmente os nanotubos.‡‡‡ Mesmo assim, uma pequena quantidade de nanotubos relativamente puros pode acrescentar resistência e rigidez a materiais existentes. Cinco por cento (em peso) de nanotubos em um composto pode mais do que dobrar o limite de tração e a rigidez do composto.### Como materiais leves e resistentes sempre serão necessários, os nanotubos de carbono têm um futuro brilhante.

* Guice, C., "Dynamics of Nanotube Synthesis," *Penn State McNair Journal 2003*, 115–119.

† Kumar, Satish, in Goho, Alexandra, "Nice Threads: The Golden Secret Behind Spinning Carbon-Nanotube Fibers," *Science News*, June 5, 2004, p. 363+.

‡ Benavides, J. M., "Method for Manufacturing of High Quality Carbon Nanotubes,." U.S. Patent 7,008,605, Mar. 7, 2006.

\# Harutyunyan et al., "Method of Purifying Nanotubes and Nanofibers Using Electromagnetic Radiation," U. S. Patent 7,014,737, Mar 21, 2006.

° Ajayan, P. M., Charlier, J.-C., and Rinzle, A. G., "Carbon Nanotubes: From Macromolecules to Nanotechnology," *Proceedings of the National Academy of Sciences*, Dec. 7, 1999, 14199–14200.

§ Pasquali et al., "Method for Determining the Length of Single-Walled Carbon Nanotubes," U.S. Patent 6,962,092, Nov. 8, 2005.

¶ Yu, M.-F., Lourie, O., Dyer, M., Motini, K, Kelly, T., and Ruoff, R., "Strength and Breaking Mechanism of Multiwalled Carbon Nanotubes Under Tensile Load," *Science*, Jan. 28, 2000, 637–640.

** Krishan, A., Dujardin, E., Ebbesen, T. W., Treacy, M. M. J., and Yianilos, P. N., "Young's Modulus of Single-Walled Nanotubes," *Physical Review Letters B*, Nov. 15, 1998, 14013–1409.

†† Yu, M.-F., Files, B., Arepalli, S., and Ruoff, R., "Tensile Loading of Ropes of Single Wall Carbon Nanotubes and Their Mechanical Properties," *Physical Review Letters*, June 12, 2000, 5552–5555.

‡‡ Yu et al., op. cit.

\## Tang, Benjamin, "Fiber Reinforced Polymer Composites Applications in USA DOT - Federal Highway Administration," *First Korea/USA Road Workshop Proceedings*, Jan. 28–29, 1997 http://www.fhwa.dot.gov/bridge/frp/frp197.htm

°° Sun, L., Bahhart, F., Krasheninnikov, A. V., Rodriguez-Manzo, J. A., Terrones, M., and Ajayan, P. M., "Carbon Nanotubes as High-Pressure Cylinders and Nanoextruders," *Science*, May 26, 2006, 1199–1202.

§§ Ericson et al., "Macroscopic, Neat, Single-Walled Carbon Nanotube Fibers," *Science*, Sept. 3, 2004, 1447–1450.

¶¶ Li, Y.-L., Kinloch, I. A., and Windle, A. H., "Direct Spinning of Carbon Nanotube Fibers from Chemical Vapor Deposition Synthesis," *Science*, Apr. 9, 2004, 276–278.

*** Zhang et al., "Strong, Transparent, Multifunctional Carbon Nanotube Sheets," *Science*, Aug. 19, 2005, 1215–1219.

††† Mielke, S., Diego, T., Zhang, S., Li, J.-L., Xiao, S., Car, R., Ruoff, R., Schatz, G., and Belytschko, T., "The Role of Vacancy Defects and Holes in the Fracture of Carbon Nanotubes," *Chemical Physical Letters*, Apr. 16, 2004, 413–420.

‡‡‡ Pugno, N., "On the Strength of the Carbon Nanotube-Based Space Elevator Cable: From Nano- to Mega-Mechanics," *Journal of Physics: Condensed Matter, Special Issue: Nanoscience and Nanotechnology*, (Prepublication), July 2006.

\### Andrews, D., Jacques, D., Rao, A. M., Rantell, T., Derbyshire, F., Chen, Y., Chen, J., and Haddon, R. C., "Nanotube Composite Carbon Fibers," *Applied Physics Letters*, Aug. 30, 1999, 1329–1331.

Resumo

TÓPICO	EQUAÇÕES RELEVANTES E OBSERVAÇÕES	
1. Equilíbrio de um Corpo Rígido		
Condições	1. A força externa resultante atuando sobre um corpo deve ser zero:	
	$\Sigma\vec{F} = 0$	12-1
	2. O torque externo resultante, em relação a qualquer ponto, deve ser zero:	
	$\Sigma\vec{\tau} = 0$	12-2
	(A soma dos torques, em relação a qualquer eixo, também é igual a zero.)	
Estabilidade	O equilíbrio de um corpo pode ser classificado como estável, instável ou neutro. Um corpo em repouso sobre uma superfície estará em equilíbrio se seu centro de gravidade estiver sobre sua base da apoio. A estabilidade pode ser aumentada baixando-se o centro de gravidade ou aumentando-se o tamanho da base.	
2. Centro de Gravidade	As forças da gravidade exercidas sobre as várias partes de um corpo podem ser substituídas por uma única força, a força gravitacional total, atuando sobre o centro de gravidade:	
	$\vec{\tau}_{res} = \sum_i (\vec{r}_i \times \vec{F}_{gi}) = \vec{r}_{cg} \times \vec{F}_g$	12-3
	Para um corpo em um campo gravitacional uniforme, o centro de gravidade coincide com o centro de massa.	
3. Binários	Um par de forças iguais e opostas constitui um binário. O torque produzido por um binário é o mesmo em relação a qualquer ponto do espaço.	
	$\vec{\tau} = (\vec{r}_1 - \vec{r}_2) \times \vec{F}_1$ logo $\tau = FD$	12-5, 12-6
	onde D é a distância entre as linhas de ação das forças.	
4. Referencial Acelerado	As condições de equilíbrio estático em um referencial acelerado são 1. $\Sigma\vec{F} = m\vec{a}_{cm}$, onde $\vec{a}_{cm}$ é a aceleração do centro de massa, que também é a aceleração do referencial. 2. $\Sigma\vec{\tau}_{cm} = 0$ A soma dos torques externos em relação ao centro de massa deve ser zero.	
5. Tensão e Deformação Relativa		
Módulo de Young	$Y = \dfrac{\text{Tensão}}{\text{Deformação relativa}} = \dfrac{F/A}{\Delta L/L}$	12-9
Módulo de cisalhamento	$M_{cis} = \dfrac{\text{Tensão de cisalhamento}}{\text{Deformação relativa de cisalhamento}} = \dfrac{F_{cis}/A}{\Delta X/L} = \dfrac{F_{cis}/A}{\tan\theta}$	12-12

Resposta da Checagem Conceitual

12-1 Um eixo horizontal que passa pela aresta inferior do bloco oposta ao lado que está sendo empurrado (Figura 12-17). (Os torques em relação a este eixo, produzidos pelas forças normal e de atrito, são iguais a zero.)

Respostas dos Problemas Práticos

12-1 As forças $\vec{F}_1$, $\vec{F}_2$ e $\vec{F}_3$ atuam sobre o corpo. O corpo está em equilíbrio e, portanto, os torques produzidos por estas forças, em relação a qualquer ponto, devem somar zero. Seja P o ponto de interseção das linhas de ação das forças $\vec{F}_1$ e $\vec{F}_2$. Então, os torques em relação a P, produzidos por $\vec{F}_1$ e $\vec{F}_2$, devem ser ambos nulos, e, portanto, o torque em relação a P produzido por $\vec{F}_3$ também dever ser nulo. Segue, então, que a linha de ação de $\vec{F}_3$ deve passar pelo ponto P.

12-2 O ângulo entre $\vec{r}_1 - \vec{r}_2$ e $\vec{F}_1$ é β (Figura 12-15) e, portanto, $|\vec{\tau}| = |(\vec{r}_1 - \vec{r}_2) \times \vec{F}_1| = |\vec{r}_1 - \vec{r}_2|\, F \operatorname{sen}\beta$. Como $D = |\vec{r}_1 - \vec{r}_2| \operatorname{sen}\beta$, $|\vec{\tau}| = FD$.

12-3 Tensão $= F/A = 2{,}5 \times 10^5$ N/m^2. A tensão máxima que pode ser exercida é aproximadamente a mesma para todos os músculos humanos. Forças maiores podem ser exercidas por músculos com maiores áreas de seção reta.

12-4 (*a*) $4{,}1 \times 10^7$ N/m2, (*b*) $2{,}1 \times 10^{-4}$, (*c*) 190 GN/m^2

Problemas

Em alguns problemas, você recebe mais dados do que necessita; em alguns outros, você deve acrescentar dados de seus conhecimentos gerais, fontes externas ou estimativas bem fundamentadas.

Interprete como significativos todos os algarismos de valores numéricos que possuem zeros em seqüência sem vírgulas decimais.

Em todos os problemas, use $g = 9{,}81$ m/s² para a aceleração de queda livre e despreze atrito e resistência do ar, a não ser quando especificamente indicado.

• Um só conceito, um só passo, relativamente simples
•• Nível intermediário, pode requerer síntese de conceitos
••• Desafiante, para estudantes avançados.
Problemas consecutivos sombreados são problemas pareados.

PROBLEMAS CONCEITUAIS

1 • Verdadeiro ou falso:
(*a*) $\sum_i \vec{F}_i = 0$ é suficiente para que ocorra equilíbrio estático.
(*b*) $\sum_i \vec{F}_i = 0$ é necessário para que ocorra equilíbrio estático.
(*c*) No equilíbrio estático, o torque resultante em relação a qualquer ponto é zero.
(*d*) Um corpo em equilíbrio não pode estar se movendo.

2 • Verdadeiro ou falso:
(*a*) O centro de gravidade está sempre no centro geométrico do corpo.
(*b*) O centro de gravidade deve estar localizado dentro de um corpo.
(*c*) O centro de gravidade de um bastão é localizado entre as duas extremidades.
(*d*) O torque produzido pela força da gravidade, em relação ao centro de gravidade, é sempre zero.

3 • A barra horizontal da Figura 12-27 permanecerá na horizontal se (*a*) $L_1 = L_2$ e $R_1 = R_2$, (*b*) $M_1R_1 = M_2R_2$, (*c*) $M_2R_1 = M_1R_2$, (*d*) $L_1M_1 = L_2M_2$, (*e*) $R_1L_1 = R_2L_2$.

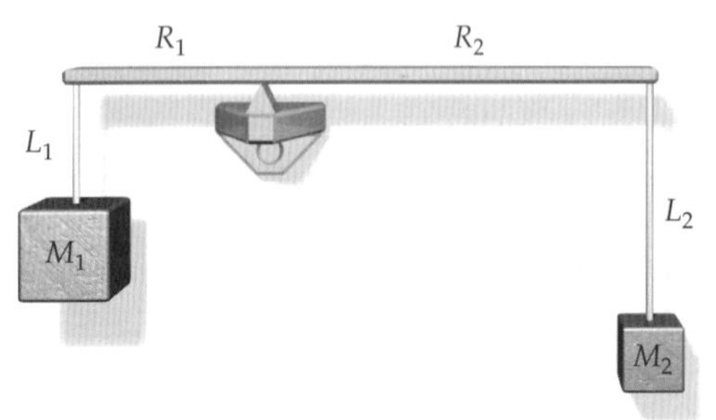

FIGURA 12-27 Problema 3

4 • Sente em uma cadeira com suas costas retas na vertical. Tente, agora, levantar sem se inclinar para a frente. Explique por que você não pode fazê-lo.

5 • **APLICAÇÃO EM ENGENHARIA** Você recebe a incumbência de cavar buracos para a colocação dos postes que suportarão as placas de um restaurante. Explique por que o quanto mais alta uma placa for colocada, o mais fundo os postes devem ser enterrados no chão.

6 • Um pai (massa M) e seu filho (massa m) caminham sobre uma gangorra equilibrada, afastando-se para as extremidades opostas. Enquanto eles caminham, a gangorra permanece exatamente na horizontal. O que pode ser dito sobre a relação entre a rapidez V do pai e a rapidez v do filho?

7 • As canecas usadas em viagem, apoiadas no painel do automóvel, possuem muitas vezes bases largas e bocas relativamente estreitas. Por que canecas de viagem devem ser projetadas com este formato, em vez do formato praticamente cilíndrico que possuem normalmente?

8 •• **APLICAÇÃO EM ENGENHARIA** Os velejadores da foto estão usando uma técnica chamada *"hiking out"*. Qual é o objetivo deles se colocarem na posição mostrada? Se o vento fosse mais forte, o que seria necessário para manter a embarcação estável?

Velejadores navegando. *(Peter Andrews/Reuters/Corbis.)*

9 •• Um fio de alumínio e um fio de aço, com os mesmos comprimento L e diâmetro D, estão ligados pelas pontas para formar um fio de comprimento $2L$. Uma ponta do fio é, então, presa ao teto e um corpo de massa M é preso à outra ponta. Desprezando as massas dos fios, qual das seguintes afirmativas é verdadeira? (*a*) A porção de alumínio será alongada da mesma quantidade que a porção de aço. (*b*) As trações nas porções de alumínio e de aço são iguais. (*c*) A tração na porção de alumínio é maior do que a tração na porção de aço. (*d*) Nenhuma das afirmativas anteriores.

ESTIMATIVA E APROXIMAÇÃO

10 •• Um grande caixote de 4500 N de peso está colocado sobre quatro blocos de 12 cm de altura, sobre uma superfície horizontal (Figura 12-28). O caixote tem 2,0 m de comprimento, 1,2 m de altura e 1,2 m de profundidade. Você deve erguer uma das extremidades do caixote, usando um longo pé-de-cabra de aço. O fulcro do pé-de-cabra se apóia a 10 cm da extremidade erguida. Estime o comprimento que deve ter o pé-de-cabra para que você consiga cumprir a tarefa.

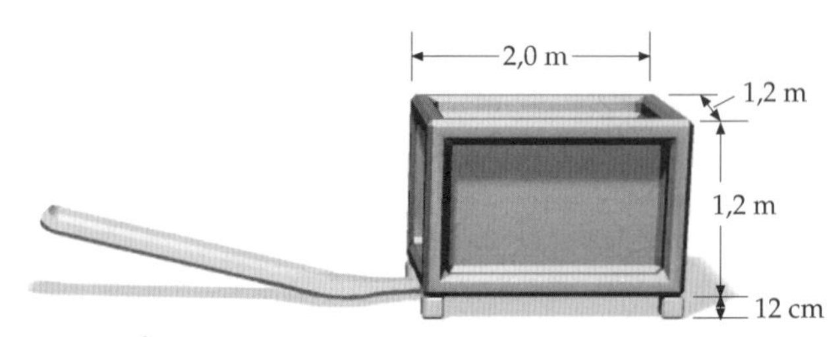

FIGURA 12-28 Problema 10

11 •• **APLICAÇÃO EM ENGENHARIA** Considere um modelo atômico para o módulo de Young. Suponha um grande número de átomos arranjados em uma rede cúbica, com cada átomo ocupando um vértice de um cubo e a uma distância a de seus seis vizinhos mais próximos. Imagine cada átomo ligado aos seus seis vizinhos mais próximos por pequenas molas, cada uma de constante k. (*a*) Mostre que este material, se tracionado, terá um módulo de Young $Y = k/a$. (*b*) Usando a Tabela 12-1 e supondo $a \approx 1{,}0$ nm, estime um valor típico para a "constante de mola atômica" k do metal.

12 •• Considerando os torques em relação à articulação de seus ombros, estime a força que seus músculos deltóides (os músculos no topo de seus ombros) devem exercer sobre seu braço para mantê-lo estendido no nível do ombro. Depois, estime a força que eles devem exercer quando você segura um peso de 10 lb à distância do braço estendido.

CONDIÇÕES DE EQUILÍBRIO

13 • Sua muleta é pressionada contra a calçada por uma força $\vec{F}_m$ ao longo de sua própria direção, como na Figura 12-29. Esta força é equilibrada pela força normal $\vec{F}_n$ e por uma força de atrito $\vec{f}_e$. (*a*) Mostre que, quando a força de atrito é máxima, o coeficiente de atrito está relacionado ao ângulo θ por $\mu_e = \tan\theta$. (*b*) Explique como este resultado se aplica às forças sobre o seu pé quando você não está usando uma muleta. (*c*) Explique por que é mais vantajoso dar passos curtos ao caminhar sobre pisos escorregadios.

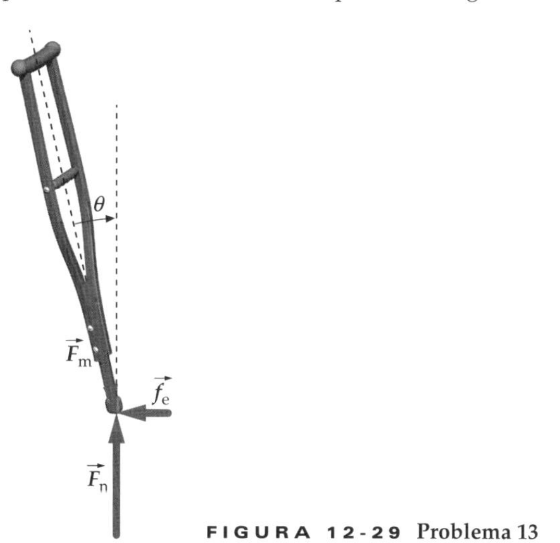

FIGURA 12-29 Problema 13

14 •• Uma barra fina e homogênea, de massa M, é suspensa horizontalmente por dois fios verticais. Um dos fios prende-se à extremidade esquerda da barra, e o outro fio dista 2/3 do comprimento da barra, de sua extremidade esquerda. (*a*) Determine a tração em cada fio. (*b*) Um objeto é, agora, pendurado por um cordão preso à extremidade direita da barra. Quando isto acontece, percebe-se que a barra se mantém na horizontal, mas a tração no fio da esquerda desaparece. Determine a massa do objeto.

O CENTRO DE GRAVIDADE

15 • Um automóvel tem 58 por cento de seu peso sobre as rodas dianteiras. O eixo dianteiro e o eixo traseiro estão afastados de 2,0 m. Onde está localizado o centro de gravidade?

EQUILÍBRIO ESTÁTICO

16 • A Figura 12-30 mostra uma alavanca, de massa desprezível, com uma força vertical F_{apl} sendo aplicada para erguer uma carga F. A *vantagem mecânica* da alavanca é definida como $M = F/F_{apl\,mín}$, onde $F_{apl\,mín}$ é a menor força necessária para erguer a carga F. Mostre que, para este sistema simples de alavanca, $M = x/X$, onde x é o braço de alavanca (distância ao pivô) da força aplicada e X é o braço de alavanca da carga.

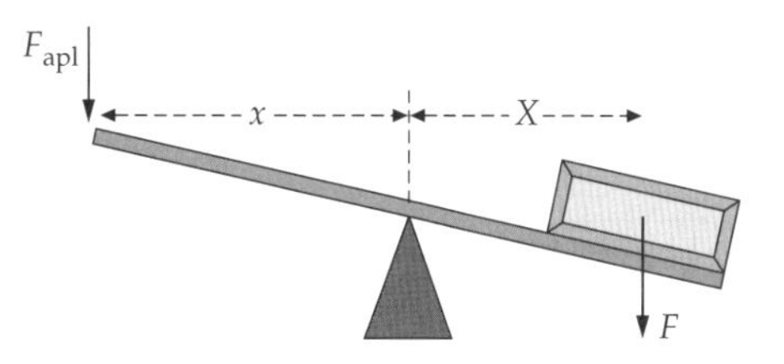

FIGURA 12-30 Problema 16

17 • **APLICAÇÃO EM ENGENHARIA** A Figura 12-31 mostra um veleiro de 25 pés. O mastro é um poste homogêneo de 120 kg, fixado ao convés e mantido em posição por cabos, como mostrado. A tração no cabo que se prende à proa é de 1000 N. Determine a tração no cabo que se prende à popa e a força normal que o convés exerce sobre o mastro. (Despreze o atrito exercido pelo convés sobre o mastro.)

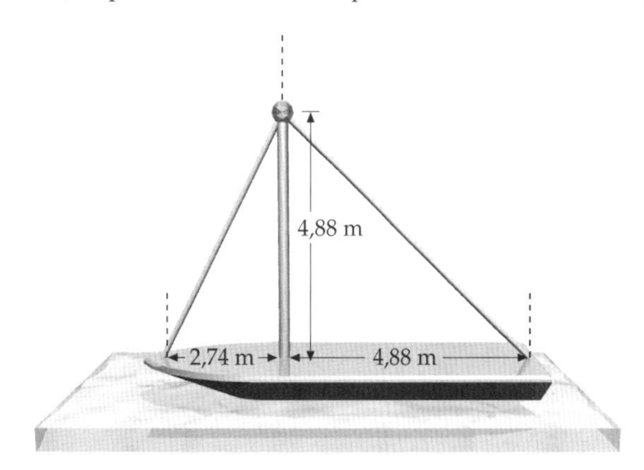

FIGURA 12-31 Problema 17

18 •• Uma barra de 10,0 m, com 300 kg de massa, está colocada sobre uma base, como na Figura 12-32. A barra não está presa, mas simplesmente apoiada sobre a superfície. Um estudante de 60,0 kg tenciona posicionar a barra de forma que ele possa caminhar até sua extremidade. Qual é a maior distância que a barra pode se projetar para fora da base, permitindo que o estudante realize seu intento?

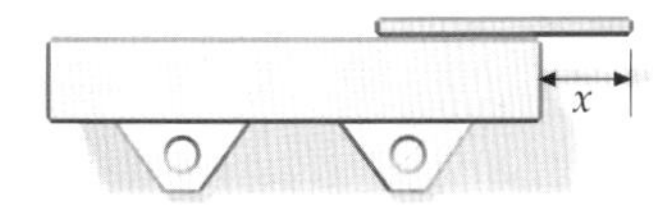

FIGURA 12-32 Problema 18

19 •• **APLICAÇÃO BIOLÓGICA** Uma *prancha gravitacional* é uma maneira conveniente e rápida de se determinar a localização do centro de gravidade de uma pessoa. Ela consiste em uma prancha horizontal suportada por um fulcro em uma extremidade e uma balança de mola na outra. Para uma demonstração em aula, seu professor de física pede que você deite sobre a prancha com o topo de sua cabeça exatamente sobre o fulcro, como mostrado na Figura 12-33. O fulcro está a 2,00 da balança. Preparando este experimento, você se pesou previamente, com precisão, e verificou que sua massa é de 70,0 kg. Quando você está sobre a prancha gravitacional, o ponteiro da balança adianta 250 N além do ponto que indicava quando só a prancha estava sobre ela. Use estes

dados para determinar a localização de seu centro de massa em relação a seus pés.

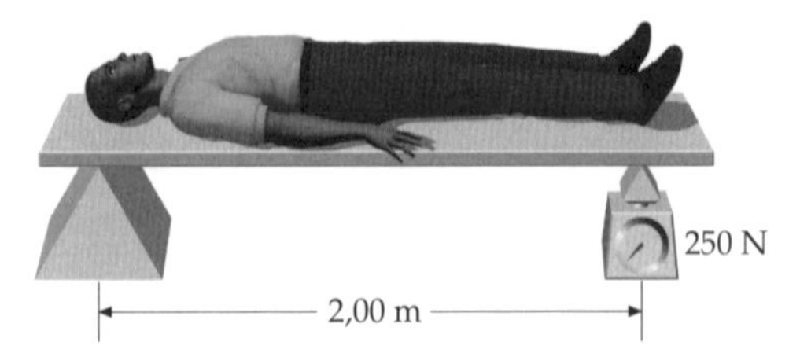

FIGURA 12-33 Problema 19

20 •• Uma prancha de 3,0 m, com 5,0 kg de massa, é articulada em uma de suas extremidades. Uma força $\vec{F}$ é aplicada verticalmente sobre a outra extremidade, e a prancha forma um ângulo de 30° com a horizontal. Um bloco de 60 kg é colocado sobre a prancha, a 80 cm da articulação, como mostrado na Figura 12-34. (*a*) Determine a magnitude da força $\vec{F}$. (*b*) Determine a força exercida pela articulação. (*c*) Determine a magnitude da força $\vec{F}$, bem como a força exercida pela articulação, se $\vec{F}$ for exercida, agora, formando um ângulo reto com a prancha.

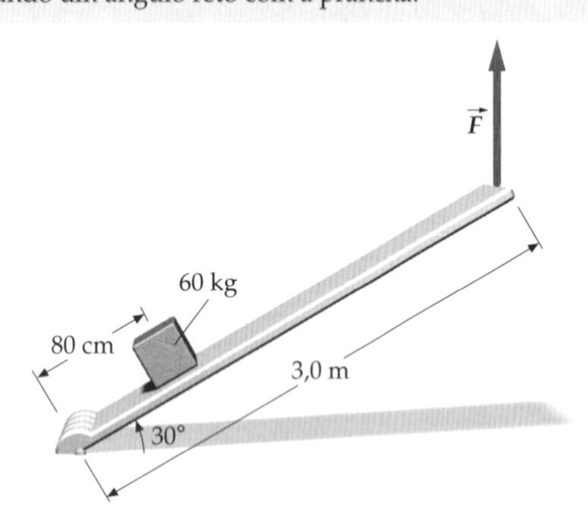

FIGURA 12-34 Problema 20

21 •• Um cilindro de massa *M* está apoiado sobre uma calha sem atrito, formada por um plano inclinado de 30° com a horizontal, à esquerda, e outro plano inclinado de 60°, à direita, como mostrado na Figura 12-35. Determine a força exercida por cada plano sobre o cilindro.

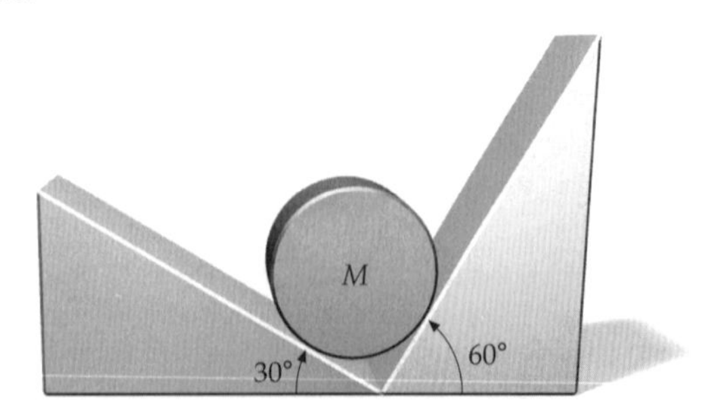

FIGURA 12-35 Problema 21

22 •• Uma porta homogênea de 18 kg, com 2,0 m de altura e 0,80 m de largura, está presa a duas dobradiças situadas a 20 cm do topo e a 20 cm da base. Se cada dobradiça suporta metade do peso da porta, determine a magnitude e a orientação das componentes horizontais das forças exercidas pelas duas dobradiças sobre a porta.

23 •• Determine a força exercida pela articulação em A sobre o suporte do arranjo da Figura 12-36, se (*a*) o suporte não tem peso e (*b*) o suporte pesa 20 N.

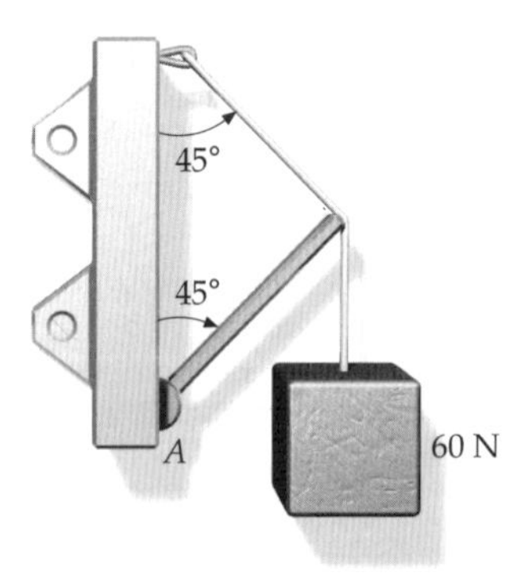

FIGURA 12-36 Problema 23

24 •• Júlia foi contratada para ajudar a pintar a fachada de um prédio, mas não está convencida da segurança do equipamento. Uma prancha de 5,0 m é suspensa horizontalmente, do topo do prédio, por cordas presas a cada extremidade. Júlia sabe, de experiência anterior, que as cordas utilizadas se romperão se a tração exceder a 1,0 kN. Seu chefe, de 80 kg, desconsidera as preocupações de Júlia e começa a pintar, quando está a 1,0 m de uma extremidade da prancha. Se a massa de Júlia é 60 kg e a massa da prancha é 20 kg, qual é a região que Júlia pode ocupar sobre a prancha, para ajudar o seu chefe, sem provocar o rompimento das cordas?

25 •• Um cilindro, de massa *M* e raio *R*, rola até um degrau de altura *h*, como mostrado na Figura 12-37. Quando uma força horizontal de magnitude *F* é aplicada no topo do cilindro, este permanece em repouso. (*a*) Determine uma expressão para a força normal exercida pelo piso sobre o cilindro. (*b*) Determine uma expressão para a força horizontal exercida pela borda do degrau sobre o cilindro. (*c*) Determine uma expressão para a componente vertical da força exercida pela borda do degrau sobre o cilindro.

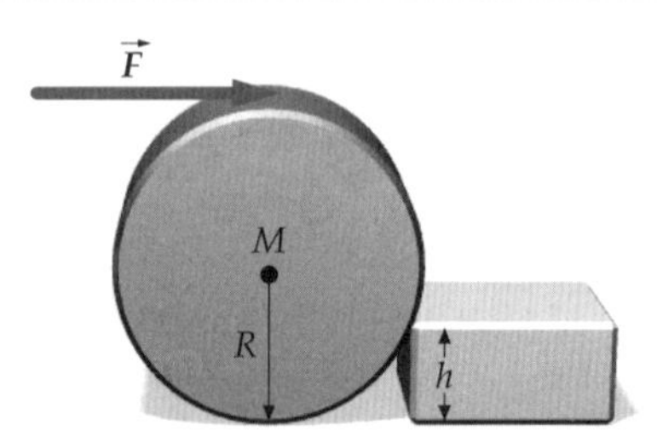

FIGURA 12-37 Problema 25

26 •• Para o cilindro do Problema 25, determine uma expressão para a magnitude mínima da força horizontal $\vec{F}$ que fará o cilindro rolar sobre o degrau, supondo que ele não deslize na borda.

27 •• **RICO EM CONTEXTO** A Figura 12-38 mostra sua mão segurando um florete, a arma usada na prática da esgrima. O centro de massa do florete está a 24 cm do botão (a extremidade do florete na empunhadura). Você pesou o florete e sabe que sua massa é 0,700 kg e que seu comprimento total é 110 cm. (*a*) No início da luta, você segura o florete apontando para a frente, em equilíbrio estático. Determine a força total exercida pela sua mão sobre o florete. (*b*) Determine o torque exercido pela sua mão sobre o florete. (*c*) Sua mão, sendo um corpo com extensão, na verdade exerce uma força distribuída sobre a empunhadura do florete. Adote um modelo em que a força total exercida pela sua mão é representada por duas forças opostas, cujas linhas

de ação estão separadas pela largura da sua mão (considere 10,0 cm). Determine as magnitudes e as orientações destas duas forças.

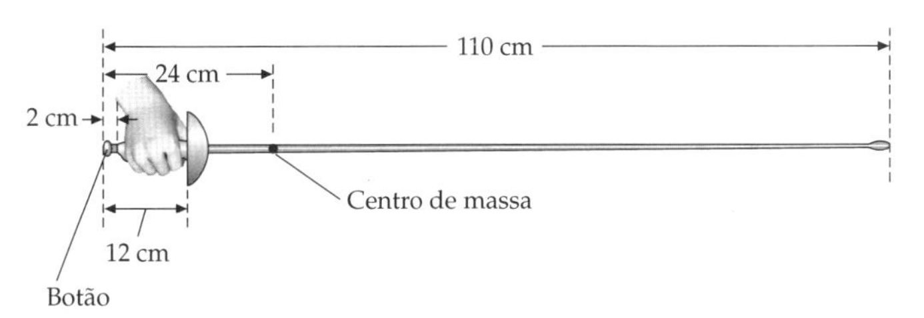

FIGURA 12-38 Problema 27

28 •• Uma grande cerca, pesando 200 N, é suportada por dobradiças no topo e na base, além de um cabo, como mostrado na Figura 12-39. (*a*) Qual deve ser a tração no cabo, para que a força sobre a dobradiça de cima não tenha componente horizontal? (*b*) Qual é a força horizontal sobre a dobradiça de baixo? (*c*) Quais são as forças verticais sobre as dobradiças?

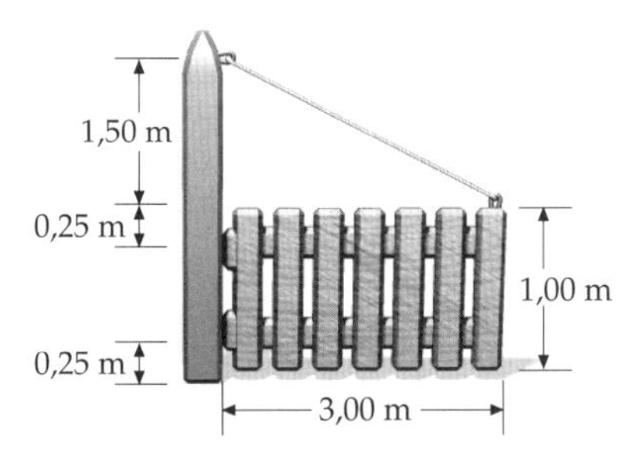

FIGURA 12-39 Problema 28

29 •• **RICO EM CONTEXTO** Em um acampamento, você amarra seu barco na extremidade de um cais em um rio que corre, rapidamente, para a direita. O barco está amarrado com uma corrente de 5,0 m de comprimento, como mostrado na Figura 12-40. Um peso de 100 N é suspenso no centro da corrente. Com isto, a tração na corrente irá variar, enquanto variar a força da corredeira que afasta o barco do cais, para a direita. A força de arraste da água sobre o barco depende da rapidez da água. Você decide aplicar os princípios de estática que aprendeu nas aulas de física. (Ignore o peso da corrente.) A força de arraste sobre o barco é de 50 N. (*a*) Qual é a tração na corrente? (*b*) Qual é a distância do barco ao cais? (*c*) A maior tração que a corrente pode suportar é de 500 N. Qual é a menor força de arraste sobre o barco capaz de romper a corrente?

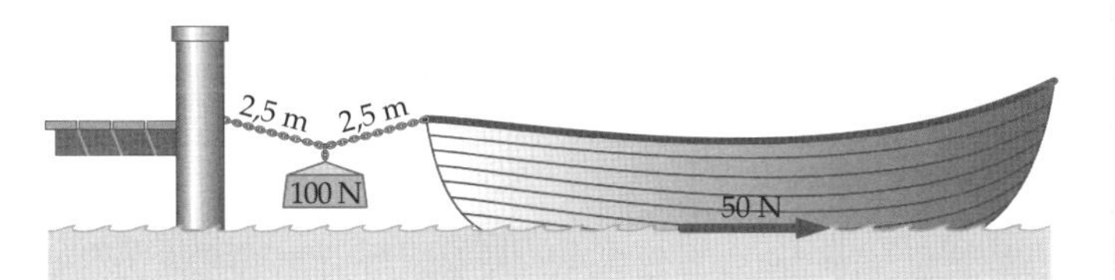

FIGURA 12-40 Problema 29

30 •• Romeu apóia uma escada homogênea de 10 m sobre a fachada (sem atrito) da residência dos Capuleto. A massa da escada é 22 kg e sua base, no chão, está a 2,8 m da fachada. Quando Romeu, cuja massa é 70 kg, completa 90 por cento do percurso de subida, a escada começa a escorregar. Qual é o coeficiente de atrito estático entre o chão e a escada?

31 •• Duas forças de 80 N são aplicadas em cantos opostos de uma placa retangular, como mostrado na Figura 12-41. (*a*) Determine o torque produzido por este binário, usando a Equação 12-6. (*b*) Mostre que o resultado é o mesmo, se você determina o torque em relação ao canto esquerdo de baixo.

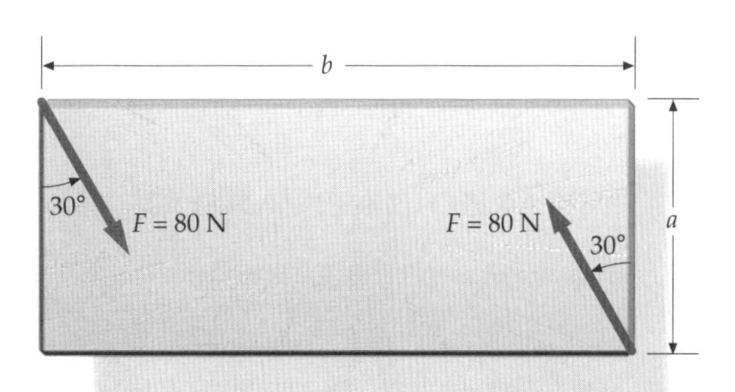

FIGURA 12-41 Problema 31

32 •• Um cubo homogêneo, de aresta a e massa M, está sobre uma superfície horizontal. Uma força horizontal $\vec{F}$ é aplicada no topo do cubo, como mostrado na Figura 12-42. Esta força não é suficiente para deslocar, ou inclinar, o cubo. (*a*) Mostre que a força de atrito estático, exercida pela superfície, e a força aplicada formam um binário, e determine o torque exercido pelo binário. (*b*) O torque exercido por este binário é equilibrado pelo torque exercido pelo binário constituído pela força normal e pela força gravitacional sobre o cubo. Use este fato para determinar o ponto efetivo de aplicação da força normal, quando $F = Mg/3$. (*c*) Determine a maior magnitude de $\vec{F}$ para a qual o cubo não inclinará (supondo que ele não escorrega).

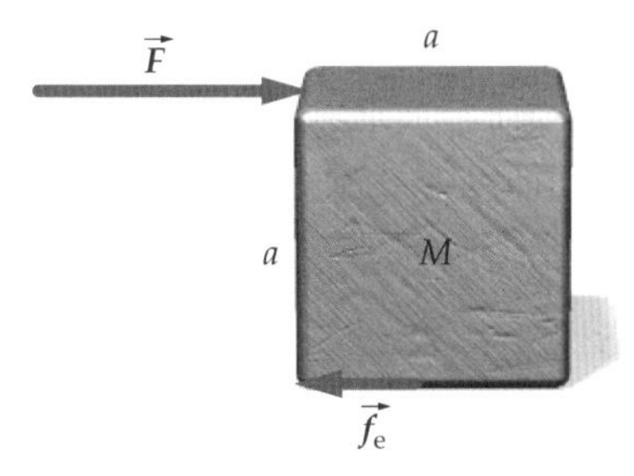

FIGURA 12-42 Problema 32

33 •• Uma escada, de massa desprezível e comprimento L, está apoiada contra uma parede lisa, formando um ângulo θ com o piso horizontal. O coeficiente de atrito entre a escada e o piso é μ_e. Um homem sobe a escada. Até que altura h ele pode chegar antes de a escada escorregar?

34 •• Uma escada homogênea, de comprimento L e massa m, está apoiada contra uma parede vertical sem atrito, formando um ângulo de 60° com a horizontal. O coeficiente de atrito estático entre a escada e o piso é 0,45. Se sua massa é quatro vezes a massa da escada, até que altura você pode subir antes que a escada comece a escorregar?

35 •• Uma escada, de massa m e comprimento L, está apoiada contra uma parede sem atrito, formando um ângulo θ com a horizontal. O centro de massa da escada está a uma altura h acima do piso. Uma força F, exercida diretamente da parede para fora, empurra a escada em seu ponto médio. Determine o menor coeficiente de atrito estático μ_e para o qual a extremidade de cima da escada se afastará da parede, antes que a extremidade de baixo comece a escorregar.

36 •• Um homem de 900 N está sentado no topo de uma escada de massa desprezível, colocada sobre um piso sem atrito, como na Figura 12-43. Existe um tirante, no meio da escada. O ângulo de abertura é $\theta = 30°$. (*a*) Qual é a força exercida pelo piso sobre cada perna da escada? (*b*) Qual é a tração sobre o tirante? (*c*) Se o tirante é deslocado para baixo (mantendo-se o mesmo ângulo θ), a tração

sobre ele será a mesma, maior, ou menor do que quando estava na posição mais alta? Explique sua resposta.

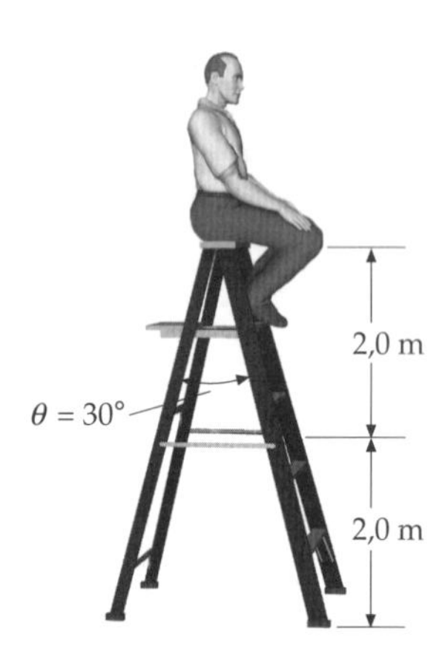

FIGURA 12-43 Problema 36

37 •• Uma escada homogênea está apoiada contra uma parede vertical sem atrito. O coeficiente de atrito estático entre a escada e o piso é 0,30. Qual é o menor ângulo entre a escada e a horizontal para que a escada não escorregue?

38 ••• Uma tora homogênea, de 100 kg de massa, 4,0 m de comprimento e 12 cm de raio, é mantida em uma posição inclinada como mostrado na Figura 12-44. O coeficiente de atrito estático entre a tora e a superfície horizontal é 0,60. A tora está na iminência de escorregar para a direita. Determine a tração no cabo que a sustenta e o ângulo que ele forma com a parede vertical.

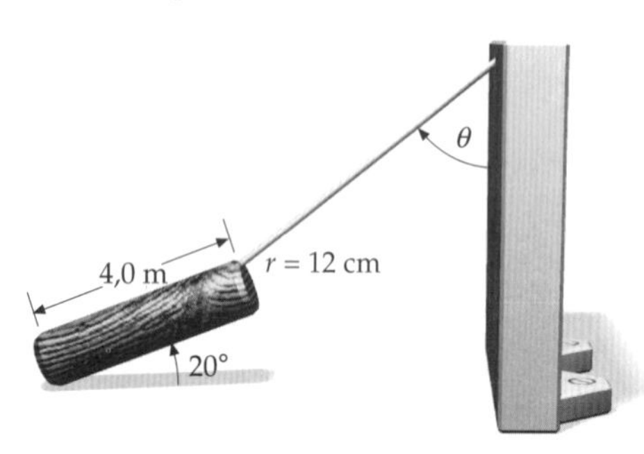

FIGURA 12-44 Problema 38

39 ••• Um bloco alto, retangular e homogêneo está sobre um plano inclinado, como mostrado na Figura 12-45. Uma corda, presa ao topo do bloco, evita que ele caia sobre o plano. Qual é o maior ângulo θ para o qual o bloco não escorregará no plano? Suponha que o bloco tenha uma razão entre altura e largura, b/a, de 4,0, e que o coeficiente de atrito estático entre ele e o plano inclinado seja $\mu_e = 0{,}80$.

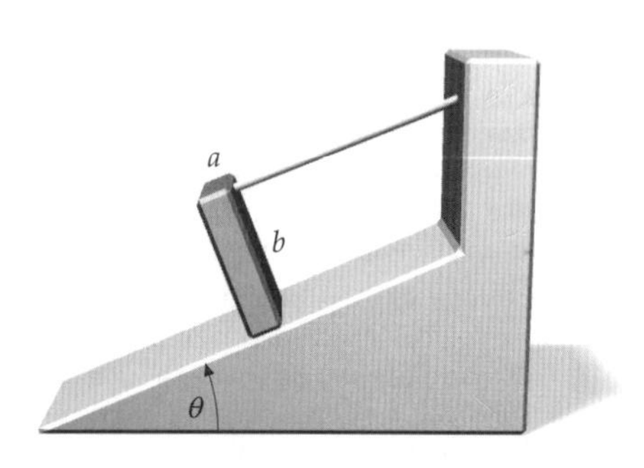

FIGURA 12-45 Problema 39

TENSÃO E DEFORMAÇÃO

40 • Uma bola de 50 kg está suspensa por um fio de aço de 5,0 m de comprimento e 2,0 mm de raio. Qual é a elongação do fio?

41 • O cobre possui um limite de tração de cerca de $3{,}0 \times 10^8$ N/m^2. (*a*) Qual é a máxima carga que pode ser pendurada em um fio de cobre de 0,42 mm de diâmetro? (*b*) Se metade desta carga máxima é pendurada no fio de cobre, ele sofrerá uma elongação de quanto por cento de seu comprimento?

42 • Uma massa de 4,0 kg é suportada por um fio de aço de 0,60 mm de diâmetro e 1,2 m de comprimento. De quanto o fio se alongará sob esta carga?

43 • Quando o pé de um corredor atinge o chão, a força de cisalhamento atuando sobre um solado de 8,0 mm de espessura é como a mostrada na Figura 12-46. Se a força de 25 N é distribuída sobre uma área de 15 cm^2, determine o ângulo de cisalhamento θ, dado que o módulo de cisalhamento do solado é $1{,}9 \times 10^9$ N/m^2.

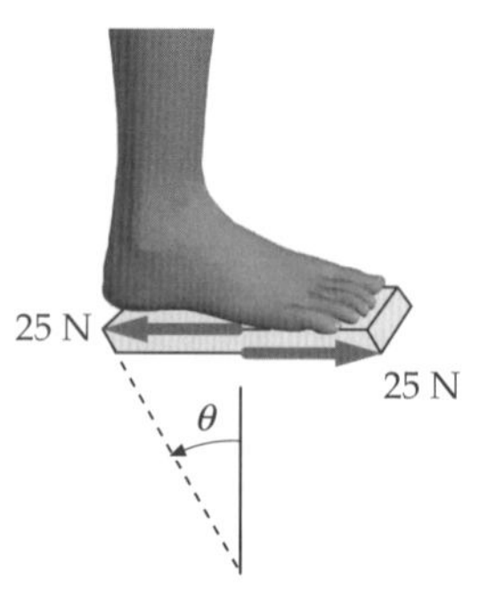

FIGURA 12-46 Problema 43

44 •• Um fio de aço de 1,50 m de comprimento e 1,00 mm de diâmetro está ligado a um fio de alumínio de dimensões idênticas, compondo um fio de 3,00 m de comprimento. Determine a variação de comprimento deste fio composto que resulta se um corpo de 5,00 kg de massa é pendurado verticalmente de uma de suas extremidades. (Despreze eventuais efeitos das massas dos dois fios sobre variações de seus comprimentos.)

45 •• Forças iguais e opostas F são aplicadas às duas pontas de um arame fino de comprimento L e área de seção reta A. Mostre que, se o arame está moldado em forma de mola, a constante de força k é dada por $k = AY/L$ e a energia potencial armazenada no arame é $U = \frac{1}{2}F\Delta L$, onde Y é o módulo de Young e ΔL é o quanto o arame foi alongado.

46 •• A corda mi de um violino, de aço, está sob uma tração de 53,0 N. O diâmetro da corda é 0,200 mm e o comprimento, quando tracionada, é 35,0 cm. Determine (*a*) o comprimento desta corda, quando não tracionada, e (*b*) o trabalho necessário para tracionar a corda.

47 •• **APLICAÇÃO EM ENGENHARIA, PLANILHA ELETRÔNICA** Durante um experimento de ciência dos materiais, sobre o módulo de Young da borracha, a professora fornece à sua equipe uma tira de borracha de seção reta retangular. Ela lhes diz para primeiro medir as dimensões da seção reta e vocês encontram os valores 3,00 mm × 1,5 mm. O roteiro de laboratório determina que a tira deve ser pendurada, verticalmente, e várias massas (conhecidas) devem ser presas em sua extremidade de baixo. Sua equipe obtém os seguintes dados para o comprimento da tira como função da carga (massa) suspensa na extremidade:

Carga, kg	0,0	0,10	0,20	0,30	0,40	0,50
Comprimento, cm	5,0	5,6	6,2	6,9	7,8	8,8

(*a*) Use uma **planilha eletrônica**, ou uma **calculadora gráfica**, para determinar o módulo de Young da tira de borracha, nesta faixa de cargas. *Dica: Talvez seja melhor plotar F/A versus ΔL/L. Por quê?*

(*b*) Determine a energia armazenada na tira quanda a carga é 0,15 kg. (Veja o Problema 45.)

(*c*) Determine a energia armazenada na tira quando a carga é 0,30 kg. Ela vale duas vezes o seu resultado da Parte (*b*)? Explique.

48 •• Um grande espelho é pendurado em um prego, como mostrado na Figura 12-47. O fio de aço que o suporta tem um diâmetro de 0,20 mm e um comprimento não alongado de 1,7 m. A distância entre os pontos de suporte na parte superior da moldura do espelho é 1,5 m. A massa do espelho é 2,4 kg. De quanto aumentará a distância entre o prego e o espelho, devido à elongação sofrida pelo fio, quando o espelho é pendurado?

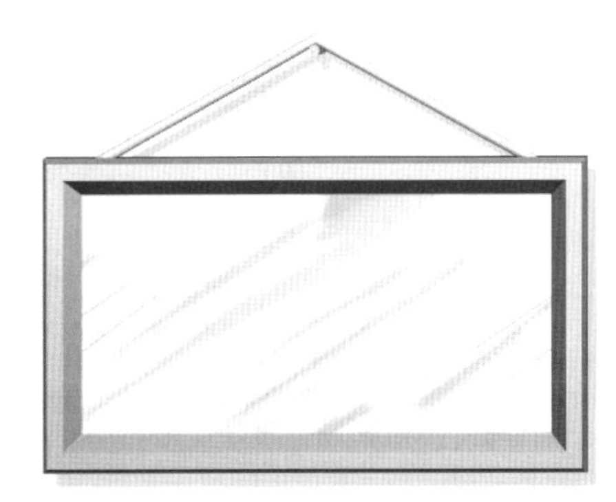

FIGURA 12-47 Problema 48

49 •• Duas massas, M_1 e M_2, estão suspensas por fios que têm comprimentos iguais quando frouxos. O fio que suporta M_1 é de alumínio e tem 0,70 mm de diâmetro, e o que suporta M_2 é de aço e tem 0,50 mm de diâmetro. Qual é a razão M_1/M_2, se os dois fios são alongados da mesma quantidade?

50 •• Uma bola de 0,50 kg é presa a uma extremidade de um fio de alumínio que tem um diâmetro de 1,6 mm e um comprimento não distendido de 0,70 m. A outra extremidade do fio está fixa em cima de um poste. A bola gira em torno do poste em um plano horizontal com uma rapidez rotacional tal que o ângulo entre o fio e a horizontal é 5,0°. Determine a tração no fio e o conseqüente aumento de seu comprimento.

51 •• O cabo de um elevador deve ser feito com um novo tipo de composto. No laboratório, uma amostra do cabo, com 2,00 m de comprimento e uma área de seção reta de 0,200 mm², se rompe com uma carga de 1000 N. O cabo que será usado para suportar o elevador terá 20,0 m de comprimento e uma área de seção reta de 1,20 mm². Ele deverá suportar, com segurança, uma carga de 20.000 N. Ele conseguirá?

52 •• Se a massa específica de um material permanece constante quando alongado em uma direção, então (porque seu volume total permanece constante) seu comprimento, em uma ou nas duas outras direções, deve diminuir. Tome um bloco retangular de comprimento x, largura y e profundidade z, e puxe-o até um novo comprimento $x' = x + \Delta x$. Se $\Delta x \ll x$ e $\Delta y/y = \Delta z/z$, mostre que $\Delta y/y = -\frac{1}{2}\Delta x/x$.

53 •• Você tem um fio de seção circular de raio r e comprimento L. Se o fio é feito de um material cuja massa específica permanece constante quando alongado em uma direção, mostre que $\Delta r/r = -\frac{1}{2}\Delta L/L$, supondo $\Delta L \ll L$. (Veja o Problema 52.)

54 ••• Para a maior parte dos materiais listados na Tabela 12-1, o limite de tração é duas ou três ordens de grandeza menor do que o módulo de Young. Conseqüentemente, a maior parte desses materiais se romperá antes que sua deformação relativa exceda a 1 por cento. Dos materiais sintéticos, o náilon é o que tem a maior extensibilidade, podendo suportar deformações relativas de cerca de 0,2 antes de se romper. Mas o fio da teia de aranha supera qualquer material sintético. Alguns tipos de fio de teia de aranha podem suportar deformações relativas da ordem de 10 antes de se romperem! (*a*) Se um desses fios tem uma seção reta circular de raio r_0 e um comprimento não distendido L_0, determine seu novo raio r quando alongado até um comprimento $L = 10L_0$. (Suponha que a massa específica do fio, ao ser esticado, permaneça constante.) (*b*) Se o módulo de Young do fio da teia de aranha é Y, calcule a tração necessária para romper o fio, em funçaõ de Y e de r_0.

PROBLEMAS GERAIS

55 • **APLICAÇÃO BIOLÓGICA** Uma bola de boliche padrão pesa 16 libras. Você deseja segurar uma bola de boliche à sua frente, com seu cotovelo dobrado em ângulo reto. Suponha que seu bíceps se prenda a seu antebraço 2,5 cm além da junta do cotovelo, e que o bíceps puxe verticalmente para cima, isto é, ele atua em ângulo reto com o antebraço. Suponha, também, que a bola seja segura 38 cm além da junta do cotovelo. Seja 5,0 kg a massa do antebraço e suponha seu centro de gravidade localizado 19 cm além da junta do cotovelo. Qual é a força que seu bíceps deve aplicar ao antebraço para segurar a bola de boliche no ângulo desejado?

56 •• **APLICAÇÃO BIOLÓGICA, RICO EM CONTEXTO** Um laboratório de biologia de sua universidade está estudando a localização do centro de gravidade de uma pessoa como função de seu peso. Eles pagam bem e você se oferece como voluntário. A localização do seu centro de gravidade, quando de pé, deve ser determinada fazendo você deitar em uma plataforma homogênea (massa de 5,00 kg, comprimento de 2,00 m) apoiada sobre duas balanças de mola, como mostrado na Figura 12-48. Se sua altura é 188 cm e a balança da esquerda indica 445 N, enquanto a balança da direita indica 400 N, onde está seu centro de gravidade em relação aos seus pés? Suponha que as balanças, separadas por 178 cm, estejam exatamente à mesma distância das duas extremidades da prancha e zeradas antes de você deitar na prancha.

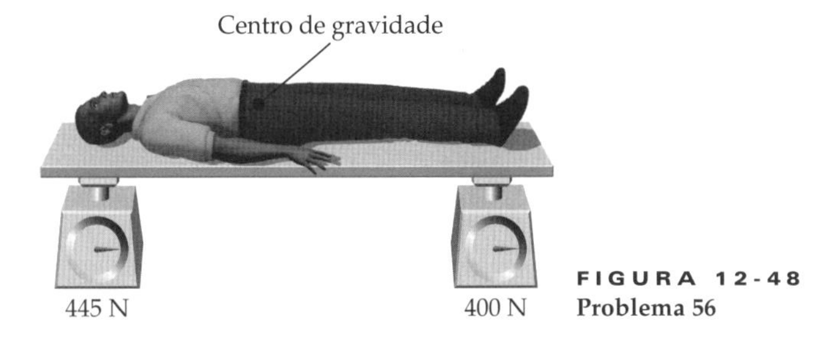

FIGURA 12-48 Problema 56

57 •• A Figura 12-49 mostra um móbile constituído de quatro objetos pendurados de três barras de massas desprezíveis. Determine os valores das massas desconhecidas dos objetos, sabendo que o móbile está em equilíbrio. *Dica: Determine, primeiro, a massa m_1.*

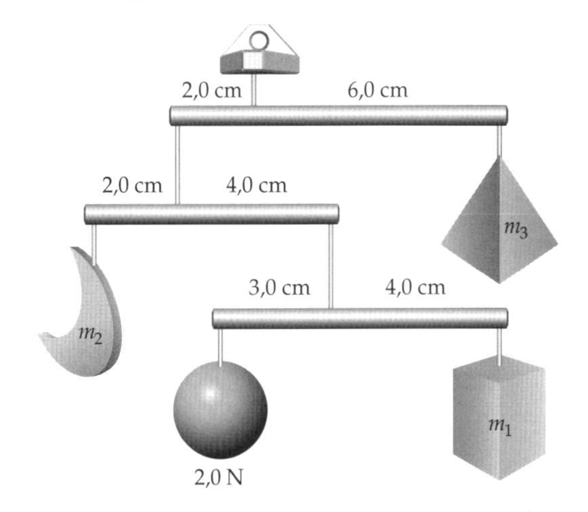

FIGURA 12-49 Problema 57

58 •• **APLICAÇÃO EM ENGENHARIA, RICO EM CONTEXTO** Um determinado tipo de viga de aço de construção pesa 22 libras por pé. Uma nova empresa chega à cidade e o contrata para pendurar sua placa em uma viga deste tipo, de 4,0 m de comprimento. O projeto prevê que a viga se estende para fora da fachada de tijolos, horizontalmente (Figura 12-50). Ela deve ser suportada por um cabo de aço de 5,0 m de comprimento. O cabo é preso a uma extremidade da viga e na fachada, acima do ponto em que a viga está em contato com a parede. Durante um estágio inicial da montagem, a viga *não deve* ser pregada na parede, mas deve ser mantida em posição apenas pelo atrito. (*a*) Qual é o menor coeficiente de atrito, entre a viga e a parede, para que a viga permaneça em equilíbrio estático? (*b*) Qual é, neste caso, a tração no cabo?

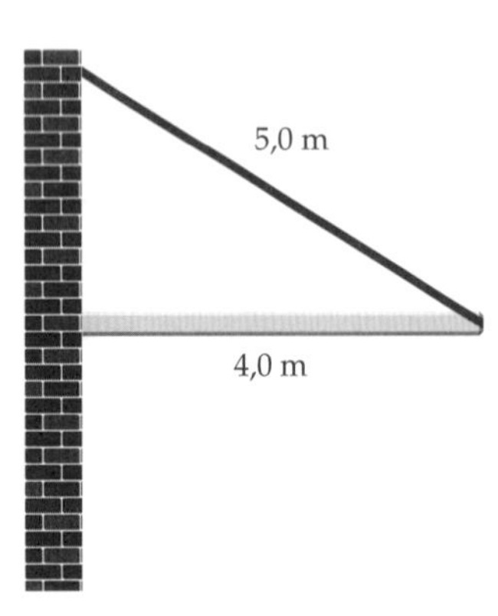

FIGURA 12-50 Problema 58

59 ••• Considere uma viga rígida de 2,5 m de comprimento (Figura 12-51), suportada em seu centro no topo de um poste fixo de 1,25 m de altura, podendo pivotar sobre um mancal sem atrito. Uma extremidade da viga está ligada ao chão por uma mola com a constante de força $k = 1250$ N/m. Quando a viga está na horizontal, a mola fica frouxa e na vertical. Se um objeto é pendurado na outra extremidade da viga, esta atinge uma posição de equilíbrio formando um ângulo de 17,5° com a horizontal. Qual é a massa do objeto?

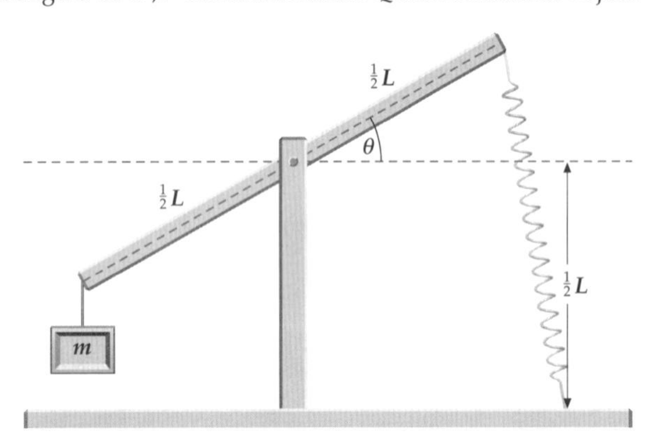

FIGURA 12-51 Problema 59

60 •• Um sistema de corda e polias é usado para erguer um corpo de massa M (Figura 12-52) com rapidez constante. Quando a extremidade da corda se desloca de uma distância L, para baixo, a altura da polia de baixo aumenta h. (*a*) Qual é a razão L/h? (*b*) Suponha desprezível a massa do aparato e que não haja atrito nas polias. Mostre que $FL = Mgh$, aplicando o teorema do trabalho–energia ao corpo pendurado.

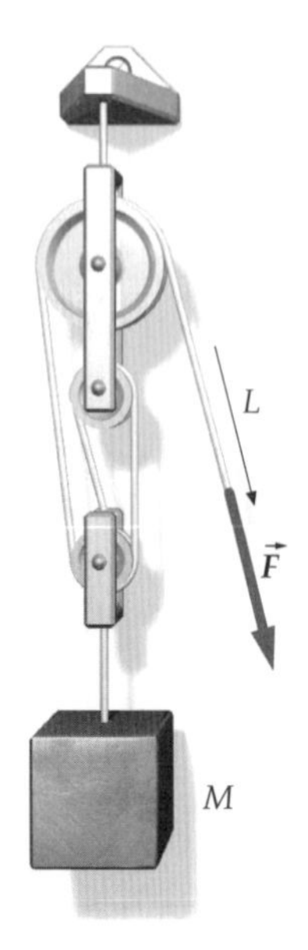

FIGURA 12-52 Problema 60

61 •• Uma placa de massa M, com a forma de um triângulo equilátero, está suspensa por um de seus vértices, e uma massa m está suspensa de outro de seus vértices. Se a base do triângulo forma um ângulo de 6,0° com a horizontal, qual é a razão m/M?

62 •• Um lápis sextavado é colocado sobre um caderno (Figura 12-53). Determine o menor coeficiente de atrito estático μ_e tal que, se a capa do caderno for erguida, o lápis rolará para baixo sem escorregar.

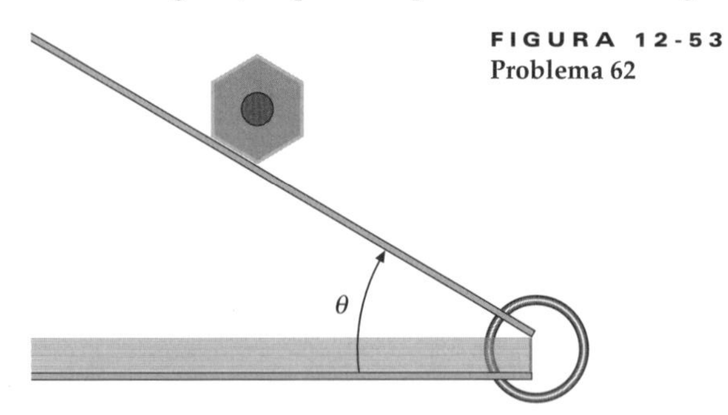

FIGURA 12-53 Problema 62

63 •• Uma caixa de 8,0 kg, de massa específica uniforme e duas vezes mais alta do que larga, é colocada sobre o piso de um caminhão. Qual é o maior coeficiente de atrito estático entre a caixa e o piso, tal que a caixa escorregará para a traseira do caminhão, ao invés de se inclinar, quando o caminhão acelerar para a frente em uma estrada plana?

64 •• Uma balança tem braços desiguais. Ela é equilibrada com um bloco de 1,50 kg no prato da esquerda e um bloco de 1,95 kg no braço da direita (Figura 12-54). Se o bloco de 1,95 kg é removido do prato da direita e o bloco de 1,50 kg é levado ao prato da direita, qual é a massa que, colocada no prato da esquerda, equilibrará a balança?

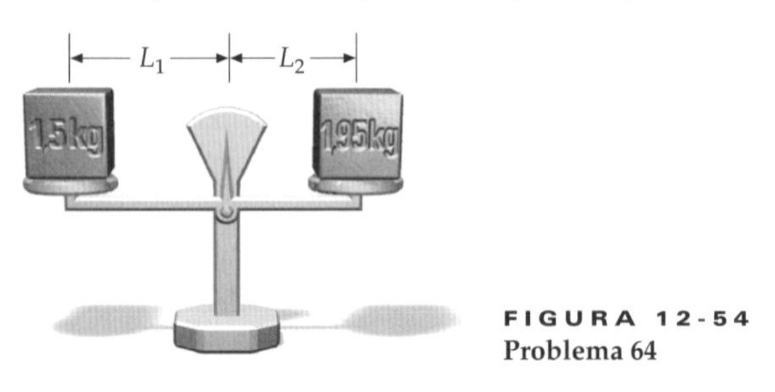

FIGURA 12-54 Problema 64

65 •• Um cubo está apoiado em uma parede sem atrito, formando um ângulo θ com o chão, como mostrado na Figura 12-55. Determine o menor coeficiente de atrito estático μ_e, entre o cubo e o chão, necessário para evitar que o cubo escorregue.

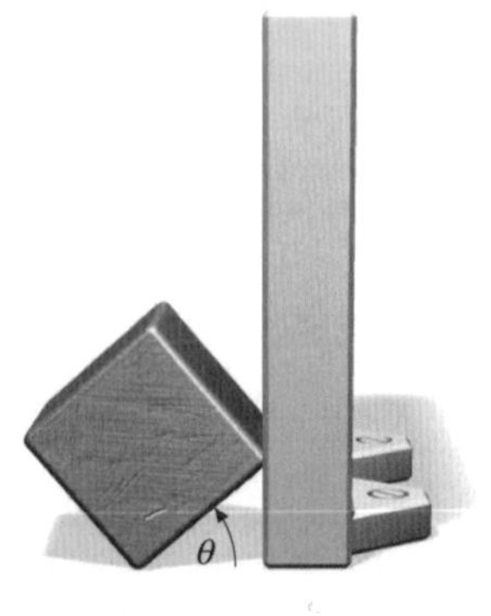

FIGURA 12-55 Problema 65

66 •• A Figura 12-56 mostra uma barra de 5,00 kg, com 1,00 m de comprimento, articulada em uma parede vertical e suportada por um arame fino. O arame e a barra formam ângulos de 45° com a vertical. Quando um bloco de 10,0 kg é suspenso do ponto médio da barra, a tração T no arame de suporte é 52,0 N. Se o arame se rompe quando a tração excede 75 N, até que distância da articulação o bloco pode ser suspenso?

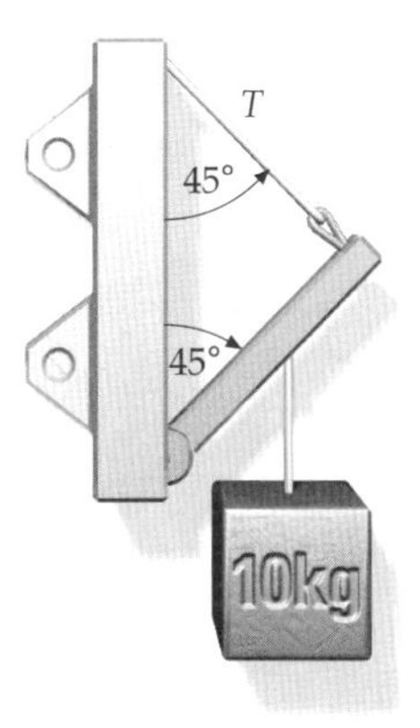

FIGURA 12-56 Problema 66

67 •• A Figura 12-57 mostra uma escada de 20,0 kg apoiada em uma parede sem atrito e sobre uma superfície horizontal sem atrito. Para evitar que a escada escorregue, sua base é amarrada à parede com um arame fino. Quando ninguém está na escada, a tração no arame é 29,4 N. (O arame se romperá se a tração exceder 200 N.) (*a*) Se uma pessoa de 80,0 kg subir até a metade da escada, qual será a força exercida pela escada sobre a parede? (*b*) Até que distância do pé da escada a pessoa pode subir?

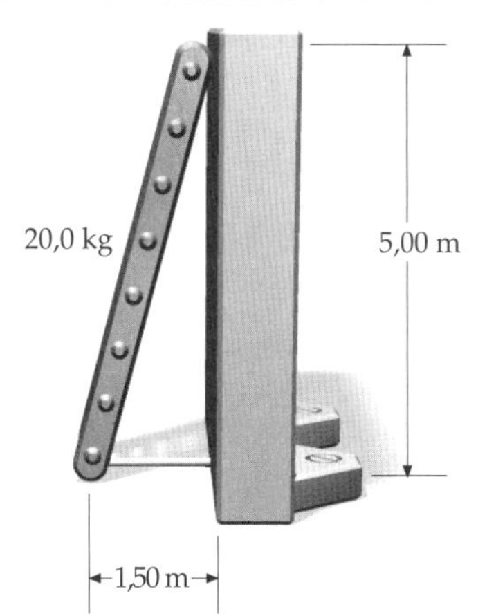

FIGURA 12-57 Problema 67

68 •• Um corpo de 360 kg é suspenso por um arame preso a uma barra de aço de 15 m, que está articulada em uma parede vertical e suportada por um cabo, como mostrado na Figura 12-58. A massa da barra é 85 kg. Com o cabo preso à barra a 5,0 m da extremidade mais baixa, como mostrado, quais são a tração no cabo e a força exercida pela parede sobre a barra de aço?

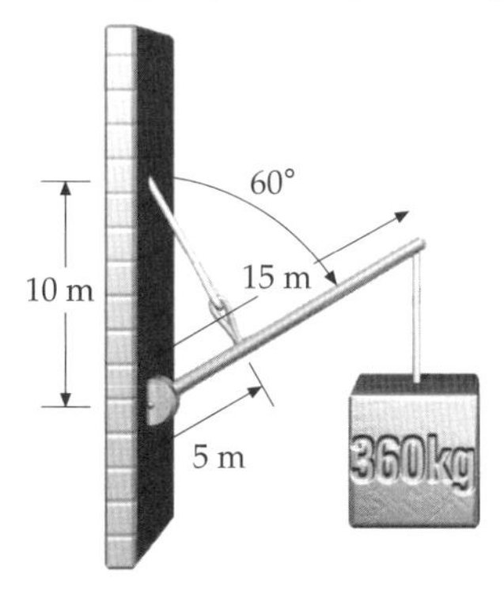

FIGURA 12-58 Problema 68

69 •• Repita o Problema 63 com o caminhão acelerando ao subir uma ladeira que forma um ângulo de 9,0° com a horizontal.

70 •• Uma barra fina e homogênea, de 60 cm de comprimento, equilibra-se apoiada a 20 cm de uma das extremidades, quando um corpo cuja massa é ($2m + 2{,}0$ gramas) está sobre a extremidade mais próxima do ponto de apoio e um corpo de massa m está sobre a extremidade oposta (Figura 12-59*a*). O equilíbrio é, novamente, alcançado, se o corpo cuja massa é ($2m + 2{,}0$ gramas) é substituído pelo corpo de massa m e nenhum outro corpo é colocado na outra extremidade da barra (Figura 12-59*b*). Determine a massa da barra.

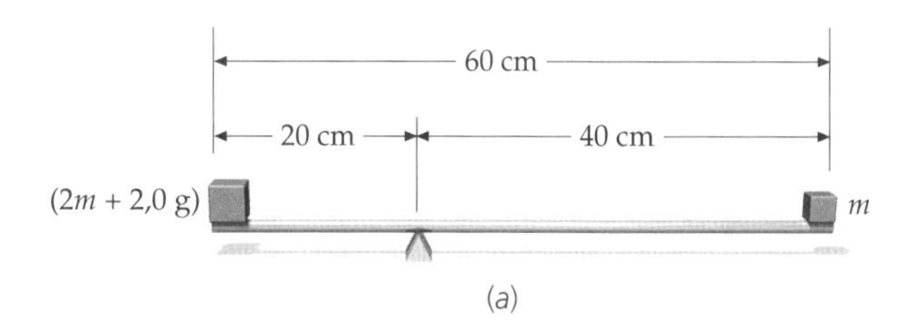

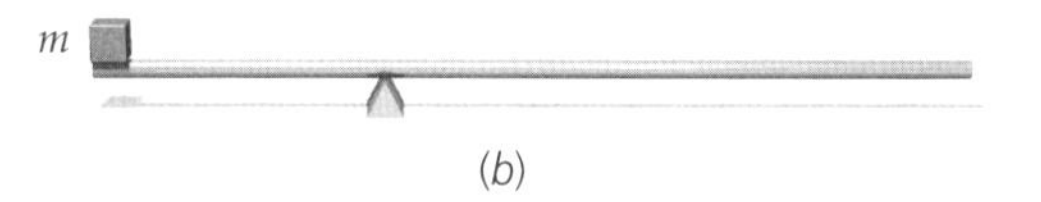

FIGURA 12-59 Problema 70

71 ••• **PLANILHA ELETRÔNICA** Tem-se um grande número de tijolos idênticos e homogêneos, cada um de comprimento L. Se um for empilhado sobre outro, ao longo de seus comprimentos (veja a Figura 12-60), o maior afastamento que permite que o tijolo de cima se equilibre sobre o tijolo de baixo é $L/2$. (*a*) Mostre que, se esta dupla assim montada for colocada sobre um terceiro tijolo, o afastamento máximo possível do segundo tijolo sobre o terceiro tijolo é $L/3$. (*b*) Mostre que, em geral, se você tem uma pilha de N tijolos, o afastamento máximo do $(n - 1)$-ésimo tijolo (contando de cima para baixo) sobre o n-ésimo tijolo é L/n. (*c*) Escreva um programa para **planilha eletrônica** que calcule o afastamento total (a soma dos afastamentos individuais) em uma pilha de N tijolos, e determine este valor para $L = 20$ cm e $N = 5, 10$ e 100. (*d*) A soma dos afastamentos individuais se aproxima de um limite finito, quando $N \to \infty$? Caso afirmativo, que limite é este?

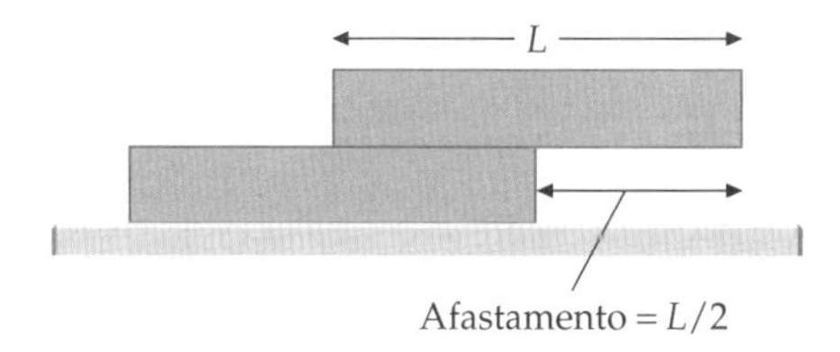

FIGURA 12-60 Problema 71

72 •• Uma esfera homogênea, de raio R e massa M, é mantida em repouso, por um cordão horizontal, sobre um plano inclinado de um ângulo θ, como mostrado na Figura 12-61. Seja $R = 20$ cm, $M = 3{,}0$ kg e $\theta = 30°$. (*a*) Qual é a tração no cordão? (*b*) Qual é a força normal exercida sobre a esfera pelo plano inclinado? (*c*) Qual é a força de atrito atuando sobre a esfera?

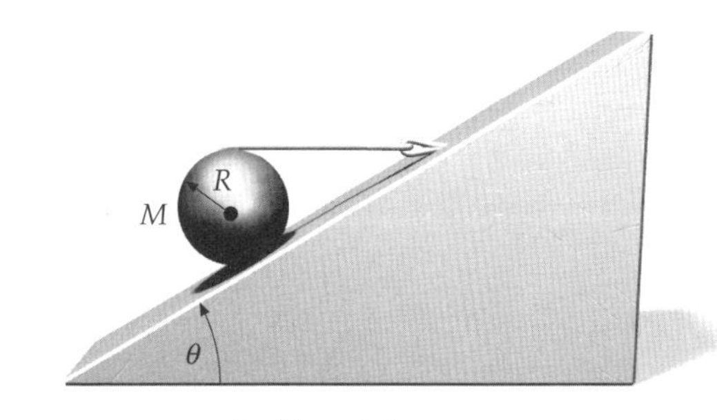

FIGURA 12-61 Problema 72

73 ••• As pernas de um tripé formam ângulos iguais de 90° entre si no vértice, onde elas se juntam. Um bloco de 100 kg está pendurado do vértice. Quais são as forças de compressão sobre as três pernas?

74 ••• A Figura 12-62 mostra uma prancha homogênea, de 20 cm de comprimento, sobre um cilindro de 4,0 cm de raio. A massa da prancha é 5,0 kg e a do cilindro é 8,0 kg. O coeficiente de atrito estático entre a prancha e o cilindro é zero, enquanto os coeficientes de atrito estático entre o cilindro e o piso, e entre a prancha e o piso, *não* são nulos. Existem valores, para estes coeficientes de atrito estático, para os quais o sistema fique em equilíbrio estático? Caso afirmativo, que valores são esses? Caso negativo, explique o porquê de sua não existência.

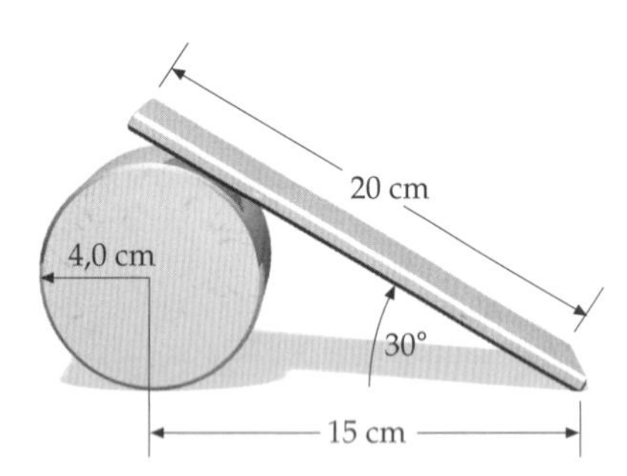

FIGURA 12-62 Problema 74

75 ••• Duas esferas maciças e polidas (sem atrito), de raio r, são colocadas dentro de um cilindro de raio R, como na Figura 12-63. A massa de cada esfera é m. Determine a força exercida pela base do cilindro sobre a esfera de baixo, a força exercida pela parede do cilindro sobre cada esfera e a força exercida por uma esfera sobre a outra. Expresse todas as forças em termos de m, R e r.

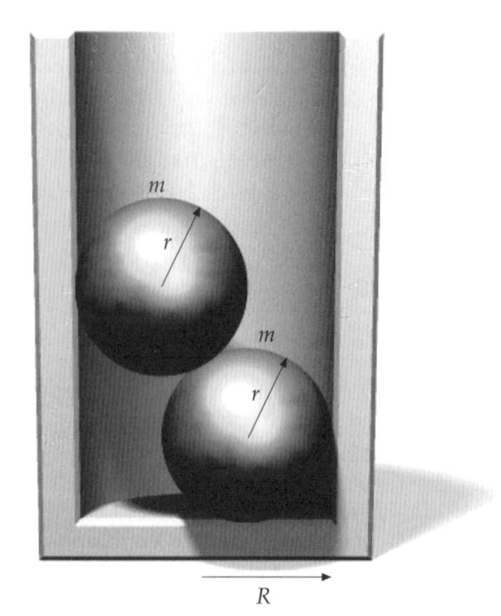

FIGURA 12-63 Problema 75

76 ••• Um cubo maciço de aresta a, equilibrado sobre um cilindro de diâmetro d, está em equilíbrio instável se $d \ll a$ (Figura 12-64), e está em equilíbrio estável se $d \gg a$. O cubo não escorrega sobre o cilindro. Determine o menor valor da razão d/a para o qual o cubo está em equilíbrio estável.

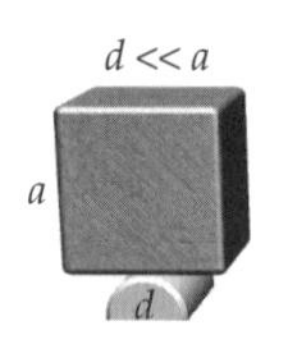

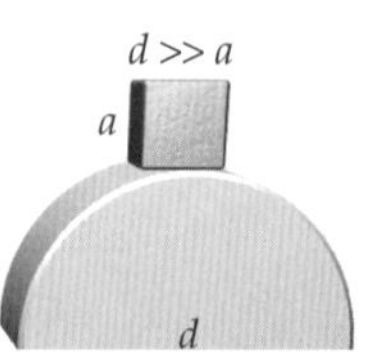

FIGURA 12-64 Problema 76

CAPÍTULO 13

EMBARCAÇÕES SÃO CAPAZES DE VIAJAR DO CANAL *FORTH & CLYDE* PARA O CANAL *UNION*, NA ESCÓCIA, GRAÇAS À RODA *FALKIRK*. CADA UMA DAS DUAS GÔNDOLAS DA RODA LEVANTA 300 TONELADAS DE ÁGUA E PODE ACOMODAR ATÉ QUATRO BARCOS DE 20 m DE COMPRIMENTO AO MESMO TEMPO. UM TORQUE E UMA QUANTIDADE DE ENERGIA MUITO PEQUENOS BASTAM PARA GIRAR ESTA PESADA RODA. *(De Light/Alan Spencer/Alamy.)*

Fluidos

? Por que não são necessários um grande torque e uma grande quantidade de energia para girar esta roda tão pesada? (Veja o Exemplo 13-8.)

Considere o ar que preenche nossos pulmões, o sangue que flui dentro de nossos corpos, e mesmo a chuva que cai sobre nós quando saímos da aula. Ar, sangue e água da chuva são todos fluidos. Pode parecer estranho pensar no ar como um fluido, mas tanto líquidos quanto gases são fluidos. Líquidos escoam até ocuparem as regiões mais baixas do espaço no qual estão contidos, seja este uma garrafa plástica, uma comporta em um canal ou atrás de uma represa. Diferentemente dos líquidos, os gases se expandem até preencherem o recipiente que os contém. Melhor compreender o comportamento dos fluidos significa melhor compreender nossos próprios corpos e nossas interações com o mundo ao nosso redor.

Engenheiros civis empregam seu conhecimento sobre fluidos para projetar represas, que são mais largas na base do que em cima. Engenheiros automotivos e aeronáuticos usam túneis de vento para observar o escoamento do ar em volta de carros e aeronaves, o que os ajuda a avaliar aspectos aerodinâmicos dos veículos. Medidores de pressão sangüínea são usados por profissionais de medicina para determinar nossa pressão arterial.

Começamos este capítulo estudando fluidos em repouso, abordando a massa específica e a pressão de fluidos, bem como o empuxo e o princípio de Arquimedes. Depois, estudamos o escoamento em regime permanente e damos ênfase ao escoamento laminar.

13-1 MASSA ESPECÍFICA

Em um gás, a distância média entre duas moléculas é grande em comparação com o tamanho de uma molécula. As moléculas têm pouca influência uma sobre a outra, exceto durante suas breves colisões. Em um líquido ou em um sólido, as moléculas estão mais próximas entre si e exercem forças umas sobre as outras que são comparáveis às forças que ligam os átomos para formar moléculas. Moléculas em um líquido formam ligações de curto alcance temporárias, que são continuamente quebradas e refeitas graças à proximidade das moléculas enquanto elas vão se encontrando. Estas ligações mantêm o líquido coeso; se as ligações não estivessem presentes, o líquido iria imediatamente evaporar e as moléculas escapariam como vapor. A intensidade das ligações em um líquido depende do tipo de molécula que forma o líquido. Por exemplo, as ligações entre as moléculas de hélio são muito fracas e, por esta razão, o hélio não se liquefaz à pressão atmosférica a não ser que a temperatura seja 4,2 K ou menor. A razão entre a massa de um corpo e seu volume é sua *massa específica média*:

$$\text{Massa específica média} = \frac{\text{Massa}}{\text{Volume}}$$

DEFINIÇÃO — MASSA ESPECÍFICA MÉDIA

Se a massa da substância em um pequeno elemento de volume dV é dm, então a massa específica da substância na posição do elemento de volume é

$$\rho = \frac{dm}{dV} \qquad 13\text{-}1$$

DEFINIÇÃO — MASSA ESPECÍFICA

onde ρ (a letra grega minúscula rô) é usada para denotar a massa específica. Como o grama foi originalmente definido como a massa de um centímetro cúbico de água líquida, a massa específica da água líquida em unidades cgs (centímetro–grama–segundo) é 1 g/cm^3. Convertendo para unidades SI, obtemos para a massa específica da água

$$\rho_a = \frac{1\text{ g}}{\text{cm}^3} \times \frac{\text{kg}}{10^3\text{ g}} \times \left(\frac{100\text{ cm}}{1\text{ m}}\right)^3 = 1000\text{ kg/m}^3 \qquad 13\text{-}2$$

Medidas precisas de massa específica devem levar a temperatura em conta, porque as massas específicas da maior parte dos sólidos e líquidos, incluindo a água, variam com a temperatura. A Equação 13-2 é para o maior valor da massa específica da água, que ocorre a 4°C. A Tabela 13-1 lista as massas específicas de algumas substâncias comuns.

Uma unidade conveniente de volume, para fluidos, é o **litro** (L):

$$1\text{ L} = 10^3\text{ cm}^3 = 10^{-3}\text{ m}^3$$

Em termos desta unidade, a massa específica da água a 4°C é 1,00 kg/L = 1,00 g/mL. Quando a massa específica média de um corpo sólido é maior do que a da água, ele afunda na água, e quando a massa específica média de um corpo sólido é menor do que a massa específica da água, ele flutua. A razão entre a massa específica de uma substância e a de uma substância tomada como referência, usualmente a água, é a sua **densidade**. Por exemplo, a densidade do alumínio é 2,7, o que significa que um volume de alumínio possui 2,7 vezes a massa de um volume igual de água. As gravidades específicas de corpos que afundam quando imersos em água variam de 1 até cerca de 22,5 (para o elemento mais denso, o ósmio).

Tabela 13-1 Massas Específicas de Algumas Substâncias

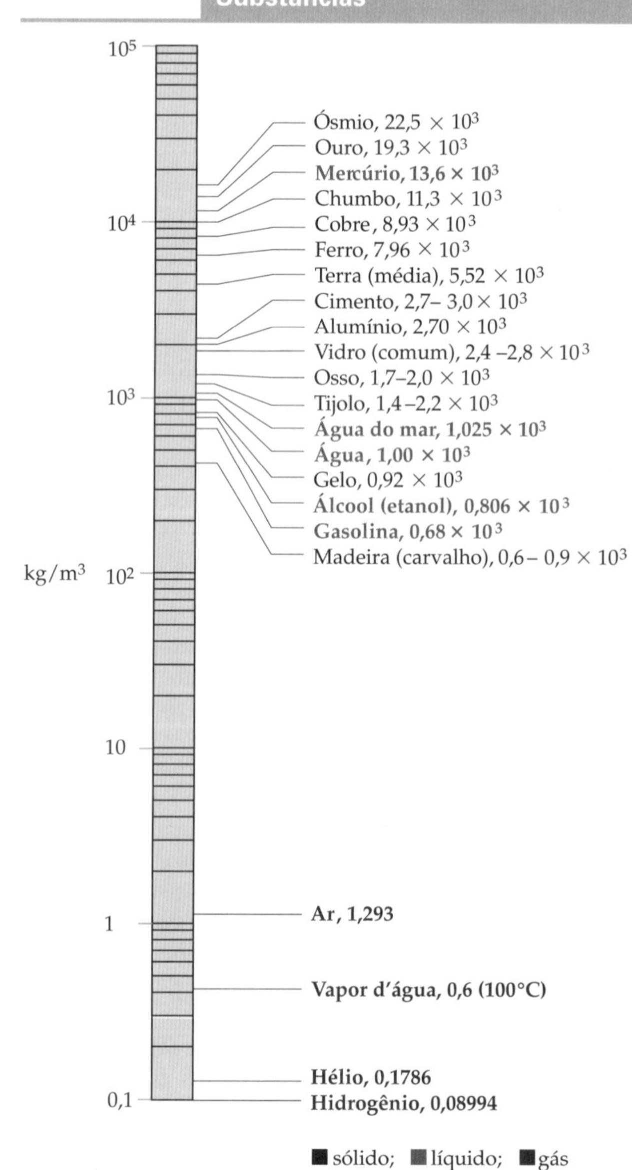

Os valores de massa específica abrangem mais de cinco ordens de grandeza.

Em sua maior parte, os sólidos e os líquidos expandem muito pouco quando aquecidos, e contraem muito pouco quando submetidos a um aumento da pressão externa. Como estas variações de volume são relativamente pequenas, tratamos com freqüência as massas específicas de sólidos e líquidos como aproximadamente independentes de temperatura e pressão. A massa específica de um gás, por outro lado, depende fortemente da pressão e da temperatura, e portanto, estas variáveis devem ser especificadas ao se informar as massas específicas dos gases. Por convenção, as condições normais para a medida das propriedades físicas são a pressão atmosférica no nível do mar e a temperatura de 0°C. As massas específicas das substâncias listadas na Tabela 13-1 são para estas condições. Note que as massas específicas dos líquidos e sólidos são consideravelmente maiores do que as dos gases. Por exemplo, a massa específica da água líquida é cerca de 800 vezes a do ar sob condições normais.

Exemplo 13-1 Calculando Massa Específica

Um frasco é cheio até a borda com 200 mL de água a 4,0°C. Quando o frasco é aquecido até 80,0°C, 6,0 g de água transbordam. Qual é a massa específica da água a 80°C?

SITUAÇÃO A massa específica da água a 80°C é $\rho' = m'/V$, onde $V = 0{,}200\ \text{L} = 200\ \text{cm}^3$ é o volume do frasco e m' é a massa que permanece no frasco depois que 6,0 g transbordaram. Encontramos m' primeiro determinando a massa da água originalmente contida no frasco.

SOLUÇÃO

1. Sejam ρ' a massa específica da água a 80°C e m' a massa da água que permanece no frasco de volume $V = 200$ mL. Relacione ρ' com m' usando a definição de massa específica: $\rho' = \dfrac{m'}{V}$
2. Calcule a massa original m de água no frasco a 4,0°C usando $\rho = 1{,}00$ kg/L e a definição de massa específica: $m = \rho V = (1{,}00\ \text{kg/L})(0{,}200\ \text{L}) = 0{,}200\ \text{kg}$
3. Calcule a massa da água que permanece após o transbordamento dos 6 g: $m' = m - 6\ \text{g} = 0{,}200\ \text{kg} - 0{,}006\ \text{kg} = 0{,}194\ \text{kg}$
4. Use este valor de m' para determinar a massa específica da água a 80°C: $\rho' = \dfrac{m'}{V} = \dfrac{0{,}194\ \text{kg}}{0{,}200\ \text{L}} = \boxed{0{,}970\ \text{kg/L}}$

CHECAGEM A massa específica da água a 4,0°C é 1,00 kg/L. A massa específica da água é maior a 4,0°C, de modo que esperamos que a massa específica da água a 80°C seja menor do que 1,00 kg/L. Nosso resultado do passo 4 confirma esta expectativa.

PROBLEMA PRÁTICO 13-1 Um cubo metálico maciço de 8,00 cm de lado tem uma massa de 4,08 kg. (*a*) Qual é a massa específica média do cubo? (*b*) Se o cubo é feito de um único elemento, dentre os listados na Tabela 13-1, que elemento é este?

PROBLEMA PRÁTICO 13-2 Um lingote de ouro tem as dimensões 5,0 cm × 10 cm × 20 cm. Qual é a sua massa?

13-2 PRESSÃO EM UM FLUIDO

Quando um fluido como a água está em contato com uma superfície sólida, o fluido exerce sobre a superfície uma força normal (perpendicular) em cada ponto da superfície. A força por unidade de área é a chamada **pressão** P do fluido:

$$P = \frac{F}{A} \qquad 13\text{-}3$$

DEFINIÇÃO — PRESSÃO

A unidade SI de pressão é o newton por metro quadrado (N/m²), que é chamado de **pascal** (Pa):

$$1\ \text{Pa} = 1\ \text{N/m}^2 \qquad 13\text{-}4$$

No sistema americano usual, a pressão é dada em libras por polegada quadrada (lb/in²). Outra unidade comum de pressão é a atmosfera (atm), que é aproximadamente

! Força é uma quantidade vetorial, mas pressão é uma quantidade escalar. (Pressão é a magnitude da força por unidade de área.)

igual à pressão do ar no nível do mar. Uma atmosfera é definida como exatamente 101,325 quilopascais (kPa), o que é cerca de 14,70 lb/in^2:

$$1 \text{ atm} = 101{,}325 \text{ kPa} \approx 14{,}70 \text{ lb/in}^2 \qquad 13\text{-}5$$

Outras unidades comuns de pressão são discutidas mais adiante neste capítulo.

Se a pressão de um corpo aumenta, a razão entre o aumento de pressão, ΔP, e o decréscimo relativo de volume, $(-\Delta V/V)$, é o chamado **módulo volumétrico**:

$$B = -\frac{\Delta P}{\Delta V/V} \qquad 13\text{-}6$$

DEFINIÇÃO — MÓDULO VOLUMÉTRICO

Tabela 13-2 Valores Aproximados do Módulo Volumétrico B de Alguns Materiais

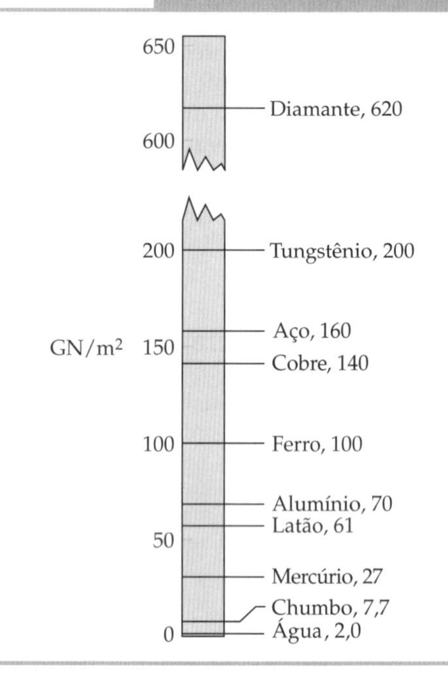

Como outros módulos elásticos (o módulo de Young e o módulo de cisalhamento foram definidos na Seção 12-7), o módulo volumétrico é uma razão entre tensão e deformação relativa, onde ΔP é a tensão e $-\Delta V/V$ é a deformação relativa. (Todos os materiais estáveis diminuem de volume quando submetidos a um aumento da pressão externa. Assim, o sinal negativo na Equação 13-6 significa que B é sempre positivo.)

Quanto mais difícil for comprimir um material, menor será o decréscimo relativo de volume $-\Delta V/V$ para um dado aumento de pressão ΔP, e portanto, maior será o módulo volumétrico. A **compressibilidade** é o inverso do módulo volumétrico. (Quanto mais fácil for comprimir um material, maior será a compressibilidade.) Líquidos, gases e sólidos possuem, todos, seu módulo volumétrico. Como os líquidos e os sólidos são relativamente incompressíveis, eles possuem grandes valores de B, e estes valores são relativamente independentes da temperatura e da pressão. Gases, por outro lado, são facilmente compressíveis, e seus valores de B dependem fortemente da pressão e da temperatura. A Tabela 13-2 lista valores do módulo volumétrico para vários materiais.

Como todo mergulhador sabe, a pressão em um lago ou no oceano aumenta com a profundidade. De forma similar, a pressão da atmosfera diminui com a altitude. Para um líquido, cuja massa específica é aproximadamente constante em todo seu volume, a pressão aumenta linearmente com a profundidade. Podemos ver isto considerando uma coluna de líquido de área de seção reta A, como mostrado na Figura 13-1. Para suportar o peso do líquido na coluna de altura Δh, a pressão na base da coluna deve ser maior do que a pressão no topo. O peso do líquido na coluna é

$$F_g = mg = (\rho V)g = \rho A\,\Delta hg$$

onde ρ e V são a massa específica e o volume do líquido. Se P_0 é a pressão no topo e P é a pressão na base, a força resultante exercida para cima por esta diferença de pressão é $PA - P_0A$. Igualando esta força resultante para cima com o peso da coluna, obtemos

$$PA - P_0A = (\rho A\,\Delta hg)$$

ou

$$P = P_0 + \rho g\,\Delta h \quad (\rho \text{ constante}) \qquad 13\text{-}7$$

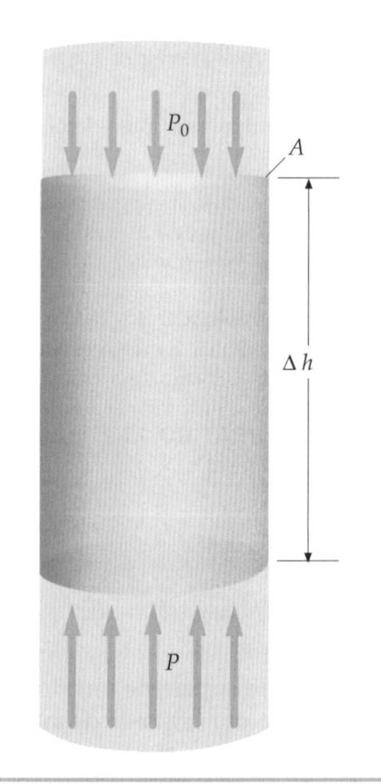

FIGURA 13-1

PROBLEMA PRÁTICO 13-3

A que profundidade, abaixo da superfície de um lago, está um mergulhador, se a pressão é igual a 2,00 atm? (A pressão na superfície é 1,00 atm.)

Exemplo 13-2 Força sobre uma Represa

Uma represa retangular de 30 m de largura suporta uma quantidade de água de 25 m de profundidade. Determine a força horizontal total sobre a represa, exercida pela água e pela pressão atmosférica.

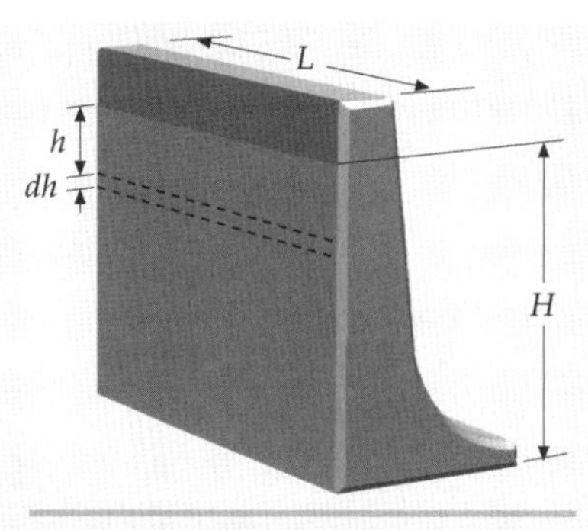

FIGURA 13-2

SITUAÇÃO Como a pressão varia com a profundidade, não podemos meramente multiplicar a pressão pela área da represa para encontrar a força exercida pela água. O que fazemos é considerar a força exercida sobre uma faixa da superfície de comprimento $L = 30$ m, altura dh e área $dA = L\,dh$, a uma profundidade h (Figura 13-2), para depois integrarmos de $h = 0$ a $h = H = 25$ m. A pressão da água à profundidade h é $P_{at} + \rho gh$, onde P_{at} é a pressão atmosférica. Despreze variações da pressão do ar ao longo dos 25 m de altura da represa.

SOLUÇÃO

1. Expresse a força dF da água sobre o elemento de comprimento L e altura dh em termos da pressão $P_{at} + \rho gh$ da água sobre a represa:
$$dF = P\,dA = (P_{at} + \rho gh)L\,dh$$
2. Integre de $h = 0$ até $h = H$, para determinar a componente horizontal da força da água sobre a represa:
$$F = \int_{h=0}^{h=H} dF = \int_0^H (P_{at} + \rho gh)L\,dh$$
$$= P_{at}LH + \frac{1}{2}\rho gLH^2$$
3. A superfície da represa a jusante (rio abaixo) não é vertical. Esboce uma visão de perfil (Figura 13-3) de uma faixa horizontal naquela superfície, de comprimento L e largura ds. Seja dh a altura da faixa:

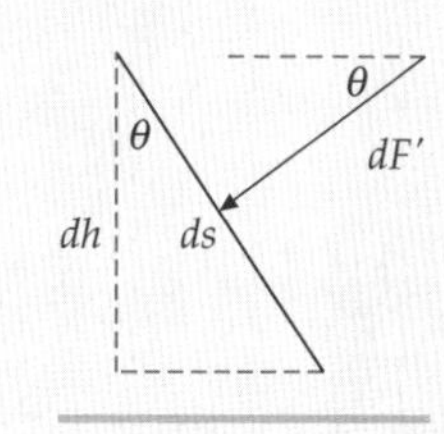

FIGURA 13-3

4. Relacione a força dF' exercida pelo ar sobre esta faixa com a pressão do ar e a área da faixa:
$$dF' = P_{at}\,dA = P_{at}L\,ds$$
5. Expresse a componente horizontal de dF'_x em termos de dh:
$$dF'_x = dF\cos\theta = P_{at}L\,ds\cos\theta = P_{at}L\,dh$$
6. Integre de $h = 0$ até $h = H$, para determinar a componente horizontal da força do ar sobre o outro lado da represa:
$$F'_x = \int_{h=0}^{h=H} dF' = \int_0^H P_{at}L\,dh = P_{at}LH$$
7. A força horizontal resultante sobre a represa é $F = F'_x$:
$$F - F'_x = (P_{at}LH + \tfrac{1}{2}\rho gLH^2) - P_{at}LH = \tfrac{1}{2}\rho gLH^2$$
$$= \tfrac{1}{2}(1000\text{ kg/m}^3)(9{,}81\text{ N/kg}))(30\text{ m})(25\text{ m})^2$$
$$= 9{,}20 \times 10^7\text{ N} = \boxed{9{,}2 \times 10^7\text{ N}}$$

CHECAGEM A força horizontal resultante sobre a represa é independente da pressão do ar, como esperado. Isto é esperado porque a pressão do ar sobre a superfície da água aumenta a pressão através da água em uma atmosfera, e a pressão do ar no outro lado da represa também é de uma atmosfera.

INDO ALÉM Tipicamente, as represas são mais largas na base do que em cima, porque a pressão sobre elas aumenta com a profundidade da água.

O resultado de que a pressão aumenta linearmente com a profundidade vale para um líquido em qualquer recipiente, independentemente da forma do recipiente. Além disso, a pressão é a mesma em todos os pontos de mesma profundidade. Podemos ver isto comparando a pressão no ponto 1, na Figura 13-4*a*, com a pressão no ponto 2, que está dentro de uma caverna subaquática. Primeiro, comparamos as pressões nos pontos 1 e 3, onde o ponto 3 é um ponto diretamente abaixo do ponto 1 e de mesma profundidade que o ponto 2 (Figura 13-4*b*). Considere as forças verticais na coluna vertical de água de altura Δh e área de seção reta A, entre os pontos 1 e 3. A força para cima sobre a coluna, P_3A, equilibra as duas forças para baixo, P_1A e mg, onde $m = \rho A\,\Delta h$ é a massa da água na coluna ($A\,\Delta h$ é o volume da coluna). Isto é, $P_3A = P_1A + (\rho A\,\Delta hg)$. Dividindo os dois lados por A, fica

$$P_3 = P_1 + \rho g\,\Delta h$$

Agora, considere as forças no cilindro horizontal de água, também de área de seção reta A, ligando os pontos 2 e 3 (Figura 13-4*c*). Há duas forças com componentes ao longo do eixo do cilindro, P_3A e P_2A. O fato de estas duas forças se equilibrarem significa que $P_3 = P_2$. Segue, então, que

$$P_2 = P_1 + \rho g\,\Delta h$$

Se aumentamos a pressão de um recipiente de água, pressionando para baixo a superfície superior com um pistão, o aumento da pressão é o mesmo em todo o líquido. Isto vale tanto para líquidos como para gases, e é conhecido como **princípio de Pascal**, em homenagem a Blaise Pascal (1623–1662):

> Uma variação de pressão aplicada em um fluido confinado é transmitida, sem redução, a todos os pontos do fluido e às paredes do recipiente.
>
> PRINCÍPIO DE PASCAL

Uma aplicação comum do princípio de Pascal é o elevador hidráulico mostrado na Figura 13-5.

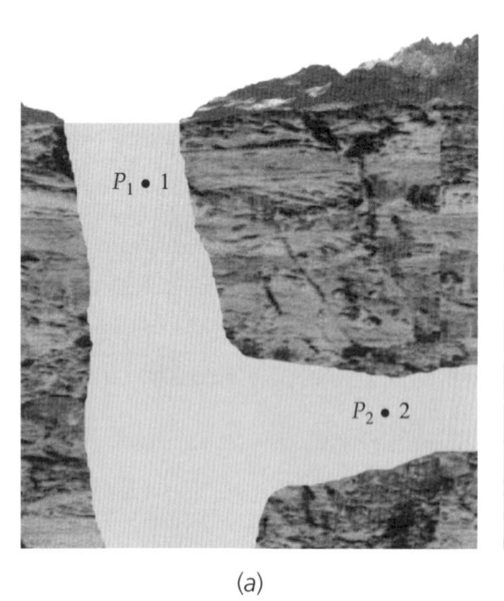

(a)

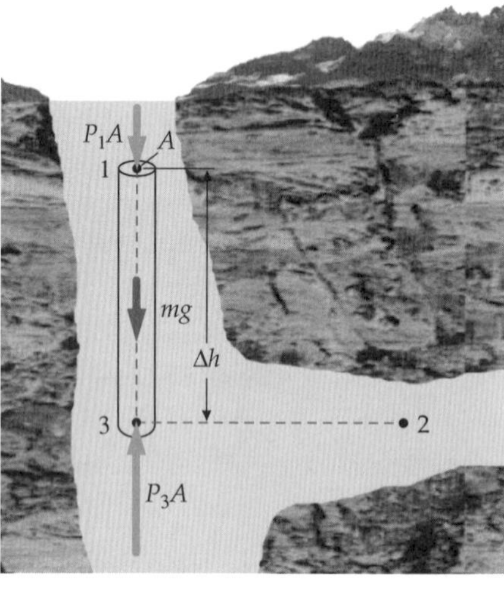

(b)

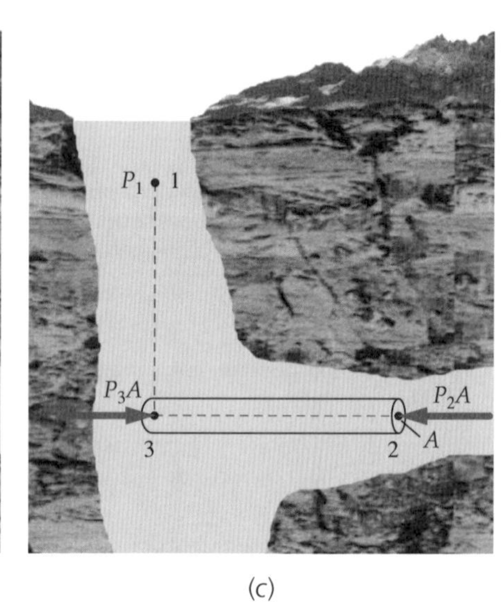

(c)

FIGURA 13-4

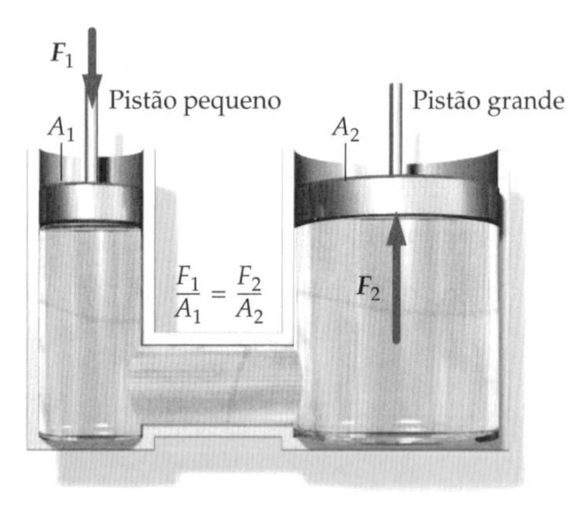

FIGURA 13-5 O elevador hidráulico. Uma pequena força F_1 sobre o pistão pequeno produz um aumento de pressão F_1/A_1 que é transmitido pelo líquido para o pistão grande. Como as variações de pressão são iguais em todo o fluido, as forças exercidas sobre os pistões são relacionadas por $F_2/A_2 = F_1/A_1$. Como a área do pistão grande é muito maior do que a do pistão pequeno, a força sobre o pistão grande $F_2 = (A_2/A_1)F_1$ é muito maior do que F_1.

Exemplo 13-3 Um Elevador Hidráulico

O pistão grande de um elevador hidráulico tem um raio de 20 cm. Qual é a força que deve ser aplicada sobre o pistão pequeno, de 2,0 cm de raio, para levantar um carro de 1500 kg de massa?

SITUAÇÃO A pressão P vezes a área A_2 do pistão grande deve igualar o peso mg do carro. A força F_1 que deve ser exercida sobre o pistão pequeno é a pressão vezes a área A_1 (Figura 13-5).

SOLUÇÃO

1. A força F_1 é a pressão P vezes a área A_1:

$$F_1 = PA_1$$

2. A pressão P vezes a área A_2 é igual ao peso do carro:

$$PA_2 = mg \quad \text{logo} \quad P = \frac{mg}{A_2}$$

3. Substitua este resultado para P no resultado do passo 1 e calcule F_1:

$$F_1 = PA_1 = \frac{mg}{A_2}A_1 = mg\frac{A_1}{A_2} = mg\frac{\pi r_1^2}{\pi r_2^2}$$

$$= (1500\text{ kg})(9{,}81\text{ N/kg})\left(\frac{2{,}0\text{ cm}}{20\text{ cm}}\right)^2$$

$$= 147\text{ N} = \boxed{150\text{ N}}$$

CHECAGEM Os raios diferem por um fator 10, logo as áreas diferem por um fator $10^2 = 100$. Assim, as forças também diferem por um fator 100.

A Figura 13-6 mostra água em um recipiente que possui seções de diferentes formas. À primeira vista, pode parecer que a pressão no fundo da seção 3, a seção que contém mais água, deve ser maior, fazendo com que a água da seção 2, aquela com menos água, seja forçada até uma altura maior. Mas não é isto que se observa, um resultado conhecido como o **paradoxo hidrostático**. A pressão depende apenas da profundidade da água, e não da forma do recipiente, de modo que, à mesma profundidade, a pressão é a mesma em todas as partes do recipiente, um fato que pode ser mostrado experimentalmente. Apesar de a água da seção 4 do recipiente pesar mais do que a da seção 2, a porção de água da seção 4 que não está diretamente acima do fundo é suportada pelo recorte horizontal da seção. Também, a água diretamente acima do fundo da seção 5 pesa menos do que a água diretamente acima do fundo de mesmo tamanho na seção 1. No entanto, o recorte horizontal da seção 5 exerce uma força para baixo sobre a água — compensando exatamente a diferença de peso.

! A pressão depende apenas da profundidade da água, e não do formato do recipiente. Logo, a pressão é a mesma em todas as partes de um recipiente que estejam à mesma profundidade.

Podemos usar o fato de que a pressão cresce linearmente com a profundidade de um líquido para medir pressões desconhecidas. A Figura 13-7 mostra um medidor simples de pressão, o manômetro de tubo aberto. A extremidade mais alta do tubo está em contato com a atmosfera, à pressão P_{at}. A outra extremidade do tubo está à pressão P, que deve ser medida. A diferença $P - P_{at}$, chamada de **pressão manométrica**, P_{man}, é igual a ρgh, onde ρ é a massa específica do líquido no tubo. A pressão que você mede em um pneu é a pressão manométrica. Quando o pneu esvazia, a pressão manométrica vai a zero, e a pressão absoluta do ar que permanece no pneu é a pressão atmosférica. A pressão absoluta P é obtida a partir da pressão manométrica somando-se a ela a pressão atmosférica:

$$P = P_{man} + P_{at} \tag{13-8}$$

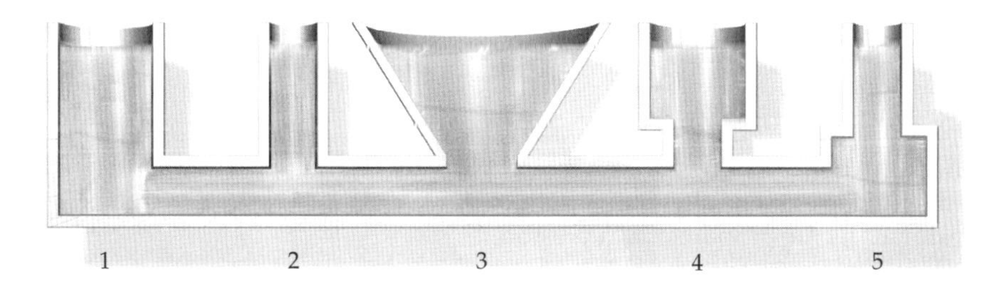

FIGURA 13-6 O paradoxo hidrostático. O nível da água é o mesmo, independentemente do formato do recipiente. Os pesos das porções de água que não estão diretamente acima do fundo de cada recipiente são equilibrados pelas laterais dos recipientes.

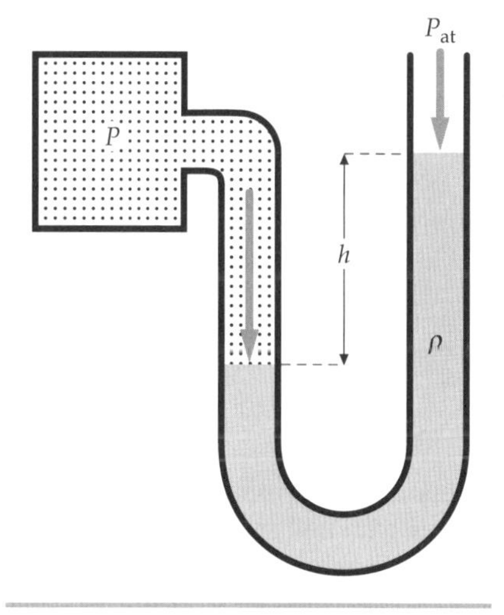

FIGURA 13-7 Manômetro de tubo aberto, para medir uma pressão desconhecida P. A diferença $P - P_{at}$ é igual a ρgh.

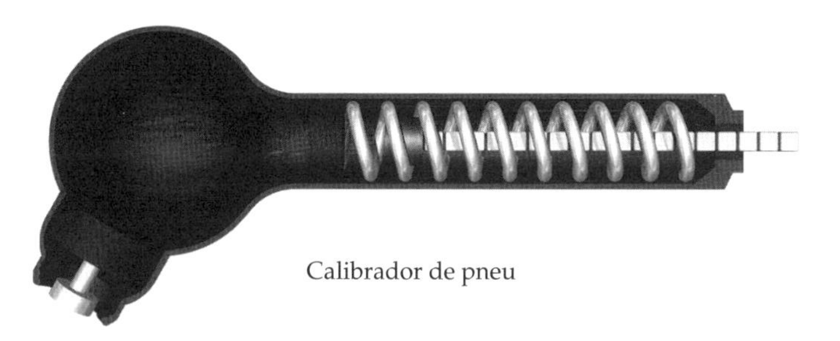

Calibrador de pneu

Calibrador de pneus. O pistão empurra a haste para a direita, até que a força da mola e a força devida à pressão atmosférica equilibram a força devida à pressão do ar dentro do pneu.

A Figura 13-8 mostra um barômetro de mercúrio, que é usado para medir a pressão atmosférica. A extremidade de cima foi fechada e evacuada, de modo que lá a pressão é zero. A outra extremidade está mergulhada em um frasco com mercúrio, em contato com a atmosfera, à pressão P_{at}. A pressão P_{at} é ρgh, onde ρ é a massa específica do mercúrio.

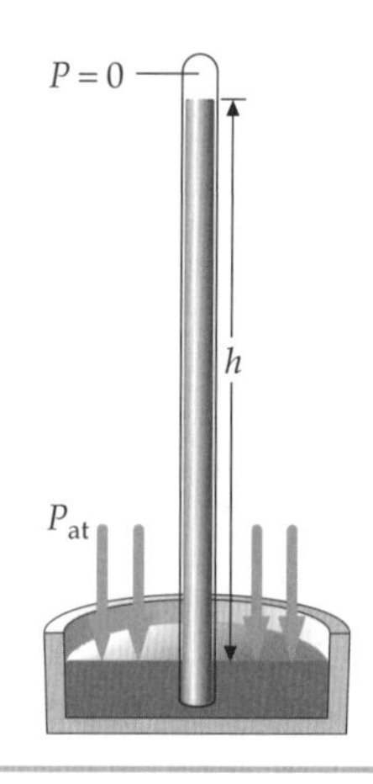

FIGURA 13-8 O espaço acima da coluna de mercúrio está vazio, exceto pelo vapor de mercúrio. À temperatura ambiente, a pressão do vapor de mercúrio é menor do que 10^{-5} atm.

PROBLEMA PRÁTICO 13-4

A 0°C, a massa específica do mercúrio é $13{,}595 \times 10^3$ kg/m^3. Qual é a altura da coluna de mercúrio em um barômetro, se a pressão P é exatamente 1 atm = 101,325 kPa?

Na prática, a pressão é com freqüência medida em milímetros de mercúrio, uma unidade chamada **torr**, lembrando o físico italiano Evangelista Torricelli, ou em polegadas de mercúrio (inHg). As várias unidades de pressão se relacionam como se segue:

$$1{,}00 \text{ atm} = 760 \text{ mmHg} = 760 \text{ torr}$$
$$= 29{,}9 \text{ inHg} = 101 \text{ kPa} = 14{,}7 \text{ lb/in}^2 \quad 13\text{-}9$$

Outras unidades usadas comumente em mapas do tempo são o **bar** e o **milibar**, definidas como:

$$1 \text{ bar} = 10^3 \text{ milibars} = 100 \text{ kPa} \quad 13\text{-}10$$

Uma pressão de 1 atm é cerca de 1,01 por cento maior do que a pressão de 1 bar.

Exemplo 13-4 Pressão Sangüínea na Aorta

A pressão manométrica média na aorta humana é de cerca de 100 mmHg. Converta esta pressão sangüínea média para quilopascais.

SITUAÇÃO Use um fator de conversão obtido da Equação 13-9.

SOLUÇÃO

Usamos um fator de conversão que pode ser obtido da Equação 13-9:

$$P = 100 \text{ mmHg} \times \frac{101 \text{ kPa}}{760 \text{ mmHg}} = \boxed{13{,}3 \text{ kPa}}$$

CHECAGEM Esperamos que a pressão seja uma pequena fração de 1,00 atm. Uma pressão de 13,3 kPa corresponde ao esperado, pois 1,00 atm = 101 kPa.

PROBLEMA PRÁTICO 13-5 Converta a pressão de 45,0 kPa para (*a*) milímetros de mercúrio e (*b*) atmosferas.

A relação entre pressão e altitude (ou profundidade) é mais complicada para um gás do que para um líquido. A massa específica de um líquido é essencialmente constante, enquanto a massa específica de um gás é aproximadamente proporcional à pressão. À medida que você se afasta da superfície da Terra, a pressão em uma coluna de ar diminui, assim como a pressão deve diminuir quando você sobe em uma coluna de água. Mas a diminuição da pressão do ar não é linear com a distância.

Exemplo 13-5 A Lei das Atmosferas

A suposição de que a massa específica do ar é proporcional à pressão prevê que a pressão diminui exponencialmente com a altitude. Use esta suposição para verificar isto e para calcular a altitude na qual a pressão é a metade de seu valor no nível do mar.

SITUAÇÃO Aplique a segunda lei de Newton a um elemento de ar de espessura dy na altitude y, para determinar uma expressão para a variação da pressão ao longo da variação dy de altitude. Integre esta expressão, levando em conta que a massa específica é proporcional à pressão.

SOLUÇÃO

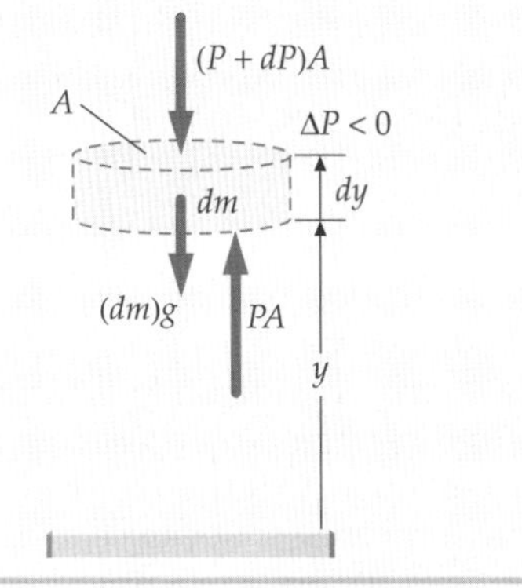

FIGURA 13-9 A pressão embaixo do elemento de ar com formato de disco fino é maior do que a pressão em cima dele. Esta diferença de pressão produz uma força para cima sobre o disco que equilibra a força da gravidade sobre ele, para baixo.

1. Desenhe um elemento de ar com a forma de um disco fino horizontal, na altitude y, com espessura dy, área de seção reta A e massa dm. Desenhe e identifique todas as forças sobre este elemento (Figura 13-9):

2. Aplique a segunda lei de Newton ao disco. A aceleração é zero, logo a soma das forças é igual a zero:
$$PA - (P + dP)A - (dm)g = 0$$

3. Simplifique a equação e substitua dm por $\rho A\, dy$:
$$-A\, dP - \rho g A\, dy = 0$$
logo $dP = -\rho g\, dy$

4. Estamos supondo que a massa específica é proporcional à pressão, e conhecemos a massa específica ρ_0 e a pressão P_0 no nível do mar ($y = 0$):
$$\frac{\rho}{P} = \frac{\rho_0}{P_0}$$

5. Substitua ρ no resultado do passo 3 e divida os dois lados por P, para separar variáveis:
$$dP = -P\frac{\rho_0}{P_0}g\, dy$$
logo $\frac{dP}{P} = -\frac{\rho_0}{P_0}g\, dy$

6. Integre de $y = 0$ até $y = y_f$. Faça $P = P_f$ ser a pressão na altitude y_f:
$$\int_{P_0}^{P_f}\frac{dP}{P} = -\frac{\rho_0}{P_0}g\int_0^{y_f} dy$$
logo $\ln\frac{P_f}{P_0} = -\frac{\rho_0}{P_0}gy_f$

7. Explicite P_f. Depois, substitua P_f por P e y_f por y:
$$P_f = P_0 e^{-(\rho_0/P_0)gy_f} \quad \text{ou} \quad \boxed{P = P_0 e^{-(\rho_0/P_0)gy}}$$

8. Determine a altura h na qual $P = \frac{1}{2}P_0$. Use a massa específica do ar, à pressão de 1 atm, da Tabela 13-1:
$$\tfrac{1}{2}P_0 = P_0 e^{-(\rho_0/P_0)gh} \Rightarrow h = \frac{P_0}{\rho_0 g}\ln 2$$
logo $h = \frac{(1{,}01 \times 10^5\ \text{Pa})\ln 2}{(1{,}29\ \text{kg/m}^3)(9{,}81\ \text{N/kg})} = \boxed{5{,}5\ \text{km}}$

CHECAGEM Uma altitude de 5,5 km é de cerca de 18.000 ft. Sabemos que muitas pessoas sofrem as conseqüências da falta de oxigênio nesta altitude. Não causa surpresa que isto ocorra, com a metade da pressão normal do ar.

INDO ALÉM O resultado do passo 7 revela que a pressão do ar diminui exponencialmente com a altitude. Isto significa que a pressão do ar diminui por uma fração constante para um dado aumento de altura, como mostrado na Figura 13-10. À altura de cerca de 5,5 km, a pressão do ar é a metade de seu valor no nível do mar. Se subimos outros 5,5 km, até a uma altitude de 11 km (uma altitude típica para os aviões), a pressão novamente é reduzida a metade, passando a um quarto de seu valor no nível do mar, e assim por diante. Nas elevadas altitudes de vôo dos jatos comerciais, as cabines devem ser pressurizadas. A massa específica do ar é aproximadamente proporcional à pressão, logo a massa específica do ar diminui com a altitude. Há menos oxigênio disponível no alto de uma montanha do que em elevações normais. Como resultado, exercitar-se no alto de uma cordilheira é difícil, e escalar o Himalaia é perigoso.

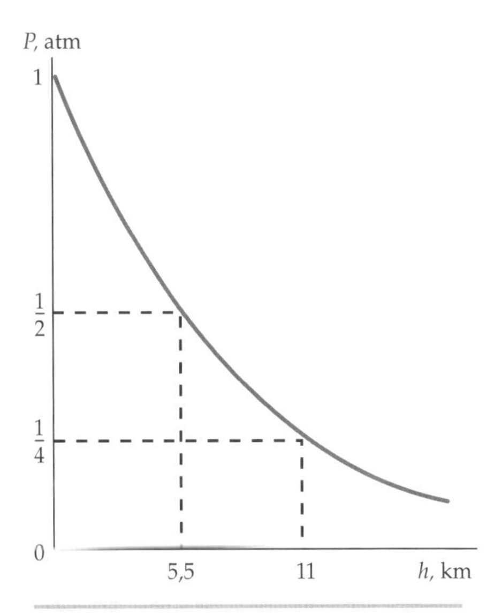

FIGURA 13-10 Variação da pressão com a altura acima da superfície da Terra. Para cada aumento de 5,5 km em altura, a pressão cai à metade.

13-3 EMPUXO E PRINCÍPIO DE ARQUIMEDES

Se um corpo denso, mergulhado em água, é pesado em uma balança de mola (Figura 3-11*a*), o peso aparente do corpo quando mergulhado (a leitura na escala) é menor do que o peso do corpo. Esta diferença existe porque a água exerce uma força para cima que equilibra parcialmente a força da gravidade. Esta força para cima é ainda mais evidente quando mergulhamos uma rolha. Quando completamente imersa, a rolha sofre uma força para cima, da pressão da água, que é maior do que a força da gravidade, de modo que, ao ser liberada, ela acelera para a superfície. A força exercida por um fluido sobre um corpo total ou parcialmente imerso nele é chamada de **força de empuxo**. Ela é igual ao peso do fluido deslocado pelo corpo. (A definição de força de empuxo é refinada mais adiante, nesta seção.)

> Um corpo total ou parcialmente mergulhado em um fluido sofre um empuxo de baixo para cima igual ao peso do fluido por ele deslocado.
>
> PRINCÍPIO DE ARQUIMEDES

Este resultado é conhecido como **princípio de Arquimedes**.

Podemos deduzir o princípio de Arquimedes a partir das leis de Newton, considerando as forças que atuam sobre uma porção do fluido e notando que, em equilíbrio estático, a força resultante deve ser nula. A Figura 13-11*b* mostra as forças verticais atuando sobre um corpo suspenso e imerso. Estas forças são a força da gravidade $\vec{F}_g$, para baixo, a força da balança de mola, $\vec{F}_m$, para cima, uma força $\vec{F}_1$ que atua para baixo devido à pressão do fluido na superfície superior do corpo, e uma força $\vec{F}_2$ que atua para cima devido à pressão do fluido na superfície inferior do corpo. Como a escala da balança indica uma força menor do que o peso do objeto, a magnitude da força $\vec{F}_2$ deve ser maior do que a magnitude da força $\vec{F}_1$. A soma vetorial destas duas forças é igual à força de empuxo $\vec{E} = \vec{F}_1 + \vec{F}_2$ (Figura 13-11*c*). A força de empuxo existe porque a pressão do fluido na superfície inferior do corpo é maior do que a pressão na superfície superior do corpo.

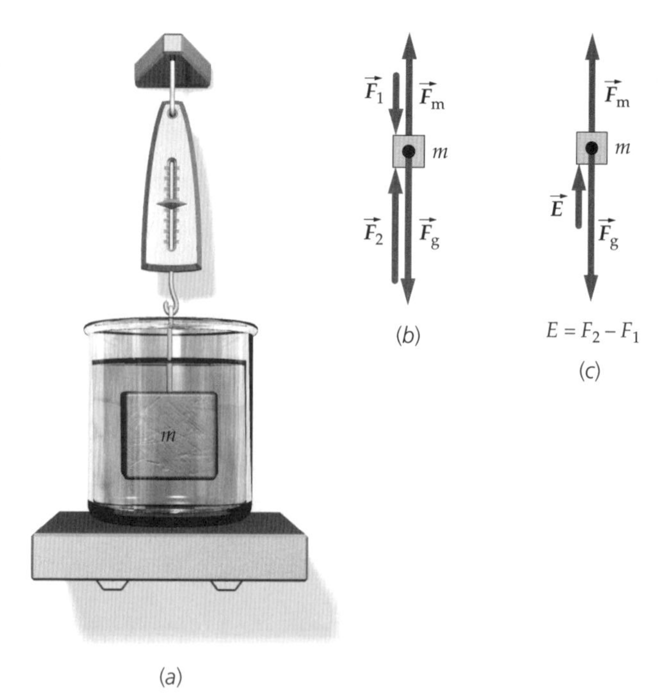

FIGURA 13-11 (*a*) Pesando um corpo mergulhado em um fluido. (*b*) Diagrama de corpo livre, mostrando o peso $\vec{F}_g$, a força $\vec{F}_m$ da mola e as forças $\vec{F}_1$ e $\vec{F}_2$ exercidas sobre o corpo pelo fluido do entorno. (*c*) A força de empuxo $\vec{E}$, onde $\vec{E} = \vec{F}_1 + \vec{F}_2$, é a força total exercida pelo fluido sobre o corpo.

Na Figura 13-12, a balança de mola foi eliminada e o objeto imerso foi substituído por um volume igual do fluido (delimitado pelas linhas tracejadas), a que nos referiremos como uma amostra do fluido. A força de empuxo $\vec{E} = \vec{F}_1 + \vec{F}_2$, atuando sobre a amostra do fluido, é idêntica à força de empuxo que atuava antes sobre o corpo. Isto ocorre porque o fluido que envolve a amostra e o fluido que envolvia o corpo possuem configurações idênticas; não há razão para supor que a pressão no fluido em volta não seja a mesma em pontos correspondentes dos dois recipientes. A amostra do fluido está em equilíbrio; logo, sabemos que a força resultante que atua sobre ela deve ser zero. A força de empuxo para cima deve, então, igualar o peso para baixo da amostra do fluido:

$$E = F_{gf} \tag{13-11}$$

Note que este resultado não depende da forma do objeto imerso. Se consideramos qualquer porção de um fluido estático como nossa amostra, com um formato irregular, existirá uma força de empuxo exercida sobre ela pelo fluido do entorno que equilibrará exatamente o seu peso. Assim, deduzimos o princípio de Arquimedes.

Arquimedes (287–212 a.C.) recebeu a incumbência de determinar, de forma não-destrutiva, se uma coroa (na verdade, uma grinalda) feita para o rei Hieron II era de ouro puro ou tinha sido adulterada com algum metal mais barato, como a prata. Para Arquimedes, o problema era determinar se a massa específica da coroa, de forma irregular, era a mesma do ouro. Conta-se que ele encontrou a solução ao mergulhar em uma banheira e imediatamente correu para casa, nu pelas ruas de Siracusa, gritando "Eureca!" ("Encontrei!"). Este lampejo de compreensão precedeu as leis de Newton, que usamos para deduzir o princípio de Arquimedes, por cerca de 1900 anos. O que Arquimedes descobriu foi uma maneira simples e precisa de comparar a massa específica da coroa com a massa específica do ouro, usando uma balança. Ele colocou a balança acima de uma grande bacia, pendurou a coroa em um dos braços da balança e, no outro braço, pendurou uma pepita de ouro puro de mesma massa (Figura 13-13*a*). Então, ele encheu a bacia de água — cobrindo a coroa e o ouro puro. A balança se inclinou, com a coroa se elevando (Figura 13-13*b*) — indicando que o empuxo sobre a coroa era maior do que o empuxo sobre o ouro puro, porque o volume de água deslocado pela coroa era maior do que o deslocado pelo ouro puro. A coroa era menos densa que o ouro puro.

FIGURA 13-12 A Figura 13-11, com o corpo mergulhado substituído por um volume igual de fluido. As forças $\vec{F}_1$ e $\vec{F}_2$, devidas à pressão do fluido, são as mesmas que as da Figura 13-11. A magnitude da força de empuxo é, então, igual ao peso F_{gf} do fluido deslocado.

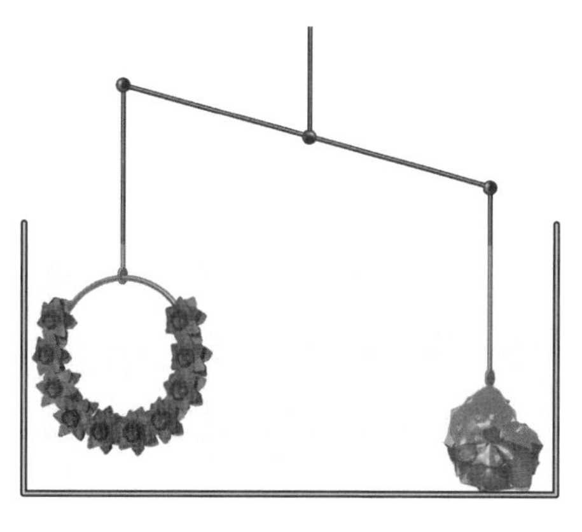

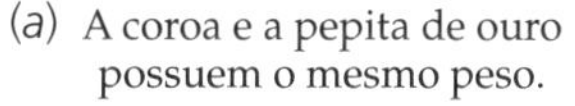

(*a*) A coroa e a pepita de ouro possuem o mesmo peso.

(*b*) A coroa desloca mais água do que a pepita de ouro.

FIGURA 13-13 (*a*) A coroa e a pepita de ouro possuem o mesmo peso. (*b*) A balança se inclina porque a coroa desloca mais água do que a pepita de ouro.

O peso aparente $F_{g\,ap}$ de um corpo imerso em um fluido é a diferença entre seu peso F_g e a magnitude do empuxo E:

$$F_{g\,ap} = F_g - E \qquad 13\text{-}12$$

ESTRATÉGIA PARA SOLUÇÃO DE PROBLEMAS

Resolvendo Problemas Usando o Princípio de Arquimedes

SITUAÇÃO Leia com cuidado o enunciado do problema para compreender a situação. Um desenho pode ser útil.

SOLUÇÃO

1. Aplique o princípio de Arquimedes para relacionar a força de empuxo com o peso do fluido deslocado.
2. Aplique a segunda lei de Newton ao corpo e determine a quantidade procurada.

CHECAGEM Verifique se sua resposta é plausível.

Exemplo 13-6 É Ouro, Mesmo? *Rico em Contexto*

Sua amiga está preocupada com um anel de ouro que ela comprou em recente viagem. O anel foi caro, e ela gostaria de saber se ele é mesmo de ouro, ou de algum outro material. Você decide ajudá-la, usando seus conhecimentos de física. Você verifica que o anel pesa 0,158 N. Usando um cordão, você pendura o anel de uma balança de mola e, com o anel imerso na água, pesa-o novamente, encontrando agora o valor de 0,150 N. O anel é de ouro puro?

SITUAÇÃO Se o anel é de ouro puro, sua massa específica (em relação à da água) é 19,3 (veja a Tabela 13-1). Usando o princípio de Arquimedes como guia, determine a massa específica do anel em relação à massa específica da água.

SOLUÇÃO

1. O peso F_g do anel é igual à sua massa específica ρ_{anel} vezes seu volume V vezes g. O empuxo E sobre o anel (quando imerso) é igual à massa específica da água ρ_a vezes Vg:

$$F_g = \rho_{anel} V g$$
$$E = \rho_a V g$$

2. Divida a primeira equação pela segunda, para relacionar a razão entre o peso e o empuxo com a razão entre a massa específica e a massa específica da água:

$$\frac{F_g}{E} = \frac{\rho_{anel} V g}{\rho_a V g} = \frac{\rho_{anel}}{\rho_a}$$

3. De acordo com a segunda lei de Newton, E é igual ao peso menos o peso aparente do anel quando imerso:

$$F_{g\,ap} = F_g - E \Rightarrow E = F_g - F_{g\,ap}$$

4. Substitua E no passo 2:

$$\frac{F_g}{F_g - F_{g\,ap}} = \frac{\rho_{anel}}{\rho_a}$$

5. Calcule a razão ρ_{anel}/ρ_a:

$$\frac{\rho_{anel}}{\rho_a} = \frac{F_g}{F_g - F_{g\,ap}} = \frac{0{,}158\text{ N}}{0{,}158\text{ N} - 0{,}150\text{ N}} = \frac{0{,}158\text{ N}}{0{,}008\text{ N}}$$

6. O denominador possui um algarismo significativo, logo a razão entre as massas específicas é determinada com um algarismo significativo:

$$\frac{\rho_{anel}}{\rho_a} = \frac{0{,}158\text{ N}}{0{,}008\text{ N}} = 19{,}3 = 20$$

O 2 no número 20 é um algarismo significativo, mas o 0 não é.

7. Compare a razão entre as massas específicas com a razão entre a massa específica do ouro e a massa específica da água, que é 19,3:

De acordo com a medida, a razão entre as massas específica é 2×10^1.

O anel pode ser de ouro puro, mas a medida não é suficientemente precisa para se ter certeza.

CHECAGEM A incerteza no resultado é grande, o que é esperado. Quando dois números quase iguais são subtraídos, há menos algarismos significativos no resultado do que nos números originais.

INDO ALÉM Uma balança mais precisa é necessária para se fazer uma determinação com mais certeza.

PROBLEMA PRÁTICO 13-6 Um bloco de material desconhecido pesa 3,00 N e possui um peso aparente de 1,89 N quando totalmente mergulhado na água. Que material é este?

PROBLEMA PRÁTICO 13-7 Um pedaço de chumbo (densidade = 11,3) pesa 80,0 N no ar. Qual é seu peso quando totalmente mergulhado na água?

REVISITANDO O EMPUXO

A massa específica do bloco mostrado na Figura 13-14 é maior do que a massa específica do fluido que o cerca, e tanto o bloco quanto o prato da balança de mola estão completamente mergulhados no fluido. A força gravitacional sobre o bloco é o seu peso, $\vec{F}_g$, e a escala está ajustada para indicar o zero quando o bloco não está sobre o prato (Figura 13-14*b*). Se o bloco está sobre o prato (Figura 13-14*a*), a leitura na escala é igual à magnitude do peso aparente do bloco, $F_{g\,ap}$. Quando o bloco está sobre o prato, o fluido está em contato direto com todas as superfícies do bloco — exceto com as regiões da superfície inferior que estão em contato direto com o prato. Vamos supor que a superfície do prato não seja perfeitamente plana, possuindo regiões altas e baixas, de forma que o prato esteja em contato direto com a superfície inferior do bloco apenas nas regiões mais altas. (Nas regiões baixas do prato, existe fluido entre o prato e o bloco.) Analisamos, agora, esta situação, para mostrar que a leitura da balança é igual ao peso do bloco menos o peso de um volume igual de fluido.

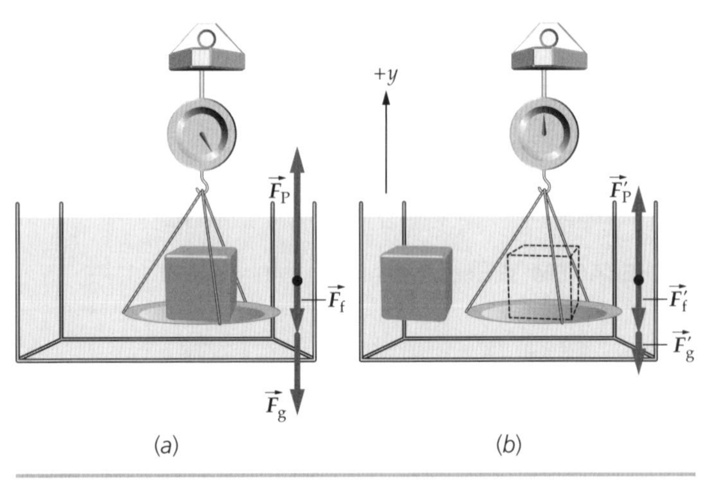

FIGURA 13-14

Enquanto sobre o prato, a força resultante exercida pelo fluido sobre o bloco, $\vec{F}_f$, é uma combinação da força para baixo do fluido sobre as regiões da superfície superior do bloco com a força para cima do fluido sobre as regiões da superfície inferior do bloco que estão em contato direto com o fluido. (Desenhamos $\vec{F}_f$ para baixo. No entanto, se o fluido estiver em contato direto com uma área suficientemente grande da superfície inferior do bloco, $\vec{F}_f$ apontará para cima.) As outras duas forças verticais sobre o bloco são a força gravitacional $\vec{F}_g$ e a força $\vec{F}_p$, para cima, exercida pelo prato sobre o bloco nas regiões de contato direto entre bloco e prato.

Na Figura 13-14*b*, o bloco foi retirado do prato, e em seu lugar está uma amostra do fluido, de mesmos tamanho e forma (delineados pelas linhas tracejadas). As mesmas regiões da superfície do prato, que estavam em contato direto com o bloco antes deste ser retirado, estão em contato direto com a superfície inferior desta amostra do fluido. As forças que atuam sobre a amostra do fluido são as forças aplicadas sobre ela pelo fluido do entorno, $\vec{F}'_f$, a força para cima do prato sobre ela, $\vec{F}'_p$, e a força gravitacional, $\vec{F}'_g$. As forças $\vec{F}_f$ e $\vec{F}'_f$ são iguais porque, em todos os pontos onde a amostra e o fluido em seu entorno estão em contato direto, a pressão do fluido do entorno é a mesma que era, no mesmo ponto, antes de o bloco ser retirado do prato.

Quando o bloco mergulhado está sobre o prato, ele está em equilíbrio, de forma que

$$F_{fy} + F_{Py} + F_{gy} = 0 \qquad \text{ou} \qquad F_{fy} + F_P - F_g = 0$$

e, quando o bloco é removido do prato, a amostra de fluido em seu lugar está em equilíbrio; logo,

$$F'_{fy} + F'_P - F'_g = 0$$

Subtraindo estas equações, usando $\vec{F}'_{fy} = F_{fy}$ e rearranjando, fica

$$F_P - F'_P = F_g - F'_g$$

onde $F_P - \vec{F}'_P$ é a redução da leitura da balança quando o bloco é retirado do prato. Então, $F_P - \vec{F}'_P$ é o peso aparente do bloco imerso. Isto é,

$$F_{g\,ap} = F_g - F'_g$$

Usualmente, $F_g - F_{g\,ap}$ é chamada de força de empuxo E. Rearranjando, fica

$$E = F_g - F_{g\,ap} = F'_g$$

Esta é a mesma expressão para a força de empuxo da Equação 13-12, que foi estabelecida com o fluido em contato direto com 100 por cento da superfície do corpo mergulhado.

Exemplo 13-7 Medindo a Gordura

Você decide participar de um programa de condicionamento físico. Para determinar suas condições físicas iniciais, a porcentagem de gordura de seu corpo é medida. A porcentagem de gordura de seu corpo pode ser estimada medindo-se a massa específica de seu corpo (a massa específica média de seu corpo). A gordura é menos densa do que os músculos e ossos. Suponha que a massa específica da gordura seja $0{,}90 \times 10^3$ kg/m^3 e que a massa específica média do tecido magro (tudo, menos a gordura) seja $1{,}1 \times 10^3$ kg/m^3. A medida da massa específica do seu corpo envolve a medida do seu peso aparente quando você está totalmente mergulhado em água com os pulmões completamente esvaziados de ar. (Na prática, estima-se a quantidade de ar que permanece nos pulmões, e é feita a correção.) Suponha que seu peso aparente, quando imerso em água, seja 5 por cento de seu peso. Que percentual de sua massa corporal é de gordura?

SITUAÇÃO Para a pessoa, o volume total é igual ao volume de gordura mais o volume magro, e a massa total é igual à massa de gordura mais a massa magra. O volume e a massa específica média estão relacionados à massa por $m = \rho V$. A fração de gordura é igual à massa de gordura dividida pela massa total e a fração da parte magra é igual à massa da parte magra dividida pela massa total. Também, a fração de gordura mais a fração da parte magra é igual a 1.

SOLUÇÃO

1. Usando as Equações 13-2 e 13-3, determine a razão entre a massa específica do seu corpo e a massa específica da água:
$$\frac{\rho}{\rho_{água}} = \frac{F_g}{F_g - F_{g\,ap}} = \frac{F_g}{F_g - 0{,}05F_g} = 1{,}05$$

2. O volume total do seu corpo é igual ao volume de gordura mais o volume dos tecidos magros:
$$V_{tot} = V_g + V_m$$

3. Como massa é massa específica vezes volume, volume é igual a massa dividida por massa específica. Substitua os volumes do resultado do passo 2 pelas correspondentes razões entre massa e massa específica:
$$\frac{m_{tot}}{\rho} = \frac{m_g}{\rho_g} + \frac{m_m}{\rho_m}$$

4. A massa de gordura é $f_g m_{tot}$, onde f_g é a fração de gordura, e a massa magra é $f_m m_{tot}$, onde f_m é a fração de tecidos magros. Substitua m_g e m_m no resultado do passo 3:
$$\frac{m_{tot}}{\rho} = \frac{f_g m_{tot}}{\rho_g} + \frac{f_m m_{tot}}{\rho_m}$$

5. A fração de gordura mais a fração de tecidos magros é igual a 1:
$$f_g + f_m = 1$$

6. Divida os dois lados do resultado do passo 4 por m_{tot} e substitua f_m por $(1 - f_g)$:
$$\frac{1}{\rho} = \frac{f_g}{\rho_g} + \frac{(1 - f_g)}{\rho_m}$$

7. A partir do resultado do passo 6, explicite f_g:

$$f_g = \frac{1 - (\rho_m/\rho)}{1 - (\rho_m/\rho_g)}$$

8. Usando o resultado do passo 1, substitua ρ no resultado do passo 7 e determine f_g:

$$f_g = \frac{1 - (\rho_m/1{,}05\rho_{água})}{1 - (\rho_m/\rho_g)} = \frac{1 - (1{,}1/1{,}05)}{1 - (1{,}1/0{,}90)} = 0{,}21$$

9. Converta para porcentagem:

$$100\% \times f_g = \boxed{21\%}$$

CHECAGEM Você é um homem adulto e não está acima do peso. As tabelas indicam que, para homens adultos, uma porcentagem de gordura corporal entre 18% e 25% é aceitável. Logo, o resultado do passo 9 é um resultado plausível.

PROBLEMA PRÁTICO 13-8 Se o peso aparente de Eduardo, quando imerso, é zero, qual é a porcentagem de gordura corporal que ele tem?

Exemplo 13-8 O que Pesa Mais? *Conceitual*

Sejam cinco béqueres idênticos (Figura 13-15). A água preenche cada béquer até a borda. Um barquinho de brinquedo está flutuando na superfície do béquer *A*. Um segundo barquinho de brinquedo, que virou e afundou, está no béquer *B*. Um cubo de gelo está flutuando na superfície do béquer *C*. O bloco de madeira imerso no béquer *D* está preso por um cordão colado no fundo. (Não há nada no béquer *E*, além de água.) Os dois barquinhos, o cubo de gelo e o bloco de madeira possuem massas iguais. A massa específica do barquinho afundado é duas vezes a da água, e a massa específica do bloco de madeira é a metade da massa específica da água. Cada béquer está sobre uma balança de mola. Liste as leituras nas escalas, da maior para a menor.

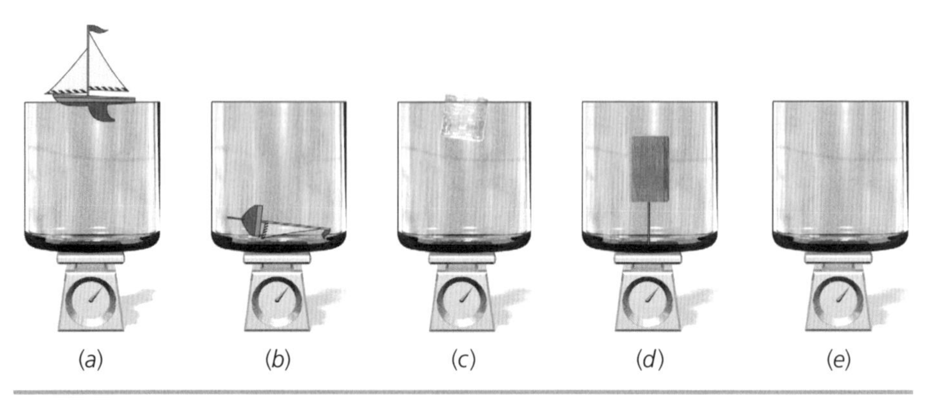

FIGURA 13-15

SITUAÇÃO A leitura em cada escala é igual ao peso total do sistema que está sobre a balança. Em cada caso, o sistema consiste em um béquer, a água no béquer e um objeto imerso ou flutuando na água. O béquer *E* é o que contém a maior quantidade de água. O empuxo sobre um objeto é igual ao peso do fluido que ele desloca. Um objeto imerso desloca seu próprio volume de água, e um objeto flutuante desloca seu próprio peso de água. A quantidade de água em cada um dos recipientes é igual à quantidade de água no béquer *E* menos a quantidade de água deslocada por um objeto imerso ou flutuante.

SOLUÇÃO

1. Seja F_{gA} a leitura da escala sob o béquer *A*, F_{gB} a leitura da escala sob o béquer *B*, e assim por diante. Além disso, seja $F_{g\,obj}$ o peso de cada um dos objetos (eles têm o mesmo peso). Um objeto flutuante desloca seu próprio peso de água. Calcule o peso da água que cada objeto flutuante desloca:

   O peso da água deslocada pelo barquinho que flutua é $F_{g\,obj}$, e o peso deslocado pelo gelo flutuante também é $F_{g\,obj}$.

2. Um objeto imerso desloca seu próprio volume de água. Calcule o peso da água que cada objeto imerso desloca:

   O peso da água deslocada pelo bloco de madeira imerso é $2F_{g\,obj}$, e o peso deslocado pelo barquinho afundado é $\frac{1}{2} F_{g\,obj}$.

3. Em cada caso, o sistema consiste em um béquer, a água no béquer e um objeto imerso ou flutuante na água. Além disso, o peso da água em cada béquer é igual ao peso da água no béquer E menos o peso da água deslocada por um objeto. Calcule o peso total do sistema sobre cada balança:

Béquer	Peso
A	$F_{g\,sis} = (F_{g\,E} - F_{g\,obj}) + F_{g\,obj} = F_{g\,E}$
B	$F_{g\,sis} = (F_{g\,E} - \frac{1}{2}F_{g\,obj}) + F_{g\,obj} = F_{g\,E} + \frac{1}{2}F_{g\,obj}$
C	$F_{g\,sis} = (F_{g\,E} - F_{g\,obj}) + F_{g\,obj} = F_{g\,E}$
D	$F_{g\,sis} = (F_{g\,E} - 2F_{g\,obj}) + F_{g\,obj} = F_{g\,E} - F_{g\,obj}$
E	$F_{g\,sis} = (F_{g\,E} - 0) + 0 = F_{g\,E}$

4. A leitura na escala é igual ao peso do sistema $F_{g\,sis}$:

A leitura na escala com o barquinho afundado é a maior, a leitura na escala com o bloco imerso é a menor e as leituras nas demais três escalas são iguais.

CHECAGEM A pressão da água no fundo de cada béquer é a mesma, porque a água tem a mesma profundidade em todos os béqueres. Isto significa que a água exerce forças idênticas, para baixo, sobre o fundo dos béqueres A, C, D e E. Assim, as leituras nas escalas dos béqueres A, C e E são idênticas. Para o béquer D, além da água empurrando para baixo, o cordão puxa para cima, logo a leitura na escala do béquer D é menor do que as leituras nas escalas dos béqueres A, C e E. No caso do béquer B, o barquinho imerso exerce uma força para baixo, sobre o fundo do béquer, que, dividida pela área, é maior do que a pressão da água naquele ponto, logo a leitura na escala do béquer B é a maior de todas.

INDO ALÉM A roda Falkirk é perfeitamente equilibrada pela mesma razão que as leituras nas escalas sob os béqueres A, C e E são iguais. Desde que as profundidades da água nas duas gôndolas permaneçam iguais, e que os barcos que estejam eventualmente dentro das gôndolas permaneçam flutuando, a roda permanecerá perfeitamente equilibrada. Como ela está em equilíbrio, basta um pequeno esforço para fazê-la girar.

Exemplo 13-9 Um *Iceberg*

Determine a fração do volume de um *iceberg* que está abaixo do nível do mar.

SITUAÇÃO Seja V o volume do *iceberg* e V_{sub} o volume que está submerso. O peso do *iceberg* é $\rho_{IB}Vg$ e a força de empuxo exercida pela água do mar é $\rho_{MAR}V_{sub}g$. As massas específicas do gelo e da água do mar são encontradas na Tabela 13-1.

SOLUÇÃO

1. Como o *iceberg* está em equilíbrio, a força de empuxo é igual ao seu peso:

$$F_g = B$$
$$\rho_{ID}Vg = \rho_{MAR}V_{sub}g$$

2. Explicite V_{sub}/V:

$$f = \frac{V_{sub}}{V} = \frac{\rho_{IB}}{\rho_{MAR}} = \frac{0{,}92 \times 10^3\ \text{kg/m}^3}{1{,}025 \times 10^3\ \text{kg/m}^3} = 0{,}898 = \boxed{0{,}90}$$

CHECAGEM Todos nós já vimos um cubo de gelo flutuando em água pura. A maior parte do cubo de gelo fica submersa. Esperamos exatamente o mesmo de um *iceberg* flutuando no mar, e nosso resultado do passo 2 corresponde a esta expectativa. Como a massa específica da água do mar é de 2 a 3 por cento maior do que a massa específica da água pura, a parte de gelo fora da água do mar é um pouco mais alta do que no caso de água pura.

Se substituirmos ρ_{mar}, no cálculo precedente, por ρ_f, a massa específica de um fluido, podemos determinar a fração submersa de um corpo que flutua em qualquer fluido. Do Exemplo 13-9, a fração de um corpo flutuante, de massa específica uniforme ρ, que está submersa é igual à razão entre sua massa específica e a massa específica do fluido.

$$\frac{V_{sub}}{V} = \frac{\rho}{\rho_f} \qquad 13\text{-}13$$

13-4 FLUIDOS EM MOVIMENTO

O comportamento de um fluido em movimento pode ser complexo. Considere, por exemplo, a fumaça que sobe de um cigarro aceso. No início, a fumaça se eleva em uma corrente regular de gás aquecido, mas o escoamento simples de uma única linha de corrente logo se torna turbulento e a fumaça começa a turbilhonar irregularmente. Escoamento turbulento é muito difícil de se descrever, mesmo qualitativamente. Se não existe turbulência, o fluido escoa através de linhas de corrente. Programas sofisticados de computador que simulam linhas de corrente do ar escoando em volta de objetos são de grande valia para engenheiros projetistas de automóveis.

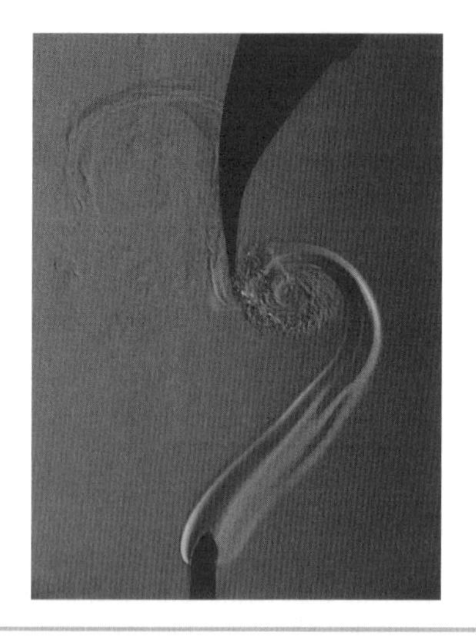

A fumaça de um cigarro aceso. No início, a fumaça se eleva em uma corrente regular, mas o escoamento simples de uma única linha de corrente logo se torna turbulento e a fumaça começa a turbilhonar irregularmente. *(De Harold E. Edgerton.)*

A Figura 13-16 mostra um tubo cheio de fluido. O tubo contém uma seção afunilada, com área de seção reta decrescente. O fluido escoa, sem turbulência, da esquerda para a direita, e a porção sombreada da esquerda representa o fluido que atravessa a superfície de seção reta 1 durante o tempo Δt. Se a massa específica e a rapidez do fluido, nesta superfície, são ρ_1 e v_1, e a área desta superfície é A_1, então a massa Δm_1 que escoa atravé da superfície 1 é dada por

$$\Delta m_1 = \rho_1 \Delta V_1 = \rho_1 A_1 v_1 \Delta t$$

onde $\Delta V_1 = A_1 v_1 \Delta t$ é o volume do fluido que escoa através da superfície 1 durante o tempo Δt. A quantidade $I_M = \rho A v$ é chamada de **vazão mássica.** As dimensões de I_M são as de massa dividida por tempo. A massa Δm_2 do fluido que atravessa a superfície 2 durante o mesmo tempo Δt, representada pela porção sombreada à direita, é dada por

$$\Delta m_2 = \rho_2 A_2 v_2 \Delta t$$

onde ρ_2, v_2 e A_2 são, respectivamente, a massa específica e a rapidez do fluido na superfície 2 e a área de seção reta da superfície 2.

Se a vazão mássica através da superfície 1 é maior do que a vazão mássica através da superfície 2, então o fluido entra na região entre as superfícies 1 e 2 mais rapidamente do que se afasta dela, de maneira que a massa do fluido na região aumenta. A diferença entre a taxa na qual massa entra na região e a taxa na qual massa se afasta da região é igual à taxa de variação da massa acumulada na região. Isto é,

Esquemas de linhas de corrente envolvendo um corpo podem ajudar a reduzir em muito as forças de arraste sobre corpos em movimento, como automóveis e aeroplanos. *(Takeski Takahara/Photo Researchers, Inc.)*

$$I_{M1} - I_{M2} = dm_{12}/dt \qquad 13\text{-}14$$

EQUAÇÃO DA CONTINUIDADE

onde I_{M1} e I_{M2} são as vazões mássicas através das superfícies 1 e 2, respectivamente, e m_{12} é a massa acumulada entre as superfícies 1 e 2. A Equação 13-14 é chamada de **equação da continuidade**. Escoamento no qual o movimento do fluido é constante (não varia com o tempo) em todos os pontos é chamado de **escoamento estacionário.** Se o escoamento é estacionário, então dm_{12}/dt, na Equação 13-14, é igual a zero. Em um escoamento estacionário a vazão mássica em um dado instante é a mesma através de todas as superfícies de seção reta. Além disso, a vazão mássica é constante.

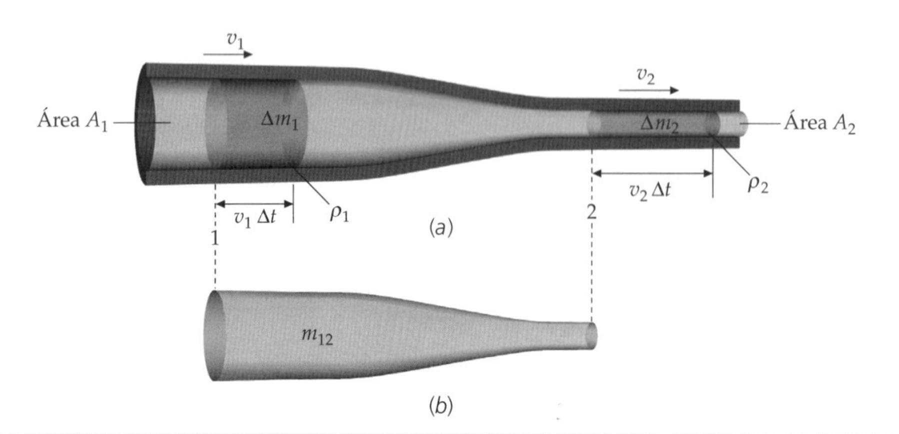

FIGURA 13-16

A quantidade $I_V = Av$ é chamada de **vazão volumétrica**. As dimensões de I_V são as de volume dividido por tempo. No escoamento de um fluido incompressível, a vazão volumétrica em um dado instante é a mesma através de qualquer superfície de seção reta perpendicular ao fluxo. Além disso, se o escoamento é estacionário a vazão volumétrica é constante:

$$I_V = Av \qquad 13\text{-}15$$

VAZÃO VOLUMÉTRICA

Em um fluido incompressível, a massa específica é igual a um único valor fixo, em qualquer parte do fluido. Líquidos são quase sempre considerados incompressíveis, já que suas massas específicas, em excelente aproximação, não variam.

PROBLEMA PRÁTICO 13-9

O sangue flui em uma aorta de 1,0 cm de raio a 30 cm/s. Qual é a vazão volumétrica?

PROBLEMA PRÁTICO 13-10

O sangue flui de uma grande artéria de 0,30 cm de raio, onde sua rapidez é 10 cm/s, para uma região onde o raio foi reduzido para 0,20 cm em virtude do espessamento das paredes arteriais (arteriosclerose). Qual é a rapidez do sangue na região mais estreita?

A EQUAÇÃO DE BERNOULLI

A equação de Bernoulli relaciona a pressão, a altura e a rapidez de um fluido incompressível **não-viscoso** em **escoamento estacionário**. A **viscosidade** é a propriedade de um fluido que faz com que ele resista ao escoamento. Durante o escoamento estacionário, as partículas do fluido se movem ao longo de **linhas de corrente**, que são caminhos retos ou suavemente curvos que não se cruzam. A equação de Bernoulli pode ser deduzida aplicando-se a segunda lei de Newton a uma pequena porção do fluido se movendo ao longo de uma linha de corrente. Quando uma porção entra em uma região de pressão reduzida, ela ganha rapidez porque a pressão atrás dela, que a empurra para a frente, é maior do que a pressão à frente dela, que se opõe ao seu movimento.

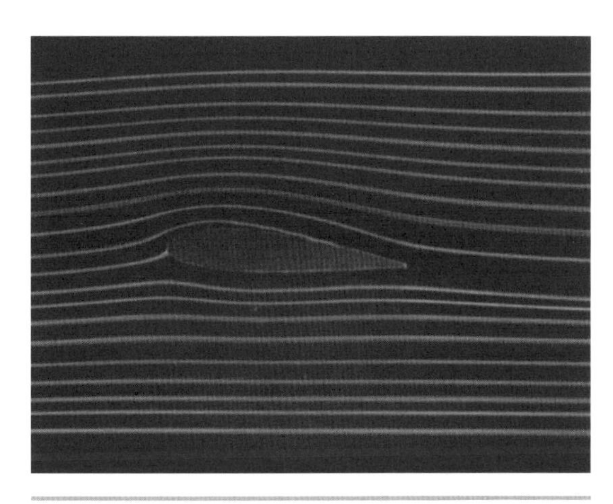

As linhas de corrente são tornadas visíveis usando-se rastros de fumaça. No escoamento em regime permanente as partículas do fluido seguem linhas suavemente curvas. (*Holger Babinsky. 2003 Phys Educ. 38 497-503.*)

Aplicando a segunda lei de Newton a uma pequena porção de ar (Figura 13-17) de massa m que se move ao longo de uma linha de corrente horizontal, tem-se

$$F = m\frac{dv}{dt}$$

O fluido tem massa específica ρ, e a porção tem área A e largura $\Delta\ell$, de modo que o volume e a massa da porção são $A\,\Delta\ell$ e $m = \rho A\,\Delta\ell$. A força F é devida à pressão P atrás da porção e à pressão ligeiramente diferente $P + \Delta P$ à frente dela. Esta força é dada por

$$F = (P)(A) - (P + \Delta P)A = -A\,\Delta P$$

A porção sendo pequena, a diferença de pressão ΔP pode ser expressa usando-se a aproximação diferencial

$$\frac{\Delta P}{\Delta\ell} = \frac{dP}{dx} \quad \text{logo} \quad \Delta P = \frac{dP}{dx}\Delta\ell$$

Substituindo F e m na segunda lei de Newton, fica

$$-A\frac{dP}{dx}\Delta\ell = \rho A\,\Delta\ell\,\frac{dv}{dt}$$

Simplificando esta equação, obtemos

$$-dP = \rho\frac{dv}{dt}dx$$

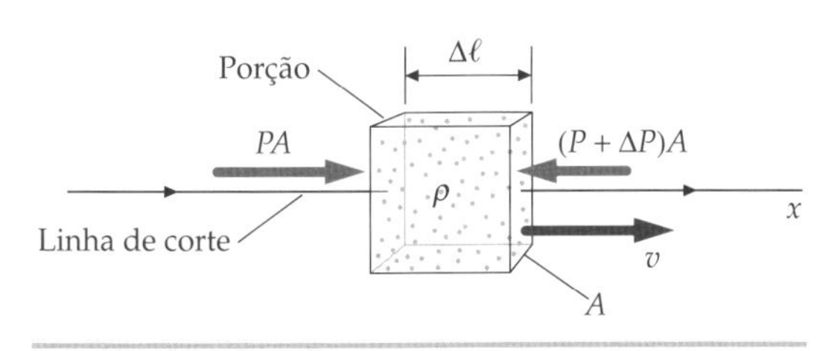

FIGURA 13-17 A pequena porção se move ao longo de uma linha de corrente para dentro de uma região de pressão reduzida.

Como $dx/dt = v$, isto se torna

$$dP = -\rho v\,dv$$

Intregrando os dois lados, temos

$$\int_{P_1}^{P_2} dP = -\rho \int_{v_1}^{v_2} v\,dv$$

onde a massa específica ρ foi fatorada na integral da direita. Fatorar ρ na integral restringe a validade dos resultados a situações onde a massa específica permanece constante. Resolvendo as integrais, fica

$$P_2 - P_1 = \tfrac{1}{2}\rho v_1^2 - \tfrac{1}{2}\rho v_2^2$$

Rearranjando, temos a equação de Bernoulli para escoamento ao longo de uma linha de corrente horizontal,

$$P_2 + \tfrac{1}{2}\rho v_2^2 = P_1 + \tfrac{1}{2}\rho v_1^2 \qquad 13\text{-}16$$

A equação de Bernoulli para escoamento ao longo de uma linha de corrente não-horizontal é deduzida no Problema 13-63. O resultado é

$$P_2 + \rho g h_2 + \tfrac{1}{2}\rho v_2^2 = P_1 + \rho g h_1 + \tfrac{1}{2}\rho v_1^2 \qquad 13\text{-}17a$$

EQUAÇÃO DE BERNOULLI

onde h_1 e h_2 são as alturas inicial e final, respectivamente.

A equação de Bernoulli pode ser enunciada, também, como

$$P + \rho g h + \tfrac{1}{2}\rho v^2 = \text{constante} \qquad 13\text{-}17b$$

EQUAÇÃO DE BERNOULLI

A equação de Bernoulli relaciona pressão e rapidez entre dois pontos de uma mesma linha de corrente de um fluido não-viscoso.

Uma aplicação particular da equação de Bernoulli é para um fluido em repouso. Então, $v_1 = v_2 = 0$, e obtemos

$$P_1 - P_2 = \rho g h_2 - \rho g h_1 = \rho g\,\Delta h$$

Isto é o mesmo que a Equação 13-7.

Exemplo 13-10 Lei de Torricelli

Um grande tanque de água, aberto em cima, possui um pequeno furo lateral a uma distância Δh abaixo da superfície da água. Determine a rapidez com que a água sai do furo.

FIGURA 13-18

SITUAÇÃO As linhas de corrente começam na superfície da água e continuam através do pequeno furo. Aplicamos a equação de Bernoulli aos pontos a e b da Figura 13-18. Como o diâmetro do furo é muito menor do que o diâmetro do tanque, podemos desprezar a rapidez da água na superfície (ponto a).

SOLUÇÃO

1. A equação de Bernoulli, com $v_a = 0$, fornece: $\quad P_a + \rho g h_a + 0 = P_b + \rho g h_b + \tfrac{1}{2}\rho v_b^2$

2. A pressão no ponto a é a mesma que no ponto b, porque os dois pontos estão em contato com a atmosfera: $\quad P_a = P_{at}$ e $P_b = P_{at}$

   logo $P_{at} + \rho g h_a + 0 = P_{at} + \rho g h_b + \tfrac{1}{2}\rho v_b^2$

3. Obtenha, a partir do resultado do passo 2, a rapidez v_b da água saindo do furo: $\quad v_b^2 = 2g(h_a - h_b) = 2g\,\Delta h$

   logo $v_b = \boxed{\sqrt{2g\,\Delta h}}$

CHECAGEM Podemos resolver a questão rapidamente, usando conservação da energia mecânica considerando a água mais a Terra como sistema. A massa m da água que sai pelo furo, no curto intervalo de tempo Δt, é igual à massa da água que "desapareceu" da superfície do tanque. Assim, a diminuição da energia potencial é $mg\,\Delta h$, enquanto o aumento da energia cinética é $\frac{1}{2}mv^2$. Igualando estas duas expressões e resolvendo para v, obtemos o resultado do passo 3.

PROBLEMA PRÁTICO 13-11 Se a água que sai do furo é orientada verticalmente para cima, qual é a altura que ela atinge?

No Exemplo 13-10, a água sai do furo com uma rapidez igual à rapidez que teria se tivesse sofrido queda livre, a partir de uma altura Δh. Isto é conhecido como a *lei de Torricelli*.

A água da Figura 13-19 escoa através de um tubo horizontal que possui um estrangulamento. Como as duas seções do tubo estão à mesma altura, $h_2 = h_1$, na Equação 13-17*a*. Então, a equação de Bernoulli se torna

$$P + \frac{1}{2}\rho v^2 = \text{constante} \qquad 13\text{-}18$$

Quando o fluido entra no estrangulamento, a área A se torna menor, e portanto, a rapidez v deve ser maior porque Av permanece constante. Mas, como $P + \frac{1}{2}\rho v^2$ é constante, quando a rapidez aumenta a pressão deve diminuir. Então, a pressão no estrangulamento é menor.

Quando o ar, ou outro fluido, passa por um estrangulamento, sua rapidez aumenta e sua pressão cai.

EFEITO VENTURI

Este resultado é conhecido como **efeito Venturi**, e o estrangulamento é referido como um tubo de **Venturi**. A Equação 13-18 é um importante resultado que se aplica a muitas situações nas quais podemos ignorar a altura. Carros de corrida exploram o efeito Venturi para aumentar a força vertical, de cima para baixo, sobre o carro. A redução da pressão resulta em um aumento da força normal da pista sobre o carro, permitindo assim que forças de atrito estático maiores controlem a rapidez e a orientação do carro.

As linhas de corrente da Figura 13-20 foram desenhadas para representar, pictoricamente, o escoamento do fluido. A orientação das linhas indica a orientação do escoamento, e a distância entre as linhas indica a rapidez de escoamento. Quanto menor a distância entre as linhas, maior será a rapidez do fluido. Para um escoamento horizontal, a pressão diminui onde a rapidez aumenta, logo uma diminuição da distância entre as linhas de corrente é acompanhada por uma diminuição da pressão.

CHECAGEM CONCEITUAL 13-1

Em uma piscina olímpica, uma bomba mantém a água circulando continuamente em um filtro. A água volta através de bocais no fundo da piscina. O jato de água que sai dos bocais se estende quase que por todo o comprimento da piscina, antes de se dissipar. À medida que a água do jato se torna mais lenta, sua pressão aumenta, como parece indicar a equação de Bernoulli (Equação 13-16)?

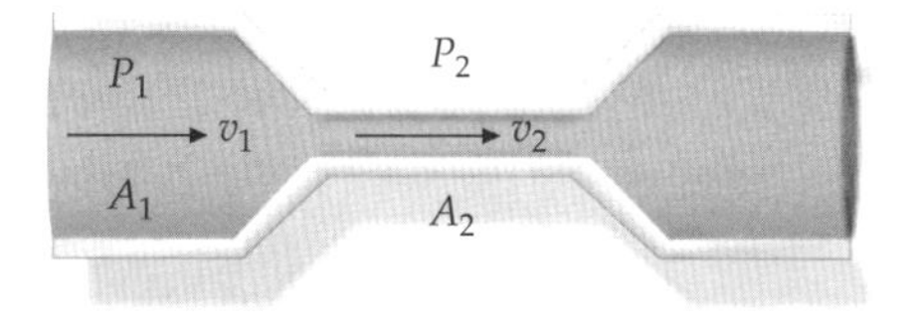

FIGURA 13-19 Estrangulamento em um tubo por onde passa um fluido. A pressão é menor na seção mais estreita do tubo, onde o fluido se move mais rapidamente.

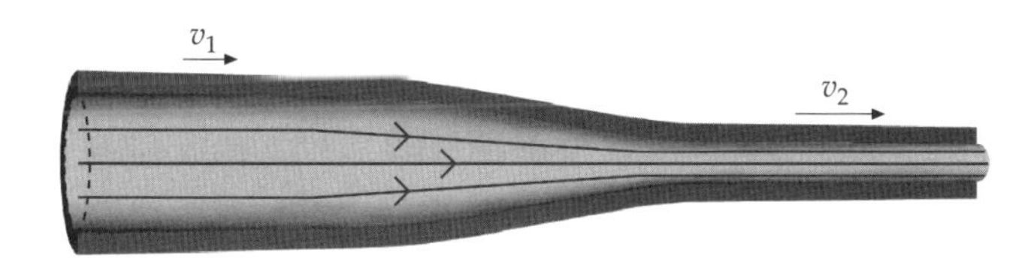

FIGURA 13-20

FIGURA 13-21 Quando a pêra do atomizador é apertada, o ar é forçado através do estrangulamento do tubo horizontal, onde a pressão é reduzida abaixo da pressão atmosférica. Por causa da conseqüente diferença de pressão, o líquido no jarro, que está em contato com a atmosfera, é bombeado para cima no tubo vertical, entra na corrente de ar e sai pela abertura. Um efeito semelhante ocorre no carburador de motores à explosão.

CHECAGEM CONCEITUAL 13-2

No atomizador mostrado na Figura 13-21, o tubo horizontal tem um estrangulamento no ponto em que o tubo vertical se junta a ele. O estrangulamento é funcional, ou ele está lá porque o tubo vertical é mais estreito que o tubo horizontal? Explique.

Exemplo 13-11 Um Medidor Venturi

Um *medidor Venturi*, usado para medir a vazão de um fluido incompressível não viscoso, é mostrado na Figura 13-22. O fluido, de massa específica ρ_F, passa por um tubo de seção reta de área A_1 que tem um estrangulamento de seção reta de área A_2. Como o fluido ganha rapidez ao entrar na seção estrangulada, a pressão nesta seção é menor do que nas outras partes do tubo. As duas partes do tubo são conectadas por um manômetro de tubo em U parcialmente preenchido com um líquido de massa específica ρ_L. A diferença de pressão é medida pela diferença de níveis do líquido no tubo em U, Δh. Expresse a rapidez v_1 em termos da altura medida Δh e das grandezas conhecidas ρ_F, ρ_L e $r = A_1/A_2$.

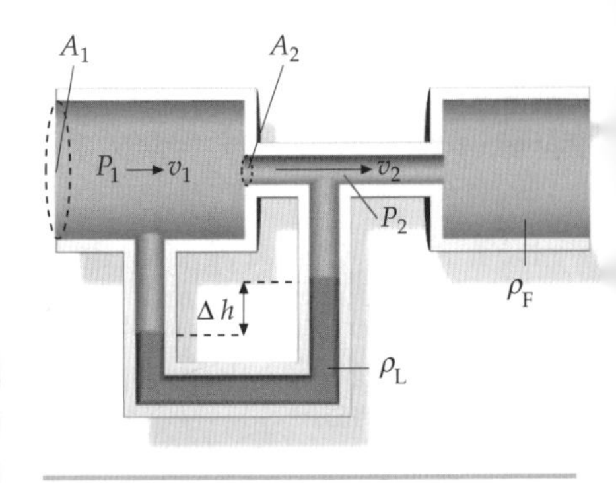

FIGURA 13-22 Um medidor Venturi.

SITUAÇÃO As pressões P_1 e P_2, nas duas regiões, relacionam-se com os valores de rapidez v_1 e v_2 através da equação de Bernoulli. A diferença de pressão se relaciona com a altura Δh. Você pode expressar v_2 em termos de v_1 e das áreas A_1 e A_2 através da equação da continuidade.

SOLUÇÃO

1. Escreva a equação de Bernoulli para as duas regiões de mesma altura:

$$P_1 + \tfrac{1}{2}\rho_F v_1^2 = P_2 + \tfrac{1}{2}\rho_F v_2^2$$

2. Escreva a equação da continuidade para as duas regiões, e explicite v_2 em termos de v_1 e de r, onde $r = A_1/A_2$:

$$v_2 A_2 = v_1 A_1$$

$$\text{logo} \quad v_2 = \frac{A_1}{A_2} v_1 = r v_1$$

3. Substitua seu resultado para v_2 na equação do passo 1, para obter uma equação para $P_1 - P_2$:

$$P_1 - P_2 = \tfrac{1}{2}\rho_F(v_2^2 - v_1^2) = \tfrac{1}{2}\rho_F(r^2 - 1)v_1^2$$

4. Escreva $P_1 - P_2$ em termos da diferença de altura Δh do líquido nos ramos do tubo em U. Esta diferença de pressão é igual à queda de pressão na coluna de altura Δh do líquido menos a queda de pressão na coluna de mesma altura do fluido:

$$P_1 - P_2 = \rho_L g\,\Delta h - \rho_F g\,\Delta h = (\rho_L - \rho_F) g\,\Delta h$$

5. Iguale as duas expressões para $P_1 - P_2$ e resolva para v_1 em termos de Δh:

$$\tfrac{1}{2}\rho_F(r^2 - 1)v_1^2 = (\rho_L - \rho_F) g\,\Delta h$$

$$\text{logo} \quad v_1 = \boxed{\sqrt{\frac{2(\rho_L - \rho_F) g\,\Delta h}{\rho_F(r^2 - 1)}}}$$

CHECAGEM Vamos conferir as dimensões da expressão para v_1 no passo 5. Uma razão entre duas massas específicas é adimensional, assim como a razão entre duas áreas, r. Logo, a dimensão da expressão para v_1 é a mesma dimensão de $\sqrt{2g\,\Delta h}$. A dimensão de g é comprimento dividido por tempo ao quadrado, logo a dimensão de gh é quadrado de comprimento dividido por quadrado de tempo. Então, a dimensão da raiz quadrada de gh é comprimento dividido por tempo — a dimensão de rapidez. O resultado do passo 5 é dimensionalmente correto.

PROBLEMA PRÁTICO 13-12 Determine v_1 se $\Delta h = 3$ cm, $r = 4$, o fluido é ar ($\rho_F = 1{,}29$ kg/m^3) e o líquido na porção do medidor Venturi que forma o tubo em U é água ($\rho_L = 10^3$ kg/m^3).

O ar é um fluido compressível, e portanto, o cálculo do Problema Prático 13-12 não é preciso como o cálculo do Exemplo 13-10. Estritamente falando, a equação de Bernoulli e a equação da continuidade valem apenas para fluidos incompressíveis.

Uma asa de avião é um aerofólio (Figura 13-23) que, em circunstâncias normais, faz com que as linhas de corrente se curvem — seguindo o formato curvo das superfícies do aerofólio. (As linhas de corrente não conseguem seguir as superfícies durante um evento indesejável como perda de velocidade causada por pane.) Durante nossa análise sobre como as linhas de corrente curvas produzem a sustentação (a força para cima, sobre a asa), vamos desprezar quaisquer variações de pressão devidas aos efeitos da gravidade sobre o ar. Também, a análise será feita em um referencial que se move com a asa.

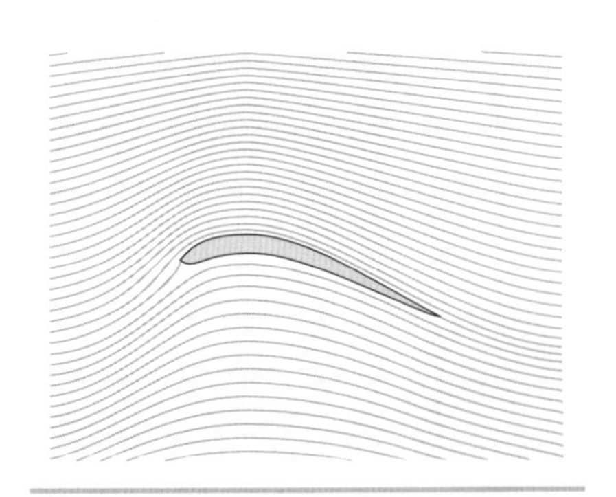

FIGURA 13-23 O propósito de um aerofólio é o de fazer com que as linhas de corrente se curvem. Em condições normais, as linhas de corrente seguirão a curva do aerofólio. O aerofólio aqui mostrado é fino, como a asa de uma ave de rapina. Ele é muito eficiente para produzir levantamento.

Uma porção de ar, movendo-se ao longo de uma linha de corrente curva, possui uma aceleração centrípeta — apontando para o centro de curvatura da linha de corrente. Para as linhas de corrente sobre a asa, a orientação desta aceleração é mais ou menos para baixo. Assim, a força resultante sobre a porção é para baixo. Isto significa que a pressão do ar logo acima da porção é maior do que a pressão do ar logo abaixo da porção. Então, a pressão do ar é maior em pontos mais acima da asa do que em pontos próximos à superfície superior da asa. A pressão mais acima da asa é a pressão do ar ambiente, e portanto, podemos concluir que a pressão na superfície superior da asa é menor do que a pressão do ar ambiente. As porções nas linhas de corrente que passam por baixo da asa também estão aceleradas para baixo. Assim, a pressão mais abaixo da asa é menor do que a pressão na superfície inferior da asa. A pressão mais abaixo da asa é igual à pressão do ar ambiente, e portanto, podemos concluir que a pressão na superfície inferior da asa é maior do que a pressão do ar ambiente. A sustentação da asa é devida à pressão imediatamente abaixo dela, que é maior do que a pressão imediatamente acima.

Aplicando a segunda lei de Newton ($F = ma$) à porção de ar (Figura 13-24) de área A e espessura Δr, que se move com rapidez v, obtemos

$$(P + \Delta P)(A) - PA = (\rho A\, \Delta r)\frac{v^2}{r}$$

onde r é a distância da porção ao centro de curvatura da linha de corrente, ρ é a massa específica do ar, P é a pressão na superfície da porção mais próxima ao centro de curvatura e $P + \Delta P$ é a pressão na superfície oposta da porção. Simplificando e rearranjando esta equação, fica

$$\frac{\Delta P}{\Delta r} = \rho\frac{v^2}{r}$$

Quando Δr tende a zero, isto se torna

$$\frac{\partial P}{\partial r} = \rho\frac{v^2}{r} \qquad 13\text{-}19$$

A derivada nesta equação é uma derivada parcial porque representa a taxa de variação da pressão perpendicularmente às linhas de corrente. A pressão também varia ao longo da direção tangente às linhas de corrente.

Agora, mostramos como a pressão varia com a posição ao longo de uma linha de corrente. Considere uma pequena porção de ar se movendo ao longo de uma linha de corrente que passa sobre a asa. Quando a porção está bem adiante da asa, ela está à pressão ambiente. Quando a porção se move para a região acima da asa, ela se move para uma região de pressão menor. A porção ganha rapidez quando entra nesta região, porque a pressão atrás dela, que a empurra para a frente, é maior do que a pressão à frente dela, que a empurra para trás. Sejam o ponto 1, muito adiante da asa, e o ponto 2, bem em cima da asa e na mesma linha de corrente. As pressões nestes dois pontos são, então, relacionadas pela equação de Bernoulli:

$$P_1 + \tfrac{1}{2}\rho v_1^2 = P_2 + \tfrac{1}{2}\rho v_2^2 \qquad 13\text{-}20$$

(A equação de Bernoulli é apenas aproximadamente válida neste contexto, porque o ar é tanto compressível quanto viscoso.) O ponto 1 está bem adiante da asa, e portanto, P_1 é igual à pressão do ar ambiente e v_1 é a rapidez do ar no ponto 1. No parágrafo anterior, mostramos que a pressão P_2 acima da asa é menor do que a pressão do ar ambiente. A Equação 13-20 mostra que, se $P_2 < P_1$, então $v_2 > v_1$. Isto é, a equação de Bernoulli prevê que porções de ar ganham rapidez quando entram na região de baixa pressão acima da asa. Além disso, as porções de ar que entram na região de alta pressão abaixo da asa perdem rapidez, como previsto pela equação de Bernoulli.

Consideremos, agora, uma bola que gira em torno de seu próprio eixo, se deslocando no ar parado. A Figura 13-25 mostra esta situação vista de um referencial que se move com a bola. Enquanto a bola gira, ela tende a arrastar o ar à sua volta. Como resultado, as linhas de corrente são curvas, como mostrado. A pressão do ar é maior logo acima, ou logo abaixo da bola? (Como antes, estamos desprezando quaisquer variações da pressão do ar devidas a efeitos da gravidade.) A pressão do ar é maior logo abaixo da bola, como explicaremos. O ar do entorno exerce forças sobre porções de ar que se movem ao longo das linhas de corrente. Se as linhas de corrente são curvas, há forças resultantes sobre as porções com orientação centrípeta. Assim como no caso da asa, a pressão logo acima da bola é significativamente menor do que a pressão mais acima da bola — que é igual à pressão do ar ambiente. As linhas de corrente logo abaixo da bola são praticamente retas, e portanto, a pressão logo abaixo da bola é quase igual à pressão mais abaixo da bola, que é igual à pressão do ar ambiente. Assim, a pressão logo abaixo da bola é maior do que a pressão logo acima da bola. Como resultado, o ar exerce uma força para cima sobre a bola. Esta não cairá tão rapidamente quanto cairia no caso de estar sujeita apenas à gravidade.

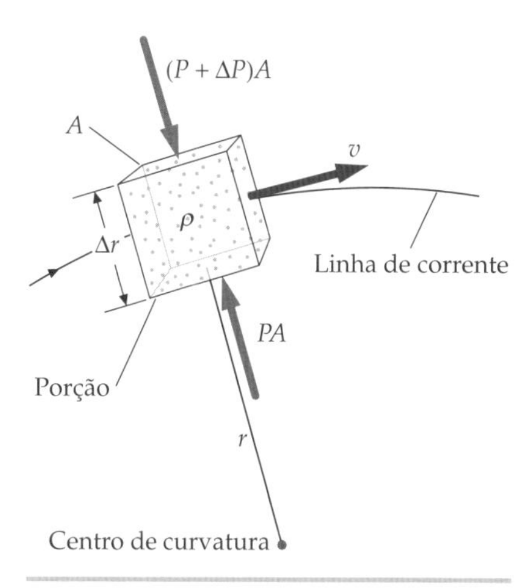

FIGURA 13-24 A força centrípeta sobre uma porção que se move ao longo de uma linha de corrente curva é devida à diferença de pressão através da porção.

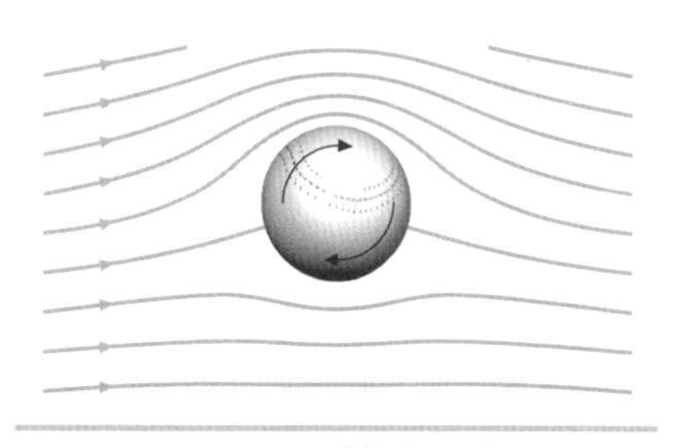

FIGURA 13-25 A bola está se movendo da direita para a esquerda; logo, no referencial da bola o ar se move da esquerda para a direita, como mostrado.

Apesar de a equação de Bernoulli ser muito útil para descrições qualitativas de muitos aspectos do escoamento de fluidos, tais descrições carecem muito, com freqüência, de precisão, quando comparadas com resultados quantitativos de experimentos. As razões principais para as discrepâncias são que os gases, como o ar, dificilmente são incompressíveis, e que os líquidos, como a água, são dificilmente desprovidos de viscosidade, o que invalida as suposições feitas na dedução da equação de Bernoulli. Além disso, normalmente é difícil de se manter um escoamento estacionário, em linha de corrente sem turbulência, e o aparecimento de turbulência pode afetar enormemente os resultados.

*ESCOAMENTO VISCOSO

De acordo com a equação de Bernoulli, quando um fluido escoa em regime estacionário através de um tubo horizontal longo e estreito, de seção reta constante, a pressão ao longo do tubo será constante. Na prática, no entanto, observamos que a pressão cai à medida que nos movemos ao longo do sentido do escoamento. Dito de outra forma, uma diferença de pressão é necessária para empurrar um fluido através do tubo horizontal. Esta diferença de pressão é necessária porque o fluido escoa em camadas muito finas, e a camada fina de fluido em contato com o tubo é mantida em repouso por forças exercidas sobre ela pelo tubo. À medida que nos afastamos da superfície do tubo, a rapidez de cada nova camada é ligeiramente maior do que a rapidez da camada anterior, e esta camada anterior, mais lenta, segura a camada seguinte através de forças aplicadas sobre ela. Estas forças entre camadas adjacentes são chamadas de **forças viscosas**. Por causa delas, a velocidade do fluido não é constante ao longo de uma direção diametral de uma seção reta do tubo. Na verdade, ela é maior perto do centro do tubo e se aproxima de zero onde o fluido está em contato como as paredes do tubo (Figura 13-26). Sejam P_1 a pressão no ponto 1 e P_2 a pressão no ponto 2, afastados de L na direção do escoamento. A queda de pressão $\Delta P = P_2 - P_1$ é proporcional à vazão volumétrica:

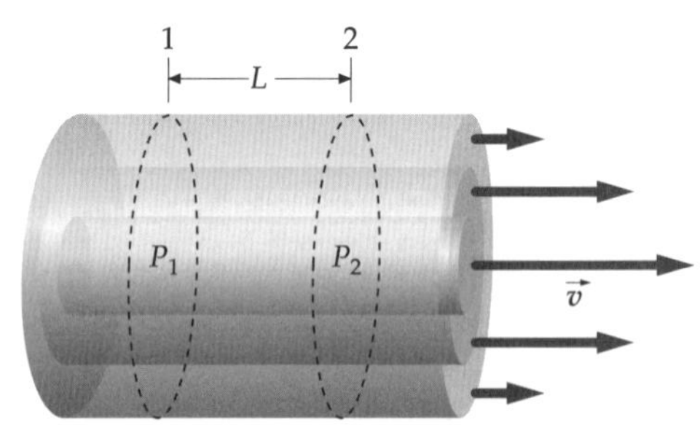

FIGURA 13-26 Quando um fluido viscoso escoa em um tubo, a rapidez é maior no centro do tubo. Nas paredes do tubo, a rapidez do fluido se aproxima de zero.

$$\Delta P = P_1 - P_2 = I_V R \qquad 13\text{-}21$$

DEFINIÇÃO — RESISTÊNCIA

onde $I_V = vA$ é a vazão volumétrica e a constante de proporcionalidade R é a *resistência* ao escoamento, que depende do comprimento L, do raio r e da viscosidade do fluido.

Exemplo 13-12 Resistência ao Fluxo Sangüíneo

O sangue flui da aorta para as artérias maiores, as artérias menores, os vasos capilares e as veias, até atingir o átrio direito. Durante este processo, a pressão (manométrica) cai de cerca de 100 torr para zero. Se a vazão volumétrica é 800 mL/s, determine a resistência total do sistema circulatório.

SITUAÇÃO A resistência é relacionada à queda de pressão e à vazão volumétrica através da Equação 13-21. Podemos usar a Equação 13-9 para converter torr em kPa.

SOLUÇÃO

Escreva a resistência em termos da queda de pressão e da vazão volumétrica, e converta tudo para unidades SI:

$$R = \frac{\Delta P}{I_V} = \frac{100 \text{ torr}}{0{,}800 \text{ L/s}} \times \frac{101 \text{ kPa}}{760 \text{ torr}} \times \frac{1 \text{ L}}{10^3 \text{ cm}^3} \times \frac{1 \text{ cm}^3}{10^{-6} \text{ m}^3}$$

$$= 16{,}61 \text{ kPa}\cdot\text{s/m}^3 = \boxed{16{,}6 \text{ kPa}\cdot\text{s/m}^3}$$

CHECAGEM Poderíamos ter usado 1 Pa = 1 N/m² para escrever o resultado como 16,6 kN · s/m⁵. As dimensões da resistência são a razão entre as dimensões da pressão e as dimensões da vazão volumétrica. As dimensões da pressão são a razão entre as dimensões da força e o quadrado da dimensão do comprimento, e as dimensões da vazão volumétrica são a razão entre o cubo da dimensão do comprimento e a dimensão do tempo. Assim, as dimensões da resistência são as dimensões da pressão vezes a dimensão do tempo dividida pela dimensão do comprimento elevado à quinta potência. As unidades do resultado possuem as dimensões corretas, e logo o resultado é plausível.

Para definir o coeficiente de viscosidade de um fluido, consideramos um fluido confinado entre duas placas paralelas, cada uma de área A, separadas por uma distância z, como mostrado na Figura 13-27. A placa de cima é puxada com rapidez constante v por uma força $\vec{F}$, enquanto a placa de baixo é mantida em repouso. A força é necessária para puxar a placa de cima porque o fluido junto à placa exerce uma força viscosa de arraste que se opõe ao movimento. O fluido escoa em camadas finas, ou **lâminas**, e o movimento é chamado de **escoamento laminar**. A rapidez da lâmina em contato com a placa superior é v, a rapidez da lâmina em contato com a placa inferior se aproxima de zero, e os valores de rapidez das lâminas crescem linearmente com a distância a partir da placa inferior. Verifica-se que força $\vec{F}$ sobre a placa superior é diretamente proporcional a v e a A, e inversamente proporcional à separação z entre as placas. A constante de proporcionalidade é o **coeficiente de viscosidade** η:

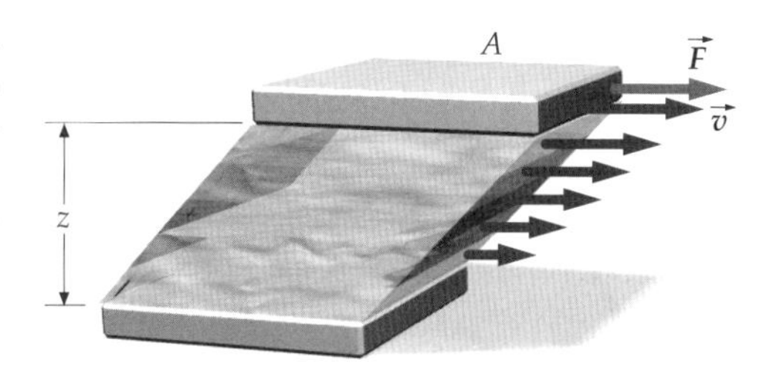

FIGURA 13-27 Duas placas de mesma área com um fluido viscoso entre elas. Quando a placa de cima se move em relação à de baixo, cada camada de fluido exerce uma força de arraste sobre as camadas adjacentes. A força necessária para empurrar a placa de cima é diretamente proporcional a v e à área A, e inversamente proporcional a z, a separação entre as placas.

$$F = \eta \frac{vA}{z} \qquad 13\text{-}22$$

A unidade SI de viscosidade é o $N \cdot s/m^2 = Pa \cdot s$. Uma unidade mais antiga, do cgs, ainda utilizada, é o **poise**, lembrando o físico francês Jean Poiseuille. Estas unidades estão relacionadas por

$$1\ Pa \cdot s = 10\ \text{poise} \qquad 13\text{-}23$$

A Tabela 13-3 lista os coeficientes de viscosidade de vários fluidos, em várias temperaturas. Tipicamente, a viscosidade de um líquido aumenta quando a temperatura diminui. Assim, em climas frios óleos de graduação viscosa mais baixa são usados, no inverno, para lubrificar motores de automóvel.

Lei de Poiseuille Verifica-se que a resistência R ao escoamento, na Equação 13-21, para um escoamento estacionário através de um tubo de seção circular de raio r, vale

$$R = \frac{8\eta L}{\pi r^4} \qquad 13\text{-}24$$

As Equações 13-21 e 13-24 podem ser combinadas para fornecer a queda de pressão ao longo do comprimento L de um tubo de seção circular de raio r:

$$\Delta P = \frac{8\eta L}{\pi r^4} I_V \qquad 13\text{-}25$$

LEI DE POISEUILLE

A Equação 13-25 é conhecida como **lei de Poiseuille**. Repare na dependência da queda de pressão com o inverso de r^4. Se o raio do tubo é reduzido à metade, a queda de pressão para uma dada vazão volumétrica aumenta de um fator 16; ou uma pressão 16 vezes maior é necessária para bombear o fluido através do tubo com sua vazão

Tabela 13-3 Coeficientes de Viscosidade de Alguns Fluidos

Fluido	t, °C	η, mPa · s
Água	0	1,8
	20	1,00
	60	0,65
Sangue (integral)	37	4,0
Óleo de motor (SAE 10W)	30	200
Glicerina	0	10.000
	20	1.410
	60	81
Ar	20	0,018

volumétrica original. Assim, por exemplo, se o diâmetro dos vasos sangüíneos ou das artérias de uma pessoa for reduzido por algum motivo, ou a vazão volumétrica de sangue será muito reduzida, ou a pressão sangüínea deverá se elevar para manter a vazão volumétrica. Para água escoando através de uma longa mangueira de jardim, aberta em uma extremidade e ligada a uma fonte com pressão constante na outra extremidade, a queda de pressão é fixa. Ela é igual à diferença entre a pressão da fonte de água e a pressão atmosférica na extremidade aberta. A vazão volumétrica é, então, proporcional à quarta potência do raio. Assim, a vazão volumétrica aumenta por um fator maior do que 5 quando você troca uma mangueira de meia polegada de diâmetro por uma mangueira de três quartos de polegada de diâmetro. Isto ocorre porque $(0{,}75/0{,}50)^4 = 5{,}1$.

A lei de Poiseuille se aplica apenas ao escoamento laminar de um fluido com viscosidade constante. Em alguns fluidos, a viscosidade varia com a velocidade, violando a lei de Poiseuille. O sangue, por exemplo, é um fluido complexo que consiste em partículas sólidas de vários formatos, em suspensão em um líquido. As células vermelhas do sangue possuem o formato de disco e são aleatoriamente orientadas, com valores pequenos de rapidez, mas quando a rapidez aumenta elas tendem a se orientar para facilitar o escoamento. Assim, a viscosidade do sangue diminui quando a rapidez de escoamento aumenta, e a lei de Poiseuille não pode ser estritamente aplicada. No entanto, a lei de Poiseuille é uma boa aproximação, muito útil para a compreensão qualitativa do fluxo sangüíneo.

No Capítulo 25, o fluxo de uma corrente elétrica I através de fios metálicos é estudado. Uma das relações básicas nesse capítulo é a lei de Ohm, $\Delta V = IR$, onde ΔV é a diferença de potencial e R é a resistência elétrica do fio. Como veremos, a lei de Ohm é análoga à lei de Poiseuille, $\Delta P = I_V R$.

TURBULÊNCIA: NÚMERO DE REYNOLDS

Quando a rapidez de escoamento de um fluido se torna suficientemente grande, o escoamento deixa de ser laminar e passa a existir turbulência. A rapidez crítica acima da qual o escoamento através de um tubo é turbulento depende da massa específica e da viscosidade do fluido, e do raio do tubo. O escoamento de um fluido pode ser caracterizado por um número adimensional chamado de **número de Reynolds**, N_R, que é definido como

$$N_R = \frac{2r\rho v}{\eta} \tag{13-26}$$

onde v é a rapidez média do fluido. Experimentos mostram que o escoamento será laminar se o número de Reynolds for menor do que cerca de 2000, e será turbulento se ele for maior do que 3000. Entre estes dois valores, o escoamento é instável e pode mudar de um tipo para outro.

Exemplo 13-13 Fluxo Sangüíneo na Aorta

Calcule o número de Reynolds para o sangue escoando a 30 cm/s através de uma aorta de 1,0 cm de raio. Suponha que o sangue tenha uma viscosidade de 4,0 mPa · s e uma massa específica de 1060 kg/m³.

SITUAÇÃO Como N_R é adimensional, podemos usar qualquer sistema de unidades, desde que com consistência.

SOLUÇÃO

Escreva a Equação 13-26 para o número de Reynolds, expressando cada quantidade em unidades SI:

$$N_R = \frac{2r\rho}{\eta} = \frac{2(0{,}010\text{ m})(1060\text{ kg/m}^3)(0{,}30\text{ m/s})}{4{,}0 \times 10^{-3}\text{ Pa}\cdot\text{s}}$$

$$= 1590 = \boxed{1{,}6 \times 10^3}$$

CHECAGEM Como o número de Reynolds é menor do que 2000, este escoamento será laminar, e não turbulento. Esperamos que o escoamento sangüíneo não seja turbulento, logo nosso resultado é plausível.

Aerodinâmica Automotiva: Viajando com o Vento

A forma e os acabamentos da carroceria de um carro podem reduzir o arraste e aumentar a economia de combustível. É por isto que muitos novos carros de passeio possuem um perfil em formato de meia gota. No entanto, a curva feita pelo ar escoando sobre este tipo de carro cria, em cima do teto, uma região de baixa pressão. Esta pressão baixa faz surgir uma força de levantamento, que é responsável pela redução da força normal do pavimento sobre o carro. Isto torna mais difícil, para o motorista, manobrar com segurança nas curvas. A força de levantamento é proporcional ao quadrado da rapidez. Com os valores de rapidez atingidos em corridas de automóvel, a força de levantamento pode ser importante. Ela provoca uma perda de tração o que, nas curvas, pode ser determinante no resultado da competição.

Engenheiros automotivos chamam de *downforce* a força de cima para baixo que provoca um aumento da força normal, o que equivale a uma força de levantamento negativa. Para poder aumentar a rapidez nas curvas, diferentes equipes de corrida utilizam diferentes métodos para aumentar a *downforce* sobre seus carros. Carros de Fórmula 1 e de Fórmula Indy usam grandes aerofólios com o formato de asas de avião de cabeça para baixo, para criar zonas de pressão baixa sob seus carros, o que faz aumentar a força de cima para baixo. Os aerofólios foram pela primeira vez utilizados, na Fórmula Indy, em 1972. O recorde para uma volta aumentou em 20 mph, naquele ano.[*] Também, na Fórmula Indy os carros são recobertos em sua parte de baixo, com o objetivo de reduzir a pressão sob eles. Nas corridas, a razão entre a *downforce* e o peso de um carro pode ser maior do que um.[†,‡] Alguns carros de corrida chegaram a utilizar ventiladores para puxar o ar rapidamente de sob o carro,[#] mas hoje quase todos os regulamentos proíbem este recurso nas corridas.

Quando em altas velocidades, o arraste aerodinâmico é reduzido por causa dos jatos de ar ao longo da extremidade traseira da carroceria deste protótipo de caminhão. *(Cortesia de Georgia Institute of Technology.)*

As modificações mais perceptíveis na categoria NASCAR estão na aerodinâmica. Os carros usam saias laterais rígidas e um *spoiler* bem rebaixado na frente. Um *spoiler* alarga o carro e, em algumas provas, um *spoiler* de teto é requerido. Os *spoilers* aumentam o arraste sobre o carro, que fica impedido de correr mais rápido do que permite a segurança. Em casos raros, flapes aéreos se abrem no teto, quando o carro é arrastado rapidamente para os lados ou para trás. De fato, toda uma classe de acidentes tem sido evitada porque estes flapes foram introduzidos em 1994.[°]

Em 1994, a Fórmula 1 baniu o uso do revestimento embaixo dos carros e exigiu que os carros fossem aplainados embaixo. A intenção foi a de reduzir a velocidade nas corridas, depois que dois pilotos morreram em acidentes.[§] As equipes tiveram duas semanas para implementar estas regras e descobrir como manter o máximo possível de *downforce*.[¶] Todas essas equipes usam programas de modelagem computacional de dinâmica dos fluidos, além de túneis de vento em escala para testar as idéias antes de implementá-las.

Equipes de corrida não são os únicos grupos a utilizarem túneis de vento e modelagem computacional de dinâmica dos fluidos para testar seus projetos. Uma equipe do Instituto de Pesquisas Tecnológicas da Geórgia (EUA) modelou a turbulência atrás de caminhões-cavalo e testou seus modelos em um túnel de vento de escala reduzida. Eles descobriram que, adicionando um sistema de fendas e compressores de ar, eles podiam diminuir o arraste sobre um caminhão em 35 por cento, em velocidades de rodovia.[**] Em teste de estrada,[††] o sistema reduziu o consumo total de combustível em 8 a 9 por cento.[‡‡] Parte da mesma tecnologia utilizada para permitir que carros corram mais rapidamente poderá, muito em breve, ser usada para economizar mais de um bilhão de galões de gasolina por ano.

* Katz, J., *Race Car Aerodynamics: Designing for Speed*, 2nd ed. Cambridge, MA: Bentley, 2006, 4.
† Simanaitis, D., "Technology Update: Automotive Aerodynamics," *Road and Track*, June 2002, 84+.
‡ Robertson, C., quoted in "Fast Cars," *Nova*, PBS. Aug. 19, 1997. http://www.pbs.org/wgbh/nova/transcripts/2208fast.html as of June 2006.
# Fuller, M. J., "A Brief History of Sports Car Racing," *Mulsanne's Corner*, http://www.mulsannescorner.com/history.htm 1996, as of June 2006.
° Katz, J., op. cit., 191.
§ Butler, R., "Not So Fast!" *Professional Engineering*, Nov. 9, 2005, 37–38.
¶ Zeimelis, K., and Wenz, C., "Science in the Fast Lane," *Nature*, Oct. 14, 2004, 736–738.
** Weiss, P., "Aircraft Trick May Give Big Rigs a Gentle Lift," *Science News*, Oct. 28, 2000, 279.
†† Toon, John, "Low-Drag Trucks: Aerodynamic Improvements and Flow Control System Boost Fuel Efficiency in Heavy Trucks," *Georgia Institute of Technology Research News*, Jan. 5, 2004. http://gtresearchnews.gatech.edu/newsrelease/truckfuel.htm
‡‡ Weiss, P., "Thrifty Trucks Go with the Flow," *Science News*, Jan. 29, 2005, 78.

Resumo

1. Massa específica, densidade e pressão são grandezas definidas importantes na estática e na dinâmica dos fluidos.
2. O princípio de Pascal, o princípio de Arquimedes e a equação de Bernoulli são deduzidas a partir das leis de Newton.
*3. O efeito Venturi é um caso especial da equação de Bernoulli.
4. Um gradiente de pressão transversal sempre acompanha linhas de corrente curvas.
*5. A lei de Poiseuille dá conta das quedas de pressão devidas à viscosidade; o número de Reynolds é usado para prever se o escoamento é laminar ou turbulento.

	TÓPICO	EQUAÇÕES RELEVANTES E OBSERVAÇÕES	
1.	**Massa Específica**	A massa específica de uma substância é a razão entre sua massa e seu volume: $\rho = \dfrac{dm}{dV}$ As massas específicas da maioria dos sólidos e dos líquidos são aproximadamente independentes da temperatura e da pressão, enquanto as dos gases dependem fortemente dessas grandezas.	13-1
2.	**Densidade**	A densidade de uma substância é a razão entre sua massa específica e a massa específica de outra substância, usualmente a água.	
3.	**Pressão**	$P = \dfrac{F}{A}$	13-3
	Unidades	$1\ \text{Pa} = 1\ \text{N/m}^2$	13-4
		$1\ \text{atm} = 760\ \text{mmHg} = 760\ \text{torr} = 29{,}9\ \text{inHg} = 101{,}325\ \text{kPa} = 14{,}7\ \text{lb/in}^2$	13-9
		$1\ \text{bar} = 10^3\ \text{milibars} = 100\ \text{kPa}$	13-10
	Pressão manométrica	Pressão manométrica é a diferença entre a pressão absoluta e a pressão atmosférica: $P = P_{\text{man}} + P_{\text{at}}$	
	Em um fluido estático	$P = P_0 + \rho g\,\Delta h$ (ρ constante)	13-7
	Em um gás	Em um gás como o ar, a pressão diminui exponencialmente com a altitude.	
	Módulo volumétrico	$B = -\dfrac{\Delta P}{\Delta V/V}$	13-6
4.	**Princípio de Pascal**	Variações de pressão aplicadas em um fluido confinado são transmitidas, sem redução, a todos os pontos do fluido e às paredes do recipiente.	
5.	**Princípio de Arquimedes**	Um corpo total ou parcialmente mergulhado em um fluido sofre um empuxo de baixo para cima igual ao peso do fluido por ele deslocado.	
*6.	**Escoamento de Fluidos**		
	Vazão mássica e equação da continuidade	$I_M = \rho A v$ Vazão mássica $I_{M1} - I_{M2} = dm_{12}/dt$ Equação da continuidade	13-14
	Vazão volumétrica e equação da continuidade para um fluido incompressível	$I_V = Av$ Vazão volumétrica $A_1 v_1 = A_2 v_3$ Fluido incompressível	
	Equação de Bernoulli	Ao longo de uma linha de corrente de um fluido não-viscoso e incompressível, e em escoamento em regime permanente: $P + gh + \frac{1}{2}\rho v^2 = \text{constante}$	13-17*b*
	Efeito Venturi	Quando o ar, ou outro fluido, passa por um estrangulamento, sua rapidez aumenta e sua pressão cai.	
	Resistência ao escoamento de um fluido	$\Delta P_2 = I_V R$	13-21
	Coeficiente de viscosidade	$\eta = \dfrac{F/A}{v/z}$	13-22

TÓPICO	EQUAÇÕES RELEVANTES E OBSERVAÇÕES	
Lei de Poiseuille para escoamento viscoso	$\Delta P = RI_V = \frac{8\eta L}{\pi r^4} I_V$	13-25
Escoamento laminar, escoamento turbulento e o número de Reynolds	O escoamento será laminar se o número de Reynolds N_R for menor do que cerca de 2000, e será turbulento se for maior do que 3000, onde N_R é dado por $N_R = \frac{2r\rho v}{\eta}$	13-26

Respostas das Checagens Conceituais

13-1 Não. Porções de água não se tornam mais lentas porque estão entrando em uma região de pressão mais alta. Na verdade, elas se tornam mais lentas devido às forças viscosas de arraste a que são submetidas. A equação de Bernoulli é válida apenas se forças viscosas são desprezíveis.

13-2 O estrangulamento é funcional. Na região estreita, temos um tubo de venturi. Quando a pêra é vigorosamente apertada, a pressão na região estrangulada cai abaixo da pressão atmosférica, devido ao efeito Venturi. Isto provoca a redução da pressão no tubo vertical, fazendo com que a pressão do ar na superfície do líquido do reservatório seja capaz de empurrar o líquido através do tubo vertical e para dentro da corrente de ar horizontal.

Respostas dos Problemas Práticos

13-1 (*a*) 7,97 kg/L, (*b*) ferro

13-2 19 kg

13-3 Com $P_0 = 1{,}00$ atm $= 101$ kPa, $P = 2{,}00$ atm, $\rho = 1000$ kg/m^3 e $g = 9{,}81$ N/kg, temos $\Delta h = \Delta P/\rho g = 10{,}3$ m. A pressão a uma profundidade de 10,3 m é duas vezes a da superfície.

13-4 $h = P/\rho g = 0{,}760$ m $= 760$ mm

13-5 (*a*) 338 mmHg, (*b*) 0,444 atm

13-6 A densidade do material é 2,7, que é a densidade do alumínio. O material é alumínio.

13-7 72,9 N

13-8 45 por cento

13-9 $I_V = vA = 9{,}4 \times 10^{-5}$ m^3/s. É usual informar em litros por minuto a taxa de bombeamento do coração. Usando 1 m^3 = 1000 L e 1 min = 60 s, temos $I_V = 5{,}7$ L/min.

13-10 Se v_1 e v_2 são os valores inicial e final da rapidez e A_1 e A_2 são as áreas inicial e final, a Equação 13-15 fornece

$$v_2 = \frac{A_1}{A_2}v_1 = \frac{\pi(0{,}30\text{ cm})^2}{\pi(0{,}20\text{ cm})^2}(10\text{ cm/s}) = 23\text{ cm/s}$$

13-11 A água sobe uma altura h; isto é, até o mesmo nível da superfície da água do tanque.

13-12 5,51 m/s

Problemas

Em alguns problemas, você recebe mais dados do que necessita; em alguns outros, você deve acrescentar dados de seus conhecimentos gerais, fontes externas ou estimativas bem fundamentadas.

Interprete como significativos todos os algarismos de valores numéricos que possuem zeros em seqüência sem vírgulas decimais.

- • Um só conceito, um só passo, relativamente simples
- •• Nível intermediário, pode requerer síntese de conceitos
- ••• Desafiante, para estudantes avançados
- Problemas consecutivos sombreados são problemas pareados.

PROBLEMAS CONCEITUAIS

1 • Se a pressão manométrica for dobrada, a pressão absoluta será (*a*) reduzida à metade, (*b*) dobrada, (*c*) mantida igual, (*d*) aumentada por um fator maior do que 2, (*e*) aumentada por um fator menor do que 2.

2 • Dois corpos esféricos diferem em tamanho e em massa. O corpo A tem uma massa que é oito vezes a massa do corpo B. O raio do corpo A é o dobro do raio do corpo B. Como suas massas específicas se comparam? (*a*) $\rho_A > \rho_B$, (*b*) $\rho_A < \rho_B$, (*c*) $\rho_A = \rho_B$, (*d*) não há informação suficiente para comparar as massas específicas.

3 • Dois corpos diferem em massa específica e em massa. O corpo A tem uma massa que é oito vezes a massa do corpo B. A massa específica do corpo A é quatro vezes a massa específica do corpo B. Como seus volumes se comparam? (*a*) $V_A = \frac{1}{2}V_B$, (*b*) $V_A = V_B$, (*c*) $V_A = 2V_B$, (*d*) não há informação suficiente para comparar os volumes.

4 • Uma esfera é construída colando-se dois hemisférios. A massa específica de cada hemisfério é uniforme, mas a massa específica de um deles é maior do que a massa específica do outro. Verdadeiro ou falso: A massa específica média da esfera é a média aritmética das duas diferentes massas específicas. Explique com clareza seu raciocínio.

5 • **APLICAÇÃO BIOLÓGICA, RICO EM CONTEXTO** Em muitos filmes de aventura na selva, o herói e a heroína escapam dos bandidos escondendo-se embaixo d'água por longos períodos de tempo. Para isto, eles respiram através de grandes canudos verticais de junco. Imagine que, em um filme, a água é tão límpida que, para estarem escondidos com segurança, os dois se colocam a uma profundidade de 15 m. Como consultor científico dos produtores do filme, você os informa que esta profundidade não é realística e que o espectador instruído irá rir ao ver esta cena. Explique o porquê desta afirmativa.

6 •• Dois corpos estão equilibrados como na Figura 13-28. Os corpos possuem volumes idênticos, mas massas diferentes. Suponha que todos os corpos da figura sejam mais densos do que a água e, portanto, nenhum deles irá flutuar. O equilíbrio será perturbado, se todo o sistema for completamente mergulhado em água? Explique seu raciocínio.

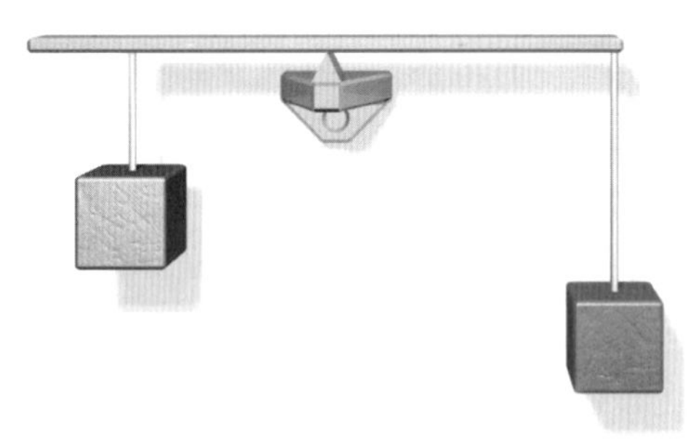

FIGURA 13-28 Problema 6

7 •• Um bloco maciço de chumbo, de 200 g, e um bloco maciço de cobre, de 200 g, estão totalmente imersos em um aquário cheio de água. Cada bloco está suspenso, por um cordão, logo acima do fundo do aquário. Qual das afirmativas seguintes é verdadeira?
(*a*) A força de empuxo sobre o bloco de chumbo é maior do que a força de empuxo sobre o bloco de cobre.
(*b*) A força de empuxo sobre o bloco de cobre é maior do que a força de empuxo sobre o bloco de chumbo.
(*c*) A força de empuxo é a mesma para os dois blocos.
(*d*) Há necessidade de mais informação para se determinar a resposta correta.

8 •• Um bloco de chumbo de 20 cm^3 e um bloco de cobre de 20 cm^3 estão totalmente imersos em um aquário cheio de água. Cada bloco está suspenso, por um cordão, logo acima do fundo do aquário. Qual das afirmativas seguintes é verdadeira?
(*a*) A força de empuxo sobre o bloco de chumbo é maior do que a força de empuxo sobre o bloco de cobre.
(*b*) A força de empuxo sobre o bloco de cobre é maior do que a força de empuxo sobre o bloco de chumbo.
(*c*) A força de empuxo é a mesma para os dois blocos.
(*d*) Há necessidade de mais informação para se determinar a resposta correta.

9 •• Dois tijolos estão completamente imersos em água. O tijolo 1 é feito de chumbo e possui as dimensões retangulares de 2″ × 4″ × 8″. O tijolo 2 é feito de madeira e possui as dimensões retangulares de 1″ × 8″ × 8″. *Verdadeiro ou falso*: A força de empuxo sobre o tijolo 2 é maior do que a força de empuxo sobre o tijolo 1.

10 •• A Figura 13-29 mostra um objeto chamado de "mergulhador cartesiano". O mergulhador consiste em um pequeno tubo, aberto embaixo e com uma bolha de ar em cima, dentro de uma garrafa plástica de refrigerante que está parcialmente cheia de água. O mergulhador normalmente flutua, mas ele afunda quando a garrafa é apertada com força. (*a*) Explique por que isto ocorre. (*b*) Explique a física por trás do fato de que um submarino pode "suavemente" afundar verticalmente, simplesmente deixando água entrar em tanques vazios junto à quilha. (*c*) Explique por que uma pessoa flutuando na água oscilará para cima e para baixo, na superfície da água, enquanto respira.

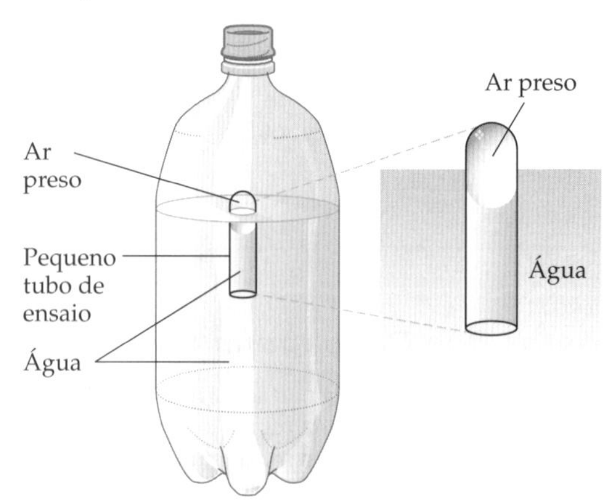

FIGURA 13-29 Problema 10

11 •• Um certo objeto tem uma massa específica ligeiramente menor do que a da água, de forma que flutua quase completamente submerso. No entanto, o objeto é mais compressível do que a água. O que acontece se este objeto flutuante recebe um pequeno impulso para baixo? Explique.

12 •• No Exemplo 13-11, o fluido é acelerado ao entrar em uma parte estreita do tubo. Identifique as forças que atuam sobre o fluido na entrada da região estreita, responsáveis pela aceleração.

13 •• Um copo de água, na vertical, acelera para a direita ao longo de uma superfície plana horizontal. Qual é a origem da força que produz a aceleração de um pequeno elemento de água no meio do copo? Explique usando um diagrama. *Dica: A superfície da água não permanecerá horizontal enquanto o copo estiver acelerado. Desenhe um diagrama de corpo livre para o pequeno elemento de água.*

14 •• Você está sentado em um barco que flutua em uma lagoa muito pequena. Você retira a âncora de dentro do barco e a atira na água. O nível da água da lagoa aumenta, diminui, ou permanece o mesmo? Explique sua resposta.

15 •• Um tubo horizontal se estreita de um diâmetro de 10 cm, na localização A, para um diâmetro de 5,0 cm, na localização B. Para um fluido incompressível e não-viscoso que escoa sem turbulência de A para B, como se comparam os valores da rapidez de escoamento v nas duas localizações? (*a*) $v_A = v_B$, (*b*) $v_A = \frac{1}{2}v_B$, (*c*) $v_A = \frac{1}{4}v_B$, (*d*) $v_A = 2v_B$, (*e*) $v_A = 4v_B$.

16 •• Um tubo horizontal se estreita de um diâmetro de 10 cm, na localização A, para um diâmetro de 5,0 cm, na localização B. Para um fluido incompressível e não-viscoso que escoa sem turbulência de A para B, como se comparam as pressões nas duas localizações? (*a*) $P_A = P_B$, (*b*) $P_A = \frac{1}{2}P_B$, (*c*) $P_A = \frac{1}{4}P_B$, (*d*) $P_A = 2P_B$, (*e*) $P_A = 4P_B$, (*f*) não há informações suficientes para se comparar quantitativamente as pressões.

17 •• **APLICAÇÃO BIOLÓGICA** A Figura 13-30 é um diagrama de um túnel de marmota. A geometria das duas entradas é tal que a entrada 1 é cercada por um montinho e a entrada 2 é cercada pelo chão plano. Explique como o túnel se mantém ventilado, e mostre em que sentido o ar escoará através do túnel.

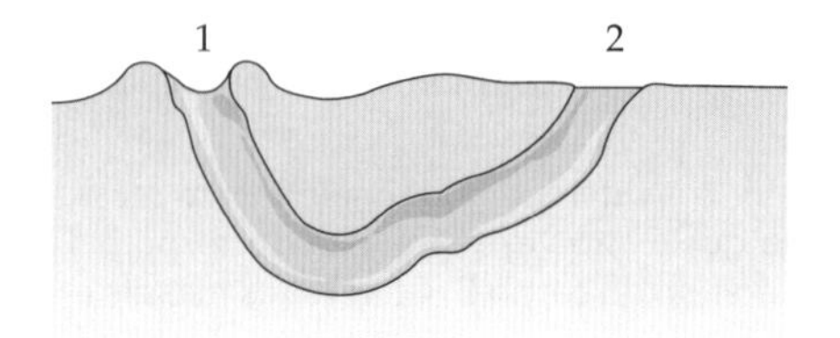

FIGURA 13-30 Problema 17

ESTIMATIVA E APROXIMAÇÃO

18 •• Seu trabalho de conclusão de curso envolve amostragem atmosférica. O coletor de amostras tem uma massa de 25,0 kg. Estime o diâmetro do balão cheio de hélio necessário para levantar o coletor do chão. Despreze a massa do revestimento do balão e a pequena força de empuxo sobre o coletor.

19 ••• **RICO EM CONTEXTO** Seu amigo quer explorar um comércio de passeio de balões. O balão vazio, a cesta e os ocupantes possuem uma massa total máxima de 1000 kg. Se o balão tem um diâmetro de 22,0 m quando totalmente inflado de ar quente, estime a massa específica que deve ter o ar quente. Despreze a força de empuxo sobre a cesta e os passageiros.

MASSA ESPECÍFICA

20 • Determine a massa de uma esfera maciça de chumbo com um raio de 2,00 cm.

21 • Considere uma sala medindo 4,0 m × 5,0 m × 4,0 m. Sob condições atmosféricas normais, na superfície da Terra, qual é a massa do ar dentro da sala?

22 • Uma estrela de nêutrons média tem aproximadamente a mesma massa que o Sol, mas está comprimida em uma esfera de raio aproximadamente igual a 10 km. Qual é a massa aproximada de uma colherada de matéria com essa massa específica?

23 •• Uma bola de 50,0 g consiste em uma casca esférica plástica com o interior cheio de água. A casca tem um diâmetro externo de 50,00 mm e um diâmetro interno de 20,0 mm. Qual é a massa específica do plástico?

24 •• Um frasco de 60,0 mL está cheio de mercúrio a 0°C (Figura 13-31). Quando a temperatura aumenta para 80°C, 1,47 g de mercúrio derramam do frasco. Supondo que o volume do frasco permaneça constante, determine a massa específica do mercúrio a 80°C se sua massa específica a 0°C é 13 645 kg/m³.

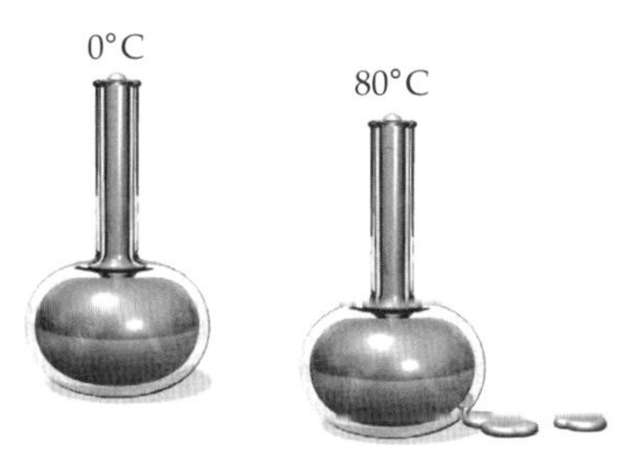

FIGURA 13-31 Problema 24

25 •• Uma esfera é feita de ouro e tem um raio r_{Au} e outra esfera é feita de cobre e tem um raio r_{Cu}. Se as esferas têm a mesma massa, qual é a razão entre os raios, r_{Au}/r_{Cu}?

26 ••• A casa da moeda americana cunha, desde 1983, moedas de um centavo feitas de zinco com revestimento de cobre. A massa deste tipo de moeda é 2,50 g. Use um modelo de cilindro homogêneo para a moeda, com altura 1,23 mm e raio 9,50 mm. Suponha que o revestimento de cobre seja uniformemente espesso em todas as superfícies. Se a massa específica do zinco é 7140 kg/m³ e a do cobre é 8930 kg/m³, qual é a espessura do revestimento de cobre?

PRESSÃO

27 • As leituras de barômetros são dadas, às vezes, em polegadas de mercúrio (inHg). Determine a pressão, em polegadas de mercúrio, igual a 101 kPa.

28 • A pressão na superfície de um lago é P_{at} = 101 kPa. (*a*) A que profundidade a pressão é $2P_{at}$? (*b*) Se a pressão na superfície de uma longa coluna de mercúrio é P_{at}, a que profundidade a pressão é $2P_{at}$?

29 • **APLICAÇÃO BIOLÓGICA** Quando na altitude de cruzeiro, uma típica cabine de avião terá uma pressão do ar equivalente à de uma altitude de cerca de 2400 m. Durante o vôo, acontece de os ouvidos estabelecerem um equilíbrio, de forma que a pressão do ar dentro do ouvido interno equaliza com a pressão do ar fora do avião. As trompas de Eustáquio promovem esta equalização, mas podem ser obstruídas. Se uma trompa de Eustáquio é obstruída, a equalização de pressão pode não ocorrer na descida, e a pressão do ar dentro do ouvido interno pode permanecer igual à pressão a 2400 m. Neste caso, quando o avião aterrissa e a cabine é repressurizada à pressão do nível do mar, qual é a força resultante sobre um tímpano, devida a esta diferença de pressão, supondo que o tímpano possui uma área de 0,50 cm²?

30 • O eixo de um recipiente cilíndrico é vertical. O recipiente é preenchido com massas iguais de água e de óleo. O óleo flutua em cima da água, e a superfície livre do óleo está a uma altura h acima da base do recipiente. Qual é a altura h, se a pressão no fundo da água é 10 kPa maior do que a pressão na superfície do óleo? Suponha a massa específica do óleo igual a 875 kg/m³.

31 • **APLICAÇÃO EM ENGENHARIA** Um elevador hidráulico é usado para levantar um automóvel de 1500 kg. O raio da plataforma do elevador é 8,00 cm e o raio do pistão do compressor é 1,00 cm. Qual é a força que deve ser aplicada ao pistão para elevar o automóvel? *Dica: A plataforma do elevador é o outro pistão.*

32 • **APLICAÇÃO EM ENGENHARIA** Um carro de 1500 kg está parado sobre seus quatro pneus, cada um deles calibrado com uma pressão manométrica de 200 kPa. Se os quatro pneus sustentam o peso do automóvel da mesma forma, qual é a área de contato de cada pneu com a estrada?

33 •• Qual é o aumento de pressão necessário para comprimir o volume de 1,00 kg de água de 1,00 L para 0,99 L? Esta compressão poderia ocorrer no oceano, onde a profundidade máxima é de cerca de 11 km? Explique.

34 •• Quando uma mulher, em sapatos de salto alto, dá um passo, ela momentaneamente aplica todo o seu peso sobre um salto. Se a massa dela é 56,0 kg e a área do salto é 1,00 cm², qual é a pressão exercida sobre o chão pelo salto? Compare sua resposta com a pressão exercida por um pé de elefante sobre um piso horizontal. Suponha a massa do elefante igual a 5000 kg, com as quatro patas igualmente distribuídas sobre o piso e cada pata com uma área de 400 cm².

35 •• No século XVII, Blaise Pascal realizou o experimento mostrado na Figura 13-32. Um barril de vinho cheio de água foi conectado a um longo tubo. Água foi sendo acrescentada ao tubo, até o barril arrebentar. O raio da tampa do barril era 20 cm e a altura da água no tubo era 12 m. (*a*) Calcule a força exercida sobre a tampa em virtude do aumento de pressão. (*b*) Se o raio interno do tubo era 3,0 mm, que massa de água neste tubo causou a pressão que arrebentou o barril?

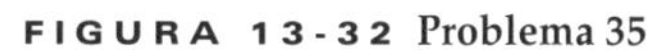

FIGURA 13-32 Problema 35

36 •• **APLICAÇÃO BIOLÓGICA** Plasma sangüíneo flui de uma bolsa, através de um tubo, para a veia de um paciente, onde a pressão sangüínea é 12 mmHg. A densidade do plasma sangüíneo a 37°C é 1,03. Qual é a menor elevação que a bolsa deve ter para que o plasma flua para dentro da veia?

37 •• **APLICAÇÃO BIOLÓGICA** Muitos imaginam que, se podem manter flutuando na superfície da água a extremidade de um tubo *snorkel* flexível, então podem respirar enquanto caminham embaixo d'água (Figura 13-33). No entanto, essas pessoas em geral não levam em conta a pressão de água que se opõe à expansão do tórax para inflar os pulmões. Suponha que você mal consegue respirar quando deitado no chão com um peso de 400 N (90 lb) sobre seu peito. A que profundidade da superfície da água poderia estar seu tórax, para que você ainda conseguisse respirar, supondo que seu tórax tenha uma área frontal de cerca de 0,090 m^2?

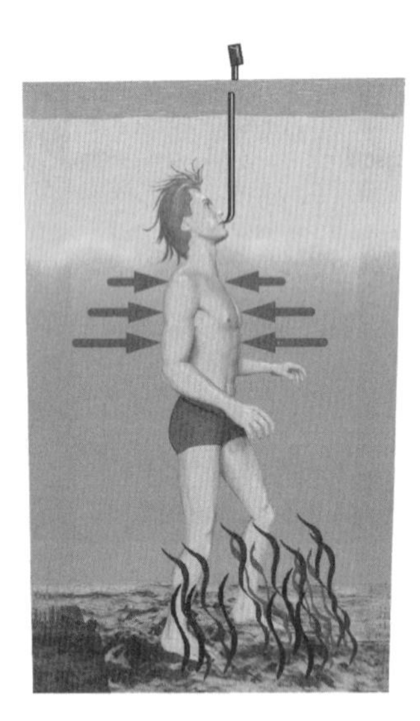

FIGURA 13-33 Problema 37

38 •• **APLICAÇÃO EM ENGENHARIA** No Exemplo 13-3, uma força de 150 N é aplicada sobre um pistão pequeno para levantar um carro que pesa 15 000 N. Demonstre que isto não viola a lei de conservação da energia mostrando que, quando o carro é elevado de uma distância h, o trabalho realizado pela força de 150 N que atua sobre o pistão pequeno é igual ao trabalho realizado sobre o carro pelo pistão grande.

39 •• Uma chumbada de 5,00 kg cai, acidentalmente, para fora de um barco de pesca que está bem acima de uma região muito profunda. Qual é o percentual de variação de volume da chumbada, quando ela chega ao fundo do mar, 10,9 km abaixo da superfície?

40 ••• O volume de um cone de altura h e raio de base r é $V = \pi r^2 h/3$. Uma jarra, com o formato de um cone de 25 cm de altura, tem uma base com raio igual a 15 cm. A jarra é cheia de água. Então, a sua tampa (a base do cone) é atarrachada e a jarra é virada com a tampa mantida na horizontal. (*a*) Determine o volume e o peso da água na jarra. (*b*) Supondo que a pressão dentro da jarra, no vértice do cone, seja igual a 1 atm, determine a força extra exercida pela água sobre a base da jarra, onde por força extra queremos dizer a força menos a força exercida pela pressão do ar na parte externa da base da jarra. Explique como esta força pode ser maior do que o peso da água na jarra.

EMPUXO

41 • Um pedaço de 500 g de cobre, com densidade 8,96, está suspenso de uma balança de mola e submerso em água (Figura 13-34). Qual é a força que a balança indica?

FIGURA 13-34 Problema 41

42 • Quando determinada pedra é suspensa de uma balança de mola, a escala indica 60 N. No entanto, quando a pedra suspensa é totalmente mergulhada em água, a escala passa a indicar 40 N. Qual é a massa específica da pedra?

43 • Um bloco de material desconhecido pesa 5,00 N no ar e 4,55 N quando totalmente mergulhado em água. (*a*) Qual é a massa específica do material? (*b*) De que material o bloco é, provavelmente, feito?

44 • Um pedaço maciço de metal pesa 90,0 N no ar e 56,6 N quando totalmente mergulhado em água. Qual é a massa específica deste metal?

45 •• Um corpo maciço e homogêneo flutua na água, com 80,0 por cento de seu volume abaixo da superfície. Quando colocado em um segundo líquido, o mesmo corpo flutua com 72,0 por cento de seu volume abaixo da superfície. Determine a massa específica do corpo e a densidade do líquido.

46 •• Um bloco de ferro de 5,00 kg é suspenso de uma balança de mola e totalmente mergulhado em um fluido de massa específica desconhecida. A escala indica 6,16 N. Qual é a massa específica do fluido?

47 •• Um grande pedaço de rolha pesa 0,285 N no ar. Quando mantido submerso dentro d'água por uma balança de mola, como mostrado na Figura 13-35, a escala indica 0,855 N. Determine a massa específica da rolha.

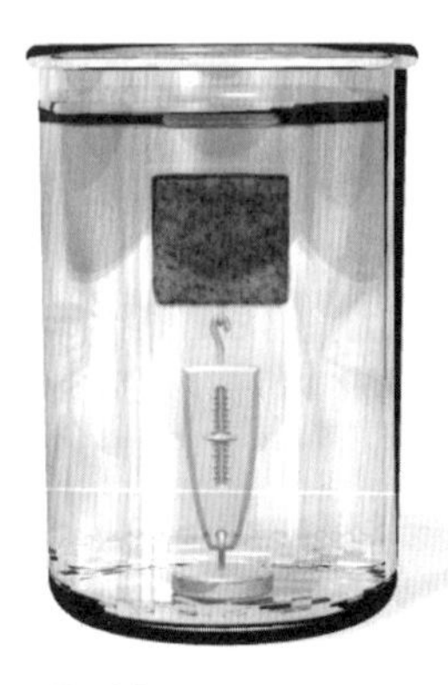

FIGURA 13-35 Problema 47

48 •• Um balão de hélio levanta uma cesta carregada, de 2000 N de peso total, sob condições normais, nas quais a massa específica

do ar é 1,29 kg/m³ e a massa específica do hélio é 0,178 kg/m³. Qual é o volume mínimo do balão?

49 •• Um corpo tem "empuxo neutro" quando sua massa específica é igual à do líquido no qual está mergulhado, o que significa que ele nem flutuará e nem afundará. Se a massa específica média de um mergulhador de 85 kg é 0,96 kg/L, qual é a massa de chumbo que lhe deve ser acrescentada para que ele passe a receber um empuxo neutro?

50 •• Um béquer de 1,00 kg, contendo 2,00 kg de água, está sobre uma balança de cozinha. Um bloco de 2,00 kg de alumínio (massa específica 2,70 × 10³ kg/m³), suspenso de uma balança de mola, é mergulhado na água, como na Figura 13-36. Determine as leituras nas duas escalas.

FIGURA 13-36 Problema 50

51 •• APLICAÇÃO EM ENGENHARIA Quando se formam rachaduras na base de uma represa, a água que se infiltra nas rachaduras exerce uma força de empuxo que tende a levantar a represa. Como resultado, a represa pode tombar. Estime a força de empuxo exercida, sobre uma parede de represa de 2,0 m de espessura e 5,0 m de comprimento, pela água que se infiltra nas rachaduras de sua base. O nível da água do lago está 5,0 m acima das rachaduras.

52 •• APLICAÇÃO EM ENGENHARIA, RICO EM CONTEXTO Sua equipe é encarregada de lançar um grande balão meteorológico de hélio de forma esférica, com 2,5 m de raio e massa total de 15 kg (balão mais hélio e equipamento) (*a*) Qual é a aceleração inicial do balão, para cima, quando liberado no nível do mar? (*b*) Se a força de arraste sobre o balão é dada por $F_R = \frac{1}{2}\pi r^2 \rho v^2$, onde r é o raio do balão, ρ é a massa específica do ar e v é a rapidez de subida do balão, calcule a rapidez terminal do balão em ascensão.

53 ••• APLICAÇÃO EM ENGENHARIA Um navio navega da água do mar (densidade 1,025) para a água pura, e portanto, afunda levemente. Quando sua carga de 600.000 kg é removida, ele retorna ao nível original. Supondo que as laterais do navio sejam verticais na altura da linha d'água, determine a massa do navio antes de ser descarregado.

EQUAÇÕES DA CONTINUIDADE E DE BERNOULLI

***Nota:* Para os problemas desta seção, considere escoamento estacionário laminar não-viscoso, em todos os casos, a não ser quando especificamente indicado.**

54 • Água escoa a 0,65 m/s através de uma mangueira de 3,0 cm de diâmetro que termina em um bocal de 0,30 cm de diâmetro. (*a*) Qual é a rapidez com que a água passa pelo bocal? (*b*) Se a bomba, em uma extremidade da mangueira, e o bocal, na outra extremidade, estão à mesma altura, e se a pressão no bocal é de 1,0 atm, qual é a pressão na saída da bomba?

55 • Água escoa a 3,00 m/s em um cano horizontal, sob a pressão de 200 kPa. O cano se estreita à metade de seu diâmetro original. (*a*) Qual é a rapidez do fluxo na seção estreita? (*b*) Qual é a pressão na seção estreita? (*c*) Como se comparam as vazões volumétricas nas duas seções?

56 •• A pressão em uma seção de um cano horizontal de 2,00 cm de diâmetro é 142 kPa. Água escoa através do cano a 2,80 L/s. Se a pressão em um certo ponto é reduzida a 101 kPa, devido a um estrangulamento de uma seção do cano, qual deve ser o diâmetro da seção estrangulada?

57 •• APLICAÇÃO BIOLÓGICA O sangue flui a 30 cm/s em uma aorta de 9,0 mm de raio. (*a*) Calcule a vazão volumétrica em litros por minuto. (*b*) A seção reta de um vaso capilar tem uma área muito menor do que a da aorta; mas há muitos vasos capilares, e portanto, sua área total de seção reta é muito maior. Se todo o sangue da aorta escoa para os vasos capilares e se a rapidez de escoamento através deles é 1,0 mm/s, calcule a área total de seção reta dos vasos capilares.

58 •• Água escoa através de um cano de 1,0 m de comprimento e de seção cônica, que conecta um cano cilíndrico de 0,45 m de raio, à esquerda, com um cano cilíndrico de 0,25 m de raio, à direita. Se a água flui dentro do cano de 0,45 m com uma rapidez de 1,50 m/s, (*a*) qual é a rapidez do fluxo no cano de 0,25 m? (*b*) Qual é a rapidez do fluxo em uma posição x da seção cônica, se x é a distância medida da extremidade da esquerda desta seção?

59 •• APLICAÇÃO EM ENGENHARIA O oleoduto de 800 milhas do Alaska possui uma vazão volumétrica máxima de 240.000 m³ de óleo por dia. A maior parte do oleoduto tem um raio de 60,0 cm. Determine a pressão P' em um ponto onde o cano tem um raio de 30,0 cm. Tome a pressão nas seções de 60,0 cm de raio como P = 180 kPa e a massa específica do óleo como 800 kg/m³.

60 •• Água escoa através de um medidor Venturi, como o do Exemplo 13-11, com um cano de 9,50 cm de diâmetro e um estrangulamento de 5,60 cm de diâmetro. O manômetro de tubo em U está parcialmente cheio de mercúrio. Determine a vazão volumétrica da água, se a diferença no nível de mercúrio no tubo em U é de 2,40 cm.

61 •• APLICAÇÃO EM ENGENHARIA, RICO EM CONTEXTO Uma tubulação horizontal flexível, que transporta água para resfriamento em um laboratório de física, passa através de um grande eletroímã. Uma vazão volumétrica mínima de 0,0500 L/s, através da tubulação, é necessária para manter o eletroímã resfriado. Dentro do eletroímã, a tubulação tem uma seção reta circular de 0,500 cm de raio. Nas regiões fora do eletroímã, a tubulação se alarga para um raio de 1,25 cm. Você aplicou sensores de pressão para medir as diferenças de pressão entre as seções de 0,500 cm e 1,25 cm. Os técnicos do laboratório o informam que, se a vazão do sistema cai para abaixo de 0,050 L/s, o eletroímã corre perigo de superaquecer, e que você deve instalar um alarme que soe quando isto acontecer. Qual é a diferença de pressão crítica para a qual você deve programar os sensores para que soem o alarme (e esta é uma diferença de pressão mínima, ou máxima)?

62 •• A Figura 13-37 mostra um tubo de Pitot estático, um dispositivo usado para medir a rapidez de um gás. O tubo interno está de frente para o fluido incidente, enquanto o anel de furos no tubo externo é paralelo ao fluxo do gás. Mostre que a rapidez do gás é dada por $v^2 = 2gh(\rho_L - \rho_g)/\rho_g$, onde ρ_L é a massa específica do líquido usado no manômetro e ρ_g é a massa específica do gás.

63 ••• Deduza a equação de Bernoulli com mais generalidade do que foi feito no texto, isto é, permita que o fluido varie de altura durante seu movimento. Usando o teorema do trabalho–energia mostre que, quando existe variação de altura, a Equação 13-16

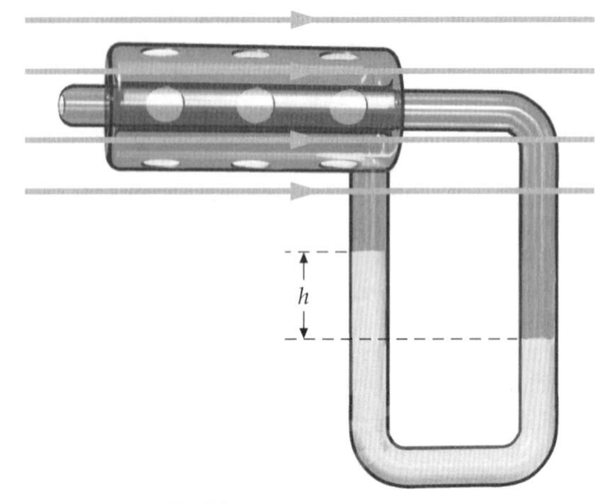

FIGURA 13-37 Problema 62

passa a ser escrita como $P_1 + \rho g h_1 + \frac{1}{2}\rho v_1^2 = P_2 + \rho g h_2 + \frac{1}{2}\rho v_2^2$ (Equação 13-17).

64 ••• Um grande barril de altura H e área de seção reta A_1 está cheio de chopp. O topo está em contato com a atmosfera. Há uma torneira com abertura de área A_2, muito menor do que A_1, na base do barril. (*a*) Mostre que, quando a altura do chopp é h, ele sai pela torneira com uma rapidez aproximadamente igual a $\sqrt{2gh}$. (*b*) Mostre que, se $A_2 \ll A_1$, a taxa de variação da altura h do chopp é dada por $dh/dt = -(A_2/A_1)(2gh)^{1/2}$. (*c*) Determine h como função do tempo, com $h = H$ para $t = 0$. (*d*) Determine o tempo total necessário para esvaziar o barril, se $H = 2{,}00$ m, $A_1 = 0{,}800$ m^2 e $A_2 = 1{,}00 \times 10^{-4} A_1$.

65 •• Um sifão é um dispositivo para transferir líquido de um recipiente para outro. O tubo mostrado na Figura 13-38 dever estar cheio no início e, uma vez iniciado o processo, o fluido escoará através do tubo até que as superfícies do líquido nos recipientes estejam no mesmo nível. (*a*) Usando a equação de Bernoulli, mostre que a rapidez do líquido no tubo é $v = \sqrt{2gd}$. (*b*) Qual é a pressão na parte mais alta do tubo?

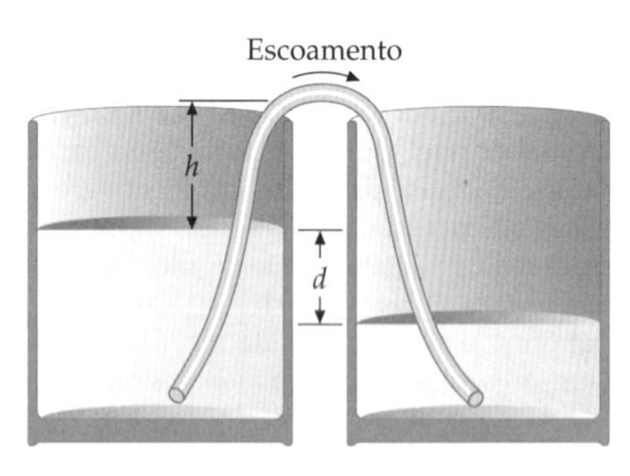

FIGURA 13-38 Problema 65

66 •• Uma fonte, projetada para fazer a água jorrar no ar através de uma coluna de 12 m, tem um esguicho de 1,0 cm de diâmetro no nível do chão. O cano do esguicho tem um diâmetro de 2,0 cm. Determine a pressão de bombeamento necessária para que a fonte funcione conforme projetado.

67 •• Água, a 20°C, sai de uma torneira circular diretamente para baixo, com uma vazão de 10,5 cm^3/s. (*a*) Se o diâmetro da torneira é 1,20 cm, qual é a rapidez da água? (*b*) À medida que cai da torneira, o jato de água se estreita. Qual é seu novo diâmetro, em um ponto 7,50 cm abaixo da torneira? Suponha que o jato de água mantenha uma seção reta circular, e despreze qualquer efeito de forças de arraste sobre ele. (*c*) Se o escoamento turbulento é caracterizado por um número de Reynolds acima de cerca de 2300, até onde a água pode cair antes de haver turbulência? Isto coincide com nossas observações do dia-a-dia?

68 •• **APLICAÇÃO EM ENGENHARIA, RICO EM CONTEXTO** Para melhor combater incêndios em sua comunidade balneária, a brigada anti-incêndio local lhe pediu para construir um sistema de bombeamento para transportar água do mar do oceano até um reservatório em cima de uma colina próxima às casas. Se a colina tem 12,0 m de altura e a bomba é capaz de produzir uma pressão manométrica de 150 kPa, quanta água (em L/s) pode ser bombeada usando-se uma mangueira de 4,00 cm de raio?

69 ••• **VÁRIOS PASSOS** Na Figura 13-39, H é a profundidade do líquido e h é a distância entre a superfície do líquido e o cano encaixado no lado do tanque. (*a*) Determine a que distância x a água atinge o chão, após sair do tanque, como função de h e de H. (*b*) Mostre que, para um dado valor de H, há dois valores de h (cuja média vale $\frac{1}{2}H$) para os quais se obtém a mesma distância x. (*c*) Mostre que, para um dado valor de H, x é máximo quando $h = \frac{1}{2}H$. Determine o valor máximo de x como função de H.

FIGURA 13-39 Problema 69

*ESCOAMENTO VISCOSO

70 • Água escoa através de um cano horizontal, de 25,0 cm de comprimento e 1,20 mm de diâmetro interno, a 0,300 mL/s. Determine a diferença de pressão necessária para manter este fluxo, se a viscosidade da água é 1,00 mPa · s. Suponha escoamento laminar.

71 • Determine o diâmetro de um cano que daria o dobro da vazão para a diferença de pressão do Problema 70.

72 • **APLICAÇÃO BIOLÓGICA** O sangue leva cerca de 1,00 s para passar através de um vaso capilar de 1,00 mm de comprimento, no sistema circulatório humano. Se o diâmetro do vaso capilar é 7,0 μm e se a queda de pressão 2,60 kPa, determine a viscosidade do sangue. Suponha escoamento laminar.

73 • Uma transição abrupta ocorre para números de Reynolds da ordem de 3×10^5 quando o arraste sobre uma esfera que se move em um fluido diminui abruptamente. Estime a rapidez para a qual esta transição ocorre para uma bola de beisebol, e comente se isto é importante para a física do jogo.

74 •• Um cano horizontal de 1,5 cm de raio e 25 m de comprimento está conectado a uma saída que pode suportar uma pressão manométrica de saída de 10 kPa. Qual é a rapidez da água, a 20°C, que escoa através do cano? Se a temperatura da água é 60°C, qual é a rapidez da água no cano?

75 •• Um tanque muito grande está cheio, até uma altura de 250 cm, com óleo de 860 kg/m^3 de massa específica e 180 mPa · s de viscosidade. Se as paredes do recipiente têm uma espessura de 5,00 cm, e se um furo cilíndrico de 0,750 cm de raio é feito em sua base, qual é a vazão volumétrica inicial (em L/s) do óleo através do furo?

76 ••• A força de arraste sobre uma esfera em movimento é, para números de Reynolds pequenos, dada por $F_R = 6\pi\eta a v$, onde η é a viscosidade do fluido no entorno e a é o raio da esfera. (Esta relação é chamada de lei de Stokes.) Usando esta informação, determine a rapidez terminal de subida para uma bolha esférica de dióxido de carbono de 1,0 mm de diâmetro, em uma bebida carbonatada (ρ = 1,1 kg/L e η = 1,8 mPa · s). Quanto tempo leva para a bolha subir 20 cm (a altura de um copo)? Este tempo é consistente com suas observações?

PROBLEMAS GERAIS

77 • Alguns jovens nadam se dirigindo para uma balsa retangular, de madeira, de 3,00 m de largura e 2,00 m de comprimento. Se a balsa tem 9,00 cm de espessura, quantos jovens de 75,0 kg podem ficar de pé sobre a balsa, sem que esta submerja totalmente? Suponha a massa específica da madeira igual a 650 kg/m³.

78 • Um cordão prende uma bola de pingue-pongue de 2,7 g ao fundo de um béquer. Quando o béquer é cheio de água, de forma que a bola fique totalmente imersa, a tensão no cordão é 7,0 mN. Determine o diâmetro da bola.

79 • O módulo volumétrico da água do mar é $2{,}30 \times 10^9$ N/m². Determine a diferença entre a massa específica da água do mar a uma profundidade onde a pressão é de 800 atm e a massa específica na superfície, que vale 1025 kg/m³. Despreze eventuais efeitos associados a variações de temperatura e salinidade.

80 • Um cubo maciço de 0,60 m de lado está suspenso de uma balança de mola. Quando o cubo é totalmente mergulhado em água, a balança indica 80 por cento da leitura feita quando o cubo está no ar. Determine a massa específica do cubo.

81 •• Um bloco de madeira de 1,5 kg flutua sobre a água, com 68 por cento de seu volume imerso. Um bloco de chumbo é colocado sobre ele, fazendo com que toda a madeira fique submersa, mas com o chumbo totalmente emerso. Determine a massa do bloco de chumbo.

82 •• Um cubo de poliestireno (estiropor), de 25 cm de lado, é colocado em um dos pratos de uma balança. A balança fica em equilíbrio quando um pedaço de latão de 20 g é colocado no outro prato. Determine a massa do cubo. Despreze o empuxo sobre o latão, mas não despreze o empuxo do ar sobre o cubo.

83 •• Uma casca esférica de cobre, com um diâmetro externo de 12,0 cm, flutua na água com a metade de seu volume acima da superfície. Determine o diâmetro interno da casca. A cavidade dentro da casca esférica está vazia.

84 •• Um béquer de 200 mL, cheio até a metade com água, está no prato esquerdo de uma balança, e uma certa quantidade de areia é colocada no prato da direita, fazendo com que a balança fique em equilíbrio. Um cubo de 4,0 cm de lado, preso a um cordão, é totalmente mergulhado na água, sem chegar a tocar o fundo do béquer. Um pedaço de latão de massa m é, então, adicionado ao prato da direita, para restabelecer o equilíbrio. Quanto vale m?

85 •• **APLICAÇÃO EM ENGENHARIA, RICO EM CONTEXTO** Óleo cru possui uma viscosidade de cerca de 0,800 Pa · s, à temperatura normal. Você é o engenheiro-chefe de projetos, encarregado de construir um oleoduto horizontal de 50 km que conecte um campo de óleo a um terminal de armazenamento. O oleoduto deve despejar o óleo no terminal a uma taxa de 500 L/s, e o fluxo através dele deve ser laminar. Supondo a massa específica do óleo cru igual a 700 kg/m³, estime o diâmetro do oleoduto a ser usado.

86 •• Água escoa através da tubulação da Figura 13-40 e sai para a atmosfera na seção C da extremidade direita. O diâmetro da tubulação é 2,00 cm em A, 1,00 cm em B e 0,800 cm em C. A pressão manométrica na tubulação, no centro da seção A, é 1,22 atm e a vazão é 0,800 L/s. Os tubos verticais são abertos para a atmosfera. Determine o nível (acima da linha média do fluxo, como mostrado) das interfaces líquido–ar nos dois tubos verticais. Suponha escoamento laminar não-viscoso.

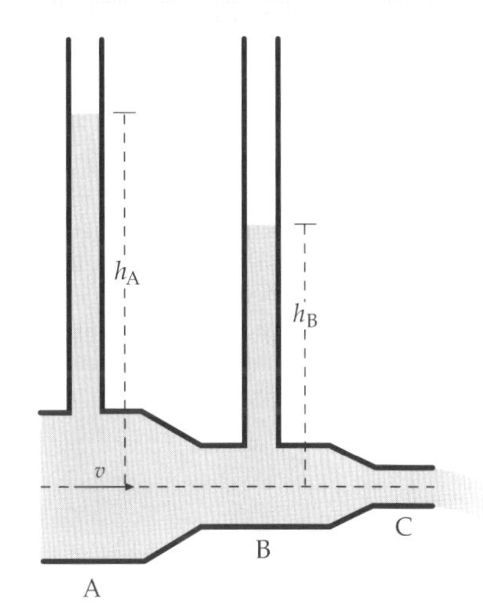

FIGURA 13-40 Problema 86

87 •• **APLICAÇÃO EM ENGENHARIA, RICO EM CONTEXTO** Você é o motorista de um caminhão-tanque que transporta óleo para aquecimento no inverno. A mangueira com que você faz a entrega do óleo aos consumidores tem 1,00 cm de raio. A densidade do óleo é 0,875, e seu coeficiente de viscosidade é 200 mPa · s. Qual é o menor tempo que levará para você encher um tambor de óleo de 55 galões, se o escoamento laminar através da mangueira for mantido?

88 •• Um tubo em U é preenchido com água, até que o nível do líquido atinja 28 cm acima da base do tubo (Figura 13-41*a*). Óleo, com uma densidade de 0,78, é agora derramado em um dos braços do tubo em U, até que o nível da água no outro braço atinja 34 cm acima da base do tubo (Figura 13-41*b*). Determine os níveis das interfaces óleo–água e óleo–ar no outro braço do tubo.

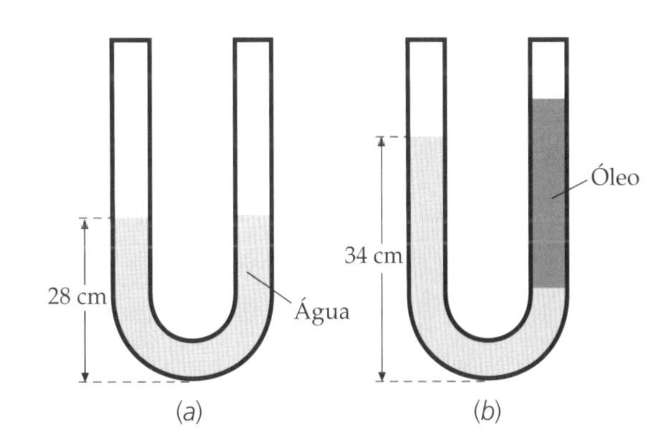

FIGURA 13-41 Problema 88

89 •• Um balão de hélio ergue uma carga de 750 N de volume desprezível, estando no limite de não poder fazê-lo. A envoltória do balão tem uma massa de 1,5 kg. (*a*) Qual é o volume do balão? (*b*) Se o volume do balão fosse o dobro daquele da Parte (*a*), qual seria a aceleração inicial do balão quando largado, no nível do mar, transportando uma carga de 900 N?

90 •• Uma esfera oca possui um raio interno R e um raio externo $2R$. Ela é feita de um material de massa específica ρ_0 e flutua em um líquido de massa específica $2\rho_0$. O interior é, agora, completamente preenchido com um material de massa específica ρ', de tal forma que a esfera passa a flutuar completamente submersa. Determine ρ'.

91 •• De acordo com a *lei das atmosferas*, o decréscimo relativo da pressão atmosférica é proporcional à variação de altitude. Esta lei pode ser expressa pela equação diferencial $dP/P = -Cdh$, onde C é uma constante positiva. (*a*) Mostre que $P(h) = P_0e^{-Ch}$, onde P_0 é a pressão em $h = 0$, é uma solução da equação diferencial. (*b*) Dado que a pressão 5,5 km acima do nível do mar é a metade da pressão no nível do mar, determine a constante C.

92 •• **APLICAÇÃO EM ENGENHARIA** Um submarino tem uma massa total de $2{,}40 \times 10^6$ kg, incluindo a tripulação e o equipamento. A embarcação é constituída de duas partes, o espaço útil, que tem um volume de $2{,}00 \times 10^3$ m^3, e os tanques de lastro, que têm um volume de $4{,}00 \times 10^2$ m^3. Quando a embarcação navega na superfície, os tanques de lastro estão cheios de ar à pressão atmosférica; para navegar abaixo da superfície, água do mar deve ser admitida nos tanques. (*a*) Que fração do volume do submarino está acima da superfície d'água, quando os tanques estão cheios de ar? (*b*) Quanta água deve ser admitida nos tanques para proporcionar empuxo neutro à embarcação? Despreze a massa do ar nos tanques e use 1,025 como a densidade da água do mar.

93 ••• **APLICAÇÃO BIOLÓGICA** Muitas espécies de peixe possuem as chamadas "bexigas natatórias", expansíveis, que permitem que o peixe suba à superfície ao se encherem de oxigênio recolhido por suas guelras, e a afundar ao se esvaziarem. Um peixe de água doce possui uma massa específica média igual a 1,05 kg/L, quando sua bexiga natatória está vazia. Qual deve ser o volume de oxigênio dentro da bexiga natatória do peixe, para que ele esteja sujeito a um empuxo neutro? O peixe tem uma massa de 0,825 kg. Suponha que a massa específica do oxigênio dentro da bexiga seja igual à massa específica do ar nas condições normais de temperatura e pressão.

PARTE II **OSCILAÇÕES E ONDAS**

Oscilações

CAPÍTULO 14

CAMINHÕES GIGANTES PODEM PASSAR POR CIMA DE QUASE TUDO, MAS O QUE É QUE IMPEDE QUE ELES ATIREM O MOTORISTA PARA FORA DE SEU ASSENTO? CAMINHÕES GIGANTES POSSUEM AMORTECEDORES GIGANTES, QUE AJUDAM A AMORTECER A OSCILAÇÃO DO VEÍCULO, PROPICIANDO UM DIRIGIR MAIS SUAVE EM TERRENOS ACIDENTADOS OU, MESMO, SOBRE CAMINHÕES.

? Como é que um mecânico sabe quais amortecedores ele deve instalar em um caminhão gigante? (Veja o Exemplo 14-13.)

Discutimos, neste capítulo, o movimento oscilatório. A cinemática do movimento com aceleração constante é apresentada nos Capítulos 2 e 3. Neste capítulo, a cinemática e a dinâmica do movimento com aceleração proporcional ao deslocamento a partir do equilíbrio é apresentada. A palavra "oscilação" significa um balanço para frente e para trás. Oscilação ocorre quando um sistema é perturbado a partir de uma posição de equilíbrio estável. Muitos exemplos familiares existem: surfistas sobem e descem flutuando esperando uma boa onda, pêndulos de relógios balançam para lá e para cá, cordas e palhetas dos instrumentos musicais vibram.

Outros exemplos, menos familiares, são as oscilações das moléculas de ar em uma onda sonora e as oscilações das correntes elétricas em rádios, aparelhos de televisão e detectores de metal. Existem muitos outros dispositivos que dependem de oscilações para funcionar.

Neste capítulo tratamos principalmente do tipo de movimento oscilatório mais fundamental — o movimento harmônico simples. Também consideramos as oscilações amortecidas e as oscilações forçadas.

14-1 MOVIMENTO HARMÔNICO SIMPLES

Um tipo de movimento oscilatório comum, muito importante e básico, é o **movimento harmônico simples**, como o de um corpo sólido preso a uma mola (Figura 14-1). No equilíbrio, a mola não exerce força sobre o corpo. Quando o corpo é deslocado de uma distância x a partir de sua posição de equilíbrio, a mola exerce sobre ele uma força $-kx$, dada pela lei de Hooke:*

$$F_x = -kx \qquad 14\text{-}1$$

FORÇA RESTAURADORA LINEAR

onde k é a constante de força da mola, uma medida de sua rigidez. O sinal negativo indica que a força é uma força restauradora; isto é, ela tem o sentido oposto ao do deslocamento a partir da posição de equilíbrio. Combinando a Equação 14-1 com a segunda lei de Newton ($F_x = ma_x$), temos

$$-kx = ma_x$$

ou

$$a_x = -\frac{k}{m}x \quad \left(\text{ou} \quad \frac{d^2x}{dt^2} = -\frac{k}{m}x\right) \qquad 14\text{-}2$$

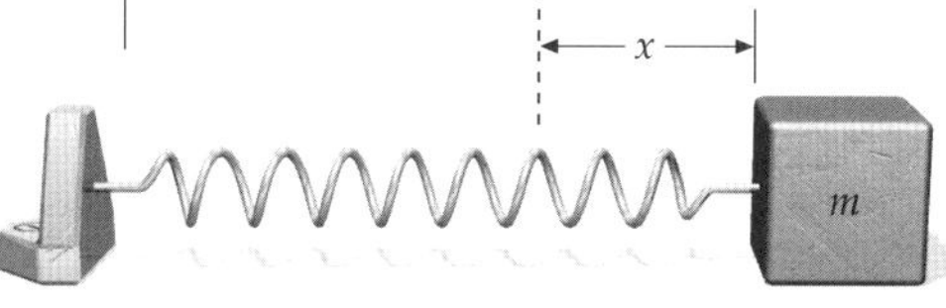

FIGURA 14-1 Massa e mola em uma superfície sem atrito. O deslocamento x, medido a partir da posição de equilíbrio, é positivo se a mola está esticada e é negativo se a mola está comprimida.

* A lei de Hooke é apresentada na Seção 5 do Capítulo 4.

A aceleração é proporcional ao deslocamento e o sinal negativo indica que a aceleração e o deslocamento possuem sentidos opostos. Esta relação é uma característica definitória e pode ser usada para identificar sistemas que exibem movimento harmônico simples:

> No movimento harmônico simples, a aceleração, e portanto, também a força resultante, são ambas proporcionais e opostas ao deslocamento a partir da posição de equilíbrio.
>
> CONDIÇÕES PARA O MOVIMENTO HARMÔNICO SIMPLES

O tempo que leva para um objeto deslocado executar um ciclo completo de movimento oscilatório — de um extremo ao outro e de volta ao anterior — é chamado de **período** T. O inverso do período é a **freqüência** f, que é o número de ciclos por unidade de tempo:

$$f = \frac{1}{T} \qquad 14\text{-}3$$

A unidade de freqüência é o ciclo por segundo (ciclo/s), chamado de **hertz** (Hz). Por exemplo, se o tempo para um ciclo completo de oscilação é 0,25 s, a freqüência é 4,0 Hz.

A Figura 14-2 mostra como podemos, experimentalmente, obter x *versus* t para uma massa presa a uma mola. A equação geral para esta curva é

$$x = A\cos(\omega t + \delta) \qquad 14\text{-}4$$

POSIÇÃO NO MOVIMENTO HARMÔNICO SIMPLES

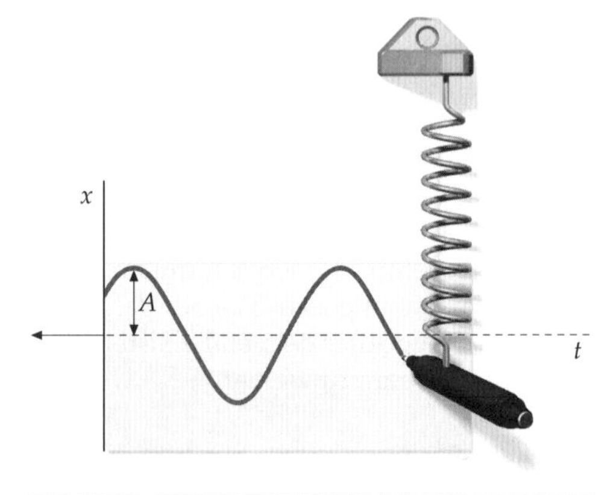

FIGURA 14-2 Uma caneta marcadora é presa à massa na mola, e o papel é puxado para a esquerda. Enquanto o papel se move com rapidez constante, a caneta traça o deslocamento x como função do tempo t. (Aqui, escolhemos x positivo quando a mola está comprimida.)

onde A, ω e δ são constantes. O deslocamento máximo $x_{\text{máx}}$ do equilíbrio é chamado de **amplitude** A. O argumento da função cosseno, $\omega t + \delta$, é a **fase** do movimento, e a constante δ é a **constante de fase**, que é igual à fase em $t = 0$. [Note que $\cos(\omega t + \delta) = \text{sen}(\omega t + \delta + \pi/2)$; assim, expressar a equação como uma função cosseno ou como uma função seno depende simplesmente da fase da oscilação em $t = 0$.] Se temos apenas um sistema oscilante, podemos sempre escolher $t = 0$ tal que $\delta = 0$. Se temos dois sistemas oscilantes com a mesma freqüência mas com fases diferentes, podemos escolher $\delta = 0$ para um deles. As equações para os dois sistemas são, então,

$$x_1 = A_1\cos(\omega t)$$

e

$$x_2 = A_2\cos(\omega t + \delta)$$

Se a diferença de fase δ é 0 ou um inteiro vezes 2π, então se diz que os sistemas estão *em fase*. Se a diferença de fase δ é π ou um inteiro ímpar vezes π, então se diz que os sistemas estão *defasados* de 180°.

Podemos mostrar que a Equação 14-4 é uma solução da Equação 14-2, derivando x duas vezes em relação ao tempo. A primeira derivada de x dá a velocidade v_x:

$$v_x = \frac{dx}{dt} = -\omega A\,\text{sen}(\omega t + \delta) \qquad 14\text{-}5$$

VELOCIDADE NO MOVIMENTO HARMÔNICO SIMPLES

A oscilação do edifício do Citicorp, em Nova York (EUA), durante grandes ventanias, é reduzida por um amortecedor de massa montado em um andar superior. Ele consiste em um bloco deslizante de 400 toneladas conectado ao edifício por uma mola. A constante de força é escolhida de forma a que a freqüência natural do sistema mola–bloco seja a mesma que a freqüência natural de oscilação do prédio. Postos a se moverem pelos ventos, o prédio e o amortecedor oscilam defasados de 180° entre si, o que reduz significativamente a oscilação.

Derivando a velocidade em relação ao tempo temos a aceleração:

$$a_x = \frac{dv_x}{dt} = \frac{d^2x}{dt^2} = -\omega^2 A\cos(\omega t + \delta) \qquad 14\text{-}6$$

Substituindo $A\cos(\omega t + \delta)$ por x (veja a Equação 14-4), fica

$$a_x = -\omega^2 x \qquad 14\text{-}7$$

ACELERAÇÃO NO MOVIMENTO HARMÔNICO SIMPLES

Comparando $a_x = -\omega^2 x$ (Equação 14-7) com $a_x = -(k/m)x$ (Equação 14-2), vemos que $x = A\cos(\omega t + \delta)$ é uma solução de $d^2x/dt^2 = -(k/m)x$ (Equação 14-2) se

$$\omega = \sqrt{\frac{k}{m}} \qquad 14\text{-}8$$

A amplitude A e a constante de fase δ podem ser determinadas a partir da posição inicial x_0 e da velocidade inicial v_{0x} do sistema. Fazendo $t = 0$ em $x = A\cos(\omega t + \delta)$, temos

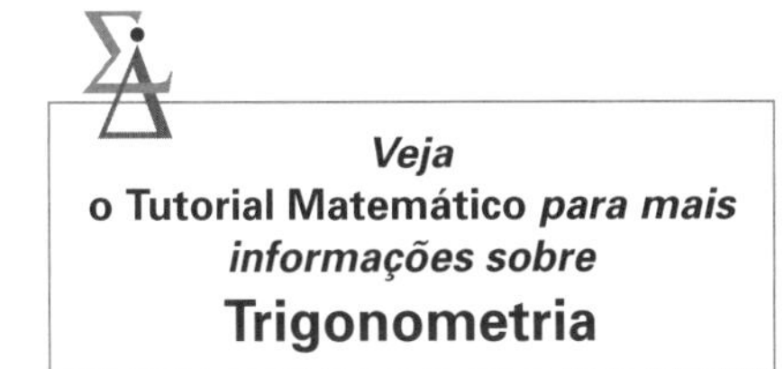

Veja
o Tutorial Matemático *para mais informações sobre*
Trigonometria

$$x_0 = A\cos\delta \qquad 14\text{-}9$$

De maneira similar, fazendo $t = 0$ em $v_x = dx/dt = -A\omega\,\text{sen}(\omega t + \delta)$, temos

$$v_{0x} = -A\omega\,\text{sen}\,\delta \qquad 14\text{-}10$$

Usando estas equações, podemos determinar A e ω em termos de x_0, v_{0x} e ω.

O período T é o menor intervalo de tempo que satisfaz à relação

$$x(t) = x(t + T)$$

para todo t. Substituindo $x(t) = A\cos(\omega t + \delta)$ (Equação 14-4) nesta relação, fica

$$A\cos(\omega t + \delta) = A\cos[\omega(t + T) + \delta]$$
$$= A\cos(\omega t + \delta + \omega T)$$

A função cosseno (assim como o seno) recupera o valor quando a fase é aumentada de 2π e, portanto,

$$\omega T = 2\pi \quad \text{ou} \quad \omega = 2\pi\left(\frac{1}{T}\right)$$

A constante ω é chamada de **freqüência angular**. Ela possui unidades de radianos por segundo e dimensões de inverso do tempo, assim como a rapidez angular, que também é denotada por ω. Substituindo ω por $2\pi/T$ na Equação 14-4, fica

$$x = A\cos\left(2\pi\frac{t}{T} + \delta\right)$$

Podemos ver, por inspeção, que cada vez que o tempo t aumenta de T, a razão t/T aumenta de 1, *a* fase aumenta de 2π e um ciclo do movimento é completado.

A freqüência se relaciona com a freqüência angular da forma

$$\omega = 2\pi\frac{1}{T} - 2\pi f \qquad 14\text{-}11$$

Como $\omega = \sqrt{k/m}$, a freqüência e o período de um corpo preso a uma mola se relacionam com a constante de força k e a massa m da forma

$$f = \frac{1}{T} = \frac{1}{2\pi}\sqrt{\frac{k}{m}} \qquad 14\text{-}12$$

A freqüência aumenta com o aumento de k (rigidez da mola) e diminui com o aumento da massa. A Equação 14-12 fornece uma maneira de se medir a massa inercial de um astronauta em um ambiente "sem gravidade".

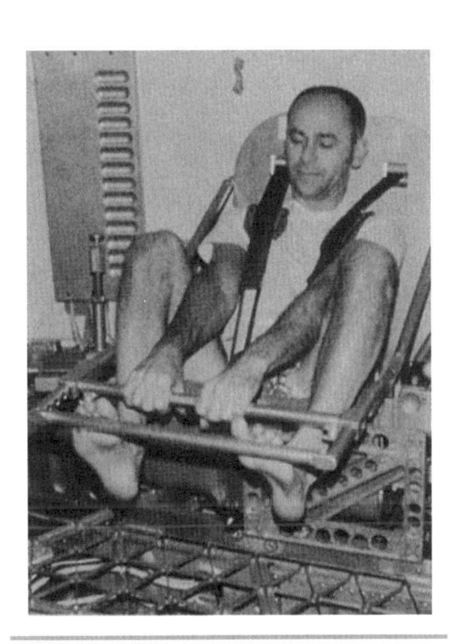

O astronauta Alan L. Bean mede sua massa corporal durante a segunda missão do *Skylab*, sentando em um assento preso a uma mola e oscilando para frente e para trás. A massa total de astronauta mais assento está relacionada à freqüência de vibração pela Equação 14-12. *(NASA.)*

PROBLEMA PRÁTICO 14-1

Um corpo está preso a uma mola que tem uma constante de força $k = 400$ N/m. (*a*) Determine a freqüência e o período do movimento do corpo quando ele é deslocado do equilíbrio e largado. (*b*) Repita a Parte (*a*), agora com um corpo de 1,6 kg preso à mola, em vez do corpo de 0,80 kg. *Dica: Reveja primeiro o Exemplo 14-4.*

ESTRATÉGIA PARA SOLUÇÃO DE PROBLEMAS

Resolvendo Problemas de Movimento Harmônico Simples

SITUAÇÃO Escolha a origem do eixo x na posição de equilíbrio. Para uma mola, escolha a orientação $+x$ de forma que x seja positivo quando a mola está distendida.

SOLUÇÃO Não use as equações cinemáticas para aceleração constante. Você deve usar as equações desenvolvidas para o movimento harmônico simples.

CHECAGEM Certifique-se de que sua calculadora está no modo apropriado (graus ou radianos) ao calcular funções trigonométricas e seus argumentos.

Exemplo 14-1 Surfando

Você está sentado na prancha de surfe, que sobe e desce ao flutuar sobre algumas ondas. O deslocamento vertical da prancha y é dado por

$$y = (1{,}2\text{ m})\cos\left(\frac{1}{2{,}0\text{ s}}t + \frac{\pi}{6}\right)$$

(*a*) Determine a amplitude, a freqüência angular, a constante de fase, a freqüência e o período do movimento. (*b*) Onde está a prancha, em $t = 1{,}0$ s? (*c*) Determine a velocidade e a aceleração, como funções do tempo t. (*d*) Determine os valores iniciais da posição, da velocidade e da aceleração da prancha.

SITUAÇÃO As quantidades a serem determinadas em (*a*) são encontradas comparando-se a equação de movimento

$$y = (1{,}2\text{ m})\cos\left(\frac{1}{2{,}0\text{ s}}t + \frac{\pi}{6}\right)$$

com a equação-padrão do movimento harmônico simples, Equação 14-4. A velocidade e a aceleração são encontradas derivando-se $y(t)$.

SOLUÇÃO

(*a*) 1. Compare esta equação com $y = A\cos(\omega t + \delta)$ (Equação 14-4) para obter A, ω e δ:

$$y = (1{,}2\text{ m})\cos\left(\frac{1}{2{,}0\text{ s}}t + \frac{\pi}{6}\right)$$

$$A = \boxed{1{,}2\text{ m}} \quad \omega = \boxed{0{,}50\text{ rad/s}} \quad \delta = \boxed{\pi/6\text{ rad}}$$

2. A freqüência e o período são determinados a partir de ω:

$$f = \frac{\omega}{2\pi} = \frac{0{,}50\text{ rad/s}}{2\pi} = 0{,}0796\text{ Hz} = \boxed{0{,}080\text{ Hz}}$$

$$T = \frac{1}{f} = \frac{1}{0{,}0796\text{ Hz}} = 12{,}6\text{ s} = \boxed{13\text{ s}}$$

(*b*) Faça $t = 1{,}0$ s para determinar a posição da prancha acima do nível médio do mar:

$$y = (1{,}2\text{ m})\cos\left[(0{,}50\text{ rad/s})(1{,}0\text{ s}) + \frac{\pi}{6}\right] = \boxed{0{,}62\text{ m}}$$

(*c*) A velocidade e a aceleração são obtidas derivando-se a posição em relação ao tempo:

$$v_y = \frac{dy}{dt} = \frac{d}{dt}[A\cos(\omega t + \delta)] = -\omega A\,\text{sen}(\omega t + \delta)$$

$$= -(0{,}50\text{ rad/s})(1{,}2\text{ m})\,\text{sen}\left[(0{,}50\text{ rad/s})t + \frac{\pi}{6}\right]$$

$$= \boxed{-(0{,}60\text{ m/s})\,\text{sen}\left[(0{,}50\text{ rad/s})t + \frac{\pi}{6}\right]}$$

$$a_y = \frac{dv_y}{dt} = \frac{d}{dt}[-\omega A\,\text{sen}(\omega t + \delta)] = -\omega^2 A\cos(\omega t + \delta)$$

$$= -(0{,}50\text{ rad/s})^2(1{,}2\text{ m})\cos\left[(0{,}50\text{ rad/s})t + \frac{\pi}{6}\right]$$

$$= \boxed{-(0{,}30\text{ m/s}^2)\cos\left[(0{,}50\text{ rad/s})t + \frac{\pi}{6}\right]}$$

(*d*) Faça $t = 0$ para determinar y_0, v_{0y} e a_{0y}:

$$y_0 = (1{,}2\text{ m})\cos\frac{\pi}{6} = 1{,}04 = \boxed{1{,}0\text{ m}}$$

$$v_{0y} = -(0{,}60\text{ m/s})\,\text{sen}\frac{\pi}{6} = \boxed{-0{,}30\text{ m/s}}$$

$$a_{0y} = -(0{,}30\text{ m/s}^2)\cos\frac{\pi}{6} = \boxed{-0{,}26\text{ m/s}^2}$$

CHECAGEM Podemos checar a plausibilidade dos resultados da Parte (*d*) usando $a_y = -\omega^2 y$ (Equação 14-7) em $t = 0$, com $y = 1{,}04$ m e $\omega = 0{,}50$ rad/s. Substituindo na Equação 14-7, obtém-se $a_{0y} = -\omega^2 y_0 = -(0{,}50 \text{ rad/s})^2(1{,}04 \text{ m}) = -0{,}26 \text{ m/s}^2$, o mesmo que o terceiro resultado da Parte (*d*).

A Figura 14-3 mostra duas massas idênticas presas a molas idênticas e colocadas sobre uma superfície horizontal sem atrito. A mola presa ao corpo 2 está distendida de 10 cm e a mola presa ao corpo 1 está distendida de 5 cm. Se elas são liberadas ao mesmo tempo, qual dos dois corpos chega primeiro à posição de equilíbrio?

De acordo com a Equação 14-2, o período depende apenas de k e de m, e não da amplitude. Como k e m são os mesmos para os dois sistemas, os períodos são iguais. Assim, os corpos atingem a posição de equilíbrio ao mesmo tempo. O segundo corpo percorre o dobro da distância para chegar ao ponto de equilíbrio, mas ele também terá o dobro da velocidade, em cada instante. A Figura 14-4 mostra um esboço das funções posição dos dois corpos. Este esboço ilustra uma importante propriedade geral do movimento harmônico simples:

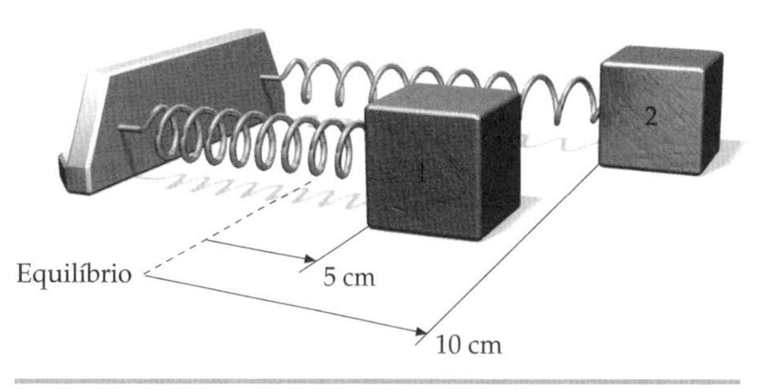

FIGURA 14-3 Dois sistemas massa–mola idênticos.

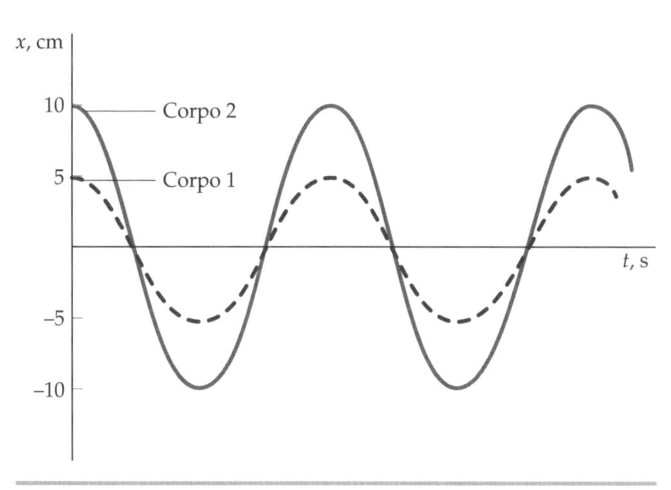

FIGURA 14-4 Gráficos de x *versus* t para os sistemas da Figura 14-3. Ambos atingem suas posições de equilíbrio ao mesmo tempo.

> A freqüência (e, portanto, também o período) do movimento harmônico simples é independente da amplitude.

O fato de a freqüência no movimento harmônico simples ser independente da amplitude leva a importantes conseqüências em muitos campos. Em música, por exemplo, ele significa que quando uma nota é tocada no piano, a altura (que corresponde à freqüência) não depende da intensidade com que a nota é tocada (que corresponde à amplitude).† Se variações de amplitude produzissem um grande efeito sobre a freqüência, então os instrumentos musicais não seriam de utilidade.

Exemplo 14-2 Um Corpo Oscilando

Um corpo oscila com uma freqüência angular $\omega = 8{,}0$ rad/s. Em $t = 0$, o corpo está em $x = 4{,}0$ cm com uma velocidade inicial $v_x = -25$ cm/s. (*a*) Determine a amplitude e a constante de fase do movimento. (*b*) Escreva x como função do tempo.

SITUAÇÃO A posição e a velocidade iniciais nos dão duas equações que nos permitem determinar a amplitude A e a constante de fase δ.

SOLUÇÃO

(*a*) 1. A posição e a velocidade iniciais estão relacionadas com a amplitude e a constante de fase. A posição é dada pela Equação 14-4. A velocidade é determinada derivando-se a posição em relação ao tempo:

$$x = A\cos(\omega t + \delta) \quad \text{e}$$

$$v_x = \frac{dx}{dt} = -\omega A \,\text{sen}(\omega t + \delta)$$

2. Em $t = 0$ a posição e a velocidade são:

$$x_0 = A\cos\delta \quad \text{e} \quad v_{0x} = -\omega A\,\text{sen}\,\delta$$

3. Divida estas equações para eliminar A:

$$\frac{v_{0x}}{x_0} = \frac{-\omega A\,\text{sen}\,\delta}{A\cos\delta} = -\omega\tan\delta$$

† Para muitos instrumentos musicais, existe uma leve dependência da freqüência com a amplitude. A vibração da palheta de um oboé, por exemplo, não é exatamente harmônica simples; assim, sua altura depende levemente da intensidade do sopro. Este efeito pode ser corrigido por um músico habilidoso.

4. Atribuindo-se os valores numéricos, temos δ:

$$\tan\delta = -\frac{v_{0x}}{\omega x_0} \quad \text{logo}$$

$$\delta = \tan^{-1}\left(-\frac{v_{0x}}{\omega x_0}\right) = \tan^{-1}\left[-\frac{-25\text{ cm/s}}{(8{,}0\text{ rad/s})(4{,}0\text{ cm})}\right]$$

$$= 0{,}663\text{ rad} = \boxed{0{,}66\text{ rad}}$$

5. A amplitude pode ser determinada usando-se tanto a equação para x_0 quanto a equação para v_{0x}. Aqui, usamos x_0:

$$A = \frac{x_0}{\cos\delta} = \frac{4{,}0\text{ cm}}{\cos 0{,}663} = \boxed{5{,}1\text{ cm}}$$

(*b*) Uma comparação com a Equação 14-4 nos leva a x:

$$x = \boxed{(5{,}1\text{ cm})\cos[(8{,}0\text{ s}^{-1})t + 0{,}66]}$$

CHECAGEM Para ver se o resultado da Parte (*b*) ($x = (5{,}1\text{ cm})\cos[(8{,}0\text{ s}^{-1})t + 0{,}66]$) é plausível, fazemos t igual a zero e verificamos se $x = 4{,}0$ cm. Isto é, $x = (5{,}1\text{ cm})\cos[(0) + 0{,}66] = 4{,}0$ cm. Assim, o resultado da Parte (*b*) é plausível.

Se a constante de fase δ é 0, as Equações 14-4, 14-5 e 14-6 se tornam

$$x = A\cos\omega t \tag{14-13a}$$

$$v_x = -\omega A\,\text{sen}\,\omega t \tag{14-13b}$$

e

$$a_x = -\omega^2 A\cos\omega t \tag{14-13c}$$

Estas funções são plotadas na Figura 14-5.

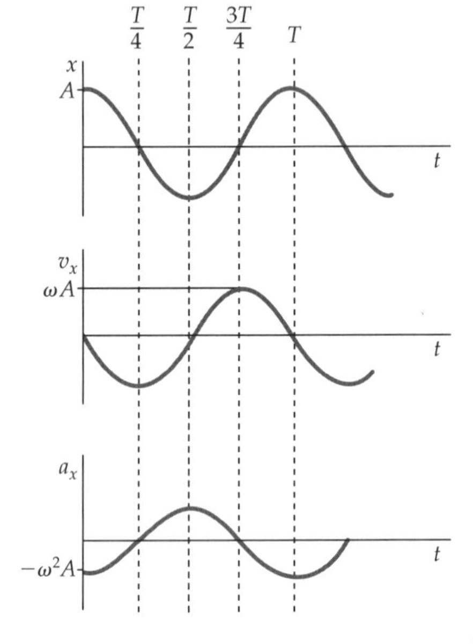

FIGURA 14-5 Gráficos de x, v_x e a_x como funções do tempo t, para $\delta = 0$. Em $t = 0$, o deslocamento é máximo, a velocidade é zero e a aceleração **é negativa** e igual a $-\omega^2 A$. A velocidade é negativa enquanto o corpo se move de volta à sua posição de equilíbrio. Após um quarto de período ($t = T/4$), o corpo está em equilíbrio, $x = 0$, $a_x = 0$ e a velocidade tem seu valor mínimo de $-\omega A$. Em $t = T/2$, o deslocamento é $-A$, a velocidade é novamente zero e a aceleração é $+\omega^2 A$. Em $t = 3T/4$, $x = 0$, $a_x = 0$ e $v_x = +\omega A$.

Exemplo 14-3 Um Bloco em uma Mola — *Tente Você Mesmo*

Um bloco de 2,00 kg está preso a uma mola, como na Figura 14-1. A constante de força da mola é $k = 196$ N/m. O bloco é afastado 5,00 cm de sua posição de equilíbrio e liberado em $t = 0$. (*a*) Determine a freqüência angular ω, a freqüência f e o período T. (*b*) Escreva x como função do tempo.

SITUAÇÃO Para a Parte (*a*), use as Equações 14-8 e 14-12. Para a Parte (*b*), use a Equação 14-4.

SOLUÇÃO

Cubra a coluna da direita e tente por si só antes de olhar as respostas.

Passos	**Respostas**
(*a*) 1. Calcule ω de $\omega = \sqrt{k/m}$.	$\omega = \boxed{9{,}90\text{ rad/s}}$
2. Use seu resultado para determinar f e T.	$f = \boxed{1{,}58\text{ Hz}}$ $T = \boxed{0{,}635\text{ s}}$
3. Determine A e δ das condições iniciais.	$A = 5{,}00$ cm $\delta = 0{,}00$
(*b*) Escreva $x(t)$ usando seus resultados para A, ω e δ.	$x = \boxed{(5{,}00\text{ cm})\cos[(9{,}90\text{ s}^{-1})t]}$

CHECAGEM O bloco foi largado do repouso, logo esperamos que a velocidade em $t = 0$ seja zero. Para verificar que nosso resultado da Parte (*b*) é correto, derivamos a expressão $x = (5{,}00 \text{ cm})\cos[(9{,}90 \text{ s}^{-1})t]$ e calculamos o resultado em $t = 0$. Isto é, $v_x(t) = dx/dt = -(4{,}95 \text{ cm/s})\,\text{sen}[(9{,}90 \text{ s}^{-1})t]$. Para $t = 0$, isto vale $v_x(0) = -(4{,}95 \text{ cm/s})\,\text{sen}(0)$, como esperado.

Exemplo 14-4 Rapidez e Aceleração de um Corpo em uma Mola

Seja um corpo em uma mola, com a posição dada por $x = (5{,}00 \text{ cm})\cos(9{,}90 \text{ s}^{-1}t)$. (*a*) Qual é a rapidez máxima do corpo? (*b*) Quando, depois de $t = 0$, esta rapidez máxima ocorre pela primeira vez? (*c*) Qual é a aceleração máxima do corpo? (*d*) Quando, depois de $t = 0$, ocorre pela primeira vez uma aceleração de magnitude máxima?

SITUAÇÃO Como o corpo é largado do repouso, $\delta = 0$, e a posição, a velocidade e a aceleração são dadas pelas Equações 14-13*a*, *b* e *c*.

SOLUÇÃO

(*a*) 1. A Equação 14-13*a*, com $\delta = 0$, fornece a posição. A velocidade é obtida derivando-se a posição em relação ao tempo:

$$x = A\cos\omega t$$

$$\text{logo} \quad v_x = \frac{dx}{dt} = -\omega A\,\text{sen}\,\omega t$$

2. A rapidez máxima ocorre quando $|\text{sen}\,\omega t| = 1$:

$$v = \omega A|\text{sen}\,\omega t|$$

$$\text{logo} \quad v_{\text{máx}} = \omega A = (9{,}90 \text{ rad/s})(5{,}00 \text{ cm}) = \boxed{49{,}5 \text{ cm/s}}$$

(*b*) 1. $|\text{sen}\,\omega t| = 1$ ocorre pela primeira vez quando $\omega t = \pi/2$:

$$|\text{sen}\,\omega t| = 1 \Rightarrow \omega t = \frac{\pi}{2}, \frac{3\pi}{2}, \frac{5\pi}{2}, \ldots$$

2. Resolva para t quando $\omega t = \pi/2$:

$$t = \frac{\pi}{2\omega} = \frac{\pi}{2(9{,}90 \text{ s}^{-1})} = \boxed{0{,}159 \text{ s}}$$

(*c*) 1. Determinamos a aceleração derivando a velocidade, obtida no passo 1 da Parte (*a*):

$$a_x = \frac{dv_x}{dt} = -\omega^2 A\cos\omega t$$

2. A aceleração máxima corresponde a $\cos\omega t = -1$:

$$a_{\text{máx}} = \omega^2 A = (9{,}90 \text{ rad/s})^2(5{,}00 \text{ cm}) = \boxed{490 \text{ cm/s}^2 \approx \tfrac{1}{2}g}$$

(*d*) A magnitude da aceleração é máxima quando $|\cos\omega t| = 1$, o que ocorre quando $\omega t = 0, \pi, 2\pi, \ldots$:

$$t = \frac{\pi}{\omega} = \frac{\pi}{9{,}90 \text{ s}^{-1}} = \boxed{0{,}317 \text{ s}}$$

CHECAGEM Esperamos que $|a_x|$ atinja o primeiro máximo, após $t = 0$, quando x atingir seu primeiro mínimo, e esperamos que x atinja seu primeiro máximo um meio ciclo após a liberação do corpo. Isto é, esperamos $|a_x|$ máximo quando $t = \frac{1}{2}T$, onde T é o período. O período e a freqüência angular estão relacionados por $\omega = 2\pi f = 2\pi/T$ (Equação 14-11). Substituindo ω por $2\pi/T$ em nosso resultado da Parte (*d*), temos $t = \pi/(2\pi/T) = \frac{1}{2}T$, como esperado.

MOVIMENTO HARMÔNICO SIMPLES E MOVIMENTO CIRCULAR

Existe uma relação entre o movimento harmônico simples e o movimento circular de rapidez constante. Imagine uma partícula se movendo com rapidez constante v em um círculo de raio A (Figura 14-6*a*). Seu deslocamento angular em relação à orientação $+x$ é dada por

$$\theta = \omega t + \delta \qquad 14\text{-}14$$

onde δ é o deslocamento angular no tempo $t = 0$ e $\omega = v/A$ é a rapidez angular da partícula. A componente x da posição da partícula (Figura 14-6*b*) é

$$x = A\cos\theta = A\cos(\omega t + \delta)$$

que é a mesma Equação 14-4 para o movimento harmônico simples.

Quando uma partícula se move com rapidez constante em um círculo, sua projeção sobre um diâmetro do círculo descreve um movimento harmônico simples (veja a Figura 14-6).

A rapidez de uma partícula que se move em um círculo é $r\omega$, onde r é o raio. Para a partícula da Figura 14-6*b*, $r = A$, logo sua rapidez é $A\omega$. A projeção do vetor velocidade sobre o eixo x é $v_x = -v \operatorname{sen} \theta$. Substituindo v e θ, temos

$$v_x = -v \operatorname{sen}\theta = -\omega A \operatorname{sen}(\omega t + \delta)$$

que é a mesma Equação 14-5 para o movimento harmônico simples. A relação entre o movimento circular e o movimento harmônico simples é mostrada de forma muito bonita pela trilha de bolhas produzida por uma hélice de barco.

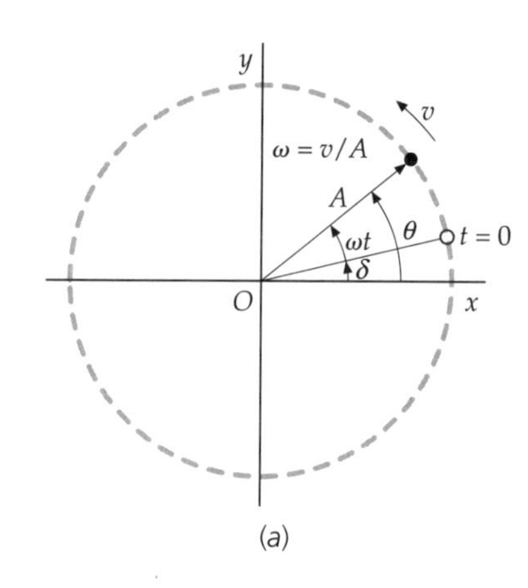

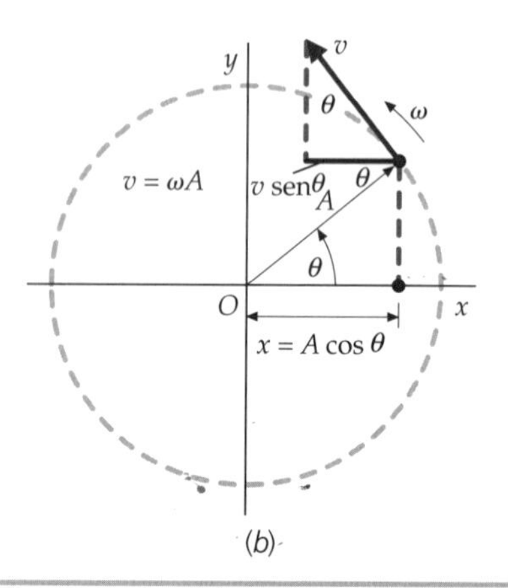

FIGURA 14-6 Uma partícula se move em uma trajetória circular com rapidez constante. (*a*) A componente x da posição da partícula descreve um movimento harmônico simples, e (*b*) a componente x da velocidade da partícula é a velocidade de um movimento harmônico simples.

14-2 ENERGIA NO MOVIMENTO HARMÔNICO SIMPLES

Quando um corpo em uma mola executa um movimento harmônico simples, a energia potencial e a energia cinética do sistema variam com o tempo. Sua soma, a energia mecânica total $E = K + U$, é constante. Seja um corpo distante x do equilíbrio, sob a ação de uma força restauradora $-kx$. A energia potencial do sistema é

$$U = \tfrac{1}{2}kx^2$$

Esta é a Equação 7-4. Para o movimento harmônico simples, $x = A\cos(\omega t + \delta)$. Substituindo, fica

$$U = \tfrac{1}{2}kA^2\cos^2(\omega t + \delta) \qquad \text{14-15}$$

ENERGIA POTENCIAL NO MOVIMENTO HARMÔNICO SIMPLES

A energia cinética do sistema é

$$K = \tfrac{1}{2}mv^2$$

onde m é a massa do corpo e v é sua rapidez. Para o movimento harmônico simples, $v_x = -\omega A \operatorname{sen}(\omega t + \delta)$. Substituindo, fica

$$K = \tfrac{1}{2}m\omega^2A^2\operatorname{sen}^2(\omega t + \delta)$$

Então, usando $\omega^2 = k/m$,

$$K = \tfrac{1}{2}kA^2\operatorname{sen}^2(\omega t + \delta) \qquad \text{14-16}$$

ENERGIA CINÉTICA NO MOVIMENTO HARMÔNICO SIMPLES

A energia mecânica total E é a soma das energias potencial e cinética:

$$E = U + K = \tfrac{1}{2}kA^2\cos^2(\omega t + \delta) + \tfrac{1}{2}k\,A\operatorname{sen}^2(\omega t + \delta)$$
$$= \tfrac{1}{2}kA^2[\cos^2(\omega t + \delta) + \operatorname{sen}^2(\omega t + \delta)]$$

Como $\operatorname{sen}^2(\omega t + \delta) + \cos^2(\omega t + \delta) = 1$,

$$E = U + K = \tfrac{1}{2}kA^2 \qquad \text{14-17}$$

ENERGIA MECÂNICA TOTAL NO MOVIMENTO HARMÔNICO SIMPLES

Esta equação revela uma importante propriedade geral do movimento harmônico simples:

A energia mecânica total no movimento harmônico simples é proporcional ao quadrado da amplitude.

Para um corpo em seu deslocamento máximo, a energia total é toda ela energia potencial. À medida que o corpo se move para sua posição de equilíbrio, a energia cinética do sistema aumenta e a energia potencial diminui. Quando o corpo está passando pela sua posição de equilíbrio, sua energia cinética é máxima, a energia potencial do sistema é zero e a energia total é toda ela cinética.

Após passar pelo ponto de equilíbrio, a energia cinética do corpo começa a diminuir e a energia potencial do sistema cresce até que o corpo pare momentaneamente, novamente, em seu deslocamento máximo (agora, do outro lado). Em qualquer momento, a soma das energias potencial e cinética é constante. A Figura 14-7*b* e *c* mostram os gráficos de U e de K em função do tempo. Estas curvas possuem o mesmo perfil, exceto que uma é zero quando a outra é máxima. Seus valores médios, sobre um ou mais ciclos, são iguais e, porque $U + K = E$, seus valores médios são dados por

$$U_{\text{méd}} = K_{\text{méd}} = \tfrac{1}{2}E \qquad \text{14-18}$$

Na Figura 14-8, a energia potencial U é plotada em função de x. A energia total E é constante e, portanto, representada por uma reta horizontal. Esta reta intercepta a curva da energia potencial em $x = A$ e em $x = -A$. Nestes dois pontos, chamados de **pontos de retorno**, os corpos oscilantes revertem o sentido do movimento e passam a voltar à posição de equilíbrio. Como $U \leq E$, o movimento é restrito a $-A \leq x \leq +A$.

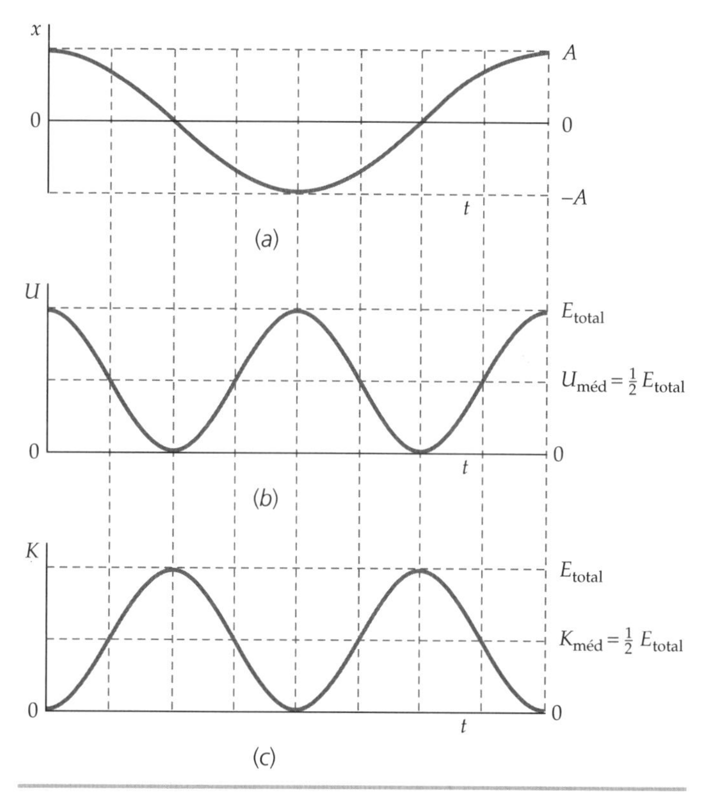

FIGURA 14-7 Gráficos de x, U e K *versus* t.

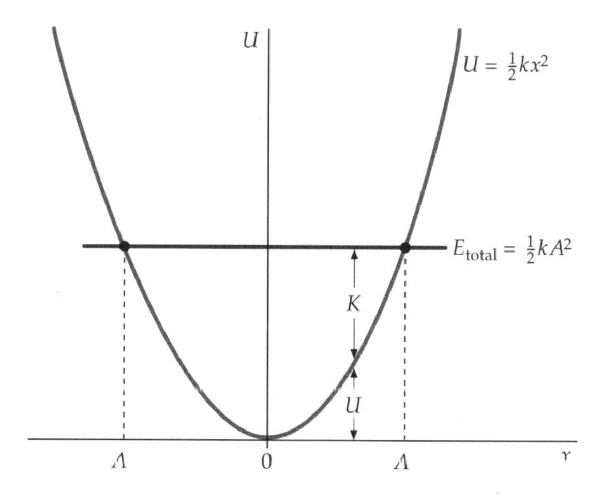

FIGURA 14-8 A função energia potencial $U = \frac{1}{2}kx^2$ para um corpo de massa m preso a uma mola (sem massa) de constante de força k. A linha horizontal representa a energia mecânica total E_{total} para uma amplitude A. A energia cinética K é representada pela distância vertical $K = E_{\text{total}} - U$. $E_{\text{total}} \geq U$, de modo que o movimento é restrito a $-A \leq x \leq +A$.

Exemplo 14-5 Energia e Rapidez de um Corpo Oscilante

Um corpo de 3,0 kg, preso a uma mola, oscila com uma amplitude de 4,0 cm e um período de 2,0 s. (*a*) Qual é a energia total? (*b*) Qual é a rapidez máxima do corpo? (*c*) Em qual posição x_1 a rapidez do corpo é a metade de seu valor máximo?

SITUAÇÃO (*a*) A energia total pode ser encontrada a partir da amplitude e da constante de força, e a constante de força pode ser encontrada a partir da massa e do período. (*b*) A rapidez máxima ocorre quando a energia cinética é igual à energia total. (*c*) Podemos relacionar a posição com a rapidez, usando conservação de energia.

SOLUÇÃO

(*a*) 1. Escreva a energia total E em termos da constante de força k e da amplitude A: $\qquad E = \frac{1}{2}kA^2$

2. A constante de força está relacionada com o período e com a massa: $\qquad k = m\omega^2 = m\left(\frac{2\pi}{T}\right)^2$

3. Substitua os valores dados para determinar E:

$$E = \frac{1}{2}kA^2 = \frac{1}{2}m\left(\frac{2\pi}{T}\right)^2 A^2 = \frac{1}{2}(3{,}0\text{ kg})\left(\frac{2\pi}{2{,}0\text{ s}}\right)^2(0{,}040\text{ m})^2$$

$$= 2{,}37 \times 10^{-2}\text{ J} = \boxed{2{,}4 \times 10^{-2}\text{ J}}$$

(*b*) Para encontrar $v_{\text{máx}}$, faça a energia cinética igual à energia total e resolva para v:

$$\tfrac{1}{2}mv_{\text{máx}}^2 = E$$

$$\text{logo} \quad v_{\text{máx}} = \sqrt{\frac{2E}{m}} = \sqrt{\frac{2(2{,}37 \times 10^{-2}\text{ J})}{3{,}0\text{ kg}}} = 0{,}126\text{ m/s} = \boxed{0{,}13\text{ m/s}}$$

(*c*) 1. A conservação da energia relaciona a posição x com a rapidez v:

$$E = \tfrac{1}{2}mv^2 + \tfrac{1}{2}kx^2$$

2. Substitua $v = \frac{1}{2}v_{\text{máx}}$ e resolva para x_1. É conveniente encontrar x em termos de E e, depois, escrever $E = \frac{1}{2}KA^2$ para obter uma expressão de x em termos de A:

$$E = \tfrac{1}{2}m(\tfrac{1}{2}v_{\text{máx}})^2 + \tfrac{1}{2}kx_1^2 = \tfrac{1}{4}(\tfrac{1}{2}mv_{\text{máx}}^2) + \tfrac{1}{2}kx_1^2 = \tfrac{1}{4}E + \tfrac{1}{2}kx_1^2$$

$$\text{logo} \quad \tfrac{1}{2}kx_1^2 = E - \tfrac{1}{4}E = \tfrac{3}{4}E$$

$$\text{e} \quad x_1 = \pm\sqrt{\frac{3E}{2k}} = \pm\sqrt{\frac{3}{2k}\left(\frac{1}{2}kA^2\right)} = \pm\frac{\sqrt{3}}{2}A$$

$$= \pm\frac{\sqrt{3}}{2}(4{,}0\text{ cm}) = \boxed{\pm 3{,}5\text{ cm}}$$

CHECAGEM Como esperado, o resultado do passo 2 da Parte (*c*) tem dois valores, um com a mola distendida, o outro com a mola comprimida. Também, esperamos que estes valores sejam iguais, a menos do sinal. Além disso, o resultado positivo é menor do que 4,0 cm (a amplitude vale 4,0 cm), como se deve esperar.

PROBLEMA PRÁTICO 14-2 Calcule ω para este exemplo e determine $v_{\text{máx}}$ a partir de $v_{\text{máx}} = \omega A$.

PROBLEMA PRÁTICO 14-3 Um corpo de 2,00 kg de massa está preso a uma mola que tem uma constante de força igual a 40,0 N/m. O corpo se move a 25,0 cm/s quando passa pela posição de equilíbrio. (*a*) Qual é a energia total do corpo? (*b*) Qual é a amplitude do movimento?

*MOVIMENTO GERAL PRÓXIMO DO EQUILÍBRIO

O movimento harmônico simples ocorre tipicamente quando uma partícula é ligeiramente deslocada de sua posição de equilíbrio estável. A Figura 14-9 é um gráfico da energia potencial U como função de x para uma força que tem uma posição de equilíbrio estável e uma posição de equilíbrio instável. Como discutido no Capítulo 7, o máximo de energia potencial em x_2, na Figura 14-9, corresponde a um equilíbrio instável, enquanto o mínimo em x_1 corresponde a um equilíbrio estável. Muitas curvas suaves, com um mínimo como o da Figura 14-9, podem ser bem aproximadas, próximo ao mínimo, por uma parábola. A curva tracejada nesta figura é uma curva parabólica que coincide aproximadamente com U próximo do ponto de equilíbrio. A equação geral para uma parábola que tem um mínimo no ponto x_1 pode ser escrita como

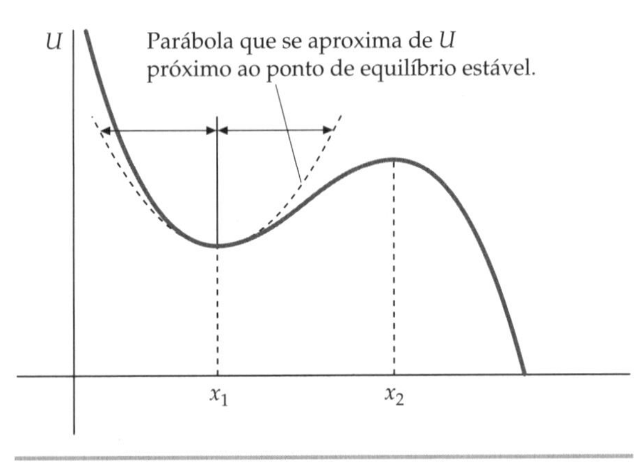

FIGURA 14-9 Gráfico de U *versus* x para uma força que possui uma posição de equilíbrio estável (x_1) e uma posição de equilíbrio instável (x_2).

$$U = A + B(x - x_1)^2 \qquad \text{14-19}$$

onde A e B são constantes. A constante A é o valor de U no ponto de equilíbrio $x = x_1$. A força se relaciona com a curva de energia potencial através de $F_x = -dU/dx$. Então,

$$F_x = -\frac{dU}{dx} = -2B(x - x_1)$$

Se fazemos $2B = k$, esta equação se reduz a

$$F_x = -\frac{dU}{dx} = -k(x - x_1) \qquad \text{14-20}$$

De acordo com a Equação 14-20, a força é proporcional ao deslocamento do equilíbrio e orientada no sentido oposto, de forma que o movimento é harmônico simples. A Figura 14-9 mostra um gráfico da função energia potencial, $U(x)$, para um sistema com uma posição de equilíbrio estável em $x = x_1$. A Figura 14-10 mostra uma função energia potencial que tem uma posição de equilíbrio estável em $x = 0$. O sistema, para esta função, é uma pequena partícula oscilando para frente e para trás no fundo de um recipiente esférico sem atrito.

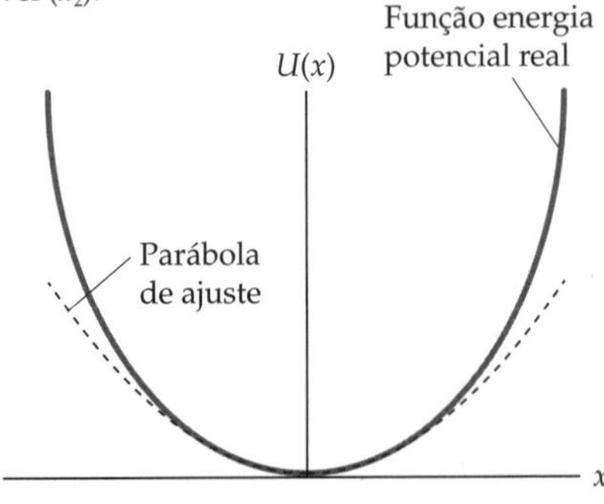

FIGURA 14-10 Gráfico de U *versus* x para uma pequena partícula oscilando para frente e para trás no fundo de um recipiente esférico.

14-3 ALGUNS SISTEMAS OSCILANTES

CORPO EM MOLA VERTICAL

Quando um corpo é pendurado em uma mola vertical existe uma força mg, para baixo, além da força da mola (Figura 14-11). Se escolhemos o sentido de y positivo para baixo, então a força da mola sobre o corpo é $-ky$, onde y é a distensão da mola. A força resultante sobre o corpo é, então,

$$\Sigma F_y = -ky + mg \qquad 14\text{-}21$$

Podemos simplificar esta equação mudando para uma nova variável $y' = y - y_0$, onde $y_0 = mg/k$ é o quanto a mola é distendida quando o corpo está em equilíbrio. Substituindo y por $y' + y_0$, fica

$$\Sigma F_y = -k(y' + y_0) + mg$$

Mas $ky_0 = mg$, de modo que

$$\Sigma F_y = -ky' \qquad 14\text{-}22$$

A segunda lei de Newton ($\Sigma F_y = ma_y$) nos dá

$$-ky' = m\frac{d^2y}{dt^2}$$

No entanto, $y = y' + y_0$, onde $y_0 = mg/k$ é uma constante. Assim, $d^2y/dt^2 = d^2y'/dt^2$, de modo que

$$-ky' = m\frac{d^2y'}{dt^2}$$

Rearranjando,

$$\frac{d^2y'}{dt^2} = -\frac{k}{m}y'$$

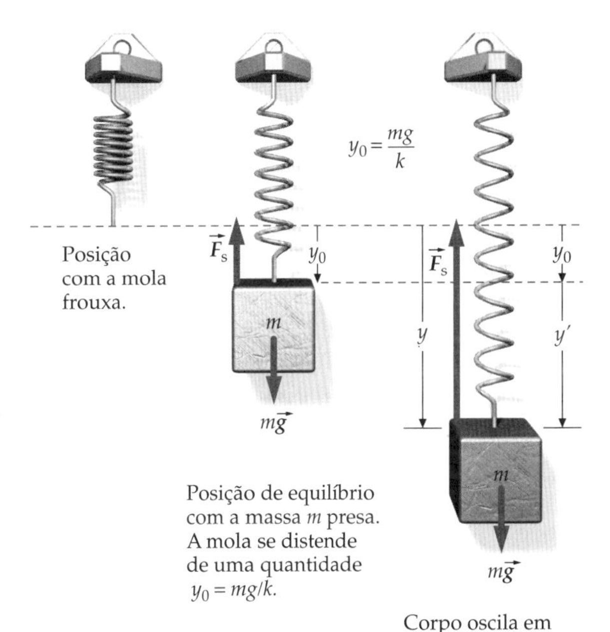

FIGURA 14-11 A segunda lei de Newton para o movimento de uma massa em uma mola vertical é grandemente simplificada se o deslocamento (y') é medido a partir da posição de equilíbrio da mola com a massa presa.

que é o mesmo que a Equação 14-2, com y' no lugar de y. Ela tem a já familiar solução

$$y' = A\cos(\omega t + \delta)$$

onde $\omega = \sqrt{k/m}$.

Assim, o efeito da força gravitacional mg é meramente o de deslocar a posição de equilíbrio de $y = 0$ para $y' = 0$. Quando o corpo é deslocado de y' de sua posição de equilíbrio, a força resultante é $-ky'$. O corpo oscila em torno desta posição de equilíbrio com uma freqüência angular $\omega = \sqrt{k/m}$, a mesma freqüência angular de um corpo em uma mola horizontal.

Uma força é conservativa se o trabalho que ela realiza é independente do caminho. Tanto a força da mola quanto a força da gravidade são conservativas, e a soma destas forças (Equações 14-21 e 14-22) também é conservativa. A função energia potencial U associada à soma destas forças é o negativo do trabalho realizado mais uma constante arbitrária. Isto é,

$$U = -\int -ky'dy' = \tfrac{1}{2}ky'^2 + U_0$$

onde a constante de integração U_0 é o valor de U na posição de equilíbrio ($y' = 0$). Assim,

$$U = \tfrac{1}{2}ky'^2 + U_0 \qquad 14\text{-}23$$

Exemplo 14-6 Molas de Papel

Rico em Contexto

Você está ensinando suas sobrinhas a fazer molas de papel para a decoração de festas. Uma das sobrinhas faz uma mola de papel. A mola é distendida de 8 cm e tem suspensa apenas uma folha colorida de papel. Você deseja que as decorações oscilem a aproximadamente 1,0 ciclo/s. Quantas folhas coloridas de papel devem ser usadas nessa mola decorativa para que a oscilação seja de 1,0 ciclo/s?

SITUAÇÃO A freqüência depende da razão entre a constante de força e a massa suspensa (Equação 14-12), mas você não conhece nenhum dos dois. No entanto, a lei de Hooke (Equação 14-1) pode ser usada para se determinar a razão desejada, a partir dos dados informados.

SOLUÇÃO

1. Escreva a freqüência em termos da constante de força k e da massa M (Equação 14-12), onde M é a massa de N folhas. Precisamos determinar N:

$$f = \frac{\omega}{2\pi} = \frac{1}{2\pi}\sqrt{\frac{k}{M}}$$

2. A mola se distende de $y_0 = 8{,}0$ cm quando uma única folha de massa m está suspensa:

$$ky_0 = mg \quad \text{logo} \quad \frac{k}{m} = \frac{g}{y_0}$$

3. A massa de N folhas é igual a N vezes a massa de uma única folha:

$$M = Nm$$

4. Usando os resultados dos passos 2 e 3, resolva para k/M:

$$\frac{k}{M} = \frac{k}{Nm} = \frac{1}{N}\frac{g}{y_0}$$

5. Substitua o resultado do passo 4 no resultado do passo 1 e explicite N:

$$f = \frac{1}{2\pi}\sqrt{\frac{k}{M}} = \frac{1}{2\pi}\sqrt{\frac{1}{N}\frac{g}{y_0}}$$

$$\text{logo} \quad N = \frac{g}{(2\pi f)^2 y_0} = \frac{9{,}81\ \text{m/s}^2}{4\pi^2(1{,}0\ \text{Hz})^2(0{,}080\ \text{m})} = 3{,}1$$

São necessárias três folhas.

CHECAGEM Três ou mais folhas de papel decorativo parece plausível. Cinqüenta ou cem folhas provavelmente destruiriam uma mola de papel.

INDO ALÉM Note que não precisamos utilizar o valor de m ou de k neste exemplo, porque a freqüência depende da razão k/m, que é igual a g/y_0. Além disso, desprezamos a massa da própria mola. Esta massa provavelmente não é desprezível, em comparação com a massa de algumas folhas de papel decorativo, de modo que nosso resultado do passo 5 é apenas aproximado.

PROBLEMA PRÁTICO 14-4 De quanto é distendida a mola de papel quando três folhas de papel decorativo são suspensas nela, ficando em equilíbrio?

Exemplo 14-7 Uma Bolinha sobre um Bloco

Um bloco, preso firmemente a uma mola, oscila verticalmente com uma freqüência de 4,00 Hz e uma amplitude de 7,00 cm. Uma bolinha é colocada em cima do bloco oscilante assim que ele chega ao ponto mais baixo. Suponha que a massa da bolinha seja tão pequena que seu efeito sobre o movimento do bloco seja desprezível. Para qual deslocamento, a partir da posição de equilíbrio, a bolinha perde contato com o bloco?

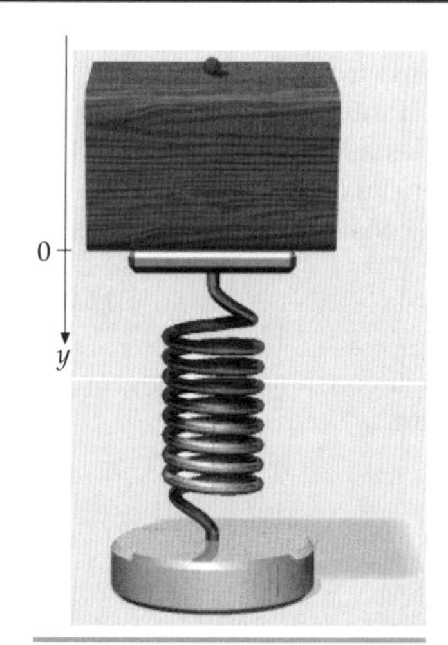

FIGURA 14-12

SITUAÇÃO As forças sobre a bolinha são seu peso mg, para baixo, e a força normal, para cima, exercida pelo bloco. A magnitude desta força normal varia com a aceleração. Enquanto o bloco se move para cima, *a partir do equilíbrio*, sua aceleração e a aceleração da bolinha apontam *para baixo* e aumentam de magnitude. Quando a aceleração chegar a g, para baixo, a força normal será zero. Se a aceleração do bloco, para baixo, se tornar ligeiramente maior, a bolinha abandonará o bloco.

SOLUÇÃO

1. Faça um esboço do sistema (Figura 14-12). Inclua um eixo coordenado y com a origem na posição de equilíbrio e com o sentido positivo para baixo:

2. Procuramos o valor de y quando a aceleração é g para baixo. Use a Equação 14-7:

$$a_y = -\omega^2 y$$

$$g = -\omega^2 y$$

3. Substitua ω por $2\pi f$ e explicite y:

$$g = -(2\pi f)^2 y$$

$$\text{logo} \qquad y = -\frac{g}{(2\pi f)^2} = -\frac{9{,}81\ \text{m/s}^2}{[2\pi(4{,}00\ \text{Hz})]^2} = -0{,}0155\ \text{m} = \boxed{-1{,}55\ \text{cm}}$$

CHECAGEM A bolinha abandona o bloco quando y é negativo, o que ocorre quando ela está acima da posição de equilíbrio, já que a orientação escolhida como positiva é para baixo. Isto era de se esperar.

O PÊNDULO SIMPLES

Um pêndulo simples consiste em um fio de comprimento L preso a um peso de massa m. Quando o peso é largado de um ângulo inicial ϕ_0 com a vertical, ele balança para lá e para cá, com um período T. As unidades de comprimento, massa e g são m, kg e m/s², respectivamente. Se dividirmos L por g, os metros cancelam e ficamos com o quadrado do segundo, o que nos sugere a forma $\sqrt{L/g}$ para o período. Se a fórmula do período contivesse a massa, então a unidade kg deveria ser cancelada por alguma outra grandeza. Mas não existe combinação de L e g que cancele unidades de massa. Então, o período não pode depender da massa do corpo pendurado ao fio. Como o ângulo inicial ϕ_0 é adimensional, não podemos dizer se ele é, ou não é, um fator do período. Veremos, a seguir, que, para ϕ_0 pequeno, o período é dado por $T = 2\pi\sqrt{L/g}$.

CHECAGEM CONCEITUAL 14-1

Devemos esperar que o período de um pêndulo simples dependa de sua massa m e de seu comprimento L, da aceleração da gravidade g e do ângulo inicial ϕ_0. Encontre uma combinação simples de algumas ou de todas estas grandezas que tenha as dimensões corretas do período.

Um pêndulo de Foucault, na universidade americana de Louisville. Em 1851, Leon Foucault suspendeu um pêndulo de 67 m de comprimento do teto do Panteon em Paris. Devido à rotação da Terra em torno de seu eixo, o Panteon gira em torno do pêndulo. (Se o Panteon estivesse no pólo norte, ele completaria uma volta a cada 24 horas.) A observação do prédio girando em torno do plano do pêndulo capturou a imaginação do mundo.

As forças sobre o corpo pendurado são seu peso $m\vec{g}$ e a tensão do fio $\vec{T}$ (Figura 14-13). A um ângulo ϕ com a vertical, o peso tem componentes $mg \cos\phi$, ao longo do fio, e $mg \operatorname{sen}\phi$, tangente ao arco circular e apontando no sentido da diminuição de ϕ. Usando componentes tangenciais, a segunda lei de Newton ($\Sigma F_t = ma_t$) é escrita como

$$-mg \operatorname{sen}\phi = m\frac{d^2s}{dt^2} \qquad \text{14-24}$$

onde o comprimento de arco s se relaciona com o ângulo ϕ através de $s = L\phi$. Derivando duas vezes os dois lados de $s = L\phi$, temos

$$\frac{d^2s}{dt^2} = L\frac{d^2\phi}{dt^2}$$

Substituindo d^2s/dt^2, na Equação 14-24, por $Ld^2\phi/dt^2$ e rearranjando, fica

$$\frac{d^2\phi}{dt^2} = -\frac{g}{L}\operatorname{sen}\phi \qquad \text{14-25}$$

! ω é a freqüência angular — e não a rapidez angular — do movimento do pêndulo.

Note que a massa m não aparece na Equação 14-25 — o movimento de um pêndulo não depende de sua massa. Para ϕ pequeno, sen $\phi \approx \phi$ e

$$\frac{d^2\phi}{dt^2} \approx -\frac{g}{L}\phi \qquad \phi \ll 1 \qquad \text{14-26}$$

A Equação 14-26 tem a mesma forma que a Equação 14-2 para um corpo em uma mola. Então, o movimento de um pêndulo se aproxima do movimento harmônico simples para deslocamentos angulares pequenos.

A Equação 14-26 pode ser escrita como

$$\frac{d^2\phi}{dt^2} = -\omega^2\phi, \qquad \text{onde } \omega^2 = \frac{g}{L} \qquad \text{14-27}$$

O período do movimento é, então,

$$T = \frac{2\pi}{\omega} = 2\pi\sqrt{\frac{L}{g}} \qquad \text{(para pequenas oscilações)} \qquad \text{14-28}$$

PERÍODO DE UM PÊNDULO SIMPLES

A solução da Equação 14-27 é

$$\phi = \phi_0 \cos(\omega t + \delta)$$

onde ϕ_0 é o deslocamento angular máximo.

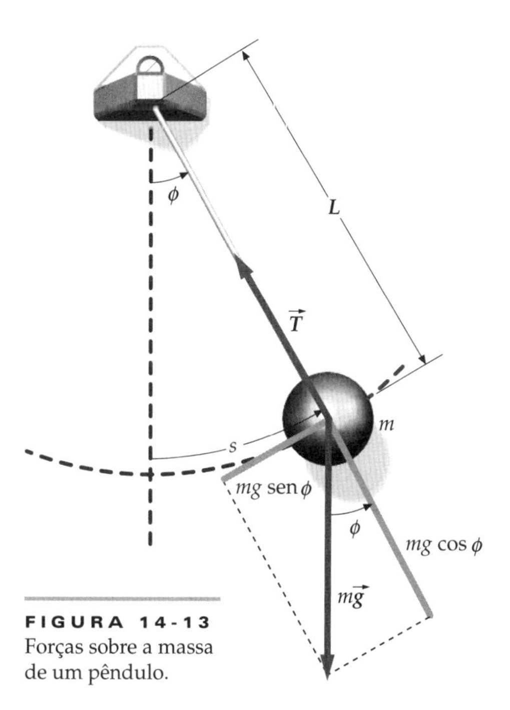

FIGURA 14-13 Forças sobre a massa de um pêndulo.

De acordo com a Equação 14-28, quanto maior o comprimento do pêndulo, maior será o período, o que é consistente com a observação experimental. O período e também, portanto, a freqüência são independentes da amplitude de oscilação (desde que a amplitude seja pequena). Esta afirmativa é uma característica geral do movimento harmônico simples.

PROBLEMA PRÁTICO 14-5

Determine o período de um pêndulo simples de 1,00 de comprimento que executa pequenas oscilações.

A aceleração da gravidade pode ser medida usando-se um pêndulo simples descrevendo pequenas oscilações. Precisamos, apenas, medir o comprimento L e o período T do pêndulo, e, usando a Equação 14-28, resolver para g. (Para medir T, usualmente medimos o tempo de n oscilações e depois dividimos por n, o que minimiza erros de medida.)

Exemplo 14-8 Cronometrando uma Descida *Conceitual*

Lia e Bruno devem medir, em uma experiência de cinemática, o tempo que leva para que um deslizador largado do repouso percorra várias distâncias diferentes, ao descer um trilho de ar inclinado que tem um comprimento de 2,00 m. (Um trilho de ar é virtualmente um trilho sem atrito.) Eles inclinam o trilho colocando um caderno de 2,0 cm de espessura sob uma de suas extremidades. Eles liberam o deslizador do meio do trilho e verificam que o tempo para que ele acelere ao longo de metade do comprimento do trilho é 4,8 s. Depois, eles largam o deslizador da parte mais alta do trilho e verificam que o tempo que ele leva para acelerar ao longo de todo o comprimento do trilho é 4,8 s — o mesmo tempo que ele levou acelerando ao longo de metade do trilho. Argumentando que os tempos para as duas distâncias não podem ser iguais, eles repetem as duas medidas, mas obtêm os mesmos resultados. Confusos, eles pedem uma explicação ao professor. Você pode pensar em uma explicação plausível?

SITUAÇÃO Se o trilho for perfeitamente reto, a aceleração será a mesma em todos os pontos de sua extensão, e o tempo para o deslizador acelerar ao longo de todo o comprimento do trilho, a partir do repouso, será maior do que o tempo para ele acelerar apenas ao longo de metade do trilho. No entanto, se o trilho se arquear, apresentando uma pequena depressão, então a aceleração será maior no ponto mais alto do trilho, onde a inclinação será mais acentuada. O que prevê a suposição do trilho arqueado?

SOLUÇÃO

1. Suponha que o trilho tenha uma leve depressão, de forma a formar um arco circular com o centro de curvatura diretamente acima de sua extremidade inferior:

   Se o trilho se curva como suposto, então o deslizador se moverá como o peso de um pêndulo simples de comprimento $L = R$, onde R é o raio de curvatura do trilho.

2. O período T de um pêndulo é independente da amplitude, para pequenas amplitudes:

   Os tempos medidos por Lia e Bruno equivalem a $\frac{1}{4}$ do período T do pêndulo, dado pela Equação 14-28. Como o período de um pêndulo é independente da amplitude (para pequenas amplitudes), espera-se que os tempos medidos por Lia e Bruno sejam iguais.

CHECAGEM A amplitude do pêndulo é suficientemente pequena, quando o deslizador é largado da extremidade mais alta do trilho? Sim, será, se R for muito maior do que 2,00 m. A Equação 14-28 nos diz que o comprimento do pêndulo é dado por $L = gT^2/(4\pi^2)$. A substituição de T por $4 \times (4{,}8\text{ s})$ leva a $R = L = 92$ m, justificando a suposição de que as amplitudes são pequenas.

Pêndulo em um referencial acelerado A Figura 14-14*a* mostra um pêndulo simples suspenso de um teto de um vagão que tem uma aceleração $\vec{a}_0$ em relação ao chão, para a direita, com $\vec{a}$ sendo a aceleração do peso em relação ao chão. Aplicando a segunda lei de Newton ao peso, temos

$$\Sigma\vec{F} = \vec{T} + m\vec{g} = m\vec{a} \qquad 14\text{-}29$$

Se o peso permanece em repouso em relação ao vagão, então $\vec{a} = \vec{a}_0$ e

$$\Sigma F_x = T \text{ sen } \theta_0 = ma_0$$
$$\Sigma F_y = T \cos \theta_0 - mg = 0$$

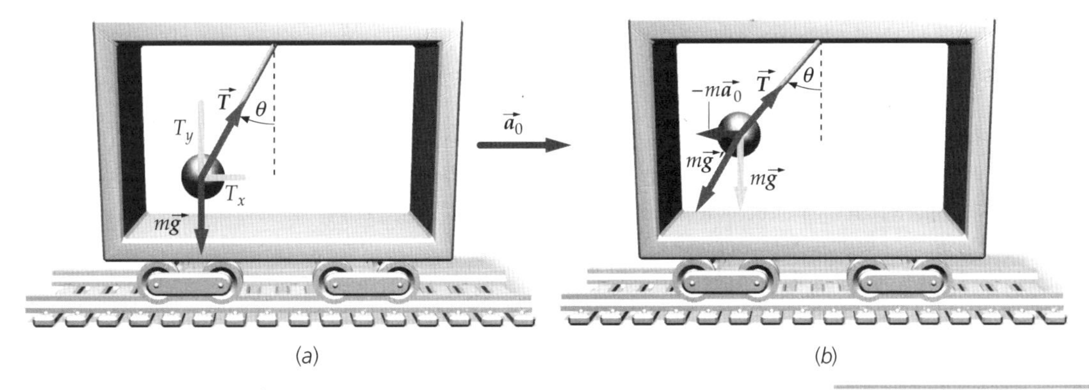

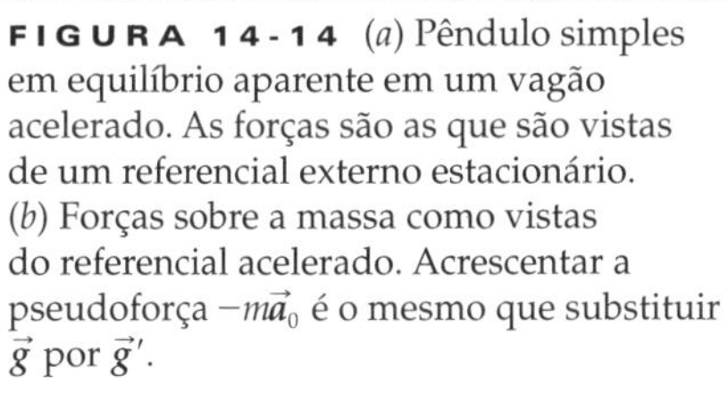
FIGURA 14-14 (*a*) Pêndulo simples em equilíbrio aparente em um vagão acelerado. As forças são as que são vistas de um referencial externo estacionário. (*b*) Forças sobre a massa como vistas do referencial acelerado. Acrescentar a pseudoforça $-m\vec{a}_0$ é o mesmo que substituir $\vec{g}$ por $\vec{g}'$.

onde θ_0 é o ângulo de equilíbrio. Logo, θ_0 é dado por $\tan\theta_0 = a_0/g$. Se o peso se move em relação ao vagão, então $\vec{a}' = \vec{a} - \vec{a}_0$, onde $\vec{a}'$ é a aceleração do peso em relação ao vagão. Substituindo $\vec{a}$ na Equação 14-29, temos

$$\Sigma\vec{F} = \vec{T} + m\vec{g} = m(\vec{a}' + \vec{a}_0)$$

Subtraindo $m\vec{a}_0$ dos dois lados desta equação e rearranjando,

$$\vec{T} + m\vec{g}' = m\vec{a}'$$

onde $\vec{g}' = \vec{g} - \vec{a}_0$. Assim, substituindo $\vec{g}$ por $\vec{g}'$ e $\vec{a}$ por $\vec{a}'$ na Equação 14-29, podemos resolver o movimento do peso em relação ao vagão. Os vetores $\vec{T}$ e $m\vec{g}'$ são mostrados na Figura 14-14*b*. Se o fio se rompe fazendo com que $\vec{T} = 0$, então nossa equação fornece $\vec{a}' = \vec{g}'$, o que significa que $\vec{g}'$ é a aceleração de queda livre no referencial do vagão. Se o peso for levemente deslocado do equilíbrio, ele oscilará com um período T dado pela Equação 14-28 com g substituído por g'.

PROBLEMA PRÁTICO 14-6

Um pêndulo simples, de 1,00 m de comprimento, está em um veículo que possui a aceleração horizontal $a_0 = 3{,}00\ \text{m/s}^2$. Determine g' e o período T.

Oscilações de grande amplitude Quando a amplitude das oscilações de um pêndulo se torna grande, seu movimento continua sendo periódico, mas não mais harmônico simples. Para uma amplitude angular ϕ_0, pode-se mostrar que o período é dado por

$$T = T_0\left[1 + \frac{1}{2^2}\,\text{sen}^2\frac{1}{2}\phi_0 + \frac{1}{2^2}\left(\frac{3}{4}\right)^2 \text{sen}^4\frac{1}{2}\phi_0 + \cdots\right] \qquad 14\text{-}30$$

PERÍODO DE OSCILAÇÕES DE GRANDES AMPLITUDES

onde $T_0 = 2\pi\sqrt{L/g}$ é o período para amplitudes muito pequenas. A Figura 14-15 mostra T/T_0 em função da amplitude ϕ_0.

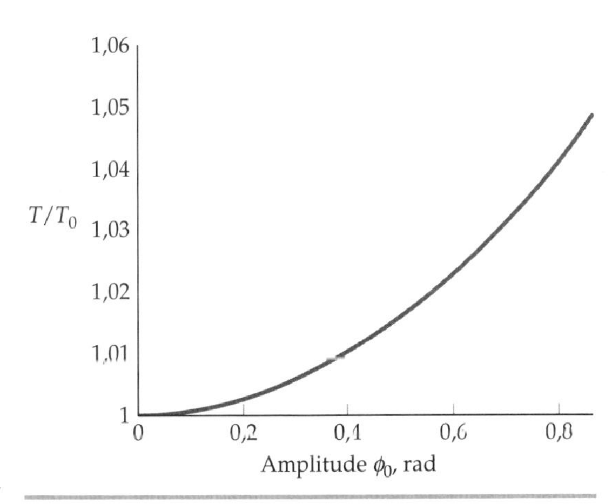

FIGURA 14-15 Repare que os valores no eixo vertical variam de 1 a 1,06. Em uma faixa de valores de ϕ de 0 a 0,8 rad (46°), o período varia cerca de 5 por cento.

Exemplo 14-9 Um Relógio de Pêndulo — *Tente Você Mesmo*

Um relógio de pêndulo simples está ajustado para dar a hora certa com uma amplitude $\phi_0 = 10{,}0°$. Quando a amplitude diminui para valores muito pequenos, o relógio adianta ou atrasa? De quanto o relógio adiantará ou atrasará em um dia, se a amplitude permanecer muito pequena?

SITUAÇÃO Para calcular o período quando a amplitude angular é 10°, retenha apenas o primeiro termo de correção da Equação 14-30. Isto é, use

$$T \approx T_0\left[1 + \frac{1}{2^2}\,\text{sen}^2\frac{1}{2}\phi_0\right]$$

Esta equação nos dá uma precisão suficiente, porque 10° é uma amplitude razoavelmente pequena. A amplitude do pêndulo diminui lentamente em razão do arraste do ar.

SOLUÇÃO

Cubra a coluna da direita e tente por si só antes de olhar as respostas.

Passos	Respostas
1. Use a Equação 14-30 para determinar se T_0 é maior ou menor do que T.	T diminui quando ϕ_0 diminui, logo $\boxed{\text{o relógio adianta.}}$
2. Use a Equação 14-30 para determinar a variação percentual $[(T - T_0)/T] \times 100\%$, para $\phi = 10°$. Use apenas o primeiro termo de correção.	0,190%
3. Determine o número de minutos em um dia.	Há 1440 minutos em um dia.
4. Combine os passos 2 e 3 para determinar a variação no número de minutos em um dia.	O adiantamento é de $\boxed{2{,}73 \text{ min/d}}$

CHECAGEM O primeiro termo de correção da Equação 14-30 é $\frac{1}{4}\text{sen}^2(10{,}0°/2) = 1{,}90 \times 10^{-3}$, logo $T = 1{,}00190T_0$ e $(T - T_0)/T = (1{,}00190T_0 - T_0)/1{,}00190T_0 = 0{,}00190$. Este valor concorda com o resultado do passo 2.

INDO ALÉM Para evitar este desajuste, os mecanismos de relógios de pêndulo são projetados para manterem a amplitude rigorosamente constante.

*O PÊNDULO DE TORÇÃO

Um sistema que realiza oscilações rotacionais, em uma variante do movimento harmônico simples, é chamado de **pêndulo de torção**. A Figura 14-16 mostra um pêndulo de torção, consistindo em um disco maciço suspenso por um fio de aço. Se o deslocamento angular do disco, a partir da posição de equilíbrio, é ϕ, então o fio exerce sobre o disco um torque restaurador linear τ dado por

$$\tau = -\kappa\phi \qquad 14\text{-}31$$

onde κ é a **constante de torção** do fio. Substituindo τ por $-\kappa\phi$ na equação $\tau = I\alpha$ (segunda lei de Newton para o movimento de rotação), fica

$$-\kappa\phi = I\alpha$$

onde a aceleração angular $\alpha = d^2\phi/dt^2$. Substituindo α por $d^2\phi/dt^2$ e rearranjando, fica

$$\frac{d^2\phi}{dt^2} = -\frac{\kappa}{I}\phi \qquad 14\text{-}32$$

o que é idêntico à Equação 14-2, exceto por I estar no lugar de m, κ estar no lugar de k e ϕ estar no lugar de x. Assim, a solução da Equação 14-32 pode ser diretamente escrita por substituição na Equação 14-4. Fazendo isto, tem-se

$$\phi = \phi_0 \cos(\omega t + \delta) \qquad 14\text{-}33$$

onde $\omega = \sqrt{\kappa/I}$ é a freqüência angular — e não a rapidez angular — do movimento. O período é, então,

$$T = \frac{2\pi}{\omega} = 2\pi\sqrt{\frac{I}{\kappa}} \qquad 14\text{-}34$$

PERÍODO DE UM PÊNDULO DE TORÇÃO

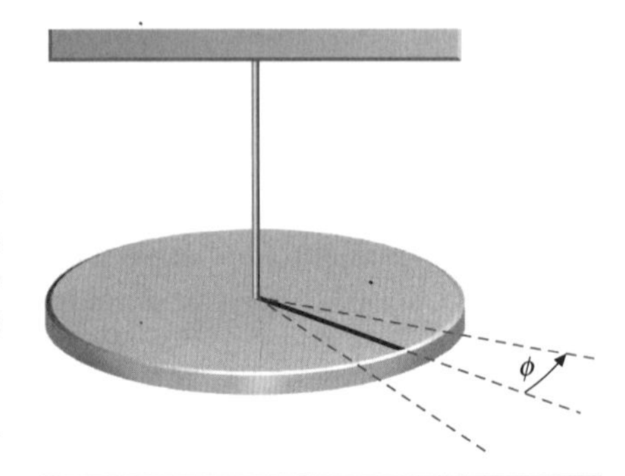

FIGURA 14-16 Este pêndulo de torção consiste em um disco maciço suspenso por um fio de aço.

Todos os relógios mecânicos funcionam porque o período da parte do mecanismo que oscila permanece constante. O período de qualquer pêndulo muda se a amplitude muda. No entanto, a parte do mecanismo que controla um relógio de pêndulo mantém a amplitude com um valor constante.

*O PÊNDULO FÍSICO

Um corpo rígido, livre para girar em torno de um eixo horizontal que não passa pelo seu centro de massa, irá oscilar quando deslocado do equilíbrio. Tal sistema é chamado de **pêndulo físico.** Seja uma figura plana com um eixo de rotação distante D de seu centro de massa e deslocado do equilíbrio de um ângulo ϕ (Figura 14-17). O torque em relação ao eixo tem uma magnitude MgD sen ϕ. Para valores suficientemente pequenos de ϕ, podemos simplificar nossa expressão para o torque usando a aproximação de ângulos pequenos (sen $\phi = \phi$). Assim, para ângulos pequenos o torque é um torque restaurador linear, dado por

$$\tau = -MgD\phi. \qquad 14\text{-}35$$

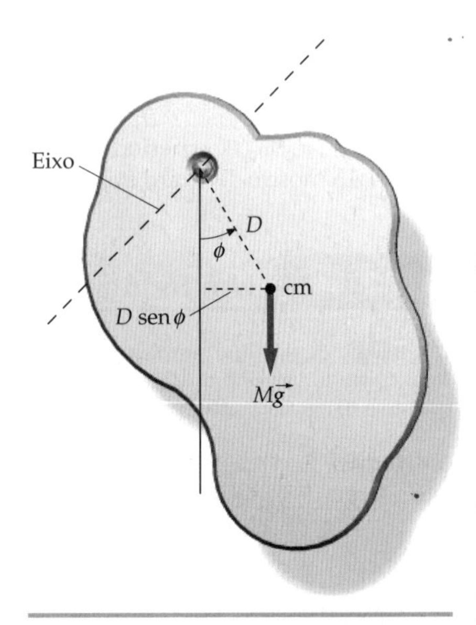

FIGURA 14-17 Um pêndulo físico.

Comparando isto com $\tau = -\kappa\phi$ (Equação 14-31) podemos ver que, para pequenos deslocamentos angulares, o pêndulo físico é um pêndulo de torção com uma constante de torção dada por

$$\kappa = MgD$$

Logo, o movimento do pêndulo é descrito pela Equação 14-33 com $\kappa = MgD$. O período é, portanto,

$$T = \frac{2\pi}{\omega} = 2\pi\sqrt{\frac{I}{MgD}} \qquad \text{14-36}$$

PERÍODO DE UM PÊNDULO FÍSICO

Para grandes amplitudes, o período é dado pela Equação 14-30, com T_0 dado pela Equação 14-36. Para um pêndulo simples de comprimento L, o momento de inércia é $I = ML^2$ e $D = L$. Logo, a Equação 14-36 dá $T = 2\pi\sqrt{ML^2/(MgL)} = 2\pi\sqrt{L/g}$, o mesmo que a Equação 14-28.

> ! O período de um pêndulo físico depende da distribuição de massa, mas não da massa total M. O momento de inércia I é proporcional a M, de modo que a razão I/M é independente de M.

Exemplo 14-10 Num Ritmo Confortável

Rico em Contexto

Você alega que o ritmo de uma caminhada confortável pode ser calculado se você usa um modelo de pêndulo físico para cada perna. Seu professor se mostra cético e pede para você se justificar. Sua alegação é correta?

SITUAÇÃO Um modelo simples para cada perna é o de uma barra homogênea articulada em uma das extremidades. Cada perna oscila para frente e para trás uma vez a cada dois passos, de modo que o tempo necessário para dar 10 passos é $5T$, onde T é o período do "pêndulo". Quanto tempo levará para você dar 10 passos em um ritmo tranqüilo, se sua alegação é correta? Use como modelo de perna uma barra homogênea de 0,90 m de comprimento, articulada em torno de um eixo que passa por uma das extremidades.

SOLUÇÃO

1. Desenhe uma barra homogênea articulada em uma das extremidades (Figura 14-18):

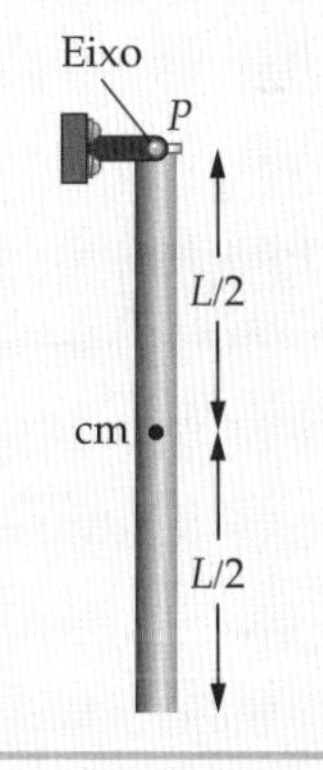

FIGURA 14-18 A distância entre o eixo de rotação e o centro de massa é $L/2$.

2. O período de um pêndulo físico é dado por $T = 2\pi\sqrt{I/MgD}$ (Equação 14-36): $\quad T = 2\pi\sqrt{\dfrac{I}{MgD}}$

3. I, em torno da extremidade, é encontrado na Tabela 9-1 e D é metade do comprimento da barra: $\quad I = \frac{1}{3}ML^2 \quad$ e $\quad D = \frac{1}{2}L$

4. Substitua as expressões de I e de D para determinar T: $\quad T = 2\pi\sqrt{\dfrac{\frac{1}{3}ML^2}{Mg(\frac{1}{2}L)}} = 2\pi\sqrt{\dfrac{2L}{3g}}$

5. O comprimento $L = 0{,}90$ m e o tempo para 10 passos é $5T$: $\quad 5T = 5\cdot 2\pi\sqrt{\dfrac{2L}{3g}} = 10\pi\sqrt{\dfrac{2(0{,}90\text{ m})}{3(9{,}81\text{ m/s}^2)}} = 7{,}8\text{ s}$

6. A hipótese tem mérito. O ponto de articulação está cerca de 90 cm acima do chão e o tempo para dar 10 passos sem pressa é de 6,7 s. A metade superior da perna é mais massiva do que a metade inferior, logo o modelo da perna como uma barra homogênea não é completamente apropriado. Além disso, o que é um ritmo confortável é questão sujeita à interpretação.

CHECAGEM Animais pernaltas, como elefantes e girafas, parecem caminhar em um ritmo lento, pesado, e animais de pernas curtas, como camundongos e alguns insetos, caminham em ritmo rápido. Isto pode ser explicado por este modelo, porque o período de um pêndulo longo é maior do que o de um pêndulo curto.

Exemplo 14-11 Uma Barra Oscilante

Uma barra homogênea de massa M e comprimento L está livre para girar em torno de um eixo horizontal que passa, perpendicularmente, a uma distância x de seu centro. Determine o período de oscilação da barra, para pequenos deslocamentos angulares.

SITUAÇÃO O período é dado pela Equação 14-36. O centro de massa está no centro da barra, logo a distância do centro de massa ao eixo de rotação é x (Figura 14-19). O momento de inércia de uma barra homogênea pode ser calculado com o teorema dos eixos paralelos, $I = I_{cm} + MD^2$ (Equação 9-13), onde I_{cm} pode ser encontrado na Tabela 9-1.

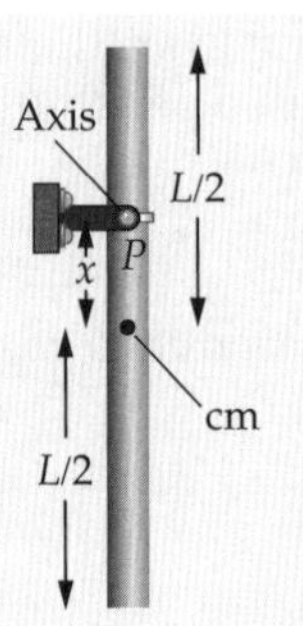

FIGURA 14-19 A distância entre o eixo de rotação e o centro de massa é x.

SOLUÇÃO

1. O período é dado pela Equação 14-36: $T = 2\pi\sqrt{\dfrac{I}{MgD}}$

2. $D = x$, e o momento de inércia é dado pelo teorema dos eixos paralelos. O momento de inércia em relação a um eixo paralelo que passa pelo centro de massa é encontrado na Tabela 9-1:
$$D = x$$
$$I = I_{cm} + MD^2 = \tfrac{1}{12}ML^2 + Mx^2$$

3. Substitua estes valores para determinar T:

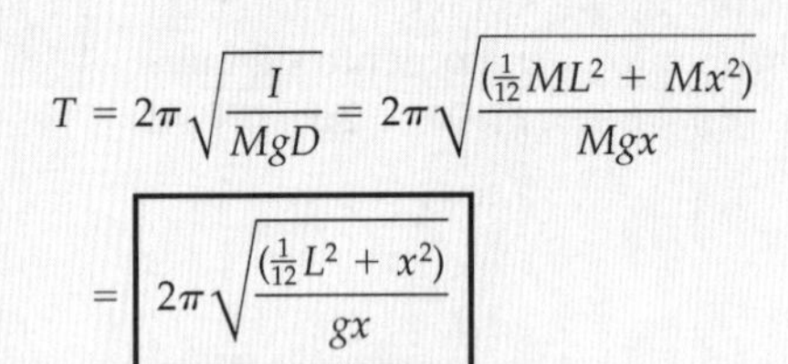

$$T = 2\pi\sqrt{\frac{I}{MgD}} = 2\pi\sqrt{\frac{(\frac{1}{12}ML^2 + Mx^2)}{Mgx}}$$
$$= \boxed{2\pi\sqrt{\frac{(\frac{1}{12}L^2 + x^2)}{gx}}}$$

CHECAGEM $T \rightarrow \infty$ quando $x \rightarrow 0$, como esperado. (Se o eixo de rotação da barra passa pelo seu centro de massa, não esperamos que a gravidade exerça um torque restaurador.) Também, se $x = L/2$, obtemos $T = 2\pi\sqrt{2L/3g}$, o mesmo resultado encontrado no passo 4 do Exemplo 14-10. Além disso, se $x \gg L$, a expressão para o período se aproxima de $T = 2\pi\sqrt{x/g}$, que é a expressão para o período de um pêndulo simples de comprimento x (Equação 14-28).

INDO ALÉM O período T *versus* a distância x ao centro de massa, para uma barra de 1,00 m de comprimento, é mostrado na Figura 14-20.

PROBLEMA PRÁTICO 14-7 Mostre que a expressão do passo 3 para o período dá, para $x = L/6$, o mesmo resultado que para $x = L/2$.

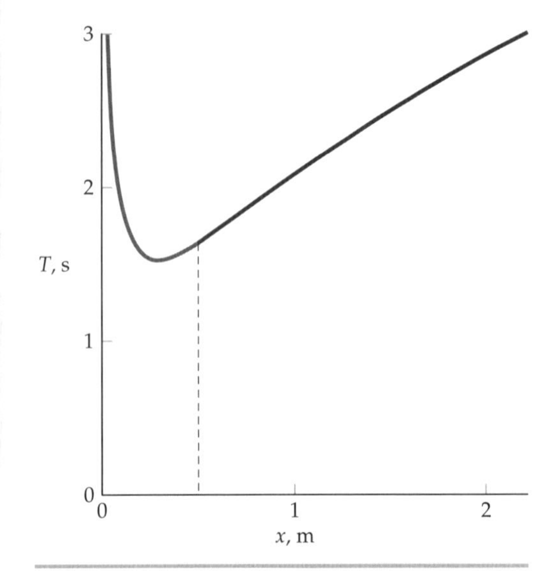

FIGURA 14-20 Gráfico do período *versus* distância do ponto de suspensão ao centro de massa. Para $x > 0,5$ m, o ponto de suspensão está além da extremidade da barra.

Exemplo 14-12 A Barra Oscilante Revisitada — *Tente Você Mesmo*

Determine o valor de x, no Exemplo 14-11, para o qual o período é mínimo.

SITUAÇÃO No valor de x para o qual T é mínimo, $dT/dx = 0$.

SOLUÇÃO

Cubra a coluna da direita e tente por si só antes de olhar as respostas.

Passos / **Respostas**

1. O período, dado pelo resultado do Exemplo 14-11, é $T = 2\pi\sqrt{Z/g}$, onde $Z = (\frac{1}{12}L^2 + x^2)/x$. Determine o período quando x tende a zero e quando x tende a infinito.

$$T = 2\pi\sqrt{\frac{(\frac{1}{12}L^2 + x^2)}{gx}} = 2\pi\sqrt{\frac{Z}{g}}$$

onde $Z = (\frac{1}{12}L^2 + x^2)/x$

Quando $x \rightarrow 0$, $Z \rightarrow \infty$, e $T \rightarrow \infty$.

Quando $x \rightarrow \infty$, $Z \rightarrow \infty$, e $T \rightarrow \infty$.

2. O período vai a infinito quando x tende a zero e quando x tende a infinito. Em algum ponto da região $0 < x < \infty$ o período tem que ser mínimo. Para determinar o mínimo, calcule dT/dx, iguale-o a zero e resolva para x.

$$\frac{dT}{dx} = \frac{dT}{dZ}\frac{dZ}{dx} = \frac{\pi}{\sqrt{g}}Z^{-1/2}\frac{dZ}{dx}$$

$Z > 0$ na região $0 < x < \infty$, logo

$$\frac{dT}{dx} = 0 \Rightarrow \frac{dZ}{dx} = 0.$$

$$\frac{dZ}{dx} = 0 \Rightarrow x = \boxed{\frac{L}{\sqrt{12}} = 0,289L}$$

CHECAGEM Esperamos uma resposta entre 0 e 0,5L. O resultado $x = 0{,}289L$ do passo 2 satisfaz esta expectativa.

14-4 OSCILAÇÕES AMORTECIDAS

Uma mola ou um pêndulo, quando largados oscilando, acabam por parar, porque a energia mecânica é dissipada por forças de atrito. Tal movimento é dito **amortecido**. Se o amortecimento é suficientemente grande como, por exemplo, um pêndulo mergulhado em melado, o oscilador não chega a completar nem um ciclo de oscilação, limitando-se a retornar ao equilíbrio com uma rapidez que se aproxima de zero à medida que o corpo se aproxima da posição de equilíbrio. Este tipo de movimento é dito **superamortecido**. Se o amortecimento é suficientemente pequeno para que o sistema oscile com uma amplitude que diminui lentamente com o tempo — como uma criança em um balanço quando a mãe deixa de empurrá-la a cada ciclo — o movimento é dito **subamortecido**. O movimento com o mínimo amortecimento que ainda não resulta em oscilação é dito **criticamente amortecido**. (Com qualquer amortecimento menor, o movimento será subamortecido.)

Movimento subamortecido A força de amortecimento exercida sobre um oscilador como o mostrado na Figura 14-21*a* pode ser representada pela expressão empírica

$$\vec{F}_d = -b\vec{v}$$

onde b é uma constante. Um sistema como este é dito *linearmente amortecido*. Vamos discutir o movimento linearmente amortecido. Como a força de amortecimento é oposta ao sentido do movimento, ela realiza trabalho negativo e faz com que a energia mecânica do sistema diminua. Esta energia é proporcional ao quadrado da amplitude (Equação 14-17), e o quadrado da amplitude diminui exponencialmente com o aumento do tempo. Isto é,

$$A^2 = A_0^2 e^{-t/\tau} \qquad 14\text{-}37$$

DEFINIÇÃO — CONSTANTE DE TEMPO

onde A é a amplitude, A_0 é a amplitude em $t = 0$ e τ é o tempo de decaimento, ou

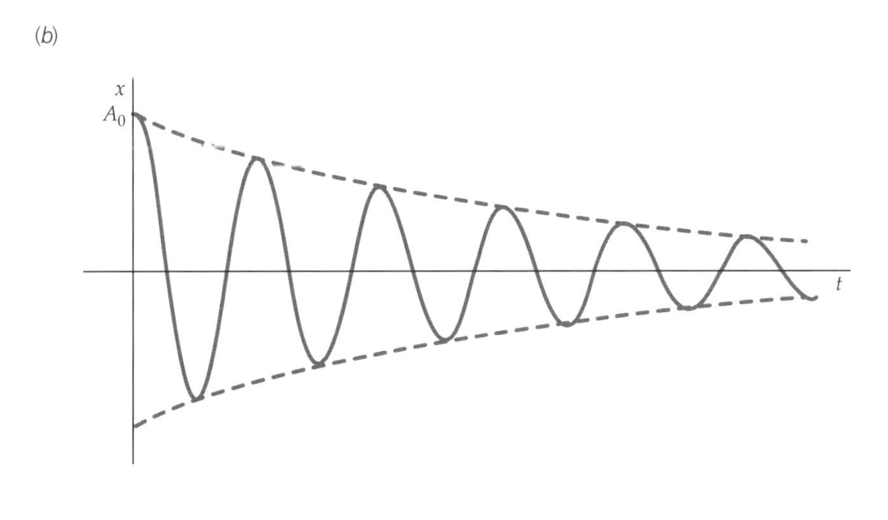

FIGURA 14-21 (*a*) Um oscilador amortecido suspenso em um líquido viscoso. O movimento do cilindro é amortecido pelas forças de arraste. (*b*) Curva de oscilação amortecida.

constante de tempo. A **constante de tempo** é o tempo para a energia variar de um fator e^{-1}.

O movimento de um sistema amortecido pode ser obtido da segunda lei de Newton. Para um corpo de massa m em uma mola com constante de força k, a força resultante é $-kx - b(dx/dt)$. Fazendo a força resultante igual à massa vezes a aceleração d^2x/dt^2, obtemos

$$-kx - b\frac{dx}{dt} = m\frac{d^2x}{dt^2}$$

que, rearranjando, fica

$$m\frac{d^2x}{dt^2} + b\frac{dx}{dt} + kx = 0 \qquad 14\text{-}38$$

EQUAÇÃO DIFERENCIAL DE UM OSCILADOR AMORTECIDO

A solução exata desta equação pode ser encontrada usando-se métodos-padrão de solução de equações diferenciais. A solução do caso subamortecido é

$$x = A_0 e^{-(b/2m)t}\cos(\omega' t + \delta) \qquad 14\text{-}39$$

onde A_0 é a amplitude inicial. A freqüência ω' está relacionada com a freqüência natural ω_0 (a freqüência sem amortecimento) por

$$\omega' = \omega_0\sqrt{1 - \left(\frac{b}{2m\omega_0}\right)^2} \qquad 14\text{-}40$$

Para uma massa em uma mola, $\omega_0 = \sqrt{k/m}$. Para *amortecimento fraco*, $b/(2m\omega_0) \ll 1$ e ω' é quase igual a ω. As curvas tracejadas na Figura 14-21*b* correspondem a $x = A$ e a $x = -A$, onde A é dado por

$$A = A_0 e^{-(b/2m)t} \qquad 14\text{-}41$$

Elevando ao quadrado os dois lados desta equação e comparando os resultados com a Equação 14-37, temos

$$\tau = \frac{m}{b} \qquad 14\text{-}42$$

À medida que a *constante de amortecimento* b aumenta, a freqüência angular ω' diminui até se tornar zero no valor crítico

$$b_c = 2m\omega_0 \qquad 14\text{-}43$$

Quando b é maior ou igual a b_c, o sistema não oscila. Se $b > b_c$, o sistema é superamortecido. Quanto menor for b, mais rápido o corpo retornará à posição de equilíbrio. Se $b = b_c$, o sistema é dito criticamente amortecido e o corpo retorna ao equilíbrio (sem oscilação) muito rapidamente. A Figura 14-22 mostra gráficos de deslocamento *versus* tempo para um oscilador criticamente amortecido e para um oscilador superamortecido. É freqüente usarmos o amortecimento crítico quando desejamos que um sistema não oscile mas retorne rapidamente ao equilíbrio.

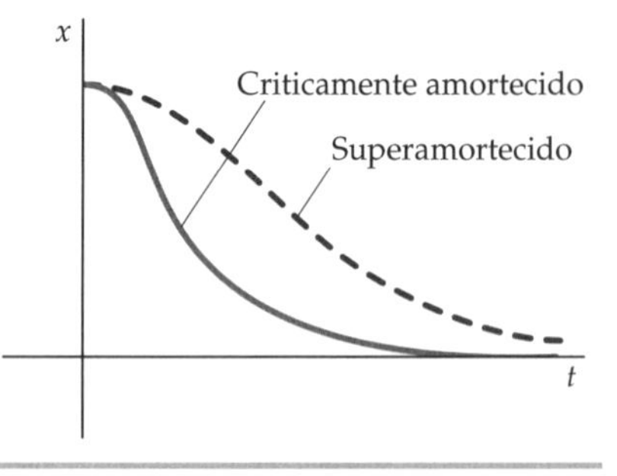

FIGURA 14-22 Gráficos do deslocamento *versus* tempo para um oscilador criticamente amortecido e para um oscilador superamortecido, os dois largados do repouso.

Exemplo 14-13 A Massa Sustentada pelas Molas de um Automóvel

A massa sustentada pelas molas de um automóvel não inclui as massas das rodas, dos eixos, dos freios etc. Em um automóvel, a massa que as molas sustentam é de 1100 kg e a massa não sustentada é de 250 kg. Se os quatro amortecedores são removidos, o automóvel oscila sobre as molas com uma freqüência de 1,0 Hz. Qual é a constante de amortecimento associada aos quatro amortecedores se, com eles, o automóvel retorna ao equilíbrio o mais rápido possível, sem oscilar, após passar por um quebra-molas?

SITUAÇÃO Como o automóvel retorna ao equilíbrio o mais rapidamente possível, sem oscilar, sabemos que ele é um oscilador criticamente amortecido. Use $b_c = 2m\omega_0$ (Equação 14-43) para determinar a constante de amortecimento para o amortecimento crítico.

SOLUÇÃO

1. A constante de amortecimento para amortecimento crítico está relacionada com a freqüência natural por $b_c = 2m\omega_0$ (Equação 14-43): $b_c = 2m\omega_0$
2. Com os pneus em contato com o pavimento, apenas a inércia da massa sustentada pelas molas é relevante: $m = 1100$ kg
3. A freqüência natural ω_0 é fornecida pelo enunciado do problema: $\omega_0 = 1{,}0$ Hz
4. Calcule a constante de amortecimento: $b = b_c = 2(1100 \text{ kg})/(1{,}0 \text{ Hz}) = \boxed{2{,}2 \times 10^3 \text{ kg/s}}$

CHECAGEM A força de amortecimento é dada por $\vec{F} = -b\vec{v}$; logo, a unidade SI de bv é o newton. Nosso valor de b, no passo 4, tem as unidades kg/s e, portanto, bv tem as unidades (kg/s)(m/s) = kg · m/s², que são as unidades SI de massa vezes aceleração. Logo, kg/s são unidades apropriadas para b.

INDO ALÉM O melhor amortecedor, para qualquer veículo, é um que tenha uma constante de amortecimento tal que as oscilações sejam criticamente amortecidas. Assim, a melhor escolha para a constante de amortecimento crítico b_c é determinada pela massa sustentada pelas molas e pela constante de força k das molas.

Pesos são colocados nas rodas de automóveis ao serem "balanceadas". O propósito do balanceamento das rodas é o de prevenir vibrações que venham a induzir oscilações de todo o conjunto de rodas.

Como a energia de um oscilador é proporcional ao quadrado de sua amplitude, a energia de um oscilador subamortecido (média sobre um ciclo) também diminui exponencialmente com o tempo:

$$E = \tfrac{1}{2}m\omega^2A^2 = \tfrac{1}{2}m\omega^2(A_0e^{-(b/2m)t})^2 = \tfrac{1}{2}m\omega^2A_0^2e^{-(b/m)t} = E_0e^{-t/\tau} \qquad \text{14-44}$$

onde $E_0 = \frac{1}{2}m\omega^2A_0^2$ e $\tau = m/b$.

Costuma-se caracterizar um oscilador amortecido pelo seu fator Q (fator de qualidade),

$$Q = \omega_0\tau \qquad \text{14-45}$$

DEFINIÇÃO — FATOR Q

O fator Q é adimensional. (Como ω_0 tem as dimensões do inverso do tempo, $\omega_0\tau$ é adimensional.) Podemos relacionar Q com a perda relativa de energia por ciclo. Derivando a Equação 14-44, fica

$$\frac{dE}{dt} = -(1/\tau)E_0e^{-t/\tau} = -(1/\tau)E \quad \text{ou} \quad \frac{dE}{E} = -\frac{dt}{\tau}$$

Se o amortecimento é fraco, de forma que a perda de energia por ciclo seja uma pequena fração da energia E, podemos substituir dE por ΔE e dt pelo período T. Então, $|\Delta E|/E$, em um ciclo (um período), é dado por

$$\left(\frac{|\Delta E|}{E}\right)_{\text{ciclo}} = \frac{T}{\tau} = \frac{2\pi}{\omega_0\tau} = \frac{2\pi}{Q} \qquad \text{14-46}$$

logo,

$$Q = \frac{2\pi}{(|\Delta E|/E)_{\text{ciclo}}} \qquad \frac{|\Delta E|}{E} \ll 1 \qquad \text{14-47}$$

INTERPRETAÇÃO FÍSICA DE Q PARA AMORTECIMENTO FRACO

Q é, portanto, inversamente proporcional à perda relativa de energia por ciclo.

Exemplo 14-14 Fazendo Música

Quando a tecla do dó central do piano (freqüência de 262 Hz) é tocada, ela perde metade de sua energia após 4,00 s. (*a*) Qual é o tempo de decaimento, τ?(*b*) Qual é o fator Q para esta corda do piano? (*c*) Qual é a perda relativa de energia por ciclo?

SITUAÇÃO (*a*) Usamos $E = E_0e^{-t/\tau}$ e fazemos E igual a $\frac{1}{2}E_0$. (*b*) O fator Q pode ser determinado do tempo de decaimento e da freqüência.

SOLUÇÃO

(*a*) 1. Faça a energia no tempo $t = 4{,}00$ s igual à metade da energia original:

$$E = E_0 e^{-t/\tau} \text{ logo } \tfrac{1}{2}E_0 = E_0 e^{-(4{,}00\text{ s}/\tau)}$$

$$\tfrac{1}{2} = e^{-(4{,}00\text{ s}/\tau)}$$

2. Resolva para o tempo τ, tomando o logaritmo natural dos dois lados:

$$\ln\frac{1}{2} = -\frac{4{,}00\text{ s}}{\tau}$$

$$\text{logo } \tau = \frac{4{,}00\text{ s}}{\ln 2} = 5{,}771 = \boxed{5{,}77\text{ s}}$$

(*b*) Calcule Q, de τ e de ω_0:

$$Q = \omega_0\tau = 2\pi f\tau$$

$$= 2\pi\,(262\text{ Hz})(5{,}771\text{ s}) = 9{,}500 \times 10^3 = \boxed{9{,}50 \times 10^3}$$

(*c*) A perda relativa de energia por ciclo é dada pela Equação 14-46 e pela freqüência $f = 1/T$:

$$\left(\frac{|\Delta E|}{E}\right)_{\text{ciclo}} = \frac{T}{\tau} = \frac{2\pi}{\omega_0\tau} = \frac{1}{f\tau} = \frac{1}{(262\text{ Hz})(5{,}771\text{ s})}$$

$$= 6{,}614 \times 10^{-4} = \boxed{6{,}61 \times 10^{-4}}$$

CHECAGEM Q pode ser calculado também de $Q = 2\pi/(\Delta E/E)_{\text{ciclo}} = 2\pi/(6{,}61 \times 10^{-4}) = 9{,}50 \times 10^3$. Note que a perda relativa de energia após 4,00 s não é apenas o número de ciclos (4,00 × 262) vezes a perda relativa de energia por ciclo, porque a energia decai exponencialmente, e não linearmente.

INDO ALÉM A Figura 14-23 mostra a amplitude relativa A/A_0 *versus* tempo e a energia relativa E/E_0 *versus* tempo para a oscilação da corda do piano após o dó central ter sido tocado. Após 4,00 s, a amplitude diminuiu para cerca de 0,7 de seu valor inicial e a energia, que é proporcional ao quadrado da amplitude, caiu para cerca da metade de seu valor inicial.

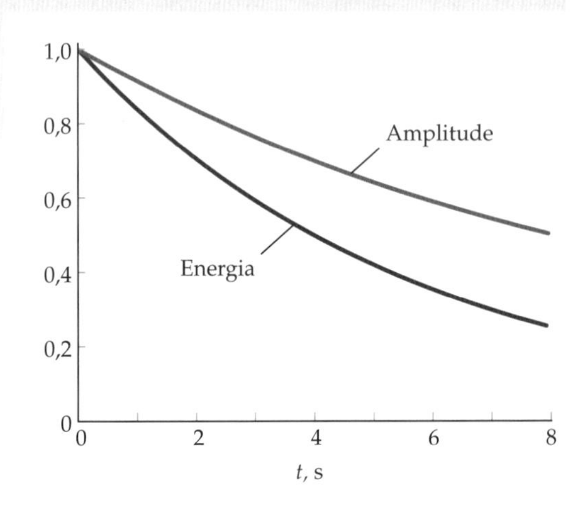

FIGURA 14-23 Gráficos de A/A_0 e de E/E_0 para uma corda de piano tocada.

Note que o valor de Q no Exemplo 14-4 é relativamente grande. Você pode estimar τ e Q para vários sistemas oscilantes. Dê uma pancadinha em um copo de vinho, de cristal, e observe quanto tempo ele soa. Quanto mais tempo ele soar, maior serão os valores de τ e de Q, e menor será o amortecimento. Béqueres do laboratório também podem ter um alto Q. Dê uma pancadinha em um copo de plástico e compare o amortecimento observado com o de um béquer de vidro.

Em termos de Q, a freqüência exata de um oscilador subamortecido é

$$\omega' = \omega_0\sqrt{1 - \left(\frac{b}{2m\omega_0}\right)^2} = \omega_0\sqrt{1 - \frac{1}{4Q^2}} \qquad \text{14-48}$$

Como b é bem pequeno (e Q é muito grande) para um oscilador fracamente amortecido (Exemplo 14-14), vemos que ω' é quase igual a ω_0.

Podemos entender muito do comportamento de um oscilador fracamente amortecido considerando sua energia. A potência dissipada pela força de amortecimento é igual à taxa instantânea de variação da energia mecânica total:

$$P = \frac{dE}{dt} = \vec{F}_d \cdot \vec{v} = -b\vec{v}\cdot\vec{v} = -bv^2 \qquad \text{14-49}$$

Para um oscilador fracamente amortecido com amortecimento linear, a energia mecânica total diminui lentamente com o tempo. A energia cinética média por ciclo é igual à metade da energia total:

$$\left(\frac{1}{2}mv^2\right)_{\text{méd}} = \frac{1}{2}E \quad \text{ou} \quad (v^2)_{\text{méd}} = \frac{E}{m}$$

Se substituirmos v^2 por $(v^2)_{\text{méd}} = E/m$ na Equação 14-49, temos

$$\frac{dE}{dt} = -bv^2 \approx -b(v^2)_{\text{méd}} = -\frac{b}{m}E \qquad \text{14-50}$$

Rearranjando a Equação 14-50, fica

$$\frac{dE}{E} = -\frac{b}{m}dt$$

que, integrando, dá

$$E = E_0 e^{-(b/m)t} = E_0 e^{-t/\tau}$$

que é a Equação 14-44.

14-5 OSCILAÇÕES FORÇADAS E RESSONÂNCIA

Para manter um sistema amortecido oscilando indefinidamente, energia mecânica deve ser injetada no sistema. Quando isto é feito, o oscilador é dito *excitado* ou *forçado*. Quem mantém uma criança oscilando, no balanço de jardim, empurrando-a pelo menos uma vez a cada ciclo, está forçando um oscilador. Se o mecanismo de excitação injeta energia no sistema a uma taxa maior do que a taxa com que ela é dissipada, a energia mecânica do sistema aumenta com o tempo e a amplitude aumenta. Se o mecanismo de excitação injeta energia à mesma taxa com que ela é dissipada, a amplitude permanece constante no tempo. Neste caso, o movimento do oscilador é estacionário.

A Figura 14-24 mostra um sistema que consiste em um corpo em uma mola que está sendo excitada movendo-se o ponto de apoio para cima e para baixo, em movimento harmônico simples de freqüência ω. No início, o movimento é complicado, mas ele acaba por entrar em regime estacionário, quando o sistema oscila com a mesma freqüência de excitação e com uma amplitude constante e, portanto, com energia constante. Em regime estacionário, a energia injetada no sistema pela força de excitação, a cada ciclo, é igual à energia dissipada pelo amortecimento em cada ciclo.

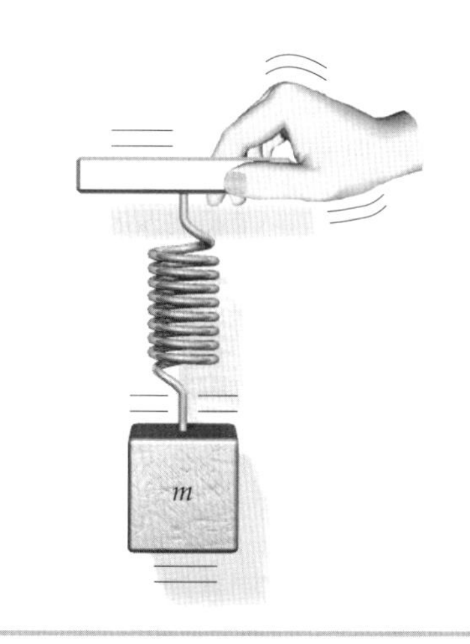

FIGURA 14-24 Um corpo preso a uma mola vertical pode ser forçado movendo-se o suporte para cima e para baixo.

A amplitude, e portanto a energia, de um sistema em regime estacionário não depende apenas da amplitude da força de excitação, mas também depende de sua freqüência. A **freqüência natural de um oscilador**, ω_0, é a sua freqüência quando não há nem forças de excitação e nem forças de amortecimento presentes. (No caso de uma mola, por exemplo, $\omega_0 = \sqrt{k/m}$.) Se a freqüência de excitação é suficientemente próxima da freqüência natural do sistema, o sistema oscilará com uma amplitude relativamente grande. Por exemplo, se o suporte da Figura 14-24 oscila em uma freqüência próxima da freqüência natural do sistema massa–mola, a massa oscilará com uma amplitude muito maior do que a que teria se o suporte oscilasse com freqüências significativamente maiores ou menores. Este fenômeno é chamado de **ressonância**. Quando a freqüência de excitação é igual à freqüência natural do oscilador, a energia por ciclo transferida ao oscilador é máxima. A freqüência natural do sistema é, então, chamada de **freqüência de ressonância**. (Matematicamente, é mais conveniente usar a freqüência angular ω do que a freqüência f ($f = \omega/2\pi$). Como ω e f são proporcionais, muitas das conclusões sobre a freqüência angular também são válidas para a freqüência. Em descrições verbais, usualmente omitimos a palavra angular, quando esta omissão não puder causar confusão.) A Figura 14-25 mostra os gráficos da potência média injetada em um oscilador como função da freqüência de excitação, para dois valores diferentes de amortecimento. Estas curvas são chamadas de **curvas de ressonância**. Quando o amortecimento é fraco (grande Q), a largura do pico de ressonância correspondente é pequena, e dizemos que a ressonância é estreita. Para amortecimento forte, a curva de ressonância é larga. A largura de cada curva de ressonância, $\Delta\omega$, indicada na figura, é a largura na metade da altura máxima. Pode-se mostrar que, para amortecimento fraco, a razão entre a largura de ressonância e a freqüência de ressonância é igual ao inverso do fator Q (veja o Problema 106):

$$\frac{\Delta\omega}{\omega_0} = \frac{1}{Q} \qquad 14\text{-}51$$

LARGURA DE RESSONÂNCIA PARA AMORTECIMENTO FRACO

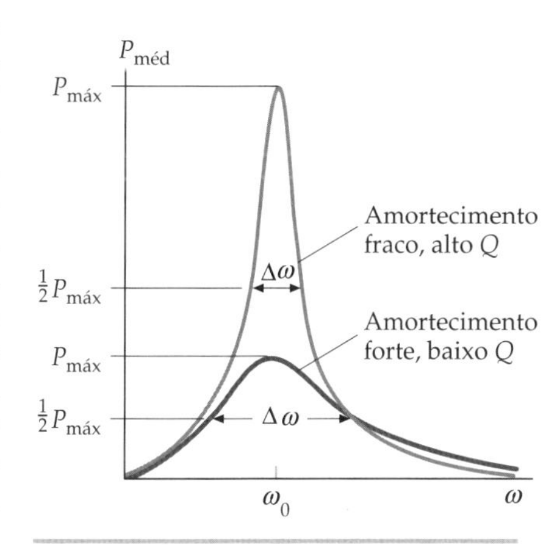

FIGURA 14-25 Ressonância de um oscilador. A largura $\Delta\omega$ do pico de ressonância para um oscilador de alto Q (a curva mais alta) é pequena em comparação com a a freqüência natural ω_0. O pico de ressonância do oscilador de baixo Q (a curva mais baixa) de mesma freqüência natural possui uma largura consideravelmente maior do que a do oscilador de alto Q.

Assim, o fator Q é uma medida direta da estreiteza da ressonância.

Você pode realizar um experimento simples para demonstrar a ressonância. Segure uma régua por uma das extremidades, entre seus dedos, de forma a fazê-la oscilar como um pêndulo. (Se uma régua não estiver disponível, use qualquer coisa que achar conveniente. Um cabo de vassoura também serve.) Libere a régua a partir de algum deslocamento angular inicial e observe a freqüência natural do movimento. Depois, mova sua mão para frente e para trás horizontalmente, excitando a régua na sua freqüência natural. Mesmo que a amplitude do movimento de sua mão seja pequena, a régua oscilará com uma amplitude apreciável. Agora, movimente sua mão com uma freqüência duas ou três vezes maior do que a freqüência natural, e observe a diminuição da amplitude de oscilação da régua.

Existem muitos exemplos de ressonância. Quando você senta em um balanço, intuitivamente você se inclina, para impulsioná-lo com a mesma freqüência natural dele. Muitas máquinas vibram porque elas possuem partes giratórias que não estão perfeitamente balanceadas. (Observe uma máquina de lavar roupa no ciclo de centrifugação, por exemplo.) Se a máquina está presa a uma estrutura que possa vibrar, a estrutura se torna um sistema oscilante forçado que é colocado em movimento com a máquina. Os engenheiros dão grande atenção a balanceamento das partes giratórias dessas máquinas, amortecendo suas vibrações e isolando-as das estruturas dos edifícios.

Uma taça de cristal com amortecimento fraco pode ser quebrada por uma onda sonora intensa que tenha a freqüência igual, ou quase igual, à sua freqüência natural de vibração. A quebra de taças é uma demonstração física comum, usando-se um oscilador de áudio, um alto-falante e um amplificador.

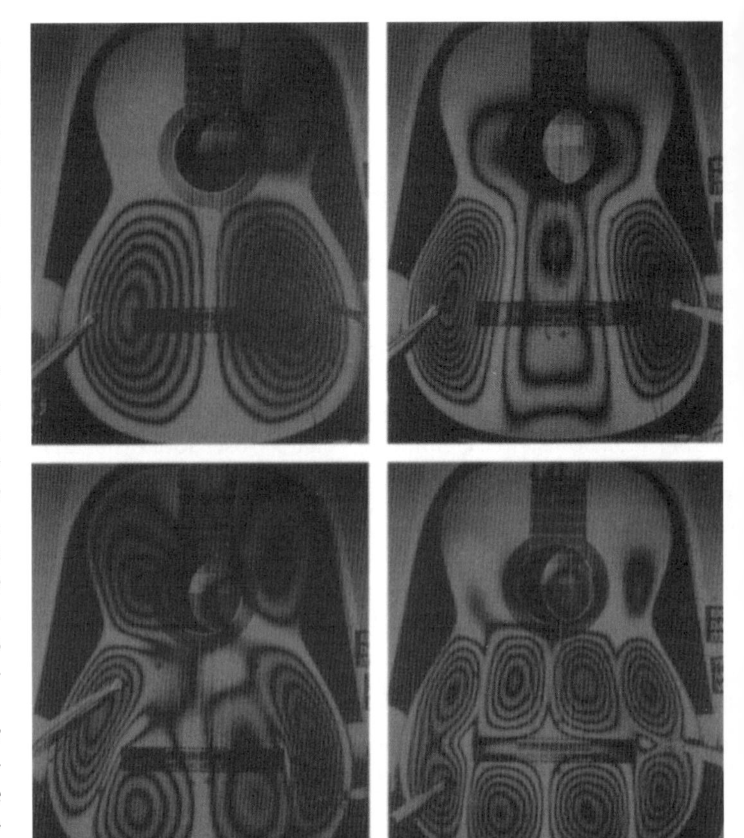

Objetos com extensão possuem mais do que uma freqüência de ressonância. Quando tocada, uma corda de violão transmite sua energia para o corpo do violão. As oscilações do corpo, acopladas com as da massa de ar que ele contém em seu interior, produzem os padrões de ressonância mostrados. *(Royal Swedish/Academy of Music.)*

*TRATAMENTO MATEMÁTICO DA RESSONÂNCIA

Podemos tratar matematicamente um oscilador forçado supondo que, além da força restauradora e da força de amortecimento, o oscilador esteja sujeito a uma força externa de excitação que varia harmonicamente com o tempo:

$$F_{\text{ext}} = F_0 \cos \omega t \qquad \text{14-52}$$

onde F_0 e ω são a amplitude e a freqüência angular da força de excitação. Esta freqüência não está, geralmente, relacionada com a freqüência angular natural do sistema, ω_0.

A segunda lei de Newton, aplicada a um corpo de massa m preso a uma mola com constante de força k e sujeito a uma força de amortecimento $-bv_x$ e a uma força externa $F_0 \cos \omega t$, fornece

$$\Sigma F_x = ma_x$$

$$-kx - bv_x + F_0 \cos \omega t = m\frac{d^2x}{dt^2}$$

onde usamos $a_x = d^2x/dt^2$. Substituindo k por $m\omega_0^2$ (Equação 14-8) e rearranjando,

$$m\frac{d^2x}{dt^2} + b\frac{dx}{dt} + m\omega_0^2 x = F_0 \cos \omega t \qquad \text{14-53}$$

EQUAÇÃO DIFERENCIAL DE UM OSCILADOR FORÇADO

Discutimos qualitativamente, agora, a solução geral da Equação 14-53. Ela consiste em duas partes, a **solução transiente** e a **solução estacionária**. A parte transiente da solução é idêntica à de um oscilador amortecido, dada pela Equação 14-39. As constantes desta parte da solução dependem das condições iniciais. Ao longo do tempo, esta parte da solução se torna desprezível, por causa do decaimento exponencial da amplitude. Ficamos com a solução estacionária, que pode ser escrita como

$$x = A\cos(\omega t - \delta) \quad 14\text{-}54$$

POSIÇÃO PARA UM OSCILADOR FORÇADO

onde a freqüência angular ω é a mesma da força de excitação. A amplitude A é dada por

$$A = \frac{F_0}{\sqrt{m^2(\omega_0^2 - \omega^2)^2 + b^2\omega^2}} \quad 14\text{-}55$$

AMPLITUDE PARA UM OSCILADOR FORÇADO

e a constante de fase δ é dada por

$$\tan\delta = \frac{b\omega}{m(\omega_0^2 - \omega^2)} \quad 14\text{-}56$$

CONSTANTE DE FASE PARA UM OSCILADOR FORÇADO

Comparando as Equações 14-52 e 14-54, podemos ver que o deslocamento e a força de excitação oscilam com a mesma freqüência, mas diferem por δ na fase. Quando a freqüência de excitação ω se aproxima de zero, δ se aproxima de zero, como pode ser visto da Equação 14-56. Na ressonância, $\omega = \omega_0$ e δ é igual a 90° e, quando ω é muito maior do que ω_0, δ se aproxima de 180°. No início deste capítulo, o deslocamento de uma partícula executando movimento harmônico simples é escrito como $x = A \cos(\omega t + \delta)$ (Equação 14-4). Esta equação é idêntica à Equação 14-54, exceto pelo sinal da constante de fase δ. A fase de uma oscilação forçada está sempre atrasada em relação à fase da força de excitação. O sinal negativo da Equação 14-54 assegura que δ seja sempre positivo (em vez de ser sempre negativo).

Ao realizar o experimento simples de excitar uma régua movendo a mão para frente e para trás (veja a discussão que se segue imediatamente à Equação 14-51), você deve reparar que, na ressonância, a oscilação de sua mão nem está em fase e nem defasada de 180° em relação à oscilação da régua. Se você mantém o movimento de sua mão a uma freqüência várias vezes maior do que a freqüência natural do pêndulo, o regime estacionário da régua será defasado de quase 180° em relação à sua mão.

A velocidade do corpo em regime estacionário é obtida derivando-se x em relação a t:

$$v_x = \frac{dx}{dt} = -\omega A\,\text{sen}(\omega t - \delta)$$

Na ressonância, $\delta = \pi/2$ e a velocidade está em fase com a força de excitação:

$$v_x = -\omega A\,\text{sen}\left(\omega t - \frac{\pi}{2}\right) = +\omega A\cos\omega t$$

Assim, na ressonância o corpo está sempre se movendo no sentido da força de excitação, como é de se esperar com injeção máxima de potência. A amplitude da velocidade ωA é máxima quando $\omega = \omega_0$.

! Na ressonância, o corpo está sempre se movendo no sentido da força de excitação, o que é de se esperar, no caso de potência máxima injetada.

Exemplo 14-15 Um Corpo em uma Mola — *Tente Você Mesmo*

Um corpo de 1,5 kg de massa, preso a uma mola de constante de força igual a 600 N/m, perde 3,0 por cento de sua energia em cada ciclo. O mesmo sistema é excitado por uma força senoidal com o valor máximo $F_0 = 0{,}50$ N. (*a*) Quanto vale Q para este sistema? (*b*) Qual é a freqüência (angular) de ressonância? (*c*) Se a freqüência de excitação varia lentamente através da ressonância, qual é a largura de ressonância $\Delta\omega$? (*d*) Qual é a amplitude, na ressonância? (*e*) Qual é a amplitude, se a freqüência de excitação é $\omega = 19$ rad/s?

SITUAÇÃO A perda de energia por ciclo é apenas de 3,0 por cento, de modo que o amortecimento é fraco. Podemos determinar Q de $Q = 2\pi/(\Delta E/E)_{\text{ciclo}}$ (Equação 14-47) e depois usar o resultado e $\Delta\omega/\omega = 1/Q$ (Equação 14-51) para determinar a largura de ressonância $\Delta\omega$. A freqüência de ressonância é a freqüência natural. A amplitude, tanto na ressonância quanto fora da ressonância, pode ser determinada da Equação 14-55, com a constante de amortecimento calculada de Q, usando $Q = \omega_0\tau$ (Equação 14-45) e $\tau = m/b$ (Equação 14-42).

SOLUÇÃO

Cubra a coluna da direita e tente por si só antes de olhar as respostas.

Passos	Respostas
(*a*) O amortecimento é fraco. Relacione Q com a perda relativa de energia usando $Q = 2\pi/(\Delta E/E)_{\text{ciclo}}$ (Equação 14-47):	$Q \approx \dfrac{2\pi}{(\lvert\Delta E\rvert/E)_{\text{ciclo}}} = \dfrac{2\pi}{0{,}030} = \boxed{210}$
(*b*) A freqüência de ressonância é a freqüência natural do sistema:	$\omega_0 = \sqrt{\dfrac{k}{m}} = \boxed{20\ \text{rad/s}}$
(*c*) Relacione a largura de ressonância $\Delta\omega$ com Q usando $\Delta\omega/\omega = 1/Q$ (Equação 14-51):	$\Delta\omega = \dfrac{\omega_0}{Q} = \boxed{0{,}096\ \text{rad/s}}$
(*d*) 1. Escreva uma expressão para a amplitude A, para qualquer freqüência de excitação ω (Equação 14-55):	$A(\omega) = \dfrac{F_0}{\sqrt{m^2(\omega_0^2 - \omega^2)^2 + b^2\omega^2}}$
2. Faça $\omega = \omega_0$ para calcular A na ressonância:	$A(\omega_0) = \dfrac{F_0}{b\omega_0}$
3. Use $Q = \omega_0\tau$ (Equação 14-45) e $\tau = m/b$ (Equação 14-42) para relacionar a constante de amortecimento b com Q:	$b = \dfrac{m\omega_0}{Q} = 0{,}144\ \text{kg/s}$
4. Use os resultados dos dois passos anteriores para calcular a amplitude na ressonância:	$A(\omega_0) = \dfrac{F_0}{b\omega_0} = \boxed{17\ \text{cm}}$
(*e*) Calcule a amplitude para $\omega = 19$ rad/s. (Omitimos as unidades para simplificar a equação. Como todas as grandezas estão no sistema SI, A está em metros.)	$A(19) = \dfrac{0{,}5}{\sqrt{1{,}5^2(20^2 - 19^2)^2 + 0{,}144^2(19)^2}} = \boxed{0{,}85\ \text{cm}}$

CHECAGEM A uma freqüência apenas 1 rad/s abaixo da freqüência de ressonância de 20 rad/s, a amplitude cai de um fator de 20. Isto não surpreende, porque a largura de ressonância $\Delta\omega$ é de apenas 0,096 rad/s.

> **!** Basta um afastamento de 1 rad/s da ressonância, para que a amplitude caia por um fator de 20. Isto não surpreende, porque a largura de ressonância $\Delta\omega$ é apenas de 0,0957 rad/s.

INDO ALÉM Fora da ressonância, o termo $b^2\omega^2$ é desprezível, em comparação com o outro termo do denominador da expressão para A. Quando $\omega - \omega_0$ é mais de várias vezes igual à largura $\Delta\omega$, como é o caso deste exemplo, podemos desprezar o termo $b^2\omega^2$ e calcular A com $A \approx F_0/[m(\omega_0^2 - \omega^2)]$. A Figura 14-26 mostra a amplitude *versus* a freqüência de excitação ω. Note que a escala horizontal varre uma pequena faixa de valores de ω.

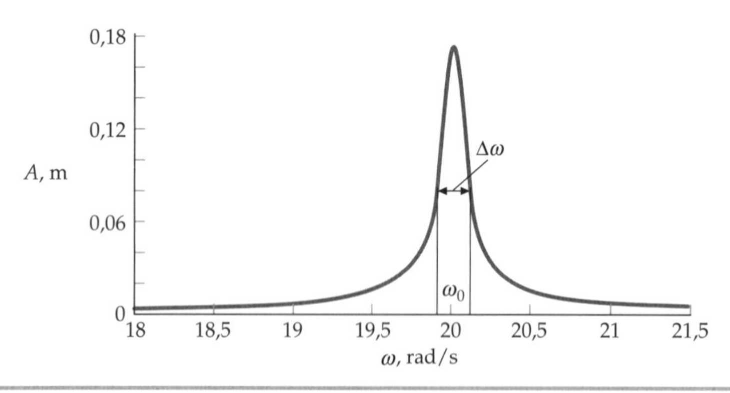

FIGURA 14-26

No Compasso da Marcha: A Ponte do Milênio

Osciladores massivos amortecidos foram presos sob a passarela pouco depois da inauguração desta ponte pênsil. Os osciladores foram colocados para prevenir o balanço excessivo que era induzido pelas forças laterais exercidas pelos passos dos pedestres. *(Alamy.)*

A ponte londrina de pedestres London Millennium, de três estágios, foi inaugurada em junho de 2000. No dia da inauguração, entre 80.000 e 100.000 pessoas cruzaram a ponte suspensa. Sempre que o número de pessoas chegava a 2000, a ponte começava a oscilar lateralmente.[*] Logo, o balanço se tornava tão forte que muitos tinham que se segurar nos corrimões[†] A "Ponte Bamboleante"[‡] foi fechada três dias depois, e só foi reaberta em fevereiro de 2002. A ponte de pedestres foi projetada para suportar ventos extremamente fortes, assim como os golpes de barcaças contra os dois ancoradouros. No entanto, o movimento lateral foi uma surpresa para os projetistas e engenheiros. Após vários meses de estudos, os pesquisadores concluíram que o caminhar tem uma componente lateral de força, tanto como componentes para a frente e para trás.

A cadência típica de uma pessoa caminhando é tal que o seu pé esquerdo atinge o piso em intervalos aproximados de um segundo. O mesmo também vale, é claro, para o pé direito. Quando alguém dá um passo à frente com o pé esquerdo, cerca de 25 N de força são dirigidos para a esquerda; no caso do pé direito, a força é dirigida para a direita.[#] Em cada passo, uma força lateral para a esquerda ou para a direita é exercida sobre o assoalho, de forma que este passa a oscilar com uma freqüência de 1 Hz. Desafortunadamente, as duas menores freqüências naturais de movimento lateral no estágio central de 144 metros de comprimento eram 0,5 Hz e 1,0 Hz,[°] e o estágio sul, de 100 metros de comprimento, tinha um modo natural de vibração de 0,8 Hz. Os passos da multidão forçaram o movimento da ponte. Quando o público era pequeno, a força combinada dos passos não era suficiente para provocar o movimento. Mas, depois que mais de 200 pessoas estavam sobre a ponte,[§] o amortecimento natural da ponte não era grande o suficiente para resistir à força combinada dos passos da multidão empurrando lateralmente a ponte.

O balanço aumentava devido à reação humana ao movimento lateral. Cálculos mostram que a aceleração lateral máxima ficava entre $0{,}2g$ e $0{,}3g$,[¶] o suficiente para fazer as pessoas se desiquilibrarem. Um método instintivo de recuperar o equilíbrio sobre uma superfície móvel é caminhar no mesmo ritmo do movimento da superfície. Este caminhar ressonante aumentava a amplitude do movimento.

Medidas feitas em testes de aglomerações sobre a ponte levaram à solução, constituída de uma série de amortecedores. Oito amortecedores de massas convenientemente ajustadas e 37 amortecedores viscosos foram instalados para reduzir o balanço lateral. Os amortecedores de massa são blocos de 2,5 toneladas de aço suspensos como pêndulos. Eles reduzem o balanço lateral vibrando em defasagem de 180° com a ponte.[**] Os amortecedores viscosos são semelhantes aos absorvedores de choque usados para amortecer oscilações verticais em automóveis; eles trabalham movendo um pistão para frente e para trás, em um fluido viscoso. O amortecimento lateral principal é realizado por 37 amortecedores viscosos.[††] Outros amortecedores de massa foram instalados para amortecer eventuais oscilações verticais. Durante os testes finais antes da reabertura, o pico medido de aceleração da ponte caiu em 97 por cento, de $0{,}25g$ para $0{,}006g$.[‡‡] A ponte não teve mais problemas de oscilação, após a reabertura.

Qualquer[##] ponte com uma vibração lateral abaixo de 1,3 Hz é suscetível de oscilações provocadas pelos passos de uma multidão.[°°] Vários tipos diferentes de pontes têm exibido oscilação lateral, sob carga de pedestres, incluindo uma ponte pênsil no Japão[§§] e pontes de pedestres em Paris e em Ottawa. Mesmo pontes de auto-estradas têm mostrado o mesmo comportamento.[¶¶] Por causa da ponte londrina de pedestres, os engenheiros têm sido motivados a lançar um novo olhar sobre a questão das vibrações.

---

[*] Dallard, P., et al., "The London Millennium Footbridge," *The Structural Engineer*, Nov. 20, 2001, Vol. 79, No. 22, 17–33.
[†] Smith, Michael, "Bouncing Bridge May Be Closed 'for Weeks,'" *The Telegraph*, Jun. 13, 2000. http://www.telegraph.co.uk/news/main.jhtml?xml=/news/2000/06/13/nsway13.xml as of July 2006.
[‡] Binney, Magnus, "Throwing a Wobbly," *The Times*, Oct. 31, 2000, Features, 16.
[#] "Oscillation," *The Millennium Bridge – Challenge*. Arup Engineering. http://www.arup.com/MillenniumBridge/challenge/oscillation.html as of July 2006.
[°] Fitzpatrick, T., *Linking London: The Millennium Bridge*. London: The Royal Academy of Engineering, June 2001.
[§] Roberts, T. M., "Lateral Pedestrian Excitation of Footbridge," *Journal of Bridge Engineering*, Jan./Feb. 2005, Vol. 10, No. 1, 107–112s.
[¶] Dallard et al., op. cit.
[**] "Elegant, Filigran, and Not Moving," GERB Vibration Control Systems. http://gerb.com/images/both/projektbeispiele/pdf/millenium_bridge_en.pdf as of July 2006.
[††] Taylor, D. P., "Damper Retrofit of the London Millenium Footbridge—A Case Study in Biodynamic Design," Taylor Devices. http://www.taylordevices.com/papers/damper/damper.pdf as of July 2006.
[‡‡] Ibid.
[##] *Structural Safety 2000-2001: Thirteenth Report of SCOSS—The Standing Committee on Structural Safety*. London: Standing Committee on Structural Safety. May 2001, 24–26. http://www.scoss.org.uk/publications/rtf/13Report.pdf as of July 2006.
[°°] "Designing Footbridges with Eurocodes," *Eurocode News*, Mar. 2004, No. 2, 6.
[§§] Nakamura, S.-I., "Model for Lateral Excitation of Footbridges by Synchronous Walking," *Journal of Structural Engineering*, Jan. 2004, 32–37.
[¶¶] Fitzpatrick, op. cit.

Resumo

1. Movimento harmônico simples ocorre sempre que a força restauradora é proporcional ao deslocamento a partir do equilíbrio. Ele é de larga aplicação no estudo de oscilações, ondas, circuitos elétricos e dinâmica molecular.
2. Ressonância é um fenômeno importante em muitas áreas da física. Ela ocorre quando a freqüência da força de excitação é próxima da freqüência natural do sistema oscilante.

TÓPICO	EQUAÇÕES RELEVANTES E OBSERVAÇÕES	
1. Movimento Harmônico Simples	No movimento harmônico simples, a aceleração (e também, portanto, a força resultante) são ambas proporcionais e de sentidos opostos ao deslocamento a partir da posição de equilíbrio. $F_x = -kx = ma_x$	14-1
Função posição	$x = A\cos(\omega t + \delta)$	14-4
Freqüência angular	$\omega = 2\pi f = \frac{2\pi}{T}$	14-11
Energia mecânica	$E = K + U = \frac{1}{2}kA^2$	14-17
Movimento circular	Se uma partícula se move em um círculo com rapidez constante, a projeção da partícula sobre um diâmetro do círculo se move em movimento harmônico simples.	
Movimento geral próximo do equilíbrio	Se um corpo recebe um pequeno deslocamento a partir de uma posição de equilíbrio estável, ele tipicamente oscilará com movimento harmônico simples em torno desta posição.	
2. Freqüências Naturais para Vários Sistemas		
Massa em mola	$\omega = \sqrt{\frac{k}{m}}$	14-8
Pêndulo simples	$\omega = \sqrt{\frac{g}{L}}$	14-27
Pêndulo de torção	$\omega = \sqrt{\frac{\kappa}{I}}$ onde I é o momento de inércia e κ é a constante de torção. Para pequenas oscilações de um pêndulo físico, $\kappa = MgD$, onde D é a distância do centro de massa ao eixo de rotação.	14-33
3. Oscilações Amortecidas	Em oscilações de sistemas reais, o movimento é amortecido por causa das forças dissipativas. Se o amortecimento é maior do que um dado valor crítico, o sistema não oscila ao ser perturbado, mas simplesmente retorna à sua posição de equilíbrio. O movimento de um sistema fracamente amortecido é quase harmônico simples, com uma amplitude que diminui exponencialmente com o tempo.	
Freqüência	$\omega' = \omega_0\sqrt{1 - \frac{1}{4Q^2}}$	14-48
Energia	$E = E_0 e^{-t/\tau}$	14-44
Amplitude	$A = A_0 e^{-(1/2)t/\tau}$	14-41
Tempo de decaimento	$\tau = \frac{m}{b}$	14-42
Definição do fator Q	$Q = \omega_0 \tau$	14-45

	TÓPICO	EQUAÇÕES RELEVANTES E OBSERVAÇÕES	
	Fator Q para amortecimento fraco	$Q \approx \frac{2\pi}{(\lvert\Delta E\rvert/E)_{\text{ciclo}}} \quad \left(\frac{\lvert\Delta E\rvert}{E}\right)_{\text{ciclo}} \ll 1$	14-47
4.	Oscilações Forçadas	Quando um sistema subamortecido ($b < b_c$) é excitado por uma força externa senoidal $F_{\text{ext}} = F_0 \cos \omega t$, o sistema oscila com uma freqüência ω igual à freqüência de excitação e com uma amplitude A que depende da freqüência de excitação.	
	Freqüência de ressonância	$\omega = \omega_0$	
	Largura de ressonância para amortecimento fraco	$\frac{\Delta\omega}{\omega_0} = \frac{1}{Q}$	14-51
	*Função posição	$x = A\cos(\omega t - \delta)$	14-54
	*Amplitude	$A = \frac{F_0}{\sqrt{m^2(\omega_0^2 - \omega^2)^2 + b^2\omega^2}}$	14-55
	*Constante de fase	$\tan\delta = \frac{b\omega}{m(\omega_0^2 - \omega^2)}$	14-56

Resposta da Checagem Conceitual

14-1 $\sqrt{L/g}$

Respostas dos Problemas Práticos

14-1 (*a*) $f = 3{,}6$ Hz, $T = 0{,}28$ s, (*b*) $f = 2{,}5$ Hz, $T = 0{,}40$ s

14-2 $\omega = 3{,}1$ rad/s, $v_{\text{máx}} = 0{,}13$ m/s

14-3 (*a*) $E = \frac{1}{2}mv_{\text{máx}}^2 = 0{,}0625$ J (*b*) $A = \sqrt{2E_{\text{total}}/k} = 5{,}59$ cm

14-4 24 cm

14-5 2,01 s

14-6 $g' = 10{,}3$ m/s^2, $T = 1{,}96$ s

14-7 $T = 2\pi\sqrt{\frac{L}{6g}}$ para $x = L/6$ e para $x = L/2$

Problemas

Em alguns problemas, você recebe mais dados do que necessita; em alguns outros, você deve acrescentar dados de seus conhecimentos gerais, fontes externas ou estimativas bem fundamentadas.

Interprete como significativos todos os algarismos de valores numéricos que possuem zeros em seqüência sem vírgulas decimais.

• Um só conceito, um só passo, relativamente simples
•• Nível intermediário, pode requerer síntese de conceitos
••• Desafiante, para estudantes avançados
Problemas consecutivos sombreados são problemas pareados.

PROBLEMAS CONCEITUAIS

1 • Verdadeiro ou falso:

(*a*) Para um oscilador harmônico simples, o período é proporcional ao quadrado da amplitude.
(*b*) Para um oscilador harmônico simples, a freqüência não depende da amplitude.
(*c*) Se a força resultante sobre uma partícula em movimento unidimensional é proporcional e oposta ao deslocamento em relação ao ponto de equilíbrio, o movimento é harmônico simples.

2 • Se a amplitude de um oscilador harmônico simples é triplicada, de que fator varia a energia?

3 •• Um corpo preso a uma mola exibe movimento harmônico simples com uma amplitude de 4,0 cm. Quando o corpo está a 2,0 cm da posição de equilíbrio, qual é a fração de sua energia mecânica total que está na forma de energia potencial? (*a*) um quarto, (*b*) um terço, (*c*) a metade, (*d*) dois terços, (*e*) três quartos.

4 •• Um corpo preso a uma mola exibe movimento harmônico simples com uma amplitude de 10,0 cm. A que distância do ponto de equilíbrio o corpo estará, quando a energia potencial do sistema for igual à sua energia cinética? (*a*) 5,00 cm, (*b*) 7,07 cm, (*c*) 9,00 cm, (*d*) a distância não pode ser determinada com os dados fornecidos.

5 •• Dois sistemas idênticos consistem cada um em uma mola com uma extremidade presa a um bloco e a outra extremidade presa a uma parede. As molas são horizontais, e os blocos são apoiados sobre uma mesa horizontal sem atrito. Os blocos oscilam em movimentos harmônicos simples, de forma que a amplitude do movimento do bloco A vale quatro vezes a amplitude do movimento do bloco B. Como se comparam os valores máximos de rapidez dos dois blocos? (*a*)

$v_{\text{A máx}} = v_{\text{B máx}}$, (*b*) $v_{\text{A máx}} = 2v_{\text{B máx}}$, (*c*) $v_{\text{A máx}} = 4v_{\text{B máx}}$, (*d*) esta comparação não pode ser feita com os dados fornecidos.

6 •• Dois sistemas consistem cada um em uma mola com uma extremidade presa a um bloco e a outra extremidade presa a uma parede. As molas são horizontais, e os blocos são apoiados sobre uma mesa horizontal sem atrito. Os blocos idênticos oscilam em movimentos harmônicos simples de amplitudes iguais. No entanto, a constante de força da mola A vale quatro vezes a constante de força da mola B. Como se comparam os valores máximos de rapidez dos dois blocos? (*a*) $v_{\text{A máx}} = v_{\text{B máx}}$, (*b*) $v_{\text{A máx}} = 2v_{\text{B máx}}$, (*c*) $v_{\text{A máx}} = 4v_{\text{B máx}}$, (*d*) esta comparação não pode ser feita com os dados fornecidos.

7 •• Dois sistemas consistem cada um em uma mola com uma extremidade presa a um bloco e a outra extremidade presa a uma parede. As molas idênticas são horizontais, e os blocos são apoiados sobre uma mesa horizontal sem atrito. Os blocos oscilam em movimentos harmônicos simples de amplitudes iguais. No entanto, a massa do bloco A vale quatro vezes a massa do bloco B. Como se comparam os valores máximos de rapidez dos dois blocos? (*a*) $v_{\text{A máx}} = v_{\text{B máx}}$, (*b*) $v_{\text{A máx}} = 2v_{\text{B máx}}$, (*c*) $v_{\text{A máx}} = \frac{1}{2}v_{\text{B máx}}$, (*d*) esta comparação não pode ser feita com os dados fornecidos.

8 •• Dois sistemas consistem cada um em uma mola com uma extremidade presa a um bloco e a outra extremidade presa a uma parede. As molas idênticas são horizontais, e os blocos são apoiados sobre uma mesa horizontal sem atrito. Os blocos oscilam em movimentos harmônicos simples de amplitudes iguais. No entanto, a massa do bloco A vale quatro vezes a massa do bloco B. Como se comparam os módulos máximos de aceleração dos dois blocos? (a) $a_{\text{A máx}} = a_{\text{B máx}}$, (*b*) $a_{\text{A máx}} = 2a_{\text{B máx}}$, (*c*) $a_{\text{A máx}} = \frac{1}{2}a_{\text{B máx}}$, (*d*) $a_{\text{A máx}} = \frac{1}{4}a_{\text{B máx}}$, (*e*) esta comparação não pode ser feita com os dados fornecidos.

9 •• Em cursos de física geral, a massa da mola no movimento harmônico simples é usualmente desprezada, por ser normalmente muito menor do que a massa do corpo preso à ela. No entanto, este não é sempre o caso. Se você despreza a massa da mola quando ela não é desprezível, como seus cálculos para o período, a freqüência e a energia total do sistema se comparam com os valores reais desses parâmetros? Explique.

10 •• Dois sistemas massa–mola oscilam com períodos T_{A} e T_{B}. Se $T_{\text{A}} = 2T_{\text{B}}$ e as molas possuem constantes de força iguais, as massas dos sistemas estão relacionadas como (*a*) $m_{\text{A}} = 4m_{\text{B}}$, (*b*) $m_{\text{A}} = m_{\text{B}}/\sqrt{2}$, (*c*) $m_{\text{A}} = m_{\text{B}}/2$, (*d*) $m_{\text{A}} = m_{\text{B}}/4$.

11 •• Dois sistemas massa–mola oscilam com freqüências f_{A} e f_{B}. Se $f_{\text{A}} = 2f_{\text{B}}$ e as molas possuem constantes de força iguais, as massas dos sistemas estão relacionadas como (*a*) $m_{\text{A}} = 4m_{\text{B}}$, (*b*) $m_{\text{A}} = m_{\text{B}}/\sqrt{2}$, (*c*) $m_{\text{A}} = m_{\text{B}}/2$, (*d*) $m_{\text{A}} = m_{\text{B}}/4$.

12 •• Dois sistemas massa–mola *A* e *B* oscilam de modo que suas energias mecânicas totais são iguais. Se $m_{\text{A}} = 2m_{\text{B}}$, qual é a expressão que melhor relaciona suas amplitudes? (*a*) $A_{\text{A}} = A_{\text{B}}/4$, (*b*) $A_{\text{A}} = A_{\text{B}}/\sqrt{2}$, (*c*) $A_{\text{A}} = A_{\text{B}}$, (*d*) não há informação suficiente para se determinar a razão entre as amplitudes.

13 •• Dois sistemas massa–mola *A* e *B* oscilam de modo que suas energias mecânicas totais são iguais. Se a constante de força da mola *A* é o dobro da constante de força da mola *B*, qual é a expressão que melhor relaciona suas amplitudes? (*a*) $A_{\text{A}} = A_{\text{B}}/4$, (*b*) $A_{\text{A}} = A_{\text{B}}/\sqrt{2}$, (*c*) $A_{\text{A}} = A_{\text{B}}$, (*d*) não há informação suficiente para se determinar a razão entre as amplitudes.

14 •• O comprimento do cordão ou do arame preso à bolinha de um pêndulo aumenta ligeiramente com o aumento da temperatura. Como é que isto afeta um relógio de pêndulo simples?

15 •• Uma lâmpada pendurada do teto de um vagão de trem oscila com período T_0 quando o trem está em repouso. O período será (ligue a coluna da esquerda com a coluna da direita)

1. maior do que T_0 quando	A. O trem se move horizontalmente com velocidade constante.
2. menor do que T_0 quando	B. O trem faz uma curva com rapidez constante.
3. igual a T_0 quando	C. O trem sobe uma colina com rapidez constante.
	D. O trem passa por sobre o pico da colina com rapidez constante.

16 •• Dois pêndulos simples relacionam-se como se segue. O pêndulo *A* tem um comprimento L_{A} e uma massa m_{A}; o pêndulo *B* tem um comprimento L_{B} e uma massa m_{B}. Se o período de A for o dobro do de B, então (*a*) $L_{\text{A}} = 2L_{\text{B}}$ e $m_{\text{A}} = 2m_{\text{B}}$, (*b*) $L_{\text{A}} = 4L_{\text{B}}$ e $m_{\text{A}} = m_{\text{B}}$, (*c*) $L_{\text{A}} = 4L_{\text{B}}$, qualquer que seja a razão $m_{\text{A}}/m_{\text{B}}$, (*d*) $L_{\text{A}} = \sqrt{2}L_{\text{B}}$, qualquer que seja a razão $m_{\text{A}}/m_{\text{B}}$.

17 •• Dois pêndulos simples relacionam-se como se segue. O pêndulo *A* tem um comprimento L_{A} e uma massa m_{A}; o pêndulo *B* tem um comprimento L_{B} e uma massa m_{B}. Se a freqüência de A for um terço da freqüência de B, então (*a*) $L_{\text{A}} = 3L_{\text{B}}$ e $m_{\text{A}} = 3m_{\text{B}}$, (*b*) $L_{\text{A}} = 9L_{\text{B}}$ e $m_{\text{A}} = m_{\text{B}}$, (*c*) $L_{\text{A}} = 9L_{\text{B}}$, qualquer que seja a razão $m_{\text{A}}/m_{\text{B}}$, (*d*) $L_{\text{A}} = \sqrt{3}L_{\text{B}}$, qualquer que seja a razão $m_{\text{A}}/m_{\text{B}}$.

18 •• Dois pêndulos simples relacionam-se como se segue. O pêndulo *A* tem um comprimento L_{A} e uma massa m_{A}; o pêndulo *B* tem um comprimento L_{B} e uma massa m_{B}. Eles têm o mesmo período. Se a única diferença entre seus movimentos é que a amplitude do movimento de A é o dobro da amplitude do movimento de B, então (*a*) $L_{\text{A}} = L_{\text{B}}$ e $m_{\text{A}} = m_{\text{B}}$, (*b*) $L_{\text{A}} = 2L_{\text{B}}$ e $m_{\text{A}} = m_{\text{B}}$, (*c*) $L_{\text{A}} = L_{\text{B}}$, qualquer que seja a razão $m_{\text{A}}/m_{\text{B}}$, (*d*) $L_{\text{A}} = \frac{1}{2}L_{\text{B}}$, qualquer que seja a razão $m_{\text{A}}/m_{\text{B}}$.

19 •• Verdadeiro ou falso:

(*a*) A energia mecânica de um oscilador amortecido e não forçado decresce exponencialmente com o tempo.
(*b*) Ocorre ressonância, em um oscilador amortecido e forçado, quando a freqüência de excitação é exatamente igual à freqüência natural.
(*c*) Se o fator *Q* de um oscilador amortecido é alto, então sua curva de ressonância é estreita.
(*d*) O tempo de decaimento τ de um oscilador massa–mola com amortecimento linear é independente de sua massa.
(*e*) O fator *Q* de um oscilador massa–mola forçado com amortecimento linear é independente de sua massa.

20 •• Dois sistemas massa–mola oscilantes amortecidos têm as mesmas constantes de mola e de amortecimento. No entanto, a massa m_{A} do sistema A é quatro vezes a massa m_{B} do sistema B. Como se comparam os seus tempos de decaimento? (*a*) $\tau_{\text{A}} = 4\tau_{\text{B}}$, (*b*) $\tau_{\text{A}} = 2\tau_{\text{B}}$, (*c*) $\tau_{\text{A}} = \tau_{\text{B}}$, (*d*) seus tempos de decaimento não podem ser comparados com as informações fornecidas.

21 •• Dois sistemas massa–mola oscilantes amortecidos têm as mesmas constantes de mola e os mesmos tempos de decaimento. No entanto, a massa m_{A} do sistema A é duas vezes a massa m_{B} do sistema B. Como se comparam as suas constantes de amortecimento *b*? (*a*) $b_{\text{A}} = 4b_{\text{B}}$, (*b*) $b_{\text{A}} = 2b_{\text{B}}$, (*c*) $b_{\text{A}} = b_{\text{B}}$, (*d*) $b_{\text{A}} = \frac{1}{2}b_{\text{B}}$, (*e*) suas constantes de amortecimento não podem ser comparadas com as informações fornecidas.

22 •• Dois sistemas massa–mola oscilantes amortecidos e forçados têm a mesma força de excitação e as mesmas constantes de mola e de amortecimento. No entanto, a massa do sistema A é quatro vezes a massa do sistema B. Suponha amortecimento muito fraco para os dois sistemas. Como se comparam suas freqüências de ressonância? (*a*) $\omega_{\text{A}} = \omega_{\text{B}}$, (*b*) $\omega_{\text{A}} = 2\omega_{\text{B}}$, (*c*) $\omega_{\text{A}} = \frac{1}{2}\omega_{\text{B}}$, (*d*) $\omega_{\text{A}} = \frac{1}{4}\omega_{\text{B}}$, (*e*) suas freqüências de ressonância não podem ser comparadas com as informações fornecidas.

23 •• Dois sistemas massa–mola oscilantes amortecidos e forçados têm a mesma massa, a mesma força de excitação e as mesmas constantes de amortecimento. No entanto, a constante de força k_{A} do sistema A é quatro vezes a constante de força k_{B}

do sistema B. Suponha amortecimento muito fraco, para os dois sistemas. Como se comparam suas freqüências de ressonância? (*a*) $\omega_A = \omega_B$, (*b*) $\omega_A = 2\omega_B$, (*c*) $\omega_A = \frac{1}{2}\omega_B$, (*d*) $\omega_A = \frac{1}{4}\omega_B$, (*e*) suas freqüências de ressonância não podem ser comparadas com as informações fornecidas.

24 •• Dois pêndulos simples oscilantes amortecidos e forçados têm a mesma massa, a mesma força de excitação e as mesmas constantes de amortecimento. No entanto, o comprimento do pêndulo A é quatro vezes o comprimento do pêndulo B. Suponha amortecimento muito fraco, para os dois sistemas. Como se comparam suas freqüências de ressonância? (*a*) $\omega_A = \omega_B$, (*b*) $\omega_A = 2\omega_B$, (*c*) $\omega_A = \frac{1}{2}\omega_B$, (*d*) $\omega_A = \frac{1}{4}\omega_B$, (*e*) suas freqüências de ressonância não podem ser comparadas com as informações fornecidas.

ESTIMATIVA E APROXIMAÇÃO

25 • Estime a largura de um típico móvel de relógio de pêndulo do vovô, em termos da largura do peso preso ao pêndulo, que deve apresentar um movimento harmônico simples.

26 • Um pequeno saco de pancadas, para exercício de pugilismo, tem aproximadamente o tamanho e o peso da cabeça de uma pessoa e está suspenso por uma corda ou uma corrente muito curta. Estime a freqüência natural de oscilações para este saco de pancadas.

27 •• Para uma criança em um balanço, a amplitude cai de um fator $1/e$ em cerca de oito períodos, se não é adicionada energia mecânica ao sistema. Estime o fator Q do sistema.

28 •• (*a*) Estime o período natural de oscilação de seus braços em uma caminhada com as mãos vazias. (*b*) Estime o período natural de oscilação, agora, se você caminha carregando uma pasta pesada. (*c*) Observe as pessoas caminhando. Suas estimativas parecem razoáveis?

MOVIMENTO HARMÔNICO SIMPLES

Nota: A não ser quando diferentemente especificado, suponha todos os corpos nesta seção em movimento harmônico simples.

29 • A posição de uma partícula é dada por $x = (7{,}0 \text{ cm}) \cos 6\pi t$, com t em segundos. Quais são (*a*) a freqüência, (*b*) o período e (*c*) a amplitude do movimento da partícula? (*d*) Qual é o primeiro instante, após $t = 0$, em que a partícula estará em sua posição de equilíbrio? Nesse instante, em que sentido ela estará se movendo?

30 • Qual é a constante de fase δ em $x = A\cos(\omega t + \delta)$ (Equação 14-4), se a posição da partícula oscilante, no instante $t = 0$, é (*a*) 0, (*b*) $-A$, (*c*) A e (*d*) $A/2$?

31 • Uma partícula, de massa m, parte do repouso de $x = +25$ cm e oscila em torno de sua posição de equilíbrio em $x = 0$ com um período de 1,5 s. Escreva expressões para (*a*) a posição x como função de t, (*b*) a velocidade v_x como função de t e (*c*) a aceleração a_x como função de t.

32 •• Determine (*a*) a rapidez máxima e (*b*) a aceleração máxima da partícula do Problema 29. (*c*) Qual é o primeiro instante em que a partícula estará em $x = 0$ movendo-se para a direita?

33 •• Resolva o Problema 31 com a partícula inicialmente em $x = 25$ cm movendo-se com a velocidade $v_0 = +50$ cm/s.

34 •• O período de uma partícula, oscilando em movimento harmônico simples, é 8,0 s e sua amplitude é 12 cm. Em $t = 0$, ela está em sua posição de equilíbrio. Determine a distância que a partícula percorre durante os intervalos (*a*) $t = 0$ a $t = 2{,}0$ s, (*b*) $t = 2{,}0$ s a $t = 4{,}0$ s, (*c*) $t = 0$ a $t = 1{,}0$ s e (*d*) $t = 1{,}0$ s a $t = 2{,}0$ s.

35 •• O período de uma partícula oscilando em movimento harmônico simples é 8,0 s. Em $t = 0$, a partícula está em repouso em $x = A = 10$ cm. (*a*) Esboce x como função de t. (*b*) Determine a distância percorrida nos primeiro, segundo, terceiro e quarto segundos após $t = 0$.

36 •• **APLICAÇÃO EM ENGENHARIA, RICO EM CONTEXTO** É freqüente que especificações militares exijam que instrumentos eletrônicos sejam capazes de suportar acelerações de até $10g$ ($10g = 98{,}1$ m/s²). Para se certificar de que os produtos de sua companhia atendem a esta especificação, seu gerente o instrui a utilizar uma "mesa vibratória", que pode fazer vibrar um produto com freqüências e amplitudes ajustáveis e controladas. Se um equipamento é colocado sobre a mesa e posto a oscilar com uma amplitude de 1,5 cm, qual é a freqüência que você deve ajustar para testar a concordância com as especificações militares?

37 •• A posição de uma partícula é dada por $x = 2{,}5 \cos \pi t$, com x em metros e t em segundos. (*a*) Determine a rapidez máxima e a aceleração máxima da partícula. (*b*) Determine a rapidez e a aceleração da partícula quando $x = 1{,}5$ m.

38 ••• (*a*) Mostre que $A_0 \cos(\omega t + \delta)$ pode ser escrito como $A_s \operatorname{sen}(\omega t) + A_c \cos(\omega t)$, e determine A_s e A_c em termos de A_0 e δ. (*b*) Relacione A_c e A_s com a posição e a velocidade iniciais de uma partícula descrevendo movimento harmônico simples.

MOVIMENTO HARMÔNICO SIMPLES E SUA RELAÇÃO COM O MOVIMENTO CIRCULAR

39 • Uma partícula se move com a rapidez constante de 80 cm/s em um círculo de 40 cm de raio centrado na origem. (*a*) Determine a freqüência e o período da componente x de sua posição. (*b*) Escreva uma expressão para a componente x da posição da partícula como função do tempo t, supondo que a partícula esteja localizada no eixo $+y$ no tempo $t = 0$.

40 • Uma partícula se move em um círculo de 15 cm de raio, centrado na origem, e completa 1,0 revolução a cada 3,0 s. (*a*) Determine a rapidez da partícula. (*b*) Determine sua rapidez angular ω. (*c*) Escreva uma equação para a componente x da posição da partícula como função do tempo t, supondo que a partícula esteja no eixo $-x$ no tempo $t = 0$.

ENERGIA NO MOVIMENTO HARMÔNICO SIMPLES

41 • Um corpo de 2,4 kg, sobre uma superfície horizontal sem atrito, está preso a uma das extremidades de uma mola horizontal de constante de força $k = 4{,}5$ kN/m. A outra extremidade da mola é mantida estacionária. A mola é distendida de 10 cm, a partir do equilíbrio, e é liberada. Determine a energia mecânica total do sistema.

42 • Determine a energia total de um sistema que consiste em um corpo de 3,0 kg sobre uma superfície horizontal sem atrito oscilando com uma amplitude de 10 cm e uma freqüência de 2,4 Hz, preso a uma das extremidades de uma mola horizontal.

43 • Um corpo de 1,50 kg, sobre uma superfície horizontal sem atrito, oscila preso a uma das extremidades de uma mola (constante de força $k = 500$ N/m). A rapidez máxima do corpo é 70,0 cm/s. (*a*) Qual é a energia mecânica total do sistema? (*b*) Qual é a amplitude do movimento?

44 • Um corpo de 3,0 kg, sobre uma superfície horizontal sem atrito, oscila preso a uma das extremidades de uma mola de constante de força igual a 2,0 kN/m com uma energia mecânica total de 0,90 J. (*a*) Qual é a amplitude do movimento? (*b*) Qual é a rapidez máxima?

45 • Um corpo, sobre uma superfície horizontal sem atrito, oscila preso a uma das extremidades de uma mola com uma amplitude de 4,5 cm. Sua energia mecânica total é 1,4 J. Qual é a constante de força da mola?

46 •• Um corpo de 3,0 kg, sobre uma superfície horizontal sem atrito, oscila preso a uma das extremidades de uma mola com uma amplitude de 8,0 cm. Sua aceleração máxima é 3,5 m/s^2. Determine a energia mecânica total.

MOVIMENTO HARMÔNICO SIMPLES E MOLAS

47 • Um corpo de 2,4 kg, sobre uma superfície horizontal sem atrito, está preso a uma das extremidades de uma mola horizontal de constante de força $k = 4{,}5$ kN/m. A mola é distendida de 10 cm a partir do equilíbrio e largada. Quais são (*a*) a freqüência do movimento, (*b*) o período, (*c*) a amplitude, (*d*) a rapidez máxima e (*e*) a aceleração máxima? (*f*) Quando é que o corpo atinge pela primeira vez sua posição de equilíbrio? Neste instante, qual é a sua aceleração?

48 • Um corpo de 5,00 kg, sobre uma superfície horizontal sem atrito, está preso a uma das extremidades de uma mola horizontal de constante de força $k = 700$ N/m. A mola é distendida de 8,00 cm a partir do equilíbrio e largada. Quais são (*a*) a freqüência do movimento, (*b*) o período, (*c*) a amplitude, (*d*) a rapidez máxima e (*e*) a aceleração máxima? (*f*) Quando é que o corpo atinge pela primeira vez sua posição de equilíbrio? Neste instante, qual é a sua aceleração?

49 • Um corpo de 3,0 kg, sobre uma superfície horizontal sem atrito, oscila preso a uma das extremidades de uma mola horizontal com uma amplitude $A = 10$ cm e uma freqüência $f = 2{,}4$ Hz. (*a*) Qual é a constante de força da mola? (*b*) Qual é o período do movimento? (*c*) Qual é a rapidez máxima do corpo? (*d*) Qual é a aceleração máxima do corpo?

50 • Uma pessoa de 85,0 kg entra em um carro de 2400 kg de massa, fazendo com que suas molas sejam comprimidas de 2,35 cm. Se uma oscilação vertical é iniciada e supondo ausência de amortecimento, qual é a freqüência de vibração, sobre as molas, do carro e do passageiro?

51 • Um corpo de 4,50 kg oscila preso a uma mola horizontal com uma amplitude de 3,80 cm. A aceleração máxima do corpo é 26,0 m/s^2. Determine (*a*) a constante de força da mola, (*b*) a freqüência e (*c*) o período do movimento do corpo.

52 •• Um corpo de massa m está suspenso de uma mola vertical de constante de força igual a 1800 N/m. Quando o corpo é puxado até 2,50 cm abaixo do equilíbrio e largado do repouso, ele oscila com 5,50 Hz. (*a*) Determine m. (*b*) Determine de quanto a mola está distendida, quando o corpo está em equilíbrio. (*c*) Escreva expressões para o deslocamento x, a velocidade v_x e a aceleração a_x como funções do tempo t.

53 •• Um corpo está pendurado de uma das extremidades de uma mola vertical e é largado do repouso com a mola frouxa. Determine o período do movimento oscilatório que se estabelece, sabendo que o corpo cai 3,42 cm antes de atingir pela primeira vez o repouso.

54 •• Uma mala, de 20 kg de massa, está pendurada através de duas cordas elásticas, como mostra a Figura 14-27. Cada corda é distendida de 5,0 cm quando a mala está em equilíbrio. Se a mala é puxada um pouco para baixo e largada, qual será a freqüência de sua oscilação?

FIGURA 14-27 Problema 54

55 •• Um bloco de 0,120 kg está suspenso por uma mola. Quando uma pequena pedra de 30 g de massa é colocada sobre o bloco, a mola se distende de mais 5,0 cm. Com a pedra sobre o bloco, este oscila com uma amplitude de 12 cm. (*a*) Qual é a freqüência do movimento? (*b*) Quanto tempo leva para o bloco se deslocar de seu ponto mais baixo até seu ponto mais alto? (*c*) Qual é a força resultante sobre a pedra quando ela está no ponto de deslocamento mais alto?

56 •• Em relação ao Problema 55, determine a amplitude máxima de oscilação para a qual a pedra permanecerá em contato com o bloco.

57 •• Um corpo, de 2,0 kg de massa, é preso à extremidade superior de uma mola cuja extremidade inferior está presa ao solo. O comprimento da mola frouxa é 8,0 cm, e o comprimento da mola quando o corpo está em equilíbrio é 5,0 cm. Quando o corpo está em repouso, em sua posição de equilíbrio, ele recebe uma forte e rápida martelada para baixo, o que lhe imprime uma rapidez inicial de 0,30 m/s. (*a*) Qual é a altura máxima, em relação ao solo, atingida pelo corpo? (*b*) Quanto tempo leva para o corpo atingir sua altura máxima pela primeira vez? (*c*) Em algum momento, a mola fica frouxa? Qual deve ser a rapidez inicial mínima dada ao corpo para que a mola, em algum momento, esteja frouxa?

58 ••• **APLICAÇÃO EM ENGENHARIA** Um cabo de guindaste possui uma área de seção reta de 1,5 cm^2 e um comprimento de 2,5 m. O módulo de Young do cabo é 150 GN/m^2. Um bloco de motor de 950 kg é pendurado da extremidade do cabo. (*a*) De quanto se distende o cabo? (*b*) Se tratamos o cabo como uma mola simples, qual é a freqüência de oscilação do bloco de motor na extremidade do cabo?

SISTEMAS COM PÊNDULO SIMPLES

59 • Determine o comprimento de um pêndulo simples cuja freqüência para pequenas amplitudes vale 0,75 Hz.

60 • Determine o comprimento de um pêndulo simples cujo período para pequenas amplitudes vale 5,0 s.

61 • Qual seria o período do pêndulo do Problema 60 se ele estivesse na Lua, onde a aceleração da gravidade vale um sexto do que vale na Terra?

62 • Se o período de um pêndulo simples de 70,0 cm de comprimento é 1,68 s, qual é o valor de g no local onde ele se encontra?

63 • Um pêndulo simples, montado no poço da escadaria de um edifício de 10 andares, consiste em um peso suspenso por um arame de 34,0 m. Qual é o período de oscilação?

64 •• Mostre que a energia total de um pêndulo simples oscilando com pequena amplitude ϕ_0 (em radianos) é $E \approx \frac{1}{2}mgL\phi_0^2$. *Dica: Use a aproximação* $\cos\phi \approx 1 - \frac{1}{2}\phi^2$ *para* ϕ *pequeno.*

65 ••• Um pêndulo simples, de comprimento L, está preso a um carrinho massivo que desce um plano inclinado, sem atrito, que forma um ângulo θ com a horizontal, como mostrado na Figura 14-28. Determine o período de pequenas oscilações para este pêndulo.

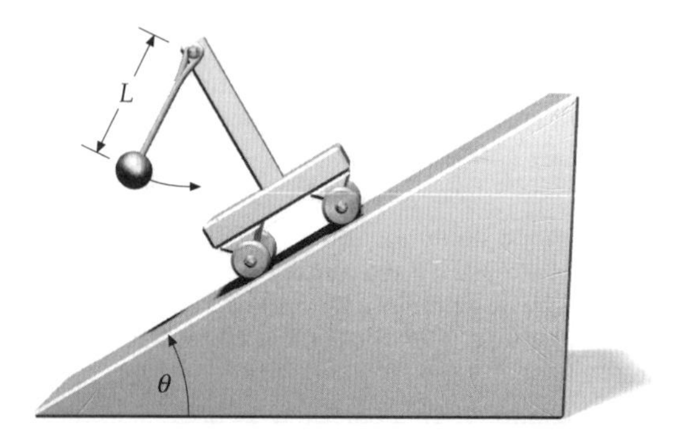

FIGURA 14-28 Problema 65

66 ••• A bolinha na extremidade de um pêndulo simples de comprimento L é largada, do repouso, de um ângulo ϕ_0. (*a*) Use o modelo de movimento harmônico simples para o movimento deste pêndulo e determine sua rapidez ao passar por $\phi = 0$, usando a aproximação de pequenos ângulos. (*b*) Usando conservação de energia determine sua rapidez exatamente para qualquer ângulo (não apenas ângulos pequenos). (*c*) Mostre que seu resultado da Parte (*b*) coincide com a resposta aproximada da Parte (*a*) quando ϕ_0 é pequeno. (*d*) Determine a diferença entre os resultados aproximado e exato para $\phi = 0{,}20$ rad e $L = 1{,}0$ m. (*e*) Determine a diferença entre os resultados aproximado e exato para $\phi = 1{,}20$ rad e $L = 1{,}0$ m.

PÊNDULOS FÍSICOS

67 • Um disco fino homogêneo, de 5,0 kg, com 20 cm de raio, gira livremente em torno de um eixo horizontal fixo que passa, perpendicularmente, por sua borda. O disco é ligeiramente deslocado a partir do equilíbrio e largado. Determine o período do movimento harmônico simples subseqüente.

68 • Um aro circular de 50 cm de raio oscila em seu próprio plano, pendente de uma fina barra horizontal. Qual é o período da oscilação, supondo uma amplitude pequena?

69 • Uma figura plana de 3,0 kg é suspensa por um ponto que dista 10 cm de seu centro de massa. Quando oscilando com pequenas amplitudes, o período é de 2,6 s. Determine seu momento de inércia I em relação a um eixo perpendicular ao seu plano e que passa pelo ponto de suspensão.

70 •• **APLICAÇÃO EM ENGENHARIA, RICO EM CONTEXTO, CONCEITUAL** Você projetou uma portinhola para o gato, feita de um pedaço quadrado de madeira compensada de 1,0 in (2,54 cm) de espessura e 6,0 in (15,24 cm) de lado, articulada em cima. Para que o gato tenha tempo suficiente para atravessar com segurança a portinhola, esta deve ter um período natural de pelo menos 1,0 s. Seu projeto funcionará? Se não, explique qualitativamente o que você precisa fazer para que ele passe a funcionar.

71 •• Você recebe uma régua de um metro e é instruído a perfurá-la com um furo de pequeno diâmetro, de modo que, ao suspendê-la por este furo de um eixo horizontal, o período do pêndulo seja mínimo. Onde você deve fazer o furo?

72 •• A Figura 14-29 mostra um disco homogêneo de raio $R = 0{,}80$ m, 6,00 kg de massa e com um pequeno furo distante d do centro do disco, que pode servir como ponto de suspensão. (*a*) Qual deve ser a distância d, para que o período deste pêndulo físico seja 2,50 s? (*b*) Qual deve ser a distância d para que este pêndulo físico tenha o menor período possível? Quanto vale este menor período possível?

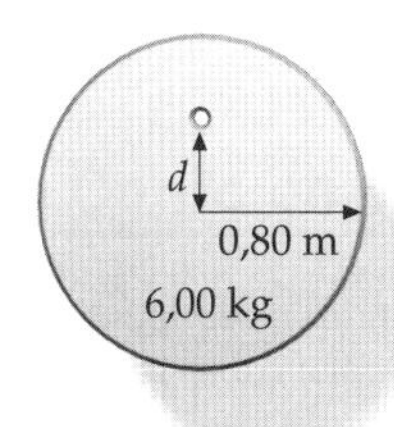

FIGURA 14-29 Problema 72

73 ••• Os pontos P_1 e P_2 de um corpo plano (Figura 14-30) distam h_1 e h_2, respectivamente, do centro de massa. O corpo oscila com o mesmo período T ao girar livremente em torno de um eixo que passa por P_1 e ao girar livremente em torno de um eixo que passa por P_2. Estes dois eixos são perpendiculares ao plano do corpo. Mostre que $h_1 + h_2 = gT^2/(4\pi^2)$, com $h_1 \neq h_2$.

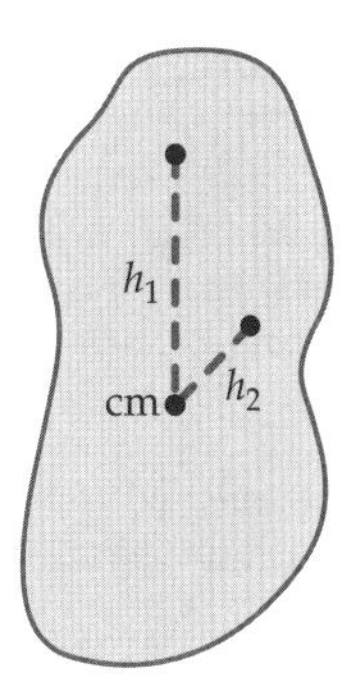

FIGURA 14-30 Problema 73

74 ••• Um pêndulo físico consiste em uma bolinha de raio r e massa m suspensa de uma barra rígida de massa desprezível, como na Figura 14-31. A distância do centro de massa da bolinha ao ponto de suspensão é L. Quando r é muito menor do que L, um pêndulo como este normalmente é tratado como um pêndulo simples de comprimento L. (*a*) Mostre que o período para pequenas oscilações é dado por $T = T_0\sqrt{1 + (2r^2/5L^2)}$, onde $T_0 = 2\pi\sqrt{L/g}$ é o período de um pêndulo simples de comprimento L. (*b*) Mostre que, quando r é menor do que L, o período pode ser aproximado por $T \approx T_0(1 + r^2/5L^2)$. (*c*) Se $L = 1{,}00$ m e $r = 2{,}00$ cm, determine o erro no valor calculado quando a aproximação $T = T_0$ é usada para o período. Qual deve ser o raio da bolinha para que o erro seja de 1,00 por cento?

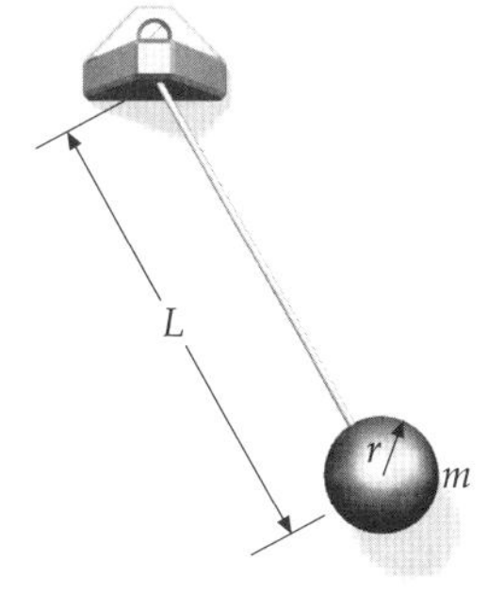

FIGURA 14-31 Problema 74

75 ••• A Figura 14-32 mostra o pêndulo de um relógio da casa da vovó. A barra uniforme de $L = 2{,}00$ m de comprimento tem uma massa $m = 0{,}800$ kg. Preso à barra há um disco homogêneo de massa $M = 1{,}20$ kg e com 0,150 m de raio. O relógio é construído para dar as horas corretamente quando o período do pêndulo é de exatamente 3,50 s. (*a*) Qual dever ser a distância d para que o período deste pêndulo seja de 2,50 s? (*b*) Suponha que o relógio atrase 5,00 min por dia. Para que sua avó não se atrase para as reuniões com as amigas, você decide ajustar o relógio, fazendo-o retomar o período correto. De que distância, e em que sentido, você deve deslocar o disco para se assegurar de que o relógio passe a marcar corretamente as horas?

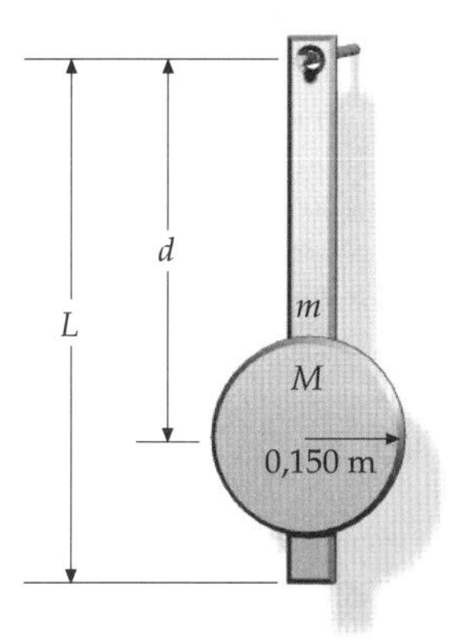

FIGURA 14-32 Problema 75

OSCILAÇÕES AMORTECIDAS

76 • Um corpo de 2,00 kg oscila preso a uma mola, com uma amplitude inicial de 3,00 cm. A constante de força da mola é 400 N/m. Determine (*a*) o período e (*b*) a energia total inicial. (*c*) Se a energia diminui 1 por cento a cada período, determine a constante de amortecimento linear b e o fator Q.

77 •• Mostre que a razão entre as amplitudes de duas oscilações sucessivas é constante para um oscilador linearmente amortecido.

78 •• Um oscilador tem um período de 3,00 s. Sua amplitude diminui 5,00 por cento em cada ciclo. (*a*) De quanto diminui sua energia mecânica em cada ciclo? (*b*) Qual é a constante de tempo τ? (*c*) Qual é o fator Q?

79 •• Um oscilador linearmente amortecido possui um fator Q igual a 20. (*a*) Qual é a fração de redução da energia, em cada ciclo? (*b*) Use a Equação 14-40 para determinar a diferença percentual entre ω' e ω_0. *Dica: Use a aproximação* $(1 + x)^{1/2} \approx 1 + \frac{1}{2}x$, *para x pequeno.*

80 •• Um sistema massa–mola linearmente amortecido oscila a 200 Hz. A constante de tempo do sistema é 2,0 s. Em $t = 0$, a amplitude de oscilação é 6,0 cm e a energia do sistema oscilante é 60 J. (*a*) Quais são as amplitudes de oscilação em $t = 2{,}0$ s e em $t = 4{,}0$ s? (*b*) Quanta energia é dissipada no primeiro intervalo de 2 segundos e no segundo intervalo de 2 segundos?

81 •• **APLICAÇÃO EM ENGENHARIA** Sismólogos e geólogos constataram que a Terra vibra com um período de ressonância de 54 min e um fator Q de cerca de 400. Após um grande terremoto, a Terra continua vibrando por até 2 meses. (*a*) Determine a porcentagem de energia de vibração perdida em cada ciclo, devido às forças de amortecimento. (*b*) Mostre que, após n períodos, a energia de vibração é dada por $E_n = (0{,}984)^n E_0$, onde E_0 é a energia original. (*c*) Se a energia de vibração original de um terremoto é E_0, quanto vale a energia após 2,0 dias?

82 ••• Um pêndulo, em seu laboratório de física, tem um comprimento de 75 cm e uma bolinha de 15 g de massa. Para iniciar o balanço da bolinha, você coloca um ventilador próximo à ela, soprando uma corrente horizontal de ar. Enquanto o ventilador está ligado, a bolinha fica em equilíbrio com o pêndulo deslocado de um ângulo de 5,0° com a vertical. O vento é soprado pelo ventilador a 7,0 m/s. Você desliga o ventilador e deixa que o pêndulo oscile. (*a*) Supondo que a força de arraste do ar seja da forma $-bv$, determine a constante de tempo de decaimento τ deste pêndulo. (*b*) Quanto tempo levará para a amplitude do pêndulo chegar a 1,0°?

83 ••• **APLICAÇÃO EM ENGENHARIA, RICO EM CONTEXTO** Você deve monitorar a viscosidade de óleos, em uma indústria, e determina a viscosidade de um óleo usando o seguinte método: A viscosidade de um fluido pode ser medida determinando-se o tempo de decaimento das oscilações para um oscilador de propriedades conhecidas e que esteja operando mergulhado no fluido. Desde que a rapidez do oscilador dentro do fluido seja relativamente pequena, de forma a evitar turbulência, a força de arraste do fluido sobre uma esfera é proporcional à rapidez v da esfera, em relação ao fluido: $F_r = 6\pi a\eta v$, onde η é a viscosidade do fluido e a é o raio da esfera. Assim, a constante b é dada por $6\pi a\eta$. Suponha que seu aparato consista em uma mola rija de constante de força igual a 350 N/cm e de uma esfera de ouro (6,00 cm de raio) pendurada na mola. (*a*) Qual é a viscosidade que você mede, para o óleo, se o tempo de decaimento para este sistema é 2,80 s? (*b*) Qual é o fator Q do sistema?

OSCILAÇÕES FORÇADAS E RESSONÂNCIA

84 • Um oscilador linearmente amortecido perde 2,00 por cento de sua energia em cada ciclo. (*a*) Qual é o seu fator Q? (*b*) Se sua freqüência de ressonância é 300 Hz, qual é a largura da curva de ressonância $\Delta\omega$ quando o oscilador é excitado?

85 • Determine a freqüência de ressonância para cada um dos três sistemas mostrados na Figura 14-33.

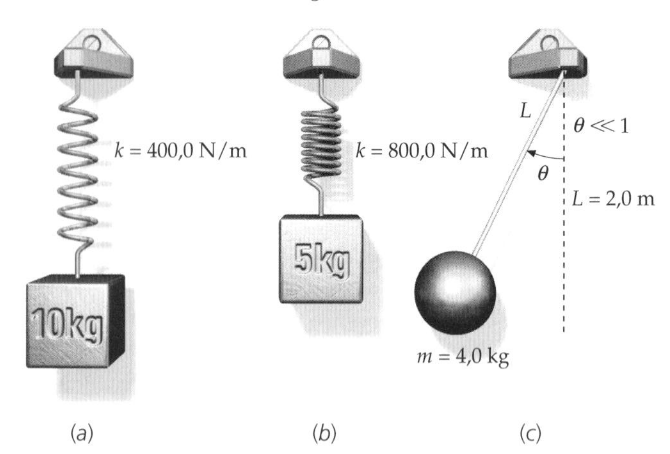

FIGURA 14-33 Problema 85

86 •• Um oscilador amortecido perde 3,50 por cento de sua energia a cada ciclo. (*a*) Quantos ciclos decorrem, até que metade de sua energia seja dissipada? (*b*) Qual é o seu fator Q? (*c*) Se a freqüência natural é 100 Hz, qual é a largura da curva de ressonância quando o oscilador é excitado por uma força senoidal?

87 •• Um corpo de 2,00 kg oscila preso a uma mola que tem uma constante de força igual a 400 N/m. A constante de amortecimento linear vale $b = 2{,}00$ kg/s. O sistema é excitado por uma força senoidal de valor máximo igual a 10,0 N e freqüência angular $\omega = 10{,}0$ rad/s. (*a*) Qual é a amplitude das oscilações? (*b*) Se a freqüência de excitação varia, em que freqüência ocorrerá ressonância? (*c*) Qual é a amplitude de oscilação na ressonância? (*d*) Qual é a largura da curva de ressonância $\Delta\omega$?

88 •• **APLICAÇÃO EM ENGENHARIA, RICO EM CONTEXTO** Suponha que você tenha o mesmo aparato descrito no Problema 83, com a mesma esfera de ouro, agora pendurada em uma mola menos rija, com uma constante de força de apenas 35,0 N/cm. Você estudou a viscosidade do etileno glicol com este equipamento e encontrou uma viscosidade de 19,9 mPa · s. Agora, você decide excitar este sistema com uma força externa oscilante. (*a*) Se a magnitude da força de excitação sobre o equipamento é de 0,110 N, e o equipamento é excitado em ressonância, qual será a amplitude da oscilação resultante? (*b*) Se o sistema não fosse excitado, mas largado oscilando, que porcentagem de sua energia seria perdida em cada ciclo?

PROBLEMAS GERAIS

89 • **VÁRIOS PASSOS** O deslocamento de uma partícula a partir do equilíbrio é dado por $x(t) = 0{,}40\cos(3{,}0t + \pi/4)$, com x em metros e t em segundos. (*a*) Determine a freqüência f e o período T deste movimento. (*b*) Encontre uma expressão para a velocidade da partícula como função do tempo. (*c*) Qual é a sua rapidez máxima?

90 • **APLICAÇÃO EM ENGENHARIA** Um astronauta chega a um novo planeta e utiliza um instrumento simples para determinar a aceleração da gravidade local. Antes de chegar, ele tinha registrado que o raio do planeta era de 7550 km. Se o seu pêndulo simples de 0,500 m de comprimento tem um período de 1,0 s, qual é a massa do planeta?

91 •• Um relógio de pêndulo marca a hora certa na superfície da Terra. Em qual caso o erro será maior: se o relógio for levado para uma mina de profundidade h, ou se ele for levantado até uma altura h? Prove sua resposta e suponha $h \ll R_T$.

92 •• A Figura 14-34 mostra um pêndulo de comprimento L com uma bolinha de massa M. A bolinha é presa a uma mola de constante de força k, como mostrado. Quando a bolinha está diretamente abaixo do suporte do pêndulo, a mola está frouxa. (*a*) Deduza uma expressão para o período de oscilação do sistema para pequenas amplitudes de vibração. (*b*) Suponha $M = 1{,}00$ kg e L tal que, na ausência da mola, o período é 2,00 s. Qual é a constante de força k, se o período de oscilação do sistema é 1,00 s?

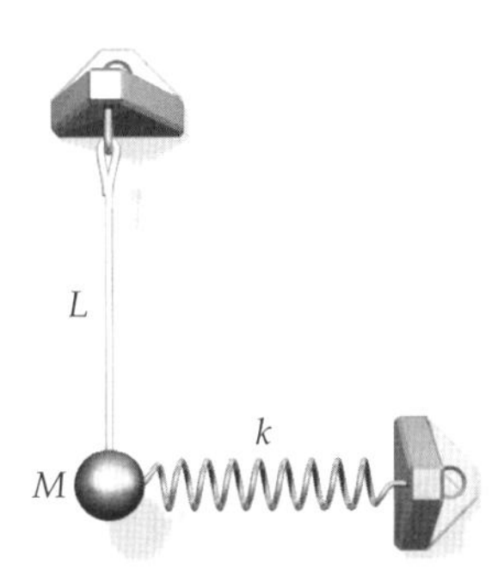

FIGURA 14-34 Problema 92

93 •• Um bloco, de massa m_1, está apoiado sobre uma superfície horizontal sem atrito. O bloco, que está preso a uma extremidade de uma mola horizontal de constante de força k, oscila com uma amplitude A. Quando a mola está distendida ao máximo e o bloco está instantaneamente em repouso, um segundo bloco, de massa m_2, é colocado sobre o primeiro. (*a*) Qual é o menor valor do coeficiente de atrito estático μ_e para o qual o segundo bloco não escorrega sobre o primeiro? (*b*) Explique como a energia mecânica total E, a amplitude A, a freqüência angular ω e o período T do sistema são afetados pela colocação de m_2 sobre m_1, supondo que o coeficiente de atrito seja grande o suficiente para evitar escorregamento.

94 •• Uma caixa de 100 kg está pendurada do teto de uma sala — suspensa por uma mola com uma constante de força de 500 N/m. O comprimento da mola frouxa é 0,500 m. (*a*) Determine a posição de equilíbrio da caixa. (*b*) Uma mola idêntica é esticada e presa ao teto e à caixa, paralelamente à primeira mola. Determine a freqüência das oscilações quando a caixa é liberada. (*c*) Qual é a nova posição de equilíbrio da caixa quando atinge o repouso?

95 •• **APLICAÇÃO EM ENGENHARIA** A aceleração da gravidade g varia com a localização geográfica devido à rotação da Terra e porque a Terra não é perfeitamente esférica. Isto foi constatado pela primeira vez no século XVII, quando se observou que um relógio de pêndulo cuidadosamente regulado para dar a hora certa em Paris se atrasava cerca de 90 s por dia próximo ao equador. (*a*) Mostre, usando a aproximação diferencial, que uma pequena variação da aceleração da gravidade Δg produz uma pequena variação no período ΔT de um pêndulo, dada por $\Delta T/T \approx -\frac{1}{2}\Delta g/g$. (*b*) Que variação de g é necessária para provocar uma variação no período de 90 s por dia?

96 •• Um pequeno bloco de massa igual a m_1 está sobre um pistão que vibra, verticalmente, em movimento harmônico simples descrito pela fórmula $y = A \operatorname{sen} \omega t$. (*a*) Mostre que o bloco abandonará o pistão se $\omega^2 A > g$. (*b*) Se $\omega^2 A = 3g$ e $A = 15$ cm, em que momento o bloco abandonará o pistão?

97 •• Mostre que, nas situações mostradas na Figura 14-35*a* e 14-35*b*, o corpo oscila com uma freqüência $f = (1/2\pi)\sqrt{k_{ef}/m}$, onde k_{ef} é dado por (*a*) $k_{ef} = k_1 + k_2$ e (*b*) $1/k_{ef} = 1/k_1 + 1/k_2$. *Dica: Determine a magnitude da força resultante F sobre o corpo para um pequeno deslocamento x e escreva $F = -k_{ef}\,x$. Note que na Parte (b) as molas são distendidas de quantidades diferentes, cuja soma é x.*

98 •• **RICO EM CONTEXTO** Durante um terremoto, um piso horizontal oscila horizontalmente em um movimento harmônico simples aproximado. Suponha que ele oscile em uma única freqüência, com

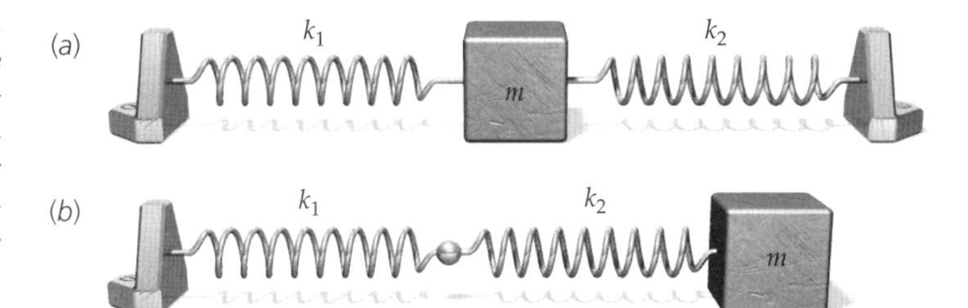

FIGURA 14-35 Problema 97

0,80 s de período. (*a*) Após o terremoto, você examina o vídeo do piso em movimento e verifica que uma caixa sobre o piso começou a escorregar quando a amplitude atingiu 10 cm. De posse destes dados, determine o coeficiente de atrito estático entre a caixa e o piso. (*b*) Se o coeficiente de atrito entre a caixa e o piso for 0,40, qual será a amplitude máxima de vibração antes da caixa escorregar?

99 •• Se prendermos dois blocos, de massas m_1 e m_2, a cada uma das extremidades de uma mola de constante de força k, e os fizermos oscilar largando-os do repouso após distender a mola, mostre que a freqüência de oscilação é dada por $\omega = (k/\mu)^{1/2}$, onde $\mu = m_1m_2/(m_1 + m_2)$ é a massa reduzida do sistema.

100 •• Você verifica, no laboratório de química, que um dos modos de vibração da molécula de HCl tem uma freqüência de $8{,}969 \times 10^{13}$ Hz. Usando o resultado do Problema 99, determine a "constante de mola efetiva" entre os átomos de H e de Cl na molécula de HCl.

101 •• Se um átomo de hidrogênio no HCl fosse substituído por um átomo de deutério (formando o DCl), no Problema 100, qual seria a nova freqüência de vibração da molécula? O deutério consiste em 1 próton e 1 nêutron.

102 ••• **PLANILHA ELETRÔNICA** Um bloco, de massa m, em repouso sobre uma mesa horizontal, é preso a uma mola que tem uma constante de força k, como mostrado na Figura 14-36. O coeficiente de atrito cinético entre o bloco e a mesa é μ_c. A mola está frouxa se o bloco está na origem ($x = 0$) e o sentido $+x$ é para a direita. A mola é distendida de um comprimento A, com $kA > \mu_c mg$, e o bloco é liberado. (*a*) Aplique a segunda lei de Newton ao bloco para obter uma equação para sua aceleração d^2x/dt^2 durante o primeiro meio ciclo, quando o bloco se move para a esquerda. Mostre que esta equação pode ser escrita como $d^2x'/dt^2 = -\omega^2 x'$, onde $\omega = \sqrt{k/m}$ e $x' = x - x_0$, com $x_0 = \mu_c mg/k = \mu_c g/\omega^2$. (*b*) Repita a Parte (*a*) para o segundo meio ciclo, quando o bloco se move para a direita e mostre que $d^2x''/dt^2 = -\omega^2 x''$, onde $x'' = x + x_0$ e x_0 tem o mesmo valor. (*c*) Use uma **planilha eletrônica** para plotar os cinco primeiros meios ciclos, com $A = 10x_0$. Descreva o movimento, se existente, após o quinto meio ciclo.

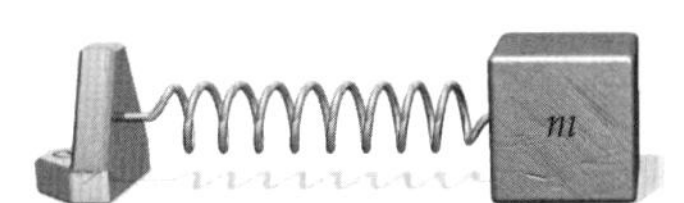

FIGURA 14-36 Problema 102

103 ••• A Figura 14-37 mostra um meio cilindro maciço e homogêneo, de massa M e raio R, em repouso sobre uma superfície horizontal. Se um dos lados deste sólido for ligeiramente empurrado para baixo e largado, ele oscilará em torno de sua posição de equilíbrio. Determine o período desta oscilação.

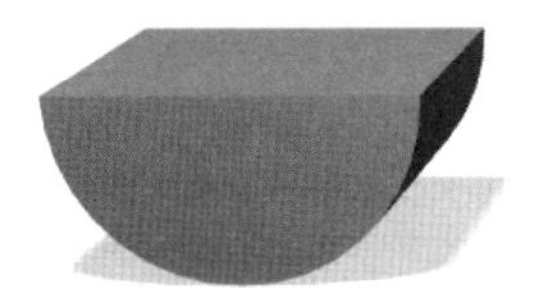

FIGURA 14-37 Problema 103

104 ••• Um túnel reto é cavado através da Terra, como mostrado na Figura 14-38. Suponha as paredes do túnel sem atrito. (*a*) A força gravitacional exercida pela Terra sobre uma partícula de massa m que dista r do centro da Terra, quando $r < R_T$, é $F_r = -(GmM_T/R_T^3)r$, onde M_T é a massa da Terra e R_T é o seu raio. Mostre que a força resultante sobre uma partícula de massa m que dista x do centro do túnel é dada por $F_x = -(GmM_T/R_T^3)x$ e que o movimento da partícula é, portanto, um movimento harmônico simples. (*b*) Mostre que o período do movimento é independente do comprimento do túnel e é dado por $T = 2\pi\sqrt{R_T/g}$. (*c*) Determine o valor numérico do período, em minutos.

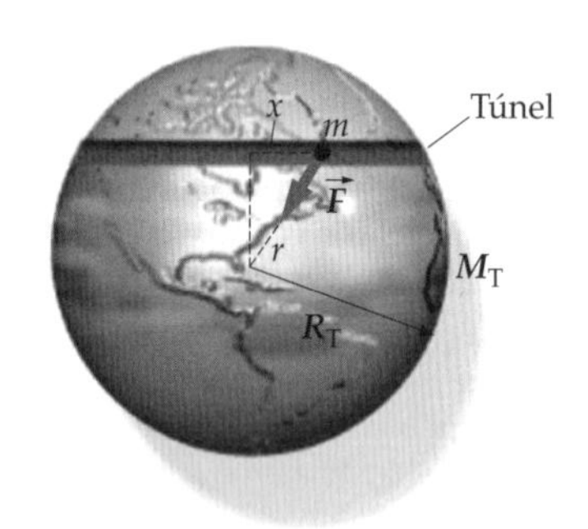

FIGURA 14-38 Problema 104

105 ••• **VÁRIOS PASSOS** Neste problema, você deve deduzir a expressão para a potência média desenvolvida por uma força de excitação sobre um oscilador forçado (Figura 14-39).

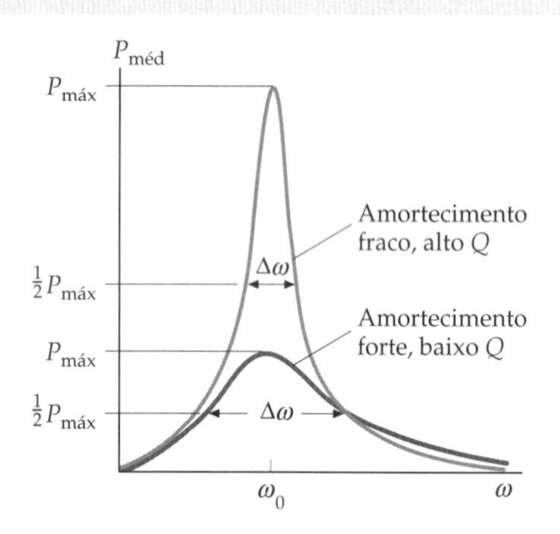

FIGURA 14-39 Problema 105

(*a*) Mostre que a potência instantânea desenvolvida pela força de excitação é dada por $P = Fv = -A\omega F_0 \cos \omega t \text{ sen } (\omega t - \delta)$.

(*b*) Use a identidade $\text{sen } (\theta_1 - \theta_2) = \text{sen } \theta_1 \cos \theta_2 - \cos \theta_1 \text{ sen } \theta_2$ para mostrar que a equação da Parte (*a*) pode ser escrita como $P = A\omega F_0 \text{ sen } \delta \cos^2 \omega t - A\omega F_0 \cos \delta \cos \omega t \text{ sen } \omega t$.

(*c*) Mostre que o valor médio do segundo termo do resultado da Parte (*b*), sobre um ou mais períodos, é zero, e que, portanto, $P_{\text{méd}} = \frac{1}{2} A\omega F_0 \text{ sen } \delta$.

(*d*) Considerando a Equação 14-56 para tan δ, construa um triângulo retângulo no qual o lado oposto ao ângulo δ é $b\omega$ e o lado adjacente é $m(\omega_0^2 - \omega^2)$, e use este triângulo para mostrar que

$$\text{sen } \delta = \frac{b\omega}{\sqrt{m^2(\omega_0^2 - \omega^2)^2 + b^2\omega^2}} = \frac{b\omega A}{F_0}$$

(*e*) Use o resultado da Parte (*d*) para eliminar ωA do resultado da Parte (*c*), de forma a poder escrever a potência média desenvolvida como

$$P_{\text{méd}} = \frac{1}{2}\frac{F_0^2}{b}\text{sen}^2 \delta = \frac{1}{2}\left[\frac{b\omega^2 F_0^2}{m^2(\omega_0^2 - \omega^2)^2 + b^2\omega^2}\right]$$

106 ••• **VÁRIOS PASSOS** Neste problema, você deve usar o resultado do Problema 105 para deduzir a Equação 14-51. Na ressonância, o denominador da fração entre colchetes no Problema 105(*e*) é $b^2\omega_0^2$ e $P_{\text{méd}}$ tem seu valor máximo. Para uma ressonância estreita, a variação de ω no numerador desta equação pode ser desprezada. Então, a potência desenvolvida terá a metade de seu valor máximo quando os valores de ω forem tais que o denominador seja igual a $2b^2\omega_0^2$.

(*a*) Mostre que, neste caso, ω satisfaz $m^2(\omega - \omega_0)^2(\omega + \omega_0)^2 \approx b^2\omega_0^2$.

(*b*) Usando a aproximação $\omega + \omega_0 \approx 2\omega_0$, mostre que $\omega - \omega_0 \approx \pm b/2m$.

(*c*) Expresse b em termos de Q.

(*d*) Combine os resultados das Partes (*b*) e (*c*) para mostrar que há dois valores de ω para os quais a potência desenvolvida tem a metade do valor na ressonância, dados por

$$\omega_1 = \omega_0 - \frac{\omega_0}{2Q} \quad \text{e} \quad \omega_2 = \omega_0 - \frac{\omega_0}{2Q}$$

Logo, $\omega_2 - \omega_1 = \Delta\omega = \omega_0/Q$, o que é equivalente à Equação 14-51.

107 ••• **PLANILHA ELETRÔNICA** O potencial de Morse, muito usado para modelar forças interatômicas, pode ser escrito na forma $U(r) = D(1 - e^{-\beta(r-r_0)})^2$, onde r é a distância entre os dois núcleos atômicos. (*a*) Usando uma **planilha eletrônica**, ou uma **calculadora gráfica**, faça um gráfico do potencial de Morse usando $D = 5{,}00$ eV, $\beta = 0{,}20\ \text{nm}^{-1}$ e $r_0 = 0{,}750$ nm. (*b*) Determine, para este potencial, a separação de equilíbrio e a "constante de força" para pequenos deslocamentos a partir do equilíbrio. (*c*) Determine uma expressão para a freqüência de oscilação de uma molécula diatômica *homonuclear* (isto é, de dois átomos iguais), com cada átomo tendo massa m.

Ondas Progressivas

15-1 Movimento Ondulatório Simples
15-2 Ondas Periódicas
15-3 Ondas em Três Dimensões
15-4 Ondas Incidindo sobre Barreiras
15-5 O Efeito Doppler

A TRIPULAÇÃO DE UMA EMBARCAÇÃO DA NOAA (*NATIONAL OCEANIC AND ATMOSPHERIC ADMINISTRATION* – ADMINISTRAÇÃO NACIONAL AMERICANA PARA ASSUNTOS OCEÂNICOS E ATMOSFÉRICOS) POSICIONA UMA BÓIA DART (*DEEP-OCEAN ASSESSMENT AND REPORTING OF TSUMANIS* – AVALIAÇÃO E DESCRIÇÃO DE TSUMANIS EM ÁGUAS OCEÂNICAS PROFUNDAS) NO PACÍFICO NORTE. O TERREMOTO DE DEZEMBRO DE 2004 NO OCEANO ÍNDICO (TAMBÉM CONHECIDO COMO O TERREMOTO DE SUMATRA-ANDAMAN), COM SEU CONSEQÜENTE TSUNAMI, CAUSOU A PERDA DE CENTENAS DE MILHARES DE VIDAS. DISPOSITIVOS DETECTORES DE TSUNAMIS COMO O DART PODEM AJUDAR A PREVENIR ESTE TIPO DE PERDA CATASTRÓFICA, PREVENDO QUANDO ONDAS GIGANTES ATINGIRÃO A TERRA. *(Cortesia de NOAA e Harbor Branch Oceanographic Institution.)*

? Por que as ondas de tsunamis viajam tão mais rapidamente do que as ondas oceânicas superficiais?

(Veja o Exemplo 15-2.)

Tratamos, no Capítulo 14, do movimento oscilatório e de coisas que se movem com padrões repetitivos. Neste capítulo, ainda tratamos de oscilações, mas explorando a física das ondas. Ondas se propagam através de vários meios, tais como água, ar e terra, e se propagam pelo espaço onde não existe meio de propagação. Pense nas ondas oceânicas, na música, nos terremotos, na luz solar. Ondas transportam energia e quantidade de movimento linear, mas não transportam matéria.

O estudo do movimento ondulatório tem levado a muitas invenções fascinantes. Radares de polícia e abridores de portas de garagem empregam, ambos, as ondas eletromagnéticas para objetivos bem diferentes — a determinação da rapidez de motoristas e a abertura de portas a alguns metros de distância. Equipamentos sonográficos, que usam ondas ultra-sônicas, permitem aos profissionais da medicina obter imagens notáveis como as de um feto no útero da mãe. Uma compreensão de como se comportam as ondas ao se depararem com obstáculos ajuda os arquitetos a criarem as melhores condições acústicas em salas de concertos.

Neste capítulo discutimos o movimento ondulatório simples. Examinamos ondas periódicas, em particular as ondas harmônicas. Também discutimos como as ondas se movem em três dimensões e exploramos o que ocorre quando ondas incidem sobre obstáculos. Finalmente, vemos o efeito Doppler e discutimos sua relevância para o mundo que nos cerca.

15-1 MOVIMENTO ONDULATÓRIO SIMPLES

ONDAS TRANSVERSAIS E ONDAS LONGITUDINAIS

Uma onda mecânica é causada por uma perturbação em um meio. Por exemplo, quando uma corda esticada é tocada, a perturbação produzida se propaga ao longo da corda como uma onda. A perturbação, neste caso, é a mudança da forma da corda, a partir de sua forma de equilíbrio. A propagação é conseqüência da interação entre cada segmento da corda e os segmentos adjacentes. Os segmentos da corda se movem no sentido transversal (perpendicular) da corda, enquanto os pulsos se propagam, para frente e para trás, ao longo da corda. Ondas como estas, em que o movimento do meio (a corda) é perpendicular à direção de propagação da perturbação, são chamadas de ondas **transversais** (Figura 15-1). Ondas nas quais o movimento do meio se dá ao longo da (paralelo à) direção de propagação da perturbação são chamadas de ondas **longitudinais** (Figura 15-2). Ondas sonoras são exemplos de ondas longitudinais. Quando ondas sonoras se propagam em um meio (um gás, um líquido ou um sólido), as moléculas do meio oscilam (movem-se para frente e para trás) ao longo da linha de propagação, alternadamente comprimindo ou rarefazendo (expandindo) o meio.

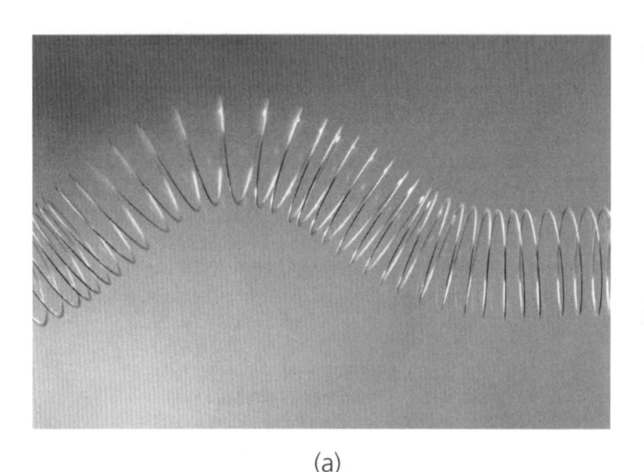

(a)

y

x

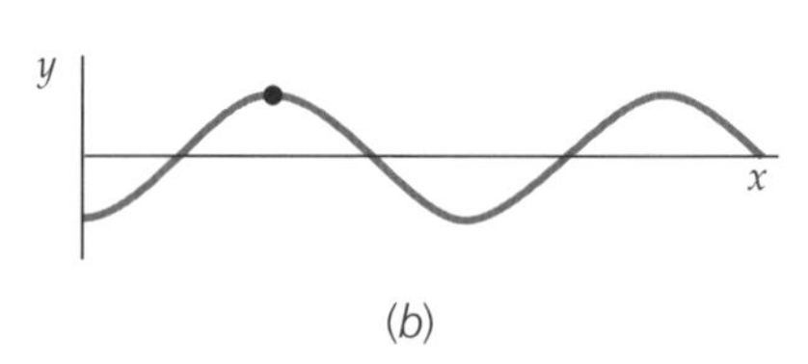

(b)

FIGURA 15-1 (*a*) Pulso de onda transversal em uma mola. O movimento do meio de propagação é perpendicular à direção do movimento da perturbação. (*b*) Três desenhos sucessivos de uma onda transversal se propagando para a direita em uma corda. Um elemento da corda (indicado pelo ponto) se move para cima e para baixo enquanto as cristas e os vales da onda viajam para a direita. *(Richard Menga/Fundamental Photographs.)*

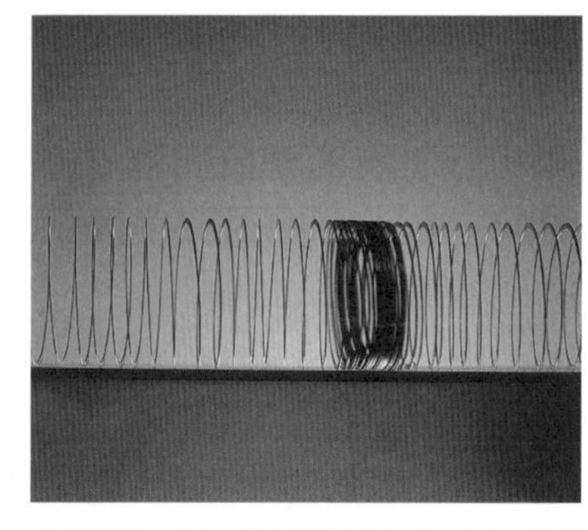

FIGURA 15-2 Pulso de onda longitudinal em uma mola. A perturbação é paralela à direção do movimento da onda. *(Richard Menga/Fundamental Photographs.)*

PULSOS DE ONDA

A Figura 15-3*a* mostra um pulso em uma corda no tempo $t = 0$. A forma da corda neste instante pode ser representada por alguma função $y = f(x)$. Em um tempo posterior (Figura 15-3*b*), o pulso está mais adiante, na corda. Em um novo sistema de coordenadas, com a origem O', que se move para a direita com a mesma rapidez do pulso, o pulso está estacionário. A corda é descrita, neste referencial, por $f(x')$ em todos os tempos. As coordenadas dos dois referenciais são relacionadas por

$$x' = x - vt$$

e, portanto, $f(x') = f(x - vt)$. Logo, a forma da corda no referencial original é

$$y = f(x - vt) \qquad \text{onda movendo-se no sentido } +x \qquad 15\text{-}1$$

A mesma linha de raciocínio, para um pulso se movendo para a esquerda, nos leva a

$$y = f(x + vt) \qquad \text{onda movendo-se no sentido } -x \qquad 15\text{-}2$$

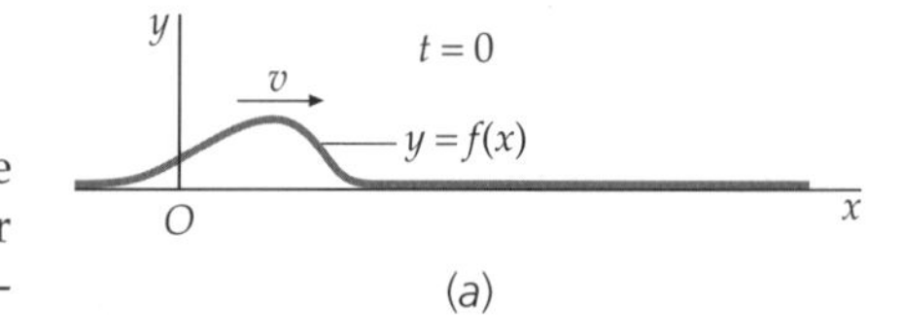

(a)

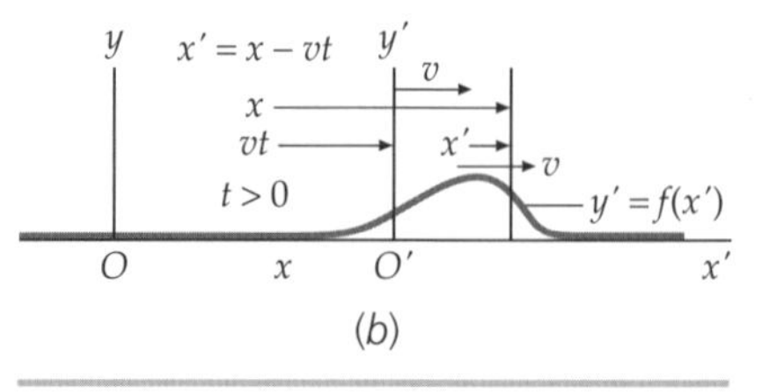

(b)

FIGURA 15-3

Nas duas expressões, v é a rapidez de propagação da onda. (Como v é uma rapidez e não uma velocidade, será sempre uma quantidade positiva.) A função $y = f(x - vt)$ é chamada de **função de onda**. Para ondas em uma corda, a função de onda representa o deslocamento transversal da corda. Para ondas sonoras no ar, a função de onda pode ser o deslocamento longitudinal das moléculas de ar, ou a pressão do ar. Estas funções de onda são soluções de uma equação diferencial chamada de *equação da onda*, que pode ser deduzida usando-se as leis de Newton.

RAPIDEZ DAS ONDAS

Uma propriedade geral das ondas é que sua rapidez em relação ao meio depende de propriedades do meio, mas é independente do movimento da fonte de ondas. Por exemplo, a rapidez do som da buzina de um carro depende apenas de propriedades do ar, e não do movimento do carro.

Para pulsos de onda em uma corda, podemos demonstrar que, quanto maior a tração, mais rapidamente se propagarão as ondas. Além disso, ondas se propagam mais rapidamente em uma corda leve do que em uma corda pesada, quando submetidas à mesma tração. Se F_T é a tração (usamos F_T para a tração, e não T, porque usamos T para o período) e μ é a massa específica linear (massa por unidade de comprimento), então a rapidez da onda é

$$v = \sqrt{\frac{F_T}{\mu}} \qquad 15\text{-}3$$

RAPIDEZ DAS ONDAS EM UMA CORDA

Exemplo 15-1 A Fuga do Mede-palmos

Uma lagarta mede-palmos percorre a corda de um varal (Figura 15-4). A corda tem 25 m de comprimento, uma massa de 1,0 kg, e é mantida esticada por um bloco pendurado de 10 kg, como mostrado. Vivian está pendurando seu maiô a 5,0 m de uma das extremidades, quando ela vê a lagarta a 2,5 cm da outra extremidade. Ela dá um puxão na corda, enviando um terrível pulso de 3,0 cm de altura ao encontro da lagarta. Se a lagarta rasteja a 1,0 in/s, ela conseguirá chegar na extremidade esquerda do varal antes que o pulso a atinja?

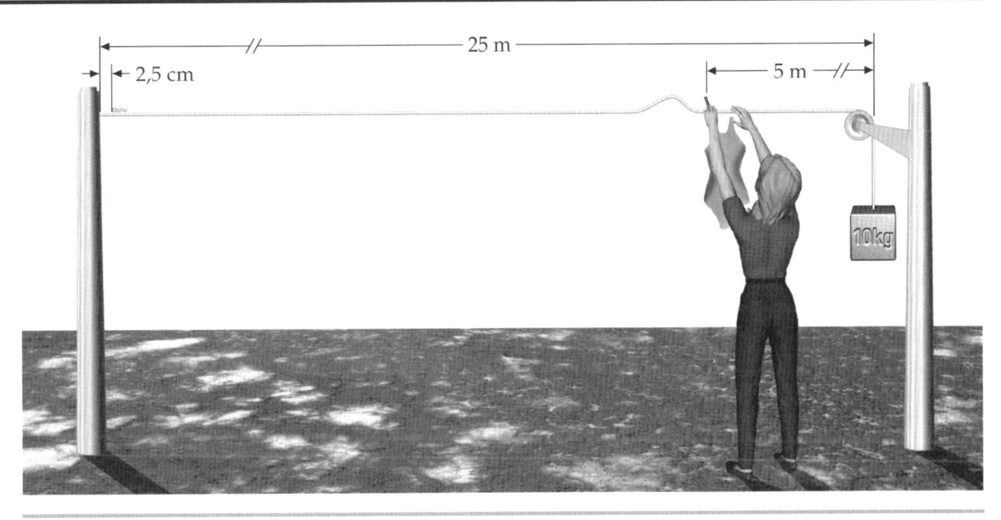

FIGURA 15-4

SITUAÇÃO Precisamos saber a rapidez da onda. Para isto, usamos a fórmula $v = \sqrt{F_T/\mu}$. Seja m_c a massa da corda e $m = 10$ kg a massa do bloco pendurado.

SOLUÇÃO

1. A rapidez do pulso está relacionada à tração F_T e à massa específica linear μ: $\quad v = \sqrt{\dfrac{F_T}{\mu}}$

2. Expresse a massa específica linear e a tração em termos dos parâmetros dados: $\quad \mu = \dfrac{m_c}{L} \quad$ e $\quad F_T = mg$

3. Substitua estes valores para calcular a rapidez: $\quad v = \sqrt{\dfrac{F_T}{\mu}} = \sqrt{\dfrac{mgL}{m_c}} = \sqrt{\dfrac{(10\text{ kg})(9{,}81\text{ m/s}^2)(25\text{ m})}{1{,}0\text{ kg}}}$
   $= 49{,}5\text{ m/s}$

4. Use esta rapidez para determinar o tempo que o pulso leva para percorrer os 20 m até a extremidade mais distante: $\quad \Delta t = \dfrac{\Delta x}{v} = \dfrac{20\text{ m}}{49{,}5\text{ m/s}} = 0{,}40\text{ s}$

5. Determine o tempo que a lagarta deve levar para percorrer os 2,5 cm que separam da extremidade da corda, viajando a 1,0 in/s:

$$\Delta t' = \frac{\Delta x'}{v'} = \frac{2{,}5\text{ cm}}{1\text{ in/s}} \times \frac{1\text{ in}}{2{,}54\text{ cm}} = 0{,}98\text{ s}$$

$\Delta t' > \Delta t$ O mede-palmos não vence o pulso.

CHECAGEM O pulso viaja a 49 m/s e a lagarta viaja a 1,0 in/s = 0,025 m/s. O pulso viaja quase 2000 mais rapidamente do que a lagarta. Não admira que a lagarta não consiga vencer o pulso.

PROBLEMA PRÁTICO 15-1 Mostre que a unidade de $\sqrt{F_T/\mu}$ é o m/s, com F_T em newtons e μ em kg/m.

! Enquanto o pulso de onda do Exemplo 15-1 se move para a esquerda a 49 m/s, isto não acontece com as partículas que fazem parte da corda. O movimento delas é primeiro para cima e depois para baixo, enquanto o pulso passa por elas.

Exemplo 15-2 A Rapidez de uma Onda de Gravidade Rasa

Ondas oceânicas superficiais são possíveis devido à gravidade e são chamadas de *ondas de gravidade*. Ondas de gravidade são classificadas como ondas rasas se a profundidade da água for menor do que a metade do comprimento de onda. A rapidez de ondas de gravidade depende da profundidade e é dada por $v = \sqrt{gh}$, onde h é a profundidade. Uma onda de gravidade em mar aberto, onde a profundidade é de 5,0 km, possui um comprimento de onda de 100 km. (*a*) Qual é a rapidez desta onda? (*b*) Ela é uma onda rasa?

SITUAÇÃO Use $v = \sqrt{gh}$ para calcular a rapidez da onda. Verifique se a profundidade é maior do que a metade do comprimento de onda informado.

SOLUÇÃO

(*a*) Usando $v = \sqrt{gh}$, calcule a rapidez da onda:

$$v = \sqrt{gh} = \sqrt{(9{,}81\text{ m/s}^2)(5000\text{ m})} = \boxed{221\text{ m/s} = 797\text{ km/h}}$$

(*b*) A onda será uma onda rasa se a profundidade for menor do que a metade do comprimento de onda informado:

$$\frac{h}{\lambda} = \frac{5\text{ km}}{100\text{ km}} = \frac{1}{20}$$

A profundidade é igual a um vinte avos do comprimento de onda, logo a onda é

$\boxed{\text{definitivamente uma onda rasa.}}$

CHECAGEM Sabe-se que tsunamis podem viajar a 800 km/h (~500 mi/h) em mar aberto, logo nosso resultado é plausível.

INDO ALÉM Suponha que um tsunami tenha sido causado por um terremoto que elevou uma região do fundo do mar, de 50 km de largura, de uma altura aproximada de um metro. Tal tsunami terá um comprimento de onda de ~100 km, e a altura da onda poderá ser de apenas um metro, aproximadamente, em mar aberto. Tsunamis viajam tão rapidamente em mar aberto porque possuem comprimentos de onda maiores do que a profundidade do mar. Ondas oceânicas típicas possuem comprimentos de onda de 100 m ou menos, o que é bem menos do que a profundidade em alto mar. Estas ondas são ondas de águas profundas, e ondas de águas profundas viajam muito mais lentamente do que as ondas rasas. Em águas muito rasas, como muito perto da praia, outros fatores devem ser considerados quando se calcula a rapidez das ondas.

Para ondas sonoras em um fluido como o ar ou a água, a rapidez v é dada por

$$v = \sqrt{\frac{B}{\rho}} \qquad 15\text{-}4$$

onde ρ é a massa específica de equilíbrio do meio e B é o módulo volumétrico* (Equação 13-6). Comparando as Equações 15-3 e 15-4 podemos ver que, em geral, a rapidez das ondas depende de uma propriedade elástica do meio (a tração, para ondas em cordas, e o módulo volumétrico, para ondas sonoras) e de uma propriedade inercial do meio (a massa específica linear ou a massa específica volumétrica).

* O módulo volumétrico é o negativo da razão entre a variação de pressão e a variação relativa de volume (Capítulo 13):

$$B = -\frac{\Delta P}{\Delta V/V}$$

Para ondas sonoras em um gás como o ar, o módulo volumétrico[†] é proporcional à pressão, que, por sua vez, é proporcional à massa específica ρ e à temperatura absoluta T do gás. A razão B/ρ é, portanto, independente da massa específica e é simplesmente proporcional à temperatura absoluta T. No Capítulo 17 mostramos que, neste caso, a Equação 15-4 é equivalente a

$$v = \sqrt{\frac{\gamma RT}{M}} \qquad 15\text{-}5$$

RAPIDEZ DO SOM EM UM GÁS

Nesta equação, T é a temperatura absoluta medida em kelvins (K), que se relaciona com a temperatura Celsius t_C por

$$T = t_C + 273{,}15 \qquad 15\text{-}6$$

A constante adimensional γ depende do tipo de gás. Para moléculas diatômicas, como O_2 e N_2, γ vale 7/5. Como O_2 e N_2 compreendem 98 por cento da atmosfera, 7/5 também é o valor de γ para o ar. (Para gases compostos de moléculas monoatômicas, como o He, γ vale 5/3.)* A constante R é a constante universal dos gases

$$R = 8{,}3145 \text{ J/(mol}\cdot\text{K)} \qquad 15\text{-}7$$

e M é a massa molar do gás (isto é, a massa de um mol do gás), que, para o ar, vale

$$M = 29{,}0 \times 10^{-3} \text{ kg/mol}$$

Exemplo 15-3 Rapidez do Som no Ar — *Tente Você Mesmo*

A temporada de competições de corrida começa, em uma escola do nordeste americano, no início do mês de abril, quando a temperatura do ar beira os 13,0°C. Ao final da temporada, o clima já é mais quente e a temperatura já beira os 33,0°C. Calcule a rapidez do som produzido pela pistola do largador, no ar, a (*a*) 13,0°C e (*b*) 33,0°C. Naturalmente, os corredores podem largar ao avistarem a fumaça da pistola, não precisando esperar que o som do tiro chegue a eles.

SITUAÇÃO A rapidez pode ser obtida usando a Equação 15-5, o valor 7/5 para γ (gás diatômico) e $29{,}0 \times 10^{-3}$ kg/mol para M.

SOLUÇÃO

Cubra a coluna da direita e tente por si só antes de olhar as respostas.

Passos	**Respostas**
(*a*) 1. Use a Equação 15-5 ($v = \sqrt{\gamma RT/M}$) e os valores fornecidos para determinar a temperatura a 13,0°C. (Não esqueça de converter a temperatura para kelvins.)	$v_a = \sqrt{\frac{\gamma RT_a}{M}} = \boxed{339 \text{ m/s}}$
(*b*) 1. Da Equação 15-5, podemos ver que v é proporcional a $\sqrt{T}$. Use esta proporcionalidade para expressar a razão entre a rapidez a 33,0°C e a rapidez a 13,0°C:	$\frac{v_b}{v_a} = \sqrt{\frac{T_b}{T_a}}$
2. Calcule v a 33,0°C:	$v_b = \boxed{351 \text{ m/s}}$

CHECAGEM O resultado da Parte (*b*) é maior do que o da Parte (*a*). Isto é esperado, já que a rapidez do som aumenta com o aumento da temperatura.

INDO ALÉM Vemos, com este exemplo, que a rapidez do som no ar é cerca de 343 m/s a 20°C. (Esta temperatura é, comumente, referida como temperatura ambiente.)

PROBLEMA PRÁTICO 15-2 Para o hélio, $M = 4{,}00 \times 10^{-3}$ kg/mol e $\gamma = 5/3$. Qual é a rapidez das ondas sonoras no gás hélio, a 20,0°C?

† O **módulo volumétrico isotérmico**, que descreve variações que ocorrem à temperatura constante, difere do **módulo volumétrico adiabático**, que descreve variações que ocorrem sem transferência de calor. Para ondas sonoras a freqüências audíveis, as variações de pressão acontecem tão rapidamente que não chega a ocorrer transferência de calor apreciável; logo, o módulo volumétrico apropriado é o módulo volumétrico adiabático.

* Estes valores de γ para gases monoatômicos e diatômicos são estabelecidos na Seção 9 do Capítulo 18.

Dedução de v para ondas em uma corda A Equação 15-3 ($v = \sqrt{F_T/\mu}$) pode ser obtida aplicando-se o teorema do impulso–quantidade de movimento linear ao movimento da corda. Suponha que você esteja segurando uma das extremidades de uma longa corda esticada, submetida a uma tração F_T, e com massa por comprimento unitário μ uniforme. (A outra extremidade da corda está presa a uma parede distante.) Repentinamente, você começa a mover sua mão para cima com uma rapidez constante u. Após um curto tempo, a corda parece com o que é mostrado na Figura 15-5, com o ponto mais à direita do segmento inclinado movendo-se para a direita com a rapidez de onda v e com todo o segmento inclinado se movendo para cima com a rapidez u. Aplicando o teorema do impulso–quantidade de movimento linear ($\vec{F}_{méd}\,\Delta t = \Delta\vec{p}$) à corda, obtemos

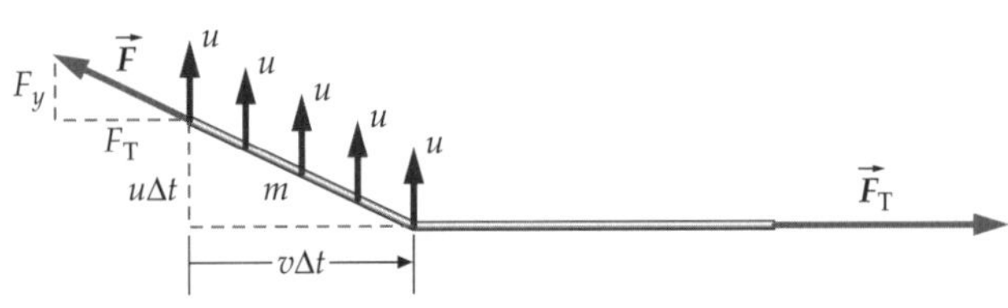

FIGURA 15-5 Enquanto a extremidade da corda se move para cima com rapidez constante u, o ponto onde a corda passa de horizontal a inclinada se move para a direita com a rapidez da onda v.

$$F_y\,\Delta t = mu - 0 \qquad \text{15-8}$$

onde F_y é a componente para cima da força exercida por sua mão sobre a corda, m é a massa do segmento inclinado e Δt é o tempo que sua mão levou subindo. Os dois triângulos da figura são semelhantes; logo,

$$\frac{F_y}{F_T} = \frac{u\,\Delta t}{v\,\Delta t} \quad \text{ou} \quad F_y = \frac{u}{v}F_T$$

Substituindo F_y na Equação 15-8, fica

$$\frac{u}{v}F_T\,\Delta t = (\mu v\,\Delta t)u$$

onde m foi substituído por $\mu v\,\Delta t$. Resolvendo para v, fica

$$v = \sqrt{\frac{F_T}{\mu}}$$

que é a expressão para a rapidez da onda dada na Equação 15-3.

Na discussão seguinte, mostramos que este resultado é verdadeiro não apenas para um pulso de onda com a forma da Figura 15-5, mas também para pulsos com uma grande variedade de formas.

*A EQUAÇÃO DA ONDA

Podemos aplicar a segunda lei de Newton a um segmento da corda para deduzir uma equação diferencial conhecida como equação da onda, que relaciona as derivadas espaciais de $y(x,t)$ com suas derivadas temporais. A Figura 15-6 mostra um segmento da corda. Consideramos apenas pequenos ângulos θ_1 e θ_2. Então, o comprimento do segmento é aproximadamente Δx e sua massa é $m = \mu\,\Delta x$, onde μ é a massa por comprimento unitário da corda. Mostramos, primeiro, que, para pequenos deslocamentos verticais, a força horizontal resultante sobre um segmento é zero e a tração é uniforme e constante. A força resultante na direção horizontal é zero. Isto é,

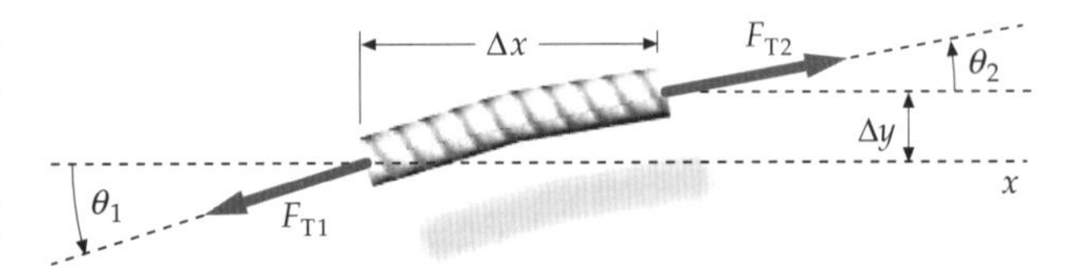

FIGURA 15-6 Segmento de uma corda tensionada, usado para a dedução da equação da onda. A força vertical resultante sobre o segmento é F_{T2} sen $\theta_2 - F_{T1}$ sen θ_1, onde F é a tração na corda. A equação da onda é deduzida aplicando-se a segunda lei de Newton ao segmento.

$$\Sigma F_x = F_{T2}\cos\theta_2 - F_{T1}\cos\theta_1 = 0$$

onde θ_2 e θ_1 são os ângulos mostrados e F_T é a tração na corda. Como supomos ângulos pequenos, podemos aproximar cos θ por 1, para cada ângulo. Então, a força horizontal resultante sobre o segmento pode ser escrita como

$$\Sigma F_x = F_{T2} - F_{T1} = 0$$

Assim,

$$F_{T2} = F_{T1} = F_T$$

O segmento se move verticalmente e a força resultante nesta direção é

$$\Sigma F_y = F_T\,\text{sen}\,\theta_2 - F_T\,\text{sen}\,\theta_1$$

Como supomos ângulos pequenos, podemos aproximar sen θ por tan θ, para cada ângulo. Então, a força vertical resultante sobre o segmento de corda pode ser escrita como

$$\sum F_y = F_T(\operatorname{sen}\theta_2 - \operatorname{sen}\theta_1) \approx F_T(\tan\theta_2 - \tan\theta_1)$$

A tangente do ângulo formado pela corda com a horizontal é a inclinação da linha tangente à corda. A inclinação S é a primeira derivada de $y(x,t)$ em relação a x, para t constante. Uma derivada de uma função de duas variáveis, em relação a uma delas, a outra variável sendo mantida constante, é chamada de **derivada parcial**. A derivada parcial de y em relação a x é escrita $\partial y/\partial x$. Assim, temos

$$S = \tan\theta = \frac{\partial y}{\partial x}$$

Logo,

$$\sum F_y = F_T(S_2 - S_1) = F_T\,\Delta S$$

onde S_1 e S_2 são as inclinações das duas extremidades do segmento de corda e ΔS é a variação da inclinação. Fazendo esta força resultante igual à massa $\mu\,\Delta x$ vezes a aceleração $\partial^2 y/\partial t^2$, fica

$$F_T\,\Delta S = \mu\Delta x\frac{\partial^2 y}{\partial t^2} \quad \text{ou} \quad F_T\frac{\Delta S}{\Delta x} = \mu\frac{\partial^2 y}{\partial t^2} \qquad \text{15-9}$$

No limite $\Delta x \to 0$, temos

$$\lim_{\Delta x\to 0}\frac{\Delta S}{\Delta x} = \frac{\partial S}{\partial x} = \frac{\partial}{\partial x}\frac{\partial y}{\partial x} = \frac{\partial^2 y}{\partial x^2}$$

Então, no limite $\Delta x \to 0$, a Equação 15-9 se torna

$$\frac{\partial^2 y}{\partial x^2} = \frac{\mu}{F_T}\frac{\partial^2 y}{\partial t^2} \qquad \text{15-10a}$$

A Equação 15-10*a* é a **equação da onda** para uma corda esticada.

Mostramos, agora, que a equação da onda é satisfeita por qualquer função de $x - vt$. Seja $\alpha = x - vt$ e considere qualquer função de onda

$$y = y(x - vt) = y(\alpha)$$

Usamos y' para a derivada de y em relação a α. Então, pela regra da cadeia para derivadas,

$$\frac{\partial y}{\partial x} = \frac{dy}{d\alpha}\frac{\partial\alpha}{\partial x} = y'\frac{\partial\alpha}{\partial x} \quad \text{e} \quad \frac{\partial y}{\partial t} = \frac{dy}{d\alpha}\frac{\partial\alpha}{\partial t} = y'\frac{\partial\alpha}{\partial t}$$

Como

$$\frac{\partial\alpha}{\partial x} = \frac{\partial(x - vt)}{\partial x} = 1 \quad \text{e} \quad \frac{\partial\alpha}{\partial t} = \frac{\partial(x - vt)}{\partial t} = -v$$

temos

$$\frac{\partial y}{\partial x} = y' \quad \text{e} \quad \frac{\partial y}{\partial t} = -vy'$$

Tomando a segunda derivada, obtemos

$$\frac{\partial^2 y}{\partial x^2} = y'' \quad \text{e} \quad \frac{\partial^2 y}{\partial t^2} = -v\frac{\partial y'}{\partial t} = -v\frac{dy'}{d\alpha}\frac{\partial\alpha}{\partial t} = +v^2 y''$$

Então,

$$\frac{\partial^2 y}{\partial x^2} = \frac{1}{v^2}\frac{\partial^2 y}{\partial t^2} \qquad \text{15-10}b$$

EQUAÇÃO DA ONDA

O mesmo resultado (Equação 15-10*b*) também pode ser obtido para qualquer função de $x + vt$. Comparando as Equações 15-10*a* e 15-10*b*, vemos que a rapidez de propagação da onda é $v = \sqrt{F_T/\mu}$, que é a Equação 15-3.

Exemplo 15-4 Função de Onda Harmônica

Na seção seguinte, ondas harmônicas são definidas pela função de onda $y(x,t) = A\ \text{sen}(kx - \omega t)$, onde $v = \omega/k$. Mostre que esta função de onda satisfaz à Equação 15-10*b*, calculando explicitamente as segundas derivadas.

SITUAÇÃO Podemos mostrar isto calculando explicitamente $\partial^2 y/\partial x^2$ e $\partial^2 y/\partial t^2$, onde $y = A\ \text{sen}(kx - \omega t)$, e substituindo na Equação 15-10*b*.

SOLUÇÃO

1. Calcule a segunda derivada parcial de y em relação a x:

$$\frac{\partial y}{\partial x} = \frac{\partial}{\partial x}[A\,\text{sen}(kx - \omega t)] = A\cos(kx - \omega t)\frac{\partial(kx - \omega t)}{\partial x} = kA\cos(kx - \omega t)$$

$$\frac{\partial^2 y}{\partial x^2} = \frac{\partial}{\partial x}\frac{\partial y}{\partial x} = \frac{\partial}{\partial x}kA\cos(kx - \omega t) = -kA\,\text{sen}(kx - \omega t)\frac{\partial(kx - \omega t)}{\partial x}$$

$$= -k^2 A\,\text{sen}(kx - \omega t)$$

2. De forma similar, calcule a segunda derivada parcial de y em relação a t:

$$\frac{\partial y}{\partial t} = \frac{\partial}{\partial t}[A\,\text{sen}(kx - \omega t)] = A\cos(kx - \omega t)\frac{\partial(kx - \omega t)}{\partial t} = -\omega A\cos(kx - \omega t)$$

$$\frac{\partial^2 y}{\partial t^2} = \omega A\,\text{sen}(kx - \omega t)\frac{\partial y(kx - \omega t)}{\partial t} = -\omega^2 A\,\text{sen}(kx - \omega t)$$

3. Substituindo estes resultados na Equação 15-10*b*, fica:

$$-k^2 A\,\text{sen}(kx - \omega t) = \frac{1}{v^2}[-\omega^2 A\,\text{sen}(kx - \omega t)]$$

$$\text{ou}\quad A\,\text{sen}(kx - \omega t) = \frac{\omega^2/k^2}{v^2}A\,\text{sen}(kx - \omega t)$$

4. Os dois lados do resultado do passo 3 são iguais, desde que $(\omega^2/k^2)/v^2 = 1$:

> $A\ \text{sen}(kx - \omega t)$ é uma solução da equação da onda (Equação 15-9*b*), desde que $(\omega^2/k^2)/v^2 = 1$. Isto é, desde que $v = \omega/k$.

CHECAGEM Qualquer função da forma $y(x - vt)$ satisfaz à equação da onda (Equação 15-10*b*). A função $y = A\ \text{sen}(kx - \omega t)$ é da forma $y(x - vt)$, desde que $v = \omega/k$. Para mostrar que esta função tem a forma requerida, substituímos ω por kv para obter

$$y = A\,\text{sen}(kx - \omega t) = A\,\text{sen}(kx - kvt) = A\,\text{sen}(k[x - vt])$$

que tem a forma $y(x - vt)$.

PROBLEMA PRÁTICO 15-3 Mostre que qualquer função $y(kx + \omega t)$ satisfaz à Equação 15-10*b*, desde que $v = \omega/k$.

Dedução de v para ondas sonoras A rapidez do som é dada por $v = \sqrt{B/\rho}$ (Equação 15-4), onde B e ρ são o módulo volumétrico e a massa específica do meio, respectivamente. Esta equação pode ser obtida aplicando-se o teorema do impulso–quantidade de movimento linear ao movimento do ar em um longo cilindro (Figura 15-7) com um pistão em uma extremidade e com a outra extremidade aberta para a atmosfera. Repentinamente, você começa a mover o pistão para a direita com rapidez constante u. Após um curto tempo, Δt, o pistão terá se movido de uma distância $u\,\Delta t$ e todo o ar contido em uma distância $v\,\Delta t$ da posição inicial do pistão estará se movendo para a direita com a rapidez u. Aplicando o teorema do impulso–quantidade de movimento linear ($\vec{F}_{\text{méd}}\,\Delta t = \Delta\vec{p}$) ao ar no cilindro, obtemos

$$F\,\Delta t = mu - 0 \qquad 15\text{-}11$$

onde m é a massa do ar que se move com rapidez u e F é a força resultante sobre o ar no cilindro. O ar estava, inicialmente, em repouso. A força resultante F está relacionada com o aumento de pressão ΔP do ar, nas proximidades do pistão que se move, como

$$F = A\,\Delta P$$

onde A é a área de seção reta do cilindro.

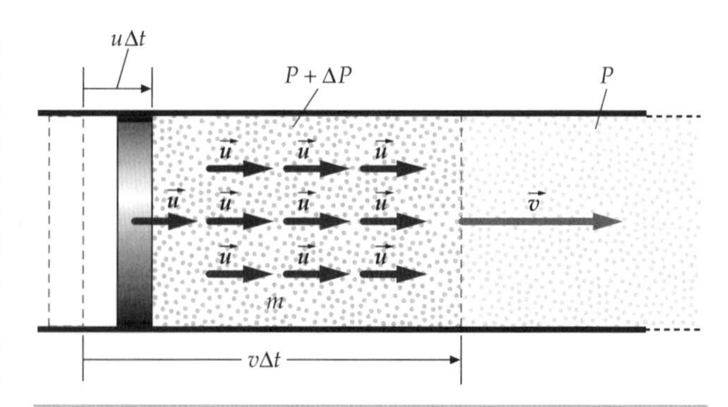

FIGURA 15-7 O ar próximo ao pistão se move para a direita com a mesma rapidez constante u do pistão. A extremidade da direita deste pulso de pressão se move para a direita com a rapidez da onda v. A pressão no pulso é maior do que a pressão no resto do cilindro de uma quantidade ΔP.

O módulo volumétrico do ar é dado por

$$B = -\frac{\Delta P}{\Delta V/V} \quad \text{logo} \quad \Delta P = -B\frac{\Delta V}{V} = -B\frac{-Au\,\Delta t}{Av\,\Delta t} = B\frac{u}{v}$$

onde $Au\Delta t$ é o volume varrido pelo pistão e $Av\Delta t$ é o volume inicial do ar que agora está se movendo com rapidez u. Substituindo F na Equação 15-11, fica

$$A\Delta P\Delta t = mu \quad \text{ou} \quad AB\frac{u}{v}\Delta t = (\rho Av\Delta t)u$$

onde m foi substituído por $\rho Av\,\Delta t$. Resolvendo para v, obtém-se

$$v = \sqrt{\frac{B}{\rho}}$$

que é a mesma expressão para v da Equação 15-4.

Uma equação da onda para ondas sonoras pode ser deduzida usando-se as leis de Newton. Em uma dimensão, esta equação é

$$\frac{\partial^2 s}{\partial x^2} = \frac{1}{v_s^2}\frac{\partial^2 s}{\partial t^2}$$

onde s é o deslocamento do meio na direção x e v_s é a rapidez do som no meio.

15-2 ONDAS PERIÓDICAS

Se uma extremidade de uma longa corda esticada é sacudida para cima e para baixo em movimento periódico, então uma **onda periódica** é gerada. Se uma onda periódica está viajando ao longo de uma corda esticada, ou em qualquer outro meio, cada ponto ao longo do meio oscila com o mesmo período.

ONDAS HARMÔNICAS

Ondas harmônicas são o tipo mais básico de ondas periódicas. Todas as ondas, periódicas ou não, podem ser modeladas como uma superposição de ondas harmônicas. Conseqüentemente, uma compreensão do movimento ondulatório harmônico pode ser generalizada para formar uma compreensão de qualquer tipo de movimento ondulatório. Se uma **onda harmônica** está se propagando através de um meio, cada ponto do meio oscila em movimento harmônico simples.

Se uma extremidade de uma corda é presa a um vibrador que oscila para cima e para baixo em movimento harmônico simples, um trem de onda senoidal se propaga ao longo da corda. Este trem de onda é uma onda harmônica. Como mostrado na Figura 15-8, a forma da corda é a de uma função senoidal. A menor distância além da qual a onda se repete (a distância entre cristas, por exemplo) nesta figura é chamada de **comprimento de onda** λ.

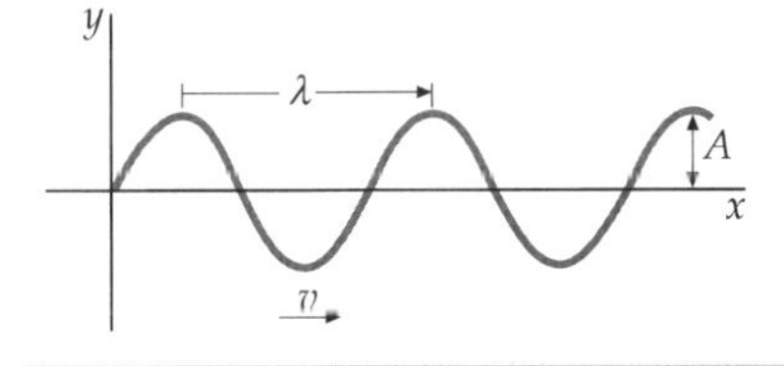

FIGURA 15-8 Uma onda harmônica em um determinado instante de tempo. A é a amplitude e λ é o comprimento de onda. Para uma onda em uma corda, esta figura pode ser obtida com uma fotografia de exposição rápida da corda.

Enquanto a onda se propaga ao longo da corda, cada ponto da corda se move para cima e para baixo — perpendicularmente à direção de propagação — em movimento harmônico simples com a freqüência f do vibrador. Durante um período T deste movimento a onda percorre uma distância de um comprimento de onda, de forma que sua rapidez é dada por

$$v = \frac{\lambda}{T} = f\lambda \qquad \text{15-12}$$

onde usamos a relação $T = 1/f$.

Como a relação $v = f\lambda$ resulta apenas das definições de comprimento de onda e de freqüência, ela é aplicável a todas as ondas periódicas.

A função seno que descreve os deslocamentos na Figura 15-8 é

$$y(x) = A\,\text{sen}\left(2\pi\frac{x}{\lambda} + \delta\right)$$

onde A é a amplitude, λ é o comprimento de onda e δ é uma constante de fase que depende da escolha da origem (onde $x = 0$). Esta equação é expressa mais simplesmente como

$$y(x) = A\,\text{sen}(kx + \delta) \qquad \text{15-13}$$

onde k, chamado **número de onda**, é dado por

$$k = \frac{2\pi}{\lambda} \qquad 15\text{-}14$$

Note que k tem o m^{-1} como unidade. (Como o ângulo deve estar em radianos, às vezes escrevemos a unidade de k como rad/m.) Quando trabalhando com uma onda harmônica simples, usualmente escolhemos a localização da origem de modo que $\delta = 0$.

Para uma onda viajando no sentido do aumento de x, com uma rapidez v, substitua x na Equação 15-13 por $x - vt$ (veja "Pulsos de Onda" na Seção 15-1). Com δ igual a zero, fica

$$y(x,t) = A\,\text{sen}\,k(x - vt) = A\,\text{sen}(kx - kvt)$$

ou

$$y(x,t) = A\,\text{sen}(kx - \omega t) \qquad 15\text{-}15$$

FUNÇÃO DE ONDA HARMÔNICA

onde

$$\omega = kv \qquad 15\text{-}16$$

é a freqüência angular e o argumento da função seno, $(kx - \omega t)$, é chamado de **fase**. A freqüência angular relaciona-se com a freqüência f e com o período T por

$$\omega = 2\pi f = \frac{2\pi}{T} \qquad 15\text{-}17$$

Substituindo $\omega = 2\pi f$ na Equação 15-16 e usando $k = 2\pi/\lambda$, obtemos

$$2\pi f = kv = \frac{2\pi}{\lambda}v$$

ou $v = f\lambda$, que é a Equação 15-12.

Se uma onda harmônica que viaja ao longo de uma corda é descrita por $y(x,t) = A\,\text{sen}(kx - \omega t)$, então a velocidade de um ponto da corda em um valor fixo de x é

$$v_y = \frac{\partial y}{\partial t} = \frac{\partial}{\partial t}[A\,\text{sen}(kx - \omega t)] = -\omega A\cos(kx - \omega t) \qquad 15\text{-}18$$

VELOCIDADE TRANSVERSAL

A aceleração deste ponto é dada por $\partial^2 y/\partial t^2$.

Exemplo 15-5 Uma Onda Harmônica em uma Corda

A função de onda $y(x,t) = (0{,}030\text{ m}) \times \text{sen}[(2{,}2\text{ m}^{-1})x - (3{,}5\text{ s}^{-1})t]$ descreve uma onda harmônica em uma corda. (*a*) Em que sentido viaja esta onda e qual é sua rapidez? (*b*) Determine o comprimento de onda, a freqüência e o período desta onda. (*c*) Qual é o deslocamento máximo de qualquer ponto da corda? (*d*) Qual é a rapidez máxima de qualquer ponto da corda?

SITUAÇÃO (*a*) Para encontrar o sentido do movimento, expresse $y(x,t)$ ou como uma função de $(x - vt)$ ou como uma função de $(x + vt)$ e use as Equações 15-1 e 15-2. Para determinar a rapidez da onda, use $\omega = kv$ (Equação 15-16). (*b*) O comprimento de onda, a freqüência e o período podem ser determinados do número de onda k e da freqüência angular ω. (*c*) O deslocamento máximo de um ponto da corda é a amplitude A. (*d*) A velocidade de um ponto da corda é $\partial y/\partial t$.

SOLUÇÃO

(*a*) 1. A função de onda dada é da forma $y(x,t) = A\,\text{sen}(kx - \omega t)$. Usando $\omega = kv$ (Equação 15-16), escreva a função de onda como uma função de $x - vt$. Depois, use as Equações 15-1 e 15-2 para encontrar o sentido de propagação:

$y(x,t) = A\,\text{sen}(kx - \omega t)$ e $\omega = kv$

logo $y(x,t) = A\,\text{sen}(kx - kvt) = A\,\text{sen}[k(x - vt)]$

A onda viaja no $\boxed{\text{sentido } +x.}$

2. Como a forma é $y(x,t) = A\,\text{sen}(kx - \omega t)$, conhecemos A, ω e k. Use isto para calcular a rapidez:

$$v = \frac{\lambda}{T} = \frac{\lambda}{2\pi}\frac{2\pi}{T} = \frac{\omega}{k} = \frac{3{,}5\text{ s}^{-1}}{2{,}2\text{ m}^{-1}} = 1{,}59\text{ m/s}$$

$$= \boxed{1{,}6\text{ m/s}}$$

(*b*) O comprimento de onda λ se relaciona com o número de onda k, e o período T e a freqüência f se relacionam com ω:

$$\lambda = \frac{2\pi}{k} = \frac{2\pi}{2{,}2\ \text{m}^{-1}} = 2{,}86\ \text{m} = \boxed{2{,}9\ \text{m}}$$

$$T = \frac{2\pi}{\omega} = \frac{2\pi}{3{,}5\ \text{s}^{-1}} = 1{,}80\ \text{s} = \boxed{1{,}8\ \text{s}}$$

$$f = \frac{1}{T} = \frac{1}{1{,}80\ \text{s}} = 0{,}557\ \text{Hz} = \boxed{0{,}56\ \text{Hz}}$$

(*c*) O deslocamento máximo de um segmento da corda é a amplitude A:

$$A = \boxed{0{,}030\ \text{m}}$$

(*d*) 1. Calcule $\partial y/\partial t$ para determinar a velocidade de um ponto da corda:

$$v_y = \frac{\partial y}{\partial t} = (0{,}030\ \text{m})\frac{\partial[\text{sen}(2{,}2\ \text{m}^{-1}x - 3{,}5\ \text{s}^{-1}t)]}{\partial t}$$
$$= (0{,}030\ \text{m})(-3{,}5\ \text{s}^{-1})\cos(2{,}2\ \text{m}^{-1}x - 3{,}5\ \text{s}^{-1}t)$$
$$= -(0{,}105\ \text{m/s})\cos(2{,}2\ \text{m}^{-1}x - 3{,}5\ \text{s}^{-1}t)$$

2. A rapidez transversal máxima ocorre quando a função cosseno tem o valor ±1:

$$v_{y,\text{máx}} = 0{,}105\ \text{m/s} = \boxed{0{,}11\ \text{m/s}}$$

CHECAGEM Incluímos explicitamente as unidades para mostrar como que elas se combinam. Elas servem como um teste de plausibilidade. Para sermos breves, com freqüência omitiremos as unidades.

Transferência de energia através de ondas em uma corda Considere, novamente, uma corda presa a um vibrador. O vibrador transfere energia ao segmento de corda preso a ele. Por exemplo, quando o vibrador se move para cima a partir de sua posição de equilíbrio, ele distende levemente o segmento de corda adjacente — aumentando sua energia potencial elástica. Além disso, em seu movimento para cima a partir do equilíbrio, o vibrador vai freando, reduzindo a energia cinética do segmento de corda preso a ele. Enquanto a onda se move ao longo da corda, energia é transferida de cada segmento para o seu adjacente, de maneira similar.

Potência é a taxa de transferência de energia. Podemos calcular a potência considerando o trabalho realizado pela força que um segmento da corda exerce sobre um segmento vizinho. A taxa com que o trabalho é realizado por esta força é a potência. A Figura 15-9 mostra uma onda harmônica se movendo para a direita ao longo de um segmento de corda. Isto é, supomos uma função de onda com a forma

$$y(x,t) = A\ \text{sen}(kx - \omega t) \qquad 15\text{-}19$$

A força de tração $\vec{F}_T$, na extremidade esquerda do segmento, é tangente à corda, como mostrado. Para calcular a potência transferida por esta força, usamos a fórmula $P = \vec{F}_T \cdot \vec{v}_{tr}$ (Equação 6-16), onde $\vec{F}_T$ é a tração e $\vec{v}_{tr}$, a velocidade transversal, é a velocidade da extremidade do segmento. Para obter uma expressão para a potência, primeiro expressamos os vetores em função de suas componentes. Isto é, $\vec{F}_T = F_{Tx}\hat{i} + F_{Ty}\hat{j}$ e $\vec{v}_{tr} = v_y\hat{j}$. Fazendo o produto escalar, fica $P = F_{Ty}v_y$. Obtemos v_y derivando a Equação 15-18. Vemos, na figura, que $F_{Ty} = -F_T\,\text{sen}\,\theta < -F_T\tan\theta$, onde usamos a aproximação para ângulos pequenos $\text{sen}\,\theta < \tan\theta$. Como $\tan\theta$ é a inclinação da linha tangente à corda, temos $\tan\theta = \partial y/\partial x$. Então,

$$P = F_{Ty}v_y \approx -F_T v_y \tan\theta = -F_T\frac{\partial y}{\partial t}\frac{\partial y}{\partial x} \qquad 15\text{-}20$$

Aplicando a Equação 15-20 para uma onda harmônica (fazendo as derivadas da Equação 15-19), temos

$$P = -F_T[-\omega A\cos(kx - \omega t)][kA\cos(kx - \omega t)] = F_T\omega kA^2\cos^2(kx - \omega t)$$

Usando $v = \sqrt{F_T/\mu}$ (Equação 15-3) e $v = \omega/k$ (Equação 15-16), substituímos F_T e o primeiro k para obter

$$P = \mu v\omega^2A^2\cos^2(kx - \omega t) \qquad 15\text{-}21$$

onde v é a rapidez da onda. A potência média em qualquer ponto x é, então,

$$P_{\text{méd}} = \tfrac{1}{2}\mu v\omega^2A^2 \qquad 15\text{-}22$$

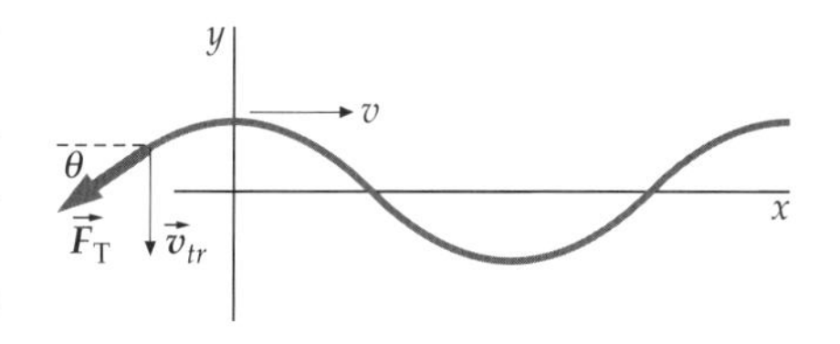

FIGURA 15-9 A força de tração $\vec{F}_T$ tem uma componente no sentido da velocidade transversal $\vec{v}_{tr}$, de modo que neste instante a força realiza trabalho positivo sobre a extremidade da corda.

porque o valor médio de $\cos^2(kx - \omega t)$ é $\frac{1}{2}$. Esta média é tomada sobre todo o período T do movimento, com x mantido constante.

A energia se propaga ao longo de uma corda esticada com uma rapidez média igual à rapidez da onda v, de modo que a energia média $(\Delta E)_{\text{méd}}$ que flui pelo ponto P durante o tempo Δt (Figura 15-10*a* e Figura 15-10*b*) é

$$(\Delta E)_{\text{méd}} = P_{\text{méd}}\,\Delta t = \tfrac{1}{2}\mu v\omega^2 A^2 \Delta t$$

Esta energia se distribui em um comprimento $\Delta x = v\,\Delta t$, de modo que a energia média no comprimento Δx é

$$(\Delta E)_{\text{méd}} = \tfrac{1}{2}\mu\omega^2 A^2\,\Delta x \qquad 15\text{-}23$$

Note que, como a potência média, a energia média por unidade de comprimento é proporcional ao quadrado da amplitude da onda.

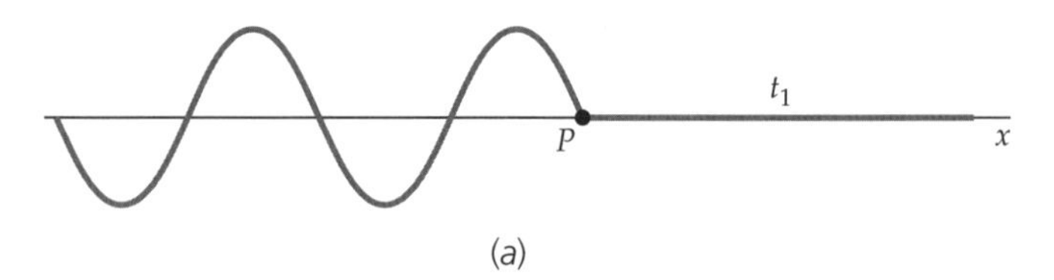

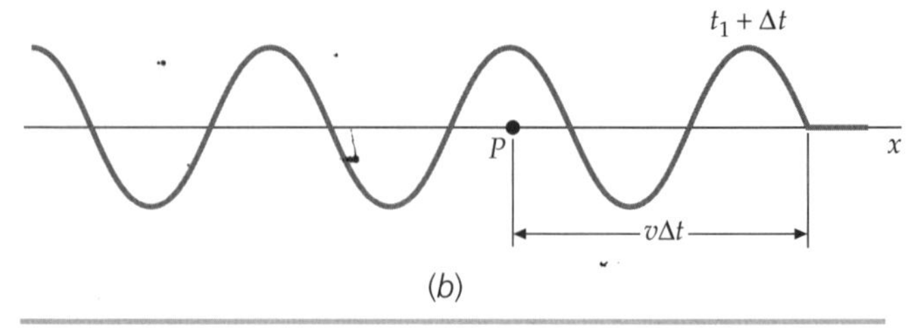

FIGURA 15-10 A onda atingiu o ponto P no tempo t_1. Durante o tempo Δt, a onda avançou uma distância $v\,\Delta t$ além do ponto P.

Exemplo 15-6 Energia Total Média de uma Onda em uma Corda

Uma onda harmônica, de 25 cm de comprimento de onda e 1,2 cm de amplitude, se move ao longo de um segmento de 15 m de uma corda de 60 m que tem uma massa de 320 g e sofre uma tração de 12 N. (*a*) Quais são a rapidez e a freqüência angular da onda? (*b*) Qual é a energia total média da onda?

SITUAÇÃO A rapidez média é $v = \sqrt{F_T/\mu}$, onde F_T é dado e $\mu = m/L$. Determinamos ω de $\omega = 2\pi f$, onde $f = v/\lambda$. A energia é determinada usando $(\Delta E)_{\text{méd}} = \frac{1}{2}\mu\omega^2A^2\Delta x$ (Equação 15-23).

SOLUÇÃO

(*a*) 1. A rapidez está relacionada com a tração e com a massa específica linear:
$$v = \sqrt{\frac{F_T}{\mu}} \quad \text{e} \quad \mu = \frac{m}{L}$$

2. Calcule a rapidez da onda:
$$v = \sqrt{\frac{F_T L}{m}} = \sqrt{\frac{(12\text{ N})(60\text{ m})}{(0{,}32\text{ kg})}} = 47{,}4\text{ m/s} = \boxed{47\text{ m/s}}$$

3. A freqüência angular é determinada a partir da freqüência, que é encontrada conhecendo-se a rapidez e o comprimento de onda:
$$\omega = 2\pi f \quad \text{e} \quad v = f\lambda,$$
logo
$$\omega = 2\pi\frac{v}{\lambda} = 2\pi\frac{47{,}4\text{ m/s}}{0{,}25\text{ m}} = 1190\text{ rad/s} = \boxed{1200\text{ rad/s}}$$

(*b*) A energia total média de uma onda harmônica na corda é dada por $(\Delta E)_{\text{méd}} = \frac{1}{2}\mu\omega^2A^2\Delta x$ (Equação 15-23):
$$(\Delta E)_{\text{méd}} = \frac{1}{2}\mu\omega^2A^2\,\Delta x = \frac{1}{2}\frac{m}{L}\omega^2A^2\,\Delta x$$
$$= \frac{1}{2}\frac{0{,}32\text{ kg}}{60\text{ m}}(1190\text{ s}^{-1})^2(0{,}012\text{ m})^2(15\text{ m})$$
$$= 8{,}19\text{ J} = \boxed{8{,}2\text{ J}}$$

CHECAGEM O resultado para a energia média, na Parte (*b*), tem como unidade

$$1\frac{\text{kg}\cdot\text{s}^{-2}\,\text{m}^3}{\text{m}} = 1\frac{\text{kg}\cdot\text{m}^2}{\text{s}^2} = 1\text{ N}\cdot\text{m} = 1\text{ J}$$

onde usamos o fato de que 1 N = 1 kg · m/s². Como a unidade é correta, o resultado da Parte (*b*) é plausível.

PROBLEMA PRÁTICO 15-4 Calcule a taxa média com que a energia é transmitida ao longo da corda.

ONDAS SONORAS HARMÔNICAS

Ondas sonoras harmônicas podem ser geradas por um diapasão ou por um alto-falante vibrando em movimento harmônico simples. A fonte vibratória faz com que as moléculas de ar próximas a ela oscilem em movimento harmônico simples em torno de suas posições de equilíbrio. Estas moléculas colidem com as moléculas vizinhas, fazendo com que elas oscilem e estas, por sua vez, colidem com suas vizinhas, fazendo-as oscilar, e assim por diante, desta forma propagando-se a onda sonora. A Equação 15-15 descreverá uma onda sonora harmônica se a função de onda $y(x,t)$ for substituída por $s(x,t)$, que representa os deslocamentos das moléculas em relação às suas posições de equilíbrio. Assim,

$$s(x,t) = s_0 \operatorname{sen}(kx - \omega t) \qquad 15\text{-}24$$

Estes deslocamentos ocorrem ao longo da direção de propagação da onda, e causam variações da massa específica e da pressão do ar. A Figura 15-11 mostra o deslocamento de moléculas de ar e variações da massa específica causados por uma onda sonora em algum instante fixo. A pressão é máxima onde a massa específica é máxima. Vemos, nesta figura, que a onda de massa específica, e, portanto, a onda de pressão, está defasada de 90° em relação à onda de deslocamento. (Nos argumentos das funções seno e cosseno expressaremos, sempre, os ângulos de fase em radianos. No entanto, em descrições verbais dizemos, usualmente, que "duas ondas estão defasadas de 90°", em vez de "duas ondas estão defasadas de $\pi/2$ radianos.") Onde o deslocamento é zero, a massa específica, e, portanto, a pressão, está em um máximo ou em um mínimo, e onde o deslocamento é máximo ou mínimo a massa específica, e, portanto, a pressão, está com seu valor de equilíbrio. Uma onda de deslocamento dada pela Equação 15-24, portanto, implica uma onda de pressão dada por

$$p = p_0 \operatorname{sen}\left(kx - \omega t - \frac{\pi}{2}\right) = -p_0 \cos(kx - \omega t) \qquad 15\text{-}25$$

onde p é a pressão menos a pressão de equilíbrio local, e p_0, o valor máximo de p, é a chamada amplitude de pressão. Pode ser mostrado que a amplitude de pressão p_0 está relacionada com a amplitude de deslocamento s_0 por

$$p_0 = \rho \omega v s_0 \qquad 15\text{-}26$$

onde v é a rapidez de propagação e ρ é a massa específica de equilíbrio do gás. Então, quando uma onda sonora harmônica viaja no ar, o deslocamento das moléculas de ar, a pressão e a massa específica variam todos senoidalmente com a freqüência da fonte vibratória.

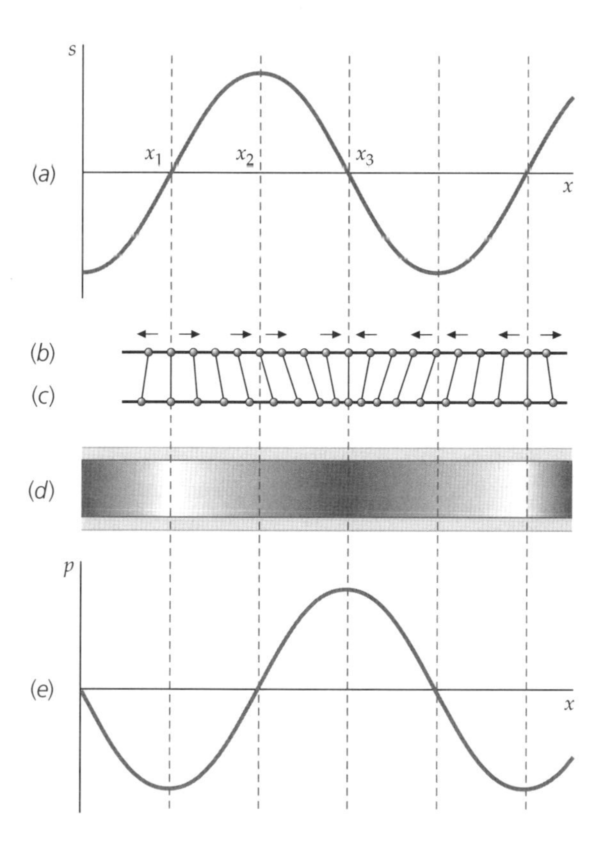

FIGURA 15-11 (*a*) Deslocamento do equilíbrio de moléculas de ar em uma onda sonora harmônica *versus* posição, em determinado instante. Os pontos x_1 e x_3 são pontos de deslocamento zero. (*b*) Algumas moléculas representativas, igualmente espaçadas, em suas posições de equilíbrio 1/4 de ciclo antes. As setas indicam os sentidos de suas velocidades, naquele instante. (*c*) Moléculas próximas dos pontos x_1, x_2 e x_3 após a chegada da onda sonora. O deslocamento é negativo logo à esquerda de x_1, indicando que as moléculas do gás são deslocadas para a esquerda, afastando-se do ponto x_1, neste instante. O deslocamento é positivo logo à direita de x_1, indicando que as moléculas são deslocadas para a direita, também afastando-se do ponto x_1. Logo, no ponto x_1 a massa específica é mínima porque as moléculas do gás dos dois lados são deslocadas afastando-se do ponto. No ponto x_3 a massa específica é máxima, porque as moléculas dos dois lados são deslocadas aproximando-se deste ponto. No ponto x_2, a massa específica não varia, porque as moléculas do gás, dos dois lados deste ponto, sofrem deslocamentos iguais no mesmo sentido. (*d*) A massa específica do ar, neste instante. A massa específica é máxima em x_3 e mínima em x_1, ambos pontos de deslocamento zero. Seu valor de equilíbrio ocorre em x_2, que é um ponto de deslocamento máximo. (*e*) Variação da pressão, que é proporcional à variação da massa específica, *versus* posição. A variação da pressão e o deslocamento (variação da posição) são defasados de 90°.

PROBLEMA PRÁTICO 15-5

Sons com freqüências entre cerca de 20 Hz e cerca de 20.000 Hz são audíveis aos humanos (apesar de muitas pessoas apresentarem audição limitada acima de 15.000 Hz). Se a rapidez do som no ar é 343 m/s, quais são os comprimentos de onda que correspondem às freqüências audíveis mais alta e mais baixa?

Energia das ondas sonoras A energia média de uma onda sonora harmônica, em um elemento de volume ΔV, é dada pela Equação 15-23 com A substituído por s_0 e com $\mu\ \Delta x$ substituído por $\rho\ \Delta V$, onde ρ é a massa específica de equilíbrio do meio.

$$(\Delta E)_{\text{méd}} = \tfrac{1}{2}\rho\omega^2 s_0^2\, \Delta V \qquad \text{15-27}$$

A energia por unidade de volume é a densidade média de energia $\eta_{\text{méd}}$:

$$\eta_{\text{méd}} = \frac{\Delta E_{\text{méd}}}{\Delta V} = \frac{1}{2}\rho\omega^2 s_0^2 \qquad \text{15-28}$$

onde η é a letra grega minúscula eta.

ONDAS ELETROMAGNÉTICAS

Ondas eletromagnéticas incluem luz, ondas de rádio, raios X, raios gama e microondas, entre outras. Os vários tipos de ondas eletromagnéticas diferem apenas no comprimento de onda e na freqüência. Diferentemente das ondas mecânicas, as ondas eletromagnéticas não requerem um meio de propagação. Elas viajam no vácuo com a rapidez c, que é uma constante universal, $c \approx 3{,}00 \times 10^8$ m/s. A função de onda para ondas eletromagnéticas é um campo elétrico $\vec{E}(x,t)$ associado à onda. (Campos elétricos são apresentados no Capítulo 21 (Volume 2). Uma equação de onda, similar às de ondas em cordas e de ondas sonoras, é deduzida das leis da eletricidade e do magnetismo no Capítulo 30 — Volume 2.) O campo elétrico é perpendicular à direção de propagação, de forma que as ondas eletromagnéticas são ondas transversais.

As ondas eletromagnéticas são produzidas quando cargas elétricas livres aceleram ou quando elétrons ligados a átomos e a moléculas sofrem uma transição para estados mais baixos de energia. Ondas de rádio, que têm freqüências no entorno de 1 MHz para AM e de 100 MHz para FM, são produzidas por correntes elétricas macroscópicas oscilando em antenas de rádio. A freqüência das ondas emitidas é igual à freqüência de oscilação das cargas. Ondas de luz, que possuem freqüências da ordem de 10^{14} Hz, são geralmente produzidas por transições atômicas ou moleculares envolvendo elétrons ligados. O espectro de ondas eletromagnéticas é discutido no Capítulo 31 (Volume 2).

15-3 ONDAS EM TRÊS DIMENSÕES

A Figura 15-12 mostra ondas circulares bidimensionais na superfície da água em um tanque de ondas. Estas ondas são geradas por gotas d'água caindo na superfície. As cristas de onda formam círculos concêntricos chamados de **frentes de onda**. Para uma fonte sonora pontual, as ondas se afastam em três dimensões, e as frentes de onda são superfícies esféricas concêntricas.

FIGURA 15-12 Frentes de onda circulares emitidas de uma fonte pontual em um tanque de ondas. *(PhotoDisc/Getty Images.)*

O movimento de qualquer conjunto de frentes de onda pode ser indicado por raios, que são linhas retas orientadas perpendiculares às frentes de onda (Figura 15-13). Para ondas circulares ou esféricas, os raios são linhas radiais.

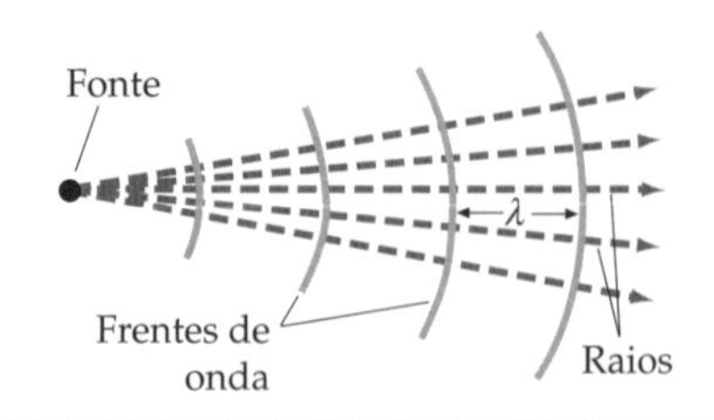

FIGURA 15-13 O movimento das frentes de onda pode ser representado por raios traçados perpendicularmente a elas. Para uma fonte pontual, os raios são linhas que partem radialmente da fonte.

Em um meio homogêneo, como o ar com massa específica constante, as frentes de onda viajam em linhas retas no sentido dos raios, lembrando um feixe de partículas. A uma grande distância da fonte pontual, uma seção suficientemente pequena da frente de onda pode ser aproximada por uma superfície plana, e os raios são aproximados por linhas paralelas; tal onda é chamada de **onda plana** (Figura 15-14). O análogo bidimensional de uma onda plana é uma *onda linear*, que é uma pequena parte de uma frente de onda circular muito distante da fonte. Ondas lineares também podem ser produzidas em um tanque de ondas por uma fonte linear, como na Figura 15-15.

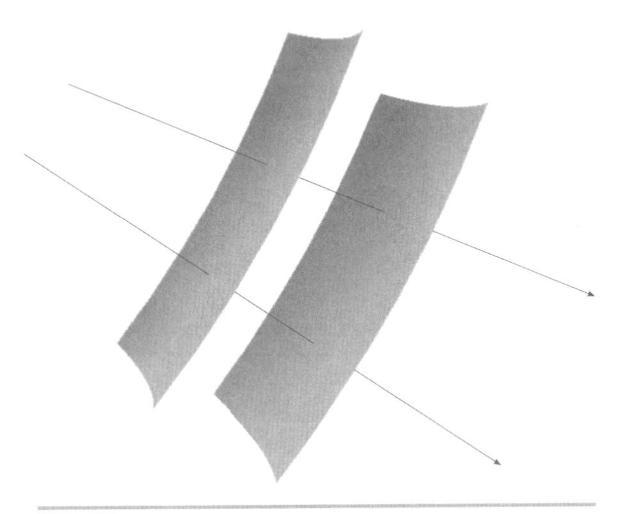

FIGURA 15-14 Ondas planas. A grandes distâncias de uma fonte pontual, as frentes de onda são aproximadamente planos paralelos, e os raios são aproximadamente linhas paralelas perpendiculares às frentes de onda.

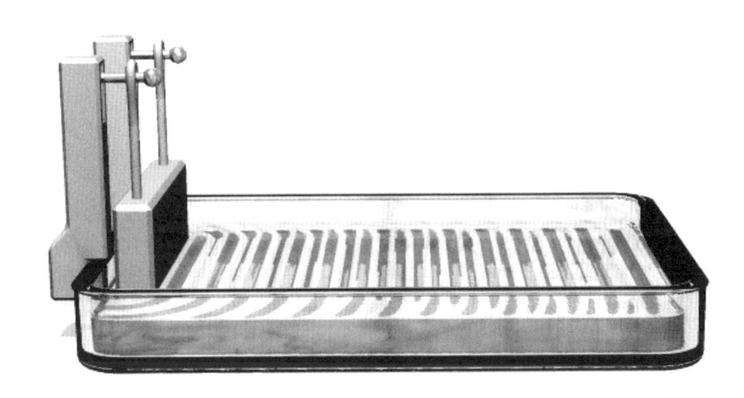

FIGURA 15-15 Um análogo bidimensional de uma onda plana pode ser gerado em um tanque de ondas por uma placa que oscila para cima e para baixo na água, produzindo as frentes de onda, que são linhas retas.

INTENSIDADE DE ONDA

Se uma fonte pontual emite ondas uniformemente em todas as direções, então a energia a uma distância r da fonte é distribuída uniformemente em uma superfície esférica de raio r e área $A = 4\pi r^2$. Se $P_{méd}$ é a potência média emitida pela fonte, então a potência média por unidade de área a uma distância r da fonte é $P_{méd}/(4\pi r^2)$. A potência média por unidade de área que incide perpendicularmente na direação de propagação é chamada de **intensidade**:

$$I = \frac{P_{méd}}{A} \qquad 15\text{-}29$$

DEFINIÇÃO DE INTENSIDADE

No SI, a intensidade é medida em watts por metro quadrado (W/m²). A uma distância r da fonte pontual, a intensidade é

$$I = \frac{P_{méd}}{4\pi r^2} \qquad 15\text{-}30$$

INTENSIDADE DE UMA FONTE PONTUAL

A intensidade de uma onda tridimensional varia inversamente com o quadrado da distância à fonte pontual.

Existe uma relação simples entre a intensidade de uma onda e a densidade de energia no meio através do qual ela se propaga. A Figura 15-16 mostra uma onda esférica cujo raio acaba de atingir o valor r_1. O volume interno ao raio r_1 contém energia, porque as partículas nessa região estão oscilando. A região externa a r_1 não contém energia, porque a onda ainda não a alcançou. Após um curto tempo Δt, a onda terá passado por r_1 varrendo uma curta distância $\Delta r = v\,\Delta t$. A energia média na casca esférica de área superficial A, espessura $v\,\Delta t$ e volume $\Delta V = A\,\Delta r = Av\,\Delta t$, vale

$$(\Delta E)_{méd} = \eta_{méd}\,\Delta V = \eta_{méd} Av\,\Delta t$$

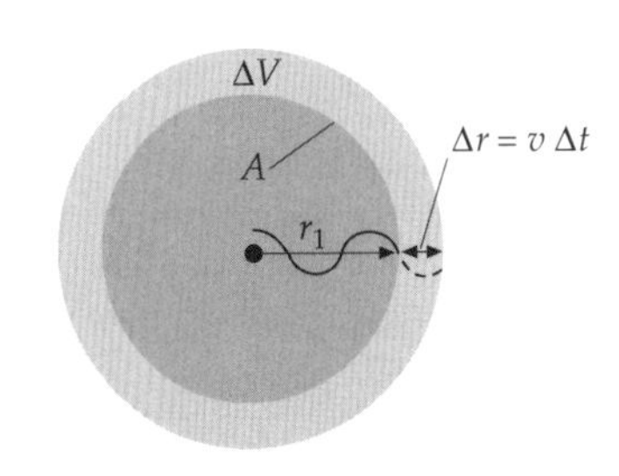

FIGURA 15-16

A taxa de transferência de energia é a potência através da casca. A potência incidente média é

$$P_{méd} = \frac{(\Delta E)_{méd}}{\Delta t} = \eta_{méd} Av$$

e a intensidade da onda é

$$I = \frac{P_{méd}}{A} = \eta_{méd} v \qquad 15\text{-}31$$

Então, a intensidade é igual ao produto da rapidez da onda v pela densidade média de energia $\eta_{\text{méd}}$. Substituindo $\eta_{\text{méd}} = \frac{1}{2}\rho\omega^2 s_0^2$, da Equação 15-28, para a densidade de energia em uma onda sonora harmônica, obtemos

$$I = \eta_{\text{méd}} v = \frac{1}{2}\rho\omega^2 s_0^2 v = \frac{1}{2}\frac{p_0^2}{\rho v} \qquad 15\text{-}32$$

onde usamos $s_0 = p_0/(\rho\omega v)$ da Equação 15-26. Este resultado — que a intensidade de uma onda sonora é proporcional ao quadrado da amplitude — é uma propriedade geral das ondas harmônicas.

O ouvido humano pode acomodar uma grande faixa de intensidades de onda sonora, desde cerca de 10^{-12} W/m² (que é, usualmente, tomado como o limiar de audição) até cerca de 1 W/m² (uma intensidade grande o suficiente para provocar dor na maioria das pessoas). As amplitudes de pressão que correspondem a estas intensidades extremas são cerca de 3×10^{-5} Pa para o limiar de audição e 30 Pa para o limiar da dor. (Lembre-se de que um pascal é um newton por metro quadrado.) Estas variações de pressão muito pequenas são somadas ou subtraídas da pressão atmosférica normal de cerca de 101,3 kPa.

Ondas sonoras emitidas por um aparelho telefônico e propagando-se no ar. As ondas foram feitas visíveis varrendo-se o espaço em frente ao aparelho com uma fonte de luz cujo brilho é controlado por um microfone. *(De Winston E. Kock, Lasers and Holography, 1978, Dover Publications, New York.)*

Exemplo 15-7 Um Alto-falante

O diafragma de um alto-falante, de 30 cm de diâmetro, está vibrando a 1,0 kHz com uma amplitude de 0,020 mm. Supondo que as moléculas de ar na vizinhança tenham a mesma amplitude de vibração, determine (*a*) a amplitude de pressão imediatamente à frente do diafragma, (*b*) a intensidade do som imediatamente à frente do diafragma e (*c*) a potência sonora irradiada. (*d*) Se o som é irradiado uniformemente para o hemisfério à frente, determine a intensidade a 5,0 m do alto-falante.

SITUAÇÃO (*a*) e (*b*) A amplitude de pressão é calculada diretamente de $p_0 = \rho\omega v s_0$ (Equação 15-26) e a intensidade é calculada de $I = \frac{1}{2}\rho\omega^2 s_0^2 v$ (Equação 15-32). (*c*) A potência irradiada é a intensidade vezes a área do diafragma. (*d*) A área de um hemisfério de raio r é $2\pi r^2$. Podemos usar a Equação 15-29 com $A = 2\pi r^2$.

SOLUÇÃO

(*a*) A Equação 15-26 relaciona a amplitude de pressão com a amplitude de deslocamento, a freqüência, a rapidez da onda e a massa específica do ar:

$$p_0 = \rho\omega v s_0 = (1{,}29\ \text{kg/m}^3)2\pi\,(10^3\ \text{Hz})(343\ \text{m/s})(2{,}0 \times 10^{-5}\ \text{m})$$
$$= 55{,}6\ \text{N/m}^2 = \boxed{56\ \text{Pa}}$$

(*b*) A Equação 15-32 relaciona a intensidade com estas mesmas grandezas:

$$I = \tfrac{1}{2}\rho\omega^2 s_0^2 v = \tfrac{1}{2}(1{,}29\ \text{kg/m}^3)[2\pi\,(1{,}0\ \text{kHz})]^2(2{,}0 \times 10^{-5}\ \text{m})^2(343\ \text{m/s})$$
$$= 3{,}494\ \text{W/m}^2 = \boxed{3{,}5\ \text{W/m}^2}$$

(*c*) A potência é a intensidade vezes a área do diafragma:

$$P_{\text{méd}} = IA = (3{,}494\ \text{W/m}^2)\pi(0{,}15\ \text{m})^2 = 0{,}247\ \text{W} = \boxed{0{,}25\ \text{W}}$$

(*d*) Calcule a intensidade em $r = 5{,}0$ m supondo radiação uniforme para o hemisfério à frente:

$$I = \frac{P_{\text{méd}}}{A} = \frac{0{,}247\ \text{W}}{2\pi(5{,}0\ \text{m})^2} = 1{,}57 \times 10^{-3}\ \text{W/m}^2 = \boxed{1{,}6\ \text{mW/m}^2}$$

CHECAGEM O resultado da Parte (*d*) é menor do que o resultado da Parte (*b*), como esperado. (Esperamos que a intensidade seja maior imediatamente à frente do diafragma.)

INDO ALÉM A suposição de que a radiação é uniforme no hemisfério à frente não é muito boa, porque o comprimento de onda, neste caso, [$\lambda = v/f = (343\ \text{m/s})/(1000\ \text{s}^{-1}) = 34{,}3$ cm] não é grande em comparação ao diâmetro do alto-falante. Também ocorre alguma radiação para trás, como você pode observar colocando-se atrás de um alto-falante.

Alto-falantes em um concerto de rock podem emitir mais do que 100 vezes a potência do alto-falante deste exemplo.

Nível de intensidade e sonoridade Nossa percepção de sonoridade não é proporcional à intensidade, mas varia, em boa aproximação, logaritmicamente com a intensidade. Usamos, portanto, uma escala logarítmica para descrever o **nível de intensidade** β de uma onda sonora, que é medido em **decibéis** (dB) e é definido por

$$\beta = (10 \text{ dB}) \log \frac{I}{I_0} \qquad 15\text{-}33$$

DEFINIÇÃO — NÍVEL DE INTENSIDADE EM dB

onde *log* refere-se ao logaritmo de base 10. O decibel é um número adimensional, como o radiano. Tipicamente, escrevemos a Equação 15-33 sem explicitar a unidade. Isto é, nós a escrevemos como $\beta = 10 \log(I/I_0)$. Aqui, I é a intensidade do som e I_0 é um nível de referência, usualmente tomado como o limiar de audição:

$$I_0 = 10^{-12} \text{ W/m}^2 \qquad 15\text{-}34$$

LIMIAR DE AUDIÇÃO

Nesta escala, o limiar de audição ($I = 10^{-12}$ W/m²) corresponde a um nível de intensidade $\beta = 10 \log(10^{-12}/10^{-12}) = 0$ dB, e o limiar da dor ($I = 1$ W/m²) corresponde a $\beta = 10 \log(1/10^{-12}) = 10 \log 10^{12} = 120$ dB. Assim, a faixa de intensidades sonoras entre 10^{-12} W/m² e 1 W/m² corresponde a níveis de intensidade entre 0 dB e 120 dB. A Tabela 15-1 lista níveis de intensidade de alguns sons comuns.

Veja **o Tutorial Matemático** *para mais informações sobre*
Expoentes e Logaritmos

Tabela 15-1 Intensidade e Nível de Intensidade de Alguns Sons Comuns ($I_0 = 10^{-12}$ W/m²)

Fonte	I/I_0	dB	Descrição
	10^0	0	Limiar de audição
Respiração normal	10^1	10	Quase inaudível
Farfalhar	10^2	20	
Murmúrio (a 5 m)	10^3	30	Muito quieto
Biblioteca	10^4	40	
Escritório tranqüilo	10^5	50	Quieto
Conversação normal (a 1 m)	10^6	60	
Tráfego intenso	10^7	70	
Escritório barulhento com máquinas; fábrica média	10^8	80	
Caminhão pesado (a 15 m); cataratas do Niágara	10^9	90	A exposição constante prejudica a audição
Trem velho de metrô	10^{10}	100	
Ruído de construção (a 3 m)	10^{11}	110	
Concerto de rock com amplificadores (a 2 m); decolagem de jato (a 60 m)	10^{12}	120	Limiar da dor
Rebitador automático; metralhadora	10^{13}	130	
Decolagem de jato (próximo)	10^{15}	150	
Motor de foguete grande (próximo)	10^{18}	180	

Exemplo 15-8 À Prova de Som

Um isolante acústico atenua o *nível de intensidade* sonora em 30 dB. Por qual fator a *intensidade* varia?

SITUAÇÃO Inspecione a Tabela 15-1 para ver qual é a variação de intensidade para cada 10 dB de variação de nível de intensidade. Você vê algum padrão?

SOLUÇÃO

1. Da Tabela 15-1 podemos ver que, para cada decréscimo de 10 dB no nível de intensidade, a intensidade varia por um fator 1/10. Assim, se o nível sonoro diminui 30 dB, a intensidade varia de um fator $10^{-1} \times 10^{-1} \times 10^{-1} = \boxed{10^{-3}}$.

CHECAGEM Podemos comparar este resultado com o resultado obtido diretamente usando a Equação 15-33. Isto é, $\beta_2 - \beta_1 = 10 \log(I_2/I_0) - 10 \log(I_1/I_0) = 10 \log(I_2/I_1)$. Resolvendo para I_2, obtemos $I_2 = 10^{(\beta_2 - \beta_1)/10} I_1$. Substituindo $\beta_2 - \beta_1$ por -30, fica $I_2 = 10^{-3} I_1$, o que corresponde ao resultado previamente obtido.

CHECAGEM CONCEITUAL 15-1

Quando seu rádio estraga, Chico compra um novo que produz o dobro da potência acústica que produzia o antigo. Ele espera que seu novo rádio seja duas vezes mais audível do que o rádio antigo. Ele ficará desapontado? Explique.

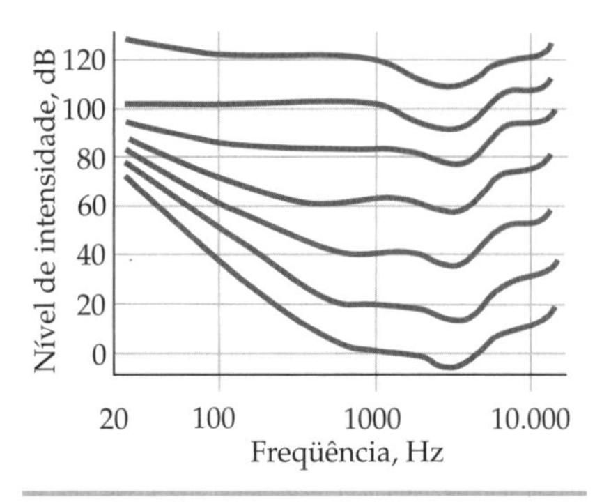

FIGURA 15-17 Nível de intensidade *versus* freqüência para sons percebidos como de mesma sonoridade. A curva mais baixa está abaixo do limite de audição para todos, menos para um por cento da população. A segunda curva mais baixa é aproximadamente o limiar de audição para cerca de 50 por cento da população.

A sensação de sonoridade depende da freqüência, assim como da intensidade do som. A Figura 15-17 é um gráfico de nível de intensidade *versus* freqüência para sons que têm a mesma sonoridade para o ouvido humano. (Nesta figura, a freqüência está em escala logarítmica, para que se veja a grande faixa de freqüências de 20 Hz até 10 kHz.) Podemos observar, neste gráfico, que o ouvido humano é mais sensível em cerca de 4 kHz, para todos os níveis de intensidade.

Exemplo 15-9 Cachorros Latindo

Um cachorro latindo emite cerca de 1,0 mW de potência acústica. (*a*) Se a potência é uniformemente distribuída em todas as direções, qual é o nível de intensidade sonora a uma distância de 5,0 m? (*b*) Qual seria o nível de intensidade de dois cachorros, cada um deles a 5,0 m de distância, latindo ao mesmo tempo e emitindo, cada um, 1,0 mW de potência?

SITUAÇÃO O nível de intensidade sonora é determinado a partir da intensidade, que é calculada de $I = P_{\text{méd}}/(4\pi r^2)$. Para dois cachorros, as intensidades se somam.

SOLUÇÃO

(*a*) 1. O nível de intensidade β está relacionado à intensidade I. Assim, precisamos primeiro calcular a intensidade I:

$$\beta = 10 \log \frac{I}{I_0}$$

2. Usando $I = P_{\text{méd}}/(4\pi r^2)$, calcule o nível de intensidade a $r = 5{,}0$ m:

$$I_1 = \frac{P_{1\,\text{méd}}}{4\pi r^2} = \frac{1{,}0 \times 10^{-3}\text{ W}}{4\pi(5{,}0\text{ m})^2} = 3{,}18 \times 10^{-6}\text{ W/m}^2$$

3. Use seu resultado para determinar o nível de intensidade a 5 m:

$$\beta_1 = 10 \log \frac{I_1}{I_0} = 10 \log \frac{3{,}18 \times 10^{-6}}{1 \times 10^{-12}} = \boxed{65{,}0\text{ dB}}$$

(*b*) Se I_1 é a intensidade de um cachorro latindo, a intensidade de dois cachorros latindo é $I_2 = 2I_1$:

$$\beta_2 = 10 \log \frac{I_2}{I_0} = 10 \log \frac{2I_1}{I_0} = 10\left(\log 2 + \log \frac{I_1}{I_0}\right)$$

$$= 10 \log 2 + \beta_1 = 3{,}01 + 65{,}0 = \boxed{68{,}0\text{ dB}}$$

CHECAGEM Se o resultado da Parte (*b*) é correto, então sempre que a intensidade é dobrada o nível de intensidade aumenta em ~3 dB. Para confirmar isto, dividimos 65 dB por 3 dB para obter 21,7, de forma que dobrar o limiar de intensidade 21,7 vezes deve dar uma intensidade de $I_1 \approx 3 \times 10^{-6}$ W/m². Isto é, $2^{21{,}7}I_0$ deve ser igual a cerca de 3×10^{-6} W/m². Multiplicando 1×10^{-12} W/m² por $2^{21{,}7}$ dá $3{,}4 \times 10^{-6}$ W/m², de forma que nosso resultado da Parte (*b*) é plausível.

15-4 ONDAS INCIDINDO SOBRE BARREIRAS

REFLEXÃO, TRANSMISSÃO E REFRAÇÃO

Quando uma onda incide sobre a fronteira que separa duas regiões de valores diferentes de rapidez de onda, parte da onda é refletida e parte é transmitida. A Figura 15-18*a* mostra um pulso em uma corda leve que está emendada em uma corda mais pesada (uma com rapidez de onda menor). Neste caso, o pulso refletido na fronteira é invertido. Se a segunda corda é mais leve do que a primeira (Figura 15-18*b*), então o pulso refletido não é invertido. O pulso transmitido para a segunda corda nunca é invertido. Uma corda presa em um ponto fixo é equivalente a uma corda emendada em outra corda com uma massa por unidade de comprimento extremamente grande, de forma que, para um pulso incidente em uma corda presa em um ponto fixo, o pulso refletido é invertido. Se a corda está emendada em outra com menor massa por unidade de comprimento, o pulso refletido não é invertido. As alturas dos pulsos incidente, transmitido e refletido, mostradas na Figura 15-18, são h_{in}, h_{t} e h_{r}, respectivamente. O **coeficiente de reflexão** r é a altura do pulso refletido dividida pela altura do pulso incidente, e o **coeficiente de transmissão** τ é a altura do pulso transmitido dividida pela altura do pulso incidente. Isto é, $r = h_{\text{r}}/h_{\text{in}}$ e $\tau = h_{\text{t}}/h_{\text{in}}$. As expressões para r e τ são

$$r = \frac{v_2 - v_1}{v_2 + v_1} \quad \text{e} \quad \tau = \frac{2v_2}{v_2 + v_1} \qquad \text{15-35}$$

COEFICIENTES DE REFLEXÃO E DE TRANSMISSÃO

Estas expressões para os coeficientes de reflexão e de transmissão r e τ são conhecidas como *relações de Fresnel*. Elas podem ser deduzidas fazendo com que a tração, a altura da corda e a inclinação da corda permaneçam todas contínuas no ponto em que a massa por unidade de comprimento é descontínua. (A terceira lei de Newton requer que a inclinação seja contínua.) Note que τ nunca é negativo e que r é negativo se $v_2 < v_1$. Isto significa que o pulso transmitido nunca é invertido e que o pulso refletido é invertido se $v_2 < v_1$. Além disso, as relações de Fresnel são válidas tanto para ondas de luz quanto para ondas sonoras.

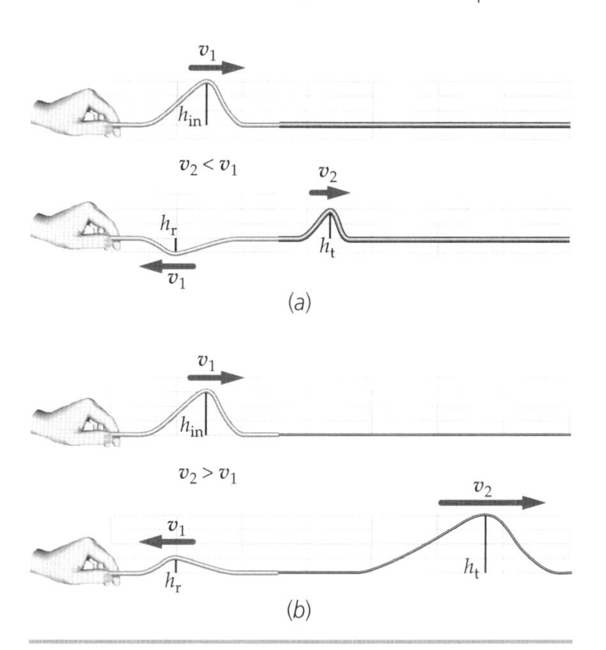

FIGURA 15-18 As frentes dos pulsos são mais inclinadas do que as partes de trás porque a extremidade da corda foi levantada mais rapidamente do que abaixada. (*a*) Um pulso de onda percorrendo uma corda presa a outra corda mais massiva, onde a rapidez da onda é reduzida à metade. O pulso refletido é invertido, o que não ocorre com o pulso transmitido. (*b*) Um pulso de onda percorrendo uma corda presa a outra corda menos massiva, onde a rapidez da onda é o dobro. Neste caso, o pulso refletido não é invertido.

Exemplo 15-10 Dois Fios Soldados

Dois fios de diferentes massas específicas lineares são soldados um no outro, pelas pontas, e depois submetidos a uma tração F_{T} (a mesma para os dois fios). A rapidez de onda no primeiro fio é o dobro daquela no segundo fio. Uma onda harmônica, viajando no primeiro fio, incide sobre a emenda dos fios. (*a*) Se a amplitude da onda incidente é A, quais são as amplitudes das ondas refletida e transmitida? (*b*) Qual é a razão μ_2/μ_1 entre as massas específicas dos fios? (*b*) Que fração da potência média incidente é refletida na emenda e que fração é transmitida?

SITUAÇÃO Para calcular as amplitudes das ondas refletida e transmitida, use $A_{\text{r}} = rA$ e $A_{\text{t}} = \tau A$, onde A_{r} e A_{t} são as amplitudes das ondas refletida e transmitida, respectivamente, e r e τ são os coeficientes de reflexão e de transmissão dados pela Equação 15-35. Cada potência é expressa usando-se $P_{\text{méd}} = \frac{1}{2}\mu v \omega^2 A^2$ (Equação 15-22). As ondas incidente, refletida e transmitida têm a mesma freqüência. Como a onda refletida e a onda incidente estão no mesmo meio, elas têm a mesma rapidez de onda v_1. É informado que a rapidez de onda v_2, no segundo fio, vale $\frac{1}{2}v_1$ (Figura 15-19).

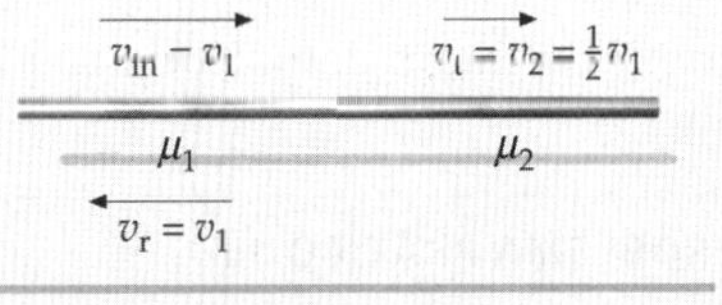

$\vec{v}_{\text{in}} = \vec{v}_1$ $\quad$ $\vec{v}_{\text{t}} = \vec{v}_2 = \frac{1}{2}\vec{v}_1$

μ_1 $\quad$ μ_2

$\vec{v}_{\text{r}} = \vec{v}_1$

FIGURA 15-19

SOLUÇÃO

(*a*) 1. Expresse as amplitudes refletida e transmitida em termos da amplitude incidente e dos coeficientes de reflexão e de transmissão (Equação 15-35):

$$A_{\text{r}} = rA \quad \text{e} \quad A_{\text{t}} = \tau A$$

2. Use a informação $v_1 = 2v_2$ para explicitar os coeficientes de reflexão e de transmissão:

$$r = \frac{v_2 - v_1}{v_2 + v_1} = \frac{v_2 - 2v_2}{v_2 + 2v_2} = -\frac{1}{3}$$

$$\tau = \frac{2v_2}{v_2 + v_1} = \frac{2v_2}{v_2 + 2v_2} = \frac{2}{3}$$

$$\text{logo} \quad A_{\text{r}} = \boxed{-\frac{1}{3}A} \quad \text{e} \quad A_{\text{t}} = \boxed{\frac{2}{3}A}$$

(*b*) 1. A fórmula que relaciona a massa específica com a rapidez da onda é $v = \sqrt{F_T/\mu}$ (Equação 15-3). F_T é a mesma nos dois lados da emenda. Resolva para μ_2 e μ_1:

$$v_1^2 = \frac{F_T}{\mu_1} \quad \text{e} \quad v_2^2 = \frac{F_T}{\mu_2}$$

$$\text{logo} \quad \mu_1 = \frac{F_T}{v_1^2} \quad \text{e} \quad \mu_2 = \frac{F_T}{v_2^2}$$

2. Divida μ_2 por μ_1 e use a informação dada $v_1 = 2v_2$:

$$\frac{\mu_2}{\mu_1} = \frac{v_1^2}{v_2^2} = \frac{(2v_2)^2}{v_2^2} = \boxed{4}$$

(*c*) 1. Escreva expressões para as potências incidente, refletida e transmitida usando $P_{\text{méd}} = \frac{1}{2}\mu v\omega^2 A^2$ (Equação 15-22):

$$P_{\text{in méd}} = \tfrac{1}{2}\mu_1\omega^2 A^2 v_1$$

$$P_{\text{r méd}} = \tfrac{1}{2}\mu_1\omega^2 A_r^2 v_1$$

$$P_{\text{t méd}} = \tfrac{1}{2}\mu_2\omega^2 A_t^2 v_2$$

2. Substitua os resultados da Parte (*a*) nas expressões para a potência refletida e para a potência transmitida:

$$P_{\text{r méd}} = \tfrac{1}{2}\mu_1\omega^2\left(-\frac{1}{3}A\right)^2 v_1 = \frac{1}{18}\mu_1\omega^2 A^2 v_1$$

$$P_{\text{t méd}} = \tfrac{1}{2}\mu_2\omega^2\left(\frac{2}{3}A\right)^2 v_2 = \frac{2}{9}\mu_2\omega^2 A^2 v_2$$

3. Obtenha expressões para P_r/P_{in} e para P_t/P_{in}:

$$\frac{P_{\text{r méd}}}{P_{\text{in méd}}} = \frac{\frac{1}{18}\mu_1\omega^2 A^2 v_1}{\frac{1}{2}\mu_1\omega^2 A^2 v_1} = \boxed{\frac{1}{9}}$$

$$\frac{P_{\text{t méd}}}{P_{\text{in méd}}} = \frac{\frac{2}{9}\mu_2\omega^2 A^2 v_2}{\frac{1}{2}\mu_1\omega^2 A^2 v_1} = \frac{4}{9}\frac{\mu_2}{\mu_1}\frac{v_2}{v_1}$$

4. Simplifique, usando o resultado da Parte (*b*) e a informação $v_1 = 2v_2$:

$$\frac{P_{\text{t méd}}}{P_{\text{in méd}}} = \frac{4}{9}4\frac{v_2}{2v_2} = \boxed{\frac{8}{9}}$$

CHECAGEM A fração de potência refletida mais a fração de potência transmitida é igual a um, como é de se esperar.

INDO ALÉM A onda refletida é invertida em relação à onda incidente, logo elas estão defasadas de 180°. Uma amplitude negativa corresponde a um deslocamento de fase de 180°.

PROBLEMA PRÁTICO 15-6 Repita o Exemplo 15-10, agora com $v_2 = 2v_1$.

A conservação da energia nos dá uma outra relação entre os coeficientes de reflexão e de transmissão. Esta relação, estabelecida no Problema 15-70, é dada por

$$1 = r^2 + \frac{v_1}{v_2}\tau^2 \qquad 15\text{-}36$$

onde r^2 é a fração da potência incidente que é refletida e $(v_1/v_2)\tau^2$ é a fração transmitida.

PROBLEMA PRÁTICO 15-7

Mostre que os valores de r e de τ para os fios do Exemplo 15-10 satisfazem à Equação 15-36.

Em três dimensões, um fronteira entre duas regiões com diferentes valores de rapidez de onda é uma superfície. A Figura 15-20 mostra um raio incidente sobre uma superfície de fronteira. Este exemplo pode ser uma onda de pressão ultra-sônica no ar atingindo uma superfície sólida ou líquida. O raio refletido forma um ângulo com a normal à superfície igual àquele formado pelo raio incidente, como mostrado.

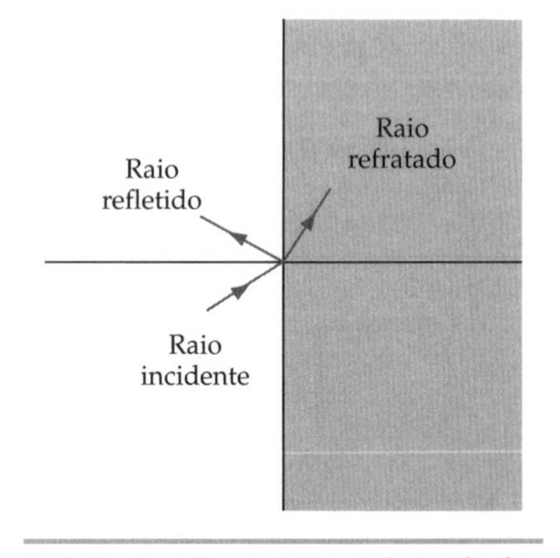

FIGURA 15-20 Uma onda incidindo sobre uma superfície de separação de dois meios, nos quais a rapidez da onda tem valores diferentes. Parte da onda é refletida e parte é transmitida. A variação da direção do raio transmitido (refratado) é chamada de refração.

O raio transmitido se aproxima ou se afasta da normal — conforme a rapidez da onda no segundo meio seja menor ou maior do que aquela do meio incidente. O desvio do raio transmitido é chamado de **refração**. Quando a rapidez da onda no segundo meio é maior do que aquela no meio de incidência (como acontece quando uma onda de luz, em vidro ou em água, é refratada para o ar), o raio que descreve o sentido de propagação é afastado da normal, como mostrado na Figura 15-21. À medida que o ângulo de incidência aumenta, o ângulo de refração também aumenta, até que para um ângulo crítico de incidência o ângulo de refração é 90°. Para ângulos de incidência maiores do que o ângulo crítico não existe raio refratado, um fenômeno conhecido como **reflexão interna total**.

A quantidade de energia refletida por uma superfície depende da superfície. Paredes planas rígidas, pavimentos e tetos são bons refletores de ondas sonoras, enquanto materiais porosos e menos rígidos, como tecidos de cortinas e revestimentos de móveis, absorvem muito do som incidente. A reflexão de ondas sonoras desempenha um importante papel no projeto de um anfiteatro, de uma biblioteca, ou de um auditório de música. Se um anfiteatro possui muitas superfícies planas refletoras, é difícil compreender o que se fala por causa dos muitos ecos que chegam simultaneamente aos ouvidos do espectador. É comum se colocar material absorvente nas paredes e no teto para reduzir tais reflexões. Em uma sala de concertos, uma concha refletora é colocada atrás da orquestra, e painéis refletores são pendurados do teto para refletir e dirigir o som de volta para a platéia.

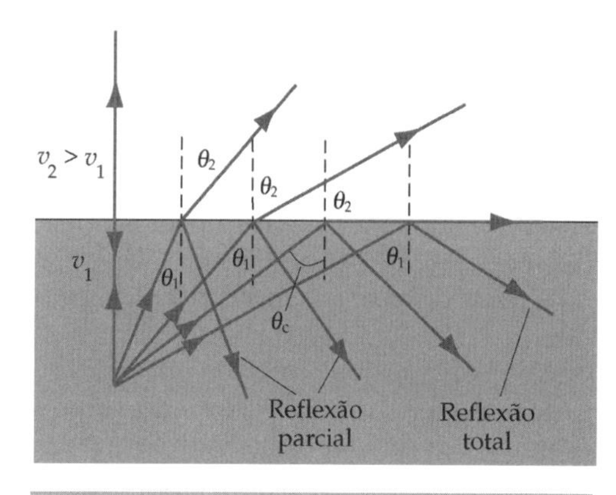

FIGURA 15-21 A luz emitida de uma fonte dentro d'água é afastada da normal quando entra no ar. Para ângulos de incidência acima de um ângulo crítico θ_c não existe raio transmitido, uma condição conhecida como reflexão interna total.

Exemplo 15-11 Balão Reforçando a Audição — *Conceitual*

Uma popular demonstração de física usa um balão meteorológico cheio de dióxido de carbono. Se o balão é colocado entre você e uma fonte sonora, sua audição melhora. Por que isto acontece?

SITUAÇÃO A massa molar do dióxido de carbono é maior do que a massa molar efetiva do ar. Então, o som viaja mais rapidamente no ar do que no dióxido de carbono, à pressão atmosférica. Para "ver" por que o som se torna mais audível quando o balão está entre você e a fonte sonora, desenhe um diagrama de raios sonoros atravessando o balão. Os raios refratarão (se desviarão) quando transmitidos através de uma superfície onde a rapidez do som muda.

SOLUÇÃO

1. Trace um raio a partir da fonte sonora e passando pela metade superior do balão (Figura 15-22*a*). O raio refratará aproximando-se da normal, ao entrar no balão, e afastando-se da normal, ao sair do balão:
2. Repita o passo 1 para quatro ou cinco raios, incluindo alguns passando pela metade inferior do balão (Figura 15-22*b*).
3. Use o diagrama para explicar por que o som é mais audível quando o balão está entre você e a fonte sonora: — O som é mais audível na região onde os raios se interceptam.

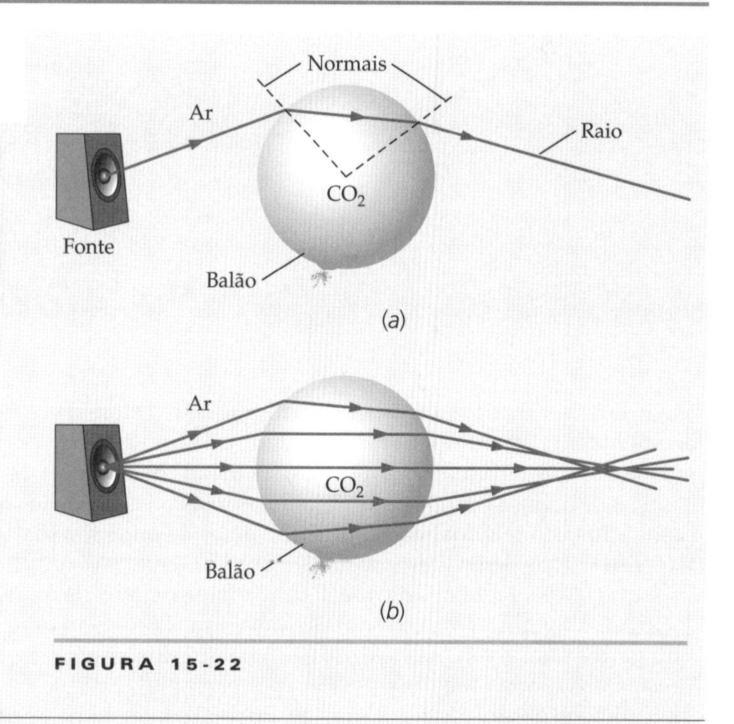

FIGURA 15-22

CHECAGEM O balão é, para o som, o que uma lente de aumento é para a luz. No vidro a luz viaja mais lentamente do que no ar, da mesma forma que no CO_2 o som viaja mais lentamente do que no ar.

DIFRAÇÃO

Se uma frente de onda é parcialmente bloqueada por um obstáculo, a parte não bloqueada da frente de onda desvia-se atrás do obstáculo. Este desvio de frentes de onda é chamado de **difração**. Quase toda a difração ocorre com aquela parte da frente de onda que passa a poucos comprimentos de onda da borda do obstáculo. Para as partes da frente de onda que passam a uma distância maior do que alguns comprimentos de onda do obstáculo, a difração é desprezível e a onda se propaga em linhas retas na direção dos raios incidentes. Quando frentes de onda encontram uma barreira com uma fenda (furo) de apenas alguns comprimentos de onda, as partes das frentes de onda que atravessam a fenda passam todas a alguns comprimentos de onda da borda. Assim, frentes de onda planas se desviam e se espalham, tornando-se ondas esféricas ou circulares (Figura 15-23). Isto contrasta com o caso de um feixe de *partículas* atingindo uma barreira com uma fenda, onde a parte do feixe que atravessa a fenda não sofre variação na direção das partículas (Figura 15-24). A difração é uma das características-chave que distingue ondas de partículas. Discutiremos como surge a difração ao estudarmos a interferência e a difração da luz no Capítulo 35 (Volume 3).

Apesar de as ondas que passam por uma fenda sofrerem sempre algum grau de desvio, ou de difração, o quanto ocorre de difração depende de se o comprimento de onda é pequeno ou grande, em relação à largura da fenda. Se o comprimento de onda é maior ou igual à largura da fenda, como na Figura 15-23, os efeitos da difração são grandes, e as ondas se espalham ao atravessar a fenda — como se elas fossem originadas em uma fonte pontual. Por outro lado, se o comprimento de onda é pequeno em relação à fenda, o efeito da difração é pequeno, como mostrado na Figura 15-25.

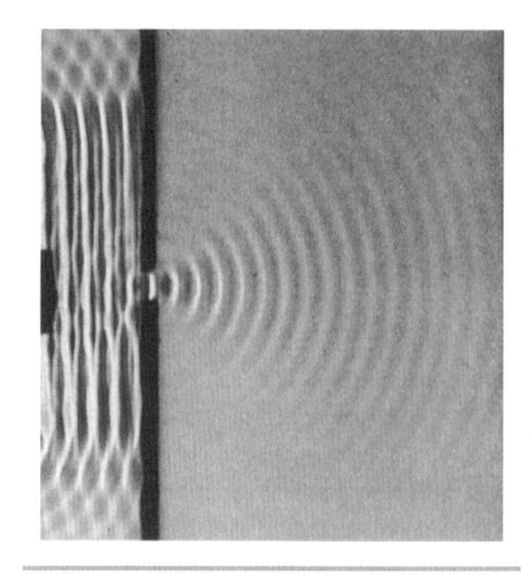

FIGURA 15-23 Ondas planas, em um tanque de ondas, encontrando uma barreira com uma fenda cujo tamanho é aproximadamente de um comprimento de onda. Depois da barreira, as ondas são circulares concêntricas em torno da fenda, como se existisse uma fonte pontual na fenda. *(Fundamental Photographers.)*

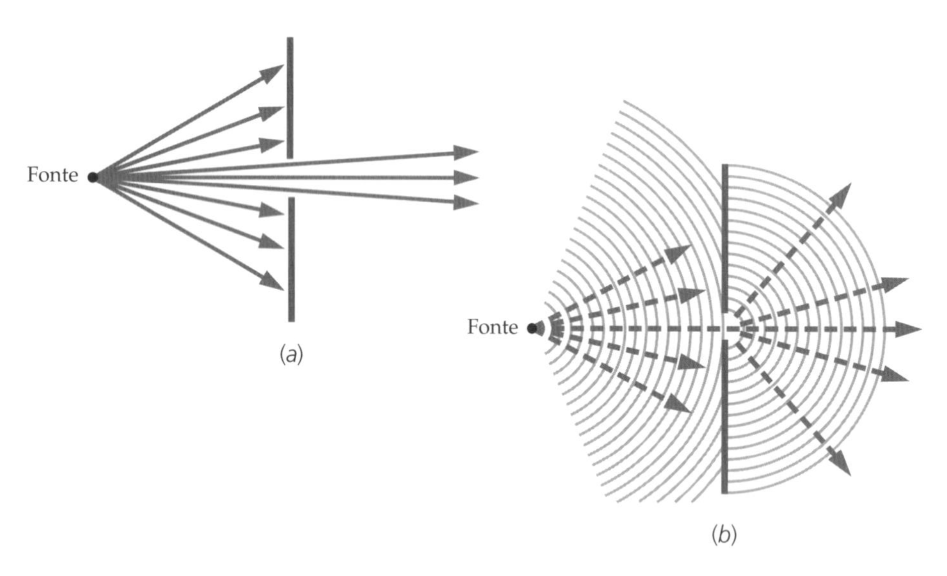

FIGURA 15-24 Comparação de partículas com ondas atravessando uma pequena fenda em uma barreira. (*a*) As partículas transmitidas restringem-se a um feixe estreito. (*b*) As ondas transmitidas se espalham (irradiam-se) largamente a partir da fenda, que atua como uma fonte pontual de ondas circulares.

Próximo às bordas da fenda as frentes de onda são distorcidas e as ondas se desviam levemente. Em sua maior parte, no entanto, as frentes de onda não são afetadas e ondas se propagam em linhas retas, à semelhança de um feixe de partículas. A aproximação de ondas se propagando em linhas retas na direção dos raios, sem difração, é conhecida como **aproximação linear**. Frentes de onda são distorcidas *nas proximidades* das bordas de qualquer obstáculo que bloqueie parte das frentes de onda. Por *nas proximidades* queremos dizer a alguns comprimentos de onda das bordas.

Como os comprimentos de onda do som audível (que ocupam uma faixa de alguns centímetros a até alguns metros) são geralmente grandes em comparação com fendas e obstáculos (portas, janelas e pessoas, por exemplo), a difração de ondas sonoras é um fenômeno observado regularmente. Por outro lado, os comprimentos de onda da luz visível (de 4×10^{-7} a 7×10^{-7} m) são tão pequenos em comparação com o tamanho de objetos e aberturas comuns, que a difração da luz não é facilmente percebida; a luz parece viajar em linhas retas. No entanto, a difração da luz é um importante fenômeno que estudaremos em detalhes no Capítulo 35 (Volume 3).

A difração coloca uma limitação na precisão com que pequenos objetos podem ser localizados por ondas refletidas por eles e na qualidade da resolução de detalhes dos objetos. Ondas não são bem refletidas por objetos menores do que um comprimento de onda e, portanto, detalhes não podem se observados em uma escala menor do que o comprimento de onda utilizado. Se ondas de comprimento de onda λ são usadas para localizar um objeto, então sua posição pode ser estabelecida apenas com uma incerteza de um comprimento de onda.

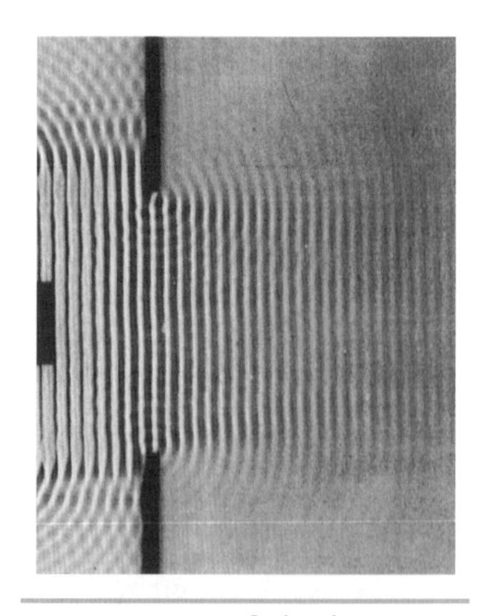

FIGURA 15-25 Ondas planas em um tanque de ondas encontrando uma barreira com uma fenda cujo tamanho é grande em comparação a λ. A onda continua para a frente, com apenas um leve espalhamento nas regiões próximas aos dois lados da fenda. *(Fundamental Photographers.)*

Ondas sonoras com freqüências acima de 20.000 Hz são chamadas de **ondas ultra-sônicas**. Devido a seus comprimentos de onda muito pequenos, feixes estreitos de ondas ultra-sônicas podem ser emitidos e refletidos por objetos pequenos. Morcegos podem emitir e detectar freqüências de até cerca de 120 kHz, o que corresponde a um comprimento de onda de 2,8 mm, que eles usam para localizar pequenas presas, como traças. Sistemas de localização por eco, chamados de sonares, são usados para detectar o perfil de objetos submersos, com ondas sonoras. As freqüências usadas pelos localizadores comerciais de cardumes estão na faixa de 25 a 200 kHz, e os golfinhos produzem cliques de eco-localização na mesma faixa de freqüência. Em medicina, ondas de ultra-som são usadas com fins diagnósticos. Ondas de ultra-som atravessam o corpo humano e informações sobre a freqüência e a intensidade das ondas transmitidas e refletidas são processadas para construir uma imagem tridimensional do interior do corpo, chamada de sonograma.

15-5 O EFEITO DOPPLER

Se uma fonte sonora e um receptor estão se movendo, um em relação ao outro, a freqüência recebida não é a mesma freqüência da fonte. Se eles estão se aproximando, a freqüência recebida é maior do que a freqüência da fonte; se eles estão se afastando, a freqüência recebida é menor do que a freqüência da fonte. Este é o chamado **efeito Doppler**. Um exemplo familiar é a queda de tom do som de uma buzina de um carro que efetua uma ultrapassagem e se afasta.

Na discussão que se segue, todos os movimentos são em relação ao meio. Considere a fonte se movendo com rapidez u_f, mostrada nas Figuras 15-26*a* e *b*, e um receptor estacionário. A fonte tem freqüência f_f (e período $T_f = 1/f_f$). A freqüência recebida f_r, o número de cristas de onda passando pelo receptor por unidade de tempo, está relacionada com o comprimento de onda λ (a distância entre cristas sucessivas) e com a rapidez de onda v por

$$f_r\lambda = v \quad \text{(receptor estacionário)} \qquad 15\text{-}37$$

Uma crista de onda deixa a fonte no tempo t_1 (Figura 15-26*c*) e a crista de onda seguinte deixa a fonte no tempo t_2. O tempo entre estes dois eventos é $T_f = t_2 - t_1$, e durante este tempo a fonte e a crista que deixa a fonte no tempo t_1 percorrem as distâncias u_fT_f e vT_f, respectivamente. Conseqüentemente, no tempo t_2 a distância entre a fonte e a crista que a deixa no tempo t_1 é igual ao comprimento de onda λ. Atrás da fonte, $\lambda = \lambda_b = (v + u_f)T_f$ e, à frente da fonte, $\lambda = \lambda_a = (v - u_f)T_f$, desde que $u_f < v$. (Se $u_f \geq v$, nenhuma frente de onda alcança a região à frente da fonte.) Podemos expressar λ_b e λ_a como

$$\lambda = (v \pm u_f)T_f = \frac{v \pm u_f}{f_f} \qquad 15\text{-}38$$

onde o sinal negativo é usado se $\lambda = \lambda_a$ e o sinal negativo vale para $\lambda = \lambda_b$. Substituímos T_f por $1/f_f$. Substituindo λ na Equação 15-37 e rearranjando, fica

$$f_r = \frac{v}{\lambda} = \frac{v}{v \pm u_f} f_f \quad \text{(receptor estacionário)} \qquad 15\text{-}39$$

Quando um receptor se move em relação ao meio, a freqüência recebida é diferente simplesmente porque o receptor passa por um número maior ou menor de cristas de onda em um determinado tempo. Seja T_r o tempo entre chegadas de cristas sucessivas

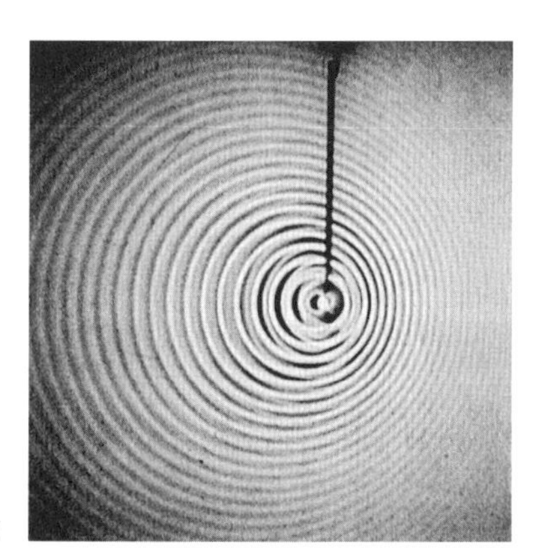

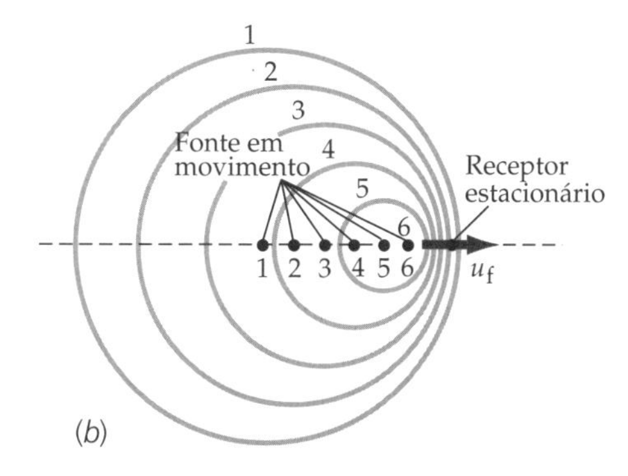

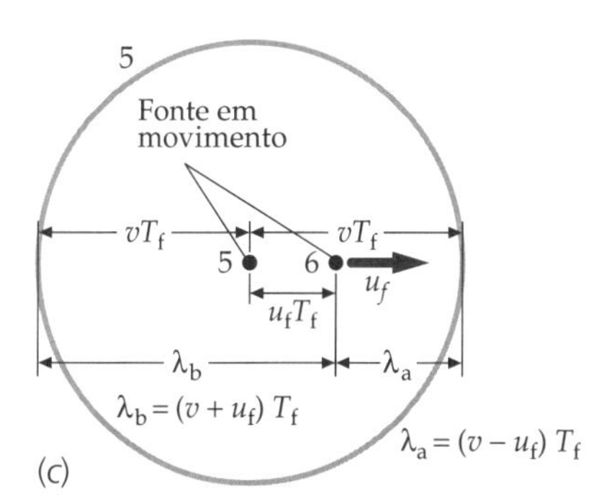

(*a*) (*b*) (*c*)

FIGURA 15-26 (*a*) Ondas em um tanque de ondas, produzidas por uma fonte pontual que se move para a direita. As frentes de onda estão mais próximas entre si à frente da fonte e mais afastadas atrás da fonte. (*b*) Frentes de onda sucessivas emitidas por uma fonte pontual que se move com rapidez u_f para a direita. Os números das frentes de onda correspondem às posições da fonte quando a onda foi emitida. (*c*) A fonte vibra um ciclo no tempo T_f. Durante o tempo T_f a fonte percorre uma distância u_fT_f e a quinta frente de onda viaja uma distância vT_f. À frente da fonte o comprimento de onda é $\lambda_a = (v - u_f)T_f$, enquanto atrás da fonte $\lambda_b = (v + u_f)T_f$. *(Educational Development Center.)*

para um receptor se movendo com a rapidez u_r. Então, durante o tempo entre chegadas de duas cristas sucessivas, cada crista terá viajado uma distância vT_r e, durante o mesmo tempo, o receptor terá percorrido uma distância u_rT_r. Se o receptor se move no sentido oposto ao da onda (Figura 15-27) então, durante o tempo T_r a distância percorrida por uma crista mais a distância percorrida pelo receptor é igual ao comprimento de onda. Isto é, $vT_r + u_rT_r = \lambda$, ou $T_r = \lambda/(v + u_r)$. [Se o receptor se move no mesmo sentido da onda, então $vT_r - \lambda = u_rT_r$, ou $T_r = \lambda/(v - u_r)$.] Como $f_r = \lambda/T_r$, temos

$$f_r = \frac{1}{T_r} = \frac{v \pm u_r}{\lambda} \qquad \text{15-40}$$

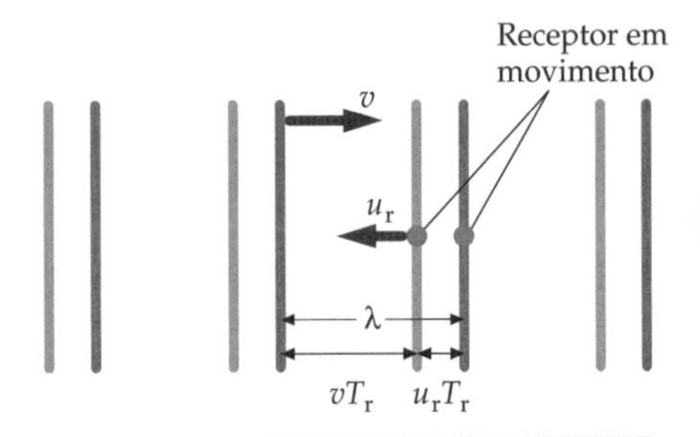

FIGURA 15-27 O tempo entre as chegadas das cristas da onda no receptor é T_r. As cristas da onda são representadas pelas linhas mais escuras quando uma crista de onda chega ao receptor, e são representadas pelas linhas mais claras quando a crista seguinte chega ao receptor. Durante o tempo T_r o receptor percorre a distância u_rT_r, enquanto a crista da onda percorre a distância vT_r.

onde, se o receptor se move no mesmo sentido da onda, a freqüência recebida é menor e escolhemos o sinal negativo. Se o receptor se move no sentido oposto ao da onda, a freqüência é maior e escolhemos o sinal positivo. Substituindo λ na Equação 15-38, obtemos

$$f_r = \frac{v \pm u_r}{v \pm u_f} f_f \qquad \text{15-41a}$$

As escolhas corretas dos sinais positivo ou negativo são mais facilmente determinadas lembrando que a freqüência tende a crescer tanto quando a fonte se move ao encontro do receptor quanto quando o receptor se move ao encontro da fonte. Por exemplo, se o receptor está se movendo ao encontro da fonte, o sinal positivo é selecionado no numerador, o que faz com que aumente a freqüência recebida; se a fonte está se afastando do receptor, o sinal positivo é selecionado no denominador, de modo que a equação prevê uma diminuição da freqüência recebida. A Equação 15-41*a* fica mais simétrica, tornando-se mais fácil de lembrar, se expressa na forma

$$\frac{f_r}{v \pm u_r} = \frac{f_f}{v \pm u_f} \qquad \text{15-41b}$$

Pode ser mostrado (veja o Problema 83) que, se ambos u_f e u_r são muito menores do que a rapidez da onda v, então o deslocamento de freqüência $\Delta f = f_r - f_f$ é dado aproximadamente por

$$\frac{\Delta f}{f_f} \approx \pm\frac{u}{v} \qquad (u \ll v) \qquad \text{15-42}$$

onde $u = u_f \pm u_r$ é a rapidez da fonte em relação ao receptor.

Em um referencial no qual o meio se move (por exemplo, o referencial do solo se o ar é o meio e um vento está soprando), a rapidez de onda v é substituída por $v' = v \pm u_v$, onde u_v é a rapidez do vento em relação ao solo.

! As Equações 15-37 a 15-42 são válidas apenas no referencial do meio de propagação.

ESTRATÉGIA PARA SOLUÇÃO DE PROBLEMAS

Resolvendo Problemas Envolvendo o Deslocamento Doppler

SITUAÇÃO A solução de problemas envolvendo deslocamento Doppler implica usar a equação

$$f_r = \frac{v \pm u_r}{v \pm u_f} f_f$$

(Equação 15-41*a*).

SOLUÇÃO

1. Determine a rapidez da fonte u_f e a rapidez do receptor u_r no referencial de propagação do meio.
2. Determine os sentidos de movimento da fonte e do receptor, no mesmo referencial.
3. Substitua valores na Equação 15-41*a*. Tanto a fonte se movendo ao encontro do receptor quanto o receptor se movendo ao encontro da fonte tendem a aumentar a freqüência recebida. Assim, se a fonte se move ao encontro do receptor, escolha o sinal negativo no denominador, e se o receptor se move ao encontro da fonte, escolha o sinal positivo no numerador.

4. Se a onda é refletida antes de atingir o receptor, trate o refletor primeiro como um receptor e aplique a Equação 15-41*a*, e depois trate o refletor como uma fonte e aplique a Equação 15-41*a* novamente.

CHECAGEM Se a distância entre a fonte e o receptor está diminuindo, então a freqüência recebida f_r é maior do que a freqüência da fonte f_f. Se esta distância está aumentando, então f_r é menor do que f_f.

Exemplo 15-12 Buzinando

A freqüência da buzina de um carro é 400 Hz. Se a buzina é tocada quando o carro se move com uma rapidez $u_f = 34$ m/s (cerca de 122 km/h) em ar parado, ao encontro de um receptor estacionário, determine (*a*) o comprimento de onda do som que chega ao receptor e (*b*) a freqüência recebida. Tome a rapidez do som no ar como 343 m/s. (*c*) Determine o comprimento de onda do som que chega ao receptor e a freqüência recebida, se o carro está parado quando a buzina é tocada e um receptor se move com uma rapidez $u_r = 34$ m/s ao encontro do carro.

SITUAÇÃO (*a*) As ondas à frente da fonte são comprimidas, logo usamos o sinal negativo em $\lambda = (v \pm u_f)/f_f$ (Equação 15-38). (*b*) Calculamos a freqüência recebida usando $f_r = [(v \pm u_r)/(v \pm u_f)]f_f$ (Equação 15-41*a*). (*c*) Para um receptor em movimento, usamos as mesmas equações das Partes (*a*) e (*b*).

SOLUÇÃO

(*a*) Usando a Equação 15-38, calcule o comprimento de onda à frente do carro. À frente da fonte o comprimento de onda é menor; escolha o sinal de acordo:

$$\lambda = \frac{v - u_f}{f_f} = \frac{343\text{ m/s} - 34\text{ m/s}}{400\text{ Hz}} = 0{,}773\text{ m} = \boxed{0{,}77\text{ m}}$$

(*b*) Usando a Equação 15-41*a*, com $u_r = 0$, resolva para a freqüência recebida:

$$f_r = \frac{v \pm u_r}{v \pm u_f}f_f = \frac{v}{v - u_f}f_f = \left(\frac{343}{343 - 34}\right)(400\text{ Hz}) = 444\text{ Hz} = \boxed{440\text{ Hz}}$$

(*c*) 1. Usando a Equação 15-38 com $u_f = 0$, calcule o comprimento de onda à frente da fonte:

$$\lambda = \frac{v \pm u_f}{f_f} = \frac{343\text{ m/s}}{400\text{ Hz}} = 0{,}858\text{ m} = \boxed{0{,}86\text{ m}}$$

2. A freqüência recebida é dada pela Equação 15-41*a*, com $u_f = 0$. O receptor está se aproximando da fonte, logo a freqüência aumenta. Escolha o sinal de acordo:

$$f_r = \frac{v \pm u_r}{v \pm u_f}f_f = \frac{v + u_r}{v}f_f = \left(1 + \frac{u_r}{v}\right)f_f = \left(1 + \frac{34}{343}\right)(400\text{ Hz}) = \boxed{440\text{ Hz}}$$

CHECAGEM O receptor está se movendo com cerca de 10 por cento da rapidez do som e a freqüência recebida é cerca de 10 por cento maior do que a freqüência da fonte, o que é plausível. (Cuidado, no entanto; isto funciona apenas quando a fonte está em repouso.)

INDO ALÉM A freqüência f_r também pode ser obtida usando a Equação 15-40.

PROBLEMA PRÁTICO 15-8 Um trem apita com uma freqüência de 630 Hz, em um dia sem vento, ao se aproximar a 90 km/h de um observador estacionário. (*a*) Qual é o comprimento de onda das ondas sonoras à frente do trem? (*b*) Qual é a freqüência escutada pelo observador? (Use 343 m/s como rapidez do som.)

Exemplo 15-13 A Rapidez da Onda *Rico em Contexto*

Você trabalha para uma companhia de seguros. Um asteróide que caiu no oceano gerou um tsunami. Quando as ondas chegam à terra, uma onda de 10 m de altura provoca grandes estragos. Seu chefe quer saber com que rapidez as grandes ondas estavam se movendo. Sabendo que você tinha estudado física, ele lhe pede para resolver a questão. Tudo de que você dispõe é uma gravação de uma fita de áudio encontrada em uma árvore, depois que as ondas recuaram. A fita contém a gravação de uma sirene e, entre os toques da sirene local de alarme, ouve-se um fraco eco da própria sirene. Você mede as freqüências do som produzido pela sirene e pelo seu eco, e verifica que a sirene tinha uma freqüência de 4000 Hz, enquanto o eco tinha uma freqüência de 4080 Hz. Qual era a rapidez de aproximação da grande onda?

SITUAÇÃO Você verifica, com o serviço de meteorologia, que não havia vento quando o tsunami chegou. Além disso, a temperatura registrada é de 20°C, logo a rapidez do som era de 343 m/s. Primeiro, aplique a equação do efeito Doppler (Equação 15-41*a*) para calcular a freqüência do som recebido pelo tsunami em termos da rapidez u da grande onda. Aplique a equação novamente, agora considerando a grande onda como a fonte sonora e o gravador como receptor. Suponha que o gravador não estivesse se movendo.

SOLUÇÃO

1. Aplique a equação do efeito Doppler com $u_f = 0$ para relacionar a freqüência f_r recebida pela grande onda com sua rapidez u:

$$f_r = \frac{v \pm u_r}{v \pm u_f} f_f = \frac{v + u}{v} f_f \qquad f_r = \frac{v + u}{v} f_f$$

2. Aplique a equação do efeito Doppler, agora com $u_r = 0$, para relacionar a freqüência f'_r recebida pelo gravador com a rapidez da grande onda. Use o resultado para f_r do passo 1 como a freqüência da grande onda fazendo o papel de fonte sonora:

$$f'_r = \frac{v \pm u_r}{v \pm u_f} f'_f = \frac{v}{v - u} f_r \qquad f'_r = \frac{v}{v - u} f_r$$

3. Temos, agora, duas equações e duas incógnitas. Substitua o resultado do passo 1 no resultado do passo 2 e simplifique:

$$f'_r = \frac{v}{v - u} f_r = \frac{v}{v - u} \frac{v + u}{v} f_f \qquad f'_r = \frac{v + u}{v - u} f_f$$

4. Resolva para a rapidez u:

$$u = \frac{f'_r - f_f}{f'_r + f_f} v = \frac{4400\ \text{Hz} - 4000\ \text{Hz}}{4400\ \text{Hz} + 4000\ \text{Hz}} 343\ \text{m/s} = \boxed{16{,}3\ \text{m/s}}$$

CHECAGEM Dezesseis metros por segundo é cerca de duas vezes mais rápido do que o alcançado por uma pessoa em uma arrancada em condições ideais. Se você já assistiu a vídeos de tsunamis chegando à praia, sabe que este é um resultado plausível.

Outro exemplo familiar do efeito Doppler é o radar usado pela polícia para medir a rapidez de um carro. Ondas eletromagnéticas emitidas pelo transmissor do radar atingem o carro em movimento. O carro atua tanto como um receptor em movimento quanto como uma fonte em movimento, quando a onda reflete nele de volta para o receptor do radar. A Equação 15-41*a* não é válida para ondas eletromagnéticas. Ondas eletromagnéticas requerem o uso das fórmulas do efeito Doppler relativístico. (O efeito Doppler relativístico é discutido após o Exemplo 15-14.) Acontece que, se $u \ll c$, onde c é a rapidez da luz, a Equação 15-42 vale para ondas eletromagnéticas.

Exemplo 15-14 O Radar da Polícia — *Tente Você Mesmo*

O radar de um carro da polícia emite ondas eletromagnéticas que viajam com a rapidez da luz, c. A corrente elétrica na antena do radar oscila com a freqüência f_f. As ondas são refletidas por um carro que se afasta com uma rapidez u em relação ao carro da polícia. Existe uma diferença de freqüência Δf entre f_f e f'_r, a freqüência recebida pelo carro da polícia. Determine u em termos de f_f e de Δf.

SITUAÇÃO A onda do radar atinge o carro com a freqüência f_r. Esta freqüência é menor do que f_f porque o carro está se afastando da fonte. A variação de freqüência é dada por $\Delta f/f_f = \pm u/v$ (Equação 15-42) com $v = c$. O carro, depois, atua como uma fonte em movimento emitindo ondas de freqüência f_r. O radar detecta ondas com a freqüência $f'_r < f_r$ porque a fonte (o carro em movimento) se afasta do carro da polícia. A diferença de freqüência é $f'_r - f_f$.

SOLUÇÃO

Cubra a coluna da direita e tente por si só antes de olhar as respostas.

Passos	Respostas
1. A unidade de radar deve ser capaz de determinar a rapidez com base apenas no que ele transmite e detecta.	**A unidade de radar deve determinar u em termos de f_f e f'_r. Resolvemos $\Delta f/f = \pm u/v$ (Equação 15-42) para u em termos de f_f e de $\Delta f = f'_r - f_f$.**
2. A diferença de freqüência Δf é a diferença de freqüência $\Delta f_1 = f_r - f_f$ mais a diferença de freqüência $\Delta f_2 = f'_r - f_r$.	$\Delta f = \Delta f_1 + \Delta f_2$

3. Usando a Equação 15-42 com $v = c$, substitua as diferenças de freqüência do passo 2.
$$\Delta f = -\frac{u}{c}f_f - \frac{u}{c}f_r = -\frac{u}{c}(f_f + f_r)$$

4. Usando novamente a Equação 15-42, resolva para f_r em termos de f_f.
$$\frac{\Delta f_1}{f_f} = -\frac{u}{c} \quad \text{logo} \quad f_r = \left(1 - \frac{u}{c}\right)f_f$$

5. Substitua o resultado do passo 4 no resultado do passo 3 e simplifique.
$$\Delta f = -\frac{u}{c}\left(2 - \frac{u}{c}\right)f_f$$

6. Em comparação com 2, u/c é desprezível. Use isto para simplificar o resultado do passo 5 e resolva para u em termos de Δf e de f_f.
$$\Delta f \approx -2\frac{u}{c}f_f \quad \text{logo} \quad u = -\frac{\Delta f}{2f_f}c = \boxed{\frac{|\Delta f|}{2f_f}c}$$

CHECAGEM O resultado do passo 6 é uma razão adimensional vezes a rapidez da luz, logo tem a dimensão correta de rapidez. Então, dimensionalmente o resultado do passo 6 é plausível.

INDO ALÉM A diferença de freqüência entre duas ondas de freqüências quase iguais é fácil de detectar porque as duas ondas interferem para produzir uma onda cuja amplitude oscila com a freqüência $|\Delta f|$, chamada de freqüência de batimento. Interferência e batimentos são discutidos no Capítulo 16.

PROBLEMA PRÁTICO 15-9 Calcule Δf se $f_f = 1{,}50 \times 10^9$ Hz, $c = 3{,}00 \times 10^8$ m/s e $u = 50{,}0$ m/s.

O deslocamento Doppler e relatividade Vimos, no Exemplo 15-12 (e Equações 15-39, 15-40 e 15-41), que a magnitude do deslocamento Doppler de freqüência depende de quem se move em relação ao meio, se é a fonte ou se é o receptor. Para o som, estas duas situações são fisicamente diferentes. Por exemplo, movendo-se em relação ao ar parado, você sente o ar passando por você. Em seu referencial, existe um vento. Para ondas sonoras no ar, portanto, podemos dizer se é a fonte ou se é o receptor que se move, observando se existe um vento no referencial da fonte ou no do receptor. No entanto, luz e outras ondas eletromagnéticas se propagam através do espaço vazio no qual não existe meio de propagação. Não existe nenhum "vento" para nos dizer se é a fonte ou se é o receptor que se move. De acordo com a teoria da relatividade de Einstein, o movimento absoluto não pode ser detectado, e todos os observadores medem a mesma rapidez c para a luz, independentemente de seu movimento em relação à fonte. Assim, a Equação 15-41 não pode ser correta para o deslocamento Doppler da luz. Duas modificações devem ser feitas para o cálculo do efeito Doppler relativístico para a luz. Primeiro, a rapidez das ondas que passam por um receptor é c, que é independente do movimento do receptor. Segundo, o intervalo de tempo entre a emissão de cristas de onda sucessivas, que é $T_f = 1/f_f$ no referencial da fonte, é diferente no referencial do receptor quando os dois referenciais estão em movimento relativo, por causa da dilatação do tempo e da contração do comprimento relativísticos (Equações R-9 e R-3). (Discutimos o efeito Doppler relativístico no Capítulo 39 — Volume 3.) Resulta que a freqüência recebida depende apenas da rapidez relativa de aproximação (ou de afastamento) u, e relaciona-se com a freqüência emitida por

$$f_r = \sqrt{\frac{c \pm u}{c \pm u}}\,f_f \qquad 15\text{-}43$$

Escolha os sinais que desloquem para cima a freqüência quando a fonte e o receptor se aproximam, e vice-versa. Novamente, quando $u \ll c$, $\Delta f/f_f \approx \pm u/c$, como dado pela Equação 15-42.

ONDAS DE CHOQUE

Em nossas deduções das expressões para o deslocamento Doppler, supusemos uma rapidez u da fonte menor do que a rapidez da onda v. Se uma fonte se move com rapidez maior do que a da onda, então não haverá ondas à frente da fonte. O que ocorrerá é que as ondas se empilharão atrás da fonte para formar uma onda de choque. No caso de ondas sonoras, esta onda de choque é ouvida como um estrondo sônico ao chegar ao receptor.

A Figura 15-28 mostra uma fonte originalmente no ponto P_1, movendo-se para a direita com rapidez u. Após um tempo t, a onda emitida do ponto P_1 terá viajado uma

Ondas de choque de um avião supersônico. *(Sandia National Laboratory.)*

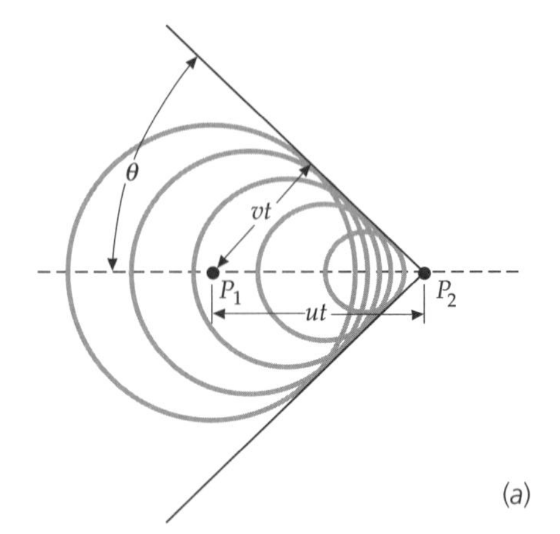

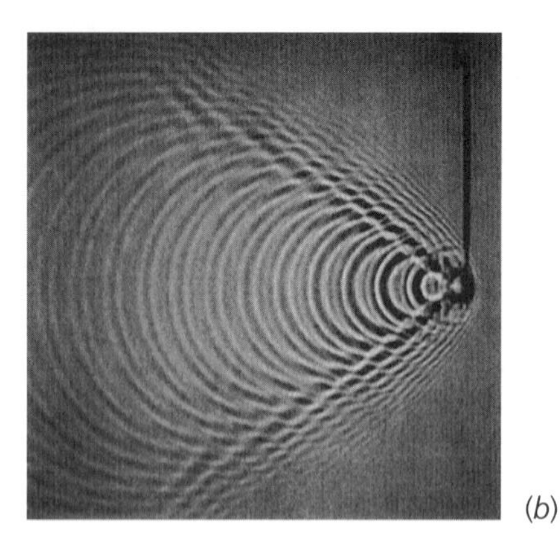

FIGURA 15-28 (*a*) Fonte se movendo com uma rapidez u maior do que a rapidez do som v. A superfície envoltória das frentes de onda forma um cone com a fonte no vértice. (*b*) Ondas em um tanque de ondas produzidas por uma fonte se movendo com uma rapidez $u > v$. *(Educational Development Center.)*

distância vt. A fonte terá viajado uma distância ut e estará no ponto P_2. A linha que liga esta nova posição da fonte à frente de onda emitida quando a fonte estava em P_1 forma um ângulo θ, chamado de **ângulo de Mach**, com a trajetória da fonte, dado por

$$\operatorname{sen}\theta = \frac{vt}{ut} = \frac{v}{u} \qquad 15\text{-}44$$

Assim, a onda de choque está confinada a um cone que se estreita à medida que u aumenta. A razão entre a rapidez da fonte u e a rapidez da onda v é chamada **número de Mach**:

$$\text{Número de Mach} = \frac{u}{v} \qquad 15\text{-}45$$

A Equação 15-44 também se aplica à radiação eletromagnética chamada de *radiação Cerenkov*, que é emitida quando uma partícula carregada se move em um meio com uma rapidez u maior do que a rapidez da luz v naquele meio. (De acordo com a teoria especial da relatividade, é impossível para uma partícula ter rapidez maior do que c, a rapidez da luz no vácuo. Em um meio como o vidro, no entanto, elétrons e outras partículas podem se mover mais rapidamente do que a luz naquele meio.) O brilho azulado que cerca os elementos combustíveis de um reator nuclear é um exemplo da radiação Cerenkov.

Exemplo 15-15 Um Estrondo Sônico

Tente Você Mesmo

Um avião supersônico, voando para o leste a uma altitude de 15 km, passa diretamente acima do ponto P. O estrondo sônico é escutado no ponto P quando o avião está 22 km a leste do ponto P. Qual é a rapidez do avião supersônico?

FIGURA 15-29 No tempo em que o avião se move uma distância $u\,\Delta t$, o som se move uma distância $v\,\Delta t$.

SITUAÇÃO A rapidez do avião está relacionada com o seno do ângulo de Mach (Equação 15-2). Faça um desenho para calcular o seno do ângulo de Mach.

SOLUÇÃO

Cubra a coluna da direita e tente por si só antes de olhar as respostas.

Passos	Respostas
1. Esboce a posição do avião (Figura 15-29) para o instante em que o estrondo sônico é ouvido em P e para o instante em que o som foi produzido. Chame de $v\,\Delta t$ a distância percorrida pelo som e de $u\,\Delta t$ a distância percorrida pelo avião.	
2. Com a ajuda do esboço, calcule u:	$\tan\theta = \dfrac{15\text{ km}}{22\text{ km}}$ logo $\theta = 34{,}3°$ $\operatorname{sen}\theta = \dfrac{v\,\Delta t}{u\,\Delta t} = \dfrac{v}{u}$ logo $u = \dfrac{v}{\operatorname{sen}\theta} = 609\text{ m/s} = \boxed{610\text{ m/s}}$

CHECAGEM A rapidez do som é 343 m/s, logo 610 m/s é plausível para a rapidez de um avião supersônico.

Física em Foco

Tudo Tremeu: Bacias Sedimentares e Ressonância Sísmica

Os danos causados a prédios construídos sobre terrenos pantanosos de cascalho, areia, terra e argila são maiores que os causados a prédios construídos sobre rocha firme.

Em 18 de abril de 1906 a cidade de São Francisco (EUA) foi devastada por um poderoso terremoto. Todos os prédios da parte baixa da cidade ruíram. Estes prédios eram construídos sobre *sedimentos não consolidados* pantanosos — cascalho, areia, terra e argila. Alguns edifícios chegaram a afundar um ou mais andares, chão adentro, enquanto os tremores liquefaziam suas fracas bases de apoio. Prédios em elevações rochosas tiveram melhor sorte.

Cidades localizadas sobre sedimentos não consolidados e nas proximidades de grandes falhas são mais vulneráveis aos terremotos do que outras. Se elas são parcialmente cercadas por elevações rochosas ou montanhas, o perigo aumenta. Algumas cidades vulneráveis são Seattle,[*,†] Istambul,[‡] Roma,[#] Los Angeles,[°] São Francisco[§] e Taipé.[¶]

Sedimentos não consolidados representam muito mais risco aos terremotos do que as rochas. Quando ocorre um terremoto, parte de sua energia é transmitida através de ondas sísmicas. Estas ondas fazem o solo vibrar em uma larga faixa de freqüências. Na rocha, as ondas vibram com amplitudes relativamente pequenas. Quanto menos firme a rocha ou o sedimento, menor será a rapidez de propagação e maior será a amplitude.[**] Em cascalho, as ondas vibram mais lentamente e possuem maior amplitude. Em terreno pantanoso, as ondas vibram ainda mais lentamente e possuem amplitude muito maior. Se você dá uma pancadinha no lado de um pote com gelatina, você pode ouvir o som produzido. Se se trata de um pote metálico ou de vidro, o som terá uma freqüência de centenas de hertz. Mas a gelatina atenua e espalha as freqüências maiores, e ressoa em freqüências menores. O mesmo princípio rege a vulnerabilidade aos terremotos para muitas cidades.[††]

Desafortunadamente, as freqüências de ressonância de muitos prédios são próximas às freqüências de ressonância das ondas sísmicas em sedimentos pouco firmes.[‡‡] Assim, não apenas os sedimentos vibram com maior amplitude, mas eles vibram mais fortemente nas freqüências mais próximas das freqüências de ressonância dos prédios. Este problema foi claramente constatado no relatório governamental sobre o terremoto de São Francisco de 1906.[##] Prédios localizados em áreas de sedimentos não consolidados foram muito mais danificados do que aqueles localizados em terrenos mais altos e mais firmes.

A situação fica pior em cidades construídas sobre sedimentos parcialmente cercados por áreas rochosas. Nelas, as ondas ressoam na bacia sedimentar com amplitudes maiores. Isto ocorreu em 1906, quando a cidade de Santa Rosa foi muito afetada, mesmo estando mais longe do epicentro do terremoto do que outras, menos afetadas. Santa Rosa é localizada sobre sua própria bacia sedimentar e é cercada por rochas.[°°] A ressonância da bacia faz com que os sedimentos vibrem com amplitude ainda maior. Esta amplitude maior provoca danos maiores. Usualmente, os danos provêm da aceleração horizontal causada pelas ondas sísmicas. Até a edição de normas rigorosas sobre terremotos, em 1970, os edifícios nos Estados Unidos não eram construídos para suportar forças horizontais. Na maioria das cidades, mais da metade das construções datam de antes da adoção dessas normas rigorosas.

Os geofísicos usam modelos para essas bacias e para seus sedimentos, para prever áreas que sejam suscetíveis de sofrer grandes danos em terremotos.[§§] Essas previsões são usadas para melhorar as normas ou para exigir que pontes,[¶¶] quebra-mares[***] e edifícios[†††] sejam projetados e construídos de acordo com as melhores práticas existentes para redução de risco. Na próxima vez que você sacudir um pote de gelatina, pense nas bacias sedimentares e nos danos sísmicos.

---

[*] Chang, S., et al., "Expected Ground Failure," Paper presented at the Seattle Fault Earthquake Scenario Conference, 2005. Seattle: Earthquake Engineering Research Institute. http://seattlescenario.eeri.org/presentations/Ch%202%20Ground%20Failure%20-%20Chang.pdf

[†] Pierepiekarz, M. et al., "Buildings," Paper presented at the Seattle Fault Earthquake Scenario Conference, 2005. Seattle: Earthquake Engineering Research Institute. http://seattlescenario.eeri.org/presentations/Ch%205%20Buildings%20-%20Pierepiekarz.pdf

[‡] Erdik, M. *Earthquake Vulnerability of Buildings and a Mitigation Strategy: Case of Istanbul*. World Bank. http://info.worldbank.org/etools/docs/library/114715/istanbul03/docs/istanbul03/06erdik3-n%5B1%5D.pdf as of June 2006.

[#] Perkins, S. "Rome at Risk: Seismic Shaking Could Be Long and Destructive," *Science News*, Feb. 25, 2006, 115.

[°] Perkins, S., "Portrait of Destruction," *Science News*, May 21, 2005, 325.

[§] Zoback, M. L., "The 1906 Earthquake—Lessons Learned, Lessons Forgotten, and Future Directions," Paper presented at the American Geophysical Union Meeting, San Francisco, Dec. 5–9, 2005. http://www.ucmp.berkeley.edu/museum/events/shortcourse2006/zoback/

[¶] Altenburger, E., "Earthquake Hazards in Taiwan—The September 1999 Chichi Earthquake," *FOCUS on Geography*, Winter 2004, 1–8.

[**] O'Connell, D. R.H., "Replications of Apparent Nonlinear Seismic Response with Linear Wave Propagation Models," *Science*, Mar. 26, 1999, Vol. 283, No. 5410, p. 2045-2050.

[††] Page, R. A., Blume, J. A., and Joyner, W. B., "Earthquake Shaking and Damage to Buildings." *Science*, Aug. 22, 1975, Vol. 189., No. 4203, p. 601-608.

[‡‡] Seed, H. B., et al., "Soil Conditions and Building Damage in 1967 Caracas Earthquake," *Journal of Soil Mechanics Division of American Society of Civil Engineers*, 1972, Vol. 98, No. 8, 787–806.

[##] Lawson, A., et al., *Report of the State Earthquake Investigation Commission*. 1908. Washington, DC: Carnegie Institution.

[°°] Sloan, D., "Portrait of a Tectonic Landscape," *Bay Nature*, Spring 2006, Vol. 6, No. 2, 24–27.

[§§] United States Geological Survey, "1906 Ground Motion Simulations," Earthquake Hazards Program. http://earthquake.usgs.gov/regional/nca/1906/simulations/, as of June 2006.

[¶¶] Treyger, S., Jones, M., and Orsolini, G., "Suspending the Big One," *Roads and Bridges*, May 2004, 22–25.

[***] Banijamali, B., "Rubble Mounds Feel the Rumble," *Dredging and Port Construction*, June 2005, 35–41.

[†††] Gonchar, J., "One Project, but Many Seismic Solutions," *Architectural Record*, May 2006, 167–174.

Resumo

1. No movimento ondulatório, a energia e a quantidade de movimento são transportadas de um ponto do espaço para outro sem haver transporte de matéria.
2. A relação $v = f\lambda$ vale para todas as ondas harmônicas.

TÓPICO	EQUAÇÕES RELEVANTES E OBSERVAÇÕES	
1. Ondas Transversais e Ondas Longitudinais	Nas ondas transversais, como as ondas em uma corda, a perturbação é perpendicular à direção de propagação. Nas ondas longitudinais, como as ondas sonoras, a perturbação tem a direção da propagação.	
2. Rapidez das Ondas	A rapidez v da onda é independente do movimento da fonte da onda. A rapidez de uma onda, em relação ao meio, depende da massa específica e das propriedades elásticas do meio.	
Ondas em uma corda	$v = \sqrt{F_T/\mu}$	15-3
Ondas sonoras	$v = \sqrt{B/\rho}$	15-4
Ondas sonoras em um gás	$v = \sqrt{\gamma RT/M}$	15-5
	onde T é a temperatura absoluta,	
	$T = t_C + 273{,}15$	15-6
	R é a constante universal dos gases,	
	$R = 8{,}314\ \text{J}/(\text{mol}\cdot\text{K})$	15-7
	M é a massa molar do gás, que, para o ar, vale $29{,}0 \times 10^{-3}$ kg/mol, e γ é uma constante que depende do tipo de gás. Para um gás diatômico como o ar, $\gamma = 7/5$. Para um gás monoatômico, como o hélio, $\gamma = 5/3$.	
Ondas eletromagnéticas	A rapidez das ondas eletromagnéticas no vácuo é uma constante universal $c = 3{,}00 \times 10^8$ m/s	
***3. Equação da Onda**	$\dfrac{\partial^2 y}{\partial x^2} = \dfrac{1}{v^2}\dfrac{\partial^2 y}{\partial t^2}$	15-10*b*
4. Ondas Harmônicas		
Função de onda	$y(x,t) = A\ \text{sen}\ (kx \pm \omega t)$	15-15
	onde A é a amplitude, k é o número de onda e ω é a freqüência angular. Use o sinal negativo para uma onda que se propaga no sentido $+x$ e o sinal positivo para uma onda que se propaga no sentido $-x$.	
Número de onda	$k = \dfrac{2\pi}{\lambda}$	15-14
Freqüência angular	$\omega = 2\pi f = \dfrac{2\pi}{T}$	15-17
Rapidez	$v = f\lambda = \omega/k$	15-12, 15-16
Energia	A energia de uma onda harmônica é proporcional ao quadrado da amplitude.	
Potência de ondas harmônicas em uma corda	$P_{\text{méd}} = \frac{1}{2}\mu v\omega^2 A^2$	15-22
5. Ondas Sonoras Harmônicas	Ondas sonoras podem ser consideradas tanto ondas de deslocamento quanto ondas de pressão. O ouvido humano é sensível às ondas sonoras de freqüências de cerca de 20 Hz a cerca de 20 kHz. Em uma onda sonora harmônica, a pressão e o deslocamento estão defasados de 90°.	
Amplitudes	As amplitudes de pressão e de deslocamento relacionam-se como	
	$p_0 = \rho\omega v s_0$	15-26
	onde ρ é a massa específica do meio.	
Densidade de energia	$\eta_{\text{méd}} = \dfrac{(\Delta E)_{\text{méd}}}{\Delta V} = \dfrac{1}{2}\rho\omega^2 s_0^2$	15-28

TÓPICO	EQUAÇÕES RELEVANTES E OBSERVAÇÕES	
6. **Intensidade**	A intensidade de uma onda é a potência média por unidade de área. $I = \frac{P_{\text{méd}}}{A}$	15-29
Intensidade média I de uma onda sonora	$I = \eta_{\text{méd}} v = \frac{1}{2}\rho\omega^2 s_0^2 v = \frac{1}{2}\frac{p_0^2}{\rho v}$	15-32
*Nível de intensidade β em dB	Os níveis sonoros de intensidade são medidos em uma escala logarítmica. $\beta = (10\ \text{dB}) \log \frac{I}{I_0}$ onde $I_0 = 10^{-2}\ \text{W/m}^2$ é tomado como o limiar de audição.	15-33
7. **Reflexão e Refração**	Quando uma onda incide sobre uma superfície de separação entre duas regiões com diferentes valores para a rapidez da onda, parte da onda é refletida e parte é transmitida.	
	Os coeficientes de reflexão e de transmissão são $r = \frac{v_2 - v_1}{v_2 + v_1}$ e $\tau = \frac{2v_2}{v_2 + v_1}$	15-35
8. **Difração**	Se uma frente de onda é parcialmente bloqueada por um obstáculo, a parte não bloqueada da frente de onda difrata (é desviada) na região atrás do obstáculo.	
Aproximação linear	Se uma frente de onda é parcialmente bloqueada por um obstáculo, quase toda a difração ocorre para a parte da frente de onda que passa a alguns comprimentos de onda das bordas do obstáculo. Para as partes da frente de onda que passam mais longe das bordas do que alguns comprimentos de onda, a difração é desprezível e a onda se propaga em linhas retas no sentido dos raios incidentes.	
9. **Efeito Doppler**	Quando uma fonte sonora e um receptor estão em movimento relativo, a freqüência recebida f_r é maior do que a freqüência da fonte f_f se a distância entre fonte e receptor está diminuindo, e menor se esta distância está aumentando.	
Fonte em movimento	$\lambda = \frac{v \pm u_f}{f_f}$	15-38[4]
Receptor em movimento	$f_r = \frac{v \pm u_r}{\lambda}$	15-40[3]
Fonte e receptor em movimento	$f_r = \frac{v \pm u_r}{v \pm u_f} f_f$ ou $\frac{f_r}{v \pm u_r} = \frac{f_f}{v \pm u_f}$ Escolha os sinais que levam a um aumento da freqüência para fonte ou receptor se aproximando, e uma diminuição caso contrário.	15-41[3]
Rapidez pequena de fonte ou receptor	$\frac{\Delta f}{f_f} \approx \pm \frac{u}{v}$ $(u \ll v)$, onde $u_f = u_f \pm u_r$,	15-42[3]
Efeito Doppler relativístico	$f_r = \sqrt{\frac{c \pm u}{c \pm u}} f_f$ Escolha os sinais que levam a um aumento da freqüência para fonte ou receptor se aproximando, e uma diminuição caso contrário.	15-43
10. **Ondas de Choque**	Quando a rapidez da fonte é maior do que a rapidez da onda, as ondas atrás da fonte são confinadas em um cone de ângulo θ dado por	
Ângulo de Mach	$\text{sen}\,\theta = \frac{u}{v}$	15-44
Número de Mach	$\text{Número de Mach} = \frac{u}{v}$	15-45

Resposta da Checagem Conceitual

15-1 Chico ficará desapontado. O dobro da potência acústica produzirá o dobro da *intensidade* a uma dada distância do rádio, mas não o dobro do *nível de intensidade*.

Respostas dos Problemas Práticos

15-1 $\sqrt{\dfrac{\text{N}}{\text{kg/m}}} = \sqrt{\dfrac{\text{kg}\cdot\text{m/s}^2}{\text{kg/m}}} = \sqrt{\dfrac{\text{kg}\cdot\text{m}^2/\text{s}^2}{\text{kg}}} = \sqrt{\text{m}^2/\text{s}^2} = \text{m/s}$

15-2 1,01 km/s

15-3 $\dfrac{\partial^2 y}{\partial x^2} = k^2\dfrac{d^2y}{d^2\beta}$ e $\dfrac{\partial^2 y}{\partial t^2} = \omega^2\dfrac{d^2y}{d^2\beta}$, onde $\beta = kx + \omega t$. Logo

$$k^2 = \frac{\omega^2}{v^2} \Rightarrow \omega = kv$$

15-4 26 W

15-5 λ = 17 m a 20 Hz, 17 mm a 20.000 Hz

15-6 (*a*) $A_r = +\frac{1}{3}A$ e $A_r = \frac{4}{3}A$, (*b*) $\dfrac{\mu_2}{\mu_1} = \dfrac{1}{4}$, (*c*) $P_r/P_{in} = 1/9$ e $P_r/P_{in} = 8/9$

15-7 $1 = \left(-\dfrac{1}{3}\right)^2 + 2\left(\dfrac{2}{3}\right)^2 = \dfrac{1}{9} + 2\dfrac{4}{9} = 1$

15-8 (*a*) λ = 0,5 m, (*b*) f_r = 680 Hz

15-9 Δf = 500 Hz

Problemas

Em alguns problemas, você recebe mais dados do que necessita; em alguns outros, você deve acrescentar dados de seus conhecimentos gerais, fontes externas ou estimativas bem fundamentadas.

Em problemas sobre nível de intensidade que envolvam o limiar de audição, a intensidade de referência é exatamente 1 × 10^{-12} W/m², por convenção. Supõe-se que este valor seja preciso com um número infinito de algarismos significativos. Logo, o número de algarismos significativos nas respostas é determinado apenas pelos dados dos problemas.

• Um só conceito, um só passo, relativamente simples
•• Nível intermediário, pode requerer síntese de conceitos
••• Desafiante, para estudantes avançados
Problemas consecutivos sombreados são problemas pareados.

PROBLEMAS CONCEITUAIS

1 • Uma corda pende verticalmente do teto. Um pulso é enviado corda acima. À medida que o pulso se aproxima do teto, ele passa a viajar mais rapidamente, mais lentamente, ou com rapidez constante? Explique sua resposta.

2 • Um pulso viaja para a direita em uma corda esticada na horizontal. Se a massa da corda por unidade de comprimento diminui da esquerda para a direita, o que acontece com a rapidez do pulso à medida que ele se propaga para a direita? (*a*) Propaga-se mais lentamente. (*b*) Propaga-se mais rapidamente. (*c*) Mantém a rapidez constante. (*d*) As informações fornecidas não são suficientes para responder.

3 • Enquanto uma onda senoidal passa por um ponto de uma corda esticada, o tempo de chegada entre duas cristas sucessivas é medido como 0,20 s. Qual das seguintes afirmativas é verdadeira? (*a*) O comprimento de onda da onda é 5,0 m. (*b*) A freqüência da onda é 5,0 Hz. (*c*) A velocidade de propagação da onda é de 5,0 m/s. (*d*) O comprimento de onda da onda é 0,20 m. (*e*) Não há informação suficiente para justificar qualquer uma dessas afirmativas.

4 • Duas ondas harmônicas, em cordas idênticas, diferem apenas em amplitude. A onda A tem uma amplitude que é o dobro da amplitude da onda B. Como se comparam as energias dessas ondas? (*a*) $E_A = E_B$, (*b*) $E_A = 2E_B$, (*c*) $E_A = 4E_B$, (*d*) não há informação suficiente que permita comparar as energias.

5 • Verdadeiro ou falso: A taxa com que a energia é transportada por uma onda harmônica é proporcional ao quadrado da amplitude da onda.

6 • Os instrumentos musicais produzem sons de uma grande variedade de freqüências. Quais as ondas sonoras que possuem os maiores comprimentos de onda? (*a*) As de menores freqüências. (*b*) As de maiores freqüências. (*c*) Todas as freqüências têm o mesmo comprimento de onda. (*d*) Não há informação suficiente que permita comparar os comprimentos de onda de sons de freqüências diferentes.

7 • No Problema 6, quais as ondas sonoras que possuem as velocidades mais altas? (*a*) Os sons de menores freqüências. (*b*) Os sons de maiores freqüências. (*c*) Todas as freqüências têm a mesma rapidez de onda. (*d*) Não há informação suficiente que permita fazer esta comparação.

8 • O som viaja a 343 m/s no ar e a 1500 m/s na água. Um som de 256 Hz é produzido dentro d'água, mas você escuta o som caminhando na beira da piscina. No ar, a freqüência é (*a*) a mesma, mas o comprimento de onda do som é mais curto, (*b*) mais alta, mas o comprimento de onda do som permanece o mesmo, (*c*) mais baixa, mas o comprimento de onda do som é maior, (*d*) mais baixa, e o comprimento de onda do som é mais curto, (*e*) a mesma, e o comprimento de onda do som permanece o mesmo.

9 • Em missão de patrulha, um navio de guerra bate em uma mina, começa a incendiar e acaba explodindo. O marinheiro Abel pula n'água e começa a nadar para longe do navio destruído, enquanto o marinheiro Bruno entra em um bote salva-vidas. Mais tarde, comparando suas experiências, Abel conta a Bruno: "Eu nadava embaixo d'água e ouvi uma grande explosão vinda do navio. Quando subi à tona, ouvi uma segunda explosão. O que você pensa que aconteceu?" Bruno respondeu: "Acho que foi sua imaginação — eu só ouvi uma explosão." Explique por que Bruno escutou apenas uma explosão, enquanto Abel escutou duas.

10 • Verdadeiro ou falso: Um som de 60 dB tem o dobro da intensidade de um som de 30 dB.

11 • Em dada localização, duas ondas sonoras senoidais possuem a mesma amplitude de deslocamento, mas a freqüência do som A é o dobro da freqüência do som B. Como se comparam as densidades médias de energia das duas ondas? (*a*) A densidade média de energia de A é o dobro da densidade média de energia de B. (*b*) A densidade média de energia de A é quatro vezes a densidade média de energia de B. (*c*) A densidade média de energia de A é dezesseis vezes a densidade média de energia de B. (*d*) Os dados fornecidos não permitem comparar as densidades médias de energia.

12 • Em dada localização, duas ondas sonoras harmônicas possuem a mesma freqüência, mas a amplitude do som A é o dobro da amplitude do som B. Como se comparam as densidades médias de energia das duas ondas? (*a*) A densidade média de energia de A é o dobro da densidade média de energia de B. (*b*) A densidade média de energia de A é quatro vezes a densidade média de energia de B. (*c*) A densidade média de energia de A é dezesseis vezes a densidade média de energia de B. (*d*) Os dados fornecidos não permitem comparar as densidades médias de energia.

13 • Qual é a razão entre a intensidade de uma conversação normal e a intensidade sonora de um murmúrio (a uma distância de 5,0 m)? (*a*) 10^3, (*b*) 2, (*c*) 10^{-3}, (*d*) 1/2. *Dica: Veja a Tabela 15-1.*

14 • Qual é a razão entre o nível de intensidade de uma conversação normal e o nível de intensidade sonora de um murmúrio (a uma distância de 5,0 m)? (*a*) 10^3, (*b*) 2, (*c*) 10^{-3}, (*d*) 1/2. *Dica: Veja a Tabela 15-1.*

15 • Para aumentar o nível de intensidade sonora em 20 dB é necessário que a intensidade sonora aumente de qual fator? (*a*) 10, (*b*) 100, (*c*) 1000, (*d*) 2.

16 • Você utiliza um medidor portátil de nível sonoro para medir o nível de intensidade dos rugidos de um leão que vagueia pelo mato. Para diminuir o nível de intensidade sonora medido em 20 dB é necessário que o leão se afaste de você até que a distância entre ele e você tenha aumentado de qual fator? (*a*) 10, (*b*) 100, (*c*) 1000, (*d*) com os dados fornecidos não é possível determinar o afastamento necessário.

17 • Uma extremidade de um fio muito leve (mas forte) é presa a uma extremidade de uma corda mais grossa e mais densa. A outra extremidade do fio é presa a uma estaca firme e você puxa a outra extremidade da corda de forma que o fio e a corda fiquem bem esticados. Um pulso é enviado a partir da corda mais grossa. Verdadeiro ou falso:

(*a*) O pulso que é refletido de volta do ponto em que fio e corda estão amarrados é invertido em comparação com o pulso incidente inicial.
(*b*) O pulso que segue, passando pelo ponto em que fio e corda estão amarrados, não é invertido, em comparação com o pulso incidente inicial.
(*c*) O pulso que segue, passando pelo ponto em que fio e corda estão amarrados, possui uma amplitude menor do que a do pulso que é refletido.

18 • Luz, propagando-se no ar, incide a 45° sobre uma superfície de vidro. Verdadeiro ou falso:

(*a*) O ângulo entre o raio de luz refletido e o raio incidente é 90°.
(*b*) O ângulo entre o raio de luz refletido e o raio de luz refratado é menor do que 90°.

19 • Ondas sonoras, no ar, entram em uma sala de aula pela porta aberta, de 1,0 m de largura. Devido à difração, qual é a freqüência do som menos provável de ser ouvido por todos os alunos na sala — supondo a sala cheia? (*a*) 600 Hz, (*b*) 300 Hz, (*c*) 100 Hz, (*d*) todos estes sons são igualmente prováveis de serem ouvidos na sala. (*e*) A difração depende do comprimento de onda, e não da freqüência, logo os dados fornecidos não permitem responder.

20 • A radiação de microondas, nos modernos fornos de microondas, tem um comprimento de onda da ordem dos centímetros. Você esperaria difração significativa, se uma radiação dessas incidisse sobre uma porta de 1,00 m de largura? Explique.

21 •• É comum estrelas existirem aos pares, girando em torno de seu centro de massa comum. Se uma das estrelas é um buraco negro, ela é invisível. Explique como a existência de um desses buracos negros pode ser inferida medindo-se o deslocamento de freqüência Doppler da luz observada da outra, a estrela visível.

22 •• A Figura 15-30 mostra um pulso de onda no tempo $t = 0$ movendo-se para a direita. (*a*) Neste instante, quais são os segmentos da corda que estão se movendo para cima? (*b*) Quais são os segmentos que estão se movendo para baixo? (*c*) Existe algum segmento da corda, no pulso, instantaneamente em repouso? Responda a estas questões fazendo um esboço do pulso em um tempo ligeiramente posterior e em um tempo ligeiramente anterior, para ver como os segmentos da corda estão se movendo.

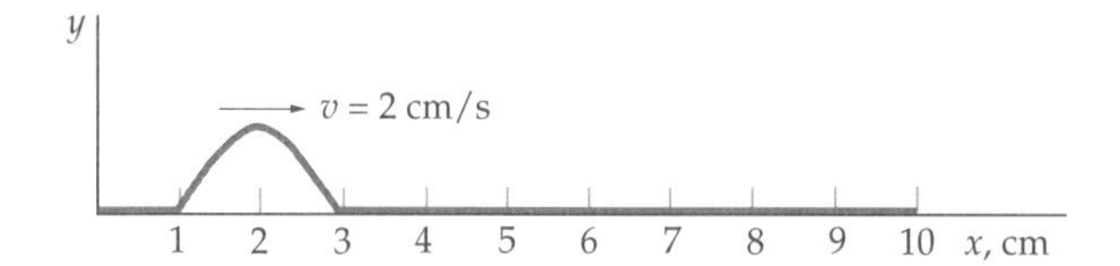

FIGURA 15-30 Problemas 22 e 23

23 •• Faça um esboço da velocidade de cada segmento da corda em função da posição, para o pulso mostrado na Figura 15-30.

24 •• Um corpo de massa m pende de uma corda muito leve presa ao teto. Você puxa a corda logo acima do corpo, produzindo um pulso de onda que sobe até o teto e volta. Compare o tempo do percurso de ida e volta deste pulso de onda com o tempo de ida e volta de um pulso de onda na mesma corda, agora com um corpo de massa $9m$ pendurado. (Suponha que a corda seja inextensível, isto é, que a distância entre a massa e o teto seja a mesma, nos dois casos.)

25 •• A rapidez do som na água é maior do que a rapidez do som no ar. A explosão de uma mina submarina, abaixo da superfície d'água, é detectada por um helicóptero que paira acima da superfície, como mostrado na Figura 15-31. Ao longo de qual caminho — A, B ou C — a onda sonora levará o menor tempo para chegar ao helicóptero? Explique sua escolha.

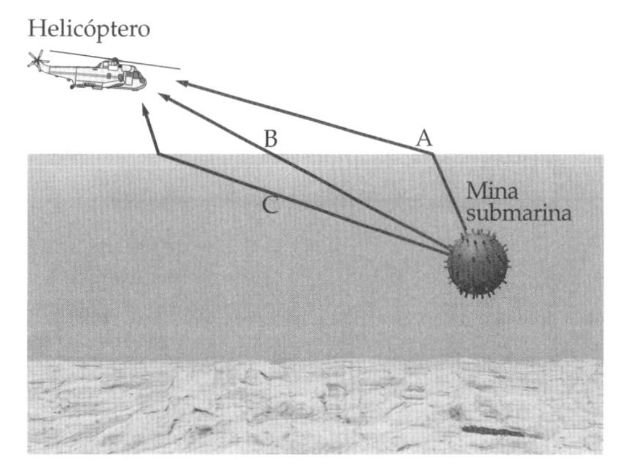

FIGURA 15-31 Problema 25

26 •• A rapidez de Mach 2, a uma altitude de 60.000 ft, significa o mesmo que a rapidez de Mach 2 próximo ao nível do chão? Explique claramente.

ESTIMATIVA E APROXIMAÇÃO

27 •• Muitos anos atrás, a partida na corrida dos 100 metros era dada pelo som de uma pistola do largador, que ficava afastado alguns metros, na parte interna das pistas. (Hoje, a pistola utilizada é usualmente apenas um gatilho, usado para acionar eletronicamente alto-falantes colocados atrás dos apoios de partida de cada competidor. Este método evita o problema de um corredor ouvir o som antes dos demais.) Estime o tempo que o corredor da pista interna leva de vantagem (em relação ao corredor da pista externa, sendo 8 o número de corredores), se todos os corredores partem ao ouvir o som da pistola do largador.

28 •• Estime a rapidez do projétil quando ele atravessa o balão de hélio da Figura 15-32. *Dica: Um transferidor pode ser útil.*

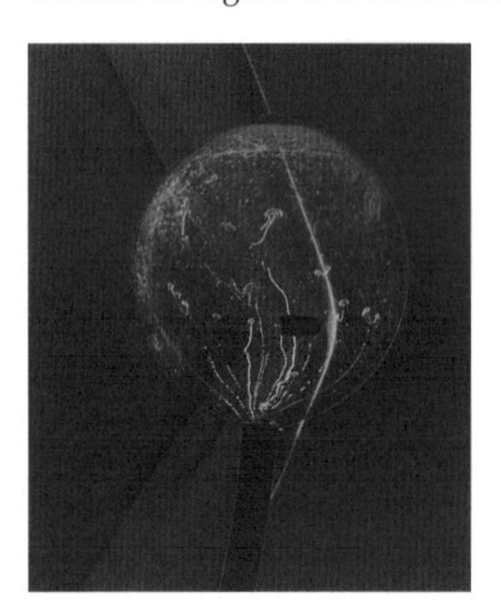

FIGURA 15-32 Problema 28 *(De Harold E. Edgerton/Palm Press Inc.)*

29 •• Os novos alojamentos de estudantes de uma universidade têm a forma de um semicírculo envolvendo a metade da pista de esportes. Para estimar a rapidez do som no ar, um estudante de física ambicioso postou-se no centro do semicírculo batendo palmas de forma ritmada, com uma freqüência que não lhe permitia ouvir o eco de cada batida, pois este o alcançava no mesmo instante em que ele efetuava a batida seguinte. Esta freqüência era de cerca de 2,5 batidas por segundo. Uma vez encontrada esta freqüência, ele se pôs a medir a distância aos alojamentos, verificando que ela valia 30 passos largos. Supondo que o comprimento de cada passo largo é a metade da altura do estudante [5 ft 11 in (1,80 m)], estime a rapidez do som no ar, usando estes dados. De quanto sua estimativa difere do valor comumente aceito de 343 m/s?

RAPIDEZ DAS ONDAS

30 • (*a*) O módulo volumétrico da água é $2{,}00 \times 10^9$ N/m². Use este valor para determinar a rapidez do som na água. (*a*) A rapidez do som no mercúrio é 1410 m/s. Qual é o módulo volumétrico do mercúrio ($\rho = 13{,}6 \times 10^3$ kg/m³)?

31 • Calcule a rapidez das ondas sonoras no gás hidrogênio ($M = 2{,}00$ g/mol e $\gamma = 1{,}40$) a $T = 300$ K.

32 • Uma corda de 7,00 m de comprimento tem uma massa de 100 g e está sob uma tração de 900 N. Qual é a rapidez de um pulso de onda transversal nesta corda?

33 •• (*a*) Calcule a derivada em relação à tração da rapidez do som em uma corda, dv/dF_T, e mostre que as diferenciais dv e dF_T satisfazem a $dv/v = \frac{1}{2}dF_T/F_T$. (*b*) Uma onda se move com uma rapidez de 300 m/s em uma corda que está sob uma tração de 500 N. Usando a aproximação diferencial, estime qual a variação que deve sofrer a tração para que a rapidez seja aumentada para 312 m/s. (*c*) Calcule ΔF_T exatamente e compare-o com o resultado da aproximação diferencial da Parte (*b*). Suponha que a corda não se distenda com o aumento da tração.

34 •• (*a*) Calcule a derivada em relação à temperatura absoluta da rapidez do som em uma corda e mostre que as diferenciais dv e dT satisfazem a $dv/v = \frac{1}{2}dT/T$. (*b*) Use este resultado para estimar a variação percentual da rapidez do som quando a temperatura varia de 0°C para 27°C. (*c*) Se a rapidez do som é 331 m/s a 0°C, estime seu valor a 27°C usando a aproximação diferencial. (*d*) Como se compara esta aproximação com o resultado de um cálculo exato?

35 ••• Deduza uma fórmula conveniente para a rapidez do som no ar à temperatura t em graus Celsius. Comece escrevendo a temperatura como $T = T_0 + \Delta T$, onde $T_0 = 273$ K corresponde a 0°C e $\Delta T = t$, a temperatura Celsius. A rapidez do som é uma função de T, $v(T)$. Em uma aproximação de primeira ordem, você pode escrever $v(T) \approx v(T_0) + (dv/T)_{T_0}\Delta T$, onde $(dv/T)_{T_0}$ é a derivada calculada em $T = T_0$. Calcule esta derivada e mostre que o resultado leva a

$$v = (331 \text{ m/s})(1 + (t/2T_0)) = (331 + 0{,}606t) \text{ m/s}$$

A EQUAÇÃO DA ONDA

36 • Mostre, explicitamente, que as seguintes funções satisfazem à equação da onda $\partial^2 y/\partial x^2 = (1/v^2)\,\partial^2 y/\partial t^2$: (*a*) $y(x,t) = k(x + vt)^3$, (*b*) $y(x,t) = Ae^{ik(x - vt)}$, onde A e k são constantes e $i = \sqrt{-1}$, e (*c*) $y(x,t) = \ln[k(x - vt)]$.

37 • Mostre que a função $y = A$ sen kx cos ωt satisfaz à equação da onda.

ONDAS HARMÔNICAS EM UMA CORDA

38 • Uma das extremidades de uma corda de 6,0 m de comprimento é deslocada para cima e para baixo em um movimento harmônico simples com uma freqüência de 60 Hz. Se as cristas de onda percorrem toda a corda em 0,50 s, determine o comprimento de onda das ondas na corda.

39 • Uma onda harmônica em uma corda, que tem uma massa por unidade de comprimento de 0,050 kg/m e uma tração de 80 N, possui uma amplitude de 5,0 cm. Cada ponto da corda se move em movimento harmônico simples com uma freqüência de 10 Hz. Qual é a potência transmitida pela onda que se propaga na corda?

40 • Uma corda de 2,00 m de comprimento tem uma massa de 0,100 kg. A tração é 60,0 N. Um oscilador, em uma das extremidades, envia uma onda harmônica com uma amplitude de 1,00 cm ao longo da corda. Na outra extremidade da corda toda a energia da onda é absorvida, não havendo reflexão. Qual é a freqüência do oscilador, se a potência transmitida é 100 W?

41 •• A função de onda para uma onda harmônica em uma corda é $y(x,t) = (1{,}00 \text{ mm})\,\text{sen}(62{,}8 \text{ m}^{-1}x + 314 \text{ s}^{-1}t)$. (*a*) Qual é o sentido de propagação da onda e qual é sua rapidez? (*b*) Determine o comprimento de onda, a freqüência e o período desta onda. (*c*) Qual é a maior rapidez de qualquer ponto da corda?

42 •• Uma onda harmônica em uma corda, com uma freqüência de 80 Hz e uma amplitude de 0,025 m, viaja no sentido $+x$ com uma rapidez de 12 m/s. (*a*) Escreva uma função de onda apropriada para esta onda. (*b*) Determine a maior rapidez de um ponto da corda. (*c*) Determine a maior aceleração de um ponto da corda.

43 •• Uma onda harmônica de 200 Hz, com uma amplitude de 1,2 cm, se move ao longo de uma corda de 40 m de comprimento com 0,120 kg de massa e 50 N de tração. (*a*) Qual é a energia total média

das ondas em um segmento da corda de 20 m de comprimento? (*b*) Qual é a potência transmitida quando a onda passa por um ponto da corda?

44 •• Em uma corda real, parte da energia de uma onda se dissipa enquanto a onda percorre a corda. Esta situação pode ser descrita por uma função de onda cuja amplitude $A(x)$ depende de x: $y = A(x)$ sen $(kx - \omega t)$, onde $A(x) = A_0 e^{-bx}$. Qual é a potência transportada pela onda, como função de x, para $x > 0$?

45 •• Potência deve ser transmitida ao longo de uma corda esticada, por meio de ondas harmônicas transversais. A rapidez de onda é 10 m/s e a massa específica linear da corda é 0,010 kg/m. A fonte de potência oscila com uma amplitude de 0,50 mm. (*a*) Qual é a potência média transmitida ao longo da corda se a freqüência é 400 Hz? (*b*) A potência transmitida pode ser aumentada aumentando-se a tração na corda, a freqüência da fonte ou a amplitude das ondas. De quanto cada uma dessas grandezas deve ser aumentada para provocar uma aumento da potência de uma fator de 100, se ela for a única grandeza a ser variada?

46 ••• Duas cordas muito longas são atadas uma à outra no ponto $x = 0$. Na região $x < 0$, a rapidez da onda é v_1, enquanto na região $x > 0$ a rapidez é v_2. Uma onda senoidal incide sobre o nó, da esquerda ($x < 0$); parte da onda é refletida e parte é transmitida. Para $x < 0$, o deslocamento da onda é descrito por $y(x,t) = A$ sen$(k_1x - \omega t) + B$ sen$(k_1x + \omega t)$, enquanto para $x > 0$, $y(x,t) = C$ sen$(k_2x - \omega t)$, onde $\omega/k_1 = v_1$ e $\omega/k_2 = v_2$. (*a*) Se supomos que tanto a função de onda y quanto sua primeira derivada espacial $\partial y/\partial x$ devam ser contínuas em $x = 0$, mostre que $C/A = 2v_2/(v_1 + v_2)$ e que $B/A = (v_1 - v_2)/(v_1 + v_2)$. (*b*) Mostre que $B^2 + (v_1/v_2)C^2 = A^2$.

ONDAS SONORAS HARMÔNICAS

47 • Uma onda sonora no ar produz uma variação de pressão dada por $p(x,t) = 0{,}75 \cos[\frac{\pi}{2}(x - 343t)]$, com p em pascais, x em metros e t em segundos. Determine (*a*) a amplitude de pressão, (*b*) o comprimento de onda, (*c*) a freqüência e (*d*) a rapidez da onda.

48 • (*a*) A nota dó central da escala musical tem uma freqüência de 262 Hz. Qual é o comprimento de onda desta nota no ar? (*b*) A freqüência do dó uma oitava acima do dó central é o dobro da do dó central. Qual é o comprimento de onda desta nota no ar?

49 • A massa específica do ar é 1,29 kg/m³. (*a*) Qual é a amplitude de deslocamento de uma onda sonora de 100 Hz de freqüência e amplitude de pressão igual a $1{,}00 \times 10^{-4}$ atm? (*b*) A amplitude de deslocamento de uma onda sonora de 300 Hz de freqüência é $1{,}00 \times 10^{-7}$ m. Qual é a amplitude de pressão desta onda?

50 • A massa específica do ar é 1,29 kg/m³. (*a*) Qual é a amplitude de deslocamento de uma onda sonora de 500 Hz de freqüência com a amplitude de pressão no limiar da dor, de 29,0 Pa? (*b*) Qual é a amplitude de deslocamento de uma onda sonora que tem a mesma amplitude de pressão da onda da Parte (*a*), mas uma freqüência de 1,00 kHz?

51 • Uma onda sonora típica bem audível, de 1,00 kHz de freqüência, tem uma amplitude de pressão de cerca de $1{,}00 \times 10^{-4}$ atm. (*a*) Em $t = 0$, a pressão é máxima em certo ponto x_1. Qual é o deslocamento nesse ponto, em $t = 0$? (*b*) Supondo a massa específica do ar igual a 1,29 kg/m³, qual é o valor máximo do deslocamento, em qualquer instante e posição?

52 • Uma oitava representa uma variação de freqüência por um fator de 2. Uma pessoa pode ouvir quantas oitavas?

53 •• **APLICAÇÃO BIOLÓGICA** Nos oceanos, as baleias se comunicam por transmissão sonora através da água. Uma baleia emite um som de 50,0 Hz para dizer a um filhote teimoso para voltar ao grupo. A rapidez do som na água é de cerca de 1500 m/s. (*a*) Quanto tempo leva para o som chegar ao filhote, se ele está afastado de 1,20 km? (*b*) Qual é o comprimento de onda deste som na água? (*c*) Se as baleias estão próximas da superfície, parte da energia sonora pode refratar para o ar. Quais seriam a freqüência e o comprimento de onda do som no ar?

ONDAS EM TRÊS DIMENSÕES: INTENSIDADE

54 • Uma fonte esférica senoidal irradia som uniformemente em todas as direções. A uma distância de 10,0 m, a intensidade sonora é $1{,}00 \times 10^{-4}$ W/m². (*a*) A que distância da fonte a intensidade vale $1{,}00 \times 10^{-6}$ W/m²? (*b*) Qual é a potência irradiada por esta fonte?

55 • **APLICAÇÃO EM ENGENHARIA** Um alto-falante, em um concerto de rock, gera um som com uma intensidade de $1{,}00 \times 10^{-2}$ W/m² a 20,0 m de distância, com uma freqüência de 1,00 kHz. Suponha que a energia do alto-falante seja distribuída uniformemente em três dimensões. (*a*) Qual é a potência acústica total de saída do alto-falante? (*b*) A que distância a intensidade do som estará no limiar da dor de 1,00 W/m²? (*c*) Qual é a intensidade do som a 30,0 m?

56 •• Quando um alfinete de 0,100 g de massa é largado de uma altura de 1,00 m, 0,050 por cento de sua energia é convertida em um pulso sonoro que dura 0,100 s. (*a*) Estime até a que distância o alfinete pode ser ouvido, se a intensidade mínima audível é de $1{,}00 \times 10^{-11}$ W/m². (*b*) Seu resultado da Parte (*a*) é muito maior do que o da prática, devido ao ruído de fundo. Se supusermos que a intensidade deva ser pelo menos de $1{,}00 \times 10^{-8}$ W/m² para que o som seja ouvido, estime a até que distância pode estar o alfinete ao cair para ser ouvido. (Nas duas partes, suponha que a intensidade seja $P/4\pi r^2$.)

*NÍVEL DE INTENSIDADE

57 • Qual é o nível de intensidade, em decibéis, de uma onda sonora que tem uma intensidade igual a (*a*) $1{,}00 \times 10^{-10}$ W/m² e (*b*) $1{,}00 \times 10^{-2}$ W/m²?

58 • Qual é a intensidade de uma onda sonora em um determinado ponto onde o nível de intensidade é (*a*) $\beta = 10$ dB e (*b*) $\beta = 3{,}0$ dB?

59 • A uma certa distância, o nível de intensidade sonora do latido de um cachorro é 50 dB. À mesma distância, a intensidade sonora de um concerto de rock é 10.000 vezes igual à do latido do cachorro. Qual é o nível de intensidade sonora do concerto de rock?

60 • Que fração da potência acústica de um ruído deve ser eliminada para se reduzir seu nível de intensidade de 90 para 70 dB?

61 •• Uma fonte esférica irradia som uniformemente em todas as direções. À distância de 10 m, o nível de intensidade sonora é 80 dB. (*a*) A que distância da fonte o nível de intensidade é 60 dB? (*b*) Qual é a potência irradiada por esta fonte?

62 •• Henrique e Suzana estão sentados em lados opostos na platéia, dentro da tenda de um circo, quando um elefante dá um forte bramido. Se Henrique percebe um nível de intensidade sonora de 65 dB e Suzana percebe apenas 55 dB, qual é a razão entre as distâncias de Suzana e de Henrique ao elefante?

63 •• Três fontes sonoras produzem níveis de intensidade de 70 dB, 73 dB e 80 dB, quando atuando separadamente. Quando elas atuam juntas, a intensidade resultante é a soma das intensidades individuais. (*a*) Determine o nível de intensidade sonora, em decibéis, quando as três fontes atuam ao mesmo tempo. (*b*) Discuta a efetividade de se eliminar as duas fontes menos intensas para reduzir o nível de intensidade do ruído.

64 •• Mostre que, se duas pessoas estão diferentemente afastadas de uma fonte sonora, a diferença $\Delta\beta$ entre os níveis de intensidade sonora que atingem estas pessoas, em decibéis, será sempre a mesma, não importando a potência irradiada pela fonte.

65 ••• Todos, em uma festa, estão falando com a mesma intensidade. Uma pessoa está conversando com você e o conseqüente nível de intensidade sonora, onde você está, é de 72 dB. Supondo que todas as 38 pessoas na festa distem de você a mesma distância daquela pessoa com quem você conversa, determine o nível de intensidade sonora onde você está.

66 ••• Quando um violinista passa o arco pelas cordas, a força com que o arco é empurrado é bem pequena, cerca de 0,60 N. Suponha que o arco deslize pela corda lá, que vibra a 440 Hz, a 0,50 m/s. Um ouvinte, a 35 m de distância do artista, escuta um som de 60 dB. Supondo o som irradiando uniformemente em todas as direções, com que eficiência a energia mecânica dispendida pelo músico ao tocar é transformada em energia sonora?

67 ••• O nível de intensidade sonora em determinado ponto de uma sala de aula vazia é 40 dB. Quando 100 estudantes estão escrevendo durante um exame, o nível de ruído naquele ponto aumenta para 60 dB. Supondo contribuições iguais de potência sonora por parte de todos os alunos, determine o nível de intensidade sonora naquele ponto depois que 50 alunos deixaram a sala.

ONDAS EM CORDAS COM VARIAÇÃO DE RAPIDEZ

68 • Um cordão de 3,00 m de comprimento, com 25,0 g de massa, é amarrado a uma corda de 4,00 m de comprimento e 75,0 g de massa, e a combinação é submetida uma tração de 100 N. Se um pulso transversal é enviado a partir do cordão, determine os coeficientes de reflexão e de transmissão no ponto de junção.

69 • Seja uma corda tensa, com uma massa por unidade de comprimento μ_1, transportando pulsos de onda transversais que incidem sobre um ponto onde a corda é conectada a uma outra corda, com uma massa por unidade de comprimento μ_2. (*a*) Mostre que, se $\mu_1 = \mu_2$, o coeficiente de reflexão r é igual a zero e o coeficiente de transmissão τ é igual a +1. (*b*) Mostre que, se $\mu_2 \gg \mu_1$, $r \approx -1$ e $\tau \approx 0$. (*c*) Mostre que, se $\mu_2 \ll \mu_1$, $r \approx +1$ e $\tau \approx +2$.

70 •• Verifique a validade de $1 = r^2 + (v_1/v_2)\tau^2$ (Equação 15-36) por substituição das expressões para r e τ.

71 ••• Seja uma corda esticada com uma massa por unidade de comprimento μ_1, transportando pulsos de onda transversais da forma $y = f(x - v_1 t)$ que incidem sobre um ponto P onde a corda é conectada a uma segunda corda, com uma massa por unidade de comprimento μ_2. Deduza $1 = r^2 + (v_1/v_2)\tau^2$ igualando a potência incidente no ponto P à soma das potências refletida e transmitida em P.

O EFEITO DOPPLER

Nos Problemas 72 a 75, suponha a fonte emitindo som à freqüência de 200 Hz. Suponha, também, a rapidez do som no ar parado igual a 343 m/s.

72 • Uma fonte sonora se move a 80 m/s ao encontro de um observador estacionário no ar parado. (*a*) Determine o comprimento de onda do som na região entre a fonte e o observador. (*b*) Determine a freqüência escutada pelo observador.

73 • Considere a situação descrita no Problema 72 sob o ponto de vista do referencial da fonte. Neste referencial, o observador e o ar se movem ao encontro da fonte a 80 m/s e a fonte está em repouso. (*a*) Com que rapidez, em relação à fonte, o som está viajando na região entre fonte e observador? (*b*) Determine o comprimento de onda do som na região entre fonte e observador. (*c*) Determine a freqüência escutada pelo observador.

74 • Uma fonte sonora se afasta a 80 m/s de um observador estacionário. (*a*) Determine o comprimento de onda das ondas sonoras na região entre a fonte e o observador. (*b*) Determine a freqüência escutada pelo observador.

75 • Um observador está se afastando a 80 m/s de uma fonte que está estacionária em relação ao ar. Determine a freqüência escutada pelo observador.

76 •• **RICO EM CONTEXTO** Você está assistindo à chegada de um ônibus espacial. Próximo ao final do pouso, a nave está viajando a Mach 2,50 e a uma altitude de 5000 m. (*a*) Qual é o ângulo que a onda de choque forma com a direção de vôo da nave? (*b*) Qual é a sua distância ao ônibus espacial, no momento em que você ouve a onda de choque, supondo que a nave mantenha constantes sua direção de vôo e a altitude de 5000 m, após passar diretamente sobre sua cabeça?

77 •• **APLICAÇÃO EM ENGENHARIA** O detector de neutrinos japonês SuperKamiokande é um tanque de água do tamanho de um edifício de 14 andares. Quando os neutrinos colidem com os elétrons da água, a maior parte de sua energia é transferida para os elétrons. Em conseqüência, os elétrons saem com velocidades de módulos próximos de c. O neutrino é contado detectando-se a onda de choque, chamada de radiação Cerenkov, que é produzida quando os elétrons rápidos atravessam a água com rapidez maior do que a rapidez da luz na água. Se o maior ângulo do cone de onda de choque de Cerenkov é 48,75°, qual é a rapidez da luz na água?

78 •• **APLICAÇÃO EM ENGENHARIA, RICO EM CONTEXTO** Você deve calibrar os radares da polícia. Um desses aparelhos emite microondas à freqüência de 2,00 GHz. Durante os testes, estas ondas foram refletidas de um carro que se afastava diretamente do aparelho estacionário. Você detecta uma diferença de freqüência (entre as microondas recebidas e aquelas que foram enviadas) de 293 Hz. Determine a rapidez do carro.

79 •• **APLICAÇÃO EM ENGENHARIA, RICO EM CONTEXTO** Usa-se o efeito Doppler, rotineiramente, para medir a rapidez dos ventos em tempestades. Como gerente de uma estação meteorológica, você está usando um sistema Doppler de radar que possui uma freqüência de 625 MHz para fazer refletir pulsos por gotas de chuva em uma tempestade distante 50 km. Você verifica que o pulso que recebe está com uma freqüência 325 Hz maior. Supondo o vento vindo diretamente ao seu encontro, qual é a rapidez do vento na tempestade? *Dica: O sistema de radar pode medir apenas a componente da velocidade do vento que está em sua "linha de visada".*

80 •• **APLICAÇÃO EM ENGENHARIA** Um destróier estacionário está equipado com um sonar que envia pulsos sonoros de 40 MHz. O destróier recebe de volta os pulsos refletidos por um submarino que está diretamente abaixo dele, com uma freqüência de 39,958 MHz e após 80 ms. Se a rapidez do som na água é 1,54 km/s, (*a*) qual é a profundidade do submarino e (*b*) qual é sua rapidez vertical?

81 •• Um radar da polícia transmite microondas de $3{,}00 \times 10^{10}$ Hz, que viajam no ar a $3{,}00 \times 10^8$ m/s. Seja um carro se afastando do carro da polícia, que está parado, a 140 km/s. (*a*) Qual é a diferença de freqüência entre o sinal transmitido e o sinal recebido a partir do carro em movimento? (*b*) Suponha o carro da polícia movendo-se a 60 km/h, no mesmo sentido do outro veículo. Qual é a diferença de freqüência entre o sinal transmitido e o sinal refletido?

82 •• **APLICAÇÃO BIOLÓGICA, RICO EM CONTEXTO** Na moderna medicina, o efeito Doppler é usado rotineiramente para se medir a taxa e a orientação do fluxo sangüíneo nas artérias e veias. "Ultrasons" de alta freqüência (sons de freqüências acima da freqüência audível pelos humanos) são tipicamente empregados. Suponha que você deve medir o fluxo sangüíneo de uma veia (localizada na perna de uma paciente mais idosa) que envia o sangue de volta para o coração. A existência de veias varicosas sugere que talvez as válvulas que controlam a orientação do fluxo podem não estar funcionando bem, o que pode provocar um refluxo do sangue de volta para os pés. Usando som de 50,0 kHz de freqüência, você aponta a fonte sonora da parte superior da coxa para os pés, e mede a freqüência do som refletido daquela área venosa como menor do que 50,0 kHz. (*a*) O seu diagnóstico sobre a condição das válvulas estava correto?

Caso afirmativo, explique. (*b*) Estime a diferença de freqüência que o instrumento deve poder medir para permitir que você meça valores de rapidez abaixo de 1,00 mm/s. Tome a rapidez do som no corpo humano como a mesma na água, 1500 m/s.

83 •• Uma fonte sonora de freqüência f_f se move com rapidez u_f em relação ao ar parado, ao encontro de um receptor que se afasta da fonte com rapidez u_r em relação ao ar parado. (*a*) Escreva uma expressão para a freqüência recebida f'_r. (*b*) Use a aproximação $(1 - x)^{-1} \approx 1 + x$ para mostrar que, se ambos u_f e u_r são pequenos em comparação a v, então a freqüência recebida é aproximadamente dada por

$$f'_r = \left(1 + \frac{u_{rel}}{v}\right)f_f$$

Onde $u_{rel} = u_f - u_r$ é a rapidez da fonte em relação ao receptor.

84 •• Para estudar o deslocamento Doppler, você leva um diapasão eletrônico que emite a freqüência do dó central (262 Hz) ao poço de desejos do campus, conhecido como "O Abismo". Quando você segura o aparelho à distância de um braço (1,0 m), você mede seu nível de intensidade como sendo 80,0 dB. Depois, você o larga dentro do poço e o escuta cair. Após 5,50 s de queda, qual é a freqüência que você escuta?

85 •• Você está em um balão de ar quente, arrastado por um vento de 36 km/h, e tem consigo uma fonte sonora que emite som de 800 Hz, quando se aproxima de um edifício alto. (*a*) Qual é a freqüência sonora percebida por uma morador em uma janela do edifício? (*b*) Qual é a freqüência refletida que você percebe?

86 •• Um carro se aproxima de uma parede refletora. Um observador estacionário, atrás do carro, ouve um som de 745 Hz de freqüência da buzina do carro e um som de 863 Hz de freqüência vindo da parede. (*a*) Qual é a rapidez do carro? (*b*) Qual é a freqüência da buzina do carro? (*c*) Qual é a freqüência que o motorista ouve como refletida pela parede?

87 •• A motorista de um carro que viaja a 100 km/h, ao encontro de uma parede vertical, dá um toque na buzina. Exatamente 1,00 s após, ela ouve o eco e nota que sua freqüência é de 840 Hz. Qual era a distância entre o carro e a parede quando a motorista tocou a buzina e qual é a freqüência da buzina?

88 •• Você está em um vôo transatlântico, viajando para o oeste a 800 km/h. Um avião experimental, voando a Mach 1,6 e 3,0 km ao norte de seu avião, também viaja de leste para oeste. Qual é a distância entre os dois aviões, quando você ouve o estrondo sônico do avião experimental?

89 ••• O telescópio espacial Hubble tem sido usado para determinar a existência de planetas orbitando estrelas distantes. Um planeta que orbita uma estrela fará com que a estrela "bamboleie" com o mesmo período que o da órbita do planeta. Devido a isto, a luz da estrela sofrerá um deslocamento Doppler para mais e para menos, periodicamente. Estime os comprimentos de onda de luz máximo e mínimo correspondentes ao comprimento de onda de 500 nm emitido pelo Sol, após sofrer os deslocamentos Doppler em razão do movimento do Sol provocado por Júpiter.

PROBLEMAS GERAIS

90 • No tempo $t = 0$, a forma de um pulso de onda em uma corda é dada pela função $y(x,0) = 0{,}120\ \text{m}^3/((2{,}00\ \text{m})^2 + x^2)$, onde x está em metros. (*a*) Esboce $y(x,0)$ *versus* x. (*b*) Escreva a função de onda $y(x,t)$ no tempo genérico t, com o pulso se movendo no sentido $+x$ com uma rapidez de 10,0 m/s e com o pulso se movendo no sentido $-x$ com uma rapidez de 10,0 m/s.

91 • Um apito, que tem uma freqüência de 500 Hz, se move em um círculo de 1,00 m de raio a 3,00 rev/s. Quais são as freqüências máxima e mínima ouvidas por um observador estacionário no plano do círculo e a 5,00 m de seu centro?

92 • Ondas oceânicas se movem para a praia com uma rapidez de 8,90 m/s e uma separação crista-a-crista de 15,0 m. Você está em um pequeno barco ancorado ao largo. (*a*) Com que freqüência as cristas de onda atingem o seu barco? (*b*) Você, agora, levanta âncora e ruma mar adentro com uma rapidez de 15,0 m/s. Com que freqüência as cristas de onda atingem, agora, o seu barco?

93 •• Um fio de 12,0 m de comprimento tem uma massa de 85,0 g e está sob uma tração de 180 N. Um pulso é gerado na extremidade esquerda do fio e, 25,0 ms após, um segundo pulso é gerado na extremidade direita do fio. Onde os pulsos se encontram primeiro?

94 •• Você está parado no acostamento de uma rodovia. Determine a rapidez de um carro cujo tom de buzina cai 10 por cento ao passar por você. (Em outras palavras, a queda total de freqüência entre o valor "de aproximação" e o valor "de afastamento" é 10 por cento.)

95 •• Um alto-falante de 20,0 cm de diâmetro está vibrando a 800 Hz com uma amplitude de 0,0250 mm. Supondo que as moléculas de ar na vizinhança tenham a mesma amplitude de vibração, determine (*a*) a amplitude de pressão logo à frente do alto-falante, (*b*) a intensidade sonora e (*c*) a potência acústica irradiada pela superfície frontal do alto-falante.

96 •• Uma onda sonora plana e harmônica, no ar, tem uma amplitude de 1,00 μm e uma intensidade de 10,0 mW/m². Qual é a freqüência da onda?

97 •• Água escoa a 7,0 m/s em um cano de 5,0 cm de raio. Uma placa, de área igual à área de seção reta do cano, é repentinamente inserida para interromper o fluxo. Determine a força exercida sobre a placa. Tome a rapidez do som na água como 1,4 km/s. *Dica: Quando a placa é inserida, uma onda de pressão se propaga através da água com a rapidez do som,* v_s. *A massa de água levada ao repouso em um tempo* Δt *é a água em um comprimento de cano igual a* $v_s\,\Delta t$.

98 •• Um dispositivo fotográfico de exposição rápida, projetado para fotografar um projétil explodindo uma bolha de sabão, é mostrado na Figura 15-33. A onda de choque do projétil deve ser detectada por um microfone que dispara o dispositivo. O microfone é colocado em uma prateleira paralela e 0,350 m abaixo da trajetória do projétil. A prateleira é usada para ajustar a posição do microfone. Se o projétil está viajando com 1,25 vez a rapidez do som, a que distância atrás da bolha de sabão deve ser colocado o microfone para disparar o dispositivo fotográfico? (Suponha que a resposta do dispositivo ao microfone seja instantânea.)

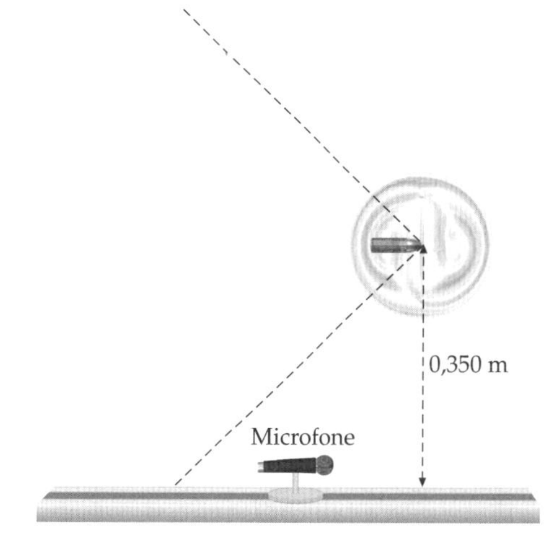

FIGURA 15-33 Problema 98

99 •• Uma coluna de soldados mantém o passo ouvindo a banda que segue à frente. O ritmo da música é de 100 passos/minuto. Uma câmara de televisão mostra que apenas os soldados da frente e da retaguarda da coluna estão no passo certo. Os soldados do meio da coluna avançam com o pé esquerdo enquanto os da frente e os da retaguarda estão avançando com o pé direito. No entanto, o bom treinamento que os soldados receberam lhes dá a segurança de estarem todos no passo certo. Qual é o comprimento da coluna?

100 •• **APLICAÇÃO BIOLÓGICA** Um morcego, voando de encontro a um obstáculo estacionário a 120 m/s, emite pulsos sonoros breves, de alta freqüência, com uma freqüência de repetição de 80,0 Hz. Qual é o intervalo entre os tempos de chegada dos pulsos refletidos percebidos pelo morcego?

101 •• Feixes de laser enviados para a Lua são um recurso rotineiro para se determinar com precisão a distância entre a Terra e a Lua. No entanto, para determinar a distância com precisão, correções devem ser feitas sobre a rapidez média da luz na atmosfera terrestre, que é 99,997 por cento da rapidez da luz no vácuo. Supondo a atmosfera terrestre com 8,00 km de altura, estime o comprimento da correção.

102 •• Um diapasão, preso a uma corda esticada, gera ondas transversais. A vibração do diapasão é perpendicular à corda. Sua freqüência é de 400 Hz e a amplitude de sua oscilação é 0,50 mm. A corda tem uma massa específica linear de 0,010 kg/m, e está sob uma tração de 1,0 kN. Suponha que não haja ondas refletidas na outra extremidade da corda. (*a*) Quais são o período e a freqüência das ondas na corda? (*b*) Qual é a rapidez das ondas? (*c*) Quais são o comprimento de onda e o número de onda? (*d*) Escreva uma função de onda apropriada para as ondas na corda. (*e*) Quais são a rapidez e a aceleração máxima de um ponto da corda? (*f*) Com que taxa média mínima a energia deve ser fornecida ao diapasão para mantê-lo oscilando com a mesma amplitude?

103 ••• Uma corda longa, de 0,100 kg/m de massa por unidade de comprimento, está sob uma tração constante de 10,0 N. Um motor induz, em uma das extremidades da corda, um movimento harmônico simples transversal de 5,00 ciclos por segundo e de 40,0 mm de amplitude. (*a*) Qual é a rapidez da onda? (*b*) Qual é o comprimento de onda? (*c*) Qual é a quantidade de movimento linear transversal máxima de um segmento da corda de 1,00 mm? (*d*) Qual é a máxima força resultante sobre um segmento da corda de 1,00 mm?

104 ••• Neste problema, você deduzirá uma expressão para a energia potencial de um segmento de um corda que transmite uma onda progressiva (Figura 15-34). A energia potencial de um segmento é igual ao trabalho realizado pela tração ao distender a corda, que vale $\Delta U = F_T(\Delta\ell - \Delta x)$, onde F_T é a tração, $\Delta\ell$ é o comprimento do segmento distendido e Δx é o seu comprimento original. (*a*) Use a expansão binomial para mostrar que $\Delta\ell - \Delta x \approx \frac{1}{2}(\Delta y/\Delta x)^2\Delta x$ e que, portanto, $\Delta U \approx \frac{1}{2}F_T(\Delta y/\Delta x)^2\Delta x$. (*b*) Calcule $\partial y/\partial x$ da equação da onda $y(x,t) = A\,\text{sen}(kx - \omega t)$ (Equação 15-15) e mostre que $\Delta U \approx \frac{1}{2}F_T k^2 A^2 \cos^2(kx - \omega t)\,\Delta x$.

$$\Delta\ell = \sqrt{(\Delta x)^2 + (\Delta y)^2} = \Delta x[1 + (\Delta y/\Delta x)^2]^{1/2}.$$

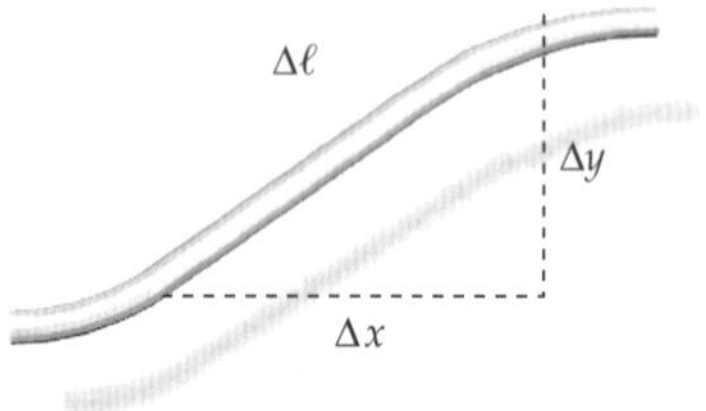

Δℓ
Δy
Δx

FIGURA 15-34 Problema 104

COMPOSTO DE MAIS DE 6134 TUBOS COM UMA GRANDE VARIEDADE DE TAMANHOS, ESTE ÓRGÃO É CAPAZ DE PRODUZIR NOTAS DESDE UM DÓ ABAIXO DO MAIS BAIXO DÓ DE UM PIANO, COM UMA FREQÜÊNCIA DE 16 Hz, ATÉ UMA NOTA MAIS DE UMA OITAVA ACIMA DA NOTA MAIS ALTA DO PIANO, COM UMA FREQÜÊNCIA DE 10.548 Hz. *(© Garryuk / Dreamstime.com)*

? Qual é o comprimento do tubo que produz a nota de 16 Hz? (Veja o Exemplo 16-9.)

Superposição e Ondas Estacionárias

Visando uma compreensão clara do movimento ondulatório simples examinamos, no Capítulo 15, o movimento de uma seqüência de perturbações em um meio. No entanto, você já deve ter observado, no mar, o que acontece quando essas perturbações colidem e se cruzam. Quando duas ou mais ondas se sobrepõem no espaço, suas perturbações individuais também se sobrepõem, somando-se algebricamente, para criar uma onda resultante. No caso de ondas harmônicas, a sobreposição de ondas de mesma freqüência produz padrões ondulatórios espaciais que se sustentam.

A sala de concertos Walt Disney em Los Angeles, na Califórnia (EUA), que abriga o órgão aqui mostrado, é uma maravilha da engenharia e da acústica. Engenheiros civis e de estruturas trabalharam para estabelecer a integridade estrutural do órgão projetado por Frank Gehry e para garantir que o órgão seja forte o suficiente para suportar terremotos. Engenheiros acústicos criaram maquetes para testes acústicos. Uma dessas maquetes, na escala de um décimo do tamanho real, até incluía figuras de chumbo cobertas de feltro para representar os espectadores. (Ondas sonoras com 10 vezes a freqüência normal — e um décimo do comprimento de onda normal — foram usadas para testar o projeto.)

Nosso estudo de ondas não termina com este capítulo, no entanto. Continuaremos a examinar ondas nos Capítulo 34 (Volume 3), onde a natureza ondulatória dos elétrons, e de outros objetos materiais, é indispensável para nossa compreensão da física quântica.

Neste capítulo começamos com a superposição de pulsos de onda em uma corda e, depois, consideramos a superposição e a interferência de ondas harmônicas. Examinamos o fenômeno dos batimentos e estudamos ondas estacionárias, que ocorrem quando ondas harmônicas são confinadas no espaço. Finalmente, tratamos da análise de tons musicais complexos.

16-1 SUPERPOSIÇÃO DE ONDAS

A Figura 16-1*a* mostra dois pulsos de onda de pequenas amplitudes e de diferentes durações que se movem em uma corda, em sentidos opostos. A forma da corda quando eles se sobrepõem pode ser determinada somando-se os deslocamentos que seriam produzidos por cada pulso separadamente. O **princípio da superposição** é uma propriedade do movimento ondulatório e estabelece que:

> Quando duas ou mais ondas se sobrepõem, a onda resultante é a soma algébrica das ondas individuais.
>
> PRINCÍPIO DA SUPERPOSIÇÃO

Isto é, quando há dois pulsos em uma corda, a função de onda total é a soma algébrica das funções de onda individuais. Apesar de valer para muitas ondas, o princípio da superposição não vale para todas as ondas. Por exemplo, o princípio da superposição não vale se a soma de dois deslocamentos excede o limite proporcional* do meio. Nas discussões que se seguem, supomos válido o princípio da superposição.

No caso especial de dois pulsos idênticos, exceto que um está invertido em relação ao outro, como na Figura 16-1*b*, há um instante em que os pulsos se sobrepõem exatamente para somarem zero. Neste instante, a corda é horizontal. Após um curto tempo, os pulsos individuais emergem, cada um continuando com sua orientação original. Isto é, eles deixam a região de sobreposição com exatamente a mesma aparência que tinham antes de lá entrarem.

> ! Depois que dois pulsos de onda, viajando em sentidos opostos, "colidem", eles continuam viajando cada um com a mesma rapidez, o mesmo tamanho e a mesma forma que tinham antes da "colisão".

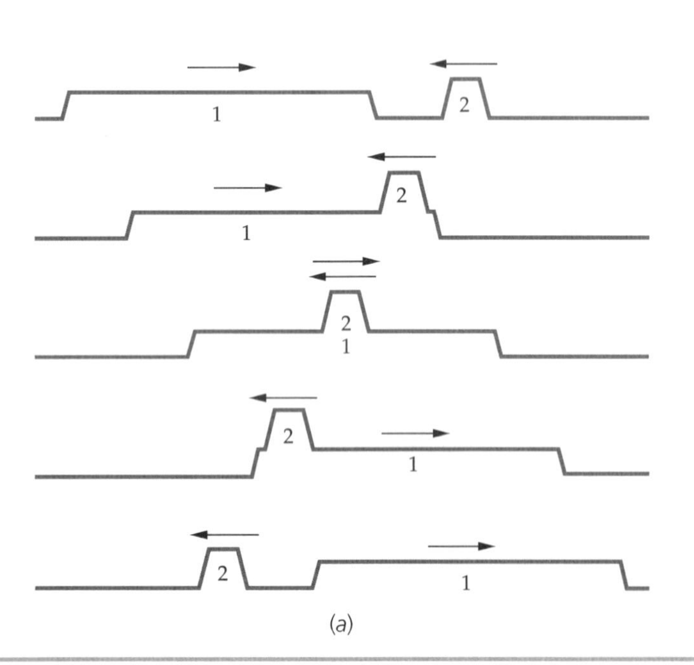

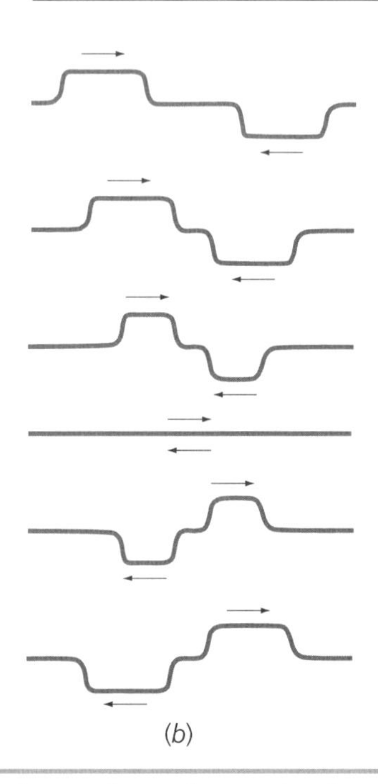

FIGURA 16-1 Pulsos de onda se movendo em sentidos opostos em uma corda. A forma da corda, quando os pulsos se sobrepõem, é determinada somando-se os deslocamentos individuais de cada pulso. (*a*) Superposição de dois pulsos com deslocamentos no mesmo sentido (para cima). A figura mostra a forma da corda em intervalos de tempo iguais, de duração Δt. Cada pulso viaja o comprimento do pulso 2 durante o tempo Δt. (*b*) Superposição de dois pulsos com deslocamentos iguais em sentidos opostos. Aqui, a soma algébrica dos deslocamentos implica a subtração de suas magnitudes.

* O limite de proporcionalidade de um material elástico é a máxima deformação relativa para a qual a tensão é proporcional à deformação relativa. Tensão e deformação relativa são discutidas na Seção 8 do Capítulo 12.

Exemplo 16-1 Pulsos Colidindo — Conceitual

Um pulso, para cima, move-se para a direita em uma corda esticada, enquanto um pulso invertido, de mesmo tamanho e forma, se move para a esquerda. Quando estes pulsos se sobrepõem há um instante em que a corda fica horizontal e nenhum pulso é visto. Isto está de acordo com o princípio da superposição. A questão é, por que os pulsos reaparecem e continuam seus caminhos após a colisão?

SITUAÇÃO O deslocamento de cada ponto da corda é zero no instante em que a corda está horizontal, mas a velocidade de cada ponto é zero nesse instante? Para um pulso para cima, a corda no perfil frontal do pulso está se movendo para cima e a corda no perfil traseiro está se movendo para baixo. Para um pulso invertido o oposto é que vale: a corda no perfil frontal está se movendo para baixo e a corda no perfil traseiro está se movendo para cima.

SOLUÇÃO

1. Plote a posição e a velocidade da corda em função da posição ao longo da corda, antes dos pulsos se sobreporem (Figura 16-2). Para um pulso para cima, a corda no perfil frontal está se movendo para cima e a corda no perfil traseiro está se movendo para baixo. Para o pulso invertido, vale o contrário: a corda no perfil frontal está se movendo para baixo e a corda no perfil traseiro está se movendo para cima.

2. Agora, plote a posição e a velocidade da corda em função da posição ao longo da corda no instante em que os pulsos se sobrepõem completamente (Figura 16-3).

3. A velocidade é zero em todos os pontos da corda no instante em que a corda é horizontal? No passo 1, os perfis de velocidade da corda são idênticos para os dois pulsos; logo, quando os dois pulsos se sobrepõem os deslocamentos somam zero, mas as velocidades não somam zero. Os pulsos reaparecem depois, porque a corda está se movendo e possui inércia. Assim, ela não permanece horizontal.

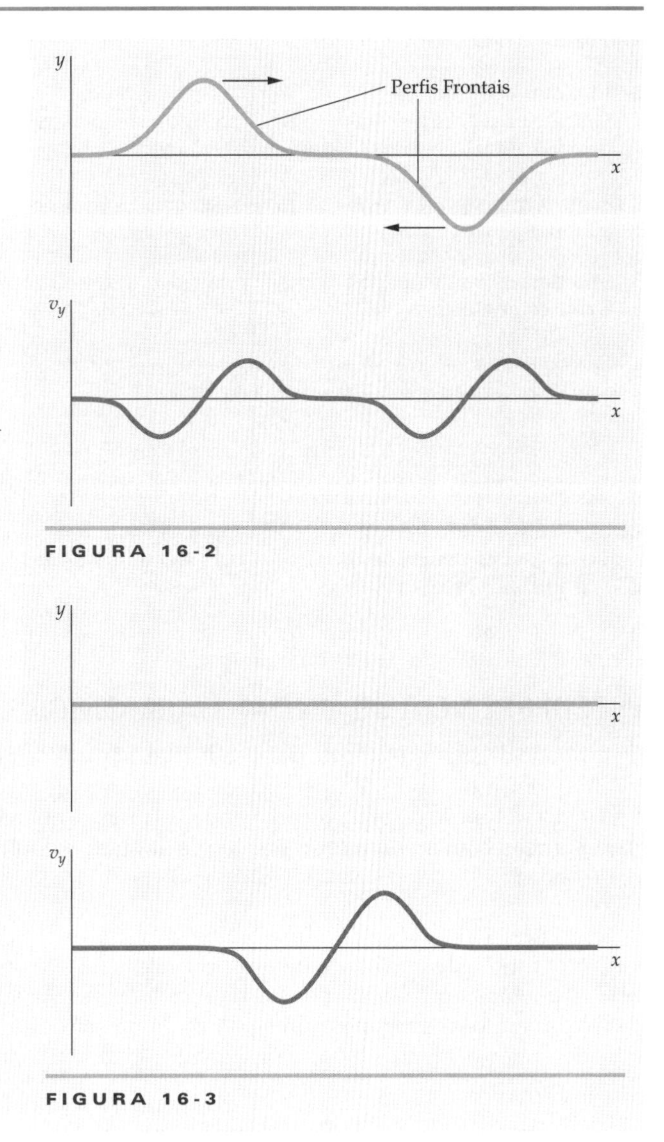

FIGURA 16-2

FIGURA 16-3

*SUPERPOSIÇÃO E A EQUAÇÃO DA ONDA

O princípio da superposição segue do fato de que a equação da onda (Equação 15-10*b*) é linear para pequenos deslocamentos transversais. Isto é, a função $y(x, t)$ e suas derivadas aparecem apenas na primeira potência. A propriedade que define uma equação linear é que, se y_1 e y_2 são duas soluções da equação, então a combinação linear

$$y_3 = C_1y_1 + C_2y_2 \qquad 16\text{-}1$$

onde C_1 e C_2 são constantes quaisquer, também é uma solução. A linearidade da equação da onda pode ser mostrada por substituição direta de y_3. O resultado é o enunciado matemático do princípio da superposição. Se quaisquer duas ondas satisfazem a uma equação de onda, então sua soma algébrica também satisfaz à mesma equação de onda.

Exemplo 16-2 Superposição e a Equação da Onda

Mostre que, se as funções y_1 e y_2 satisfazem à equação da onda

$$\frac{\partial^2 y}{\partial x^2} = \frac{1}{v^2}\frac{\partial^2 y}{\partial t^2} \qquad \text{(Equação 15-10}b\text{)}$$

então a função y_3 dada pela Equação 16-1 também satisfaz à equação da onda.

SITUAÇÃO Substitua y_3 na equação da onda, suponha que y_1 e y_2 satisfaçam, cada uma, à equação da onda, e mostre que, como conseqüência, a combinação linear $C_1y_1 + C_2y_2$ satisfaz à equação da onda.

SOLUÇÃO

1. Substitua a expressão para y_3 da Equação 16-1 no lado esquerdo da equação da onda, e então separe os termos em y_1 e em y_2:

$$\frac{\partial^2 y_3}{\partial x^2} = \frac{\partial^2}{\partial x^2}(C_1y_1 + C_2y_2) = C_1\frac{\partial^2 y_1}{\partial x^2} + C_2\frac{\partial^2 y_2}{\partial x^2}$$

2. Tanto y_1 quanto y_2 satisfazem à equação da onda. Escreva a equação da onda para y_1 e para y_2:

$$\frac{\partial^2 y_1}{\partial x^2} = \frac{1}{v^2}\frac{\partial^2 y_1}{\partial t^2} \quad \text{e} \quad \frac{\partial^2 y_2}{\partial x^2} = \frac{1}{v^2}\frac{\partial^2 y_2}{\partial t^2}$$

3. Substitua os resultados do passo 2 no resultado do passo 1 e fatore o que for termo comum:

$$\frac{\partial^2 y_3}{\partial x^2} = C_1\frac{1}{v^2}\frac{\partial^2 y_1}{\partial t^2} + C_2\frac{1}{v^2}\frac{\partial^2 y_2}{\partial t^2} = \frac{1}{v^2}\left(C_1\frac{\partial^2 y_1}{\partial t^2} + C_2\frac{\partial^2 y_2}{\partial t^2}\right)$$

4. Desloque as constantes dentro dos argumentos das derivadas e expresse a soma das derivadas como a derivada da soma:

$$\frac{\partial^2 y_3}{\partial x^2} = \frac{1}{v^2}\left(\frac{\partial^2 C_1y_1}{\partial t^2} + \frac{\partial^2 C_2y_2}{\partial t^2}\right) = \frac{1}{v^2}\frac{\partial^2}{\partial t^2}(C_1y_1 + C_2y_2)$$

5. O argumento da derivada temporal do passo 4 é y_3:

$$\therefore \boxed{\frac{\partial^2 y_3}{\partial x^2} = \frac{1}{v^2}\frac{\partial^2 y_3}{\partial t^2}}$$

CHECAGEM O resultado do passo 5 é dimensionalmente consistente. O termo do lado esquerdo tem as dimensões $[L]/[L]^2 = [L]^{-1}$ e o termo do lado direito tem as dimensões $\{[T]^2/[L]^2\}\{[L]/[T]^2\} = [L]^{-1}$.

INTERFERÊNCIA DE ONDAS HARMÔNICAS

O resultado da superposição de duas ondas harmônicas de mesma freqüência depende da diferença de fase δ entre as ondas. Seja $y_1(x, t)$ a função de onda de uma onda harmônica que viaja para a direita com amplitude A, freqüência angular ω e número de onda k:

$$y_1 = A\,\text{sen}(kx - \omega t) \qquad 16\text{-}2$$

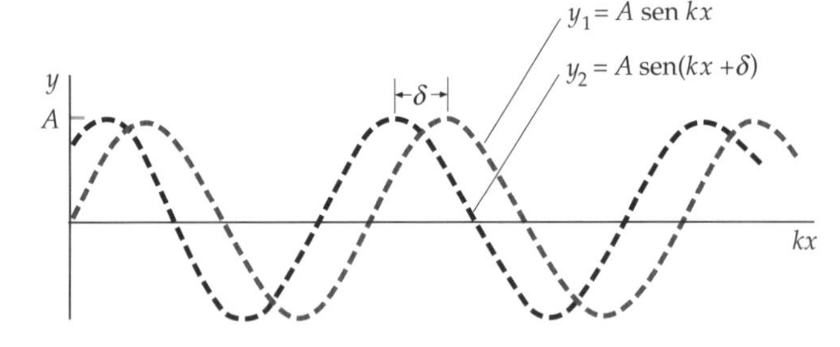

FIGURA 16-4 Deslocamento *versus* posição (em um dado instante) para duas ondas harmônicas de mesmos comprimento de onda, freqüência e amplitude, mas diferindo de δ na fase.

Para esta função de onda, escolhemos a constante de fase como zero.* Se temos uma outra onda harmônica também viajando para a direita com os mesmos número de onda, amplitude e freqüência, então a equação geral para esta função de onda pode ser escrita como

$$y_2 = A\,\text{sen}(kx - \omega t + \delta) \qquad 16\text{-}3$$

onde δ é a constante de fase. As duas ondas descritas pelas Equações 16-2 e 16-3 diferem de fase em δ. A Figura 16-4 mostra gráficos das duas funções de onda *versus* posição no tempo $t = 0$. A onda resultante é a soma

$$y_1 + y_2 = A\,\text{sen}(kx - \omega t) + A\,\text{sen}(kx - \omega t + \delta) \qquad 16\text{-}4$$

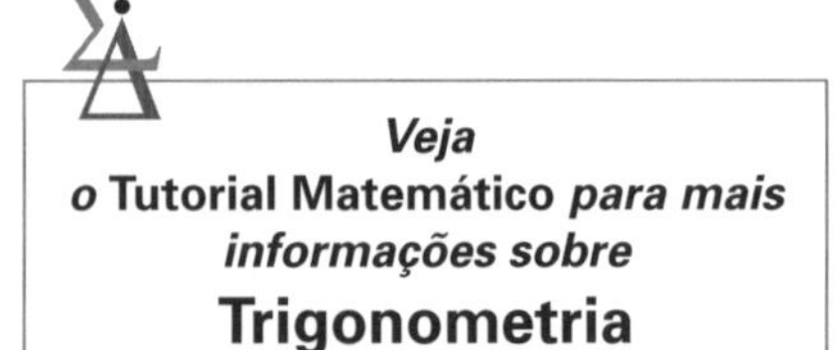

Podemos simplificar a Equação 16-4 usando a identidade trigonométrica

$$\text{sen}\,\theta_1 + \text{sen}\,\theta_2 = 2\cos\tfrac{1}{2}(\theta_1 - \theta_2)\,\text{sen}\tfrac{1}{2}(\theta_1 + \theta_2) \qquad 16\text{-}5$$

Neste caso, $\theta_1 = kx - \omega t$ e $\theta_2 = kx - \omega t + \delta$, de forma que

$$\tfrac{1}{2}(\theta_1 - \theta_2) = -\tfrac{1}{2}\delta$$

e

$$\tfrac{1}{2}(\theta_1 + \theta_2) = kx - \omega t + \tfrac{1}{2}\delta$$

Assim, a Equação 16-4 se torna

$$y_1 + y_2 = [2A\cos\tfrac{1}{2}\delta]\,\text{sen}(kx - \omega t + \tfrac{1}{2}\delta) \qquad 16\text{-}6$$

SUPERPOSIÇÃO DE DUAS ONDAS DE MESMAS AMPLITUDE E FREQÜÊNCIA

* Esta escolha é conveniente mas não obrigatória. Se, por exemplo, escolhemos $t = 0$ quando o deslocamento é máximo em $x = 0$, então temos que escrever $y_1 = A\cos(kx - \omega t) = A\,\text{sen}(kx - \omega t + \frac{1}{2}\pi)$.

onde usamos $\cos(-\frac{1}{2}\delta) = \cos\frac{1}{2}\delta$. Vemos que o resultado da superposição de duas ondas harmônicas de mesmos número de onda k e freqüência ω é uma onda harmônica de número de onda k e freqüência ω. A onda resultante tem amplitude $2A\cos\frac{1}{2}\delta$ e uma constante de fase igual à metade da diferença entre as fases das ondas originais. O fenômeno de duas ou mais ondas de mesma freqüência, ou de freqüências quase iguais, se sobrepondo para produzir um padrão observável de intensidade é chamado de **interferência**. Neste exemplo, a intensidade, que é proporcional ao quadrado da amplitude, é uniforme. Se as duas ondas estão em fase, então $\delta = 0$, $\cos 0 = 1$, e a amplitude da onda resultante é $2A$. A interferência de duas ondas em fase é chamada de **interferência construtiva** (Figura 16-5). Se as duas ondas estão defasadas de 180°, então $\delta = \pi$, $\cos(\frac{1}{2}\delta) = 0$ e a amplitude da onda resultante é zero. A interferência de duas ondas defasadas de 180° é chamada de **interferência destrutiva** (Figura 16-6).

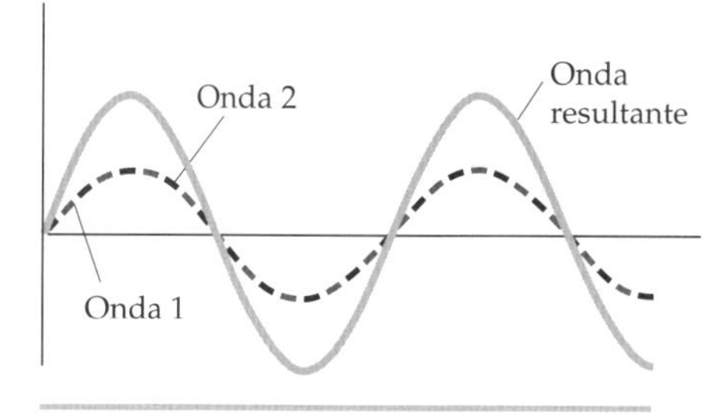

FIGURA 16-5 Interferência construtiva. Se duas ondas harmônicas de mesma freqüência estão em fase, a amplitude da onda resultante é a soma das amplitudes das ondas individuais. As ondas 1 e 2 são idênticas, de modo que parecem ser a mesma onda harmônica.

> **PROBLEMA PRÁTICO 16-1**
>
> Duas ondas de mesmos comprimento de onda, freqüência e amplitude estão viajando no mesmo sentido. (*a*) Se elas diferem de 90,0° em fase, e cada uma tem uma amplitude de 4,00 cm, qual é a amplitude da onda resultante? (*b*) Para que diferença de fase δ a amplitude resultante será igual a 4,0 cm?

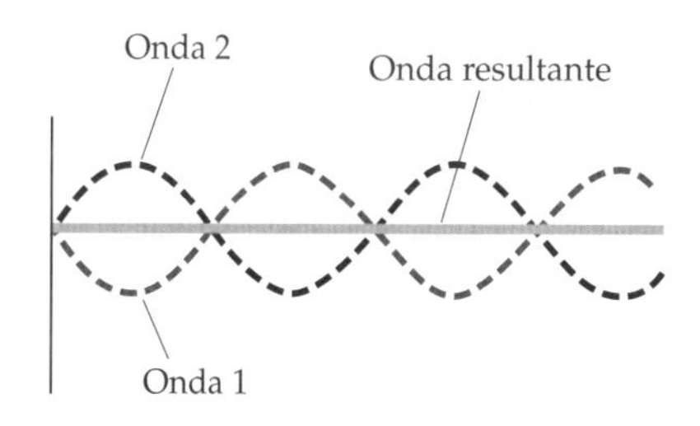

FIGURA 16-6 Interferência destrutiva. Se duas ondas harmônicas de mesma freqüência diferem em fase de 180°, a amplitude da onda resultante é a diferença das amplitudes das ondas individuais. Se as ondas originais têm amplitudes iguais, elas se cancelam completamente.

Batimentos A interferência de duas ondas sonoras com freqüências ligeiramente diferentes produz o interessante fenômeno conhecido como **batimento**. Considere duas ondas sonoras com freqüências angulares ω_1 e ω_2 e mesma amplitude de pressão p_0. O que escutamos? Em um ponto fixo, a dependência espacial da onda contribui meramente com uma constante de fase, de forma que podemos desprezá-la. As pressões sobre o ouvido, devidas a cada uma das ondas isoladamente, serão funções harmônicas simples com as formas

$$p_1 = p_0 \operatorname{sen} \omega_1 t$$

e

$$p_2 = p_0 \operatorname{sen} \omega_2 t$$

onde escolhemos funções seno, e não funções cosseno, por conveniência, e supomos as funções em fase no tempo $t = 0$. Usando a identidade trigonométrica

$$\operatorname{sen}\theta_1 + \operatorname{sen}\theta_2 = 2\cos\tfrac{1}{2}(\theta_1 - \theta_2)\operatorname{sen}\tfrac{1}{2}(\theta_1 + \theta_2)$$

para a soma de duas funções seno, obtemos a onda resultante

$$p = p_0 \operatorname{sen}\omega_1 t + p_0 \operatorname{sen}\omega_2 t = 2p_0 \cos\tfrac{1}{2}(\omega_1 - \omega_2)t \operatorname{sen}\tfrac{1}{2}(\omega_1 + \omega_2)t$$

Se escrevemos $\omega_{\text{méd}} = (\omega_1 + \omega_2)/2$ para a freqüência angular média, e $\Delta\omega = \omega_1 - \omega_2$ para a diferença entre as freqüências angulares, a função de onda resultante é

$$p = 2p_0 \cos(\tfrac{1}{2}\Delta\omega t)\operatorname{sen}\omega_{\text{méd}} t = 2p_0\cos(2\pi\tfrac{1}{2}\Delta f t)\operatorname{sen} 2\pi f_{\text{méd}} t \qquad 16\text{-}7$$

onde $\Delta f = \Delta\omega/(2\pi)$ e $f_{\text{méd}} = \omega_{\text{méd}}/(2\pi)$.

A Figura 16-7 mostra o gráfico das variações de pressão como função do tempo. As ondas estão inicialmente em fase. Então, elas se somam construtivamente no tempo $t = 0$. Como as ondas diferem em freqüência, elas vão se tornando gradualmente defasadas e, no tempo t_1, elas estão defasadas de 180° e interferem destrutivamente.* Após um intervalo de tempo igual (tempo t_2, na figura), as duas ondas estão novamente em fase e interferem construtivamente. Quanto maior a diferença entre as freqüências das duas ondas, o mais rapidamente elas oscilam entre as situações em fase e fora de fase.

Quando dois diapasões vibram com iguais amplitudes e com freqüências quase iguais, f_1 e f_2, o tom que ouvimos tem uma freqüência $f_{\text{méd}} = (f_1 + f_2)/2$ e uma amplitude $2p_0\cos(2\pi\frac{1}{2}\Delta f\, t)$. (Para alguns valores de t a amplitude é negativa. Como $-\cos\theta = \cos(\theta$

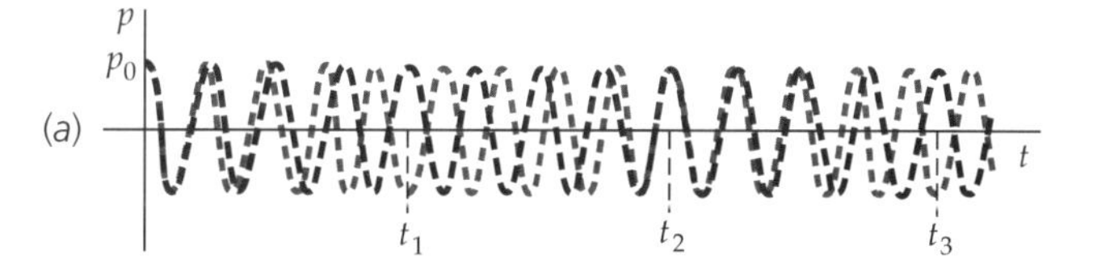

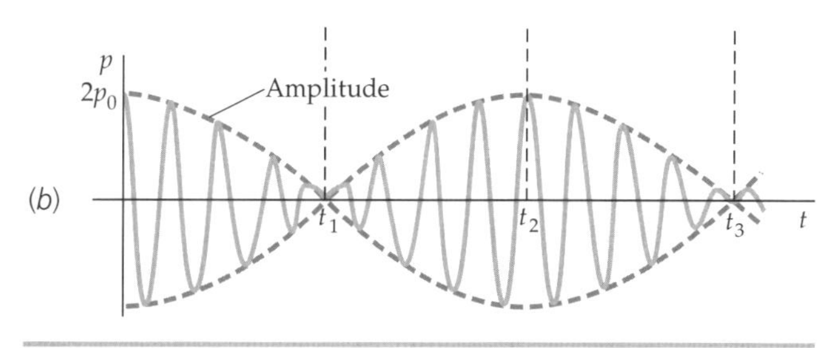

FIGURA 16-7 Batimentos. (*a*) Duas ondas harmônicas de freqüências diferentes, mas quase iguais, que estão em fase em $t = 0$ e defasadas de 180° em algum instante t_1 posterior. Em um instante mais tarde ainda, t_2, elas voltam a estar em fase. (*b*) A resultante das duas ondas mostradas em (*a*). A freqüência da onda resultante é próxima das freqüências das ondas originais, mas a amplitude é modulada como indicado. A intensidade é máxima nos instantes 0 e t_2, e zero nos instantes t_1 e t_3.

* Cancelamento completo só ocorre quando as amplitudes de pressão das duas ondas são iguais.

$+ \pi$), uma troca de sinal da amplitude é equivalente a uma mudança de fase de 180°.) A amplitude oscila com a freqüência $\frac{1}{2}\Delta f$. Como a intensidade sonora é proporcional ao quadrado da amplitude, o som será mais audível quando a função amplitude for tanto um máximo quanto um mínimo. Assim, a freqüência desta variação de intensidade, chamada de **freqüência de batimento**, é o dobro de $\frac{1}{2}\Delta f$:

$$f_{\text{bat}} = \Delta f \qquad \text{16-8}$$

FREQÜÊNCIA DE BATIMENTO

A freqüência de batimento é igual à diferença entre as freqüências individuais das duas ondas. Se tocarmos, simultaneamente, dois diapasões de freqüências iguais a 241 Hz e 243 Hz, ouviremos um tom pulsante com a freqüência média de 242 Hz que terá intensidade máxima em intervalos de meio segundo; isto é, a freqüência de batimento será de 2 Hz. O ouvido pode detectar batimentos com freqüências de batimento chegando a até 15 a 20 por segundo. Acima disto, as flutuações sonoras são muito rápidas para serem distinguidas.

O fenômeno dos batimentos é normalmente usado para comparar uma freqüência desconhecida com uma freqüência conhecida, como quando se usa um diapasão para afinar uma corda de piano. A afinação de um piano é feita tocando-se, simultaneamente, um diapasão e a tecla de uma corda, enquanto se ajusta a tração da corda até que os batimentos se afastam, numa indicação de que a diferença de freqüências das duas fontes sonoras passou a ser muito pequena.

Exemplo 16-3 Afinando uma Guitarra

Quando um diapasão emite um lá (440 Hz), simultaneamente com a corda lá de uma guitarra ligeiramente desafinada, 3,00 batimentos por segundo são ouvidos. Aperta-se, então, um pouco a corda da guitarra, o que causa um aumento de sua freqüência. Depois que isto é feito, você ouve a freqüência de batimento aumentar ligeiramente. Qual era a freqüência inicial da corda da guitarra (a freqüência antes dela ser apertada)?

SITUAÇÃO Como 3,00 batimentos por segundo foram ouvidos inicialmente, a freqüência inicial da corda da guitarra era ou de 437 Hz ou de 443 Hz. Quanto maior for a diferença entre a freqüência da corda e a freqüência do diapasão, maior será a freqüência de batimento. A freqüência da corda aumenta com um aumento de tração.

SOLUÇÃO

1. Como a freqüência de batimento aumenta com o aumento da tração, a freqüência inicial deve ter sido de 443 Hz:

$$f = f_A + f_{\text{bat}} = 440\text{ Hz} + 3{,}00\text{ Hz} = \boxed{443\text{ Hz}}$$

CHECAGEM O resultado possui o número correto de algarismos significativos.

Diferença de fase devida à diferença de percurso Uma causa comum de defasagem entre duas ondas é a diferença de comprimentos dos caminhos entre as fontes das ondas e o ponto onde ocorre interferência. Suponha duas fontes oscilando em fase (cristas positivas deixam as fontes ao mesmo tempo) e emitindo ondas harmônicas de mesmos comprimento de onda e freqüência. Considere, agora, um ponto no espaço para o qual os comprimentos dos caminhos desde as duas fontes sejam diferentes. Se a diferença de caminhos é de um comprimento de onda, como é o caso na Figura 16-8*a*, ou qualquer outro número inteiro de comprimentos de onda, a interferência é construtiva. Se a diferença de caminhos é a metade de um comprimento de onda ou um número ímpar de meios comprimentos de onda, como na Figura 16-8*b*, o máximo de uma onda ocorre ao mesmo tempo que um mínimo da outra, e a interferência é destrutiva.

As funções de onda para ondas de duas fontes que oscilam em fase podem ser escritas como

$$p_1 = p_0 \,\text{sen}(kx_1 - \omega t)$$

e

$$p_2 = p_0 \,\text{sen}(kx_2 - \omega t)$$

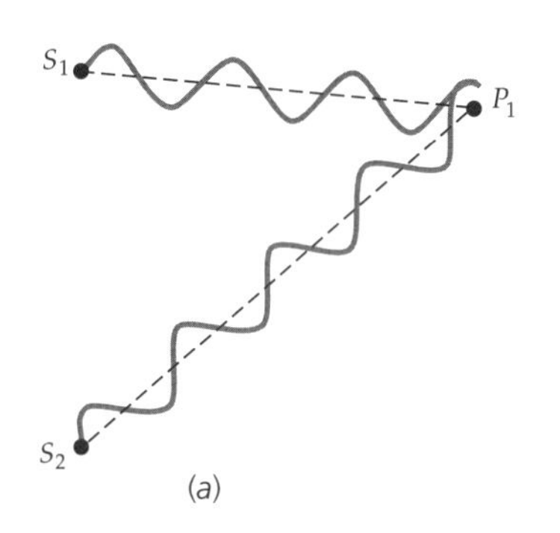

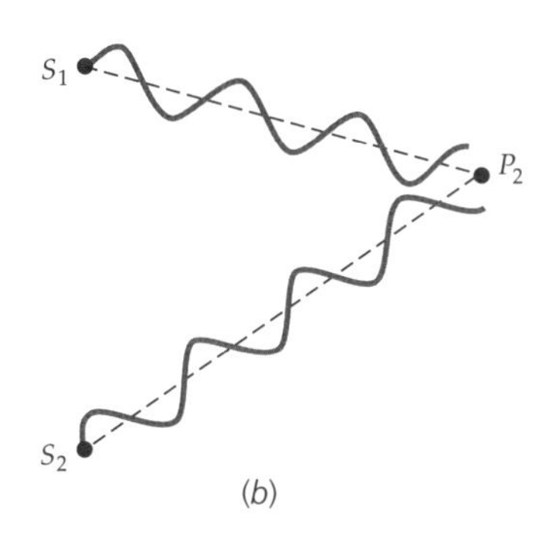

FIGURA 16-8 Ondas de duas fontes S_1 e S_2 estão em fase quando se encontram em um ponto P_1. (*a*) Quando a diferença de percurso é de um comprimento de onda λ, as ondas estão em fase em P_1 e, portanto, interferem construtivamente. (*b*) Quando a diferença de percurso é $\frac{1}{2}\lambda$, as ondas em P_2 estão defasadas de 180° e, portanto, interferem destrutivamente. Se as ondas têm a mesma amplitude em P_2, elas se cancelam completamente neste ponto.

A diferença de fase entre estas duas ondas é

$$\delta = (kx_2 - \omega t) - (kx_1 - \omega t) = k(x_2 - x_1) = k\,\Delta x$$

Usando $k = 2\pi/\lambda$, temos

$$\delta = k\,\Delta x = 2\pi\frac{\Delta x}{\lambda} \qquad \text{16-9}$$

DIFERENÇA DE FASE DEVIDA À DIFERENÇA DE PERCURSO

Exemplo 16-4 Uma Onda Sonora Resultante

Dois alto-falantes idênticos são colocados em fase por um mesmo oscilador de áudio. Em um ponto a 5,00 m do cone de um dos alto-falantes e a 5,17 m do cone do outro alto-falante, a amplitude do som de cada um deles é p_0. Determine a amplitude da onda resultante no ponto, sabendo que a freqüência das ondas sonoras é (*a*) 1000 Hz, (*b*) 2000 Hz e (*c*) 500 Hz. (Use 340 m/s para a rapidez do som.)

SITUAÇÃO A amplitude da onda resultante da superposição das duas ondas que diferem de fase em δ é dada por $A = 2p_0 \cos\frac{1}{2}\delta$ (Equação 16-6), onde p_0 é a amplitude de cada onda e $\delta = 2\pi\,\Delta x/\lambda$ (Equação 16-9) é a diferença de fase. Conhecemos a diferença de percurso, $\Delta x = 5{,}17$ m – 5,00 m = 0,17 m, logo tudo de que necessitamos é o comprimento de onda λ.

SOLUÇÃO

(*a*) 1. O comprimento de onda é igual à rapidez dividida pela freqüência. Calcule λ para $f = 1000$ Hz:

$$\lambda = \frac{v}{f} = \frac{340\text{ m/s}}{1000\text{ Hz}} = 0{,}340\text{ m}$$

2. Para $\lambda = 0{,}340$ m, a diferença de percurso fornecida ($\Delta x = 0{,}17$ m) é $\frac{1}{2}\lambda$ e, portanto, esperamos interferência destrutiva. Use este valor de λ e $A = 2p_0\cos\frac{1}{2}\delta$ (Equação 16-6) para calcular a diferença de fase δ, e depois use δ para calcular a amplitude A:

$$\delta = 2\pi\frac{\Delta x}{\lambda} = 2\pi\frac{0{,}17\text{ m}}{0{,}340\text{ m}} = \pi$$

logo $A = 2p_0\cos\frac{1}{2}\delta = 2p_0\cos\frac{\pi}{2} = \boxed{0{,}0\text{ m}}$

(*b*) 1. Calcule λ para $f = 2000$ Hz:

$$\lambda = \frac{v}{f} = \frac{340\text{ m/s}}{2000\text{ Hz}} = 0{,}170\text{ m}$$

2. Para $\lambda = 0{,}170$ m, a diferença de percurso é igual a λ e, portanto, esperamos interferência construtiva. Calcule a diferença de fase e a amplitude:

$$\delta = 2\pi\frac{\Delta x}{\lambda} = 2\pi\frac{0{,}170\text{ m}}{0{,}17\text{ m}} = 2\pi$$

logo $A = 2p_0\cos\frac{1}{2}\delta = 2p_0\cos\pi = \boxed{-2p_0}$

(*c*) 1. Calcule λ para $f = 500$ Hz:

$$\lambda = \frac{v}{f} = \frac{340\text{ m/s}}{500\text{ Hz}} = 0{,}680\text{ m}$$

2. Calcule a diferença de fase e a amplitude:

$$\delta = 2\pi\frac{\Delta x}{\lambda} = 2\pi\frac{0{,}17\text{ m}}{0{,}680\text{ m}} = \frac{\pi}{2}$$

logo $A = 2p_0\cos\frac{1}{2}\delta = 2p_0\cos\frac{\pi}{4} = \boxed{\sqrt{2}\,p_0}$

CHECAGEM Cada uma das três respostas está entre $-2p_0$ e $+2p_0$, dentro da faixa esperada.

INDO ALÉM Na Parte (*b*), encontra-se um A negativo. A Equação 16-6 pode ser escrita como $y_1 + y_2 = A'\,\text{sen}(kx - \omega t + \frac{\delta}{2})$, o que também pode ser reescrito como $y_1 + y_2 = -A'\,\text{sen}(kx - \omega t + \frac{\delta}{2} + \pi)$. Uma diferença de fase de $\pi = 180°$ é equivalente a multiplicar por -1.

Exemplo 16-5 Intensidade Sonora de Dois Alto-falantes

Os dois alto-falantes idênticos do Exemplo 16-4 são, agora, colocados face a face a uma distância de 180 cm. Ademais, eles agora emitem em 686 Hz. Localize os pontos entre os alto-falantes, ao longo da linha que os liga, para os quais a intensidade sonora é (*a*) máxima e (*b*) mínima. (Despreze a variação da intensidade com a distância a cada alto-falante e use 343 m/s para a rapidez do som.)

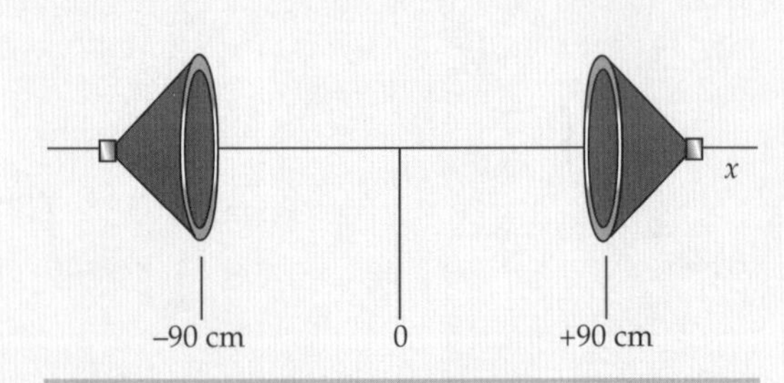

FIGURA 16-9 Os dois alto-falantes estão no eixo x com $x = 0$ a meio caminho entre eles.

SITUAÇÃO Escolhemos a origem a meio caminho entre os alto-falantes (Figura 16-9). Como a origem é eqüidistante dos alto-falantes, ela é um ponto de intensidade máxima. Quando nos movemos uma distância x da origem para um dos alto-falantes, a diferença de percurso entre nós e os dois alto-falantes é $2x$. A intensidade será máxima nos pontos em que $2x = 0, \lambda, 2\lambda, 3\lambda, \ldots$, e mínima quando $2x = \frac{1}{2}\lambda, \frac{3}{2}\lambda, \frac{5}{2}\lambda, \ldots$

SOLUÇÃO

(*a*) 1. A intensidade será máxima quando $2x$ for igual a um número inteiro de comprimentos de onda:

$$2x = 0, \pm\lambda, \pm 2\lambda, \pm 3\lambda, \ldots$$

2. Calcule o comprimento de onda:

$$\lambda = \frac{v}{f} = \frac{343 \text{ m/s}}{686 \text{ Hz}} = 0{,}500 \text{ m} = 50{,}5 \text{ cm}$$

3. Resolva para x usando o comprimento de onda calculado:

$$x = 0, \pm\tfrac{1}{2}\lambda, \pm\lambda, \pm\tfrac{3}{2}\lambda, \ldots = \boxed{0, \pm 25{,}0 \text{ cm}, \pm 50{,}0 \text{ cm}, \pm 75{,}0 \text{ cm}}$$

(*b*) 1. A intensidade será mínima quando $2x$ for igual a um número ímpar de meios comprimentos de onda:

$$2x = \pm\tfrac{1}{2}\lambda, \pm\tfrac{3}{2}\lambda, \pm\tfrac{5}{2}\lambda, \ldots$$

2. Resolva para x usando o comprimento de onda calculado:

$$x = \pm\tfrac{1}{4}\lambda, \pm\tfrac{3}{4}\lambda, \pm\tfrac{5}{4}\lambda, \ldots = \boxed{\pm 12{,}5 \text{ cm}, \pm 37{,}5 \text{ cm}, \pm 62{,}5 \text{ cm}, \pm 87{,}5 \text{ cm}}$$

CHECAGEM As respostas das Partes (*a*) e (*b*) se complementam, com os mínimos de intensidade localizados a meio caminho entre os máximos de intensidade, como esperado.

INDO ALÉM Os máximos e mínimos serão máximos e mínimos relativos, porque em cada máximo (e mínimo) a amplitude do alto-falante mais próximo será ligeiramente maior do que a do alto-falante mais distante. Apenas sete termos foram usados para os máximos e apenas oito termos para os mínimos, porque quaisquer termos adicionais não se encontrariam na região entre os dois alto-falantes.

A Figura 16-10*a* mostra o padrão de ondas produzido por duas fontes pontuais que oscilam em fase em um tanque de ondas. Cada fonte produz ondas com frentes de onda circulares. As frentes de onda circulares mostradas possuem todas a mesma fase (são todas elas cristas) e estão separadas por um comprimento de onda. Podemos construir um padrão similar com um compasso, desenhando arcos circulares representando as cristas das ondas de cada fonte em algum instante particular de tempo (Figura 16-10*b*). Onde as cristas de cada fonte se sobrepõem, as ondas interferem construtivamente. Nestes pontos, os comprimentos dos percursos até as duas fontes ou são iguais ou diferem por um número inteiro de comprimentos de onda. As linhas tracejadas indicam os pontos que ou são eqüidistantes das fontes, ou apresentam diferenças de percurso até as duas fontes de um comprimento de onda, dois comprimentos de onda ou três comprimentos de onda. Em cada ponto ao longo de qualquer uma destas linhas a interferência é construtiva, logo estas são linhas de máximos de interferência. Entre as linhas de máximos de interferência estão as linhas de mínimos de interferência. Sobre uma linha de mínimos de interferência, os comprimentos dos percursos de qualquer ponto da linha até cada uma das duas fontes diferem por um número ímpar de meios comprimentos de onda. Na região onde as duas ondas estão sobrepostas, a amplitude da onda resultante é dada por $A = 2p_0 \cos\frac{1}{2}\delta$, onde p_0 é a amplitude de cada onda separadamente e δ se relaciona com a diferença de percurso Δr por $\delta = 2\pi\, \Delta r/\lambda$ (Equação 16-9).

A Figura 16-11 mostra a intensidade I da onda resultante de duas fontes como função da diferença de percurso Δx. Nos pontos onde a interferência é construtiva, a amplitude da onda resultante é o dobro da de cada onda individual e, porque a intensidade é proporcional ao quadrado da amplitude, a intensidade é $4I_0$, onde I_0 é a intensidade devida a apenas uma das fontes. Em pontos de interferência destrutiva, a intensidade é zero. A intensidade média, mostrada na figura pela linha tracejada em $2I_0$, é o dobro da intensidade de cada uma das fontes, um resultado exigido pela conservação da energia. A interferência das ondas das duas fontes redistribui, assim, a energia no espaço. A interferência de duas ondas sonoras pode ser demonstrada acionando-se dois alto-falantes com o mesmo amplificador (de forma que eles estejam sempre em fase), alimentado por um gerador de áudio. Movendo-nos na sala, podemos detectar, escutando, as posições de interferências construtiva e destrutiva.* Esta demonstração é melhor realizada em uma sala chamada de *câmara anecóica*, onde as reflexões (ecos) nas paredes da sala são minimizadas.

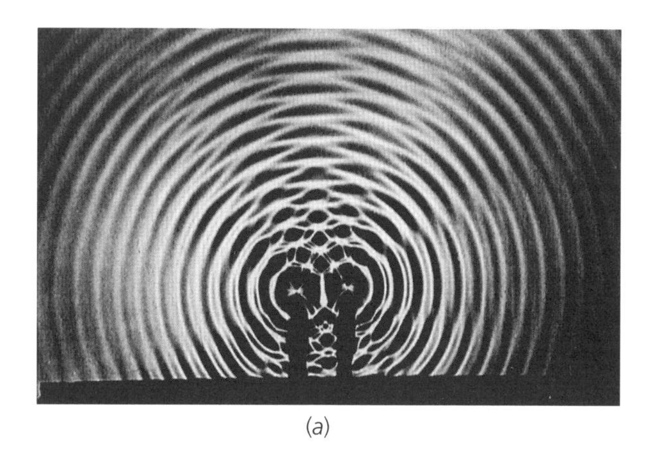

(a)

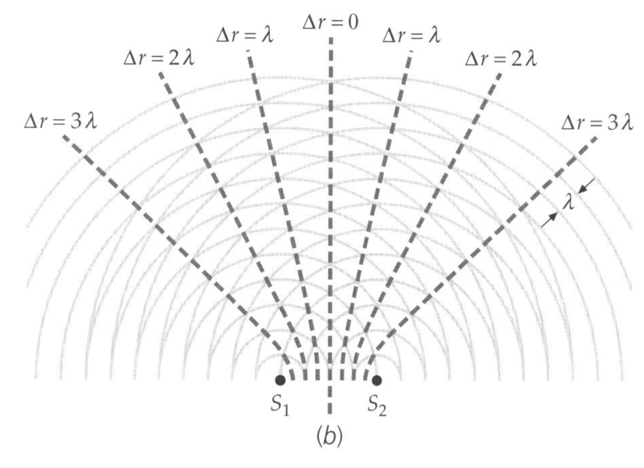

(b)

FIGURA 16-10 (*a*) Ondas de água em um tanque de ondas, produzidas por duas fontes oscilando em fase. (*b*) Desenho de cristas de onda para as fontes de (*a*). As linhas tracejadas indicam pontos para os quais a diferença de percurso é um número inteiro de comprimentos de onda. *(Parte (a) Berenice Abbott 1328/ Photo Researchers.)*

Coerência Duas fontes não precisam estar em fase para produzir um padrão de interferência. Considere duas fontes defasadas de 180°. (Dois alto-falantes em fase podem ser postos em defasagem de 180° meramente invertendo-se os plugues de um deles.) O padrão de interferência é o mesmo que o da Figura 16-11, exceto que as localizações dos máximos e mínimos são intercambiadas. Nos pontos para os quais as distâncias diferem de um número inteiro de comprimentos de onda, a interferência é destrutiva, porque as ondas estão defasadas de 180°. Nos pontos onde a diferença de percurso é um número ímpar de meios comprimentos de onda, as ondas estão, agora, em fase, porque a diferença de fase de 180° das fontes é compensada pela diferença de fase de 180° devida à diferença de percurso.

Padrões de interferência similares serão produzidos por quaisquer duas fontes cuja diferença de fase permaneça constante. Duas fontes que permanecem em fase ou mantêm uma diferença de fase constante são ditas **coerentes**. Fontes coerentes de ondas de água em um tanque de ondas são fáceis de produzir operando-se as duas fontes com o mesmo motor. Fontes sonoras coerentes são obtidas alimentando-se dois alto-falantes com a mesma fonte de sinal e o mesmo amplificador.

Fontes de onda cuja diferença de fase não é constante, mas varia aleatoriamente, são ditas **fontes incoerentes**. Há muitos exemplos de fontes incoerentes, como dois alto-falantes alimentados por diferentes amplificadores ou dois violinos tocados por diferentes violinistas. Para fontes incoerentes, a interferência em um ponto particular alterna-se rapidamente de construtiva para destrutiva, e nenhum padrão de interferência se mantém o tempo suficiente para ser observado. A intensidade resultante de ondas de duas ou mais fontes incoerentes é simplesmente a soma das intensidades devidas às fontes individuais.

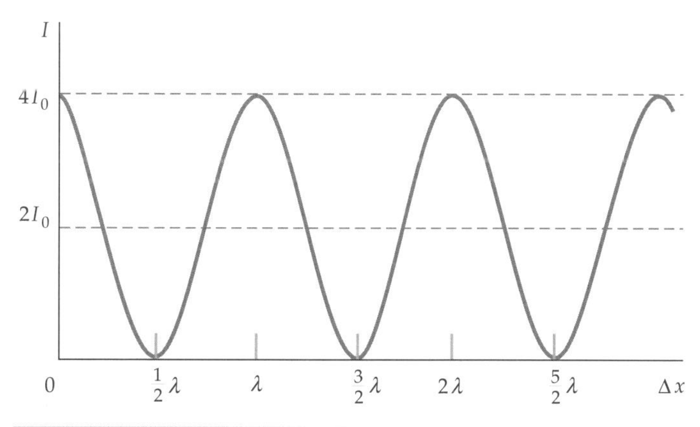

FIGURA 16-11 Intensidade *versus* diferença de percurso para duas fontes que estão em fase. I_0 é a intensidade devida a cada fonte individualmente.

16-2 ONDAS ESTACIONÁRIAS

Se há ondas confinadas no espaço, como ondas em uma corda de piano, ondas sonoras em um tubo de órgão ou ondas luminosas em um laser, reflexões nas duas extremidades fazem com que as ondas viajem nos dois sentidos. Estas ondas superpostas sofrem interferência de acordo com o princípio da superposição. Para dada corda, ou para dado tubo, há certas freqüências para as quais a superposição resulta em um padrão estacionário de vibração chamado de **onda estacionária**. Ondas estacionárias possuem importantes aplicações em instrumentos musicais e na teoria quântica.

* Nesta demonstração, a intensidade sonora não será exatamente zero nos pontos de interferência destrutiva por causa das reflexões do som pelas paredes ou pelos objetos da sala.

ONDAS ESTACIONÁRIAS EM CORDAS

Corda fixa nas duas extremidades Se fixamos uma extremidade de uma corda flexível esticada e movimentamos a outra extremidade, para cima e para baixo, em um movimento harmônico simples de pequena amplitude, descobrimos que, para certas freqüências, padrões de onda estacionária como os da Figura 16-12 são produzidos. As freqüências que produzem esses padrões são as **freqüências de ressonância** da corda. Cada uma dessas freqüências, com sua correspondente função de onda, é um **modo de vibração**. A menor freqüência de ressonância é a freqüência **fundamental** f_1. Ela produz o padrão de onda estacionária mostrado na Figura 16-12*a*, que é chamado de **modo fundamental** de vibração ou de **primeiro harmônico**. A segunda menor freqüência f_2 produz o padrão mostrado na Figura 16-12*b*. Este modo de vibração tem uma freqüência igual a duas vezes a freqüência fundamental e é chamado de segundo harmônico. A terceira menor freqüência f_3 é igual a três vezes a freqüência fundamental e produz o padrão de terceiro harmônico mostrado na Figura 16-12*c*. O conjunto de todas as freqüências ressonantes é o chamado **espectro de ressonância** da corda.

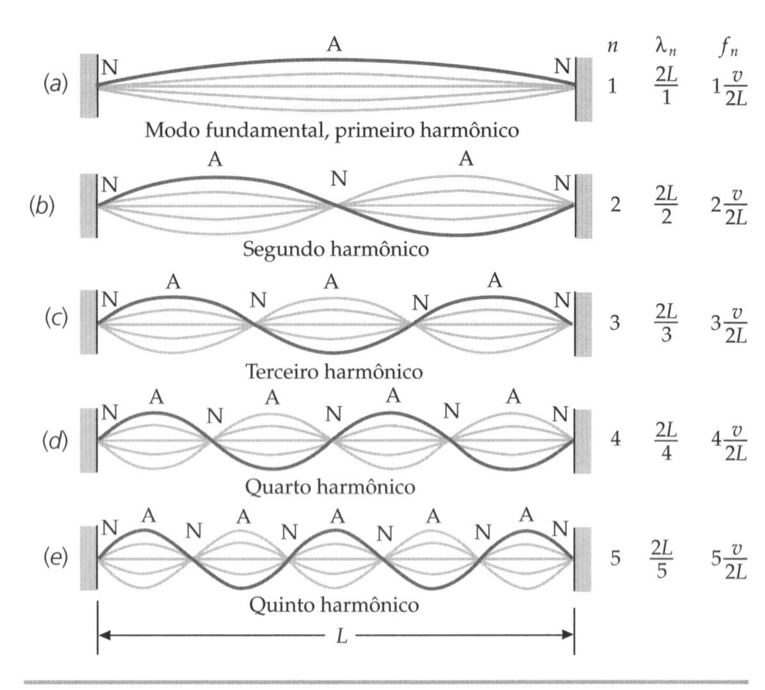

FIGURA 16-12 Ondas estacionárias em uma corda fixa nas duas extremidades. Antinós são indicados por A e nós são indicados por N. O n-ésimo harmônico possui n antinós, onde $n = 1, 2, 3, \ldots$

Muitos sistemas que suportam ondas estacionárias possuem espectros de ressonância nos quais as freqüências de ressonância não são múltiplos inteiros da freqüência mais baixa. Em todos os espectros de ressonância, a freqüência de ressonância mais baixa é chamada de freqüência fundamental, a freqüência de ressonância mais baixa seguinte é chamada de primeiro **sobretom**, a seguinte mais baixa é o segundo sobretom, e assim por diante. Esta terminologia tem sua origem na música. Apenas se cada freqüência de ressonância for um múltiplo inteiro da freqüência fundamental é que elas são chamadas de harmônicos.

Notamos, na Figura 16-12, que para cada harmônico há certos pontos da corda (o ponto central da Figura 16-12*b*, por exemplo) que não se movem. Tais pontos são chamados de **nós**. A meio caminho entre cada dois nós adjacentes está um ponto de amplitude máxima de vibração chamado de **antinó**. Uma extremidade fixa da corda é, obviamente, um nó. (Se uma extremidade está presa a um diapasão ou a algum outro vibrador, em vez de fixa, ela continuará sendo aproximadamente um nó, porque a amplitude de vibração nessa extremidade é muito menor do que a amplitude nos antinós.) Notamos que o primeiro harmônico tem um antinó, o segundo harmônico tem dois antinós, e assim sucessivamente.

> ! Nem todas as freqüências ressonantes são chamadas de harmônicos. Apenas as freqüências que fazem parte de um espectro de freqüências ressonantes que é composto de múltiplos inteiros da freqüência fundamental (a mais baixa) são chamadas de harmônicos.

Podemos relacionar as freqüências de ressonância com a rapidez de onda na corda e com o comprimento da corda. A distância entre um nó e o antinó mais próximo é um quarto do comprimento de onda. Logo, o comprimento da corda L é igual à metade do comprimento de onda, no modo fundamental de vibração (Figura 16-13) e, como a Figura 16-12 mostra, L é igual a dois meios comprimentos de onda para o segundo harmônico, três meios comprimentos de onda para o terceiro harmônico, e assim sucessivamente. Em geral, se λ_n é o comprimento de onda do n-ésimo harmônico, temos

$$L = n\frac{\lambda_n}{2} \qquad n = 1, 2, 3, \ldots \qquad 16\text{-}10$$

CONDIÇÃO PARA ONDA ESTACIONÁRIA, DUAS EXTREMIDADES FIXAS

Este resultado é conhecido como a **condição para onda estacionária**. Podemos determinar a freqüência do n-ésimo harmônico a partir do fato de que a rapidez de onda v é igual à freqüência f_n vezes o comprimento de onda. Assim,

$$f_n = \frac{v}{\lambda_n} = \frac{v}{2L/n} \qquad n = 1, 2, 3, \ldots$$

ou

$$f_n = n\frac{v}{2L} = nf_1 \qquad n = 1, 2, 3, \ldots \tag{16-11}$$

FREQÜÊNCIAS DE RESSONÂNCIA, DUAS EXTREMIDADES FIXAS

onde $f_1 = v/(2L)$ é a freqüência fundamental.

Podemos compreender as ondas estacionárias em termos de ressonância. Seja uma corda de comprimento L presa por uma das extremidades a um vibrador (Figura 16-14) e fixa na outra extremidade. A primeira crista de onda enviada pelo vibrador percorre uma distância L, ao longo da corda, até a extremidade fixa, onde ela é refletida e invertida. Depois, ela volta a percorrer uma distância L e é novamente refletida e invertida no vibrador. O tempo total para a viagem de ida e volta é $2L/v$. Se este tempo for igual ao período do vibrador, então a crista de onda duplamente refletida se sobreporá exatamente à segunda crista de onda produzida pelo vibrador, e as duas cristas interferirão construtivamente, produzindo uma crista com o dobro da amplitude original. A crista de onda percorrerá um caminho de ida e volta na corda, somando-se à terceira crista produzida pelo vibrador, aumentando a amplitude para três vezes o valor original, e assim por diante. Assim, o vibrador estará em ressonância com a corda. O comprimento de onda é igual a $2L$ e a freqüência é igual a $v/(2L)$.

Também ocorre ressonância para outras freqüências do vibrador. O vibrador está em ressonância com a corda se o tempo que a primeira crista leva para percorrer a distância $2L$ é igual a um inteiro n qualquer vezes o período do vibrador. Isto é, se $2L/v = nT_n$, onde $2L/v$ é o tempo para uma viagem de ida e volta de uma crista. Então,

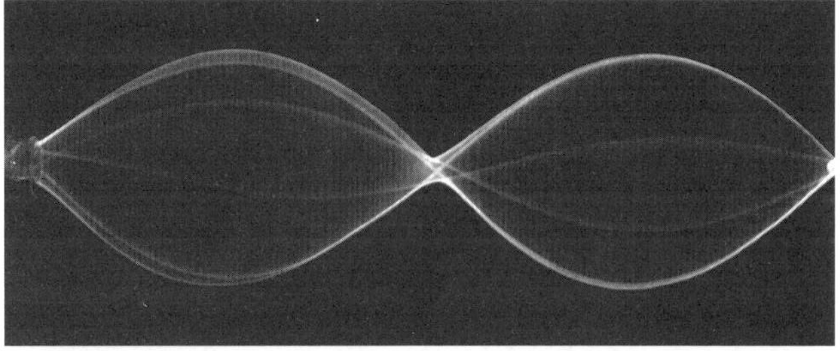

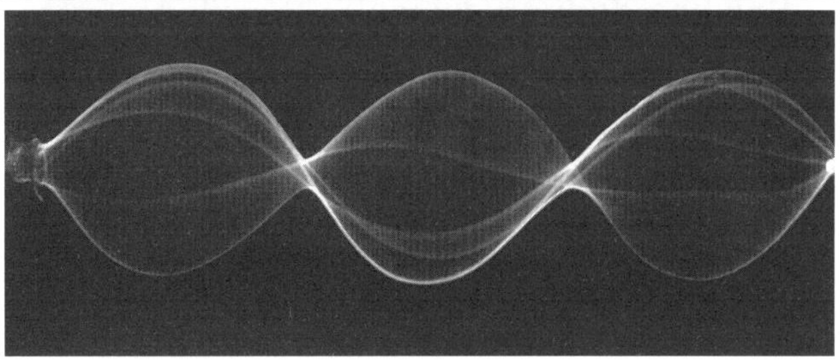

Ondas estacionárias em uma corda posta para oscilar por um vibrador ligado à sua extremidade esquerda. Estas ondas estacionárias ocorrem apenas em freqüências específicas. *(Richard Megna/Fundamental Phototgraphs, New York.)*

$$f_n = \frac{1}{T_n} = n\frac{v}{2L} \qquad n = 1, 2, 3, \ldots$$

é a condição de ressonância. Este resultado é o mesmo que obtivemos ajustando um número inteiro de meios comprimentos de onda na distância L. Vários efeitos de amortecimento, como a perda de energia na reflexão e o arraste do ar sobre a corda, impõem um limite para a amplitude máxima que pode ser alcançada.

As freqüências de ressonância dadas pela Equação 16-11 também são chamadas de **freqüências naturais** da corda. Quando a freqüência do vibrador não é uma das freqüências naturais da corda oscilante, ondas estacionárias não são produzidas. Depois que a primeira onda percorre a distância $2L$ e é refletida pelo vibrador, ela difere em fase da onda que está sendo gerada pelo vibrador (Figura 16-15). Quando esta

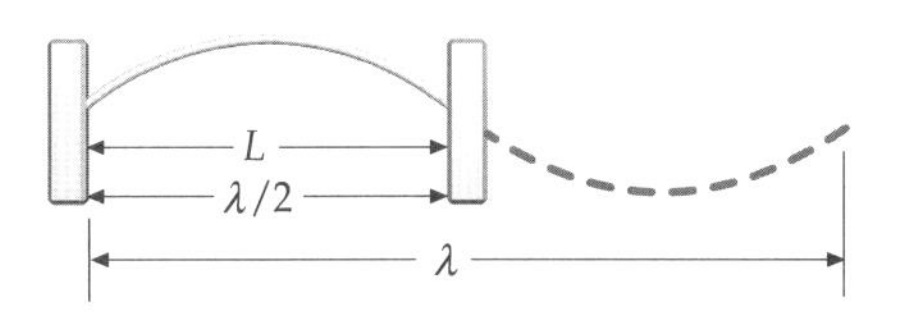

FIGURA 16-13 Para o primeiro harmônico de uma corda esticada fixa nas duas extremidades, $\lambda = 2L$.

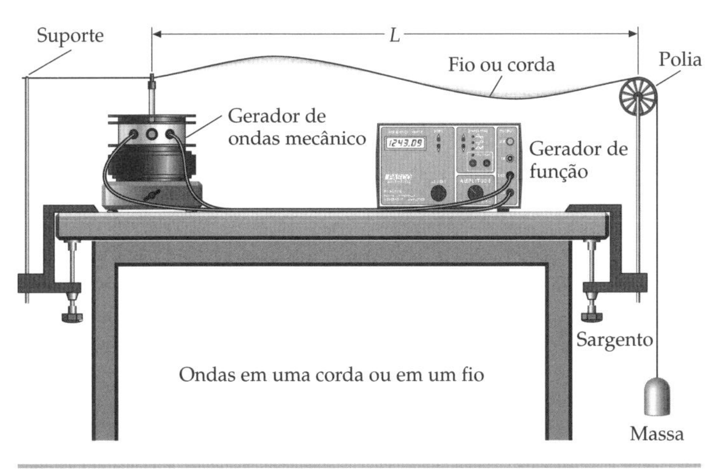

FIGURA 16-14 O gerador de ondas mecânico envia ondas pela corda. As ondas refletem na polia.

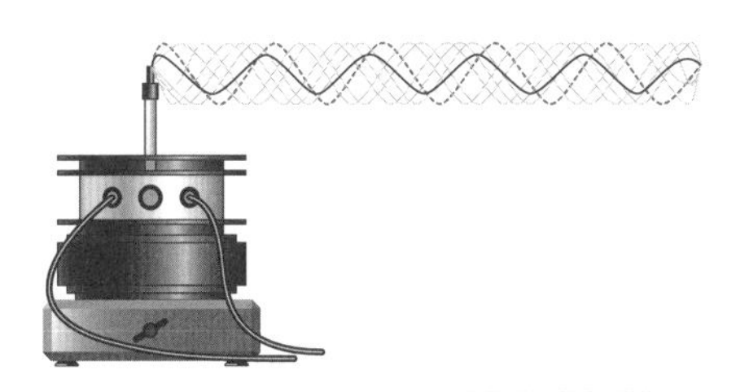

FIGURA 16-15 Onda em uma corda, produzida por um gerador de ondas mecânico cuja freqüência não está em ressonância com as freqüências naturais da corda. Uma onda que acaba de sair do gerador (linha tracejada) não está em fase com as ondas que já foram refletidas duas ou mais vezes (linhas claras), e estas ondas não estão em fase entre si, de modo que não existe composição de amplitudes. A onda resultante (linha escura) tem aproximadamente a mesma amplitude das ondas individuais, praticamente igual à do gerador.

onda resultante tiver percorrido a distância $2L$ e for, novamente, refletida pelo vibrador, ela irá diferir em fase da próxima onda gerada. Em alguns casos, poderá haver uma sobreposição de ondas com a produção de uma onda de amplitude maior, em outros casos a nova amplitude será menor. Na média, a amplitude não aumentará nem diminuirá, mas será da mesma ordem da amplitude da primeira onda gerada, que é a amplitude do vibrador. Esta amplitude é muito pequena em comparação com as amplitudes atingidas nas freqüências de ressonância.

A ressonância de ondas estacionárias é análoga à ressonância de um oscilador harmônico simples com uma força harmônica de excitação. No entanto, uma corda vibrando não possui apenas uma freqüência natural, mas uma seqüência de freqüências naturais que são múltiplos inteiros da freqüência fundamental. Esta seqüência é chamada de **série harmônica**.

ESTRATÉGIA PARA SOLUÇÃO DE PROBLEMAS

Usando a Condição para Onda Estacionária na Solução de Problemas

SITUAÇÃO Você não deve se preocupar em memorizar a Equação 16-11. Apenas esboce a Figura 16-12 para se lembrar da condição para onda estacionária, $\lambda_n = 2L/n$, e depois use $v = f_n\lambda_n$.

SOLUÇÃO

1. Reconstrua a Figura 16-12 para alguns primeiros harmônicos (não a expressão à direita da figura, apenas os desenhos da corda). Em cada extremidade da corda há um nó, e a distância entre um nó e um antinó adjacente é, invariavelmente, igual a $\frac{1}{4}\lambda$.
2. Relacione a rapidez de onda com a freqüência usando $v = f\lambda$.
3. Relacione a rapidez de onda com a tração usando $v = \sqrt{F_T/\mu}$.

CHECAGEM Verifique se seus resultados estão dimensionalmente corretos.

Ondas estacionárias geradas por ventos de 45 mi/h na ponte pênsil de Tacoma Narrows (EUA), levando-a ao colapso em 7 de novembro de 1940, apenas quatro meses após ter sido aberta ao tráfego. *(University of Washington.)*

Exemplo 16-6 Dá-me um Lá

Uma corda está esticada entre dois suportes fixos, separados de 0,700 m, e a tração é ajustada até que a freqüência fundamental da corda seja o lá padrão de 440 Hz. Qual é a rapidez das ondas transversais na corda?

SITUAÇÃO A rapidez de onda é igual à freqüência vezes o comprimento de onda. Para uma corda fixa nas duas extremidades, no modo fundamental há um único antinó no meio da corda. Assim, o comprimento da corda é igual a meio comprimento de onda.

SOLUÇÃO

1. A rapidez de onda se relaciona com a freqüência e o comprimento de onda. Temos a freqüência fundamental f_1: $v = f_1\lambda_1$
2. Use a Figura 16-12 para relacionar o comprimento de onda fundamental com o comprimento da corda: $\lambda_1 = 2L$
3. Use este comprimento de onda e a freqüência dada para determinar a rapidez: $v = f_1\lambda_1 = f_1 2L = 2f_1 L = 2(440\text{ Hz})(0{,}700\text{ m}) = \boxed{616\text{ m/s}}$

CHECAGEM Para checar a plausibilidade desta resposta, checamos as unidades. A unidade de freqüência é o hertz, onde 1 Hz = 1 ciclo/s, ou simplesmente 1 s^{-1} (porque um ciclo é adimensional). Então, 1 Hz vezes 1 m é igual a 1 m/s, unidade correta para a rapidez.

PROBLEMA PRÁTICO 16-2 A rapidez de ondas transversais em uma corda esticada é 200 m/s. Se a corda tem 5,0 m de comprimento, determine as freqüências dos primeiros três harmônicos.

Exemplo 16-7 Testando a Corda do Piano *Rico em Contexto*

Você trabalha em uma loja de produtos musicais e ajuda o proprietário a construir instrumentos. Ele lhe pede para testar uma nova corda, visando seu uso em pianos. Ele lhe diz que a corda de 3,00 m de comprimento possui uma massa específica linear de 0,00250 kg/m e que encontrou duas freqüências ressonantes adjacentes em 252 Hz e 336 Hz. Ele quer que você determine a freqüência fundamental da corda e verifique se a corda pode ou não ser uma boa escolha como corda de piano. Você sabe que, por razões de segurança, a tração na corda não pode ultrapassar os 700 N.

SITUAÇÃO A tração F_T é determinada a partir de $v = \sqrt{F_T/\mu}$, onde a rapidez v pode ser obtida de $v = f\lambda$, usando qualquer harmônico. O comprimento de onda do modo fundamental é igual a duas vezes o comprimento da corda. Para determinar a freqüência fundamental, suponha a freqüência do n-ésimo harmônico igual a 252 Hz. Então, $f_n = nf_1$ e $f_{n+1} = (n+1)f_1$, com $f_{n+1} =$ 336 Hz. Podemos resolver estas duas equações para f_1.

SOLUÇÃO

1. A tração relaciona-se com a rapidez de onda: $v = \sqrt{F_T/\mu}$ logo $F_T = \mu v^2$
2. A rapidez de onda relaciona-se com o comprimento de onda e a freqüência: $v = f\lambda$
3. Use a Figura 16-12 para relacionar o comprimento de onda do modo fundamental com o comprimento da corda: $\lambda_1 = 2L$
4. Use os resultados dos passos 2 e 3 para relacionar a rapidez v com a freqüência fundamental f_1: $v = f_1\lambda_1 = f_1 \times 2L = 2f_1 L$
5. Substitua no resultado do passo 1 para determinar a tração: $F_T = \mu v^2 = 4\mu f_1^2 L^2$
6. Os harmônicos consecutivos f_n e f_{n+1} relacionam-se com a freqüência fundamental f_1: $nf_1 = 252\text{ Hz}$; $(n+1)f_1 = 336\text{ Hz}$
7. Dividindo estas equações, eliminamos f_1 e determinamos n: $\dfrac{n}{n+1} = \dfrac{252\text{ Hz}}{336\text{ Hz}} = 0{,}750 \Rightarrow n = 3$
8. Explicite f_1: $f_n = nf_1$ logo $f_1 = \dfrac{f_n}{n} = \dfrac{f_3}{3} = \dfrac{252\text{ Hz}}{3} = 84{,}0\text{ Hz}$
9. Determine F_T, usando o resultado do passo 5: $F_T = 4\mu f_1^2 L^2 = 4(0{,}00250\text{ kg/m})(84{,}0\text{ Hz})^2(3{,}00\text{ m})^2 = 635\text{ N}$
10. A tração é segura? **A tração é menor do que o limite de segurança de 700 N. O fio pode ser usado com segurança.**

CHECAGEM O fato de a tração ser da mesma ordem de grandeza do limite de segurança torna a resposta plausível.

Corda fixa em uma das extremidades e livre na outra A Figura 16-16 mostra uma corda com uma extremidade fixa e a outra presa a um anel livre para escorregar, para cima e para baixo, em uma haste vertical sem atrito. O movimento vertical do anel é determinado pela componente vertical da força de tração (estamos desprezando qualquer efeito da gravidade). Idealmente, fazemos a massa do anel se aproximar de zero. Então, o movimento vertical da extremidade da corda que está presa ao anel não tem vínculos, e dizemos que ela é uma *extremidade livre*. Qualquer força vertical finita, da corda sobre o anel sem massa, produziria no anel uma aceleração infinita. No entanto, a aceleração do anel permanecerá finita desde que a tangente à corda no ponto onde ela se prende ao anel permaneça paralela à posição de equilíbrio da corda. Para uma corda oscilando como onda estacionária, os antinós são os únicos pontos onde a tangente à corda permanece paralela à posição de equilíbrio da corda. Logo, há um antinó na extremidade da corda presa ao anel.

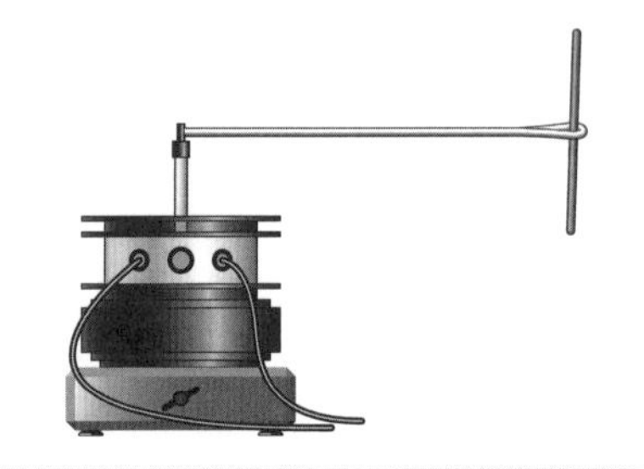

FIGURA 16-16 Uma aproximação de uma corda presa em uma extremidade e livre na outra pode ser produzida conectando-se a extremidade "livre" da corda a um anel que é livre para se mover em uma haste vertical. A extremidade presa ao gerador de ondas mecânico é praticamente fixa, porque a amplitude do gerador é muito pequena.

No modo fundamental de vibração de uma corda presa em uma extremidade e livre na outra, há um nó na extremidade fixa e um antinó na extremidade livre, de modo que $L = \frac{1}{4}\lambda$ (Figura 16-17). (Lembre-se de que a distância de um nó a um antinó adjacente é igual a um quarto de comprimento de onda.)

Em cada modo de vibração mostrado na Figura 16-18 há um número ímpar de quartos de comprimento de onda no comprimento L. Isto é, $L = n\frac{1}{4}\lambda_n$, onde $n = 1, 3, 5, \ldots$. A condição para onda estacionária pode, assim, ser escrita como

$$L = n\frac{\lambda_n}{4} \qquad n = 1, 3, 5, \ldots \qquad \text{16-12}$$

CONDIÇÃO PARA ONDA ESTACIONÁRIA, UMA EXTREMIDADE LIVRE

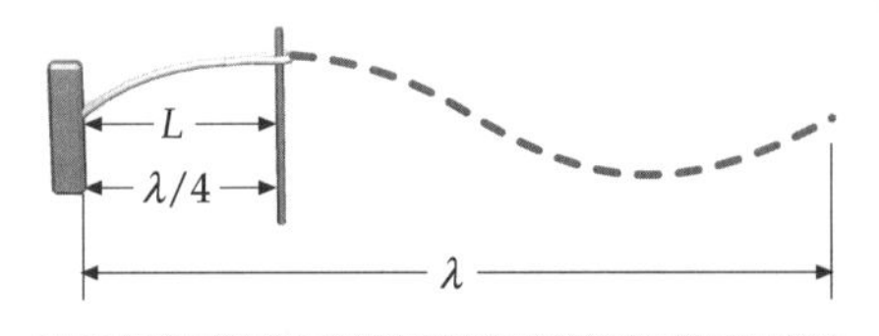

FIGURA 16-17 Para o primeiro harmônico de uma corda esticada fixa em uma extremidade e livre na outra, $\lambda = 4L$.

e, portanto, $\lambda_n = 4L/n$. As freqüências de ressonância são, então, dadas por

$$f_n = \frac{v}{\lambda_n} = n\frac{v}{4L} = nf_1 \qquad n = 1, 3, 5, \ldots \qquad \text{16-13}$$

FREQÜÊNCIAS DE RESSONÂNCIA, UMA EXTREMIDADE LIVRE

onde

$$f_1 = \frac{v}{4L} \qquad \text{16-14}$$

é a freqüência fundamental. As freqüências naturais deste sistema ocorrem nas razões 1:3:5:7:..., o que significa que todos os harmônicos pares estão faltando.

Funções de onda para ondas estacionárias Se uma corda vibra em seu n-ésimo modo, cada ponto da corda apresenta movimento harmônico simples. Seu deslocamento $y_n(x, t)$ é dado por

$$y_n(x, t) = A_n(x)\cos(\omega_n t + \delta_n)$$

onde ω_n é a freqüência angular, δ_n é a constante de fase, que depende das condições iniciais, e $A_n(x)$ é a amplitude, que depende da posição x do ponto. A função $A_n(x)$ tem a forma da corda quando $\cos(\omega_n t + \delta_n) = 1$ (no instante em que a vibração tem seu deslocamento máximo). A amplitude de uma corda vibrando em seu n-ésimo modo é descrita por

$$A_n(x) = A_n \operatorname{sen} k_n x \qquad \text{16-15}$$

onde $k_n = 2\pi/\lambda_n$ é o número de onda. A função de onda para uma onda estacionária no n-ésimo harmônico pode, então, ser escrita como

$$y_n(x, t) = A_n \operatorname{sen}(k_n x)\cos(\omega_n t + \delta_n) \qquad \text{16-16}$$

É útil lembrar as duas condições necessárias para o movimento de onda estacionária, que são as seguintes:

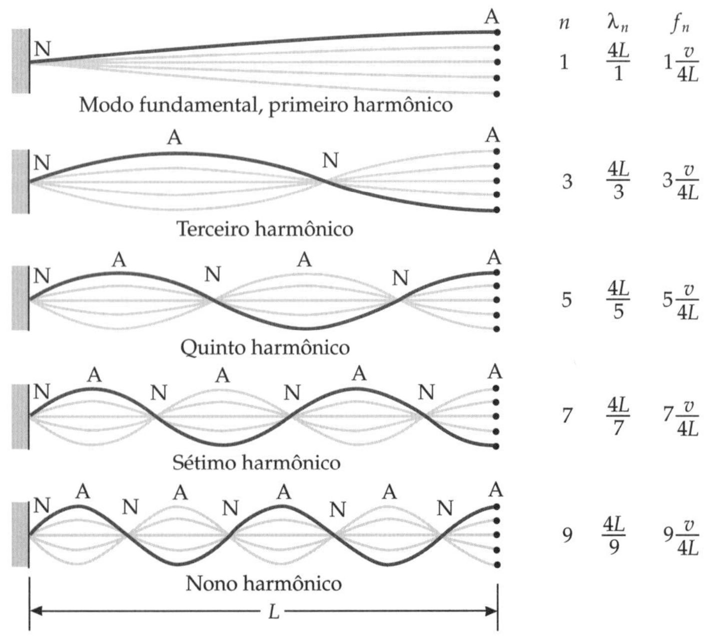

FIGURA 16-18 Ondas estacionárias em uma corda fixa em apenas uma extremidade. Um antinó existe na extremidade livre.

1. Cada ponto da corda ou permanece em repouso ou oscila em movimento harmônico simples. (Os pontos que permanecem em repouso são os nós.)
2. Quaisquer dois pontos da corda que não sejam nós oscilam ou em fase ou defasados de 180°.

CONDIÇÕES NECESSÁRIAS PARA UM MOVIMENTO DE ONDA ESTACIONÁRIA EM UM COMPRIMENTO DE CORDA

Exemplo 16-8 Ondas Estacionárias

Tente Você Mesmo

(*a*) As funções de onda para duas ondas de mesmo comprimento de onda, amplitude e freqüência, mas viajando em sentidos opostos, são dadas por $y_1 = y_0\,\text{sen}(kx - \omega t)$ e $y_2 = y_0\,\text{sen}(kx + \omega t)$. Mostre que a superposição destas duas ondas é uma onda estacionária. (*b*) Uma onda estacionária em uma corda fixa nas duas extremidades é dada por $y(x, t) = (0{,}024\text{ m})\,\text{sen}(52{,}3\text{ m}^{-1}x)\cos(480\text{ s}^{-1}t)$. Determine a rapidez de onda nesta corda e a distância entre nós adjacentes de ondas estacionárias.

SITUAÇÃO Mostrar que a superposição das duas ondas é uma onda estacionária é mostrar que a soma algébrica de y_1 com y_2 pode ser escrita na forma $y_n(x, t) = A_n\,\text{sen}(k_n x)\cos(\omega_n t + \delta_n)$ (Equação 16-16). Para determinar a rapidez de onda e o comprimento de onda, comparamos a função de onda fornecida com a Equação 16-16 e identificamos o número de onda e a freqüência angular. Conhecendo isto, podemos determinar o comprimento de onda e a rapidez de onda.

SOLUÇÃO

Cubra a coluna da direita e tente por si só antes de olhar as respostas.

Passos	**Respostas**
(*a*) 1. Escreva a Equação 16-16. Se a soma de y_1 com y_2 pode ser escrita nesta forma, então a superposição das duas ondas progressivas é uma onda estacionária:	$y(x, t) = A\,\text{sen}\,kx\cos\omega t$
2. Some as duas funções de onda e use a identidade trigonométrica $\text{sen}\,\theta_1 + \text{sen}\,\theta_2 = 2\,\text{sen}\frac{1}{2}(\theta_1 + \theta_2)\cos\frac{1}{2}(\theta_1 - \theta_2)$.	$y = y_0\,\text{sen}(kx - \omega t) + y_0\,\text{sen}(kx + \omega t) = 2y_0\,\text{sen}\,kx\cos\omega t$ **Isto tem a forma dada pela Equação 16-16 (com $A = 2y_0$), logo** **a superposição é uma onda estacionária.**
(*b*) 1. Identifique o número de onda e a freqüência angular:	$k = \boxed{52{,}3\text{ m}^{-1}}$, $\omega = \boxed{480\text{ s}^{-1}}$
2. Calcule a rapidez de $v = \omega/k$:	$v = \boxed{9{,}18\text{ m/s}}$
3. Determine o comprimento de onda $\lambda = 2\pi/k$ e use-o para determinar a distância entre nós adjacentes:	$\frac{\lambda}{2} = \boxed{6{,}01\text{ cm}}$

CHECAGEM Era de se esperar que a superposição de uma onda viajando para a direita com outra onda idêntica, mas viajando para a esquerda, não seja uma onda progressiva. (Se o fosse, em que sentido ela estaria viajando?) Assim, não nos surpreende a superposição das duas ondas progressivas ser uma onda estacionária.

ONDAS SONORAS ESTACIONÁRIAS

Um tubo de órgão é um exemplo familiar do uso de ondas estacionárias em colunas de ar. Em um tubo flautado de órgão, uma corrente de ar é dirigida contra a borda afiada de uma abertura (ponto A na Figura 16-19). O movimento complicado de redemoinho do ar próximo à borda imprime vibrações à coluna de ar. As freqüências de ressonância do tubo dependem do comprimento do tubo e de se a abertura superior é fechada ou aberta.

Em um tubo de órgão aberto, a pressão não varia apreciavelmente perto de cada extremidade aberta. (Ela permanece igual à pressão atmosférica.) Como a pressão bem junto às extremidades não varia apreciavelmente, existe um nó de pressão próximo de cada extremidade. Se a onda sonora no tubo é uma onda unidimensional, o que é bem válido se o diâmetro do tubo é muito menor do que o comprimento de onda, então o nó de pressão está muitíssimo próximo da extremidade aberta do tubo. Na prática, no entanto, o nó de pressão se encontra ligeiramente além da extremidade aberta do tubo. O comprimento efetivo do tubo é $L_{ef} = L + \Delta L$, onde ΔL é a correção de extremidade, que é um pouco menor do que o diâmetro do tubo. A condição para onda estacionária para este sistema é a mesma que para uma corda fixa nas duas extremidades, com L substituído por L_{ef} (o comprimento efetivo do tubo) e valendo as mesmas equações.

Em um tubo de órgão fechado (aberto em uma extremidade e fechado na outra), há um nó de pressão perto da abertura (ponto A na Figura 16-19) e um antinó de pressão na extremidade fechada. A condição para onda estacionária para este sistema é a mesma que para uma corda com uma extremidade fixa e a outra livre. O comprimento efetivo do tubo é igual a um inteiro ímpar vezes $\lambda/4$. Isto é, o comprimento de onda do modo fundamental é quatro vezes o comprimento efetivo do tubo, e apenas os harmônicos ímpares estão presentes.

Como vimos no Capítulo 15, uma onda sonora pode ser pensada tanto como uma onda de pressão quanto como uma onda de deslocamento. As variações de pressão e de deslocamento em uma onda sonora estão defasadas de 90°. Assim, em uma onda sonora estacionária os nós de pressão são antinós de deslocamento e vice-versa. Próximo à extremidade aberta de um tubo de órgão existe um nó de pressão e um antinó de deslocamento, enquanto em uma extremidade fechada existe um antinó de pressão e um nó de deslocamento.

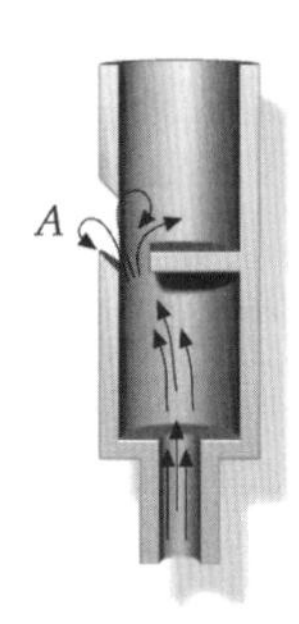

FIGURA 16-19 Vista em corte de parte de um tubo flautado de órgão. O ar é soprado na entrada, causando um movimento de redemoinho próximo ao ponto A, o que excita ondas estacionárias no tubo. Há um nó de pressão próximo ao ponto A, aberto para a atmosfera.

Exemplo 16-9 Ondas Sonoras Estacionárias em uma Coluna de Ar: I — *Tente Você Mesmo*

Um tubo de órgão aberto nas duas extremidades possui um comprimento efetivo igual a 1,00 m. (*a*) Se a rapidez do som é 343 m/s, quais são as freqüências e os comprimentos de onda permitidos para ondas sonoras estacionárias neste tubo? (*b*) A rapidez do som no hélio é 975 m/s. Quais são as freqüências permitidas para ondas sonoras estacionárias neste tubo, se ele está cheio e cercado de hélio?

SITUAÇÃO Há um antinó de deslocamento (e um nó de pressão) em cada extremidade. Logo, o comprimento efetivo do tubo é igual a um número inteiro de meios-comprimentos de onda.

SOLUÇÃO

Cubra a coluna da direita e tente por si só antes de olhar as respostas.

Passos	**Respostas**
(*a*) 1. Usando a Figura 16-12, determine o comprimento de onda do modo fundamental:	$\lambda_1 = 2L_{ef} = 2{,}00\text{ m}$
2. Use $v = f\lambda$ para calcular a freqüência fundamental f_1:	$f_1 = \dfrac{v}{\lambda_1} = 172\text{ Hz}$
3. Escreva expressões para as freqüências f_n e para os comprimentos de onda λ_n dos outros harmônicos em termos de n:	$f_n = nf_1 = \boxed{n(172\text{ Hz})\quad n = 1, 2, 3, \ldots}$ $\lambda_n = \dfrac{2L}{n} = \boxed{(2{,}00\text{ m})/n\quad n = 1, 2, 3, \ldots}$
(*b*) 1. Repita a Parte (*a*) para calcular o espectro de freqüências de ressonância do tubo de órgão cheio de hélio:	$f_n = nf_1 = n\dfrac{v}{\lambda_1} = n\dfrac{v}{2L} = n\dfrac{975\text{ m/s}}{2{,}00\text{ m}}$ $= \boxed{n(488\text{ Hz})\quad n = 1, 2, 3, \ldots}$

CHECAGEM O produto dos dois resultados do passo 3 da Parte (*a*) não depende de n. (Os n's cancelam quando você faz o produto.) Isto é de se esperar, porque o produto é igual à rapidez de onda, que nem depende da freqüência nem do comprimento de onda.

PROBLEMA PRÁTICO 16-3 O tubo de órgão mais longo é o que tem uma freqüência fundamental igual a 16 Hz, a mais baixa freqüência audível pelos humanos. Qual é o comprimento de um tubo de órgão aberto que tem uma freqüência fundamental de 16,0 Hz?

CHECAGEM CONCEITUAL 16-1

Por que a sua voz muda de freqüência quando você fala depois de inalar o conteúdo de um balão cheio de hélio?

Exemplo 16-10 Ondas Sonoras Estacionárias em uma Coluna de Ar: II

Quando um diapasão de 500 Hz de freqüência é segurado acima de um tubo parcialmente cheio de água, como na Figura 16-20, são encontradas ressonâncias quando o nível da água está a uma distância L = 16,0; 50,5; 85,0 e 119,5 cm do topo do tubo. (*a*) Qual é a rapidez do som no ar? (*b*) A que distância da extremidade aberta do tubo está o antinó de deslocamento?

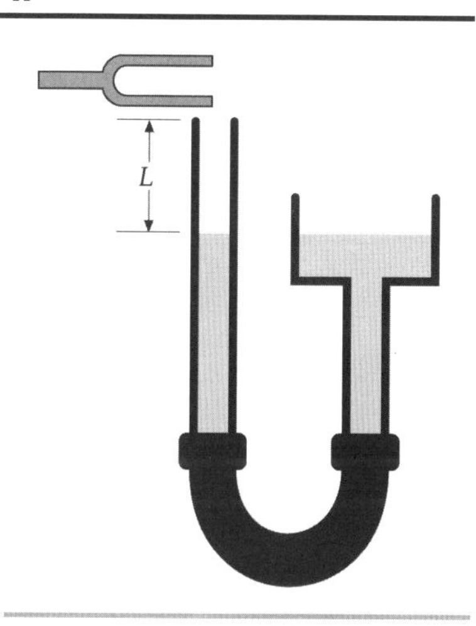

FIGURA 16-20 O comprimento da coluna de ar no cilindro da esquerda é variado movendo-se o reservatório da direita para cima e para baixo. Os dois cilindros estão ligados por uma mangueira flexível.

SITUAÇÃO Ondas sonoras estacionárias de 500 Hz de freqüência são excitadas na coluna de ar cujo comprimento L pode ser ajustado (ajustando-se o nível da água). A coluna de ar é fechada em uma extremidade e aberta na outra. Então, na ressonância, o número de quartos de comprimento de onda no comprimento efetivo L_{ef} do tubo é igual a um inteiro ímpar (Figura 16-21). Um nó de deslocamento existe na superfície da água e um antinó de deslocamento existe a uma pequena distância ΔL acima da extremidade aberta do tubo. Como a freqüência é fixa, o comprimento de onda também o é. A rapidez do som é, então, determinada a partir de $v = f\lambda$, com f igual a 500 Hz.

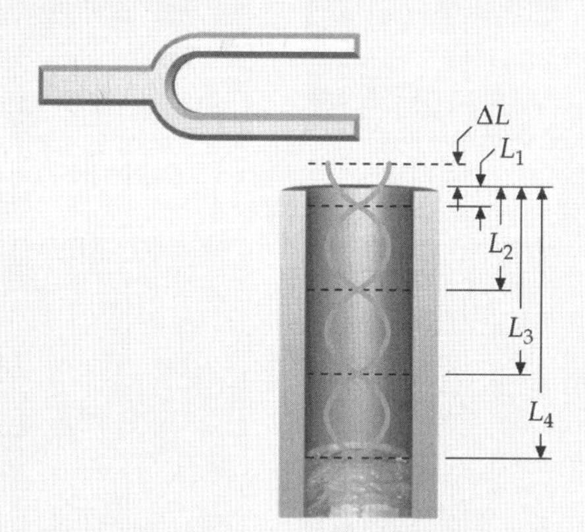

FIGURA 16-21 Um nó de deslocamento existe na superfície da água e um antinó de deslocamento existe a uma distância ΔL acima do topo do cilindro.

SOLUÇÃO

(*a*) 1. A rapidez do som no ar se relaciona com a freqüência e com o comprimento de onda:

$$v = f\lambda$$

2. Ressonância ocorre cada vez que o nível de água está na posição de um nó de deslocamento (veja a Figura 16-21). Isto é, quando o comprimento L varia de meio comprimento de onda:

$$L_{n+1} = L_n + \frac{\lambda}{2} \qquad n = 1, 2, 3, 4$$

3. A distância entre níveis sucessivos é determinada a partir dos dados do problema:

$$L_{n+1} - L_n = L_4 - L_3 = 1195 \text{ cm} - 85{,}0 \text{ cm} = 34{,}5 \text{ cm}$$

logo $\lambda = 2(34{,}5 \text{ cm}) = 69{,}0 \text{ cm} = 0{,}690 \text{ m}$

4. Substitua os valores de f e de λ para determinar v:

$$v = f\lambda = (500 \text{ Hz})(0{,}690 \text{ m}) = \boxed{345 \text{ m/s}}$$

(*b*) Haverá um antinó de deslocamento um quarto de comprimento de onda acima do nó de deslocamento na superfície da água. Então, a distância do nível mais alto de água a suportar ressonância e o antinó de deslocamento acima da abertura do tubo é de um quarto de comprimento de onda:

$$\tfrac{1}{4}\lambda = L_1 + \Delta L$$

logo $\Delta L = \frac{1}{4}\lambda - L_1 = \frac{1}{4}(69{,}0 \text{ cm}) - (16{,}0 \text{ cm})$

$$= \boxed{1{,}25 \text{ cm}}$$

CHECAGEM Como esperado, a rapidez de onda (passo 4) é aproximadamente igual à rapidez do som no ar à temperatura ambiente.

A maioria dos instrumentos musicais de sopro é muito mais complicada do que simples tubos cilíndricos. O tubo cônico, que é a base do oboé, do fagote, da trompa inglesa e do saxofone, possui uma série harmônica completa com seu comprimento de onda fundamental igual ao dobro do comprimento do cone. Os instrumentos de metal são combinações de cones e de cilindros. A análise destes instrumentos é extremamente complexa. O fato de eles possuírem séries harmônicas quase perfeitas é mais um triunfo de um esforço de tentativa e erro do que de cálculos matemáticos.

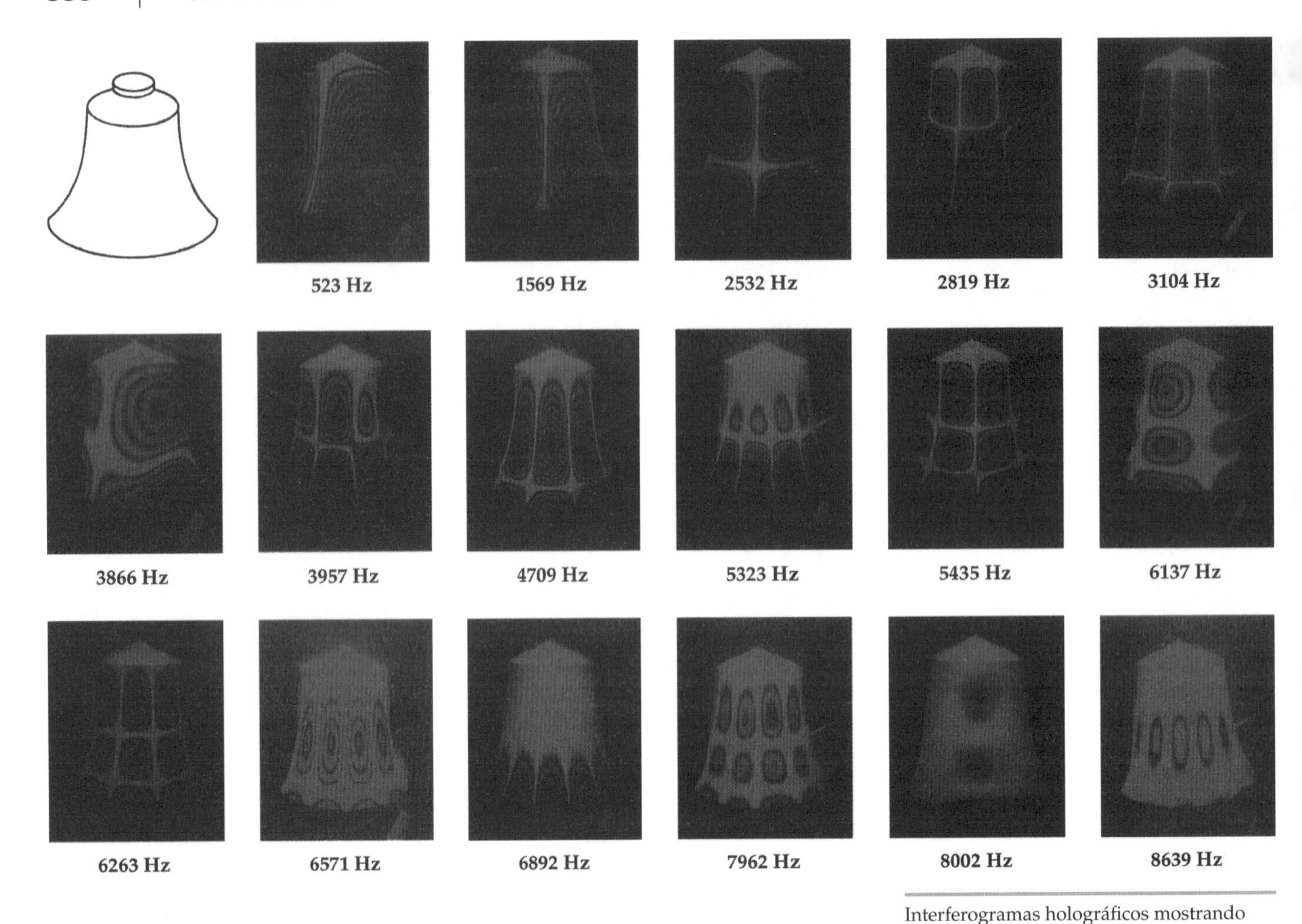

Interferogramas holográficos mostrando ondas estacionárias em uma sineta. Os "olhos de boi" localizam os antinós. *(Professor Thomas D. Rossing, Northern Illinois University, Dekalb.)*

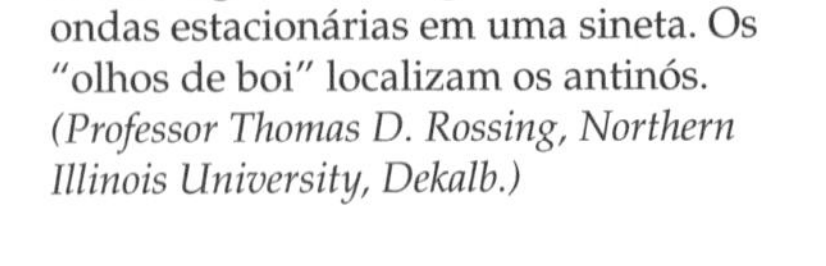

*16-3 TÓPICOS ADICIONAIS

A SUPERPOSIÇÃO DE ONDAS ESTACIONÁRIAS

Como vimos na seção precedente, há um conjunto de freqüências naturais de ressonância que produzem ondas estacionárias para ondas sonoras em colunas de ar ou para cordas vibrantes fixas em uma ou nas duas extremidades. Por exemplo, para uma corda fixa nas duas extremidades, a freqüência do modo fundamental de vibração é $f_1 = v/(2L)$, onde L é o comprimento da corda e v é a rapidez de onda, e a função de onda é a Equação 16-16:

$$y_1(x, t) = A_1 \operatorname{sen} k_1 x \cos(\omega_1 t + \delta_1)$$

Em geral, um sistema vibrante não vibra em um único modo harmônico. O movimento consiste, na verdade, em uma superposição de vários dos harmônicos permitidos. A função de onda é uma combinação linear das funções de onda harmônicas:

$$y(x, t) = \sum_n A_n \operatorname{sen}(k_n x) \cos(\omega_n t + \delta_n) \qquad 16\text{-}17$$

onde $k_n = 2\pi/\lambda_n$, $\omega_n = 2\pi f_n$ e A_n e δ_n são constantes. As constantes A_n e δ_n dependem das posições e velocidades iniciais dos pontos da corda. Se uma corda de harpa, por exemplo, é dedilhada no centro, como na Figura 16-22, a forma inicial da corda é simétrica em relação ao ponto $x = \frac{1}{2}L$ e a velocidade inicial é zero ao longo de toda a corda. O movimento da corda depois de liberada continuará sendo simétrico em relação a $x = \frac{1}{2}L$. Apenas os harmônicos ímpares, que também são simétricos em relação a $x = \frac{1}{2}L$, serão excitados. Os harmônicos pares, que são anti-simétricos em relação a $x = \frac{1}{2}L$, não são excitados; isto é, a constante A_n é zero para todos os valores pares de n. As formas dos quatro primeiros harmônicos são mostradas na Figura 16-23. A maior parte da energia da corda tocada é associada ao modo fundamental,

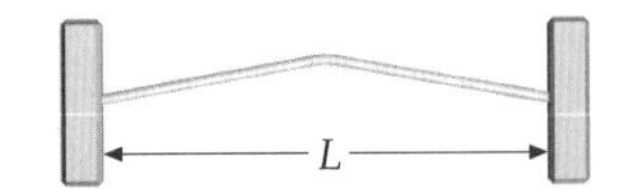

FIGURA 16-22 Uma corda dedilhada no centro. Quando liberada, sua vibração é uma superposição linear de ondas estacionárias.

mas pequenas quantidades de energia são associadas aos terceiro, quinto e outros harmônicos ímpares. A Figura 16-24 mostra uma aproximação da forma inicial da corda usando a superposição de apenas os três primeiros harmônicos ímpares.

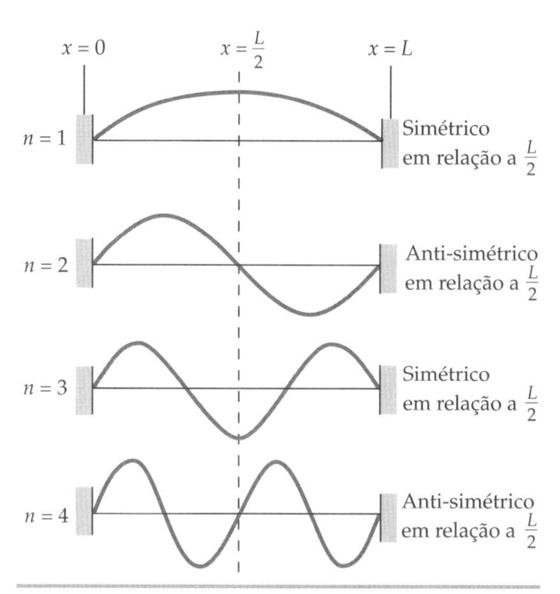

FIGURA 16-23 Os quatro primeiros harmônicos para uma corda fixa nas duas extremidades. Os harmônicos ímpares são simétricos em relação ao centro da corda, enquanto os harmônicos pares não o são. Quando uma corda é dedilhada no centro, ela vibra apenas em seus harmônicos ímpares.

ANÁLISE E SÍNTESE HARMÔNICAS

Quando um clarinete e um oboé tocam a mesma nota, digamos, o lá padrão, eles soam bem diferentes. As duas notas têm a mesma **altura**, uma sensação fisiológica fortemente correlacionada com a freqüência. No entanto, as notas diferem no que chamamos de **timbre**. A principal razão para a diferença de timbre é que apesar de ambos o clarinete e o oboé estarem produzindo vibrações com a mesma freqüência fundamental, cada instrumento também está produzindo harmônicos cujas intensidades relativas dependem do instrumento e de como ele está sendo tocado. Se o som produzido por cada instrumento estivesse inteiramente na freqüência fundamental do instrumento, eles soariam idênticos.

A Figura 16-25 mostra gráficos das variações de pressão *versus* tempo para o som de um diapasão, de um clarinete e de um oboé, cada um tocando a mesma nota. Estes padrões são chamados de **formas de onda**. A forma de onda de um som do diapasão é praticamente uma senóide pura, mas as do clarinete e do oboé são, claramente, mais complexas.

As formas de onda podem ser analisadas em termos dos harmônicos que as constituem através de uma **análise harmônica**. (Análise harmônica também é chamada de **análise de Fourier**, lembrando o matemático francês J.B.J. Fourier, que desenvolveu as técnicas de análise de funções periódicas.) A Figura 16-26 mostra um gráfico das intensidades relativas dos harmônicos das formas de onda da Figura 16-25. A forma de onda do som do diapasão contém apenas a freqüência fundamental. A forma de onda do som do clarinete contém o harmônico fundamental, grandes contribuições dos terceiro, quinto e sétimo harmônicos, e contribuições menores dos segundo, quarto e sexto harmônicos. Para o som do oboé, há mais intensidade nos segundo, terceiro e quarto harmônicos do que no fundamental.

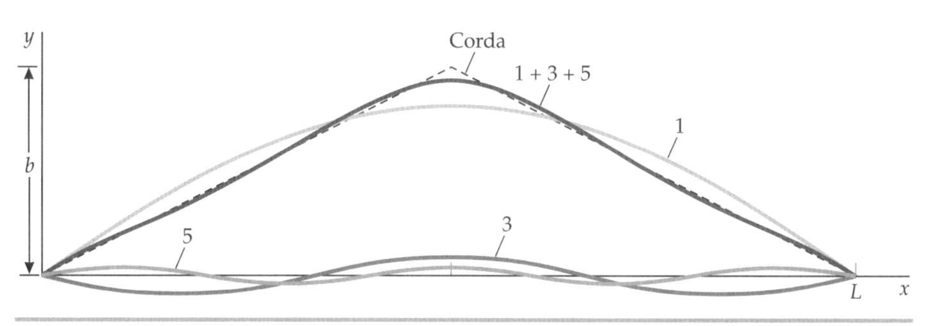

FIGURA 16-24 Aproximação de uma corda dedilhada no centro, como na Figura 16-22, usando harmônicos. A curva mais alta é uma aproximação da forma original da corda, com base nos três primeiros harmônicos ímpares. A altura da corda está exagerada neste desenho para mostrar as amplitudes relativas dos harmônicos. A maior parte da energia está associada ao modo fundamental, mas há alguma energia nos terceiro, quinto e outros harmônicos ímpares.

O contrário da análise harmônica é a **síntese harmônica**, que é a construção de uma onda periódica a partir de seus componentes harmônicos. A Figura 16-27*a* mostra os três primeiros harmônicos ímpares usados para sintetizar uma onda quadrada, e a Figura 16-27*b* mostra a onda quadrada que resulta da soma dos três harmônicos. Quanto mais harmônicos são usados em uma síntese, mais perto a aproximação estará da forma de onda real (a linha mais clara na Figura 16-27*b*). As amplitudes relativas dos harmônicos necessários para sintetizar a onda quadrada são mostradas na Figura 16-28.

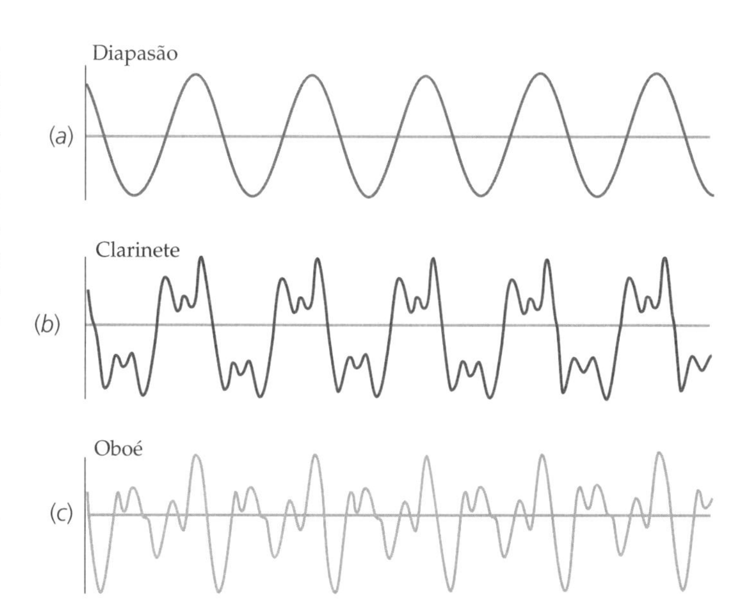

FIGURA 16-25 Formas de onda de (*a*) um diapasão, (*b*) um clarinete e (*c*) um oboé, cada um em uma freqüência fundamental de 440 Hz e com aproximadamente a mesma intensidade.

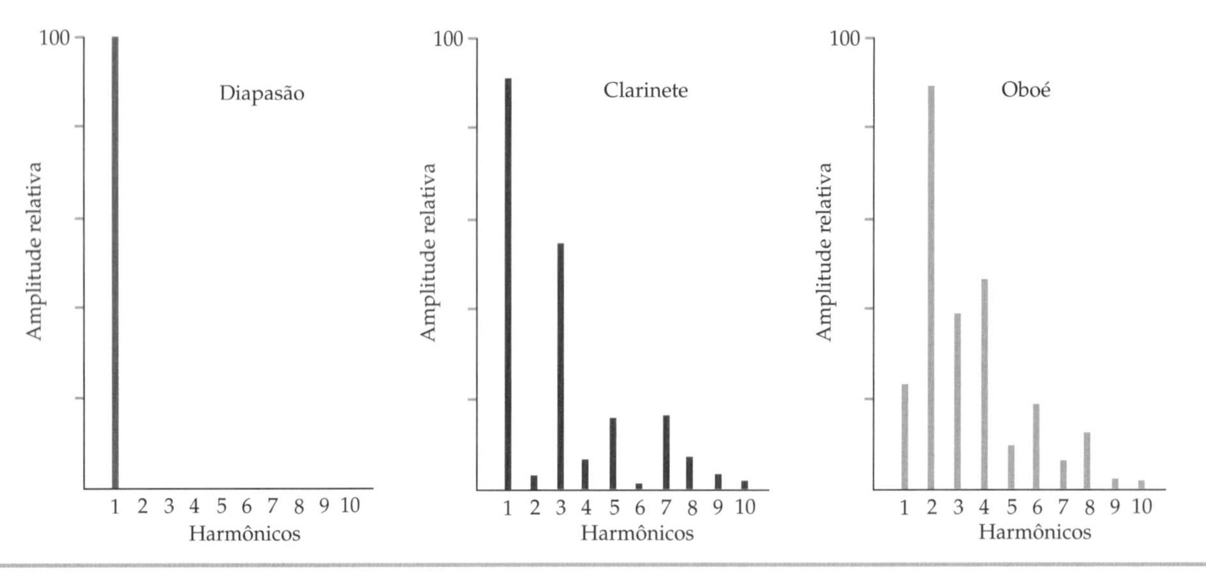

FIGURA 16-26 Amplitudes relativas dos harmônicos nas formas de onda mostradas na Figura 16-25 para (*a*) o diapasão, (*b*) o clarinete e (*c*) o oboé.

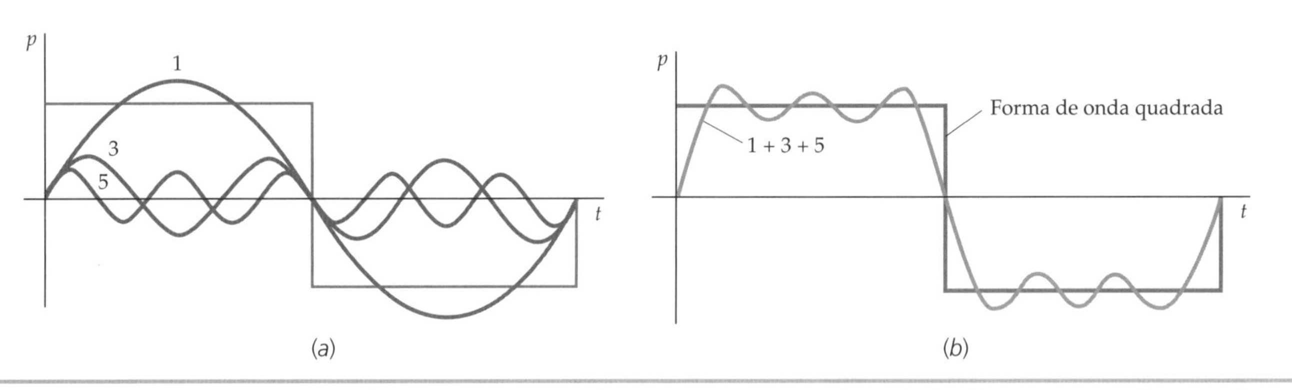

FIGURA 16-27 (*a*) Os três primeiros harmônicos ímpares usados para sintetizar uma onda quadrada. (*b*) A aproximação de uma onda quadrada que resulta da soma dos três primeiros harmônicos ímpares em (*a*).

PACOTES DE ONDAS E DISPERSÃO

As formas de onda previamente discutidas nesta Seção 16-3 são periódicas no tempo. Pulsos que não são periódicos também podem ser representados por um grupo de ondas harmônicas de diferentes freqüências. No entanto, a síntese de um pulso isolado requer uma distribuição contínua de freqüências, e não um conjunto discreto de harmônicos, como na Figura 16-28. Um grupo desse tipo é chamado de **pacote de ondas**. O aspecto característico de um pulso de onda é que ele tem um início e um fim, enquanto uma onda harmônica se repete indefinidamente. Se a duração Δt do pulso é muito pequena, o intervalo de freqüências $\Delta\omega$ necessário para descrever o pulso é muito grande. A relação geral entre Δt e $\Delta\omega$ é

$$\Delta\omega\, \Delta t \sim 1 \qquad 16\text{-}18$$

onde o til ($\sim$) significa "da ordem de grandeza de".

O valor exato deste produto depende da forma pela qual as grandezas $\Delta\omega$ e Δt são definidas. Para quaisquer definições razoáveis, $\Delta\omega$ e $1/\Delta t$ têm a mesma ordem de grandeza. Um pulso de onda produzido por uma fonte de curta duração Δt, como um chute em uma bola, possui uma estreita extensão espacial $\Delta x = v\, \Delta t$, onde v é a rapidez da onda. Cada onda harmônica de freqüência ω tem um número de onda $k = \omega/v$. Um intervalo de freqüências $\Delta\omega$ implica um intervalo de números de onda $\Delta k = \Delta\omega/v$. Substituindo $\Delta\omega$ por $v\, \Delta k$ na Equação 16-18, fica $v\, \Delta k\, \Delta t \sim 1$, ou

$$\Delta k\, \Delta x \sim 1 \qquad 16\text{-}19$$

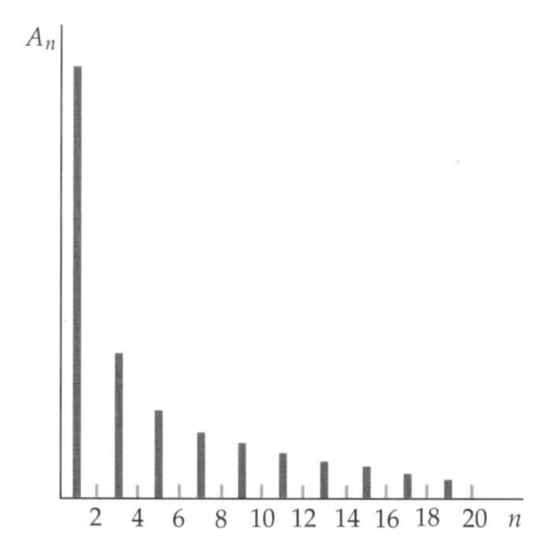

FIGURA 16-28 Amplitudes relativas A_n dos 10 primeiros harmônicos necessários para sintetizar uma onda quadrada. Quanto mais harmônicos forem usados, melhor será a aproximação de onda quadrada.

Exemplo 16-11 Estimando $\Delta\omega$ e Δk

No Exemplo 15-1, um pulso de onda em um longo varal se move a 100 m/s. (*a*) Se a largura do pulso é 1,00 m, qual é a duração do pulso? Isto é, quanto tempo leva para o pulso percorrer o varal? (*b*) O pulso pode ser considerado como uma superposição de ondas harmônicas. Qual é o intervalo de freqüências dessas ondas harmônicas? (*c*) Qual é o intervalo de números de onda?

SITUAÇÃO Para determinar a duração do pulso, usamos distância igual a rapidez vezes tempo. Para determinar o intervalo de freqüências e o intervalo de números de onda, usamos $\Delta\omega\,\Delta t \sim 1$ e $\Delta k\,\Delta x \sim 1$ (Equações 16-18 e 16-19).

SOLUÇÃO

(*a*) A duração do pulso é o tempo que ele leva para percorrer o varal:

$$L = v\Delta \quad \text{logo} \quad \Delta t = \frac{L}{v} = \frac{1{,}00\text{ m}}{100\text{ m/s}} = \boxed{0{,}0100\text{ s}}$$

(*b*) Para determinar o intervalo de freqüências, usamos $\Delta\omega\,\Delta t \sim 1$ (Equação 16-18):

$$\Delta\omega\,\Delta t \sim 1 \quad \text{logo} \quad \Delta\omega \sim \frac{1}{\Delta t} = \frac{1}{0{,}0100\text{ s}} = \boxed{100\text{ s}^{-1}}$$

(*c*) Para determinar o intervalo de números de onda, usamos $\Delta k\,\Delta x \sim 1$ (Equação 16-19):

$$\Delta k\,\Delta x \sim 1 \quad \text{logo} \quad \Delta k \sim \frac{1}{\Delta x} = \frac{1}{1{,}00\text{ m}} = \boxed{1{,}00\text{ m}^{-1}}$$

CHECAGEM Sabemos que $k = \omega/v$, de modo que um intervalo de freqüências $\Delta\omega$ implica um intervalo de números de onda $\Delta k = \Delta\omega/v$. Dividindo nosso resultado da Parte (*b*) pela rapidez de onda v, obtemos $(100\text{ s}^{-1})/(100\text{ m/s}) = 1\text{ m}^{-1}$. Este é o nosso resultado da Parte (*c*).

Se um pacote de ondas deve manter sua forma enquanto viaja, todas as ondas harmônicas componentes que o constituem devem viajar com a mesma rapidez. Isto ocorre se a rapidez das ondas componentes em um dado meio é independente da freqüência ou do comprimento de onda. Um meio desse tipo é chamado **meio não-dispersivo**. O ar é, em excelente aproximação, um meio não-dispersivo para ondas sonoras, mas sólidos e líquidos não o são. (Provavelmente o exemplo mais familiar de dispersão é a formação de um arco-íris, devida ao fato de que a velocidade de ondas luminosas na água depende ligeiramente da freqüência da luz, de forma que cores diferentes, correspondendo a freqüências diferentes, têm ângulos de refração ligeiramente diferentes.)

Quando a rapidez de onda em um meio dispersivo depende apenas ligeiramente da freqüência (ou do comprimento de onda), um pacote de ondas muda de forma apenas lentamente, enquanto viaja, e cobre uma distância considerável mantendo-se íntegro. Mas a rapidez do pacote, chamada de **velocidade de grupo**, não é a mesma que a rapidez (média) das ondas harmônicas componentes individuais, chamada de **velocidade de fase**. (Por rapidez de uma onda harmônica individual queremos dizer a rapidez de suas frentes de onda. Como as frentes de onda são linhas ou superfícies de fase constante, sua rapidez é chamada de velocidade de fase da onda.)

Física em Foco

Ecos do Silêncio: Arquitetura Acústica

A arquitetura acústica lida com a maneira com que a energia sonora reflete, reverbera e é absorvida em um ambiente. A modelação computacional de espaços tem permitido que os engenheiros acústicos projetem espaços flexíveis,*,† levando em conta as diferentes necessidades de apresentação de palestras, teatro e vários tipos de música. Em geral, o objetivo é tornar o som uniforme, audível e inteligível em cada poltrona.

Os defletores pendurados do teto e presos às paredes acima das portas são colocados para absorver o som. Suas superfícies são feitas de material acusticamente inerte, como o feltro. *(Cortesia de Perdue Acoustics.)*

Não deveria haver nenhuma onda estacionária ocupando todo um auditório.‡ Ondas estacionárias que ocupam toda a sala tornam certas freqüências mais difíceis de serem ouvidas por aqueles que estejam sentados perto dos nós, e elevam muito o volume de notas da escala musical para aqueles sentados perto dos antinós. Salas projetadas para reduzir o número de ondas estacionárias possuem longas paredes que não são paralelas entre si, e tetos e pisos também não-paralelos.

Se os ouvintes estiverem sentados a uma distância média de 50 pés da principal fonte sonora, bem menos de um por cento da energia sonora poderá chegar diretamente aos seus ouvidos,# e quase toda a energia sonora a atingir os ouvintes será som refletido. As reflexões devem ser claras e suficientemente energéticas para dar ao ouvinte um volume total razoável. A cronometragem das reflexões também é importante. Se uma reflexão de até 15 decibéis abaixo do nível da fonte atingir o ouvido do espectador mais do que 60 milissegundos depois da fonte sonora, ele será percebido como um eco.°,§ Se reflexões com mais volume do que a fonte ocorrem nos primeiros 30 milissegundos, elas também podem ser percebidas como ecos. Ecos prejudicam a intelegibilidade da fala, e tornam menos claro o som musical. Reflexões tardias chegando 50 ms, ou mais, depois da fonte, devem ser evitadas.

Refletores devem estar a até 50 pés de cada ouvinte. Este é um problema para ambientes ao ar livre cercados de prédios altos.¶ Muitos ambientes antigos têm estruturas que produzem reflexões que chegam adiantadas aos ouvintes. Ambientes mais novos usam, com freqüência, alto-falantes distribuídos nas paredes e no teto. Candelabros e painéis suspensos de tetos altos também refletem o som. Tetos abobadados e com relevos dispersam o som em muitas reflexões pequenas e não-energéticas.

Absorvedores acústicos são usados para diminuir a energia do ruído sonoro dentro de uma sala. Os materiais das estruturas refletoras e absorvedoras são cuidadosamente fabricados para cada ambiente, porque a maioria dos materiais possui diferentes *coeficientes de absorção* para diferentes freqüências.** O coeficiente de absorção é uma medida da fração de energia sonora que é absorvida, em vez de refletida ou transmitida. Vidro de janela, por exemplo, possui coeficientes de absorção de 0,35 a 125 Hz e de 0,04 a 4 kHz. Carpetes possuem coeficientes de absorção de 0,01 a 125 Hz e de 0,65 a 4 kHz. Materiais diferentes devem ser usados para absorção e para reflexão, para que se tenha uma boa resposta, para todo o espectro, em cada poltrona.

Muita absorção torna as salas muito silenciosas, dando às pessoas uma sensação de claustrofobia.†† Reverberação, ou energia sonora caótica, torna as salas aconchegantes. O tempo de reverberação, a medida de quão rapidamente o ruído caótico se dissipa, é usado como uma medida da vivacidade de uma sala. Tempos de reverberação variam de acordo com a finalidade de cada ambiente.

* Orfali, and Ahnert, op. cit.
† "Gallagher Bluedorn Performing Arts Center," Acoustic Dimensions, http://www.acousticdimensions.com/pac_scope.htm
‡ Everest, F. Alton, *Master Handbook of Acoustics*, 4th ed., New York: McGraw-Hill, 2001, 320
\# Noxon, A., "Auditorium Acoustics 101," *Church & Worship Technology*, April 2002, 22+.
° Everest, op. cit., 356.
§ Noxon, A., "Auditorium Acoustics 102," *Church & Worship Technology*, May 2002, 24+.
¶ Orfali, W., and Ahnert, W., "Measurments (sic) and Verification in Two Mosques in Saudi Arabia and Jordan," paper presented at the 151st Meeting of the Acoustical Society of America, Providence, RI, June 1–5, 2006, http://scitation.aip.org
** Everest, op. cit., 585–587.
†† Freiheit, R., "Historic Recording Gives Choir 'Alien' Feeling: In Anechoic Space, No One Can Hear You Sing," paper presented at the ASA/Noise Conference 2005 Minneapolis, http://www.acoustics.org/press/150th/Freiheit.html

Resumo

1. O princípio da superposição, que vale para todas as ondas eletromagnéticas no vácuo, para ondas em uma corda flexível esticada, na aproximação de ângulos pequenos, e para ondas sonoras de pequena amplitude, é conseqüência da linearidade das correspondentes equações de onda.
2. A interferência é um importante fenômeno ondulatório que se aplica a todas as ondas coerentes que se superpõem. É uma conseqüência do princípio da superposição. A difração e a interferência diferenciam o movimento ondulatório do movimento de partícula.
3. As condições para ondas estacionárias podem ser lembradas desenhando-se uma corda, ou um tubo, e as ondas que têm nós de deslocamento em uma extremidade fixa ou fechada, e antinós de deslocamento em uma extremidade livre ou aberta.

TÓPICO	EQUAÇÕES RELEVANTES E OBSERVAÇÕES
1. Superposição e Interferência	A superposição de duas ondas harmônicas de mesmo número de onda, freqüência e amplitude, mas com uma diferença de fase δ, resulta em uma onda harmônica de mesmo número de onda e freqüência, mas diferindo de cada uma das duas ondas em fase e em amplitude. $y = y_1 + y_2 = y_0 \operatorname{sen}(kx - \omega t) + y_0 \operatorname{sen}(k - \omega t + \delta)$ $= [2y_0 \cos\frac{1}{2}\delta] \operatorname{sen}(kx - \omega t + \frac{1}{2}\delta)$ — 16-6
Interferência construtiva	Se ondas estão em fase, ou diferem em fase por um número inteiro vezes 2π, então suas amplitudes se somam e a interferência é construtiva.
Interferência destrutiva	Se ondas diferem em fase por π ou por um número inteiro ímpar vezes π, então suas amplitudes se subtraem e a interferência é destrutiva.
Batimentos	Batimentos são o resultado da interferência de duas ondas de freqüências ligeiramente diferentes. A freqüência de batimento é igual à diferença entre as freqüências das duas ondas: $f_{\text{bat}} = \Delta f$ — 16-8
Diferença de fase δ devida a uma diferença de percurso Δx	$\delta = k\,\Delta x = 2\pi \frac{\Delta x}{\lambda}$ — 16-9
2. Ondas Estacionárias	Ondas estacionárias ocorrem para certas freqüências e comprimentos de onda quando ondas são confinadas no espaço. Se elas ocorrem, então cada ponto do sistema oscila em movimento harmônico simples e quaisquer dois pontos que não estejam em nós se movem ou em fase ou defasados de 180°.
Comprimento de onda	A distância entre um nó e um antinó adjacente é um quarto de comprimento de onda.
Corda fixa nas duas extremidades	Para uma corda fixa nas duas extremidades, existe um nó em cada extremidade, de forma que um número inteiro de meios comprimentos de onda deve se ajustar ao comprimento da corda. A condição para onda estacionária, neste caso, é $L = n\frac{\lambda_n}{2} \quad n = 1, 2, 3, \ldots$ — 16-10
Função de onda estacionária para uma corda fixa nas duas extremidades	As ondas permitidas formam uma série harmônica, com as freqüências dadas por $f_n = \frac{v}{\lambda_n} = n\frac{v}{\lambda_1} = n\frac{v}{2L} = nf_1 \quad n = 1, 2, 3, \ldots$ — 16-18 onde $f_1 = v/2L$ é a mais baixa freqüência, chamada de fundamental.
Tubo de órgão aberto nas duas extremidades	Ondas sonoras estacionárias, no ar de um tubo aberto nas duas extremidades, têm um nó de pressão (e um antinó de deslocamento) próximo a cada extremidade, de modo que a condição para onda estacionária é a mesma que para uma corda fixa nas duas extremidades.

TÓPICO	EQUAÇÕES RELEVANTES E OBSERVAÇÕES
Corda fixa em uma extremidade e livre na outra	Para uma corda com uma extremidade fixa e a outra livre, existe um nó na extremidade fixa e um antinó na extremidade livre, de modo que um número inteiro de quartos de comprimento de onda deve se ajustar ao comprimento da corda. A condição para onda estacionária é, neste caso, $L = n\frac{\lambda_n}{4} \quad n = 1, 3, 5, \ldots$ (16-12). Apenas os harmônicos ímpares estão presentes. Suas freqüências são dadas por $f_n = \frac{v}{\lambda_n} = n\frac{v}{\lambda_1} = n\frac{v}{4L} = nf_1 \quad n = 1, 3, 5, \ldots$ (16-13) onde $f_1 = v/4L$.
Tubo de órgão aberto em uma extremidade e fechado na outra	Ondas sonoras estacionárias, em um tubo aberto em uma extremidade e fechado na outra, têm um antinó de deslocamento na extremidade aberta e um nó de deslocamento na extremidade fechada. A condição para onda estacionária é a mesma que para uma corda fixa em uma extremidade.
Funções de onda para ondas estacionárias	$y_n(x, t) = A_n \mathrm{sen}(k_n x) \cos(\omega_n t + \delta_n)$ (16-16) onde $k_n = 2\pi/\lambda_n$ e $\omega_n = 2\pi f_n$. As condições necessárias para ondas estacionárias em uma corda são 1. Cada ponto da corda ou permanece em repouso ou oscila em movimento harmônico simples. (Os pontos que permanecem em repouso são os nós.) 2. Quaisquer dois pontos da corda que não sejam nós oscilam ou em fase ou defasados de 180°.
***3. Superposição de Ondas Estacionárias**	Tipicamente, um sistema que vibra não vibra em um único modo harmônico, mas em uma superposição de modos harmônicos permitidos.
***4. Análise e Síntese Harmônicas**	Sons de diferentes timbres contêm diferentes misturas de harmônicos. A análise do conteúdo harmônico de um particular timbre é chamada de análise harmônica. A síntese harmônica é a construção de um timbre pela soma de harmônicos.
***5. Pacotes de Ondas**	Um pulso de onda pode ser representado por uma distribuição contínua de ondas harmônicas. O intervalo de freqüências $\Delta\omega$ está relacionado com a variação temporal Δt e o intervalo de números de onda Δk está relacionado com a variação espacial Δx.
Intervalos de freqüência e de tempo	$\Delta\omega\, \Delta t \sim 1$ (16-18)
Intervalos de número de onda e de espaço	$\Delta k\, \Delta x \sim 1$ (16-19)
***6. Dispersão**	Em um meio não-dispersivo, a velocidade de fase é independente da freqüência, e um pulso (pacote de ondas) viaja sem mudar de forma. Em um meio dispersivo, a velocidade de fase varia com a freqüência, e o pulso muda de forma enquanto viaja. O pulso se move com uma velocidade chamada de velocidade de grupo do pacote.

Resposta da Checagem Conceitual

16-1 Sua voz muda de freqüência porque a freqüência fundamental de sua garganta e de sua cavidade bucal aumenta da mesma forma que aumenta a freqüência de ressonância do tubo de órgão do Exemplo 16-9, quando cheio de hélio.

Respostas dos Problemas Práticos

16-1 (*a*) 5,66 cm, (*b*) 120° ou 240°

16-2 $f_1 = 20$ Hz, $f_2 = 40$ Hz, $f_3 = 60$ Hz

16-3 Cerca de 10,7 m ≈ 35 ft

Problemas

Em alguns problemas, você recebe mais dados do que necessita; em alguns outros, você deve acrescentar dados de seus conhecimentos gerais, fontes externas ou estimativas bem fundamentadas.

Interprete como significativos todos os algarismos de valores numéricos que possuem zeros em seqüência sem vírgulas decimais.

Use 343 m/s para a rapidez do som no ar, a não ser quando especificamente indicado.

• Um só conceito, um só passo, relativamente simples
•• Nível intermediário, pode requerer síntese de conceitos
••• Desafiante, para estudantes avançados
Problemas consecutivos sombreados são problemas pareados.

PROBLEMAS CONCEITUAIS

1 • Dois pulsos de onda retangulares viajam em sentidos opostos ao longo de uma corda. Em $t = 0$, os dois pulsos estão como mostrado na Figura 16-29. Esboce as funções de onda para $t = 1{,}0$; 2,0 e 3,0 s.

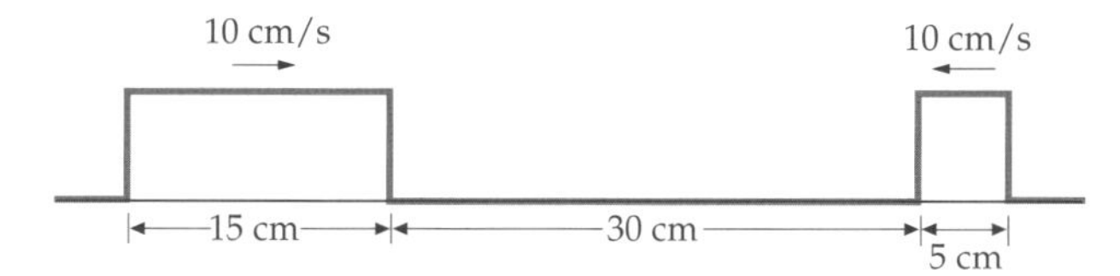

FIGURA 16-29 Problemas 1 e 2

2 • Repita o Problema 1 para o caso em que o pulso da direita é invertido.

3 • Batimentos são produzidos pela superposição de duas ondas harmônicas se (*a*) suas amplitudes e freqüências são iguais, (*b*) suas amplitudes são iguais mas suas freqüências diferem ligeiramente, (*c*) suas freqüências são iguais mas suas amplitudes diferem ligeiramente.

4 • Dois diapasões são tocados e os sons dos dois chegam simultaneamente aos seus ouvidos. Um som tem uma freqüência de 256 Hz, enquanto o outro tem uma freqüência de 258 Hz. A freqüência do zumbido que você ouve é (*a*) 2 Hz, (*b*) 256 Hz, (*c*) 258 Hz, (*d*) 257 Hz.

5 • No Problema 4, a freqüência de batimento é (*a*) 2 Hz, (*b*) 256 Hz, (*c*) 258 Hz, (*d*) 257 Hz.

6 • **RICO EM CONTEXTO** Recém-formado, você está dando sua primeira aula de física. Para demonstrar interferência de ondas sonoras, você colocou, sobre a mesa, dois alto-falantes ligados ao mesmo gerador de freqüência, emitindo coerentemente e em fase. Cada alto-falante gera um som com 2,4 m de comprimento de onda. Uma estudante, na primeira fila, diz que o som proveniente dos alto-falantes é muito fracamente audível, em comparação com o que ela ouve quando apenas um dos alto-falantes está ligado. Qual deve ser a diferença entre as distâncias da aluna a cada um dos alto-falantes? (*a*) 1,2 m (*b*) 2,4 m, (*c*) 4,8 m, (*d*) os dados fornecidos não são suficientes para determinar a diferença solicitada.

7 • No Problema 6, determine o maior comprimento de onda para o qual uma estudante ouvirá um som com volume (sonoridade) muito alto, devido à interferência construtiva, supondo a estudante afastada de um dos alto-falantes 3,0 m a mais do que a distância que a separa do outro alto-falante.

8 • Considere as ondas estacionárias em um tubo de órgão. Verdadeiro ou falso:

(*a*) Em um tubo aberto nas duas extremidades, a freqüência do terceiro harmônico é três vezes a freqüência do primeiro harmônico.
(*b*) Em um tubo aberto nas duas extremidades, a freqüência do quinto harmônico é cinco vezes a freqüência do harmônico fundamental.
(*c*) Em um tubo aberto em uma das extremidades e fechado na outra, os harmônicos pares não são excitados.

Explique suas escolhas.

9 • Ondas estacionárias resultam da superposição de duas ondas que possuem (*a*) mesma amplitude, freqüência e sentido de propagação, (*b*) mesma amplitude e freqüência e sentidos de propagação opostos, (*c*) mesma amplitude, freqüências ligeiramente diferentes e mesmo sentido de propagação, (*d*) mesma amplitude, freqüências ligeiramente diferentes e sentidos de propagação opostos.

10 • Se você soprar sobre a ponta de cima de um canudo de refrigerante bem grande, poderá ouvir uma freqüência fundamental de uma onda estacionária produzida no canudo. O que acontece à freqüência fundamental (*a*) se, ao soprar, você cobre a ponta de baixo do canudo com o dedo? (*b*) se, ao soprar, você corta o canudo pela metade, com uma tesoura? (*c*) Explique suas respostas das Partes (*a*) e (*b*).

11 • Um tubo de órgão, aberto nas duas extremidades, possui uma freqüência fundamental de 400 Hz. Se uma das extremidades do tubo é, agora, fechada, a freqüência fundamental passa a ser (*a*) 200 Hz, (*b*) 400 Hz, (*c*) 546 Hz, (*d*) 800 Hz.

12 •• Uma corda, presa nas duas extremidades, ressoa na freqüência fundamental de 180 Hz. Qual das seguintes intervenções reduzirá a freqüência fundamental para 90 Hz? (*a*) Dobrar a tensão e dobrar o comprimento. (*b*) Reduzir a tensão à metade e manter iguais o comprimento e a massa por unidade de comprimento. (*c*) Manter iguais a tensão e a massa por unidade de comprimento e dobrar o comprimento. (*d*) Manter iguais a tensão e a massa por unidade de comprimento e reduzir o comprimento à metade.

13 •• **APLICAÇÃO EM ENGENHARIA** Explique como você deve usar as freqüências de ressonância de um tubo de órgão para estimar a temperatura do ar no tubo.

14 •• No padrão de onda estacionária fundamental de um tubo de órgão com uma das extremidades fechada, o que ocorre com o comprimento de onda, com a freqüência e com a rapidez do som característicos do padrão formado, se o ar dentro do tubo se torna significativamente mais frio? Explique seu raciocínio.

15 •• (*a*) Quando a corda de um violão está vibrando em seu modo fundamental, o comprimento de onda do som produzido no ar é tipicamente o mesmo comprimento de onda da onda estacionária na corda? Explique. (*b*) Quando um tubo de órgão está em um de seus modos de onda estacionária, o comprimento de onda da onda sonora progressiva produzida no ar é tipicamente o mesmo comprimento de onda da onda sonora estacionária no tubo? Explique.

16 •• A Figura 16-30 é uma fotografia de dois pedaços muito finos de seda colocados um sobre o outro. Onde os pedaços se sobrepõem, vê-se uma série de linhas claras e escuras. Esta figura de Moiré também pode ser vista quando um escâner é usado para copiar fotos de um livro ou jornal. O que é que causa as figuras de Moiré e o que as torna tão parecidas com o fenômeno de interferência?

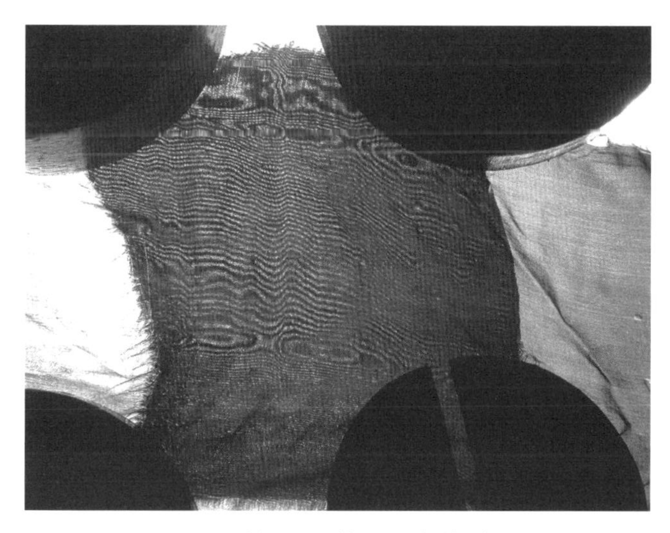

FIGURA 16-30 Problema 16 *(Cortesia de Chuck Adler.)*

17 •• Quando um instrumento musical constituído de copos de vidro, cada um parcialmente cheio de água até uma altura diferente, é tocado com um pequeno bastão, cada copo produz uma onda sonora de freqüência diferente. Explique como funciona este instrumento.

18 •• **APLICAÇÃO EM ENGENHARIA** Durante um recital de órgão, o compressor de ar que alimenta os tubos falha repentinamente. Um corajoso estudante de física, da audiência, tenta ajudar, substituindo o compressor por um tanque pressurizado de gás nitrogênio. Que efeito, se existir algum, produzirá o gás nitrogênio sobre a freqüência de saída dos tubos do órgão? Que efeito, se existente, seria produzido sobre a freqüência de saída dos tubos do órgão se o gás utilizado fosse o hélio?

19 •• A constante γ para o hélio (e para todos os gases monoatômicos) é 1,67. Se um homem aspira hélio e depois fala, sua voz passa a ter um tom mais alto, como nos desenhos animados. Por quê?

ESTIMATIVA E APROXIMAÇÃO

20 • É divulgado que uma potente cantora de ópera pode atingir uma nota alta com intensidade suficiente para quebrar um copo de vinho vazio, fazendo com que o ar dentro dele ressoe na freqüência de sua voz. Estime a freqüência necessária para se obter uma onda estacionária em um copo de 8,0 cm de altura. (Os 8,0 cm não incluem a altura da haste da taça.) Aproximadamente a quantas oitavas acima do dó central (262 Hz) corresponde esta freqüência? *Dica: Passar para uma oitava acima significa dobrar a freqüência.*

21 • Estime a precisão com que você pode afinar uma corda de piano com um diapasão de freqüência conhecida, usando apenas seus ouvidos, o diapasão e tocando a tecla correspondente. Explique sua resposta.

22 •• Os menores tubos usados em órgãos têm 7,5 cm de comprimento. (*a*) Estime a freqüência fundamental de um tubo aberto nas duas extremidades que tenha este comprimento. (*b*) Para este tubo, estime o número harmônico n do harmônico de freqüência mais alta dentro da faixa audível. (A faixa audível humana vai de 20 a 20.000 Hz.)

23 •• **APLICAÇÃO BIOLÓGICA** Estime as freqüências de ressonância, dentro da faixa audível humana, para o canal auditivo humano. Considere o canal como uma coluna de ar aberta em uma extremidade, fechada na outra extremidade, e com um comprimento de 1,00 in. Quantas freqüências de ressonância estão nesta faixa? É uma constatação experimental que a audição humana é mais sensível nas freqüências de cerca de 3, 9 e 15 kHz. Compare estas freqüências com o resultado de seus cálculos.

SUPERPOSIÇÃO E INTERFERÊNCIA

24 • Duas ondas harmônicas propagam-se em uma corda no mesmo sentido, ambas com uma freqüência de 100 Hz, um comprimento de onda de 2,0 cm e uma amplitude de 0,020 m. Ademais, elas se sobrepõem. Qual é a amplitude da onda resultante se as originais diferem em fase por (*a*) $\pi/6$ e (*b*) $\pi/3$?

25 • Duas ondas harmônicas de mesmas freqüência, rapidez de onda e amplitude propagam-se no mesmo sentido e no mesmo meio de propagação. Ademais, elas se sobrepõem. Se elas diferem em fase por $\pi/2$, e cada uma tem uma amplitude de 0,050 m, qual é a amplitude da onda resultante?

26 • Dois alto-falantes, colocados face a face, oscilam em fase com a mesma freqüência. Eles estão separados de uma distância igual a um terço de um comprimento de onda. O ponto P está em frente aos dois alto-falantes, sobre a linha que passa pelos seus centros. A amplitude do som em P, devida a cada um dos alto-falantes isoladamente, é A. Qual é a amplitude (em termos de A) da onda resultante no ponto P?

27 • Duas fontes sonoras oscilam em fase com uma freqüência de 100 Hz. Em um ponto a 5,00 m de uma das fontes e a 5,85 m da outra, a amplitude do som proveniente da cada fonte, em separado, é A. (*a*) Qual é a diferença de fase entre as duas ondas nesse ponto? (*b*) Qual é a amplitude (em termos de A) da onda resultante nesse ponto?

28 • Desenhe, com um programa de desenho ou com um compasso, arcos circulares com raios de 1 cm, 2 cm, 3 cm, 4 cm, 5 cm, 6 cm e 7 cm, centrados em cada um de dois pontos (P_1 e P_2) que distam $d = 3{,}0$ cm entre si. Desenhe curvas suaves passando pelas interseções correspondentes a pontos distantes N centímetros de P_1 e de P_2, para $N = +2, +1, 0, -1$ e -2, e identifique cada curva com o correspondente valor de N. Há mais duas curvas dessas que você pode desenhar , uma para $N = +3$ e outra para $N = -3$. Se fontes idênticas de ondas coerentes e em fase, de 1,0 cm de comprimento de onda, fossem colocadas nos pontos P_1 e P_2, as ondas iriam interferir construtivamente ao longo de cada uma dessas curvas suaves.

29 • Dois alto-falantes, separados de determinada distância, emitem ondas sonoras de mesma freqüência. Em algum ponto P a intensidade devida a cada um dos alto-falantes, separadamente, é I_0. A distância de P a um dos alto-falantes é $\frac{1}{2}\lambda$ maior do que a distância de P ao outro alto-falante. Qual é a intensidade em P se (*a*) os alto-falantes são coerentes e estão em fase, (*b*) os alto-falantes são incoerentes e (*c*) os alto-falantes são coerentes e defasados de 180°?

30 • Dois alto-falantes, separados de determinada distância, emitem ondas sonoras de mesma freqüência. Em algum ponto P' a intensidade devida a cada um dos alto-falantes, separadamente, é I_0. A distância de P' a um dos alto-falantes é um comprimento de onda maior do que a distância de P' ao outro alto-falante. Qual é a intensidade em P' se (*a*) os alto-falantes são coerentes e estão em fase, (*b*) os alto-falantes são incoerentes e (*c*) os alto-falantes são coerentes e defasados de 180°?

31 •• Uma onda transversal harmônica, com uma freqüência igual a 40,0 Hz, propaga-se ao longo de uma corda esticada. Dois pontos, separados de 5,00 cm, estão defasados de $\pi/6$. (*a*) Qual é o comprimento de onda da onda? (*b*) Em um dado ponto da corda, de quanto deve variar a fase em 5,00 ms? (*c*) Qual é a rapidez da onda?

32 •• **APLICAÇÃO BIOLÓGICA** Acredita-se que o cérebro determina a direção de uma fonte sonora sentindo a diferença de fase entre as ondas sonoras que chegam aos tímpanos. Uma fonte distante emite som de 680 Hz de freqüência. Quando você está diretamente em frente da fonte sonora não existe diferença de fase. Estime a diferença de fase entre os sons recebidos por seus ouvidos quando você está olhando em uma direção que forma 90° com a direção que o liga à fonte.

33 •• A fonte sonora A está localizada em $x = 0$, $y = 0$, e a fonte sonora B está localizada em $x = 0$, $y = 2{,}4$ m. As duas fontes irradiam coerentemente e em fase. Um observador em $x = 15$ m, $y = 0$, nota que, dando alguns passos a partir de $y = 0$, tanto no sentido $+y$ quanto no sentido $-y$, a intensidade sonora diminui. Quais são a freqüência mais baixa e a freqüência seguinte à mais baixa, emitidas pela fonte, que podem dar conta desta observação?

34 •• Suponha que o observador do Problema 33 se encontre em um ponto de intensidade mínima em $x = 15$ m, $y = 0$. Quais são, então, a freqüência mais baixa e a freqüência seguinte à mais baixa, emitidas pela fonte, que podem dar conta desta observação?

35 ••• **PLANILHA ELETRÔNICA** Duas ondas harmônicas de água, de mesma amplitude mas diferindo em freqüência, número de onda e rapidez, propagam-se no mesmo sentido. Ademais, elas se superpõem. O deslocamento total da onda pode ser escrito como $y(x,t) = A[\cos(k_1x - \omega_1t) + \cos(k_2x - \omega_2t)]$, onde $\omega_1/k_1 = v_1$ (a rapidez da primeira onda) e $\omega_2/k_2 = v_2$ (a rapidez da segunda onda). (*a*) Mostre que $y(x,t)$ pode ser escrito na forma $y(x,t) = Y(x,t)\cos(k_{méd}x - \omega_{méd}t)$, onde $\omega_{méd} = (\omega_1 + \omega_2)/2$, $k_{méd} = (k_1 + k_2)/2$, $Y(x,t) = 2A\cos[(\Delta k/2)x - (\Delta\omega/2)t]$, $\Delta\omega = \omega_1 - \omega_2$ e $\Delta k = k_1 - k_2$. O fator $Y(x,t)$ é o chamado

envelope da onda. (*b*) Sejam $A = 1{,}00$ cm, $\omega_1 = 1{,}00$ rad/s, $k_1 = 1{,}00$ m^{-1}, $\omega_2 = 0{,}900$ rad/s e $k_2 = 0{,}800$ m^{-1}. Usando uma **planilha eletrônica** ou uma **calculadora gráfica**, faça um gráfico de $y(x,t)$ *versus* x em $t = 0{,}00$ s, para $0 < x < 5{,}00$ m. (*c*) Usando uma **planilha eletrônica** ou uma **calculadora gráfica**, trace três curvas de $Y(x,t)$ *versus* x para $-5{,}00$ m $< x < 5{,}00$ m no mesmo gráfico. Faça uma curva para $t = 0{,}00$ s, uma segunda para $t = 5{,}00$ s e uma terceira para $t = 10{,}00$ s. Estime, a partir das três curvas, a rapidez com que se move o envelope e compare esta estimativa com a rapidez obtida usando $v_{\text{envelope}} = \Delta\omega/\Delta k$.

36 ••• Duas fontes pontuais coerentes estão em fase e separadas por uma distância d. Um padrão de interferência é detectado ao longo de uma linha paralela à linha que passa pelas fontes e a uma grande distância D das fontes, como mostrado na Figura 16-31. (*a*) Mostre que a diferença de percurso Δs das duas fontes até um ponto sobre a linha a um ângulo θ é dada, aproximadamente, por $\Delta s \approx d$ sen θ. *Dica: Suponha* $D \gg d$, *de modo que as linhas das fontes até P sejam aproximadamente paralelas* (Figura 16-31*b*). (*b*) Mostre que as duas ondas interferem construtivamente em P se $\Delta s = m\lambda$, onde $m = 0, 1, 2, \ldots$. (Isto é, mostre que existe um máximo de interferência em P se $\Delta s = m\lambda$, onde $m = 0, 1, 2, \ldots$.) (*c*) Mostre que a distância y_m do máximo central (em $y = 0$) ao m-ésimo máximo de interferência em P é dada por $y_m = D \tan \theta_m$, onde d sen $\theta_m = m\lambda$.

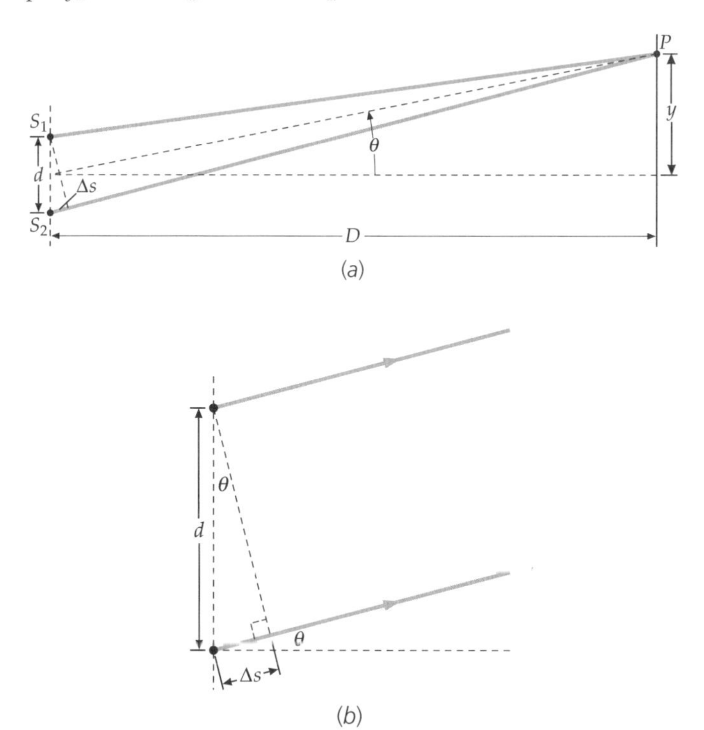

FIGURA 16-31 Problema 36

37 •• Duas fontes sonoras, irradiando em fase a uma freqüência de 480 Hz, interferem de forma que os máximos são ouvidos a ângulos de 0° e de 23° com uma linha perpendicular àquela que liga as duas fontes. Um ouvinte está a uma grande distância da linha que une as fontes, e não há máximos adicionais ouvidos para ângulos na faixa $0° < \theta < 23°$. Determine a separação d entre as duas fontes, e quaisquer outros ângulos para os quais serão ouvidos máximos de intensidade. (Use o resultado do Problema 36.)

38 •• Dois alto-falantes são colocados em fase por um amplificador de áudio a uma freqüência de 600 Hz. Os alto-falantes estão no eixo y, um em $y = +1{,}00$ m e o outro em $y = -1{,}00$ m. Uma ouvinte, partindo de $(x, y) = (D, 0)$, onde $D \gg 2{,}00$ m, caminha no sentido $+y$ ao longo da linha $x = D$. (Veja o Problema 36.) (*a*) Para qual ângulo θ ela ouvirá pela primeira vez um mínimo de intensidade sonora? (θ é o ângulo entre o eixo x positivo e a linha que liga a origem à ouvinte.) (*b*) Para qual ângulo θ ela ouvirá pela primeira vez um máximo de intensidade sonora (após $\theta = 0$)? (*c*) Quantos máximos ela poderá ouvir se continuar caminhando no mesmo sentido?

39 ••• Duas fontes sonoras, colocados em fase por um mesmo amplificador estão afastadas de 2,00 m sobre o eixo y, uma em $y = +1{,}00$ m e a outra em $y = -1{,}00$ m. Em pontos muito afastados do eixo y ouve-se interferência construtiva para os ângulos $\theta_0 = 0{,}000$ rad, $\theta_1 = 0{,}140$ rad e $\theta_2 = 0{,}283$ rad, com o eixo x, e para nenhum outro ângulo entre esses (veja a Figura 16-31). (*a*) Qual é o comprimento de onda das ondas sonoras emitidas pelas fontes? (*b*) Qual é a freqüência das fontes? (*c*) Para que outros ângulos é ouvida interferência construtiva? (*d*) Qual é o menor ângulo para o qual as ondas sonoras se cancelam?

40 ••• As duas fontes sonoras do Problema 39 estão, agora, defasadas de 90°, mas com a mesma freqüência do Problema 39. Para que ângulos são ouvidas interferência construtiva e interferência destrutiva?

41 •• **APLICAÇÃO EM ENGENHARIA** Um radiotelescópio astronômico consiste em duas antenas separadas de uma distância de 200 m. As duas antenas estão sintonizadas na freqüência de 20 MHz. Os sinais de cada antena são enviados para um amplificador comum, mas um deles passa, primeiro, por um seletor de fases que retarda sua fase de uma certa quantidade, de modo que o telescópio possa "olhar" em diferentes direções (Figura 16-32). Quando a defasagem é zero, ondas planas de rádio, que incidem verticalmente sobre a antena, produzem sinais que se somam construtivamente no amplificador. Qual deve ser a defasagem para que os sinais provenientes de um ângulo $\theta = 10°$ com a vertical (no plano formado pela vertical e pela linha que liga as antenas) se somem construtivamente no amplificador? *Dica: Ondas de rádio viajam a* $3{,}00 \times 10^8$ *m/s.*

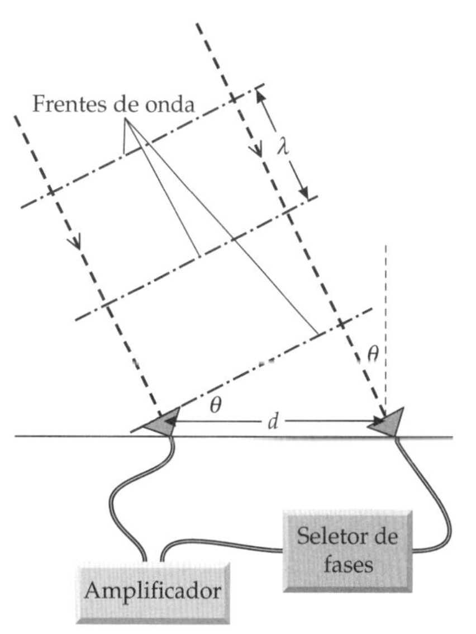

FIGURA 16-32 Problema 41

BATIMENTOS

42 • Quando dois diapasões são tocados simultaneamente, 4,0 batimentos por segundo são ouvidos. A freqüência de um diapasão é 500 Hz. (*a*) Quais são os possíveis valores para a freqüência do outro diapasão? (*b*) Um pedaço de cera é colocado no diapasão de 500 Hz para baixar ligeiramente sua freqüência. Explique como a medida de uma nova freqüência de batimento pode ser usada para determinar qual das suas respostas da Parte (*a*) é a freqüência correta do segundo diapasão.

43 ••• **APLICAÇÃO EM ENGENHARIA** Um radar de polícia, estacionário, emite microondas a 5,00 GHz. Quando ele é apontado para um carro, ele sobrepõe as ondas transmitida e refletida. Como as freqüên-

cias destas duas ondas são diferentes, batimentos são gerados, com a rapidez do carro sendo proporcional à freqüência de batimento. A rapidez do carro, 83 mi/h, aparece no visor do aparelho de radar. Supondo que o carro esteja se movendo ao longo da linha de visada do policial e usando as equações do efeito Doppler, (*a*) mostre que, para uma freqüência de radar constante, a freqüência de batimento é proporcional à rapidez do carro. *Dica: A rapidez do carro é muito pequena em comparação com a rapidez da luz.* (*b*) Qual é a freqüência de batimento, neste caso? (*c*) Qual é o fator de calibração para este aparelho? Isto é, qual é a freqüência de batimento gerada por mi/h de rapidez?

ONDAS ESTACIONÁRIAS

44 • Uma corda, presa pelas duas extremidades, tem 3,00 de comprimento. Ela ressoa em seu segundo harmônico com uma freqüência de 60,0 Hz. Qual é a rapidez de ondas transversais na corda?

45 • Uma corda, de 3,00 m de comprimento e fixa nas duas pontas, está vibrando em seu terceiro harmônico. O deslocamento máximo de qualquer ponto da corda é 4,00 mm. A rapidez de ondas transversais nesta corda é 50,0 m/s. (*a*) Quais são o comprimento de onda e a freqüência desta onda estacionária? (*b*) Escreva a função de onda para esta onda estacionária.

46 • Calcule a freqüência fundamental de um tubo de órgão com 10 m de comprimento efetivo que seja (*a*) aberto nas duas extremidades e (*b*) fechado em uma extremidade.

47 • Um fio flexível, de 5,00 g e 1,40 m de comprimento, sofre uma tração de 968 N e está fixo nas duas extremidades. (*a*) Determine a rapidez de ondas transversais no fio. (*b*) Determine o comprimento de onda e a freqüência do modo fundamental. (*c*) Determine as freqüências dos segundo e terceiro harmônicos.

48 • Uma corda esticada, de 4,00 m de comprimento, tem uma extremidade fixa e a outra livre. (A extremidade livre é presa a um cordão longo e leve.) A rapidez de ondas na corda é 20,0 m/s. (*a*) Determine a freqüência do modo fundamental. (*b*) Determine o segundo harmônico. (*c*) Determine o terceiro harmônico.

49 • Uma corda de piano, de aço, tem uma freqüência fundamental de 200 Hz. Quando entrelaçada com um fio de cobre, sua massa específica linear é dobrada. Qual é a sua nova freqüência fundamental, supondo a mesma tração?

50 • Qual é o maior comprimento que um tubo de órgão pode ter, para que sua nota fundamental esteja na faixa audível (20 a 20.000 Hz) se (*a*) o tubo é fechado em uma extremidade e (*b*) ele é aberto nas duas extremidades?

51 •• A função de onda $y(x, t)$ para determinada onda estacionária em uma corda fixa nas duas extremidades é dada por $y(x, t) = 4{,}20 \text{ sen}(0{,}200\, x) \cos(300\, t)$, onde y e x estão em centímetros e t está em segundos. Uma onda estacionária pode ser considerada como a superposição de duas ondas progressivas. (*a*) Quais são o comprimento de onda e a freqüência das duas ondas progressivas que formam a onda estacionária aqui especificada? (*b*) Qual é a rapidez destas ondas na corda? (*c*) Se a corda está vibrando em seu quarto harmônico, qual é o seu comprimento?

52 •• A função de onda $y(x, t)$ para determinada onda estacionária em uma corda fixa nas duas extremidades é dada por $y(x, t) = (0{,}0500 \text{ m}) \text{ sen}(2{,}50 \text{ m}^{-1} x) \cos(500 \text{ s}^{-1} t)$. Uma onda estacionária pode ser considerada como a superposição de duas ondas progressivas. (*a*) Quais são a rapidez e a amplitude de cada uma das ondas progressivas que formam a onda estacionária aqui especificada? (*b*) Qual é a distância entre nós sucessivos na corda? (*c*) Qual é o menor comprimento possível para a corda?

53 •• Um tubo de 1,20 m de comprimento está fechado em uma das extremidades. Perto da extremidade aberta há um alto-falante alimentado por um oscilador de áudio cuja freqüência pode ser variada de 10,0 a 5000 Hz. (Despreze possíveis correções de borda.) (*a*) Qual é a freqüência mais baixa do oscilador que produzirá ressonância dentro do tubo? (*b*) Qual é a freqüência mais alta do oscilador que produzirá ressonância dentro do tubo? (*c*) Quantas freqüências diferentes do oscilador produzirão ressonância dentro do tubo?

54 •• Um diapasão, de 460 Hz, provoca ressonância no tubo desenhado na Figura 16-33 quando o comprimento L da coluna de ar sobre a água é de 18,3 cm e de 55,8 cm. (*a*) Determine a rapidez do som no ar. (*b*) Qual é a correção de borda necessária para levar em conta que o antinó não ocorre exatamente na extremidade aberta do tubo?

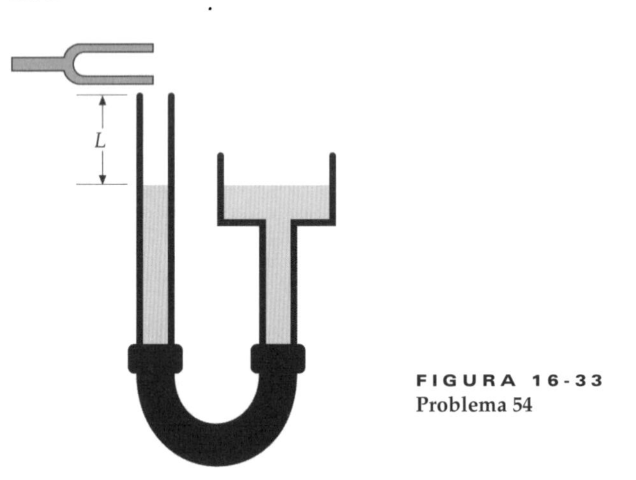

FIGURA 16-33
Problema 54

55 •• Um tubo de órgão tem uma freqüência fundamental de 440,0 Hz a 16,00°C. Qual será a freqüência fundamental do tubo se a temperatura aumentar para 32,00°C (supondo o comprimento do tubo mantido constante)? É melhor construir tubos de órgão de um material que se expanda substancialmente com o aumento da temperatura, ou é melhor construir os tubos de material que mantenha o mesmo comprimento nas temperaturas normais?

56 •• De acordo com a teoria, a correção de borda para um tubo é aproximadamente $\Delta L = 0{,}3186D$, onde D é o diâmetro do tubo. Determine o comprimento real de um tubo, aberto nas duas extremidades, que produz um dó central (256 Hz) como modo fundamental para tubos de diâmetros $D = 1{,}00$ cm, 10,0 cm e 30,0 cm.

57 •• Seja uma corda de violino de 40,0 cm de comprimento com 1,20 g de massa, vibrando em seu modo fundamental* com a freqüência de 500 Hz. (*a*) Qual é o comprimento de onda da onda estacionária nesta corda? (*b*) Qual é a tração na corda? (*c*) Onde você deve apertar a corda para aumentar a freqüência fundamental para 650 Hz?

58 •• A corda sol de um violino tem 30,0 cm de comprimento. Quando tocada só com o arco, ela vibra em seu modo fundamental* com uma freqüência de 196 Hz. As notas mais altas seguintes, em sua escala de dó central, são o lá (220 Hz), o si (247 Hz), o dó (262 Hz) e o ré (294 Hz). A que distância da extremidade da corda deve ser colocado um dedo para que cada uma dessas notas seja tocada?

59 •• Uma corda tem uma massa específica linear de $4{,}00 \times 10^{-3}$ kg/m e está sob a tração de 360 N, com as duas extremidades fixas. Uma de suas freqüências de ressonância é 375 Hz. A freqüência de ressonância seguinte é 450 Hz. (*a*) Qual é a freqüência fundamental desta corda? (*b*) Quais harmônicos possuem as freqüências informadas? (*c*) Qual é o comprimento da corda?

* Uma corda de violino ao ser tocada não vibra em um único modo. Logo, as condições descritas no enunciado deste problema não são perfeitamente corretas.

60 •• Uma corda, presa nas duas extremidades, possui ressonâncias sucessivas com comprimentos de onda de 0,54 m para o n-ésimo harmônico e de 0,48 m para o $(n + 1)$-ésimo harmônico. (*a*) Que harmônicos são estes? (*b*) Qual é o comprimento da corda?

61 •• As cordas de um violino estão afinadas para as notas sol, ré, lá e mi, formando quintas sucessivas. Isto é, $f(\text{ré}) = 1{,}5f(\text{sol})$, $f(\text{lá}) = 1{,}5f(\text{ré}) = 440$ Hz e $f(\text{mi}) = 1{,}5f(\text{lá})$. A distância entre o cavalete da voluta e o cavalete do corpo do instrumento, os dois pontos fixos de cada corda, é 30,0 cm. A tração sobre a corda mi é de 90,0 N. (*a*) Qual é a massa específica linear da corda mi? (*b*) Para evitar distorções do instrumento ao longo do tempo, é importante que a tração em todas as cordas seja a mesma. Determine as massas específicas lineares das outras cordas.

62 •• Em um violoncelo, como na maioria dos instrumentos de corda, o posicionamento dos dedos pelo instrumentista determina as freqüências fundamentais das cordas. Suponha que uma das cordas em um violoncelo esteja afinada para tocar um dó central (262 Hz) quando tocada em todo o seu comprimento. Qual é a fração desta corda que deve ser encurtada para tocar um mi (330 Hz)? E um sol (392 Hz)?

63 •• Para afinar um violino, primeiro você deve afinar a corda lá para a freqüência correta de 440 Hz, e depois você toca, simultaneamente, esta e uma outra corda, e escuta os batimentos. Enquanto tocando as cordas lá e mi, você escuta uma freqüência de batimento de 3,00 Hz e repara que a freqüência de batimento aumenta se a tração na corda mi é aumentada. (A corda mi deve ser afinada em 660 Hz.) (*a*) Por que são produzidos batimentos quando estas duas cordas são tocadas simultaneamente? (*b*) Qual é a freqüência de vibração da corda mi quando a freqüência de batimento é de 3,00 Hz?

64 •• Uma corda de 2,00 m de comprimento, fixa em uma das extremidades e livre na outra (a extremidade livre está ligada a um cordão longo e leve), vibra em seu terceiro harmônico com uma amplitude máxima de 3,00 cm e uma freqüência de 100 Hz. (*a*) Escreva a função de onda para esta vibração. (*b*) Escreva uma função para a energia cinética de um segmento da corda de comprimento dx, em um ponto distante x da extremidade fixa, como função do tempo t. Em que tempos esta energia cinética é máxima? Qual é o formato da corda nesses tempos? (*c*) Determine a energia cinética máxima da corda, integrando sua expressão da Parte (*b*) sobre o comprimento total da corda.

65 •• **RICO EM CONTEXTO** Um experimento comum de física, que trata de ressonâncias de ondas transversais em uma corda, é mostrado na Figura 16-34. Um peso é preso a uma extremidade de uma corda que passa por uma polia; a outra extremidade da corda é presa a um oscilador mecânico que se move, para cima e para baixo, com uma freqüência f que permanece fixa durante a demonstração. O comprimento L entre o oscilador e a polia é fixo, e a tração é igual à força gravitacional sobre o peso. Para certos valores de tração, a corda ressoa. Suponha que a corda nem seja distendida e nem comprimida, quando a tração varia. (*a*) Explique por que apenas certos valores discretos da tração resultam em ondas estacionárias na corda. (*b*) Você precisa aumentar ou diminuir a tensão para produzir uma onda estacionária com um antinó a mais? Explique. (*c*) Prove seu raciocínio da Parte (*b*), mostrando que os valores de tração F_{Tn} para o n-ésimo modo de onda estacionária são dados por $F_{Tn} = 4L^2f^2\mu/n^2$, e assim F_{Tn} é inversamente proporcional a n^2. (*d*) Faça $L = 1{,}00$ m, $f = 80{,}0$ Hz e $\mu = 0{,}750$ g/m. Calcule a tração necessária para produzir cada um dos três primeiros modos (ondas estacionárias) na corda.

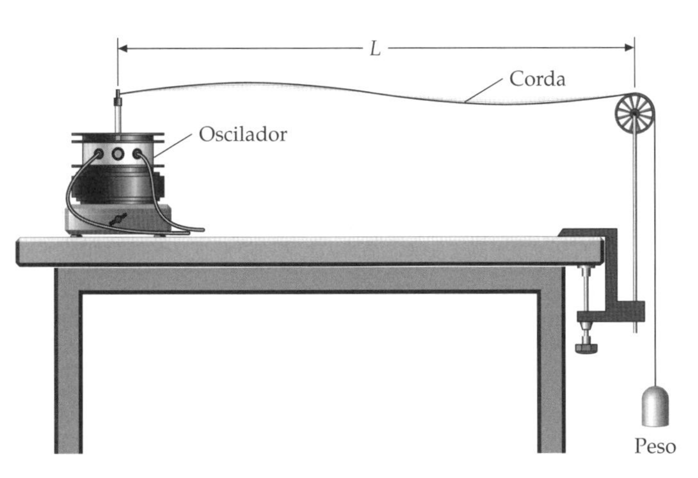

FIGURA 16-34 Problema 65

*ANÁLISE HARMÔNICA

66 • Uma corda de violão é puxada pelo seu ponto médio. Um microfone em seu computador detecta o som e um programa do computador determina que a maior parte do som subseqüente consiste em um tom de 100 Hz acompanhado de um bit de som com 300 Hz de tom. Quais são os dois modos de ondas estacionárias dominantes na corda?

*PACOTES DE ONDA

67 •• Um diapasão, com freqüência natural f_0, começa a vibrar no tempo $t = 0$ e é parado após um intervalo de tempo Δt. A forma de onda do som, em algum tempo posterior, é mostrada (Figura 16-35) como função de x. Seja N uma estimativa do número de ciclos desta forma de onda. (*a*) Se Δx é o comprimento espacial deste pacote de ondas, qual é a faixa de números de onda Δk do pacote? (*b*) Estime o comprimento de onda médio λ em termos de N e de Δx. (*c*) Estime o número de onda médio k em termos de N e de Δx. (*d*) Se Δt é o tempo que leva para o pacote de ondas passar por um ponto no espaço, qual é a faixa de freqüências angulares $\Delta\omega$ do pacote? (*e*) Expresse f_0 em termos de N e de Δt. (*f*) O número N é incerto em cerca de ± 1 ciclo. Use a Figura 16-35 para explicar por quê. (*g*) Mostre que a incerteza no comprimento de onda, devida à incerteza em N, é de $2\pi/\Delta x$.

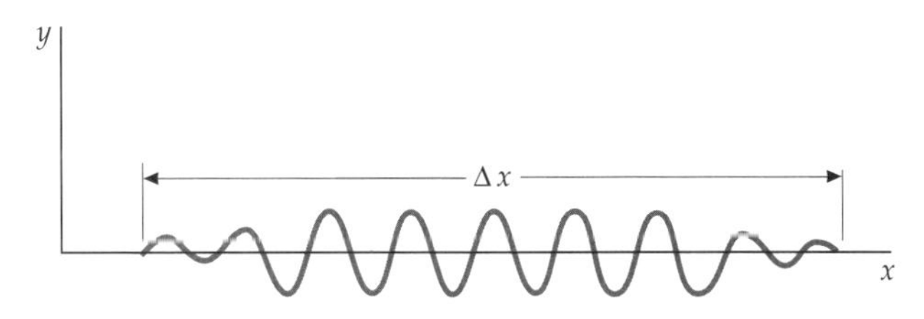

FIGURA 16-35 Problema 67

PROBLEMAS GERAIS

68 •• Uma corda de 35 m de comprimento possui uma massa específica linear de 0,0085 kg/m e sofre uma tração de 18 N. Determine as freqüências dos quatro primeiros harmônicos (*a*) se a corda está fixa nas duas extremidades e (*b*) se a corda está fixa em uma extremidade e livre na outra. (Isto é, se a extremidade livre está ligada a um cordão longo de massa desprezível.)

69 •• **RICO EM CONTEXTO, APLICAÇÃO EM ENGENHARIA** Trabalhando para uma pequena mineradora de ouro, você se depara com um túnel de uma mina abandonada que, devido ao desmoronamento das escoras de madeira, parece muito perigoso para ser pessoalmente explorado. Para medir sua profundidade, você emprega um oscilador de áudio de freqüência variável. Você verifica que ressonâncias sucessivas são produzidas nas freqüências de 63,58 e 89,25 Hz. Estime a profundidade do túnel.

70 •• Uma corda de 5,00 m de comprimento, fixa em uma extremidade e ligada a um longo cordão de massa desprezível na outra

extremidade, está vibrando em seu quinto harmônico, que tem uma freqüência de 400 Hz. A amplitude do movimento em cada antinó é de 3,00 cm. (*a*) Qual é o comprimento de onda desta onda? (*b*) Qual é o número de onda? (*c*) Qual é a freqüência angular? (*d*) Escreva a função de onda para esta onda estacionária.

71 •• A função de onda para uma onda estacionária em uma corda é descrita por $y(x, t) = (0{,}020)\ \text{sen}(4\pi x)\cos(60\pi t)$, onde y e x estão em metros e t está em segundos. Determine o deslocamento máximo e a velocidade máxima de um ponto da corda em (*a*) $x = 0{,}10$ m, (*b*) $x = 0{,}25$ m, (*c*) $x = 0{,}30$ m e (*d*) $x = 0{,}50$ m.

72 •• Uma corda de 2,5 m de comprimento, de 0,10 kg de massa, está fixa nas duas extremidades e sofre uma tração de 30 N. Quando o n-ésimo harmônico é excitado, há um nó a 0,50 m de uma das extremidades. (*a*) Quanto vale n? (*b*) Quais são as freqüências dos três primeiros harmônicos desta corda?

73 •• Um tubo de órgão, sob condições normais, tem uma freqüência fundamental de 220 Hz. Ele é colocado em uma atmosfera de hexafluoreto sulfúrico (SF_6), às mesmas temperatura e pressão. A massa molar do ar é $29{,}0 \times 10^{-3}$ kg/mol e a massa molar do SF_6 é 146×10^{-3} kg/mol. Qual é a freqüência fundamental do tubo quando na atmosfera de SF_6?

74 •• Durante uma demonstração em aula sobre ondas estacionárias, uma extremidade de uma corda é presa a um dispositivo que vibra a 60 Hz e produz ondas transversais com essa freqüência na corda. A outra extremidade da corda passa por uma polia e a tração é variada pendurando-se pesos a essa extremidade. A corda tem nós localizados aproximadamente junto ao dispositivo e junto à polia. (*a*) Se a corda tem uma massa específica linear de 8,0 g/m e um comprimento de 2,5 m entre o dispositivo vibrador e a polia, qual deve ser a tração para que a corda vibre em seu modo fundamental? (*b*) Determine a tração necessária para que a corda vibre em seus segundo, terceiro e quarto harmônicos.

75 •• Três freqüências de ressonância sucessivas de um tubo de órgão são 1310, 1834 e 2358 Hz. (*a*) O tubo está fechado em uma das pontas ou aberto nas duas pontas? (*b*) Qual é a freqüência fundamental? (*c*) Qual é o comprimento efetivo do tubo?

76 •• Durante um experimento para estudar a rapidez do som no ar, usando um oscilador de áudio e um tubo aberto em uma ponta e fechado na outra, encontra-se uma particular freqüência de ressonância com nós afastados de cerca de 6,94 cm. A freqüência do oscilador é aumentada e verifica-se que a freqüência de ressonância seguinte tem nós afastados de 5,40 cm. (*a*) Quais são as duas freqüências de ressonância? (*b*) Qual é a freqüência fundamental? (*c*) A que harmônicos correspondem estes dois modos? A rapidez do som é 343 m/s.

77 •• Uma onda estacionária em uma corda é representada pela função de onda $y(x, t) = (0{,}020)\ \text{sen}(\frac{1}{2}\pi x)\cos(40\pi t)$, onde x e y estão em metros e t está em segundos. (*a*) Escreva funções de onda para duas ondas progressivas que, quando superpostas, produzem este padrão estacionário. Em cada caso, contemple o intervalo $-5{,}0\ \text{m} < x < +5{,}0$ m. (*b*) Qual é a distância entre os nós da onda estacionária? (*c*) Qual é a rapidez máxima da corda em $x = 1{,}0$ m? (*d*) Qual é a máxima aceleração da corda em $x = 1{,}0$ m?

78 •• **PLANILHA ELETRÔNICA** Dois pulsos de onda progressivos em uma corda são representados pelas funções de onda

$$y_1(x, t) = \frac{0{,}020}{2{,}0 + (x - 2{,}0t)^2} \quad \text{e} \quad y_2(x, t) = \frac{-0{,}020}{2{,}0 + (x + 2{,}0t)^2}$$

onde x está em metros e t está em segundos. (*a*) Usando uma **planilha eletrônica** ou uma **calculadora gráfica**, faça gráficos separados de cada uma das funções de onda como função de x, em $t = 0$ e em $t = 1{,}0$ s, e descreva o comportamento de cada uma com o aumento do tempo. (*b*) Faça um gráfico da função de onda resultante em $t = -1{,}0$ s, em $t = 0{,}0$ s e em $t = 1{,}0$ s.

79 ••• Três ondas, que têm a mesma freqüência, o mesmo comprimento de onda e a mesma amplitude, viajam ao longo do eixo x. As três ondas são descritas pelas seguintes funções de onda: $y_1(x, t) = (5{,}00\ \text{cm})\ \text{sen}(kx - \omega t - \frac{1}{3}\pi)$, $y_2(x, t) = (5{,}00\ \text{cm})\ \text{sen}(kx - \omega t)$ e $y_3(x, t) = (5{,}00\ \text{cm})\ \text{sen}(kx - \omega t + \frac{1}{3}\pi)$, onde x está em metros e t está em segundos. A função de onda resultante é dada por $y(x, t) = A\ \text{sen}(kx - \omega t + \delta)$. Quais são os valores de A e de δ?

80 ••• Uma onda de pressão harmônica, produzida por uma fonte distante, tem, na região onde você se encontra, frentes de onda planas e verticais. Faça o sentido $+x$ apontar para o leste e o sentido $+y$ apontar para o norte. A função de onda da onda é $p(x, y, t) = A\cos(k_x x + k_y y - \omega t)$. Mostre que o sentido de movimento da onda forma um ângulo $\theta = \tan^{-1}(k_y/k_x)$ com o sentido $+x$ e que a rapidez da onda é $v = \omega\sqrt{k_x^2 + k_y^2}$.

81 •• A rapidez do som no ar é proporcional à raiz quadrada da temperatura absoluta T (Equação 15-5). (*a*) Mostre que, se a temperatura do ar varia de uma pequena quantidade, a variação relativa da freqüência fundamental de um tubo de órgão é aproximadamente igual à metade da variação relativa da temperatura absoluta. Isto é, mostre que $\Delta f/f \approx \frac{1}{2}\Delta T/T$, onde f é a freqüência à temperatura absoluta T e Δf é a variação da freqüência quando a temperatura varia de ΔT. (Ignore qualquer variação no comprimento do tubo, por expansão térmica.) (*b*) Seja um tubo de órgão fechado em uma das pontas, com freqüência fundamental de 200,0 Hz à temperatura de 20,00°C. Use o resultado aproximado da Parte (*a*) para determinar a freqüência fundamental do tubo quando a temperatura é 30,00°C. (*c*) Compare seu resultado da Parte (*b*) com o que você obteria com cálculos exatos. (Ignore qualquer variação no comprimento do tubo por expansão térmica.)

82 •• O tubo da Figura 16-36 está cheio de gás natural [metano (CH_4)]. O tubo é pontilhado por uma linha de pequenos furos afastados de 1,00 cm ao longo de todo o seu comprimento de 2,20 m. Um alto-falante fecha uma das extremidades do tubo e um pedaço maciço de metal fecha a outra extremidade. Na fotografia, qual é a freqüência que está sendo produzida? A rapidez do som em metano à baixa pressão e à temperatura ambiente é de cerca de 460 m/s.

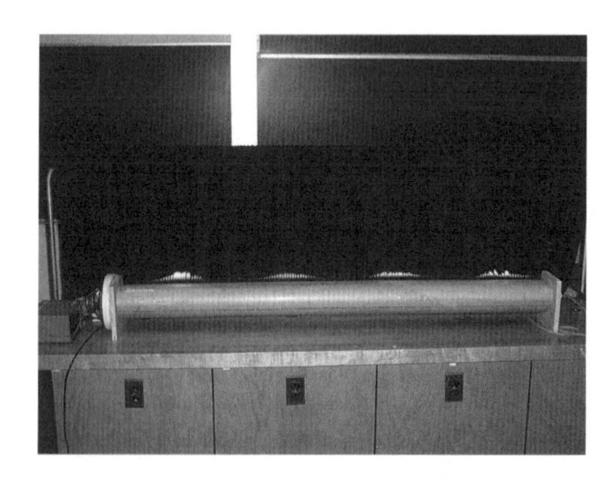

FIGURA 16-36 **Problema 82** *(University of Michigan Demonstration Laboratory.)*

83 •• **RICO EM CONTEXTO** Suponha que seu clarinete esteja totalmente cheio de hélio e que, antes de começar a tocá-lo, você encha seus pulmões com hélio. Você toca o clarinete como normalmente faz ao produzir uma nota si de 277 Hz. A freqüência de 277 Hz é a freqüência natural de ressonância deste clarinete com todos os furos tapados pelos dedos e quando cheio de ar. Qual é a freqüência que você realmente ouve?

84 ••• Um fio de 2,00 m de comprimento, fixo nas duas extremidades, está vibrando em seu modo fundamental. A tração no fio é de 40,0 N e a massa do fio é de 0,100 kg. A amplitude no meio do fio é de 2,00 cm. (*a*) Determine a máxima energia cinética do fio. (*b*)

Qual é a energia cinética do fio no instante em que o deslocamento transversal é dado por $y = 0{,}0200\ \text{sen}(\frac{\pi}{2}x)$, onde y está em metros se x está em metros, para $0{,}00\ \text{m} \leq x \leq 2{,}00\ \text{m}$? (*c*) Para qual valor de x o valor médio da energia cinética por unidade de comprimento é maior? (*d*) Para qual valor de x a energia potencial elástica por unidade de comprimento tem seu valor máximo?

85 ••• **PLANILHA ELETRÔNICA** Em princípio, uma onda com praticamente qualquer forma arbitrária pode ser expressa como uma soma de ondas harmônicas de diferentes freqüências. (*a*) Considere a função definida por

$$f(x) = \frac{4}{\pi}\left(\frac{\cos x}{1} - \frac{\cos 3x}{3} + \frac{\cos 5x}{5} - \cdots\right) = \frac{4}{\pi}\sum_{n=0}^{\infty}(-1)^n \frac{\cos[(2n+1)x]}{2n+1}$$

Escreva um programa de **planilha eletrônica** para calcular esta série usando um número finito de termos, e faça três gráficos da função, na faixa de $x = 0$ a $x = 4\pi$. Para criar o primeiro gráfico, aproxime a soma de $n = 0$ até $n = \infty$ pelo primeiro termo da soma, para cada valor de x que você plotar. Para criar os segundo e terceiro gráficos, use apenas os cinco primeiros termos e os dez primeiros termos, respectivamente. Esta função é, às vezes, chamada de *função quadrada*. (*b*) Diga qual é a relação entre esta função e a série de Leibnitz para π,

$$\frac{\pi}{4} = 1 - \frac{1}{3} + \frac{1}{5} - \frac{1}{7} + \cdots$$

86 ••• **PLANILHA ELETRÔNICA** Escreva um programa de **planilha eletrônica** para calcular e plotar a função

$$y(x) = \frac{4}{\pi}\left(\text{sen}\, x - \frac{\text{sen}\, 3x}{9} + \frac{\text{sen}\, 5x}{25} - \cdots\right) = \frac{4}{\pi}\sum_{n}\frac{(-1)^n\ \text{sen}(2n+1)x}{(2n+1)^2}$$

para $0 \leq x \leq 4\pi$. Use apenas os 25 primeiros termos da soma para cada valor de x em seu gráfico.

87 ••• **PLANILHA ELETRÔNICA** Se você bater palmas na extremidade de um longo tubo cilíndrico, o eco que você ouvirá não soará como palmas; o que você ouvirá soará como um assovio, no início com uma freqüência muito alta, mas decaindo rapidamente até quase desaparecer. Este "assovio de galeria" pode ser explicado facilmente, se você pensar no som de um bater palmas como uma compressão isolada irradiando a partir das mãos. Os ecos do bater palmas que chegarem aos seus ouvidos terão viajado ao longo de diferentes caminhos dentro do tubo, como mostrado na Figura 16-37. O primeiro eco a chegar terá feito um percurso reto de ida e volta no tubo, enquanto o segundo eco terá refletido uma vez no centro do tubo, tanto na ida quanto na volta, o terceiro eco terá refletido duas vezes em pontos a 1/4 e a 3/4 da distância, e assim por diante. O tom do som que você ouve corresponde à freqüência com que estes ecos chegam aos seus ouvidos. (*a*) Mostre que o tempo que separa o n-ésimo eco do $(n + 1)$-ésimo eco é

$$\Delta t_n = \frac{2}{v}\left(\sqrt{(2n)^2r^2 + L^2} - \sqrt{[2(n-1)]^2r^2 + L^2}\right)$$

onde v é a rapidez do som, L é o comprimento do tubo e r é o raio do tubo. (*b*) Usando um programa de **planilha eletrônica** ou uma **calculadora gráfica**, plote Δt_n *versus* n para $L = 90{,}0$ m e $r = 1{,}00$ m. Vá a até pelo menos $n = 100$. (*c*) Com seu gráfico, explique por que a freqüência diminui com o tempo. Quais são as freqüências mais alta e mais baixa que você ouvirá?

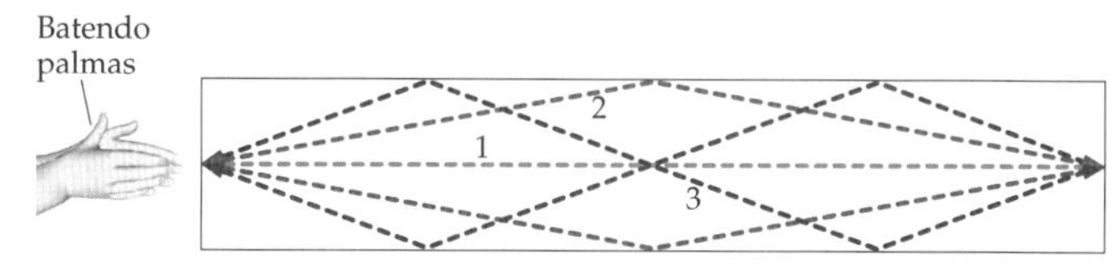

FIGURA 16-37 Problema 87

PARTE III TERMODINÂMICA

Temperatura e Teoria Cinética dos Gases

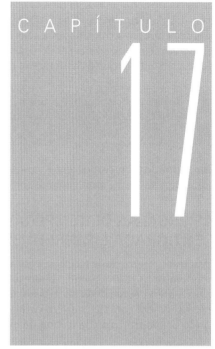

QUANDO BENJAMIN FRANKLIN ESTEVE EM PARIS, ELE ASSISTIU AO PRIMEIRO VÔO DO HOMEM EM BALÃO DE AR QUENTE DE QUE SE TEM REGISTRO. DESDE ENTÃO, MUITA GENTE TEM VOADO EM BALÕES SUSTENTADOS POR AR QUENTE.

Por que o balão sobe quando o ar que ele contém é aquecido? (Veja o Exemplo 17-7.)

Até as criancinhas possuem uma compreensão básica do que é quente e do que é frio, mas o que é temperatura? O que é que ela mede? Iniciamos, neste Capítulo 17, o estudo da temperatura.

Um piloto, um balonista e um mergulhador devem ter uma boa compreensão prática sobre as temperaturas do ar e da água ao planejarem seus vôos e mergulhos. Pilotos e balonistas devem estar cientes de como variações da temperatura afetam a massa específica do ar e os padrões dos ventos. Mergulhadores sabem que variações da temperatura corporal afetam a quantidade de ar do reservatório que será necessária em um mergulho. Eles também compreendem a importância de se equalizar a pressão sobre seus corpos com a pressão do ar contido dentro dos seus corpos. Para o mergulhador, o piloto e o balonista, a importância do comportamento dos gases em função da temperatura é vital. Assim, começamos nosso estudo da termodinâmica com uma discussão sobre a temperatura e um exame da lei dos gases ideais.

Neste capítulo, mostramos que uma escala consistente de temperatura pode ser definida em termos das propriedades dos gases de pequena massa específica, e que a temperatura é uma medida da energia cinética média das moléculas de um corpo.

17-1 EQUILÍBRIO TÉRMICO E TEMPERATURA

Usualmente, nosso sentido do tato é capaz de nos dizer se um corpo está quente ou frio. Sabemos que, para tornar um corpo frio mais quente, podemos colocá-lo em contato com um corpo quente e que, para tornar um corpo quente mais frio, podemos colocá-lo em contato com um corpo frio.

Quando um corpo é aquecido ou resfriado, algumas de suas propriedades físicas se alteram. Se um sólido ou um líquido é aquecido, seu volume usualmente aumenta. Se um gás é aquecido e sua pressão é mantida constante, seu volume aumenta. No entanto, se um gás é aquecido e seu volume é mantido constante, é sua pressão que aumenta. Se um condutor elétrico é aquecido, sua resistência elétrica se altera. (Esta propriedade é discutida no Capítulo 25 — Volume 2.) Uma propriedade física que varia com a temperatura é chamada de **propriedade termométrica**. Uma variação de uma propriedade termométrica indica uma variação da temperatura de um corpo.

Seja uma barra de cobre aquecida colocada em contato com uma barra de ferro resfriada, de forma que a barra de cobre esfria e a barra de ferro aquece. Dizemos que as duas barras estão em **contato térmico**. A barra de cobre se contrai levemente ao ser resfriada e a barra de ferro se expande levemente ao ser aquecida. Quando este processo termina, os comprimentos das barras passam a ser constantes. Então, as duas barras estão em **equilíbrio térmico** entre si.

Suponha, agora, que uma barra aquecida de cobre seja colocada em uma corrente de água fria. A barra esfria até parar de se contrair, quando estiver em equilíbrio térmico com a água. Depois, colocamos uma barra fria de ferro na corrente, próximo da barra de cobre mas sem tocá-la. A barra de ferro se aquecerá até também atingir o equilíbrio térmico com a água. Se tomarmos as barras e as colocarmos em contato térmico entre si, verificamos que seus comprimentos não variam. Elas estão em equilíbrio térmico entre si. Apesar do senso comum, não existe uma maneira lógica de se deduzir este fato, que é chamado de **lei zero da termodinâmica** (Figura 17-1):

> Se dois corpos estão em equilíbrio térmico com um terceiro, então os três corpos estão em equilíbrio térmico entre si.
>
> LEI ZERO DA TERMODINÂMICA

Por definição, dois corpos têm a mesma *temperatura* se eles estão em equilíbrio térmico entre si. A lei zero, como veremos, nos permite definir uma escala de temperatura.

AS ESCALAS DE TEMPERATURA CENTÍGRADA E FAHRENHEIT

Qualquer propriedade termométrica pode ser usada para estabelecer uma escala de temperatura. O termômetro comum de mercúrio consiste em um bulbo de vidro e um tubo contendo uma determinada quantidade de mercúrio.* Quando este termômetro é colocado em contato com um corpo mais quente, o mercúrio se expande, aumentando o comprimento da coluna de mercúrio (o vidro também se expande, mas em uma quantidade desprezível). Podemos criar uma escala ao longo do tubo de vidro usando o seguinte procedimento. Primeiro, o termômetro é colocado dentro de gelo e água em equilíbrio† a uma pressão de 1 atm. Quando o termômetro está em equilíbrio térmico com o gelo e a água, marcamos o tubo de vidro no topo da coluna de mercúrio. Esta marca representa a temperatura do **ponto de gelo** da água (também chamada de **ponto normal de congelamento** da água). Depois, o termômetro é colocado dentro de água fervente a uma pressão de 1 atm. Quando o termômetro está em equilíbrio térmico com a água fervente marcamos o tubo de vidro no topo da coluna de mercúrio. Esta marca representa a temperatura do **ponto de vapor** da água (também chamado de **ponto normal de ebulição** da água).

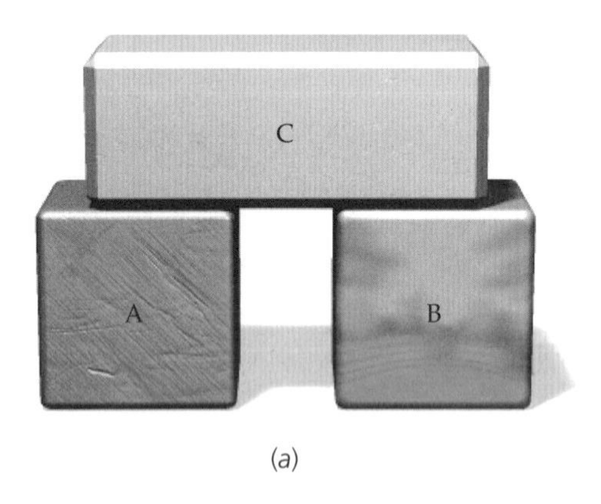

(*a*)

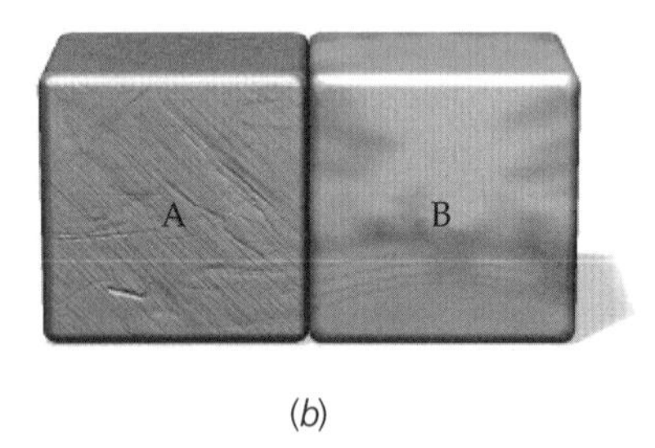

(*b*)

FIGURA 17-1 A lei zero da termodinâmica. (*a*) Os sistemas A e B estão em contato térmico com o sistema C, mas não em contato entre si. Quando A e B atingem, cada um, o equilíbrio térmico com C, eles estão em equilíbrio térmico um com o outro, o que pode ser verificado colocando-os em contato, como na Parte (*b*).

* O mercúrio é altamente tóxico. Hoje em dia, o álcool é comumente usado em termômetros.

† Água e gelo em equilíbrio constituem um banho de temperatura constante. Quando o gelo é colocado em água não gelada, a água resfria enquanto parte do gelo derrete. Quando, finalmente, o equilíbrio térmico é estabelecido, não há mais gelo derretendo. Se o sitema água/gelo for levemente aquecido, mais algum gelo derreterá, mas a temperatura do sistema não irá variar, desde que ainda haja gelo presente.

A **escala de temperatura centígrada** define a temperatura do ponto de gelo como zero grau centígrado (0°C) e a temperatura do ponto de vapor como 100°C. O espaço entre as marcas de zero e de 100 graus é dividido em 100 intervalos iguais (os graus). Marcas de graus também são feitas nas extensões abaixo e acima desses pontos. Se L_t é o comprimento da coluna de mercúrio, a temperatura centígrada t_C é dada por

$$t_C = \frac{L_t - L_0}{L_{100} - L_0} \times 100° \qquad 17\text{-}1$$

onde L_0 é o comprimento da coluna de mercúrio quando o termômetro está em um banho de gelo e L_{100} é o comprimento quando o termômetro está em um banho de vapor. A temperatura normal do corpo humano, medida na escala centígrada, é de cerca de 37°C.

Uma deficiência da escala centígrada é que ela depende da propriedade termométrica de algum material, como o mercúrio. Um aperfeiçoamento é a escala Celsius, discutida na Seção 17-2, que tem excelente concordância com a escala centígrada. (A concordância entre estas duas escalas é tão boa que muitos se referem à escala Celsius como a escala centígrada.)

Historicamente, a **escala de temperatura Fahrenheit** (largamente utilizada nos Estados Unidos) define a temperatura do ponto de gelo como 32°F e a temperatura do ponto de vapor como 212°F*. Para converter temperaturas entre as escalas Fahrenheit e centígrada, notamos que há 100 graus centígrados e 180 graus Fahrenheit entre os pontos de gelo e de vapor. Uma variação de temperatura de um grau centígrado é igual, portanto, à variação de 1,8 = 9/5 graus Fahrenheit. Para converter a temperatura de uma escala para outra, devemos também levar em conta o fato de que as temperaturas zero das duas escalas não são a mesma. A relação geral entre uma temperatura Fahrenheit t_F e uma temperatura centígrada t_C é

$$t_C = \tfrac{5}{9}(t_F - 32°) \qquad (\text{ou } t_F = \tfrac{9}{5}t_C + 32°) \qquad 17\text{-}2$$

CONVERSÃO FAHRENHEIT–CENTÍGRADOS

Hoje, definimos a escala Fahrenheit usando a Equação 17-2, com t_C igual à temperatura *Celsius*.

Exemplo 17-1 Convertendo Temperaturas Fahrenheit e Celsius

Viviane mede a temperatura de seu filhinho de seis meses, que está doente, com um termômetro calibrado na escala Celsius, e lê 40,0°C. Então, ela telefona ao médico procurando orientação. Quando ela informa ao médico a temperatura do bebê, o médico pergunta, "Quanto é isto, em Fahrenheit?" Ela faz a conversão, usando a Equação 17-2, e responde "102°F". Ela fez a conversão corretamente?

SITUAÇÃO Determine t_F usando $t_C = \frac{5}{9}(t_F - 32°)$ (Equação 17-2), com $t_C = 40{,}0°C$.

SOLUÇÃO

1. Escreva t_F em termos de t_C, a partir de $t_C = \frac{5}{9}(t_F - 32°)$: $\quad t_F = \frac{9}{5}t_C + 32°$

2. Substitua $t_C = 40{,}0°C$: $\quad t_F = \frac{9}{5}(40{,}0°) + 32° = \boxed{104°F}$

   A Viviane errou por 2°F.

CHECAGEM A temperatura de 40°C está a 0,4 do caminho entre 0°C e 100°C, e a temperatura de 72°F está a 0,4 do caminho entre 0°F e 180°F. Então, esperamos que a temperatura Fahrenheit seja 72°F + 32°F = 104°F, que é o nosso resultado do passo 2.

PROBLEMA PRÁTICO 17-1 (*a*) Determine a temperatura Celsius equivalente a 68°F. (*b*) Determine a temperatura Fahrenheit equivalente a −40°C.

---

* Quando o físico alemão Daniel Fahrenheit inventou sua escala de temperatura, ele queria que todas as temperaturas mensuráveis fossem poositivas. Originalmente, ele escolheu 0°F como a temperatura mais fria que ele podia obter com uma mistura de gelo e água salgada e 96°F (um valor conveniente, por ser divisível por muitos fatores) como a temperatura do corpo humano. Depois, ele modificou ligeralmente sua escala, para tornar números redondos as temperaturas do ponto de gelo e do ponto de vapor. Esta modificação resultou em uma temperatura média do corpo humano entre 98° e 99°F.

Outras propriedades termométricas podem ser usadas para construir termômetros e escalas de temperaturas. A Figura 17-2 mostra uma tira bimetálica que consiste em dois metais diferentes unidos. Quando a tira é aquecida ou resfriada, ela se dobra para acomodar as diferenças de expansão térmica dos dois metais. A Figura 17-3 mostra um termômetro que consiste em uma bobina bimetálica com um ponteiro preso para indicar a temperatura. Quando o termômetro é aquecido, a bobina se deforma e o ponteiro se move. Da mesma forma que os termômetros de mercúrio, ela está calibrada com o intervalo entre o ponto de gelo e o ponto de vapor dividido em 100 graus centígrados (ou 180 graus Fahrenheit).

FIGURA 17-2 Uma tira bimetálica. Quando aquecida ou resfriada, os dois metais se expandem ou se contraem diferentemente, fazendo com que a tira se dobre.

17-2 TERMÔMETROS DE GÁS E A ESCALA ABSOLUTA DE TEMPERATURA

Quando diferentes tipos de termômetros centígrados são calibrados na água com gelo e no vapor, eles concordam (por definição) em 0°C e em 100°C, mas fornecem leituras ligeiramente diferentes nos pontos intermediários. As discrepâncias crescem significativamente acima do ponto de vapor e abaixo do ponto de gelo. Contudo, para um grupo de termômetros, os termômetros de gás, as temperaturas medidas coincidem muito bem, mesmo longe dos pontos de calibração. Em um **termômetro de gás a volume constante**, o volume do gás é mantido constante e as variações da pressão do gás são usadas para indicar variações de temperatura (Figura 17-4). Uma pressão de ponto de gelo P_0 e uma pressão de ponto de vapor P_{100} são determinadas colocando-se o termômetro em banhos de água com gelo e de água com vapor, e o intervalo entre eles é dividido em 100 graus iguais (no caso da escala centígrada). Se a pressão é P_t em um banho cuja temperatura deve ser determinada, a temperatura em graus centígrados é definida como

$$t_C = \frac{P_t - P_0}{P_{100} - P_0} \times 100°C \qquad 17\text{-}3$$

TERMÔMETRO DE GÁS A VOLUME CONSTANTE NA ESCALA CENTÍGRADA

(a)

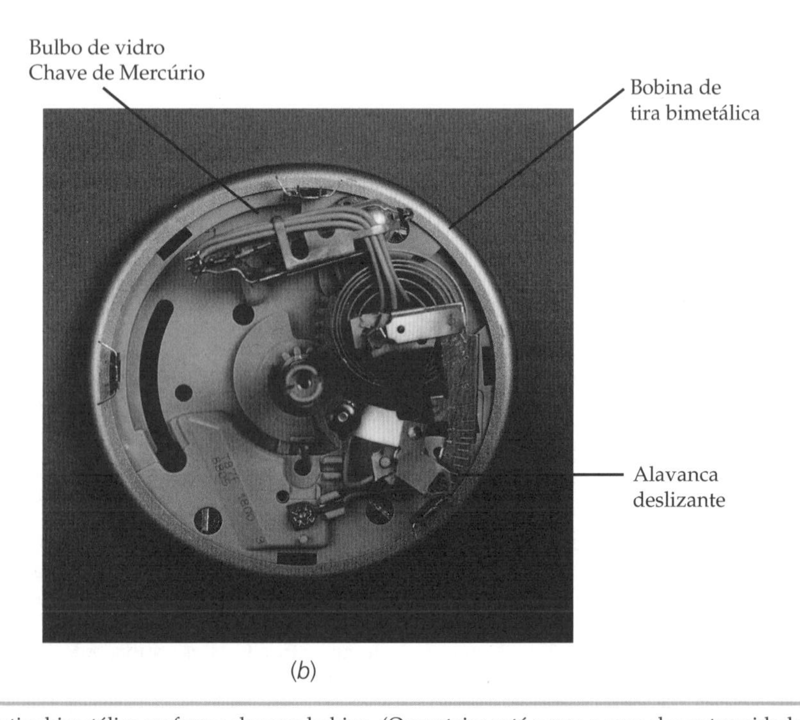

(b)

FIGURA 17-3 (*a*) Um termômetro que utiliza uma tira bimetálica na forma de uma bobina. (O ponteiro está preso a uma das extremidades da bobina.) Quando a temperatura da bobina aumenta, o ponteiro gira no sentido horário porque o metal externo se expande mais do que o metal interno. (*b*) Um termostato doméstico controla o ar condicionado central. Quando o ar se torna mais quente, a bobina se expande, o bulbo de vidro montado sobre ela se inclina e o mercúrio dentro do bulbo escorre e fecha uma chave elétrica, ligando o aparelho. Uma alavanca deslizante (embaixo, à direita), usada para girar o suporte da bobina, estabelece a temperatura desejada. O circuito é interrompido quando o ar mais frio faz com que a bobina bimetálica se contraia. *((a) Cortesia de Taylor Precision Products. (b) Richard Menga/Fundamental Photographs.)*

Suponha que uma determinada temperatura esteja sendo medida, digamos o ponto de ebulição do enxofre à pressão de 1 atmosfera, usando-se quatro termômetros de gás a volume constante, cada um contendo um dos quatro gases: ar, hidrogênio, nitrogênio e oxigênio. Os termômetros são calibrados, o que significa que, para cada um deles, os valores de P_{100} e de P_0 são determinados. Cada termômetro é, então, mergulhado em enxofre fervente e, quando em equilíbrio térmico com o enxofre, a pressão no termômetro é medida. Depois, a temperatura é calculada com o uso da Equação 17-3. Este processo dará o mesmo resultado para cada um dos quatro termômetros? Talvez surpreendentemente, a resposta é sim. Todos os quatro termômetros medem a mesma temperatura, desde que a massa específica do gás em cada um deles seja suficientemente pequena.

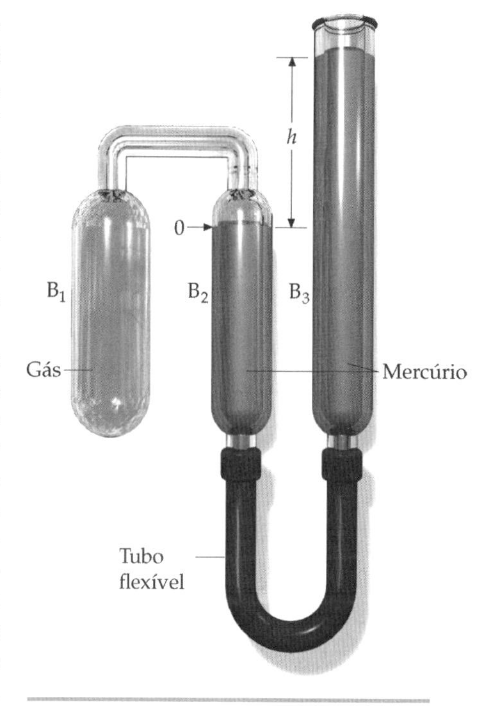

FIGURA 17-4 Um termômetro de gás a volume constante. O volume é mantido constante elevando-se ou abaixando-se o tubo B_3, de modo que o mercúrio no tubo B_2 permaneça no marco zero. A temperatura é escolhida como proporcional à pressão do gás no tubo B_1, que é indicada pela altura h da coluna de mercúrio do tubo B_3.

Uma medida da massa específica do gás no termômetro é a sua pressão do ponto de vapor, P_{100}. Se variamos a quantidade de gás em um termômetro de gás a volume constante, tanto acrescentando quanto retirando gás, mudamos ambos P_{100} e P_0. Como resultado, cada vez que a quantidade de gás é alterada, o termômetro deve ser recalibrado. A Figura 17-5 mostra os resultados de medidas do ponto de fusão do enxofre usando quatro termômetros de gás a volume constante, preenchidos com ar, hidrogênio, nitrogênio e oxigênio. Para cada termômetro, a temperatura medida é plotada em função da pressão do ponto de vapor do termômetro, P_{100}. Quando uma quantidade de gás é retirada, sua massa específica e a pressão de ponto de vapor diminuem. Vemos que, quando valores pequenos de massa específica para o gás são usados (pequenos P_{100}), os termômetros têm boa concordância. No limite de uma massa específica de gás se aproximando de zero, todos os termômetros de gás fornecerão o mesmo valor para a temperatura de fusão do enxofre. Esta temperatura medida com pequena massa específica é independente das propriedades de um gás em particular. Obviamente, não há nada de especial com o ponto de fusão do enxofre. Termômetros de gás a volume constante contendo gás com pequena massa específica concordam em qualquer temperatura. Assim, os termômetros de gás a volume constante que contêm gás com pequena massa específica podem ser utilizados para definir temperatura.

Seja uma série de medidas de temperatura feitas com um termômetro de gás a volume constante que tem uma quantidade de gás fixa mas muito pequena. De acordo com a Equação 17-3, a pressão P_t no termômetro varia linearmente com a temperatura medida t_C. A Figura 17-6 mostra um gráfico da pressão do gás em função da temperatura medida em um termômetro de gás a volume constante. Quando extrapolamos esta linha reta para uma pressão de gás nula, a temperatura se aproxima de −273,15°C. Este limite é o mesmo para qualquer tipo de gás usado.

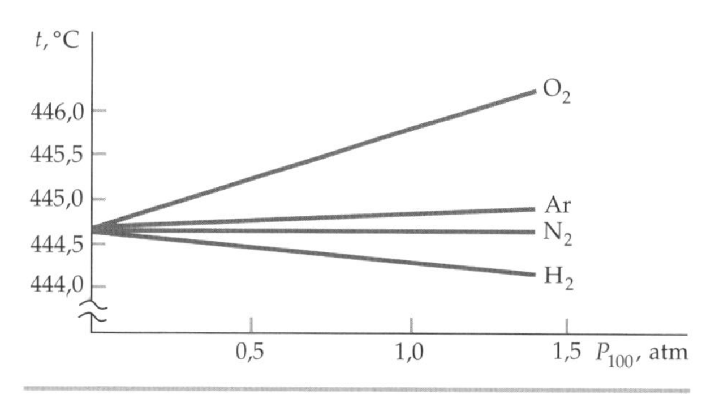

FIGURA 17-5 Temperatura do ponto de ebulição do enxofre, medida com termômetros de gás de volume constante contendo gases diferentes. O aumento ou a diminuição da quantidade de gás no termômetro faz com que a pressão P_{100} do ponto de vapor da água varie. À medida que a quantidade de gás é reduzida, a temperatura do ponto de ebulição do enxofre, conforme medida por todos os termômetros, se aproxima do valor 444,60°C. Note que o eixo das temperaturas mostra uma faixa de 444°C até 446°C.

Um estado de referência que é muito mais precisamente reprodutível do que os pontos de gelo ou de vapor é o **ponto triplo da água** — a temperatura e a pressão únicas em que água, vapor d'água e gelo coexistem em equilíbrio (veja a Figura 17-7). Este estado de equilíbrio ocorre em 4,58 mmHg e 0,01°C. A **escala de temperatura de gás ideal** é definida de modo que a temperatura do estado de ponto triplo seja igual a 273,16 kelvins (K). A temperatura T de

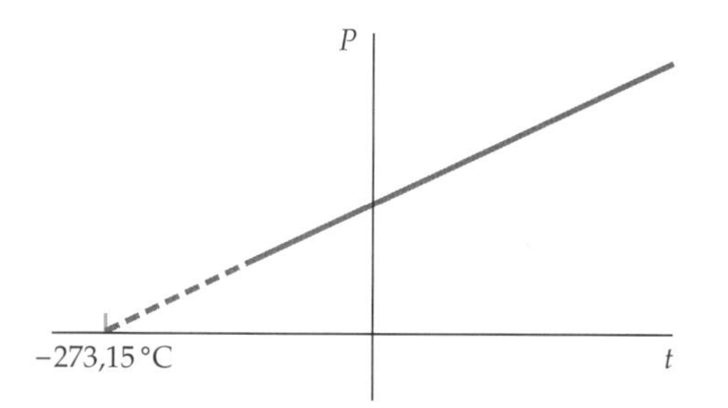

FIGURA 17-6 Gráfico de pressão *versus* temperatura para um gás, a partir de medidas de um termômetro de gás a volume constante. Quando extrapolado para a pressão zero, o gráfico intercepta o eixo das temperaturas no valor −273,15°C.

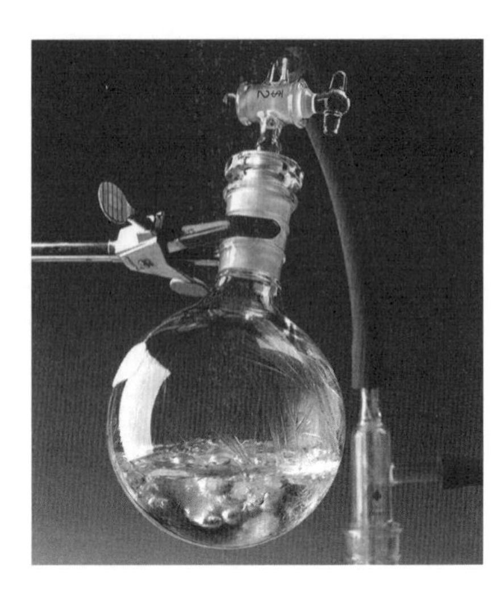

FIGURA 17-7 Água em seu ponto triplo. O frasco esférico contém água líquida, gelo e vapor d'água em equilíbrio térmico. *(Richard Menga/ Fundamental Photographs.)*

qualquer outro estado é definida como proporcional à pressão em um termômetro de gás a volume constante:

$$T = \frac{P}{P_3}T_3 \qquad 17\text{-}4$$

TERMÔMETRO A VOLUME CONSTANTE NA ESCALA DE TEMPERATURA DE GÁS IDEAL

onde P é a pressão do gás observada no termômetro, P_3 é a pressão quando o termômetro está imerso em um banho de água–gelo–vapor no ponto triplo e T_3 = 273,16 K (a temperatura do ponto triplo). O valor de P_3 depende da quantidade de gás no termômetro.

O grau Celsius é uma unidade do mesmo tamanho do kelvin, mas o ponto zero da **escala Celsius** difere do ponto zero da escala de temperatura de gás ideal. Por definição, o zero na escala Celsius corresponde a uma temperatura de gás ideal de exatamente 273,15 K.

A menor temperatura que pode ser medida com um termômetro de gás a volume constante é de cerca de 20 K, e o gás utilizado deve ser o hélio. Abaixo desta temperatura o hélio se liquefaz; todos os outros gases se liquefazem em temperaturas mais altas (Tabela 17-1). Veremos, no Capítulo 19, que a segunda lei da termodinâmica pode ser usada para definir a **escala absoluta de temperatura**, independentemente das propriedades de qualquer substância e sem limites sobre a faixa de temperaturas a serem medidas. Temperaturas baixas como 10^{-10} kelvin podem ser medidas. A escala absoluta assim definida é idêntica àquela definida pela Equação 17-4, na faixa de temperaturas alcançada pelos termômetros de gás. O símbolo T é usado quando em referência à temperatura absoluta.

Como o grau Celsius e o kelvin têm o mesmo tamanho, as *diferenças* de temperatura são iguais, na escala Celsius e na escala de temperatura absoluta (também chamada de **escala Kelvin**). Isto é, uma *variação* de temperatura de 1 K é idêntica a uma *variação* de temperatura de 1°C. As duas escalas diferem apenas na escolha da temperatura zero. Para converter de graus Celsius para kelvins, simplesmente somamos 273,15:*

$$T = t_C + 273{,}15\ \text{K} \qquad 17\text{-}5$$

CONVERSÃO CELSIUS-ABSOLUTA

Apesar de as escalas Celsius e Fahrenheit serem convenientes para o dia-a-dia, a escala absoluta é muito mais conveniente para propósitos científicos, em parte porque muitas fórmulas são expressas de maneira mais simples com o seu uso, e em parte porque a escala absoluta pode receber uma interpretação fundamental.

* Em muitos casos, podemos arredondar a temperatura do zero absoluto para −273°C.

! A escala de temperatura de gás ideal, definida pela Equação 17-4, tem como vantagem que qualquer temperatura medida não depende das propriedades do gás particular utilizado, mas depende apenas das propriedades gerais dos gases.

! Note que a unidade SI de temperatura, o kelvin, não é um grau, não sendo acompanhada por um símbolo de grau.

Tabela 17-1 Temperaturas de Vários Lugares e Fenômenos

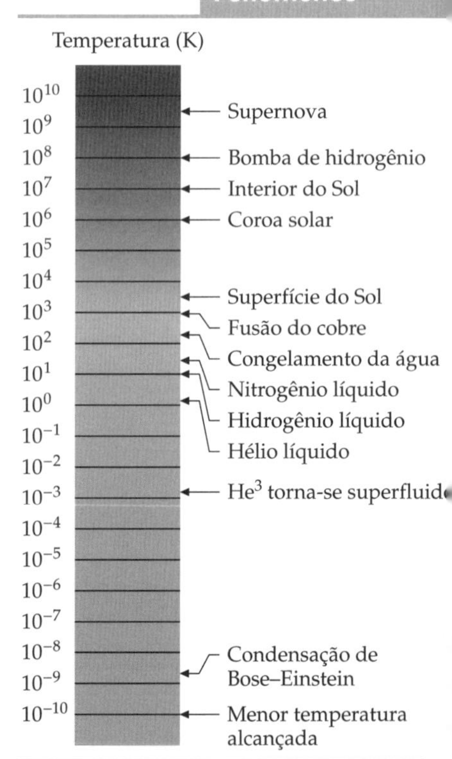

Exemplo 17-2 Convertendo de Kelvin para Fahrenheit

(U.S. Dept. of Energy.)

O "supercondutor de alta temperatura" $YBa_2Cu_3O_7$ se torna supercondutor quando a temperatura cai para 92 K. Determine a temperatura limiar de supercondutividade em graus Fahrenheit.

SITUAÇÃO Primeiro, converta para graus Celsius; depois, para Fahrenheit.

SOLUÇÃO

1. Converta de kelvins para graus Celsius:

$T = t_C + 273{,}15$

logo $92 = t_C + 273{,}15 \Rightarrow t_C = -181{,}15°C$

2. Para determinar a temperatura Fahrenheit, usamos $t_C = \frac{5}{9}(t_F - 32°)$ (Equação 17-2):

$t_C = \frac{5}{9}(t_F - 32°)$

logo $-181{,}15° = \frac{5}{9}(t_F - 32°) \Rightarrow t_F = \boxed{-294°F}$

CHECAGEM A temperatura de 92 K está mais próxima de 0 K do que de 273 K, de modo que é de se esperar que a temperatura Fahrenheit seja consideravelmente menor do que 32°F. Nosso resultado confirma esta expectativa.

17-3 A LEI DOS GASES IDEAIS

Veja **o Tutorial Matemático** *para mais informações sobre* **Proporções Diretas e Inversas**

As propriedades de amostras de gás que possuem pequena massa específica levam à definição da escala de temperatura de gás ideal. Se comprimimos tal gás mantendo sua temperatura constante, a pressão aumenta. De modo similar, se um gás se expande à temperatura constante, sua pressão diminui. Em boa aproximação, o produto da pressão pelo volume de uma amostra de gás de pequena massa específica é uma constante, quando a temperatura é constante. Este resultado foi descoberto experimentalmente por Robert Boyle (1627–1691) e é conhecido como a **lei de Boyle**:

$$PV = \text{constante} \qquad \text{(temperatura constante)}$$

Há uma lei mais geral que reproduz a lei de Boyle como um caso especial. De acordo com a Equação 17-4, a temperatura absoluta de uma amostra de um gás de pequena massa específica é proporcional à sua pressão, quando o volume é constante. Além disso, a temperatura absoluta de uma amostra de um gás de pequena massa específica é proporcional ao seu volume, quando a pressão é constante. Este resultado foi descoberto experimentalmente por Jacques Charles (1746–1823) e por Joseph Gay-Lussac (1778–1850). Podemos combinar estes dois resultados escrevendo

$$PV = CT \qquad 17\text{-}6$$

onde C é uma constante de valor positivo. Podemos ver que esta constante é proporcional ao número de moléculas da amostra de gás com o seguinte argumento. Sejam dois recipientes de igual volume, cada um com a mesma quantidade do mesmo tipo de gás e às mesmas temperatura e pressão. Se consideramos os dois recipientes como um sistema, temos o dobro da quantidade de gás no dobro do volume, mas as mesmas temperatura e pressão. Assim, duplicamos a quantidade $PV/T = C$ ao dobrar a quantidade de gás. Podemos, portanto, escrever C como uma constante k vezes o número N de moléculas no gás:

$$C = kN$$

A Equação 17-6 se torna, então,

$$PV = NkT \qquad 17\text{-}7$$

A constante k é a chamada **constante de Boltzmann**. Verifica-se, experimentalmente, que seu valor é o mesmo para qualquer tipo de gás:

$$k = 1{,}381 \times 10^{-23}\ \text{J/K} = 8{,}617 \times 10^{-5}\ \text{eV/K} \qquad 17\text{-}8$$

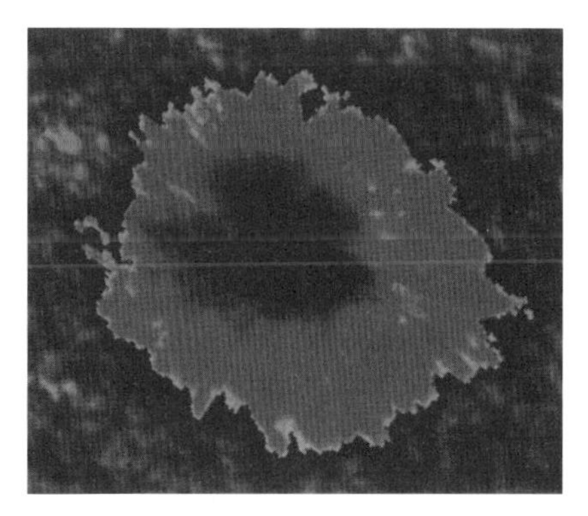

Manchas solares aparecem na superfície do Sol quando correntes de gases irrompem lentamente do interior da estrela. A "flor" solar tem um diâmetro de 10.000 milhas (16.093 quilômetros). A variação da temperatura, indicada por variações de cor na imagem computadorizada, não é perfeitamente compreendida. A porção central da mancha solar é mais fria do que as regiões externas, como indicado pela área mais escura. A temperatura do núcleo do Sol é da ordem de 10^7 K, enquanto a temperatura da superfície é apenas de cerca de 6000 K. *(NASA.)*

Uma quantidade de um gás é, com freqüência, expressa em moles. Um **mol** de qualquer substância é a quantidade da substância que contém o **número de Avo-**

gadro, N_A, de partículas (como átomos ou moléculas). O número de Avogadro é definido como o número de átomos de carbono em exatamente 12 g (1 mol) de ^{12}C:

$$N_A = 6{,}022 \times 10^{23}\ \text{mol}^{-1} \qquad 17\text{-}9$$

NÚMERO DE AVOGADRO

Se temos n moles de uma substância, então o número de moléculas é

$$N = nN_A \qquad 17\text{-}10$$

A Equação 17-7 fica, então,

$$PV = nN_AkT = nRT \qquad 17\text{-}11$$

onde $R = N_Ak$ é a chamada **constante universal dos gases**. Seu valor, igual para todos os gases, é

$$R = N_Ak = 8{,}314\ \text{J/(mol}\cdot\text{K)} = 0{,}08206\ \text{L}\cdot\text{atm/(mol}\cdot\text{K)} \qquad 17\text{-}12$$

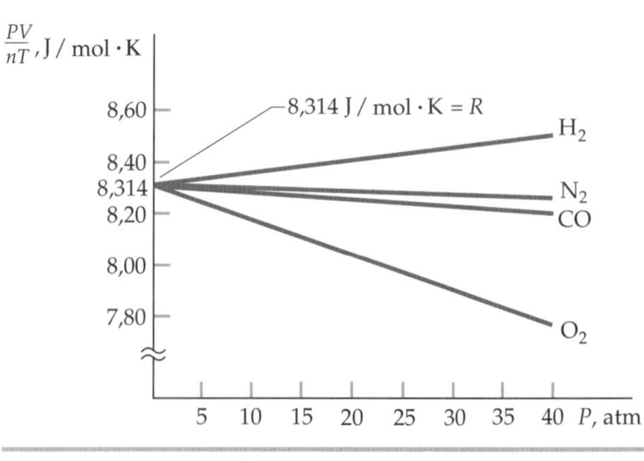

FIGURA 17-8 Gráfico de PV/nT *versus* P para gases reais. Variando-se a quantidade de gás, a pressão varia. A razão PV/nT se aproxima do mesmo valor, 8,314 J/(mol · K), para todos os gases, à medida que suas massas específicas e, portanto, suas pressões, são reduzidas. Este valor é a constante universal dos gases, R.

A Figura 17-8 mostra um gráfico de $PV/(nT)$ *versus* a pressão P para vários gases. Para todos os gases, $PV/(nT)$ é quase constante para uma grande faixa de pressões. Mesmo o oxigênio, que é o que apresenta a maior variação neste gráfico, varia apenas cerca de 1 por cento entre 0 e 5 atm. Um **gás ideal** é definido como um gás para o qual $PV/(nT)$ é constante para todas as pressões. A pressão, o volume e a temperatura de um gás ideal se relacionam por

$$PV = nRT \qquad 17\text{-}13$$

LEI DOS GASES IDEAIS

A Equação 17-13, que relaciona as variáveis P, V e T, é conhecida como a lei dos gases ideais, e constitui um exemplo de uma **equação de estado**. Ela pode descrever as propriedades de gases reais que possuam pequena massa específica (e, portanto, pequenas pressões). Correções devem ser feitas a esta equação para gases com massas específicas maiores. No Capítulo 20, discutimos outra equação de estado, a equação de van der Waals, que inclui tais correções. Para qualquer massa específica, existe uma equação de estado relacionando P, V e T para uma dada quantidade de gás. Assim, o estado de uma dada quantidade de gás está completamente especificado com o conhecimento de quaisquer duas das três **variáveis de estado** P, V e T.

PRESSÕES PARCIAIS

O ar seco contém cerca de 21 por cento de oxigênio e 79 por cento de nitrogênio. Mergulhadores utilizam, com freqüência, ar enriquecido com oxigênio (chamado de nitrox), porque ele permite aumentar o tempo de um mergulho. Para mergulhos à grande profundidade, uma mistura de oxigênio e hélio (chamada de heliox) é usada, porque esta mistura reduz a chance de que um mergulhador sofra de narcose pelo nitrogênio.

Se temos uma mistura confinada de dois ou mais gases, e se a mistura é suficientemente diluída (de forma que cada gás possa ser visto como um gás ideal), então podemos pensar em cada gás como ocupando todo o volume do recipiente. Isto vale porque o volume das moléculas individuais do gás é desprezível em comparação com o volume do espaço vazio que as cerca. A pressão total exercida pela mistura é igual à soma das pressões exercidas individualmente pelos gases da mistura, chamadas de **pressões parciais**. Além disso, a pressão parcial de cada gás da mistura é a pressão que ele exerceria se só ele ocupasse o recipiente. Este resultado — a pressão total é igual à soma das pressões parciais — é chamado de **lei das pressões parciais.**

ESTRATÉGIA PARA SOLUÇÃO DE PROBLEMAS

Gases Diluídos

SITUAÇÃO Um gás diluído é aquele para o qual o modelo de um gás ideal fornece resultados suficientemente precisos. As variáveis são a pressão, o volume, a temperatura, a massa e/ou a quantidade de substância (número de moles).

SOLUÇÃO
1. Aplique a lei dos gases ideais, $PV = nRT$, para cada gás diluído. Certifique-se de usar a temperatura absoluta e a pressão absoluta.
2. Para uma mistura de gases diluídos, a lei dos gases ideais se aplica a cada gás da mistura, o volume de cada gás da mistura é o volume do recipiente e a pressão de cada gás é a pressão parcial desse gás. A pressão da mistura é a soma das pressões parciais dos gases constituintes.
3. Outras relações úteis são $R = N_A k$, $N = nN_A$ e $m = nM$, onde k é a constante de Boltzmann, N é o número de moléculas, m é a massa do gás e M é a massa molar.
4. Determine a quantidade procurada.

CHECAGEM A pressão, o volume e a temperatura nunca podem ser negativos.

Exemplo 17-3 Misturando Gases

Um tanque de oxigênio de 20 L está à pressão de $0{,}30P_{at}$, e um tanque de nitrogênio de 30 L está à pressão de $0{,}60P_{at}$. A temperatura de cada gás é 300 K. O oxigênio é, então, transferido para o recipiente de 30 L que contém nitrogênio, e os dois gases se misturam. Qual é a pressão da mistura, se a temperatura é mantida igual a 300 K?

SITUAÇÃO O volume final dos dois gases é 30 L. As temperaturas iniciais dos dois gases são iguais. Então, podemos usar a lei de Boyle ($P_i V_i = P_f V_f$) para determinar a pressão parcial de cada gás da mistura. Depois, usamos a lei das pressões parciais para determinar a pressão da mistura.

SOLUÇÃO
1. A pressão da mistura é a soma das pressões parciais dos dois gases:
$$P = P_{O_2} + P_{N_2}$$
2. As temperaturas inicial e final dos gases são as mesmas. Então, usando a lei de Boyle, encontramos as pressões parciais dos gases:
$$P_i V_i = P_f V_f \Rightarrow P_f = \frac{V_i}{V_f} P_i$$
3. O volume final do oxigênio é 30 L (assim como o volume final do nitrogênio):
$$P_{O_2} = \frac{V_i}{V_f} P_i = \frac{20\text{ L}}{30\text{ L}} 0{,}30P_{at} = 0{,}20P_{at}$$
$$P_{N_2} = \frac{V_i}{V_f} P_i = \frac{30\text{ L}}{30\text{ L}} 0{,}60P_{at} = 0{,}60P_{at}$$
4. A pressão é a soma das pressões parciais:
$$P = P_{O_2} + P_{N_2} = 0{,}20P_{at} + 0{,}60P_{at} = \boxed{0{,}80P_{at}}$$

CHECAGEM Esperamos um aumento da pressão no tanque de 30 L quando o oxigênio é transferido para ele. Esta expectativa é confirmada pelo nosso resultado final ($0{,}80P_{at}$ representa um aumento da pressão de $0{,}20P_{at}$).

Exemplo 17-4 Volume de um Gás Ideal

Qual é o volume ocupado por 1,00 mol de um gás ideal à temperatura de 0,00°C e à pressão de 1,00 atm?

SITUAÇÃO Use a lei dos gases ideais para determinar o volume ocupado pelo gás ideal.

SOLUÇÃO
Podemos determinar o volume usando a lei dos gases ideais com $T = 273$ K:

$$V = \frac{nRT}{P} = \frac{(1{,}00\ \text{mol})[0{,}0821\ \text{L}\cdot\text{atm}/(\text{mol}\cdot\text{K})](273{,}15\ \text{K})}{1{,}00\ \text{atm}} = \boxed{22{,}4\ \text{L}}$$

CHECAGEM Note que, escrevendo R em L · atm/(mol · K), podemos escrever P em atmosferas para obter V em litros.

PROBLEMA PRÁTICO 17-2 Determine (*a*) o número de moles n e (*b*) o número de moléculas N em 1,00 cm³ de um gás a 0,00°C e 1,00 atm.

CHECAGEM CONCEITUAL 17-1

Os dois dormitórios de uma suíte, de tamanhos idênticos, estão ligados por uma porta aberta. O quarto de Antônio, com ar condicionado, está 5,0°C mais frio do que o quarto de Cláudia. Qual dos quartos possui mais ar em seu interior?

A temperatura de 0°C = 273,15 K e a pressão de 1 atm são usualmente referidas como **temperatura e pressão normais**, ou simplesmente de **condições normais**. Vemos, do Exemplo 17-4, que, sob condições normais, 1 mol de um gás ideal ocupa um volume de 22,4 L.

A Figura 17-9 mostra um gráfico de P *versus* V para várias temperaturas constantes T. Estas curvas são chamadas de **isotermas**. As isotermas para um gás ideal são hipérboles. Para uma quantidade fixa de gás, podemos ver, da lei dos gases ideais (Equação 17-13), que a quantidade PV/T é constante. Usando os subscritos 1 para os valores iniciais e 2 para os valores finais, temos

$$\frac{P_2V_2}{T_2} = \frac{P_1V_1}{T_1} \qquad 17\text{-}14$$

LEI DOS GASES IDEAIS PARA UMA QUANTIDADE FIXA DE GÁS

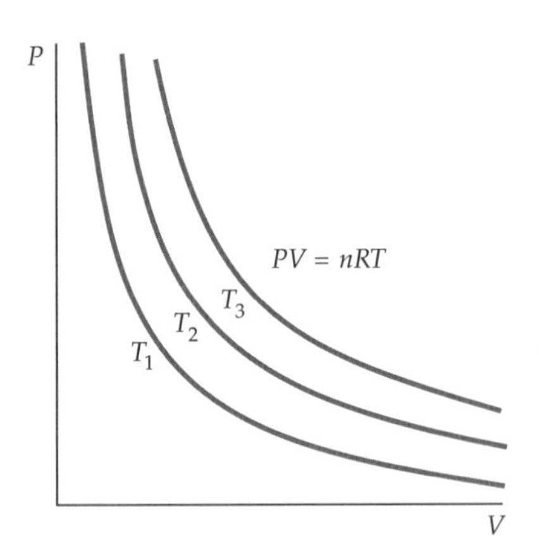

FIGURA 17-9 Isotermas no diagrama PV para um gás. Para um gás ideal, estas curvas são hipérboles dadas por $PV = nRT$. (A equação geral de uma hipérbole que se aproxima assintoticamente dos eixos coordenados é xy = constante.)

Exemplo 17-5 Aquecendo e Comprimindo um Gás

Um gás tem um volume de 2,00 L, uma temperatura de 30,0°C e uma pressão de 1,00 atm. Quando o gás é aquecido até 60,0°C e comprimido para um volume de 1,50 L, qual é a sua nova pressão?

SITUAÇÃO Como a quantidade de gás é fixa, a pressão pode ser determinada usando-se a Equação 17-14. Faça os subscritos 1 e 2 designarem os estados inicial e final, respectivamente.

SOLUÇÃO

1. Expresse a pressão P_2 em termos de P_1 e das temperaturas e dos volumes iniciais e finais:

$$\frac{P_1V_1}{T_1} = \frac{P_2V_2}{T_2}$$

$$P_2 = \frac{T_2V_1}{T_1V_2}P_1$$

2. Calcule as temperaturas absolutas inicial e final:

$$T_1 = 273{,}15 + 30{,}0 = 303{,}15\ \text{K}$$

$$T_2 = 273{,}15 + 60{,}0 = 333{,}15\ \text{K}$$

3. Substitua os valores numéricos no passo 1 e determine P_2:

$$P_2 = \frac{(333{,}15\ \text{K})(2{,}00\ \text{L})}{(303{,}15\ \text{K})(1{,}50\ \text{L})}(1{,}00\ \text{atm}) = \boxed{1{,}47\ \text{atm}}$$

CHECAGEM Tanto o aquecimento quanto a compressão de um gás tendem a aumentar sua pressão. Assim, esperamos que a pressão do gás seja maior do que o valor inicial de 1,00 atm. Nosso resultado de 1,47 atm corresponde a esta expectativa.

PROBLEMA PRÁTICO 17-3 Quantos moles de gás há no sistema descrito neste exemplo?

A massa por mol de uma substância é a sua **massa molar**, M. (Os termos *peso molecular* ou *massa molecular* também são, às vezes, usados.) A massa molar do ^{12}C é, por definição, 12 g/mol, ou 0,012 kg/mol. As massas molares dos elementos são dadas no Apêndice C. A massa molar de um elemento representa a média das massas molares dos isótopos desse elemento — a média sendo ponderada pela abundância relativa dos isótopos na Terra. A massa molar de um composto, como o CO_2, é a soma das massas molares dos elementos da molécula. A massa molar do carbono é 12,011 g/mol e a massa molar do oxigênio é 15,999 g/mol. Assim, a massa molar do CO_2 é 12,011 g/mol + 2 × 15,999 g/mol = 44,009 g/mol.

Se a temperatura diminui com a pressão mantida constante, o que acontece com o volume?

Exemplo 17-6 A Massa de um Átomo de Hidrogênio

A massa molar do hidrogênio é 1,008 g/mol. Qual é a massa média de um átomo de hidrogênio em um copo de H_2O (água)?

SITUAÇÃO Seja m a massa de um átomo de hidrogênio. Como há N_A átomos de hidrogênio em um mol de hidrogênio, a massa molar M é dada por $M = mN_A$. Podemos usar isto para determinar m.

SOLUÇÃO

A massa média de um átomo de hidrogênio é a massa molar dividida pelo número de Avogadro:

$$m = \frac{M}{N_A} = \frac{1{,}008 \text{ g/mol}}{6{,}022 \times 10^{23} \text{ átomos/mol}} = \boxed{1{,}674 \times 10^{-24} \text{ g/átomo}}$$

CHECAGEM A massa calculada do átomo de hidrogênio tem, como esperado, um valor muitas e muitas ordens de grandeza menor do que a massa molar.

INDO ALÉM Os três isótopos do hidrogênio são o prótio ^1H, o deutério ^2H e o trítio ^3H. A abundância relativa do ^1H no hidrogênio natural é 99,985%.

Exemplo 17-7 Um Balão de Ar Quente Flutuando

Um pequeno balão de ar quente tem um volume de 15,0 m³ e é aberto embaixo. O ar dentro do balão está a uma temperatura média de 75°C, enquanto o ar da vizinhança tem uma temperatura de 24°C e uma pressão média de 1,00 atm. O balão está amarrado para que não suba, e a tração no cabo que o mantém é de 10,0 N. Use 0,0290 kg/mol para a massa molar do ar. (Despreze a força gravitacional sobre o tecido do balão.) Qual é a pressão média dentro do balão?

SITUAÇÃO Três forças atuam sobre o balão e seu conteúdo: a força de empuxo do ar que o cerca, a força de tração do cabo e a força gravitacional da Terra. A força resultante é a soma destas três forças. A força de empuxo é igual ao peso do ar deslocado (princípio de Arquimedes). A pressão, a temperatura e o volume do gás estão relacionados por $PV = nRT$. A massa m do ar é igual ao número de moles n vezes sua massa molar M.

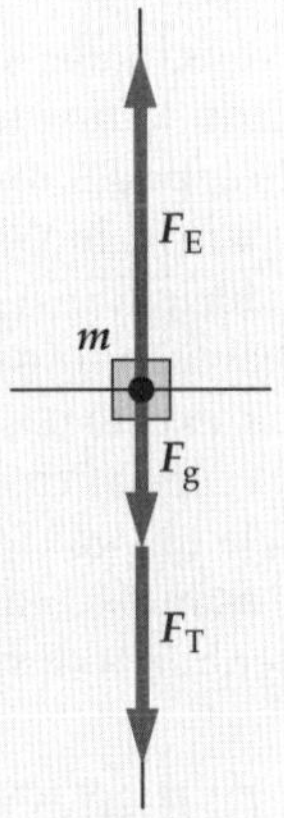

SOLUÇÃO

1. A força resultante sobre o sistema (balão mais ar nele contido) é zero. Esboce um diagrama de corpo livre (Figura 17-10) para o sistema:

2. Aplique a segunda lei de Newton para o sistema:
$$\Sigma\vec{F} = m\vec{a}$$
$$\vec{F}_T + \vec{F}_E + \vec{F}_g = 0 \Rightarrow F_E = F_T + F_g$$

3. A força de empuxo é igual ao peso de um volume V do ar próximo ao balão, onde V é o volume do ar dentro do balão. Sejam ρ_1 a massa específica média do ar próximo ao balão e ρ_2 a massa específica média do ar dentro do balão:
$$F_E = \rho_1 Vg$$
$$F_g = \rho_2 Vg$$

4. Substitua os resultados do passo 2 no resultado do passo 1:
$$F_T = F_E - F_g$$
$$F_T = \rho_1 Vg - \rho_2 Vg = (\rho_1 - \rho_2)Vg$$

5. A massa de uma amostra do ar dentro do balão é o número de moles n vezes a massa molar M do ar:
$$\rho_1 = \frac{m_1}{V} = \frac{n_1 M}{V}$$
$$\rho_2 = \frac{m_2}{V} = \frac{n_2 M}{V}$$

FIGURA 17-10

6. Substitua os resultados do passo 5 no resultado do passo 4: $F_T = \left(\frac{n_1 M}{V} - \frac{n_2 M}{V}\right)Vg \Rightarrow \frac{F_T}{Mg} = n_1 - n_2$

7. Usando a lei dos gases ideais ($PV = nRT$), substitua n_1 e n_2: $\frac{F_T}{Mg} = \frac{P_1 V}{RT_1} - \frac{P_2 V}{RT_2}$

8. Explicite P_2: $P_2 = \left(\frac{P_1}{T_1} - \frac{F_T R}{MgV}\right)T_2$

9. Determine o valor de P_2. A temperatura em kelvins é igual a 273 mais a temperatura em graus Celsius, 1 atm = 101,3 kPa e R = 8,314 J/(mol · K):

$$P_2 = \left(\frac{1{,}013 \times 10^5}{297} - \frac{10{,}0 \times 8{,}314}{0{,}0290 \times 9{,}81 \times 15{,}0}\right)348$$

$$= \boxed{1{,}12 \times 10^5\ \text{Pa}} = \boxed{1{,}01\ \text{atm}}$$

CHECAGEM Para produzir uma força resultante para cima sobre o tecido do balão, o ar dentro do balão deve estar a uma pressão maior do que o ar fora do balão. Assim, nosso resultado de 1,10 atm, para a pressão média dentro do balão, é plausível.

INDO ALÉM A pressão na abertura na base do balão é a mesma pressão do ar que o cerca naquela altitude. Em um fluido estático, a pressão diminui com o aumento da altitude e, quanto maior for a massa específica do fluido, maior será a taxa de diminuição da pressão com a altitude. O ar dentro do balão tem uma massa específica menor do que o ar fora do balão. Assim, dentro do balão a diminuição da pressão, da abertura até o topo do balão, é menor do que para o ar externo que cerca o balão.

17-4 A TEORIA CINÉTICA DOS GASES

A descrição do comportamento de um gás em termos das variáveis macroscópicas de estado P, V e T pode ser relacionada a médias simples de quantidades microscópicas, como a massa e a rapidez das moléculas do gás. A teoria resultante, chamada de **teoria cinética dos gases**, fornece um modelo detalhado para gases diluídos.

Do ponto de vista da teoria cinética, um gás confinado consiste em um grande número de partículas em rápido movimento. Em um gás monoatômico, como o hélio e o neônio, estas partículas são átomos isolados mas, em gases poliatômicos, como o oxigênio e o dióxido de carbono, as partículas são moléculas. Na teoria cinética, é prática comum referir-se às partículas que constituem os gases como moléculas. (Isto é a prática, mesmo que chamar um átomo de molécula seja algo incorreto.) Seguiremos esta prática na discussão que se segue.

Em um gás à temperatura ambiente, um grande número de moléculas se move com velocidades de centenas de metros por segundo. Estas moléculas sofrem colisões elásticas, tanto entre si quanto com as paredes do recipiente. No contexto da teoria cinética, podemos desprezar a gravidade, de modo que não haja posições preferenciais para as moléculas no recipiente,* nem orientações preferenciais para seus vetores velocidade. As moléculas estão separadas, em média, por distâncias grandes em comparação com os seus diâmetros. Elas também não exercem forças umas sobre as outras, exceto nas colisões. (Esta suposição equivale a supor um gás de muito baixa massa específica, o que, como vimos na seção anterior, é o mesmo que supor que o gás seja um gás ideal. Como a quantidade de movimento é conservada, as colisões entre as moléculas não têm nenhum efeito sobre a quantidade de movimento total, em nenhuma direção. Assim, essas colisões podem ser desprezadas.)

CALCULANDO A PRESSÃO EXERCIDA POR UM GÁS

A pressão que um gás exerce sobre seu recipiente é devida às colisões entre as moléculas do gás e as paredes do recipiente. Esta pressão é uma força por unidade de área e, pela segunda lei de Newton, esta força é a taxa de variação da quantidade de movimento das moléculas do gás colidindo com as paredes.

* Devido à gravidade, a massa específica das moléculas na base do recipiente é ligeiramente maior do que em cima. Como discutido no Capítulo 13, a massa específica do ar reduz-se à metade a uma altura de cerca de 5,5 km, de modo que a variação em um recipiente de tamanho usual é desprezível.

Seja um recipiente retangular de volume V, contendo N moléculas de gás, cada uma de massa m, movendo-se com uma rapidez v. Vamos calcular a força exercida por estas moléculas sobre a parede da direita, que é perpendicular ao eixo x e tem área A. As moléculas que atingem esta parede em um intervalo de tempo Δt são aquelas que se encontram a uma distância de até $|v_x|\,\Delta t$ da parede (Figura 17-11) e que estão se movendo para a direita. Assim, o número de moléculas que atingem a parede no intervalo de tempo Δt é o número por unidade de volume N/V multiplicado pelo volume $A|v_x|\,\Delta t$ multiplicado por $\frac{1}{2}$ porque, na média, apenas metade das moléculas estão se movendo para a direita. Isto é, no tempo Δt,

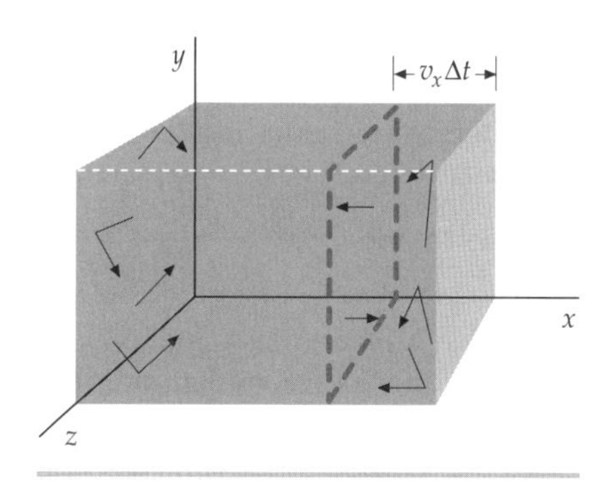

FIGURA 17-11 Moléculas de um gás em um recipiente retangular. As moléculas que se movem para a direita e que estão mais próximas do que $v_x\Delta t$ da parede da direita atingirão esta parede no intervalo de tempo Δt.

$$\text{Número de mólecules que atingem a parede} = \frac{1}{2}\frac{N}{V}|v_x|\,\Delta t\, A$$

A componente x da quantidade de movimento de uma molécula é $+mv_x$ antes de atingir a parede, e $-mv_x$ depois de uma colisão elástica com a parede. A variação da quantidade de movimento tem a magnitude $2mv_x$. A magnitude da variação total da quantidade de movimento $|\Delta\vec{p}|$ de todas as moléculas no intervalo de tempo Δt é $2m|v_x|$ multiplicado pelo número de moléculas que atingem a parede durante este intervalo:

$$|\Delta\vec{p}| = (2m|v_x|) \times \left(\frac{1}{2}\frac{N}{V}|v_x|\,\Delta t\, A\right) = \frac{N}{V}mv_x^2 A\,\Delta t \qquad 17\text{-}15$$

A magnitude da força exercida pela parede sobre as moléculas, que é a magnitude da força exercida pelas moléculas sobre a parede, é a razão $|\Delta\vec{p}|/\Delta t$. A pressão é a magnitude desta força dividida pela área A:

$$P = \frac{F}{A} = \frac{1}{A}\frac{|\Delta\vec{p}|}{\Delta t} = \frac{N}{V}mv_x^2$$

ou

$$PV = Nmv_x^2 \qquad 17\text{-}16$$

Para dar conta do fato de que todas as moléculas no recipiente não possuem a mesma rapidez, simplesmente substituímos v_x^2 pela sua média $(v_x^2)_{\text{méd}}$. Então, escrevendo a Equação 17-16 em termos da energia cinética $\frac{1}{2}mv_x^2$ associada ao movimento ao longo do eixo x, temos

$$PV = 2N\left(\tfrac{1}{2}mv_x^2\right)_{\text{méd}} \qquad 17\text{-}17$$

A INTERPRETAÇÃO MOLECULAR DA TEMPERATURA

Comparando a Equação 17-17 com $PV = NkT$ (Equação 17-7), que foi obtida experimentalmente para qualquer gás com pequena massa específica, podemos ver que

$$NkT = 2N\left(\tfrac{1}{2}mv_x^2\right)_{\text{méd}} \quad \text{ou} \quad \left(\tfrac{1}{2}mv_x^2\right)_{\text{méd}} = \tfrac{1}{2}kT \qquad 17\text{-}18$$

Assim, a energia cinética média associada ao movimento ao longo do eixo x é $\frac{1}{2}kT$. Mas não há nada de especial em relação à direção x. Conseqüentemente,

$$(v_x^2)_{\text{méd}} = (v_y^2)_{\text{méd}} = (v_z^2)_{\text{méd}} \quad \text{e} \quad (v^2)_{\text{méd}} = (v_x^2)_{\text{méd}} + (v_y^2)_{\text{méd}} + (v_z^2)_{\text{méd}} = 3(v_x^2)_{\text{méd}}$$

Fazendo $(v_x^2)_{\text{méd}} = \frac{1}{3}(v^2)_{\text{méd}}$ e chamando de $K_{\text{trans méd}}$ a energia cinética média de translação das moléculas, a Equação 17-18 se torna

$$K_{\text{trans méd}} = \left(\tfrac{1}{2}mv^2\right)_{\text{méd}} = \tfrac{3}{2}kT \qquad 17\text{-}19$$

ENERGIA CINÉTICA MÉDIA DE TRANSLAÇÃO DE UMA MOLÉCULA

Além da energia cinética de translação, as moléculas também possuem energia cinética de rotação ou de vibração. No entanto, apenas a energia cinética de translação é relevante no cálculo da pressão exercida por um gás sobre as paredes de seu recipiente.

A temperatura absoluta é, assim, uma medida da energia cinética média de translação das moléculas. A energia cinética total de translação de n moles de um gás que contém N moléculas é

$$K_{\text{trans}} = N\left(\tfrac{1}{2}mv^2\right)_{\text{méd}} = \tfrac{3}{2}NkT = \tfrac{3}{2}nRT \qquad 17\text{-}20$$

onde usamos $Nk = nN_Ak = nR$. Assim, a energia cinética de translação é $\frac{3}{2}kT$ por molécula e $\frac{3}{2}RT$ por mol.

Podemos usar estes resultados para estimar a ordem de grandeza da rapidez das moléculas em um gás. O valor médio de v^2 é, pela Equação 17-19,

$$(v^2)_{\text{méd}} = \frac{3kT}{m} = \frac{3N_AkT}{N_Am} = \frac{3RT}{M}$$

onde $M = N_Am$ é a massa molar. A raiz quadrada de $(v^2)_{\text{méd}}$ é a **raiz quadrada da velocidade quadrática média** (rapidez rms):[1]

$$v_{\text{rms}} = \sqrt{(v^2)_{\text{méd}}} = \sqrt{\frac{3kT}{m}} = \sqrt{\frac{3RT}{M}} \qquad 17\text{-}21$$

RAIZ QUADRADA DA VELOCIDADE QUADRÁTICA MÉDIA DE UMA MOLÉCULA

Note que a Equação 17-21 é similar à Equação 15-5 para a rapidez do som em um gás:

$$v_{\text{som}} = \sqrt{\frac{\gamma RT}{M}} \qquad 17\text{-}22$$

onde $\gamma = 1{,}4$ para o ar. Isto não surpreende, porque uma onda sonora no ar é uma perturbação de pressão que se propaga por colisões entre as moléculas de ar.

Exemplo 17-8 A Rapidez rms das Moléculas de um Gás

O gás oxigênio (O_2) tem uma massa molar de cerca de 32,0 g/mol, e o gás hidrogênio (H_2) tem uma massa molar de cerca de 2,00 g/mol. Calcule (*a*) a rapidez rms de uma molécula de oxigênio quando a temperatura é 300 K e (*b*) a rapidez rms de uma molécula de hidrogênio, à mesma temperatura.

SITUAÇÃO Determinamos v_{rms} usando a Equação 17-21. Por coerência de unidades, usamos $R = 8{,}314\ \text{J/(mol}\cdot\text{K)}$ e expressamos as massas molares do O_2 e do H_2 em kg/mol.

SOLUÇÃO

(*a*) 1. Substitua os valores dados na Equação 17-21:

$$v_{\text{rms}} = \sqrt{\frac{3\,RT}{M}} = \sqrt{\frac{3(8{,}314\ \text{J/mol}\cdot\text{K})(300\ \text{K})}{0{,}0320\ \text{kg/mol}}}$$
$$= 483{,}56\ \text{m/s} = \boxed{484\ \text{m/s}}$$

(*b*) 1. Repita o cálculo com $M = 0{,}00200$ kg/mol:

$$v_{\text{rms}} = \sqrt{\frac{3\,RT}{M}} = \sqrt{\frac{3(8{,}314\ \text{J/mol}\cdot\text{K})(300\ \text{K})}{0{,}00200\ \text{kg/mol}}}$$
$$= 1934\ \text{m/s} = \boxed{1{,}93 \times 10^3\ \text{m/s}}$$

CHECAGEM Como v_{rms} é inversamente proporcional a $\sqrt{M}$ (Equação 17-21) e a massa molar do hidrogênio é um dezesseis avos da do oxigênio, a rapidez rms do hidrogênio é quatro vezes a do oxigênio. Nossos cálculos concordam com isto, porque 1930/484 = 4,00.

INDO ALÉM A rapidez rms das moléculas de oxigênio é 484 m/s = 1080 mi/h, cerca de 1,4 vez a rapidez do som no ar, que é cerca de 343 m/s a 300 K.

PROBLEMA PRÁTICO 17-4 Determine a rapidez rms das moléculas de nitrogênio (M = 28 g/mol) a 300 K.

O TEOREMA DA EQÜIPARTIÇÃO

Vimos que a energia cinética média associada ao movimento de translação em qualquer direção é $\frac{1}{2}kT$ por molécula (Equação 17-19) ou, equivalentemente, $\frac{1}{2}RT$ por mol, onde k é a constante de Boltzmann e R é a constante universal dos gases. Se a energia de

[1] Em inglês, *root-mean-square speed*, daí a notação "rms". A tradução literal é raiz quadrada da *rapidez* quadrática média, mas mantivemos a forma velocidade quadrática média, consagrada pelo uso no Brasil, que também é correta, já que o quadrado de uma velocidade coincide com o quadrado da rapidez. (N.T.)

uma molécula, associada a este movimento em uma dimensão, é momentaneamente aumentada, digamos por uma colisão entre a molécula e um pistão em movimento durante uma compressão do gás, colisões entre essa molécula e outras moléculas do gás irá redistribuir rapidamente a energia acrescentada. Quando o gás se encontrar novamente em equilíbrio, a energia estará igualmente dividida entre as energias cinéticas de translação associadas aos movimentos nas direções x, y e z. Este partilhamento da energia em partes iguais, entre os três termos da energia cinética de translação, é um caso especial do **teorema da eqüipartição**, um resultado da mecânica estatística clássica. Cada componente de posição e de quantidade de movimento (incluindo posição angular e quantidade de movimento angular) que aparece como um termo quadrático na expressão da energia do sistema é um **grau de liberdade**. Graus de liberdade típicos são associados com a energia cinética de translação, de rotação e de vibração, e com a energia potencial de vibração. O teorema da eqüipartição da energia estabelece que:

> Quando uma substância está em equilíbrio, há uma energia média de $\frac{1}{2}kT$ por molécula, ou ($\frac{1}{2}RT$ por mol, associada a cada grau de liberdade.
>
> TEOREMA DA EQÜIPARTIÇÃO

No Capítulo 18, usamos o teorema da eqüipartição para relacionar as capacidades térmicas medidas dos gases com sua estrutura molecular.

Exemplo 17-8 Misturando os Gases — *Conceitual*

Um tanque termicamente isolado está separado, por uma divisória, em duas seções de 20 L. Uma seção de 20 L contém um mol de nitrogênio a 300 K e a outra seção de 20 L contém um mol de hélio a 320 K. A divisória é removida e os gases se misturam. Para a mistura, a pressão parcial do gás nitrogênio é menor, igual ou maior do que a pressão parcial do gás hélio? A temperatura final da mistura é menor, igual ou maior do que 310 K?

SITUAÇÃO O tanque está isolado e, portanto, a energia de seu conteúdo permanece fixa. Qualquer energia recebida pelas moléculas de nitrogênio é perdida pelas moléculas de hélio. Uma vez realizada a mistura, a temperatura de cada gás é igual à temperatura da mistura, e a temperatura de cada gás é proporcional à sua energia cinética de translação. O hélio é monoatômico e o nitrogênio é diatômico. Então, devemos esperar que a energia recebida pelas moléculas de nitrogênio se converta em energia cinética tanto de rotação quanto de translação.

SOLUÇÃO

1. Depois de feita a mistura, o volume, a temperatura e o número de moles são os mesmos para os dois gases. A lei dos gases ideais relaciona o volume, a temperatura, a pressão parcial e o número de moles de cada gás.

   De acordo com a lei dos gases ideais, para cada gás a pressão parcial é completamente especificada por volume, temperatura e número de moles. Volume, temperatura e número de moles são os mesmos para os dois gases, de forma que também **as pressões parciais são iguais.**

2. O tanque está isolado, de modo que a energia total dos dois gases permanece constante enquanto ocorre a mistura.

   O tanque está isolado termicamente, de modo que qualquer energia ganha pelas moléculas de nitrogênio é perdida pelos átomos de hélio. Isto é, o aumento médio da energia de uma molécula de nitrogênio é igual à diminuição média da energia de um átomo de hélio.

3. A temperatura final dos dois gases é a mesma temperatura da mistura.

   Após a mistura, a temperatura é a mesma para os dois gases, de modo que a energia cinética média de translação é a mesma para as moléculas dos dois gases.

4. O nitrogênio é um gás diatômico e o hélio é um gás monoatômico, de modo que o nitrogênio possui mais graus de liberdade do que o hélio. Parte da energia recebida pelo nitrogênio corresponderá a um aumento da energia cinética de rotação.

   A diminuição da energia cinética de translação dos átomos de hélio é igual ao aumento da energia cinética de translação MAIS o aumento da energia cinética de rotação das moléculas de nitrogênio.

5. A variação de temperatura, para cada gás, é proporcional à variação da energia cinética de translação de cada gás.

   A diminuição da temperatura do gás de hélio é maior do que o aumento da temperatura do gás de nitrogênio. A temperatura final é **menor do que 310 K.**

CHECAGEM Se os dois gases fossem monoatômicos, a temperatura final seria igual a 310 K. Isto aconteceria mesmo se as massas atômicas das duas substâncias fossem muito diferentes.

LIVRE CAMINHO MÉDIO

A rapidez média das moléculas de um gás, em pressões normais, é de várias centenas de metros por segundo, mas se alguém se dirige a um canto da sala afastado de onde você está e abre um vidro de perfume, você só sentirá o odor após alguns minutos. A razão para esta demora é que as moléculas do perfume não viajam diretamente até você, mas sim viajam em um caminho em ziguezague, em virtude de colisões com as moléculas de ar. A distância média λ percorrida por uma molécula entre colisões é o seu **livre caminho médio**. (A razão que o leva a efetivamente sentir o perfume é a existência de correntes de ar (convecção). O tempo para uma molécula de perfume se difundir através de uma sala é da ordem de semanas.)

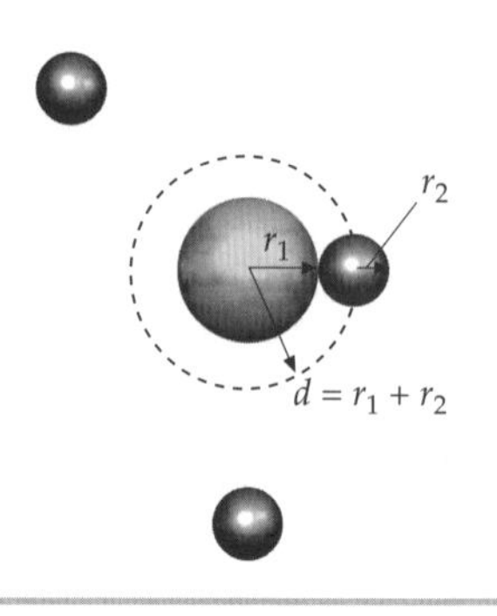

FIGURA 17-12 Modelo de uma molécula (esfera central) se movendo em um gás. A molécula de raio r_1 colidirá com qualquer molécula de raio r_2 se os seus centros estiverem afastados de uma distância $d = r_1 + r_2$, isto é, com qualquer molécula de raio r_2 cujo centro esteja em uma esfera de raio $d = r_1 + r_2$ centrada na primeira molécula.

O livre caminho médio de uma molécula de gás está relacionado ao seu tamanho, ao tamanho das moléculas de gás da vizinhança e à massa específica do gás. Seja uma molécula de gás de raio r_1 se movendo com rapidez v em uma região de moléculas estacionárias (Figura 17-12). A molécula em movimento irá colidir com outra molécula de raio r_2 se os centros das duas moléculas chegarem a uma distância $d = r_1 + r_2$ entre eles. (Se todas as moléculas são do mesmo tipo, então d é o diâmetro molecular.) À medida que a molécula se move, ela colidirá com qualquer molécula cujo centro estiver em um círculo de raio d (Figura 17-13). Em um tempo t a molécula se move uma distância vt e colide com todas as moléculas que estão dentro do volume cilíndrico πd^2vt. O número de moléculas neste volume é $n_V\,\pi d^2vt$, onde $n_V = N/V$ é o número de moléculas por unidade de volume. (Após cada colisão a molécula muda de direção passando, portanto, a traçar um caminho em ziguezague.) O comprimento total do caminho dividido pelo número de colisões é o livre caminho médio:

$$\lambda = \frac{vt}{n_V \pi d^2 vt} = \frac{1}{n_V \pi d^2}$$

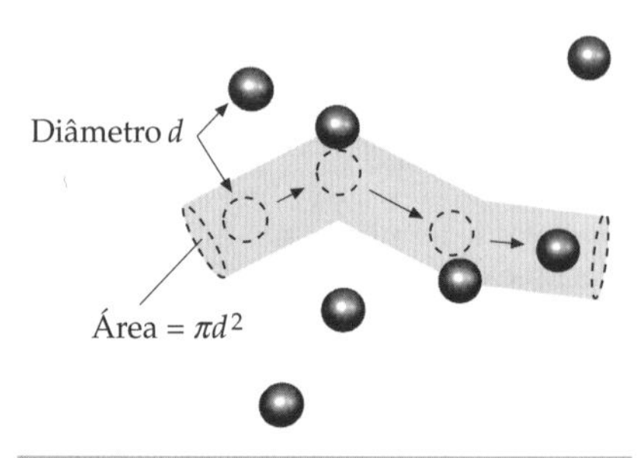

FIGURA 17-13 Modelo de uma molécula movendo-se com rapidez v em um gás de moléculas iguais a ela. O movimento é mostrado durante um tempo t. A molécula de diâmetro d colidirá com qualquer molécula igual a ela cujo centro esteja em um cilindro de volume πd^2vt. Neste desenho, todas as colisões são supostas elásticas e todas as moléculas, menos uma, são supostas em repouso.

Esse cálculo do livre caminho médio supõe que todas as moléculas do gás, menos uma, estejam estacionárias, o que não é uma situação realística. Quando o movimento de todas as moléculas é levado em conta, a expressão correta para o livre caminho médio é dada por

$$\lambda = \frac{1}{\sqrt{2}\, n_V \pi d^2} \qquad \text{17-23}$$

LIVRE CAMINHO MÉDIO DE UMA MOLÉCULA

O tempo médio entre colisões é o chamado **tempo de colisão** τ. O inverso do tempo de colisão, $1/\tau$, é igual ao número médio de colisões por segundo, ou a **freqüência de colisões**. Se $v_{\text{méd}}$ é a rapidez média, então a distância média percorrida entre colisões é

$$\lambda = v_{\text{méd}}\tau \qquad \text{17-24}$$

Exemplo 17-10 Livre Caminho Médio de uma Molécula de CO no Ar — *Rico em Contexto*

O centro local de controle ambiental quer saber mais sobre o monóxido de carbono e como ele se espalha em uma sala. Você deve (*a*) calcular o livre caminho médio de uma molécula de monóxido de carbono e (*b*) estimar o tempo médio entre colisões. A massa molar do monóxido de carbono é 28,0 g/mol. Suponha a molécula de CO viajando no ar a 300 K e a 1,00 atm, e o diâmetro, tanto das moléculas de CO quanto das moléculas de ar, igual a $3{,}75 \times 10^{-10}$ m.

SITUAÇÃO (*a*) Como d é fornecido, podemos determinar λ de $\lambda = 1/(\sqrt{2}\,n_V\,\pi d^2)$ usando a lei dos gases ideais ($PV = NkT$) para determinar $n_V = N/V$. (*b*) Podemos estimar o tempo de colisão usando v_{rms} como a rapidez média.

SOLUÇÃO

(*a*) 1. Escreva λ em termos de n_V e do diâmetro molecular d:

$$\lambda = \frac{1}{\sqrt{2}\, n_V \pi d^2}$$

2. Use a lei dos gases ideais ($PV = NkT$) para calcular $n_V = N/V$:

$$n_V = \frac{N}{V} = \frac{P}{kT} = \frac{101{,}3 \times 10^3\ \text{Pa}}{(1{,}381 \times 10^{-23}\ \text{J/K})(300\ \text{K})} = 2{,}446 \times 10^{25}\ \text{moléculas/m}^3$$

3. Substitua este valor de n_V e o valor fornecido de d para calcular λ:

$$\lambda = \frac{1}{\sqrt{2}\, n_V \pi d^2} = \frac{1}{\sqrt{2}(2{,}451 \times 10^{25}/\text{m}^3)\pi\, (3{,}75 \times 10^{-10}\,\text{m}^2)^2}$$

$$= 6{,}5428 \times 10^{-8}\,\text{m} = \boxed{6{,}54 \times 10^{-8}\,\text{m}}$$

(*b*) 1. Escreva τ em termos do livre caminho médio λ:

$$\tau = \frac{\lambda}{v_{\text{méd}}}$$

2. Estime $v_{\text{méd}}$ calculando v_{rms}:

$$v_{\text{rms}} = \sqrt{\frac{3\,RT}{M}} = \sqrt{\frac{3(8{,}3145\,\text{J/[mol}\cdot\text{K]})(300\,\text{K})}{0{,}0280\,\text{kg/mol}}} = 517{,}0\,\text{m/s}$$

3. Use $v_{\text{méd}} \approx v_{\text{rms}}$ para estimar τ:

$$\tau = \frac{\lambda}{v_{\text{méd}}} \approx \frac{\lambda}{v_{\text{rms}}} = \frac{6{,}530 \times 10^{-8}\,\text{m}}{517{,}0\,\text{m/s}} = \boxed{1{,}27 \times 10^{-10}\,\text{s}}$$

CHECAGEM O livre caminho médio [o resultado do passo 3 da Parte (*a*)] é 174 vezes o diâmetro molecular $d = 3{,}75 \times 10^{-10}$ m. Se o valor calculado do livre caminho médio fosse menor do que o diâmetro molecular, então teríamos que procurar um erro em nossos cálculos.

INDO ALÉM A freqüência de colisões é de cerca de $1/\tau \approx 8 \times 10^9$ colisões por segundo. (São realmente muitas colisões por segundo.)

*A DISTRIBUIÇÃO DE VELOCIDADES MOLECULARES

Não é de se esperar que todas as moléculas de um gás tenham a mesma rapidez. O cálculo da temperatura de um gás nos permite calcular a velocidade quadrática média (o quadrado da rapidez rms) e, portanto, a energia cinética média de translação das moléculas de um gás, mas isto não nos dá nenhuma informação sobre a *distribuição* dos valores de rapidez das moléculas. Antes de tratar este problema, discutimos a idéia de funções distribuição em geral com alguns exemplos elementares da experiência comum.

Funções distribuição Suponha que um professor tenha aplicado um teste valendo 25 pontos a uma grande turma de N estudantes. Para descrever os resultados, o professor pode informar a nota média, mas isto não completa a descrição. Todos os estudantes terem nota 12,5, por exemplo, é bem diferente de metade dos estudantes tirar 25 e a outra metade tirar zero, mesmo que a média, nos dois casos, seja a mesma. Uma descrição completa dos resultados seria informar, para todas as notas recebidas, o número de estudantes n_i que receberam uma nota s_i. Alternativamente, poderíamos informar a fração de estudantes $f_i = n_i/N$ que receberam a nota s_i. Tanto n_i quanto f_i, que são funções da variável s_i, são chamadas de **funções distribuição**. A distribuição relativa é de uso mais conveniente. A probabilidade de que um dos N estudantes, escolhido aleatoriamente, tenha recebido a nota s_i, é igual ao número total n_i de estudantes que receberam esta nota dividido por N, isto é, a probabilidade é igual a f_i. Note que

$$\sum_i f_i = \sum_i \frac{n_i}{N} = \frac{1}{N}\sum_i n_i$$

e, como $\Sigma n_i = N$,

$$\sum_i f_i = 1 \qquad \text{17-25}$$

DEFINIÇÃO: CONDIÇÃO DE NORMALIZAÇÃO

A Equação 17-25 é chamada de **condição de normalização** para as distribuições relativas.

Para determinar a nota média, somamos todas as notas e dividimos por N. Como cada nota s_i foi obtida por $n_i = Nf_i$ estudantes, isto é equivalente a

$$s_{\text{méd}} = \frac{1}{N}\sum_i n_i s_i = \sum_i s_i f_i \qquad \text{17-26}$$

* O título original desta seção é *The Distribution of Molecular Speeds*, mas mantivemos a expressão consagrada pelo uso no Brasil, entendendo-se por distribuição de velocidades a distribuição dos módulos das velocidades das moléculas, ou seja, uma distribuição de valores de rapidez, que são escalares. Naturalmente, esta nomenclatura não tem por que causar confusão; se não, não seria utilizada. (N.T.)

De forma similar, a média de qualquer função $g(s)$ é definida por

$$g(s)_{\text{méd}} = \frac{1}{N}\sum_i g(s_i)n_i = \sum_i g(s_i)f_i \tag{17-27}$$

MÉDIA DE $g(s)$

Em particular, a média do quadrado das notas é

$$(s^2)_{\text{méd}} = \frac{1}{N}\sum_i s_i^2 n_i = \sum_i s_i^2 f_i \tag{17-28}$$

onde $(s^2)_{\text{méd}}$ é a *nota quadrática média* e a raiz quadrada de $(s^2)_{\text{méd}}$ é s_{rms}, a **raiz quadrada da nota quadrática média**:

$$s_{\text{rms}} = \sqrt{(s^2)_{\text{méd}}} \tag{17-29}$$

DEFINIÇÃO: RAIZ QUADRADA DO VALOR QUADRÁTICO MÉDIO DE s

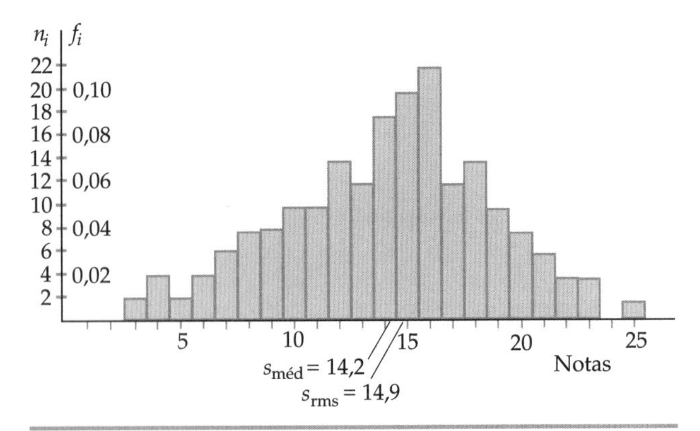

FIGURA 17-14 Histograma para um teste de 25 pontos aplicado a 200 estudantes. n_i é o número de estudantes que receberam a nota s_i e $f_i = n_i/N$ é a fração de estudantes que receberam a nota s_i. A nota mais provável é 16.

Uma possível função distribuição é mostrada na Figura 17-14. Para esta distribuição, a nota mais provável (obtida pela maior parte dos alunos) é 16, a nota média é 14,2 e a nota rms é 14,9.

Exemplo 17-11 Fazendo um Teste

Quinze estudantes fizeram um teste de 25 pontos. Suas notas foram 25, 22, 22, 20, 20, 20, 18, 18, 18, 18, 18, 15, 15, 15 e 10. Determine a nota média e a nota rms.

SITUAÇÃO A função distribuição para este problema é $n_{25} = 1$, $n_{22} = 2$, $n_{20} = 3$, $n_{18} = 5$, $n_{15} = 3$ e $n_{10} = 1$. Para determinar a nota média, usamos $s_{\text{méd}} = N^{-1}\Sigma n_i s_i$ (Equação 17-26). Para encontrar a nota rms, usamos $(s^2)_{\text{méd}} = N^{-1}\Sigma s_i^2 n_i$ (Equação 17-28) e depois tiramos a raiz quadrada.

SOLUÇÃO

1. Por definição, $s_{\text{méd}}$ é

$$s_{\text{méd}} = \frac{1}{N}\sum_i n_i s_i = \frac{1}{15}[1(25) + 2(22) + 3(20) + 5(18) + 3(15) + 1(10)] = \frac{1}{15}(274) = 18{,}27 = \boxed{18{,}3}$$

2. Para calcular s_{rms}, primeiro calcule a média de s^2:

$$(s^2)_{\text{méd}} = \frac{1}{N}\sum_1 n_i s_i^2 = \frac{1}{15}[1(25)^2 + 2(22)^2 + 3(20)^2 + 5(18)^2 + 3(15)^2 + 1(10)^2] = \frac{1}{15}(5188) = 345{,}9$$

3. Tire a raiz quadrada de $(s^2)_{\text{méd}}$:

$$s_{\text{rms}} = \sqrt{(s^2)_{\text{méd}}} = \boxed{18{,}6}$$

CHECAGEM As notas média e rms diferem apenas em 1 ou 2 por cento. Além disso, o valor rms é maior do que o valor médio. O fato de que o valor rms é sempre maior do que o valor médio (ou igual) é explicado na discussão que se segue a Equação 17-34*b*.

Considere, agora, o caso de uma distribuição contínua, como a distribuição de alturas em uma população, por exemplo. Para qualquer número finito N de pessoas, o número daquelas que têm *exatamente* 2 metros de altura é zero. Se supomos que a altura possa ser determinada com a precisão que se queira, há um número infinito de alturas possíveis, de forma que a probabilidade de que alguém tenha uma particular (e exata) altura é zero. Portanto, dividimos as alturas em intervalos Δh (por exemplo, Δh pode ser 1 cm ou 0,5 cm) e perguntamos qual é a fração da população que tem alturas dentro de determinado intervalo. Para N muito grande, este número é proporcional ao tamanho do intervalo, desde que o intervalo seja suficientemente pequeno. Definimos a função distribuição $f(h)$ como a fração do número de pessoas com alturas no intervalo entre h e $h + \Delta h$. Então, para N pessoas, $Nf(h)\Delta h$ é o número de pessoas cuja altura está entre h e $h + \Delta h$. A Figura 17-15 mostra uma possível distribuição de alturas.

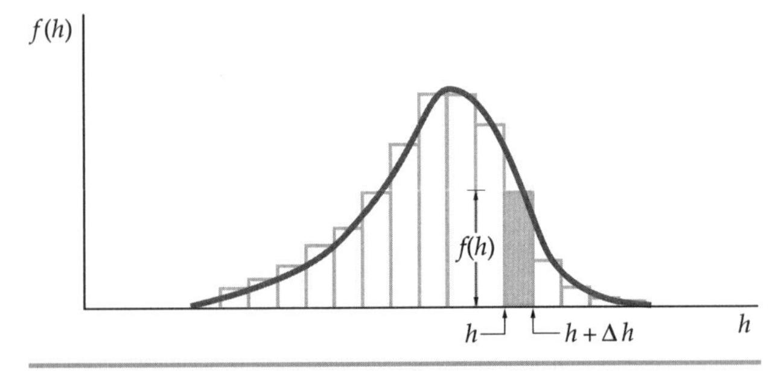

FIGURA 17-15 Uma possível função distribuição de alturas. A fração do número de alturas entre h e $h + \Delta h$ é igual à área sombreada $f(h)\,\Delta h$. O histograma pode ser aproximado por uma curva contínua, como mostrado.

A fração de pessoas que têm alturas em um dado intervalo Δh é a área $f(h)\Delta h$. Se N é muito grande, podemos escolher Δh muito pequeno, e o histograma se aproximará de uma curva contínua. Podemos, portanto, considerar a função distribuição $f(h)$ como uma função contínua, escrever o intervalo como dh e substituir as somas na Equação 17-25 a 17-28 por integrais:

$$\int f(h)\, dh = 1 \qquad 17\text{-}30$$

CONDIÇÃO DE NORMALIZAÇÃO

$$h_{\text{méd}} = \int h f(h)\, dh \qquad 17\text{-}31$$

$$[g(h)]_{\text{méd}} = \int g(h) f(h)\, dh \qquad 17\text{-}32$$

VALOR MÉDIO DE $g(h)$

onde $g(h)$ é uma função arbitrária de h. Assim,

$$(h^2)_{\text{méd}} = \int h^2 f(h)\, dh \qquad 17\text{-}33$$

A probabilidade de que uma pessoa escolhida ao acaso tenha uma altura entre h e $h + dh$ é $f(h)dh$. Uma quantidade útil que caracteriza a distribuição é o **desvio-padrão** σ, definido por

$$\sigma^2 = [(x - x_{\text{méd}})^2]_{\text{méd}} \qquad 17\text{-}34a$$

DESVIO-PADRÃO σ

Expandindo $(x - x_{\text{méd}})^2$, obtemos

$$\sigma^2 = [x^2 - 2xx_{\text{méd}} + x^2_{\text{méd}}]_{\text{méd}} = (x^2)_{\text{méd}} - 2x_{\text{méd}}x_{\text{méd}} + x^2_{\text{méd}} = (x^2)_{\text{méd}} - x^2_{\text{méd}}$$

ou

$$\sigma^2 = (x^2)_{\text{méd}} - x^2_{\text{méd}} \qquad 17\text{-}34b$$

O desvio-padrão é uma medida da dispersão dos valores em relação ao valor médio. Na maioria dos casos, haverá poucos valores diferindo de $x_{\text{méd}}$ por mais do que alguns múltiplos de σ. Para a distribuição familiar em forma de sino (a chamada distribuição normal), 68,3 por cento dos valores devem distar até 1σ de $x_{\text{méd}}$ (isto é, estarão entre $x_{\text{méd}} - \sigma$ e $x_{\text{méd}} + \sigma$).

No Exemplo 17-11, vimos que o valor rms era maior do que o valor médio. Esta é uma característica geral para qualquer distribuição (a não ser que os valores sejam todos idênticos, caso em que $\sigma = 0$ e $x_{\text{rms}} = x_{\text{méd}}$). Da definição de valor rms (Equação 17-29), temos $x^2_{\text{rms}} = (x^2)_{\text{méd}}$. Substituindo $(x^2)_{\text{méd}}$ por x^2_{rms} na Equação 17-34b, obtemos

$$\sigma^2 = x^2_{\text{rms}} - x^2_{\text{méd}}$$

Como σ^2 e x_{rms} são sempre positivos, x_{rms} deve sempre ser maior do que $|x_{\text{méd}}|$.

Para a distribuição familiar em forma de sino (distribuição normal), 68,3 por cento dos valores estão no intervalo $x_{\text{méd}} \pm \sigma$, 95,5 por cento estão entre $x_{\text{méd}} \pm 2\sigma$ e 99,7 por cento estão entre $x_{\text{méd}} \pm 3\sigma$. (Esta é conhecida como a regra 68–95–99,7.)

A distribuição de Maxwell–Boltzmann A distribuição de velocidades moleculares de um gás pode ser medida diretamente com o aparato ilustrado na Figura 17-16. Na Figura 17-17, os valores medidos de rapidez são plotados para dois valores de temperatura. A quantidade $f(v)$, na Figura 17-17, é a chamada **função distribuição de velocidades de Maxwell–Boltzmann**. Em um gás de N moléculas, o número de moléculas com rapidez entre v e $v + dv$ é dN, dado por

$$dN = Nf(v)\, dv \qquad 17\text{-}35$$

A fração $dN/N = f(v)dv$, para uma faixa particular dv, está ilustrada pela região sombreada na figura. A função distribuição de velocidades de Maxwell–Boltzmann

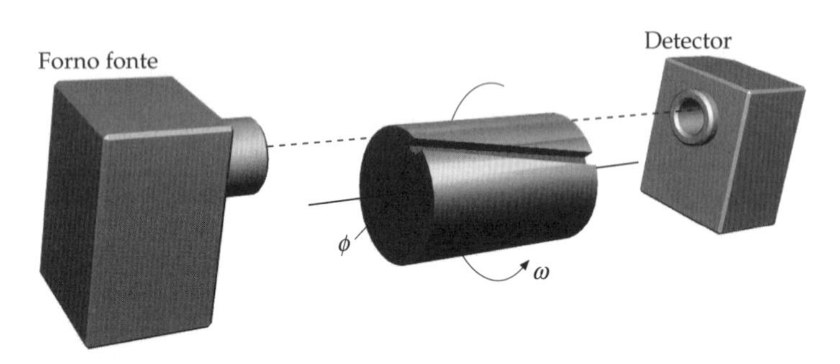

FIGURA 17-16 Diagrama esquemático de um aparato para a determinação da distribuição de velocidades das moléculas de um gás. A substância é vaporizada em um forno e as moléculas de vapor podem escapar, para dentro de uma câmara de vácuo, através de um orifício na parede do forno. As moléculas são colimadas em um feixe estreito por uma série de fendas (não mostradas). O feixe é direcionado para um detector que conta o número de moléculas incidentes sobre ele em um dado período de tempo. Um cilindro giratório interrompe a maior parte do feixe. Pequenas fendas no cilindro (apenas uma delas é representada aqui) permitem a passagem das moléculas que possuem uma rapidez situada em uma pequena faixa, determinada pela rapidez angular do cilindro. A contagem do número de moléculas que alcançam o detector para cada um de um grande número de valores de rapidez angular fornece uma medida do número de moléculas em cada faixa de rapidez.

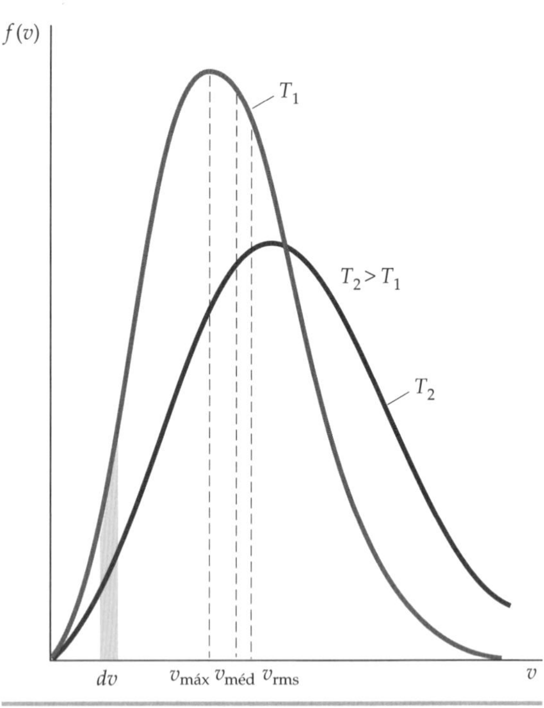

FIGURA 17-17 Distribuição de velocidades moleculares de um gás para duas temperaturas, T_1 e $T_2 > T_1$. A área sombreada $f(v)dv$ é igual à fração do número de moléculas com rapidez em uma estreita faixa dv. A rapidez média, $v_{méd}$, e a rapidez rms, v_{rms}, são ambas ligeiramente maiores do que a rapidez mais provável, $v_{máx}$.

pode ser deduzida usando-se a mecânica estatística. O resultado é

$$f(v) = \frac{4}{\sqrt{\pi}}\left(\frac{m}{2kT}\right)^{3/2} v^2 e^{-mv^2/(2kT)} \qquad \text{17-36}$$

FUNÇÃO DISTRIBUIÇÃO DE VELOCIDADES DE MAXWELL–BOLTZMANN

A rapidez mais provável, $v_{máx}$, aquela para a qual $f(v)$ é máximo, é dada por

$$v_{máx} = \sqrt{\frac{2\,kT}{m}} = \sqrt{\frac{2\,RT}{M}} \qquad \text{17-37}$$

RAPIDEZ MAIS PROVÁVEL

A rapidez rms é dada por $v_{rms} = \sqrt{3RT/M}$ (Equação 17-21). Comparando a Equação 17-37 com a Equação 17-21, vemos que a rapidez mais provável é ligeiramente menor do que a rapidez rms.

Exemplo 17-12 Usando a Distribuição de Maxwell–Boltzmann

Calcule a velocidade quadrática média (o valor médio de v^2) para as moléculas de um gás, usando a função distribuição de Maxwell-Boltzmann.

SITUAÇÃO O valor médio de v^2 é calculado de $(h^2)_{méd} = \int h^2 f(h)dh$ (Equação 17-33), com v no lugar de h e $f(v)$ dado pela Equação 17-36.

SOLUÇÃO

1. Por definição, $(v^2)_{méd}$ é

$$(v^2)_{méd} = \int_0^\infty v^2 f(v)\,dv$$

2. Use a Equação 17-36 para $f(v)$:

$$(v^2)_{méd} = \int_0^\infty v^2 \frac{4}{\sqrt{\pi}}\left(\frac{m}{2kT}\right)^{3/2} v^2 e^{-mv^2/(2kT)}\,dv = \frac{4}{\sqrt{\pi}}\left(\frac{m}{2kT}\right)^{3/2} \int_0^\infty v^4 e^{-mv^2/(2kT)}\,dv$$

3. A integral do passo 2 pode ser encontrada em tabelas de integrais: $$\int_0^{\infty} v^4 e^{-mv^2/(2kT)}\,dv = \frac{3}{8}\sqrt{\pi}\left(\frac{2kT}{m}\right)^{5/2}$$

4. Use este resultado para calcular $(v^2)_{\text{méd}}$: $$(v^2)_{\text{méd}} = \frac{4}{\sqrt{\pi}}\left(\frac{m}{2kT}\right)^{3/2}\frac{3}{8}\sqrt{\pi}\left(\frac{2kT}{m}\right)^{5/2} = \boxed{\frac{3kT}{m}}$$

CHECAGEM Nosso resultado concorda com $v_{\text{rms}} = \sqrt{3kT/m}$ da Equação 17-21.

No Exemplo 17-8, vimos que a rapidez rms das moléculas de hidrogênio é de cerca de 1,93 km/s. Isto é cerca de 17 por cento da rapidez de escape da superfície da Terra, que vimos, na Seção 11-3, que vale 11,2 km/s. Então, como é que não existe hidrogênio livre na atmosfera da Terra? Como podemos ver, na Figura 17-17, uma fração considerável das moléculas de um gás em equilíbrio possui rapidez maior do que a rapidez rms. Quando a rapidez rms da molécula de um dado gás vale de 15 a 20 por cento da rapidez de escape do planeta, um número suficiente de moléculas possui rapidez maior do que a rapidez de escape, de modo que a maior parte do gás não permanece na atmosfera do planeta por muito tempo, antes de escapar. Assim, não há praticamente nenhum gás hidrogênio na atmosfera da Terra. A rapidez rms das moléculas de oxigênio, por outro lado, é cerca de um quarto daquela das moléculas de hidrogênio, o que que equivale a apenas cerca de 4 por cento da rapidez de escape da superfície da Terra. Portanto, apenas uma fração desprezível de moléculas de oxigênio possui rapidez maior do que a rapidez de escape, e o oxigênio permanece na atmosfera da Terra.

CHECAGEM CONCEITUAL 17-3

Como qualquer físico de baixas temperaturas sabe, o nitrogênio líquido é muito mais barato do que o hélio líquido. Uma razão para isto é que, enquanto o nitrogênio é o constituinte mais abundante da atmosfera, apenas quantidades de hélio muito pequenas são encontradas na atmosfera. (Encontra-se hélio em depósitos de gás natural.) Por que a atmosfera contém apenas quantidades muito pequenas de hélio?

A distribuição de energias A distribuição de velocidades de Maxwell–Boltzmann, como dada pela Equação 17-36, também pode ser escrita como uma distribuição de energias cinéticas de translação. Escrevemos o número de moléculas com energia cinética de translação entre E e $E + dE$ como

$$dN = NF(E)\,dE$$

onde $F(E)$ é a função distribuição de energias. Este número será o mesmo fornecido pela Equação 17-36, com a energia E relacionada com a rapidez v por $E = \frac{1}{2}mv^2$. Então,

$$dE = mv\,dv$$

e

$$Nf(v)\,dv = NF(E)\,dE$$

Podemos escrever

$$f(v)\,dv = Cv^2e^{-mv^2/(2kT)}\,dv = Cve^{-E/(kT)}v\,dv = C\left(\frac{2E}{m}\right)^{1/2}e^{-E/(kT)}\frac{dE}{m}$$

onde $C = (4/\sqrt{\pi})[m/(2kT)]^{3/2}$ (da Equação 17-36). A função distribuição de energias cinéticas translacionais $F(E)$ é, portanto, dada por

$$F(E) = \frac{4}{\sqrt{\pi}}\left(\frac{m}{2kT}\right)^{3/2}\left(\frac{2}{m}\right)^{1/2}\frac{1}{m}E^{1/2}e^{-E/(kT)}$$

Simplificando, obtemos a **função distribuição de energias de Maxwell–Boltzmann**:

$$F(E) = \frac{2}{\sqrt{\pi}}\left(\frac{1}{kT}\right)^{3/2}E^{1/2}e^{-E/(kT)} \qquad \text{17-38}$$

FUNÇÃO DISTRIBUIÇÃO DE ENERGIAS DE MAXWELL–BOLTZMANN

Veja **o Tutorial Matemático** *para mais informações sobre* **Cálculo Diferencial**

Na linguagem da mecânica estatística, a distribuição de energias é vista como o produto de dois fatores: um fator é a chamada **densidade de estados** e é proporcional a $\sqrt{E}$, o outro fator é a probabilidade do estado estar ocupado, que é $e^{-E/(kT)}$, chamada de **fator de Boltzmann.**

Física em Foco

Termômetros Moleculares

Termômetros moleculares mostram variações de temperatura através de alterações que ocorrem com as próprias moléculas. Eles podem ser simples e baratos e têm sido alvo de intensivas pesquisas recentes.

Anéis indicadores de humor usam cristais líquidos* que mudam de cor com a mudança da temperatura do dedo de quem os usa. Muitos cristais líquidos possuem propriedades *termocrômicas* — eles mudam de cor com a temperatura. Esses cristais líquidos são feitos de moléculas retorcidas. Com a variação da temperatura, cada molécula se torna mais ou menos retorcida, o que altera a forma como o cristal líquido absorve ou reflete a luz. Alguns cristais líquidos são sensíveis a variações de até 0,1°C.† As mudanças de cor de cada cristal líquido em particular ocorrem em uma pequena faixa de temperaturas, normalmente menor do que 7°C. No entanto, diferentes cristais líquidos podem ser agrupados de forma compartimentada, para permitir uma sensibilidade em uma faixa de temperaturas de −30°C até 120°C. Este tipo de termômetro é usado em aquários, e também como termômetro clínico.‡ Termômetros de cristal líquido permitem monitoramento em tempo real# e são uma boa opção quando o custo é um fator importante.°

Termômetros fluorescentes podem ser úteis no monitoramento da variação da temperatura de pequeníssimos chips de computador, durante o processo de fabricação, assim como no monitoramento de variações da temperatura de automóveis durante a fabricação e testes aerodinâmicos.§ Quando esses termômetros são expostos à luz ultravioleta, a maior parte deles responde por fluorescência (emissão de luz) em dois comprimentos de onda. A razão entre estes dois comprimentos de onda está relacionada à temperatura. Um termômetro fluorescente desenvolvido recentemente é preciso em até 0,05°C e indica temperaturas variando entre 25°C e 140°C,¶ através das mudanças da razão entre os comprimentos de onda emitidos. Com a variação do comprimento de onda, a cor visível muda com a temperatura.

Mas há ocasiões em que termômetros moleculares devem medir temperaturas maiores do que 150°C. Neste caso, os corpos submetidos à medição podem ser revestidos com um pó fosforescente, que emite um rápido brilho quando excitado por luz. O tempo de duração do brilho depende da temperatura do corpo revestido. A duração da fosforescência tem sido usada pela indústria do aço para determinar se o aço está na temperatura correta para a formação das ligas desejadas. Termometria por fosforescência permite medidas de 700°C no aço, com 3°C de erro.** A termometria convencional apresentava erros de até 40°C. A precisão pode economizar, para a indústria do aço, até 70 milhões de dólares por ano.

Termômetros em tempo real não podem dizer o que ocorreu no passado. A medida da maior temperatura de cozimento da carne é importante para a segurança alimentar. A temperatura máxima de cozimento determina se infecções alimentares podem ocorrer. Infelizmente, não se pode medir esta temperatura depois que a carne já esfriou. Mas a proporção de ocorrência de três grandes moléculas na carne bovina permite a determinação da temperatura máxima de cozimento com uma precisão de 2°C,†† mesmo se a carne foi congelada e descongelada após o cozimento. Breve será possível dizer se carnes pré-cozidas entregues em hospitais e escolas passaram por uma temperatura máxima de cozimento segura antes do resfriamento.

Devido ao grande número de aplicações, desde o monitoramento barato da temperatura até a determinação de temperaturas prévias e o monitoramento industrial em tempo real, a termometria molecular tem um futuro brilhante.

* James, B. G., "Heat Sensitive Novelty Device," *U.S. Patent 3,802,945*, Apr. 9, 1974.
† White, M. A., and LeBlanc, M., "Thermochromism in Commercial Products," *Journal of Chemical Education*, Sept. 1999, Vol. 76, 1201–1205.
‡ Krause, B. F., "Accuracy and Response Time Comparisons of Four Skin Temperature-Monitoring Devices," *Nurse Anesthesia*, June 1993, Vol. 4, 55–61.
# Dart, R. C., et al., "Liquid Crystal Thermometry for Continuous Temperature Measurement in Emergency Department Patients," *Annals of Emergency Medicine*, Dec. 1985, Vol. 14, 1188–1190.
° Manandhar, N., et al., "Liquid Crystal Thermometry for the Detection of Neonatal Hypothermia in Nepal," *Journal of Tropical Pediatrics*, Feb. 1998, Vol. 55, 15+.
§ Chandrasekharan, N., and Kelly, L., "Fluorescent Molecular Thermometers Based on Monomer/Exciplex Interconversion," *The Spectrum*, Sept. 2002, Vol. 15, No. 3, 1–7.
¶ Hanson, T., "Laboratory Scientists Develop Novel Fluorescent Thermometer," *Los Alamos National Laboratory News*, Sept. 4, 2004. http://www.lanl.gov/news/index.php?fuseaction=nb.story&story_id=5007&nb_date=2004-04-15 as of July 2006.
** "Thermometry for the Steel Industry," *Thermographic Phosphor Sensing Applications*, Oak Ridge National Laboratory. http://www.ornl.gov/sci/phosphors/galv.htm as of July 2006.
†† Miller, D. R., and Keeton, J. T., "Verification of Safe Cooking Endpoints in Beef by Multiple Antigen Elisa," *2004 Beef Cattle Research In Texas Publication*. http://animalscience.tamu.edu/ANSC/beef/bcrt/2004/miller_3.pdf as of July 2006.

Resumo

TÓPICO	EQUAÇÕES RELEVANTES E OBSERVAÇÕES	
1. **Escalas Centígrada e Fahrenheit**	Na escala centígrada, o ponto de fusão do gelo é definido como 0°C e o ponto de vaporização da água é 100°C. Na escala Fahrenheit, o ponto de fusão do gelo é 32°F e o ponto de vaporização da água é 212°F. As temperaturas das escalas Fahrenheit e centígrada relacionam-se por $t_C = \frac{5}{9}(t_F - 32°)$	17-2
2. **Termômetros de Gás**	Os termômetros de gás têm a propriedade de concordarem todos entre si na medida de qualquer temperatura, desde que a massa específica do gás seja muito baixa. A temperatura de gás ideal T (em kelvins) é definida por $T = \frac{P}{P_3} T_3$ onde P é a pressão observada do gás no termômetro, P_3 é a pressão quando o termômetro está imerso em um banho de água–gelo–vapor em seu ponto triplo e T_3 = 273,16 K (a temperatura de ponto triplo).	17-4
3. **Escala Celsius**	A temperatura Celsius t_C se relaciona com a temperatura de gás ideal T em kelvins por $t_C = T + 273{,}15\text{ K}$	17-5
4. **Gás Ideal**	Para pequenas massas específicas, todos os gases obedecem à lei dos gases ideais.	
Equação de estado	$PV = nRT$	17-13
Constante universal dos gases	$R = N_A k = 8{,}314\text{ J/(mol}\cdot\text{K)}$ $= 0{,}08206\text{ L}\cdot\text{atm/(mol}\cdot\text{K)}$	17-12
Constante de Boltzmann	$k = 1{,}381 \times 10^{-23}\text{ J/K} = 8{,}617 \times 10^{-5}\text{ eV/K}$	17-8
Número de Avogadro	$N_A = 6{,}022 \times 10^{23}\text{ mol}^{-1}$	17-9
Equação para uma quantidade fixa de gás	Uma forma da lei dos gases ideais útil para a solução de problemas que envolvem uma quantidade fixa de gás é $\frac{P_2 V_2}{T_2} = \frac{P_1 V_1}{T_1}$	17-14
5. **Teoria Cinética dos Gases**		
Interpretação molecular da temperatura	A temperatura absoluta T é uma medida da energia cinética média de translação de uma molécula.	
Teorema da eqüipartição	Quando um sistema está em equilíbrio, há uma energia média de $\frac{1}{2}kT$ por molécula ($\frac{1}{2}RT$ por mol) associada a cada grau de liberdade.	
Energia cinética média	Para um gás ideal, a energia cinética média de translação de uma molécula é $K_{\text{trans méd}} = \left(\frac{1}{2}mv^2\right)_{\text{méd}} = \frac{3}{2}kT$	17-19
Energia cinética total de translação	A energia cinética total de translação de n moles de um gás contendo N moléculas é dada por $K_{\text{trans}} = N\left(\frac{1}{2}mv^2\right)_{\text{méd}} = \frac{3}{2}NkT = \frac{3}{2}nRT$	17-20
Rapidez rms das moléculas	A rapidez rms de uma molécula de um gás está relacionada com a temperatura absoluta por $v_{\text{rms}} = \sqrt{(v^2)_{\text{méd}}} = \sqrt{\frac{3kT}{m}} = \sqrt{\frac{3RT}{M}}$ onde m é a massa da molécula e M é a massa molar.	17-21
Livre caminho médio	O livre caminho médio λ de uma molécula está relacionado com o seu diâmetro d e com o número de moléculas por unidade de volume n_V por $\lambda = \frac{1}{\sqrt{2}\, n_V \pi d^2}$	17-23

TÓPICO	EQUAÇÕES RELEVANTES E OBSERVAÇÕES	
*6. **Distribuição de Velocidades de Maxwell–Boltzmann**	$f(v) = \frac{4}{\sqrt{\pi}}\left(\frac{m}{2kT}\right)^{3/2} v^2 e^{-mv^2/(2kT)}$	17-36
Distribuição de Energias de Maxwell–Boltzmann	$F(E) = \frac{2}{\sqrt{\pi}}\left(\frac{1}{kT}\right)^{3/2} E^{1/2} e^{-E/(kT)}$	17-38

Respostas das Checagens Conceituais

17-1 Há mais ar no quarto do Antônio.

17-2 Diminui.

17-3 A rapidez rms do hélio é cerca de 12 por cento da rapidez de escape da superfície da Terra. Assim, o número de moléculas de hélio com rapidez acima da rapidez de escape é suficiente para que o hélio vá, lentamente, escapando da Terra.

Respostas dos Problemas Práticos

17-1 (*a*) 20°C, (*b*) −40°F

17-2 (*a*) $n = 4{,}47 \times 10^{-5}$ mol, (*b*) $N = 2{,}69 \times 10^{19}$ moléculas

17-3 $n = 0{,}0804$ mol

17-4 $5{,}2 \times 10^2$ m/s

Problemas

Em alguns problemas, você recebe mais dados do que necessita; em alguns outros, você deve acrescentar dados de seus conhecimentos gerais, fontes externas ou estimativas bem fundamentadas.

Interprete como significativos todos os algarismos de valores numéricos que possuem zeros em seqüência sem vírgulas decimais.

• Um só conceito, um só passo, relativamente simples
•• Nível intermediário, pode requerer síntese de conceitos
••• Desafiante, para estudantes avançados
Problemas consecutivos sombreados são problemas pareados.

PROBLEMAS CONCEITUAIS

1 • Verdadeiro ou falso:
(*a*) A lei zero da termodinâmica afirma que dois corpos em equilíbrio térmico entre si devem estar em equilíbrio térmico com um terceiro corpo.
(*b*) As escalas de temperatura Fahrenheit e Celsius diferem apenas na escolha da temperatura do **ponto de congelamento**.
(*c*) O grau Celsius e o kelvin têm o mesmo tamanho.

2 • Como é que você pode determinar se dois corpos estão em equilíbrio térmico entre si se colocá-los em contato físico um com o outro pode ter efeitos indesejáveis? (Por exemplo, se você coloca um pedaço de sódio em contato com água pode ocorrer uma violenta reação química.)

3 • "Ontem, quando eu acordei, fazia 20°F em meu quarto", disse Mateus para o seu velho amigo Matias. "Isto não é nada", respondeu Matias. "No meu quarto fazia −5,0°C." Quem tinha o quarto mais frio, Mateus ou Matias?

4 • Dois recipientes idênticos contêm gases ideais diferentes às mesmas pressão e temperatura. Segue-se daí que (*a*) o número de moléculas de gás é o mesmo nos dois recipientes, (*b*) a massa total de gás é a mesma nos dois recipientes, (*c*) a rapidez média das moléculas de gás é a mesma nos dois recipientes, (*d*) nenhuma das respostas anteriores.

5 • A Figura 17-18 mostra um gráfico de volume V *versus* temperatura absoluta T para um processo que leva uma quantidade fixa de um gás ideal do ponto A para o ponto B. O que acontece com a pressão do gás durante este processo?

6 • A Figura 17-19 mostra um gráfico de pressão P *versus* temperatura absoluta T para um processo que leva uma amostra de um gás ideal do ponto A para o ponto B. O que acontece com o volume do gás durante este processo?

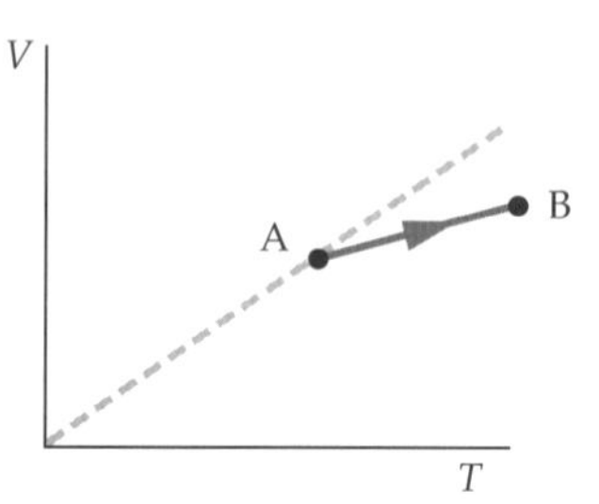

FIGURA 17-18
Problema 5

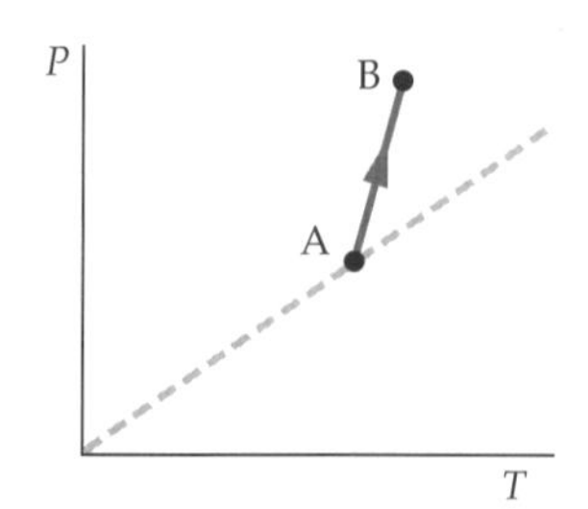

FIGURA 17-19
Problema 6

7 • Se um recipiente contém quantidades iguais, em massa, de hélio e de argônio, qual das seguintes afirmativas é verdadeira?
(*a*) A pressão parcial exercida por cada um dos dois gases sobre as paredes do recipiente é a mesma.
(*b*) A rapidez média de um átomo de hélio é a mesma que a de um átomo de argônio.
(*c*) O número de átomos de hélio e de átomos de argônio no recipiente é o mesmo.
(*d*) Nenhuma das anteriores.

8 • De qual fator deve aumentar a temperatura absoluta de um gás para que a rapidez rms de suas moléculas seja dobrada?

9 • Dois gases diferentes estão à mesma temperatura. O que pode ser dito sobre a energia cinética média de translação das moléculas de cada gás? O que pode ser dito sobre a rapidez rms das moléculas de cada gás?

10 • Um recipiente contém uma mistura de hélio (He) e metano (CH_4). A razão entre a rapidez rms dos átomos de He e a das moléculas de CH_4 é (*a*) 1, (*b*) 2, (*c*) 4, (*d*) 16.

11 • Verdadeiro ou falso: Se a pressão de uma quantidade fixa de gás aumenta, então a temperatura do gás deve aumentar.

12 • Por que as escalas Celsius e Fahrenheit podem ser mais convenientes do que a escala absoluta, para propósitos ordinários, não-científicos?

13 • Um astrônomo afirma que a temperatura no centro do Sol é de cerca de 10^7 graus. Você acha que esta temperatura está em kelvins, graus Celsius, ou isto não importa?

14 • Você tem uma quantidade fixa de gás ideal em um recipiente que se expande para manter a pressão constante. Se você dobra a temperatura absoluta do gás, a rapidez média das moléculas (*a*) permanece constante, (*b*) dobra, (*c*) quadruplica, (*d*) aumenta de um fator $\sqrt{2}$.

15 • Você comprime um gás ideal até a metade de seu volume inicial, também reduzindo à metade sua temperatura absoluta. Durante este processo, a pressão do gás (*a*) é reduzida à metade, (*b*) permanece constante, (*c*) dobra, (*d*) quadruplica.

16 • A energia cinética média de translação das moléculas de um gás dependem (*a*) do número de moles e da temperatura, (*b*) da pressão e da temperatura, (*c*) apenas da pressão, (*d*) apenas da temperatura.

17 •• Qual é a maior rapidez, a rapidez do som em um gás ou a rapidez rms das moléculas do gás? Justifique sua resposta, usando as fórmulas apropriadas, e explique por que sua resposta é intuitivamente plausível.

18 •• Você aumenta a temperatura de um gás mantendo fixo o seu volume. Explique, em termos de movimento molecular, por que a pressão do gás, sobre as paredes do recipiente, aumenta.

19 •• Você comprime um gás mantendo-o a uma temperatura fixa (talvez mergulhando o recipiente em água fria). Explique, em termos de movimento molecular, por que a pressão do gás, sobre as paredes do recipiente, aumenta.

20 •• O oxigênio possui uma massa molar de 32 g/mol, e o nitrogênio possui uma massa molar de 28 g/mol. As moléculas de oxigênio e de nitrogênio em uma sala possuem:

(*a*) a mesma energia cinética média translacional, mas as moléculas de oxigênio possuem uma rapidez média maior do que as moléculas de nitrogênio.

(*b*) a mesma energia cinética média translacional, mas as moléculas de oxigênio possuem uma rapidez média menor do que as moléculas de nitrogênio.

(*c*) a mesma energia cinética média translacional e a mesma rapidez média.

(*d*) a mesma rapidez média, mas as moléculas de oxigênio possuem uma energia cinética média translacional maior do que as moléculas de nitrogênio.

(*e*) a mesma rapidez média, mas as moléculas de oxigênio possuem uma energia cinética média translacional menor do que as moléculas de nitrogênio.

(*f*) Nenhuma das afirmativas anteriores.

21 •• O nitrogênio líquido é relativamente barato, enquanto o hélio líquido é relativamente caro. Uma razão para a diferença de preços é que, enquanto o nitrogênio é o constituinte mais abundante da atmosfera, apenas pequenos traços de hélio podem ser encontrados na atmosfera. Use idéias deste capítulo para explicar por que apenas pequenos traços de hélio podem ser encontrados na atmosfera.

ESTIMATIVA E APROXIMAÇÃO

22 • Estime o número total de moléculas de ar em sua sala de aula.

23 •• Estime a massa específica do ar seco no nível do mar em um dia quente de verão.

24 •• Um tubo de ensaio arrolhado, com 10,0 mL de volume, possui 1,00 mL de água em seu fundo. A água tem uma temperatura de 100°C e está inicialmente a uma pressão de 1,00 atm. O tubo de ensaio é colocado sobre uma chama até que a água tenha evaporado totalmente. Estime a pressão final dentro do tubo de ensaio.

25 •• No Capítulo 11, vimos que a rapidez de escape da superfície de um planeta de raio R é $v_e = \sqrt{2gR}$, onde g é a aceleração da gravidade na superfície do planeta. Se a rapidez rms de um gás é maior do que cerca de 15 ou 20 por cento da rapidez de escape de um planeta, virtualmente todas as moléculas do gás escaparão da atmosfera do planeta.

(*a*) Para qual temperatura a v_{rms} do O_2 é igual a 15 por cento da rapidez de escape da Terra?

(*b*) Para qual temperatura a v_{rms} do H_2 é igual a 15 por cento da rapidez de escape da Terra?

(*c*) As temperaturas na atmosfera superior atingem 1000 K. Como é que isto ajuda a dar conta da baixa abundância de hidrogênio na atmosfera terrestre?

(*d*) Calcule as temperaturas para as quais os valores de rapidez média do O_2 e do H_2 são iguais a 15 por cento da rapidez de escape na superfície da Lua, onde g tem cerca de um sexto de seu valor na Terra e R = 1738 km. Como é que isto dá conta da ausência de atmosfera na Lua?

26 •• A rapidez de escape de moléculas gasosas na atmosfera de Marte é 5,0 km/s e a temperatura da superfície de Marte é tipicamente 0°C. Calcule a rapidez rms de (*a*) H_2, (*b*) O_2 e (*c*) CO_2 nesta temperatura. (*d*)H_2, O_2 e CO_2 são passíveis de serem encontrados na atmosfera de Marte?

27 •• A rapidez de escape de moléculas gasosas na atmosfera de Júpiter é 60 km/s e a temperatura da superfície de Júpiter é tipicamente −150°C. Calcule a rapidez rms de (*a*) H_2, (*b*) O_2 e (*c*) CO_2 nesta temperatura. (*d*)H_2, O_2 e CO_2 são passíveis de serem encontrados na atmosfera de Júpiter?

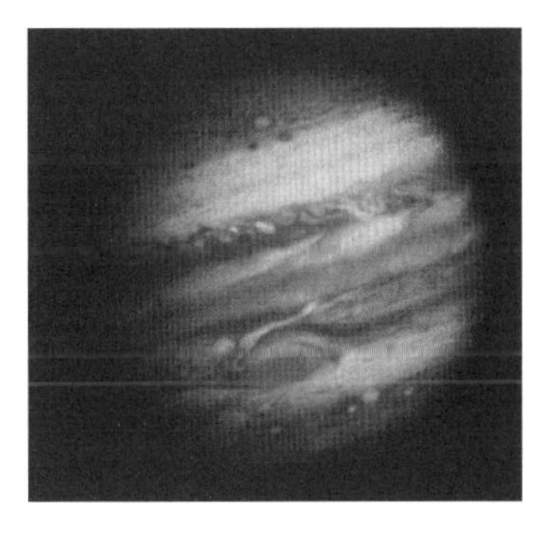

Júpiter visto de cerca de doze milhões de milhas (19.311.600 km). Como a rapidez de escape na superfície de Júpiter é de cerca de 60 km/s, Júpiter retém facilmente o hidrogênio em sua atmosfera. *(Jet Propulsion Laboratory/NASA.)*

28 •• Estime a pressão média sobre a parede de uma cancha de *paddle* devida às colisões da bola durante uma partida. Use valores razoáveis para a massa da bola, sua rapidez típica e as dimensões da cancha. A pressão média exercida pela bola é significativa em comparação com a exercida pelo ar?

29 •• Em uma primeira aproximação, o Sol consiste em um gás com números iguais de prótons e elétrons. (As massas destas partículas podem ser encontradas no Apêndice B.) A temperatura no centro do Sol é de cerca de 1×10^7 K, e a massa específica do Sol é de cerca de 1×10^5 kg/m^3. Como a temperatura é tão alta, os prótons e os elétrons são partículas separadas (em vez de estarem ligados para formar átomos de hidrogênio). (*a*) Estime a pressão no centro do Sol. (*b*) Estime os valores de rapidez rms para os prótons e os elétrons no centro do Sol.

30 •• **RICO EM CONTEXTO, APLICAÇÃO EM ENGENHARIA** Você está projetando uma câmara de vácuo para a fabricação de revestimentos

refletores. Dentro da câmara, uma pequena amostra de metal será vaporizada para que seus átomos viajem em linha reta (os efeitos da gravidade são desprezíveis durante o curto tempo de vôo) até uma superfície onde eles se depositam para formar um filme muito fino. A amostra de metal está a 30 cm da superfície sobre a qual seus átomos se depositarão. Quão baixa deve ser a pressão dentro da câmara, para que os átomos de metal colidam com moléculas de ar apenas raramente antes de atingirem a superfície?

31 ••• **APLICAÇÃO BIOLÓGICA** Em condições normais de respiração, aproximadamente 5 por cento de cada expiração constitui-se de dióxido de carbono. Com esta informação, e desprezando qualquer diferença entre os conteúdos de água e de vapor, estime a diferença típica de massa entre uma inspiração e uma expiração.

ESCALAS DE TEMPERATURA

32 • Determinada cera de esqui deve ser usada entre -12 e $-7,0$°C. Qual é esta faixa de temperaturas na escala Fahrenheit?

33 • O ponto de fusão do ouro é 1945,4°F. Expresse esta temperatura em graus Celsius.

34 • Um boletim meteorológico informa que se espera uma queda de temperatura de 15,0°C para as próximas quatro horas. De quantos graus da escala Fahrenheit cairá a temperatura?

35 • O comprimento da coluna de mercúrio de um termômetro é 4,00 cm quando o termômetro está imerso em água com gelo à pressão de 1 atm e 24,0 cm quando o termômetro está imerso em água fervente à pressão de 1 atm. Suponha o comprimento da coluna de mercúrio variando linearmente com a temperatura. (*a*) Esboce um gráfico do comprimento da coluna de mercúrio *versus* temperatura (em graus Celsius). (*b*) Qual é o comprimento da coluna à temperatura ambiente (22,0°C)? (*c*) Se a coluna de mercúrio tem um comprimento de 25,4 cm quando o termômetro está mergulhado em uma solução química, qual é a temperatura da solução?

36 • A temperatura do interior do Sol é de cerca de 1×10^7 K. Quanto vale esta temperatura, em graus (*a*) Celsius, (*b*) Fahrenheit?

37 • O ponto de ebulição do nitrogênio, N_2, é 77,35 K. Expresse esta temperatura em graus Fahrenheit.

38 • A pressão de um termômetro de gás a volume constante é 0,400 atm no ponto de gelo e 0,546 atm no ponto de vapor. (*a*) Esboce um gráfico da pressão *versus* temperatura Celsius para este termômetro. (*b*) Quando a pressão é 0,100 atm, qual é a temperatura? (*c*) Qual é a pressão a 444,6°C (o ponto de ebulição do enxofre)?

39 • Um termômetro de gás a volume constante indica 50,0 torr no ponto triplo da água. (*a*) Esboce um gráfico da pressão *versus* temperatura absoluta para este termômetro. (*b*) Qual será a pressão quando o termômetro medir uma temperatura de 300 K? (*c*) A qual temperatura de gás ideal corresponde uma pressão de 678 torr?

40 • Um termômetro de gás a volume constante tem uma pressão de 50,0 torr quando indica uma temperatura de 373 K. (*a*) Esboce um gráfico da pressão *versus* temperatura absoluta para este termômetro. (*b*) Qual é a sua pressão de ponto triplo, P_3? (*c*) A qual temperatura corresponde uma pressão de 0,175 torr?

41 • Para qual temperatura as escalas Fahrenheit e Celsius indicam a mesma leitura?

42 • Sódio funde a 371 K. Qual é o ponto de fusão do sódio nas escalas Celsius e Fahrenheit de temperatura?

43 • O ponto de ebulição do oxigênio, a 1,00 atm, é 90,2 K. Qual é o ponto de ebulição do oxigênio a 1,00 atm nas escalas Celsius e Fahrenheit?

44 •• Na escala de temperatura Réaumur, o ponto de fusão do gelo é 0°R e o ponto de ebulição da água é 80°R. Deduza expressões para converter temperaturas da escala Réaumur para as escalas Celsius e Fahrenheit.

45 ••• **APLICAÇÃO EM ENGENHARIA** Um termistor é um dispositivo de estado sólido largamente usado em uma variedade de aplicações em engenharia. Sua principal característica é que sua resistência elétrica varia muito com a temperatura. Sua dependência com a temperatura é dada aproximadamente por $R = R_0 e^{B/T}$, com R em ohms (Ω), T em kelvins e R_0 e B sendo constantes que podem ser determinadas medindo-se R em pontos de calibração como o ponto de gelo e o ponto de vapor. (*a*) Se $R = 7360\ \Omega$ no ponto de gelo e 153 Ω no ponto de vapor, determine R_0 e B. (*b*) Qual é a resistência do termistor em $t = 98,6$°F? (*c*) Qual é a taxa de variação da resistência com a temperatura (dR/dt) no ponto de gelo e no ponto de vapor? (*d*) Para quais temperaturas o termistor é mais sensível?

A LEI DOS GASES IDEAIS

46 • Um gás ideal, em um cilindro com um pistão encaixado (Figura 17-20), é mantido à pressão constante. Se a temperatura do gás aumenta de 50°C para 100°C, de que fator varia o volume?

FIGURA 17-20 Problemas 46 e 71

47 • Um recipiente de 10,0 L contém gás à temperatura de 0,00°C e à pressão de 4,00 atm. Quantos moles de gás há no recipiente? Quantas moléculas?

48 •• Uma baixa pressão de $1,00 \times 10^{-8}$ torr pode ser atingida usando-se uma bomba de difusão a óleo. Quantas moléculas há em 1,00 cm^3 de um gás nesta pressão, se sua temperatura é 300 K?

49 •• Você copia o seguinte parágrafo de um livro de física marciano: "1 *snorf* de um gás ideal ocupa um volume de 1,35 *zak*. À temperatura de 22 *glips*, o gás tem uma pressão de 12,5 *klads*. A uma temperatura de -10 *glips*, o mesmo gás tem agora uma pressão de 8,7 *klads*." Determine a temperatura do zero absoluto em *glips*.

50 •• Uma motorista enche os pneus do carro até uma pressão manométrica de 180 kPa em um dia em que a temperatura é de $-8,0$°C. Quando ela chega ao destino, a pressão dos pneus aumentou para 245 kPa. Qual é a temperatura dos pneus supondo (*a*) que os pneus não se expandiram, ou (*b*) que os pneus se expandiram de modo que o volume do ar neles contido aumentou em 7 por cento?

51 •• Uma sala tem 6,0 m por 5,0 m por 3,0 m. (*a*) Se a pressão do ar na sala é 1,0 atm e a temperatura é 300 K, determine o número de moles de ar na sala. (*b*) Se a temperatura aumenta de 5,0 K e a pressão permanece constante, quantos moles de ar deixam a sala?

52 •• Imagine que 10,0 g de hélio líquido, inicialmente a 4,20 K, evaporem para dentro de um balão vazio que é mantido à pressão de 1,00 atm. Qual é o volume do balão a (*a*) 25,0 K e (*b*) 293 K?

53 •• Um recipiente fechado, com um volume de 6,00 L, contém 10,0 g de hélio líquido a 25,0 K e ar suficiente para preencher o resto de seu volume a uma pressão de 1,00 atm. O hélio, então, evapora e o recipiente tem sua temperatura elevada para a temperatura ambiente (293 K). Qual é a pressão final dentro do recipiente?

54 •• Um pneu de automóvel é cheio até uma pressão manométrica de 200 kPa, quando sua temperatura é 20°C. (Pressão manométrica é a diferença entre a pressão real e a pressão atmosférica.) Depois de viajar a altas velocidades, a temperatura do pneu aumenta para 50°C. (*a*) Supondo que o volume do pneu não varie e que o ar se comporte como um gás ideal, determine a pressão manométrica do ar no pneu. (*b*) Calcule a pressão manométrica se o pneu se expande e o volume do ar nele contido aumenta em 10 por cento.

55 •• Depois do nitrogênio (N_2) e do oxigênio (O_2), a água, H_2O, é a molécula mais abundante na atmosfera da Terra. Contudo, a fração de moléculas de H_2O em um dado volume de ar varia dramaticamente, de praticamente zero por cento nas condições mais secas até um valor de 4 por cento, quando a umidade é grande. (*a*) Para dadas temperatura e pressão, o ar se torna mais denso quando seu conteúdo de vapor é maior ou menor? (*b*) Qual é a diferença em massa, à temperatura ambiente e à pressão atmosférica, entre um metro cúbico de ar sem moléculas de vapor e um metro cúbico de ar com 4 por cento de moléculas de vapor?

56 •• Um mergulhador está 40 m abaixo da superfície de um lago, onde a temperatura é 5,0°C. Ele libera uma bolha de ar que tem um volume de 15 cm³. A bolha sobe à superfície, onde a temperatura é 25°C. Suponha que o ar na bolha esteja sempre em equilíbrio térmico com a água ao seu redor, e que não haja troca de moléculas entre a bolha e a água. Qual é o volume da bolha imediatamente antes de romper-se na superfície? *Dica: Lembre-se de que a pressão também varia.*

57 •• **APLICAÇÃO EM ENGENHARIA** Um balão de ar quente é aberto embaixo. Ele tem um volume de 446 m³ e é cheio com ar a uma temperatura média de 100°C. O ar fora do balão tem uma temperatura de 20,0°C e uma pressão de 1,00 atm. Qual é a carga que o balão pode erguer (incluindo o revestimento do próprio balão)? Use 29,0 g/mol para a massa molar do ar. (Despreze o volume tanto da carga quanto do revestimento do balão.)

58 ••• Um balão de hélio é usado para erguer um peso de 110 N. O peso do revestimento do balão é 50,0 N e o volume do hélio quando o balão está totalmente inflado é 32,0 m³. A temperatura do ar é 0°C e a pressão atmosférica é 1,00 atm. O balão é inflado com uma quantidade de gás hélio que faz com que a força resultante para cima, sobre o balão e sua carga, seja de 30,0 N. Despreze efeitos de variação da temperatura causada por mudanças de altitude. (*a*) Quantos moles de gás hélio estão contidos no balão? (*b*) Em que altitude o balão estará completamente inflado? (*c*) O balão chega a atingir a altitude na qual ele se infla completamente? (*d*) Se a resposta para a Parte (*c*) é "Sim", qual é a máxima altitude atingida pelo balão?

TEORIA CINÉTICA DOS GASES

59 • (*a*) Um mol de gás argônio está confinado em um recipiente de 1,0 litro a uma pressão de 10 atm. Qual é a rapidez rms dos átomos de argônio? (*b*) Compare sua resposta com a rapidez rms dos átomos de hélio sob as mesmas condições.

60 • Determine a energia cinética total de translação das moléculas de 1,0 L de gás oxigênio a uma temperatura de 0,0°C e a uma pressão de 1,0 atm.

61 • Estime a rapidez rms e a energia cinética média de um átomo de hidrogênio em um gás a uma temperatura de $1{,}0 \times 10^7$ K. (Nesta temperatura, que é aproximadamente a temperatura no interior de uma estrela, os átomos de hidrogênio são ionizados e se tornam prótons.)

62 • O hélio líquido tem uma temperatura de apenas 4,20 K e está em equilíbrio com seu vapor quando à pressão atmosférica. Calcule a rapidez rms de um átomo de hélio no vapor a esta temperatura, e comente o resultado.

63 • Mostre que o livre caminho médio de uma molécula em um gás ideal à temperatura T e à pressão P é dado por $\lambda = kT/(\sqrt{2}\,P\pi d^2)$.

64 •• **APLICAÇÃO EM ENGENHARIA** Os atuais equipamentos de vácuo podem atingir pressões tão baixas quanto $7{,}0 \times 10^{-11}$ Pa. Seja uma câmara contendo hélio a esta pressão e à temperatura ambiente (300 K). Estime o livre caminho médio e o tempo de colisão para o hélio na câmara. Considere o diâmetro de um átomo de hélio igual a $1{,}0 \times 10^{-10}$ m.

65 •• Oxigênio (O_2) está confinado em um recipiente cúbico de 15 cm de aresta, à temperatura de 300 K. Compare a energia cinética média de uma molécula do gás com a variação de sua energia potencial gravitacional ao cair de uma altura de 15 cm (a altura do recipiente).

*A DISTRIBUIÇÃO DE VELOCIDADES MOLECULARES

66 •• Use o cálculo para mostrar que $f(v)$, dado pela Equação 17-36, tem seu valor máximo para uma rapidez $v = \sqrt{2kT/m}$.

67 •• A função distribuição $f(v)$ é definida na Equação 17-36. Como $f(v)dv$ dá a fração de moléculas que têm rapidez na faixa entre v e $v + dv$, a integral de $f(v)dv$ sobre todos os possíveis valores de rapidez deve ser igual a 1. Dado que a integral $\int_0^\infty v^2 e^{-\text{méd}^2} dv = \sqrt{(\pi/4)}a^{-3/2}$, mostre que $\int_0^\infty f(v)dv = 1$, onde $f(v)$ é dado pela Equação 17-36.

68 •• Dado que a integral $\int_0^\infty v^3 e^{-\text{méd}^2} dv = (1/2a^2)$, calcule a rapidez média $v_{\text{méd}}$ das moléculas de um gás, usando a função distribuição de Maxwell–Boltzmann.

69 •• **VÁRIOS PASSOS** As energias cinéticas de translação das moléculas de um gás são distribuídas de acordo com a distribuição de energias de Maxwell–Boltzmann, Equação 17-38. (*a*) Determine o valor mais provável da energia cinética de translação (em termos da temperatura T) e compare este valor com o valor médio. (*b*) Esboce um gráfico da distribuição de energias cinéticas de translação [$f(E)$ *versus* E] e indique a energia mais provável e a energia média. (Não há necessidade de desenhar o eixo vertical do gráfico em escala.) (*c*) Sua professora afirma: "Apenas olhando o gráfico de $f(E)$ *versus* E você pode ver que a energia cinética média de translação é consideravelmente maior do que a energia cinética de translação mais provável." Quais são as características do gráfico que confirmam esta afirmativa?

PROBLEMAS GERAIS

70 • Determine a temperatura na qual a rapidez rms de uma molécula de gás hidrogênio é igual a 343 m/s.

71 •• (*a*) Se 1,0 mol de um gás em um recipiente cilíndrico ocupa um volume de 10 L a uma pressão de 1,0 atm, qual é a temperatura do gás em kelvins? (*b*) Um pistão permite variar o volume do gás dentro do cilindro (Figura 17-20). Quando o gás é aquecido à pressão constante, ele expande para um volume de 20 L. Qual é a temperatura do gás em kelvins? (*c*) Depois, o volume é fixado em 20 L e a temperatura do gás aumenta para 350 K. Qual é, agora, a pressão do gás?

72 •• **VÁRIOS PASSOS** (*a*) O volume por molécula de um gás é o inverso do número de moléculas por unidade de volume. Determine o volume médio, por molécula, para o ar seco à temperatura ambiente e à pressão atmosférica. (*b*) Calcule a raiz cúbica de sua resposta da Parte (*a*) para obter uma estimativa aproximada da distância média d entre as moléculas de ar. (*c*) Determine, ou estime, o diâmetro médio D de uma molécula de ar e compare-o com sua resposta da Parte (*b*). (*d*) Desenhe as moléculas em um volume de ar de forma cúbica com aresta igual a $3d$. Faça seu desenho em escala e coloque as moléculas no que você imagina que seja uma configuração típica. (*e*) Use seu desenho para explicar por que o livre caminho médio de uma molécula de ar é muito maior do que a distância média entre as moléculas.

73 •• **CONCEITUAL** A distribuição de Maxwell–Boltzmann se aplica não apenas a gases, mas também aos movimentos moleculares dentro de líquidos. O fato de que nem todas as moléculas possuem a mesma rapidez nos ajuda a compreender o processo de evaporação. (*a*) Explique, em termos do movimento molecular, por que uma gota d'água se torna mais fria quando moléculas evaporam de sua superfície. (O resfriamento por evaporação é um importante mecanismo de regulação de nossa temperatura corporal e também é usado para resfriar edifícios em lugares quentes e secos.) (*b*) Use a distribuição de Maxwell–Boltzmann para explicar por que apenas um pequeno aumento da temperatura pode aumentar em muito a taxa na qual uma gota d'água evapora.

74 •• Uma caixa metálica cúbica, com 20 cm de aresta, contém ar à pressão de 1,0 atm e à temperatura de 300 K. A caixa está selada de forma a manter constante o volume interno, e é aquecida até a temperatura de 400 K. Determine a força sobre as paredes da caixa, devida à pressão interna do ar.

75 •• **APLICAÇÃO EM ENGENHARIA** Uma das propostas sugeridas para criar hidrogênio líquido combustível é a de converter água comum (H_2O) nos gases H_2 e O_2 por *eletrólise*. Quantos moles de cada um destes gases resultam da eletrólise de 2,0 L de água?

76 •• Um cilindro oco, de massa desprezível e 40 cm de comprimento, repousa deitado sobre uma mesa lisa horizontal. O cilindro é dividido em duas partes iguais por uma membrana vertical não-porosa. Uma das partes contém nitrogênio e a outra parte contém oxigênio. A pressão do nitrogênio é o dobro da pressão do oxigênio. Que distância o cilindro percorrerá se a membrana se romper?

77 •• Um cilindro de volume fixo contém uma mistura de gás hélio (He) e gás hidrogênio (H_2), à temperatura T_1 e à pressão P_1. Se a temperatura é dobrada para $T_2 = 2T_1$, a pressão também deveria dobrar, a não ser pelo fato de que, nesta temperatura, H_2 é 100 por cento dissociado em H_1. Na verdade, à pressão $P_2 = 2P_1$ a temperatura é $T_2 = 3T_1$. Se a massa do hidrogênio no cilindro é m, qual é a massa do hélio no cilindro?

78 •• O livre caminho médio das moléculas de O_2 à temperatura de 300 K e à pressão de 1,00 atm é de $7{,}10 \times 10^{-8}$ m. Uses estes dados para estimar o tamanho de uma molécula de O_2.

79 •• **APLICAÇÃO EM ENGENHARIA** Experimentos atuais sobre confinamento atômico e resfriamento podem criar gases de rubídio, e de outros átomos, de baixa massa específica e com temperaturas na região do nanokelvin (10^{-9} K). Estes átomos são confinados e resfriados usando-se campos magnéticos e lasers em câmaras de ultravácuo. Um método que é usado para medir a temperatura de um gás confinado é o de desligar o confinamento e medir o tempo que leva para as moléculas do gás caírem uma determinada distância. Seja um gás de átomos de rubídio a uma temperatura de 120 nK. Calcule quanto tempo um átomo levaria, viajando com a rapidez rms do gás, para cair uma distância de 10,0 cm, se (*a*) ele estava inicialmente se movendo para baixo, e (*b*) ele estava inicialmente se movendo para cima. Suponha que o átomo não colida com nenhum outro átomo em sua trajetória.

80 ••• Um cilindro está cheio com 0,10 mol de um gás ideal, nas condições normais de temperatura e pressão, e um pistão de 1,4 kg mantém o gás dentro do cilindro (Figura 17-21), podendo se mover sem atrito. A coluna de gás confinado tem 2,4 m de altura. O pistão e o cilindro estão circundados por ar, também nas condições normais de temperatura e pressão. O pistão é largado do repouso e começa a cair. O movimento do pistão cessa depois que as oscilações param, com o pistão e o gás confinado em equilíbrio térmico com o ar circundante. (*a*) Determine a altura da coluna de gás. (*b*) Suponha que o pistão seja empurrado para um pouco abaixo de sua posição de equilíbrio e depois liberado. Supondo que a temperatura do gás permaneça constante, determine a freqüência de vibração do pistão.

FIGURA 17-21 Problema 80

81 ••• **PLANILHA ELETRÔNICA, VÁRIOS PASSOS** Neste problema, você usará uma **planilha eletrônica** para estudar a distribuição de velocidades moleculares em um gás. A Figura 17-22 poderá ajudá-lo a começar. (*a*) Introduza os valores de R, M e T, como mostrado. Então, introduza na coluna A os valores de rapidez em uma faixa de 0 a 1200 m/s, com incrementos de 1 m/s. (Esta planilha será longa.) Na célula B7, introduza a fórmula para a distribuição relativa de velocidades de Maxwell–Boltzmann. Esta fórmula contém os parâmetros v, R, M e T. Substitua v por A7, R por B$1, M por B$2 e T por B$3. Depois, use o comando "FILL DOWN" ("PREENCHER") para introduzir a fórmula nas células abaixo de B7. Crie um gráfico de $f(v)$ *versus* v usando os dados das colunas A e B. (*b*) Explore como o gráfico varia quando você aumenta ou diminui a temperatura e descreva os resultados. (*c*) Acrescente uma terceira coluna na qual cada célula contenha a soma acumulada de todos os valores $f(v)$ multiplicados pelo intervalo de tamanho dv (que é igual a 1) das linhas acima, incluindo a própria linha em questão. Qual é a interpretação física dos números desta coluna? (*d*) Para gás nitrogênio a 300 K, qual é a porcentagem de moléculas com rapidez menor do que 200 m/s? (*e*) Para gás nitrogênio a 300 K, qual é a porcentagem de moléculas com rapidez maior do que 700 m/s?

	A	B	C
1	R =	8,31	J/mol-K
2	M =	0,028	kg/mol
3	T =	300	K
4			
5	**v**	**f(v)**	**soma f(v)dv**
6	(m/s)	(s/m)	(sem unidade)
7	0	0	0
8	1	3,0032E-08	3,00325E-08
9	2	1,2013E-07	1,5016E-07
10	3	2,7028E-07	4,20441E-07
11	4	4,8048E-07	9,0092E-07
12	5	7,5071E-07	1,65163E-06

FIGURA 17-22 Problema 81 (Apenas as primeiras linhas da planilha são mostradas.)

A COMPETIÇÃO MASCULINA DE CICLISMO DA UNIVERSIDADE DE INDIANA, ESTADOS UNIDOS, ACONTECE DESDE 1951. APENAS ESTUDANTES DA UNIVERSIDADE PODEM COMPETIR NESTA PROVA DE 200 VOLTAS E 50 MILHAS. (*© Carlos Sanchez Pereyra/ Dreamstime.com.*)

Calor e a Primeira Lei da Termodinâmica

? Qual é o trabalho necessário para encher um pneu de bicicleta? (Veja o Exemplo 18-13.)

A relação entre o calor transferido para um sistema, o trabalho realizado sobre ele e a variação de sua energia interna é a base da primeira lei da termodinâmica. Na Parte I deste livro discutimos o movimento; agora, consideramos o papel desempenhado pelo calor na geração de movimento — seja o movimento de pessoas correndo para pegar um ônibus, o movimento cíclico dos pistões do motor de um carro, ou mesmo o gotejar da água nas paredes externas de um copo de limonada gelada em um dia quente.

Durante anos, a potência gerada pela troca de calor tem sido aproveitada. Desde as antigas máquinas a vapor até os motores de combustão interna de automóveis e os motores a jato, os engenheiros têm descoberto maneiras de melhorar o desempenho de suas máquinas, retirando delas a maior quantidade possível de energia. Mesmo os atletas de hoje treinam e se alimentam visando aperfeiçoar seu desempenho, essencialmente tratando seus corpos como qualquer outra máquina mecânica.

Neste capítulo definimos capacidade térmica e examinamos como o aquecimento de uma amostra pode causar ou um aumento de sua temperatura ou uma mudança de sua fase (de sólido para líquido, por exemplo). Examinamos, depois, a relação entre variações da energia interna de um sistema e a energia transferida para o sistema através de calor e trabalho, e expressamos a lei de conservação da energia para sistemas como a primeira lei da termodinâmica. Finalmente, veremos como a capacidade térmica de um sistema está relacionada à sua estrutura molecular.

18-1 CAPACIDADE TÉRMICA E CALOR ESPECÍFICO

Calor é a transferência de energia em razão de uma diferença de temperatura. Durante o século XVII, Galileu, Newton e outros cientistas concordavam de maneira geral com a teoria dos antigos atomistas gregos que consideravam a energia térmica como uma manifestação do movimento molecular. Durante o século seguinte foram desenvolvidos métodos para realizar medidas quantitativas da quantidade de energia transferida em função de diferenças de temperatura e se verificou que, se corpos estão em contato térmico, a quantidade de energia liberada por um dos corpos é igual à quantidade de energia absorvida pelo outro corpo. Esta descoberta levou a uma teoria segundo a qual o calor era considerado uma substância material conservada. De acordo com esta teoria, um fluido invisível chamado de "calórico" fluía de um dos corpos para entrar no outro, e este calórico não poderia nem ser criado nem destruído.

A teoria do calórico reinou até o século XIX, quando foi observado que o atrito cinético entre corpos poderia produzir uma transferência ilimitada de energia entre eles, contrariando a idéia de que o calórico era uma substância presente em quantidades fixas. A teoria moderna para o calor não surgiu antes dos anos de 1840, quando James Joule (1818–1889) demonstrou que, quando um líquido viscoso era agitado com uma pá, o aumento ou a diminuição de uma dada quantidade de energia térmica era sempre acompanhado pela diminuição ou pelo aumento de uma quantidade equivalente de energia mecânica. Portanto, a energia térmica em si não é conservada. Ocorre que a energia térmica é uma forma de energia interna e a grandeza conservada é a energia.

Quando um corpo mais quente está em contato térmico com um corpo mais frio, a energia transferida do corpo mais quente para o corpo mais frio, em razão da diferença de temperatura entre os dois corpos, é chamada de **calor**. Uma vez transferida para o corpo mais frio, a energia não passa mais a ser identificada como calor. Ela passa a ser identificada como parte da energia interna do corpo mais frio. A **energia interna** de um corpo é sua energia total no referencial de seu centro de massa. Neste livro, Q é o símbolo para calor e E_{int} é o símbolo para energia interna.

Quando energia é transferida para uma substância na forma de calor, a temperatura da substância usualmente aumenta.* A quantidade de calor Q necessária para aumentar a temperatura de uma amostra da substância é proporcional à variação da temperatura e à massa da amostra:

$$Q = \Delta E_{\text{int}} = C\,\Delta T = mc\,\Delta T \qquad \text{18-1}$$

DEFINIÇÃO: CAPACIDADE TÉRMICA

onde C é a **capacidade térmica**, definida como a variação da energia interna necessária para aumentar em um grau a temperatura de uma amostra. O **calor específico** c é a capacidade térmica específica, ou a capacidade térmica por unidade de massa:

> ! O termo *capacidade térmica* não significa que o corpo contém certa quantidade de calor.

$$c = \frac{C}{m} \qquad \text{18-2}$$

DEFINIÇÃO: CALOR ESPECÍFICO

A unidade histórica de calor, a **caloria**, foi definida originalmente como a quantidade de calor necessária para aumentar a temperatura de um grama de água em um grau

* Uma exceção ocorre durante uma mudança de fase, como quando a água congela ou evapora. Mudanças de fase são discutidas na Seção 18-2.

Celsius.† Como reconhecemos, agora, que calor é uma medida de transferência de energia, podemos definir caloria em termos da unidade SI de energia, o joule:

$$1 \text{ cal} = 4{,}184 \text{ J} \qquad 18\text{-}3$$

A unidade americana usual para o calor é o **Btu** (*British thermal unit*, unidade térmica britânica), que foi definida originalmente como a quantidade de energia necessária para aumentar a temperatura de 1 libra de água em 1°F. O Btu está relacionado à caloria e ao joule por

$$1 \text{ Btu} = 252 \text{ cal} = 1{,}054 \text{ kJ} \qquad 18\text{-}4$$

A definição original da caloria implica que o calor específico da água (no estado líquido) é*

$$c_{\text{água}} = 1 \text{ cal/(g}\cdot\text{K)} = 1 \text{ kcal/(kg}\cdot\text{K)} = 4{,}184 \text{ kJ/(kg}\cdot\text{K)} \qquad 18\text{-}5a$$

De maneira similar, da definição de Btu, o calor específico da água na unidade americana usual é

$$c_{\text{água}} = 1 \text{ Btu/(lb}\cdot{}^\circ\text{F)} \qquad 18\text{-}5b$$

A capacidade térmica por mol é chamada de **calor específico molar** c',

$$c' = \frac{C}{n}$$

onde n é o número de moles. Como $C = mc$, o calor específico molar c' e o calor específico c estão relacionados por

$$c' = \frac{C}{n} = \frac{mc}{n} = Mc \qquad 18\text{-}6$$

CALOR ESPECÍFICO MOLAR

onde $M = m/n$ é a massa molar. A Tabela 18-1 lista o calor específico e o calor específico molar de alguns sólidos e líquidos. Observe que o calor molar de todos os metais é aproximadamente o mesmo. Discutimos o significado da similaridade entre os valores para o calor específico dos metais na Seção 18-7.

Tabela 18-1 Calores Específicos e Calores Específicos Molares de Alguns Sólidos e Líquidos

Substância	c, kJ/kg · K	c, kcal/kg · K ou Btu/lb · F°	c', J/mol · K
Água	4,18	1,00	75,2
Álcool (etílico)	2,4	0,58	111
Alumínio	0,900	0,215	24,3
Bismuto	0,123	0,0294	25,7
Chumbo	0,128	0,0305	26,4
Cobre	0,386	0,0923	24,5
Gelo (−10°C)	2,05	0,49	36,9
Mercúrio	0,140	0,033	28,3
Ouro	0,126	0,0301	25,6
Prata	0,233	0,0558	24,9
Tungstênio	0,134	0,0321	24,8
Vapor (a 1 atm)	2,02	0,48	36,4
Vidro	0,840	0,20	—
Zinco	0,387	0,0925	25,2

Exemplo 18-1 Elevando a Temperatura

Um joalheiro está criando peças de ouro. Para isto, ele precisa fundir o ouro para preencher os moldes. Quanto calor é necessário para elevar a temperatura de 3,00 kg de ouro de 22°C (temperatura ambiente) para 1063°C, o ponto de fusão do ouro?

SITUAÇÃO A quantidade de calor Q necessária para aumentar a temperatura da substância (ouro) é proporcional à variação da temperatura e à massa da substância.

SOLUÇÃO

1. O calor necessário é dado pela Equação 18-1, com $c = 0{,}126$ kJ/(kg · K) da Tabela 18-1: $Q = mc\,\Delta T = (3{,}00 \text{ kg})(0{,}126 \text{ kJ/(kg}\cdot\text{K)})(1041 \text{ K}) = \boxed{393 \text{ kJ}}$

CHECAGEM O problema pede a quantidade de energia e a resposta é dada em joules, que é unidade de energia.

INDO ALÉM Observe que usamos $\Delta T = 1063°\text{C} - 22°\text{C} = 1041°\text{C} = 1041 \text{ K}$.

PROBLEMA PRÁTICO 18-1 Um bloco de 2,0 kg de alumínio está originalmente a 10°C. Se 36 kJ de energia são transferidos ao bloco, qual é a sua temperatura final?

† A quilocaloria é, então, a quantidade de calor necessária para aumentar em 1°C a temperatura de 1 kg de água. A "caloria" usada para medir o equivalente energético de alimentos corresponde, na verdade, à quilocaloria.

* Medidas cuidadosas mostram que o calor específico da água varia em cerca de 1 por cento na faixa de temperaturas de 0°C a 100°C. Normalmente, desprezaremos esta pequena variação.

Vemos, na Tabela 18-1, que o calor específico da água líquida é consideravelmente maior do que o de outras substâncias comuns. Portanto, a água é um excelente material para armazenamento de energia térmica, como em um sistema de aquecimento solar. Ela também é um excelente líquido refrigerante, como o de motores de automóvel. (O líquido refrigerante dos motores de automóvel é uma mistura de água e etileno glicol.)

Grandes quantidades de água, como lagos ou oceanos, tendem a moderar as flutuações de temperatura do ar de sua vizinhança, porque a água pode absorver ou liberar grandes quantidades de calor sofrendo variações muito pequenas de temperatura. *(De Frank Press e Raymond Siever,* Understanding Earth, *3rd ed., W. H. Freeman abd Company, 2001.)*

CALORIMETRIA

Para medir o calor específico de um objeto podemos, primeiro, aquecê-lo até uma temperatura conhecida, digamos o ponto de ebulição da água. Depois, transferimos o objeto para um banho de água cuja massa e temperatura inicial são conhecidas. Finalmente, medimos a temperatura final de equilíbrio do sistema (o objeto, a água do banho e o contêiner da água). Se o sistema estiver termicamente isolado do ambiente (isolando-se o contêiner, por exemplo), então o calor liberado pelo objeto será igual ao calor absorvido pela água e pelo contêiner. Este procedimento é chamado de **calorimetria**, e o contêiner isolado cheio d'água é chamado de **calorímetro**.

Sejam m a massa do objeto, c o seu calor específico e T_{io} a temperatura inicial do objeto. Se T_f é a temperatura final do objeto, da água e do contêiner, o calor liberado pelo objeto é

$$Q_{sai} = mc(T_{io} - T_f)$$

Do mesmo modo, se T_{ia} é a temperatura inicial da água e do contêiner, então o calor absorvido pela água e pelo contêiner é

$$Q_{entra} = m_a\, c_a(T_f - T_{ia}) - m_c\, c_c(T_f - T_{ia})$$

onde m_a e $c_a = 4{,}18$ kJ/(kg · K) são a massa e o calor específico da água e m_c e c_c são a massa e o calor específico do contêiner. (Observe que expressamos a diferença entre as temperaturas de maneira que ambas sejam quantidades positivas. Conseqüentemente, nossas expressões para Q_{entra} e Q_{sai} são ambas positivas.) Igualando estas quantidades de calor, obtemos uma equação que pode ser resolvida para o calor específico c do objeto:

$$Q_{sai} = Q_{entra} \Rightarrow mc(T_{io} - T_f) = m_a\, c_a(T_f - T_{ia}) + m_c\, c_c(T_f - T_{ia}) \qquad 18\text{-}7$$

Como a Equação 18-7 contém apenas diferenças de temperatura e como o kelvin e o grau Celsius têm o mesmo tamanho, é indiferente usar kelvins ou graus Celsius.

Exemplo 18-2 Medindo o Calor Específico

Para medir o calor específico do chumbo, você aquece 600 g de chumbo até 100,0°C e o coloca em um calorímetro de alumínio de 200 g de massa que contém 500 g de água inicialmente a 17,3°C. Se a temperatura final da mistura é 20,0°C, qual é o calor específico do chumbo? (O calor específico do contêiner de alumínio é 0,900 kJ/(kg · K).)

SITUAÇÃO Iguale o calor liberado pelo chumbo ao calor absorvido pela água e pelo contêiner e resolva para o calor específico do chumbo, c_{Pb}.

SOLUÇÃO

1. Escreva o calor liberado pelo chumbo em termos do seu calor específico: $Q_{Pb} = m_{Pb}c_{Pb}|\Delta T_{Pb}|$
2. Escreva o calor absorvido pela água: $Q_a = m_a c_a\, \Delta T_a$
3. Escreva o calor absorvido pelo contêiner: $Q_c = m_c c_c\, \Delta T_c$
4. Iguale o calor liberado ao calor absorvido pela água e pelo contêiner: $Q_{sai} = Q_{entra} \Rightarrow Q_{Pb} = Q_a + Q_c$

   $m_{Pb}c_{Pb}|\Delta T_{Pb}| = m_a c_a\, \Delta T_a + m_c c_c\, \Delta T_c$

   onde $\Delta T_c = \Delta T_a = 2{,}7$ K e $|\Delta T_{Pb}| = 80{,}0$ K

5. Resolva para c_{Pb}:

$$c_{Pb} = \frac{(m_a c_a + m_c c_c)\,\Delta T_a}{m_{Pb}|\Delta T_{Pb}|}$$

$$= \frac{[(0{,}50\text{ kg})(4{,}18\text{ kJ/(kg}\cdot\text{K)}) + (0{,}20\text{ kg})(0{,}90\text{ kJ/(kg}\cdot\text{K)})](2{,}7\text{ K})}{(0{,}600\text{ kg})(80{,}0\text{ K})}$$

$$= 0{,}128\text{ kJ/(kg}\cdot\text{K)} = \boxed{0{,}13\text{ kJ/(kg}\cdot\text{K)}}$$

CHECAGEM Como esperado, o calor específico do chumbo é consideravelmente menor do que o da água. (O calor específico da água líquida é 4,18 kJ/(kg · K).)

INDO ALÉM O resultado do passo 5 é expresso com dois algarismos significativos porque a variação da temperatura da água é conhecida com apenas dois algarismos significativos.

PROBLEMA PRÁTICO 18-2 Uma casa contém $1{,}00 \times 10^5$ kg de concreto (calor específico = 1,00 kJ/kg · K). Quanto calor é liberado pelo concreto quando ele resfria de 25°C para 20°C?

18-2 MUDANÇA DE FASE E CALOR LATENTE

Se calor é absorvido por gelo a 0°C, a temperatura do gelo não varia. No lugar disso, o gelo se funde. A fusão é um exemplo de uma **mudança de fase** ou **mudança de estado**. Tipos comuns de mudanças de fase são a solidificação (líquido para sólido), a fusão (sólido para líquido), a vaporização (líquido para vapor ou gás), a condensação (gás ou vapor para líquido) e a sublimação (sólido diretamente para gás ou vapor, como ocorre com o dióxido de carbono sólido, ou gelo seco). Outros tipos de mudança de fase também existem, como a mudança de um sólido de uma forma cristalina para outra. Por exemplo, carbono grafite sob pressão intensa se transforma em diamante.

Embora a fusão indique que o gelo passou por uma mudança de fase, sua temperatura não se altera. *(De Donald Wink, Sharon Gislason e Sheila McNicholas,* The Practice of Chemistry, *W. H. Freeman and Company, 2002.)*

A teoria molecular pode nos ajudar a entender por que a temperatura permanece constante durante uma mudança de fase. As moléculas em um líquido estão mais próximas e exercem forças atrativas umas sobre as outras, enquanto as moléculas em um gás estão mais afastadas. Devido a esta atração intermolecular, é preciso energia para remover as moléculas de um líquido e formar um gás. Seja uma panela de água sobre a chama de um fogão. Primeiro, enquanto a água é aquecida, os movimentos de suas moléculas aumentam e a temperatura aumenta. Quando a temperatura atinge o ponto de ebulição, as moléculas não podem mais aumentar sua energia cinética e permanecem no líquido. Enquanto a água líquida se transforma em vapor, o acréscimo de energia é utilizado para romper as atrações intermoleculares. Isto é, a energia é utilizada para aumentar a energia potencial das moléculas em vez de aumentar sua energia cinética. Como a temperatura é uma medida da energia *cinética* média de translação das moléculas, a temperatura não varia.

Para uma substância pura, uma mudança de fase a uma dada pressão ocorre apenas em uma temperatura específica. Por exemplo, água pura a uma pressão de 1 atm muda de sólido para líquido a 0°C (o ponto normal de fusão da água) e de líquido para gás a 100°C (o ponto normal de ebulição da água).

A energia necessária para fundir uma amostra de uma substância de massa m, sem variação da temperatura, é proporcional à massa da amostra:

$$Q_f = mL_f \qquad 18\text{-}8$$

onde L_f é chamado de **calor latente de fusão** da substância. A uma pressão de 1 atm, o calor latente de fusão da água é 333,5 kJ/kg = 79,7 kcal/kg. Se a mudança de fase é de líquido para gás, o calor necessário é

$$Q_v = mL_v \qquad 18\text{-}9$$

onde L_v é o **calor latente de vaporização**. Para água a uma pressão de 1 atm, o calor latente de vaporização é 2,26 MJ/kg = 540 kcal/kg. A Tabela 18-2 fornece os pontos de fusão e de ebulição e os calores latentes de fusão e de vaporização, todos a 1 atm, para várias substâncias.

Tabela 18-2 Ponto de Fusão (PF), Calor Latente de Fusão (L_f), Ponto de Ebulição (PE) e Calor Latente de Vaporização (L_v) para Várias Substâncias a 1 atm

Substância	PF, K	L_f, kJ/kg	PE, K	L_v kJ/kg
Água (líquida)	273,15	333,5	373,15	2257
Álcool etílico	159	109	351	879
Bromo	266	67,4	332	369
Chumbo	600	24,7	2023	858
Cobre	1356	205	2839	4726
Dióxido de carbono	—	—	194,6*	573*
Enxofre	388	38,5	717,75	287
Hélio	—	—	4,2	21
Mercúrio	234	11,3	630	296
Nitrogênio	63	25,7	77,35	199
Ouro	1336	62,8	3081	1701
Oxigênio	54,4	13,8	90,2	213
Prata	1234	105	2436	2323
Zinco	692	102	1184	1768

* Estes valores são para sublimação. O dióxido de carbono não possui um estado líquido a 1 atm.

Exemplo 18-3 Transformando Gelo em Vapor

Quanto calor é necessário para transformar 1,5 kg de gelo, a −20°C e a 1,0 atm, em vapor?

SITUAÇÃO O calor necessário para transformar o gelo em vapor é a soma de quatro fatores: Q_1, o calor necessário para aumentar a temperatura do gelo de −20°C para 0°C; Q_2, o calor necessário para fundir o gelo; Q_3, o calor necessário para aumentar a temperatura da água de 0°C para 100°C; e Q_4, o calor necessário para vaporizar a água. Ao calcular Q_1 e Q_3, supomos constantes os calores específicos, iguais a 2,05 kJ/kg · K para o gelo e 4,18 kJ/kg · K para a água.

SOLUÇÃO

1. Use $Q_1 = mc\,\Delta T$ para determinar o calor necessário para aumentar a temperatura do gelo até 0°C:
$$Q_1 = mc\,\Delta T = (1{,}5\text{ kg})(2{,}05\text{ kJ/kg}\cdot\text{K})(20\text{ K})$$
$$= 61{,}5\text{ kJ} = 0{,}0615\text{ MJ}$$
2. Use L_f, da Tabela 18-2, para determinar o calor Q_2 necessário para fundir o gelo:
$$Q_2 = mL_f = (1.5\text{ kg})(333{,}5\text{ kJ/kg}) = 500\text{ kJ} = 0{,}500\text{ MJ}$$
3. Determine o calor Q_3 necessário para aumentar a temperatura da água de 0°C para 100°C:
$$Q_3 = mc\,\Delta T = (1{,}5\text{ kg})(4{,}18\text{ kJ/kg}\cdot\text{K})(100\text{ K}) = 627\text{ kJ} = 0{,}627\text{ MJ}$$
$$Q_3 = 627\text{ kJ} = 0{,}627\text{ MJ}$$
4. Use L_v, da Tabela 18-2, para determinar o calor Q_4 necessário para evaporar a água:
$$Q_4 = mL_V = (1{,}5\text{ kg})(2{,}26\text{ MJ/kg}) = 3{,}39\text{ MJ}$$
5. Some seus resultados para determinar o calor total Q:
$$Q = Q_1 + Q_2 + Q_3 + Q_4 = \boxed{4{,}6\text{ MJ}}$$

CHECAGEM Você já deve ter observado que é necessário um tempo muito menor para ferver uma chaleira cheia d'água do que para evaporar toda a água até secar a chaleira. Esta observação é consistente com o fato de nosso resultado do passo 3 ser menos de 20 por cento do resultado do passo 4.

INDO ALÉM Observe que a maior parte do calor foi necessária para evaporar a água, e que a quantidade necessária para fundir o gelo foi uma fração significativa do calor necessário para aumentar a temperatura da água líquida até 100°C. Um gráfico da temperatura *versus* tempo para o caso no qual calor é absorvido a uma taxa constante de 1,0 kJ/s é mostrado na Figura 18-1. Observe que leva um tempo consideravelmente maior para evaporar a água do que para fundir o gelo ou para aumentar

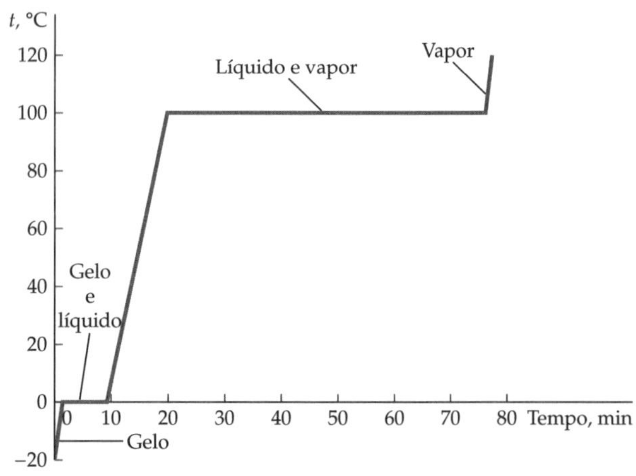

FIGURA 18-1 Uma amostra de 1,5 kg de água é aquecida de −20°C para 120°C a uma taxa constante de 60 kJ/min.

a temperatura da água. Quando toda a água tiver evaporado, a temperatura voltará a aumentar à medida que calor for absorvido.

PROBLEMA PRÁTICO 18-3 Um pedaço de 830 g de chumbo é aquecido até seu ponto de fusão de 600 K. Quanta energia adicional deve ser absorvida pelo chumbo, a 600 K, para fundir completamente todas as 830 g?

Exemplo 18-4 Uma Bebida Gelada *Rico em Contexto*

Uma jarra com 2,0 litros de limonada ficou sobre uma mesa de piquenique exposta à luz solar durante todo o dia, a 33°C. Você despeja 0,24 kg em um copo de isopor e adiciona 2 cubos de gelo (cada um com 0,025 kg e a 0,0°C). (*a*) Supondo que nenhum calor seja liberado para o ambiente, qual é a temperatura final da limonada? (*b*) Qual é a temperatura final se você adicionar seis cubos de gelo, ao invés de dois?

SITUAÇÃO Igualamos o calor liberado pela limonada ao calor absorvido pelos cubos de gelo. Seja T_f a temperatura final da limonada e da água. Supomos que a limonada tenha o mesmo calor específico que a água.

SOLUÇÃO

(*a*) 1. Escreva o calor liberado pela limonada em termos da temperatura final T_f:

$$Q_{sai} = m_L c|\Delta T| = m_L c(T_{Li} - T_f)$$

2. Escreva o calor absorvido pelos cubos de gelo e pela água resultante em termos da temperatura final:

$$Q_{entra} = m_{gelo}L_f + m_{gelo}c\,\Delta T_a = m_{gelo}L_f + m_{gelo}c(T_f - T_{ai})$$

3. Iguale o calor liberado ao calor absorvido e resolva para T_f:

$$Q_{sai} = Q_{entra}$$

$$m_L c(T_{Li} - T_f) = m_{gelo}L_f + m_{gelo}c(T_f - T_{ai})$$

$$\text{logo} \quad T_f = \frac{(m_{gelo}T_{ai} + m_L T_{Li})c - m_{gelo}L_f}{(m_L + m_{gelo})c}$$

$$= \frac{(0{,}050 \times 273{,}15 + 0{,}24 \times 306{,}15)4{,}18 - 0{,}050 \times 333{,}5}{0{,}29 \times 4{,}18}$$

$$= 286{,}7\text{ K} = \boxed{14°C}$$

(*b*) 1. Para 6 cubos de gelo, $m_{gelo} = 0{,}15$ kg. Determine a temperatura final como no passo 3 da Parte (*a*):

$$T_f = \frac{(m_{gelo}T_{ai} + m_L T_{Li})c - m_{gelo}L_f}{(m_L + m_{gelo})c}$$

$$= \frac{(0{,}150 \times 273{,}15 + 0{,}24 \times 306{,}15)4{,}18 - 0{,}150 \times 333{,}5}{0{,}39 \times 4{,}18}$$

$$= 262{,}8\text{ K} = -10{,}4\text{ °C}$$

2. Uma temperatura final abaixo de 0°C não pode estar correta! Nenhuma quantidade de gelo a 0°C pode diminuir a temperatura da limonada morna para abaixo de 0°C. Nosso cálculo está errado porque nossa hipótese de que todos os cubos de gelo derreteram estava errada. Ao invés disso, o calor liberado pela limonada enquanto ela resfriava de 33°C até 0°C não foi suficiente para derreter todo o gelo. A temperatura final é, portanto:

$$= \boxed{0°C}$$

CHECAGEM Vamos calcular quanto gelo derrete. Para que a limonada resfrie de 33°C até 0°C, ela deve liberar calor na quantidade $Q = (0{,}24\text{ kg})(4{,}18\text{ kJ/kg}\cdot\text{K})(33\text{ K}) = 33{,}1$ kJ. A massa de gelo que esta quantidade de calor derreterá é $m_{gelo} = Q/L_f = 33{,}1\text{ kJ}/(333{,}5\text{ kJ/kg}) = 0{,}10$ kg. Isto é a massa de apenas 4 cubos de gelo. A adição de mais do que 4 cubos de gelo não diminuirá a temperatura abaixo de 0°C, mas meramente aumentará a quantidade de gelo na mistura gelo–limonada a 0°C. Em problemas como este, devemos primeiro determinar quanto gelo deve ser fundido para reduzir a temperatura do líquido para 0°C. Se uma quantidade menor do que esta for adicionada, podemos proceder como na Parte (*a*). Se mais gelo for adicionado, a temperatura final é 0°C.

18-3 O EXPERIMENTO DE JOULE E A PRIMEIRA LEI DA TERMODINÂMICA

Podemos aumentar a temperatura de um sistema fornecendo-lhe calor, mas também podemos aumentar sua temperatura realizando trabalho sobre ele. A Figura 18-2 é um diagrama do aparato que Joule usou em um famoso experimento no qual ele determinou a quantidade de trabalho necessário para aumentar a temperatura de uma libra de água em um grau Fahrenheit. Aqui, o sistema é um recipiente com água termicamente isolado. O aparato de Joule converte a energia potencial de pesos caindo em trabalho realizado sobre a água por uma pá, como mostrado na figura. Joule descobriu que ele podia aumentar a temperatura de 1,00 libra de água em 1,00°F deixando cair pesos de 772 lb (347,4 kg) de uma altura de um pé. Convertendo para unidades modernas e usando valores atuais, Joule descobriu que precisa de aproximadamente 4,184 J (a unidade de energia adotada pela comunidade científica em 1948) para aumentar a temperatura de 1 g de água em 1°C. A conclusão de que 4,184 J de energia mecânica são exatamente equivalentes a 1 cal de calor é conhecida como o **equivalente mecânico do calor**.

Há outras maneiras de se realizar trabalho sobre este sistema. Por exemplo, poderíamos deixar a gravidade realizar o trabalho soltando o recipiente de água isolado de alguma altura h, permitindo que o sistema sofresse uma colisão inelástica com o chão, ou poderíamos realizar trabalho mecânico para gerar eletricidade e, então, usar a eletricidade para aquecer a água (Figura 18-3). Durante todos estes experimentos, a mesma quantidade de trabalho é necessária para produzir uma dada variação de temperatura. Pela conservação da energia, o trabalho realizado é igual ao aumento da energia interna do sistema.

O experimento de Joule, estabelecendo a equivalência mecânica do calor, envolveu a conversão de energia mecânica em energia interna. Dê alguns exemplos da energia interna de um sistema sendo convertida em energia mecânica.

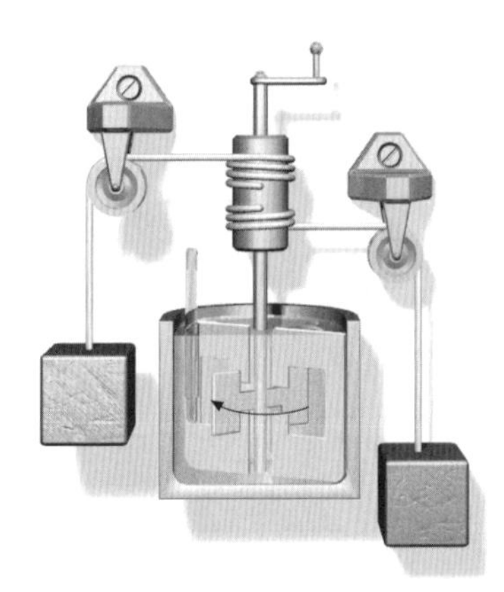

FIGURA 18-2 Diagrama esquemático para o experimento de Joule. Paredes isolantes circundam a água. Enquanto os pesos caem com rapidez constante, eles giram uma roda de pá que realiza trabalho sobre a água. Se o atrito é desprezível, o trabalho realizado pela roda de pá sobre a água é igual à perda de energia mecânica dos pesos, que é determinada calculando-se sua perda de energia potencial.

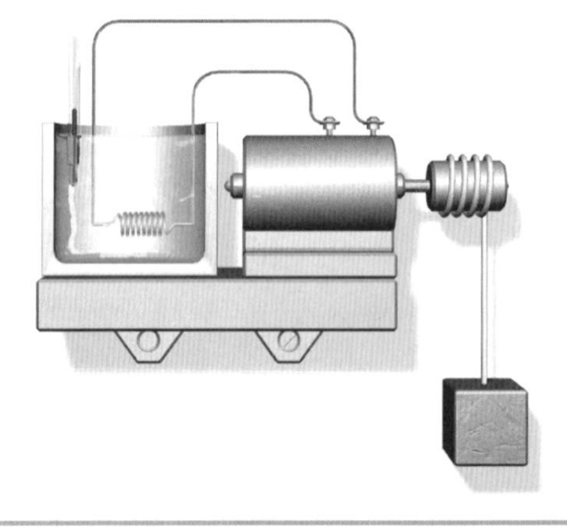

FIGURA 18-3 Outro método de realizar trabalho sobre um recipiente com água termicamente isolado. Trabalho elétrico é realizado sobre o sistema pelo gerador que é acionado pela queda do peso.

Exemplo 18-5 Aquecendo Água Deixando-a Cair

(*a*) Nas cataratas do Niágara (fronteira EUA–Canadá), a queda d'água tem 50 m. Se a diminuição da energia potencial gravitacional da água é igual ao aumento de sua energia interna, calcule o aumento de sua temperatura. (*b*) Nas cataratas do Yosemite (EUA), a queda d'água é de 740 m. Se a diminuição da energia potencial gravitacional da água é igual ao aumento de sua energia interna, calcule o aumento de sua temperatura. (Estes aumentos de temperatura não são facilmente observados porque, enquanto a água cai, sua temperatura é afetada por vários outros fatores. Por exemplo, ela resfria por evaporação e é aquecida enquanto o ar realiza trabalho sobre ela através de interação viscosa.)

SITUAÇÃO A energia cinética da água, um instante antes de atingir o solo, é igual à sua energia potencial original mgh. Durante a colisão, esta energia é convertida em energia interna que, por sua vez, provoca um aumento de temperatura dado por $mc\,\Delta T$.

SOLUÇÃO

(*a*) 1. Iguale a diminuição da energia potencial ao aumento da energia interna: $mgh = mc\,\Delta T$

2. Resolva para a variação de temperatura: $\Delta T = \dfrac{gh}{c} = \dfrac{(9{,}81\text{ N/kg})(50\text{ m})}{4{,}184\text{ kJ/kg}\cdot\text{K}} = 0{,}117\text{ K} = \boxed{0{,}12\text{ K}}$

(*b*) Repita o cálculo com $h = 740$ m: $\Delta T = \dfrac{gh}{c} = \dfrac{(9{,}81\text{ N/kg})(740\text{ m})}{4{,}184\text{ kJ/kg}\cdot\text{K}} = 1{,}74\text{ K} = \boxed{1{,}7\text{ K}}$

CHECAGEM As cataratas do Yosemite são 14,8 vezes mais altas do que as do Niágara; logo, a variação da energia potencial da água das cataratas do Yosemite é 14,8 vezes maior do que a variação da energia potencial da água das cataratas do Niágara. Portanto, a variação da temperatura deve ser 14,8 vezes maior no primeiro caso. Multiplicando 0,117 K por 14,8 resulta em 1,73 K, o que é muito próximo do nosso resultado da Parte (*b*).

INDO ALÉM Estes cálculos ilustram uma das dificuldades com o experimento de Joule — uma grande quantidade de energia mecânica deve ser dissipada para produzir uma variação mensurável da temperatura da água.

Suponha realizarmos o experimento de Joule substituindo as paredes isolantes do recipiente por paredes condutoras. Descobrimos que o trabalho necessário para produzir uma dada variação da temperatura do sistema depende de quanto calor é absorvido ou liberado pelo sistema por condução através das paredes. Entretanto, se somamos o trabalho realizado sobre o sistema ao calor efetivo absorvido pelo sistema, o resultado é sempre o mesmo para uma dada variação de temperatura. Isto é, a soma da transferência de calor *para* o sistema com o trabalho realizado *sobre* o sistema é igual à variação da energia interna do sistema. Este resultado é a **primeira lei da termodinâmica** que é, simplesmente, um enunciado da conservação da energia.

Seja W_{sobre} o trabalho realizado pela vizinhança *sobre* o sistema. Por exemplo, suponha que nosso sistema seja um gás confinado em um cilindro por um pistão. Se o pistão comprime o gás, a vizinhança realiza trabalho sobre o gás e W_{sobre} é positivo. (Entretanto, se o gás se expande contra o pistão, o gás realiza trabalho sobre a vizinhança e W_{sobre} é negativo.) Além disso, seja Q_{entra} a transferência de calor para o sistema. Se calor é transferido para o sistema, então Q_{entra} é positivo; se calor é retirado do sistema, então Q_{entra} é negativo (Figura 18-4). Usando estas convenções e representando a energia interna por E_{int},* a primeira lei da termodinâmica é escrita como

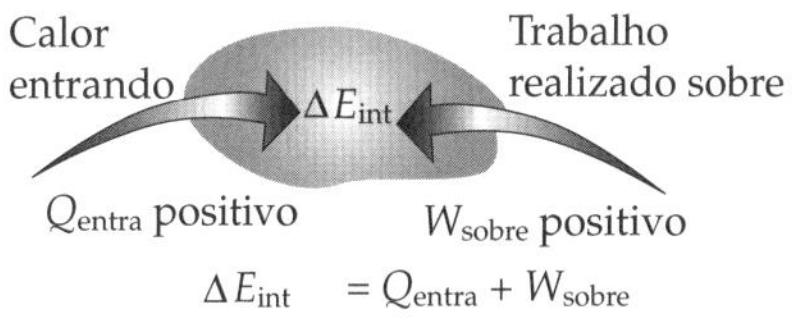

Calor entrando — ΔE_{int} — Trabalho realizado sobre
Q_{entra} positivo — W_{sobre} positivo
$\Delta E_{\text{int}} = Q_{\text{entra}} + W_{\text{sobre}}$

FIGURA 18-4 Convenção de sinais para a primeira lei da termodinâmica.

$$\Delta E_{\text{int}} = Q_{\text{entra}} + W_{\text{sobre}} \qquad 18\text{-}10$$

A variação da energia interna de um sistema é igual ao calor transferido para o sistema mais o trabalho realizado sobre o sistema.

PRIMEIRA LEI DA TERMODINÂMICA

A Equação 18-10 é a mesma que o teorema do trabalho–energia $W_{\text{ext}} = \Delta E_{\text{sis}}$ do Capítulo 7 (Equação 7-9), exceto que somamos o termo de calor Q_{entra} e chamamos a energia do sistema de E_{int}.

Exemplo 18-6 Agitando a Água

Você realiza 25 kJ de trabalho sobre um sistema que consiste em 3,0 kg de água, agitando-a com uma pá. Durante este tempo, 15 kcal de calor são liberados pelo sistema, devido ao precário isolamento térmico. Qual é a variação da energia interna do sistema?

SITUAÇÃO Expressamos todas as energias em joules e aplicamos a primeira lei da termodinâmica.

* Outro símbolo comumente usado para a energia interna é *U*.

SOLUÇÃO

1. Determinamos ΔE_{int} usando a primeira lei da termodinâmica: $\Delta E_{int} = Q_{entra} + W_{sobre}$

2. Calor é *liberado* pelo sistema; logo, o termo Q_{entra} é negativo: $Q_{in} = -15\text{ kcal} = -(15\text{ kcal})\left(\frac{4{,}18\text{ kJ}}{1\text{ kcal}}\right) = -62{,}7\text{ kJ}$

3. O trabalho é realizado *sobre* o sistema; logo, o termo W_{sobre} é positivo: $W_{sobre} = +25\text{ kJ}$

4. Substitua estas quantidades e resolva para ΔE_{int}: $\Delta E_{int} = Q_{entra} + W_{sobre} = (-62{,}7\text{ kJ}) + (+25\text{ kJ})$ $= -37{,}7\text{ kJ} = \boxed{-38\text{ kJ}}$

CHECAGEM A perda de calor excede o ganho em trabalho; logo, a variação da energia interna é negativa.

É importante entender que a energia interna E_{int} é uma função do estado do sistema, assim como P, V e T são funções do estado do sistema. Considere um gás em algum estado inicial (P_i,V_i). A temperatura T_i pode ser determinada pela equação de estado. Por exemplo, se o gás é ideal, $T_i = P_iV_i/(nR)$. A energia interna $E_{int\,i}$ também depende apenas do estado do gás, que é determinado por quaisquer duas variáveis de estado, como P e V, P e T, ou V e T. Se aquecemos ou resfriamos lentamente o gás, e se trabalhamos sobre o gás ou deixamos que ele realize trabalho, ele se moverá através de uma seqüência de estados; isto é, ele terá valores diferentes para as funções de estado P, V, T e E_{int}.

> ! Se, depois, o gás retorna ao seu estado original (P_i,V_i), a temperatura T e a energia interna E_{int} devem ser iguais aos valores originais.

Por outro lado, o calor Q e o trabalho W não são funções do estado do sistema. Isto é, não há funções Q e W associadas a nenhum estado particular do gás. Podemos conduzir o gás através de uma seqüência de estados, iniciando e terminando no estado (P_i,V_i), durante a qual o gás realiza trabalho positivo e absorve uma quantidade igual de calor. Ou podemos conduzi-lo através de uma seqüência diferente de estados, durante a qual trabalho é realizado sobre o gás e calor é liberado por ele. Calor não é algo que esteja contido em um sistema. O calor é uma medida da energia que é transferida de um sistema para outro em razão de uma diferença de temperatura. Trabalho é uma medida da energia que é transferida de um sistema para outro porque o ponto de aplicação de uma força exercida por um dos sistemas sobre o outro sofre um deslocamento com uma componente que é paralela à força.

> ! É correto dizer que a energia interna de um sistema aumentou, mas não é correto dizer que o trabalho de um sistema aumentou ou que o calor de um sistema aumentou.

Para quantidades muito pequenas de calor absorvido, de trabalho realizado ou de variações de energia interna, é comum escrever-se a Equação 18-10 como

$$dE_{int} = dQ_{entra} + dW_{sobre} \qquad 18\text{-}11$$

Nesta equação, dE_{int} é a diferencial da função energia interna. Entretanto, nem dQ_{entra} nem dW_{sobre} são diferenciais de nenhuma função. A rigor, dQ_{entra} meramente representa uma pequena quantidade de energia transferida para ou pelo sistema, em razão de aquecimento ou resfriamento, e dW_{sobre} representa uma pequena quantidade de energia transferida para ou pelo sistema através de trabalho realizado sobre ele ou por ele.

18-4 A ENERGIA INTERNA DE UM GÁS IDEAL

A energia cinética de translação K das moléculas em um gás *ideal* está relacionada à temperatura absoluta T pela Equação 17-20:

$$K = \tfrac{3}{2}nRT$$

onde n é o número de moles do gás e R é a constante universal dos gases. Se a energia interna de um gás é apenas a energia cinética de translação, então $E_{int} = K$ e

$$E_{int} = \tfrac{3}{2}nRT \qquad 18\text{-}12$$

Então, a energia interna dependerá apenas da temperatura do gás, e não de seu volume ou da pressão. Se as moléculas tiverem outros tipos de energia além da energia cinética de translação, como energia rotacional, a energia interna será maior do que a dada pela Equação 18-12. Mas, de acordo com o teorema da eqüipartição da energia (Capítulo 17, Seção 4), a energia média associada a qualquer grau de liberdade será $\frac{1}{2}RT$ por mol ($\frac{1}{2}kT$ por molécula) e, novamente, a energia interna dependerá apenas da temperatura e não do volume ou da pressão.

Podemos imaginar que a energia interna de um gás *real* deve incluir outros tipos de energia, dependentes da pressão e do volume do gás. Suponha, por exemplo, que moléculas vizinhas do gás exerçam forças atrativas umas sobre as outras. Então, trabalho é necessário para aumentar a separação entre as moléculas. Assim, se a distância média entre as moléculas aumentar, a energia potencial associada à atração molecular aumentará. A energia interna do gás dependerá, portanto, do volume do gás, além de sua temperatura.

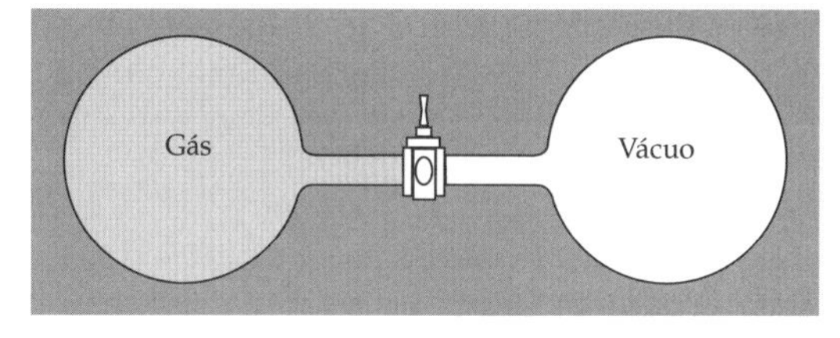

FIGURA 18-5 Expansão livre de um gás. Quando a válvula é aberta, o gás se expande rapidamente para dentro da câmara de vácuo. Como nenhum trabalho é realizado sobre o gás e o sistema está todo ele termicamente isolado, as energias internas inicial e final do gás são iguais.

Joule, usando um aparato semelhante ao mostrado na Figura 18-5, realizou um experimento simples, porém interessante, para determinar se a energia interna de um gás depende, ou não, de seu volume. O compartimento da esquerda na Figura 18-5 contém, inicialmente, um gás, e o compartimento da direita está evacuado. Uma válvula, inicialmente fechada, conecta os dois compartimentos. O sistema todo está termicamente isolado da vizinhança por paredes rígidas; logo, nenhuma energia pode ser transferida para ou do sistema, nem por aquecimento nem por resfriamento, *e* nenhuma energia pode ser transferida através de trabalho realizado sobre o gás ou por ele. Quando a válvula é aberta, o gás rapidamente entra na câmara evacuada. Este processo é chamado de **expansão livre**. O gás acaba atingindo o equilíbrio térmico consigo mesmo. Como nenhum trabalho foi realizado sobre o gás e nenhum calor foi transferido para ele, a energia interna final do gás deve ser igual à sua energia interna inicial. Se as moléculas do gás exercem forças atrativas umas sobre as outras, a energia potencial associada a estas forças aumentará quando o volume aumentar. Como a energia é conservada, a energia cinética de translação, portanto, diminuirá, o que resultará em uma diminuição da temperatura do gás.

Quando Joule realizou este experimento, ele descobriu que a temperatura final era igual à temperatura inicial. Experimentos subseqüentes confirmaram este resultado para gases com pequenas massas específicas. Este resultado implica que, para um gás com pequena massa específica — isto é, para um gás ideal — a temperatura depende apenas da energia interna, ou, como usualmente dizemos, a energia interna depende apenas da temperatura. Entretanto, se o experimento é realizado com uma grande quantidade de gás inicialmente no compartimento da esquerda e, portanto, com uma massa específica elevada, então a temperatura após a expansão é levemente mais baixa do que a temperatura antes da expansão. Este resultado indica que existe uma pequena atração entre as moléculas de um gás.

18-5 TRABALHO E O DIAGRAMA *PV* PARA UM GÁS

Em muitos tipos de motores, um gás realiza trabalho expandindo-se contra um pistão móvel. Por exemplo, em uma máquina a vapor, água é aquecida em uma caldeira para produzir vapor. O vapor, então, realiza trabalho à medida que se expande e conduz um pistão. Em um motor de automóvel, uma mistura de vapor de gasolina e ar sofre ignição, entrando em combustão. As altas temperatura e pressões resultantes fazem com que o gás se expanda rapidamente, conduzindo o pistão e realizando trabalho. Nesta seção, vemos como podemos descrever matematicamente o trabalho realizado por um gás em expansão.

PROCESSOS QUASE-ESTÁTICOS

A Figura 18-6 mostra um gás ideal confinado em um cilindro com um pistão bem ajustado e que supomos sem atrito. Se o pistão se move, o volume do gás varia. A temperatura ou a pressão, ou ambos, também devem variar, pois estas três variáveis estão relacionadas pela equação de estado $PV = nRT$. Se empurramos repentinamente o pistão para comprimir o gás a pressão será, inicialmente, maior nas proximidades do pistão do que longe dele. O gás acabará por atingir novos valores de equilíbrio para a pressão e a temperatura. Não podemos determinar variáveis macroscópicas como T, P ou E_{int} para todo o sistema antes que o equilíbrio seja restabelecido no gás. Entretanto, se movemos o pistão lentamente, em pequenas etapas, e permitimos que o equilíbrio seja restabelecido após cada etapa, podemos comprimir ou expandir o gás de tal maneira que este nunca esteja muito distante de um estado de equilíbrio. Durante este tipo de processo, chamado de **processo quase-estático**, o gás se move através de uma série de estados de equilíbrio. Na prática, é possível realizar processos quase-estáticos com boa aproximação.

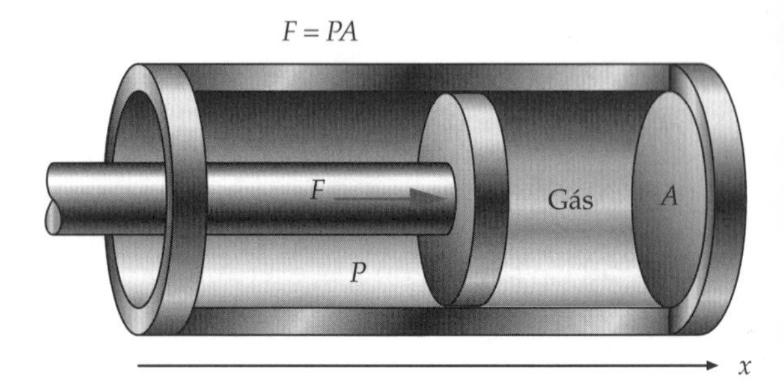

FIGURA 18-6 Gás confinado em um cilindro termicamente isolado com um pistão móvel. Se o pistão se move uma distância dx, o volume do gás varia de $dV = A\,dx$. O trabalho realizado pelo gás é $PA\,dx = P\,dV$, onde P é a pressão.

Vamos começar com um gás em alta pressão que se expande quase-estaticamente. A magnitude da força F exercida pelo gás sobre o pistão é PA, onde A é a área do pistão e P é a pressão do gás. Enquanto o pistão se move por uma pequena distância dx, o trabalho realizado *pelo* gás *sobre* o pistão é

$$dW_{\text{pelo gás}} = F_x\,dx = PA\,dx = P\,dV \qquad 18\text{-}13$$

onde $dV = A\,dx$ é o aumento do volume do gás. Durante a expansão o pistão exerce uma força de magnitude PA sobre o gás, mas no sentido oposto ao da força do gás sobre o pistão. Portanto, o trabalho realizado *pelo* pistão *sobre* o gás é exatamente o negativo do trabalho realizado *pelo* gás

$$dW_{\text{sobre o gás}} = -dW_{\text{pelo gás}} = -P\,dV \qquad 18\text{-}14$$

Observe que, para uma expansão, dV é positivo, o gás realiza trabalho sobre o pistão e, portanto, $dW_{\text{sobre o gás}}$ é negativo; para uma compressão, dV é negativo, trabalho é realizado sobre o gás e, portanto, $dW_{\text{sobre o gás}}$ é positivo.

O trabalho realizado sobre o gás durante uma expansão ou compressão, de um volume V_i até um volume V_f, é

$$W_{\text{sobre o gás}} = -\int_{V_i}^{V_f} P\,dV \qquad 18\text{-}15$$

TRABALHO REALIZADO SOBRE UM GÁS

Para calcular este trabalho, precisamos conhecer como varia a pressão durante a expansão ou compressão. As várias possibilidades podem ser ilustradas mais facilmente usando um diagrama PV.

DIAGRAMAS *PV*

Podemos representar os estados de um gás em um diagrama P *versus* V. Como, ao especificar P e V, estamos especificando o estado do gás, cada ponto do diagrama PV indica um estado particular do gás. A Figura 18-7 mostra um diagrama PV com uma linha horizontal representando uma série de estados com o mesmo valor de P. Esta linha representa uma *compressão* à pressão constante. Este processo é chamado de **compressão isobárica**. Para uma variação de volume ΔV (ΔV é negativo, para uma compressão), temos

$$W_{\text{sobre}} = -\int_{V_i}^{V_f} P\,dV = -P\int_{V_i}^{V_f} dV = -P\,\Delta V = |P\,\Delta V|$$

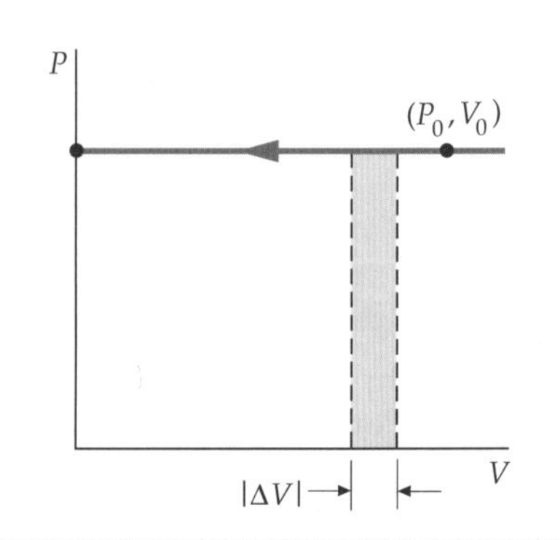

FIGURA 18-7 Cada ponto em um diagrama PV, tal como (P_0,V_0), representa um particular estado do gás. A linha horizontal representa estados com uma pressão constante P_0. A área sombreada, $P_0|\Delta V|$, representa o trabalho realizado sobre o gás ao ser comprimido de $|\Delta V|$.

que é igual à área sombreada sob a curva (a linha) na figura. Para uma compressão, o trabalho realizado sobre o gás é igual à área sob a curva P *versus* V. (Para uma expansão, o trabalho realizado sobre o gás é igual ao valor negativo da área sob a curva P *versus* V.) Como freqüentemente as pressões são dadas em atmosferas e os volumes são dados em litros, é conveniente ter um fator de conversão de litro-atmosfera para joule:

$$1\ \text{L}\cdot\text{atm} = (10^{-3}\ \text{m}^3)(101{,}325 \times 10^3\ \text{N/m}^2) \approx 101{,}3\ \text{J} \qquad 18\text{-}16$$

PROBLEMA PRÁTICO 18-4

Se 5,00 L de um gás ideal, a uma pressão de 2,00 atm, é resfriado de forma que seu volume é reduzido, à pressão constante, até atingir 3,00 L, qual é o trabalho realizado sobre o gás?

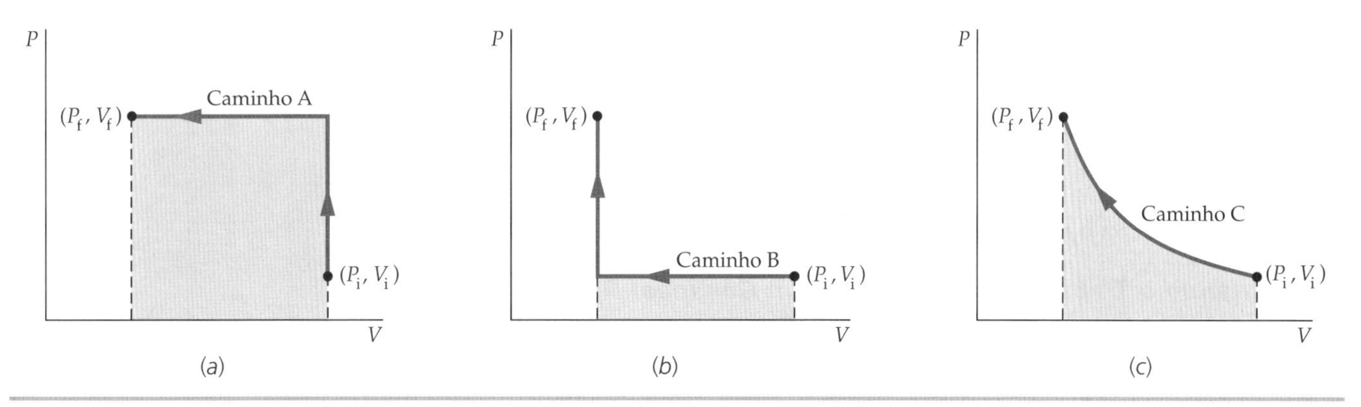

FIGURA 18-8 Três caminhos em diagramas PV ligando um estado inicial (P_i, V_i) a um estado final (P_f, V_f). A área sombreada indica o trabalho realizado sobre o gás ao longo de cada caminho.

A Figura 18-8 mostra três diferentes caminhos possíveis em um diagrama PV para um gás que está inicialmente no estado (P_i, V_i) e atinge o estado final (P_f, V_f). Supomos o gás ideal e escolhemos os estados inicial e final com a mesma temperatura, de modo que $P_iV_i = P_fV_f = nRT$. Como a energia interna depende apenas da temperatura, as energias internas inicial e final também são iguais.

Na Figura 18-8*a*, o gás é aquecido **isometricamente** (a volume constante)* até atingir a pressão P_f, e depois é resfriado isobaricamente (à pressão constante) até atingir o volume V_f. O trabalho realizado sobre o gás ao longo do trecho com volume constante (vertical) do caminho A é zero; ao longo do trecho com pressão constante (horizontal) do caminho A, este trabalho vale

$$P_f|V_f - V_i| = -P_f(V_f - V_i).$$

Na Figura 18-8*b*, o gás é primeiramente resfriado à pressão constante até atingir o volume V_f, e depois é aquecido a volume constante até atingir a pressão P_f. O trabalho realizado sobre o gás ao longo deste caminho é $P_i|V_f - V_i| = -P_i(V_f - V_i)$, que é muito menor do que o realizado ao longo do caminho mostrado na Figura 18-8*a*, como pode ser visto comparando-se as regiões sombreadas na Figura 18-8*a* e na Figura 18-8*b*.

Na Figura 18-8*c*, o caminho *C* representa uma compressão **isotérmica**, significando que a temperatura permanece constante. (Para manter a temperatura constante durante a compressão é preciso que energia seja retirada do gás, na forma de calor, durante o processo.) Podemos calcular o trabalho realizado sobre o gás ao longo do caminho *C* usando $P = nRT/V$. Assim, o trabalho realizado sobre gás enquanto ele é comprimido de V_i até V_f, ao longo do caminho *C*, é

$$W_{\text{sobre}} = -\int_{V_i}^{V_f} P\,dV = -\int_{V_i}^{V_f} \frac{nRT}{V}dV$$

Como T é constante para um processo isotérmico, podemos fatorá-lo da integral. Temos, então

$$W_{\text{isoterma}} = -nRT\int_{V_i}^{V_f}\frac{dV}{V} = -nRT\ln\frac{V_f}{V_i} = nRT\ln\frac{V_i}{V_f} \qquad 18\text{-}17$$

TRABALHO REALIZADO SOBRE UM GÁS DURANTE UMA COMPRESSÃO ISOTÉRMICA

Veja **o Tutorial Matemático** *para mais informações sobre* **Logaritmos**

Vemos que a quantidade de trabalho realizado sobre o gás é diferente para cada um dos processos ilustrados. A variação da energia interna do gás depende dos estados inicial e final do gás, mas não do caminho escolhido. A variação da energia interna é igual ao trabalho realizado sobre o gás mais o calor transferido para o gás. Assim, podemos ver que, como o trabalho é diferente para cada um dos processos ilustrados, a quantidade de calor transferido também deve ser diferente para ca-

* Processos com volume constante também são chamados de *processos isocóricos* ou *processos isovolumétricos*.

da processo. Esta discussão ilustra o fato de que tanto o trabalho realizado quanto a quantidade de calor transferido dependem apenas de como o sistema executa a transição de um estado para outro, mas a variação da energia interna do sistema não tem esta dependência.

ESTRATÉGIA PARA SOLUÇÃO DE PROBLEMAS

Calculando o Trabalho Realizado por um Gás Ideal Durante um Processo Quase-estático com Vínculo

SITUAÇÃO O incremento do trabalho realizado por um gás é igual à pressão vezes o incremento do volume. Isto é, $dW_{\text{pelo gás}} = P\,dV$. Segue que $W_{\text{pelo gás}} = \int_{V_i}^{V_f} P dV$. O vínculo do processo quase-estático é que determina como avaliar esta integral.

SOLUÇÃO

1. Se o volume V é constante, então dV é igual a zero e $W_{\text{pelo gás}} = 0$.
2. Se a pressão P é constante, então $W_{\text{pelo gás}} = P \int_{V_i}^{V_f} dV = P(V_f - V_i)$
3. Se a temperatura T é constante, então $P = nRT/V$ e

$$W_{\text{pelo gás}} = \int_{V_i}^{V_f} \frac{nRT}{V} dV = nRT \int_{V_i}^{V_f} \frac{dV}{V} = nRT \ln \frac{V_f}{V_i}$$

4. Se nenhuma energia é trocada com o gás na forma de calor, então veja a Seção 18-9.

CHECAGEM Se o volume aumenta, então o $W_{\text{pelo gás}}$ deve ser positivo e vice-versa.

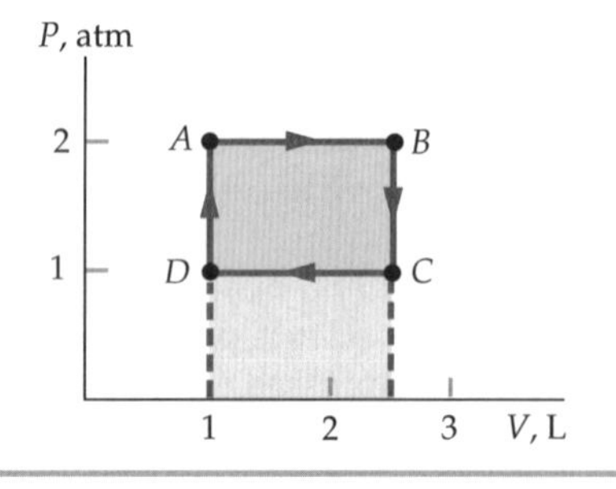

FIGURA 18-9

Exemplo 18-7 Trabalho Realizado sobre um Gás Ideal

Um gás ideal passa por um processo cíclico, do ponto A para o ponto B, do ponto B para o ponto C, do ponto C para o ponto D e de volta para o ponto A, como mostra a Figura 18-9. O gás, que inicialmente tem um volume de 1,00 L e uma pressão de 2,00 atm, expande-se à pressão constante até atingir o volume de 2,50 L e, depois, é resfriado a volume constante até atingir a pressão de 1,00 atm. Em seguida, ele é comprimido à pressão constante até atingir, novamente, o volume de 1,00 L, e, depois, é aquecido a volume constante até retornar ao seu estado original. Determine o trabalho realizado sobre o gás e a quantidade total de calor transferida para ele durante o ciclo.

SITUAÇÃO Calculamos o trabalho realizado durante cada etapa. Como $\Delta E_{\text{int}} = 0$ para qualquer ciclo completo, a primeira lei da termodinâmica implica que a quantidade total de calor transferido para o gás, somada ao trabalho total realizado sobre o gás, é igual a zero.

SOLUÇÃO

1. Do ponto A até o ponto B o processo é uma expansão à pressão constante e, portanto, o trabalho realizado sobre o gás tem um valor negativo. O trabalho realizado sobre o gás é igual ao valor negativo da área sombreada sob a curva AB, mostrada na Figura 18-10*a*:

$$W_{AB} = -P\,\Delta V = -P(V_B - V_A)$$
$$= -(2{,}00\text{ atm})(2{,}50\text{ L} - 1{,}00\text{ L})$$
$$= -3{,}00\text{ L}\cdot\text{atm}$$

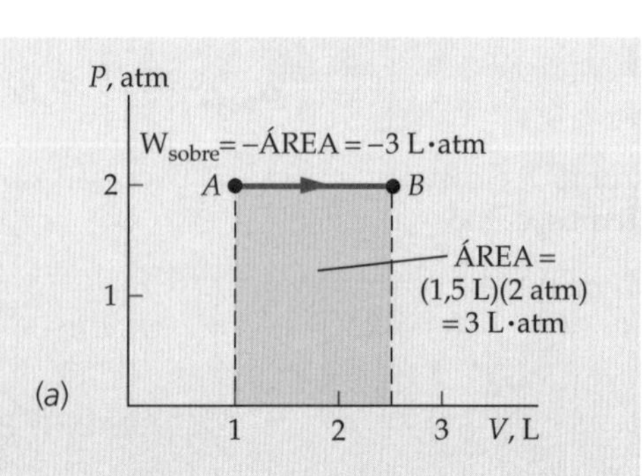

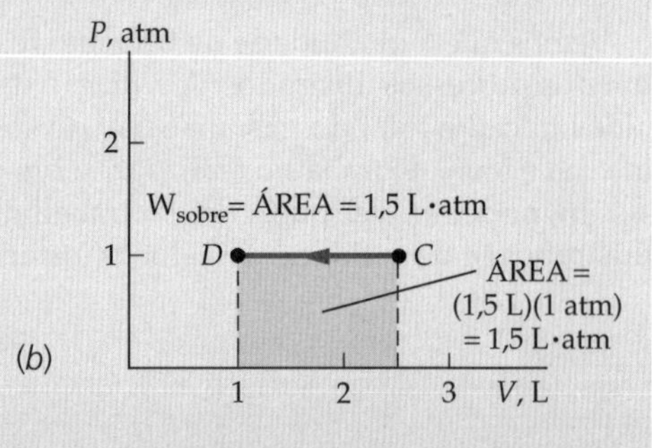

FIGURA 18-10 (*a*) O trabalho realizado sobre o gás durante a expansão de A até B é igual ao negativo da área sob a curva. (*b*) O trabalho realizado sobre o gás durante a compressão de C até D é igual à área sob a curva.

2. Converta as unidades para joules: $W_{AB} = -3{,}00\ \text{L}\cdot\text{atm} \times \dfrac{101{,}3\ \text{J}}{1\ \text{L}\cdot\text{atm}} = -304\ \text{J}$

3. Do ponto B até o ponto C (Figura 18-9) o gás resfria a volume constante e, portanto, o trabalho realizado é zero: $W_{BC} = 0$

4. Enquanto o gás sofre a compressão à pressão constante, do ponto C até o ponto D, o trabalho realizado sobre ele tem um valor positivo. Este trabalho é igual à área sob a curva CD, mostrada na Figura 18-10b:
$$W_{CD} = -P\,\Delta V = -P(V_D - V_C) = -(1{,}00\ \text{atm})(1{,}00\ \text{L} - 2{,}50\ \text{L}) = 1{,}50\ \text{L}\cdot\text{atm} = 152\ \text{J}$$

5. Enquanto o gás é aquecido de volta ao seu estado original A o volume é, novamente, constante (Figura 18-9) e, portanto, nenhum trabalho é realizado: $W_{DA} = 0$

6. O trabalho total realizado sobre o gás é a soma dos trabalhos realizados ao longo de cada passo:
$$W_{\text{total}} = W_{AB} + W_{BC} + W_{CD} + W_{DA} = (-304\ \text{J}) + 0 + 152\ \text{J} + 0 = \boxed{-152\ \text{J}}$$

7. Como o gás volta ao seu estado original, a variação total da energia interna é zero: $\Delta E_{\text{int}} = 0$

8. A quantidade de calor transferido para o gás é determinada usando-se a primeira lei da termodinâmica:
$$\Delta E_{\text{int}} = Q_{\text{entra}} + W_{\text{sobre}}$$
logo $Q_{\text{entra}} = \Delta E_{\text{int}} - W_{\text{sobre}} = 0 - (-152\ \text{J}) = \boxed{152\ \text{J}}$

CHECAGEM Esperamos que a energia efetiva transferida para o gás seja zero em um processo cíclico, o que é o caso neste Exemplo, porque o trabalho realizado sobre o gás é de -152 J e a quantidade de calor transferido para o gás é de $+152$ J.

INDO ALÉM O trabalho realizado pelo gás é igual ao valor negativo do trabalho realizado sobre o gás; logo, o trabalho total realizado pelo gás durante o ciclo é de $+152$ J. Durante o ciclo, o gás absorve da vizinhança 152 J de calor e realiza 152 J de trabalho sobre a vizinhança. Este processo leva o gás de volta ao seu estado inicial. O trabalho total realizado pelo gás é igual à área envolvida pelo ciclo da Figura 18-9. Tais processos cíclicos têm aplicações importantes para máquinas térmicas, como veremos no Capítulo 19.

18-6 CAPACIDADES TÉRMICAS DOS GASES

A determinação da capacidade térmica de uma substância fornece informações sobre sua energia interna, que está relacionada à sua estrutura molecular. Para todas as substâncias que se expandem quando aquecidas, a capacidade térmica à pressão constante C_P é maior do que a capacidade térmica a volume constante C_V. Se calor é absorvido por uma substância à pressão constante, a substância se expande e realiza trabalho positivo sobre a vizinhança (Figura 18-11). Portanto, é preciso mais calor para se obter uma dada variação de temperatura à pressão constante do que para se obter a mesma variação de temperatura quando o volume é mantido constante. A expansão é geralmente desprezível para sólidos e líquidos e, portanto, para eles $C_P \approx C_V$. Mas um gás, aquecido à pressão constante, expande-se rapidamente e realiza uma quantidade significativa de trabalho, o que faz com que $C_P - C_V$ não seja desprezível.

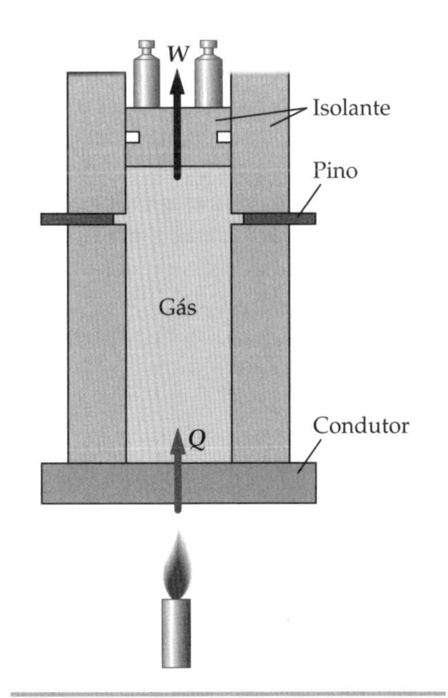

FIGURA 18-11 Calor é absorvido e a pressão permanece constante. O gás se expande, realizando trabalho sobre o pistão.

Se calor é absorvido por um gás a volume constante, nenhum trabalho é realizado (Figura 18-12); logo, a quantidade de calor transferido para o gás é igual ao aumento da energia interna do gás. Chamando de Q_V a quantidade de calor transferido para o gás a volume constante, temos

$$Q_V = C_V\,\Delta T$$

Como $W = 0$, temos, da primeira lei da termodinâmica,

$$\Delta E_{\text{int}} = Q_V + W = Q_V$$

Logo,

$$\Delta E_{\text{int}} = C_V\,\Delta T$$

Tomando o limite quando ΔT tende a zero, obtemos

$$dE_{\text{int}} = C_V\,dT \qquad \text{18-18}a$$

e

$$C_V = \frac{dE_{int}}{dT} \qquad 18\text{-}18b$$

A capacidade térmica a volume constante é a taxa de variação da energia interna com a temperatura. Como E_{int} e T são funções de estado, as Equações 18-18*a* e 18-18*b* valem para qualquer processo.

Vamos, agora, calcular a diferença $C_P - C_V$ para um gás ideal. Da definição de C_P, a quantidade de calor transferido para o gás à pressão constante é

$$Q_P = C_P \Delta T$$

Da primeira lei da termodinâmica,

$$\Delta E_{int} = Q_P + W_{sobre} = Q_P - P\,\Delta V$$

Então,

$$\Delta E_{int} = C_P \Delta T - P\,\Delta V \qquad \text{ou} \qquad C_P\,\Delta T = \Delta E_{int} + P\,\Delta V$$

Para variações infinitesimais, fica

$$C_P\,dT = dE_{int} + P\,dV$$

Usando a Equação 18-18*a* para dE_{int}, obtemos

$$C_P\,dT = C_V\,dT + P\,dV \qquad 18\text{-}19$$

A pressão, o volume e a temperatura para um gás ideal estão relacionados por

$$PV = nRT$$

Diferenciando os dois lados da lei dos gases ideais, obtemos

$$P\,dV + V\,dP = nR\,dT$$

Para um processo à pressão constante, $dP = 0$; logo,

$$P\,dV = nR\,dT$$

Substituindo $P\,dV$ por $nR\,dT$ na Equação 18-19, temos

$$C_P\,dT = C_V\,dT + nR\,dT = (C_V + nR)\,dT$$

Logo,

$$C_P = C_V + nR \qquad 18\text{-}20$$

mostrando que, para um gás ideal, a capacidade térmica à pressão constante é maior do que a capacidade térmica a volume constante pela quantidade nR.

A Tabela 18-3 lista valores das capacidades térmicas molares c'_P e c'_V medidas para vários gases. Observe, na tabela, que a previsão de gás ideal, $c'_P - c'_V = R$, vale muito bem para todos os gases. A tabela também mostra que c'_V vale, aproximadamente, 1,5R para todos os gases monoatômicos, 2,5R para todos os gases diatômicos e mais do que 2,5R para gases constituídos de moléculas mais complexas. Podemos entender estes resultados considerando o modelo molecular de um gás (Capítulo 17). A energia cinética total de translação de n moles de um gás é $K_{trans} = \frac{3}{2}nRT$ (Equação 17-20). Assim, se a energia interna de um gás é constituída apenas de energia cinética de translação, temos

$$E_{int} = \tfrac{3}{2}nRT \qquad 18\text{-}21$$

As capacidades térmicas são, portanto,

$$C_V = \frac{dE_{int}}{dT} = \tfrac{3}{2}nR \qquad 18\text{-}22$$

C_V PARA UM GÁS MONOATÔMICO IDEAL

e

$$C_P = C_V + nR = \tfrac{5}{2}nR \qquad 18\text{-}23$$

C_P PARA UM GÁS MONOATÔMICO IDEAL

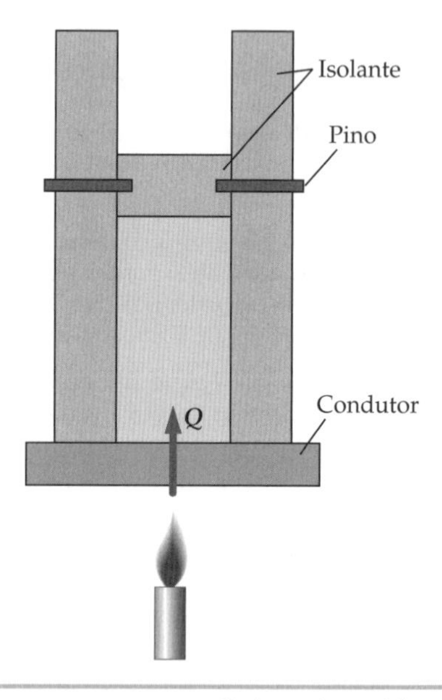

FIGURA 18-12 O pistão é mantido fixo através de pinos. Calor é absorvido a volume constante, de modo que nenhum trabalho é realizado e todo o calor é transformado em energia interna do gás.

Tabela 18-3 Capacidades Térmicas Molares de Vários Gases a 25°C, em J/mol · K

Gás	c'_P	c'_V	c'_V/R	$c'_P - c'_V$	$(c'_P - c'_V)/R$
Monoatômico					
He	20,79	12,52	1,51	8,27	0,99
Ne	20,79	12,68	1,52	8,11	0,98
Ar	20,79	12,45	1,50	8,34	1,00
Kr	20,79	12,45	1,50	8,34	1,00
Xe	20,79	12,52	1,51	8,27	0,99
Diatômico					
N_2	29,12	20,80	2,50	8,32	1,00
H_2	28,82	20,44	2,46	8,38	1,01
O_2	29,37	20,98	2,52	8,39	1,01
CO	29,04	20,74	2,49	8,30	1,00
Poliatômico					
CO_2	36,62	28,17	3,39	8,45	1,02
N_2O	36,90	28,39	3,41	8,51	1,02
H_2S	36,12	27,36	3,29	8,76	1,05

Os resultados da Tabela 18-3 apresentam boa concordância com estas previsões para gases monoatômicos mas, para outros gases, as capacidades térmicas são maiores do que as previstas pelas Equações 18-22 e 18-23. A energia interna de um gás constituído de moléculas diatômicas ou mais complicadas é, evidentemente, maior do que $\frac{3}{2}nRT$. A razão é que estas moléculas podem ter outros tipos de energia, como energia de rotação ou de vibração, além da energia cinética de translação.

Exemplo 18-8 Aquecendo, Resfriando e Comprimindo um Gás Ideal

Um sistema, constituído de 0,32 mol de um gás monoatômico, com $c'_V = \frac{3}{2}R$, ocupa um volume de 2,2 L à pressão de 2,4 atm, como representado pelo ponto *A* da Figura 18-13. O sistema é conduzido através de um ciclo formado por três processos:

1. O gás é aquecido à pressão constante até atingir o volume de 4,4 L no ponto *B*.
2. O gás é resfriado a volume constante até que a pressão diminua para 1,2 atm (ponto *C*).
3. O gás sofre uma compressão isotérmica de volta para o ponto *A*.

(*a*) Qual é a temperatura nos pontos *A*, *B* e *C*? (*b*) Determine *W*, *Q* e ΔE_{int} para cada processo e para o ciclo inteiro.

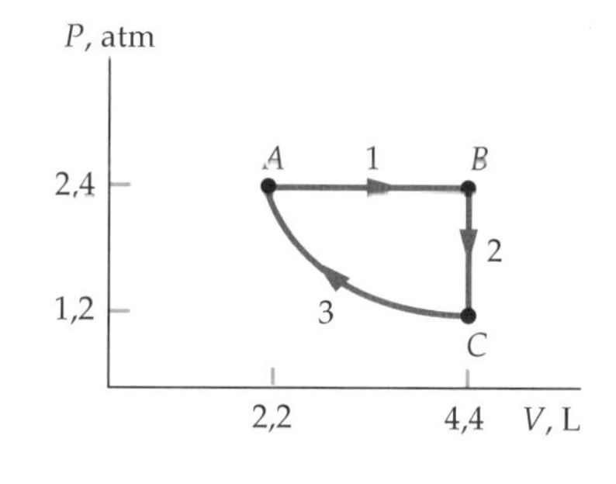

FIGURA 18-13 O trabalho total realizado *sobre* o gás durante um ciclo é o negativo da área envolvida pela curva. O trabalho total realizado *pelo* gás durante um ciclo é a área envolvida pela curva.

SITUAÇÃO Você pode determinar a temperatura, em todos os pontos, a partir da lei dos gases ideais. Você pode determinar, para cada processo, o trabalho, determinando a área sob a curva, e o calor transferido, usando a capacidade térmica dada e as temperaturas inicial e final de cada processo. No processo 3, *T* é constante, de forma que $\Delta E_{int} = 0$ e o calor absorvido pelo gás somado ao trabalho realizado sobre ele é igual a zero.

SOLUÇÃO

(*a*) Determine as temperaturas nos pontos *A*, *B* e *C* usando a lei dos gases ideais:

$$T_C = T_A = \frac{P_A V_A}{nR} = \frac{(2,4\ \text{atm})(2,2\ \text{L})}{(0,32\ \text{mol})(0,08206\ \text{L}\cdot\text{atm}/(\text{mol}\cdot\text{K}))}$$

$$= 201\ \text{K} = \boxed{2,0 \times 10^2\ \text{K}}$$

$$T_B = \frac{P_B V_B}{nR} = \frac{P_A 2V_A}{nR} = 2\frac{P_A V_A}{nR} = 2T_A = 402\ \text{K} = \boxed{4,0 \times 10^2\ \text{K}}$$

(*b*) 1. Para o processo 1, use $W_1 = -P_A\,\Delta V$ para calcular o trabalho e $C_P = \frac{5}{2}nR$ para calcular o calor Q_1. Então, use W_1 e Q_1 para calcular $\Delta E_{\text{int }1}$:

$$W_1 = -P_A\,\Delta V = -P_A(V_B - V_A) = -(2{,}4\text{ atm})(2{,}2\text{ L})$$
$$= -5{,}28\text{ L}\cdot\text{atm}\left(\frac{101{,}3\text{ J}}{1\text{ L}\cdot\text{atm}}\right) = -534{,}9\text{ J} = \boxed{-0{,}53\text{ kJ}}$$
$$Q_1 = C_P\,\Delta T = \tfrac{5}{2}nR\,\Delta T = \tfrac{5}{2}(0{,}32\text{ mol})(8{,}314\text{ J/(mol}\cdot\text{K))}(201\text{ K})$$
$$= 1337\text{ J} = \boxed{1{,}3\text{ kJ}}$$
$$\Delta E_{\text{int }1} = Q_1 + W_1 = 1337\text{ J} - 534{,}9\text{ J} = 802\text{ J} = \boxed{0{,}80\text{ kJ}}$$

2. Para o processo 2, use $C_V = \frac{3}{2}nR$ e $T_C - T_B$ do passo 1 para determinar Q_2:
Então, como $W_2 = 0$, $\Delta E_{\text{int }2} = Q_2$:

$$W_2 = \boxed{0}$$
$$Q_2 = C_V\,\Delta T = \tfrac{3}{2}nR\,\Delta T = \tfrac{3}{2}(0{,}32\text{ mol})[8{,}314\text{ J/(mol}\cdot\text{K)}](-201\text{ K})$$
$$= -802\text{ J} = \boxed{-0{,}80\text{ kJ}}$$
$$\Delta E_{\text{int }2} = W_2 + Q_2 = 0 + (-802\text{ J}) = \boxed{-0{,}80\text{ kJ}}$$

3. Calcule W_3 de $W = -nR\,T\ln(V_A/V_C)$ (Equação 18-17) na compressão isotérmica. Então, como $\Delta E_{\text{int }3} = 0$, $Q_3 = -W_3$:

$$W_3 = nRT_A \ln\frac{V_A}{V_C} = (0{,}32\text{ mol})[8{,}314\text{ J/(mol}\cdot\text{K)}](-201\text{ K})\ln 2{,}0$$
$$= 371\text{ J} = \boxed{0{,}37\text{ kJ}}$$
$$\Delta E_{\text{int }3} = \boxed{0}$$
$$Q_3 = \Delta E_{\text{int }3} - W_3 = -371\text{ J} = \boxed{-0{,}37\text{ kJ}}$$

4. Determine o trabalho total W, o calor total Q e a variação total ΔE_{int} somando as quantidades encontradas nos passos 2, 3 e 4:

$$W_{\text{total}} = W_1 + W_2 + W_3 = (-535\text{ J}) + 0 + 371\text{ J} = \boxed{-0{,}16\text{ kJ}}$$
$$Q_{\text{total}} = Q_1 + Q_2 + Q_3 = 1337\text{ J} + (-802\text{ J}) + (-371\text{ J})$$
$$= \boxed{0{,}16\text{ kJ}}$$
$$\Delta E_{\text{int total}} = \Delta E_{\text{int }1} + \Delta E_{\text{int }2} + \Delta E_{\text{int }3}$$
$$= 802\text{ J} + (-802\text{ J}) + 0 = \boxed{0{,}00\text{ kJ}}$$

CHECAGEM A variação total da energia interna é zero, como deve ser para um processo cíclico. A soma do trabalho total realizado sobre o gás ao calor total absorvido pelo gás é igual a zero.

INDO ALÉM O trabalho total realizado sobre o gás é igual à área sob a curva *CA* menos a área sob a curva *AB*, o que é igual ao valor negativo da área envolvida pelas três curvas na Figura 18-13.

CAPACIDADES TÉRMICAS E O TEOREMA DA EQÜIPARTIÇÃO

De acordo com o teorema da eqüipartição, enunciado na Seção 4 do Capítulo 17, a energia interna de n moles de um gás deve ser igual a $\frac{1}{2}nRT$ para cada grau de liberdade das moléculas do gás. A capacidade térmica a volume constante de um gás deve, então, ser $\frac{1}{2}nR$ vezes o número de graus de liberdade das moléculas. Da Tabela 18-2, nitrogênio, oxigênio, hidrogênio e monóxido de carbono têm capacidades térmicas molares a volume constante de cerca de $\frac{5}{2}R$. Assim, as moléculas de cada um destes gases têm cinco graus de liberdade. Por volta de 1880, Rudolf Clausius especulou que estes gases deveriam consistir em moléculas diatômicas que podiam girar em torno de dois eixos, o que lhes dava dois graus de liberdade adicionais (Figura 18-14). Sabemos, agora, que estes dois graus de liberdade, adicionais aos três de translação, estão associados com a rotação em torno dos dois eixos, x' e y', perpendiculares à linha que une os átomos. A energia cinética de uma molécula diatômica é, portanto,

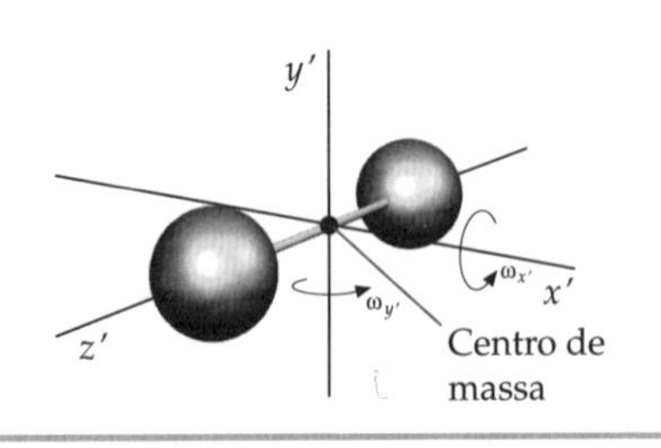

FIGURA 18-14 Modelo de haltere rígido para uma molécula diatômica.

$$K = \tfrac{1}{2}mv_x^2 + \tfrac{1}{2}mv_y^2 + \tfrac{1}{2}mv_z^2 + \tfrac{1}{2}I_{x'}\omega_{x'}^2 + \tfrac{1}{2}I_{y'}\omega_{y'}^2$$

A energia interna total de n moles deste tipo de gás é, então,

$$E_{\text{int}} = 5 \times \tfrac{1}{2}nRT = \tfrac{5}{2}nRT \qquad 18\text{-}24$$

e a capacidade térmica a volume constante é

$$C_V = \tfrac{5}{2}nR \qquad 18\text{-}25$$

Aparentemente, gases diatômicos não giram em torno da linha que une os dois átomos — se eles girassem, haveria seis graus de liberdade e C_V deveria ser $\frac{6}{2}nR = 3nR$, o que não concorda com os resultados experimentais. Além disso, gases monoatômicos simplesmente não giram. Veremos, na Seção 18-8, que estes fatos desconcertantes são facilmente explicados quando levamos em conta a quantização da quantidade de movimento angular.

Exemplo 18-9 Aquecendo um Gás Ideal Diatômico

Uma amostra, constituída de 2,00 mol de oxigênio a uma pressão inicial de 1,00 atm, é aquecida de 20,0°C para 100,0°C. Suponha válido o modelo de gás ideal para o sistema. (*a*) Que quantidade de calor transferido para a amostra é necessária, se o volume é mantido constante durante o aquecimento? (*b*) Que quantidade de calor transferido para a mostra é necessária, se a pressão é mantida constante? (*c*) Quanto trabalho realiza o gás, na Parte (*b*)?

SITUAÇÃO A quantidade de calor transferido necessária para aquecimento a volume constante é $Q_V = C_V\,\Delta T$, onde $C_V = \frac{5}{2}nR$ (porque o oxigênio é um gás diatômico). Para aquecimento à pressão constante, $Q_P = C_P\,\Delta T$, com $C_P = C_V + nR$. Finalmente, a quantidade de trabalho realizado pelo gás é igual ao valor negativo do trabalho realizado sobre o gás, o que pode ser determinado de $\Delta E_{int} = Q_{entra} + W_{sobre}$. (Alternativamente, $W_{pelo} = P\,\Delta V$.)

SOLUÇÃO

(*a*) 1. Escreva a quantidade de calor transferido necessária para volume constante, em termos de C_V e de ΔT:

$$Q_V = C_V\,\Delta T$$

2. Calcule a quantidade de calor transferido necessária para $\Delta T = 80°C = 80$ K:

$$Q_V = C_V\,\Delta T = \tfrac{5}{2}nR\,\Delta T = \tfrac{5}{2}(2{,}00\text{ mol})[8{,}314\text{ J/(mol}\cdot\text{K)}](80{,}0\text{ K}) = \boxed{3{,}33\text{ kJ}}$$

(*b*) 1. Escreva a quantidade de calor transferido necessária para pressão constante, em termos de C_P e de ΔT:

$$Q_P = C_P\,\Delta T$$

2. Calcule a capacidade térmica à pressão constante:

$$C_P = C_V + nR = \tfrac{5}{2}nR + nR = \tfrac{7}{2}nR$$

3. Calcule a quantidade de calor transferido necessária à pressão constante para $\Delta T = 80$ K:

$$Q_P = C_P\,\Delta T = \tfrac{7}{2}(2{,}00\text{ mol})[8{,}314\text{ J/(mol}\cdot\text{K)}](80{,}0\text{ K}) = \boxed{4{,}66\text{ kJ}}$$

(*c*) 1. O trabalho W_{sobre} pode ser determinado a partir da primeira lei da termodinâmica:

$$\Delta E_{int} = Q_{entra} + W_{sobre} \quad \text{logo} \quad W_{sobre} = \Delta E_{int} - Q_{entra}$$

2. A variação da energia interna é igual ao calor transferido a volume constante, que foi calculado na Parte (*a*):

$$\Delta E_{int} = Q_V = C_V\,\Delta T = \tfrac{5}{2}nR\,\Delta T$$

e $Q_P = C_P\,\Delta T = \tfrac{7}{2}nR\,\Delta T$

logo

$$W_{sobre} = \Delta E_{int} - Q_p = \tfrac{5}{2}nR\,\Delta T - \tfrac{7}{2}nR\,\Delta T = -nR\,\Delta T$$
$$= -(2{,}00\text{ mol})[8{,}314\text{ J/(mol}\cdot\text{K)}](80{,}0\text{ K}) = -1{,}33\text{ kJ}$$

3. O trabalho realizado pelo gás à pressão constante é, então:

$$W_{pelo} = -W_{sobre} = \boxed{1{,}33\text{ kJ}}$$

CHECAGEM Observe que o trabalho realizado pelo gás na Parte (*c*) tem um valor positivo. Isto está de acordo com o esperado, porque o gás se expande quando aquecido à pressão constante.

PROBLEMA PRÁTICO 18-5 Determine os volumes inicial e final deste gás a partir da lei dos gases ideais e use-os para calcular o trabalho realizado pelo gás se o calor é adicionado à pressão constante, usando $W_{pelo} = P\,\Delta V$.

Exemplo 18-10 Modos Vibracionais do Dióxido de Carbono *Conceitual*

A molécula de dióxido de carbono consiste em um átomo de carbono localizado diretamente entre dois átomos de oxigênio. Esta molécula tem três modos de vibração distintos. Esboce estes modos em um sistema de referência no qual o centro de massa da molécula esteja em repouso.

SITUAÇÃO Se a molécula não estivesse vibrando, os centros dos átomos estariam ao longo de uma linha reta. Quando vibram, os átomos podem se mover paralela ou perpendicularmente à linha que passa pelos seus centros. Há dois modos de estiramento nos quais os átomos se movem paralelamente à linha que passa pelos seus centros, e um modo de flexão em que eles se movem perpendicularmente a esta linha.

SOLUÇÃO

1. No modo de estiramento simétrico (Figura 18-15*a*), o átomo de carbono permanece estacionário e os átomos de oxigênio oscilam defasados de 180° entre si. Você consegue perceber por que este modo é, algumas vezes, chamado de modo de respiração?
2. No modo de estiramento anti-simétrico (Figura 18-15*b*), os dois átomos de oxigênio vibram em fase entre si, mas defasados de 180° em relação ao movimento do átomo de carbono.
3. No modo de flexão (Figura 18-15*c*), os dois átomos de oxigênio vibram em fase entre si, mas defasados de 180° em relação ao movimento do átomo de carbono.

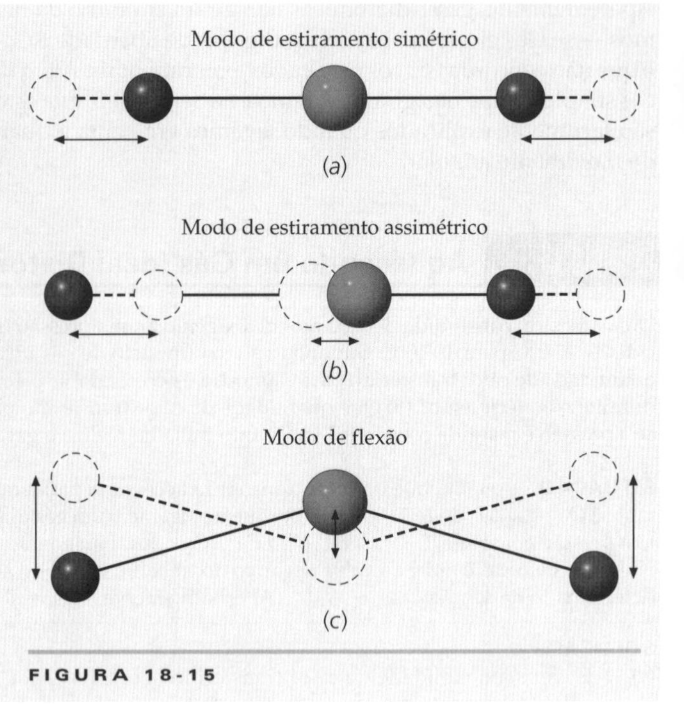

FIGURA 18-15

18-7 CAPACIDADES TÉRMICAS DOS SÓLIDOS

Na Seção 18-1, observamos que todos os metais listados na Tabela 18-1 têm calores específicos molares aproximadamente iguais. A maioria dos sólidos tem capacidades térmicas molares aproximadamente iguais a $3R$:

$$c' = 3R = 24{,}9\ \mathrm{J/mol\cdot K} \qquad 18\text{-}26$$

Este resultado é conhecido como a **lei de Dulong–Petit**. Podemos compreender esta lei aplicando o teorema da eqüipartição ao modelo simples para sólido mostrado na Figura 18-16. De acordo com este modelo, um sólido consiste em um arranjo regular de átomos no qual cada átomo tem uma posição fixa de equilíbrio e está conectado por molas aos seus vizinhos. Cada átomo pode vibrar nas direções x, y e z. A energia total de um átomo em um sólido é:

$$E = \tfrac{1}{2}mv_x^2 + \tfrac{1}{2}mv_y^2 + \tfrac{1}{2}mv_z^2 + \tfrac{1}{2}k_{\mathrm{ef}}x^2 + \tfrac{1}{2}k_{\mathrm{ef}}y^2 + \tfrac{1}{2}k_{\mathrm{ef}}z^2$$

onde k_{ef} é a constante de força efetiva das molas hipotéticas. Cada átomo tem, portanto, seis graus de liberdade. O teorema da eqüipartição afirma que uma substância em equilíbrio tem uma energia média de $\frac{1}{2}RT$ por mol para cada grau de liberdade. Assim, a energia interna de um mol de um sólido é

$$E_{\mathrm{int\,m}} = 6 \times \tfrac{1}{2}RT = 3RT \qquad 18\text{-}27$$

o que significa que c' é igual a $3R$.

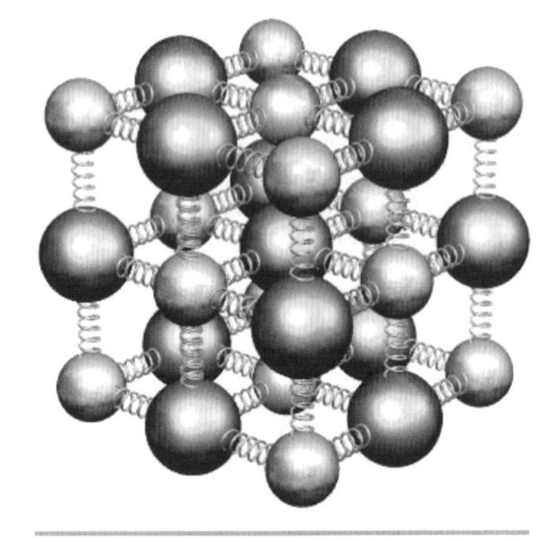

FIGURA 18-16 Modelo de um sólido no qual os átomos estão ligados uns aos outros por molas. A energia interna da molécula é constituída por energias cinética e potencial de vibração.

Exemplo 18-11 Usando a Lei de Dulong–Petit

A massa molar do cobre é 63,5 g/mol. Use a lei de Dulong–Petit para calcular o calor específico do cobre.

SITUAÇÃO A lei de Dulong–Petit fornece o calor específico molar de um sólido, c'. O calor específico é, então, $c = c'/M$ (Equação 18-6), onde M é a massa molar.

SOLUÇÃO

1. A lei de Dulong–Petit fornece c' em termos de R: $\qquad c' = 3R$

2. Usando $M = 63{,}5$ g/mol para o cobre, o calor específico é:

$$c = \frac{c'}{M} = \frac{3R}{M} = \frac{3(8{,}314\ \mathrm{J/(mol\cdot K)})}{63{,}5\ \mathrm{g/mol}}$$

$$= 0{,}392\ \mathrm{J/(g\cdot K)} = \boxed{0{,}392\ \mathrm{kJ/(kg\cdot K)}}$$

CHECAGEM Este resultado difere do valor medido de 0,386 kJ/(kg · K), dado na Tabela 18-1, em menos de 2 por cento.

PROBLEMA PRÁTICO 18-6 O valor medido para o calor específico de certo metal é 1,02 kJ/kg · K. (*a*) Calcule a massa molar deste metal, supondo que ele obedeça à lei de Dulong–Petit. (*b*) Que metal é este?

18-8 FALHA DO TEOREMA DA EQÜIPARTIÇÃO

Embora o teorema da eqüipartição tenha tido um sucesso espetacular ao explicar as capacidades térmicas de gases e sólidos, ele também apresentou falhas espetaculares. Por exemplo, se uma molécula de um gás diatômico, como a da Figura 18-14, girasse em torno da linha que une os átomos, haveria um grau de liberdade a mais. Da mesma forma, uma molécula diatômica não sendo rígida, os dois átomos poderiam vibrar ao longo da linha que os une. Teríamos, então, mais dois graus de liberdade, correspondendo às energias cinética e potencial de vibração. Mas, de acordo com os valores medidos das capacidades térmicas molares na Tabela 18-3, gases diatômicos aparentemente não giram em torno da linha que une os átomos nem vibram. O teorema da eqüipartição não explica esta conseqüência nem o fato de que moléculas monoatômicas não giram em torno de nenhum dos três possíveis eixos perpendiculares do espaço. Além disso, observa-se que as capacidades térmicas dependem da temperatura, ao contrário do que prevê o teorema da eqüipartição. O caso mais espetacular de dependência da capacidade térmica com a temperatura é o do H_2, como mostrado na Figura 18-17. Para temperaturas abaixo de 70 K, c'_V vale $\frac{3}{2}R$ para o H_2, o mesmo que para um gás de moléculas que sofrem translação, mas não giram nem vibram. Para temperaturas entre 250 K e 700 K, $c'_V = \frac{5}{2}R$, que é o valor para moléculas com movimento de translação e de rotação, mas que não vibram. E, para temperaturas acima de 700 K, as moléculas de H_2 começam a vibrar. No entanto, as moléculas se dissociam antes que c'_V atinja $\frac{7}{2}R$. Finalmente, o teorema da eqüipartição prevê um valor constante de $3R$ para a capacidade térmica dos sólidos. Enquanto este resultado vale para quase todos os sólidos a altas temperaturas, ele não vale para temperaturas muito baixas.

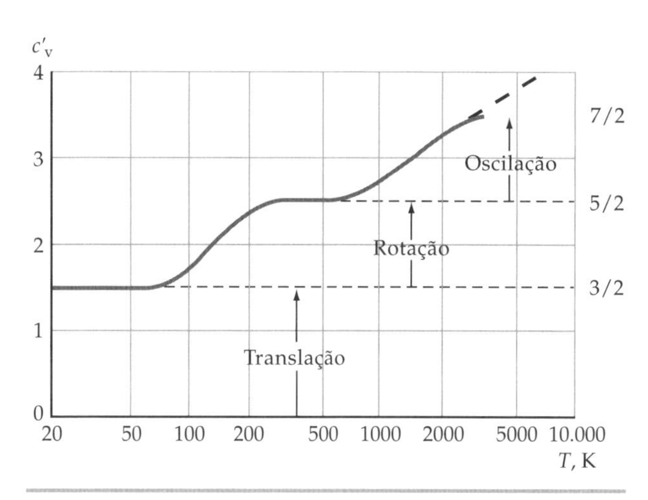

FIGURA 18-17 Dependência com a temperatura da capacidade térmica molar do H_2. (A curva é qualitativa nas regiões onde c'_V está variando.) Noventa e cinco por cento das moléculas de H_2 são dissociadas em hidrogênio atômico a 5000 K.

O teorema da eqüipartição falha porque a energia é **quantizada**. Isto é, uma molécula pode ter apenas certos valores de energia interna, como ilustrado esquematicamente pelo diagrama de níveis de energia da Figura 18-18. A molécula pode ganhar ou perder energia apenas se o ganho ou a perda a conduza a outro nível permitido. Por exemplo, a energia que pode ser trocada entre moléculas de gás que colidem é da ordem de kT, a energia térmica típica de uma molécula. A validade do teorema da eqüipartição depende do valor relativo entre kT e o espaçamento entre os níveis de energia permitidos.

> Se o espaçamento entre os níveis permitidos de energia for grande em comparação a kT, então não poderá ocorrer transferência de energia através de colisões e o teorema clássico da eqüipartição não será válido. Se o espaçamento entre os níveis for muito menor do que kT, então a quantização da energia não será notada e o teorema da eqüipartição será válido.
>
> CONDIÇÕES PARA A VALIDADE DO TEOREMA DA EQÜIPARTIÇÃO

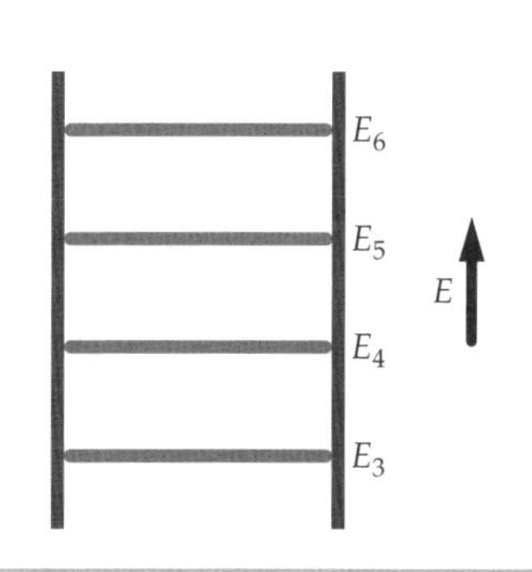

FIGURA 18-18 Diagrama de níveis de energia. Um sistema ligado pode ter apenas certas energias discretas.

Considere a rotação de uma molécula. A energia de rotação é

$$E = \frac{1}{2}I\omega^2 = \frac{(I\omega)^2}{2I} = \frac{L^2}{2I} \qquad 18\text{-}28$$

onde I é o momento de inércia da molécula, ω é sua velocidade angular e $L = I\omega$ é a sua quantidade de movimento angular. Havíamos mencionado, na Seção 10-5, que a quantidade de movimento angular é quantizada, e sua magnitude está restrita a

$$L = \sqrt{\ell(\ell + 1)}\hbar \qquad \ell = 0, 1, 2, \ldots \qquad 18\text{-}29$$

onde $\hbar = h/(2\pi)$ e h é a constante de Planck. A energia de uma molécula que gira é, portanto, quantizada nos valores

$$E = \frac{L^2}{2I} = \frac{\ell(\ell + 1)\hbar^2}{2I} = \ell(\ell + 1)\,E_{0r} \qquad 18\text{-}30$$

onde

$$E_{0r} = \frac{\hbar^2}{2I} \qquad 18\text{-}31$$

é característica do intervalo de energia entre os níveis. Se esta energia é muito menor do que kT, esperamos que a física clássica e que o teorema da eqüipartição sejam válidos. Vamos definir uma temperatura crítica T_c como

$$kT_c = E_{0r} = \frac{\hbar^2}{2I} \qquad 18\text{-}32$$

Se T for muito maior do que esta temperatura crítica, então kT será muito maior do que o espaçamento entre os níveis de energia, que é da ordem de kT_c, e esperamos que a física clássica e o teorema da eqüipartição sejam válidos. Se T for menor, ou da ordem de T_c, então kT não será muito maior do que o espaçamento entre os níveis de energia e esperamos que a física clássica e o teorema da eqüipartição falhem. Vamos estimar T_c para alguns casos de interesse.

1. *Rotação de H_2 em torno de um eixo que passa pelo centro de massa perpendicularmente à linha que une os átomos de H* (Figura 18-19): O momento de inércia de H_2 em relação ao eixo é

$$I_H = 2M_H\left(\frac{r_s}{2}\right)^2 = \frac{1}{2}M_H r_s^2$$

onde M_H é a massa de um átomo de H e r_s é a distância de separação. Para o hidrogênio, $M_H = 1{,}67 \times 10^{-27}$ kg e $r_s \approx 8 \times 10^{-11}$ m. A temperatura crítica é, então,

$$T_c = \frac{\hbar^2}{2kI} = \frac{\hbar^2}{kM_H r_s^2}$$
$$= \frac{(1{,}05 \times 10^{-34}\ \text{J}\cdot\text{s})^2}{(1{,}38 \times 10^{-23}\ \text{J/K})(1{,}67 \times 10^{-27}\ \text{kg})(8 \times 10^{-11}\ \text{m})^2} \approx 75\ \text{K}$$

Como vemos na Figura 18-17, esta é aproximadamente a temperatura abaixo da qual a energia rotacional não contribui para a capacidade térmica.

2. *O_2*: Como a massa do O_2 é aproximadamente 16 vezes a do H_2, e a separação é aproximadamente a mesma, a temperatura crítica para o O_2 deve ser aproximadamente (75/16) ≈ 4,6 K. Para todas as temperaturas para as quais O_2 existe como gás, $T \gg T_c$; logo, kT é muito maior do que o espaçamento entre os níveis de energia. Conseqüentemente, esperamos que o teorema da eqüipartição da física clássica seja válido.

3. *Rotação de um gás monoatômico:* Considere o átomo de He, que tem um núcleo constituído por dois prótons e dois nêutrons e possui dois elétrons. A massa de um elétron é cerca de 8000 vezes menor do que a massa do núcleo de He, mas o raio do núcleo é aproximadamente 100.000 vezes menor do que a distância entre o núcleo e um elétron. Portanto, o momento de inércia do átomo de He é praticamente todo ele devido aos seus dois elétrons. A distância do núcleo de He a um de seus elétrons é aproximadamente a metade da distância de separação entre os átomos de H no H_2, e a massa do elétron é cerca de 2000 vezes menor do que a do núcleo de H. Portanto, usando $m_e = M_H/2000$ e $r = r_s/2$, encontramos o momento de inércia dos dois elétrons no He sendo aproximadamente

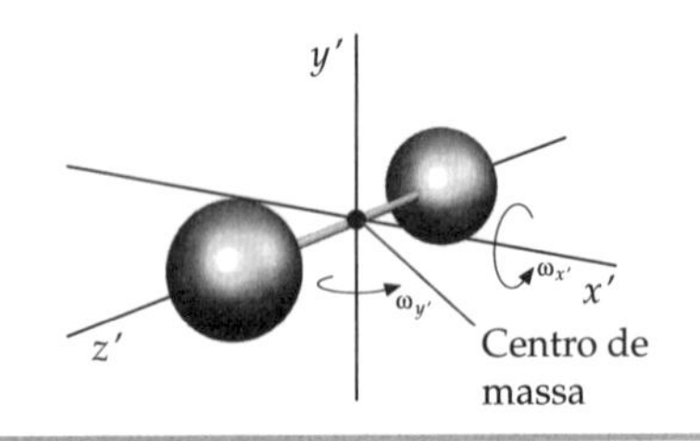

FIGURA 18-19 Modelo de haltere rígido para uma molécula diatômica.

$$I_{He} = 2m_e r^2 \approx 2\frac{M_H}{2000}\left(\frac{r_s}{2}\right)^2 = \frac{I_H}{2000}$$

A temperatura crítica para o He é, assim, cerca de 2000 vezes a do H_2, ou aproximadamente 150.000 K. Isto é muito maior do que a temperatura de dissociação (a temperatura na qual os elétrons são arrancados dos seus núcleos) para o hélio. Logo, o intervalo entre os níveis permitidos é sempre muito maior do que kT e as moléculas de He não podem ser induzidas a girar, pelas colisões que ocorrem no gás. Outros gases monoatômicos têm momentos de inércia levemente maiores por possuírem mais elétrons, mas suas temperaturas críticas são, ainda assim, de dezenas de milhares de kelvins. Portanto, suas moléculas também não podem ser induzidas a girar pelas colisões que ocorrem no gás.

4. *Rotação de um gás diatômico em torno de um eixo unindo os átomos*: Vemos, de nossa discussão sobre gases monoatômicos, que o momento de inércia de uma molécula de gás diatômico em relação ao seu eixo também será praticamente todo ele devido aos elétrons e será da mesma ordem de grandeza que para um gás monoatômico. Novamente, a temperatura crítica calculada, T_c, associada à ocorrência de rotações provocadas por colisões entre moléculas do gás, excede a temperatura de dissociação do gás, tornando impossível a rotação nestas circunstâncias.

É interessante observar que o sucesso do teorema da eqüipartição ao explicar os valores medidos para as capacidades térmicas de gases e sólidos conduziu ao primeiro entendimento real sobre a estrutura molecular no século XIX, enquanto sua falha desempenhou um papel importante no desenvolvimento da mecânica quântica no século XX.

Exemplo 18-12 Energia Rotacional do Átomo de Hidrogênio

À temperatura ambiente (300 K) o hidrogênio é um gás diatômico. Contudo, para temperaturas mais altas a molécula de hidrogênio se dissocia. A uma temperatura de 8000 K o gás hidrogênio é 99,99 por cento monoatômico. (*a*) Estime a menor energia rotacional (diferente de zero) para o átomo de hidrogênio e compare-a com kT à temperatura ambiente. (*b*) Calcule a temperatura crítica T_c para um gás de hidrogênio atômico.

SITUAÇÃO Da Equação 18-30, a menor energia rotacional corresponde a $\ell = 1$. Usamos a Equação 18-30 para determinar a energia em termos do momento de inércia. Podemos desprezar o momento de inércia do núcleo, porque seu raio é 100.000 vezes menor do que o raio do átomo. Assim, o momento de inércia do átomo é essencialmente o momento de inércia do elétron em relação ao núcleo. Então $I = m_e r^2$, onde $r = 5{,}29 \times 10^{-11}$ m é a distância entre o núcleo e o elétron.

SOLUÇÃO

(*a*) 1. A menor energia diferente de zero ocorre para $\ell = 1$:

$$E_\ell = \frac{\ell(\ell+1)\hbar^2}{2I} \qquad \ell = 0, 1, 2, \ldots$$

logo $$E_1 = \frac{1(1+1)\hbar^2}{2m_e r^2} = \frac{\hbar^2}{m_e r^2}$$

2. Os valores numéricos são:

$\hbar = 1{,}05 \times 10^{-34}\ \text{J}\cdot\text{s}$
$m_e = 9{,}11 \times 10^{-31}$ kg
$r = 5{,}29 \times 10^{-11}$ m

3. Substitua os valores numéricos:

$$E_1 = \frac{\hbar^2}{m_e r^2} = \boxed{4{,}32 \times 10^{-18}\ \text{J}}$$

4. O valor de kT a $T = 300$ K é:

$$kT = (1{,}38 \times 10^{-23}\ \text{J/K})(300\ \text{K}) = 4{,}14 \times 10^{-21}\ \text{J}$$

5. Compare E_1 e kT:

$$\frac{E_1}{kT} = \frac{4{,}32 \times 10^{-18}\ \text{J}}{4{,}14 \times 10^{-21}\ \text{J}} \approx 10^3$$

E_1 é cerca de três ordens de grandeza maior do que kT.

(*b*) Iguale $kT_c = E_1$ e resolva para T_c:

$$kT_c = E_1$$

$$T_c = \frac{E_1}{k} = \frac{4{,}32 \times 10^{-18}\ \text{J}}{1{,}38 \times 10^{-23}\ \text{J/K}} = \boxed{3{,}13 \times 10^5\ \text{K}}$$

CHECAGEM A temperatura crítica para um átomo de hidrogênio ($\sim 3 \times 10^5$ K) é tão alta que o átomo estaria ionizado muito antes de a temperatura crítica ter sido atingida. Isto "explica" por que nenhum grau de liberdade rotacional contribui para a capacidade térmica dos átomos de hidrogênio.

18-9 A COMPRESSÃO ADIABÁTICA QUASE-ESTÁTICA DE UM GÁS

Um processo no qual um sistema não recebe e nem libera calor é chamado de **processo adiabático**. Este tipo de processo ocorre quando o sistema está extremamente bem isolado ou quando o processo acontece de forma muito rápida. Considere a compressão adiabática quase-estática na qual um gás, que está em um recipiente isolado termicamente, é lentamente comprimido por um pistão que está, portanto, realizando trabalho sobre o gás. Como não existe troca de calor com o gás, o trabalho realizado sobre ele é igual ao aumento de sua energia interna, e a temperatura do gás aumenta. A curva representando este processo em um diagrama PV é mostrada na Figura 18-20.

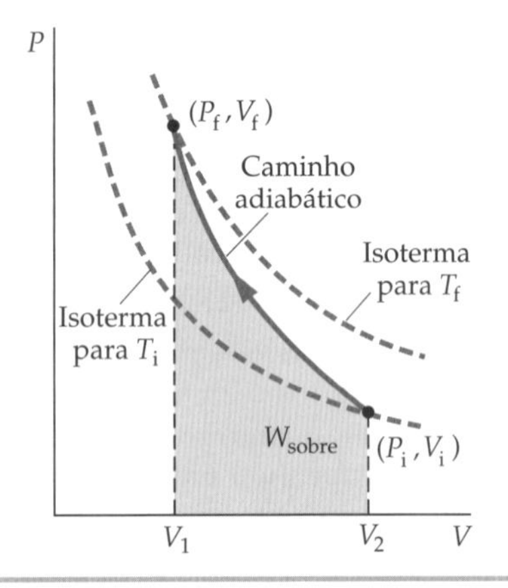

FIGURA 18-20 Compressão adiabática quase-estática de um gás ideal. As linhas tracejadas são as isotermas para as temperaturas inicial e final. A curva que liga os estados inicial e final da compressão adiabática é mais inclinada do que as isotermas, porque a temperatura aumenta durante a compressão.

Podemos encontrar a equação da curva adiabática para um gás ideal usando a equação de estado ($PV = nRT$) e a primeira lei da termodinâmica ($dE_{int} = dQ_{entra} + dW_{sobre}$). A primeira lei da termodinâmica leva a

$$C_V\,dT = 0 + (-P\,dV) \qquad \text{18-33}$$

onde usamos $dE_{int} = C_V dT$ (Equação 18-18*a*), $dQ_{entra} = 0$ (o processo é adiabático) e $dW_{sobre} = -PdV$ (Equação 18-15). Substituindo $P = nRT/V$, obtemos

$$C_V\,dT = -nRT\frac{dV}{V}$$

Separando as variáveis e dividindo os dois lados por TC_V, temos

$$\frac{dT}{T} + \frac{nR}{C_V}\frac{dV}{V} = 0$$

Integrando,

$$\ln T + \frac{nR}{C_V}\ln V = \text{constante}$$

Simplificando,

$$\ln T + \frac{nR}{C_V}\ln V = \ln T + \ln V^{nR/C_V} = \ln(TV^{nR/C_V}) = \text{constante}$$

Nuvens se formam se o ar úmido que sobe se resfria devido à expansão adiabática do ar. O resfriamento faz com que o vapor d'água se condense em gotículas líquidas. (© *Cosmin Constantin Sava/Dreamstime.com.*)

Logo,

$$TV^{nR/C_V} = \text{constante} \qquad 18\text{-}34$$

onde as constantes nas duas equações precedentes não são iguais. A Equação 18-34 pode ser reescrita lembrando que $C_P - C_V = nR$, o que nos dá

$$\frac{nR}{C_V} = \frac{C_P - C_V}{C_V} = \frac{C_P}{C_V} - 1 = \gamma - 1 \qquad 18\text{-}35$$

onde γ é a razão entre as capacidades térmicas:

$$\gamma = \frac{C_P}{C_V} \qquad 18\text{-}36$$

Logo,

$$TV^{\gamma-1} = \text{constante} \qquad 18\text{-}37$$

Podemos eliminar T da Equação 18-37 usando $PV = nRT$. Temos, então,

$$\frac{PV}{nR}V^{\gamma-1} = \text{constante}$$

ou

$$PV^{\gamma} = \text{constante} \qquad 18\text{-}38$$

PROCESSO ADIABÁTICO QUASE-ESTÁTICO

A Equação 18-38 relaciona P e V para expansões e compressões adiabáticas. Explicitando V da equação $PV = nRT$ (a equação do gás ideal), substituindo na Equação 18-38 e simplificando, obtemos

$$\frac{T^{\gamma}}{P^{\gamma-1}} = \text{constante} \qquad 18\text{-}39$$

PROBLEMA PRÁTICO 18-7

Mostre que, para um processo adiabático quase-estático, $T^{\gamma}/P^{\gamma-1} = \text{constante}$.

O trabalho realizado sobre o gás em uma compressão adiabática pode ser calculado a partir da primeira lei da termodinâmica:

$$dE_{\text{int}} = dQ_{\text{entra}} + dW_{\text{sobre}} \quad \text{ou} \quad dW_{\text{sobre}} = dE_{\text{int}} - dQ_{\text{entra}}$$

Como $dE_{\text{int}} = C_V dT$ e $dQ_{\text{entra}} = 0$, temos

$$dW_{\text{sobre}} = C_V\, dT$$

Logo,

$$W_{\text{adiabático}} = \int dW_{\text{sobre}} = \int C_V\, dT = C_V\, \Delta T \qquad 18\text{-}40$$

TRABALHO ADIABÁTICO SOBRE UM GÁS IDEAL

onde supomos C_V constante.* Observamos que o trabalho realizado sobre um gás depende apenas da variação da temperatura do gás. Durante uma compressão adiabática trabalho é realizado sobre o gás e sua energia interna e temperatura aumentam. Durante uma *expansão* adiabática quase-estática, trabalho é realizado *pelo* gás e a energia interna e a temperatura diminuem.

Também podemos usar a lei dos gases ideais para escrever a Equação 18-40 em termos dos valores inicial e final da pressão e do volume. Se T_i é a temperatura inicial e T_f é a temperatura final temos, para o trabalho realizado,

$$W_{\text{adiabático}} = C_V\, \Delta T = C_V(T_f - T_i)$$

* Para um gás ideal, E_{int} é proporcional à temperatura absoluta e, portanto, $C_V = dE_{\text{int}}/dT$ é uma constante.

Usando $PV = nRT$, obtemos

$$W_{\text{adiabático}} = C_V\left(\frac{P_fV_f}{nR} - \frac{P_iV_i}{nR}\right) = \frac{C_V}{nR}(P_fV_f - P_iV_i)$$

Usando a Equação 18-35 para simplificar esta expressão, temos

$$W_{\text{adiabático}} = \frac{P_fV_f - P_iV_i}{\gamma - 1} \qquad 18\text{-}41$$

Exemplo 18-13 Compressão Adiabática Quase-estática do Ar

Uma bomba manual é usada para inflar um pneu de bicicleta até uma pressão manométrica de 482 kPa. (*a*) Quanto trabalho precisa ser realizado, se cada acionamento da bomba é um processo adiabático quase-estático? A pressão atmosférica é 1,00 atm, a temperatura externa do ar é 20°C e o volume de ar no pneu permanece constante e igual a 1,00 L. (*b*) Qual é a pressão do pneu inflado depois que a bomba é removida e a temperatura do ar no pneu retorna para 20°C?

SITUAÇÃO O trabalho realizado é determinado a partir de $\Delta E_{int} = Q_{entra} + W_{sobre}$, com $Q_{entra} = 0$. Para um gás ideal, $\Delta E_{int} = C_V\,\Delta T$ (Equação 18-40). Como o processo é quase-estático e adiabático, sabemos que $T^\gamma/P^{\gamma-1}$ = constante (Equação 18-39). (Esta relação fornece a temperatura final.) Determine γ usando $\gamma = C_P/C_V$, $C_P = C_V + nR$ e $C_V = \frac{5}{2}nR$ (Equações 18-36, 18-20 e 18-25). Adote o subscrito 1 para se referir aos valores iniciais e o subscrito 2 para os valores finais. Então, $P_1 = 1{,}00$ atm, $V_2 = 1{,}00$ L e $T_1 = 20°C = 293$ K.

SOLUÇÃO

(*a*) 1. Para determinar o trabalho realizado, aplicamos a primeira lei da termodinâmica. Como a compressão é adiabática, $Q_{entra} = 0$:

$$\Delta E_{int} = Q_{entra} + W_{sobre} = 0 + W_{sobre}$$

2. Para um gás ideal, a variação da energia interna é $C_V\,\Delta T$:

$$W = \Delta E_{int} = C_V\,\Delta T$$

3. Para um gás diatômico, $C_V = \frac{5}{2}nR$:

$$W = C_V\,\Delta T = \tfrac{5}{2}nR\,\Delta T$$

4. A temperatura final pode ser determinada usando-se $T^\gamma/P^{\gamma-1}$ = constante (Equação 18-39):

$$\frac{T_1^\gamma}{P_1^{\gamma-1}} = \frac{T_2^\gamma}{P_2^{\gamma-1}} \Rightarrow T_2 = \left(\frac{P_2}{P_1}\right)^{(\gamma-1)/\gamma} T_1$$

5. Determine γ para um gás diatômico usando as Equações 18-36, 18-20 e 18-25:

$$\gamma = \frac{C_P}{C_V} = \frac{C_V + nR}{C_V} = 1 + \frac{nR}{C_V} = 1 + \frac{nR}{\frac{5}{2}nR} = \frac{7}{5} = 1{,}4$$

6. Resolva para T_2. A pressão informada é a manométrica e, portanto, adicione 1,00 atm = 101,3 kPa à pressão informada de 482 kPa:

$$T_2 = \left(\frac{P_2}{P_1}\right)^{(\gamma-1)/\gamma} T_1 = \left(\frac{583\text{ kPa}}{101{,}3\text{ kPa}}\right)^{0{,}4/1{,}4} 293\text{ K} = 483\text{ K}$$

$$P_2 = P_1\left(\frac{V_1}{V_2}\right)^\gamma = (1{,}00\text{ atm})\left(\frac{4{,}00\text{ L}}{2{,}00\text{ L}}\right)^{1{,}4} = \boxed{2{,}64\text{ atm}}$$

7. Calcule o trabalho, usando o resultado do passo 3. Use $PV = nRT$ (a lei dos gases ideais) para expressar nR em termos de P_2, V_2 e T_2:

$$W = \frac{5}{2}nR\,\Delta T = \frac{5}{2}\frac{P_2V_2}{T_2}(T_2 - T_1)$$

$$= \frac{5}{2}\frac{(583\text{ kPa})(1{,}00 \times 10^{-3}\text{ m}^3)}{483\text{ K}}(483\text{ K} - 293\text{ K}) = \boxed{634\text{ J}}$$

(*b*) O ar no pneu resfria a volume constante. Então, $P_3/T_3 = P_2/T_2$, onde P_3 e T_3 são a pressão e a temperatura finais:

$$\frac{P_3}{T_3} = \frac{P_2}{T_2}, \quad \text{onde} \quad T_3 = T_0 = 293\text{ K}$$

$$P_3 = \frac{T_3}{T_2}P_2 = \frac{293\text{ K}}{634\text{ K}}2{,}64\text{ atm} = \boxed{1{,}22\text{ atm}}$$

CHECAGEM Para a compressão adiabática a temperatura final é maior do que a temperatura inicial, como esperado, e o trabalho realizado sobre o gás é positivo, como esperado.

INDO ALÉM (1) O trabalho também pode ser calculado usando-se $W_{\text{adiabático}} = (P_fV_f - P_iV_i)/(\gamma - 1)$ (Equação 18-41), mas o uso de $W_{\text{adiabático}} = C_V\,\Delta T$ é preferível porque está ligado de forma mais direta a um princípio (a primeira lei da termodinâmica) e, portanto, é mais fácil de lembrar. (2) Uma bomba e um pneu de bicicleta reais não estão isolados; logo, o processo de encher um pneu não está nem perto de ser adiabático.

RAPIDEZ DAS ONDAS SONORAS

Podemos usar a Equação 18-38 para calcular o módulo volumétrico adiabático de um gás ideal, que está relacionado à rapidez das ondas sonoras no ar. Primeiro, diferenciamos a expressão PV^{γ} = constante (Equação 18-38):

$$P\,d(V^{\gamma}) + V^{\gamma}\,dP = 0$$

ou

$$\gamma P V^{\gamma-1}\,dV + V^{\gamma}\,dP = 0$$

Então,

$$dP = -\frac{\gamma P\,dV}{V}$$

Lembrando a Equação 13-6, o módulo volumétrico adiabático* é

$$B_{\text{adiabático}} = -\frac{dP}{dV/V} = \gamma P \qquad \text{18-42}$$

A rapidez do som (Equação 15-4) é dada por

$$v = \sqrt{\frac{B_{\text{adiabático}}}{\rho}}$$

onde a massa específica ρ está relacionada ao número de moles n e à massa molecular M por $\rho = m/V = nM/V$. Usando a lei dos gases ideais, $PV = nRT$, podemos eliminar V da massa específica:

$$\rho = \frac{nM}{V} = \frac{nM}{nRT/P} = \frac{MP}{RT}$$

Usando este resultado e γP para $B_{\text{adiabático}}$, obtemos

$$v = \sqrt{\frac{B_{\text{adiabático}}}{\rho}} = \sqrt{\frac{\gamma P}{MP/(RT)}} = \sqrt{\frac{\gamma RT}{M}}$$

que é a Equação 15-5, a rapidez do som em um gás.

* O módulo volumétrico, discutido no Capítulo 13, é o negativo da razão entre a variação da pressão e a variação relativa do volume, $B = -\Delta P/(\Delta V/V)$. O módulo volumétrico isotérmico, que descreve as variações que ocorrem à temperatura constante, difere do módulo volumétrico adiabático, que descreve as variações que ocorrem sem transferência de calor. Para ondas sonoras a freqüências audíveis, as variações de pressão ocorrem de maneira rápida demais para que haja transferência apreciável de calor e, portanto, o módulo volumétrico apropriado é o módulo volumétrico adiabático.

Física em Foco

Respirometria: Respirando o Calor

A calorimetria, o estudo e a medida de transferência de calor, ajuda a determinar o balanço energético total de sistemas. Wilber O. Atwater, o primeiro diretor de estações experimentais do Departamento Americano de Agricultura,* ambiciosamente decidiu medir o balanço energético de pessoas. Este esforço consistiu em medir e analisar a alimentação e a água dadas aos participantes, medir, analisar e queimar o lixo dos participantes e analisar a temperatura, a química e a umidade de uma sala pequena na qual os participantes viviam.† Esta sala estava termicamente isolada e seu interior era uma caixa de cobre revestida com tubulações de cobre para a água, o que permitia medidas cuidadosas do calor liberado, e bobinas elétricas para a manutenção da temperatura. Qualquer variação da temperatura do ar na sala era resultante da energia proveniente das pessoas dentro dela. Esta energia era medida pelas variações de temperatura registradas por termômetros sensíveis suspensos dentro da caixa e por variações da temperatura da água que circulava pelas tubulações que revestiam as paredes.‡

Mas, apesar desta sala de cobre se prestar muito bem para a medida do balanço energético de pessoas em repouso e em ação, ela era cara e de difícil uso. Isto levou à calorimetria indireta com a medida da respiração — *respirometria*. Pesquisas adicionais mostraram que mais de 95 por cento# do gasto energético humano pode ser confiavelmente calculado apenas medindo-se as quantidades de oxigênio inalado e de dióxido de carbono exalado.° Um dado freqüentemente usado hoje em dia é o de 5 kcal/L de consumo de oxigênio.§ Dependendo do equipamento de medida, o volume de oxigênio pode ser calculado a partir da pressão parcial de oxigênio no ar inalado, ou pode estar baseado na inalação de oxigênio ambulatorialmente administrado à pessoa.

A respirometria é extremamente útil, pois é a forma mais rápida de se medir a energia usada por organismos. Com modificações apropriadas, a respirometria é usada em gado,¶ aves domésticas,** animais exóticos†† e até mesmo em resíduos de esgoto.‡‡ Recentemente, a respirometria tem sido usada para determinar se um composto já está maduro o suficiente para ser adicionado ao solo. Se a taxa de troca de gás do composto é alta, então a atividade de bactérias ainda é alta e o composto ainda não está completamente maduro.##

Na medicina, a respirometria é usada em terapia nutricional, especialmente para pacientes gravemente feridos ou muito doentes.°°,§§ Em ginásios e centros esportivos, respirômetros portáteis fornecem, aos atletas e a pacientes em dieta,¶¶ medidas rápidas e precisas das necessidades de energia e são usados para auxiliá-los a alcançar e manter o peso saudável.

Finalmente, a respirometria é usada como ferramenta auxiliar na avaliação de políticas públicas e para definir padrões de nutrição. Um estudo comparou os cálculos de dois padrões diferentes de nutrição com medidas reais de respirometria de adultos sedentários e ativos. Um dos padrões indicava a necessidade de mais energia do que os participantes, de fato, usavam.*** À medida que a calorimetria indireta vai se tornando mais barata, ela vai sendo usada como auxiliar no estudo das necessidades energéticas de pessoas em todo o mundo.

---

* Swan, P., "100 Years Ago," *Nutrition Notes of the American Society for Nutritional Sciences*, June 2004, Vol. 40, No. 2, 4–5. http://www.nutrition.org/media/publications/nutrition-notes/nnjun04a.pdf

† Atwater, W. O., *A Respiration Calorimeter with Appliances for the Direct Determination of Oxygen*. Washington, D. C.: Carnegie Institution, 1905.

‡ Morrison, P., and Morrison, P., "Laws of Calorie Counting," *Scientific American*, Aug. 2000, 93+.

\# Ferrannini, E., "The Theoretical Bases of Indirect Calorimetry: A Review," *Metabolism*, Mar. 1988, Vol. 37, No. 3, 287–301.

° Mansell, P. I., and MacDonald, I. A., "Reappraisal of the Weir Equation for Calculation of Metabolic Rate," *AJP—Regulatory, Integrative and Comparative Physiology*, June 1990, Vol. 258, No. 6, R1347–R1354.

§ Food and Nutrition Board, *Dietary Reference Intakes for Energy, Carbohydrate, Fiber, Fat, Fatty Acids, Cholesterol, Protein, and Amino Acids*. Washington, D. C.: National Academies Press, 2005, 884.

¶ Mcleod, K., et al. "Effects of Brown Midrib Corn Silage on the Energy Balance of Dairy Cattle," *Journal of Dairy Science*, April 2000, Vol. 84, 885–895.

** "Animal Calorimetry," *Biomeasurements and Experimental Techniques for Avian Species*. http://web.uconn.edu/poultry/NE-127/NewFiles/Home2.html as of July 2006.

†† Schalkwyk, S. J., et al., "Gas Exchange of the Ostrich Embryo During Peak Metabolism in Relation to Incubator Design," *South African Journal of Animal Science*, 2002, Vol. 32, 122–129.

‡‡ Rai, C. L., et al., "Influence of Ultrasonic Disintegration on Sludge Growth Reduction and Its Estimation by Respirometry," *Environmental Science and Technology*, Nov. 2004, Vol. 38, No. 21, 5779–5785.

\## Seekings, B., "Field Test for Compost Maturity," *Biocycle*, July 1996, Vol. 37, No. 8, 72–75.

°° American Association for Respiratory Care, "Metabolic Measurement Using Indirect Calorimetry During Mechanical Ventilation—2004 Revision & Update," *Respiratory Care*, Sept. 2004, Vol. 49, No. 9, 1073–1079. http://www.guideline.gov/summary/summary.aspx?ss=15&doc_id=6515 as of July 2006.

§§ Steward, D., and Pridham, K., "Stability of Respiratory Quotient and Growth Outcomes of Very Low Birth Weight Infants," *Biological Research for Nursing*, Jan. 2001, Vol. 2, No. 3, 198–205.

¶¶ St-Onge, M., et al., "A New Hand-Held Indirect Calorimeter to Measure Postprandial Energy Expenditure," *Obesity Research*, April 2004, Vol. 12, No. 4, 704–709.

*** Alfonzo-González, G., et al., "Estimation of Daily Energy Needs with the FAO/WHO/UNU 1985 Procedures in Adults: Comparison to Whole-Body Indirect Calorimetry Measurements," *European Journal of Clinical Nurtrition*, Aug. 2004, Vol. 58, No. 8, 1125–1131.

Resumo

1. A primeira lei da termodinâmica, que expressa a conservação da energia, é uma lei fundamental da física.
2. O teorema da eqüipartição é uma lei fundamental da física clássica. Ele falha se a energia térmica típica kT é pequena em comparação com o espaçamento entre os níveis quantizados de energia.

TÓPICO	EQUAÇÕES RELEVANTES E OBSERVAÇÕES	
1. **Calor**	A energia que é transferida de um sistema para outro devido a uma diferença de temperatura é chamada de calor.	
Caloria	A caloria, originalmente definida como o calor necessário para aumentar em 1°C a temperatura de 1 g de água, é agora definida como exatamente igual a 4,184 joules.	
2. **Capacidade Térmica**	A capacidade térmica é a quantidade de calor necessária para aumentar em um grau a temperatura de uma substância. $C = \frac{Q}{\Delta T}$	18-1
A volume constante	$C_V = \frac{Q_V}{\Delta T}$	
A pressão constante	$C_P = \frac{Q_P}{\Delta T}$	
Calor específico (capacidade térmica por unidade de massa)	$c = \frac{C}{m}$	18-2
Calor específico molar (capacidade térmica por mol)	$c' = \frac{C}{n}$	18-6
Relação entre capacidade térmica e energia interna	$C_V = \frac{dE_{int}}{dT}$	18-18*a*
Gás ideal	$C_P - C_V = nR$	18-20
Gás ideal monoatômico	$C_V = \frac{3}{2}nR$	18-22
Gás ideal diatômico	$C_V = \frac{5}{2}nR$	18-25
3. **Fusão e Vaporização**	A fusão e a vaporização ocorrem a uma temperatura constante.	
Calor latente de fusão	O calor necessário para fundir uma substância é o produto da massa da substância pelo seu calor latente de fusão L_f: $Q_f = mL_f$	18-8
L_f da água	$L_f = 333{,}5$ kJ/kg	
Calor latente de vaporização	O calor necessário para evaporar um líquido é o produto da massa do líquido pelo seu calor latente de vaporização, L_v: $Q_v = mL_v$	18-9
L_v da água	$L_v = 2257$ kJ/kg	
4. **Primeira Lei da Termodinâmica**	A variação da energia interna de um sistema é igual à energia transferida para o sistema na forma de calor mais a energia transferida para o sistema na forma de trabalho: $\Delta E_{int} = Q_{entra} + W_{sobre}$	18-10
5. **Energia Interna E_{int}**	A energia interna de um sistema é uma propriedade do estado do sistema, como são a pressão, o volume e a temperatura. Calor e trabalho não são propriedades de estado.	
Gás ideal	E_{int} depende apenas da temperatura T.	

	TÓPICO	EQUAÇÕES RELEVANTES E OBSERVAÇÕES	
	Gás ideal monoatômico	$E_{int} = \frac{3}{2}nRT$	18-12
	Relação entre energia interna e capacidade térmica	$dE_{int} = C_V dT$	18-18*b*
6.	**Processo Quase-estático**	Um processo quase-estático ocorre lentamente, permitindo que o sistema se mova através de uma série de estados de equilíbrio.	
	Isométrico (isocórico)	V = constante	
	Isobárico	P = constante	
	Isotérmico	T = constante	
	Adiabático	$Q = 0$	
	Adiabático, gás ideal	$TV^{\gamma-1}$ = constante	18-37
		PV^{γ} = constante	18-38
		$T^{\gamma}/P^{\gamma-1}$ = constante	18-39
		onde	
		$\gamma = C_P/C_V$	18-36
7.	**Trabalho Realizado sobre um Gás**	$W_{sobre} = -\int_{V_i}^{V_f} P\,dV = C_V\,\Delta T - Q_{entra}$	18-10, 18-15, e 18-18
	Isométrico	$W_{sobre} = -\int_{V_i}^{V_f} P\,dV = 0 \quad V_f = V_i$	
	Isobárico	$W_{sobre} = -\int_{V_i}^{V_f} P\,dV = -P\int_{V_i}^{V_f} dV = -P\,\Delta V$	
	Isotérmico	$W_{isotérmico} = -\int_{V_i}^{V_f} P\,dV = -nRT\int_{V_i}^{V_f} \frac{dV}{V} = nRT\ln\frac{V_i}{V_f}$	18-17
	Adiabático	$W_{adiabático} = C_V\,\Delta T$	18-40
8.	**Teorema da Eqüipartição**	O teorema da eqüipartição estabelece que, se o sistema está em equilíbrio, há uma energia média de $\frac{1}{2}kT$ por molécula, ou $\frac{1}{2}RT$ por mol, associada a cada grau de liberdade.	
	Falha do teorema da eqüipartição	O teorema da eqüipartição falha se a energia térmica ($\sim kT$) que pode ser trocada em colisões for menor do que o intervalo de energia ΔE entre níveis quantizados de energia. Por exemplo, moléculas de um gás monoatômico não podem girar porque a primeira energia diferente de zero permitida é muito maior do que kT.	
9.	**Lei de Dulong–Petit**	O calor específico molar da maioria dos sólidos é $3R$. Isto é previsto pelo teorema da eqüipartição, supondo que um átomo em um sólido tenha seis graus de liberdade.	

Resposta da Checagem Conceitual

18-1 Uma mola comprimida em um disparador de dardos é liberada e sua energia interna é transferida para o dardo na forma de energia cinética. O ar comprimido em um tanque é liberado e usado para levantar um carro no elevador da oficina.

Respostas dos Problemas Práticos

18-1	30°C
18-2	500 kJ
18-3	20,5 kJ
18-4	405 J
18-5	V_i = 48,0 L, V_f = 61,1 L, W = 13,1 L · atm = 1,33 kJ
18-6	(*a*) M = 24,4 g/mol. (*b*) O metal deve ser o magnésio, que tem massa molar de 24,3 g/mol.
18-7	Para um processo quase-estático, PV^{γ} = constante. Pela lei dos gases ideais, $V = nRT/P$. A substituição de nRT/P na equação PV^{γ} resulta em $P(nRT/P)^{\gamma}$ = constante. Rearranjando os termos, obtemos $T^{\gamma}/P^{\gamma-1}$ = constante/(nR).

Problemas

Em alguns problemas, você recebe mais dados do que necessita; em alguns outros, você deve acrescentar dados de seus conhecimentos gerais, fontes externas ou estimativas bem fundamentadas.

Interprete como significativos todos os algarismos de valores numéricos que possuem zeros em seqüência sem vírgulas decimais.

Use 343 m/s para a rapidez do som, a não ser quando especificamente indicado.

- • Um só conceito, um só passo, relativamente simples
- •• Nível intermediário, pode requerer síntese de conceitos
- ••• Desafiante, para estudantes avançados

Problemas consecutivos sombreados são problemas pareados.

PROBLEMAS CONCEITUAIS

1 • O corpo A tem o dobro da massa do corpo B e o dobro do calor específico do corpo B. Se quantidades iguais de calor são transferidas para estes corpos, como se comparam as subseqüentes variações de suas temperaturas? (*a*) $\Delta T_A = 4\Delta T_B$, (*b*) $\Delta T_A = 2\Delta T_B$, (*c*) $\Delta T_A = \Delta T_B$, (*d*) $\Delta T_A = \frac{1}{2}\Delta T_B$, (*e*) $\Delta T_A = \frac{1}{4}\Delta T_B$.

2 • O corpo A tem o dobro da massa do corpo B. A variação da temperatura do corpo A é igual à variação da temperatura do corpo B quando eles absorvem quantidades iguais de calor. Conseqüentemente, a relação entre seus calores específicos é (*a*) $c_A = 2c_B$, (*b*) $2c_A = c_B$, (*c*) $c_A = c_B$, (*d*) nenhuma das respostas anteriores.

3 • O calor específico do alumínio é mais do que o dobro do calor específico do cobre. Um bloco de cobre e um bloco de alumínio têm a mesma massa e a mesma temperatura (20°C). Os blocos são jogados simultaneamente em um único calorímetro contendo água a 40°C. Qual afirmativa é verdadeira quando o equilíbrio térmico é atingido? (*a*) O bloco de alumínio está a uma temperatura maior do que o bloco de cobre. (*b*) O bloco de alumínio absorveu menos energia do que o bloco de cobre. (*c*) O bloco de alumínio absorveu mais energia do que o bloco de cobre. (*d*) As afirmativas (*a*) e (*c*) estão corretas.

4 • Um bloco de cobre está em uma panela de água fervente e tem uma temperatura de 100°C. O bloco é removido da água fervente e colocado imediatamente em um recipiente isolado cheio com uma quantidade de água que tem uma temperatura de 20°C e a mesma massa do bloco de cobre. (A capacidade térmica do recipiente isolado é desprezível.) A temperatura final será mais próxima de (*a*) 40°C, (*b*) 60°C, (*c*) 80°C.

5 • Você derrama uma certa quantidade de água a 100°C e uma quantidade igual de água a 20°C em um recipiente isolado. A temperatura final da mistura será (*a*) 60°C, (*b*) menor do que 60°C, (*c*) maior do que 60°C.

6 • Você derrama água a 100°C e alguns cubos de gelo a 0°C em um recipiente isolado. A temperatura final da mistura será (*a*) 50°C, (*b*) menor do que 50°C, mas maior do que 0°C, (*c*) 0°C, (*d*) você não pode dizer a temperatura final a partir dos dados fornecidos.

7 • Você derrama água a 100°C e alguns cubos de gelo a 0°C em um recipiente isolado. Quando o equilíbrio térmico é atingido, você percebe que alguns cubos de gelo permanecem e flutuam na água líquida. A temperatura final da mistura será (*a*) maior do que 0°C, (*b*) menor do que 0°C, (*c*) 0°C, (*d*) você não pode dizer a temperatura final a partir dos dados fornecidos.

8 • O experimento de Joule estabelece o equivalente mecânico do calor envolvido na conversão de energia mecânica em energia interna. Dê alguns exemplos do dia-a-dia nos quais parte da energia interna de um sistema é convertida em energia mecânica.

9 • Pode um gás absorver calor enquanto sua energia interna não varia? Caso afirmativo, dê um exemplo. Caso negativo, explique por quê.

10 • A equação $\Delta E_{int} = Q + W$ é o enunciado formal da primeira lei da termodinâmica. Nesta equação, as quantidades Q e W, respectivamente, representam (*a*) o calor absorvido pelo sistema e o trabalho realizado pelo sistema, (*b*) o calor absorvido pelo sistema e o trabalho realizado sobre o sistema, (*c*) o calor liberado pelo sistema e o trabalho realizado pelo sistema, (*d*) o calor liberado pelo sistema e o trabalho realizado sobre o sistema.

11 • Um gás real resfria durante uma expansão livre, enquanto um gás ideal não resfria durante uma expansão livre. Explique a razão para esta diferença.

12 • Um gás ideal, a uma pressão de 1,0 atm e a uma temperatura de 300 K, é confinado na metade de um recipiente isolado por uma fina divisória. A outra metade do recipiente está evacuada. A divisória é perfurada e o equilíbrio é rapidamente estabelecido. Qual das seguintes afirmativas é verdadeira? (*a*) A pressão do gás é 0,50 atm e a temperatura do gás é 150 K. (*b*) A pressão do gás é 1,0 atm e a temperatura do gás é 150 K. (*c*) A pressão do gás é 0,50 atm e a temperatura do gás é 300 K. (*d*) Nenhuma das afirmativas anteriores.

13 • Um gás consiste em íons que se repelem. O gás sofre uma expansão livre, na qual não ocorre absorção ou liberação de calor e nenhum trabalho é realizado. A temperatura do gás aumenta, diminui ou permanece a mesma? Explique sua resposta.

14 • Dois balões de borracha de mesmo volume, cheios de gás, estão localizados no fundo de um lago frio e escuro. A temperatura da água diminui com o aumento da profundidade. Um dos balões sobe rapidamente e se expande adiabaticamente enquanto está subindo. O outro balão sobe mais lentamente e se expande isotermicamente. A pressão em cada balão permanece igual à pressão da água em contato com o balão. Qual dos balões terá o maior volume quando atingir a superfície do lago? Explique sua resposta.

15 • Um gás varia seu estado quase-estaticamente de A para C, ao longo dos caminhos mostrados na Figura 18-21. O trabalho realizado pelo gás é (*a*) máximo para o caminho A → B → C, (*b*) mínimo para o caminho A → C, (*c*) máximo para o caminho A → D → C, (*d*) o mesmo para os três caminhos.

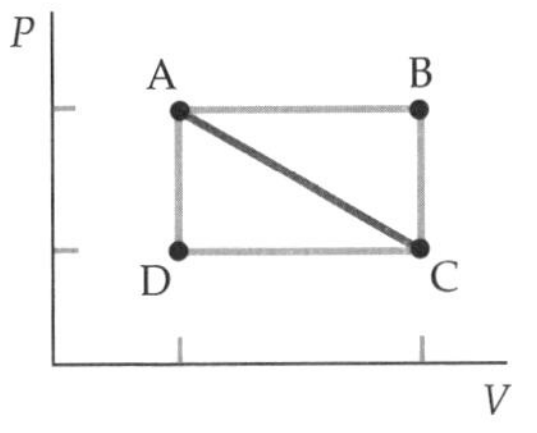

FIGURA 18-21 Problema 15

16 • Quando um gás ideal sofre um processo adiabático, (*a*) nenhum trabalho é realizado pelo sistema, (*b*) não há transferência de calor para o sistema, (*c*) a energia interna do sistema permanece constante, (*d*) a quantidade de calor transferido para o sistema é igual à quantidade de trabalho realizado pelo sistema.

17 • Verdadeiro ou falso:

(*a*) Quando um sistema pode ir do estado 1 para o estado 2 através de vários processos diferentes, a quantidade de calor absorvida pelo sistema será a mesma para todos os processos.
(*b*) Quando um sistema pode ir do estado 1 para o estado 2 através de vários processos diferentes, a quantidade de trabalho realizado sobre o sistema será a mesma para todos os processos.
(*c*) Quando um sistema vai do estado 1 para o estado 2 através de vários processos diferentes, a variação da energia interna do sistema será a mesma para todos os processos.
(*d*) A energia interna de uma dada quantidade de gás ideal depende apenas de sua temperatura absoluta.
(*e*) Um processo quase-estático é aquele no qual o sistema nunca está longe do equilíbrio.
(*f*) Para qualquer substância que se expande quando aquecida, C_P é maior do que C_V.

18 • O volume de uma amostra de gás permanece constante enquanto sua pressão aumenta. (*a*) A energia interna do sistema não varia. (*b*) O sistema realiza trabalho. (*c*) O sistema não absorve calor. (*d*) A variação da energia interna deve ser igual ao calor absorvido pelo sistema. (*e*) Nenhuma das alternativas anteriores.

19 •• Quando um gás ideal sofre um processo isotérmico, (*a*) nenhum trabalho é realizado pelo sistema, (*b*) o sistema não absorve calor, (*c*) o calor absorvido pelo sistema é igual à variação de sua energia interna, (*d*) o calor absorvido pelo sistema é igual ao trabalho que ele realiza.

20 •• Considere a seguinte série de processos quase-estáticos pelos quais um sistema passa seqüencialmente: (*1*) uma expansão adiabática, (*2*) uma expansão isotérmica, (*3*) uma compressão adiabática e (*4*) uma compressão isotérmica que leva o sistema de volta ao seu estado original. Esboce a série de processos em um diagrama *PV* e, depois, esboce a série de processos em um diagrama *VT* (no qual o volume é plotado em função da temperatura).

21 • Um gás ideal, em um cilindro, está a uma pressão P e com um volume V. Durante um processo adiabático quase-estático, o gás é comprimido até que seu volume diminua para $V/2$. Então, em um processo quase-estático isotérmico, o gás se expande até que seu volume atinja novamente o valor V. Que tipo de processo trará o sistema de volta ao seu estado original? Esboce o ciclo em um gráfico.

22 •• O metal A é mais denso do que o metal B. Qual deles você esperaria ter uma maior capacidade térmica por unidade de massa — o metal A ou o metal B? Por quê?

23 •• Um gás ideal sofre um processo durante o qual $P\sqrt{V}$ = constante e o volume do gás diminui. A temperatura aumenta, diminui ou permanece a mesma durante este processo? Explique.

ESTIMATIVA E APROXIMAÇÃO

24 • **APLICAÇÃO EM ENGENHARIA, RICO EM CONTEXTO** Durante os primeiros estágios do projeto de uma moderna planta de geração de energia elétrica, você está encarregado da equipe de engenheiros ambientais. A nova planta deve ser localizada no oceano e usará a água do oceano para refrigeração. A planta produzirá energia elétrica a uma taxa de 1,00 GW. Como ela terá uma eficiência de um terço (típico da maioria das plantas modernas), calor será liberado para a água de refrigeração a uma taxa de 2,00 GW. Se os códigos ambientais exigem que a água só pode retornar ao oceano com um aumento de temperatura de no máximo 15°F, estime o fluxo (em kg/s) de água para a refrigeração da planta.

25 •• Um forno de microondas típico tem um consumo de energia de aproximadamente 1200 W. Estime quanto tempo uma xícara de água levará para ferver no forno de microondas, supondo que 50 por cento do consumo de energia elétrica são utilizados para aquecer a água. Como esta estimativa se compara com a experiência do dia-a-dia?

26 •• Uma demonstração sobre o aquecimento de um gás sob compressão adiabática consiste em colocar uma pequena tira de papel dentro de um grande tubo de ensaio de vidro, o qual é, então, fechado com um pistão. Se o pistão comprimir rapidamente o ar confinado, o papel pegará fogo. Supondo que a temperatura na qual o papel pega fogo seja de 451°F, estime o fator pelo qual o volume do ar aprisionado pelo pistão deve ser reduzido para que esta demonstração funcione.

27 •• Uma pequena variação do volume de um líquido ocorre quando ele é aquecido à pressão constante. Use os seguintes dados para estimar a contribuição relativa desta variação para a capacidade térmica da água entre 4,00°C e 100°C. A massa específica da água a 4,00°C e 1,00 atm é 1,000 g/cm³. A massa específica da água líquida a 100°C e 1,00 atm é 0,9584 g/cm³.

CAPACIDADE TÉRMICA, CALOR ESPECÍFICO, CALOR LATENTE

28 • **APLICAÇÃO EM ENGENHARIA, RICO EM CONTEXTO** Você projetou uma casa solar que contém $1,00 \times 10^5$ kg de concreto (calor específico = 1,00 kJ/kg · K). Quanto calor é liberado pelo concreto à noite, quando ele resfria de 25,0°C para 20,0°C?

29 • Quanto calor deve ser absorvido por 60,0 g de gelo a −10,0°C para transformá-lo em 60,0 g de água líquida a 40,0°C?

30 •• Quanto calor deve ser liberado por 0,100 kg de vapor a 150°C para transformá-lo em 0,100 kg de gelo a 0,00°C?

31 •• Uma peça de alumínio de 50,0 g é resfriada de 20°C para −196°C, quando colocada em um grande recipiente com nitrogênio líquido a esta temperatura. Quanto nitrogênio evapora? (Suponha que o calor específico do alumínio seja constante neste intervalo de temperatura.)

32 •• **APLICAÇÃO EM ENGENHARIA, RICO EM CONTEXTO** Você está supervisionando a criação de alguns moldes de chumbo para uso na indústria da construção. Cada molde exige que um de seus trabalhadores derrame 0,500 kg de chumbo derretido, a uma temperatura de 327°C, em uma cavidade em um grande bloco de gelo a 0°C. Quanta água líquida deve ser drenada por hora, se há 100 trabalhadores capazes de realizar, na média, uma operação a cada 10,0 min?

CALORIMETRIA

33 • **APLICAÇÃO EM ENGENHARIA, RICO EM CONTEXTO** Durante o verão, na fazenda de cavalos de seu tio, você passa uma semana auxiliando o ferreiro. Você observa a maneira como ele resfria uma ferradura depois de configurar a peça, quente e maleável, na forma e no tamanho corretos. Suponha que 750 g de ferro para uma ferradura tenham sido retirados do fogo, configurados e, a uma temperatura de 650°C, mergulhados em um balde de 25,0 L com água a 10,0°C. Qual é a temperatura final da água, depois de atingido o equilíbrio com a ferradura? Despreze qualquer aquecimento do balde e suponha o calor específico do ferro igual a 460 J/(kg · K).

34 • O calor específico de um determinado metal pode ser determinado medindo-se a variação da temperatura que ocorre quando um pedaço do metal é aquecido e colocado em um recipiente isolado feito do mesmo material e contendo água. Seja um pedaço deste metal com 100 g de massa, inicialmente a 100°C. O recipiente tem 200 g de massa e contém 500 g de água a uma temperatura inicial de 20,0°C. A temperatura final é 21,4°C. Qual é o calor específico do metal?

35 •• **Aplicação Biológica** Em suas várias participações do *Tour de France*, o ciclista campeão Lance Armstrong tipicamente desenvolveu uma potência média de 400 W, 5,0 horas por dia durante 20 dias. Que quantidade de água, inicialmente a 24°C, poderia ser fervida se você pudesse aproveitar toda essa energia?

36 •• Um copo de vidro de 25,0 g contém 200 mL de água a 24,0°C. Se dois cubos de gelo, de 15,0 g cada um e a uma temperatura de −3,00°C são colocados no copo, qual é a temperatura final da bebida? Despreze qualquer transferência de calor entre o copo e o ambiente.

37 •• Um pedaço de gelo de 200 g, a 0°C, é colocado em 500 g de água a 20°C. Este sistema está em um recipiente com capacidade térmica desprezível e isolado da vizinhança. (*a*) Qual é a temperatura final de equilíbrio do sistema? (*b*) Quanto do gelo se derrete?

38 •• Um bloco de cobre de 3,5 kg, a 80°C, é colocado em um balde contendo uma mistura de gelo e água com massa total de 1,2 kg. Quando o equilíbrio térmico é atingido, a temperatura da água é 8,0°C. Quanto de gelo estava no balde, antes de o bloco de cobre ser colocado nele? (Considere desprezível a capacidade térmica do balde.)

39 •• Um recipiente bem isolado, com capacidade térmica desprezível, contém 150 g de gelo a 0°C. (*a*) Se 20 g de vapor d'água a 100°C são inseridos no recipiente, qual é a temperatura final de equilíbrio do sistema? (*b*) Sobra algum gelo, após o sistema ter atingido o equilíbrio?

40 •• Um calorímetro, com capacidade térmica desprezível, contém 1,00 kg de água a 303 K e 50,0 g de gelo a 273 K. (*a*) Determine a temperatura final T. (*b*) Determine a temperatura final T se a massa do gelo é 500 g.

41 •• Um calorímetro de alumínio, de 200 g, contém 600 g de água a 20,0°C. Um pedaço de gelo de 100 g, a −20,0°C, é colocado no calorímetro. (*a*) Determine a temperatura final do sistema, supondo que não haja transferência de calor para ou do sistema. (*b*) Um pedaço de 200 g de gelo, a −20,0°C, é adicionado. Quanto gelo permanece no sistema depois de atingido o equilíbrio? (*c*) A resposta para a Parte (*b*) mudaria se os dois pedaços de gelo tivessem sido colocados ao mesmo tempo?

42 •• O calor específico de um bloco de 100 g de uma substância deve ser determinado. O bloco é colocado em um calorímetro de cobre com massa de 25 g, contendo 60 g de água a 20°C. Depois, 120 mL de água a 80°C são adicionados ao calorímetro. Quando o equilíbrio é atingido, a temperatura do sistema é 54°C. Determine o calor específico do bloco.

43 •• Um pedaço de cobre de 100 g é aquecido, em um forno, até uma temperatura t_C. O cobre é, então, colocado em um calorímetro de cobre, de 150 g de massa, contendo 200 g de água. A temperatura inicial da água e do calorímetro é 16,0°C e a temperatura depois que o equilíbrio é estabelecido é 38,0°C. Quando o calorímetro e seu conteúdo são pesados, descobre-se que 1,20 g de água evaporaram. Qual era a temperatura t_C?

44 ••• Um calorímetro de alumínio, de 200 g, contém 500 g de água a 20,0°C. Um pedaço de alumínio de 300 g é aquecido a 100,0 °C e, então, colocado no calorímetro. Determine a temperatura final do sistema, supondo que não haja transferência de calor para o ambiente.

PRIMEIRA LEI DA TERMODINÂMICA

45 • Um gás diatômico realiza 300 J de trabalho e, também, absorve 2,50 kJ de calor. Qual é a variação da energia interna do gás?

46 • Se um gás absorve 1,67 MJ de calor enquanto realiza 800 kJ de trabalho, qual é a variação de sua energia interna?

47 • Se um gás absorve 84 J de calor enquanto realiza 30 J de trabalho, qual é a variação de sua energia interna?

48 •• Uma bala de chumbo, inicialmente a 30°C, funde-se assim que atinge um alvo. Supondo que toda a energia cinética inicial se transforme em energia interna da bala, calcule a velocidade de impacto da bala.

49 •• Em um dia frio você pode aquecer suas mãos esfregando-as uma na outra. Suponha que o coeficiente de atrito cinético entre suas mãos seja 0,500, que a força normal entre elas seja de 35,0 N e que você as esfregue com uma velocidade relativa média de 35,0 cm/s. (*a*) Qual é a taxa na qual a energia mecânica é dissipada? (*b*) Suponha, além disso, que a massa de cada uma de suas mãos seja de 350 g, que o calor específico delas seja de 4,00 kJ/kg · K, e que toda a energia mecânica dissipada sirva para aumentar a temperatura de suas mãos. Durante quanto tempo você deve esfregar as mãos para produzir um aumento de 5,00°C na temperatura delas?

TRABALHO E O DIAGRAMA *PV* PARA UM GÁS

Nos Problemas 50 a 53, o estado inicial de 1,00 mol de um gás diluído é P_1 = 3,00 atm, V_1 = 1,00 L e $E_{int\,1}$ = 456 J, e seu estado final é P_2 = 2,00 atm, V_2 = 3,00 L e $E_{int\,2}$ = 912 J.

50 • O gás se expande à pressão constante até atingir seu volume final. Ele é, então, resfriado a volume constante até atingir sua pressão final. (*a*) Ilustre este processo em um diagrama *PV* e calcule o trabalho realizado pelo gás. (*b*) Determine o calor absorvido pelo gás durante este processo.

51 • O gás é, primeiramente, resfriado a volume constante até atingir sua pressão final. Depois, ele se expande à pressão constante até atingir seu volume final. (*a*) Ilustre este processo em um diagrama *PV* e calcule o trabalho realizado pelo gás. (*b*) Determine o calor absorvido pelo gás durante este processo.

52 •• O gás se expande isotermicamente até atingir seu volume final, a uma pressão de 1,00 atm. Ele é, então, aquecido a volume constante até atingir sua pressão final. (*a*) Ilustre este processo em um diagrama *PV* e calcule o trabalho realizado pelo gás. (*b*) Determine o calor absorvido pelo gás durante este processo.

53 •• O gás é aquecido e se expande de tal forma a seguir uma trajetória reta em um diagrama *PV*, do seu estado inicial até o seu estado final. (*a*) Ilustre este processo em um diagrama *PV* e calcule o trabalho realizado pelo gás. (*b*) Determine o calor absorvido pelo gás durante este processo.

54 •• Neste problema, 1,00 mol de um gás diluído tem, inicialmente, uma pressão de 1,00 atm, um volume de 25,0 L e uma energia interna de 456 J. Enquanto o gás é aquecido lentamente, a representação de seus estados em um diagrama *PV* move-se em linha reta até o estado final. O gás tem, no final, uma pressão de 3,00 atm, um volume de 75,0 L e uma energia interna de 912 J. Determine o trabalho realizado pelo gás e o calor por ele absorvido.

55 •• Neste problema, 1,00 mol de um gás ideal é aquecido enquanto seu volume varia de forma que $T = AP^2$, onde A é uma constante. A temperatura varia de T_0 até $4T_0$. Determine o trabalho realizado pelo gás.

56 •• **Aplicação em Engenharia, Rico em Contexto** Uma lata de tinta *spray*, selada e praticamente vazia, ainda contém uma quantidade residual do propelente: 0,020 mol de gás nitrogênio. A etiqueta na lata alerta claramente: "Não incinerar." (*a*) Explique este alerta e desenhe um diagrama *PV* para o gás no caso de a lata ser submetida a uma temperatura alta. (*b*) Você está encarregado de testar a lata. O fabricante alega que ela pode suportar uma pressão interna de gás de 6,00 atm antes de explodir. A lata está, inicialmente, nas condições normais de temperatura e pressão em seu laboratório. Você inicia o aquecimento da lata uniformemente,

usando um aquecedor com uma potência de saída de 200 W. A lata e o aquecedor estão em um forno isolado e você pode supor que 1,0 por cento do calor liberado pelo aquecedor seja absorvido pelo gás na lata. Quanto tempo você espera que o aquecedor permaneça aceso antes de a lata explodir?

57 •• Um gás ideal, inicialmente a 20°C e a 200 kPa, tem um volume de 4,00 L. Ele sofre uma expansão isotérmica quase-estática até que sua pressão seja reduzida para 100 kPa. Determine (*a*) o trabalho realizado pelo gás, e (*b*) o calor absorvido pelo gás durante a expansão.

CAPACIDADES TÉRMICAS DOS GASES E O TEOREMA DA EQÜIPARTIÇÃO

58 • A capacidade térmica a volume constante de certa quantidade de gás monoatômico é 49,8 J/K. (*a*) Determine o número de moles do gás. (*b*) Qual é a energia interna do gás a $T = 300$ K? (*c*) Qual é a sua capacidade térmica à pressão constante?

59 •• A capacidade térmica à pressão constante de certa quantidade de gás diatômico é 14,4 J/K. (*a*) Determine o número de moles do gás. (*b*) Qual é a energia interna do gás a $T = 300$ K? (*c*) Qual é a sua capacidade térmica molar a volume constante? (*d*) Qual é a sua capacidade térmica a volume constante?

60 •• (*a*) Calcule, para o ar, a capacidade térmica a volume constante por unidade de massa e a capacidade térmica à pressão constante por unidade de massa. Suponha o ar a uma temperatura de 300 K e a uma pressão de $1,00 \times 10^5$ N/m^2. Suponha, também, que o ar seja constituído por 74,0 por cento de moléculas de N_2 (peso molecular de 28,0 g/mol) e 26,0 por cento de moléculas de O_2 (peso molecular de 32,0 g/mol) e que ambos os constituintes sejam gases ideais. (*b*) Compare sua resposta para o calor específico à pressão constante com o valor tabelado nos manuais, de 1,032 kJ/kg · K.

61 •• Neste problema, 1,00 mol de um gás ideal diatômico é aquecido, a volume constante, de 300 K a 600 K. (*a*) Determine o aumento da energia interna do gás, o trabalho realizado pelo gás e o calor por ele absorvido. (*b*) Determine as mesmas quantidades para quando o gás é aquecido de 300 K a 600 K à pressão constante. Use a primeira lei da termodinâmica e seus resultados da Parte (*a*) para calcular o trabalho realizado pelo gás. (*c*) Calcule novamente o trabalho na Parte (*b*), agora integrando a equação $dW = P\,dV$.

62 •• Um gás diatômico está confinado em um recipiente fechado de volume constante V_0 e à pressão P_0. O gás é aquecido até que sua pressão triplique. Que quantidade de calor foi absorvida pelo gás para triplicar a pressão?

63 •• Neste problema, 1,00 mol de ar está confinado em um cilindro com um pistão. O ar confinado é mantido à pressão constante de 1,00 atm. O ar está, inicialmente, a 0°C e com um volume V_0. Determine o volume depois de 13.200 J terem sido absorvidos pelo ar confinado.

64 •• A capacidade térmica à pressão constante de uma amostra de um gás supera a capacidade térmica a volume constante em 29,1 J/K. (*a*) Quantos moles do gás estão presentes? (*b*) Se o gás é monoatômico, quais são os valores de C_V e de C_P? (*c*) Quais são os valores de C_V e de C_P à temperatura ambiente normal?

65 •• Dióxido de carbono (CO_2), a uma pressão de 1,00 atm e à temperatura de −78,5°C, sublima diretamente do estado sólido para o estado gasoso sem passar pela fase líquida. Qual é a variação da capacidade térmica à pressão constante por mol de CO_2 ao sofrer sublimação? (Suponha que as moléculas do gás possam girar, mas não vibrar.) A variação da capacidade térmica é positiva ou negativa, durante a sublimação? A molécula de CO_2 está desenhada na Figura 18-2.

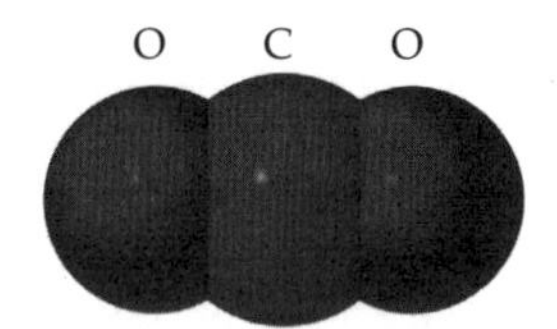

FIGURA 18-22 Problema 65

66 •• Neste problema, 1,00 mol de um gás ideal monoatômico está inicialmente a 273 K e a 1,00 atm. (*a*) Qual é a energia interna inicial do gás? (*b*) Determine o trabalho realizado pelo gás quando 500 J de calor são absorvidos por ele à pressão constante. Qual é a energia interna final do gás? (*c*) Determine o trabalho realizado pelo gás quando 500 J de calor são absorvidos por ele a volume constante. Qual é a energia interna final do gás?

67 •• Liste todos os graus de liberdade possíveis para a molécula de água e estime a capacidade térmica da água a uma temperatura muito acima de seu ponto de ebulição. (Ignore o fato de a molécula poder se dissociar a altas temperaturas.) Pense cuidadosamente sobre as diferentes maneiras nas quais uma molécula de água pode vibrar.

CAPACIDADES TÉRMICAS DOS SÓLIDOS E A LEI DE DULONG–PETIT

68 • A lei de Dulong–Petit foi originalmente usada para se determinar a massa molar de uma substância a partir da medida de sua capacidade térmica. O calor específico de certa substância sólida foi medido, obtendo-se como resultado 0,447 kJ/kg · K. (*a*) Determine a massa molar da substância. (*b*) Qual é o elemento que tem este valor para o calor específico?

EXPANSÃO ADIABÁTICA QUASE-ESTÁTICA DE UM GÁS

69 •• Uma amostra de 0,500 mol de um gás monoatômico ideal, a 400 kPa e 300 K, expande-se quase-estaticamente até que sua pressão diminua para 160 kPa. Determine a temperatura e o volume finais do gás, o trabalho realizado por ele e o calor que ele absorve, se a expansão é (*a*) isotérmica e (*b*) adiabática.

70 •• Uma amostra de 0,500 mol de um gás diatômico ideal, a 400 kPa e 300 K, expande-se quase-estaticamente até que sua pressão diminua para 160 kPa. Determine a temperatura e o volume finais do gás, o trabalho realizado por ele e o calor que ele absorve, se a expansão é (*a*) isotérmica e (*b*) adiabática.

71 •• Uma amostra de 0,500 mol de gás hélio expande-se adiabática e quase-estaticamente, de uma pressão inicial de 5,00 atm e uma temperatura de 500 K para uma pressão final de 1,00 atm. Determine (*a*) a temperatura final do gás, (*b*) o volume final do gás, (*c*) o trabalho realizado pelo gás e (*d*) a variação da energia interna do gás.

PROCESSOS CÍCLICOS

72 •• Uma amostra de 1,00 mol de gás N_2, a 20,0°C e 5,00 atm, expande-se adiabática e quase-estaticamente até que sua pressão seja igual a 1,00 atm. Ele é, então, aquecido à pressão constante até que sua temperatura seja novamente de 20,0°C. Depois de atingir esta temperatura, ele é aquecido a volume constante até que sua pressão seja novamente 5,00 atm. A seguir, ele é comprimido à pressão constante até voltar ao seu estado original. (*a*) Construa um diagrama *PV* mostrando cada processo do ciclo. (*b*) A partir do seu gráfico, determine o trabalho realizado pelo gás durante o ciclo completo. (*c*) Quanto calor é absorvido (ou liberado) pelo gás durante o ciclo completo?

73 •• Uma amostra de 1,00 mol de um gás diatômico ideal se expande. Esta expansão é representada pela linha reta de 1 a 2 no diagrama *PV* (Figura 18-23). Depois, o gás é comprimido isotermicamente. Esta compressão é representada pela linha curva de 2 a 1 no diagrama *PV*. Calcule o trabalho realizado pelo gás a cada ciclo.

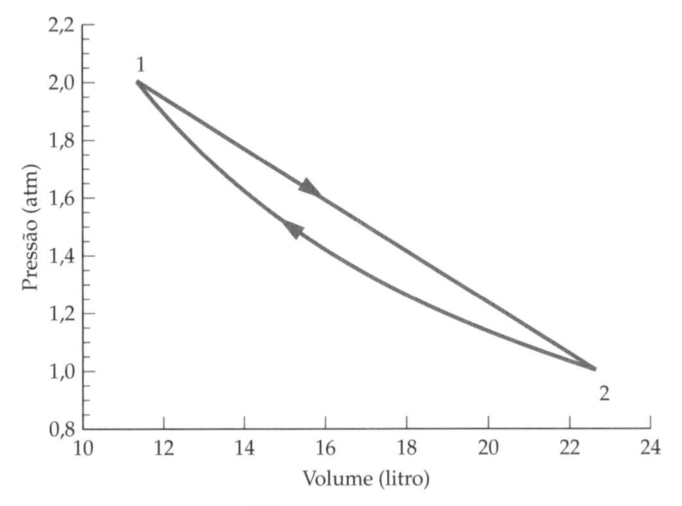

FIGURA 18-23 Problema 73

74 •• Uma amostra de um gás monoatômico ideal tem uma pressão inicial de 2,00 atm e um volume inicial de 2,00 L. O gás é, então, conduzido através do seguinte ciclo quase-estático: Ele se expande isotermicamente até que seu volume seja de 4,00 L. Depois, ele é aquecido a volume constante até que sua pressão seja de 2,00 atm. A seguir, ele é resfriado à pressão constante de volta ao seu estado inicial. (*a*) Mostre este ciclo em um diagrama *PV*. (*b*) Determine a temperatura no final de cada etapa do ciclo. (*c*) Calcule o calor absorvido e o trabalho realizado pelo gás durante cada etapa do ciclo.

75 ••• No ponto D da Figura 18-24, a pressão e a temperatura de 2,00 mol de um gás monoatômico ideal são 2,00 atm e 360 K, respectivamente. O volume do gás no ponto B do diagrama *PV* é igual a três vezes o volume no ponto D e sua pressão é o dobro da pressão no ponto C. Os caminhos AB e CD representam processos isotérmicos. O gás é conduzido através de um ciclo completo ao longo do caminho DABCD. Determine o trabalho realizado pelo gás e o calor por ele absorvido, em cada etapa do ciclo.

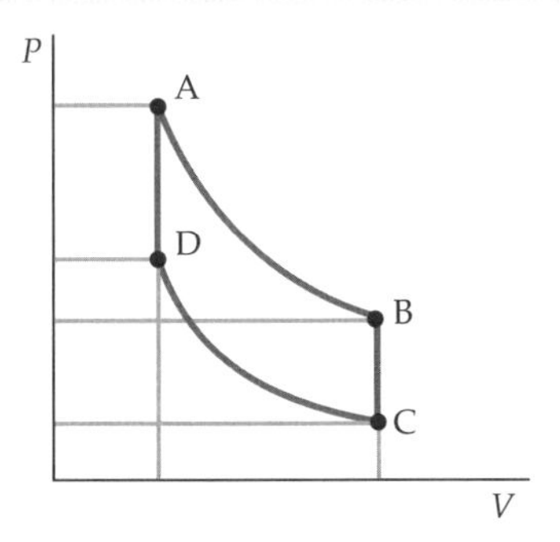

FIGURA 18-24 Problemas 75 e 76

76 ••• No ponto D na Figura 18-24, a pressão e a temperatura de 2,00 mol de um gás diatômico ideal são 2,00 atm e 360 K, respectivamente. O volume do gás no ponto B do diagrama *PV* é igual a três vezes o volume no ponto D e sua pressão é o dobro da pressão no ponto C. Os caminhos AB e CD representam processos isotérmicos. O gás é conduzido através de um ciclo completo ao longo do caminho DABCD. Determine o trabalho realizado pelo gás e o calor por ele absorvido em cada etapa do ciclo.

77 ••• Uma amostra constituída de n moles de um gás ideal está inicialmente a uma pressão P_1, com um volume V_1 e à temperatura T_q. O gás se expande isotermicamente até que sua pressão e volume sejam P_2 e V_2. Depois, ele se expande adiabaticamente até que sua temperatura seja T_f e sua pressão e volume sejam P_3 e V_3. A seguir, ele é comprimido isotermicamente até que sua pressão seja P_4 e seu volume seja V_4, que está relacionado ao volume inicial V_1 por $T_f V_4^{\gamma-1} = T_q V_1^{\gamma-1}$. O gás é, então, comprimido adiabaticamente até voltar ao seu estado original. (*a*) Supondo que cada processo seja quase-estático, represente este ciclo em um diagrama *PV*. (Este ciclo é conhecido como o ciclo de Carnot para um gás ideal.) (*b*) Mostre que o calor Q_q, absorvido durante a expansão isotérmica a T_q, é $Q_q = nRT_q \ln(V_2/V_1)$. (*c*) Mostre que o calor Q_f, liberado pelo gás durante a compressão isotérmica a T_f, é $Q_f = nRT_f \ln(V_3/V_4)$. (*d*) Usando o fato de que $TV^{\gamma-1}$ é constante para uma expansão adiabática quase-estática, mostre que $V_2/V_1 = V_3/V_4$. (*e*) A eficiência de um ciclo de Carnot é definida como o trabalho total realizado pelo gás dividido pelo calor Q_q absorvido pelo gás. Usando a primeira lei da termodinâmica, mostre que a eficiência vale $1 - Q_f/Q_q$. (*f*) Usando seus resultados para as partes anteriores deste problema, mostre que $Q_f/Q_q = T_f/T_q$.

PROBLEMAS GERAIS

78 • Durante o processo quase-estático de compressão de um gás diatômico ideal a um quinto de seu volume inicial, 180 kJ de trabalho são realizados sobre o gás. (*a*) Se esta compressão é realizada isotermicamente à temperatura ambiente (293 K), quanto de calor é liberado pelo gás? (*b*) Quantos moles de gás contém esta amostra?

79 • O diagrama *PV* da Figura 18-25 representa 3,00 mol de um gás monoatômico ideal. O gás está inicialmente no ponto A. Os caminhos AD e BC representam variações isotérmicas. Se o sistema é conduzido ao ponto C ao longo da trajetória AEC, determine (*a*) as temperaturas inicial e final do gás, (*b*) o trabalho realizado pelo gás e (*c*) o calor absorvido pelo gás.

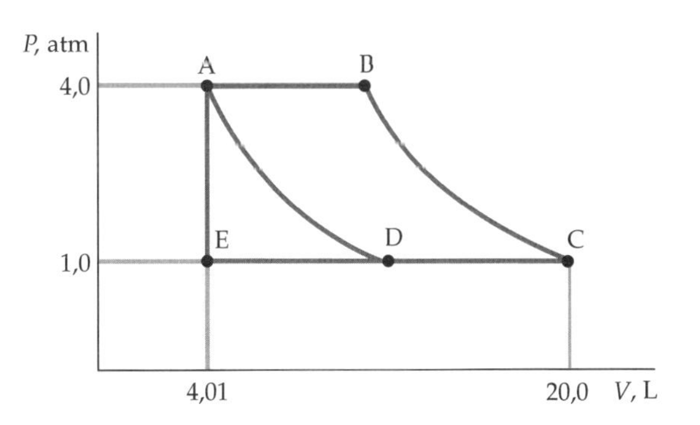

FIGURA 18-25 Problemas 79, 80, 81 e 82

80 •• O diagrama *PV* da Figura 18-25 representa 3,00 mol de um gás monoatômico ideal. O gás inicialmente está no ponto A. Os caminhos AD e BC representam variações isotérmicas. Se o sistema é conduzido ao ponto C ao longo do caminho ABC, determine (*a*) as temperaturas inicial e final do gás, (*b*) o trabalho realizado pelo gás e (*c*) o calor absorvido pelo gás.

81 •• O diagrama *PV* da Figura 18-25 representa 3,00 mol de um gás monoatômico ideal. O gás está inicialmente no ponto A. Os caminhos AD e BC representam variações isotérmicas. Se o sistema é conduzido ao ponto C ao longo do caminho ADC, determine (*a*) as temperaturas inicial e final do gás, (*b*) o trabalho realizado pelo gás e (*c*) o calor absorvido pelo gás.

82 •• Suponha que os caminhos AD e BC da Figura 18-25 representem processos adiabáticos. Quais são os valores do trabalho realizado pelo gás e do calor absorvido pelo gás ao seguir o caminho ABC?

83 •• **APLICAÇÃO BIOLÓGICA, RICO EM CONTEXTO** Em um experimento de laboratório, você testa o conteúdo calórico de vários alimentos. Suponha que, ao ingerir estes alimentos, 100 por cento da energia liberada por eles sejam absorvidos pelo seu corpo. Você queima 2,50 g de batatas fritas e a chama resultante aquece uma pequena lata de alumínio contendo água. Depois de queimar as batatas fritas, você mede a sua massa e obtém 2,20 g. A massa da lata é 25,0 g e o volume da água contida na lata é 15,0 mL. Se o aumento de temperatura da água é de 12,5°C, quantas quilocalorias (1 kcal = 1 caloria dietética) por porção de 150 g destas batatas fritas você estima que hajam? Suponha que a lata com água capture 50,0 por cento do calor liberado durante a queima das batatas fritas. *Nota: Apesar de o joule ser a unidade SI de escolha para a maioria das situações em termodinâmica, a indústria alimentícia expressa a energia liberada durante o metabolismo em termos de "caloria dietética", que é a nossa quilocaloria.*

84 •• **APLICAÇÃO EM ENGENHARIA** Motores a diesel operam sem velas de ignição, diferentemente dos motores a gasolina. O ciclo do motor diesel envolve compressão adiabática do ar em um cilindro seguida da injeção de combustível. Quando o combustível é injetado, se a temperatura do ar no interior do cilindro está acima do ponto de explosão do combustível a mistura combustível–ar sofrerá ignição. A maioria dos motores diesel tem razões de compressão na faixa de 14:1 a 25:1. Para este intervalo de razões de compressão (que corresponde à razão entre os volumes máximo e mínimo), qual é o intervalo de temperaturas máximas do ar no cilindro, supondo que ele entre no cilindro a 35°C? A maioria dos motores modernos a gasolina tem, tipicamente, razões de compressão da ordem de 8:1. Explique por que você espera que o motor a diesel necessite de um sistema de refrigeração melhor (mais eficiente) do que o motor a gasolina.

85 •• A temperaturas muito baixas, o calor específico de um metal é dado por $c = aT + bT^3$. Para o cobre, $a = 0{,}0108$ J/kg · K^2 e $b = 7{,}62 \times 10^{-4}$ J/kg · K^4. (*a*) Qual é o calor específico do cobre a 4,00 K? (*b*) Quanto calor é necessário para aquecer o cobre de 1,00 a 3,00 K?

86 •• Quanto trabalho deve ser realizado sobre 30,0 g de monóxido de carbono (CO), nas condições normais de temperatura e pressão, para comprimi-lo a um quinto de seu volume inicial, se o processo é (*a*) isotérmico, (*b*) adiabático?

87 •• Quanto trabalho deve ser realizado sobre 30,0 g de dióxido de carbono (CO_2), nas condições normais de temperatura e pressão, para comprimi-lo a um quinto de seu volume inicial, se o processo é (*a*) isotérmico, (*b*) adiabático?

88 •• Quanto trabalho deve ser realizado sobre 30,0 g de argônio (Ar), nas condições normais de temperatura e pressão, para comprimi-lo a um quinto de seu volume inicial, se o processo é (*a*) isotérmico, (*b*) adiabático?

89 •• Um sistema termicamente isolado consiste em 1,00 mol de um gás diatômico a 100 K e 2,00 mol de um sólido a 200 K, separados por uma parede rígida isolante. Determine a temperatura de equilíbrio do sistema depois que a parede isolante é removida, supondo que o gás obedeça à lei dos gases ideais e que o sólido obedeça à lei de Dulong–Petit.

90 •• Quando um gás ideal sofre uma variação de temperatura a volume constante, a variação de sua energia interna é dada pela fórmula $\Delta E_{int} = C_V \Delta T$. No entanto, esta fórmula fornece corretamente a variação da energia interna se o volume permanece constante ou não. (*a*) Explique por que esta fórmula fornece valores corretos para um gás ideal mesmo quando o volume varia. (*b*) Usando esta fórmula, juntamente com a primeira lei da termodinâmica, mostre que, para um gás ideal, $C_P = C_V + nR$.

91 •• Um cilindro isolante contém um pistão móvel isolante que serve para manter a pressão constante. Inicialmente, o cilindro contém 100 g de gelo a −10°C. Calor é transferido para o gelo, a uma taxa constante, por um aquecedor de 100 W. Faça um gráfico mostrando a temperatura de gelo/água/vapor como função do tempo, começando em t_i quando a temperatura é −10°C e terminando em t_f quando a temperatura é 110°C.

92 •• (*a*) Neste problema, 2,00 mol de um gás ideal diatômico expande-se adiabática e quase-estaticamente. A temperatura inicial do gás é 300 K. O trabalho realizado pelo gás durante a expansão é 3,50 kJ. Qual é a temperatura final do gás? (*b*) Compare o seu resultado com o que você obteria se o gás fosse monoatômico.

93 •• Um cilindro vertical isolante é dividido em duas partes por um pistão móvel de massa m. Inicialmente, o pistão é mantido em repouso. A parte de cima do cilindro está evacuada e a parte de baixo está preenchida com 1,00 mol de um gás ideal diatômico à temperatura de 300 K. Depois que o pistão é liberado e o sistema atinge o equilíbrio, o volume ocupado pelo gás está reduzido à metade. Determine a temperatura final do gás.

94 ••• De acordo com o modelo de Einstein para um sólido cristalino, a energia interna por mol é dada por $U = (3N_A kT_E)/(e^{T_E/T} - 1)$, onde T_E é a temperatura característica, chamada de *temperatura de Einstein*, e T é a temperatura do sólido em kelvin. Use esta expressão para mostrar que a capacidade térmica molar de um sólido cristalino, a volume constante, é dada por

$$c'_V = 3R\left(\frac{T_E}{T}\right)^2 \frac{e^{T_E/T}}{(e^{T_E/T} - 1)^2}$$

95 ••• (*a*) Use os resultados do Problema 94 para mostrar que, no limite $T \gg T_E$, o modelo de Einsten fornece a mesma expressão para o calor específico que a lei de Dulong–Petit. (*b*) Para o diamante, T_E é aproximadamente 1060 K. Integre numericamente $dE_{int} = c'_V dT$ para determinar o aumento da energia interna se 1,00 mol de diamante é aquecido de 300 K até 600 K.

96 ••• Use os resultados do modelo de Einstein do Problema 94 para determinar a energia interna molar do diamante (T_E = 1060 K) a 300 K e a 600 K e, portanto, o aumento da energia interna quando o diamante é aquecido de 300 K até 600 K. Compare seu resultado com o do Problema 95.

97 ••• Durante uma expansão isotérmica um gás ideal, a uma pressão inicial P_0, se expande até que seu volume seja o dobro de seu volume inicial V_0. (*a*) Determine a pressão depois da expansão. (*b*) O gás é, então, comprimido adiabática e quase-estaticamente até que seu volume seja V_0 e sua pressão seja $1{,}32P_0$. O gás é monoatômico, diatômico ou poliatômico? (*c*) Como varia a energia cinética de translação do gás em cada estágio deste processo?

98 ••• Se um pneu furar, o gás do interior vazará gradualmente. Suponha o seguinte: a área do furo é A; o volume do pneu é V; e o tempo τ que leva para a maior parte do gás vazar do pneu pode ser expresso em termos da razão A/V, da temperatura T, da constante de Boltzmann k e da massa inicial m do gás dentro do pneu. (*a*) Com base nestas suposições, use análise dimensional para fazer uma estimativa de τ. (*b*) Use o resultado da Parte (*a*) para estimar o tempo que leva para esvaziar um pneu de carro que foi furado por um prego.

MERGULHADORES CARREGAM TANQUES DE AR QUE OS PERMITEM PERMANECER EMBAIXO D'ÁGUA DURANTE LONGOS PERÍODOS DE TEMPO. *(Paul Springett/ Alamy.)*

A Segunda Lei da Termodinâmica

? A probabilidade que, em dado instante, as moléculas do ar em um dos tanques estejam todas na metade do tanque mais afastada da conexão com a mangueira é muitíssimo pequena. Quão pequena ela é? (Veja o Exemplo 19-13.)

Freqüentemente somos solicitados a conservar energia. Mas, de acordo com a primeira lei da termodinâmica, a energia é sempre conservada. O que, então, significa conservar energia se a quantidade total de energia no universo não varia, independentemente do que fizermos? A primeira lei da termodinâmica não conta toda a história. A energia é sempre conservada, mas algumas formas de energia são mais úteis do que outras. A possibilidade ou a impossibilidade de se colocar a energia *em uso* é o tópico da segunda lei da termodinâmica. Cientistas e engenheiros estão constantemente tentando melhorar a eficiência de máquinas térmicas (dispositivos que transformam calor em trabalho). Na indústria da geração de energia os engenheiros se esforçam para atingir maior eficiência, na transformação, em trabalho aproveitável, da energia térmica liberada pela queima de combustíveis fósseis e através da fissão de urânio ou plutônio.

Energia solar é direcionada para o forno solar, localizado no centro, através deste arranjo circular de refletores em Barstow, na Califórnia (EUA). *(Sandia National Laboratory.)*

Neste capítulo examinamos como a segunda lei da termodinâmica se relaciona diretamente com máquinas térmicas e refrigeradores. Também discutimos uma máquina térmica ideal — a máquina de Carnot. Irreversibilidade e entropia também são analisadas no que se refere à disponibilidade de energia, desordem e probabilidade.

19-1 MÁQUINAS TÉRMICAS E A SEGUNDA LEI DA TERMODINÂMICA

> Nenhum sistema pode absorver calor de um único reservatório e convertê-lo inteiramente em trabalho sem que resultem outras variações no sistema e no ambiente que o cerca.
>
> SEGUNDA LEI DA TERMODINÂMICA: ENUNCIADO DE KELVIN

Um exemplo comum de conversão de trabalho em calor é o movimento com atrito. Por exemplo, imagine que você passe dois minutos empurrando um bloco em cima de uma mesa ao longo de uma trajetória fechada, largando o bloco na sua posição inicial. Além disso, suponha que o sistema bloco–mesa esteja inicialmente em equilíbrio térmico com o ambiente. O trabalho que você realiza sobre o sistema é convertido em energia térmica do sistema e, como resultado, o sistema bloco–mesa se aquece. Conseqüentemente, o sistema não está mais em equilíbrio térmico com o ambiente. O sistema transferirá energia na forma de calor para o ambiente, até retornar ao equilíbrio térmico. Como os estados final e inicial do sistema são o mesmo, a primeira lei da termodinâmica diz que a transferência de energia para o ambiente na forma de calor é igual ao trabalho realizado por você sobre o sistema. O processo inverso nunca ocorre – um bloco e uma mesa que estão aquecidos nunca esfriarão espontaneamente, convertendo sua energia interna em trabalho capaz de fazer com que o bloco puxe sua mão em um circuito sobre a mesa! Contudo, esta ocorrência surpreendente não violaria a primeira lei da termodinâmica ou nenhuma outra das leis da física que já encontramos até agora. Ela viola, entretanto, a segunda lei da termodinâmica. Assim, há uma falta de simetria nos papéis desempenhados pelo calor e pelo trabalho que não é evidenciada na primeira lei. Esta falta de simetria está relacionada ao fato de que alguns processos são *irreversíveis*.

Existem muitos outros processos irreversíveis, aparentemente muito diferentes entre si, mas que estão todos relacionados à segunda lei. Por exemplo, a transferência de calor é um processo irreversível. Se colocarmos um corpo aquecido em contato com um corpo frio, o calor será transferido do corpo quente para o corpo frio até que eles atinjam a mesma temperatura. Entretanto, o inverso nunca ocorre. Dois corpos em contato, a uma mesma temperatura, permanecem na mesma temperatura; calor não é transferido de um para o outro deixando um deles mais frio e o outro mais quente. Este fato experimental nos fornece uma definição equivalente da segunda lei da termodinâmica.

> Um processo cujo único resultado efetivo seja o de retirar calor de um reservatório frio e liberar a mesma quantidade de calor para um reservatório quente é impossível.
>
> SEGUNDA LEI DA TERMODINÂMICA: ENUNCIADO DE CLAUSIUS

Mostraremos, neste capítulo, que os enunciados de Kelvin e de Clausius para a segunda lei são equivalentes.

O estudo da eficiência das máquinas térmicas deu origem aos primeiros enunciados claros a respeito da segunda lei. Uma **máquina térmica** é um dispositivo cíclico cujo objetivo é converter a maior quantidade possível de calor em trabalho. Máquinas térmicas contêm uma **substância de trabalho** (água, em uma máquina a vapor) que absorve uma quantidade de calor Q_q de um reservatório de alta temperatura, realiza trabalho W sobre o ambiente e libera calor Q_f enquanto retorna para seu estado inicial, onde Q_q, W e Q_f representam magnitudes e nunca são negativos.

> ! Q_q, W e Q_f representam magnitudes e nunca são negativos.

As primeiras máquinas térmicas eram máquinas a vapor, inventadas no século XVIII para bombeamento de água em minas de carvão. Hoje em dia, máquinas térmicas são usadas para gerar eletricidade. Em uma máquina térmica típica, água líquida sob pressão de várias atmosferas absorve calor de um reservatório de alta temperatura até se vaporizar a aproximadamente 500°C (Figura 19-1). Este vapor se expande contra um pistão (ou contra as pás de uma turbina) realizando trabalho, e sai com uma temperatura muito menor. O vapor é resfriado mais ainda no condensador, onde se condensa e libera calor para um reservatório de baixa temperatura. A água é, então, bombeada de volta para o aquecedor e aquecida novamente.

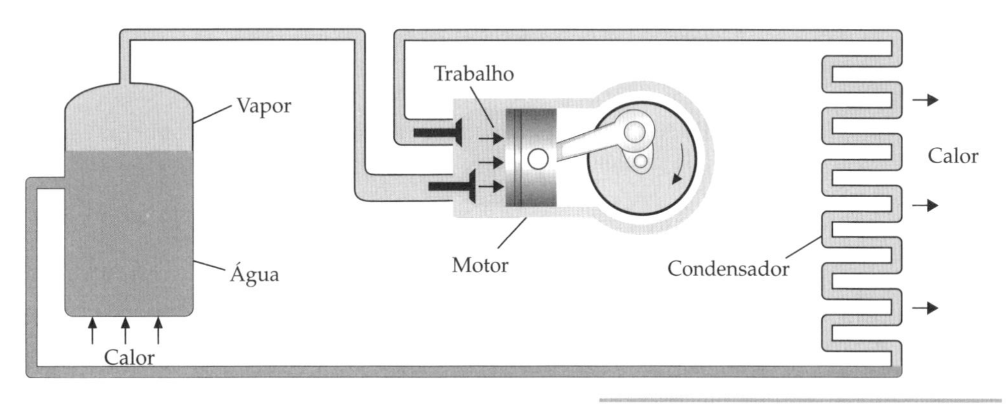

FIGURA 19-1 Desenho esquemático de uma máquina a vapor. Vapor sob alta pressão realiza trabalho sobre o pistão.

A Figura 19-2 é um diagrama esquemático da máquina térmica usada em muitos automóveis — o motor de combustão interna. Com a válvula de exaustão fechada,

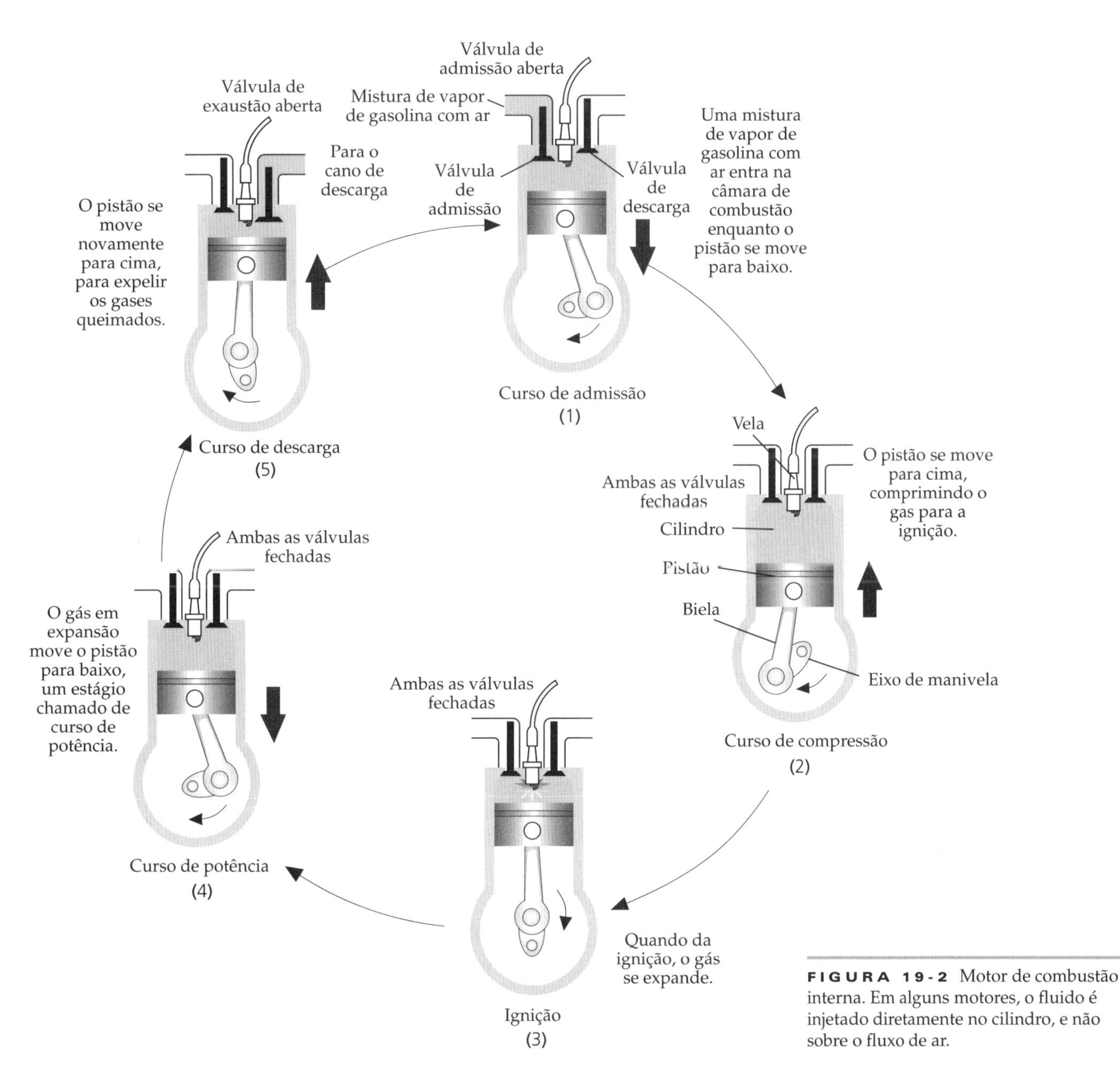

FIGURA 19-2 Motor de combustão interna. Em alguns motores, o fluido é injetado diretamente no cilindro, e não sobre o fluxo de ar.

uma mistura de vapor de gasolina e ar entra na câmara de combustão, enquanto o pistão se move para baixo durante o curso de admissão. A mistura é, então, comprimida e, depois, ocorre a ignição por uma faísca da vela de ignição. Os gases aquecidos se expandem, conduzindo o pistão para baixo e realizando trabalho sobre ele durante o *curso de potência*. Na seqüência, os gases são expelidos através da válvula de exaustão e o ciclo se repete.

Um modelo idealizado dos processos no motor de combustão interna é o chamado **ciclo Otto**, mostrado na Figura 19-3.

A Figura 19-4 mostra uma representação esquemática de uma máquina térmica básica. O calor absorvido é retirado de um **reservatório térmico** quente à temperatura T_q, e o calor liberado é transferido para um reservatório térmico frio a uma temperatura menor T_f. Um reservatório térmico, quente ou frio, é um corpo ou um sistema idealizado com uma capacidade térmica muito grande e, portanto, pode absorver ou liberar calor sem variação apreciável de sua temperatura. Na prática, a queima de um combustível fóssil muitas vezes se comporta como um reservatório de alta temperatura e a atmosfera ambiente ou um lago geralmente se comportam como um reservatório de baixa temperatura. A aplicação da primeira lei da termodinâmica ($\Delta E_{int} = Q_{para} + W_{sobre}$) para a máquina térmica leva a

$$W = Q_q - Q_f \qquad 19\text{-}1$$

onde W é o trabalho realizado *pela* máquina durante um ciclo completo, $Q_q - Q_f$ é o calor total transferido para a máquina durante um ciclo e ΔE_{int} é a variação da energia interna da máquina (incluindo a substância de trabalho) durante um ciclo. Como os estados inicial e final da máquina para um ciclo completo são iguais, as energias internas inicial e final da máquina são iguais. Portanto, $\Delta E_{int} = 0$.

O rendimento ε de uma máquina térmica é definido como a razão entre o trabalho realizado pela máquina e o calor retirado do reservatório de alta temperatura:

$$\varepsilon = \frac{W}{Q_q} = \frac{Q_q - Q_f}{Q_q} = 1 - \frac{Q_f}{Q_q} \qquad 19\text{-}2$$

DEFINIÇÃO: RENDIMENTO DE UMA MÁQUINA TÉRMICA

O calor Q_q geralmente é produzido pela queima de algum combustível que precisa ser pago, como carvão ou óleo e, portanto, é desejável que se tenha o máximo possível de rendimento. As melhores máquinas a vapor operam com aproximadamente 40 por cento de rendimento; os melhores motores de combustão interna operam com aproximadamente 50 por cento de rendimento. Com 100 por cento de rendimento ($\varepsilon = 1$), todo o calor retirado do reservatório quente seria convertido em trabalho e nenhum calor seria liberado para o reservatório frio. Entretanto, *é impossível construir uma máquina térmica com 100 por cento de rendimento*. Esta afirmativa é o **enunciado da segunda lei da termodinâmica para máquinas térmicas**. É outra maneira de expressar o enunciado de Kelvin apresentado anteriormente:

> É impossível para uma máquina térmica, operando em um ciclo, produzir como *único efeito* o de retirar calor de um único reservatório e realizar uma quantidade equivalente de trabalho.
>
> SEGUNDA LEI DA TERMODINÂMICA: ENUNCIADO PARA MÁQUINAS TÉRMICAS

Um gás ideal sofrendo uma expansão isotérmica faz exatamente isso. Mas, depois da expansão, o gás não está no seu estado original. Para trazê-lo de volta ao seu estado original, trabalho deve ser realizado sobre o gás e algum calor será liberado.

A segunda lei nos diz que, para realizar trabalho com retirada de energia de um reservatório térmico, devemos ter um reservatório mais frio disponível para receber a energia que não é usada pela máquina ao realizar trabalho. Se isto não fosse verdadeiro, poderíamos projetar um navio que tivesse uma máquina térmica alimentada simplesmente pela extração de calor do oceano. Infelizmente, a falta de um reservatório mais frio, para receber calor da máquina, torna este enorme reservatório de energia indisponível para esse fim. (Teoricamente, é possível fazer funcionar uma máquina térmica entre a superfície mais aquecida da água do oceano e a água mais

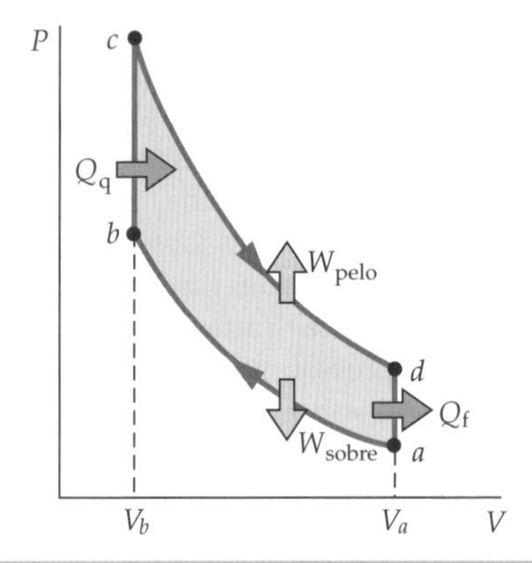

FIGURA 19-3 Ciclo Otto, representando o motor de combustão interna. A mistura ar-combustível é comprimida adiabaticamente de *a* até *b*. Ela é, então, aquecida (por combustão) a volume constante até *c*. O curso de potência é representado pela expansão adiabática de *c* até *d*. O resfriamento a volume constante de *d* até *a* representa a liberação de calor. Os produtos da combustão são trocados por uma nova mistura ar-combustível à pressão constante na etapa *a* (não mostrado). Trabalho é realizado sobre o sistema durante a compressão adiabática e trabalho é realizado pelo sistema durante a expansão adiabática.

! A palavra *ciclo* neste enunciado é importante porque *é* possível converter calor completamente em trabalho em um processo não-cíclico.

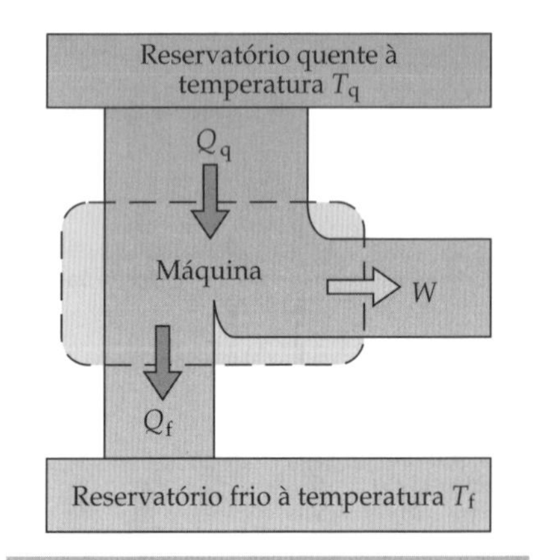

FIGURA 19-4 Representação esquemática de uma máquina térmica. A máquina absorve calor Q_q de um reservatório quente, a uma temperatura T_q, realiza trabalho W e libera calor Q_f para um reservatório frio a uma temperatura T_f.

fria em maiores profundidades, mas nenhum esquema prático para uso desta diferença de temperatura ainda foi projetado.) Para converter calor, a uma dada temperatura, em energia que realiza trabalho (sem nenhuma outra alteração da fonte ou da substância), um reservatório frio, em separado, deve ser usado.

ESTRATÉGIA PARA SOLUÇÃO DE PROBLEMAS

Calculando o Trabalho Realizado por uma Máquina Térmica Operando em um Ciclo

SITUAÇÃO Uma máquina térmica absorve calor de um reservatório térmico de alta temperatura, realiza trabalho e libera calor para um reservatório térmico de baixa temperatura. A conservação da energia nos informa que o calor absorvido pela máquina, por ciclo, é igual ao calor liberado pela máquina, por ciclo, mais o trabalho realizado pela máquina em cada ciclo. O rendimento de uma máquina térmica é definido como a razão entre o trabalho realizado pela máquina, a cada ciclo, e o calor absorvido pela máquina em cada ciclo. A substância de trabalho da máquina é um gás ideal para virtualmente todos os cálculos deste texto.

SOLUÇÃO

1. Para um número inteiro de ciclos, a variação da energia interna vale $\Delta E_{int} = 0$, de forma que $Q_q = W + Q_f$.
2. O rendimento é dado por $\varepsilon = W/Q_q$.
3. O trabalho realizado em uma etapa de um ciclo é dado por $W_{etapa} \int_{V_i}^{V_f} P\,dV$, onde $P = nRT/V$.
4. O calor absorvido pelo gás durante uma etapa é dado por $C\,\Delta T$, onde C é a capacidade térmica.

CHECAGEM O trabalho realizado, W, deve ser igual a $Q_q - Q_f$ se a máquina completa um número inteiro de ciclos.

Exemplo 19-1 Rendimento de uma Máquina Térmica

Durante cada ciclo, uma máquina térmica absorve 200 J de calor de um reservatório quente, realiza trabalho e libera 160 J para um reservatório frio. Qual é o rendimento da máquina?

SITUAÇÃO Usamos a definição de rendimento de uma máquina térmica $\varepsilon = W/Q_q$ (Equação 19-2).

SOLUÇÃO

1. O rendimento é o trabalho realizado dividido pelo calor absorvido: $\varepsilon = \dfrac{W}{Q_q}$
2. O calor absorvido e o calor liberado são dados: $Q_q = 200\text{ J}$ e $Q_f = 160\text{ J}$
3. O trabalho é determinado a partir da primeira lei: $W = Q_q - Q_f = 200\text{ J} - 160\text{ J} = 40\text{ J}$
4. Substitua os valores de Q_q e W para calcular o rendimento: $\varepsilon = \dfrac{W}{Q_q} = \dfrac{40\text{ J}}{200\text{ J}} = 0{,}20 = \boxed{20\%}$

CHECAGEM O rendimento é adimensional. Neste exemplo, tanto W quanto Q_q são expressos em joules, logo a razão é adimensional, como esperado.

PROBLEMA PRÁTICO 19-1 Uma máquina térmica tem um rendimento de 35 por cento. (*a*) Quanto trabalho ela realiza em um ciclo, se absorve 150 J de calor do reservatório de alta temperatura a cada ciclo? (*b*) Quanto calor é transferido para o reservatório de baixa temperatura a cada ciclo?

Exemplo 19-2 O Ciclo Otto

Tente Você Mesmo

(*a*) Determine o rendimento do ciclo Otto mostrado na Figura 19-3. (*b*) Expresse sua resposta em termos da razão entre os volumes $r = V_a/V_b$.

SITUAÇÃO (*a*) Para determinar ε você precisa determinar Q_q e Q_f. A transferência de calor ocorre apenas durante os dois processos a volume constante, de *b* para *c* e de *d* para *a*. Você pode, então, determinar Q_q e Q_f e, portanto, ε em termos das temperaturas T_a, T_b, T_c e T_d. (*b*) As temperaturas podem ser relacionadas aos volumes usando $TV^{\gamma-1}$ = constante para processos adiabáticos.

SOLUÇÃO

Cubra a coluna da direita e tente por si só antes de olhar as respostas.

Passos	**Respostas**
(*a*) 1. Escreva o rendimento em termos de Q_q e Q_f:	$\varepsilon = 1 - \dfrac{Q_{\text{frio}}}{Q_{\text{quente}}} = 1 - \dfrac{Q_f}{Q_q}$
2. A liberação de calor ocorre a volume constante de *d* para *a*. Escreva Q_f em termos de C_v e das temperaturas T_a e T_d:	$Q_f = \lvert Q_{d\to a}\rvert = C_v\lvert T_a - T_d\rvert = C_v(T_d - T_a)$
3. A absorção de calor ocorre a volume constante de *b* para *c*. Escreva Q_q em termos de C_v e das temperaturas T_c e T_b:	$Q_q = Q_{b\to c} = C_v(T_c - T_b)$
4. Substitua estas expressões de Q_f e Q_q para determinar o rendimento em termos das temperaturas T_a, T_b, T_c e T_d:	$\varepsilon = \boxed{1 - \dfrac{T_d - T_a}{T_c - T_b}}$
(*b*) 1. Relacione T_c com T_d usando $TV^{\gamma-1}$ = constante e $V_a/V_c = r$:	$T_cV_c^{\gamma-1} = T_dV_d^{\gamma-1}$ $T_c = T_d\dfrac{V_d^{\gamma-1}}{V_c^{\gamma-1}} = T_dr^{\gamma-1}$
2. Relacione T_b com T_a como no passo 1:	$T_b = T_ar^{\gamma-1}$
3. Use estas relações para eliminar T_c e T_b de ε na Parte (*a*) e expresse ε em termos de *r*:	$\varepsilon = 1 - \dfrac{T_d - T_a}{T_dr^{\gamma-1} - T_ar^{\gamma-1}} = \boxed{1 - \dfrac{1}{r^{\gamma-1}}}$

CHECAGEM O resultado da Parte (*a*) é um número adimensional, como esperado. Além disso, a expressão para ε varia entre 0 e 1 e se aproxima de 0 quando *r* se aproxima de 1, como esperado.

INDO ALÉM A razão *r* (volume antes da compressão/volume depois da compressão) é chamada de razão de compressão.

19-2 REFRIGERADORES E A SEGUNDA LEI DA TERMODINÂMICA

Um **refrigerador** é, essencialmente, uma máquina térmica que funciona ao contrário (Figura 19-5*a*). Calor é retirado do interior do refrigerador (reservatório frio) e calor é liberado para o ambiente (reservatório quente) (Figura 19-5*b*). A experiência mostra que esta transferência requer, sempre, que trabalho seja realizado sobre o refrigerador — um resultado conhecido como o **enunciado da segunda lei da termodinâmica para refrigeradores**, que é outra maneira de expressar o enunciado de Clausius:

> É impossível para um refrigerador, operando em um ciclo, produzir como *único efeito* o de retirar calor de um corpo frio e liberar a mesma quantidade de calor para um corpo quente.
>
> SEGUNDA LEI DA TERMODINÂMICA: ENUNCIADO PARA REFRIGERADORES

Se a definição precedente não fosse verdadeira, poderíamos resfriar nossas casas no verão com refrigeradores que liberariam calor para o lado de fora sem usar eletricidade ou qualquer outro tipo de fonte de energia.

FIGURA 19-5 (*a*) Representação esquemática de um refrigerador. Trabalho W é realizado sobre o refrigerador e ele extrai calor Q_f de um reservatório frio e libera calor Q_q. (*b*) Um refrigerador real.

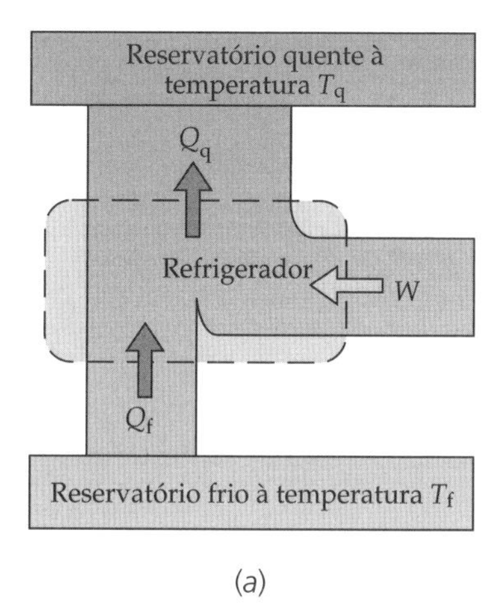

(*a*)

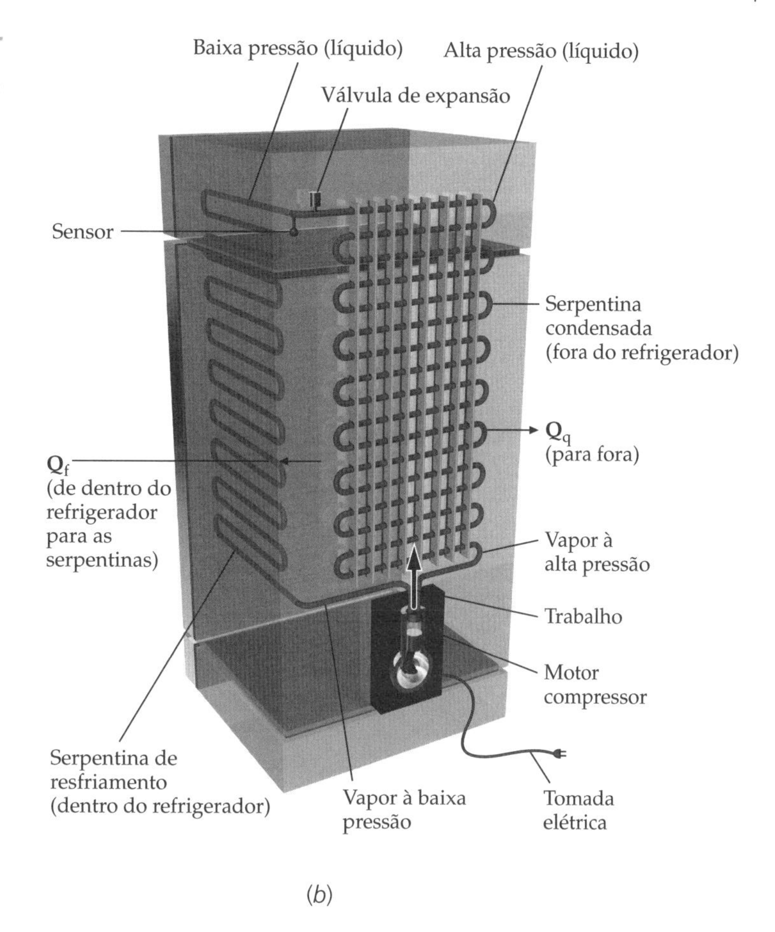

(*b*)

Uma medida do desempenho de um refrigerador é a razão Q_f/W entre o calor retirado do reservatório de baixa temperatura e o trabalho realizado sobre o refrigerador. (Este trabalho é igual à energia elétrica consumida.) A razão Q_f/W é chamada de **coeficiente de desempenho** (CD):

$$\text{CD} = \frac{Q_f}{W} \tag{19-3}$$

DEFINIÇÃO: COEFICIENTE DE DESEMPENHO (REFRIGERADOR)

Quanto maior o CD, melhor será o refrigerador. Refrigeradores típicos têm coeficientes de desempenho da ordem de 5 ou 6. Em termos desta razão, o enunciado da segunda lei para refrigeradores diz que o CD de um refrigerador não pode ser infinito.

Exemplo 19-3 Fazendo Cubos de Gelo — *Rico em Contexto*

Você tem meia hora antes de seus convidados chegarem e se dá conta, repentinamente, de que esqueceu de comprar gelo para as bebidas. Rapidamente, você despeja 1,00 L de água a 10,0°C nas bandejas de gelo e as coloca no congelador. Você terá gelo quando seus convidados chegarem? A etiqueta no seu refrigerador diz que o aparelho tem um coeficiente de desempenho de 5,5 e um consumo de energia de 550 W. Você estima que apenas 10 por cento da energia elétrica contribuem para o resfriamento e o congelamento da água.

SITUAÇÃO Trabalho é igual a potência vezes tempo. Temos a potência, logo precisamos determinar o trabalho para determinar o tempo. O trabalho W está relacionado a Q_f por $\text{CD} = W/Q_f$ (Equação 19-3). Para determinar Q_f, calculamos quanto calor deve ser liberado pela água.

SOLUÇÃO

1. O tempo necessário está relacionado à potência disponível e ao trabalho necessário: $\quad P = W/\Delta t \Rightarrow \Delta t = W/P$

2. O trabalho está relacionado ao coeficiente de desempenho e ao calor absorvido: $\quad \text{CD} = \dfrac{Q_f}{W}$

3. O calor Q_f retirado de dentro do refrigerador é igual ao calor Q_{resf} a ser extraído da água para resfriá-la mais o calor Q_{cong} a ser extraído da água para congelá-la: $Q_f = Q_{resf} + Q_{cong}$

4. A liberação de calor necessária para resfriar em 10°C a quantidade de 1,00 L de água (massa 1 kg) é: $Q_{resf} = mc\,\Delta T = (1{,}00\text{ kg})[4{,}18\text{ kJ}/(\text{kg}\cdot\text{K})](10{,}0\text{ K}) = 41{,}8\text{ kJ}$

5. A liberação de calor necessária para congelar 1 L de água, formando os cubos de gelo, é: $Q_{cong} = mL_f = (1{,}00\text{ kg})(333{,}5\text{ kJ/kg}) = 333{,}5\text{ kJ}$

6. Some estes valores para obter Q_f: $Q_f = 41{,}8\text{ kJ} + 333{,}5\text{ kJ} = 375\text{ kJ}$

7. Substitua Q_f no passo 2 para determinar o trabalho W: $W = \dfrac{Q_f}{\text{CD}} = \dfrac{375\text{ kJ}}{5{,}5} = 68{,}2\text{ kJ}$

8. Use este valor de W e os 55 W de potência disponíveis para determinar o tempo t: $\Delta t = \dfrac{W}{P} = \dfrac{68{,}2\text{ kJ}}{55\text{ J/s}} = 1{,}24\text{ ks} \times \dfrac{1\text{ min}}{60\text{ s}} = 20{,}7\text{ min}$

Seus convidados terão gelo.

CHECAGEM Vinte minutos é um tempo curto, mas plausível, para congelar um litro de água.

PROBLEMA PRÁTICO 19-2 Um refrigerador tem um coeficiente de desempenho de 4,0. Quanto calor, por ciclo, é absorvido pelo reservatório quente, se 200 kJ de calor são liberados pelo reservatório frio a cada ciclo?

EQUIVALÊNCIA ENTRE OS ENUNCIADOS PARA MÁQUINAS TÉRMICAS E PARA REFRIGERADORES

Os enunciados para máquinas térmicas e para refrigeradores (isto é, os enunciados de Kelvin e de Clausius, respectivamente) da segunda lei da termodinâmica parecem bem diferentes mas são, na verdade, equivalentes. O enunciado para máquinas térmicas é: "É impossível para uma máquina térmica, operando em um ciclo, produzir como *único efeito* o de retirar calor de um único reservatório e realizar uma quantidade equivalente de trabalho", enquanto o enunciado para refrigeradores é: "É impossível para um refrigerador, operando em um ciclo, produzir como *único efeito* o de retirar calor de um corpo frio e liberar a mesma quantidade de calor para um corpo quente". Podemos provar a equivalência destes enunciados mostrando que, se cada enunciado é considerado falso, então o outro também deverá ser falso. Usaremos um exemplo numérico para mostrar que, se o enunciado para máquinas térmicas é falso, então o enunciado para refrigeradores é falso.

A Figura 19-6*a* mostra um refrigerador comum que usa 50 J de trabalho para absorver 100 J de calor de um reservatório frio e liberar 150 J de calor para um reservatório quente. Suponha que o enunciado da segunda lei para máquinas térmicas não seja verdadeiro. Então, uma máquina térmica "perfeita" poderia absorver 50 J de calor do reservatório quente e realizar 50 J de trabalho, com 100 por cento de rendimento. Poderíamos usar esta máquina térmica perfeita para absorver 50 J de calor do reservatório quente e realizar 50 J de trabalho (Figura 19-6*b*) sobre um refrigerador ordinário. Então, a combinação da máquina térmica perfeita com o refrigerador ordinário seria um refrigerador perfeito, transferindo 100 J de calor do reservatório frio para o reservatório quente sem necessidade de qualquer trabalho, como ilustrado na Figura 19-6*c*. Isto viola o enunciado da segunda lei para refrigeradores. Portanto, se o enunciado para máquinas térmicas é falso, o enunciado para refrigeradores também é falso. De maneira similar, se existisse um refrigerador

FIGURA 19-6 Demonstração da equivalência entre os enunciados da segunda lei da termodinâmica para máquinas térmicas e para refrigeradores.

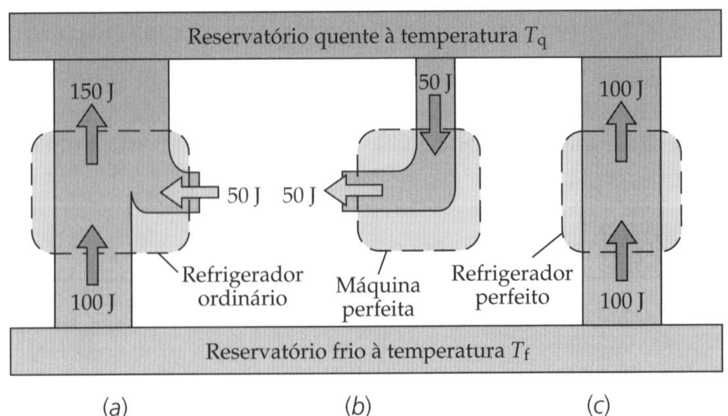

(*a*) Um refrigerador ordinário retira 100 J de um reservatório frio, recebendo 50 J de trabalho.

(*b*) Uma máquina térmica perfeita viola o enunciado da segunda lei da termodinâmica para máquinas térmicas, absorvendo 50 J do reservatório quente e convertendo-os inteiramente em trabalho.

(*c*) Colocando os dois juntos, temos um refrigerador perfeito que viola o enunciado da segunda lei da termodinâmica para os refrigeradores, retirando 100 J do reservatório frio e liberando a mesma quantidade de calor para o reservatório quente, sem nenhum outro efeito.

perfeito, ele poderia ser usado em conjunto com uma máquina térmica ordinária para construir uma máquina térmica perfeita. Portanto, se o enunciado para refrigeradores é falso, o enunciado para máquinas térmicas também é falso. Segue, então, que se um dos enunciados é verdadeiro, o outro também é verdadeiro. Assim, os enunciados para máquinas térmicas e para refrigeradores são equivalentes.

19-3 A MÁQUINA DE CARNOT

De acordo com a segunda lei da termodinâmica, é impossível que uma máquina térmica, trabalhando entre dois reservatórios térmicos, seja 100 por cento eficiente. Qual é, então, o maior rendimento possível para esta máquina? Um jovem engenheiro francês, Sadi Carnot, respondeu a esta questão em 1824, antes que a primeira ou a segunda leis da termodinâmica tivessem sido estabelecidas. Carnot descobriu que uma *máquina reversível* é a máquina mais eficiente que pode operar entre quaisquer dois reservatórios. Este resultado é conhecido como o teorema de Carnot:

> Nenhuma máquina trabalhando entre dois dados reservatórios térmicos pode ser mais eficiente do que uma máquina reversível trabalhando entre os dois reservatórios.
>
> TEOREMA DE CARNOT

Uma máquina reversível operando em um ciclo entre dois reservatórios térmicos é chamada de **máquina de Carnot**, e seu ciclo é chamado de **ciclo de Carnot**. A Figura 19-7 ilustra o teorema de Carnot com um exemplo numérico desenvolvido na legenda da figura.

Se nenhuma máquina pode ter um rendimento maior do que o da máquina de Carnot, segue que todas as máquinas de Carnot trabalhando entre os mesmos dois reservatórios têm o mesmo rendimento. Este rendimento, denominado **rendimento de Carnot**, deve ser independente da substância de trabalho da máquina e, portanto, deve depender apenas das temperaturas dos reservatórios.

Vamos analisar o que faz um processo ser reversível ou irreversível. De acordo com a segunda lei, calor é transferido de objetos aquecidos para objetos frios e nunca ao contrário. Portanto, a transferência de calor de um objeto quente para um objeto frio *não é* reversível. Além disso, o atrito pode transformar trabalho em energia térmica interna, mas o atrito jamais pode transformar energia térmica interna em trabalho. A conversão de trabalho em energia térmica interna por atrito *não é* reversível. Atrito e outras forças dissipadoras transformam irreversivelmente energia mecânica em energia térmica. Um terceiro tipo de irreversibilidade ocorre quando um sistema passa por estados de não-equilíbrio, como quando há turbulência em um gás ou quando um gás explode. Para um sistema passar por um processo reversível, ele deve ser capaz de passar pelos mesmos estados de equilíbrio na ordem inversa.

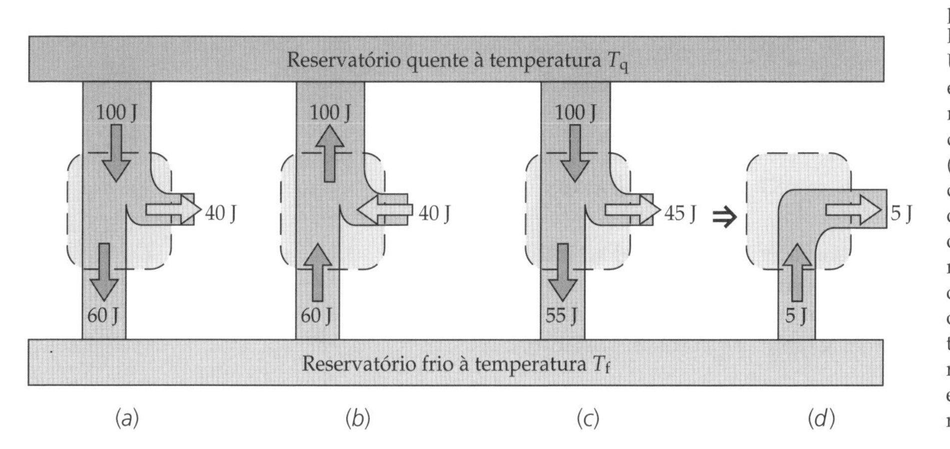

FIGURA 19-7 Ilustração do teorema de Carnot. (*a*) Uma máquina térmica reversível, com 40 por cento de rendimento, retira 100 J de um reservatório quente, realiza 40 J de trabalho e libera 60 J para o reservatório frio. (*b*) Se a mesma máquina funciona ao contrário, como um refrigerador, 40 J de trabalho são realizados para retirar 60 J do reservatório frio e liberar 100 J para o reservatório quente. (*c*) Uma suposta máquina térmica trabalhando entre os mesmos dois reservatórios com um rendimento de 45 por cento, que é maior que o da máquina reversível da Parte(*a*). (*d*) O efeito resultante do funcionamento da máquina da Parte (*c*) em conjunto com o refrigerador da Parte (*b*) é o mesmo que o de uma máquina térmica perfeita que retira 5 J do reservatório frio e converte-os completamente em trabalho sem nenhum outro efeito, violando a segunda lei da termodinâmica. Portanto, a máquina reversível da Parte (*a*) é a máquina mais eficiente que pode operar entre estes dois reservatórios.

Destas considerações, e dos nossos enunciados da segunda lei da termodinâmica, podemos listar algumas condições que são necessárias para que um processo seja reversível:

1. Nenhuma energia mecânica é transformada em energia térmica interna pelo atrito, por forças viscosas ou por outras forças dissipadoras.
2. Energia é transferida na forma de calor apenas entre corpos com uma diferença infinitesimal de temperatura.
3. O processo deve ser quase-estático para que o sistema esteja sempre em (ou infinitesimalmente próximo de) um estado de equilíbrio.

CONDIÇÕES PARA REVERSIBILIDADE

Qualquer processo que viole qualquer uma das condições precedentes é irreversível. A maioria dos processos que observamos na natureza é irreversível. Para se ter um processo reversível é preciso tomar muito cuidado para eliminar forças de atrito e outras forças dissipadoras e para realizar o processo de forma quase-estática. Como isto nunca pode ser satisfeito completamente, um processo reversível é uma idealização semelhante ao do movimento sem atrito nos problemas de mecânica. A reversibilidade pode, entretanto, ser obtida de forma aproximada na prática.

Podemos, agora, entender as características do ciclo de Carnot, que é um ciclo reversível entre dois reservatórios térmicos. Como toda transferência de calor deve ser feita isotermicamente, para que o processo seja reversível, o calor absorvido do reservatório quente deve ser absorvido isotermicamente. O próximo passo é uma expansão adiabática quase-estática para a temperatura mais baixa do reservatório frio. Depois, calor é liberado isotermicamente para o reservatório frio. Finalmente, há uma compressão adiabática quase-estática para a temperatura mais elevada do reservatório quente. Assim, o ciclo de Carnot consiste em quatro etapas reversíveis:

1. Uma absorção quase-estática e isotérmica de calor de um reservatório quente
2. Uma expansão quase-estática e adiabática para uma temperatura menor
3. Uma liberação quase-estática e isotérmica de calor para um reservatório frio
4. Uma compressão quase-estática e adiabática de volta ao estado original

ETAPAS DE UM CICLO DE CARNOT

Uma maneira de calcular o rendimento de uma máquina de Carnot é escolher como substância de trabalho um material sobre o qual temos algum conhecimento — um gás ideal — e, então, calcular explicitamente o trabalho realizado sobre ele em um ciclo de Carnot (Figura 19-8*a* e Figura 19-8*b*). Como todos os ciclos de Carnot têm o mesmo rendimento, independentemente da substância de trabalho, nosso resultado terá validade geral.

O rendimento do ciclo de Carnot (Equação 19-2) é

$$\varepsilon = 1 - \frac{Q_f}{Q_q}$$

O calor Q_q é absorvido durante a expansão isotérmica do estado 1 para o estado 2. A primeira lei da termodinâmica é $\Delta E_{int} = Q_{para} + W_{sobre}$. Para uma expansão isotérmica de um gás ideal, $\Delta E_{int} = 0$. Aplicando a primeira lei à expansão isotérmica do estado 1 para o estado 2, temos $Q_q = Q_{para}$, logo Q_q é igual ao trabalho realizado pelo gás:

$$Q_q = W_{\text{pelo gás}} = \int_{V_1}^{V_2} P\,dV = \int_{V_1}^{V_2} \frac{nRT_q}{V}dV = nRT_q\int_{V_1}^{V_2}\frac{dV}{V} = nRT_q \ln\frac{V_2}{V_1}$$

De maneira semelhante, o calor entregue ao reservatório frio é igual ao trabalho realizado sobre o gás durante a compressão isotérmica, à temperatura T_f, do estado 3 para o estado 4. Este trabalho tem a mesma magnitude do trabalho realizado pelo gás se ele expandir do estado 4 para o estado 3. O calor rejeitado é, portanto,

$$Q_f = W_{\text{sobre o gás}} = nRT_f \ln\frac{V_3}{V_4}$$

FIGURA 19-8 (*a*) Ciclo de Carnot para um gás ideal: *Etapa 1*: Calor é retirado de um reservatório quente à temperatura T_q durante uma expansão isotérmica do estado 1 para o estado 2. *Etapa 2*: O gás expande adiabaticamente do estado 2 para o estado 3, reduzindo sua temperatura para T_f. *Etapa 3*: O gás libera calor para o reservatório frio e é comprimido isotermicamente até T_f, do estado 3 para o estado 4. *Etapa 4*: O gás é comprimido adiabaticamente até que sua temperatura seja, novamente, T_q. (*b*) Trabalho é realizado pelo gás nas etapas de 1 até 2 e até 3, e trabalho é realizado sobre o gás nas etapas de 3 até 4 e até 1. O trabalho resultante realizado durante o ciclo é representado pela área sombreada. Todos os processos são reversíveis. Todas as etapas são quase-estáticas.

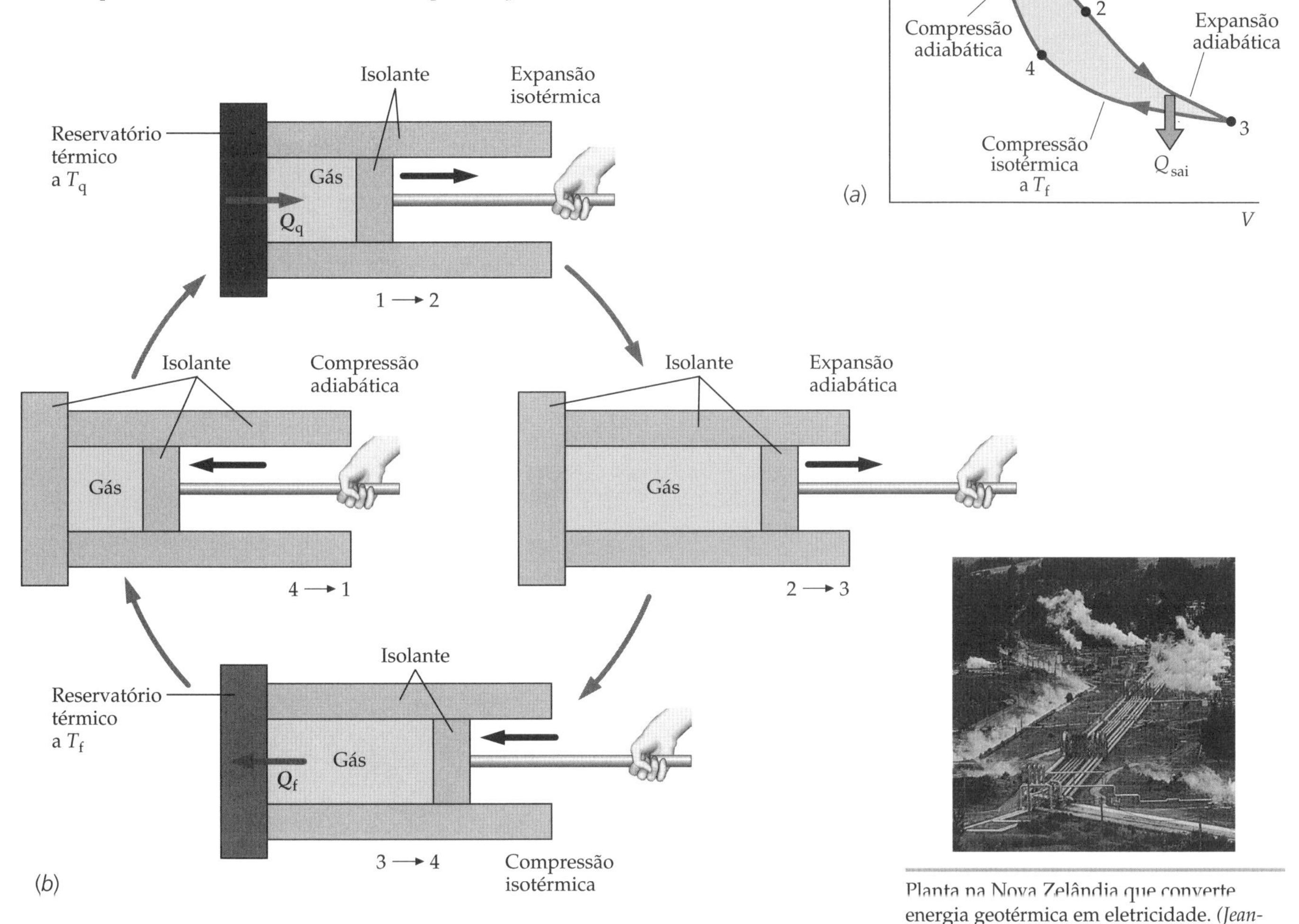

Planta na Nova Zelândia que converte energia geotérmica em eletricidade. *(Jean-Pierre Horlin/The Image Bank.)*

A razão entre estes valores é

$$\frac{Q_f}{Q_q} = \frac{T_f \ln \frac{V_3}{V_4}}{T_q \ln \frac{V_2}{V_1}} \qquad 19\text{-}4$$

Podemos relacionar as razões V_2/V_1 e V_3/V_4 usando a Equação 18-37 para a expansão adiabática quase-estática. Para a expansão do estado 2 para o estado 3, temos

$$T_q V_2^{\gamma-1} = T_f V_3^{\gamma-1}$$

De maneira similar, para a compressão adiabática do estado 4 para o estado 1, temos

$$T_q V_1^{\gamma-1} = T_f V_4^{\gamma-1}$$

Dividindo a primeira destas duas equações pela segunda, obtemos

$$\left(\frac{V_2}{V_1}\right)^{\gamma-1} = \left(\frac{V_3}{V_4}\right)^{\gamma-1} \quad \Rightarrow \quad \frac{V_2}{V_1} = \frac{V_3}{V_4}$$

Um gerador elétrico experimental acionado pelo vento no Laboratório Nacional de Sandia (EUA). A hélice é projetada para otimizar a transformação da energia eólica em energia mecânica. *(Sandia National Laboratory.)*

Portanto, a Equação 19-4 fornece

$$\frac{Q_f}{Q_q} = \frac{T_f \ln \frac{V_2}{V_1}}{T_q \ln \frac{V_2}{V_1}} = \frac{T_f}{T_q} \qquad 19\text{-}5$$

O rendimento de Carnot ε_C é, então,

$$\varepsilon_C = 1 - \frac{T_f}{T_q} \qquad 19\text{-}6$$

RENDIMENTO DE CARNOT

A Equação 19-6 demonstra que, como o rendimento de Carnot deve ser independente da substância de trabalho de qualquer máquina específica, ele depende apenas das temperaturas dos dois reservatórios.

Bastões de controle são inseridos neste reator nuclear. (© *Akiko Yoshimura/ Dreamstime.com.)*

Planta de geração de energia elétrica à base de carvão. (© *Debra Lau/ Dreamstime.com.)*

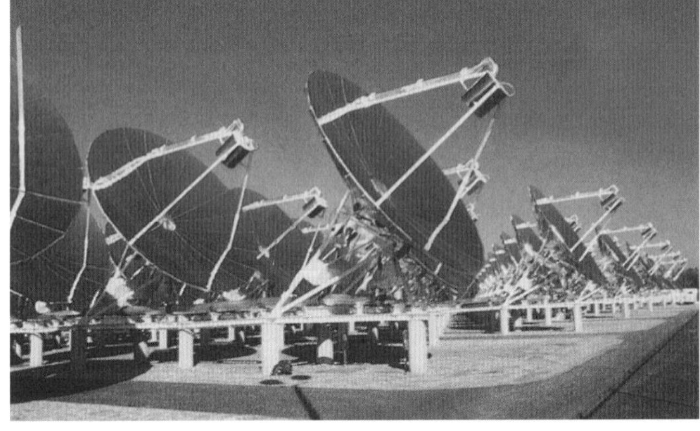

Energia solar é focada e coletada individualmente por estes helióstatos, que estão sendo testados no Laboratório Nacional de Sandia (EUA), para produzir eletricidade. *(Sandia National Laboratory.)*

Exemplo 19-4 Rendimento de uma Máquina a Vapor

Uma máquina a vapor trabalha entre um reservatório quente a 100°C (373 K) e um reservatório frio a 0,0°C (273 K). (*a*) Qual é o maior rendimento possível para esta máquina? (*b*) Se a máquina funcionar ao contrário, como um refrigerador, qual será seu maior coeficiente de desempenho?

SITUAÇÃO O rendimento máximo é o de Carnot, dado pela Equação 19-6. Para determinar o CD máximo, usamos a definição de rendimento ($\varepsilon = W/Q_q$), a definição de CD ($CD = Q_f/W$) e, como se trata de um ciclo reversível, $Q_f/Q_q = T_f/T_q$ (Equação 19-5).

SOLUÇÃO

(*a*) O rendimento máximo é o rendimento de Carnot:

$$\varepsilon_{máx} = \varepsilon_C = 1 - \frac{T_f}{T_q} = 1 - \frac{273\ \text{K}}{373\ \text{K}} = 0{,}268 = \boxed{26{,}8\%}$$

(*b*) 1. Escreva a expressão para o CD para um ciclo reverso de funcionamento da máquina: $\text{CD} = \dfrac{Q_f}{W}$

2. O trabalho é igual a $Q_q - Q_f$ (o calor retirado do reservatório de alta temperatura menos o calor liberado para o reservatório de baixa temperatura): $\text{CD} = \dfrac{Q_f}{Q_q - Q_f} = \dfrac{1}{\dfrac{Q_q}{Q_f} - 1}$

3. Substitua Q_q/Q_f usando $Q_f/Q_q = T_f/T_q$ (Equação 19-5) e resolva para o CD: $\text{CD}_{\text{máx}} = \dfrac{1}{\dfrac{T_q}{T_f} - 1} = \dfrac{1}{\dfrac{373\text{ K}}{273\text{ K}} - 1} = \boxed{2{,}73}$

CHECAGEM Explicitando do resultado da Parte (*a*) a razão entre as temperaturas, substituindo no resultado do passo 3 da Parte (*b*) e rearranjando os termos, obtemos $\text{CD}_{\text{máx}} = \varepsilon_C^{-1} - 1$. Substituindo ε_C por 0,268 (o resultado da Parte (*a*)) obtemos $\text{CD}_{\text{máx}} = 2{,}73$ (o resultado da Parte (*b*)).

INDO ALÉM Mesmo que um rendimento de 26,8 por cento pareça bastante baixo, é o máximo rendimento possível para qualquer máquina trabalhando entre estas duas temperaturas. Máquinas reais operando entre estas temperaturas terão rendimentos menores devido ao atrito, a fugas de calor e a outros processos irreversíveis. Refrigeradores reais terão coeficientes de desempenho menores do que 2,73. Pode ser mostrado que o coeficiente de desempenho de um refrigerador de Carnot é $T_c/\Delta T$, onde $\Delta T = T_q - T_f$.

O rendimento de Carnot nos fornece um limite superior para os rendimentos possíveis e é, portanto, útil conhecê-lo. Por exemplo, calculamos no Exemplo 19-4 um rendimento de Carnot de 26,8 por cento. Isto significa que, não importa quanto possamos reduzir o atrito e outras perdas irreversíveis, o melhor rendimento obtido entre reservatórios a 373 K e 273 K é 26,8 por cento. Concluímos, então, que uma máquina trabalhando entre estas duas temperaturas com um rendimento de 25 por cento é uma máquina muito boa!

Para uma máquina real, a **perda de trabalho** é o trabalho realizado por uma máquina reversível operando entre as mesmas duas temperaturas menos o trabalho realizado pela máquina real, supondo que as duas máquinas completem um número inteiro de ciclos e retirem a mesma quantidade de calor do reservatório de alta temperatura. A razão entre o trabalho realizado pela máquina real e o trabalho realizado por uma máquina reversível operando entre as mesmas duas temperaturas é chamada de *rendimento da segunda lei.*

Exemplo 19-5 Perda de Trabalho por uma Máquina

Uma máquina retira 200 J de um reservatório quente a 373 K, realiza 48 J e libera 152 J para um reservatório frio a 273 K. Qual é a perda de trabalho devida a processos irreversíveis nesta máquina?

SITUAÇÃO A perda de trabalho é o trabalho realizado por uma máquina reversível operando entre as mesmas duas temperaturas menos os 48 J de trabalho realizados pela máquina, supondo que as duas máquinas retirem a mesma quantidade de calor do reservatório de alta temperatura.

SOLUÇÃO

1. A perda de trabalho é a maior quantidade de trabalho que poderia ser realizado menos o trabalho realmente realizado: $W_{\text{perdido}} = W_{\text{máx}} - W$

2. A maior quantidade de trabalho que poderia ser realizado é o trabalho realizado por uma máquina de Carnot: $W_{\text{máx}} = \varepsilon_C Q_q$

3. O trabalho perdido é, então: $W_{\text{perdido}} = \varepsilon_C Q_q - W$

4. O rendimento de Carnot pode ser expresso em termos das temperaturas: $\varepsilon_C = 1 - \dfrac{T_f}{T_q}$

5. Substituindo ε_C, obtemos:

$$W_{\text{perdido}} = \left(1 - \frac{T_f}{T_q}\right)Q_q - W = \left(1 - \frac{273\text{ K}}{373\text{ K}}\right)(200\text{ J}) - 48\text{ J}$$

$$= 53{,}6\text{ J} - 48{,}0\text{ J} = \boxed{5{,}6\text{ J}}$$

CHECAGEM O rendimento de Carnot para estas duas temperaturas é 26,8 por cento. O trabalho realizado pela máquina deste exemplo é de 48,0 J, e 48,0 J são 24 por cento de 200 J. Além disso, os 5,6 J de trabalho perdido correspondem a 2,8 por cento de 200 J. Como 24 por cento mais 2,8 por cento é igual a 26,8 por cento, nossa resposta é plausível.

INDO ALÉM A energia de 5,6 J da resposta não é "perdida" para o universo — a energia total é conservada. Esta energia de 5,6 J, transferida para o reservatório frio pela máquina não-ideal do problema, é perdida apenas no sentido de que ela teria sido convertida em trabalho aproveitável se uma máquina ideal (reversível) tivesse sido utilizada.

Exemplo 19-6 Perda de Trabalho entre Reservatórios Térmicos

Se 200 J de calor são liberados por um reservatório a 373 K e absorvidos por um segundo reservatório a 273 K, quanta capacidade de trabalho é "perdida" neste processo?

SITUAÇÃO Nenhum trabalho é realizado durante a transferência dos 200 J. Portanto, a perda é de 100 por cento do trabalho que poderia ser realizado por uma máquina reversível operando entre os mesmos dois reservatórios e que retirasse 200 J do reservatório de alta temperatura.

SOLUÇÃO

1. A perda de trabalho é o trabalho realizado por uma máquina reversível menos o trabalho realizado pelo processo aqui descrito. Este processo é a transferência de 200 J de calor do reservatório de alta temperatura para o reservatório de baixa temperatura; logo, o trabalho realizado é zero:

$$W_{\text{perdido}} = W_{\text{rev}} - W = W_{\text{rev}} - 0$$

2. O trabalho realizado por uma máquina reversível operando entre os mesmos dois reservatórios, com a absorção de 200 J do reservatório de alta temperatura, é:

$$W_{\text{rev}} = \varepsilon Q_{\text{q}} = \left(1 - \frac{T_{\text{f}}}{T_{\text{q}}}\right)Q_{\text{q}} = \left(1 - \frac{273\text{ K}}{373\text{ K}}\right)(200\text{ J}) = 53{,}6\text{ J}$$

3. Calcule a perda de trabalho:

$$W_{\text{perdido}} = W_{\text{rev}} = \boxed{53{,}6\text{ J}}$$

CHECAGEM No Exemplo 19-4, calculamos o rendimento de uma máquina reversível operando entre 273 K e 373 K como 26,8 por cento. Nosso resultado para o passo 3 é plausível, porque 53,6 J são 26,8 por cento dos 200 J absorvidos do reservatório.

PROBLEMA PRÁTICO 19-3 Uma máquina reversível trabalha entre reservatórios térmicos a 500 K e a 300 K. (*a*) Qual é o seu rendimento? (*b*) Se, em cada ciclo, a máquina absorve 200 kJ de calor do reservatório quente, qual é o trabalho que ela realiza por ciclo?

PROBLEMA PRÁTICO 19-4 Uma máquina real trabalha entre reservatórios térmicos a 500 K e 300 K. Ela absorve 500 kJ de calor do reservatório quente e realiza 150 kJ de trabalho em cada ciclo. Qual é o seu rendimento?

A ESCALA DE TEMPERATURA TERMODINÂMICA OU ABSOLUTA

No Capítulo 17, a escala de temperatura do gás ideal foi definida em termos das propriedades dos gases que têm baixa massa específica. Como o rendimento de Carnot depende apenas das temperaturas dos dois reservatórios, ele pode ser usado para definir a razão entre as temperaturas dos reservatórios, independentemente das propriedades de qualquer substância. *Definimos* a razão entre as temperaturas termodinâmicas dos reservatórios frio e quente como

$$\frac{T_{\text{f}}}{T_{\text{q}}} = \frac{Q_{\text{f}}}{Q_{\text{q}}} \qquad \text{19-7}$$

DEFINIÇÃO DE TEMPERATURA TERMODINÂMICA

onde Q_{q} é a energia extraída do reservatório quente e Q_{f} é a energia liberada para o reservatório frio por uma máquina de Carnot operando num ciclo e trabalhando entre os dois reservatórios. Portanto, para determinar a razão entre as temperaturas dos dois reservatórios, consideramos uma máquina reversível operando entre eles e medimos a energia transferida em forma de calor para ou de cada um dos reservatórios durante um ciclo. A **temperatura termodinâmica** é completamente especificada pela Equação 19-7 *e* pela escolha de um ponto fixo. Se o ponto fixo é definido como 273,16 K para o ponto triplo da água, então a escala de temperatura termodinâmica coincide com a escala de temperatura do gás ideal para o intervalo de temperaturas no qual um termômetro a gás pode ser usado. Qualquer escala que indica zero no zero absoluto é chamada de *escala de temperatura absoluta*.

19-4 BOMBAS TÉRMICAS

Uma **bomba térmica** é um refrigerador com um objetivo diferente. Tipicamente, o objetivo de um refrigerador é resfriar um corpo ou uma região de interesse. O objetivo de uma bomba térmica, entretanto, é o de aquecer um corpo ou uma região de interesse. Por exemplo, se você usa uma bomba térmica para aquecer sua casa, você transfere calor do ar frio de fora da casa para o ar mais aquecido dentro dela. Seu objetivo é aquecer o interior da casa. Se um trabalho W é realizado sobre uma bomba térmica para absorver calor Q_f de um reservatório frio e liberar calor Q_q para um reservatório quente, o coeficiente de desempenho para uma bomba térmica é definido como

$$CD_{BT} = \frac{Q_q}{W} \qquad 19\text{-}8$$

DEFINIÇÃO: COEFICIENTE DE DESEMPENHO (BOMBA TÉRMICA)

Este coeficiente de desempenho difere daquele para o refrigerador, que é Q_f/W (Equação 19-3). Usando $W = Q_q - Q_f$, isto pode ser escrito como

$$CD_{BT} = \frac{Q_q}{Q_q - Q_f} = \frac{1}{1 - \dfrac{Q_f}{Q_q}} \qquad 19\text{-}9$$

O coeficiente de desempenho máximo é obtido usando-se uma bomba térmica de Carnot. Então, Q_f se relaciona com Q_q pela Equação 19-5. Substituindo $Q_f/Q_q = T_f/T_q$ na Equação 19-9, obtemos para o coeficiente de desempenho máximo

$$CD_{BT\,máx} = \frac{1}{1 - \dfrac{T_f}{T_q}} = \frac{T_q}{T_q - T_f} = \frac{T_q}{\Delta T} \qquad 19\text{-}10$$

onde ΔT é a diferença de temperatura entre os reservatórios quente e frio. Bombas térmicas reais têm coeficientes de desempenho menores do que $CD_{BT\,máx}$ devido ao atrito, a perdas de calor e a outros processos irreversíveis.

Os dois CDs estão relacionados. Usando $Q_q = Q_f + W$, podemos relacionar as Equações 19-3 e 19-10:

$$CD_{BT} = \frac{Q_q}{W} = \frac{Q_f + W}{W} = 1 + \frac{Q_f}{W} = 1 + CD \qquad 19\text{-}11$$

onde CD é o coeficiente de desempenho de um refrigerador.

Exemplo 19-7 Uma Bomba Térmica Ideal

Uma bomba térmica ideal é usada para bombear calor do ar externo, a −5°C, para o reservatório de ar quente do sistema de aquecimento em uma casa, que está a 40°C. Quanto trabalho é necessário para bombear 1,0 kJ de calor para dentro da casa?

SITUAÇÃO Use a Equação 19-11, com $CD_{BT\,máx}$ calculado da Equação 19-10 para $T_f = -5°C = 268$ K e $\Delta T = 45$ K.

SOLUÇÃO

1. Usando a definição de CD_{BT} ($CD_{BT} = Q_q/W$), relacione o trabalho realizado com o calor liberado:

$$CD_{BT} = \frac{Q_q}{W}$$

2. Relacione o CD_{BT} ideal, ou máximo, com as temperaturas (Equação 19-10):

$$CD_{BT} = CD_{BT\,máx} = \frac{T_q}{\Delta T}$$

3. Resolva para o trabalho:

$$W = \frac{Q_q}{CD_{BT}} = Q_q\frac{\Delta T}{T_q} = (1{,}0\text{ kJ})\frac{45\text{ K}}{313\text{ K}}$$

$$W = \boxed{0{,}14\text{ kJ}}$$

CHECAGEM Nossa expressão para o trabalho, no passo 3, garante que o trabalho tem as mesmas dimensões do calor. (A razão $\Delta T/T_q$ é adimensional.)

INDO ALÉM Encontramos $CD_{BT\,máx} = T_q/\Delta T = 7{,}0$. Isto é, a quantidade de calor liberada no interior da casa pela bomba térmica é 7 vezes maior do que o trabalho realizado sobre a bomba térmica. (Apenas 0,14 kJ de trabalho são necessários para bombear 1,0 kJ de calor para o reservatório de ar quente da casa.)

19-5 IRREVERSIBILIDADE, DESORDEM E ENTROPIA

Existem muitos processos irreversíveis que não podem ser descritos pelos enunciados da segunda lei para máquinas térmicas e para refrigeradores, tais como um copo caindo no chão e se quebrando ou um balão estourando. Entretanto, todos os processos irreversíveis têm algo em comum — o sistema e seu ambiente vão para um estado menos ordenado.

Seja uma caixa, de massa desprezível, contendo um gás de massa M a uma temperatura T e se movendo sobre uma mesa sem atrito com uma velocidade v_{cm} (Figura 19-9*a*). A energia cinética total do gás tem duas componentes: aquela associada ao movimento do seu centro de massa $\frac{1}{2}Mv_{cm}^2$, e a energia cinética do movimento de suas moléculas com relação ao centro de massa. A energia do centro de massa, $\frac{1}{2}Mv_{cm}^2$, é a energia mecânica ordenada que poderia ser inteiramente convertida em trabalho. (Por exemplo, se um peso fosse preso à caixa em movimento por uma corda passando por uma polia, essa energia poderia ser usada para levantar o peso.) A energia relativa é a energia térmica interna do gás, que está relacionada à sua temperatura T. Ela é aleatória, não ordenada e não pode ser convertida inteiramente em trabalho.

Suponha, agora, que a caixa colida com uma parede fixa e pare (Figura 19-9*b*). Esta colisão inelástica é, claramente, um processo irreversível. A energia mecânica ordenada do gás, $\frac{1}{2}Mv_{cm}^2$, é transformada em energia interna aleatória e a temperatura do gás aumenta. O gás ainda tem a mesma energia total mas, agora, toda a energia está associada ao movimento aleatório de suas moléculas com relação ao centro de massa, que agora está em repouso. Assim, o gás tornou-se menos ordenado (mais desordenado) e perdeu parte de sua capacidade de realizar trabalho.

Existe uma função termodinâmica chamada de **entropia** S que é uma medida do grau de desordem de um sistema. A entropia S, assim como a pressão P, o volume V, a temperatura T e a energia interna E_{int}, é uma função do estado de um sistema. Como nos casos da energia potencial e da energia interna, é a *variação* da entropia

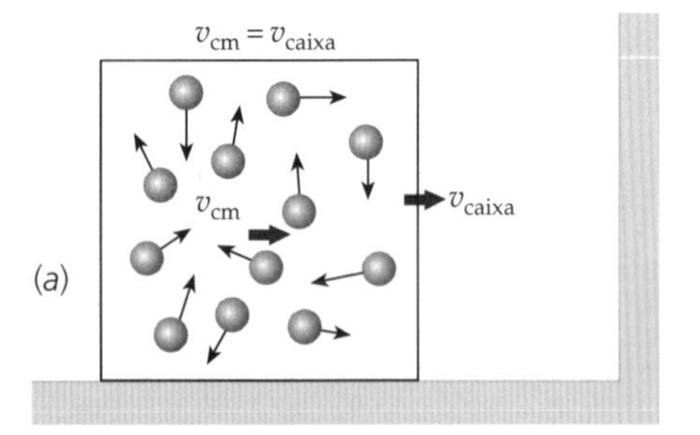

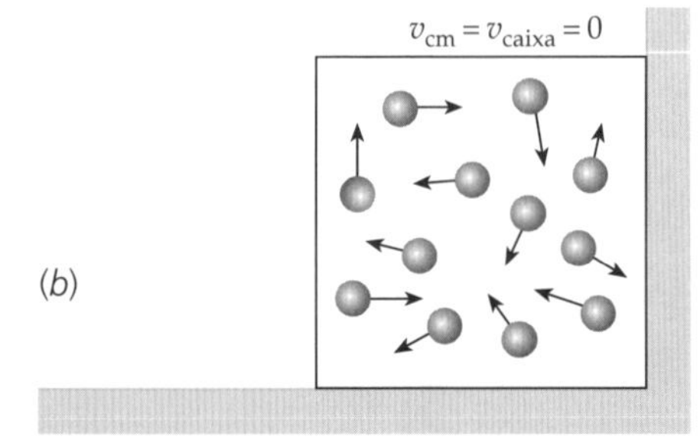

FIGURA 19-9 (*a*) Uma caixa de massa desprezível contém um gás. A caixa e o centro de massa do gás se movem em direção à parede com a mesma rapidez. (*b*) Um curto intervalo de tempo após a caixa ter sofrido uma colisão perfeitamente inelástica com a parede, tanto a caixa como o centro de massa do gás estão em repouso e o gás está a uma temperatura mais elevada.

que é importante. A variação dS da entropia de um sistema, quando ele passa de um estado para outro, é definida como

$$dS = \frac{dQ_{rev}}{T} \qquad 19\text{-}12$$

DEFINIÇÃO: VARIAÇÃO DA ENTROPIA

onde dQ_{rev} é o calor absorvido pelo sistema em um processo *reversível*. Se dQ_{rev} é negativo, então a variação da entropia do sistema tem um valor negativo, significando que a entropia do sistema diminuiu.

O termo dQ_{rev} não significa que uma transferência de calor reversível deva ocorrer para que a entropia de um sistema varie. De fato, há muitas situações nas quais a entropia de um sistema varia enquanto não há nenhuma transferência de calor como, por exemplo, no caso da caixa de gás que colide com a parede na Figura 19-9. A Equação 19-12 simplesmente nos dá um método para *calcular* a diferença de entropia entre dois estados de um sistema. Como a entropia é uma função de estado, a variação da entropia quando o sistema se move de um estado inicial para um estado final depende apenas dos estados inicial e final do sistema, e não do processo através do qual a variação ocorreu. Isto é, se S_1 é a entropia do sistema quando ele está no estado 1 e se S_2 é a entropia do sistema quando ele está no estado 2, então calculamos a diferença de entropia $S_2 - S_1$ através da integral $\int_1^2 dQ/T$ para *qualquer* caminho (processo) reversível que leve o sistema do estado 1 para o estado 2.

ENTROPIA DE UM GÁS IDEAL

Podemos verificar que dQ_{rev}/T é, de fato, a diferencial de uma função de estado para um gás ideal (mesmo que dQ_{rev} não o seja). Seja um processo reversível quase-estático arbitrário no qual um sistema constituído por um gás ideal absorve uma quantidade de calor dQ_{rev}. De acordo com a primeira lei, dQ_{rev} se relaciona com a variação da energia interna dE_{int} do gás e com o trabalho realizado sobre o gás ($dW_{\text{sobre o gás}} = -P\,dV$) por

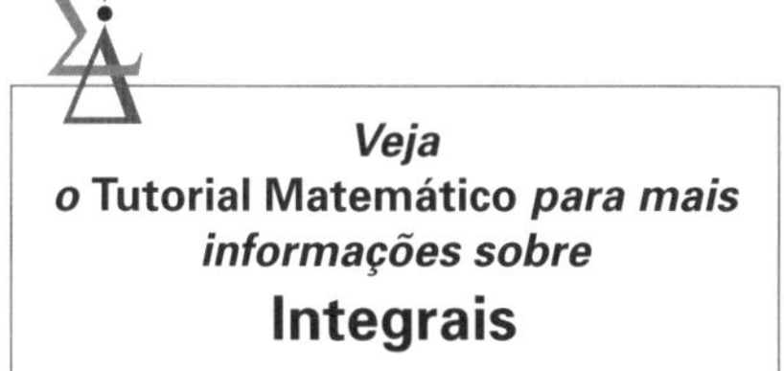
Veja
o Tutorial Matemático para mais informações sobre
Integrais

$$dE_{int} = dQ_{rev} + dW_{\text{sobre o gás}} = dQ_{rev} - P\,dV$$

Para um gás ideal, podemos escrever dE_{int} em termos da capacidade térmica, $dE_{int} = C_v\,dT$, e podemos substituir P por nRT/V, da equação de estado. Então,

$$C_v\,dT = dQ_{rev} - nRT\frac{dV}{V} \qquad 19\text{-}13$$

A Equação 19-13 não pode ser integrada diretamente, a menos que conheçamos como T depende de V e como C_v depende de T. Esta é apenas outra maneira de dizer que dQ_{rev} não é a diferencial de uma função de estado Q_{rev}. Mas, se dividirmos cada termo por T, obtemos

$$C_v\frac{dT}{T} = \frac{dQ_{rev}}{T} - nR\frac{dV}{V} \qquad 19\text{-}14$$

Como C_v depende apenas de T, o termo da esquerda pode ser integrado, assim como o termo da direita.* Assim, dQ_{rev}/T é a diferencial de uma função, a função entropia S:

$$dS = \frac{dQ_{rev}}{T} = C_v\frac{dT}{T} + nR\frac{dV}{V} \qquad 19\text{-}15$$

Por simplicidade, consideraremos C_v constante. Integrando a Equação 19-15 do estado 1 para o estado 2, obtemos

$$\Delta S = \int \frac{dQ_{rev}}{T} = C_v \ln\frac{T_2}{T_1} + nR\ln\frac{V_2}{V_1} \qquad 19\text{-}16$$

VARIAÇÃO DA ENTROPIA PARA UM GÁS IDEAL

* Matematicamente, o fator $1/T$ é chamado de fator de integração para a Equação 19-13.

A Equação 19-16 dá a variação da entropia de um gás ideal que se dirige de um estado inicial de volume V_1 e temperatura T_1 para um estado final de volume V_2 e temperatura T_2.

VARIAÇÃO DA ENTROPIA PARA VÁRIOS PROCESSOS

ΔS para uma expansão isotérmica de um gás ideal Se um gás ideal sofre uma expansão isotérmica, então $T_2 = T_1$ e a variação de entropia é

$$\Delta S = \int \frac{dQ_{rev}}{T} = 0 + nR \ln \frac{V_2}{V_1} \qquad 19\text{-}17$$

A variação da entropia do gás é positiva porque V_2 é maior do que V_1. Durante este processo, uma quantidade de calor Q_{rev} é liberada pelo reservatório e é absorvida pelo gás. Este calor é igual ao trabalho realizado pelo gás:

$$Q_{rev} = W_{\text{pelo gás}} = \int_{V_1}^{V_2} P\,dV = nRT \int_{V_1}^{V_2} \frac{dV}{V} = nRT \ln \frac{V_2}{V_1} \qquad 19\text{-}18$$

A variação da entropia do gás é $+Q_{rev}/T$. Como a mesma quantidade de calor é liberada pelo reservatório à temperatura T, a variação da entropia do reservatório é $-Q_{rev}/T$. A variação resultante de entropia, do gás mais do reservatório, é zero. Vamos nos referir ao sistema em estudo, junto com sua vizinhança, como "universo". Este exemplo ilustra um resultado geral:

> Durante um processo reversível, a variação da entropia do universo é zero.

ΔS para uma expansão livre de um gás ideal Na expansão livre de um gás, discutida na Seção 18-4, o gás está, inicialmente, confinado em um compartimento de um reservatório que está conectado por uma válvula a um outro compartimento que está evacuado. O sistema como um todo tem paredes rígidas e está isolado termicamente de sua vizinhança, de maneira que calor nem pode ser absorvido nem liberado pelo sistema, e nenhum trabalho pode ser realizado sobre ele (ou por ele) (Figura 19-10). Quando a válvula é aberta, rapidamente o gás entra na câmara vazia. O gás acaba atingindo o equilíbrio térmico. Como nenhum trabalho é realizado sobre o gás e nenhum calor é absorvido ou liberado por ele, a energia interna final deve ser igual à energia interna inicial. Se considerarmos o gás como ideal, então sua energia interna depende apenas da temperatura T e, portanto, sua temperatura final será igual à temperatura inicial.

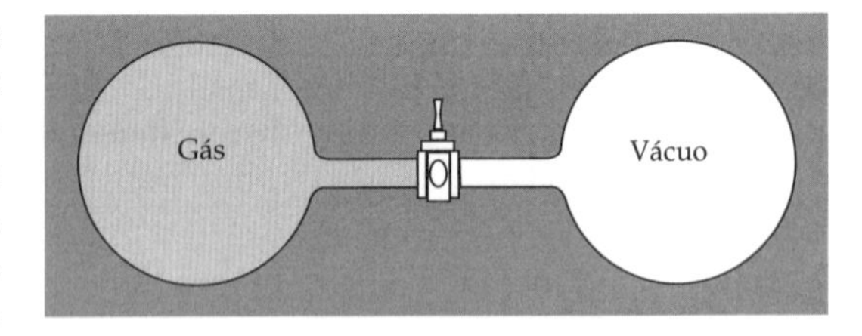

FIGURA 19-10 Expansão livre adiabática de um gás. Quando a válvula é aberta, o gás se expande rapidamente para a câmara vazia. As energias internas inicial e final do gás são iguais, porque nenhum trabalho é realizado sobre o gás durante a expansão, já que o sistema inteiro está isolado de sua vizinhança, e porque as capacidades térmicas das câmaras e da válvula são desprezíveis.

Poderíamos pensar que não há variação da entropia do gás, porque não há transferência de calor. Mas este processo não é reversível e, portanto, $\int dQ/T$ não pode ser usado para determinar a variação da entropia do gás. Entretanto, os estados inicial e final do gás na expansão livre são os mesmos que para o gás na expansão isotérmica que acabamos de discutir. *Como a variação da entropia de um sistema, para qualquer processo, depende apenas dos estados inicial e final do sistema, a variação da entropia do gás para a expansão livre é a mesma que para a expansão isotérmica.* Se V_1 é o volume inicial do gás e V_2 é seu volume final, a variação da entropia do gás é dada pela Equação 19-17, ou

$$\Delta S_{\text{gás}} = nR \ln \frac{V_2}{V_1}$$

Neste caso, não há variações na vizinhança e, portanto, a variação da entropia do gás também é a variação da entropia do universo:

$$\Delta S_u = nR \ln \frac{V_2}{V_1} \qquad 19\text{-}19$$

Observe que, como V_2 é maior do que V_1, a variação da entropia do universo para este processo irreversível é positiva; isto é, a entropia do universo aumenta. Isto também é um resultado geral:

> Durante um processo irreversível, a entropia do universo aumenta.

Se o volume final durante a expansão livre fosse menor do que o volume inicial, então a entropia do universo diminuiria — mas isto não acontece durante expansões livres. Isto é, um gás não se contrai livremente para um volume menor.* Isto nos leva ainda a outro enunciado para a segunda lei da termodinâmica:

Para qualquer processo, a entropia do universo nunca diminui.

Exemplo 19-8 Expansão Livre de um Gás Ideal

Determine a variação da entropia para a expansão livre de 0,75 mol de um gás ideal, de $V_1 = 1{,}5$ L para $V_2 = 3{,}0$ L.

SITUAÇÃO Na expansão livre de um gás ideal as temperaturas inicial e final são iguais. Assim, a variação da entropia ΔS para a expansão livre, de V_1 até V_2, é a mesma que para um processo isotérmico de V_1 até V_2. Para o processo isotérmico, $\Delta E_{int} = 0$, logo $Q = W_{pelo\ gás}$. Primeiro calculamos Q e, então, igualamos $\Delta S = Q/T$.

SOLUÇÃO

1. A variação da entropia é a mesma que para uma expansão isotérmica reversível de V_1 até V_2:

$$\Delta S = \Delta S_{isotérmica} = \int_1^2 \frac{dQ_{rev}}{T} = \frac{1}{T}\int_1^2 dQ_{rev} = \frac{Q}{T}$$

2. O calor Q que seria absorvido pelo gás em uma expansão isotérmica à temperatura T é igual ao trabalho realizado pelo gás durante a expansão:

$$Q = W_{pelo\ gás} = nRT \ln\frac{V_2}{V_1}$$

3. Substitua este valor de Q para calcular ΔS:

$$\Delta S = \frac{Q}{T} = nR\ln\frac{V_2}{V_1} = (0{,}75\ \text{mol})(8{,}31\ \text{J/(mol}\cdot\text{K)})\ln 2$$

$$= \boxed{4{,}3\ \text{J/K}}$$

CHECAGEM No passo 3, os moles se cancelam, restando joules por kelvin como unidade, o que é correto para variações de entropia porque, por definição, $\Delta S = \int dQ/T$.

Um organismo vivo consiste em matéria altamente organizada. O crescimento de um organismo vivo constitui uma violação da segunda lei da termodinâmica? Isto é, durante este processo, a entropia do universo aumenta ou diminui?

***ΔS* para processos à pressão constante** Se uma substância é aquecida da temperatura T_1 até a temperatura T_2 à pressão constante, o calor absorvido dQ está relacionado à variação de temperatura dT por

$$dQ = C_p\,dT$$

Podemos reproduzir com boa aproximação a transferência de calor reversível se tivermos um grande número de reservatórios térmicos com temperaturas variando desde um valor levemente maior do que T_1 até T_2, em incrementos muito pequenos. Podemos colocar a substância, com temperatura inicial T_1, em contato com o primeiro reservatório, a uma temperatura levemente maior do que T_1, e deixar a substância absorver uma pequena quantidade de calor. Como a transferência de calor de cada reservatório é aproximadamente isotérmica, o processo é aproximadamente reversível. Colocamos, então, a substância em contanto com o próximo reservatório, a uma temperatura levemente maior, e assim por diante, até que a temperatura final T_2 seja atingida. Se o calor dQ é absorvido de maneira reversível, a variação da entropia da substância é

$$dS = \frac{dQ}{T} = C_p\frac{dT}{T}$$

Integrando de T_1 até T_2, obtemos a variação total da entropia da substância:

$$\Delta S = C_p\int_{T_1}^{T_2}\frac{dT}{T} = C_p\ln\frac{T_2}{T_1} \qquad 19\text{-}20$$

Este resultado fornece a variação da entropia de uma substância que é aquecida de T_1 até T_2 por qualquer processo, reversível ou irreversível, contanto que a pressão final

* O que realmente acontece é que a probabilidade de um gás contrair-se livremente para um volume menor é minúscula (exceto quando o gás contém apenas um número extremamente pequeno de moléculas).

seja igual à pressão inicial e que C_p seja constante. Ele também fornece a variação da entropia de uma substância que é resfriada. No caso de resfriamento, T_2 é menor do que T_1 e $\ln(T_2/T_1)$ é negativo, o que dá uma variação negativa de entropia.

PROBLEMA PRÁTICO 19-5

Determine a variação da entropia de 1,00 kg de água que é aquecida, à pressão constante, de 0°C até 100°C.

PROBLEMA PRÁTICO 19-6

Deduza a Equação 19-20 diretamente da Equação 19-16.

Exemplo 19-9 Variações de Entropia durante uma Transferência de Calor

Suponha que uma quantidade de 1,00 kg de água, a uma temperatura $T_1 = 30{,}0°\text{C}$, seja adicionada a uma quantidade de 2,00 kg de água, a $T_2 = 90{,}0°\text{C}$, em um calorímetro isolado de capacidade térmica desprezível, à pressão constante de 1,00 atm. (*a*) Determine a variação da entropia do sistema. (*b*) Determine a variação da entropia do universo.

SITUAÇÃO Quando as duas quantidades de água são combinadas, elas atingirão uma temperatura final de equilíbrio, T_f, que pode ser determinada igualando-se o calor liberado ao calor absorvido. Para calcular a variação da entropia de cada quantidade de água consideramos um aquecimento reversível isobárico (pressão constante) da quantidade de 1,00 kg de água de 30°C até T_f, e um resfriamento reversível isobárico da quantidade de 2,00 kg de água de 90°C até T_f, usando a Equação 19-20. A variação da entropia do sistema é a soma das variações de entropia de cada parte. A variação da entropia do universo é a variação da entropia do sistema mais a variação da entropia da vizinhança. Para determinar a variação da entropia da vizinhança, suponha que uma quantidade desprezível de calor é absorvida ou liberada pelo calorímetro durante o tempo em que a água leva para atingir sua temperatura final.

SOLUÇÃO

(*a*) 1. Calcule T_f, igualando o calor liberado ao calor absorvido:

$$T_f = 70°\text{C} = 343\ \text{K}$$

2. Use seu resultado para T_f e a Equação 19-20 para calcular ΔS_1 e ΔS_2:

$$\Delta S_1 = \int_1^f \frac{dQ_{rev}}{T} = \int_{T_1}^{T_f} \frac{C_p\,dT}{T} = C_p \int_{T_1}^{T_f} \frac{dT}{T} = C_p \ln\frac{T_f}{T_1} = m_1 c_p \ln\frac{T_f}{T_1}$$

$$= (1{,}00\ \text{kg})(4{,}184\ \text{kJ/kg}\cdot\text{K}) \ln\frac{343\ \text{K}}{303\ \text{K}} = 0{,}519\ \text{kJ/K}$$

$$\Delta S_2 = (2{,}00\ \text{kg})(4{,}184\ \text{kJ/kg}\cdot\text{K}) \ln\frac{343\ \text{K}}{363\ \text{K}} = -0{,}474\ \text{kJ/K}$$

3. Some ΔS_1 com ΔS_2 para determinar a variação da entropia total do sistema:

$$\Delta S_{\text{sistema}} = \boxed{+0{,}045\ \text{kJ/K}}$$

(*b*) 1. O calorímetro está isolado, logo a vizinhança permanece inalterada:

$$\Delta S_{\text{vizinhança}} = 0$$

2. Some $\Delta S_{\text{sistema}}$ com $\Delta S_{\text{vizinhança}}$ para determinar a variação da entropia do universo:

$$\Delta S_u = \boxed{+0{,}045\ \text{kJ/K}}$$

CHECAGEM O resultado da Parte (*b*) é um número positivo, como esperado. (O processo é irreversível e a variação da entropia do universo nunca é negativa.)

ΔS para uma colisão perfeitamente inelástica Como energia mecânica é convertida em energia térmica interna durante uma colisão inelástica, este processo é, claramente, irreversível. A entropia do universo deve, portanto, aumentar. Seja um bloco de massa m caindo de uma altura h e sofrendo uma colisão perfeitamente inelástica com o solo. Suponha que o bloco, o solo e a atmosfera estejam à mesma temperatura T, que não varia significativamente durante o processo. Se considerarmos o bloco, o solo e a atmosfera como o nosso sistema termicamente isolado, não há absorção ou liberação de calor pelo sistema. O estado do sistema variou porque sua energia interna aumentou de uma quantidade igual a mgh. Esta é a mesma variação que ocorreria se somássemos calor $Q = mgh$ ao sistema à temperatura constante T. Para calcular a variação da entropia do sistema consideramos, então, um processo reversível em que calor $Q_{rev} = mgh$ é absorvido à temperatura constante T. De acordo com a Equação 19-12, a variação da entropia do sistema é, portanto,

$$\Delta S = \frac{Q_{rev}}{T} = \frac{mgh}{T}$$

Esta variação positiva de entropia é, também, a variação da entropia do universo.

ΔS para transferência de calor de um reservatório para outro Transferência de calor também é um processo irreversível e, portanto, esperamos que a entropia do universo aumente quando isto ocorre. Considere o caso simples de calor Q transferido de um reservatório quente, à temperatura T_q, para um reservatório frio, à temperatura T_f. O estado de um reservatório térmico é determinado apenas pela sua temperatura e pela sua energia interna. A variação da entropia de um reservatório, devida à transferência de calor, independe de se a transferência é reversível ou não. Se uma quantidade de calor Q é absorvida por um reservatório à temperatura T, então a entropia do reservatório aumenta de Q/T, e se uma quantidade de calor Q é liberada por um reservatório à temperatura T, então a entropia do reservatório varia de $-Q/T$. No caso de transferência de calor, o reservatório quente libera calor, logo sua variação de entropia é

$$\Delta S_q = -\frac{Q}{T_q}$$

O reservatório frio absorve calor, logo sua variação de entropia é

$$\Delta S_f = +\frac{Q}{T_f}$$

A variação resultante da entropia do universo é

$$\Delta S_u = \Delta S_f + \Delta S_q = \frac{Q}{T_f} - \frac{Q}{T_q} \qquad \text{19-21}$$

Observe que, como o calor é transferido de um reservatório quente para um reservatório frio, a variação da entropia do universo é positiva.

ΔS para um ciclo de Carnot Como o ciclo de Carnot é, por definição, reversível, a variação da entropia do universo depois de cumprido um ciclo deve ser zero. Demonstramos isto mostrando que a variação da entropia dos reservatórios de uma máquina de Carnot é zero. (Como uma máquina de Carnot trabalha em um ciclo, a variação da entropia da própria máquina é zero, logo a variação da entropia do universo é apenas a soma das variações de entropia dos reservatórios.) A variação da entropia do reservatório quente é $\Delta S_q = -(Q_q/T_q)$ e a variação da entropia do reservatório frio é $\Delta S_f = +(Q_f/T_f)$. As quantidades de calor Q_q e Q_f estão relacionadas às temperaturas T_q e T_f pela definição de temperatura termodinâmica (Equação 19-7):

$$\frac{T_f}{T_q} = \frac{Q_f}{Q_q} \qquad \left(\text{ou } \frac{Q_q}{T_q} = \frac{Q_f}{T_f}\right)$$

A variação da entropia do universo é, portanto,

$$\Delta S_u = \Delta S_{máquina} + \Delta S_h + \Delta S_c = 0 - \frac{Q_h}{T_h} + \frac{Q_c}{T_c} = 0$$

A variação da entropia do universo é zero, como esperado.

Observe que desprezamos qualquer variação de entropia associada à energia transferida como trabalho da máquina de Carnot para sua vizinhança. Se este trabalho é usado para elevar um peso ou para algum outro processo ordenado, então não há variação de entropia. Entretanto, se este trabalho é usado para empurrar um bloco sobre uma mesa ou outra superfície onde o atrito está envolvido, então há um aumento adicional de entropia associado a este trabalho.

Exemplo 19-10 Variações de Entropia em um Ciclo de Carnot

Durante cada ciclo, uma máquina de Carnot absorve 100 J de um reservatório a 400 K, realiza trabalho e libera calor para um reservatório a 300 K. Calcule a variação da entropia de cada reservatório em cada ciclo e mostre, explicitamente, que a variação da entropia do universo é zero para este processo reversível.

SITUAÇÃO Como a máquina trabalha durante um ciclo, sua variação de entropia é zero. Calculamos, então, a variação da entropia de cada reservatório e somamos os valores para obter a variação da entropia do universo.

SOLUÇÃO

1. A variação da entropia do universo é igual à soma das variações de entropia dos reservatórios:
$$\Delta S_u = \Delta S_{400} + \Delta S_{300}$$
2. Calcule a variação da entropia do reservatório quente:
$$\Delta S_{400} = -\frac{Q_q}{T_q} = -\frac{100\text{ J}}{400\text{ K}} = \boxed{-0{,}250\text{ J/K}}$$
3. A variação da entropia do reservatório frio é Q_f dividido por T_f, onde $Q_f = Q_q - W$:
$$\Delta S_{300} = \frac{Q_f}{T_f} = \frac{Q_q - W}{T_f}$$
4. Usamos $W = \varepsilon_C Q_q$ (Equação 19-2) para relacionar W com Q_q. O rendimento é o rendimento de Carnot (Equação 19-6):
$$W = \varepsilon Q_q, \text{ em que } \varepsilon = \varepsilon_C = 1 - (T_f/T_q),$$
$$\text{logo } W = \left(1 - \frac{T_f}{T_q}\right)Q_q$$
5. Calcule a variação da entropia do reservatório frio:
$$\Delta S_{300} = \frac{Q_q - W}{T_f} = \frac{Q_q - Q_q\left(1 - \frac{T_f}{T_q}\right)}{T_f} = \frac{Q_q}{T_q}$$
$$= \frac{100\text{ J}}{400\text{ K}} = \boxed{0{,}250\text{ J/K}}$$
6. Substitua estes resultados no passo 1 para determinar a variação da entropia do universo:
$$\Delta S_u = \Delta S_{400} + \Delta S_{300}$$
$$\Delta S_u = -0{,}250\text{ J/K} + 0{,}250\text{ J/K} = \boxed{0{,}000\text{ J/K}}$$

CHECAGEM A variação da entropia do universo é positiva, como exigido pela segunda lei da termodinâmica.

INDO ALÉM Suponha que uma máquina comum, não-reversível, retire 100 J do reservatório quente. Como seu rendimento deve ser menor do que o da máquina de Carnot, ela realizará um trabalho menor e liberará mais calor para o reservatório frio. Então, o aumento da entropia do reservatório frio será maior do que a diminuição da entropia do reservatório quente, e a variação da entropia do universo será positiva.

Exemplo 19-11 O Diagrama *ST* — *Conceitual*

Como a entropia é uma função de estado, os processos termodinâmicos podem ser representados por diagramas *ST*, *SV* ou *SP*, além dos diagramas *PV* que utilizamos até agora. Esboce o ciclo de Carnot em um diagrama *ST*.

SITUAÇÃO O ciclo de Carnot consiste, na seqüência, em uma expansão isotérmica reversível, de uma expansão adiabática reversível, de uma compressão isotérmica reversível e, finalmente, de uma compressão adiabática reversível. Durante os processos isotérmicos, calor é absorvido ou liberado de maneira reversível e, portanto, *S* aumenta ou diminui, mas *T* permanece constante. Durante os processos adiabáticos, a temperatura varia mas, como $\Delta Q_{rev} = 0$, *S* é constante.

SOLUÇÃO

1. Durante a expansão isotérmica reversível (1 até 2, na Figura 19-11*a*), calor é absorvido de maneira reversível, logo *S* aumenta e *T* permanece constante:

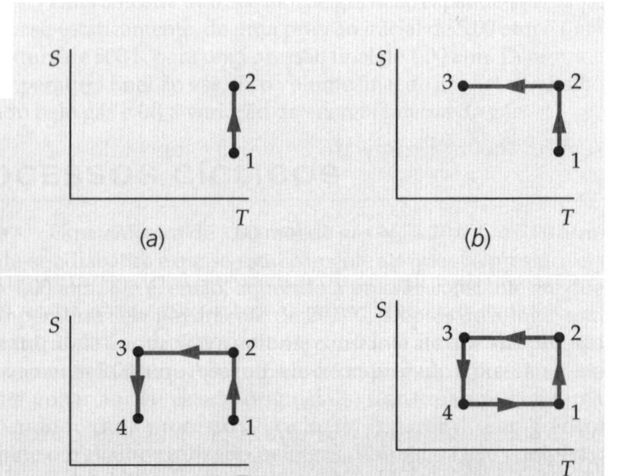

FIGURA 19-11 Um diagrama *S versus T* para um ciclo de Carnot usando um gás ideal.

2. Durante a expansão adiabática reversível (2 até 3, na Figura 19-11*b*), S permanece constante enquanto T diminui:

3. Durante a compressão isotérmica reversível (3 até 4, na Figura 19-11*c*), calor é liberado de maneira reversível, logo S diminui e T permanece constante:

4. Durante a compressão adiabática reversível (4 até 1, na Figura 19-11*d*), S permanece constante enquanto T aumenta:

CHECAGEM O diagrama S *versus* T é uma curva fechada, como esperado. Isto é esperado para um ciclo completo, pois tanto S quanto T são funções de estado.

INDO ALÉM O ciclo de Carnot é um retângulo em um diagrama S *versus* T.

19-6 ENTROPIA E A DISPONIBILIDADE DE ENERGIA

Quando ocorre um processo irreversível a energia é conservada, mas parte dela torna-se indisponível para a realização de trabalho e é "perdida". Considere um bloco caindo no chão. A variação da entropia do universo, para este processo, é mgh/T. Quando o bloco estava a uma altura h, sua energia potencial mgh poderia ter sido usada para realizar trabalho. Porém, depois da colisão inelástica do bloco com o chão, esta energia não estará mais totalmente disponível para a realização de trabalho aproveitável, porque ela terá se transformado em energia interna desordenada do bloco e de sua vizinhança.

A energia que se tornou indisponível (perdida) é igual a $mgh = T\,\Delta S_u$. Este é um resultado geral:

> Durante um processo irreversível, uma quantidade de energia igual a $T\,\Delta S_u$ torna-se indisponível para a realização de trabalho, onde T é a temperatura do reservatório mais frio disponível.

Por simplicidade, chamaremos a energia que se tornou indisponível para a realização de trabalho de "trabalho perdido":

$$W_{\text{perdido}} = T\,\Delta S_u \qquad \text{19-22}$$

Exemplo 19-12 Uma Caixa Deslizando Revisitada

Suponha que a caixa mostrada nas Figuras 19-9*a* e 19-9*b* tenha 2,4 kg de massa e deslize com uma rapidez $v = 3{,}0$ m/s antes de colidir com uma parede fixa e parar. A temperatura T de caixa, mesa e vizinhança é 293 K e não varia apreciavelmente enquanto a caixa atinge o repouso. Determine a variação da entropia do universo.

SITUAÇÃO A energia mecânica inicial da caixa, $\frac{1}{2}Mv^2$, é convertida em energia interna do sistema caixa–parede–vizinhança. A variação da entropia é equivalente à que ocorreria se uma quantidade de calor $Q = \frac{1}{2}Mv^2$ fosse absorvida, de maneira reversível, pelo sistema caixa–parede.

SOLUÇÃO

1. A variação da entropia do universo é Q/T:

$$\Delta S_u = \frac{Q}{T} = \frac{\frac{1}{2}Mv^2}{T} = \frac{\frac{1}{2}(2{,}4\text{ kg})(3{,}0\text{ m/s})^2}{293\text{ K}}$$

$$\Delta S_u = \boxed{37\text{ mJ/K}}$$

CHECAGEM O resultado é maior do que zero, como é sempre o caso para um processo irreversível.

INDO ALÉM A energia é conservada, mas a energia $T\,\Delta S_u = \frac{1}{2}Mv^2$ não está mais disponível para a realização de trabalho.

Durante a expansão livre discutida anteriormente, a capacidade de realização de trabalho foi totalmente perdida. Naquele caso, a variação da entropia do universo foi de $nR\ln(V_2/V_1)$, de forma que o trabalho perdido foi de $nRT\ln(V_2/V_1)$. Esta é a quantidade de trabalho que poderia ter sido realizado se o gás tivesse sofrido uma expansão quase-estática e isotérmica de V_1 até V_2, como dado pela Equação 19-17.

Se todo o calor Q liberado por um reservatório quente é absorvido por um reservatório frio, a variação da entropia do universo é dada pela Equação 19-21 e o trabalho perdido é

$$W_{\text{perdido}} = T_f \Delta S_u = T_f\left(\frac{Q}{T_f} - \frac{Q}{T_q}\right) = Q\left(1 - \frac{T_f}{T_q}\right)$$

Podemos ver que este é exatamente o trabalho que poderia ter sido realizado por uma máquina de Carnot funcionando entre estes reservatórios, retirando calor Q do reservatório quente e realizando trabalho $W = \varepsilon_C Q$, onde $\varepsilon_C = 1 - T_f/T_q$.

19-7 ENTROPIA E PROBABILIDADE

A entropia, que é uma medida do grau de desordem de um sistema, está relacionada à probabilidade. Essencialmente, um estado mais ordenado tem uma probabilidade relativamente baixa, enquanto um estado menos ordenado tem uma probabilidade relativamente alta. Portanto, durante um processo irreversível o universo se desloca de um estado de probabilidade relativamente baixa para outro de probabilidade relativamente alta.

Vamos considerar uma expansão livre na qual um gás se expande de um volume inicial V_1 para um volume final $V_2 = 2V_1$. A variação da entropia do universo, para este processo, é dada pela Equação 19-19:

$$\Delta S = nR\ln\frac{V_2}{V_1} = nR\ln 2$$

Por que este processo é irreversível? Por que o gás não se contrai, espontaneamente, de volta ao seu volume original? Tal contração não violaria a primeira lei da termodinâmica, já que não há variação de energia envolvida. A razão pela qual o gás não se contrai até o seu volume original é meramente porque uma tal contração é extremamente *improvável*.

Exemplo 19-13 A Probabilidade de uma Contração Livre

Considere um gás constituído por apenas 10 moléculas que ocupam um cubo. Qual é a probabilidade de que todas as 10 moléculas estejam na metade esquerda do cubo, em um dado instante?

SITUAÇÃO A probabilidade de que qualquer uma das moléculas esteja na metade esquerda do recipiente, em determinado instante, é $\frac{1}{2}$. Usando esta informação, podemos calcular a probabilidade de que todas as 10 moléculas estejam, em determinado instante, na metade esquerda.

SOLUÇÃO

1. A probabilidade de que qualquer uma das moléculas esteja na metade esquerda é a mesma para que ela esteja na metade direita:

   A probabilidade de que uma dada molécula esteja na metade esquerda do recipiente, em determinado instante, é $\frac{1}{2}$.

2. A probabilidade de que as moléculas 1 e 2 estejam ambas na metade esquerda (em determinado instante) é a probabilidade de que a molécula 1 esteja na metade esquerda vezes a probabilidade de que a molécula 2 esteja na metade esquerda:

   A probabilidade de que duas determinadas moléculas estejam, ambas, na metade esquerda (em determinado instante) é $\frac{1}{2} \times \frac{1}{2} = \frac{1}{4}$. A probabilidade é a mesma para que as moléculas 1 e 2 estejam ambas na metade esquerda, ambas na metade direita, para que a molécula 1 esteja na metade esquerda e a molécula 2 esteja na metade direita, e para que a molécula 2 esteja na metade esquerda e a molécula 1 esteja na metade direita. A probabilidade para qualquer uma destas opções é $\frac{1}{4}$.

3. A probabilidade de que as moléculas 1, 2 e 3 estejam todas na metade esquerda, em determinado instante, é igual à probabilidade de que as moléculas 1 e 2 estejam, ambas, na metade esquerda vezes a probabilidade de que a molécula 3 esteja na metade esquerda:

A probabilidade de que três determinadas moléculas estejam na metade esquerda (em determinado instante) é $\frac{1}{2} \times \frac{1}{2} \times \frac{1}{2} = \left(\frac{1}{2}\right)^3 = \frac{1}{8}$.

4. Continuando com esta linha de raciocínio para determinar a probabilidade de que todas as 10 moléculas estejam na metade esquerda, obtemos:

A probabilidade de que todas as 10 moléculas estejam na metade esquerda (em determinado instante) é $\boxed{\left(\frac{1}{2}\right)^{10} = \frac{1}{1024}}$

CHECAGEM Sabemos, intuitivamente, que a probabilidade de que todas as 10 moléculas estejam no lado esquerdo em um dado instante é muito pequena. Ela é a mesma para que uma moeda lançada caia com a cara para cima 10 vezes em seqüência.

Apesar de a probabilidade de encontrar todas as 10 moléculas do Exemplo 19-13 em um dos lados do recipiente ser pequena, não ficaríamos completamente surpresos ao ver isto acontecer. Se olhássemos o gás uma vez a cada segundo, poderíamos esperar ver isto acontecer uma vez a cada 1024 segundos, ou aproximadamente uma vez a cada 17 minutos. Se começamos com as 10 moléculas distribuídas aleatoriamente e, depois, encontramos todas elas na metade esquerda do volume original, a entropia do universo terá *diminuído* de $nR \ln 2$. Entretanto, este decréscimo é extremamente pequeno porque o número n de moles correspondente a 10 moléculas é apenas cerca de 10^{-23}. Além disso, isto violaria o enunciado da segunda lei da termodinâmica para a entropia que afirma que, para qualquer processo, a entropia do universo nunca diminui. Assim, se desejamos aplicar a segunda lei da termodinâmica a sistemas microscópicos como o constituído por um pequeno número de moléculas, devemos considerar a segunda lei como um enunciado *probabilístico*.

Podemos relacionar a probabilidade de um gás contrair-se espontaneamente para um volume menor com a variação da sua entropia. Se o volume original é V_1, a probabilidade p de encontrar N moléculas em um volume menor V_2 é

$$p = \left(\frac{V_2}{V_1}\right)^N$$

Tomando o logaritmo natural dos dois lados desta equação, obtemos

$$\ln p = N \ln \frac{V_2}{V_1} = nN_A \ln \frac{V_2}{V_1} \qquad 19\text{-}23$$

onde n é o número de moles e N_A é o número de Avogadro. A variação da entropia do gás é

$$\Delta S = nR \ln \frac{V_2}{V_1} \qquad 19\text{-}24$$

Substituindo $n \ln(V_2/V_1)$ na Equação 19-24, vemos que

$$\Delta S = \frac{R}{N_A} \ln p = k \ln p \qquad 19\text{-}25$$

onde $k = R/N_A$ é a constante de Boltzmann.

Pode ser intrigante aprender que processos irreversíveis, tais como a contração espontânea de um gás ou a transferência espontânea de calor de um corpo frio para um corpo quente, não são impossíveis — eles são apenas improváveis. Como acabamos de ver, há uma probabilidade razoável de que um processo irreversível ocorra em um sistema constituído por um número muito pequeno de moléculas; entretanto, *a própria termodinâmica é aplicável apenas a sistemas macroscópicos*, isto é, a sistemas que têm um número muito grande de moléculas. Imagine a tentativa de se medir a pressão de um gás constituído por apenas 10 moléculas. A pressão variaria muito, dependendo de se nenhuma molécula, 2 moléculas ou 10 moléculas estivessem colidindo contra a parede do recipiente no instante da medida. As variáveis macroscópicas de pressão e temperatura não são aplicáveis a um sistema microscópico com apenas 10 moléculas.

Quando aumentamos o número de moléculas de um sistema, a probabilidade de ocorrência de um processo para o qual a entropia do universo diminua decai dramaticamente. Por exemplo, se tivermos 50 moléculas em um recipiente, a probabilidade de que todas elas estejam na metade esquerda do recipiente é $(\frac{1}{2})^{50} \approx 10^{-15}$. Assim, se olharmos o gás uma vez a cada segundo, poderemos esperar ver todas as 50 moléculas na metade esquerda do volume aproximadamente uma vez a cada 10^{15} segundos, ou uma vez a cada 36 milhões de anos! Para 1 mol (6×10^{23} moléculas), a probabilidade de que todas ocupem uma metade do volume é extremamente pequena, essencialmente zero. Para sistemas macroscópicos, então, a probabilidade de um processo resultar em um decréscimo da entropia do universo é tão extremamente pequena que a distinção entre improvável e impossível deixa de ter significado.

Física em Foco

A Perpétua Batalha sobre o Movimento Perpétuo

Algumas pessoas sonham obter trabalho de graça. Máquinas com movimento perpétuo, que realizem trabalho efetivo sem consumo de energia, ou que sejam completamente eficientes, são o foco desses sonhos. O movimento perpétuo não pode funcionar. Os físicos classificam as máquinas de movimento perpétuo em duas categorias, dependendo de qual lei da termodinâmica elas violam.

As máquinas da primeira categoria violam a primeira lei da termodinâmica — elas criariam energia do nada ou criariam mais energia do que usam. As primeiras tentativas conhecidas de movimento perpétuo envolveram o movimento rotatório e a gravidade. Uma roda desbalanceada possuía bastões articulados que poderiam, supostamente, fazer a roda girar perpetuamente em um dos sentidos. Outro projeto, criado por Leonardo da Vinci, envolvia uma roda d'água que alimentava, simultaneamente, um moinho e uma bomba que bombeava a água até uma altura suficiente para alimentar a própria roda.* Nenhuma destas tentativas levou em consideração a energia necessária para mover os bastões articulados com relação à roda maior, ou a energia perdida em girar a própria roda d'água.

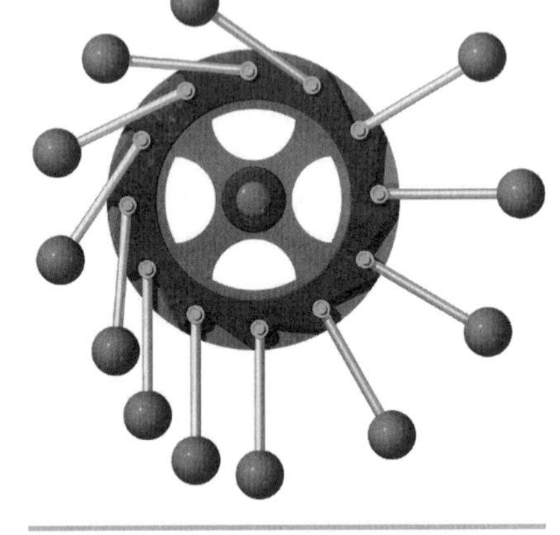

A roda apenas parece estar desequilibrada. Entretanto, observe que há mais bolas à esquerda do eixo do que à direita. Um cálculo do centro de massa mostrará que ele se encontra diretamente abaixo do eixo. (Reduzir o número de bolas para quatro torna este cálculo relativamente simples.)

Mais tarde, o empuxo e o movimento rotatório foram parte de tentativas populares de alcançar o movimento perpétuo.† Projetos com rodas e esteiras, baseados no empuxo, incluíam reservatórios de ar, correntes e mangueiras conectadas.‡ Nenhum desses projetos levou em consideração o trabalho necessário para encher os reservatórios de ar, nem o trabalho necessário para mover os pesos internos.

As máquinas da segunda categoria violam a segunda lei da termodinâmica. Essas máquinas não se propõem a criar energia. Elas são máquinas movidas a calor ou a vapor, com rendimento impossível. Uma dessas máquinas mais famosas foi o Zeromotor, proposto por John Gamgee em 1880 para acionar hélices de navios.# O Zeromotor era um motor de amônia especialmente projetado. Como a amônia ferve a uma temperatura próxima de 0°C, amônia líquida seria injetada em um cilindro com um pistão. A amônia se expandiria e empurraria o pistão. A ação de empurrar o pistão resfriaria a amônia o suficiente para que ela se condensasse, se expandisse novamente e repetisse todo o ciclo sem absorver ou liberar calor. Isto contradiz diretamente o trabalho de Carnot. O Zeromotor de Gamgee não funcionou, é claro. Nem qualquer uma das outras máquinas baseadas na violação da segunda lei da termodinâmica. O vapor nunca se condensa e a máquina térmica nunca completa um único ciclo completo.

A Academia Francesa de Ciências proclamou que insistir na procura do movimento perpétuo era uma perda de tempo quando decidiu, em 1775, não mais considerar patentes de máquinas de movimento perpétuo.° Em 1856, os escritórios de patentes americano e britânico já não recomendavam a submissão de patentes de máquinas de movimento perpétuo.§ Entretanto, algumas pessoas ainda querem trabalho de graça. É possível encontrar alegações recentes de máquinas que criam mais energia do que usam.¶ Também é possível encontrar cientistas frustrados com mais uma patente recusada** pelo escritório americano de patentes.†† A batalha perpétua sobre o movimento perpétuo se intensifica, mas os físicos são agora capazes de explicar por que ele não é possível.

* Leonardo3, "Pompe Meccaniche e a Moto Perpetuo," *Codex Atlanticus,* Milan: Leonardo3 srl, 2005.
† "Austin's Perpetual Motion," *Scientific American,* Mar. 27, 1847, Vol. 2, No. 27, 209.
‡ Diamond, David, "Gravity-Actuated Fluid Displacement Power Generator," United States Patent 3,934,964, Jan. 27, 1976.
\# Park, Robert, *Voodoo Science.* Oxford: Oxford University Press, 2000, 129–130.
° Ward, James, *Naturalism and Agnosticism, Vol I.* London: Black, 1906.
§ "Patent Correspondence," *Scientific American,* Sep. 1856, Vol. 20, No. 1, 343.
¶ Wine, Byron, "Energy Information." http://byronw.www1host.com/as of July, 2006.
** Voss, David, "'New Physics' Finds a Haven at the Patent Office," *Science,* May 21, 1999, Vol. 284, No. 5418, 1252–1254.
†† Collins, G. P., "There's No Stopping Them," *Scientific American,* Oct. 22, 2002, 41.

Resumo

A segunda lei da termodinâmica é uma lei fundamental da natureza.

TÓPICO	EQUAÇÕES RELEVANTES E OBSERVAÇÕES	
1. **Rendimento de uma Máquina Térmica**	Se a máquina absorve Q_q de um reservatório quente, realiza trabalho W e libera calor Q_f para um reservatório frio, seu rendimento é $$\varepsilon = \frac{W}{Q_q} = \frac{Q_q - Q_f}{Q_q} = 1 - \frac{Q_f}{Q_q}$$	19-2
2. **Coeficiente de Desempenho de um Refrigerador**	$$\text{CD} = \frac{Q_f}{W}$$	19-3
3. **Coeficiente de Desempenho de uma Bomba Térmica**	$$\text{CD}_{\text{BT}} = \frac{Q_q}{W}$$	19-8
4. **Enunciados Equivalentes da Segunda Lei da Termodinâmica**		
O enunciado de Kelvin	Nenhum sistema pode absorver calor de um único reservatório e convertê-lo inteiramente em trabalho sem que resultem outras variações do sistema e do ambiente que o cerca.	
O enunciado para máquinas térmicas	É impossível para uma máquina térmica, operando em um ciclo, produzir como *único efeito* o de retirar calor de um único reservatório e realizar uma quantidade equivalente de trabalho.	
O enunciado de Clausius	Um processo cujo único resultado efetivo seja o de retirar calor de um reservatório frio e liberar a mesma quantidade de calor para um reservatório quente é impossível.	
O enunciado para refrigeradores	É impossível para um refrigerador, operando em um ciclo, produzir como *único efeito* o de retirar calor de um corpo frio e liberar a mesma quantidade de calor para um corpo quente.	
O enunciado para a entropia	A entropia do universo (sistema mais vizinhança) nunca pode diminuir.	
5. **Condições para um Processo Reversível**	1. Nenhuma energia mecânica é transformada em energia térmica interna pelo atrito, por forças viscosas ou por outras forças dissipadoras. 2. Energia é transferida na forma de calor apenas entre corpos com uma diferença infinitesimal de temperatura. 3. O processo deve ser quase-estático para que o sistema esteja sempre em (ou infinitesimalmente próximo de) um estado de equilíbrio.	
6. **Máquina de Carnot**	Uma máquina de Carnot é uma máquina reversível que trabalha entre dois reservatórios térmicos. Ela opera em um ciclo de Carnot, que consiste em:	
Ciclo de Carnot	1. Uma absorção quase-estática e isotérmica de calor de um reservatório quente 2. Uma expansão quase-estática e adiabática para uma temperatura menor 3. Uma liberação quase-estática e isotérmica de calor para um reservatório frio 4. Uma compressão quase-estática e adiabática de volta ao estado original	
Rendimento de Carnot	$$\varepsilon_C = 1 - \frac{Q_f}{Q_q} = 1 - \frac{T_f}{T_q}$$	19-6
7. **Temperatura Termodinâmica**	A razão entre as temperaturas termodinâmicas de dois reservatórios é definida como a razão entre o calor liberado e o calor absorvido por uma máquina de Carnot operando entre os reservatórios: $$\frac{T_f}{T_q} = \frac{Q_f}{Q_q}$$ Além disso, o ponto triplo da água tem uma temperatura termodinâmica de 273,16 K.	19-7

TÓPICO	EQUAÇÕES RELEVANTES E OBSERVAÇÕES
8. **Entropia**	A entropia é uma medida da desordem de um sistema. A diferença de entropia entre dois estados próximos é dada por $$dS = \frac{dQ_{rev}}{T} \quad 19\text{-}12$$ onde dQ_{rev} é o calor absorvido durante um processo reversível que leva o sistema de um estado para o outro. A variação da entropia de um sistema pode ser positiva ou negativa.
Entropia e perda da capacidade de realizar trabalho	Durante um processo irreversível, a entropia do universo S_u aumenta e uma quantidade de energia $$W_{perdido} = T\,\Delta S_u \quad 19\text{-}22$$ torna-se indisponível para a realização de trabalho.
Entropia e probabilidade	A entropia está relacionada à probabilidade. Um sistema altamente ordenado é pouco provável e tem baixa entropia. Um sistema isolado tende para um estado de maior probabilidade, menor ordem e maior entropia.

Resposta da Checagem Conceitual

19-1 Não. O desenvolvimento de um organismo vivo acontece à custa de um grande aumento de desordem em algum outro lugar. Boa parte desta desordem pode ser rastreada até o Sol, onde reações nucleares geram um aumento da desordem e, portanto, um aumento da entropia.

Respostas dos Problemas Práticos

19-1	(*a*) 52,5 J, (*b*) 97,5 J
19-2	250 kJ
19-3	(*a*) 40%, (*b*) 80 kJ
19-4	30%
19-5	ΔS = 1,31 kJ/K

Problemas

Em alguns problemas, você recebe mais dados do que necessita; em alguns outros, você deve acrescentar dados de seus conhecimentos gerais, fontes externas ou estimativas bem fundamentadas.

Interprete como significativos todos os algarismos de valores numéricos que possuem zeros em seqüência sem vírgulas decimais.

• Um só conceito, um só passo, relativamente simples
•• Nível intermediário, pode requerer síntese de conceitos
••• Desafiante, para estudantes avançados
Problemas consecutivos sombreados são problemas pareados.

PROBLEMAS CONCEITUAIS

1 • APLICAÇÃO EM ENGENHARIA Motores modernos de automóveis a gasolina possuem rendimento de cerca de 25%. Qual é, aproximadamente, a porcentagem de calor de combustão não usada para o trabalho, mas liberada como calor? (*a*) 25%, (*b*) 50%, (*c*) 75%, (*d*) 100%, (*e*) os dados fornecidos não são suficientes para responder.

2 • Se uma máquina térmica realiza 100 kJ de trabalho a cada ciclo, enquanto libera 400 kJ de calor, qual é o seu rendimento? (*a*) 20%, (*b*) 25%, (*c*) 80%, (*d*) 400%, (*e*) os dados fornecidos não são suficientes para responder.

3 • Se o calor absorvido por uma máquina térmica é de 600 kJ a cada ciclo, e ela libera 480 kJ de calor em cada ciclo, qual é o seu rendimento? (*a*) 20%, (*b*) 80%, (*c*) 100%, (*d*) os dados fornecidos não são suficientes para responder.

4 • Explique o que distingue um refrigerador de uma "bomba térmica".

5 • O CD de um aparelho de ar condicionado é matematicamente idêntico ao de um refrigerador, isto é, $CD_{AC} = CD_{ref} = Q_f/W$. Entretanto, o CD de uma bomba térmica é definido de forma diferente, como $CD_{BT} = Q_q/W$. Explique claramente *por que* os dois CDs são definidos de maneira diferente. *Dica: Pense no uso a que se destinam os três diferentes aparelhos.*

6 • Explique por que você não pode refrigerar sua cozinha deixando a porta do refrigerador aberta em um dia quente. (Por que ligar um aparelho de ar condicionado em uma sala resfria a sala, mas abrir um refrigerador não resfria?)

7 • APLICAÇÃO EM ENGENHARIA Por que os projetistas de plantas de energia a vapor tentam aumentar o máximo possível a temperatura do vapor?

8 • Para aumentar o rendimento de uma máquina de Carnot, você deve (*a*) diminuir a temperatura do reservatório quente, (*b*) aumentar a temperatura do reservatório frio, (*c*) aumentar a temperatura do reservatório quente, (*d*) mudar a razão entre o volume máximo e o volume mínimo.

9 •• Explique por que a seguinte afirmativa é verdadeira: Para aumentar o rendimento de uma máquina de Carnot você deve aumentar o máximo possível a diferença entre as duas temperaturas de operação; mas, para aumentar o rendimento de um ciclo de um *refrigerador* de Carnot, você deve diminuir o máximo possível a diferença entre as duas temperaturas de operação.

10 •• Uma máquina de Carnot opera entre um reservatório frio,

a 27°C, e um reservatório quente, a 127°C. Seu rendimento é (*a*) 21%, (*b*) 25%, (*c*) 75%, (*d*) 79%.

11 •• A máquina de Carnot do Problema 10 funciona no sentido inverso, como um refrigerador. Seu CD é (*a*) 0,33, (*b*) 1,3, (*c*) 3,0, (*d*) 4,7.

12 •• Em um dia úmido, vapor d'água se condensa sobre uma superfície fria. Durante a condensação, a entropia da água (*a*) aumenta, (*b*) permanece constante, (*c*) diminui, (*d*) pode diminuir ou permanecer constante. Explique sua resposta.

13 •• Um gás ideal é levado, de maneira reversível, de um estado inicial P_i, V_i, T_i, para um estado final P_f, V_f, T_f. Dois caminhos possíveis são (A) uma expansão isotérmica seguida de uma compressão adiabática, e (B) uma compressão adiabática seguida de uma expansão isotérmica. Para estes dois caminhos, (*a*) $\Delta E_{\text{int A}} > \Delta E_{\text{int B}}$, (*b*) $\Delta S_A > \Delta S_B$, (*c*) $\Delta S_A < \Delta S_B$, (*d*) nenhuma das anteriores.

14 •• A Figura 19-12 mostra um ciclo termodinâmico para um gás ideal em um diagrama *ST*. Identifique este ciclo e esboce-o em um diagrama *PV*.

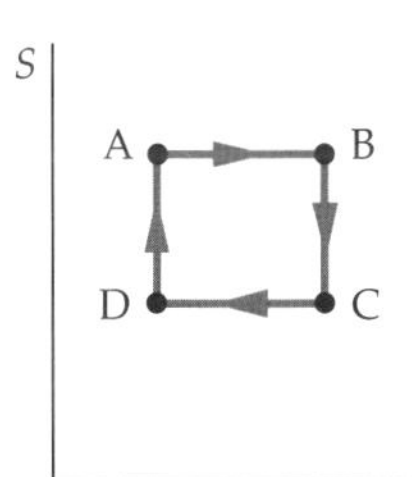

FIGURA 19-12 Problemas 14 e 72

15 •• A Figura 19-13 mostra um ciclo termodinâmico para um gás ideal em um diagrama *SV*. Identifique o tipo de máquina representada por este diagrama.

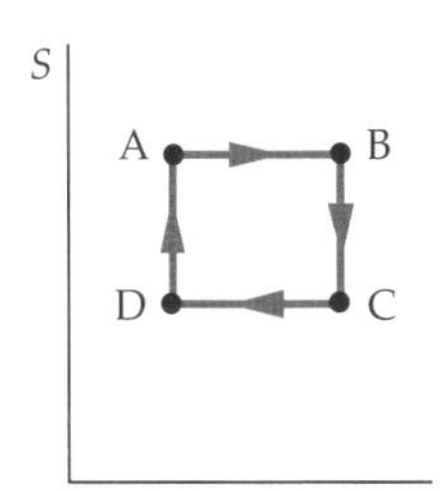

FIGURA 19-13 Problema 15

16 •• Esboce um diagrama *ST* para o ciclo Otto. (O ciclo Otto é discutido na Seção 19-1.)

17 •• Esboce um diagrama *SV* para o ciclo de Carnot com um gás ideal.

18 •• Esboce um diagrama *SV* para o ciclo Otto. (O ciclo Otto é discutido na Seção 19-1.)

19 •• A Figura 19-14 mostra um ciclo termodinâmico, para um gás ideal, em um diagrama *SP*. Faça um esboço deste ciclo em um diagrama *PV*.

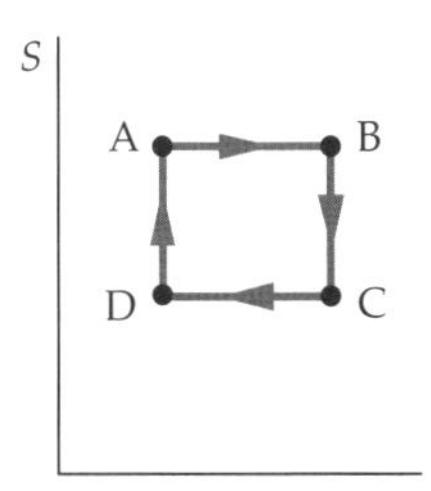

FIGURA 19-14 Problema 19

20 •• **RICO EM CONTEXTO** Numa bela tarde, a mãe de um de seus amigos entra no quarto dele e encontra aquela bagunça. Ela pergunta ao seu amigo como que o quarto chegou aquele estado, e ele responde: "Bem, é o destino natural de qualquer sistema fechado degenerar para níveis cada vez maiores de entropia. É isso aí, Mãe." A resposta dela é clara: "De qualquer forma, é melhor você arrumar seu quarto." Seu amigo responde: "Mas isto não é possível. Isto violaria a segunda lei da termodinâmica." Critique a resposta do seu amigo. A mãe dele está correta, ao mandá-lo arrumar o quarto, ou a arrumação é realmente impossível?

ESTIMATIVA E APROXIMAÇÃO

21 • Estime a variação do CD do seu *freezer* elétrico, quando ele é removido da cozinha para sua nova localização no porão, que está 8°C mais frio do que a cozinha.

22 •• Estime a probabilidade de que todas as moléculas de seu quarto estejam localizadas dentro do armário (aberto), que ocupa aproximadamente 10% do volume total do quarto.

23 •• Estime o rendimento máximo de um motor de automóvel que tenha uma razão de compressão de 8,0:1,0. Suponha que a máquina opere no ciclo Otto e que $\gamma = 1{,}4$. (O ciclo Otto é discutido na Seção 19-1.)

24 •• **RICO EM CONTEXTO** Você está trabalhando, durante o verão, como vendedor de eletrodomésticos. Um dia, sua professora de física vem à sua loja para comprar um novo refrigerador. Desejando comprar o refrigerador mais eficiente possível, ela lhe pergunta sobre os rendimentos dos modelos disponíveis. Ela decide retornar no outro dia, para comprar o refrigerador mais eficiente. Para realizar a venda, você precisa fornecer a ela as seguintes estimativas: (*a*) o maior CD possível para um refrigerador doméstico, e (*b*) a maior taxa possível de liberação de calor pelo interior do refrigerador, se ele consome uma potência elétrica de 600 W. Estime estas quantidades.

25 •• A temperatura média da superfície do Sol é de aproximadamente 5400 K e a temperatura média da superfície da Terra é de aproximadamente 290 K. A constante solar (a intensidade da luz solar que atinge a atmosfera terrestre) é de aproximadamente 1,37 kW/m^2. (*a*) Estime a potência total da luz solar que chega à Terra. (*b*) Estime a taxa efetiva na qual a entropia da Terra está aumentando, em razão desta radiação solar.

26 ••• Uma caixa de 1,0 L contém *N* moléculas de um gás ideal, e as posições das moléculas são observadas 100 vezes por segundo. Calcule o tempo médio que deve decorrer antes que se possa observar todas as *N* moléculas na metade esquerda da caixa, se *N* é igual a (*a*) 10, (*b*) 100, (*c*) 1000 e (*d*) 1,0 mol. (*e*) O melhor vácuo que se conseguiu até hoje tem pressões de cerca de 10^{-12} torr. Se uma câmara de vácuo tem o mesmo volume que a caixa, quanto tempo um físico teria que esperar para ver todas as moléculas na câmara de vácuo ocupando apenas sua metade esquerda? Compare com a vida média esperada do universo, que é de aproximadamente 10^{10} anos.

MÁQUINAS TÉRMICAS E REFRIGERADORES

27 • Uma máquina térmica, com 20 por cento de rendimento, realiza 0,100 kJ de trabalho em cada ciclo. (*a*) Quanto calor é absorvido do reservatório quente, a cada ciclo? (*b*) Quanto calor é liberado para o reservatório frio, a cada ciclo?

28 • Uma máquina térmica absorve 0,400 kJ de calor e realiza 0,120 kJ de trabalho em cada ciclo. (*a*) Qual é o rendimento da máquina? (*b*) Quanto calor é liberado para o reservatório frio, a cada ciclo?

29 • Uma máquina térmica absorve 100 J de calor do reservatório quente e libera 60 J de calor para o reservatório frio, em cada ciclo. (*a*) Qual é o seu rendimento? (*b*) Se cada ciclo leva 0,50 s, determine a potência da máquina.

30 • Um refrigerador absorve 5,0 kJ de calor de um reservatório frio e libera 8,0 kJ para um reservatório quente. (*a*) Determine o coeficiente de desempenho do refrigerador. (*b*) O refrigerador é reversível. Se ele funcionar ao contrário, como uma máquina térmica entre os mesmos dois reservatórios, qual será o seu rendimento?

31 •• A substância de trabalho de uma máquina térmica é 1,00 mol de um gás monoatômico ideal. O ciclo inicia a $P_1 = 1{,}00$ atm e $V_1 = 24{,}6$ L. O gás é aquecido a volume constante até $P_2 = 2{,}00$ atm. Depois, ele se expande, à pressão constante, até 49,2 L. O gás é, então, resfriado a volume constante até sua pressão atingir, novamente, 1,00 atm. Ele é, depois, comprimido à pressão constante até seu estado original. Todas as etapas são quase-estáticas e reversíveis. (*a*) Mostre este ciclo em um diagrama *PV*. Para cada etapa do ciclo, determine o trabalho realizado pelo gás, o calor absorvido pelo gás e a variação da energia interna do gás. (*b*) Determine o rendimento do ciclo.

32 •• A substância de trabalho de uma máquina é 1,00 mol de um gás ideal diatômico. A máquina opera em um ciclo que consiste em três etapas: (1) uma expansão adiabática de um volume inicial de 10,0 L para uma pressão de 1,00 atm e um volume de 20,0 L, (2) uma compressão, à pressão constante, até seu volume original de 10,0 L, e (3) aquecimento, a volume constante, até sua pressão original. Determine o rendimento deste ciclo.

33 •• Uma máquina, usando 1,00 mol de um gás ideal, inicialmente em um volume de 24,6 L e a uma temperatura de 400 K, realiza um ciclo que consiste em quatro etapas: (1) uma expansão isotérmica à temperatura de 400 K, até o dobro de seu volume inicial, (2) um resfriamento, a volume constante, até a temperatura de 300 K, (3) uma compressão isotérmica até seu volume original, e (4) um aquecimento, a volume constante, até sua temperatura original de 400 K. Considere $C_v = 21{,}0$ J/K. Esboce o ciclo em um diagrama *PV* e determine o seu rendimento.

34 •• A Figura 19-15 mostra o ciclo seguido por 1,00 mol de um gás monoatômico ideal com um volume inicial $V_1 = 25{,}0$ L. Todos os processos são quase-estáticos. Determine (*a*) a temperatura de cada estado numerado do ciclo, (*b*) o calor transferido em cada etapa do ciclo e (*c*) o rendimento do ciclo.

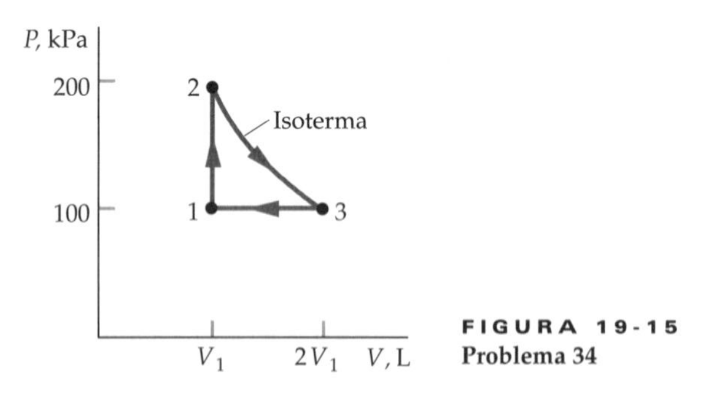

FIGURA 19-15 Problema 34

35 •• Um gás diatômico ideal segue o ciclo mostrado na Figura 19-16. A temperatura do estado 1 é 200 K. Determine (*a*) as temperaturas dos outros três estados numerados do ciclo e (*b*) o rendimento do ciclo.

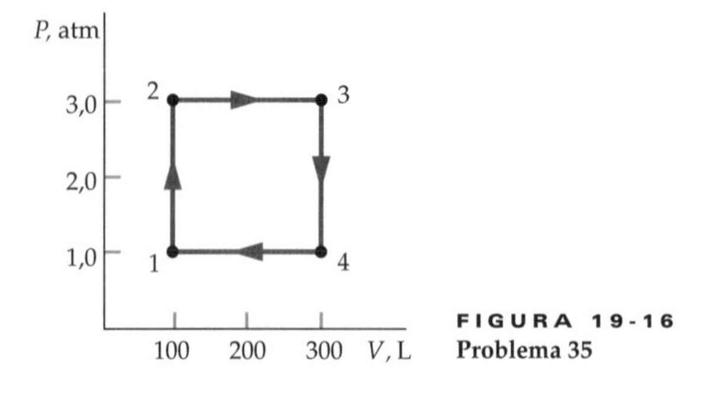

FIGURA 19-16 Problema 35

36 ••• **APLICAÇÃO EM ENGENHARIA** Recentemente, um antigo projeto de máquina térmica, conhecida como a *máquina de Stirling*, foi anunciado como uma maneira de se produzir potência a partir da energia solar. O ciclo de uma máquina de Stirling é o seguinte: (1) compressão isotérmica do gás, (2) aquecimento do gás a volume constante, (3) expansão isotérmica do gás e (4) resfriamento do gás a volume constante. (*a*) Esboce os diagramas *PV* e *ST* para o ciclo de Stirling. (*b*) Determine a variação da entropia do gás, em cada etapa do ciclo, e mostre que a soma dessas variações de entropia é igual a zero.

37 ••• **APLICAÇÃO BIOLÓGICA** "Até onde sabemos, a Natureza nunca desenvolveu uma máquina térmica" — Steven Vogel, *Dispositivos da Vida* (*Life's Devices*, Princeton University Press, 1988). (*a*) Calcule o rendimento de uma máquina térmica operando entre a temperatura do corpo (98,6°F) e uma temperatura externa típica (70°F), e compare-o com o rendimento do corpo humano ao converter energia química em trabalho (aproximadamente 20 por cento). Esta comparação entre os rendimentos contradiz a segunda lei da termodinâmica? (*b*) A partir do resultado da Parte (*a*), e de um conhecimento geral sobre as condições nas quais a maioria dos organismos de sangue quente existe, dê uma razão pela qual nenhum desses organismos desenvolveu uma máquina térmica para aumentar sua energia interna.

38 ••• **APLICAÇÃO EM ENGENHARIA** O *ciclo diesel*, mostrado na Figura 19-17, representa, aproximadamente, o comportamento de um motor diesel. O processo *ab* é uma compressão adiabática, o processo *bc* é uma expansão à pressão constante, o processo *cd* é uma expansão adiabática e o processo *da* é um resfriamento a volume constante. Determine o rendimento deste ciclo, em termos dos volumes V_a, V_b e V_c.

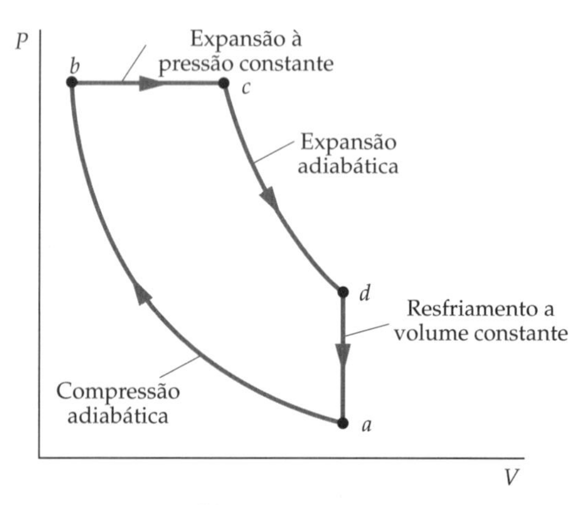

FIGURA 19-17 Problema 38

SEGUNDA LEI DA TERMODINÂMICA

39 •• Um refrigerador retira 500 J de calor de um reservatório frio e libera 800 J para um reservatório quente. Suponha falso o enunciado para máquinas térmicas da segunda lei da termodinâmica e mostre como uma máquina perfeita, trabalhando junto com este refrigerador, pode violar o enunciado para refrigeradores da segunda lei da termodinâmica.

40 •• Se duas curvas que representam processos adiabáticos quase-estáticos pudessem se interceptar em um diagrama *PV*, um ciclo poderia ser completado através de um caminho isotérmico entre as duas curvas adiabáticas, como mostrado na Figura 19-18. Mostre que tal ciclo viola a segunda lei da termodinâmica.

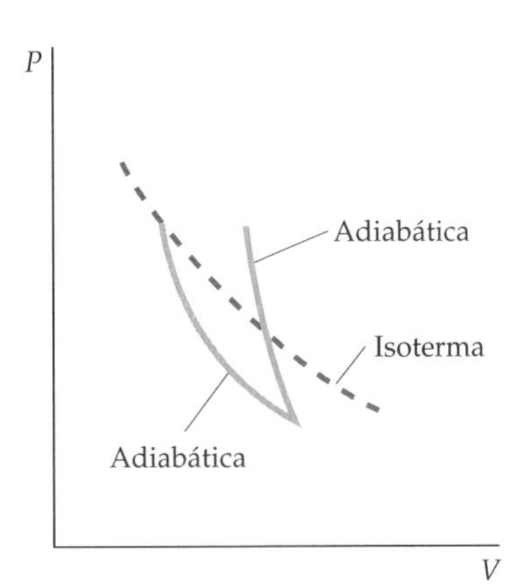

FIGURA 19-18 Problema 40

CICLOS DE CARNOT

41 • Uma máquina de Carnot trabalha entre dois reservatórios de calor a temperaturas $T_q = 300$ K e $T_f = 200$ K. (*a*) Qual é o seu rendimento? (*b*) Se ela absorve 100 J de calor do reservatório quente a cada ciclo, quanto trabalho ela realiza, em cada ciclo? (*c*) Quanto calor ela libera, em cada ciclo? (*d*) Qual é o CD desta máquina, quando ela trabalha como um refrigerador entre os mesmos dois reservatórios?

42 • Uma máquina absorve 250 J de calor de um reservatório a 300 K e libera 200 J de calor para um reservatório a 200 K, a cada ciclo. (*a*) Qual é o seu rendimento? (*b*) Quanto trabalho adicional, por ciclo, poderia ser feito se a máquina fosse reversível?

43 •• Uma máquina reversível, trabalhando entre dois reservatórios a temperaturas T_q e T_f, tem um rendimento de 30 por cento. Trabalhando como uma máquina térmica, ela libera 140 J de calor para o reservatório frio a cada ciclo. Uma segunda máquina, trabalhando entre os mesmos dois reservatórios, também libera 140 J para o reservatório frio, a cada ciclo. Mostre que, se a segunda máquina tem um rendimento maior do que 30 por cento, as duas máquinas, trabalhando juntas, violam o enunciado da segunda lei para máquinas térmicas.

44 •• Uma máquina reversível, trabalhando entre dois reservatórios a temperaturas T_q e T_f, tem um rendimento de 20 por cento. Trabalhando como uma máquina térmica, ela libera 100 J de calor para o reservatório frio, a cada ciclo. Uma segunda máquina, trabalhando entre os mesmos dois reservatórios, também libera 100 J a cada ciclo. Mostre que, se o rendimento da segunda máquina é maior do que 20 por cento, as duas máquinas trabalhando juntas violam o enunciado da segunda lei para refrigeradores.

45 •• Uma máquina de Carnot trabalha entre dois reservatórios de calor como um refrigerador. Durante cada ciclo, 100 J de calor são absorvidos do reservatório frio e 150 J de calor são liberados para o reservatório quente. (*a*) Qual é o rendimento da máquina de Carnot, quando ela trabalha como uma máquina térmica entre os mesmos dois reservatórios? (*b*) Mostre que nenhuma outra máquina, trabalhando como um refrigerador entre os mesmos dois reservatórios, pode ter um CD maior do que 2,00.

46 •• Uma máquina de Carnot trabalha entre dois reservatórios de calor com temperaturas $T_q = 300$ K e $T_f = 77,0$ K. (*a*) Qual é o seu rendimento? (*b*) Se ela absorve 100 J de calor do reservatório quente a cada ciclo, quanto trabalho ela realiza? (*c*) Quanto calor ela libera para o reservatório de baixa temperatura, a cada ciclo? (*d*) Qual é o coeficiente de desempenho desta máquina, quando ela trabalha como um refrigerador entre os dois reservatórios?

47 •• No ciclo mostrado na Figura 19-19, 1,00 mol de um gás ideal diatômico está inicialmente a uma pressão de 1,00 atm e a uma temperatura de 0,0°C. O gás é aquecido a volume constante até $T_2 =$ 150°C e é, então, expandido adiabaticamente até que a pressão seja, novamente, de 1,00 atm. Ele é, depois, comprimido à pressão constante de volta ao seu estado original. Determine (*a*) a temperatura depois da expansão adiabática, (*b*) o calor absorvido ou liberado pelo sistema durante cada etapa, (*c*) o rendimento deste ciclo e (*d*) o rendimento de um ciclo de Carnot operando entre os extremos de temperatura deste ciclo.

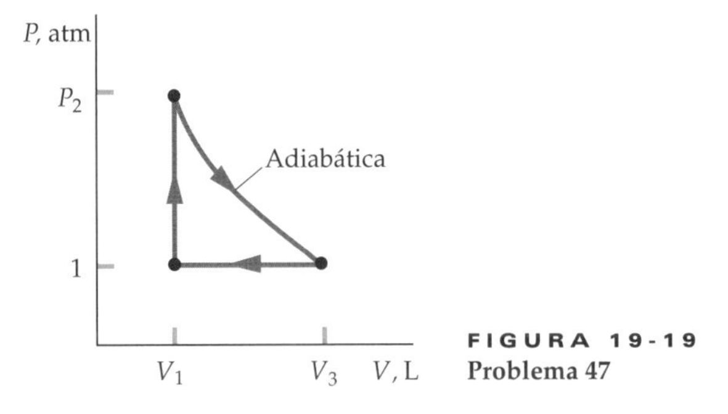

FIGURA 19-19 Problema 47

48 •• **Aplicação em Engenharia, Rico em Contexto** Você faz parte de uma equipe que está completando um projeto de engenharia mecânica. Sua equipe constrói uma máquina térmica que utiliza vapor superaquecido a 270°C e libera do cilindro vapor condensado a 50,0°C. Vocês mediram o rendimento da máquina e encontraram 30,0 por cento. (*a*) Como este rendimento se compara com o máximo rendimento possível para sua máquina? (*b*) Se a potência útil de saída da máquina é igual a 200 kW, quanto calor a máquina libera para a vizinhança em 1,00 h?

*BOMBAS TÉRMICAS

49 • **Aplicação em Engenharia, Rico em Contexto** Como engenheiro, você está projetando uma bomba térmica capaz de liberar calor, para uma casa, a uma taxa de 20 kW. A casa está localizada onde, no inverno, a temperatura média externa é de −10°C. A temperatura do ar no reservatório dentro da casa deve ser de 40°C. (*a*) Qual é o maior CD possível para uma bomba térmica operando entre estas temperaturas? (*b*) Qual é a menor potência necessária para o motor elétrico que alimenta a bomba térmica? (*c*) Na verdade, o CD da bomba térmica será de apenas 60 por cento do valor ideal. Qual é a menor potência necessária para o motor elétrico, quando o CD é 60 por cento do valor ideal?

50 • A potência de um refrigerador é de 370 W. (*a*) Qual é a maior quantidade de calor que ele pode absorver do compartimento de alimentos em 1,00 min, se a temperatura do compartimento é 0,0°C e o calor é liberado para uma sala a 20,0°C? (*b*) Se o CD do refrigerador é 70 por cento do de um refrigerador reversível, quanto calor ele pode absorver do compartimento de alimentos em 1,00 min, nestas condições?

51 •• A potência de um refrigerador é de 370 W. (*a*) Qual é a maior quantidade de calor que ele pode absorver do compartimento de alimentos em 1,00 min, se a temperatura do compartimento é 0,0°C e ele libera calor para uma sala a 35°C? (*b*) Se o CD do refrigerador é 70 por cento do de uma bomba reversível, quanto calor ele pode absorver do compartimento de alimentos em 1,00 min? O CD do refrigerador é maior quando a temperatura da sala é de 35°C ou de 20°C? Explique.

52 ••• **Rico em Contexto** Você está instalando uma bomba térmica cujo CD é a metade do CD de uma bomba térmica reversível. Você planeja usar a bomba nas noites geladas de inverno, para aumentar a temperatura do ar em seu quarto. As dimensões de seu quarto são 5,00 m × 3,50 m × 2,50 m. A temperatura do ar deve aumentar de 63°F para 68°F. A temperatura externa é 35°F e a temperatura do reservatório de ar do quarto é 112°F. Se o consumo elétrico da bomba é de 750 W, por quanto tempo você terá que esperar para que o ar de seu quarto aqueça, se o calor específico do ar vale 1,005 kJ/(kg · °C)? Suponha que você tenha boas cortinas e bom isolamento

nas paredes, de maneira a poder desprezar a liberação de calor através de janelas, paredes, teto e chão. Suponha, também, que a capacidade térmica de chão, teto, paredes e mobília seja desprezível.

VARIAÇÕES DE ENTROPIA

53 • Você deixa, inadvertidamente, uma panela de água fervendo no fogão. Você retorna no exato instante em que a última gota é convertida em vapor. A panela tinha, inicialmente, 1,00 L de água fervendo. Qual é a variação da entropia da água, associada à variação de seu estado de líquido para gasoso?

54 • Qual é a variação da entropia de 1,00 mol de água líquida, a 0,0°C ao se transformar em gelo a 0,0°C?

55 •• Considere o congelamento de 50,0 g de água colocada no congelador de um refrigerador. Suponha as paredes do congelador mantidas a −10°C. A água, inicialmente líquida a 0,0°C, é congelada e resfriada até −10°C. Mostre que, mesmo que a entropia da água diminua, a entropia total do universo aumenta.

56 • Neste problema, 2,00 moles de um gás ideal a 400 K expandem, quase-estática e isotermicamente, de um volume inicial de 40,0 L para um volume final de 80,0 L. (*a*) Qual é a variação da entropia do gás? (*b*) Qual é a variação da entropia do universo para este processo?

57 •• Um sistema completa um ciclo que consiste em seis etapas quase-estáticas, realizando um trabalho total de 100 J. Durante a etapa 1 o sistema absorve 300 J de calor de um reservatório a 300 K, durante a etapa 3 o sistema absorve 200 J de calor de um reservatório a 400 K e durante a etapa 5 ele absorve calor de um reservatório à temperatura T_3. (Durante as etapas 2, 4 e 6 o sistema sofre processos adiabáticos nos quais a temperatura do sistema passa da temperatura de um dos reservatórios para a do seguinte.) (*a*) Qual é a variação da entropia do sistema para o ciclo completo? (*b*) Se o ciclo é reversível, qual é a temperatura T_3?

58 •• Neste problema, 2,00 moles de um gás têm, inicialmente, uma temperatura de 400 K e um volume de 40,0 L. O gás sofre uma expansão livre adiabática até o dobro de seu volume inicial. Quais são (*a*) a variação da entropia do gás e (*b*) a variação da entropia do universo?

59 •• Um bloco de 200 kg de gelo, a 0,0°C, é colocado em um grande lago. A temperatura do lago é levemente superior a 0,0°C e o gelo se funde lentamente. (*a*) Qual é a variação da entropia do gelo? (*b*) Qual é a variação da entropia do lago? (*c*) Qual é a variação da entropia do universo (gelo mais lago)?

60 •• Um pedaço de gelo de 100 g, a 0,0°C, é colocado em um calorímetro isolado de capacidade térmica desprezível, contendo 100 g de água a 100°C. (*a*) Qual é a temperatura final da água, depois de atingido o equilíbrio térmico? (*b*) Determine a variação da entropia do universo para este processo.

61 •• Um bloco de 1,00 kg de cobre, a 100°C, é colocado em um calorímetro isolado de capacidade calorífica desprezível, contendo 4,00 L de água líquida a 0,0°C. Determine a variação da entropia (*a*) do bloco de cobre, (*b*) da água e (*c*) do universo.

62 •• Se um pedaço de 2,00 kg de chumbo, a 100°C, é largado em um lago a 10°C, determine a variação da entropia do universo.

ENTROPIA E TRABALHO PERDIDO

63 •• Um reservatório, a 300 K, absorve 500 J de calor de um segundo reservatório a 400 K. (*a*) Qual é a variação da entropia do universo e (*b*) quanto trabalho é perdido durante o processo?

64 •• Neste problema, 1,00 mol de um gás ideal, a 300 K, sofre uma expansão livre adiabática de $V_1 = 12{,}3$ L para $V_2 = 24{,}6$ L. Ele é, então, comprimido isotermicamente e de maneira reversível de volta ao seu estado original. (*a*) Qual é a variação da entropia do universo para o ciclo completo? (*b*) Quanto trabalho é perdido neste ciclo? (*c*) Mostre que o trabalho perdido é $T\Delta S_u$.

PROBLEMAS GERAIS

65 • Uma máquina térmica, com 200 W de saída, tem um rendimento de 30 por cento. Ela opera a 10,0 ciclos/s. (*a*) Quanto trabalho é realizado pela máquina, durante cada ciclo? (*b*) Quanto calor é absorvido do reservatório quente e quanto é liberado para o reservatório frio, durante cada ciclo?

66 • Durante cada ciclo, uma máquina térmica operando entre dois reservatórios absorve 150 J do reservatório a 100°C e libera 125 J para o reservatório a 20°C. (*a*) Qual é o rendimento desta máquina? (*b*) Qual é a razão entre este rendimento e o de uma máquina de Carnot operando entre os mesmos reservatórios? (Esta razão é chamada de *rendimento da segunda lei*.)

67 • Uma máquina absorve 200 kJ de calor, a cada ciclo, de um reservatório a 500 K e libera calor para um reservatório a 200 K. O rendimento da máquina é 85 por cento do rendimento da máquina de Carnot trabalhando entre os mesmos reservatórios. (*a*) Qual é o rendimento desta máquina? (*b*) Quanto trabalho é realizado a cada ciclo? (*c*) Quanto calor é liberado para o reservatório de baixa temperatura, em cada ciclo?

68 • Estime a variação da entropia do universo associada a um mergulhador olímpico saltando na água a partir de uma plataforma de 10 m de altura.

69 • Para manter a temperatura no interior de uma casa em 20°C, o consumo de energia elétrica dos aquecedores é de 30,0 kW em um dia em que a temperatura externa é de −7°C. A que taxa esta casa contribui para o aumento da entropia do universo?

70 •• **APLICAÇÃO EM ENGENHARIA** Uma planta nuclear gera 1,00 GW de potência. Nesta planta, sódio líquido circula entre o núcleo do reator e um trocador de calor imerso no vapor superaquecido que alimenta a turbina. O sódio líquido retira calor do núcleo e libera calor para o vapor superaquecido. A temperatura do vapor superaquecido é de 500 K. Calor é rejeitado para um rio, cuja água corre a 25°C. (*a*) Qual é o máximo rendimento que esta planta pode ter? (*b*) Quanto calor é rejeitado para o rio, a cada segundo? (*c*) Quanto calor deve ser liberado pelo núcleo, para fornecer 1,00 GW de potência elétrica? (*d*) Suponha que novas leis ambientais foram aprovadas para preservar espécies animais raras do rio. Como conseqüência, a planta está proibida de aquecer o rio em mais de 0,50°C. Qual é o fluxo mínimo que a água do rio deverá ter?

71 •• **APLICAÇÃO EM ENGENHARIA, RICO EM CONTEXTO** Um inventor o procura para explicar sua nova invenção. Trata-se de uma nova máquina térmica usando vapor d'água como substância de trabalho. Ele alega que o vapor d'água absorve calor a 100°C, realiza trabalho a uma taxa de 125 W e libera calor para o ar a uma taxa de apenas 25,0 W, quando a temperatura do ar é 25°C. (*a*) Explique a ele por que ele não pode estar correto. (*b*) Depois de uma análise cuidadosa dos dados fornecidos, você conclui que ele cometeu um erro na medida do calor liberado. Qual é a taxa mínima de exaustão de calor que faria você pensar em acreditar nele?

72 •• O ciclo representado na Figura 19-12 (junto ao Problema 19-14) é para 1,00 mol de um gás monoatômico ideal. As temperaturas nos pontos A e B são 300 e 750 K, respectivamente. Qual é o rendimento do processo cíclico ABCDA?

73 •• (*a*) Qual, destes dois processos, desperdiça a maior quantidade de trabalho? (1) Um bloco que se move com 0,50 J de energia cinética sendo levado ao repouso pelo atrito cinético, quando a temperatura ambiente é de 300 K, ou (2) um reservatório a 400 K liberando 1,00 kJ de calor para um reservatório a 300 K? Explique sua escolha. *Dica: Quanto do 1,00 kJ de calor seria convertido em trabalho por*

um processo cíclico ideal? (*b*) Qual é a variação da entropia do universo para cada processo?

74 •• Hélio, um gás monoatômico, tem inicialmente uma pressão de 16 atm, um volume de 1,0 L e uma temperatura de 600 K. Ele sofre uma expansão quase-estática à temperatura constante, até que seu volume seja 4,0 L e, então, é comprimido quase-estaticamente, à pressão constante, até que seu volume e temperatura sejam tais que uma compressão adiabática quase-estática o reconduz ao seu estado original. (*a*) Esboce este ciclo em um diagrama *PV*. (*b*) Determine o volume e a temperatura depois da compressão a pressão constante. (*c*) Determine o trabalho realizado durante cada etapa do ciclo. (*d*) Determine o rendimento do ciclo.

75 •• Uma máquina térmica, que realiza o trabalho de encher um balão à pressão de 1,00 atm, absorve 4,00 kJ de um reservatório a 120°C. O volume do balão aumenta em 4,00 L e calor é liberado para um reservatório à temperatura T_f, onde $T_f < 120°C$. Se o rendimento da máquina térmica é 50 por cento do rendimento da máquina de Carnot trabalhando entre estes mesmos dois reservatórios, determine a temperatura T_f.

76 •• Mostre que o coeficiente de desempenho de uma máquina de Carnot funcionando como refrigerador está relacionado ao rendimento de uma máquina de Carnot operando entre as mesmas duas temperaturas por $\varepsilon_C \times CD_C = T_f/T_q$.

77 •• Um congelador tem uma temperatura $T_f = -23°C$. O ar na cozinha está a uma temperatura $T_q = 27°C$. O congelador não está perfeitamente isolado e há fuga de calor pelas paredes a uma taxa de 50 W. Determine a potência do motor que é necessária para manter a temperatura do congelador.

78 •• Em uma máquina térmica, 2,00 moles de um gás diatômico são conduzidos pelo ciclo ABCA, como mostrado na Figura 19-20. (O diagrama *PV* não está desenhado em escala.) Em A, a pressão e a temperatura são 5,00 atm e 600 K. O volume em B é o dobro do volume em A. O segmento BC é uma expansão adiabática e o segmento CA é uma compressão isotérmica. (*a*) Qual é o volume do gás em A? (*b*) Quais são o volume e a temperatura do gás em B? (*c*) Qual é a temperatura do gás em C? (*d*) Qual é o volume do gás em C? (*e*) Quanto trabalho é realizado pelo gás em cada um dos três segmentos do ciclo? (*f*) Quanto calor é absorvido ou liberado pelo gás em cada segmento do ciclo?

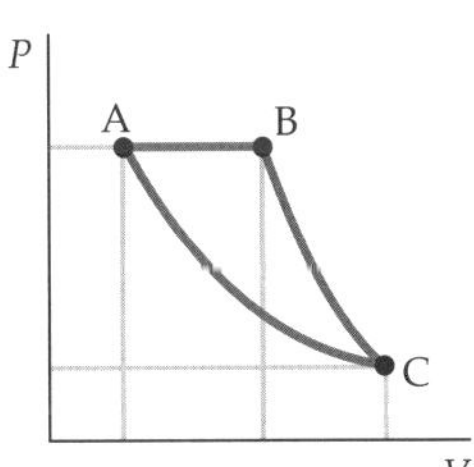

FIGURA 19-20 Problemas 78 e 80

79 •• Em uma máquina térmica, 2,00 moles de um gás diatômico percorrem o ciclo ABCDA mostrado na Figura 19-21. (O diagrama *PV* não está desenhado em escala.) O segmento AB representa uma expansão isotérmica e o segmento BC é uma expansão adiabática. A pressão e a temperatura em A são 5,00 atm e 600 K. O volume em B é o dobro do volume em A. A pressão em D é 1,00 atm. (*a*) Qual é a pressão em B? (*b*) Qual é a temperatura em C? (*c*) Determine o trabalho total realizado pelo gás em um ciclo.

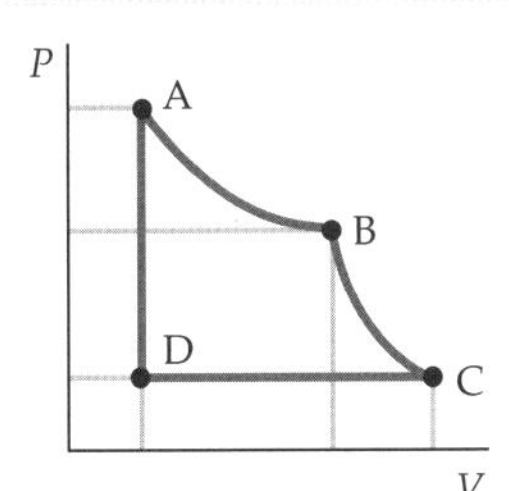

FIGURA 19-21 Problemas 79 e 81

80 •• Em uma máquina térmica, 2,00 moles de um gás monoatômico percorrem o ciclo ABCA mostrado na Figura 19-20. (O diagrama *PV* não está desenhado em escala.) Em A, a pressão e a temperatura são 5,00 atm e 600 K. O volume em B é o dobro do volume em A. O segmento BC é uma expansão adiabática e o segmento CA é uma compressão isotérmica. (*a*) Qual é o volume do gás em A? (*b*) Quais são o volume e a temperatura do gás em B? (*c*) Qual é a temperatura do gás em C? (*d*) Qual é o volume do gás em C? (*e*) Quanto trabalho é realizado pelo gás em cada um dos três segmentos do ciclo? (*f*) Quanto calor é absorvido pelo gás em cada segmento do ciclo?

81 •• Em uma máquina térmica, 2,00 moles de um gás monoatômico percorrem o ciclo ABCDA mostrado na Figura 19-21. (O diagrama *PV* não está desenhado em escala.) O segmento AB representa uma expansão isotérmica e o segmento BC é uma expansão adiabática. A pressão e a temperatura em A são 5,00 atm e 600 K. O volume em B é o dobro do volume em A. A pressão em D é 1,00 atm. (*a*) Qual é a pressão em B? (*b*) Qual é a temperatura em C? (*c*) Determine o trabalho total realizado pelo gás em um ciclo.

82 •• Compare o rendimento do ciclo de Otto com o rendimento do ciclo de Carnot operando entre as mesmas temperaturas máxima e mínima. (O ciclo de Otto é discutido na Seção 19-1.)

83 ••• **APLICAÇÃO EM ENGENHARIA** Um ciclo prático comum, freqüentemente usado em refrigeração, é o *ciclo de Brayton*, que envolve (1) uma compressão adiabática, (2) uma expansão isobárica (pressão constante), (3) uma expansão adiabática e (4) uma compressão isobárica de volta ao estado original. Suponha que o sistema comece a compressão adiabática a uma temperatura T_1 e sofra transições para as temperaturas T_2, T_3 e T_4 após cada etapa do ciclo. (*a*) Esboce este ciclo em um diagrama *PV*. (*b*) Mostre que o rendimento do ciclo completo é dado por $\varepsilon = 1 - (T_4 - T_1)/(T_3 - T_2)$. (*c*) Mostre que este rendimento pode ser escrito como $\varepsilon = 1 - r^{(1-\gamma)/\gamma}$, onde r é a razão de pressões P_{alta}/P_{baixa} (a razão entre as pressões máxima e mínima no ciclo).

84 ••• **APLICAÇÃO EM ENGENHARIA** Considere a máquina do ciclo de Brayton (Problema 83) funcionando ao contrário, como refrigerador, em sua cozinha. Neste caso, o ciclo inicia à temperatura T_1 e expande à pressão constante até a temperatura T_4. O gás é, então, comprimido adiabaticamente até que sua temperatura seja T_3. Depois, ele é comprimido à pressão constante até atingir a temperatura T_2. Finalmente, ele se expande adiabaticamente até retornar ao estado original à temperatura T_1. (*a*) Esboce este ciclo em um diagrama *PV*. (*b*) Mostre que o coeficiente de desempenho é

$$CD_B = \frac{(T_4 - T_1)}{(T_3 - T_2 - T_4 + T_1)}$$

(*c*) Suponha seu "refrigerador em ciclo de Brayton" funcionando da seguinte maneira. O cilindro contendo o refrigerante (um gás monoatômico) tem um volume e uma pressão iniciais de 60 mL e 1,0 atm. Depois da expansão à pressão constante, o volume e a temperatura são 75 mL e −25°C. A razão de pressões $r = P_{alta}/P_{baixa}$ para o ciclo é 5,0. Qual é o coeficiente de desempenho do seu refrigerador? (*d*) Para absorver calor do compartimento de alimentos a uma taxa de 120 W, qual é a taxa na qual deve ser fornecida energia elétrica para o motor do refrigerador? (*e*) Supondo que o motor do refrigerador funcione efetivamente apenas 4,0 h por dia, quanto ele acrescenta à sua conta mensal de energia elétrica? Suponha 15 centavos por kWh de energia elétrica e 30 dias por mês.

85 •• Usando $\Delta S = C_v \ln(T_2/T_1) - nR \ln(V_2/V_1)$ (Equação 19-16) para a variação da entropia de um gás ideal, mostre explicitamente que a variação da entropia é zero para uma expansão adiabática quase-estática do estado (V_1, T_1) para o estado (V_2, T_2).

86 ••• (*a*) Mostre que, se o enunciado da segunda lei da termodinâmica para refrigeradores não fosse verdadeiro, então a entropia do universo poderia diminuir. (*b*) Mostre que, se o enunciado da segunda lei da termodinâmica para máquinas térmicas não fosse verdadeiro, então a entropia do universo poderia diminuir. (*c*) Um outro enunciado da segunda lei é que a entropia do universo não pode diminuir. Você acaba de provar que este enunciado é equivalente aos enunciados para refrigeradores e para máquinas térmicas.

87 ••• Sejam duas máquinas térmicas conectadas em série, de tal forma que o calor liberado pela primeira máquina seja absorvido pela segunda, como mostrado na Figura 19-22. Os rendimentos das máquinas são ε_1 e ε_2, respectivamente. Mostre que o rendimento da combinação é dado por $\varepsilon_{res} = \varepsilon_1 + \varepsilon_2 - \varepsilon_1\varepsilon_2$.

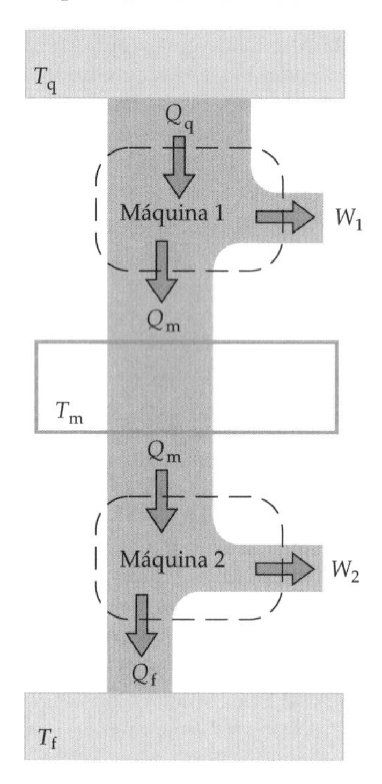

FIGURA 19-22 Problemas 87 e 88

88 ••• Sejam duas máquinas térmicas conectadas em série, de tal forma que o calor liberado pela primeira máquina é absorvido pela segunda, como mostrado na Figura 19-22. Suponha que cada máquina seja uma máquina térmica ideal e reversível. A Máquina 1 opera entre as temperaturas T_q e T_m e a Máquina 2 opera entre T_m e T_f, com $T_q > T_m > T_f$. Mostre que o rendimento resultante da combinação é dado por $\varepsilon_{res} = 1 - (T_f/T_q)$. (Observe que este resultado significa que as duas máquinas térmicas, operando "em série", são equivalentes a uma máquina térmica reversível operando entre o reservatório mais quente e o reservatório mais frio.)

89 ••• O matemático e filósofo inglês Bertrand Russell (1872–1970) disse uma vez que, se um milhão de macacos recebessem um milhão de máquinas de escrever e digitassem aleatoriamente por um milhão de anos, eles poderiam produzir toda a obra de Shakespeare. Vamos nos limitar ao seguinte fragmento da obra de Shakespeare (*Júlio César* III:ii):

Friends, Romans, countrymen! Lend me your ears.
I come to bury Caesar, not to praise him.
The evil that men do lives on after them,
The good is oft interred with the bones.
So let it be with Caesar.
The noble Brutus hath told you that Caesar was ambitious,
And, if so, it were a grievous fault,
And grievously hath Caesar answered it...

(*Concidadãos, romanos, bons amigos! Concedei-me atenção.*
Eu vim para sepultar César, não para louvá-lo.
Aos homens sobrevive o mal que fazem,
Mas o bem geralmente é enterrado com os ossos.
Então, assim seja com César.
O nobre Bruto vos disse que César era ambicioso,
Se ele o foi, realmente, grave falta foi esta a sua,
E César gravemente a expiou...)

Mesmo para este pequeno fragmento, levaria um tempo muito maior do que um milhão de anos! Qual é o fator aproximado de erro para a estimativa de Russel? Faça as hipóteses que achar razoáveis. (Você pode, até mesmo, considerar que os macacos sejam imortais.)

O OLEODUTO DO ALASCA TRANSPORTA ÓLEO ATRAVÉS DE 800 MILHAS EM UM DUTO DE AÇO DE 48 IN DE DIÂMETRO. ZIGUEZAGUES FAZEM PARTE DO OLEODUTO PARA PERMITIR A EXPANSÃO TÉRMICA. (OS ZIGUEZAGUES TAMBÉM PERMITEM O MOVIMENTO OCASIONADO POR ATIVIDADE SÍSMICA.) O OLEODUTO FOI PROJETADO PARA SUPORTAR TEMPERATURAS VARIANDO DE −60°F A 145°F (A TEMPERATURA DO OLEODUTO ERA DE −60°F ANTES DE SE INICIAR O FLUXO DE ÓLEO). (© *Pniensen/ Dreamstime.com.)*

Propriedades Térmicas e Processos Térmicos

? Qual foi a variação do comprimento de uma seção de 720 ft do oleoduto, quando a temperatura variou de −60°F para 145°F? (Veja o Exemplo 20-2.)

Quando um corpo absorve calor, várias mudanças podem ocorrer em suas propriedades físicas. Por exemplo, a temperatura do corpo pode aumentar, ao mesmo tempo em que ele expande ou contrai, ou o corpo pode se fundir ou vaporizar, enquanto sua temperatura permanece constante.

Muitos cientistas e engenheiros industriais precisam levar em consideração as mudanças provocadas nos corpos associadas à temperatura. Engenheiros civis que projetam pontes e rodovias incluem juntas de expansão para permitir pequenas variações de comprimento das rodovias, resultantes de variações da temperatura. Outros engenheiros criam produtos para proteger objetos de variações extremas de temperatura. Materiais são usados para manter a energia térmica em aquecedores de água, fornos e turbinas de navios, bem como para proteger os automóveis e seus ocupantes do aquecimento proveniente do sistema de exaustão do carro.

Neste capítulo examinamos algumas das propriedades térmicas da matéria e alguns processos importantes envolvendo calor.

20-1 EXPANSÃO TÉRMICA

Quando a temperatura de um corpo aumenta, geralmente ele expande. Considere um longo bastão de comprimento L à temperatura T. Quando a temperatura de um sólido varia de ΔT, a variação relativa do comprimento, $\Delta L/L$, é proporcional a ΔT:

$$\frac{\Delta L}{L} = \alpha\, \Delta T \qquad \text{20-1}$$

onde α, chamado de **coeficiente de expansão linear**, é a razão entre a variação relativa do comprimento e a variação da temperatura:

$$\alpha = \frac{\Delta L/L}{\Delta T} \qquad \text{20-2}$$

A unidade SI para o coeficiente de expansão linear é o inverso do kelvin (1/K), que é igual ao inverso do grau Celsius (1/°C). O valor de α pode variar com a pressão e com a temperatura. A Equação 20-2 fornece o valor médio em um intervalo de temperatura ΔT, com a pressão mantida constante. O coeficiente de expansão linear, a uma dada temperatura T, é determinado tomando-se o limite quando ΔT tende a zero:

$$\alpha = \lim_{\Delta T \to 0} \frac{\Delta L/L}{\Delta T} = \frac{1}{L}\frac{dL}{dT} \qquad \text{20-3}$$

DEFINIÇÃO: COEFICIENTE DE EXPANSÃO LINEAR

A precisão obtida usando-se o valor médio de α sobre um grande intervalo de temperatura é suficiente para a maior parte dos casos.

Para um líquido ou um sólido, o **coeficiente de expansão volumétrica** β é definido como a razão entre a variação relativa do volume e a variação da temperatura (à pressão constante):

$$\beta = \lim_{\Delta T \to 0} \frac{\Delta V/V}{\Delta T} = \frac{1}{V}\frac{dV}{dT} \qquad \text{20-4}$$

DEFINIÇÃO: COEFICIENTE DE EXPANSÃO VOLUMÉTRICA

Tanto α quanto β podem variar com a pressão e com a temperatura, mas qualquer variação com a pressão é, tipicamente, desprezível. Valores médios de α e β para várias substâncias são apresentados na Tabela 20-1.

Para um dado material, $\beta = 3\alpha$. Podemos mostrar esta relação considerando uma caixa com dimensões L_1, L_2 e L_3. Seu volume a uma temperatura T é

$$V = L_1 L_2 L_3$$

A taxa de variação do volume com relação à temperatura é

$$\frac{\partial V}{\partial T} = L_1 L_2 \frac{\partial L_3}{dT} + L_1 \frac{\partial L_2}{dT} L_3 + \frac{\partial L_1}{dT} L_2 L_3$$

Dividindo cada lado da equação pelo volume, obtemos

$$\beta = \frac{1}{V}\frac{\partial V}{\partial T} = \frac{1}{L_3}\frac{\partial L_3}{\partial T} + \frac{1}{L_2}\frac{\partial L_2}{\partial T} + \frac{1}{L_1}\frac{\partial L_1}{\partial T}$$

Podemos ver que cada termo do lado direito da equação precedente é igual a α e, portanto, temos

$$\beta = 3\alpha \qquad \text{20-5}$$

Na dedução da Equação 20-5 consideramos o coeficiente de expansão linear independente da direção. (Esta hipótese é aproximadamente verdadeira para a maioria dos materiais e será usada para os cálculos neste livro.) Uma dedução semelhante mostra que o coeficiente de expansão superficial é o dobro do coeficiente de expansão linear.

Tabela 20-1 Valores Aproximados para os Coeficientes de Expansão Térmica de Várias Substâncias

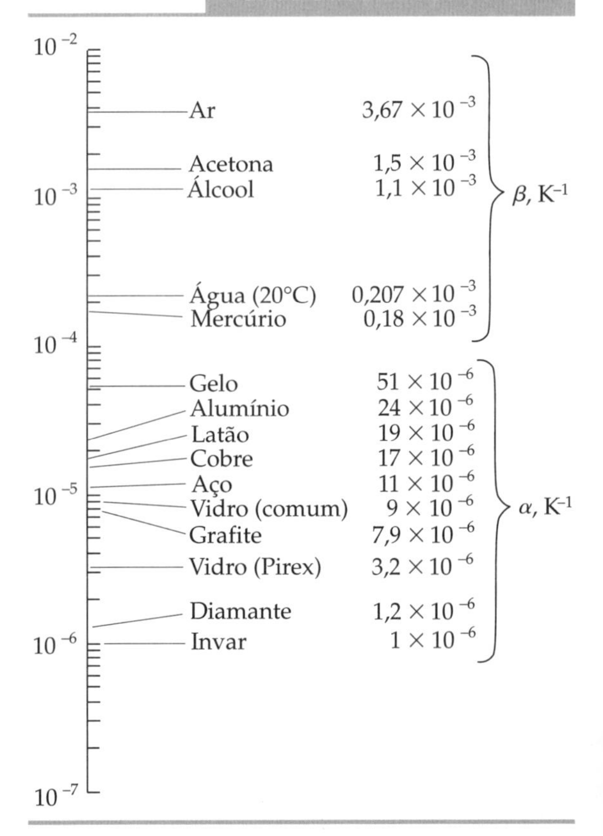

Exemplo 20-1 Buracos se Expandem? *Conceitual*

Seja um objeto de aço com um orifício circular. Se a temperatura do objeto aumenta, o metal se expande. O diâmetro do orifício aumenta ou diminui?

SITUAÇÃO O aumento de tamanho de qualquer parte de um objeto, para um dado aumento de temperatura, é proporcional ao tamanho original daquela parte do objeto (de acordo com a Equação 20-2). Como objeto, considere uma régua de aço com um orifício de 1 cm de diâmetro centrado na marca de 3,5 cm.

SOLUÇÃO

1. Como objeto, considere uma régua de aço com um orifício de 1 cm de diâmetro centrado na marca de 3,5 cm: Se a régua de aço tem um orifício de 1 cm de diâmetro centrado na marca de 3,5 cm, então a borda do orifício tocará as marcas de 3 cm e de 4 cm.
2. Quando a temperatura da régua aumenta de uma determinada quantidade, ela se expande uniformemente: A distância entre as marcas de 3 cm e de 4 cm aumentará.
3. A borda do orifício continuará tocando as marcas de 3 cm e de 4 cm enquanto a régua se expande: Se a distância entre as marcas de 3 cm e de 4 cm aumenta, então

   o diâmetro do orifício aumenta.

CHECAGEM Na perfuração para feitura do orifício, o material removido seria um disco de aço de 1 cm de diâmetro. Se a temperatura deste disco fosse elevada tanto quanto a temperatura da régua, então o disco encaixaria no orifício perfeitamente.

INDO ALÉM Um dispositivo para demonstrar que um orifício expande quando aquecido é mostrado na Figura 20-1.

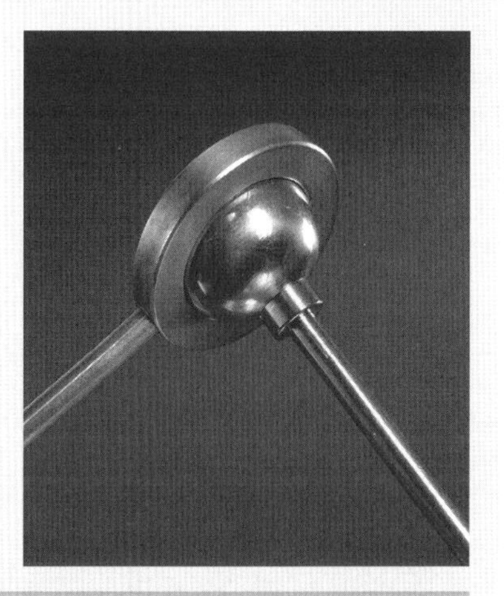

FIGURA 20-1 Quando a bola e o anel estão à temperatura ambiente, a bola é grande demais para passar pelo anel. O anel se expande quando aquecido e, enquanto o anel está quente, a bola, que se manteve à temperatura ambiente, passa através do orifício. *(Richard Megna/ Fundamental Photographs.)*

A maioria dos materiais se expande quando aquecida e se contrai quando resfriada. A água, entretanto, é uma importante exceção. A Figura 20-2 mostra o volume ocupado por 1 g de água como função da temperatura. O volume mínimo e, portanto, a massa específica máxima, está a 4,00°C. Assim, quando a água a 4,00°C é resfriada, ela se expande em vez de se contrair. Esta propriedade da água tem conseqüências importantes para a ecologia de lagos. A temperaturas acima de 4,00°C, a água em um lago se torna mais densa enquanto é resfriada e, portanto, afunda. Porém, ao ser resfriada abaixo de 4,00°C, ela se torna menos densa e sobe à superfície. Esta é a razão pela qual o gelo se forma primeiro na superfície de um lago. A água também se expande quando congela. Como o gelo é menos denso do que a água líquida, ele permanece na superfície e atua como uma camada isolante para a água que está abaixo. Se a água se comportasse como a maioria das substâncias e contraísse enquanto congela, então o gelo afundaria e deixaria mais água exposta na superfície, para ser congelada. Os lagos se encheriam de gelo do fundo para cima e seria muito provável que congelassem completamente no inverno.

FIGURA 20-2 Volume de 1 g de água à pressão atmosférica *versus* temperatura. O volume mínimo, que corresponde à máxima massa específica, ocorre a 4,0°C. Para temperaturas abaixo de 0,0°C, a curva mostrada é para água super-resfriada. (Água super-resfriada é água não solidificada abaixo do ponto de congelamento normal.)

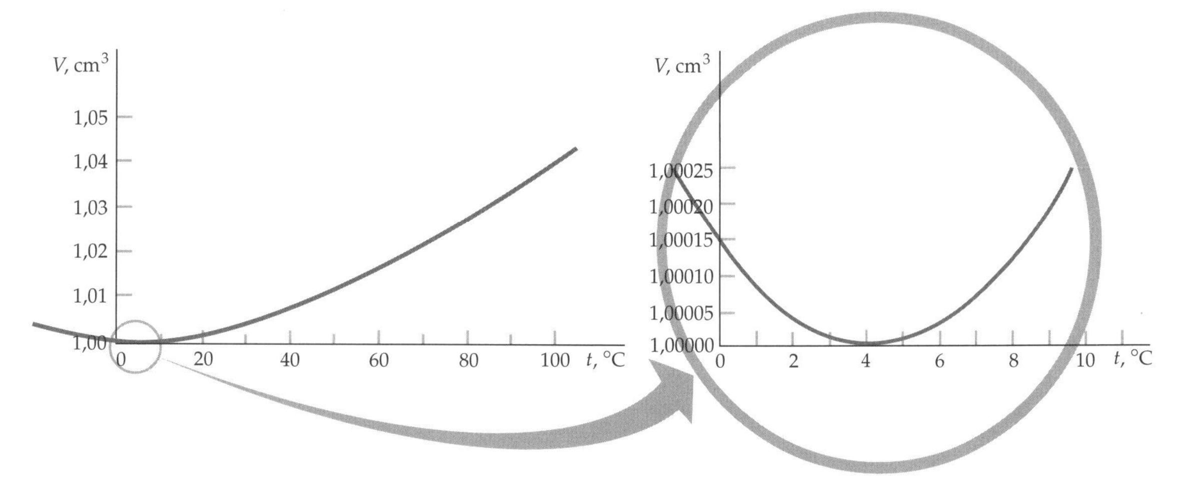

Exemplo 20-2 Uma Expansão

Uma seção retilínea com 720 ft (219 m) de comprimento do oleoduto do Alasca estava a uma temperatura de −60°F antes de ser cheia de óleo com uma temperatura máxima de 145°F. O oleoduto é coberto com uma camada isolante, para que o óleo e o duto de aço tenham a mesma temperatura. (*a*) Qual foi o valor da expansão desta seção, quando a temperatura variou de −60°F para 145°F? (*b*) As seções do oleoduto que estão acima do solo têm um comprimento de 420 mi (676 km). Se a temperatura de uma seção inteira de 420 mi aumentasse de −60°F para 145°F, de quanto ela se expandiria?

SITUAÇÃO Use $\alpha = 11 \times 10^{-6}\ \text{K}^{-1}$, da Tabela 20-1, e calcule ΔL com a Equação 20-1.

SOLUÇÃO

(*a*) 1. A variação de comprimento para uma dada variação de temperatura é o produto de α, L e ΔT:

$$\Delta L = \alpha L\,\Delta T$$

2. A variação da temperatura é 205°F. Converta esta variação de graus Fahrenheit para kelvins (multiplicando por 5/9):

$$\Delta T = \frac{5\ \text{K}}{9°\text{F}}(205°\text{F}) = 114\ \text{K}$$

3. Calcule a variação do comprimento:

$$\Delta L = \alpha L\,\Delta T = (11 \times 10^{-6}\ \text{K}^{-1})(720\ \text{ft})(114\ \text{K})$$

$$= \boxed{0{,}90\ \text{ft} = 11\ \text{in}}$$

(*b*) A variação do comprimento é proporcional ao comprimento. Use isto para calcular a variação do comprimento da seção de 420 mi que está acima do solo:

$$\frac{\Delta L_2}{L_2} = \frac{\Delta L_1}{L_1} \Rightarrow \Delta L_2 = \frac{L_2}{L_1}\Delta L_1$$

$$\Delta L_2 = \frac{(420\ \text{mi})(5280\ \text{ft/mi})}{720\ \text{ft}}(0{,}90\ \text{ft}) = 2800\ \text{ft} \approx \boxed{0{,}5\ \text{mi}}$$

CHECAGEM A variação de 0,5 mi (0,8 km) no comprimento é um pouco maior do que um décimo de 1 por cento do comprimento de 420 mi. Isto parece razoável, para uma variação tão ampla de temperatura e para um comprimento tão grande.

INDO ALÉM As extremidades das seções do oleoduto que estão acima do solo não se movem com variações de temperatura porque o ziguezague (Figura 20-3) resulta em movimentos laterais que "absorvem a expansão."

FIGURA 20-3 O ziguezague do oleoduto permite a expansão térmica dos dutos. *(Paul A. Souders/Corbis.)*

Podemos calcular a tensão que resultaria em uma ponte de aço com 1000 m de comprimento sem juntas de expansão (Figura 20-4) usando o módulo de Young (Equação 12-1):

$$Y = \frac{\text{Tensão}}{\text{Deformação relativa}} = \frac{F/A}{\Delta L/L}$$

Então,

$$\frac{F}{A} = Y\frac{\Delta L}{L} = Y\alpha\,\Delta T$$

Para $\Delta T = 30\ \text{K}$, $\Delta L/L = \alpha\Delta T = (11 \times 10^{-6}\ \text{K}^{-1})(30\ \text{K}) = 3{,}3 \times 10^{-4} = 0{,}33\ \text{m}/1000\ \text{m}$. Então, usando $Y = 2{,}0 \times 10^{11}\ \text{N/m}^2$ (da Tabela 12-1),

$$\frac{F}{A} = Y\frac{\Delta L}{L} = (2{,}0 \times 10^{11}\ \text{N/m}^2)\frac{0{,}33\ \text{m}}{1000\ \text{m}} = 6{,}6 \times 10^{7}\ \text{N/m}^2$$

Esta tensão é aproximadamente um terço da tensão de ruptura para o aço sob compressão. Uma tensão de compressão desta magnitude provocaria uma dobra na ponte de aço, que ficaria permanentemente deformada.

FIGURA 20-4 Juntas de expansão, como esta, permitem que as pontes se expandam com o aumento da temperatura. (© *Photobeps/Dreamstime.com.*)

Exemplo 20-3 Um Copo Completamente Cheio

Trabalhando no laboratório, você enche um frasco de vidro pirex de 1,000 L até a borda, com água a 10°C. Você aumenta a temperatura da água e do frasco para 30°C. Quanta água derramará do frasco?

SITUAÇÃO A água e o frasco expandem quando aquecidos, mas 1,000 L de água expande mais do que 1,000 L de vidro e, portanto, alguma água será derramada. Calculamos a quantidade de água derramada através das variações de volume para $\Delta T = 20$ K usando $\Delta V_{\text{água}} = \beta V_i \Delta T$, com $\beta = 0{,}207 \times 10^{-3}\ \text{K}^{-1}$ para a água (da Tabela 20-1), e $\Delta V_{\text{vidro}} = \beta V_i \Delta T = 3\alpha V \Delta T$, com $\alpha = 3{,}25 \times 10^{-6}\ \text{K}^{-1}$ para o vidro Pirex, onde $V_i = 1{,}000$ L. A diferença entre estas variações de volume é igual ao volume da água derramada.

SOLUÇÃO

1. O volume de água derramada $V_{\text{derramada}}$ é a diferença entre as variações de volume da água e do vidro:
$$V_{\text{derramada}} = \Delta V_{\text{água}} - \Delta V_{\text{vidro}}$$

2. Determine o aumento do volume da água:
$$\Delta V_{\text{água}} = \beta_{\text{água}} V_i \Delta T$$

3. Determine o aumento do volume do frasco de vidro:
$$\Delta V_{\text{vidro}} = \beta_{\text{vidro}} V_i \Delta T = 3\alpha_{\text{Pirex}} V_i \Delta T$$

4. Subtraia para determinar a quantidade de água derramada:
$$\begin{aligned} V_{\text{derramada}} &= \Delta V_{\text{água}} - \Delta V_{\text{vidro}} = \beta_{\text{água}} V_i \Delta T - \beta_{\text{vidro}} V_i \Delta T \\ &= (\beta_{\text{água}} - \beta_{\text{vidro}}) V_i \Delta T = (\beta_{\text{água}} - 3\alpha_{\text{Pirex}}) V_i \Delta T \\ &= [0{,}207 \times 10^{-3}\ \text{K}^{-1} - 3(3{,}25 \times 10^{-6}\ \text{K}^{-1})](1{,}000\ \text{L})(20\ \text{K}) \\ &= 3{,}95 \times 10^{-3}\ \text{L} = \boxed{4{,}0\ \text{mL}} \end{aligned}$$

CHECAGEM O derramamento de 4,0 mL representa apenas 0,4 por cento do volume inicial de 1,000 L. É plausível que esta pequena quantidade resulte de um aumento de temperatura de 20 K.

INDO ALÉM O frasco expande, o que torna maior o seu interior, como se o frasco fosse um pedaço sólido de vidro Pirex.

Exemplo 20-4 Quebrando o Cobre — *Rico em Contexto*

Durante um projeto de encanamento doméstico, você aquece um pedaço de cano de cobre até a 300°C. Então, você prende o cano entre dois pontos fixos de maneira a evitar que ele contraia. Se a tensão de ruptura do cobre é 230 MN/m², para qual temperatura a barra quebrará enquanto esfria?

SITUAÇÃO Enquanto o cano de cobre esfria, a variação de comprimento ΔL que ocorreria se ele pudesse contrair é compensada pelo alongamento devido à tensão de tração no cano. A tensão F/A está relacionada ao alongamento ΔL por $Y = (F/A)(\Delta L/L)$, onde o módulo de Young para o cobre é $Y = 110\ \text{GN/m}^2$ (da Tabela 12-1). O alongamento máximo permitido ocorrerá quando F/A for igual a 230 MN/m². Determinamos, então, a variação de temperatura que produzirá esta contração máxima.

SOLUÇÃO

1. Calcule a variação do comprimento ΔL_1 que ocorreria se o cano pudesse contrair enquanto esfria:
$$\Delta L_1 = \alpha L\, \Delta T$$

2. Uma tensão de tração F/A alonga o cano de ΔL_2:
$$Y = \frac{F/A}{\Delta L_2/L} \quad \text{logo} \quad \Delta L_2 = L\frac{F/A}{Y}$$

3. Substitua os resultados do passo 1 e do passo 2 em $\Delta L_1 + \Delta L_2 = 0$ e resolva para ΔT, com a tensão igual ao valor de ruptura:
$$\Delta L_1 + \Delta L_2 = 0$$
$$\alpha L\, \Delta T + L\frac{F/A}{Y} = 0$$
$$\text{logo} \quad \Delta T = -\frac{F/A}{\alpha Y} = -\frac{230 \times 10^6\ \text{N/m}^2}{(17 \times 10^{-6}\ \text{K}^{-1})(110 \times 10^9\ \text{N/m}^2)}$$
$$= -123\ \text{K} = -123°\text{C}$$

4. Some este resultado à temperatura original para determinar a temperatura final na qual o cano quebrará:
$$t_f = t_1 + \Delta t = 300°\text{C} - 123°\text{C} = 177°\text{C} = \boxed{180°\text{C}}$$

CHECAGEM Se você observar um encanamento de cobre, verá que os canos não estão presos de maneira rígida. Além disso, no encanamento doméstico o aquecedor de água é geralmente ajustado para que a temperatura da água não exceda 60°C (140°F) e a água fria deve estar no mínimo a 0°C, caso contrário ocorrerá congelamento. Portanto, não ocorrem variações de temperatura maiores do que 60°C em encanamentos domésticos. Não deve ser surpreendente que os canos projetados para encanamento doméstico podem não resistir se expansão ou contração forem impedidas de ocorrer, e se as variações de temperatura forem muito maiores do que as esperadas em uma casa.

20-2 A EQUAÇÃO DE VAN DER WAALS E ISOTERMAS LÍQUIDO–VAPOR

A pressões ordinárias, a maioria dos gases se comporta como um gás ideal. Entretanto, este comportamento ideal deixa de existir quando a pressão é alta o suficiente ou a temperatura é baixa o suficiente para que a massa específica do gás seja alta e as moléculas estejam, em média, mais próximas entre si. Uma equação de estado chamada de **equação de van der Waals** descreve o comportamento da maioria dos gases reais em uma ampla faixa de pressões de maneira mais precisa do que a equação de estado dos gases ideais ($PV = nRT$). A equação de van der Waals para n moles de gás é

$$\left(P + \frac{an^2}{V^2}\right)(V - bn) = nRT \qquad 20\text{-}6$$

A EQUAÇÃO DE ESTADO DE VAN DER WAALS

A constante b nesta equação surge porque as moléculas do gás não são partículas pontuais, mas objetos com tamanho finito; portanto, o volume disponível para cada molécula é reduzido. A magnitude de b é o volume de um mol de moléculas de gás. O termo an^2/V^2 surge da atração entre as moléculas. Quando uma molécula se aproxima da parede do recipiente, ela é puxada de volta pelas moléculas da vizinhança com uma força que é proporcional à massa específica dessas moléculas, n/V. Como o número de moléculas que atinge a parede em um dado intervalo de tempo também é proporcional à massa específica das moléculas, a diminuição de pressão devida à atração das moléculas é proporcional ao quadrado da massa específica e, portanto, a n^2/V^2. A constante a depende do gás e é pequena para gases inertes, que apresentam interações químicas muito fracas. Os termos bn e an^2/V^2 são desprezíveis quando o volume V é grande e, assim, para pequenas massas específicas a equação de van der Waals se aproxima da lei dos gases ideais. Para grandes massas específicas, a equação de van der Waals fornece uma descrição muito melhor para o comportamento de gases reais do que a lei dos gases ideais.

A Figura 20-5 mostra curvas PV isotermas para uma substância em várias temperaturas. Exceto para a região na qual o líquido e o vapor coexistem, estas curvas são descritas com boa precisão pela equação de van der Waals e podem ser usadas para determinar as constantes a e b. Por exemplo, os valores destas constantes que melhor ajustam as curvas experimentais para o nitrogênio são $a = 1{,}370\ \text{L}^2 \cdot \text{atm/mol}^2$ e $b = 38{,}7$ mL/mol. Este volume de 38,7 mL/mol é aproximadamente 0,2 por cento do volume de 22,4 L ocupado por 1 mol de gás ideal em condições normais. Como a massa molar do nitrogênio é 28,02 g/mol, se 1 mol de moléculas de nitrogênio fosse colocado em um volume de 38,7 mL, então a massa específica seria

$$\rho = \frac{M}{V} = \frac{28{,}0\ \text{g}}{38{,}7\ \text{mL}} = 0{,}724\ \text{g/mL} = 0{,}724\ \text{kg/L}$$

que é aproximadamente a mesma massa específica do nitrogênio líquido, 0,80 kg/L.

O valor da constante b pode ser usado para estimar o tamanho de uma molécula. Como 1 mol (N_A moléculas) de nitrogênio ocupa um volume de 38,7 cm³, o volume

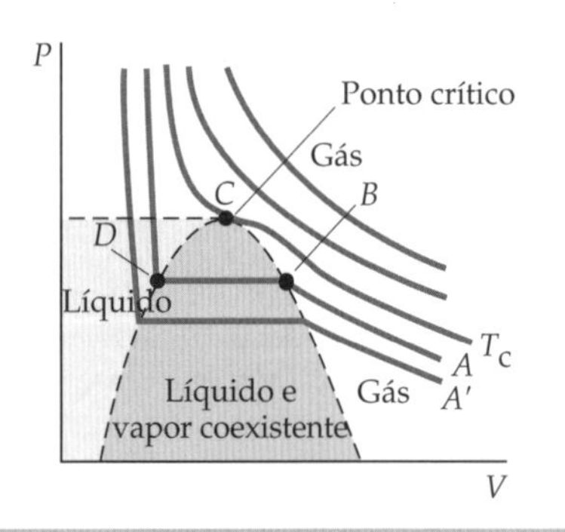

FIGURA 20-5 Isotermas no diagrama PV para uma substância. Para temperaturas acima da temperatura crítica T_c, a substância permanece gasosa para todos os valores de pressão. Exceto para a região onde o líquido e o vapor coexistem, estas curvas são muito bem descritas pela equação de van der Waals. A pressão para as porções horizontais das curvas na região sombreada é a pressão de vapor, na qual o vapor e o líquido estão em equilíbrio. Na região sombreada mais clara, à esquerda da região sombreada mais escura, a substância é um líquido e praticamente incompressível.

de uma molécula de nitrogênio é

$$V = \frac{b}{N_A} = \frac{38{,}7\ \text{cm}^3/\text{mol}}{6{,}02 \times 10^{23}\ \text{moléculas/mol}}$$
$$= 6{,}43 \times 10^{-23}\ \text{cm}^3/\text{molécula}$$

Se supomos que cada molécula ocupa um cubo de lado d, obtemos

$$d^3 = 6{,}43 \times 10^{-23}\ \text{cm}^3$$

ou

$$d = 4{,}0 \times 10^{-8}\ \text{cm} = 0{,}4\ \text{nm}$$

que é uma estimativa plausível para o "diâmetro" de uma molécula de nitrogênio.

Valores para as constantes a e b que resultam do melhor ajuste de curvas experimentais estão listados na Tabela 20-2.

Tabela 20-2 Os Coeficientes a e b de van der Waals para Vários Gases

	a ($L^2 \cdot atm/mol^2$)	b (mL/mol)
He	0,0346	23,80
Ne	0,211	17,1
Ar	1,34	32,2
Kr	2,32	39,8
Xe	4,19	51,0
H_2	0,244	26,6
N_2	1,370	38,70
O_2	1,382	31,86
H_2O	5,46	30,5
CO_2	3,59	42,7

Exemplo 20-5 Hélio em Alta Massa Específica

Um tanque de 20,0 L contém 300 moles de hélio a uma pressão de 400 atm. (*a*) Qual é o valor de an^2/V^2, e a que fração da pressão ele corresponde? (*b*) Qual é o valor de bn, e a que fração do volume do recipiente ele corresponde? (*c*) Qual é a temperatura do hélio?

SITUAÇÃO Para determinar a temperatura, use a equação de van der Waals (Equação 20-6). Os coeficientes a e b para o hélio são encontrados na Tabela 20-2.

SOLUÇÃO

(*a*) Calcule an^2/V^2 e compare com 400 atm:

$$\frac{an^2}{V^2} = \frac{(0{,}0346\ \text{L}^2 \cdot \text{atm/mol}^2)(300\ \text{mol})^2}{(20{,}0\ \text{L})^2}$$
$$= 7{,}785\ \text{atm} = \boxed{7{,}79\ \text{atm}}$$

(7,785 atm é aproximadamente 2 por cento de 400 atm)

(*b*) Calcule bn e compare com 20 L:

$$bn = (0{,}0238\ \text{L/mol})(300\ \text{mol}) = \boxed{7{,}14\ \text{L}}$$

(7,14 L é aproximadamente 36 por cento de 20 L)

(*c*) 1. A equação de van der Waals pode ser resolvida para a temperatura:

$$\left(P + \frac{an^2}{V^2}\right)(V - bn) = nRT$$

2. Obtenha os coeficientes a e b para o hélio na Tabela 20-2:

$$a = 0{,}0346\ \text{L}^2 \cdot \text{atm/mol}^2$$
$$b = 0{,}0238\ \text{L/mol}$$

3. Substitua os valores e resolva para a temperatura. Com a pressão em atmosferas e o volume em litros, usamos $R = 0{,}082057\ \text{L} \cdot \text{atm/(mol} \cdot \text{K)}$:

$$T = \frac{\left(P + \dfrac{an^2}{V^2}\right)(V - bn)}{nR} = \frac{\left(400 + \dfrac{0{,}0346 \times 300^2}{20{,}0^2}\right)(20{,}0 - 0{,}0238 \times 300)}{300 \times 0{,}082057}$$
$$= \boxed{213\ \text{K}}$$

CHECAGEM Na equação de van der Waals, a correção de 2 por cento para o termo de pressão [Parte (*a*)] é muito pequena em comparação à correção de 36 por cento para o termo de volume [Parte (*b*)]. Isto está de acordo com o esperado. A correção para o termo de pressão é particularmente pequena para o hélio, porque a interação de atração entre os átomos de hélio é mais fraca do que para a maioria dos outros átomos.

A temperaturas abaixo de T_c, a equação de van der Waals descreve as partes das isotermas que estão fora da região sombreada da Figura 20-5, mas não aquelas dentro da região sombreada. Seja um gás a uma temperatura abaixo de T_c que, inicialmente, tem uma baixa pressão e um grande volume. Começamos a comprimir o gás mantendo a temperatura constante (isoterma A, na figura). Inicialmente a pressão aumenta,

Nuvem se formando atrás de uma aeronave enquanto ela rompe a barreira do som. Enquanto a aeronave se move no ar, uma região de baixa pressão se forma atrás dela. Quando a pressão desta parcela de ar cai abaixo da pressão de vapor d'água no estado gasoso, a água no ar se condensa para formar a nuvem. Diferentes condições atmosféricas fazem com que o fenômeno ocorra para diferentes velocidades da aeronave. (© *Steve Skinner/Dreamstime.com.*)

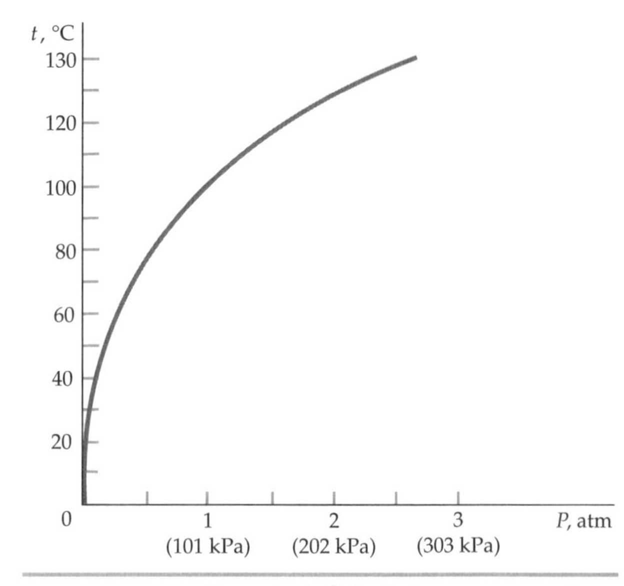

FIGURA 20-6 Ponto de ebulição da água *versus* pressão.

mas, quando atingimos o ponto B da curva tracejada, a pressão deixa de aumentar e o gás começa a se liquefazer à pressão constante. Ao longo da linha horizontal BD, na figura, gás e líquido estão em equilíbrio. Se continuamos comprimindo o gás, cada vez mais gás será liquefeito, até o ponto D da curva tracejada, onde teremos apenas líquido. Se tentamos, então, comprimir a substância ainda mais, a pressão aumentará rapidamente porque um líquido é aproximadamente incompressível.

Considere, agora, a injeção de um líquido, como água, em um recipiente selado a vácuo. Como parte da água evapora, moléculas de vapor d'água preenchem o espaço previamente vazio no recipiente. Algumas dessas moléculas colidirão com a superfície do líquido e se religarão à água líquida durante um processo chamado de *condensação*. A taxa de evaporação será inicialmente maior do que a taxa de condensação mas, finalmente, equilíbrio será atingido. A pressão na qual um líquido está em equilíbrio com seu próprio vapor é chamada de **pressão de vapor**. Se, agora, aquecemos o recipiente levemente, o líquido entrará em ebulição, mais líquido evaporará e um novo equilíbrio será estabelecido em uma pressão de vapor maior. A pressão de vapor depende, portanto, da temperatura. Podemos ver isto na Figura 20-5. Se tivéssemos começado a comprimir o gás a uma temperatura mais baixa, como na isoterma A' da Figura 20-5, a pressão de vapor seria menor, como indicado pela linha horizontal de pressão constante para A', a um valor menor de pressão. A temperatura na qual a pressão de vapor para uma substância é igual a 1 atm é o **ponto normal de ebulição** daquela substância. Por exemplo, a temperatura na qual a pressão de vapor d'água é 1,00 atm é 373 K (= 100°C); logo, esta temperatura é o ponto normal de ebulição da água. A altitudes maiores, tal como no topo de uma montanha, a pressão é menor do que 1,00 atm e, portanto, a água ferve a uma temperatura menor do que 373 K. A Figura 20-6 fornece as pressões de vapor d'água para várias temperaturas.

A temperaturas maiores do que a temperatura crítica T_c, um gás não condensará para nenhuma pressão. A temperatura crítica para o vapor d'água é 647 K (374°C). O ponto no qual a isoterma crítica intercepta a curva tracejada (ponto C) é chamado de **ponto crítico**.

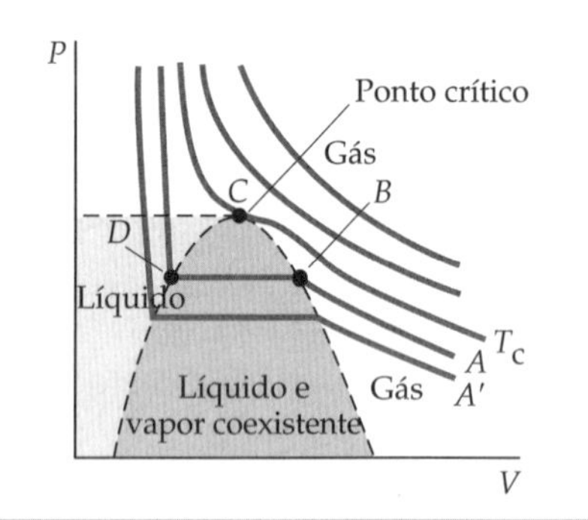

FIGURA 20-5 (*repetida*) Isotermas no diagrama PV para uma substância.

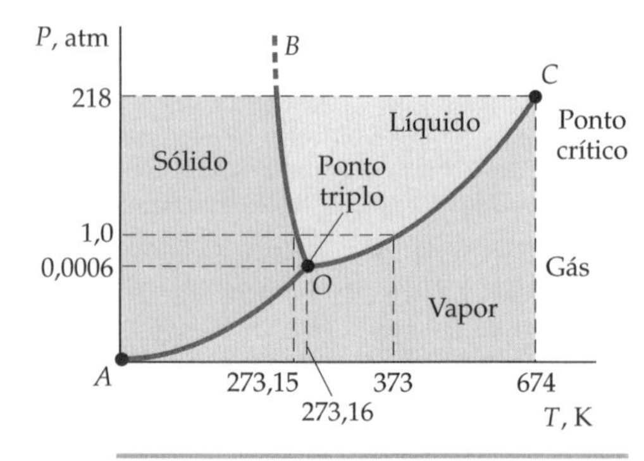

FIGURA 20-7 Diagrama de fase para a água. As escalas de pressão e de temperatura não são lineares e estão comprimidas para mostrar os pontos de interesse. A curva OC é a curva de pressão de vapor *versus* temperatura. A curva OB é a curva de fusão e a curva OA é a curva de sublimação.

20-3 DIAGRAMAS DE FASE

A Figura 20-7 é um gráfico de pressão *versus* temperatura, a volume constante, para a água. Este tipo de gráfico é chamado de **diagrama de fase**. A porção do diagrama entre os pontos O e C mostra a pressão de vapor *versus* temperatura. À medida que aquecemos o recipiente, a massa específica do líquido diminui e a massa específica do vapor aumenta. No ponto C do diagrama, estas massas específicas são iguais. O ponto C é chamado de *ponto crítico*. Neste ponto, e acima dele, não há distinção entre o líquido e o gás. Temperaturas de ponto crítico T_c, para várias substâncias, são listadas na Tabela 20-3. A temperaturas maiores do que a temperatura crítica, um gás não condensará para nenhum valor de pressão.

Se, agora, resfriamos nosso recipiente, parte do vapor condensa em líquido enquanto voltamos pela curva OC da Figura 20-7 até que a substância atinja o ponto O. Neste ponto, o líquido começa a se solidificar. O ponto O é o **ponto triplo**, no qual as fases de vapor, líquido e sólido de uma substância podem coexistir em equilíbrio. Toda substância tem um ponto triplo único em valores específicos de temperatura e de pressão. A temperatura de ponto triplo para a água é 273,16 K (0,01°C) e a pressão de ponto triplo é 4,58 mmHg.

A temperaturas e pressões abaixo do ponto triplo, o líquido não pode existir. A curva OA do diagrama de fase da Figura 20-7 identifica as pressões e as temperaturas para as quais o sólido e o vapor coexistem em equilíbrio. A mudança direta de um sólido para um vapor é chamada de **sublimação**. Você pode observar a sublimação colocando pequenos cubos de gelo soltos no compartimento do congelador de um refrigerador que tenha a função de autodescongelamento. Com o tempo, o tamanho dos cubos de gelo diminuirá e, finalmente, eles desaparecerão devido à sublimação. Isto acontece porque a pressão atmosférica está muito acima da pressão do ponto triplo da água e, assim, o equilíbrio nunca é estabelecido entre o gelo e o vapor d'água. A temperatura e a pressão do ponto triplo do dióxido de carbono (CO_2) são 216,55 K e 3880 mmHg (5,1 atm), o que significa que só pode existir CO_2 líquido a pressões acima de 5,1 atm. Portanto, a pressões atmosféricas normais, CO_2 líquido não pode existir em nenhuma temperatura. Quando o sólido CO_2 se "funde", ele sublima diretamente para CO_2 gasoso, sem passar pela fase líquida, justificando o termo "gelo seco".

A curva OB da Figura 20-7 é a curva de fusão separando as fases líquida e sólida. Para uma substância como a água, para a qual a temperatura de fusão diminui com o aumento da pressão, a inclinação da curva OB é para cima e para a esquerda, a partir do ponto triplo, como na figura. Para a maioria das outras substâncias, a temperatura de fusão aumenta com o aumento da pressão. Para tais substâncias, a inclinação da curva OB é para cima e para a direita, a partir do ponto triplo.

Para que uma molécula escape (evapore) de uma substância no estado líquido, é necessário energia para romper as atrações intermoleculares na superfície do líquido. A vaporização resfria o líquido que ficou para trás. Se uma caneca de água é aquecida até ferver, sobre uma placa aquecida, este efeito de resfriamento mantém a temperatura do líquido constante no ponto de ebulição. Esta é a razão pela qual o ponto de ebulição de uma substância pode ser usado para calibrar termômetros. Entretanto, a água também pode chegar à ebulição sem aquecimento, evacuando-se o ar acima dela e diminuindo-se, portanto, a pressão aplicada. A energia necessária para a vaporização é, então, obtida da água que restou. Como resultado, a água resfriará, podendo mesmo chegar ao ponto de se formar gelo no topo da água fervente!

Tabela 20-3 Temperaturas Críticas T_c para Várias Substâncias

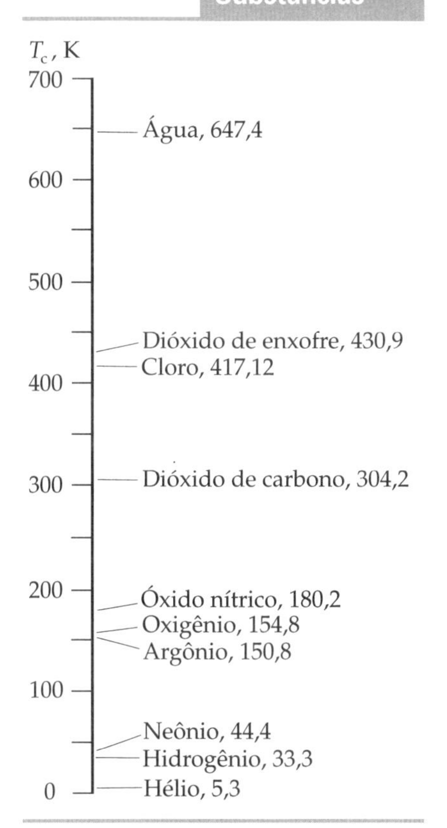

20-4 A TRANSFERÊNCIA DE CALOR

Calor é a transferência de energia devida a uma diferença de temperatura. Esta transferência de uma posição para outra acontece através de três processos distintos: condução, convecção e radiação.

Durante a **condução**, a energia é transferida através de interações entre átomos ou moléculas, onde os átomos ou moléculas não são, eles próprios, transportados. Por exemplo, se uma extremidade de um bastão maciço é aquecida, os átomos na extremidade quente vibram com maior energia do que os da extremidade fria. A interação dos átomos mais energéticos com os menos energéticos faz com que esta energia seja transportada ao longo do bastão.*

* Se o sólido é um metal, a transferência de calor é facilitada por elétrons *não localizados*, que podem se mover através do metal.

Durante a **convecção**, o calor é transferido por transporte direto de matéria. Por exemplo, o ar aquecido em uma região de uma sala se expande, sua massa específica diminui e a força de empuxo exercida sobre ele pelo ar da vizinhança faz com que ele suba. A energia é, assim, transportada para cima com as moléculas de ar aquecido.

Durante a **radiação**, a energia é transferida através do espaço na forma de ondas eletromagnéticas que se movem com a rapidez da luz. Ondas de infravermelho, ondas de luz visível, ondas de rádio, ondas de televisão e raios X são, todas, formas de radiação eletromagnética que diferem entre si nos seus comprimentos de onda e freqüências.

Durante todos os mecanismos de transferência de calor, a taxa de resfriamento de um corpo é aproximadamente proporcional à diferença de temperatura entre o corpo e sua vizinhança. Este resultado é conhecido como **lei de Newton para o resfriamento**.

Em muitas situações reais, todos os três mecanismos de transferência de energia ocorrem simultaneamente, apesar de um mecanismo poder ser dominante sobre os outros. Por exemplo, um aquecedor de ambiente comum usa tanto a radiação quanto a convecção. Se o elemento aquecedor é quartzo, então o mecanismo principal de transferência é a radiação. Se o elemento aquecedor é metálico (que não irradia de maneira tão eficiente quanto o quartzo), então a convecção é o mecanismo principal pelo qual a energia é transferida, com o ar aquecido subindo para ser substituído pelo ar mais frio. Geralmente, os aquecedores possuem ventiladores para acelerar o processo de convecção.

CONDUÇÃO

A Figura 20-8*a* mostra um bastão maciço uniforme e isolado, com seção reta de área A. Se mantemos uma extremidade do bastão a uma temperatura elevada e a outra extremidade a uma temperatura baixa, a energia será conduzida através do bastão da extremidade quente para a extremidade fria. Em regime estacionário, a temperatura varia linearmente da extremidade quente até a extremidade fria. A taxa de variação da temperatura ao longo da barra, dT/dx, é chamada de **gradiente de temperatura**.*

Seja dT a diferença de temperatura ao longo de um pequeno segmento de comprimento dx (Figura 20-8*b*). Se dQ é a quantidade de calor conduzida através de uma seção reta do segmento durante um intervalo de tempo dt, então a taxa de condução de calor dQ/dt é chamada de **corrente térmica *I***. Foi observado experimentalmente que a corrente térmica é proporcional ao gradiente de temperatura e à área de seção reta A:

$$I = \frac{dQ}{dt} = -kA\frac{dT}{dx} \qquad 20\text{-}7$$

DEFINIÇÃO: CORRENTE TÉRMICA

! Calor transporta energia de uma região de maior temperatura para uma região de menor temperatura; logo, a corrente térmica é no sentido da diminuição da temperatura.

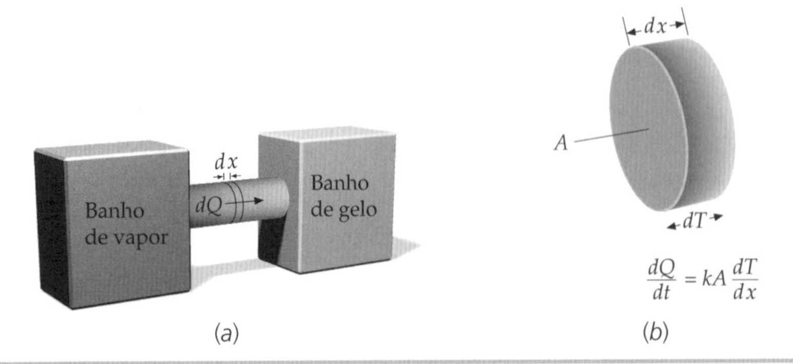

FIGURA 20-8 (*a*) Um bastão condutor isolado com suas extremidades a duas temperaturas diferentes. (*b*) Um segmento do bastão de comprimento dx. A taxa na qual o calor é conduzido através de uma seção reta do segmento é proporcional à área de seção reta do bastão e à queda de temperatura dT ao longo do segmento, e é inversamente proporcional ao comprimento do segmento.

* O gradiente de temperatura é, na verdade, um vetor. A orientação deste vetor é no sentido do aumento mais rápido da temperatura, e a magnitude deste vetor é a taxa de variação da temperatura em relação à distância, ao longo dessa orientação.

A constante de proporcionalidade k, chamada de *condutividade térmica*, depende da composição do bastão.[†] O calor é transferido no sentido da diminuição da temperatura. Isto é, se a temperatura aumenta com o aumento de x, então a transferência de calor é no sentido negativo da direção x, e vice-versa. No SI, a corrente térmica é expressa em watts e a condutividade térmica é expressa em W/(m · K).[‡] Em cálculos práticos realizados nos Estados Unidos, a corrente térmica geralmente é expressa em Btu por hora, a área é expressa em pés quadrados, o comprimento (ou espessura) é expresso em polegadas e a temperatura é expressa em graus Fahrenheit. A condutividade térmica é, então, dada em Btu · in/(h · ft² · °F). A Tabela 20-4 fornece a condutividade térmica para vários materiais.

Se resolvemos a Equação 20-7 para a diferença de temperatura, obtemos

$$|\Delta T| = I\frac{|\Delta x|}{kA} \qquad 20\text{-}8$$

ou

$$\Delta T = IR \qquad 20\text{-}9$$

QUEDA DE TEMPERATURA *VERSUS* CORRENTE

onde ΔT é a *queda de temperatura* no sentido da corrente térmica e $|\Delta x|/(kA)$ é a **resistência térmica** R:

$$R = \frac{|\Delta x|}{kA} \qquad 20\text{-}10$$

DEFINIÇÃO: RESISTÊNCIA TÉRMICA

Tabela 20-4 Condutividades Térmicas k para Vários Materiais

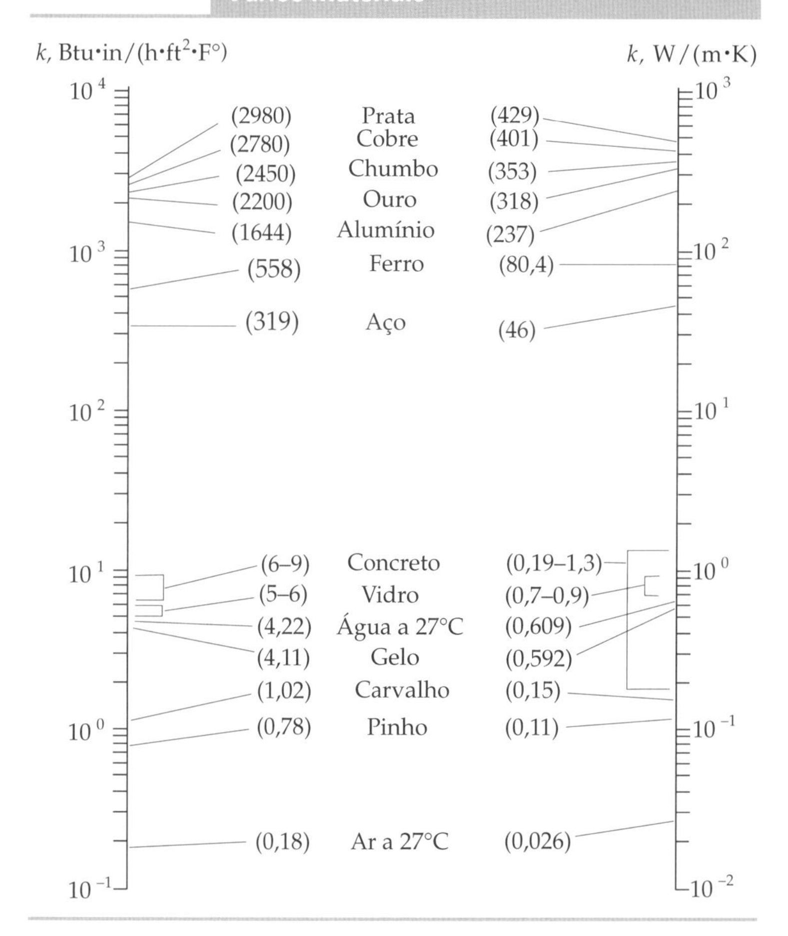

k, Btu·in/(h·ft²·F°)	Material	k, W/(m·K)
(2980)	Prata	(429)
(2780)	Cobre	(401)
(2450)	Chumbo	(353)
(2200)	Ouro	(318)
(1644)	Alumínio	(237)
(558)	Ferro	(80,4)
(319)	Aço	(46)
(6–9)	Concreto	(0,19–1,3)
(5–6)	Vidro	(0,7–0,9)
(4,22)	Água a 27°C	(0,609)
(4,11)	Gelo	(0,592)
(1,02)	Carvalho	(0,15)
(0,78)	Pinho	(0,11)
(0,18)	Ar a 27°C	(0,026)

PROBLEMA PRÁTICO 20-1

Calcule a resistência térmica de uma barra de alumínio de 15,0 cm² de área de seção reta e 2,00 cm de espessura.

PROBLEMA PRÁTICO 20-2

Que espessura seria necessária para uma barra de prata ter a mesma resistência térmica de uma camada, de mesma área, de 1,00 cm de espessura de ar?

CHECAGEM CONCEITUAL 20-1

Em uma sala refrigerada, o tampo de uma mesa metálica parece mais frio ao ser tocado do que uma superfície de madeira, mesmo tendo a mesma temperatura. Por quê?

Em muitos problemas práticos, estamos interessados na taxa de transferência de calor através de dois ou mais condutores (ou isolantes) em série. Por exemplo, podemos desejar saber o efeito de adicionar um material isolante de certas espessura e condutividade térmica no espaço entre duas camadas de uma parede. A Figura 20-9 mostra duas barras de materiais condutores térmicos com seção reta de mesma área, mas feitas de materiais diferentes e com espessuras diferentes. Seja T_1 a temperatura no lado mais quente, T_2 a temperatura na interface entre as barras e T_3 a temperatura no lado mais frio. Em condições estacionárias de transferência de calor, a corrente térmica I através de cada barra deve ser a mesma. Isto é conseqüência da conservação da energia; para transferência estacionária, a taxa na qual a energia entra em qualquer região deve ser igual à taxa na qual ela sai da região.

Se R_1 e R_2 são as resistências térmicas das duas barras, aplicando a Equação 20-9 obtemos, para cada barra,

$$T_1 - T_2 = IR_1$$

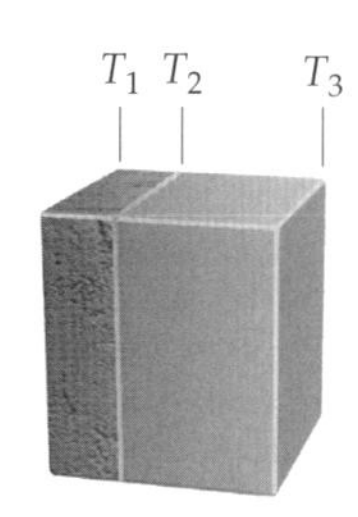

FIGURA 20-9 Duas barras condutoras térmicas de materiais diferentes, ligadas em série. A resistência térmica equivalente das barras em série é a soma das resistências térmicas individuais. A corrente térmica é a mesma em ambas.

[†] Não confunda a condutividade térmica com a constante de Boltzmann, que também é representada por k.
[‡] Em algumas tabelas, a energia pode ser dada em calorias ou em quilocalorias e a espessura em centímetros.

e

$$T_2 - T_3 = IR_2$$

Somando estas equações obtemos

$$\Delta T = T_1 - T_3 = I(R_1 + R_2) = IR_{eq}$$

ou

$$I = \frac{\Delta T}{R_{eq}} \qquad 20\text{-}11$$

onde R_{eq} é a **resistência equivalente**. Portanto, para resistências térmicas em série, a resistência equivalente é a soma das resistências individuais:

$$R_{eq} = R_1 + R_2 + \cdots \qquad 20\text{-}12$$

RESISTÊNCIAS TÉRMICAS EM SÉRIE

Este resultado pode ser estendido a qualquer número de resistências em série. No Capítulo 25 (Volume 2) veremos que a mesma fórmula se aplica a resistências elétricas em série.

Para calcular a taxa na qual a energia está saindo de uma sala por meio de condução de calor, precisamos saber quanto calor é liberado através das paredes, das janelas, do chão e do teto. Para este tipo de problema, no qual há vários caminhos para a transferência de calor, dizemos que as resistências estão em **paralelo**. A diferença de temperatura é a mesma para cada caminho, mas a corrente térmica é diferente. A corrente térmica total é a soma das correntes térmicas através de cada um dos caminhos paralelos:

$$I_{total} = I_1 + I_2 + \cdots = \frac{\Delta T}{R_1} + \frac{\Delta T}{R_2} + \cdots = \Delta T\left(\frac{1}{R_1} + \frac{1}{R_2} + \cdots\right)$$

ou

$$I_{total} = \frac{\Delta T}{R_{eq}} \qquad 20\text{-}13$$

onde a resistência térmica equivalente é dada por

$$\frac{1}{R_{eq}} = \frac{1}{R_1} + \frac{1}{R_2} + \cdots \qquad 20\text{-}14$$

RESISTÊNCIAS TÉRMICAS EM PARALELO

Encontraremos esta equação novamente no Capítulo 25 (Volume 2), ao estudarmos a condução elétrica através de resistências em paralelo. Observe que, para resistores em série (Equação 20-11) e para resistores em paralelo (Equação 20-13), I é proporcional a ΔT, o que está de acordo com a lei de Newton para o resfriamento.

ESTRATÉGIA PARA SOLUÇÃO DE PROBLEMAS

Calculando a Corrente Térmica

SITUAÇÃO Verifique se os objetos para os quais você está procurando a corrente térmica total estão em série ou em paralelo.

SOLUÇÃO

1. Usando $R = |\Delta x|/(kA)$ (Equação 20-10), determine a resistência térmica de cada objeto.
2. Para os objetos em série, use $R_{eq} = R_1 + R_2 + \ldots$ (Equação 20-12) para calcular a resistência equivalente.
3. Para os objetos em paralelo, use $\frac{1}{R_{eq}} = \frac{1}{R_1} + \frac{1}{R_2} + \ldots$ (Equação 20-14) para determinar a resistência equivalente.

4. Repita os passos 2 e 3 até que você tenha calculado a resistência equivalente de todo o sistema de objetos condutores.
5. Usando $\Delta T = I_{total}R_{eq}$ (Equação 20-9), calcule a corrente térmica total.

CHECAGEM Para cada combinação de objetos em paralelo certifique-se de que a resistência equivalente é menor do que a resistência do objeto de menor resistência. Para cada combinação de objetos em série certifique-se de que a resistência equivalente é maior do que a resistência do objeto de maior resistência.

Exemplo 20-6 Duas Barras Metálicas em Série

Duas barras metálicas isoladas, cada uma com 5,0 cm de comprimento e seção reta retangular com lados de 2,0 cm e de 3,0 cm, estão calçadas entre duas paredes, uma mantida a 100°C e a outra a 0,0°C (Figura 20-10). As barras são feitas de chumbo e de prata. Determine (*a*) a corrente térmica total através da combinação das duas barras e (*b*) a temperatura na interface.

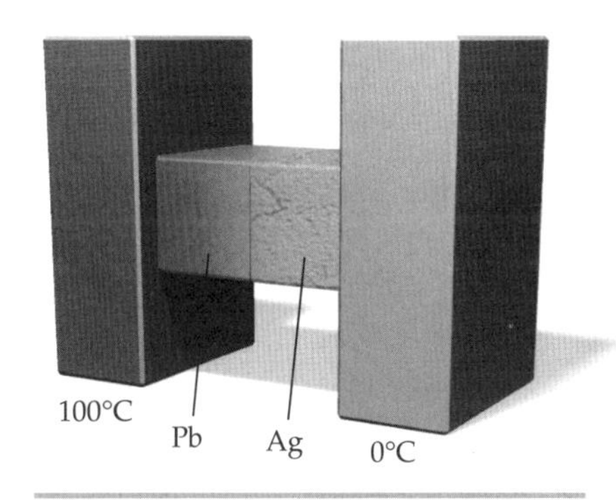

FIGURA 20-10 Duas barras de materiais condutores térmicos diferentes ligadas em série.

SITUAÇÃO As barras são resistores térmicos conectados em série. (*a*) Você pode determinar a corrente térmica total a partir de $I = R_{eq}/\Delta T$, onde a resistência equivalente R_{eq} é a soma das resistências individuais. Usando a Equação 20-10 e as condutividades térmicas dadas na Tabela 20-4, as resistências individuais podem ser determinadas. (*b*) Você pode determinar a temperatura na interface aplicando $I = R_1/\Delta T$, apenas à barra de chumbo, e resolvendo para ΔT em termos do valor de I encontrado na Parte (*a*).

SOLUÇÃO

(*a*) 1. Use $\Delta T = IR$ (Equação 20-13) para relacionar a corrente térmica com a diferença de temperatura:

$$I = \frac{\Delta T}{R}$$

2. Usando $R = |\Delta x|/(kA)$ (Equação 20-10), escreva cada resistência térmica em termos das condutividades térmicas individuais e dos parâmetros geométricos:

$$R_{Pb} = \frac{|\Delta x_{Pb}|}{k_{Pb}A_{Pb}} \qquad R_{Ag} = \frac{|\Delta x_{Ag}|}{k_{Ag}A_{Ag}}$$

$$R_{Pb} = \frac{0{,}050\ \text{m}}{353\ \text{W}/(\text{m}\cdot\text{K}) \times (0{,}020\ \text{m} \times 0{,}030\ \text{m})} = 0{,}236\ \text{K/W}$$

$$R_{Ag} = \frac{0{,}050\ \text{m}}{429\ \text{W}/(\text{m}\cdot\text{K}) \times (0{,}020\ \text{m} \times 0{,}030\ \text{m})} = 0{,}194\ \text{K/W}$$

3. Determine R_{eq} usando a fórmula para resistores em série:

$$R_{eq} = R_{Pb} + R_{Ag} = 0{,}236 + 0{,}194 = 0{,}430\ \text{K/W}$$

4. Use $\Delta T = IR$ (Equação 20-13) para determinar a corrente térmica:

$$I = \frac{\Delta T}{R_{eq}} = \frac{100\ \text{K}}{0{,}430\ \text{K/W}} = 232\ \text{W} = \boxed{0{,}23\ \text{kW}}$$

(*b*) 1. Calcule a diferença de temperatura através da barra de chumbo usando a corrente e a resistência térmica determinadas na Parte (*a*):

$$\Delta T_{Pb} = IR_{Pb} = 232\ \text{W} \times 0{,}236\ \text{K/W} = 54{,}9\ \text{K} = 54{,}9°\text{C}$$

2. Use o resultado obtido no passo anterior para determinar a temperatura na interface:

$$T_{if} = 100°\text{C} - \Delta T_{Pb} = \boxed{45°\text{C}}$$

CHECAGEM Conferimos o resultado para a Parte (*b*) calculando a queda de temperatura ao longo da barra de prata. Isto é, $\Delta T_{Ag} = IR_{Ag} = 232\ \text{W} \times 0{,}194\ \text{K/W} = 45°\text{C}$, que está de acordo com o resultado da Parte (*b*). Observe que a resistência equivalente (0,43 K/W) é maior do que as resistências individuais (0,24 K/W e 0,19 K/W).

Exemplo 20-7 As Barras Metálicas em Paralelo

As barras metálicas do Exemplo 20-6 são, agora, dispostas como mostrado na Figura 20-11. Determine (*a*) a corrente térmica em cada barra, (*b*) a corrente térmica total e (*c*) a resistência térmica equivalente do sistema de duas barras.

FIGURA 20-11

SITUAÇÃO A corrente em cada barra é determinada por $I = \Delta T/R$, onde R é a resistência térmica da barra (determinada no Exemplo 20-6). A corrente total é a soma das correntes. A resistência equivalente pode ser encontrada a partir da Equação 20-14 ou de $I_{total} = \Delta T/R_{eq}$.

SOLUÇÃO

(*a*) Calcule a corrente térmica para cada barra:

$$I_{Pb} = \frac{\Delta T}{R_{Pb}} = \frac{100\text{ K}}{0{,}236\text{ K/W}} = 424\text{ W} = \boxed{0{,}42\text{ kW}}$$

$$I_{Ag} = \frac{\Delta T}{R_{Ag}} = \frac{100\text{ K}}{0{,}194\text{ K/W}} = 515\text{ W} = \boxed{0{,}52\text{ kW}}$$

(*b*) Some os resultados para determinar a corrente térmica total:

$$I_{total} = I_{Pb} + I_{Ag} = 424\text{ W} + 515\text{ W} = 938\text{ W} = \boxed{0{,}94\text{ kW}}$$

(*c*) 1. Use a Equação 20-14 para calcular a resistência equivalente das duas barras em paralelo:

$$\frac{1}{R_{eq}} = \frac{1}{R_{Pb}} + \frac{1}{R_{Ag}} = \frac{1}{0{,}236\text{ K/W}} + \frac{1}{0{,}194\text{ K/W}}$$

logo $R_{eq} = 0{,}107\text{ K/W} = \boxed{0{,}11\text{ K/W}}$

2. Confira seu resultado usando $I_{total} = \Delta T/R_{eq}$:

$$I_{total} = \frac{\Delta T}{R_{eq}}$$

$$R_{eq} = \frac{\Delta T}{I_{total}} = \frac{100\text{ K}}{938\text{ W}} = \boxed{0{,}11\text{ K/W}}$$

CHECAGEM Com as barras em paralelo, a diferença de temperatura é de 100 K para cada uma delas e, portanto, a corrente térmica através de cada uma é muito maior do que a corrente térmica através de cada barra do Exemplo 20-6, onde as barras estavam em série, o que fazia com que a diferença de temperatura em cada barra fosse consideravelmente menor do que 100 K. Além disso, no Exemplo 20-7 a corrente total é igual à soma das correntes nas barras, enquanto no Exemplo 20-6 a corrente total é igual à corrente em cada uma das barras. Assim, é plausível que a corrente total (938 W) no caso das barras em paralelo seja mais do que quatro vezes maior do que a corrente total (232 W) no caso das barras em série.

INDO ALÉM Observe que a resistência equivalente é menor do que cada uma das resistências individuais. Este é sempre o caso para resistores em paralelo.

Na indústria da construção, a resistência térmica de um material com uma área de seção reta de um pé quadrado é chamada de **fator *R***, R_f. Considere uma lâmina de 32 ft² de um material isolante com espessura Δx e com R_f valendo 7,2. Isto é, cada pé quadrado tem uma resistência térmica de 7,2°F/(Btu/h). Os 32 pés quadrados estão em paralelo, de forma que a resistência resultante R_{res} é calculada usando-se a Equação 20-14, o que dá

$$\frac{1}{R_{res}} = \frac{1}{R_1} + \frac{1}{R_2} + \cdots = \frac{1}{R_f} + \frac{1}{R_f} + \cdots = \frac{32}{R_f} \quad \text{logo} \quad R_{total} = \frac{R_f}{32}$$

Assim, a resistência térmica total *R*, em °F/(Btu/h), é igual ao fator *R* dividido pela área *A* em pés quadrados. Isto é,

$$R_{res} = \frac{R_f}{A}$$

Como a resistência resultante (total) R_{res} está relacionada à condutividade *k* por $R_{res} = |\Delta x|/(kA)$ (Equação 20-10), podemos expressar o fator *R* como

$$R_f = R_{res}A = \frac{|\Delta x|}{k} \qquad \text{20-15}$$

DEFINIÇÃO: FATOR *R*

onde $|\Delta x|$ é a espessura em polegadas e *k* é a condutividade em Btu · in/(h · ft² · °F). A Tabela 20-5 lista os fatores *R* para vários materiais. Em termos do fator *R*, a Equação 20-9 para a corrente térmica é escrita como

$$\Delta T = IR_{res} = \frac{I}{A}R_f \qquad \text{20-16}$$

Para lâminas de material isolante de mesma área e em série, R_f é substituído pelo fator *R* equivalente, $R_{f\,eq}$,

$$R_{f\,eq} = R_{f1} + R_{f2} + \cdots$$

FIGURA 20-12 Para uma polegada de espessura deste material, $R_f = 7.2$. *(Cortesia de Eugene Mosca.)*

Tabela 20-5 Fatores R, $|\Delta x|/k$, para Vários Materiais de Construção

Material	Espessura, in	R_f, h · ft² · F°/Btu
Chapa divisória		
Gesso ou estuque	0,375	0,32
Madeira compensada (pinho)	0,5	0,62
Painel de madeira ou de compensado	0,75	0,93
Aglomerado de massa específica média	1,0	1,06
Materiais de acabamento para piso		
Forração e revestimento fibroso	1,0	2,08
Piso cerâmico		0,5
Madeira de qualidade	0,75	0,68
Isolamento de telhado	1,0	2,8
Material para telhado		
Manta asfáltica para telhado		0,15
Telha revestida de asfalto		0,44
Janelas		
Vidraça simples		0,9
Vidraça dupla		1,8

Para placas paralelas, calculamos a corrente térmica através de cada camada e somamos todas essas correntes para obter a corrente total.

Exemplo 20-8 Perda de Calor Através do Telhado — *Rico em Contexto*

Você está auxiliando a família de seu amigo a colocar novas telhas revestidas de asfalto no telhado do chalé de inverno. O telhado, de 60 ft × 20 ft (18 m × 6 m), é feito de chapas de madeira de pinho, de 1,0 in (20 cm) de espessura, cobertas com telhas revestidas de asfalto. Há um espaço disponível de 8,0 in para isolamento do telhado e a família de seu amigo está se perguntando qual seria a diferença, na conta de energia, se eles instalassem uma camada de duas polegadas de isolamento. Sabendo que você estuda física, eles pedem sua opinião.

SITUAÇÃO Para avaliar a situação, primeiro você calcula o fator R para cada camada de telhado. Como as camadas estão em série, o fator R equivalente é apenas a soma dos fatores R individuais. O objetivo é calcular o fator R equivalente do telhado com e sem o isolamento. Os fatores R para as telhas revestidas de asfalto e para o isolamento de telhado são encontrados na Tabela 20-5. O fator R para o pinho é calculado a partir de sua condutividade térmica, que é encontrada na Tabela 20-4. Observe que, quando você cobre um telhado, as telhas se sobrepõem, o que faz com que haja duas camadas de telhas revestidas de asfalto no telhado.

SOLUÇÃO

1. Para uma combinação em série, o fator R equivalente é a soma dos fatores R individuais: $R_{f\,eq} = R_{f\,pin} + R_{f\,asf} + R_{f\,isol}$

2. O fator R para a dupla camada de telhas é o dobro do fator R para uma camada:

$$R_{\text{f asf}} = 2(0{,}44\ \text{h}\cdot\text{ft}^2\cdot{}^\circ\text{F/Btu}) = 0{,}88\ \text{h}\cdot\text{ft}^2\cdot{}^\circ\text{F/Btu}$$

3. O fator R para um isolamento de telhado de 2,0 in (5,0 cm) é o dobro do de 1,0 in (2,5 cm):

$$R_{\text{f isol}} = 2(2{,}8\ \text{h}\cdot\text{ft}^2\cdot{}^\circ\text{F/Btu}) = 5{,}6\ \text{h}\cdot\text{ft}^2\cdot{}^\circ\text{F/Btu}$$

4. O fator R para uma espessura de 1,0 in de pinho é obtido da condutividade:

$$R_{\text{f p}} = \frac{\Delta x_{\text{p}}}{k_{\text{p}}} = \frac{1{,}0\ \text{in}}{0{,}78\ \text{Btu}\cdot\text{in/(h}\cdot\text{ft}^2\cdot{}^\circ\text{F)}} = 1{,}28\ \text{h}\cdot\text{ft}^2\cdot{}^\circ\text{F/Btu}$$

5. O fator R equivalente sem o isolamento é:

$$R'_{\text{f eq}} = R_{\text{f pin}} + R_{\text{f asf}} = 1{,}28\ \text{h}\cdot\text{ft}^2\cdot{}^\circ\text{F/Btu} + 0{,}88\ \text{h}\cdot\text{ft}^2\cdot{}^\circ\text{F/Btu}$$
$$= 2{,}16\ \text{h}\cdot\text{ft}^2\cdot{}^\circ\text{F/Btu} = 2{,}2\ \text{h}\cdot\text{ft}^2\cdot{}^\circ\text{F/Btu}$$

6. O fator R equivalente com isolamento é:

$$R_{\text{f eq}} = R_{\text{f pin}} + R_{\text{f asf}} + R_{\text{f isol}} = R'_{\text{f eq}} + R_{\text{f isol}}$$
$$= 2{,}16\ \text{h}\cdot\text{ft}^2\cdot{}^\circ\text{F/Btu} + 5{,}6\ \text{h}\cdot\text{ft}^2\cdot{}^\circ\text{F/Btu}$$
$$= 7{,}76\ \text{h}\cdot\text{ft}^2\cdot{}^\circ\text{F/Btu}$$

7. Comparamos os dois fatores R equivalentes escrevendo a razão entre eles:

$$\frac{R'_{\text{f eq}}}{R_{\text{f eq}}} = \frac{2{,}16}{7{,}76} = 0{,}28$$

8. Adicionando-se o isolamento, a taxa de perda de calor por pé quadrado é reduzida em 72 por cento. Trata-se de 72 por cento de uma grande perda de calor ou de uma pequena perda de calor? Usando a Equação 20-16, calculamos a corrente térmica I' através de todo o telhado:

$$\Delta T = IR_{\text{res}} = \frac{I}{A}R_{\text{f}}$$
$$I' = \frac{A}{R'_{\text{f eq}}}\Delta T = \frac{(60\ \text{ft})(20\ \text{ft})}{2{,}16\ \text{h}\cdot\text{ft}^2\cdot{}^\circ\text{F/Btu}}\Delta T = [556\ (\text{Btu/h})/{}^\circ\text{F}]\Delta T$$
$$= [5{,}6\times 10^2\ (\text{Btu/h})/{}^\circ\text{F}]\Delta T$$

9. Para completar o cálculo, estimamos que a temperatura no interior do chalé seja mantida a 70°F e que a temperatura no lado de fora durante o inverno seja, tipicamente, 40°F mais fria:

$$I' = [556\ (\text{Btu/h})/{}^\circ\text{F}]\Delta T$$
$$= [556\ (\text{Btu/h})/{}^\circ\text{F}](40^\circ\text{F}) = 22\,200\ \text{Btu/h}$$

e $I = 0{,}28I' = 0{,}28(22\,200\ \text{Btu/h}) = 6200\ \text{Btu/h}$

logo, a redução causada pelo isolamento é

$$I' - I = 22\,200\ \text{Btu/h} - 6200\ \text{Btu/h} = 16\times 10^3\ \text{Btu/h}$$

10. A instalação do isolamento do telhado com 2,0 in de espessura reduz a perda de calor através do telhado em 16.000 Btu/h. O chalé é aquecido com propano e o conteúdo de energia do propano é de 92.000 Btu/galão. O isolamento do telhado reduz o consumo em aproximadamente 4,2 galões de propano a cada 24 h de uso.

O propano custa cerca de $3,00 o galão; logo, isto representa uma economia de aproximadamente $12,60 por dia, ou $376 por mês durante os meses frios. A família de seu amigo está impressionada com o potencial de economia (e as vantagens de seus conhecimentos em física). Eles decidem instalar a camada de 2,0 in de isolamento no telhado.

CHECAGEM Não deve ser surpreendente o fato de que a instalação de algum isolamento reverte em uma economia significativa.

INDO ALÉM Estas estimativas de custo não incluem o custo de aquisição e instalação do isolamento.

PROBLEMA PRÁTICO 20-3 Que economia adicional seria possível acrescendo-se mais isolamento ao telhado?

A condutividade térmica do ar é muito pequena, se comparada à de materiais sólidos, o que faz do ar um isolante térmico muito bom. Entretanto, quando há um grande espaço com ar — digamos, entre uma janela externa de proteção e uma janela interna — a eficiência do isolamento do ar é enormemente reduzida pela convecção. Sempre que houver uma diferença de temperatura entre diferentes partes do espaço contendo ar, correntes de convecção rapidamente equalizarão a temperatura e, portanto, a condutividade efetiva aumentará significativamente. Para janelas externas de proteção, espaçamentos de ar de cerca de 1 a 2 cm são o mais indicado. Espaçamentos maiores de ar acabam por reduzir a resistência térmica de uma janela dupla, devido à convecção.

As propriedades isolantes do ar são aproveitadas de maneira mais eficiente quando o ar é aprisionado em pequenos bolsões que previnem a ocorrência da convecção. Este é o princípio por trás das excelentes propriedades isolantes das penas de ganso e do isopor.

Se você tocar a superfície interior de uma janela de vidro quando está frio no lado de fora, você observará que a superfície está consideravelmente mais fria do que o ar no interior. A resistência térmica das janelas é devida, principalmente, a filmes finos de ar isolante que aderem a cada um dos lados da superfície de vidro. A espessura do vidro tem pouco efeito sobre a resistência térmica total. Os filmes de ar tipicamente adicionam um fator R de cerca de 0,45 para cada lado. Assim, o fator R de uma janela com N vidraças separadas é aproximadamente $0{,}90N$, devido aos dois lados de cada vidraça. Quando venta, o filme de ar do lado de fora pode ser significativamente reduzido, reduzindo o fator R da janela.

CONVECÇÃO

Convecção é a transferência de calor por transporte do próprio meio material. Esta propriedade térmica é responsável pelas grandes correntes dos oceanos, como também pela circulação global da atmosfera. No caso mais simples, a convecção surge quando um fluido (gás ou líquido) é aquecido embaixo. O fluido aquecido então se expande e sobe, enquanto o fluido mais frio desce. A descrição matemática da convecção é muito complexa, porque o fluxo depende da diferença de temperatura em diferentes partes do fluido e esta diferença de temperatura também é afetada pelo próprio fluxo.

O calor transferido de um objeto para sua vizinhança, por convecção, é aproximadamente proporcional à área do objeto e à diferença de temperatura entre o objeto e o fluido que o cerca. É possível escrever uma equação para o calor transferido por convecção e definir um coeficiente de convecção, mas as análises de problemas práticos envolvendo convecção são bastante complexas e não são discutidas aqui.

RADIAÇÃO

Todos os objetos emitem e absorvem radiação eletromagnética. Quando um objeto está em equilíbrio térmico com sua vizinhança, ele emite e absorve radiação na mesma taxa. A taxa na qual um objeto irradia energia é proporcional à área de sua superfície e à quarta potência de sua temperatura absoluta. Este resultado, determinado empiricamente por Josef Stefan em 1879 e deduzido teoricamente por Ludwig Boltzmann cerca de cinco anos mais tarde, é chamado de **lei de Stefan–Boltzmann**:

$$P_r = e\sigma AT^4 \qquad \text{20-17}$$

LEI DE STEFAN–BOLTZMANN

onde P_r é a potência irradiada, A é a área da superfície, σ é uma constante universal chamada de constante de Stefan, que vale

$$\sigma = 5{,}6703 \times 10^{-8}\ \text{W/(m}^2\cdot\text{K}^4) \qquad \text{20-18}$$

e e é a **emissividade** da superfície que irradia, uma quantidade adimensional entre 0 e 1 que é dependente da composição da superfície do objeto.

Quando a radiação eletromagnética atinge um objeto opaco, parte da radiação é refletida e parte é absorvida. Objetos coloridos refletem a maior parte da radiação visível, enquanto objetos escuros absorvem a maior parte dela. A taxa na qual um objeto absorve radiação é dada por

$$P_a = e\sigma AT_0^4 \qquad \text{20-19}$$

onde T_0 é a temperatura da fonte de radiação e e é a emissividade da superfície do objeto que está absorvendo.

Seja um corpo a uma temperatura T cercado por corpos a uma temperatura T_0. Se o corpo emite energia radiante a uma taxa maior do que absorve, então ele se resfria enquanto sua vizinhança absorve radiação e se aquece. Se o corpo absorve energia radiante a uma taxa maior do que emite, então ele se aquece e sua vizinhança se resfria. A potência resultante irradiada por um corpo a uma temperatura T em um ambiente a uma temperatura T_0 é

$$P_{res} = e\sigma A(T^4 - T_0^4) \qquad \text{20-20}$$

Quando um corpo está em equilíbrio térmico com sua vizinhança, $T = T_0$ e o corpo emite e absorve radiação à mesma taxa.

Um corpo que absorve toda a radiação incidente sobre ele tem uma emissividade igual a 1 e é chamado de **corpo negro**. Um corpo negro é, também, um radiador ideal.

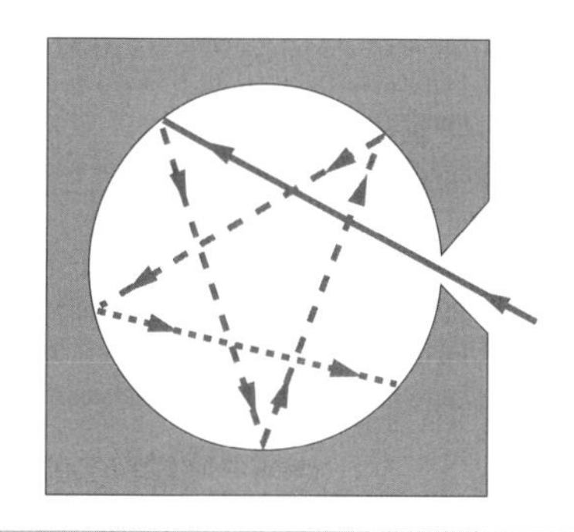

FIGURA 20-13 Um orifício em uma cavidade se aproxima de um corpo negro ideal. A radiação que entra na cavidade tem pouca chance de sair dela antes de ser completamente absorvida. A radiação emitida pelo orifício (não mostrada) é, portanto, característica da temperatura das paredes da cavidade.

O conceito de corpo negro é importante porque as características da radiação emitida por este tipo de corpo ideal podem ser calculadas teoricamente. Materiais como o veludo preto estão muito próximos de serem corpos negros ideais. A melhor aproximação prática de um corpo negro ideal é um pequeno orifício em uma cavidade, como um buraco de fechadura na porta de um armário (Figura 20-13). A radiação incidente sobre o orifício tem pouca chance de ser refletida para fora antes que as paredes a absorvam. Assim, a radiação emitida pelo orifício é característica da temperatura das paredes da cavidade.

A radiação emitida por um corpo a temperaturas abaixo de aproximadamente 600°C não é visível a olho nu. A radiação de corpos à temperatura ambiente está concentrada em comprimentos de onda muito maiores do que os da luz visível. Quando um corpo é aquecido, a taxa de emissão de energia aumenta e a energia irradiada atinge freqüências maiores (e menores comprimentos de onda). Entre 600°C e 700°C, aproximadamente, uma quantidade suficiente da energia irradiada está no espectro visível e o corpo brilha com uma coloração vermelho-escura. A temperaturas mais elevadas, ele pode emitir um vermelho mais vivo ou, até mesmo, um "branco quente". A Figura 20-14 mostra a potência irradiada por um corpo negro como função do comprimento de onda, para três temperaturas diferentes. O comprimento de onda para o qual a potência é máxima varia inversamente com a temperatura, um resultado conhecido como lei do deslocamento de Wien:

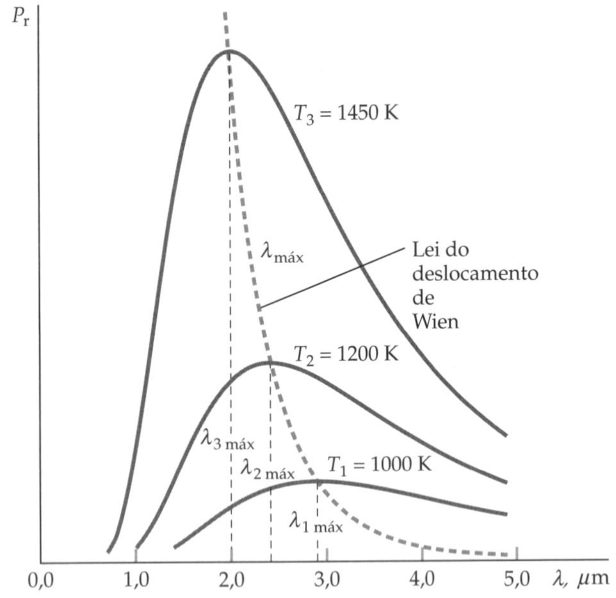

FIGURA 20-14 Potência irradiada *versus* comprimento de onda para a radiação emitida por um corpo negro. A temperatura da superfície emissora está indicada em cada curva do gráfico. O comprimento de onda $\lambda_{máx}$ para o qual a potência emitida é máxima varia inversamente com a temperatura absoluta T da superfície do corpo negro.

$$\lambda_{máx} = \frac{2{,}898 \text{ mm} \cdot \text{K}}{T} \qquad 20\text{-}21$$

LEI DO DESLOCAMENTO DE WIEN

Esta lei é usada para determinar a temperatura das superfícies de estrelas pela análise de sua radiação. Ela também pode ser usada para mapear a variação de temperatura em diferentes regiões da superfície de um corpo. Tal mapa é chamado de termograma. Os termogramas podem ser usados para detectar câncer, pois o tecido canceroso provoca um aumento da circulação, o que produz um pequeno aumento da temperatura da pele.

As curvas de distribuição espectral mostradas na Figura 20-14 desempenharam um papel importante na história da física. Foi a discrepância entre os cálculos teóricos (usando termodinâmica clássica) usados para gerar as distribuições espectrais de corpo negro e as medidas experimentais das distribuições espectrais que conduziram às primeiras idéias de Max Planck sobre a quantização da energia em 1900.

Exemplo 20-9 A Radiação do Sol

(*a*) A radiação emitida pela superfície do Sol tem uma potência máxima em um comprimento de onda de 500 nm. Supondo que o Sol seja um emissor do tipo corpo negro, qual é a temperatura de sua superfície? (*b*) Calcule $\lambda_{máx}$ para um corpo negro à temperatura ambiente, $T = 300$ K.

SITUAÇÃO A temperatura da superfície e o comprimento de onda de máxima emissão de potência estão relacionados por $\lambda_{máx} = 2{,}898 \text{ mm} \cdot \text{K}/T$ (Equação 20-21).

SOLUÇÃO

(*a*) Podemos determinar T, conhecendo $\lambda_{máx}$ e usando a lei do deslocamento de Wien:

$$\lambda_{máx} = \frac{2{,}898 \text{ mm} \cdot \text{K}}{T} \quad \text{logo}$$

$$T = \frac{2{,}898 \text{ mm} \cdot \text{K}}{\lambda_{máx}} = \frac{2{,}898 \text{ mm} \cdot \text{K}}{500 \text{ nm}} = \boxed{5800 \text{ K}}$$

(*b*) Podemos determinar $\lambda_{máx}$ para $T = 300$ K, usando a lei do deslocamento de Wien:

$$\lambda_{máx} = \frac{2{,}898 \text{ mm} \cdot \text{K}}{300 \text{ K}} = 9{,}66 \times 10^{-6} \text{ m} = \boxed{9{,}66\ \mu\text{m}}$$

CHECAGEM O resultado da Parte (*b*) para $\lambda_{máx}$ é 19 vezes maior do que 500 nm (o valor de $\lambda_{máx}$ para o Sol) e o resultado da Parte (*a*), de 5800 K para a temperatura da superfície do Sol, é 19 vezes maior do que 300 K, a temperatura da superfície do corpo na Parte (*b*). A lei de Wien diz que $\lambda_{máx}$ é inversamente proporcional à temperatura do emissor; logo, os resultados calculados estão de acordo com o esperado.

INDO ALÉM O comprimento de onda do pico para o Sol está no espectro visível. O espectro de radiação de corpo negro descreve o espectro de radiação do Sol muito bem; logo o Sol é, de fato, um bom exemplo de corpo negro.

Para $T = 300$ K, o espectro tem um pico no infravermelho, em comprimentos de onda muito maiores do que os comprimentos de onda visíveis. As superfícies que não são negras aos nossos olhos podem se comportar como corpos negros para irradiação e absorção no infravermelho. Por exemplo, foi experimentalmente verificado que a pele de todos os seres humanos absorve toda a radiação no infravermelho; assim, a emissividade da pele é 1,00 para este processo de radiação.

Exemplo 20-10 Radiação do Corpo Humano — *Tente Você Mesmo*

Calcule a taxa resultante de calor perdido como energia de radiação para uma pessoa nua em uma sala a 20°C, supondo que a pessoa seja um corpo negro com uma área superficial de 1,4 m² e uma temperatura superficial de 33°C (= 306 K). (A temperatura superficial do corpo humano é levemente menor do que a temperatura interna de 37°C, por causa da resistência térmica da pele.)

SITUAÇÃO Use $P_{res} = e\sigma A(T^4 - T_0^4)$ com $e = 1$, $T = 306$ K e $T_0 = 293$ K, para determinar a diferença entre as potências emitida e absorvida.

SOLUÇÃO

Cubra a coluna da direita e tente por si só antes de olhar as respostas.

Passos	Respostas
Use $P_{res} = e\sigma A(T^4 - T_0^4)$ com $e = 1$, $T = 306$ K e $T_0 = 293$ K.	$P_{res} = 111\text{ W} = \boxed{0{,}11\text{ kW}}$

CHECAGEM Uma taxa de 0,11 kW é igual a 2300 kcal/dia. Esta é a ordem de grandeza correta.

INDO ALÉM Esta grande perda de energia é aproximadamente igual à taxa metabólica basal de cerca de 120 W. Nós nos protegemos desta grande perda de energia usando roupas que, devido à sua baixa condutividade térmica, têm uma temperatura externa muito menor e, portanto, uma taxa muito menor de radiação térmica.

Quando a temperatura T de um corpo não é tão diferente da temperatura T_0 de sua vizinhança, o corpo ao irradiar obedece à lei de Newton para o resfriamento. Podemos ver isto escrevendo a Equação 20-20 como

$$P_{res} = e\sigma A(T^4 - T_0^4) = e\sigma A(T^2 + T_0^2)(T^2 - T_0^2)$$
$$= e\sigma A(T^2 + T_0^2)(T + T_0)(T - T_0)$$

Quando $T - T_0$ é pequeno, podemos substituir T por T_0 nas duas somas, sem mudar muito o resultado. Então,

$$P_{res} \approx e\sigma A(T_0^2 + T_0^2)(T_0 + T_0)(T - T_0) = 4e\sigma AT_0^3\,\Delta T$$

A potência resultante irradiada é aproximadamente proporcional à variação da temperatura, em concordância com a lei de Newton para o resfriamento. Este resultado também pode ser obtido usando-se a aproximação diferencial:

$$\Delta P_r \approx \left.\frac{dP_r}{dT}\right|_{T=T_0}(T - T_0)$$

onde $P_r = e\sigma A(T^4 - T_0^4)$. Para uma pequena variação da temperatura $T - T_0$, temos

$$\Delta P_r = e\sigma A\, 4T^3\Big|_{T=T_0}(T - T_0) = 4e\sigma AT_0^3\,\Delta T$$

Física em Foco

Ilhas Urbanas de Calor: Noites Quentes na Cidade

Em 1820, Luke Howard publicou registros com listagens da temperatura de Londres e de seus subúrbios durante o dia e a noite, ao longo de vários anos. Seus registros mostraram que Londres era mais quente do que sua vizinhança suburbana e de áreas rurais, e que esta diferença era mais pronunciada durante a noite. Ele descobriu que Londres era, em média, 2,1°C mais quente à noite do que a área rural dos arredores.[*] Em 2004, observações mostraram que, no verão, Fênix (nos EUA) poderia estar 10°C mais quente à noite do que sua vizinhança.[†] Londres e Fênix são ilhas urbanas de calor. Em geral, as cidades com ruas pavimentadas e muitos edifícios são mais quentes do que sua vizinhança rural.

Um fator importante na formação dessas ilhas urbanas é a falta de árvores e de outras plantas. Durante o dia, as plantas resfriam a área ao seu redor, devido à quantidade de água que elas liberam, que tem um grande calor latente. Nas áreas rurais, e mesmo em áreas verdes dentro das cidades, muita energia é usada para suprir o calor latente da água, em vez de aumentar a temperatura da superfície.[‡] Além disso, as plantas refletem boa parte dos comprimentos de onda na região do infravermelho (calor) da radiação solar, enquanto o asfalto, o aço, o vidro, o concreto e o alumínio absorvem e retêm os comprimentos de onda do infravermelho. Outro fator é a geometria de uma cidade. Cânions urbanos, formados por edifícios altos nos dois lados das ruas, refletem o infravermelho para outras superfícies absorventes.[#] Áreas abertas permitem que o calor seja irradiado do solo e das estruturas próximas.

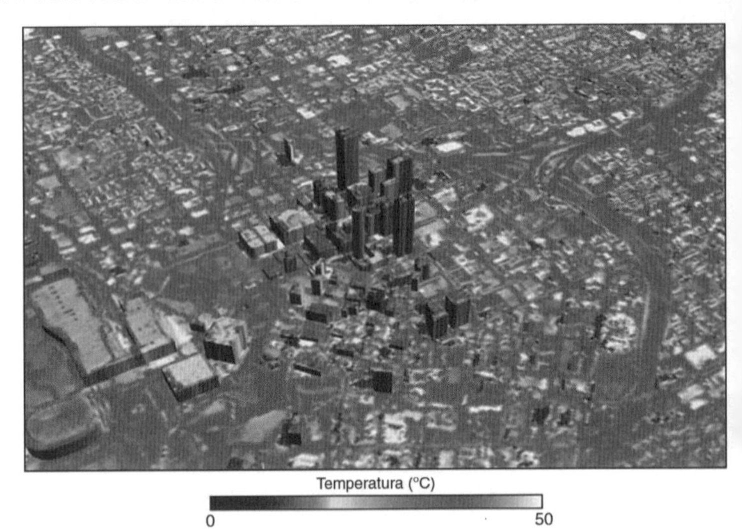

Os lados dos edifícios opostos ao Sol aparecem mais escuros, neste termograma de Atlanta, na Geórgia. Isso acontece porque esses lados são mais resfriados do que aqueles que recebem diretamente a luz do Sol. As regiões mais claras correspondem às temperaturas mais altas. *(Nasa/Goddard Space Flight Center Scientific Visualization Studio.)*

Além do calor irradiado, a água das chuvas em áreas urbanas pode ser aquecida por condução, ao escoar. Em agosto de 2001, uma tempestade no estado de Iowa, nos Estados Unidos, aumentou a temperatura de um rio em 10,5°C em uma hora, o que matou muitos peixes.[°] A água da chuva, enquanto caía, estava mais fria do que a do rio, mas a maior parte da água que entrava no rio naquela primeira hora tinha escoado sobre pavimento quente. Aumentos súbitos de temperatura desse tipo têm sido observados em rios urbanos em Minnesota, Wisconsin, Oregon,[§] e Califórnia.[¶]

Em 1996, para dar suporte às Olimpíadas, um esforço de medidas meteorológicas sem precedentes ocorreu próximo de Atlanta, na Geórgia (EUA).[**] Uma revelação interessante deste esforço foi que ocorreram mais precipitações na área da cidade que não recebia diretamente o vento, em virtude das alterações de padrões climáticos causadas por convecções típicas de ilhas urbanas de calor.[††] Fenômenos semelhantes também foram observados em outras cidades.[‡‡] Estas alterações são complexas, mas seus efeitos são mensuráveis.

Planejadores urbanos estão implementando maneiras de resfriar as ilhas urbanas de calor.[##] Em Chicago (EUA), a prefeitura agora tem um "telhado verde" com plantas e calçadas refletoras. A temperatura do teto é monitorada e comparada com o teto asfaltado de um edifício próximo. A temperatura do teto com plantas pode ser mais de 33°C menor que a do teto asfaltado.[°°] Muitas cidades estimulam o plantio de árvores[§§] e outras estimulam o uso de superfícies refletoras,[¶¶] pavimentos permeáveis e telhados verdes.[***] Ilhas urbanas de calor estão sendo controladas por tecnologias frias.

* Howard, Luke, *The Climate of London, Deduced from Meteorological Observations Made in the Metropolis and Various Places around It*, 2nd ed. London: Harvey and Darton, 1833.
† Fast, J. D, Torcolini, J. C., and Redman, R., "Pseudovertical Temperature Profiles and the Urban Heat Island Measured by a Temperature Dataloger Network in Phoenix, Arizon *Journal of Applied Meteorology*, Jan. 2005, Vol. 44, No. 1, 3–13.
‡ Souch, C., and Grimmond, S., "Applied Climatology: Urban Climate," *Progress in Physical Geography*, Feb. 2006, Vol. 30, No. 2, 270–279.
\# Kusaka, H., and Kimura, F., "Thermal Effects of Urban Canyon Structure on the Nocturnal Heat Island: Numerical Experiment Using a Mesoscale Model Coupled with an Urb Canopy Model," *Journal of Applied Meteorology*, Dec. 2004, Vol. 43, No. 12, 1899–1910.
° Boshart, R., "Urban Trout Stream Still in Works—DNR Targeting McLoud Run in C. R., Despite Recent Fish Kill," *The Gazette*, Aug. 9, 2001, B1+.
§ Frazer, Lance, "Paving Paradise: The Perils of Impervious Surfaces," *Environmental Health Perspective*, Jul. 2005, Vol. 113, No. 7, 456–462.
¶ Fowler, B., and Rasmus, J., "Seaside Solution," *Civil Engineering*, Dec. 2005, 44–49.
** Skindrud, Erik, "Georgia on Their Minds," *Science News*, Jul. 13, 1996. http://www.sciencenews.org/
†† Dixon, P. G., and Mote, T. L., "Patterns and Causes of Atlanta's Urban Heat Island-Initiated Precipitation," *Journal of Applied Meteorology*, Sept. 2003, Vol. 42, No. 9, 1273–1284.
‡‡ Shepard, J., Pierce, H., and Negri, A., "Rainfall Modification by Major Urban Areas: Observations from Spaceborne Rain Radar on the TRMM Satellite," *Journal of Applied Meteorolo* Jul. 2002, Vol. 41, No. 7, 689–701 e "Urban-related Weather Anomalies," *Science News*, Mar. 5, 1977, Vol. 111, No. 10, 152.
\#\# Wade, B., "Putting the Freeze on Heat Islands," *American City & County*, Feb. 2000, 30–40.
°° "Monitoring the Rooftop Garden's Benefits," City of Chicago Department of Environment. http://chicagorooftops.notlong.com
§§ Duncan, H., "Trees, Please: More Cities Enacting Tree Ordinances, but Enforcement Is the Age-Old Problem," *Macon Telegraph*, July 6, 2006, A1.
¶¶ "NASA Assesses Strategies to 'Turn Off the Heat' in New York City," *Engineered Systems*, April 2006, 79–80.
*** Hoffman, L., "Green Roof Storm Water Modeling," *BioCycle*, Feb. 2006, 38–40.

Resumo

TÓPICO	EQUAÇÕES RELEVANTES E OBSERVAÇÕES	
1. Expansão Térmica		
Coeficiente de expansão linear	$\alpha = \dfrac{\Delta L/L}{\Delta T}$	20-2
Coeficiente de expansão volumétrica	$\beta = \dfrac{\Delta V/V}{\Delta T} = 3\alpha$	20-4, 20-5
2. A Equação de Estado de van der Waals	A equação de estado de van der Waals descreve o comportamento de gases reais em um amplo intervalo de temperatura e pressão, levando em conta o espaço ocupado pelas próprias moléculas do gás e a atração entre elas. $\left(P + \dfrac{an^2}{v^2}\right)(V - bn) = nRT$	20-6
3. Pressão de Vapor	A pressão de vapor é a pressão na qual as fases líquida e gasosa de uma substância estão em equilíbrio a uma dada temperatura. O líquido ferve na temperatura para a qual a pressão externa é igual à pressão de vapor.	
4. O Ponto Triplo	O ponto triplo é um dos valores únicos de temperatura e pressão nos quais as fases gasosa, líquida e sólida de uma substância podem coexistir em equilíbrio. Em temperaturas e pressões abaixo do ponto triplo, a fase líquida de uma substância não pode existir.	
5. Transferência de Calor	Os três mecanismos pelos quais energia é transferida devido à diferença de temperatura são radiação, condução e convecção.	
Lei de Newton para o resfriamento	Para todos os mecanismos de transferência de calor, se a diferença de temperatura entre um corpo e sua vizinhança for pequena, a taxa de resfriamento do corpo é aproximadamente proporcional à diferença de temperatura.	
6. Condução de Calor		
Corrente	A taxa de condução de calor é dada por $I = \dfrac{dQ}{dt} = -kA\dfrac{dT}{dx}$ onde I é a corrente térmica, k é o coeficiente de condutividade térmica e dT/dx é o gradiente de temperatura.	20-7
Resistência térmica	$\Delta T = IR$	20-9
	onde ΔT é o decréscimo da temperatura no sentido da corrente térmica e R é a resistência térmica: $R = \dfrac{\lvert\Delta x\rvert}{kA}$	20-10
Resistência equivalente:		
em série	$R_{eq} = R_1 + R_2 + \cdots$	20-12
em paralelo	$\dfrac{1}{R_{eq}} = \dfrac{1}{R_1} + \dfrac{1}{R_2} + \cdots$	20-14
Fator R	O fator R é a resistência térmica em unidades de in · ft² · °F/(Btu/h) para um pé quadrado de uma lâmina de um material $R_f = R_{res}A = \dfrac{\lvert\Delta x\rvert}{k}$	20-15
7. Radiação Térmica		
Taxa de potência irradiada	$P_r = e\sigma AT^4$	20-17
	onde $\sigma = 5{,}6703 \times 10^{-8}$ W/m² · K⁴ é a constante de Stefan e e é a emissividade, que varia entre 0 e 1 (dependendo da composição da superfície do corpo). Materiais que são bons absorvedores de calor também são bons irradiadores de calor.	

TÓPICO	EQUAÇÕES RELEVANTES E OBSERVAÇÕES	
Potência resultante irradiada por um corpo à temperatura T para a sua vizinhança à temperatura T_0	$P_{res} = e\sigma A(T^4 - T_0^4)$	20-20
Corpo negro	Um corpo negro tem uma emissividade de 1. Ele é um radiador perfeito e absorve toda a radiação que sobre ele incide.	
Lei de Wien	O espectro de potência da energia eletromagnética irradiada por um corpo negro tem um máximo em um comprimento de onda $\lambda_{máx}$ que varia inversamente com a temperatura absoluta do corpo: $\lambda_{máx} = \frac{2{,}898\ \text{mm}\cdot\text{K}}{T}$	20-21

Resposta da Checagem Conceitual

20-1 A madeira é um mau condutor de calor e o metal é um bom condutor de calor. Quando seu dedo toca o metal, este retira calor de seu dedo mais rapidamente; logo, o dedo é resfriado a uma taxa maior do que se você tocasse a madeira.

Respostas dos Problemas Práticos

20-1 0,0563 K/W = 56,3 mK/W

20-2 $\Delta x = (1\ \text{cm})(429)/(0{,}026) = 16500\ \text{cm} = 165\ \text{m}$

20-3 A corrente térmica é de 6200 Btu/h com 2,0 in de isolamento. Assim, a economia máxima adicional é de 6200 Btu/h, o que economizaria um gasto adicional de \$146 por mês, durante os meses frios.

Problemas

Em alguns problemas, você recebe mais dados do que necessita; em alguns outros, você deve acrescentar dados de seus conhecimentos gerais, fontes externas ou estimativas bem fundamentadas.

Interprete como significativos todos os algarismos de valores numéricos que possuem zeros em seqüência sem vírgulas decimais.

- • Um só conceito, um só passo, relativamente simples
- •• Nível intermediário, pode requerer síntese de conceitos
- ••• Desafiante, para estudantes avançados

Problemas consecutivos sombreados são problemas pareados.

PROBLEMAS CONCEITUAIS

1 • Por que o nível de mercúrio de um termômetro primeiro diminui levemente quando o termômetro é colocado em água aquecida?

2 • Uma grande lâmina de metal tem um orifício no meio. Quando a lâmina é aquecida, a área do orifício (*a*) permanecerá inalterada, (*b*) sempre aumentará, (*c*) sempre diminuirá, (*d*) aumentará se o orifício não estiver exatamente no centro da lâmina, (*e*) diminuirá apenas se o orifício estiver exatamente no centro da lâmina.

3 • Por que é uma má idéia colocar no congelador uma garrafa de vidro fechada, completamente cheia d'água, para fazer gelo?

4 • As janelas de seu laboratório de física são deixadas abertas durante a noite, quando a temperatura exterior cai bem abaixo do ponto de congelamento. Uma régua de aço e uma régua de madeira foram deixadas no peitoril da janela e, quando você chega pela manhã, elas estão, ambas, muito frias. O coeficiente de expansão linear da madeira é de aproximadamente $5 \times 10^{-6}\ \text{K}^{-1}$. Qual das réguas você deveria usar para realizar medidas mais precisas de comprimento? Explique sua resposta.

5 • **Aplicação em Engenharia** Tiras bimetálicas são usadas em termostatos e em disjuntores de circuitos elétricos. Elas consistem de um par de finas tiras de metais de diferentes coeficientes de expansão térmica, coladas para formar uma única tira com o dobro da espessura. Suponha que uma tira bimetálica seja construída com uma tira de aço e uma tira de cobre, e que ela seja curvada para formar um arco circular, com a tira de aço no lado externo. Se a temperatura diminui, a tira bimetálica tenderá a se retificar ou a se curvar mais ainda?

6 • O metal A tem um coeficiente de expansão linear três vezes maior do que o coeficiente de expansão linear do metal B. Como se comparam os coeficientes de expansão volumétrica β? (*a*) $\beta_A = \beta_B$, (*b*) $\beta_A = 3\beta_B$, (*c*) $\beta_A = 6\beta_B$, (*d*) não é possível responder com os dados fornecidos.

7 • O topo do Monte Rainier está 14 410 ft (4392 m) acima do nível do mar. Os alpinistas dizem que lá não é possível cozinhar um ovo. Esta afirmação é verdadeira porque, no topo do Monte Rainier, (*a*) a temperatura do ar é muito baixa para ferver a água, (*b*) a pressão do ar é muito baixa para que o álcool do fogareiro queime, (*c*) a temperatura de ebulição da água não é alta o suficiente para cozinhar o ovo, (*d*) a quantidade de oxigênio no ar é muito baixa para que haja combustão, (*e*) os ovos sempre quebram nas mochilas dos alpinistas.

8 • Quais os gases da Tabela 20-3 que não podem ser condensados aplicando-se pressão a 20°C? Explique sua resposta.

9 •• Do diagrama de fase da Figura 20-15 podemos tirar a informação de como variam, com a altitude, os pontos de ebulição e de fusão da água. (*a*) Explique como esta informação pode ser obtida. (*b*) Como esta informação pode influenciar os procedimentos de cozimento nas montanhas?

10 •• Esboce um diagrama de fase para o dióxido de carbono, usando informações da Seção 20-3.

11 •• Explique por que o dióxido de carbono em Marte encontra-se no estado sólido nas regiões polares, mesmo sabendo que a

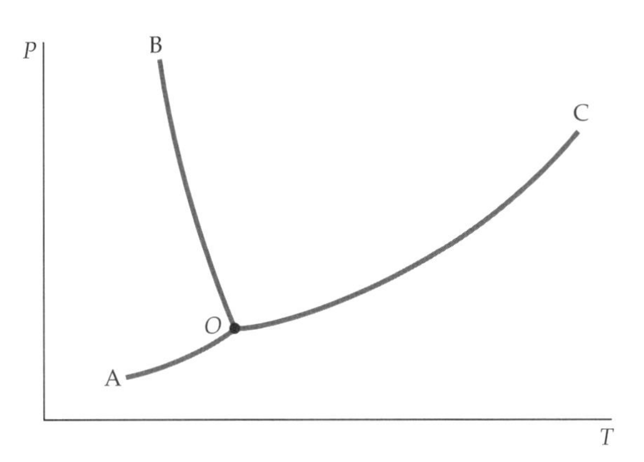

FIGURA 20-15 Problema 9

pressão atmosférica na superfície de Marte é apenas cerca de 1 por cento da pressão atmosférica na superfície da Terra.

12 •• Explique por que diminuir a temperatura de sua casa à noite, no inverno, pode economizar os gastos com aquecimento. Por que o custo do combustível consumido para reaquecer a casa, pela manhã, não é igual à economia feita mantendo-a fria durante a noite?

13 •• Dois cilindros maciços, feitos dos materiais A e B, têm o mesmo comprimento; seus diâmetros estão relacionados por $d_A = 2d_B$. Quando a mesma diferença de temperatura é mantida entre as extremidades dos cilindros, eles conduzem calor com a mesma taxa. As condutividades deles estão, portanto, relacionadas por: (*a*) $k_A = k_B/4$, (*b*) $k_A = k_B/2$, (*c*) $k_A = k_B$, (*d*) $k_A = 2k_B$, (*e*) $k_A = 4k_B$.

14 •• Dois cilindros maciços, feitos dos materiais A e B, têm o mesmo diâmetro; seus comprimentos estão relacionados por $L_A = 2L_B$. Quando a mesma diferença de temperatura é mantida entre as extremidades dos cilindros, eles conduzem calor com a mesma taxa. As condutividades deles estão, portanto, relacionadas por: (*a*) $k_A = k_B/4$, (*b*) $k_A = k_B/2$, (*c*) $k_A = k_B$, (*d*) $k_A = 2k_B$, (*e*) $k_A = 4k_B$.

15 •• Se você tocar a superfície de uma vidraça simples voltada para o interior de uma sala durante um dia muito frio, ela estará fria, mesmo se a temperatura da sala for confortável. Supondo a temperatura da sala igual a 20,0°C e a temperatura no exterior igual a 5,0°C, construa um gráfico de temperatura *versus* posição, iniciando em um ponto 5,0 m atrás da vidraça (no interior da sala) e terminando em um ponto 5,0 m em frente à vidraça. Explique os mecanismos de transferência de calor que ocorrem ao longo deste caminho.

16 •• A reforma de casas antigas em um local de clima frio revelou espaços de 3,5 in (9,0 cm) de espessura entre as paredes e o revestimento externo cheios apenas de ar (sem isolamento). O preenchimento desses espaços com um material isolante certamente reduz os custos com aquecimento e refrigeração, apesar de o material isolante ser melhor condutor de calor do que o ar. Explique por que o uso do isolante térmico é uma boa idéia.

ESTIMATIVA E APROXIMAÇÃO

17 •• Você está fervendo água para preparar uma massa. A receita diz que devem ser usados pelo menos 4,0 L de água. Você coloca os 4,0 L de água à temperatura ambiente dentro da panela e observa que esta quantidade atinge a borda da panela. Conhecendo física, você conta com a expansão volumétrica da panela de aço para manter toda a água dentro, enquanto ela é aquecida até ferver. Sua hipótese está correta? Explique. Se sua hipótese não está correta, quanta água transborda da panela durante a expansão térmica da água?

18 •• Hélio líquido é armazenado em reservatórios contendo um "superisolamento" de 7,00 cm de espessura, que consiste em várias camadas de lâminas de Mylar aluminizadas muito finas. A taxa de evaporação do hélio líquido em um reservatório de 200 L é de aproximadamente 0,700 L por dia, quando o reservatório é armazenado à temperatura ambiente (20°C). A massa específica do hélio líquido é 0,125 kg/L e o calor latente de vaporização é 21,0 kJ/kg. Estime a condutividade térmica do superisolamento.

19 •• **APLICAÇÃO BIOLÓGICA** Estime a condutividade térmica da pele humana.

20 •• Visitando a Finlândia com um colega de faculdade, alguns amigos finlandeses os convidam para participar de um tradicional exercício finlandês, que consiste em sair da sauna, vestindo apenas a roupa de banho, e sair correndo no frio do inverno finlandês. Estime a taxa na qual você inicialmente perde energia para o ar frio. Compare esta taxa de perda inicial de energia com a taxa metabólica de repouso de um ser humano típico, em condições normais de temperatura. Explique a diferença.

21 •• Estime a taxa de condução de calor através de uma porta de madeira de 2,0 in de espessura, em um dia de inverno rigoroso. Inclua a maçaneta de latão. Qual é a razão entre o calor que escapa pela maçaneta e o calor que escapa através de toda a porta? Qual é o fator *R* total para a porta, incluindo a maçaneta? A condutividade térmica do latão é 85 W/(m · K).

22 •• Estime a emissividade efetiva da Terra a partir da seguinte informação. A constante solar, que é a intensidade de radiação solar incidente na Terra, é cerca de 1,37 kW/m². Setenta por cento desta energia são absorvidos pela Terra, e a temperatura média da superfície da Terra é 288 K. (Suponha que a área efetiva que absorve a luz seja πR^2, onde R é o raio da Terra, enquanto a área de emissão de corpo negro é $4\pi R^2$.)

23 •• Buracos negros são remanescentes altamente condensados de estrelas. Alguns buracos negros, junto com uma estrela normal, formam sistemas binários. Em tais sistemas, o buraco negro e a estrela normal orbitam em torno do centro de massa do sistema. Uma maneira de se detectar buracos negros a partir da Terra é através da observação do calor gerado pelo atrito dos gases atmosféricos da estrela normal que caem no buraco negro. Esses gases podem atingir temperaturas maiores do que $1,0 \times 10^6$ K. Supondo que o gás que está caindo no buraco negro possa ser visto como um corpo negro radiador, estime o $\lambda_{máx}$ usado na detecção astronômica de um buraco negro. (Esta região está na faixa dos raios X do espectro eletromagnético.)

24 ••• **APLICAÇÃO EM ENGENHARIA, RICO EM CONTEXTO** Seu chalé de inverno tem paredes de toras de pinho com espessura média de cerca de 20 cm. Você decide melhorar o acabamento do interior do chalé, por questão de aparência e para aumentar o isolamento das paredes externas. Você compra um isolamento com um fator *R* de 31 para recobrir as paredes. Além disso, você reveste o isolamento com uma lâmina de gesso de 1,0 in (2,5 cm) de espessura. Supondo que a transferência de calor ocorra apenas devido à condução, estime a razão entre a corrente térmica através das paredes, durante uma noite fria de inverno antes da reforma, e a corrente térmica através das paredes depois da reforma.

25 ••• **RICO EM CONTEXTO** Você está encarregado de cruzar o país transportando um fígado para uma cirurgia de transplante. O fígado é mantido frio em uma caixa de isopor inicialmente cheia com 1,0 kg de gelo. É crucial que a temperatura do fígado nunca ultrapasse os 5,0°C. Supondo que a viagem do hospital de origem até o hospital de destino leve 7,0 h, estime o fator *R* que as paredes da caixa de isopor devem ter.

EXPANSÃO TÉRMICA

26 •• Você herdou o relógio de pêndulo do avô de seu avô, que foi calibrado quando a temperatura da sala era 20°C. O pêndulo consiste em um fino bastão de latão, de massa desprezível, com um disco maciço e pesado na extremidade. (*a*) Durante um dia quente, quando a temperatura é 30°C, o relógio anda mais rápido ou anda

mais devagar? Explique. (*b*) Quanto que ele adianta ou atrasa, durante este dia?

27 •• **APLICAÇÃO EM ENGENHARIA** Você precisa encaixar um anel de cobre firmemente em torno de uma haste de aço com 6,0000 cm de diâmetro a 20°C. O diâmetro interno do anel, nesta temperatura, é 5,9800 cm. Qual deve ser a temperatura do anel de cobre, para que ele encaixe na haste sem folga, supondo que ela permaneça a 20°C?

28 •• **APLICAÇÃO EM ENGENHARIA** Você tem um anel de cobre e uma haste de aço. A 20°C, o anel tem um diâmetro interno de 5,9800 cm e a haste de aço tem um diâmetro de 6,0000 cm. O anel de cobre foi aquecido. Quando seu diâmetro interno excedeu os 6,0000 cm, ele foi encaixado na haste, tendo ficado firmemente preso a ela, depois de retornar à temperatura ambiente. Agora, muitos anos depois, você precisa remover o anel da haste. Para isto, você aquece ambos até conseguir fazer deslizar o anel para fora da haste. Que temperatura deve ter o anel para começar a deslizar pela haste?

29 •• Um recipiente é preenchido até a borda com 1,4 L de mercúrio a 20°C. Enquanto a temperatura do recipiente e do mercúrio aumenta até 60°C, um total de 7,5 mL de mercúrio transborda do recipiente. Determine o coeficiente de expansão linear do material de que é feito o recipiente.

30 •• Um carro, com um tanque de gasolina de aço com capacidade de 60,0 L, é abastecido até a borda com 60,0 L de gasolina quando a temperatura externa é 10°C. Quanta gasolina é derramada do tanque quando a temperatura externa aumenta para 25°C? Leve em conta a expansão do tanque de aço.

31 ••• Qual é a tensão de tração no anel de cobre do Problema 27 quando sua temperatura volta aos 20°C?

A EQUAÇÃO DE VAN DER WAALS, ISOTERMAS LÍQUIDO-VAPOR E DIAGRAMAS DE FASE

32 • (*a*) Calcule o volume de 1,00 mol de um gás ideal à temperatura de 100°C e à pressão de 1,00 atm. (*b*) Calcule a temperatura na qual 1,00 mol de vapor à pressão de 1,00 atm tem o volume calculado na Parte (*a*). Use $a = 0{,}550\ \text{Pa}\cdot\text{m}^6/\text{mol}^2$ e $b = 30{,}0\ \text{cm}^3/\text{mol}$.

33 •• Usando a Figura 20-16, determine as seguintes quantidades. (*a*) A temperatura de ebulição da água em uma montanha onde a pressão atmosférica é 70,0 kPa, (*b*) a temperatura de ebulição da água em um recipiente onde a pressão interna é 0,500 atm e (*c*) a pressão na qual a água ferve a 115°C.

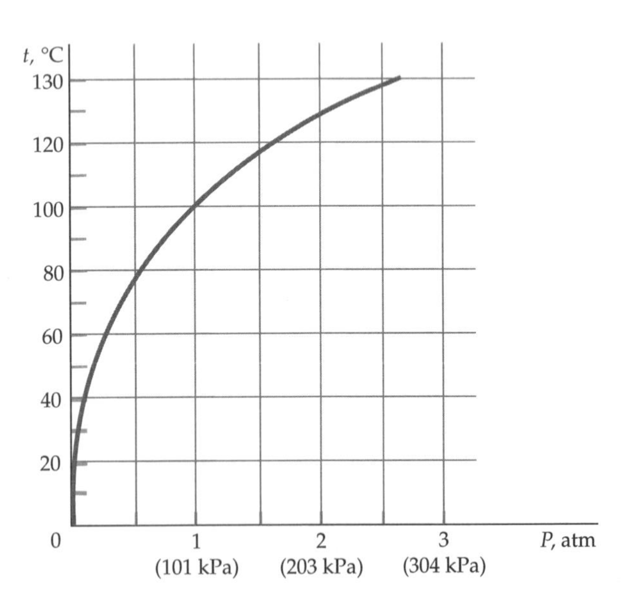

FIGURA 20-16 Problema 33

34 •• As constantes de van der Waals para o hélio são $a = 0{,}03412\ \text{L}^2\cdot\text{atm/mol}^2$ e $b = 0{,}0237\ \text{L/mol}$. Use estes dados para determinar o volume ocupado por um átomo de hélio, em centímetros cúbicos. Estime, então, o raio do átomo de hélio.

CONDUÇÃO

35 • Uma lâmina de isolamento, de 20 ft × 30 ft (6 m × 9 m), tem um fator *R* igual a 11. A que taxa o calor é conduzido através da lâmina, se a temperatura em um lado é constante e igual a 68°F e, no outro lado, é constante e igual a 30°F?

36 •• Um cubo de cobre e um cubo de alumínio, cada um com 3,00 cm de aresta, são dispostos como mostrado na Figura 20-17. Determine (*a*) a resistência térmica de cada cubo, (*b*) a resistência térmica da combinação dos dois cubos, (*c*) a corrente térmica *I* e (*d*) a temperatura na interface entre os dois cubos.

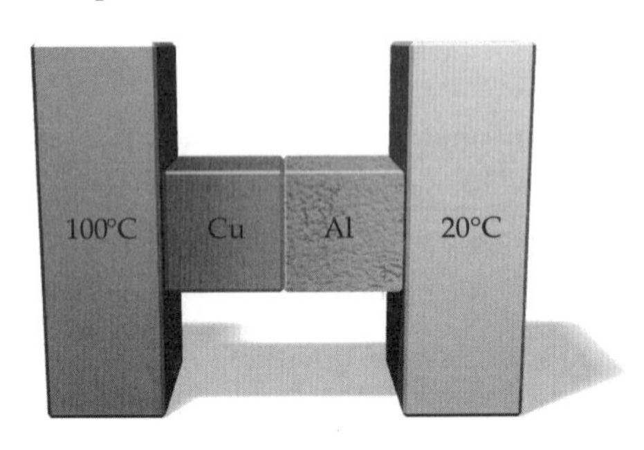

FIGURA 20-17 Problema 36

37 •• Dois cubos metálicos, um de cobre e um de alumínio, cada um com 3,00 cm de aresta, estão dispostos em paralelo, como mostra a Figura 20-18. Determine (*a*) a corrente térmica em cada cubo, (*b*) a corrente térmica total e (*c*) a resistência térmica da combinação dos dois cubos.

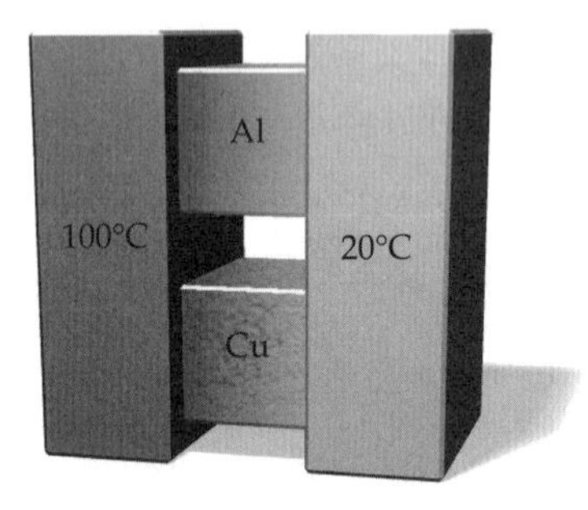

FIGURA 20-18 Problema 37

38 •• **APLICAÇÃO EM ENGENHARIA** O custo com a refrigeração de uma casa é aproximadamente proporcional à taxa na qual o calor é absorvido pela casa, de suas vizinhanças, dividida pelo coeficiente de desempenho do aparelho de ar condicionado. Seja ΔT a diferença de temperatura entre o interior da casa e o exterior. Supondo que a taxa na qual o calor é absorvido por uma casa seja proporcional a ΔT e que o aparelho de ar condicionado esteja operando em condições ideais, mostre que o custo com a refrigeração é proporcional a $(\Delta T)^2$ dividido pela temperatura no interior da casa.

39 •• Uma casca esférica de condutividade *k* tem um raio interno r_1 e um raio externo r_2 (Figura 20-19). O interior da casca é mantido a uma temperatura T_1 e o exterior é mantido a uma temperatura T_2, com $T_1 < T_2$. Neste problema, você deve mostrar que a corrente térmica através da casca é dada por

$$I = -\frac{4\pi k r_1 r_2}{r_2 - r_1}(T_2 - T_1)$$

onde *I* é positivo se o calor é transferido no sentido $+r$. Eis uma sugestão de procedimento para chegar a este resultado: (1) obtenha uma expressão para a corrente térmica *I* através de uma fina casca esférica de raio r e espessura dr quando há uma diferença de temperatura dT ao longo da espessura da casca; (2) explique por que a corrente térmica é a mesma através de qualquer dessas cascas finas; (3) expresse a corrente térmica I através de um desses elementos de casca em termos da área $A = 4\pi r^2$, da espessura dr e da diferença de temperatura dT através do elemento; e (4) separe as variáveis (resolva para dT em termos de r e dr) e integre.

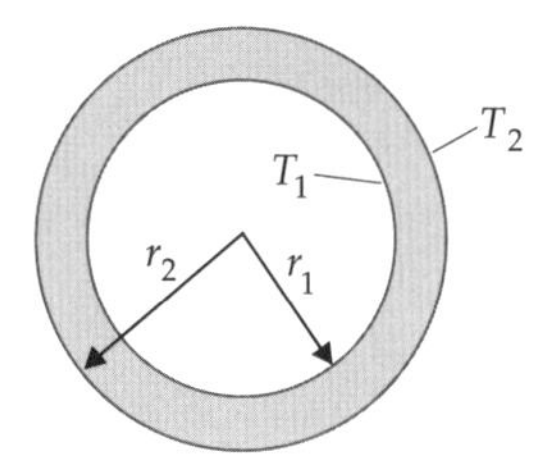

FIGURA 20-19
Problema 39

RADIAÇÃO

40 • **Aplicação Biológica** Calcule $\lambda_{máx}$ (o comprimento de onda no qual a potência emitida é máxima) para a pele humana. Suponha que a pele humana seja um emissor do tipo corpo negro com uma temperatura de 33°C.

41 • O universo está permeado de uma radiação que se acredita ter sido emitida no *Big Bang*. Supondo que todo o universo seja um corpo negro a uma temperatura de 2,3 K, quanto vale o $\lambda_{máx}$ (o comprimento de onda no qual a potência da radiação é máxima) desta radiação?

42 • Qual é a faixa de temperaturas nas superfícies das estrelas para a qual $\lambda_{máx}$ (o comprimento de onda no qual a potência da radiação emitida é máxima) está no intervalo visível?

43 • Os fios de aquecimento de um aquecedor elétrico de 1,00 kW ficam vermelhos a uma temperatura de 900°C. Supondo que 100 por cento do calor liberado seja de radiação e que os fios sejam emissores do tipo corpo negro, qual é a área efetiva da superfície que irradia? (Suponha uma temperatura ambiente de 20°C.)

44 •• Uma esfera maciça de cobre escurecida, com raio igual a 4,0 cm, é mantida suspensa em um reservatório evacuado cujas paredes estão a uma temperatura de 20°C. Se a esfera está inicialmente a 0°C, determine a taxa inicial na qual sua temperatura varia, supondo que o calor seja transferido apenas por radiação. (Considere a esfera como um emissor do tipo corpo negro.)

45 •• A temperatura da superfície do filamento de uma lâmpada incandescente é 1300°C. Se a potência elétrica de alimentação for duplicada, qual será a nova temperatura? *Dica: Mostre que você pode desprezar a temperatura do ambiente.*

46 •• Hélio líquido é armazenado no seu ponto de ebulição (4,2 K) em um recipiente esférico que está separado, por uma região evacuada, de um revestimento que é mantido à temperatura de nitrogênio líquido (77 K). Se o recipiente tem 30 cm de diâmetro e é escurecido no lado externo para que atue como um emissor do tipo corpo negro, quanto hélio ferve por hora?

PROBLEMAS GERAIS

47 • Uma fita de aço é colocada em volta da Terra no equador quando a temperatura é 0°C. Qual será a distância entre a fita e o solo (considerada uniforme) se a temperatura da fita aumentar para 30°C? Despreze a expansão da Terra.

48 •• Mostre que a variação da massa específica ρ de um material isotrópico, devida a um aumento de temperatura ΔT, é dada por $\Delta\rho = -\beta\rho\Delta T$.

49 •• A constante solar é a potência recebida do Sol por unidade de área perpendicular aos raios do Sol, na configuração de distância média entre Terra e Sol. Seu valor, na atmosfera superior da Terra, é de aproximadamente 1,37 kW/m². Calcule a temperatura efetiva do Sol, se ele irradia como um corpo negro. (O raio do Sol é $6{,}96 \times 10^8$ m.)

50 •• **Aplicação em Engenharia** Trabalhando nas férias como estagiário em uma fábrica de isolamento, você deve terminar o fator R de um certo material isolante. Este material vem em lâminas de $\frac{1}{2}$ in (1,27 cm). Com ele, você constrói um cubo oco de 12 in (30,5 cm) de aresta. Você coloca um termômetro e um aquecedor de 100 W no interior da caixa. Depois de atingido o equilíbrio térmico, a temperatura no interior da caixa é 90°C e a temperatura fora da caixa é 20°C. Determine o fator R do material.

51 • (*a*) Da definição de β, o coeficiente de expansão volumétrica (à pressão constante), mostre que $\beta = 1/T$ para um gás ideal. (*b*) O valor experimental de β para o gás N_2 a 0°C é 0,003673 K⁻¹. Qual é a diferença percentual entre este valor medido de β e o valor obtido supondo o N_2 um gás ideal?

52 •• Um bastão de comprimento L_A, feito do material A, é colocado próximo a um bastão de comprimento L_B, feito do material B. Os bastões permanecem em equilíbrio térmico entre si. (*a*) Mostre que, mesmo que os comprimentos de cada bastão variem com a variação da temperatura ambiente, a diferença entre os dois comprimentos permanecerá constante se os comprimentos L_A e L_B forem escolhidos de maneira tal que $L_A/L_B = \alpha_B/\alpha_A$, onde α_A e α_B são os respectivos coeficientes de expansão linear. (*b*) Se o material B é o aço, se o material A é o latão e se $L_A = 250$ cm a 0°C, qual é o valor de L_B?

53 •• Na média, a temperatura da crosta da Terra aumenta 1,0°C para cada 30 m de profundidade. A condutividade térmica média do material da crosta terrestre é 0,74 J/(m · s · K). Qual é a perda de calor da Terra, por segundo, devida à condução a partir do núcleo? Como esta perda de calor se compara com a potência média recebida do Sol?

54 •• Uma panela de fundo de cobre, contendo 0,800 L de água fervendo, seca em 10,0 min. Supondo que todo o calor seja transferido através do fundo de cobre, que tem um diâmetro de 15,0 cm e uma espessura de 3,00 mm, calcule a temperatura externa à base de cobre enquanto ainda há alguma água na panela.

55 •• **Aplicação em Engenharia** Um tanque cilíndrico de aço, com água quente, tem um diâmetro interno de 0,550 m e uma altura interna de 1,20 m. O tanque está envolvido por uma camada isolante de lã de vidro de 5,00 cm de espessura, cuja condutividade térmica é 0,0350 W/(m · K). O isolamento é coberto por uma fina camada metálica. O tanque de aço e a camada metálica têm condutividades térmicas muito maiores do que a da lã de vidro. Quanta potência elétrica deve ser fornecida a este tanque para manter a temperatura da água em 75,0°C, quando a temperatura externa é 1,0°C?

56 •• O diâmetro d de um bastão cônico de comprimento L é dado por $d = d_0(1 + ax)$, onde a é uma constante e x é a distância até uma das extremidades. Se a condutividade térmica do material é k, qual é a resistência térmica do bastão?

57 ••• Um disco maciço, de raio r e massa m, está girando sem atrito em torno de um eixo que passa perpendicularmente pelo seu centro de massa, com velocidade angular ω_1 a uma temperatura T_1. A temperatura do disco diminui para T_2. Expresse a velocidade angular ω_2, a energia cinética rotacional K_2 e a quantidade de movimento angular L_2 em termos de seus valores à temperatura T_1 e do coeficiente de expansão linear α do disco.

58 ••• **Planilha Eletrônica** Escreva um programa de **planilha eletrônica** para traçar um gráfico da temperatura média da superfície da Terra como função da emissividade, usando os resultados do Problema 22. De quanto a emissividade deve variar para que a temperatura média aumente de 1 K? Este resultado pode ser pensado como um modelo para o efeito das crescentes concentrações de gases de efeito estufa, como o metano e o CO_2, na atmosfera da Terra.

59 ••• Um pequeno lago tem uma camada de gelo de 1,00 cm de espessura em sua superfície. (*a*) Se a temperatura do ar é −10°C em um dia com brisa, determine a taxa, em centímetros por hora, na qual gelo é acrescentado ao fundo da camada. A massa específica do gelo é 0,917 g/cm^3. (*b*) Quanto tempo você e seus amigos devem esperar para que uma camada de 20,0 cm se forme, permitindo que vocês joguem hóquei?

60 ••• Um cubo de cobre escurecido, com 1,00 cm de aresta, é aquecido até uma temperatura de 300°C e, então, colocado em uma câmara evacuada com paredes a uma temperatura de 0°C. Na câmara de vácuo o cubo resfria por irradiação. (*a*) Mostre que a temperatura (absoluta) T do cubo obedece à equação diferencial: $(dT/dt) = -(e\sigma A/C)(T^4 - T_0^4)$, onde C é a capacidade térmica do cubo, A é a área de sua superfície, e é a emissividade e T_0 é a temperatura da câmara de vácuo. (*b*) Usando o método de Euler (Seção 5-4 do Capítulo 5), resolva numericamente a equação diferencial para determinar $T(t)$ e mostre sua resposta em um gráfico. Suponha $e = 1,00$. Quanto tempo leva para que o cubo resfrie a uma temperatura de 15°C?

Apêndice A

Unidades SI e Fatores de Conversão

Unidades de Base*

Comprimento	O *metro* (m) é a distância percorrida pela luz no vácuo em 1/299.792.458 s.
Tempo	O *segundo* (s) é a duração de 9.192.631.770 períodos da radiação correspondente à transição entre os dois níveis hiperfinos do estado fundamental do átomo de ^{133}Cs.
Massa	O *quilograma* (kg) é a massa do protótipo internacional conservado em Sèvres, na França.
Mol	O *mol* (mol) é a quantidade de matéria de um sistema contendo tantas entidades elementares quantos átomos existem em 0,012 quilograma de carbono 12.
Corrente	O *ampère* (A) é a corrente elétrica constante que, se mantida em dois condutores paralelos, retilíneos, de comprimento infinito, de seção circular desprezível, e situados à distância de 1 metro entre si no vácuo, produz entre estes condutores uma força igual a 2×10^{-7} newton por metro de comprimento.
Temperatura	O *kelvin* (K) é 1/273,16 da temperatura termodinâmica no ponto tríplice da água.
Intensidade luminosa	A *candela* (cd) é a intensidade luminosa, numa dada direção, de uma fonte que emite uma radiação monocromática de freqüência 540×10^{12} hertz e cuja intensidade radiante nessa direção é 1/683 watt/esterradiano.

* Essas definições são encontras no site do órgão oficial brasileiro responsável pela padronização e assuntos de medição, cujo endereço é: http://www.inmetro.gov.br. (N.T.)

Unidades Derivadas

Força	newton (N)	$1\ N = 1\ kg \cdot m/s^2$
Trabalho, energia	joule (J)	$1\ J = 1\ N \cdot m$
Potência	watt (W)	$1\ W = 1\ J/s$
Freqüência	hertz (Hz)	1 Hz = ciclo/s
Carga	coulomb (C)	$1\ C = 1\ A \cdot s$
Potencial	volt (V)	$1\ V = 1\ J/C$
Resistência	ohm (Ω)	$1\ \Omega = 1\ V/A$
Capacitância	farad (F)	$1\ F = 1\ C/V$
Campo magnético	tesla (T)	$1\ T = 1\ N/(A \cdot m)$
Fluxo magnético	weber (Wb)	$1\ Wb = 1\ T \cdot m^2$
Indutância	henry (H)	$1\ H = 1\ J/A^2$

Fatores de Conversão

Por simplicidade, os fatores de conversão são escritos como equações; as relações marcadas com asterisco são exatas.

Comprimento

1 km = 0,6215 mi

1 mi = 1,609 km

1 m = 1,0936 yd = 3,281 ft = 39,37 in

*1 in = 2,54 cm

*1 ft = 12 in = 30,48 cm

*1 yd = 3 ft = 91,44 cm

1 ano-luz = 1 $c \cdot$ a = $9{,}461 \times 10^{15}$ m

*1 Å = 0,1 nm

Área

*1 $m^2 = 10^4$ cm^2

1 km^2 = 0,3861 mi^2 = 247,1 acres

*1 in^2 = 6,4516 cm^2

1 $ft^2 = 9{,}29 \times 10^{-2}$ m^2

1 m^2 = 10,76 ft^2

*1 acre = 43 560 ft^2

1 mi^2 = 640 acres = 2,590 km^2

Volume

*1 $m^3 = 10^6$ cm^3

*1 L = 1000 $cm^3 = 10^{-3}$ m^3

1 gal = 3,785 L

1 gal = 4 qt = 8 pt = 128 oz = 231 in^3

1 in^3 = 16,39 cm^3

1 ft^3 = 1728 in^3 = 28,32 L
= $2{,}832 \times 10^4$ cm^3

Tempo

*1 h = 60 min = 3,6 ks

*1 d = 24 h = 1440 min = 86,4 ks

1 a = 365,24 d = $3{,}156 \times 10^7$ s

Rapidez

*1 m/s = 3,6 km/h

1 km/h = 0,2778 m/s = 0,6215 mi/h

1 mi/h = 0,4470 m/s = 1,609 km/h

1 mi/h = 1,467 ft/s

Ângulo e Rapidez Angular

*π rad = 180°

1 rad = 57,30°

1° = $1{,}745 \times 10^{-2}$ rad

1 rev/min = 0,1047 rad/s

1 rad/s = 9,549 rev/min

Massa

*1 kg = 1000 g

*1 t = 1000 kg = 1 Mg

1 u = $1{,}6605 \times 10^{-27}$ kg
= 931,49 MeV/c^2

1 kg = $6{,}022 \times 10^{26}$ u

1 slug = 14,59 kg

1 kg = $6{,}852 \times 10^{-2}$ slug

Massa Específica

*1 g/cm^3 = 1000 kg/m^3 = 1 kg/L

(1 g/cm^3)g = 62,4 lb/ft^3

Força

1 N = 0,2248 lb = 10^5 dyn

*1 lb = 4,448222 N

(1 kg)g = 2,2046 lb

Pressão

*1 Pa = 1 N/m^2

*1 atm = 101,325 kPa = 1,01325 bar

1 atm = 14,7 lb/in^2 = 760 mmHg
= 29,9 inHg = 33,9 ftH_2O

1 lb/in^2 = 6,895 kPa

1 torr = 1 mmHg = 133,32 Pa

1 bar = 100 kPa

Energia

*1 kW · h = 3,6 MJ

*1 cal = 4,1840 J

1 ft · lb = 1,356 J = $1{,}286 \times 10^{-3}$ Btu

*1 L · atm = 101,325 J

1 L · atm = 24,217 cal

1 Btu = 778 ft · lb = 252 cal = 1054,35 J

1 eV = $1{,}602 \times 10^{-19}$ J

1 u · c^2 = 931,49 MeV

*1 erg = 10^{-7} J

Potência

1 HP = 550 ft · lb/s = 745,7 W

1 Btu/h = $2{,}931 \times 10^{-4}$ kW

1 W = $1{,}341 \times 10^{-3}$ HP
= 0,7376 ft · lb/s

Campo Magnético

*1 T = 10^4 G

Condutividade Térmica

1 W/(m·K) = 6,938 Btu·in/(h·ft^2·F°)

1 Btu·in/(h·ft^2·F°) = 0,1441 W/(m·K)

Apêndice B

Dados Numéricos

Dados Terrestres

Aceleração de queda livre g	
Valor-padrão (ao nível do mar e a 45° de latitude)*	9,806 65 m/s^2; 32,1740 ft/s^2
No equador*	9,7804 m/s^2
Nos pólos*	9,8322 m/s^2
Massa da Terra M_T	5,97 × 10^{24} kg
Raio médio da Terra R_T	6,37 × 10^6 m; 3960 mi
Rapidez de escape $\sqrt{2R_E g}$	1,12 × 10^4 m/s; 6,95 mi/s
Constante solar†	1,37 kW/m^2
Condições normais de temperatura e pressão (CNTP):	
Temperatura	273,15 K (0,00°C)
Pressão	101,325 kPa (1,00 atm)
Massa molar do ar	28,97 g/mol
Massa específica do ar (CNTP), ρ_{ar}	1,217 kg/m^3
Rapidez do som (CNTP)	331 m/s
Calor de fusão de H_2O (0°C, 1 atm)	333,5 kJ/kg
Calor de vaporização de H_2O (100°C, 1 atm)	2,257 MJ/kg

* Medido em relação à superfície da Terra.
† Potência média incidente perpendicularmente sobre uma área de 1 m^2, fora da atmosfera terrestre e a meio caminho entre a Terra e o Sol.

Dados Astronômicos*

Terra	
Distância média à lua†	3,844 × 10^8 m; 2,389 × 10^5 mi
Distância média ao Sol†	1,496 × 10^{11} m; 9,30 × 10^7 mi; 1,00 UA
Rapidez orbital média	2,98 × 10^4 m/s
Lua	
Massa	7,35 × 10^{22} kg
Raio	1,737 × 10^6 m
Período	27,32 d
Aceleração da gravidade na superfície	1,62 m/s^2
Sol	
Massa	1,99 × 10^{30} kg
Raio	6,96 × 10^8 m

* Dados adicionais sobre o sistema solar podem ser encontrados em http://nssdc.gsfc.nasa.gov/planetary/planetfact.html.
† Centro a centro.

Constantes Físicas*

Constante de gravitação	G	$6{,}6742(10) \times 10^{-11}$ N · m²/kg²
Rapidez da luz	c	$2{,}997\,924\,58 \times 10^{8}$ m/s
Carga fundamental	e	$1{,}602\,176\,453(14) \times 10^{-19}$ C
Número de Avogadro	N_A	$6{,}022\,141\,5(10) \times 10^{23}$ partículas/mol
Constante dos gases	R	8,314 472(15) J/(mol · K)
		1,987 2065(36) cal/(mol · K)
		$8{,}205\,746(15) \times 10^{-2}$ L · atm/(mol · K)
Constante de Boltzmann	$k = R/N_A$	$1{,}380\,650\,5(24) \times 10^{-23}$ J/K
		$8{,}617\,343(15) \times 10^{-5}$ eV/K
Constante de Stefan-Boltzmann	$\sigma = (\pi^2/60)k^4/(\hbar^3c^2)$	$5{,}670\,400(40) \times 10^{-8}$ W/(m²k⁴)
Constante de massa atômica	$m_u = \frac{1}{12}m(^{12}C)$	$1{,}660\,538\,86(28) \times 10^{-27}$ kg = 1u
Constante magnética (permeabilidade do vácuo)	μ_0	$4\pi \times 10^{-7}$ N/A²
		$1{,}256\,637 \times 10^{-6}$ N/A²
Constante elétrica (permitividade do vácuo)	$\epsilon_0 = 1/(\mu_0 C^2)$	$8{,}854\,187\,817 \ldots \times 10^{-12}$ C²/(N · m²)
Constante de Coulomb	$k = 1/(4\pi\epsilon_0)$	$8{,}987\,551\,788 \ldots \times 10^{9}$ N · m²/C²
Constante de Planck	h	$6{,}626\,0693(11) \times 10^{-34}$ J · s
		$4{,}135\,667\,43(35) \times 10^{-15}$ eV · s
	$\hbar = h/2\pi$	$1{,}054\,571\,68(18) \times 10^{-34}$ J · s
		$6{,}582\,119\,15(56) \times 10^{-16}$ eV · s
Massa do elétron	m_e	$9{,}109\,382\,6(16) \times 10^{-31}$ kg
		0,510 998 918(44) MeV/c^2
Massa do próton	m_p	$1{,}672\,621\,71(29) \times 10^{-27}$ kg
		938,272 029(80) × MeV/c^2
Massa do nêutron	m_n	$1{,}674\,927\,28(29) \times 10^{-27}$ kg
		939,565 360(81) MeV/c^2
Magnéton de Bohr	$m_B = eh/2m_e$	$9{,}274\,009\,49(80) \times 10^{-24}$ J/T
		$5{,}788\,381\,804(39) \times 10^{-5}$ eV/T
Magnéton nuclear	$m_n = eh/2m_p$	$5{,}050\,783\,43(43) \times 10^{-27}$ J/T
		$3{,}152\,451\,259(21) \times 10^{-8}$ eV/T
Quantum de fluxo magnético	$\phi_0 = h/2e$	$2{,}067\,833\,72(18) \times 10^{-15}$ T · m²
Resistência Hall quantizada	$R_K = h/e^2$	$2{,}581\,280\,7449(86) \times 10^{4}$ Ω
Constante de Rydberg	R_H	$1{,}097\,373\,156\,8525(73) \times 10^{7}$ m⁻¹
Quociente freqüência-tensão de Josephson	$K_J = 2e/h$	$4{,}835\,978\,79(41) \times 10^{14}$ Hz/V
Comprimento de onda de Compton	$\lambda_C = h/m_e c$	$2{,}426\,310\,238(16) \times 10^{-12}$ m

* Os valores destas e de outras constantes podem ser encontrados na internet em http://physics.nist.gov/cuu/Constants/index.html. Os números entre parênteses representam as incertezas nos dois últimos algarismos. (Por exemplo, 2,044 43(13) significa 2,044 43 ± 0,000 13.) Valores sem indicação de incertezas são exatos, bem como valores com reticências (como o número pi, que vale exatamente 3,1415...).

Para dados adicionais, veja as seguintes tabelas no texto.

Geometria e Trigonometria

$C = \pi d = 2\pi r$	definição de π
$A = \pi r^2$	área do círculo
$V = \frac{4}{3}\pi r^3$	volume da esfera
$A = \partial V/\partial r = 4\pi r^2$	área da superfície da esfera
$V = A_{base}L = \pi r^2 L$	volume do cilindro
$A = \partial V/\partial r = 2\pi rL$	área da superfície do cilindro

$o = h \operatorname{sen}\theta$
$a = h \cos\theta$

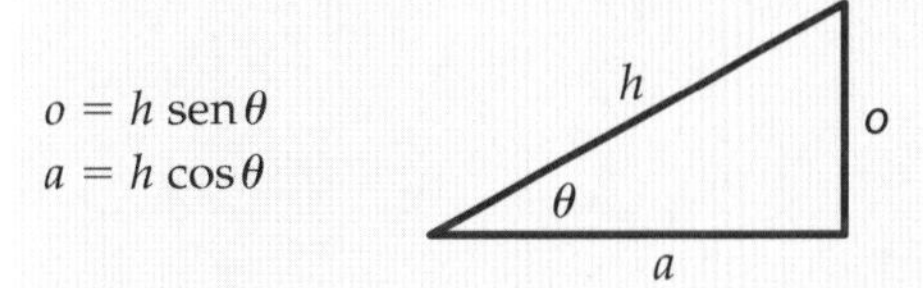

$\operatorname{sen}^2\theta + \cos^2\theta = 1$

$\operatorname{sen}(A \pm B) = \operatorname{sen} A \cos B \pm \cos A \operatorname{sen} B$

$\cos(A \pm B) = \cos A \cos B \mp \operatorname{sen} A \operatorname{sen} B$

$\operatorname{sen} A \pm \operatorname{sen} B = 2 \operatorname{sen}[\frac{1}{2}(A \pm B)] \cos[\frac{1}{2}(A \mp B)]$

$\operatorname{sen}\theta \equiv y$
$\cos\theta \equiv x$
$\tan\theta \equiv \frac{y}{x}$

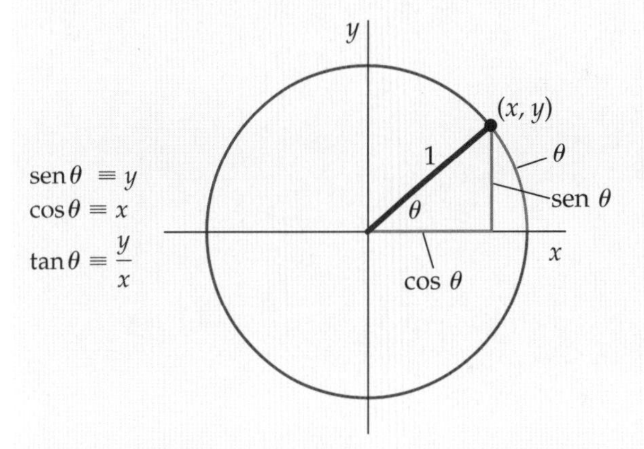

Se $|\theta| << 1$, então
$\cos\theta \approx 1$ e $\tan\theta \approx \operatorname{sen}\theta \approx \theta$ (θ em radianos)

Fórmula Quadrática

Se $ax^2 + bx + c = 0$, então $x = \dfrac{-b \pm \sqrt{b^2 - 4ac}}{2a}$

Expansão Binomial

Se $|x| < 1$, então $(1 + x)^n =$

$$1 + nx + \frac{n(n-1)}{2!}x^2 + \frac{n(n-1)(n-2)}{3!}x^3 + \ldots$$

Se $|x| << 1$, então $(1 + x)^n \approx 1 + nx$

Aproximação Diferencial

Se $\Delta F = F(x + \Delta x) - F(x)$ e se $|\Delta x|$ é pequeno,

então $\Delta F \approx \dfrac{dF}{dx}\Delta x$.

Apêndice C

Tabela Periódica dos Elementos*

1	2	3	4	5	6	7	8	9	10	11	12	13	14	15	16	17	18
1 H																	2 He
3 Li	4 Be											5 B	6 C	7 N	8 O	9 F	10 Ne
11 Na	12 Mg											13 Al	14 Si	15 P	16 S	17 Cl	18 Ar
19 K	20 Ca	21 Sc	22 Ti	23 V	24 Cr	25 Mn	26 Fe	27 Co	28 Ni	29 Cu	30 Zn	31 Ga	32 Ge	33 As	34 Se	35 Br	36 Kr
37 Rb	38 Sr	39 Y	40 Zr	41 Nb	42 Mo	43 Tc	44 Ru	45 Rh	46 Pd	47 Ag	48 Cd	49 In	50 Sn	51 Sb	52 Te	53 I	54 Xe
55 Cs	56 Ba	57–71 Terras-raras	72 Hf	73 Ta	74 W	75 Re	76 Os	77 Ir	78 Pt	79 Au	80 Hg	81 Tl	82 Pb	83 Bi	84 Po	85 At	86 Rn
87 Fr	88 Ra	89–103 Actiní-deos	104 Rf	105 Db	106 Sg	107 Bh	108 Hs	109 Mt	110 Ds	111 Rg							

Terras-raras (Lantanídeos)	57 La	58 Ce	59 Pr	60 Nd	61 Pm	62 Sm	63 Eu	64 Gd	65 Tb	66 Dy	67 Ho	68 Er	69 Tm	70 Yb	71 Lu
Actinídeos	89 Ac	90 Th	91 Pa	92 U	93 Np	94 Pu	95 Am	96 Cm	97 Bk	98 Cf	99 Es	100 Fm	101 Md	102 No	103 Lr

* A designação dos grupos de 1 a 18 foi recomendada pela União Internacional de Química Pura e Aplicada (IUPAC). A partir de setembro de 2003 foram comunicadas as existências dos elementos de números atômicos 112, 114 e 116, ainda sem confirmação.

Números Atômicos e Massas Atômicas*

Número Atômico	Nome	Símbolo	Massa	Número Atômico	Nome	Símbolo	Massa
1	Hidrogênio	H	1,00794(7)	57	Lantânio	La	138,90547(7)
2	Hélio	He	4,002602(2)	58	Cério	Ce	140,116(1)
3	Lítio	Li	6,941(2)	59	Praseodímio	Pr	140,90765(2)
4	Berílio	Be	9,012182(3)	60	Neodímio	Nd	144,242(3)
5	Boro	B	10,811(7)	61	Promécio	Pm	[145]
6	Carbono	C	12,0107(8)	62	Samário	Sm	150,36(2)
7	Nitrogênio	N	14,0067(2)	63	Európio	Eu	151,964(1)
8	Oxigênio	O	15,9994(3)	64	Gadolínio	Gd	157,25(3)
9	Flúor	F	18,9984032(5)	65	Térbio	Tb	158,92535(2)
10	Neônio	Ne	20,1797(6)	66	Disprósio	Dy	162,500(1)
11	Sódio	Na	22,98976928(2)	67	Hólmio	Ho	164,93032(2)
12	Magnésio	Mg	24,3050(6)	68	Érbio	Er	167,259(3)
13	Alumínio	Al	26,9815386(8)	69	Túlio	Tm	168,93421(2)
14	Silício	Si	28,0855(3)	70	Itérbio	Yb	173,04(3)
15	Fósforo	P	30,973762(2)	71	Lutécio	Lu	174,967(1)
16	Enxofre	S	32,065(5)	72	Háfnio	Hf	178,49(2)
17	Cloro	Cl	35,453(2)	73	Tântalo	Ta	180,94788(2)
18	Argônio	Ar	39,948(1)	74	Tungstênio	W	183,84(1)
19	Potássio	K	39,0983(1)	75	Rênio	Re	186,207(1)
20	Cálcio	Ca	40,078(4)	76	Ósmio	Os	190,23(3)
21	Escândio	Sc	44,955912(6)	77	Irídio	Ir	192,217(3)
22	Titânio	Ti	47,867(1)	78	Platina	Pt	195,084(9)
23	Vanádio	V	50,9415(1)	79	Ouro	Au	196,966569(4)
24	Cromo	Cr	51,9961(6)	80	Mercúrio	Hg	200,59(2)
25	Manganês	Mn	54,938045(5)	81	Tálio	Tl	204,3833(2)
26	Ferro	Fe	55,845(2)	82	Chumbo	Pb	207,2(1)
27	Cobalto	Co	58,933195(5)	83	Bismuto	Bi	208,98040(1)
28	Níquel	Ni	58,6934(2)	84	Polônio	Po	[209]
29	Cobre	Cu	63,546(3)	85	Astatínio	At	[210]
30	Zinco	Zn	65,409(4)	86	Radônio	Rn	[222]
31	Gálio	Ga	69,723(1)	87	Frâncio	Fr	[223]
32	Germânio	Ge	72,64(1)	88	Rádio	Ra	[226]
33	Arsênio	As	74,92160(2)	89	Actínio	Ac	[227]
34	Selênio	Se	78,96(3)	90	Tório	Th	232,03806(2)
35	Bromo	Br	79,904(1)	91	Protactínio	Pa	231,03588(2)
36	Criptônio	Kr	83,798(2)	92	Urânio	U	238,02891(3)
37	Rubídio	Rb	85,4678(3)	93	Netúnio	Np	[237]
38	Estrôncio	Sr	87,62(1)	94	Plutônio	Pu	[244]
39	Ítrio	Y	88,90585(2)	95	Amerício	Am	[243]
40	Zircônio	Zr	91,224(2)	96	Cúrio	Cm	[247]
41	Nióbio	Nb	92,90638(2)	97	Berquélio	Bk	[247]
42	Molibdênio	Mo	95,94(2)	98	Califórnio	Cf	[251]
43	Tecnécio	Tc	[98]	99	Einstênio	Es	[252]
44	Rutênio	Ru	101,07(2)	100	Férmio	Fm	[257]
45	Ródio	Rh	102,90550(2)	101	Mendelévio	Md	[258]
46	Paládio	Pd	106,42(1)	102	Nobélio	No	[259]
47	Prata	Ag	107,8682(2)	103	Laurêncio	Lr	[262]
48	Cádmio	Cd	112,411(8)	104	Rutherfórdio	Rf	[261]
49	Índio	In	114,818(3)	105	Dúbnio	Db	[262]
50	Estanho	Sn	118,710(7)	106	Seabórgio	Sg	[266]
51	Antimônio	Sb	121,760(1)	107	Bóhrio	Bh	[264]
52	Telúrio	Te	127,60(3)	108	Hássio	Hs	[277]
53	Iodo	I	126,90447(3)	109	Meitnério	Mt	[268]
54	Xenônio	Xe	131,293(6)	110	Darmstádio	Ds	[271]
55	Césio	Cs	132,9054519(2)	111	Roentgênio	Rg	[272]
56	Bário	Ba	137,327(7)				

* Valores de massa atômica com incertezas indicadas pelo último algarismo, entre parênteses.

Tutorial Matemático

Neste tutorial, revisamos alguns dos resultados básicos de álgebra, geometria, trigonometria e cálculo. Em muitos casos, meramente enunciamos resultados sem prova. A Tabela M-1 lista alguns símbolos matemáticos.

M-1 ALGARISMOS SIGNIFICATIVOS

Muitos dos números com que trabalhamos, em ciência, são o resultado de medidas e, portanto, conhecidos apenas dentro de um certo grau de incerteza. Esta incerteza deve ser refletida no número de algarismos utilizados. Por exemplo, se você tem uma régua de 1 metro, graduada em centímetros, você sabe que pode medir a altura de uma caixa com a precisão de um quinto de centímetro, mais ou menos. Usando esta régua, você pode encontrar um comprimento da caixa de 27,0 cm. Se a graduação de sua régua for em milímetros, talvez você possa medir a altura da caixa como 27,03 cm. No entanto, se sua régua é graduada em milímetros, talvez você não seja capaz de medir a altura com uma precisão maior do que 27,03 cm, porque a altura pode variar uns 0,01 cm, dependendo de qual parte da caixa você toma para fazer a medida. Quando você escreve que a altura da caixa é 27,03 cm, está afirmando que sua melhor estimativa do comprimento é 27,03 cm, mas não está alegando que ele vale exatamente 27,030000... cm. Os quatro algarismos em 27,03 cm são chamados de **algarismos significativos**. Seu comprimento medido, 2,703 m, possui quatro algarismos significativos.

O número de algarismos significativos no resultado de um cálculo dependerá do número de algarismos significativos dos dados. Quando você trabalha com números que têm incertezas, deve cuidar para não incluir mais algarismos do que a certeza da medida garante. Cálculos *aproximados* (estimativas de ordens de grandeza) sempre resultam em respostas que têm apenas um algarismo significativo, ou nenhum. Ao multiplicar, dividir, somar ou subtrair números, você deve considerar a precisão dos resultados. A seguir, estão listadas algumas regras que o ajudarão a determinar o número de algarismos significativos de seus resultados.

1. Ao multiplicar ou dividir quantidades, o número de algarismos significativos do resultado final não deve ser maior do que o da quantidade com o menor número de algarismos significativos.
2. Ao somar ou subtrair quantidades, o número de casas decimais do resultado deve ser igual ao da quantidade com o menor número de casas decimais.
3. Valores exatos possuem um número ilimitado de algarismos significativos. Por exemplo, um valor a que se chegou por contagem, como 2 mesas, não apresenta incerteza e é um valor exato. Além disso, o fator de conversão 0,0254000... m/in é um valor exato, porque 1,000... polegada é exatamente igual a 0,0254000...

Tabela M-1 Símbolos Matemáticos

Símbolo	Significado
$=$	é igual a
$\neq$	é diferente de
$\approx$	é aproximadamente igual a
$\sim$	é da ordem de
$\propto$	é proporcional a
$>$	é maior do que
$\geq$	é maior ou igual a
$\gg$	é muito maior do que
$<$	é menor do que
$\leq$	é menor ou igual a
$\ll$	é muito menor do que
Δx	variação de x
$\lvert x \rvert$	valor absoluto de x
Σ	soma
lim	limite
$\Delta t \to 0$	Δt tende a zero
$\dfrac{dx}{dt}$	derivada de x em relação a t
$\dfrac{\partial x}{\partial t}$	derivada parcial de x em relação a t
$\int$	integral

metros. (A jarda é, por definição, igual a exatamente 0,9144 metros, e 0,9144 dividido por 36 é exatamente igual a 0,0254.)

4. Às vezes os zeros são significativos, outras vezes não. Se um zero está antes do primeiro algarismo não-nulo, então o zero é não significativo. Por exemplo, o número 0,00890 possui três algarismos significativos. Os primeiros três zeros não são algarismos significativos, e indicam apenas a posição da vírgula decimal. Note que o zero após o nove é significativo.
5. Zeros entre algarismos não-nulos são significativos. Por exemplo, 5603 possui quatro algarismos significativos.
6. O número de algarismos significativos em números com zeros em seqüência sem vírgula decimal é ambíguo. Por exemplo, 31000 pode ter cinco algarismos significativos, ou dois algarismos significativos. Para evitar ambigüidade, você deve informar valores usando notação científica, ou uma vírgula decimal.

Exemplo M-1 Determinando a Média de Três Números

Determine a média de 19,90; −7,524 e −11,8179.

SITUAÇÃO Você somará três números, e depois dividirá o resultado por três. Os primeiros dois números possuem quatro algarismos significativos e o terceiro possui seis.

SOLUÇÃO

1. Some os três números.

$$19{,}90 + (-7{,}524) + (-11{,}8179) = 0{,}55\mathit{81}$$

2. Se o problema tivesse pedido apenas a soma dos três números, arredondaríamos o resultado até o menor número de casas decimais dos três números que estão sendo somados. No entanto, devemos dividir este resultado intermediário por 3, de forma que usamos o resultado intermediário com os dois algarismos extras (em itálico).

$$\frac{0{,}55\mathit{81}}{3} = 0{,}18\mathit{60333}\ldots$$

3. Apenas dois dos algarismos na resposta intermediária, 0,18*60333...*, são algarismos significativos, e então devemos arredondar este número para obter o resultado final. O número 3 no denominador é um número inteiro e tem um número ilimitado de algarismos significativos. Então, a resposta final possui o mesmo número de algarismos significativos que o numerador, que é 2.

A resposta final é $\boxed{0{,}19.}$

CHECAGEM A soma no passo 1 tem dois algarismos significativos após a vírgula decimal, o mesmo que o número a ser somado que possui o menor número de algarismos significativos após a vírgula decimal.

PROBLEMAS PRÁTICOS

1. $\dfrac{5{,}3\ \text{mol}}{22{,}4\ \text{mol/L}}$
2. $57{,}8\ \text{m/s} - 26{,}24\ \text{m/s}$

M-2 EQUAÇÕES

Uma **equação** é uma assertiva escrita usando números e símbolos para indicar que duas quantidades, escritas uma de cada lado de um sinal de igualdade (=), são iguais. As quantidades de cada lado do sinal de igualdade podem consistir em um único termo, ou da soma ou diferença de dois ou mais **termos**. Por exemplo, a equação $x = 1 - (ay + b)/(cx - d)$ contém três termos, x, 1 e $(ay + b)/(cx - d)$.

Você pode realizar as seguintes operações com equações:

1. A mesma quantidade pode ser somada a ou subtraída de cada lado de uma equação.
2. Cada lado de uma equação pode ser multiplicado ou dividido pela mesma quantidade.
3. Cada lado de uma equação pode ser elevado à mesma potência.

Estas operações devem ser aplicadas a cada *lado* da equação, e não a cada termo. (Como a multiplicação é distributiva em relação à adição, a operação 2 — e somente a operação 2 — também se aplica termo-a-termo.)

Cuidado: *A divisão por zero é proibida em cada passo da solução de uma equação; isto tornaria os resultados (se existentes) inválidos.*

Somando ou Subtraindo a Mesma Quantidade
Para determinar x quando $x - 3 = 7$, some 3 aos dois lados da equação: $(x - 3) + 3 = 7 + 3$; assim, $x = 10$.

Multiplicando ou Dividindo pela Mesma Quantidade
Se $3x = 17$, determine x dividindo os dois lados da equação por 3; assim, $x = \frac{17}{3}$, ou 5,7.

Exemplo M-2 Simplificando Inversos em uma Equação

Determine x, para a seguinte equação:

$$\frac{1}{x} + \frac{1}{4} = \frac{1}{3}$$

Equações contendo inversos de incógnitas ocorrem na óptica geométrica ou em análise de circuitos elétricos — por exemplo, na determinação da resistência equivalente para resistores em paralelo.

SITUAÇÃO Nesta equação, o termo que contém x está do mesmo lado da equação em que se encontra um termo que não contém x. Além disso, x está no denominador de uma fração.

SOLUÇÃO

1. Subtraia $\frac{1}{4}$ de cada lado: $\quad \frac{1}{x} = \frac{1}{3} - \frac{1}{4}$

2. Simplifique o lado direito da equação usando o mínimo denominador comum: $\quad \frac{1}{x} = \frac{1}{3} - \frac{1}{4} = \frac{4}{12} - \frac{3}{12} = \frac{4-3}{12} = \frac{1}{12}$ logo $\frac{1}{x} = \frac{1}{12}$

3. Multiplique os dois lados da equação por $12x$ para determinar o valor de x: $\quad 12\cancel{x}\frac{1}{\cancel{x}} = \cancel{12}x\frac{1}{\cancel{12}}$

$$\boxed{12} = x$$

CHECAGEM Substitua x por 12 no lado esquerdo da equação original.

$$\frac{1}{x} + \frac{1}{4} = \frac{1}{12} + \frac{3}{12} = \frac{4}{12} = \frac{1}{3}$$

PROBLEMAS PRÁTICOS Resolva para x cada uma das seguintes equações.

3. $(7{,}0\ \text{cm}^3)x = 18\ \text{kg} + (4{,}0\ \text{cm}^3)x$
4. $\frac{4}{x} + \frac{1}{3} = \frac{3}{x}$

M-3 PROPORÇÕES DIRETAS E INVERSAS

Quando dizemos que as variáveis x e y são **diretamente proporcionais** estamos dizendo que, quando x e y variam, a razão x/y permanece constante. Dizer que duas quantidades são proporcionais é dizer que elas são diretamente proporcionais. Quando dizemos que as variáveis x e y são **inversamente proporcionais** estamos dizendo que, quando x e y variam, o produto xy é constante.

Relações de proporções diretas e inversas são comuns em física. Corpos que se movem com a mesma velocidade possuem as quantidades de movimento linear diretamente proporcionais às suas massas. A lei dos gases ideais ($PV = nRT$) estabelece que a pressão P é diretamente proporcional à temperatura (absoluta) T, quando o volume V permanece constante, e é inversamente proporcional ao volume, quando a temperatura permanece constante. A lei de Ohm ($V = IR$) afirma que a tensão V através de um resistor é diretamente proporcional à corrente elétrica no resistor quando a resistência R permanece constante.

CONSTANTE DE PROPORCIONALIDADE

Quando duas quantidades são diretamente proporcionais, elas se relacionam através de uma *constante de proporcionalidade*. Se você recebe, por um trabalho regular, R reais por dia, por exemplo, o valor v que você recebe é diretamente proporcional ao tempo t que você trabalha; a taxa R é a constante de proporcionalidade que relaciona o valor recebido em reais com o tempo trabalhado em dias, t:

$$\frac{v}{t} = R \qquad \text{ou} \qquad v = Rt$$

Se você recebe 400 reais em 5 dias, o valor de R é R\$400/(5 dias) = R\$80/dia. Para determinar o valor que você recebe em 8 dias, basta fazer o cálculo

$$v = (\text{R\$80/dia})(8 \text{ dias}) = \$640$$

Às vezes, a constante de proporcionalidade pode ser ignorada em problemas de proporção. Como o valor que você recebe em 8 dias é $\frac{8}{5}$ vezes o valor que você recebe em 5 dias, esse valor é

$$v = \frac{8}{5}(\text{R\$400}) = \text{R\$640}$$

Exemplo M-3 Pintando Cubos

Você precisa de 15,4 mL de tinta para pintar um lado de um cubo. A área de um lado do cubo é 426 cm². Qual é a relação entre o volume da tinta necessária e a área a ser recoberta? Quanta tinta é necessária para pintar um lado de um cubo cujo lado possui uma área de 503 cm²?

SITUAÇÃO Para determinar a quantidade de tinta para um lado cuja área é 503 cm², você precisa estabelecer uma proporção.

SOLUÇÃO

1. O volume V da tinta necessária cresce proporcionalmente à área A a ser pintada.

   V e A são diretamente proporcionais.

   Isto é, $\frac{V}{A} = k$ ou $V = kA$

   onde k é a constante de proporcionalidade

2. Determine o valor da constante de proporcionalidade, usando os dados fornecidos $V_1 = 15{,}4$ mL e $A_1 = 426$ cm²:

   $k = \frac{V_1}{A_1} = \frac{15{,}4 \text{ mL}}{426 \text{ cm}^2} = 0{,}0361 \text{ mL/cm}^2$

3. Determine o volume necessário de tinta para pintar um lado de um cubo cuja área vale 503 cm², usando a constante de proporcionalidade do passo 1:

   $V_2 = kA_2 = (0{,}0361 \text{ mL/cm}^2)(503 \text{ cm}^2) = \boxed{18{,}2 \text{ mL}}$

CHECAGEM Nosso valor para V_2 é maior do que o valor de V_1, como esperado. A quantidade de tinta necessária para recobrir uma área igual a 503 cm² deve ser maior do que a quantidade de tinta necessária para recobrir uma área de 426 cm², porque 503 cm² é maior do que 426 cm².

PROBLEMAS PRÁTICOS

5. Um recipiente cilíndrico contém 0,384 L de água, quando cheio. Quanta água poderia conter o recipiente, se seu raio fosse dobrado e sua altura permanecesse a mesma?
   Dica: O volume de um cilindro circular reto é dado por $V = \pi r^2 h$, onde r é seu raio e h é sua altura. Assim, V é diretamente proporcional a r^2 quando h permanece constante.
6. Quanta água poderia conter o recipiente do Problema Prático 5, se tanto sua altura quanto seu raio fossem dobrados?

M-4 EQUAÇÕES LINEARES

Uma **equação linear** é uma equação da forma $x + 2y - 4z = 3$. Isto é, uma equação é linear se cada termo ou é constante ou é o produto de uma constante por uma variável elevada à primeira potência. Tais equações são ditas lineares porque são representadas graficamente por linhas retas ou planos. As relações de proporção direta entre duas variáveis são equações lineares.

GRÁFICO DE UMA LINHA RETA

Uma equação linear que relaciona y com x pode sempre ser colocada na forma padrão

$$y = mx + b \qquad \text{M-1}$$

onde m e b são constantes que podem ser positivas ou negativas. A Figura M-1 mostra um gráfico dos valores de x e y que satisfazem à Equação M-1. A constante b é a **interseção com o eixo y**, o valor de y em $x = 0$. É o chamado coeficiente linear. A constante m é a **inclinação** da reta, que é igual à razão entre a variação de y e a correspondente variação de x. É o chamado coeficiente angular. Na figura, indicamos dois pontos sobre a reta, (x_1, y_1) e (x_2, y_2), e as variações $\Delta x = x_2 - x_1$ e $\Delta y = y_2 - y_1$. A inclinação m, então, vale

$$m = \frac{y_2 - y_1}{x_2 - x_1} = \frac{\Delta y}{\Delta x}$$

Se x e y são ambos incógnitas na equação $y = mx + b$, não há valores únicos de x e y que sejam soluções da equação. Qualquer par de valores (x_1, y_1) sobre a reta da Figura M-1 irá satisfazer à equação. Se tivermos duas equações, cada uma com as mesmas duas incógnitas x e y, as equações podem ser resolvidas simultaneamente para as duas incógnitas. O Exemplo M-4 mostra como equações lineares simultâneas podem ser resolvidas.

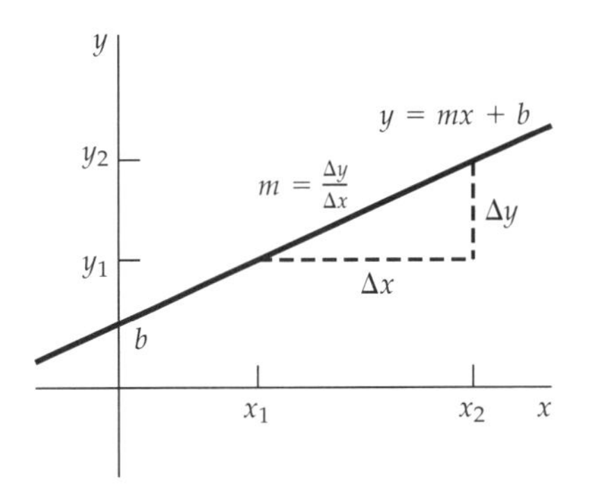

FIGURA M-1 Gráfico da equação linear $y = mx + b$, onde b é a interseção com o eixo y e $m = \Delta y/\Delta x$ é a inclinação.

Exemplo M-4 Usando Duas Equações para Determinar Duas Incógnitas

Determine todos os valores de x e y que satisfaçam, simultaneamente, a

$$3x - 2y = 8 \qquad \text{M-2}$$

e

$$y - x = 2 \qquad \text{M-3}$$

SITUAÇÃO A Figura M-2 mostra um gráfico das duas equações. No ponto de interseção das duas retas, os valores de x e y satisfazem às duas equações. Podemos resolver duas equações simultâneas primeiro explicitando, em uma das equações, uma das variáveis em termos da outra variável, e depois substituindo o resultado na outra equação.

SOLUÇÃO

1. Explicite y na Equação M-3: $y = x + 2$
2. Substitua este valor de y na Equação M-2: $3x - 2(x + 2) = 8$
3. Simplifique a equação e determine x: $3x - 2x - 4 = 8$
   $x - 4 = 8$
   $x = \boxed{12}$
4. Use sua solução para x, e uma das equações dadas, para determinar o valor de y: $y - x = 2$, onde $x = 12$
   $y - 12 = 2$
   $y = 2 + 12 = \boxed{14}$

CHECAGEM Um método alternativo é o de multiplicar uma das equações por uma constante que faça com que um termo que contenha uma incógnita seja eliminado quando as equações são somadas ou subtraídas. Podemos multiplicar a Equação M-3 por 2

$$2(y - x) = 2(2)$$
$$2y - 2x = 4$$

e somar o resultado à Equação M-2 para determinar x:

$$\cancel{2y} - 2x = 4$$
$$3x - \cancel{2y} = 8$$
$$3x - 2x = 12 \Rightarrow x = 12$$

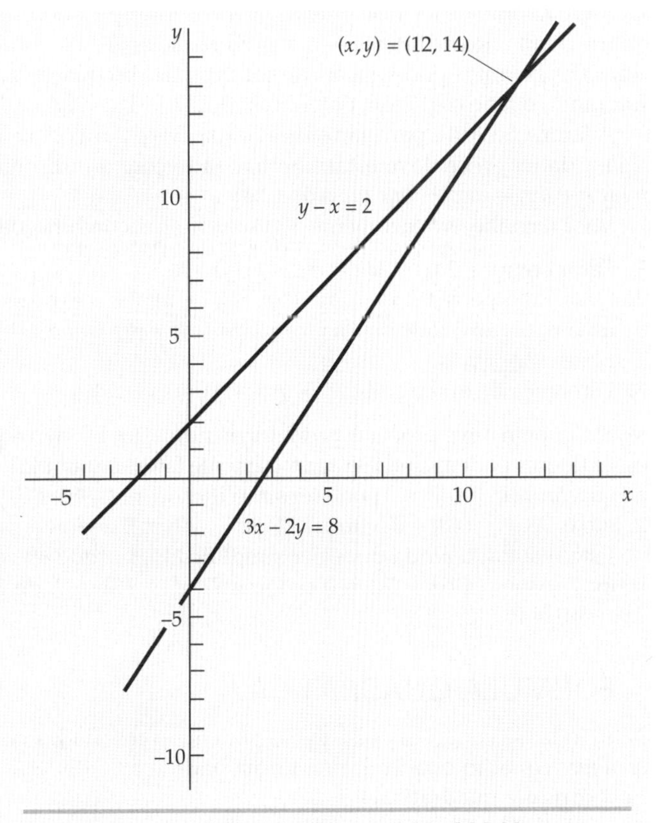

FIGURA M-2 Gráfico das Equações M-2 e M-3. No ponto de interseção das linhas, os valores de x e de y satisfazem às duas equações.

Substitua na Equação M-3 e determine y:

$$y - 12 = 2 \Rightarrow y = 14$$

PROBLEMAS PRÁTICOS

7. Verdadeiro ou falso: $xy = 4$ é uma equação linear.
8. No tempo $t = 0{,}0$ s, a posição de uma partícula que se move no eixo x com velocidade constante é $x = 3{,}0$ m. Em $t = 2{,}0$ s, a posição é $x = 12{,}0$ m. Escreva uma equação linear mostrando a relação entre x e t.
9. Resolva o seguinte par de equações simultâneas para x e y:

$$\frac{5}{4}x + \frac{1}{3}y = 30$$
$$y - 5x = 20$$

M-5 EQUAÇÕES QUADRÁTICAS E FATORAÇÃO

Uma **equação quadrática** é uma equação com a forma $ax^2 + bxy + cy^2 + ex + fy + g = 0$, onde x e y são variáveis e a, b, c, e, f e g são constantes. Em cada termo da equação as potências das variáveis são inteiros cuja soma vale 2, 1 ou 0. A designação *equação quadrática* usualmente se aplica a uma equação de uma variável que possa ser escrita na forma padrão

$$ax^2 + bx + c = 0 \qquad \text{M-4}$$

onde a, b e c são constantes. A equação quadrática possui duas soluções ou **raízes** — valores de x para os quais a equação é verdadeira.

FATORAÇÃO

Podemos resolver algumas equações quadráticas por **fatoração**. Muito freqüentemente, os termos de uma equação podem ser agrupados ou organizados em outros termos. Quando fatoramos termos, procuramos por multiplicadores e multiplicandos — que, agora, chamamos de **fatores** — que produzirão dois ou mais novos termos em um produto.Por exemplo, podemos encontrar as raízes da equação quadrática $x^2 - 3x + 2 = 0$ fatorando o lado esquerdo, obtendo $(x - 2)(x - 1) = 0$. As raízes são $x = 2$ e $x = 1$.

A fatoração é útil para simplificar equações e para compreender as relações entre quantidades. Você deve estar familiarizado com a multiplicação dos fatores $(ax + by)(cx + dy) = acx^2 + (ad + bc)xy + bdy^2$.

Você reconhecerá facilmente algumas típicas combinações fatoráveis:

1. Fator comum: $2ax + 3ay = a(2x + 3y)$
2. Quadrado perfeito: $x^2 - 2xy + y^2 = (x - y)^2$ (Se a expressão do lado esquerdo de uma equação quadrática na forma padrão é um quadrado perfeito, então as duas raízes são iguais.)
3. Diferença de quadrados: $x^2 - y^2 = (x + y)(x - y)$

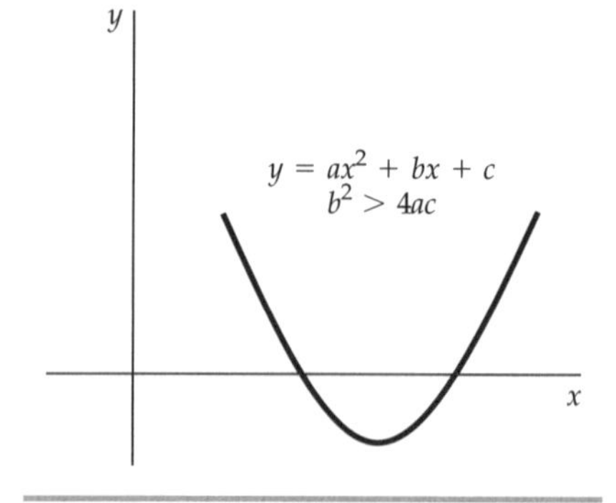

FIGURA M-3 Gráfico de y *versus* x para $y = ax^2 + bx + c$ no caso $b^2 > 4ac$. Os dois valores de x para os quais $y = 0$ satisfazem à equação quadrática (Equação M-4).

Você também deve procurar por fatores que sejam números primos (2, 5, 7 etc.), pois esses fatores podem ajudá-lo a rapidamente fatorar e simplificar termos. Por exemplo, a equação $98x^2 - 140 = 0$ pode ser simplificada, pois 98 e 140 possuem o fator comum 2. Isto é, $98x^2 - 140 = 0$ se torna $2(49x^2 - 70) = 0$ e temos, portanto, $49x^2 - 70 = 0$.

Este resultado ainda pode ser simplificado, porque 49 e 70 possuem o fator comum 7. Assim, $49x^2 - 70 = 0$ se torna $7(7x^2 - 10) = 0$, de forma que ficamos com $7x^2 - 10 = 0$.

A FÓRMULA QUADRÁTICA

Nem todas as equações quadráticas podem ser resolvidas por fatoração. No entanto, *qualquer* equação quadrática na forma padrão $ax^2 + bx + c = 0$ pode ser resolvida pela **fórmula quadrática**,

$$x = \frac{-b \pm \sqrt{b^2 - 4ac}}{2a} = -\frac{b}{2a} \pm \frac{1}{2a}\sqrt{b^2 - 4ac} \qquad \text{M-5}$$

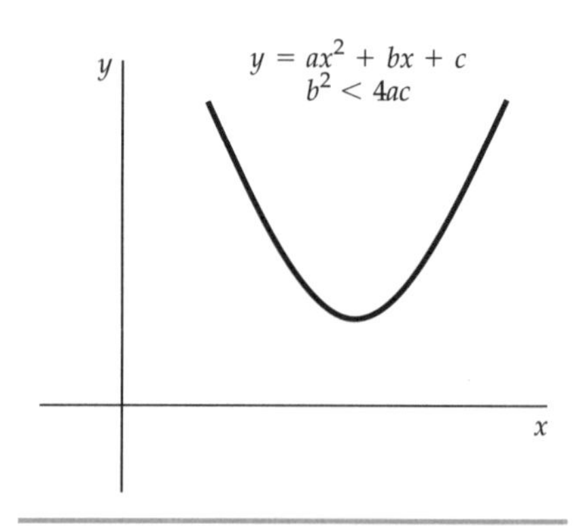

FIGURA M-4 Gráfico de y *versus* x para $y = ax^2 + bx + c$ no caso $b^2 < 4ac$. Neste caso, não há valores reais de x para os quais $y = 0$.

Quando b^2 é maior do que $4ac$, há duas soluções, correspondentes aos sinais + e −. A Figura M-3 mostra um gráfico de y *versus* x para $y = ax^2 + bx + c$. A curva, uma **parábola**, cruza duas vezes o eixo x. (A representação mais simples de uma parábola em coordenadas (x, y) é uma equação da forma $y = ax^2 + bx + c$.) As duas raízes desta equação são os valores para os quais $y = 0$; isto é, as *interseções com o eixo x*.

Quando b^2 é menor do que $4ac$, o gráfico de y *versus* x não cruza o eixo x, como mostra a Figura M-4; ainda existem duas raízes, mas elas não são números reais (veja a discussão sobre números complexos, adiante). Quando $b^2 = 4ac$, o gráfico de y *versus* x é tangente ao eixo x no ponto $x = -b/2a$; as duas raízes são ambas iguais a $-b/2a$.

Exemplo M-5 Fatorando um Polinômio de Segundo Grau

Fatore a expressão $6x^2 + 19xy + 10y^2$.

SITUAÇÃO Examinamos os coeficientes dos termos para verificar se a expressão pode ser fatorada sem o recurso de métodos mais avançados. Lembre-se da multiplicação $(ax + by)(cx + dy) = acx^2 + (ad + bc)xy + bdy^2$.

SOLUÇÃO

1. O coeficiente de x^2 é 6, que pode ser fatorado de duas maneiras:

   $ac = 6$

   $3 \cdot 2 = 6$ ou $6 \cdot 1 = 6$

2. O coeficiente de y^2 é 10, que também pode ser fatorado de duas maneiras:

   $bd = 10$

   $5 \cdot 2 = 10$ ou $10 \cdot 1 = 10$

3. Liste as possibilidades para a, b, c e d em uma tabela. Inclua uma coluna para $ad + bc$.

   Se $a = 3$, então $c = 2$, e vice-versa. Também, se $a = 6$, então $c = 1$, e vice-versa. Para cada valor de a existem quatro valores de b.

a	b	c	d	$ad + bc$
3	5	2	2	16
3	2	2	5	**19**
3	10	2	1	23
3	1	2	10	32
2	5	3	2	**19**
2	2	3	5	16
2	10	3	1	32
2	1	3	10	23
6	5	1	2	17
6	2	1	5	32
6	10	1	1	16
6	1	1	10	61
1	5	6	2	32
1	2	6	5	**17**
1	10	6	1	61
1	1	6	10	16

4. Encontre uma combinação tal que $ad + bc = 19$. Como você pode ver na tabela, há duas dessas combinações, ambas dando os mesmos resultados:

   $ad + bc = 19$

   $3 \cdot 5 + 2 \cdot 2 = 19$

5. Use a combinação da legunda linha da tabela para fatorar a expressão:

   $6x^2 + 19xy + 10y^2 = (3x + 2y)(2x + 5y)$

CHECAGEM Para checar, expanda $(3x + 2y)(2x + 5y)$.

$$(3x + 2y)(2x + 5y) = 6x^2 + 15xy + 4xy + 10y^2 = 6x^2 + 19xy + 10y^2$$

A combinação da quinta linha da tabela também fornece o resultado do passo 4.

PROBLEMAS PRÁTICOS

10. Mostre que a combinação da quinta linha da tabela também fornece o resultado do passo 4.
11. Fatore $2x^2 - 4xy + 2y^2$.
12. Fatore $2x^4 + 10x^3 + 12x^2$.

M-6 EXPOENTES E LOGARITMOS

EXPOENTES

A notação x^n significa a quantidade obtida multiplicando-se x por ele mesmo n vezes. Por exemplo, $x^2 = x \cdot x$ e $x^3 = x \cdot x \cdot x$. A quantidade n é a **potência**, ou o **expoente**, de x (a **base**). Segue uma lista de algumas regras que o ajudarão a simplificar termos que possuem expoentes.

1. Quando duas potências de x são multiplicadas, os expoentes são somados:

$$(x^m)(x^n) = x^{m+n} \qquad \text{M-6}$$

   Exemplo: $x^2 \cdot x^3 = x^{2+3} = (x \cdot x)(x \cdot x \cdot x) = x^5$.

2. Qualquer número (exceto 0) elevado à potência 0 é, por definição, igual a 1:

$$x^0 = 1 \qquad \text{M-7}$$

3. Com base na regra 2,

$$x^n x^{-n} = x^0 = 1$$

$$x^{-n} = \frac{1}{x^n} \qquad \text{M-8}$$

4. Quando duas potências são divididas, os expoentes são subtraídos:

$$\frac{x^n}{x^m} = x^n x^{-m} = x^{n-m} \qquad \text{M-9}$$

5. Quando uma potência é elevada a outra potência, os expoentes são multiplicados:

$$(x^n)^m = x^{nm} \qquad \text{M-10}$$

6. Quando expoentes são escritos como frações, eles representam raízes da base. Por exemplo,

$$x^{1/2} \cdot x^{1/2} = x$$

   logo,

$$x^{1/2} = \sqrt{x} \qquad (x > 0)$$

Exemplo M-6 Simplificando uma Quantidade com Expoentes

Simplifique $\frac{x^4 x^7}{x^8}$.

SITUAÇÃO De acordo com a regra 1, quando duas potências de x são multiplicadas, os expoentes são somados. A regra 4 estabelece que, quando duas potências são divididas, os expoentes são subtraídos.

SOLUÇÃO

1. Simplifique o numerador x^4x^7 usando a regra 1: $x^4 x^7 = x^{4+7} = x^{11}$

2. Simplifique $\frac{x^{11}}{x^8}$ usando a regra 4: $\frac{x^{11}}{x^8} = x^{11} x^{-8} = x^{11-8} = x^3$

CHECAGEM Use o valor $x = 2$ para verificar se sua resposta é correta.

$$\frac{2^4 2^7}{2^8} = 2^3 = 8$$

$$\frac{2^4 2^7}{2^8} = \frac{(16)(128)}{256} = \frac{2048}{256} = 8$$

PROBLEMAS PRÁTICOS

13. $(x^{1/18})^9$
14. $x^6x^0 =$

LOGARITMOS

Qualquer número positivo pode ser expresso como alguma potência de qualquer outro número positivo, exceto um. Se y se relaciona com x por $y = a^x$, então o número x é dito o **logaritmo** de y na **base** a, e a relação é escrita

$$x = \log_a y$$

Assim, logaritmos são *expoentes*, e as regras para trabalhar com logaritmos correspondem a leis similares para expoentes. Segue uma lista de algumas regras que o ajudarão a simplificar termos que possuem logaritmos.

1. Se $y_1 = a^n$ e $y_2 = a^m$, então

$$y_1 y_2 = a^n a^m = a^{n+m}$$

Correspondentemente,

$$\log_a y_1 y_2 = \log_a a^{n+m} = n + m = \log_a a^n + \log_a a^m = \log_a y_1 + \log_a y_2 \qquad \text{M-11}$$

Segue, então, que

$$\log_a y^n = n \log_a y \qquad \text{M-12}$$

2. Como $a^1 = a$ e $a^0 = 1$,

$$\log_a a = 1 \qquad \text{M-13}$$

e

$$\log_a 1 = 0 \qquad \text{M-14}$$

Existem duas bases de uso comum: logaritmos na base 10 são chamados de **logaritmos comuns**, e logaritmos na base e (onde e = 2,718...) são chamados de **logaritmos naturais**.

Neste texto, o símbolo ln é usado para logaritmos naturais e o símbolo log, sem subscrito, é usado para logaritmos comuns. Assim,

$$\log_e x = \ln x \qquad \text{e} \qquad \log_{10} x = \log x \qquad \text{M-15}$$

e $y = \ln x$ implica

$$x = e^y \qquad \text{M-16}$$

Logaritmos podem ser transformados de uma base para outra. Suponha que

$$z = \log x \qquad \text{M-17}$$

Então,

$$10^z = 10^{\log x} = x \qquad \text{M-18}$$

Tomando o logaritmo natural dos dois lados da Equação M-18, obtemos

$$z \ln 10 = \ln x$$

Substituindo $\log x$ por z (veja a Equação M-17), fica

$$\ln x = (\ln 10)\log x \qquad \text{M-19}$$

Exemplo M-7 Mudando Logaritmos de Base

Os passos que levam à Equação M-19 mostram que, em geral, $\log_b x = (\log_b a)\log_a x$ e, portanto, a mundança de base de logaritmos requer apenas a multiplicação por uma constante. Descreva a relação matemática entre a constante para passar logaritmos comuns para logaritmos naturais e a constante para passar logaritmos naturais para logaritmos comuns.

SITUAÇÃO Temos uma regra matemática geral para transformar logaritmos de uma base para outra. Procuramos a relação matemática trocando a por b ou vice-versa, na fórmula.

SOLUÇÃO

1. Você tem uma fórmula para mudar logaritmos da base a para a base b: $\log_b x = (\log_b a)\log_a x$
2. Para mudar da base b para a base a, troque a por b e vice-versa: $\log_a x = (\log_a b)\log_b x$

3. Divida os dois lados da equação do passo 1 por $\log_a x$: $$\frac{\log_b x}{\log_a x} = \log_b a$$

4. Divida os dois lados da equação do passo 2 por $(\log_a b)\log_a x$: $$\frac{1}{\log_a b} = \frac{\log_b x}{\log_a x}$$

5. Os resultados mostram que os fatores $\log_b a$ e $\log_a b$ são um o inverso do outro: $$\frac{1}{\log_a b} = \log_b a$$

CHECAGEM Para o valor de $\log_{10} e$, sua calculadora dará 0,43429. Para ln 10, sua calculadora dará 2,3026. Multiplique 0,43429 por 2,3026; você obterá 1,0000.

PROBLEMAS PRÁTICOS

15. Calcule $\log_{10} 1000$.
16. Calcule $\log_2 5$.

M-7 GEOMETRIA

As propriedades das mais comuns **figuras geométricas** — formas limitadas em duas ou três dimensões cujos comprimentos, áreas ou volumes são regulados por razões específicas — são uma ferramenta analítica básica na física. Por exemplo, as razões características em triângulos nos dão as leis da *trigonometria* (veja a próxima seção deste tutorial) que, por sua vez, nos dá a teoria dos vetores, essencial na análise do movimento em duas ou mais dimensões. Círculos e esferas são essenciais para a compreensão, entre outros conceitos, da quantidade de movimento angular e das densidades de probabilidade da mecânica quântica.

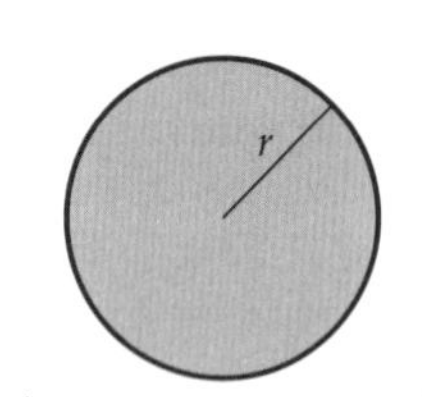

FIGURA M-5 Área de um círculo.

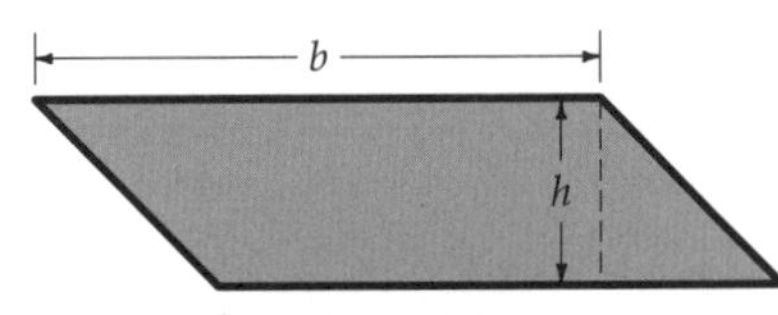

FIGURA M-6 Área de um paralelogramo.

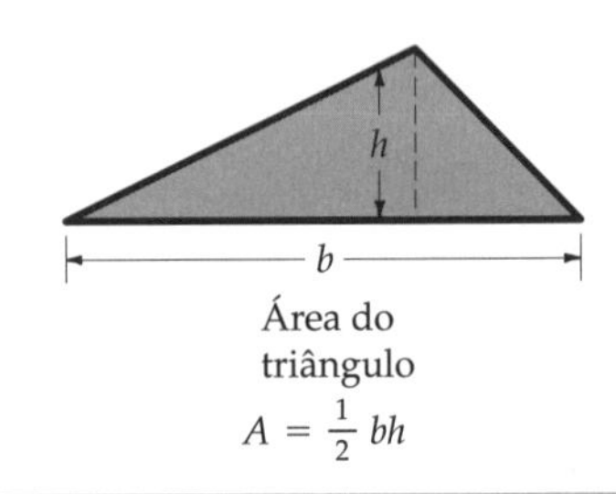

FIGURA M-7 Área de um triângulo.

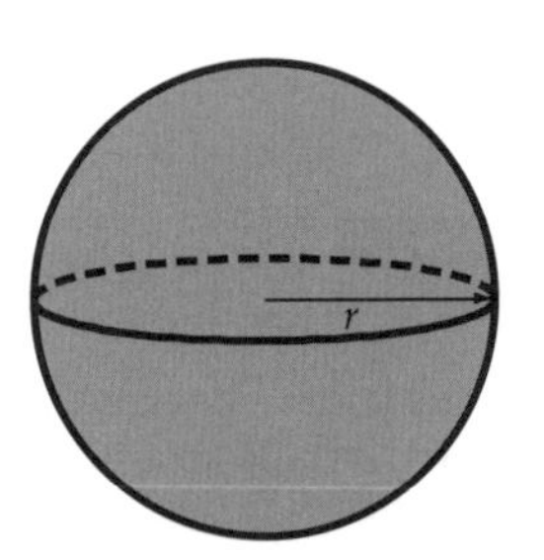

FIGURA M-8 Área superficial e volume de uma esfera.

FÓRMULAS BÁSICAS NA GEOMETRIA

Círculo A razão entre a circunferência de um círculo e o seu diâmetro é o número π, que vale aproximadamente

$$\pi = 3{,}141\ 592$$

A circunferência C de um círculo relaciona-se, portanto, com o seu diâmetro d e o seu raio r por

$$C = \pi d = 2\pi r \qquad \text{circunferência do círculo} \qquad \text{M-20}$$

A área de um círculo é (Figura M-5)

$$A = \pi r^2 \qquad \text{área do círculo} \qquad \text{M-21}$$

Paralelograma A área de um paralelogramo é a base b vezes a altura h (Figura M-6):

$$A = bh$$

A área de um triângulo é a metade da base vezes a altura (Figura M-7):

$$A = \frac{1}{2}bh$$

Esfera Uma esfera de raio r (Figura M-8) tem uma área superficial dada por

$$A = 4\pi r^2 \qquad \text{superfície esférica} \qquad \text{M-22}$$

e um volume dado por

$$V = \frac{4}{3}\pi r^3 \qquad \text{volume da esfera} \qquad \text{M-23}$$

Cilindro Um cilindro de raio r e comprimento L (Figura M-9) tem uma área superficial (não incluindo as bases) de

$$A = 2\pi rL \qquad \text{superfície cilíndrica} \qquad \text{M-24}$$

e um volume de

$$V = \pi r^2 L \qquad \text{volume do cilindro} \qquad \text{M-25}$$

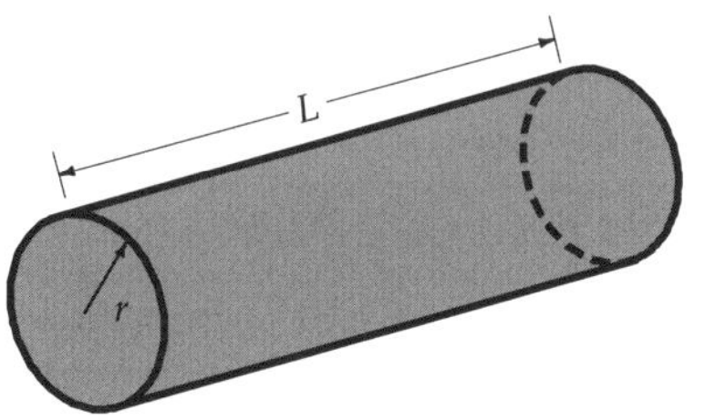

FIGURA M-9 Área superficial (não incluindo as bases) e volume de um cilindro.

Exemplo M-8 Calculando o Volume de uma Casca Esférica

Uma casca esférica de alumínio possui um diâmetro externo de 40,0 cm e um diâmetro interno de 39,0 cm. Determine o volume do alumínio nesta casca.

SITUAÇÃO O volume do alumínio na casca esférica é o volume que resta quando subtraímos o volume da esfera interna com $d_i = 2r_i = 39{,}0$ cm do volume da esfera externa com $d_e = 2r_e = 40{,}0$ cm.

SOLUÇÃO

1. Subtraia o volume da esfera de raio r_i do volume da esfera de raio r_e: $V = \frac{4}{3}\pi r_e^3 - \frac{4}{3}\pi r_i^3 = \frac{4}{3}\pi(r_e^3 - r_i^3)$
2. Substitua r_e por 20,0 cm e r_i por 19,5 cm: $V = \frac{4}{3}\pi[(20{,}0\text{ cm})^3 - (19{,}5\text{ cm})^3] = \boxed{2{,}45 \times 10^3\text{ cm}^3}$

CHECAGEM Espera-se que o volume da casca possua a mesma ordem de grandeza do volume de um cubo oco com uma aresta externa de 40,0 cm e uma aresta interna de 39,0 cm. O volume deste cubo é $(40{,}0\text{ cm})^3 - (39{,}0\text{ cm})^3 = 4{,}68 \times 10^3\text{ cm}^3$. O resultado do passo 2 satisfaz a expectativa de que o volume da casca tenha a mesma ordem de grandeza do volume desse cubo oco.

PROBLEMAS PRÁTICOS

17. Determine a razão entre o volume V e a superfície A de uma esfera de raio r.
18. Qual é a área de um cilindro que tem um raio igual a 1/3 de seu comprimento?

M-8 TRIGONOMETRIA

Trigonometria, palavra de raízes gregas que significam "triângulo" e "medida", é o estudo de algumas importantes funções matemáticas, chamadas de **funções trigonométricas**. Estas funções são mais simplesmente definidas como razões entre lados de triângulos retângulos. No entanto, estas definições com base em triângulos retângulos são de utilidade limitada, por serem válidas apenas para ângulos entre zero e 90°. Mas a validade das definições baseadas em triângulos retângulos pode ser estendida definindo-se as funções trigonométricas em termos da razão entre as coordenadas de pontos sobre um círculo de raio unitário traçado com seu centro na origem do plano xy.

Em física, a primeira vez em que encontramos a trigonometria é quando usamos vetores para analisar o movimento em duas dimensões. Funções trigonométricas também são essenciais na análise de qualquer espécie de comportamento periódico, tais como o movimento circular, o movimento oscilatório e a mecânica ondulatória.

ÂNGULOS E SUA MEDIDA: GRAUS E RADIANOS

O tamanho de um ângulo formado por duas linhas retas que se cruzam é conhecido como sua **medida**. A maneira padrão de encontrar a medida de um ângulo é colocá-lo de forma que seu **vértice**, o ponto de interseção das duas linhas retas que o formam, esteja no centro de um círculo localizado na origem de um gráfico de coordenadas cartesianas com uma das linhas se estendendo para a direita como eixo x positivo. A distância percorrida *no sentido anti-horário* sobre a circunferência, a partir do eixo x positivo, até se atingir a interseção da circunferência com a outra reta, define a medida do ângulo. (Viajar no sentido horário até a segunda reta simplesmente daria uma medida negativa; para ilustrar os conceitos básicos, posicionamos o ângulo de forma que a menor rotação será a do sentido anti-horário.)

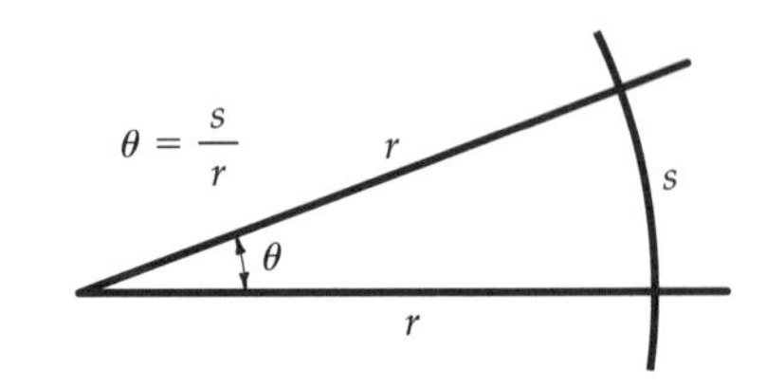

FIGURA M-10 O ângulo θ em radianos é definido como a razão s/r, onde s é o comprimento do arco interceptado em um círculo de raio r.

A unidade mais familiar usada para expressar a medida de um ângulo é o **grau**, que equivale a 1/360 do percurso completo em torno da circunferência do círculo. Para melhor precisão, ou para ângulos menores, podemos usar graus, minutos (′) e segundos (″), com $1' = 1°/60$ e $1'' = 1'/60 = 1°/360$; ou indicar os graus como um número decimal comum.

Em trabalhos científicos, uma medida de ângulo mais útil é o **radiano** (rad). Novamente, coloque o ângulo com seu vértice no centro de um círculo e meça a rotação anti-horária na circunferência. A medida do ângulo em radianos é, então, definida como o comprimento do arco circular entre as duas linhas retas dividido pelo raio do círculo (Figura M-10). Se s é o comprimento do arco e r é o raio do círculo, o ângulo θ medido em radianos é

$$\theta = \frac{s}{r} \tag{M-26}$$

Como o ângulo medido em radianos é a razão de dois comprimentos, ele é adimensional. A relação entre radianos e graus é

$$360° = 2\pi \text{ rad}$$

ou

$$1 \text{ rad} = \frac{360°}{2\pi} = 57{,}3°$$

A Figura M-11 mostra algumas relações úteis com ângulos.

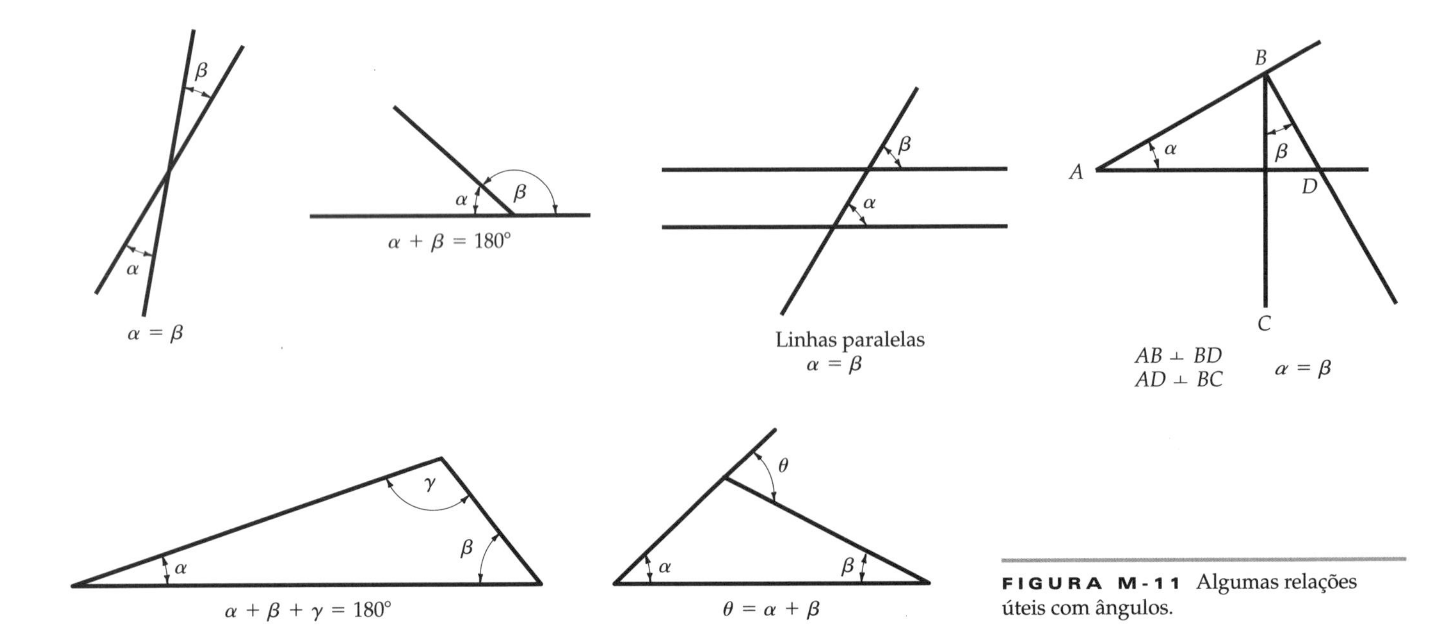

FIGURA M-11 Algumas relações úteis com ângulos.

AS FUNÇÕES TRIGONOMÉTRICAS

A Figura M-12 mostra um triângulo retângulo formado pelo traçado da linha BC perpendicularmente à linha AC. Os comprimentos dos lados são designados por a, b e c. As definições baseadas no triângulo retângulo, para as funções trigonométricas sen θ (o **seno**), cos θ (o **cosseno**) e tan θ (a **tangente**) para um ângulo agudo θ, são

$$\operatorname{sen}\theta = \frac{a}{c} = \frac{\text{Lado oposto}}{\text{Hipotenusa}} \qquad \text{M-27}$$

$$\cos\theta = \frac{b}{c} = \frac{\text{Lado adjacente}}{\text{Hipotenusa}} \qquad \text{M-28}$$

$$\tan\theta = \frac{a}{b} = \frac{\text{Lado oposto}}{\text{Lado adjacente}} = \frac{\operatorname{sen}\theta}{\cos\theta} \qquad \text{M-29}$$

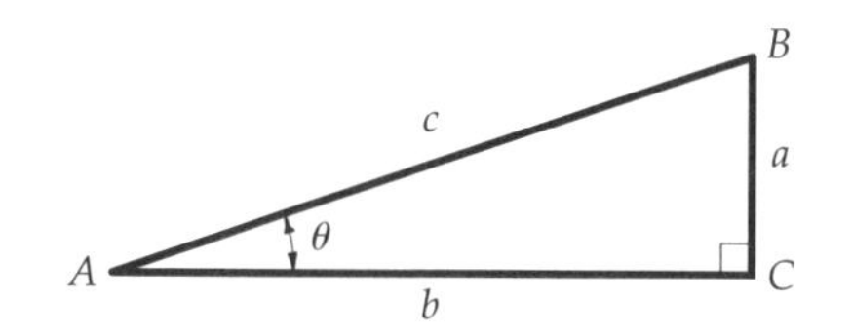

FIGURA M-12 Um triângulo retângulo com lados de comprimentos a e b e hipotenusa de comprimento c.

(**Ângulos agudos** são ângulos que correspondem a uma rotação positiva ao longo da circunferência do círculo menor do que 90°, ou $\pi/2$.) Três outras funções trigonométricas — a **secante** (sec), a **co-secante** (csc) e a **co-tangente** (cot), definidas como os inversos dessas funções — são

$$\sec\theta = \frac{c}{b} = \frac{1}{\cos\theta} \qquad \text{M-30}$$

$$\csc\theta = \frac{c}{a} = \frac{1}{\operatorname{sen}\theta} \qquad \text{M-31}$$

$$\cot\theta = \frac{b}{a} = \frac{1}{\tan\theta} = \frac{\cos\theta}{\operatorname{sen}\theta} \qquad \text{M-32}$$

O ângulo θ cujo seno é x é dito arco-seno e é representado por arcsen x ou $\operatorname{sen}^{-1} x$. Isto é, se

$$\operatorname{sen}\theta = x$$

então

$$\theta = \operatorname{arcsen} x = \operatorname{sen}^{-1} x \qquad \text{M-33}$$

O arco-seno é a função inversa do seno. As funções inversas do cosseno e da tangente são definidas de forma similar. O ângulo cujo cosseno é y é o arco-cosseno de y. Isto é, se

$$\cos\theta = y$$

então

$$\theta = \arccos y = \cos^{-1} y \qquad \text{M-34}$$

O ângulo cuja tangente é z é o arco-tangente de z. Isto é, se

$$\tan\theta = z$$

então

$$\theta = \arctan z = \tan^{-1} z \qquad \text{M-35}$$

IDENTIDADES TRIGONOMÉTRICAS

Podemos deduzir várias fórmulas, chamadas de **identidades trigonométricas**, examinando relações entre as funções trigonométricas. As Equações M-30 a M-32 são três das identidades mais óbvias, fórmulas que expressam algumas funções trigonométricas como inversas de outras. Quase tão fáceis de perceber são as identidades deduzidas a partir do **teorema de Pitágoras**,

$$a^2 + b^2 = c^2 \qquad \text{M-36}$$

(A Figura M-13 ilustra uma prova gráfica deste teorema.) Manipulações algébricas simples da Equação M-36 nos dão mais três identidades. Primeiro, se dividirmos cada termo da Equação M-36 por c^2, obtemos

$$\frac{a^2}{c^2} + \frac{b^2}{c^2} = 1$$

ou, das definições de sen θ (que é a/c) e de cos θ (que é b/c),

$$\operatorname{sen}^2\theta + \cos^2\theta = 1 \qquad \text{M-37}$$

De forma similar, podemos dividir cada termo da Equação M-36 por a^2 ou b^2, para obter

$$1 + \cot^2\theta = \csc^2\theta \qquad \text{M-38}$$

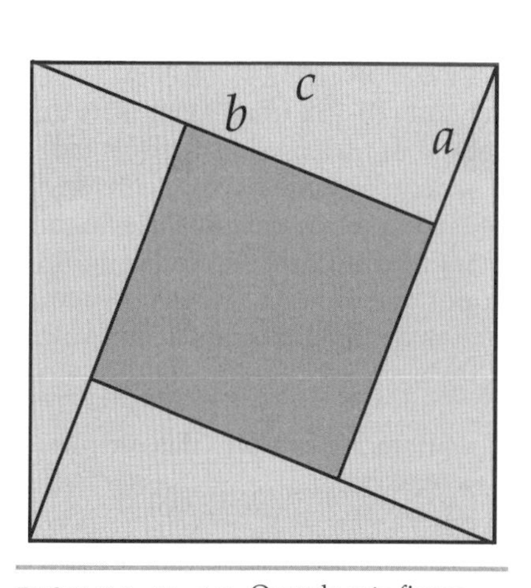

FIGURA M-13 Quando esta figura foi publicada pela primeira vez, não havia as letras e ela estava acompanhada pela única palavra "Veja!". Usando o desenho, demonstre o teorema de Pitágoras ($a^2 + b^2 = c^2$).

Tabela M-2 Identidades Trigonométricas

$\text{sen}(A \pm B) = \text{sen}\,A\cos B \pm \cos A\,\text{sen}\,B$

$\cos(A \pm B) = \cos A\cos B \mp \text{sen}\,A\,\text{sen}\,B$

$\tan(A \pm B) = \dfrac{\tan A \pm \tan B}{1 \mp \tan A\tan B}$

$\text{sen}\,A \pm \text{sen}\,B = 2\text{sen}\left[\frac{1}{2}(A \pm B)\right]\cos\left[\frac{1}{2}(A \mp B)\right]$

$\cos A + \cos B = 2\cos\left[\frac{1}{2}(A + B)\right]\cos\left[\frac{1}{2}(A - B)\right]$

$\cos A - \cos B = 2\text{sen}\left[\frac{1}{2}(A + B)\right]\text{sen}\left[\frac{1}{2}(B - A)\right]$

$\tan A \pm \tan B = \dfrac{\text{sen}(A \pm B)}{\cos A\cos B}$

$\text{sen}^2\theta + \cos^2\theta = 1;\ \sec^2\theta - \tan^2\theta = 1;\ \csc^2\theta - \cot^2\theta = 1$

$\text{sen}\,2\theta = 2\,\text{sen}\,\theta\cos\theta$

$\cos 2\theta = \cos^2\theta - \text{sen}^2\theta = 2\cos^2\theta - 1 = 1 - 2\,\text{sen}^2\theta$

$\tan 2\theta = \dfrac{2\tan\theta}{1 - \tan^2\theta}$

$\text{sen}\frac{1}{2}\theta = \pm\sqrt{\dfrac{1 - \cos\theta}{2}};\ \cos\frac{1}{2}\theta = \pm\sqrt{\dfrac{1 + \cos\theta}{2}};\ \tan\frac{1}{2}\theta = \pm\sqrt{\dfrac{1 - \cos\theta}{1 + \cos\theta}}$

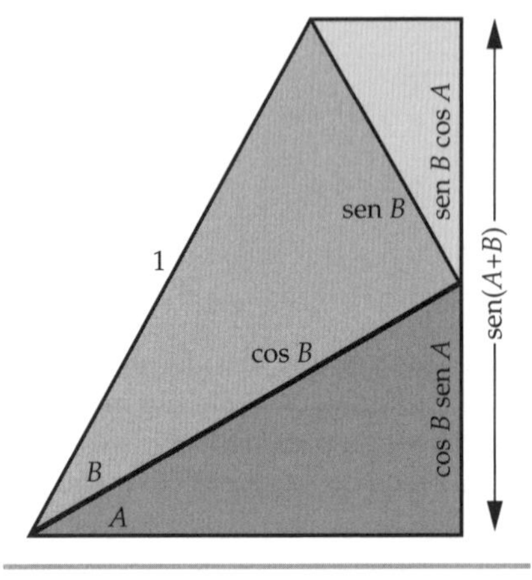

FIGURA M-14 Usando este desenho, prove a identidade $\text{sen}(A + B) = \text{sen}\,A\cos B + \cos A\,\text{sen}\,B$. Você também pode usá-lo para provar a identidade $\cos(A + B) = \cos A\cos B - \text{sen}\,A\,\text{sen}\,B$. Tente.

e

$$1 + \tan^2\theta = \sec^2\theta \qquad \text{M-39}$$

A Tabela M-2 lista estas últimas três identidades trigonométricas, além de muitas outras. Note que elas caem em quatro categorias: funções de somas ou difereças de ângulos, somas ou diferenças de quadrados de funções, funções de ângulos duplos (2θ) e funções de meios ângulos ($\frac{1}{2}\theta$). Note, também, que algumas dessas fórmulas contêm alternativas pareadas, expressas pelos sinais $\pm$ ou $\mp$; em tais fórmulas, lembre-se de sempre aplicar a fórmula ou com todas as alternativas "superiores" ou com todas as alternativas "inferiores". A Figura M-14 mostra uma prova gráfica das primeiras duas identidades de soma de ângulos.

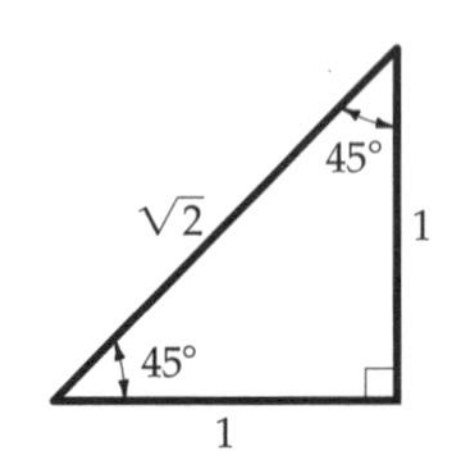

FIGURA M-15 Um triângulo retângulo isósceles.

ALGUNS VALORES IMPORTANTES DAS FUNÇÕES

A Figura M-15 é um diagrama de um triângulo retângulo *isósceles* (um triângulo isósceles é um triângulo com dois lados iguais), a partir do qual podemos determinar o seno, o cosseno e a tangente de 45°. Os dois ângulos agudos deste triângulo são iguais. Como a soma dos três ângulos de um triângulo deve ser igual a 180°, e como o ângulo reto é de 90°, cada ângulo agudo deve valer 45°. Por conveniência, vamos supor que os lados iguais possuem, cada um, um comprimento de 1 unidade. O teorema de Pitágoras nos dá um valor para a hipotenusa de

$$c = \sqrt{a^2 + b^2} = \sqrt{1^2 + 1^2} = \sqrt{2}\ \text{unidades}$$

Calculamos os valores das funções:

$$\text{sen}\,45° = \frac{a}{c} = \frac{1}{\sqrt{2}} = 0{,}707 \quad \cos 45° = \frac{b}{c} = \frac{1}{\sqrt{2}} = 0{,}707 \quad \tan 45° = \frac{a}{b} = \frac{1}{1} = 1$$

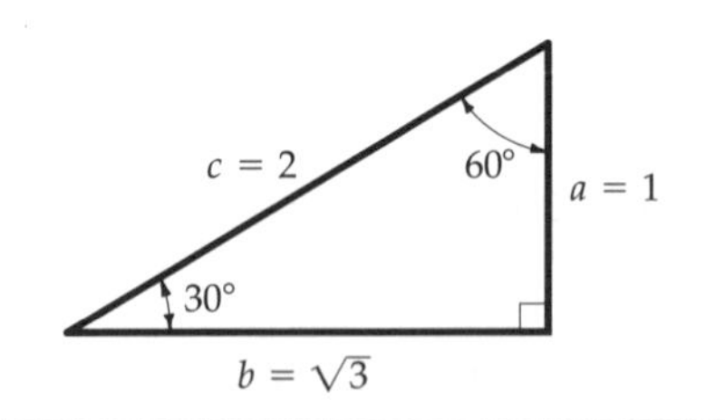

FIGURA M-16 Um triângulo retângulo 30°–60°.

Outro triângulo comum, um triângulo retângulo 30°–60°, é mostrado na Figura M-16. Como este triângulo retângulo particular é, com efeito, a metade de um *triângulo equilátero* (um triângulo 60°–60°–60°, ou um triângulo com os três lados e os três ângulos iguais), podemos ver que o seno de 30° deve valer exatamente 0,5 (Figura M-17). O triângulo equilátero deve ter todos os lados iguais a c, a hipotenusa do triângulo retângulo 30°–60°. Então, o lado a vale a metade do comprimento da hipotenusa, e logo

$$\text{sen } 30° = \frac{1}{2}$$

Para determinar as outras razões no triângulo retângulo 30°–60°, vamos atribuir um valor 1 ao lado oposto ao ângulo de 30°. Então,

$$c = \frac{1}{0{,}5} = 2 \qquad b = \sqrt{c^2 - a^2} = \sqrt{2^2 - 1^2} = \sqrt{3}$$

$$\cos 30° = \frac{b}{c} = \frac{\sqrt{3}}{2} = 0{,}866 \qquad \tan 30° = \frac{a}{b} = \frac{1}{\sqrt{3}} = 0{,}577$$

$$\text{sen } 60° = \frac{b}{c} = \cos 30° = 0{,}866 \qquad \cos 60° = \frac{a}{c} = \text{sen } 30° = \frac{1}{2}$$

$$\tan 60° = \frac{b}{a} = \frac{\sqrt{3}}{1} = 1{,}732$$

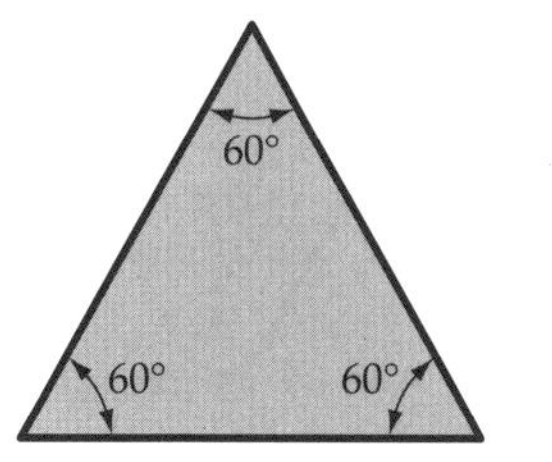

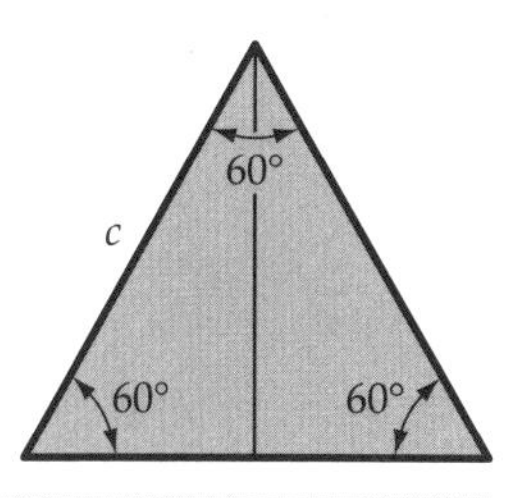

FIGURA M-17 (*a*) Um triângulo equilátero. (*b*) Um triângulo equilátero dividido em dois triângulos retângulos 30°–60°.

APROXIMAÇÃO PARA ÂNGULOS PEQUENOS

Para pequenos ângulos, o comprimento a é quase igual ao comprimento de arco s, como pode ser visto na Figura M-18. O ângulo $\theta = s/c$ é, portanto, quase igual a sen $\theta = a/c$:

$$\text{sen } \theta \approx \theta \quad \text{para valores pequenos de } \theta \qquad \text{M-40}$$

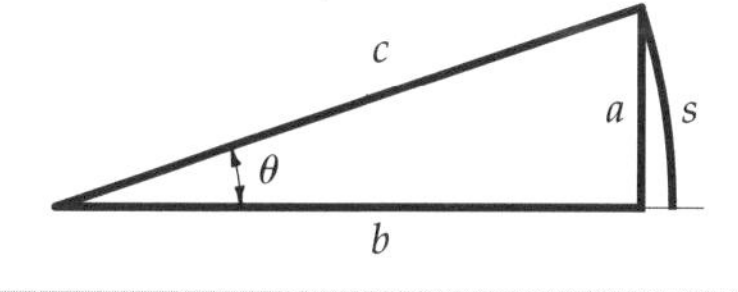

FIGURA M-18 Para ângulos pequenos, sen $\theta = a/c$, tan $\theta = a/b$ e o ângulo $\theta = s/c$ são todos aproximadamente iguais.

De forma similar, os comprimentos c e b são quase iguais, e logo tan $\theta = a/b$ é quase igual a θ e a sen θ para pequenos valores de θ:

$$\tan \theta \approx \text{sen } \theta \approx \theta \quad \text{para valores pequenos de } \theta \qquad \text{M-41}$$

As Equações M-40 e M-41 valem apenas se θ for medido em radianos. Como cos $\theta = b/c$, e como estes comprimentos são quase iguais para pequenos valores de θ, temos

$$\cos \theta \approx 1 \quad \text{para valores pequenos de } \theta \qquad \text{M-42}$$

A Figura M-19 mostra gráficos de θ, sen θ e tan θ *versus* θ para pequenos valores de θ. Se é necessária uma precisão de alguns pontos percentuais, a aproximação para ângulos pequenos só pode ser usada para ângulos da ordem de um quarto de um radiano (ou cerca de 15°) ou menos. Abaixo deste valor, quando o ângulo se torna menor, a aproximação $\theta \approx$ sen $\theta \approx$ tan θ é ainda mais precisa.

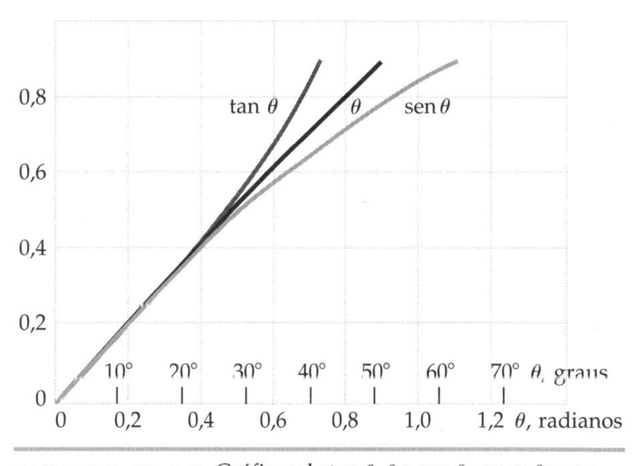

FIGURA M-19 Gráficos de tan θ, θ e sen θ *versus* θ para pequenos valores de θ.

FUNÇÕES TRIGONOMÉTRICAS COMO FUNÇÕES DE NÚMEROS REAIS

Até agora, ilustramos as funções trigonométricas como propriedades de ângulos. A Figura M-20 mostra um ângulo *obtuso* com o vértice na origem e um dos lados ao longo do eixo x. As funções trigonométricas para um ângulo "genérico" como este são definidas por

$$\text{sen } \theta = \frac{y}{c} \qquad \text{M-43}$$

$$\cos \theta = \frac{x}{c} \qquad \text{M-44}$$

$$\tan \theta = \frac{y}{x} \qquad \text{M-45}$$

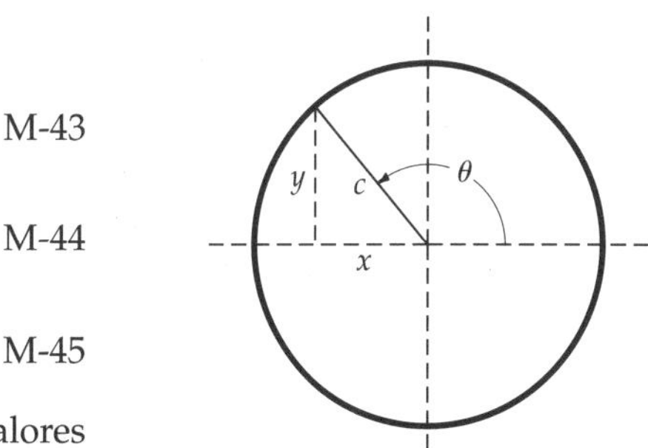

FIGURA M-20 Diagrama para a definição das funções trigonométricas de um ângulo obtuso.

É importante lembrar que os valores de x à esquerda do eixo vertical e que os valores de y abaixo do eixo horizontal são negativos; na figura, c é sempre visto como positivo. A Figura M-21 mostra gráficos das funções genéricas seno, cosseno e tangente, *versus* θ. A função seno tem um período de 2π rad. Assim, para qualquer valor de θ, sen$(\theta + 2\pi)$ = sen θ, e assim por diante. Isto é, quando um ângulo varia de 2π rad,

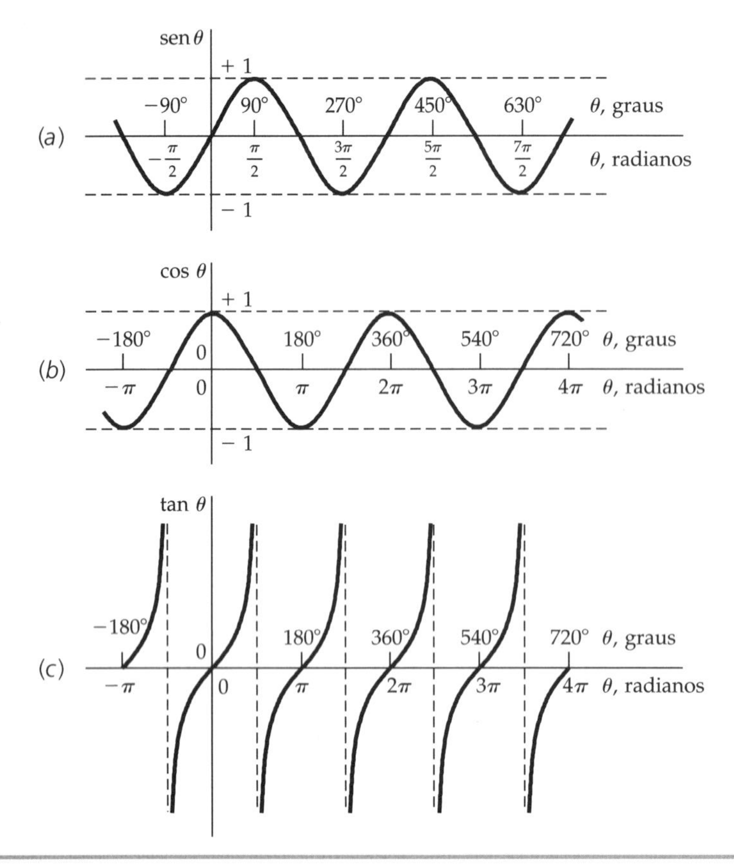

FIGURA M-21 As funções trigonométricas sen θ, cos θ e tan θ *versus* θ.

a função retorna ao seu valor original. A função tangente tem um período de π rad. Assim, $\tan(\theta + \pi) = \tan\theta$, e assim por diante. Algumas outras relações úteis são

$$\text{sen}(\pi - \theta) = \text{sen}\,\theta \qquad \text{M-46}$$

$$\cos(\pi - \theta) = -\cos\theta \qquad \text{M-47}$$

$$\text{sen}(\tfrac{1}{2}\pi - \theta) = \cos\theta \qquad \text{M-48}$$

$$\cos(\tfrac{1}{2}\pi - \theta) = \text{sen}\,\theta \qquad \text{M-49}$$

Como o radiano é adimensional, não é difícil ver, dos gráficos da Figura M-21, que as funções trigonométricas são funções de todos os números reais. As funções também podem ser expressas como séries de potências de θ. As séries para sen θ e cos θ são

$$\text{sen}\,\theta = \theta - \frac{\theta^3}{3!} + \frac{\theta^5}{5!} - \frac{\theta^7}{7!} + \cdots \qquad \text{M-50}$$

$$\cos\theta = 1 - \frac{\theta^2}{2!} + \frac{\theta^4}{4!} - \frac{\theta^6}{6!} + \cdots \qquad \text{M-51}$$

Quando θ é pequeno, boas aproximações são obtidas usando-se apenas alguns dos primeiros termos das séries.

Exemplo M-9 Cosseno de uma Soma

Usando uma adequada identidade trigonométrica da Tabela M-2, determine o cos(135° + 22°). Dê sua resposta com quatro algarismos significativos.

SITUAÇÃO Desde que todos os ângulos são dados em graus, não há necessidade de convertê-los para radianos, já que todas as operações são valores numéricos das funções. Verifique, no entanto, se sua calculadora está no modo grau. A identidade adequada é $\cos(A \pm B) = \cos A \cos B \mp \text{sen}\,A\,\text{sen}\,B$, onde os sinais superiores são os apropriados.

SOLUÇÃO

1. Escreva a identidade trigonométrica para o cosseno de uma soma, com $A = 135°$ e $B = 22°$:

   $\cos(135° + 22°) = (\cos 135°)(\cos 22°) - (\text{sen } 135°)(\text{sen } 22°)$

2. Usando uma calculadora, determine cos 135°, sen 135°, cos 22° e sen 22°:

   $\cos 135° = -0{,}7071$ $\quad$ $\text{sen } 135° = 0{,}7071$

   $\cos 22° = 0{,}9272$ $\quad$ $\text{sen } 22° = 0{,}3746$

3. Entre com os valores na fórmula e calcule o resultado:

   $\cos(135° + 22°) = (-0{,}7071)(0{,}9272) - (0{,}7071)(0{,}3746) = -0{,}9205$

CHECAGEM A calculadora fornece $\cos(135° + 22°) = \cos(157°) = -0{,}9205$.

PROBLEMAS PRÁTICOS

19. Determine sen θ e cos θ para o triângulo retângulo da Figura M-12, com $a = 4$ cm e $b = 7$ cm. Qual é o valor de θ?
20. Determine sen θ, para $\theta = 8{,}2°$. Sua resposta é consistente com a aproximação para ângulos pequenos?

M-9 A EXPANSÃO BINOMIAL

Um **binômio** é uma expressão que consiste em dois termos ligados por um sinal de mais ou de menos. O **teorema binomial** estabelece que um binômio elevado a uma potência pode ser escrito, ou *expandido*, como uma série de termos. Se elevarmos o binômio $(1 + x)$ à potência n, o teorema binomial toma a forma

$$(1 + x)^n = 1 + nx + \frac{n(n-1)}{2!}x^2 + \frac{n(n-1)(n-2)}{3!}x^3 + \cdots \qquad \text{M-52}$$

A série é válida para qualquer valor de n se $|x|$ é menor do que 1. A expansão binomial é muito útil em aproximações de expressões algébricas, porque quando $|x| < 1$ os termos de ordens superiores na soma são pequenos. (A ordem de um termo é a potência de x no termo. Assim, os termos mostrados explicitamente na Equação M-52 são de ordens 0, 1, 2 e 3.) A série é particularmente útil em situações onde $|x|$ é pequeno em comparação com 1; então, cada termo é *muito* menor do que o termo anterior e podemos descartar todos os termos além dos primeiros dois ou três termos da expansão. Se $|x|$ é muito menor do que 1, temos

$$(1 + x)^n \approx 1 + nx, \qquad |x| \ll 1 \qquad \text{M-53}$$

A expansão binomial é usada na dedução de muitas fórmulas de cálculo que são importantes em física. Um bem conhecido uso da aproximação na Equação M-53, em física, é a prova de que a energia cinética relativística se reduz à fórmula clássica quando a velocidade de uma partícula é muito pequena em comparação com a velocidade da luz c.

Exemplo M-10 Usando a Expansão Binomial para Encontrar uma Potência de um Número

Use a Equação M-53 para encontrar um valor aproximado da raiz quadrada de 101.

SITUAÇÃO O número 101 sugere, imediatamente, um binômio, qual seja, (100 + 1). Para encontrar um resultado aproximado, usando a expansão binomial, precisamos manipular a expressão para obter um binômio consistindo de 1 e de um termo menor do que 1.

SOLUÇÃO

1. Escreva $(101)^{1/2}$ em termos de uma expressão $(1 + x)^n$, com x muito menor do que 1:

   $(101)^{1/2} = (100 + 1)^{1/2} = (100)^{1/2}(1 + 0{,}01)^{1/2} = 10(1 + 0{,}01)^{1/2}$

2. Use a Equação M-53 com $n = \frac{1}{2}$ e $x = 0{,}01$ para expandir $(1 + 0{,}01)^{1/2}$:

   $(1 + 0{,}01)^{1/2} = 1 + \frac{1}{2}(0{,}01) + \dfrac{\frac{1}{2}\left(-\frac{1}{2}\right)}{2}(0{,}01)^2 + \cdots$

3. Como $|x| \ll 1$, esperamos que as magnitudes dos termos de ordens 2 e superiores sejam significativamente menores do que a magnitude do termo de primeira ordem. Aproxime o binômio (1) mantendo apenas os termos de ordens zero e um, e (2) mantendo apenas os três primeiros termos:

Mantendo apenas os termos de ordens zero e um, temos

$$(1 + 0{,}01)^{1/2} \approx 1 + \tfrac{1}{2}(0{,}01) = 1 + 0{,}005\,000\,0$$
$$= 1{,}005\,000\,0$$

Mantendo apenas os termos de ordens zero, um e dois, temos

$$(1 + 0{,}01)^{1/2} \approx 1 + \tfrac{1}{2}(0{,}01) + \frac{\tfrac{1}{2}(-\tfrac{1}{2})}{2}(0{,}01)^2$$
$$\approx 1 + 0{,}005\,000\,0 - 0{,}000\,012\,5$$
$$= 1{,}004\,987\,5$$

4. Substitua estes resultados na equação do passo 1:

Mantendo apenas os termos de ordens zero e um, temos

$$(101)^{1/2} = 10(1 + 0{,}01)^{1/2} \approx \boxed{10{,}050\,000}$$

Mantendo apenas os termos de ordens zero, um e dois, temos

$$(101)^{1/2} = 10(1 + 0{,}01)^{1/2} \approx \boxed{10{,}049\,875}$$

CHECAGEM Esperamos nossa resposta correta em até cerca de 0,001%. O valor de $(101)^{1/2}$, com até oito algarismos, é 10,049 876. Isto difere de 10,050 000 em 0,000 124, ou cerca de uma parte em 10^5, e difere de 10,049 875 em cerca de uma parte em 10^7.

PROBLEMAS PRÁTICOS No que segue, calcule a resposta mantendo os termos de ordem zero e de primeira ordem na série binomial (Equação M-53), encontre a resposta usando sua calculadora e determine a diferença percentual entre os dois valores:

21. $(1 + 0{,}001)^{-4}$
22. $(1 - 0{,}001)^{40}$

M-10 NÚMEROS COMPLEXOS

Números reais são todos os números, de $-\infty$ a $+\infty$, que podem ser *ordenados*. Sabemos que, dados dois números reais, um deles sempre é igual, maior ou menor do que o outro. Por exemplo, $3 > 2$; $1{,}4 < \sqrt{2} < 1{,}5$ e $3{,}14 < \pi < 3{,}15$. Um número que *não pode* ser ordenado é $\sqrt{-1}$; não podemos medir o tamanho deste número, e portanto, não tem sentido dizer, por exemplo, que $3 \times \sqrt{-1}$ é maior ou menor do que $2 \times \sqrt{-1}$. Os primeiros matemáticos que lidaram com números contendo $\sqrt{-1}$ se referiam a esses números como números *imaginários*, porque eles não podiam ser usados para medir ou contar alguma coisa. Em matemática, o símbolo i é usado para representar $\sqrt{-1}$.

A Equação M-5, a fórmula quadrática, se aplica a equações da forma

$$ax^2 + bx + c = 0$$

A fórmula mostra que não há raízes reais quando $b^2 < 4ac$. Ainda existem, no entanto, duas raízes. Cada raiz é um número contendo dois termos: um número real e um múltiplo de $i = \sqrt{-1}$. O múltiplo de i é chamado de **número imaginário** e i é chamado de **unidade imaginária**.

Um **número complexo** z pode ser escrito, de forma geral, como

$$z = a + bi \qquad \text{M-54}$$

onde a e b são números reais. A quantidade a é a chamada parte real de z, ou Re(z), e a quantidade b é a chamada parte imaginária de z, ou Im(z). Podemos representar um número complexo z como um ponto em um plano, chamado de plano complexo, como mostrado na Figura M-22, onde o eixo x é o **eixo real** e o eixo y é o **eixo imaginário**. Podemos, também, usar as relações $a = r\cos\theta$ e $b = r\,\text{sen}\,\theta$, da Figura M-22, para escrever o número complexo z em **coordenadas polares** (um sistema onde um ponto é localizado pelo ângulo de rotação anti-horária θ e pela distância r ao longo da direção θ):

$$z = r\cos\theta + ir\,\text{sen}\,\theta \qquad \text{M-55}$$

onde $r = \sqrt{a^2 + b^2}$ é a chamada **magnitude** de z.

Quando números complexos são somados ou subtraídos, as partes reais e imaginárias são somadas ou subtraídas separadamente:

$$z_1 + z_2 = (a_1 + ib_1) + (a_2 + ib_2) = (a_1 + a_2) + i(b_1 + b_2) \qquad \text{M-56}$$

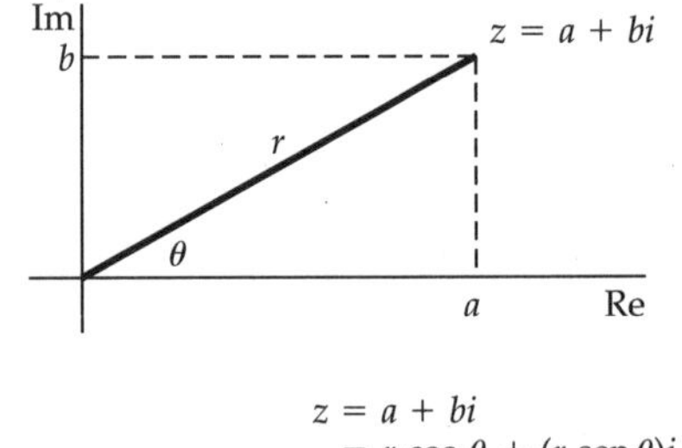

FIGURA M-22 Representação de um número complexo no plano. A parte real do número complexo é plotada no eixo horizontal, e a parte imaginária é plotada no eixo vertical.

No entanto, quando dois números complexos são multiplicados, cada parte de um número é multiplicada por cada parte do outro número:

$$z_1z_2 = (a_1 + ib_1)(a_2 + ib_2) = a_1a_2 + i^2b_1b_2 + i(a_1b_2 + a_2b_1)$$
$$= a_1a_2 - b_1b_2 + i(a_1b_2 + a_2b_1) \qquad \text{M-57}$$

onde usamos $i^2 = -1$.

O **complexo conjugado** z^* de um número complexo z é o número obtido substituindo i por $-i$ em z. Se $z = a + ib$, então

$$z^* = (a + ib)^* = a - ib \qquad \text{M-58}$$

(Quando uma equação quadrática tem raízes complexas, as raízes são **números complexos conjugados**, da forma $a \pm ib$.) O produto de um número complexo por seu complexo conjugado é igual ao quadrado da magnitude do número:

$$zz^* = (a + ib)(a - ib) = a^2 + b^2 = r^2 \qquad \text{M-59}$$

Uma função de número complexo particularmente útil é a exponencial $e^{i\theta}$. Usando uma expansão para e^x, temos

$$e^{i\theta} = 1 + i\theta + \frac{(i\theta)^2}{2!} + \frac{(i\theta)^3}{3!} + \frac{(i\theta)^4}{4!} + \cdots$$

Usando $i^2 = -1$, $i^3 = -i$, $i^4 = +1$, e assim por diante, e separando as partes reais das partes imaginárias, esta expansão pode ser escrita como

$$e^{i\theta} = \left(1 - \frac{\theta^2}{2!} + \frac{\theta^4}{4!} - \cdots\right) + i\left(\theta - \frac{\theta^3}{3!} + \cdots\right)$$

Comparando este resultado com as Equações M-50 e M-51, podemos ver que

$$e^{i\theta} = \cos\theta + i \operatorname{sen}\theta \qquad \text{M-60}$$

Usando este resultado, podemos expressar um número complexo genérico como uma exponencial:

$$z = a + ib = r\cos\theta + ir\operatorname{sen}\theta = re^{i\theta} \qquad \text{M-61}$$

Se $z = x + iy$, onde x e y são variáveis reais, então z é uma **variável complexa**.

VARIÁVEIS COMPLEXAS EM FÍSICA

Variáveis complexas são, com freqüência, usadas em fórmulas que descrevem circuitos de corrente alternada: a impedância de um capacitor ou de um indutor inclui uma parte real (a resistência) e uma parte imaginária (a reatância). (Há formas alternativas, no entanto, de analisar circuitos de corrente alternada — como os vetores girantes chamados de *fasores* — que não requerem atribuição de valores imaginários.) Variáveis complexas são, também, importantes no estudo de ondas harmônicas, através de análise e síntese de Fourier. A equação de Schrödinger dependente do tempo contém uma função da posição e do tempo de valores complexos.

Exemplo M-11 Determinando a Potência de um Número Complexo

Calcule $(1 + 3i)^4$ usando a expansão binomial.

SITUAÇÃO A expressão é da forma $(1 + x)^n$. Como n é um inteiro positivo, a expansão é válida para qualquer valor de x e todos os termos, além daqueles de ordem n ou menor, devem ser iguais a zero.

SOLUÇÃO

1. Desenvolva a expansão $(1 + 3i)^4$ para mostrar os termos de ordem até quatro: $1 + 4\cdot 3i + \frac{4(3)}{2!}(3i)^2 + \frac{4(3)(2)}{3!}(3i)^3 + \frac{4(3)(2)(1)}{4!}(3i)^4$

2. Calcule cada termo, lembrando que $i^2 = -1$, $i^3 = -i$ e $i^4 = +1$: $1 + 12i - 54 - 108i + 81$

3. Escreva o resultado na forma $a + bi$: $(1 + 3i)^4 = \boxed{28 - 96i}$

CHECAGEM Podemos resolver o problema algebricamente para mostrar que a resposta está correta. Primeiro, elevamos $1 + 3i$ ao quadrado e, depois, elevamos o resultado ao quadrado para obter $(1 + 3i)^4$:

$$(1 + 3i)^2 = 1 \cdot 1 + 2 \cdot 1 \cdot 3i + (3i)^2 = 1 + 6i - 9 = -8 + 6i$$

$$(-8 + 6i)^2 = (-8)(-8) + 2(-8)(6i) + (6i)^2 = 64 - 96i - 36 = 28 - 96i$$

PROBLEMAS PRÁTICOS Expresse na forma $a + bi$:

23. $e^{i\pi}$
24. $e^{i\pi/2}$

M-11 CÁLCULO DIFERENCIAL

O **cálculo** é um ramo da matemática que nos permite lidar com taxas instantâneas de variação de funções e variáveis. Da equação de uma função — digamos, x como função de t — podemos sempre determinar x para um dado t, mas com os métodos do cálculo você pode ir muito além. Você pode saber onde x possuirá certas propriedades, tais como um valor máximo ou um valor mínimo, sem ter que testar com um enorme número de valores de t. Com o cálculo, se são fornecidos os dados apropriados, você pode determinar, por exemplo, o ponto de máxima tensão em uma viga, ou a velocidade ou posição de um corpo em queda no instante t, ou a energia que um corpo em queda adquiriu até o momento do impacto. Os princípios do cálculo provêm do exame das funções em nível infinitesimal — analisando como, por exemplo, x variará quando a variação em t se tornar tão pequena quanto se queira. Começamos com o **cálculo diferencial**, onde determinamos o *limite* da taxa de variação de x em relação a t, quando a variação em t tende a zero.

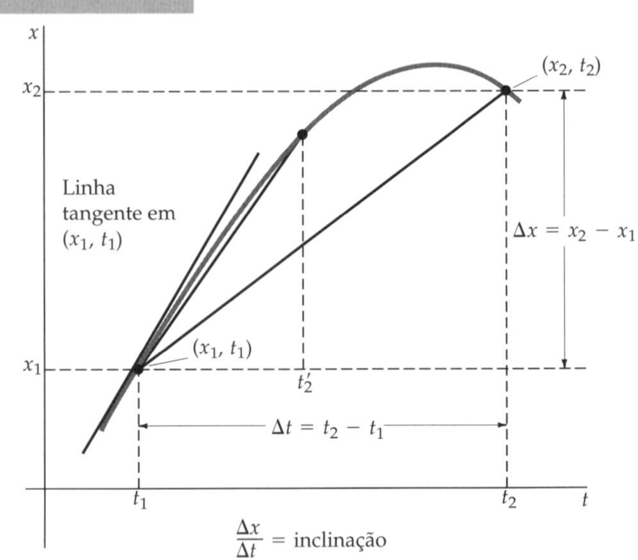

FIGURA M-23 Gráfico de uma função $x(t)$ típica. Os pontos (x_1,t_1) e (x_2,t_2) estão ligados por uma linha reta. A inclinação desta linha é $\Delta x/\Delta t$. Quando o intervalo de tempo que começa em t_1 diminui, a inclinação para esse intervalo se aproxima da inclinação da linha tangente à curva no tempo t_1, que é a derivada de x em relação a t.

A Figura M-23 é um gráfico de x *versus* t para uma função típica $x(t)$. Para um particular valor $t = t_1$, x tem o valor x_1, como indicado. Para outro valor t_2, x tem o valor x_2. A variação de t, $t_2 - t_1$, é escrita $\Delta t = t_2 - t_1$; e a correspondente variação em x é escrita $\Delta x = x_2 - x_1$. A razão $\Delta x/\Delta t$ é a inclinação da linha reta que liga (x_1, t_1) a (x_2, t_2). Se tomarmos o limite em que t_2 tende a t_1 (enquanto Δt tende a zero), a inclinação da linha que liga (x_1, t_1) a (x_2, t_2) se aproxima da inclinação da linha que é tangente à curva no ponto (x_1, t_1). A inclinação desta linha tangente é igual à **derivada** de x em relação a t e é escrita como dx/dt:

$$\frac{dx}{dt} = \lim_{\Delta t \to 0} \frac{\Delta x}{\Delta t} \qquad \text{M-62}$$

(Quando determinamos a derivada de uma função, dizemos que estamos **diferenciando** ou **derivando** a função; e os elementos muito pequenos "dx" e "dt" são as chamadas **diferenciais** de x e de t, respectivamente.) A derivada de uma função de t é outra função de t. Se x é uma constante e não varia, o gráfico de x *versus* t é uma reta horizontal de inclinação zero. A derivada de uma constante é, então, zero. Na Figura M-24, x não é constante mas é proporcional a t:

$$x = Ct$$

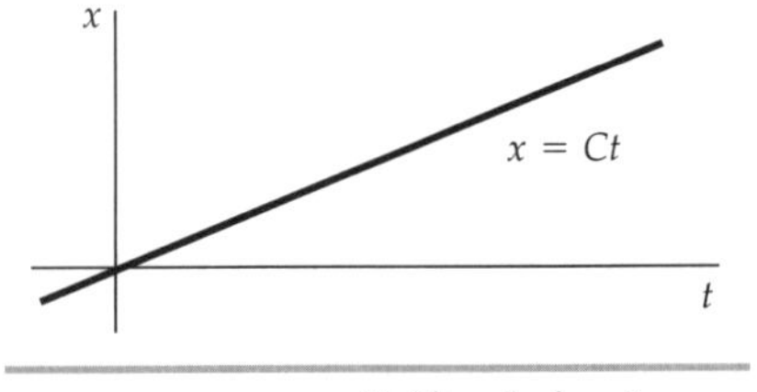

FIGURA M-24 Gráfico da função linear $x = Ct$. Esta função possui uma inclinação constante C.

Esta função possui uma inclinação constante igual a C. Assim, a derivada de Ct é C. A Tabela M-3 lista algumas propriedades das derivadas e as derivadas de algumas funções particulares que ocorrem com freqüência em física. Ela é seguida de comentários feitos com o intuito de tornar estas propriedades e regras mais claras. Discussões mais detalhadas podem ser encontradas na maioria dos livros-texto de cálculo.

COMENTÁRIOS SOBRE AS REGRAS 1 A 5

As regras 1 e 2 seguem do fato de que o processo limite é linear. Podemos entender a regra 3, a regra da cadeia, multiplicando $\Delta f/\Delta t$ por $\Delta x/\Delta x$ e reparando que, quando

Tabela M-3 Propriedades das Derivadas e Derivadas de Algumas Funções

Linearidade

1. A derivada de uma constante C vezes uma função $f(t)$ é igual à constante vezes a derivada da função:

$$\frac{d}{dt}[Cf(t)] = C\frac{df(t)}{dt}$$

2. A derivada de uma soma de funções é igual à soma das derivadas das funções:

$$\frac{d}{dt}[f(t) + g(t)] = \frac{df(t)}{dt} + \frac{dg(t)}{dt}$$

Regra da cadeia

3. Se f é uma função de x e x é, por sua vez, uma função de t, a derivada de f em relação a t é igual ao produto da derivada de f em relação a x pela derivada de x em relação a t:

$$\frac{d}{dt}f(x(t)) = \frac{df}{dx}\frac{dx}{dt}$$

Derivada de um produto

4. A derivada de um produto de funções $f(t)g(t)$ é igual à primeira função vezes a derivada da segunda mais a segunda função vezes a derivada da primeira:

$$\frac{d}{dt}[f(t)g(t)] = f(t)\frac{dg(t)}{dt} + g(t)\frac{df(t)}{dt}$$

Inverso de uma derivada

5. A derivada de t em relação a x é o inverso da derivada de x em relação a t, supondo-se que nenhuma das derivadas seja nula:

$$\frac{dt}{dx} = \left(\frac{dx}{dt}\right)^{-1} \quad \text{se} \quad \frac{dt}{dx} \neq 0 \quad \text{e} \quad \frac{dx}{dt} \neq 0$$

Derivadas de algumas funções

6. Se C é uma constante, então $dC/dt = 0$.

7. $\frac{d(t^n)}{dt} = nt^{n-1}$ Se n é constante.

8. $\frac{d}{dt}\text{sen}\,\omega t = \omega\cos\omega t$ Se ω é constante.

9. $\frac{d}{dt}\cos\omega t = -\omega\,\text{sen}\,\omega t$ Se ω é constante.

10. $\frac{d}{dt}\tan\omega t = \omega\,\text{sen}^2\,\omega t$ Se ω é constante.

11. $\frac{d}{dt}e^{bt} = be^{bt}$ Se b é constante.

12. $\frac{d}{dt}\ln bt = \frac{1}{t}$ Se b é constante.

Δt tende a zero, Δx também tende a zero. Isto é,

$$\lim_{\Delta t\to 0}\frac{\Delta f}{\Delta t} = \lim_{\Delta t\to 0}\left(\frac{\Delta f}{\Delta t}\frac{\Delta x}{\Delta x}\right) = \lim_{\Delta t\to 0}\left(\frac{\Delta f}{\Delta x}\frac{\Delta x}{\Delta t}\right) = \left(\lim_{\Delta x\to 0}\frac{\Delta f}{\Delta x}\right)\left(\lim_{\Delta t\to 0}\frac{\Delta x}{\Delta t}\right) = \frac{df}{dx}\frac{dx}{dt}$$

onde usamos o fato de que o limite de um produto é igual ao produto dos limites.

A regra 4 não é imediatamente evidente. A derivada de um produto de funções é o limite da razão

$$\frac{f(t + \Delta t)g(t + \Delta t) - f(t)g(t)}{\Delta t}$$

Se somarmos e subtrairmos a quantidade $f(t + \Delta t)g(t)$ ao numerador, podemos escrever esta razão como

$$\frac{f(t + \Delta t)g(t + \Delta t) - f(t + \Delta t)g(t) + f(t + \Delta t)g(t) - f(t)g(t)}{\Delta t}$$
$$= f(t + \Delta t)\left[\frac{g(t + \Delta t) - g(t)}{\Delta t}\right] + g(t)\left[\frac{f(t + \Delta t) - f(t)}{\Delta t}\right]$$

Quando Δt tende a zero, os termos entre colchetes se tornam $dg(t)/dt$ e $df(t)/dt$, respectivamente, e o limite da expressão é

$$f(t)\frac{dg(t)}{dt} + g(t)\frac{df(t)}{dt}$$

A regra 5 segue diretamente da definição:

$$\frac{dx}{dt} = \lim_{\Delta t \to 0} \frac{\Delta x}{\Delta t} = \lim_{\Delta x \to 0}\left(\frac{\Delta t}{\Delta x}\right)^{-1} = \left(\frac{dt}{dx}\right)^{-1}$$

COMENTÁRIOS SOBRE A REGRA 7

Podemos obter este importante resultado usando a expansão binomial. Temos

$$f(t) = t^n$$
$$f(t + \Delta t) = (t + \Delta t)^n = t^n\left(1 + \frac{\Delta t}{t}\right)^n$$
$$= t^n\left[1 + n\frac{\Delta t}{t} + \frac{n(n-1)}{2!}\left(\frac{\Delta t}{t}\right)^2 + \frac{n(n-1)(n-2)}{3!}\left(\frac{\Delta t}{t}\right)^3 + \cdots\right]$$

Então,

$$f(t + \Delta t) - f(t) = t^n\left[n\frac{\Delta t}{t} + \frac{n(n-1)}{2!}\left(\frac{\Delta t}{t}\right)^2 + \cdots\right]$$

e

$$\frac{f(t + \Delta t) - f(t)}{\Delta t} = nt^{n-1} + \frac{n(n-1)}{2!}t^{n-2}\Delta t + \cdots$$

O termo seguinte, omitido da última soma, é proporcional a $(\Delta t)^2$, o próximo é proporcional a $(\Delta t)^3$, e assim por diante. Cada termo, exceto o primeiro, tende a zero quando Δt tende a zero. Assim,

$$\frac{df}{dt} = \lim_{\Delta x \to 0} \frac{f(t + \Delta t) - f(t)}{\Delta t} = nt^{n-1}$$

COMENTÁRIOS SOBRE AS REGRAS 8 A 10

Primeiro, escrevemos sen ωt = sen θ, com $\theta = \omega t$, e usamos a regra da cadeia,

$$\frac{d\,\text{sen}\,\theta}{dt} = \frac{d\,\text{sen}\,\theta}{d\theta}\frac{d\theta}{dt} = \omega\frac{d\,\text{sen}\,\theta}{d\theta}$$

Depois, usamos as fórmulas trigonométricas para o seno da soma dos dois ângulos θ e $\Delta\theta$:

$$\text{sen}(\theta + \Delta\theta) = \text{sen}\,\Delta\theta\,\cos\theta + \cos\Delta\theta\,\text{sen}\,\theta$$

Como $\Delta\theta$ deve tender a zero, podemos usar as aproximações para pequenos ângulos

$$\text{sen}\,\Delta\theta \approx \Delta\theta \quad \text{e} \quad \cos\Delta\theta \approx 1$$

Então,

$$\text{sen}(\theta + \Delta\theta) \approx \Delta\theta\cos\theta + \text{sen}\,\theta$$

e

$$\frac{\text{sen}(\theta + \Delta\theta) - \text{sen}\,\theta}{\Delta\theta} \approx \cos\theta$$

Um raciocínio similar pode ser aplicado à função cosseno para obter a regra 9.

A regra 10 é obtida escrevendo tan θ = sen θ/cos θ e aplicando a regra 4, juntamente com as regras 8 e 9:

$$\frac{d}{dt}(\tan\theta) = \frac{d}{dt}(\text{sen}\,\theta)(\cos\theta)^{-1} = \text{sen}\,\theta\frac{d}{dt}(\cos\theta)^{-1} + \frac{d(\text{sen}\,\theta)}{dt}(\cos\theta)^{-1}$$

$$= \text{sen}\,\theta(-1)(\cos\theta)^{-2}(-\text{sen}\,\theta) + (\cos\theta)(\cos\theta)^{-1}$$

$$= \frac{\text{sen}^2\theta}{\cos^2\theta} + 1 = \tan^2\theta + 1 = \sec^2\theta$$

Para obter a regra 10, faça $\theta = \omega t$ e use a regra da cadeia.

COMENTÁRIOS SOBRE A REGRA 11

Usamos novamente a regra da cadeia

$$\frac{de^\theta}{dt} = \frac{b\,de^\theta}{b\,dt} = b\frac{de^\theta}{d(bt)} = b\frac{de^\theta}{d\theta} \qquad \text{com} \qquad \theta = bt$$

e a expansão em série da função exponencial:

$$e^{\theta+\Delta\theta} = e^\theta e^{\Delta\theta} = e^\theta\left[1 + \Delta\theta + \frac{(\Delta\theta)^2}{2!} + \frac{(\Delta\theta)^3}{3!} + \cdots\right]$$

Então,

$$\frac{e^{\theta+\Delta\theta} - e^\theta}{\Delta\theta} = e^\theta + e^\theta\frac{\Delta\theta}{2!} + e^\theta\frac{(\Delta\theta)^2}{3!} + \cdots$$

Quando $\Delta\theta$ tende a zero, o lado direito desta equação tende a e^θ.

COMENTÁRIOS SOBRE A REGRA 12

Seja

$$y = \ln bt$$

Logo,

$$e^y = bt \Rightarrow t = \frac{1}{b}e^y$$

Então, usando a regra 11, obtemos

$$\frac{dt}{dy} = \frac{1}{b}e^y \therefore \frac{dt}{dy} = t$$

E, usando a regra 5, fica

$$\frac{dy}{dt} = \left(\frac{dt}{dy}\right)^{-1} = \frac{1}{t}$$

DERIVADAS DE SEGUNDA ORDEM E DE ORDENS SUPERIORES; ANÁLISE DIMENSIONAL

Uma vez tendo derivado uma função, podemos derivar a derivada resultante, desde que restem termos para serem derivados. Uma função como $x = e^{bt}$ pode ser derivada indefinidamente: $dx/dt = be^{bt}$ (esta função tem como derivada b^2e^{bt}, e assim por diante).

Considere a velocidade e a aceleração. Podemos definir velocidade como a taxa de variação da posição de uma partícula, ou dx/dt, e aceleração como a taxa de variação da velocidade, ou a *segunda* derivada de x em relação a t, escrita como d^2x/dt^2. Se uma partícula se move com velocidade constante, então dx/dt será igual a uma constante. A aceleração, no entanto, será zero: possuir uma velocidade constante equivale a não possuir aceleração, e a derivada de uma constante é zero. Considere, agora, um objeto em queda, sujeito à aceleração constante da gravidade: a velocidade será dependente do tempo, e a *segunda* derivada, d^2x/dt^2, será uma constante.

As *dimensões físicas* de uma derivada em relação a uma variável são as que resultariam se a função original da variável fosse dividida por um valor da variável. Por exemplo, a dimensão de uma equação na qual um termo é x (posição) é a de comprimento (L); as dimensões da derivada de x em relação ao tempo t são as de velocidade (L/T) e as dimensões de d^2x/dt^2 são as de aceleração (L/T^2).

Exemplo M-12 Posição, Velocidade e Aceleração

Determine a primeira e a segunda derivadas de $x = \frac{1}{2}at^2 + bt + c$, onde a, b e c são constantes. A função fornece a posição (em m) de uma partícula em uma dimensão, onde t é o tempo (em s), a é a aceleração (em m/s^2), b é a velocidade (em m/s) no tempo $t = 0$ e c é a posição (em m) da partícula em $t = 0$.

SITUAÇÃO A primeira e a segunda derivadas são somas de termos; para cada derivação, tomamos a derivada de cada termo separadamente e somamos os resultados.

SOLUÇÃO

1. Para determinar a primeira derivada, calcule inicialmente a derivada do primeiro termo: $$\frac{d(\frac{1}{2}at^2)}{dt} = \left(\frac{1}{2}a\right)2t^1 = at$$
2. Calcule a primeira derivada dos segundo e do terceiro termos: $$\frac{d(bt)}{dt} = b, \quad \frac{d(c)}{dt} = 0$$
3. Some estes resultados: $$\frac{dx}{dt} = at + b$$
4. Para calcular a segunda derivada, repita o processo para o resultado do passo 3: $$\frac{d^2x}{dt^2} = a + 0 = a$$

CHECAGEM As dimensões físicas mostram que o resultado é plausível. A função original é uma equação da posição; todos os termos são em metros — as unidades de t^2 e de t cancelam as unidades s^2 e s nas constantes a e b, respectivamente. Na função dx/dt, todos os termos são em m/s: a constante c tem derivada zero, e a unidade de t cancela uma das unidades s na constante a. Na função d^2x/dt^2, apenas a aceleração constante permanece; como esperado, suas dimensões são L/T^2.

PROBLEMAS PRÁTICOS

25. Determine dy/dx para $y = \frac{5}{8}x^3 - 24x - \frac{5}{8}$.
26. Determine dy/dt para $y = ate^{bt}$, onde a e b são constantes.

SOLUÇÃO DE EQUAÇÕES DIFERENCIAIS USANDO NÚMEROS COMPLEXOS

Uma **equação diferencial** é uma equação na qual as derivadas de uma função aparecem como variáveis. É uma equação onde as variáveis estão relacionadas entre si através de suas derivadas. Considere uma equação da forma

$$a\frac{d^2x}{dt^2} + b\frac{dx}{dt} + cx = A\cos\omega t \qquad \text{M-63}$$

que representa um processo físico, como um oscilador harmônico amortecido sujeito a uma força senoidal, ou uma combinação em série RLC sujeita a uma diferença de potencial senoidal. Apesar de todos os parâmetros da Equação M-63 serem números reais, o termo em cosseno dependente do tempo sugere que devemos procurar uma solução estacionária para esta equação através da introdução de números complexos. Primeiro, construímos a equação "paralela"

$$a\frac{d^2y}{dt^2} + b\frac{dy}{dt} + cy = A\,\text{sen}\,\omega t \qquad \text{M-64}$$

A Equação M-64 não tem significado físico próprio, e não temos interesse em resolvê-la. No entanto, ela é útil para resolver a Equação M-63. Após multiplicar a Equação M-64 pela unidade imaginária i, somamos as Equações M-63 e M-64 para obter

$$\left(a\frac{d^2x}{dt^2} + ai\frac{d^2y}{dt^2}\right) + \left(b\frac{dx}{dt} + bi\frac{dy}{dt}\right) + (cx + ciy) = A\cos\omega t + Ai\,\text{sen}\,\omega t$$

Agora, combinamos termos para chegar a

$$a\frac{d^2(x + iy)}{dt^2} + b\frac{d(x + iy)}{dt} + c(x + iy) = A(\cos \omega t + i \operatorname{sen} \omega t) \qquad \text{M-65}$$

o que é válido, porque a derivada de uma soma é igual à soma das derivadas. Simplificamos nosso resultado definindo $z = x + iy$ e usando a identidade $e^{i\omega t} = \cos \omega t + i \operatorname{sen} \omega t$. Substituindo na Equação M-65, obtemos

$$a\frac{d^2z}{dt^2} + b\frac{dz}{dt} + cz = Ae^{i\omega t} \qquad \text{M-66}$$

que, agora, resolvemos para z. Uma vez obtido z, podemos determinar x usando $x = \text{Re}(z)$.

Como estamos procurando apenas a solução estacionária da Equação M-65, podemos supor esta solução com a forma $x = x_0 \cos(\omega t - \phi)$, onde ϕ é uma constante. Isto equivale a supor que a solução da Equação M-66 tem a forma $z = \eta e^{i\omega t}$, onde η (eta) é um número complexo constante. Então, $dz/dt = i\omega z$, $d^2z/dt^2 = -\omega^2 z$ e $e^{i\omega t} = z/\eta$. A substituição disto na Equação M-65 leva a

$$-a\omega^2 z + i\omega bz + cz = A\frac{z}{\eta}$$

Dividindo os dois lados desta equação por z, e explicitando η, fica

$$\eta = \frac{A}{-a\omega^2 + i\omega b + c}$$

Expressando o denominador em forma polar, temos

$$(-a\omega^2 + c) + i\omega b = \sqrt{(-a\omega^2 + c)^2 + \omega^2 b^2}\, e^{i\phi}$$

onde $\tan \phi = \omega^2 b^2/(-a\omega^2 + c)$. Então,

$$\eta = \frac{A}{\sqrt{(-a\omega^2 + c)^2 + \omega^2 b^2}} e^{-i\phi}$$

logo,

$$z = \eta e^{i\omega t} = \frac{A}{\sqrt{(-a\omega^2 + c)^2 + \omega^2 b^2}} e^{i(\omega t - \phi)}$$

$$= \frac{A}{\sqrt{(-a\omega^2 + c)^2 + \omega^2 b^2}}[\cos(\omega t - \phi) + i \operatorname{sen}(\omega t - \phi)] \qquad \text{M-67}$$

Segue que

$$x = \text{Re}(z) = \frac{A}{\sqrt{(-a\omega^2 + c)^2 + \omega^2 b^2}} \cos(\omega t - \phi) \qquad \text{M-68}$$

A FUNÇÃO EXPONENCIAL

Uma **função exponencial** é uma função da forma a^{bx}, onde $a > 0$ e b são constantes. A função é, normalmente, escrita como e^{cx}, onde c é uma constante.

Quando a taxa de variação de uma quantidade é proporcional à própria quantidade, a quantidade aumenta ou diminui exponencialmente, dependendo do sinal da constante de proporcionalidade. Um exemplo de uma função *exponencialmente* decrescente é o decaimento nuclear. Se N é o número de núcleos radioativos em determinado instante, então a variação dN em um intervalo de tempo muito pequeno dt será proporcional a N e a dt:

$$dN = -\lambda N\, dt$$

onde λ é a *constante de decaimento* (não confundir com a taxa de decaimento dN/dt, que decresce exponencialmente). A função N que satisfaz esta equação é

$$N = N_0 e^{-\lambda t} \qquad \text{M-69}$$

onde N_0 é o valor de N no tempo $t = 0$. A Figura M-25 mostra N *versus* t. Uma característica do decaimento exponencial é que N diminui por um fator constante, em

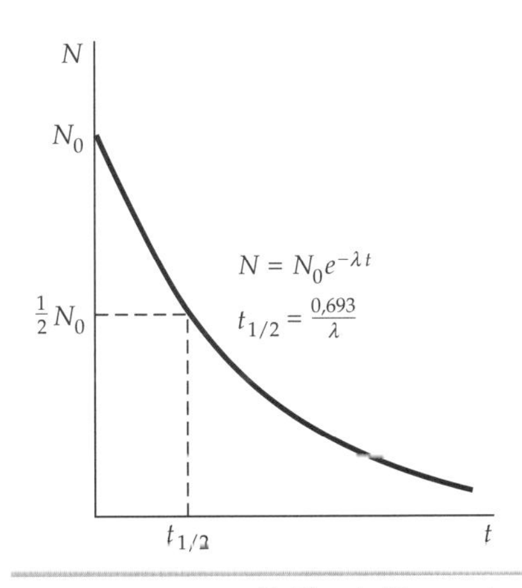

FIGURA M-25 Gráfico de N *versus* t quando N decresce exponencialmente. O tempo $t_{1/2}$ é o tempo que leva para N cair à metade.

dado intervalo de tempo. O intervalo de tempo para N diminuir à metade de seu valor original é sua *meia-vida* $t_{1/2}$. A meia-vida é obtida da Equação M-69 fazendo $N = \frac{1}{2}N_0$ e resolvendo para o tempo. Isto dá

$$t_{1/2} = \frac{\ln 2}{\lambda} = \frac{0{,}693}{\lambda} \qquad \text{M-70}$$

Um exemplo de *crescimento exponencial* é o crescimento populacional. Se N é o número de organismos, a variação de N após um intervalo de tempo muito pequeno dt é dada por

$$dN = +\lambda N\,dt$$

onde λ é, agora, a *constante de crescimento*. A função N que satisfaz esta equação é

$$N = N_0 e^{\lambda t} \qquad \text{M-71}$$

(Repare na mudança de sinal do expoente.) Um gráfico desta função é mostrado na Figura M-26. Um crescimento exponencial pode ser caracterizado pelo tempo de duplicação T_2, que se relaciona com λ por

$$T_2 = \frac{\ln 2}{\lambda} = \frac{0{,}693}{\lambda} \qquad \text{M-72}$$

Com freqüência, somos informados sobre o crescimento populacional através de um percentual anual de aumento, e desejamos calcular o tempo de duplicação. Neste caso, determinamos T_2 (em anos) com a equação

$$T_2 = \frac{69{,}3}{r} \qquad \text{M-73}$$

onde r é o percentual anual. Por exemplo, se a população cresce 2 por cento ao ano, ela dobrará a cada $69{,}3/2 \approx 35$ anos. A Tabela M-4 lista algumas relações úteis com as funções exponencial e logaritmo.

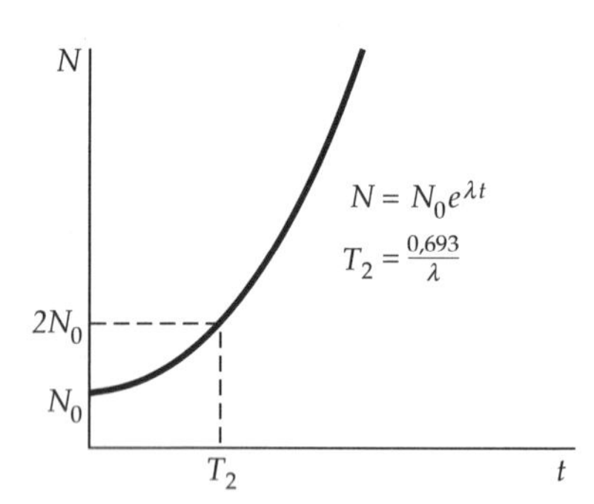

FIGURA M-26 Gráfico de N *versus* t quando N cresce exponencialmente. O tempo T_2 é o tempo que leva para N dobrar.

Tabela M-4 Função Exponencial e Função Logaritmo

$e = 2{,}718\,28$
$e^0 = 1$
Se $y = e^x$, então $x = \ln y$.
$e^{\ln x} = x$
$e^x e^y = e^{(x+y)}$
$(e^x)^y = e^{xy} = (e^y)^x$
$\ln e = 1$; $\ln 1 = 0$
$\ln xy = \ln x + \ln y$
$\ln \frac{x}{y} = \ln x - \ln y$
$\ln e^x = x$; $\ln a^x = x \ln a$
$\ln x = (\ln 10) \log x$
$= 2{,}30\,26 \log x$
$\log x = (\log e) \ln x = 0{,}434\,29 \ln x$
$e^x = 1 + x + \frac{x^2}{2!} + \frac{x^3}{3!} = \ldots$
$\ln(1 + x) = x - \frac{x^2}{2} + \frac{x^3}{3} - \frac{x^4}{4}$

Exemplo M-13 Decaimento Radioativo do Cobalto-60

A meia-vida do cobalto-60 (^{60}Co) é 5,27 anos. Em $t = 0$, você possui uma amostra de ^{60}Co com 1,20 mg de massa. Em que tempo t (em anos) terão decaído 0,400 mg da amostra de ^{60}Co?

SITUAÇÃO Ao deduzirmos a meia-vida em um decaimento exponencial, fizemos $N/N_0 = 1/2$. Neste exemplo, devemos determinar o tempo em que dois terços de uma amostra permanecem, e portanto, a razão N/N_0 será 0,667.

SOLUÇÃO

1. Expresse a razão N/N_0 em forma exponencial: $$\frac{N}{N_0} = 0{,}667 = e^{-\lambda t}$$

2. Inverta os dois lados: $$\frac{N_0}{N} = 1{,}50 = e^{\lambda t}$$

3. Resolva para t: $$t = \frac{\ln 1{,}50}{\lambda} = \frac{0{,}405}{\lambda}$$

4. A constante de decaimento está relacionada à meia-vida por $\lambda = (\ln 2)/t_{1/2}$ (Equação M-70). Substitua λ por $(\ln 2)/t_{1/2}$ e determine o tempo: $$t = \frac{\ln 1{,}5}{\ln 2} t_{1/2} = \frac{\ln 1{,}5}{\ln 2} \times 5{,}27 \text{ a} = 3{,}08 \text{ a}$$

CHECAGEM Leva 5,27 anos para a massa de uma amostra de ^{60}Co decair a 50 por cento de sua massa inicial. Assim, esperamos que leve menos do que 5,27 anos para que a amostra perca 33,3 por cento de sua massa. Nosso resultado de 3,08 anos, do passo 4, é menor do que 5,27 anos, como esperado.

PROBLEMAS PRÁTICOS

27. A constante de tempo de descarga τ de um capacitor em um circuito *RC* é o tempo no qual o capacitor descarrega até atingir e^{-1} (ou 0,368) vezes a sua carga em $t = 0$. Se $\tau = 1$ s para um capacitor, em que tempo (em segundos) ele terá descarregado 50,0 por cento de sua carga inicial?
28. Se a população canina de seu estado cresce a uma taxa de 8,0 por cento a cada década e continua crescendo indefinidamente à mesma taxa, em quantos anos ela atingirá 1,5 vez o nível atual?

M-12 CÁLCULO INTEGRAL

A **integração** pode ser considerada como o inverso da derivação. Se uma função $f(t)$ é *integrada*, uma função $F(t)$ é encontrada tal que $f(t)$ seja a derivada de $F(t)$ em relação a t.

A INTEGRAL COMO UMA ÁREA SOB UMA CURVA; ANÁLISE DIMENSIONAL

O processo de determinação da área sob uma curva em um gráfico ilustra a integração. A Figura M-27 mostra uma função $f(t)$. A área do elemento sombreado é, aproximadamente, $f_i \Delta t_i$, onde f_i é calculado não importando em que ponto do intervalo Δt_i. Esta aproximação é muito boa, se Δt_i é muito pequeno. A área total sob um trecho da curva é determinada somando todos os elementos de área que ela cobre, e tomando o limite quando cada Δt_i tende a zero. Este limite é chamado de **integral** de f em relação a t e é escrito como

$$\int f\,dt = \text{área}_i = \lim_{\Delta t_i \to 0} \sum_i f_i \Delta t_i \qquad \text{M-74}$$

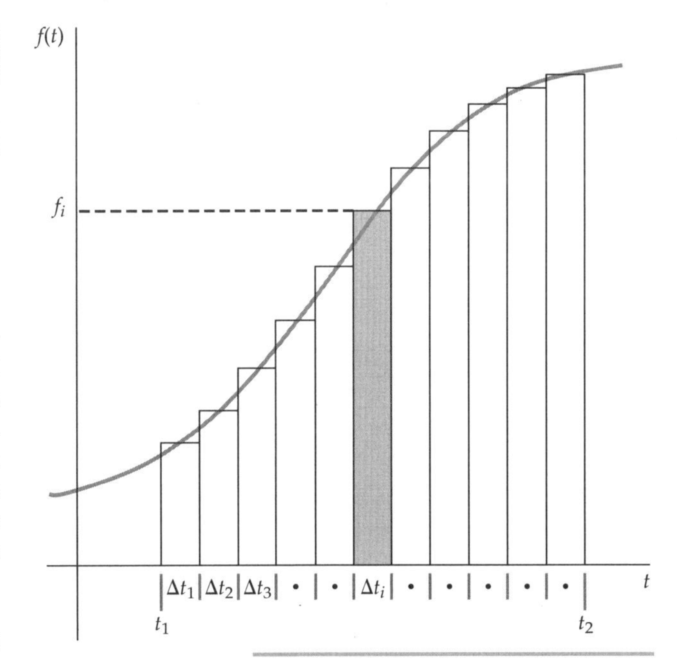

FIGURA M-27 Uma função genérica $f(t)$. A área do elemento sombreado vale aproximadamente $f_i \Delta t_i$, para qualquer f_i do intervalo.

As *dimensões físicas* de uma integral de uma função $f(t)$ são encontradas multiplicando as dimensões do *integrando* (a função que está sendo integrada) pelas dimensões da variável de integração t. Por exemplo, se o integrando é uma função velocidade $v(t)$ (dimensões L/T) e a variável de integração é o tempo t, a dimensão da integral é L = (L/T) × T. Isto é, as dimensões da integral são as de velocidade vezes tempo.

Seja

$$y = \int_{t_1}^{t} f\,dt \qquad \text{M-75}$$

A função y é a área sob a curva f *versus* t, de t_1 até um valor genérico t. Para um pequeno intervalo Δt, a variação da área Δy é aproximadamente $f\,\Delta t$:

$$\Delta y \approx f\,\Delta t$$

$$f \approx \frac{\Delta y}{\Delta t}$$

Se tomarmos o limite quando Δt tende a 0, podemos ver que f é a derivada de y:

$$f = \frac{dy}{dt} \qquad \text{M-76}$$

INTEGRAIS INDEFINIDAS E INTEGRAIS DEFINIDAS

Quando escrevemos

$$y = \int f\,dt \qquad \text{M-77}$$

estamos mostrando y como uma **integral indefinida** de f em relação a t. Para calcular uma integral indefinida, determinamos a função y cuja derivada é f. Como essa função pode conter um termo constante que, derivado, contribui com zero, incluímos como termo final um **constante de integração** C. Se estamos integrando a função em uma região conhecida — como de t_1 a t_2, na Figura M-27 — podemos determinar uma **integral definida**, eliminando a constante desconhecida C:

$$\int_{t_1}^{t_2} f\,dt = y(t_2) - y(t_1) \qquad \text{M-78}$$

A Tabela M-5 lista algumas fórmulas de integração importantes. Listas mais extensas de fórmulas de integração podem ser encontradas em qualquer livro-texto de cálculo ou procurando "tabela de integrais" na Internet.

Tabela M-5 Fórmulas de Integração*

1. $\int A\,dt = At$
2. $\int At\,dt = \frac{1}{2}At^2$
3. $\int At^n\,dt = A\frac{t^{n+1}}{n+1}, \quad n \neq -1$
4. $\int At^{-1}\,dt = A\ln|t|$
5. $\int e^{bt}\,dt = \frac{1}{b}e^{bt}$
6. $\int \cos\omega t\,dt = \frac{1}{\omega}\operatorname{sen}\omega t$
7. $\int \operatorname{sen}\omega t\,dt = -\frac{1}{\omega}\cos\omega t$
8. $\int_0^\infty e^{-ax}\,dx = \frac{1}{a}$
9. $\int_0^\infty e^{-ax^2}\,dx = \frac{1}{2}\sqrt{\frac{\pi}{a}}$
10. $\int_0^\infty xe^{-ax^2}\,dx = \frac{2}{a}$
11. $\int_0^\infty x^2e^{-ax^2}\,dx = \frac{1}{4}\sqrt{\frac{\pi}{a^3}}$
12. $\int_0^\infty x^3e^{-ax^2}\,dx = \frac{4}{a^2}$
13. $\int_0^\infty x^4e^{-ax^2}\,dx = \frac{3}{8}\sqrt{\frac{\pi}{a^5}}$

* Nestas fórmulas, A, b e ω são constantes. Nas fórmulas 1 a 7, uma constante arbitrária C pode ser somada ao lado direito de cada equação. A constante a é maior do que zero.

Exemplo M-14 Integrando Equações de Movimento

Uma partícula está se movendo com aceleração constante a. Escreva uma fórmula para a posição x no tempo t, sabendo que a posição e a velocidade são x_0 e v_0, no tempo $t = 0$.

SITUAÇÃO A velocidade v é a derivada de x em relação ao tempo t, e a aceleraçao é a derivada de v em relação a t. Podemos escrever uma função $x(t)$ realizando duas integrações.

SOLUÇÃO

1. Integre a em relação a t para determinar v como função de t. Pode-se fatorar a do integrando, já que a é constante:

$$v = \int a\,dt = a\int dt$$

$$v = at + C_1$$

onde C_1 representa a vezes a constante de integração.

2. A velocidade v é igual a v_0 quando $t = 0$:

$$v_0 = 0 + C_1 \Rightarrow C_1 = v_0$$

logo $v = v_0 + at$

3. Integre v em relação a t para determinar x como função de t:

$$x = \int v\,dt = \int (v_0 + at)\,dt = \int v_0\,dt + \int at\,dt$$

$$x = v_0\int dt + a\int t\,dt = v_0t + \tfrac{1}{2}at^2 + C_2$$

onde C_2 representa a combinação das constantes de integração.

4. A posição x é igual a x_0 quando $t = 0$:

$$x_0 = 0 + 0 + C_2$$

logo $x = x_0 + v_0t + \frac{1}{2}at^2$

CHECAGEM Derive duas vezes o resultado do passo 4 para obter a aceleração:

$$v = \frac{dx}{dt} = \frac{d}{dt}(x_0 + v_0t + \tfrac{1}{2}at^2) = 0 + v_0 + at$$

$$a = \frac{dv}{dt} = \frac{d}{dt}(v_0 + at) = a$$

PROBLEMAS PRÁTICOS

29. $\int_3^6 3\,dx =$

30. $V = \int_5^8 \pi r^2\,dL =$

Respostas dos Problemas Práticos

1. 0,24 L
2. 31,6 m/s
3. 6,0 kg/cm^3
4. -3
5. 1,54 L
6. 3,07 L
7. Falso
8. $x = (4{,}5\ \text{m/s})t + 3{,}0\ \text{m}$
9. $x = 8,\ y = 60$
11. $2(x - y)^2$
12. $x^2(2x + 4)(x + 3)$
13. $x^{1/2}$
14. x^6
15. 3
16. ~ 2,322
17. $V/A = \frac{1}{3}r$
18. $A = \dfrac{2}{3}\pi L^2$
19. $\text{sen}\ \theta = 0{,}496,\ \cos\theta = 0{,}868,\ \theta = 29{,}7°$
20. $\text{sen}\ 8{,}2° = 0{,}1426,\ 8{,}2° = 0{,}1431\ \text{rad}$
21. 0,996, 0,996 00, próximo de 0%
22. $0{,}96,\ 0{,}960\,77,\ \ll 1\%$
23. $-1 + 0i = -1$
24. $0 + i = i$
25. $dy/dx = \frac{5}{24}x^2 - 24$
26. $dy/dt = ae^{bt}(bt + 1)$
27. 0,693 s
28. 51 a
29. 9
30. $3\pi r^2$

Respostas dos Problemas Ímpares de Finais de Capítulos

As respostas dos problemas são calculadas usando $g = 9{,}81$ m/s², a não ser quando diferentemente especificado. Diferenças no último algarismo podem facilmente resultar de diferenças de arredondamento dos dados de entrada e não são importantes.

Capítulo 1

1 (*c*)
3 (*c*)
5 $1{,}609 \times 10^5$ cm/mi
7 (*e*)
9 Falso
11

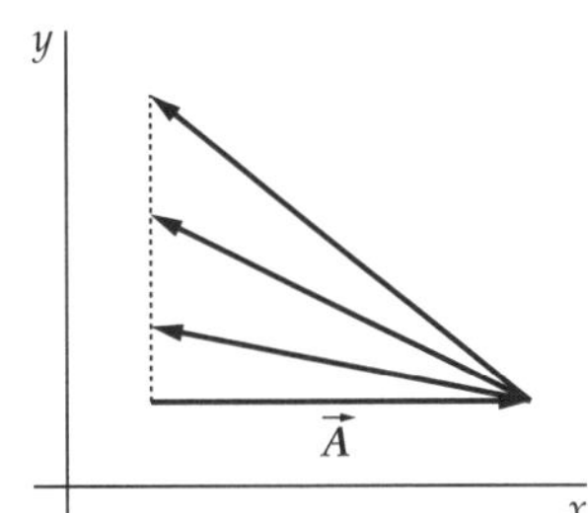

13

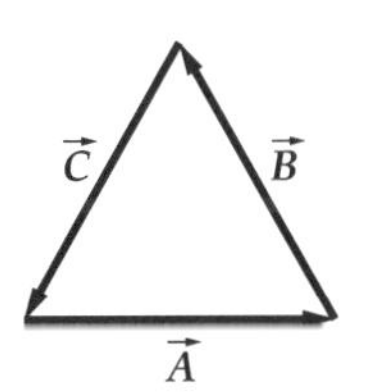

15 $2{,}0 \times 10^{27}$ moléculas
17 (*a*) $\approx 3 \times 10^{10}$ fraldas descartáveis, (*b*) $\approx 2 \times 10^7$ m³, (*c*) $\approx 0{,}8$ mi²
19 (*a*) 50 MB, (*b*) 7×10^2 romances
21 (*a*) 40×10^{-6} W, (*b*) 4×10^{-9} s, (*c*) 3×10^6 W, (*d*) 25×10^3 m
23 (*a*) C_1 em m; C_2 em m/s, (*b*) C_1 em m/s², (*c*) C_1 em m/s², (*d*) C_1 em m; C_2 em s⁻¹, (*e*) C_1 em m/s; C_2 em s⁻¹
25 (*a*) $4{,}00 \times 10^7$ m, (*b*) $6{,}37 \times 10^6$ m, (*c*) $2{,}49 \times 10^4$ mi, $3{,}96 \times 10^3$ mi
27 210 cm
29 1,280 km
31 (*a*) 36,00 km/h · s, (*b*) 10,00 m/s², (*c*) 88 ft/s, (*d*) 27 m/s
33 (*a*) $1{,}3 \times 10^4$ lb, (*b*) 4 fardos
35 (*a*) m/s², (*b*) s, (*c*) m
37 T^{-1}
39 (*a*) M/T^2, (*b*) kg · m²/s²
43 M/L^3
45 (*a*) 30 000, (*b*) 0,0062, (*c*) 0,000 004, (*d*) 217 000
47 (*a*) $1{,}14 \times 10^5$, (*b*) $2{,}25 \times 10^{-8}$, (*c*) $8{,}27 \times 10^3$, (*d*) $6{,}27 \times 10^2$
49 $3{,}6 \times 10^6$
51 (*a*) 25,8 mm², (*b*) 30,1 mm²
53 (*a*) $A_x = 5{,}0$ m, $A_y = 8{,}7$ m, (*b*) $v_x = -19$ m/s, $v_y = -16$ m/s, (*c*) $F_x = 35$ lb, $F_y = 20$ lb
55 Você pode ir tanto 87 m para o norte quanto 87 m para o sul. O sentido de sua caminhada deve apontar ou 60° para norte do leste ou 60° para sul do leste, respectivamente.
57 (*a*) $40\hat{i} - 50\hat{j}$, (*b*) $-51°$,
59 $-0{,}59\hat{i} - 0{,}81\hat{j}$; $0{,}92\hat{i} - 0{,}38\hat{j}$; $-0{,}51\hat{i} + 0{,}86\hat{j}$
61 $\approx 3{,}3 \times 10^3$ mi/h, $\approx 5{,}3 \times 10^3$ km/h, $\approx 1{,}5 \times 10^3$ m/s
63 31,7 a
65 $2{,}0 \times 10^{23}$
67 (*a*) $1{,}4 \times 10^{17}$ kg/m³, (*b*) $2{,}2 \times 10^2$ m
69 (*a*) $4{,}848 \times 10^{-6}$ parsec, (*b*) $3{,}086 \times 10^{16}$ m, (*c*) $9{,}461 \times 10^{15}$ m, (*d*) $6{,}324 \times 10^4$ UA, (*e*) 3,262 anos-luz
71 (*a*)

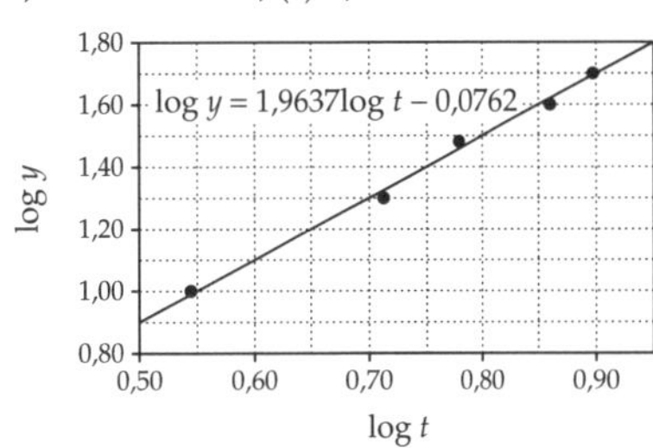

(*c*) $B = 0{,}84$ m/s², $C = 2{,}0$, (*d*) 1,1 s, (*e*) 1,7 m/s²
73 $55{,}4 \times 10^3$ t. A alegação de 50.000 t é conservadora. O peso real é mais próximo de 55.000 t.
75 (*a*)

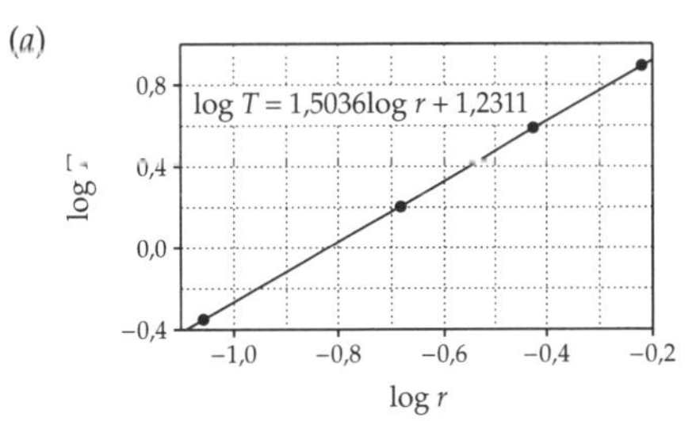

$n = 1{,}50$, $C = 17{,}0$ a/(Gm)$^{3/2}$, $T = [17{,}0$ a/(Gm)$^{3/2}]r^{1{,}50}$, (*b*) $r = 0{,}510$ Gm
77 (*a*) $\vec{F}_{\text{Paulo}} = (35\text{ lb})\hat{i} + (35\text{ lb})\hat{j}$, $\vec{F}_{\text{João}} = (-53\text{ lb})\hat{i} + (-37{,}3\text{ lb})\hat{j}$, (*b*) $\vec{F}_{\text{Maria}} = (18\text{ lb})\hat{i} + (1{,}9\text{ lb})\hat{j}$, $F_{\text{Maria}} = 18$ lb, $\theta = 6{,}1°$ a N do E

Capítulo 2

1 Zero
3 $v_{\text{méd metade 1}} = 2H/T$, $v_{\text{méd metade 2}} = -2H/T$
5 (*a*) Sua rapidez aumentou a partir de zero, permaneceu constante por um período e depois diminuiu.

(*b*)

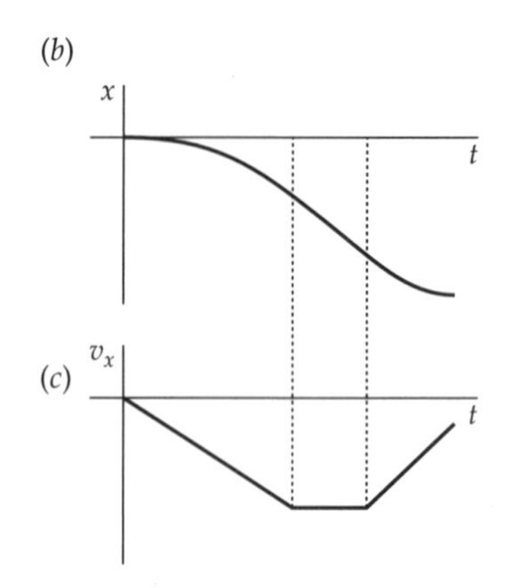

7 Verdadeira

9 Falso. Se fosse verdadeiro, então sempre que as velocidades inicial e final fossem nulas a velocidade média também o seria.

11 (*a*)

13 (*a*) *b*, (*b*) *c*, (*c*) *d*, (*d*) *e*

15 (*a*) B, D e E, (*b*) A e D, (*c*) C

17 (*a*) Verdadeiro, (*b*) Verdadeiro

19 (*a*) 0, (*b*) $-g$, (*c*) A aceleração é maior que *g* em magnitude enquanto a bola está em contato com o teto.

21 (*a*) Falso, (*b*) Falso, (*c*) Verdadeiro

23 (*a*) *c*

(*b*)

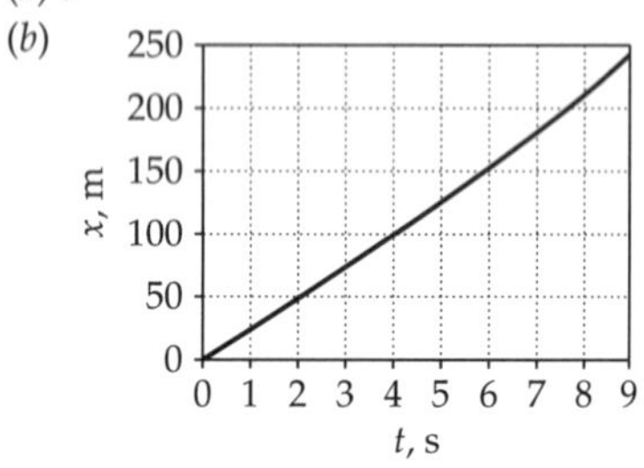

25 B está ultrapassando A.

27 (*c*)

29 (*a*) Sim, quando os gráficos se interceptam, (*b*) Sim, quando as inclinações das curvas têm sinais opostos, (*c*) Sim, quando as curvas têm a mesma inclinação, (*d*) Os dois carros estão mais afastados no instante em que as duas curvas estão mais separadas, na direção *x*.

31 $v_J = \frac{1}{2} v_{máx}$

33 (*a*) *d*, (*b*) *b*, (*c*) Nenhum, (*d*) *c* e *d*

35 (*a*) *a*, *f* e *i*, (*b*) *c* e *d*, (*c*) *a*, *d*, *e*, *f*, *h* e *i*, (*d*) *b*, *c* e *g*, (*e*) *a* e *i*, *d* e *h*, *f* e *i*

37 $-1{,}2 \times 10^3$ m/s²

39 4,03 m/s²

41 (*a*) 1,7 km ≈ 1 mi, (*b*) Se a incerteza em sua estimativa de tempo é menor que 1 s (±20%), a incerteza na estimativa da distância será aproximadamente 20% de 1,7 km, ou aproximadamente 300 m.

43 (*a*) 0,28 km/min, (*b*) −0,083 km/min, (*c*) 0, (*d*) 0,13 km/min

45 (*a*) 2,2 h, (*b*) $(t_{supersônico}/t_{subsônico}) \approx 0{,}45$

47 (*a*) 4,3 a, (*b*) $4{,}3 \times 10^6$ a. Como $4{,}3 \times 10^6$ a $\gg$ 1000 a, Gregório não tem que pagar.

49 23,5 m/s

51 (*a*) 0, (*b*) 0,3 m/s, (*c*) −2 m/s, (*d*) 1 m/s

53 $v_{méd}$ = 122 km/h. $v_{méd\ arit} = 1{,}04\ v_{méd}$. A rapidez média seria igual a um terço da soma dos três valores de rapidez se cada um desses valores fosse mantido no mesmo intervalo de tempo, ao invés de ser mantido ao longo da mesma distância.

55 (*a*)

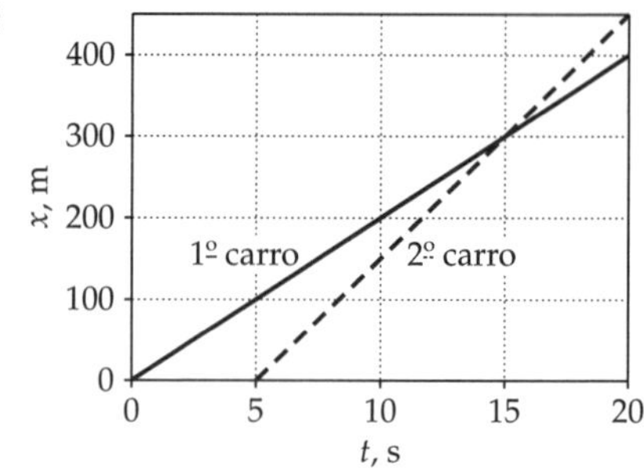

(*b*) 15 s, (*c*) 300 m, (*d*) 100 m

57 15 m/s

59 −2,0 m/s²

61 (*a*) 2,0 m/s, (*b*) $\Delta x = (2t - 5)\,\Delta t + (\Delta t)^2$, (*c*) $v(t) = 2t - 5$

63 (*a*) $a_{méd\ AB} = 3{,}3$ m/s², $a_{méd\ BC} = 0$, $a_{méd\ CE} = -7{,}5$ m/s², (*b*) 75 m

(*c*)

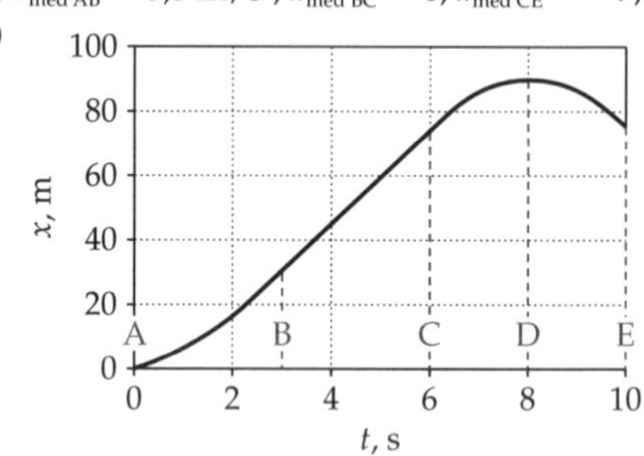

(*d*) No ponto D, t = 8 s, o gráfico corta o eixo do tempo; portanto, v = 0.

65 (*a*) 80 m/s, (*b*) 0,40 km, (*c*) 40 m/s

67 16 m/s²

69 (*a*) 4,1 s, (*b*) 20 m, (*c*) 0,99 s e 3,1 s

71 (*a*)

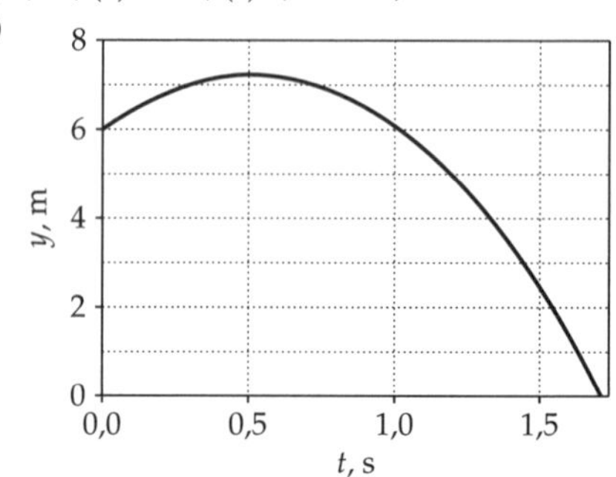

(*b*) 7,3 m, (*c*) 1,7 s, (*d*) 12 m/s

73 44 m

75 68 m/s

77 (*a*) 666 m, (*b*) 14 m/s

79 (*a*) Você não conseguiu seu objetivo. Para subir mais, você pode aumentar o valor da aceleração ou o tempo de aceleração. (*b*) 138 s, (*c*) 610 m/s

81 40 cm/s, −6,9 cm/s²

83 (*a*) 11 mi/h, (*b*) 0,60

85 11 m

87 28 m

89 (*a*) 2,4 m, (*b*) 1,4 s

93 (*a*) 2,1 d, (*b*) 5,8 a

95 4,8 m/s

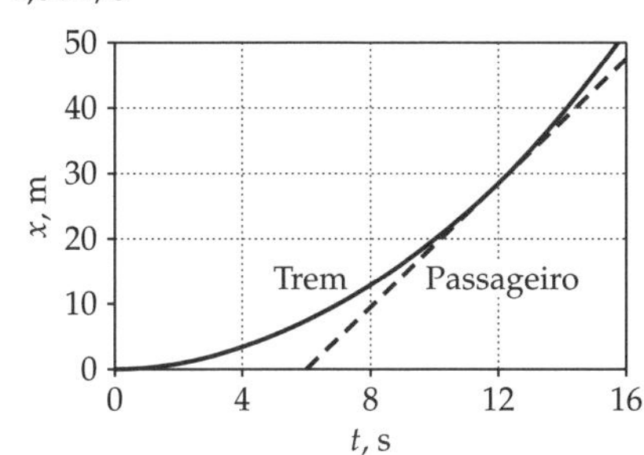

97 $h/3$

99 (*a*) 35 s, (*b*) 1,2 km

(*c*)

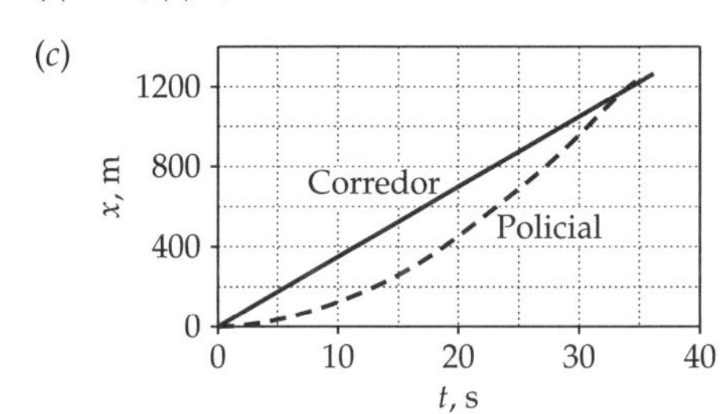

101 (*a*) $2L/3$, (*b*) $\frac{2}{3}t_{\text{final}}$, (*c*) $\sqrt{4aL/3}$

103 (*a*)

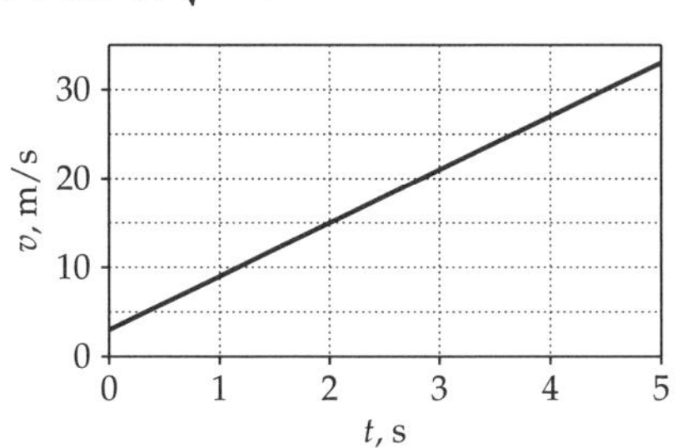

área sob a curva = 90 m

(*b*) $x(t) = (3{,}0\ \text{m/s}^2)t^2 + (3{,}0\ \text{m/s})t$, 90 m

105 $x(t) = (2{,}3\ \text{m/s}^3)t^3 - (5{,}0\ \text{m/s})t$

107 (*a*) 0,25 m/s por caixa, (*b*) 0,93 m/s, 3,0 m/s, 6,0 m/s

(*c*)

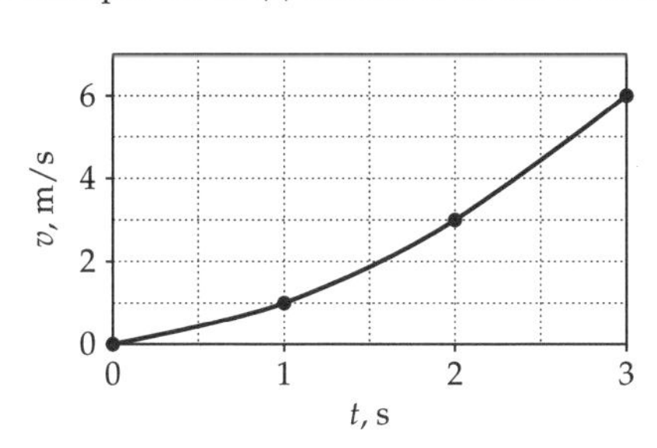

$x(3\ \text{s}) = 6{,}5$ m

109 (*a*)

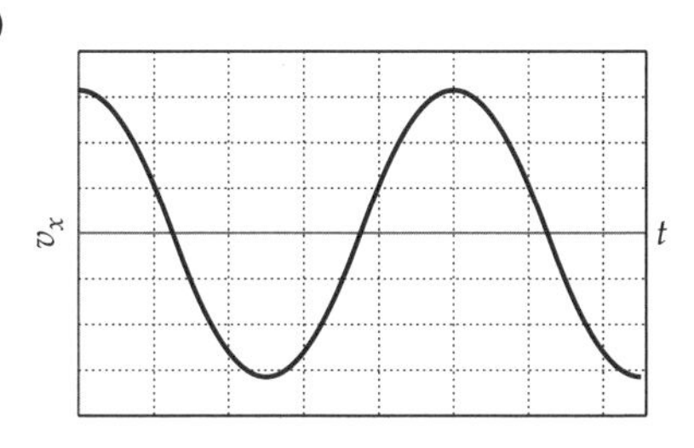

(*b*)

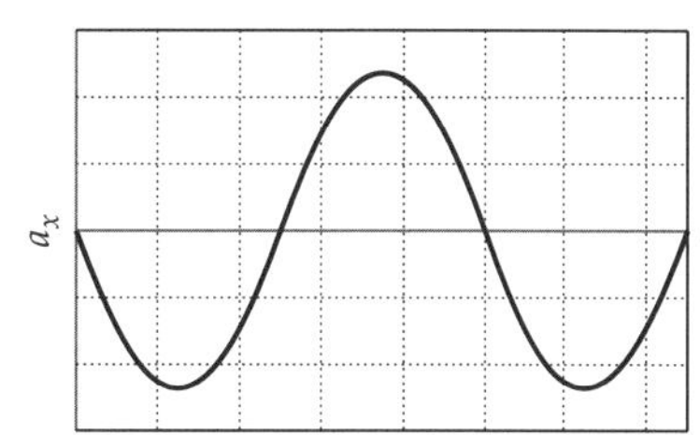

(*c*) Os pontos mais afastados do eixo do tempo correspondem a pontos de retorno. A velocidade do corpo é zero nesses pontos.

(*d*) A velocidade é maior quando a inclinação é maior, e vice-versa. A aceleração é zero quando a concavidade muda de sinal, e a aceleração é maior quando a taxa de variação da inclinação em relação a x é maior.

111 (*a*) $v(t) = (0{,}10\ \text{m/s}^3)t^2 + 9{,}5\ \text{m/s}$,
(*b*) $x(t) = \frac{1}{6}(0{,}20\ \text{m/s}^3)t^3 + (9{,}5\ \text{m/s})t - 5{,}0\ \text{m}$,
(*c*) 13 m/s, 15 m/s. $v_{\text{méd}}$ não é igual a $(v_i + v_f)/2$ porque a aceleração não é constante.

113 (*b*) 0,452 s, (*c*) 12,0 m/s², 22,3%

115 (*a*) O valor máximo da função seno (como em sen ωt) é 1. Logo, o coeficiente $B = v_{\text{máx}}$. (*b*) $a = \omega v_{\text{máx}} \cos(\omega t)$. A aceleração *não* é constante. (*c*) $|a_{\text{máx}}| = \omega v_{\text{máx}}$, (*d*) $x = x_0 + (v_{\text{máx}}/\omega)\,[1 - \cos(\omega t)]$

117 (*a*) s^{-1}, (*c*) $v_t = g/b$

119 (*b*) 0,762

(c)

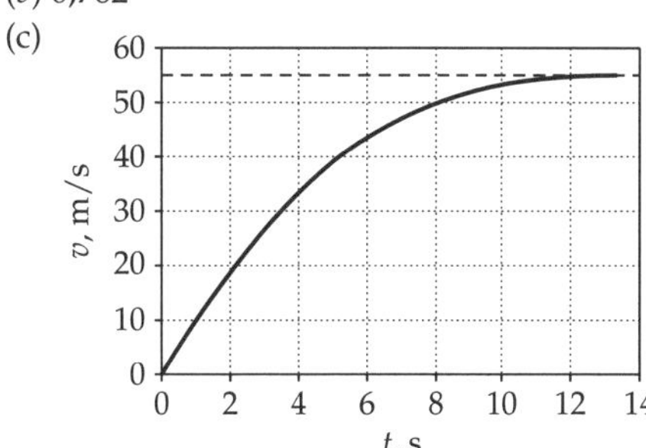

121 Você não deve recorrer da multa.

Capítulo 3

1 Não. Sim.

3 Zero

5 (*e*)

7 (*c*)

9 (*a*) O vetor velocidade é tangente ao caminho.

(*b*)

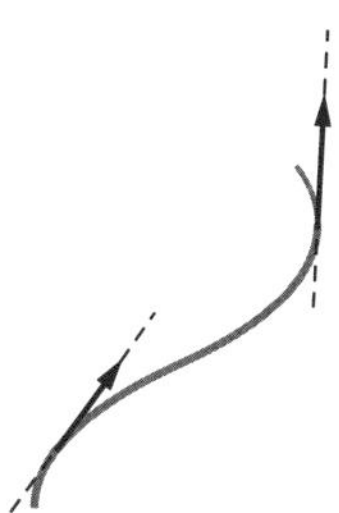

11 (*a*) Um carro percorrendo uma estrada reta e freando. (*b*) Um carro percorrendo uma estrada reta cada vez mais rapidamente. (*c*) Uma partícula movendo-se em um caminho circular com rapidez constante.

13 (*a*)

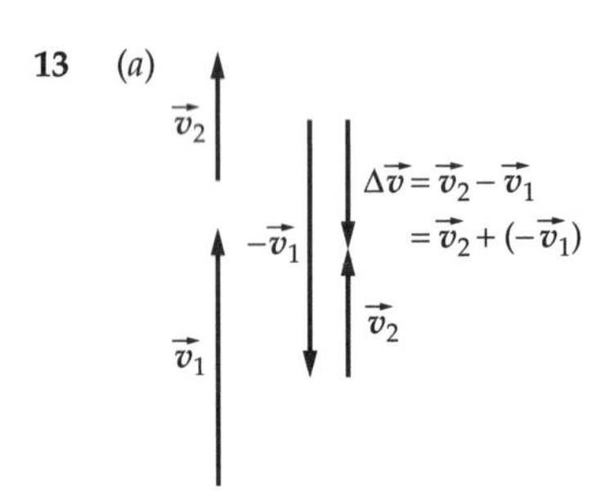

(*b*)

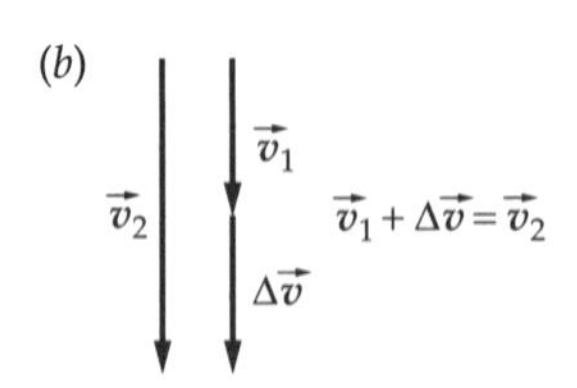

(*c*)

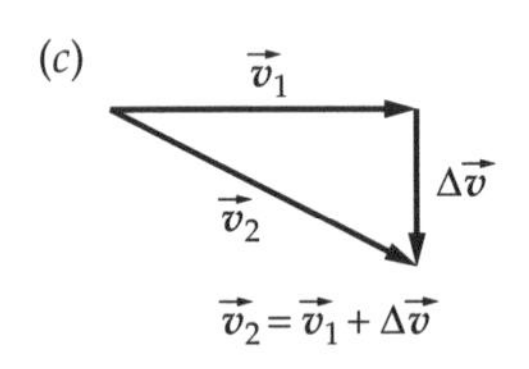

15

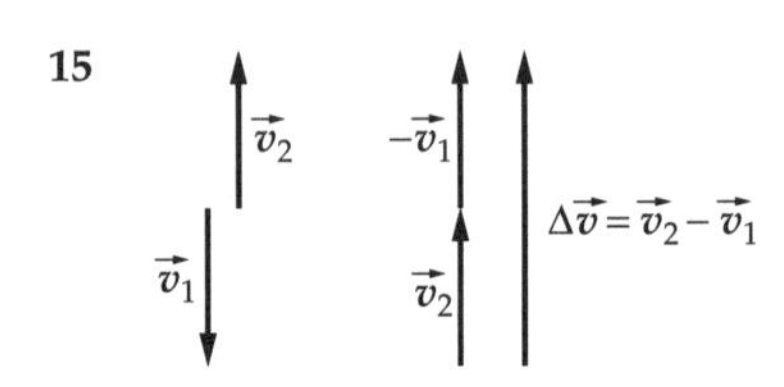

17 Você também deve estar caminhando para o oeste, de forma que a chuva está caindo, em relação a você, na vertical.

19 (*a*) Verdadeiro, (*b*) Verdadeiro, (*c*) Verdadeiro

21 (*d*)

23 (*d*)

25 (*a*) Falso, (*b*) Verdadeiro, (*c*) Verdadeiro, (*d*) Falso, (*e*) Verdadeiro

27 Faça a orientação $+x$ apontar para o leste e a orientação $+y$ apontar para o norte. Então,

(*a*)

Caminho	Orientação do Vetor Velocidade
AB	para o Norte
BC	para o Nordeste
CD	para o Leste
DE	para o Sudeste
EF	para o Sul

(*b*)

Caminho	Orientação do Vetor Aceleração
AB	para o Norte
BC	para o Sudeste
CD	0
DE	para o Sudoeste
EF	para o Norte

(*c*) A magnitude da aceleração é maior em DE do que em BC.

29 A gota que cai da garrafa tem a mesma velocidade horizontal do navio. Enquanto a gota está no ar, ela também está se movendo horizontalmente, com a mesma velocidade do navio. Por causa disso, ela cai na bacia, que também tem a mesma velocidade horizontal. Como você tem a mesma velocidade horizontal do navio, você vê as coisas como se o navio estivesse parado.

31 (*a*) Verdadeiro, (*b*) Falso, (*c*) Falso, (*d*) Verdadeiro

33 (*a*)

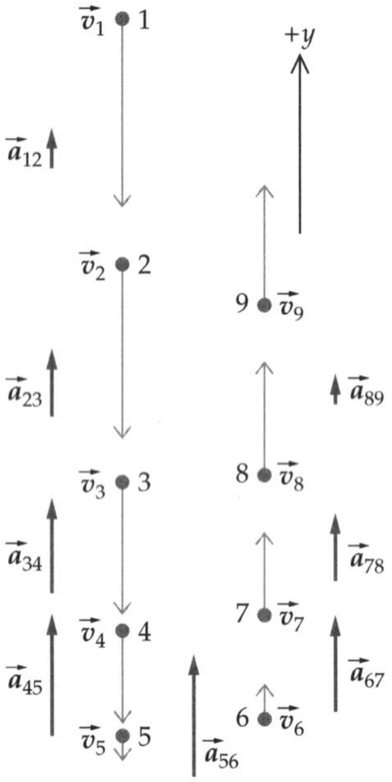

i	v_y (m/s)	Δv_y (m/s)	$a_{méd}$ (m/s²)
1	−0,78		
2	−0,69	0,09	1,8
3	−0,55	0,14	2,8
4	−0,35	0,20	4,0
5	−0,10	0,25	5,0
6	0,15	0,25	5,0
7	0,35	0,20	4,0
8	0,49	0,14	2,8
9	0,53	0,04	0,8

(*b*) O vetor aceleração aponta sempre para cima, de forma que o sinal de sua componente y não varia. A magnitude do vetor aceleração é maior quando a corda elástica está distendida ao máximo.

35 $\approx 7 \times 10^4$ m/s²

37 15 m/s

39 $\Delta\vec{B} = 0$, $\Delta\vec{A} = -(0{,}25\text{ m})\hat{j} - (0{,}25\text{ m})\hat{i}$

41

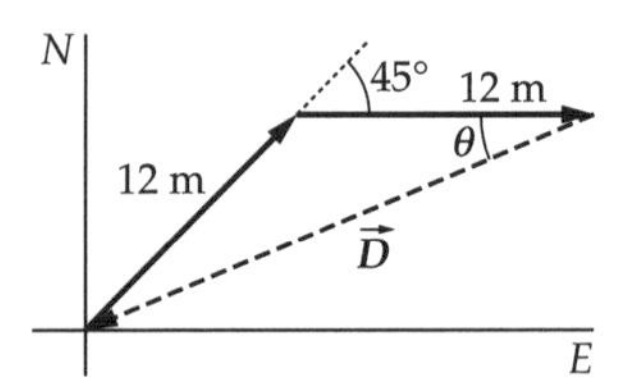

$\vec{D} \approx 22$ m a um ângulo de 23° ao sul do oeste

43 (*a*) $\vec{D} = (3{,}0\text{ m})\hat{i} + (3{,}0\text{ m})\hat{j} + (3{,}0\text{ m})\hat{k}$, (*b*) 5,2 m

45 $\vec{v}_{méd} = (14\text{ km/h})\hat{i} + (-4{,}1\text{ km/h})\hat{j}$

47 7,2 m/s

49 (*a*) $\vec{v}_{méd} = (33\text{ m/s})\hat{i} + (27\text{ m/s})\hat{j}$,
(*b*) $\vec{a}_{méd} = (-3{,}0\text{ m/s}^2)\hat{i} + (-1{,}8\text{ m/s}^2)$

51 $\vec{v} = 30\hat{i} + (40 - 10t)\hat{j}$, $\vec{a} = (-10\text{ m/s}^2)\hat{j}$

53 (*a*) $\vec{v}_{méd} = (20\text{ m/s})(-\hat{i} + \hat{j})$,
(*b*) $\vec{a}_{méd} = (-2{,}0\text{ m/s}^2)\hat{i}$, (*c*) $\Delta\vec{r} = (600\text{ m})(-\hat{i} + \hat{j})$

55 (*a*) 16° a oeste do norte, (*b*) 280 km/s
57 8,5°; 2,57 h
59 Você deve voar cruzando o vento.
61 (*a*) $\vec{r}_{AB}(6{,}0\ s) = (1{,}2 \times 10^2\ m)\hat{i} + (4{,}0\ m)\hat{j}$, (*b*) $\vec{v}_{AB}(6{,}0\ s) = (-20\ m/s)\hat{i} - (12\ m/s)\hat{j}$, (*c*) $(-2{,}0\ m/s^2)\hat{j}$
63 (*a*) $\vec{v}_{rel} = (0{,}80\ m/s)\hat{i} - (1{,}2\ m/s)\hat{j}$, (*b*) 1,0 m/s
65 $1{,}5 \times 10^{-6}\ m/s^2$, $1{,}55 \times 10^{-7}\ g$
67 (*a*) 463 m/s, 0,343 por cento de g, (*b*) Apontando da pessoa para o centro da Terra, (*c*) 380 m/s, $2{,}76 \times 10^{-2}\ m/s^2$, (*d*) Zero
69 (*a*) 14 s, 1,8 m/s, (*b*) 0,89 m/s, 0,40 m/s^2
71 (*a*) 15 cm, (*b*) As acelerações vão de 1300g a 2700g.
73 $h = (v_0^2\ \text{sen}^2\ \theta_0)/2g$
75 34 m/s
77 20,3 m/s, 36,1°
79 69,3°
81 (*a*) 18 m/s, (*b*) 13°
83 (*a*) 8,1 m/s, (*b*) 23 m/s
85 63,4° abaixo da horizontal
87 (*a*) Não consegue. (*b*) 0,34 m sob o travessão, (*c*) 5,2 m
89 (*a*) 0,97 s, (*b*) 4,2 m, (*c*) 13 m/s, a 70° abaixo da horizontal
91 (*a*) 485 km, (*b*) 1,70 km/s
93 (*a*) 194 m, (*c*) 219 m, 11 por cento
95 (*b*) 80 m, (*c*) 88 m. A solução aproximada é menor. (A aproximação ignora termos de ordem superior, que são importantes quando as diferenças não são pequenas.)
99 (*a*) 11 m/s, (*b*) 3,1 s, (*c*) $\vec{v} = (6{,}5\ m/s)\hat{i} + (-22\ m/s)\hat{j}$
101 (*a*) 21,5 m/s, (*b*) 3,53 s, (*c*) 19,3 m/s
103 (*a*) 7,41 m/s, (*b*) 0,756 s, (*c*) 15,9 m/s, 17,5 m/s, 25,0°
105 (*a*) 0,785 m, (*b*) 105 m
107 (*a*) 1,1 m, (*b*) 3,9 m
109 (*a*) 15 km, (*b*) 54 s
111 806 mi/h, 60,3° a norte do oeste
113 quarto degrau
115 (*a*) $v_{mín} = \dfrac{L}{\cos\theta}\sqrt{\dfrac{g}{2(x\tan\theta - h)}}$, (*b*) $v_{mín} = 26\ m/s = 58\ mi/h$
119 (*a*) 26 m/s, (*b*) 7,8°
121 52,9 km, 52,8° a leste do norte

Capítulo 4

1 Sim, há forças atuando sobre ela. São as mesmas que atuam sobre uma xícara na mesa de sua cozinha.
3 Dentro da limusine, você segura uma extremidade do barbante e pendura o objeto na outra extremidade. Se o barbante permanece na vertical, o referencial da limusine é um referencial inercial. Não, você não pode determinar a velocidade da limusine.
5 Não. Você necessita de informações adicionais para prever a orientação do movimento subseqüente.
7 A massa do corpo é constante. No entanto, o sistema solar ainda atrai o corpo com uma força gravitacional.
9 Você e o elevador podem estar descendo e freando ou subindo e aumentando a rapidez. Nos dois casos, seu peso aparente é maior que seu peso real.
11 A força mais significativa em nosso dia-a-dia é a gravidade. Ela literalmente nos mantém juntos ao chão. A outra força mais relevante é a força eletromagnética. Ela fornece a "cola" que mantém os sólidos e os faz rígidos. Ela é de grande importância em circuitos elétricos.
13 (*a*) Força normal, de contato, (*b*) Normal, contato, (*c*) Normal, contato, (*d*) Normal, contato, (*e*) Gravitacional, ação a distância. As duas forças normais que os dois blocos exercem um sobre o outro e as duas forças normais que a mesa e o bloco de baixo exercem um sobre o outro.
15 Quando o prato está sobre a mesa, a força normal F_n que atua sobre ele para cima é exercida pela mesa e é do mesmo tamanho da força gravitacional F_g sobre o prato. Então, o prato não acelera. No entanto, para frear o prato em uma queda é necessário que $F_n > F_g$ (ou $F_n \gg F_g$, se a mesa é dura e a queda é rápida). Uma força normal grande exercida sobre o prato de louça fina poderá quebrá-lo.
17 (*a*) A força normal do bloco de apoio sobre o velocista, apontando para a frente.
(*b*) A força de atrito do gelo sobre o disco, no sentido oposto ao da velocidade.
(*c*) A força gravitacional da Terra sobre a bola, para baixo.
(*d*) A força da corda elástica esticada sobre a saltadora, para cima.
19 (*a*) (2) 100 N, (*b*) São iguais. (*c*) São iguais.
21 (*a*)

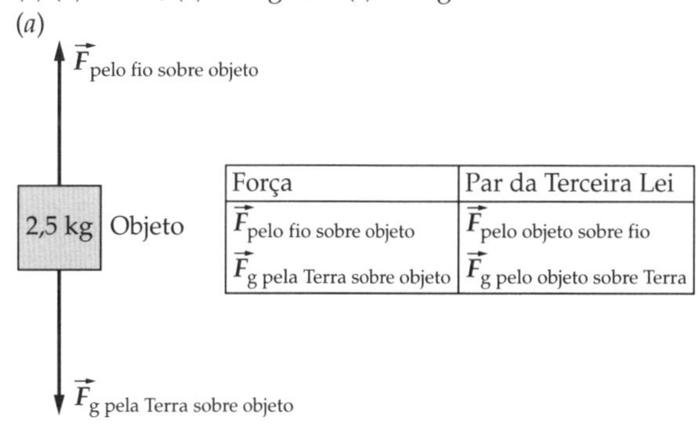

Força	Par da Terceira Lei
$\vec{F}_{\text{pelo fio sobre objeto}}$	$\vec{F}_{\text{pelo objeto sobre fio}}$
$\vec{F}_{\text{g pela Terra sobre objeto}}$	$\vec{F}_{\text{g pelo objeto sobre Terra}}$

(*b*)

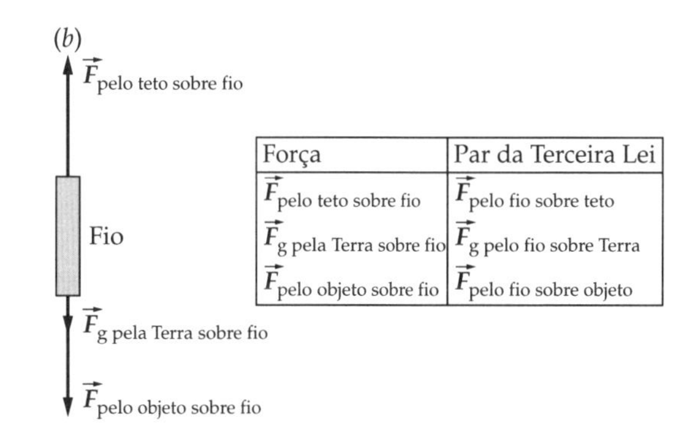

Força	Par da Terceira Lei
$\vec{F}_{\text{pelo teto sobre fio}}$	$\vec{F}_{\text{pelo fio sobre teto}}$
$\vec{F}_{\text{g pela Terra sobre fio}}$	$\vec{F}_{\text{g pelo fio sobre Terra}}$
$\vec{F}_{\text{pelo objeto sobre fio}}$	$\vec{F}_{\text{pelo fio sobre objeto}}$

23 (*a*)

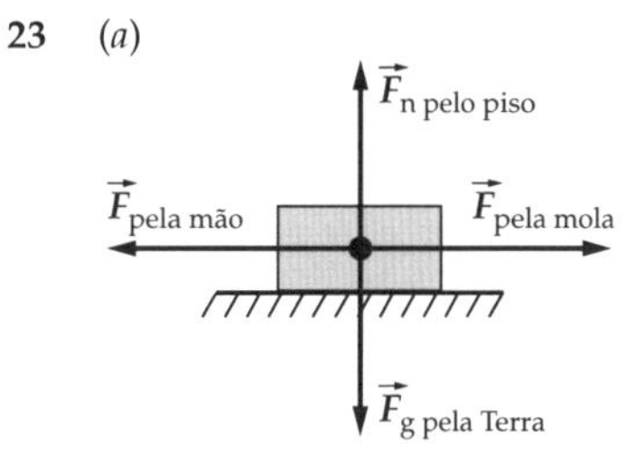

(*b*)

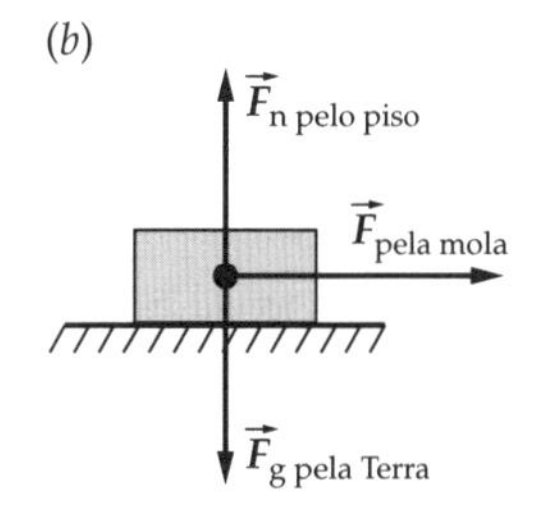

(*c*) 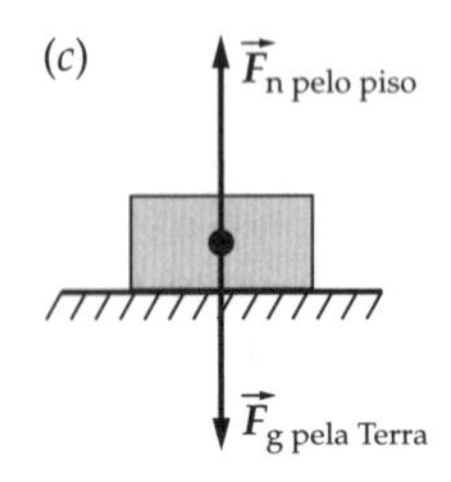

25 (*a*) m_2/m_1, (*b*) m_2/m_1, (*c*) $\Delta x = \frac{1}{2}F(m_2^{-1} - m_1^{-1})(\Delta t)^2$. Como $m_1 > m_2$, o objeto de massa m_2 está à frente.
27 3,6 kN
29 −17 kN
31 (*a*) 6,0 m/s², (*b*) 1/3, (*c*) 2,3 m/s²
33 12 kg
35 (*a*) −3,8 kN, (*b*) 3,00 cm
37 (*a*) 4,2 m/s², formando 45° com cada força, (*b*) 8,4 m/s², formando 15° com $2\vec{F}$.
39 (*a*) 4,0 m/s², (*b*) 2,4 m/s²
41 (*a*) $\vec{a} = (1{,}5\ \text{m/s}^2)\hat{i} + (-3{,}5\ \text{m/s}^2)\hat{j}$,
(*b*) $\vec{v}(3{,}0\ \text{s}) = (4{,}5\ \text{m/s})\hat{i} + (-11\ \text{m/s})\hat{j}$,
(*c*) $\vec{r}(3{,}0\ \text{s}) = (6{,}8\ \text{m})\hat{i} + (-16\ \text{m})\hat{j}$
43 (*a*) $5{,}3 \times 10^2$ N, (*b*) $1{,}2 \times 10^2$ lb
45 (*a*) 2,45 kN, (*b*) 409 N, (*c*) 2,04 kN
47 (*a*)

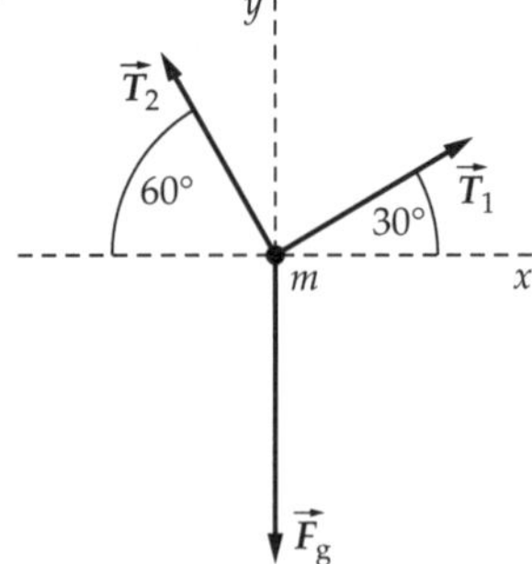

(*b*) T_2 é maior que T_1
49 (*a*) 37°, (*b*) 4,1 N, (*c*) $T_1 = 3{,}4$ N, $T_2 = 2{,}4$ N, $T_3 = 3{,}4$ N
51 $\vec{F}_3 = (-5{,}0\ \text{N})\hat{i} + (-26\ \text{N})\hat{j}$
53 (*a*) 3,82 kN, (*b*) 4,30 kN
55 (*a*) Se $T_H = 10{,}0$ N, então a largura do arco é 9,56 m. (*b*) Se a largura do arco é 8,00 m, então $T_H = 3{,}72$ N e o arco tem 2,63 m de altura, o suficiente para alguém passar por baixo dele.
57 56,0 N
59 (*a*) $T = 0{,}42$ kN, $F_n = 0{,}25$ kN, (*b*) $T = mg$ sen θ
61 0,55 kN
63 (*a*) 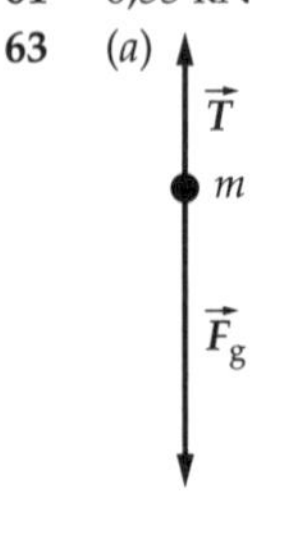

(*b*) 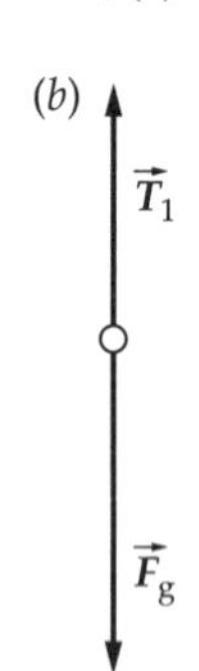

(*c*) Não. Não há diferença.
65 (*a*) 20 N, (*b*) 20 N, (*c*) 26 N, (*d*) $T_{0\to 5\,s} = 20$ N, $T_{5\,s\to 9\,s} = 15$ N,
67 (*a*) 1,3 m/s², (*b*) $T_1 = 17$ N, $T_2 = 21$ N
69 (*a*) $a = \dfrac{F}{m_1 + m_2}$, $F_{21} = \dfrac{Fm_1}{m_1 + m_2}$, (*b*) 0,40 m/s²; 0,8 N
73 (*a*)

(*b*) 592 N
75 (*a*) $a = \dfrac{g(m_2 - m_1 \text{ sen } \theta)}{m_1 + m_2}$, $T = \dfrac{gm_1m_2(1 + \text{sen } \theta)}{m_1 + m_2}$, (*b*) 2,5 m/s², 37 N
77 (*a*) 1,4 m/s², 61 N, (*b*) $(m_1/m_2) = 1{,}19$
79 (*a*) 0,40 kN, (*b*) 0,37 kN
81 (*a*) $a_{20} = 2{,}5$ m/s², $a_5 = 4{,}9$ m/s², (*b*) $T = 25$ N
83 $m_{\text{outra massa}} = 1{,}4$ kg ou 1,1 kg
85 $F_{\text{em } m_2} = \left(\dfrac{m_2 + m_1^2 + m_2^2}{m + m_1 + m_2}\right)g$
87 $T_B = 305$ N, $F_{\text{mastro sobre o convés}} = 1{,}55$ kN
89 (*a*) −0,10 km/s², (*b*) 6,1 cm, (*c*) 35 ms
91 (*a*) $a = \dfrac{F}{m_1 + m_2}$, (*b*) $F_{\text{res}} = \dfrac{m_2}{m_1 + m_2}F$, (*c*) $T = \dfrac{m_1}{m_1 + m_2}F$
93 (*a*) 55,0 g, (*b*) 2,45 m/s², 2,03 N
95 (*a*)$T\ 5\ \frac{1}{3}(F_2 + 2F_1)$, (*b*) $t_0 = (3T_0/4C)$
97 (*a*) Você deve atirar a bota no sentido contrário ao da margem mais próxima. (*b*) 420 N, (*c*) 7,52 s
99 (*a*)

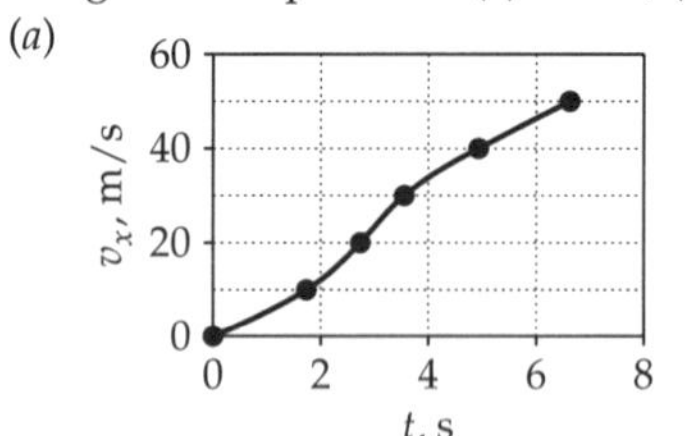

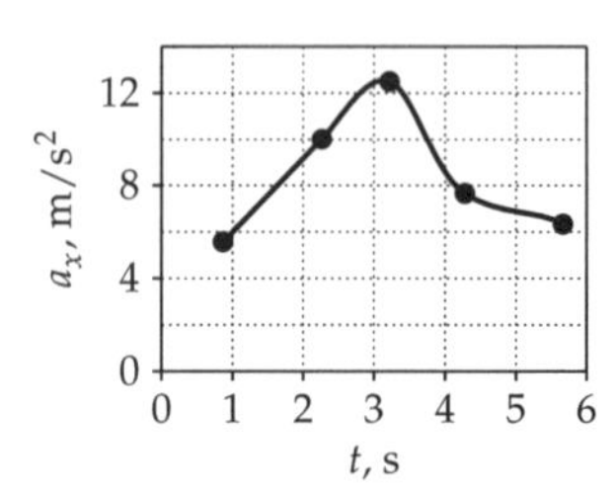

(*b*) 2,8 s a 3,6 s, (*c*) 5500 N, (*d*) 160 m

Capítulo 5

1 Forças de atrito estático e cinético são responsáveis pelas acelerações. Se o coeficiente de atrito estático entre o piso e o objeto for suficientemente grande, então o objeto não escorregará dentro do caminhão. Quanto maior for a aceleração do caminhão, maior será o coeficiente de atrito estático necessário para evitar o escorregamento.
3 (*d*)
5 (*c*)
7 Quando o elástico se distende, a força exercida pelo elástico sobre o bloco aumenta. Uma vez excedido o valor máximo da força de atrito estático, o bloco escorrega. Então, ele

encurtará o comprimento do elástico, diminuindo a força que este exerce. A força de atrito cinético freia então o bloco, até o repouso, e o ciclo recomeça.

9 (*a*), (*b*) e (*c*)

11 O bloco 1 atingirá a polia antes de o bloco 2 atingir a parede.

13 O arraste do ar é proporcional à massa específica do ar e à área de seção reta do objeto. Em um dia quente o ar é menos denso. O ar também é menos denso em grandes altitudes. Apontar as mãos implica menor área exposta às forças de arraste e, portanto, as reduz. Roupas polidas e arredondadas têm o mesmo efeito que apontar as mãos.

15 (*c*)

17 (*a*) A força de arraste é proporcional à área exposta e a uma potência da rapidez. A força de arraste sobre a pena inicialmente é maior porque a pena expõe uma maior área do que a pedra. À medida que a pedra ganha rapidez, a força de arraste sobre ela aumenta. A força de arraste sobre a pedra acabará por superar a força de arraste sobre a pena, porque a força de arraste sobre a pena não pode exceder a força gravitacional sobre a pena.
(*b*) A rapidez terminal é muito maior para a pedra do que para a pena. A aceleração da pedra permanecerá grande até que sua rapidez atinja a rapidez terminal.

19 $a_{cm} = (m_1/(m_1 + m_2))a_1$

21 O atrito da estrada sobre os pneus freia o carro

23 O centro de massa se desloca para baixo

25 A aceleração do centro de massa é zero.

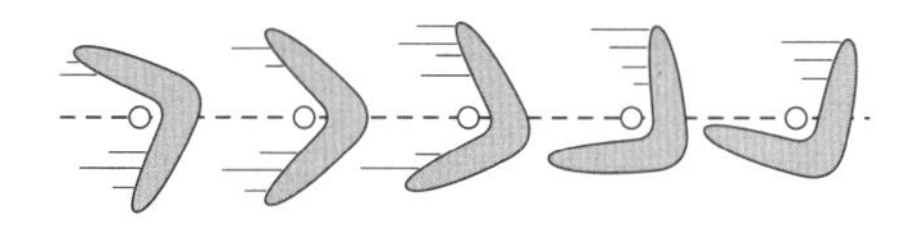

27 (*a*) M/T, kg/s, (*b*) M/L, kg/m, (*c*) ML/T^2, (*d*) 57 m/s, (*e*) 87 m/s

29 $\mu_e \approx 1{,}4$. Não deve ser uma boa idéia. Os pneus sobre o asfalto ou sobre o concreto possuem um coeficiente de atrito estático máximo próximo de 1.

31 (*b*)

33 (*a*) 15 N, (*b*)12 N

35 500 N

37 (*a*) 5,9 m/s^2, (*b*) 76 m

39 (*a*) 49,1 N, (*b*) 123 N

41 (*a*) 4,6° (*b*) 4,6°

43 0,84 m/s

45 2,4 m/s^2, 37 N

47 (*a*) 4,0 m, (*b*) 0,47

49 (*a*) 2,7 m/s^2, (*b*)10 s

51 (*a*) 0,96 m/s^2, (*b*) 0,18 N

53 (*a*) A força de atrito estático opõe-se ao movimento do objeto, e o valor máximo da força de atrito estático é proporcional à força normal F_N. A força normal é igual ao peso menos a componente vertical F_y da força F. Manter a magnitude F constante ao se aumentar o ângulo θ a partir de zero implica uma diminuição de F_n e, portanto, em uma correspondente diminuição da força de atrito estático máxima, $f_{máx}$. O objeto começará a se mover se a componente horizontal F_x da força F exceder a $f_{máx}$. Um aumento de θ resulta em uma diminuição de F_x. Quando θ aumenta a partir de 0, a diminuição de F_N é maior que a diminuição de F_x, de forma que o objeto fica cada vez mais na iminência de deslizar. No entanto, quando θ se aproxima de 90°, F_x se aproxima de zero e nenhum movimento será iniciado. Se F é grande o suficiente e se θ aumenta a partir de 0, então, para algum valor de θ o bloco começará a se mover.
(*b*)

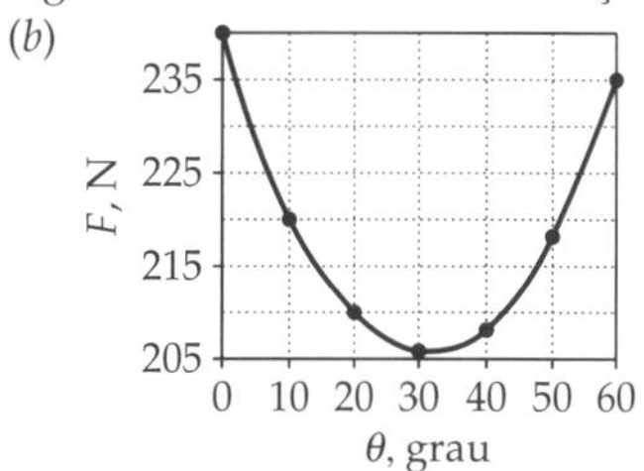

Do gráfico, pode-se ver que o valor mínimo para F ocorre quando $\theta \approx 32°$.

57 (*a*) 0,24, (*b*) 1,4 m/s^2

59 (*a*) 18 N, (*b*) 1,5 m/s^2, 2,9 N (*c*) $a_1 = 2{,}0$ m/s^2, $a_2 = 7{,}8$ m/s^2

61 (*a*) 5,7°, (*b*) 1,9 m/s

63 (*a*) $F_{mín} = -1{,}6$ N, $F_{máx} = 84$ N, (*b*) $F_{mín} = 5{,}8$ N, $F_{máx} = 37$ N (A orientação $+x$ é para a direita.)

65 (*b*) 0,30, (*c*) 2,8 m/s

67 $2{,}8 \times 10^{-4}$ kg/m

69 $d_{n\ \text{filtros}} = \sqrt{n}\ d_{1\ \text{filtro}}$

71 25 m/s

73 (*a*) cerca de 39 ms, (*b*) Com a força de arraste do Problema 72, um tempo cerca de 86 vezes maior do que com a centrífuga.

75 25°

77 (*a*) 1,4 m/s, (*b*) 8,5 N

79 (*a*) 8,33 m/s^2, para cima, (*b*) 667 N, para cima, (*c*) 1,45 kN, para cima

81 $T_1 = [m_2(L_1 + L_2) + m_1L_1](2\pi/T)^2$, $T_2 = m_2(L_1 + L_2)(2\pi/T)^2$

83 (*a*) 53° acima da horizontal, 0,41 kN, (*b*) 53° abaixo da horizontal, 0,41 kN

85 (*a*) 0,40 N, (*b*) 0,644

87 52°

89 12,8 m/s

91 (*a*) 7,3 m/s, (*b*) 0,54

93 22°

95 (*a*) 7,8 kN, (*b*) −0,78 kN

97 $20\ \text{km/h} \leq v \leq 56\ \text{km/h}$

99 (*a*) cerca de 60,4 m, (*b*) cerca de 60,6 m, (*c*) cerca de 3,3 s, (*d*) cerca de 3,7 s, (*e*) menor

101 (0,23 cm; 0)

103 (2,0 m, 1,4 m)

105 (1,5 m, 1,4 m)

107 $(\frac{1}{4}L, \frac{1}{4}L)$

113 $\vec{v}_{cm} = (3{,}0\ \text{m/s})\hat{i} - (1{,}5\ \text{m/s})\hat{j}$

115 $\vec{a}_{cm} = (2{,}4\ \text{m/s}^2)\hat{i}$

117 (*a*)

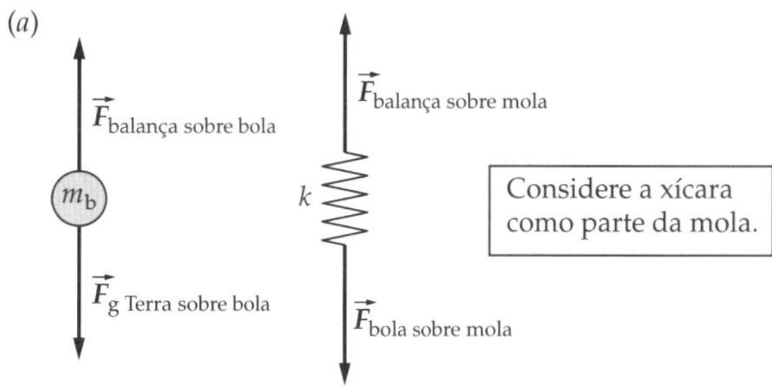

(*c*) $F_{\text{pela balança}} = (m_{\text{bola}} + m_{\text{plataforma}})g$

119 (*a*)

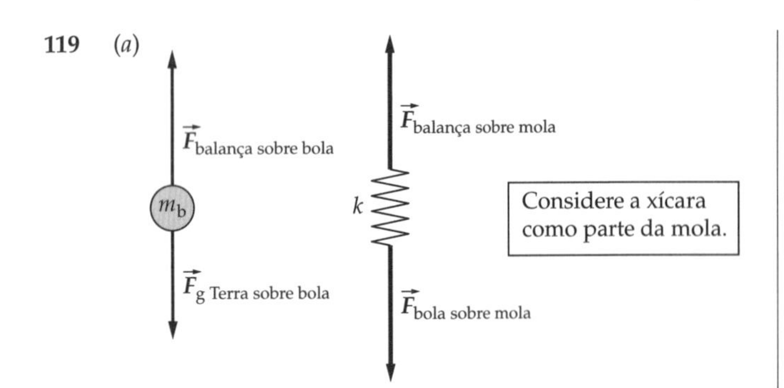

(*b*) $d' = \dfrac{m_b(g + a)}{k} > d$,

(*c*) $F_{\text{pela balança}} = (m_b + m_p)(a + g) > F_{\text{pela balança Prob. 117}}$

121 0,51
123 1,49 kN
125 (*a*) 49 m/s², (*b*) 13 rev/min
127 (*a*) 0,19 kN, (*b*) 52 N, (*c*) 35 N, (*d*) 0,24 kN, (*e*) 0,54 kN
129 0,43
131 (*a*)

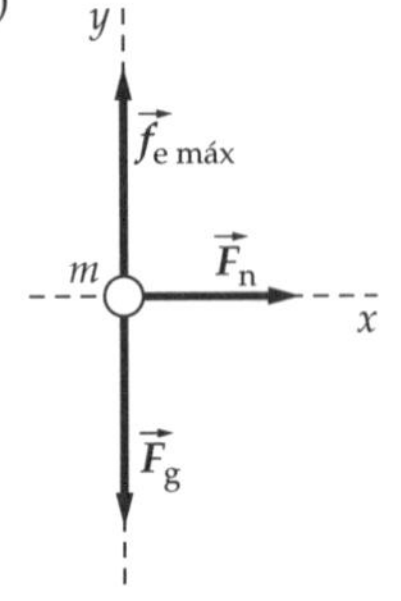

(*b*) 0,74 kN, (*c*) 20 rev/min. Este resultado vale para todos, independentemente da massa.

133 Sim.
135 $4{,}67 \times 10^6$ m. Abaixo da superfície da Terra.
137 (*a*) 35 cm, (*b*) 4,7 m/s, para baixo, (*c*) 14,2 N, para baixo, (*d*) 9,81 m/s², para baixo
139 (*a*) 4,91 m/s, (*b*) 1,64 m/s, para baixo, (*c*) 1,09 m/s², para baixo

Capítulo 6

1 (*a*) Verdadeiro, (*b*) Verdadeiro, (*c*) Falso, (*d*) Verdadeiro, (*e*) Verdadeiro
3 (*a*) Falso, (*b*) Verdadeiro, (*c*) Falso, (*d*) Verdadeiro
5 Um corpo que se move em trajetória curva com rapidez constante tem energia cinética constante, mas está acelerado (porque sua velocidade está continuamente mudando de orientação). Não, porque se o corpo não está acelerado, a força resultante sobre ele deve ser zero e, portanto, sua energia cinética deve ser constante.
7 O trabalho para esticar a mola de 2,0 cm é quatro vezes aquele para esticá-la de 1,0 cm.
9 (*d*)
11 (*a*) Falso, (*b*) Falso, (*c*) Falso, (*d*) Falso
13 (*a*) Falso, (*b*) Falso, (*c*) Verdadeiro, (*d*) Verdadeiro
15 $2\Delta t$
17 A única força externa (desprezando a resistência do ar) que realiza trabalho sobre o centro de massa do carro é a força de atrito estático $\vec{f}_e$ exercida pela pista sobre os pneus. O trabalho positivo sobre o centro de massa que esta força realiza é traduzida em ganho de energia cinética.
19 (*a*) $4{,}5 \times 10^{18}$ J, (*b*) 1%, (*c*) $1{,}4 \times 10^{11}$ W
21 21 kJ
23 (*a*) 147 J, (*b*) 266 J
25 11 kJ, 3,5 kW
27 (*a*) 6,0 J, (*b*) 12 J, (*c*) 3,5 m/s
31 (*a*) $m(y) = 20\text{ kg} - (2{,}5\text{ kg/m})y$, (*b*) 0,59 kJ
33 (*a*)

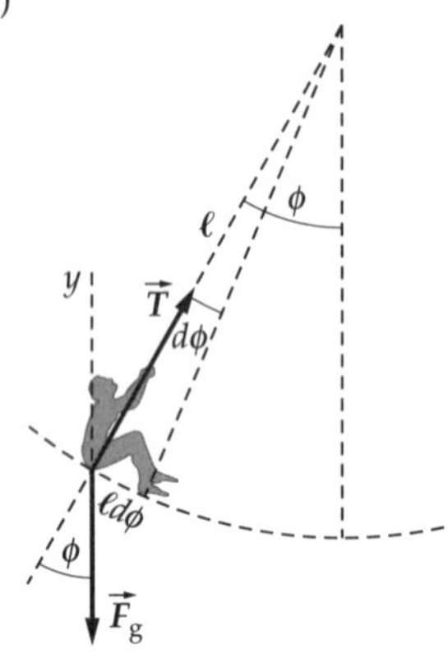

(*b*) $dW_{F_g} = +\, mg\ell \operatorname{sen} \phi\, d\phi$, (*c*) 2,5 kJ, 7,0 m/s

35 $W_{x_0 \to x} = A\left(\dfrac{1}{x_0} - \dfrac{1}{x}\right)$, $K_{x \to \infty} = \dfrac{A}{x_0}$, $v_{x \to \infty} = \sqrt{\dfrac{2A}{mx_0}}$
37 180°
39 (*a*) −24, (*b*) −10, (*c*) 0
41 (*a*) 1,0 J, (*b*) 0,21 N
43 (*b*) $6\hat{i} + 8\hat{j}$. Outro vetor que satisfaz a estas condições é $-6\hat{i} - 8\hat{j}$.
45 (*b*) $\vec{p} = (34\text{ kg}\cdot\text{m/s})\hat{i} + (-16\text{ kg}\cdot\text{m/s})\hat{j}$, (*c*) 0,28 kJ, 0,28 kJ
49 (*a*) $P(t) = (3{,}1\text{ W/s})t$, (*b*) 9,4 W
51 0,15 kW
55 (*a*) 0,381 kg/m, (*b*) 148 mi/h
57 $3{,}2 \times 10^5$ m
59 50 kW
61 (*a*) 405 N, (*b*) 19,9 N

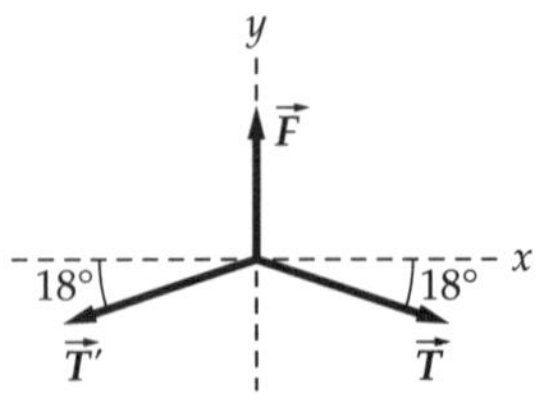

(*c*) 39,7 mJ

63 (*a*) $F(x) = mC^2x$, (*b*) $W = \frac{1}{2}mC^2x_1^2$
65 (*a*) $v = (6t^2 - 8t)$, $a = (12t - 8)$, (*b*) $P = 8mt(9t^2 - 18t + 8)$, (*c*) $W = 2mt_1^2(3t_1 - 4)^2$
67 (*a*) 208 kW, (*b*) 5,74 km
69 (*a*)

x (m)	−4,0	−3,0	−2,0	−1,0	0,0	1,0	2,0	3,0	4,0
W (J)	6,0	4,0	2,0	0,5	0,0	0,5	1,5	2,5	3,0

(*b*) 28,0 J

71 (*b*) $W_{1\text{ volta sentido horário}} = (31\text{ m})F_0$, $W_{1\text{ volta sentido anti-horário}} = (-31\text{ m})F_0$
73 (*a*) $F_x = -kx\left(1 - \dfrac{y_0}{\sqrt{x^2 + y_0^2}}\right)$, (*c*) $v_f = \dfrac{L^2}{2y_0}\sqrt{\dfrac{k}{m}}$

Capítulo 7

1 (*a*)

3 (*a*) Falso, (*b*) Falso, (*c*) Falso, (*d*) Falso

5 (*a*) Verdadeiro, (*b*) Verdadeiro, (*c*) Verdadeiro, (*d*) Verdadeiro, (*e*) Falso

7 (*a*) Falso, (*b*) Falso, (*c*) Falso, (*d*) Falso, (*e*) Verdadeiro

9 (*d*)

11 (*a*) Sim, (*b*) Não, (*c*) Não

13 (*a*) 25 cm, (*b*) −0,12 kJ

15 (*a*) 16 s, (*b*) 6,8 min. É impraticável você manter o ritmo durante 6,8 minutos.

17 $1{,}5 \times 10^{18}$ J/a, 3%

19 $2{,}4 \times 10^{5}$ L/s

21 (*a*) 0,39 kJ, (*b*) 2,5 m, 4,9 m/s, (*c*) 24 J, 0,37 kJ, (*d*) 0,39 kJ, 20 m/s

23 (*a*) 10 cm, (*b*) 14 cm

25 (*a*) $F_x = C/x^2$ e $\vec{F} = F_x\hat{i}$
(*b*) Se $x > 0$, $\vec{F}$ aponta afastando-se da origem. Se $x < 0$, $\vec{F}$ aponta para a origem.
(*c*) Diminui.
(*d*) Se $x > 0$, $\vec{F}$ aponta para a origem. Se $x < 0$, $\vec{F}$ aponta afastando-se da origem.

27 $U(x) = [(-0{,}63 \text{ kJ} \cdot \text{m})/x] + 0{,}30$ kJ

29 (*a*) $F_x = 4x(x + 2)(x - 2)$, (*b*) $x = -2$ m, $x = 0$ e $x = 2$ m, (*c*) Instável em $x = -2$ m, estável em $x = 0$ e instável em $x = 2$ m.

31 (*a*) $x = 0{,}0$ m e $x = 2{,}0$ m,
(*b*)

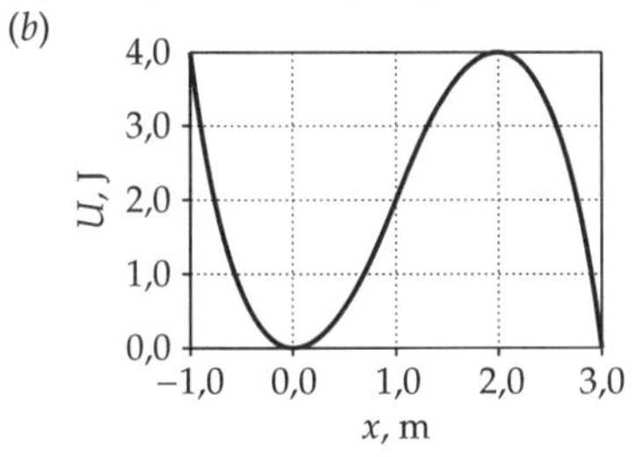

(*c*) Equilíbrio estável em $x = 0$, equilíbrio instável em $x = 2$ m, (*d*) 2,0 m/s

33 (*a*) $U(\theta) = (m_2\ell_2 - m_1\ell_1)g \text{ sen } \theta$, (*b*) U é mínimo em $\theta = -\pi/2$, U é máximo em $\theta = \pi/2$.

35 (*a*) $U(y) = -mgy - 2Mg(L - \sqrt{y^2 + d^2})$, (*b*) $y = d\sqrt{m^2/4M^2 - m^2}$, (*d*) Este é um ponto de equilíbrio estável.

37 $v = \sqrt{gL/2}$

39 (*a*) 0,858 m, (*b*) O bloco percorrerá o caminho de volta, elevando-se até a altura de 5,00 m.

41 26°

43 $U = \dfrac{[mg(\text{sen } \theta + \mu_e \cos \theta]^2}{2k}$

45 $6mg$

47 16,7 kN

49 $6mg$

51 (*a*) 31 m, (*b*) 34 m/s

53 (*a*) 0,15 km, (*b*) 45 m/s

55 (*a*) $K_{\text{máx}} = \frac{5}{2}mgL\,6$, (*b*) $6mg$

57 (*a*) 20°, (*b*) 6,4 m/s

59 $v_2 = L\sqrt{2(g/L)(1 - \cos \theta) + (k/m)(\sqrt{\tfrac{13}{4}} - 3 \cos \theta - \tfrac{1}{2})^2}$

61 (*a*) 82 kJ, (*b*) A energia vem da energia química interna de seu corpo. (*c*) 410 kJ, (*d*) 330 kJ

63 (*a*) 0,10 kJ, (*b*) 70 J, (*c*) 34 J, (*d*) 2,9 m/s

65 (*a*) 7,7 m/s, (*b*) 59 J, (*c*) 0,33

67 (*a*) (14 N)y, (*b*) −(14 N)y, (*c*) 2,0 m/s

69 (*a*) 0,87 m, (*b*) 2,7 m/s

71 (*a*) $9{,}0 \times 10^{13}$ J, (*b*) $2{,}5 \times 10^{6}$ dólares americanos, (*c*) $2{,}8 \times 10^{4}$ anos

73 (*a*) $3{,}9 \times 10^{31}$ MeV, (*b*) $4{,}2 \times 10^{8}$ m/s. Como seria de se esperar, este resultado ($4{,}2 \times 10^{8}$ m/s) é maior que a rapidez da luz (e, portanto, incorreto). O uso da expressão não-relativística para o cálculo da energia cinética não se justifica.

75 $1{,}1 \times 10^{5}$ reações/s

77 0,782 MeV

79 (*a*) 1,1 kg, (*b*) $2{,}7 \times 10^{9}$ kg

81 (*a*) 6, (*b*) 0,21 eV

83 $\Delta E_{\text{term}} = -mgv\, \Delta t \text{ sen } \theta$

85 12 m^2

87 (*a*) 0,208, (*b*) 3,5 MJ

89 (*a*) $d_1 = (2\mu_c\, mg/k) - d_0$, (*b*) $v_0 = \sqrt{(k/m)d_0^2 - 2\mu_c g d_0}$, (*c*) $\mu_c = kd_0/2mg$

91 (*a*) 11 kW, (*b*) −6,8 kW

93 (*a*) 1,61 kJ, (*b*) 0,6 kJ, (*c*) 23 m/s

95 (*b*)

Bloco em mola

97 (*a*) 17 m, (*b*) 4,91 kN, (*c*) 4,9 m/s^2, (*d*) 13 kN, para cima, (*e*) 5,5 kN, 64°, (*f*) 1,4 kN

99 (*a*) $F_{20} = 491$ N, $F_{30} = 981$ N, (*b*) $P_{20} = 9{,}8$ kW, $P_{30} = 29$ kW, (*c*) 8,8°, (*d*) 6,36 km/L

103 (*a*) $v = \sqrt{2my/(m + M)}$, (*b*) O mesmo de (*a*)

107 (*a*)

(*b*) 5,4 kJ

Capítulo 8

5 A quantidade de movimento do sistema projétil–rifle vale, inicialmente, zero. Após o disparo, a quantidade de movimento do projétil aponta para o oeste. A conservação da quantidade de movimento exige que a quantidade de movimento total do sistema não varie e, portanto, a quantidade de movimento do rifle deve apontar para o leste. A energia cinética não é conservada.

7 De certa forma, o foguete precisa de algo que o empurre. Ele empurra a exaustão em um sentido, e a exaustão o empurra no sentido oposto. No entanto, o foguete não é empurrado pelo ar.

9 Pense em alguém empurrando uma caixa sobre o chão. O empurrão sobre a caixa é igual e oposto ao empurrão da caixa sobre a pessoa, mas as forças de ação e reação atuam sobre *corpos diferentes*. A segunda lei de Newton afirma que a soma das forças que atuam sobre a caixa é igual à taxa de variação da quantidade de movimento da caixa. Esta soma não inclui a força da caixa sobre a pessoa.

11 Flutuar no ar enquanto se atira objetos viola a conservação da quantidade de movimento linear! Atirar algo para a frente implica ser empurrado para trás. Os super-heróis não são mostrados sofrendo este movimento para trás, previsto pela conservação da quantidade de movimento linear. A cena não viola a conservação da energia.

13 A estrada. (A força de atrito da estrada sobre os pneus freia o carro.)

15 Cerca de 10^4

17 (*a*) Falso, (*b*) Verdadeiro, (*c*) Verdadeiro, (*d*) Verdadeiro

19 (*a*) A perda de energia cinética é a mesma nos dois casos. (*b*) A situação em que os dois corpos têm velocidades de sentidos opostos.

21 (*b*)

23 A água muda de direção quando passa pelo ângulo do esguicho. Portanto, o esguicho deve exercer uma força extra sobre o fluxo de água para alterar sua quantidade de movimento e, pela terceira lei de Newton, a água exerce sobre o esguicho uma força igual e oposta. Isto exige uma força resultante na direção da variação da quantidade de movimento.

25 No referencial do centro de massa, as duas velocidades são iguais e opostas, tanto antes quanto depois da colisão. Além disso, a rapidez de cada disco é a mesma, antes e depois da colisão. A direção da velocidade de cada disco varia, de certo ângulo, durante a colisão.

27 A força da gravidade lunar, para baixo, e a força de empuxo, para cima, exercida pelos retrofoguetes.

29 Pense na vela em frente do ventilador e pense no fluxo de moléculas atingindo a vela. Imagine que elas rebatem elasticamente na vela — a resultante variação da quantidade de movimento das moléculas é, então, praticamente o dobro da variação da quantidade de movimento que elas tinham sofrido ao atravessarem o ventilador. Assim, a variação de quantidade de movimento do ar é para trás, e, para que a quantidade de movimento do sistema ar–ventilador–barco seja conservada, a variação da quantidade de movimento do sistema ventilador–barco será para a frente.

31 (*a*) 2,34 s, (*b*)6,7 m/s

33 5,5 m/s

35 4,0 m/s para a direita

37 $\vec{v}\,' = 2v\hat{i} - v\hat{j}$

39 0,084

41 (*a*) 44 J, (*b*) $\vec{v}_{cm} = (1{,}5\text{ m/s})\hat{i}$, (*c*) $\vec{v}_{1\,rel} = (3{,}5\text{ m/s})\hat{i}$, $\vec{v}_{2\,rel} = (-3{,}5\text{ m/s})\hat{i}$, (*d*) 37 J

43 (*a*) 11 N · s, (*b*) 1,3 kN

45 1,81 MN · s, 0,60 MN

47 0,23 kN

49 (*a*) 1,1 N · s, orientada para a parede, (*b*) 0,36 kN, para a parede, (*c*) 0,48 N · s, afastando-se da parede, (*d*) 3,8 N, afastando-se da parede

51 (*a*) 0,20 s, (*b*) 27 ms, (*c*) Como o tempo de colisão é muito menor para o revestimento de serragem, a força média exercida sobre o atleta pelo colchão de ar é muito menor do que a força média exercida sobre ele pela serragem.

53 (*a*) 20 m/s, (*b*) Vinte por cento da energia cinética inicial é transformada em energia térmica, energia acústica e na deformação do metal.

55 (*a*) 2,0 m/s, (*b*) A colisão não é elástica.

57 $v_{p\,f} = -0{,}25$ km/s, $v_{nuc\,f} = 46$ m/s

59 (*a*) 5,0 m/s, (*b*) 0,25 m, (*c*) $v_{1f} = 0$, $v_{2f} = 7{,}0$ m/s

61 (*a*) $0{,}2v_0$, (*b*) $0{,}4v_0$

63 0,45 km/s

67 $h = (v^2/8g)(m_1/m_2)^2$

69 0,0529

71 (*a*) O meteorito deveria chocar-se com a Terra com uma orientação oposta à do vetor velocidade orbital da Terra. (*b*) $2{,}71 \times 10^{-15}$ por cento, (*c*) $1{,}00 \times 10^{23}$ kg

73 $1{,}5 \times 10^6$ m/s

75 (*a*) $\vec{v}_1 = (312\text{ m/s})\hat{i} + (66{,}6\text{ m/s})\hat{j}$, (*b*) 5,6 km, (*c*) 35,8 kJ

77 0,91

79 (*a*) 20%, (*b*) 0,89

81 (*a*) 1,7 m/s, (*b*) 0,83

83 (*a*) À temperatura ambiente, a borracha repica mais contra um taco do que quando congelada. (*b*) 3,8 cm

85 (*a*) 60°, (*b*) $v_{tf} = 2{,}50$ m/s, $v_8 = 4{,}33$ m/s

87 (*a*) $v_1 = 1{,}7$ m/s e $v_2 = 1{,}0$ m/s, (*b*) A colisão foi elástica.

89 5,3 m/s, 29°

91 $$K_i = K_f = \frac{p_1^2}{2}\left[\frac{m_1^2 + 6m_1m_2 + m_2^2}{m_1^2m_2 + m_1m_2^2}\right] = \frac{p_1'^2}{2}\left[\frac{m_1^2 + 6m_1m_2 + m_2^2}{m_1^2m_2 + m_1m_2^2}\right].$$

$p_1' = \pm\, p_1$. Se $p_1' = +p_1$, as partículas não colidem.

93 (*a*) $\vec{v}_{cm} = 0$, (*b*) $\vec{u}_3 = (-5{,}0\text{ m/s})\hat{i}$, $\vec{u}_5 = (3{,}0\text{ m/s})\hat{i}$, (*c*) $\vec{u}_3' = (5{,}0\text{ m/s})\hat{i}$, $\vec{u}_5' = (-3{,}0\text{ m/s})\hat{i}$, (*d*) $\vec{v}_3' = (5{,}0\text{ m/s})\hat{i}$, $\vec{v}_5' = (-3{,}0\text{ m/s})\hat{i}$, (*e*) $K_i = K_f = 60$ J

95 (*a*) 360 kN, (*b*) 120 s, (*c*) 1,72 km/s

97 (*d*) 28

99 0,19 m/s, $K_i = 31$ mJ, $K_f = 12$ mJ

101 (*a*) $\vec{p} = -(1{,}1 \times 10^5\text{ kg}\cdot\text{km/h})\hat{i} + (1{,}1 \times 10^5\text{ kg}\cdot\text{km/h})\hat{j}$, (*b*) 43 km/h, 45° a oeste do norte.

103 (*a*) 6,3 m/s, (*b*) 20 m

105 (*a*) A velocidade da bola de basquete terá a mesma magnitude e o sentido oposto ao da bola de beisebol. (*b*) 0, (*c*) $2v$

107 (*a*) 30 km/s, (*b*) 8,1. A energia vem de uma incomensuravelmente pequena diminuição da rapidez orbital de Saturno.

109 O motorista não está dizendo a verdade.

111 8,9 kg

113 (*b*) 55

115 (*a*) $$v_{2f} = \left(\frac{m_b}{m_2 + m_b}\right)\left(1 + \frac{m_1}{m_1 + m_b}\right)v,$$

$$v_{1f} = -\frac{m_2m_b(2m_1 + m_b)}{(m_1 + m_b)^2(m_2 + m_b)}\,v,$$

(*b*) $$\Delta K = \frac{1}{2}\frac{m_2m_b^2(2m_1 + m_b)^2}{(m_2 + m_b)^2(m_1 + m_b)^2}\left(1 + \frac{m_1m_2}{(m_1 + m_b)^2}\right)v^2.$$

Esta energia adicional veio da energia química dos corpos dos astronautas.

117 4,53 m/s

Capítulo 9

1 (*a*) O da borda. (*b*) Ambos varrem o mesmo ângulo. (*c*) O da borda. (*d*) Ambos têm a mesma rapidez angular. (*e*) O da borda. (*f*) Ambos têm a mesma aceleração angular. (*g*) O da borda.

3 (*a*)

5 (*a*) Tatiana, (*b*) Tatiana, (*c*) Tatiana

7 Segurando desta forma, você estará girando o bastão em torno de um eixo mais próximo do centro de massa, reduzindo assim o momento de inércia do bastão. Com menor momento de inércia, a aceleração angular será maior (um bastão mais rápido) para o mesmo torque.

9 (*b*)

11 (*b*)

13 Uma razão é maximizar, em relação à linha que liga as dobradiças, o braço de alavanca da força exercida por alguém que puxa ou empurra a maçaneta.
15 (*b*)
17 (*b*)
19 (*a*)
23 12 rev
25 10%
27 Aproximadamente 6
29 (*a*) 16 rad/s, (*b*) 47 rad, (*c*) 7,4 rev, (*d*) 4,7 m/s e 73 m/s^2
31 (*a*) 40 rad/s, (*b*) $a_t = 0{,}96$ m/s^2, $a_c = 0{,}19$ km/s^2
33 (*a*) 0,59 rad/s^2, (*b*) 4,7 rad/s
35 3,6 rad/s
37 1,0 rad/s, 9,9 rev/min
39 (*a*) 2,94 rad, (*b*) 780 d
41 60 kg · m^2
43 (*a*) 28 kg · m^2, (*b*) 32 kg·m^2
45 2,6 kg·m^2
47 (*b*) $I_{cm} = \frac{1}{12}m(a^2 + b^2)$
49 $5{,}4 \times 10^{-47}$ kg · m^2
51 $1{,}4 \times 10^{-2}$ kg · m^2
55 $I = \frac{3}{10}MR^2$
57 $I_x = 3M((H^2/5) + (R^2/20))$
59 (*a*) $1{,}9 \times$ N · m, (*b*) $1{,}2 \times 10^2$ rad/s^2, (*c*) $6{,}2 \times 10^2$ rad/s
61 (*a*) $a_t = g \operatorname{sen} \theta$, (*b*) $mgL \operatorname{sen} \theta$
63 (*a*) $d\tau = (2\mu_c Mg/R^2)r^2dr$, (*b*) $\tau = \frac{2}{3}MR\mu_c g$, (*c*) $\Delta t = (3R\omega/4\mu_c g)$
65 (*a*) 85 mJ, (*b*) 72 rev/min
67 (*a*) 19,6 kN, (*b*) 5,9 kN·m, (*c*) 0,27 rad/s, (*d*) 1,6 kW
69 (*a*) 3,6 rad/s, (*b*) 3,6 rad/s
71 3,1 m/s^2, $T_1 = 12$ N, $T_2 = 13$ N
73 30°
75 8,21 m/s
77 (*a*) $a = g/(1 + (2M/5m))$, (*b*) $T = (2mMg)/(5m + 2M)$
79 (*a*) 72 kg, (*b*) 1,4 rad/s^2, 0,29 kN, 0,75 kN
81 (*a*) $a = \dfrac{g \operatorname{sen}\theta}{1 + (m_1/2m_2)}$, (*b*) $T = \dfrac{m_2 g \operatorname{sen}\theta}{1 + (2m_2/m_1)}$,
(*c*) $v = \sqrt{\dfrac{2gh}{1 + (m_1/2m_2)}}$, (*d*) $a = g$, $T = 0$, e $v = \sqrt{2gh}$
83 10 kJ
85 3,1 m/s
87 (*a*) 0,19 m/s^2, (*b*) 0,96 N
89 20°
91 (*a*) $a = \frac{2}{3}g \operatorname{sen}\theta$, (*b*) $f_e = \frac{1}{3}mg \operatorname{sen}\theta$, (*c*) $\theta_{máx} = \tan^{-1}(3\mu_e)$
93 $v' = \sqrt{\frac{4}{3}}v$
95 0,22 kJ
97 (*a*) $\alpha = 2F/[R(M + 3m)]$, no sentido anti-horário,
(*b*) $a_C = F/(M + 3m)$, no sentido de $\vec{F}$,
(*c*) $a_{CB} = -2F/(M + 3m)$, no sentido oposto ao de $\vec{F}$
99 (*a*) 0,40 rad/s^2, 0,20 rad/s^2, (*b*) 4,0 N, no sentido horário
101 (*a*) $s_1 = \frac{12}{49}(v_0^2/\mu_c g)$, $t_1 = \frac{2}{7}(v_0/\mu_c g)$, e $v_1 = \frac{5}{7}v_0$, (*b*) $\frac{5}{7}$,
(*c*) $s_1 = 27$ m, $t_1 = 3{,}9$ s, e $v_1 = 5{,}7$ m/s
103 $v = (2r\omega_0/7)$
105 (*a*) 0,19 s, (*b*) 0,67 m, (*c*) 2,9 m/s
107 (*a*) $v = \frac{11}{7}v_0$, (*b*) $\Delta t = \frac{4}{7}(v_0/\mu_c g)$, (*c*) $\Delta x = \frac{36}{49}(v_0^2/\mu_c g)$
109 13 cm
111 (*a*) 7,4 m/s^2, (*b*) 15 m/s^2, (*c*) 2,4 m/s
113 (*a*) $7{,}8 \times 10^2$ kJ, (*b*) 90 N · m, 0,15 kN, (*c*) $1{,}4 \times 10^3$ voltas
115 (*a*) 15 m, (*b*) 15 rad/s
117 (*a*) $\omega = \sqrt{4g/3r}$, (*b*) $F = \frac{7}{3}Mg$
119 (*a*) 32,2 rad/s, (*b*) 23°, (*c*) 24 rad/s^2
121 (*a*) 14,7 m/s^2, (*b*) 66,7 cm
123 42 J
125

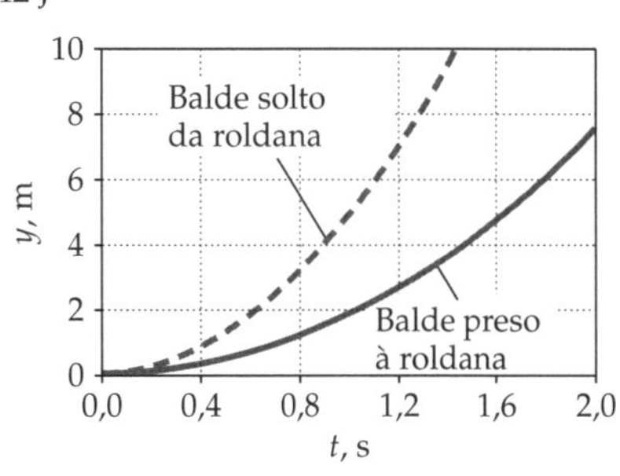

127 (*a*) 26 N, (*b*) 1,1 m/s^2, (*c*) 3,2 kg

Capítulo 10

1 (*a*) Verdadeiro, (*b*) Falso, (*c*) Falso
3 90°
5 (*a*) L é duplicado, (*b*) L é duplicado
7 Falso. Um mergulhador alterando a posição do corpo.
9 (*e*)
11 O ovo cozido é sólido em seu interior, de forma que tudo gira com uma rapidez angular uniforme. Ao contrário, quando você põe a girar um ovo cru, a gema não começará imediatamente a girar com a casca, e quando você interrompe o giro a gema ainda continua a girar por um tempo.
13 (*a*)
15 (*a*) O avião tende para a direita. A variação da quantidade de movimento angular $\Delta\vec{L}_{hélice}$ da hélice aponta para cima e, portanto, o torque resultante $\vec{\tau}$ sobre a hélice também aponta para cima. A hélice deve exercer um torque igual mas oposto, sobre o avião. Este torque apontando para baixo, da hélice sobre o avião, tende a provocar uma variação da quantidade de movimento angular do avião para baixo. Isto significa que o avião tende a girar no sentido horário, se visto de cima.
(*b*) O nariz apontará para baixo. A variação da quantidade de movimento angular $\Delta\vec{L}_{hélice}$ da hélice aponta para a direita e, portanto, o torque resultante $\vec{\tau}$ sobre a hélice também aponta para a direita. A hélice deve exercer um torque igual, mas oposto sobre o avião. Este torque apontando para a esquerda, da hélice sobre o avião, tende a provocar uma variação da quantidade de movimento angular do avião para a esquerda. Isto significa que o avião tende a girar no sentido horário, se visto da direita.
17 (*a*) Sua energia cinética irá diminuir. Aumentando seu momento de inércia I, com a quantidade de movimento angular L se mantendo constante, sua energia cinética $K = L^2/(2I)$ irá diminuir.
(*b*) Estender seus braços provoca o aumento de seu momento de inércia e a diminuição de sua rapidez angular. A quantidade de movimento angular do sistema não se altera.
19 Cerca de 4 rev/s
21 (*a*) 33, (*b*) 33, (*c*) 8, (*d*) 14
23 (*a*) $2{,}4 \times 10^{-8}$ kg · m^2/s,
(*b*) $\ell(\ell + 1) = 5{,}2 \times 10^{52}$, $\ell \approx 2{,}3 \times 10^{26}$,
(*c*) $\Delta\ell = 2{,}3 \times 10^{18}$. A quantização da quantidade de movimento angular não é notada na física macroscópica porque nenhum experimento pode detectar uma variação fracionária em ℓ de 10^{-6}%.

25 (*a*) 0,331, (*b*) Como experimentalmente $C < 0{,}4$, a massa específica deve ser maior próximo ao centro da Terra.
27 $\vec{\tau} = FR\hat{k}$
29 (*a*) $24\hat{k}$, (*b*) $-24\hat{j}$, (*c*) $-5\hat{k}$
33 $\vec{B} = 4\hat{j} + 3\hat{k}$
37 (*a*) 54 kg · m²/s, para cima, (*b*) 54 kg · m²/s, para baixo, (*c*) 0
39 (*b*) Para baixo
41 (*a*) $1{,}3 \times 10^{-5}$ kg · m²/s, afastando-se de você,
(*b*) $1{,}3 \times 10^{-5}$ kg · m²/s, afastando-se de você,
(*c*) $1{,}3 \times 10^{-5}$ kg · m²/s, afastando-se de você,
(*d*) $8{,}8 \times 10^{-5}$ kg · m²/s, apontando para você
43 (*a*) −4,9 N · m. Note que, como L diminui enquanto a partícula gira no sentido horário, a aceleração angular e o torque resultante apontam para cima.
(*b*) $\omega_{\text{orbital}} = 0{,}48\ \text{rad/s} - (0{,}19\ \text{rad/s}^2)t$.
45 (*a*) $\tau_{\text{res}} = Rg(m_2 \operatorname{sen}\theta - m_1)$, (*b*) $L = vR((I/R^2) + m_1 + m_2)$,
(*c*) $a = \dfrac{g(m_2 \operatorname{sen}\theta - m_1)}{(I/R^2) + m_1 + m_2}$
49 (*a*) 5,0 rev/s, (*b*) 0,62 kJ, (*c*) Como nenhum agente externo trabalha sobre o sistema, a energia vem de sua energia interna.
51 10 mm/s
53 (*a*) $r_0 m v_0$, (*b*) $\frac{1}{2} m v_0^2$, (*c*) $m(v_0^2/r_0)$, (*d*) $-\frac{2}{3} m v_0^2$
55 125°
57 (*a*) $3{,}46 \times 10^{-47}$ kg · m², (*b*) 1,00 MeV, 2,01 MeV, 6,02 MeV
59 (*a*) Não, nenhum dos valores permitidos de E_ℓ é igual a $3E_{0r}$.
(*b*) 2,5
61 $\vec{v}_{\text{cm}} \dfrac{m}{m+M}\vec{v}$, $\omega = \left(\dfrac{mMd}{\frac{1}{12} ML^2(M+m) + Mmd^2}\right) v$
63 $v = \sqrt{\dfrac{(0{,}5M + 0{,}8m)(\frac{1}{3}ML^2 + 0{,}64mL^2)g}{0{,}32Lm^2}}$
65 (*a*) $v_{\text{cm}} = J/M$, (*b*) $V = 4J/M$, (*c*) $V = -2J/M$, (*d*) Sim, um ponto permanece em repouso, mas por apenas um curtíssimo intervalo de tempo.
67 0,36
69 (*a*) 18 J · s, (*b*) 0,41 rad/s, (*c*) 15 s, (*d*) 0,079 J · s
71 (*a*) $\vec{L} = -(48\ \text{kg}\cdot\text{m}^2/\text{s})\hat{k}$, (*b*) $\vec{\tau} = (16\ \text{N}\cdot\text{m})\hat{k}$
73 (*a*) 0,24 kJ · s, (*b*) 0,31 kJ
75 (*a*) Como $\tau_{\text{res}} \neq 0$, a quantidade de movimento angular não é conservada. (*b*) Como não existe atrito e a força externa resultante sobre o corpo é a força de tensão que atua perpendicularmente à sua velocidade, a energia do corpo é conservada. (*c*) v_0
77 Sim, a solução depende apenas da conservação da quantidade de movimento angular do sistema, e logo depende apenas dos momentos de inércia inicial e final.
81 (*a*) 0,228 rad/s, (*b*) 0,192 rad/s
83 $4{,}47 \times 10^{22}$ N · m
85 −79,9 cm

Capítulo R

1 No referencial do carro, os dois eventos ocorrem na mesma localização (no carro). Assim, o relógio do seu amigo mede o tempo próprio entre os dois eventos.
3 Sim. Seja 1 o referencial inicial. No referencial 1, seja L a distância entre os eventos, seja T o tempo entre os eventos e seja $+x$ o sentido do evento B em relação ao evento A. Calcule o valor de L/T. Se L/T é menor do que c, então considere os dois eventos em um referencial 2 que se move com a rapidez $v = L/T$ no sentido $+x$. No referencial 2, os dois eventos ocorrem na mesma localização.
5 Sim.
7 (*a*)
9 (*b*)

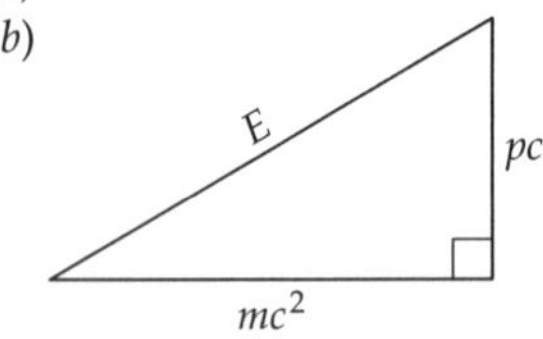

11 (*a*)
13 5,9 ns
15 (*a*) $K/E_0 = 5 \times 10^{-15}$, (*b*) $E/E_0 = 1{,}000\,000\,000\,000\,005\,0$,
(*c*) $K_{\text{não rel}}/K_{\text{rel}} = 0{,}999\,999\,999\,999\,997\,5$
17 6,6 m
19 599 m
21 (*a*) $1{,}3 \times 10^2$ a, (*b*) 88 a
23 (*a*) 60 cm, (*b*) 2,5 ns
25 0,80c
27 (*a*) $4{,}50 \times 10^{-10}$%, (*b*) 142 μs menos do que 1 ano, 142 μs
29 36 min
31 12,5 min, 12,5 min
33 60 min
35 0,400c. O evento B pode preceder o evento A, desde que $v >$ 0,400c.
37 (*a*) 11 anos, (*b*) 40 anos
39 (*a*) 1,01, (*b*) 1,15, (*c*) 1,67, (*d*) 7,09
41 (*a*) 0,155 mc^2, (*b*) 1,29 mc^2, (*c*) 6,09 mc^2
43 2,97 GeV
45 (*b*) 0,866c, (*c*) 0,999c
49 (*a*) 0,79%, (*b*) 69%
51 (*a*) 0,943
53 Em 100 vidas médias, $d \approx 6600$ km, ou aproximadamente um raio terrestre. Esta distância relativamente curta deve convencer seu colega de que a origem dos múons observados na Terra está dentro de nossa atmosfera, e que certamente eles não provêm do Sol.
55 (*a*) 4,50 km/s, (*b*) 0,334 μs
57 (*a*) 0,75c, (*b*) 5,0 ft, (*c*) Não. Em seu próprio referencial de repouso, a extremidade de trás da escada passará pela porta antes que a extremidade da frente chegue na parede do galpão, enquanto no referencial de Ernani a extremidade da frente atingirá a parede do galpão antes que a extremidade de trás chegue na porta.

Capítulo 11

1 (*a*) Falso, (*b*) Verdadeiro, (*c*) Verdadeiro, (*d*) Falso
3 A Terra está mais próxima do Sol durante o inverno no hemisfério norte. É nesta época que ocorre a maior rapidez orbital. O verão é a época de menor rapidez orbital.
5 Para obter a massa M de Vênus você precisa medir o período T e o semi-eixo maior a da órbita de um dos satélites, substitua os valores medidos em $T^2/a^3 = 4\pi^2/(GM)$ (terceira lei de Kepler) e determine M.
7 (*d*)
9 (*b*)
11 (*b*)
13 Você deve disparar os foguetes no sentido oposto ao do movimento orbital do satélite. À medida que o satélite se aproxima da Terra, após a queima, a energia potencial diminui. A energia mecânica total também diminui, devido

às forças de arraste que transformam energia mecânica em energia térmica. A energia cinética aumenta, até que o satélite entra na atmosfera onde as forças de arraste o freiam.

15 Em um ponto dentro da esfera, a uma distância r de seu centro, a intensidade do campo gravitacional é diretamente proporcional à quantidade de massa até a distância r a partir do centro, e inversamente proporcional ao quadrado da distância r ao centro. A massa até a distância r do centro é proporcional ao cubo de r. Logo, a intensidade do campo gravitacional é diretamente proporcional a r.

17 $M_{\text{galáxia}} = 1{,}08 \times 10^{11}\, M_S$

19 Cerca de 3,0 km

21 (*a*) $6{,}28 \times 10^{-4}$ rad/s, 2,78 h, (*b*) $L_J = 1{,}93 \times 10^{43}$ kg · m²/s, $L_S = 7{,}85 \times 10^{42}$ kg · m²/s, 0,70%, (*c*) $T_{Sol} = 3{,}64$ h, $T_{Sol} = 1{,}30\, T_{máx}$

23 84,0 anos

25 $4{,}90 \times 10^{11}$ m = 3,00 UA

27 (*a*) $1{,}6 \times 10^{11}$ m = 1,1 UA, (*b*) $2{,}7 \times 10^{10}$ m = 0,18 UA, $2{,}9 \times 10^{11}$ m = 1,9 UA

29 (*b*) 0,73 UA, (*c*) 0,63 a

31 (*a*) $1{,}90 \times 10^{27}$ kg

33 (*a*) 22,7 h, (*b*) $1{,}22 \times 10^{9}$ m

35 Seu peso seria dez vezes o peso na Terra.

37 $2{,}27 \times 10^{4}$ m/s

39 (*a*) 1,4, (*b*) Ele está mais afastado do Sol do que a Terra. A terceira lei de Kepler [$T^2 = Cr^3_{méd}$] nos diz que períodos orbitais mais longos junto com raios orbitais mais longos significam valores menores de rapidez orbital, de forma que a rapidez dos objetos que orbitam o Sol diminui com a distância ao Sol. A rapidez média orbital da Terra, dada por $v = 2\pi r_{TS}/T_{TS}$, é aproximadamente de 30 km/s. Como a dada rapidez máxima do asteróide é de apenas 20 km/s, o asteróide está mais afastado do Sol.

41 (*a*) 7,37 m, (*b*) 31,9 μm

43 0,605

45 10^{9} m

47 2,38 km/s

49 (*a*) 8,7 kW · h, (*b*) 500 reais

51 6,9 km/s

53 19,4 km/s

55 13,8 km/s

57 (*a*) 7,31 h, (*b*) $1{,}04 \times 10^{9}$ J, (*c*) $8{,}72 \times 10^{12}$ J · s

59 $1{,}11 \times 10^{10}$ J

61 $(4{,}0 \text{ N/kg})\hat{i}$

63 (*a*) $\vec{g} = \dfrac{Gm}{L^2}\hat{i} + \dfrac{Gm}{L^2}\hat{j}$, (*b*) $|\vec{g}| = \sqrt{2}\dfrac{Gm}{L^2}$

65 (*a*) $(-1{,}7 \times 10^{-11} \text{ N/kg})\hat{i}$, (*b*) $(-8{,}3 \times 10^{-12} \text{ N/kg})\hat{i}$, (*c*) 2,5 m

67 (*a*) $\frac{1}{2}CL^2$, (*b*) $\vec{g} = -\dfrac{2GM}{L^2}\left[\dfrac{L}{x_0 - L} - \ln\dfrac{x_0}{x_0 - L}\right]\hat{i}$

69 (*a*) 0, (*b*) 0, (*c*) $3{,}2 \times 10^{-9}$ N/kg

71 $g_1 = g_2$

73 (*a*) $\dfrac{Gm(M_1 + M_2)}{9a^2}$, (*b*) $\dfrac{GmM_1}{3{,}61a^2}$, (*c*) 0

77 $g(x) = G\left(\dfrac{4\pi\rho_0 R^3}{3}\right)\left[\dfrac{1}{x^2} - \dfrac{1}{8(x - \frac{1}{2}R)^2}\right]$

79 $\omega = \sqrt{\dfrac{4\pi\rho_0 G}{3}}$

81 1,0 m/s

83 (*a*) $\vec{F} = -\dfrac{GMm}{d^2}\left[1 - \dfrac{d^3/4}{\{d^2 + (R^2/4)\}^{3/2}}\right]\hat{i}$

85 249 anos

87 (*a*) $W = GM_T m\left(\dfrac{1}{r_1} - \dfrac{1}{r_2}\right)$

89 (*a*) $3{,}36 \times 10^{9}$, (*b*) 241

91 1,70 Mm

95 $1{,}60 \times 10^{-4}$

97 $v = 1{,}16\sqrt{\dfrac{GM}{a}}$

99 $g(r) = \begin{cases} 0 & r < R_1 \\ \dfrac{GM(r^3 - R_1^3)}{r^2(R_2^3 - R_1^3)} & R_1 < r \le R_2 \\ \dfrac{GM}{r^2} & R_2 < r \end{cases}$

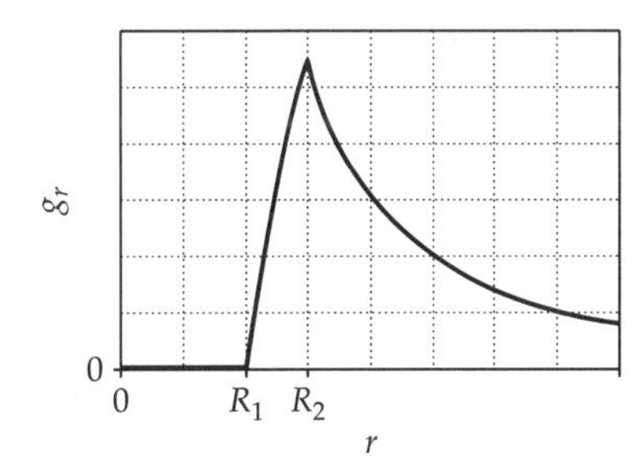

101 $g = (2G\lambda)/r$

103 (*b*) $U = -\dfrac{GMm_0}{L}\ln\left(\dfrac{x + L/2}{x - L/2}\right)$, (*c*) $F_x(x) = -\dfrac{GMm_0}{x^2 - (L/2)^2}$

Esta resposta e a resposta dada no Exemplo 11-8 são a mesma.

105 34 pN

107 (*a*) A força gravitacional é maior sobre o robô de baixo; logo, se não fosse pelo cabo, sua aceleração seria maior do que a do robô de cima e eles se afastariam um do outro. Opondo-se a esta separação, o cabo é tensionado. (*b*) $2{,}2 \times 10^{5}$ m

Capítulo 12

1 (*a*) Falso, (*b*) Verdadeiro, (*c*) Verdadeiro, (*d*) Falso

3 (*b*)

5 Quanto mais alta for a placa, maior será o torque em relação ao eixo horizontal que passa pela base dos postes, para uma dada rapidez do vento. Além disso, quanto mais fundo for o buraco, maior será o torque máximo compensador, em relação ao mesmo eixo, para uma dada consistência do solo. Assim, placas mais altas requerem buracos mais fundos para os postes.

7 A razão principal é que isto torna mais baixo o centro de gravidade da caneca. Quanto mais baixo o centro de gravidade, mais estável será a caneca.

9 (*b*)

11 (*b*) 2,0 N/cm

13 (*b*) Passos longos requerem grandes coeficientes de atrito estático, porque θ se torna grande. (*c*) Se μ_e é pequeno, isto é, se o piso é escorregadio, θ deve ser menor, para evitar escorregamento.

15 84 cm

17 692 N, 2,54 kN

19 0,728 m

21 $F_1 = \frac{1}{2}Mg$, $F_2 = \frac{\sqrt{3}}{2}Mg$

23 (*a*) $\vec{F} = (30\text{ N})\hat{i} + (30\text{ N})\hat{j}$, (*b*) $\vec{F} = (35\text{ N})\hat{i} + (45\text{ N})\hat{j}$

25 (*a*) $F_n = Mg - F\sqrt{(2R-h)/h}$, (*b*) F, (*c*) $F\sqrt{(2R-h)/h}$

27 (*a*) 6,87 N, (*b*) 1,7 N · m, (*c*) 8,3 N, 15 N

29 (*a*) 71 N, (*b*) 3,5 m, (*c*) 0,50 kN

31 $\tau = (69{,}3\text{ N})b - (40{,}0\text{ N})a$

33 $h = \mu_e L \tan\theta \operatorname{sen}\theta$

35 $\mu_e = 2h/L \tan\theta \operatorname{sen}\theta$

37 59°

39 62°

41 (*a*) 42 N, (*b*) 0,14%

43 5,0°

47 (*a*) $1{,}4 \times 10^6\text{ N/m}^2$, (*b*) 7 mJ, (*c*) 28 mJ. Há 4 vezes mais energia armazenada na borracha quando a massa de 0,30 kg está pendurada. Isto ocorre porque a energia armazenada aumenta quadraticamente com o aumento da massa.

49 0,69

51 Como a tensão que provocou o rompimento é menor do que a tensão que o cabo deverá suportar, ele não conseguirá suportar o elevador.

55 1,5 kN

57 $m_1 = 0{,}15$ kg, $m_2 = 0{,}71$ kg, $m_3 = 0{,}36$ kg

59 1,8 kg

61 0,15

63 $\mu_e < 0{,}50$

65 $\mu_e = (\cot\theta + 1)/2$

67 (*a*) 0,15 kN, (*b*) 3,8 m

69 $\mu_e < 0{,}50$

71 (*c*)

Célula	Conteúdo/Fórmula	Forma Algébrica
B5	B4+1	$i + 1$
C5	C4+$B$1/(2*B5)	$d_i + \frac{L}{2i}$

	A	B	C	D
1	L =	0,20	m	
2		0		
3		*i*	afastamento	
4		1	0,100	
5		2	0,150	
6		3	0,183	
102		99	0,518	
103		100	0,519	

$d_5 = 15$ cm, $d_{10} = 26$ cm, e $d_{100} = 0{,}52$ cm

(*d*) Não.

73 566 N

75 $F_n = 2mg$, $F = mg\dfrac{r}{\sqrt{R(2r-R)}}$, $F_p = mg\dfrac{R-r}{\sqrt{R(2r-R)}}$

Capítulo 13

1 (*e*)

3 (*c*)

5 A pressão aumenta aproximadamente 1 atm a cada 10 m de profundidade. Para respirar, você precisa criar uma pressão menor do que 1 atm em seus pulmões. Na superfície isto é fácil, mas não a uma profundidade de 10 m.

7 (*b*)

9 Falso. A força de empuxo sobre um corpo submerso depende do peso do fluido deslocado, que, por sua vez, depende do volume do fluido deslocado. Como os tijolos possuem o mesmo volume, eles deslocarão o mesmo volume de água.

11 Como a pressão cresce com a profundidade, o objeto será comprimido e sua massa específica aumentará com a diminuição do volume. Então, o objeto afundará.

13

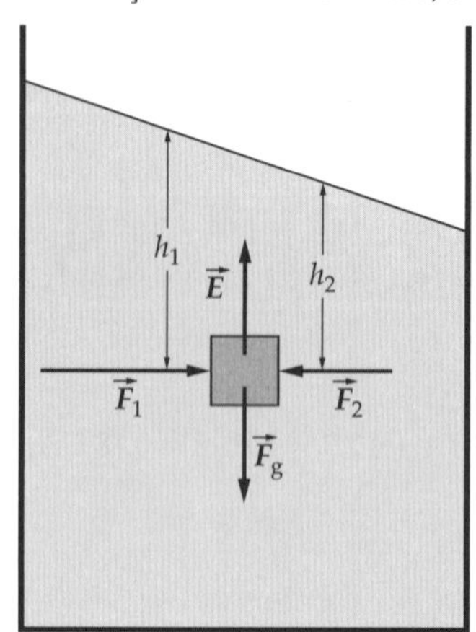

O diagrama mostra o copo e um elemento de água no meio do copo. Como se pode verificar com uma demonstração simples, a superfície da água não é plana enquanto o copo está acelerado, o que mostra que há um gradiente de pressão (uma diferença de pressão) da água, por causa da diferença de profundidades ($h_1 > h_2$, logo, $F_1 > F_2$) nos dois lados do elemento de água. Este gradiente de pressão corresponde a uma força resultante sobre o elemento de água, como mostrado na figura. A força de empuxo para cima é igual em magnitude à força gravitacional para baixo.

15 (*c*)

17 O montinho junto à entrada 1 fará com que as linhas de corrente se curvem sobre a entrada, em forma côncava. Um gradiente de pressão para cima produz a força centrípeta para baixo. Isto significa que há uma redução da pressão na entrada 1. Isto não ocorre na entrada 2, logo, lá a pressão é maior do que a pressão na entrada 1. O ar circula da entrada 2 para a entrada 1. Já foi demonstrado que, mesmo com a mais leve brisa do lado de fora, haverá circulação de ar suficiente dentro do túnel.

19 $1{,}11\text{ kg/m}^3$

21 $1{,}0 \times 10^2$ kg

23 $33{,}6\text{ kg/m}^3$

25 0,773

27 29,8 inHg

29 1,5 N

31 230 N

33 197 atm. Como uma profundidade de apenas 2 km é necessária para produzir uma compressão de 1 por cento, isto ocorre nos oceanos.

35 (*a*) 15 kN, (*b*) 0,34 kg

37 45 cm

39 1,4%

41 4,36 N

43 (*a*) $11 \times 10^3\text{ kg/m}^3$, (*b*) Vemos, na Tabela 13-1, que a massa específica do material desconhecido é próxima da do chumbo.

45 800 kg/m^3, 1,11

47 250 kg/m^3
49 3,9 kg
51 $3,9 \times 10^5$ N
53 $2,5 \times 10^7$ kg
55 (*a*) 12,0 m/s, (*b*) 133 kPa, (*c*) As vazões volumétricas são iguais.
57 (*a*) 4,6 L/min, (*b*) $7,6 \times 10^{-2}$ m^2
59 144 kPa
61 0,20 kPa. Como $\Delta P \propto I_V^2$ (um gráfico de ΔP como função de I_V é uma parábola crescente), esta diferença de pressão é a diferença mínima.
65 (*b*) $P_{\text{topo}} = P_{\text{at}} - \rho g d$
67 (*a*) 9,28 cm/s, (*b*) 0,331 cm, (*c*) 76 cm
69 (*a*) $x = 2\sqrt{h(H-h)}$, (*b*) $x_{\text{máx}} = H$
71 1,43 mm
73 90 mi/h. Como esta é uma rapidez alcançada por muitos lançadores profissionais, a diminuição abrupta da força de arraste pode ser importante em uma partida.
75 2,91 L/s
77 2
79 36 kg/m^3
81 0,71 kg
83 11,8 cm
85 Um metro é um diâmetro plausível para este oleoduto.
87 29 s
89 (*a*) 70 m^3, (*b*) 5,2 m/s^2
91 (*b*) 0,13 km^{-1}
93 39 cm^3

Capítulo 14

1 (*a*) Falso, (*b*) Verdadeiro, (*c*) Verdadeiro
3 (*a*)
5 (*c*)
7 (*c*)
9 Ao desprezar a massa da mola em seus cálculos você estará usando uma massa do sistema oscilante menor do que o seu valor real. Assim, o valor que você calcula para o período será menor do que o período real do sistema e o valor que você calcula para a freqüência, que é o inverso do período, será maior do que o valor real.

Como a energia total do sistema oscilante depende apenas da amplitude do movimento e não da rigidez da mola, ela é independente da massa do sistema; logo, desprezar a massa da mola não acarretará em modificação no resultado do cálculo da energia total do sistema.

11 (*d*)
13 (*b*)
15 1 com B, 2 com D, 3 com A.
17 (*c*)
19 (*a*) Verdadeiro, (*b*) Falso, (*c*) Verdadeiro, (*d*) Falso, (*e*) Verdadeiro
21 (*b*)
23 (*b*)
25 Cerca de cinco
27 8π
29 (*a*) 3,00 Hz, (*b*) 0,333 s, (*c*) 7,0 cm, (*d*) 0,0833 s no sentido de $-x$.
31 (*a*) $x = (0{,}25\text{ m})\cos[(4{,}2\text{ s}^{-1})t]$,
(*b*) $v = -(1{,}0\text{ m/s})\,\text{sen}[(4{,}2\text{ s}^{-1})t]$,
(*c*) $a = -(4{,}4\text{ m/s}^2)\cos[(4{,}2\text{ s}^{-1})t]$.
33 (*a*) $x = (0{,}28\text{ m})\cos[(4{,}2\text{ s}^{-1})t - 0{,}45]$,
(*b*) $v = -(1{,}2\text{ m/s})\,\text{sen}[(4{,}2\text{ s}^{-1})t - 0{,}45]$,
(*c*) $a = -(4{,}9\text{ m/s}^2)\cos[(4{,}2\text{ s}^{-1})t - 0{,}45]$.
35 (*a*)

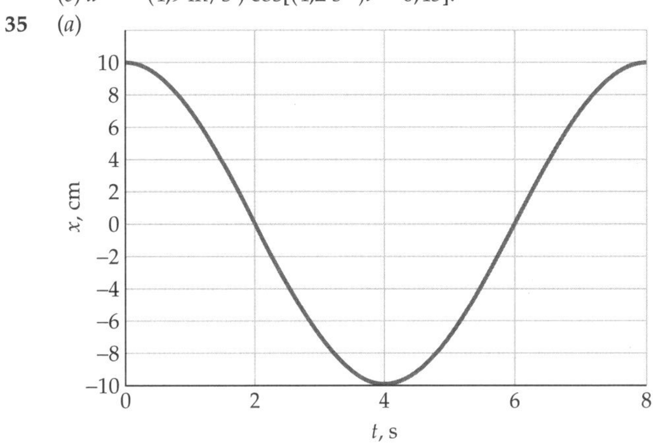

(*b*) 2,9 cm, 7,1 cm, 7,1 cm, 2,9 cm
37 (*a*) 7,9 m/s, 25 m/s^2, (*b*) 6,3 m/s, −15 m/s^2
39 (*a*) 0,32 Hz, 3,1 s, (*b*) $x = (40\text{ cm})\cos[(2{,}0\text{ s}^{-1})t + (\pi/2)]$
41 23 J
43 (*a*) 0,368 J, (*b*) 3,83 cm
45 1,4 kN/m
47 (*a*) 6,9 Hz, (*b*) 0,15 s, (*c*) 10 cm, (*d*) 4,3 m/s, (*e*) $1,9 \times 10^2$ m/s^2, (*f*) 36 ms, 0
49 (*a*) 0,68 kN/m, (*b*) 0,42 s, (*c*) 1,5 m/s, (*d*) 23 m/s^2
51 (*a*) 3,08 kN/m, (*b*) 4,16 Hz, (*c*) 0,240 s
53 0,262 s
55 (*a*) 1,0 Hz, (*b*) 0,50 s, (*c*) 0,29 N
57 (*a*) 6,7 cm, (*b*) 0,26 cm, (*c*) Como $h < 8{,}0$ cm, a mola nunca fica frouxa. 77 cm/s
59 44 cm
61 12 s
63 11,7 s
65 $T = 2\pi\sqrt{L/(g\cos\theta)}$
67 1,1 s
69 0,50 kg · m^2
71 A 21,1 cm do centro da régua.
75 (*a*) $d = 1{,}64$ m, (*b*) 2,31 cm
79 (*a*) 0,31, (*b*) $-3,1 \times 10^{-2}$%
81 (*a*) 1,57%, (*c*) 0,43 E_0
83 (*a*) 5,51 Pa · s, (*b*) 125
85 (*a*) 1,0 Hz, (*b*) 2 Hz, (*c*) 0,35 Hz
87 (*a*) 4,98 cm, (*b*) 14,1 rad/s, (*c*) 35,4 cm, (*d*) 1,00 rad/s
89 (*a*) 0,48 Hz, 2,1 s, (*b*) $v = -(1{,}2\text{ m/s})\,\text{sen}[(3{,}0\text{ rad/s})t + \pi/4)]$, (*c*) 1,2 m/s
91 O erro será maior se o relógio for elevado.
93 (*a*) $\mu_e = Ak/[(m_1 + m_2)g]$, (*b*) *A* não se altera, *E* não se altera, ω diminui e *T* aumenta.
95 (*b*) 2,0 cm/s^2
101 $6,44 \times 10^{13}$ rad/s
103 $T = 7{,}78\sqrt{R/g}$

107 (*a*)

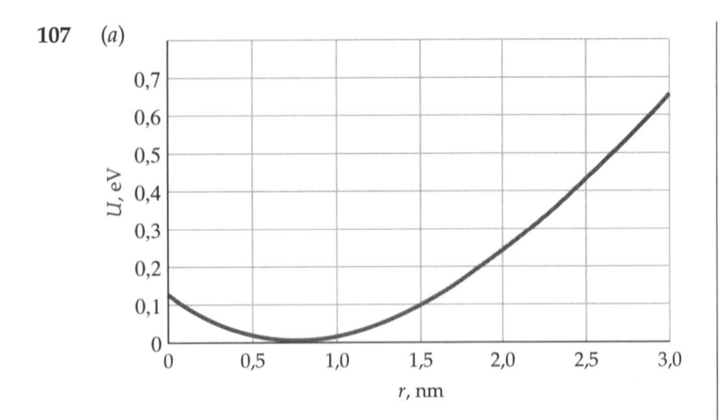

(*b*) $r = r_0$, $k = 2\beta^2 D$, (*c*) $\omega = 2\beta\sqrt{D/m}$

Capítulo 15

1 A rapidez de uma onda transversal em uma corda uniforme aumenta com o aumento da tração. As ondas na corda se movem mais rapidamente à medida que sobem, porque a tração aumenta com o aumento do peso da corda abaixo.
3 (*b*)
5 Verdadeiro
7 (*c*)
9 Houve apenas uma explosão. O som viaja mais rapidamente na água do que no ar. Abel ouviu primeiro a onda sonora dentro d'água e, depois, na superfície, ele ouviu a onda sonora no ar, onde ela se propaga mais lentamente.
11 (*b*)
13 (*a*)
15 (*b*)
17 (*a*) Falso, (*b*) Verdadeiro, (*c*) Verdadeiro
19 (*a*)
21 A luz da estrela visível será deslocada de sua freqüência média periodicamente, devido à aproximação e ao afastamento relativos à Terra, enquanto a estrela gira em torno do centro de massa comum.
23

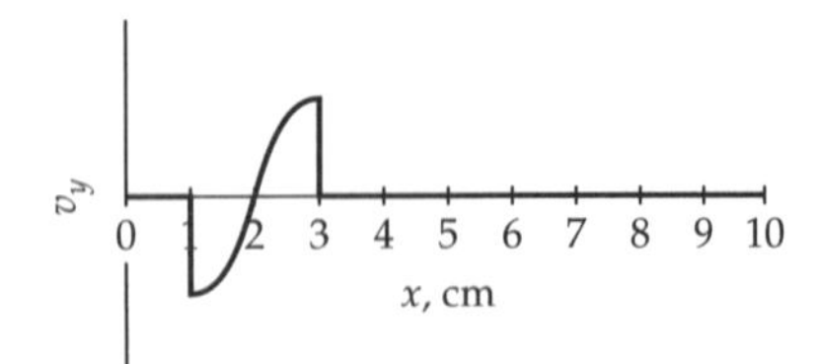

25 Ao longo do caminho C. Como a rapidez do som é maior na água, e é o caminho C que tem sua maior parte dentro d'água, a onda sonora levará menos tempo percorrendo o caminho C.
27 11 ms
29 0,27 km/s, 21%
31 1,32 km/s
33 (*b*) 40 N, (*c*) 40,8 N, 2%
39 9,9 W
41 (*a*) 5,00 m/s, no sentido $-x$, (*b*) 10,0 cm, 50,0 Hz, 0,0200 s, (*c*) 0,314 m/s
43 (*a*) 6,8 J, (*b*) 44 W
45 (*a*) 79 mW, (*b*) A potência pode ser aumentada de um fator de 100 aumentando-se ou a freqüência ou a amplitude de um fator de 10, ou aumentando-se a tração de um fator de 100.
47 (*a*) 0,75 Pa, (*b*) 4,00 m, (*c*) 85,8 Hz, (*d*) 343 m/s
49 (*a*) 36,4 μm, (*b*) 83,4 mPa
51 (*a*) Zero, (*b*) 3,64 μm
53 (*a*) 0,80 s, (*b*) 30 m, (*c*) 6,8 m
55 (*a*) 50,3 W, (*b*) 2,00 m, (*c*) 44 mW/m^2
57 (*a*) 20,0 dB, (*b*) 100 dB
59 90 dB
61 (*a*) 0,10 km, (*b*) 0,13 W
63 (*a*) 80 dB, (*b*) Eliminar as fontes de 70 dB e de 73 dB não reduz significativamente o nível de intensidade sonora.
65 87,8 dB
67 57 dB
73 (*a*) 263 m/s, (*b*) 1,32 m, (*c*) 261 Hz
75 153 Hz
77 $2{,}25 \times 10^8$ m/s
79 174 mi/h
81 (*a*) $-7{,}78$ kHz, (*b*) $-4{,}44$ kHz
83 (*a*) $f'_r = f_f(v - u_r)/(v - u_f)$
85 (*a*) 0,82 kHz, (*b*) 0,85 kHz
87 185 m, 714 Hz
89 $\lambda_{máx} = (500 \text{ nm})(1 + 4{,}36 \times 10^{-5})$ e $\lambda_{mín} = (500 \text{ nm})(1 - 4{,}36 \times 10^{-5})$
91 529 Hz, 474 Hz
93 A 7,99 m da extremidade esquerda do fio
95 (*a*) 55,6 N/m^2, (*b*) 3,49 W/m^2, (*c*) 0,110 W
97 77 kN
99 206 m
101 0,2 cm
103 (*a*) 10,0 m/s, (*b*) 2,00 m, (*c*) $P_{máx} = 1{,}26 \times 10^{-4}$ kg · m/s, (*d*) 3,95 mN

Capítulo 16

1 $t = 0{,}0$ s
$t = 1{,}0$ s
$t = 2{,}0$ s
$t = 3{,}0$ s

3 (*b*)
5 (*a*)
7 3,0 m
9 (*b*)
11 (*a*)
13 Você pode medir a freqüência de ressonância mais baixa *f* e o comprimento *L* do tubo. Supondo desprezíveis correções nas extremidades, o comprimento de onda é igual a 4*L* se o tubo for fechado em uma extremidade e 2*L* se ele for aberto nas duas extremidades. Use, então, $v = f\lambda$ para determinar a rapidez do som à temperatura ambiente. Finalmente, use $v = \sqrt{\gamma RT/M}$ (Equação 15-5), onde $\gamma = 1{,}4$ para um gás diatômico como o ar, *M* é a massa molar do ar, *R* é a constante universal dos gases e *T* é a temperatura absoluta, para estimar a temperatura do ar.
15 (*a*) Não, (*b*) Sim
17 Ondas sonoras estacionárias são produzidas nas colunas de ar acima da água. As freqüências de ressonância das colunas de ar dependem do comprimento de cada coluna que, por sua vez, depende da quantidade de água no copo.
19 O comprimento de onda é determinado principalmente pelo tamanho da cavidade ressonante da boca; a freqüência

sonora que ele produz é igual à rapidez do som dividida pelo comprimento de onda. Como $v_{He} > v_{ar}$ (veja a Equação 15-5), a freqüência de ressonância será maior se o gás na cavidade for o hélio.

21 Se você não ouve nenhum batimento durante todo o tempo em que a corda e o diapasão estão vibrando, você pode estar certo de que suas freqüências, se não exatamente iguais, estão muito próximas. Se os sons da corda e do diapasão, ao vibrarem, durarem 10 s, então a freqüência de batimento será menor do que 0,1 Hz. Assim, as freqüências da corda e do diapasão diferirão no máximo em 0,1 Hz.

23 As freqüências estimadas diferem no máximo em 14% das freqüências observadas.

25 7,1 cm

27 (*a*) 89°, (*b*) 1,5 *A*

29 (*a*) 0, (*b*) $2I_0$, (*c*) $4I_0$

31 (*a*) 60,0 cm, (*b*) 0,400π rad, (*c*) 24,0 m/s

33 $f_1 = 2{,}0$ kHz, $f_2 = 5{,}0$ kHz

35 (*b*)

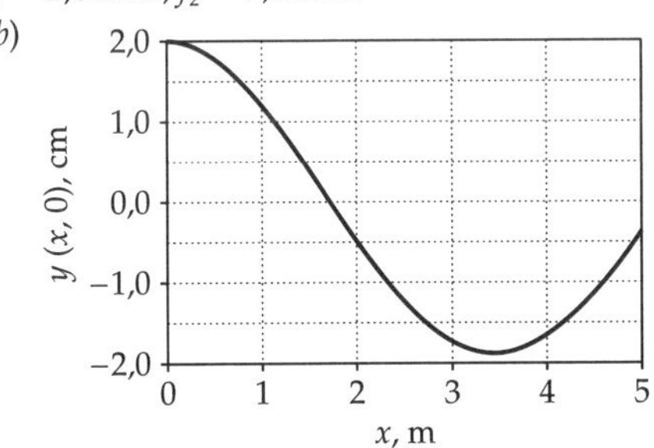

(*c*)

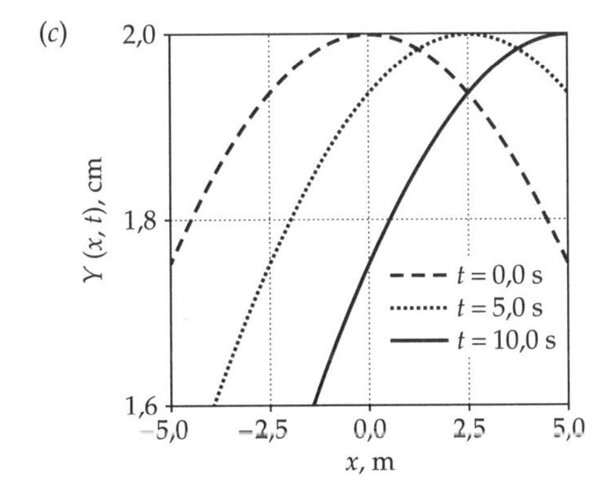

$v_{est} = 46$ cm/s, v_{est} é 92% de $v_{envelope}$

37 1,8 m, 51°

39 (*a*) 0,279 m, (*b*) 1,23 kHz, (*c*) 0,432 rad, 0,592 rad, 0,772 rad, 0,992 rad e 1,35 rad, (*d*) 0,0698 rad

41 2,0 rad

43 (*b*) 1,2 kHz, (*c*) 15 Hz/(mi/h)

45 (*a*) 2,00 m, 2,50 Hz, (*b*) $y_3(x,t) = (4{,}00\text{ mm})\,\text{sen}(\pi\text{ m}^{-1})x\cos(50{,}0\pi\text{ s}^{-1})t$

47 (*a*) 521 m/s, (*b*) 2,80 m, 186 Hz, (*c*) 372 Hz e 558 Hz

49 141 Hz

51 (*a*) 32,4 cm, 47,7 Hz, (*b*) 15,0 m/s, (*c*) 62,8 cm

53 (*a*) 71,5 Hz, (*b*) 5,00 kHz, (*c*) 71

55 452 Hz. Idealmente, o tubo deveria expandir de forma a permitir que v/L, onde L é o comprimento do tubo, permanecesse independente da temperatura.

57 (*a*) 40,0 cm, (*b*) 480 N, (*c*) Você deve posicionar o dedo a 9,2 cm do cavalete da voluta.

59 (*a*) 75 Hz, (*b*) 5° e 6°, (*c*) 2,0 m

61 (*a*) 0,574 g/m, (*b*) 1,29 g/m, 2,91 g/m, 6,57 g/m

63 (*a*) Os dois sons produzem um batimento porque o terceiro harmônico da corda lá é igual ao segundo harmônico da corda mi, e a freqüência original da corda mi é ligeiramente maior do que 660 Hz. (*b*) 662 Hz

65 (*a*) Como a freqüência é fixa, o comprimento de onda depende apenas da tração na corda. Isto é verdadeiro, porque o único parâmetro que pode afetar a rapidez da onda na corda é a tração. A tração na corda é dada pelo peso pendurado em sua extremidade. Como o comprimento da corda é fixo, apenas certos comprimentos de onda podem ressoar na corda. Assim, como apenas certos comprimentos de onda são permitidos, apenas certos valores de rapidez podem ocorrer. Isto, por sua vez, significa que apenas certas trações, e portanto pesos, produzem ondas estacionárias. (*b*) Modos de freqüência mais alta, no mesmo comprimento da corda, resultam em comprimentos de onda menores. Para que isto aconteça sem variação da freqüência, você precisa reduzir a rapidez da onda. Isto é feito reduzindo a tração na corda. Como a tração é dada pelo peso pendurado, você deve reduzir este peso.
(*d*) $F_{T1} = 19{,}2$ N, $F_{T2} = 4{,}80$ N, $F_{T3} = 2{,}13$ N

67 (*a*) $\Delta t = N/f_0$, (*b*) $\lambda \approx \Delta x/N$, (*c*) $k \approx 2\pi N/\Delta x$, (*d*) N é incerto porque a forma de onda vai desaparecendo gradualmente, em vez de parar abruptamente em dado tempo; não está bem definido nem onde o pulso começa nem onde o pulso termina.

69 6,74 m

71 (*a*) 1,9 cm, 3,6 m/s, (*b*) 0, 0, (*c*) −1,2 cm, −2,2 m/s, (*d*) 0, 0

73 98,0 Hz

75 (*a*) O tubo está fechado em uma das pontas. (*b*) 262 Hz, (*c*) 32,7 cm

77 (*a*) $y_1(x,t) = (0{,}010\text{ m})\text{sen}[(\tfrac{1}{2}\pi\text{ m}^{-1})x - (40\pi\text{ s}^{-1})t]$, $y_2(x,t) = (0{,}010\text{ m})\text{sen}[(\tfrac{1}{2}\pi\text{ m}^{-1})x + (40\pi\text{ s}^{-1})t]$, (*b*) 2,00 m, (*c*) 2,5 m/s, (*d*) 0,32 km/s^2

79 $y_{res}(x,t) = (10{,}0\text{ cm})\,\text{sen}(kx - \omega t)$

81 (*b*) 203,4 Hz, (*c*) 203,4 Hz

83 812 Hz

85 (*a*)

Célula	Conteúdo/Fórmula	Forma Algébrica
A6	A5+0,1	$x + \Delta x$
B4	2*B3+1	$2n + 1$
B5	(−1)^B$3*COS(B$4*$A5)/B$4*4/PI()	$\frac{4}{\pi}\sum_{n=0}^{\infty}\frac{(-1)^n\cos((2n+1)x)}{2n+1}$
C5	B5+(−1)^C$3*COS(C$4*$A5)/C$4*4/PI()	$\frac{4}{\pi}\sum_{n=0}^{\infty}\frac{(-1)^n\cos((2n+1)x)}{2n+1}$

	A	B	C	D	K	L
1						
2						
3		0	1	2	9	10
4		1	3	5	19	21
5	0,0	1,2732	0,8488	1,1035	0,9682	1,0289
6	0,1	1,2669	0,8614	1,0849	1,0134	0,9828
134	12,9	1,2030	0,9740	0,9493	0,9691	1,0146
135	13,0	1,1554	1,0422	0,8990	1,0261	0,9685

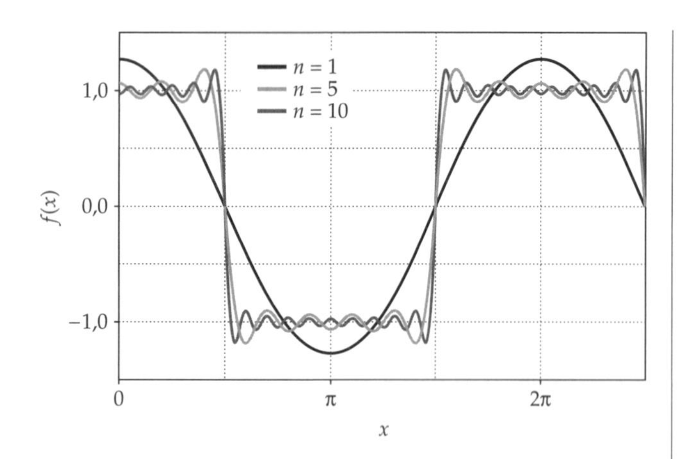

(*b*) É equivalente à fórmula de Leibnitz.

87 (*b*)

Célula	Conteúdo/Fórmula	Forma Algébrica
B1	90	L
B2	1	r
B3	340	c
B8	B7+1	$n + 1$
C7	2/$B$3*((2*(B7−1)*$B$2)^2+$B$1^2)^0,5	Δt_n

	A	B	C	D
1	L =	90	m	
2	*r* =	1	m	
3	*c* =	343	m/s	
6		*n*	*t*(*n*)	delta *t*(*n*)
7		1	0,5248	0,0001
8		2	0,5249	0,0004
206		200	2,3739	0,0114

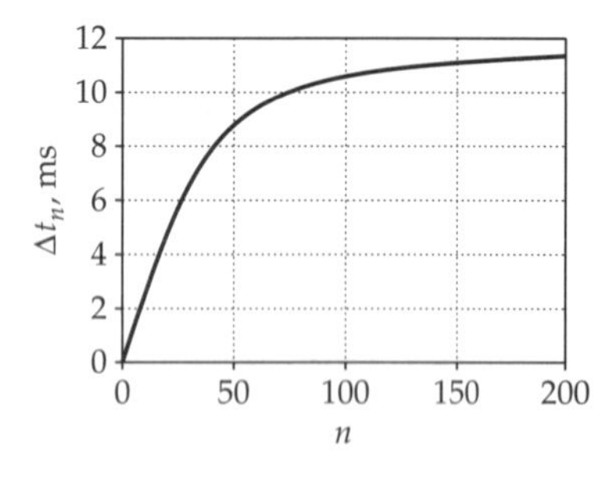

(*c*) A freqüência ouvida em qualquer tempo é $1/\Delta t_n$; logo, como Δt_n aumenta com o tempo, a freqüência do assovio de galeria diminui. $f_{máxima} = 7{,}72$ kHz, $f_{mínima} = 85{,}5$ Hz

Capítulo 17

1 (*a*) Falso, (*b*) Falso, (*c*) Verdadeiro

3 Mateus tinha o quarto mais frio.

5 Da lei dos gases ideais, temos $P = nRT/V$, e V/T é a inclinação da linha que liga a origem ao ponto (T,V) no gráfico. Durante o processo, a inclinação da linha da origem até (T, V) diminui continuamente, de modo que a pressão aumenta continuamente.

7 (*d*)

9 As energias cinéticas médias são iguais. A razão entre os valores de rapidez rms é igual à raiz quadrada do inverso da razão entre as massas moleculares.

11 Falso

13 Não importa.

15 (*b*)

17 A rapidez rms é sempre um pouco maior do que a rapidez do som. Contudo, é apenas a componente das velocidades moleculares na direção de propagação que é relevante, neste caso. Além disso, em um gás o livre caminho médio é maior do que a distância intermolecular média.

19 Se o volume diminui a pressão aumenta, porque mais moléculas atingem uma área unitária das paredes em dado tempo. Isto ocorre porque o número de moléculas por unidade de volume aumenta com a diminuição do volume.

21 A rapidez molecular média do gás de He, a 300 K, é cerca de 1,4 km/s, e portanto, uma fração significativa de moléculas de He possui rapidez maior do que a rapidez de escape da Terra (11,2 km/s). Assim, elas "vazam" para o espaço. Com o tempo, o He contido na atmosfera diminui para quase nada.

23 Cerca de 1,2 kg/m^3.

25 (*a*) 3600 K, (*b*) 230 K, (*c*) Como o hidrogênio é mais leve do que o ar, ele sobe até a atmosfera superior. Como lá a temperatura é maior, uma grande parte das moléculas atinge a rapidez de escape. (*d*) 160 K, 10 K. Como g é menor na Lua, a rapidez de escape é menor. Assim, uma porcentagem maior de moléculas se move com a rapidez de escape.

27 (*a*) 1,23 km/s, (*b*) 310 m/s, (*c*) 264 m/s, (*d*) Como v_e é maior do que v_{rms} para H_2, O_2 e CO_2, os três gases devem ser encontrados em Júpiter.

29 (*a*) 2×10^{11} atm, (*b*) $v_{rms\ prótons} = 5 \times 10^5$ m/s, $v_{rms\ elétrons} = 2 \times 10^7$ m/s

31 1×10^{-4} g

33 1063°C

35 (*a*)

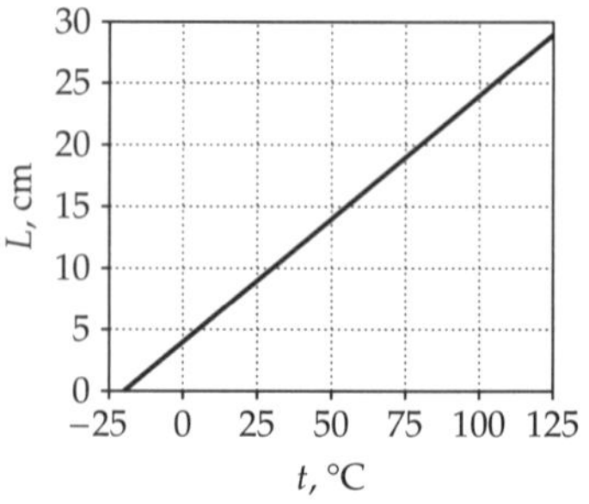

(*b*) 8,40 cm, (*c*) 107°C

37 −320°F

39 (*a*)

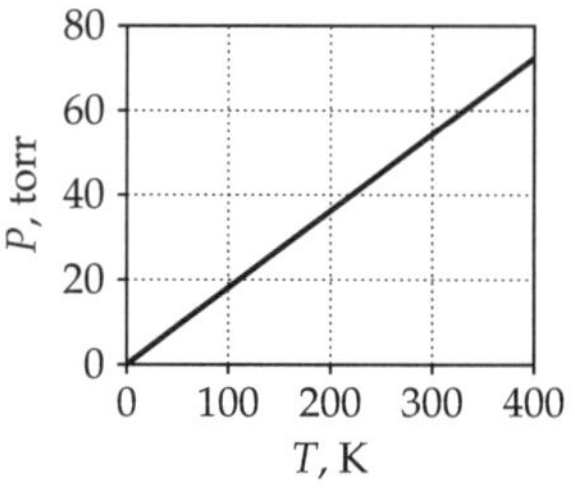

(*b*) 54,9 torr, (*c*) $3{,}70 \times 10^3$ K

41 −40,0°C = −40,0°F

43 −183°C, −297°F

45 (*a*) $R_0 = 3{,}91 \times 10^{-3}$ K, $B = 3{,}94 \times 10^3$ K, (*b*) 1,31 kΩ, (*c*) −389 Ω/K, −4,33 Ω/K, (*d*) O termistor é mais sensível para baixas temperaturas.

47 1,79 mol, $1{,}08 \times 10^{24}$ moléculas

49 −83 *glips*

51 (*a*) $3{,}7 \times 10^3$ mol, (*b*) 60 mol

53 11,1 atm

55 (*a*) O ar será menos denso quando seu conteúdo de vapor d'água for maior. (*b*) 18 g

57 1,1 kN

59 (*a*) 0,28 km/s, (*b*) 0,87 km/s. A rapidez rms dos átomos de argônio é um pouco menor do que um terço da rapidez rms dos átomos de hélio.

61 $5{,}0 \times 10^5$ m/s, $2{,}1 \times 10^{-16}$ J

65 $K/\Delta U = 7{,}9 \times 10^4$

69 (*a*) $E_{\text{máx}} = \frac{1}{2}kT$, $E_{\text{máx}} = \frac{1}{3}E_{\text{méd}}$

(*b*)

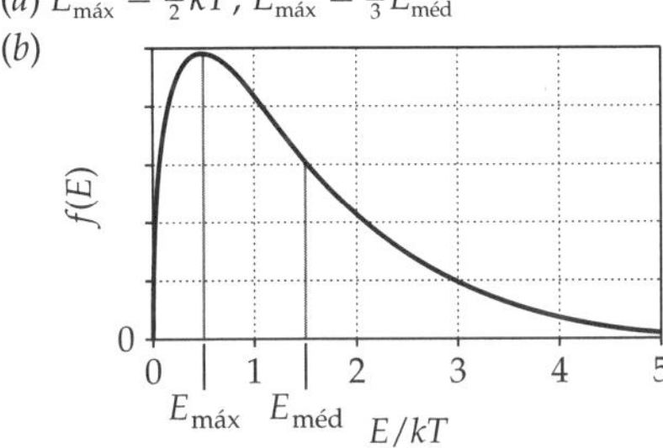

$E_{\text{máx}}$ é a energia mais provável

(*c*) O gráfico cresce de zero até seu máximo muito mais rapidamente do que diminui, à direita do máximo. Como a distribuição é tão fortemente inclinada à direita do máximo, as moléculas que possuem energias relativamente altas afastam a média ($3kT/2$) bem para a direita do valor mais provável ($kT/2$).

71 (*a*) $1{,}2 \times 10^2$ K, (*b*) $2{,}4 \times 10^2$ K, (*c*) 1,4 atm

73 (*a*) Para escapar da superfície de uma gota d'água, as moléculas devem possuir energia cinética de translação suficiente para superar as forças atrativas de suas vizinhas. Assim, as moléculas que escapam serão aquelas que se movem mais rapidamente, deixando para trás as moléculas mais lentas. As moléculas mais lentas possuem menos energia cinética, de modo que a temperatura da gota, que é proporcional à energia cinética média de translação por molécula, diminui. (*b*) Desde que a temperatura não seja muito alta, as moléculas que evaporam de uma superfície serão apenas aquelas com as velocidades mais extremas, na "cauda" de alta energia da distribuição de Maxwell–Boltzmann. Nesta parte da distribuição, um aumento muito pequeno de temperatura pode causar um grande aumento da porcentagem de moléculas com rapidez acima de um certo limiar. Por exemplo, se temos um limiar inicial em $E = 5kT_1$ e aumentamos a temperatura em 10%, de forma que $T_2 = 1{,}1T_1$, a razão entre a nova distribuição de energias e a antiga, no limiar, é

$$\frac{F(T_2)}{F(T_1)} = \left(\frac{T_1}{T_2}\right)e^{-E/KT_2}e^{+E/kT_1} = (1{,}1)^{-3/2}\,e^{-5/1{,}1}e^{5} = 1{,}365$$

um aumento de quase 37%.

75 110 moles de H_2, 55 moles de O_2

77 $4m$

79 (*a*) 142 ms, (*b*) 146 ms

81 (*a*)

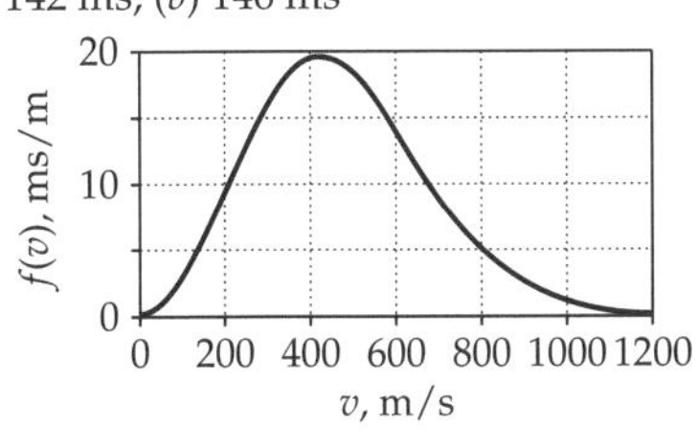

(*b*) Quando a temperatura aumenta, o gráfico se espalha horizontalmente e perde altura. Mais precisamente, a posição horizontal do pico se move para a direita na proporção da raiz quadrada da temperatura, enquanto a altura do pico cai pelo mesmo fator, preservando a área total sob o gráfico (que deve ser igual a 1,0, a probabilidade total de que uma molécula tenha qualquer rapidez entre zero e infinito).
(*c*) Um gráfico de $F(v)$ para o nitrogênio a 300 K é mostrado a seguir. Cada número na coluna C da planilha é aproximadamente igual à integral de $f(v)$ de zero até o respectivo valor v. Esta integral representa a probabilidade de que uma molécula tenha uma rapidez menor ou igual a v.

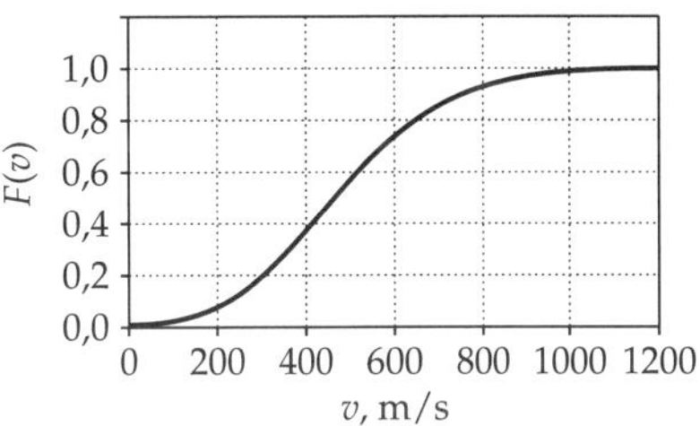

$F(v) = \int_0^v f(v')dv'$

(*d*) Cerca de 7%. Note que este valor é consistente com o gráfico de $F(v)$ aqui mostrado.
(*e*) Um pouco menos de 14%.

Capítulo 18

1 (*e*)

3 (*c*)

5 (*a*)

7 (*c*)

9 Sim. $\Delta E_{\text{int}} = Q_{\text{entra}} + W_{\text{sobre}}$. Se o gás realiza trabalho à mesma taxa que absorve calor, sua energia interna permanecerá constante.

11 Partículas que se atraem possuem mais energia potencial quanto mais afastadas estiverem. Em um gás real as moléculas exercem forças atrativas fracas entre si. Estas forças aumentam a energia potencial interna durante uma expansão. Um aumento da energia potencial significa uma diminuição da energia cinética, e uma diminuição da energia cinética significa uma diminuição da energia cinética de translação. Portanto, há uma diminuição da temperatura.

13 Partículas que se repelem possuem mais energia potencial quanto mais próximas estiverem. As forças repulsivas diminuem a energia potencial interna durante uma expansão. Uma diminuição da energia potencial significa um aumento da energia cinética, e um aumento da energia cinética significa um aumento da energia cinética de translação. Portanto, há um aumento da temperatura.

15 (*a*)

17 (*a*) Falso, (*b*) Falso, (*c*) Verdadeiro, (*d*) Verdadeiro, (*e*) Verdadeiro, (*f*) Verdadeiro

19 (*d*)

21 Durante um processo adiabático reversível, PV^{γ} é constante, com $\gamma > 1$ e, durante um processo isotérmico, PV é constante. Assim, o aumento de pressão durante a compressão é maior do que a queda de pressão durante a expansão. O processo final poderia ser um processo a volume constante durante o qual calor é absorvido do sistema. Um resfriamento a volume constante fará diminuir a temperatura e levará o gás de volta ao seu estado original.

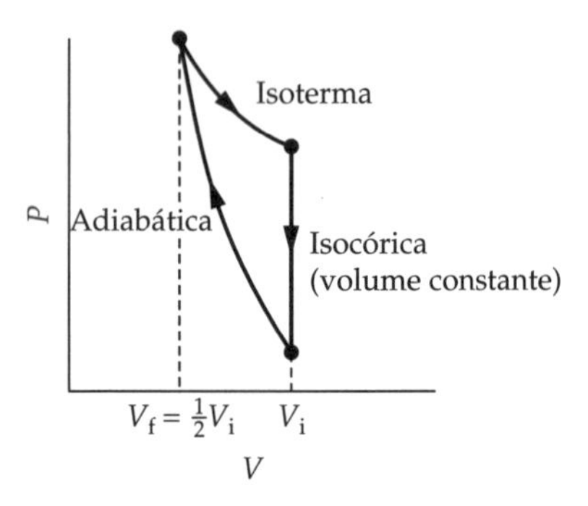

23 A temperatura diminui.
25 1,6 minuto, um tempo que parece consistente com a experiência.
27 $1{,}2 \times 10^{-5}$ (ou $1{,}2 \times 10^{-3}$ por cento)
29 31,3 kJ
31 48,8 g
33 12,1°C
35 $4{,}5 \times 10^2$ kg
37 (*a*) 0°C, (*b*) 125 g
39 (*a*) 4,9°C, (*b*) Não sobra gelo.
41 (*a*) 5,26°C, (*b*) 175 g, (*c*) Não
43 618°C
45 2,20 kJ
47 54 J
49 (*a*) 6,13 W, (*b*) 38,1 min
51 (*a*) 405 J

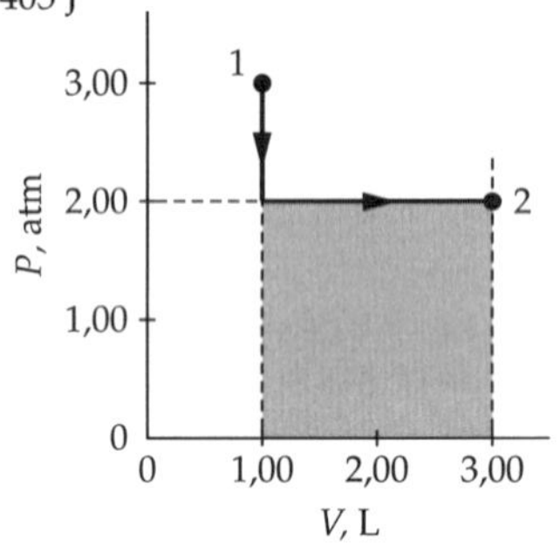

(*b*) 861 J
53 (*a*) 507 J

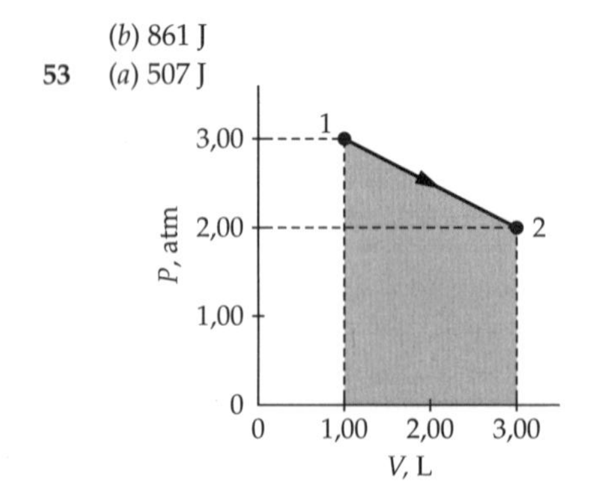

(*b*) 963 J
55 $W_{\text{pelo gás}} = \frac{3}{2}P_0V_0$
57 (*a*) 555 J, (*b*) 555 J
59 (*a*) 0,495 mol, (*b*) 3,09 kJ, (*c*) 20,8 J/mol · K, (*d*) 10,3 J/K
61 (*a*) 6,24 kJ; 0; 6,24 kJ, (*b*) 6,24 kJ; 8,73 kJ; 2,49 kJ, (*c*) 2,49 kJ
63 59,6 L
65 $\Delta c_p' = -\frac{13}{2}R$
67 Há três graus de liberdade de translação e três graus de liberdade de rotação. Além disso, cada um dos átomos de hidrogênio pode vibrar contra o átomo de oxigênio, o que resulta em mais 4 graus de liberdade (2 por átomo). $C_{v\,\text{água}} = 5Nk = 5nR$
69 (*a*) 300 K; 7,80 L; 1,14 kJ; 1,14 kJ, (*b*) 208 K; 5,40 L; 0,574 J; 0
71 (*a*) 263 K, (*b*) 10,8 L, (*c*) 1,48 kJ, (*d*) −1,48 kJ
73 0,14 kJ
75

Processo	Q_{entra} (kJ)	W_{sobre} (kJ)
D → A	8,98	0
A → B	13,2	−13,2
B → C	−8,98	0
C → D	−6,58	6,58

$W_{\text{total pelo gás}} = 6{,}6$ kJ

77 (*a*)

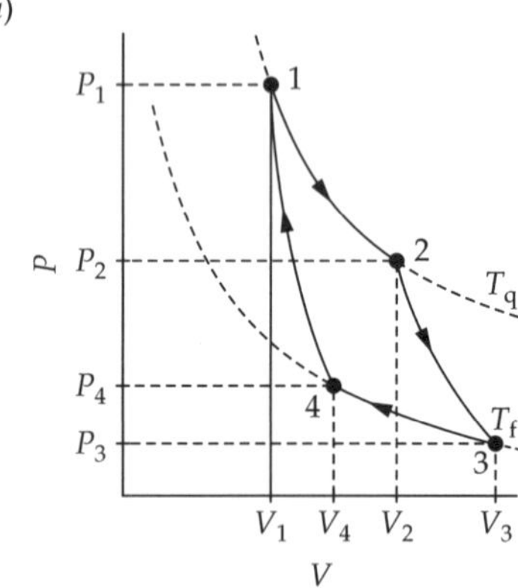

79 (*a*) 65 K, 81 K, (*b*) 1,6 kJ, (*c*) 2,2 kJ
81 (*a*) 65 K, 81 K, (*b*) 2,7 kJ, (*c*) 3,3 kJ
83 256 kcal
85 (*a*) $c(4{,}00\text{ K}) = 9{,}20 \times 10^{-2}$ J/kg · K, (*b*) 0,0584 J/kg
87 (*a*) 2,49 kJ, (*b*) 3,20 kJ
89 171 K
91

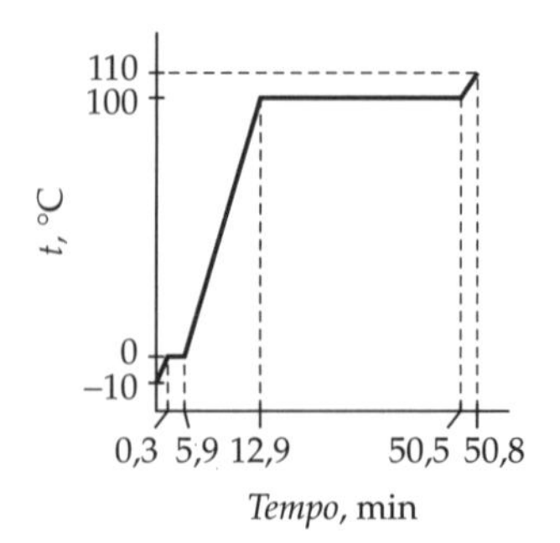

93 396 K
95 (*b*) 4,62 kJ
97 (*a*) $P_2 = \frac{1}{2}P_0$, (*b*) O gás é diatômico. (*c*) Durante o processo isotérmico, a energia cinética de translação não varia. Durante o processo adiabático, a energia cinética de translação aumenta por um fator de 1,32.

Capítulo 19

1 (*c*)
3 (*a*)
5 O CD é definido de forma a medir a eficácia do aparelho. Para um refrigerador ou um aparelho de ar condicionado, a quantidade importante é o calor retirado do interior que já está mais frio, Q_f. Para uma bomba térmica, a idéia é focar no calor transferido para dentro da casa já aquecida, Q_q.
7 Aumentar a temperatura do vapor implica aumentar seu conteúdo energético. Ademais, isto faz aumentar o

rendimento de Carnot e, de maneira geral, faz aumentar o rendimento de qualquer máquina térmica.

9 Um ciclo de um refrigerador de Carnot é mais eficiente quando as temperaturas estão mais próximas, porque menos trabalho é necessário para se extrair calor de um interior já resfriado se a temperatura externa estiver próxima da temperatura interna do refrigerador. Um ciclo de uma máquina térmica de Carnot é mais eficiente quando a diferença de temperatura é grande, porque assim mais trabalho é realizado pela máquina, para cada unidade de calor absorvido do reservatório quente.

11 (*c*)

13 (*d*)

15 Trata-se de um ciclo Otto (veja a Figura 19-3).

17

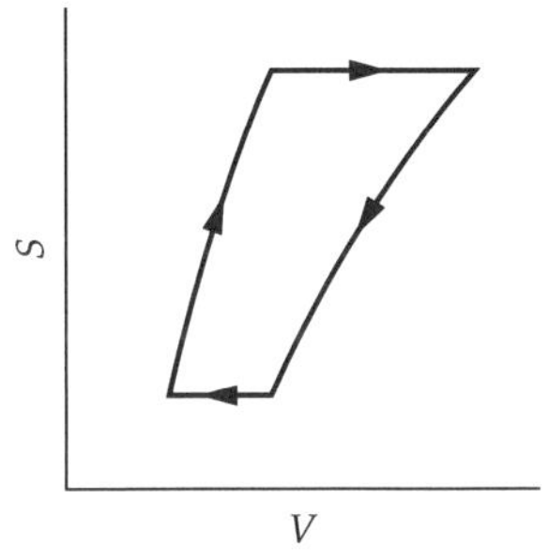

S

V

19

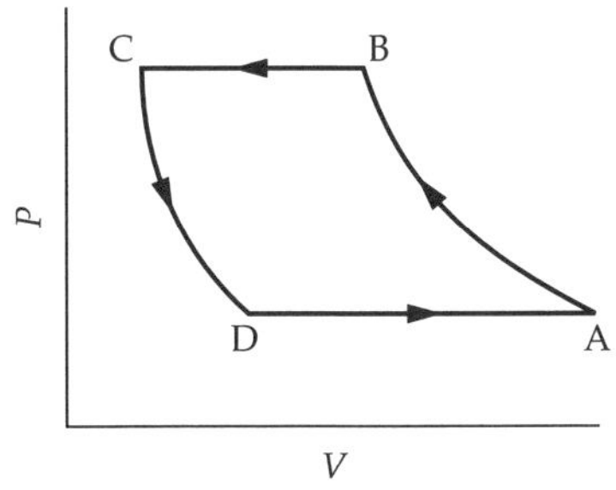

C B

P

D A

V

21 Um aumento de cerca de 47%.

23 56%

25 (*a*) $1{,}7 \times 10^{17}$ W, (*b*) $6{,}02 \times 10^{14}$ J/(K · s)

27 (*a*) 500 J, (*b*) 400 J

29 (*a*) 40%, (*b*) 80 W

31 (*a*)

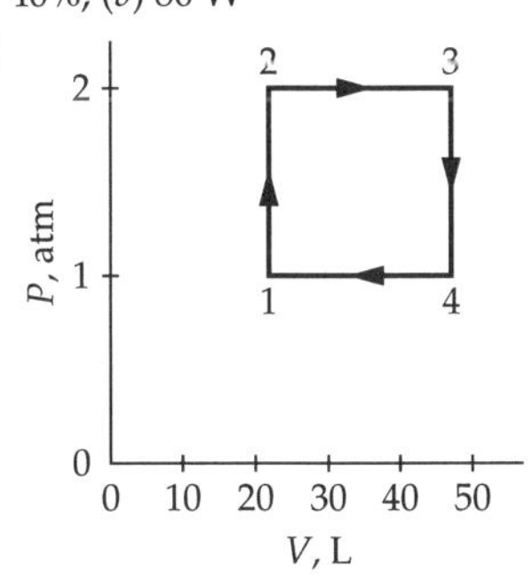

Processo	W (kJ)	Q (kJ)	ΔE_{int} (kJ)
$1 \to 2$	0	3,74	3,74
$2 \to 3$	−4,99	12,5	7,5
$3 \to 4$	0	−7,48	−7,48
$4 \to 1$	2,49	−6,24	−3,75

(*b*) 15%

33 13,1%

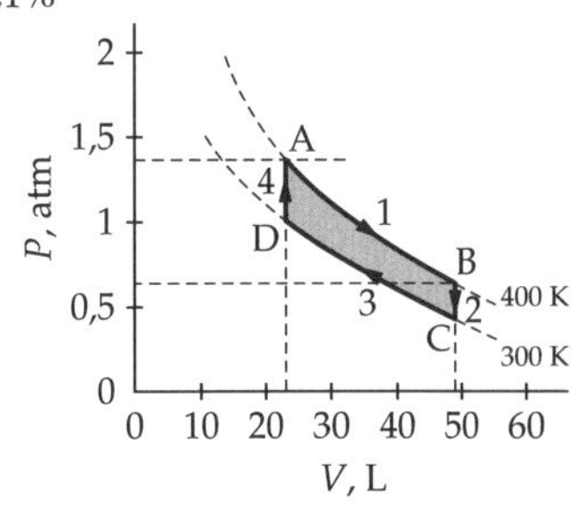

35 (*a*) $T_2 = 600$ K, $T_3 = 1800$ K, $T_4 = 600$ K, (*b*) 15%

37 (*a*) 5,16%, sem contradição. (*b*) A maior parte dos animais de sangue quente sobrevive praticamente sob as mesmas condições dos humanos. Para fazer uma máquina térmica trabalhar com rendimento apreciável, as temperaturas corporais internas deveriam ser mantidas em níveis inadmissivelmente altos.

41 (*a*) 33,3%, (*b*) 33,3 J, (*c*) 67 J, (*d*) 2,0

43 (*a*) 33%

47 (*a*) 100°C, (*b*) $Q_{1\to 2} = 3{,}12$ kJ, $Q_{2\to 3} = 0$, $Q_{3\to 1} = -2{,}91$ kJ, (*c*) 6,7%, (*d*) 35,5%

49 (*a*) 6,3, (*b*) 3,2 kW, (*c*) 5,3 kW

51 (*a*) 0,17 MJ, (*b*) 0,12 MJ. Como a diferença de temperatura aumenta quando a sala está mais quente, o CD diminui

53 6,05 kJ/K

55 $\Delta S_u = 2{,}40$ J/K e, como $\Delta S_u > 0$, a entropia do universo aumenta.

57 (*a*) 0, (*b*) 267 K

59 (*a*) 244 kJ/K, (*b*) −244 kJ/K, (*c*) A variação da entropia do universo é apenas ligeiramente maior do que zero.

61 (*a*) −117 J/K, (*b*) 138 J/K, (*c*) 20 J/K

63 (*a*) 0,42 J/K, (*b*) 125 J

65 (*a*) $W_{ciclo} = 20{,}0$ J, (*b*) $Q_{q\,ciclo} = 67$ J, $Q_{f\,ciclo} = 47$ J

67 (*a*) 51%, (*b*) 0,10 MJ, (*c*) 98 kJ

69 113 W/K

71 (*a*) Você deve explicar a ele que, como o rendimento do invento alegado por ele (83,3%) é maior do que o rendimento de uma máquina de Carnot operando entre as mesmas duas temperaturas, os dados fornecidos não são consistentes com o conhecimento que se tem da termodinâmica de máquinas. Ele deve ter cometido algum erro na análise dos dados, ou está tentando fraudar alguém. (*b*) 135 W

73 (*a*) O processo (2) desperdiça mais *trabalho disponível.* (*b*) $\Delta S_1 = 1{,}67$ J/K, $\Delta S_2 = 0{,}833$ J/K

75 313 K

77 10 W

79 (*a*) 253 kPa, (*b*) 462 K, (*c*) 6,97 kJ

81 (*a*) 253 kPa, (*b*) 416 K, (*c*) 6,59 kJ

83 (*a*)

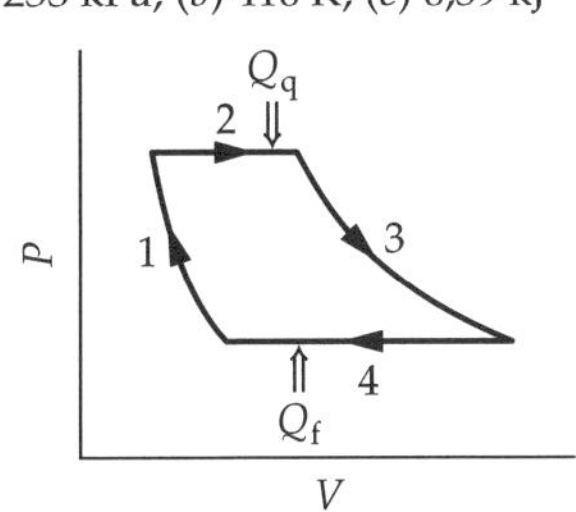

89 $T = 10^{484}$ anos, $T \approx 10^{478}\, T_{Russell}$

Capítulo 20

1 O bulbo de vidro esquenta e se expande antes de o mercúrio esquentar e se expandir.

3 A água se expande muito, ao se congelar. Se uma garrafa de vidro fechada, cheia d'água, for colocada no congelador, ao se congelar a água não terá espaço para que ocorra a expansão. A garrafa se quebrará.

5 A tira se curvará mais ainda.

7 (*c*)

9 (*a*) Com o aumento da altitude, P diminui; da curva OC, a temperatura T da interface líquido–gás diminui com a diminuição da pressão, de forma que a temperatura de ebulição diminui. Da mesma forma, da curva OB, a temperatura de fusão aumenta com o aumento da altitude. (*b*) A ebulição da água a uma temperatura mais baixa exige que o tempo de cozimento seja maior.

11 A temperaturas e pressões muito baixas, o dióxido de carbono pode existir apenas como sólido ou como gás (ou como vapor acima do gás). A atmosfera de Marte é 95% constituída de dióxido de carbono. Na média, Marte é quente o suficiente para que a atmosfera seja feita principalmente de dióxido de carbono gasoso. As regiões polares são frias o suficiente para permitir a existência do dióxido de carbono sólido (gelo seco), mesmo a baixas pressões.

13 (*a*)

15

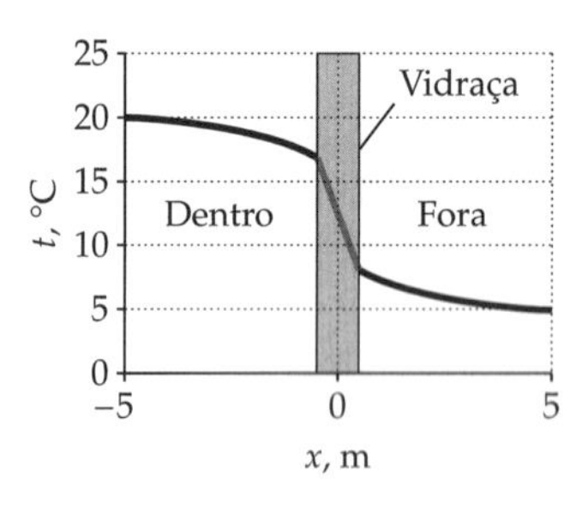

17 Sua hipótese não está correta e 14 mL de água transbordam.

19 17 mW/(m · K)

21 0,30 kW, 0,1 K/W

23 2,9 nm

25 8(°F · h · ft²)/Btu

27 220°C

29 15×10^{-6} K^{-1}

31 $3{,}7 \times 10^{-12}$ N/m²

33 (*a*) 90°C, (*b*) 82°C, (*c*) 170 kPa

35 2,1 kBtu/h

37 (*a*) $I_{Cu} = 0{,}96$ kW, $I_{Al} = 0{,}57$ kW, (*b*) 1,53 kW, (*c*) 0,0052 K/W

41 1,3 mm

43 93,5 cm²

45 1598°C

47 2,1 km

49 5800 K

51 (*b*) Os valores concordam em até 0,3%.

53 $1{,}3 \times 10^{10}$ kW. Cerca de 0,007 por cento.

55 142 W

57 $\omega_2 \approx (1 - 2\alpha\,\Delta T)\omega_1$, $K_2 = (1 - 2\alpha\,\Delta T)K_1$, $L_2 = L_1$

59 (*a*) 0,70 cm/h, (*b*) 12 dias

Índice

D

E

F

G

H

I

K

L

M

20
11
12
13
14
15
16
17
18
19
2023

Constantes Físicas*

Carga fundamental	e	$1{,}602\,176\,53(14) \times 10^{-19}$ C
Comprimento de onda de Compton	$\lambda_C = h/(m_e c)$	$2{,}426\,310\,238(16) \times 10^{-12}$ m
Constante de Boltzmann	$k = R/N_A$	$1{,}380\,6505(24) \times 10^{-23}$ J/K $8{,}617\,343(15) \times 10^{-5}$ eV/K
Constante de Coulomb	$k = 1/(4\pi\epsilon_0)$	$8{,}987\,551\,788\ldots \times 10^{9}$ N · m²/C²
Constante de gravitação	G	$6{,}6742(10) \times 10^{-11}$ N · m²/kg²
Constante de massa atômica	$m_u = \frac{1}{12}m(^{12}\text{C})$	1 u = $1{,}660\,538\,86(28) \times 10^{-27}$ kg
Constante de Planck	h	$6{,}626\,0693(11) \times 10^{-34}$ J · s = $4{,}135\,667\,43(35) \times 10^{-15}$ eV · s
	$\hbar = h/(2\pi)$	$1{,}054\,571\,68(18) \times 10^{-34}$ J · s = $6{,}582\,119\,15(56) \times 10^{-16}$ eV · s
Constante de Stefan–Boltzmann	σ	$5{,}670\,400(40) \times 10^{-8}$ W/(m² · K⁴)
Constante dos gases	R	$8{,}314\,472(15)$ J/(mol · K) = $1{,}987\,2065(36)$ cal/(mol · K) = $8{,}205\,746(15) \times 10^{-2}$ L · atm/(mol · K)
Constante elétrica (permitividade do vácuo)	ϵ_0	$= 1/(\mu_0 c^2) = 8{,}854\,187\,817\ldots \times 10^{-12}$ C²/(N · m²)
Constante magnética (permeabilidade do vácuo)	μ_0	$4\pi \times 10^{-7}$ N/A²
Magnéton de Bohr	$m_B = e\hbar/(2m_e)$	$9{,}274\,009\,49(80) \times 10^{-24}$ J/T = $5{,}788\,381\,804(39) \times 10^{-5}$ eV/T
Massa do elétron	m_e	$9{,}109\,3826(16) \times 10^{-31}$ kg = $0{,}510\,998\,918(44)$ MeV/c^2
Massa do nêutron	m_n	$1{,}674\,927\,28(29) \times 10^{-27}$ kg = $939{,}565\,360(81)$ MeV/c^2
Massa do próton	m_p	$1{,}672\,621\,71(29) \times 10^{-27}$ kg = $938{,}272\,029(80)$ MeV/c^2
Número de Avogadro	N_A	$6{,}022\,1415(10) \times 10^{23}$ partículas/mol
Rapidez da luz	c	$2{,}997\,924\,58 \times 10^{8}$ m/s

* Os valores destas e de outras constantes podem ser encontrados no Apêndice B, assim como na Internet em http://physics.nist.gov/cuu/Constants/index.html. Os números entre parênteses representam as incerteza nos dois últimos algarismos. (Por exemplo, 2,044 43(13) significa 2,044 43 ± 0,000 13.) Valores sem indicação de incertezas são exatos. Valores com reticências são exatos (como o número π = 3,1415...), mas não estão completamente especificados.

Derivadas e Integrais Definidas

$$\frac{d}{dx}\operatorname{sen} ax = a\cos ax \qquad \int_0^\infty e^{-ax}\,dx = \frac{1}{a} \qquad \int_0^\infty x^2 e^{-ax^2}\,dx = \frac{1}{4}\sqrt{\frac{\pi}{a^3}}$$

$$\frac{d}{dx}\cos ax = -a\operatorname{sen} ax \qquad \int_0^\infty e^{-ax^2}\,dx = \frac{1}{2}\sqrt{\frac{\pi}{a}} \qquad \int_0^\infty x^3 e^{-ax^2}\,dx = \frac{4}{a^2}$$

$$\frac{d}{dx}e^{ax} = ae^{ax} \qquad \int_0^\infty xe^{-ax^2}\,dx = \frac{2}{a} \qquad \int_0^\infty x^4 e^{-ax^2}\,dx = \frac{3}{8}\sqrt{\frac{\pi}{a^5}}$$

O a nas seis integrais é uma constante positiva.

Produtos de Vetores

(Escalar) $\vec{A}\cdot\vec{B} = AB\cos\theta$ (Vetorial) $\vec{A}\times\vec{B} = AB\operatorname{sen}\theta\,\hat{n}$ ($\hat{n}$ obtido usando a regra da mão direita)

Prefixos para Potências de 10*

Potência	Prefixo	Símbolo
10^{24}	iota	Y
10^{21}	zeta	Z
10^{18}	exa	E
10^{15}	peta	P
10^{12}	tera	T
10^{9}	**giga**	**G**
10^{6}	**mega**	**M**
10^{3}	**quilo**	**k**
10^{2}	hecto	h
10^{1}	deca	da
10^{-1}	deci	d
10^{-2}	**centi**	**c**
10^{-3}	**mili**	**m**
10^{-6}	**micro**	**μ**
10^{-9}	**nano**	**n**
10^{-12}	**pico**	**p**
10^{-15}	femto	f
10^{-18}	ato	a
10^{-21}	zepto	z
10^{-24}	iocto	y

*Prefixos comumente utilizados estão em negrito.

Dados Terrestres e Astronômicos*

Aceleração da gravidade na superfície da Terra	g	$9{,}81\ \text{m/s}^2 = 32{,}2\ \text{ft/s}^2$
Raio da Terra	R_T	6371 km = 3959 mi
Massa da Terra	M_T	$5{,}97 \times 10^{24}$ kg
Massa do Sol		$1{,}99 \times 10^{30}$ kg
Massa da Lua		$7{,}35 \times 10^{22}$ kg
Rapidez de escape da superfície da Terra		11,2 km/s = 6,95 mi/s
Condições normais de temperatura e pressão (CNTP)		0°C = 273,15 K 1 atm = 101,3 kPa
Distância da Terra à Lua†		$3{,}84 \times 10^{8}\ \text{m} = 2{,}39 \times 10^{5}$ mi
Distância da Terra ao Sol (média)†		$1{,}50 \times 10^{11}\ \text{m} = 9{,}30 \times 10^{7}$ mi
Rapidez do som no ar seco (nas CNTP)		331 m/s
Rapidez do som no ar seco (20°C, 1 atm)		343 m/s
Massa específica do ar seco (CNTP)		$1{,}29\ \text{kg/m}^3$
Massa específica do ar seco (20°C, 1 atm)		$1{,}20\ \text{kg/m}^3$
Massa específica da água (4°C, 1 atm)		$1000\ \text{kg/m}^3$
Calor de fusão do gelo (0°C, 1 atm)	L_f	333,5 kJ/kg
Calor de vaporização da água (100°C, 1 atm)	L_v	2,257 MJ/kg

*Dados adicionais sobre o sistema solar podem ser encontrados no Apêndice B e em http://nssdc.gsfc.nasa.gov/planetary/planetfact.html.
† Centro a centro.

O Alfabeto Grego

Alfa	A	α	Ni	N	ν
Beta	B	β	Xi	Ξ	ξ
Gama	Γ	γ	Ômicron	O	o
Delta	Δ	δ	Pi	Π	π
Épsilon	E	ϵ, ε	Rô	P	ρ
Zeta	Z	ζ	Sigma	Σ	σ
Eta	H	η	Tau	T	τ
Teta	Θ	θ	Ípsilon	Υ	υ
Iota	I	ι	Fi	Φ	ϕ
Capa	K	κ	Qui	X	χ
Lambda	Λ	λ	Psi	Ψ	ψ
Mi	M	μ	Ômega	Ω	ω

Símbolos Matemáticos

$=$	é igual a
$\equiv$	é definido por
$\neq$	é diferente de
$\approx$	é aproximadamente igual a
$\sim$	é da ordem de
$\propto$	é proporcional a
$>$	é maior do que
$\geq$	é maior ou igual a
$>>$	é muito maior do que
$<$	é menor do que
$\leq$	é menor ou igual a
$<<$	é muito menor do que
Δx	variação de x
dx	variação diferencial de x
$\|x\|$	valor absoluto de x
$\|\vec{v}\|$	magnitude de $\vec{v}$
$n!$	$n(n-1)(n-2)\ldots1$
Σ	somatório
lim	limite
$\Delta t \to 0$	Δt tende a zero
$\dfrac{dx}{dt}$	derivada de x em relação a t
$\dfrac{\partial x}{\partial t}$	derivada parcial de x em relação a t
$\int_{x_1}^{x_2} f(x)dx$	integral definida $= F(x)\Big\|_{x_1}^{x_2} = F(x_2) - F(x_1)$

Para dados adicionais, veja as seguintes tabelas no texto.

Geometria e Trigonometria

$C = \pi d = 2\pi r$	definição de π
$A = \pi r^2$	área do círculo
$V = \frac{4}{3}\pi r^3$	volume da esfera
$A = \partial V/\partial r = 4\pi r^2$	área da superfície da esfera
$V = A_{base}L = \pi r^2 L$	volume do cilindro
$A = \partial V/\partial r = 2\pi r L$	área da superfície do cilindro

$o = h \operatorname{sen}\theta$
$a = h \cos\theta$

$\operatorname{sen}^2\theta + \cos^2\theta = 1$
$\operatorname{sen}(A \pm B) = \operatorname{sen}A \cos B \pm \cos A \operatorname{sen} B$
$\cos(A \pm B) = \cos A \cos B \mp \operatorname{sen}A \operatorname{sen} B$
$\operatorname{sen}A \pm \operatorname{sen}B = 2\operatorname{sen}[\frac{1}{2}(A \pm B)]\cos[\frac{1}{2}(A \mp B)]$

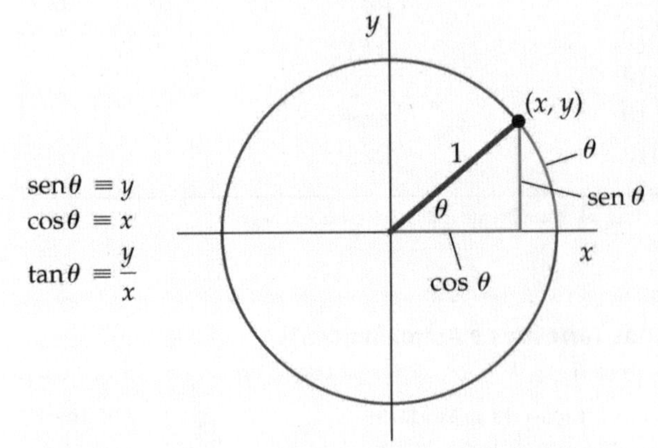

$\operatorname{sen}\theta \equiv y$
$\cos\theta \equiv x$
$\tan\theta \equiv \frac{y}{x}$

Se $|\theta| << 1$, então
$\cos\theta \approx 1$ e $\tan\theta \approx \operatorname{sen}\theta \approx \theta$ (θ em radianos)

Fórmula Quadrática

Se $ax^2 + bx + c = 0$, então $x = \dfrac{-b \pm \sqrt{b^2 - 4ac}}{2a}$

Expansão Binomial

Se $|x| < 1$, então $(1 + x)^n =$

$$1 + nx + \frac{n(n-1)}{2!}x^2 + \frac{n(n-1)(n-2)}{3!}x^3 + \ldots$$

Se $|x| << 1$, então $(1 + x)^n \approx 1 + nx$

Aproximação Diferencial

Se $\Delta F = F(x + \Delta x) - F(x)$ e se $|\Delta x|$ é pequeno,

então $\Delta F \approx \dfrac{dF}{dx}\Delta x$.